AF904077

Gesamtverzeichnis des deutschsprachigen Schrifttums (GV) 1700 – 1910

Bearbeitet unter der Leitung von
Hilmar Schmuck und Willi Gorzny
Bibliographische und redaktionelle Beratung:
Hans Popst und Rainer Schöller

67

Jaho - Jai

K · G · Saur München · New York · London · Paris 1982

CIP-Kurztitelaufnahme der Deutschen Bibliothek

Gesamtverzeichnis des deutschsprachigen Schrifttums :
(GV). – München, New York, London, Paris : Saur.
Bd. 1 – 6 bearb. unter d. Leitung von Peter Geils
u. Willi Gorzny.
ISBN 3-598-30000-X

1700 – 1910 / bearb. unter d. Leitung von Hilmar
Schmuck u. Willi Gorzny. Bibliograph. u. red.
Beratung: Hans Popst u. Rainer Schöller

NE: Schmuck, Hilmar [Bearb.]

67. Jaho - Jai. - 1982.

© 1982 by K. G. Saur Verlag KG, München
Techn. Realisierung und Druck: Norbert Gärtner, Mainz-Kastel
Binden: Karl Schaumann, Darmstadt
Printed in the Federal Republic of Germany
ISBN 3-598-30000-X (Gesamtwerk)

Jahoda, Rudolf

— Über [illegible] S. 96 II [illegible] vgr.
Separatabdruck

JAHODA, Rudolf
Über eine Methode zur Bestimmung der Gasdichte mittelst angeblasener Pfeifen von Dr. Rudolf Jahoda. (Mit 1 Textfigur.) Aus den Sitzungsberichten der kaiserl. Akademie der Wissenschaften in Wien. Mathem.-naturw. Classe; Bd. CVIII. Abth. II. a. Juli 1899. [Wien, 1899. In Comm. Gerold's Sohn.] Gr.-8°. 8 S. —.15

— Über [illegible] S. 98 [illegible] vgr.
Separatabdruck

— Über Pyrenolin S. 96 II [illegible] vgr.
Separatabdruck

Jahoda Rudolf: [illegible] S. 94 II [illegible] vgr
Separatabdruck

Jahr, das. 8. (16 Chromolith.) Wesel 875. Düms. — 38

Jahr, das. 12. (8 farb. Taf. m. Text.) Leipzig 889. Fr. Pfau. cart. n.n. — 10

Achtzehnhundert, Das Jahr,

in Bildern und Versen. Bern [1801]. V: *Duncker, Balth. Ant.* (Cat. d. Stadtbibl. Zürich. Zürich 1864—97.)

—— 1848, das. Eine Revue der Ereignisse dieses denkwürdigen Jahres. Zusammengestellt von R. v. W. gr. 16. (662 S.) Bautzen 849, Helfer.
Hat gleichen Inhalt mit: Jent! Historisch-polit. Taschenbuch auf 1849.

—— 1848, das. Die großen Ereignisse desselben dem deutschen Volke erzählt. 8. (V und 249 S. mit 10 Kpfrt.) Hannover 849, Gebr. Jänecke. *

Jahr 1848, das. Ein Beitrag zur Geschichte des k. preuß. 7. Infanterie-Regiments. gr. 8. (IV und 90 S. mit 3 lithogr. Plänen.) Schweidnitz 849, Weigmann. *

— 1848, das, in seiner histor. Wichtigkeit insbesond. f. Deutschland. Dargestellt durch eine chronolog. Uebersicht der merkwürdigsten u. wichtigsten Ereignisse an jedem Tage d. Jahres. Ein Nachschlagebuch f. Jedermann, hauptsächlich f. Geschichtsfreunde, Politiker u. Zeitungsleser. 4 Hfte. 8. (131 S.) Nürnberg 849, Endter. 8 ngr; herabgef. Pr. 4 ngr.

Jahr. Das J. 1830, ein wichtiges Blatt zur Chronik Basels. (Njbl.) s. [Hagenbach, Carl Rudolf].

Achtzehnhundertdreizehn,

Das Jahr, oder warum haben wir Krieg? Wien 1813. V: *Holler*. (Wertheimer, Wien u. d. Kriegsjahr 1813. Wien 1893. S. 19.)

— das, 1813, od. d. Kampf d. Freiheit. Heldengedicht in 4 Gesängen. 12. Verl. Maurer. 814.

Achtzehnhundertundeins,

Das Jahr, das erste und folgenreichste des neunzehnten Jahrhunderts. Eine Annale vom Verfasser des historisch-genealogisch-statistischen Taschenbuchs. Hof 1802. V: *Müller, Chn Adam.* (Ky) (MGT) (Fiker)

— das, 1801, das erste u. folgenreichste d. 19ten Jahrh. Eine Annale (sic) v. Verf. des histor.-genealog.-statist. Taschenbuchs (Chr. Adm. Müller). 8. Hof 802. Grau. 20 K

— das, 1850 in seiner wichtigen Bedeutung. Letzte prophetische Worte des jüngst zu Straßburg verstorbenen 97jährigen Benedictinermönchs Paola 16. (11 S.) Mühlhausen 847. (Lütjenburg, Kems & Co.) n. 2 ngr — Von dessen Beichtvater, dem Pater Clemens, niedergeschrieben. 4 Aufl. Nebst einem Nachworte. br. 8. (8 S.) Mühlhausen 848 (Tübingen, Buchhandlg. Zu-Guttenberg.) 1½ ngr — 5 Aufl. 16. (11 S.) Lütjenburg 849. Kems & Co. n. 2 ngr

Achtzehnhundertundsechs,

Das Jahr, und Deutschlands Souveraine zu Anfang des Jahres 1807. Übersicht der denkwürdigsten Vorfälle seit dem Preßburger Friedens-Tractat. [Leipzig] 1807. V: *Dyk, Johann Gfr.* (Ky) (BIMm)

— das, 1808, od. Deutschlands-Souveraine zu Anfang d. Jahres 1807 rc. Uebersicht d. denkwürdigsten Vorfälle seit d. Preßburger Friedenstraktat, (v. J. G. Dyck). gr. 8. Leipz. 807. Dyck. 10 K

— das, 1836. Von d. Verfass. der Schrift: „Der 14. Okt. 1832." 8. Stuttgart 833. Löflund, jetzt Beck u. Fränkel. ⅛ ß

Achtzehnhundertundsieben,

Das Jahr; nebst einer Abbildung und Beschreibung des Napoleon-Gestirns. Leipzig 1808. V: *Dyk, Johann Gfr.* (Ky) (MGT)

— das, 1807. Eine Chronik nebst Abbild. u. Beschreib. des Napoleonsgestirns, (v. J. G. Dyck). gr. 8. Lpz. 808. Dyck. 1 ß 12 K

Jahr. Das J. 1857 in der Schweiz. [A.] 8. (Leipzig 1858.)

Jahr, das, 1877. [Politische Geschichte. Ausgewählte Biographien. Vor hundert Jahren. Todtenliste des J. 1877.] gr. 8. (IV, CLXII, 216 S.) Leipzig 878. Duncker & Humblot. n. 6. 60

Achtzehnhundertsiebzig, Das

Jahr, und die Wehrkraft der Monarchie. Wien 1870. 2. A. 1870. V: *Albrecht Erzherzog von Österreich.* (KA) (Cat. d. Stadtbibl. Zürich. Zürich 1864—97.)

— das, 1870 u. die Wehrkraft der Monarchie. gr. 8. (IV, 94 S. m. 5 Tab. in Fol.) Wien 870. Faesy & Frick. n. 1. 60

Achtzehnhundertundvierzig, Das Jahr, oder Darstellung der Revolution . . . Darmstadt 1832. V: *Boost, Johann Adam.* (Th) (IIS)

— das, 1840, od. Darstellung d. Revolution in ihrer Vergangenheit, Gegenwart u. Zukunft. gr. 8. (22½ B.) Darmstadt 832, (Heyer, Vrlsbuchh)

Das Jahr 1840 als Epoche in der Entwicklungsgeschichte Preußens. Ein patriotisches Wort, dem preußischen Volke gewidmet. Berlin, Asher u. Comp 1841. 80 S. 8.

— das, 1840 als Epoche in d. Entwicklungsgesch. Preußens. Ein patriot. Wort, d. preuß. Volke gewid. (v. J. A. Boost.) gr. 8. (5 B.) Berlin 841, Asher u. Comp.

Jahr. Ein J' in Amerika. Bern 1882 s. L[auterburg], A[nna].

Jahr, das, vom Anfang bis zum Ende. Für junge Herzen, Augen, Hände. Gedichte u. Erzählgn. f. d. reifere Jugend. gr. 4. (24 S. m. farb. Abbildgn.) Lengerich (900). Bischof & Klein. Kart. n. 1. 25

Das angenehme Jahr des Herrn. Evangelische Zeugnisse über die von d. XXII. deutschen evang. Kirchen-Konferenz zu Eisenach ausgewählte Perikopenreihe d. Evangelien unter Mitw. mit anderen hrsg. v. Ernst Kuhn, Pastor in Siegen, u. Oskar Brussau, Pastor Frankenstein i. Schl. *Bielefeld & Leipzig: Velhagen & Klasing 1900.* (VIII, 542 S.) 8. [illegible]

Jahr, Das apostolische, s.a. Duquesne

Jahr, d. apostolische, (als Forts. d. betrachteten Evangeliums, od. Betr. auf alle Tage im Jahre.) 13 Bde. gr. 8. Augsb. Rieger. (Haßlinger in Linz.) 810. (1r—4r 2 Rthlr. 16 gr. 5r—8r 2 Rthlr. 16 gr. 9—13r 3 Rthlr. 8 gr.)

— e., unter der neuen Aera. Ein Beitrag zur Geschichte der Frankfurter Oper v. Pasquino. gr. 16. (28 S.) Frankfurt a/M. (902). (Dr. E. Schnapper.) n. — 50

Jahr, Ein, in Arkadien. Jena 1805. V: *August Emil Leopold Herzog von Sachsen-Gotha.* (BrMm)

— ein, in Arkadien. gr. 8. Gotha, Ettinger. 805.

EIN Jahr in Arkadien. Mit 2 Kupfertafeln. O. O. (Jena, Frommann & Wesselhöft), 1805. Gr. 8°. 124 S. Mit Titelkupfer. Roman mit erotischen Anklängen in Heines Geschmack. Verfasser ist August Emil Leopold, Herzog zu Sachsen-Coburg-Gotha. Goedeke V, 472, 9; Holzmann-Bohatta, II, 3102.

Jahr, Das, eine grotesk-komische Bildergallerie, in hübsch klingenden Reimlein . . . [Hadamar] 1802. V: *Schmidt, Carl Christian Friedrich Ludwig.* (MGT) (Ky)

— das, e. grotesk. kom. Bildergallerie in Reimlein ausgest. v. d. Verf. d. Dr. April. 16 Buch. 8. Hadamar, Gel. Buchh. 802.

— das, e. grotesk-kom. Bildergallerie in Reimlein ausgestellt vom Verf. d. Dr. April (Karl Chr. Fr. Ldw. Schmidt.) 16 Buch. 8. Hadamar 802.... 20 ₰ (Lanz in Weilb.) 12 ₰

Ein Jahr in Bildern. Wiener Kunstkalender 1906. 4°. Wien: Perles 1905.

Jahr, e., in Bildern. Wiener Kunstkalender 1907. Zeichnungen v. Aug. Mandlick. (13 Bl.) qu. gr. 4. Wien, M. Perles. n. 6.—

Jahr, e., in Bildern. Wiener Kunstkalender 1908. Zeichnungen v. Aug. Mandlick. (13 Bl.) 32×39 cm. Wien, M. Perles. 6.—

Jahr, buntes. Kinder-Kalender für das J. 1887. Unter Mitwirkung von E. v. der Decken, Alex. Dorn, D. Duncker ꝛc. Hrsg. von D. Duncker. Illustriert von E. Elias. Lex. 8. (88 S.) Berlin, Hofmann und Comp. * 1 —

— dass. — auf das J. 1888. Hrsg. von D. Duncker. Unter Mitwirkung von Ida Bloch, E. Callmann, Carl Cassau ꝛc. Illustriert von Paul Thumann, G. Brandt, W. Cöster ꝛc. 2. Jahrg. gr. 8. (IV, 101 S. mit 12 Kalenderbildern von E. Elias.) Ebendas. cart. * 1 —

— dass. — auf das J. 1889. Hrsg. von D. Duncker. Unter Mitwirkung von Ida Becker, H. Binder, J. Bloch ꝛc. Illustriert von G. Brandt, E. Elias, Emil Rumpf, C. Wagner u. A. 3. Jahrg. gr. 8. (108 S. mit 12 Kartenbildern von E. Elias.) Ebendas. * 1 —

— dass. — Ausgabe für Oesterreich-Ungarn. Redact.: Ph. Brunner. gr. 8. (IV, 108 S.) Wien 888, Perles. cart. * 1 40

Jahr, Buntes. Kinder-Kalender auf das Jahr 1890. Herausgegeben von D. Duncker. Mit 12 Kalenderbildern von F. Jüttner. Unter Mitwirkung von J. Bloch, W. Bluhm, Philipp Brunner ꝛc. Illustrirt von G. Brandt, E. Elias, F. Jüttner, M. Stieler und Anderen. 2. Jahrgang. Ausgabe f. Oesterreich-Ungarn. Redacteur Philipp Brunner. Gr. 8. (108 S.) Cart. Wien, Perles 1889 .66

— dasselbe, auf d. J. 1890. Hrsg. v. D. Duncker. Mit 12 Kalenderbildern v. F. Jüttner. Illustr. v. E. Elias, G. Brandt u. A. 4. Jahrg. gr. 8. (108 S.) Berlin, Hofmann & Co. n. 1.

— dasselbe, auf d. J. 1891. Illustr. von E. Elias, G. Brandt, Paul Bundt u. A. Mit 12 Kalenderbildern v. E. Elias. 5. Jahrg. gr. 8. (116 S.) Hamburg 890. Verlagsanstalt u. Druckerei, A.-G. cart. n. 1 —

Jahr, buntes. Kinder-Kalender auf d. J. 1892. Unter Mitwirkg. v. J. Bloch, Carl Cassau, Alex. Dorn u. a. m. hrsg. v. D. Duncker. Illustr. v. G. Brandt, Adj. Döring, E. Elias u. a. m. Mit 12 Kalenderbildern v. E. Elias. 6. Jahrg. gr. 8. (121 S.) Hamburg, Verlagsanstalt u. Druckerei, A.-G. Kart. n. 1 —

— dasselbe auf d. J. 1893. 1894. Mit 12 (farb.) Kalenderbildern v. Marie Stüler. 7. u. 8. Jahrg. gr. 8. (III, 129; IV, 112 S.) Berlin, F. Fontane & Co. Kart. à Jahrg. n. 1. —

— dasselbe auf d. J. 1895. Mit 4 Kalenderbildern v. Marie Stüler. 9. Jahrg. gr. 8. (IV, 108 S.) Berlin, R. Boll. Kart. n. 1. —

Jahr, buntes. Kinder-Kalender auf d. J. 1897, hrsg. v. Dora Duncker unter Mitwirkg. hervorrag. Schriftsteller u. Schriftstellerinnen. Mit zahlr. Illustr. ausgezeichn. Künstler. Mit 4 Kalenderbildern von Marie Stüler. 11. Jahrg. gr. 8. (IV, 99 S.) Berlin 896. R. Boll. Geb. n. 1.—

Jahr.— Ein Jahr in Chalonnes, s.a. Bauerfeind, Georg Friedr. Christian

Jahr, Ein, in Chalonnes. Halle 1857. V: *Bauernfeind.* (Ky)

Jahr, ein, in Chalonnes. (Herausg. von Bauernfeind.) Halle 857. Fricke. 8. (IV, 287 S.) n. 15 ngr

Jahr, Das, des katholischen Christen. Wien 1830. V: *Schmid, Franz.* (schmal)

—— das, des kathol. Christen. gr. 8. (52 B.) Wien 830, (Wimmer.)

Jahr, das, des kathol. Christen. 2. Aufl. gr. 8. (51½ B.) Wien 837, (Gerold's Vrlgh.)
Ist ein Auszug aus dem „christkathol. Hausbuch."

Jahr, Das Christliche, Oder die Episteln und Evangelien, Auf die Sonn-Gemeine- Ferial- und Fest-Tage ... Aus d. Frantz. ... Prag 1718. 2. Aufl. 1733. V: *Le Torneux, Nicolas (Milchs).* Ü: *Sporck, Maria Eleonora Franziska.* (Mitt. M. Grolig.)

Jahr, Das Christliche, Oder die Episteln und Evangelien, Auf die Sonn-Gemeine- Ferial- und Fest-Tage ... Aus dem Frantz. ... Prag 1733. V: *Le Torneux, Nicolas.* (Milchs) Ü: *Griffet, H.* [?] (AarK)

Jahr, das christl., oder: Betrachtungen auf jeden Tag des heil. Kirchenjahres. Aus Avancini latein Betrachtungen d. Lebens u. der Lehre Jesu, frei übersetzt v. Jh Seb. Wittmann. 2 Thle. 2e Ausg. 8. Augsb. 833. M Rieger's B. (Himmer) 1⅓ ₰

—— das christliche, od.: Betrachtungen auf jed. Tag d. heil. Kirchenjahres. Aus Avancins latein. Betrachtungen d. Lebens u. d. Lehre Jesu, frei übers. v. Joh. Seb. Wittmann. 2 Thle. 2. Ausg. 8. (37½ B.) Augsburg 834, M. Rieger'sche Buchh.

— das deutsche, im Bilde. Aus dem Bilderschatze der Münchener „Jugend" ausgewählt u. unter Mitwirkg. d. „Freien Lehrervereinigg. f. Kunstpflege" Berlin hrsg. v. Geo. Hirth. (IV, 47 S. m. 24 farb. Vollbildern.) 31,5×24 cm. München 908. Verl. d. „Jugend". Kart. nn 1.50

Jahr, das, u. s. sieben Enkel. Ein phantast. Hochzeits-Spiel in 1 Aufzuge. 12. (8 S) Berlin (895). M. Böhm 1.60

Das Erste Jahr des Bürgerlichen Gesetzbuchs für das Deutsche Reich. Erl. von Dr M[artin] Scherer. Erlangen: Palm & Enke 1901. 8°
= Gesetzgebung d. Deutschen Reiches mit Erl. T. 1, Erg.H. 1. (05. 597

Jahr, Das Eucharistische, oder Vorbereitungen und Danksagungen für die heilige Communion. Paderborn 1876. Ü: *Blaner, Wenzel.* (Jes)

— das eucharistische, od. Vorbereitgn. u. Danksaggn. f. die heil. Communion an allen Sonn- u. Festtagen d. Jahres. Aus dem Franz. gr. 16. (240 S.) Paderborn 876. Junfermann. -- 75

— eucharistisches. Gedichte auf die Sonntage u. Feste des Herrn im Laufe des Kirchenjahres. Von e. Ordensschwester der hl. Ursula. 12. (131 S.) Dülmen 900. A. Laumann. Geb. in Leinw. m. Goldschn. n. 2.50

— das festliche, s.a. Jungbrunnen. 43. Bdchn.

Das festliche Jahr. Mit Bildern von Franz Stassen. Berlin: Fischer & Franke [1903]. (24 Bl.) 8° [Umschlagt.]
= Jungbrunnen. [43.] (05. 10307

Jahr, Das, des Friedens. Der Ober-Pfarr- und Dom-Gemeine ... Berlin 1815. V: *Sack, Frdr. Ferd. Adolph.* (GGr)

—— das dem heiligen Herzen Jesu geheiligte. Enth.: 24 Betrachtungen für die Vor- und Nachmittage der monatl. Geistessammlung; 12 Betrachtungen für die ersten Freitage, nebst verschiedenen Andachtsübungen zur Ehre des göttl. Herzens Jesu für alle Tage der Woche; 36 verschiedene Herz-Jesu-Betrachtungen, auch geeignet zur Auswahl für den Monat Juni, oder Herz-Jesu-Monat. Größtentheils freie Bearbeitung aus dem Französ. 8. (IV, 407 S.) Innsbruck 877, F. Rauch's Buchh.

Jahr, geheiligtes, s.a. Bibliothek, ascetische.

— geheiligtes. Lehren u. Beispiele der Heiligen in kurzen Lesungen für alle Tage des Jahres. Nach dem Ital. 12. (X, 503 S.) Freiburg i/Br. 880. Herder. 2.40

—— geheiligtes. Lehren u. Beispiele der Heiligen in kurzen Lesgn. f. alle Tage d. Jahres. Nach dem Ital. frei bearb. v. Friedr. Hense. 2. neu durchgeseh. u. verb. Aufl. 12. (XII, 516 S.) Freib. i. Br. 891, Herder. * 2.40; geb. in Leinw. * 3.30

— geheiligtes. Lehren u. Beispiele der Heiligen in kurzen Lesgn. f. alle Tage des Jahres. Nach dem Ital. frei bearb. v. Frdr. Hense. 8. Aufl. (Ascetische Bibliothek.) 12. (IX, 527 S.) Freiburg i/B. 900. Herder. n. 2.40; geb. in Leinw. n. 3.20

— geheiligtes. Lehren u. Beispiele der Heiligen in kurzen Lesgn. f. alle Tage d. Jahres. Nach d. Ital. frei bearb. v. Frd. Hense. (Aszetische Bibliothek.) 4. Aufl. (IX, 527 S.) kl. 8. Freiburg i/B. (909). Herder. 2.80; geb. in Kunstldr. 3.50

— geheiligtes, wor. Gebete u. Leben d. Heiligen. 8. Wien, Tendler. 765.

— geheiligtes, worin Gebete u. Leben der Heiligen. 8. Wien 765. Trattner. 1 ₰

—— das geistliche. Ein vollständ. kathol. Gebetbuch. 16. (VIII, 407 S. mit 1 Stahlst. und 5 Chromolithogr.) Münster 878, Aschendorff'sche Buchh. *

— das dem heiligsten Herzen Jesu geweihte. Betrachtungen u. Gebete zu Ehren des heiligsten Herzens Jesu für die Tage der monatl. Geistessammlg. u. die ersten Freitage e. jeden Monats zum Gebrauche f. Ordenspersonen u. fromme Weltleute. 2. Aufl., hrsg. von Lor. Leitgeb, C. Ss. R. 8. (XV, 483 S. m. Titelbild.) Innsbruck 902. F. Rauch. n. 2.50

Jahr, Das heilige, oder Leben der Heiligen auf alle Tage des Jahres mit einem vollständigen Gebetbuch ... Einsiedeln 1852. V: *Kolfus, Hermann.* (Kn)

Jahr, das heilige. Das ist das Leben der Heiligen Gottes, eingetheilt auf alle Tage des Jahres, mit Anwendungen, Gedenksprüchen und Gebeten. Sammt einem vollständ. Gebetbuche aus den Schriften der Heiligen Gottes. Von einem kathol. Landgeistlichen. gr. 18. (IV und 624 S. mit 16 lithogr. Bildern.) Einsiedeln 853, Gebr. Benziger.

— heiliges, d. i. Erklär. d. heil. Zeit u. d. Lebensgesch. d. Heilig. rc. 8. Augsb. Rieger. 774.

— heiliges, d. i.: Leben u. Thaten der Heiligen nach den Tagen des Jahres, vorzüglich für Bürger u. Landleute, v. Fr. Deinl bearb. 4 Bde., od. 12 Thle. Mit 1 Kpf. München 828 u. 29. Daisenberger. 4 ℛ 5r—8r Bd. Auch u. d. T.: Römisches Martyrologium, wie es v. Gregor XIII. eingerichtet u. v. Benedict XIV. verbessert wurde. 4 Bde. Ebd. 830. 4 ℛ

—— heiliges, das ist: Leben u. Thaten d. Heiligen, nach d. Tagen d. Jahres vorzügl. f. Bürger u. Landleute bearb. v. Frz. Deinl. 1—16. Bd. gr. 8. ... München 825—30, Daisenberger.
13—16. Bd., a. u. d. T.: Römisches Martyrologium, wie es von dem Pabste Gregor XIII. eingerichtet, u. v. Benedikt XIV. verbessert wurde. 4 Bde. 2 Thlr.

Jahr, Heiliges, das ist Leben und Thaten der Heiligen. Regensb. 1829—30. V: *Deinl, Frdr.* (winer) (schmal)

Jahr, Heiliges, oder Leben und Thaten der Heiligen und Freunde Gottes. 365 Lebensbeschreibungen nebst den Festen des Herrn. Dem christkatholischen Volke zur Lehre und Erbauung gesammelt und herausgegeben vom Verfasser der Hosianna und des Kölnischen Gebetbuches. Köln 1851. V: *Renard, J. E.* (stBKöln I, 148)

—— heiliges, oder Leben und Thaten der Heiligen und Freunde Gottes. 365 Lebensbeschreibungen nebst den Festen des Herrn. Dem christkathol. Volke zur Lehre und Erbauung gesammelt und hrsg. vom Verf. der Hosianna und des kölnischen Gebetbuches. 1—4. (Vierteljahr.) gr. 12. Köln 851, Heberle. à 5 Ngr.

1. Januar—März. Nebst Beschreibung der aachener Heiligthümer. (S. 1—168. und 1 Stahlst.)
2. April—Juni. Nebst Beschreibung der heil. Dreikönig-Capelle und der Schatzkammer im Dom zu Köln. (S. 169—336 und 1 Stahlst.)
3. Juli—September. Nebst Beschreibung des wunderthätigen Gnadenbildes der heil. Jungfrau Maria in Kevelaer. (S. 337—507 und 1 Stahlst.)
4. October—Dezember. Nebst Beschreibung des heil. Rockes in Trier. (S. 509—700 und 1 Stahlst.)

— heiliges, Jesu Christ. d. Gekreuzigten. 8. Augsb. Wolf. 747.

Jahr, Ein, unter Kindern. Erzählungen für Kinder von 4—10 Jahren. Herausgegeben von S. Freifrau S. v. B. geb. Gräfin W. G. Münster i. W. 1905. H: *Spiess von Büllesheim, Sophie Freifrau von, geb. Gräfin Westerholt Gysenberg.* (Berl)

— e., unter Kindern. Erzählungen f. Kinder von 4—10 Jahren. Hrsg. von S. Freifrau S. v. B. geb. Gräfin W. G. (144 S. m. Abbildgn.) 8. Münster (906.) (Universitätsbuchh. F. Coppenrath.) Geb. n. 2.—

Jahr, das, der Kinderwelt, od. Ordnung u. Kreislauf d. Kinderspiele in Bildern u. Gedichten. Ein Unterhaltungsbuch für Kinder, so wie f. die erwachsene Jugend. (Mit 6 ill. Bild.) gr. 8. (1 B. m. Einfass.) Leipzig. (Herm. Fritzsche.) *

—— ein, auf der Festung Kufstein. Aus dem Tagebuche eines polit. Gefangenen. 12. (220 S.) Meißen 851(52,) Goedsche'sche Buchh.

Das erste Jahr im Deutschen Landerziehungsheim bei Ilsenburg im Harz von Hermann Lietz. *Berlin: F. Dümmler 1899* 4°

Jahr, Das zweite ff. in Deutschen Landerziehungsheimen (Mitteilungen ...), hrsg. von Herm. *Lietz.* Berlin 1900 ff. 4° u. 8°.
2. 3: Ilsenburg i. H. 1900. 1901
4. 5: Haubinda [illegible] u. [illegible]. 1902. 1903.
6: Schloss Bieberstein, Haubinda u. Ilsenburg. 1904
7: Schloss Bieberstein u. Haubinda. 1905.
8: Schloss Bieberstein, Haubinda, Ilsenburg. 1905/06

Jahr, Das 8. ff. in Deutschen Landerziehungsheimen. (Mitteilungen ...) hrsg. von Hermann *Lietz.* Berlin 1906 ff. 4° u. 8°

—— Ein, aus Dinters Leben. Ein Beleg f. Dinters unbescholt. Charakter; od.: Dinter nach seinen verschied. Verhältnissen u. Stellungen als Pfarrer zu Kitscher, dargestellt v. e. Seiner Schüler. 8. (9 B.) Neustadt a. d. O. 831, Wagner.

Jahr, Ein, aus dem Leben des Chevaliers von Faublas. A. d. Franz. Berl. u. London [Leipzig] 1788. N. A. 1789. V: *Louvet de Couvray, Jean Baptiste.* (wr)

— ein, aus d. Leben d. Chev. v. Faublas; aus. d. Französ. 2 Bde. 8. Leipz. 788, 89. Schneider. 1 ℛ 2 gr

—— ein, in Livland. Eine Erzählung für die balt. Jugend von M. v. S. gr. 8. (189 S.) Berlin 886, Deubner. *ℳ 3.—.; geb. * 4 50

— ein, in Livland. Eine Erzählg. f. die balt. Jugend u. ihre Freunde von M. v. S. 2. Aufl. (189 S.) 8. Riga 906. G. Löffler. Kart. n. 2. 80

— marianisches, d. i., Betr. a. jed. Tag des Jahrs. 4 Thle. 8. Nürnb. 738.

— ein, am Meeresstrande, s.: Volks-Erzählungen, kleine.

— d. merkwürd. 1800. od. Erläut. üb. d. Streit des Anfangs v. 19ten Jahrh. 8. Lobenst. Alaen.

Jahr, Das merkwürdigste, aus dem Leben eines alten Kriegers. Ein historischer Roman. Halberstadt 1830. V: *Hildebrandt, Christoph.* (Blätter f. liter. Unterh. 1831, S. 211 f.) (Zeitschr. f. Büch. N. F. 15, 1923, S. 112)

—— das merkwürdigste, aus d. Leben e. alten Kriegers. Ein histor. Roman a. d. Zeiten Friedrichs II. u. d. Maria Theresia. 2 Thle. 8. (34 B.) Halberstadt 830, Helm.

Jahr, das neue. Deutscher Volkskalender für Oesterreich-Ungarn. 1873—1876. Hrsg. von P. K. Rosegger. 1.—4. Jahrg. 8. (à ca. 176 S. mit eingedr. Holzschn. und Holzschntaf.) Preßburg, Heckenast. à Jahrg.
—— dass. — Deutscher Volkskalender für 1877 und 1878. 5. und 6. Jahrg. Hrsg. von P. K. Rosegger. 8. (à 182 S. mit eingedr. Holzschn. und 1 Holzschntaf.) Preßburg, Heckenast's Nachf. à Jahrg.
—— dass. — für 1879 und 1880. 7. und 8. Jahrg. 8. (à 192 S. mit eingedr. Holzschn. und Holzschntaf.) Wien, Manz'sche Hofbuchh. à Jahrg. *

Das neue **Jahr** freimäurisch [!] betrachtet und in zwo Abhandlungen am Neueniahrsfeste [!] 5. 7. 70. in der ger. und vollk. Loge zu den dreien Schlüsseln in Regensburg fürgetragen. [Regensburg]: Selbstverl. d. Loge [1770]. 26 S. 4°
8 in: Sammlung einiger Frmrreden d. L. in Regensburg. 1773.
Selten. Die 1. Rede unterz.: [F.]. v. M[aemmingen], die 2.: K[eiser].

— das, 1908 (Kalender-Mskr.). (15 Bl.) gr. 8. Wien, (C. Fromme). —15

— das, 1911. Ein Jugendkalender. Im Auftrage d. Karlsruher Jugendschriften-Ausschusses hrsg. v. Otto Fritz. (44 S. m. Abb.) kl. 8. Bühl, Konkordia. —20

Jahr, Das scheidende, Astraens geliebter Söhne auf Deutschlands Heredon gesehen am 23/24. Juny 5810. Bayreuth 1810. V: *Hardenberg, Frhr. von.* (Kl 1163) (Wolfstieg I, 172)

Jahr, Ein, in Schwaben unter Freunden und Feinden Deutschlands. Stuttgart 1867. V: *Umfrid, Otto.* (Heyd)

Jahr, ein, in Schwaben unter Freunden und Feinden Deutschlands. gr. 8. (48 S.) Stuttgart 867, Schaber. *

[J.] Das Jahr 1793. Urkunden u. Aktenstücke z. Organisation Südpreussens. Kapitel 1. *Posen: Merzbach'sche Buchdr. 1895.* 8.
(Histor. Gesellsch. f. d. Prov. Posen.) [96 1638

[J.] Das Jahr 1793. Urkunden u. Aktenstücke. z. Gesch. d. Organisation Südpreussens. M. 4 Portr. Hrsg. unter d. Redakt. v. Dr. Rodgero Prümers. *Posen: Eigenth. d. Gesellsch.; (Dr. v. Merzbach) 1895.* (X, 840 S., 1 Bl., 4 Portr.) 1 Bd 8.
= Sonder-Veröffentlichungen d. Histor. Gesellschaft f. d. Prov. Posen. [Bd] III. [96. 1880

Jahr, das, 1715, od. wie's v. hund. Jahren in d. Welt aussah. Ein Erinnerungs- u. Trostbüchlein f. 1815. 8. Lpz. u. Altenb. Brockhaus. 815.

— 70, das, u. das Jahr 1870, beleuchtet auf Grund d. göttl. Wortes u. der Geschichte v. 3 Predigern d. Evangeliums zu Cöln a. Rh. Hrsg. vom Schriften-Vereine f. Israel. 16. (64 S.) Cöln 873. Barmen, Klein in Comm. n. — 50

— ein, am Strande. Der Hut d. Raubmörders. Zwei Erzählgn. 16. (63 S.) Mühlheim 874. Bagel. n. — 25

—— und Tag. Ein Spruch- und Bilder-Kalender auf jedes Jahr nebst Haus- und Schulregeln für die Jugend. Mit Bildern. qu. gr. 8. (23 S. und 8 ill. und 1 schw. Stnt.) Stuttgart 847, Schreiber und Schill.

JAHR UND TAG. Ein Spruch- und Bilder-Kalender auf jedes Jahr, nebst Haus- und Schulregeln für die Jugend. Mit color. Bildern. Eßlingen, J. J. Schreiber, 1861. 12 bedruckte Bll. und 16 handkolorierte Lithographien. Querkleinfol. Or.-Kartonbd. m. Leinenrücken und hübsch in Gold u. Farben ausgeführtem Vorderdeckel. 25.—
Sehr schönes seltenes Bilderbuch. Die vortreffl. Bilder zeigen Kinderszenen zu den einzelnen Monaten und Tageszeiten. — Titelangabe nach Kaysers Bücher-Lexikon XV (1866), da Titel und Vortitel fehlen. Mit Gebrauchsspuren, einigen (ausgebess.) Einrissen u. Flecken, dunkler Wasserfleck am oberen Innenrand. Einband abgenutzt u. lose.

Jahr und Tag. Ein Spruch- u. Bilder-Kalender auf jedes Jahr, nebst Haus- u. Schulregeln für die Jugend. Mit (16 lith. u.) color. Bildern. Eßlingen 861. Schreiber. qu. 4. (IV, 20 S.) 27 ngr.

— e., zu Tisch in der Bilz'schen Naturheil-Anstalt in Dresden-Oberlößnitz. 365 Tagesküchenzettel m. den dazu gehör. erprobten Rezepten od. Bereitungs-Vorschriften. Zusammengest. u. bearb. v. e. ehemal. Kurgast. (III, 414 u. 10 S. m. Abb., 6 farb. Taf. u. 1 Bildnis.) gr. 8. Dresden (908). Dresdner Verlagshandlg. M. O. Groh. Geb. 5.50

[J.] 'Im tollen Jahr.' Erster Jg. d. Kladderadatsch 1848. Nach 50 Jahren neu hrsg. m. Anm. u. Erläut. *Berlin: A. Hofmann & C. 1898.* (2 Bl., 136 S., 1 Beil.) 1 Bd 4. [00. 639

'Im tollen **Jahr.**' Erster Jahrgang d. Kladderadatsch 1848. Neu hrsg. mit Anm. u. Erl. [Titelaufl. d. Neudr. von 1898] Berlin: Hofmann & Co. 1910. 12, 136 S. 4° [11. 4516 B

Jahr, das unglücklichste, meines Lebens, oder Memoiren eines preuß. Offiziers. 8. Berl. Schöne. 812.

— d., u. seine Verrichtung. Ein Spiel. 8. Leipz. Herzog. 809.

— das wichtigste der Preuß. Monarchie, aus officiellen Berichten. 1r Thl. 8. Berl. 808. Unger. 2 ℛ (Nauck). Hbg. Pr. 18 gr

— das, 2500, oder der Traum Alrabi's; aus e. arab. Handschrift des 16ten Jahrh. übers. (v. D. G. G. Mehring). 2 Bdchn. 8. Berl. 794, 95. (Maurers B) 1 ℛ 6 gr

Jahr, Das, zweitausend vierhundert und vierzig. Ein Traum aller Träume. London [Leipzig] 1772. Ü: *Weiße, Christian Felix.* V: *Mercier, Louis Sébastian.* (Mitth. Prof. Dr. Ullrich-Brandenburg a. H.)

— das, 2440. Ein Traum aller Träume; aus d. Französ. (des Mercier) (von Chr. F. Weiße). 8. Leipz. 772. N. Aufl. 782. Schwickert. 20 gr Beilage zu demselben. 8. Bresl. 781. Meyer. 9 gr

— Dass. zum zweiten Male geträumt, (v. K. H. Wachsmuth). 8. Leipz. 783. Weygand. 8 gr

—— das zweite tolle, von Erfurt: 1848; oder unparteiische Erzählung des am 24. Novbr. 1848 in den Straßen von Erfurt statt gefund. blutigen Kampfes. 16. (28 S.) Erfurt 849, Gebhardi. **

[J.] Anleitung zur statischen Berechnung der Dampfkesselschornsteine und Dachkonstruktionen gemäss ... d. Anweisg ... v. 15. März 1897. M. 8 Abb. (v. Jahr). Nachtrag z. 3. Aufl. d. Vorschriften, betr. d. Anlegg ... v. Dampfkesseln ... *Hagen i. Westf.: O. Hammerschmidt 1897.* (43 S.) 1 Bd 8. [97. 1303

Jahr, Alphabetisches Verzeichnis der Steinkohlenbergwerke des nördlichen Teils des Oberschlesischen Steinkohlenbeckens mit Angabe der Feldesgrößen, Besitzverhältnisse und der gebauten Flöze. Hrsg. vom Kgl. Oberbergamt zu Breslau. Breslau, 1904. 67 S.

Jahr, alphabetisches Verzeichnis der Steinkohlenbergwerke m. Angabe der Feldesgrößen, Besitzverhältnisse u. der gebauten Flöze. Anlage zu Flözkarte vom nördl. Teile des oberschles. Steinkohlenbeckens i. M. 1 : 10000, hrsg. v. dem königl. Oberbergamt zu Breslau. (67 S.) Lex.-8. Breslau (905). Priebatsch. n.n. 2.—

Jahr, Alfred, aus Witten: 30 Fälle von Carcinoma linguae. *Jena 1903: Frommann.* (43 S.) 8°
Jena, Med. Diss. v. (23. Jun.) 1903

Jahr, Ant., welche Stellg. hat Sachsen im Laufe d. Zeit im Deutschen Reiche eingenommen?, s.: Festreden f. Schulen u. patriot. Vereine z. Geburtstagsfeier d. Königs Albert v. Sachsen.

Jahr, E., Diphtherie u. Croup im Königreich Preussen in d. J. 1875—1882, s.: Brühl, L.

Jahr, E., Register, s.: Jahrbücher f. mecklenburg. Geschichte.

Jahr, E., die Urkraft od. Gravitation, Licht, Wärme, Magnetismus, Elektricität, chem. Kraft etc. sind sekundäre Erscheingn. der Urkraft der Welt. gr. 8. (VI, 120 S. m. 7 Abbildgn.) Berlin 899. O. Enslin. n. 2.—

Jahr, Ernst Rudolf, aus Eisenach: Die **Entwicklung** des Verkehrswesens von Thüringen im 19. Jahrhundert. *Leipzig 1903: E. Glausch.* (X, 76 S.) 8°
Leipzig, Phil. Diss. v. [6. Mai] 1903

Jahr, Friedrich Wilhelm

— — **Doctrinam evangelico Lutheranam de praedestinatione ab injusta celeberrimi Jacobi Saurini accusatione.** Präs. D. Carl Gottlob Hofmann. Wittbg. (Eichsfeld) Okt. 1740. 50 S. (6.80) 16620

Jahr. F. W., De oratore sacro e Ciceronis disciplina informato. Gel. 1782. 55 S. 4°.

— — **Poesin facultatem res distincte concipiendi haud imminuere contra celeb. Georg Bernardum Bulffingerum disputando evincet.** Wittbg. (Wwe. Koberstein) Sept. 1735. 24 S. (6.20) 16617

Jahr, F. W., de precibus gentilium expiatoriis ab Ebraeis desumptis. Viteb. 1731. 4.

Jahr, Friedrich Wilhelm (Gosmar/Lausitz), De prudentia in eligendo vitae genere summi necessaria. Diss. moralis. Präs. M. Georg Ehrenfried Behrnauer (Rector d. Bautzener Gymnas.) Bautzen (Richter) Jan. 1728. 24 S. (6.20) 16616
Gew.: Georg Christoph v. Burgsdorff (Oegeln, Hohen-Ziethen). — Widm. v.: Johann Traugott Lindner, Johann Samuel Langrock (Spremberg/Laus.), Christian Wilhelm Heil (Wittenberg; dtsch.).

— — **Quaestiones quibus diligenter illustris Wolfii sententias expendit philosophicae.** Wittbg. (Johann Wilhelm Bossoegel) 1739. 4 Bl., 80 S. (7.20) 16618
Chn. Friedr. Bartsch (Pristaeblich/Misn.), Joh. Matth. Beutler (Flarchheim), Joh. Jac. Coler (Bendeleben/Thür.), Paul Rudolph Doering (Breutenau/Misn.), Georg Christian Erbstein (Langensalza), Joh. Friedr. Georgi (Baruth/Saxo), Joh. Chn. Groschupff (Brieg/Schles.), Balthasar Geyder (Radis/Saxo), Michael Gottlieb Hoffmann (Debrigau/Saxo), Joh. Gottfr. Kampmüller (Wohlau/Schles.), Joh. Friedr. Koch (Rudolstadt), Joh. Mich. Koeppel (Salzburg), Samuel Mietlov (Kreuzburg/Schles.), Chn. Ludw. Puchau (Guben), Joh. Sam. Pfeiffer (Weissensee/Thür.), Johann Joseph Reich (Tschirndorff/Schles.).

— — **Dasselbe** (Quaestionum philosophicarum quibus diligenter illustris Leibnitii et Wolfii sententias expendit) liber II. Wittbg. (Jo. Wilhelm Bossoegel) 1739. 4 Bl., 88 S. (7.50) 16619
Adam Balog (Hung. Jauriniensis [= Raab]), Chn. Friedr. Bartsch (Pristaeblich/Misn.), Joh. Jac. Coler (Bendeleben/Thür.), Paul Rudolph Doering (Breitenau/Misn.), Daniel Gottlob Gerstener (Chemnitz), Ant. Leber. Goepel (Graeffenhayn), Joh. Chn. Groschupff (Brieg/Schles.), Chph. Friedr. Hempel (Reimsdorff/Zeitz), Joh. Friedr. Herrmann (Haynau/Schles.), Michael Gottlieb Hoffmann (Dorbrichau/Misn.). Chn. Heinr. Hund (Kohren/Misn.), Joh. Gottfr. Kampmüller (Wohlau/Schles.), Joh. Friedr. Koch (Rudolstadt), Michael Kotsis (Hungar. Castriferensis [= Eisenburg]), Benj. Theod. Meiner (Bruga Saxo), Samuel Mietlov (Kreuzburg/Schles.), Chn. Ludw. Puchau (Guben), Joh. Sam. Pfeiffer (Weissensee/Thür.), Gg. Chn. Querl (Blanckenh./Thür.).

Jahr, F.G.: De sacramento baptismi. – Viteb. 1744.

Iahr, F. G., doctrinae Evangel.-Lutheranae de praedestinatione systema. 8. Vittb. Ahlfeld. 753.

Jahr, Fr. Wlh., († d. 30. Dec. 1755.) doctrinae Evangel.-Lutheranae de Providentia Συςημα exhibet. 8. Wittenb. 753. (Kühne). 8 K

Iahr, Frid., systema influxus physici in pristinum dignitatis splendorisq. statum restit. Vittb. 739.

Jahr, G., method. Leitfaden f. d. theoret.-prakt. Unterr. in d. deutschen Sprache. Ein Lehr- u. Aufgabenbuch f. Elementarschulen. 1. u. 2. Abthl. gr. 8. Neuwied, Wied. Hof-Buchh.
Abthl. 1. Bildung u. Bestandtheile einfacher Sätze, nebst e. Anh., welcher d. wichtigsten Regeln d. Rechtschreibung enthält. (9½ B.) 828. 8 Gr. (Erschien anonym.)
2. Grammatisch-stylist. Uebungen, od. Unterr. üb. Satzgefüge, Aufsätze u. Gedichte. (14½ B. u. 1 Tab.) 831. 12 Gr.

Jahr, G(ottlieb) H(einrich) G(eorg): Anweisung zu homöopathischer Behandlung der Krankheiten. Ein vollständiges Taschenbuch der homöopathischen Therapie. 542 S., 73 S., gbd.

Leipzig: Bethmann 1849

JB 2.617

Jahr, G. H. G., klinische Anweisungen zu homöopath. Behandlung der Krankheiten. Ein vollständ. Taschenbuch der homöopath. Therapie für Aerzte und Verehrer dieser Heilmethode, nach den bisherigen Erfahrungen bearb. Mit einer Charakteristik der wichtigsten Mittel, nebst deren Abkürzung, und einem alphabet. Register des Inhalts und der verschied. Krankheitsnamen. 8. (XXVIII und 615 S.) Leipzig 849, Bethmann. *

Jahr, G. H. G., klinische Anweisungen zu homöopath. Behandlung der Krankheiten. Ein vollständ. Taschenbuch der homöopath. Therapie für Aerzte und Verehrer dieser Heilmethode, nach den bisherigen Erfahrungen bearb. 2. verb. u. verm. Aufl. Nebst e. Einleitung, enthltd. Winke für die Praxis, einer Charakteristik der wichtigsten Mittel u. systemat. Inhaltsübersicht. Leipzig 854. Bethmann. 8. (CXX, 560 S.) n. 2 ℛ. 12 ngr.

Jahr, G. H. G. (L.), klinische Anweisungen zu homöopathischer Behandlung der Krankheiten. Ein vollständ. Taschenbuch der homöopath. Therapie für Aerzte und Verehrer dieser Heilmethode, nach den bisher. Erfahrungen bearb. 3., verb. und verm. Aufl. 8. (CXX und 529 S.) Leipzig 867, Literarisches Institut. * 2 Thlr. 12 Ngr.; geb. *

Jahr, G. H. G., der Geist u. Sinn d. Hahnemannischen Heillehre u. ihrer Psoratheorie, nebst e. Worte d. Zeit an alle Homöopathen, die Hahnemann's System unbedingt, od. nur theilweise annehmen u. befolgen. 8. (4½ B.) Düsseldorf 837, Schaub.

Jahr, G. H. G., rationelle Gesundheitslehre für Jedermann, nach dem Stande der neuesten wissenschaftlichen Forschungen und Erfahrungen. Nebst einem populären medicin. Wörterbuche, enth.: die verschied. schädl. Stoffe, Gifte und Krankheiten, sowie Regeln für das richt. Verhalten in gesunden und kranken Lebenszuständen. gr. 8. (XII, 536 S.) Leipzig 870, Literar. Institut. *

Jahr, G(ottlieb) H(einrich) G(eorg): Handbuch der Haupt-Anzeigen für die richtige Wahl der homöopathischen Heilmittel oder: sämmtliche zur Zeit näher gekannte homöopathische Arzneien in ihren Haupt- und Eigenwirkungen nach den bisherigen Erfahrungen am Krankenbette bearbeitet und mit einem systematisch-alphabetischen Repertorium versehen. 477 S., gbd.

Düsseldorf: Schaub 1834

JB 2.614

Jahr, G(ottlieb) H(einrich) G(eorg): Handbuch der Haupt-Anzeigen für die richtige Wahl der homöopathischen Heilmittel. Oder: sämmtliche zur Zeit geprüfte homöopathische Arzneien in ihren Haupt- und Eigenwirkungen, nach den bisherigen Erfahrungen am Krankenbette bearbeitet und mit einem systematisch-alphabetischen Repertorium des Inhaltes versehen. 2.umgearb., verbess.und...verm.Ausg. 728 S., gbd.

Düsseldorf: Schaub 1835

JB 2.615

—— Handbuch der Haupt-Anzeigen für die richtige Wahl der homöopathischen Heilmittel. Vorzüglich nach den bisher. Erfahrungen am Krankenbette bearb. (Vollständig in 1 Bd. in 2 Abthlgn. oder 5 Lfgn.) 1. Abthl.: Die gebräuchlichsten homöopath. Arzneien in ihren Haupt- und Eigenwirkungen. 4., umgearb., verb. und mit mehreren neuen Mitteln verseh. Aufl. 1—3. Lfg. gr. 8. (XIV und 524 S.) Leipzig 851, Bethmann. à Lfg. * 1 Thlr. *

—— dass. — 4. und 5. Lfg. (2. Abthl.: Kurzgefaßtes allgem. Repertorium des Wissenswürdigsten aus der reinen Arzneimittel-Lehre und der Praxis.) gr. 8. (S. 525—878.) Ebds. 852. à Lfg. * 1 Thlr. *

—— die venerischen Krankheiten. Ihre pathologische Natur, richtige Erkenntniss und homöopath. Behandlung. Nach fremden und eigenen Beobachtungen und Erfahrungen bearb. und mit krit. Bemerkungen begleitet. gr. 8. (XLII und 419 S.) Leipzig 867, Literarisches Institut. *

—— die Lehren und Grundsätze der gesammten theoretischen und praktischen homöopathischen Heilkunst. Eine apologetisch-krit. Besprechung der Lehren Hahnemanns und seiner Schule. gr. 8. (XXI und 506 S.) Stuttgart 856(57,) S. G. Liesching. *

Jahr, G. H. G., Leitfaden zur Ausübung der Homöopathie. Nebst charakterist. Skizzenbildern der wichtigsten homöopath. Heilmittel und Angabe der gebrauchten Abkürzungen. (Für die Besitzer der 1. Aufl. von Jahr's „klin. Anweisungen" aus der 2. Aufl. abgedr.) 8. (109 S.) Leipzig 854, Bethmann. Thlr.

—— therapeutischer Leitfaden für angehende Homöopathen. Zusammenfassung eigener Beobachtungen in einer mehr als 40jähr. Praxis über die als wahrhaft gültig bewährten Heilanzeigen in vorkomm. Krankheitsfällen. Nebst krit. Bemerkungen und Zusätzen zu Rückert's klin. Erfahrungen. 8. (382 S.) Ebendas. 869. *ℳ 4,50.; geb. *

Jahr, G. H. G., therapeutischer Leitfaden für angehende Homöopathen. Ein bewährter homöopath. Hausarzt. Zusammenfassung eigener Beobachtungen in einer mehr als 40jähr. Praxis über die als wahrhaft gültig bewährten Heilanzeigen in vorkomm. Krankheitsfällen. 2. Aufl. gr. 8. (382 S.) Leipzig 878, Literar. Institut. *

Jahr, G. H. G. (II.), die Psalmen der alten Hebräer in neuer Gestalt und Anschauung. Oder das alte Volk Israel in seiner ganzen sittl., polit. und religiösen Erscheinung durch seine eigenen, treu nach dem Grundtexte in heut. Versform wiedergegebenen Gesänge, unserer Zeit zu neuer, lebend. Anschauung gebracht. gr. 12. (XII und 221 S.) Neuwied 864, v. der Beeck. *

—— alphabetisches Repertorium der Hautsymptome und äußern Substanzveränderungen, nebst den Erscheinungen an den Drüsen, Knoten, Schleimhäuten und Blutgefäßen. Bearb. und bereichert mit patholog. Notizen über die Dermatosen. Als Anhang zu dem Repertorium (Symptomen-Koder II.) desselben Verf., nebst General-Register und Abkürzungstabellen. 2 Abthlgn. gr. 8. Leipzig 849, Bethmann. *

—— dass. — Separat-Abdruck (ohne General-Register.) gr. 8. (XXIV und 167 S.) Ebds. 849. *

—— Stoff oder Kraft? Oder: Das immaterielle Wesen der Natur. Ein naturphilosoph. Vortrag gehalten in verschiedenen deutschen Vereinen zu Paris im März und April 1869. gr. 8. (32 S.) Ebendas. 869. *

Jahr, G. H. G., ausführlicher Symptomen-Koder der homöopath. Arzneimittellehre. Für den erleicht. Handgebrauch beim Nachschlagen in der Praxis, u. mit besond. Rücksicht auf schnelle Vergleichung des Aehnlichen u. gehörige Auffindung des Einzelnen nach allen seinen Bestimmungen. 1. Thl. — A. u. d. T.: Gedrängte Total-Uebersicht aller zur Zeit eingeführten homöopath. Heilmittel, in der Gesammtheit ihrer bekannten Erstwirkungen u. Heilanzeigen. Nach den vorhand. zerstreuten Quellen u. mannigfachen eigenen Beobachtungen bearbeitet u. dargestellt. 1. Bd. Aconitum—Lamium album. 2. Bd. Laurocerasus—Zingiber. gr. 8. Düsseldorf 843, 44, Schaub. (1. Bd. $3^1/_2$ ß 2. Bd. 4 ß) $7^1/_2$ ß

Jahr, G. H. G., ausführlicher Symptomen-Koder der homöopath. Arzneimittellehre. rc. 2. Thl. A. u. d. T.: Systemat.-alphabet. Repertorium der homöopath. Arzneimittellehre. 1. Bd. 1. Hälfte. gr. 8. Düsseldorf 844, Schaub. $2^1/_4$ ß 2. Thl. 2. Bd. (6.—10. Liefg.) gr. 8. Leipzig 845, 46, O. Klemm. à Liefg. $1/_2$ ß

Jahr, G. H. G., ausführl. Symptomen-Koder der homöopath. Arzneimittellehre. Für d. erleicht. Handgebrauch beim Nachschlagen in der Praxis, u. mit besond. Rücksicht auf schnelle Vergleichung des Aehnlichen u. gehörige Auffindung des Einzelnen nach allen seinen Bestimmungen. 1. Thl. 2 Bde. u. 2. Thl. 1—11. Lfg. gr. 8. Düsseldorf. [Leipzig, Otto Klemm.]

A. u. d. Tteln.:

Thl. 1. Gedrängte Total-Uebersicht aller zur Zeit eingeführten homöopath. Heilmittel, in der Gesammtheit ihrer bekannten Erstwirkungen u. Heilanzeigen. Nach den vorhand. zerstreuten Quellen u. mannigfachen eigenen Beobachtungen bearb. u. dargestellt. 2 Bde. (89 B.) 843. 7 Thlr. 15 Ngr.

• 2. Systematisch-alphabet. Repertorium der homöopath. Arzneimittellehre. 1. Bd. 1—11. Lfg. ($70^1/_4$ B.) 844—47. à Lfg. 15 Ngr.

— ausführl. Symptomen-Koder der homöopath. Arzneimittellehre. 2. Thl.: Systemat.-alphabet. Repertorium der homöopath. Arzneimittellehre. 11—22. Lfg. gr. 8. (2. Thl. 1. Bd. VIII S. u. S. 911—1052. 2. Thl. 2. Bd. 1254 S. u. Nachtrag 33 S.) Ebd. 847—49. 11—17. Lfg. à $1/_2$ ß 18—20. Lfg. à $2/_3$ ß 21. Lfg. $5/_6$ ß 22. Lfg. $1^1/_6$ ß (cplt. $19^2/_3$ ß) — Neue Lieferungs-(Titel-)Ausg. in 2 Thln. od. 4 Bdn. 1. Thl. 15 Lfgn. gr. 8. (1. Bd. XL u. 614 S. 2. Bd. VI u. 762 S.) 2. Thl. 25 Lfgn. gr. 8. (1 Bd. VIII u. 1052 S. 2. Bd. 1254 S. u. Nachtrag 33 S.) Ebd. 848. 49. (1. Thl. 1—15. Lfg. u. 2. Thl. 1—24. Lfg. à $1/_2$ ß 2. Thl. 25. Lfg. 12 ℛ) 19 ß 27 ℛ

—— ausführlicher Symptomen-Koder der homöopath. Arzneimittellehre. 2. Thl.: Systematisch-alphabet. Repertorium der homöopath. Arzneimittellehre. gr. 8. (2. Thl. 2 Bde. $78^1/_4$ Bog.) Leipzig 847—49, Bethmann.

1. Thl. 2 Bde. [Ebendas.] 1843. 13 Thlr.

Jahr, G(ottlieb) H(einrich) G(eorg): Ausführlicher Symptomen-Kodex der homöopathischen Arzneimittellehre. Th. 2: Systematisch-alphabetisches Repertorium der homöopathischen Arzneimittellehre. Bd 1-2 (nebst) Anhang, gbd.

Leipzig: Bethmann 1848 JB 2.616

—— allgemeine und specielle Therapie der Geisteskrankheiten und Seelenstörungen, s. Hartmann, Frz., specielle Therapie.

— Therapie der Geisteskrankheiten etc., s. Hartmann, specielle Therapie.

—— die poetischen Werke der alten Hebräer in neubericht., selbstverständl. und metr. Uebertragung. 2. Bd. 1. Abthl.: Das Buch Hiob. Eine dramat. Erzählung aus den ältesten Zeiten der menschl. Bildungsgeschichte. 8. (XIV und 94 S.) Neuwied 864, v. der Beeck.
Den 1. Bd. bilden die Psalmen.

—— die wichtigsten Zeitfragen. 1. Bd.: Die Natur, der Menschengeist und sein Gottesbegriff. Oder: Versuch einer antimaterialist. Schöpfungstheorie nebst krit. Besprechungen der Lehre des Materialismus. 8. (XX, 246 S.) Ebendas. 870. *

Jahr, Hugo

Jahr, H., Anleitung zur Berechnung d. Standfestigkeit v. Dachkonstruktionen. Für den prakt. Gebrauch bearb. 6. verb. u. verm. Aufl. (36 S.) 8. Hagen 910. O. Hammerschmidt. Geb. 1. 50

Jahr, H., Anleitung zum Entwerfen u. zur statischen Berechnung f. gemauerte Fabrikschornsteine nach den Beschlüssen der amtl. Kommission f. Schornstein-Normen, sowie f. eiserne Schornsteine u. Dachkonstruktionen, gemäß § 10 Abs. 4 der Anweisg. zur Genehmigg. der Dampfkessel vom 9. III. 1900. Für den prakt. Gebrauch bearb. 3. verb. u. verm. Aufl. gr. 16. (IX, 100 S. m. Abbildgn.) Hagen 902. O. Hammerschmidt. Kart. n. 2. — Nachtrag. (7 S.) n. — 25

Anleitung zum Entwerfen und zur statischen Berechnung für gemauerte Fabrikschornsteine nach d. Beschlüssen d. amtl. Kommission f. Schornstein-Normen ... Mit Abb. Für d. prakt. Gebr. bearb. von H[ugo] Jahr, Kgl. Gewerberath. 3. verb. u. verm. Aufl. [Nebst] Nachtrag. *Hagen i. W.: O. Hammerschmidt 1902.* 2 Bde 8° [F.] [03. 703

Anleitung zum Entwerfen und zur Berechnung der Standfestigkeit für gemauerte Fabrikschornsteine gemäß Ministerialerlaß v. 30. Apr. 1902, sowie f. eiserne Schornsteine ... Mit Abb., Tab. u. Rechnungsbeispielen. Für d. prakt. Gebr. bearb. von H. Jahr. 4. verb. u. verm. Aufl. *Hagen i. W.: Hammerschmidt 1904.* (VIII, 106 S.) 8° [F.] [04. 4493 6

Anleitung zum Entwerfen und zur Berechnung der Standfestigkeit für gemauerte Fabrikschornsteine nach d. preuss., sächs. u. österreich. Verordnungen, sowie f. eiserne Schornsteine u. Dachkonstruktionen. Mit Abb., Tab. u. Rechnungsbeispielen. Für d. prakt. Gebr. bearb. von H[ugo] Jahr, Gewerberat. 5. verb. u. verm. Aufl. Hagen i. W.: O. Hammerschmidt 1906. (VIII, 126 S.) 8° [F.] [07. 8894 6

— Anleitung zum Entwerfen u. zur Berechnung der Standfestigkeit v. Fabrikschornsteinen aus Mauerwerk, Eisen u. Eisenbeton nebst den hierüber erlassenen Bestimmungen u. d. rauchfreie Verbrennung bei Dampfkesselfeuerungen. Für d. prakt. Gebrauch bearb. 6. verb. u. verm. Aufl. (XII, 153 S.) 8. Ebd. 910. Geb. in Leinw. 3.—

Jahr, H., Polizei-Verordnung betreffend die Einrichtung und den Betrieb von Aufzügen (Fahrstühlen) mit Erläuterungen, Gebührenordnung und Dienstvorschriften, nebst Anweisung zur Berechnung der Seile und Prüfung der Aufzüge. 3. Aufl. Hagen, 1906. 41 S.

Jahr, H., Polizei-Verordnung betr. die Einrichtung u. den Betrieb v. Aufzügen (Fahrstühlen) m. den einschlägigen gesetzl. Bestimmungen u. Verordnungen, nebst e. Anweisg. zur Berechng. der Seile u. Ketten u. der Prüfg. der Aufzüge. 4. Aufl. (III, 64 S.) kl. 8. Hagen, O. Hammerschmidt. Kart. 1. — 1908.

Polizei-Verordnung betreffend die Einrichtung und den Betrieb von Aufzügen (Fahrstühlen) gemäß Ministerialerlaß v. 27. Dez. 1909 mit d. einschl. gesetzl. Bestimmungen u. Verordnungen nebst e. Beschreibung d. Aufzüge u. e. Anweisung z. Berechnung d. Seile u. Ketten u. d. Prüfung d. Aufzüge von H[ugo] Jahr. 5. Aufl. Hagen i. W.: Hammerschmidt 1910. 84 S. 8° [11. 1303

Jahr, J. F., die drei Sterbenden auf Golgatha. Eine Predigt am Charfreitage 1822 in d. St. Wenzelskirche zu Naumburg gehalten. 8. Naumb. 822. (Wild). 1 ℔

Jahr, Julius Fridericus Paulus: De jure bellorum privatorum saeculis XII—XVI. in Germania vigente. Halae Sax. 1838: Heynemann. 31 S. 8°
Halle-Wittenberg, Jur. Diss. v. 19. [vielmehr: 20.] Aug. 1838
Geb. [Naumburg a. d. S. 24. 5. 1836]
Umgearb. Hall. mit dem accessit belohnte jur. Preisschrift v. 1837.

Jahr, Karl

Jahr, [Carl]: • Kritische Entwicklung der von Schleiermacher in den Reden über die Religion vorgetragenen Ansicht über das Wesen der Religion. 74 S. 4° (2°)
Halle-Wittenberg, Phil. Diss. v. 10. März 1869
Geb. [Naumburg 13. 3. 1841]

Jahr, Karl: Aus d. Hautabt. d. Med. Klinik Jena. Ein Fall von Papillomata linguae auf dem Boden einer Leukoplakie. (Allenstein 1910: Bludau.) 15 S. 8°
Jena, Med. Diss. v. 3. März 1910, Ref. Spiethoff
[Geb. 27. Jan. 82 Witten a. R.; Wohnort: Jena; Staatsangeh.: Preußen; Vorbildung: Gymn. Jena Reife M. 03; Studium: Marburg 3, Jena 3, Berlin 1, Jena 3 S.; Coll. 30. Nov. 08; Approb. 14. Jan. 10.] [U 10. 2297

Jahr, Carl, Referendar aus Kiel: Ist die actio de dolo subsidiär und wann beginnt im Falle einer subsidiären Anwendung die Verjährung? *Kiel 1898: Schmidt & Klaunig.* (52 S.) 8°
Erlangen, Jur. Diss. v. 23. Juli 1898

Jahr, Karl, Nepos plenior, s.: Vogel, F.

Jahr, Karl, Schulwörterbuch zu G. Andresens Cornelius Nepos. 8. (IV, 203 S. mit vielen Abbild.) Prag 886, Tempsky. — Leipzig, Freytag. * M 1.40.; geb. ** 1 65

Jahr, Karl, Schulwörterbuch zu G. Andresens Cornelius Nepos. Neue (Titel-)Ausg. 8. (IV, 203 S. m. Abbildgn.) Prag u. Wien 894. F. Tempsky. — Leipzig, G. Freytag. n. 1. —; geb. n. 1. 40

—— und Jos. Wulff, Übungsbuch zum Übersetzen aus dem Deutschen ins Lateinische für Quarta, im Anschluß an Perthes' latein. Lesebücher für Sexta und Quinta und Vogel-Jahrs Nepos Plenior. gr. 8. (X, 148 S.) Berlin 888, Weidmann'sche Buchh. * 1 50

Jahr, Karl. Vocabularium zu Tell, lateinisches Lesebuch. 1. Abteilg. f. Sexta. gr. 8. (54 S.) Berl. 891, Weidmann. * — 60

Jahr, M. R: Neuer Schnell-Trocken- und Carbonisations-Apparat zum Trocknen von loser Wolle usw. Gera (1901?)

Jahr, M. R: Spann-Rahm- und Trockenmaschine mit Röhrenheizung und Luftstromtrocknung. Gera (1901?)

Jahr, M. R: Tuch-Carbonisationsmaschine. Gera (1901?)

Jahr, Max, a. Krölpa (S.-M.): Ueber bicyklische Alkoholbasen mit Brückenbindung. Jena 1908: Frommann. (40 S.) 8°
Jena, Phil. Fak., Ref. Rabe, Diss. v. 17. Febr. 1908
[Geb. 31. März 83 Krölpa (Sachsen-Meiningen); Wohnort: Krölpa; Staatsangeh.: Sachsen-Meiningen; Vorbildung: Realgymn. Weimar Reife O. 02; Studium: Leipzig 1, Jena 1, Erlangen 1, Tübingen 1, Jena 5 S.; Rig. 7. Dez. 07.]

Jahr, Paul, die Anmeldung u. Bearbeitung v. Erfindungen zur Erlangung deutscher Patente. Anleitung u. Ratschläge zur Selbstanmeldg. f. Erfinder u. Patentsucher, besond. d. Kleinindustrie u. d. Kleingewerbes. (XII, 311 S.) kl. 8. Berlin 908. C. Heymann. 4. —

Jahr, Paul: De Illadis libro decimo. Stettin, Druck v. Herrcke & Lebeling, 1880; S. 1—6; 4°
Stettin, Stadt-G, OP 1880 (184)

Jahr, Richard: Nachtrag zum Katalog der Lehrer-Bibliothek. Erfurt 1909: Bartholomaeus. 27 S. 8°
Erfurt, k. G OP 1909 (323) [S 09. 220

Jahr, Richard *Erich* [app. Arzt aus Kiel]: Aus d. Kgl. Frauenklinik zu Kiel. Über Rückbildung von Sarkomen im Wochenbett ... Kiel, Druck v. L. Handorff, 1894; 15 S. 8.
Kiel, Med. Fak., Inaug.-Diss. v. [21. Febr.] 1894

Jahr, Rich., die Wahl Urbans VI. 1378, s. a. Beiträge, Hallische, zur Geschichtsforschung.

Jahr, Richard [aus Punkwitz]: Die Wahl Urbans VI. 1378 ... (Erscheint vollst. in: Halli'sche [!] Beitr. z. Geschichtsforsch. Heft II.) Halle a. S., Hofbuchdr. v. C. A. Kaemmerer & C., 1892; 52 S., 1 Bl. 8.
Halle, Phil. Fak., Inaug.-Diss. v. 6. Aug. 1892

Jahr, Rudolf, aus Witten a. d. Ruhr, Arzt: Aus d. Grh. Augenklinik an d. Universität Jena. Ueber künstliche Reifung immaturer Katarakte durch Massage. *Jena 1902: Frommann.* (27 S.) 8°
Jena, Med. Diss. v. (17. Juli) 1902

Jahr, Rud., über künstliche Reifung immaturer Katarakte durch Massage. Diss. gr. 8. (27 S.) Jena 902. (H. Pohle.) 1. 20

Jahr, Thdr., Gedichte. gr. 16. Berl. 836. Eichler, jetzt Thome. 1/3 ₰

— Harfe und Stab. 8. Liegnitz 840. Reisner. 1/2 ₰

—— Harfe und Stab. (Gedichte.) gr. 12. (5 1/2 B.) Liegnitz 841, Reisner.

Jahr, Guilelmus: Quaestiones Isocrateae. Halis Saxonum 1881: Karras. 35 S. 8°
Halle-Wittenberg, Phil. Diss. v. 3. Aug. 1881
Geb. Punkwitz b. Naumburg a. d. S. (Prov. Sachsen) 14. 2. 1858. V.

Jahr, Willy: Heinrich von Mügeln. Der Meide Kranz. Hrsg. und eingeleitet. Borna-Leipzig 1908: Noske. 136 S. 8°
Leipzig, Phil. Diss. v. 24. Okt. 1908, Ref. Sievers, Köster
[Geb. 27. April 86 Lossa; Wohnort: Leipzig-Gohlis; Staatsangeh.: Sachsen; Vorbildung: Nikolaisch. Leipzig Reife O. 05; Studium: Leipzig 6 S.; Rig. 16. Juli 08.] [U 09. 2991

Jahraus, Karl „Die elektrische Anlage zu Lehrzwecken". pg. 14—21. 8°. Mit Abbildungen.
Ludwigshafen a. Rh., Progr. 1910/11

Jahraus, Karl: Das Verhalten der Potenzreihen auf dem Konvergenzkreise historisch-kritisch dargestellt. *Ludwigshafen a. Rh. 1902: Weiß & Hameier.* (56 S.) 8°
Ludwigshafen a. Rh., k. humanist. G, P 1902*

Plattdütsches Jahrbook för 1900/1901 rutgowen von de plattdütsche Vereenigung „Quickborn" (gründt 1896 ünner den Namen „Jungs holt fast") in Kiel. Schriftleitung: H. Westphal in Kiel. Kiel. 1900. 8°.

Jahrbuch, s.a. Adresskalender

— Rutgeben v. den allgemeenen plattdütschen Verband, s. a. Jahrbok.

—— s. a. Repertorium, allgem., der Mineralogie 1860—1869.

—— s. a. Volkskalender und Jahrbuch.

Jahrbuch für 1836—40. Herausgeg. von Heinr. Chr. Schumacher. Stuttgart und Tübingen. 1836—40. (Fortsetzg.)

Jahrbuch für 1840, herausgegeben von C. Schumacher. Desgl. für 1841, 1843, 1844. Stuttgart-Tübingen 1840—44. 8.

Jahrbuch 1910. Bearb. v. H. Koser. Hrsg. v. d. abstinenten Kameradschaft (militär. Verein) E. V., Sitz Hamburg. (72 S.) kl. 8. Freiburg i/B. 910. F. P. Lorenz. — 25

JAHRBUCH. Jahrg. 1. 1910. Schweidnitz. Verlag von L. Hege. 8°[1])

[1]) Weitere Beiträge des Vereins werden in der Zeitschrift „Oberschlesien" veröffentlicht.

Jahrbuch für den Regierungsbezirk Aachen, hrsg. von Franz Ahn. Auf das Gemein-Jahr 1821. 23. Jg. 1. 3. Aachen. 2 Bde

Jahrbuch der Literarischen und Lesegesellschaft Aarau. [Band 1:] Jahresberichte für 1902 bis 1907. Statuten, Reglemente, Mitgliederverzeichnis, Festberichte, Prologe etc.; nebst einer literarischen Beilage: « Spiel und Gewinn am eidgen. Schützenfeste zu Aarau, 1849 ». Novelle von A(braham) E(manuel) Fröhlich, mit einer Einleitung und Anmerkungen von S[amuel] Zimmerli. 140 S. 8. Aarau, Emil Wirz, [1907]. [cart. fr. —. 60]

Jahrbuch des Schweizerischen Abstinenz-Sekretariats. 1909. [Jahrg. 1.] 95 S. 8. Lausanne, Schweiz. Abstinenz-Sekretariat; (Buchdr. H. Spahr, Bern,) 1909. fr. —. 50
Forts. s. Jahrbuch des Alkoholgegners....

Jahrbuch f. Acetylen u. Carbid. Berichte über die wissenschaftl. u. techn. Fortschritte. Im Auftrage des deutschen Acetylenvereins hrsg. v. M. Altschul, Karl Scheel, J. H. Vogel. 1.—3. Bd. Jahrg. 1899—1901. gr. 8. (VIII, 208; VIII, 194 u. VIII, 244 S. m. Abbildgn.) Halle 900—902. C. Marhold. à n. 10. —

Jahrbuch der deutschen Ackerbau-Gesellschaft. 1. Jahr 1861. gr. 8. (VI und 93 S.) Dresden 862, Schönfeld's Buchh. *
Ist nicht fortgesetzt worden.

— d. deutschen Adels, hrsg. v. d. deutschen Adelsgenossenschaft. 1. Bd. 1896. 12. (XVI, 987 S. m. Wappenbild.) Berlin 896. W. T. Bruer. n.n. 8. —; geb. in Leinw. n.n. 10. —

— dasselbe. 2. Bd. 1898. 12. (X, 960 S. m. eingedr. Wappen.) Ebd. 897. n.n. 8. —; geb. in Leinw. n.n. 10. —

— des deutschen Adels, hrsg. von der deutschen Adelsgenossenschaft. 3. Bd. 1899. 12. (XV, 1008 S. m. eingedr. Wappen.) Berlin, W. T. Bruer. n.n. 8. —; geb. in Leinw. n.n. 10. —

— d. hohen Adels, umfassend d. Abstammg. d. deutschen landesherrl. Häuser, die landesherrl. Familien u. deren Agnaten, sow. d. deutschen Standesherren u. der. Familien. 1. Jahrg. Mit den Wappen der landesherrl. Häuser u. 2 Bildn. 16. (XVIII, 192 S.) Berlin 899. Militär-Verlagsanstalt. Geb. in Leinw. n. 4. —

Jahrbuch des heraldisch - genealogischen Vereins Adler in Wien. Jg 1 –
Wien: Braumüller 1874 –
Vorh. u. d. T.: Heraldisch - genealogische Zeitschrift.
Forts. u. d. T.: Jahrbuch der k. k. heraldischen Gesellschaft Adler.

— des heraldisch-genealogischen Vereines „Adler" in Wien. 1. u. 2. Jahrg. 1874 u. 1875. [Heraldisch-genealog. Zeitschrift 4. u. 5. Jahrg.] Mit Bildtaf. (in Holzschn., Lith. u. Chromolith.) u. in den Text gedr. Illustr. (in Holzschn.) Imp.-4. (XV, 153 u. XI, 239 S.) Wien, (Braumüller.) à n. 20. —
cf.: Zeitschrift, heraldisch-genealogische.

— des heraldisch-genealogischen Vereines „Adler" in Wien. 3. Jahrg. 1876. [Historisch-genealog. Zeitschr. 6. Jahrg.] Mit 10 Bildtaf. (in Holzschn. u. Chromolith.) u. 43 in den Text gedr. (Holzschn.-) Illustr. Imp.-4. (XVII, 186 S.) Wien 876. (Braumüller.) n. 18. —

— dasselbe. 4. Jahrg. 1877. [Historisch-genealog. Zeitschr. 7. Jahrg.] Mit 25 Bildtaf. u. 10 in den Text gedr. (Holzschn.-)Illustr. Imp.-4. (XVII, 69 S.) Ebend. 877. n. 12. —

— dasselbe. 5. Jahrg. 1878. [Historisch-genealog. Zeitschr. 8. Jahrg.] Mit 27 Bildtaf. u. 11 in den Text gedr. Illustr. Imp.-4. (XX, 110 S.) Ebend. 878. n. 20. —

— dasselbe. 6. u. 7. Jahrg. 1879 u. 1880. [Historisch-genealog. Zeitschrift. 9. u. 10. Jahrg.] Mit 50 Bildtaf. u. 22 in den Text gedr. Illustr. Imp.-4. (XX, 206 S.) Ebend. 881. n. 40. —

— dasselbe. 8. Jahrg. 1881. [Historisch-genealog. Zeitschr. 11. Jahrg.] Mit 5 Bildtaf. u. in den Text gedr. Holzschn. Imp.-4. (XVIII, 95 S.) Ebend. 882. n. 13. —

— des heraldisch-genealogischen Vereines Adler in Wien. 9. Jahrg. [Historisch-genealog. Zeitschrift 12. Jahrg.] Mit 13 Bildtaf. u. in den Text gedr. Illustr. Imp.-4. (XVIII, 146 S.) Ebend. 882. n. 13. —

— der k. k. heraldischen Gesellschaft Adler in Wien. 13. Jahrg. der Zeitschrift, 10. d. Jahrbuches. Mit 7 Bildtaf. u. 19 in den Text gedr. Illustr. Red. unter Leitg. v. Ed. Gaston Pöttickh Grafen v. Pettenegg. Imp.-4. (XLVII, 139 S.) Wien 883. (Braumüller.) n. 20. —

Jahrbuch der k. k. heraldischen Gesellschaft Adler in Wien. 14. Jahrg. der Zeitschrift, 11. d. Jahrbuches. Mit 20 Bildtaf. u. 17 in den Text gedr. Illustr. Imp.-4. (XXI, 222 S.) Wien 884. (Braumüller.) n. 20. —

— dasselbe. 15. Jahrg. der Zeitschrift, 12. d. Jahrbuches. Mit 11 Bildtaf. u. 17 in den Text gedr. Illustr. Imp.-4. (XIX, 133 S.) Ebend. 885. n. 16. —

— der k. k. heraldischen Gesellschaft Adler in Wien. 16.—18. Jahrg. der Zeitschrift, 13.—15. d. Jahrbuches. Mit Bildtaf. u. vielen in den Text gedr. Illustr. Red. unter Leitung des Ed. Gaston Pöttickh, Grafen v. Pettenegg. Imp.-4. (XIX, 115 S. m. 2 Bildtaf.; XX, 168 S. m. 2 Bildtaf.; XX, 120 S. m. Tab.) Wien 886—888. (Braumüller.) à Jahrg. n. 12. —

—— der k. k. heraldischen Gesellschaft Adler in Wien. 19. u. 20. Jahrg. der Zeitschrift, 16. u. 17. d. Jahrbuches. Redig. u. Leitg. v. Ed. Gaston Pöttickh Grafen v. Pettenegg. Imp.-4. (XX, 244 S. m. Abbildgn.) Wien 890, (Braumüller). 20 —
—— dass. — Neue Folge. 1. Bd. Mit 14 Taf. u. 1 Tab gr. 4. (V, LX, 275 S.) Wien 891, Gerold u. Comp.) 16 —

— dasselbe. Neue Folge. 2.—4. Bd. Lex.-8. Ebd. à n. 16. —
2. (V, 199 S. m. 6 Taf. u. 20 Textillustr.) 892.
3. (V, 164 S. m. 5 Taf. u. 40 Textillustr.) 893.
4. (V, 225 S. m. 3 Taf. u. 1 Textillustr.) 894.

Jahrbuch d. k. k. heraldischen Gesellschaft „Adler". Neue Folge. 5. u. 6. Bd. Lex.-8. (III, 525 S. m. 23 Abb. u. 32 z. Tl. farb. Taf.) Wien 895. (Gerold & Co.) n. 24. —

— dasselbe. Neue Folge. 7. Bd. Mit 9 Textill. u. 9 Stammtaf. Ferner 5 Taf. in Lith. Lex.-8. (V, 235 S.) Ebd. 897. n. 16. —

— der k. k. heraldischen Gesellschaft „Adler". Neue Folge. 8.—12. Bd. Lex.-8. Wien (Gerold & Co.) à n. 16. —
8. Mit 14 Textillustr. u. 5 Stammtaf. (V, 266 S.) 898.
9. Mit 74 Textillustr. (V, 252 S.) 899.
10. Mit 2 Textillustr., 17 Wappen-Taf. u. 1 Stammtaf. (V, 326 S.) 900.
11. Mit 21 Textillustr. u. 12 Taf. (V, 156 S.) 901.
12. Mit 134 Textillustr. u. 6 (farb.) Taf. (VI, 186 S.) 902.

— der k. k. heraldischen Gesellschaft „Adler". Neue Folge. 13.—16. Bd. (Red. v. Ed. Gaston Grafen Pöttickh v. Pettenegg.) Lex.-8. Wien (Gerold & Co.). à n. 16. —
13. (V, 158 S. m. 2 Taf.) 903. — 14. Mit 3 Stammtaf. (V, 163 S.) 904. — 15. Mit 5 Textillustr., 1 Karte, 2 Taf., 1 Uebersichtstab. u. 2 Stammtaf. (X, 313 S.) 905. — 16. Mit 61 Textillustr. u. 1 Lichtdr.-Taf. (V, 202 S.) 906.

— der k. k. heraldischen Gesellschaft „Adler". Neue Folge. 17.—19. Bd. Lex. 8. Wien, (Gerold & Co.) à 16. —
17. (Red. v. Ed. Gaston Grafen Pöttickh v. Pettenegg.) (V, 181 S.) 907.
18. (Red. v. Ed. Gaston Grafen Pöttickh v. Pettenegg.) (V, 290 S. m. Abbildgn. u. 1 Taf.) 908.
19. (Red. von Jos. Ritter v. Bauer.) Mit 1 Ahnentaf. u. 6 Taf. (V, 144 S.) 909.

Jahrbuch der k. k. Heraldischen Gesellschaft „Adler". Neue Folge 20. Bd. Lex.-8°. (ill. 212 S. mit 2 Tafeln) * K 16.—
Wien: Gerold 1910.

Jahr- u. Adressbuch der Erwerbs- u. Wirtschaftsgenossenschaften im Deutschen Reiche 1904. Hrsg. v. der preuss. Central-Genossenschafts-Kasse. (XVIII, 442 S.) 8. Berlin, C. Heymann. 2. —

Jahr- u. Adressbuch der Erwerbs- u. Wirtschaftsgenossenschaften im Deutschen Reiche 1905. Hrsg. v. der preuss. Central-Genossenschafts-Kasse unter Mitwirkg. des königl. bayer. statist. Bureaus, des königl. württemberg. statist. Landesamts, des grossherzogl. bad. statist. Landamts u. der grossherzogl. hess. Zentralstelle f. die Landesstatistik. (XXVIII, 520 S.) 8. Berlin, C. Heymann. 2. —

Jahr- u. Adreßbuch der Erwerbs- u. Wirtschaftsgenossenschaften im Deutschen Reiche 1906. Hrsg. v. der preuß. Central-Genossenschafts-Kasse unter Mitwirkg. des königl. bayer. statist. Bureaus, des königl. württemberg. statist. Landesamts, des großherzogl. bad. statist. Landesamts u. der großherzogl. hess. Zentralstelle f. die Landesstatistik. (XXXII, 733 S.) 8. Berlin 906. C. Heymann. n. 2. —

Jahr- u. Adressbuch der Erwerbs- u. Wirtschaftsgenossenschaften im Deutschen Reiche 1907. Hrsg. v. der preuss. Central-Genossenschafts-Kasse unter Mitwirkg. des königl. bayer. statist. Bureaus, des königl. württemberg. statist. Landesamts, des grossherzogl. bad. statist. Landesamts u. der grossherzogl. hess. Zentralstelle f. die Landesstatistik. (XXXIV, 653 S.) 8. Berlin, C. Heymann. 2. —

Jahr- u. Adreßbuch der Erwerbs- u. Wirtschaftsgenossenschaften im Deutschen Reiche 1908. Hrsg. v. der preuß. Central-Genossenschafts-Kasse unter Mitwirkg. des kgl. bayer. statist. Bureaus, des königl. württemberg. statist. Landesamts, des großherzogl. bad. statist. Landesamts u. der großherzogl. hess. Zentralstelle f. die Landesstatistik. (XL, 744 S.) 8. Berlin 908. C. Heymann. 2.
Erscheint nicht mehr.

Jahr- u. Adressbuch f. Finanz-, Bank- u. Versicherungswesen, s.: Jahrbuch, schweiz., f. Finanz- u. Versicherungswesen.

Jahr- und Adressbuch der Deutschen Colonien in Chile. Jahrgang 1. 1889 [illegible]
[illegible]
Quiriquina

—— und Adress-Buch der deutschen Colonien in Chile, hrsg. von Jos. Ivens. 1. Jahrg. 1888/89. Valparaiso-Santiago. 8. (VI, 91, 112, 52 S. mit 2 Lichtdr.-Taf.) Santiago de Chile. (Leipzig, Klinkhardt.) cart. *

—— dasselbe. 2. Jahrg. 1890. 8. (VI, 279 u. 72 S. m. 1 Lichtdr.-Taf.) Ebd. 890. cart. n. 12. –

Jahr- u. Adressbuch der deutschen Colonien in Chile. Hrsg. v. Jos. Ivens. 8. Jahrg. 1891. 8. (XIV, 462 S. m. Bildern.) Santiago de Chile. (Leipzig, J. Klinkhardt.) Kart. n. 16. 50

Jahr- u. Adreßbuch f. d. Nord- u. Westpfalz, umfass. d. Bez.-Aemter Kaiserslautern, Kirchheimbolanden, Kusel, d. Städte Landstuhl u. Homburg, sow. d. Kanton Grünstadt unt. bes. Berücksicht. d. Stadt Kaiserslautern (m. neuem Stadt- u. Theaterplan) f. d. J. 1898. 12. (431, 138 u. XIX S.) Kaiserslautern (E. Crusius). Kart. n.n. 2. 50

Jahr- und Adressbuch der Zuckerfabriken ..., s. Jahr- und Adressenbuch ...

Jahr- u. Adressenbuch d. Zuckerfabriken und Raffinerien Oesterreich-Ungarns. Herausg. v. Centralverein f. Rübenzucker-Industrie in d. österr.-ung. Monarchie. Campagne 1884/85. Taschenf. Wien, Wilh. Frick. Lwdbd. 2 fl.

—— und Adressenbuch der Zuckerfabriken und Raffinerien Oesterreich-Ungarns. Hrsg. vom Centralvereine für Rübenzucker-Industrie in der Oesterreichisch-Ungarischen Monarchie. 13. und 14. Ausg., Campagne 1885/86 und 1886/87. gr. 16. (290; IV, 300 S.) Wien, (Frick.) geb. à Jahrg. **

—— —— dass. — Redig. von Edm. Kutschera. 15. und 16. Ausg., Campagne 1887/88 und 1888/89. gr. 16. (IV, 272; IV, 326 S.) (Ebendas.) geb. à Jahrg. **

—— u. Adressenbuch der Zuckerfabriken u. Raffinerien Oesterreich-Ungarns. Hrsg. vom Centralvereine f. Rübenzucker-Industrie in der österr.-ungar. Monarchie. Redig. vom Vereins-Geschäftsleiter Edm. Kutschera. 17.—20. Ausg. Campagne 1890/91—1892/93. 12. (V, 372; IV, 329; IV, 318; IV, 323 S.) Wien 889–92, (Frick). geb. in Leinw. à Jahrg. ** 4 —

Jahr- und Adressbuch der Zuckerfabriken und Raffinerien Oesterreich-Ungarns. Herausgegeben vom Central-Verein für Rübenzucker-Industrie in der österr.-ungar. Monarchie. Redigirt von Edmund Kutschera. XXI. Ausgabe. Campagne 1893/94. 16 (369, XLIV S.) In Lwd. geb. In Comm. * 2.—
Wien: Frick

Jahr- u. Adressenbuch der Zuckerfabriken u. Raffinerien Oesterreich-Ungarns. Hrsg. vom Centralvereine f. Rübenzucker-Industrie in der österr.-ungar. Monarchie. Red. v. Edm. Kutschera. 22. Ausg., Campagne 1894/95. 12. (IV, 388 S.) Wien, (W. Frick). Geb. in Leinw. n.n. 4. —

Jahr- und Adressenbuch der Zuckerfabriken und Raffinerien Oesterreich-Ungarns. Herausgegeben vom Central-Vereine für Rübenzucker-Industrie in der österr.-ungar. Monarchie. Redigirt vom Vereins-Geschäftsleiter Edmund Kutschera. XXIII. Ausgabe. 1895/96. 16. (395 S.) In Lnwd. geb. In Comm. * 2.--
Wien: Frick 1895.

Jahr- und Adressenbuch der Zuckerfabriken und Raffinerien Oesterreich-Ungarns. Herausgegeben vom Central-Vereine für Rüben-Zucker-Industrie. Redigirt vom General-Secretär Edmund Kutschera. XXIV. Ausgabe. Campagne 1896/97. 16. (410 S.) * 2.—
Wien: Frick 1896.

Jahr- und Adressbuch der Zuckerfabriken und Raffinerien Oesterreich-Ungarns. Herausgegeben vom Central-Verein für Rübenzucker-Industrie in der österr.-ungar. Monarchie. Redigirt vom General-Secretär Edmund Kutschera. XXV. Ausgabe. 1897—1898 16. (440 S.) In Lnwd. geb. In Comm. * 2.—
Wien: Frick 1897.

Jahr- u. Adressenbuch d. Zuckerfabriken u. Raffinerien Österreich-Ungarns. Hrsg. v. Centralvereine f. Rübenzucker-Industrie in d. österr.-ungar. Monarchie. Red. v. Edm. Kutschera. 26. Ausg. Campagne 1898/99. 12. (IV, 456 S.) Wien (W. Frick.) Geb. in Leinw. n.n. 4. —

Jahr- und Adressenbuch der Zuckerfabriken und Raffinerien Österreich-Ungarns. Herausgegeben vom Centralvereine für Rübenzucker-Industrie in der Österr.-Ungar. Monarchie. Redigirt vom General-Secretär Edmund Kutschera. XXVII. Ausgabe, Campagne 1899/1900. Wien. [1899.] Verlag des Centralvereines. [In Comm. Frick.] 8°. 507 S. Geb. * fl. 2.50

Jahr- und Adressenbuch der Zuckerfabriken und Raffinerien Oesterreich-Ungarns. Herausgegeben vom Centralvereine für Rübenzucker-Industrie in der Oesterr.-Ungar. Monarchie. Redigirt vom General-Secretär Edmund Kutschera. XXVIII. Ausgabe. Campagne 1900/1901. Wien. Verlag des Centralvereines für Rübenzucker-Industrie in der Oesterr.-Ungar. Monarchie. [In Comm. Frick.] 8° XLVI, 524 S. Geb. K 5.--

Jahr-und Adressenbuch der Zuckerfabriken und Raffinerien Oesterreich-Ungarns. Herausgegeben vom Centralvereine für Rübenzucker-Industrie in der Österr.-Ungar. Monarchie. Redigirt vom General-Secretär Edmund Kutschera. XXIX. Ausgabe, Campagne 1901/1902. Wien. Verlag des Centralvereines. [In Comm. Frick.] 8°. 536, XLIII, S. Geb. * K 5.—

Jahr- u. Adressenbuch d. Zuckerfabriken u. Raffinerien Oesterreich-Ungarns. Hrsg. vom Centralvereine für Rübenzucker-Industrie in der österr.-ungar. Monarchie. Red. von Edm. Kutschera. 30. Ausg. Campagne 1902/1903. 12. (IV, 538 S.) Wien (W. Frick). Geb. in Leinw. n.n. 5. —

Jahr- und Adressenbuch der Zuckerfabriken und Raffinerien Österreich-Ungarns. 31. Ausgabe. 1903–1904. 8°. (555, XLIV S.) † Wien: Frick 1903. K 5.—

Jahr- und Adressenbuch der Zuckerfabriken und Raffinerien Österreich-Ungarns. 32. Ausgabe. Kampagne 1904/1905. 16°. (559 S.) Wien: Frick 1904. * geb. K 5.—

Jahr- und Adressenbuch der Zuckerfabriken und Raffinerien Österreich-Ungarns. XXXIII. Ausgabe. Kampagne 1905/1905. 8°. (536, L. S.) Wien: Frick 1905. geb. * K 6.-

Jahr- u. Adressenbuch d. Zuckerfabriken u. -Raffinerien Oesterreich-Ungarns. Hrsg. vom Centralvereine f. Rübenzucker-Industrie in der oesterr.-ungar. Monarchie. Red. v. Edmund Kutschera. 34. Ausg., Kampagne 1906/1907 (IV, 536 S.) kl. 8. Wien (W. Frick). Geb. in Leinw. n.n. 6.—

Jahr- und Adressenbuch der Zuckerfabriken und Raffinerien Österreich-Ungarns. XXXV. Ausgabe. 1907/1908. 8°. (537, LII S.) Wien: Frick 1907. * geb. K 6.—

Jahr- und Adressenbuch der Zuckerfabriken und Raffinerien Österreich-Ungarns. XXXVI. Ausgabe 1908/1909. 8°. (561, LII S.) Wien: Frick geb. K 6.—

Jahr- u. Adressenbuch der Zuckerfabriken u. -Raffinerien Österreich-Ungarns. Beilage: Zuckerverkaufs-Notizen. Hrsg. vom Zentralvereine f. die Rübenzuckerindustrie Österreichs u. Ungarns. Red. v. Gust. Mikusch. 88. Ausg. Kampagne 1910/1911. (IV, 648 S. u. 16 S. in 15,5×18 cm.) kl. 8. Wien, (W. Frick). Geb. in Leinw. u. geh. nn 6.—

Jahrbuch und Adress-Kalender der deutschen Colonie in Buenos Aires, hrsg. von Hugo Kunz und Comp., redig. von Ernst Bachmann. 1. Jahrg. 1884. gr. 8. (VIII, 106, 246 S.) Buenos Aires. (Hamburg, Kittler's Sortiment.) *

—— und Adress-Kalender der deutschen Colonien am La Plata. Hrsg. von Hugo Kunz und Comp. Redig. von Ernst Bachmann. 2. Jahrg. 1885/86. gr. 8. (V, 49, 220, 65, 14 S.) Buenos-Aires 886. (Bielefeld, Velhagen und Klasing.) **

Der 1. Jahrg. erschien u. d. T.: Jahrbuch und Adress-Kalender der deutschen Colonie in Buenos Aires.

Jahrbuch u. Adress-Kalender 1905 f. die deutsche Pferdezucht u. den Pferdehandel. Ein Hilfs- u. Nachschlagewerk f. alle, welche m. Pferden zu tun haben. Hrsg. v. der Red. der Fachzeitschrift „Deutscher Pferdemarkt". (279 S.) gr. 8. Leipzig, W. Weiske & Co. Kart. n. 5.—

— des deutschen Agenten u. Commissionärs. Zum tägl. Gebrauch bestimmt. Ein unentbehrl. Nachschlagebuch f. diese Berufe. 1. Jahrg. Ausg. 1903. (159 S.) 12. Augsburg, Bureau Germania. Kart. n. 1.—

Jahrbuch der Kgl. Sächsischen Akademie für Forst- und Landwirthe zu Tharand. Hrsg. v. d. akad. Lehrern. - Dresden, Leipzig. N. F. Bd. 1-9 (8-16). 1852-1864.
Früher s.: Forstwirtschaftl. Jb.
Forts. s.: Tharander Jb.

—— der königl. sächs. Akademie für Forst- und Landwirthe zu Tharand. Hrsg. von den akadem. Lehrern: v. Berg, A. Cotta, H. Krutzsch, Preßler, Schober, Stein und A. Stöckhardt. Des forstwirthschaftl. Jahrbuches 8—11. Bd. Neue Folge. 1—4. Bd. Mit eingedr. Holzschn. gr. 8. Leipzig, Arnoldische Buchh. [8. (VIII und 408 S. mit 6 Stnt. in qu. gr. 4. und qu. Fol.) 852. * 2 Thlr. 20 Ngr., 9. (VIII und 302 S.) 853. * 2 Thlr., 10. (VIII und 340 S. mit 2 Stnt. in qu. Fol.) 854. * 2 Thlr., 11. (IV. und 295 S. mit 1 lithogr. Karte in 4. und 1 Stnt. in qu. gr. Fol.) 855. * 1 Thlr. 20 Ngr.] *
1—7. Bd. Ebendas. 1842—51. * 13 Thlr. 2 Ngr.

—— der königl. sächs. Akademie für Forst- und Landwirthe zu Tharand. Hrsg. von den akadem. Lehrern: Frhrn. v. Berg, H. Krutzsch, Preßler, E. Koch, Schober, A. Stöckhardt und Willkomm. Des forstwissenschaftlichen Jahrbuches 12—14. Bd. Neue Folge 5—7. Bd. Mit (eingedr.) Holzschn. gr. 8. Leipzig, Arnoldische Buchh. [12. Bd. (IV und 307 S.) 857. * 1 Thlr. 26 Ngr., 18. Bd. (IV und 871 S.) 859. * 2 Thlr. 8 Ngr., 14. Bd. (IV und 400 S.) 861. * 2 Thlr. 10 Ngr.] *
1—11. Bd. Ebendas. 1842—55. * 21 Thlr. 12 Ngr.

-- der Königl. sächs. Akademie für Forst- und Landwirthe zu Tharand. Hrsg. von den akadem. Lehrern: Frhrn. v. Berg, H. Krutzsch, Preßler, E. Koch, Schober, Stengel, A. Stöckhardt und Willkomm. Des forstwissenschaftl. Jahrbuches 15. Bd. Neue Folge. 8. Bd. gr. 8. (IV und 391 S. mit 4 eingedr. Holzschn.) Leipzig 863, Arnoldische Buchh. *

—— dass. — 16. Bd. Neue Folge. 9. Bd. gr. 8. (IV und 331 S. mit eingedr. Holzschn.) Ebendas. 864. *

Die Fortsetzung bildet: Tharander forstliches Jahrbuch.

Jahrbuch der russischen Aktienbanken. Hrsg. von St[anislaus] W. v. Wysocki. [1.] Charlottenburg: St. W. v. Wysocki 1910. 8° [11. 446

— der russischen Aktienbanken. Hrsg. v. St. W. v. Wysocki. (102 S.) gr. 8. Charlottenburg (V, Suarezstr. 40), 910. St. W. v. Wysocki. 3.—

Jahrbuch f. die deutschen Actien-Brauereien u. Actien-Malzfabriken. Statistisches Nachschlagebuch üb. die Vermögensverhältnisse u. Geschäftsergebnisse derselben im Betriebsj. 1892/93. Nach amtl. Grundlagen zusammengestellt v. Rich. Wolf. IV. Jahrg. gr. 8. (XVI, 243 S. m. 19 Tab. Freiburg i/B. 894. (F. Wagner.) n.n. 3.—

Jahrbuch, f. d. deutschen Actien-Brauereien ꝛc., Fortsetzg., s.: Wolf's, Rich., Jahrbuch ꝛc.

Jahrbuch der Actien-Gesellschaften Rheinlands und Westfalens. Bearbeitet von F. Knödgen Düsseldorf. 1. Jahrgang (1889) bis 3. Jahrgang (1891).

Jahrbuch für Alkoholgegner. Hrsg. von Max Warming. [1.] 1906. Hamburg: Hanseat. Dr. u. Verlags-Anst. (1906). 8° [F.] [08. 11159

— für Alkoholgegner 1907. Hrsg. v. Max Warming. 2. Jahrg. (183 S.) kl. 8. Hamburg, Hanseat. Druck- u. Verlags-Anstalt. Geb. n. 1.—

Jahrbuch des Alkoholgegners. 1910. ⟨Jahrg. 2.⟩ 136 S. + *Anzeigen.* 8. Lausanne, Schweizerisches Abstinenz-Sekretariat ⟨Secrétariat antialcoolique suisse⟩; (Buchdr. Joos-Bäschlin, Schaffhausen,) 1910. fr. —. 60
Forts. von: Jahrbuch des Schweizerischen Abstinenz-Sekretariats... .

Allgemeines Jahrbuch der Geographie und Statistik für das Jahr 1800. Hrsg. v. A[dam] C[hristian] Gaspari. Mit Charten, Planen u. Kupf. [Nebst] Europäische Regenten=Genealogie.
Weimar: Jndustrie=Compt. 1800. 26 Bl., 209, 94 S., 1 Kupfertaf., 1 Tab. [*Pläne fehlen.*] 8°

Jahrbuch, Allgemeines, der Universitäten, Gymnasien, Lyceen ... Erfurt 1798—1802. H: *Schorch, Heinrich.* (MS) (Ky) (MGT)

— allgem., d. Universitäten, Gymnasien, Lyceen u. and. gelehrten Bildungsanstalten, (v. H. Schorch). 8 Stcke. gr. 8. Erf. 798—802. Hennings. (à 6 gr) 2 ℛß

— allgemeines wiener polytechnisches, redig. u. hrsg. v. Wilh. Schwarz. 1842. 156 Nrn. (½ Bog.) M. Kunstblättern u. außerord. Beilagen. gr. 4. Wien. [Tendler u. Comp.] *

— des Schweizer Alpenclub. 1.—3. Jahrg. 1864—66. 8. [1. Jahrg. (592 S. mit eingedr. Holzschn., 8 Stnt. und 1 Karte.) 2. (IV und 542 S. mit eingedr. Holzschn., 5 Holzschn.- und 16 Stnt., wovon 9 in Buntdr., in 8., 4. und Imp.-Fol.) 3. (IV und 580 S. mit eingedr. Holzschn., 5 Holzschn.- und 11 Stnt., wovon 5 in Buntdr., in 8., 4. und Imp.-Fol.)] Bern, (Dalp'sche Buchh.) à Jahrg. *

Jahrbuch des Schweizer Alpenclub. 4.—9. Jahrg. 1868—1873/1874. 8. Bern, (Dalp'sche Buchh.) [4. Jahrg. (IV, 624 S. mit 8 Chromolithogr. und 5 lithogr. Karten, wovon 2 in Buntdr., in Fol., qu. und gr. Fol.); 5. Jahrg. 1868—1869. (VIII, 743 S. mit eingedr. Holzschn., 8 Holzschntaf., wovon 2 in Buntdr., 7 lithogr. Panoramen, wovon 2 in Buntdr., 5 lithogr. Karten, wovon 4 in Buntdr., und 1 Tab., in 8., qu. 4. und qu. gr. Fol.); 6. Jahrg. 1869—1870. (VIII, 585 S. mit eingedr. Holzschn., 8 Holzschntaf. in 4. und 8., 5 Stnt., wovon 3 in Buntdr., und 4 lithogr. Karten, wovon 3 in Buntdr., in 4. und Fol.); 7. Jahrg. 1871—1872. (XI, 575 S. mit 6 Holzschntaf. in 8. und qu. 4., 5 Stnt., wovon 2 Chromolithogr. in 8., qu. gr. 8. und qu. 4., und 8 lithogr. und chromolithogr. Karten in Fol., gr. Fol. und Imp.-Fol.); 8. Jahrg. 1872—1873. (IX, 620 S. mit 7 Holzschntaf. in 8. und qu. 4., 4 Stnt., wovon 1 chromolithogr. in 8. und qu. gr. 8. und 9 lithogr. und chromolithogr. Karten in Fol., gr. Fol. und Imp.-Fol.); 9. Jahrg. 1873—1874. (XI, 648 S. mit 14 Holzschntaf. in 8. und qu. 4. und 9 lithogr. und chromolithogr. Taf. in 4., qu. 4. und gr. qu. 4.)] à Jahrg. *
geb. *

— des Schweizer Alpenclub. 10. Jahrg. 1874—1875. 8. (XI, 692 S. mit eingedr. Holzschn., Holzschntaf., lithogr. und chromolithogr. Karten und lithogr. und chromolithogr. Panoramen in 8., qu. 4., qu. Fol. und gr. Fol.) Bern, Dalp'sche Buchh. * ℳ 11.; geb. *

— dass. — 11. Jahrg. 1875—1876. 8. (VIII, 619 S. mit eingedr. Holzschn., Holzschntaf., Stnt., Chromolithogr. und chromolithogr. Karten.) Ebendas. * ℳ 11.; geb. *

— dass. — 12. Jahrg. 1876—1877. 8. (XII, 564 S. mit eingedr. Holzschn., Holzschntaf., Stnt., Chromolithogr. und chromolithogr. Karten.) Ebendas. * ℳ 11.; geb. *

— dass. — 13. Jahrg. 1877—1878. 8. (VIII, 683 S. mit eingedr. Holzschn., Holzschntaf., Stnt., Chromolithogr. und chromolithogr. Karten.) Ebendas. * ℳ 11.; geb. *

— dass. — 14. Jahrg. 1878—1879. 8. (X, 632 S. mit eingedr. Zincogr., Holzschntaf. und lithogr. und chromolithogr. Panoramen und Karten.) Ebendas. *
geb. *

Jahrbuch des schweizer Alpenclub. 15.—19. Jahrg. 1879/80, 1880/81, 1881/82, 1882/83, 1883/84. 8. (XII, 680; 656; 588; 580; VIII, 766 S. mit je eingedr. Holzschn.) [Bern, Dalp'sche Buchh.] Schmid, Francke und Comp.
geb. à Jahrg. * *

Jahrbuch des Schweizer Alpenclub. 20. Jahrg. 1884—1885. 8. (VIII, 618 S. mit Karten und Taf.) Bern, (Schmid, Francke und Comp.) ** ℳ 11.—.; geb. ** 13 —

— dass. — 21. Jahrg. 1885—1886. 1., und 2. unveränd. Aufl. Nebst Repertorium und Ortsregister für die Jahrbücher I—XX. Zusammengestellt von Otto v. Bülow. 8. (XII, 611 und Repertorium 188 S. mit Illustr. und 5 Beilagen in Carton.) (Ebendas.) * ℳ 11.—.; geb. ** 13 —
Repertorium allein * 1 50

Jahrbuch des Schweizer Alpenclub. 22. Jahrg. 1886—1887. 8. (XII, 556 S. mit Karten und Taf.) Bern, (Schmid, Francke und Comp.) * ℳ 11.—.; geb. *

— dass. — 23. Jahrg. 1887—1888. 8. (XII, 703 S. mit eingedr. Bildern und Taf., nebst Beilagen: 2 Karten, 2 Panoramen, 1 Tab. und 16 S. Text in Mappe.) (Ebendas.) *

Jahrbuch d. Schweizer Alpenclub. 24.—27. Jahrg. 1888/89—1891/92. Mit artist. Beilagen in Karton. gr. 8. (XI, 575 S. mit eingedr. Bildern u. Taf. nebst Beilagen: 2 Karten u. 2 Panoramen u. 16 S. Text in Mappe; XII, 744 S. m. eingedr. Bildern u. Taf. nebst Beilagen: 2 Karten, 5 Rundsichten u. II S. Text in 4, in Mappe; X, 539 S. m. eingedr. Bildern u. Taf., nebst Beilagen: 2 Karten u. 4 Rundsichten in Mappe; IX, 512, 12 S. m. Abbildgn., Taf., 1 Karte u. 3 Panoramen.) Bern, Schmid, Francke u. Comp.
à Jahrg. * 11 —; geb. * 12 60

— d. Schweizer Alpenclub. 26.—29. Jahrg. gr. 8. Bern, Schmid, Francke & Co. à Jahrg. n. 11. —;
geb. n. 13. —

26. 1890—1891. (X, 539 S. m. eingedr. Bildern u. Taf., nebst Beilagen: 2 Karten u. 4 Rundsichten in Mappe.)
27. 1891—1892. (IX, 512 u. 12 S. m. Abbildgn., Taf., 1 Karte u. 3 Panoramen.)
28. 1892—1893. (VIII, 504 S. m. 5 Karten u. 47 Taf., z. Tl. in Mappe.)
29. 1893—1894. 2. unveränd. Aufl. (IX, 472 u. 8 S. m. 28 Abbildgn. im Text u. auf Taf. u. 4 Panoramen [in Mappe].)

— des schweizer. Alpenclub. 30.—33. Jahrg. gr. 8. Bern (Schmid & Francke). à Jahrg. n. 11. —;
geb. n. 13. —

30. 1894—1895. (IX, 500 u. 4 S. m. 37 Abb. im Text u. auf Taf. u. 4 Panoramen, 1 geolog. Profil u. 1 Planskizze [in Mappe].)
31. 1895—1896. (VIII, 514 u. 40 S. m. 38 Abb. im Text u. auf Taf. u. 3 Panoramen u. 2 Karten [in Mappe].)
32. 1896—1897. (VIII, 452 u. 43 S. m. 39 Abb. im Text u. auf Taf. u. 4 Panoramen u. 1 Karte [in Mappe].)
33. 1897—1898. (VIII, 458 S. m. 37 Abb. im Text u. auf Taf. u. 2 Panoramen, 1 Karte u. Album d. Clubhütten 56 S. m. Abb. [in Mappe].)

— des schweizer Alpenclub. 34.—37. Jahrg. gr. 8. Bern, A. Francke. à n. 11. —; geb. à n. 13. —

34. 1898 bis 1899. (VIII, 452 S. m. 51 Abbildgn. im Text u. auf Taf. u. 1 Panorama, 1 Karte, Bibliothek d. schweizer Alpenclub. Zuwachsverzeichnis. Nr. 1. (11 S.) u. Les cabines du club alpin suisse en 1899. Par Émile Courvoisier. 19 S. [in Mappe].) 899.
35. 1899 bis 1900. (VIII, 488 S. m. 57 Abbildgn. im Text u. auf Taf., 1 Farbdr., 1 Panorama u. 2 Panoramen u. 1 Plan in Mappe.) 900.
36. 1900 bis 1901. (VIII, 446 S. m. 53 Abbildgn. im Text u. auf Taf., 2 Karten u. 1 Panorama in Mappe.) Nebst: Stebler, F. G., Ob den Heidenreben. (Monographien aus den Schweizeralpen.) gr. 8. (VIII, 111 S. m. Abbildgn.) — Bibliothek des schweizer Alpenclub. Zuwachsverzeichnis Nr. 2. gr. 8. (12 S.) 901.
37. 1901 bis 1902. (VIII, 492 S. m. 61 Abbildgn. im Text u. auf Taf. u. 1 farb. Panorama in Mappe.) Nebst Beilage: Kürsteiner, Tabelle zur Kritik der alpinen Unglücksfälle 1891—1900. 103×22 cm. 902.

Jahrbuch des Schweizer Alpenclub. Jahrg. 36. 1900 bis 1901. ([Mit 56 Illustrationen, 23 Tafeln und einer] Mappe: Beilagen.) VIII + 446 S. 8.; *u. Mappe* gr.-8. Bern, Expedition des Jahrbuches des S. A. C., Schmid & Francke, 1901. [br. fr. 12. —, geb. fr. 14. —; für Mitglieder br. fr. 7. —, geb. fr. 9. —]

Die Mappe u. d. T.: Beilagen zum Jahrbuch des Schweizer Alpenclub. Band 36: 1. Exkursionskarte des S. A. C. für 1901. Salvan-Grd. St-Bernard; — 2. Dr F[riedrich] G[ottlieb] Stebler, Ob den Heidenreben. Monographie; — 3. P. Karl Hager, Rundsicht vom Oberalpstock (I/II und Umrissblätter); — 4. Karte des Lötschberges von 1698; — 5. Bibliothek des S. A. C. Zuwachsverzeichnis Nr. 2 zum Katalog von 1897. 4 Bl. u. VIII + 112 S. u. 12 S., *in Mappe* gr.-8. Bern, Schmid & Francke, 1901.

Jahrbuch des Schweizer Alpenclub. Jahrg. 37. 1901 bis 1902. ([Mit 33 Abbildungen, 30 Tafeln und einer] Mappe: Beilagen.) VIII + 492 S. 8.; *u. Mappe* gr.-8.

Die Mappe u. d. T.: Beilagen zum Jahrbuch des Schweizer Alpenclub. Band 37: 1 S[imon] Simon, Rundsicht vom Finsteraarhorn; — 2. Dr. [Walther] Kürsteiner, Tabelle zur Kritik der alpinen Unglücksfälle 1891—1900. 2 Bl. fol., *in Mappe* gr.-8. Bern ... 1902.

Jahrbuch des Schweizer Alpenclub. Jahrg. 38. 1902 bis 1903. ([Mit 50 Abbildungen, 34 Tafeln und einer] Mappe: Beilagen.) VIII + 509 S. + *Berichtigungen* 1 S. 8.; u. Mappe gr.-8. Bern, Exped. des Jahrbuches des S. A. C., A. Francke, 1903. [fr. 10. —, geb. fr. 12. —; für Mitglieder fr. 5. —, geb. fr. 6. —]

Die Mappe u. d. T.: Beilagen zum Jahrbuch des Schweizer Alpenclub. Band 38: 1. F[riedrich] G[ottlieb] Stebler: Das Goms und die Gomser. [Illustrierte] Monographie; — 2. X[aver] Imfeld: Panorama vom Niederbauen oder Seelisbergkulm; — 3. Dr. Ernst Buss: Panorama der Misoxer Alpen. VIII + 112 S. gr.-8 u. 2 Bl. fol., *in Mappe* gr.-8. Bern ... 1903.

Jahrbuch des Schweizer Alpenclub. Jahrg. 39. 1903 bis 1904. ([Mit 49 Abbildungen, 30 Tafeln und einer] Mappe: Beilagen.) VIII + 509 S. 8.; u. Mappe gr.-8. Bern, Exped. des Jahrbuches des S. A. C., A. Francke, 1904. [fr. 10. —, geb. 12. —; für Mitglieder fr. 5. —, geb. 6. —]

Die Mappe u. d. T.: Beilagen zum J' des Sch' A', Band 39: 1. X[aver] Imfeld: Panorama vom Weissenstein; — 2. N[iklaus] Hinder: P' vom Piz Lucendro; — 3. Fr[iedrich] Eymann: P' vom Mont Buet. 3 Bl. fol., *in Mappe* gr.-8. Bern ... 1904.

Jahrbuch des Schweizer Alpenclub. Jahrg. 40. 1904 bis 1905. ([Mit Vignetten, 66 Abbildungen, 26 Tafeln und einer] Mappe: Beilagen.) VIII + 464 S. 8.; u. Mappe gr.-8. Bern, Exped. des Jahrbuches des S. A. C., A. Francke, 1905. [fr. 10. —, geb. 12. —; für Mitglieder fr. 5. —, geb. 6. —]

Die Mappe u. d. T.: Beilagen zum J' des Sch' A', Band 40. Inhalt: 1. Dr. E(rnst) Buss: Panorama vom Camoghè; 2. Fr[iedrich] Eymann: P' vom Mont Fallère; 3. A[ndreas] Garbald: P' vom Piz Bacone; 4. N[iclaus] Hinder: P' vom Groß-Spannort. 4 Bl. fol., *in Mappe* gr.-8. Bern ... 1905.

Jahrbuch des Schweizer Alpenclub. Jahrg. 41. 1905 bis 1906. ([Mit] Buchschmuck, Illustrationen, [20 Tafeln und einer] Mappe: Beilagen.) VIII + 451 S. 8.; u. Mappe gr.-8. Bern, Exped. des Jahrbuches des S. A. C., A. Francke, 1906. [fr. 10.—, geb. 12.—; für Mitglieder fr. 5.—, geb. 6.—]

Die Mappe u. d. T.: Beilagen zum J' des Sch' A', Band 41. Inhalt: 1. A(lbert) Barbey: Carte du massif du Mont Blanc; 2. Fr[iedrich] Eymann: Panorama vom Grauhaupt; 3. R[udolf] Zinggeler-Danioth: P' vom Piz Muraun; 4. Dr (J[ules]) Jacot Guillarmod: P' du Camp I Liligo; 5. Dr. J' G': P' du Camp VII Doxam; 6. Dr. J' G': Cirque supérieur du glacier de Yalung.

Jahrbuch des Schweizer Alpenclub. Jahrg. 42. 1906 bis 1907. ([Mit] Buchschmuck, Illustrationen, [30 Tafeln und einer] Mappe: Beilagen.) X + 512 S. 8.; u. Mappe gr.-8. Bern, Exped. des Jahrbuches des S. A. C., A. Francke, 1907. [fr. 10. —, geb. 12. —; für die Mitglieder fr. 5. —, geb. 6. —]

Die Mappe u. d. T.: Beilagen zum J' des Sch' A', Band 42. Inhalt: 1. A(lbert) Barbey: Carte du massif du Mont Blanc. Feuille 3; 2. Fr[iedrich] Eymann: Panorama von der Becca de Luzeney; 3. E[mil] Winter: P' vom Stätzerhorn; 4. Dr. E(rnst) Buss: P' der Unter-Engadiner Alpen; 5. C[arl] Schmidt: Bild und Bau der Schweizer Alpen. Monographie.

Jahrbuch des Schweizer Alpenclub. Jahrg. 43. 1907 bis 1908. ([Mit Buchschmuck,] Illustrationen, [31 Tafeln und einer] Mappe: Beilagen.) XII + 549 S. 8.; u. Mappe gr.-8. Bern, Exped. des Jahrbuches des S. A. C., Stämpfli & Cie., 1908. [fr. 10. —, geb. 12. —; für die Mitglieder fr. 5. —, geb. 6. —]

Die Mappe u. d. T.: Beilagen zum J' des Sch' A' Band 43. Inhalt: 1. A(lbert) Barbey: Carte du massif du Mont Blanc, Feuille 1; 2. J[ohann] J[acob] Scheurmann: Karte zur »Reise auf die Eisgebirge des Kantons Bern« (1813); 3. ... — 6. ...: [Panoramen]...; 7. ... u. 8. ...: [Baupläne neuer Clubhütten]...; 9. Dr. G(ustav) Bossard: Schweizer Zinnkannen ⟨Monographie⟩.

Jahrbuch des Schweizer Alpenclub. Jahrg. 44. 1908 bis 1909. ([Mit] Illustrationen, [40 Tafeln und einer] Mappe: Beilagen.) XII + 522 S. 8. u. Mappe gr.-8. Bern, Exped. des Jahrbuches des S. A. C. Stämpfli & Cie., 1909. [fr. 10.—, geb. 12.—; für die Mitglieder fr. 5.—, geb. 6.—]

Die Mappe u. d. T.: Beilagen zum J' des Sch' A' Band 44. [Inhalt:] 1. A(lbert) Barbey: Carte du massif du Mont Blanc, Feuille 4; 2. Dr. P. Karl Hager: Rund-Panorama vom Badus oder Six Madun; 3. J Jörgensen: Rundsicht von der Roten Fluh.

Jahrbuch des Schweizer Alpenclub. Jahrg. 45. 1909 bis 1910. ([Mit] Illustrationen, [25 Tafeln und einer] Mappe: Beilagen.) XII + 550 S. 8. u. Mappe gr.-8. Bern, Exped. des Jahrbuches des S. A. C. Stämpfli & Cie., 1910. [fr. 10.—, geb. 12.—; für die Mitglieder fr. 5.—, geb. 6.—] P

Die Mappe u. d. T.: Beilagen zum J' des Sch' A' Band 45. [Inhalt:] 1. S[imon] Simon: Panorama vom Niesen; 2. A(rnold) Fankhauser: P' der Rotondohütte; 3. Dr. J[ules] Jacot Guillarmod: Crampons et Piolet; 4. Dr. C[arl] Täuber: Repertorium der Jahrbücher 21—44 des S. A. C. Bümpliz-Bern, Benteli A.-G.

JAHRBUCH DES OESTERREICHISCHEN ALPEN-VEREINES. (Neue Folge der Vereins-Publicationen.)

Redigirt von EDMUND von MOJSISOVICS.

Bd. I. Mit 8 Beilagen. Wien, 1865. Wilhelm Braumüller. 8°.

Redigirt von GUIDO Freiherrn von SOMMARUGA.:

Bd. 2 Mit 6 Beilagen. ib. 1866. Carl Gerold's Sohn.

Bd. 3—4. Mit Beilagen. ib. 1867—1868. —

Bd. 5. (Bd. 7 der Jahrespublicationen des Vereines.) Mit 4 Kunst-Beilagen. ib. 1869. —

Bd. 6—7. Bd. 8—9 der Jahrespublicationen des Vereines. Mit Kunst-Beilagen. ib. 1870—1871. —

Bd. 9.*) Jahrg. 11 der Jahrespublication des Vereines. Mit 5 Kunst-Beilagen. ib. 1873. —

—— des österreichischen Alpen-Vereines. (Neue Folge der Vereins-Publicationen.) Redig. von Edm. v. Mojsisovics. 1. Bd. gr. 8. (VIII und 419 S. mit 8 Beilagen, wovon 1 in Holzschn., 4 lithogr. und in Tondr. und 3 in Buntdr. in gr. 8., 4. und gr. Fol.) Wien 865, Gerold's Sohn. **

—— dass. — Redig. von Guido Frhrn. v. Sommaruga. 2. Bd. gr. 8. (IV und 470 S. mit 6 Beilagen, wovon 1 in Holzschn., 5 chromolithogr. in gr. 8., 4. und gr. Fol.) Ebendas 866. *

—— dass. — 3. Bd. gr. 8. (VI und 440 S. mit 11 Beilagen, wovon 1 Tab., 6 Chromolithogr. und 4 Stnt. in 4., gr. 4., Fol. und qu. gr. Fol.) Ebendas. 867. *

—— des oesterreichischen Alpen-Vereines. 4.—7. und 9. Bd. [6.—9. und 11. Bd. der Jahrespublicationen des Vereines.] gr. 8. Wien 868—74, Gerold's Sohn. [4. Bd. (V, 483 S. mit 7 Beilagen, wovon 3 Chromolithogr. und 4 Holzschntaf. in Tondr., in qu. und gr. 4.); 5. Bd. (VII, 422 S. mit 4 lithogr. Kunst-Beilagen, wovon 3 in Buntdr., in qu. gr. 4. und Fol.); 6. Bd. (VII, 455 S. mit 5 lithogr. Kunstbeilagen, wovon 4 in Buntdr., in qu. 4. und Fol.) 7. Bd. (VI, 442 S. mit 9 chromolithogr. Kunst-Beilagen in gr. 8., gr. 4. und Fol.); 9. Bd. (IV, 427 S. mit 5 lithogr. und chromolithogr. Kunst-Beilagen in gr. 8., gr. 4. und qu. Fol.)] à Jahrg. *

Der 8. Bd. des Jahrbuches wird gebildet durch die Zeitschrift des deutschen und des oesterreichischen Alpenvereins. Jahrg. 1872.

Jahrbuch der Alp- und Forstwirthschaft. - Graz. Jg. 1. 1874. (M. n. erm.)

JAHRBUCH DES ALSTER-VEREINS

1902. (o. O. o. Dr.) 8°. — 1903. (o. O. o. Dr.) — 1904. Altona-Ottensen. Druck von Chr. Adolff. — 1905. ib. — 1906. Husum. Druck von Friedr. Petersen. kl 8°. — 1907. ib. — 1908. ib. — 1909. (Mit 1 Tafel.) Hamburg. Gedruckt bei Paul Bendschneider. — 1910. Jahrg. 10. (Mit Abbildungen.) ib. — 1911. Jahrg. 11. (Mit Abbildungen.) ib. —

— f. Altertumskunde. Hrsg. v. der k. k. Zentral-Kommission f. Erforschg. u. Erhaltg. d. Kunst- u. histor. Denkmale durch Wilh. Kubitschek. 1.—4. Bd. (1.—3. Bd. IV, 194; VI, 224 u. VI, 258 S. m. Abb. u. 5, 5 u. 24 Taf.) 32×24 cm. Wien 907—10. A. Schroll & Co. à Bd. 10. —

Jahrbuch I—V des Alumnatvereins. Mitgliederverzeichnis. [Aachen 1910 bis 1914:] Aachener Verlags- und Druckerei-Gesellschaft. 8°. [Umschlagtit.]

I. 1909/10. [1910] 18 S.; II. 1910/11 [1911] 32 S.; III. 1911/12. [1912] 38 S.; IV. 1912/13. [1913] 40 S.; V. 1913/14. [1914] 37 S.

Jahrbuch des Statistischen Amtes der Stadt Elberfeld. Im Auftrage des Oberbürgermeisters hrsg. vom Statistischen Amt der Stadt. 2 T. Jg. 1903 u. 1904. Elberfeld, 1905—1906.

T. 1. Bevölkerungs- und Wirtschaftsstatistik. 1905. 134 S.

T. 2. Wirtschaftsstatistik (Forts.) und Verwaltungsstatistik. 1906. 128 S.

— des statistischen Amtes der Stadt Elberfeld f. 1903 u. 1904. Im Auftrage des Oberbürgermeisters hrsg. v. R. Kuczynski. I. Tl.: Bevölkerungs- u. Wirtschaftsstatistik. (XLIII, 91 S. m. 1 Plan.) Lex.-8. Elberfeld, A. Martini & Grüttefien. 1905. 3. —

Jahrbuch des statistischen Amtes der Stadt Elberfeld f. 1903 u. 1904. Im Auftrage des Oberbürgermeisters hrsg. vom statist. Amt der Stadt. II. Tl. Wirtschaftsstatistik (Fortsetzg.) u. Verwaltungsstatistik. (128 S.) Lex.-8. Elberfeld, A. Martini & Grüttefien. 1906. 3. —

— (Aemter- u. Beamten-Verzeichniss) der Zoll- u. indirecten Steuer-Verwaltungen des Deutschen Reiches, einschliesslich der in den deutschen Schutzgebieten vorhandenen Zollstellen u. des Grossherzogth. Luxemburg f. d. J. 1900. 15. Folge. Zusammengestellt v. K. U. Treu. 8. (VIII, 307 S.) Güstrow, Opitz & Co. 1. 50.

— (Aemter- u. Beamten-Verzeichniss) der Zoll- u. indirekten Steuer-Verwaltungen des Deutschen Reiches, einschliesslich der in den deutschen Schutzgebieten vorhandenen Zollstellen u. des Grossherzogth. Luxemburg f. d. J. 1901. 16. Folge. Zusammengestellt v. Karl Ulr. Treu. 8. (VIII, 392 S.) Neubrandenburg, C. Brünslow. 1. 50.

— amtliches, der k. k. Hoftheater in Wien f. die Spielzeit 1909—10. (144 S.) 8. Wien, Gerold & Co. Geb. in Leinw. 3. —

Jahrbuch der häuslichen Andacht und Erhebung des Herzens von H. G. Demme, C. A. Tiedge, J. Schuderoff, S. A. Veillodter und Vater. für das Jahr 1819. Mit 3 Kupf. 8. Gotha, Becker.
Velinpap.

Jahrbuch d. häusl. Andacht u. Erhebung d. Herzens f. 1819—24. (1r—6r Jahrg.) Mit Beitr. von Gl. v. d. Recke, Demme, Dinter u. A., herausgeg. von J. S. Vater. 8. Gotha, Becker. (à Jahrg. 1 ℛ 12 gℊ) 9 ℛ Hbg. Pr. 4 ℛ 12 gℊ Velinp. 6 ℛ für d. J. 1825—30. (7r—12r Jahrg.) Fortgesetzt von A. G. Eberhard. Mit Kpf. u. Musik. 8. Halle, Renger. (à Jahrg. 1 ℛ 12 gℊ) 9 ℛ Velinp. (à 2 ℛ) 12 ℛ

Dr. Johann Severin Vaters *Jahrbuch* der häuslichen Andacht und Erhebung des Herzens v. . . . u. d. Hrsg. [Christian] A[ugust] G[ottlob] Eberhard.
Mit Kupfern u. Musikbeil.
Halle: Renger
18:8. 1832 – 1834.

Jahrbuch d. häusl. Andacht u. Erhebung d. Herzens. Früher v. J(oh.). S(everin). Vater, jetzt v. A(ug.). G(ttlo.). Eberhard hrsg. Für d. J. 1829—34. Mit Titlkpfr. u. Musikbeil. 8. (17½, 17½, 18, 17, 17½ u. 16½ B.) Halle, Renger. [Leipzig, Volckmar.] à 1 Thlr. 12 Gr., hrbgf. Pr. à Thlr. Jahrg. 1819—24. Gotha, Becker, zusamm. genomm. hrbgf. Pr. 4 Thlr. 12 Gr. — J. 1825—34. [Leipzig, Volckmar.], zusamm. genomm. hrbgf. Pr. 4 Thlr. 12 Gr.

Jahrbuch der häuslichen Andacht und Erhebung des Herzens von . . . und dem Herausgeber J(ohann) S(everin) Vater (1829 ff.: A[ugust] G[ottlob] Eberhard) für das Jahr . . . Mit . . . Kupf. u. . . . Musikbeil. ([v. Johann] F[riedrich] Naue [u. a.]).
Gotha: Becker (1825 ff.: Halle: Renger) (1822—[1833]). 8°
1829 ff. [u. d. T.]: Dr. Johann Severin Vaters Jahrbuch der häuslichen Andacht und Erhebung des Herzens.

1823: (1822.) VIII, 304 S., 1 Titelkupf., 2 Kupfertaf., 2 Notenbl.
1826: (1825.) VIII, 288 S., 1 Titelkupf., 1 Notenbl.
1834: [1833.] VIII, 255 S., 1 Titelkupf.

* Jahrbuch der Hamburgischen Wissenschaftlichen Anstalten. Jg 1—14 ff., (1883)—96 ff. Hamburg. 1884—98 ff. 8° m.
Enthält Jahresberichte der Wissenschaftlichen Anstalten (Stadtbibliothek, Bo. Garten, Sternwarte, Museum f. Kunst u. Gewerbe, Chem. Staatslaboratorium, Physikal. Staatslaboratorium, Naturhist. Museum, Museum f. Völkerkunde, Sammlung vorgeschichtl. Alterthümer, Sammlung Hamburgischer Alterthümer, Bot. Museum) und wissenschaftliche Abhandlungen.

— dasselbe, s. a. Mitteilungen aus dem botan. bezw. naturhistor. Museum in Hamburg.

— dasselbe, s. a. Mitteilungen der Hamburger Sternwarte.

— der Hamburgischen wissenschaftlichen Anstalten. 1. u. 2. Jahrg. gr. 8. (à ca. XCIII, 124 S. m. 4 Steintaf.) Hamburg 884. 85. (Gräfe.) à n.n. 9. —

— der Hamburger wissenschaftlichen Anstalten. 3. u. 4. Jahrg. Lex.-8. (XC, 166 u. LXXX, 164 S. m. eingedr. Fig. u. Taf.) Hamburg 886 u. 887. (Gräfe.) à n.n. 9. —

— dasselbe. 5. Jahrg. 1887. Lex.-8. (LXXXV, 142 S. m. eingedr. Abbildgn. u. 9 Taf.) Ebd. 888. n. 10. —

— dasselbe. 6. Jahrg. 1. u. 2. Hälfte. 1888. Lex.-8. (LXVII, 25 S. m. 7 Taf., III, 154 S. m. Holzschn. u. 4 Taf.) Ebd. 889. n. 10. —

— dasselbe. 7. Jahrg. 1889. Lex.-8. (CXIII, 130 S. m. 7 Taf. u. 1 Portr.) Ebd. 890. n. 10. —

Jahrbuch der Hamburgischen wissenschaftlichen Anstalten. VIII. Jahrg. 1890. Lex.-8. (CIX, 375 S. m. Abbildgn. u. 12 Taf.) Hamburg 891. (L. Graefe & Sillem.) n. 15. —

— dasselbe. IX. Jahrg. 1891. 1. u. 2. Hälfte. Lex.-8. Ebd. n. 20. —
1. (III, 280 S. m. 24 Taf.) 891. n. 10. —
2. (IV, CII, 127 S. m. 7 Taf.) 892. n. 10. —

— dasselbe. X. Jahrg. 1892. 1. u. 2. Hälfte. Lex.-8. Ebd. n. 20. —
1. (III, 133 S. m. 6 Taf.) 893. n. 6. —
2. (III, XCIII, 406 S. m. 10 Taf.) 893. n. 14. —

— dasselbe, Beiheft zum X. Jahrg., s. a. Voller, A., das Grundwasser in Hamburg. 1. Hft.

— dasselbe. XI. Jahrg. 1893. Lex.-8. (CXXXIX, 153 S. m. 11 Taf.) Mit 2 Beiheften: 1. K. Kraepelin, Revision der Scorpione. II. Lex.-8. (248 S. m. 3 Taf.) — 2. A. Voller, das Grundwasser in Hamburg. 2. Hft. 4. (8 S. m. 3 Taf.) Hamburg 894. (L. Graefe & Sillem.) n. 18. —
1. Beiheft s. a.: Kraepelin, K., Revision der Scorpione. II.
2. Beiheft s. a.: Voller, A., das Grundwasser in Hamburg. 2. Hft.

— der hamburg. wissenschaftlichen Anstalten. XII. Jahrg 1894. Lex.-8. (CIV, 242 S. m. Abb. u. 7 Taf.) Hamburg 895. (L. Graefe & Sillem.) n. 10. —

— dasselbe. XII. Jahrg 1894. Beiheft. Lex.-8. (142 S. m. 60 Abb. u. 7 Taf.) Ebd. 895. n. 8. —

— dasselbe. XIII. Jahrg. 1895. Lex.-8. (III, CXXVI, 95 S. m. Abb. u. 7 Lichtdr.-Taf.) Ebd. 896. n. 6. 50

— dasselbe. XIV. Jahrg. 1896. Lex.-8. (III, CLXX, 83 S. m. Abb. u. 1 Farbdr.) Ebd. 897. n. 12. —

— dasselbe. 5. Beiheft, s. a. Wohlwill, Adf, aus 3 Jahrhunderten d. hamburg. Geschichte.

— der hamburgischen wissenschaftlichen Anstalten. XV.—XVII. Jahrg. 1897—1899. Lex.-8. Hamburg, (L. Gräfe & Sillem.) à n. 8. —
XV. (III, CXCIV, 46 S. m. Abbildgn., 5 Taf. u. 1 Tab.) 898.
XVI. (III, CCXXII, 15 S. m. Abbildgn. u. 1 Tab.) 899.
XVII. (III, CXCII, 26 S. m. Abbildgn. u. 5 Tab.) 900.

— — Dieselbe Zeitschrift, Beiheft II des XV.—XVI. Jahrg.: Mittheilungen aus dem naturhistorischen Institut. Hamburg 1898, 99. 8°.

— dasselbe. XVIII. Jahrg. 1900. Lex.-8. (III, CXCVI, 100 S. m. Abbildgn. u. 1 Tab.) Ebd. 901. n. 9. —

— dasselbe, Beiheft, s.a. Hara, Shinkichi, die Meister der japanischen Schwertzierathen.

— der hamburgischen wissenschaftlichen Anstalten. XIX.—XXII. Jahrg. 1901—1904. Lex.-8. Hamburg (L. Gräfe & Sillem.) n. 44. —
1901. (III, CCXXX S. m. Abbildgn.) 902. n. 9. —
1902. (III, CCXVI, 87 S. m. Abb., 1 Tab. u. 5 Taf.) 903. n. 10. —
1903. (CCCXXXVI, 83 S. m. Abb., 1 Tab. u. 4 Taf.) 904. n. 10. —
1904. (III, 335 u. 100 S. m. Abb., 12 Taf. u. 1 Karte.) 905. n. 15. —
Beihefte s.: Mitteilungen aus d. botanischen Staatsinstituten in Hamburg. — Mitteilungen aus dem naturhistor. Museum in Hamburg. — Mitteilungen der Hamburger Sternwarte.

— der hamburg. wissenschaftl. Anstalten. XXIII. bis XXVI. Jahrg. 1905—1908. Lex. 8. Hamburg (L. Gräfe & Sillem). 57. —
1905. (V, 447 u. 17 S. u. Abb.) (6 Taf. u. 2 Tab.) 906. 15. —
1906. (III, 387 S. m. Abb. u. 2 Tab.) 907. 13. —
1907. (III, 414 S. m. Abb. u. 2 Tab.) 908. 14. —
1908. (III, 492 S. m. Abb., 2 Tab. u. 2 Taf.) 909. 15. —
Beihefte s. u. d. T.: Mitteilungen aus d. botanischen Staatsinstituten in Hamburg. — Mitteilungen aus dem naturhistorischen Museum in Hamburg. — Mitteilungen aus dem physikal. Staatslaboratorium in Hamburg. — Mitteilungen d. Hamburger Sternwarte. — Voller, A., das Grundwasser in Hamburg.

Antisemitisches Jahrbuch. [1–5.] Für 1897–1901. Berlin: W. Giese 1897–1901. 5 Bde 8° [J.] [o4. 5366

— antisemitisches, f. 1898. (Hrsg v. W. Giese.) gr. 8. (IV, 260 S.) Berlin, W. Giese. n. 2. —

Jahrbuch, antisemitisches, f. 1899. (Hrsg. v. Giese.) Berlin.

Jahrbuch, antisemitisches, f. 1900. (Hrsg. v. W. Giese.) gr. 8. (IV, 225 S.) Berlin, W. Giese. 2. —

— antisemitisches, f. 1901. (Hrsg. v. W. Giese. (gr. 8.) (IV, 225 S.) Berlin, W. Giese. 2. —

— antisemitisches, f. 1903. Hrsg. v. G. Stille. (IV, 204 S.) gr. 8. Berlin, (W., Kurfürstenstr. 44.) 903. W. Giese. n. 3. —

Jahrbuch für Aquarien- und Terrarienfreunde. Jg. 1—8. Dresden 1904—1912

— für Aquarien- u. Terrarienfreunde. Ein Rückblick auf d. J. 1905. Hrsg. v. Rud. Mandée unter Mitwirkg. hervorrag. Fachleute. 2. Jahrg. (127 S. m. Abbildgn.) gr. 8. Dresden 906. H. Schultze n. 1. 50

— f. Aquarien- u. Terrarienfreunde. Ein Rückblick auf d. J. 1909. Hrsg. v. Rud. Mandée unter Mitwirkg. hervorrag. Fachleute. 6. Jahrg. (151 S. m. Abb.) gr. 8. Stuttgart 910. E. Schweizerbart. 1.60; geb. 1.90

Jahrbuch f. Aquarien- u. Terrarienfreunde. Jetzt: Stuttgart, Verlag f. Naturkunde.

— für deutsche Arbeit. Nebst allerlei Kurzweil für den Feierabend. Auf das J. 1851. 8. (IV u. 104 S.) Hamburg 850, Meißner & Schirges. n. 1/6 ℔ (2. Jahrg. s.: Kalender f. deutsche Arbeit.)

Jahrbuch der zürcherischen Arbeiterschaft . . . I. Zürich 1900. H: *Merk, Aug.* (Zuwachsverz. d. Bibliotheken in Zürich 1898 ff.)

Jahrbuch (früher Taschen-Kalender) der Arbeiterversicherung 1904. Zum Gebrauche bei Handhabg. d. Arbeiterversicherungsgesetze f. Behörden, Versicherungsanstalten, Berufsgenossenschaften u. s. w. Nach amtl. Quellen zusammengestellt u. hrsg. v. E. Götze u. P. Schindler. 16. Jahrg. 2. Thle. 12. Berlin, Liebel. Geb. in Leinw. Subskr.-Pr. 7. —; Ladenpr. 9. —; einzelne Thle. 4. —; bezw. 5. —
1. Unfallversicherung (XXXIX, 675 S.) — 2. Invalidenversicherung, Krankenversicherung u. ortsübliche Tagelöhne etc. (XXXIX, 737 S.)

Jahrbuch der Arbeiterversicherung 1905. Zum Gebrauche bei Handhabg. der Arbeiterversichrgsgesetze. Hrsg. v. E. Goetze u. P. Schindler. 17. Jahrg. 2 Tle. kl. 8. Berlin, Liebel. Geb. in Leinw. Subskr.-Pr. 7. — Ladenpr. 9. —; einzelne Tle 4. — bezw. 5. —
1. Unfallversicherung. (XXXIX, 698 S.) — 2. Invalidenversicherung, Krankenversicherung u. ortsübliche Tagelöhne etc. (XXXIX, 774 S.).

Jahrbuch der Arbeiterversicherung 1906. Zum Gebrauche bei Handhabg. der Arbeiterversichrgsgesetze. Hrsg. v. E. Goetze u. P. Schindler. 18. Jahrg. 2 Tle. kl. 8. Berlin, Liebel. Geb. in Leinw. Subskr.-Pr. 7. — Ladenpr. 9. —; einzelne Tle. 4. — bzw. 5. —
1. Unfallversicherung. (XXXIX. 737 S.) — 2. Invalidenversicherung. Krankenversicherung u. ortsübliche Tagelöhne etc. (XXXIX. 801 S.)

— (früher Taschen-Kalender) der Arbeiterversicherung 1907. Zum Gebrauche bei Handhabg. der Arbeiterversicherungsgesetze f. Behörden, Versicherungsanstalten, Berufsgenossenschaften usw. Nach amtl. Quellen zusammengestellt u. hrsg. von E. Götze u. P. Schindler. 19. Jahrg. 2 Tle. kl. 8. Berlin, Liebel. Geb. in Leinw. Subskr.-Pr. n. 7. —; Ladenpr. n. 9. —; einzelne Tle. n. 4. —; bezw. n. 5. —
1. Unfallversicherung. (XXXIX, 749 S.) — 2. Invalidenversicherung, Krankenversicherung u. ortsübliche Tagelöhne usw. (XXXIX, 869 S.)

Jahrbuch der Arbeiterversicherung 1908. Zum Gebrauche bei Handhabg. der Arbeiterversicherungsgesetze. Hrsg. v. E. Goetze u. P. Schindler. 20. Jahrg. 2 Thle. kl. 8. Berlin, Liebel. Geb. in Leinw. Subskr.-Pr. 7. 25. Ladenpr. 9. —; einzeln 8.25, bzw. 10. 25.
1. Unfallversicherung. (XXXIX. 760 S.) 4. — bezw. 5. —. — 2. Invalidenversicherung, Krankenversicherung u. ortsübliche Tagelöhne etc.) (XXXIX, 899 S. 4. 25; bezw. 5. 25.

Jahrbuch der Arbeiterversicherung 1909. Zum Gebrauch bei Handhabg. der Arbeiterversicherungsgesetze. Hrsg. v. E. Götze u. P. Schindler. 21. Jahrg. 2 Tle. kl. 8. Berlin, Liebel. Geb. Subskr.-Pr. 7. 25; Ladenpr. 9. —; einzeln 8. 25; bezw. 10. 25.
1. Unfallversicherung. (XXXIX, 779 S.) 4. —; bezw. 5. —. — 2. Invalidenversicherung. Krankenversicherung u. ortsübliche Tagelöhne usw. XXXIX, 959 S.) 4. 25; bezw. 5. 25.

— d. Arbeiterversicherung 1910. Zum Gebrauche bei Handhabg. d. Arbeiterversicherungsgesetze f. Behörden, Versicherungsanst., Berufsgenossenschaften usw. Nach amtl. Quellen zusammengestellt u. hrsg. v. E. Götze u. P. Schindler. 22. Jahrg. 2 Tle. kl. 8. Berlin, Liebel. Geb. in Leinw. 9.—; Subskr.-Pr. 7.25; einzeln 10.25; bezw. 8. 25
1. Unfallversicherung. (XXXIX, 790 S.) 5.—; bezw. 4. —
2. Invalidenversicherg., Krankenversicherg. u. ortsübl. Tagelöhne usw. (XXXIX, 951 S.) 5.25; bezw. 4. 25

— der Arbeiterversicherung 1911. Zum Gebrauche bei Handhabung der Arbeiterversicherungsgesetze. Hrsg. v. E. Götze u. P. Schindler. 23. Jahrg. 2 Tle. kl. 8. Berlin, Liebel. 1910 Geb. Subskr.-Pr. 7. 25; Laden.-Pr. 9. —
I. Unfallversicherung. (XXXIX. 815 S.) 4. —; bez. 5. —. — II. Invalidenversicherung, Krankenversicherung u. ortsübl. Tagelöhne usw. (XXXIX, 973 S.) 4. 25; bez. 5. 25

—— für practische Aerzte [Fortsetzung von Grävell's Notizen]. Unter Mitwirkung von Fachgelehrten hrsg. von Paul Guttmann. 1. und 2. Bd. à 3 Abthlgn. gr. 8. (XXII, 751; XXII, 774 S.) Berlin 878, Hirschwald. à Bd. *
Vgl.: Grävell's Notizen für practische Aerzte.

—— für praktische Aerzte. Unter Mitwirkung von Fachgelehrten hrsg. von Paul Guttmann. 3.—7. Bd. à Bd. 3 Abthlgn. gr. 8. (XXVI, 778; XXIII, 754; XXVI, 781; XXVI, 778; XXII, 751 S.) Berlin 880—81, Hirschwald. à Bd.

—— für practische Aerzte. Unter Mitwirkung von Fachgelehrten hrsg. von Paul Guttmann. 8. und 9. Bd. à Bd. 3 Abthlgn. gr. 8. (812; 812 S.) Berlin 885, Hirschwald. à Bd. *

—— dass. — 10. Bd. Bericht über das Jahr 1886. gr. 8. (XXIII, 821 S.) Ebendas. 887. *

—— dass. — 11. Bd. 2 Hälften. gr. 8. (905 S.) Ebendas. 888. *

—— für practische Aerzte. Unter Mitwirkg. v. Fachgelehrten hrsg. v. Paul Guttmann. 12.—15. Bd. gr. 8. (XXIII, 908; XXVI, 840; XXIII, 781; XXIII, 733 S.) Berl. 889—92, Hirschwald. à Jahrg. * 17 —

— f. practische Aerzte. Unter Mitwirkg. v. Fachgelehrten hrsg. v. Paul Guttmann. 14.—16. Bd. gr. 8. (à ca. 750 S.) Berlin 891—893. A. Hirschwald. à Bd. n. 17.—

— ärztliches. Hrsg. von v. Grolman. 1903. 12. (VIII, 279 S. u. 4 Vierteljahrshfte.) Frankfurt a/M., J. Alt. Geb. in Leinw. u. geh. n. 2.—

— ärztliches. Hrsg. von v. Grolman. 1907. (VIII, 219 u. 174 S. u. 12 Monatshefte.) kl. 8. Frankfurt a/M., J. Alt. In Brieftasche n. 2.50

— ärztliches. Hrsg. von v. Grolman. 1908. (VIII, 296 u. 127 S. u. 12 Monatshefte.) kl. 8. Frankfurt a. M., J. Alt. In Brieftasche 3.—
Erscheint nicht mehr.

Jahrbuch, ärztliches, f. Oesterreich 1908, 1909 u. 1910. Nach amtl. Quellen zusammengestellt u. red. v. Emil Fuhrmann. III.—V. Jahrg. (VIII, 610; IV, 604 u. VI, 593 S.) gr. 8. Wien (Spielhagen & Schurich). Geb. in Leinw. à 7.—

Ohio. German Teacher's Association. Jahrbuch. Cincinnati: Deutscher Lehrerverein des Staates Ohio, 1893-95.

— der Astronomie u. Geophysik. Enth. die wichtigsten Fortschritte auf den Gebieten der Astrophysik, Meteorologie u. physikal. Erdkunde. Unter Mitwirkg. v. Fachmännern hrsg. v. Herm. J. Klein. 1.—4. Jahrg. 1890—1893. gr. 8. Leipzig, E. H. Mayer. à Jahrg. n. 7.—
1. (XVI, 358 S. m. 9 Taf. in Lichtdr. u. 1 Chromotaf.) 891.
2. (XI, 400 S. m. 5 Taf. in Lichtdr. u. Lithogr., sowie 1 Chromotaf.) 892.
3. (X, 349 S. m. 5 Lichtdr.- u. Chromotaf.) 893.
4. (X, 360 S. m. 5 Lichtdr.- u. Chromotaf.) 894.
Erscheint als Fortsetzung der: Revue der Fortschritte der Naturwissenschaften.

— d. Astronomie u. Geophysik. Enth. d. wichtigsten Fortschritte auf d. Gebieten d. Astrophysik, Meteorologie u. physikal. Erdkunde. Unt. Mitwirkg. v. Fachmännern hrsg. v. Herm. J. Klein. 5.—8. Jahrg 1894—1897. Mit je 5 Lichtdr.- u. Chromotaf. gr. 8 (X, 351; IX, 376; X, 400 u. VIII, 370 S.) Leipzig 895—898. E. H. Mayer. à Jahrg. kart. n. 7.—

— der Astronomie u. Geophysik. Enth. die wichtigsten Fortschritte auf den Gebieten der Astrophysik, Meteorologie u. physikal. Erdkunde. Unter Mitwirkg. v. Fachmännern hrsg. v. Herm. J. Klein. 9.—12. Jahrg. 1898—1901. gr. 8. Leipzig, E. H. Mayer. Kart. à n. 7.—
9. Mit 6 Taf. in Schwarz- u. Chromodr. (VIII, 384 S.) 899.
10. Mit 7 Taf. in Schwarzdr. (X, 392 S.) 900.
11. Mit 5 Taf. in Schwarzdr. (VIII, 379 S.) 901.
12. Mit 5 Taf. in Schwarz- u. Buntdr. (VIII, 416 S.) 902.

— der Astronomie u. Geophysik. Enth. die wichtigsten Fortschritte auf den Gebieten der Astrophysik, Meteorologie u. physikal. Erdkunde. Unter Mitwirkg. von Fachmännern hrsg. von Herm. J. Klein. 13.—16. Jahrg. 1902—1905. gr. 8. Leipzig, E. H. Mayer. à n. 7.—
13. Mit 5 Taf. (VIII, 366 S.) 903. — 14. Mit 6 Taf. (VIII, 368 S.) 904. — 15. Mit 6 Taf. (VIII, 344 S.) 905. — 16. Mit 5 Taf. (VIII, 368 S.) 906.
Der Preis der Jhrgge. 1—10 ist auf zusammen Mk. 40.— ermässigt.

— d. Astronomie u. Geophysik. Enth. die wichtigsten Fortschritte auf den Gebieten d. Astrophysik, Meteorologie u. physikal. Erdkunde. Unter Mitwirkg. v. Fachmännern hrsg. v. Herm. J. Klein. 17.—20. Jahrg. 1906—1909. (VIII, 403 S. m. 6 [1 farb.] Taf.; VIII, 372 S. m. 5 Taf.; VIII, 384 S. m. 1 Abb. u. 6 Taf. u. VIII, 416 S. m. 2 Abb. u. 5 Taf.) 8. Leipzig 907—10. E. H. Mayer. à 8.—

— astronomisches, s. J. El. Bode.

Jahrbuch, Astronomisches, oder Ephemeriden für das Jahr 1776(—1836) . . . Berlin 1774—1825. H (1776—80): *Lambert, Johann Heinrich.* (BrMm)

Jahrbuch, astronomisches, gegründet von Bode. Berlin 1776—1896. Mit Reg. für 1776—1829 durch John. Suppl. 1—4 (1793—1808). Erläuterungen 1811 u. 1817.

— astronomisches, od. Ephemeriden f. d. J. 1779—83. unt. Aufsicht der Berliner Academie der Wissenschaften, herausg. m. K. gr. 8. Berlin, Academ. Buchh. 777.

Jahrbuch, Astronomisches, für das Jahr 1787—1829 nebst einer Sammlung der neuesten in die astronomischen Wissenschaften einschlagenden Abhandlungen, Beobachtungen und Nachrichten. Mit Genehmhaltung der königl. Akademie der Wissenschaften berechnet und herausgegeben von J. E. Bode, Astronom der Akademie. Mit Kupfertafeln. (43 Bde.) 8. Berlin 1784—1826.

Astronomisches Jahrbuch für d. Jahr... nebst e. Sammlung d. neuesten in die astronomischen Wissenschaften einschlagenden Abhandlungen, Beobachtungen u. Nachrichten...berechnet u. hrsg. von J[ohann] E[lert] Bode. (Bd [26-])54: 1801-29. Berlin: Verf., G.A. Lange in Komm. [usw.] 1798-1826. 8°
Bd 55 ff. Hrsg. von J[ohann] F[ranz] Encke.
Bd 55 ff. Berlin 1828-29: Druckerei d. kgl. Akademie der Wiss.; Dümmler in Komm. (1830 ff.: Berlin: Dümmler 1830-32.)
[Fortges. u. d. T.:] Berliner astronomisches Jahrbuch. Bd [55]-59: 1830-34. 1828-32.
[Nebst] Suppl.-Bd 4.

[Bd 26:]	1801.	1798.
[Bd 27:]	1802.	1799.
[Bd 28:]	1803.	1800.
[Bd 29:]	1804.	1801.
[Bd 30:]	1805.	1802.
[Bd 31:]	1806.	1803.
[Bd 32:]	1807.	1804.
[Bd 33:]	1808.	1805.
[Bd 34:]	1809.	1806.
[Bd 35:]	1810.	1807.
[Bd 36:]	1811.	1808.
[Bd 37:]	1812.	1809.
[Bd 38:]	1813.	1810.
[Bd 39:]	1814.	1811.
[Bd 40:]	1815.	1812.
[Bd 41:]	1816.	1813.
[Bd 42:]	1817.	1814.
[Bd 43:]	1818.	1815.
[Bd 44:]	1819.	1816.
[Bd 45:]	1820.	1817.
[Bd 46:]	1821.	1818.
[Bd 47:]	1822.	1819.
[Bd 48:]	1823.	1820.
[Bd 49:]	1824.	1821.
Bd 50:	1825.	1822.
Bd 51:	1826.	1823.
Bd 52:	1827.	1824.
Bd 53:	1828.	1825.
Bd 54 :	1829.	1826.
[Bd 55:]	1830.	1828.
[Bd 56:]	1831.	1829.
Bd 57:	1832.	1830.
Bd 58:	1833.	1831.
Bd 59:	1834.	1832.

Suppl.-Bd 4: Sammlung astronomischer Abhandlungen, Beobachtungen u. Nachrichten. Hrsg. von J[ohann] E[lert] Bode. 1808.

Jahrbuch, astronomisches, für 1836. Herausg. von H. C. Schumacher, mit Beiträgen v. Berzelius, Bessel, Gauß, Moser, Olbers u. Paucker. Mit 1 Kpfrtaf. 8. Stuttgart 836. v. Cotta. 2 ℳ — dass. für 1837 u. 1838. Mit Beiträgen von Bessel, Hansen, v. Humboldt, Moser, Olbers, Paucker, Kaemtz, Oersted u. Schouw. 8. Ebd. 837, 38. à J. 2 ℳ — dass. für 1839. Mit Beitrr. von Bessel, Mädler, Steinheil u. Quetelet. (4r Jahrg.) 8. Ebd. 839. n. 2 ℳ — dass. für 1840. (5r J.) Mit Beitrr. von Bessel, Erman, Mädler u. Olbers. 8. Ebd. 840. n. 2 ℳ

Jahrbuch, astronom., für 1839-50, herausg. v. Fr. v. P. Gruithuisen. München 1838-51.

Jahrbuch, (astronomisches), für 1841—1844. Herausgeg. von H. C. Schumacher, mit Beiträgen von Dove, Kämtz, Lehmann, Mädler, Olbers u. Quetelet. 8. (Mit Karte u. lithogr. Taf.) Stuttgart u. Tübingen, Cotta'sche B. à n. 2 ₰

Astronomisches Jahrbuch, herausgegeben von Encke. Berlin. Jgge. 1845. 1847, 1849, 1860, 1862 und 1874 bis zur Gegenwart.

— astronomisches, für physische und naturhistor. Himmelsforscher u. Geologen, mit den für d. J. 1839 — 1841 vorausbestimmten Erscheinungen am Himmel. Herausgeg. von Fr. P. v. Gruithuisen. Mit 4 lithogr. Taf. gr. 8. München 838 — 40. (Finsterlin.) (1r Jahrg. n. 1 ₰, 2r J. n. 1 1/3 ₰, 3r J. n. 2 2/3 ₰)

— astronomisches, für physische u. naturhistorische Himmelsforscher u. Geologen, mit den für das Jahr 1842 vorausbestimmten Erscheinungen am Himmel. Herausgeg. von Fr. v. P. Gruithuisen. 4. Jahr. Mit 3 lith. Taf. gr. 8. München. (Finsterlin.) n. 2 2/3 ₰ — 5.—9. Jahr unt. d. T.: — Naturwissenschaftlich-astronomisches J. für physische u. naturhistor. Himmelsforscher etc., mit den f. die J. 1843—1848 vorausbestimmten Erscheinungen am Himmel. Herausgeg. von F. v. P. Gruithuisen. Mit lithogr. Taf. gr. 8. Stuttgart 843—846, Hoffmanns Verlagsb. (München, Finsterlin.) à n. 2 2/3 ₰

Jahr- u. Auskunftsbuch der freien u. Hansestadt Hamburg f. 1894. Lex.-8. (XIV, 842 S. m. üb. 60 Text-Abbildgn. u. 12 [z. Tl.] farb. Karten u. Plänen.) Hamburg, Verlagsanstalt u. Druckerei. n. 3. —; kart. n. 3. 50

Jahr- u. Auskunftsbuch d. freien u. Hansestadt Hamburg f. 1895. M. üb. 50 Text-Abb. u. 12 Karten u. Plänen. Lex.-8. (XIV, 872 S.) Hamburg (895). Verlagsanstalt u. Druckerei. Kart. n. 3. 50

— — der kgl. preuß. Prov. Schleswig-Holstein, der freien u. Hansestadt Lübeck u. des Fürstenth. Lübeck f. 1894/95. Lex.-8. (XI, 376 S. m. 11 Taf., Plänen u. Karten.) Ebd. Kart. n. 4.

Jahrbuch des Kaiserlichen Automobil-Clubs und der mit ihm im Kartellvertrag stehenden deutschen Automobil-Clubs. Hrsg. v. Kais. Automobil-Club. Jg. [1.] Berlin & Glogau: C. Flemming 1907. 8° [08. 4877

— des kaiserl. Automobil-Clubs u. der m. ihm im Kartellvertrag stehenden deutschen Automobil-Clubs. Hrsg. v. kaiserl. Automobil-Club. Jahrg. 1909. (VIII, 560 S. m. 1 Karte u. 1 Tab.) 8. Berlin, C. Flemming. Geb. 7. 50

— der Automobil- u. Motorboot-Industrie. Im Auftrage des deutschen Automobil-Verbandes hrsg. v. Ernst Neuberg. 1. Jahrg. (VIII, 576 S. m. 745 Fig. u. 1 Taf.) gr. 8. Berlin 904. [S. Calvary & Co] Boll & Pickardt. Geb. in Leinw. n. 12. —

— dasselbe. 2. u. 3. Jahrg. (XII, 526 S. m. 867 Fig. u. 1 Taf. u. XIV, 554 S. m. 1120 Fig.) gr. 8. Berlin 905. 906. Boll & Pickardt. Geb. in Leinw. à n. 12. —

— dasselbe. Im Auftrage des kaiserl. Automobil-Clubs hrsg. von Ernst Neuberg. 4. Jahrg. 2 Bde. (XVI, 403 S. m. 816 Fig. u. VIII, 358 S. m. 867 Fig.) gr. 8. Ebd. 907. Geb. in Leinw. n. 20. —

Jahrbuch der Automobil- und Motorboot-Industrie. Hrsg. von E. Neuberg. Jg 6 ff. Berlin 1909 ff. 8°.

— der Automobil- u. Motorboot-Industrie. Im Auftrage des kaiserl. Automobil-Clubs hrsg. v. Ernst Neuberg. 7. Jahrg. (XII, 320 S. m. 689 Abbildgn.) gr. 8. Berlin 910. Boll u. Pickardt. Geb. in Leinw. 15. —

— der schlesischen Bäder, Heil-, Pflege- u. Kuranstalten m. Anschluss v. Oesterreich-Schlesien u. Böhmen. Unt. Mitwirkg. erster medizin. Autoritäten nach d. neuest. wissenschaftl. Forschgn. bearb. Luxus-Ausg. 1909. (IV, II, 77 S. m. Abb. u. 1 Bildnis.) gr. 8. Berlin, A. Pulvermacher & Co. Kart. 1. 50

—— für Balneologie, Hydrologie und Klimatologie. Hrsg. von E. Heinr. Kisch. Jahrg. 1871—1874. à 2 Bde. gr. 8. (IV, 218; IV, 288; IV, 212; IV, 230; IV, 283; IV, 240; IV, 215; 239 S.) Wien, Braumüller.
1871 und 1872 à Bd. *ℳ 3.; à Jahrg. *
1873 und 1874 à Bd. *ℳ 4.; à Jahrg. *

—— für Balneologie, Hydrologie und Klimatologie von E. Heinr. Kisch. 5. Jahrg. 1875. 2 Bde. gr. 8. (IV, 239; IV, 250 S.) Wien, Braumüller. à Bd. *

—— dass. — 6.—8. Jahrg. 1876—1878. à 1 Bd. gr. 8. (IV, 231; IV, 228; IV, 240 S.) Ebendas. à Bd. *

—— für Balneologie, Hydrologie und Klimatologie. Hrsg. von E. Heinr. Kisch. 9. und 10. Jahrg. 1879 und 1880. gr. 8. (IV, 253; IV, 248 S. mit 1 lithogr. Karte.) Wien, Braumüller. à Jahrg. *
Nicht weiter erschienen.

— baltisches. 1906. II. Jahrg. (284 S. m. 1 Beilage.) schmal 8. Riga, F. Deutsch. n. 1. 50

— dasselbe. 1907. 3. Jahrg. (253 S. m. Theaterplänen.) schmal 8. Ebd. n.n. 1. —

— baltisches. IV. Jahrg. (249 S. m. Abbildgn.) 22×12,5 cm. Riga, F. Deutsch. nn — 70

—— für Banken, s. Mentzel, C. M.

Jahrbuch. 1. J' des = 1er Annuaire de l'Ex libris-Club « Basilea ». [Mit Illustrationen und 6 Tafeln.] 26 S. 4. Basel, Eigenverlag des Club = Bâle, Edité par le Club ([Druck] Fritz Amberger, Zürich), 1903. [geb. fr. 4. —]

— Basler. 1879. Hrsg. von Heinr. Boos. 1. Jahrg. 8. (XI, 240 S.) Basel, Bahnmaier. n. 3. 20

—— Basler, 1882. (2. Jahrg.) Hrsg. von Alb. Burckhardt und R. Wackernagel. 8. (238 S. mit 1 Holzschn.- und 1 Stnt.) Basel, Bahnmaier's Verlag. *
—— dass. — 1883—1885. (3.—5. Jahrg.) 8. (VI, 284 S. mit 1 Photolithogr. und 1 Chromolithogr.; VII, 316 S. mit 1 Photogr.; VIII, 312 S.) Basel, Detloff's Buchh. à Jahrg. *

—— Basler, 1886 und 1887. Hrsg. von Alb. Burckhardt und Rud. Wackernagel. 8. (VII, 288; VII, 260 S. mit je 1 Lichtdr.) Basel, Detloff's Verlag. à Jahrg. *

— Basler, 1887—1889. Hrsg. v. A. Burckhardt u. R. Wackernagel. 8. (VII, 260 S. m. 1 Lichtdr.; 299 S. m. 1 Lichtdr. u. 1 Karte; III, 267 S. m. 1 Lichtdr.) Basel, [Detloff]. R. Reich. à Jahrg. n. 4. —

—— Basler. 1889—1892. Hrsg. v. Alb. Burckhardt u. Rud. Wackernagel. gr. 8. (III, 267 S. m. 1 Lichtdr.; VIII, 270 S. m. 1 Lichtdr. u. Abbildgn.; IV, 263 S. m. Abbildgn. u. 1 Lichtdr.; V, 240 S. m. Abbildgn. u. 1 Bildnis.) Basel, Reich. à Jahrg. * 4 —

— dasselbe. 1893—1895. Hrsg. v. Alb. Burckhardt, Rud. Wackernagel u. Alb. Geßler. gr. 8. Ebd. à Jahrg. n. 4. —
1893. (VII, 303 S. m. Abbildgn., 1 Bildnis, 1 Lichtdr.-Taf. u. 1 Plan.)
1894. (IV, 290 S. m. Abbildgn., 1 Bildnis, 2 Lichtdr.-Taf. u. 1 Radierg.)
1895. (III, 288 S. m. 1 Bildnis.)

— Basler, 1896—1898. Hrsg. v. Alb. Burckhardt, Rud. Wackernagel u. Alb. Geßler. gr. 8. Basel, R. Reich. à Jahrg. n. 4. —
1896. (VII, 317 S. m. 1 Photograv., 1 Lichtdr. u. 2 Radirgn.) 896.
1897. (V, 298 S. m. 1 Photograv., 2 Lichtdr. u. 2 Radirgn.) 897.
1898. (V, 319 S. m. 3 Bildnissen.) 898.
1899. (V, 312 S. m. 2 Bildnissen u. 2 Taf.) 898.

— Basler, 1900—1903. Hrsg. v. Alb. Burckhardt, Rud. Wackernagel u. Alb. Geßler. gr. 8. Basel, Helbing & Lichtenhahn. à n. 4. —
1900. (V, 307 S. m. 1 Bildnis.) — 1901. III, 312 S. m. 5 Taf.) —
1902. (III, 292 S. m. 1 Bildnis u. 3 Stammtaf.) —
1903. (III, 319 S. m. Abbildgn. u. 2 Bildnissen.)

Jahrbuch. Basler Jahrbuch 1901. Hrg. von Albert Burckhardt, Rudolf Wackernagel und Albert Gessler. [Mit Titelbild, 2 Landschaften und 2 Porträts.] IV + 312 S. 8. Basel, R. Reich, 1901. [geb. fr. 6. —]

Jahrbuch. Basler Jahrbuch 1902. Hrg. von Albert Burckhardt, Rudolf Wackernagel und Albert Gessler. [Mit Vignetten, 1 Porträt-Tafel und 3 Stammtafeln.] IV + 292 S. 8. Basel, R. Reich, 1902. [geb. fr. 6. —]

Jahrbuch. Baslor Jahrbuch. 1904. (Hrg. von Albert Burckhardt, Rudolf Wackernagel und Albert Gossler. [Mit 1 Porträt-Tafel, sowie] Buchschmuck von Burkhard Mangold.] IV + 356 S. 8. [Basel,] Helbing & Lichtenhahn, [1903]. [fr. 6. —, geb. fr. 7. —]

Jahrbuch. Basler J'. 1905. (Hrg. von Albert Burckhardt-Finsler, Rudolf Wackernagel und Albert Gessler. [Mit 1 Porträt-Tafel und] Buchschmuck von Hans Beat Wieland. [Anhang:] Gesamt-Register zum B' J' 1879, 1882–1904.) IV + 316 S. 8. [Basel,] Helbing & Lichtenhahn, [1904]. [fr. 6. —, geb. 7. —]

Jahrbuch. Basler J'. 1906. (Hrg. von Albert Burckhardt-Finsler, Rudolf Wackernagel und Albert Gessler. Buchschmuck von Theodor Barth.) IV + 294 S. 8. [Basel,] Helbing & Lichtenhahn, [1905]. [fr. 6. —, geb. 7. —]

Jahrbuch. Basler J'. 1907. (Hrg. von Albert Burckhardt-Finsler, Rudolf Wackernagel und Albert Gessler. [Mit] Buchschmuck von Carl Theodor Meyer, München-Basel [und Porträt-Tafeln].) IV + 304 S. 8. [Basel,] Helbing & Lichtenhahn, [1906]. [fr. 6. —, geb. 7. —]

Jahrbuch. Basler J'. 1908. (Hrg. von Albert Burckhardt-Finsler, Albert Gessler und August Huber. [Mit] Buchschmuck von Ernst Rindersbacher, München, [1 Stammtafel und 2 Tafeln].) IV + II + 376 S. 8. [Basel,] Helbing & Lichtenhahn, (1907). [fr. 6. —, geb. 7. —]

Jahrbuch. Basler J' 1909. (Hrg. von Albert Burckhardt-Finsler, Albert Gessler und August Huber. [Mit] Buchschmuck von Paul Kammüller, Basel [und 1 Porträt-Tafel].) IV + 377 S. 8. [Basel,] Helbing & Lichtenhahn, (1908). [fr. 6.—, geb. 7.—]

Jahrbuch. Basler J' 1910. (Hrg. von Albert Burckhardt-Finsler, Albert Gessler und August Huber. [Mit] Buchschmuck von Maria La Roche [und 2 Porträt-Tafeln].) II + 340 S. 8. Basel, Helbing & Lichtenhahn, [1909]. [fr. 6.—, geb. 7.—]

Jahrbuch. Basler J' 1911. Hrg. von Albert Burckhardt-Finsler, Albert Gessler und August Huber. [Mit 1 Illustration, 1 Planskizze, 1 Tafel und 1 Stammtafel.] IV + 375 S. 8. Basel, Helbing & Lichtenhahn. [fr. 6. —, geb. 7. —]

Jahrbuch der Bauhütten des Eintrachtsbundes in Monatsblättern. [Red. von Heinr. Künzel.] Hs. u. Lokalbl. f. Brr. Jg. 1870. Darmstadt [1870]: Kichler. 92 S. 8°
cf. L. 28 (1871) S. 123—126.
Tt. 176.

— der Bau-Industrie u. Industrie der Steine u. Erden. Hrsg. v. Rud. Hanel. Jahrg. 1905. (XXVI, 144 u. LXIX S.) 8. Wien 904. (A. Hölder.) n. 3. —

— der österreichischen Bau-Industrie u. Industrie der Steine u. Erden. Hrsg. v. Rud. Hanel. Jahrg. 1906. (XXXIV, 128, 82, LVIII u. 7 S.) 8. Ebd. Kart. n. 3. —

— der österreichischen Bau-Industrie u. Industrie der Steine u. Erden, Glas u. Porzellan. Hrsg. v. Rud. Hanel. 1907—1910. 8. Wien, Compass-Verlag. Kart. 18. —
1907. (XXXVI, 188, 95 S., S. 1777—2081 u. LXVI S.) 4. 40
1908. (XL, 208, 108 S., S. 1955—2228 u. LXII S.) 4. 40
1909. (VIII, 214 S., S. 20—111, 1975—2278 u. 953—1016.) 909. 4. 60
1910. (VIII S., S. 1—210, 6—26, 249—285 u. 2064 u. 2617.) 910. 4. 60

— der Baukunst u. Bauwissenschaft in Deutschland. Hrsg. v. C. A. Menzel. 1—4. Bd. gr. 8. Eisleben, Reichardt. [1. (22 ¼ B., 1 Portr. u. 11 Stnt.) 844. * 2 Thlr., 2. (27 B., 1 Portr. u. 6 Stnt.) 45. * 2 Thlr. 10 Ngr., 3. (19 B., 1 Portr. u. 4 Stnt.) 46. * 2 Thlr., 4. (21 ½ B., 1 Portr. u. 4 Stnt.) 47. * 2 Thlr.] *

— der Baupreise Berlins. Hrsg. vom Bunde der Bau-, Maurer- u. Zimmermeister zu Berlin. Bearb. von der Commission des Bundes. Mit (eingedr.) Holzschn. 2. Jahrg. Die Preise des Jahres 1876. 16 Lfgn. gr. 8. (XX, 502 S. mit eingedr. Holzschn.) Leipzig 877. Knapp. à n. — 80
Der 1. Jahrg. (1875) kam, nur als Mskr. gedr., nicht in den Handel.

Jahrbuch der Baupreise Berlins. Hrsg. vom Bunde der Bau-, Maurer- u. Zimmermeister zu Berlin. Bearb. von der Commission des Bundes. Mit (eingedr.) Holzschn. 3. Jahrg. Die Preise des Jahres 1878. 22 Lfgn. gr. 8. (XXXVII, 690 S.) Leipzig 879. 80. Knapp. à n. — 80

— der Baupreise Berlins. Hrsg. vom Bunde der Bau-, Maurer- und Zimmermeister zu Berlin. Bearb. von der Kommission des Bundes. 4. Jahrg.: Die Preise der J. 1882 und 1883. gr. 8. (XXIII, 623 S. mit eingedr. Holzschn.) [Leipzig 883, Knapp's Verlag.] Karlsruhe, J. Bielefeld's Verlag. * geb. *

— bayerisches. Kalender f. Bureau, Comptoir u. Haus. 1890—1893. Verf. v. J. Seiferth u. W. Probst. 1.—4. Jahrg. [3.—6. Jahrg. d. „Münchener Jahrbuch".] Lex.-8. (à Jahrg. 400—425 S. m. 1 Portr.) Münch., Gerber. à Jahrg. cart. * 1 50; geb. * 2 —

— bayrisches. Kalender f. Bureau, Comptoir u. Haus 1899. 12. Jahrg. Bearb. von e. Reihe tücht. Männer aus d. verschied. Berufsklassen. Lex.-8. (XVI, 424 S.) München, C. Gerber. Kart. n. 1. 50; geb. in Leinw. n. 2. —

— bayerisches. Kalender f Bureau, Comptoir u. Haus 1903. 16. Jahrg. Bearb. v. e Reihe tücht. Männer aus den verschied. Berufsklassen. Lex.-8. (XVI, 420 S.) München, C. Gerber. Kart. n. 1. 50; geb. in Leinw. n. 2. —

— bayerisches. 1907. 20. Jahrg. Kalender f. Bureau, Comptoir u. Haus. Bearb. v. e. Reihe tücht. Männer aus den verschiedensten Berufsklassen. (XVI, 420 S.) Lex.-8. München, Buchdruckerei u. Verlagsanstalt C. Gerber. Kart. n. 1. 50; geb. in Leinw. n. 2. —

— bayerisches. 1911. Kalender f. Bureau, Comptoir u. Haus. 24. Jahrg. Bearb. v. e. Reihe tücht. Männer der verschiedensten Berufsklassen. (XX, 424 S.) Lex. 8. München, Buchdruckerei u. Verlagsanstalt C. Gerber. Geb. in Halbleinw. 1.50; in Leinw. 2. —

Jahrbuch zur Beförderung der Glückseligkeit der Liebenden vor und in der Ehe ... Leipzig 1799. V: *Hemmerde, Carl Hermann.* (MGT) (schr)

— z. Belehrung u. Unterhalt. f. gebild. Kaufleute. gr. 8. Zwickau 805. Gebr. Schumann. 3 ℳ

—— deutscher Belletristik auf 1857. Des Albums der Erinnerungen 8. Jahrg. Mit Beiträgen von Fr. Bodenstedt, Ida v. Düringsfeld, E. Geibel ꝛc. Hrsg. von Siegfr. Kapper. br. 8. (III und 322 S. mit dem lithogr. Bildniß Em. Geibels.) Prag, Bellmann's Verlag.
Vgl. Album der Erinnerungen.

—— dass. — Auf 1858. 4. Jahrg. Mit Beiträgen von M. Beilhack, Fr. Bodenstedt, G. Fr. Daumer, J. v. Düringsfeld ꝛc. Hrsg. von Siegfr. Kapper. 8. (IV und 340 S. mit dem Bildnisse Carl Gutzkow's in Stahlst.) Ebendas. 857.

—— dass. — Auf 1859. 5. Jahrg. Mit Beiträgen von Friedr. Bodenstedt, A. E. Brachvogel, Ida v. Düringsfeld, Ludw. Foglar ꝛc. Hrsg. von Siegfr. Kapper. 8. (III und 364 S. mit dem Bildnisse A. E. Brachvogel's in Stahlst.) Ebendas. 858.
Ist nicht fortgesetzt worden.

Bellmanns Jahrbuch für Böhmen 1904. Politisch-statistischer Auskunftskalender. Lex.-8°. (272 S.) K 3.—
Prag: Bellmann 1903.

Pola, Hydrographisches Amt der K. K. Kriegsmarine (Abtheilung Geophysik)
Gruppe II: Jahrbuch der meteorolog. und erdmagnetischen Beobachtungen.
Neue Folge. Band I, II. 1896, 97. Pola 1897, 98.

Pola, Hydrographisches Amt der k. k. Kriegs-Marine (Abth. Geophysik),
Gruppe II: Jahrbuch der meteorolog. und erdmagnetischen Beobachtungen in den Jahren 1898, 98, 99. Bd. III, III u. IV.
Pola. Fol.
Gruppe V: Resultate aus den meteorolog. Beobachtungen in Pola in den Jahren 1867—97. Pola 1900. Fol.

Jahrbuch der meteorologischen und erdmagnetischen Beobachtungen. Neue Folge. III. Band. (XXVII. Jahrgang der ganzen Reihe.) Beobachtungen des Jahres 1898. Herausgegeben von der Abtheilung „Geophysik". Pola. 1899. In Comm. Gerold & Co. Wien. 4°. XXVI, 165 S. mit 5 Tafeln. fl. 6.—

— der meteorologischen, erdmagnetischen u. seismischen Beobachtgn., s. a. Veröffentlichungen des hydrograph. Amtes der k. u. k. Kriegsmarine in Pola.

Jahrbuch der meteorologischen und erdmagnetischen und seismischen Beobachtungen. Neue Folge. V. Band. (XXIX. Jahrgang der ganzen Reihe.) Beobachtungen des Jahres 1900. Herausgegeben von der Abtheilung „Geophysik". Pola. 1901. In Comm. Gerold & Co. Wien. 4°. XXXIX. 172 S. mit 7 Tafeln. K 12.—

Jahrbuch der meteorologischen, erdmagnetischen und seismischen Beobachtungen. Neue Folge 6. Bd. (30. Jahrg. der ganzen Reihe.) [Veröffentlichungen d. hydrographischen Amtes d. k. u. k. Kriegs-Marine in Pola. Nr. 15. Gruppe II.] 4°. (XLIX, 174 S. mit 10 Tafeln.) † Wien: Gerold 1902. K 12.—

Jahrbuch der meteorologischen, erdmagnetischen und seismischen Beobachtungen. Gruppe II. Neue Folge. 7. Bd. (XXXI. Jahrg. der ganzen Reihe.) [Veröffentlichungen des hydrographischen Amtes der k. u. k. Kriegsmarine in Pola. Nr. 16.] Fol. (LV, 174 S.) † Wien: Gerold 1903. K 12.—

Jahrbuch der meteorologischen, erdmagnetischen und seismischen Beobachtungen. Neue Folge. IX. Bd. (XXXIII. Jahrg. der ganzen Reihe.) Beobachtungen des Jahres 1904. Gruppe II. [Veröffentlichungen des hydrographischen Amtes der k. u. k. Kriegsmarine in Pola. Nr. 20.] Fol. (XXXIII, 190 S. mit 8 Tafeln) †
Wien: Gerold 1905.

Jahrbuch der meteorologischen, erdmagnetischen und seismischen Beobachtungen. Neue Folge. X. Bd. (XXXIV. Jahrg. d. ganzen Reihe.) Beobachtungen des Jahres 1905. Gruppe II. [Veröffentlichungen d. hydrographischen Amtes d. k. u. k. Kriegsmarine in Pola, Nr. 21.] Fol. (XXV, 151 S.) † K 12.—
Wien: Gerold 1906.

Jahrbuch der meteorologischen, erdmagnetischen und seismischen Beobachtungen. Neue Folge. XI. Bd. Beobachtungen des Jahres 1906. [Veröffentlichungen des hydrographischen Amtes der k. u. k. Kriegsmarine in Pola. Nr. 24. Gruppe II.] Fol. (XXV, 152 S.) † Wien: Gerold 1907. * K 12.—

Jahrbuch der meteorologischen, erdmagnetischen und seismischen Beobachtungen. Neue Folge. XIII. Bd. (XXXVII. Jahrgang der ganzen Reihe.) Beobachtungen des Jahres 1908. Gruppe II. [Veröffentlichungen des hydrographischen Amtes der k. u. k. Kriegsmarine in Pola Nr. 28.) Fol. (XXXV, 152 S.)
Wien: Gerold 1909. * K 12.—

Jahrbuch der meteorologischen, erdmagnetischen und seismischen Beobachtungen. Neue Folge. 48. Bd. (37. Jahrg. der ganzen Reihe.) 2. Gruppe. [Veröffentlichungen des hydrographischen Amtes d. k. u. k. Kriegsmarine in Pola. Nr. 19.] Fol. (XXV, 202 S. mit 9 Tafeln.) † K 12.—
Wien: Gerold 1909.

Jahrbuch der Meteorologischen, erdmagnetischen und seismischen Beobachtungen. Neue Folge. XIV. Bd. [Veröffentlichungen des hydrographischen Amtes der k. u. k. Kriegsmarine in Pola. Nr. 29. II. Gruppe.] Fol. (XXVI, 176 S.) * K 12.—
Wien: Gerold 1910.

— der meteorologischen Beobachtungen der Wetterwarte der Magdeburgischen Zeitung, Station I. Ordng. Hrsg. v. R. Assmann. Jahrg. I—III. 1881—1884. gr. 4. (XVI, 102, IV, 60 u. V, 58 S. m. Taf.) Magdeburg 883—86. Faber. cart. à n. 7. 50

— der meteorologischen Beobachtungen der Wetterwarte der Magdeburgischen Zeitung. Hrsg. v. A. W. Grützmacher. 4. Jahrg. 1885. gr. 4. (V, 88 S.) Magdeburg 887. Faber. cart. n. 7. 50

— dasselbe. 5.—7. Jahrg. 1886—1888. gr. 4. (à V, 54 S.) Ebd. cart. à Jahrg. n. 6. —

— der meteorologischen Beobachtungen der Wetterwarte der Magdeburgischen Zeitung. Hrsg. v. A. W. Grützmacher. VIII.—XII. Bd. IX.—XIII. Jahrg. 1889—1893. gr. 4 (à VI, 54 S.) Magdeburg 890—894. Faber'sche Buchdr. Kart. à Bd. n. 6. —

— d. meteorologischen Beobachtgn. d. Wetterwarte d. Magdeburg. Zeitg. Hrsg. v. A. W. Grützmacher. XIII. u. XIV. Bd. XIV. u. XV. Jahrg. 1894 u. 1895. gr. 4. (VI, 54 u. VI, 54 S. m. Kurven.) Magdeburg 895. 96. Faber. Kart. à n. 6. —

— dasselbe, Fortsetzg., s.: Jahrbuch, deutsches meteorolog., Magdeburg.

Magdeburg, Wetterwarte der Magdeburg. Zeitung, Jahrbuch der meteorologischen Beobachtungen. Band XI—XV, Jahrg. XII—XVI, 1892—96.
Magdeburg 1893—96, 98.

Magdeburg, Wetterwarte der Magdeburg. Zeitung, Jahrbuch der meteorologischen Beobachtungen für 1897 u. 1898, 16. u. 17. Jahrg.
Magdeburg 1899, 1900. 4°.

Jahrbuch für Berg- und Hüttenleute zur nützlichen und angenehmen Unterhaltung auf das Jahr 1808. Siegen, 1808. 92 S. mit 1 Taf.

— für Berg- u. Hüttenleute, mit Holzschn. 8. Siegen 808. Müller u. C. 8 ℊℊ Schrbp. 10 ℊℊ

„Jahrbuch für den Berg- und Hüttenmann", auf die Jahre 1827 ff., nebst alphabet. Sachregister, herausgegeben von der königl. Bergakademie zu Freiberg, Freiberg 1827 ff. (Jahrgänge 1827—1834 u. d. T.: „Kalender für den sächsischen Berg- und Hüttenmann"). — Vorh.: Bibl. des preuß. statist. Landesamtes zu Berlin und (ab 1830) Preuß. Oberbergamt Dortmund.

Jahrbuch für den Berg- und Hüttenmann; herausgegeben bei der Kgl. Bergacademie zu Freiberg. Auf das Jahr 1830—1900. Nebst Sachregister der Jahrgänge bis 1840. Freiberg. 8. — Desgleichen ein zweites Exemplar der Jahrgänge 1841—43, 1846—62, 1864, 1871—74. — (Den Anfang hiervon bildet der „Kalender für den Sächsischen Berg- und Hüttenmann").

Jahrbuch für den Berg- und Hüttenmann, bezw. für das Berg- und Hüttenwesen im Königreich Sachsen, herausgegeben von der Bergakademie zu Freiberg, bezw. später von dem Professor Gottschalk und dem Bergrath Menzel. Freiberg. Jgge. 1830 bis zur Gegenwart (Jgge. 1854, 1855, 1857, 1858, 1863, 1882 und 1883 doppelt. Jgg. 1890 fehlt).

—— für d. Berg- u. Hüttenmann, auf d. J. 1830—36. Hrsg. bey d. Kgl. Bergacademie zu Freyberg. gr. 8. Freyberg, (Craz u. Gerlach.) [830. (12½ B. u. 4 Stnt. gr. 4.), 31. (13 B. u. 8 Stnt. gr. 4.), 32. (12½ B.), 33. (14 B. u. 1 Tab. qu. Fol.), 34. (10 B.), 35. (13 B. u. 6 Tab. qu. ½ Fol.), 36. (11 B.) à 16 Gr.]
Jahrg. 1828, 29., vgl. Kalender f. d. Sächs. Berg- u. Hüttenmann.

—— für d. Berg- u. Hüttenmann auf d. J. 1837—42. Hrsg. v. d. kgl. Bergacademie zu Freyberg. gr. 8. Freyberg, (Craz u. Gerlach.) [837. (9½ B.), 38. (9¾ B.), 39. (16 B., 2 Stnt. u. 1 Tab.), 40. (14½ B.), 41. (17¼ B.), 42. (13¾ B., 2 Stnt. u. 2 Tab.) à * ⅔ Thlr.] *

—— für den Berg- u. Hütten-Mann auf d. J. 1843—47. Hrsg. v. der Bergacademie zu Freiberg. gr. 8. Freiberg. (Craz u. Gerlach.) [1843. (10 B. u. 10 Tab.) 44. (15⅞ B. u. 1 Stnt.) 45. (9 B. u. 9 Tab.) 46. (12⅞ B., 8 Tab. u. 3 Stnt.) 47. (10⅜ B.) à J. * 20 Ngr.] *

—— für den Berg- und Hütten-Mann auf die J. 1848—52. Hrsg. und verlegt von der k. Bergakademie zu Freiberg. gr. 8. Freiberg, (Craz und Gerlach.) [1848. (211 S. und 3 Stnt. in Fol. und 4.) 49. (VI und 184 S. mit 3 Stnt. in Fol.) 50. (VI und 232 S. mit 2 Stnt. in Fol.) 51. (VI und 221 S. mit 2 Stnt. in 4. und qu. gr. Fol.) 52. (VI und 178 S.) à Jahrg. * 20 Ngr.] *

—— für den Berg- und Hütten-Mann auf die J. 1853—56. Hrsg. und verlegt von der königl. Bergakademie zu Freiberg. gr. 8. Freiberg, (Craz und Gerlach.) [1853. (VII und 285 S. mit 5 Stnt. in 8. und Fol.) 1854. (VII und 269 S. mit 1 Stnt. in qu. Fol.) 1855. (VII und 237 S. mit 2 Stnt. in Fol.) 1856. (VII und 248 S. mit 2 Stnt.) à Jahrg. * 20 Ngr.] *

—— für den Berg- und Hütten-Mann auf die J. 1857—61. Hrsg. und verlegt von der königl. Bergakademie zu Freiberg. gr. 8. Freiberg, (Craz und Gerlach.) [1857. (VI und 200 S. mit 2 Tab. in qu. gr. Fol.) 1858. (VI und 227 S.) 1859. (VI und 161 S.) 1860. (VII und 218 S.) 1861. (VII und 294 S.)] à Jahrg. *

—— für den Berg- und Hütten-Mann auf die J. 1862—67. Hrsg. und verlegt von der Königl. Bergakademie zu Freiberg. gr. 8. [1862. (VII und 234 S. mit 3 Stnt., wovon 2 ill., in qu. Fol. und gr. Fol.) 1863. (VII und 205 S.) 1864. (VIII und 274 S. mit 5 Stnt. in Fol.) 1865. (VII und 252 S. mit 2 Stnt. in Fol.) 1866. (VIII und 219 S. mit 1 Stnt. in Fol.) 1867. (VIII und 262 S. mit eingedr. Holzschn. und 2 Stnt. in Imp.-Fol.)] Freiberg, (Craz und Gerlach.) à Jahrg.

—— für den Berg- und Hüttenmann auf die J. 1868—1872. Hrsg. und verlegt von der königl. Bergakademie zu Freiberg. gr. 8. (VI, 160; VII, 186 S. mit 4 Stnt., wovon 3 color., in qu. gr. 4.; IV, 253; IV, 245 S. mit 1 Stnt. in gr. 4.; IV, 264 S. mit 1 Stnt. in qu. gr. Fol.) Freiberg, (Craz und Gerlach.) à Jahrg. * 2 —

— f. den Berg- u. Hüttenmann. Eine Uebersicht der Fortschritte des gesammten Berg- u. Hüttenwesens sammt seiner Literatur von Anfang 1850 bis Mitte 1851. Mit statist. u. Personalnachrichten, Tabellen etc. 1. Jahrg. [Aus dem Kalender für den Berg- u. Hüttenmann. 1. Jahrg. abgedr.] 16. (VIII u. 243 S.) Leipzig 852, Spamer. n. ⅔ ₰

— für den Berg- und Hüttenmann. Eine Uebersicht der Fortschritte des gesammten Berg- und Hüttenwesens sammt seiner Literatur von Anfang 1851 bis Mitte 1856. Mit statist. und Personalnachrichten, Tabellen etc. 2—6. Jahrg. Aus d. Kalender f. den Berg- und Hüttenmann abgedr. Leipzig 853—58. Spamer. 16. Jeder Jahrg. (à ca. 180 S.) 20 ngr.

—— dass. — Von Anfang 1856 bis Mitte 1859. Mit statist. und Personal-Nachrichten, Tabellen etc. 7—9. Jahrg. 16. Berlin, Springer's Verlag. [7. Jahrg. (III und 198 S.) 8. (224 S.) 9. (230 S.)] à Jahrg. *
Aus: Kalender für den Berg- und Hüttenmann, 6—9. Jahrg., besonders abgedruckt.
Ist nicht fortgesetzt worden.

— — 7. Jahrg. Berlin 858. J. Springer. 16. (2 Bl., 192 S.) 20 ngr.

— für den Berg- und Hüttenmann. Eine Uebersicht der Fortschritte des gesammten Berg- und Hüttenwesens sammt seiner Literatur etc. Mit statistischen u. Personal-Nachrichten, Tabellen etc. 8. u. 9. Jahrg. Aus dem Kalender für den Berg- u. Hüttenmann abgedr. Berlin 860, 61. J. Springer. 16. (224; 230 S.) Jeder Jahrg. n. 20 ngr.

—— für den Berg- und Hüttenmann des österreich. Kaiserstaates. Hrsg. von Joh. Bapt. Kraus. 1—3. Jahrg. gr. 8. Wien, Sallmayer und Comp. [1. (XIV und 276 S.) 848., 2. (...?) 849., 3. (VIII und 301 S.) 852. à Jahrg. * 1 Thlr. 10 Ngr.] *

—— für den Berg- und Hüttenmann des österreichischen Kaiserstaates für die J. 1854 und 1855. Hrsg. von Joh. Bapt. Carl Kraus. 4. und 5. Jahrg. gr. 8. Wien, Sallmayer und Comp. [4. Jahrg. (XXIV und 304 S.) * 1 Thlr. 15 Ngr., 5. (VII und 498 S. mit 1 Stnt. in qu. Fol.) * 1 Thlr. 20 Ngr.] *
1—3. Jahrg. 1848—52. Ebendas. à Jahrg. * 1 Thlr. 10 Ngr.

Jahrbuch für den österreichischen Berg- und Hüttenmann. 3.—6. Jahrgang (1843—46). Wien. 8.

Jahrbuch, Berg- und hüttenmännisches, der kaiserl. königl. Montan-Lehranstalt zu Leoben. Bd 1. 1851 ff. Wien
Seit 1859: Jahrbuch, Berg- und hüttenmännisches, der k. k. Schemnitzer Bergakademie und der k. k. Montan-Lehranstalten zu Leoben und Příbram.
Seit 1873: Jahrbuch, Berg- und hüttenmännisches, der k. k. Bergakademien zu Leoben und Příbram und der königlich ungarischen Bergakademie zu Schemnitz.

— berg- und hüttenmännisches, der kaiserl. königl. Montan-Lehranstalt zu Leoben. 1. und 2. Bd. (Als Fortsetzung der vormals steiermärk. ständ. Montan-Lehranstalt zu Vordernberg der 4. und 5. Bd.) Redakt.: Tunner. gr. 8. Wien, (Tendler und Comp.) [1. (VIII und 268 S. mit 16 Stnt. in gr. 8., 4. und gr. Fol.) 851., 2. (V und 283 S. mit 3 Stnt. in gr. Fol.) 852. à Bd. * 2 Thlr.] *

—— berg- und hüttenmännisches, der kaiserl. königl. Montan-Lehranstalt zu Leoben. 3. und 4. Bd. (Als Fortsetzung der vormals steierm. ständ. Montan-Lehranstalt zu Vordernberg der 6. und 7. Bd.) Redakt.: Tunner. gr. 8. Wien, (Tendler und Comp.) [3. (IV und 350 S. mit 12 Stnt. in 8. und Fol.) 853., 4. (IV und 309 S. mit 4 Stnt. in Fol.) 854. à Bd. 2 Thlr.] *

—— dass. — auf das J. 1855. 5. Bd. (Als Fortsetzung des Jahrbuches der k. k. Montan-Lehranstalt zu Leoben.) Redakt.: Joh. Grimm. gr. 8. (IV und 304 S. mit 32 in den Text gedr. Fig. in Holzschn., 4 lithogr. Taf. in gr. Fol. und 3 Tab. in qu. gr. 4. und Fol.) Ebds. 856. **
1. und 2. Bd. Ebendas. 1851—52. à Bd. *2 Thlr.

— — auf d. J. 1856. 6. Bd. (Als Fortsetzung der vormals steierm. ständ. Montan-Lehranstalt zu Vordernberg.) Red.: Pet. Tunner. Mit 3 zinkograph. Taf. (in Fol.) Ebend. 857. gr. 8. (2 Bl., 321 S.) n. 2 ß. 10 ngr.

— — f. d. J. 1857. 7. Bd. (Als Fortsetzung des Jahrbuches der k. k. Montan-Lehranstalt zu Leoben.) Red.: Joh. Grimm. Mit 10 in den Text gedr. Fig. (Holzschn.) u. 6 lith. Taf. (in Fol.) Ebend. 858. gr. 8. (1 Bl., 290 S.) n. 2 ß. 10 ngr.

— Berg- und Hüttenmännisches, der k. k. Schemnitzer-Bergakademie und der k. k. Montan-Lehranstalten zu Leoben und Přibram für das Jahr 1858. 8. Bd. Als Fortsetzung des Jahrbuches der k. k. Montan-Lehranstalt zu Leoben. Red.: Gust. Faller. Mit vielen in den Text gedr. Figuren (Holzschn.) u. 11 zinkograph. Taf. (in Fol.) Wien 859. Tendler & Co. in Comm. gr. 8. (IV, 452 S.) n. 3 ß 20 ngr.

— — der k. k. Montan-Lehranstalten zu Leoben und Přibram und der k. k. Schemnitzer-Bergakademie. 9. Bd. Als Fortsetzung des Jahrbuches der vormals steiermärkischen ständigen Montan-Lehranstalt zu Vordernberg 12. Bd. Red.: Pet. Tunner. Mit vielen in den Text gedr. Fig. (Holzschn.) u. 8 zinkograph. Taf. (in Fol.) Ebend. 860. gr. 8. (IV, 363 S.) n. 3 ß 20 ngr.

— — 10. Bd. Red.: Joh. Grimm. Mit mehreren in den Text gedr. Fig. (Holzschn.) u. 5 lith. Taf. (in Fol.) Ebend. 861. gr. 8. (VI, 540 S.) n. 3 ß 20 ngr.

—— Berg- und Hüttenmännisches, der k. k. Bergakademien Schemnitz und Leoben und der k. k. Montan-Lehranstalt Přibram für das J. 1861. 11. Bd. (Als Fortsetzung des Jahrbuches der k. k. Montan-Lehranstalt zu Leoben.) Redact.: Gust. Faller. Lex.-8. (IV und 345 S. mit vielen in den Text gedr. Fig. in Holzschn. und 8 Stnt. in 4., Fol. und Imp.-Fol.) Wien 862. (Prag, Calve'sche Universitäts-Buchh.) *

— — 12. Bd. Als Fortsetzung des Jahrbuches der vormaligen steiermärkisch-ständigen Montan-Lehranstalt zu Vordernberg. 15. Bd. Red.: P. Tunner. Mit mehreren in den Text gedr. Holzschn. u. 3 zinkograph. Taf. (in Fol.) Wien 863. Tendler & Co. in Comm. gr. 8. (IV, 262 S.) n. 3 ß 20 ngr.

Jahrbuch, Berg- und Hüttenmännisches, der k. k. Montan-Lehranstalten zu Leoben u. Přibram und der k. k. Schemnitzer-Bergakademie. 13. Bd. Red.: Joh. Grimm. Mit mehreren in den Text gedr. Fig. (Holzschn.) u. 8 lith. Taf. (in 4. u. Fol.) Ebend. 864. (IV, 429 S. u. 4 Tab. in Fol.) n. 3 ß 20 ngr.

—— dass. — der k. k. Bergakademien Schemnitz und Leoben und der k. k. Montan-Lehranstalt Přibram für das J. 1864. 14. Bd. (Als Fortsetzung des Jahrbuches der k. k. Montan-Lehranstalt zu Leoben.) Redact.: Gust. Faller. Lex.-8. (IV und 377 S. mit 6 Tab. in gr. Fol. und vielen in den Text gedr. Holzschn. und 5 Stnt. in gr. Fol. und Imp.-Fol.) (Ebendas.) 865. * *

—— dass. — der k. k. Bergakademien Leoben und Schemnitz und der k. k. Montan-Lehranstalt Přibram für das J. 1865. 15. Bd. (Als Fortsetzung des Jahrbuches der vormal. steir. ständ. Montan-Lehranstalt zu Vordernberg. 18. Bd.) Redact.: P. Ritter v. Tunner. Lex.-8. (IV und 419 S. mit mehreren in den Text gedr. Holzschn. und 7 zinkogr. Taf. in qu. gr. Fol.) (Ebendas.) 866. *

—— dass. — der k. k. Bergakademien zu Leoben, Přibram und Schemnitz für das J. 1866. 16. Bd. (Als Fortsetzung des Jahrbuches der k. k. Montan-Lehranstalt zu Leoben.) Redakt.: Joh. Grimm. Lex.-8. (VI und 451 S. mit 59 in den Text gedr. Fig. und 4 Stnt. in Fol.) (Ebendas.) 867. *

— — der k. ungar. Schemnitzer Bergakademie u. der k. k. Bergakademieen Leoben u. Přibram für das Jahr 1867. 17. Bd. Red.: Gust. Faller. Mit vielen in den Text gedr. Holzschn. u. 5 lith. Taff. (wovon 1 color., in qu. 4. u. gr. Fol.) Wien, (Tendler & Co.) gr. 8. (III, 395 S.) n. 3 ß 20 ngr.

—— berg- und hüttenmännisches, der k. ungarischen Schemnitzer Bergakademie und der k. k. Bergakademien Leoben und Přibram für das J. 1867. 17. Bd. Redact.: Gust. Faller. gr. 8. (III, 395 S. mit vielen in den Text gedr. Holzschn. und 5 lithogr. Taf., wovon 1 color., in qu. 4., qu. und gr. Fol.) Wien 868. (Prag, Calve'sche Universitäts-Buchh.) *

—— dass. — der k. k. Bergakademien zu Přibram und Leoben und der k. ungar. Bergakademie zu Schemnitz für die Studienjahre 1867/68 und 1868/69. 18. und 19. Bd. Redact.: Joh. Grimm. 8. (III, 433 S. mit 8 lithogr. Taf. in qu. 4. und qu. gr. Fol.; IV, 425 S. mit 22 in den Text gedr. Fig. in Holzschn., 5 lithogr. Taf. in Fol. und 4 Tab. in Fol.) Ebendas. 869,70. à Jahrg. *

— berg- u. hüttenmännisches, der k. k. Bergakademie zu Přibram u. Leoben u. der königl. ungar. Bergakademie zu Schemnitz f. d. Studienj. 1869/70. 20. Bd. [Als Fortsetzg. d. Jahrbuches d. k. k. Montan-Lehranstalt zu Leoben.] Red.: Joh. Grimm. Mit 5 in den Text gedr. Figuren, 7 lith. Taf. (in gr. Fol.) u. 3 größeren Tabellen (in qu. Fol.) gr. 8. (V, 521 S.) Prag. 872. Calve in Comm. n. 11. —

— dasselbe. 21. Bd. gr. 8. (1. Hft. 112 S. m. 2 lith. Figurentaf. in Fol.) Wien 873. Hölder. n. 10. —

— dasselbe. 22. Bd. gr. 8. (1. Hft. 153 S. m. 3 lith. Taf. in Fol. u. 17 in den Text gedr. Holzschn.) Ebend. 874. n. 11. —

— dasselbe. 23. u. 24. Bd. à 4 Hfte. gr. 8. (à Hft 144 S. m. 1 Steintaf. in qu. gr. 4. u. 7 in den Text gedr. Holzschn.) Ebend. 875. 76. à Bd. n. 11. 20

— berg- u. hüttenmännisches, der k. k. Bergakademien zu Leoben u. Přibram u. der königlichen ungarischen Bergakademie zu Schemnitz. Red.: Jul. Ritter v. Hauer. 25. Bd. [Als Fortsetzung des Jahrbuches der k. k. Montanlehranstalt zu Leoben.] 4 Hfte. gr. 8. (à Hft. ca. 126 S. mit 2 Steintaf.) Wien 877. Hölder. n. 16. —

— dasselbe. 26—30. Bd. à 4 Hfte. gr. 8. (à Hft. ca. 176 S. mit 2 Steintaf.) Ebend. 878—82. à Bd. n. 11. 20

— berg- u. hüttenmännisches, der k. k. Bergakademien zu Leoben u. Přibram u. der königl. ungarischen Bergakademie zu Schemnitz. Red.: Jul. Ritter v. Hauer. 31—34. Bd. [Als Fortsetzg. d. Jahrbuches d. k. k. Montanlehranstalt zu Leoben.] à 4 Hfte. gr. 8. (à Hft. ca. 124 S. m. Steintaf.) Wien 883—86. Hölder. à Bd. n. 11. 20

— berg- u. hüttenmännisches, der k. k. Bergakademien zu Leoben u. Pribram u. der kgl. ungar. Bergakad. zu Schemnitz. Red.: J. Ritter v. Hauer. 35. u. 36. Bd. [Als Fortsetzg. d. Jahrbuches d. k. k. Montanlehranstalt zu Leoben.] à 4 Hfte. gr. 8. (à Hft. ca. 120 S.) Wien 887. 888. Hölder. à Bd. n. 11. 20

— dasselbe. Red.: H. Höfer u. C. v. Ernst. 37. u. 38. Bd. à 4 Hfte. gr. 8. (à Hft. ca. 120 S. m. Taf.) Wien 889. 890. Manz. à Bd. n. 12. —

— berg- u. hüttenmännisches, d. k. k. Bergakademien zu Leoben u. Přibram u. der k. ungar. Bergakademie zu Schemnitz. Red.: Hans Höfer u. C. v. Ernst. 39.—42. Bd. [Als Fortsetzung d. Jahrbuches der k. k. Montanlehranstalt zu Leoben.] à 4 Hfte. gr. 8. (à Hft. ca. 154 S. m. Taf.) Wien 891—894. Manz. à Hft. n. 3. —

— berg- u. hüttenmännisches, der k. k. Bergakademien zu Leoben u. Přibram u. d. k. ungar. Bergakademie zu Schemnitz. Red.: Hans Höfer u. C. v. Ernst. 43.—46. Bd. [Als Fortsetzg. d. Jahrbuches der k. k. Montanlehranstalt zu Leoben.] à 4 Hfte. (à ca. 120 S. m. Abb. u. Taf.) gr. 8. Wien 895—898. Manz. à Hft. n. 3. —

— berg- u. hüttenmännisches, der k. k. Bergakademien zu Leoben u. Přibram u. der königl. ungarischen Bergakademie zu Schemnitz. Red.: Hans Höfer u. C. v. Ernst. 47.—50 Bd. [Als Fortsetzg. des Jahrbuches der k. k. Montanlehranstalt zu Leoben.] à 4 Hfte. gr. 8. Wien 899—902. Manz. à Bd. n. 12.—
47. (V, 472 S. m. 7 Taf.) — 48. (V, 484 S. m. 5 Taf.)
49. (V, 484 S. m. 2 Taf.) — 50. (V, 501 S. m. 3 Taf.)

— berg- u. hüttenmännisches, der k. k. montanistischen Hochschulen zu Leoben u. Přibram. Unter Mitwirkg. v. Hans Höfer, C. v. Ernst, red. v. Gust. Kroupa u. Frz. Kieslinger. 51.—54. Bd. (Als Fortsetzg. des Jahrbuches der k. k. Montanlehranstalt zu Leoben u. des Berg- u. hüttenmänn. Jahrbuches der k. k. Bergakademien zu Leoben u. Přibram u. der kgl ung. Bergakademie zu Schemnitz.) à 4 Hefte. (à Bd. ca. 500 S. m. Fig. u. Taf.) gr. 8. Wien 903—906. Manz à Bd. n. 12.—

— berg- u. hüttenmännisches, der k. k. montanistischen Hochschulen zu Leoben u. Přibram. Unter Mitwirkg. v. Hans Höfer u. C. v. Ernst red. v. Gust. Kroupa u. Frz. Kieslinger. 55.—58. Bd. (Als Fortsetzg. des Jahrbuches der k. k. Montanlehranstalt zu Leoben u. des berg- u. hüttenmänn. Jahrbuches der k. k. Bergakademien zu Leoben u. Přibram u. der kgl. ungar. Bergakademie zu Schemnitz.) à 4 Hefte. (à Bd. ca. 500 S. m. Abb. u. Taf.) gr. 8. Wien 907—10. Manz. à Bd. 12.—

Jahrbuch [von] Deutschlands Bergwerken und Hütten. Gesamt-Verzeichnis der Steinkohlen-, Braunkohlen-, Kali-, Salz-, Blei-, Silber-, Kupfer-, Erz- und anderer Bergwerke, Erdölbetriebe, Salinen, Bohrgesellschaften, Gruben-Felder usw. und der Eisen- und Metallhütten im Deutschen Reiche. Begr. von M. C. Radeke. [Seit 1906 in 2 Bden.] Jg. 2—6 (1902/03—1907). Düsseldorf, 1903—1907.

— Deutschlands Bergwerke u. Hütten. 4. Jahrg. Gesamt-Verzeichnis der Steinkohlen-, Braunkohlen-, Kali-, Salz-, Blei-, Silber-, Kupfer-, Erz-, u. anderer Bergwerke (mit Nebenbetrieben wie: Brikett-, Teer-, Paraffin-, Benzol- u. chem. Fabriken, Dampf-Ziegeleien), Erdölbetriebe, Salinen, Bohrgesellschaften, Gruben-Felder u. Hütten (im Besitze v. Aktiengesellschaften, Gewerkschaften, G. m. b. H., Kommanditgesellschaften, Firmen, Privaten etc. etc.) im Deutschen Reiche, m. Abbildgn. u. Skizzen. Bearb. von Max C. Radeke. (748 S.) 8. Düsseldorf 904/905. F. Rüttinger. Geb. in Leinw. n. 15.—

— der Berg- u. Hüttenwerke, Maschinen- u. Metallwarenfabriken. Hrsg. v. Rud. Hanel. Jahrg. 1905. (XXXVI, 841 u. LXIX S.) 8. Wien 905. (A. Hölder.) n. 3. 80

Jahrbuch der österreichischen Berg- und Hüttenwerke, Maschinen- und Metallwarenfabriken. Hrsg. von R. Hanel. Jg. 3–6 (1905—1908). Wien, 1905—1908.

— der österreichischen Berg- u. Hüttenwerke, Maschinen- u. Metallwarenfabriken. Hrsg. v. Rud. Hanel. Jahrg. 1906. (XXXIX, 4, 208, 242, LXIV u. 7 S.) 8. Ebd. Kart. n. 3. 80

Jahrbuch der österreichischen Berg- u. Hüttenwerke, Maschinen- u. Metallwarenfabriken. Hrsg. v. Rud. Hanel. Jahrg. 1907—1910. 8. Wien, Compassverlag. Kart. 25. 20
1907. (LVI S., S. 177—522, 95—321, 1777—1996 u. LXVI S.) 6.—
1908. (LVI S., S. 207—588, 107—348 u. 1055—2230.) 6.—
1909. (XIV S., S. 211—608, 113—357 u. 1975—2278.) 909. 6. 60
1910. (XVI S., S. 209—630 u. S. 2063—2617.) 6. 60

Jahrbuch für das Berg- und Hüttenwesen im Königreich Sachsen. Jg. 1827—1907. Freiberg, 1827—1907.
Inhaltsverzeichnis zu Jg. 1827—1840 u. 1841—1896. Ebd., 1841—1897.

— für das Berg- u. Hüttenwesen im Königr. Sachsen auf d. J. 1873. Als Fortsetzg. d. zeither. Jahrbuches f. den Berg- u. Hüttemann. Auf Anordng. d. königl. Finanz-Ministeriums hrsg. v. C. G. Gottschalk. Lex.-8. (VI, 355 S. m. 3 lith. u. chromolith. Taf. in qu. Fol. u. e. Tab. in qu. Fol.) Freiberg, Craz & Gerlach. n. 4.—

Vorh. u. d. T.: Jahrbuch für den Berg- und Hüttenmann.

— dasselbe auf die J. 1874—1876. Lex.-8. (VI, 286; VI, 316 u. VI, 318 S. m. Steintaf.) Ebend. à n. 3.—

—— dass. — auf die J. 1877—1879. Lex.-8. (VIII, 264, 76 S. mit 9 Stnt.; VIII, 294, 109 S. mit 8 Stnt.; X, 200, 252 S. mit 14 Stnt.) (Ebendas.)
Jahrg. 1877 und 1878 à *
Jahrg. 1879 *

—— für das Berg- und Hüttenwesen im Königr. Sachsen auf das J. 1880. Auf Anordnung des königl. Finanz-Ministeriums hrsg. von C. G. Gottschalk. Lex.-8. (VI, 174, 232 S. mit 9 lithogr. Taf.) Freiberg, (Craz und Gerlach.) *

—— dass. — auf das J. 1881. Mit 18 lithogr. Taf. und einem Separathefte „Der Kohlentransport auf den unter königl. sächs. Staatsverwaltung stehenden Eisenbahnen mit graph. Darstellung des Kohlenverkehrs im J. 1879, zugleich für die im Königr. Sachsen gelegenen fremden Bahnen". Lex-8. (VI, 146, 237 S.; Beiheft 41 S. in gr. 4.) (Ebendas.) **

—— dass. — auf das J. 1882. gr. 8. (VII, 226, 230 S. mit 10 lithogr. Taf. und 2 eingedr. Holzschn.) (Ebendas.) **

—— dass. — auf das J. 1883. Lex.-8. (VII, 123, 276 S. mit 8 lithogr. Taf. und 8 eingedr. Holzschn.) (Ebendas.) **

—— für das Berg- und Hüttenwesen im Königreich Sachsen auf das J. 1884. Auf Anordnung des königl. Ministeriums hrsg. von C. G. Gottschalk. 2 Hefte. gr. 8. (1. Heft III, 92 S. mit 6 Stnt.; 2. Heft VI, 380 S. mit 7 Taf.) Freiberg, (Craz und Gerlach.) **

—— dass. — auf das J. 1885. gr. 8. (VII, 189, 250 S. mit 11 lithogr. Taf.) (Ebendas.) **

—— dass. — auf das J. 1886. gr. 8. (VI, 168, 263 S. mit 16 lithogr. Taf.) (Ebendas.) **

Jahrbuch für das Berg- und Hüttenwesen im Königreich Sachsen auf das J. 1887. 2 Thle. Auf Anordnung des königl. Finanzministeriums hrsg. von C. Menzel. gr. 8. (VIII, 90, 255; VI, 53, 244 S. mit 18 Taf.) (Ebendas.) *

—— dass. — auf das J. 1888. gr. 8. (VI, 168, 234 S. mit 9 Taf.) (Ebendas.) *

— dasselbe, auf d. J. 1889. gr. 8. (VI, 108 u. 241 S. m. 12 Taf.) Ebd. n.n. 6.—

— dasselbe, auf d. J. 1890. gr. 8. (VI, 154 u. 246 S. m. 20 Taf.) Ebd. n.n. 8.—

— für das Berg- u. Hüttenwesen im Königr. Sachsen auf d. J. 1891—1894. Auf Anordng. des königl. Finanzministeriums hrsg. v. C. Menzel. gr. 8. Freiberg, (Craz & Gerlach). n.n. 27.—
1891. (VII, X, 86 u. 330 S. m. 5 lith. Taf.) n.n. 6.—
1892. (VIII, 73 u. 252 S. m. 8 lith. Taf.) n.n. 6.—
1893. (VIII, 139 u. 314 S. m. 6 lith. Taf.) n.n. 7.—
1894. (VIII, 102, 246 u. 29 S. m. 19 Taf.) n.n. 8.—

— für d. Berg- u. Hüttenwesen im Königr. Sachsen auf d. J. 1895—1898. Auf Anordng. d. kgl. Finanzministeriums hrsg. v. C. Menzel. gr. 8. Freiberg (Craz & Gerlach). n.n. 28.—
1895. (VIII, 88, 248 u. 30 S. m. 11 Taf.) n.n. 7.—
1896. (VIII, 156; 249, 84 u. XXXIX S. m. 13 Taf.) n.n. 8.—
1897. M. 7 Steindr.- u. Lichtdr.-Taf., 1 Lichtdr. u. mehreren Zinkogr. im Texte. (VIII, 60, 263 u. 14 S.) n.n. 6.—
1898. M. 11 Taf., 1 Photogr. u. 1 graph. Darstellg. im Texte. (VIII, 116, 275 u. 20 S.) n.n. 7.—

— für das Berg- u. Hüttenwesen im Königr. Sachsen. Jahrg. 1899—1902. (Statistik v. d. J. 1898—1902.) Auf Anordnung des königl. Finanzministeriums hrsg. v. C. Menzel. gr. 8. Freiberg (Craz & Gerlach. n.n. 38. —
1899. (VIII, 161, 287 u. 72 S. m. 23 Taf.) n.n. 10. —
1900. (X, 66, 291 u. 252 S. m. 1 Abb. u. 6 Taf.) (901.) n.n. 8. —
1901. Mit 15 Taf., 4 Texttaf. u. verschiedenen Textfig. (IX, 181, 302 u. 98 S.) (901.) n.n. 10. —
1902. Mit 23 Taf. u. verschiedenen Textfig. (IX, 158, 310 u. 44 S.) 902. n.n. 10. —

— dasselbe Beilageheft z. Jahrg. 1900. gr. 8. Ebd. n.n. 1. —
Die m. 1. I. 1900 f. den sächsischen Bergbau eingetretenen Neuerungen in den Vorschriften über den Dienstvertrag. Von Carl Kretzschmar. (S. 67—126.) (901.)

— f. das Berg- u. Hüttenwesen im Königr. Sachsen. Jahrg. 1903—1906. (Statistik v. d. J. 1902—1905.) Auf Anordng. des königl. Finanzministeriums hrsg. v. C. Menzel. gr. 8. Freiberg (Craz & Gerlach.) n.n. 40. 50
1903. Mit 8 Taf. u. verschiedenen Textfig. (IX, 126, 318 u. 98 S.) 903. n.n. 10. —
1904. Mit 6 Taf. u. verschiedenen Textfig. (IX, 12, 160, 314 u. 78 S.) (904.) n.n. 10. —
1905. Mit 11 Taf. u. verschiedenen Textfig. (VIII, 85, 310 u. 60 S.) (905). n.n. 8. 50
1906. Mit 12 Taf. u. verschiedenen Textfig. (IX, 8, 189, 300, 77 u. 40 S.) (906.) n.n. 12. —

— für das Berg- u. Hüttenwesen im Königr. Sachsen. Jahrg. 1907—1910. (Statistik von den J. 1906—1909.) Auf Anordng. des königl. Finanzministeriums hrsg. v. C. Menzel. Lex. 8. Freiberg (Craz & Gerlach). nn 45. —
1907. Mit 6 Taf., 1 Texttaf. u. verschiedenen Textfig. (VIII, 16, 80, 305 u. 11 S.) (907.) nn 10. —
1908. Mit 20 Taf. u. verschiedenen Textfig. (VIII, 119, 299 u. 46 S.) (909.) nn 11. —
1909. Mit 11 Taf. u. verschiedenen Textfig. (VIII, 271, 297 u. 95 S.) (909.) nn 12. —
1910. (IX, 57, 301 u. 109 S. m. 9 [5 Doppel-]Taf.) (910.) nn 12. —

— des Kaufmannsgerichts Berlin. Aufsätze, Entscheidgn., Anträge. 1. Bd. Hrsg. v. Max v. Schulz u. Alfr. Techow, Johs. Korn, Arth. Liebrecht, Adf. Neumann. (XII, 404 S.) gr. 8. Berlin 908. A. Unger. Kart. 7. 50

— dasselbe. 2. Bd. Hrsg. von Max v. Schulz u. Alfr. Techow, Arth. Liebrecht, Adf. Neumann, Hans Depène, Kurt Gordan. (XVI, 420 S.) 8. Berlin 910. F. Vahlen. Geb. in Leinw. 7. 50

— Berliner astronomisches, s. J. E. Bode.

Jahrbuch, Berliner astronom., f. 1830—37. (Der Samml. Berliner astronom. Jahrbücher 55—62. Bd.) Mit Genehmhaltung d. Kgl. Akad. d. Wissenschn. hrsg. v. J. F. Encke. gr. 8. Berlin, Dümmler. [55. (20 B. u. 1 Kpfrt.) 828., 56. (20 B.) 829., 57. (20 B.) 830., 58. (.0 B.) 831., 59. (20 B.) 832., 60. (20½ B.) 833., 61. (20 B. u. 1 Tab. gr. 4.) 834., 62. (21½ B.) 835. à 2 Thlr. 16 Gr.]

—— dass. — Namen- u. Sach-Register zu den Jahrgn. 1776—1829 etc., s. John, C. F.
1—54. Bd. od. Jahrg. 1776—1829, v. J. E. Bode. Ebendas. à 2 Thlr. 4 Supplem.-Bde.: Samml. astronom. Abhandln. etc., v. Bode. 1793—1808. (1—3. Ebendas.; 4. Berlin, Reimer.) 6 Thlr. 12 Gr. — Erläuterungen f. d. Besitzer d. Jahrbücher, v. Bode. Ebendas. 1817. 16 Gr.

—— berliner astronomisches, f. 1838—45. (Der Samml. berliner astronom. Jahrbücher 63—70. Bd.) Mit Genehmhaltung d. kgl. Akad. d. Wissensch. hrsg. v. J. F. Encke. gr. 8. Berlin, Dümmler. [63. (20 B.) 836., 64. (21½ B.) 837., 65. (20¼ B. u. 1 Kpfrt.) 838., 66. (22 B.) 839., 67. (20¼ B.) 840., 68. (20½ B.) 841. à 2⅔ Thlr., 69. (33 B.) 841., 70. (33 B.) 842. à * 3⅓ Thlr.]

—— berlin. astronom., f. 1846—50. (Der Sammlung berl. astronom. Jahrbücher 71—75. Bd.) Auf Veranlassung der Ministerien des Unterrichts u. des Handels hrsg. v. J. F. Encke. gr. 8. Berlin, Dümmler. [71. (33 B.) 843. * 3 Thlr. 5 Ngr., 72. (33 B.) 44. * 3 Thlr. 5 Ngr., 73. (34½ B.) 45. * 3 Thlr. 10 Ngr., 74. (34 B.) * 3 Thlr. 10 Ngr., 75. (34¼ B.) * 3 Thlr. 10 Ngr.] *

—— berliner astronomisches, für 1851—55. (Der Sammlung berliner astronom. Jahrbücher 76—80. Bd.) Auf Veranlassung der Ministerien des Unterrichts und des Handels hrsg. von J. F. Encke, unter Mitwirkung von Wolfers. gr. 8. Berlin, Dümmler's Vrlgsh. [Bd. 76. (VIII und 563 S.) 848., 77. (VIII und 400 S.) 849., 78. (VIII und 375 S.) 850., 79. (VIII und 408 S.) 851., 80. (VIII und 389 S.) 852. à Bd. ** 3 Thlr.] **

Jahrbuch, berliner astronomisches, für 1856—59. Mit Genehmhaltung der königl. Akademie der Wissenschaften hrsg. von J. F. Encke, unter Mitwirkung von Wolfers. gr. 8. Berlin, Dümmler's Verlag. [1856. (VIII und 411 S.) 853., 1857. (VIII und 444 S.) 854., 1858. (VIII und 408 S.) 855., 1859. (XIII und 422 S.) 856. à Jahrg. ** 3 Thlr.] **

Jahrbuch, berliner astronomisches, für 1860—64. Mit Genehmhaltung der königl. Akademie der Wissenschaften hrsg. von J. F. Encke unter Mitwirkung von Wolfers. gr. 8. Berlin 857—61, Dümmler's Verlagsh. [1860. (VIII und 411 S.) 1861. (VIII und 511 S.) 1862. (VIII und 452 S.) 1863. (VIII und 432 S.) 1864. (VIII und 515 S.)] à Jahrg. **

Jahrbuch, Berliner astronomisches, für 1865 und 1866. Mit Genehmhaltung der königl. Akademie der Wissenschaften hrsg. von J. F. Encke unter Mitwirkung von Wolfers. gr. 8. (VIII und 508 S., VIII und 347 S.) Berlin 862, 63, Dümmler's Verlag. à Jahrg. **

—— dass. — für 1867. Hrsg. von der Direction der Berliner Sternwarte, unter Redact. von Wolfers. gr. 8. (VIII und 476 S.) Ebendas. 864. **

—— dass. — für 1868. Hrsg. von W. Foerster unter Mitwirkung von Powalky. gr. 8. (VIII und 488 S.) Ebendas. 866. **

—— dass. — für 1869 mit Ephemeriden der Planeten (1)—(90) für 1867. Hrsg. von W. Foerster unter Mitwirkung von Powalky. gr. 8. (VIII und 436 S.) Ebendas. 867. **

—— dass. — für 1870 mit Ephemeriden der Planeten (1)—(93) für 1868. Hrsg. von W. Foerster unter Mitwirkung von Powalky. gr. 8. (VIII und 511 S.) Ebendas. 868. **

Jahrbuch, Berliner astronomisches, für 1871 mit Ephemeriden der Planeten (1)—(105) für 1869. Hrsg. von W. Foerster unter Mitwirkung von Powalky und E. Becker. gr. 8. (VIII, 493 S.) Berlin 869, Dümmler's Verlag. **

—— dass. — für 1872 mit Ephemeriden der Planeten (1)—(108) für 1870. Hrsg. von W. Foerster unter Mitwirkung von Powalky und Becker. gr. 8. (VIII, 404 S.) Ebendas. 869. **

—— dass. — für 1873 mit Ephemeriden der Planeten (1)—(112) für 1871. Hrsg. von W. Foerster unter Mitwirkung von Powalky. gr. 8. (VIII, 404 S.) Ebendas. 871. **

—— dass. — für 1874 mit Ephemeriden der Planeten (1)—(117) für 1872. Hrsg. von W. Foerster unter Mitwirkung von Powalky. gr. 8. (VIII, 413 S.) Ebendas. 873. **

—— dass. — für 1875 mit Ephemeriden der Planeten (1)—(127) für 1873. Hrsg. von W. Foerster unter Mitwirkung von Powalky. gr. 8. (VIII, 423 S.) Ebendas. 873. **

—— Berliner astronomisches, für 1876, mit Ephemeriden der Planeten (1)—(134) für 1874. Hrsg. von der königl. Sternwarte zu Berlin unter Redaction von W. Förster. gr. 8. (VIII, 385, 37 S.) Berlin 874, Dümmler's Verlagsh. **
—— dass. — für 1877, mit Ephemeriden der Planeten (1)—(136) für 1875. Hrsg. von W. Förster und F. Tietjen. gr. 8. (VIII, 479 S.) Ebendas. 875. **

Jahrbuch, Berliner astronomisches, für 1878, mit Ephemeriden der Planeten (1)—(147) für 1876. Hrsg. von der königl. Sternwarte zu Berlin unter Redaction von W. Förster und F. Tietjen. gr. 8. (VIII, 260; 125, 36, 38 S.) Berlin 876, Dümmler's Verlagsh. **

—— dass. — für 1879, mit Ephemeriden der Planeten (1)—(164) für 1877. gr. 8. (VII, 428 S.) Ebendas. 877. **

—— dass. — für 1880, mit Ephemeriden der Planeten (1)—(172) für 1878. gr. 8. (X, 442 S.) Ebendas. 878. **

—— dass. — für 1881, mit Ephemeriden der Planeten (1)—(187) für 1879. gr. 8. (X, 468 S.) Ebendas. 879. **

—— Berliner astronomisches, für 1882, mit Ephemeriden der Planeten (1) — (199) für 1880. Hrsg. von der königl. Sternwarte zu Berlin unter Redact. von W. Foerster und F. Tietjen. gr. 8. (X, 462 S.) Berlin, Dümmler's Verlagsh. **

Jahrbuch, Berliner astronomisches, für 1883, mit Ephemeriden der Planeten (1)—(217) für 1881. Hrsg. von W. Foerster und F. Tietjen. gr. 8. (X, 564 S.) Ebendas. **

—— dass. — für 1884, mit Ephemeriden der Planeten (1)—(220) für 1882. Hrsg. von dem Rechen-Institute der königl. Sternwarte zu Berlin unter Leitung von F. Tietjen. gr. 8. (X, 627 S.) Ebendas. **

—— dass. — für 1885, mit Ephemeriden der Planeten (1)—(225) für 1883. gr. 8. (VIII, 535 S.) Ebendas. **

—— dass. — für 1886, mit Ephemeriden der Planeten (1)—(232) für 1884. gr. 8. (VIII, 526 S.) Ebendas. **

—— Berliner astronomisches, für 1887 mit Ephemeriden der Planeten (1)—(237) für 1885. Hrsg. von dem Rechen-Institute der königl. Sternwarte zu Berlin unter Leitung von F. Tietjen. gr. 8. (VIII, 480 und Anhang 61 S.) Berlin, (Dümmler's Verlagsh.) **

—— dass. — für 1888 mit Ephemeriden der Planeten (1)—(247) für 1886. gr. 8. (VIII, 496 und Anhang 48 S.) (Ebendas.) **

—— dass. — für 1889 mit Ephemeriden der Planeten (1)—(258) für 1887. gr. 8. (VIII, 495 und Anhang 61 S.) (Ebendas.) **

—— dass. — für 1890 mit Ephemeriden der Planeten (1)—(265) für 1888. gr. 8. (VIII, 512 und Anhang 40 S.) (Ebendas.) **

— dasselbe, für 1891 mit Ephemeriden der Planeten (1)—(274) f. 1889. gr. 8. (VIII, 500 u. 42 S.) Ebd. 889. n.n. 12. —

— dasselbe, f. 1892 mit Angaben f. die Opposition der Planeten (1)—(283) f. 1890. gr. 8. (VIII, 440; 32 u. 8 S.) Ebd. 890. n.n. 12. —

— Berliner astronomisches, f. 1893—1896. Hrsg. v. dem Rechen-Institute der königl. Sternwarte zu Berlin unter Leitg. v. F. Tietjen. gr. 8. Berlin, (F. Dümmler's Verl.). à Jahrg. n.n. 12. —
1893 m. Angaben f. die Oppositionen der Planeten (1)—(283) f. 1891. (VIII, 444; 32, 8 u. 17 S.) 891.
1894 m. Angaben f. die Oppositionen der Planeten (1)—(283) f. 1892. (VIII, 446, 32, 8 u. 8 S.) 892.
1895 m. Angaben f. die Oppositionen der Planeten (1)—(310) f. 1893. (VIII, 454, 32, 8 u. 7 S.) 893.
1896 m. Angaben f. die Oppositionen der Planeten (1)—(334) f. 1894. (VIII, 464, 34, 8 u. 7 S.) 894.

Jahrbuch, Berliner astronomisches f. 1897—1900 Hrsg. v. d. Rechen-Institute d. königl. Sternwarte zu Berlin unt. Leitg. v. F. Tietjen. gr. 8. Berlin (F Dümmler's Verl.). à Jahrg. n.n. 12. —
1897 m. Angaben f. d. Oppositionen d. Planeten (1)—(411) f. 1895. (VIII, 466, 34, 8 u. 10 S.) 895.
1898 m. Angaben f. d. Oppositionen d. Planeten (1)—(401) f. 1896. (VIII, 480; 34, 8 u. 9 S.) 896.
1899 m. Angaben f. d. Oppositionen d. Planeten (1)—(411) f. 1897. (VIII, 514; 8 u. 8 S.) 897.
1900 m. Angaben f. d. Oppositionen d. Planeten (1)—(422) f. 1898. (X, 520 u. 8 S.) 898.
Der Jahrg. 1898 ist in Vertretg. v. P. Lehmann, d. Jahrgg. 1899 u. 1900 sind v. J. Bauschinger hrsg.

— Berliner astronomisches, f. 1901—1904. Hrsg. v. d. königl. astronom. Rechen-Institut unter Leitg. v. J. Bauschinger. (Der Sammlg. Berl. astron. Jahrbücher 126.—129. Bd.) gr. 8. Berlin (F. Dümmler's Verl.) à n.n. 12. —
1901 mit Angaben f. die Oppositionen der Planeten (1)—(436) f. 1899. (X, 500 u. 25 S.) 899.
1902 mit Angaben f. die Oppositionen der Planeten (1)—(440) f. 1900. (X, 508 u. 11 S.) 900.
1903 m. Angaben f. die Oppositionen der Planeten (1)—(451) f. 1901. (X, 484 u. 8 S.) 901.
1904 mit Angaben f. die Oppositionen der Planeten (1)—(463) f. 1902. (X, 488 u. 12 S.) 902.

— Berliner astronomisches, f. 1905—1908. Hrsg. v. dem königl. astronom. Rechen-Institut unter Leitg. v. J. Bauschinger. (Der Sammlg. Berliner astronom. Jahrbücher 130.—133. Bd.) gr. 8. Berlin, (F. Dümmler's Verl.) à n.n. 12. —
1905 m. Angaben f. die Oppositionen der Planeten (1) - (470) f. 1903. (X, 537 u. 8 S.) 903. — 1906 m. Angaben f. die Oppositionen der Planeten (1)—(485) f. 1904. (X, 547 u. 8 S.) 904. — 1907 m. Angaben f. die Oppositionen der Planeten (1) - (512) f. 1905. (X, 548 S.) 905. – 1908 m. Angaben f. die Oppositionen der Planeten (1)—(553) f. 1906. (V, 610 S.) 906.

— Berliner astronomisches, f. 1909—1912. Hrsg. v. dem königl. astronom. Recheninstitut unter Leitg. v. J. Bauschinger bezw. Fritz Cohn. (Der Sammlg. Berliner astronom. Jahrbücher 134.—137. Bd.) gr. 8. Berlin (F. Dümmler's Verl.) à nn 12. —
1909. Mit Angaben f. die Oppositionen der Planeten (1)—(569) f. 1907. (X, 615 S.) 907. — 1910. Mit Angaben f. die Oppositionen der Planeten (1)—(601) f. 1908. (X, 474, 112 u. 37 S.) 908. — 1911. Mit Angaben f. die Oppositionen der Planeten (1)—(635) f. 1909. (X, 473, 112 u. 36 S.) 909. — 1912. Mit Angaben f. die Oppositionen der Planeten (1)—(674) f. 1910. (X, 477, 107 u. 38 S.) 910.

Berliner Jahrbuch für Handel und Industrie. Bericht der Ältesten d. Kaufmannschaft von Berlin. Bd 1. Jg. 1903. *Berlin: G. Reimer 1904.* 8° [F.]
Anf. s. u. d. T.: Bericht über d. Handel u. d. Industrie von Berlin. [04. 4134

— Berliner, f. Handel u. Industrie. Bericht der Aeltesten der Kaufmannschaft v. Berlin. Jahrg. 1903—1905. à 2 Bde. (IX, 642 u. XVI, 425 S.; XXVIII, 818 u. XVI, 484 S. u. XXI, 796 u. XVIII, 616 S.) Lex.-8. Berlin 904—906. G. Reimer. à Jhrg. n. 10. —

— Berliner, f. Handel u. Industrie. Bericht d. Ältesten der Kaufmannschaft v. Berlin. Jahrg. 1906—1909. à 2 Bde. (XI, 831 u. VIII, 599 S.; XV, 831 u. VIII, 539 S.; XV, 790 u. VIII, 592 S. u. XV, 782 u. VIII, 657 S.) Lex. 8. Berlin 907. 10. G. Reimer. à Jahrg. 10. —

—— Berliner städtisches, für Volkswirthschaft und Statistik. 1. Jahrg. Des Werkes: „Berlin und seine Entwickelung" 7. Jahrg. Hrsg. von H. Schwabe. gr. 8. (VIII, 239 S.) Berlin 874, Simion. cart. * 5 —
Vgl.: Berlin und seine Entwickelung.

—— Berliner städtisches, für Volkswirthschaft und Statistik. 2. Jahrg. [des Werkes: „Berlin und seine Entwickelung" 8. Jahrg.] Hrsg. von Huppé. gr. 8. (XVI, 240 S.) Berlin 875, Simion. cart. *

Forts. u. d. T.: Berliner statistisches Jahrbuch für Volkswirthschaft und Statistik.

— Berliner statistisches, s. Müller, Ed.

Jahrbuch, berliner **statistisches**, enthaltend den Bericht des statist. Amtes im königl. Polizei-Präsidium zu Berlin für das J. 1854. Von Ed. Müller. gr. 8. (VII und 281 S. mit 5 Tab. in qu. gr. 4.) Berlin 856, Besser's Verlag. Thlr. *

Jahrbuch, Berliner statistisches, für **Volkswirthschaft** und Statistik. 8. Jahrg. Hrsg. von Rich. Böckh. gr. 8. (X, 198 S.) Berlin 877, Simion. cart. *
Die Fortsetzung erschien u. d. T.: Statist. Jahrbuch der Stadt Berlin.
Vorh. u. d. T.: Berliner städtisches Jahrbuch für Volkswirthschaft und Statistik.

Berlinisches Jahrbuch für die Pharmacie und für die damit verbundenen Wissenschaften. 42 vols. (II–XLIII), 12mo. Berlin, 1796–1840 ||
From 1803–'10 *published with the additional title:* Neues Berlinisches Jahrbuch für die Pharmacie [*edited by* F. A. Gehlen *and* Val. Rose]. *From* 1811–'14, *with the additional title:* Neues Jahrbuch der Pharmacie, herausgegeben von W. Döbereiner. *From* 1815–'29, *with the additional title:* Deutsches Jahrbuch für die Pharmacie. *Edited from* 1818–'20 *by* C. W. G. Kastner; 1821–'25, G. H. Stoltze; 1826–'29, Wilhelm Meissner; 1830, '31, A. Lucas; 1833–'40, Lindes.

— Berlin., f. die Pharmacie auf d. J. 1795—831. 1r—32r Bd. (24r—31r Bd., à 2 Abthll. 32r Bd. in 4 Heften.) Herausg. v. Rose, Gehlen, Döbereiner, Kastner, Stolze, W. Meißner u. A. Lucae. Mit Kpf. 12. Berl., L. Oehmigke. (1r Bd. 18 Gr. 2r u. 3r Bd., à 20 Gr. 4r Bd. 1 Thlr. 5r Bd. 20 Gr. 6r Bd. 1 Thlr. 4 Gr. 7r Bd. 18 Gr. 8r Bd. 20 Gr. 9r u. 10r Bd., à 1 Thlr. 12 Gr. 11r Bd. 1 Thlr. 16 Gr. 12r Bd. 1 Thlr. 20 Gr. 13r Bd. 1 Thlr. 9 Gr. 14r Bd. 1 Thlr. 20 Gr. 15r Bd. 1 Thlr. 16 Gr. 16r u. 17r Bd., à 1 Thlr. 12 Gr. 18r u. 19r Bd., à 1 Thlr. 16 Gr. 20r u. 21r Bd., à 2 Thlr. 6 Gr. 22r u. 23r Bd., à 2 Thlr. 24r—31r Bd., à 2 Thlr. 12 Gr. 32r Bd. 2 Thlr.) 55 Thlr. 5 Gr. Hbg. Pr. 30 Thlr. (9r—15r Bd. Auch unt. d. T.: Neues Jahrbuch rc. Vom 16ten Bde. an, auch unt. d. T.: Deutsches Jahrbuch rc.) Register zum 1n—8n Bde., v. W. Raab. Ebd. 9 Gr. Dass. zum 9n—14n Bde., von Gehlen. Ebd. 9 Gr. Dass. zum 15n—24n Bde. Ebd. 12 Gr.

— — auf d. Jahr 1796. 97. 2te Aufl. Ebend. 818 19. à 20 Gr.

— Berlinisches, für die Pharmacie u. für die damit verbund. Wissenschaften. 33r—36r Bd. 1e u. 2e Abthl. A. u. d. T.: Deutsches Jahrbuch für die Pharmacie. 18r—21r Bd. 1e u. 2e Abthl. Herausg.: Dr. Lindes. Mit Portraits. 16. Berlin 833—36. L. Oehmigke. (à Abthl. 1¼ Thlr.) 10 Thlr. — 37r—44r Bd. à 3 Hfte. 16. Ebd. 837—40. (à Bd. 1½ Thlr.) 12 Thlr. — Register zu Bd. 25—36. 16. Ebd. 836. ½ Thlr.

— für die **geistige Bewegung.** Hrsg. v. Frdr. Gundolf u. Frdr. Wolters. (III, 145 S.) gr. 8. Berlin 910. O. v. Holten. 3.—

Jahrbuch für die soziale **Bewegung** der **Industrie-Beamten.** Hrsg. vom Vorstand des Bundes der technisch-industriellen Beamten. Jg. 1 (1907/08), H. 1—3. Berlin, 1907—1908. S. 1—192. [seit 1908 mit „Parlaments-Beilage"]

— für die soziale Bewegung der **Industrie-Beamten.** Hrsg. vom Vorstand des Bundes der technisch-industriellen Beamten. 1908. (IV, 852 u. 127 S.) gr. 8. Berlin, Industriebeamten-Verlag. Geb. in Halbfrz. 8.—

— dasselbe. 3. u. 4. Jahrg. 1909 u. 1910. à 4 Hefte. (3. Jahrg. IV, 390 u. 128 S.) gr. 8. Ebd. à Jahrg. 6.—

—— **bibliographisches**, für den deutschen Buch-, Kunst- und Landkarten-Handel. (Hrsg. von Gust. Wuttig.) 1. Jahrg. 1853. 1. Bd. A. u. d. T.: Meßkatalog. Ostern und Michaelis 1853. (Neue Folge. Nr. 5. und 6.) gr. 8. Leipzig, [Avenarius.] [Ostern. (XCII und 435 S.) Michaelis. (XCII und 408 S.) à Hälfte * 1 Thlr. 10 Ngr.] *

—— dass. — 2. Jahrg. 1854. 2 Bde. (Neue Folge. Nr. 7 und 8.) gr. 8. Ebds. [1. Bd. (XCV, 378 und 38 S.) 2. (LXXXII und 356 S.) à Bd. * 1 Thlr. 10 Ngr.] *

—— dass. — 3. und 4. Jahrg. 1855 und 1856. à Jahrg. 2 Bde. A. u. d. T.: Meßkatalog. gr. 8. Ebds. [1855. 1. Bd. (XCII und 356 S.) 2. (XCI und 330 S.) 1856. 1. Bd. (XCVI und 308 S.) 2. (LXXX und 316 S.) à Bd. * 1 Thlr. 10 Ngr.] à Jahrg. *
Vgl. Verzeichniß der Bücher, Zeitschriften rc.

—— **bibliographisches**, für den deutschen Buch-, Kunst- und Landkartenhandel. 5—8. Jahrg. 1857—60. à Jahrg. 2 Bde.: A. u. d. T.: Meßkatalog. gr. 8. Leipzig, Avenarius. [5. Jahrg. (CLV und 688 S.) 857., 6. (LXXIII und 377 S., LXXI und 827 S.) 858., 7. (LXXVI und 855 S., LXXII und 819 S.) 859., 8. (LXXIII und 810 S., LXVIII und 288 S.) 860.] à Bd. ** 1 Thlr. 10 Ngr. **
cart. à Bd. ** 1 Thlr. 15 Ngr. **

Jahrbuch, Bibliographisches, der deutschen Hochschulen. Vollständig umgearb. Neuaufl. d. »Allg. deut. Hochschulen-Almanachs« u. Ergänz.-Heft 1. Herausg. von R. Kukula. Innsbruck 1892—93. 8. . . . . (D.)

Jahrbuch, **bibliopolisches**, (u. bibliograph.) f. 1836—43. od. 1—6. Jahrg. gr. 8. Leipzig, Weber. [836. (17½ B., 1 Stst. u. 1 ill. Karte.), 37. (25½ B., Carl Tauchnitz Bildn. u. 1 Tab.), 38. (20 B., Gaedicke's Bildn. u. 1 Stst.), 40. (21 B., B. Herder's Bildn. u. artist. Beil.: Guttenberg in sein. Werkstatt.), 41. (21½ B., Guttenberg's Bildn. u. 4 Holzschn.) 42/43. (18½ B.) à * 2 Thlr.] Thlr. *
Für 1839 erschien dies Jahrbuch nicht.

Jahrbuch der Deutschen **Bibliotheken.** Hrsg. vom Verein Deutscher Bibliothekare. (Hrsg.: P(aul) Schwenke.) Jg. 1. *Leipzig: O. Harrassowitz 1902.* 8°
[04. 384]

Jahrbuch der Deutschen Bibliotheken. Hrg. vom Verein Deutscher Bibliothekare. Jahrg. 1. IV + 158 S. 8. Leipzig, Otto Harrassowitz, 1902. [M. 4.—]

Jahrbuch der Deutschen Bibliotheken. Hrg. vom Verein Deutscher Bibliothekare. Jahrg. 2. IV + 144 S. 8. Leipzig, Otto Harrassowitz, 1903. [M. 3. 40]

Jahrbuch der Deutschen Bibliotheken. Hrg. vom Verein Deutscher Bibliothekare. Jahrg. 3. IV + 152 S. 8. Leipzig, Otto Harrassowitz, 1904. [M. 3. 60]

Jahrbuch der Deutschen Bibliotheken. Hrg. vom Verein Deutscher Bibliothekare. Jahrg. 4. IV + 140 [+ *Anzeigen* 16] S. 8. Leipzig, Otto Harrassowitz, 1905. [M. 3. 20]

Jahrbuch der Deutschen Bibliotheken. Hrg. vom Verein Deutscher Bibliothekare. Jahrg. 5. IV + 148 [+ *Anzeigen* 16] S. 8. Leipzig, Otto Harrassowitz, 1907. [M. 3. 20]

Jahrbuch der Deutschen Bibliotheken. Hrg. vom Verein Deutscher Bibliothekare. Jahrg. 6. IV + 156 + *Anzeigen* 12 S. 8. Leipzig, Otto Harrassowitz, 1908. [M. 3. 60]

Jahrbuch der Deutschen Bibliotheken. Hrg. vom Verein Deutscher Bibliothekare. Jahrg. 7. VIII + 176 + *Anzeigen* 16 S. 8. Leipzig, Otto Harrassowitz, 1909. [M. 4. —]

Jahrbuch der Deutschen Bibliotheken. Hrg. vom Verein Deutscher Bibliothekare. Jahrg. 8. VIII + 178 S. + *Anzeigen.* 8. Leipzig, Otto Harrassowitz, 1910. [M. 4. —]

Jahrbuch der Bienen-Zucht, zugleich Bienen-Kalender und Notizbuch auf d. J. 1870 — auf d. J. 1874, 83. Jhg. 3—7 des A. Baron von Berlepsch'schen Bienenkalenders bearb. von F. W. Vogel. (Mit Portraits.) Mannheim 1870—74, 81. kl. 8.
Nicht mehr erschienen.

—— der **Bienen-Zucht**, zugleich Bienenkalender und Notizbuch auf das J. 1870. 3. Jahrg. des Aug. Baron v. Berlepsch'schen Bienenkalenders bearb. von Friedr. Wilh. Vogel. 8. (148 S. mit 1 Portr. in Holzschn.) Mannheim, Schneider. (*M. 1,60.) * 1 —

— der Bienen-Zucht, zugleich Bienenkalender u. Notizbuch auf die J. 1871/72. 4. Jahrg. d. Aug. Baron v. Berlep'schen Bienenkalenders bearb. v. Frdr. Wilh. Vogel. Mit dem (lith.) Portr. d. Andr. Schmid. 8. (249 S.) Straßburg 871. Schneider. n. 2. 40.

— dasselbe auf d. J. 1873. 5. Jahrg. d. Aug. Baron v. Berlep'schen Bienenkalenders bearb. v. Frdr. Wilh. Vogel. Mit dem (lith.) Portr. d. Baron v. Berlepsch. 8. (195 S.) Ebend. 872. n. 2. 40

—— dass. — 6. Jahrg. 1874. (Unveränd. Abdruck des Jahrg. 1873.) 8. Ebendas. * 2 —

— der Bienen-Zucht, zugleich Bienenkalender u. Notizbuch auf das Jahr 1882. 7. Jahrg. des Aug. Baron v. Berlepsch'schen Bienenkalenders, unter Mitwirkung von C. J. H. Gravenhorst, Weygandt u. Graf v. Pfeil hrsg. von Frdr. Wilh. Vogel. Mit dem (Holzschn.-)Portr. Dathe's. 8. (154 S.) Mannheim. Quedlinburg, Ernst. cart. n. 1. 80

—— der Bienen-Zucht, zugleich Bienenkalender und Notizbuch auf das J. 1883. 7. Jahrg. des Aug. Baron von Berlepsch'schen Bienenkalenders, unter Mitwirkung von C. J. H. Gravenhorst, Weygandt und Graf v. Pfeil hrsg. von Friedr. Wilh. Vogel. Mit dem (Holzschn.-)Portr. Dathe's. 8. (154 S.) [Mannheim 881, Schneider.] Quedlinburg, Ernst'sche Buchh. cart. (*M 1,80.)

Nicht weiter erschienen.

— biographisches, f. Alterthumskunde, s. a. Jahresbericht üb. d. Fortschritte d. class. Alterthumswissenschaft.

—— biographisches, für Alterthumskunde. Hrsg. von Conr. Bursian. 1. Jahrg. 1878. gr. 8. (42 S.) Berlin, Calvary und Comp. *

—— biographisches, für Alterthumskunde. Hrsg. von Conr. Bursian. 2.—5. Jahrg. 1879—1882. gr. 8. (IV, 89; IV, 96; IV, 110; IV, 112 S.) Berlin, Calvary und Comp. à Jahrg. *

—— dass. Begründet von Conrad Bursian, hrsg. von Iwan Müller. 6. und 7. Jahrg. 1883 und 1884. gr. 8. (IV, 127; IV, 172 S.) Ebendas. à Jahrg. *

—— biographisches, für Alterthumskunde. Begründet von Conrad Bursian, hrsg. von Iwan Müller. 8. Jahrg. 1885. gr. 8. (IV, 139 S.) Berlin, Calvary und Comp. Subscr.-Pr. * Einzelpr. *

— biographisches, für Alterthumskunde. Begründet v. C. Bursian, hrsg. von I. Müller. 9. Jahrg. 1886. gr. 8. (III, 296 S.) Berlin, Calvary & Co. n. 10. —

Jahrbuch, biographisches, f. Alterthumskunde. Begründ. v. Conr. Bursian, hrsg. v. Iwan v. Müller. 10.—13. Jahrg. 1887—1890. gr. 8. (132; III, 160; III, 174; III, 197 S.) Berl., Calvary u. Comp. Subscr.-Pr. à Jahrg. * 3 —; Einzelpr. à Jahrg. * 5 —

—— dass. — 14. Jahrg. 1891. gr. 8. (205 S.) Ebd. Subscr.-Pr. * 5 — Einzelpr. * 7 50

—— dass. — s. a. Jahresbericht üb. die Fortschritte der class. Alterthumswissenschaft.

— dasselbe. 15. Jahrg. 1892. gr. 8. (III, 124 S.) Ebd. Subskr.-Pr. n. 3. —; Einzel-Pr. n. 5. —

Erscheint apart nicht weiter, sondern nur als Beiblatt zum Jahresbericht üb. die Fortschritte der classischen Alterthumswissenschaft.

— biographisches, u. deutscher Nekrolog. Unter ständ. Mitwirkg. von F. v. Bezold, Alois Brandl, Heinr. Friedjung etc. hrsg. v. Ant. Bettelheim. I. u. II. Bd. gr. 8. Berlin, G. Reimer. à Bd. n. 12. —; geb. in Halbfrz. n.n. 14. —

I. M. d. Bildn. v. Treitschke u. Du Bois-Reymond in Heliograv. (VIII, 77 u. 463 S.) 897.
II. M. d. Bildn. v. Burckhardt u. Brahms in Heliograv. (VII, 55 u. 468 S.) 898.

Vorh. u. d. T.: Biographische Blätter.

— biographisches, u. deutscher Nekrolog. Unter ständ. Mitwirkg. von F. v. Bezold, Alois Brandl, Aug. Fournier etc. Hrsg. v. Ant. Bettelheim. III. u. IV. Bd. gr. 8. Berlin 900. G. Reimer. à n. 12. —; geb. in Halbfrz. à n.n. 14. —

III. Mit den Bildnissen v. Theodor Fontane u. Conrad Ferdinand Meyer in Heliograv. (VII, 420 u. 170 S.)
IV. Mit dem Bildnis v. Rob. Wilhelm Bunsen in Heliograv. (V, 348 S. u. 192 Sp.)

Jahrbuch. Biographisches Jahrbuch und Deutscher Nekrolog. Unter ständiger Mitwirkung von F[riedrich] v[on] Bezold, Alois Brandl, ... Adolf Frey, ... u. a. hrg. von Anton Bettelheim. Band 5. Mit dem Bildnis von Friedrich Nietzsche in Heliogravure [Tafel, und illustriertem Umschlag]. VIII S. + 128 Sp. + 450 S. gr.-8. Berlin, Georg Reimer, 1903. [M. 12. —, geb. M. 14. —]

Inhalt: Totenliste 1898 *und* 1900; Deutscher Nekrolog 1900.

Jahrbuch. Biographisches J' und Deutscher Nekrolog. Unter ständiger Mitwirkung von F[riedrich] v[on] Bezold, Alois Brandl, ... Adolf Frey, ... u. a. hrg. von Anton Bettelheim. Band 6, vom 1. Januar bis 31. Dezember 1901. Mit einem Bildnis von Arnold Böcklin in Heliogravure [Tafel]. VI + 512 S. + 122* Sp. gr.-8. Berlin, Georg Reimer, 1904. (M. 12. —, geb. 14. —)

Jahrbuch. Biographisches J' und Deutscher Nekrolog. Unter ständiger Mitwirkung von Guido Adler, F[riedrich] von Bezold, ... Adolf Frey, ... u. a. hrg. von Anton Bettelheim. Band 7, vom 1. Januar bis 31. Dezember 1902. Mit dem Bildnis von Rudolf Virchow in Heliogravure [Tafel]. VI + 472 S. + 132* Sp. gr.-8. Berlin, Georg Reimer, 1905. (M. 12. —, geb. 14. —)

Jahrbuch. Biographisches J' und Deutscher Nekrolog. Unter ständiger Mitwirkung von Guido Adler, F[riedrich] von Bezold, ... Adolf Frey, ... u. a. hrg. von Anton Bettelheim. Band 8, vom 1. Januar bis 31. Dezember 1903. Mit dem Bildnis von Theodor Mommsen in Heliogravure [Tafel]. VI + 430 S + 128* Sp. gr.-8. Berlin, Georg Reimer, 1905. (M. 12. —, geb. 14. —

Jahrbuch. Biographisches J' und Deutscher Nekrolog. Unter ständiger Mitwirkung von Guido Adler, F[riedrich] von Bezold, ... Adolf Frey, ... u. a. hrg. von Anton Bettelheim. Band 9, vom 1. Januar bis 31. Dezember 1904. Mit dem Bildnis von Friedrich Ratzel in Heliogravure [Tafel]. VI + 520 S. 8. Berlin, Georg Reimer, 1906. (M. 12. —, geb. 14. —)

Jahrbuch. Biographisches J' und Deutscher Nekrolog. Unter ständiger Mitwirkung von Guido Adler, F[riedrich] von Bezold, ... Adolf Frey, ... u. a. hrg. von Anton Bettelheim. Band 10, vom 1. Januar bis 31. Dezember 1905. Mit dem Bildnis von Ernst Abbe in Heliogravure [Tafel]. VI + 358 S. + 278* Sp. 8. Berlin, Georg Reimer, 1907. (M. 12.—, geb. 14.—)

Jahrbuch. Biographisches J' und Deutscher Nekrolog. Unter ständiger Mitwirkung von Guido Adler, F[riedrich] von Bezold, ... Adolf Frey, ... u. a. hrg. von Anton Bettelheim. Register zu Band 1 bis 10 (1896—1905). Bearb. von Georg Wolff. IV S. + 230 Sp. 8. Berlin, Georg Reimer, 1908. [M. 4. —]

Jahrbuch. Biographisches J' und Deutscher Nekrolog. Unter ständiger Mitwirkung von Guido Adler, F[riedrich] von Bezold, ... Adolf Frey, ... u. a. hrg. von Anton Bettelheim. Band 11, vom 1. Januar bis 31. Dezember 1906. Mit dem Bildnis von Carl Schurz in Heliogravure [Tafel]. VI + 318 S. + 74* Sp. 8. Berlin, Georg Reimer, 1908. (M. 12.—, geb. 14.—)

Jahrbuch. Biographisches J' und Deutscher Nekrolog. Unter ständiger Mitwirkung von Guido Adler, F[riedrich] von Bezold, ... Adolf Frey, ... u. a. hrg. von Anton Bettelheim. Band 12, vom 1. Januar bis 31. Dezember 1907. Mit dem Bildnis des Grossherzogs Friedrich I. von Baden in Heliogravure [Tafel]. VI + 325 S. + 98* Sp. 8. Berlin, Georg Reimer, 1909. (M. 12.—, geb. 14.—)

Jahrbuch. Biographisches J' und Deutscher Nekrolog. Unter ständiger Mitwirkung von Guido Adler, F[riedrich] von Bezold, ... Adolf Frey, ... u. a. hrg. von Anton Bettelheim. Band 13, vom 1. Januar bis 31. Dezember 1908. Mit dem Bildnis von Wilhelm Busch in Heliogravüre [Tafel]. VI + 398 S. + 102* Sp. 8. Berlin, Georg Reimer, 1910. (M. 12. —, geb. 14. —)

Blankenburger **Jahrbuch**. Im Auftr. d. Redner d. Blankenburger Allianzkonferenz dargeboten von Ernst Modersohn. [1.] Blankenburg in Thür.: Evang. Allianzhaus 1909. 8° [o. 1,50]

Jahrbuch der Kölner Blumen-Spiele hsgb. von einer Literarischen Gesellschaft in Köln. Köln 1900—09. II (I—X): *Fastenrath, Johann.* (EB)

— 1.—4., der Kölner Blumenspiele. 1899—1902. Hrsg. v. der Literar. Gesellschaft in Köln. Lex.-8. Köln, J. G. Schmitz. n. 20. —
1. (343 S. m. 10 Taf.) 900. n. 4. —
2. (255 S. m. 8 Taf. u. Musikbeilagen 8 u. 2 S.) 901. n. 4. —
3. (324 S. m. 4 Taf. u. Musikbeilagen 7, 8 u. 2 S.) 902. n. 6. —; geb. n. 8. 50
4. (311 S. m. 4 Taf. u. Musikbeil. 12 S.) 903. n. 6. —; geb. n. 8. 50

— 5.—8., der Kölner Blumenspiele. 1903—1906. Hrsg. von der literar. Gesellschaft in Köln. Lex.-8. Köln, J. G. Schmitz. n. 30. —
5. (394 S. m. 4 Taf. u. Musikbeilage 12 S.) 904. n. 7. —
6. (404 S. m. 6 Taf. u. Musikbeilage 16 S.) 905. n. 7. —; geb. in Leinw. n. 9. —
7. (555 S. m. 7 Taf.) 906. n. 8. —; geb. n. 10. 50
8. (416 S. m. 8 Taf. u. Musikbeilage 19 S.) 907. n. 8. —

— 9.—12., der Kölner Blumenspiele. 1907—1910. Hrsg. v. der literar. Gesellschaft in Köln. Lex. 8. Köln, J. G. Schmitz. 36.50; geb. 47. 50
9. (596 u. Musikbeilagen 2, 2 u. 16 S. m. 11 Taf.) 908. 10.—; geb. 12. 50
10. (641 u. Musikbeilagen 4 u. 6 S. m. 14 Taf.) 909. 14.—; geb. in Leinw. 18.—; in Halbfrz. 22. —
11. (416 u. Musikbeilagen 7 u. 2 S. m. 11 Taf.) 10.—; geb. in Leinw. 12. 50
12. (88 S. m. 3 Taf.) 910. 2.50; geb. in Leinw. 4. 50

— der Bodenreform. Vierteljahrshefte, hrsg. v. A. Damaschke. 1. u. 2. Bd. à 4 Hefte. (V, 320 u. V, 320 S.) gr. 8. Jena 905. 906. G. Fischer. à Bd. n. 5. —

— der Bodenreform. Vierteljahrshefte, hrsg. v. A. Damaschke. 3.—6. Bd. à 4 Hefte. (3. Bd. V, 320 S.) gr. 8. Jena 907—10. G. Fischer. à Bd. 5.—; geb. 6. 20

Jahrbuch der Akademischen Bonifatius-Vereine hrsg. v. Vorort Münster i. W. [1.] W.S. 1910/11 Münster: Poertgen in Komm. 1911. 8° [n. ,,16 2

— der Berliner Börse 1880. Ein Nachschlagebuch für Banquiers u. Capitalisten. Hrsg. von der Redaction des „Berliner Actionair" J. Neumann, E. Freystadt. gr. 8. (IV, 361 S.) Berlin 880. Mittler & Sohn. n. 9. 20; geb. n. 10. —

Jahrbuch der Berliner Börse. 1881. Ein Nachschlagebuch für Banquiers und Capitalisten. Hrsg. von der Redaction des „Berliner Actionair" J. Neumann, E. Freystadt. gr. 8. (XVI, 376 S.); 2. Ausg. 8. (XL, 384 S.) Berlin, Mittler und Sohn. geb. *

— dasselbe, 1882—1883. (XXIV, 408 S.) Ebend. 882. geb. n. 10. —

—— dass. — 1883—1884 und 1884—1885. 8. (XXVIII, 432; XXVI, 459 S.) Ebendas. à Jahrg. * geb. à Jahrg. *

—— der Berliner Börse 1885—1886, 1886—1887, 1887—1888, 1888—1889. Ein Nachschlagebuch für Banquiers und Capitalisten. Hrsg. von der Redact. des „Berliner Actionär": J. Neumann, E. Freystadt. gr. 8. (XVIII, 481; XXVIII, 478; XVIII, 498; XVIII, 520 S.) Berlin, Mittler und Sohn. à Jahrg. * M 9.20.; geb. *

—— der Berliner Börse 1889/90—1892/93. XI.—XIV. Ausg. Ein Nachschlagebuch f. Banquiers u. Capitalisten. Hrsg. v. der Redact. d. „Berliner Actionair". gr. 8. (XX, 569; XX, 600 S. m. 1 Portr.; XX, 623 S. m. 1 Portr.; XXXII, 610 S. m. 1 Portr.) Berl., Mittler u. Sohn. à Jahrg. * 9 20; geb. * 10 —

— der Berliner Börse 1894—1895. XVI. Ausg Ein Nachschlagebuch f. Banquiers u. Capitalisten. Hrsg. v. der Red. des „Berliner Actionair" J. Neumann. gr. 8. (XLVI, 691 S. m. 1 Bildnis.) Berlin, E. S. Mittler & Sohn. n. 9. 20; geb. in Leinw. n. 10. —

— d. Berliner Börse 1898—1899. XX. Ausg., abgeschl. am 20. VII. 1898. Ein Nachschlagebuch f. Banquiers u. Capitalisten. Unt. Mitwirkg. d. Red. d. „Berliner Actionair" hrsg. v. J. Neumann. 8. (XXII, 851 S.) Berlin (E. S. Mittler & Sohn). Geb. in Leinw. 15. —

Jahrbuch der Berliner Börse 1902/1903. Begründet v. J. Neumann. Ein Nachschlagebuch f. Bankiers u. Kapitalisten. 24. vollst. umgearb. u. bedeutend verm. Aufl. gr. 8. (XXXII, 1496 S.) Leipzig, Verlag f. Börsen u. Finanzliteratur. Geb. in Leinw. n. 12. 60

— der Berliner Börse 1906/1907. Begründet v. J. Neumann. Ein Nachschlagebuch für Bankiers u. Kapitalisten. 28. vollständig umgearb. Aufl. (XXXII, 1616 S.) Lex.-8. Berlin 906. Verlag f. Börsen- u. Finanzliteratur. Geb. in Leinw. n. 10. —

Jahrbuch der Berliner Börse 1908/1909. Begründet v. J. Neumann. Ein Nachschlagebuch f. Bankiers u. Kapitalisten. 30., vollständig umgearb. Aufl. (XXXII, 1807 S.) Lex.-8. Berlin, Verlag f. Börsen- u. Finanzliteratur. 1908. Geb. in Leinw. 12. 50.

— d. Berliner Börse 1910/1911. Ein Nachschlagebuch f. Bankiers u. Kapitalisten. 32., vollständig umgearb. Aufl. (XVI, 2028 S.) gr. 8. Berlin 910. Verl. f. Börsen- u. Finanzliteratur. Geb. in Leinw. 12. 50

— der Frankfurter Börse. Ausg. 1903. — 15. Jahrg. (Früher Handbuch des Finanzherold.) Ein Hand- u. Nachschlagewerk f. Bankiers, Kapitalisten u. Industrielle. Begründet v. Heinr. Emden, fortgeführt v. der Red. des „Handbuches der deutschen Aktien-Gesellschaften". 15., vollständig umgearb. Aufl. gr. 8. (XXX, 1066 S.) Ebd. Geb. in Leinw. n. 15. —

Jahrbuch der Frankfurter Börse (früher: Handbuch des Finanzherold). Ein Handbuch und Nachschlagewerk für Bankiers, Kapitalisten und Industrielle. Leipzig. Jahrgang 16 (1904).

— der Frankfurter Börse. Ausg. 1907. — 19. Jahrg. (Früher Handbuch des Finanzherold.) Ein Handbuch u. Nachschlagewerk f. Bankiers, Kapitalisten u. Industrielle. Begründet v. Heinr. Emden, fortgeführt v. der Red. des „Handbuches der deutschen Aktiengesellschaften". 19. vollständig umgearb. Aufl. (XXXII, 1194 S.) Lex.-8. Ebd. Geb. in Leinw. n. 15. —

— der Frankfurter Börse. Ausg. 1910. — 22. Jahrg. (Früher Handbuch des Finanzherold.) Ein Handbuch u. Nachschlagewerk f. Bankiers, Kapitalisten u. Industrielle. Begründet v. H. Emden, fortgeführt v. der Red. des „Handbuches der deutschen Aktien-Gesellschaften". 22., vollständig umgearb. Aufl. (XXXII, 1384 S.) Lex.-8. Berlin, Verlag f. Börsen- u. Finanzliteratur. 1910. Geb. in Leinw. 15. —

— der Frankfurter Börse. Ausg. 1911. — 23. Jahrg. (Früher Handbuch des Finanzherold.) Ein Handbuch u. Nachschlagewerk f. Bankiers, Kapitalisten u. Industrielle. Begründet v. Heinr. Emden, fortgeführt v. der Red. des „Handbuches der deutschen Aktien-Gesellschaften". 23., vollst. umgearb. Aufl. (XXXII, 1454 S.) Lex. 8. Ebd. Geb. in Leinw. 15. —

Jahrbuch der Hamburger Börse sowie Bremen und Hannover. Handbuch der Aktien-Gesellschaften von Hamburg, Bremen, Lübeck, Schleswig-Holstein, Hannover, Oldenburg und Mecklenburg. Leipzig.
Ausgabe 1899/1900. 1900/01. 1902/03. 1904/05. 1908/09.

Vorh. u. d. T.: Die Actien-Gesellschaften in Hamburg.

— der Hamburger Börse sowie Bremen u. Hannover. Ausg. 1902/1903. Handbuch der Aktien-Gesellschaften v. Hamburg, Bremen, Lübeck, Schleswig-Holstein, Hannover, Oldenburg u. Mecklenburg. 10. vollst. umgearb. Aufl. gr. 8. (XX, VII, 760 S.) Ebd. 902. Geb. in Leinw. n. 10. —

— der Hamburger Börse, sowie Bremen u. Hannover. Ausg. 1904/1905. Handbuch der Aktien-Gesellschaften von Hamburg, Bremen, Lübeck, Schleswig-Holstein, Hannover, Oldenburg u. Mecklenburg. 11. vollständig umgearb. Aufl. (XXIV, VII, 783 S.) Lex.-8. Leipzig 904. Berlin, Verlag f. Börsen- u. Finanzliteratur. Geb. in Leinw. n. 10. —

— der Hamburger Börse sowie Bremen u. Hannover. Ausg. 1910/11. Handbuch der Aktien-Gesellschaften v. Hamburg, Bremen, Lübeck, Schleswig-Holstein, Hannover, Oldenburg u. Mecklenburg. 14. vollst. umgearb. Aufl. (XXIV, VIII, 1116 S.) Lex. 8. Ebd. 911. Geb. in Leinw. 12. —

— der Brauereien, Brennereien u. Mälzereien. Hrsg. v. Rud. Hanel. Jahrg. 1905. (XXXII, 162 u. LXIX S.) 8. Wien 905. (A. Hölder.) n. 3. 30

— der österreichischen Brauereien, Brennereien u. Mälzereien. Hrsg. v. Rud. Hanel. Jahrg. 1906. (XXXII, 135, 22 S., S. 323—338, 39—66, 7 u. LXIV S.) 8. Ebd. Kart. n. 3. 30

Jahrbuch der österr. Brauereien, Brennereien und Mälzereien. Jahrg. 1907. 8°. (Pag. XXXIV, 524—674, 323—390, 1778—2082, LXV.) † Wien: Hölder 1907. K 5.—

Jahrbuch der österreichischen Brauereien, Brennereien und Mälzereien. Jahrg. 1908. Gr.-8°. Wien: Hölder 1908. K 5.—

— der österreichischen Brauereien, Brennereien u. Mälzereien. Hrsg. v. Rud. Hanel. Jahrg. 1907—1909. 8. Wien, Compassverlag. Kart. 13. 40
1907. (XXXII S., S. 523—674, 322—390, 1777—2081 u. LXVI S.) 4. 40
1908. (X S., S. 579—752, 345—415, 1955—2226 u. LXII S.) Kart. 4. 40
1909. (XVI S., S. 609—772, 355—425, 1975—2278 u. 953—1016.) 4. 60
Fortsetzg., s.: Jahrbuch der österreich. Getränke-Industrie.

— der deutschen Braunkohlen- u. Steinkohlen-Industrie. Verzeichnis der im Deutschen Reiche belegenen im Betriebe befindlichen Braunkohlen- u. Steinkohlengruben, Braunkohlen-Naßpreßsteinfabriken, Braunkohlen- u. Steinkohlen-Brikettfabriken, Kokereien, Schweelereien Teerdestillationen, Mineralöl-, Paraffin-, Ammoniak- u Benzolfabriken, Ziegeleien u. sonstigen Nebenbetriebe VI. Jahrg., unter Mitwirkg. des deutschen Braunkohlen-Industrie-Vereins bearb. von B. Baak. (XXX, 216 u 164 S. m. 1 Karte.) gr. 8. Halle 906. W. Knapp. Geb. in Leinw. n. 6. —; f. die Abnehmer der Zeitschrift „Braunkohle" n. 4. —

Jahrbuch d. dtschn. Braunkohlen-, Steinkohlen- u. Kali-Industrie 1907—1910. Verzeichnis der im Deutschen Reiche belegenen, im Betriebe befindl. Braunkohlen- u. Steinkohlengruben, Braunkohlen-Naßpreßsteinfabriken, Braunkohlen- u. Steinkohlen-Brikettfabriken, Kokereien, Schweelereien, Teerdestillationen, Mineralöl-, Paraffin-, Ammoniak- u. Benzolfabriken, Ziegeleien u. sonst. Nebenbetriebe, Kali- u. Steinsalzbergwerke u. deren Nebenbetriebe m. Angabe d. Adressen d. Direktoren, Betriebsführer u. d. and. in Betracht komm. techn. Betriebsbeamten. VII.—X. Jahrg., bearb. v. B. Baak. (XXXIV, 230 u. 167 S. m. 1 Karte; XXXIV, 257, 184 u. 86 S. m. Abb. u. 1 Karte; XXXIV, 270 S. m. Abb. u. 1 Karte u. XLI, 244 S. m. Abb. u. 1 Karte.) gr. 8. Halle, W. Knapp. Geb. in Leinw. à 6.—; f. die Abonnenten v. „Braunkohle" u. „Kali" à 4. —

—— Bremisches. Hrsg. von der Abtheilung des Künstlervereins für Brem. Geschichte und Alterthümer. 1. und 2. Bd. gr. 8. Bremen 864—66, Müller. [1. Bd. (IV und 320 S.) 1 Thlr. 12 Ngr., 2. Bd. 1. Hälfte. (XXVII und S. 1—258 mit 1 eingedr. Holzschn. und 2 Stnt.) 1 Thlr. 12 Ngr., 2. Bd. 2. Hälfte. (V und S. 257—552 mit 2 Abbild. in Holzschn. und 2 Stnt.) 1 Thlr. 12 Ngr.]

—— bremisches. Hrsg. von der Abthl. des Künstlervereins für Brem. Geschichte und Alterthümer. 3.—5 Bd. gr. 8. Bremen, Müller's Verlag. [3. Bd. (XXII, 251 S.) 868. ℳ 4,20.; 4. Bd. (XX, 448 S. mit 1 Stnt. in Tondr.) 869. ℳ 8,40.; 5. Bd. (XXXVIII, 283 S.) 870. *ℳ 4.] * 16 60
1. und 2. Bd. Ebendas. 1864—66. ℳ 12,60.

—— dass. — Hrsg. von der histor. Gesellschaft des Künstlervereins. 6. und 7. Bd. gr. 8. (CXVII, 324; XLV, 336 S. mit 8 lithogr. Markentaf.) Ebendas. 872,74. à Bd. * 8 —

—— bremisches. Hrsg. von der histor. Gesellschaft des Künstlervereins. 8.—10. Bd. gr. 8. Bremen, Müller's Verlagsh. [8. Bd. (XVIII, 172 S.) 876.; 9. Bd. (XVI, 147 S. mit 8 Tab.) 877.; 10. Bd. (VIII, 175 S.) 878.] à Bd. *

—— Bremisches. Hrsg. von der histor. Gesellschaft des Künstlervereins. 11. und 12. Bd. gr. 8. (XV, 167; VIII, 162 S.) Bremen 880,83, Müller's Verlagsh. à Bd. *

— dasselbe. 2. Serie. 1. Bd. Quellen zur brem. Reformationsgeschichte. gr. 8. (VII, 311 S.) Ebend. 884. n. 4. 80

BREMISCHES JAHRBUCH. Herausgegeben von der Historischen Gesellschaft des Künstlervereins.
2. Serie. Bd. 1. Quellen zur Bremischen Reformationsgeschichte. Bremen. 1885. C. Ed. Müller. 8°.

—— Bremisches. Hrsg. von der histor. Gesellschaft des Künstlervereins. 13. Bd. gr. 8. (XVI, 186 S. mit 2 lithogr. Karten.) Bremen 886, Müller's Verlag. *

—— dass. — 14. Bd. gr. 8. (XII, 208 S. mit 7 photolithogr. Taf.) Ebendas. 888. *

—— Bremisches. Hrsg. v. der histor. Gesellschaft d. Künstlervereins. 15. u. 16. Bd. gr. 8. (XII, 228; VIII, 190 S.) Bremen 889—92, Müller. à Jahrg. * 3 —

—— dass. — 2. Serie. 2. Bd. gr. 8. (LXXXIII, 116 S.) Ebd. 891. * 3 —
2. Serie. 1. Bd. Ebd. 1884. * 4 80.

— bremisches. Hrsg. v. d. histor. Gesellschaft d. Künstlervereins. 17. u. 18. Bd. gr. 8. Bremen, C. E. Müller. à Bd. n. 4. —
17. (XI, 195 S. m. 4 Lichtdr.) 895.
18. (XI, 190 S. m. 1 Karte.) 896.

— bremisches. Hrsg. v. der histor. Gesellschaft des Künstlervereins. 19. u. 20. Bd. gr. 8. Bremen, M. Nössler. à n. 4. 60
19. Mit e. Portr. u. 1 Karte. (XV, 192 S.) 900.
20. Mit 1 Heliograv. u. 11 Abbildgn. im Text. (XII, 193 S.) 902.

— bremisches. Hrsg. v. der histor. Gesellschaft des Künstlervereins. 21. Bd. Mit 21 Taf. u. 1 Kartenskizze (XV, 164 S.) gr. 8. Bremen 906. M. Nössler. n. 5. —

BREMISCHES JAHRBUCH. Herausgegeben von der historischen Gesellschaft des Künstlervereins.

Bd. 13. Mit 2 lithographirten Karten. Bremen 1886. C. Ed. Müller. 8°. — 14. Mit 17 photolithographischen Tafeln. ib. 1888. — 15. ib. 1889. — 16. ib. 1892. — 17. Mit 4 Tafeln in Lichtdruck. ib. 1895. — 18. Mit 1 Karte. ib. 1896.[1]) — 19. Mit 1 Porträt und 1 Karte. ib. 1900. Max Nössler. — 20. Mit einer Heliogravüre und 11 Abbildungen im Text. ib. 1902. — 21. Mit 21 Tafeln und 1 Kartenskizze. ib. 1906. — 22. Mit 1 Porträt. ib. 1909. — 23. ib. 1911. Gustav Winter. — 24. ib. 1913. — 25. Mit 1 Porträt. ib. 1914. —

BREMISCHES JAHRBUCH. Herausgegeben von der historischen Gesellschaft des Künstlervereins.

2. Serie. Bd. 2. (Die Bremische Kirchenordnung von 1534, bearbeitet von J. Fr. IKEN.) Bremen 1891. C. Ed. Müller. 8°.

Jahrbuch des literarischen Vereins Breslau. 1. Jahrg. 1910. (169 S.) 8. Schweidnitz, L. Heege. 2.50; geb. 3. —

— für Bücher-Kunde u. -Liebhaberei, s.a. Taschenbuch des Bücherfreundes.

Jahrbuch für Bücher-Kunde und -Liebhaberei. Hrsg. v. G[ustav] A[dolph] E[rich] Bogeng.
Nikolassee/Berlin: Harrwitz
(Taschenbuch d. Bücherfreundes [Beil.])
Jg. 1. 1909 - 3. 1911.
4. 1912 [Gez. Ex. Nr 233].
16,6:227[1]

Jahrbuch der Bücherpreise. Alphabetische Zusammenstellung der wichtigsten auf den europäischen Auktionen (mit Ausschluss der englischen) verkauften Bücher mit den erzielten Preisen, bearb. von C[arl] Beck. Jahrg. 1, 1906. X + 240 S. 8. Leipzig, Otto Harrassowitz, 1907. [geb. M. 8. —]

Darin auch Werke von Schweizer Autoren und Schweizer Drucke.

— der Bücherpreise. Alphabet. Zusammenstellg. d. wichtigsten auf den europ. Auktionen (m. Ausschluss der engl.) verkauften Bücher m. d. erzielten Preisen, bearb. v. C. Beck. 1.—4. Jahrg., 1906—1909. 8. Leipzig 907—10. O. Harrassowitz. Geb. in Leinw. 37. —
1906. (X, 237 S.) 8.—. — 1907. (X, 414 S.) 11.—. — 1908. (X, 325 S.) 10.—. — 1909. (XI, 227 S.) 8.—.

Jahrbuch der geschäftlichen Buchführung für Konditoren und Bäckermeister 1899. (282 S) 4° Dresden (1898)

Jahrbuch deutscher Bühnenspiele.
1825—1831. Hg.: C .v. Holtei.
1832—1866. Hg.: F. W. Gubitz.
Früher u. d. Titel: Jahrbuch deutscher Nachspiele. s. d.
Berlin. Goed. VIII, 130, 20 b, c.

—— deutscher Bühnenspiele. Hrsg. v. Karl v. Holtei. 8—10. Jahrg., f. 1829—31. 8. Berlin, Vereins-Buchh. à 1 Thlr. 16 Gr.

1829. Der alte Feldherr. Liedersp. v. K. v. Holtei. — Spleen, od. d. Geliebte in d. Einbildung. Schwank v. Fr. Tietz. — Hans Sachs od. Dürers Fest-Abend. Dramat. Gemälde v. F. W. Gubitz. — Aennchen v. Tharau. Drama in 3 Akten v. †Will. Alexis. — Steckenpferde. Lustsp. in 5 Aufz. v. P. A. Wolff. (20 B.)

1830. Der Mann v. 50 Jahren. Lustsp. in 2 Aufz. v. P. A. Wolff. — Der Dichter im Versammlungszimmer, od. d. phantast. Lustsp. Lustsp. v. K. v. Holtei. — Der Bär. Lustsp. v. Chr. Deser. — Die Lokalposse. Berliner Lokalposse mit Gesang, v. J. E. Mand. — Die Macht d. Töne. Dramat. Scene v. Leop. Bartsch. — Des Sohnes Rache. Trauersp. v. K. v. Holtei. — 36 Jahre aus d. Leben zweier Liebenden. Ein Drama mit etwas Musik u. Gesang, in einem kurzen u. ein. langen Akte. (22 B.)

1831. Was doch d. Vorstellung thut! Lustsp. v. St. Schütze. — Das eingebrachte Stündchen, od. Gellert im Schlafrock. Orig.-Lustsp. v. †C. Karoli. — Das Heirathsgesuch. Berliner Lokalposse. — Anna Rossignoli, od. arm u. reich. Lustsp. v. K. v. Holtei. — Das Urtheil. Drama v. F. W. Gubitz. (20½ B.)

—— dass. Hrsg. v. F. W. Gubitz. 11—15. Jahrg., f. 1832—36. 8. Ebds. à 1 Thlr. 16 Gr.

1832. Der Kammerdiener. Posse v. P. A. Wolff. — Das April-Mährchen od. d. gefährl. Harnisch. Phantast. Lustsp. v. Schiff. — Frauenliebe. Schausp. v. †Albini. — Demoiselle Bock. Lustsp. v. J. E. Mand. — Er hat d. Hals gebrochen. Schwank v. C. Norbeck. (21½ B.)

1833. Der Empfehlungsbrief. Lustsp. v. C. Töpfer. — Künstler-Liebe od. d. moderne Galathe. Lustsp. v. W. F. Seidel. — Margarethe. Possensp. v. K. v. Holtei. — Der Mystiker od. d. Schuld. Lustsp. v. W. v. Lüdemann. — Die Gefangene. Trauersp. v. W. Jetter. — Der Graf u. d. Bürger. Trauersp. v. Schiff. (21 B.)

1834. Das Räthsel. Lustsp. v. J. E. Mand. — Studenten-Abentheuer, od. Eine Helene d. 19 Jahrh. Posse f. d. Carneval, v. †Albini. — Schildwach-Abentheuer. Posse v. Leop. Bartsch. — Der brave Mann. Drama v. Alex Cosmar. (21½ B.)

1835. Des Adler's Horst. Romant.-kom. Oper v. K. v. Holtei. — Künstler-Rache, od.: Der Polterabend. Posse v. Fr. v. Elsholtz. — Das Crimen plagii, od.: Die Gleichen haben sich gefunden. Posse v. †Albini. — Der Waldfrevel. Liedersp. v. Ludw. Robert. — Des Goldschmieds Töchterlein. Altdeutsches Sittengemälde v. Carl Blum. — Die Schwägerin Lustsp. v. Aug. Kahlert. (21 B.)

1836. Endlich hat er es doch gut gemacht! Lustsp. (n. d. Engl.) v. †Albini. — Hinko. Drama, u. e. Vorsp., gen.: Der jüngere Sohn. Von Charlotte Birch-Pfeiffer. — Mulier taceat in ecclesia, od.: Die kluge Königin. Tragikomödie v. E. Raupach. — Unsre Frau Generalin. Lustsp. v. Another. — Von Sieben die Häßlichste! Lustsp. v. Louis Angely. (22½ B.)

1—3. Jahrg. f. 1822—24. unt. d. T.: Jahrbuch deutscher Nachspiele. Breslau, Graß, Barth u. Comp., hrbgs. Pr. 3 Thlr. — 4—7. J. f. 1825—28. unt. obigem Tit. Berlin, Vereins-Buchh. 7 Thlr.

—— deutscher Bühnenspiele. Hrsg. v. F. W. Gubitz. 16—21. Jahrg., f. 1837—42. 8. Berlin, Vereins-Buchhandl. à 1⅔ Thlr.

1837. Der Glöckner von Notre-Dame. Romant. Drama nach V. Hugo v. Charl. Birch-Pfeiffer. — Der dumme Peter. Orig.-Schausp. v. Carl v. Holtei. — Der Narr seiner Freiheit. Lustsp. v. E. Raupach. — Im Kleinen wie im Großen. Lustsp. v. Albini. — Der Fußfall. Dramat. Scherz in 72 Reimzeilen, v. Ludw. Robert. (21 B.)

1838. Der General-Hof-Schneider. Posse v. Albini. — Die Zeitungsbraut. Posse v. K. Ferd. Holm. — Die Gunst d. Augenblicks. Orig.-Lustsp. v. Ed. Devrient. — Die alte u. die junge Gräfin. Lustsp. v. E. Raupach. — Die Engländer in Paris. Posse v. Charl. Birch-Pfeiffer. — Die Haushälterin. Schwank. (19¼ B.)

1839. Das graue Männlein. Schausp. v. Ed. Devrient. — Was den einen tödtet, giebt dem Andern Leben. Dramat. Scherz v. Albini. — Ein Schicksalstag in Spanien. Comödie mit Gesang. Nachlaß v. Ludw. Robert. — Ein theurer Spaß. Dramat. Anekdote v. E. Raupach. — Guten Morgen, Vielliebchen! Lustsp. v. Adalbert v. Thale. — Mir gelingt Alles! Lustsp. v. Albini. (21 B.)

1840. Hahn u. Hektor. Lustsp. v. E. Raupach. — Schlag Sieben. Lustsp. v. Geisheim. — Die Männerfeindinnen. Orig.-Lustsp. v. J. Roder. Benedix. — Die Günstlinge. Orig.-Schausp. v. Charl. Birch-Pfeiffer. — Der Familien-Congreß. Burleskes Familien-Gemälde, v. Albini. (23¾ B.)

1841. Verirrungen. Ein bürgerl. Schausp. in 5 Akt. v. Ed. Devrient. — Die Brautführer. Posse in 3 Aufz. v. E. Raupach. — Der verwunschene Schneidergesell. Ein Fastnachtsschwank in 3 Akt. v. W. Alexis. — Elfride. Trauersp. in 5 Akt. v. Herrm. Marggraf. — Das Lustspiel. Dramat. Scherz in 1 Aufz. v. Frz. Maria. (23 B.)

1842. Das Harfenmädchen. Schausp. v. E. Raupach. — Ein April-Scherz. Orig.-Lustsp. v. Achat. — Der Freiwerber. Lustsp. v. Moritz Rott. — Der Gliedermann. Schwank v. E. Raupach. — Wo weilt das Glück? Drama in 3 Abthl. v. Wilh. Müller. — Noch ist es Zeit! Schausp. v. A. P. — Die Schulzen-Wahl. Dramat. Scherz v. Fr. Paolo. — Carl's XII erste u. letzte Liebe. Lustsp. v. H. E. R. Belani. (20½ B.)

Jahrbuch deutscher Bühnenspiele. Hrsg. v. F. W. Gubitz. 22—26. Jahrg., für 1843—47. 8. Berlin, Vereins-Buchh. à 3. Thlr.

1843. Juan Maiquez. Schauspiel v. Heinr. Smidt. — Das Lustsp. ohne Titel. Von E. Raupach. — Der Prinz von Pisa. Lustsp. v. W. Alexis. — Frage und Antwort. Dramat. Scherz, v. A. P. — Heinrich der Vierte u. seine Söhne. Dramat. Gedicht von Fr. Paolo. — Der Hohlweg. Lustsp. v. Cl. Schrader. (21¾ B.)

1844. Der beste Arzt. Schausp. v. Ch. Birch-Pfeiffer. — Kaufmann u. Seefahrer. Schausp. v. Heinr. Smidt. — Erich der Geizhals. Original-Schausp. v. C. v. Holtei. — Die Versucherin. Lustsp. v. E. Raupach. — Der Bruderkuß. Dramat. Scherz v. A. P. — Sophonisbe. Dramat. Gedicht v. Fr. Paolo. (21 B.)

1845. Die Verlobte. Schausp. Nachlaß v. Agnes Franz. — Die gewagte Kur. Lustsp. v. E. Raupach. — Marie. Schausp. v. A. P. — Schicksals-Kämpfe. Histor.-romant. Drama v. F. W. Gubitz m. Erklärung. — Ein Frühstück auf Heidecksburg. Histor. Lustsp. v. A—l. — Der Scheiben-Toni. National-Schausp. v. Charlotte Birch-Pfeiffer. Nebst einem Vorspiel: Die schöne Resi im Zillerthal. (20¾ B.)

1846. Ehemann u. Junggeselle. Lustsp. v. A. P. — Mutter u. Sohn. Schausp. v. Ch. Birch-Pfeiffer. — Die Blauen, od.: Die Liebe als Arzt. Lustsp. v. W. v. Merckel. — Die beiden Candidaten. Lustsp. v. Friedel. — Die Geschwister. Schausp. v. Em. Leutner. (E. Raupach.) (20¼ B.)

1847. Thomas Thyrnau. Schausp. in 5 Aufz., nach d. Roman frei bearb. v. Ch. Birch-Pfeiffer. — Ideal u. Leben. Drama in 5 Aufz. v. E. Raupach. — Ein Wort des Fürsten. Schausp. in 5 Akten v. A. P. — Die Maaßlosen. Drama in 5 Aufz. v. Dan. Lehmann. (Nachlaß.) — Die Talentprobe. Lustsp. in 1 Akt v. F. W. Gubitz. (21¾ B.)

—— deutscher Bühnenspiele. Hrsg. von F. W. Gubitz. 27—32. Jahrg., für 1848—53. 8. Berlin, Vereins-Buchhandlung. à Jahrg.

1848. Vor hundert Jahren. Komisches Sittengemälde in 4 Aufzügen von E. Raupach. — Die Frau im Hause. Lustspiel in 3 Akten von A. P. — Wo ist mein Lustspiel? Posse in 4 Aufzügen von Heinr. Smidt. — Steffen Langer aus Glogau, oder: Der holländische Kamin. Original-Lustspiel in 4 Akten und einem Vorspiel: Der Kaiser und der Seiler, in 1 Akt, von Charlotte Birch-Pfeiffer. — Genugthuung, oder: Das Urtheil des Paris. Schwank in 2 Akten von W. M. (348 S.)

1849. Eine Familie. Original-Schauspiel in 5 Akten und einem Nachspiel von Charlotte Birch-Pfeiffer. — Erziehungs-Methoden, oder: Wie schwer, ein Mann zu sein! Lustspiel in 4 Akten von Frz. v. Elsholtz. — Die Lebensmüden. Lustspiel in 5 Aufzügen von E. Raupach. — Stolz und Liebe. Schauspiel in 5 Aufzügen von A. P. (312 S.)

1850. Elisabeth Farnese. Histor. Lustspiel von E. Raupach. — Excellenz! Lustspiel! — Der todte Gast. Lustspiel nach einer Erzählung Zschokke's, von Ludw. Robert. — Die Frau Schwiegermutter. Schauspiel von Heinr. Smidt. — Anna von Oestreich. Intriguenstück von Charlotte Birch-Pfeiffer. (311 S.)

1851. Der Verstoßene. Schauspiel von Heinr. Smidt. — Der Salzdirektor. Original-Lustspiel von W. A. G. P. — Ein Billet. Original-Schauspiel von Charlotte Birch-Pfeiffer. — Adelheid von Burgund. Histor. Trauerspiel von E. Raupach. (319 S.)

1852. Bruder Kain. Schauspiel von Heinr. Smidt. — Mazarin. Histor. Original-Schauspiel von Charlotte Birch-Pfeiffer. — Eine Frau, die zu sich selbst kommt. Original-Lustspiel von Gust. zu Putlitz. — Jakobine von Holland. Histor. Schauspiel, mit einem Vorspiele: „Die Verlobten." Von E. Raupach. — Czaar Peter und der Glaser. Dramatisirte Anekdote von F. W. Gubitz. (III und 316 S.)

1853. Das Forsthaus. Original-Schauspiel von Charlotte Birch-Pfeiffer. — Die selige Frau. Schwank von F. W. Gubitz. — Der Kegelspieler. Ein Märchen von E. Raupach. — Die Ruinen. Lustspiel von F. A. Steeger. — Herz und Weltehre. Schauspiel von F. W. Gubitz — Die neue Schauspieler-Truppe. Fastnachts-Posse von F. W. Gubitz. (III und 311 S.)

—— dass. — Ergänzungsband für den 15. und 16. Jahrg. 8. (III und 367 S.) Ebds. 852(53.)

Der Glöckner von Notre-Dame. Romantisches Drama. Nach dem Roman des Vict. Hugo frei bearb. von Charlotte Birch-Pfeiffer. — Die Reise auf gemeinschaftl. Kosten. Komisches Gemälde frei nach dem Französ. von Louis Angely. — Mulier taceat in ecclesia, oder: Die kluge Königin. Eine Tragikomödie von E. Raupach. — Hinko. Drama mit einem Vorspiel, gen.: Der jüngere Sohn. Mit freier Benutzung des Storchischen Romans von Charlotte Birch-Pfeiffer. — Endlich hat er es doch gut gemacht! Lustspiel nach einer engl. Idee bearb. von Albini. — Von Sieben die Häßlichste! Lustspiel mit einem Vorspiel. Nach Told's Erzählung von Louis Angely.

—— deutscher Bühnenspiele. Hrsg. von F. W. Gubitz. 33—36. Jahrg., für 1854—57. 8. Berlin 854—56, Vereinsbuchhandlung. à Jahrg.

Jahrbuch deutscher Bühnenspiele. Hrsg. von F. W. Gubitz. 33—36. Jahrg., für 1854—57. rc.

Inhalt:

1854. Wie man Häuser baut. Lokales Zeitgemälde von Charlotte Birch-Pfeiffer. — Großes Unglück! Lustspiel von J. C. Kleebus. — Saat und Frucht. Drama mit einem Vorspiel von E. Raupach. — Margaretha. Schauspiel von Ant. Gubitz. — Rizzio. Trauerspiel von R. Rehbinder. — Der Kaiser und die Müllerin. Historisches Lustspiel von F. W. Gubitz. (III und 301 S.)

1855. Im Walde. Ländliches Charaktergemälde von Charlotte Birch-Pfeiffer. — Die Amerikanerin. Schauspiel von F. Walther. — Verschiedene Wege. Lustspiel von F. W. Gubitz. — Coligny. Trauerspiel. — Die Gräfin von Rechepierre. Lustspiel-Skizze von R. Rehbinder. (III und 375 S.)

1856. Die Waise aus Lowood. Schauspiel von Charlotte Birch-Pfeiffer. — Der Rückfall. Orig.-Schauspiel von A. P. Werner. — Opfertreue. Drama von L. Beck. — Der lustige Rath. Lustspiel von F. W. Gubitz. — Der Stellvertreter. Lustspiel von F. v. S....n. (IV und 318 S.)

1857. Marguerite oder die Macht des Zufalls. Schauspiel von Charlotte Birch-Pfeiffer. — Gewagt und verzagt. Idyll-Schauspiel von F. W. Gubitz. — Theodosia. Drama von H. Rino. — Die Grundsätze. Lustspiel von A. P. (Werner.) — Gisbert von Rheineck. Drama von J. C. Erhardt. — Keck und verwegen! Lustspiel von F. W. Gubitz. (III und 346 S.)

—— deutscher Bühnenspiele. Hrsg. von F. W. Gubitz. 37—41. Jahrg. für 1858—62. gr. 12. Berlin, Vereins-Buchh. à Jahrg.

Inhalt:

1858. Winkelränke. Lustspiel von F. W. Gubitz. — Rose und Röschen. Original-Schauspiel von Charlotte Birch-Pfeiffer. — Maria, Königin von Schottland. Historisches Trauerspiel von E. Raupach. — Karl der Große daheim. Vorzeit-Bild von F. W. Gubitz. — Virginia. Trauerspiel von J. Ch. F. Mage. (III und 350 S.)

1859. Kräftige Mittel. Lustspiel in 1 Akt von F. W. Gubitz. — Ein Ring. Original-Intriguenstück in 5 Akten von Charlotte Birch-Pfeiffer. — Ehescheu im Fegefeuer. Lustspiel in 1 Akt von J. C. Kleebus. — Gustav Adolph an der Oder. Geschichtlich Schauspiel in 5 Aufzügen von F. W. Gubitz. — Wem soll man Wort halten. Possenspiel in 4 Aufzügen von Fr. Schultz. (III und 311 S.)

1860. Die Grille. Ländliches Charakterbild in 5 Akten von Charlotte Birch-Pfeiffer. — John der Ziegler. Geschichtliches Drama in 5 Akten von Ant. Gubitz. — Selbsthilfe. Lustspiel in 5 Akten von J. C. Kleebus. — Die Tochter des Cid. Drama in 4 Akten von Phil. J. Meyer. — Ein alter Musikant. Drama in 1 Akt von Charlotte Birch-Pfeiffer. (VI und 386 S.)

1861. Sophie Tepzloff. Geschichtlich Lustspiel in 3 Akten von F. W. Gubitz. — Der neue Timon. Lustspiel in 5 Aufzügen von Rud. Gence. — Edith. Schauspiel in 4 Akten von Charlotte Birch-Pfeiffer. — Bei Leipzig. Schauspiel in 1 Akt von F. W. Gubitz. — Mit gleichen Waffen. Lustspiel in 5 Aufzügen von L. R. Slembt. (V und 400 S.)

1862. Das gestörte Winzerfest. Liederspiel in 2 Aufzügen von Agnes Franz. — Schwächen und Ränke. Schauspiel in 5 Akten von J. C. Erhardt. Sappho. Melodrama von F. W. Gubitz. — Prinz und Apotheker, oder: Der letzte Stuart. Lustspiel mit Gesang in 4 Aufzügen von Friedr. Adami. — Ein Kind des Glücks. Original-Charakter-Lustspiel in 5 Akten von Charlotte Birch-Pfeiffer. — Die Abgeordneten auf der Bühne. Zeitbildlich Vorspiel von F. W. Gubitz. (III und 363 S.)

Jahrbuch deutscher Bühnenspiele. Hrsg. von F. W. Gubitz. 42.—45. Jahrg., für 1863—66. gr. 12. Berlin, Vereins-Buchh. à Jahrg.

Inhalt:

1863. Fürstengunst. Schauspiel in 2 Akten von Ant. Gubitz. — Dorf und Stadt. Schauspiel in 2 Abthlgn. und 5 Akten mit freier Benutzung der Auerbach'schen Erzählung: „Die Frau Professorin" von Charlotte Birch-Pfeiffer. — Clementine von Aubigny. Schauspiel in 5 Aufzügen, von J. C. Erhardt. — Tausend Hengste um Nichts. Lustspiel in 4 Aufzügen mit Benutzung eines Stoffes von Wilh. Müller, von Friedr. Adami. (III und 332 S.)

1864. Die Ritterprobe. Schwank in 1 Akt von J. C. Kleebus. — Der Sohn des Wucherers. Drama in 4 Aufzügen von A. E. Brachvogel. — Alles Maske! Schwank in 1 Akt von Heinr. Smidt. — Der Herr Inspektor. Lustspiel in 4 Akten. (Theilweise nach altem deutschen Stoff) von Friedr. Tietz. — Der Brautkranz. Dramatisirte Romanze von F. W. Gubitz. — Der Kammerdiener. Posse in 4 Aufzügen von P. A. Wolff. (III und 284 S.)

1865. Täuschung auf Täuschung. Lustspiel in 3 Aufzügen (nach einer wahren Begebenheit) von H. Rino. — Nur nicht ängstlich! Posse in 4 Aufzügen von Friedr. Tietz. — Ein Trödler. Bürgerliches Schauspiel in 5 Akten von A. E. Brachvogel. — Lieb' und Friede. Schauspiel in 1 Akt von F. W. Gubitz. — Eine einfache Geschichte. Schauspiel in 2 Akten von A. P. (III und 314 S.)

1866. Der Freigeist. Lustspiel in 5 Aufzügen von Ghold. Ephr. Lessing. (Für die Darstellung neu bearb. von F. W. Gubitz.) — Die Hütte am See. Schauspiel in 1 Aufzuge von K. Tenner. — Bianca Cenci. Schauspiel in 4 Aufzügen von A. E. Brachvogel. — Der Lotterie-Berechner. Lustspiel in 3 Aufzügen von J. C. Erhardt. — Die Preis-Aufgabe. Lustspiel in 3 Aufzügen von G. F. Nahrd. (IV und 281 S.)

Jahrbuch der Innung: Bund der Bau-, Maurer- und Zimmermeister zu Berlin. Jg. 1—3. 1903—05 u. 5—13. 1907—1919/20. Berlin

Jahrbuch der Innung: Bund der Bau-, Maurer- und Zimmermeister zu Berlin. Jg. 1. Berlin: Geschäftsamt d. Innung (1903). 8°

— der Innung: Bund der Bau-, Maurer- u. Zimmermeister zu Berlin zugleich e. Führer durch das baubehördl. u. baugewerbl. Gross-Berlin, im Auftrage des Vorstandes bearb. vom Geschäftsführer der Inng. Mit amtl. Förderg. IV. Jahrg. f. das Geschäftsj. 1906. (1. IV. 1906 bis 31. III. 1907.) (456 S. m. 1 Karte.) kl. 8. Berlin (Polytechn. Buchh. A. Seydel). n. 2.—

— der Innung: Bund der Bau-, Maurer- u. Zimmermeister zu Berlin, zugleich e. Führer durch d. baubehördl. u. baugewerbl. Gross-Berlin, im Auftrage des Vorstandes bearb. v. Geschäftsführer der Inng. Mit amtl. Förderg. VIII. Jahrg. f. d. Geschäftsj. 1910 (1. IV. 1910—31. III. 1911.) (566 S. m. Abbildgn., 2 Bildnissen u. 1 Karte.) kl. 8. Berlin (Polytechn. Buchh. A. Seydel). 2.—

Jahrbuch des Bundes deutscher Gastwirte, bearbeitet von A. Haertlein. (1910). I. Leipzig 1910

München.

— Hydrotechnisches Bureau, Jahrbuch des — für 1899. München. Fol.

— des hydrotechnischen Bureaus, Abtheilung der obersten Baubehörde, im kgl. Staatsministerium des Innern f. d. J. 1901. 3 Jahrg. gr. 4. (XLIV, 138, 125, 67, 10, 4, 4 u. 25 S. m. 20 Taf.) München (902). (A. Buchholz). n.n. 15. —

Jahrbuch des hydrotechnischen Bureaus, Abteilung der obersten Baubehörde, im kgl. Staatsministerium des Innern, f. d. J. 1902 u. 1903. 4. u. 5. Jahrg. gr. 4. München (A. Buchholz). à Jhrg. n.n. 15. —

1902. (XXXIV, 189, 126, 68 u. 8 S. m. 7 Taf. (903.)
1903. (VII, 152, 102, 51 u. 91 S. m. 17 Taf.) (904.)

— dasselbe, f. d. J. 1904 u. 1905. 6. u. 7. Jahrg. (XXII, 180, 119 u. 76 S. m. 11 Taf. u. XII, 184, 118 u. 76 S. m. 10 Taf.) gr. 4. Ebd. (904 - 906). à Jhrg. n.n. 12. —

— des k. bayer. hydrotechnischen Bureaus, Abteilung der obersten Baubehörde im kgl. Staatsministerium des Innern f. d. J. 1908 u. 1909. 10. u. 11. Jahrg. à 2 Hefte. 34,5×25 cm. München, (A. Buchholz). à Jahrg. nn 12. —

1908. (XVI, 186 u. 106 S. m. 9 Taf. u. 1 farb. Karte.) 909. 10.
1909. (XXII, 182 u. 106 S. m. 5 Taf. u. 1 farb. Karte.) 910.

GVE7
3

Jahrbuch des Allgemeinen deutschen Burschenbundes. Hrsg. von Dr. Hellmut Rahlson. Jg. 1. Heidelberg 1906: Roßler. 8°

Jahrbuch der deutschen Burschenschaft 1903—1906. 1.—4. Jahrg. Hrsg. v. Hugo Böttger. (XXXI, 236; XXX, 260; XXIX, 266 u. XXIX, 272 S. m. Abbildgn. u. je 8 farb. Taf.) gr. 8. Berlin 903—906. C. Heymann. Geb. in Leinw. à n. 3.—

— der deutschen Burschenschaft 1907. 5. Jahrg. Hrsg. v. Hugo Böttger. (XXIX, 293 S. m. Abb. u. 8 farb. Taf.) gr. 8. Berlin 907. C. Heymann. Geb. in Leinw. 3.— Vergriffen.

— des Caritasverbandes f. d. Geschäftsj. 1908/1909 u. 1910/1911. 3. u. 4. Jahrg. Hrsg. vom Vorstand des Caritasverbandes f. d. kathol. Deutschland. (IV, 148 S. m. 41 Abb. u. IV, 140 S. m. 48 Abb.) Lex. 8. Freiburg i/B. 909. 10. Caritasverlag. à 1.— Erschien früher u. d. T.:

— des Charitasverbandes f. d. Geschäftsj. 1907/1908 u. 1908/1909. 1. u. 2. Jahrg. Hrsg. vom Vorstand des Charitasverbandes f. das kathol. Deutschland. (113 S. m. Abb. u. IV, 124 S. m. 26 Abb.) Lex. 8. Ebd. 907.08. à 1.—

—— der Chemie. Bericht üb. die wichtigsten Fortschritte der reinen u. angewandten Chemie. Unter Mitwirkg. v. H. Beckurts, R. Benedikt, C. A. Bischoff etc. hrsg. v. Rich. Meyer. 1. Jahrg. 1891. gr. 8. (X, 544 S.) Frankf. a. M., Bechhold. geb. in Leinw. ℳ 12 — geb. in Hlbfrz. ℳ 13 50

— der Chemie. Bericht üb. die wichtigsten Fortschritte der reinen u. angewandten Chemie. Unter Mitwirkg. v. H. Beckurts, R. Benedikt, C. A. Bischoff etc. hrsg. v. Rich. Meyer. 1. u. 2. Jahrg. 1891. 1892. gr. 8. (X, 544; XII, 583 S.) Braunschweig 892. 893. F. Vieweg & Sohn. Geb. in Leinw. à Jahrg. n. 12.—; in Halbfrz. à n. 13. 50

— dasselbe. 3. Jahrg. 1893. gr. 8. (XI, 605 S.) Ebd. 894. Geb. in Leinw. n. 15.—; in Halbfrz. n.n. 16. 50

Jahrbuch d. Chemie. Bericht üb. d. wichtigsten Fortschritte d. reinen u. angew. Chemie. Unt. Mitwirkg. v. H. Beckurts, R. Benedikt, C. A. Bischoff etc. hrsg. v. Rich. Meyer. IV. Jahrg. 1894. gr. 8. (XII, 645 S.) Braunschweig 895. F. Vieweg & Sohn. Geb. in Leinw. n. 15.—; in Halbfrz. n.n. 16. 50

— dasselbe. Unt. Mitwirkg. v. H. Beckurts, C. A. Bischoff, E. F. Dürre etc. hrsg. v. Rich. Meyer. V.–VII. Jahrg. 1895—1897. gr. 8. (XII, 591; XII, 564 u. XII, 531 S.) Ebd. 896 - 898. à Jahrg. n. 14.—; geb. in Leinw. n. 15; in Halbfrz. n. 16 —

— der Chemie. Bericht üb. die wichtigsten Fortschritte der reinen u. angewandten Chemie. Unter Mitwirkg. v. H. Beckurts, C. A. Bischoff, M. Delbrück, E. F. Dürre etc. hrsg. v. Rich. Meyer. VIII.—XI. Jahrg. 1898—1901. gr. 8. (XII. 546; XII, 513; XII, 565 u. XII, 548 S.) Braunschweig 899—902. F. Vieweg & Sohn. à Jahrg. n. 14.—; geb. in Leinw. n. 15.—; in Halbfrz n. 16.—

— der Chemie. Bericht über die wichtigsten Fortschritte der reinen u. angewandten Chemie. Unter Mitwirkung v. H. Beckurts, C. A. Bischoff, Alfr. Coehn u. a. hrsg. v. Rich. Meyer. XII.—XV. Jahrg. 1902—1905. (XII, 544; XII, 600; XV, 590 u. XII, 596 S.) gr. 8. Braunschweig 903—906. F. Vieweg & Sohn. à n. 14.—; geb. in Leinw. à n. 15.—; in Halbfrz. à n. 16.—

— dasselbe. Generalregister über die Jahrgänge 1891 bis 1900 (Bde. 1 bis 10), bearb. v. W. Weichelt. (III, 319 S.) gr. 8. Ebd. 903. n. 10.—; geb. in Leinw. n. 11.—; in Halbfrz. n. 12.—

— der Chemie. Bericht üb. d. wichtigsten Fortschritte d. reinen u. angewandten Chemie. XVI.—XIX. Jahrg. 1906—1909. (XII, 637 S.) gr. 8. Braunschweig, F. Vieweg & Sohn. 68.—; geb. in Leinw. 72.—; in Halbfrz. 76.—

XVI. Unter Mitwirkg. v. H. Beckurts, C. A. Bischoff, M. Delbrück u. a. hrsg. v. Rich. Meyer. 907. (XII, 637 S.) 16.—; geb. 17.— u. 18.—

XVII. Unter Mitwirkg v. H. Beckurts, C. A. Bischoff, M. Delbrück u. a. hrsg. v. Rich. Meyer. (XII. 570 S.) 908. 16.—; geb. 17.— u. 18.—

XVIII. Unter Mitwirkg. v. O. Aschan, H. Beckurts, M. Delbrück u. a. hrsg. v. Rich. Meyer. (XII, 587 S.) 909. 18.—; geb. 19.— u. 20.—

XIX. Unter Mitwirkg. v. O. Aschan, H. Beckurts, M. Delbrück u. a. hrsg. v. Rich. Meyer. (XII, 608 S.) 910. 18.—; geb. 19.— u. 20.—

Jahrbuch für ökonomische Chemie und verwandte Fächer. Eine Sammlung des Wichtigsten aus der landwirthschaftl. Chemie, den mit derselben verwandten landwirthschaftl. Gewerben und der Hauswirthschaft. Von Wilibald Artus. 1—3. Jahrg. gr. 8. Leipzig, Baumgärtners Buchh. [1. (VIII und 224 S.) 847. 24 Ngr., 2. (VI und 265 S.) 848. 1 Thlr., 3. (VI und 296 S.) 849. 1 Thlr. 10 Ngr.] Thlr.

— d. organ. Chemie. 1.—3. Jahrg 1893—1895. gr. 8. Leipzig, J. A. Barth. n. 73.—

1. Hrsg. v. Gaetano Minunni. M. e. Vorwort von Ernst v. Meyer. (XIV, 881 S.) 895. n. 18.—
2. Unt. Mitwirkg. v. B. Rassow, C. Schwalbe, J. Troeger, R. Walther hrsg. v. Gaetano Minunni. (XII, 992 S.) 896. n. 25.—
3. Unt. Mitwirkg. v. B. Rassow, C. Schwalbe, H. Stobbe, J. Troeger hrsg. v. Gaetano Minunni. (X, 1167 S.) 895. n. 30.—

— der organischen Chemie. Bearb. v. Jul. Schmidt. I.—III. Jahrg.: Die Forschungsergebnisse u. Fortschritte in den J. 1907—1909. (XX, 392 S.) Lex. 8. Stuttgart, F. Enke. 39.—; geb. in Leinw. n 42.60

I. (XX, 392 S.) 908. 12.—; geb. 13.20. — II. (XX, 442 S.) 909. 13.—; geb. 14.20. — III. (XX, 469 S.) 910. 14.—; geb. 15.20.

Jahrbuch für Chemie und Physik, herausgegeben von J. C. Schweigger und J. G. Meinicke. Bd. I–XI. Nürnberg. 1821—1824.

Jahrbuch der Chemie und Physik. Sachregister zu den drei Jahrgängen 1823, 1824 und 1825 oder Band VII–XV. Halle, 1826. 8vo.

Jahrbuch Chemie Physik

Jahrbuch der Chemie und Physik. Bd 13-30. Halle: 1825-30

s.: Journal für Chemie und Physik. Bd 43-60.

JB 6.169

JAHRBUCH DER CHEMIE UND PHYSIK für ... Als eine Zeitschrift des wissenschaftlichen Vereins zur Verbreitung von Naturkenntniss und höherer Wahrheit herausgegeben vom Dr. J. S. C. SCHWEIGGER, später: und Dr. FR. W. SCHWEIGGER-SEIDEL.

Für 1825. Bd. I-III. -- Für 1828. Bd. I-III. Mit Kupfertafeln. Halle, in der Expedition des obigen mit den Frankischen Stiftungen in Verbindung stehenden Vereins. 8°.

A. u. d. T.: JOURNAL FÜR CHEMIE UND PHYSIK in Verbindung mit mehreren Gelehrten herausgegeben vom Dr. J. S. C. SCHWEIGGER, später: und Dr. FR. W. SCHWEIGGER-SEIDEL. Bd. XXXXIII*) — LIV. Mit Kupfertafeln. ib. 1825—1828. In der Expedition des Vereins zur Verbreitung von Naturkenntniss.

A. u. d. T.: JAHRBUCH DER CHEMIE UND PHYSIK. Unter besonderer Mitwirkung der HH. ... herausgegeben vom Dr. J. S. C. SCHWEIGGER, später: und Dr. FR. W. SCHWEIGGER-SEIDEL.

Bd. XIII**)—XXIV. Mit Kupfertafeln. ib. 1825—1828. —

—— der Chemie u. Physik f. 1850. Hrsg. v. Fr. W. Schweigger-Seidel. 3 Bde. — A. u. d. T.: Journal f. Chemie u. Physik, Bd. 58—60. (Der zweiten Reihe Bd. 28—30.) 12 Hfte. mit Kpfrt. gr. 8. Halle, Anton. Th'r.

Jahrbuch, chemisch-technisches. IV. 1881-82. Her. v. Biedermann. Berlin 1883

Chicago Gina Mannerchor. Jahrbuch. Chicago, 1889-1904.

Jahrbuch mit Chronik des Jahres 1905. [Hrg. durch die] Zürcherische Freitagszeitung.... [Jahrg. 1. Illustriert.] IV + 192 S. 8. Zürich, Berichthaus, 1906. [im Buchh. fr. 1.50]

Jahrbuch.... [Hrg. durch die] Zürcherische Freitagszeitung. [Illustriert.] 8. Zürich, Berichthaus. [im Buchh. fr. 1.50, 2 Jahrgg. zus. 2.50]
J' mit Chronik des Jahres 1905. [Jahrg. 1.] IV + 192 S. 1906.
J'. Band 2: Chronik des Jahres 1906. II + 208 S. 1907.

—— der deutschen Dante-Gesellschaft. 1. Bd. gr. 8. (V und 410 S. mit 1 Stnt. in 4.) Leipzig 867, Brockhaus. *
geb. *

—— der deutschen Dante-Gesellschaft. 2. und 3. Bd. gr. 8. (VIII, 446 S. mit Dante's Bildniss in Kpfrst. nach einer alten Handzeichnung; III, 551 S. mit 1 photograph. Taf. und 1 Plan von Rom in Stahlst.) Leipzig 869, (Brockhaus' Sortiment und Antiquarium.) à Bd. * 9 —
geb. * 10 —
1. Bd. Ebendas. 1867. * M 9.

—— der deutschen Dante-Gesellschaft. 4. Bd. Im Auftrage des Vorstandes hrsg. durch J. A. Scartazzini. gr. 8. (XI, 676 S.) Leipzig 877, (Brockhaus' Sortiment und Antiquarium.) * M 12.; geb. * *
1.—3. Bd. (Ebendas.) 1867—69. à * M 9.; geb. * M 10.

Forts. u. d. T.: Deutsches Dante-Jahrbuch.

Jahr-Buch der Denkmalpflege in der Provinz Sachsen. (1.) Für 1900. (Magdeburg 1900: E. Baensch jun.) 8° [F.]
Auf. s. u. d. T.: Jahresbericht d. Ver. z. Erhalt. d. Denkmäler d. Prov. Sachsen.

JAHR-BUCH DER DENKMALPFLEGE IN DER PROVINZ SACHSEN. fuer 1900. (Mit Tafeln.) (o. O. o. Dr.) [1]) — für 1901. (Mit Tafeln.) (o. O. o. Dr.) — fuer 1902. (Mit Tafeln.) (Magdeburg. Druck von E. Baensch jun.)
JAHRBUCH FÜR DIE DENKMALPFLEGE IN DER PROVINZ SACHSEN. 1903. (Mit Tafeln.) (ib. —)
JAHRBUCH DER DENKMALPFLEGE IN DER PROVINZ SACHSEN. 1904. (Mit Tafeln.) (ib. —) — 1905. (Mit Tafeln.) (ib. —) — für 1906 und 1907. (Mit Tafeln.) ib. 1909. — 1908. (Mit Tafeln.) (o. O. o. Dr.) — 1909. (Mit Tafeln.) (o. O. o. Dr.) — 1910. (Mit Tafeln.) Berlin. Ernst Wasmuth A.-G. — 1911. (Mit Tafeln.) (ib. —) — 1912. (Mit Tafeln.) (ib. —)
[1]) Jahrbuch ... fuer 1900 u. folgende enthalten den 8. u. folg. Jahresbericht.

— für die hanseatischen Departements, s. a. Weselind. A. C.

Jahrbuch für die Hanseatischen Departements insbesondere für das Departement der Elb-Mündungen hrgg. v. A. C. Wedekind. 1812. Hamburg. 8°.

Jahrbuch der Deutschen in Amerika: 1873?—1917? New York, NY
Annual. Octavo, each ca. 200 pages. Edited & published by E. Steiger & Co.

Jahrbuch, Deutsches akademisches. 1. Jg. Leipzig 1875. H: *Stöhr, Hans Adam.* (Bibl. d. ev. Landeskirche in Siebenb. Hermannst 1889.) (UBTüb K, Nachtr. 24) (Jenaer Litt.-Ztg. 1875. S. 852.)

Jahrbuch, deutsches akademisches. Vollständiges Verzeichniß sämmtl. in Deutschland, Oesterreich, der Schweiz und den deutschen Provinzen Rußlands befindl. Akademien der Wissenschaften, Universitäten und techn. Hochschulen, ihrer Mitglieder, Lehrkräfte und Vorstände. Nebst einem Personen-Register. Nach amtl. Quellen bearb. 1. Jahrg. 8. (XXXII, 690 S. mit 1 Stahlst.) Leipzig 875, Weber. geb. *
—— dass. — Verfassung, Verwaltung, Personalien, Geschichte und Statistik der Akademien der Wissenschaften, Universitäten und techn. Hochschulen des Deutschen Reiches, der deutschen Landesgebiete Oesterreichs und der Schweiz mit Einschluß der deutsch-russ. Universität Dorpat. Nach amtl. Quellen bearb. 2. Jahrg. Mit dem Stahlst.-Portr. des Rector Magnificentissimus der Universität Königsberg und den xylograph. Siegeln sämmtl. Hochschulen. 8. (XXXII, 644 S.) Ebendas. 877.
geb. *
Nicht weiter erschienen.

—— deutsches, über die Leistungen und Fortschritte auf den Gebieten der Theorie und Praxis der Baugewerbe. Hrsg. unter Mitwirkung namhafter Fachmänner. Redact.: H. Zwick. 6. Jahrg. [1875.] 14 Hefte. gr. 8. (680 S. mit eingedr. Holzschn.) Leipzig, Scholtze. à Heft * M 1,20. *
compl. geb. *

—— dass. — 7. Jahrg. [1876.] 15 Hefte. Lex.-8. (VII, 717 S. mit eingedr. Holzschn.) Ebendas.
à Heft * M 1,20. * M 18.; geb. *
Nicht weiter erschienen.
1.—5. Jahrg. Ebendas. 1870—74. * M 66.; geb. * M 78.

— deutsches literarisches, des Vereines „Deutsches Haus" in Brünn. Mährische Dichter. Weihnachtsgabe des Vereines „Deutsches Haus" in Brünn an seine Mitglieder. (IV, 224 S. m. 1 Bildnis.) 8. Brünn 902. (C. Winkler.) n.n. 1.50

Deutsches Meteorologisches Jahrbuch für —. Beobachtungssystem der Meteorologischen Station I. Ordnung Aachen. Ergebnisse der meteorologischen Beobachtungen an der Station I. Ordnung Aachen und deren Nebenstationen im Jahre —. Herausgegeben von P. Polis, Direktor. Jahrg. 1. 1895 — 7. 1901. Aachen 1896 ff. 4°

— deutsches meteorologisches, f. 1895. Meteorolog. Station I. Ordng. in Aachen. Ergebn. d. meteorolog. Beobachtgn. Stündl. Aufzeichngn. d. Registrierapparate. Dreimal tägl. Beobachtgn. in Aachen u. am Aussichtsturm, — Waldstation — sowie Niederschlagsmessgn. a. d. Gasanstalt. Hrsg. im Auftr. d. Stadtverwaltg. v. P. Polis. I. Jahrg. gr. 4. (V, 57 S. m. 14 Abb.) Aachen 896. O. Müller. n. 7. —

— dasselbe f. 1896 u. 1897. Station I. Ordng. Aachen. Ergebn. etc. i. d. J. 1896 u. 1897. Hrsg. i. Auftr. d. Stadtverwaltg. u. m. Unterstützung seitens d. naturwissenschaftl. Gesellschaft zu Aachen v. P. Polis. II. u. III. Jahrg. gr. 4. (VI, 74 S. m. 4 Abb. u. 1 Taf. u. VIII, 71 S. m. 2 Taf.) Karlsruhe 897. 98. (G. Braun'sche Hofbuchdr. u. Verl.) à Jahrg. n. 5. —

— dasselbe f. 1898 u. 1899. Beobachtungssystem der meteorolog. Station I. Ordng. Aachen. Ergebnisse der meteorolog. Beobachtgn. an der Station I. Ordng. Aachen u. deren Nebenstationen i. d. J. 1898 u. 1899. Hrsg. im Auftrage der Stadtverwaltg. u. m. Unterstützg. seitens der naturwissenschaftl. Gesellschaft zu Aachen v. P. Polis. IV. u. V. Jahrg. gr. 4. (VIII, 64 S. m. 2 Abb. u. 2 Taf. u. VIII, 70 S. m. 6 Abb., 1 Taf. u. 1 Karte.) Karlsruhe 899. 900. (G. Braun'sche Hofbuchdr.) à n. 5. —
6. Jahrg. s.: Veröffentlichungen d. meteorolog. Observatoriums Aachen.

Karlsruhe, Centralbureau für Meteorologie und Hydrographie, Deutsches Meteorologisches Jahrbuch für 1889 .. 92. Grossherzogthum Baden. Die Ergebnisse der Meteorologischen Beobachtungen im Jahre 1889 .. 92. Karlsruhe 1890—93.

— — Deutsches Meteorologisches Jahrbuch, Ergebnisse der meteorologischen Beobachtungen im Grossherzogthum Baden im Jahre 1893—1895, 1897 Jahrg. 1893—95, 97. Karlsruhe 1894-96, 98.

— deutsches meteorologisches 1888. 1889. Bayern. Beobachtungen der meteorologischen Stationen im Königr. Bayern, unter Berücksicht. der Gewittererscheingn. im Königr. Württemberg, Grossherzogth. Baden u. in den Hohenzollernschen Landen, hrsg. v. der königl. meteorolog. Central-Station durch Carl Lang u. Fritz Erk. 10. u. 11. Jahrg. 1888. 1889. à 4 Hfte. gr. 4. (à Hft. ca. 40 S.) München, Th. Ackermann's Verl. à Jahrg. n. 18. —
Frühere Jahrg. u. d. T.: Beobachtungen etc.

— deutsches meteorologisches. 1890—1894. Bayern. Beobachtungen der meteorologischen Stationen im Königr. Bayern unter Berücksicht. der Gewittererscheinungen im Königr. Württemberg, Grossherzogth. Baden u. in den Hohenzollernschen Landen, hrsg. v. der königl. meteorolog. Central-Station durch Carl Lang u. Fritz Erk. XII.—XVI. Jahrg. 1890–1894. à 4 Hfte. gr. 4. (à Hft. ca. 30 S.) München, Th. Ackermann. à Jahrg. n. 18. —

Jahrbuch, deutsches meteorologisches, 1895—1897. Bayern. Beobachtgn. d. meteorolog. Stationen im Königr. Bayern unt. Berücksicht. d. Gewittererscheingn. im Königr. Württemberg, Grossherzogth. Baden u. in d. Hohenzollernschen Landen, hrsg. v. d. kgl. meteorolog. Central-Station durch Fritz Erk u. Frz. Horn. XVII.—XIX. Jahrg. 1895—1897. à 4 Hfte. (à ca. 30 S.) gr. 4. München, Th. Ackermann. à Jahrg. n. 18. —

— dasselbe, 1898. Bayern. Beobachtgn. d. meteorolog. Stationen im Königr. Bayern unter Berücksicht. der Gewittererscheingn. im Königr. Württemberg, Grossherzogth. Baden u. in den Hohenzollernschen Landen, hrsg. v. der königl. meteorolog. Central-Station durch Fritz Erk u. Frz. Horn. XX. Jahrg. 1898. 5 Hfte. gr. 4. (1. Hft. 32 S.) München 899. Th. Ackermann. n. 18. —

— dasselbe. XXI. Jahrg. 1899. gr. 4. (VII, 142 S.) München (902). (A. Buchholz.) n. 18. —

— dasselbe, Bayern, s. a. Veröffentlichungen der königl. bayerischen meteorologischen Centralstation.

Jahrbuch, Deutsches meteorologisches,

—, — für 1890—94. Meteorologische Station I. Ordn. in Bremen. Ergebnisse der meteorologischen Beobachtungen ... Herausg. von P. Bergholz. Jhg. 1—5. Bremen. gr. 4.

Deutsches Meteorologisches Jahrbuch für — Freie Hansestadt Bremen. Ergebnisse der meteorologischen Beobachtungen im Jahre — Herausgegeben von Prof. Dr. Paul Bergholz. Jahrg. 2. 1891 — 12. 1901. Bremen 1892 ff. 4°.

— dasselbe, f. 1891—1893. Meteorologische Station I. Ordnung in Bremen. Ergebnisse d. meteorolog. Beobachtgn. Stündliche Aufzeichngn. der Registrierapparate. Dreimal tägl. Beobachtgn. in Bremen u. Beobachtgn. an 4 Regenstationen. Hrsg. v. Paul Bergholz. II.—IV. Jahrg. Mit je 8 Taf. gr. 4. (VIII, 44; XVI, 42 u. VI, 40 S.) Bremen 892—894. (M. Nössler.) à Jahrg. n. 3. —
s.: Ergebnisse der meteorologischen Beobachtungen etc.

— dasselbe f. 1894. Meteorolog. Station I. Ordng. in Bremen. Ergebnisse d. meteorolog. Beobachtungen. Stündl. Aufzeichngn. d. Registrierapparate. Dreimal tägl. Beobachtgn. in Bremen u. Beobachtgn. an 4 Regenstationen. Hrsg. v. Paul Bergholz. V. Jahrg. Mit 8 Taf. gr. 4. (VI, 42 S.) Bremen 895. (M. Nössler.) n. 3. —

Deutsches Meteorologisches Jahrbuch für —. Beobachtungssystem von Elsass-Lothringen. Ergebnisse der meteorologischen Beobachtungen im Reichsland Elsass-Lothringen im Jahre —. Herausgegeben von dem Direktor des Meteorologischen Landesdienstes Elsass-Lothringens, Hugo Hergesell. 1890 – 1893. Strassburg 1892 ff. 4°.

— dasselbe f. 1891. Beobachtungssystem von Elsass-Lothringen. Ergebnisse der meteorologischen Beobachtungen im Reichsland Elsass-Lothringen im J. 1891. Hrsg. v. dem Leiter des meteorolog. Landesdienstes in Elsass-Lothringen Hugo Hergesell. gr. 4. (III, VI, 44 S. m. 1 farb. Taf.) Strassburg 893. (F. Bull.) n. 5. —

Hamburg, Deutsche Seewarte, Deutsches meteorolog. Jahrbuch für 1889 – 92. Beobachtungssystem der Deutschen Seewarte. Jahrg. XII – XV. Hamburg 1891 – 93.

Hamburg, Deutsche Seewarte, Deutsches Meteorologisches Jahrbuch, Beobachtungs-System der Deutschen Seewarte, Jahrg. XVI – XX, 1893 – 97. Hamburg 1894 – 98.

Hamburg, Deutsche Seewarte, Deutsches Meteorolog. Jahrbuch, Beobachtungs-System der D. Seewarte, 1898, 99. Hamburg 1899, 1900. 4°.

— dasselbe f. 1896. Meteorolog. Station I. Ordnung in Magdeburg. Jahrbuch d. meteorolog. Beobachtgn. d. Wetterwarte d. Magdeburg. Zeitg. i. J. 1896. Hrsg. v. Rud. Weidenhagen. M. e. Vorwort v. Assmann. XV. Bd. XVI. Jahrg. gr. 4. (III, IV, 86 S. m. Kurven.) Magdeburg 898. Faber'sche Buchdr. Kart. n. 6. —

— dasselbe, s. a.: Jahrbuch d. meteorolog. Beobachtgn. d. Wetterwarte d. Magdeburg. Zeitung.

— dasselbe, f. 1897—1899. Meteorolog. Station I. Ordng. in Magdeburg. Jahrbuch der meteorolog. Beobachtgn. der Wetterwarte der Magdeburg. Zeitg. i. d. J. 1897—1899. Hrsg. v. Rud. Weidenhagen. XVI.—XVIII. Bd. XVII.—XIX. Jahrg. gr. 4. (VIII, 87; VIII, 84 u. VI, 94 S. m. Kurven.) Magdeburg 899—901. Faber'sche Buchdr. Kart. à n. 6. —

— dasselbe f. 1900. Meteorologische Station I. Ordng. in Magdeburg. Jahrbuch der meteorolog. Beobachtgn. der Wetterwarte der Magdeburg. Zeitg. im J. 1900. Hrsg. v. Rud. Weidenhagen. XX. Jahrg. (VIII, 84 S. m. Kurven.) gr. 4. Magdeburg 903. Faber'sche Buchdr. Kart. n. 6. —

— dasselbe, f. 1887. Beobachtungssystem d. Königr. Preussen u. benachbarter Staaten. Ergebnisse der meteorologischen Beobachtungen im J. 1887. Hrsg. v. dem königl. preuss. meteorolog. Institut durch Wilh. v. Bezold. Mit 1 Karte. gr. 4. (XLVIII, 287 S.) Berlin 889. Asher & Co. n.n. 22. —
Jahrg. 1888 erschien noch nicht.

— dasselbe f. 1888. Beobachtungssystem d. Königr. Preussen u. benachbarter Staaten. Ergebnisse der meteorolog. Beobachtgn. im J. 1888. Hrsg. v. dem königl. preuss. meteorolog. Institut durch Wilh. v. Bezold. Imp.-4. (LXXIII, 300 S. m. 1 farb. Karte.) Berlin 891. A. Asher & Co. n.n. 24. —

— dasselbe, f. 1889. 1. u. 2. Hft. gr. 4. (S. 1—98.) Ebd. 889. 890. à Hft. n.n. 3. —

— dasselbe f. 1889. 3. Hft. Imp.-4. (LXVI u. S. 99—357 m. 1 Karte u. 50 Fig.) Ebd. 892. n.n. 21. — (1889 kplt.: n.n. 27. —)

— dasselbe, f. 1890. 1. Hft. gr. 4. (S. 1—50.) Ebd. 890. n.n. 3. —
Frühere Jahrg. u. d. T.: Ergebnisse etc.

— dasselbe f. 1890. 2. u. 3. Hft. Imp.-4. Ebd. n.n. 25. — (1890 kplt.: n.n. 28. —)
2. (S. 51—98.) 891. n.n. 3. —
3. (LXVIII u. S. 99—397 m. 11 Fig. u. 1 Karte.) 893. n.n. 22. —

—- dass. — f. 1891. 2 Hefte. Imp.-4. Ebd. [1. Heft. (S. 1—50.) 891; 2. Heft. (S. 51—98.) 892.] à Heft * * 3 —; * * 6 —

— dasselbe f. 1892. 1. u. 2. Hft. Imp.-4. (98 S.) Ebd. 892. 893. à n.n. 3. —

— dasselbe f. 1893, s.: Veröffentlichungen des königl. preuss. meteorologischen Instituts.

— dasselbe, Beobachtungssystem d. Königr. Preussen, Fortsetzg., s.: Veröffentlichungen d. kgl. preuss. meteorolog. Instituts.

Jahrbuch, deutsches meteorologisches, f. 1901. Preussen u. benachbarte Staaten. Hrsg. vom königl. preuss. meteorolog. Institut durch Wilh. v. Bezold. 1. u. 2. Hft. Imp.-4. (122 S.) Berlin 902. A. Asher & Co. à n.n. 3. —

— dasselbe f. 1902 u. 1903. Preussen u. benachbarte Staaten. Hrsg. vom königl. preuss. meteorolog. Institut durch Wilh. v. Bezold. à 2 Hefte. (122 u. 122 S.) 4. Berlin 903. 904. Behrend & Co. à Heft n.n. 3. —

— dasselbe f. 1904. 2 Hefte. (74 S.) 4. Ebd. 905. 906. n.n. 4. —

— dasselbe f. 1905. 1. Heft. (38 S.) 4. Ebd. 906. n.n. 2. —

— dasselbe f. 1905. Preussen u. benachbarte Staaten. Hrsg. vom königl. preuss. meteorolog. Institut. 2. Heft. (S. 39—74.) 33,5×25,5 cm. Berlin 906. Behrend & Co. nn 2. —

— dasselbe f. 1906. 1. Heft. (38 S.) 33,5×25,5 cm. Ebd. 907. nn 2. 50

Fortsetzung, s.: Veröffentlichungen des kgl. preuss. meteorolog. Instituts. Nr. 201.

Jahrbuch, Deutsches meteorologisches,

—, — Beobachtungssystem des Kgrs. Sachsen. Ergebnisse der meteorolog. Beobachtungen im Kgr. Sachsen im J. 1887—93. Chemnitz 1889—93. gr. 4.
Vorher: Jahrbuch des Kgl. sächs. meteorol. Instituts. (D.)

— deutsches meteorologisches. Beobachtungssystem d. Königr. Sachsen f. 1887 u. 1888. gr. 4. Chemnitz, (Brunner.—Bülz). * 30 —
1887. Bericht üb. die Thätigkeit im meteorologischen Institut f. d. J. 1887, erstattet von Paul Schreiber. 2. Hälfte od. Abtheilg. III. d. Jahrbuches d. königl. sächs. meteorolog. Institutes. V. Jahrg. 1887. Mit 8 Anhängen, 2 Uebersichtskarten u. 19 Taf. (VIII, 140 S.) 889. * 10 —.
1888. Ergebnisse der meteorologischen Beobachtungen im J. 1888. Bericht üb. die Thätigkeit im königl. sächs. meteorolog. Institut f. d. J. 1888. Hrsg. von Paul Schreiber. 1. Hälfte. Abtheilgn. I u. II d. Jahrbuches d. königl. sächs. meteorolog. Institutes. VI. Jahrg. 1888. (155 S.) 889. * 10 —. 2. Hälfte od. Abteilg. III. d. Jahrbuches d. königl. sächs. meteorolog. Institutes. VI. Jahrg. 1888. Mit 4 Anhängen, 2 Uebersichtskarten u. 16 Taf. (151 S.) 890. * 10 —.

— dass. — f. 1889. 2 Hälften. gr. 4. (Ebd.) 891. à Hälfte * 10 —; * 20 —
Ergebnisse d. meteorolog. Beobachtungen im Königr. Sachsen im J. 1889. Bericht üb. die Thätigkeit im königl. sächs. meteorolog. Institut f. d. J. 1889. Hrsg. v. Paul Schreiber. 1. Hälfte, Abthlgn. I u. II d. Jahrbuches d. königl. sächs. meteorolog. Institutes. VII. Jahrg. 1889. (118 S.) 890. — 2. Hälfte od. Abthlg. III d. Jahrbuches d. königl. sächs. meteorolog. Instit. VII. Jahrg. 1889. (105 S. m. 5 Anhängen u. 5 Taf.) 891.

— dass. — f. 1890. 2 Hälften. gr. 4. (Ebd.) 891. à Hälfte * 10 —; * 20 —
Ergebnisse d. meteorologischen Beobachtungen im Königr. Sachsen im J. 1890. Bericht üb. die Thätigkeit im königl. sächs. meteorolog. Institut f. d. J. 1890. Hrsg. v. Paul Schreiber. 1. Hälfte, Abthlgn. I u. II d. Jahrbuches d. königl. sächs. meteorolog. Institutes. VIII. Jahrg. 1890. (125 S.) — 2. Hälfte od. Abtlg. III d. Jahrbuches d. königl. sächs. meteorolog. Institutes. VIII. Jahrg. 1890. (83 S. m. 1 farb. Taf.)

Jahrbuch, deutsches meteorologisches, für 1891. Ergebnisse der meteorolog. Beobachtungen im Königr. Sachsen im J. 1891. 1. Hälfte, Abthlgn. I u. II d. Jahrbuches des königl. sächs. meteorolog. Institutes. IX. Jahrg. 1891. Hrsg. von Paul Schreiber. Imp.-4. (128 S.) Chemnitz 892, (Brunner. — Bulz). * 10 —
Frühere Jahrg. s. u. d. T.: Jahrbuch d. königl. sächs. meteorolog. Instituts.

— dasselbe f. 1891. Beobachtungssystem d. Königr. Sachsen. Bericht üb. d. Thätigkeit i. kgl. sächs. meteorolog. Institut auf d. Jahr 1891 m. 5 Anhängen u. 10 Taf. II. Hälfte od. III. Abth. d. Jahrb. d. kgl. sächs. meteorolog. Institutes. IX. Jahrg. 1891. Hrsg. v. Paul Schreiber. Imp.-4. (94 S.) Chemnitz 892. (M. Bälz.) n. 10. —

— dasselbe f. 1892. Ergebnisse der meteorolog. Beobachtgn. im J. 1892. 1. Hälfte des Jahrbuches des königl. sächs. meteorolog. Institutes. X. Jahrg. 1892. Hrsg. v. Paul Schreiber. Imp.-4. (119 S.) Ebd. 893. n. 10. —

— dasselbe, f. 1892. Bericht üb. d. Thätigkeit im kgl. sächs. meteorolog. Institut auf d. J. 1892, m. 6 Anhängen u. 5 Taf. II. Hälfte od. III. Abth. d. Jahrb. d. kgl. sächs. meteorolog. Institutes. X. Jahrg. 1892. gr. 4. (92 S.) Ebd. 893. n. 10. —

— dasselbe f. 1893. 1. u. 2. Hälfte. gr. 4. Ebd. 894. n. 20. —
1. Ergebnisse der meteorolog. Beobachtungen im J. 1893. Hrsg. v. Paul Schreiber. 1. Hälfte, Abthlgn. I u. II des Jahrbuches des königl. sächs. meteorolog. Institutes. XI. Jahrg. 1893. (120 S.) n. 10. —
2. Bericht üb. die Thätigkeit im königl. sächs. meteorolog. Institut auf d. J. 1893. Mit 7 Anhängen u. 5 Taf. Hrsg. v. Paul Schreiber. 2. Hälfte od. III. Abthlg. des Jahrbuches des königl. sächs. meteorolog. Institutes. XI. Jahrg. 1893. (IV, 86 S.) n. 10. —

— dasselbe, f. 1894. Ergebnisse d. meteorolog. Beobachtgn. im J. 1894. Jahrb. d. kgl. sächs. meteorolog. Institutes. XII. Jahrg. 1894. 1. Hälfte. (Abthlgn. 1 u. 2). gr. 4. (140 S. m. 3 Taf.) Ebd. 895. n. 10. —

— dasselbe f. 1901. Königr. Sachsen. Jahrg. XIX der neuen Reihe. Hrsg. v. Paul Schreiber m. e. Vorarbeit: Studien üb. Erdbodenwärme u. Schneedecke vom Hrsg. (III, 94 u. 172 S. m. 10 Taf.) 4. Chemnitz 905. (C. Brunner.) n. 15. —
Vergl.: Jahrbuch des königl. sächs. meteorolog. Institutes.

— dasselbe f. 1902. Königr. Sachsen. Jahrg. XX der neuen Reihe. Hrsg. v. Paul Schreiber m. e. Vorarbeit: Ueber den Stand des Prognosenwesens im Gebiet des Königr. Sachsen v. Hrsg. (III, 36 u. 173 S. m. 6 Taf.) 4. Dresden 906. (Chemnitz, C. Brunner.) 15. —

— dasselbe. XX. Jahrg. 1902. III. Abtlg. 4. Ebd. 5. —
III. Ergebnisse, die hauptsächlichsten, aus den v. allen meteorolog. Stationen des Königr. Sachsen im J. 1902 eingesandten Beobachtgn. Bearb. im Auftrag des Direktors durch C. Lindemann. Mit e. Vorarbeit: Ueber den Stand des Prognosenwesens im Gebiet d. Königr. Sachsen vom Hrsg. u. m. 6 Taf. (36 S. u. S. 99—173.) 906. 5. —

— dasselbe f. 1903. Königr. Sachsen. Hrsg. von Paul Schreiber. Mit e. Vorarbeit: Formeln u. Tabellen. 1. aus dem Gebiete der Thermodynamik, 2. zur Ermittelg. der Sonnenörter, vom Hrsg. (Jahrbuch der königl. sächs. Landes-Wetterwarte f. d. J. 1903. Jahrg. XXI der neuen Reihe.) (III, 36 u. 180 S. m. 15 Taf.) 32×26 cm. Ebd. 908. 17. —

— dasselbe f. 1904. Ergebnisse der meteorolog. Beobachtgn. i. J. 1904. Hrsg. v. Direktor Paul Schreiber. (1. Hälfte des Jahrbuches der königl. sächs. Landes-Wetterwarte. — Jahrg. XXII [1904].) Beobachtgn. im J. 1904 aus den 10 Stationen II. Ordng. Leipzig, Dresden-Altstadt, Bautzen, Zittau, Chemnitz, Freiberg, Schneeberg, Bad Elster, Altenberg u. Reitzenhain. (88 S.) 31,5×26 cm. Dresden 908. (Chemnitz, C. Brunner.) 6. —

Jahrbuch, deutsches meteorologisches f. 1904. Beobachtungssystem des Königr. Sachsen. Jahrg. XXII (1904). III. Abtlg. 31,5×26 cm. Dresden 910. (Chemnitz, C. Brunner.) 10. —
Ergebnisse, die hauptsächlichsten, aus den von allen meteorolog. Stationen des Königr. Sachsen im J. 1904 eingesandten Beobachtgn. Bearb. im Auftr. d. Direktors Paul Schreiber durch C. Lindemann. (95 S. m. 6 Taf.) 909.

— dasselbe f. 1905. Beobachtungssystem des Königr. Sachsen. Die hauptsächlichsten Ergebnisse aus den v. allen meteorolog. Stationen des Königr. Sachsen im J. 1905 eingesandten Beobachtgn. Bearb. im Auftrag des Direktors Paul Schreiber durch C. Lindemann. (II. Hälfte od. III. Abtlg. des Jahrbuches der königl. sächs. Landes-Wetterwarte. — Jahrg. XXIII [1905].) (S. 85—186 m. 6 Taf.) 31,5—26 cm. Ebd. 909. 10. —

— dasselbe für 1905. Ergebnisse der meteorolog. Beobachtgn. im J. 1905. Hrsg. v. Direktor P. Schreiber. (1. Hälfte des Jahrbuches der königl. sächs. Landes-Wetterwarte. — Jahrg. XXIII [1905].) Mit e. Vorarbeit: Untersuchungen üb. meteorolog. Kollektivreihen. Diss. Von Hans Naumann. Mit 2 Taf. (16 u. 84 S.) 31,5×26 cm. Ebd. 909. 8. —

— dasselbe f. 1906. Beobachtungssystem des Königr. Sachsen. (II. Hälfte oder III. Abtlg. des Jahrbuches der kgl. sächs. Landes-Wetterwarte. — Jahrg. XXIV [1906].) 32×26 cm. Ebd. 9. —
Ergebnisse, die hauptsächlichsten, aus den von allen meteorolog. Stationen des Königr. Sachsen im J. 1906 eingesandten Beobachtgn. Bearb. im Auftrag des Direktors Paul Schreiber durch C. Lindemann. (S. 81—187 m. 6 Taf.) 910.

— dasselbe f. 1906. Jahrg. XXIII (1906). 1. Hälfte. 31,5×26 cm. Ebd. 909. 6. —
1. Ergebnisse der meteorolog. Beobachtgn. im J. 1906. Hrsg. vom Direktor Paul Schreiber. (80 S.)

— dasselbe f. 1907. (I. Hälfte des Jahrbuches der kgl. sächs. Landes-Wetterwarte. — Jahrg. XXV [1907].) 32×26 cm. Ebd. 910. 6. —
Ergebnisse der meteorolog. Beobachtgn. im J. 1907. Hrsg. vom Direktor Paul Schreiber. (80 S.)

Stuttgart, Königliches Statistisches Landes-Amt, Deutsches Meteorologisches Jahrbuch. Jahrg. 1889—92. Meteorologische Beobachtungen in Württemberg. Stuttgart 1890, 92, 93.

Stuttgart, Meteorologische Centralstation. Deutsches Meteorologisches Jahrbuch, Ergebnisse der meteorologischen Beobachtungen in Württemberg im Jahre 1893—97. Jahrg. 1893—97. Stuttgart 1894—98.

Stuttgart, Meteorologische Central-Station, Deutsches Meteorolog. Jahrbuch, Ergebnisse der meteorolog. Beobachtungen in Württemberg im Jahre 1898. Stuttgart 1899. 4°.

Jahrbuch, deutsches meteorologisches, für 1887. Württemberg. Mittheilungen der m. dem kgl. statist. Landesamt verbundenen meteorolog. Centralstation. Bearb. von v. Zech. Mit 2 Taf. Imp.-4., (32 S.) Stuttgart 887. (Metzler's Verl.) n. 2. —

— dasselbe, f. 1888. Bearb. v. L. Meyer. gr. 4. (44 S. m. 8 Karten.) Ebd. 888. n. 2. 80

— dasselbe. Jahrg. 1889—1892. Meteorologische Beobachtgn. in Württemberg. Mitteilungen der m. dem königl. statist. Landesamt verbundenen meteorolog. Centralstation. Bearb. v. L. Meyer. gr. 4. Stuttgart 890—893. (J. B. Metzler's Verl.) à Jahrg. n. 3. —
1889. (43 S. m. 3 Übersichtskarten u. 1 graf. Darstellung.) — 1890. (49 S. m. 3 Übersichtskarten.) — 1891. (45 S. m. 3 Übersichtskarten.) — 1892. (40 S. m. 3 Übersichtskarten.)

— dasselbe. Jahrg. 1893. Bearb. v. Mack u. L. Meyer. gr. 4. (69 S. m. 2 Karten.) Ebd. 894. n. 3. —

— dasselbe. Jahrg. 1894. Meteorolog. Beobachtgn. in Württemberg. Mitteilgn. d. m. d. kgl. statist. Landesamt verbund. meteorolog. Centralstation. Bearb v. Mack u. L. Meyer. gr. 4. (74 S. m. 2 Karten.) Stuttgart 895. (J. B. Metzler's Verl.) n. 3. 60

— dasselbe. Jahrg. 1895. Bearb. v. L. Meyer unt. Mitwirkg. v. Mack. M. 7 Übersichtskarten. gr. 4. (94 S.) Ebd. 897. n. 4. 50

— dasselbe f. 1900—1905. Württemberg. Mitteilungen der kgl. württemberg. meteorolog. Zentralstation in Stuttgart. Bearb. v. L. Meyer unter Mitwirkg. v. Mack. (84 S. m. 3 farb. Karten.) 4. Stuttgart, J. B. Metzler. à n. 3. —
1900. (84 S. m. 3 farb. Karten.) 905 — 1901. (54 S. m. 2 farb. Karten.) 905. — 1902. (58 S. m. 2 farb. Karten.) 905. — 1903. (58 S m. 2 farb. Karten.) 906. — 1904. (64 S. m. 29 farb. Karten.) 906. — 1905. (54 S. m. 2 farb. Karten.) 906.

— dasselbe f. 1906—1909. Württemberg. Hrsg. v. der kgl. württemb. meteorolog. Zentralstation. 32,5×25 cm. Stuttgart, J. B. Metzler. à 3. —
1906. Bearb. v. L. Meyer unter Mitwirkg. v. Mack. (60 S. m. Abbildgn. u. 2 farb. Karten.) 907.
1907. Bearb. v. L. Meyer unter Mitwirkg. v. Mack. (60 S. m. Abbildgn., 2 Taf. u. 2 farb. Karten.) 908.
1908. Mit 2 Anhängen. 1. Jahresbericht der Erdbebenwarte zu Hohenheim. 2. Jahresbericht der Drachenstation am Bodensee. Hrsg. v. der kgl. württemberg. meteorolog. Zentralstation. (56, 11 u. 55 S. m. Abbildgn. u. 2 farb. Karten.) 909.
1909. Mit 2 Anhängen. 1. Jahresbericht der Erdbebenwarte zu Hohenheim. 2. Jahresbericht der Drachenstation am Bodensee. Hrsg. v. der kgl. württemberg. meteorolog. Zentralstation. (60, 11 u. 66 S. m. Abbildgn. u. 2 farb. Karten.) 910.

—— deutsches meteorologisches. 1887—1890. Beobachtungssystem der deutschen Seewarte. Ergebnisse der meteorolog. Beobachtgn. an 9 Stationen II. Ordng., an 9 Normal-Beobachtungs-Stationen in stündl. Aufzeichnungen u. an 43 Signalstellen. Jahrg. X—XIII. [12.—15. Jahrg. der meteorolog. Beobachtungen in Deutschland.] Hrsg. von der Direktion der Seewarte. Fol. (X, 252; XI, 274; XII, 262; XIII, 148 S.) Hamb. 889—91, (Friederichsen u. Comp.). à Jahrg. ‡ ‡ 13 —
Frühere Jahrg. s. u. d. T.: Beobachtungen, meteorolog., in Deutschland.

— dasselbe f. 1891. Ergebnisse der meteorolog. Beobachtgn. an 10 Stationen II. Ordng. u. an 45 Signalstellen, sowie stündl. Aufzeichnungen an 2 Normal-Beobachtungs-Stationen. XIV. Jahrg. (16. Jahrg. der meteorolog. Beobachtgn. in Deutschland.) Imp.-4. (VIII, 134 S.) Ebd. 892. n.n. 13. —

— dasselbe f. 1892. Ergebnisse der meteorolog. Beobachtgn. an 10 Stationen II. Ordng. u. an 45 Signalstellen, sowie stündl. Aufzeichngn. an 2 Normal-Beobachtungs-Stationen. XV. Jahrg. (17. Jahrg. der meteorolog. Beobachtgn. in Deutschland.) Imp.-4. (VIII, 142 S.) Ebd. 893. n.n. 13. —

— dasselbe f. 1893—1895. Beobachtungs-System d. deutschen Seewarte. Ergebnisse d. meteorolog. Beobachtungen an 10 Stationen II. Ordng. u. an 45 Signalstellen, sow. stündliche Aufzeichngn. an 2 Normal-Beobachtungs-Stationen. XVI.—XVIII. Jahrg. (18.—20. Jahrg. d. meteorolog. Beobachtgn. in Deutschland.) Hrsg. v. d. Direktion d. Seewarte. Imp.-4. (VIII, 150, VIII, 142 u. VIII, 163 S.) Hamburg 894—896. (L. Friederichsen & Co.) à Jahrg. n.n. 13. —

— dasselbe f. 1896. Ergebnisse d. meteorolog. Beobachtgn. an 10 Stationen II. Ordng. u. an 48 Signalstellen, sow. stündl. Aufzeichngn. an 4 Normal-Beobachtungs-Stationen. XIX. Jahrg. (21. Jahrg. d. meteorolog. Beobachtungen in Deutschland.) Imp.-4. (VIII, 189 S.) Ebd. 897. n.n. 13. —

— deutsches meteorologisches, f. 1897—1900. Beobachtungs-System d. deutschen Seewarte. Ergebnisse der meteorolog. Beobachtgn. an 10 Stationen II. Ordng. u. an 50 Sturmwarnungsstellen, sowie stündl. Aufzeichngn. an 4 Normal-Beobachtungs-Stationen. XX.—XXIII. Jahrg. (22.—25. Jahrg. der meteorolog. Beobachtgn. in Deutschland.) Hrsg. v. der Direktion der Seewarte. Imp.-4. (VIII, 186; VIII, 213; X, 197 u. VIII, 181 S.) Hamburg 898—901. (L. Friederichsen & Co.) à n.n. 13.—

— deutsches meteorologisches, f. 1901—1904. Beobachtungs-System der deutschen Seewarte. Ergebnisse der meteorolog. Beobachtgn. an 10 Stationen II. Ordg. u. an 56 Sturmwarnungsstellen, sowie stündl. Aufzeichngn. an 4 Normal-Beobachtungs-Stationen. XXIV—XXVII. Jahrg. (26—29. Jahrg. der meteorolog. Beobachtgn. in Deutschland.) Hrsg. v. der Direktion der Seewarte. (VIII, 179; VI, 180; VI, 180 u. VI, 182 S.) 4. Hamburg 902—905. (L. Friederichsen & Co.) à n.n. 13.—

— dasselbe f. 1905—1908. Beobachtungs-System der deutschen Seewarte. Ergebnisse der meteorolog. Beobachtgn. an 10 Stationen II. Ordng. n. an 57 Sturmwarnungsstellen, sowie stündl. Aufzeichngn. an 4 Normal-Beobachtungs-Stationen. 28.—31. Jahrg. (30.—33. Jahrg. der meteorolog. Beobachtgn. in Deutschland.) Kaiserl. Marine. Deutsche Seewarte. (VI, 192; VI, 200; VI, 200 u. VI, 193 S.) 33,5×24 cm. Hambg. 906—09. (L. Friederichsen & Co.) à nn 13.—

— deutsches, f. Schlesien u. Mähren 1911. Vollständ. Personal-Schematismus aller geistl. u. weltl. Behörden, Banken u. höheren Unterrichtsanstalten 2c. 2c. (Stand vom 1. XI. 1910.) Verzeichnis sämtl. Pfarrgemeinden Schlesiens u. des deutschen Nordmährens, sowie des Schönhengster-Gaues, m. Angabe der Einwohnerzahl, Post-, Telegraphen- u. Bahnstation, der zuständ. Bez.-Hauptmannschaft, des Bez.-Gerichtes, Bistums u. Dekanates. Kalender-Nachschlagebuch f. alle Stände. Belletristischer Tl. m. Erzählgn. u. Gedichten heimatgeschichtl. Inhaltes. (276 S. m. Abbildgn.) kl. 8. Olbersdorf, L. Richter. 1.—

DEUTSCH-EVANGELISCHES JAHRBUCH.
Jahrg. 1., für 1899. Herausgegeben im Auftrag der freien kirchlich-sozialen Konferenz von Pfarrer Lic. WEBER. Berlin 1898. Verlag der Buchhandlung der Berliner Stadtmission. 8°.
Jahrg. 2.), für 1900. ib. 1899. —.

— dasselbe, Beigabe, s.: Rundschau üb. d. neueste für Gebildete wichtige Litteratur.

— deutsch-evangelisches, f. 1900 u. 1901. Hrsg. im Auftrag der freien kirchlich-sozialen Konferenz in Verbindg. m. Burckhardt, Dammann, Dennert, Duncker, Stoecker, v. Weber. 2. u. 3. Jahrg. gr. 8. (V, 276 u. III, 260 S.) Berlin, Vaterländ. Verlags- & Kunstanstalt. Geb. in Leinw. à n. 3.—
Erscheint nicht mehr.

— deutsch-evangelisches. In Verbindg. m. Rich. Batka, Frdr. v. Bodelschwingh, Gerh. Böhme u. a. hrsg. v. Rhard. Mumm. 1. Jahrg. (260 S.) gr. 8. Berlin 909. O. Häring. 2.80; geb. 3.50

— deutsch-nationales. 2. u. 3. Jahrg. (1892. 1893.) Hrsg. v. Karl Pröll. 8. (XXXII, 156; XXXII, 160 S., m. Bildern.) Berlin 891. 892. H. Lüstenöder. à Jahrg. n. 1.—
Jahrg. 1891 erschien u. d. T.: Deutscher Nationalkalender. Jahrg. 1894, s.: Kalender aller Deutschen.

— deutschvölkisches, f. 1900—1902, nebst e. landwirtschaftl. Anh. Hrsg. vom Bunde der Deutschen in Böhmen. 5.—7. Jahrg. Lex.-8. (184 S. m. Abb. u. 5 Taf.; 192 S. m. Abb. u. 5 Taf. u. 182 S. m. Abb. u. 6 Taf.) Prag (F. Ehrlich). Kart. à n.n. 1.—

— deutschvölkisches, f. d. J. 1905, nebst e. landwirtschaftl. Anh. Hrsg. vom Bunde der Deutschen in Böhmen. 10. Jahrg. (174 S. m. Abbildgn. u. 4 Taf.) Lex.-8. Prag (F. Ehrlich). Kart. n.n. 1.—
Fortsetz., s.: Bundes-Kalender, m. landwirtschaftl. Anhang.

Jahrbuch der Diaspora-Konferenz für das Jahr —. 1887—1892. Rudolstadt 1888—1893. 6 Bde. 8°.

Jahrbuch der Diaspora-Konferenz für die Jahre 1889—1898. — Ballenstedt: Berg (früher: Rudolstadt: Müller) 1890—1898.
Anf. s.: Protokoll über die . . . . Jahresversammlung der Diaspora-Konferenz.
Forts. s.: Diasporabote.

Jahrbuch der Diaspora-Konferenz f. d. J. 1889. gr. 8. (VI, 87 S.) Rudolstadt 890. (Müller.) n. 1. 50

— der Diaspora-Konferenz f. d. J. 1890—1893. gr. 8. (VI, 128; IV, 68; VIII, 181 u. V, 149 S. m. je 1 Abbildg.) Rudolstadt 891—894. (Müller.) à n. 1. 50
Erschien bis z. J. 1889 u. d. T.: Protokoll üb. die 2c. Jahresversammlung der Diaspora-Konferenz.

„Für's deutsche Reich!" Jahrbuch deutscher Dichter und Gelehrten. Jg. 1. Berlin. 1873. 8°.
Enthält die Biographien und Gedichte von Geibel, Klaus Groth und Heinrich Zeise, sowie einen Vortrag von Klaus Groth über Plattdeutsch und den Quickborn.

Jahrbuch Schleswig-Holsteinischer Dichter. Hrgg. v. Carsten Wagner. Jg. 1 (einziger). Mit Friedrich Hebbels Bildnis. Schleswig 1848. 12°.

—— schleswig-holsteinischer Dichter. Hrsg. von C. Wagner. 1. Jahrg. gr. 12. (XII und 252 S. mit F. Hebbel's Bildn. in Stahlst.) Schleswig 848, Bruhn's Buchh. *

Jahrbuch schwäbischer Dichter und
Novellisten. Hrsg. v. E[duard] Morike u.
[Balthasar Friedrich] W[ilhelm]
Zimmermann. (1836.)
Stuttgart: Balz 1836.

— schwäbischer Dichter u. Novellisten. Herausg. v. E. Mörike und W. Zimmermann. (1r Jahrg. Mit Titelkpfr.) 8. Stuttgart 836. Balz; auch Schw. Hall. Haspel. 1 1/3 ₰

Jahrbuch der deutschen Dichtung. Hrsg. von Max Stempel. 1879. (1. Jahrg.) gr. 8. (XIV, 284 S.) Bremen, Kühtmann und Comp. * M 5.; geb. *

—— deutscher Dichtung hrsg. von Carl Weller. 1857. 2 Thle. 8. Leipzig, Hübner. Subscr.-Pr. à Thl. * 15 Ngr. * Ladenpr. à Thl. * 20 Ngr. * cplt. geb. *
Inhalt:
Thl. 1. Gedichte. (XVI und 288 S.)
„ 2. Litteraturgeschichte der Gegenwart. (XII und 276 S.)

— deutscher Dichtung. Hrsg. von Max Stempel. 1879. gr. 8. (XIV, 284 S.) Norden 880. Fischer Nachf. n. 5.—; geb. n. 6.—

Jahrbuch, d. k. u. k. auswärtigen Dienstes 1897. Nach dem Stande vom 28. December 1896. Gr.-8. (406 S.) Lwndbd. 5.—
Wien: Hof- und Staatsdruckerei 1897.

— des k. u. k. auswärtigen Dienstes 1898. Nach d. Stande v. 31. XII. 1897. 2. Jahrg. gr. 8. (IV, 452 S. m. 11 farb. Karten.) Wien 898. Hof- u. Staatsdruckerei. Geb. in Leinw. n. 10.—

Jahrbuch des k. u. k. auswärtigen Dienstes. 1899. Nach dem Stande vom 31. December 1898. III. Jahrgang. Wien. 1899. Hof- und Staatsdruckerei. Gr.-8°. IV, 460 S. mit 11 Karten. Geb. fl. 5.—

Jahrbuch des k. und k. auswärtigen Dienstes. 1900. Nach dem Stande vom 10. Jänner 1900. IV. Jahrgang. Wien. 1900. Hof- und Staatsdruckerei. Gr.-8°. IV, 477 S. mit 11 Karten.
Geb. K 10.—

Jahrbuch des k. u. k. auswärtigen Dienstes. 1901. Nach dem Stande vom 15. Jänner 1901. V. Jahrgang. Wien. 1901. Hof- und Staatsdruckerei. Gr.-8°. IV, 494 S. mit 11 Karten und 9 Tafeln.
Geb. K 10.—

— des k. u. k. auswärtigen Dienstes 1902. Nach dem Stande vom 20. I. 1902. 6. Jahrg. gr. 8. (IV, 511 S. m. Abbildgn., 9 Taf. u. 11 farb. Karten.) Wien, Hof- u. Staatsdruckerei. Geb. in Leinw. n. 10.—

Jahrbuch des k. und k. auswärtigen Dienstes. 7. Jahrg. 1903. Gr.-8°. (IV, 530 S.) geb. K 10.—
Wien: Hof- und Staatsdruckerei 1903.

— des k. u. k. auswärtigen Dienstes 1904. Nach dem Stande vom 8. II. 1904. 8. Jahrg. (IV, 532 S. m. Abbildgn., 9 Taf. u. 11 farb. Karten.) gr. 8. Wien, Hof- u. Staatsdruckerei. Geb. in Leinw. 10. —

Jahrbuch des k. u. k. auswärtigen Dienstes 1905. Nach dem Stande vom 16. II. 1905 9. Jahrg. (IV, 554 S. m. Abbildgn., 9 Taf. u. 11 farb. Karten.) gr. 8. Wien, Hof- u. Staatsdruckerei. Geb. in Leinw. 10. —

— des k. u. k. auswärtigen Dienstes 1906. Nach dem Stande vom 12. II. 1906. 10. Jahrg. (IV, 560 S. m. Abbildgn., 9 Taf. u. 11 farb. Karten.) gr. 8. Wien, Hof- u. Staatsdruckerei. Geb. in Leinw. n. 10.—

Jahrbuch des k. k. auswärtigen Dienstes 1907. Nach dem Stande vom 9. III. 1907. 11. Jahrg. (IV, 582 S. m. Abbildgn., 9 Taf. u. 11 farb. Karten.) gr. 8. Wien, Hof- u. Staatsdruckerei. Geb. in Leinw. 10. —

— des k. u. k. auswärtigen Dienstes 1908. Nach dem Stande vom 9. III. 1908. 12. Jahrg. (IV, 622 S. m. Abbildgn., 9 Taf. u. 11 farb. Karten.) gr. 8. Wien, Hof- u. Staatsdruckerei. Geb. in Leinw. 10. —

Jahrbuch des k. u. k. auswärtigen Dienstes 1909. Nach dem Stande vom 10. IV. 1909. 13. Jahrg. (IV, 641 S. m. Abbildgn., 9 Taf. u. 11 farb. Karten.) gr. 8. Wien, Hof- u. Staatsdruckerei. Geb. in Leinw. 10. —

— des k. u. k. auswärtigen Dienstes 1910. Nach d. Stande vom 20. III. 1910. 14. Jahrg. (IV, 527 S. m. Abbildgn., 9 Taf. u. 11 farb. Karten.) gr. 8. Wien, Hof- u. Staatsdruckerei. Geb. in Leinw. 10.—

JAHRBUCH DES HISTORISCHEN VEREINS DILLINGEN.
Jahrg. IX. 1896. Mit 1 Abbildung in Autotypie, 3 Doppeltafeln in Lichtdruck und 3 Plaenen. Dillingen a/D. 1897. Buchdruckerei von J. Keller. — X. 1897. Mit 1 Textbild und 4 Tafeln. ib. Kolbsche Buchdruckerei. — XI. 1898. Mit 1 Textbild und 6 Tafeln. ib. Buchdruckerei von J. Keller. — XII. 1899. Mit 2 Tafeln. ib. — XIII. 1900. Mit 2 Tafeln. ib. — XIV. 1901. Mit 4 Tafeln. ib. 1902. — XV. 1902. Mit 3 Tafeln. ib. — XVI. 1903. Mit 3 Tafeln. ib. — XVII. 1904. Mit 4 Tafeln. ib. — XVIII. 1905. Mit 2 Tafeln. ib. — XIX. 1906. Mit 3 Tafeln. ib. — XX. 1907. Mit 9 Tafeln. ib. — XXI. 1908. Mit 8 Tafeln. ib. — XXII. 1909. Mit 19 Tafeln. ib. — XXIII. 1910. Mit 4 Tafeln. ib. — XXIV. 1911. Mit 11 Tafeln. ib. — XXV. (Jubiläumsjahrgang). 1912. Mit 20 Tafeln. ib. — XXVI. 1913. Mit 21 Tafeln. ib. — XXVII. 1914. Mit 1 Tafel. ib. —
Vorh. u.d.T.: Jahresbericht des historischen Vereins Dillingen.

— d. historischen Vereins Dillingen. IX. Jahrg. 1896. M. 1 Abb. in Autotypie, 3 Doppeltaf. in Lichtdr. u. 3 Plänen. gr. 8. (294 S.) Dillingen 897. (P. Tabor.) n. 5. 60

— des historischen Vereins Dillingen. 11.—14. Jahrg. gr. 8. Dillingen a. D., Histor. Verein. (Nur direkt.) à n. 5. 40
11. 1898. (248 S. m. 1 Abb. u. 6 Taf.) (899.) — 12. 1899. (198 S. m. 2 Taf.) (900.) — 13. 1900. (229 S. m. 2 Taf.) (901.) — 14. 1901. (230 S. m. 4 Taf.) 902.

— des historischen Vereins Dillingen. 15.—17. Jahrg. 1902—1904. (III, 216 S. m. 3 Taf.; 208 S. m. 3 Taf. u. 252 S. m. 4 Taf.) gr. 8. Dillingen (903—905). Histor. Verein. (Nur direkt.) à n. 5. 40

— für den Oberbergamtsbez. Dortmund. Im Auftrage des königl. Oberbergamts zu Dortmund m. Benutzg. amtl. Unterlagen f. d. J. 1893 zusammengestellt v. Weidtmann. 1. Jahrg. gr. 8. (IV, 310 S.) Essen, G. D. Baedeker. Geb. in Leinw. n. 3. —

— dasselbe f. d. J. 1894. 2. Jahrg. gr. 8. (XII, 382 S.) Ebd. Geb. in Leinw. n. 5. —

— f. d. Oberbergamtsbez. Dortmund. Nach d. Akten d. kgl. Oberbergamts zu Dortmund u. m. Benutzg. and. authent. Unterlagen zusammengest. v. Weidtmann. 8. Jahrg. Mit 1 color. Karte d. Ruhrkohlenbeckens nebst Bezeichng. seiner verschied. Kohlensorten. gr. 8. (XVI, 551 S.) Essen 897. G. D. Baedeker.
Geb. in Leinw. n. 10. —

— für den Oberbergamtsbez. Dortmund. (Begründet v. Weidtman.) Nach den Akten des königl. Oberbergamts zu Dortmund u. m. Zugrundelegg. zahlr. sonst. authent. Materials. 5. Jahrg. (1900—1901.) Mit 1 farb. Karte des Ruhrkohlenbeckens nebst Bezeichng. seiner verschied. Kohlensorten. gr. 8. (XII, 648 S.) Essen 901. G. D. Baedeker. Geb. in Leinw. n. 10.—

— für den Oberbergamtsbezirk Dortmund. (Begründet v. Weidtman.) Ein Führer durch die rheinisch-westfälischen Berg- u. Hüttenwerke u. Salinen in wirtschaftl. u. finanzieller Beziehung v. G. D. Baedeker. 6. Jahrg. (1901—1904). Mit 1 Bildnis v. Emil Kirdorf in Heliograv. u. 1 farb. Karte der in Betrieb befindl. Zechen des Ruhrkohlenbeckens. (XII, 768 S.) 8. Essen 905. G. D. Baedeker. Geb. in Leinw. n. 12. —

— für den Oberbergamtsbez. Dortmund. (Begründet v. Weidtman.) Ein Führer durch d. rheinisch-westfäl. Berg- u. Hüttenwerke u. Salinen in wirtschaftl. u. finanzieller Beziehg. v. Diedr. Baedeker. 7.—9. Jahrg. (1905/1906, 1907/1908 u. 1908/1909.) 8. Essen, G. D. Baedeker. Geb. in Leinw. à 12. —
7. Mit Lebensabriss u. Bildnis v. Emil Krabler in Heliograv., 1 farb. Karte der Industriehäfen am Niederrhein u. 3 Skizzen der Kabelnetze v. Hibernia, der Gutehoffnungshütte, v. Rheinpreussen, der Gelsenkirchener Bergwerks-Akt.-Ges. u. d. rheinisch-westfäl. Elektrizitätswerks. (XXXII, 724 S.) 907.
8. Mit Lebensabriss u. Bildnis v. Eduard Kleine in Heliograv., 1 mehrfarb. Karte der in Betrieb befindl. Zechen des Ruhrreviers, 1 Karte der Kabelnetze der 3 grossen Elektrizitätswerke in Rheinland u. Westfalen, 1 mehrfarb. Grubenfelderkarte der rheinisch-westfäl. Bergwerks-Gesellschaft m. b. H. u. der angrenz. Gesellschaften u. 1 mehrfarb. Kärtchen des Bergreviers Crefeld, O. B. B. Bonn. (XXXII, 774 S.) 8. 909.
9. Mit Lebensabriss u. Bildnis v. Kommerzienrat Robert Müser in Photograph., 1 mehrfarb. Karte der in Betrieb befindl. Zechen des Ruhrreviers, 1 Gruben- u. Felderkarte der Harpener Bergbau-Akt.-Ges., 1 mehrfarb. Grubenfelderkarte der rheinisch-westfäl. Bergwerksgesellschaft m. b. H. u. der angrenz. Gesellschaften, 1 Uebersichtskarte vom Bergrevier Crefeld. O. B. B. Bonn u. 1 Karte der Kabelnetze der 3 grossen Elektrizitätswerke in Rheinland u. Westfalen. (XXIV, 798 S.) 910.

Jahrbuch für den Oberbergamtsbezirk Dortmund. Essen. Jg. 10. (1909—10).

— für Drama, Dramaturgie und Theater. Herausg. von E. Willkomm u. A. Fischer. 1r u. 2r Bd. à 8 Lfrgn. schmal gr. 4. Leipzig 837, 38. Wunder. (à n. 4 ℳ) 8 ℳ (Einzelne Lfrgn. kosten n. 2/3 ℳ)

Jahrbuch der Sektion Dresden des österreichischen Touristen-Klubs. Red. von Ernst Altkirch. Jg. 1. Dresden: Sektion Dresden d. Ö. T.-K. 1905. 8°
[illegible]

— der Sektion Dresden des österreichisch. Touristen-Klubs. 1. Jahrg. 1905. Red. v. Ernst Altkirch. (VII, 96 S. m. Fig. u. 7 Taf.) gr. 8. Dresden (E. Engelmann's Nachf.) Geb. n. 3. —;
f. Mitglieder v. Touristenvereinen n.n.n. 2. 50

— Dresdner, 1905. Beiträge zur bild. Kunst, hrsg. von Karl Koetschau u. Fortunat v. Schubert-Soldern. Mit (8) Lichtdr.-Taf. u. Textabbildgn. (208 S.) 4. Dresden 905. W. Baensch. n. 12. —
Nicht mehr im Handel. — Ladenpreis aufgehoben.

—— (dresdner) naturwissenschaftliches f. d. J. 1845. Hrsg. v. Alex. Petzholdt. 2 Abthl. gr. 8. Leipzig, Lorck.*
A. u. d. Ttln.:
Abthl. 1. Populäre Vorlesungen üb. Naturwissenschaft geh. im J. 1844—1845 in den allgem. Versammlungen der naturwissenschaftl. Gesellsch. zu Dresden. 1. Thl. (17¼ B., u. 2 Lithogr. u. Holzschn.) 845.
2. Populäre Vorlesungen üb. Naturwissenschaft, geh. im J. 1845—1846. 2. Thl. (16¼ B., 2 Lithogr. u. Holzschn.) 846.

Jahrbuch, Dresdner tierärztliches. Kalender, Merk- u. Nachschlagebuch f. Tierärzte u. Studierende der Veterinär-Medizin. Mit besond. Berücksicht. d. Veterinärwesens im Kgr. Sachsen, der tierärztl. Hochschule zu Dresden u. der Haupt- u. Residenzstadt Dresden. 2. Jahrg. 1910/11. Bearb. v. e. Fachmann. (70 S.) kl. 8. Dresden, H. Hackarath. — 40

— für den Reg.-Bez. Düsseldorf. Adreß- u. Termin-Kalender f. d. J. 1896, m. e. Abbildg. des Regierungs-Präsidial-Gebäudes in Düsseldorf. Von R. Harnisch. 83. Jahrg., alte Folge. 3. Jahrg., neue Folge. 12. (LIV, 224 S.) Düsseldorf, E. Lintz. n. 2. —
f.: Adreß- u. Terminkalender.

— für d. Reg.-Bez. Düsseldorf. 1897. Adreß- u. Termin-Kalender v. R. Harnisch. 84. Jahrg., alte Folge. 4. Jahrg., neue Folge. 12. (XXXVI, 220 S.) Düsseldorf, E. Lintz. n. 2. —

Jahrbuch f. den Reg.-Bez. Düsseldorf. Von R. Harnisch. 1900. 87. Jahrg. der alten Folge. — 7. Jahrg. der neuen Folge. 12. (IV, 269 S.) Düsseldorf, A. Bagel. Kart. 2. —

Jahrbuch f. den Reg.-Bez. Düsseldorf. Von Reg.-Sekr. Rud. Harnisch. 1901. 88. Jahrg. der alten Folge. — 8. Jahrg. der neuen Folge. 12. (III, 275 S.) Düsseldorf, A. Bagel. Kart. 2. —

— für den Reg.-Bez. Düsseldorf. Von Rud. Harnisch. 1902. 89. Jahrg. der alten Folge. 9. Jahrg. der neuen Folge. 12. (IV, 237 S.) Düsseldorf, A. Bagel. Kart. n. 2. —

Jahrbuch f. den Reg.-Bez. Düsseldorf. Von R. Harnisch. 1904. 91. Jahrg. der alten Folge. 11. Jahrg. der neuen Folge. (XXI, 183 S.) 8. Düsseldorf, A. Bagel. Kart. 2. —

— für den Reg.-Bez. Düsseldorf. Von Rud. Harnisch. 1905. 13. Jahrg. (XX, 224 S.) 8. Düsseldorf, A. Bagel. Kart. n. 2. —

— für den Reg.-Bez. Düsseldorf v. Rud. Harnisch. 14. Jahrg. (XXX, 224 S.) 8. Düsseldorf 909. L. Schwann. Kart. 2. —

— d. Edelmetall-Industrie 1898. Unt. Mitwirkg. hervorrag. Fachmänner hrsg. v. d. Zeitschrift „Die Edelmetall-Industrie". gr. 8. (XIV, 264 u. 276 S. m. 14 Taf.) Wien (I, Börsegasse 18), Edelmetall-Industrie. Geb. in Leinw. n. 12. 50

Egerer **Jahrbuch.** Kalender f. d. *Egerland.* Red. v. Georg Gschihay. Jg. 2. 3. 6. 8—13. 15—21. 23. 27. 29. 31. 33—40. Eger 1872—1910.

— Egerer. Kalender f. das Egerland u. seine Freunde. 28. Jahrg. Für d. J. 1898. Red. v. Geo. Emil Gschihay. 8. (212 S. m. 1 Steintaf.) Eger, J. Kobrtsch & Gschihay. n. — 80

Egerer Jahrbuch. Kalender für das Egerland und seine Freunde. XXVIII. Jahrgang. Für das Jahr 1898. Redigirt von Emil Gschihay. 8. (214 S.) Ebd. —.40

— Egerer. Kalender für d. Egerland u. s. Freunde. 29. Jahrg. F. d. J. 1899. Red. v. Geo. Emil Gschihay. 8. (240 S. m. 2 Titelbild.) Eger, J. Kobrtsch & Gschihay. n. — 60

(F) Egerer Jahrbuch. Kalender für das Egerland und seine Freunde. XXX. Jahrgang. Für das Jahr 1900. Redigirt von Georg Emil Gschihay. Eger. Kobrtsch & Gschihay. 8°. 214 S. mit 1 Tafel K —.80

(F) Egerer Jahrbuch. Kalender für das Egerland und seine Freunde. XXXI. Jahrgang. Für das Jahr 1901. Redigirt von Georg Emil Gschihay. Eger. Kobrtsch & Gschihay. 8°. 288 S. mit 1 Tafel. K —.60

(F) Egerer Jahrbuch. 32. Jahrg. f. d. Jahr 1902. 8°. (ill. 258 S.) Ebd. 1902. K —.60

— Egerer. Kalender f. das Egerland u. seine Freunde. 33. Jahrg. Für d. J. 1903. Red. v. Geo. Emil Gschihay. 8. (274 S. m. 3 Taf.) Eger, J. Kobrtsch & Gschihay. n. — 60

Egerer Jahrbuch. Kalender für das Egerland und seine Freunde. 1904. 8°. (286 S.) Ebd. K —.60

Egerer Jahrbuch. Kalender für das Egerland und seine Freunde 1905. 35. Jahrg. 8°. (ill. 342 S.) Ebd. K —.60

(F) Egerer Jahrbuch. Kalender für das Egerland und seine Freunde. 1906. 36. Jahrg. 8°. (278 S.) Ebd. K —.60

— Egerer. Kalender f. das Egerland u. seine Freunde. 37. Jahrg. Für das J. 1907. Red. v. Geo. Emil Gschihay. (300 S. m. 5 Taf.) 8. Eger, J. Kobrtsch & Gschihay. n. — 60

(F) Egerer Jahrbuch. Kalender für das Egerland und seine Freunde. 38. Jahrg. Für das Jahr 1908. 8°. (318 S.) K —.60
Eger: Kobrtsch & Gschihay.

— Egerer. Kalender f. das Egerland u. seine Freunde. 39. Jahrg. Für d. J. 1909. Red. v. L. Wolf. (232 S. m. 1 Taf.) 8. Eger, J. Kobrtsch & Gschihay. — 60

Jahrbuch Amerikanischer Eisenbahnen. Ein Handbuch f. Bankiers u. Kapitalisten. Bearb. von Dr. L[udwig] Bleeck u. B. Unholtz. Jg. 1. Berlin, Leipzig, Hamburg: Verl. f. Börsen- u. Finanzlit. (1910). 8°
[II. 4735]

— amerikanischer Eisenbahnen. Ein Handbuch f. Bankiers u. Kapitalisten. Bearb. v. L. Bleeck u. B. Unholtz. 1. Jahrg. 1910. (XXXIX, 495 S.) 8. Berlin (910). Verlag f. Börsen- u. Finanzliteratur. Geb. in Leinw. 8. —

— der Eisenbahnen u. Transport-Unternehmungen Oesterreich-Ungarns 1903/04, 1904/05 u. 1905/06. Hrsg. v. Rud. Hanel. gr. 8. Wien (A. Hölder). Geb. in Leinw. n. 17. 60
1903/04. (IX, 430 S.) 903. n. 6. 40
1904/05. (XVI, 429 S.) 904. n. 5. 60
1905/06. [Aus: „Compass".] (XXII, 420 S.) 905. n. 5. 60

— der Eisenbahnen u. Transport-Unternehmungen Österreich-Ungarns 1906/07. 1907/08. 1909 u. 1910. Hrsg. v. Rud. Hanel. 8. Wien, Compassverlag. Geb. in Leinw. 23. 20
1906/07. (VII S. u. S. 859—1284). 906. Geb. 5. 60
1907/08. (XIV u. S. 919—1330.) 907. Geb. 5. 60
1909. (XVI u. S. 939—1362.) 909. Geb. 6. —
1910. (X S. u. S. 927—1316.) 910. Geb. 6. —
Sonderabdrucke aus „Compass".

— für das Eisenhüttenwesen. (Ergänzung zu „Stahl u. Eisen".) Ein Bericht üb. die Fortschritte auf allen Gebieten d. Eisenhüttenwesens im J. 1900. Im Auftr. des Vereins deutscher Eisenhüttenleute bearb. v. Otto Vogel. 1. Jahrg. Lex.-8. (XVI, 459 S. m. Abbildgn.) Düsseldorf 902. (A. Bagel.) Geb. in Leinw. n. 10. —

— für das Eisenhüttenwesen. (Ergänzung zu „Stahl u. Eisen". Ein Bericht über die Fortschritte auf allen Gebieten des Eisenhüttenwesens in den J. 1901 - 1903. Im Auftrage des Vereins deutscher Eisenhüttenleute bearb. v. Otto Vogel. 2.—4. Jahrg. (XVI, 464; XVI, 465 u. XVI, 464 S. m. Abbildgn.) Lex.-8. Düsseldorf 903. 05. 06. (A. Bagel.) Geb. in Leinw. à n. 10. —

— für d. Eisenhüttenwesen. (Ergänzg. zu „Stahl u. Eisen".) Ein Bericht üb. die Fortschritte auf allen Gebieten des Eisenhüttenwesens im J. 1904. Im Auftrage des Vereins deutscher Eisenhüttenleute bearb. v. Otto Vogel. 5. Jahrg. (XVI, 448 S. m. Abb.) gr. 8. Düsseldorf 907. (A. Bagel.) Geb. in Leinw. 10. —

Fortges. in Zeitschriftenschau der Zeitschrift 'Stahl und Eisen.'

Jahrbuch der Stadt Elberfeld. Im Auftr. d. Oberbürgermeisters hrsg. v. Städt. Statist. Amt. [Jg. 1 u. 2.] Für 1903 u. 1904. Elberfeld 1905—06: R. Martini & Grüttefien. 4° [S.] 1e8. 6173 4

— der Stadt Elberfeld. III.—VII. Jahrg. 1905—1909. Im Auftrage des Oberbürgermeisters hrsg. v. städt. statist. Amt. (162, 178, 191, 222 u. 215 S.) 33×24,5 cm. Elberfeld 907—10. (A. Martini & Grüttefien.) 1905 3.—; 1906—09 à 4. —

— der Elektrizitäts-Gesellschaften sowie der Strassenbahnen u. elektrischen Kleinbahnen Oesterreich-Ungarns. Hrsg. v. Rud. Hanel. Jahrg. 1905. (VIII, 118 u. LXIX S.) 8. Wien, A. Hölder. n. 3. 30

— der österreich. Elektrizitäts-Gesellschaften sowie der Strassenbahnen u. elektrischen Kleinbahnen Oesterreich-Ungarns. Hrsg. v. Rud. Hanel. Jahrg. 1906. (X, 94, 80, LXVIII u. 7 S.) 8. Wien, A. Hölder. Kart. n. 3. 30

— der österreichischen Elektrizitäts-Gesellschaften sowie der Strassenbahnen u. elektrischen Kleinbahnen Österreich-Ungarns. Hrsg. v. Rud. Hanel. Jahrg. 1907. (VIII S., S. 539—594, 1172—1209, 955—992, 1777—2081 u. LXVI S.) 8. Wien, Compassverlag. Kart. 4. 40
Fortsetzung u. d. T.:

Jahrbuch der österreich. Elektrizitätswerke u. elektro-technischen Industrie sowie der Strassenbahnen u. elektrischen Kleinbahnen Österreich-Ungarns. Hrsg. v. Rud. Hanel. Jahrg. 1908—1910. 8. Wien, Compassverlag. Kart. 13. 60
1908. (IX S., S. 1049—1092, 569—624, 1231—1272, 1955—2230 u. LXII S.) 4. 40
1909. (XI S., S. 1065—1114, 579—636, 1255—1296, 1975—2278 u. 953—1008.) 4. 60
1910. (XI S., S. 1059—1112, 140—145, 471—492, 1205—1233 u. 2064—2617.) 4. 60

— d. Elektrochemie. Berichte üb. d. Fortschritte d. J. 1894. Im wissenschaftl. Theile bearb. v. W. Nernst. Im techn. Theile bearb. v. W. Borchers. I. Jahrg. gr. 8. (VII, 274 S. m. Abb.) Halle 895. W. Knapp. n. 10. —

— dasselbe. Berichte üb. die Fortschritte d. J. 1895. gr. 8. (VII, 300 S. m. Abb.) Ebd. 896. n. 12. —

— dasselbe. Berichte üb. die Fortschritte d. J. 1896. Unt. Mitwirkg. v. K. Elbs, F. W. Küster. III. Jahrg. gr. 8. (VII, 359 S. m. Abb.) Ebd. 897. n. 14. —

— dasselbe. Berichte üb. die Fortschritte d. J. 1897. IV. Jahrg. gr. 8. (VIII, 411 S. m. Abb.) Ebd. 898. n. 15. —

Jahrbuch der Elektrochemie. Berichte üb. die Fortschritte des J. 1898. Unter Mitwirkg. v. K. Elbs, F. W. Küster u. H. Danneel bearb. v. W. Nernst u. W. Borchers. V. Jahrg. gr. 8. (VII, 496 S. m. Abbildgn.) Halle 899. W. Knapp. n. 20. —

— dasselbe 1899. VI. Jahrg. gr. 8. (VII, 431 S. m. Abbildgn.) Ebd. 900. n. 18 —

— dasselbe 1900. VII. Jahrg. gr. 8. (VIII, 596 S. m. Abbildgn.) Ebd. 901. n. 24. —

— dasselbe. Begründet u. bis 1901 hrsg. v. W. Nernst u. W. Borchers. Berichte üb. die Fortschritte d. J. 1901. Unter Mitwirkg. v. P. Askenasy, W. Borchers, K. Elbs u. a. hrsg. v. Heinr. Danneel. 8. Jahrg. gr. 8. (IX, 725 S. m. Abbildgn.) Ebd. 902. n. 24. —

Jahrbuch der Elektrochemie. Begründet u. bis 1901 hrsg. v. W. Nernst u. W. Borchers. Berichte üb. die Fortschritte d. J. 1902—1904. gr. 8. Halle, W. Knapp. n. 78. —
1902. Unter Mitwirkung v. P. Askenasy, W. Borchers, K. Elbs u. a. hrsg. v. Heinr. Danneel. 9. Jahrg. (XI, 750 S. m. Abbildgn.) 904. n. 24. —
1903. Unter Mitwirkung v. P. Askenasy, K. Elbs, F. Harms u. a. hrsg. v. Heinr. Danneel. 10. Jahrg. (XII, 930 S. m. Abbildgn.) 905. n. 26. —
1904. Unter Mitwirkung v. P. Askenasy, K. Elbs, F. Harms u. a. hrsg. v. Heinr. Danneel. 11. Jahrg. (XIII, 937 S. m. Abbildgn.) 906. n. 28. —

— der Elektrochemie u. angewandten physikalischen Chemie. Begründet u. bis 1901 hrsg. v. W. Nernst u. W. Borchers. Berichte üb. die Fortschritte des J. 1905. Unter Mitwirk.g v. P. Askenasy, P. Berl, K. Elbs u. a. hrsg. v. Heinr. Danneel. 12. Jahrg. 2 Hälften. (XIII, 1049 S. m. Abb.) gr. 8. Halle 907. 09. W. Knapp. 30. —

—— für Elektrotechnik für das J. 1887. Unter Mitwirkung von Bruger, Carl Hochenegg, Ed. Hoppe etc. hrsg. von G. Krebs und C. Grawinkel. (In 6 Heften.) gr. 8. (III, 365 S. mit vielen in den Text gedr. Abbild.) Halle, Knapp. à Heft *ℳ 2.—. *

—— für Elektrotechnik. 1888—89. Unter Mitwirkg. v. A. Krebs, Edm. Hoppe, G. Erlwein u. A. hrsg. v. G. Krebs u. C. Grawinkel. 2. Jahrg. gr. 8. (III, 226 S. m. 99 eingedr. Abbildgn.) Halle a. S., Knapp. * 6 —
Nicht weiter erschienen.

—— für Electrotechniker. Practischer Notizkalender und Hilfsbuch für Electrotechniker, Ingenieure, Mechaniker, Optiker etc. Hrsg. von der Redact. des „Electrotechniker" in Wien. 1. Jahrg. 1885. gr. 16. (III, 190, 130 S. mit vielen Abbild.) Wien, Perles. geb. *

—— für Electrotechniker. Practischer Notizkalender und Hilfsbuch für Electrotechniker, Ingenieure, Mechaniker etc. bearb. von Karl Zickler und hrsg. von der Redact. des „Electrotechniker" in Wien. 2. Jahrg. 1886. gr. 16. (VIII, 203 S. mit vielen Abbild.) Wien, Perles. geb. *
Nicht weiter erschienen. Die Fortsetzung bildet der Kalender für Electrotechnik, hrsg. von Jos. Krämer.

— für Elektrotechniker. Praktisches Hilfsbuch für Elektrotechniker, Ingenieure, Mechaniker etc. Herausgegeben von der Redaction des „Elektrotechniker" in Wien. 3. Jahrg. 1887. Mit vielen Abbildungen. Taschenformat. (220, XXIV S.) Wien, C. Ungar & Comm. geb. fl. 1.—.

— elektrotechnisches. Mittheilungen aus dem Gebiete der angewandten Elektrizitätslehre, hrsg. v. der elektrotechn. Gesellschaft zu Frankfurt a/Main. Mit 43 Text-Abbildgn. gr. 8. (VIII, 144 S.) Halle 883. Knapp. n. 4. —

—— d. deutschen Elementes in Ungarn. Mit Originalbeiträgen namhafter Schriftsteller. Hrsg. u. redig. v. Carl Maria Benkert. 1. Jahrg. gr. 8. Budapest 846. (Pesth, Emich.)

— Ellwanger. Ein Volksbuch der Heimatpflege f. den Virngrund u. das Ries. Mit 11 Orig.-Federzeichngn., 41 weiteren Abbildgn. u. 1 Karte. Hrsg. vom Geschichts- u. Altertumsverein Ellwangen in Verbindg. m. dem Lauchheimer Geschichts- u. Altertumsverein. Jahrg. 1910. (Schriftleiter: Häcker.) (VIII, 137 S. m. Abbildgn.) gr. 8. Ellwangen, F. Bucher. 1.50; geb. n 1.80

— für Elsass-Lothringen. 1872—73. 8. (IV, 247 S.) Strassburg 873. Schmidt. n. 3. 60

— dasselbe. 1874. gr. 8. (305 S.) Ebend. 874. n. 6. —

—— für Elsass-Lothringen. 1877 und 1880. gr. 8. (XII, 372; 456 S.) Strassburg, Schmidt's Universitäts-Buchh. à Jahrg.

Jahrg. 1875, 1876, 1878 und 1879 sind nicht erschienen.

—— entomologisches. Kalender f. alle Insektensammler auf d. J. 1892 u. 1893. Hrsg. unter güt. Mitwirkg. hervorrag. Entomologen v. Osk. Krancher. 12. (VIII, 232; VIII, 319 S. m. Abbildgn.) Lpz., Thomas. geb. in Leinw. Jahrg. 1892 * 1 50; Jahrg. 1893 * 2 —

— entomologisches. Kalender f. alle Insektensammler auf d. J. 1894. Hrsg. unter Mitwirkg. hervorrag. Entomologen v. Osk. Krancher. 12 (VIII, 351 S. m. Abbildgn.) Leipzig, Th. Thomas. Geb. in Leinw. n. 2. —

— dasselbe. 4. Jahrg. auf d. J. 1895. 8. (VIII, 264 S. m. Titelbild.) Leipzig, Frankenstein & Wagner. Geb. n. 1. 75

— entomologisches. VIII. Jahrg. Kalender f. alle Insektensammler auf d. J. 1899. Hrsg. unt. güt. Mitwirkg. hervorrag. Entomologen v. Osk. Krancher. 12. (VIII, 266 S. m. Abb.) Leipzig, Frankenstein & Wagner. Geb. n. 1. 60

— entomologisches. XI. Jahrg. Kalender f. alle Insektensammler auf d. J. 1902. Hrsg. unter güt. Mitwirkg. hervorrag. Entomologen v. Osk. Krancher. 12. (VIII, 256 S. m. Abbildgn.) Leipzig, Frankenstein & Wagner. Geb. n. 1. 60

— entomologisches. XVI. Jahrg. Kalender f. alle Insekten-Sammler auf d. J. 1907. Hrsg. unt. gütiger Mitwirkg. hervorrag. Entomologen v. Osk. Krancher. (200 S. m. Abbildgn. u. 1 Taf.) kl. 8. Leipzig, Frankenstein & Wagner. Geb. n. 1. 60

— entomologisches. 20. Jahrg. Kalender f. alle Insekten-Sammler auf d. J. 1911. Hrsg. unter güt. Mitwirkg. hervorrag. Entomologen v. Osk. Krancher. (196 S. m. Abbildgn. u. 1 farb. Taf.) kl. 8. Leipzig, Frankenstein & Wagner. Geb. n 1. 60

— baurechtlicher Entscheidungen der Gerichts- u. Verwaltungsbehörden Deutschlands, welche im J. 1904 bekannt geworden sind. Wichtig f. Bauämter, Baumeister, Maurer- u. Zimmermeister u. s. w. Hrsg. v. Alb. Radloff. (108 S.) 8. Berlin 905. A. Bodenburg. n. 1. 70; geb. n. 2. —

— dasselbe. 2. Bd. (Im J. 1905 bekannt gewordene Entscheidungen.) (XXIV, 109 S.) 8. Ebd. 906. n. 1. 70; geb. n. 2. —

— baurechtlicher Entscheidungen der Gerichts- u. Verwaltungsbehörden Deutschlands, 3.—6. Bd. (In den J. 1906—1909 bekannt gewordene Entscheidgn.) Wichtig f. Bauämter, Baumeister, Maurer- u. Zimmermeister usw. Hrsg. v. Alb. Radloff. (XXXV, 144; XLVI, 190; LI, 170 u. XXXV, 213 S.) 8. Berlin 907—10. A. Bodenburg. 3. Bd. 1.70; geb. 2.—; 4.—6. Bd. à 2.25; geb. 2.50

— für endgültige Entscheidungen der preußischen Appellations-Gerichte red. u. hrsg. v. Rhold. Johow. 1. Bd. gr. 8. (XX, 236 S.) Berlin 872. Vahlen. n. 4. —

— dasselbe 2. Bd. gr. 8. (VIII, 278 S.) Ebend. 873. n. 5. —

— dasselbe. 3—5. Bd. gr. 8. (X, 327; IX, 347 u. IX, 312 S.) Ebend. 874—76. à n. 6. —

— für endgültige Entscheidungen der preußischen Appellationsgerichte, hrsg. von Rhold. Johow. 6—8. Bd. gr. 8. (XI, 388; XII, 400 u. XIII, 400 S.) Berlin 876—79. Vahlen. à n. 7. 50 (1—8.: n. 50. 50)

Jahrbuch der Entscheidungen zum Bürgerlichen Gesetzbuch und den Nebengesetzen. Jg. 1—16. 1900/02—1916 17 u. 18—23. 1918 19—1924. Leipzig (Jg. 1. 1903 umfaßt d. Rechtsprech. d. Jahre 1900—1902, Jg. 2. 1904 die des Jahres 1903 usw.

Seit 1904: Jahrbuch der Entscheidungen auf dem Gebiete des Zivil-, Handels- und Prozeßrechts

Seit 1907: Jahrbuch, Warneyers, der Entscheidungen.

A. Zivil-, Handels- u. Prozeßrecht

B. Strafrecht und Strafprozeß. Jg. 1—12. 1906—17

Erg. Bde. Jg. 1. 1908 ff.

— der Entscheidungen zum bürgerlichen Gesetzbuch u. den Nebengesetzen. Hrsg. v. Otto Warneyer. 1. Jahrg., umfassend die J. 1900, 1901, 1902. 3 Lfgn. (VII, 823 S.) gr. 8. Leipzig 903. Roßberg'sche Verlagsbuchh. n. 7. 20; in 1 Leinw.-Bd. n. 8. —

Jahrbuch der Entscheidungen (Jg. 2 ff.: auf d. Geb. des Zivil-, Handels- und Prozeßrechts) zum BGB. und den Nebengesetzen. Hrsg. von Otto Warneyer. Jg. 1—4. Leipzig 1903—06. 4 Bde

— der Entscheidungen auf dem Gebiete des Zivil-, Handels- u. Prozeßrechts. Unter Mitwirkung v. Neves u. Gutmann hrsg. v. Otto Warneyer. 2.—4. Jahrg. gr. 8. Leipzig 904. Roßberg'sche Verlagsbuchh. Geb. in Leinw. n. 27. —

2. Umfassend die Literatur u. Rechtsprechung des J. 1903 zu BGB, EG, FGG, ZPO, GBO, der J. 1900—1903 zu HGB, WO, ZPO, KO, AnfG. (XV, 499 S.) 904. Geb. n. 11. —; Subskr.-Pr. f. Abnehmer d. 1. Jhrg. n. 9. —
3. Umfassend die Literatur u. Rechtsprechung des J. 1904 zu BGB, EGBGB, HGB, WO, ZPO, KO, AnfG, FGG, ZVG, GBO, der J. 1900—1904 zu 45 anderen Gesetzen. (XVI, 601 S.) 905. Geb. n. 8. —
4. Enth. die Literatur u. Rechtsprechg. des J. 1905 zu BGB, EGBGB, HGB, WO, ZPO, KO, AnfG, FGG, ZVG, GBO u. 49 anderen Gesetzen. (XVI, 645 S.) 906. Geb. n. 8. —

— dasselbe. Sachregister zum 1.—4. Jahrg. (1900—1905), bearb. v. Neves. (215 S.) gr. 8. Ebd. 906. Geb. in Leinw. à n. 2. —

Jahrbuch . . . [seit] 1906 [Tl] A. B., [seit] 1907 C. D. Leipzig 1907 ff. 8°

A. Zivil-, Handels- u. Prozessrecht, hrsg. von Otto Warneyer. Jg. 5 ff. 1907 ff.

B. Strafrecht u. Strafprozess. Bearbeitet von Georg Rosenmüller. Jg. 1 ff. 1907 ff.

C. Arbeiterversicherungsrecht. Bearb. von W. Dannenberg, Jg. 1 ff. 1908 ff.

D. Verwaltungsrecht (m. Ausschluss d. Arbeiterversicherungsrechts). Bearb. von Paul Fischer. Jg. 1 ff. 1908 ff.

Erg.- Bd enthalt. d. Rechtsprechung d. Reichsgerichts auf d. Gebiete d. Zivilrechts. 1. 1908.

Warneyer's Jahrbuch der Entscheidungen. A. Zivil-, Handels- und Prozeßrecht. Jg. 5—10. 1907—11. 6 Bde

Warneyers Jahrbuch der Entscheidungen. B. Strafrecht u. Strafprozeß. Bearb. von Ge. Rosenmüller (Bd 3 ff.:) unter Mitw. von Hans Braun. Jg. 1/1906—6/1911. Leipzig 1907—11. 7 Bde
System. Reg. zu Jg. 1—6. 1912.

Warneyers Jahrbuch der Entscheidungen. D. Verwaltungsrecht (mit Ausschluß des Arbeiterversicherungsrechts). Bearb. von Paul Fischer. Leipzig. 2 Bde
Jg. 1 enth. die Literatur u. Rechtsprechung des J. 1907 u. zu 70 Gesetzen. 1908.
„ 2 zu 1908 u. 78 Gesetzen. 1909.
[Seit Jg. 3 verschmolzen mit Abt. C zu e. neuen Abt. C: Öffentl. Recht.]

Jahrbuch für Entscheidungen des Kammergerichts in Sachen der nichtstreitigen Gerichtsbarkeit und in Strafsachen, (Bd 20 ff.:) in Sachen der freiwilligen Gerichtsbarkeit, in Kosten-, Stempel- u. Strafsachen hrsg. von Reinh. Johow u. Osk. Küntzel, [zuletzt:] von Johow u. Vikt. Ring. Berlin. 45 Bde
Bd 1—41. (Bd 20 ff. = N. F. 1 ff.) 1881—1912.
Gesammtreg. zu Bd 1—10. 1892.
„ „ „ 11—19. 1901.
„ „ „ 20—30. 1906.
„ „ „ 31—40. 1912.

— für Entscheidungen des Kammergerichts in Sachen der nichtstreitigen Gerichtsbarkeit u. in Strafsachen, hrsg. von Rhold. Johow u. Osk. Küntzel. 1. u. 2. Bd. gr. 8. (XIV, 323 u. VIII, 348 S.) Ebend. 881. 82. à n. 5. —; geb. à n. 6. 20

— für Entscheidungen d. Kammergerichts in Sachen der nichtstreitigen Gerichtsbarkeit u. in Strafsachen, hrsg. v. Rhold. Johow u. Osk. Küntzel. 3—5. Bd. gr. 8. (à ca. VIII, 400 S) Berlin 883—85. Vahlen. à n. 5. —; geb. à n. 6. 20

— dasselbe. 1—3. Bd. 1881—1883. 2. Abdr. gr. 8. (à ca. XIV, 323 S.) Ebend. 884. 85. à n. 5. —; geb. à n. 6. 20

— für Entscheidungen d. Kammergerichts in Sachen der nichtstreitigen Gerichtsbarkeit u. in Strafsachen, hrsg. v. Rhold. Johow. 6.—9. Bd. gr. 8. Berlin, Vahlen. à Bd. n. 5. —; geb. n. 6. 20
6. [1886.] (IX, 358 S.) 887. — 7. [1887. 1888.] (VIII, 342 S.) 888. — 8. [1889.] (VIII, 296 S.) 889. — 9. [1890.] (VIII, 349 S.) 890.

Jahrbuch für Entscheidungen des Kammergerichts in Sachen der nichtstreitigen Gerichtsbarkeit u. in Strafsachen, hrsg. v. Rhold. Johow. 10.—13. Bd. (1891—1894.) gr. 8. Berlin, F. Vahlen. n. 26. —; geb. n.n. 30. 80
10. (1891.) (IX, 421 S.) n. 6. —; geb. n.n. 7. 20
11. (1892.) (X, 478 S.) n. 7. —; geb. n.n. 8. 20
12. (1893.) (X, 411 S.) n. 6. —; geb. n.n. 7. 20
13. (1894.) (X, 501 S.) n. 7. —; geb. n.n. 8. 20

— f. Entscheidungen d. Kammergerichts. Gesammtregister zu Bd. 1—10, sowie zu den 8 Bdn. d. Jahrbuches f. endgült. Entscheidgn. der preuß. Appellationsgerichte, nebst e. Zusammenstellg. der Rechtsgrundsätze d. Kammergerichts in Sachen der nichtstreit. Gerichtsbarkeit. Hrsg. v. Rhold. Johow. gr. 8. (VIII, 360 S.) Ebd. 892. n. 6. —; geb. n.n. 7. 20

— f. Entscheidungen d. Kammergerichts in Sachen d. nichtstreit. Gerichtsbarkeit u. in Strafsachen, hrsg. v. Rhold. Johow. 14.—17. Bd. (1895—1898.) gr. 8. Berlin, F. Vahlen. à Bd. n. 7. —; geb. n. 8. 20
14. (1895.) (XI, 528 S.) — 15. (1896.) (X, 500 S.)
16. (1897.) (X, 588 S.) — 17. (1898.) (X, 567 S.)

— für Entscheidungen des Kammergerichts in Sachen der nichtstreitigen Gerichtsbarkeit u. in Strafsachen, hrsg. v. Rhold. Johow. 18. u. 19. Bd. (1899—1900.) gr. 8. (X, 472 u. X, 432 S.) Berlin, F. Vahlen. à n. 7. —; geb. à n.n. 8. 20

— dasselbe. Gesammtregister zu Bd. XI—XIX, nebst e. Zusammenstellg. der aus diesen Bänden zu entnehm. Rechtsgrundsätze des Kammergerichts in Sachen der nichtstreit. Gerichtsbarkeit. Hrsg. v. Rhold. Johow. gr. 8. (IV, 280 S.) Ebd. 901. n. 5. —; geb. n.n. 6. 25

— dasselbe in Sachen der freiwilligen Gerichtsbarkeit, in Kosten-, Stempel- u. Strafsachen, hrsg. v. Rhold. Johow u. Vikt. Ring. 20.—24. Bd. (Neue Folge. 1.—5. Bd.) gr. 8. Ebd. à n. 6. —; geb. à n.n. 7. 25
20. 3 Hfte. (XI, 548 S.) 900. — 21. 2 Hfte. (XI, 332, 40, 114, 18 u. 14 S.) 901. — 22. 2 Hfte. (XI, 322; 43, 120, 31 u. 17 S.) 901. — 23. 2 Hfte. (XI, 256, 47, 119, 34 u. 18 S.) 902. — 24. 2 Hfte. (XI, 468 S.) 902.

— für Entscheidungen des Kammergerichts in Sachen der freiwilligen Gerichtsbarkeit, in Kosten-, Stempel- u. Strafsachen, hrsg. von Rhold. Johow u. Vikt. Ring. 25.—30. Bd. (Neue Folge. 6.—11. Bd.) à 2 Hefte. gr. 8. Berlin, F. Vahlen. à n. 6. —; geb. in Halbfrz. à n.n. 7. 25
25. (XI, 340, 49, 95 u. 21 S.) 903. — 26. (XII, 316, 54, 91 u. 19 S.) 903. — 27. (X, 308, 70, 78 u. 21 S.) 904. — 28. (X, 324, 96, 79 u. 25 S.) 904. — 29. (X, 284, 96, 102 u. 30 S.) 905. — 30. (X, 316, 80, 61 u. 24 S.) 905.

— dasselbe, 31. u. 32. Bd. (Neue Folge XII. u. XIII. Bd.) (X, 385, 60, 56, 24 u. X, 310, 69, 72 u. 18 S.) gr. 8. Ebd. 906. à n. 6. —; geb. in Halbfrz. à n.n. 7. 50

— dasselbe. Gesamtregister zu Bd. XX—XXX. (IV, 438 S.) gr. 8. Ebd. 906. n. 6. —; geb. n.n. 7. 50

— für Entscheidungen des Kammergerichts in Sachen der freiwilligen Gerichtsbarkeit, in Kosten-, Stempel- u. Strafsachen v. Rhold. Johow u. Vikt. Ring. 33.—39. Bd. (Neue Folge XIV.—XX. Bd.) gr. 8. Berlin, F. Vahlen. à 6.—; geb. in Halbfrz. à n 7. 50
33. (X, 335, 41, 94, 19 S.) 907. 6.—; geb. 7. 50
34. (X, 344, 58, 58 u. 23 S.) 907. 6.—; geb. 7. 50
35. (X, 370, 40, 57 u. 20 S.) 908. 6.—; geb. 7. 50
36. (X, 274, 73, 133 u. 25 S.) 909. 6.—; geb. n 7.50; Abtlg. B, Kosten- u. Stempelsachen, allein (73 S.) 1. —
37. (X, 325, 72, 81 u. 24 S.) 909. 6.—; geb. n 7.50; Abtlg. B, Kosten u. Stempelsachen, allein (72 S.) 1. —
38. (X, 336, 79, 72 u. 28 S.) 910. 6.—; geb. 7.50; Abtlg. B, Kosten- u. Stempelsachen. (79 S.) allein 1. —
39. (X, 312, 108, 87 u. 26 S.) 910. 6.—; geb. 7.50; Abtlg. B, Kosten- u. Stempelsachen. (108 S.) allein 1. —

Jahrbuch für Entscheidungen des Reichsgerichts, des Reichsversicherungsamtes, des Oberverwaltungsgerichts, des Kammergerichts u. des Oberlandeskulturgerichts aus d. Geb. d. Preuß. Agrar-, Jagd- u. Fischerei-Gesetzgebung sowie d. Arbeiterversicherung u. d. Strafrechts. Hrsg. von W[ilhelm] Schultz, Landforstmeister a. D. Bd 1. Berlin: J. Springer 1904. 8° [J.] [u6. 1906]

— für Entscheidungen des Reichsgerichts, des Reichs-Versicherungsamtes, des Oberverwaltungsgerichts, des Kammergerichts u. des Oberlandeskulturgerichts aus dem Gebiete der preußischen Agrar-, Jagd- u. Fischerei-Gesetzgebung, sowie der Arbeiterversicherung u. des Strafrechts. Hrsg. v. W. Schultz. 1.—3. Bd. 1904—1906. à 2 Hfte. gr. 8. Berlin, J. Springer. à Bd. n. 4. —
1. (XXXVI, 348 S.) 904. n. 4. —
2. Mit e. Zusammenstellg. v. Rechtsprüchen aus Entscheidgn. vor 1902. (XXVIII, 278 S.) 905. n. 4. —
3. (XXXI, 282 S.) 906. n. 4. —

— Entscheidungen des Reichsgerichts, des Reichsversicherungsamtes, des Oberverwaltungsgerichts, des Kammergerichts u. des Oberlandeskulturgerichts aus dem Gebiete der preuß. Agrar-, Jagd- u. Fischereigesetzgebung, sowie der Arbeiterversicherung u. des Strafrechts. Hrsg. v. W. Schultz. 4.—6. Bd. 1907—1909. à 2 Hefte. (XXX, 316; XXVIII, 351 u. XXV, 368 S.) gr. 8. Berlin 907—09. J. Springer. à Bd. 4. —

— dasselbe. 7. Bd. 1910. 1. Heft. (168 S.) gr. 8. Ebd. 910. 2. —

Jahrbuch der Entscheidugen auf dem Gebiete des Zivil-, Handels- u. Prozeßrecht, s. Jahrbuch der Entscheidungen zum Bürgerlichen Gesetzbuch ...

— s. Entscheidungen auf dem Gebiete des Zivil- usw. Rechts, Fortsetzg., s.: Warneyer, Otto.

Jahrbuch der Erfindungen. Gegründet v. H. Hirzel. Jg 1-31. Leipzig 1865 - 95.

JAHRBUCH DER ERFINDUNGEN. Alphabetisches Sach- und Namen-Register zu dem I bis V Jahrgange. Leipzig, 1869. 12mo.

Jahrbuch der Erfindungen. Herausgegeben von Gretschel und Bornemann, später: Begründet von Gretschel und Bornemann, herausgegeben von Berberich u. A. Jahrgang 26, 27. Leipzig 1890 und 1891. 8. Ferner: Jahrgang 29—36. Leipzig 1893—1900. 8.

Jahrbuch der Erfindungen. 4. Jahrg. 1904. Lex.-8°. (280 Sp.) Teschen: Prochaska 1904. K 1.20

Jahrbuch der Erfindungen. VI. Jahrg. 1906. Lex.-8°. (254 Sp.) Ebd. geb. K 1.80, Ganzleinwand geb. K 2.40

Jahrbuch der Erfindungen. 9. Jahrg. 1909 [Karl Prochaskas illustr. Jahrbücher.] Lex.-8°. (204 Sp.) Ebd. K 1.80, geb. K 2.40

—— der Erfindungen u. Entdeckungen, s. Leng, Heinr.

—— über die Erfindungen und Fortschritte auf dem Gebiete der Maschinentechnik und mechanischen Technologie. Hrsg. von Friedr. Neumann. 1. und 2. Jahrg. 1873 und 1874. à 8 Hefte. gr. 8. (à ca. 300 S. mit lithogr. Taf. in Fol. und eingedr. Holzschn.) Halle, Knapp's Verlag. à Heft *M. 1,20.; à Jahrg. * 9 60

—— über die Erfindungen und Fortschritte auf dem Gebiete der Maschinentechnik und mechanischen Technologie. Hrsg. von Friedr. Neumann. 3.—5. Jahrg. 1875—1877. à 8 Hefte. gr. 8. (336 S. mit 11 lithogr. Taf. und eingedr. Holzschn.; 348 S. mit 10 lithogr. Taf. und eingedr. Holzschn.; 352 S. mit 10 lithogr. Taf. und eingedr. Holzschn.) Halle, Knapp's Verlag. à Heft *M. 1,20.; à Jahrg.

— für die Erfindungen u. Fortschritte auf dem Gebiete der Maschinentechnik u. mechanischen Technologie. Hrsg. v. Frdr. Neumann. 6—8. Jahrg. [1877—1880]. à 10 Hfte. Mit (lith.) Taf. u. (eingedr.) Holzschn. gr. 8. (à Hft. 2 B.) Leipzig, Knapp. à Hft. n. 1. 20

—— der Erfindungen und Fortschritte auf den Gebieten der Physik und Chemie, der Technologie und Mechanik, der Astronomie und Meteorologie. Hrsg. von H. Hirzel und H. Gretschel. 1.—3. Jahrg. 8. Leipzig 865—67, Quandt und Händel. [1. Jahrg. (VIII und 395 S.) * 1 Thlr. 15 Ngr., 2. (VIII und 373 S. mit eingedr. Holzschn.) * 1 Thlr. 15 Ngr., 3. (VIII und 439 S. mit eingedr. Holzschn.) * 1 Thlr. 20 Ngr.] *

Jahrbuch der Erfindungen und Fortschritte auf den Gebieten der Physik und Chemie, der Technologie und Mechanik, der Astronomie und Meteorologie. Hrsg. von H. Hirzel und H. Gretschel. 4.—10. Jahrg. 1868—1874. 8. Leipzig, Quandt und Händel. [4. Jahrg. (VIII, 414 S. mit 36 in den Text gedr. Abbild. in Holzschn.) *M. 5.; 5. Jahrg. (VIII, 416 mit 43 in den Text gedr. Abbild. in Holzschn.) *M. 5.; 6. Jahrg. (VIII, 472 S. mit 50 in den Text gedr. Abbild. in Holzschn.) *M. 5,75.; 7. Jahrg. (XV, 389 S. mit 46 in den Text gedr. Abbild.) *M. 5,25.; 8. Jahrg. (XV, 396 S. mit 36 in den Text gedr. Abbild.) *M. 5,25.; 9. Jahrg. (VIII, 366 S. mit 38 in den Text gedr. Abbild. in Holzschn.) *M. 5,25.; 10. Jahrg. (VIII, 414 S. mit 27 in den Text gedr. Abbild. in Holzschn.) *M. 5,50.] * 37 —

—— dass. — Alphabetisches Sach- und Namen-Register zu dem 1.—5. Jahrg. 8. (28 S.) Ebendas. 869. * — 60

— dasselbe. Hrsg. v. H. Gretschel u. G. Wunder. 11. Jahrg. 1875. Mit 59 Holzschn. im Text. 8. (VII, 416 S.) Ebend. n. 5. 60

— dasselbe. 12. Jahrg. Mit 31 Holzschn. im Text. 8. (VIII, 459 S.) Ebend. 876. n. 6. —

— der Erfindungen u. Fortschritte auf den Gebieten der Physik u. Chemie, der Technologie u. Mechanik, der Astronomie u. Meteorologie. Hrsg. von H. Gretschel u. G. Wunder. 13—18. Jahrg. Mit Holzschn. im Text. 8. (VI, 460; IV, 451; VIII, 460; V, 409; VI, 442 u. VI, 451 S.) Leipzig 877—82. Quandt & Händel. à n. 6. —

— der Erfindungen u. Fortschritte auf den Gebieten der Physik u. Chemie, der Technologie u. Mechanik, der Astronomie u. Meteorologie. Hrsg. v. G. Gretschel u. G. Bornemann. 19—22. Jahrg. Mit Holzschn. im Text. 8. (à ca. VIII, 438 S.) Leipzig 883—86. Quandt & Händel. à n. 6. —

— der Erfindungen u. Fortschritte auf den Gebieten der Physik u. Chemie, der Technologie u. Mechanik, der Astronomie u. Meteorologie. Hrsg. v. H. Gretschel u. G. Bornemann. 23.—26. Jahrg. 8. (VI, 404 S. m. 30 eingedr. Holzschn.; VI, 408 S. m. 48 eingedr. Holzschn.; VI, 436 S. m. 30 eingedr. Holzschn.; VI, 382 S. m. 21 eingedr. Holzschn.) Leipzig 887—889. Quandt & Händel. à Jahrg. n. 6. —

— der Erfindungen u. Fortschritte auf den Gebieten der Physik u. Chemie, der Technologie u. Mechanik, der Astronomie u. Meteorologie. Hrsg. v. H. Gretschel u. G. Bornemann. 27. Jahrg. Mit 24 Holzschn. im Text. 8. (VI, 391 S.) Leipzig 891. Quandt & Händel. n. 6. —

— dasselbe. Hrsg. v. H. Gretschel, G. Bornemann, A. Berberich u. Otto Müller. 28. Jahrg. 8. (VIII, 386 S. m. 29 Holzschn.) Ebd. 892. n. 6. —

— dasselbe auf den Gebieten der Physik, Chemie u. chemischen Technologie, der Astronomie u. Meteorologie. Hrsg. v. A. Berberich, G. Bornemann u. Otto Müller. 29. u. 30. Jahrg. 8. (VI, 388 S. m. 20 Holzschn.; VI, 389 S. m. 28 Holzschn.) Ebd. 893. 894. à Jahrg. n. 6. —

— der Erfindungen u. Fortschritte auf d. Gebieten d. Physik, Chemie u. chem. Technologie, d. Astronomie u. Meteorologie. Begr. v. H. Gretschel u. H. Hirzel. Hrsg. v. A. Berberich, G. Bornemann u. Otto Müller. 31.—34. Jahrg. 8. Leipzig, Quandt & Händel. à Jahrg. n. 6.—
31. (VI, 379 S. m. 18 Holzschn.) 895.
32. (VI, 380 S. m. 14 Holzschn.) 896.
33. (VI, 384 S. m. 19 Holzschn.) 897.
34. (VI, 384 S. m. 18 Holzschn.) 898.

— der Erfindungen u. Fortschritte auf den Gebieten der Physik, Chemie u. chem. Technologie, der Astronomie u. Meteorologie. Begründet v. H. Gretschel u. H. Hirzel. Hrsg. v. A. Berberich, G. Bornemann u. Otto Müller. 35.—37. Jahrg. 8. Leipzig, Quandt & Händel. à n. 6. —
35. (VI, 387 S. m. 10 Holzschn.) 899. — 36. (VIII, 398 S. m. 12 Holzschn.) 900. — 37. (VI, 400 S. m. 14 Holzschn.) 901.

Jahrbuch d. neuesten und wichtigsten Erfindungen und Entdeckungen, sowohl in den Wissenschaften, Künsten u. Manufakturen u. Handwerken, als in Land- und Hauswirthschaft. Mit Berücksichtigung der neuesten deutschen und ausländischen Literatur. Herausg. von H. Leng. Jhg. 1—3. Ilmenau 1824—1826. gr. 12.

Jahrbuch der neuesten und wichtigsten Erfindungen und Entdeckungen; von H. Leng. Bd. 1—9. Ilmenau 1824—33. 8.

Leng, H. (Herausgeber): „Jahrbuch der neuesten und wichtigsten Erfindungen und Entdeckungen, sowohl in den Wissenschaften, Künsten, Manufakturen und Handwerken, als in der Land- und Hauswirthschaft", Ilmenau 1826—1834 (Voigt).

Jahrbuch zur Erläuterung der Denkwürdigkeiten des schönen Geschlechts. Offenbach 1783—84. V: *Jahn, Georg Wilh. Frdr.* (Ky)

— zur Erläuterung der Denkwürdigkeiten des schönen Geschlechts. (Von G. W. Fr. Jahn.) 2 Bde. 8. Offenb. 783, 84. Brede. 22 gl.

Verein Berliner Getreide- u. Produkten-Händler. Jahrbuch über die Ernten und den Handel in Getreide. [1.] Im J. 1908. Berlin 1908: Denter & Nicolas. 8°

Jahrbuch über die Ernten und den Handel in Getreide im Jahre 1908. Verein Berliner Getreide- und Produkten-Händler (E. V.), Berlin.
Dasselbe im Jahre 1909. 1910. 1911.

Jahrbuch des Erz- und Riesengebirges. Herausgegeben von *Klemens* Ritter v. *Weyhrother* und Dr. *Stanisl. Neumann.* II. Jahrg. *Prag* 1858. Druck von *Friedr. Rohlíček.* VI. 520 S. 1 Bl. kl. 8°.

Der Ertrag ist zur Errichtung und Erhaltung von Industrieschulen im böhmischen Erz- und Riesengebirge bestimmt.

Enthält unter And.: Dialect-Gedichte aus dem böhm. Niederlande von *Cölest. Johne.* — Sagen aus dem Riesengebirge von Dr. *Joh. Nep. Vogl.* — Reiseskizzen von *Kleroth:* Hohenelbe. Die Adersbacher- und Weckelsdorfer Felsen. Die Aupathäler. Die Hübnerbaude. Der Aupafall. Die grossen Teiche. Die Peterbaude etc. — National-ökonom. Blätter. — Associationsgeist und Landwirthschaft. Von Dr. *Stan. Neumann.* — Studien aus dem böhm. Erzgebirge von *Theod. Plsling.*

—— des Erz- und Riesengebirges. Hrsg. vom Central-Comité zur Beförderung der Erwerbsthätigkeit der böhm. Erz- und Riesengebirgsbewohner, unter Redact. des Comité-Mitgliedes Klemens Ritter v. Weyhrother. 3. Jahrg. 1869. gr. 16. (XI, 463 S. mit Titelbild in Stahlst., 1 Stnt. und 1 Stahlst. in 8. und qu. 4.) Prag, Calve'sche Universitäts-Buchh. geb. * 4 —
geb. mit Goldschn. * 6 —

— — des Erz- und Riesengebirges. Herausgegeben vom Central-Comité zur Beförderung der Erwerbsthätigkeit der böhmischen Erz- und Riesengebirgsbewohner unter Redaction des Comité-Mitgliedes Klemens Ritter von Weyhrother. 3. Jahrg. Mit einem illustrirten Titelblatt und 2 Kunstbeilagen. 1869. 8. (XI u. 612 S.) Prag. Calve'sche U.-B. (D. Beyer in Comm. Eleg. geb. 2. fl., in Prachtband 3 fl.

—— des Erzgebirgs-Zweigvereins Chemnitz, s. Aufsätze, gemeinverständliche wissenschaftliche, üb. das Erzgebirge.

— des Erzgebirgsverein Chemnitz, Fortsetzung, s.: Erzgebirge, das.

—— evangelisches, s. a. Kalender, evangelischer.

— evangelisches, f. 1850. Mit Beiträgen v. Arndt, Becker, Fournier, Fröhlich, Gröschel, Grüneisen, Hartmann, Henry, Heubner, Köpke, Krummacher, Lange, Liebner, Vierz, Neander, Ranke, Schwab, Thomsen, Ullmann. Hrsg. v. Ferd. Piper. 8. (VIII u. 224 S.) Leipzig 850, B. Tauchnitz. n. ⅓ ꝛf. (daff. f. 1851, s.: Kalender, evangelischer.

—— evangelisches, für 1850. Mit Beiträgen von Arndt, Becker, Fournier ꝛc. Hrsg. von Ferd. Piper. 1. Jahrg. 2., verb. Aufl. 8. (XII und 288 S.) Berlin 853, Wiegandt und Grieben. *
Vgl.: Kalender, evangelischer.

—— evangelisches, für 1858—62. Hrsg. von F. Piper, s. Kalender, evangelischer.

Evangelisches Historisches Jahrbuch für Alle Deutsche Confessionen America's.
Published by Ernst Luft in 1878, then by Jacob & Johana Lanutz.
Pittsburgh, PA

— evangelisches historisches, für alle deutschen Confessionen Amerika's. Hrsg. von Jak. Conzett u. Joh. Lannitz, unter Mitwirkung mehrerer angesehener Prediger der verschiedenen evangelischen Benennungen dieses Landes. 1. Jahrg. gr. 8. (304 S. mit Holzschntaf.) Pittsburgh, Pa. 878. (Philadelphia, Schäfer & Koradi.) n. 5. —

Österreichische Ex libris-Gesellschaft. Publikation (7ff.: Jahrbuch). 1. Wien: Selbstverl. d. Gesellschaft 1903. 4° III. 3063

— für den Ex- u. Import Hamburgs. Export-Abtheilung des Hamburger Adressbuches f. den Handgebrauch der Exporteure u. der Exportagentur. 1906. (III, 280 S.) 4. Hamburg (Speersort 11), Hermann's Erben. Geb. n. 4. —
Erschien früher u. d. T.: Export-Jahrbuch.

— für den Ex- u. Import Hamburgs. Export-Abthlg. des Hamburger Adressbuches f. den Handgebrauch der Exporteure u. der Exportagenten. 1907—1909. (III, 280; III, 295 u. III, 295 S.) Lex. 8. Hamburg, Hermann's Erben. Geb. à 4. —

— der Export-Akademie des k. k. österreichischen Handels-Museums. 1.—3. Studienj. gr. 8. Wien, Verlag des österreich. Handels-Museums. n. 9. 50
1. 1898/99. (VI, 186 S.) 899. n. 3. —. — 2. 1899/1900. (271 S.) 900. n. 4. —. — 3. 1900/1901. (199 S.) 901. n. 2. 50.

— der Export-Akademie des k. k. österreichischen Handelsmuseums. 4.—7. Studienj. 1901/1902. 1902/1903. 1903/1904 u. 1904/1905. (239; III, 210; III, 131 u. III, 244 S.) gr. 8. Wien 903—905. Administration des österreich. Handels-Museums. à n. 3. —

— VIII—XII. der Export-Akademie d. k. k. österreichisch. Handelsmuseums. 8.—12. Studienj. 1905/06—1909/10. (III, 234; III, 240; III, 254; III, 477 u. III, 347 S.) gr. 8. Wien 907—10. Export-Akademie des k. k. österreich. Handelsmuseums. à 3. —

Jahrbuch für Fabrikanten. — vols. Prag, 1839–'44.

— für Fähnriche u. Fahnenjunker. Hrsg. v. Schaarschmidt. 1. Jahrg. 1900. gr. 16. (358 S.) Oldenburg, G. Stalling's Verl. Geb. in Leinw. n. 1. 75
Fortsetzung s.: Taschenbuch f. Fähnriche.

— für die christliche Familie, insbesondere f. die Mitglieder des Vereins der christl. Familien zu Ehren der hl. Familie v. Nazareth. Hrsg. v. e. Ordenspriester. 1. Jahrg. 1894. gr. 8. (XIV, 116 S. m. Titelbild, Abbildgn. u. Wandkalender.) Freising, Dr. F. P. Datterer. n. — 50

—— des deutschen Feuerlöschwesens. Hrsg. von Ludw. Jung. 8. (238 S.) München 871, Franz'sche Buchh. * 2 80

— des deutschen Feuerlöschwesens. Hrsg. von Ludw. Jung. 8. (224 S.) München 874. Freising, Datterer in Comm. n. 2. 80

—— des deutschen Feuerlöschwesens. Hrsg. von Ludw. Jung. 8. (224 S.) München 874, (Franz'sche Buchh.) *
Jahr 1872, 1873 und 1875 und Folge sind nicht erschienen.

Jahrbuch für die öffentlichen Feuerversicherungs-Anstalten in Deutschland, herausgegeben vom Bureau des Verbandes öffentlicher Feuerversicherungs-Anstalten. Kiel, seit 1900.

Jahrbuch für die öffentlichen Feuerversicherungs-Anstalten in Deutschland. Hrsg. v. Bureau d. Verbandes Öffentl. Feuerversicherungs-Anstalten in Deutschland. (Jg. 1.) 1906. Merseburg 1906: Stollberg. 8° In. 17378

Jahrbuch für die öffentlichen Feuerversicherungs-Anstalten in Deutschland. Hrsg. vom Bureau d. Verbandes öffentl. Feuerversicherungs-Anstalten in Deutschland zu Kiel. Jg. 4 ff. Kiel 1910 ff. 8°

— für die k. k. Finanzbeamten, s. a. Sterneck.

— für den Gebrauch der österreichischen k. k. Finanz-Beamten und der k. k. Finanzwache. Herausg. von K. v. Sterneck. (In 3 Abthlgn.) Graz 856, 57. Kienreich. (Leipzig, Haessel.) gr. 4. n. 7 ℛ. 8 ngr.
1. Abth.: Verordnungsheft. Juli 1856 — Juni 1857. 12 Hefte (à ca. 3 Bgn.). n. 4 ℛ. 20 ngr.
2. Abth.: Geschäfts- und Handbuch. 1857. (272 S. u. 6 Tab. in Fol.) n. 1 ℛ. 24 ngr.
3. Abth.: Jahrbuch für die k. k. österreich. Finanzwache. 1857. (132 S.) n. 24 ngr.

Jahrbuch für den Gebrauch der österr. k. k. Finanz-Beamten und der k. k. Finanzwache. Herausgegeben von Karl Freiherrn v. Sterneck, k. k. Finanz-Bezirks-Kommissär und Finanzwach-Inspektor. 1te Abtheilung. September, October 1856. Gratz, 1856. Druck von Johann A. Kienreich. (S. 57—103. u. Beilage S. 9—24, 1—8. 4.)

Inhalt: Septemberheft. Dekrete und Verordnungen aus den Beilagenblättern sämmtlicher k. k. Finanz-Landes-Behörden. (Oktoberheft.) — Erlaß aus dem Reichsgesetzblatte. — Dekrete und Auszüge aus Entscheidungen des hohen k. k. Finanz-Ministeriums, welche über Anfragen und spezielle Fälle erflossen und weder im Verordnungsblatte noch in den Beilagblättern enthalten sind. (Oktoberheft.) — Beilagen: Zusammenstellung der, über die Diäten und Reisegebühren-Aufrechnung der Beamten und Diener, sowohl bei den Finanz-Landes-Direktionen, als auch bei den ausübenden Gefällsämtern, dann über die Gebühren der Militärbegleitung bei Geldtransporten bestehenden Vorschriften. (Oktoberheft.) — Oktoberheft Ein Gebührenfall. — Personalnachrichten. — Der allgem. österr. Zolltarif für die Ein-, Aus- und Durchfuhr. Berichtet und ergänzt von Johann Julius Wagner.

Jahrbuch für den Gebrauch der österr. k. k. Finanz-Beamten und der k. k. Finanzwache. Herausgegeben von Karl Freih. v. Sterneck, k. k. Finanz-Bezirks-Kommissär und Finanzwach-Inspektor. 1te Abtheil. Jänner—März 1857. Gratz. Druck von Josef A. Kienreich. 1. Hft. (S. 139—160. 2 Bl. S. 33—48 u. 25—40.) 2. Hft. (S. 161—180. 1 Bl. S. 49—56 und 41—48.) 3. Hft. (S. 181—196. 57—72. 1 Bl.)
Inhalt: Dekrete und Verordnungen aus den Beilagenblättern sämmtlicher k. k. Finanz-Landes-Behörden. — Dekrete und Auszüge aus Entscheidungen des hohen k. k. Finanz-Ministeriums, welche über Anfragen und spezielle Fälle erflossen und weder im Verordnungsblatte noch in den Beilagenblättern enthalten sind. (In jedem Hefte) Beilagen: — Zusammenstellung der, über die Diäten und Reisegebühren-Aufrechnungen der Beamten und Diener sowohl bei den Finanz-Landes-Direktionen, als auch bei den ausübenden Gefällsämtern, dann über die Gebühren der Militärbegleitung bei Geldtransporten bestehenden Vorschriften. (März.) — Der allgemeine österreichische Zolltarif für die Ein-, Aus- und Durchfuhr von Johann Julius Wagner. (Februar und März.) — Vorschrift über die Evidenzhaltung der Gebäudesteuer.

Jahrbuch für die k. k. österr. Finanzwache 1857. 3te Abtheilung des Jahrbuches für den Gebrauch der österr. k. k. Finanz-Beamten und der Finanzwache. Herausgegeben von Karl Freih. v. Sterneck. Grätz. Josef A. Kienreich. Druck und in Kommission. (130 S. 1 Bl. 4.) ungeh.

—— für die k. und k. österreichisch-ungarischen Finanz-Beamten und Finanz-Wachkörper. 16. Jahrg. 1877. Lex.-8. (XXIV, 144 S.) Salzburg. (Wien, F. Beck.)
Nicht weiter erschienen.

—— für die k. k. österreichischen und königl. ungarischen Finanz-Beamten und Finanz-Wachkörper. 1881—1884. Hrsg. von Carl Frhrn. v. Sterneck. XX—XXIII. Lex.-8. (à Jahrg. ca. 150 S.) Salzburg, (Dieter.) à Jahrg.

—— für die k. k. österreichischen und königl. ungarischen Finanz-Beamten und Finanz-Wachkörper. 1885—1890. Hrsg. von Carl Frhrn. v. Sterneck. XXIV—XXIX. Lex.-8. (à Jahrg. ca. 150 S.) Salzburg, (Dieter.) à Jahrg.

— finanzielles. Prakt. Hand- u. Nachschlagebuch f. alle Wertpapier-Interessenten. (Einbd.: Spangenthal's finanz. Jahrbuch.) Jahrg. 1908. 8. (IV, 682 S.) Berlin, Verlag v. Spangenthal's finanz. Jahrbuch. Geb. in Leinw. n. 5. —

— finanzielles, Fortsetzg, s.: Spangenthal.

Jahrbuch, Finanzielles, des Mercur für 1891. Authentischer Verlosungs-Anzeiger aller österreichischen und ausländischen Lotterie-Effecten, aller verlosbaren Staats- und Privat-Obligationen, Eisenbahn- und Industrie-Actien und Prioritäts-Obligationen, Pfandbriefe etc. etc. Nach officiellen Quellen verfaßt u. redigirt von Dr. Carl Rausch. Fol. (XII, 132 S.) Für Abonnenten des Mercur gratis, für Nicht-Abonnenten * 1.—
Wien: Administration des 'Mercur' 1891.

Jahrbuch, finanzielles, f. Oesterr.-Ungarn 1899/1900. Hrsg. v. Gust. J. Wischniowsky. 8. Jahrg. (Continental-Compass 2. Thl.) gr. 8. (XXX, 1234 S.) Wien (VIII/1, Piaristengasse 36), Administration. Geb. in Leinw. n. 14.50

Finanzielles Jahrbuch für Oesterreich-Ungarn 1901. Herausgegeben von Gustav J. Wischniowsky. IV. Jahrgang. Wien. [1900.] [In Comm. Konegen.] 8°. XXVIII, 1336, XLVIII S. Geb. K 17.—

— dasselbe 1902. 5. Jahrg. gr. 8. (XXX, 1502 S.) Wien (M. Perles). Geb. in Leinw. n. 20. —
Fortsetzung s.: Compass.

Jahrbuch, Finanzielles und wirtschaftliches, für Japan. Hrsg. vom Kaiserl. Finanzministerium. Jg. 5—9. 1905—1909. Tokio

— finanzielles u. wirtschaftliches, f. Japan. Hrsg. vom kaiserl. Finanzministerium. 7.—9. Jahrg. 1907—1909. (VI, 195 u. 31 S. m. 1 Karte u. 6 Taf.; VII, 200 u. 20 S. m. 1 Karte u. 5 Taf. u. VII, 182 u. 19 S. m. 1 farb. Karte u. 5 Taf.) Lex. 8. Tokio (907—09). (Bremen, M. Nössler.) à 6. —

— f. d. deutschen Fleischer-Verband 1899. Hrsg. im Verlage d. Fleischer-Innung Fulda v. Gg. Schwarz u. Ant. Schwarz. 12. (160 S. u. Schreibkal. m. 5 eingedr. Bildn.) Leipzig (Jüstel & Göttel). Geb. in Leinw. n. 1. —

— für den deutschen Fleischerverband 1903. Hrsg. im Verlage der Fleischer-Inng. Fulda v. Gg. Schwarz u. Ant. Schwarz. 12. (XVI S., Schreibkalender u. 116 S.) Leipzig (Jüstel & Göttel). Geb. in Leinw n. 1. —

— für den deutschen Fleischerverband 1904. Hrsg. im Verlage der Fleischer-Inng. Fulda v. Gg. Schwarz u. Ant. Schwarz. (XVI S., Schreibkalender u. 114 S.) 12. Leipzig (Jüstel & Göttel). Geb. in Leinw. n. 1. —

— des deutschen Flotten-Vereins. 1900. Hrsg. vom Sekretariat des deutschen Flotten-Vereins. 8. (V, 697 S. m. Abbildgn., 2 Bildnissen u. 4 Karten.) Berlin, E. S. Mittler & Sohn. Geb. in Leinw. n. 4. —

— dasselbe 1901 u. 1902. Hrsg. v. deutschen Flotten-Verein. Schriftleitung: Rich. Zimmermann. 2. u. 3. Jahrg. 8. (VI, 686 S. m. Abb. u. 6 Karten u. VI, 483 S. m. Abb.) Ebd. Geb. in Leinw. à n. 2. 50
Erscheint nicht weiter.

Jahrbuch der Schweizerischen Football-Association 1909/10. 1. Ausg. [Illustriert.] 52 S. 8. Bern, F. R. Widmer. [1910]. [fr. 1. 80]

Jahrbuch für psychoanalytische und psychopathologische Forschungen. Hrg. von Prof. Dr. E[ugen] Bleuler in Zürich, und Prof. Dr. S(igmund) Freud in Wien. Redigiert von Dr. C[arl] G[ustav] Jung, Privatdozenten ... in Zürich. Band 1. (2 Hälften.) [Mit Figuren.] VI + II + 594 S. 8. Leipzig und Wien, Franz Deuticke. 1909. [je M. 7. —]

Jahrbuch für psychoanalytische und psychopathologische Forschungen. Hrg. von Prof. Dr. E[ugen] Bleuler in Zürich, und Prof. Dr. S(igmund) Freud in Wien. Redigiert von Dr. C[arl] G[ustav] Jung ... in Zürich. Band 2. (2 Hälften.) [Mit 1 Figur.] IV + 747 S. 8. Leipzig und Wien, Franz Deuticke, 1910. [je M. 8. —]

—— der k. k. Forst-Akademie in Marienbrunn. 1. Jahrg. Für die Schulj. 1868—1869. gr. 8. (IV, 203 S. mit eingedr. Holzschn. und 6 Stnt. in qu. 4. und qu. Fol.) Wien 870, (Braumüller.) * 4 —

—— der preußischen Forst- und Jagd-Gesetzgebung und Verwaltung. Hrsg. von Bernh. Danckelmann. Im Anschluß an das Jahrbuch im Forst- und Jagd-Kalender für Preußen 1. bis 17. Jahrg. [1851—1867] redig. von W. F. Schneider. 1. Bd. 4 Hefte. gr. 8. (VII, 224 S.) Berlin 867—69, Springer's Verlag. à Heft *M 1. * 4 —
—— dass. — 2. Bd. 3 Hefte. gr. 8. (VI, 252 S. mit lithogr. Taf.) Ebendas. 869. à Heft *M 1,20. * 3 60
—— dass. — 3. Bd. 3 Hefte. gr. 8. (208 S.) Ebendas. 870. à Heft *M 1. * 3 —
—— dass. — 4. und 5. Bd. à 3 Hefte. gr. 8. (VII, 210; IV, 204 S.) Ebendas. 872.
1. Heft à *M 1,20.; 2. und 3. Heft *M 1,60.; à Bd. * 2 80
—— dass. — 6. Bd. 2 Hefte. gr. 8. (158 S.) Ebendas. 874. 1. Heft *M 1,20.; 2. Heft *M 1. * 2 20
—— dass. — 7. Bd. 3 Hefte. gr. 8. (VI, 237 S. mit Beilage 27 S.) Ebendas. 874. * 3 60

—— der preußischen Forst- und Jagdgesetzgebung und Verwaltung. Hrsg. von Bernh. Danckelmann. Im Anschluß an das Jahrbuch im Forst- und Jagd-Kalender für Preußen 1. bis 17. Jahrg. [1851—1867] redig. von O. Mundt. 8. Bd. 3 Hefte. gr. 8. Berlin, Springer. [1. Heft. (S. 1—258.) 875. *M 3,20.; 2. Heft. (S. 259—384.) 876. *M 1,60.; 3. Heft. (S. 385—482.) 876. *M 1,60.] *

—— dass. — 9. Bd. 3 Hefte. gr. 8. Ebendas. [1. Heft. (S. 1—292.) 877. *M 4.; 2. Heft. (S. 293—476.) 877. *M 2,80.; 3. Heft. (VIII, S. 477—537.) 878. *M 1,20.] *

—— dass. — 10. Bd. 3 Hefte. gr. 8. Ebendas. [1. und 2. Heft. (S. 1—360.) 878. *M 4,60.; 3. Heft. (V, S. 361—396.) 879. * 60 Pf.] *

—— dass. — 11. Bd. 2 Hefte. gr. 8. (177 S.) Ebendas. 879. *
Für Abonnenten der Zeitschrift für Forst- und Jagdwesen *

— dasselbe. 12—14. Bd. à 4 Hfte. gr. 8. (à Bd. ca. IV, 362 S.) Ebend. 881. 82. à Bd. n. 4. —; f. die Abonnenten d. Zeitschr. f. Forst- u. Jagdwesen à n. 3. —

— der preußischen Forst- u. Jagdgesetzgebung u. Verwaltung. Hrsg. v. Bernh. Danckelmann. Im Anschluß an das Jahrbuch im Forst- u. Jagd-Kalender f. Preußen 1. bis 17. Jahrg. [1851—1867] red. v. O. Mundt. 15—18. Bd. à 4 Hfte. gr. 8. (à Hft. 84 S.) Berlin 883—86. Springer. à Bd. n. 4. —; f. die Abonnenten der Zeitschr. f. Forst- u. Jagdwesen à n. 3. —

— der preußischen Forst- u. Jagdgesetzgebung u. Verwaltung. Hrsg. v. B. Danckelmann. Im Anschluß an das Jahrbuch im Forst- u. Jagd-Kalender f. Preußen 1.—17. Jahrg. [1851—1867] red. von O. Mundt. 19.—22. Bd. à 4 Hfte. gr. 8. (à Hft. ca. 80 S.) Berlin 887—890. Springer. à Bd. n. 4. —; f. die Abonnenten der Zeitschr. f. Forst- u. Jagdwesen n. 3. —

—— dass. — Gesammtregister f. Bd. 1—20. (Jahrg. 1869—1888.) gr. 8. (VIII, 80 S.) Ebd. 889. * 1 40

— der preußischen Forst- u. Jagdgesetzgebung u. Verwaltung. Hrsg. v. Bernh. Danckelmann. Im Anschluß an das Jahrbuch im Forst- u. Jagd-Kalender f. Preußen 1. bis 17. Jahrg. [1851—1867] red. v. O. Mundt. 23.—26. Bd. à 4 Hfte. gr. 8. (à Hft. ca. 80 S.) Berlin 891—894. J. Springer. à Jahrg. n. 4. —; f. die Abonnenten der Zeitschr. f. Forst- u. Jagdwesen n. 3. —

— d. preuß. Forst- u. Jagdgesetzgebung u. Verwaltg. Hrsg. v. Bernh. Danckelmann. Im Anschl. an d. Jahrbuch im Forst- u. Jagd-Kalender f. Preußen 1.—17. Jahrg. [1851—1867] red. v. O. Mundt. 27.—30. Bd. à 4 Hfte. (à ca. 5 Bog.) gr. 8. Berlin 895—898. J. Springer. à Bd. n. 4. —; f. d. Abonnenten der Zeitschr. f. Forst- u. Jagdwesen n. 3. —

— dasselbe. Gesammtregister f. Bd. 21 bis 30. (Jahrgang 1889 bis 1898.) gr. 8. (VIII, 53 S.) Ebd. 900. n. 1.20

— der preußischen Forst- u. Jagdgesetzgebung u. -Verwaltung. Hrsg. v. Paul Riebel. Im Anschluß an das Jahrbuch im Forst- u. Jagd-Kalender f. Preußen. 1. bis 17. Jahrg. (1851—1867.) 31.—34. Bd. à 4 Hfte. gr. 8. (VIII, 316; VIII, 336; VIII, 258 u. VIII, 214 S.) Berlin 902. J. Springer. à Bd n. 4. —; f. Abonnenten d. Zeitschr. f. Forst- u. Jagdwesen à Bd. n. 3. —
Die Bände 31 u. 32 sind v. B. Danckelmann hrsg. u. v. O. Mundt redigiert.

— der preußischen Forst- u. Jagdgesetzgebung u. -Verwaltung. Hrsg. v. Paul Riebel u. Wilh. Weise. Im Anschluß an das Jahrbuch im Forst- u. Jagd-Kalender f. Preußen 1. bis 17. Jahrg. (1851—1867) red. v. A. Dimmel. 35.—37. Bd. 1903—1905. à 4 Hefte. (VI, 206; VI, 265 u. VII, 266 S.) gr. 8. Berlin, J. Springer. à Bd. n. 4. —; f. Abnehmer der Zeitschrift f. Forst- u. Jagdwesen à n. 3. —
Erscheint nicht mehr.

— dasselbe. Gesamtregister f. Bd. 31—37. (Jahrg. 1899—1905.) (VIII, 34 S.) gr. 8. Ebd. 905. n. 1. —

— forstliches, für Oesterreich-Ungarn. Hrsg. von Jos. Wessely. 1. Jahrg. für 1880. Oesterreich als Ganzes dargestellt f. d. Interessenten des Forstwesens nach dem Stande der Dinge u. der Forschung von 1877—1879. gr. 8. (VIII, 291 S.) Wien 879. Fromme. 8. —

— dasselbe. 2. u. 3. Jahrg. für 1881 u. 1882. gr. 8. Ebend. 881. n. 14. —

Oesterreichs Donauländer [Ober- u. Niederösterreich mit Wien] dargestellt für die Interessenten des Forstwesens nach dem Stande der Dinge u. der Forschung von 1878—80 von Jos. Wessely. 1. Thl.: General-Gemälde der Donauländer. (VIII, 271 S.) n. 8. —

— dasselbe. 2. Thl. Specialgemälde der Donauländer u. der Weltstadt Wien. (VIII, 181 S.) n. 6. —

Jahrbuch des Schlesischen Forstvereins. - 1868-1932.
Früher s.: Verh. d. Schles. Forstver.
Forts. s.: Jb. d. Gr. Preussen-Schlesien i. Dtsch. Forstver.

JAHRBUCH DES SCHLESISCHEN FORST-VEREINS für ...
Herausgegeben von AD. TRAMNITZ.
für 1868. (Mit Tafeln.) ib. 1868. — für 1869. (Mit Tafeln) ib. 1870. — für 1870. (Mit Tafeln.) ib. 1871. In Commission von E. Morgenstern. — für 1871. ib. 1872. — für 1872. Nebst 56 Holzschnitten und einem Atlas mit 10 lithographirten Tafeln in Folio. ib. 1873. E. Morgenstern. — für 1873—1875. ib. 1874—1876. — für 1876. Mit 13 Holzschnitten. ib. 1877. — für 1877. ib. 1878. — für 1878. Mit einer lithographirten Tafel. ib. 1879. — für 1879. ib. 1880. — für 1880. ib. 1881. — für 1881—1884. ib. 1882—1885. —
Herausgegeben von FRHR. v. d. RECK.
für 1885. ib. 1886. — für 1886. ib. 1886. — für 1887. ib. 1887. — [angebunden:] Führer zur Excursion des Schlesischen Forstvereins am 15. Juli 1887 durch den Forsten der Stadt Patschkau (Oberförsterei Obergostitz) in Oesterreich-Schlesien. (Mit 1 Karte.) — für 1888. ib. 1889. — für 1889. (Mit 1 Karte.) ib. 1890. — für 1890. (Mit 1 Karte.) ib. 1891. —
Herausgegeben von SCHIRMACHER.
für 1891. (Mit 1 Karte.) ib. 1892. — für 1892. (Mit 1 Karte.) ib. 1893. — für 1893. (Mit 1 Tafel.) ib. 1894. — für 1894. (Mit 2 Tafeln.) ib. 1895. — für 1895. (Mit 3 Tafeln.) ib. 1896. — für 1896. (Mit 2 Plänen.) ib. 1897. — [angebunden:] Führer für die Excursion des Schlesischen Forstvereins am 4. Juli 1896 durch die Schutzbezirke Klodnitz und Lenkau der königlichen Oberförsterei Cosel. — für 1897. ib. 1898. — [angebunden:] Führer für die Excursion des Schlesischen Forstvereins am 10. Juli 1897 durch den Grosswald und den Niederwald der Charité-Oberförsterei Crummendorf. (Mit 1 Plan.)
für 1898. ib. 1899. — für 1899. ib. 1900. — [angebunden:] Geschichtliches und Allgemeines über die Stadt Grünberg i. Schl. und ihren Forst für die 57. General-Versammlung des Schlesischen Forst-Vereins vom 6. bis 8. Juli 1899 zu Grünberg in Schlesien. (Mit 1 Plan.) Grünberg i. Schl. Löbner & Co. — für 1900. ib. 1901. — [angebunden:] (Excursion des Schlesischen Forstvereins in die Herzogl. Ratibor'schen Oberförstereien Ratibor u. Rauden im Jahre 1900. Mit 1 Plan.) — für 1901. ib. 1902. — [angebunden:] Führer für die Exkursionen des Schlesischen Forstvereins durch den Habelschwerdt'er Stadtforst am 2. und 3. Juli 1901. (Mit 1 Plan.) Schweidnitz, Max Gebauer. — für 1902. ib. 1903. — [angebunden:] Führer für die Exkursion des Schlesischen Forstvereins am 5. Juli 1902 in den Löwenberger Stadtforst. Mit 1 Karte. Schweidnitz, Max Gebauer. — für 1903. ib. 1904. — [angebunden:] Führer für die Exkursion des Schlesischen Forstvereins am 27. Juni 1903 durch die Königliche Oberförsterei Bodland. (Mit 1 Plan.) —
Herausgegeben von HELLWIG.
für 1904. ib. 1904. — [angebunden:] Geschichte des Rittergutes Postel. Anläßlich der am 4., 5. und 6. Juli 1904 in Militsch tagenden 62. General-Versammlung des Schlesischen Forstvereins. Unter besonderer Berücksichtigung der forstlichen Verhältnisse von HEINRICH von SALISCH. (Mit 1 Plan.) Schweidnitz, Max Gebauer. — für 1905. ib. 1906. — [angebunden:] Kurze Beschreibung des Hirschberger Stadtwaldes und Führer für die Exkursion des Schlesischen Forstvereins durch die Schreiberhau- und Marienthal-Oberförsterei Schreiberhau am 5. Juli 1905. Hierzu 1 Karte. (Schweidnitz, Max Gebauer.) — für 1906. ib. 1907. — [angebunden:] Aus der Vergangenheit von Gross-Strehlitz. Anlässlich der Generalversammlung des Schlesischen Forst-Vereins zu Gross-Strehlitz 1906 verfasst von Pastor Lic. D. EBERLEIN. (Mit 1 Karte.) (Gross-Strehlitz. Druck von Georg Hübner.) — für 1907. (Mit 1 Karte.) ib. 1908. — für 1908. (Mit 1 Karte.) ib. 1909. — für 1909. ib. 1910. — für 1910. ib. 1911. — [angebunden:] Führer zur Exkursion des Schles. Forstvereins durch die Oberförsterei Stoberau und den Brieger Stadtforst bei Gross-Leubusch am 6. Juli 1910. Hierzu 1 Karte. (Schweidnitz, Max Gebauer.) — für 1911. ib. 1912. — [angebunden:] Führer zu der Exkursion des Schlesischen Forstvereins in das Revier des Glogauer Stadtforstes im Juli 1911. Hierzu 1 Karte. (Schweidnitz, Max Gebauer.)

—— des schlesischen Forst-Vereins für 1868. Hrsg. von Ad. Tramnitz. gr. 8. (XI, 432 S. mit 5 Stnt. in qu. 4. und qu. Fol.) Breslau, (Morgenstern.) * 3 50

Jahrbuch des schlesischen Forst-Vereins für 1869—1871. Hrsg. von Ad. Tramnitz. gr. 8. Breslau, (Morgenstern.) [1869. (V, 474 S. mit 3 Stnt. in qu. 4.); 1870. (VI, 499 S. mit 1 Photogr.); 1871. (VI, 457 S. mit eingedr. Holzschn.)] à Jahrg. *

— dasselbe, f. 1872. Nebst 56 (eingedr.) Holzschn. u. e. Atlas mit 10 lith. Taf. in Fol. gr. 8. (VIII, 422 S.) Ebend. 873. n. 11. —

—— dass. — für 1873 und 1874. Hrsg. von Ad. Tramnitz. gr. 8. (VI, 512; V, 478 S.) Ebendas. à Jahrg. *

— des schlesischen Forst-Vereins für 1875—1878. Hrsg. von Ad. Tramnitz. gr. 8. (VI, 493; VI, 494 S. mit eingedr. Holzschn.; 470; IV, 352 S. mit 1 lithogr. Taf.) Breslau. Morgenstern. Jahrg. 1875—1877 à
Jahrg. 1878 *

—— des Schlesischen Forst-Vereins für 1879—1883. Hrsg. von Ad. Tramnitz. gr. 8. Breslau, Morgenstern. [1879. (VI, 382 S.) *M 5.; 1880. (VI, 429 S.) *M 6.; 1881. (V, 419 S.) *M 6.; 1882. (IV, 411 S.) *M 6.; 1883. (IV, 371 S.) *M 6.]

—— des schlesischen Forst-Vereins für 1884. Hrsg. von Ad. Tramnitz. gr. 8. (IV, 401 S.) Breslau, Morgenstern, Verlagsbuchh. [*M 6.—.] * 1 —
—— dass. — für 1885. Hrsg. von Frhr. v. der Reck. gr. 8. (52 S.) Ebendas. * — 80
—— dass. — für 1886 und 1887. Hrsg. von Frhr. v. der Reck. gr. 8. (VI, 389; VI, 356 S.) (Ebendas.) à Jahrg. * 6 —

— dasselbe, f. 1888. gr. 8. (VI, 279 S.) Ebd. n. 4. 50

— dasselbe, f. 1889. gr. 8. (VII, 447 S.) Ebd. n. 6. —

— des schlesischen Forst-Vereins f. 1890. Hrsg. v. Frhr. v. d. Reck. gr. 8. (VII, 260 u. 8 S. m. e. lith. Karte.) Breslau 891. E. Morgenstern's Verl. n. 3. 60

— dasselbe f. 1891--1893. Hrsg. v. Schirmacher. gr. 8. Ebd. n. 13. 50
1891. (VI, 308 u. 7 S. m. 1 lith. Karte.) 892. n. 4. —
1892. (VII, 364 u. 6 S. m. 1 Karte.) 893. n. 5. —
1893. (VII, 287 u. 11 S. m. 1 Plan.) 894. n. 4. 50

— des schlesischen Forstvereins f. 1894—1898. Hrsg. v. Schirmacher. gr. 8. Breslau, E. Morgenstern, Verl. n. 18. —
1894. (VI, 335 u. 12 S. m. Kurven u. 2 Plänen.) 895. n. 5. —
1895. (VII, 258 u. 21 S. m. Kurven u. 1 Plan.) 896. n. 4. —
1896. (VII, 339 u. 24 S. m. 2 Plänen.) 897. n. 5. —
1897. (VII, 286 u. 19 S. m. 1 Plan.) 898. n. 4. —

— des schlesischen Forstvereins f. 1898—1901. Hrsg. von Schirmacher. gr. 8. Breslau, E. Morgenstern, Verlag. n. 13. —
1898. (VI, 176 S.) 899. n. 2. —
1899. (VII, 334 S.) 900. n. 4. —
1900. (VII, 257 u. 11 S. m. 1 farb. Karte.) 901. n. 3. —
1901. (IX, 322 S.) 902. n. 4. —

— des schlesischen Forstvereins f. 1902—1905. gr. 8. Breslau, E. Morgenstern, Verl. n. 11. 80
1902. Hrsg. v. Schirmacher. (VI, 224 u. 15 S.) 903. n. 2. 80
1903. Hrsg. v. Schirmacher. (VII, 314 u. 7 S. m. 2 Karten.) 903. n. 3. —
1904. Hrsg. v. Hellwig. (IX, 308 S. m. 1 Karte.) 904. n. 3. —
1905. Hrsg. v. Hellwig. (VIII, 323 u. 8 S. m. 1 Karte.) 906. n. 3. —

— des schlesischen Forstvereins f. 1906—1909. Hrsg. v. Hellwig. (VIII, 182, 15 u. 32 S. m. Abb.; V, 235 u. 18 S.; VII, 260 u. 20 S. u. IX, 273 u. 16 S. m. je 1 Karte.) 8. Breslau 907—10. E. Morgenstern, Verl. Kart. à 3. —

Forstwirthschaftliches Jahrbuch. 1 Jg. a. u. d. T.: Forst- u. Landwirthschaftliches Jahrbuch. Hrsg. Kgl. Sächs. Akad. f. Forst- u. Landw. zu Tharand. - Dresden, Leipzig. Jg. 1-7. 1842-1851.
Forts. s.: Jb. d. Kgl. Sächs. Akad. f. Forst- u. Landwirthe

— forstwirthschaftliches, hrsg. von der k. sächsischen Akademie für Forst- und Landwirthe zu Tharand. 5—7. Bd. gr. 8. Leipzig, Arnoldische Buchh. [5. (IV und 300 S. mit 1 Tab. in qu. 4.) 848. * 2 Thlr., 6. (IV und 312 S. mit 3 Stnt. in qu. Fol.) 850. * 2 Thlr. 8 Ngr., 7. (IV und 338 S. mit 1 Stnt.) 851. * 2 Thlr.] *

1—4. Bd. Ebendas. 1842—46. * 6 Thlr. 24 Ngr.

Vgl. Tharander forstliches Jahrbuch.

— forst- u. landwirthschaftliches, hrsg. v. der kgl. sächs. Akademie f. Forst- u. Landwirthe zu Tharand. 1—4. Bd. 1. Bd. A. u. d. Ttl.: Forstwirthschaftl. Jahrbuch rc. durch B. Cotta. gr. 8. Dresden u. Leipzig, Arnoldische Buchh. [1. (12⅛ B. u. 5 Stnt.) 842. * 1 Thlr. 10 Ngr., 2. (13 B. u. 2 Stnt.) 45. * 1 Thlr. 10 Ngr., 3. (20 B. u. 1 Tab.) 46. * 2 Thlr., 4. (25 B.) 47. * 2 Thlr. 4 Ngr.] *

— für sozialen Fortschritt u. freiheitliche Weltanschauung. Reformers yearbook. Guide social. Hrsg. v. Herm. Hasse, in Verbindg. m. d. Inst. f. internat. Austausch fortschrittl. Erfahrgn. 1. Jahrg. 1910/11. (178 S. m. 1 Bildnis.) gr. 8. Gautzsch b/Leipzig, Fel. Dietrich. 2.—; m. Schreibpap. durchsch. 3.—

Jahrbuch der Fortschritte im Gebiete des gesammten Berg- und Hüttenwesens und Vademecum etc. Siehe: Kalender für den Berg- und Hüttenmann.

Jahrbuch über die gesammten Fortschritte der Mathematik ..., s. Jahrbuch über die Fortschritte der Mathematik ...

Jahrbuch über die Fortschritte und Leistungen auf dem Gebiete der practischen Baugewerbe (herausgegeben von H. Zwick). Jahrgang 1—7 (1870—76). Leipzig 1871—1877. 8.

— über die Fortschritte auf allen Gebieten d. Luftschiffahrt 1911. Hrsg. v. Ansb. Vorreiter. Mit 641 Abbildgn., davon 54 auf 18 Taf., 16 Tab. u. 1 farb. Standertaf. (XVI, 507 S.) gr. 8. München (910). J. F. Lehmann's Verl. Geb. in Leinw. 10.—

Jahrbuch über die Fortschritte auf dem Gebiete der Maschinenlehre und mech. Technologie. Herausg. von Fr. Neumann. Bd. 1—8. Halle 1873—80.

Jahrbuch über die Fortschritte der Mathematik, von Ohrtmann und Müller. Berlin, Jgge. 1868 bis zur Gegenwart.

— über die gesammten Fortschritte d. Mathematik im Verein m. anderen Mathematikern hrsg. v. Carl Ohrtmann u. Felix Müller. 1. Bd. Jahrg. 1868. (In 3 Hftn.) gr. 8. (XI. IV, 428 S.) Berlin 871. G. Reimer. n. 6. —

— dasselbe. 2. Bd. Jahrg. 1869 u. 1870. [In 3 Hftn.] gr. 8. (LIV, 908 S.) Ebend. 872. n. 12. 60

— dasselbe. 3. Bd. Jahrg. 1871. [In 3 Hftn.] gr. 8. (XXXIV, 588 S.) Ebend. 873. n. 9. —

— dasselbe. 4. Bd. Jahrg. 1872. gr. 8. (XXXIV, 633 S.) Ebend. 874. n. 10. 80

— dasselbe. 5. Bd. Jahrg. 1873. gr. 8. (XXXIV, 640 S.) Ebend. 875. n. 11. 20

— dasselbe. 6. Bd. Jahrg. 1874. gr. 8. (XL, 777 S.) Ebend. 876. n. 12. 60

— über die Fortschritte der Mathematik, im Verein mit anderen Mathematikern hrsg. v. Carl Ortmann, Felix Müller, Alb. Wangerin. 7. Bd. Jahrg. 1875. gr. 8. (XLIV, 764 S.) Berlin 877. G. Reimer. n. 15. —

— dasselbe. 8. Bd. Jahrg. 1876. gr. 8. (XLVI, 798 S.) Ebend. 878. n. 15. 60

— dasselbe. 9. Bd. Jahrg. 1877. gr. 8. (XLIX, 849 S.) Ebend. 879. n. 16. 40

— dasselbe. 10. Bd. Jahrg. 1878. gr. 8. (LII, 844 S.) Ebend. 880. 81. n. 16. —

— dass. — Hrsg. unter besond. Mitwirkung von Fel. Müller und Alb. Wangerin von Carl Ohrtmann. 11. Bd. Jahrg. 1879. 3 Hefte. gr. 8. Ebendas. [1. und 2. Heft. (IV, S. 1—608.) 881. * ℳ 10,80.; 3. Heft. (LIII, S. 609—858.) 882. * ℳ 6.]

— dasselbe. 12. Bd. Jahrg. 1880. [In 3 Hftn.] 1. u. 2. Hft. gr. 8. (IV u. S. 1—640.) Ebend. 882. n. 12. —

— über die Fortschritte der Mathematik, im Verein m. anderen Mathematikern u. unter besond. Mitwirkg. v. Felix Müller u. Alb. Wangerin hrsg. v. Carl Ohrtmann. 12. Bd. Jahrg. 1880. 3. Hft. gr. 8. (LII u. S. 641—912.) Berlin 883. G. Reimer. n. 6. —
(cplt.: n. 18 —)

— dass. — 13. Bd. Jahrg. 1881. 3 Hefte. gr. 8. Ebendas. [1. und 2. Heft. (IV, S. 1—672.) 883. * ℳ 13.; 3. Heft. (L, S. 673—903.) 884. * ℳ 6.]

— dass. — 14. Bd. Jahrg. 1882. 3 Hefte. gr. 8. Ebendas. [1. und 2. Heft. (IV, S. 1—726.) 884. * ℳ 15.; 3. Heft. (L, S. 727—973.) 885. * ℳ 6.]

Jahrbuch über die Fortschritte der Mathematik, begründet von Carl Ohrtmann. Im Verein mit anderen Mathematikern und unter besond. Mitwirkung von Fel. Müller und Alb. Wangerin hrsg. von Max Henoch und Emil Lampe. 15. Bd. Jahrg. 1883. 3 Hefte. gr. 8. Berlin 886, G. Reimer. [1. und 2. Heft. (IV, S. 1—768.) * ℳ 16.—.; 3. Heft. (XVII, S. 769—1041.) * ℳ 7.—.] * 23 —

— dass. — 16. Bd. Jahrg. 1884. 3 Hefte. gr. 8. Ebendas. 887. [1. und 2. Heft. (S. 1—752.) * ℳ 16.—.; 3. Heft. (LXVI, S. 753—1167.) * ℳ 10.—.] * 26 —

— dass. — 17. Bd. Jahrg. 1885. 3 Hefte. gr. 8. Ebendas. 888. [1. und 2. Heft. (IV, S. 1—816.) * ℳ 17.—.; 3. Heft. (LXVI, S. 817—1211.) * ℳ 10.—.] * 27 —

— dass. — 18. Bd. Jahrg. 1886. 3 Hefte. gr. 8. Ebendas. 889. [1. Heft. (IV, S. 1—448.) * ℳ 10.—.; 2. Heft. (S. 449—816.) * ℳ 8.—.; 3. Heft. (LXVI, S. 817—1176.) * ℳ 9.—.] * 27 —

— über die Fortschritte der Mathematik, begründet v. Carl Ohrtmann. Im Verein m. anderen Mathematikern u. unter besond. Mitwirkg. v. Fel. Müller u. Alb. Wangerin hrsg. v. Max Henoch u. Emil Lampe. 19. Bd. Jahrg. 1887. 3 Hefte. gr. 8. Berl., G. Reimer. [1. u. 2. Heft. (IV, S. 1—864.) 889, 90. * 19 —; 3. Heft. (LXXIII, S. 865—1297.) 890. * 11 —.] * 30 —

Jahrbuch über die Fortschritte der Mathematik, begründet von Carl Ohrtmann. Im Verein mit anderen Mathematikern u. unter besond. Mitwirkung von Fel. Müller u. Alb. Wangerin hrsg. von Max Henoch u. Emil Lampe. 20. Bd. Jahrg. 1888 hrsg. v. Emil Lampe. 3 Hefte. gr. 8. Berl., G. Reimer. [1. u. 2. Heft. (6, IV, S. 1—880.) 890. * 23 —; 3. Heft. (LXXVI, S. 881—1352.) 891. * 14 —.] * 37 —

— dasselbe. 21.—23. Bd. Jahrg. 1889—1891. à 3 Hfte. gr. 8. Ebd. à Jahrg. n. 34. —

21. 1889. (LXVI, 1309 S.) 892. — 22. 1890. (IV, LXVIII, 1313 S.) 893. — 23. 1891. (IV, IV, LXIV, 1313 S.) 894.

— üb. d. Fortschritte d. Mathematik, begr. v. Carl Ohrtmann. Im Verein m. and. Mathematikern u. unt. bes. Mitwirkg. v. Fel. Müller u. Alb. Wangerin hrsg. v. Emil Lampe. 24. Bd. Jahrg. 1892. 3 Hfte. gr. 8. (IV, IV, LXIV u. 1222 S.) Berlin 895. G. Reimer. n. 32. —

— dasselbe. 25. Bd. Jahrg. 1893 u. 1894. 3 Hfte. gr. 8. (III, VII, XCII u. 1996 S.) Ebd. 896. 897. n. 51. —

-- dassolbe. 26. Bd. Jahrg. 1895. 3 Hfte. gr. 8. (IV, LXII u. 1173 S.) Ebd. 897. 898. n. 31. 30

-- dasselbe. 27. Bd. Jahrg. 1896. 1. u. 2. Hft. gr. 8. (576 S.) Ebd. 898. n. 19. —

— über dio Fortsohritte der Mathematik, begründet v. Carl Ohrtmann. Im Verein m. and. Mathematikern u unter besond. Mitwirkg. von Fel. Müllor u. Alb. Wangerin hrsg. v. Emil Lampo. 27. Bd. Jahrg. 1896. 3. Hft. gr. 8. (LXVI u. S. 577—883.) Borlin 899. G. Reimer. n. 12. —; (27. Bd. kplt. n. 31. —)

— dasselbe. 28. Bd. Jahrg. 1897. 3 Hfte. gr. 8. (LXVIII, 935 S.) Ebd. 899. 900. n. 31. 40

— dasselbe, hrsg. v. Emil Lampe u. Geo. Wallenberg. 29. Bd. Jahrg. 1898. 3 Hfte. gr. 8. (LXVI, 891 S.) Ebd. 900. n. 30. —

— dasselbe. 30. Bd. Jahrg. 1899. 3 Hfte. gr. 8. (LXV, 918 S.) Ebd. 901. n. 31. 20

— dasselbe. 31. Bd. Jahrg. 1900. 1. u. 2. Hft. gr. 8. (VI, 672 S.) Ebd. 902. n. 21. —

— über die Fortsohritte der Mathematik, begründet v. Carl Ohrtmann. Im Verein m. anderen Mathematikern u. unter besond. Mitwirkg. v. Fel. Müller u. Alb. Wangerin hrsg. v. Emil Lampe u. Geo. Wallenberg. 31. Bd. Jahrg. 1900. 3. Heft. (LVII u. S. 673 bis 970.) gr. 8. Berlin 902. G. Reimer. n. 11. 60 (31. Bd. kplt. n. 32. 60)

— dasselbe. 32. Bd. Jahrg. 1901. 3 Hefte. (LXVII, 1013 S.) gr. 8. Ebd. 903. n. 34. —

— dasselbe. Im Verein m. anderen Mathomatikern u. unter besond. Mitwirkg. v. Fel. Müller u. Alb. Wangerin sowie der Berliner mathemat. Gesellschaft hrsg. v. Emil Lampe. 33. Bd. Jahrg. 1902. 3 Hefte. (LXXV, 1039 S.) gr. 8. Ebd. 904. n. 37. 60

— dasselbe. 34. Bd. Jahrg. 1903. 3 Hefte. (LXXIII, 1099 S.) gr. 8. Ebd. 905. n. 42. 20

— dasselbe. 35. Bd. Jahrg. 1904. 1. u. 2. Heft. (S. 1 bis 688.) gr. 8. Ebd. 906. n. 24. 80

-- über die Fortschritte der Mathematik, begründet von Carl Orthmann. Im Verein m. anderen Mathematikern u. unter besond. Mitwirkg. v. Fel. Müller, Alb. Wangerin, Erich Salkowski sowie der Berliner mathemat. Gesellschaft hrsg. v. Emil Lampe. 35. Bd. 3. Heft, 36.—38. Bd. à 3 Hefte u. 39. Bd. 1 Heft. Jahrgang 1904 3. Heft. 1905—1907 u. 1908 1. Heft. gr. 8. Berlin, G. Reimer. 157. 90
35. III. (LXXII u. S. 689—1060.) 907. 15.60 (35. Bd. vollst. 40. 40)
36. (3 Hefte.) (VI, LXXIII u. 1088 S.) 907. 41. 50
37. (3 Hefte.) (LXXIV, 1072 S.) 908. 909. 40. 50
38. (3 Hefte.) (LXXVI, 1060 S.) 909. 910. 40. 80
39. (In 3 Heften.) 1. Heft. (V, 544 S.) 910. 19. 50

— — über die Fortschritte der Tier-Chemie oder der physiologischen und pathologischen Chemie von Rich. Maly. 1.—30. Jahrgang. Red.: 71/75 u. 77/81 Maly, 76 Hoppe-Seyler, 82/85 Pribram, 86/1900 Andreasch u. Nencki. Wiesbaden 71/1900. Bergmann.
Register für 1.—10. Bd. Ebd. 81. M. 6.
„ „ 11.—20. „ „ 91. „ 8.—

—— pro 1887 der Neuen Fortuna, authentischer Verlosungsanzeiger und finanzieller Rathgeber. X. Jahrg. Nach amtl. Quellen zusammengestellt von J. Landauer. hoch 4. (202 S.) Wien, (Perles.) * 2 —
Die übrigen Jahrgänge sind nicht im Handel.

Jahrbuch der Sudbrasilianischen Franziskanerprovinz von der unbefleckten Empfängnis: 1910–?
Published by Vozes de Petropolis, Franziskanerkloster, Dusseldorf.
Petropolis

Jahrbuch für Deutschlands Frauen, s. Jahrbuch, Illustriertes, für Deutschlands Frauen.

— des internationalen Frauenbundes f. Vogelschutz f. d. J. 1904. Im Auftrage des Vorstandes veröffentlicht v. Heuß. (71 S. m. Abbildgn.) gr. 8. Berlin (O. 27, Holzmarktstr. 53) 905. Geschäftsstelle. n. 2. —

- dasselbe (deutsche Abteilung) f. d. J. 1905. 2. Jahrg. Im Auftrage des Vorstandes veröffentlicht v. Heuss. (120 S.) 8. Ebd. 906. n. 1. 30

— des internationalen Frauenbundes f. Vogelschutz (deutsche Abteilung) f. d. J. 1908. 5. Jahrg. Im Auftrage des Vorstandes veröffentlicht v. Heuss. (130 S.) 8. Liegnitz 909. Charlottenburg (Sesenheimerstr. 37 I), Geschäftsstelle. 1. 30

Frauenhülfe fürs Ausland. Jahrbuch (1—3). 1909—11. (1913: Jahresbericht). (Potsdam '09—13.)

— der Frauenhülfe des evangelisch-kirchlichen Hülfsvereins. 8. (112 S. m. Abbildgn. u. 1 Bildnis.) Berlin (900). Potsdam, Stiftungsverlag. n. 1. —

— 1909 der Frauenhülfe des evangelisch-kirchlichen Hülfsvereins. (122 S.) 8. Potsdam, (Stiftungsverlag). — 50

Jahrbuch der Sächsischen Frauenhülfe (Provinzialverband d. Frauenhülfe d. Evang.-Kirchl. Hülfsvereins in Sachsen-Anhalt). (1.) 1908/09. Magdeburg: (Frauenhülfe 1909). 8°

— der sächsischen Frauenhülfe (Provinzialverband der Frauenhülfe des evangelisch-kirchlichen Hülfsvereins in Sachsen-Anhalt) 1908/09. (78 S.) 8. Magdeburg (909). (Potsdam, Stiftungsverlag.) — 50

— der westfälischen Frauenhülfe 1908. (82 S.) 8. Münster, (Potsdam, Stiftungsverlag). 1. —

Jahrbuch der Westfälischen Frauenhülfe. (1.) 1908. Münster i. W. (1908: Vereinsdr., Potsdam). 8°

— für d. deutsche Frauenwelt. (1899.) Hrsg. v. Elly Saul u. Hildegard Obrist-Jenicke. 12. (VIII, 253 S. m. 5 Bildn.) Stuttgart 898. Greiner & Pfeiffer. Geb. in Leinw. n. 3. —

Jahrbuch für die deutsche Frauenwelt. Hrsg. v. Elly Saul u. Hildegard Obrist-Jenicke. [Jg. 1. Mehr nicht ersch.] Mit 5 Bildn. — Stuttgart: Greiner & Pfeiffer 1899. VIII, 253 S. 7: Polit. I. 6006

—— für Freimaurer, s. Dalen, C. van.

— des Fremdenverkehrs 1909. Hrsg. v. H. Schäfer. (III, 165 S. m. Abb.) gr. 8. Darmstadt, E. Roether. 2. —

— der Freude auf 1797, 98. 16. Leipz., Linke. 1 ₰ 12 ✗

Jahrbuch der Freude für ... ([Mit Musik v.] J[ohann] C[onrad] Mertz, C[hristian] G[otthilf] Tag [u. a.].)
Leipzig: Sal. Lincke 1798. 16°
[Kupfert.]
1798: 208 S., 14 Notenbl.

—— für Freunde des Gustav-Adolf-Vereins. 1. und 2. Jahrg. gr. 8. (VIII und 176 S. mit dem Portr. Th. G. L. Großmann's in Holzschn., 144 S.) Leipzig 864,65, Weber. à Jahrg.

—— dass. — 3. und 4. Jahrg. gr. 8. (VIII und 230 S., 240 S.) Elberfeld 866,67, Friderichs. à Jahrg. *

Jahrbuch der Fürsorge. Im Auftrage der Centrale für private Fürsorge, Frankfurt a. M. hrg. von Dr. Chr J Klumker [und] Wilhelm Polligkeit. Jahrg. 1. VIII + 130 S. gr.-8. Dresden, O. V. Böhmert, 1906. [M. 2.—]
Darin S. 23–34: Bildung und Unterhaltung in Volksheilstätten. Bericht über die Bestrebungen ... in Dr. Weickers Krankenheim ‹Görbersdorf i. Schlesien› von Th[eodor] v[on] Greyerz- [von Bern, d. Z.] in] Jena; *S. 35 ff.:* Die Arbeitslehrkolonie, *S. 48–64:* IV. Gutachten von Herrn Ingenieur A[dolf] Grohmann-Zürich.

— der Fürsorge. Im Auftrage der Centrale f. private Fürsorge, Frankfurt a. M., hrsg. v. Chr. J. Klumker u. Wilh. Polligkeit. 2. Jahrg. (III, 208 S.) Lex. 8. Dresden 907. O. V. Böhmert. 4. --

— der Fürsorge. Im Auftrage der Zentrale f. private Fürsorge, Frankfurt a. M., hrsg. v. C. J. Klumker u. W. Polligkeit. 3. Jahrg. 1909. (IV, 237 S.) Lex.-8. Dresden, O. V. Böhmert. 4. —

Jahrbuch der unter dem Schutze der Johannis Gross-☐ von Ungarn arbeitenden ger.˙. und vollk.˙. Frmr.˙. ☐ „Galilei" im Or. Budapest. Im Auftr. der ☐ red. durch Franz Belányi u. Ernst Wohlfarth. Mit d. Portr. Franz Pulszky's. Ms. f. BBr. Jg. 1. Budapest. Wien: Winter 1876. XVI, 120 S. 8°
[Nebentit.:] A magyarországi Janosrendi sz.˙. k.˙. Nagy-☐ védelme alatt Budapest kel.˙. dolgozó „Galilei" Crimü J.˙. Es T.˙. Sz.˙. K.˙. ☐ Evkönyve. A ☐ Megbizásábél Szerkesztik Belányi Ferencz és Wohlfarth Ernö. Pulszky Ferencz tvr.˙. arczképével. Kézirat tvr.˙. ek számára. Evfolyam. 1. Bécs: Winter.
Tt. 177. Vorträge u. Gedichte nebst Biogr. F. Pulszky's.

Jahrbuch der Loge Galilei in Budapest. Budapest 1876. H: *Belányi, Franz von & Ernst Wohlfahrth.* (Tt)

—— des königl. botanischen Gartens und des botanischen Museums zu Berlin. Hrsg. von A. W. Eichler. 1. Bd. gr. 8. (XVI, 351 S. mit 6 [3 lithogr., 1 chromolithogr. und 2 Lichtdr.-]Taf. und 8 in den Text gedr. Holzschn.) Berlin 881, Gebr. Bornträger.

—— dass. — Zugleich als Fortsetzung der Linnaea. Hrsg. von A. W. Eichler und A. Garcke. 2. Bd. gr. 8. (VII, 404 S. mit 13 lithogr. und Lichtdr.-Taf.) Ebendas. 883. *

—— dass. — Hrsg. von A. W. Eichler, A. Garcke und J. Urban. 3. Bd. gr. 8. (XVI, 350 S. mit 8 lithogr. und Lichtdr.-Taf. und 1 in den Text gedr. Holzschn.) Ebendas. 884.

— dasselbe. 4. Bd. Mit 5 Taf. gr. 8. (IV, 388 S.) Ebend. 886. n. 12. —

— des königl. botanischen Gartens u. des botan. Museums zu Berlin. Hrsg. v. A. Garcke u. I. Urban. 5. Bd. gr. 8. Berlin 889. Gebr. Bornträger. n. 20. —
Lauraceae americanae. Monographice descripsit C. Mez. (VI, 556 S. m. 3 Taf.)

—— für Gartenkunde und Botanik, hrsg. von Jean Glatt, R. Goethe, H. Grube rc. unter der Redact. von J. Bouché und R. Herrmann. 3. und 4. Jahrg. April 1885—März 1887. à Jahrg. 12 Hefte. gr. 8. (406 S. mit 71 Holzschn.; 386 S. mit 2 Taf. und 53 Holzschn.) Bonn, Strauß. (à Heft * 80 Pf.) à Jahrg. * 9 60

Jahrbuch f. Gartenkunde u. Botanik, hrsg. v. J. Glatt, R. Goethe, H. Grube rc. unter der Red. v. J. Bouché u. R. Herrmann. 5. Jahrg. April 1887—März 1888. 12 Hfte. gr. 8. (X, 376 S.) [Braunschweig, Gebr. Haering.] Berlin, B. Grundmann. n. 9. 60

—— dass. — hrsg. von R. Goethe, H. Grube, Heinr. Siesmayer, J. Niepraschk, F. Schmitz, E. Strasburger unter der Redact. von Carl Hampel und Heinr. Fintelmann. 6. Jahrg. April 1888—März 1889. 12 Hefte. gr. 8. (512 S. mit vielen Abbild.) Ebendas. * 9 60

—— für Gartenkunde u. Botanik. 7. Jahrg. April 1889—März 1890. 12 Hefte. gr. 8. Berl., Grundmann. 11 —
Fortsetzung s. u. d. T.: Zeitschrift f. bildende Gartenkunst.

— gärungstechnisches. Bericht üb. die wissenschaftl. u. gewerbl. Fortschritte auf dem Gebiete der Brauerei, Brennerei, Preßhefefabrikation, Weinbereitg., Essigfabrikation, Molkerei, Kältteerzeugg., Stärke-, Dextrin- u. Stärkezuckerfabrikation. 1. u. 2. Jahrg. 1891. 1892. Hrsg. v. A. Schrohe. gr. 8. (VIII, 337 S. m. 251 Abbildgn.; VI, 258 S. m. 246 Abbildgn.) Berlin 892. 893. P. Parey. Geb. in Leinw. à Jahrg. n. 7. —

— der Gaswerke Deutschlands. Sonder-Ausg. des „Adressbuch f. das Gas-, Wasser- u. Heizungsfach" 1909. (XII, 174 u. 144 S.) gr. 8 Leipzig, Eisenschmidt & Schulze. Geb. in Leinw. 7. 50

Jahrbuch des Dt. Gebirgsvereins für das Jeschken- und Isergebirge in Reichenberg (Jg 33 ff.: und des Dt. Gebirgsvereins für Gablonz a. N. und Umgebung). Jg 1 ff. — Reichenberg: Selbstverl. des Dt. Gebirgsvereins 1891 ff.
Zugleich: Mitteilungen des Dt. Gebirgsvereins. Jg 7 ff.

Jahrbuch des deutschen Gebirgsvereines f. das Jeschken- u. Isergebirge. 1.—4. Jahrg. 1891—1894. (7.—10. Jahrg. der „Mittheilungen".) Geleitet v. Frz. Hübler. gr. 8. Reichenberg, (J. Fritsche). à Jahrg. n. 1. —
1. (60 S. m. Abbildgn. u. 1 Panorama.) — 2. (64 S. m. Abbildgn. u. 1 Panorama.) — 3. (89 S. m. 2 Panoramen u. 1 farb. Karte.) — 4. (99 S. m. Abbildgn., 1 Panorama u. 1 Karte.)
s. Mittheilungen des deutschen Gebirgsvereins f. das Jeschken- u. Riesengebirge.

— des deutschen Gebirgsvereines f. das Jeschken- u. Isergebirge. Geleitet v. Adf. Klinger. 20. Jahrg. 1910. 26. Jahrg. der „Mitteilgn." (Zugleich Festschrift anläßlich des 25jähr. Vereins-Bestandes.) (230 S. m. Taf.) gr. 8. Reichenberg 910. (P. Sollors Nachf.) 1. 70

JAHRBUCH DES GEBIRGS-VEREINS FÜR DIE SÄCHS.-BÖHM. SCHWEIZ.
I. Mit 2 Beilagen: Ansicht von Hohnstein, nach einer Federzeichnung von W. Dilich. Karte der sächs. Schweiz von 1593, nach Matth. Oeder. September 1882. Dresden Druck von C. C. Meinhold & Söhne. 8°.

JAHRBUCH DES GEBIRGS-VEREINS FÜR DIE SÄCHS.-BÖHM. SCHWEIZ. II. Mit 2 Beilagen: Geologische Karte des unteren Müglitzthales. Ansicht der Burg Wehlen. Mai 1885. Dresden, Druck von C. C. Meinhold & Söhne. 8°.

In Jahrbuch des Gebirgs-Vereins für die sächs.-böhm. Schweiz. II. Mai 1885: Katalog der Bibliothek.

JAHRBUCH DES GEBIRGS-VEREINS FÜR DIE SÄCHS.-BÖHM. SCHWEIZ, im Auftrage des Zentralausschusses herausgegeben von S. RUGE. III. Mit dem Bildnis Götzingers. October 1887. Dresden. Druck von C. C. Meinhold & Söhne. 8°.

— des steirischen Gebirgsvereins f. die Vereins-Jahre 1873 u. 1874. 1. u. 2. Jahrg. Red. v. J. Frischauf u. A. Martinez. gr. 8. Graz 874. 75. Leuschner & Lubensky. n.n. 7. 20
1. (116 S. m. 5 Steintaf. in qu. schmal Fol.) n.n. 2. 60. — 2. (152 S. m. 4 Steintaf. in gr. 8. u. qu. Fol.) n.n. 4. 60.

— des steirischen Gebirgsvereins für die Vereinsjahre 1875—1878. 3.—6. Jahrg. Redig. von J. Frischauf und A. Martinez. gr. 8. Graz, Leuschner und Lubensky. [1875. (142 S. mit 2 Stnt.) 876. * ℳ 2.; 1876. (XXXVII, 99 S. mit 9 Stnt.) 877. * ℳ 2.; 1877. (XXXIX, 92 S. mit 1 Stnt.) 878. * ℳ 2.; 1878. (XXXIX, 38 S. mit 1 Stnt.) 879. * ℳ 1,60.] *

— des steirischen Gebirgsvereins für die Vereinsjahre 1879—1883. gr. 8. Graz, Leuschner und Lubensky. [1879. (XCI, 55 S.); 1880. (LXXVII, 13 S.); 1881. (XLIX, 23 S.); 1882. (20 S.); 1883. (19 S. mit je 1 Taf.).] à Jahrg. *

— 5., der Gefängnis-Gesellschaft f. die Prov. Sachsen u. das Herzogth. Anhalt, sowie Verhandlgn. u. Referate auf der Generalversammlg. zu Bernburg am 20. u. 21. Mai 1889. gr. 8. (75 S.) Halle a. S. 890, (Fricke's Sort.) * 1 20
1.—4. Jahrbuch, s. Jahresbericht.

— dass. — 6., enth. Verhandlgn. u. Referate auf der General-Versammlg. zu Naumburg a. S. am 5. u. 6. Mai 1890. gr. 8. (110 S.) Ebd. 890. * 1 20
Daraus besonders abgedruckt:
Olizinsky-Lichtenberg, von. Die Einrichtungen f. invalide u. geisteskranke Sträflinge in d. Zuchthäusern u. Gefängnissen d. Vereinsgebietes. (27 S.) * — 25.
Hotzel. Die seelsorgerliche Behandlung d. Prostituirten während d. Haft. (10 S.) * — 25.
Lanz. Die körperliche Züchtigung, insbes. ein Strafmittel f. Jugendliche. (32 S.) * — 25.

— 7., der Gefängnis-Gesellschaft f. die Prov. Sachsen u. das Herzogt. Anhalt, enth. Verhandlgn. u. Referate auf der Jahresversammlg. zu Magdeburg am 28. u. 29. Mai 1891. gr. 8. (III, 171 S.) Halle a/S. 892. (J. Fricke's Sort.) n. 1. 20

— dass. — 7., enth. Verhandlgn. u. Referate auf der Jahresversammlg. zu Magdeburg am 28. u. 29. Mai 1891. gr. 8. (III, 171, 2 S.) (Ebd.) 892. * 1 20
Daraus besonders abgedruckt:
Liszt, von. Lässt das Zwangserziehungs-Gesetz Verbesserungen wünschenswerth erscheinen? (24 S.) * — 25.
Hesse. Der Eid u. seine Behandlung. (22 S.) * — 25.
Fischer. Die seelsorgerliche Behandlung der Prostituirten nach d. Haft. (12 S.) * — 25.
Lorenz. Die Fürsorge f. d. Familien Detinirter. (14 S.) * — 25.
Strube. Die Gesundheitspflege der Gefangenen. (28 S.) * — 25.
Protokoll der Vorschläge üb. die Behandlung jugendlicher Verbrecher. — Die Behandlung jugendlicher Verbrecher. Gutachten des leitenden Ausschusses. (32 S.) * — 25.

— dasselbe. 8. Jahrbuch, enth. Berichte u. Verhandlgn. der Jahres-Versammlg. zu Dessau am 16. u. 17. Mai 1892. gr. 8. (II, 223 S.) Halle a/S. 893. (A. Kegel.) n. 1. 60

— dasselbe. 9. Jahrbuch, enth. Berichte u. Verhandlgn. der Jahres-Versammlg. zu Rudolstadt am 6. u. 7. Juni 1893. gr. 8. (III, 171 S. m. 1 Tab.) Ebd. 894. n. 1. 20

— d. Gefängnis-Gesellschaft f. d. Prov. Sachsen u. d. Herzogt. Anhalt, Fortsetzg., s.: Jahrbücher d. Gefängnis-Gesellschaft etc.

Jahrbuch der Gefängnisskunde u. Besserungsanstalten, herausg. von Nik. Heinrich Julius, Friedrich Noellner u. Georg. Varrentrapp. Bd. 1—4. Frankfurt a. M. 1842—1844. Bd. 5—8. Darmstadt 1844—1846. gr. 8.

— für Geflügelzucht, Vogelliebhaberei u. Tierschutz. Hrsg. vom Geflügel- u. Tierschutzverein „Askania" zu Bernburg. Jahrg. 1897. 8. (XXIX, 128 S. m. Abb. u. 4 Taf.) Bernburg 896. P. Böttger. Geb. n. 1. —; ferm. Pr. — 80

— dasselbe. Jahrg. 1898. 8. (XXVI, 113 S. m. Abb. u. 3 Taf.) Ebd. 897. — 75; geb. n. — 90

— d. Gehe-Stiftung zu Dresden. 1. u. 2. Bd. gr. 8. Dresden, v. Zahn & Jaensch. à n. 4. —
1. M. e. Bildn. d. Frz. Ludw. Gehe. (LVII, 186 S.) 896.
2. (III, 255 S. m. 1 Karte.) 897.

Jahrbuch der Gehe-Stiftung zu Dresden. III. u. IV. Bd. gr. 8. (III, 287 S. m. 2 Karten u. III, 205 S. m. 2 Karten.) Dresden 899. v. Zahn & Jaensch. à n. 4. —

— dasselbe. 5. Bd. gr. 8. Ebd. n. 4. —
Weltwirtschaft u. Volkswirtschaft. Von Heinr. Dietzel. — Die Gehe-Stiftung zu Dresden in den ersten 15 Jahren ihrer Thätigkeit. (VIII, 120 u. XLII S.) 900.

— dasselbe. 6. u. 7. Bd. gr. 8. (III, 286 u. III, 145 S.) Ebd. 901. à n. 4. —

— dasselbe. Sammlung staatswissenschaftl. Vorträge, im Auftrage der Gehe-Stiftg. zu Dresden geh. VIII. Bd. 1.—6. Hft. gr. 8. Ebd. n. 6. 20
1. Die sibirische Eisenbahn. Vortrag, geh. in der Gehe-Stiftg. zu Dresden am 12. X. 1901. Von Sophus Ruge. (62 S.) 901. n. 1. —
2. Zeit- u. Geistesströmungen im Prozesse. Vortrag, geh. in der Gehe-Stiftung zu Dresden am 9. XI. 1901. Von Frz. Klein. (36 S.) 902. n. 1. —
3. Das Problem der Warenhäuser u. der Warenhaussteuer. Vortrag, geh. in der Gehe-Stiftung zu Dresden am 7. XII. 1901. Von Max v. Heckel. (48 S.) 902. n. 1. —
4. Ein Zollbündnis m. den Niederlanden. Von G. K. Anton. (35 S.) 902. n. 1. —
5. Die Grundprobleme der deutschen Agrarpolitik in der Gegenwart. Vortrag, geh. am 15. III. 1902. Von Carl Johs. Fuchs. (47 S.) 902. n. 1. 20
6. Die Gesetzmäßigkeit in Rechtsordnung u. Volkswirtschaft. Vortrag. Von Rud. Stammler. (29 S.) 902. n. 1. —

— der Gehe-Stiftung zu Dresden. IX. Bd. gr. 8. Dresden, v. Zahn & Jaensch. n. 4. —
Großstadt, die. Vorträge u. Aufsätze zur Städteausstellg. v. K. Bücher, F. Ratzel, G. v. Mayr, H. Waentig, G. Simmel, Th. Petermann u. D. Schäfer. Gehe-Stiftung zu Dresden. Winter 1902—1903. (VII, 288 S.) 903.
Fortsetzg., s.: Zeit- u. Streitfragen, neue.

— f. Geist u. Herz, zur Belehrung u. Unterhaltung. Hrsg. v. W. P. Roschütz. Mit Zeichnungen, Radir. u. Holzschn. 1—3. Hft. 8. (23⅜ B. u. 12 Lithogr.) Düsseldorf 844. [Cöln, Roschütz u. Comp.] à

Jahrbuch für die Geistlichkeit im Grossherzogthum Frankfurt. 1812. H: *Kopp, Georg Ludwig Carl.* (Ky) (MGT)

— f. die Geistlichkeit im Großherzogthum Frankfurt, (v. G. L. K. Kopp). 1r Jahrg. 1812. 8. Frankf., (Andreä). 12 gl.

— für d. kathol. Geistlichkeit, z. Belehr. üb. theolog. u. kirchl. Gegenstände. Redig. v. Joh. Nep. Jgn. Rotter. (3. u. 4. Jahrg. 1839 u. 40.) Jed. m. 1 Stahlst. Lex.-8. (11 ½ u. 10 B.) Grätz, Damian u. Sorge. à *

— für die protestantische Geistlichkeit Deutschlands. Hrsg. von Johs. Schmidt. gr. 8. (III und 322 S.) Berlin 852, Th. Grieben. *

— des europäischen Geldmarktes per 1908. Uebersichtliche Darstellg. der europ. Geldmarkt-Verhältnisse im J. 1907, m. graph. Vergleichs-Tabellen in Vierfarbendr., bearb. v. Hugo Rosenthal. (51 S.) Lex. 8. Hamburg 908. Verlag „Jahrbuch des europ. Geldmarktes". 2. 40

— f. die evangelischen Gemeinden v. Dortmund auf d. J. 1908. Hrsg. im Auftrag der evangel. Presbyterien. gr. 8. (96 S. m. Abbildgn.) Dortmund (C. L. Krüger). — 30

— für die evangelischen Gemeinden v. Dortmund auf d. J. 1907. Hrsg. im Auftrag der evangel. Presbyterien v. Mohme, Wewer u. Winkhaus. (64 S. m. Abbildgn.) 8. Dortmund (C. L. Krüger). — 20

—— der freireligiösen Gemeinden für das J. 1860. Unter Mitwirkung von Friedr. Albrecht, Ed. Baltzer, Rud. Benfey u. m. A. hrsg. von C. A. Hetzer. 1. Jahrg. 8. (XX und 222 S.) Gotha 860, Stollberg'sche Verlagsbuchh.

Ohne Kalender. -

Vgl.: Kalender, freireligiöser.

Zürich Jahrbuch für Gemeinnützigkeit, 1884. In-8°, 259 S. Zürich, Buchdr. von J. Herzog. 1885.

Jahrbuch für die k. k. Gendarmerie der im Reichsrathe vertretenen Königreiche und Länder für das Jahr 1895. Redigirt von Eduard Weitenweber. I. Jahrg. 16. (384 S. mit Notizblättern.) In Lnwd, geb. 1.60
Wien: Seidel & Sohn 1895.

Vorh. u.d.T.: Almanach der k. k. Gendarmerie.

Jahrbuch für die k. k. Gendarmerie der im Reichsrathe vertretenen Königreiche und Länder für das Jahr 1897. Redigirt von Eduard Weitenweber. III. Jahrg. 16. (319 S., mit Notizblättern.) In Comm. In Leinwand gebunden Ebd. 1.60

— f. d. k. k. Gendarmerie d. im Reichsrathe vertret. Königreiche u. Länder f. d. J. 1899. V. Jahrg. gr. 16. (317 S. m. 27 Bildn.) Wien (L. W. Seidel & Sohn). Geb. in Leinw. n. 3.60

Jahrbuch für die k. k. Gendarmerie der im Reichsrathe vertretenen Königreiche und Länder für das Jahr 1900. VI. Jahrgang. Der Reinertrag ist der Giesl-Stiftung gewidmet. Wien. Selbstverlag des Herausgebers. In Comm. Seidel & Sohn. 8°. 335 S. mit 2 Tafeln. Geb. K 3.20

Jahrbuch für die k. k. Gendarmerie der im Reichsrathe vertretenen Königreiche und Länder für das Jahr 1901. VII. Jahrgang. Der Reinertrag ist der Giesl-Stiftung gewidmet. Wien. 1901. Selbstverlag des Herausgebers. In Comm. Seidel & Sohn. 8°. 309 S. mit 43 Tafeln. Geb. K 3.20

— f. die k. k. Gendarmerie der im Reichsrathe vertretenen Königreiche u. Länder f. d. J. 1903. IX. Jahrg. gr. 16. (302 S. m. Bildnissen.) Wien (L. W. Seidel & Sohn.) Geb. in Leinw. n. 3.20

Jahrbuch für die k. k. Gendarmerie der im Reichsrate vertretenen Königreiche und Länder für das Jahr 1904. X. Jahrg. 8°. (299 S.) † Ebd. K 3.20

Jahrbuch für die k. k. Gendarmerie der im Reichsrate vertretenen Königreiche und Länder für das Jahr 1905. 11. Jahrg. 16°. (281 S.) † Ebd. geb. K 3.20

Jahrbuch für die k. k. Gendarmerie für das Jahr 1906. XII. Jahrg. 8°. (283 S.) Ebd. geb. K 3.20

Jahrbuch für die k. k. Gendarmerie der im Reichsrate vertretenen Königreiche u. Länder f. d. J. 1907. (Einband: Gendarmerie-Jahrbuch.) (308 S. m. Bildnissen.) kl. 8. Wien (L. W. Seidel & Sohn). Geb. in Leinw. n. 3.20

Jahrbuch für die k. k. Gendarmerie der im Reichsrate vertretenen Königreiche und Länder für das Jahr 1908. 8°. (305 S.) Ebd. geb. K 3.20

Jahrbuch für die k. k. Gendarmerie der im Reichsrate vertretenen Königreiche und Länder für das Jahr 1909. 8°. (313 S.) † Ebd. geb. K 3.20

— für die k. k. Gendarmerie der im Reichsrate vertretenen Königreiche u. Länder f. d. J. 1910. (Einband: Gendarmerie-Jahrbuch.) (295 S. m. 2 Taf.) 16. Wien, L. W. Seidel & Sohn. Geb. in Leinw. 3.20

Jahrbuch für Genealogie, Heraldik und Sphragistik. Hrsg. von der Genealogischen Ges. der Ostseeprovinzen zu Mitau. (1893—1904: hrsg. von der Kurländischen Ges. für Literatur und Kunst). 1893—1911/13. — Mitau: Steffenhagen 1894—1914. 4°

⊙ Jahrbuch für Genealogie, Heraldik und Sphragistik. Hrgg. von der Kurländischen Gesellschaft fur Literatur und Kunst. 1895 ff. Mitau 1896 ff. 4°.

— für Genealogie, Heraldik u. Sphragistik. 1902. Hrsg. v. der kurländ. Gesellschaft f. Literatur u. Kunst. (III, 248 S. m. 1 farb. Taf.) Lex.-8. Mitau 904. (F. Besthorn.) n. 17.40

— für Genealogie. Heraldik u. Sphragistik. 1903—1906. Lex. 8. Mitau, (F. Besthorn). 69.40
1903. Hrsg. v. der kurländ. Gesellschaft f. Literatur u. Kunst. (VI, 195 S. m. Abbild., 1 farb. Taf. u. 8 Stammtaf.) 905. 17.40
1904. Hrsg. v. der kurländ. Gesellschaft f. Literatur u. Kunst. (III, 235 S. m. 2 [1 farb.] Taf. u. 2 Stammtaf.) 906. 17.40
1905. 1906. Hrsg. v. der genealog. Gesellschaft der Ostseeprovinzen zu Mitau. (III, 344 S. m. 2 [1 farb.] Taf. u. 4 Stammtaf.) 908. 34.60

—— genealogisch-diplomatisches, f. d. preuß. Staat u. zunächst f. dess. Adel u. d. höh. Stände überhaupt. 1. 8. (23 B.) Berlin 841, Heymann.

—— genealogisch-diplomatisches, f. d. preuß. Staat u. zunächst für dessen Adel u. die höheren Stände überhaupt. (2. Jahrg.) 8. (24 B.) Berlin 843, Heymann.
1. Jahrg. Ebendas. 1841. 1 Thlr. 25 Ngr.

Jahrbuch, genealogisches, d. deutschen Adels f. 1844—48. 1—4. Jahrg. 8. Stuttgart, Cast'sche Bh. [1. (31 B. u. 1 Portr.) 2. (30 B. u. 1 Portr.) 3. (32 B. u. 1 Portr.) 4. (35 B.) à 3. * 2 Thlr.] *

Jahrbuch, genealogisches, des deutschen Adels für 1848. 5. Jahrg. 5. (VIII und 551 S.) Stuttgart, [Verlagsmagazin.] *
1—4. Jahrg. 1844—47. Ebendas. à Jahrg. * 2 Thlr.

Jahr- und Tagebuch, Genealogisches, aus welchen aller jetztlebenden fürstlichen Personen Geburhts Jahre und Tage ersehen werden können. Copenh. 1726. V: *Wieland, Joach.* (Bruun, Bibl. Danica. II, 429.) »1725–27«. (Collin, Anonymer. Kiobenh. 1869.)

— der freien Generation f. 1910. Volkskalender u. Dokumente der Weltanschaug. des Sozialismus-Anarchismus. Neue Folge, 1. Bd. In solidar. Arbeitsgemeinschaft m. Kampfesgefährten der Freiheit red. v. Pierre Ramus. (116 S.) gr. 8. Paris, (Rue de la Bastille 2 II) (909). Verlag „Die freie Generation". 1.—

— der Genossenschaft der Bau- u. Steinmetzmeister Uralte Haupthütte in Wien. 1. Jahrg. 1910. (XV, 382 S. m. 1 Tab.) gr. 8. Wien, C. Konegen. Geb. in Leinw. 6.—

Genossenschaftliches Jahrbuch des Zentral-Verbandes der deutschen landw. Genossenschaften Böhmens. Geschäftsbericht. 1,1897 – 33,1926. Prag: Calve; Verl. des Central-Verbandes der dt. landw. Genossenschaften Böhmens 1898–1930. 18,19,31–33: DGK

(F) **Genossenschaftliches Jahrbuch** (Zweiter Geschäftsbericht) des Centralverbandes der deutschen landw. Genossenschaften Böhmens für das Jahr 1897. Prag. 1898. Verlag des Central-Verbandes. [In Comm. Calve.] Lex.-8. 301 S. fl. 3.—

Jahrbuch, Geographisches; herausgegeben von **Berghaus**. s.a. Atlas, physikalischer.

— **geographisches**. 1—3. Bd. 1866—68. Unter Mitwirkung von A. Auwers, J. J. Baeyer, Herm. Berghaus etc., hersg. von E. Behm. Gotha, J. Perthes. br. 8. [1. (CXXI, 600 S. mit 2 Steintaff.) 2. (VIII, 602 S.) 3. (VII, 647 S.)] Jeder Bd. n. 2 ₰ 20 ₰.

— **geographisches**. 4. u. 5. Bd. 1872 u. 1874. Unter Mitwirkg. v. A. Auwers, J. J. Baeyer, A. Fabricius etc. hrsg. v. E. Behm. br. 8. (VI, 558 u. IV, 503 S.) Gotha 872. 74. J. Perthes. à n. 8. —

— **geographisches**. 6. u. 7. Bd. 1876 u. 1878. Unter Mitwirkung von A. Auwers, C. Bruhns, K. v. Fritsch etc. hrsg. von E. Brehm. br. 8. (IV, 702 u. VI, 655 S.) Gotha 876. 78. J. Perthes. à Bd. n. 10. —

— dasselbe. Begründet 1866 durch E. Brehm. 8. Bd. 1880. Unter Mitwirkung von A. Auwers, C. Bruhns, O. Drude etc. hrsg. von Herm. Wagner. br. 8. (XIV, 653 S.) Ebend. 881. n. 10. —

Jahrbuch, geographisches. Begründet 1866 durch G. Behm. 9. Bd. 1882. Unter Mitwirkung von A. Auwers, G. v. Boguslawski, O. Drude etc. hrsg. von Herm. Wagner. 8. (XVI, 719 S.) Gotha, J. Perthes. *

—— dass. — 10. Bd. 1884. Unter Mitwirkung von O. Drude, G. Gerland, J. Hann etc. hrsg. von Herm. Wagner. 8. (XIX, 692 S.) Ebendas. *

—— **geographisches.** Begründet 1866 durch E. Behm. XI. Bd., 1887. Unter Mitwirkung von O. Drude, G. Gerland, J. Hann etc. hrsg. von Herm. Wagner. gr. 8. (VIII, 496 S.) Gotha, J. Perthes. * 12 —

—— dass. — XII. Bd., 1888. Unter Mitwirkung von A. Auwers, Fr. Boas, J. J. Egli etc. hrsg. von Herm. Wagner. gr. 8. (X, 480 S. mit 28 color. S. Uebersichtskarten für die wichtigsten topogr. Karten Europas und einiger anderer Länder.) Ebendas. * 12 —

— dasselbe. XIII. Bd., 1889. gr. 8. (VIII, 476 S.) Ebd. n. 12. —

— dasselbe. XIV. Bd., 1890. 1. Hälfte. gr. 8. (192 S.) Ebd. n. 4. 80

— **geographisches.** Begründet 1866 durch E. Behm. XIV. Bd., 1890/91. Unter Mitwirkg. v. A. Auwers, Fr. Boas, E. Brückner etc. hrsg. v. Herm. Wagner. 2. Hälfte. gr. 8. (VIII u. S. 193—490 m. 28 S. Übersichts-Karten f. d. wichtigsten topograph. Karten Europas u. einiger anderer Länder.) Gotha, J. Perthes. n. 7. 20 (XIV. Bd. kplt.: n. 12. —)

— dasselbe. XV. u. XVI. Bd. 1892. 1893. gr. 8. (VIII, 475, VIII, 499 S.) Ebd. à Bd. n. 12. —

— dasselbe. XVII. Bd., 1894. gr. 8. (XI, 463 S. m. Übersichtskarten f. die wichtigsten topograph. Karten Europas u. einiger anderer Länder 28 farb. S.) Ebd. n. 15. —

— **geograph.** Begr. 1866 durch E. Behm. XVIII. Bd., 1895. In Verbindg m. D. A. Anutschin, A. Auwers, E. Blinck etc. hrsg. v. Herm. Wagner. gr. 8. (XVIII, 486 S.) Gotha 895. J. Perthes. n. 15. —

— dasselbe. XIX. u. XX. Bd. 1896—1897. In Verbindg. m. K. Ahlonius, D. A. Anutschin, A. Auwers etc. hrsg. v. Herm. Wagner. gr. 8. Ebd. à Bd. n. 15. —
XIX. (VIII, 456 S. u. 28 farb. Karten-S.) 897.
XX. M. e. systemat. Inhaltsverzeichn. s. 2. Reihe d. geograph. Jahrbuchs, Bd. XI—XX (1885—97). (XIII, 510 S.) 898.

— **geographisches.** Begründet 1866 durch E. Behm. XXI. Bd., 1898. In Verbindg. m. K. Ahlenius, D. A. Anutschin, A. Auwers etc. hrsg. v. Herm. Wagner. gr. 8. (VIII, 500 S.) Nebst: Uebersichtskarten (index charts, tableaux, d'assemblage, quadri d'unione) f. die wichtigsten topographischen Karten Europas u. einiger anderer Länder. Zusammengestellt f. das geograph. Jahrbuch v. Herm. Wagner. 4. Aufl. (28 farb. Kartens.) Gotha 899. J. Perthes. n. 15. —; Übersichtskarten allein n. 1. 20

— dasselbe XXII.—XXIV. Bd. 1899 – 1901. à 2 Hälften. In Verbindg. m. K. Ahlenius, E. Blink, P. Camena d'Almeida u. s. w. hrsg. v. Herm. Wagner. gr. 8. (VIII, 472; VIII, 488 S. m. 28 farb. Karten u. VIII, 444 S.) Ebd. 899 - 902. à Bd. n. 15. —

— **geographisches.** Begründet 1866 durch E. Behm. XXV.—XXVIII. Bd. 1902—1905. In Verbindg. m. K. Ahlenius, E. Blink, P. Camena d'Almeida u. a. hrsg. v. Herm. Wagner. (VIII, 488 u. 28 S. m. 28 farb. Kartenskizzen; VIII, 496; VIII, 466 u. IX, 455 S.) gr. 8. Gotha 903—906. J. Perthes. à Bd. n. 15. —

— dasselbe. XXIX. Bd. 1906. In Verbindg. m. K. Ahlenius, E. Blink, W. Brennecke u. a. hrsg. v. Herm. Wagner. 1. Hälfte. (238 S.) gr. 8. Ebd. 906. n. 7. 50

— **geographisches.** Begründet 1866 durch E. Behm. XXIX. Bd., 1906. In Verbindg. m. E. Blink, W. Brennecke, P. Camena d'Almeida u. a. hrsg. v. Herm. Wagner. 2. Hälfte. (VIII u. S. 239—486 u. 81 farb. Kartens.) gr. 8. Gotha 907. J. Perthes. 7. 50

— dasselbe. XXX.—XXXIII. Bd. 1907—1910. (XIV, 397; IX, 493; VII, 478 S. m. 31 farb. Kartens. u. X, 472 S.) gr. 8. Ebd. 907—10. à Bd. 15. —

—— **geographisches**, zur Mittheilung aller wichtigen neuen Erforschungen von Heinr. Berghaus. 1850. 1—4. (Heft.) gr. 4. Gotha 850—52, J. Perthes. *
Bildet auch die 19.—22. Lfg. von: Berghaus physikalischer Atlas. — Vgl.: Berghaus.

— **geographisches**, zur Mittheilung aller wichtigen neuen Erforschungen v. Heinr. Berghaus. 1850. I. (Hft.) [Physikalischer Atlas. 19. Lfg.] Inhalt: Forschungen im östlichen Himalayah. Von J. D. Hooker. Brief an A. v. Humboldt. Mit Karte. — Ueber die geogr. Verbreitung der Sprachen v. Abessinien u. der Nachbarländer. Von Ch. T. Beke. Mit Karte. — Bemerkungen über den Ursprung u. die Urheimath der Gallas. Von Ch. T. Beke. — Neue Höhen-Bestimmungen des Gross-Glockner. Von H. u. Ad. Schlagintweit. Brief an A. v. Humboldt. — Untersuchungen üb. die Quellen-Bildung u. die Isogeothermen der Alpen von Ad. Schlagintweit. — Bemerkungen, die Untersuchung der Temperatur-Verhältnisse der Quellen betreffend. Von E. Hallmann. — Beiträge zur genauen Kenntniss des nördl. Mexico. Von A. Wislizenus. Mit 2 Karten. — Bemerkgn. üb. die Flora der Magalhaen'schen Länder. Von C. G. C. Reinwardt. — Killi Mandsharo, das Schneegebirge im Tropischen Ost-Afrika unter 3° ²/₃ südlicher Breite. — Nachricht v. d. Britischen Expeditionen nach Tubet, in d. J. 1846 u. 1848. gr. 4. (IV u. 64 S. mit 4 lith z. Thl. col. Karten.) Gotha, J. Perthes. n. 1 ₰

— dass. 1850. II. (Hft.) [Physikalischer Atlas. 20. Lfg.] Inhalt: Berg-Ketten u. Fluss-Systeme in Afrika; Anschauung derselben im J. 1850. Zur Erlaut. der vorgeheft. Karte. Vom Herausgeb. — Hohe d. grossen Tafellandes von Tubet, u. Hohe d. Schneegränze im östl. Himálaya. Von Joseph Dalton Hooker. — Ueber die Schneelinie im Himálaya von Kumaon u. Garhwal. Von R. Strachey. Nebst 1 grossen Karte von Himálaya. — Beschreibung der Glätscher in den Hochthälern des Pindur u. Kuphinie im Kumáon-Himálaya. Von R. Strachey. Mitgetheilt v. Alex. v. Humboldt. — Ueber das Klima v. Nordamerika. Von Albert Gallatin. — Gold, Platina, Diamanten in den Verein. Staaten u. in Californien. — Ueber die Ursachen, welche dem Vorkommen der Pflanzen gegen Norden hin in Europa u. den ähnlich gelegenen Ländern ein Ziel setzen. Von Ad. De Candolle. — Der N'gami-See in Sud-Afrika. — Schneegränze im Himálaya. — Volksmenge d. Königr. Belgien nach der Sprachverschiedenheit. gr. 4. (64 S. mit 2 in Kpfr. gest. Karten in gr. 4. u. Imp. Fol.) Ebd. n. 1 1/3 ₰

— dass. 1851. III. (Hft.) [Physikalischer Atlas. 21. Lfg.] Inhalt. Bericht üb. die geolog. Beschaffenheit des Spiti-Thals u. der Gegenden d. westl. Himálaya überhaupt, welche vom Sudledge-Thale durchfurcht werden. Von Thom. Hutton. — Allgem. Bemerkungen üb. die physikal. Geographie des Himálaya. Von B. H. Hodgson. — Forschungen im östl. Himálaya. Von Jos. Dalton Hooker. — Ueber die Verwandschaft d. Schoschonen, Komantschen u. Apatschen. Vom Herausg. — Ueber die Herleitung des Nils aus dem N'Yassi oder grossen See von Sud-Afrika; u. üb. die Schneeberge im tropischen Ost-Afrika. Von Charles T. Beke. — Der Cretinismus in d. piemontes. Alpen. gr. 4. (66 S. mit 4 lith. Karten.) Ebd. n. 1 ₰

— dass. 1852. IV. (Hft.) [Physikalischer Atlas. 22. Lfg.] Inhalt: Skizze einer Karte des Theils von Asien zwischen der Ostküste des Caspischen Meeres u. dem Alpensee Issikul am nördlichen Abhange des chinesischen Himmelsgebirges. Entworfen von A. v. Bolotoff. Mit Karte. — Klima-Veranderungen in der Hochebene von Santiago de Chile u. das grosse Erdbeben vom 2. April 1851. Aus Briefen des Lieut. Gillis. Mitgetheilt von Alex. v. Humboldt. — Zur physikal. Geographie überhaupt, u. zu der von Kurland im Besond., nebst einigen etnogr. Excursen Von J. G. Buttner. — Ueber die Wellen im Atlant. Ocean, ihre Grösse, Schnelligkeit u. ihre sonstigen Erscheinungen. Von Will. Scoresby. Aus dem Engl. v. H. Berghaus. — Der gegenwärtige Zustand u. die Aussichten der Wissenschaft des Erd-Magnetismus. Von Airy. — Ueber die Lage der Isohlinen in Yorkshire. Von Philipps. — Ein Ausflug an die Ufer des Todten Meeres im Jan. 1851. Von De Saulcy. — Untersuchungen üb. das Dasein ursprungl. Einwohner in Schottland vor der Kelten-Zeit. Von Wilson. — Antwort auf eine franz. Beurtheilung meines Aufsatzes: Ueber die geogr. Verbreitung der Sprachen v. Abessinien u. der Nachbarländer. Von Charles T. Beke. — Vegetation u. Klima der Khossya-Berge. Von Jos. Dalton Hooker. — Zur Erlauterung der 2 Karten No. XII u. XIII: Karte zur Uebersicht der Entdeckungen der Expeditionen zur Aufsuchung John Franklin's, u. Uebersicht der Entdeckgn., welche im Arkt. Amerika 1832—1851 gemacht worden sind. — Uebersicht der Vermehrung der Volkszahl im Königr. Baiern seit der neuen Kreiseintheilung im Jahre 1837. Von Joh. Pet. Knittelmaier. — Ergebnisse v. zehnjähr. Regenbeobachtgn. zu Chiswick, im Garten d. Gartenbau-Gesellsch. 1841–1850. — Geograph. Vertheilung der submarinen Fauna u. Flora der Britisch. Gestade-Meere. Von E. Forbes. — Ueber die pluton. u. vulkan. Gebilde des Kirchenstaats u. der angränz. Gegenden. Von Roder. J. Murchison. — Ueber das Verhalten d. heissen u. der Dampfquellen Toskana's zu den plutonischen u. metamorphischen Felsarten, denen sie entströmen, u. zu den früheren u. gegenwärt. vulkanischen Eruptionen der italien. Halbinsel. Von Roder. J. Murchison. — Grösste Meerestiefe im Südatlant. Ocean. Von J. R. Goldsborough. gr. 4. (64 S. mit 1 in Kpfr. gest. Charte in gr. 4. u. 2 lith. Karten in qu. Fol.) Gotha, J. Perthes. n. 1 ₰ (I–IV: n. 4 1/3 ₰)

—— der deutschen Gerichtsverfassung. Hrsg. auf Veranlassung des Reichs-Justizamts von Carl Pfafferoth. gr. 8. (VI, 559 S.) Berlin 880, C. Heymann's Verlag. *
geb. *

—— dass. — Jahrg. 1884. gr. 8. (V, 326 S.) Ebendas. *
geb. *

Jahrg. 1881—1883 nicht erschienen.

— der deutschen Gerichtsverfassung. Hrsg. auf Veranlassg. d. Reichs-Justizamts v. Carl Pfafferoth. Jahrg. 1885 u. 1886. gr. 8. (V, 326 u. V, 338 S.) Berlin 884. 85. C. Heymann's Verl. à n. 6. —; geb. à n. 7. —

— der deutschen Gerichtsverfassung. Hrsg. auf Veranlassg. d. Reichs-Justizamts v. Carl Pfafferoth. 4.—7. Jahrg. 1895—1898. gr. 8. (à ca. V, 306 S.) Berlin, C. Heymann's Verl. à Jahrg. kart. n. 5. —

—— der preußischen Gerichtsverfassung mit den Anciennetätslisten der Justizbeamten redig. im Büreau des Justiz-Ministeriums. 1. und 2. Jahrg. gr. 8. Berlin, Deckersche geheime Ober-Hofbuchdr. [1. Jahrg. (VIII und 483 S.) 851., 2. (VII und 444 S.) 852. à Jahrg. 1 Thlr.]

—— der preußischen Gerichtsverfassung mit den Anciennetätslisten der Justizbeamten, redig. im Bureau des Justiz-Ministeriums. 3. und 4. Jahrg. gr. 8. Berlin, Deckersche geheime Ober-Hofbuchdr. [3. (V und 423 S.) 854. 4. (VII und 372 S.) 856. à Jahrg. 1 Thlr.]

1. und 2. Jahrg. Ebendas. 1851 und 1852. 2 Thlr.

—— der preußischen Gerichtsverfassung mit den Anciennetätslisten der Justizbeamten, redig. im Büreau des Justiz-Ministeriums. 5. Jahrg. gr. 8. (VIII und 402 S.) Berlin 861, Decker'sche geheime Ober-Hofbuchdruckerei. *

1—4. Jahrg. 1851—56. Ebendas. * 4 Thlr.

—— der preußischen Gerichtsverfassung mit den Anciennetätslisten der Justizbeamten, redig. im Büreau des Justiz-Ministeriums. 6. Jahrg. gr. 8. (VIII und 438 S.) Berlin 863, v. Decker'sche geheime Ober-Hofbuchdruckerei. *

—— dass. — 7. Jahrg. gr. 8. (VIII und 460 S.) Ebendas. 865. *

—— der preußischen Gerichtsverfassung, redig. im Büreau des Justiz-Ministeriums. 8.—11. Jahrg. gr. 8. (VIII, 464; VIII, 472; VIII, 484; VIII, 480 S.) Berlin 868—74, v. Decker'sche Geh. Ober-Hofbuchdr. 8.—10. Jahrg. à *
11. Jahrg. *

—— der preußischen Gerichtsverfassung, redig. im Bureau des Justizministeriums. 12.—14. Jahrg. gr. 8. (VIII, 484; 508; VIII, 374 S.) Berlin 876,77,79, v. Decker's Verlag.
12. Jahrg. * ℳ 5,50.; 13. Jahrg. *
14. Jahrg. *

—— der preußischen Gerichtsverfassung, redig. im Büreau des Justizministeriums. 15. Jahrg. gr. 8. (VIII, 425 S.) Berlin 882, v. Decker's Verlag. *

—— dass. — 16. Jahrg. gr. 8. (VIII, 460 S.) Ebendas. 884. *

—— der preußischen Gerichtsverfassung, redig. im Büreau des Justizministeriums. 17. und 18. Jahrg. gr. 8. (VIII, 464; VIII, 478 S.) Berlin 886,88, v. Decker's Verlag.
à Jahrg. * 6 70

—— der preußischen Gerichtsverfassung, redig. im Büreau d. Justizministeriums. 19. Jahrg. Geschlossen im Febr. 1890. 20. Jahrg. Geschlossen im Mai 1892. gr. 8. (VIII, 460; XII, 476 S.) Berl. 890,92, v. Decker. à Jahrg. * 6 —

— dasselbe. 21. Jahrg. Geschlossen Mitte Mai 1894. gr. 8. (XII, 504 S.) Ebd. 894. n. 6. —

— der preußischen Gerichtsverfassung, red. im Büreau d. Justizministeriums. 22. Jahrg. Geschlossen Mitte Mai 1896. gr. 8. (XII, 515 S.) Berlin 896. R. v. Decker. n. 6. —

— dasselbe. 23. Jahrg. Geschlossen Anfang Juli 1898. gr. 8. (XII, 518 S.) Ebd. 898. n. 6. —

— der preußischen Gerichtsverfassung, bearb. im Justizministerium. 24. u. 25. Jahrg. gr. 8. (XII, 540 u. XII, 564 S.) Berlin 900. 902. R. v. Decker. à n. 6. —
Vgl.: Darstellung, allgem., der Gerichtsverfassung in Preußen.

— der preußischen Gerichtsverfassung, bearb. im Justizministerium. 26. u. 27. Jahrg. (XII, 580 u. XII, 610 S.) 8. Berlin 904. 906. R. v. Decker. à n. 6. —
Vergl.: Darstellung, allgem., der Gerichtsverfassung in Preußen.

— der preußischen Gerichtsverfassung, bearb. im Justizministerium. 28. Jahrg. (XII, 625 S.) 8. Berlin 908. R. v. Decker. 6. —
Vgl.: Darstellung, allgemeine, der Gerichtsverfassung in Preußen.

Jahrbuch des Germania Männerchor: 1890? –?
Annual. 16 mo., illustrated including portraits. Published by Max Stern & Co.
Chicago, IL

—— der deutschen Geschichte und christlichen Unterhaltung. 8. (64 S.) Rogasen 852. (Breslau, Dülfer's Buchh.) *

—— dass. — Hrsg. von C. Francke, für das J. 1853. II. Jahrg. 8. (74 S. mit 1 Stahlst.) Ebds. 852. *

—— dass. — Für das J. 1856. V. Jahrg. 8. (67 S.) Rogasen, Francke'sche Schulbuchhandlung. **
Der 3. und 4. Jahrg. erschienen als Anhang zum lutherischen Volkskalender.
Vgl.: Volkskalender.

— für jüdische Geschichte u. Literatur. Hrsg. v. Verbande d. Vereine f. jüd. Geschichte u. Literatur in Deutschland. M. Beiträgen v. A. Berliner, Geo. Brandes, C. H. Cornill rc. 8. (III, 331 S.) Berlin 898. A. Katz. Geb. in Leinw. n. 3. —

— f. jüdische Geschichte u. Literatur. Hrsg. vom Verbande der Vereine f. jüdische Geschichte u. Literatur in Deutschland. 2.–4. Bd. 8. Berlin, A. Katz. Geb. in Leinw. à n. 3. —
2. Mit Beiträgen v. Wilh. Bacher, M. Brann, A. Harkavy rc. (300 S.) 899.
3. Mit Beiträgen v. Ruben Brainin, Sim. Bernfeldt, Herrm. Cohen u. a. (320 S.) 900.
4. Mit Beiträgen v. Wilh. Bacher, Ludw. Blau, Geo. Brandes u. a. (III, 239 u. 47 S.) 901.

— für jüdische Geschichte u. Literatur. Hrsg. vom Verbande der Vereine f. jüdische Geschichte u. Literatur in Deutschland. 5.—9. Bd. 8. Berlin, M. Poppelauer. Geb. in Leinw. à n. 3. —
5. Mit Beiträgen v. M. Brann, Martha Helmuth, Gust. Karpeles u. a. (III, 266 S. u. 42 S.) 902. — 6. Mit Beiträgen v. Wilh. Bacher, M. Brann, Ulr. Frank u. a. (III, 242 u. 58 S.) 903. — 7. Mit Beiträgen v. A. Berliner, S. Bernfeld, M. Brann u. a. (III, 243 u. 60 S.) 904. — 8. Mit Beiträgen v. U. Frank, H. Groß, M. Güdemann u. a. (III, 250 u. 60 S.) 905. — 9. Mit Beiträgen von W. Bacher, J. Cohn, K. E. Franzos u. a. (III, 260 u. 52 S.) 906.

— für jüdische Geschichte u. Literatur. Hrsg. vom Verbande der Vereine f. jüd. Geschichte u. Literatur in Deutschland. 10.—13. Bd. 8. Berlin, M. Poppelauer. Geb. in Leinw. à 3. —
10. Mit Beiträgen v. S. Bernfeld, B. Breslauer, H. Cohen u. a. (III, 275 u. 51 S.) 907.
11. Mit Beiträgen v. Wilh. Bacher, Ernst Cohn, Semjon Frug u. a. (278 u. 52 S.) 908.
12. Mit Beiträgen v. A. Berliner, Magnus Cohn, Ulr. Frank u. a. (III, 276 u. 52 S.) 909.
13. Mit Beiträgen v. A. Berliner, Isidor Borchardt, Sim. Bernfeld u. a. (III, 272 u. 57 S.) 910.

Jahrbuch f. Münchener Geschichte, begründet u. hrsg. von *Karl v. Reinhardstöttner* u. *Karl Trautmann.* Jahrg. 1. München, J. Lindauer'sche Buchh. (Schöpping). 1887. 8°. Eleg. falb. Hklbldrbd. °)
X, 524 S. — Inh. 1. Trautmann, Frz., die Altmünchener Meister. 2. Günther, Siegm., ein Stück Meteorologie u. Astrologie aus Alt-München. 3. Reinhardstöttner, K. v., üb. d. Beziehungen d. italien. Litteratur z. bayer. Hofe u. ihre Pflege an demselben. (Sehr werthvoll d. beigegeb. Bibliographie.) 4. Muncker, Frz., ein Berliner (Friedr. Nicolai) über München vor 100 Jahren. 5. Bohn, Emil, Orlandus de Lassus als Komponist weltlicher deutscher Lieder. 6. Trautmann, Karl, italien. Schauspieler am bayer. Hofe. 7. Stieve, Felix, Urtheile u. Berichte über München aus d. 15., 16. u. 17. Jahrh. 8. Lossen, Max, die Ehe des Herzogs Ferdinand v. Bayern (geb. 19. Jan. 1550 zu Landshut, † 30. Jan. 1608 in München) mit Maria Pettenpeck (Tochter des herzogl. Rentschreibers Geo. Pettenpeck zu München, geb. um 1570, † 1. Dezbr. 1619). 9. Trost, Ludw., z. Geschichte der Goldfischbildler am Hof- u. Nationaltheater in München. 10. Simonsfeld, Henry, Joh. Joach. Becher (geb. 1635 [1625?] in Speier, † im Octob. 1682 zu London) u. die Seidenmanufaktur in München unter Ferdinand Maria. 11. Riggauer, Hans, ein Sterbeandenken an Wilhelm IV. (1493–1550). 12. Destouches, Ernst v., e. Säkularbild aus Münchens Vergangenheit (1587). — Neue Mittheilungen, S. 505 ff.

—— für Münchener Geschichte, begründet und hrsg. von Karl von Reinhardstöttner und Karl Trautmann. 1.—3. Jahrg. gr. 8. (X, 524 S. mit Abbild.; VIII, 502; 528 S.) München 887—89, Lindauer'sche Buchh. à Jahrg. * 8 —

—— für Münchener Geschichte, begründet u. hrsg. v. Karl v. Reinhardstöttner u. Karl Trautmann. 3. u. 4. Jahrg. gr. 8. (VIII, 568; VIII, 464 S.) Bamberg 889,90, Buchner. à Jahrg. * 8 —

— für Münchener Geschichte, hrsg. v. Karl Trautmann. 5. Jahrg. gr. 8. (IV, 308 S.) Bamberg 894. C. C. Buchner, Verl. n. 6. —

— f. d. Geschichte d. Herzogt. Oldenburg, s.: Schriften des Oldenburger Vereins f. Altertumskunde u. Landesgeschichte.

—— für schweizerische Geschichte, hrsg. auf Veranstaltung der allgemeinen geschichtforsch. Gesellschaft der Schweiz. 1.—4. Bd. Neue Folge des Archivs für schweizer. Geschichte. gr. 8. (XXI, 256; XXXI, 328; XXIII, 289; XXXII, 324 S.) Zürich 876—79, Höhr. à Bd. *

—— für schweizerische Geschichte, hrsg. auf Veranlassung der allgemeinen geschichtforschenden Gesellschaft der Schweiz. 5.—9. Bd. Neue Folge des Archivs für schweizer. Geschichte. gr. 8. (XXI, 307; XXVIII, 277; XXXI, 326; XXXV, 339; XXIX, 362 S.) Zürich 880—84, Höhr. à Bd. *
—— dass. — 10. Bd. Mit einem Generalregister über Bd. I—X [Neue Folge des Archivs für schweizer. Geschichte]. gr. 8. (XXX, 373 S.) Ebendas. 885. *

—— für schweizerische Geschichte, hrsg. auf Veranstaltung der allgemeinen geschichtforschenden Gesellschaft der Schweiz. 11. und 12. Bd. gr. 8. (XXVIII, 332; LVI, 312 S.) Zürich 886,87, Höhr. à Bd. * 6 —
—— dass. — 13. Bd. gr. 8. (XXXII, 554 S. mit 1 genealog. Tab.) Ebendas. 888. * 9 —

—— für schweizerische Geschichte, hrsg. auf Veranstaltg. der allgemeinen geschichtforsch. Gesellschaft der Schweiz. 14.—17. Bd. gr. 8. (XXXV, 355; XLII, 387; LIII, 178, 116, 4 S. m. 1 Lichtdr.-Bildnis; XXIX, 463 S.) Zür. 889—92, Höhr u. Fäsi.
14.—16. Bd. à 6 —; 17. Bd. * 7 20

— dasselbe. 18. u. 19. Bd. gr. 8. (XXV, 331 S. m. 1 Tab.; XXVII, 320 S.) Ebd. 893. 894. à Bd. n. 6. —

— für schweizerische Geschichte, hrsg. auf Veranstaltg. der allgem. geschichtforsch. Gesellschaft der Schweiz. 20.—23. Bd. gr. 8. Zürich, Fäsi & Beer. à Bd. n. 6. —
20. (XXXIII, 88, 233 u. 8 S.) 895. — 21. (XXXVIII, 391 S.) 896. 22. (XXIV, 312 S.) 897. — 23. (XXVI, 332 S.) 898.

— für schweizerische Geschichte, hrsg. auf Veranstaltg. der allgemeinen geschichtsforsch. Gesellschaft d. Schweiz. 24.—27. Bd. gr. 8. (XXVIII, 397; XXVI, 363; XXX, 312 u. XXV, 370 S.) Zürich 899—902. Fäsi & Beer. à n. 6. —

— für schweizerische Geschichte, hrsg. auf Veranstaltg. der allgemeinen geschichtforsch. Gesellschaft der Schweiz. 28.—31. Bd. (XXVIII, 244 u. 128 S.; XXVII, 204 u. 96 S.; XXXIV, 326 u. 9 S. u. XXVI, 348 S.) gr. 8. Zürich 903—906. Fäsi & Beer. à n. 6. —

Jahrbuch für Schweizerische Geschichte, hrg. auf Veranstaltung der allgemeinen geschichtforschenden Gesellschaft der Schweiz. Band 30. ([Mit] Anhang: Inhaltsübersicht von Bd. 21.—30. des Jahrbuches.) XXXIV + 326 + *Anhang* 9 S. 8. Zürich, Fäsi & Beer, 1905. [fr. 7. —]

Jahrbuch für schweizerische Geschichte, hrsg. auf Veranstaltg. der allgem. geschichtforsch. Gesellschaft der Schweiz. 32.—34. Bd. (XXV, 293 S. m. 1 Stammtaf.; XXVII, 345 S. u. XXV, 162 u. 237 S.) gr. 8. Zürich 907—09. Beer & Co. à Bd. 6. —

Jahrbuch für Schweizerische Geschichte, hrg. auf Veranstaltung der allgemeinen geschichtforschenden Gesellschaft der Schweiz. Band 35. [Mit 2 Tafeln.] XXVI + 356 + 130* S. 8. Zürich, Beer & Cie., 1910. [fr. 7. —]

Jahrbuch für Geschichte, Sprache und Literatur Elsaß-Lothringens. Hrsg. von dem historisch-literarischen Zweigverein des Vogesen-Clubs. Jg 1—33. — Straßburg: Heitz 1885—1917.
Forts. s.: Annuaire de la Société . . .

— für Geschichte, Sprache u. Litteratur Elsass-Lothringens, hrsg. v. dem historisch-litterar. Zweigverein d. Vogesen-Clubs. 1. u. 2. Jahrg. gr. 8. (III, 148 u. III, 256 S.) Strassburg 885. 86. Heitz. à n. 2. 50

— für Geschichte, Sprache u. Litteratur Elsass-Lothringens, hrsg. v. dem historisch-litterar. Zweigverein d. Vogesen-Clubs. 3.—6. Jahrg. gr. 8. (204; 189; III, 163; IV, 188 S. m. Abbildgn.) Strassburg 887—890. Heitz. à Jahrg. n. 2. 50

Jahrbuch für Geschichte, Sprache u. Litteratur Elsass-Lothringens, hrsg. v. dem historisch-litterar. Zweigverein d. Vogesen-Clubs VII.—X. Jahrg. gr. 8. (IV, 212; IV, 235; III, 245; IV, 288 S. m. 1 Farbendr.) Strassburg i/E. 891—893. J. H. E. Heitz. à Jahrg. n. 2. 50

— für Geschichte, Sprache u. Litteratur Elsass-Lothringens, hrsg. v. d. histor.-litterar. Zweigverein d. Vogesen-Clubs. XI.—XIV. Jahrg. gr. 8. (IV, 228; III, 215; III, 231 u III, 244 S. m. Fig.) Strassburg 895—898. J. H. E. Heitz. à Jahrg. n. 2. 50

— für Geschichte, Sprache u. Litteratur Elsass-Lothringens, hrsg. v. dem historisch-litterar. Zweigverein des Vogesen-Clubs. XV.—XVIII. Jahrg. gr. 8. (III, 260; 354; 272 u. 230 S.) Strassburg 899—902. J. H. E. Heitz. à n. 2. 50

— für Geschichte, Sprache u. Literatur Elsass-Lothringens, hrsg. v. dem historisch-literar. Zweigverein des Vogesen-Clubs. XIX.—XXII. Jahrg. (324 S. m. 1 Taf.; 308 S. m. 1 Taf.; 351 S. m. Abb. u. 1 Faksm. u. 296 S. m. Abb. u. 2 Taf.) gr. 8. Strassburg 903—906. J. H. E. Heitz. à n. 2. 50

— für Geschichte, Sprache u. Literatur Elsass-Lothringens, hrsg. v. dem historisch-literar. Zweigverein des Vogesen-Clubs. 23.—26. Jahrg. (258; III, 341; IV, 828 S. m. 1 Bildnis u. XV, 432 S. m. 1 Bildnis.) gr. 8. Strassburg 907—10. J. H. E. Heitz. à Jahrg. 2. 50

— für vaterländische Geschichte. 1. Jahrg. 8. (V und 406 S.) Wien 861, Gerold's Sohn.

Inhalt:

Josef II. und Friedrich II. in Neustadt 1770 von A. Wolf. — Nachrichten zur österreichischen Geschichte in altrussischen Jahrbüchern von M. Büdinger. — Haydn in London 1791 und 1792 von T. G. v. Karajan. — Fünf Gedichte des Sedulius Scottus an den Markgrafen Eberhard v. Friaul, von E. Dümmler. — Zur Geschichte Wallenstein's von J. Fiedler. — Schreiben des Königs Johann von Böhmen an seine machtboten am päbstl. Hofe im nov. 1345 von J. F. Böhmer. — Oesterreichisches aus der Chronik der Augustiner zu Glatz von W. Wattenbach. — Die britannischen Auxiliartruppen in den römischen Donauländern von J. Aschbach. — Das Donauthal von Ladislaus Suntheim von F. Pfeiffer. — Ein griechisches Schreiben des Sultan Suleiman an Andreas Gritti über die Belagerung Wiens 1529 von J. Müller. — Versuche zur Gründung einer Akademie der Wissenschaften unter Maria Theresia von J. Fell.

JAHRBUCH DES GESCHICHTSVEREINS FÜR DAS HERZOGTUM BRAUNSCHWEIG, herausgegeben von PAUL ZIMMERMANN.
(Jahrg. 1.) Wolfenbüttel 1902. In Komm. bei Julius Zwissler. 8°. — Jahrg. 2. (Mit 1 Plane.) ib. 1903. — 3. (Mit Tafeln.) ib. 1904. — 4. (Mit Tafeln.) ib. 1905. — 5. ib. 1906. — 6. ib. 1907. — 7. (Mit Tafeln.) ib. 1908. — 8. (Mit Tafeln.) ib. 1909. — 9. ib. 1910. — 10. (Mit Tafeln.) ib. 1911. — 11. (Mit Tafeln.) ib. 1912. — 12. ib. 1913. — 13. ib. 1914. —

— des Geschichtsvereins f. das Herzogt. Braunschweig, hrsg. v. Paul Zimmermann. 1.—4. Jahrg. (IV, 148 S.; 156 S. m. 1 Plan; VIII, 168 S. m. 13 Taf. u. IV, 148 S. m. 5 Taf.) gr. 8. Wolfenbüttel 902—905. (J. Zwissler.) à n. 3. —; geb. in Leinw. à n. 4. —

— des Geschichtsvereins f. das Herzogt. Braunschweig, hrsg. v. Paul Zimmermann. (Red.-Ausschuss: Wilh. Blasius, Heinr. Mack, P. J. Meier u. a.) 5.—8. Jahrg. (IV, 164 S.; IV, 164 S. m. 4 Taf.; IV, 211 S. m. 3 Taf. u. IV, 183 S. m. 1 Bildnis u. 1 Karte u. XII S. Abbildgn.) gr. 8. Wolfenbüttel 906—09. J. Zwissler. à 3.—; geb. in Leinw. à n 4. —

— des Düsseldorfer Geschichts-Vereins, s.: Beiträge zur Geschichte des Niederrheins.

JAHRBUCH DES GESCHICHTSVEREINS FÜR GÖTTINGEN UND UMGEBUNG.
Bd. 1. Jahrg. 1908. (Mit Tafeln.) Göttingen 1909. Druck der Univ.-Buchdruckerei von E. A. Huth. 8°.
Bd. 2. Jahrg. 1909. ib. 1910. — Im Kommissionsverlag von R. Peppmüller.

— des Geschichtsvereins f. Göttingen u. Umgebung. 1. u. 2. Bd. Jahrg. 1908 u. 1909. (Red.-Ausschuß: Edward Schröder, Aug. Tecklenburg, Ferd. Wagner.) (V, 182 S. m. Abbildgn. u. 3 Taf. u. IV, 192 S.) gr. 8. Göttingen 909. 10. R. Peppmüller. à nn 3. —

— der Berliner Gesellschaft für Deutsche Sprache und Alterthumskunde. Neues. Bd. 1—9. Berlin 1836—50, Bd. 10. Leipzig 1853. 8.
A. u. d. T.: Germania. Herausg. von F. H. v. d. Hagen. . . . . (D.)

JAHRBUCH DER BERLINISCHEN GESELLSCHAFT FÜR DEUTSCHE SPRACHE.
Bd. 1. Berlin 1820. In der Maurerschen Buchh. 8°.

Jahrbuch der Gesellschaft der Bibliophilen.
Bis 1900 u. d. T.: Geschäftsbericht und Mitgliederliste für das Jahr ... Gesellschaft der Bibliophilen.

JAHRBUCH DER GESELLSCHAFT DER BIBLIOPHILEN.
Jahrg. 1. 1899. Stuttgart. Sekretariat der Gesellschaft der Bibliophilen. 8°.
GESELLSCHAFT DER BIBLIOPHILEN.
(Jahrg. 2.) Geschäftsbericht und Mitgliederliste für das Jahr 1900. ib. —
JAHRBUCH DER GESELLSCHAFT DER BIBLIOPHILEN.
Jahrg. 3. 1901. Weimar. Sekretariat der Gesellschaft der Bibliophilen — 4. 1902. ib. — 5. 1903. ib. — 6. 1904. ib. — 7. 1905. ib. — 8. 1906/7. ib. — 9. 1907/8. ib. — 10. 1909/10. ib. — 11. 1910/11. ib. — 12. 1911/12. ib. — 13. 1913. ib. —

— der deutschen malakozoologischen Gesellschaft, s.: Jahrbücher der deutschen malakozoolog. Gesellschaft.

— der Dresdner Gesellschaft zur Förderung der Amateur-Photographie, e. V. Hrsg. 1907. (98 S. m. 16 Taf.) Lex. 8. Dresden (Holze & Pahl). 4. —

Jahrbuch der Ges. für lothringische Geschichte und Altertumskunde. Annuaire de la Société d'histoire et d'archéologie de la Lorraine. Jg 1—28 nebst Reg. und Erg.-H. 1—5. — Metz: Verl. der Gesellschaft (früher: Scriba) 1888,89—1917. 4°
Forts. s.: Annuaire de la Société . . .

JAHR-BUCH DER GESELLSCHAFT FÜR LOTHRINGISCHE GESCHICHTE UND ALTERTUMSKUNDE.
Jahrg. 1. 1888–89. (Mit 1 Tafel.) Metz. Verlag von G. Scriba, Hofbuchhändler. 4°. — Jahrg. 2. 1890. (Mit Tafeln.) ib. — Jahrg. 3. 1891. (Mit Tafeln.) ib. — Jahrg. 4. 1892. (Mit Tafeln.) ib. — Jahrg. 5. (1. Hälfte.) 1893. ib. — Jahrg. 5. (2. Hälfte.) 1893. ib. — Jahrg. 6. 1894. (Mit Tafeln.) ib. — Jahrg. 7. (1. Hälfte.) 1895. (Mit Tafeln.) ib. — Jahrg. 7. (2. Hälfte.) 1895. (Mit Tafeln.) ib. — Jahrg. 8. (1. Hälfte.) 1896. ib. — Jahrg. 8. (2. Hälfte.) 1896. ib. — Jahrg. 9. 1897. (Mit Tafeln.) ib. — Jahrg. 10. 1898. (Mit Tafeln.) ib. — Jahrg. 11. 1899. ib. — Jahrg. 12. 1900. (Mit Tafeln.) ib. — Jahrg. 13. 1901. (Mit Tafeln.) ib. — Jahrg. 14. 1902. (Mit Tafeln.) ib. — Jahrg. 15. 1903. (Mit Tafeln.) ib. — Jahrg. 16. 1904. (Mit Tafeln.) ib. — Jahrg. 17. 1905. (Mit Tafeln.) ib. — Jahrg. 18. 1906. (Mit Tafeln.) ib. — Jahrg. 19. 1907. (Mit Tafeln.) ib. — Jahrg. 20. 1908. Mit 24 Abbildungen im Text und 10 Tafeln. ib. —

JAHRBUCH DER GESELLSCHAFT FÜR LOTHRINGISCHE GESCHICHTE UND ALTERTUMSKUNDE.
Jahrg. 21. (1. Hälfte.) 1909. (Dem Verbande Deutscher Historiker zu seiner XI. Versammlung in Strassburg (15.–19. September 1909) gewidmet von der Gesellschaft für lothringische Geschichte und Altertumskunde.) Leipzig. Verlag von Quelle & Meyer. — Jahrg. 21. (2. Hälfte.) 1909. (Mit 1 Tafel.) ib. —
Jahrg. 22. 1910. Metz. Verlag der Gesellschaft für lothringische Geschichte u. Altertumskunde.

Gesellschaft für lothringische Geschichte und Altertumskunde. — JAHRBUCH...
(Jahrg.) XXIII. (Mit Tafeln.) ib. 1912. Verlag der Gesellschaft. — A. u. d. T.: JAHRBUCH DER GESELLSCHAFT FÜR LOTHRINGISCHE GESCHICHTE UND ALTERTUMSKUNDE. Jahrg. 23. 1911. Annuaire de la société lorraine d'histoire et d'archéologie. Année 23. 1911. (Mit Tafeln.)
(Jahrg.) XXIV. (Mit 7 Tafeln.) ib. 1912. — A. u. d. T.: JAHRBUCH DER GESELLSCHAFT FÜR LOTHRINGISCHE GESCHICHTE UND ALTERTUMSKUNDE Jahrg. 24. 1912. Im Verlag der Gesellschaft. Annuaire de la société lorraine d'histoire et d'archéologie. Année 24. 1912. Au siège de la société.
(Jahrg.) XXV. (Mit Tafeln.) ib. 1913. — A. u. d. T.: JAHRBUCH DER GESELLSCHAFT FÜR LOTHRINGISCHE GESCHICHTE UND ALTERTUMSKUNDE. Jahrg. 25. 1913. Annuaire de la société d'histoire et d'archéologie lorraine. Année 25. 1913.

— der Gesellschaft für lothringische Geschichte und Altertumskunde. 1. Jahrg. 1888/89. Lex.-8. (338 S. m. e. Taf.) Metz, Scriba. n. 6. —

Jahrbuch der Gesellschaft f. lothringische Geschichte u. Altertumskunde. 1. Jahrg. Ergänzungs-Hft. Lex.-8. Metz 889. Scriba. n. 2. 50
Lothringische Mundarten v. Léon Zéliqzon. (100 S. m. 1 lith. Karte.)

— dasselbe. 2. Jahrg. 1890. Lex.-8. (VI, 430 S. m. 1 Karte u. 3 Taf.) Ebd. n. 10. —

— der Gesellschaft f. lothringische Geschichte u. Altertumskunde. 3.–5. Jahrg. 1891–1893. 4. (VI, 457 S. m. 6 Taf.; V, 244 u. 288 S. m. 1 Karte u. 5 Taf.; 271 u. 264 S. m. Taf.) Metz 892–894. G. Scriba à Jahrg. n. 10. —

— d. Gesellschaft f. lothring. Geschichte u. Altertumskunde. 6.—9. Jahrg. 1894—1897. 4. Metz, G. Scriba. à Jahrg. n. 10. —
6. (364 S. m. 8 Taf.) 895.
7. (196 u. 236 S. m. Abb. u. 2 Taf.) 896.
8. (254 u. 108 S. m. Abb. u. 4 Taf.) 897.
9. (VI, 395 S. m. Abb. u. 11 [2 farb.] Taf.) 898.

— der Gesellschaft für lothringische Geschichte u. Altertumskunde. — Annuaire de la société d'histoire et d'archéologie lorraine. 10.—13. Jahrg. 1898—1901. 4. (V, 483 S. m. 16 Taf.; IV, 442; VIII, 487 u. VIII, 520 S. m. Abbildgn., 16 Taf. u 1 Tab.) Metz, G. Scriba. à n. 10. —

— der Gesellschaft f. lothringische Geschichte u. Altertumskunde. — Annuaire de la société d'histoire et d'archéologie lorraine. 14—17. Jahrg. 1902—1905. 4. Metz. G. Scriba. à Jhrg. n. 15. —
14. (VII, 591 S. m. Abbildgn. u. 30 Taf.) (903.) — 15. (IX, 559 S. m. Abbildgn. u. 37 Taf.) (904.) — 16. (IX, 572 S. m. Abbildgn., 33 Taf. u. 1 Plan.) (905.) — 17. (1. Abtlg. XI, 363 S. m. 4 Taf.) (906.)

— der Gesellschaft f. lothringische Geschichte u. Altertumskunde. — Annuaire de la société d'histoire et de l'archéologie lorraine. 18.—20. Jahrg. 1906—1908. Lex. 8. Metz, G. Scriba. 42. —
1906. (IX, 655 S. m. Abb., 28 Taf. u. 1 Stammtaf.) 907. 15. —
1907. (IX, 583 S. m. Abb., 35 Taf. u. 1 Plan.) (908.) 15. —
1908. (IX, 567 S. m. 24 Abb. u. 10 Taf.) (909.) 12. —

— dasselbe. 21. Jahrg. (1. Hälfte) 1909. (Dem Verbande deutscher Historiker zu seiner XI. Versammlg. in Strassburg [15.—19. IX. 1909] gewidmet v. der Gesellschaft f. lothring. Geschichte u. Altertumskunde.) (IX, 244 S. m. 5 [3 farb.] Taf. u. 2 farb. Karten.) Lex. 8. Leipzig 909. Quelle & Meyer. 12. —

— dasselbe. II. Ergänzungsheft. Lex. 8. Metz, G. Scriba. 3. —
Geschütze auf handschriftl. Bildern. Hrsg. u. erläutert. Von Rud. Schneider. (V, 71 S. m. Abb. u. 5 [1 farb.] Taf.) 907.

— dasselbe. III. Ergänzungsheft. Lex. 8. Leipzig, Quelle & Meyer. 3. —
Die merkantilistische Währungspolitik Herzog Leopolds v. Lothringen (1697—1729) m. besond. Berücksicht. der Geschichte John Laws. Von Alfr. Weyhmann. (VII, 100 S.) 910.

Jahrbuch der Ges. für die Geschichte des Protestantismus im ehemaligen und im neuen Oesterreich (Jg 1—44: . . . des Protestantismus in Oesterreich) Jg 1 ff. Wien: Manz 1880 ff.

—— der Gesellschaft für die Geschichte des Protestantismus in Oesterreich. Hrsg. von dem Präsidenten, den beiden Vice-Präsidenten und dem Schriftführer der Gesellschaft für die Geschichte des Protestantismus in Oesterreich. 1. Jahrg. 2 Doppel-Hefte. 1880. gr. 8. (III, 182 S.) Wien, Klinkhardt. à Heft *ℳ 2. *

— dasselbe. 2. Jahrg. 1881. gr. 8. (193 S.) Ebend. 882. n. 4. 60

— dasselbe. 3. Jahrg. 1. Hft. Jan.—März 1882. gr. 8. (64 S.) Ebend. n. 1. 20

— der Gesellschaft f. die Geschichte d. Protestantismus in Oesterreich. 3. Jahrg. 2—4. (Schluss-)Hft. gr. 8. (IV u. S. 65—203.) Wien 882. Manz. à n. 1. 20

—— dass. — 4. Jahrg. 1883. 4 Hefte. gr. 8. (III, 196 S. mit 2 genealog. Taf.) Wien, Manz'sche Hofverlagsh. à Heft *ℳ 1,20. *

—— dass. — 5. Jahrg. 1884. 4 Hefte. gr. 8. (222 S.) Ebendas. à Heft *ℳ 1,20. *

—— der Gesellschaft für die Geschichte des Protestantismus in Oesterreich. 6. und 7. Jahrg. 1885 und 1886. à Jahrg. 4 Hefte. gr. 8. (IV, 194; IV, 214 S.) Wien, Manz'sche Hof-Verlags- und Universitäts-Buchh. à Heft * à Jahrg. *

— dasselbe. 8.—11. Jahrg. 1887—1890. à 4 Hfte. gr. 8. (à Hft. ca. 50 S.) Leipzig, Klinkhardt. à Hft. n. 2. 40

— der Gesellschaft f. die Geschichte des Protestantismus in Oesterreich. Unter Mitwirkg. v. C. A. Witz, Th. Haase, G. Trautenberger hrsg. v. Geo. Loesche. 12.—15. Jahrg. 1891—1894. à 4 Hfte. (à ca. 3 Bog.) gr. 8. Wien, Manz. — Leipzig, J. Klinkhardt. à Jahrg. n. 9. 60

— d. Gesellschaft f. d. Geschichte d. Protestantismus in Oesterreich. Unt. Mitwirkg. v. C. A. Witz, Th. Haase, G. Trautenberger hrsg. v. Geo. Loesche. 16.—19. Jahrg. 1895—1898. à 4 Hfte. (à ca. 4 Bog.) gr. 8. Wien, Manz. — Leipzig, J. Klinkhardt. à Jahrg. n. 9. 60

— der Gesellschaft f. die Geschichte des Protestantismus in Oesterreich. Unter Mitwirkg. v. C. A. Witz-Oberlin, Th. Haase, Eug. v. Trauschenfels hrsg. v. Geo. Loesche. 20.—23. Jahrg. 1899-1902. à 4 Hfte. gr. 8. (244, 258, 244 u. 242 S.) Wien, Manz. — Leipzig, J. Klinkhardt. à Jahrg. n. 9. 60

— der Gesellschaft f. die Geschichte des Protestantismus in Oesterreich. Unter Mitwirkg. von C. A. Witz-Oberlin u. Th. Haase hrsg. von Geo. Loesche. 24. Jahrg. 1903. 4 Hefte. (308 S.) gr. 8. Wien, Manz. — Leipzig, J. Klinkhardt. n. 9. 60

— dasselbe. In Verbindg. m. Thdr. Haase u. G. Trautenberger begründet v. C. A. Witz-Oberlin. Hrsg. von Geo. Loesche. 25. Jahrg. Jubiläumsbd. 1904; 26. u. 27. Jahrg. (III, 436 S. m. 10 Lichtdr.-Taf.; III, 232 S. m. 1 Taf. u. III, 244 S. m. 1 Taf.) gr. 8. Ebd. à n. 9. 60

Jahrbuch der Gesellschaft für die Geschichte des Protestantismus in Österreich. 26. Jahrg. Gr.-8°. (232 S.) K 9 60
Wien: Manz 1905.

Jahrbuch der Gesellschaft für die Geschichte des Protestantismus in Österreich. 27. Jahrg. Gr. 8°. (244 S.) K 9.60
Wien: Manz 1906.

— der Gesellschaft f. die Geschichte des Protestantismus in Österreich. In Verbindung m. Thdr. Haase u. G. Trautenberger begründet v. C. A. Witz-Oberlin. Hrsg. v. Geo. Loesche. 28.—31. Jahrg. (III, 295 S. m. 1 Taf.; IV, 219 S. m. 1 Taf.; IV, 244 S. m. 1 Taf. u. III, 428 S.) gr. 8. Wien 907—10. Manz. — Leipzig, J. Klinkhardt. à 9. 60

Jahrbuch der Hamburg. Gesellsch. zur Beförderung der Künste u nützlichen Gewerbe. (Patriot. Gesellsch.) Mit Beilage: Statuten der Gesellsch. (83, 22 S) Hamburg 1898

Jahrbuch der Hamburgischen Gesellschaft zur Beförderung der Künste und nützlichen Gewerbe. (Patriotische Gesellschaft) Hamburg 1898. 1904

Jahrbuch der Hamburgischen Gesellschaft zur Beförderung der Künste und nützlichen Gewerbe (Patriotische Gesellschaft). 1907-09. Hamburg 1910

— der Hamburgischen Gesellschaft zur Beförderung der Künste u. nützlichen Gewerbe (patriot. Gesellschaft, gestiftet 1765). Hrsg. v. d. Gesellschaft. (III, 196 S. m. Abb. u. 1 Taf.) Lex. 8. Hamburg 907. (Boysen & Maasch.) 4.—

JAHRBUCH DER HISTORISCHEN GESELLSCHAFT FÜR DEN NETZEDISTRIKT ZU BROMBERG.
(1891.) Bromberg 1891. Gruenauersche Buchdruckerei G. Böhlke.
(1892.) ib. 1892. —
(1894.) verbunden mit dem Geschäftsbericht für die Jahre 1892 und 1893. ib. 1894. —
(1895.) ib. 1895. —
JAHRBUCH DER HISTORISCHEN GESELLSCHAFT FÜR DEN NETZEDISTRIKT ZU BROMBERG zugleich als Festschrift der Stadt Bromberg zur Feier ihres 550jährigen Bestehens dargebracht.
(1896.) ib. 1896. Gruenauersche Buchdruckerei Otto Grunwald.
JAHRBUCH DER HISTORISCHEN GESELLSCHAFT FÜR DEN NETZEDISTRIKT ZU BROMBERG.
(1897—1899.) ib. 1897—1899. —

— der historischen Gesellschaft f. den Netzedistrikt zu Bromberg. 2. Jahrg. 1891. gr. 8. (III, 106 S. m. 1 Taf.) Bromberg, (Mittler). n. 2.—
Vorh. u.d.T.: Jahrbuch des Bromberger historischen Vereins für den Netzedistrikt.

— dasselbe. 3. Jahrg. 1892. gr. 8. (140 S. m. 2 Taf.) Ebd. 892. n. 2. 25

— dasselbe, verbunden m. dem Geschäftsbericht f. die J. 1892 u. 1893. gr. 8. (95 S. m. Abbildgn. u. 1 Taf.) Ebd. 894. n. 2. —

— d. histor. Gesellschaft f. den Netzedistrikt zu Bromberg. 1896—1898. gr. 8. Bromberg (Mittler). n. 5. 50
1896. Zugleich als Festschrift d. Stadt Bromberg z. Feier ihres 550jähr. Bestehens dargebracht. (81 S. m. 1 Fksm.) n. 1. 50
1897. (57 S. m. 3 Taf.) n. 2. —. — 1898. (92 S.) n. 2. —

— der historischen Gesellsch. f. den Netzedistrikt zu Bromberg (1899). gr. 8. (69 S.) Bromberg (Mittler). n. 1. 50
Erscheint nicht mehr.

—— der historischen Gesellschaft Züricher Theologen. Hrsg. von Gust. Volkmar. I. Bd. gr. 8. (V, 248 S.) Zürich 877, Schmidt. *
Nicht weiter erschienen.

JAHRBUCH DER JÜDISCH-LITERARISCHEN GESELLSCHAFT. (Sitz: Frankfurt a. M.)
(I.) 1903—5664. Frankfurt a. M. 1903. J. Kauffmann. 8°. — II. 1904—5665. ib. 1904. — III. 1905—5666. ib. 1905. — IV. 1906—5667. ib. 1906. — V. 1907—5668. (Mit 1 Tafel.) ib. 1907. — VI. 1908—5669. ib. 1909. — VII. 1909—5670. ib. 1910. — VIII. 1910—5671. ib. 1911. —

— der jüdisch-literarischen Gesellschaft. (Sitz: Frankfurt a. M.) I—III. 1903 (5664) — 1905 (5666). (VII, 326 S.; III, 408 S. u. III, 318 u. 59 S.) gr. 8. Frankfurt a/M., 903—905. J. Kauffmann. à n.n. 12.—; geb. in Leinw. à n.n. 13.—

— der jüdisch-literarischen Gesellschaft. (Sitz: Frankfurt a. M.) IV.—VII. 1906—5667 bis 1909—5670. (III, 344 u. 118 S.; III, 384 u. 68 S.; III, 416 u. 24 S. u. III, 381 u. 56 S.) gr. 8. Frankfurt a/M. 906—10. J. Kauffmann. à 12.—; geb. in Leinw. à nn 13.—

— der Gesellschaft f. bildende Kunst u. vaterländische Alterthümer zu Emden. 1—3. Hft. [1. Bd.] nebst e. (lith. u. color.) Karte (in qu. gr. 4.) zur Entstehungsgeschichte d. Dollart u. 16 (lith.) Taf. Hausmarken. gr. 8. (IV, 332 S.) Emden 872—74. Haynel. n. 8. 50

—— der Gesellschaft für bildende Kunst und vaterländische Alterthümer zu Emden. 1.—3. Heft. gr. 8. Emden, Haynel. [1. Heft. (IV, 62 S. mit 1 lithogr. und color. Karte, in qu. gr. 4., zur Entstehungsgeschichte des Dollart.) 872. *M 1,50.; 2. Heft. (120 S. mit 16 lithogr. Taf. „Hausmarken".) 873. *M 4.; 3. Heft. (150 S.) 874. *M 3.] *

—— der Gesellschaft für bildende Kunst und vaterländische Alterthümer zu Emden. 2. Bd. 2 Hefte. gr. 8. Emden, Haynel. [1. Heft. (159 S.) 875. *M 3.; 2. Heft. (175 S.) 877. *M 3,50.] *

—— dass. — 3. Bd. 2 Hefte. gr. 8. Ebendas. [1. Heft. (142 S.) 878. *M 3.; 2. Heft. (104 S. mit 1 lithogr. Karte.) 879. *M 2.] *
1. Bd. Ebendas. 1872—74. *M 8,50.

Jahrbuch der Gesellschaft für bildende Kunst und vaterländ. Alterthümer zu Emden. 4. Bd. 2 Hefte. gr. 8. Emden, Haynel. [1. Heft. (III, 92 S. mit eingedr. Holzschn. und 8 Lichtdr.-Taf.) 880. *M 4.; 2. Heft. (III, 134 S. mit 1 Photogr.) 881. *M 4,50.] *

— der Gesellschaft f. bildende Kunst u. vaterländische Altertümer zu Emden. 5. Bd. 2 Hfte. Nebst 5 Taf. Abbildgn. in Lichtdr. gr. 8. (III, 158 u. III, 148 S.) Emden 883. Haynel. n. 8. —

— — dass. — 6. Bd. 2 Hefte. gr. 8. Ebendas. [1. Heft. (III, 143 S. mit 1 Portr. in Lichtdr.) 884; 2. Heft. (208 S.) 885.] à Heft *ℳ 3. *

— der Gesellschaft f. bildende Kunst u. vaterländische Altertümer zu Emden. 7. Bd. 2 Hfte. gr. 8. Emden, (Haynel). n. 6. —
1. (III, 189 S.) 886. n. 3. —
2. (160 S. m. 1 Portr. in Lichtdr.) 887. n. 3. —

— dasselbe. 8. Bd. 2 Hfte. gr. 8. Ebd. n. 7. 40
1. (III, 143 S.) 888. n. 3. —
2. (III, 172 S. m. 1 Lichtdr.-Taf.) 889. n. 4. 40

— der Gesellschaft f. bildende Kunst u. vaterländische Altertümer zu Emden. 9. Bd. 2 Hfte. gr. 8. (III, 129; III, 120 S. m. 1 Lichtdr.) Emden 890. 891. W. Haynel. à Hft n. 2. 50

— dasselbe. 10. Bd. 1. Hft. gr. 8. (IV, 168 S.) Ebd. 892. n. 2. 50

— d. Gesellschaft f. bild. Kunst u. vaterländ. Altertümer zu Emden. 10. Bd. 2. Hft. gr. 8. (83 S. m. 22 Taf.) Emden 893. W. Schwalbe. n. 15. —; (10. Bd. kplt.: n. 17. 50)

— dasselbe. 11. Bd. 1. u. 2. Hft. gr. 8 (IV, 478 S. m. 3 Taf.) Ebd. 895. n. 10. —

— der Gesellschaft f. bildende Kunst u. vaterländische Altertümer zu Emden. 12. u. 13. Bd. à 2 Hfte. gr. 8. Emden (W. Haynel). n.n. 15. 50
12. (IV, 214 S. m. 1 Taf.) 897. n.n. 7. 50
13. (IV, 304 S. m. 1 Taf.) 899. n n. 8. —

JAHRBUCH DER GESELLSCHAFT FÜR BILDENDE KUNST UND VATERLÄNDISCHE ALTERTÜMER ZU EMDEN.
Bd. 7. — Heft 1. Emden 1886. Selbstverlag der Gesellschaft. — Heft 2. Mit 1 Porträt in Lichtdruck. ib. 1887. — 8°.
Bd. 8. — Heft 1. ib. 1888. — Heft 2. Mit 1 Lichtdruckbilde. ib. 1889. —
Bd. 9. — Heft 1. ib. 1890. — Heft 2. Mit 1 Lichtdruck. ib. 1891. —
Bd. 10. — Heft 1. ib. 1892. — Heft 2. Inhalt: Ostfriesische Volks- und Rittertrachten aus dem Manningabuche. ib. 1893. — A. u. d. T.: Ostfriesische Volks- und Rittertrachten um 1500 in getreuer Nachbildung der Originale des Häuptlings Unico Manninga in der Gräflich Knyphausenschen Hauschronik zu Lützburg. 16 colorierte Tafeln, 1 Tafel in Schwarzdruck nebst Porträt des Unico Manninga und 4 Blatt Facsimile der Original-Handschrift mit einleitendem Text vom Grafen Edzard zu Innhausen und Knyphausen und Vorwort von RUDOLF VIRCHOW und ULRICH JAHN. ib. (1893.) Lithographie und Druck der Tafeln von W. Schwalbe. —
Bd. 11. — Heft 1 und 2. (Mit 1 Kärtchen und 1 Tafel.) ib. 1895. Selbstverlag der Gesellschaft.
Bd. 12.¹) — Heft 1 und 2. Mit 1 Abbildung. ib. 1897. —
Bd. 13. — Heft 1 und 2. Mit 1 Abbildung. ib. 1899. —
Bd. 14. — Heft 1 und 2. Mit 8 Abbildungen im Texte und 3 Tafeln. ib. 1902. —
Bd. 15. — Heft 1. (S. 1—186.) ib. 1903. Eigentum der Gesellschaft. — Heft 2. (S. 187—576.) Mit 1 Tafel Abbildungen. ib. 1905. —
Bd. 16. — Heft 1 und 2. Mit einer Abbildung. ib. 1907. —
Bd. 17. — Heft 1 und 2. Mit 9 Abbildungen, Kärtchen und Facsimiles. ib. 1910.
Bd. 18. — Heft 1 und 2. ib. 1913/4. —

¹) In Bd. 12: Inhalt der ersten 12 Bände des Jahrbuchs (1872—1897).

Jahrbuch d. Gesellsch. Hamburg. Kunstfreunde. Bd 1-6. 4° Hamburg 1895-1900

Jahrbuch der Gesellschaft hamburg. Kunstfreunde. 7-12. 4° Hamburg 1901-06

Jahrbuch d. Gesellschaft Hamburgisch. Kunstfreunde. 13-15. 4° Hamburg 1907-09

Jahrbuch der militärischen Gesellschaft München 1868/69—1898/99. München 1869—1899.

JAHRBUCH DER MILITÄRISCHEN GESELLSCHAFT MÜNCHEN.
1871/72 — 1879/81. Als Manuscript gedruckt. (Mit Plänen, Karten . . .) München 1872—1881. Akademische Buchdruckerei von F. Straub. 8°.

JAHRBUCH DER MILITÄRISCHEN GESELLSCHAFT MÜNCHEN
1882/83. (Mit 1 Photographie und mit Karten.) Als Manuscript gedruckt. München 1883. Akademische Buchdruckerei von F. Straub. 8°.
1883/84. In Heften als Manuscript gedruckt. ib. 1884. —
Darin mit bes. Titelblatt.:
Von NUSSBAUM, Die Evacuation im Kriege. Vortrag gehalten in der Militärischen Gesellschaft München am 5. Dezember 1883. Als Manuscript gedruckt. ib. —
MORIZ Graf von BOTHMER, Die Schlachten von Colombey-Nouilly und Noisseville. (Vergleiche auch Plan 4 u. 12 des deutschen Generalstabs-Werkes.) Vortrag gehalten in der Militärischen Gesellschaft München am 19. Dezember 1883. Als Manuscript gedruckt. ib. —
KARL ENDRES, Machiavelli als Militär-Schriftsteller. Vortrag gehalten in der Militärischen Gesellschaft München am 15. Februar 1884. Als Manuscript gedruckt. ib. —*)
ROBERT MILLAUER, Ueber die Entwicklung und den Gebrauch der Feuerwaffen. Vortrag gehalten in der Militärischen Gesellschaft München am 29. April 1884. Als Manuscript gedruckt. ib. —
1884/85. (Mit Tafeln.) In Heften als Manuscript gedruckt. ib. 1886. —
Darin mit bes. Titelblatt.:
FELIX Graf von BOTHMER, Ueber das Gefecht combinirter Waffen. Vortrag gehalten in der Militärischen Gesellschaft München am 10. Dezember 1884. Als Manuscript gedruckt. ib. —
HERMANN HAAG, Franz von Mercy Churbayerischer Feld-Marschall. Vortrag gehalten in der Militärischen Gesellschaft München am 15. April 1885. Als Manuscript gedruckt. ib. —
ALFONS FALKNER von SONNENBURG, Ueber Operationen im Gebirgsland illustrirt durch die Kämpfe der Oesterreicher bei der Occupation Bosniens 1878. Vortrag gehalten in der Militärischen Gesellschaft München am 12. November 1885. (Mit Tafeln.) Als Manuscript gedruckt. ib. —
MAXIMILIAN von LUTZ, Das Schweizer Milizheer und dessen Haupt-Truppen-Uebung im Jahre 1883. Zwei Vorträge gehalten in der Militärischen Gesellschaft München am 20. Februar und 12. März 1885. (Mit 1 Tafel.) Als Manuscript gedruckt. ib. —
ERNST von BÜLLER, Die Militärischen Strafanstalten. Vortrag gehalten in der Militärischen Gesellschaft München am 5. Dezember 1885. Als Manuscript gedruckt. ib. —

— der Münchner orientalischen Gesellschaft, s.a. Beiträge zur Kenntnis des Orients.

Jahrbuch der Münchner Orientalischen Gesellschaft. Hrsg. v. Generalsekr. Dr. Hugo Grothe. [1.] 1902/1903. Berlin: H. Paetel [1903]. 8° [Umschlagt.:] Beiträge z. Kenntnis d. Orients. Bd 1.

Jahrbuch der photographischen Gesellschaft zu Bremen (E. V.) 3. Bd. Oktbr. 1901—Septbr. 1903. Hrsg. im Auftrage d. Vorstandes v. Herm. Kippenberg. (80 S. m. Abbldgn. u. Taf.) gr. 8. Bremen 903. (J. Storm.) n. 1. 50

Jahrbuch 1881 der unter dem Allerhöchsten Protectorate Sr. Maj. des Kaisers u. Ihrer Maj. der Kaiserin stehenden Oesterreichischen Gesellschaft vom rothen Kreuze. 1. Jahrg. gr. 8. (III, 162 S.) Wien 881. Braumüller. n. 2. —

—— der Gesellschaft für Radierkunst. Unter dem Protektorat Sr. königl. Hoheit des Grossherzogs von Sachsen. 6. Jahrg. 1885. gr. Fol. (13 Originalradier. Weimarscher Künstler.) Weimar und Leipzig, Gesellschaft für Radierkunst.
Ausg. A. Auf chines. Pap. in Prachtmappe *
In Mappe *
Ausg. B. Auf weissem Pap. in Prachtmappe *
In Mappe *

—— dass. — 7.—9. Jahrg. 1886—1888. gr. Fol. (à Jahrg. 14 Originalradier. Weimarscher Künstler.) Ebendas.
Ausg. A. Auf chines. Pap. in Prachtmappe à Jahrg. *ℳ 32.—.; in Mappe *
Ausg. B. Auf weissem Pap. in Prachtmappe à Jahrg. *ℳ 25.—.; in Mappe *
Vgl.: Radirungen Weimarscher Künstler.

Jahrbuch der St. Gallischen Naturwissenschaftlichen Gesellschaft für das Vereinsjahr 1901-1902. Redaktion: Dr. G[ottwalt] Ambühl. [Mit 3 Tafeln und 1 Karte.] IV + 640 S. 8. St. Gallen, Zollikofer, 1903.
Forts. von: Bericht über die Tätigkeit der St. G' N' G'.

Jahrbuch der St. Gallischen Naturwissenschaftlichen Gesellschaft für das Vereinsjahr 1903 ⟨1902—1903⟩. Redaktion: Dr. G[ottwalt] Ambühl. [Mit 22 Tafeln und 1 Karte.] IV + 518 S. 8. St. Gallen, Zollikofer'sche Buchdr. ⟨Komm. Fehr'sche Buchh.⟩, 1904. [fr. 6. —]

Jahrbuch der St. Gallischen Naturwissenschaftlichen Gesellschaft für das Vereinsjahr.... Redaktion: Dr. G[ottwalt] Ambühl. 8. St. Gallen, ... ⟨Komm. Fehr'sche Buchh.⟩. [*je* fr. 3. 50]

... für das V' 1904 .... [Mit Figuren und 9 Tafeln.] IV + 362 S. St. G', Zollikofer'sche Buchdr., 1905.

... für das V' 1905 .... (Festgabe zur 89. Jahres-Versammlung der Schweiz. Naturforschenden Gesellschaft in St. Gallen 1906.) [Mit Figuren, 15 Tafeln, 1 Tabelle und 1 Karte.] VI + 529 S. St. G', Buchdr. Zollikofer & Cie., 1906.

Jahrbuch der St. Gallischen Naturwissenschaftlichen Gesellschaft für das Vereinsjahr 1906. Redaktion: Dr. G[ottwalt] Ambühl. [Mit Figuren und 11 Tafeln.] IV + 407 S. 8. St. Gallen, Buchdr. Zollikofer & Cie., ⟨Komm. Fehr'sche Buchh.⟩, 1907. [fr. 5. 40]

Jahrbuch der St. Gallischen Naturwissenschaftlichen Gesellschaft für das Vereinsjahr 1907. Redaktion: Dr. G[ottwalt] Ambühl. [Mit Figuren und 2 Porträt-Tafeln.] IV + 293 S. 8. St. Gallen, Buchdr. Zollikofer & Cie. ⟨Komm. Fehr'sche Buchh.⟩, 1908. [fr. 5. —]

Jahrbuch der St. Gallischen Naturwissenschaftlichen Gesellschaft für die Vereinsjahre 1908 und 1909. Redaktion: Johannes Brassel. [Mit Figuren und 2 Karten.] IV + 410 S. 8. St. Gallen, Buchdr. Zollikofer & Cie. ⟨Komm. Fehr'sche Buchh.⟩, 1910. [fr. 5. —]

— der schiffbautechnischen Gesellschaft. 1.—3. Bd. 1900—1902. Lex.-8. Berlin, J. Springer. Geb. in Leinw. à n 40. —

1. (III, 435 S. m. Abbildgn., Taf. u. 1 Bildnis.)
2. (IV, 515 S. m. Abbildgn., Taf. u. 1 Bildnis.)
3. (IV, 551 S. m. Abbildgn., Taf. u. 1 Bildnis.)

— der schiffbautechnischen Gesellschaft. 4.—7. Bd. 1903—1906. (IV, 708; IV, 670; IV, 642 u. IV, 715 S. m. Abbildgn., Taf. u. je 1 Bildnis.) Lex.-8. Berlin 903—906. J. Springer. Geb. in Leinw. à n. 40. —

— der schiffbautechnischen Gesellschaft. 8.—11. Bd. 1907—1910. (IV, 516; IV 506; IV, 595 u. IV, 874 S. m. Abbildgn., Taf. u. je 1 Bildnis.) Lex. 8. Berlin 907—10. J. Springer. Geb. in Leinw. à Bd. 40. —

— der schweizerischen Gesellschaft f. Schulgesundheitspflege. — Annales suisses d'hygiène scolaire. 1. u. 2. Jahrg. 1900 u. 1901. à 2 Tle. gr. 8. (II, 239 S. u. 23 Taf. u. II, 187 S. m. Fig.) Zürich. (Zürcher & Furrer.) à Jahrg. n. 5. 60

Jahrbuch der Schweizerischen Gesellschaft für Schulgesundheitspflege = Annales suisses d'Hygiène scolaire. 8. Zürich, Dr. und Komm. Zürcher & Furrer. (à fr. 7. —)

Jahrg. 2 = 2e Année 1901. Mit 48 Text-Illustrationen = Avec 48 illustrations. (2 Teile = 2 parties.) IV + 190 S. 1901.

Jahrg. 3 = 3e Année 1902. [2 Teile. Mit Textfiguren, 21 Tafeln und 5 Tabellen.] IV + 96 S. 1902.

Jahrbuch der Schweizerischen Gesellschaft für Schulgesundheitspflege = Annales suisses d'Hygiène scolaire. [Illustriert.] 8. Zürich, Dr. und Komm. Zürcher & Furrer. (per Jahrg. fr. 7. —)

Jahrg 4 = 4e Année, 1903. [Mit 8 Tafeln.] IV + 176 S. 1903.

Jahrg. 5, 1904. Teil 1 = 5e Année, 1904. 1re partie. [Mit 8 Tafeln.] IV + 208 S. 1904.

Jahrbuch der Schweizerischen Gesellschaft für Schulgesundheitspflege = Annales suisses d'Hygiène scolaire. [Illustriert.] 8. Zürich, Druck und Komm. Zürcher & Furrer. (per Jahrg. fr. 7.—)

Jahrg. 5 = 5e Année 1904 (2 Teile = 2 parties): Teil 1 = 1re partie. [Mit 8 Tafeln.] IV + 201 [+ *Anhang* 6] S. 1904; — (Teil 2 = 2me partie.) [Mit 8 Tafeln.] IV S. + S. 203—540. 1905.

Jahrg. 6 = 6e Année 1905 (2 Teile = 2 parties): Teil 1 = 1re partie. [Mit 4 Tafeln.] IV + 88 S. 1905; — (Teil 2 = 2me partie.) [Mit 5 Tafeln.] IV S. + S. 89—388. 1906.

Jahrbuch der Schweizerischen Gesellschaft für Schulgesundheitspflege = Annales suisses d'Hygiène scolaire. Jahrg. 7 = 7e Année 1906. Redaktion: Dr. F[riedrich] Zollinger.... [Mit Illustrationen und 12 Tafeln.] IV + 664 S. 8. Zürich, Druck und Komm. Zürcher & Furrer, 1907. (fr. 10.—)

Jahrbuch der Schweizerischen Gesellschaft für Schulgesundheitspflege. Jahrg. 8, 1907. Teil 1 = Annales suisses d'Hygiène scolaire. 8e Année 1907. 1e partie. Redaktion: Dr. F[riedrich] Zollinger.... IV + 64 S. 8. Zürich, Druck und Komm. Zürcher & Furrer, 1907. [pro Jahrg. fr. 10. —]

Jahrbuch der Schweizerischen Gesellschaft für Schulgesundheitspflege = Annales suisses d'Hygiène scolaire. Redaktion: Dr. F[riedrich] Zollinger.... [Illustriert.] 8. Zürich, Druck und Komm. Zürcher & Furrer.

Jahrg. 8 = 8e Année 1907 (2 Teile = 2 parties): Teil 1 = 1e partie. IV + 64 S. 1907; — (Teil 2 = 2e partie.) [Mit 9 Tafeln.] IV S. + S. 65—633. 1908. (fr. 10. —)

Jahrg. 9 = 9e Année 1908. (2 Teile = 2 parties): Teil 1 = 1e partie. [Mit 1 Tafel.] IV + 143 S. 1908; — (Teil 2 = 2e partie.) [Mit 1 Tabelle.] II + 832 S. 1908. [fr. 17. —] — *Teil 2 a. u. bes. T.:* Jugendfürsorge. Bericht über den 1. schweizerischen Informationskurs in Jugendfürsorge.... Zürich ... 1908.

Jahrbuch der Schweizerischen Gesellschaft für Schulgesundheitspflege. Jahrg. 10, 1909 = Annales suisses d'Hygiène scolaire. 10e Année 1909. Redaktion: Dr. phil. F[riedrich] Zollinger.... [Mit Illustrationen und 4 Tafeln.] VI + 734 S. 8. Zürich, Druck und Komm. Zürcher & Furrer, 1909. (fr. 10. —)

— I, der theosophischen Gesellschaft, Internationalen theosoph. Verbrüderg. in Deutschland. 1902. (II, 111 S.) gr. 8. Leipzig 902. Theosoph. Centralbuchhandlung. 1. 20

Holtzendorff, Dr. Fr. v., Jahrbuch der Gesetzgebung des deutschen Reiches. 1. Jahrg. Leipzig 1872. 8.

Jahrbuch der Gesetzgebung des Deutschen Reiches. E. Uebersicht aller gesetzl. Bestimmungen u. höheren Erlasse seit der Entstehung des Nordd. Bundes bis Sept. 1875 von C. Parey. Jg. 2. Magdeburg 1876.

—— für Gesetzgebung, Verwaltung und Rechtspflege des deutschen Reichs unter Mitwirkung von Ludw. Bamberger, Heinr. Blankenburg, Bluntschli rc. hrsg. von Frz. v. Holtzendorff. 1. Jahrg. gr. 8. (VI, 711 S.) Leipzig 872, Duncker und Humblot. *

—— dass. — unter Mitwirkung von Ludw. Bamberger, E. Bezold, Bluntschli rc. hrsg. von Frz. v. Holtzendorff. 2. Jahrg. 2 Hälften. gr. 8. Ebendas. 873. [1. Hälfte. (S. 1—210.) *M 4.; 2. Hälfte. (VIII, S. 211—516.) *M 6.] *

—— dass. — 3. Jahrg. 2 Hälften. gr. 8. Ebendas. 874. [1. Hälfte. (S. 1—301.) *M 4,80.; 2. Hälfte. (VI, S. 302—522.) *M 5,20.] *

—— für Gesetzgebung, Verwaltung und Rechtspflege des Deutschen Reichs, unter Mitwirkung von L. Bamberger, E. Bezold, Bluntschli rc. hrsg. von Frz. v. Holtzendorff. 4. Jahrg. gr. 8. (507 S.) Leipzig 876, Duncker und Humblot. *

Jahrbuch f. Gesetzgebung, Verwalt. u. Volkswirthschaft, hrsg. v. **Schmoller.** Bd. I—IV u. Neue Folge I—XV. Leipz. 871—891.

Bd. I—IV.		872—76.	à 10	—	Neue Folge Bd.	VIII.	884.
Neue Folge Bd.	I.	877.	16	60		IX.	885.
	II.	878.	17	—		X.	886.
	III.	879.	16	—		XI.	887.
	IV.	880.	13	60		XII.	888.
	V.	881.	24	—		XIII.	889.
	VI.	882.	27	—		XIV.	890.
	VII.	883.	28	—		XV.	891.

— Laufender Jahrgang in Heften à circa

—— für Gesetzgebung, Verwaltung und Volkswirthschaft im Deutschen Reich. Hrsg. von Frz. v. Holtzendorff und L. Brentano. Des „Jahrbuchs für Gesetzgebung, Verwaltung und Rechtspflege des Deutschen Reichs" neue Folge. 1. Jahrg. 4 Hefte. gr. 8. (260; 196; 184; VI, 231 S.) Ebendas. 877. *

—— dass. — Des „Jahrbuchs für Gesetzgebung, Verwaltung und Rechtspflege des Deutschen Reichs" neue Folge. 2. Jahrg. 4 Hefte. gr. 8. (249; 205; 226; VI, 208 S.) Ebendas. 878. *

—— dass. — Des „Jahrbuchs für Gesetzgebung, Verwaltung und Rechtspflege des Deutschen Reichs" neue Folge. 3. Jahrg. 4 Hefte. gr. 8. (581; VI, 215 S.) Ebendas. 879. *

— für Gesetzgebung, Verwaltung und Volkswirthschaft im Deutschen Reich. Hrsg. von F. v. Holtzendorff und L. Brentano. Des „Jahrbuchs für Gesetzgebung, Verwaltung und Rechtspflege des Deutschen Reichs“ neue Folge. 4. Jahrg. 4 Hefte. gr. 8. (160; 191; XII, 307 S.) Leipzig 880, Duncker und Humblot.

— dass. — Des „Jahrbuchs für Gesetzgebung, Verwaltung und Rechtspflege des Deutschen Reichs“ neue Folge. Hrsg. von Gust. Schmoller. 5. Jahrg. 4 Hefte. gr. 8. (438; VI, 870 S.) Ebendas. 881.

— dass. — 6. Jahrg. 4 Hefte. gr. 8. (VIII, 1429 S.) Ebendas. 882.

— dass. — 7. Jahrg. 4 Hefte. gr. 8. (XII, 1408 S. mit 1 chromolithogr. Eisenbahnkarte.) Ebendas. 883.

— dass. — 8. Jahrg. 4 Hefte. gr. 8. (VI, 1315 S. mit 1 chromolithogr. Karte.) Ebendas. 884.

— für Gesetzgebung, Verwaltung und Volkswirthschaft im Deutschen Reich. Des „Jahrbuchs für Gesetzgebung, Verwaltung und Rechtspflege des Deutschen Reichs“ Neue Folge. Hrsg. von Gust. Schmoller. 9. Jahrg. 4 Hefte. gr. 8. (XIV, 1341 S. mit 1 Tab. und 1 Stnt.) Leipzig 885, Duncker und Humblot. * 26 20

— dass. — 10. Jahrg. 4 Hefte. gr. 8. (XIV, 1343 S.) Ebendas. 886. * 26 40

— dass. — 11. Jahrg. 4 Hefte. gr. 8. (IV, VI, 1354 S. mit 1 Karte.) Ebendas. 887. * 27 —

— dass. — 12. Jahrg. 4 Hefte. gr. 8. (IV, VII, 1366 S. mit 1 Karte.) Ebendas. 888. * 28 —

— für Gesetzgebung, Verwaltung u. Volkswirthschaft im Deutschen Reich. Des „Jahrbuchs f. Gesetzgebg., Verwaltg. u. Rechtspflege d. Deutschen Reichs“ neue Folge. Hrsg. v. Gust. Schmoller. 13. Jahrg. 4 Hefte u. Ergänzung zum 2. Hefte. gr. 8. Lpz. 889, Duncker u. Humblot. [1. Heft. (IV, 472 S.) * 9 —; 2. Heft. (IV, 250 S.) * 5 —; 3. Heft. (IV, 304 S.) * 6 —; 4. Heft. (IV, 251 S.) * 5 —; Ergänzung. (II, 224 S.) * 4 60.] * 29 60

— dass. — 14. Jahrg. 4 Hefte. gr. 8. Ebd. 890. [1. Heft. (IV, 336 S.) * 6 60; 2. Heft. (IV, 398 S.) * 8 —; 3. Heft. (IV, 300 S.) * 6 —; 4. Heft. (IV, 328 S.) * 6 80.] * 27 40

— dass. — 15. Jahrg. 4 Hefte. gr. 8. Ebd. 891. [1. Heft. (IV, 320 S.) * 6 40; 2. Heft. (IV, 314 S.) * 6 40; 3. Heft. (IV, 328 S.) * 6 60; 4. Heft. (IV, 383 S.) * 8 —.] 27 40

— dass. — 16. Jahrg. 4 Hefte. gr. 8. Ebd. 892. [1. u. 2. Heft. (IV, 332 S. m. 2 graph. Darstellgn.; 312 S.) * 13 20; 3. u. 4. Heft. (VIII, IV, 349; IV, 308 S.) * 13 80.] * 27 —

— dasselbe. 17. Jahrg. 4 Hfte. gr. 8. (IV, 368; IV, 280; IV, 319; IX, 326 S.) Ebd. 893. n. 26. 40

— dasselbe. 18. Jahrg. 4 Hfte. (3. Hft. in 2 Abthlgn.) gr. 8. (IV, 339; IV, 354; IV, 335; VII, 212; IV, IX, 317 S.) Ebd. 894. n. 31. 40

— f. Gesetzgebung, Verwaltg. u. Volkswirtschaft im Deutschen Reich. Des: „Jahrbuch f. Gesetzgebg., Verwaltg. u. Rechtspflege d. Deutschen Reiches“ neue Folge. Hrsg. v. Gust. Schmoller. 19. Jahrg. 4 Hefte. gr. 8. (IV, 382; IV, 315; VI, 367 u. IX, IV, 346 S.) Leipzig 895. Duncker & Humblot. n. 28. 60.

— dasselbe. 20. Jahrg. 4 Hfte. gr. 8. (IV, 347; IV, 346; IV, 896 u. X, VI, 343 S.) Ebd. 896. n. 31. —

— dasselbe. 21. Jahrg. 4 Hfte. (4. Hft. in 2 Hlftn.) gr. 8. (351; 414; IV, 378; IV, 332 u. X, VIII, 212 S.) Ebd. 897. n. 37. —
D. 2. Hlfte. d. 4. Hfts. enthält: Generalregister zu d. ersten 25 Jahrgängen (1871—97 einschließl.), d. l. Jahrg. I—IV d. Jahrbuch f. Gesetzgebg., Verwaltg. u. Rechtspflege u. Jahrg. I—XXI d. Jahrbuchs f. Gesetzgebg., Verwaltg. u. Volkswirtschaft 1877—97. Von Adph. v. Wenckstern. n. 5. 20

— dasselbe. 22. Jahrg. 4 Hfte. gr. 8. (IV, 353; IV, 441 S., Nachtrag z. Autorenregister S. 213–223; IV, 381 u. IV, 378 S.) Ebd. 898. n. 34. 40

— für Gesetzgebung, Verwaltung u. Volkswirtschaft im Deutschen Reich. Des: „Jahrbuch f. Gesetzgebg., Verwaltg. u. Rechtspflege d. Deutschen Reiches“ neue Folge. Hrsg. v. Gust. Schmoller. 23. Jahrg. 4 Hfte. gr. 8. Leipzig 899. Duncker & Humblot. n. 36. —
1. (IV, 395 S.) n. 9. 20. — 2. (IV, 364 S.) n. 8. —. 3. (IV, 450 S.) n. 10. —. — 4. (IV, IX, 409 S.) n. 8. 80.

— dasselbe. 24 Jahrg. 4 Hfte. gr. 8. Ebd. 900. n. 37. —
1. (IV, 425 S.) n. 10. 60. — 2. (IV, 379 S.) n. 8. 40. 3. (IV, 408 S.) n. 9. —. — 4. (XI, IV, 420 S.) n. 9. —.

— dasselbe. 25. Jahrg. 4 Hfte. gr. 8. Ebd. 901. n. 37. 20
1. (IV, 437 S.) n. 8. 80. — 2. (IV, 415 S.) n. 9. 20. 3. (IV, 392 S.) n. 8. 60. — 4. (XIX, IV, 467 S.) n. 10. 40.

— dasselbe 26. Jahrg. 4 Hfte. gr. 8. Ebd. 902. n. 38. 80
1. (IV, 458 S. u. Register z. 25. Jahrg. S. 469—485.) n. 10. 40. — 2. (IV, 418 S.) n. 10. 40. — 3. (IV, 461 S.) n. 10. —. 4. (IV, XI, 404 S.) n. 9. 60.

— für Gesetzgebung, Verwaltung u. Volkswirtschaft im Deutschen Reich. Des: „Jahrbuch f. Gesetzgebg., Verwaltg. u. Rechtspflege des Deutschen Reiches“ neue Folge. Hrsg. v. Gust. Schmoller. 27. Jahrg. 4 Hefte. gr. 8. Leipzig 903. Duncker & Humblot. n. 35. —
1. (IV, 348 S. u. Register z. 26. Jahrg. S. 405—421.) n. 8. —. — 2. (IV, 436 S.) n. 9. 60. — 3. (IV, 396 S.) n. 8. 80. — 4. (IV, X, 431 S.) n. 8. 60.

— dasselbe. 28. Jahrg. 4 Hefte. gr. 8. Ebd. 904. n. 34. —
1. (IV, 438 u. Register z. 27. Jahrg. S. 433—448.) n. 9. —. — 2. (IV, 390 S.) n. 8. 40. — 3. (IV, 333 S.) n. 7. 20. — 4. (IV, XI, 416 S.) n. 9. 40

— dasselbe. 29. Jahrg. 4 Hefte. gr. 8. Ebd. 905. n. 38. 20
1. (IV, 431 S.) n. 9. 40. — 2. (IV, 406 S.) n. 9. —. 3. (IV, 418 S.) n. 9. —. — 4. (IV, XI, 485 S.) n. 10. 60.

— dasselbe. 30. Jahrg. 4 Hefte. gr. 8. Ebd. 906. n. 41. 20
1. (IV, 420 S. u. Register f. den 29. Jahrg. S. 485—500.) n. 9. 60. — 2. (IV, 461 S.) n. 10. 60. — 3. (IV, 428 S.) n. 9. 60. — 4. (IV, XI, 480 S. m. 2 Tab.) n. 11. 40.

— für Gesetzgebung, Verwaltung u. Volkswirtschaft im Deutschen Reich. Des „Jahrbuch f. Gesetzgebg., Verwaltg. u. Rechtspflege des Deutschen Reiches“ neue Folge. Hrsg. v. Gust. Schmoller. 31. Jahrg. 4 Hefte. gr. 8. Leipzig 907. Duncker & Humblot. 45. 40
1. (IV, 438 S. u. Inhaltsverzeichnis z. 30. Jahrg. S. 481—498.) 10.40. — 2. (IV, 480 S.) 11.—. — 3. (V, 550 S.) 13.—. — 4. (XIII, V, 476 S.) 11.—.

— dasselbe. 32. Jahrg. 4 Hefte. gr. 8. Ebd. 908. 42. 60
1. (V, 494 S.) 10.—. — 2. (V, 459 S.) 10.80. 3. (IV, 366 S.) 8.20. — 4. (V, XV, 594 S.) 13.60.

— dasselbe. 33. Jahrg. 4 Hefte. gr. 8. Ebd. 909. 43. —
1. (IV, 427 S.) 9.60. — 2. (IV, 612 S.) 10.40. 3. (V, 512 S.) 12.—. — 4. (IV, XIII, 450 S.) 11.—.

— dasselbe. 34. Jahrg. 1.—3. Heft. gr. 8. Ebd. 910. 34. 60
1. (IV, 468 S.) 11.—. — 2. (V, 461 S.) 11.—. 3. (V, 535 S.) 12.60.

— für Gesetzkunde und Statistik. Hrsg. vom Centralarchiv für Gesetzgebung, Verwaltung und Statistik L. Stein, M. v. Stubenrauch, H. Fr. Brachelli. 1. Jahrg. gr. 8. (III und 376 S.) Wien (861)62, F. Manz. *

— der österreich. Getränke-Industrie (Brauereien, Mälzereien, Brennereien, Likör-, Sodawasser-u. Fruchtsaft-Fabriken). Hrsg. v. Rud. Hanel. Jahrg. 1910. (XI S., S. 619–774, 83–95, 390–481 u. 2063–2617.) 8. Wien 910. Compassverlag. Kart. 4. 60
Vgl.: Jahrbuch der österreich. Brauereien etc.

Jahrbuch für die Gewässerkunde Norddeutschlands. Hrgg. von der Preussischen Landesanstalt für Gewässerkunde.
(1.) Allgemeiner Teil.
(2.) H. 1. Memel-, Pregel- und Weichselgebiet.
(3.) H. 2. Odergebiet.
(4.) H. 3. Elbegebiet.
(5.) H. 4. Weser- und Emsgebiet.
(6.) H. 5. Rheingebiet und preussischer Gebietsanteil der Vechte, Maas und Donau.
(7.) H. 6. Küstengebiet der Ost- und Nordsee.
Abflussjahr 1901. Berlin. 1904. Fol.

— **für die Gewässerkunde Norddeutschlands.** Hrsg. v. der preuss. Landesanstalt f. Gewässerkunde. Abflussj. 1901. 7 Hefte. (X, 100; XII, 148; XIV, 152; X, 120; VIII, 68; X, 81 u. 64 S. m. 6 Karten.) gr. 4. Berlin 904. E. S. Mittler & Sohn. n.n. 30. —

— für die **Gewässerkunde** Norddeutschlands. Hrsg. v. der preuss. Landesanstalt f. Gewässerkunde. Abflussj. 1902—1907. 38×26,5 cm. Berlin, E. S. Mittler & Sohn. à nn 30. —
1902. (7 Hefte) (47; X, 85; XIV, 197; XVI, 141; IX, 118; X, 57 u. IX, 79 S. m. 6 Karten.) 38×26,5 cm. 908.
1903. (7 Hefte) (48; X, 88; XIV, 111; XVI, 143; IX, 124; X, 58 u. IX, 78 S.) 38×26,5 cm. 908.
1904. (Allgemeiner Tl. u. 6 Hefte.) (55; X, 83; XV, 100; XVI, 142; X, 115; IX, 58 u. IX, 76 S. m. 7 Karten.) 35×26,5 cm. 909.
1905. (Allgemeiner Tl. u. 6 Hefte.) (53; X, 83; XV, 100; XVI, 132; IX, 119; IX, 57 u. IX, 78 S. m. 7 Karten.) 35×26,5 cm. 909.
1906. (Allgemeiner Tl. u. 6 Hefte.) (IV, 36; X, 85; XV, 96; XVI, 132; X, 118; IX, 61 u. VIII, 79 S. m. 7 Karten.) 35×26,5 cm. 910.
1907. (Allgemeiner Tl. u. 6 Hefte.) (VI, 43; IX, 84; XV, 101; XVI, 129; IX, 112; IX, 58 u. VIII, 80 S. m. 7 Karten.) 35×26,5 cm. 910.

Jahrbuch für die Gewässerkunde Norddeutschlands. Besondere Mitteilungen. Bd 1, No 1. Berlin: E. S. Mittler & Sohn 1905. 4° 1o7. 1109

— dasselbe. Besondere Mitteilgn. I. Bd. 2 Hefte. (20 IV, 73; III, 16; 43 u. 11 S. m. 24 Abbild. u. 12 Beilagen u. II, VI, 101 u. 25 S. m. 6 Abb. u. 16 Taf.) 34×24,5 cm. Ebd. 906. 07. 20. —

— dasselbe. II. Bd. 1. Heft. (96 S.) 35×26 cm. Ebd. 907. 5. —

— **für das lithographische Gewerbe.** 1907. Kalender f. Lithographen, Steindrucker etc. Hrsg. unter Mitwirkg. tücht. Fachleute v. Carl Kluth. (152 S. m. Abb. u. Taf.) kl. 8. Karlsruhe. (Leipzig, G. Hedeler.) 1. —

— für das **lithographische** Gewerbe. 1911. Unter Mitwirkg. v. Fachleuten hrsg. v. Carl Kluth. 11. Jahrg. (164 S. m. Abb. u. Taf.) kl. 8. Karlsruhe. (Leipzig, G. Hedeler.) 1. 25

Jahrbuch des Gewerbeförderungs-Instituts der Handwerkskammer von Oberbayern. Bericht über die Tätigkeit i. Verwaltungsjahr... Jg 1. 1909/10. (München: Manz 1910.) 4° 11. 7764 4

—— des mährischen **Gewerbe-Vereins.** 1862/63 und 1864/65. gr. 8. (112; IV, 122 S., mit eingedr. Holzschn.) Brünn, (Winiker.) à Jahrg. *

—— dass. — 1866/67. 2 Abthlgn. gr. 8. Ebendas. [1. Abthl. (IV, S. 1—102 mit eingedr. Holzschn. und 1 lithogr. Taf. in Fol.); 2. Abthl. (S. 103—232 mit 9 lithogr. Taf. in 4. und qu. 4.)] *
Vgl.: Vierteljahrs-Schrift. — Zeitschrift.

—— des niederösterreichischen **Gewerbevereines.** 1. Jahrg. gr. 8. (LVI, 199 S.) Wien 884, (Wallishausser'sche Hofbuchh.) †

—— des niederösterreichischen **Gewerbevereins.** 2. und 3. Jahrg. gr. 8. (XXVII, 292; XV, 210 S.) Wien 885,86, (Künast.) à Jahrg. * 3 —

Jahrbuch der christlichen Gewerkschaften. Jg. 1. Cöln: Christl. Gewerkschaftsverl. 1908. 8° [F.]
(Schriften d. Gesamtverbandes d. christl. Gewerkschaften Deutschlands.) 108. 1077

— der christlichen **Gewerkschaften** f. 1908—1911, hrsg. durch das Generalsekretariat des Gesamtverbandes der christl. Gewerkschaften Deutschlands. 1.—4. Jahrg. (192, 178, 181 u. 185 S.) kl. 8. Cöln, Christl. Gewerkschafts-Verlag. Geb. in Leinw. à 1. —

—— gothaisches **geschichtliches,** 1856. Der europäischen Chronik neue Folge. Im Verein mit mehreren Publicisten hrsg. von Aurelio Buddeus. Mit 82 polit. Actenstücken. gr. 8. (VIII und 875 S. mit 1 Stahlst.) Gotha 857. [Leipzig, Pernitzsch.] * Ermäßigter Pr. * —

— Gothaisches **geschichtliches,** 1856. Der Europäischen Chronik neue Folge. Im Verein mit mehreren Publicisten herausg. von Aurelio Buddeus. Mit 82 polit. Actenstücken des Herzogs Ernst II. von Coburg-Gotha. Gotha 857. Scheube. gr. 8. (VIII, 701, 204 S. u. Portr. in Stahlst.) n. 3 rß.

— der **Grillparzer-Gesellschaft.** Red. v. Carl Glossy. 1.—4. Jahrg. gr. 8. (XXXIX, 416 S. m. 1 Portr.; XXXII, 339; V, 398; V, 366 S.) Wien 891—894. C. Konegen. Geb. in Leinw. à Jahrg. n. 10. —

— d. **Grillparzer-Gesellschaft.** Red. v. Carl Glossy. 5.—8. Jahrg. gr. 8. (XVIII, 346; V, 320; V, 348 u. V, 336 S.) Wien 895—898. C. Konegen. à Jahrg. geb. in Leinw. n. 10. —

— der **Grillparzer-Gesellschaft.** Red. v. Carl Glossy. 9.—11. Jahrg. gr. 8. (V, 339; V, 356 u. V, 308 S.) Wien 899—901. C. Konegen. Geb. in Leinw. à n. 10. —

Jahrbuch der **Grillparzer-Gesellschaft.** Hrsg. v. Karl Glossy. 12.—16. Jahrg. (V, 362; V, 337; V, 326; V, 319 u. V, 319 S.) gr. 8. Wien 902—906. C. Konegen. Geb. in Leinw. à n. 10. —

— der **Grillparzer-Gesellschaft.** Hrsg. v. Karl Glossy. 17. u. 18. Jahrg. (V, 318 u. V, 319 S.) 8. Wien 907. 08. C. Konegen. Geb. in Leinw. à 10. —

— des schweizer. **Grütlivereins** u. der schweizer. sozialdemokratischen Partei 1908 u. 1909. Zusammengestellt u. bearb. vom Vereins- u. Parteisekretariat in Biel. (243 S.) gr. 8. Zürich, (Buchh. des schweiz. Grütlivereins). 3. 40
1908. (243 S.) 909. 1.60. — 1909. (286 S.) 910. 1.60.
Vergl.: Jahresbericht.

— **Gütersloher,** f. Freunde u. frühere Schüler hrsg. zum Besten d. evangelischen Gymnasiums zu Gütersloh. 1.—3. Jahrg. 8. Gütersloh, C. Bertelsmann. Geb. in Leinw. n.n. 17. —
1. Jahrg. 1891. (296 S.) 892. n.n. 6. —. — 2. Jahrg. 1892. (VII, 368 S.) 893. n.n. 5. 50. — 3. Jahrg. 1893/94. (V, 357 S.) 894. n.n. 5.50.

— **Gütersloher,** f. Freunde u. frühere Schüler hrsg. z. Besten d. evang. Gymnasiums z. Gütersloh. 4.—7. Jahrg. 1895—1898. 8. (V, 356; V, 324; V, 376 u. V, 344 S.) Gütersloh, C. Bertelsmann. à Jahrg. geb. in Leinw. n.n. 5. 50

Jahrbuch für die deutschen Gymnasiasten und Realschüler. 1873. Hrsg. von Arnold Perls. 8. (IV, 122 S.) Cassel, Kay. geb.

—— dass. — 1874 und 1875. Hrsg. von Arnold Perls. 2. und 3. Jahrg. gr. 16. (142; 207 S.) Leipzig, G. Körner. cart. à Jahrg. *

—— für die deutschen Gymnasiasten und Realschüler. 1876. 4. Jahrg. Hrsg. von Arnold Perls. 8. (200 S.) Leipzig, G. Körner. *

—— für Gymnasiasten und Realschüler, sowie für die Zöglinge anderer höherer Lehranstalten. 1877—1879. 5.—7. Jahrg. Hrsg. von Max Vogler. 16. (à Jahrg. ca. 190 S.) Ebendas. geb. à Jahrg. *
Forts. u.d.T.: Jahrbuch für Zöglinge deutscher Gymnasien.

—— für Gymnasien und Realschulen der deutsch-slavischen Provinzen und der Militärgrenze des österreichischen Kaiserstaates. Redig. von W. F. Exner und P. Scheiner. 1864. (XXII und 140 S.) Prag, Calve'sche Universitäts-Buchh. *
Ist nicht fortgesetzt worden.

Der Zentralverband Deutscher Brauereiarbeiter u. verw. Berufsgenossen ... Jahr- und Handbuch für Verbandsmitglieder. (1.) 1908. Berlin: Selbstverl. d. Verbandes (1909). 8°

—— für Handel und Gewerbe auf das J. 1855. Unter Mitwirkung von Gelehrten und Kaufleuten redig. von G. A. Hoevel. 8. (150 S.) Berlin, Hoevel.

Jahrbuch der Deutschen Handelskammern und sonstigen amtlichen Handelsvertretungen. Hrsg. im Auftr. d. Deutschen Handelstages von d. Handelskammer zu Leipzig durch deren Syndikus Dr. jur. [Ernst] Wendtland. Jg. [1.] 1905. Leipzig: C. L. Hirschfeld 1905. 8°

— der deutschen Handelskammern u. sonstigen amtlichen Handelsvertretungen. Hrsg. im Auftrage des deutschen Handelstages von der Handelskammer zu Leipzig durch deren Syndikus Wendtland. Jahrg. 1905. (X, 589 S. m. 1 Bildnis.) gr. 8. Leipzig 905. C. L. Hirschfeld. n 9.—; geb. n. 10.—

— der deutschen Handelskammern u. sonstigen amtlichen Handelsvertretungen. Hrsg. im Auftrage des deutschen Handelstages v. der Handelskammer zu Leipzig durch deren Syndikus Wendtland. 2. Ausg. 1910. Mit (farb.) Karte der deutschen Handelskammern (auf Leinw.). (XI, 610 S. m. 1 Bildnis.) gr. 8. Leipzig 910. C. L. Hirschfeld. 11.—; geb. 12.—

Jahrbuch des Handelsvertragsvereins. Im Auftr. d. Handelsvertragsver. hrsg. von dessen Geschäftsführer Dr. W[alther] Borgius. [1. 2.] Für d. J. 1901. 1902. Berlin: Liebheit & Thiesen (2: F. Siemenroth) 1902–03. 2 Bde 8°

— des Handelsvertragsvereins f. d. J. 1901. Im Auftrag des Handelsvertragsvereins hrsg. v. W. Borgius. gr. 8. (XI, 350 S.) Berlin 902. Liebheit & Thiesen. n. 4.—

— des Handelsvertragsvereins 1902. Hrsg. v. W. Borgius. (XIII, 405 S.) gr 8. Berlin 903. F. Siemenroth. n. 4.—

— der deutschen Handlungsgehilfen f. 1900. Hrsg. v. L. Kaltbrunn-Hoya. 1. Jahrg. 12. (144 S. m. 1 Schema.) Marburg. Leipzig, C. Zopf. Geb. —60

— für deutschnationale Handlungsgehilfen 1902. 3. Jahrg. 12. (260 S.) Hamburg, Deutschnationaler Handlungsgehilfen-Verband. Geb. in Leinw. n. 1.—

JAHRBUCH FÜR DEUTSCHNATIONALE HANDLUNGSGEHILFEN. 903 Jahrg. 4. Hamburg. Verlag der Berufsgenossenschaft Deutschnationaler Handlungsgehilfen-Verband. kl. 8°.

— f. deutschnationale Handlungsgehilfen. 8. Jahrg. 1907. (240 S.) kl. 8. Hamburg, Deutschnationaler Handlungsgehilfen-Verband. Geb. n. 1.—

— für deutschnationale Handlungsgehilfen f. 1910. 11. Jahrg. (256 S.) kl. 8. Hamburg, Buchh. d. deutschnationalen Handlungsgehilfen-Verbandes. Geb. 1.—

—— für die deutschen Haus- und Landwirthe auf das J. 1859. Von William Löbe. 8. (XXXII und 220 S. mit 24 Abbild. in eingedr. Holzschn.) Leipzig, O. Wigand.
Aus: Illustr. Kalender für die deutschen Haus- und Landwirthe, Jahrg. 1859, besonders abgedruckt.

— für das deutsche Heer u. die Marine. 1. Jahrg. 1900. Fol. (162 S. m. Abbildgn. Bildnissen u. eingedr. Kartenskizzen.) Berlin, Militär-Verlagsanstalt. Kart. n. 2.—

Jahrbuch des Gaardener Turnverein „Gut Heil" (für) 1904–(1906). Gaarden. 1905—(07). 8°

Jahrbuch der Heil-, Pflege- und Kuranstalten ⟨Privat-Anstalten⟩. Ärztlich redigiert von Dr. H[ugo] Neumann, ... Berlin. (Jahrg. 3,) 1903. [Illustriert.] VIII + 146 S. 8. Berlin, Deutsche Jahrbuch-Gesellschaft. [geb. M. 2. 60]
Vorh. u.d.T.: Handbuch ...

Jahrbuch. Herzogs Elektrotechnisches J'. Jahrg. 1. Hrg. von Ingenieur Siegfried Herzog (Zürich). IV + 298 + *Anzeigen* XX S. gr.-8. Stuttgart, Berlin, Leipzig, Union Deutsche Verlagsgesellschaft, 1909. [geb. Subscr. M. 9. —, im Buchh. 12. —]

Hessisches Jahrbuch für 1854. Mit Beiträgen von K. Bernhardi, H. Grimm, E. v. Hohenhausen ... Cassel, 1854. 8°. (S. 117—147: Fünf Volkslieder zur Geschichte Philipps des Großmüthigen. Mitgetheilt von Franz Ludwig Mittler.)

— Hessisches, für 1854. Mit Beiträgen von K. Bernhardi, H. Grimm, E. v. Hohenhausen, H. König, K. Lynker, G. Landau, L. Mittler u. m. a. Cassel 854. Bertram. 8. (IV, 304 S.) n. 1 ℳ.

— — für 1855. Mit Beiträgen von K. Bernhardi, H. E. Bezzenberger, O. Braun, W. Falckenheimer, H. Grimm u. m. a. Ebend. 8. (IV, 268 S.) n. 1 ℳ.

—— hessisches, für 1854 und 1855. Mit Beiträgen von C. Bernhardi ꝛc. br. 8. Cassel, [J. G. Luckhardt.] à Jahrg. *

— historisches, v. 1736—40. 5 Thle. m. K. 8. Frankfurt. 736—46.

GV67
5

Historisches **Jahr-Buch** vom Jahr Christi 1737. In welchem alles, was sich nicht nur in den Reichen von Europa, sondern auch in den andern Welt-Theilen, im Staat, in der Kirche, und in der Natur merckwürdiges zugetragen, ingleichen die neuen Erfindungen von Künsten, und der Wachstum der Wissenschaften, so viel nemlich von einem jeden hat in Erfahrung gebracht werden können, angezeiget, und aus den bewährtesten Nachrichten, nach einer natürlichen Ordnung erzählt wird. Zu bequemern [!] Gebrauch mit einem nöthigen Reg. und Kupffern vers. Franckfurt u. Leipzig: Riegel 1739. 1164 S. 8⁰

Enth. auf Frmei bezügl. Stellen, die von A. Tittel mitget. sind in: HL. 42 (1908—1909) S. 58—60.

— histor., a. 1803. u. 5. s. Bauers Gesch. d. merkw. Begebenh. d. 19ten Jahrh.

— historisches. 1853—1854. Mit dem Portr. des Präsidenten Franklin Pierce (in Stahlst.). Leipzig 854. Lorck. 8. (VII, 310 S.) n. 1 ₰.

— — 1854—1855. Mit dem Portr. Lord Palmerston's (in Stahlst.). Ebend. 855. 8. (VIII, 308 S.) n. 1 ₰.

— — 1855—1856. Mit dem Portrait des Königs Oscar von Schweden. Ebend. 856. 8. (364 S.) n. 1 ₰.

— historisches, (hrsg. von der histor. Section der Görres-Gesellschaft u.) red. v. Geo. Hüffer. 1. Jahrg. 1880. 4 Hfte. gr. 8. (1. Hft. 183 S.) Münster, Theissing in Comm. n. 12. —; einzelne Hefte à n. 3. —

— dasselbe. 2. Jahrg. 1881. 4 Hfte. gr. 8. (1. Hft. 145 S.) Ebend. n. 12. —; einzelne Hefte à n. 3. 50

— dasselbe. 3. Jahrg. 1882. 4 Hfte. gr. 8. (1. Hft. 159 S.) Ebend. n. 12. —

— historisches. (Hrsg. v. der histor. Section der Görres-Gesellschaft.) Red. v. Vict. Gramich. 4—7. Bd. Jahrg. 1883—1886. à 4 Hfte. gr. 8. (à Hft. ca. 160 S.) München, (Herder & Co.). à Jahrg. n. 12. —; einzelne Hfte. à n. 3. 50

— historisches. Im Auftrage der Görres-Gesellschaft hrsg. v. H. Grauert. 8.—11. Bd. Jahrg. 1887—1890. à 4 Hfte. gr. 8. (à Hft. ca. 200 S.) München, (Herder & Co.). à Jahrg. n. 12. —; einzelne Hfte. à n. 3. 50

— historisches. Im Auftrage der Görres-Gesellschaft hrsg. v. Herm. Grauert, Ludw. Pastor, Gust. Schnürer. 12.—15. Bd. Jahrg. 1891—1894. à 4 Hfte. gr. 8. (à Hft. ca. 240 S.) München, (Herder & Co.). à Jahrg. n. 12. —; einzelne Hfte. à n. 3. 50

— historisches. Im Austr. d. Görres-Gesellschaft u. unt. Mitwirkg. v. Herm. Grauert, Ludw. Pastor, Gust. Schnürer, Carl Weymann hrsg. v. Jos. Weiß. XVI.—XIX. Bd. Jahrg. 1895—1898. à 4 Hfte. (à ca. 250 S.) gr. 8. München (Herder & Co.) à Jahrg. n. 12. —; einz. Hfte. n. 3. 50

— historisches. Im Auftrage der Görres-Gesellschaft u. unter Mitwirkg. v. Herm. Grauert, Ludw. Pastor, Gust. Schnürer, Carl Weyman hrsg. v. Jos. Weiß. XX.—XXIII. Bd. à 4 Hfte. gr. 8. (XXXVII, 921; XL, 928; XLIII, 926 u. LVI, 983 S.) München 899—902. (Herder & Co.) à Bd. n. 12. —

— historisches. Im Auftrage der Görres-Gesellschaft u. unter Mitwirkg. v. Herm. Grauert, Gust. Schnürer, Carl Weyman, Frz. Kampers hrsg. von Jos. Weiß. 24. Bd. 4 Hefte. (L, 917 S.) gr. 8. München 903. (Herder & Co.) n. 12. —

— dasselbe. 25.—27. Bd. à 4 Hefte. (XXXIV, 939; XLIV, 1018 u. XXXIX, 975 S.) gr. 8. Ebd. 904—906. à Bd. n. 15. —

— historisches. Im Auftrage der Görres-Gesellschaft u. unter Mitwirkg. v. Herm. Grauert, Gust. Schnürer, Carl Weyman, Frz. Kampers hrsg. v. Jos. Weiß, bezw. Max Jansen. 28.—31. Bd. à 4 Hefte. (XLII, 986; XLII, 1008; XLVI, 989 u. XLVI, 946 S.) gr. 8. München 907—10. Herder & Co. à Bd. 15. —

(F) **Historisches Jahrbuch** des Kriegerdenkmalausschusses in Deutsch-Wagram. 2. Jahrg. 1908. Gr.-8°. (110 S.) † K 2.—
Wien: Fromme 1907.

— historisches, d. Kriegerdenkmal-Ausschusses in Deutsch-Wagram. Hrsg. v. Ant. Pfalz. 3. Jahrg. 1909. (108 S. m. Abb., 1 Taf. u. Wandkalender.) gr. 8. Deutsch-Wagram. (Wien, C. Fromme.) 2. —

Historisches Jahrbuch des Kriegerdenkmal-Ausschusses in Deutsch-Wagram. 5. Jahrg. 1911. Gr.-8°. (ill. 112 S.) * K 2 —
Wien: Fromme 1910.

— historisch-politisches. Hrsg. von A. Phillips. 1. Jahrg. 2 Hälften. 8. Berlin 881, v. Decker's Verlag. [1. Hälfte. (IV, 381 S. mit 2 Chromolithogr.) *M 6,50.; 2. Hälfte. (328 S. und Anlagen CCVI.) *M 8,60.]

Jahrbuch, Historisch-statistisches, mit bes. Berücksichtigung Deutschlands, und namentlich des Preussischen Staates. Von F. B. Weber. I—III. Breslau 1834—37.

Jahrbuch, Historisch-statistisches, in Bezug auf National-Industrie und Staatswirthschaft, ... 1830—35.
Sieh: Frdr. Ben. Weber. . . . . (HC.; H.)

Jahrbuch, Historisch-statistisches, in Bezug auf National-Industrie und Staatswirthschaft. Herausgegeben von Fr. B. **Weber**. Jahrgang 1—3. Breslau 1834—37. 8.

Jahrbuch des Freien Deutschen Hochstifts. [1.] 1902. *Frankfurt a. M. (1902): Gebr. Knauer.* 8° [F.]
Auf. s. u. d. T.: Berichte d. Freien Deutschen Hochstiftes. 1878ff.

— des freien deutschen Hochstifts 1902. gr. 8. (VIII, 389 S. m. 3 Taf. u. 1 Fksm.) Frankfurt a. M. 903. (Gebr. Knauer). Geb. in Leinw. n. 10. —

— des Freien Deutschen Hochstifts 1903—1905. gr. 8. Frankfurt a/M. (Gebr. Knauer). Geb. in Leinw à n. 10. —
1903. (IV, 335 S. m. 5 Taf.) (904.) — 1904. (IV, 438 S. m. 8 Taf.) (905.) — 1905. (IV, 348 S. m. 2 Fig., 4 [1 farb.] Taf. u. 1 Fksm.) (906.)

— des Freien Deutschen Hochstifts 1906—1909. gr. 8. Frankfurt a/M., (Gebr. Knauer). Geb. in Leinw. à 10. —
1906. (IV, 341 S. m. 4 Taf. u. 1 Fksm.) (907.)
1907. (IV, 360 S. m. 4 Taf. u. 1 Fksm.) (908.)
1908. (IV, 352 S. m. 5 Taf. u. 1 Fksm.) (909.)
1909. (XVIII, 443 S. m. 13 [5 farb.] Taf. u. 1 Fksm.) (909.)

Jahrbuch des k. k. Hof-Burg-Theaters für das Jahr 1854. Von A. Mücke und J. Lehmann. 8. (32 S.) Wien. J. B. Wallishausser. 1854.

Jahrbuch des k. k. Hofburg-Theaters für das Jahr 1855. Allen Freunden der Schauspielkunst gewidmet von J. Lehmann und C. Müller. 8. (32 S.) Wien. Aus J. B. Wallishausser's k. k. Hoftheater-Druckerei. 1855.

—— des k. k. Hof-Burgtheaters f. d. J. 1889—1892. Hrsg. v. Carl Baunholzer, bis 1891 in Verbindung m. Jos. Philippi, Lina Männel u. Julie Braun. 8. (49; 52; 52; 57 S.) Wien. (Lpz., Literar. Anstalt Aug. Schulze.) à Jahrg. * 1 60

— des k. k. Hof-Burgtheaters f. d. J. 1891—1894. Hrsg. v. Carl Baunholzer, Jos. Philippi, Lina Männel, Julie Braun. 8. (52, 57, 57, 57 S.) Wien. (Leipzig, Literar. Anstalt A. Schulze.) à Jahrg. n. 1. 60

— d. k. k. Hof-Burgtheaters f. d. J. 1895—1898. Hrsg. v. Lina Männel. 8. (à 60 S.) Wien (Leipzig, Literar. Anstalt, A. Schulze.) à Jahrg. n. 1. 60

— d. k. k. Hof-Burgtheaters f. d. J. 1899, 1900 u. 1901. Hrsg. v. Lina Männel. 8. Wien. (Leipzig, Literar. Anstalt, A. Schulze). n. 4. 40
1899. (62 S.) n. 1. 60. — 1900. (64 S.) n. 1. 50. — 1901. (66 S.) n. 1. 30.

— des k. k. Hof-Burgtheaters f. d. J. 1903—1906. Hrsg. v. Lina Männel. 8. Wien (C. W. Stern). Geb. in Leinw. n. 7. 70
1903. (65 S.) n. 1. 20; geb. n. 2. —. — 1904. (66 S.) Geb. n. 1. 70. — 1905. (66 S.) Geb. n. 2. —. — 1906. (68 S.) Geb. n. 2. —.

— des k. k. Hof-Burgtheaters f. die J. 1907 u. 1908. Hrsg. v. Lina Männel. (69 u. 63 S.) 8. Wien, (C. W. Stern). Geb. in Leinw. à 2. —

—— des k. k. Hof-Operntheaters in Wien. Hrsg. zu Neujahr 1889, 1890, 1891 u. 1892 v. Ferd. Hirt. 8. (IV, 71; IV, 76; IV, 66; IV, 66 S.) (Ebd.) à Jahrg. * 1 60

— des k. k. Hof-Operntheaters in Wien. Hrsg. f. Neujahr 1891—1894 v. Ferd. Hirt. 8. (IV, 66; IV, 66; IV, 76; IV, 80 S.) Ebd. à Jahrg. n. 1. 60

— des k. k. Hof-Operntheaters in Wien. Hrsg. f. Neuj. 1895—1898 v. Ferd. Hirt. 8. (IV, 82; IV, 82; 84 u. III, 80 S.) Ebd. à Jahrg. n. 1. 60

— des k. k. Hof-Operntheaters in Wien. Hrsg. f. Neujahr 1899 v. Heinr. Fröhlich. 8. (80 S.) Ebd. n. 1.60

—— des großherzogl. weimarischen Hof-Theaters und der Hof-Kapelle. Hrsg. von Rich. Pohl. 1. Jahrg. Saison 1854 bis 1855. 8. (147 S.) Weimar 855, Böhlau. *

— 1908 u. 1909 des deutschen Holzarbeiter-Verbandes. Hrsg. vom Verbandsvorstand. (310 u. 415 S.) gr. 8. Berlin 909. 10. Verlagsanstalt des deutschen Holzarbeiter-Verbandes. à 2.—; geb. in Leinw. à 2. 50

— der Holz-Industrie. Hrsg. v. Rud. Hanel. Jahrg. 1905. (XXIII, 106 u. LXIX S.) 8. Wien, A. Hölder. n. 3. —

— der österreichischen Holz-Industrie. Hrsg. von Rud. Hanel. Jahrg. 1906. (XXVIII, 128, 26, 7 u. LXVI S.) 8. Ebd. Kart. n. 3. —

— der österreichischen Holz-Industrie. Hrsg. v. Rud. Hanel. Jahrg. 1907—1909. 8. Wien, Compassverlag. Kart. 13. 60
1907. (XXXII S., S. 993—1157, 598—628, 1777—2081 u. LXVI S.) 4.40.
1908. (S. 1093—1272, 629—603, 1955—2230 u. LXII S.) 4.40.
1909. (VIII S., S. 1113—1292, 641—678, 1975—2278 u. 953—1016.) 4.60.

— humoristisch-pharmazeutisches, nebst Glückskalender f. das 20. Jahrh. Hrsg. v. e. Anzahl hoffnungsfroher Collegen. 8. (64 S.) Leipzig 900. E. Günther. n. 1.—

Jahrbuch für die Kreise Husum und Eiderstedt. Hrgg. v. Albert Johannsen. Jg. 1—2. Mit einem vollständigen Kalendarium auf das Jahr 1890 und 1891. Husum. (1889—90.) 8°.

— hydriatrisches. Unter Mitwirkg. namhafter Fachgenossen hrsg. v. Alfr. Baumgarten. 1. Bd., als Festschrift gedruckt bei Gelegenheit der 8. Generalversammlg. des internat. Vereins Kneipp'scher Aerzte. Lex.8. (VII, 104 S) Wörishofen 901. Buchdruckerei u. Verlagsanstalt Wörishofen. n. 2. —

— dasselbe. Mit 41 Bildern u. 8 grossen Zierbuchstaben. 2. Bd., als Festschrift gedruckt bei Gelegenheit der 9. Generalversammlg. des internat. Vereins Kneipp'scher Aerzte. Lex.-8. (V, 89 S) Ebd. 902 n. 2.—

Janssens Jahrbuch. [Jg. 1. 2.] Hamburg. 1908. 1910. 8°
Mehr nicht erschienen.

— Jenaer. Mit Unterstützg. der Stadt Jena hrsg. vom städt. Museum. (Red.: P. Weber.) 1. Jahrg. Das J. 1901. hoch 4. (VI, 42 S. m. Abbildgn.) Jena 902. Frommann. n. 1. —
Erscheint nicht mehr.

— illustr. (des Berliner Tageblatt). Kalender f. d. J. 1895. 8. (IV, 327 S. m. 1 Farbendr.) Berlin, R. Mosse. Geb. in Leinw. n. 1. —

— illustrirtes (des Berliner Tageblatt). Kalender f. d. J. 1899. 8. (IV, 320 S. m. 1 Farbdr.) Berlin, R. Mosse. Geb. in Halbleinw. n. 1. —

— illustrirtes. Kalender f. d. J. 1903. 8. (IV, 336 S. m. 1 Farbdr. u. 8 farb. Kartens. in hoch 4) Berlin, R. Mosse. Geb. in Halbleinw. n. 1. —

— illustriertes. Kalender f. d. J. 1907. (IV, 298 S. m. 2 Farbdr.) 8. Berlin, R. Mosse. Geb. n. 1. —

— illustriertes. Kalender f. d. J. 1911. (IV, 283 S. m. 4 Farbdr.) 8. Berlin, R. Mosse. Geb. 1. —

— illustriertes, der schweizerischen Armee. 1893. Illustr. v. Hans Wieland. Hrsg. v. Balmer u. Wieland. 4. (III, 122 S.) Bern, W. Kaiser. n.n. 2. 70

— illustriertes, der schweizerischen Armee. Illustr. von H. Wieland. Herausg. von *Balmer u. Wieland.* II. Jahrg. 1894. In-4°. 181 S. Bern, W. Kaiser.

Jahrbuch, illustriertes, der schweizer. Armee. 1900. Unter Mitwirkung hervorragender Militärs redig. von Major *Badertscher*. Hrsg.: *Dr. Balmer, H. B. Wieland.* 4°. VIII, 233 S. m. Illustr. u. 3 Karten. Bern. Benteli & Co. 5 —

Jahrbuch, Illustrirtes, für Christen Augsburger Confession. Strassburg 1888. H: *Horning, Wilhelm.* (ELBibl)

— illustrirtes, der Erfindungen. Hrsg. v. Karl Prochaska. Gründungs-Jahrg. 1901. Mit 200 Text-Illustr. u. Vollbildern. Bearb. v. Ernst Golling. Lex.-8. (217 S.) Teschen, K. Prochaska. n. 1. —; geb. n. 1. 70

— dasselbe. 2. Jahrg. 1902. Mit vielen Text-Illustr. u. Vollbildern. Bearb. v. Ernst Golling. Lex.-8. (176 S.) Ebd. n. 1. —; geb. in Leinw. n. 2. —

— illustrirtes, der Erfindungen. 3.—6. Jahrg. Lex.-8. Teschen, K. Prochaska. Geb. in Leinw. à n. 2. —
3. 1903. Von Ernst Golling. (Prochaskas illustr. Jahrbücher.) (320 Sp.) n. 1. —; geb. n. 2. —
4. 1904. Von Ernst Golling. (Prochaskas illustr. Jahrbücher.) (280 Sp.) n. 1. —; geb. n. 2. —
5. 1905. Von Ernst Golling. (Prochaskas illustr. Jahrbücher.) (244 S.) n. 1.50; geb. n. 2. —
6. 1906. Von Hans Elden. (Prochaskas illustr. Jahrbücher.) (254 Sp.) Kart. n. 1.50; geb. n. 2. —

— illustriertes, der Erfindungen u. technischen Fortschritte. 7.—10. Jahrg. 1907—1910. Von Hans Elden. (Prochaskas illustr. Jahrbücher.) (224, 230, 204 u. 228 Sp.) Lex. 8. Teschen, K. Prochaska. Geb. in Halbleinw. à 1.50; in Leinw. à 2. —

— illustr., f. Deutschlands Frauen. 1902. Hrsg. v. Anna Bauer. Frauenkalender u. Haushaltungsbuch. 5. Jahrg. 4. (XXXII, 64 S.) Stuttgart, C. Weber & Co. Kart. n. 1. —

— dasselbe. 6. Jahrg. 1903. qu. 8. (LXVI, 42 S) Ebd. Kart. — 60
Vergl.: Frauen-Kalender, deutscher.

— für Deutschlands Frauen. 10. Jahrg.: 1907. (72 u. 85 S.) qu. 16. Stuttgart, C. Weber & Co. Geb. — 20
Vergl.: Frauen-Jahrbuch.

— illustriertes, f. Deutschlands Frauen. Ein Notiz- u. Haushaltungsbuch auf d. J. 1909. 12. Jahrg. (LII, 98 S. m. Abb. u. 2 Taf.) 8. Stuttgart, H. Quasthoff. — 50

— illustrirtes, für Freunde des Witzes und heiterer Laune. 1. Jahrg. gr. 8. (63 S. mit eingedr. Holzschn.) Darmstadt 864, Küchler.

— illustriertes, der Gesundheit. 1. Jahrg. 1904. Von *** („Prochaskas illustr. Jahrbücher".) (252 Sp.) Lex.-8. Teschen, K. Prochaska. n. 1. —; geb. in Leinw. n. 2. —

Jahr- u. Haushaltungsbuch, illustriertes, f. alle Frauen. 11. Jahrg.: 1908. (Umschlag: Illustriertes Jahrbuch f. Deutschlands Frauen. 12. Jahrg.) (134 S.) 14×20 cm. Stuttgart, C. Weber & Co. — 50
Vergl.: Jahrbuch f. Deutschlands Frauen.

— illustrirtes israelitisches, für Ernst und Scherz auf das J. 5620 (1859—60). Mit Beiträgen von: L. M. Bauer, B. Beck, Willi Beck, W. Constant u. a. m. 1. Jahrg. Hrsg. von Sam. Winter. Lex.-8. (XXII und 160 S. mit zahlreichen litho- und xylogr. Orig.-Illustr. in eingedr. Holzschn., 1 Holzschn.- und 1 Stnt.) Pest 859. (Leipzig, C. L. Fritzsche.) Thlr. **-

Jahrbuch, illustrirtes israelitisches, für Ernst und Scherz auf das J. 5621 (1860—61). Mit Beiträgen von Bauer, L. M. Bauer, S. Deutsch, Ehrentheil u. a. m. 2. Jahrg. Hrsg. von Sam. Winter. Lex.-8. (XIX und 205 S. mit zahlreichen litho- und xylogr. Orig.-Illustr. in eingedr. Holzschn., 7 Holzschnt., wovon 1 in Tondr., und 2 Stnt.) Pest 860. (Leipzig, C. L. Fritzsche.) **-

—— illustrirtes, israelitisches f. Ernst und Scherz auf d. J. 5621. (1860/61.) Mit Beiträgen von Dr. Bauer, L. M. Bauer, S. Deutsch, Rabb. Dr. Ehrentheil u. a. m. 2. Jahrg. (m. zahlr. Illustr.) Herausg. von Sam. Winter. Lex. 8. (XIX u. 205 S.) Pest, Geibel. 1 fl. 28 kr.

— illustr., f. Kleinthier-Züchter u. -Liebhaber. Hrsg., red. u. illustr. von Jean Bungartz. 1894. 1. Jahrg. 8. (106 S.) Leipzig, A. Twietmeyer. n. 1. 20

— illustr., der Stadt Mainz f. 1893. 4. (36 S.) Mainz, J. P. Haas. n. 1. —; geb. n. 1. 20

— illustriertes, d. gesamt. Mühlenindustrie. (Früher Jahrbuch u. Kalender f. Müller.) 32. Jahrg. 1911. Mit vollständ. Kalendarium, Notiz-, Lehr- u. Nachschlagebuch, enth. die wichtigsten Regeln, Ratschläge, Winke u. Betriebserfahrgn. f. Müller, Mühlentechniker, Müllereimaschinenfabrikanten usw., nebst e. jurist. Ratgeber f. Müller (Sammlg. v. Urteilen, Entscheidgn. u. Gutachten deutscher Gerichtshöfe, namhafter Rechtsgelehrter, Fachleute usw.), sowie Verzeichnissen d. Müllereivereiniggn., -inngn. usw. u. d. Abschlüssen d. deutsch. Aktienmühlen. Hrsg. v. Kurt Kunis. (XVI, 333 S. m. 191 Abbild. u. Schreibkalender.) kl. 8. Leipzig, H. A. L. Degener. Geb. in Leinw. 3.—; in Ldr. 5. —

Jahrbuch. Illustriertes Jahrbuch der Naturkunde. Jahrg. 1. Von Herm[ann] Berdrow. Das Jahr 1903. 320 S. gr.-8. Teschen-Leipzig-Wien, Karl Prochaska. [geb. M. 2. —]
Prochaskas Illustrierte Jahrbücher.
Darin Sp. 55—57. 158—160. 169 f. 185. 188 f. 208 f. 246—248. 267 f. 301 die Schweiz und Schweizer betr.

— illustriertes, der Naturkunde. (Prochaska's illustr. Jahrbücher.) 1.—4. Jahrg. 1903—1906. Von H. Berdrow. (320, 528, 272 u. 264 Sp.) Lex.-8. Teschen, K. Prochaska. Kart. à n. 1. 50; geb. in Leinw. à n. 2. —

— illustriertes, der Naturkunde. (Prochaska's illustr. Jahrbücher.) 5.—8. Jahrg. 1907—1910. Von H. Berdrow. (222, 230, 222 u. 224 Sp.) Lex. 8. Teschen, K. Prochaska. Kart. à 1.50; geb. in Leinw. à 2. —

— illustr., des deutschen Volkstheaters in Wien. Hrsg. f. d. J. 1894 v. Adf. Frz. Rosenzweig. 8. (34 S. m. 35 Bildnissen.) Wien. (Leipzig, Literar. Anstalt A. Schulze.) Geb. in Leinw. n. 4. —

— illustrirtes, der Weltgeschichte. Von Karl Jentsch. 1. u. 2. Jahrg. Das J. 1900 u. 1901. Lex.-8. (176 S. u. 288 Sp.) Teschen (901. 902). K. Prochaska. à n. 1. —; geb. à n. 2. —

— illustriertes, der Weltgeschichte. (Prochaskas illustr. Jahrbücher.) 3.—6. Jahrg. Von Albin Geyer. Die Jahre 1902—1905. (310, 302, 250 u. 272 Sp.) Lex.-8. Teschen 903—906. K. Prochaska. Kart. à n. 1. 50; geb. in Leinw. à n. 2. —

— illustriertes, der Weltgeschichte. (Prochaskas illustr. Jahrbücher.) 7.—10. Jahrg. Von Albin Geyer. Die Jahre 1906—1909. (248, 256, 236 u. 254 Sp.) Lex. 8. Teschen 907—10. K. Prochaska. Kart. à 1.50; geb. in Leinw. à 2. —

— illustrirtes, der Weltreisen. Von Wilh. Berdrow. (Prochaskas illustr. Jahrbücher.) 1. Jahrg. 1902. Lex.-8. (284 Sp.) Ebd. (902). n. 1. —; geb. in Leinw. n. 2. —

— illustriertes, der Weltreisen (u. geographischen Forschungen.) Von Wilh. Berdrow (Prochaska's illustr. Jahrbücher). 2.—5. Jahrg. 1903—1906. (286, 256, 254 u. 232 Sp.) Lex.-8. Ebd. (903—906). Geb. in Leinw. à n. 2. —

— illustriertes, der Weltreisen (u. geographischen Forschungen). Von Wilh. Berdrow. (Prochaska's illustr. Jahrbücher.) 6.—9. Jahrg. 1907—1910. (200 Sp. m. 8 Karten; 192 Sp. u. 4 farb. Kartens.; 220 Sp. u. 208 Sp.) Lex. 8. Ebd. 907—10. Kart. à 1.50; geb. in Leinw. à 2. —

Illustriertes Jahrbuch der Wirtschaft und Technik im deutschen Kalisalz-Bergbau. In Verbindung m. hervorragenden Männern d. Wissenschaft u. Praxis hrsg. von Dr. Albert Stange. [1.] Berlin: Montan-Verl. (1910). 4° In. 1670

— illustriertes, der Wirtschaft u. Technik im deutschen Kalisalz-Bergbau, in Verbindg. m. hervorrag. Männern der Wissenschaft u. Praxis hrsg. v. Alb. Stange. Nebst: Reichs-Kaligesetz (nach den Beschlüssen des Reichstages in 3. Lesung), m. e. krit. Einleitg. (VIII, 668 u. 15 S. m. Abb. u. 2 Taf.) 30,5×21,5 cm. Berlin (910). Montan-Verlag. 18.— ; geb. 20. —

Jahrbuch der St. Andreas-Loge Indissolubilis in Berlin für das Jahr 1881/82. Herausgegeben am 30. November 1881 am 113. Stiftungsfeste. (Berlin, Druck vom Hoffschläger. 1881.) 8. 96 S. u. 1 Logenkarte.
Verzeichniss der Mitglieder des IV. u. V. Grades der Gr. Landesloge.

Indissolubilis: [Jahrbuch der St. Andreas-Loge „Indissolubilis" in Berlin. Seit 1882/83.]

— der Industrie. 1903/04. Hrsg. v. Rud. Hanel. (XXIX, 696 u. LVI S.) gr. 8. Wien 903. (A. Hölder). Geb. in Leinw. n. 9. —

— dasselbe, 1905. (CLXX, 1544 u. LXIX S.) gr. 8. Ebd. 905. Geb. in Leinw. n. 14. —

— der chemischen Industrie (chemische Industrie, Gummi, Gaswerke, Petroleum, Kerzen u. Seifen). Hrsg. v. Rud. Hanel. Jahrg. 1905. (XXIV, 168 u. LXIX S.) 8. Wien, A. Hölder. n. 3. 80

—— für Industrie und Handel in Oesterreich. Hrsg. vom Vereine der österreich. Industriellen. 1. Jahrg. gr. 8. (VI und 183 S.) Wien 865, (Braumüller.) *

Jahrbuch für Industrie und Handel in Oesterreich. Hrsg. vom Vereine der österreich. Industriellen. 2. Jahrg. gr. 8. (X und 359 S.) Wien 866, (Literarisch-artistische Anstalt.) †

— der österreichischen Industrie. 1906. Hrsg. v. Rud. Hanel. (Grosse Ausg.) (CLXXVIII, 1373, 851, 7 u. LXVIII S.) gr. 8. Ebd. Geb. in Leinw. n. 17. 20

— dasselbe. (Kleine Ausg.) (CLXXVIII, 1373, 7 u. LXVIII S.) 8. Ebd. Geb. in Leinw. n. 14. —

— der österreichischen Industrie. 1907—1910. Hrsg. v. Rud. Hanel. à 2 Bde. 8. Wien, Compassverlag. Geb. in Leinw. à 21. —
1907. (CCXLIV, 2145; XLVIII, 878 u. LXVI S.) 907.
1908. (CCLV, 2392; LIV, 930 u. LXII S.) 908.
1909. (CCCXXII, 2369 u. LI, 1016 S.) 909.
1910. (CCCXX, 2617, XIII u. LVI, 995 S.) 910.

— der österreich. chemischen Industrie (chemische Industrie, Gummi, Gaswerke, Petroleum, Kerzen u. Seifen). Hrsg. v. Rud. Hanel. Jahrg. 1906. (XXVIII, 120, 99, 7 u. LXIV S.) 8. Ebd. Kart. n. 3. 80

Jahrbuch d. österreich. chemischen Industrie (chem. Industrie, Gummi, Gaswerke, Zelluloid, Petroleum, Kerzen, Seifen u. Eiswerke). Hrsg. v. Rud. Hanel. Jahrg. 1907—1910. 8. Wien, Compassverl. Kart. 18. —
1907. (XXXI S., S. 676—839, 391—495, 1777—2081 u. LXVI S.) 4. 40
1908. (XII S., S. 753—926, 415—522, 923 u. 924, 1955—2230 u. LXII S.) 4. 40
1909. (XI S., S. 773—952, 427—536, 1975—2278 u. 953—1008.) 4. 60
1910. (XVI S., S. 775—946, 96—128, 432—467 u. 2004—2617.) 4. 60

— f. d. oberschlesischen Industriebez. 1. Jahrg. Bearb. v. R. Kornaczewski. Mit 2 Karten-Beilag. 8. (X, 112 S.) Kattowitz 900. Gebr. Böhm. Geb. in Leinw. n. 4. —

— dasselbe. 2. Jahrg. Mit 2 Karten-Beilagen. 8. (IX, 251 S.) Ebd. 902. Geb. in Leinw. n. 5. —

— für Industrielle 1905. Hrsg. v. Alois Abert. (VIII, XXXII, 866 S.) gr. 8. Wien (F. Beck). Geb. in Leinw. n. 10. —
Erscheint nicht mehr.

—— des sächsischen Ingenieur- und Architekten-Vereins. Hrsg. vom Verwaltungsrathe des Vereins, redig. von P. Bach. 1. Jahrg. 4 Hefte. gr. 4. (à Heft ca. 80 Sp. mit Taf.) Leipzig 882, Teubner. *
—— dass. — 2. Jahrg. 2 Hefte. gr. 4. (à Heft ca. 80 Sp. mit Taf.) Ebendas. 883. *
Nicht weiter erschienen; wurde mit dem Civilingenieur vereinigt.

— des kaiserl. deutschen archäologischen Instituts, hrsg. v. Max Fränkel. 1. Bd. 1886. 4 Hfte. 4. (1. Hft. 70 S. m. eingedr. Fig. u. 5 Taf. in Lichtdr., Stahlst. u. Heliograv.) Berlin 886. G. Reimer. n. 16. —

— des kaiserl. deutschen archäologischen Instituts, hrsg. von M. Fränkel. 2.—4. Bd. 1887—1889. à 4 Hfte. 4. (à Hft. ca. 80 S. m. Taf.) Berlin, G. Reimer. à Bd. n. 16. —

— dasselbe. Hrsg.: Conze. 5. Bd. 1890. 4 Hfte. 4. (1. Hft. 77 u. 42 S. m. eingedr. Illustr.) Ebd. n. 16. —

— dasselbe. 1. u. 2. Ergänzungsheft. gr. 4. Ebd. n. 54. —
1. Die Calenderbilder des Chronographen vom J. 354, hrsg. von J. Strzygowski. Mit 30 Taf. (in Lichtdr.). (VII, 106 S.) 888. n. 30. —
2. Altertümer v. Aegae, unter Mitwirkg. von Carl Schuchhardt hrsg. von R. Bohn. (68 S. m. 75 Abbildgn.) 890. n. 24. —

— d. kaiserl. deutschen archäologischen Instituts. Hrsg.: Conze. 6.—9. Bd. 1891—1894. à 4 Hfte. 4. (à Hft. ca. 100 S. m. Illustr.) Berlin, G. Reimer. à Bd. n. 16. —

— des kaiserl. deutschen archäologischen Instituts. Hrsg: Conze. 10.—13. Bd. 1895—1898. à 4 Hfte. (à ca 150 S. m. Abb. u. Taf.) 4. Berlin, G. Reimer. à Bd. n. 16. —

— dasselbe. Register zu Bd. I.—X 1886—1895. Bearb. v. Heinr. Reinhold. (III, 151 S.) Lex.-8. Ebd. 904. n. 8. —

— dasselbe. Ergänzungshft. III. u. IV. 4. Ebd. Kart. n. 44. — (I.—III : n. 98 —)
III. Die Villa des Hadrian bei Tivoli. Aufnahmen u. Untersuchgn. v. Herm. Winnefeld. (VI, 168 S. m. 42 Abb., 13 Taf. u. 5 Bl. Erklärgn.) 895. n. 20. —
IV. Altertümer v. Hierapolis. Hrsg. v. Carl Humann, Conr. Cichorius, Walth. Judeich, Frz. Winter. M. 61 Abb. u. 1 Stadtplan. (XII, 202 S.) 898. n. 24. —

— des kaiserl. deutschen archäologischen Instituts. Hrsg.: Conze. 14. u. 15. Bd. 1899 u. 1900. à 4 Hfte. 4. Berlin, G. Reimer. à Bd. n. 16. —
14. (IV, 215 u. 267 S. m. Abb. u. 4 Taf.)
15. (IV, 218 u. 281 S. m. Abb. u. Taf.)

Jahrbuch des kaiserl. deutschen archäologischen Institute. Hrsg.: Conze. 16. u 17. Bd. 1901 u. 1902. à 4 Hfte. 4. Berlin, G. Reimer. à Bd. n. 20. —
16. (IV, 194 u. 272 S. m. Abb. u. 8 Taf.)
17. (IV, 140 u. 208 S. m. Abb. u. 10 Taf.)

Jahrbuch des kaiserl. deutschen archäologischen Instituts. Hrsg.: Conze. 18.—21. Bd. 1903—1906. à 4 Hefte. 4. Berlin, G. Reimer. à Bd. n. 20. —
18. (IV, 148 u. 244 S. m. Abb. u. 9 Taf.) — 19. (IV, 157 u. 255 S. m. Abb. u. 9 Taf.) — 20. (VI, 210 u. 216 S. m. Abb. u. 7 Taf.) — 21. (IV, 230 u. 392 S. m. Abb. u. 5 Taf.)

— dasselbe. V. u. VI. Ergänzungsheft. 4. Berlin, G. Reimer. Kart. n. 35. 50
V. Gordion. Ergebnisse der Ausgrabung im J. 1900. Von Gust. Körte u. Alfr. Körte. Mit e. Anh. v. R. Kobert. Mit 235 Abbildgn. im Text, 3 Beilagen u. 10 Taf. (XV, 240 S.) 904. n. 28. —
VI. Antikes Zaubergerät aus Pergamon. Von Rich. Wünsch. Mit 4 Taf. u. 5 Abbildgn. im Text. (50 S.) 905. n. 7.50
I.—IV. Erg.-Hft. Ebd. 888—898. n. 94. —; (das IV. Heft ist im Preise auf n. 20. — ermässigt.)

— des kaiserl. deutschen archäologischen Instituts. Hrsg.: Puchstein. 22.—25. Bd. 1907—1910. à 4 Hefte. Lex. 8. Berlin, G. Reimer. à Bd. 20. —
22. (IV, 250 S. u. 562 Sp. m. 342 Abb. u. 4 Taf. nebst 2 Beil.) 907. — 23. (IV, 250 S. u. 616 Sp. m. 282 Abb. u. 6 Taf. nebst 2 Beil.) 908. — 24. (IV, 228 S. u. 670 Sp. m. 255 Abb. u. 12 Taf. nebst 8 Beil.) 909. — 25. (IV, 199 S. u. 650 Sp. m. 222 Abb. u. 7 Taf. nebst 5 Beil.) 910.

— dasselbe. 7. u. 8. Ergänzungsheft. Lex. 8. Ebd. Kart. 50. —
Führer, Jos., u. Vict. Schultze, die altchristlichen Grabstätten Siziliens. Mit 4 Taf., 1 Beilage u. 122 Abb. im Text. (XII, 323 S.) 907. (Erg.-Heft 7.) Kart. 28. —
Pagenstecher, Rud., die Calenische Reliefkeramik. Mit 27 Taf. u. 54 Abbildgn. im Text. (XII, 194 S.) 909. (Erg.-Heft 8.) Kart. 22. —

— dasselbe. Register zu Bd. XI—XX. 1896—1905. Bearb. v. Rud. Pohl. (III, 204 S.) Lex. 8. Ebd. 908. 11. —

— dasselbe, Beiblatt, s.: Anzeiger, archäologischer

Jahrbuch des norwegischen meteorol. Institutes für 1874–84. Christiania 1877–85. 4°

Jahrbuch des norwegischen meteorologischen Instituts. Herausgegeben von Mohn für 1875-84. 3 Bde Christiania 1879-85

Christiania, Norsk Meteorologisk Institut (Mohn, H., Dr.), Jahrbuch des Norwegischen Meteorologischen Instituts für 1888–91. Christiania 1890—93.

—— des königl. sächs. meteorolog. Institutes. (1. Jahrg.) 1883. 1. und 2. Lfg. Imp.-4. (S. 1—299; S. 1—64) Leipzig, (Teubner.)

— dasselbe. 1884. 2. Jahrg. Imp.-4. (366 u. 48 S.) Chemnitz 886. (Bülz.) n.n. 10. —

— d. königl. sächs. meteorologischen Institutes 1885. 3. Jahrg. Imp.-4. (IV, 74; 63 u. VIII, 130 S. m. 14 Taf.) Chemnitz 886. (Bülz.) n. 20. —

— dasselbe. 1886. 4. Jahrg. 1. Lfg. Abthlgn. 1 u. 2. Imp.-4. (92 S.) Ebd. 887. n. 10. —
s.: Jahrbuch, deutsches meteorologisches: Sachsen.

— d. kgl. sächs. meteorologischen Institutes. 1894. XII. Jahrg. 2. Hälfte od. 3. Abth. gr. 4. Chemnitz 895. (M. Bülz.) n. 10. —
Bericht üb. d. Thätigkeit im kgl. sächs. meteorolog. Institut f. d. J. 1894. M. 6 Anhängen u. 4 Taf. XII. Jahrg. 1894. Hrsg. v. Paul Schreiber. (81 S.)

— dasselbe. 1895. XIII. Jahrg. 3 Abtlgn. gr. 4. Ebd. 896 n. 20. —
1. Ergebnisse d. meteorolog. Beobachtungen an 12 Stationen II. Ordng. im J. 1895. Zugl. deutsches meteorolog. Jahrbuch f. 1895, Beobachtungssystem des Königr. Sachsen. Hrsg. v. Paul Schreiber. (79 S.) n. 5. —
2. Ergebnisse d. meteorolog. Beobachtungen an d. Station I. Ordnung Chemnitz im J. 1895. Hierzu 3 Taf. (59 S.) n. 5. —
3. (2. Hälfte.) Bericht üb. d. Thätigkeit im kgl. sächs. meteorolog. Institut f. d. J. 1895. Von Paul Schreiber. M. 7 Anhängen u. 4 Taf. XIII. Jahrg. 1895. (113 S.) n. 10. —

Jahrbuch d. kgl. sächs. meteorologischen Institutes. 1896. XIV. Jahrg. 1. u. 2. Abth. Zugl. deutsches meteorolog. Jahrbuch f. 1896. Beobachtungssystem d. Königr. Sachsen. Hrsg. v. Paul Schreiber. gr. 4. Chemnitz (M. Bülz). à n. 5. —
1. Ergebnisse d. meteorolog. Beobachtgn. an 12 Stationen II. Ordnung. im J. 1896. (83 S.) 897.
2. Ergebnisse der meteorolog. Beobachtgn. an d. Station I. Ordnung Chemnitz im J. 1896. Hierzu 2 Taf. (60 S.) 898.

— des königl. sächsischen meteorologischen Institutes. XIV. Jahrg. 1896. 3. Abth. gr. 4. Chemnitz (M. Bülz). n. 10. —; (1896 kplt. n. 20. —)
Bericht üb. die Thätigkeit im meteorolog. Institut für d. J. 1896. Dem königl. Ministerium des Innern erstattet. Von Paul Schreiber. (96 S. m. 7 Taf.) 898.

— dasselbe. 1897. XV. Jahrg. 3 Abthlgn. Zugleich deutsches meteorolog. Jahrbuch f. 1897, Beobachtungssystem des Königr. Sachsen. Hrsg. v. Paul Schreiber. gr. 4. Ebd. n. 20. —
1. Ergebnisse der meteorolog. Beobachtungen an 11 Stationen II. Ordnung im J. 1897. (77 S.) 898. n. 5. —
2. Ergebnisse der meteorolog. Beobachtungen an der Station I. Ordnung Chemnitz im J. 1897. (40 S. m. 2 Taf.) 899. n. 5. —
3. Bericht üb. die Thätigkeit im meteorolog. Institut f. d. J. 1897. Dem königl. Ministerium des Innern erstattet. Von Paul Schreiber. (91 S. m. 4 Taf.) 899. n. 10. —

— dasselbe f. 1898. XVI. Jahrg. 3 Abthlgn. Zugleich deutsches meteorolog. Jahrbuch f. 1898. Beobachtungssystem des Königr. Sachsen. Hrsg. v. Paul Schreiber. gr. 4. Ebd. n. 20. —
1. Ergebnisse der meteorolog. Beobachtungen an 11 Stationen II. Ordnung im J. 1898. (77 S.) 900. n. 5. —
2. Ergebnisse der meteorolog. Beobachtungen an der Station I. Ordnung Chemnitz im J. 1898. Hierzu 2 Taf. (40 S.) 901. n. 5. —
3. Bericht üb. die Thätigkeit im meteorolog. Institut f. d. J. 1898. Dem königl. Ministerium des Innern erstattet. Von Paul Schreiber. (60 S. m. 4 Taf.) 902. n. 10. —

— des königl. sächsischen meteorologischen Institutes f. 1899. XVII. Jahrg. 3 Abthlgn. Zugleich deutsches meteorolog. Jahrbuch f. 1898. Beobachtungssystem des Königr. Sachsen. Hrsg. v. Paul Schreiber. 4. Chemnitz. (C. Brunner.) n. 20. —
1. Ergebnisse der meteorolog. Beobachtungen an 12 Stationen II. Ordnung im J. 1899. (83 S.) 901. n. 5. —
2. Ergebnisse der meteorolog. Beobachtungen an der Station I. Ordnung Chemnitz im J. 1899. Hierzu 2 Taf. (40 S.) 902. n. 5. —
3. Bericht üb. die Thätigkeit im meteorolog. Institut f. d. J. 1899. Dem königl. Ministerium des Innern erstattet. Von Paul Schreiber. (85 S. m. 4 Taf.) 902. n. 10. —

— dasselbe f. d. J. 1900. Jahrg. XVIII der neuen Reihe. Hrsg. v. Paul Schreiber, m. e. Vorarbeit: Kritische Bearbeitg. der Luftdruckmessgn. im Königr. Sachsen während der J. 1866 - 1900 vom Hrsg. Mit 6 Taf. Zugleich deutsches meteorolog. Jahrbuch f. 1900. Beobachtungssystem des Königr. Sachsen. (III, 55 u. 167 S.) 4. Ebd. 904. n. 15. —
Fortsetzg., s.: Jahrbuch, deutsches meteorologisches, Königr. Sachsen.

— des königl. sächsischen meteorologischen Institutes. XXI. Jahrg. (1903). III. Abtlg. 32×26 cm. Dresden. Chemnitz, C. Brunner. 5. —
III. Ergebnisse, die hauptsächlichsten, aus den von allen meteorolog. Stationen des Königr. Sachsen im J. 1903 eingesandten Beobachtungen. Bearb. im Auftrag des Direktors Paul Schreiber durch C. Lindemann. (94 S. m. 6 Taf.) 908.

— für d. Interessenten u. Organe d. österr. Arbeiterversicherung. Ein Hilfsbuch zur Handhabg. der Arbeiterversicherungsgesetze durch Beamte u. Versicherungstechniker, Aerzte u. Rechtsconsulenten, Vorstandsmitglieder, Delegirte u. sonst. Functionäre von Krankencassen aller Art, Unfallversicherungsanstalten, Bruderladen, Provisions- u. Pensions-Institute. Ferner zum Gebrauche f. Arbeiter u. Unternehmer, polit. Behörden u. öffentl. Verwaltungsorgane (Gemeindeämter, Bezirks- u. Landesausschüsse), Gewerk- u. Fachvereine, Gehilfenausschüsse, Genossenschaften u. gewerbl. Corporationen überhaupt. Nach amtl. Quellen zusammengestellt u. hrsg. von Sigm. Kaff. (Einband: Taschenkalender für Arbeiterversicherung.) 3. Jahrg. gr. 16. (156 S. m. Tagebuch.) Wien 901. Wiener Volksbuchh. Geb. in Leinw. n. 2.—

Erscheint nicht mehr.

— internationales homoeopathisches, hrsg. v. Alex. Villers. 1. Bd. gr. 8. (VI, 34 u. 175 S. m. 2 Lichtdr.-Taf.) Leipzig 891. E. Heitmann. n. 6. —

— dasselbe. Annales homoeopathicae v. Alex. Villers. Vol. II. gr. 8. (VI, 238 u. 78 S.) Dresden 894. Exped. d. Homöopath. Archives. n. 4. —; geb. n. 5. —

Jahrbuch, international. homöopathisches. Annales homoeopathicae von v. Villers u. John H. Clarke. 3. Bd. gr. 8. (III, 54 S.) Dresden 902. Homöopath. Verlag Dr. A. Villers. Geb. 3. —

—— f. Israeliten, s. a. Kalender.

—— für Israeliten 5616 (1855—1856). Mit Beiträgen von: B. Beer, A. Cohn, A. Dux, W. Errera, L. A. Frankl und A. m. Hrsg. von Jos. Wertheimer. Neue Folge. 2. Jahrg. 8. (344 S. mit 1 Stnt.) Wien 855. (Leipzig, C. L. Fritzsche.) *

Vgl.: Kalender und Jahrbuch für Israeliten.

— — 5617 (1856—1857). Neue Folge, 3. Jahrg. Mit dem (lith.) Portr. von David Salomons Esq., Lord Mayor von London. 1. u. 2. Aufl. Ebend. 856. 8. (XL, 316 S.) n. 20 ngr.

—— dass. — 5617 (1856—1857). Mit Beiträgen von: Beer, Adf. Dux, L. A. Frankl, Leon Frankl, Grätz und A. m. Hrsg. von Jos. Wertheimer. Neue Folge, 3. Jahrg. 2. Aufl. 8. (XLIV und 316 S. mit dem lithogr. Portr. von Dav. Salomons.) Wien 856. (Leipzig, Steinacker.) *

—— für Israeliten. 5618—5621. (1857—1861.) Mit Beiträgen von: Bärwald, B. Beer, A. Cohn, H. Grätz, Max Grünbaum u. A. m. Hrsg. von Jos. Wertheimer. Neue Folge. 4—7. Jahrg. 8. Wien 857—61, (F. Klemm.) [N. F. 4. Jahrg. (XXXVI und 899 S.) * * 22½ Ngr., 5. (...) * 20 Ngr., 6. (XXXVIII und 249 S.) * 20 Ngr., 7. (XXIV und 304 S.) * 20 Ngr.] * 2

—— dass. — 5622 (1861—62). Mit Beiträgen von Beer, M. Kayserling, Leop. Kompert ꝛc. Hrsg. von Jos. Wertheimer und Leop. Kompert. Neue Folge. 8. Jahrg. 8. (XXIX und 209 S.) Wien 861, Sommer. (F. Klemm.) *

—— für Israeliten 5623 (1862—1863). Mit Beiträgen von Herm. Baerwald, Ludw. Aug. Frankl, H. Grätz ꝛc. Hrsg. von Jos. Wertheimer und Leop. Kompert. Neue Folge. 9. Jahrg. 8. (IV und 320 S.) Wien, Sommer. (F. Klemm.) *

— für Israeliten auf das Jahr 5624—1864. [Fortsetzung des K. Klein'schen Jahrbuches.] Von J. K. Buchner. 21. Jahrg. Leipzig 863. C. L. Fritzsche in Comm. 8. (XVI, 144 S.) n. 15 ngr.

—— für Israeliten 5624 (1863—1864). Mit Beiträgen von Ludw. Aug. Frankl, H. Grätz, A. Jellinek ꝛc. Hrsg. von Jos. Wertheimer und Leop. Kompert. Neue Folge. 10. Jahrg. 8. (XXIV und 272 S.) Wien 864, (Manz.) *

—— für Israeliten 5625 (1864—1865.) Mit Beiträgen von F. Bamberger, Ludw. Aug. Frankl, H. Grätz ꝛc. Hrsg. von Jos. Wertheimer und Leop. Kompert. Neue Folge. 11. Jahrg. 8. (XXI und 360 S.) (Ebendas.) 865. *

—— für Israeliten 5626 (1865—1866.) Mit Beiträgen von L. A. Frankl, Freudenthal, Horowitz, Jellinek ꝛc. Begründet von Jos. Wertheimer und Leop. Kompert. (In neuer Folge hrsg. von S. Szántó.) 2. Folge. 1. Jahrg. 8. (339 S.) Wien 865, (Herzfeld und Bauer.) *

—— für Israeliten 5627. (1866—1867.) Mit Beiträgen von Nehem. Brüll, A. Hochmuth, S. J. Kämpf ꝛc. Hrsg. von S. Szántó. 2. Folge. 2. Jahrg. 8. (LXIX und 190 S.) (Ebendas.) 867. *

Jahrbuch der evangelischen Judenmission. Im Auftr. d. Internat. Konferenz f. Judenmission hrsg. von Prof. D. Dr. Hermann L[eberecht] Strack. Vol. 1. Leipzig: J. C. Hinrichs 1906. 8°
[Nebent.:] Yearbook of the Evang. Missions among the Jews. [illegible]

— der evangel. Judenmission. I. Bd. Im Auftrage des Ausschusses der internat. Konferenz für Judenmission hrsg. v. Herm. L. Strack. (Yearbook of the evangelical missions among the Jews.) (124 S.) gr. 8. Leipzig 906. J. C. Hinrichs' Verl. n. 2. —

— für die evangelische, deutsche Jugend. Hrsg. unter Mitwirkg. geistl. u. weltl. Schriftsteller v. Paul Stein. 1.—4. Bd. 1903—1906. (235, 378, 319 u. 375 S. m. Abb.) 8. Elberfeld, S. Lucas. Geb. in Leinw. à n. 1. 20

— für die evangelische deutsche Jugend. Hrsg. unter Mitwirkg. geistl. u. weltl. Schriftsteller v. Paul Stein. 5. Bd. 1907. (360 S. m. Abbildgn.) 8. Elberfeld (906). S. Lucas. Geb. 1. 20

Erscheint nicht mehr.

—— für die schweizerische Jugend. Hrsg. unter Mitwirkung vaterländ. Künstler und Schriftsteller von Rud. Buri und R. Kelterborn. 1. Jahrg. gr. 8. (157 S. mit eingedr. Holzschn.) Bern 879, [Frobeen und Comp.] Frobeen's Verlag. cart. *

— für die schweizerische Jugend. Hrsg. unter Mitwirkung vaterländischer Künstler u. Schriftsteller v. Rud. Buri u. R. Kelterborn. 1. Jahrg. gr. 8. (157 S. mit eingedr. Holzschn.) Bern 879. Zürich, Schröter. cart. n. 2. 40

Jahrbuch der deutschen Jugendfürsorge in Böhmen. 1. u. 2. Jahrg. 1908 u. 1909. gr. 8. Prag, J. G. Calve. 12.—; geb. 14. —

1908. Jubiläumswerk der Zentralstelle f. deutsche Waisenpflege u. Jugendfürsorge in Böhmen. Mit Beiträgen v.: LGR. Frz. Janisch, A. Kindelmann, Alois Kluge u. a. Bearb. v. Hugo Heller. (XI, 544 S.) 7.—; geb. 8. —
1909. Hrsg. v. der Zentralstelle f. deutsche Waisenpflege u. Jugendfürsorge in Böhmen. Mit Beiträgen v.: Th. Altschul, Karl Bohač, F. Gottstein u. a. Bearb. v. Hugo Heller. (IX, 489 u. 56 S. m. Abbildgn. u. 1 Bildnis.) 5.—; geb. 6. —

Jahrbuch für Jugend- und Volksspiele. Hrgg. v. E. von Schenckendorff und F. A. Schmidt. Jg. 1 u. 2. Hannover-Linden. 1892 u. 93. Jg. 3 ff. Leipzig 1894 ff. 8°.

Jg. 1 u. 2 erschienen unter dem besonderen Titel. Über Jugend- und Volksspiele.

— für Jugend- u. Volksspiele. Hrsg. von E. v. Schenckendorff u. F. A. Schmidt. 3. Jahrg. 1894. gr. 8. (309 S.) Leipzig, R. Voigtländer. Kart. n. 2. —
s.: Schenckendorff, E. v., u. F. A. Schmidt, Üb. Jugend- u. Volksspiele.

— f. Jugend- u. Volksspiele. Hrsg. v. E. v. Schenckendorff u. F. A. Schmidt. 4. Jahrg. 1895. gr. 8. (334 S.) Leipzig, R. Voigtländer. Kart. n. 2. —

— dasselbe, Fortsetzg., s.: Jahrbuch f. Volks- u. Jugendspiele.

— des ostdeutschen Jünglingsbundes f. d. J. 1898. Hrsg. v. Bundes-Vorstand. gr. 8. (24 S.) Berlin (Buchh. d. Ostdeutschen Jünglingsbundes). n. — 20

— des ostdeutschen Jünglingsbundes f. d. J 1902. qu. 12. (62 S) Berlin (Buchh. des ostdeutschen Jünglingsbundes). n. — 20
Jahrg. 1900 erschien unt. d. Tit.: Jugend, unsere, unsere Zukunft.

— des ostdeutschen Jünglingsbundes 1905. Hrsg. vom Bundesvorstande. (24 S.) 8. Berlin (Buchh. des ostdeutschen Jünglingsbundes). n. — 10

— des ostdeutschen Jünglingsbundes 1909, s.: Zukunft, die, der Kirche.

Jahrbuch der evangelisch-christlichen Jünglings- und Männervereine der deutschen Schweiz pro 1901. Jahrg. 3. (*Umschlag:* Hrg. vom Bundeskomitee in Basel.) [Illustriert.] 156 S. 8. Bern, J. Fischer-Lehmann, 1900. [fr. 1. —]

— für Kadetten. Hrsg. v. Schaarschmidt. 3. Jahrg. 1902/03. (In mehrfach veränd. u. verb. Aufl.) gr. 16. (VIII, 268 S.) Oldenburg, G. Stalling's Verl.
Geb. in Leinw. n. 1. 50

— für Kadetten. Hrsg. v. Schaarschmidt. 7. Jahrg. 1906/1907. (X, 278 u. 42 S.) 16. Oldenburg, G. Stalling's Verl. Geb. in Leinw. n.n. 1. 35

— für Kadetten. Hrsg. v. Schaarschmidt. 11. Jahrg. 1910/1911. (XVI, 298 u. 45 S.) 16. Oldenburg, G. Stalling's Verl. Geb. in Leinw. u. geh. 1. 25

— u. Kalendarium der Wiener freiwilligen Rettungsgesellschaft f. 1885—1886. gr. 16. (XXII, 311 S. m. 1 graph. Steintaf.) Wien 886. (Huber & Lahme.) geb. n. 4. —

Jahrbuch u. Kalendarium der Wiener freiwilligen Rettungs-Gesellschaft f. 1886/87. gr. 16. (XXV, 416 S.) Wien 887. (Huber & Lahme.) geb. n.n. 3. —

— u. Kalender f. die Baumwoll-Industrie 1907. Ein Jahrbuch f. Kaufleute u. Industrielle der Baumwollbranche, m. vielen Abbildgn. Begründet im J. 1880 als „Kalender f. die Textil-Industrie" v. W. H. Uhland. Seit 1901 umgearb., erweitert u. red. v. e. süddeutschen Fachmann. 28. Jahrg. (IX, 424 S. u. Schreibkalender.) kl. 8. Leipzig, H. A. L. Degener.
Geb. in Leinw. n. 3. —; in Brieftaschenldrbd. n. 5. —
Bisher u. d. T.: Kalender f. die Baumwoll-Industrie.

Jahrbuch und Kalender für die Baumwoll-Industrie. 1909. Leipzig.

— u. Kalender f. die Baumwoll-Industrie 1911. Ein Taschen- u. Nachschlagebuch f. Fabrikanten, Direktoren, Werkmeister u. Kaufleute der Textilbranche, e. Lehrbuch f. Studierende an techn. Hochschulen u. Schüler an höheren Textil-Fachschulen. Mit vielen Abbildgn. Begründet im J. 1880 als „Kalender f. die Textil-Industrie" v. W. H. Uhland. Seit 1901 red. v. e. süddeutschen Fachmann, seit 1911 bearb. v. M. Lehmann. 32. Jahrg. (XVI, 453 u. 51 S., Schreibkalender, 32 S. u. 16 S. Patronenpap.) kl. 8. Leipzig, H. A. L. Degener. Geb. in Leinw. 3. —

— u. deutscher Kalender f. Krain auf d. J. 1894, zugleich Adreß- u. Auskunftsbuch. Hrsg. v. Simon Rieger. 7. Jahrg. gr. 8. (IV, XLVIII, 22, 83 u. 96 S. m. Abbildgn.) Laibach, J. v. Kleinmayr & F. Bamberg. n. 1. 20

Jahrbuch und Kalender

— — für Kohlen-Handel u. -Industrie, s.: Polster.

— — für Müller 1907. Mit Lehr- u. Nachschlagebuch, enth. die wichtigsten Regeln, Ratschläge, Winke u. Betriebserfahrgn. f. Müller, Mühlentechniker, Müllereimaschinenfabrikanten usw. Hrsg. v. Kurt Kunis. 28. Jahrg. (XVI, 318 S. m. 162 Abbildgn. u. Schreibkalender.) kl. 8. Ebd.
Geb. in Leinw. n. 3. —; in Brieftaschenldrbd. n. 5. —
Bisher u. d. T.: Mühlen-Kalender, deutscher.

— — für Müller 1909. Mit Lehr- u. Nachschlagebuch, enth. die wichtigsten Regeln, Ratschläge, Winke u. Betriebserfahrgn. f. Müller, Mühlentechniker, Müllereimaschinenfabrikanten usw., nebst e. jurist. Ratgeber f. Müller (Sammlg. v. Urteilen, Entscheidgn. u. Gutachten deutscher Gerichtshöfe, namhafter Rechtsgelehrter, Fachleute usw.), sowie Verzeichnissen der Müllervereiniggn., -Inngn. usw. u. den Abschlüssen der deutschen Aktienmühlen. Hrsg. v. Kurt Kunis. 30. Jahrg. (X, 323 S. m. 189 Abbildgn. u. Schreibkalender.) kl. 8. Leipzig, H. A. L. Degener. Geb. in Leinw. 3.—; in Ldr. 5. —
Fortsetzg., s.: Jahrbuch, illustriertes, der gesamten Mühlenindustrie.

— — für Schlosser u. Schmiede (früher Deutscher Schlosser- u. Schmiede-Kalender) 1907. Ein prakt. Hilfs- u. Nachschlagebuch f. Bau- u. Kunstschlosser, Schmiede, Werkführer, Monteure u. Metallarbeiter aller Art. Begründet v. Ulr. R. Maerz. Red.: H. Walter. 26 Jahrg. (VI, 377 S. u. Schreibkalender m. Fig.) kl. 8. Ebd.
Geb. in Leinw. n. 2. —; in Brieftaschenldrbd. n. 4. —
Bisher u. d. T.: Schlosser- u. Schmiedekalender, deutscher.

— — für Schlosser u. Schmiede (früher Deutscher Schlosser- u. Schmiedekalender) 1911. Ein prakt. Hilfs- u. Nachschlagebuch f. Bau- u. Kunstschlosser, Schmiede, Werkführer, Monteure, Installateure, Chauffeure u. Metallarbeiter aller Art. Begründet v. Ulr. R. Maerz. Vollständig neu bearb. v. F. Wilcke. 30. Jahrg. (XVI, 328 S., Schreibkalender u. 32 S. m. Fig.) kl. 8. Ebd.
Geb. in Leinw. 2.50; in Ldr. 4. 50

— f. Kanarienzüchter auf d. J. 1910. Hrsg. vom Weltbunde der Kanarienzüchter u. Vogelfreunde. 1. Jahrg. Red.: Rud. Wolf. (256 S.) 16. Altenburg, R. Fuchs. Geb. in Leinw. 1. —

Jahrbuch der luzernischen Kantonal-Lehrerconferenz. 1870. XIV. 130 u. 47 Stn. 8. Mit Tabellen. Luzern, in Commission bei C. F. Prell. 2. —

Jahrbuch der Luzernischen Kantonallehrerkonferenz. Jahrg. 1872. 166 Stn. gr. 8. Druck v. J. L. Bucher.

Jahrbuch der Luzernischen Kantonal-Lehrerkonferenz. Jahrg. 1873. 200 Stn. 8. Luzern, J. L. Bucher.

Jahrbuch der luzernischen Kantonal-Lehrerkonferenz. Jahrgang 1879. In-8°, 210 S. Luzern, Druck von J. L. Bucher.

Jahrbuch des siebenbürgischen Karpathen-Vereins. Jg. 1—34. Hermannstadt 1881—1914.

— des siebenbürgischen Karpathen-Vereins. 1—4. Jahrg. 1881—1884. gr. 8. (III, 186; IV, 242; III, 251 u. III, 194 S. m. 1 chromolith. Karte u. 6 Lichtdr.-Taf.) Hermannstadt. (Wien, Graeser.) à n.n. 5. —

—— des siebenbürgischen Karpathen-Vereins. 1.—4. Jahrg. 1881—1884. gr. 8. (III, 186; IV, 242; III, 251 S. mit 1 chromolithogr. Karte und 4 Lichtdr.-Taf.; III, 194 S. mit 2 Lichtdr.-Taf.) Hermannstadt. (Michaelis.) à Jahrg. **

—— des siebenbürgischen Karpathenvereins. V.—IX. Jahrg. 1885—1889. gr. 8. (V: 289; VI: 244; VII: 232; VIII: 234; IX: 256 S. mit je 1 Lichtdr.-Taf. und mehreren Textbildern.) Hermannstadt, (Michaelis und Seraphin. — Wien, Graeser.) V., VI. und VII. Jahrg. à
VIII. und IX. Jahrg. à

— des siebenbürgischen Karpathenvereins. 24.—26. Jahrg. 1904—1906. gr. 8. Hermannstadt (F. Michaelis.) n.n. 13. 40

1904. Mit 4 Lichtdr.-Bildern als Beilage (III, 187 S. m. Abbildgn.) n.n. 4. 20
1905. Mit 4 Lichtdr.-Bildern, 15 Illustr. u. 1 Karte im Texte. (IV, 350 S.) n.n. 4. 20
1906. Mit 4 Lichtdr.-Bildern als Beilage (in 4) u. 7 Illustr. im Texte. (III, 151 S. m. 1 Tab.) n. 5. —

— des siebenbürgischen Karpathenvereins. 27.—29. Jahrg. 1907—1909. gr. 8. Hermannstadt, Siebenbürg. Karpathenverein. (Nur direkt.) à 5. —

27. Mit 4 Lichtdr.-Bildern als Beilage (33×26,5 cm). (III, 152 S. m. Abbildgn. u. 1 Tab.) 907.
28. Mit 3 Lichtdr.-Bildern als Beilage. (III, 136 S. m. Abbildgn.) 908.
29. Mit 4 Lichtdr.-Bildern als Beilage. (28×33 cm.) (III, 142 S. m. Abbildgn.) 909.

Jahrbuch des Ungarischen Karpathen-Vereines. — Magyarországi Kárpátegyesület. Jahrg. 1. 1874. 3. 1876. 4. 1877. 6. 1879 — 29. 1902. Kassa (u. Igló) 1874 ff. 8°.

—— des ungarischen Karpathen-Vereines. 1.—6. Jahrg. 1874—1879. Mit 1 Situationsplan. gr. 8. (à Jahrg. ca. XLIII, 325 S.) Késmark. [Kaschau, Haymann.] à Jahrg. *

—— des ungarischen Karpathen-Vereines. 7. Jahrg. 1880. gr. 8. (578 S.) Kesmárk. (Budapest, Kilian's Universitäts-Buchh.) *

—— dass. — 8. Jahrg. 1881. Mit 3 Beilagen (2 Stnt. und 1 Lichtdr.) und mehreren (eingedr.) Fig. gr. 8. (V, 527 S. mit 1 Tab.) (Ebendas.) *

—— des ungarischen Karpathen-Vereins. Jahrg. 1882—1888.
Eigentum des Vereins und nur von demselben direkt zu beziehen.

Jahrbuch des ungarischen Karpathen-Vereines. Jahrgang 15 (1888). Iglo. 8.

— f. Katholiken a. d. J. 1846. Mit Beiträgen v. Dersdorf, Michelis, Laven, G. Rintel u. m. A. gr. 12. (8¾ B., 3 Stahlst. u. 9 eingedr. Holzschn.) Trier 846, Lintz'sche Bh.*

—— für Katholiken auf das J. 1847. (2. Jahrg.) 8. (320 S., 1 Stahlst. und 5 Holzschnt.) Trier, Lintz'sche Buchh. *
1. Jahrg. 1846. Ebendas. * 12 Ngr.

—— katholisches. Hrsg. von Jos. Heinr. Müller. 1. und 2. Ausg. 1852. * 1 Thlr. und 3. (wohlf.) Ausg. gr. 8. (III und 314 S.) Berlin 853, Th. Grieben. *

—— katholisches, zur Erbauung, Belehrung u. Unterhaltung f. Jung u. Alt. V. u. VI. Jahrg. 1892 u. 1893. 4. (140; 136 S. m. Abbildgn. u. 4 Taf.) Würzb., Etlinger. à Jahrg. * — 50
Frühere Jahrge. s. u. d. T.: Hausbuch, katholisches.

Jahrbuch, katholisches, zur Erbauung, Belehrung u. Unterhaltung f. Jung u. Alt. 6.—8. Jahrg. 1893—1895. 4. (à Jahrg. ca. 150 S. m. Abbildgn.) Würzburg, Etlinger. à Jahrg. n. — 50

— katholisches, z. Erbauung, Belehrg. u. Unterhaltg. f. Jung u. Alt. 9.—12. Jahrg. 1896—1899. 4. (à ca. 150 u. 8 S. m. 1 Wandkal.) Würzburg, Etlinger. à n. — 50

— katholisches, zur Erbauung, Belehrung u. Unterhaltung f. Jung u. Alt auf d. J. 1908. 16. Jahrg. 4. (168 u. 8 S. m. Wandkalender.) Würzburg, Veitshöchheim, Etlinger. n. — 50

Jahrbuch, katholisches, zur Erbauung, Belehrung u. Unterhaltung f. Jung u. Alt auf d. J. 1907. 20. Jahrg. (162 u. 8 S. m. Wandkalender.) gr. 8. Würzburg, Etlinger. n. — 50

— katholisches, zur Erbauung, Belehrung u. Unterhaltung f. Jung u. Alt f. d. J. 1911. 24. Jahrg. (182 u. 9 S. m. Abbildgn. u. Wandkalender.) gr. 8. Würzburg, W. Ott. — 50

—— kaufmännisches, s. a. Hiller, G.

—— kaufmännisches. Verbands-Kalender auf d. J. 1892. Handbuch f. alle Geschäftsleute sowie f. die Mitglieder d. Verbandes deutscher Handlungsgehülfen, m. Benutzung offizieller Mittheilgn. d. Verbands-Vorstandes hrsg. v. R. Jäger. 4. Jahrg. gr. 16. (III, 140 S.) Dresd., Jäger. curt. * — 60
Frühere Jahrge. s. u. d. T.: Verbands-Kalender.

— kaufmännisches. Verbands-Kalender auf d. J. 1895. Für die Mitglieder des Verbandes deutscher Handlungsgehülfen m. Benutzg. offizieller Mitteilgn. des Verbands-Vorstandes hrsg. v. R. Jäger. Handbuch f. alle Geschäftsleute. 7. Jahrg. gr. 16. (III, 233 S.) Dresden 894. R. Jäger. In Leinw. kart. n. — 60

Jahrbuch, kaufmännisches, Verbands-Kalender auf d. J. 1899. F. d. Mitglieder d. Verbandes deutscher Handlungsgehülfen m. Benutzg. offiz. Mittheilgn. d. Verbands-Vorstandes hrsg. v. R. Jäger. Handbuch f. alle Geschäftsleute. 11. Jahrg. gr. 16. (III, 207 S.) Dresden, R. Jäger. In Leinw. kart. n. — 60

— der Kautschuk-Industrie u. verwandter Betriebe. Hrsg. v. Edgar Herbst. (Literarische Beilage zum Gummi-Kalender.) (S. 243—367.) 16. Dresden 906. Steinkopff & Springer. n. 1. —

— der Kautschuk-Industrie u. verwandter Betriebe. Hrsg. v. Edgar Herbst, (Literarische Beilage zum Gummi-Kalender.) 1909. (S. 289—460.) 16. Berlin, Union, Zweigniederlassung. 1. 25

Keramisches Jahrbuch. Jahresbericht über d. Fortschritte d. gesamten Ton-, Glas- u. Mörtelindustrie. Unter Mitw. zahlreicher Fachgenossen hrsg. von Dr. Gustav Keppeler, Privatd., [&] Dr. Max Simonis †. (Jg. 1.) Berlin: Geschäftsstelle d. Keram. Jahrbuchs 1900. 8°

— keramisches. Jahresbericht üb. die Fortschritte der gesamten Ton- u. Glasindustrie. II. Jahrg. Unter Mitwirkg. zahlreicher Fachgenossen hrsg. v. Gust. Keppeler. (VI, 254 S. m. Abbildgn.) 8. Berlin 910. Tonindustrie-Zeitg. Geb. in Leinw. 4. —

Jahrbuch für Kinderheilkunde u. phys. Erziehung. I. Jhrg. Hauptred. *Dr. F. Mayr, Primararzt des Wiedn. St. Jos. Kinderspit.* Mitred. *Dr. L. M. Politzer, Dir. d. öffentl. Kinder-Krankeninstit. — Dr. M. Schuller, emer. Secundararzt d. Wien. k. k. Findel-Anst.* Druck u. Verl. d. *typ.-lit.-art. Anst. (L. C. Zamarski, C. Dittmarsch & C.)*
Erscheint in **Wien**, in Vierteljahrsheften jed. zu 5—6 Bg. in 8°. Pr.-Pr. jährl. 4 fl. od. 2 Th. 20 Sgr. — pr. Post 4 fl. 30 kr. od. 3 Thlr.

—— für Kinderheilkunde und physische Erziehung. Haupt-Redact.: Fr. Mayr, Mit-Redact.: L. M. Politzer, M. Schuller. 1—4. Jahrg. 1857—61. à Jahrg. 4 Hefte. (à 7—8 Bog.) Mit typograf. Farbendruckbildern. gr. 8. Wien, Typografisch-literarisch-artistische Anstalt. à Jahrg. *

—— für Kinderheilkunde und physische Erziehung. Haupt-Redakt. Fr. Mayr, Mit-Redakt. L. M. Politzer, M. Schuller. 5. und 6. Jahrg. 1862 und 1863. à Jahrg. 4 Hefte. (à 7—8 Bog.) Mit typograf. Farbendruckbildern. gr. 8. Wien, Typographisch-literarisch-artistische Anstalt. à Jahrg. *

—— dass. — Redakt. H. Widerhofer, L. M. Politzer, M. Schuller. 7. Jahrg. 1864. 4 Hefte. (à 7—8 Bog.) gr. 8. Wien, Schönewerk. *

—— dass. — 8. Jahrg. 1866. 4 Hefte. (à 7—8 Bog.) gr. 8. Wien, Expedition. *

—— dass. — Neue Folge. Hrsg. unter Redakt. von Widerhofer, Politzer, Schuller, Steffen, B. Wagner. 1. Jahrg. 4 Hefte. gr. 8. (1. Heft 119 S. mit 1 Stnt. in qu. 4.) Leipzig 868, Teubner. *

—— für Kinderheilkunde und physische Erziehung. Neue Folge. Hrsg. unter Redact. von Widerhofer, Politzer, Schuller, Steffen, B. Wagner. 2. Jahrg. 4 Hefte. gr. 8. (à Heft 110—180 S. mit Stnt. in gr. 8., hoch 4. und gr. Fol.) Leipzig 868, Teubner. *

—— dass. — Neue Folge. Hrsg. von Binz, Bohn, Bokai etc. unter Redact. von Widerhofer, Politzer, Schuller, Steffen, B. Wagner. 3.—7. Jahrg. à 4 Hefte. gr. 8. (à Heft 100—130 S., theilweis mit Holzschn., Stnt. in gr. 8., 4. und Fol. und Tab. in qu. Fol.) Ebendas. 869—73. 3.—6. Jahrg. à * 7. Jahrg. *

—— dass. — unter Redact. von Widerhofer, Politzer, Steffen, B. Wagner. 8. Jahrg. 4 Hefte. gr. 8. (à Heft 110—130 S.) Ebendas. 874. *

—— für Kinderheilkunde und physische Erziehung. Neue Folge. Hrsg. von Binz, Bohn, Bókai etc. unter Redact. von Widerhofer, Politzer, Steffen, B. Wagner. 9.—11. Bd. à Jahrg. 4 Hefte. gr. 8. (IV, 457; IV, 450; IV, 454 S. mit Stnt.) Leipzig 875—77, Teubner. à Bd.

—— dass. — Hrsg. von Biedert, Binz, Bohn etc. unter Redact. von Widerhofer, Politzer, Steffen, B. Wagner. 12.—14. Bd. à 4 Hefte. gr. 8. (IV, 424; IV, 446; IV, 454 S. mit Stnt.) Ebendas. 878,79. à Bd. *

—— für Kinderheilkunde und physische Erziehung. Neue Folge. Hrsg. von Biedert, Binz, Bohn etc. unter Redact. von Widerhofer, Politzer, Steffen, B. Wagner. 15.—22. Bd. à Bd. 4 Hefte. gr. 8. (IV, 476; IV, 492; IV, 456; IV, 458; IV, 486; IV, 510; IV, 533 mit 3 Stnt.; IV, 402 S.) Leipzig 882—85, Teubner. à Bd. *

—— für Kinderheilkunde und physische Erziehung. Neue Folge. Hrsg. von Biedert, Binz, Bohn etc. unter Redact. von Widerhofer, Politzer, Steffen, B. Wagner. 23.—25. Bd. à Bd. 4 Hefte. gr. 8. (IV, 474; IV, 445; IV, 347 S.) Leipzig 885—86, Teubner. à Bd. *

—— dass. — Neue Folge. Hrsg. von Biedert, Binz, Bohn etc. unter Redact. von Widerhofer, Politzer, Steffen, Heubner. 26. und 27. Bd. à Bd. 4 Hefte. gr. 8. (IV, 446; IV, 490 S.) Ebendas. 887,88. à Bd. *

—— für Kinderheilkunde u. physische Erziehung. Neue Folge. Hrsg. v. Biedert, Binz, Bókai etc. unter Redact. v. Widerhofer, Steffen, Heubner. 28.—35. Bd. à Bd. 4 Hefte. gr. 8. (IV, 458; IV, 432 S. m. 3 Taf.; IV, 434 S. m. 1 Taf. u. Sachreg. zu Bd. 26/30, 42 S.; IV, 470 S. m. 2 Taf.; IV, 450; IV, 474 S. m. 2 Taf.; IV, 484 S.; IV, 474 S. u. Sachreg. zu Bd. 31/35, 63 S.) Lpz. 889—92, Teubner. à Bd. * 10 40

— **für Kinderheilkunde u. physische Erziehung.** Neue Folge. Hrsg. v. Biedert, Binz, Bokai etc. unter Red. v. Heubner, Steffen, Widerhofer. 32.—39. Bd. à 4 Hfte. gr. 8. (à Hft. ca. 120 S.) Leipzig 891—894. B. G. Teubner. à Bd. n. 10.40

— f. Kinderheilkunde u. physische Erziehg. Neue Folge. Hrsg. v. Biedert, Binz, Bókai etc. unt. Red. v. O. Heubner, A. Steffen, H. v. Widerhofer. 40. u. 41. Bd. à 4 Hfte. (à ca. 8 Bog.) gr. 8. Leipzig 895. B. G. Teubner. à Bd. n. 10. 40

— 42.—48. Bd. à 4 Hfte. (à 10 Bog.) gr. 8. Ebd. 896—898. à Jahrg. n. 12. —

Jahrbuch für Kinderheilkunde u. physische Erziehg. Neue Folge. Hrsg. v. Biedert, Binz, v. Bókai etc. unter Red. v. O. Heubner, A. Steffen, A. v. Widerhofer. Red.: O. Heubner. 49. u. 50. Bd. à 4 Hfte. gr. 8. (VI, 516 S. m. 6 Taf. u. IV, 438 S. m. 2 Taf.) Leipzig 899. [B. G. Teubner.] Berlin, S. Karger. à Bd. n. 12.—

— dasselbe. Sach- u. Autorenregister zu Bd. XXVI—L. gr. 8. (II, 223 S.) Leipzig 899. [B. G. Teubner.] Berlin, S. Karger. n. 3. 50

— dasselbe. 51. u. 52., der 3. Folge. 1. u. 2. Bd. à 6 Hfte. m. Ergänz.-Hft. Lex.-8. (IV, IV, 722 S. m. 3 Taf. u. IV, 1024 S. m. 4 Taf.) Berlin 900. S Karger. n. 41.—

— dasselbe. 53. u. 54. Bd., der 3. Folge. 3. u. 4. Bd. Jahrg. 1901. 12 Hfte. gr. 8. (III, 734 S. m. Abb. u. 2 Taf. u. IV, VI, 812 S. m. 1 Portr. u. 1 Taf.) Ebd. n. 36.—

— dasselbe. 55. u. 56. Bd., der 3. Folge 5. u. 6. Bd. Jahrg. 1902. 12 Hfte. u. Ergänz.-Hft. gr. 8. (IV, 774 m. 9 Taf. u. V, 892 S. m. 5 Taf.) Ebd. n. 39. 50

— **für Kinderheilkunde u. physische Erziehung.** Hrsg. v. Biedert, Binz, v. Bókai u. a. unter Red. v. O. Heubner, A. Steffen, Th. Escherich. Red.: O. Heubner. 57.—64. Bd., der 3. Folge 7.—14. Bd. Jahrg. 1903 bis 1906. à 12 Hefte nebst Erg.-Hft. zum 58., 60. u. 64. Bd. Lex.-8. Berlin, S. Karger. n. 157. 20
57. 58. (1903.) (IV, 812 S. m. 11 Taf. u. V, 1020 S. m. 6 Taf.) n. 41. —
59. 60. (1904.) (V, 840 S. m. 7 Taf u. V, 976 S. m. 13 Taf.) n. 40. 20
61. 62. (1905.) (IV, 938 S. m. 10 Taf. u. V, 858 S. m. 4 Taf.) n. 36. —
63. 64. (1906.) (IV, 796 S. u. V, 896 S. m. 17 Taf.) n. 40. —

— für Kinderheilkunde u. physische Erziehung. Hrsg. v. Biedert, Binz, v. Bókay u. a. unter Red. v. O. Heubner, A. Steffen, Th. Escherich. Verantwortlich: O. Heubner. 65.—72., der 3. Folge 15.—22. Bd. Jahrg. 1907—1910. à 12 Hefte. Lex. 8. Berlin, S. Karger. à Jahrg. 36. —
65. 66. (1907.) (IV, 800 S. m. Abb. u. 9 Taf. u. IV, 764 S. m. Abb. u. 4 Taf.) — 67. 68. (1908.) (IV, 766 S. m. Abb. u. 6 Taf. u. IV, 772 S. m. Abb. u. 8 Taf.) — 69. 70. (1909.) (IV, 748 S. m. Abb. u. 6 Taf. u. IV, 794 S. m. Abb. u. 6 Taf.) — 71. 72. (1910.) (IV, 804 S. m. Abb. u. 5 Taf. u. V, 782 S. m. Abb. u. 4 Taf.)

— **dasselbe. 65., der 3. Folge 15. Bd. Ergänzungsheft.** (299 S. m. Abb. u. 6 Taf.) Lex. 8. Ebd. 907. 6. —

— **dasselbe. 67., der 3. Folge 17. Bd. Ergänzungsheft.** (227 S. m. Fig. u. 4 Taf.) Lex. 8. Ebd. 908. 5. 50

— dasselbe. 72., der 3. Folge 22. Bd. Ergänzungsheft. (284 S.) Lex. 8. Ebd. 910. 7. —

— dasselbe. Sach- u. Namenregister zu Bd. 51—70. (155 S.) Lex. 8. Ebd. 910. 5. 60

—— für die evangel. Kirche d. kgl. preuß. Staates. 1. Bd. 1833. Hrsg. v. K. W. Wiedenfeld. gr. 8. (28 B. u. Bischof Eylert's Bildn.) Barmen u. Schwelm 834, Falkenberg'sche Buchh.

—— der kathol. Kirche. Hrsg. v. Joh. Bapt. Fischer. 1. Jahrg. Mit d. Portr. Pius VIII. 12. (5½ B.) Aschaffenburg 832, Pergay.

— der Römisch-Katholischen Kirche. Hrsg. v. Jos. Heinr. Müller. gr. 8. (VI u. 314 S.) Berlin 852, Th. Grieben. — 2. (Titel-)Ausg. 8. Ebd. 852. n. 1 ℳ

JAHRBUCH FÜR BRANDENBURGISCHE KIRCHENGESCHICHTE.
Herausgegeben im Auftrage des Vereins für Brandenburgische Kirchengeschichte von NIKOLAUS MÜLLER.
Jahrg. 1. Berlin 1904. Kommissions-Verlag von Martin Warneck. 8°.
Jahrg. 2 u. 3. ib. 1906. — Jahrg. 4. ib. 1907. — Jahrg. 5. ib. 1908. —
Jahrg. 6. ib. 1908. — Jahrg 7 und 8. ib. 1911. —
Herausgegeben im Auftrage des Vereins für Brandenburgische Kirchengeschichte von GUSTAV KAWERAU und LEOPOLD ZSCHARNACK.
Jahrg. 9 und 10. ib. 1913.

— f. brandenburgische Kirchengeschichte. Hrsg. im Auftrage des Vereins f. brandenburg. Kirchengeschichte v. Nik. Müller. 1.—3. Jahrg. gr. 8. Berlin (M. Warneck.) à Jhrg. n. 4.50
1. (VII, 288 S.) 904. — 2. 3. (VII, 551 S.) 905. 906.

Jahrbuch f. brandenburgische Kirchengeschichte. Hrsg. im Auftrage d. Vereins f. brandenburg. Kirchengeschichte v. Nik. Müller. 4.—6. Jahrg. (IV, 260, III, 206 u. III, 235 S.) gr. 8. Berlin 907. 08. M. Warneck. à Jahrg. 4.50

Jahrbuch, Kirchenmusikalisches . . . s. Caecilien-Kalender.

— kirchenmusikalisches. 1886. 1. Jahrg. Red. v. Frz. Xav. Haberl. [11. Jahrg. d. Cäcilienkalenders.] Lex.-8. (IV, 126 S.) Regensburg 886. Pustet. n. 1.20

— kirchenmusikalisches. 1887. 1888. 2. u. 3. Jahrg. Red. v. F. X. Haberl. 12. 13. Jahrg. d. Cäcilienkalenders. gr. 8. (VII, 112; VIII, 136 S.) Regensburg, Pustet. à Jahrg. n. 1.60

— kirchenmusikalisches, 1889—1894. 4.—9. Jahrg. Hrsg. v. Frz. Xav. Haberl. 14.—19. Jahrg. d. Cäcilienkalenders. gr. 8. Regensburg, F. Pustet. n. 11.20
1889. 4. Jahrg. (VII, 104 S.) n. 1.60. — 1890. 5. Jahrg. (XI, 120 S.) n. 1.60. — 1891. 6. Jahrg. (IV, 31 u. 126 S.) n. 2.—. — 1892. 7. Jahrg. (VIII, 24 u. 119 S.) n. 2.—. — 1893. 8. Jahrg. (IV, 124 S.) n. 2.—. — 1894. 9. Jahrg. (IV, 121 S.) n. 2.—.

— kirchenmusikalisches. 1895—1898. 10.—13. Jahrg. Hrsg. v. Frz. Xav. Haberl. 20.—23. Jahrg. d. Cäcilienkalenders. gr. 8. Regensburg, F. Pustet. à Jahrg. n. 2.—
1895. (VIII, VIII, 24 u. 125 S.) — 1896. (IV, IV, 129 S.) 1897. (IV, IV, S. 29-72 u. 141 u. 8 S.) — 1898. (IV, 130 S., IV u. S. 73—160.)

— kirchenmusikalisches. 1899—1901. 14.—16. Jahrg. Hrsg. v. Frz. Xav. Haberl. 24.—26. Jahrg. des früh. Cäcilienkalenders. Lex.-8. Regensburg. F. Pustet. n. 8.20
1899. (IV, 148 S. m. Abbildgn. u. Musikbeil. II, 24 S.) 2.60
1900. (IV, 179 u. Musikbeilage VIII, 32 S.) n. 2.60
1901. (IV, 176 S. u. Musikbeilage IV u. S. 33—64.) n. 3.—

— kirchenmusikalisches. 1902—1904. 17.—19. Jahrg. Hrsg. v. Frz. Xav. Haberl. 27.—29. Jahrg. des früheren Cäcilienkalenders. Lex.-8. Regensburg, F. Pustet. à n. 3.—
1902. (IV, 240 S. u. Musikbeilage IV u. S. 65—96.) — 1903. (IV, 196 S. u. Musikbeilage IV, S. 97—124 u. 15 S.) — 1904. (IV, 39 u. 190 S.)

— kirchenmusikalisches. Begründet v. F. X. Haberl, hrsg. v. Karl Weinmann. 23. Jahrg. (IV, 190 S.) Lex. 8. Regensburg 908. F. Pustet. 3.40; geb. in Leinw. 4. —

— — des protestantischen Kirchen- und Schulwesens von und für Schlesien. s. Gaß, J. Ch.

— kirchliches, auf d. J. 1902. Hrsg. v. J. Schneider. (Des „Amtskalender f. evang. Geistliche" 2. Tl.) 29. Jahrg. 8. (XII, 531 S.) Gütersloh, C. Bertelsmann. n. 3.50; geb. n. 4. —
Vergl.: Amtskalender f. evangelische Geistliche.

— kirchliches, auf d. J. 1903. Hrsg. v. J. Schneider. (Des „Amtskalenders f. evang. Geistliche" 2. Tl.) 30. Jahrg. (XI, 468 S.) 8. Gütersloh, C. Bertelsmann. n. 3.50; geb. n. 4. —

— dasselbe auf d. J. 1904—1906. Hrsg. v. J. Schneider. 31.—33. Jahrg. (XI, 444; XI, 448 u. IX, 492 S.) 8. Hagen, O. Rippel. à n. 5. —; geb. in Leinw. à n. 6. —

Jahrbuch, Kirchliches allgem., für die kathol. Geistlichkeit, s. Jahrbuch, Kirchliches, für die kathol. Geistlichkeit.

— kirchliches, f. den Kanton Bern. 1890. In Verbindg. m. Freunden hrsg. v. H. Rettig. 8. (VI, 178 S.) Bern 890. (Huber & Co.) n. 1.80

— kirchliches, f. den Kanton Bern. In Verbindung m. Freunden hrsg. v. Heinr. Rettig. 1891. 1892 8. (IV, 240; III, 332 S. m. Bildern.) Bern, (H. Koerber). à Jahrg. n. 1.80

— Kirchliches, für den Kanton Bern. In Verbindung mit Freunden hrsg. von *H. Rettig*. (3. Jahrg. 1892.) Mit 3 Abbild. In-8°. I, 332 S. Bern, Berner Volksschriftenverlag (Huber & Cie.), 1892. 2 —

— dasselbe. 4. u. 5. Jahrg. 1893 u. 1894. 8. (VIII, 307 u. VIII, 266 S. m. je 1 Titelbild.) Bern, (W. Kaiser). à Jahrg. n.n. 2.20; geb. in Leinw. à n.n. 3.25

— kirchliches, für die kathol. Geistlichkeit. Mit Aufsätzen über Moral, Pastoral, Dogmatik, Kirchenrecht, Katechetik, kirchl. Statistik u. Topographie, Kirchengeschichte, kirchl. Biographie u. Gesetzkunde, Bibelstudium u. biblische Archäologie, Homiletik, Schul- u. Erziehungswesen rc. Herausg. v. mehr. Theologen der Seckauer Diöcese. Nebst einem meteorolog. u. ökonom. Anhang. 1r Jahrg. 1837. Mit 1 Stahlst. Lex.-8. Grätz 837. Damian u. Sorge. n. 1 1/3 ℳ

— dass. (2r Jahrg.), allgem., für die katholische Geistlichkeit auf das Gemein-Jahr 1838. Ein Jahrbuch für kirchl. Statistik u. Topographie, Kirchengeschichte, kirchl. Biographie, Liturgie, Kunst u. Gesetzkunde rc. Nebst e. Anhange, (enth.: Die Darstellung der Imponderabilien u. ihres Einflusses in der Natur. Von Wlh. Gintl. — Anleitung zur Beurtheilung der Wetter-Regeln nach physikal. Grundsätzen. Von demselben. — Oekonomische Beiträge.) N. Folge. 2r Jahrg. Mit 1 Stahlstiche. Lex.-8. Ebd. 838. n. 1 1/3 ℳ

— dass. (3r Jahrg.), für die katholische Geistlichkeit, zur Belehrung über theolog. u. kirchliche Gegenstände. Redigirt von Jh. Nep. Ignaz Rotter. Nebst e. Anhange, (enthält: Die Dampfmaschine, von ihrer Entstehung an durch alle Stufen ihrer Vervollkommnung rc.; v. Wlh. Gintl. — Beiträge zur Förderung der Landwirthschaft. — Uebersicht der neuesten kathol.-theolog. Literatur. Vom Nov. 1837 bis Juni 1838.) Mit 1 Stahlst. Lex.-8. Ebd. 839. n. 1 1/3 ℳ

— dass. (Jahrg. 1840.) Mit 1 Stahlstich. gr. Lex.-8. Ebd. 840. n. 1 1/3 ℳ

— kirchliches, f. d. evang. Landeskirchen Deutschlands. 1907—1910. Ein Hilfsbuch zur Kirchenkde. d. Gegenwart. In Verbindg. m. de le Roi, Raeder, Neumann u. a. hrsg. v. J. Schneider. 34.—37. Jahrg. (VIII, 562; VIII, 668; X, 638 u. X, 536 S.) gr. 8. Gütersloh, C. Bertelsmann. à 5.—; geb. à 6. —

— kirchliches, f. das Herzogt. Sachsen-Altenburg. Hrsg. v. Schulze, Laurentius, Besser, Eckardt, Bretschneider, Fritzsche, Löbe, Tümpel. Geschäftsleitg.: Eckardt. M. Beilage: Sammlg. d. wichtigsten auf d. Landeskirche d. Herzogt. Sachsen-Altenburg sich bezieh. Bestimmgn. M. minister. Genehmigg. hrsg. v. Gust. Geier. 1.—3. Jahrg. à 2 Hfte. gr. 8. Altenburg (Th. Körner). à n. 3.—
1. (127 u. Kirchengesetzsammlg. 32 S.) 895.
2. (III, 100, 97 S. u. Kirchengesetzsammlg. S. 33—64.) 896.
3. (III, 152 S. u. Kirchengesetzsammlg. S. 97—144.) 897.

— kirchliches, f. das Herzogt. Sachsen-Altenburg. Hrsg. v. Schulze, Laurentius, Besser, Eckardt, Bretschneider. Fritzsche, Löbe, Tümpel. Geschäftsleitg.: Eckardt. 4.–6. Jahrg. à 2 Hfte. gr. 8. (138; VII, 159 u. 124 S. u. Kirchengesetzsammlg. S. 145—288.) Altenburg 898—900. (Th. Körner). à Jahrg. n. 3.—

— dasselbe u. das Fürstent. Reuss j. L. Unter Mitwirkung vieler Geistlichen u. Lehrer hrsg. v. R. Eckardt u. H. Jahn. 7. Jahrg. 2 Hfte. gr. 8. (147 S. u. Kirchengesetzsammlg. S. 289—336.) Ebd. n. 3.—

— kirchliches, f. das Herzogt. Sachsen-Altenburg u. das Fürstent. Reuss j. L. Unter Mitwirkg. vieler Geistlichen u. Lehrer hrsg. v. R. Eckardt u. H. Jahn. 8. Jahrg. gr. 8. (III, 84 u. 48 S.) Altenburg 902. St. Geibel. n. 3.—

— dasselbe, hrsg v. M. Saupe u. H. Jahn. 9. Jahrg. (95 u. 48 S.) gr. 8. Ebd. 903. n. 3.—
Fortsetzung u. d. T.: Thüringer kirchliches Jahrbuch.

— kirchliches, für die reformierte Schweiz. Herausg. von *H. Rettig*. 1897. In-8°. 214 S. Bern, Komm.-Verlag von W. Kaiser. brosch. 2 50; gebd. 3 50

— kirchliches, der reformierten Schweiz. Eine Gabe fürs christl. Haus, im Auftrag des Komitees f. kirchl. Liebesthätigkeit u. in Verbindg. m. Freunden aus verschiedenen Kantonen hrsg. v. Heinr. Rettig. 7. Jahrg. (12. Jahrg. des kirchl. Jahrbuches f. den Kanton Bern.) 8. (VI, 289 S.) Bern 901. (A. Benteli). n. 2.50; geb. n. 3.50
Erscheint nicht mehr.

Jahrbuch, kleines, f. praktische Geflügelzüchter 1910. Bearb. v. Arth. Wulf. 2. Jahrg. (94 S. m. Abbildgn.) kl. 8. Würzburg, H. Stürtz. In Leinw. kart. — 25

—— kleines nautisches, für die J. 1873—1875. 8. (à 48 S.) Bremerhaven 872—74, (v. Vangerow.) à Jahrg. * — 60

— kleines nautisches, für die J. 1876—1880. gr. 16. (36; 48; 36; 36; 36 S.) Bremerhaven 875—79, v. Vangerow. à Jahrg.

—— kleines nautisches, für die J. 1881—1885. 12. (32; 32; 39; 33; 34 S.) Bremerhaven, (v. Vangerow.) à Jahrg. *

—— kleines nautisches, für 1886—1889. 25.–28. Jahrg. kl. 8. (à Jahrg. ca. 40 S.) Bremerhaven, W. Ludolph. à Jahrg. *

—— kleines nautisches, f. 1890,91. 29. u. 30. Jahrg. Hrsgbr.: W. Ludolph. 12. (à Jahrg. ca. 35 S.) Bremerh. 889.90. v. Vangerow. à Jahrg. * — 75

Jahrbuch, kleines nautisches, f. 1892—1895. 31.—34. Jahrg. Hrsg.: W. Ludolph. 12. (48, 50, 50, 50 S.) Bremen 891—894. M. Heinsius Nachf. à Jahrg. n. — 75

— kleines nautisches, f. 1896, 1897, 1898 u. 1899. 35.—38. Jahrg. Hrsg.: W. Ludolph. 12. (à 52 S.) Bremen 895—898. Leipzig, M. Heinsius Nachf. à Jahrg. n. — 75

— kleines nautisches, f. 1900. 39. Jahrg. Hrsg.: W. Ludolph. 12. (52 S.) Leipzig, M. Heinsius Nachf. n. — 75

— dasselbe f. 1901—1903. 40.—42. Jahrg. Hrsg.: W. Ludolph. 12. (à 52 S. m. 1 farb. Karte.) Bremerhaven, L. v. Vangerow. à n. 1.—

— kleines nautisches, f. 1904—1907. 43.—46. Jahrg. Hrsg.: W. Ludolph. (à 52 S.) kl. 8. Bremerhaven, L. v. Vangerow. à n. 1.—

— kleines nautisches, f. 1908—1911. 47.—50. Jahrg. Hrsg. v. W. Ludolph. (à 52 S.) kl. 8. Bremerhaven L. v. Vangerow. à 1.—

— dasselbe, s. a. Aus See nach Bremen-Stadt.

— f. den Kleingartenbau, unter Mitwirkg. v. Fachleuten hrsg. v. Bernh. Cronberger. 8. Jahrg. (73 S. m. Abb.) kl. 8. Frankfurt a/M. 910. Verlag der Blätter f. Kleingartenbau. Kart. — 40

Jahrbuch für den kath. Clerus 1883 V. Jahrg. Taschenformat. (256 S.) geb. 1 fl. 20 kr. Wien: Wörl 1882.

— klinisches. Im Auftrage Sr. Exc. d. Ministers der geistl., Unterrichts- u. Medizinal-Angelegenheiten v. Gossler unter Mitwirkg. v. C. Skrzeczka u. G. Schönfeld hrsg. v. A. Guttstadt. 1. Bd. gr. 8. (VIII, 556 S. m. 18 Taf.) Berlin 889. Springer. geb. n. 15.—

Jahrbuch, klinisches. Im Auftrage Sr. Exc. des Ministers der geistl., Unterrichts- u. Medizinal-Angelegenheiten v. Gossler unter Mitwirkg. v. C. Skrzeczka u. G. Schönfeld hrsg. v. A. Guttstadt. 2. Bd. 8. (X, 754 S. m. Abbildgn. und 11 Taf.) Berlin 890. Springer. geb. n. 20.—

— klinisches. Im Auftrage Sr. Exc. des Hrn. Ministers der geistl., Unterrichts- u. Medizinal-Angelegenheiten unter Mitwirkg. v. C. Skrzeczka u. G. Schönfeld hrsg. v. A. Guttstadt. 3.–5. Bd. gr. 8. Berlin, J. Springer. Geb. in Leinw. n. 52.—
3. (VIII, 648 S. m. Bildern.) 891. n. 20.—. — 4. (VIII, 544 S. m. Bildern.) 892. n. 16.—. — 5. (V, 490 S. m. 6 Taf.) 894. n. 16.—.

— dasselbe. Ergänzungsbd. gr. 8. Ebd. 891. Geb. n. 8.—
Die Wirksamkeit d. Koch'schen Heilmittels gegen Tuberkulose. Amtliche Berichte der Kliniken, Polikliniken u. pathologisch-anatom. Institute der preuss. Universitäten. Mit e. Zusammenstellg. der Berichtsergebnisse v. Alb. Guttstadt. (X, 905 S.)

— klinisches. Im Auftr. d. Ministers der geistl., Unterrichts- u. Medizinal-Angelegenheiten unt. Mitwirkg. v. Skrzeczka u. Naumann hrsg. von Flügge u. v. Mering. 6. Bd. 5 Hfte. gr. 8. Jena, G. Fischer. Subskr.-Pr. n. 14. 10; geb. in Leinw. n. 15. —; Einzelpr. n. 18. 10

1. D. Kostordng. d. psychiatrischen u. Nervenklinik der Universität Halle-Wittenberg. Für Aerzte u. Verwaltungsbeamte hrsg. u. erläutert. Von E. Hitzig u. Ed. Hitzig. (X, 237 S.) 897. Subskr.-Pr. n. 6. —; Einzelpr. n. 7. 50
2. D. Lepra-Erkrankgn. im Kreise Memel. Von R. Koch. Ueb. d. körn. Augenentzündg. in Ost- u. West-Preussen u. ihre Bekämpfg. Von J. Hirschberg. Die Wertbemessg. d. Diphtherieheilserums u. deren theoretische Grundlagen. Von P. Ehrlich. (S. 239—326.) Subskr.-Pr. n. 1. 80; Einzelpr. n. 2. 40
3. D. Lepra in Russland. E. Reisebericht. Von M. Kirchner u. Kübler. D. chem. Untersuchg. d. Kost d. psychiatrischen u. Nervenklinik d. Universität Halle-Wittenberg. Von G. Wesenberg. (S. 327—412 m. Fig.) Subskr.-Pr. n. 1. 80; Einzelpr. n. 2. 40
4. Ueb. d. Therapie d. Conjunctivitis granulosa. Von Herm. Kuhnt. M. 26 Abb. im Text. (S. 413—584.) 897. Subskr.-Pr. n. 3. ; Einzelpr. n. 4. —
5. D. Frauenklinik d. Universität zu Marburg nach ihrer Erweiterung. Von Ahlfeld. Die neue Universitäts-Frauenklinik in Göttingen. Von Max Runge. D. neue Operationssaal d. chirurg. Klinik der Universität Kiel. Von G. Lohr. D. neue chirurg. Klinik zu Marburg. Von E. Küster. (III u. S. 585—648 m. Abb.) 898. Subskr.-Pr. n. 1. 50; Einzelpr. n. 1. 80

— dasselbe, unt. Mitwirkg. v. Skrzeczka, Naumann, M. Kirchner hrsg. von Flügge u. v. Mering. 7. Bd. 1. Hft. gr. 8. Ebd. 898. n. 4. —

D. Trachomepidemie u. ihre Bekämpfg. im Reg.Bez. Gumbinnen. Von Jul. Hoppe. Studien üb. epidem. Augenkrankheiten. Von Greef. (158 S. m. 6 Abb. u. 1 Taf.)

— klinisches. Im Auftrage des königl. preuss Hrn. Ministers der geistl., Unterrichts- u. Medizinal-Angelegenheiten unter Mitwirkg. v. Skrzeczka, Naumann, M. Kirchner hrsg. v. Flügge u. v. Mering 7. Bd. 2. —5. Hft. gr 8. (IV u. S. 159—574 m. 20 Abbildgn., 1 Plan, 4 Kurven u. 4 Karten.) Jena 899. 900. G. Fischer. n. 14. 50 (7. Bd. kplt. n. 18. 50)

— dasselbe unter Mitwirkung v. M. Kirchner u. Naumann hrsg. von Freih. v. Eiselsberg, Flügge, Freih. v. Mering u. Werth. 8. Bd. 4 Hfte. gr. 8. (596 S. m. 40 Abbildgn, 2 Kurven, 1 Kartenskizze, 2 Taf. u. 3 Plän.) Ebd 901. 902. n. 18.40; geb. in Leinw. n. 20. —

— dasselbe. 9. Bd. 3 Hfte. gr. 8. (IV, 704 S. m. 81 Abbildgn., 2 Taf., 14 Diagrammen, 2 Tab. u. 12 farb. Karten.) Ebd. 902. Subskr.-Pr. n. 18. —; Einzelpr. n. 21. —

— dasselbe, 1. Ergänzungsbd., s.: Bericht üb. d. v. Komitee f. Krebsforschg. a. 15. X. 1900 erhobene Sammelforschg.

— klinisches. Im Auftrage des königl. preuss. Hrn. Ministers der geistl., Unterrichts- u. Medizinal-Angelegenheiten unter Mitwirkg. v. M. Kirchner u. Naumann hrsg. von Freih. v. Eiselsberg, Flügge, Freih. v. Mering u. Werth. 10. — 12. Bd. gr. 8. Jena, G. Fischer. Subskr.-Pr. n. 53. 70; Einzelpr. n. 69. 40

10. 4 Hefte. (IV, 460 S. m. 161 Abbildgn., 14 Taf., 12 lith. Kurven u. 8 farb. Karten. 902. n. 20. 60, bzw. n. 27. —
11. 4 Hefte. (IV u. 662 S. m. 8 Abbildgn., 11 Taf., 7 Kurven, 1 Karte u. 3 Beilagen im Text.) 903. n. 15. 50; bzw. n. 19. 90
12. 5 Hefte. (IV, 546 S. m. 21 Abbildgn., 10 Taf., 5 Kurven, 3 Skizzen u. 1 Plan im Text.) 904. n. 17.60; bzw. 22. 50

— dasselbe. 13. u. 14. Bd. gr. 8. Ebd. n. 43. 40; geb. in Leinw. n. 46. —

13. 4 Hefte. (IV, 686 S. m. 24 Abbildgn., 6 Taf., 16 Plänen, 4 Kurven u. 3 Karten.) 904. 905. n. 23. 50; geb. n. 24. 50
14. 6 Hefte. Mit 3 Taf., 2 Plänen, 8 Kurven, 6 graph. Tab., 6 Anlagen u. 85 Abbildgn. im Text. (IV, 634 S.) 905. n. 19. 90; geb. n. 21. 50

Jahrbuch, klinisches. Im Auftrage des königl. preuss. Hrn. Ministers der geistl. Unterrichts- u. Medizinal-Angelegenheiten unter Mitwirkg. v. M. Kirchner u. Naumann hrsg. von Freih. v. Eiselsberg, Flügge, Kraus, Freih. v. Mering u. Werth. 15. Bd 4 Hefte. (IV, 742 S. m. 4 Karten, 4 Taf., 10 Plänen, 1 Liste, 8 Tab. u. 10 Abbildgn. im Text.) gr. 8. Jena 906. G. Fischer. n. 34. 50

— dasselbe, 2. Ergänzungsbd. s.: Verhandlungen des Komitees f. Krebsforschung.

— dasselbe. 3. u. 4. Ergänzungsbd. gr. 8. Ebd. n. 14. 50

3. Das Rettungs- u. Krankenbeförderungswesen im Deutschen Reiche. Nach dem Material der auf Anregg. des Zentral-Komitees f. das Rettungswesen in Preussen v. den deutschen Bundesregiergn. erhobenen Umfrage im Auftrage des Zentral-Komitees bearb. Von George Meyer. Mit 10 Kurventaf. u. 4 Karten. (287 S.) 906. Subskr.-Pr. n. 12. —; Einzelpr. n. 14. —
4. Denkschrift üb. die Bekämpfung der Granulose (Körnerkrankheit, Trachom) in Preussen. Bearb. in der Medizinalabteilg. des königl. preuss. Ministeriums der geistl., Unterrichts- u. Medizinal-Angelegenheiten. (III, 76 S.) 906. n. 2. 50

— dasselbe. 16. Bd. 1. Hft. (S. 1—378 m. 15 Abbildgn, 4 Taf., 1 Skizze, 8 Karten u. 8 Diagr.) gr. 8. Ebd. 906. n. 17. —

— klinisches. Im Auftrage d. königl. preuss. Hrn. Ministers der geistl., Unterrichts- u. Medizinal-Angelegenheiten unter Mitwirkg. v. E. Rumm, P. Ehrlich, Freih. v. Eiselsberg u. a. hrsg. v. Naumann u. M. Kirchner. 16. Bd. 2. Heft, 17.—23. Bd. u. 24. Bd. 1. u. 2. Heft. gr. 8. Jena, G. Fischer. 178. 20

16. II. (IV u. S. 379—538 m. 70 Abb.) 907. 12. — (16. Bd. vollst. 29. —)
17. (3 Hefte.) (IV, 504 S. m. 8 Abb. im Text, 20 Kurven, 8 Karten, 6 Skizzen, 1 Plan u. 5 Diagr.) 907. 23. —
18. (4 Hefte.) (IV, 486 S. m. 38 Abb., 71 Kurven u. 11 Karten.) 907. 908. 19. —
19. (4 Hefte.) (V, 554 S. m. 5 Abb., 35 Kurven, 1 Karte, 9 Taf. u. 1 Plan.) 908. 23. —
20. (4 Hefte.) (IV, 584 S. m. 1 Abb., 2 Beil., 4 Karten u. 9 Übersichten nebst 11 Kurven im Text. 908. 909. 21. 40
21. (4 Hefte.) (IV, 620 S. m. 46 Abb., 15 Kurven, 16 Karten, 8 Taf., 1 Plan, 12 Tab. u. 3 Diagr.) 909. 25. 20
22. (4 Hefte.) (IV, 570 S. m. 22 Abb., 4 Kurven, 9 Skizzen, 1 Profil, 1 Tab. u. 4 Karten im Text.) 909. 910. 18. 60
23. (3 Hefte.) (IV, 594 S. m. 12 Abb., 12 Taf., 1. Diagr., 1 Skizze, 5 Tab., 10 Kurven u. 3 Karten.) 910. 27. —
24. I. II. (250 S. m. 37 Fig., 2 eingedr. Karten u. 2 Taf.) 910. 9. —

Bischoff (von Altenstern), Ignaz Rudolph: Klinisches Jahrbuch über das Heilverfahren in der medicinisch-praktischen Schule für Wundärzte in dem k.k. allgemeinen Krankenhause zu Prag. Im Jahre 1824. 146 S., gbd.

Prag: Calve 1825

JB 2.454

— d. Stiftes Klosterneuburg. Hrsg. v. Mitgliedern d. Chorherrenstiftes. I. (VI, 252 S. m. 7 Taf.) gr. 8. Wien 908. H. Kirsch. 8. —

— dasselbe. II. (395 S. m. 37 Taf. u. 3 [eingedr.] Fksms.) gr. 8. Wien 909. W. Braumüller. 6. 80

— des Evangelischen Knabenvereins [Jugendabteilung] d. Evangelischen Jünglings- u. Männervereins zu Köln [Rhein] f. 1889. gr. 8. (16 S.) Köln 889. (Roemke & Co.) n.n. — 25

— d. evangelischen Knabenvereins, Jugendabtheilg. d. Evang. Jünglings- u. Männervereins zu Köln (Rhein) f. 1890. gr. 8. (16 S.) Köln 891. (Römke & Co.) n.n. — 25

Fortsetzung s.: Jahresbericht des evangel. Knabenvereins.

Koloniales Jahrbuch. Beiträge und Mitth. aus dem Gebiete der Kolonialwissenschaft und Kolonialpraxis. Jg 1. 1888 – Jg 11, 1898, H. 1—3. — Bln.: Dt. Kolonial-Verl. (1889—1895: Heymann) 1889—1898.

— koloniales. Hrsg. v. G. Meinecke. 1. Jahrg. Das J. 1888. Mit 1 Uebersichtskarte der deutschen Kolonien. gr. 8. (VII, 319 S.) Berlin 889. C. Heymann's Verl. n. 6. —

— dasselbe. 2. Jahrg. 1889. gr. 8. (III, 312 S. m. 7 Karten.) Ebd. 890. n. 6. —; geb. n.n. 7. 50

— kolonialos. Hrg. v. Gust. Meinecke. 3.—7. Jahrg. Dio J. 1890—1894. gr. 8. Berlin, C. Heymanns Verl. à Jahrg. n. 6. —; geb. n.n. 7. 50
3. (III, 300 S. m. 1 polit. Übersichtskarte v. Afrika.) 891. — 4. (III, 335 S. m. 10 Pflanzenbildern u. 2 Karten im Text.) 892. — 5. (III, 308 S. m. 1 eingedr. Karte.) 893. 6. (III, 311 S. m. 1 eingedr. Karte.) 894. — 7. (III, 298 S.) 894.

— kolonialos. Beiträge u. Mittheilgn. a. d. Gebiete d. Kolonialwissenschaft u. Kolonialpraxis. Hrsg. v. Gust. Meinecke. 8. Jahrg. 4 Hfte. (à ca. 5 Bog.) gr. 8. Berlin 895. C. Heymann's Verl. n. 6. — (kplt. geb.: n. 7. 50)

— dasselbe. 9.—11. Jahrg. à 4 Hfte. (à ca. 5 Bog.) gr. 8. Berlin 896—898. Deutscher Kolonial-Verlag. à n. 6. —; geb. à n. 7. 50

— koloniales, Fortsetzg., s.: Beiträge zur Kolonialpolitik u. Kolonialwirtschaft.

—— der deutschen Kolonialpolitik. Aktenstücke der deutschen Kolonialpolitik. 2. Bd. 1888. (IV, 204 S.) Leipzig, Renger'sche Buchh. *
Der 1. Bd. bildet: Kolonialpolitik, die deutsche. Ebendas. 886. *ℳ 8.50.

—— der deutschen Kolonialpolitik. Aktenstücke der deutschen Kolonialpolitik. 3. Bd. 1889. gr. 8. (V, 220 S.) Lpz., Renger. * 5 —
Nicht weiter erschienen.

— der deutschen Kolonial-Politik u. d. Export. Unter Mitwirkg. hervorrag. Männer hrsg. v. G. H. Brückner. gr. 8. (286 S. m. 1 chromolith. Karte.) Berlin 887. Verlag der „Deutschen Weltpost". n. 2. —; geb. n. 2. 50

Jahrbuch für die Deutschsprechende Kolonie im Staate Sao Paulo: no. 1, 1905-?
Annual yearbook and almanac. Published by the Deutsch Brasilianische Wochenblatt „Der Hausfreund." Edited by Adolph Uhle.
Sao Paulo

— erstes, f. die deutschsprechende Kolonie im Staate São Paulo 1905. Beschreibung des Staates São Paulo in Wort u. Bild m. besond. Berücksicht. des deutschsprachl. Elementes. Ster.-Ausg. (XVIII, 366 S. m. ca. 180 Abbildgn.) gr. 8. São Paulo. (Hamburg, F. W. Thaden.) n. 5. —
Erscheint nicht mehr.

Jahrbuch. Erstes J' für die deutschsprechende Kolonie im Staate São Paulo 1905. Beschreibung des Staates São P' in Wort und Bild mit besonderer Berücksichtigung des deutschsprachlichen Elementes. Mit ca. 180 Abbildungen (und Porträts). Stereotyp-Ausgabe. (Hrg. vom Verlag «Der Hausfreund».) XVIII [+ XVI] + 419 [+ 78] S. 8. São Paulo-Brasilien, Adolph Uhle, (1905).
Auch Schweizer betr.

Jahrbuch über die deutschen Kolonien. Jg. 1—7. Essen 1908—1914

Jahrbuch über die deutschen Kolonien. Hrsg. von Dr. Karl Schneider. Jg. 1. Essen: G. D. Baedeker 1908. 8° (ot. 7187 6

— über die deutschen Kolonien. Hrsg. v. Karl Schneider. 8. Jahrg. Mit 1 Bildnisse (Photogravüre) d. Vorsitzenden des kolonial-wirtschaftl. Komitees, Fabrikbesitzers Karl Supf, Berlin, 1 (farb.) Übersichtskarte v. Afrika u. 4 Kärtchen v. Südwestafrika zur Veranschaulichg. d. Orographie, der Geologie, der Verbreitg. d. nutzbaren Mineralien u. d. Formation d. Gebirge. (VII, 306 S.) gr. 8. Essen 910. G. D. Baedecker. Geb. in Leinw. 5. —

— der deutschen historischen Kommissionen, Institute u. Vereine des Deutschen Reiches u. der deutschen Sprachgebiete des Auslandes. Hrsg. v. Aug. Hettler. 1. Jahrg. 1903. (XX, 200 S.) kl. 8. Halle 904. C. Nietschmann. Geb. in Leinw. 10. —

— der deutschen historischen Kommissionen u. Vereine des deutschen Reiches u. der deutschen Sprachgebiete des Auslandes. Hrsg. v. Aug. Hettler. II. Jahrg. 1904. (XX, 200 S.) kl. 8. Halle (906). C. Nietschmann. Geb. n.n. 10. —

Kommunales Jahrbuch. Hrsg. von Dr. H[ugo] Lindemann u. Dr. A[lbert] Südekum. Jg. 1. Jena: G. Fischer 1908. 8° (ot. 13707

— kommunales. 1.—3. Jahrg. 1908—1910. gr. 8. Jena, G. Fischer. 48. —; geb. 52. —
1908. Hrsg. v. H. Lindemann u. A. Südekum. (X, 888 S.) 908. 14. —; geb. 15. —
1909. Unter Mitwirkg. v. Elisab. Altmann-Gottheiner, R. Flesch, G. Fritz u. a. Hrsg. v. H. Lindemann u. A. Südekum. 2 Tle. (XII, 646 u. III, 679 S.) 909. 18. —; geb. n 20. —
1910. Unter Mitwirkg. v. Elisab. Altmann-Gottheiner, G. Fritz, A. Gastpar u. a. Hrsg. v. H. Lindemann u. A. Südekum. 2 Tle. (XII, 847 S.) 910. 16. —; geb. n 17. —

Jahrbuch der Konferenz der Mennoniten in Canada: no. 1, 1904?
The Conference of Mennonites in Canada first met at Hochstadt, Manitoba, in 1903, and thereafter at various Mennonite centers. For that reason the Jahrbuch bears varying imprints, of various printers, among others: 1955–58, Druck „Der Bote", Rosthern, Sask., 1959–61, D.W. Friesen & Sons, Ltd., Altona, Manitoba, 1962–63, Derksen Printers, Steinbach, Manitoba; other place-names found: Niagara on the Lake, (Ontario), Calgary, Winnipeg. Each annual contains 168 to 343 pages, illustrated, maps, ports. Editors: Peter R. Harder, chief editor, 1955–58; A. A. Teichroeb, with Harder as chief editor, 1959; Heinz H. Epp with Harder as chief editor, 1960–63.
Steinbach, Man.

— der Wiener k. k. Kranken-Anstalten. Hrsg. v. der k. k. n.-ö. Statthalterei. 1. Jahrg. 1892. Lex.-8. (LXV, 1041 S. m. 62 Taf. u. 1 Kartogr.) Wien 893. W. Braumüller. n.n. 10. —

— d. Wiener k. k. Krankenanstalten. Hrsg. v. d. k. k. n.-ö. Statthalterei. II.—V. Jahrg. 1893—1896. gr. Lex.-8. Wien, W. Braumüller. à n.n. 10. —
II. Jahrg. 1893. (XII, 918 S.) 894.
III. Jahrg. 1894. M. 20 Taf., 3 Beilagen u. 2 Abb. im Texte. (XV, 1304 S.) 896.
IV. Jahrg. 1895. M. 9 Taf. u. 10 Abb. im Texte. (XIV, 364 u. 744 S.) 897.
V. Jahrg. 1896. In 2 Thln. M. insgesammt 10 Taf., 11 Abb. im Texte u. 22 Beilagen. (XI, 571 u. IV, 471 S.) 898.

— der Wiener k. k. Kranken-Anstalten, hrsg. von der k. k. n.-ö. Statthalterei. VI.—VIII. Jahrg. 1897—1899. Lex.-8. Wien, W. Braumüller. à n.n. 10. —
VI. 2 Thle. Mit 4 Taf. u. 10 Abbildgn. im Texte. (XI, 560 u. IX, 411 S.) 899.
VII. 2 Thle. Mit 13 Taf. u. 3 Abbildgn. im Texte. (X, 527 u. VI, 366 S.) 900.
VIII. (X, 554 S. m. 8 Abbildgn. u. 6 Taf.) 902.

— der Wiener k. k. Kranken-Anstalten hrsg. v. der k. k. n.-ö. Statthalterei. IX. Jahrg. 1900. (X, 549 S. m. 4 Taf.) Lex.-8. Wien 903. W. Braumüller. n.n. 10. —

— dasselbe. X. u. XI. Jahrg. 1901 u. 1902. (XII, 1058 S.) Lex.-8. Ebd. 905. n.n. 10. —

— der Wiener k. k. Kranken-Anstalten, hrsg. v. d. k. k. n.-ö. Statthalterei. XII. u. XIII. Jahrg. 1903 u. 1904. (XII, 1039 S. m. 2 Taf.) Lex. 8. Wien 907. W. Braumüller. nn 10. —

— dasselbe. XIV. Jahrg. 1905. (X, 467 u. 111 S. m. 2 Taf.) Lex. 8. Ebd. 908. nn 10. —

Jahrbuch des Blauen Kreuzes. Seit 1881 (ca. 150-160 S.). 12°. Fr. —.25.

— d. Blauen Kreuzes üb. d. J. 1897. 16. Jahrg. 12. (153 S.) Bern. Barmen, Elim, Buchh. d. Blauen Kreuzes. n. — 25

Jahrbuch des Blauen Kreuzes. 1899 u. 1900. 18. u. 19. Jahrg. 12. (192 S.) Bern (901). Barmen, Elim, Buchh. des Blauen Kreuzes. n. — 35

— des Blauen Kreuzes. 1901 u. 1902. 20. u. 21. Jahrg. (216 S.) kl. 8. Bern (903). Barmen, Elim, Buchh. des Blauen Kreuzes. n.n. — 35

Jahrbuch des Roten Kreuzes für Schleswig-Holstein. [Jg. 5.] 1910. Schleswig: Ibbeken 1910. 8°
Anf. s. Roter Kreuz-Kalender f. Schleswig-Holstein. [11. 2839 8

— d. deutschen Kriegers f. d. J. 1888. gr. 4. (107 S. m. Illustr.) Augsburg, Gebr. Reichel. n. — 50

Jahrbuch d. deutschen Kriegers f. d. J. 1889—1892. Mit je 1 Wandkalender u. 1 farb. Kunstblatt. 4. (à Jahrg. ca. 100 S. m. Illustr.) Augsb., Gebr. Reichel. à Jahrg. ** — 50

— des deutschen Kriegers f. d. J. 1895. Mit 1 Wandkalender u. 1 (farb.) Kunstblatt: Kaiser Wilhelm II. u. Fürst Bismarck. gr. 4. (88 u. 20 S. m. Abbildgn.) Augsburg, Gebr. Reichel. n.n. — 60

— d. deutschen Kriegers f. d. J. 1899. M. 1 Wandkal. u. verschied. Kunstbeilagen. gr. 4 (104, 4 u. XVIII S. m. Abb.) Augsburg, Gebr. Reichel. n.n. — 50

— des deutschen Kriegers f. d. J. 1903. Mit 1 Wandkalender f. 1903 u. verschiedenen Kunstbeilagen. gr. 4. (120 u. XVI S. m. Abbildgn.) Augsburg, Geb. Reichel. n.n. — 50

— des deutschen Kriegers f. d. J. 1907. 30. Jahrg. Mit 1 Wandkalender f. 1907 u. verschiedenen Kunstbeilagen. (106 u. XVI S. m. Abbildgn.) Lex.-8. Augsburg, Gebr. Reichel. n.n. — 50

— d. deutsch. Kriegers f. d. J. 1911. 34. Jahrg. Mit 1 Wandkalender f. 1911 u. verschied. Kunstbeilagen. (106 u. XVI S. m. Abb.) Lex. 8. Augsburg, Gebr. Reichel. nn — 50

—— des deutschen Krieger-Bundes für 1887—1889. Im Interesse des Bundes hrsg. vom Bundes-Vorstande. gr. 4. (à Jahrg. 115 S. mit eingedr. Illustr., 1 Chromolithogr. und 1 Wandkalender.) Berlin, (Funcke und Naeter.) à Jahrg.

—— des deutschen Krieger-Bundes. Kalender f. 1890—1893. Hrsg. vom Bundes-Vorstande. gr. 4. (à Jahrg. 114 S. m. Text-Bildern, je 1 Bildnis u. 1 Wandkalender.) Berl., (Moeser). à Jahrg. — 75
Jahrg. 1890—1892 erschienen im Verlage von Funcke u. Naether in Berlin.

— des deutschen Krieger-Bundes. Kalender f. 1894. Hrsg. vom Bundes-Vorstande gr. 4. (114 S. m. Text-Bildern, 1 Bildnis u. 1 Wandkalender.) Berlin, (W. Moeser). — 75

Jahrbuch d. deutschen Krieger-Bundes f. 1899. Im Interesse d. Bundes hrsg. v. Bundes-Vorstande. gr. 4 (114 S. m. Abb., 1 Taf. u. 1 Wandkal.) Berlin (W. Moeser.) — 75

—— der k. k. Kriegsmarine, s. a. Almanach für die k. k. Kriegs-Marine.

Jahrbuch der k. k. Kriegs-Marine. — 1871. (Geschlossen am 5. November 1870.) Redigirt von Johannes Ziegler, k. k. Marine-Ingenieur, Herausgeber des „Archiv für Seewesen". (Mit 1 Taf.) — 1872 (Geschlossen am 5. November 1871) etc. wie oben. (Mit 2 Taf.) — 1873. Im Auftrage des Reichs-Kriegsministeriums, Marine-Section zusammengestellt und herausgegeben von Jerolim Freiherrn v. Benko, k. k. Linienschiffs-Lieutenant. 1874. Wie vorstehend. — 1875. Zusammengestellt und herausgegeben von der Redaction der „Mittheilungen aus dem Gebiete des Seewesens". (5 Bde.)
8. Wien, Pola 1870—1874.

—— der kaiserl. königl. Kriegsmarine 1871 und 1872 [geschlossen am 5. Novbr. 1870 und 1871]. Redig. von Jos. Ziegler. gr. 8. (IV, 176 S. mit 1 lithogr. Karte in gr. 4.; IV, 186 S.) Wien, (Gerold's Sohn.) à Jahrg. *

—— dass. — 1873 und 1874 im Auftrage des Reichs-Kriegs-Ministeriums Marine-Section zusammengestellt und hrsg. von Jerolim Frhr. v. Benko. gr. 8. (VI, 260; IV, 264 S.) (Ebendas.) 1873 *
1874 *

—— dass. — 1875. Zusammengestellt und hrsg. von der Redaction der Mittheilungen aus dem Gebiete des Seewesens. gr. 8. (IV, 244 S. mit eingedr. Holzschn.) Pola 874. (Wien, Gerold's Sohn.) *

—— kritisches. Beiträge zur Charakteristik der zeitgenöss. Literatur, sowie zur Verständigg. üb. den modernen Realismus. Unter Mitwirkg. v. Ferd. Avenarius, Wilh. Bölsche, Heinr. Bulthaupt ꝛc. hrsg. v. Heinr. Hart u. Jul. Hart. 1. Jahrg. 1. u. 2. Heft. gr. 8. (160; 134 S.) Hamb. 889,90. Verlagsanst. u. Druckerei. à Jahrg. * 2

— kritisches, der Homiletik u. Ascetik, s. Hanstein, G. A. L.

— krit., der Literatur 1796. 1s Hft. 8. Zwickau 797. Schumann. 12 gl

Jahrbuch der Krüppelfürsorge. Zugleich Rechenschaftsbericht über das Krüppelheim zu Altona. Hrgg. v. Theodor Schäfer. Jg. 1. 1899. Mit 5 Voll- und 2 Textbildern. 2., unveränd. Aufl. Hamburg. 1900. Jg. 2. 1900. Mit 7 Vollbildern, 1 Textbild und 3 Grundrissen. ebd. 1901. Jg. 5. 1903. ebd. 1904. 4°.

— für Krüppelfürsorge. Zugleich Rechenschaftsbericht üb. das Krüppelheim zu Altona. Hrsg. v. Thdr. Schäfer. 1.—3. Jahrg. 1899—1901. gr. 8. Hamburg, Agentur des Rauhen Hauses. à n. 1. 50
1. Mit 5 Voll- u. 2 Textbildern. (48 S.) 900.
2. Mit 7 Vollbildern, 1 Textbild u. 3 Grundrissen. (72 S.) 901.
3. Mit 4 Voll- u. 4 Textbildern (50 S.) 902.

— der Krüppelfürsorge. Zugleich Rechenschaftsbericht üb. das Krüppelheim „Alten-Eichen" zu Stellingen bei Altona. Hrsg. v. Thdr. Schäfer. 4.—6. Jahrg. 1903 bis 1905. gr. 8. Hamburg, Agentur des Rauhen Hauses. n. 6. —
4. Mit 1 Vollbild, 6 Textbildern u. 3 Plänen. (73 S.) 903. n. 1. 50
5. Mit 1 Vollbild, 17 Textbildern u. 4 Plänen. (96 S.) 904. n 2. —
6. Mit 1 Vollbild u. 18 Textbildern. (96 S.) 905. n. 2. 50

— d. Krüppelfürsorge. Zugleich Rechenschaftsbericht üb. d. Krüppelheim „Alten-Eichen" zu Stellingen bei Altona. Hrsg. v. Thdr. Schäfer. 7.—10. Jahrg. 1905 bis 1908. Lex. 8. Hamburg, Agentur d. Rauhen Hauses. 12. —
7. (72 S. m. 1 Vollbild. u. 14 Abb.) 906. 2. —
8. (96 S. m. 16 Abb.) 907. 3. —
9. (100 S. m. 12 Abb. u. 7 Plänen.) 908. 3. —
10. (131 S. m. 29 Bildern u. 2 Plänen.) 909. 4. —

— für die israel. Cultusgemeinden Böhmens, zugleich Führer durch die israel. Cultusgemeinde in Prag, hrsg. vom Centralvereine zur Pflege jüd. Angelegenheiten. 2. Jahrg. 5655 (1894—1895). 8. (301 S.) Prag 894. J. B. Brandeis. Geb. in Leinw. n. 1. 50

Jahrbuch für bildende Kunst in den Ostseeprovinzen. [1.] 1907. Hrsg.: Der Architektenverein zu Riga. Riga 1907: Rigaer Tageblatt. 4°(8°)
[Umschlagt.:] Bildende Kunst in d. Ostseeprovinzen. [09. 8119

— f. bildende Kunst in den Ostseeprovinzen. (2. u. 3. Jahrg.) 1908 u. 1909. Hrsg.: Der Architektenverein zu Riga. (160 S. m. Abb. u. 4 [3 farb.] Taf. u. 162 S. m. Abb. u. 3 [2 farb.] Taf.) Lex. 8. Riga 908. 09. (Jonck & Poliewsky.) à nn 10. —

Jahrbuch f. bildende Kunst in den Ostseeprovinzen. Jetzt: Riga, E. Bruhns.

Jahrbuch der bildenden Kunst in den Ostseeprovinzen. Jg [1]—7. Hrsg. vom Architektenverein zu Riga. — Riga: [Bruhns] 1907—1913. 4° [Umschlagt.]: Bildende Kunst in den Ostseeprovinzen.

Jahrbuch der bildenden Kunst, früher Almanach f. bildende Kunst u. Kunstgewerbe. Hrsg. von Max Martersteig. [Jg. 1.] *Berlin: Verl. d. Deutschen Jahrb.-Ges. 1902.* 4°
Anf. s. u. d. T.: Almanach f. bildende Kunst u. Kunstgewerbe. [illegible]

Jahrbuch der bildenden Kunst 1902, früher Almanach für bildende Kunst und Kunstgewerbe. Unter Mitwirkung von Dr. Woldemar von Seidlitz-Dresden hrg. von Max Martersteig. [Mit vielen Illustrationen und 16 Tafeln.] XII + 116 S. + 327 Spalten + XXII S. Anzeigen. 4. Berlin, Verlag der Deutschen Jahrbuch-Gesellschaft m. b. H., 1902. (geb. M. 8. —)

Jahrbuch der bildenden Kunst 1903. Unter Mitwirkung von Dr. Woldemar von Seidlitz-Dresden hrg. von Max Martersteig. Jahrg. 2. [Mit Illustrationen und 17 Tafeln.] XII + 120 S. + 372 Sp. [= 124 S.] + *Anzeigen* XXIV S. 4. Berlin, Deutsche Jahrbuch-Gesellschaft. [geb. M. 8. —]

Jahrbuch der bildenden Kunst 1904. Begründet durch Max Martersteig unter Mitwirkung von Dr. Woldemar von Seidlitz. Hrg. von Wilhelm Schäfer. Jahrg. 3. [Mit Illustrationen und 19 Tafeln.] VIII + 124 S. + 132 Sp. + *Anzeiger* II + XXIV S. 4. Düsseldorf, Fischer & Franke, 1904. [geb. M. 5. —]

Jahrbuch der bildenden Kunst 1905/06. Begründet durch Max Martersteig unter Mitwirkung von Dr. Woldemar von Seidlitz. Hrg. von Wilhelm Schäfer. Jahrg. 4. [Mit Illustrationen und 25 Tafeln.] VIII + 130 S. + 150 Sp. + *Anzeigen* XXIV S. 4. Düsseldorf, Fischer & Franke, 1905. [geb. Subscr. M. 5. —, im Buchh. 6. —]

Jahrbuch der bildenden Kunst 1906/07. Begründet durch Max Martersteig unter Mitwirkung von Dr. Woldemar von Seidlitz. Hrg. von Willy Pastor. Jahrg. 5. [Mit Illustrationen und 11 Tafeln.] VI + 130 S. + 165 Sp. [+ *Anzeigen* 28 S.]. 4. Berlin, Fischer & Franke, 1906. [geb. Subscr. M. 5. —, im Buchh. 6. —]

Jahrbuch der bildenden Kunst 1907/08. Hrg. von Willy Pastor. Jahrg. 6. [Mit Illustrationen und 18 Tafeln.] 86 S. + 168 Sp. [+ *Anzeigen* 28 S.]. 4. Berlin, Fischer & Franke, 1907. [geb. Subscr. M. 5. —, im Buchh. 6. —]

Jahrbuch der bildenden Kunst 1908/09. Hrg. von Willy Pastor. Jahrg. 7. [Mit Illustrationen und 16 Tafeln.] 82 S. + 171 Sp. [+ *Anzeigen* 22 S.]. 4. Berlin, Fischer & Franke, 1908. [geb. Subscr. M. 5. —, im Buchh. 6. —]

— der bildenden Kunst 1907/08, 1908/09 u. 1909/10. Hrsg. v. Willy Pastor. 6.—8. Jahrg. Berlin, Fischer & Franke. Geb. in Leinw. à 6. —
1907/08. (86 S. m. Abb. u. z. Tl. farb. Taf. u. 168 Sp.) 30,5×23 cm. 907. — 1908/09. (80 S. m. Abb. u. z. Tl. farb. Taf.) 30,5×23 cm. 908. — 1909/10. (83, II S. u. 168 Sp. m. Abb. u. Taf.) 909.

Jahrbuch der bildenden Kunst in den Ostseeprovinzen,
s. Jahrbuch für bildende Kunst in den Ostseeprovinzen.

Jahrbuch Deutscher Kunst und Dichtung.
Ein Album f. d. dt. Haus. Hrsg. v.
Eufemia Gräfin Ballestrem.
Leipzig, Steglitz: Albrecht
(Jg. 1. 1881)

—— deutscher Kunst und Dichtung. Ein Album für das deutsche Haus. Unter Mitwirkung von Mor. Blanckarts, F. Brunold, Ada Christen ꝛc. hrsg. von Eufemia Gräfin Ballestrem. gr. 4. (IV, 89 S. mit 7 Chromolithogr.) [Leipzig 881, Albrecht.] Berlin, Neufeld. geb. mit Goldschn. *

—— f. Kunst u. Poesie. Jahrg. 1843. (3. Jahrg.) Mit Beiträgen v.: Ed. Duller, C. Fortlage, E. Geibel, K. Gutzkow, G. Herwegh, N. Lenau, Ed. Mörike, J. Mosen, Wolfg. Müller, Emma von Nindorf, R. E. Prutz, H. Püttmann, G. Schwab, K. Simrock u. Andern. Hrsg. v. Ludw. Wihl. 8. (30 B.) Barmen 842, Langewiesche. *
1. u. 2. Jahrg. Köln 1840, 41. DüMont-Schauberg'sche Buchh. * 3 Thlr. 20 Ngr.

Kunstgeschichtliches **Jahrbuch** der K. K. Zentral-Kommission für Erforschung und Erhaltung der Kunst- u. Historischen Denkmale. Hrsg. ... von Prof. Max Dvořák. Bd 1. Wien: A. Schroll & Co. in Komm. 1907. 4° [illegible]

— kunstgeschichtliches, d. k. k. Zentral-Kommission f. Erforschung u. Erhaltung der Kunst- u. histor. Denkmale. Hrsg. unter d. Leitung ihres Präsidenten Sr. Exz. Jos. Alex. Frhrn. v. Helfert v. Max Dvořák. Nebst: Beiblatt f. Denkmalpflege. 1907—1909. à 4 Hefte. (X, 319; X 306 u. X, 385 S. m. Abb. u. 14, 23 u. 28 Taf.) 32,5×24,5 cm. Wien, A. Schroll & Co. à Jahrg. 20. —

—— der königl. preussischen Kunstsammlungen. Redact.: R. Dohme. 1. Bd. 4 Hefte. Fol. (LI, 286 S. mit eingedr. Holzschn. und 14 Taf.) Berlin 880, [Weidmann'sche Buchh.] Grote'sche Verlagsh. * ℳ 26.; geb. *

— dasselbe. 1. Bd. Suppl.-Hft. Fol. (XXXXV—LI u. S. 225—286 mit eingedr. Holzschn., 1 Holzschntaf., 1 Lichtdr. u. 1 Kpfr.-Lichtdr.) Ebend. 880. n. 6. —

—— dass. — 2. Bd. 4 Hefte. Fol. (258 S. mit eingedr. Holzschn. und 23 Taf.) Ebendas. 881. * ℳ 30.; geb. *

—— dass. — 3. Bd. 4 Hefte. Fol. (295 S. mit eingedr. Holzschn. mit 18 Taf.) Ebendas. 882. *
geb. *

— der königl. preussischen Kunstsammlungen. Red.: R. Dohme. 4. Bd. 4 Hfte. Fol. (1. Hft. XX Sp. u. 72 S. m. 2 eingedr. Holzschn., 4 eingedr. Hochätzgn., 1 Radirg., 1 Lichtdr. u. 1 Kpfrlichtdr.) Berlin 883. Grote. n. 30. —

—— dass. — Redact. in Vertr. J. Janitsch. 5. Bd. 4 Hefte. Fol. (LVIII, 333 S. mit eingedr. Holzschn. u. 9 Taf.) Ebendas. 884. *

—— der königl. preussischen Kunstsammlungen. 6. Bd. 4 Hefte. Fol. (LXXVI, 201 S. mit 19 Hochätzungen, 8 Heliograv., 3 Lichtdr. und 2 Radir.) Nebst Gratisbeilage: Der Kunstfreund. Hrsg. von Henry Thode. 1. Jahrg. 1885. 24 Nrn. (à Nr. 2 Bog. mit Illustr., aber ohne Kunstbeilagen.) Fol. Berlin, Grote'sche Verlagsh. *

Jahrbuch der königl. preussischen Kunstsammlungen. 7. Bd. 4 Hfte. Fol. (1. Hft. XVI Sp. u. 72 S. m. eingedr. Fig. u. Taf.) Fol. Berlin 886. Grote. n. 30. —

Jahrbuch d. königl. preussischen Kunstsammlungen. 8.—11. Bd. à 4 Hfte. Fol. (à Hft. ca. 70 S. m eingedr. Fig. u. Taf.) Berlin 887—890. Grote. à Bd. n. 30. —

— dasselbe. Regist. zu Bd. I—X. Fol. (96 S.) Ebd. 891. n. 6. —

— der königl. preussischen Kunstsammlungen. Red.: R. Dohme. 12.—14. Bd. Jahrg. 1891—1893. à 4 Hfte. Fol. (à Hft. ca. 70 S. m. eingedr. Fig. u. Taf.) Berlin, G. Grote. à Bd. n. 30. —

— dasselbe. Red.: In Vertretg. V. v. Loga. 15. Bd. Jahrg. 1894. 4 Hfte. Fol. (à Hft. ca. 70 S. m. eingedr. Fig. u. Taf.) Ebd. n. 30. —

— d. kgl. preuss. Kunstsammlungen. Red.: V. v. Loga. 16.—19. Jahrg. 1895—1898. à 4 Hfte. (à ca. 70 S. m. Abb. u. Taf.) Fol. Berlin, G. Grote. à Bd. n. 30.—

— der königl. preuss. Kunstsammlungen. Red.: V. v. Loga. 20.—22. Bd. à 4 Hfte. Fol. Berlin, G. Grote. à Bd. n. 30.—
20. (IV, LXXXIV Sp. u. 300 S. m. 171 Abb. u. 18 Taf.) 899.
21. (IV, LXXXII Sp. u. 284 S. m. 103 Abb. u. 15 Taf.) 900.
22. (IV, XC Sp. u. XVI, 266 S. m. 73 Abb. u. 17 Taf.) 901.

Jahrbuch der königl. preuss. Kunstsammlungen. Register zu Bd. XI—XX. Fol. (132 S.) Berlin 900. G. Grote. n. 8.—

— dasselbe. Hrsg.: W. Bode, F. Lippmann, H. v. Tschudi. Red.: Ferd. Laban. 23. Bd. 4 Hfte. Fol. (IV, XCIV Sp. u. 266 S. m. 111 Abb. u. 22 Taf.) Ebd. 902. n. 30.—

— dasselbe. 23. Bd. Beiheft Fol. (65 S.) Ebd. 902 n. 4.50

— der königl. preuss. Kunstsammlungen. Hrsg.: W. Bode, F. Lippmann, H. v. Tschudi, H. Wölfflin. Red.: Ferd. Laban. 24. Bd. 4 Hefte. (LXXXVI, 337 S. m. 145 Abbildgn. u. 21 Taf.) Fol. Berlin 903. G. Grote. n. 30.—; Beiheft (III, 176 S.) n. 10.—

— dasselbe. 25. Bd. 4 Hefte. (XCVIII, VIII, IV, 401 S. m. 224 Abbildgn. u. 32 Taf.) Fol. Ebd. 904. n. 30.—; Beiheft (III, 117 S.) n. 7.50; zusammen in 1 Halbfrz.-Bd. n. 42.50

— dasselbe. Hrsg.: W. Bode, H. v. Tschudi, H. Wölfflin. Red.: Ferd. Laban. 26. Bd. 4 Hefte. (CVIII, VIII, 374 S. m. 188 Abbildgn., 1 Facsimile u. 24 Taf.) Fol. Ebd. 905. n. 30.—; Beiheft (VI, 159 S. m. 11 Abb.) n. 10.—

— dasselbe. Hrsg.: W. Bode, M. J. Friedländer, M. Lehrs, H. Wölfflin, H. v. Tschudi. Red.: Ferd. Laban. 27. Bd. 4 Hefte. (C, 306 S. m. 164 Abbildgn. u. 21 Taf.) Fol. Ebd. 906. n. 30.—; Beiheft (III, 86 S.) n. 6.—

— der königl. preussischen Kunstsammlungen. Hrsg.: W. Bode, M. J. Friedländer, M. Lehrs, H. v. Tschudi, H. Wölfflin. Red.: Ferd. Laban. 28.—31. Bd. à 4 Hefte. (XCVIII Sp. u. X, 272 S.; VI, 298 S.; IV, 268 S. m. Abbildgn. u. 21, 21, 20 u. 27 Taf.) 35,5×24,5 cm. Berlin 907—10. G. Grote. à Bd. 30.—

— dasselbe. 28.—30. Bd. Beiheft. 35,5×25 cm. Ebd. 26.50
28. (IV, 111 S. m. Abbildgn.) 907. 8.—
29. (III, 46 S.) 908. 4.50
30. (III, 180 S. m. 22 Abbildgn.) 909. 14.—

— dasselbe. Register zu Bd. XXI—XXX. (178 S.) 35,5×24 cm. Ebd. 910. 10.—

Jahrbuch des Pesther Kunstvereins für 1853. Redigirt durch Alexander Ritter. A. Pesti Müegylet' évkönyve 1853ra szerkeszté Ritter Sándor. 8. (124 S.) Pest. Nyomatott Landerer és Heckenastnál. 1854

Jahrbuch des Pester Kunstvereines für 1856. Redigirt durch Alexander Ritter, Vereins-Sekretär. Pest, 1857. Nyom. Landerer és Heckenastnál. (119 S. 8.) (Deutsch und Ungarisch zugleich.)

Kürschners Jahrbuch. 1898–1907. Eisenach 1898–1907.

(Joseph) Kürschners Jahrbuch ... Kalender, Merk- u. Nachschlagebuch f. Jedermann. [1.] 1898. Berlin, Eisenach, Leipzig: Hillger (1897). 8° (10. 1033)

Jahrbuch. Kürschners Jahrbuch 1903. Kalender-, Merk- und Nachschlagebuch für Jedermann, begründet 1898 von Joseph Kürschner. Hrg. von Hermann Hillger. Mit Hunderten von Illustrationen. XIV S. + 954 Spalten + 23 S. 8. Berlin-Eisenach-Leipzig, Hermann Hillger. [geb. M. 1.50]
Darin manches die Schweiz betr., s. insbes. Sp. 219 f. 399. 577—590. 675 f. 741—754. 827. 931—934 etc.

Jahrbuch, Kynologisches, s.a. Handbuch.

— kynologisches, f. 1909. Hrsg. v. Silvester Frey. (143 S. m. Abbildgn.) 8. Berlin, H. Krüger. Geb. 2.—
Fortsetzg., s.: Frey, Silvester, kynolog. Handbuch.

— der königl. preussischen geologischen Landesanstalt u. Bergakademie zu Berlin für das Jahr 1880. Lex.-8. (CV, 350 S. m. 10 lith. u. chromolith. Taf.) Berlin 881. Schropp. geb. n. 15.—

— dasselbe, für das Jahr 1881. Lex.-8. (XLX, 606 u. 171 S. m. 21 lith., chromolith. u. Lichtdr.-Taf.) Ebend. 882. geb. n. 20.—

— der königl. preussischen geologischen Landesanstalt u. Bergakademie zu Berlin f. d. J. 1882—1884. Lex.-8. (à ca. LIV, 441 u. 250 S. m. eingedr. Fig. u. lith. u. chromolith. Taf.) Berlin 883—85. Schropp. geb. à n.n. 20.—

— der königl. preussischen geologischen Landesanstalt u. Bergakademie zu Berlin f. d. J. 1885. Lex.-8 (XCV, 429 u. 57 S. m. eingedr. Fig. u. 18 Taf., nebst 11 Bl. Erklärgn.) Berlin 886. (Schropp.) cart. n.n. 20.—

— dasselbe, f. d. J. 1886. Lex.-8. (XCI, 347 u. 22 S. m. eingedr. Fig. u. 18 Taf., nebst 18 Bl. Erklärgn.) Ebd. 887. cart. n.n. 20.—

— dasselbe, f. d. J. 1887. Lex.-8. (CXXXII, 496 u. 14 S. m. 20 Taf. u. 16 Bl. Erklärgn.) Ebd. 888. cart. n.n. 20.—

— dasselbe, f. d. J. 1888. Lex.-8. (CLI, 479 u. 40 S. m. 15 Taf. u. 7 Bl. Erklärgn.) Ebd. 889. cart. n.n. 20.—

— der königl. preussischen geologischen Landesanstalt u. Bergakademie zu Berlin f. d. J. 1889—1892. 10.—13. Bd. Lex.-8. Berlin (S. Schropp). Kart. n.n. 75.—
1889. (C, 376 u. 139 S. m. Textabbildgn., 26 z. Tl. farb. Taf., 15 Bl. Erklärgn. u. 1 Bildnis in Lichtdr.) 890. n.n. 20.—
1890. (CXXXIV, 288 u. 127 S. m. Abbildgn., 21 Taf. u. 1 Bildnis in Photograv.) 891. n.n. 20.—
1891. (LXXXIV, 271 u. 356 S. m. 28 Taf. u. 16 Bl. Erklärgn.) 892. n.n. 20.—
1892. (LXXIV, 199 u. 112 S. m. 17 Taf. u. 14 Bl. Erklärgn.) 893. n.n. 15.—

— der kgl. preuss. geologischen Landesanstalt u. Bergakademie z. Berlin f. d. J. 1893—1895. XIV.—XVI. Bd. Lex.-8. Berlin (S. Schropp). Kart. n.n. 50.—
XIV. (XC, 284 u. 59 S. m. 1 Bildn., 16 Taf. u. 5 Bl. Erklärgn.) 894. n.n. 15.—
XV. (CXLIX, 324 u. 182 S. m. Abb., 2 Tab., 1 Bildn., 16 Taf. u. 9 Bl. Erklärgn.) 895. n.n. 20.—
XVI. (CXXI, 208 u. 70 S. m. Fig. u. 8 Taf.) n.n. 15.—

— der königl. preussischen geologischen Landesanstalt u. Bergakademie zu Berlin f. die J. 1896—1900. XVII.—XXI. Bd. Lex.-8. Berlin (S. Schropp). Kart. n.n. 80.—

XVII. (CXLIII, 306 u. 66 S. m. Abbildgn., 1 Bildnis, 9 [8 farb.] Taf. u. 1 Bl. Erklärgn.) 897. n.n. 15.—
XVIII. (LXXVII, 129 u. 177 S. m. Abbildgn. u. 6 [3 farb.] Taf.) 898. n.n. 15.—
XIX. (CCXCVII, 180 u. 137 S. m. Abbildgn., 24 [15 farb.] Taf. u. 4 Bl. Erklärgn.) 899. n.n. 20.—
XX. (80, CXXV, 337 u. 66 S. m. 17 Taf. u. 1 Bildnis.) 900. n.n. 15.—
XXI. (79, CXXI, 237 u. 239 S. m. Abbildgn., 23 Taf., 1 Bildnis u. 14 Bl. Erklärgn.) 901. n.n. 15.—

— der königl. preussischen geologischen Landesanstalt u. Bergakademie zu Berlin f. d. Jahre 1901 u. 1902. XXII. u. XXIII. Bd. à 4 Hefte. Lex.-8. Berlin (S. Schropp.) Mit Einbanddecke à Bd. n.n. 15.—

1901. (IV, 540 u. CLII S. m. 1 Karte, 1 Tab., 14 Taf. u. 9 Bl. Erklärgn.) 902—904.
1902. (IV, 718 u. XCIV S. m. Abbildgn., 26 Taf. u. 12 Bl. Erklärgn.) 903—905.

— der königl. preussischen geologischen Landesanstalt u. Bergakademie zu Berlin f. d. J. 1903—1907. XXIV.—XXVIII. Bd. à 4 Hefte. Lex. 8. Berlin, (N. 4, Invalidenstr. 44), Vertriebsstelle der preuss. geolog. Landesanstalt. à nn 15.—

1903. (IV, 882 S. m. Abbildgn., 20 Taf. u. 15 Bl. Erklärgn.) 904—07. — 1904. (IV, 1112 S. m. Abb., 1 Bildnis, 22 Taf. u. 9 Bl. Erklärgn.) 904—07. — 1905. (IV, 829 S. m. Abb., 1 Bildnis, 12 Taf. u. 4 Bl. Erklärgn.) 905—08. — 1906. (IV, 770 S. m. Abbild., 2 Bildnissen u. 19 Taf.) 906—09. — 1907. (1.—3. Heft. 665 S. m. Abbild., Kartenskizzen u. 19 Taf.) 907.

— dasselbe f. d. J. 1908. 29. Bd. I. Tl. 3 Hefte. (IV, 739 S. m. Abbild., 1 Tab. u. 25 [8 farb.] Taf.) Lex. 8. Ebd. 908. 09. nn 10.—

— dasselbe. Register üb. die ersten 20 Bde. Jahrg. I—XX (1880—1899). (II, 550 S.) Lex. 8. Ebd. 910. Geb. in Leinw. nn 10.—

Jahrbuch d. kgl. preuss. geolog. Landesanstalt. Jetzt: Berlin (N. 4, Platz vor d. Neuen Tor 8). Vertriebsstelle d. kgl. geolog. Landesanstalt.

— für die evangel.-luther. Landeskirche Bayerns, hrsg. v. Siegfr. Kadner. 1901—1903. gr. 8. (XXXII, 152; XXXII, 164 u. XXXII, 180 S.) Erlangen, F. Junge. Geb. in Leinw. à 1. 20

— für die evangel.-luther. Landeskirche Bayerns, hrsg. v. Siegfr. Kadner. 1904 u. 1905. 4. u. 5. Jhrg. (V, 174 u. IV, 164 S.) gr. 8. Nördlingen, C. H. Beck. Geb. in Leinw. à n. 1. 20

— dasselbe. 1906 u. 1907. 6. u. 7. Jahrg. (IV, 172 u. V, 148 S.) gr. 8. Ebd. Geb. in Leinw. à n. 1. 50

— für die evangelisch-lutherische Landeskirche Bayerns. Hrsg. v. Siegfr. Kadner. 1908—1911. 8.—11. Jahrg. (V, 196; IV, 167; IV, 171 u. IV, 179 S.) gr. 8. Nördlingen, C. H. Beck. Geb. in Leinw. à 2.—

Jahrbuch für die ev.-luther. Landeskirche Bayerns. Jetzt: München, Paul Müller.

Jahrbuch f. die preuß. Landes-Cultur-Gesetzgebung, mit Genehmigung eines hohen Ministeriums d. Innern. Angefangen von C. Frhrn. v. Glaubitz, herausgeg. von J. F. Reigebaur. 1s Heft. gr. 8. Bresl. 830. Gosohorsky. 20 Ɍ

Jahrbuch für Landeskunde von Nieder-Oesterreich. Herausgegeben von dem Vereine für Landeskunde von Nieder-Oesterreich. 1. Jahrg. (1867.) Mit 1 Karte. Redactionscomité M. A. Becker, Dr. J. Peez, C. Weiss. 2. Jahrg. (1868 1869.) Mit 1 Karte u. 8 Holzschn. Redigirt von M. A. Becker, A. Silberstein und K. Weiss. (2 Bde.) 8. Wien 1868 1869

— für Landeskunde von Nieder-Oesterreich. 1. Jahrg. [1868.] gr. 8. (V, 379 S. mit 1 lithogr. Karte in gr. Fol.) Wien, (Braumüller.) *

— dass. — Hrsg. von dem Vereine für Landeskunde von Nieder-Oesterreich. 2. Jahrg. [1868—1869.] gr. 8. (III, 406 S. mit 1 chromolithogr. Karte in qu. gr. Fol. und 8 eingedr. Holzschn.) (Ebendas.) *

Jahrbuch für Landeskunde von Niederösterreich. Red. von Dr. Anton Mayer, Landesarchivar. Jg. 1. 1902. *Wien: Ver. f. Landeskunde von Niederösterreich 1903.* 8° [03. 1949

Jahrbuch für Landeskunde von Niederösterreich. Redigiert von Dr. Anton Mayer, N. ö. Landes-Archivar und Bibliothekar. Neue Folge Jahrg I und II. 1902 und 1903. (2 Bde.) 8. Wien 1903—1904

Jahrbuch des Bukowiner Landes-Museums. 1—19. Czernowitz 1893—1911.

— des Bukowiner Landes-Museums. 1. u. 2. Jahrg. 1893. 1894. Red.-Comité: E. Maximowicz, A. Mikulicz, J. Polek u. C. A. Romstorfer. gr. 8. (III, 82 S.; 123 S., m. Abbildgn.) Czernowitz, (H. Pardini). à Jahrg. n.n. 2.—

— d. Bukowiner Landes-Museums. 3. u. 4. Jahrg. 1895—1896. Red.-Comité: C. Mandyczewski, A. Mikulicz, J. Polek u. C. A. Romstorfer. gr. 8. (147 u. 141 S. m. Abb.) Czernowitz (H. Pardini). à Jahrg. n.n. 2.—

— des Bukowiner Landes-Museums. 5—7. Jahrg. 1897—1899. Red.-Comité: C. Mandyczewski, A. Mikulicz, J. Polek u. C. A. Romstorfer. Lex.-8. Czernowitz (H. Pardini). à n.n. 2.—

5. (92 S.) — 6. (118 S. m. Abb. u. 2 Tab.) — 7. (118 S. m. Abb.)

Jahrbuch des Bukowiner Landes-Museums. VIII. Jahrgang. 1900. Redactions-Comité: C. Mandyczewski, A. Mikulicz. Dr J. Polek und C. A. Romstorfer. Czernowitz. 1900. Verlag des Bukowiner Landes-Museums. [In Comm. Pardini.] Lex.-8°. 125 S. K 3.—

— dasselbe. 9. Jahrg. 1901. (155 S. m. Taf.) Ebd. n. 4.—

— des Bukowiner Landes-Museums. 10.—12. Jahrg 1902—1904. Red.-Comité: C. Mandyczewski. A. Mikulicz, J. Polek u. C. A. Romstorfer. Lex.-8. Czernowitz (H. Pardini). n. 7. 60

10. (81 S. m. 1 Karte.) 902. n. 2.—
11. (91 S. m. Abbildgn. u. 7 Taf.) 904. n. 3.—
12. (81 S.) 905. n. 2. 60

— des Bukowiner Landes-Museums. 13. u. 14. Jahrg. 1905—1906. Red.-Komitē: Eduard Fischer, C. Mandyczewski, A. Mikulicz, J. Polek, Kuratoriums-Mitglieder. (64 S. m. Abbildgn. u. 4 [1 farb.] Taf.) Lex. 8. Czernowitz 908. (H. Pardini.) 2.—

— dasselbe. 15. u. 16. Jahrg. 1907 u. 1908. Red.-Komité: E. Fischer, C. Mandyczewski, J. Polek, R. Wurzer (Kuratoriums-Mitglieder). (86 u. 63 S.) Lex. 8. Ebd. 908. 09. à nn 2. 50

Jahrbuch des naturhistorischen Landesmuseums von Kärnthen. Herausgegeben von J. L. Canaval. Klagenfurt. 1852—1861. 8.

—— des naturhistorischen Landesmuseums von Kärnten. Hrsg. von J. L. Canaval. gr. 8. (VII und 176 S. mit 1 Stnt. in qu. gr. Fol.) Klagenfurt 852, (v. Kleinmayr.) *

— des naturhistorischen Landesmuseums von Kärnten. Herausg. von J. L. Canaval. 2. u. 3. Jahrg. Klagenfurt 853, 54. (v. Kleinmayr.) gr. 8. (VII, 208; VI, 186 S. u. 2 lith. Taf. in 8. u. Fol.) Jeder Jahrg. n. 1 ℳ.

—— des naturhistorischen Landesmuseums von Kärnten. Hrsg. von J. L. Canaval. 5.—7. Heft. gr. 8. Klagenfurt, (Leon's Buchh.) [5. Heft. (V und 208 S.) 862. * 1 Thlr. 6 Ngr., 6. Heft. (V und 156 S.) 864. * 1 Thlr., 7. Heft. (III und 246 S. mit 1 Stnt. in qu. 4. und 27 eingedr. Holzschn.) 866. * * 1 Thlr. 18 Ngr.] * *

Kärnten, Naturhistorisches Landes-Museum, Jahrbuch des —. Heft 8—12. Jahrg. III, XV—XXIV [1866—75]. Herausgegeben von J. L. Canaval. Klagenfurt 1854, 68—76.

Jahrbuch des naturhist. Landes-Museums von Kärnthen. Heft 11–13. Klagenfurt: 1873–78.

—— des naturhistorischen Landes-Museums von Kärnten. Hrsg. von J. L. Canaval. 13. Heft. gr. 8. (147, XCVI S. mit 28 lithogr. Taf.) Klagenfurt 878, (Bertschinger und Heyn.) *
1.–12. Heft. (Ebendas.) 1852—76. *ℳ 43.

—— des naturhistorischen Landes-Museums von Kärnten. Hrsg. von J. L. Canaval. 14. Heft. gr. 8. (289, XCVI S. mit 2 lithogr. Taf.) Klagenfurt 880, (v. Kleinmayr.)
—— dass. — 15. Heft. gr. 8. (VI, 216, XCVI S. mit 1 autogr. Taf. und 1 Tab.) (Ebendas.) 882. *
—— dass. — 16. Heft. gr. 8. (VI, 281 S. mit 2 Tab.) (Ebendas.) 884. *

—— des naturhistorischen Landes-Museums von Kärnten. Hrsg. von J. L. Canaval. 17. und 18. Heft. gr. 8. (VI, 290 S. mit 2 Tab.; IV, 292 S. mit 1 Tab.) Klagenfurt 885,87, (v. Kleinmayr.) à Heft * 8 —
—— dass. — 19. Heft. 36. Jahrg. gr. 8. (III, 147, 96 S. mit 2 Tab.) (Ebendas.) 888. * 5 40

—— des naturhistorischen Landes-Museums v. Kärnten. Hrsg. v. J. L. Canaval. 20. u. 21. Heft. [37. u. 38. Jahrg.] gr. 8. Klagenfurt, (v. Kleinmayr). [20. Heft. (III, 248, 48 S. m. 1 Tab.) 889. * 6 75; 21. Heft. (III, 277, XLVIII S. m. 1 Tab.) 891. * 6 —.] * 12 75

— dasselbe. 22. Hft. 39. u. 40. Jahrg. gr. 8. (III, 194, XLIV, XLVIII u. XLVIII S. m. 3 Tab.) Ebd. 893. n. 6. —

— d. naturhistorischen Landes-Museums v. Kärnten. Hrsg. v. J. L. Canaval. 23. u. 24. Hft. gr. 8. Klagenfurt (F. v. Kleinmayr). à n. 6. —
23. 41. u. 42. Jahrg. (III, 212, LII u. XLIV S. m. Tab.) 895. 24. 43. u. 44. Jahrg. (III, 194; VI, XLIV u. XLVIII S. m. 2 Tab.) 897.

— d. naturhistorischen Landes-Museums v. Kärnten. Red. unt. Mitwirkg. d. Red.-Comités v. Karl Frauscher. 25. Hft. 45. u. 46. Jahrg. gr. 8. (IX, 226; XLVIII u. XLVIII S. m. 13 Tab.) Klagenfurt 899. (F. v. Kleinmayr.) n. 8. 40

— dasselbe. 26. Hft. 47. Jahrg. gr. 8. (IV, 318 u. XLVIII S. m. 2 Tab.) Ebd. 900. n. 4. —

— des naturhistorischen Landes-Museums v. Kärnten. Red. unter Mitwirkg. des Red.-Komitees v. Karl Frauscher. 27. Heft. 48. Jahrg. (III, 439 S.) gr. 8. Klagenfurt 905. (F. v. Kleinmayr.) n. 8. 40

— des naturhistorischen Landes-Museums v Kärnten. Red. unter Mitwirkg. des Red.-Komitees v. Karl Frauscher. 28. Heft. 49. Jahrg. (III, 391 S.) gr. 8. Klagenfurt 909. (F. v. Kleinmayr.) 6. —

— d. bosn.-herceg. Landesspitales in Sarajevo f. 1894, 1895, 1896. Hrsg. v. d. Landesregierg. f. Bosnien u. d. Hercegovina. M. 1 Ansicht in Lichtdr., 12 Plänen u. 2 Taf. als Beilagen, sow. 12 Curven, 103 Abb. u. 1 Übersichtskarte im Texte. Lex.-8. (V, 853 S.) Wien 898. J. Šafář. n. 12. 50

— des bosn.-herceg. Landesspitales in Sarajevo f. 1897, 1898, 1899 u. 1900. Hrsg. v. der Landesregierg. f. Bosnien u. die Hercegovina. Mit 1 Ansicht u. 87 Abbildgn. im Texte. (VI, 584 S.) Lex.-8. Sarajevo 903. (Wien, J. Šafář) n. 10. 40

— des grossherzogl. hessischen Landes-Wohnungsinspektors f. d. J. 1908. Hrsg. im Auftrage des grossherzogl. Ministeriums des Innern. (IV, 108 S.) gr. 8. Darmstadt, G. Jonghaus. 1909. 1. —

Jahrbuch für österreichische Landwirthe 1861 . . . Prag. Red: *Schmalfuss, Ant.* (Ky)

—— für österreichische Landwirthe 1861. Begründet und unter Mitwirkung hervorragender Fachmänner hrsg. von A. C. Komers. (Redig. von A. Schmalfuß.) gr. 8. (202 S. mit „Landwirthschaftlicher Geschäftskalender" XVI und 487 S. in gr. 16.) Prag, André. geh. und geb. *

—— für österreichische Landwirthe 1862. Begründet und unter Mitwirkung hervorragender Fachmänner hrsg. von A. C. Komers. Redig. von A. Schmalfuß. 2. Jahrg. gr. 8. (VIII und 359 S.) Prag, André'sche Buchh. *

– dass., s.a. Komers

— — 1. u. 2. Jahrg. 2. wohlf. (Titel-)Ausg. Prag, Calve. gr. 8. n. 25 ngr.

—— dass. — 1863. 3. Jahrg. gr. 8. (XV und 295 S.) Prag, Calve'sche Universitäts-Buchh. *

—— dass. — 1864. 4. Jahrg. gr. 8. (IV und 346 S. mit 1 Tab. in qu. gr. Fol. und „Landwirthschaftlicher Geschäftskalender" XXXII und 284 S. in gr. 16.) Ebendas. geb. *

—— dass. — 1865. 5. Jahrg. gr. 8. (VIII und 387 S. und „Landwirthschaftlicher Geschäftskalender" XXXII und 184 S. in gr. 16.) Ebendas. geb. *
In Leder geb. *

—— dass. — 1866. Hrsg. von A. C. Komers. 6. Jahrg. gr. 8. (XII und 422 S. mit 2 Tab. in qu. Fol. und „Landwirthschaftlicher Geschäftskalender" XXXII und 340 S. in gr. 16.) Prag, Calve'sche Universitäts-Buchh. geb. *
In Leder geb. *
Das Jahrbuch allein *

Jahrbuch für österreichische Landwirthe 1867. 7. Jahrg. gr. 8. (XX und 400 S. und „Landwirthschaftlicher Geschäfts-Kalender" XXIV und 323 S. in gr. 16.) Ebendas. geb. * 1 Thlr. 18 Ngr.; in Leder geb. *

—— dass. — 1868. 8. Jahrg. gr. 8. (VIII und 534 S. mit 1 Stnt. in Fol. und Landwirthschaftlicher Geschäfts-Kalender XXIV und 330 S. in gr. 16.) Ebendas. geb. *
In Leder geb. *
[Der Geschäfts-Kalender apart * 28 Ngr.; in Leder geb. *

Jahrbuch für österreichische Landwirthe 1869 und 1870. Begründet und unter Mitwirkung hervorragender Fachmänner hrsg. von A. E. Komers. 9. und 10. Jahrg. gr. 8. Mit Beilage: Landwirthschaftlicher Geschäfts-Kalender in gr. 16. (VIII, 547 S. mit 1 Stnt.; VIII, 567 S., und Landwirthschaftl. Gesch.-Kalender XXIV, 344; XXIV, 354 S.) Prag, Calve'sche Universitäts-Buchh. à Jahrg. geb. *ℳ 6.; geb. in Leder * 6 80
Kalender apart geb. *ℳ 2,80.; geb. in Leder * 3 60

—— dass. — 1871—1873. 11.—13. Jahrg. gr. 8. Mit Beilage: Landwirthschaftlicher Geschäfts-Kalender. Redact.: Carl Tschertner. gr. 16. (VIII, 536; LV, 456; VI, 468 S., und Landwirthschaftl. Gesch.-Kalender XXII, 356; XXIV, 354; XXIV, 368 S.) Ebendas. à Jahrg. geb. * 6 —
geb. in Leder und durchschossen * 6 80
Kalender apart geb. *ℳ 2,80.; geb. in Leder * 3 60

—— dass. — 14. Jahrg. gr. 8. Mit Supplement: Landwirthschaftlicher Geschäftskalender für 1874. Redact.: Carl Tschertner. gr. 8. (LXXXVIII, 454 S.) Ebendas. * 6 —

—— dass. — hrsg. von A. E. Ritter v. Komers. 15. Jahrg. gr. 8. (XXI, 529 S.) Ebendas. * 6 —
Vgl.: Geschäfts-Kalender, landwirthschaftlicher.

—— für österreichische Landwirthe, begründet und unter Mitwirkung hervorragender Fachmänner hrsg. von A. E. Ritter v. Komers. 16. Jahrg. 1876. gr. 8. (LXXX, 355 S.) Prag, Calve'sche Universitäts-Buchh.
Hierzu als Supplement: Landwirthschaftl. Geschäftskalender 1876. ℳ 3,20.; geb. und durchschossen

—— dass. — 17.—19. Jahrg. 1877—1879. gr. 8. (LXXII, 448, XXXII; IV, 476, XXVIII; VI, 446, XXVII S.) Ebendas. à Jahrg.
Hierzu als Supplement: Landwirthschaftl. Geschäftskalender für 1877—79. geb. in Leinw. à Jahrg.
geb. in Leder und durchschossen à Jahrg.

—— dass. — 20. Jahrg. 1880. Redact.: Fel. Zeller. gr. 8. (VIII, 312, XXXII S.) Ebendas.
Hierzu als Supplement: Landwirthschaftl. Geschäftskalender für 1880. geb. in Leinw.
geb. in Leder und durchschossen

—— für österreichische Landwirthe. Begründet und unter Mitwirkung hervorragender Fachmänner hrsg. von A. E. Ritter v. Komers. 21. Jahrg. 1881. Redact.: Fel. Zeller. gr. 8. (VI, 808; XXVIII S. mit 4 in den Text gedr. Holzschn.) Prag 881, Calve'sche Universitäts-Buchh. *
Nicht weiter erschienen.

— der Landwirthschaft, s.a. Sturm, K. C. G.

Plathner, G., Sturm, K. Chr. G., Weber, F. B. (Herausgeber): „Jahrbuch der Landwirthschaft", 1.—3. Band, je 2 Hefte, Breslau 1818—1820 (Korn). Fortsetzung: Plathner, G. und Weber, F. B. (Herausgeber): „Neues Jahrbuch der Landwirthschaft", 1. und 2. Band, je 2 Hefte, ebenda 1821, 1822; 3. und 4. Band, je 3 Hefte, Leipzig 1824—1827 (Lehnhold); 5. Band, 1.—3. Stück, Breslau 1827—1828 (Max & C.).

— der Landwirthschaft, herausgeg. von G. Plathner, K. Chr. G. Sturm u. F. B. Weber. 1r—3r Bd., à 2 Hefte. Mit Kpf. 8. Bresl. 819—20. Holäufer. (J. F. Korn). 6 ℛ (vergl. K. C. G. Sturm).

— d. Landwirthschaft, herausgeg. v. Plathner u. Weber. 3r Bd. 2s u. 3s Stck. Mit lithograph. Zeichn. 8. Breslau 822, Holäufer. 1 Rthlr. Alle 3 Bde. od. 6 Hfte. 818—21.

—— der Landwirthschaft. Unter Mitwirkung von C. Schneitler, R. Weidenhammer, Weiland und Petri und andern Fachmännern hrsg. von Wilh. Schumacher. 1. Jahrg. 8. (XII und 504 S.) Leipzig 867, Quandt und Händel.

—— der Landwirthschaft. Unter Mitwirkung von Anacker, Eisbein, Fühling rc. hrsg. von Wilh. Schumacher. 2. Jahrg. 1869. 8. (VIII, 632 S.) Leipzig, Quandt und Händel. * 8 —

—— dass. — Unter Mitwirkung von H. Anacker, Rhld. Biber, H. Loew rc. hrsg. von Wilh. Schumacher. 3. Jahrg. 8. (VIII, 664 S.) Ebendas. 871. * 8 —

Jahrbuch der preussischen Landwirthschaft. Bartenstein 1819-21. V: *Schmalz, Johann Friedrich Leberecht.* (R-N) (MGT)

— — die preuß. Landwirthschaft. Herausgegeben von Fr. Schmalz. I — III. Bd. 8. Tilsit, Glöckner. 819 — 821. Jeder Band von 4 Heften. à 3 Rthlr.

— d. preuß. Landwirthschaft, herausgeg. v. F. Schmalz. Jahrg. 1821 3s 4s u. 1822 4 Stcke. 8. Gumbinnen. (Leipz. Fr. Fleischer.)
(Jahrg. 1819—21 1s 2s Hft. Tilsit, Glöckner. 7 Rthl. 12 gr.)

—— der Landwirthschaft und der landwirthschaftl. Statistik für die Jahre 1847 und 1848. (1. und 2. Jahrg.) Eine systematisch geordnete Darstellung der neuesten Erscheinungen im Gebiete des Acker- und Wiesenbaues, der Viehzucht rc. Begründet und hrsg. von William Löbe. gr. 8. Leipzig, Arnoldische Buchh. [1. (XVI und 408 S. mit 4 Tab. in qu. gr. 4.) 2. (XVI und 367 S.) à Jahrg. * 2 Thlr.] *

—— dass. — Hrsg. von Dems. für die Jahre 1849—51. 3—5. Jahrg. Leipzig, Spamer. [3. (XIV und 362 S.) 4. (XIV und 404 S.) 5. (VIII und 400 S.) à Jahrg. * 2 Thlr.] *

— der Landwirthschaft und der landwirthschaftlichen Statistik. Für das Jahr 1852—54. Eine systematisch geordnete Darstellung der neuesten Erscheinungen im Gebiete des Acker- und Wiesenbaus, der Viehzucht, der Thierheilkunde etc. Begründet u. herausg. von William Löbe. 6—8. Jahrg. Leipzig, Reichenbach. gr. 8. (6. Jahrg.: X, 376 S.; 7.: XI, 385 S.; 8.: VIII, 325 S.) Jeder Jahrg. n. 2 ℛ.

—— dass. — Für das J. 1855. 9. Jahrg. gr. 8. (VIII und 352 S.) Leipzig 856, Falcke und Rössler. *

—— der Landwirthschaft und der landwirthschaftlichen Statistik. Für das J. 1856. Eine systematisch geordnete Darstellung der neuesten Erscheinungen im Gebiete des Acker- und Wiesenbaues, der Viehzucht etc. Begründet und hrsg. von William Löbe. 9. und 10. Jahrg. gr. 8. (VIII und 320 S., 353 S.) Leipzig. [Glauchau, Moritz.] à Jahrg. *
Ermässigter Pr. à Jahrg. *

Forts. u.d.T.: Jahresbericht über die Fortschritte der ges. Land- und Hauswirthschaft.

— landwirthschaftliches, herausgeg. von der K. Sächs. Akademie für Forst- u. Landwirthe zu Tharand durch A. G. Schweitzer. 1. u. 2. Jahrg. Nebst Steindrucktaf. u. Tab. gr. 8. Dresden u. Leipzig 843, 845, Arnoldische Buchh. 1. Jahrg. $1^2/_3$ ℛ 2. Jahrg. n. $2^1/_3$ ℛ

—— landwirthschaftliches. Hrsg. von dem land- und forstwirthschaftl. Verein zu Oppeln und redig. von H. Settegast. 1—4. Jahrg. 1848—51. gr. 8. Oppeln. Breslau, (Grass, Barth und Comp. Sortimentsh.) [1. (93 S.) * 10 Ngr., 2. (IV und 160 S. mit 5 Stnt. und 1 Tab. in qu. Fol.) 3. (IV und 184 S. mit 4 lithogr. Abbild. in 4.) 4. (III und 216 S.) à Jahrg. * 1 Thlr.] *

— landwirthschaftliches. Herausg. von dem Land- und forstwirthschaftl. Verein zu Oppeln, und redig. von H. Settegast. 5. u. 6. Jahrg. (1852 u. 53.) Oppeln 853, 54. (Breslau, Graß, Barth u. Co.) gr. 8. (5. Jahrg.: 212 S u. 1 lith. Taf. in 4.; 6. Jahrg.: 160 S. u. 4 Tab. in Fol.) Jeder Jahrg. n. 1 ₰.

— landwirtschaftliches, f. Bayern. Im amtl. Auftrag hrsg. von Frdr. Edler v. Braun. 1. Jahrg. 1911. (Oktbr. 1910—Septbr. 1911.) 18—24 Nrn. Nr. 1 u. 2. Lex.8. München, Buchdruckerei u. Verlagsanstalt C. Gerber. Einzelpr. 2.10; d. vollständ. Jahrg. 20. —

1. Zur Hundertjahrfeier des landwirtschaftlichen Vereins in Bayern. — Mitteilungen der k. agrikulturbotan. Anstalt. 1911. Nr. 1.: Über das schlechte Auflaufen u. die Auswinterg. des Getreides infolge Befalls des Saatgutes durch Fusarium. Von L. Hiltner u. G. Ihssen. (64 S. m. Abbildgn.) (910.) Einzelpr. 1. 60
2. Die Landwirtschaft in ihrer Bedeutung f. Volkswirtschaft u. Volkstum. Festrede, geh. bei der Hundertjahrfeier des landwirtschaftl. Vereins in Bayern. Von v. Braun. (15 S.) (910.) Einzelpr. — 50

Landwirtschaftliches Jahrbuch d. Schweiz. Herausg. v. schweizerischen Landwirtschaftsdepartement. Bd. 1—29: 1887—1915. 1-6 Bern, 7-9 Zürich, 10 ff. Bern 1887—1916. 4°.

—— landwirthschaftliches, der Schweiz. Hrsg. vom schweizer. Landwirthschaftsdepartement. 1. und 2. Bd. 1887 und 1888. Lex.-8. (IV, 288 S. mit 6 Formularen; III, 201 S. mit 6 Taf.) Bern, Wyss. à Jahrg. *

— Landwirthschaftl., der Schweiz. Hrsg. vom Schweizer. Landwirthschafts-Departement. 3. Bd. 1889. Mit 3 Taf. Gr. in-8°. 217 S. Bern, K. J. Wyss. 3 —, Halbfrz. 6 —

Inhalt: Bericht über die Resultate von Düngungsversuchen, die in den Jahren 1885—1886 in der Schweiz ausgeführt wurden, mit bes. Berücksicht. der im Anschluss an diese Versuche ausgeführten Heuuntersuchungen, von *A. Grete*. Beiträge zur Kenntniss der Matten und Weiden der Schweiz, von *F. Stebler* und *C. Schröter*. VIII.: Die Fürstenalp u. die Futterbauversuche auf dem alpinen Versuchsfelde daselbst. Note sur l'action du sulfate de cuivre sur la germination de qq. champignons, par *J. Dufour*. Ein Meliorationsversuch, von *Liechti*. Zur Kenntniss des Butterfettes, v. *St. Bondzynski* und *H. Rufi*. Ueber die von Werner Schmid vorgeschlagene Methode der Fettbestimmung in der Milch, von *St. Bondzynski*. Unsere Pferdezucht, von *F. Müller*. Milch oder Fleisch? von Prof. *Kraemer*. Das Rindvieh an der Weltausstellung in Paris 1889, von *Camenisch*. Ueber Waldstreunutzung, Waldweide u. Waldfeldbau, von Prof. *Bühler*. Bericht über die im Sommer 1888 in Veyrier bei Annecy (Savoyen) zur Lösung der Phylloxerafrage vorgenommenen Unsuchungen, von *C. Keller*.

— landwirthschaftliches, der Schweiz. Hrsg. vom schweizer. Landwirthschafts-Departement. 4.—6. Bd. 1890—1892. Lex.-8. Bern, K. J. Wyß. à n. 3. —
4. (III, 215 S. m. 3 Lichtdr.-Taf.) 890. — 5. (III, 225 S. m. 20 Taf.) 891. — 6. (III, 372 S. m. Abbildgn. u. 11 Taf.) 893.

— dasselbe. 7. Bd. 1893. Lex.-8. (III, 336 S. m. 55 Holzschn. u. 10 z. Tl. farb. Taf.) Zürich 894. Art. Institut Orell Füßli, Verl. n. 5. —

— landwirtschaftliches, d. Schweiz. Hrsg. v. schweizer. Landwirtschaftsdepartement. 8. Bd. 1894. Lex.-8. (III, 411 S. m. 6 Taf. in Farbendr. u. 3 Holzschn.) Zürich, Art. Institut Orell Füßli, Verl. n. 5. —

— dasselbe. 9. Bd. 1895. gr. 8. (III, 397 S. m. 34 Holzschn., 7 Taf. u. 1 Karte.) Ebd. n. 5. —

— dasselbe. 10.—12. Bd. gr. 8. Bern, K. J. Wyß. n. 15. —
10. 1896. (III, 291 S. m. 2 Abb. u. 3 Taf.) n. 4. —
11. 1897. (III, 367 S. m. Abb., 28 Taf. u. 6 Tab.) n. 6. —
12. 1898. (III, 386 S. m. 9 Taf.) n. 5. —

— landwirtschaftliches, der Schweiz. Hrsg. vom schweizer. Landwirtschaftsdepartement. 13.—15. Bd. 1899—1901. Lex.-8. Bern, K. J. Wyß. n. 14. —
13. (III, 198 S. m. 21 [20 farb.] Taf.) n. 4. —
14. (III, 453 S. m. Abbildgn., 4 Tab. u. 2 Taf.) n. 5. —
15. (III, 533 S. m. 1 Taf. u. 11 Tab.) n. 5. —

Jahrbuch. Landwirtschaftliches Jahrbuch der Schweiz. Hrg. vom Schweizerischen Landwirtschaftsdepartement. (Beilage zu den «Mitteilungen des schweizer. Landwirtschafts-Departements».) 8. Bern, K. J. Wyss. («Mitteilungen» mit «Jahrbuch» jährlich fr. 1. —)
Jahrg. 15, 1901. (11 Hefte.) [Mit 2 Tafeln und 13 Tabellen.] IV + 533 S. 1901.
Jahrg. 16, 1902. (12 Hefte.) [Mit Textfiguren, 2 Tafeln und 9 Tabellen.] IV + 523 S. 1902.

— landwirtschaftliches, der Schweiz. Hrsg. vom schweizer. Landwirtschaftsdepartement. 16.—19. Jahrg. 1902—1905. gr. 8. Bern, K. J. Wyß. n. 26. —
16. (III, 522 S.) 902. n. 5. —
17. (III, IV, 564 S. m. Abb., 2 Taf. u. 16 Tab.) 903. n. 6. —
18. (III, 660 u. 35 S. m. Abb., 3 Taf. u. 25 Tab.) 904. n. 7. —
19. (IV, 805 u. 28 S. m. Taf. u. Tab.) 905. n. 8. —

Jahrbuch. Landwirtschaftliches J' der Schweiz. Hrg. vom Schweizerischen Landwirtschaftsdepartement. Jahrg. 17, 1903. [Mit Textfiguren, 9 Tafeln und 21 Tabellen.] Bern, K. J. Wyss, 1903.
Ausg. A: (Beilage zu den «Mitteilungen des schweizer. Landwirtschafts-Departements».) (10 Hefte.) IV + II + IV + 569 [+ 2] S. 8. («Mitteilungen» mit «Jahrbuch» jährlich fr. 1. —)
Ausg. B: sep. IV + IV + 564 [+ 2] S. gr.-8. [fr. 6. —]

Jahrbuch. Landwirtschaftliches J' der Schweiz. Hrg. vom Schweizerischen Landwirtschaftsdepartement. Jahrg. 18, 1904. ([Mit Textfiguren, 4 Tafeln, 26 Tabellen und einer] Beilage: Ergebnisse der eidgenössischen Stutfohlenprämiierungen pro 1904.) Bern, K. J. Wyss, 1904.
Ausg. A: (Beilage zu den «Mitteilungen des schweizer. Landwirtschafts-Departements».) (12 Hefte.) IV + 671 + *Beilage* II + 35 S. 8. («Mitteilungen» mit «Jahrbuch» jährlich fr. 1. —)
Ausg. B: sep. IV + 660 + *Beilage* 35 S. gr.-8. [fr. 8. —]

Jahrbuch. Landwirtschaftliches J' der Schweiz. Hrg. vom Schweizerischen Landwirtschaftsdepartement. Jahrg. 19, 1905. ([Mit Textfiguren, 44 Tabellen und einer] Beilage: Ergebnisse der eidgenössischen Stutfohlenprämiierungen pro 1905.) Bern, K. J. Wyss, 1905.
Ausg. A: (Beilage zu den «Mitteilungen des schweizer. Landwirtschafts-Departements».) (10 Hefte.) IV + 810 + *Beilage* II + 28 S. 8. («Mitt'» mit «Jahrb'» jährlich fr. 1. —)
Ausg. B: Sep.-Ausg. IV + 805 + *Beilage* 28 S. gr.-8. [fr. 10. —]

Jahrbuch. Landwirtschaftliches J' der Schweiz. Hrg. vom Schweizerischen Landwirtschaftsdepartement. Jahrg. 20, 1906. ([Mit Textfiguren, 5 Tafeln, 6 Tabellen und] Inhaltsverzeichnis der Bände 1—20, Jahrg. 1887—1906....) Bern, K. J. Wyss, 1906.
Ausg. A: Beilage zu den «Mitteilungen des schweizer. Landwirtschafts-Departements». (11 Hefte.) IV + 610 S. 8. («Mitt'» mit «Jahrb'» jährlich fr. 1. —)
Ausg. B: Sep.-Ausg. IV + 603 S. gr.-8. [fr. 8. —]

Jahrbuch. Landwirtschaftliches J' der Schweiz. Hrg. vom Schweizerischen Landwirtschaftsdepartement. Jahrg. 21, 1907. ([Mit Textfiguren, 3 Tabellen, 1 Karte und 3] Beilagen — **Ausg. B:* Spezialbeilagen —.) Bern, K. J. Wyss, 1907.

Ausg. A: (Beilage zu den «Mitteilungen des schweizer. Landwirtschafts-Departements».) (8 Hefte.) IV + 837 + *Beilagen* II + 80 + 2 + 2 S. 8. («Mitt'» mit «Jahrb'» jährlich fr. 1.—)

Ausg. B: Sep.-Ausg. IV + 334 + *Beilagen* 80 + 2 + 2 S. gr.-8. [fr. 6.—]

Beilage I s. Ergebnisse der eidg. Stutfohlen-... Prämiierungen pro 1906....

— landwirtschaftliches, der Schweiz. Hrsg. vom schweizer. Landwirtschaftsdepartement. 20.—23. Jahrg. 1906—1909. Lex. 8. Bern, K. J. Wyß. 34. —
1906. (III, 603 S. m. Abb., 1 Bildnis, 1 farb. Taf. u. Tab.) 7. —
1907. (III, 334, 80 u. 2 S. m. Abb., 2 Tab. u. 1 Karte.) 5. —
1908. (III, 914, 2, 3, 2 u. 136 S. m. Abb., 10 Taf. u. 8 Tab.) 14. —
1909. (III, 596, 148 u. 15 S. m. Abb., 3 Taf. u. 3 Tab.) 8. —

JAHRBUCH DER DEUTSCHEN LANDWIRTSCHAFTS-GESELLSCHAFT.
Herausgegeben vom Direktorium.
Bd. 1. 1886. Berlin 1887. Verlag von Paul Parey. gr. 8°.
Bd. 2. 1887. (Mit 3 Tabellen.) ib. 1888. —
Bd. 3. 1888. (Mit 3 Tabellen.) ib. 1889. Druck von Gebr. Unger (Th. Grimm.)
Bd. 4. 1889. (Mit 6 Tabellen.) ib. 1890. —
Bd. 5. 1890. (Mit 1 Tabelle.) ib. 1891. —
Bd. 6. Teil I. 1891. (Mit 13 Blatt Tafeln.) ib. 1891. —
Teil II. 1891. (Mit Abbildungen und Tafeln.) ib. 1892. —
Bd. 7. 1892. (Mit 1 Tabelle.) ib. 1892. —
Bd. 8. 1893. (Mit 2 Tabellen.) ib. 1893. —
Bd. 9. 1894. (Mit 2 Tabellen.) ib. 1894. —
Bd. 10. 1895. (Mit 2 Tabellen.) ib. 1895. —
Bd. 11. 1896. (Mit 1 Tabelle.) ib. 1896. Druck von Gebr. Unger.
Bd. 12. 1897. (Mit 1 Tabelle.) ib. 1897. —
Bd. 13. 1898. (Mit 1 Tabelle.) ib. 1898. —
Bd. 14. 1899. ib. 1900. —
Bd. 15—17. 1900—1902. ib. 1900—1902. —
Bd. 18. 1903. ib. 1903. Deutsche Landwirtschafts-Gesellschaft.
Herausgegeben vom Vorstande.
Bd. 19. 1904. (Mit 1 Tafel.) ib. 1904. —
Bd. 20. 1905. (Mit 1 Tafel.) ib. 1905. —
Bd. 21. 1906. (Mit Tafeln.) ib. 1906. —
Bd. 22. 1907. (Mit Tafeln.) ib. 1907. —
Bd. 23. 1908. (Mit Tafeln.) ib. 1908. —
Bd. 24. 1909. (Mit Tafeln.) ib. 1909. Verlagsbuchhandlung Paul Parey.
Bd. 25—27. 1910—1912. (Mit Tafeln.) ib. 1910—1912. Deutsche Landwirtschafts-Gesellschaft.
Bd. 28. 1. Lieferung — 1. Mai 1913. 1913. (Mit 1 Porträttafel.) ib. 1913. —

— der deutschen Landwirtschafts-Gesellschaft. Hrsg. vom Direktorium. 1.—4. Bd. 1886—1889. Lex.-8. (VII, 381; VIII, 460; XIV, 512 u. 68 S. m. 1 Tab.; XV, 498 u. 75 S.) Berlin, Parey. à Bd. n. 6. —

— dasselbe. Ergänzungsheft. Lex.-8. Ebd. 890. n. 2. —
Die Kernobstsorten d. deutschen Obstbaues. Für die deutschen Obstzüchter u. Obstbaumschulbesitzer hrsg. v. der Obst- und Weinbau-Abtheilg. der deutschen Landwirtschafts-Gesellschaft. Bearb. v. R. Goethe unter Mitwirkg. v. H. Degenkolb u. R. Mertens. (IV, 160 S.)

— der deutschen Landwirtschafts-Gesellschaft. Hrsg. vom Direktorium. 5. Bd. 1890. Lex.-8. (XIV, 667 u. 84 S.) Berlin 891. P. Parey. n. 6. —

— dasselbe. 6. Bd. 1891. 2 Tle. Lex.-8. Ebd. n. 9. —
1. (III, 120 u. 262 S. m. Abbildgn. u. 25 S. Tab.) 891. n. 3. —
2. (XIV, 140, 507 u. 102 S. m. Abbildgn. u. Tab.) 892. n. 6. —

— dasselbe. 7. Bd. 1892. Lex.-8. (XV, 388, 389 u. 124 S. m. Abbildgn. u. Tab.) Ebd. 892. n. 6. —

— dasselbe. 8. Bd. 1893. Lex.-8. (XVI, 229; 592 u. 148 S.) Ebd. 893. n. 6. —

— d. deutschen Landwirtschafts-Gesellschaft. Hrsg. v. Direktorium. 9.—12. Bd. gr. 8. Berlin, P. Parey. à n. 6. —
9. 1894. (XV, 170 u. 586 S.)
10. 1895. (XVII, 210 u. 523 S. m. Abb. u. 1 Tab.)
11. 1896. (XVIII, 212 u. 455 S.)
12. 1897. (XVIII, 255 u. 446 S.)

— der deutschen Landwirtschafts-Gesellschaft. Hrsg. vom Direktorium. 13.—16. Bd. 1898—1901. Lex.-8. (XVIII, 250 u. 519; XVIII, 720; XVIII, 658 u. XV, 712 S.) Berlin, P. Parey. à n. 6. —

— der deutschen Landwirtschafts-Gesellschaft. Hrsg. vom Direktorium. 17.—20. Bd. 1903-1906. Lex.-8. Berlin, P. Parey. à n. 6. —
17. (XVII, 694 S. m. Abb.) 902. — 18. (XVIII, 400 u. 816 S. m. Abb. u. 7 Taf.) 903. — 19. (XIX, 391 u. 644 S. m. Abb., 1 Bildnis, 6 Taf. u. 2 Plänen.) 904. — 20. (XX, 487 u. 858 S. m. Abbildgn., 1 Bildnis, 8 Taf. u. 8 Tab.) 905.

— der deutschen Landwirtschafts-Gesellschaft. Hrsg. vom Vorstande. 21.—24. Bd. 1906—1909 u. 25. Bd. 1910. 1.—3. Lfg. Lex. 8. Berlin, P. Parey. 36. —
21. (XIX, 436 u. 422 S. m. Abb., 1 Bildnis, 9 Taf., 3 Karten u. 4 Tab.) 906. 6. —
22. (4 Lfgn.) (XVI, 900 S. m. Abb. u. 1 Bildnis.) 907. 8. —
23. (4 Lfgn.) (III, XXIX, XVIII u. 807 S. m. Abb., Tab., 19 Taf., 1 Karte u. 2 Bildnissen.) 908. 8. —
24. (4 Lfgn.) (III, VIII u. 1109 S. m. Abb., 12 Taf. u. 10 Tab.) 909. 8. —
25. I—III. (S. 1-727 m. 10 Abbildgn., 2 Bildnissen u. 11 Taf.) 910. 6. —

Jahrbuch d. k. k. Landwirtschafts-Gesellschaft in Wien 1886—92, 1894, 1896—1901, 1904 ... Red. v. 1886-99 A. Hochegger, 1900 n. J. Häusler. Wien 1888—1905.

Jahrbuch der Gothaer Lebensversicherungsbank a. G. Gotha.

— der Leder-Industrie. Hrsg. v. Rud. Hanel. Jhrg. 1905. (XX, 58 u. LXIX S.) 8. Wien, A. Hölder. n. 1. 80

— der österreichischen Leder-Industrie. Hrsg. v. Rud. Hanel. Jahrg. 1906. (XX, 68, 16, 7 u. LXIV S.) 8. Ebd. Kart. n. 2. 60

— der österreich. Leder-Industrie. Hrsg. v. Rud. Hanel. Jahrg. 1907. (XX S., S. 1159—1254, 633—649, 1777—2081 u. LXVI S.) 8. Wien, Compassverlag.
Fortsetzg. u. d. T.: Kart. 4. 40

— der österreichischen Leder- u. Lederwaren-Industrie. Hrsg. v. Rud. Hanel. Jahrg. 1908—1910. 8. Ebd. Kart. 13. 60
1908. (VIII S., S. 1273—1378, 667—684, 1955—2230 u. LXII S.) 4. 60
1909. (VII S., S. 1201—1392, 684—702, 1975—2278 u. 953—1016.) 4. 60
1910. (VIII S., S. 1293—1398, 161—173 u. 2004—2617.) 4. 60

— der landwirthschaftlichen Lehr-Anstalt in Hohenwestedt. Hrsg. vom Curatorium, red. v. L. Giersberg. Jahrg. 1870—1871 u. 1871—1872. gr. 8. (70 u. 55 S.) Flensburg, Exped. d. Flensb. Norddeutschen Zeitg. à n. — 75

— der landwirthschaftlichen Lehr-Anstalt in Hohenwestedt Hrsg. vom Curatorium redig. von L. Giersberg. gr. 8. (70 S. Flensburg 872, Expedition der Flensb. Norddeutschen Zeitung. * — 75
— dass. — Jahrg. 1871—72. gr. 8. (55 S.) Ebendas. 873. * — 75

Jahrbuch der Lehr- und Versuchsanstalt für Photographie, Chemigraphie, Lichtdruck und Gravüre zu München. 1906/07-13. 4° München 1907-13

— für Lehrer, Eltern u. Erzieher. Hrsg. v. Ign. Jacksch. 1—9. Jahrg. 1834—42. gr. 8. Leitmeritz. (Prag, Kronberger u. Rziwnatz.) [1. J. ohne Stahlst. * ½ Thlr., 2—9. J. jeder m. 1 Stahlst. à * ⅔ Thlr.]

Jahrbuch für Lehrer, Aeltern und Erzieher. (Fortsetzung des Schullehrerkalenders.) Herausg. v. Ignaz Jaksch. 9.—13. Jahrg. 1842—1846, jeder mit 1 Stahlst. gr. 8. Prag 842—846. (Kronberger u. Rziwnatz.) à n. 2/3 ß

— für Lehrer, Aeltern u. Erzieher. Hrsg. v. Ignaz Jaksch. 14 u. 15. Jahrg. 1847 u. 1848. gr. 8. (14: 236 u. XXVI S., 1 Kpfr. u. 1 Musikbeilage. 15: 230 S., 1 Stahlst. u. 1 Musikbeilage.) Prag, Kronberger. à n. 2/3 ß

Jahrbuch für Lehrer, Aeltern u. Erzieher. Begründet von Ign. Jaksch Fortgesetzt von Joh Maresch. 16. u. 17. Jahrg. 1851 u. 1852. gr. 8. (16: VIII u. 204 S. 17: VIII u. 204 S. m. 1 Stahlst.) Prag, Credner & Kleinbub in Comm. — 17. Jahrg. 1852 2. Aufl. gr. 8. (VIII u. 204 S. m. 1 Stahlst.) Ebd. in Comm. à n 2/3 ß

— für Lehrer, Aeltern und Erzieher. Begründet von Ign. Jaksch, fortges. von Joh. Maresch. 18—24. Jahrg. 1853—59. Prag, Credner in Comm. gr. 8. (18.: 286 S.; 19.: 292 S.; 20.: 307 S.; 21.: 295 S.; 22.: 287 S.; 23.: 282 S.; 24.: 1 Bl., 282 S.) Jeder Jahrg. mit 1 Stahlst. n. 24 ngr.

Jahrbuch für Lehrer, Eltern und Erzieher. Begründet von Ignaz Jaksch, k. k. Statthaltereirathe ꝛc. Fortgesetzt von Johann Maresch, Weltpriester, k. k. Schulrathe ꝛc. 22. Jahrg. 1857. (Der Reinertrag ist zur Unterstützung braver armer Lehramtszöglinge und armer Lehrerwaisen bestimmt.) Prag, Kommission F. A. Credner, k. k. Hof-, Buch- und Kunsthändler. Druck des artist.-typogr. Instituts von Karl Bellmann. (286 S. 8.)

Inhalt: Biographische Denkmale: 1. Der h. Paulinus, Bischof von Nola. (S. 16) — 2. Der Kantor und Musterlehrer Josef Springsholz. (S. 31.) — Aufsätze über Unterricht und Erziehung: — Die Volksschule und das Proletariat. — Der Dreisatz in der Volksschule. — Die Geographie als Wissenschaft und als Unterrichtsgegenstand. — Ueber die Sprichwörter und ihre unterrichtliche Behandlung. — Das Zeichnen in der Volksschule. — Unterrichtsstoffe: Landschullehrer und Bienenzucht. — Vorträge über Leib, Seele und Persönlichkeit. — Oekonomie der Industrie. — Das Egerland und seine Bewohner. — Die St. Peterskirche in Rom. — Miszellen ꝛc. — Verordnungen in Schulsachen. — Beurtheilendes Verzeichniß neuer Schul- und Jugendschriften. — Verzeichniß der Privat- Lehr- und Erziehungsinstitute in Prag. — Rechnungsausweis.

— für Lehrer, Altern und Erzieher. Begründet von Ign. Jaksch, fortgesetzt von Joh. Maresch. 25—29. Jahrg. 1860—64. (à ca. 20 Bgn. u. 1 Stahl.) Prag, Credner in Comm.) gr. 8. Jeder Jahrg. n. 24 ngr.

—— für Lehrer, Eltern und Erzieher, begründet von Ig. Jaksch, fortgesetzt von Joh. Maresch. 25. Jahrg. 1860. 8. (312. S.) Prag, Credner. in Comm. 1 fl. 28 kr.

Jahrbuch für Lehrer, Eltern und Erzieher. Begründet von Ign. Jaksch, fortgesetzt von Johann Maresch. 26. Jahrgang. 1861. Mit 1 Stahlst. gr. 8. (II. 311 S.) Beigedruckt: Verzeichniß sämmtlicher Haupt-, Unter- und Ober-Realschulen (niedere und höhere Bürgerschulen) Böhmens und der an ihnen wirkenden Lehrer im Schuljahre 1860. Zusammengestellt durch Johann Maresch. (43 S.) Prag, Credner. 1861. 1 fl. 28 kr.

—— für Lehrer, Eltern u. Erzieher. Begründet von Ignaz Jaksch, fortgesetzt von Johann Maresch. 27. Jahrg. 1863. Mit 1 Stahlstich. gr. 8. (315 S.) Beigebeitet: Verzeichniß des gesammten an den Volksschulen der Leitmeritzer bischöfl. Diöcese angestellten Lehrpersonals für das Jahr 1863. gr. 8. (34 S.) Prag, Credner.

— für Lehrer, Hausväter u. Erzieher. Herausg. von Ignaz Jacksch. 1r u. 2r Jahrg. ... — 3r Jahrg. 1836. (Mit 1 Stahlstich.) gr. 8. Leitmeritz 836. (Prag, Kronberger u. Rziwnatz.) 2/3 ß — 4r u. 5r Jahrg. Jeder mit 1 Stahlst. gr. 8. Ebd. 837, 38. à 2/3 ß — dass. mit Kalender unt. d. Tit.: Schullehrer-Kalender. à J. 5/6 ß

— f. d. Lehrer an d. Mittelschulen, Lehrerbildungsanst. u. Gewerbeschulen Badens. Zugl. Lehrer-Notizbuch. 1. u. 2. Jahrg. 1897/98 u. 1898/99. Bearb. v. Aug. Holzmann. 12. (VII, 113 S. u. VII S., Schreibkal. u. 135 S.) Karlsruhe. Wiesbaden, O. Nemnich. Geb. i. Leinw. à n. 1.50

— f. die Lehrer an den Mittelschulen, Lehrerbildungsanstalten u. Gewerbeschulen Badens. Bearb. v. Aug. Holzmann. Zugleich Lehrer-Notizbuch. Jahrg. VI. — 1902—1903. 8. (XX S., Schreibkalender u. 84 S.) Wiesbaden, O. Nemnich. Geb. in Leinw. n.n. 1.60

— für die Lehrer an den Mittelschulen, Lehrerbildungsanstalten u. Gewerbeschulen ꝛc. Badens. Begründet u. hrsg. v. Aug. Holzmann. 10. Jahrg. 1906—1907. (XX S., Schreibkalender u. 97 S.) kl. 8. Leipzig, O. Nemnich. Geb. in Leinw. n. 2.—

— für die Lehrer an den höh. Schulen, Lehrerbildungsanstalten, Gewerbe- u. Handelsschulen etc. Badens. Begründet u. hrsg. v. Aug. Holzmann. 14. Jahrg. 1910—1911. Zugleich Lehrer-Notizbuch. (XXXVI S., Schreibkalender u. 126 S.) kl. 8. Leipzig, O. Nemnich. Geb. in Leinw. 2.50

— f. Lehrer an höheren Schulen u. deren Vorschulen in Preussen. 1902. Verzeichnis u. Gehaltsverhältnisse aller Lehrer an höh. Schulen, die nicht zur Kategorie der Oberlehrer gehören. Im Auftrage der VIII. Abgeordneten-Versammlg. des Landesvereins v. 10. IV. 1900 hrsg. v. A. Lampe. 2. Jahrg. 8. (XII, 148 S.) Berlin, Hilfsverein deutscher Lehrer. n.n. 2.—

1. Jahrg. unt. d. T.: Jahrbuch f. seminarisch gebildete Lehrer. Ebd. 901. n. 1.50.

— für Lehrer an höheren Schulen u. deren Vorschulen in Preussen. 1903. Verzeichnis aller Lehrer an höheren Schulen, die nicht zur Kategorie der Oberlehrer gehören. Im Auftrage der VIII. Abgeordneten-Versammlg. des Landesvereins vom 10. IV. 1900 hrsg. v. A. Lampe. 3. Jahrg. (VIII, 112 S.) 8. Berlin, Hilfsverein deutscher Lehrer. n. 1.20

— für Lehrer an höheren Schulen u. deren Vorschulen in Preussen. 1907. Im Auftr. der VIII. Abgeordneten-versammlg. d. Landesvereins vom 10. IV. 1900 hrsg. v. A. Lampe. 6. Jahrg. (73 S.) 8. Berlin (Hilfsverein deutscher Lehrer). —75

— für Lehrer u. Schulfreunde. Von (F.) Kybb. (W.) Diesterweg. 1. Jahrg. 1851. Mit dem (lith.) Bildniß d. Verf. gr. 8. (XVI u. 240 S.) Berlin 850, Th. Enslin in Comm. Subscr.-Pr. n. 7/12 ß — 2. Aufl. Mit dem (lith.) Bildniß des Verfassers. gr. 8. (XVI u. 199 S.) Ebd. 851, in Comm. n. 2/3 ß — 2. Jahrg. 1852. Mit dem (lith.) Bildniß Ledebur's. gr. 8. (XXIV u. 320 S.) Berlin, Schroeder in Comm. n. 2/3 ß

—— für Lehrer und Schulfreunde. Von Adph. (W.), Diesterweg. 1. Jahrg. 1851. 1. und 2. Aufl. (1. Aufl. XVI und 240 S.) 1850. und 2. Aufl. (XVI und 199 S. mit D's. lithogr. Bildn.) gr. 8. Berlin, Diesterweg's Selbstverlag. *

—— dass. — Hrsg. von Dems. 2. und 3. Jahrg. 1852 und 1853. gr. 8. Berlin, (Schröder's Verlag.) [2. (XX und 320 S. mit Ledebur's lithogr. Bildn.) 3. (XVI und 304 S. mit Hoffmeister's lithogr. Bildn.) à Jahrg. * 20 Ngr.] Thlr. *

—— für Lehrer und Schulfreunde. Von Adph. Diesterweg. 4. und 5. Jahrg. à Jahrg. mit 1 lithogr. Bildn. gr. 8. (XXXI und 303 S. mit dem lithogr. Bildniß Jahn's.) Berlin 854, Diesterweg's Selbstverlag. [4. (XXXI und 303 S.) 854., 5. (V und 323 S.) 855. à Jahrg. * 20 Ngr.] *

1—3. Jahrg. 1851—53. Ebendas. * 2 Thlr. — Vgl.: Jahrbuch, pädagogisches.

—— für Lehrer und Schulfreunde. Von Adph. Diesterweg. 13.—16. Jahrg. 1863—66. gr. 8. (VII und 244 S., II und 322 S., III und 258 S., III und 256 S.) Frankfurt a. M., Hermann'sche Buchh. à Jahrg. *

Vgl. Jahrbuch, pädagogisches.

— für Lehrer und Studirende an den Universitäten, Prediger-Seminarien, den Seminarien für gelehrte Schulen 2c. Deutschlands u. der Schweiz. 1864. Mit Benutzung amtlicher Quellen herausg. von Ed. Mushacke. [2. Thl. des Universitäts-Kalenders.] Berlin 863. W. Schultze. 8. (VIII, 224 S.) n. 15 ngr.

— d. kathol. Lehrerbundes f. Oesterreich. Im Auftr. d. Bundes-Ausschusses hrsg. u. geleitet v. Alb. Kundi. 1. Jahrg. gr. 8. (VII, 157 S.) Wien 896, H. Kirsch. n. 3. —

— 1., d. kathol. Lehrerverbandes Deutschlands. 1891. gr. 8. (V, 221 S.) Paderborn, (F. Schöningh). n. 2. 60

— dasselbe. 2. Jahrbuch. August 1891 bis Ende 1892. gr. 8. (IV, 184 S.) Aachen 893. (Cremer.) n. 2. —

— dasselbe. 3. Jahrbuch 1893. gr. 8. (V, 184 S.) Ebd. 894. n. 2. —

Jahrbuch, 4.—6., d. kathol. Lehrerverbandes d. Deutschen Reiches. Vereinsj. 1894, 1895 u. 1896/97. gr. 8. (VII, 220; VIII, 200 u. XVI, 190 S.) Köln (H. Theissing). à n. 2. —

— 7., des kath. Lehrerverbandes des deutschen Reiches. Vereinsj. 1898/99. gr. 8. (IV, 128 S.) Köln 900. (H. Theissing.) n. 2. —

— 8., des kathol. Lehrerverbandes des Deutschen Reiches. Vereinsjahre 1900/1901. (VII, 176 S.) gr. 8. Kempten 902. (A. Kösel.) n. 2. —

— 12., des kath. Lehrerverbandes des Deutschen Reiches. Zeitraum: Vom 10. VI. 1908 (Schluß d. XIII. Verbandstages) bis zum 18. V. 1910 (Schluß des XIV. Verbandstages). (II, 100 u. 87 S.) 8. Bochum, Westfäl. Verlags- u. Lehrmittel-Anstalt. 2. —

—— des deutschen Lehrervereins, s. a. Kalender für deutsche Volksschullehrer.

Jahrbuch des deutschen Lehrervereins. 32. Jahrg. 1906. (372 S. m. 1 Bildnis.) 16. Leipzig, J. Klinkhardt. — 80

Zugleich 2. Tl. des „Kalenders f. deutsche Volksschullehrer".

— des deutschen Lehrervereins. 36. Jahrg. 1910. (311 S. m. 1 Bildnis.) 8. Leipzig, J. Klinkhardt. 1. —

Zugleich 2. Tl. d. „Kalenders f. deutsche Volksschullehrer".

Deutscher Lehrerverein d Staats Ohio. Jahrbuch. V1-3. 1893-95. Cinci, 1893-95. No more published.

Jahrbuch. Erstes J' des Kantonalen Lehrervereins St. Gallen. Hrg. von der Kommission des kant' L'. (Illustriert....) [2 Teile.] *(Teil 1)* 30 + *(Teil 2)* 11 + 130 S. 8. St. Gallen, (Selbstverlag,) Buchdr. Zollikofer & Cie., 1906. [fr. 3. —]

Teil 2: Heimatkunde von Thal von Samuel Walt. Illustriert....

Jahrbuch des Westpreußischen Lehrervereins für Naturkunde ⟨Provinzialver. d. Deutschen Lehrervereins f. Naturkunde⟩. Hrsg. v. Geschäftsführenden Vorstand. Jg. 1. 1905. Danzig (1905): A. W. Kafemann. 8° 107. 14344 10

— des westpreuss. Lehrervereins f. Naturkunde (Prov.-Verein des deutschen Lehrervereins f. Naturkunde). I.—V. Jahrg. Lex. 8. Danzig. (John & Rosenberg). 6. —

I. 1905, m. Beiträgen v. G. Clemens, J. Gross, R. Lucks u. a. Mit 1 Bildnis v. C. Lützow. Hrsg. v. geschäftsführ. Vorstand. (40 S.) (906.) 1. —
II. III. 1906/07, m. Beiträgen v. J. Bass, L. Dobbrick, R. Lucks u. a. Red. v. Vorsitzenden des westpreuss. Lehrervereins f. Naturkunde Hans Preuss. (149 S. m. 9 Abb. u. 1 Doppeltaf.) (909.) 3. —
IV. V. 1908/09, m. Beiträgen v. L. Dobbrick, S. Eckloben, H. Preuss u. J. B. Scholz. Mit d. Bildnis Grütters u. 4 Abbild. Hrsg. v. Vorsitzenden des westpreuss. Lehrervereins f. Naturkunde R. Lucks. (910.) 2. —

— für das Lehrpersonal an d. Lehrer- u. Lehrerinnenbildungsanstalten Bayerns auf d. Schulj. 1909—10 (15. IX. 1909 bis 31. XII. 1910). Mit Musikbeigaben. 2. Jahrg. Von Ludw. Eid. (IV, 144 S. u. Schreibkalender.) kl. 8. Eichstätt, Ph. Brönner. Geb. in Leinw. nn 1. 50

Jahrbuch der Leibesübungen für Volks- und Jugendspiele, J. A. d. Reichsaussch. f. Leibesübungen, hrsg. v. C. Diem, Jg. 31, Leipzig 1924, 8°.

Früher Jahrbuch f. Volks- u. Jugendspiele u. f. Jugend- u. Volksspiele, hrsg. v. Zentralausschuß E. v. Schenckendorff u. F. A. Schmidt, H. Wickenhagen, H. Raydt, A. Dominicus, F. A. Schmidt, E. Kohlrausch, Jg. 1—30, Leipzig 1892—1921, 8°. 31 Bde.

— f. Leihbibliotheken auf d. J. 1888. Hrsg. v. C. Wahl. 16. (79 S. m. Notizbuch.) Taucha, Thallwitz. geb. n.n. 1. 20

Jahrbuch, Leipziger, der neuesten Literatur. Leipzig 1800—34. Red: *Höpfner, Joh. Gg Chn.* (EB)

Jahrbuch über die Leistungen und Fortschritte auf dem Gebiete der prakt. Baugewerbe. Herausg. unter Mitwirkung von Gottschaldt, Huck, Jähn, Kletto u. Zwick. Leipzig 1870—76. Jahrgang 1—7. lex. 8°.

Jahrbuch über die Leistungen u. Fortschritte auf dem Gebiet der praktischen Baugewerbe. Hrsg. unter Mitwirkg. v. Gottschaldt, Huck, Jähn etc. Red.: Herm. Zwick. 1. Jahrg. 1870. hoch 4. (XII, 437 S.) m. eingedr. Holzschn. u. 1 Tab. in gr. Fol.) Leipzig 871. Scholtze. n. 8. 70

s.a. Jahrbuch, Deutsches, über die Leistungen u. Fortschritte ...

—— dass. — Hrsg. von Zwick unter Mitwirkung namhafter Fachgelehrten. 2. Jahrg. 1871. 13 Hefte. gr. 8. (XVI, 599 S. mit eingedr. Holzschn.) Ebendas. à Heft * 90 Pf. * geb. *

— dasselbe. 3. Jahrg. 1872. gr. 8. (75 S.) Ebend. 873. n. 13. —

— dasselbe. 4—6. Jahrg. 1873—1875. gr. 8. (XII, 688; VIII, 675 u. 680 S.) Ebend. 874—76. à n. 16. 80

Jahrbuch über Leistungen und Fortschritte auf dem Gebiet(e) der physikalischen Medizin. Begründet und hrg. von Prof. Dr. Ernst Sommer ... in Zürich, unter Mitarbeit zahlreicher Autoren auf dem Gebiet der physikalischen Medizin. Jahrg. 1. Mit 8 Illustrationen im Text und 29 Abbildungen auf 11 Tafeln. XII + 428 (+ *Inserate etc. zus.* 39) S. 8. Leipzig, Otto Nemnich, 1908. [M. 10.—]

Darin S. 22—37: Die Kochsalzwässer und Solbäder. Von Dr. H(ermann) Keller ... in Rheinfelden (Schweiz); *S. 77—80:* Die therapeutische Anwendung des Sonnenlichtes in der Chirurgie. Von Dr. Oskar Bernhard, St. Moritz; *S. 58—69 u. 103—125 u. 151—183 u. 209—279:* Fango und Fangobehandlung *u.* Familiäre Hydrotherapie *u.* Über Radium und die Radioaktivität schweizerischer Heilquellen *u.* Über die Therapie mittelst Röntgenstrahlen. Von Prof. Dr. Ernst Sommer, Zürich.

—— über die Leistungen und Fortschritte der Thonwaaren-, Kalk- und Cement-Industrie und verwandter Gebiete, für techn. Chemiker und Fabrikanten, Bau- und Maschinen-Ingenieure, Industrielle und Landwirthe hrsg. von H. Zwick. 1. Jahrg. gr. 8. (VIII, 260 S. mit 30 Illustr. im Text und 1 autogr. Taf. in qu. gr. 4.) Berlin 878, Burmester und Stempell. *

—— dass. — 2. Jahrg. gr. 8. (XVI, 237 S. mit 39 Illustr. im Text.) Ebendas. 879. *

Jahrbuch für die Leistungen der gesammten Heilkunde im Jahre 1837. Leipzig: 1838

s.: Übersicht, M(atthias) J(oseph) Bluff's, der Leistungen u. Fortschritte d. Medizin. Bd 6

JB 6.079/6

— d. Leo-Gesellschaft f. d. J. 1895—1898. Hrsg. v. Directorium d. Leo-Gesellschaft, red. v. Frz. M. Schindler. gr. 8. (260, 160, 147 u. 183 S.) Wien (1, Annagasse 9), Selbstverl. d. Gesellschaft. Nur für Mitglieder.

Jahrbuch der Leo-Gesellschaft für das Jahr 1897—1899. Herausgegeben vom Directorium der Leo-Gesellschaft, redigiert von Dr. Franz M. Schindler, Generalsecretär der Leo-Gesellschaft. (3 Bde.) 8. Wien 1897—1899.

Jahrbuch des Lessingbundes deutscher Freimaurer. H. 1—7. Leipzig [1884]—1892: Findel. 8°
1. 53 S. [1884]; 2. 99 S. [1886]; 3. 46 S. [1887]; 4. 1888 41 S. 1889; 5. 1889 73 S. 1890; 6. 1890 62 S. 1891; 7. 1891 73 S. 1892.
Tt. 177a. Enth. die Berichte üb. die Jahresversammlung u. das Mitgl.verzeichnis des Vereins, Berichte der verschiedenen Ausschüsse, Ziele, Statuten u. a. m.
Jg. 1. 1884
Jg. 1—7. 1884—1892

Literarisches Jahrbuch. Central-Organ für die wissenschaftl., literarischen und künstlerischen Interessen Nordwest-Böhmens und der dt. Grenzlande. hrsg. von Alois John. Bd 1—6. — Eger: Selbstverl. (Bd 6: Eger: Leibing in Komm.) 1891—96.

— literarisches. Central-Organ f. die wissenschaftl., literar. u. künstler. Interessen Nordwest-Böhmens u. der deutschen Grenzlande. Begründet u. hrsg. v. Alois John. I.—IV. Bd. 8. Eger, Selbstverlag. (Prag, H. Dominicus.) à n. 1. 80
I. 1891. (III, 96 S. m. 2 Bildertaf.) Kart. — II. 1892. (III, 88 S. m. 1 Bildnis u. 1 Taf.) — III. 1893. (III, 94 S. m. 1 Bildnis.) Kart. — IV. 1894. (III, 97 S. m. 1 Bildnis u. 1 Taf.) Kart.

— dasselbe. Central-Organ f. die wissenschaftl., literar. u. künstler. Interessen Westböhmens. Mit dem Portr. v. Rud. Thoma in Breslau. V. Bd. 1895. 8. (IV, 97 S.) Eger, Bahnhofstr. 26, A. John. Kart. n. 1. 80

— literarisches. Central-Organ f. d. wissenschaftl., literar. u. künstler. Interessen Westböhmens. Begr. u. hrsg. v. Alois John. M. d. Bildbeigaben: Franz Keil u. f. Geburtshaus in Graslitz. VI. Bd. 1896. 8. (III, 118 S.) Eger, A. John. Kart. n. 2. —

— literarisches. Jahres-Rundschau üb. die literar. Erzeugnisse deutscher Zunge auf schöngeist., dramat. u. musikdramat. Gebiet, verbunden m. e. Lexikon der leb. deutschen Schriftsteller u. Schriftstellerinnen. Unter Mitarbeit v. Carl Busse, Paul Ehlers, Rud. Friedemann u. a. hrsg. v. Pet. Thiel. I. Jahrg. 1902. Mit 14 Portr. (VIII, 320 S.) gr. 8. Köln 903. Hoursch & Bechstedt. n. 2. 50
Erscheint nicht mehr.

—— der Literatur. 1. Jahrg. 1839. 8. (23 B. u. H. Heine's Bildn.) Hamburg, Hoffmann u. Campe.

— der französischen Litteratur v. M Mayr. 1.—3. Jahrg. 1894—1896. 8. (VII, 136; X, 229 u. XI, 176 S.) Zittau 895—897. Leipzig, Pahl. à Jahrg. n. 1. 50

— der Literatur und Kunst. Herausg. von Osw. Marbach und Gottwerth Schmiedt. 1. Jahrg. 1858. 12 Hefte (à 4—5 Bgn.). Leipzig, Expedition. Lex.-8. n. 5 ℛ. 10 ngr.
Nur Heft 1—3. sind erschienen.

— der österreich. Literatur für 1817. Wien, Mayer u. C. (Gräffer u. Sch.) 4 K

— der pädagogischen Literatur f. Lehrer, Erzieher u. pädagogische Schriftsteller. Hrsg. v. Max Hohnerlein. I. Bd.: Die Jahre 1900 u. 1901. (XIII, 596 S.) 8. Stuttgart 903. Süddeutsche Verlagsbuchh. n. 5. —; geb. n. 6. —

Jahrbuch der pädagogischen Literatur f. Lehrer, Erzieher u. pädagogische Schriftsteller. Hrsg. von Max Hohnerlein. II. Bd.: Das J. 1902. (XII, 377 S.) 8. Horb 906. P. Christian. Geb. n. 4. 50

—— für romanische und englische Literatur. Unter besonderer Mitwirkung von Ferd. Wolf hrsg. von Adf. Ebert. 1—3. Bd. (Jahrg.) October 1858 bis September 1861. à Jahrg. 4 Hefte. (à ca. 120—130 S.) gr. 8. Berlin, Dümmler's Verlagsh. à Jahrg. *

—— dass. — 4. Bd. (Jahrg.) October 1861 bis September 1862. 4 Hefte. (à ca. 120 S.) gr. 8. Leipzig, Brockhaus' Sortiment und Antiquarium. *

— — 5. Bd. à 4 Hefte (à 7—8 Bgn.). Leipzig 862, 63. Brockhaus. gr. 8. Jeder Bd. n. 4 ℛ

—— für romanische und englische Literatur. Unter besond. Mitwirkung von Ferd. Wolf hrsg. von Adf. Ebert. 5. Bd. 4 Hefte. gr. 8. (IV und 467 S.) Leipzig 864, Brockhaus. *

—— dass. — Unter besond. Mitwirkung von Ferd. Wolf und Adf. Ebert hrsg. von Ludw. Lemcke. 6. Bd. 4 Hefte. gr. 8. (IV und 455 S.) Ebendas. 865. *

—— dass. — Begründet im Verein mit Ferd. Wolf von Adf. Ebert hrsg. von Ludw. Lemcke. 7. und 8. Bd. à 4 Hefte. gr. 8. (IV und 484 S., IV und 476 S.) Ebendas. 866, 67. à Bd. *

—— für romanische und englische Literatur. Begründet im Verein mit Ferd. Wolf von Adf. Ebert, hrsg. von Ludw. Lemcke. 9.—12. Bd. à 4 Hefte. gr. 8. (à Jahrg. ca. 480 S.) Leipzig 868—72, Brockhaus. à Jahrg. *
Forts. u.d.T.: Jahrbuch für romanische und englische Sprache und Literatur.

—— für die Litteratur der Schweizergeschichte. 1. und 2. Jahrg. 1867 und 1868. Redig. durch Gerold Meyer von Knonau. gr. 8. (VIII, 248; VII, 305 S.) Zürich 870, Orell, Füssli und Comp. à Jahrg. *

—— für Litteraturgeschichte hrsg. von Rich. Gosche. 1. Bd. gr. 8. (XII und 452 S.) Berlin 865, Dümmler's Verlag. *

Jahrbuch für Deutsche Litteraturgeschichte. Unter Mitwirkung von Carriere, Düntzer, Gervinus, J. Grimm rc. Herausg. von Aug. Henneberger. 1. Jahrg. Meiningen 855. Brückner u. Renner. gr. 8. (VII. 196 S.) n. 28 ngr.

— des Norddeutschen Lloyd. 1908 u. 1909/10. Hrsg. v. Paul Neubaur. (VI, 368 u. VI, 476 S.) gr. 8. Berlin, Hobbing & Co. Geb. à 4. —

Jahrbuch des Norddt. Lloyd Bremen. 1908—1925. — Bremen: (Norddt. Lloyd), Leuwer in Komm. [1909]—1926.

Jahrbuch des Pesther Lloyd für 1854. Redigirt durch Karl Weißkircher. (A Pesti Lloyd évkönyve 1854-re. Szerkeszté Weiszkircher Károly.) 8. (98 S. und 3 Blätt.) Pesth. 1854. Buchdruckerei von Gustav Emich. (Ungar. u. deutsch.)

—— für Lothringen. Annuaire de la Lorraine. Hrsg. von Geo. Lang. 3. Jahrg. 1878. gr. 8. (VIII, 135, 21 S. mit chromolithogr. Karte der Umgegend von Metz.) Metz, Deutsche Buchh. cart.

—— dass. — 4. Jahrg. 1880. gr. 8. (144 S. mit 1 Karte von Elsaß-Lothringen.) Ebendas. cart. *
Der 1. und 2. Jahrg. Ebendas. 1874 und 1876 erschienen u. d. T.: Annuaire de la Lorraine.

—— für Lothringen. Hrsg. von Geo. Lang. 5. Jahrg. 1882. gr. 8. (VIII, 117 S.) Metz 882, Deutsche Buchhandlung. **M 3.; geb. **

—— dass. — 6. Jahrg. 1886. gr. 8. (VI, 124 S.) Ebendas. *M 4.; geb. *

— des deutschen Lourdes-Vereins u. der deutschen Hospitalität U. L. Frau v. Lourdes. 1. Jahrg. 1909. Hrsg. vom Vorstand des deutschen Lourdes-Vereins. (40 S. m. Abbildgn.) gr. 8. Donauwörth (909). L. Auer. — 30

Lübeckisches Jahrbuch der Vaterstädtischen Blätter (1905—1911/12: Vaterstädtische Blätter). Jg. 1905 ff. — Lübeck: Borchers 1905 ff. 4°

[Jahrbuch der Loge „Ludewig zur Treue" in Giessen. Seit 1847.]

— des deutschen Luftschiffer-Verbandes. 1910. Mit 2 Taf. in Farbendr.: Die Stander des Vereins des deutschen Luftschiffer-Verbandes. (754 S.) gr. 8. Berlin 910. (Vereinigte Verlagsanstalten G. Braunbeck & Gutenberg-Druckerei.) 3. —

Jahrbuch Deutscher Lyrik. Zeitschrift f. Dichtkunst u. Kritik. (Hrsg.: Hermann Kiehne.) 1. *Nordhausen & Leipzig: H. Kiehne 1903.* 8° [S.]
[03-13304 3

—— für deutsche Mädchen 1883 und 1884. Hrsg. von Max Vogler. 16. (228; 204 S.) Leipzig, Thiel. cart. à Jahrg. * geb. à Jahrg. *

Jahrbuch für deutsche Mädchen 1885. Hrsg. von Max Vogler. 16. (192 S. mit 7 Text-Abbild. und 1 Titelbild.) Leipzig, Spamer. cart. *
Frühere Jahrgänge u. d. T.: Mädchenjahrbuch, deutsches.

—— für deutsche Mädchen 1886. Hrsg. von Max Vogler. 10. Jahrg. 16. (188 S. mit 1 Titelbilde.) Leipzig, Spamer. cart. *
Die folgenden Jahrgänge, s. Mädchen-Jahrbuch.

— f. junge Mädchen n. d. Schulzeit. Unt. Mitwirkg. bedeut. Schriftsteller u. Schriftstellerinnen hrsg. v. Lina Morgenstern. 7. Jahrg. gr. 8. (192 S. m. Abb.) Berlin 895. Verlag d. Deutschen Hausfrauen-Zeitg. n. 2. —; geb. in Leinw. n. 2. 60

Jahrbuch für das höhere Mädchenschulwesen im Königreich Preußen. Hrsg. v. Ed[uard] Meyer. Jg. 1. 2. [Mehr nicht ersch.] — Berlin & Leipzig: Jaeger 1910-12. 8°

—— Malchiner. Handels- und Gewerbe-Adreßkalender für 1885—1889. 14.—18. Jahrg. kl. 8. (à Jahrg. 80 S.) Malchin, Brockmann. à Jahrg. *
Erscheint in gleicher Weise seit 1870.

Männer vom Morgenstern. Heimatbund an Elb- u. Wesermündung. E. V. Jahrbuch (H. 1—4. 7/8—9. Jg. 11: Jahresbericht). g. (H.) 1 ff. — Bremerhaven (25: Wesermünde): Selbstverl. d. Männer v. Morgenstern [usw.] 1898 ff. 8°

— für Deutschlands Männergesangvereine 1901. 1. Jahrg. gr. 8. (IV, 167 S.) Schweidnitz. (Leipzig, R. Spitzner.) Geb. in Leinw. n. 3 —

— Tante Marie's. II. Weihnachtsgabe zu Lust und Lehre für's junge Volk. Hrsg. von der Redaktion des Schweizer. Familien-Wochenblatt *Th. Schröter* in Zürich. Mit vielen Illustr. In-8° 96 S. Zürich, Schröter & Meyer, 1891. Cart. 1 2

Jahrbuch, Tante Marie's. III. Weihnachtsgabe zu Lust und Lehre fürs junge Volk. Hrsg. von der Redaktion des „Schweizer. Familien-Wochenblatt" *Th. Schröter* in Zürich. Mit Holzschn u. 4 color. Illustr. In-8°. 96 S. Zürich, Th Schröter (Schröter & Meyer's Verlag), 1892. Gebd. 1 2

Jahrbuch der deutschen Marine. Jhg. 1. 2. Kiel 1874—75. 8.
(Angaben u. a. über Einrichtungen u. Umfang der Marine.) . . . . (1)

—— der deutschen Marine für 1874. 1. Jahrg. gr. 8. (VIII, 209 S.) Kiel, v. Wechmar. * 5 20
—— dass. — für 1875. 2. Jahrg. gr. 8. (XII, 260 S. mit 2 Tab. in qu. Fol.) Ebendas. * 6 —

— f. d. ges. Maschinen-Industrie. Unt. Mitwirkg. erster Fachautoritäten aus wissenschaftl. u. prakt. Kreisen bearb. v. Frdr. Vogel. Anh.: Kalender f. d. J. 1899. Fol. (XIV, 195 S. m. Abb. u. Schreibkal.) Berlin, Technolog. Verlag O. Italiener. Geb. in Leinw. n. 20. —

Jahrbuch für Maschinisten, Dampfkesselheizer und deren verwandte Berufe. Zusammengestellt von Franz Worsich. I. Jahrg. 1910. 8°. (XXXII, 118 S.) Wien: Suschitzky 1910. geb. K 1.—

Jahrbuch für Maschinisten, Heizer und verwandte technische Berufe. Jahrg. 1911. 8°. (162, 32 S.) Ebd. geb. K 1.20

— für Maschinisten, Heizer u. verwandte Berufe. Unter Mitwirkg. hervorrag. Fachmänner red. v. J. Kraus. Jahrg. 1911. (159 S. m. Abbildgn.) 16. Wien, Brüder Suschitzky. Geb. in Leinw. 1. —

— d. Maurerey. 7 Bde. f.a.Taschenb. f. Freymaurer f. 1798—805.

Jahrbuch der Maurerei oder Taschenbuch für Freimaurer. Cöthen 1798—1800. V: *Auc, Johann August* & *And.* (StAt)

—— für die deutsche Medicin, s. Choulant, L.

—— der practischen Medicin. Hrsg. unter Mitwirkung von A. Baginsky, Karl Bardeleben, M. Bresgen etc. von Paul Börner. (1. Jahrg.) 1879. gr. 8. (XVIII, 650 S.) Stuttgart, Enke. *

Jahrbuch der practischen Medicin. Hrsg. unter Mitwirkung von A. Baginsky, Karl Bardeleben, M. Bresgen etc. von Paul Börner. Jahrg. 1880. gr. 8. (XV, 780 S.) Stuttgart, Enke. n. 14. —

— dasselbe. Jahrg. 1881. gr. 8. (XV, 720 S.) Ebend. 881. n. 13. —

— dasselbe. Jahrg. 1882. gr. 8. (XVI, 760 S.) Ebend. n. 14. —

— der praktischen Medicin. Unter Mitwirkg. v. Adler, A. Baginsky, Karl Bardeleben etc. hrsg. v. Paul Börner. Jahrg. 1883. gr. 8. (XV, 836 S.) Stuttgart 883. Enke. n. 16. —

— dasselbe. Jahrg. 1884 gr. 8. (XVI, 808 S.) Ebend. 884. n. 15. 40

—— der practischen Medicin. Unter Mitwirkung von Adler, A. Baginsky, Karl Bardeleben etc. hrsg. von Paul Börner. Jahrg. 1885. gr. 8. (XVI, 904 S.) Stuttgart, Enke. * 17 —

—— dass. — Begründet von Paul Börner. Unter Mitwirkung von Adler, A. Baginsky, Karl Bardeleben etc. hrsg. von S. Guttmann. Jahrg. 1886. gr. 8. (XV, 783 S., und Miller, Wörterbuch der Bacterienkunde VII, 43 S.) Ebendas. * 15 —

—— dass. — Jahrg. 1887. gr. 8. (XV, 838 S.) Ebendas. * 10 —

—— dass. — Jahrg. 1888. 2 Hälften. gr. 8. Ebendas. [1. Hälfte. (S. 1—320.) *M 6.—; 2. Hälfte. (XVI, S. 321—952.) *M 12.—] * 18 —

— dasselbe. Jahrg. 1889. gr. 8. (XV, 784 S.) Ebd. n. 15. —

— dasselbe. Jahrg. 1890. gr. 8. (XV, 802 S.) Ebd. n. 16. —

Jahrbuch der practischen Medicin. Begründet v. Paul Börner. Unter Mitwirkg. v. Heinr. Adler, A. Baginsky, Karl Bardeleben etc. hrsg. v. S. Guttmann. Jahrg. 1891. gr. 8. (XV, 810 S.) Stuttgart, F. Enke. n. 16. —

— dasselbe. Jahrg. 1892. 1893. gr. 8. (XVI, 907; XVI, 852 S.) Ebd. à Jahrg. n. 18. —

— dasselbe. Hrsg. v. J. Schwalbe. Jahrg. 1894. gr. 8. (XXI, 931 S.) Ebd. n. 18. —

— d. pract. Medicin. Begründ. v. Paul Börner. Unt. Mitwirkg. v. Fel. Beetz, A. Czempin, Freyhan etc. hrsg. v. J. Schwalbe. Jahrg. 1895. gr. 8. (XVI, 666 S.) Stuttgart, F. Enke. n. 12. —

— dasselbe. Jahrg. 1896. gr. 8. (XVII, 707 S.) Ebd. n. 12. —; geb. in Leinw. n. 13. —

— dasselbe. Jahrg. 1897 u. 1898. gr. 8. (XII, 749 u. 732 S.) Ebd. à n 15. —; geb. in Leinw. à n. 16. —
Jahrg. 1897 u. 1898 erschienen auch in je 5 Lfgn. à n. 3. —.

Jahrbuch der pract. Medicin. Begründet v. Paul Börner. Unter Mitwirkg. von Clar, Freyhan, Fürbringer etc. hrsg. v. J. Schwalbe. Jahrg. 1899. gr. 8. (XII, 823 S.) Stuttgart, F. Enke. n. 17. —; geb. in Leinw. n. 18. —

— dasselbe. Jahrg. 1900. 5 Hfte. gr. 8. (XII, 774 S.) Ebd. n. 16. 40; geb. in Leinw. n. 17. 40

Jahrbuch der practischen Medicin. Kritischer Jahresbericht für die Fortbildung der practischen Ärzte. Unter Mitwirkung von... Prof. Dr. (W[ilhelm]) His jun. in Leipzig,... Prof. Dr. [Joseph] Jadassohn in Bern,... hrg. von Dr. J(ulius) Schwalbe in Berlin. Jahrg. 1901. X + 560 S. gr.-8. Stuttgart, Ferdinand Enke, 1901. (M. 10. —)

Darin S. 272—287: Stoffwechselkrankheiten. Von Professor Dr. W[ilhelm] His d. J. in Leipzig; *S. 417—443:* Haut- und venerische Krankheiten. Von Prof. Dr. [Joseph] Jadassohn... in Bern.

Jahrbuch der practischen Medicin. Kritischer Jahresbericht für die Fortbildung der practischen Ärzte. Unter Mitwirkung von Prof. Dr. (A[ugust]) Cramer in Göttingen, ... Prof. Dr. W(ilhelm) His [d. J.] in Dresden, ... Prof. Dr. [Joseph] Jadassohn in Bern, ... hrg. von Prof. Dr. J(ulius) Schwalbe in Berlin. Jahrg. 1902. VIII + 573 S. 8. Stuttgart, Ferdinand Enke, 1902. (M. 10. —)

Darin u. a. S. 136—148: Psychiatrie. Von Prof. Dr. A[ugust] Cramer... in Göttingen; *S. 278—290:* Stoffwechselkrankheiten. Von Prof. Wilhelm His [d. J.], Oberarzt... in Dresden; *S. 412—441:* Haut- und venerische Krankheiten. Von Prof. Dr. [Joseph] Jadassohn... in Bern.

— der praktischen Medicin. Kritischer Jahresbericht f. die Fortbildg. der prakt. Aerzte. Jahrg. 1903—1906. gr. 8. Stuttgart, F. Enke. n. 42. —; geb. in Leinw. n. 46. —
1903. Unter Mitwirkg. v. Cramer, Fürbringer, Glax u. a. hrsg. v. J. Schwalbe. Mit den Bildnissen v. P. Boerner u. S. Guttmann. (XII, 565 S.) n. 10. —; geb. n. 11. —
1904. Unter Mitwirkg. v. Cramer. A. Dennig, Fürbringer u. a. hrsg. v. J. Schwalbe. (VIII, 682 S.) n. 10. —; geb. n. 11. —
1905. Unter Mitwirkg. v. M. Cloetta, Cramer, A. Dennig u. a. hrsg. v. J. Schwalbe. (VIII, 607 S.) n. 11. —; geb. n. 12. —
1906. Unter Mitwirkg. v. M. Cloetta, Cramer, A. Dennig u. a. hrsg. v. J. Schwalbe. (VIII, 670 S.) n. 11. —; geb. n. 12. —

Jahrbuch der prakt. Medizin. Kritischer Jahresber. f. die Fortbildg. der prakt. Ärzte. Unter Mitwirkg. von M. Cloetta, A. Cramer, A. Denning u. a. hrsg. von J. Schwalbe. Jahrg. 1907—1910. gr. 8. Stuttgart, F. Enke. 58. 40
1907. (VIII, 622 S.) 907. 13. —
1908. (VIII, 655 S. m. 54 Abbildgn. u. 2 farb. Taf.) 908. 15.40; geb. n 16. 40
1909. (VIII, 669 S. m. 58 Abbildgn.) 909. 15.40; geb. n 16. 40
1910. (VIII, 625 S. m. 56 Abbildgn.) 910. 14. 60

—— der Medicinal-Verwaltung in Elsass-Lothringen. 1. Bd. Jahrg. 1888. Im amtl. Auftrage hrsg. von Krieger. gr. 8. (VIII, 252 S.) Strassburg, Schmidt'sche Universitäts-Buchh. * 5 —

— dasselbe. 2. Bd. 1889. (VII, 299 S.) Ebd. n. 6. —

— dasselbe. 3. Bd. 1890. (VII, 217 S.) Ebd. n. 5. —

— der Medicinal-Verwaltung in Elsass-Lothringen. 4.—7. Bd. Jahrg. 1891—1894. Im amtl. Auftrage hrsg. v. J. Krieger. gr. 8. (VII, 217; VII, 216; VII, 219; VIII, 208 S.) Strassburg, F. Bull. à Jahrg. n. 5. —

— d. Medicinal-Verwaltung in Elsass-Lothringen. 8. u. 9. Bd. Jahrg. 1895 u. 1896. Im amtl. Auftr. hrsg. v. J. Krieger. gr. 8. (VII, 196 u. VII, 228 S.) Strassburg, F. Bull. à Bd. n. 5. —

— dasselbe. 10. u. 11. Bd. Jahrg. 1897 u. 1898. gr. 8. (VII, 251 u. VII, 236 S.) Ebd. à Bd. n. 6. —

— der Medicinal-Verwaltung in Elsass-Lothringen. 12.—15. Bd. Jahrg. 1899—1902. Im amtl. Auftrage hrsg. v. J. Krieger. gr. 8. (VII, 256; VII, 264; VII, 241 u. VII, 195 S.) Strassburg, F. Bull. à n. 6. —

— der Medizinal-Verwaltung in Elsass-Lothringen. 16—18. Bd. Jahrg. 1903/1904, 1905 u. 1906. Im amtl Auftrage hrsg. v. Ph. Biedert. gr. 8. Strassburg, F. Bull. n. 31. —
16. 1903 u. 1904. (VII, 316 u. 36 S.) 904. n. 12. —
17. 1905. (VII, 296 S.) 905. n. 9. —
18. 1906. (VIII, 310 S.) 906. n. 10. —

— der Medizinal-Verwaltung in Elsass-Lothringen. 19. Bd. Jahrg. 1907. Im amtl. Auftrage hrsg. v. Ph. Biedert. (VIII, 297 S.) gr. 8. Strassburg 907. F. Bull. 9. —

— dasselbe. 20.—22. Bd. üb. d. J. 1907—1909. Im amtl. Auftrage hrsg. v. Carl Pawolleck, unter Mitwirkung v. Alfons Holtzmann. (Jahrg. 1908—1910.) gr. 8. Ebd. 32. —
20. (X, 200 S.) 908. 9. —. 21. (X, 363 S.) 909. 12. —. 22. (X, 339 S.) 910. 11. —

— medicinisches. Kurze Darstellung der für die prakt. Aerzte wichtigsten Fortschritte auf dem Gebiete der Medicin. In Verbindung mit zahlreichen Fachmännern hrsg. von Paul Boerner. 1. Jahrg. 1877. gr. 8. (VII, 404 S.) Leipzig, Kloz? n. 9. —

—— medicinisches, der Thermalquellen von Teplitz-Schönau in Böhmen. Begründet und hrsg. von F. Berthold und J. Seiche. 1. Jahrsheft. 1852. gr. 8. (VI und 188 S. mit 2 Stnt. in qu. gr. 8. und 4.) Teplitz. (Prag, Rziwnatz.) *

Jahrbuch, medicinisches, der Thermalquellen von Teplitz-Schönau in Böhmen. Begründet und hrsg. von F. Berthold und J. Seiche. Jahrg. 1853—55. Der ganzen Reihenfolge 2—4. Jahrsheft. gr. 8. Meissen, Goedsche'sche Vrlgsh. [2. (VI und 184 S. und 1 Stnt. in qu. Fol.) * 1 Thlr. 10 Ngr., 3. und 4. (X und 414 S. mit 1 Stnt. und 3 Tab. in Fol.) 3. Jahrg. * 1 Thlr. 10 Ngr., 4. * 1 Thlr. 15 Ngr.] Thlr. *

—— dass. — Jahrg. 1856. Der ganzen Reihe 5. Bd. (1. Heft.) gr. 8. (S. 1—80 mit 1 thermograph. lithochrom. Plane des Herrenhauses und Brunnengartens zu Teplitz in gr. 4. und 1 Tab. in qu. gr. Fol.) Ebds.

— — Jahrg. 1856. 5. Bd. 2 Hefte. Ebend. gr. 8. (188 S., 3 lith. Taf. u. 1 Tab. in Fol.) n. 1 ₰. 9 ngr

—— medicinisch-pädagogisches, der Levana, s. Unterlage, die, für die Heilung und Erziehung der Idioten.

Mennonitisches Jahrbuch. Berdjansk. 1903—1913 v. H. Dirks u. D. Epp

— moderne Menschen. Beiträge zur Förderg. des philosoph. u. sozialpolit. Interesses. 2. Bd. des „Jahrbuches moderner Studenten". (252 S. m. 3 Bildnissen.) 8. Osterwieck, A. W. Zickfeldt. 3. —

— dasselbe. 3. Bd. 1908. 1. Heft. (8, 192 S.) 8. Ebd. 2. 50

Jahrbuch moderner Menschen. Beitr. z Förderung d. philosoph. u. sozialpolit. Interesses. 1907 ff. Osterwieck-Harz 1907 ff. 8°.
1907. Jahrbuch modern. Studenten. Bd 2.
1908.

Jahrbuch der Menschengeschichte in Bayern, s.a. *Westenrieder.*

Jahrbuch der Menschengeschichte in Bayern. München 1782—83. II: *Westenrieder, Lorenz.* (Ky) (MGT) (MS)

Jahrbuch, f. d. Menschheit, s. F. B. Beneken.

---- Meteorologisches, von 1820—1824 mit Inbegriff der meteorol. und astronom. Beobachtungen, der Aspecten der Sonne, der Planeten u. des Mondes, wie auch der Veränderungen der positiven und negativen atmosph. Electricität. Von Ritter A. Stark. Heft 1—5. Augsburg 1814—1827. Fol. . . . . (D.)

Meteorologisches **Jahrbuch** für Finland. Hrsg. von d. Meteorolog. Zentralanst. Bd 1. 1901. Helsingfors: Helsingin Uusi Kirjapaino-Osakeyhtiö 1908. 4° 103. 17915 B

Meteorologisches Jahrbuch f. Finnland herausg. v. der meteorologischen Zentralanstalt. Bd. IV—X, XI: 2. 1904—11. Helsingf. 1910—12. 4°
— Beilage. Schnee-u. Eisverhältnisse in Finnland. 1902/03—1905/06. v W. W. Korhonen. Sst. og Kuopio 1910—13. 4°.

—— meteorolog., d. Großhrzgth. Sachsen-Weimar-Eisenach, s. Beobachtungen.

Jena, Grossherzogl. Sternwarte,
— (Schroen, Ludwig (Heinrich Friedrich)), Meteorologisches Jahrbuch der Grossherzoglichen Sternwarte zu Jena. Neue Folge. Jahrg. 1, 2, 3 der meteorol. Beobacht. der Sternw. vom Jahre 1833—35. (o. O. u. J.)

Jahrbuch, Meyers deutsches. Jahrg. 1 herausg. v. Otto Dammer, Jahrg. 2 herausg. v. Max Wirth. Hildburghausen 1872—73.

— für Mikroskopiker. Fortschritte mikroskop. Technik u. Erkenntnis, hrsg. v. der deutschen mikrolog. Gesellsch. unter der Red. v. R. H. Francé. 1. Jahrg. 1909. (III, 98 S.) kl. 8. Bamberg 910. C. C. Buchner's Verl. — 80

— für Militäranwärter u. Kapitulanten 1911. Begründet v. H. Rienaber u. R. Gersbach. 4. Jahrg. (XII, 443 S.) kl. 8. Berlin, Kameradschaft. Geb. in Lw. 2. —

— für Militär-Aerzte 1865—1868. 1—4. Jahrg. Hersg. von J. Horalek u. A. Loeff. Wien, (Braumüller.) gr. 16. geb. Jeder Jahrg. (ca. 212 S. mit 1 lith. Portr.) n. 1 ₰ 3 ngr.

— — 1869. 5. Jahrg. Hersg. von Ant. Loeff. Ebend. 16. (IV, 198 S.) In engl. Einb. n. 1 ₰ 3 ngr.

— für Militär-Aerzte 1870/72. 6. u. 7. Jahrg. Hrsg. v. Carl Pundschu. gr. 16. (à ca. VII, 254 S.) Wien, Braumüller. geb. à n. 2. 80

— dasselbe 1873. 8. Jahrg. 16. (V, 267 S.) Ebend. geb. n. 4. —

— dasselbe 1874. 9. Jahrg. 16. (194 S.) Ebend. geb. 3. 20

— dasselbe 1875. 10. Jahrg. Hrsg. v. Unterstützungs-Vereine der k. u. k. österr. Militär-Aerzte. Im Auftrage d. Verwaltungs-Comités zusammengestellt v Carl Krauss. 16. (IX, 167 S.) Wien 875. Perles in Comm. geb. n. 3. —

—— für Militär-Aerzte. 1876—1878. 11.—13. Jahrg. Hrsg. vom Unterstützungs-Vereine der k. und k. österreich. Militär-Aerzte. Im Auftrage des Verwaltungs-Comités zusammengestellt von Carl Kraus. 16. (XXX, 132; XXXII, 138; XXXIV, 141 S.) Wien, (Perles.) geb. à Jahrg.

— dasselbe. 1879—1882. 14—17. Jahrgang. Hrsg. vom Unterstützungs-Vereine der k. k. österr. Militär-Aerzte. Im Auftrage des Verwaltungs-Comité zusammengestellt von Paul Myrdacz u. Frdr. Höny. 16. (à 178 u. XXXVI S.) Ebend. geb. à n. 3. 20

— für Militär-Aerzte 1883—1886. 18—21. Jahrg. Hrsg. vom Unterstützungs-Vereine der k. k. Militär-Aerzte. Im Auftrage d. Verwaltungs-Komité zusammengestellt v. Paul Myrdacz, Frdr. Höny. 16. (à ca. III, 192 S.) Wien, Perles. geb. à Jahrg. n. 3. 20

—— für Militär-Aerzte 1884—1887. 20.—22. Jahrg. Hrsg. vom Unterstützungs-Vereine der k. k. Militärärzte. Im Auftrage des Verwaltungs-Comité zusammengestellt von Paul Myrdacz. 16. (à Jahrg. IV, 195 S.) Wien, Perles. geb. à Jahrg. * 3 20

—— dass. — 1888. 23. Jahrg. 16. (III, 190 S.) Ebendas. geb. * 3 —

—— für Militär-Aerzte. Hrsg. vom Unterstützungsvereine d. k. k. Militärärzte. Im Auftrage des Verwaltungs-Comité zusammengestellt. 1889—1893. 24.—28. Jahrg. 16. (XLII, 186; XLII, 190; XLII, 192; XLV, 198; XLVII, 200 S.) Wien, Perles. geb. à Jahrg. * 3 —

— dasselbe. 1894. 29. Jahrg. gr. 16. (IV, 216 u. LI S.) Ebd. Geb. in Leinw. n. 3. 20

— für Militär-Arzte 1895—1898. Hrsg. v. Unterstützungs-Vereine d. k. u. k. Militär-Ärzte. Im Auftr. d. Verwaltungs-Comité zusammengest. v. Eug. Loibnitz. gr. 16. Wien (M. Perles). Geb. in Leinw. n. 12. 60

1895. 30. Jahrg. (IV, 230 u. LI S.) n. 3. 20
1896. 31. Jahrg. (II, 231 u. LII S.) n. 3. 20
1897. 32. Jahrg. (IV, 230 u. LI S.) n. 3. 20
1898. 33. Jahrg. (IV, 248 u. LV S.) n. 3. —

— für Militär-Ärzte 1899. 34. Jahrg. Hrsg. vom Unterstützungs-Vereine der k. u. k. Militär-Ärzte. Im Auftr. des Verwaltungs-Comité zusammengestellt v. Eug. Leibnitz. gr. 16. (IV, 244 u. LIV S.) Wien (M. Perles). Geb. in Leinw. n. 3 —

— dasselbe 1900—1903. 35.—38. Jahrg. Im Auftr. des Verwaltungs-Comités zusammengestellt v. Berth. Reder. 12. (IV, 240 u. LIV S., III, 234 u. L S. u. IV, 288 S.) Ebd. Geb. in Leinw. à n. 3. 20

Jahrbuch für Militärärzte 1904. 39. Jahrg. 8°. (800 S.) † Wien: Perles 1904. K 3.20

Jahrbuch für Militärärzte 1905. 40. Jahrg 8°. (314 S.) † Ebd. K 3.20

— für Militärärzte 1906. 41. Jahrg. Hrsg. vom Unterstützungsverein f. Witwen u. Waisen der k. u. k. Militärärzte. Im Auftrage des Verwaltungskomitees zusammengestellt von Bertold Reder. (IV, 505 S.) kl. 8. Wien (M. Perles). Geb. in Leinw. n. 3. 20

Jahrbuch für Militärärzte 1907. XLII. Jahrg. 8°. (424 S.) † Ebd. geb. K 3.20

Jahrbuch für Militärärzte 1908. XLIII. Jahrg. 8°. (435 S.) Ebd. geb. K 4. —

Jahrbuch für Militärärzte. 1909. XLIV. Jahrg. 8°. (437 S.) Ebd.

— für Militärärzte 1910. 45. Jahrg. Hrsg. v. Unterstützungsverein f. Witwen u. Waisen der k. u. k. Militärärzte. Im Auftrage des Verwaltungskomitees zusammengestellt v. Bertold Reder. (IV, 450 S.) kl. 8. Wien, M. Perles. Geb. in Leinw. 4. —

Jahrbuch, Militär-statistisches. Ueber Anordnung des k. k. Reichs-Kriegs-Ministeriums bearbeitet und herausgegeben von der III. Section des technischen und administrativen Militar-Comité für das Jahr 1870—1894. (39 Bde.) 4. Wien 1872—1896.

—— militär-statistisches, für die J. 1870, 1871 und 1872. Auf Anordnung des k. k. Reichs-Kriegs-Ministeriums bearb. und hrsg. von der III. Section des techn. und administrativen Militär-Comité. gr. 4. Wien 873,74, k. k. Hof- und Staatsdruckerei. [1870. *ℳ 3. 1871. (IV, 805 S. mit 1 color. Stnt. in qu. gr. 4.) *ℳ 9.; 1872. 1. Thl. (IV, 223 S. mit 1 Stnt. in qu. Fol.) 874. *ℳ 3.; 2. Thl. (IV, 295 S.) 875. *ℳ 3,60.] * 18 60

—— militär-statistisches, für das J. 1873. 2 Thle. Ueber Anordnung des k. k. Reichs-Kriegs-Ministeriums bearb. und hrsg. von der III. Section des techn. und administrativen Militär-Comité. gr. 4. 2 Thle. (IV, IV, 306 S. mit 2 Stnt. in qu. Fol.) Wien 876, k. k. Hof- und Staatsdruckerei. [1. Thl. ℳ 2.; 2. Thl. *ℳ 2,40.]

— militär-statistisches, für das Jahr 1874. 1. u. 2. Thl. Ueber Anordnung des k. k. Reichs-Kriegs-Ministeriums bearb. u. hrsg. von der III. Section des techn. u. administrativen Militär-Comité. Imp.-4. (IV, 187 u. III, 299 S. mit 2 graph. Steintaf.) Wien 877. 78. k. k. Hof- u. Staatsdruckerei. 4. 40

— dasselbe, für das Jahr 1875. 1. u. 2. Thl. gr. 4. (IV 200 u. V, 301 S. mit 3 Steintaf.) Ebend. 878. à n. 2. 40

—— militär-statistisches, für das J. 1876. 2 Thle. Ueber Anordnung des k. k. Reichs-Kriegs-Ministeriums bearb. und hrsg. von der III. Section des techn. und administrativen Militär-Comité. Imp.-4. Wien, Hof- und Staatsdruckerei. [1. Thl. (IV, 177 S. mit 3 Stnt.) 881. ℳ 2.; 2. Thl. (IV, 303, LII S. mit 2 Stnt.) 880. ℳ 2,40.]

—— dass. — für das J. 1877. 2 Thle. Imp.-4. Ebendas. 884. [1. Thl. (IV, 161 S.) 883. ℳ 2.; 2. Thl. (IV, 291 S. mit 12 Stnt.) 884. ℳ 3.]

— dasselbe, f. d. J. 1878. 2 Thle. gr. 4. (IV, 155 u. IV, 297 S.) Ebend. 883. 84. 5. —

—— dass. — für das J. 1879. 2 Thle. gr. 4. Ebendas. 884. [1. Thl. (IV, 155 S.) ℳ 2.; 2. Thl. (IV, 204, 52 S. mit 4 graph. Stnt.) ℳ 3.]

— dasselbe, f. die J. 1880. 1881 u. 1882. 2 Thle. gr. 4. (IV, 191 u. LV, 501 S. m. 8 graph. Steintaf. u. Monatl. Uebersichten der Ergebnisse v. hydrometr. Beobachtgn. 52, 52 u. 52 S.) Ebend. 884. 12. —

— dasselbe, f. die J. 1883 u. 1884. 2 Thle. Imp.-4. (IV, 223 u. LII, 359 S. m. 4 chromolith. Karten u. 4 lith. Beilagen.) Ebend. 886. 9. —

— dasselbe, f. d. J. 1885. gr. 4. (V, 399 u. 52 S. m. 5 graph. Steintaf.) Ebend. 886. 6. —

— militär-statistisches, f. d. J. 1886—1889. Über Anordng. d. k. k. Reichs-Kriegs-Ministeriums bearb. u. hrsg. v. der III. Section d. techn. u. administrativen Militär-Comité. gr. 4. (V, 377 u. 52 S.; V, 398 u. 52 S. m. Tab.; V, 387 u. 52 S.; V, 395 u. LII S.) Wien 887—889. Hof- u. Staatsdruckerei. à Jahrg. 3. —

— militär-statistisches f. d. J. 1890—1894. Über Anordng. des k. u. k. Reichs-Kriegs-Ministeriums bearb. u. hrsg. v. der 3. Sektion des techn. u. administrativen Militär-Comité. Imp.-4. (V, 397 u. LII S.; V, 395 u. LII S.; V, 403 u. LII S.; VI, 409 u. LII S.) Wien 891—894. (Hof- u. Staatsdruckerei.) à Jahrg. 3. —

— militär-statistisches, f. d. J. 1894. Über Anordng. d. k. u. k. Reichs-Kriegs-Ministeriums bearb. u. hrsg. v. d. III. Section d. techn. Militär-Comité. Imp.-4. (V, 407 u. LII S.) (Wien 896. Hof- u Staatsdruckerei.) 3. —

—— für Mineralogie, Geognosie, Geologie u. Petrefaktenkunde. Hrsg. v. K. C. v. Leonhard u. H. G. Bronn. 1—3. Jahrg. 1830—32. à 4 Quartalhfte. Mit Stnt. gr. 8. Heidelberg, Reichard. à J.
s.a. Jahrbuch, Neues, für Mineralogie ...

—— dass., hrsg. v. dens. Jahrg. 1833—35. à 6 Hfte. Mit Stnt. gr. 8. Stuttgart, Schweizerbart. [833 u. 34. à 3 Thlr. 16 Gr., 35. 4 Thlr. 20 Gr.]
Vgl. Zeitschrift f. Mineralogie von K. C. v. Leonhard.

Jahrbuch für Innere Mission. Jg. 1. Kaiserswerth: Diakonissen-Anst. 1906. 8° [J.] [07. 8371]

— für innere Mission. II. Jahrg. (V, 142 S. m. 2 Titelbildern.) 8. Kaiserswerth 908. Buchh. der Diakonissenanstalt. 2.—; kart. 2. 40

— der Missionskonferenz der Brüdergemeine 1906. Hrsg. vom Vorstand der Konferenz. (84 S.) 8. Herrnhut 906. (Missionsbuchh.) n. — 50

— der Missionskonferenz der Brüdergemeine 1908. Hrsg. v. Vorstand d. Konferenz. Bearb. v. Th. Bechler. (88 S.) 8. Herrnhut 908. (Missionsbuchh.) — 50

— 1., der hanseatisch-oldenburgischen Missions-Konferenz. 1903. Hrsg. vom Vorstande der Konferenz. (48 S.) gr. 8. Bremen 903. (J. Morgenbesser.) n. — 50

— der hessischen Missionskonferenz 1910. Hrsg. v. Vorstand. (58 S. m. 1 Tab.) 8. Darmstadt (Wartburg-Buchh.). nn — 30

Jahrbuch der Missionskonferenz des Consistorialbezirks Cassel. [1.] 1901. *Marburg 1901: C. L. Pfeil.* 8° [J.] [04. 6316 4]

—— der sächsischen Missionskonferenz für die J. 1888 und 1889. 8. (111; 144 S.) Leipzig, Buchh. des Vereinshauses. à Jahrg. * 1 —

—— der sächsischen Missions-Konferenz f. d. J. 1889—1892. 8. (149; 148; 148; 152 S. m. je 1 Bild bezw. 1 Karte.) Lpz., Wallmann. à Jahrg. * 1 —

— dasselbe f. d. J. 1893. 8. (180 S. m. 1 Bild.) Ebd. n. 1. 20

— d. sächsischen Missionskonferenz f. d. J. 1894. 8. (168 S. m. Titelbild.) Leipzig, H. G. Wallmann. n. 1. 20

— dasselbe f. d. J. 1895—1898. 8. (172 S. m. 2 farb. Karten.) Ebd. à n. 1. 50
1895. (172 S. m. 2 farb. Karten.)
1896. (176 S. m. 1 farb. Karte.)
1897. IX. Jahrg. (180 S. m 1 Abb. u. Titelbild.)
1898. X. Jahrg. (240 S. m. Titelbild.)

— der sächsischen Missionskonferenz f. d. J. 1899—1902. XII.—XV. Jahrg. 8. Leipzig, H. G. Wallmann. à n. 1. 50
1899. (224 S. m. Titelbild.) — 1900. (200 S.)
1901. Mit Karte d. Kilimandscharo u. d. Pangani-Gebietes. (208 S.)
1902. (192 S. m. 1 Bildnis.)

— der sächsischen Missionskonferenz für d. J. 1903—1906. XVI—XIX. Jahrg. 8. Leipzig, H. G. Wallmann. n. 6. 50
1903 (184 S. m. 1 Bildnis). n. 1. 50. — 1904 (204 S. m. 1 Bildnis.) n. 1. 50. — 1905 (187 S. m. 2 farb. Karten.) n. 1. 50. — 1906 (223 S. m. 1 Bildnis.) n. 2. —.

— der sächs. Missionskonferenz f. d. J. 1910. 23. Jahrg. (200 u. 22 S. m. 1 eingedr. Bildnis u. 2 Tab.) 8. Leipzig, H. G. Wallmann. 2. —

— der verein. nordostdeutschen Missionskonferenzen 1900. Im Auftrage hrsg. v. R. Grundemann. 8. (96 S.) Berlin 900. (M. Warneck.) n. 1. -

— dasselbe 1901 u. 1902. 8. (à 96 S.) Ebd. à n. — 50

— der vereinigten nordostdeutschen Missionskonferenzen 1903—1906. Im Auftrage hrsg. v. R. Grundemann. (96, 100, 100 u. 96 S.) 8. Berlin (Buchh. der der Berliner ev. Missionsgesellschaft). à n. — 50

— der vereinigten nordostdeutschen Missionskonferenzen 1910. Im Auftr. hrsg. v. Jul. Richter. (96 S. m. 1 Tab.) 8. Diesdorf b/Gäbersdorf. (Berlin, Buchh. der Berliner ev. Missionsgesellschaft.) — 50

Jahrbuch für die Mitglieder des Bundes der Landwirte in der Provinz Ostpreußen. [1.] 1904. *Königsberg i. Pr.: Ostpr. Dr. u. Verlagsanst. [1903].* 8° [J.]
(Gratis-Beil. z. 'Bund d. Landwirte'.) [04. 1849 10]

Jahrbuch des Molkerei-Verbandes der Provinz Pommern zu Stettin f. 1905 ff. (Stettin 1906) ff. 4°.
1905, 1906—1908, 1909.

Jahrbuch der illustrirten Monatshefte von Westermann, s. Jahrbuch, Westermann's.

— der Berliner Morgen-Zeitung. Kalender f. d. J. 1895. 8. (IV, 327 S. m. Abbildgn. u. 1 farb. Titelbild.) Berlin, R. Mosse Geb. in Leinw. n. 1. —

— d. Berliner Morgen-Zeitung. Kalender f. d. J. 1899. 8. (IV, 320 S. m. Abb. u. 1 Farbdr.) Berlin, R. Mosse. Geb. in Halbleinw. n. 1. —

— der Berliner Morgen-Zeitung. Kalender f. d. J. 1903. 8. (IV, 336 S. m. Abbildgn., 1 Farbdr. u. 8 farb. Kartens. in hoch 4.) Berlin, R. Mosse. Geb. in Halbleinw. n. 1. —

— der Berliner Morgen-Zeitung. Kalender f. d. J. 1907. (IV, 298 S. m. Abbildgn. u. 2 Farbdr.) 8. Berlin, R. Mosse. Geb. n. 1. —

— der Berliner Morgen-Zeitung. Kalender f. d. J. 1911. (IV, 283 S. m. Abbild. u. 4 Farbdr.) 8. Berlin, R. Mosse. Geb. 1. —

— morphologisches, s. a. Gegenbaur, Carl.

—— morphologisches. Eine Zeitschrift für Anatomie und Entwickelungsgeschichte. Hrsg. von Carl Gegenbaur. 1. Bd. 4 Hefte. gr. 8. Leipzig 875,76, Engelmann. [1. Heft. (S. 1—198 mit 5 lithogr. und color. Taf. in gr. 8. und qu. 4., sowie 1 eingedr. Holzschn.) * ℳ 8.; 2. Heft. (S. 199—345 mit 4 zum Theil color. und lithogr. Taf. und 4 eingedr. Holzschn.) * ℳ 8.; 3. Heft. (S. 346—534 mit 10 lithogr. Taf.) * ℳ 10.; 4. Heft. (IV, S. 535—816 mit 8 lithogr., zum Theil color. Taf. in gr. 8. und qu. gr. 4.) * ℳ 14.]

—— dass. — 2. Bd. 4 Hefte. gr. 8. Ebendas. 876. [1. Heft. (S. 1—164 mit 7 lithogr. zum Theil color. Taf. in gr. 8. und qu. gr. 4. und 9 eingedr. Holzschn.); 2. Heft. (S. 165—286 mit 10 lithogr., zum Theil color. Taf. in gr. 8. und qu. gr. 4. und 9 eingedr. Holzschn.); 3. Heft. (S. 287—448 mit 12 lithogr., zum Theil color. Taf. in gr. 8. und 5 eingedr. Holzschn.) à Heft * ℳ 10.; 4. Heft. (IV, S. 449—646 mit 12 lithogr. Taf. in gr. 8.) * ℳ 14.] *

Jahrbuch, morphologisches. Eine Zeitschrift für Anatomie und Entwickelungsgeschichte. Hrsg. von Carl Gegenbaur. 3. Bd. 4 Hefte. gr. 8. Leipzig 877, Engelmann. [1. Heft. (S. 1—154 mit 9 lithogr. und chromolithogr. Taf. und 8 eingedr. Holzschn.) * ℳ 10.; 2. Heft. (S. 155—282 mit 4 lithogr. und chromolithogr. Taf.) * ℳ 8.; 3. Heft. (S. 283—458 mit 10 lithogr., zum Theil color. Taf. und 2 eingedr. Holzschn.) * ℳ 14.; 4. Heft. (IV, S. 459—631 mit 8 lithogr., zum Theil color. Taf. und 5 eingedr. Holzschn.) ℳ 13.]

— dass. — 4. Bd. 4 Hefte. Ebendas. 878,79. [1. Heft. (S. 1—176 mit 8 lithogr. Taf.) * ℳ 9.; 2. Heft. (S. 177—328 mit 8 lithogr. Taf. und 5 eingedr. Holzschntaf.) ℳ 10.; 3. Heft. (S. 329—504 mit 11 lithogr. Taf. und 2 eingedr. Holzschn.) ℳ 13.; 4. Heft. (IV, S. 505—680 mit 7 lithogr. Taf. und 1 eingedr. Holzschn.) * ℳ 11.]

— dass. — 4. Bd. Suppl. gr. 8. (152 S. mit 7 lithogr. und chromolithogr. und 1 phototyp. Taf. und 1 eingedr. Holzschn.) Ebendas. 878.

— dass. — 5. Bd. 4 Hefte. gr. 8. Ebendas. 879. [1. Heft. (S. 1—192 mit 13 lithogr. Taf. und 1 eingedr. Holzschn.) ℳ 14.; 2.—4. Heft. (IV, S. 193—705 mit 28 lithogr. Taf. und 10 eingedr. Holzschn.) * ℳ 35.] *

—— dass. — 8. Bd. 4 Hefte. gr. 8. Ebendas. 883. [1. und 2. Heft. (S. 1—352 mit eingedr. Holzschn. und 14 Stnt.) * ℳ 23.; 3. und 4. Heft. (IV, S. 353—684 mit eingedr. Holzschn. und 14 Stnt.) * ℳ 23.]

—— dass. — 9. Bd. 4 Hefte. gr. 8. Ebendas. [1. Heft. (S. 1—168 mit eingedr. Holzschn. und 9 Stnt.) 883. * ℳ 16.; 2.—4. Heft. (IV, S. 169—604 mit eingedr. Holzschn. und 18 Stnt.) 884. * ℳ 27.]

—— dass. — 10. Bd. 4 Hefte. gr. 8. Ebendas. [1. Heft. (S. 1—192 mit eingedr. Holzschn. und 5 Stnt.) 884. ℳ 13.; 2. Heft. (S. 193—336 mit eingedr. Holzschn. und 8 Stnt.) 884. ℳ 14.; 3. Heft. (S. 337—464 mit eingedr. Holzschn. und 8 Stnt.) 884. ℳ 12.; 4. Heft. (IV, S. 465—615 mit eingedr. Holzschn. und 8 Stnt.) 885. ℳ 11.]

—— morphologisches. Eine Zeitschrift für Anatomie und Entwickelungsgeschichte. Hrsg. von Carl Gegenbaur. 6. Bd. 4 Hefte. gr. 8. Leipzig 880, Engelmann. [1. Heft. (S. 1—128. mit eingedr. Holzschn. und 6 Stnt.) ℳ 10.; 2. Heft. (S. 129—320 mit eingedr. Holzschn. und 8 Stnt.) * ℳ 11.; 3. und 4. Heft. (IV, S. 321—602 mit eingedr. Holzschn. und 12 Stnt.) ℳ 22.]

—— dass. — 7. Bd. 4 Hefte. gr. 8. Ebendas. 882. [1. Heft. (S. 1—176 mit eingedr. Holzschn. und 11 Stnt.) ℳ 14.; 2. Heft. (S. 177—328 mit eingedr. Holzschn. und 5 Stnt.) ℳ 10.; 3. und 4. Heft. (IV, S. 329—746 mit eingedr. Holzschn., 12 Stnt. und 5 Lichtdrtaf. ℳ 27.]

—— morphologisches. Eine Zeitschrift für Anatomie und Entwickelungsgeschichte. Hrsg. von Carl Gegenbaur. 11. Bd. 4 Hefte. gr. 8. Leipzig, Engelmann. [1. und 2. Heft. (S. 1—320 mit 8 eingedr. Fig. und 16 Stnt.) 885. * ℳ 25.—.; 3. und 4. Heft. (IV, S. 321—616 mit 15 Taf. und 15 Fig.) 886. * ℳ 25.—.] * 50 —

—— dass. — 12. Bd. 4 Hefte. gr. 8. Ebendas. [1. und 2. Heft. (S. 1—306 mit 5 eingedr. Fig. und 17 Stnt.) 886. * ℳ 23.—.; 3. und 4. Heft. (IV, S. 307—581 mit 10 lithogr. Taf. und 12 eingedr. Fig.) 887. * ℳ 19.—.] * 42 —

—— dass. — 13. Bd. 4 Hefte. gr. 8. Ebendas. [1. Heft. (S. 1—192 mit 8 eingedr. Fig. und 5 Stnt.) 887. * ℳ 12.—.; 2.—4. Heft. (IV, S. 193—663 mit 15 eingedr. Fig. und 23 Taf.) 888. * ℳ 38.—.] * 50 —

—— dass. — 14. Bd. 4 Hefte. gr. 8. Ebendas. 888. [1.—3. Heft. (S. 1—516 mit 11 eingedr. Fig. und 19 Taf.) * ℳ 34.—.; 4. Heft. (IV, S. 517—711 mit 7 Taf. und 43 Fig.) * ℳ 13.—.] * 47 —

Jahrbuch, morphologisches. Eine Zeitschr. f. Anatomie u. Entwickelungsgeschichte. Hrsg. v. Carl Gegenbaur. 15. Bd. 4 Hefte. gr. 8. Lpz. 889, W. Engelmann. [1. u. 2. Heft. (S. 1—330 m. 22 eingedr. Abbildgn. u. 13 Taf.) * 23 —; 3. u. 4. Heft. (IV, S. 331—649 m. 2 eingedr. Abbildgn. u. 13 Taf.) * 22 —.] * 45 —

—— dass. — 16. Bd. 4 Hefte. gr. 8. (IV, 688 S. m. 52 eingedr. Abbildgn. u. 25 Taf.) Ebd. 890. * 43 —

—— dass. — 17. Bd. 4 Hefte. gr. 8. Ebd. 891. [1. u. 2. Heft. (S. 1—336 m. 34 Fig. u. 19 Taf.) * 24 —; 3. u. 4. Heft. (IV, S. 337—683 m. 14 Taf. u. 17 Textfig.) à * 12 —.] * 48 —

—— dass. — 18. Bd. 4 Hefte. Ebd. 891/92. [1. u. 2. Heft. (S. 1—384 m. 11 Taf. u. 29 Textfig.) * 21 —; 3. u. 4. Heft. (IV, S. 385—831 m. 16 Taf. u. 69 Textfig.) * 31 —.] * 52 —

— dasselbe. 19. Bd. 4 Hfte. gr. 8. (IV, 680 S. m. 26 Taf. u. 88 Textfig.) Ebd. 892. n. 46. —

— dasselbe. 20. Bd. 4 Hfte. gr. 8. (IV, 648 S. m. 23 Taf. u. 74 Textfig.) Ebd. 893. n 41. —

— dasselbe. 21. Bd. 4 Hfte. gr. 8. (IV, 708 S. m. 21 Taf. u. 108 Textfig.) Ebd. 894. n. 42. —

— dasselbe. 22. Bd. 1. u. 2. Hft. gr. 8. (264 S. m. 7 Taf. u. 5 Textfig.) Ebd. 894. n. 15. —

— morphologisches. E. Zeitschrift f. Anatomie u. Entwicklungsgeschichte. Hrsg. v. Carl Gegenbaur. 22. Bd. 3. u. 4. Hft. gr. 8. (IV u. S. 265—680 m. 16 Taf. u. 30 Textfig.) Leipzig 896. W. Engelmann. n. 22. — (22. Bd. kplt.: n. 37. —)

— dasselbe. 23. Bd. 4 Hfte. gr. 8. (IV, 598 S. m. 101 Fig. u 28 Taf.) Ebd. 895. n. 45. —

— dasselbe. Namen- u. Sachregister zu Bd. I—XX. (Zusammengest. v. O. Seydel.) gr. 8. (883 S.) Ebd. 895. n. 20. —

— dasselbe. 24. Bd. 4 Hfte. gr. 8. (IV, 774 S. m. 98 Fig. u. 19 Taf.) Ebd. 896. n. 42. —

— dasselbe. 25. Bd. 4 Hfte. gr. 8. (IV, 628 S. m. 94 Fig. u. 21 Taf.) Ebd. 896—898. n. 44. —

— dasselbe. 26. Bd. 4 Hfte. gr. 8. (III, 641 S. m. 86 Fig. u. 22 Taf.) Ebd. 898. n. 47. —

— morphologisches. Eine Zeitschrift f. Anatomie u. Entwickelungsgeschichte. Hrsg. v. Carl Gegenbaur. 27. Bd. 4 Hfte. gr. 8. (IV, 716 S. m. 93 Fig. u. 25 Taf.) Leipzig 899. W. Engelmann. n. 45. —

— dasselbe. 28. Bd. 4 Hfte. gr. 8. (IV, 623 S. m. 128 Fig. u. 30 Taf.) Ebd. 900. n. 52. —

— dasselbe. 29. Bd. 4 Hfte. gr. 8. (IV, 613 S. m. 83 Fig. u. 28 Taf.) Ebd. 901. 902. n. 44. —

— dasselbe. 30. Bd. 4 Hfte. gr. 8. (IV, 675 S. m. 144 Fig. u. 10 Taf.) Ebd. 902. n. 36. —

JAHRBUCH ... DER MOTORLUFTSCHIFF-STUDIEN-GESELLSCHAFT m. b. H. zu Berlin (M. St. G.).
(Bd. 1) 1906—1907. (Mit Tafeln.) Berlin. Verlagsanstalt Gustav Braunbeck Aktiengesellschaft. 8°.
(Bd. 2.) 1907—1908. (Mit Tafeln.) ib. Vereinigte Verlagsanstalten Gustav Braunbeck & Gutenberg-Druckerei Aktiengesellschaft.
(Bd. 3.) 1908—1910. (Mit Tafeln.) ib. —
JAHRBUCH DER MOTORLUFTSCHIFF-STUDIENGESELLSCHAFT.
Bd. 4. 1910—1911. Mit 72 in den Text gedruckten Figuren. ib. 1911. Verlag von Julius Springer. 4°.
Bd. 5. 1911—1912. Mit 123 in den Text gedruckten Figuren. ib. 1912. —.[1])

[1]) Die Folge des Jahrbuchs wird von der Luft-Fahrzeug-Gesellschaft, Tochtergesellschaft der Motorluftschiff-Studiengesellschaft, herausgegeben.

— 1908—1910 der Motorluftschiff-Studiengesellschaft m. b. H. zu Berlin (M. St. G.). (244 S. m. Abb. u. 1 Taf.) gr. 8. Berlin (910). Vereinigte Verlagsanstalten G. Braunbeck & Gutenberg-Druckerei. Geb. 5. —

— der Mühlen-, Reisschäl- u. Reisstärke-Industrie. Hrsg. v. Rud. Hanel. Jahrg. 1905. (XXI, 93 u. LXIX S.) 8. Wien, A. Hölder. n. 2. 60

— der österreichischen Mühlen-, Reisschäl- u. Reisstärke-Industrie. Hrsg. von Rud. Hanel. Jahrg. 1906. (XXII, 87, 44, LXIV u. 7 S.) 8. Ebd. Kart. n. 2. 60

— der österreich. Mühlen-, Reisschäl- u. Reisstärke-Industrie. Hrsg. v. Rud. Hanel. Jahrg. 1907—1909. 8. Wien, Compassverlag. Kart. 13. 40
1907. (XXVIII S., S. 840—954, 495—540, LXVI S. u. S. 1777—2081.) 4. 40
1908. (VIII S., S. 927—1048, 521—578, 1935—2230 u. LXII S.) 4. 40
1909. (VIII S., S. 949—1064, 533—578, 1975—2278 u. 953—1016.) 4. 60
Fortsetzg. u. d. T.:

Jahrbuch der österreich. Mühlen-, Teigwaren-, Reisschäl- u. Stärke-Industrie. Hrsg. v. Rud. Hanel. Jahrg. 1910. (VIII S., S. 947—1058, 129—139, 468—470 u. 2064—2617.) 8. Wien 910. Compassverlag. Kart. 4. 60

—— Münchener. Kalender für Bureau, Comptoir und Haus 1888 und 1889. 1. und 2. Jahrg. Lex.-8. (456 S. mit rad. Portr. des Prinzregenten; VIII, 488 S. mit 1 Radir.) München, C. Gerber's Buchdr., Damenstiftstr. 16. Einfach geb. à Jahrg. * ℳ 1.50.; in Leinw. * 2 —

— Münchener. Kalender f. Bureau, Comptoir u. Haus. 1899. 12. Jahrg. Bearb. v. e. Reihe tücht. Männer aus d. verschied. Berufsklassen. Lex.-8. (XXIV, 519 S.) München, C. Gerber. Kart. n. 1. 50; geb. in Leinw. n. 2. —

— Münchener. Kalender f. Bureau, Comptoir u. Haus. 1903. 16. Jahrg. Bearb. v. e. Reihe tücht. Männer aus den verschiedensten Berufsklassen. Lex.-8. (XVI, 512 S. m. eingedr. Plänen) München, C. Gerber. Kart. n. 1. 50; geb. in Leinw. n. 2. —

— Münchener. Kalender f. Bureau, Comptoir u. Haus. 20. Jahrg. 1907. Bearb. v. e. Reihe tücht. Männer aus den verschiedensten Berufsklassen. (XVI, 512 S.) Lex.-8. München, Buchdruckerei u. Verlagsanstalt C. Gerber. Kart. n. 1. 50; geb. in Leinw. n. 2. —

— Münchener. 1911. Kalender f. Bureau, Comptoir u. Haus. 24. Jahrg. Bearb. v. e. Reihe tücht. Männer der verschiedensten Berufsklassen. (XX, 516 S.) Lex. 8. München, Buchdruckerei u. Verlagsanstalt C. Gerber. Kart. 1.50; in Leinw. 2. —

Jahrbuch, Münchener historisches, f. 1865. Hrsg. von der histor. Classe d. k. Akad. d. Wissenschaften. (Hrsg. von *J. v. Döllinger.*) München 1865. 8°. Eleg. Hfrzb.
1 Bll., 416 S.

—— Münchener historisches, für 1865 und 1866. Hrsg. von der histor. Classe der k. Akademie der Wissenschaften. gr. 8. München, Literarisch-artistische Anstalt. [1865. (III und 416 S.) * 1 Thlr. 24 Ngr., 1866. (III und 520 S.) * 2 Thlr. 20 Ngr.] *

— Münchener, der bildenden Kunst. Hrsg. v. Ludw. v. Buerkel. I. Bd. 1906. (166 S. m. Abbildgn. u. Taf.) Lex.-8. München (906). G. D. W. Callwey. n. 14. —; geb. n. 16. —

— Münchner, der bildenden Kunst. 1907—1909. à 2 Halbbde. u. 1910. 1. Halbbd. Offizielles Organ d. bayer. Vereins d. Kunstfreunde (Museumsverein) u. d. Münchner kunstwissenschaftl. Gesellschaft. Lex. 8. München, G. D. W. Callwey. 55. —
1907. Hrsg. v. Ludw. Buerkel. (VI, 152 u. XI, 65 S. m. Abb. u. Taf.) 907. 15. —; geb. 17. —
1908. Unter Mitwirkg. d. Vorstände d. staatl. Kunstsammlgn. hrsg. v. Ludw. v. Buerkel. (V, 70 u. V, 75 S. m. Abb. u. 28 Taf.) (909.) 15. — ; geb. 17. —
1909. Unter Mitwirkg. d. Vorstände d. staatl. Kunstsammlgn. hrsg. von Ludw. v. Buerkel, Frz. v. Reber, Hans Stegmann, Paul Wolters. (V, V, 213 u. VI S. m. Abb. u. 30 Taf.) Lex. 8. (910.) 15. — ; geb. 17. —
1910. Unter Mitwirkg. d. Vorstände d. staatl. Kunstsammlgn. hrsg. v. Ludw. v. Buerkel, Hugo v. Tschudi, Hans Stegmann, Paul Wolters. (V, 145 S. m. Abb. u. Taf.) 910. 10. —

— des schlesischen Museums für Kunstgewerbe u. Altertümer, hrsg. v. Karl Masner u. Hans Seger, s. a. Schlesiens Vorzeit in Bild u. Schrift.

Jahrbuch des Schlesischen Museums für Kunstgewerbe und Altertümer. I-IV. (Schlesiens Vorzeit. Neue Folge I-IV) 4° Breslau 1900-07

Jahrbuch des Schlesischen Museums für Kunstgewerbe u Altertümer (Schlesiens Vorzeit in Bild und Schrift). 5. 6. 4° Breslau 1909. 12

Jahrbuch des städtischen Museums für Völkerkunde zu Leipzig. Hrsg. von d. Direktion. Bd 1. 1906. Leipzig: R. Voigtländer 1907. 4°(8°)
Auf. s. u. d. T.: Bericht d. Museum f. Völkerkunde in Leipzig. 107. 9864

— des städt. Museums f. Völkerkunde zu Leipzig. Hrsg. v. der Direktion. 1.—3. Bd. 1906, 1907 u. 1908/09. Lex. 8. Leipzig, R. Voigtländer. 15. 80
1. (150 S. m. Abbildgn. u. 1 Bildnis.) 907. 4. 80
2. (97 S. m. 29 Taf. u. 1 Karte.) 908. 5. 40
3. (XXIII, 175 S. m. Abbildgn. u. 27 Taf.) 910. 5. 60

Jahrbuch für Musik. Vollständ. Verzeichniss der 1842—46 erschienenen Musikalien, musikal. Schriften u. Abbildgn. nach den verschied. Klassen sorgfältig geordnet, mit Angabe der Verleger, Preise, Tonarten, Texte etc. Hrsg. von Barth. Senff. 1—6. Jahrg. gr. 8. Leipzig. [Barth. Senff.] [1. (7 B.) 843. * 15 Ngr., 2. (6⅝ B.) 44. * 15 Ngr., 3. (7 B.) 45. * 20 Ngr., 4. (6¾ B.) 46. ** 25 Ngr., 5. (7⅜ B.) 47. ** 25 Ngr.] Thlr. *

—— für Musik. Vollständiges Verzeichniss der im J. 1848—51. erschien. Musikalien, musikal. Schriften und Abbildungen etc. Hrsg. von Bartholf Senff. 7—10. Jahrg. gr. 8. Leipzig, B. Senff. à Jahrg. **
1—6. Jahrg. 1843—47. Ebendas. * 3 Thlr. 10 Ngr.

—— für Musik. Vollständiges Verzeichniss der im J. 1852 erschienenen Musikalien, musikal. Schriften und Abbildungen etc. Hrsg. von Bartholf Senff. 11. Jahrg. gr. 8. (IV und 132 S.) Leipzig 853, B. Senff. **
1—10. Jahrg. Ebendas. 1843—52. * 6 Thlr. 20 Ngr.

—— musikalisches, für das J. 1881. Unter Mitarbeitung von J. J. Bott hrsg. von Geo. Langenbeck. 12. (VIII, 288 S.) Wolfenbüttel 880, [Holle's Nachf.] Zwißler. ℳ 2.; geb.
Nicht weiter erschienen.

— musikalisches, in Dur u. Moll f. 1900. Kalender f. musikfreundl. Familien. 1. Jahrg. 4. (XXX, 29 u. 87 S. m. 2 Bildnis-Taf.) Leipzig, A. H. Payne. 1. —

Jahrbuch d. Musikbibliothek Peters f. 1894 u. 1895. 1.—4. Jahrg. Hrsg. v. Emil Vogel. Lex.-8. (116; 82; 102 u. 105 S. m. je 1 Bildn.) Leipzig 895—898. C. F. Peters. à n. 3. —

— der Musikbibliothek Peters f. 1898—1900. 5.—7. Jahrg. Hrsg. v. Emil Vogel. Lex.-8. (103 S. m. 1 Bildn., 102 S. m. Abb. u. 1 Bildn. u. 123 S.) Leipzig 899—901. C. F. Peters. à 3. —

Jahrbuch d. Musikbibliothek Peters f. 1901. 8. Jahrg. Hrsg. v. Rud. Schwartz. Lex.-8. (118 S.) Ebd. 902. 3. —

— der Musikbibliothek Peters f. 1902—1905. 9.—12. Jahrg. Hrsg. v. Rud. Schwartz. (135 S., 135 S., 146 S. u. Musik-Beil. 8 S. u. 128 S.) Lex.-8. Leipzig 903—906. C. F. Peters. à n. 3. —

— der Musikbibliothek Peters f. 1906—1909. 13.—16. Jahrg. Hrsg. v. Rud. Schwartz. (147, 154 S.; 132 u. Musikbeil. 8 S. u. 131 S.) Lex. 8. Leipzig 907—10. C. F. Peters. à 4. —

Jahrbuch des Pesth-Ofner Musikvereins-Konservatoriums für 1852. XIII. Redigirt von Gabriel Mátray. (Mit Deutschem und Magyarischem Texte.) 8. (143 S.) Pesth, Druck von Trattner-Károlyi 1853.

Jahrbuch des Pesth-Ofner Musikvereins-Konservatoriums für 1853. 14. Jahrgang. Redigirt durch Gabriel Mátray. Deutsch und Ungarisch. 8. (96 S.) Pesth. Gedruckt bei Trattner-Károlyi. 1854.

Jahrbuch des Pesth-Ofner-Musikvereins-Conservatoriums für 1854. XV. Jahrgang. Redigirt durch Gabriel Mátray. (A' Pestbudai hangászegyesületi zenede évkönyve 1854 re. Szerkeze Mátray Gábor.) Pesth. 1855. Gedruckt bei Trattner-Károlyi. (108 S. 8.) geh.

Jahrbuch deutscher Nachspiele. Hg.: C. v. Holtei. 1822—1824.
Später u. d. Titel: Jahrb. deutscher Bühnenspiele. s. d.
Breslau, Leipzig. Goed. VIII, 130, 20 a.

Jahrbuch deutscher Nachspiele. Herausg. von C. v. Holtei. 1r Jahrg. für 1822 enthält: Das wilde Heer, v. van der Velde. — Der Hund des Aubri, von P. A. Wolf. — Wenn nur der rechte kömmt! von H. Schmelka. — Die Farben, von C. v. Holtei. — Der Großpapa, von K. Waller. 8. Breslau, Graß, Barth u. Cmp. (Leipzig, Barth.) 821.

Jahrbuch deutscher Nachspiele; herausgg. von C. v. Holtei. 2r Jahrg. f. 1823. Inhalt: Stanislaus, v. C. v. Holtei; Herr Peter Squenz, v. Wilh. Müller; die Theaterprobe, v. Oswald; Was dir die dunkle Nacht versprach, erkennet nicht mehr an der Tag, von W. v. Studnitz; der Soloságner, von C. v. Holtei; der freiwillige Landsturm, v. C. Lebrün. 8. Bresl., Graß, Barth u. C.

— dess. 3r Jahrg. f. 1824. Inhalt: der König u. d. Künstler, Schauspiel von Bärmann. Mein, Lustspiel v. Barnekow. Blind u. Lahm. Nachsp von L. Robert. Ein Morgenscherz, Lustspiel v. K. Immermann. Frage nur mich um Rath, Lustsp. v. Albini; die Luftschiffer, Posse v. Sessa. 8. Bresl. 824, Graß, Barth u. C.

— dess. 4r Jahrg. f. 1825. Enth.: Die Fledermäuse, v. C. Lebrün. — Er wird zur Hochzeit gebeten, v. Ludw. Robert. — Die Sonntags-Perücke, v. Sessa. — Der Oberrock, v. Bärmann. — Die Wiener in Berlin, v. K. Holtei. — Das Kinderspiel, v. K. Schall 8. Berlin, Vereins-B.

— dess. 5r Jahrg. 1826 Enth.: K. Schall, Eigene Wahl. — Lebrün, Vielliebchen. — Holtei, Berliner in Wien. — Robert, die Ueberbildeten. — Martell, W., Mondschein-Bekanntschaften. 8. Berlin, Vereins-Buchh.

— 6r Jahrg. 1827. Inhalt: Der geraubte Kuß. Lustspiel von E. Raupach. — Morgen gewiß. Romantisches Idyll von Ludwig Becker. — Zu zahm u. zu wild. Lustspiel in drei Akten von A. Albini. — Die Ehrenschuld. Drama v. **. — Allen ist geholfen. Lustspiel von ***. 8. Vereins-B.

— dess. 7r Jahrg. f. 1828. Enthält: die schelmische Gräfin. Lustspiel von K. Immermann. — Der Kalkbrenner. Lieder-Posse von C. v. Holtei. — Treue siegt in Liebesnetzen. Schauspiel von P. Al. Wolff. — Kunst- u. Natur. Lustsp. v. A. Albini. — Die Sonnete. Lustspiel v. Willibald Alexis. — Neue Probenrolle, von L. Robert. 8. Berlin 827, Vereins-Buchh.

— 8r Jahrg. für 1829. Inhalt: Der alte Feldherr; Liederspl. v. K. v. Holtei. — Spleen, oder d. Geliebte in d. Einbildung. Schwank v. Fr. Tietz. — Hans Sachs, oder Dürers Fest-Abend. Dramat. Gemälde v. F. W. Gubitz. — Aennchen v. Tharau. Drama in 3 A. v. Willibald Alexis. — Steckenpferde. Lstspl. in 5 Aufz. v. P. A. Wolff. 8. Berl., Vereins-B. 1 ℛ 16 ℊ

— 9r Jahrg. f. 1830. Inhalt: Der Mann von funfzig Jahren. Lstspl. in 2 Aufz. v. P. A. Wolff. — Der Dichter im Versammlungszimmer, od. d. phantastische Lustspiel. Lstspl. v. K. v. Holtei. — Der Bär. Lstspl. v. Chr. Oeser. — Die Lokalposse. Berliner Lokalposse mit Gesang. — Die Macht d. Töne. Dramat. Scene v. Leop. Bartsch. — Des Sohnes Rache. Trspl. v. K. v. Holtei. — Sechsunddreißig Jahre aus d. Leben zweier Liebenden. Ein Drama mit etwas Musik u. Gesang, in einem kurzen u. einem langen Akte. 8. Berl., Vereins-B. 1 ℛ 16 ℊ

— 10r Jahrg. f. 1831. Inhalt: Was doch d. Vorstellung thut! Lstspl. v. St. Schütze. — Das eingebrachte Stündchen, oder Gellert im Schlafrock. Orig.-Lstspl. v. C. Karoli. — Das Heirathsgesuch. Berliner Lokalposse. — Anna Rosignoli, od. arm u. reich. Lstspl. v. K. v. Holtei. — Das Urtheil. Drama v. F. W. Gubitz. 8. Berl. 830. Vereins-B. 1 ℛ 16 ℊ

Jahrbuch deutscher Nachspiele rc. 11r Jahrg. f. 1832. Inhalt: Der Kammerdiener. Posse v. P. A. Wolff. — Das April-Mährchen, od. d. gefährl. Harnisch. Phantast. Lstspl. v. Schiff. — Frauenliebe. Schspl. von Albini. — Demoiselle Bock. Lstspl. v. J. E. Mand. — Er hat den Hals gebrochen. Schwank v. C. Norbeck. gr. 12. Berl. 831. Vereins-B. 1 ℛ 16 ℊ

— 12r Jahrg. für 1833. Inhalt: Der Empfehlungsbrief. Lstspl. v. C. Töpfer. — Künstler-Liebe, oder d. moderne Galathe. Lstspl. v. W. F. Seidel. — Margarethe. Possenspl. v. K. v. Holtei. — Der Mystiker, oder d. Schuld. Lstspl. v. W. v. Lüdemann. — Die Gefangene. Trspl. v. W. Jetter. — Der Graf u. d. Bürger. Trspl. v. Schiff. 8. Berl., Vereins-Buchh. 1 ℛ 16 ℊ

— für National-Stenographen. 1900. Hrsg. v. der Geschäftsstelle des Bundes f. National-Stenographie H. Konscholky. 12. (78 S.) Breslau. (Leipzig, Schäfer & Schönfelder.) Geb. n. 1. —

Jahrbuch für National-Stenographen. [1]. 1900. Hrsg. von d. Geschäftsstelle d. Bundes f. National-Stenographie. *Breslau: Selbstverl. (1900).* (83 S.) 8° [F.]
Forts. s. u. d. T.: Kalender f. National-Stenographen. 1901. National-Stenographen-Kalender. 1902. [...]

— **der Naturwissenschaften 1885—1886.** Enth. die hervorragendsten Fortschritte auf den Gebieten: Physik, Chemie, u. chem. Technologie; Mechanik; Astronomie u. mathemat. Geographie; Meterologie u. physikal. Geographie; Zoologie u. Botanik, Forst- u. Landwirtschaft, Mineralogie, Geologie u. Erdbodenkunde; Anthropologie u. Urgeschichte; Gesundheitspflege, Medizin u. Physiologie; Länder- u. Völkerkunde; Handel u. Industrie; Verkehr u. Verkehrsmittel. Unter Mitwirkg. v. Fachmännern hrsg. v. Max Wildermann. Mit 1 Karte u. mehreren in den Text gedr. Kärtchen u. Holzschn. gr. 8. (XVI, 634 S.) Freiburg i/Br. 886. Herder. n. 6. —; geb. n. 7. —

— **der Naturwissenschaften 1886—1887.** Enth. die hervorragendsten Fortschritte auf den Gebieten: Physik, Chemie u. chem. Technologie; Mechanik; Astronomie u. mathemat. Geographie; Meteorologie u. physikal. Geographie; Zoologie u. Botanik, Forst- u. Landwirtschaft; Mineralogie, Geologie u. Erdbodenkunde; Anthropologie u. Urgeschichte; Gesundheitspflege, Medizin u. Physiologie; Länder- u. Völkerkunde; Handel u. Industrie; Verkehr u. Verkehrsmittel. Unter Mitwirkung v. Fachmännern hrsg. v. Max Wildermann. Mit 1 Karte u. 25 in den Text gedr. Holzschn. gr. 8. (XIX, 595 S.) Freiburg i/Br. 887. Herder. n. 6. —; geb. n. 7. —

Jahrbuch der Naturwissenschaften 1887—1888. Enthaltend die hervorragendsten Fortschritte auf den Gebieten: Physik, Chemie und chem. Technologie; Mechanik; Astronomie und mathemat. Geographie; Meteorologie und physikal. Geographie; Zoologie und Botanik, Forst- und Landwirtschaft; Mineralogie und Geologie; Anthropologie und Urgeschichte; Gesundheitspflege, Medizin und Physiologie; Länder- und Völkerkunde; Handel, Industrie und Verkehr. Unter Mitwirkung von Fachmännern hrsg. von Max Wildermann. gr. 8. (XX, 565 S. mit 24 in den Text gedr. Holzschn.) Ebendas. 888. n. 6. —; geb. [illegible]

— dasselbe. 1888—1889. Mit 18 in d. Text gedr. Holzschn. gr. 8. (XII, 570 S.) Ebd. 889. n. 6. —; geb. n. 7. —

— dasselbe. 1889—1890. Mit 37 in d. Text gedr. Holzschn. gr. 8. (XI, 595 S.) Ebd. n. 6. —; geb. n. 7. —

— **der Naturwissenschaften 1890—1891.** Enth. die hervorragendsten Fortschritte auf den Gebieten: Physik, Chemie u. chem. Technologie; Mechanik; Meteorologie u. physikal. Geographie; Astronomie u. mathemat. Geographie; Zoologie u. Botanik; Forst- u. Landwirtschaft; Mineralogie u. Geologie; Anthropologie u. Urgeschichte; Gesundheitspflege, Medizin u. Physiologie; Länder- u. Völkerkunde; Handel, Industrie u. Verkehr. 6. Jahrg. Unter Mitwirkg. v. Fachmännern hrsg. v. Max Wildermann. Mit 36 in den Text gedr. Holzschn. u. 3 Kärtchen. Mit e. Anh.: Generalregister üb. die Jahrgänge 1885/86 — 1889/90. gr. 8. (XI, 527 u. Generalregister XXXVI S.) Freiburg i/B. 891. Herder. n. 6. —; geb. in Leinw. n. 7. —; Generalregister allein n. — 40

— dasselbe. 1891—1892. 7. Jahrg. Mit 35 in den Text gedr. Holzschn. u. 2 Kärtchen. gr. 8. (XV, 559 S.) Ebd. 892. n. 6. —; geb. in Leinw. n. 7. —

— dasselbe. 1892—1893. 8. Jahrg. Mit 31 in den Text gedr. Holzschn. u. 1 Kärtchen. gr. 8. (XV, 558 S.) Ebd. 893. n. 6. —; geb. in Leinw. n. 7. —

— dasselbe. 1893—1894. 9. Jahrg. Mit 24 in den Text gedr. Abbildgn. u. 2 Kärtchen. gr. 8. (XV, 536 S.) Ebd. 894. n. 6. —; geb. in Leinw. n. 7. —
Der Preis des 2.—5. Jahrg. ist auf à n. 3. —; geb. à n. 4. — ermäßigt worden.

— d. Naturwissenschaften 1894—1895. Enth. d. hervorragendsten Fortschritte auf d. Gebieten: Physik, Chemie u. chem. Technologie; angew. Mechanik; Meteorologie u. physikal. Geographie; Astronomie u. mathemat. Geographie; Zoologie u. Botanik; Forst- u. Landwirtschaft; Mineralogie u. Geologie; Anthropologie, Ethnographie u. Urgeschichte; Gesundheitspflege, Medizin u. Physiologie; Länder- u. Völkerkunde; Handel, Industrie u. Verkehr. 10.—13. Jahrg. Unt. Mitwirkg. v. Fachmännern hrsg. v. Max Wildermann. gr. 8. Freiburg i/B., Herder. à n. 6. —; geb. in Leinw. à n. 7. —
10. Nebst e. Anh.: Generalregister üb. d. Jahrgg. 1890/91 — 1894/95. (XV, 528 S. m. 36 Abb.) 895.
11. M. 61 in d. Text gedr. Abb., 2 Kärtchen u. 1 Sep.-Bild: M. Röntgenschen Strahlen hergest. Abb. e. menschl. Hand. (XIII, 560 S.) 896.
12. M. 49 in d. Text gedr. Abb., 2 Karten u. 1 Sep.-Bild: D. totale Sonnenfinsternis v. 8.—9. VIII. 1896. (XI, 560 S.) 897.
13. M. 39 in d. Text gedr. Abb. u. 2 Karten. (XI, 532 S.) 898.

— der Naturwissenschaften 1898/99—1901/02. Enth. die hervorragendsten Fortschritte auf den Gebieten: Physik, Chemie u. chemische Technologie, angewandte Mechanik; Meteorologie u. physikal. Geographie; Astronomie u. mathemat. Geographie; Zoologie u. Botanik; Forst- u. Landwirtschaft; Mineralogie u. Geologie; Anthropologie, Ethnologie u. Urgeschichte; Gesundheitspflege, Medizin u. Physiologie; Länder- u. Völkerkunde; Industrie u. industrielle Technik. 14.—17. Jahrg. Unter Mitwirkg. v. Fachmännern hrsg. v. Max Wildermann. gr. 8. Freiburg i/B., Herder. à n. 6 —; geb. in Leinw. à n. 7. —
1898/1899. Mit 45 in den Text gedr. Abb. (XIII, 549 S.)
1899/1900. Mit 53 in den Text gedr. Abb. Nebst e. Anh.: Generalregister üb. die Jahrg. 1895/96 — 1899/1900. (XI, 572 S.)
1900/1901. Mit 43 in d. Text gedr. Abb. u. 1 Kärtchen. (XI, 532 S.)
1901/1902. Mit 52 in den Text gedr. Abb. (XI, 533 S.)

— der Naturwissenschaften 1902/03—1905/06. Enth. die hervorragendsten Fortschritte auf den Gebieten: Physik; Chemie u. chem. Technologie; Astronomie u. mathemat. Geographie; Meteorologie u. physikal. Geographie; Zoologie; Botanik; Mineralogie u. Geologie; Forst- u. Landwirtschaft; Anthropologie, Ethnologie u. Urgeschichte; Gesundheitspflege, Medizin u. Physiologie; Länder- u. Völkerkunde; angewandte Mechanik; Industrie u. industrielle Technik. 18.-21. Jahrg. Unter Mitwirkg. v. Fachmännern hrsg. v. Max Wildermann. gr. 8. Freiburg i/B. 903—906. Herder. à n. 6. —; geb. in Leinw. à n. 7. —
1902/03. Mit 46 in den Text gedr. Abb. u. 2 Kärtchen. (XIII, 508 S.)
1903/04. Mit 41 in den Text gedr. Abbildgn. (XII, 518 S.)
1904/05. Mit 28 in den Text gedr. Abbildgn. Mit e. Anh.: Generalregister üb. die Jahrgänge 1900/01 — 1904/05. (XV, 537 S.)
1905/06. Mit 22 in den Text gedr. Abbildgn. (XII, 501 S.)

Jahrbuch der Naturwissenschaften. Enth. die hervorragendsten Fortschritte auf den Gebieten: Physik, Chemie u. chem. Technologie; angewandte Mechanik; Meteorologie u. physikal. Geographie; Astronomie u. mathemat. Geographie; Zoologie u. Botanik; Forst- u. Landwirtschaft; Mineralogie u. Geologie; Anthropologie, Ethnologie u. Urgeschichte; Gesundheitspflege, Medizin u. Physiologie; Länder- u. Völkerkunde; Industrie u. industrielle Technik. Unter Mitwirkg. v. Fachmännern hrsg. v. Max Wildermann. Generalregister über die Jahrgänge 1900/01—1904/05. (16—.20. Jahrg.) (LXXXI S.) gr. 8. Freiburg i/B. 905. Herder. n. 1. —

— der Naturwissenschaften 1906/1907 u. 1907/1908. Enth. die hervorragendsten Fortschritte auf d. Gebieten: Physik; Chemie u. chem. Technologie; Astronomie u. mathemat. Geographie; Meteorologie u. physikal. Geographie; Zoologie; Botanik; Mineralogie u. Geologie; Forst- u. Landwirtschaft; Anthropologie, Ethnologie u. Urgeschichte; Gesundheitspflege, Medizin u. Physiologie; Länder- u. Völkerkunde; angewandte Mechanik; Industrie u. industrielle Technik. 22. u. 23. Jahrg. Unter Mitwirkg. v. Fachmännern hrsg. v. Max Wildermann. Mit 42 in den Text gedr. Abbild. gr. 8. Freiburg i/B. 907. 08. Herder. Geb. in Leinw. 14. 50
22. (XII, 484 S. m. 42 Abb.) 6. —; geb. 7. —
23. (XII, 509 S. m. 29 Abb.) Geb. 7. 50

— dasselbe 1908/1909 u. 1909/1910. 24. u. 25. Bd. Unter Mitwirkg. v. Fachmännern hrsg. v. Jos. Plaßmann. (Herder's Jahrbücher.) (XII, 461 S. m. 27 Abbild. u. 1 Bildnis u. XIII, 452 S. m. 52 Abbildgn.) Lex. 8. Ebd. 909. 10. Geb. in Leinw. à 7. 50

—— naturwissenschaftl.-astronomisches, f. physische u. naturhistor. Himmelsforscher u. Geologen, mit den f. die J. 1843 u. 1844 (5. Jahrg.) u. 1845 (6. Jahrg.) vorausbestimmten Erscheinungen am Himmel. Hrsg. v. P. v. Gruithuisen. gr. 8. Stuttgart, Hoffmann'sche Vrlgs.-Buchh. [5. (14 B. u. 3 Stnt.) 842, 6. (17¾ B. u. 2 ill. Stnt.) 843. à J. 2 Thlr. 22½ Ngr.]

—— dass. 7—9. Jahrg., mit den für d. J. 1846 u. 1847 vorausbestimmten Erscheinungen am Himmel. Hrsg. v. Dems. gr. 8. München. (Finsterlin.) [7. (19⅞ B. u. 2 Stnt.) 844. 8. (18½ B. u. 1 Stnt.) 845, 9. (16⅝ B.) 846. à * 2 Thlr. 20 Ngr.] *
1–4. Jahrg. 1839—42. Ebendas. * 7 Thlr. 20 Ngr.

—— naturwissenschaftlich-astronomisches, für physische und naturhistorische Himmelsforscher und Geologen mit den für die J. 1848—50. vorausbestimmten Erscheinungen am Himmel. Hrsg. von Fr. v. P. Gruithuisen. 9—11. Jahrg. gr. 8. München, (Finsterlin.) [1848. (XVI, XLII und 208 S. mit 2 Stnt. in 4.) 846., 1849. (XLII und 193 S. mit 1 Stnt. in 4.) 848, 1850. (IV und 188 S. mit 1 Stnt. in 4.) 851. à Jahrg. * 2 Thlr. 20 Ngr.] *

— dass., s.a. Jahrbuch, Astronomisches.

—— nautisches, s.a. Bremiker, C.

Nautisches Jahrbuch oder vollständige Ephemeriden und Tafeln zur Bestimmung der Länge, Breite und Zeit zur See nach astronomischen Beobachtungen, nebst einer gemeinfasslichen Anleitung, wie die erforderlichen Rechnungen anzustellen sind. Für das Jahr 1852—59, 1868, 1871—73, 1875, 1878—91. Berlin 1850—88.
Forts. u.d.T.: Nautisches Jahrbuch oder Ephemeriden.

— nautisches, oder Ephemeriden u. Tafeln f. das Jahr 1880 zur Bestimmung der Zeit, Länge u. Breite zur See, nach astronom. Beobachtungen. Hrsg. vom Reichskanzler-Amt. Unter Red. v. Tietgen. gr. 8. (XXXV, 228 S.) Berlin 878. G. Reimer. cart. n. 1. 50
cf.: Bremiker, C.

— dasselbe für die Jahre 1881—1885 zur Bestimmung der Zeit, Länge u. Breite zur See nach astronomischen Beobachtungen. Hrsg. vom Reichsamt d. Innern. Unter Red. v. Tietgen. gr. 8. (XXIX, 240; XIX, 246; XXIX, 248; XXIX, 254 u. XXIX, 254 S.) Berlin 879—82. C. Heymann's Verl. cart. à n.n. 1. 50

— nautisches, od. Ephemeriden u. Taf. f. d. J. 1886—1889 zur Bestimmung der Zeit, Länge u. Breite zur See nach astronomischen Beobachtungen. Hrsg. vom Reichsamt d. Innern. Unter Red. v. Tietjen. gr. 8. (à XXXII, 268 S.) Berlin 883—86. C. Heymann's Verl. cart. à n.n. 1. 50

— nautisches, od. Ephemeriden u. Tafeln f. d. J. 1890, 1891, 1892, 1893, zur Bestimmung der Zeit, Länge u. Breite zur See nach astronomischen Beobachtungen. Hrsg. vom Reichsamt d. Innern. Unter Red. v. Tietjen. gr. 8. (à XXXII, 264 S.) Berlin 887—890. C. Heymann's Verl. cart. à Jahrg. n.n. 1. 50

— nautisches, od. Ephemeriden u. Tafeln f. d. J. 1894, 1895, 1896, 1897 zur Bestimmung der Zeit, Länge u. Breite zur See nach astronomischen Beobachtungen. Hrsg. vom Reichsamt des Innern. Unter Red. v. Tietjen. gr. 8. (XXXII, 266; XXXII, 268; XXXII, 268; XXXII, 268 S.) Berlin 891—894. C. Heymanns Verl. Kart. à Jahrg. n.n. 1. 50

— nautisches, od. Ephemeriden u. Tafeln f. d. J. 1898, 1899, 1900 u. 1901 z. Bestimmg. d. Zeit, Länge u. Breite z. See nach astronom. Beobachtgn. Hrsg. v. Reichsamt d. Innern. Unt. Red. v. Schrader. gr. 8. (XXXII, 270; XXXII, 270; XXXII, 276 u. XXXII, 276 S.) Berlin 895—898. C. Heymann's Verl. Kart. à n.n. 1. 50
Das Jahrbuch f. 1898 war noch von Tietgen redigiert.

— nautisches, od. Ephemeriden u. Tafeln f. die J. 1902—1905 zur Bestimmung der Zeit, Länge u. Breite zur See nach astronom. Beobachtgn. Hrsg. v. Reichsamt des Innern. Unter Red. v. Schrader. gr. 8. (XXXII, 276; XXIV, 324; XXIV, 324 u. XXIV, 324 S.) Berlin 899—902. C. Heymann's Verl. Kart. à n.n. 1. 50

— nautisches, od. Ephemeriden u. Tafeln f. d. Jahre 1906—1909 zur Bestimmg. der Zeit, Länge u. Breite zur See nach astronom. Beobachtgn. Hrsg. vom Reichsamte des Innern unter Leitg. v. C. Schrader. (XXIV, 326; XXIV, 316; XXIV, 316 u. XXIV, 318 S.) gr. 8. Berlin 903—906. C. Heymann. Kart. à n.n. 1. 50

— nautisches, od. Ephemeriden u. Taf. f. d. J. 1910—1913 zur Bestimmg. der Zeit, Länge u. Breite zur See nach astronom. Beobachtgn. Hrsg. v. Reichsamte des Innern unter Leitg. v. C. Schrader. (XXIV, 318, XXIV, 320; XXII, 318 u. XXII, 318 S.) gr. 8. Berlin 907—10. C. Heymann. Kart. à nn 1. 50

Neues *Jahrbuch* für die Bühne.
Von [Ferdinand] Frhrn von Biedenfeld.
Weimar: Voigt
Jg. 1. 1835.

Jahrbuch neues Chemie

Neues Jahrbuch der Chemie und Physik.
Bd 1-9. Halle: 1831-33

s.a. Journal für Chemie und Physik. Bd 61-69.

JB 6.169

— neues, der Chemie u. Physik, s.a. Journal, neues, für Chemie u. Physik.

Jahrbuch, neues, d. Chemie u. Physik (f. 1831—33). Eine wissenschaftl. Zeitschrift d. pharmaceut. Instituts zu Halle. Hrsg. v. Fr. W. Schweigger-Seidel. 1—9. Bd. — A. u. d. T.: Journal f. Chemie u. Physik. Bd. 61—69. (Der dritten Reihe 1—9. Bd. [1—6. Bd. à 4 Hfte., 7—9. à 8 Hfte.]) Mit Kpfrt. gr. 8. Ebds. à Bd. 2 Thlr. 16 Gr.
Jahrg. 1828 u. 29., vgl. Journal f. Chemie u. Physik, hrsg v. J. S. C. Schweigger u. Fr. W. Schweigger-Seidel. — Fortsetzung, s. Journal f. pract. Chemie, hrsg. v. O. L. Erdmann u. Fr. W. Schweigger-Seidel.

Neues Jahrbuch der Freimaurerei. Hrsg. von Albert Blengini. Wien.
cf. FZ. (Wien) 1 (1874) S. 71.
Wohl nicht in Druck erschienen?

NEUES JAHRBUCH DER BERLINISCHEN GESELLSCHAFT FÜR DEUTSCHE SPRACHE UND ALTERTHUMSKUNDE. Enthaltend: sprachwissenschaftliche und geschichtliche Abhandlungen, Abdrücke ... Herausgegeben durch FRIEDRICH HEINRICH VON DER HAGEN.

Bd. 1—2. Berlin 1836—1837. Carl Friedrich Plahn.

Bd. 3—9. Nebst Abbildungen von 2 Nibelungenhandschriften und mit 1 Landkarte zum Parzival. ib. 1839—1850. Hermann Schultze.

Bd. 10. Leipzig 1853. Hermann Schultze.

— neues, der Berlinischen Gesellschaft für Deutsche Sprache u. Alterthumskunde. Enthalt. sprachwissenschaftl. u. geschichtl. Abhandlungen, Abdrücke u. Erläuterungen, kleine Stücke Altdeutscher Sprache u. Poesie, Nachrichten v. Altdeutschen Handschriften, Mittheilungen aus lebenden Deutschen Mundarten, einzelne Sprachbemerkk., kleinere Beiträge zur Deutschen Literargeschichte und Uebersichten der Deutschen Sprachliteratur seit 1834. Herausg. durch Fr. Heinr. v. d. Hagen. 1r Jahrg. (Bd.) 4 Hfte. gr. 8. Berlin 835. Plahn. (Schultze.) 2 ℛ

— dass. 1r Bd. Herausg. von Fr. Hnr. v. d. Hagen. Jetzt a. u. d. T.: Germania. 1r Bd. Mit Beiträgen v. August, Diesterweg, Fischer, Graff, Lütke, Maßmann, Pischon, Ribbeck, Wackenroder, Zelle, Zeune u. d. Herausg. gr. 8. Ebd. 836. 2 ℛ — 2r Bd. Mit Beiträgen von E. G. Graff, v. d. Hagen u. Zeune. 4 Hfte. gr. 8. Ebd. 836. 2 ℛ — 3r Bd. A. u. d. T.: Germania. 3r Bd. Mit Beiträgen von Burmeister, Dronke, v. Gruber, Höfer, Lütke, Riedel, San-Marte, Uhden, Zelle, Zeune u. d. Herausg. Nebst Abbild. gr. 8. Ebd. 839. Schultze. 1 ℛ

— neues, der Berlinischen Gesellschaft für deutsche Sprache und Alterthumskunde. Herausgeg. durch Friedr. Heinr. von der Hagen. 4. Bd. — A. u. d. T.: Germania. Mit Beiträgen von Bonnell, Bormann, Jahn, Lütcke, Riedel, San-Marte, v. Senquitz, Tamms, Weigand, Zelle, Zeune u. dem Herausgeber. 4.—7. Bd. gr. 8. Berlin 841—846, Schultze. 4. Bd. 1 ℛ 5. Bd. 1 1/2 ℛ 6. Bd. 1 1/2 ℛ 7. Bd. 2 1/2 ℛ 1.—7. Bd. 11 1/2 ℛ

— neues, der Berlinischen Gesellschaft f. deutsche Sprache u. Alterthumskunde. Hrsg. v. Frdr. Heinr. v. d. Hagen. 8 u. 9. Bd. A. u. d. T.: Germania. 8 u. 9. Bd. gr. 8. (8: VI u. 394 S. 9: VI u. 322 S. m. 1 lith. Landkarte zum Parzival in qu. Fol.) Leipzig 848. 50, Herm. Schultze. 8: 2 ℛ 9: 1 1/2 ℛ (Bd. 1—9 zusammengenommen anstatt 15 ℛ herabgesetzt auf 7 1/2 ℛ)

— neues, der Berlinischen Gesellschaft für Deutsche Sprache u. Alterthumskunde. Enthltd.: sprachwissenschaftl. u. geschichtl. Abhandlungen, Abdrücke u. Erläuterungen kleiner Stücke Altdeutscher Sprache u. Poesie u. s. w. Herausg. durch F. H. von der Hagen. 10. Bd. Mit Beiträgen von Förstemann, A. Hagen, Kannegießer, K. Köpke u. s. w., und dem Herausgeber. A. u. d. T.: Germania. Enthltd.: sprachwissenschaftl. und geschichtl. Abhandlungen rc. rc. Von der Berlinischen Gesellschaft für Deutsche Sprache und Alterthumskunde. 10. Bd. Leipzig 853. H. Schultze. gr. 8. (2 Bl., 288 S.) 1 ℛ. 15 ngr.

— neues, d. Landwirthschaft; herausgeg. v. Plathner u. Weber. 1r—2r Bd., à 2 Hefte. 8. Bresl. 821, 22. W. G. Korn. 2 ℛ 16 gGr. 3r u. 4r Bd., à 3 Hefte. gr. 12. Leipz. 824—27. Lehnhold. (à 16 gGr.) 4 ℛ 5r Bd., 1s—3s Stück. Mit Kpf. 8. Bresl. 827—28. Max u. C. 1 ℛ 16 gGr.

Vorh. u.d.T.: Jahrbuch der Landwirthschaft.

— neues, d. Landwirthschaft; herausgeg. v. Plathner u. Weber. 1r Bd. 1s 2s, 2r Bd. 1s 2s u. 3r Bd. 1s 2s Hft. 8. Bresl. 822, W. G. Korn. à 1 Rthlr.

— dass. 3r Bd. 1s—3s u. 4r Bd. 1s—3s Hft. gr. 12. Leipz. 824—27, Hartmann. à 16 gr.

— dass. 5r Bd. 1s Stck. M. 1 Kupf. 8. Bresl. 827. Max u. C.

—— neues, d. Landwirthschaft. In zwangl. Hftn., hrsg. v. (G.) Plathner u. (Fr. Bened.) Weber. 5. Bd. 2. u. 3. Stck. 8. (15 B. u. 1 Tab.) Breslau 828, (Max u. Komp.)

1. u. 2 Bd (à Hfte.) Breslau. W. G. Korn. 1821, 22. 2 Thlr. 16 Gr. — 3. u. 4. Bd (à 3 Hfte.) Leipzig, Lehnhold 1824—26 4 Thlr — 5. Bd 1. Stck. Breslau, (Max u. Komp) 1827. 16 Gr. — Diesem ging voran „Jahrbuch d. Landwirthschaft, hrsg. v. dens.“ 2 Bde 8. Breslau, [W. G. Korn.] 1818—20. 6 Thlr.

Fortsetzung, s. Monatsschrift, Schles. landwirthschaftl.

— neues, der Mineralogie, Geognosie, Geologie u. Petrefaktenkunde, herausg. von K. C. v. Leonhard u. H. G. Bronn. (4r — 11r Jahrg.) 1833 — 1840. à 6 Hfte. Mit Steintaf. gr. 8. Stuttgart 833 — 40. Schweizerbart's Verlagsbuchh. (J. 1833, 34 à n. 3 2/3 ℛ, J. 1835 — 40 (à 6 Doppelhefte) à n. 4 5/6 ℛ) n. 36 1/3 ℛ

Jg 1-3 u.d.T.: Jahrbuch für Mineralogie ...

—— dass. — Allg. Repertor. z. Jahrg. 1830 — 39., s. Lommel, J.

— neues, für Mineralogie, Geognosie, Geologie u. Petrefaktenkunde, herausgeg. von K. C. v. Leonhard u. H. G. Bronn. Jahrg. 1841 u. 1842. à 6 Doppelhefte. Mit Steint. gr. 8. Stuttgart, Schweizerbarts Verlagsbh. à n. 4 5/6 ℛ

—— neues, f. Mineralogie, Geognosie, Geologie u. Petrefacten-Kunde, hrsg. v. K. C. v. Leonhard u. H. G. Bronn. Jahrg. 1842. Supplement-Heft. gr. 8. (8 B. u. 1 Kpfrt.) Stuttgart, Schweizerbart'sche Vrlgsh. *

— dass. J. 1843. 6 Hfte. Mit Steintaf. Ebend. n. 4 5/6 ℛ

— dass. Supplementhft. M. Taf. VIII. gr. 8. Ebd. 843. n. 5/6 ℛ

— dass. J. 1844. 6 Hfte. Mit Steintaf. Ebend. n. 4 5/6 ℛ

— dass. 7. Hft. Mit Taf. VII. gr. 8. Ebend. 844. n. 5/6 ℛ

— dass. J. 1845. 6 Hfte. Mit lith. Taf. Ebend. n. 4 5/6 ℛ

— dass. 7. Hft. Mit Taf. VI. gr. 8. Ebend. 845. n. 5/6 ℛ

— dass. J. 1846. 6 Hfte. Mit lith. Taf. Ebend. n. 4 5/6 ℛ

— dass. J. 1846. 7. Hft. Ebend. 846. n. 5/6 ℛ

— neues, für Mineralogie, Geognosie, Geologie u. Petrefaktenkunde, hrsg. v. K. C. v. Leonhard u. H. G. Bronn. Jahrg. 1847 — 1852. à 7 Hfte. Mit lith. Taf. gr. 8. Stuttgart, Schweizerbart. à Jahrg. n. 5 2/3 ℛ

— — Jahrg. 1852. Supplem.-Heft. Mit 1 Holzschn. Ebend. gr. 8. (XVIII, 109 S.) n. 25 ngr.

— neues, für Mineralogie, Geognosie, Geologie und Petrefactenkunde, herausg. von K. C. v. Leonhard und H. G. Bronn. Jahrg. 1853—58. à 7 Hefte (à 8 Bgn.) mit Lithogr. u. Holzschn. Stuttgart, Schweizerbart. gr. 8. Jeder Jahrg. n. 5 ℛ. 20 ngr.

— neues, für Mineralogie, Geognosie, Geologie u. Petrefaktenkunde, herausg. von K. C. v. Leonhard u. H. G. Bronn. Jahrg. 1859—62. à 7 Hefte (à 8 Bgn.). Mit Steintaf. Stuttgart, Schweizerbart. gr. 8. Jeder Jahrg. n. 5 ℛ 20 ngr.

— neues, für Mineralogie, Geologie und Palaeontologie. Gegründet von K. C. v. Leonhard u. H. G. Bronn, fortgesetzt von G. Leonhard u. H. B. Geinitz. Jahrg. 1863 u. 64. à 7 Hefte (à ca. 8 Bgn.). Mit Steintaf. Ebend. gr. 8. Jeder Jahrg. n. 5 ℛ 20 ngr.

Vgl.: Repertorium, allgem., der Mineralogie etc.

— neues, für Mineralogie, Geologie u. Palaeontologie. Gegründet von K. C. v. Leonhard u. H. G. Bronn, fortgesetzt von G. Leonhard u. H. B. Geinitz. Jahrg. 1865. 7 Hefte (à ca. 128 S. mit Steintaf.). Stuttgart, F. Schweizerbart. gr. 8. n. 5 ₰ 20 ngr.

— — Jahrg. 1866–70. à Jahrg. 7 Hefte (à ca. 128 S. mit Steintaf.). Ebend. gr. 8. Jeder Jahrg. n. 6 ₰ 12 ngr.

— — Repertorium zu den Jahrg. 1860—69, s. Repertorium.

Jahrbuch, neues, f. Mineralogie, Geologie u. Palaeontologie. Gegründet von K. C. v. Leonhard u. H. G. Bronn u. fortgesetzt v. G. Leonhard u. H. B. Geinitz. Jahrg. 1870. 8. Hft. gr. 8. (XXII u. S. 930—1036.) Stuttgart, F. Schweizerbart. n. 2. 80 (Jahrg. 1870 cplt.: n. 22. —)

— dasselbe. Jahrg. 1871—1873 à 9 Hfte. gr. 8. (à Hft. 112 S. m. 3 Steintaf.) Ebend. à Jahrg. n. 22. —

— dasselbe. Jahrg. 1874—1876 à 9 Hfte. gr. 8. (à Hft. 112 S. m. 2 Steintaf.) Ebend. à Jahrg. n. 24. —

— neues, für Mineralogie, Geologie u. Palaeontologie. Gegründet von K. C. v. Leonhard u. H. G. Bronn, u. fortgesetzt v. G. Leonhard u. H. B. Geinitz. Jahrg. 1877—1879. à 9 Hfte. gr. 8. (à Hft. ca. 112 S. m. eingedr. Holzschn. u. Steintaf.) Stuttgart, Schweizerbart. à Jahrg. n. 24. —

—— dass. — Repertorium für das Decennium 1870—1879. Ein Real-, Personal- und Local-Index für die in den Jahrgängen 1870—1879 enth. Abhandlungen, Briefe und Referate. Zusammengestellt von Gust. Steinmann. gr. 8. (III, 166 S.) Ebendas. 880. *

— dasselbe. Hrsg. v. E. W. Benecke, C. Klein u. H. Rosenbusch. Jahrg. 1880—1882. à 2 Bde. à 3 Hfte. gr. 8. (à Hft. ca. IV, 96 u. 144 S. m. eingedr. Holzschn. u. 3 Steintaf.) Ebend. 880—82. à Bd. n. 20. —

— dasselbe. 1. Beilage-Bd. gr. 8. (III, 501 S. m. 17 Steintaf.) Ebend. 880—82. n. 16. 40

— dasselbe. 2. Beilage-Bd. 1. Hft. gr. 8. (222 S. m. 4 z. Thl. farb. Steintaf.) Ebend. 882. n. 5. —

— dasselbe. 2. Beilage-Bd. 2. u. 3. Hft. gr. 8. (III u. S. 223—634 m. 2 z. Thl. farb. Steintaf.) Ebend. 883. n. 11. — (cplt.: n. 16. —)

— neues, f. Mineralogie, Geologie u. Palaeontologie. Unter Mitwirkg. e. Anzahl v. Fachgenossen hrsg. v. E. W. Benecke, C. Klein u. H. Rosenbusch etc. Jahrg. 1883—1887. à 2 Bde. à 3 Hfte. gr. 8. (à Hft. ca. VI, 256 S. m. 6 Steintaf.) Stuttgart, Schweizerbart. à Bd. n. 20. —

— dasselbe. 3. Beilage-Bd. gr. 8. (III, 722 S. m. 13 Steintaf.) Ebend. 884. n. 21. 60

— dasselbe. Repertorium f. die Jahrgänge 1880—1884 u. die Beilage-Bde. I u. II. Ein Personen-, Sach- u. Orts-Verzeichniss f. die darin enthaltenen Abhandlgn., Briefe u. Referate. Zusammengestellt v. Leop. van Werveke. gr. 8. (IV, 227 S.) Ebend. 885. n. 6. —

Jahrbuch, neues, f. Mineralogie, Geologie u. Palaeontologie. 4. Beilage-Bd. gr. 8. (III, 630 S. m. 27 Steintaf.) Stuttgart 885. 86. Schweizerbart. n. 26. —

— neues, f. Mineralogie, Geologie u. Palaeontologie. Unter Mitwirkg. e. Anzahl v. Fachgenossen hrsg. v. M. Bauer, W. Dames u. Th. Liebisch. Jahrg. 1888—1890. à 2 Bde., à Bd. 3 Hfte. gr. 8. (à Hft. ca. 250 S. m. Taf.) Stuttgart, Schweizerbart. à Bd. n. 20. —

— dasselbe. 5. Beilage-Bd. 3 Hfte. (676 S. m. eingedr. Holzschn. u. 23 Taf.) Ebd. 887. n. 24. —

— dasselbe. 6. Beilage-Bd. 3 Hfte. gr. 8. (III, 643 S. m. 16 Taf.) Ebd. 888—890. n. 20. —

— dasselbe. 7. Beilage-Bd. 1. u. 2. Hft. gr. 8. (S. 1—294 m. Holzschn. u. 5 Taf.) Ebd. 890. à n. 5. —

— dasselbe. VII. Beilage-Bd. 3. u. 4. Hft. gr. 8. (IV u. S. 295—623 m. 5 Taf. u. 25 Holzschn.) Ebd. 891. n. 11. — (VII. Beilage-Bd. kplt.: n. 21. —)

— dasselbe. Repertorium f. die Jahrgänge 1885—1889 u. die Beilage-Bände III—VI. Ein Personen-, Sach- u. Orts-Verzeichniss f. die darin enth. Abhandlgn., Briefe u. Referate. Zusammengestellt v. Leop. van Werveke. gr. 8. (III, 364 S.) Ebd. 891. n. 8. —

— neues, f. Mineralogie, Geologie u. Palaeontologie. Unter Mitwirkg. e. Anzahl v. Fachgenossen hrsg. v. M. Bauer, W. Dames u. Th. Liebisch. Jahrg. 1891—1895. à 2 Bde. à Bd. 3 Hfte. gr. 8. (à Hft. ca. 270 S. m. lith. Taf. u. Holzschn.) Stuttgart, E. Schweizerbart. à Bd. n. 20. —

Jahrbuch, neues, f. Mineralogie, Geologie u. Palaeontologie. Unter Mitwirkg. e. Anzahl v. Fachgenossen hrsg. v. M. Bauer, W. Dames u. Th. Liebisch. VIII. Beilage-Bd. 3 Hfte. gr. 8. (III, 730 S. m. Holzschn. u. 30 Taf.) Stuttgart 892. 893. E. Schweizerbart. n. 26. 24

— dasselbe. IX. Beilage-Bd. 1. u. 2. Hft. gr. 8. (III, 507 S. m. 25 Holzschn. u. 14 Taf.) Ebd. 894. n. 20. 80

— dasselbe. IX. Beilage-Bd. 3. Hft. gr. 8. (IV u. S. 509—631 m. 2 Fig. u. 2 Taf.) Ebd. 895. n. 4. 40 (IX. Beilagebd. kplt.: n. 25. 20)

— neues, f. Mineralogie, Geologie u. Paläontologie. Unter Mitwirkg. e. Anzahl v. Fachgenossen hrsg. v. M. Bauer, W. Dames, Th. Liebisch. Jahrg. 1896—1899. à 2 Bde. à 3 Hfte. (à ca. 270 S. m. Abb. u. Taf.) gr. 8. Stuttgart, E. Schweizerbart. à Bd. n. 20. —

— dasselbe. X. Beilage-Bd. 3 Hfte. gr. 8. (800 S. m. 123 Fig. u. 18 Taf.) Ebd. 895. 96. n. 28. —

— dasselbe. Repertorium f. d. Jahrgänge 1890—1894 u. d. Beilage-Bde. VII—VIII. Ein Personen-, Sach- u. Orts-Verzeichniss f. d. darin enthalt. Abhandlgn., Briefe u. Referate. gr. 8. (III, 386 S.) Ebd. 896. n. 10. —

— dasselbe. XI. Beilage-Bd. 3 Hfte. gr. 8. (IV, 630 S. m. 136 Fig. u. 14 Taf.) Ebd. 897. 98. n. 23. 60

— dasselbe. XII. Beilage-Bd. 1. Hft. gr. 8. (268 S. m. 45 Fig. u. 5 Taf.) Ebd. 898. n. 9. —

— dasselbe. XII. Beilagebd. 2. u. 3. Hft. gr. 8. (III u. S. 269—664 m. 61 Fig. u. 15 Taf.) Ebd. 899. n. 17. —; (12. Beilagebd. kplt. n. 26. —)

— neues, f. Mineralogie, Geologie u. Palaeontologie. Unter Mitwirkg. e. Anzahl v. Fachgenossen hrsg. v. M. Bauer, E. Koken, Th. Liebisch. Jahrg. 1900—1902. à 2 Bde. à 3 Hfte. gr. 8. Stuttgart, E. Schweizerbart. à Bd. n. 25. —
1900. 1. (LXVI, 230, 488 u. 52 S. m. Fig. u. 11 Taf.)
2. (LXIV, 176 u. 496 S. m. Fig. u. 7 Taf.)
1901. 1. (LXVII, 160 u. 528 S. m. Fig. u. 7 Taf.)
2. (LXVIII, 170 u. 492 S. m. Fig. u. 5 Taf.)
1902. 1. (LX, 144 u. 503 S. m. Fig. u. 2 Taf.)
2. (LXXV, 153 u. 502 S. m. Fig. u. 6 Taf.)

— dasselbe. XIII. Beilage-Bd. 3 Hfte. gr. 8. (III, 506 S. m. 49 Fig. u. 16 Taf.) Ebd. 899—901. n. 22. —

— dasselbe. Repertorium f. die Jahrgänge 1895—1899 u. die Beilage-Bände IX—XII. Ein Personen-, Sach- u. Orts-Verzeichniss f. die darin enth. Abhandlgn., Briefe u. Referate. gr. 8. (III, 429 S.) Ebd. 901. n. 12. —

— dasselbe. XIV. Beilage-Bd. 3 Hfte. gr. 8. (III, 564 S. m. 44 Fig., 24 Taf. u. 5 Bl. Erklärgn.) Ebd. 901. n. 27. —

— dasselbe. XV. Beilage-Bd. 3 Hfte. gr. 8. (III, 645 S. m. 33 Fig. u. 21 Taf.) Ebd. 902. n. 25. —

— dasselbe. Jahrg. 1903. 1. Bd. 3 Hfte. gr. 8. (LXXXIII, 192 u. 566 S. m. Fig. u. 9 Taf.) Ebd. n.n. 25. —

— neues, f. Mineralogie, Geologie u. Palaeontologie. Unter Mitwirkg. e. Anzahl v. Fachgenossen hrsg. v. M. Bauer, E. Koken, Th. Liebisch. Jahrg. 1903. 2. Bd u. Jahrg. 1904—1906. à 2 Bde. à 3 Hefte. gr. 8 Stuttgart, E. Schweizerbart. à Bd. n.n. 25. —
1903. II. (LXII, 468 S. m. 12 Abb. u. 1 Taf.)
1904. I. (LXXII, 417 S. m. 12 Abb. u. 12 Taf.)
II. (LXI, 483 S. m. 18 Abb. u 19 Taf.)
1905. I. (LXXIII, 562 S. m. 13 Abb. u. 6 Taf.)
II. (LXVII, 491 S. m. 17 Abb. u. 9 Taf.)
1906. I. (LXXII, 475 S. m. 16 Abb. u. 14 Taf.)
II. (LXIV, 464 S. m. 21 Abb. u. 11 Taf.)

— dasselbe. XVI. Beilage-Bd. 1. Hft. gr. 8. (198 S. m. 22 Fig. u. 6 Taf.) Ebd. 903. n. 8. —

Jahrbuch, neues, f. Mineralogie, Geologie u. Palaeontologie. Unter Mitwirkg. e. Anzahl v. Fachgenossen hrsg. v. M. Bauer, E. Koken, Th. Liebisch. 16. Beilage-Bd. 2. u. 3. Heft (III u. S. 199 bis 513 m. 96 Fig. u. 12 Taf.) gr. 8. Stuttgart 903. E. Schweizerbart. n. 19. — (vollständig: n. 27. —)

— dasselbe. 17—22. Beilage-Bd. à 3 Hefte. gr. 8. Ebd. n. 153. —
17. (III, 564 S. m. 98 Fig., 43 Taf. u. 8 Bl. Erklärgn.) 903. n. 29. —
18. (IV, 555 S. m. 54 Fig., 43 Taf. u. 4 Bl. Erklärgn.) 904. n. 27. —
19. (IV, 555 S. m. 76 Fig., 29 Taf. u. 8 Bl. Erklärgn.) 904. n. 23. —
20. (IV, 507 S. m. 176 Fig., 8 Taf. u. 3 Bl. Erklärgn.) 905. n. 22. —
21. (IV, 656 S. m. 86 Fig. u. 48 Taf.) 905. 906. n. 27. —
22. (IV, 692 S. m. 66 Fig. u. 19 Taf.) 906. n. 25. —

— dasselbe. Repertorium f. die Jahrgänge 1900—1904, des Centralblatt f. Mineralogie, Geologie u. Palaeontologie Jahrgänge 1—5 (1900—1904) u. die Beilage-Bände XIII—XX. Ein Personen-, Sach- u. Orts-Verzeichnis f. die darin enth. Orig.-Abhandlgn. u. Referate. (III, 593 S.) gr. 8. Ebd. 906. n. 16. —

— neues, f. Mineralogie, Geologie u. Paläontologie. Unter Mitwirkg. e. Anzahl v. Fachgenossen hrsg. v. M. Baner, E. Koken, Th. Liebisch. Jahrg. 1907—1910. à 2 Bde. zu je 3 Heften. gr. 8. Stuttgart, E. Schweizerbart. 210. —
1907. I. (LXXVI, 146 u. 405 S. m. 50 Fig. u. 9 Taf.) nn 25. —
II. (LXIV, 507 S. m. 2 Abb. u. 8 Taf.) nn 25. —
1908. I. (LIX, 462 S. m. 37 Abb. u. 15 Taf.) nn 25. —
II. (LVII, 450 S. m. 10 Abb. u. 8 Taf.) nn 25. —
1909. I. (LXI, 470 S. m. 7 Abb. u. 23 Taf.) nn 27. 50
II. (LIII, 492 S. m. 43 Abb. u. 18 Taf.) nn 27. 50
1910. I. (LXVI, 168 u. 478 S. m. 8 Fig. u. 17 Taf.) nn 27. 50
II. (LXXXIX, 486 S. m. 48 Abb. u. 7 Taf.) nn 27. 50

Jahrbuch, neues, f. Mineralogie, Geologie u. Paläontologie. Festband zur Feier d. 100jähr. Bestehens. Mit 2 Porträts, XIX Taf. u. 73 Textfig. (XVIII, 546 S. m. 6 Bl. Erklärgn.) gr. 8. Stuttgart 907. E. Schweizerbart. 24. —

— dasselbe. 23.—30. Beilage-Bd. à 3 Hefte. gr. 8. Ebd. 907. 232. 40
23. (IV, 643 S. m. 53 Fig., 17 Taf. u. 6 Stereoskopbildern.) 907. 23. 60
24. (IV, 736 S. m. 74 Fig., 46 Taf., 7 Bl. Erklärungen u. 8 Pausen.) 29. —
25. (IV, 662 S. m. 64 Fig., 1 Tab., 37 Taf. u. 18 Bl. Erklärungen.) 908. 30. —
26. (IV, 634 S. m. 69 Fig., 45 Taf., 1 Tab. u. 7 Bl. Erklärungen.) 908. 33. —
27. (IV, 641 S. m. 41 Fig., 21 Taf. u. 2 Bl. Erklärungen.) 909. 27. 60
28. (IV, 685 S. m. 37 Fig., 32 Taf. u. 3 Bl. Erklärungen.) 909. 29. —
29. (IV, 778 S. m. 1 Tab., 70 Fig., 25 Taf. u. 8 Bl. Erklärungen.) 910. 29. 60
30. (IV, 788 S. m. 135 Fig., 29 Taf. u. 5 Bl. Erklärungen.) 910. nn 30. 60

— neues österreichisches. Kalender für jeden Schreibtisch für das Jahr 1886. 8°. (34 S. mit Notizblättern und Inseraten XXVIII S.) Wien, Steckler. geb. fl. —.35.

—— neues österreichisches. Kalender für jeden Schreibtisch für das J. 1887. gr. 8. (III, 34 S.) Wien, (Edm. Schmid.) geb. *

—— neues österreichisches, Kalender f. jeden Schreibtisch f. d. J. 1889 u. 1890. gr. 8. (48; 32 S.) Wien, (Steckler). geb. à Jahrg. * — 70

— — neues, f. d. Pharmacie, herausg. v. Gehlen u. Rose f. 1803—8. 1r—6r od. des vorherg. 9r—14r Bd. 12. Ebd. (9r 10r à 1 Rthlr. 12 gr. 11r 1 Rthlr. 16 gr. 12r 1 Rthlr. 20 gr. 13r 1 Rthlr. 9 gr. 14r 1 Rthlr. 9 gr.)

Jahrbuch, N e u e s , für Pharmacie ...,
Vorh. u.d.T.: Jahrbuch für praktische Pharmacie ...

NEUES JAHRBUCH FÜR PHARMACIE UND VERWANDTE FÄCHER. (Eine) Zeitschrift des allgemeinen deutschen Apotheker-Vereins, Abtheilung Süddeutschland.
Herausgegeben unter Mitwirkung des Directorii, von G. F. WALZ und F. L. WINCKLER.:
Bd. I—X.***) (Mit Tafeln, Tabellen ...) Speyer, 1854—1858. In Comm. bei G. L. Lang. 8°.
Bd. XI—XVI. (Mit 1 Tafel.) Heidelberg, 1859—1861. In Comm. bei J C. B. Mohr.
Herausgegeben unter Mitwirkung des Directoriums, von G. F. WALZ und F. L. WINCKLER. Fortgesetzt nach Walz's Ableben von F. VORWERK.:
Bd. XVII.†) (Mit 1 Tafel.) ib. 1862. —
Herausgegeben unter Mitwirkung des Directoriums, von F. VORWERK. Unter Mitwirkung der Herren: ...
Bd. XVIII. (Mit 1 Tafel.) ib. 1862. —
Jahrg. X—XXIX (sic! pro XIX). Bd. XIX—XXXVIII. (Mit Tafeln und Taellen.) Speyer, 1863—1872. In Comm. bei F. C. Neidhard's Buchhandlung.

NEUES JAHRBUCH FÜR PHARMACIE UND VERWANDTE FÄCHER. Eie Zeitschrift des Deutschen Apotheker-Vereins.
Herausgegeben von F. VORWERK.:
Jahrg. XX. Bd. XXXIX und XL. ib. 1873. — A. u. d. T.: NEUES AHRBUCH FÜR PHARMACIE UND VERWANDTE FÄCHER. Zeitschrift es allgemeinen deutschen Apotheker-Vereins. Herausgegeben von F. VOR'ERK. Bd. XXXIX—XL. Unter Mitwirkung der Herren: ... ib. 1873. —

—— neues, für Pharmacie und verwandte Fächer. Eine Zeitschrift des allgemeinen deutschen Apotheker-Vereins. Abthl. Süddeutschland. Hrsg. unter Mitwirkung des Directorii, von G. F. Walz und F. L. Winckler. 1—4. Bd. (Jahrg. 1854 und 1855.) à Jahrg. 12 Hefte. gr. 8. Speyer, (Lang.) à Jahrg. *

Jahrbuch, neues, für Pharmacie und verwandte Fächer. Eine Zeitschrift des allgemeinen deutschen Apotheker-Vereins, Abthl. Süddeutschland. Hrsg. unter Mitwirkung des Directorii, von G. F. Walz und F. L. Winckler. 5—10. Bd. (Jahrg. 1856—58.) à Jahrg. 12 Hefte. (à ca. 72 S.) gr. 8. Speyer 859, (Lang.) à Jahrg. Thlr. *

—— dass. — 11—16. Bd. (Jahrg. 1859—61.) à Jahrg. 12 Hefte. (à 60—70 S.) gr. 8. Heidelberg 859—61, (J. C. B. Mohr.) à Jahrg. *

—— neues, für Pharmacie und verwandte Fächer. Eine Zeitschrift des allgem. deutschen Apotheker-Vereins, Abthl. Süddeutschland. Hrsg. unter Mitwirkung der Directorii, v. G. F. Walz und F. L. Winckler. 17. und 18. Bd. Jahrg. 1862. 12 Hefte. gr. 8. (à Heft ca. 64 S.) Heidelberg, (J. C. B. Mohr.) *

Jahrbuch, neues, für Pharmacie und verwandte Fächer. Eine Zeitschrift des allgem. deutschen Apotheker-Vereins, Abthl. Süddeutschland. Hrsg. unter Mitwirkung des Directoriums v. F. Vorwerk. 19.—28. Bd. Jahrg. 1863—67. à Jahrg. 12 Hefte. (à ca. 64 S.) gr. 8. Speyer, (Neidhard.) à Jahrg. *

—— neues, für Pharmacie und verwandte Fächer. Zeitschrift des allgemeinen deutschen Apotheker-Vereins, Abthl. Süddeutschland. Hrsg. unter Mitwirkung des Directoriums von F. Vorwerk. 29.—38. Bd. oder Jahrg. 1868—1872. à Jahrg. 12 Hefte. (à 4. Bog.) gr. 8. Speyer, (Neidhard.) à Jahrg. * 12 —

Jahrbuch für Zuckerfabriken. Neumann's! Verzeichniss der Rübenzuckerfabriken, Raffinerien u. Candis-Fabriken im Deutschen Reiche, sowie in Oesterreich-Ungarn, Russland, Belgien, Holland, Dänemark, Schweden, England, Italien, Spanien u. Amerika. Nebst e. Adressbuch der Bezugsquellen v. Bedarfs-Artikeln f. Zuckerfabriken u. Empfehlungsanzeiger e. Anzahl Firmen, welche mit der Zuckerfabrikation in Verbindung stehen. Neu bearb. u. zusammengestellt v. J. Neumann. Ausg. f. das Betriebsj. 1890/91. Magdeburg. gr. 8.

NIEDERDEUTSCHES JAHRBUCH. JAHRBUCH DES VEREINS FÜR NIEDERDEUTSCHE SPRACHFORSCHUNG.
Jahrg. 1905. XXXI. ib. 1905. — Jahrg. 1906. XXXII. ib. 1906. — Jahrg. 1907. XXXIII. ib. 1907. — Jahrg. 1908. XXXIV. ib. 1908. — Jahrg. 1909. XXXV. ib. 1909. — Jahrg. 1910. XXXVI. Mit einer Heliogravure und zwei Autotypien. ib. 1910. — Jahrg. 1911. XXXVII. ib. 1911. — Jahrg. 1912. XXXVIII. ib. 1912. — Jahrg. 1913. XXXIX. ib. 1913. — Jahrg. 1914. XXXX. ib. 1914.

—— niederrheinisches, f. Geschichte, Kunst u. Poesie. Hrsg. v. Laurenz Lersch. 1. u. 2. Jahrg. 1843 u. 44. à J. m. architekton. Abbild. 8. Bonn, Henry u. Cohen. [1. (24 B.) 2. (22 B.) à J. * 1 Thlr. 20 Ngr.] *

Niedersächsisches Jahrbuch. Hrsg. vom Verein f. Niedersächs. Volkstum e.V., Bremen. [1.] 1911. Bremen: Schünemann (1910). 8° [11.7373]

Norddeutsches *Jahrbuch* für Poesie und
Prosa . . . Hrsg. v. Heinrich Pröhle.
Merseburg: Garcke
(Bd 1. 1847.)

—— norddeutsches, für Poesie und Prosa. Hrsg. von Heinr. Pröhle. (1. Jahrg.) 1847. 8. (X und 354 S.) Merseburg. [Leipzig, Hebenstreit.] *

Jahrbuch, 14., des Arbeiter-Sekretariats Nürnberg f. d. Geschäftsj. 1908, nebst Berichten: der Vereinigten Gewerkschaften, der Beisitzer des Gewerbegerichts, der Nürnberger Gewerkschaftsbewegg. u. des Volkshausvereins etc. (III, 96 S. m. 1 Tab.) gr. 8. Nürnberg, Fränk. Verlagsanstalt & Buchdr. 1909. —. 50.

— **Nürnberg-Fürther.** 1907. Kalender für Bureau, Comptoir u. Haus. Bearb. v. e. Reihe tücht. Männer aus den verschiedensten Berufsklassen. 20. Jahrg. der Ausg. „Bayer. Jahrbuch". (XVI, 504 S.) Lex.-8. München, Buchdruckerei u. Verlagsanstalt E. Gerber. Kart. n. 1. 50; geb. in Leinw. n. 2. —

— **Nürnberg-Fürther.** 1911. Kalender f. Bureau, Comptoir u. Haus. 24. Jahrg. der Ausg. „Bayer. Jahrbuch". Bearb. v. e. Reihe tücht. Männer der verschiedensten Berufsklassen. (XX, 508 S.) Lex. 8. München, Buchdruckerei u. Verlagsanstalt E. Gerber. Kart. 1.50; geb. in Leinw. 2. —

—— des Nützlichen und Unterhaltenden, s. Volks-Kalender, deutscher. Hrsg. von F. W. Gubitz.

Jahrbuch d. Nützlichen u. Unterhaltenden. Hrsg. v. F. W. Gubitz. (1—8. Jahrg. 1835—42.) Mit mehr als 100 Holzschn., theils v. dems., theils unt. dess. Leitung gefertigt. 8. Berlin, Vereins-Buchhandlung. à Thlr. *
Hat mit dess. Volkskalender gleichen Inhalt, nur daß hier der Kalender mangelt.

—— des Nützlichen u. Unterhaltenden. Hrsg. v. F. W. Gubitz. 9—13. Jahrg. 1843—47. à Jahrg. mit mehr als 100 Holzschn. 8. (à 12 B.) Berlin, Vereins-Buchh. à J. * 10 Ngr. *
1—8. Jahrg. 1835—42. Ebendas. à J. * 10 Ngr. Bildet den Text d. Volkskalender mit Hinweglassung des Kalenders.

— des Nützlichen und Unterhaltenden. Herausg. von F. W. Gubitz. Mit 100 Holzschn., theils von demselben, theils unter dessen Leitung gefertigt. 19—22. Jahrg. (1853—56.) Berlin, Vereinsbuchhdlg. gr. 12. Jeder Jahrg. (à 186 S.) n. 10 ngr.
Separatausgabe aus Gubitz's Volkskalender.

Jahrbuch des Nützlichen und Unterhaltenden: 1867 ? New York, NY
Published by William Radde [illegible]

—— des Nützlichen u. Unterhaltenden f. Israeliten. Hrsg. v. K. Klein. 1—5. Jahrg. 1842—46. Mit Stnt. 12. Breslau, Kern. à J. 5 Ngr.

—— des Nützlichen und Unterhaltenden für Israeliten. Hrsg. von K. Klein. (6. und 7. Jahrg.) gr. 12. (200 S. und 2 Stnt.) Breslau 846,47, Kern. à Jahrg. 5 Ngr.
1—5. Jahrg. 1842—46. Ebendas. 25 Ngr.

Jahrbuch des Nützlichen und Unterhaltenden für alle Stände. Wien. 1856. Druck und Verlag von L. C. Zamarski.

— **obererzgebirgisches, 1910.** (Des Keilberg-Jahrbuches 2. Jahrg.) Geleitet v. Karl Knopf. (166 S. m. Abb. u. 11 [1 farb.] Taf.) gr. 8. Weipert, Deutsch-böhm. Verlagsanstalt Sonnenwirbel. 1.35
Vergl.: Keilberg-Jahrbuch.

— oberösterreichisches, s.: Volks-Kalender, deutscher.

—— oberösterreichisches, f. Literatur u. Landeskunde. Mit Dichtungen u. Liedern in der Mundart u. artist. Beilagen. 1. u. 2. Jahrg. 1844 u. 45. Unter Mitwirkung vaterländ. Schriftsteller, hrsg. v. Karl Adam Kaltenbrunner. gr. 8. Linz, Fink. [1. (18 B.) 2. (21½ B.)] à J.

— des Obst- u. Gartenbau-Vereins in Thale a. Harz 1908. (55 S.) 8. Thale (R. Jacoby). 1. —

— für die Offiziersfrau. Begründet v. Damen u. Herren des Standes, m. Beiträgen von E. A. v. Arnim, Gräfin Brühl, W. v. Gehren u. A. m., sachlich bearb. durch Schaarschmidt. Hrsg. von Johanna v. Sydow. (Tagebuch-Ausg.) 1901. 1. Jahrg. 4. (V, 303 S.) Oldenburg, G. Stalling's Verl. Geb. in Leinw. n. 6. 75

— dasselbe. 1902. 2. Jahrg. 4. (V, 294 S.) Ebd. Geb. in Leinw. n. 4. 50

— dasselbe. 1903. 3. Jahrg. 4. (V, 294 S.) Ebd. Geb. in Leinw. n. 3. —

— für d. Offizierfrau. Begründet u. bearb. v. Damen u. Herren des Standes. Hrsg. von Johanna v. Sydow. (Tagebuch-Ausg.) 1904. 4. Jahrg. (V, 303 S.) 4. Oldenburg, G. Stalling's Verl. Geb. in Leinw. n. 3. —

Jahr- u. Orientierungsbuch f. Haus u. Geschäft. (4. Jahrg.) 1907. Red. v. E. Kolbe. (494 Sp. m. Abbildgn.) 8. Berlin, P. J. Oestergaard. n. — 50

— der deutschen Orient-Mission, s.: Ex Oriente lux.

— ornithologisches. Organ f. das palaoarkt. Faunongebiet. Hrsg. v. Vict. Ritter v. Tschusi zu Schmidhoffen. 1.–4. Jahrg. 1890—1893. Lex.-8. Hallein, Villa Tännonhof, V. v. Tschusi zu Schmidhoffen. à Jahrg. n.n. 12. —
1. 12 Hfte. (240 S. m. 1 farb. Taf.) — 2–4. à 6 Hfte. (264, 274 S. m. 1 Taf. u. 258 S. m. 1 farb. Taf.)

— ornithologisches. Organ f. d. palaearkt. Faunengebiet. Hrsg. v. Vict. Ritter von Tschusi zu Schmidhoffen. V.—IX. Jahrg. 1894—1898. à 6 Hfte. (à 3—4 Bog.) Lex.-8. Hallein, V. v. Tschusi zu Schmidhoffen. à Jahrg. n.n. 12. —

— ornithologisches. Organ f. das palaearkt. Faunengebiet. Hrsg. v. Vict. Ritter v. Tschusi zu Schmidhoffen. X.—XIII. Jahrg. 1899—1902. à 6 Hfte. gr. 8. (à ca. 40 S.) Hallein, V. Ritter v. Tschusi zu Schmidhoffen. (Nur direkt.) à Jahrg. n.n. 12. —

— ornithologisches. Organ f. das palaearkt. Faunengebiet. Hrsg. von Vict. Ritter v. Tschusi zu Schmidhoffen. XIV—XVII. Jahrg. 1903—1906. à 6 Hefte. (VIII, 246; VIII, 255; VII, 246 u. VIII, 245 S.) gr. 8. Hallein, V. Ritter v. Tschusi zu Schmidhoffen. (Nur direkt.) à Jhrg. n.n. 12. —

— ornithologisches. Organ f. d. palaearkt. Faunengebiet. Hrsg. v. Vict. Ritter v. Tschusi zu Schmidhoffen. XVIII.—XXI. Jahrg. 1907—1910. à 6 Hefte. (1907—09. VIII, 252; VII, 245 u. VII, 252 S.) Lex. 8. Hallein (Villa Tännenhof), V. Ritter v. Tschusi zu Schmidhoffen. à Jahrg. nn 12. —

Jahrbuch, Oesterreichisches. Im Vereine mit mehreren vaterländischen Schriftstellern redigirt von Dr. Ferdinand Stamm. Vom Jahre 1881 an: Oesterreichisches Jahrbuch für den österreichischen Volksschriften-Verein geleitet und herausgegeben von Freiherr v. Helfert. 1.–19. Jahrgang 1877—1895. (19 Bde.)
8. Wien 1877—1895.

— österreichisches. Im Vereine mit mehreren vaterländ. Schriftstellern redig. von Ferd. Stamm. 1.—3. Jahrg. gr. 8. (262; 298; XLVIII, 315 S.) Wien 877—79, Manz'sche Hofbuchh. à Jahrg.

— österreichisches. Im Vereine mit mehreren vaterländ. Schriftstellern. 4.—8. Jahrg. 1880—1884. gr. 8. Wien, Verlag des Oesterreich. Volksschriften-Vereins. [1880. (295 S. mit 9 Illustr.); 1881. (254 S. mit 80 Illustr.); 1882. (290 S. mit 36 Illustr.); 1883. (361 S. mit 68 Illustr.); 1884. (314 S. mit 142 Illustr.) Jahrg. 1880 und 1881 à *
Jahrg. 1882 und 1883 à *
Jahrg. 1884 *

— österreichisches. Für den österreich. Volksschriften-Verein geleitet u. hrsg. von Frhr. v. Helfert. 9. u. 10. Jahrg. gr. 8. (IV, 385 u. 323 S.) Wien 885. 86. (Kubasta & Voigt). à n. 6. —

— österreichisches. Für den österr. Volksschriften-Verein hrsg. u. geleitet von Frhr. v. Helfert. 11.—14. Jahrg. gr. 8. (à Jahrg. ca. 350 S. m. Abbildgn.) Wien 887—890. (Kubasta & Voigt.) à Jahrg. n. 6. —

— österreichisches. Für den österreich. Volksschriften-Verein hrsg. u. geleitet v. Frhr. v. Helfert. 15.—18. Jahrg. gr. 8. (314; 307; 320; 258 u. 39 S. m. Abbildgn. u. 1 Taf.) Wien 891—894. (Kubasta & Voigt.) Kart. à Jahrg. n. 6. —

— österreichisches. Für d. österreich. Volksschriften-Verein hrsg. u. geleitet v. Frhr. v. Helfert. 19.—22. Jahrg. gr. 8. (343; 327; IV, 352 S. m Abb. u. 360 S.) Wien 895—898. (Kubasta & Voigt.) Kart. à n. 6. —

— österreichisches. Für den österr. Volksschriften-Verein hrsg. u. geleitet v. Frhr. v. Helfert. 23.—26. Jahrg. gr. 8. (260; III, 320; 323 u. 280 S.) Wien 899—902. (Kubasta & Voigt.) Kart. à n. 6. —

— österreichisches. Für den österreich. Volksschriften-Verein hrsg. u. geleitet v. Frhr. v. Helfert. 27.—30. Jahrg. (325 S. m. Abb. u. 1 Bildnis, 360 S., 315 S. m. Abb. u. 324 S.) gr. 8. Wien 903—906. (Kubasta & Voigt.) Geb. à n. 6. —

— österreichisches. Für den österreich. Volksschriften-Verein hrsg. u. geleitet v. Frhr. v. Helfert. 31.—34. Jahrg. (322 S. m. Abb. u. 1 Bildnis; 322 S. m. Abb. u. 1 Karte; 333 S. m. Kartenskizzen u. 1 Bildnis u. 339 S.) gr. 8. Wien 907—10. Kubasta & Voigt. à 6. —

— österreichisches, der Arbeiterversicherung f. 1906—1908. Red.: Leo Verkauf. 1.—4. Jahrg. (154, 160, 156 u. 207 S.) 8. Wien 907—10. (Wiener Volksbuchh.) Geb. in Leinw. 1906—08 à 2.50; 1909 3. —

Jahrbuch, Oesterreichisches — für den Berg- und Hüttenmann auf das Jahr 1855. Herausgegeben von Johann Baptist Karl Kraus. V. Jahrgang. (Mit einem Porträt.) Wien. 1855. Gedr. bei Ferdinand Ullrich (VI, 498 S. 8) und einem Porträt: J. Ritter v. Rußegger. Gabriel Decker gez. 1854. Gedr. bei J. Höfelich's Witwe.

— österreichisches, für den Berg- und Hüttenmann auf das Jahr 1855. Herausg. von Joh. Bapt. Karl Kraus. 5. Jahrg. (Mit 1 (lith.) Portr.) Wien, (Sallmayer u. Co.) gr. 8. (VII, 498 S. u. 1 lith. Taf. in Fol.) n. 1 ₰. 20 ngr.

— österreichisches historisches. 1.—3. Jahrg. 8. [1. Jahrg. (III und 256 S. mit dem Portr. des k. k. Staatsministers A. Ritter v. Schmerling in Stahlst.) 2. (III und 240 S. mit dem Portr. des k. k. Univ.-Prof. Dr. Ed. Herbst in Stahlst.) 3. (III und 239 S. mit dem Portr. Sr. Maj. Maximilian I., Kaisers von Mexico in Stahlst.)] Prag 863—65, Bellmann's Verlag. à Jahrg. *

— österreichisches kynologisches, 1897. 1. Jahrg. u. Vollst. österreichisches Hunde-Stammbuch b. incl. 1896. 14. Bd. Hrsg. v. österr. Hundezucht-Vereine. Im Auftr. d. Oe. H. Z. V. red. v. Fr. B. Laska. gr. 8. (VIII, IV, 318 u. 268 S. m. Abb. u. 1 Fksm. Wien (C. v. Hölzl.) Geb. in Leinw. n. 10. —

— österreichisches kynologisches, 1898. 2. Jahrg. u. österreichisches Hunde-Stammbuch. 15. Bd. Hrsg. vom österreich. Hundezucht-Vereine. Im Auftrage des Oe. H. Z. V. red. v. Alfr. Ritter v. Roßmanit. gr. 8. (VIII, IV, 330 u. 35 S. m. Abbildgn.) Wien (C. v. Hölzl).
Geb. in Leinw. n.n. 6. —

—— oesterreichisches, für Paediatrik. Hrsg. von G. Ritter v. Rittershain und Maxim. Herz. [Neue Folge des „Jahrbuches für Physiologie und Pathologie des ersten Kindesalters".] Jahrg. 1870—1873. à Jahrg. 2 Bde. gr. 8. Wien, Braumüller. [1870. 1. u. 2. Bd. (IV, 308; 284 S.) à *ℳ 5.; 1871. 1. Bd. (84 S.) *ℳ 3.; 2. Bd. 352 S.) *ℳ 5.; 1872. 1. Bd. (104 S.) *ℳ 4.; 2. Bd. (191 S.) *ℳ 5.; 1873. 1. Bd. (S. 1—134 mit 1 Stnt.) *ℳ 5.; 2. Bd. (S. 135—245.) *ℳ 4.] * 36 —

—— dass. — Hrsg. von G. Ritter v. Rittershain, Max Herz und Ludw. Fleischmann. Neue Folge der „Jahrbücher für Physiologie und Pathologie des ersten Kindesalters". 5. und 6. Jahrg. 1874 und 1875. à Jahrg. 2 Bde. gr. 8. (à Bd. 96—186 S.) Ebendas. à Jahrg. * 10 —

—— oesterreichisches, für Paediatrik. Hrsg. von G. Ritter v. Rittershain, Maxim. Herz und Ludw. Fleischmann. Neue Folge des „Jahrbuches für Physiologie und Pathologie des ersten Kindesalters". 7. und 8. Jahrg. 1876 und 1877. à Jahrg. 2 Bde. gr. 8. (IV, 443 S. mit 5 Stnt.; IV, 450 S. mit 4 Stnt.) Wien, Braumüller. à Jahrg. *
Nicht weiter erschienen.

—— ostfriesisches. Altes und Neues aus Ostfriesland. Hrsg. unter Mitwirkung von Kennern und Freunden des ostfries. Landes und Volkes. 1. Bd. in 6 Heften. br. 8. (1. Heft 80 S.) Emden 870, Haynel. à Heft *ℳ 1. * 6 —

— d. deutsch. Ostmarkenvereins f. d. J. 1908. Hrsg. vom deutsch. Ostmarken-Verein. Red. v. Vict. Schoultz. (141 S. m. Abb. u. 2 Taf.) gr. 8. Berlin, W. Ißleib. 1. —

Jahrbuch des Deutschen Ostmarkenvereins. Hrsg. v. Deutschen Ostmarken-Ver. z. Besten d. Deutschen Ostmarkenschatzes. Red. von Victor Schoultz, Geschäftsführer. [1.] 1908. Berlin: W. Ißleib 1908. 8° [F.]
08. 4377

—— pädagogisches, 1878 und 1879. Hrsg. von der Wiener pädagog. Gesellschaft. gr. 8. (V, 298; IV, 244 S.) Wien, Klinkhardt. à Jahrg. *

—— pädagogisches, 1880—1882. [Der pädagog. Jahrbücher 3.—5. Bd.] Hrsg. von der Wiener pädagog. Gesellschaft. gr. 8. (V, 192; VI, 184; VI, 209 S.) Wien, Klinkhardt. à Jahrg. *

—— dass. — 1883. [Der pädagog. Jahrbücher 6. Bd.] Hrsg. von der Wiener pädagog. Gesellschaft. Redig. von M. Zens. gr. 8. (V, 182 S.) Ebendas. *

—— dass. — 1884. [Der pädagog. Jahrbücher 7. Bd.] Hrsg. von der Wiener pädagog. Gesellschaft. Redig. von M. Zens. gr. 8. (VIII, 184 S.) Wien, Manz'sche Hofverlagsh. *

—— pädagogisches. 1885 und 1886. [Der pädagog. Jahrbücher 8. und 9. Bd.] Hrsg. von der Wiener pädagog. Gesellschaft. Redig. von M. Zens. gr. 8. (V, 198; V, 188 S.) Wien, Manz'sche Hof-Verlags- und Universitäts-Buchh. à Jahrg. *

—— dass. — 1887. [Der pädagog. Jahrbücher 10. Bd.] gr. 8. (IX, 234 S.) Leipzig 888, Klinkhardt. *

—— pädagogisches, 1888—1891. (Der pädagog. Jahrbücher 11.—14. Bd.) Hrsg. v. der Wiener pädagog. Gesellschaft. Redig. v. M. Zens u. Ferd. Frank. gr. 8. (IV, 118; IX, 182; VIII, 207; X, 212 S. m. Abbildgn.) Wien 889—92/Manz. (Lpz., Klinkhardt.) à Jahrg. * 3 —

— dasselbe. 1892. 1893. (Der pädagog. Jahrbücher 15. u. 16. Bd.) Red. v. Ferd Frank. gr. 8. (X, 228 S. m. 1 Bildnis; X, 197 S. m. 1 Bildnis.) Ebd. 893. 894. à Jahrg. n. 3. —

— pädagogisches. 1894—1896. (D. pädagog. Jahrbücher 17.—19. Bd.) Hrsg. v. d. Wiener pädagog. Gesellschaft. Red. v. Ferd. Frank. gr. 8. Wien, Manz. à Bd. n. 3. —
1894. (X, 205 S. m. 1 Bildn.) 895. — 1895. (XVI, 226 S.) 896. — 1896. (XVI, 240 S.) 897.

— dasselbe. 1897. (D. pädagog. Jahrbücher 20. Bd.) Red. v. Emil Urban. gr. 8. (XVI, 209 S.) Ebd. 898. n. 3. —

— pädagogisches. 1898. (Der pädagog. Jahrbücher 21. Bd.) Hrsg. v. der Wiener pädag. Gesellschaft. Red. v. Emil Urban. gr. 8. (XVI, 193 S.) Wien 899. Manz. n. 3. —

— dasselbe. 1899. (Der pädag. Jahrbücher 22. Bd.) Red. v. Vict. Zwilling. gr. 8. (XVI, 184 S.) Ebd. 900. n. 3. —

— dasselbe. 1900 u. 1901. (Der pädagog. Jahrbücher 23. u. 24. Bd.) Red. v. Ant. Zens. gr. 8. (V, 216 u. XIV, 102 S. m. 1 Lichtdr.-Taf.) Ebd. 901. 902. à n. 3. —

— pädagogisches. 1902—1905. (Der pädagog. Jahrbücher 25.—28. Bd.) Hrsg. v. der Wiener pädagog. Gesellschaft. gr. 8. Wien, Manz. à n. 3. —
1902. Red. v. Ant. Zens. (196 S.) 903. — 1903. Red. v. Ant. Zens. (IV, 223 S.) 904. — 1904. Red. v. Vikt. Zwilling. (VI, 170 S.) 905. — 1905. Red. v. Thdr. Steiskal. (IV, 185 S.) 906.

— pädagogisches. 1906 u. 1907. (Der pädagog. Jahrbücher 29. u. 30. Bd.) Hrsg. v. der Wiener pädagog. Gesellschaft. Red. v. Thdr. Steiskal. (IV, 205 S. u. IV, 200 S. m. 1 Bildnis.) gr. 8. Wien 907. 09. Manz. à 3. —

— pädagogisches, 1908—1910. (Der pädagog. Jahrbücher 31.—33. Bd.) Hrsg. v. der Wiener pädagog. Gesellschaft. Red. v. Th. Steiskal u. seit 1910 v. Leop. Scheuch. (VI, 191 S.; V, 256 S. m. 1 farb. Bildnis u. V, 224 S. m. Abb. u. 1 Bildnis.) gr. 8. Wien 908—10. A. Pichler's Wwe. & Sohn. à 3. —

—— pädagogisches. Rundschau auf dem Gebiete des Volksschulwesens. Unter Mitwirkung von Free, Grau, Linnarz rc. hrsg. von Johs. Meyer. 1. Jahrg. 1882/83. gr. 8. (XVIII, 610 S.) Berlin, Th. Hofmann. *

—— pädagogisches. Rundschau auf dem Gebiete des Volksschulwesens 1884. Unter Mitwirkung von Free, Grau, Hummel rc. hrsg. von Johs. Meyer. 2. Jahrg. gr. 8. (XVI, 473 S. mit Dr. Wichard Lange's Holzschn.-Portr.) [Berlin 885.] Gera, Th. Hofmann. *

— pädagogisches. Rundschau auf dem Gebiete d. Volksschulwesens. Unter Mitwirkg. v. Free, Grau, Linnarz rc. hrsg. v. Johs. Meyer. 1. u. 2. Jahrg. gr. 8. (XVIII, 610 u. XVI, 473 S.) Gera 884. 85. Th. Hoffmann. à Jahrg. n. 4. 50

— dasselbe. 1885. 3. Jahrg. gr. 8. (XVI, 256 S.) Gotha 886. Behrend. n. 2. 40

— pädagogisches. Rundschau auf dem Gebiete d. Volksschulwesens. 1886. Hrsg. v. J. Meyer. 4. Jahrg. gr. 8. (XIII. 198 S.) Gotha 887. Behrend. n. 2. 40

— pädagogisches. Rundschau auf dem Gebiete des Volksschulwesens 1903—1905. Unter Mitwirkg. namhafter Schulmänner. Lex. 8. Berlin, Gerdes & Hödel. n. 13. 40; geb. n. 15. —
1903. Hrsg. v. Johs. Meyer u. Herm. Rosin. 2 Tle. in 1 Bde. 1. Jahrg. (VIII, 175 u. 202 S.) 904. n. 3. 60; geb. n. 4. —
1904. Hrsg. v. Johs. Meyer u. Herm. Rosin. 2 Tle. in 1 Bde. 2. Jahrg. (XII, 195 u. 278 S.) 905. n. 4. 60; geb. n. 5. 20
1905. Hrsg. v. Otto Schmidt u. Herm. Rosin. 2 Tle. in 1 Bde. 3. Jahrg. (VIII, 204. u. 285 S.) 906. n. 5. 20; geb. 5. 80

Pädagogisches **Jahrbuch**. Rundschau auf d. Geb. d. Volksschulwesens ... Unter Mitw. namhafter Schulmänner hrsg. von Johannes Meyer u. Hermann Rosin. Jg. 1. 1903: Berlin: Gerdes & Hödel 1904. 4°(8°)
[07. 194 U

— **pädagogisches**. Rundschau auf dem Gebiete des Volksschulwesens 1906 u. 1907. Unter Mitwirkg. namhafter Schulmänner hrsg. v. Otto Schmidt u. Herm. Rosin. 2 Tle. in 1 Bde. 4. u. 5. Jahrg. Lex. 8. Berlin, Gerdes & Hödel. 12.—; geb. 13. 20
4. (VIII, 166 u. 309 S.) 907. 5.60; geb. 6. 20
5. (VIII, 236 u. 303 S.) 908. 6.40; geb. 7. —

Jahrbuch, Pädagogisches. Die Ergebnisse der in den deutschen Volksschullehrer-Versammlungen gehaltenen Vorträge in Leitsätzen, Beschlüssen u. Hauptgedanken, nebst vielen Ausführungen. Gesammelt, bearb. u. m. zahlreichen Literatur-Angaben zwecks Bearbeitung derselben oder ähnl. Stoffe, sowie m. Verzeichnissen der gesammten neuen pädagog. Litteratur nebst kurzer Beurtheilung derselben versehen von E. Schneider. Jhg. 1—6. Bericht über d. J. 1888—94. gr. 8.

— **pädagogisches**, für Lehrer und Schulfreunde. Von Adph. Diesterweg. 3—9. Jahrg. 1853—59. Berlin, Diesterweg. gr. 8. (3.: XVI, 304 S. u. 1 lith. Portr.; 4.: XXXI, 303 S. u. lith. Portr.; 5.: 3 Bl., 323 S. u. lith. Portr.; 6.: VIII, 332 S.; 7.: XXIV, 335 S.; 8.: XVI, 298 S.; 9.: XXVIII, 235 S.) Jeder Jahrg. n. 20 ngr.

Vgl.: Jahrbuch für Lehrer und Schulfreunde.

— pädagogisches, für Lehrer und Schulfreunde. Von Adf. Diesterweg. 10—12. Jahrg. 1860—62. Frankfurt a. M., Hermann'sche Buchhdlg. gr. 8. (XX, 363 S.; XVI, 337 S.; XV, 270 S.) Jeder Jahrg. n. 20 ngr.

—— pädagogisches, für Oesterreichs Volksschullehrer. Hrsg. von Jak. Spitzer. 1. Jahrg. 8. (286 S.) Wien 854. (Leipzig, Hübner.)

— pädagogisches, für Oesterreichs Volksschullehrer. Herausg. von Jak. Spitzer. 1. Jahrg. Wien 854. Sommer. (F. Klemm.) 8. (286 S.) 27 ngr.

— **pädagogisch-literarisches**, des 1. Wiener Feriencolonien-, Spar- u. Unterstützungsvereines f. Kinder, Wien, I., Maria Theresienstr. Nr. 10. XVII. Jahrg. (1893—1894). 2. Aufl. gr. 8. (175 S.) Wien. (Leipzig, Literar. Anstalt A. Schulze.) n. 2. 60

— des Pädagogiums in Magdeburg, s. Karl Cph. Gli. Zerrenner.

Jahrbuch der Papier-Industrie. Eine Rundschau üb. in- u. ausländische techn. sowie prakt. Neuergn., Erfindgn. u. Fortschritte auf den Gebieten der Papier-, Papierwaaren- u. Pappenfabrikation, sowie der Erzeugg. u. Verwendg. der Roh- u. Surrogat-Stoffe. Hrsg. v. E. Muth. Lex.-8. (VIII, 240 S. m. eingedr. Abbildgn.) [Lpz. 890, E. Krause.] Düsseld., [Kraus.] Lintz. * 10 —

— der **Papier- u. Druckindustrie**. Hrsg. v. Rud. Hanel. Jahrg. 1905. (XIX, 105 u. LXIX S.) 8. Wien, A. Hölder. n. 8. —

— der österreichischen **Papier- u. Druck-Industrie**. Hrsg. v. Rud. Hanel. Jahrg. 1906. (XXII, XLI—XLIV, 86, 54, 7 u. LXIV S.) 8. Ebd. Kart. n. 8. —

— der österreich. **Papier- u. Druck-Industrie**. Hrsg. v. Rud. Hanel. Jahrg. 1907—1910. 8. Wien, Compassverlag. Kart. 18. —
1907. (XXIV S., S. 1255—1372, 651—708, 1777—2081 u. LXVI S.) 4. 40
1908. (XI S., S. 1379—1504, 685—746, 1955—2228 u. LXII S.) 4. 40
1909. (XI S., S. 1393—1515, 702—764, 1975—2278 u. 953—1016.) 4. 60
1910. (X S., S. 1395—1518, 173—188, 503—523 u. 2064—2817.) 4. 60

Jahrbuch, parlamentarisches, s. a. Kohn, G.

Jahrbuch, Parlamentarisches. (I. Jahrgang) Session 1888—1889; II. Jahrgang, Session 1889—1890; III. Jahrgang, Session 1890—1891, (I. Band). IV. Jahrgang, Session 1890/91, II. Band. Das neue Parlament. Von Dr. Gustav **Kohn**. V. Jahrgang, Session 1897/98. Das neue Parlament. Von Dr. Gustav **Kolmer**. (5 Bde.) 8. Wien 1889—1897.

—— parlamentarisches. 3. u. 4. Jahrg. Session 1890/91 2 Bde. Von Gust. **Kohn**. 12. Wien, Perles. [1. Bd. (IV, 235 S.) 890. * 3 20; 2. Bd. (XVI, 272 S.) 891. * 4 —.] * 7 20

— **parlamentarisches**. V. Jahrg. D. neue Parlament v. Gust. Kolmer. Session 1897/98. 8. (327 S.) Wien 897. M. Perles. n. 6. 60; geb. n. 6. 80

— f. Pferdezucht, Pferdekenntniß, Pferdehandel, d. militär. Campagne-, Schul- u. Kunstreiterei u. d. Roßarzneikunst in Deutschland u. d. angrenz. Ländern, auf d. J. 1823 — 27. Herausgeg. v. S. v. Tennecker u. v. Valentini. 1r—4r Jhrg. 12. Ilmenau, Voigt. à 1 Rthlr. 8 gr.

—— für Pferdezucht, Pferdekenntniß, Pferdehandel, d. militar. Campagne-, Schul- u. Kunstreiterei, u. d. Roßarzneikunst in Deutschland u. d. angrenz. Ländern, auf d. J. 1828—31. Hrsg. v. S. v. Tennecker. 5—8. Jahrg. 12. Ilmenau, [Weimar,] Voigt. [828. (17½ B.), 29. (23 B.), 30. (22½ B.), 31. (18¾ B.) à 1 Thlr. 8 Gr.]

—— dass. auf d. J. 1833—35, begründet v. S. v. Tennecker u. fortges. u. hrsg. v. Aug. v. Kutzleben. 9—11. Jahrg. 12. Ebds. [833. (23 B.), 34. (21½ B.), 35. (20½ B.) à 1 Thlr. 8 Gr.]

—— dass. auf d. J. 1836, v. S. v. Tennecker. 12. Jahrg. 12. Ebds.
1—4. Jahrg 1823, 25—27. à 1 Thlr. 8 Gr. — 1—10. J., hrbgs. Pr. 7 Thlr. 12 Gr.

—— für Pferdezucht, Pferdekenntniß, Pferdehandel, Pferdedressur u. Roßarzneikunst auf d. J. 1837 — 42. Angefangen v. S. v. Tennecker, fortges. v. mehr. Hippologen u. Thierärzten. 13 — 18. Jahrg. 12. Weimar, Voigt. [837. (20½ B. u. 1 Stnt.), 38. (19 B.), 39. (19½ B.) 40. (20 B.), 41. (19½ B.), 42. (20 B.) à 1⅓ Thlr.]
Vom Jahrg 1840 an hat der Titel obige Abänderung erlitten.

—— f. Pferdezucht, Pferdekenntniß, Pferdehandel, Pferdedressur u. Roßarzneikunst auf d. J. 1843—47. 19—23. Jahrg. Mit Abbild. Angefangen v. S. v. Tennecker, fortgesetzt von mehreren Hippologen u. Thierärzten. 12. Weimar, Voigt. [19. (18⅔ B.) 20—22. (à 20 B.) 23. (30½ B.)] à J. 1 Thlr. 10 Ngr.
1—18. Jahrg. 1823—42. Ebendas. à 1 Thlr. 10 Ngr. Hrbgs. Pr. f. die ersten 16 Jahrg. à 15 Ngr.

—— für Pferdezucht, Pferdekenntniß, Pferdehandel, Pferdedressur und Roßarzneikunst auf die J. 1848. und 1851 — 52. Angefangen von S. v. Tennecker, fortges. von Aug. Thomsen und A. Rueff. 24 — 26. Jahrg. 12. Weimar, Voigt. [Jahrg. 24. (XII und 464 S.) 25. (XVII und 438 S. mit 3 Stnt. in 4. und Fol.) 26. (XII und 434 S. mit 7 Abbild. in Tondr. und 1 Tab. in qu. Fol.) à Jahrg. 1 Thlr. 10 Ngr.]

—— für Pferdezucht, Pferdekenntniß, Pferdehandel, Dressur, Reitkunst und Roßarzneikunde auf die J. 1854 und 1855. Angefangen von S. v. Tennecker, fortgesetzt von A. Rueff. 27. Jahrg. 12. Weimar, Voigt. [27. Jahrg. (XII und 466 S.) 28. (VIII und 420 S. mit 16 Stnt. und 1 Tab. in Fol.) à Jahrg. 1 Thlr. 10 Ngr.]

—— für Pferdezucht, Pferdekenntniß, Dressur, Reitkunst und Roßarzneikunde auf das J. 1857. Angefangen von S. v. Tennecker, fortges. von A. Rueff. 29. Jahrg. 12. (VI und 434 S. mit vielen eingedr. Holzschn. und 8 Tab. in Fol.) Weimar, Voigt.
Ist nicht fortgesetzt worden.

— der landwirtschaftlichen Pflanzen- u. Tierzüchtung. Sammelbericht üb. die Leistgn. in der Züchtungskunde u. ihren Grenzgebieten mit besond. Berücksicht. der Züchtungsbiologie. Hrsg. v. Rob. Müller. I. u. II. Jahrg. gr. 8. Stuttgart, F. Enke. n. 19. —
I. Mit Orig.-Aufsätzen u. Beiträgen von Anthony, Duerst, Fesca u. a. Die Leistgn. d. J. 1903. (X, 414 S.) 904. n. 10. —
II. Mit Beiträgen v. L. Adametz, R. Anthony, R. Burl u. a. Die Leistgn. des J. 1904. (VIII, 359 S.) 905. n. 9. —
Fortsetzg., s.: Jahrbuch f. wissenschaftl. u. prakt. Tierzucht.

Jahrbuch der landwirtschaftlichen Pflanzen- und Tierzüchtung. Sammelbericht über die Leistungen in der Züchtungskunde und ihren Grenzgebieten. Hrg. von Dr. phil. Robert Müller.... Mit Originalaufsätzen und Beiträgen von ... Privatdozent Dr. (J[ohann] Ulrich) Duerst in Zürich.... Jahrg. 1: Die Leistungen des Jahres 1903. X+414 S. 8. Stuttgart, Ferdinand Enke, 1904. [M. 10. —]
Die Litteraturberichte und -besprechungen betreffen zahlreiche *Schweizer Publicationen (S. 406 f. Rec. von* Duerst). — *Unter den* Originalarbeiten *S. 11—30:* Betrachtungen über die wissenschaftlichen Methoden zur Erforschung der Geschichte der Haustierrassen. Von Dr. J[ohann] Ulrich Duerst, Privatdozent ... zu Zürich.

Jahrbuch der landwirtschaftlichen Pflanzen- und Tierzüchtung. Sammelbericht über die Leistungen in der Züchtungskunde und ihren Grenzgebieten, mit besonderer Berücksichtigung der Züchtungsbiologie. Hrg. von Dr. phil. Robert Müller.... Mit Beiträgen von ... Dr. R[udolf] Buri in Laupen <Schweiz> ..., Dr. [Johann] U[lrich] Duerst in Zürich ..., Prof. Dr. C[onrad] Keller in Zürich, Prof. Dr. H[ermann] Kraemer in Bern ..., Dr. K(arl) Sakowsky in Bern.... Jahrg. 2: Die Leistungen des Jahres 1904. VIII + 359 S. 8. Stuttgart, Ferdinand Enke, 1905. [M. 9. —]
Darin S. 60—68 u. 78—89: (Originalarbeiten) *von* H. Kraemer *(s. Bulletin 1905, S. 79) u.* Karl Sakowsky. — *Zahlreiche Schweizer Publicationen sind besprochen.*

— der Stadt Pforzheim. 1.—4. Jahrg. 1900—1903. Im Auftrag des Stadtrats bearb. von Karl Brunner. gr. 8. Pforzheim (O. Riecker). n. 8. 70
1. (VIII, 174 S. m. 7 Taf.) 903. n. 2. 70. — 2. (VIII, 148 S. m. 4 Taf. u. 1 Tab.) 904. n. 2. —. — 3. (VIII, 149 S. m. 5 Taf.) 904. n. 2. —. — 4. (VIII, 150 S. m. 8 Taf. u. 1 Tab.) 906. n. 2. —.

Jahrbuch der Stadt Pforzheim. 5. u. 6. Jahrg. 1904 u. 1905. Im Auftrag des Stadtrats bearb. v. Karl Brunner. (VII, 158 S. u. VIII, 200 S. m. Abbildgn. u. 7 bezw. 6 Taf.) gr. 8. Pforzheim 906—08. (O. Riecker.) à 2. 80

— pharmaceutisches, s. a. Kalender, pharmaceutischer.

— pharmaceutisches. Regeln u. Hilfsmittel für practische Pharmacie, Nomenclatur der Volksarzneimittel, namentliches Verzeichniss der Apotheker Nord-Deutschlands, statistische u. andere Mittheilungen aus der Gesetzgebung, Verwaltung etc. 1—4. Bdchn. Berlin 861—64. J. Springer. 16. (178 S.; 126 S.; 2 Bl., 171 S.; 2 Bl., 194 S.) Jedes Bdchn. n. 10 *ngr.*

—— pharmaceutisches. II.—VII. Bdchn. 16. (126 S., III und 171 S., III und 194 S., 163 S., 129 S., III und 152 S., mit eingedr. Holzschn.) Berlin 862—67, Springer's Verlag. à Bdchn. * 10 Ngr. cart. *
I. Bdchn. Ebendas. 1861. * 10 Ngr.

—— pharmaceutisches. VIII.—XII. Bdchn. (Besonderer Abdruck aus dem pharmaceut. Kalender.) 16. (à Bdchn. 170—200 S.) Berlin 870, Springer's Verlag. cart. à Bdchn. * 1 —
1.—7. Bdchn. Ebendas. 1861—67. * ℳ 7.

—— dass. — XIII. Bdchn. 16. (245 S.) Ebendas. 873. cart. * 1 20

JAHRBUCH FÜR PRACTISCHE PHARMACIE UND VERWANDTE FÄCHER, herausgegeben von der pharmaceutischen Gesellschaft Rheinbayerns
unter Redaction von J. E. HERBERGER und F. L. WINCKLER.:
Jahrg. I. (Mit 1 Tabelle.) Kaiserslautern 1838. J. J. Tascher. 8°.

JAHRBUCH FÜR PRACTISCHE PHARMACIE UND VERWANDTE FÄCHER, herausgegeben von der pharmaceutischen Gesellschaft der Pfalz
unter Redaction von J. E. HERBERGER und F. L. WINCKLER.:
Jahrg. 2—3.**) (Mit Tafeln und Tabellen.) ib. 1839—1840. —

JAHRBUCH FÜR PRAKTISCHE PHARMACIE UND VERWANDTE FÄCHER. Herausgegeben von der Pfälzischen Gesellschaft für Pharmacie und Technik und deren Grundwissenschaften,
unter Redaction von J. E. HERBERGER & F. L. WINCKLER.:
Bd. IV—V. oder neue Folge Bd. I—II.***) Landau 1841—1842. J. Baur.

JAHRBUCH FÜR PRAKTISCHE PHARMACIE UND VERWANDTE FÄCHER. Herausgegeben von der Pfälzischen Gesellschaft für Pharmacie und Technik und deren Grundwissenschaften, dem pharmaceutischen Verein in Baden, und den Apotheker-Vereinen im Grossherzogthum Hessen und im Königreich Württemberg, unter Redaction von J. E. HERBERGER & F. L. WINCKLER.
Bd. VI ff. Landau 1843 ff.

JAHRBUCH FÜR PRAKTISCHE PHARMACIE UND VERWANDTE FÄCHER. Herausgegeben von der Pfälzischen Gesellschaft für Pharmacie und Technik und deren Grundwissenschaften, dem pharmaceutischen Verein in Baden, und den Apotheker-Vereinen im Grossherzogthum Hessen und im Königreich Württemberg,
unter Redaction von J. E. HERBERGER & F. L. WINCKLER.:
Bd. VI—XV. oder neue Folge Bd. III—XII.*) (Mit Tafeln.) ib. 1843—1847. —
unter Redaction von C. HOFFMANN. F. L. WINCKLER & G. H. ZELLER.:
Bd. XVI—XVII. oder neue Folge Bd. XIII—XIV.**) ib. 1848. —

JAHRBUCH FÜR PRAKTISCHE PHARMACIE UND VERWANDTE FÄCHER. Zeitschrift des allgemeinen teutschen Apotheker-Vereins, Abtheilung Südteutschland. Herausgegeben von den Vorständen der Pfälzischen Gesellschaft für Pharmacie und Technik und deren Grundwissenschaften, des pharmaceutischen Vereins in Baden, und der Apotheher-Vereine (sic!) in Württemberg und Hessen,
unter Redaction von C. HOFFMANN & F. L. WINCKLER.:
Bd. XVIII*)—XIX. oder neue Folge Bd. XV—XVI.**) (Mit Tabellen.) Landau, 1849. Verlag von J. Baur. In Comm. bei Ed. Kaussler. 8°.
unter Redaction von WALZ & F. L. WINCKLER.:
Bd. XX—XXI. oder neue Folge Bd. XVII—XVIII.***) (Mit Tafeln und 1 Tabelle.) ib. 1850. — —

JAHRBUCH FÜR PRAKTISCHE PHARMACIE UND VERWANDTE FÄCHER. Zeitschrift des allgemeinen deutschen Apotheker-Vereins, Abtheilung Süddeutschland. Herausgegeben von dem Direktorium der Vereins-Abtheilung, unter Redaction von WALZ & F. L. WINCKLER.:
Bd. XXII—XXV. oder neue Folge Bd. XIX—XXII.*) (Mit Tafeln.) ib. 1851 — 1852. — —
Bd. XXVI—XXVII.**) oder neue Folge Bd. XXIII—XXX (sic! pro XXIV). (Mit 1 Tafel.) Ludwigshafen, 1853. Verlag von J. Baur. In Comm. bei Ed. Kaussler in Landau.

— der prakt. Pharmacie u. angrenz. Wissenschaften, Künste u. Gewerbe, herausg. von der pharmaceut. Gesellschaft Rheinbayerns unter Redaction v. J. E. Herberger u. F. L. Winckler. 1r u. 2r Jahrg. à 4 Quartal-Lfrgg. 1838 u. 1839. Mit Intelligenzblatt. gr. 8. Kaiserslautern, Tascher. (à n. 3 ℛ) 6 ℛ

— für practische Pharmacie und verwandte Fächer, herausgeg. von der Pharmaceutischen Gesellschaft der Pfalz unter Redaction von J. E. Herberger u. F. L. Winckler. III. Jahrg. Brandes'sches Vereinsjahr. 4 Liefg. (Hefte.) gr. 8. Kaiserslautern 840, Tascher. (à Jahrg.) n. 3 ℛ

—— dass. — 4—5. Bd. à 8 Hfte. gr. 8. Landau 841, 42. (Neustadt a. d. H., Gottschick.) à Bd. *

— dass. Bd. IV u. V. à J. in 8 Heften mit literar. Anzeiger nebst Intelligenzblatt. 1841 u. 1842. Nees v. Esenbeck'sches Vereinsjahr. gr. 8. Landau, Kaußler. n. 3 ℛ — Bd. VI.—XIII. Jahrg. 1843—1846. gr. 8. Landau. (Kaußler.) à J. n. 4 ℛ

—— f. prakt. Pharmacie u. verwandte Fächer. Hrsg. v. der pfälzischen Gesellsch. f. Pharmacie u. Technik u. den pharmaceut. Vereinen in den Grossherz. Baden u. Hessen, unter Redact. v. J. E. Herberger u. F. L. Winckler. VI—XV. Bd. Jahrg. 1843—47. à J. 12 Hefte. gr. 8. Landau. (Kaussler.) à J. * 4 Thlr. *
Jahrg. 1841 u. 42. Ebendas. à J. * 3 Thlr.

—— für praktische Pharmacie und verwandte Fächer. Hrsg. von der pfälzischen Gesellschaft für Pharmacie etc., dem pharmaceut. Verein in Baden und den Apotheker-Vereinen im Grossherzogth. Hessen und im Königr. Württemberg. Bd. XVI—XXV. Jahrg. 1848—52. à Jahrg. 12 Hefte. gr. 8. Landau, (Kaussler.) à Jahrg. *
16—21. Bd. redig. von C. Hoffmann, F. L. Winckler und Zeller und 22—25. Bd. redig. von Walz und F. L. Winckler.

—— für praktische Pharmacie und verwandte Fächer. Zeitschrift des allgemeinen deutschen Apotheker-Vereins. Abthl. Süddeutschland. Hrsg. von dem Direktorium der Vereins-Abthl., unter der Redaktion von Walz und F. L. Winckler. Bd. XXVI. und XXVII. (Jahrg. 1853.) 12 Hefte. gr. 8. (1. Heft 64 S. mit 1 Stnt.) Landau, (Kaussler.) *

Jahrbuch der praktischen Pharmacie und angrenz. Wissenschaften, s. Jahrbuch für praktische Pharmacie und verwandte Fächer.

—— der Philatelie. 1881. Eine kurze Statistik dieser jungen Wissenschaft. Hrsg. von Max Wittrisch. 16. (IV, 98 S.) Borna, Schumann. * *
Nicht weiter erschienen.

—— für Philosophie und spekulative Theologie. Hrsg. unter Mitwirkung von Fachgelehrten von Ernst Commer. 1. und 2. Bd. à Bd. 4 Hefte. gr. 8. (IV, 564; IV, 600 S.) Paderborn 886,87, F. Schöningh. à Jahrg. *

— für Philosophie u. spekulative Theologie. Hrsg. unter Mitwirkung von Fachgelehrten v. E. Commer. 2.—5. Bd. à 4 Hfte. gr. 8. (à Hft. ca. 130 S.) Paderborn 887—889. F. Schöningh. à Bd. n. 12. —

— für Philosophie u. spekulative Theologie. Hrsg. unter Mitwirkg. v. Fachgelehrten v. Ernst Commer. 6. Bd. 4 Hfte. gr. 8. (à Hft. ca. 120 S.) Paderborn 891. F. Schöningh. n. 12. –

— dasselbe. 7.—9. Bd. à 4 Hfte. gr. 8. (à Hft. ca. 120 S.) Ebd. 892—894. à Bd. n. 9. —

Jahrbuch f. Philosophie u. spekulative Theologie. Hrsg. unt. Mitwirkg. v. Fachgelehrten v. Ernst Commer. 10.—13. Bd. à 4 Hfte. (à ca. 120 S.) gr. 8. Paderborn 895—898. F. Schöningh. à Bd. n. 9. —

— dasselbe. II.—IV. Ergänzungshft. gr. 8. Ebd. n. 7. —; Einzelpr. n. 9. 40

II. D. Lehrbuch d. Metaphysik f. Kaiser Josef II. Verf. v. P. Jos. Frasts. Zum erstenmale n. d. in d. Allerh. k. k. Privat- u. Familienbibliothek befindl. Originale hrsg. u. m. Benützg. d. im k. k. Haus-, Hof- u. Staatsarchive befindl. u. aud. ungedr. u. gedr. Quellen philosophiegeschichtl. erläut. durch Fr. Thom. M. Wehofer, O. Praed. (IX, 168 S.) 895. n. 2. 60; Einzelpr. n. 3. 60

III. D. substantiale Form u. d. Begriff d. Seele bei Aristoteles. Von E. Rolfes. (IV, 144 S.) 896. n. 2. 40; Einzelpr. n. 3. 20

IV. Savonarola als Apologet u. Philosoph. E. philosophie-geschichtl. Studie. Von M. Glossner. (124 S.) 898. n. 2. —; Einzelpr. n. 2. 60

Hft. 1 ist nur u. d. Einzeltitel: Glossner, M., d. spekulative Gottesbegriff in d. neueren u. neuesten Philosophie erschienen. (S.: Bücher-Lexikon Bd. 27.)

— für Philosophie u. spekulative Theologie. Hrsg. u. Mitwirkg. v. Fachgelehrten v. Ernst Commer. 14.—17. Bd. à 4 Hfte. gr. 8. (IV, 508; IV, 504; IV, 503 u. IV, 508 S. m. 1 Taf.) Paderborn 899—902. F. Schöningh. à Bd. n. 9. —

— dasselbe. V. u. VI. Ergänzungsheft. gr. 8. Ebd. n. 5.20; Einzelpr. n. 7. —

V. Die Grundlagen des Wunderbegriffes nach Thomas von Aquin. Von Frz. v. Tessen-Wesierski. (142 S.) 899. n. 2.20; Einzelpr. n. 3. —

VI. Die Ethik des Titus Flavius Clemens v. Alexandrien od. die erste zusammenhäng. Begründg. der christl. Sittenlehre. Zugleich e. Beitrag zur Geschichte der einschläg. Wissenschaften. Quellenmässig bearb. Von Conr. Ernesti. (XII, 174 S.) 900. n. 3.—; Einzelpr. n. 4. —

— für Philosophie u. spekulative Theologie. Hrsg. unter Mitwirkg. v. Fachgelehrten v. Ernst Commer. 18.—20. Bd. à 4 Hefte. (IV, 506, IV, 510 u. VI, 512 S.) gr. 8. Paderborn 903—906. F. Schöningh. à Bd. n. 9. —

— dasselbe. VII. u. VIII. Ergänzungsheft. gr. 8. Ebd. Subskr.-Pr. n. 9. —; Einzelpr. n. 12. —

VII. Die Moral des Clemens v. Alexandrien. Von Wilh. Capitaine. (VI, 372 S.) 903. Subskr.-Pr. n. 5. —; Einzelpr. n. 7. —

VIII. Die volkswirtschaftlichen Anschauungen Antonins von Florenz (1389–1459). Von Carl Ilgner. (XII, 268 S.) 904. Subskr.-Pr. n. 4. —; Einzelpr. n. 5. —

— für Philosophie u. spekulative Theologie. Hrsg. unter Mitwirkg. v. Fachgelehrten v. Ernst Commer. 21.—25. Bd. à 4 Hefte. (21.—24. Bd., VI, 518; VI, 525; VI, 512 u. VI, 504 S.) gr. 8. Paderborn 906—10. F. Schöningh. à Bd. 9. —

— dasselbe. IX. Ergänzungsheft. 8. Ebd. 1.—; Einzelpr. 1. 20

Die Enzyklika Pascendi u. der neue Syllabus Papst Pius X. Von M. Glossner. (49 S.) 908.

PHILOSOPHISCHES JAHRBUCH.

Auf Veranlassung und mit Unterstützung der Görres-Gesellschaft herausgegeben von CONST. GUTBERLET und JOS. POHLE.

Bd. 1. Jahrg. 1888. Fulda 1888. Druck u. Comm.-Verlag der Fuldaer Actien-Druckerei. 8°. — Bd. 2. Jahrg. 1889. ib. 1889. —

Auf Veranlassung und mit Unterstützung der Görres-Gesellschaft herausgegeben von CONST. GUTBERLET.

Bd. 3. (Jahrg. 1890.) ib. 1890. — Bd. 4. Jahrg. 1891. ib. 1891. — Bd. 5. Jahrg. 1892. ib. 1892. — Bd. 6. Jahrg. 1893. ib. 1893. — Bd. 7. Jahrg. 1894. ib. 1894. —

Auf Veranlassung und mit Unterstützung der Görres-Gesellschaft unter Mitwirkung von JOS. POHLE und JOS. DAM. SCHMITT herausgegeben von CONST. GUTBERLET.

Bd. 8. Jahrg. 1895. ib. 1895. — Bd. 9. Jahrg. 1896. ib. 1896. — Bd. 10. Jahrg. 1897. ib. 1897. — Bd. 11. (Jahrg. 1898.) ib. 1898. — Bd. 12—19. (Jahrg. 1899—1906.) ib. 1899—1906. —

Auf Veranlassung und mit Unterstützung der Görres-Gesellschaft unter Mitwirkung von JOS. POHLE und CHR. SCHREIBER herausgegeben von CONST. GUTBERLET.

Bd. 20—27. (Jahrg. 1907—1914.) ib. 1907—1914. —

— philosophisches. Auf Veranlassung u. mit Unterstützg. der Görres-Gesellschaft hrsg. v. C. Gutberlet u. J. Pohle. 1.—3. Bd. à 4 Hfte. gr. 8. (à Hft. ca. 120 S.) Fulda 888—890. Fuldaer Actien-Druckerei. à Bd. n. 9. —

Bildet eine Fortsetzung zu dem „Jahresbericht der Section für Philosophie."

-- philosophisches. Auf Veranlassg. u. m. Unterstützg. der Görres-Gesellschaft hrsg. v. Const. Gutberlet. 4.—6. Bd. à 4 Hfte. gr. 8. (à Hft. ca. 120 S.) Fulda 891—893. Fuldaer Action-Druckerei. à Bd. n. 9. —

— philosophisches. Auf Veranlassg. u. m. Unterstützg. d. Görres-Gesellschaft unt. Mitwirkg. v. Jos. Pohle u. Jos. Dam. Schmitt hrsg. v. Const. Gutberlet. 7.—11. Bd. à 4 Hfte. (à ca. 120 S.) gr. 8. Fulda 895—898. (Fuldaer Actiendruckerei.) à Bd. n. 9. —; einz. Hfte. n. 2. 25

— philosophisches. Auf Veranlassg. u. m. Unterstützg. der Görres-Gesellschaft unter Mitwirkung v Jos. Pohle u. Jos. Dam. Schmitt hrsg. v. Const. Gutberlet. 12.—15 Bd. à 4 Hfte. gr. 8. (à ca. 100 S.) Fulda 899—902. (Fuldaer Actiendruckerei.) à Bd. n. 9. —

— philosophisches. Auf Veranlassg. u. m. Unterstützg. der Görres-Gesellschaft unter Mitwirkg. von Jos. Pohle u. Jos. Dam. Schmitt hrsg. v. Const. Gutberlet. 16.—19. Bd. à 4 Hefte. (VIII, 470; VIII, 480; VIII, 484 u. VIII, 520 S.) gr. 8. Fulda 903—906. (Fuldaer Actiendruckerei.) à n. 9. —

— philosophisches. Auf Veranlassg. u. m. Unterstützg. der Görres-Gesellschaft unter Mitwirkg. v. Jos. Pohle u. Chr. Schreiber, hrsg. v. Const. Gutberlet. 20.—23. Bd. à 4 Hefte. (22. Bd. VIII, 532 S.) gr. 8. Fulda 907—10. Fuldaer Actiendruckerei. à Bd. 9. —

— des Photographen u. der photographischen Industrie. Ein Hand- u. Hilfsbuch f. Photographen, Reproduktionstechniker u. Industrielle. Hrsg.: G. H. Emmerich. 1.—3. Jahrg. 1903—1905. 8. Berlin, G. Schmidt. n. 9. —; geb. n. 10. 50
1. (X, 394 S. m. 51 Abbildgn.) n. 2. 50; geb. n. 3. —
2. Mit 1 Fig.-Taf., 115 in den Text gedr. Illustr. u. 8 Reproduktionsproben. (VIII, 488 S.) n. 3. —; geb. n. 3. 50
3. Mit 8 Taf. u. 50 in den Text gedr. Illustr. (VIII, 463 S.) n. 3. 50; geb. n. 4. —
Erscheint nicht mehr.

— für Photographie u. Reproductionstechnik f. d. J. 1887. Unter Mitwirkg. hervorrag. Fachmänner hrsg v. Jos. Maria Eder. 1. Jahrg. Mit 31 Holzschn. u Zinkotyp. im Texte u. 7 artist. Taf. 12. (X, 384 S. Halle, Knapp. n. 3. 50; geb. m. Kalender u. Notizbuch n. 4. —

— dasselbe, f. d. J. 1888. 2. Jahrg. Mit 109 Holzschn. u. Zinkotyp. im Texte u. 21 artist. Taf. 12. (XII, 556 S.) Ebd. n. 5. —; geb. m. Kalender u. Notizbuch n. 5. 75

— dasselbe, f. d. J. 1889. 3. Jahrg. 2 Thle. Ebd. n. 9. 80
1. Tabellen u. practische Arbeitsvorschriften f. Photographie u. Reproductionstechnik, welche an der k. k. Lehr- u. Versuchsanstalt f. Photographie u. Reproductionsverfahren in Wien angewendet werden. Hrsg. v. Jos. Maria Eder. (XII, 147 S.) n. 1. 80
2. Orig.-Beiträge, Fortschritte der Photographie in d. J. 1887 u. 1888 u. Patente auf photograph. Gegenstände etc. Mit 124 Holzschn. u. Zinkotypien im Texte. Hierzu: Eine Mappe m. 50 artist. Taf. (XII, 488 S.) n. 8. —

— dasselbe, f. d. J. 1890. 4. Jahrg. Mit 78 Holzschn. u. Zinkotypien im Texte u. 20 artist. Taf. gr. 8. (X, 402 S.) Ebd. n. 6. —

— für Photographie u. Reproduktionstechnik f. d. J. 1891—1894. Unter Mitwirkg. hervorrag. Fachmänner hrsg. v. Jos. Maria Eder. 5.—8. Jahrg. Halle a/S., W. Knapp. à Jahrg. n. 8. —
5. Mit 117 Holzschn. u. Zinkotypien im Texte u. 23 artist. Taf. (X, 630 S.)
6. Mit 106 Holzschn. u. Zinkotypien im Texte u. 33 artist. Taf. (X, 520 S.)
7. Mit 115 Holzschn. u. Zinkotypien im Texte u. 34 artist. Taf. (X, 526 S.)
8. Mit 147 Holzschn. u. Zinkotypien im Texte u. 34 artist. Taf. (VIII, 551 S.)

— f. Photographie u. Reproduktionstechnik f. d. J. 1895, 1896, 1897 u. 1898. Unt. Mitwirkg. hervorrag. Fachmänner hrsg. v. Jos. Maria Eder. 9.—12. Jahrg. 8. Halle, W. Knapp. à Jahrg. n. 8. —
9. Jahrg. M. 162 Holzschn. u. Zinkotypien im Texte u. 25 artist. Taf. (IX, 686 S.)
10. Jahrg. M. 155 Holzschn. u. Zinkotypien im Texte u. 28 artist. Taf. (VIII, 641 S.)
11. Jahrg. M. 168 Holzschn. u. Zinkotypien im Texte u. 38 artist. Taf. (VII, 602 S.)
12. Jahrg. M. 111 Abb. im Texte u. 80 artist. Taf. (VIII, 544 S.)

— für Photographie u. Reproductionstechnik f. d. J. 1899—1902. Unter Mitwirkg. hervorrag. Fachmänner hrsg. v. Jos. Maria Eder. 13.—16 Jahrg. 8. Halle, W. Knapp. à n. 8. —
1899. Mit 156 Abb. im Texte u. 39 Kunstbeil. (VIII, 680 S.)
1900. Mit 260 Abb. im Texte u. 34 Kunstbeil. (VIII, 782 S.)
1901. Mit 350 Abb. im Texte u. 36 Kunstbeilagen. (X, 807 S.)
1902. Mit 351 Abb. im Texte u. 25 Kunstbeilagen. (IX, 755 S.)

— für Photographie u. Reproduktionstechnik f. d. J. 1903—1906. Unter Mitwirkg. hervorrag. Fachmänner hrsg. v. Jos. Maria Eder. 17.—20. Jahrg. 8. Halle, W. Knapp. n. 10. 70; geb. in Leinw. n. 13. —
1903. Mit 300 Abbildgn. im Texte u. 27 Kunstbeilagen. (IX, 718 S.) 8. —; geb. 9. 50; ermäss. Pr. n. — 75; geb. n. 1. —
1904. Mit 189 Abbildgn. im Texte u. 29 Kunstbeilagen. (IX, 660 S.) 8. —; geb. 9. 50; ermäss. Pr. n. — 75; geb. n. 1. —
1905. Mit 202 Abbildgn. im Texte u. 29 Kunstbeilagen. (VIII, 672 S.) 8. —; geb. 9. 50; ermäss. Pr. n. 1. 20; geb. n. 1. 50
1906. Mit 210 Abbildgn. im Texte u. 31 Kunstbeilagen. (VIII, 692 S.) n. 8. —; geb. n. 9. 50

— für Photographie u. Reproduktionstechnik f. d. J. 1907—1910. Unter Mitwirkg. hervorrag. Fachmänner hrsg. v. Jos. Maria Eder. 21.—24. Jahrg. 8. Halle 907—10. W. Knapp. à 8. —; geb. in Leinw. à n 9. 50
1907. (VIII, 673 S. m. 290 Abb. u. 36 Kunstbeilagen.)
1908. (VIII, 751 S. m. 311 Abb. u. 30 Kunstbeilagen.)
1909. (VII, 621 S. m. 201 Abb. u. 19 Kunstbeilagen.)
1910. (VIII, 707 S. m. 340 Abb. u. 19 Kunstbeilagen.)

—— photographisches, für 1871—1875. Hrsg. von der Redaction der Photograph. Correspondenz. 1.—4. Jahrg. 16. (à 230—318 S. mit Photogr.) Wien, Verlag der Photograph. Correspondenz. à Jahrg. *ℳ 1,80.; geb. * 2 50

Jahrbuch, photographisches, für 1876—1878, 1880. Hrsg. von der Redact. der Photograph. Correspondenz. 5.—7. und 8. Jahrg. 16. (167; 190 S. mit 1 Lichtdr.; 252; 192 S. mit 2 phototyp. und photo-zinkotyp. Portr.; 184; 190 S. mit 1 phototyp. Portr.; IX, 280 S. mit 1 Lichtdr.-Portr.) Wien, Verlag der Photogr. Correspondenz.
geb. Jahrg. 1876 und 1877 à
geb. Jahrg. 1878 und 1880 à
Jahrg. 1879 ist nicht erschienen.

—— photographisches, für 1882. Almanach und Taschenbuch für Photographie und verwandte Fächer. Hrsg. von der Redact. der Photograph. Correspondenz. 9. Jahrg. Mit 1 Portr. in Heliogravure und Kalendarium in Phototypie von Karl Klič. gr. 16. (XIII, 371 S.) Wien, Verlag der Photograph. Correspondenz. cart. *ℳ 2.; geb. **
—— dass. — für 1883. 10. Jahrg. Mit Abney's Portr. in Heliogravure von V. Angerer in Wien und Kalendarium in Phototypie von Angerer und Göschl in Wien. gr. 16. (XIII, 381 S.) Ebendas. cart. *ℳ 2.; geb. **
—— dass. — für 1884. 11. Jahrg. gr. 16. (XV, 387 S.) Ebendas. cart. *ℳ 2.; geb. **
—— dass. — für 1885. 12. Jahrg. gr. 16. (VII, 130, 192 S. mit 1 Portr.) Ebendas. cart. **ℳ 2.; geb. **

PHYSIKALISCHES JAHRBUCH. Herausgegeben vom Breslauer Physikalischen Verein. Heft 1. Breslau 1884. J. U. Kern's Verlag (Max Müller). (Commissions-Verlag.) 8°.

— physikalisches. Hrsg. vom Breslauer physikal. Verein. 1. Hft. gr. 8 (85 S.) Breslau 884. Kern's Verl. n. 1. 50

Jahrbuch für Physiologie und Pathologie des ersten Kindesalters. Unter der Redact. von Gfr. Ritter v. Rittershain. 1. Jahrg. gr. 8. (VII, 272 S.) Prag 868, Dominicus. *

Forts.u.d.T.: Österreichisches Jahrbuch für Paediatrik.

Jahrbuch des Pilgers aus Schaffhausen (*Umschlag:* Erzählungen für Alt und Jung. Illustriertes J' des P' aus Sch') für 1905. [Jahrg. 1. Mit 1 Tafel.] 52 S. kl.-4. Schaffhausen, Joh. Bachmann, 1904. [cart. fr. —. 50]
Sep.-Ausg. des Textteils aus dem Kalender Der Pilger aus Sch'.

— des österr.-ungar. Pilgerhauses „Zur hl. Familie" in Jerusalem. Hrsg. vom Kuratorium. 3. Jahrg. (110 S. m. 3 Taf.) gr. 8. Wien 909. (H. Kirsch.) 2. —; erh. Pr. 3. —

Jahrbuch der Freimaurerloge „Pionier" in Pressburg. Hrsg. im Auftr. der Loge von Max Schleiffer. [Jg. 1.] 2. Pressburg: Selbstverl. d. Loge, [Wien: Eisenstein in Komm.] 1899—1900. 8°

[1.] 146 S. 1899; 2. 186 S. 1900.
Recens f. Jg. 1: ML. 28 (1899—1900) S. 139—140 (O. Henckel); Al. 26 (1900) S. 39; Bh. 43 (1900) S. 240 (C. Gotthold); L. 23 (1900) S. 48; Z. 30 (1900) S. 24 (M. Amster); BZC. 29 (1900) S. 258—259 (W. Wald).
f. Jg. 2: L. 23 (1900) S. 208; O. 25 (1900) S. 305 bis 308; Bh. 44 (1901) S. 32 (C. Gotthold).
cf. f. Jg. 1: G. 2 (1900). Nr 3 (K. Mandello); R. 27 (1900) S. 34—36 (A. Gündel); S. 7 (1900) S. 30—32 (Hessemer).
f. Jg. 2: BayrBbl. 1 (1900—1901) S. 267—269 (G. Niehrenheim); BstF. 10 (1901) S. 37 (H. Lissauer); S. 8 (1901) S. 5 (J. G. Findel).
Jg. 1 enth. Vorträge üb. Sozialwissenschaft, Jg. 2 Abhandl. üb Mittel u. Wege z. Volks-Aufklärung.

—— religiöser Poesien hrsg. von Jul. Sturm. Jahrg. 1870—1874. Lex.-8. (III, 75; 94; IV, 76; IV, 72; IV, 68 S.) Wiesbaden, Niedner. à Jahrg. *
Aus: Mancherlei Gaben und Ein Geist, besonders abgedruckt.

—— religiöser Poesien, hrsg. von Jul. Sturm. Jahrg. 1875—1879. Lex.-8. (IV, 70; IV, 53; IV, 75; 80; 78 S.) Wiesbaden 876—80, Niedner. à Jahrg. *
Aus: Mancherlei Gaben und Ein Geist, besonders abgedruckt.

—— religiöser Poesien, hrsg. von Jul. Sturm. Jahrg. 1880—1883. gr. 8. (80; 64; 39; 80 S.) Wiesbaden, Niedner. à Jahrg. *

—— dass. — Jahrg. 1884. gr. 8. (72 S.) Ebendas. *
Aus: Mancherlei Gaben und Ein Geist, besonders abgedruckt.

—— religiöser Poesien, hrsg. von Jul. Sturm. Jahrg. 1885. 12. (56 S.) Wiesbaden, Niedner. *

—— dass. — 25.—27. Jahrg. 1886—1888. à Jahrg. 4 Nrn. gr. 8. (à Jahrg. ca. 100 S.) Ebendas. à Jahrg. *

— politisches, der schweizerischen Eidgenossenschaft, s. a. Hilty, Carl.

Jahrbuch, politisches, der schweizerischen Eidgenossenschaft. Hrsg. von *C. Hilty*. 1. Jahrgang. In-8°, IV u. 671 S. Bern, K. J. Wyss. 1886 8 —

Jahrbuch, politisches, der schweizerischen Eidgenossenschaft. Herausgegeben von Dr. *Carl Hilty*. 2. Jahrgang. 1887. In-8°, 822 S. Bern, K. J. Wyss. 8 —

Jahrbuch, politisches, der schweizerischen Eidgenossenschaft. Herausgegeben von Dr. *Carl Hilty*. 3. Jahrg. 1888. In-8°, 942 S. Bern, K. J. Wyss. 10 —

—— politisches, der schweizerischen Eidgenossenschaft. Hrsg. v. Carl Hilty. 4.—7. Jahrg. 1889—1892. gr. 8. (III, 769; III, 1132; III, 714; III, 981 S.) Bern, Wyss. 4. u. 6. Jahrg. à * 6 40
5. u. 7. Jahrg. à * 9 60
Frühere Jahrgänge, s. Hilty, Carl.

Jahrbuch, politisches der schweizerischen Eidgenossenschaft. Herausgegeben von *C. Hilty*. Achter Jahrg. 1893. In-8°. 619 S. Bern, K. J. Wyss. 8 —

— politisches, der Schweizer. Eidgenossenschaft. Herausgegeben v. *Carl Hilty*. 9. Jahrg. 1894/95. In-8°. 747 S. Bern, K. J. Wyss. 1895. brosch. 10 — Halbfranz 13 —
Carl Hilty: Über die Gemütsruhe in der Politik. Die Militärorganisation der schweizer. Eidgenossenschaft (nebst Anhang: Biocca u. Cérisolles). Über „Roscher, System der Armenpflege und Armenpolitik". Die Genfer Zonen. Jahresbericht 1894/95. — Dokumentarische Beilagen. — Generalregister zu den 9 Bänden des Jahrbuchs. — **Generalregister zu den Dokumenten des Jahrg. 1894/95. — Register zum Jahresbericht 1894/95.**

— politisches, der schweizer. Eidgenossenschaft. Herausg. von *C. Hilty*. 10. Jahrgang 1896. In-8°. III, 824 S. Bern, K. J. Wyss. Brosch. 10 —; geb. 13 —

— Politisches, der Schweizer. Eidgenossenschaft. Hrsg. v. *C. Hilty*. Bd. XI. In-8°. 47 Bogen. Bern, K. J. Wyss. 1897. 10 —; geb. 13 —
*** Inhalt: I. De Senectute. Vom Hrsgeber. — II. Vor 50 Jahren. Vom Hrsg. M. e. Anhg. von bish. ungedruckten Briefen schweizer. Staatsmänner. m. Einleitg v. *Blösch*. — III. Das Tagebuch des schweizer. Abgesandten Hirzel bei seiner Sendung in das Hauptquartier der Alliirten, Nov. 1813. Hrsg. v. *P. Hirzel* u. *W. Oechsli*. — IV. Frauenstimmrecht. Vom Hrsg. — V. Jahresbericht pro 1897. Vom Hrsg.

Jahrbuch, polit. der Schweiz. Eidgenossenschaft. Hrsg. v. *Carl Hilty*. XII. Jahrg. 1898. 8°. 746 S. Bern, K. J. Wyss. 10 —; geb. 13 —
Inhalt: 1. Vergeltung, vom Herausgeber. 2. Ueber Arbeit und Ruhe, mit Rücksicht auf eine künftige Sonntagsgesetzgebung, vom Herausgeber. 3. Eine bisher unbekannte Berner Denkschrift über die Unruhen in der Waadt von 1790 und 1791, von Dr. *Oechsli* u. *P. Hirzel*. 4. Die Theilung der Welt, vom Herausgeber. 5. Jahresbericht für das Jahr 1898, v. Hrsg.

Jahrbuch, politisches, der schweizerischen Eidgenossenschaft. Herausg. v. *C. Hilty*. 13. Jahrg. 1899. 8°. VII, 710 S. Bern, K. J. Wyss. 10 —, geb. 13 —

— politisches, der schweizer. Eidgenossenschaft. Herausgeg. von Dr. *Carl Hilty*. 14. Jahrg. 1900. 8°. VIII. 590 S. Bern. K. J. Wyss. 10 — geb. 13 —
*** *Hilty C.* Die eidgen. Schulsubvention. — *C. Hilty*. Über die Handelsmoral. *Hilty, C.* Das Alkoholpostulat. — *Pinda, J. B.* L'Etat et les Eglises aux Etats-Unis. — Jahresbericht für das Jahr 1900. Beilagen: I. Rede des Herrn Bundesrath Zemp, bei der Eröffnung d. intern. Postkongresses. — II. Vortrag über die Doppelinitiative, gehalten in Münchenbuchsee von Dr. *C. Hilty*.

Jahrbuch. Politisches Jahrbuch der Schweizerischen Eidgenossenschaft. Hrg. von Dr. Carl Hilty, ... Jahrg. 15. 1901. VIII + 790 S. 8. Bern, K. J. Wyss, 1901. [br. fr. 10. —, geb. fr. 13. —]

Jahrbuch. Politisches Jahrbuch der Schweizerischen Eidgenossenschaft. Hrg. von Dr. Carl Hilty, ... Jahrg. 16. 1902. VIII + 708 S. 8. Bern, K. J. Wyss, 1902. [br. fr. 10. —, geb. fr. 13. —]

Jahrbuch. Politisches Jahrbuch der Schweizerischen Eidgenossenschaft. Hrg. von Dr. Carl Hilty,.... Jahrg. 17. 1903. VIII + 760 S. 8. Bern, K. J. Wyss, 1903. [fr. 10. —, geb. 13. —]

Jahrbuch. Politisches J' der Schweizerischen Eidgenossenschaft. Hrg. von Dr. Carl Hilty,.... Jahrg. 18. 1904. VIII + 807 S. 8. Bern, K. J. Wyss, 1904. [fr. 10. —, geb. 13. —]

Jahrbuch. Politisches J' der Schweizerischen Eidgenossenschaft. Hrg. von Dr. Carl Hilty.... Jahrg. 19. 1905. VIII + 976 S. 8. Bern, K. J. Wyss, 1905. [fr. 10. —, geb. 13. —]

Jahrbuch. Politisches J' der Schweizerischen Eidgenossenschaft. Hrg. von Dr. Carl Hilty.... Jahrg. 20. 1906. VIII + 775 S. 8. Bern, K. J. Wyss, 1906. [fr. 10. —, geb. 13. —]

Jahrbuch. Politisches J' der Schweizerischen Eidgenossenschaft. Hrg. von Dr. Carl Hilty.... Jahrg. 21. 1907. ([Mit Anhang:] Alphabetisches Generalregister der 21 Jahrgänge des politischen Jahrbuches. 1886—1907.) VI + 855 S. 8. Bern, K. J. Wyss, 1907. [fr. 10. —, geb. 13. —]

— politisches, der Schweizerischen Eidgenossenschaft. Hrsg. v. C. Hilty. 22. Jahrg. 1908. (VII, 771 S.) 8. Bern, K. J. Wyss. 9. —

Jahrbuch. Politisches J' der Schweizerischen Eidgenossenschaft. Hrg. von Dr. Carl Hilty.... Jahrg. 23. 1909. ([Mit Anhang:] Alphabetisches Generalregister der 23 Jahrgänge des politischen Jahrbuches. 1886—1909.) VI + 726 S. 8. Bern, K. J. Wyss, 1909. [fr. 10. —, geb. 13. —]

Jahrbuch. Politisches J' der Schweizerischen Eidgenossenschaft. Begründet von Dr. Carl Hilty. Fortgesetzt von Dr. W[alther] Bur[c]khardt, Professor.... Jahrg. 24. 1910. ([Mit Anhang:] Alphabetisches Generalregister der 24 Jahrgänge des politischen Jahrbuches. 1886—1910.) VIII + 650 S. 8. Bern, K. J. Wyss, 1910. [fr. 10. —, geb. 13. —]

— der Provinz Pommern, für 1840. Mit hoher Genehmig. des Königl. Ober-Präsidiums von Pommern herausg. von E. W. Bourwieg. gr. 8. Stettin 840. Becker u. Altendorff. Druckpap. n. 1 1/3 ℛ, Schrbpap. n. 1 1/2 ℛ

—— der Provinz Pommern. Für 1840. Hrsg. v. E. W. Bourwieg. gr. 8. (23 3/4 B.) Stettin, (Weise.) * 1 7/12 Thlr., Schrp. *

— der Provinz Pommern. Im Bureau des königl. Ober-Präsidiums ausgearb. (10. Ausg.) Stettin 857. Müller. gr. 8. (XII, 683 S.) nn. 1 ℛ. 20 ngr.

—— der Provinz Pommern. Im Bureau des königl. Ober-Präsidiums ausgearb. (10. Ausg.) gr. 8. (XII und 683 S.) Stettin 857, [von der Nahmer.] **

—— der Provinz Pommern. Im Bureau des Königl. Ober-Präsidiums ausgearb. 11. Ausg. [Abgeschlossen den 1. Novbr. 1886.] Lex.-8. (IX, 742 S. und Anhang 25 S.) Stettin 887, Hessenland. [* M 12.—.] *

—— pommersches, für Geschichts- und Alterthumsforschung, sowie für Statistik und wissenschaftliche Besprechung der socialen Fragen ꝛc. 1. Jahrg. 1867. 8. Stralsund, Hingst Nachf. *

—— pommersches, für Geschichts- und Alterthumsforschung, sowie für Statistik und wissenschaftl. Besprechung der socialen Fragen ꝛc. Hrsg. von dem Vereine Pomerania. 2. Jahrg. 1868. gr. 8. (VII, 224 S.) Stralsund 869, Hingst Nachf. *

—— für Pomologen, Gärtner und Gartenfreunde hrsg. vom pomolog. Institut in Reutlingen durch Ed. Lucas. Neue Folge des Taschenbuchs für Pomologen. 1.—3. Jahrg. [Der ganzen Reihe 11.—13. Jahrg.] gr. 8. Ravensburg [Stuttgart], Ulmer. [1. Jahrg. (XII, 56 S. mit 17 in den Text gedr. Abbild. und 2 Lithogr.) 872; 2. Jahrg. (VIII, 164 S. mit 10 in den Text gedr. Abbild. und 1 Lithogr., nebst 1 Gratisbeilage: Verkaufsanzeige von Bäumen, Sträuchern, Geräthen etc. des pomolog. Instituts für 1872 und 1873.) 873; 3. Jahrg. (146 S. mit 1 Lithogr. und 11 in den Text gedr. Abbild. in Holzschn., nebst einer Gratisbeilage: Verkaufsanzeige von Bäumen, Sträuchern, Geräthen etc. des pomolog. Instituts für 1873 und 1874.) 873.] à Jahrg. *

Vgl.: Taschenbuch für Pomologen.

— für evangelische Pressarbeit. I. u. II. Jahrg. 1908 u. 1910. 8. Witten, Verlag des ev. Pressbüros. à — 50

I, 1908. Der evangelische Pressverband f. die Prov. Westfalen, seine Entstehung, seine Entwicklung u. seine Ziele. Dargestellt v. P. Wolf. (95 S.)

II, 1910. Die innere Mission u. die moderne politische Tagespresse. Uebersicht üb. die Tätigkeit des evangel. Press-Verbandes f. die Prov. Westfalen u. f. das Fürstent. Lippe. Hrsg. v. P. Wolf. (71 S.)

Jahrbuch des Deutschen Press Club zu New-York : 1900-... New York, NY

Herausgegeben vom Deutschen Press Club. Edited probably by John Weimann.

— der schweizer Presse 1909. Hrsg. unter dem Patronate u. der Mithilfe des Vereins der schweizer. Presse, des bundesstädt. Pressvereines, des Vereines Genfer Presse, des Vereines waadtländ. Presse, u. des Vereines Zürcher Presse v. J. Grünberg. — Annuaire de la presse suisse 1909. (502 S. m. 16 Taf.) 8. Genf (Rue du Rhône 23), Schweizer Argus der Presse. Geb. nn 4. 50

Jahrbuch für evangelische Pressearbeit,
s. Jahrbuch für evangelische Pressarbeit.

—— preußisches. (Hrsg. von Mart. Runkel.) 1. und 2. Jahrg. für 1860 und 1861. gr. 8. Berlin, Th. Chr. Friedr. Enslin. [1. Jahrg. (V und 822 S.) * 1 Thlr. 10 Ngr., 2. (VI und 318 S.) * 1 Thlr. 15 Ngr.] *

—— preußisches. Hrsg. von Mart. Runkel. 3. Jahrg. gr. 8. (IV und 268 S.) Berlin 863, Th. C. F. Enslin. *

— für deutsche Privatbeamte, hrsg. vom Direktorium des deutschen Privat-Beamten-Vereins zu Magdeburg. 1908. (120 S.) kl. 8. Magdeburg, (R. Kundmüller.) nn — 50

—— des deutschen Protestanten-Vereins. Unter Mitwirkung von Baumgarten, Bluntschli, J. W. Hanne ꝛc. Hrsg. von Th. Hoßbach und Thomas. 1.—3. Jahrg. gr. 8. (XVI, 211; XIX, 215; 281 S.) Elberfeld 869, 71, 72, Friderichs.
1. und 2. Jahrg. à *
3. Jahrg. *

— protestantisches. Herausg. von Joh. Schmidt. 2. (Titel-)Ausg. Berlin (852.) 853. Th. Grieben. gr. 8. (2 Bl., 322 S.) n. 10 ngr.

— d. westpreußischen Prov.-Lehrervereins. (1897.) gr. 8. (109 S.) Konitz 897. W. Dupont. n. 1. —

— des westpreußischen Provinzial-Lehrervereins. 28. Vereinsj. (1901). gr. 8. (IV, 140 S.) Konitz 902. (W. Dupont.) n. 1. —

— dasselbe u. d. Pestalozzivereins d. Prov. Westpreußen. Hrsg. v. d. Vorständen beider Vereine. (1896.) gr. 8. (77 S.) Ebd. 897. n.n. 1. 25

Jahrbuch des Provinzial-Museums zu Hannover ... (Vorr.: [J.] Reimers.) [1.] Hannover: Riemschneider 1904. 4° [10. 503]

— des Provinzial-Museums zu Hannover, umfassend die Zeit 1. IV. 1908—1909. (III, 95 S. m. 18 Taf.) 30,5×23 cm. Hannover (Rudolf v. Bennigsenstr. 1) 909. Prov.-Museum. nnu 8. —

Pythagoras: **Jahrbuch** der unter der Grossen Loge zu Hamburg arbeitenden St. Joh. Loge Pythagoras Nr. 1 in Brooklyn. New York 1857 ff.: Teubner. 8°.

1857. 19 S.; 1858. 19 S.; 1859. 19 S.; 1861. 19 S.; 1863. 19 S.; 1864. 17 S.; 1866. 19 S.; 1867. 21 S.; 1868. 19 S.; 1869. 19 S.; 1870. 21 S.

Jahrbuch der unter der Grossen Loge von Hamburg arbeitenden Freimaurer-Loge Pythagoras Nr. 1 in Brooklyn. 14 Hefte. New York, Teubner. 1858—1872. 8.
Enthält die Thätigkeitsberichte und die Mitgliederlisten der Loge.

Jahrbuch der Rabatt-Spar-Vereine Deutschlands. 1. Jahrg. 1907. (124 S. m. 2 Bildn.) 8. Bromberg, Mittler. 1. —

Radfahrers Jahrbuch 1890. Hrsg. von Th. Weber. 16°. (206 S.) Leipzig. 1890. geb. M. 1.50 §128

Jahrbuch der Radioaktivität und Elektronik. Bd 1—20. Leipzig 1904—23 (Aufgegangen in »Physikalische Zeitschrift« = f 67)

— der Radioaktivität u. Elektronik. Unter Mitarbeit v. S. A. Arrhenius, P. u. Frau S. Curie, J. Elster u. a. u. unter besonderer Mitwirkg. v. H. Becquerel u. Sir William Ramsay hrsg. von Johs. Stark. 1.—3. Bd. à 4 Hefte. (464 S.; IV, 486 S. m. 50 Abbildgn. u. 1 Taf. u. IV, 506 S. m. 80 Abbildgn.) gr. 8. Leipzig 904—906. S. Hirzel. à Bd. n. 15. —

— der Radioaktivität u. Elektronik. Unter Mitarbeit v. S. A. Arrhenius, Frau S. Curie, J. Elster u. a. u. unter besond. Mitwirkg. v. Sir William Ramsay hrsg. v. Jos. Stark. 4.—7. Bd. à 4 Hefte. (IV, 486; IV, 576; IV, 656 u. IV, 662 S. m. Abb.) gr. 8. Leipzig 907—10. S. Hirzel. Bd. 4. 5. à 15.—; Bd. 6. 7. à 20. —

Jahrbuch. Raschers J'. (Jahrg.) 1. Hrg. von Konrad Falke. [Mit 16 Tafeln.] XVI + 441 S. 8. Zürich, Rascher & Co., 1910. [fr. 7. 35, geb. 8. 70]

Jahrbuch. Raschers J'. (Band) 2. Hrg. von Konrad Falke. [Mit 4 Tafeln.] VIII + 320 S. 8. Zürich und Leipzig, Rascher & Cie, 1911. [fr. 5. 35, geb. 6. 70]

— des deutschen Rechtes. Unter Mitwirkg. zahlreicher u. namhafter Juristen hrsg. v. Hugo Neumann. 1. Jahrg. (die Zeit bis Ende 1902 umfassend). 19 Lfgn. (VIII, 728; IV, 456 u. VIII, 832 S.) gr. 8. Berlin 903. 904. F. Vahlen. n. 24. —; in 2 Halbfrz.-Bdn. n.n. 29. —

— dasselbe. 2. Jahrg. (die Zeit bis Anfang 1904 umfassend). 17 Lfgn. (VIII, 818 u. IV, 580 S.) gr. 8. Ebd. 904. 905. n. 22. —; geb. n.n. 27. —

— dasselbe in Verbindung m. A. Brückmann u. Th. Olshausen hrsg. von Hugo Neumann. 3. Jahrg. (die Zeit bis Anfang 1905 umfassend). 2 Bde. à 9 Lfgn. (VIII, 710 u. V, 680 S.) gr. 8. Ebd. 905. n. 22. —

— dasselbe. 4. Jahrg. (die Zeit bis Anfang 1906 umfassend.) 2 Hälften. (VIII, 1019 S.) gr. 8. Ebd. 906. n. 17. —; geb. n.n. 20. —

— des deutschen Rechtes. Unter Mitwirkg. zahlreicher u. namhafter Juristen in Verbindg. m. A. Brückmann u. Th. Olshausen hrsg. v. Hugo Neumann. 5.—8. Jahrg. Berlin, F. Vahlen. 86.—; geb. 98. —
5. (Die Zeit bis Anfang 1907 umfassend.) (VIII, 1143 S.) 907. 19.—; geb. n 22. —
6. (Die Zeit bis Anfang 1908 umfassend.) (VIII, 1223 S.) 908. 22.—; geb. 25. —
7. (Die Zeit bis Anfang 1909 umfassend.) (VIII, 1183 S.) 909. 22.—; geb. 25. —
8. (Die Zeit bis Anfang 1910 umfassend.) (VIII, 1250 S.) 910. 23.—; geb. 26. —

— dasselbe. In Verbindg. m. A. Brückmann u. Th. Olshausen hrsg. v. Hugo Neumann. Register zu den Jahrgängen 1—7, unter Mitwirkg. v. Eduard Eckert bearb. v. Frdr. Hoepfel. (III, 1011 S.) gr. 8. Ebd. 910. 22.—; geb. in Halbfrz. 25. —

— des gemeinen deutschen Rechts herausg. von Ernst Imman. Bekker und Thdr. Muther. 1—3. Bd. à 3 Hefte (à 10 Bgn.). Leipzig 857, 58. Hirzel. 8. Jedes Heft n. 20 ngr.

— des gemeinen deutschen Rechts, herausg. von Ernst Imman. Bekker und Thdr. Muther. 4. u. 5. Bd. à 3 Hefte (à 10 Bgn.). Leipzig 860, 61. Hirzel. gr. 8. Jeder Bd. n. 2 ₰

—— des gemeinen deutschen Rechts, hrsg. von Ernst Imman. Bekker, Thdr. Muther und Otto Stobbe. 6. Bd. 3 Hefte. gr. 8. (à Heft ca. 150 S.) Leipzig 862, Hirzel. *

— des öffentlichen Rechts der Gegenwart, s. a. Recht, das öffentliche, der Gegenwart.

Jahrbuch des öffentlichen Rechts der Gegenwart. Bd 1. 1907 ff. Tübingen Reg. 1—15. 1907—1927. 1928

Das öffentliche Recht der Gegenwart. In Verbindung mit ... hrsg. von Dr. Georg Jellinek, Prof., Dr. Paul Laband, Prof., Dr. Robert Piloty, Prof. **Jahrbuch** des öffentlichen Rechts der Gegenwart. Bd 1. Tübingen: J. C. B. Mohr 1907. 4° [07. 1693]

Jahrbuch des öffentlichen Rechts der Gegenwart. Bd 1. Tübingen: J. C. B. Mohr 1907. 4°
= **Recht**, Das öffentliche, d. Gegenwart. [Suppl.] [07. 1908 3]

Jahrbuch des öffentlichen Rechts der Gegenwart. Band 2. 1908. II + X + 669 S. gr.-8. Tübingen, J. C. B. Mohr, 1908. [M. 18. —]
Das öffentliche Recht der G'. In Verbindung mit einer grossen Anzahl hervorragender Schriftsteller ... hrg. von Dr. Georg Jellinek... . Dr. Paul Laband... . Dr. Robert Piloty... . (Fortlaufender Teil.)
Darin S. 470—649: Völkerrecht: Die Fortbildung des Völkerrechts auf dem Gebiete des Prozess- und Landkriegsrechts durch die II. internationale Friedenskonferenz im Haag 1907. Von Professor Dr. Max Huber, Zürich.

— f. Rechtsgelehrte in Rußland, herausgeg. v. E. G. v. Bröcker. 1r u. 2r Bd. gr. 8. Riga 822 u. 24, (Deubner.) à 2 Rthlr.

— f. Rechtsgelehrte in Rußland, herausgeg. von E. G. v. Bröcker. 2 Bde. gr. 8. Riga 822 u. 24. (à 2 ₰) 4 ₰ (Leipz., Serig). Hbg. Pr. 3 ₰

— für Rechtspflege. [Neue Folge.] 1. Jahrg. 1891. Sammlung oberstgerichtl. Entscheidgn. aus allen Gebieten d. Civil- u. Strafrechtes, publicirt im J. 1890. Nach Materien u. Paragraphen geordnet u. ihrem wesentl. Inhalte nach mitgetheilt v. Ludw. Deutsch. 12. (IV, 84 S.) Wien, M. Perles. n. 2. —
Früher u. d. T.: Jahrbuch f. Rechtspflege u. Verwaltung.

—— für Rechtspflege und Verwaltung. Ergänzungsheft zu den „Oesterr. Gesetzen mit Erläuterungen aus der Rechtssprechung". Von Leo Geller. 1. und 2. Jahrg. 1883 und 1884. [2. Thl. des „Oesterr. Juristen-Kalenders" pro 1883 und 1884, 14. und 15. Jahrg. Neue Folge. 1. und 2. Jahrg.] 8. (IV, 180; VI, 152 S.) Wien, Perles. geb. à Jahrg. *

—— für Rechtspflege und Verwaltung. Ergänzungsheft zu den „Oesterr. Gesetzen mit Erläuterungen aus der Rechtssprechung". Von Leo Geller. 3.—5. Jahrg. 1885—1887. [2. Thl. des „Oesterr. Juristen-Kalender" pro 1885—1887. 16.—18. Jahrg. Neue Folge. 3.—5. Jahrg.] 8. (188; IV, 148; IV, 148 S.) Wien, Perles. geb. à Jahrg. *

—— dass. — Von Leo Geller und Herm. Jolles. 6. Jahrg. 1888. [2. Tl. des „Oesterr. Juristen-Kalender" pro 1888. 19. Jahrg. Neue Folge. 6. Jahrg.] 8. (IV, 179 S.) Ebendas. geb. *

—— f. Rechtspflege u. Verwaltg. Ergänzungsheft zu den „Oesterr. Gesetzen m. Erläutergn. aus der Rechtsprechg." Von Leo Geller u. Herm. Jolles. 7. Jahrg. 1889. [II. Tl. d. „Oesterr. Juristen-Kalender" pro 1889. XX. Jahrg. Neue Folge VII. Jahrg.] u. 8. Jahrg. 1890. 8. Wien, Perles. [7. Jahrg. (IV, 204 S.) geb. * 3 20; 8. Jahrg. (226 S.) geb. * 4 —.] geb. * 7 20

Forts. u.d.T.: Jahrbuch für Rechtspflege.

— der Rechtsprechung des k. k. Verwaltungsgerichtshofes a) in Angelegenheiten der direkten Personalsteuern. I. Jahrg. umfassend den Zeitraum vom Septbr. 1903 bis Ende 1904. Hrsg. v. Bohumil Blašák. (III, VIII, 84 S.) Lex.-8. Wien 905. M. Breitenstein. n. 1. 50

— dasselbe b) in Angelegenheiten der Stempel- u. der unmittelbaren Gebühren. I. u. II. Jahrg. (1904 u. 1905). Hrsg. v. Wilh. Loew. Lex.-8. Ebd. n. 3. 50
I. (III, IV, 80 S.) 905. 1. 50. — II. (VII, 105 S.) 906. 2. —

— der Rechtsprechung des k. k. Verwaltungsgerichtshofes a) in Angelegenheiten der direkten Personalsteuern. II.—IV. Jahrg. Hrsg. v. Bohumil Blašák. Lex. 8. Wien, M. Breitenstein. 5. —
II. Umfassend den Zeitraum vom 1. I. bis 31. XII. 1905. (III, VII, 50 S.) 906. 1. 50
III. Umfassend den Zeitraum vom 1. I. bis 31. XII. 1906. (73 u. IX S.) 907. 2. —
IV. Umfassend den Zeitraum vom 1. I. bis 31. XII. 1907. (III, VII, 51 S.) 908. 1. 50

— der Rechtsprechung des k. k. Verwaltungsgerichtshofes b) in Angelegenheiten der Stempel- u. der unmittelbaren Gebühren. II. Jahrg. (1905). Hrsg. v. W. Loew. (VII, 105 S.) Lex.-8. Wien '06, M. Breitenstein. 2. —

— dasselbe. b) in Angelegenheiten der Stempel- u. der unmittelbaren Gebühren. III. u. IV. Jahrg. Hrsg. v. Wilh. Loew. Lex. 8. Ebd. 3. 50
III. Umfassend den Zeitraum vom 1. I. bis 31. XII. 1906. (88 u. IX S.) 907. 2. —
IV. Umfassend den Zeitraum vom 1. I. bis 31. XII. 1907. (VII, 62 S.) 908. 1. 50

Jahrbuch der Rechtsprechung des k. k. Verwaltungsgerichtshofes. V. Jahrg. a) in Angelegenheiten der direkten Personalsteuern. Gr.-8°. (56 S.) Wien: Breitenstein 1909. K 2.—

Jahrbuch der Rechtsprechung des k. k. Verwaltungsgerichtshofes. V. Jahrg. b) in Angelegenheiten der Stempel- und der unmittelbaren Gebühren. Gr.-8°. (75 S.) Ebd. 1909. K 2.40

Jahrbuch der Rechtsprechung zum Verwaltungsrecht, enth. d. gesamte Rechtsprechung z. reichs- u. landesrechtl. Verfassungs-, Verwaltungs- u. Versicherungsrecht bearb. u. hrsg. von Dr. H[an]s Th[eodor] Soergel unter Mitw. ... Jg. 1. Stuttgart: Deutsche Verl.-Anst. 1909. 8° [...]

Jahrbuch der Rhedereien und Schiffswerften. Adreßbuch sämmtl. Rhedereien u. Werften, sowie alphabet. Verzeichniß der in Deutschland beheimatheten Schiffe. Hrsg. von Fab. Landau. [1.] Für 1903. *Hamburg: F. Asche & Co. (1903).* 8° [...]

Jahrbuch der Reedereien und Schiffswerften. Jg. 2. 3. 1904—1906. Hamburg
Erg. Bd: Entscheidungen des Kaiserlichen Oberseeamts und der Seeämter zu Hamburg und Bremerhaven aus dem Jahre 1904. 1905

— der Reedereien u. Schiffswerften f. 1906. Hrsg. v. Max Wittenberg. (III, 802 S.) gr. 8. Berlin, K. W. Mecklenburg. Geb. in Leinw. n. 6. —
Erscheint nicht mehr.

— dasselbe, Ergänzungsbd., s. a. Schroedter, C., Entscheidungen des kaiserl. Oberseeamts.

Jahrbuch der k. k. Geologischen Reichsanstalt. Wien 1850ff. H: *Haidinger, Wilhelm Ritter von.* (BrMm)

Jahrbuch der K. K. geologischen Reichsanstalt. 1850—1852. I—III. Jahrg. à 4 Nrn. gr. 4. (1850. 1: XVI u. 180 S. m. 1 lith. Karte u. 1 lith. Taf. 2: S. 181—388 m. 5 lith. zum Theil color. Taf. in 4. qu. Fol. u. qu. gr. Fol. 3: ... S. 4: ... S. 1851. 1: 173 S. m. 3 lith. Taf. 2: 200 S. m. 1 Tab. in qu. Fol. u. 6 Kpfrtaf. 3: 180 S. m. 1 lith. Taf. 4: VIII u. 216 S. m. 2 lithochrom. Charten. 1852. 1: 224 S. m. 2 lith. Charten, wovon 1 color. u. in qu. gr. 4. 2: 194 S. m. eingedr. Holzschn. 3: 176 S. m. eingedr. Holzschn., 1 Tab. in qu. Fol. u. 1 lith. Taf. 4: VIII u. 212 S. m. 2 lith. Taf. in qu. Fol.) Wien, Braumüller. (à Jahrg. n. 3 1/3 ℛ) n. 10 ℛ

—— der k. k. geologischen Reichsanstalt. 1853—56. IV—VII. Jahrg. à Jahrg. 4 Nrn. 4. Wien, (Gerold's Sohn.) à Jahrg. *
1—3. Jahrg. 1850—52. Ebendas. à Jahrg. * 3 Thlr. 10 Ngr.

— der k. k. Geologischen Reichsanstalt. 4—9. Jahrg. 1853—58 à 4 Nrn. (à ca. 24 Bgn. mit Holzschn. im Text u. lith. Taf.) Wien, Braumüller in Comm. hoch 4. Jeder Jahrg n. 3 ℛ. 10 ngr

—— der kaiserl.-königl. geologischen Reichsanstalt. Jahrg. 1857—62. VIII—XII. Bd. à Bd. 4 Nrn. 4. (Mit eingedr. Holzschn. und Stnt.) Wien, (Braumüller's Sortiment.) à Jahrg. *
1—7. Jahrg. 1850—56. (Ebendas.) à Jahrg. * 3 Thlr. 10 Ngr.

—— dass. — General-Register zu den ersten 10 Bdn. 1850—1859. Von Aug. Friedr. Grafen Marschall v. Burgholzhausen. 4. (134 S.) Wien 863, (Braumüller's Sortiment. — Leipzig, Brockhaus' Sortiment und Antiquarium.) *

—— der kaiserl.-königl. geologischen Reichsanstalt. Jahrg. 1863—66. XIII.—XVI. Bd. à Bd. 4 Nrn. 4. Mit eingedr. Holzschn. [XIII. (XVIII und 602 S. und Verhandlungen 174 S.) XIV. (XVIII und 520 S. und Verhandlungen 262 S. mit 2 Stnt. in Fol.) XV. (XX und 562 S. und Verhandlungen 286 S. mit 2 Stnt. und 1 zinkogr. Taf. in Fol.) XVI. (XII und 534 S. und Verhandlungen 226 S. mit 3 Stnt. in Fol.)] Wien, (Braumüller's Sortiment. — Leipzig, Brockhaus' Sortiment und Antiquarium.) à Jahrg. *

Jahrbuch der kaiserl.-königl. geologischen Reichsanstalt. Jahrg. 1867. XVII. Bd. 4 Nrn. 4. (VIII und 609 S. mit eingedr. Holzschn., 16 Stnt. und 5 Tab. in gr. 4. und gr. Fol.) (Ebendas.) *
Vgl.: Verhandlungen.

—— der k. k. geologischen Reichsanstalt. 18.—22. Bd. Jahrg. 1868—1872. à Jahrg. 4 Hefte. hoch 4. (à Heft ca. 200 S. mit eingedr. Holzschn. und Stnt.) Wien, (Hölder.) à Jahrg. *

— der k. k. geologischen Reichsanstalt. 21. u. 22. Bd. Jahrg. 1871 u. 1872. à 4 Hfte. hoch 4. (à Hft. 192 S. m. eingedr. Holzschn. u. Steintaf. in 8. u. gr. Fol.) Wien, Braumüller in Comm. — Leipzig, Brockhaus in Comm. à Jahrg. n. 16. —

—— dass. — General-Register der Bde. XI—XX des Jahrbuches und der Jahrgänge 1860—1870 der Verhandlungen der kaiserl.-königl. geolog. Reichsanstalt. Von Adph. Senoner. hoch 4. (221 S. (Ebendas.) 872. *

—— dass. — 23. und 24. Bd. Jahrg. 1873 und 1874. à Jahrg. 4 Hefte [mit Beigabe: Mineralogische Mittheilungen gesammelt von Gust. Tschermak. Jahrg. 1873 und 1874. à Jahrg. 4 Hefte. hoch 4. (Mit Stnt.) (Ebendas.) à Jahrg. * Mittheilungen apart à Jahrg. *
Vgl.: Verhandlungen.

— der k. k. geologischen Reichsanstalt. 25. Bd. Jahrg. 1875. 4 Hefte mit Beigabe: Mineralogische Mittheilungen, gesammelt von Gust. Tschermak. 5. Bd. Jahrg. 1875. 4 Hefte. hoch 4. (431 S.; 312 S. Mittheilungen und 26 Stnt. in hoch 4. und qu. gr. Fol.) Wien, Hölder. * Mittheilungen allein *

— dass. — 26. Bd. Jahrg. 1876. 4 Hefte. Mit Beigabe: Mineralogische Mittheilungen, gesammelt von Gust. Tschermak. 6. Bd. Jahrg. 1876. 4 Hefte. hoch 4. (446 S.; 244 S. Mittheilungen und 18 Stnt. in gr. 8., qu. gr. 4. und Fol.) Ebendas. *

Jahrbuch der k. k. geologischen Reichsanstalt. 27. Bd. Jahrg. 1877. 4 Hefte. Mit Beigabe: Mineralogische Mittheilungen, gesammelt von Gust. Tschermak. 6. Bd. Jahrg. 1877. 4 Hefte. Lex.-8. (457 S.; 366 S. Mittheilungen und 19 Stnt. und eingedr. Holzschn.) Wien, Hölder. * Mittheilungen allein *

—— dass. — 28. Bd. Jahrg. 1878. 4. Hefte. Lex.-8. (757 S. mit 21 lithogr. und chromolithogr. Taf. und eingedr. Holzschn.) Ebendas. *

—— dass. — 29. Bd. Jahrg. 1879. 4 Hefte. Lex.-8. (778 S. mit 20 Stnt.) Ebendas. *
Vgl.: Verhandlungen.

—— der k. k. geologischen Reichsanstalt. 30.—34. Bd. Jahrg. 1880—1884. à Bd. 4 Hefte. Lex.-8. Wien, Hölder. [30. Bd. (VII, 756 S. mit eingedr. Holzschn. und 11 Stnt.); 31. Bd. (VII, 530 S. mit eingedr. Holzschn. und 11 Stnt. nebst Generalregister der Bde. 21—30 des Jahrbuchs und Jahrg. 1871—1880 der Verhandlungen der k. k. geolog. Reichsanstalt. [231 S.]); 32. Bd. (VII, 768 S. mit eingedr. Holzschn. und 16 Stnt.); 33. Bd. (VII, 774 S. mit eingedr. Holzschn. und 9 Stnt.); 34. Bd. (758 S. mit eingedr. Holzschn. und 15 Stnt.).] à Bd.
Vgl.: Verhandlungen.

—— der k. k. geologischen Reichsanstalt. Jahrg. 1885 und 1886. 35. und 36. Bd. à 4 Hefte. Lex.-8. (VII, 756 S. mit 13 Taf.; VII, 777 S. mit 8 Taf.) Wien, Hölder. à Bd. * 16 —

Jahrbuch der k. k. geologischen Reichsanstalt. Jahrg. 1887 und 1888. 37. und 38. Bd. à 4 Hefte. Lex.-8. (VII, 838 S. mit 19 Taf.; VII, 772 S. mit 15 Taf.) Wien, Hölder. à Bd. * 16 —

Jahrbuch d. k. k. geologischen Reichsanstalt. Jahrg. 1889—1891. 39.—41. Bd. à Bd. 4 Hefte. Lex.-8. (VIII, 784 S. m. 13 Taf.; VIII, 824 S. m. 10 Taf.; ....) Wien 889—92, Hölder. à Jahrg. * 16 —

— dasselbe. General-Register zu Bd. XXXI—XL, s.: Matosch, Ant.

— dasselbe. Jahrg. 1892—1894. 42.—44. Bd. à 4 Hfte. Lex.-8. (à Hft. ca. 200 S. m. Taf.) Wien, (R. Lechner's Sort.). à Jahrg. n. 16. —

Jahrbuch d. k. k. geologischen Reichsanstalt. Jahrg. 1895—1897. 45.—47. Bd. à 4 Hfte. (à ca. 200 S. m. Abb. u. Taf.) Lex.-8. Wien (R. Lechner's Sort.). à Jahrg. n.n. 16. —

— der k. k. geologischen Reichsanstalt. Jahrg. 1898. 48. Bd. 4 Hfte. Lex.-8. (VII, 724 S. m. 15 Taf., 2 Bl. Erklärgn. u. 1 Karte.) Wien 899. (R. Lechner's Sort.) n.n. 20. —

— dasselbe. Jahrg. 1899—1901. 49.—51. Bd. à 4 Hfte. Lex.-8. (à Bd. ca. 700 S. m. Taf. u. Erklärgn.) Ebd. 899—901. à Jahrg. n.n. 16. —

— der k. k. geologischen Reichsanstalt. Jahrg. 1902—1906. 52.—56. Bd. à 4 Hefte. Lex.-8. Wien (R. Lechner's Sort.) à Jhrg. n.n. 16. —
52. (VIII, 642 S. m. 86 Abb. u. 27 Taf.) 902. 903. — 53. (VIII, 515 S. m. 94 Abb. u. 23 Taf.) 903. — 54. (VIII, 595 S. m. 74 Abb. u. 16 Taf.) 904. — 55. (VIII, 639 S. m. 145 Abb. u. 17 Taf.) 905. — 56. (VIII, 745 S. m. 175 Abb. u. 24 Taf.) 906.

— der k. k. geologischen Reichsanstalt. Jahrg. 1907—1910. 57.—60. Bd. à 4 Hefte. (à Bd. ca. 600 S. m. Abb. u. Taf.) Lex. 8. Wien, R. Lechner's Sort. à Jahrg. nn 16. —

—— für die deutschen Reichs-Postbeamten. Hrsg. von E. Gröhe. gr. 8. (VI, 106 S. mit dem lithogr. Portr. des General-Postdir. Stephan.) Berlin 873, Simion. *

—— dass. — Begründet von G. Gröhe. Mit Beiträgen namhafter Volkswirthe und Journalisten. 2. Jahrg. gr. 8. (104 S. mit der Ansicht des General-Postamts-Gebäudes zu Berlin, Holzschntaf.) Ebendas. 875. *

Jahrbuch des Reichsverbandes der deutschen landwirtschaftlichen Genossenschaften. J. 1,1904 - 25,1929. Darmstadt, Berlin: Verl. des Reichsverbandes 1905-1930. DGK
Anf. u.d.T.: Jahrbuch des Allgemeinen Verbandes der deutschen landwirtschaftlichen Genossenschaften.
Forts. u.d.T.: Jahrbuch des Reichsverbandes der deutschen landwirtschaftlichen Genossenschaften -Raiffeisen-.

— des Reichsverbandes der deutschen landwirtschaftlichen Genossenschaften f. 1903—1905. (Des Jahrbuchs 10.—12. Jahrg.) (343, 866 u. 475 S.) 4. Ebd. 904—906. à n. 6. —

Jahrbuch d. Reichsverbandes d. deutschen landwirtschaftlichen Genossenschaften f. 1906—1909. (Des Jahrbuchs 13.—16. Jahrg.) (489, 510, 526 u. 536 S.) 31×24 cm. Darmstadt (Rheinstr. 23 I), Reichsverband der deutschen landwirtschaftl. Genossenschaften. à 6. —

Jahrbuch für das Reinigungs-Gewerbe fur 1904. Hrsg. v. E. Kelterborn. (48 S.) gr. 16. Göttingen, E. Kelterborn. — 50

— für das Reinigungs-Gewerbe f. 1906. Hrsg. v. E. Kelterborn. (37 S.) 16. Göttingen, E. Kelterborn. — 50
Fortsetzung u. d. T.: Jahrbuch des Verbandes der Reinigungs-Instituts-Unternehmer Deutschlands und der Nachbarländer.

—— der Reisen, s. Wendt.

— der Reisen u. neuesten Statistik. In Verbindung mit einigen Gelehrten herausgeg. v. Karl Fr. Vollr. Hoffmann. 1r Jahrg. 1833. Mit 3 Stahlstichen u. 1 Karte (in Imp.-Fol.) gr. 8. Stuttg. 832. Hoffmann. Velinp. 2 ℔

—— der Reisen u. neuesten Statistik. In Verbind. mit einigen Gelehrten hrsg. v. Karl Fr. Vollr. Hoffmann. 1. Jahrg. 1833. M. 3 Stahlst., u. 1 Karte (Imp.-Fol.) gr. 8. (24¼ B. u. 1 Tab. gr. 4.) Stuttgart, [Scheible.]

– repertorisches, der gesammten Heilkunde, s. Sachs, J. J.

Repertorisches Jahrbuch für die Leistungen der gesammten Heilkunde im Jahre 1838-41. Leipzig: 1839-1842

s.: Übersicht, Matthias) J(oseph) Bluffs, der Leistungen und Fortschritte d. Medizin. Bd 7-10

JB 6.079/7-10

Jahrbuch und Repertorium des Theaters der Stadt Leipzig. Herausgegeben von August Rühland. Leipzig 1846.

Jahrbuch der Rhedereien ..., s. Jahrbuch der Reedereien ...

Rheinisches Jahrbuch mit Beiträgen von A[ugust] W[ilhelm] von Schlegel. G[ustav] Pfarrius [u. a.] Hrsg. v. Levin Schücking. Köln: Kohnen Jg. 1. 1846.

— rheinisches, m. Beiträgen v. A. W. v. Schlegel, G. Pfarrius, E. Bauernfeld, K. Gutzkow, Varnhagen von Ense, K. Simrock, Anast. Grün u. A. m. Hrsg. v. Levin Schücking. 1. Jahrg. Mit 12 Bild. gez. v. de Keyser u. A. W. v. Schlegel's Bildniß gest. v. Gonzenbach. Lex.-8. (20¼ B.) Köln 846, Kohnen. * 4 Thlr. — In Seide geb. m. Goldschn. *

— rheinisches, für Gartenkunde und Botanik, hrsg. von De Bey, Jean Glatt, R. Goethe rc. unter der Redact. von J. Bouché und R. Herrmann. 1. Jahrg. April 1883 — März 1884. 12 Hefte. gr. 8. (à Heft ca. 50 S. mit eingedr. Abbild. und 1 Chromolithogr.) Bonn, Strauß. *
Erscheint im Anschluß an: Monatsschrift des Gartenbau-Vereins zu Bonn.

s.a. Jahrbuch für Gartenkunde ...

— dasselbe. 2—4. Jahrg. Apr. 1884—März 1887. à 12 Hfte. gr. 8. (à Hft. 48 S. m. eingedr. Abbildgn. u. 1 Taf.) Ebend. à Hft. n. — 80

Rheinisches Jahrbuch (für Kunst und Poesie). Hrsg. v. Ferdinand Freiligrath. C[hristian Josef] Matzerath. Karl Simrock. Köln: DuMont-Schauberg Jg. 1. 1840. 2. 1841.

— rhein., f. Kunst u. Poesie. Hrsg. v. Freiligrath, C. Matzerath u. K. Simrock. 1. u. 2. Jahrg. gr. 12. Köln 840, 41, DuMont-Schauberg. [1. 21⅓ B.), 2. (18 B.) à * 1⅓ Thlr.] *

— der preuß. Rhein-Universität. 1r Bd., 1s—3s Heft. (Herausgeg. von E. M. Arndt u. A. W. v. Schlegel) u. 1r Bd., 4s Heft (v. K. Dt. v. Münchow u. F. Fd. Delbrück). gr. 8. Bonn 819—21. Weber. 2 ₰ 16 gr

Jahrbuch der Preussischen Rhein-Universität. 1. Bd. 4. Heft. Bonn 1821. H: *Delbrück, Frdr. Ferd. & Carl Dietr. v. Münchow.* (MGT)

— d. großen Loge Royal Yorck zur Freundschaft in Berlin, herausgeg. von J. G. Rhode u. J. G. Marmalle. 16. Berl. 799. Rauck. 1 ₰

Jahrbuch des Schweizerischen Rudersports = Annuaire du Rowing Suisse. Jahrg. 1 = 1ère Année 1906. Hrg. vom Schweizerischen Ruderverband = Edité par les soins de la Fédération Suisse des Sociétés d'Aviron. 183 S. 8. Basel, Kreis, 1907. [für Mitgl. fr. 1.—, erhöhter Preis 1.50]

Jahrbuch des Schweizerischen Rudersports = Annuaire du Rowing Suisse. Jahrg. 2 = 2ème Année 1907. Hrg. vom Schweizerischen Ruderverband = Edité par les soins de la Fédération Suisse des Sociétés d'Aviron. [Mit 2 Tafeln.] 221 S. 8. Basel, Kreis, 1908. [für Mitgl. fr. 1. —, erhöhter Preis 2. —]

Jahrbuch des Schweizerischen Rudersports ... 1908 s. Annuaire Suisse de l'Aviron.

Onkel Rudolph's Jahrbuch: 1. Jahrgang 1880? –? Carlinville, IL

Onkel Rudolph's Jahrbuch. Chi. 1888.

— russisches, f. d. Chemie u. Pharmacie, v. G. u. G. 1r Bd. 8. Riga, Hartknoch. 809.

Jahrbuch Sachs J(ohann)

J.J. Sachs' repertorisches Jahrbuch für die neuesten und vorzüglichsten Leistungen der gesammten Heilkunde mit einer Übersicht der neuesten ärztlichen Tagesgeschichte. Bearb. v. mehreren Ärzten. 556, 71 S., gbd.

Berlin: 1848
(Med. Almanach f. das Jahr 1848, Jg. 15.)

JB 6.082/15

– dass., s.a. Sachs, J. J.

— der bremischen Sammlungen. Red.: G. Pauli. I.—III. Jahrg. à 2 Halbbde. Lex. 8. Bremen, F. Leuwer. à Jahrg. 6. —

I. 1.	(72 S. m. Abb. u. 17 Taf.) 908.	3. —
2.	(84 S. m. Abb. u. 22 Taf.) 908.	3. —
II. 1.	(60 S. m. Abb. u. 14 Taf.) 909.	3. —
2.	(S. 67—143 m. Abb. u. 21 Taf.) 909.	3. —
III. 1.	(72 S. m. 13 Taf.) 910.	3. —
2.	(S. 73—164 m. Abb. u. 11 Taf.) 910.	3. —

— der kunsthistorischen Sammlungen des Allerhöchsten Kaiserhauses. Hrsg. unter Leitung von Frz. Grafen Folliot de Crenneville vom k. k. Oberstkämmerer-Amte. 1. Bd. Mit 31 Kpfrt. in Heliograv. und Radirung, 72 zinkogr. Text-Illustr. und 70 Holzschn. in qu. Fol. als Beilage. ([1. Hälfte] in Mappe.) Imp.-4. (VI, 268; CXCI S.) [Wien 883, Holzhausen.] Leipzig, Liebeskind. **)

— dasselbe. 2. Bd. Mit 39 Kpfrtaf. in Heliograv., Radirg. u. Stich, 74 zinkogr. Text-Illustr. u. 67 Holzschn. in qu. Fol. als Beilage ([2. Hälfte] in Mappe). Imp.-4. (IV, 238 u. CXXXVIII S.) Ebend. 884. n. 120. —

— dass. — Hrsg. unter Leitung des Grafen Ferd. zu Trauttmansdorff-Weinsberg vom k. k. Oberstkämmerer-Amte. 3. Bd. Mit 42 Kpfrt. in Heliograv., Radirung und Stich, 61 Taf. in Photolithogr. und 91 zinkogr. Text-Illustr. Als Beilage: 20 Holzschn. der Ehrenpforte des Kaisers Maximilian I. und 2 Übersichtstaf. derselben in Zinkätzung in gr. Fol. (in Mappe). Imp.-4. (IV, 130; CXCI S.) Ebendas. 884. **

— der **kunsthistorischen** Sammlungen des Allerhöchsten Kaiserhauses. Hrsg. unter Leitung des Grafen Ferd. zu Trauttmansdorff-Weineberg vom k. k. Oberstkämmerer-Amte. 4.—9. Jahrg. (4.—12. Bd.) Imp.-4. Wien, [Holzhausen]. Tempsky. à Jahrg. n. 120. —

4. Jahrg. (4. Bd.): 39 Kpfrtaf. in Heliogr. u. Radirg., 100 Holzschn.-Taf. der „Heiligen" von Leonh. Beck, unmittelbar abgedr. von d. Orig.-Holztaf. vom J. 1516—1518, u. 56 Textillustr. in Heliogr., Holzschn. (3 Abdr. von Orig.-Holztaf. Albr. Dürer's von ca. 1515) u. Zinkogr.; als Beilage: 16 Holzschnittdrucke der „Ehrenpforte d. Kaisers Maximilian I." von Albr. Dürer, abgedr. unmittelbar von d. Orig.-Holztaf. vom J. 1515. (35 Druck-Bog.) 885.
5. Jahrg. (5. Bd. u. 6. Bd. 1. Hälfte.) 5. Bd.: 42 Kpfrtaf. in Heliogr., Radirg. u. Stich, 66 zinkogr. Textillustr. u. 95 Holzschn.-Taf. der „Heiligen" von Leonh. Beck, unmittelbar abgedr. von den Orig.-Holztaf. vom J. 1516—1518. (73 Druck-Bog.) 886. — 6. Bd. 1. Hälfte: Der „Weisskunig" mit 132 Holzschn. nach Zeichngn. von Hans Burgkmair, Leonh. Beck, Hans Springinklee u. Schäufelein, abgedr. unmittelbar von den Orig.-Holztaf. vom J. 1516, u. 8 zinkogr. Taf. (33 Druck-Bog.) 886.
6. Jahrg. (6. Bd. 2. Hälfte, 7. u. 8. Bd.) 6. Bd. 2. Hälfte: Der „Weisskunig", nach den Dictaten u. eigenhänd. Aufzeichngn. Kaiser Maximilian's I. zusammengestellt v. Marx Treitzsaurwein v. Ehrentreitz, mit 106 Holzschn. nach Zeichngn. v. Hans Burgkmair, Leonh. Beck, Hans Springinklee u. Schäufelein, abgedr. unmittelbar von den Orig.-Holztaf. vom J. 1516, 11 zinkogr. Taf. u. einer durch 6 Zinkogr. illustr. Einleitg. (10 Druck-Bog.) 887. — 7. Bd.: 43 Kpfrtaf. in Heliogr. und Radirg., 77 photolith. Taf., 3 Holzschnittdr. von Albrecht Dürer in Fol., abgedr. unmittelbar von den Orig.-Holztaf. aus d. J. 1512 u. 1515, nebst 28 Textillustr. in Silberst., Heliogr., Holzschn. u. Zinkogr. (76 Druck-Bog.) 887. — 8. Bd.: Der „Theuerdank", Facs.-Reproduction nach d. 1. Aufl. vom J. 1517, mit 118 Holzschn. von H. Schäufelein, Leonh. Beck, Hans Burgkmair u. A. und dem H. Schönsperger'schen Fracturtypendruck in photolith. Nachbildg. nach der 1. Ausg. vom J. 1517, nebst einer durch 11 Zinkogr. illustr. Einleitg. (87 Druck-Bog.) 887.
7. Jahrg. (9. u. 10. Bd.) 9. Bd.: 33 Kpfrtaf. in Heliogr., 56 photolithogr. Taf. u. 101 Textillustr. in Heliogr. u. Zinkographie, als Beilage: 34 Taf. mit Abbildgn. des Heroon von Gjolbaschi-Trysa in Heliogr., Radirg. u. Zinkographie. (65 Druck-Bog.) 888. — 10. Bd.: 36 photolithogr. Taf. u. 5 Zinkographien. (54 Druck-Bog.) 888.
8. Jahrg. (11. Bd.): 36 Kpfrtaf. in Heliogr. u. Radirung, 33 photolithogr. Taf. u. 60 Textillustr. in Zinkographie. (83 Druck-Bog.) 889.
9. Jahrg. (12. Bd.): 32 Kpfrtaf. in Heliogr. u. Radirung, 8 Farbenlichtdrucktaf. und 125 Textillustr. in Heliogr., Lichtdr. u. Zinkographie. (90 Druck-Bog.) 890.

Amtlich festgesetzte Auflage: 300 Exemplare.

— der **kunsthistorischen** Sammlungen d. Allerhöchsten Kaiserhauses, hrsg. unter Leitg. v. Ferd. Grafen zu Trauttmansdorff-Weinsberg vom Oberstkämmerer-Amte. Red.: H. Zimerman. X. Jahrg. [13. Bd.] Imp.-4. (354 u. CCCXIX S. m. 41 Taf. u. 170 Text-Illustr. in Heliograv., Photochromotypie, Farbenlichtdr., Lichtdr. u. Zinkographie.) Wien 892. (F. Tempsky.) n. 120. —

Jahrbuch der **kunsthistorischen** Sammlungen d. Allerhöchsten Kaiserhauses, hrsg. unter Leitg. v. Ferd. Grafen zu Trauttmansdorff-Weinsberg vom Oberstkämmerer-Amte. Red.: H. Zimerman. XI. Jahrg. [14. Bd.] Imp.-4. (392 u. CCLXII S. m. 41 Taf. u. 174 Text-Illustr. in Radirg., Heliograv., Photochromotypie u. Zinkographie.) Wien 893. (F. Tempsky.) n. 120. —

— dasselbe. XII. Jahrg. [15. Bd.] Imp.-4. (458 u. CCXVI S. m. 31 Taf. u. 145 Text-Illustr. in Radirg., Heliograv., Lichtdr., Photochromotypie u. Zinkographie.) Nebst Beilage: Die Wiener Genesis, hrsg. von Wilh. Ritter v. Hartel u. Frz. Wickhoff. 1. Hälfte. Taf. I—XXX, Lichtdr. der ersten österreich. Lichtdruckanstalt in Wien. Nach photograph. Aufnahmen der k. k. Lehr- u. Versuchsanstalt f. Photographie u. Reproduktionsverfahren. Imp.-Fol. Ebd. n. 120. —

— der **kunsthistorischen** Sammlungen des Allerhöchsten Kaiserhauses. Hrsg. unt. Leitg. von Ferd. Grafen zu Trauttmansdorff-Weinsberg vom Oberstkämmerer-Amte. Red.: H. Zimerman. 16.—19. Bd. Fol. Wien u. Prag, F. Tempsky. — Leipzig, G. Freytag. à Bd. n. 120. —

16. (IV, 445 u. CCXXXV S. m. 45 Taf. u. 208 Text-Illustr. in Heliograv., Lichtdr., Phototypie u. Zinkogr.) 895.
17. (IV, 460 u. II, CCLXXI S. m. 40 Taf. u. 162 Text-Illustr. in Heliograv., Lichtdr., Phototypie u. Zinkogr.) 896.
18. (IV, 319 u. II, CCXLVII S. m. 31 Taf. u. 122 Text-Illustr. in Heliograv., Lichtdr., Photochromotypie, Phototypie u. Zinkogr.) 897.
19. Mit 45 Taf. u. 92 Text.-Illustr. in Radierg., Heligrav., Lichtdr., Photochromotypie, Phototypie u. Zinkogr. (IV, 412 u. CXCVIII S.) 898.

— der **kunsthistorischen** Sammlungen des Allerhöchsten Kaiserhauses. Hrsg. unter Leitg. von Hugo Grafen v. Abensperg u. Traun vom Oberstkämmerer-Amte. 20. Bd. Mit 44 Taf. u. 128 Text-Illustr. in Heliograv., Lichtdr., Photolith., Phototypie u. Zinkogr. Fol. (IV, 357 u. II, CCXXI S) Wien 899. F. Tempsky. — Leipzig, G. Freytag. n. 120. —

Jahrbuch der kunsthistorischen Sammlungen des allerhöchsten Kaiserhauses, herausgegeben unter Leitung des Oberstkämmerers Seiner kaiserlichen und königlichen apostolischen Majestät Hugo Grafen von Abensperg und Traun vom Oberstkämmerer-Amte. XXI. Bd. Mit 35 Tafeln und 184 Textillustrationen in Heliogravure, Lichtdruck, Phototypie und Zinkographie. Prag. Wien. 1900. Tempsky. Leipzig. Freytag. Fol. 291 LXVIII, S. K 90.—

— dasselbe. Red.: H. Zimmermann. 22. Bd. 6 Hfte. Fol Ebd. Subskr. Pr. f. den kplten Bd. n. 90. —, Einzelpr. n. 126. —

1. Beiträge zur Geschichte der Antwerpner Malerei im XVI. Jahrh. I. Der wahre Name des Meisters D*V. Von Gust. Glück. Mit 9 Taf. u. 16 Textillustr. (34 S.) 901. n. 20. —
2. Die Illuminatoren des Johann v. Neumarkt. Von Max Dvořák. Mit 11 Taf. u. 41 Textillustr. (S. 35—126.) 901. n. 25. —
3. Geweihte Schwerter u. Hüte in den kunsthistor. Sammlungen des allerh. Kaiserhauses. Von Heinr. Modern. Mit 3 Taf. u. 11 Textillustr. (S. 127—168.) 901. n. 15. —
4. Giulio Romano u. das classische Alterthum. Von Herm. Dollmayr. Mit 1 Lebensskizze des Verf. versehen u. hrsg. v. Frz. Wickhoff. Mit 7 Taf. u. 1 Textillustr. (S. 169—219.) 901. n. 20. —
5. Die Bilder weiblicher Halbfiguren aus der Zeit u. Umgebung Franz I. v. Frankreich. Von Frz. Wickhoff. Mit 9 Taf. u. 11 Textillustr. (S. 221—245.) 901. n. 20. —
6. Wendelin Boeheim. Von Camillo List. — Eduard Chmelarz. Von Frdr. Dörnhöffer. — Register zum 1. Thl. — Quellen zur Geschichte der kaiserl. Haussammlungen u. der Kunstbestrebungen des allerdurchlauchtigsten Erzhauses: Documente über Bildersendungen von Venedig nach Wien in den J. 1816 u. 1838, aus dem Archivo di Stato zu Venedig. Hrsg. v. G. Ludwig. — Register zum 2. Thl. (IV S., S. 247—275 u. LI S.) 901. n. 15. —

— dasselbe. 23. Bd. 1. u. 2. Hft. Fol. Ebd. Subskr. Preis f. den Bd. v. 6 Hftn. n. 90. —; Einzelpr. n. 24. —

1. Entwürfe Baldassare Perruzzis f. den Einzug Karls V. in Rom. Eine Studie zur Frage üb. die Echtheit des sienes. Skizzenbuches. Von Herm. Egger. Mit 2 Taf. u. 29 Textillustr. (44 S.) 902. n. 12. —
2. Die illustrierten Ausgaben der Sapphischen Ode des Konrad Celtis an St. Sebald. Von Campbell Dodgson. Mit 2 Taf. u. 1 Textill. — Neue Beiträge z. Dürer-Forschung. Von Jos. Meder. Mit 2 Taf. u. 7 Textillustr. (S. 45—69.) 902. n. 12. —

— der **kunsthistorischen** Sammlungen des allerhöchsten Kaiserhauses. Hrsg. unter Leitg. des Oberstkämmerers Sr. k. u. k. apostol. Maj. Hugo Grafen v. Abensperg u. Traun vom Oberstkämmerer-Amte. 23. Bd. 3-6 (Schluss-)Heft. Fol. Wien. F. Tempsky. — Leipzig, G. Freytag. Einzelpr. n. 102. —

3. 4. Das holländische Gruppenporträt. Von Alois Riegl. Mit 9 Taf. u. 74 Textillustr. (S. 69—278.) 902. n. 54. —
5. Zur Kenntnis der künstlerischen Überlieferung im späten Mittelalter. Defensorium inviolatae virginitatis b. Mariae V. Vademecum e. fahr. Malergesellen. Giustos Augustinuskapelle u. das Lehrgedicht des Bartolommeo de' Bartoli v. Bologna. Von Jul. v. Schlosser. Mit 14 Taf. u. 19 Textillustr. (S. 279—338.) 903. n. 24. —
6. Register zum 1. Thl. — Quellen zur Geschichte der kaiserl. Haussammlungen u. der Kunstbestrebungen des Allerdurchlauchtigsten Erzhauses: Die Handschriftenschenkung Philipp II. an den Escorial vom J. 1576. Nach e. bisher unveröffentlichten Inventar des Madrider Palastarchivs. Von Rud. Beer. — Register zum II. Thl. (IV, S. 339—343 u. CXL S.) 903. n. 24. —

— dasselbe. Red.: H. Zimmermann. 24. Bd. 6 Hefte. Fol. Ebd. Subskr.-Pr. n. 90.—; Einzelpr. n. 123.—
1. Aus Rubens' Zeit u. Schule. Bemerkungen zu einigen Gemälden der kaiserl. Galerie in Wien. Von Gust. Glück. Mit 6 Taf. u. 32 Textillustr. (48 S.) 903. n. 18.—
2. Altsalzburger Tafelbilder. Von Rob. Stiassny. Mit 13 Taf. u. 21 Textillustr. (S. 49—86.) 903. n. 27.—
3. Aus der Werkstatt Bonifazios. Von Frz. Wickhoff. Mit 1 Taf. u. 11 Textillustr. — Anicia Juliana im Wiener Dioskorides-Kodex. Von Ant. v. Premerstein. Mit 1 Taf. u. 6 Textillustr. (S. 87—124.) 903. n. 15.—
4. Über einige Antiken Ghibertis. Von Jul. v. Schlosser. Mit 15 Textillustr. (S. 125—159.) 904. n. 12.—
5. Das Rätsel der Kunst der Brüder van Eyck. Von Max Dvořák. Mit 7 Taf. u. 65 Textillustr. (S. 161—317.) 904. n. 86.—
6. Register zum I. Tl. — Quellen zur Geschichte der kaiserl. Haussammlungen u. der Kunstbestrebungen des allerdurchlauchtigsten Erzhauses: Inventare, Akten u. Regesten aus der Registratur Sr. k. u. k. apostol. Maj. Oberstkämmereramtes. Von Heinr. Zimmermann. — Register zum II. Tl. (IV, S. 319—325 u. XCVII S.) 904. n. 15.—

— dasselbe. 25. Bd. 6 Hefte. Fol. Ebd. Subskr.-Pr. n. 90.—; Einzelpr. n. 129.—
1. Die Jugendwerke des Bartolommeo Suardi, genannt Bramantino. Von Wilh. Suida. Mit 7 Taf. u. 47 Textillustr. (S. 1—71.) 904. n. 24.—
2. Über Entwürfe v. Rubens zu Elfenbeinarbeiten Lucas Faidherbes. Von Gust. Glück. Mit 2 Taf. u. 4 Textabbildgn. — Zwei Kartonzeichnungen v. Giulio Romano. Von Jos. Meder. Mit 2 Taf. u. 2 Textabbildgn. (S. 73—84.) 904. n. 9.—
3. Pieter Brueghel der Ältere u. sein Kunstschaffen. Von Axel L. Romdahl. Mit 17 Taf. u. 61 Textabbildgn. (S. 85—169.) 905. n. 42.—
4. Zur Ikonographie des Hauses Habsburg. I. Bildnisse der Königin Marianne v. Spanien. Von Heinr. Zimmermann. Mit 4 Taf. u. 45 Textbildern. — Die französischen Bildnisse in der Porträtsammlung des Erzherzogs Ferdinand v. Tirol. Von Louis Dimier. Mit 3 Taf. u. 5 Textabbildgn. (S. 171—225.) 905. n. 24.—
5. Kinderbildnisse aus der Sammlung Margaretens v. Österreich. Von Gust. Glück. Mit 2 Taf. u. 2 Textabbildgn. — Eine Gruppe v. Holzschnittporträten Karls V. um die Zeit der Kaiserwahl. Von Campbell Dodgson. Mit 4 Taf. u. 1 Textabbildg. — Hans Maler v. Ulm, Maler zu Schwaz. Von Gust. Glück. Mit 2 Taf. u. 1 Textabbildg. (S. 227—246.) 905. n. 15.—
6. Quellen zur Geschichte der kaiserl. Haussammlungen u. der Kunstbestrebungen des Allerdurchlauchtigsten Erzhauses: Niederländische Büchererwerbungen des Benito Arias Montano f. den Eskorial im Auftrage König Philipp II. v. Spanien nach unveröffentlichten aus dem Musée Plantin Moretus zu Antwerpen v. Max Rooses zur Verfügung gestellten Urkunden v. Rud. Beer. — Inventar, das, der Prager Schatz- u. Kunstkammer vom 6. XII. 1621 nach Akten des k. u. k. Reichsfinanzarchivs in Wien. Hrsg. v. Heinr. Zimmermann. — Register zum II. Tl. (IV, S. 250—260 u. LXXXVIII S.) 905. n. 15.—

Jahrbuch der kunsthistorischen Sammlungen des allerhöchsten Kaiserhauses. 26. Bd. 1. u. 2. Heft. Fol. Wien, F. Tempsky. — Leipzig, G. Freytag n. 54.—; Subskr.-Pr. f. den Bd. v. 6 Heften n. 90.—
1. Ambrogio Preda u. Leonardo da Vinci. Von W. v. Seidlitz. Mit 2 Taf. u. 23 Textabbildgn. (48 S.) 906. n. 15—
2. Annibale Carraccis Galerie im Palazzo Farnese u. seine römische Werkstätte. Von Hans Tietze. Mit 8 Taf. u. 83 Textabbildgn. (S. 49—182.) 906. n. 39.—

Jahrbuch d. kunsthistorischen Sammlungen d. allerh. Kaiserhauses. 26. Bd. 3.—6. (Schluss-)Heft. 40×29 cm. Wien, F. Tempsky. — Leipzig, G. Freytag. Einzelpr. 90.—
Ebenstein, Ernst, der Hofmaler Franz Luycx. Ein Beitrag z. Geschichte d. Malerei am österr. Hofe. Mit 10 Taf. u. 58 Textabb. (S. 183—254.) 907. (Heft 3.) 30.—
Schlosser, Jul. v., dem Andenken Wolfgang Kallabs. (Geb. 5. VII. 1875; gest. 27. II. 1906.) Mit e. Fragmente aus Kallabs liter. Nachlasse üb. Caravaggio. Mit 22 Textabb. (S. 253—292.) 907. (Heft 4.) 12.—
Suida, Wilh., die Spätwerke d. Bartolommeo Suardi, genannt Bramantino. Mit 11 Taf. u. 64 Textabb. (S. 293 bis 372.) 907. (Heft 5.) 30.—
Weixlgärtner, Arpad, ein Prunkschrank d. Prinzen Eugen. Mit 3 Taf. u. 6 Textabb. — Register z. I. Tl. — Quellen z. Gesch. d. kaiserl. Haussammlungen u. der Kunstbestrebungen d. allerdurchlauchtigst. Erzhauses: Aktenstücke z. Geschichte d. Wiener Kunstkammer in d. herzogl. Bibliothek zu Wolfenbüttel, hrsg. v. Wilh. Köhler. — Ein Brief Hans Malers an Anna v. Ungarn, aus d. k. k. Statthaltereiarchiv zu Innsbruck mitgeteilt v. Gust. Glück. — Register z. II. Tl. (IV, S. 373—426 u. XIX S.) 907. (Heft 6.) 18.—

— dasselbe. Red.: H. Zimmermann. 27. Bd. 6 Hefte. 40×29 cm. Ebd. 90.—; Einzelpr. 114.—
Buerkel, Ludw. v., Francesco Furini. Mit 12 Taf. u. 38 Textabb. (S. 55—90.) 908. (Heft 2.) 24.—
Grünwald, Alois, üb. einige Werke Michelangelos in ihrem Verhältnisse z. Antike. Mit 2 Taf. u. 33 Textabb. Über die Schicksale d. Ilioneus. Mit 2 Taf. u. 4 Textabb. (S. 125—160.) 908. (Heft 4.) 18.—
Haberditzl, F. M., die Lehrer des Rubens. Mit 8 Taf. u. 57 Textabbildgn. (S. 161—235.) 908. (Heft 5.) 30.—
Loga, Valerian v., Antonis Mor als Hofmaler Karls V. u. Philipps II. Mit 10 Taf. u. 22 Textabbildgn. (S. 91—123.) 908. (Heft 3.) 27.—
Register zum 1. Tl. — Quellen zur Geschichte der kaiserl. Haussammlgn. u. der Kunstbestrebgn. des allerdurchlauchtigsten Erzhauses: Albrecht Dürers Fechtbuch, v. Frdr. Dörnhöffer. (IV u. S. 237—259 u. II, LXXXII S. m. 157 Abb. u. 78 Taf.) 909. (Heft 6.) Unberechnet. Wird einzeln nicht abgegeben.
Röttinger, Heinr., Hans Wechtlin. Mit 3 Taf. u. 41 Textabbildgn. (S. 1—54.) 907. (Heft 1.) 15.—

— dasselbe. 28. Bd. 1.—5. Heft. 40×29 cm. Ebd. Einzelpr. 123.—; der Bd. v. 6 Heften 90.—
Diez, Ernst, der Hofmaler Bartholomäus Spranger. Mit 8 Taf. u. 39 Textabb. (S. 93—151.) 909. (Heft 3.) 27.—
Glück, Gust., Fälschungen auf Dürers Namen aus der Sammlung Erzherzog Leopold Wilhelms. Mit 6 Taf. u. 22 Textabb. — Weixlgärtner, Arpad, zu Dürers Anbetung der Könige in den Uffizien. Mit 1 Taf. u. 1 Textabbildg. (30 S.) 909. (Heft 1.) 18.—
Hermann, Herm. Jul., Pier Jacopo Alari-Bonacolsi, genannt Antico. (S. 199—288 m. 63 Abb. u. 13 Taf.) 910. (Heft 5.) 30.—
Röttinger, Heinr., Breu-Studien. Mit 8 Taf. u. 35 Textabbildgn. (S. 31—91.) 909. (Heft 2.) 24.—
Zimmermann, Heinr., zur Ikonographie des Hauses Habsburg. II. Angebliche u. wirkl. Bildnisse des Don Carlos. — Loga, Valerian v., Las Meninas. Ein Beitrag zur Ikonographie des Hauses Habsburg. (S. 153—199 m. 24 Abbildgn. u. 10 Taf.) 909. (Heft 4.) 24.—

— dasselbe. 29. Bd. 1. Heft. 39×28,5 cm. Ebd. Einzelpr. 21.—; für d. Bd. von 6 Heften 90.—
Drei Studien. Von Campbell Dodgson. — Dürers Entwürfe f. das Triumphrelief Kaiser Maximilians I. im Louvre. Eine Studie zur Entwicklungsgeschichte des Triumphzuges. Von Karl Giehlow. (84 S. m. 22 Abb. u. 3 Taf.) 910. Einzelpr. 21.—

— des westdeutschen Schachbundes. 1862. Herausg. von M. Lange. Mit 1 (lith.) Titelbild. Leipzig 862. Veit & Co. gr. 8. (VIII, 148 S.) 24 ngr.

— — 1863. Ebend. 864. Lex.-8. (III, 66 S.) 15 ngr.

— des deutschen u. österreichischen Scheffelbundes, s.: Nicht rasten u. nicht rosten!

— schlesisches. E. Sammlg. v. Erzählgn., Humoresken, Gedichten u. Anekdoten in hochdeutschem u. schles. Dialekt. Z. Unterhaltg. u. z. Vortrage in gesell. Kreisen ges. aus 10 Jahrgängen d. Kalenders „d. gemittl. Schläsinger". Hrsg. v. Max Heinzel, m. Beiträgen v. Baer, Fr. Barchewitz, P. Barsch u. A. 2 Bde. gr. 8. (V, 207 u. V 245 S. m. Abb.) Schweidnitz 896. L. Heege. Kart. à n. 1.—

Jahrbuch, schlesisches. Eine Sammlg. v. Erzählgn., Humoresken, Gedichten u. Anekdoten in hochdeutschem u. schles. Dialekt. Zur Unterhaltg. u. z. Vortrage in gesell. Kreisen gesammelt a. 15 Jahrgängen d. Kalenders „Der gemittl. Schläsinger". Begründet v. Max Heinzel. Hrsg. v. Philo vom Walde. Mit Beiträgen v. Baer, P. Barsch, H. Bauch u. A. 3. Bd. (V, S. 26—78, 27—96, 27—108, 27—100 u. 27—106 m. Abb.) gr. 8. Schweidnitz (902). L. Heege. Kart. 1.—

— dasselbe. Zur Unterhaltg. u. zum Vortrage in gesell. Kreisen gesammelt aus 20 Jahrgängen des Kalenders „Der gemittl. Schläsinger". Begründet v. Max Heinzel. Hrsg. v. Philo vom Walde. Mit Beiträgen v. P. Barsch, E. v. Borgstede, M. Heinzel u. a. 4. Bd. (VII, S. 29—108, 29—102, 29—102, 29—104 u. 29—106 m. Abb.) 8. Ebd. (907). Kart. 1.—

Schleswig-Holsteinisches **Jahrbuch.** Jg. 1. Mit einem vollständigen Kalendarium auf das Jahr 1891. Hrgg. v. Albert Johannsen. Husum. (1890.) 8°.

Gleichlautend mit: Jahrbuch für die Kreise Husum und Eiderstedt. Jg. 2.

—— des rheinisch-westphälischen Schriftenvereins, enthaltend Altes und Neues aus der Arbeit für das Reich Gottes insbesondere aus und für Rheinland und Westfalen hrsg. von F. Meyeringh. 1. und 2. Jahrg. gr. 8. Bonn, Marcus. [1. Jahrg. (IV und 252 S. mit eingedr. Holzschn. und 1 Holzschnt.) 859. * 20 Ngr., 2. (187 S.) 860. * 15 Ngr.] *

— erstes, der deutsch-österreichischen Schriftsteller-Genossenschaft 1899. gr. 8. (IV, 177 S. m. 5 Taf.) Wien, C. Gracser & Co. Kart. n. 3.—

— f. Schulbedarf u. Lehrmittel 1911. Prakt. Nachschlage- u. Notizbuch f. das Anschauungs- u. Lehrmittelwesen im Schulunterricht, sowie f. den gesamten Schulbedarf. 1. Jahrg. Mit e. einführ. Aufsatz v. Karl Siegel. (144 S.) kl. 8. Berlin-Lichterfelde, Kahlenberg & Günther. nn 1.—

— der Schule Gabelsberger's auf das J. 1877 mit Vereinskalender. Hrsg. vom königl. stenograph. Institut zu Dresden. Redig. von C. Bruno Rotter. gr. 16. (XVIII, 118, 18 S.) Dresden, (G. Dietze.) geb. **

Vorh. u.d.T.: Statistisches Jahrbuch der Schule Gabelsbergers.

— dass. — auf das J. 1878. Redig. von Ed. Oppermann und Osk. Lehmann. gr. 16. (XVI, 110 S.) Dresden, (Huhle.) geb. *

— dass. — auf das J. 1879. Mit einer Literaturübersicht von J. W. Zeibig. gr. 16. (XVI, 112 S.) (Ebendas.) geb. *

— der Schule Gabelsberger's auf das J. 1880. Hrsg. vom königl. stenograph. Institut zu Dresden. Redig. von Max Fröhliger. Mit der Biographie (und Lichtdr.-Portr.) des Geh. Reg.-R. Hugo Häpe von Rotter und einer Literaturübersicht von J. W. Zeibig. 12. (XXIII, 109 S.) Dresden, (Huhle.) geb. *

— dasselbe, auf das Jahr 1881. Hrsg. vom königl. stenograph. Institut zu Dresden. Red. von Max Weiss u. Max Fröhliger. Mit einer Literaturübersicht von J. W. Zeibig. 12. (XVI, 105 S.) Ebend. geb. n. 4. —

— dasselbe, auf das Jahr 1882. gr. 16. (XVI, 95 S.) Ebend. geb. n. 4. —

Jahrbuch der Schule Gabelsbergers auf d. J. 1883—1885. Hrsg. vom königl. stenograph. Institut zu Dresden. Red. v. Max Weiss u. Max Fröhliger. Nebst e. Literaturübersicht v. J. W. Zeibig. gr. 16. (à ca. XVI, 98 S.) Dresden 883—85. (Huhle.) geb. à n. 4. —

— der Schule Gabelsbergers auf das J. 1886. Hrsg. vom königl. stenograph. Institut zu Dresden. Redig. von Max Weiss und Max Fröhliger. Nebst einer Literaturübersicht von J. W. Zeibig. gr. 16. (VIII, 106 S.) Dresden, (Huhle.) geb. * 2 50

— dass. — auf das J. 1887. 30. Jahrg. gr. 16. (VIII, 104 S.) (Ebendas.) geb. * 4 —

— dass. — auf das J. 1888. 31. Jahrg. Hrsg. vom königl. stenograph. Institute zu Dresden. Redig. von Max Fröhliger. Nebst einer Literaturübersicht von J. W. Zeibig. gr. 16. (X, 116 S.) (Ebendas.) geb. * 4 —

Erscheint vom Jahrg. 1889 an in E. Zehl's Komm.-Verlag, Leipzig.

— dasselbe, auf d. J. 1889 u. 1890. 32. u. 33. Jahrg. Red. v. M. Fröhliger. Nebst e. Literaturübersicht von A. Neupert. gr. 16. (XXII, 99; XXII, 108 u. 21 S.) Leipzig, [Zehl]. E. Haberland. geb. à Jahrg. n. 3. —

— der Schule Gabelsbergers auf d. J. 1891, 1892. 34. u. 35. Jahrg. Hrsg. vom königl. stenograph. Institut zu Dresden. Bearb. v. Max Fröhliger. Mit e. Litteraturbericht v. A. Neupert. gr. 16. (XXII, 96 S.) Leipzig, (E. Zehl Stenogr.-Verl.). Geb. in Leinw. à Jahrg. n. 3. —

— dasselbe auf d. J. 1893—1895. 36.—38. Jahrg. Bearb. v. M. Fröhliger u. P. Höfer. Mit e. Litteraturbericht v. A. Neupert. gr. 16. (XV, 98; XXIV, 116; XXIV, 128 u. 15 S.) Ebd. Geb. in Leinw. à Jahrg. n. 3. —

— der Schule Gabelsbergers auf d. J. 1896—1898. 39.—41. Jahrg. Hrsg. v. kgl. stenograph. Institut zu Dresden. Bearb. v. M. Fröhliger u. P. Höfer. M. e. Litteraturbericht v. A. Neupert. gr. 16. (XX, 133; XX, 153 u. XX, 167 S.) Leipzig (E. Zehl). à Jahrg. geb. in Leinw. n. 3. —

— der Schule Gabelsbergers auf d. J. 1899 u. 1900. 42. u. 43. Jahrg. Hrsg. vom königl. stenograph. Institut zu Dresden. Bearb. v. P. Höfer u. A. Ackermann. Mit einem Litteraturbericht v. R. Fuchs. 12. (XX, 184 u. XX, 186 S.) Leipzig (E. Zehl). Geb. in Leinw. à n. 3. —

— dasselbe auf d. J. 1901. 44. Jahrg. Hrsg. vom königl. stenograph. Institut zu Dresden. 12. (XX, 198 S.) Ebd. Geb. in Leinw. n. 2. —

— der Schule Gabelsbergers auf die J. 1904—1906. 47.—49. Jahrg. Hrsg. vom königl. stenograph. Institut zu Dresden. 12. Wolfenbüttel, Heckner. Geb. n.n. 4. 70

1904. Ausg. A. (XXXII, 219 S.) Geb. in Leinw. n.n. 1. 35; Ausg. B. (XXXII, 57 S.) n.n. 1. 10
1905. Ausg. A. (XXXII, 219 S.) Kart. n.n. 1. 10; geb. in Leinw. n.n. 1. 35; Ausg. B. (XXXII, 57 S.) Kart. n.n. — 85; geb. n.n. 1. 10
1906. Ausg. A. (XXIV, 235 S.) Geb. in Leinw. n.n. 2. —

— der Schule Gabelsberger auf d. J. 1910. 53. Jahrg. Hrsg. vom kgl. stenograph. Landesamte zu Dresden. (XXIV, 255 S.) kl. 8. Wolfenbüttel, Heckner. Geb. in Leinw. 2. —

— d. Schule d. vereinf. Stenographie System Schrey-Johnen-Socin. 4. Jahrg. 1895, auf Grund d. angest. Erhebgn. bearb. v. Ferd. Schrey. 12. (119 S.) Berlin 895. F. Schrey. Geb. n. — 75

— der Schule der vereinf. Stenographie. 5. Jahrg. 1895/96, auf Grund d. angest. Erhebgn. bearb. v. Ferd. Schrey. 12. (90 u. VIII S.) Ebd. 897. Geb. n. — 50

— d. Schule d vereinf. deutschen Stenographie (System Schrey). 6. Jahrg. 1896/1897. (Statistik auf d. 30. VI. 1896) auf Grund d. angest. Erhebgn. bearb. v. Ferd. Schrey. 12. (64 S.) Ebd. 897. Geb. n. 1. —

Jahrbuch für (Deutschlands) Schülerinnen.

—— für Schülerinnen auf die J. 1878 und 1879. (1. und 2. Jahrg.) Mit einem (Stahlst.-)Portr. und (eingedr. Holzschn.-)Abbild. 16. (à Jahrg. 296 S.) Leipzig, Siegismund und Volkening. geb. à Jahrg. *

—— für Schülerinnen auf die J. 1881—1883. Hrsg. von F. Koch. Mit (Stahlst.-)Portr. und Biographie der Königin Luise von Preußen. gr. 16. (302; IV, 312; 312 S.) Leipzig, Siegismund und Volkening. geb. à Jahrg. *

—— für Deutschlands Schülerinnen. Ausg. vom 1. April 1883 bis 1. April 1884. Hrsg. von F. Koch. Mit dem (Stahlst.-)Portr. und der Biographie der Königin Luise. 16. (IV, 312 S.) Ebendas. geb. *

—— für Schülerinnen vom 1. April 1884 bis 1. April 1885. Hrsg. von F. Koch. Mit dem (Stahlst.-)Portr. der Königin Luise. 16. (IV, 312 S.) Ebendas. geb. *

Jahrbuch für Schülerinnen, von Ostern 1885 bis Ostern 1887. 16. (309 S. mit 1 Stahlst.: IV, 312 S. mit 1 Stahlst.-Portr.) Ebendas. geb. à Jahrg. * 1 —

—— für Deutschlands Schülerinnen. Von Ostern 1887 bis Ostern 1888. Hrsg. von F. Koch. 16. (320 S. mit Stahlst.-Bild der Königin Luise.) Ebendas. geb. * 1 —

—— für Schülerinnen von Ostern 1888 bis dahin 1889. Hrsg. von F. Koch. 16. (318 S. mit Stahlst.-Bild der Königin Luise.) Ebendas. geb. * 1 —

— — für Schülerinnen. Von Ostern 1889 bis Ostern 1892. Hrsg. v. F. Koch. 16. (XIII, 320; 8, 320; V, 320 S. m. je 1 Nathusius' Holzschn.-Bild u. 4 Stickmuster-Taf.) Ebd. geb. à Jahrg. * 1 —

—— für Schülerinnen auf d. J. 1890—1893. Hrsg. v. F. Koch. 16. (320 S. m. 1 Bilde; 320 S. m. 1 Bilde; IV, 320 S. m. 4 Stickmustertaf., eingedr. u. 1 Holzschn.-Portr.; V, 224 S. m. 8 Stickmustertaf., eingedr. u. 1 Holzschn.-Portr.) Lpz., Volkening u. Comp. geb. in Leinw. à Jahrg. * 1 —

— f. Schülerinnen auf d. J. 1895. Hrsg. v. Fr. Koch. 18. Jahrg. Ausg. m. Wochentagen. 16. (XI, 318 S. m. eingedr. u. 1 Stahlst.-Bildnis.) Leipzig, Volkening & Co. Geb. in Leinw. n. 1. —

— f. Schülerinnen (Deutsche Schulfreundin) f. Ostern 1897 b. Ostern 1898. Hrsg. v. Fr. Koch. 16. (X, 224 u. 64 S. m. eingedr. u. 1 Stahlst.-Bildn.) Leipzig, E. Volkening. Geb. in Leinw. n. 1. —

— dasselbe. 20. Jahrg. (Ausg. m. Wochentagen.) 16. (XIII, 224 u. 64 S. m. Abb. u. 1 Stahlst.-Bildn.) Ebd. Geb. in Leinw. n. 1. —

— dasselbe, Fortsetzg., s.: Schulfreundin, deutsche.

—— des preußischen höheren Schulwesens für 1858. Für Geistliche und Lehrer an Universitäten, Akademien, Gymnasien ꝛc. Mit Benutzung amtl. Quellen hrsg. von Ed. Mushacke. gr. 8. (XXVIII und 854 S.) Berlin 858, Decker'sche geheime Ober-Hofbuchdruckerei.

— Schweizerisches, für 1857. 1. Jahrg. Zürich 856. Schultheß. 8. (XXX, 226 S. u. 1 Stahlst.) n. 22 ngr.

Jahrbuch. Schweizerisches J'. 1906. Jahrg. 1. IV + 400 S. 8. Zürich, Schulthess & Co., 1906. [fr. 5. —, geb. 6. —]

Jahrbuch. Schweizerisches J'. 1907. Jahrg. 2. IV + 151 S. 8. Zürich, Schulthess & Co., 1907. [fr. 3. —, geb. 4. —]

Jahr- und Adressbuch, schweizer., f. Finanz-, Bank- u. Versicherungswesen. 1. Jahrg. 1899. 8°. VI. 528 S. Bern (Marktg. 59), Polytechn. Anstalt f. Verlag u. Publizität. Geb. 10 —

Jahr- und Adressbuch, schweiz., für Finanz-, Bank-, Transport- und Versicherungswesen. 1900/1901. Red. durch J. Steiger, T. Geering, E. Cérésole etc. 8°. VIII, 621 S. Bern, Polyt. Anstalt für Verlag und Publizität. gebd. 15 —

Schweizerisches Jahrbuch für Finanz-, Bank-, Transport- und Versicherungswesen, herausgegeben von *J. Steiger* u. a., Bern, seit 1899.

— schweiz., f. Finanz- u. Versicherungswesen. (Einband: Jahr- u. Adressbuch.) 1. Jahrg. 8. (VI, 528 S.) Bern (Marktgasse 59) 899. Polytechn. Anstalt f. Verlag u. Publizität. Geb. in Leinw. n. 10. —

— dasselbe 1900/1901. II. Jahrg. Red. durch J. Steiger, Traug. Geering, E. Cérésole etc. 8. (VIII, 621 S.) Ebd. 900. Geb. in Leinw. 12. —
Fortsetzung s.: Finanzjahrbuch, schweizer.

Jahrbuch. Schweizerisches Jahrbuch für Frauen 1901. [Mit Illustrationen und 8 Tafeln.] VI + 176 S. 8. Zürich, Th. Schröter. [fr. 1. 35]

Jahrbuch der Deutschen Schwimmerschaft, m. Abb., 1.—5. Jg., i. A. d. Dtsch. Schwimmertages in Essen hrsg. v. Franz Klein, Aachen 1908—12, 8°. 5 Bde.

Jahrbuch des Deutschen Schwimmverbandes. (Deutscher Schwimmsport-Almanach.) Stuttgart.
1910, 1912, 1924, 1926.

— f. Deutschlands Seeinteressen. Von Nauticus gr. 8. (XV, 439 S. m. 14 Abbildgn. u. graph. Taf.) Berlin 899. E. S. Mittler & Sohn. n. 2 —

— dasselbe. 2. Jahrg. 1900. (Nauticus-Schriften 5. Bd.) gr. 8. (XII, 521 S. m. 1 Abbildg., 10 Taf. u. 8 Karten.) Ebd. 900. n. 2. 25; kart. n. n. 2. 75

— dasselbe. 3. Jahrg. 1901. (Nauticus-Schriften 6. Bd.) gr. 8. (IX, 461 S. m. 9 Taf., 1 Tab. u. 1 Karte.) Ebd. 901. n. 3. 80; geb. n. n. 4. —

— dasselbe. 4. Jahrg. 1902. (Nauticus-Schriften 7. Bd.) gr. 8. (IX, 440 S. m. 12 Abbildgn. u. 16 Taf.) Ebd. 902. n. 3. 75; geb. n. 4. —

— für Deutschlands Seeinteressen. Von Nauticus. 5.—8. Jahrg.: 1903—1906. gr. 8. Berlin, E. S. Mittler & Sohn. n. 21. 45; geb. n. 26. 50
1903. (Nauticus-Schriften. 8. Bd.) (VII, 530 S. m. 25 Abbildgn. u. 19 Taf.) n. 4. 75; geb. n. 5. —
1904. Unter teilweiser Benutzg. amtl. Materials hrsg. (Nauticus-Schriften: 9. Bd.) (IX, 560 S. m. 18 Taf., 17 Skizzen u. 3 Kartenbeilagen.) n. 5. 50; kart. n. 6. 10; geb. n. 6. 50
1905. Unter teilweiser Benutzung amtl. Materials hrsg. (VIII, 580 S. m. 22 Taf., 50 Skizzen u. 1 Kartenbeilage.) n. 5. 60; kart. n. 6. 25; geb. n. 7. —
1906. (X, 628 S. m. 18 Taf., 60 Skizzen u. 1 Kartenbeilage.) n. 5. 60; geb. n. 7. —

— für Deutschlands Seeinteressen. Hrsg. v. Nauticus. 9.—12. Jahrg.: 1907—1910. gr. 8. Berlin, E. S. Mittler & Sohn. 19.60; geb. 24. —
1907. Mit 23 Abbildgstaf., 31 Skizzen u. 1 Kartenbeilage. (X, 626 S.) 5.60; geb. 7. —
1908. Mit 22 Abbildgs.-Taf., 51 Skizzen u. 1 Kartenbeilage. (X, 659 S.) 4.50; geb. 5. 50
1909. Mit 22 Abbildgs.-Taf., 46 Skizzen u. 1 Kartenbeilage. (X, 638 S.) 909. 4.50; geb. 5. 50
1910. Mit 22 Abbildgs.-Taf., 30 Skizzen u. 1 Kartenbeilage. (X, 683 S.) 5.—; geb. 6. —

Deutscher Segler-Verband. Segelklub Eckernförde. Jahr-Buch. (1.) 1902. Eckernförde 1902: J. C. Schwensen. 8° (05. 1153) 8

Deutscher Segler-Verband. Jahrbuch hrgg. im Februar 1908. o. O. (1908.) 8°

Jahrbuch 1908 der Sekundarlehrerkonferenz des Kantons Zürich. ⟨4. Diskussionsvorlage.⟩ [Mit Figuren und 1 Melodie.] II + IV + 292 S. 8. Töss, Buchdr. T': Walter & Gremminger, 1908.
Forts. von: Conferenz. K' der Sekundarlehrer des Kantons Z. ...

Jahrbuch 1909 der Sekundarlehrerkonferenz des Kantons Zürich. 5. Diskussionsvorlage. II + IV + 263 S. 8. Töss, Buchdr. T': Walter & Gremminger, 1909.

Jahrbuch 1910 der Sekundarlehrerkonferenz des Kantons Zürich. 6. Diskussionsvorlage. II + IV + 215 S. 8. Töss, Buchdr. T': Walter & Gremminger, 1910.

S. 1—149 u. d. T.: Éléments de langue française. Entwurf eines Lehrmittels für die I. Klasse von Hans Hösli .... Töss....

Jahrbuch für Seminaristen und Präparanden. Notizkalender u. Nachschlagebuch. Hrsg. von M. Graupner. Jg. 1. 1903/1904. *Groß-Lichterfelde: B. W. Gebel [1903].* 8° [F.] [04. 1830

— für Seminaristen u. Präparanden. 1906/1907. (Ostern 1906 bis Ostern 1907.) Notizkalender u. Nachschlagebuch. Hrsg. v. M. Graupner. 4. Jahrg. (X S., Schreibkalender u. 201 S.) gr. 16. Groß-Lichterfelde, B. W. Gebel. Geb. in Leinw. n. 1. —

— dasselbe. 1906/1907. (Michaelis 1906 bis Michaelis 1907.) 4. Jahrg. (X S., Schreibkalender u. 201 S.) gr. 16. Ebd. Geb. in Leinw. n. 1. —

— f. Seminaristen u. Präparanden. 1910/1911. (Ostern 1910—Ostern 1911.) Notizkalender u. Nachschlagebuch. Hrsg. v. M. Graupner. 8. Jahrg. (XXIX S., Schreibkalender u. 204 S.) 16. Groß-Lichterfelde, B. W. Gebel. Geb. in Leinw. 1. —

— dasselbe. (Michaelis 1910—Michaelis 1911.) (XLVIII S., Schreibkalender u. 204 S.) 16. Ebd. Geb. in Leinw. 1. —

JAHRBUCH DER DEUTSCHEN SHAKESPEARE-GESELLSCHAFT im Auftrage des Vorstandes
herausgegeben durch FRIEDRICH BODENSTEDT.:
Jahrg. 1—2. Berlin 1865—1867. Georg Reimer. 8°.
herausgegeben durch KARL ELZE.:
Jahrg. 3—4. ib. 1866—1869. —
Jahrg. 5—6. ib. 1870—1871. A. Asher & Co.
Jahrg. 7—14. Weimar 1872—1879. In Komm. bei A. Huschke.
herausgegeben durch F. A. LEO.:
Jahrg. 15—20. Mit 2 Photolithographien. ib. 1880—1885. —

In Jahrg. 12. 1877.: Register zum Jahrbuch I—XII.

Shakespeare-Jahrbuch. Beilage zu Bd. XVII. (1882.). — I. General-Register für Bd. I—XVI. Bearbeitet von W. A. BORCHARDT. II. Gesammt-Catalog der Bibliothek der Deutschen Shakespeare-Gesellschaft in Weimar.

In Jahrg. 18. 1883.: Supplement-Blätter zum General-Register für das Jahrbuch der Deutschen Shakespeare-Gesellschaft. XVII.

In Jahrg. 19. 1884.: Supplement-Blätter zum General-Register für das Jahrbuch der Deutschen Shakespeare-Gesellschaft. XVIII. XIX.

In Jahrg. 6 und 11. 1871 und 1876.: Katalog der Bibliothek der Deutschen Shakespeare-Gesellschaft. Von R. KÖHLER.

JAHRBUCH DER DEUTSCHEN SHAKESPEARE-GESELLSCHAFT.
Im Auftrage des Vorstandes herausgegeben durch F. A. LEO.:
Jahrg. 21. Weimar. 1886. In Komm. bei A. Huschke. 8°.

In Jahrbuch ... Jahrg. 21. 1886: Gesammt-Verzeichniss zu den Bänden I bis XXI (incl.) des Jahrbuchs der Deutschen Shakespeare-Gesellschaft.

JAHRBUCH DER DEUTSCHEN SHAKESPEARE-GESELLSCHAFT.
Im Auftrage des Vorstandes herausgegeben durch F. A. LEO.
Jahrg. 22. Weimar. 1887. In Kommission bei A. Huschke. 8°. — 23. ib. 1888. — 24 [1]). Mit dem Portrait von Nicolaus Decius und dem Testamente Shakespeare's in Photo-Lithographie. ib. 1889. — 25. Mit 2 zinkographischen Facsimiles. ib. 1890. — 26. ib. 1891. — 27. ib. 1892. — 28. (Mit 1 Tafel.) ib. 1893. — Supplement zum Jahrg. 28. ib. 1893. — A. m. d. Umschlagtitel: Shakespeare und der Naturalismus. Von HEINRICH BULTHAUPT. ib. 1893. — 29. und 30 [2]). ib. 1894. — 31. (Mit 4 metrischen Tabellen.) ib. 1895. — 32. ib. 1896. — 33. (Mit 1 Tafel.) ib. 1897. — 34. ib. 1898. —
Im Auftrage des Vorstandes herausgegeben von ALOIS BRANDL und WOLFGANG KELLER.
Jahrg. 35. Mit einem Bilde Leos. Berlin. 1899. Langenscheidt'sche (später Langenscheidtsche) Verlagsbuchhandlung (Prof. G. Langenscheidt). — 36. ib. 1900. — 37. Mit einem Bilde Sr. Königl. Hoheit des Grossherzogs Carl Alexander. ib. 1901. — 38. ib. 1902. — 39. Mit einem Bildnisse Oechelhäusers. ib. 1903. — 40. Mit 2 Vollbildern. ib. 1904. — 41. Mit 4 Bildern. Berlin-Schöneberg. 1905. — 42. Mit 3 Bildern. Berlin-Schöneberg. ib. 1906. — 43. Mit 2 Bildern. ib. 1907. Berlin-Schöneberg. (Prof. G. Langenscheidt.)
Im Auftrage des Vorstandes herausgegeben von ALOIS BRANDL und MAX FÖRSTER.
Jahrg. 44. Mit 5 Bildern. ib. 1908. — 45. Mit 3 Bildern. ib. 1909. — 46. Mit 4 Bildern. ib. 1910. — 47. Mit 3 Bildern. ib. 1911. Langenscheidtsche Verlagsbuchhandlung (Prof. G. Langenscheidt.) — 48. Mit 8 Bildern. ib. 1912. — 49. Mit 3 Bildern. ib. 1913. — 50. Mit 3 Tafeln und 3 Abbildungen im Text. ib. 1914. Verlag von Georg Reimer. — 51. Mit 2 Tafeln. ib. 1915. —

[1]) In Jahrbuch ... Jahrg. 24. 1889: Gesammt-Verzeichniss zu den Bänden I bis XXIV des Jahrbuchs der Deutschen Shakespeare-Gesellschaft. Von H. WERNEKKE. — Katalog der Bibliothek der Deutschen Shakespeare-Gesellschaft. Von R. KÖHLER.

[2]) In Jahrbuch ... Jahrg. 29 und 30, 1894: Gesammt-Verzeichniss zu den Bänden I bis XXX ... Ausserdem: Katalog der Bibliothek der Deutschen Shakespeare-Gesellschaft. Von P. v. BOJANOWSKI.

—— der deutschen Shakespeare-Gesellschaft im Auftrage des Vorstandes hrsg. durch Friedr. Bodenstedt. 1. und 2. Jahrg. Lex.-8. [1. Jahrg. (XXII und 457 S.) 865., 2. (X und 406 S.) 867.] Berlin, G. Reimer. geb. à Jahrg. *

—— der deutschen Shakespeare-Gesellschaft. Im Auftrage des Vorstandes hrsg. durch Karl Elze. 3. und 4. Jahrg. Lex.-8. (VI, 436; VI, 396 S.) Berlin 868,69, G. Reimer. [Weimar, Huschke.] à Jahrg. *

—— dass. — 5. und 6. Jahrg. Lex.-8. (à IV, 400 S.) Berlin 870,71, Asher und Comp. [Weimar, Huschke.] à Jahrg. *

— der deutschen Shakespeare-Gesellschaft. Im Auftrage des Vorstandes hrsg. durch Karl Elze. 7—11. Jahrg. Lex.-8. (V, 382; IV, 398; IV, 341; IV, 422 u. 364 S.) Weimar 872—76. Huschke in Comm. geb. à n. 9. —

— dasselbe. General-Register zum 1—10. Jahrg. Zusammengestellt v. F. A. Leo. gr. 8. (30 S.) Ebend. 875. n. 1. —

— der deutschen Shakespeare-Gesellschaft. Im Auftrage des Vorstandes hrsg. durch Karl Elze u. F. A. Leo. 12—17. Jahrg. gr. 8. (IV, 402; IV, 327 u. IV, 398 S.) Weimar 877—82. Huschke in Comm. geb. à Jahrg. n. 9. —

— der deutschen Shakespeare-Gesellschaft. Im Auftrage d. Vorstandes hrsg. durch F. A. Leo. 18—20. Jahrg. gr. 8. (IV, 340; III, 387 u. IV, 402 S.) Weimar 1883—85. (Huschke.) geb. à n. 9. —

—— dass. — 21.—23. Jahrg. gr. 8. (III, 393; III, 344; III, 364 S.) (Ebendas.) 886—88. geb. à Jahrg. * 12 —

—— der deutschen Shakespeare-Gesellschaft. Im Auftrage d. Vorstandes hrsg. durch F. A. Leo. 24. u. 25. Jahrg. gr. 8. Weimar 890, (Huschke). geb. à Jahrg. * 12 —
24. Mit dem Portr. v. Nicol. Delius u. d. Testamente Shakespeares in Photo-Lithogr. (III, 404 S.) 889.
25. Mit 2 zinkograph. Facsms. (III, 325 S.)

Jahrbuch der deutschen Shakespeare-Gesellschaft. Im Auftrage d. Vorstandes hrsg. durch F. A. Leo. 26.—28. Jahrg. gr. 8. (V, 360; III, 412 u. III, 366 S. m. 1 Taf.) Weimar 891—893. (A. Huschke.) Geb. in Leinw. à Jahrg. n. 12. —

Jahrbuch d. deutschen Shakespeare-Gesellschaft, im Auftr. d. Vorstandes hrsg. durch F. A. Leo. 29.—33. Jahrg. gr. 8. (V, 504 S.; VI, 449 S. m. 4 Tab.; V, 363 S. u. XI, 415 S. m. 1 Bildn.) Weimar 894—897. (A. Huschke Nachf.) à Jahrg. geb. in Leinw. n. 12. —

— der deutschen Shakespeare-Gesellschaft. Im Auftrage des Vorstandes hrsg. v. Alois Brandl u. Wolfg. Keller. 34.—38. Jahrg. gr. 8. (III, 455; XXIV, 392 m. 1 Bildn.; XLII, 448; LV, 396 S. m. 1 Bildn. u. XLVIII, 453 S.) Berlin 898—902. Langenscheidt's Verl. à n. 11. —; geb. in Leinw. à n. 12. —
Der v. F. A. Leo hrsg. 34. Jahrg. erschien noch in Weimar.

— der deutschen Shakespeare-Gesellschaft. Im Auftrage des Vorstandes hrsg. v. Alois Brandl u. Wolfg. Keller. 39.—42. Jahrg. (XLII, 455 S. m. 1 Bildnis; XXIX, 475 S. m. 2 Vollbildern; XXVII, 409 S. m. 4 Bildern u. XLV, 485 S. m. 3 Bildern.) gr. 8. Berlin-Schöneberg 903—906. Langenscheidt's Verl. à n. 11. —; geb. à n. 12. —

— d. deutschen Shakespeare-Gesellschaft. Im Auftrage des Vorstandes hrsg. v. Alois Brandl u. Max Förster. 43.—46. Jahrg. (XXXII, 493 S. m. 2 Taf.; XXVIII, 469 S. m. 5 Bildern; XXXII, 495 S. m. 2 Tab. u. 3 Bildern u. XXXII, 427 S. m. 4 [3 eingedr.] Bildern.) gr. 8. Berlin-Schöneberg 907—10. Langenscheidt's Verl. à 11.—; geb. à 12. —

— der technischen Sondergebiete. Übersicht üb. die Unterrichtseinrichtgn. f. die einzelnen techn. Fächer, üb. Sonderlaboratorien, Versuchs- u. Untersuchungsanstalten, üb. Beiräte u. Sachverständige, sowie üb. die Fachzeitschriften u. Fachkalender des deutschen Sprachgebietes. Unter Mitwirkg. v. Fachleuten bearb. v. R. Escales. I. Jahrg. (VIII, 291 S.) gr. 8. München 910. J. F. Lehmann's Verl. Geb. in Leinw. 6. —

Jahrbuch für Sozialwissenschaft und Sozialpolitik. Hrsg. von Dr. L. Richter. 1. Jhrg. 2 Thle., 1879—80. 2. Jhrg. 1881. Lex.-8⁰. Zürich-Oberstrass, Ferd. Körber.

—— für Sozialwissenschaft und Sozialpolitik. Hrsg. von Ludw. Richter. 1. und 2. Jahrg. gr. 8. (VIII, 320; VII, 398 S.) [Zürich-Oberstrass 880,81, Körber's Nachf.] Zürich, Schmidt. à Jahrg. *
Nicht weiter erschienen.

Jahrbuch Spangenthal's finanzielles, s. Jahrbuch, Finanzielles.

— der österreichischen Sparkassen u. Kreditgenossenschaften. 1906. Hrsg. v. Rud. Hanel. (II u. S. 664—954.) 8. Wien 905. (A. Hölder.) Kart. n. 3. 30
Sonderabdruck aus: „Compass".

Jahrbuch d. österreichischen Sparkassen u. Kreditgenossenschaften. 1907—1910. Hrsg. v. Rud. Hanel. 8. Wien, Compassverlag. 16. 80
1907. (2 u. S. 683—987.) 906. Kart. 3. 20
1908. (IV u. S. 737—1051.) 907. Geb. in Leinw. 4. 40
1909. (IV u. S. 759—1070.) 908. Geb. in Leinw. 4. 60
1910. (III u. S. 748—1048.) 909. Geb. in Leinw. 4. 60
Sonderabdrucke aus: „Compass".

— des ersten allgemeinen Spar- u. Unterstützungs-Vereines für Kinder. Jahrg. 1876—77. gr. 8. (256 S.) Wien 878. (Hölder.) n. 3. —
Nicht weiter erschienen.

—— des deutschen Sport-Anglers. gr. 16. (86 S.) Stettin 892, Herrcke u. Lebeling. cart. * — 75

— des deutschen Sport-Anglers. 2. Aufl. 12. (87 S m. Abb.) Stettin (900). Herrcke & Lebeling. Kart. n. — 75

Jahrbuch für romanische und englische Sprache und Literatur.
Vorh. u.d.T.: Jahrbuch für romanische und englische Literatur.

—— dass. — Neue Folge. 1. Bd. [der ganzen Reihe 13. Bd.]. 4 Hefte. gr. 8. (à Heft ca. 120 S.) Leipzig 874. Teubner. *

—— dass. — Neue Folge. 2. Bd. [der ganzen Reihe 13. Bd.]. 4 Hefte. gr. 8. (à Heft ca. 128 S.) Ebendas. 874. *

—— für romanische und englische Sprache und Literatur. Begründet im Verein mit Ferd. Wolf von Adf. Ebert. Hrsg. von Ludw. Lemcke. Neue Folge. 3. Bd. [Der ganzen Reihe 15. Bd.] 4 Hefte. gr. 8. (IV, 498 S.) Leipzig 876, Teubner. *
Nicht weiter erschienen.

Jahrbuch des Allgemeinen Deutschen Sprachvereins. Zweigverein New York: 1904—1910
Annual handbook and report of the Society. 16 mo., each 8—40 pages. Title varies: Jahresbericht des Allgemeinen Deutschen Sprachvereins, 1904—06.
New York, NY

— d. Preuß. Brandenb. Staatengesch. (od. berl. hist. Calender.) 7 Thle. m. K. 16. Berl. (B. Fleischer, Leipz.) 790—96. (à 1 Rthlr. 4 gr.)

Jahrbuch der Preußisch-Brandenburgischen Staatengeschichte. Mit Kupfern.
Berlin 1796.
Hallische Waisenhausbuchhandlg in Comm.
T. 7. 1796.

— der Staatsarzneikunde, s. Kopp, J. H.

Jahrbuch d. Staatsarzneikunde, v. Kopp. Frankft. a/M. 1808—19, vide Medizin.

— der gesammten Staatsarzneikunde. Herausg. von C. F. L. Wildberg. 1r — 7r Bd. (I. — III. à 4 Hefte, IV. — VII. à 6 Hefte.) gr. 8. Leipzig 835 — 40. Weber. (à Bd. n. 4 ₰) n. 28 ₰ (1r — 5r Bd., 24 Hefte, zusammen nur n. 7½ ₰)

— der Staats- u. Fondsgüter-Verwaltung. Im Auftrage Sr. Exc. des Hrn. Julius Grafen v. Falkenhayn red. v. Ludw. Dimitz. Hrsg. vom k. k. Ackerbauministerium. 1. Jahrg. 1893. Mit mehreren Abbildgn. im Text, 6 Schema-Taf. u. 3 Specialkarten im Anh. Lex.-8. (XII, 356 S.) Wien, (W. Frick). Kart. n.n. 8. —

— d. Staats- u. Fondsgüter-Verwaltung. Im Auftr. d. k. k. Ackerbau-Ministers Joh. Grafen von Ledebur-Wicheln red. v. Ludw. Dimitz. Hrsg. v. k. k. Ackerbauministerium. 2. Bd. M. mehr. Abb. im Texte, 1 Schichtenplane, 6 Autotypien u. 1 Specialkarte im Anh. Lex.-8. (VIII, 309 S.) Wien 898. (W. Frick.) Kart. n. 7. — (I. u. II.: n.n. 15. —)

— der Staats- u. Fondsgüter-Verwaltung. Hrsg. vom k. k. Ackerbauministerium. Red. v. Ludw. Dimitz. 3. Bd. Lex.-8. (V, 179 S.) Wien 899. (W. Frick.) Kart. n.n. 5. —

Jahrbuch der Staats- und Fondsgüter-Verwaltung. Herausgegeben vom k. k. Ackerbauministerium. Redigirt von Ludwig Dimitz. IV. Bd. Wien. 1900. In Comm. Frick. Lex.-8°. 276 S. K 5.—

— dasselbe. 5. Bd. Lex.-8. (VI, 352 S. m. 6 Taf.) Ebd. 901. Kart. n. 7. —

— der Staats- u. Fondsgüter-Verwaltung. Hrsg. v. k. k. Ackerbauministerium. Red. v. Arth. Heidler. 6. Bd. (V, 263 S. m. Abb. u. 6 Taf.) Lex. 8. Wien 907. (W. Frick.) Kart. nn 8. —

Jahrbuch für Staats-Verwaltungs-Recht und Diplomatie des Norddeutschen Bundes und des Zollvereins . . .
s. Archiv des Norddeutschen Bundes und des Zollvereins.

—— der Berliner Stadtmission. I. gr. 8. (100 S.) Berl. 889, Buchh. der Berliner Stadtmission. ** — 60
Nicht weiter erschienen.

Jahrbuch der Statistik. Eine internat. Übersicht d. statist. Verwaltung u Wissenschaft. Hrsg. von Dr. H[anns] Platzer. Jg. 1. Strassburg: Trübner 1909. 8° (nq. 1571

— der Statistik. Eine internationale Übersicht der statist. Verwaltg. u. Wissenschaft. Hrsg. v. H. Platzer. 1. Jahrg. 1909. (VIII, 218 u. 14 S. m. 1 Fig.) 8. Strassburg, K. J. Trübner. Geb. 5 —

—— für die amtliche Statistik des bremischen Staats. Hrsg. von dem Bureau für brem. Statistik. 1.—5. Jahrg. à 2 Hefte. gr. 4. Bremen 868—73, (v. Halem.)
cart. à Heft *M 6.; à Jahrg. *

Inhalt:
Heft 1. Zur Statistik des Schiffs- und Waarenverkehrs in den J. 1867—1871. (VIII, 199; XI, 197; XI, 197; IV, 195; XI, 204 S.)
» 2. Zur allgemeinen Statistik der J. 1867—1871. (XLIII, 200; XLIV, 156; XLIV, 156; LIII, 168; XLIII, 186 S.)

Jahrbuch für die amtliche Statistik des bremischen Staats. Hrsg. von dem Bureau für brem. Statistik. 6. Jahrg. 1. Heft: Zur Statistik des Schiffs- und Waarenverkehrs im J. 1872, und 2. Heft: Zur allgemeinen Statistik des J. 1872, mit einer (chromolithogr.) Karte der Höhenverhältnisse des Staatsgebiets ausschliessl. Vegesak und Bremerhaven (in gr. Fol.). gr. 4. (VII, 210; LXI, 187 S.) Bremen 873,74, (v. Halem.) cart. à Heft *M 7,50. *

—— dass. — 7. Jahrg. 1. Heft: Zur Statistik des Schiffs- und Waarenverkehrs im J. 1872, und 2. Heft: Zur allgemeinen Statistik des J. 1873. gr. 4. (VII, 212; LXXII, 210 S. mit 2 lithogr. Taf. in Fol.) Ebendas. 874.
cart. à Heft *M 7,50. *

—— für die amtliche Statistik des bremischen Staats. Hrsg. von dem Bureau für bremische Statistik. VIII. Jahrg. 2 Hefte. gr. 4. (VII, 188; LXXII, 154 S.) Bremen 875, (v. Halem.) à Heft *M 7,50. *

— dasselbe. 9. Jahrg. 1875. 1. Hft. gr. 8. (X, 273 S.) Ebend. 876. n. 7. 50

Jahrbuch für die amtliche Statistik des Preuß. Staates. Herausgegeben von dem Königl. statist. Büreau. Berlin, 1863 ff. Lex. 8. Vgl. (Karl Kletke) Allgm. Bücherkunde u. s. w.

Jahrbuch für die amtliche Statistik des preussischen Staates. Herausg. vom königl. statistischen Bureau. 1. Jahrg. 1862. 2 Thle. Berlin 862, 63. v. Decker. Lex.-8. (XXVIII, 616 S.)
n. 2 ℛ 20 ngr.

—— für die amtliche Statistik des preussischen Staates. Hrsg. vom königl. statist. Bureau. 1. und 2. Jahrg. Lex.-8. Berlin, Verlag des k. statistischen Bureaus. [1. Jahrg. 1. Thl. (X und S. 1—192.) 862., 2. Thl. (XVIII und S. 193—616.) 863. * 2 Thlr., 2. Jahrg. (VIII und 348 S.) 867. * 1 Thlr. 4 Ngr.] *

—— für die amtliche Statistik des preussischen Staats. Hrsg. vom koenigl. statist. Bureau. 3. Jahrg. Lex.-8. (XXII, 594 S.) Berlin 868, Verlag des k. statist. Bureaus. *
1. Jahrg. Ebendas. 1863. (*M 6.) *M 4.; 2. Jahrg. 1867. (*M 3,60.) *M 2.

—— für die amtliche Statistik des preussischen Staats. Hrsg. vom königl. statist. Bureau. 4. Jahrg. 2 Hälften. Lex.-8. Berlin 876, Verlag des k. statist. Bureaus. [1. Hälfte. (XIV, 638 S.) *M 8.; 2. Hälfte. (XV, 440 S.) *M 5,60.] *

Jahrbuch für die amtliche Statistik des Preussischen Staates. Hrsg. vom königl. statist. Bureau. 5. Jahrg. Lex.-8. (XXII, 780; 268 S.) Berlin 883, Verlag des königl. statist. Bureaus. *

—— für die amtliche Statistik des preussischen Staates. Hrsg. vom Königl. statist. Bureau.
Die Fortsetzung zu diesem Werk, von dem 5 Jahrgänge erschienen erscheint u. d. T.: Handbuch, statistisches, für den preuss. Staat, hrsg. vom Königl. statist. Bureau.

— f. Bremische Statistik. Hrsg. vom Bureau f. Brem. Statistik. Bremen.
Bisher erschienen:
Jahrgang 1867—71. à 2 Hefte. à Heft
„ 1872—74. 76. 78. 80. 98. 99. à 2 Hefte. à Heft
„ 1875. 77. 79. à 1 Heft. à Heft
In den Jahren mit Volkszählungen (1875. 77. 79.) erscheint nur 1 Heft.
In den Jahren ohne Volkszählungen erscheinen 2 Hefte.
Von diesen enthält stets:
Heft 1. Statistik des Schiffs- u. Waarenverkehrs.
„ 2. Allgemeine Statistik.

Vorh. u.d.T.: Jahrbuch für amtliche Statistik des bremischen Staates.

—— für bremische Statistik. Hrsg. vom Bureau für bremische Statistik. Jahrg. 1875. gr. 8. (X, 273 S.) (Ebendas.) cart. *
—— dass. — Jahrg. 1876. 2 Hefte. gr. 8. (X, 275; XIII, 465 S.) (Ebendas.) à Heft cart. *M 7,50. *
—— dass. — Jahrg. 1877. gr. 8. (X, 279 S.) (Ebendas.) cart. *
—— dass. — Jahrg. 1878. 2 Hefte. gr. 8. (X, 277; XI, 267 S.) (Ebendas.) cart. à Heft *M 7,50. *
—— dass. — Jahrg. 1879. gr. 8. (277 S.) (Ebendas.) *

—— für Bremische Statistik. Hrsg. vom Bureau für Bremische Statistik. Jahrg. 1879. 2. Heft. gr. 8. (IX, 253 S.) Bremen, (v. Halem.) cart. **

—— dass. — Jahrg. 1880. 1 Heft. gr. 8. (X, 281 S.) (Ebendas.) cart. *

— dasselbe. Jahrg. 1881. 1. Hft.: Zur Statistik des Schiffs- u. Waarenvorkehrs im Jahre 1881. gr. 8. (X, 281 S.) Ebend. 882. cart. n. 7. 50

— für Bremische Statistik. Hrsg. vom Bureau f. Bremische Statistik. Jahrg. 1882—1884 à 2 Hfte. gr. 8. Bremen 883—85. (v. Halem.) cart. à Hft. n. 7. 50
1. Zur Statistik d. Schiffs- u. Waarenverkehrs im J. 1882—84. (à ca. X, 281 S.)
2. Zur allgemeinen Statistik d. J. 1880—84. (à ca. 266 S.)

— dasselbe. Jahrg. 1885. 1. Hft. Zur Statistik d. Schiffs- u. Waarenverkehrs im J. 1885. gr. 8. (X, 261 S.) Ebend. 886. n. 7. 50

— für Bremische Statistik. Hrsg. vom Bureau f. Brem. Statistik. Jahrg. 1886. Zur Statistik d. Schiffs- u. Waarenverkehrs im J. 1886. gr. 8. (X, 267 S.) Bremen, (v. Halem). cart. n. 7. 50

—— dass. — Jahrg. 1887. 1. Heft: Zur Statistik des Schiffs- und Waarenverkehrs im J. 1887. gr. 8. (X, 273 S.) (Ebendas.) 888. cart. * 7 50

—— für Bremische Statistik. Hrsg. vom Bureau f. Bremische Statistik. Jahrg. 1888—1891. à Jahrg. 1—2 Hefte. gr. 8. Bremen 889—92, (v. Halem). cart. à Heft * 7 50
1888,89,90 u. 1891. 1. Heft. Zur Statistik d. Schiffs- u. Waarenverkehrs. (X, 271; X, 269; X, 272; X, 274 S.)
1888,89 u. 1890/91. 2. Heft. Zur allgem. Statistik. (X, 253; X, 258; XV, 496 S.)

— dasselbe. Jahrg. 1892. 2 Hfte. gr. 8. Ebd. 893. Kart. à Hft. n. 7. 50
1. Zur Statistik d. Schiffs- u. Waarenverkehrs im J. 1892. (X, 274 S.)
2. Zur allgemeinen Statistik des J. 1892. (X, 265 S.)

— dasselbe. Jahrg. 1893. 2 Hfte. gr. 8. Ebd. 894. Kart. à Hft. n. 7. 50
1. Zur Statistik des Schiffs- u. Waarenverkehrs im J. 1893. (X, 278 S.)
2. Zur allgemeinen Statistik des J. 1893. (X, 275 S.)

— f. bremische Statistik. Hrsg. v. Bureau f. brem. Statistik. Jahrg. 1894. 2 Hfte. gr. 8. Bremen (G. A. v. Halem). Kart. à n. 7 50
1. Zur Statistik d. Schiffs- u. Waarenverkehrs im J. 1894. (X, 275 S.)
2. Zur allgem. Statistik d. J. 1894. (X, 270 S. m. 1 graph. Taf.)

— dasselbe. Jahrg. 1895. gr. 8. Ebd. Kart. n. 7.50
Zur Statistik d. Schiffs- u. Waarenverkehrs im J. 1895. (X, 279 S.)

— dasselbe. Jahrg. 1896. 2 Hfte. gr. 8. Ebd. Kart. à n. 7.50
1. Zur Statistik des Schiffs- u. Waarenverkehrs im J. 1896. (X, 282 S.)
2. Zur allgem. Statistik d. J. 1895 u. 1896. (XV, 553 S.)

— dasselbe. Jahrg. 1897. 2 Hfte. gr. 8. Ebd. Kart. à n. 7.50
1. Zur Statistik des Schiffs- u. Waarenverkehrs im J. 1897. (X, 280 S.)
2. Zur allgem. Statistik d. J. 1897. (X, 254 S. m. 1 graph. Darstellg.)

— f. bremische Statistik. Hrsg. vom Bureau f. brem. Statistik. Jahrg. 1898. 2 Hfte. gr. 8. Bremen 899. (G. A. v. Halem.) Kart. à n. 7.50
I. Zur Statistik des Schiffs- u. Waarenverkehrs im J. 1898. (X, 283 S.)
II. Zur allgemeinen Statistik d. J. 1898. (X, 290 S.)

— dasselbe. Jahrg. 1899. 2 Hfte. gr. 8. Ebd. 900. Kart. à n.n. 7.50
I. Zur Statistik des Schiffs- u. Waarenverkehrs im J. 1899. (X, 281 S.)
II. Zur allgemeinen Statistik des J. 1899. (XII, 286 S.)

— dasselbe. Jahrg. 1900. I. Hft. Zur Statistik des Schiffs- u. Warenverkehrs im J. 1900. gr. 8. (VIII, 296 S.) Ebd. 901. Kart. n. 7.50

— dasselbe. Jahrg. 1901. I. Hft. Zur Statistik des Schiffs- u. Warenverkehrs im J. 1901. gr. 8. (VIII, 322 S.) Ebd. 902. Kart. n. 7.50

— für bremische Statistik. Hrsg. v. brem. statist. Amt. Jahrg. 1902—1905. Zur Statistik des Schiffs- u. Warenverkehrs in d. J. 1902—1905. (X, 327; VI, 335; VI, 340 u. VI, 343 S.) Lex.-8. Bremen (F. Leuwer.) Kart. à n. 7.50

— dasselbe. Jahrg. 1905. Zur allgemeinen Statistik der J. 1900—1904. (XII, 322 S. m. 8 Taf.) Lex.-8. Ebd. 906. Kart. n. 7.50

— für bremische Statistik. Hrsg. vom brem. statist. Amt. Jahrg. 1906/1907 u. 1910. Zur allgem. Statistik der J. 1901—05, 1902—06, 1905—09. Lex. 8. Bremen 907—910. F. Leuwer. Geb. à Jahrg. 7.50
1906. (XI, 293 S. m. 1 Taf.) — 1907. (XI, 294 S. m. 1 Plan.) — 1910. (XI, 376 S. m. 1 farb. Plan.)
Ein Jahrg. 1908 u. 1909 der Allgem. Statistik ist nicht erschienen.

— dasselbe. Jahrg. 1906—1909. Zur Statistik d. Schiffs- u. Warenverkehrs in d. J. 1906—1909. (VI, 358; VI, 352; VI, 360 u. VI, 371 S.) Lex. 8. Ebd. 907—10. Geb. à Jahrg. nn 7.50

Jahrbuch, Statistisches, für 1845—47. Herausgegeben von K. A. Müller. Leipzig 1845—48. 8.

Jahrbuch, Statistisches. Herausgegeben von der k. k. statistischen Central-Commission. Jahrgänge 1863—1881. (20 Bde.) gr. 8. 1864—1884.

— statistisches für das Jahr 1868. Hersg. von der k. k. statist. Central-Commission. Wien 870. (Prandel.) Lex.-8. (V, 449 S.) n. 1 ℛ 2 ngr.

—— statistisches, für die J. 1869—1871. Hrsg. von der k. k. statist. Central-Commission. Lex.-8. (V, 566; V, 548; VI, 659 S.) Wien 871—73, (Gerold's Sohn.)
1869 und 1870 à *
1871 *

—— dass. — für das J. 1872. Hrsg. von der k. k. statist. Central-Commission. 11 Hefte. Lex.-8. (Ebendas.) 874. *
Inhalt:
Heft 1. Flächeninhalt, Bevölkerung, dann Wohnorte der im Reichsrathe vertretenen Königreiche und Länder. (63 S.) *ℳ 1,20.
» 2. Landwirthschaftliche Production und Viehstand der im Reichsrathe vertretenen Königreiche und Länder im J. 1872. (51 S.) *ℳ 1,20.
» 3. 4. Nachweisungen über die Rübenzucker-Fabriken, Bierbrauereien, Branntwein-Brennereien, sowie Dampfkessel-Proben in den im Reichsrathe vertretenen Königreichen und Ländern. (15 S.) — Eisenbahnen, Strassen- und Wasserbau, Flussschifffahrt, Seeschifffahrt, Postwesen und Telegraphen-Betrieb der im Reichsrathe vertretenen Königreiche und Länder im J. 1872. (91 S.) *ℳ 2.
Heft 5. Clerus der im Reichsrathe vertretenen Königreiche und Länder im J. 1870. (111 S.) *ℳ 2,60.
» 6. Privat- und Straf-Rechtspflege der Civil-Gerichte der im Reichsrathe vertretenen Königreiche und Länder im J. 1872. (89 S.) * 90 Pf.
» 7. Staatshaushalt der im Reichsrathe vertretenen Königreiche und Länder im J. 1871, nachgewiesen nach den vom k. k. Obersten Rechnungshofe für die im Reichsrathe vertretenen Königreiche und Länder zusammengestellten Central-Gebarungs-Ausweise. (112 S.) *ℳ 2,40.
» 8. Vereine, Actiengesellschaften, Bank- und Credit-Institute, Besitz- und Lastenstand der Realitäten. (75 S.) *ℳ 2,40.
» 9. Sparcassen der im Reichsrathe vertretenen Königreiche und Länder im J. 1872, nebst einer Uebersicht des Interessentenguthabens von 1819—1872. (34 S.) * 90 Pf.
» 10. Sanitäts- und Wohlthätigkeits-Anstalten, Gebäude-, Wald- und Feldbrände, Feuerlöschmittel und Hagelschäden. (29 S.) *ℳ 1,10.
» 11. Armee und Kriegs-Marine im J. 1872. (24 S.) * 80 Pf.

—— statistisches, für das J. 1873. 1. und 10. Heft. Hrsg. von der k. k. statist. Central-Commission. Lex.-8. Wien, (Gerold's Sohn.) *
Inhalt:
Heft 1. Flächeninhalt, Bevölkerung, Wohnorte und Bewegung der Bevölkerung. (89 S.) 874. *ℳ 1,70.
» 10. Sanitäts- und Wohlthätigkeits-Anstalten, Brandstatistik, Feuerlöschmittel und Hagelschäden. (X, 46 S.) 876. *ℳ 1,30.
2.—9. und 11. Heft. Ebendas. 1874,75. *ℳ 17,20.

—— dass. — für das J. 1873. Hrsg. von der k. k. Central-Commission. 2.—9. und 11. Heft. Lex.-8. Wien 874,75, (Gerold's Sohn.) * 17 20

— statistisches, für das Jahr 1874. Hrsg. vom statistischen Bureau der königl. dalm.-kroat.-slav. Landesregierung. (Deutsch u. kroatisch.) Lex.-8. (LXVII, 587 S.) Agram 876. (Suppan.) n. 8. —

Jahrbuch, statistisches, für das J. 1874. 11 Hefte. Hrsg. von der k. k. statist. Central-Commission. Lex.-8. Wien 875—77, (Gerold's Sohn.) *
Inhalt:
Heft 1. Flächeninhalt, Bevölkerung, Wohnorte, Bewegung der Bevölkerung. (S. 1—90. *ℳ 1,70. Anhang. (S. 91—155.) *ℳ 1,70.
» 2. Landwirthschaftliche Production, Viehstand, Marktpreise, Montan-Industrie. (51 S.) *ℳ 1,20.
» 3. 4. Gewerbliche Industrie, Handel, Eisenbahnen, Strassen, Fluss- und See-Schifffahrt. Post. Telegraphen. (13; 111 S.) *ℳ 2,30.
» 5. Clerus, Lehranstalten, periodische Presse. (112 S.) *ℳ 2,60.
» 6. Privat- und Straf-Rechtspflege, Gefällsübertretungen. (109 S.) *ℳ 2,40.
» 7. Staatshaushalt, Staatsschuld, Landes- und Grundentlastungs-Fonde, Gemeindehaushalt. (117 S.) *ℳ 2,60.
» 8. Vereine, Actiengesellschaften, Bank- und Credit-Institute, Besitz- und Lastenstand der Realitäten. (101 S.) *ℳ 3,20.
» 9. Spar-Cassen. (37 S.) * 90 Pf.
» 10. Sanitäts- und Wohlthätigkeits-Anstalten, Brand-Statistik. (X, 46 S.) **ℳ 1,30.
» 11. Armee und Kriegs-Marine. (24 S.) * 80 Pf.

— statistisches, für das Jahr 1874. 3., 4., 6—8. u. 10. Hft. Hrsg. von der k. k. statist. Central-Commission. Lex.-8. Wien 877. Gerold's Sohn in Comm. n. 11. 80 (1—11.: n. 19. —)
3. u. 4: Gewerbliche Industrie, Handel, Eisenbahnen, Strassen, Fluss- u. See-Schifffahrt, Post, Telegraphen. (13 u. 111 S.) n. 2. 30
6. Privat- u. Straf-Rechtspflege, Gefällsübertretungen. (109 S.) n. 2. 40
7. Staatshaushalt, Staatsschuld, Landes- u. Grundentlastungs-Fonde, Gemeindehaushalt. (117 S.) n. 2. 60
8. Vereine, Actiengesellschaften, Bank- u. Credit-Institute, Besitz- u. Lastenstand der Realitäten. (101 S.) n. 3. 20
10. Sanitäts- u. Wohlthätigkeits-Anstalten, Brand-Statistik. (X, 46 S.) n.n. 1. 30

—— dass. — für das J. 1875. 11 Hefte. Lex.-8. (Ebendas.) 877,78. *

Inhalt:

Heft 1. Flächeninhalt, Bevölkerung, Wohnorte, Bewegung der Bevölkerung. (89 S.) *ℳ 1,70.
» 2. Landwirthschaftliche Production und Viehstand, Marktpreise, Montan-Industrie. (47 S.) *ℳ 1,20.
» 3. 4. Rübenzucker-Fabriken, Bier-Brauereien und Branntwein-Brennereien, sowie Dampfkessel-Proben. Handel des oesterreichisch-ungar. Zollgebiets und Dalmatien's. Eisenbahnen. Strassen- und Wasserbau. Seeschifffahrt. Postwesen. Telegraphenverkehr. (17, 107 S.) *ℳ 2,30.
» 5. Klerus, Lehranstalten, periodische Presse. (128 S.) *ℳ 3.
» 6. Privat- und Straf-Rechtspflege, Gefällsübertretungen. (151 S.) *ℳ 3,40.
» 7. Staatshaushalt, Staatsschuld, Landes- und Grundentlastungs-Fonde, Gemeinde-Haushalt. (141 S., Register zum Jahrbuch für 1875 X S.) *ℳ 3,20.
» 8. Vereine, Actiengesellschaften, Bank- und Credit-Institute, Besitz- und Lastenstand der Realitäten. (119 S.) *ℳ 3,80.
» 9. Sparkassen. (37 S.) ** 90 Pf.
» 10. Sanitätswesen und Wohlthätigkeits-Anstalten der im Reichsrathe vertretenen Königreiche und Länder ohne Dalmatien. Gebäude-, Wald- und Feldbrände, dann Hagelschäden der im Reichsrathe vertretenen Königreiche und Länder. (48 S.) *ℳ 1,30.
» 11. Armee und Kriegs-Marine. (24 S.) * 80 Pf.

Jahrbuch, statistisches, für das Jahr 1876. 1—11. Hft. Hrsg. von der k. k. statist. Central-Commission. Lex.-8. Wien 877—79. Gerold's Sohn in Comm. n. 21. 20

1. Flächeninhalt, Bevölkerung, Wohnorte, Bewegung der Bevölkerung. (88 S.) n. 1. 70
2. Landwirthschaftliche Production, Viehstand, Marktpreise, Montan-Industrie. (47 S.) n. 1. 20
3. 4. Gewerbliche Industrie, Handel, Eisenbahnen, Strassen, Fluss- u. See-Schifffahrt, Post, Telegraphen. (XI, 115 S.) n. 2. 50
5. Klerus im Jahre 1875. Lehranstalten im Jahre 1877. Periodische Presse im Jahre 1876. (170 S.) n. 3. 50
6. Privat- u. Strafrechtspflege der Civil-Gerichte, Gefällsübertretungen. (197 S.) n. 4. —
7. Staatshaushalt, Staatsschuld, Landes- u. Grundentlastungs-Fonde, Gemeinde-Haushalt. (123 S.) n. 2. 80
8. Vereine, Actiengesellschaften, Bank- u. Credit-Institute, Besitz- u. Lastenstand der Realitäten. (75 S.) n. 2. 40
9. Sparcassen. (41 S.) n. 1. —
10. Sanitäts- u. Wohlthätigkeits-Anstalten, Brand-Statistik. (48 S.) n. 1. 30
11. Bewaffnete Macht u. Kriegs-Marine. (24 S.) n. — 80

— dasselbe für das Jahr 1877. 1—11. Hft. Lex.-8. Ebend. 878—80. n. 21. 70

1. Flächeninhalt, Bevölkerung, Wohnorte, Bewegung der Bevölkerung. (88 S.) n. 1. 70
2. Landwirthschaftliche Production, Viehstand, Marktpreise, Montan-Industrie. (47 S.) n. 1. 20
3. 4. Gewerbliche Industrie, Handel, Eisenbahnen, Strassen, Fluss- u. See-Schifffahrt, Post, Telegraphen. (13 u. 131 S.) n. 2. 50
5. Klerus, Lehranstalten, periodische Presse. (191 S.) n. 3. 90
6. Privat- u. Strafrechtspflege, Gefällsübertretungen. (193 S.) n. 4. —
7. Landes- u. Grundentlastungs-Fonde, dotirte politische Fonde für Zwecke des Cultus u. Unterrichts, Gemeinde-Haushalt. (125 S. u. Reg. zum eplt. Jahrbuch XI S.) n. 2. 70
8. Vereine, Actien-Gesellschaften, Bank- u. Credit-Institute, registrirte Erwerbs- u. Wirthschafts-Genossenschaften, Besitz- u. Lastenstand der Realitäten. (81 S.) n. 2. 60
9. Sparkassen. (41 S.) n. 1. —
10. Sanitätswesen, Wohlthätigkeits-Anstalten, Brand-Statistik, Hagelschäden. (48 S.) n. 1. 30
11. Bewaffnete Macht u. Kriegs-Marine. (24 S.) n. — 80

— dasselbe für das Jahr 1878. 1—11. Hft. Lex.-8. Ebend. 879—81. n. 23. —

1. Flächeninhalt, Bevölkerung, Wohnorte, Bewegung der Bevölkerung. (88 S.) n. 1. 70
2. Landwirthschaftliche Production, Viehstand, Marktpreise, Montan-Industrie. (47 S.) n. 1. 20
3. 4. Gewerbliche Industrie, Handel, Eisenbahnen, Strassen, Fluss- u. See-Schifffahrt, Post, Telegraphen. (119 S.) n. 2. 50
5. Klerus im Jahre 1875. — Lehranstalten im Jahre 1878. — Die periodische Presse im Jahre 1878. (193 S.) n. 4. —
6. Privat- u. Strafrechtspflege, Gefällsübertretungen. (207 S.) n. 4. 20
7. Staatshaushalt, Staatseinnahme, Gefälle, Staatsschuld. 1. Abth. (93 S.) n. 1. 70. — 2. Abth. Landes- u. Grundentlastungsfonde, dotirte politische Fonde für Zwecke des Cultus u. Unterrichts, Gemeinde-Haushalt. (X u. S. 95—127.) n. 1. —
8. Vereine, Actiengesellschaften, Bank- u. Creditinstitute, registrirte Erwerbs- u. Wirthschafts-Genossenschaften, Besitz- u. Lastenstand der Realitäten. (101 S.) n. 3. 20
9. Sparcassen. (41 S.) n. 1. —
10. Sanitätswesen u. Wohlthätigkeits-Anstalten, Viehseuchen, Brand-Statistik, Hagelschäden. (65 S.) n. 1. 70
11. Heer u. Kriegs-Marine. (24 S.) n. — 80

Jahrbuch, statistisches, für das Jahr 1879. 1—11. Hft. Hrsg. von der k. k. statist. Central-Commission. Lex.-8. Wien 880—82. Gerold's Sohn in Comm. n. 28. 80

1. Flächeninhalt, Bevölkerung, Wohnorte, Bewegung der Bevölkerung. (87 S.) n. 1. 70
2. Landwirthschaftliche Production, Viehstand, Markt-Durchschnittspreise, Seefischerei, Montan-Industrie. (81 S.) n. 1. 60
3. 4. Gewerbliche Industrie, Handel, Eisenbahnen, Strassen, Fluss- u. See-Schifffahrt, Post, Telegraphie. (125 S.) n. 2. 80
5. Klerus, Lehranstalten, periodische Presse. (187 S.) n. 3. 70
6. Privat- u. Strafrechtspflege, Gefällsübertretungen. (499 S.) n. 10. —
7. Staatshaushalt, Staatseinnahme, Gefälle, Staatsschuld, Landes- u. Grundentlastungsfonde, dotirte politische Fonde für Zwecke des Cultus u. Unterrichts, Gemeinde-Haushalt. (XI, 125 S.) n. 2. 70
8. Vereine, Actiengesellschaften, Bank- u. Creditinstitute, registrirte Erwerbs- u. Wirthschafts-Genossenschaften, Besitz- u. Lastenstand der Realitäten. (105 S.) n. 3. 20
9. Sparcassen. (45 S.) n. 1. —
10. Sanitätswesen u. Wohlthätigkeits-Anstalten, Viehseuchen, Brand-Statistik, Hagelschäden. (67 S.) n. 1. 30
11. Heer u. Kriegs-Marine. (24 S.) n. — 80

—— dass. — für das J. 1880. 11 Hefte. Lex.-8. Ebendas. 881—83. *

Inhalt:

Heft 1. Flächeninhalt, Bevölkerung, Wohnorte, Bewegung der Bevölkerung. (81 S.) *ℳ 1,70.
» 2. Landwirthschaftliche Production, Viehstand, Markt-Durchschnittspreise, See-Fischerei, Montan-Industrie. (72 S.) *ℳ 1,40.
» 3. 4. Gewerbliche Industrie, Handel, Eisenbahnen, Strassen, Fluss- und See-Schifffahrt, Post, Telegraphen. (125 S.) *ℳ 2,80.
» 5. Volksschulen, summarische Uebersicht sämmtl. Lehranstalten. (II, 512 S.) *ℳ 10.
» 6. Privat- und Strafrechtspflege, Gefällsübertretungen. (519 S.) *ℳ 10.
» 7. 1. Abthl.: Staatshaushalt, Staatseinnahmen, Staatsschuld. (S. 1—92.) *ℳ 1,70. — 2. Abthl.: Landes- und Grundentlastungs-Fonde, dotirte und nicht dotirte politische Fonde für Zwecke des Cultus und Unterrichts, Gemeinde-Haushalt. (S. 93—147.) *ℳ 1,20.
» 8. Vereine, Actiengesellschaften, Bank- und Creditinstitute, registrirte Erwerbs- und Wirthschafts-Genossenschaften, Besitz- und Lastenstand der Realitäten. (101 S.) *ℳ 3.
» 9. Sparcassen. (45 S.) *ℳ 1.
» 10. Sanitätswesen und Wohlthätigkeits-Anstalten, Viehseuchen, Brand-Statistik, Hagelschäden. (XI, 67 S.) *ℳ 1,30.
» 11. Heer und Kriegs-Marine. (24 S.) * 80 Pf.

Jahrbuch, statistisches, für das J. 1881. 11 Hefte. Hrsg. von der k. k. statist. Central-Commission. Lex.-8. Wien 881—84, Gerold's Sohn. *

Inhalt:

Heft 1. 1. Abthl.: Flächeninhalt, Bevölkerung, Wohnorte. (S. 1—62.) *ℳ 1,20. — 2. Abthl.: Bewegung der Bevölkerung der im Reichsrathe vertretenen Königreiche und Länder (S. 63—128.) *ℳ 1,20.
» 2. Landwirthschaftliche Production, Viehstand, Markt-Durchschnittspreise, Seefischerei, Montan-Industrie. (60 S.) *ℳ 1,20.
» 3. 4. Gewerbliche Industrie, Handel, Eisenbahnen, Strassen, Fluss- und See-Schifffahrt, Post, Telegraphen. (119 S.) *ℳ 2,80.
» 5. Klerus, Lehranstalten, periodische Presse. (197 S.) *ℳ 3
» 6. Privat- und Strafrechtspflege, Gefällsübertretungen. (519 S.) *ℳ 10.
» 7. 1. Abthl.: Staatshaushalt, Staatseinnahmen, Staatsschuld. (S. 1—92.) *ℳ 1,70. — 2. Abthl.: Landes- und Grundentlastungs-Fonde, dotirte politische Fonde für Zwecke des Cultus und Unterrichts, Gemeinde-Haushalt. (S. 93—125.) *ℳ 1.
» 8. Vereine, Actiengesellschaften, Bank- und Creditinstitute, registrirte Erwerbs- und Wirthschafts-Genossenschaften, Besitz- und Lastenstand der Realitäten. (103 S.) *ℳ 3
» 9. Sparcassen. (45 S.) *ℳ 1.
» 10. Sanitätswesen und Wohlthätigkeits-Anstalten, Viehseuchen, Brand-Statistik, Hagelschäden. (XII, 67 S.) *ℳ 1,30.
» 11. Heer und Kriegs-Marine. (24 S.) * 80 Pf.

Jahrbuch. Statistisches, des K. K. Ackerbauministeriums. Aus Jg. 1869—1889 einzeln: „Der Bergwerksbetrieb Österreichs." Vollständig: Jg. 1890—1902. Wien, 1869—1903 u. ff.

I. Statistik der Ernte.
II. Der Bergwerksbetrieb Österreichs
Lfg 1. Die Bergwerksproduktion.
Lfg 2. Bergwerksverhältnisse (mit Ausnahme der Bergwerksproduktion). Naphtastatistik. Schlagwetterstatistik.
Lfg 3. Die Gebarung und die Ergebnisse der Krankheits-, Mortalitäts- und Invaliditätsstatistik der Bergwerksbruderladen.

— statistisches, d. k. k. Ackerbau-Ministeriums für 1874. 1. Hft. 1. u. 2. Lfg. u. 2. u. 3. Hft. gr. 8. Wien 875. Faesy & Frick. n. 14. —

I. 1. Production d. J. 1874 aus dem Pflanzenleben. (LXX, 89 S.) n. 3. —
2. Production aus der Thierzucht u. aus den landwirthschaftlich-technischen Gewerben; dann Verkehr in landwirthschaftl. Producten, Hilfsstoffen u. Maschinen. (147 S.) n. 3. —
II. Forst- u. Jagd-Statistik. (114 S.) n. 2. —
III. Bericht üb. die Thätigkeit d. k. k. Ackerbauministeriums in der Zeit vom 1. Juli 1874 bis 30. Juni 1875. (V, 518 S.) n. 6. —.

— dasselbe f. 1875. 1. u. 4. Hft. gr. 8. Ebend. 876. n. 7. 20

I. Landwirthschaftliche Production. 1. Lfg. Production d. J. 1875 aus dem Pflanzenleben. (VIII, LXXXIV u. 86 S.) n. 4. —
4. Der Bergwerksbetrieb Oesterreichs im J. 1875. 1. Lfg Tabellarischer Thl. (VI, 102 S.) n. 3. 20

— statistisches, des k. k. Ackerbau-Ministeriums für 1875. 1. Hft. 2. Lfg. u. 2—4. Hft. 2. Lfg. gr. 8. Wien 877. K. K. Hof- u. Staatsdruckerei. à n. 4. — (1—4.: n. 23. 20)

I. Landwirthschaftliche Production. 2. Lfg. Production aus der Thierzucht u. aus den landwirthschaftlich-technischen Gewerben; dann Verkehr in landwirthschaftlichen Producten, Hilfsstoffen u. Maschinen. (VIII, XXXIX, 102 S.)
II. Forst- u. Jagd-Statistik. (VIII, 166 S.)
III. Unterrichts- u. Versuchswesen, dann Gesellschaften u. Vereine für Land- u. Forstwirthschaft. (X, 183 S.)
IV. Der Bergwerksbetrieb Oesterreichs im Jahre 1875. 2. Lfg. Berichtlicher Thl. (VI, 317 S.)

— dasselbe, für 1876. 1—4. Hft. gr. 8. Ebend. 878. n. 21. 20

I. Landwirthschaftliche Production. 1. Lfg. Production des Jahres 1876 aus dem Pflanzenbau. (VIII, LXXVII, 100 S.) n. 4. —. — 2. Lfg. Production aus der Thierzucht u. aus den landwirthschaftlichen Gewerben; dann Verkehr in landwirthschaftlichen Producten, Hilfsstoffen u. Maschinen. (VIII, XLI, 100 S.) n. 4. —
II. Forst- u. Jagd-Statistik, nebst einem Anhang über Torf-Statistik. (VI, 183 S.) n. 4. —
III. Unterrichts- u. Versuchswesen, dann Gesellschaften u. Vereine für Land- u. Forstwirthschaft. (52 S.) n. 1. 60
IV. Der Bergwerksbetrieb Oesterreichs im Jahre 1876. 1. Lfg. Die Bergwerksproduction. (V, 143 S.) n. 3. 60. — 2. Lfg. Ausdehnung des Bergbaues, Betriebseinrichtungen, Arbeiterstand, Verunglückungen, Bruderladen u. Bergwerksabgaben. (V, 199 S.) n. 4. —

— dasselbe, für 1877. 1—3. Hft. gr. 8. Ebend. 878. 79. n. 19. 60

I. Landwirthschaftliche Production. 1. Lfg. Production des Jahres 1877 aus dem Pflanzenbau. (LXXVI, 79 S.) n. 4. —. — 2. Lfg. Production aus der Thierzucht u. aus den landwirthschaftlich-technischen Gewerben; dann Verkehr in landwirthschaftlichen Producten, Hilfsstoffen u. Maschinen. (VII, LVII, 84 S.) n. 4. —
II. Forst- u. Jagd-Statistik, nebst einem Anhang über Torf-Statistik. (VI, 185 S.) n. 4. —
III. Der Bergwerksbetrieb Oesterreichs im Jahre 1877. 1. Lfg. Die Bergwerks-Production. (151 S.) n. 3. 60. — 2. Lfg. Ausdehnung des Bergbaues, Betriebseinrichtungen, Arbeiterstand, Verunglückungen, Bruderladen u. Bergwerksabgaben. (V, 163 S.) n. 4. —

Jahrbuch, statistisches, des k. k. Ackerbau-Ministeriums für 1878. 1—3. Hft. gr. 8. Wien 879. 80. K. K. Hof- u. Staatsdruckerei. n. 13. 20

I. Production aus dem Pflanzenbau. (VIII, LXXIX, 57 S.) n. 4. —
II. Uebersicht der Production aus der Thierzucht, Lebendgewicht von Rindern u. Schafen, Jagdstatistik, Torfstatistik, Verkehr in landwirthschaftlichen Maschinen. (IV, 30 S.) n. 1. 60
III. Der Bergwerksbetrieb Oesterreichs im Jahre 1878. 1. Lfg. Die Bergwerksproduction. (118 S.) n. 3. 60. — 2. Lfg. Ausdehnung des Bergbaues, Betriebseinrichtungen, Arbeiterstand, Verunglückungen, Bruderladen u. Bergwerksabgaben. (123 S.) n. 4. —

—— statistisches, des k. k. Ackerbau-Ministeriums. Für 1879. 3 Hefte. gr. 8. Wien, [Faesy und Frick.] Frick.

Inhalt:

Heft 1. Production aus dem Pflanzenbau. (XL, 57 S.) 880. *ℳ 3,20.
» 2. Uebersicht der Production aus der Thierzucht. Weideverhältnisse in Nordtirol und dem Gebiete von Bozen, Jagdstatistik, Torfstatistik, Verkehr in landwirthschaftl. Maschinen. (VII, XVI, 52 S.) 882. *ℳ 2,80.
» 3. Der Bergwerksbetrieb Oesterreichs im J. 1879. 2 Lfgn. [1. Lfg.: Die Bergwerks-Production. (V, 131 S.) *ℳ 3,60. — 2. Lfg.: Ausdehnung des Bergbaues, Betriebseinrichtungen, Arbeiterstand, Verunglückungen, Bruderladen und Bergwerksabgaben. (99 S.) *ℳ 3,60.] 881. *ℳ 7,20.

—— dass. — Für 1880. 3 Hefte. gr. 8. Wien, Hof- und Staatsdruckerei.

Inhalt:

Heft 1. Production aus dem Pflanzenbau. (XLVIII, 78 S.) 881. *ℳ 3,60.
» 2. Forst- und Jagd-Statistik, nebst einem Anhang über Torf-Statistik. (VI, 208 S.) 883. *ℳ 4.80.
» 3. Der Bergwerksbetrieb Oesterreichs im J. 1880. 2 Lfgn. [1. Lfg.: Die Bergwerks-Production. (III, 137 S.) 881. *ℳ 3,60. — 2. Lfg.: Ausdehnung des Bergbaues, Betriebseinrichtungen, Arbeiterstand, Verunglückungen, Bruderladen und Bergwerksabgaben. (127 S.) 881. *ℳ 3.] *ℳ 6,60.

—— dass. — Für 1881. 3 Hefte. gr. 8. Ebendas.

Inhalt:

Heft 1. Production aus dem Pflanzenbau. (XLIV, 81 S.) 882. *ℳ 3,60.
» 2. Productionsmengen aus der Thierzucht. Lebendgewicht von Rindern und Schafen. Jagd-Statistik. Torf-Statistik. Ein- und Ausfuhr landwirthschaftl. Maschinen und Geräthe. (XVI, 47 S.) 884. *ℳ 2.
» 3. Der Bergwerksbetrieb Oesterreichs im J. 1881. 2 Lfgn. [1. Lfg.: Die Bergwerksproduction. (V, 145 S.) 882. *ℳ 3,60. — 2. Lfg.: Ausdehnung des Bergbaues, Betriebseinrichtungen, Arbeiterstand, Verunglückungen, Bruderladen und Bergwerksabgaben. (133 S.) 882. *ℳ 3.] *ℳ 6,60.

—— dass. — Für 1882. 3 Hefte. gr. 8. Ebendas.

Inhalt:

Heft 1. Production aus dem Pflanzenbau. (XLII, 87 S.) 883. *ℳ 3.
» 2. Productionsmengen aus der Thierzucht. Jagd-Statistik. Torf-Statistik. Ein- und Ausfuhr landwirthschaftl. Maschinen und Geräthe. (33 S.) 885. *ℳ 1,60.
» 3. Der Bergwerksbetrieb Oesterreichs im J. 1882. 2 Lfgn. [1. Lfg.: Die Bergwerks-Production. (VI, 139 S.) 883. — 2. Lfg.: Ausdehnung des Bergbaues, Betriebseinrichtungen, Arbeiterstand, Verunglückungen, Bruderladen und Bergwerksabgaben. (133 S.) 883. à *ℳ 3.] *ℳ 6.

— dasselbe f. 1883. 1. u. 2. Hft. u. 3. Hft. 1. u. 2. Lfg. gr. 8. Ebend. n. 10. —

1. Production aus dem Pflanzenbau. Mit 2 lith. Taf. (XXXII, 80 S.) 884. n. 3. —
2. Productionsmengen aus der Thierzucht. Lebendgewicht v. Rindern u. Schafen. Jagd-Statistik. Torf-Statistik. Ein- u. Ausfuhr landwirthschaftl. Maschinen u. Geräthe. (IX, 26 S.) 885. n. 1. —
3. Der Bergwerksbetrieb Oesterreichs im J. 1883. 1. Lfg. Die Bergwerks-Production. (IV, 133 S.) 884. n. 3. —
3. dasselbe. 2. Lfg. Ausdehnung d. Bergbaues, Betriebseinrichtgn., Arbeiterstand, Verunglückgn., Bruderladen u. Bergwerksabgaben. (133 S.) 883. n. 3. —

—— statistisches, des k. k. Ackerbau-Ministeriums für 1884. 3 Hefte. gr. 8. Wien, Hof- und Staats-Druckerei. * 10 20

Inhalt:

Heft 1. Production aus dem Pflanzenbau. (XXXII, 101 S. mit 2 lithogr. Taf.) 885. *ℳ 3.—.
» 2. Production aus der Thierzucht. Lebendgewicht von Rindern und Schafen. Ein- und Ausfuhr landwirthschaftl. Maschinen und Geräthe. Jagd-Statistik. Torf-Statistik. (30 S.) 887. *ℳ 1.20.
» 3. Der Bergwerksbetrieb Oesterreichs im J. 1884. 2 Lfgn. [1. Lfg.: Die Bergwerks-Production. (VII, 129 S.) 885. *ℳ 3.—; 2. Lfg.: Ausdehnung des Bergbaues, Betriebseinrichtungen, Arbeiterstand, Verunglückungen, Bruderladen und Bergwerksabgaben. (129 S.) 886. *ℳ 3.—] *ℳ 6.—

—— dass. — für 1885. 3 Hefte. gr. 8. Ebendas. * 19 —
Inhalt:
Heft 1. Production aus dem Pflanzenbau. (XXXVIII, 101 S. mit 2 lithogr. Taf.) 886. *ℳ 3.—.
» 2. Forst- und Jagd-Statistik nebst einem Anhang über Torf-Statistik. (VI, 375 S.) 888. *ℳ 10.—.
» 3. Der Bergwerksbetrieb Oesterreichs im J. 1885. 2 Lfgn. [1. Lfg.: Die Bergwerks-Production. (V, 131 S.) 886. *ℳ 3.—.; 2. Lfg.: Ausdehnung des Bergbaues, Betriebseinrichtungen, Arbeiterstand, Verunglückungen, Bruderladen und Bergwerksabgaben. (III, 133 S.) 887. *ℳ 3.—.] *ℳ 6.—.

—— dass. — für 1886. 1. und 3. Heft. gr. 8. Ebendas. 887. * 8 40
Inhalt:
Heft 1. Production aus dem Pflanzenbau. (XLII, 101 S. mit Stat.) *ℳ 2.40.
» 3. Der Bergwerksbetrieb Oesterreichs im J. 1886. 2 Lfgn. [1. Lfg.: Die Bergwerks-Production. (V, 133 S.) *ℳ 3.—.; 2. Lfg.: Ausdehnung des Bergbaues, Betriebseinrichtungen, Arbeiterstand, Verunglückungen, Bruderladen und Bergwerksabgaben. (III, 149 S.) *ℳ 3.—.] *ℳ 6.—.

— dasselbe, f. 1887. 1. Hft. u. 3. Hft. 2 Lfgn. gr. 8. Ebd. n. 10. —
1. Production aus dem Pflanzenbau. Mit 2 lith. Taf. (111 S.) 888. n. 3. —
3. I. Der Bergwerksbetrieb Oesterreichs im J. 1887. 1. Lfg. Die Bergwerks-Production. (145 S.) 888. n. 3. —
3. II. Der Bergwerksbetrieb Oesterreichs im J. 1887. 2. Lfg. Ausdehnung d. Bergbaues, Betriebseinrichtgn., Arbeiterstand, Verunglückgn., Bruderladen, Bergwerksabgaben, Naphthastatistik u. Statistik der Mortalitäts- u. Invaliditätsverhältnisse der Berg- u. Hüttenarbeiter, sowie der Mortalitätsverhältnisse ihrer Frauen u. Kinder u. der Invaliden im J. 1886. (195 S.) 888. n. 4. —

— dasselbe, f. 1888. 1. Hft. u. 3. Hft. 2 Lfgn. gr. 8. Ebd. n. 9. —
1. Production aus dem Pflanzenbau. (XVII, 115 S. mit 2 Taf.) 889. n. 2. —
3. I. Der Bergwerksbetrieb Oesterreichs im J. 1888. 1. Lfg. Die Bergwerks-Production. (145 S.) 889. n. 3. —
3. II. Der Bergwerksbetrieb Oesterreichs im J. 1888. 2. Lfg. Ausdehnung d. Bergbaues, Betriebseinrichtgn., Arbeiterstand, Verunglückgn., Bruderladen, Bergwerksabgaben, Naphthastatistik u. Statistik der Mortalitäts- u. Invaliditätsverhältnisse der Berg- u. Hüttenarbeiter, sowie der Mortalitätsverhältnisse ihrer Frauen u. Kinder u. der Invaliden im J. 1887. (205 S.) 889. n. 4. —

— dasselbe, f. 1889. 1. Hft. u. 3. Hft., 1. u. 2. Lfg. gr. 8. Ebd. 890. n. 9. —
1. Production aus dem Pflanzenbau. (XVII, 135 S. mit 2 Taf.) n. 2. —
3. I. Der Bergwerksbetrieb Oesterreichs im J. 1889. 1. Lfg. Die Bergwerks-Production. (147 S.) n. 3. —
3. II. — dasselbe. 2. Lfg. Ausdehnung d. Bergbaues, Betriebseinrichtgn., Arbeiterstand, Verunglückgn., Bruderladen, Bergwerksabgaben, Naphthastatistik u. Statistik der Mortalitäts- und Invaliditätsverhältnisse der Berg- u. Hüttenarbeiter, sowie der Mortalitätsverhältnisse ihrer Frauen u. Kinder u. der Invaliden im J. 1888. (213 S.) n. 4. —

— statistisches, d. k. k. Ackerbau-Ministeriums f. 1890. 1. u. 2. Hft., u. 3. Hft. 2 Lfgn. gr. 8. Wien, Hof- u. Staatsdruckerei. n. 13. 60
1. Production aus dem Pflanzenbau. (XVIII, 137 S. m. 2 lith Taf.) 891. n. 1. 60
2. Forst- u. Jagd-Statistik, nebst e. Anh. üb. Torf-Statistik. (VI, 267 S.) 892. n. 5. —
3, I. Der Bergwerksbetrieb Österreichs im J. 1890. 1. Lfg. Die Bergwerks-Production 891. (153 S.) n. 3 —
3, II. — dasselbe. 2. Lfg. Ausdehnung d. Bergbaues, Betriebseinrichtgn., Arbeiterstand, Verunglückgn., Bruderladen, Bergwerksabgaben, Naphthastatistik u. Statistik der Mortalitäts- u. Invaliditätsverhältnisse der Berg- u. Hüttenarbeiter, sowie der Mortalitätsverhältnisse ihrer Frauen u. Kinder u. der Invaliden im J. 1889. (211 S.) 891. n. 4. —

— dasselbe f. 1891. 1. Hft., u. 2. Hft. 2 Lfgn. gr. 8. Ebd. n. 8. 60
1. Production aus dem Pflanzenbau. (XVIII, 145 S. m. 2 lith. Taf.) 892. n. 1. 60
2, I. Der Bergwerksbetrieb Österreichs im J. 1891. 1. Lfg. Die Bergwerks-Production. (154 S.) 892. n. 3. —
2, II. — dasselbe. 2. Lfg. Ausdehnung d. Bergbaues, Betriebseinrichtgn., Arbeiterstand, Verunglückgn., Bruderladen, Bergwerksabgaben, Naphthastatistik, Statistik der Mortalitäts- u. Invaliditätsverhältnisse der Berg- u. Hüttenarbeiter, sowie der Mortalitätsverhältnisse ihrer Frauen u. Kinder u. der Invaliden im J. 1890 u. Statistik der in den J. 1890 u. 1891 vorgefallenen Schlagwetter-Explosionen. (227 S.) 892.

— dasselbe f. 1892. 1. Hft., u. 2. Hft. 2 Lfgn. gr. 8. Ebd. n. 9. 80
1. Statistik der Ernte des J. 1892. (LXIV, 115 S. m. 5 Diagrammen, 2 Taf. u. 5 Karten.) 893. n. 2. 80
2, I. Der Bergwerksbetrieb Österreichs im J. 1892. 1. Lfg. Die Bergwerks-Production. (153 S.) 893. n. 3. —
2, II. — dasselbe. 2. Lfg. Bergwerksverhältnisse m. Ausnahme der Bergwerksproduction, Naphthastatistik, Individualstatistik der Berg- u. Hüttenarbeiter u. ihrer Angehörigen, Schlagwetterstatistik. (258 S.) 894. n. 4. —

— dasselbe f. 1893. 1. Hft., u. 2. Hft. 1. Lfg. gr. 8. Ebd. 894. n. 5. 80
1. Statistik der Ernte des J. 1893. (LXXI, 129 S. m. 5 Diagr., 2 Taf. m. 7 farb. Karten.) n. 2. 80
2, 1. Der Bergwerksbetrieb Österreichs im J. 1893. 1. Lfg. Die Bergwerks-Production. (159 S.) n. 3. —

— dasselbe. Production aus der Seiden- u. Bienenzucht in den J. 1885—1891. Wildabschuss, Wildschadenvergütg., Torfproduction in den J. 1886 bis 1891. gr. 8. (58 S.) Ebd. 893 n. — 80

— statistisches, d. k. k. Ackerbau-Ministeriums f. 1893. 2. Hft. 2. Lfg. gr. 8. Wien 894. Hof- u. Staatsdruckerei. n. 4. — (I—II, 2.: n. 9. 80)
D. Bergwerksbetrieb Österreichs i. J. 1893. 2. Lfg. Bergwerksverhältnisse (m. Ausnahme d. Bergwerksproduction). Naphthastatistik, Individualstatistik d. Berg- u. Hüttenarbeiter u. ihrer Angehörigen, Schlagwetterstatistik. (264 S.)

— dasselbe f. 1894. 1. Hft. u. 2. Hft. 3 Lfgn. gr. 8. Ebd. n. 14. —
I. Statistik d. Ernte d. J. 1894. (LXXIII, 227 S. m. 5 Diagr., 2 Taf. u. 8 Karten.) 895. n. 3. —
II, 1. D. Bergwerksbetrieb Österreichs im J. 1894. 1. Lfg. D. Bergwerks-Production. (150 S.) 895. n. 3. —
II. 2. Dasselbe. 2. Lfg. Bergwerksverhältnisse (m. Ausnahme d. Bergwerksproduction). Napthastatistik, Schlagwetterstatistik. (236 S.) 895. n. 4. —
II, 3. Dasselbe. 3. Lfg. D. Gebarg. u. d. Ergebnisse d. Krankheits-, Mortalitäts- u. Invaliditätsstatistik d. Bergwerksbruderladen im J. 1893. Zugl. als Bericht vom Ackerbauminister d. Reichsrathe mitgeth. in Gemäßheit d. Gesetzes v. 28. Juli 1889. R.-G.-Bl. Nr. 127. (141 S.) 896. n. 4. —

— dasselbe f. 1895. 1. Hft., 2. Hft. 3 Lfgn. u. 3. Hft. gr. 8. Ebd. n. 18. 20
I Statistik d. Ernte d. J. 1895. M. 5 Diagr., 2 Taf. u. 8 Karten. (LXXVII, 275 S.) 896. n. 3. —
II, 1. D. Bergwerksbetrieb Österreichs im J. 1895. 1. Lfg. D. Bergwerksproduction. (163 S.) 896. n. 2. 40
II, 2. Dasselbe. 2. Lfg. Bergwerksverhältnisse (m. Ausnahme d. Bergwerksproduction). Naphthastatistik. Schlagwetterstatistik. (254 S.) 896. n. 4. —
II, 3. Dasselbe. 3. Lfg. D. Gebarg. u. d. Ergebnisse d. Krankheits-, Mortalitäts- u. Invaliditätsstatistik d. Bergwerksbruderladen im J. 1894. Zugl. als Bericht v. Ackerbauminister d. Reichsrathe mitgeth. in Gemäßheit d. Gesetzes v. 28. VII. 1889, R.-G.-Bl. Nr. 127. (191 S.) 897. n. 4. —
III. Forst- u. Jagdstatistik nebst e. Anh. üb. Torfstatistik. (VI, 291 S.) 896. n. 4. 80

— dasselbe f. 1896. 1. Hft. u. 2. Hft. 3 Lfgn. gr. 8. Ebd. n. 13. 80
I Statistik d. Ernte d. J. 1896. M. 5 Diagr., 2 Taf. u. 8 Karten. (IV, 406 S.) 897. n. 3. —
II, 1. D. Bergwerksbetrieb Österreichs im J. 1896. 1. Lfg. D. Bergwerks-Production. (173 S.) 897. n. 2. 80
II, 2. Dasselbe. 2. Lfg. Bergwerksverhältnisse (m. Ausnahme d. Bergwerksproduction). Naphthastatistik. Schlagwetterstatistik. (248 S.) 897. n. 4. —
II, 3. Dasselbe. 3. Lfg. D. Gebarg. u. d. Ergebnisse d. Krankheits-, Mortalitäts- u. Invaliditätsstatistik d. Bergwerksbruderladen im J. 1895. (187 S.) 898. n. 4. —

— dasselbe f. d. J. 1897. 1. Hft u. 2. Hft. 1. Lfg. gr. 8. Ebd. 898. n. 8. 20
1. Statistik d. Ernte d. J. 1897. M. 5 Diagrammen, 2 Taf. u. 8 Karten. (IV, 342 S.) n. 5. —
2. D. Bergwerksbetrieb Österreichs im J. 1897. 1. Lfg. D. Bergwerks-Production. (179 S.) n. 3. 20

— statistisches, des k. k. Ackerbau-Ministeriums f. 1897. 2. Hft. 2. u. 3. Lfg. Wien, Hof- u. Staatsdruckerei. à n. 4. —
II. 2. Der Bergwerksbetrieb Österreichs im J. 1897. 2. Lfg. Bergwerksverhältnisse (m. Ausnahme der Bergwerksproduktion). Naphthastatistik, Schlagwetterstatistik. gr. 8. (266 S.) 898.
3. Dasselbe. 3. Lfg. Die Gebarg. u. die Ergebnisse der Krankheits-, Mortalitäts- u. Invaliditätsstatistik der Bergwerksbruderladen im J. 1896. gr. 4. (191 S.) 900.

Jahrbuch, statistisches, des k. k. Ackerbau-Ministeriums f. das J. 1898. 1. Hft. u. 2. Hft., 3 Lfgn. Wien, Hof- u. Staatsdruckerei n. 14. —
I. Statistik der Ernte d. J. 1898. Mit 5 Diagrammen, 2 Taf. u. 8 Karten. gr. 8. (IV, 287 S.) 899. n. 3. —
II. 1. Der Bergwerksbetrieb Österreichs im J. 1898. 1. Lfg. Die Bergwerks-Production. gr. 8. (191 S.) 899. n. 3. —
2. Dasselbe. 2. Lfg. Bergwerksverhältnisse (m. Ausnahme der Bergwerksproduction). Naphthastatistik, Schlagwetterstatistik. gr. 8. (284 S.) 899. n. 4. —
3. Dasselbe. 3. Lfg. Die Gebarg. u. die Ergebnisse der Krankheits-, Mortalitäts- u. Invaliditätsstatistik der Bergwerksbruderladen im J. 1897. gr. 4. (191 S.) 901. n. 4. —

— dasselbe, f. d. J. 1899. 1. Hft. u. 2. Hft., 3 Lfgn. Ebd. n. 14. —
I. Statistik der Ernte des J. 1899. Mit 5 Diagrammen, 2 Taf. u. 8 Karten. gr. 8. (IV, 285 S.) 900. n. 3. —
II. 1. Der Bergwerksbetrieb Österreichs im J. 1899. 1. Lfg. Die Bergwerks-Production. gr. 8. (197 S.) 900. n. 3. —
2. Dasselbe. 2. Lfg. Bergwerksverhältnisse (m. Ausnahme der Bergwerksproduction). Naphthastatistik, Schlagwetterstatistik. gr. 8. (280 S.) 901. n. 4. —
3. Dasselbe. 3. Lfg. Die Gebarg. u. d. Ergebnisse der Krankheits-, Mortalitäts- u. Invaliditätsstatistik d. Bergwerksbruderladen im J. 1898. gr. 4. (191 S.) 901. n. 4. —

— dasselbe f. d. J. 1900. I. Hft. u. II. Hft. 3 Lfgn. Ebd. n. 14. —
I. Statistik der Ernte des J. 1900. Mit 5 Diagrammen, 2 Taf. u. 8 Karten. gr. 8. (IV, 291 S.) 901. n. 3. —
II. 1. Der Bergwerksbetrieb Österreichs im J. 1900. 1. Lfg. Die Bergwerks-Produktion. gr. 8. (199 S.) 901. n. 3. —
2. Dasselbe. 2. Lfg. Bergwerksverhältnisse (m. Ausnahme der Bergwerksproduction). Naphthastatistik, Schlagwetterstatistik. gr. 8. (277 S.) 901. n. 4. —
3. Dasselbe. 3. Lfg. Die Gebarg. u. die Ergebnisse der Krankheits-, Mortalitäts- u. Invaliditätsstatistik der Bergwerksbruderladen im J. 1899. Zugleich als Bericht vom Ackerbauminister dem Reichsrathe mitgetheilt in Gemäßheit des Gesetzes vom 28. VII. 1889, R.G.Bl. Nr. 127. gr. 4. (191 S.) 902. n. 4. —

Jahrbuch, statistisches, des k. k. Ackerbau-Ministeriums f. d. J. 1900. III. Heft. gr. 8. Wien 903. Hof- u. Staatsdruckerei. n. 4. 80
Forst-, Jagd-, Moor- u. Torf-Statistik. (VIII, 479 S.)

— dasselbe f. d. J. 1901. I. Hft. u. II. Hft. 1. Lfg. gr. 8. Ebd. 902. à n. 3. —
I. Statistik der Ernte des J. 1901. Mit 5 Diagr., 2 Taf. u. 8 Karten. (IV, 293 S.)
II. 1. Der Bergwerksbetrieb Österreichs im J. 1901. 1. Lfg. Die Bergwerks-Produktion. (203 S.)

— dasselbe, f. d. J. 1901. II. Heft. 2.—4. Lfg. gr. 8. Ebd. n. 9. 50
2. Der Bergwerksbetrieb Oesterreichs im J. 1901. 2. Lfg. Bergwerksverhältnisse (m. Ausnahme der Bergwerksproduktion). Naphthastatistik, Schlagwetterstatistik. (296 S.) 902. n. 4. —
3. Dasselbe. 3. Lfg. Die Gebarg. u. die Ergebnisse der Krankheits-, Mortalitäts- u. Invaliditätsstatistik der Bergwerksbruderladen im J. 1900. Zugleich als Bericht vom Ackerbauminister dem Reichsrate mitgeteilt in Gemäßheit des Gesetzes vom 28. VII. 1889, R.G.Bl. Nr. 127. (189 S.) 903. n. 4. —
4. Dasselbe. 4. Lfg. Die Löhne der Arbeiter u. Aufseher beim Bergbau. Auf Grund v. Erhebgn. der k. k. Bergbehörden bearb. vom arbeitsstatist. Amte im k. k. Handelsministerium. (31 S.) 904. n. 1. 50

— dasselbe, f. d. J. 1902. I. Heft. u. II. Heft. 4 Lfgn. gr. 8. Ebd. n. 16. —
I. Statistik der Ernte des Jahres 1902. Mit 5 Diagrammen, 2 Taf. u. 8 Karten. (IV, 293 S.) 903. n. 3. —
II. 1. Der Bergwerksbetrieb Oesterreichs im J. 1902. 1. Lfg. Die Bergwerks-Produktion. (201 S.) 903. n. 3. —
2. Dasselbe. 2. Lfg. Bergwerksverhältnisse (m. Ausnahme der Bergwerksproduktion u. Lohnstatistik). Naphthastatistik. Schlagwetterstatistik. (315 S.) 903. n. 4. —
3. Dasselbe. 3. Lfg. Die Gebarg. u. die Ergebnisse der Krankheits-, Mortalitäts- u. Invaliditätsstatistik der Bergwerksbruderladen im J. 1901. Zugleich als Bericht vom Ackerbauminister dem Reichsrate mitgeteilt in Gemäßheit des Gesetzes vom 28. VII. 1889. R.G.Bl. Nr. 127. (189 S.) 904. n. 4. —
4. Dasselbe. 4. Lfg. Die Löhne u. Schichtdauer beim Bergbau. Auf Grund v. Erhebungen der k. k. Bergbehörden bearb. vom arbeitsstatistischen Amte im k. k. Handelsministerium. (63 S.) 905. n. 2. —

— dasselbe f. d. J. 1903. I. Heft u. II. Heft 4 Lfgn. gr. 8. Ebd. n. 16. —
I. Statistik der Ernte des J. 1903. Mit 5 Diagr., 2 Taf. u. 8 Karten. (IV, 299 S.) 904. n. 3. —
II, 1. Bergwerksbetrieb, der, Oesterreichs im J. 1903. 1. Lfg. Die Bergwerksproduktion. (201 S.) 904. n. 3. —
2. Dasselbe. 2. Lfg. Bergwerksverhältnisse (m. Ausnahme der Bergwerksproduktion u. Lohnstatistik). Naphthastatistik. Schlagwetterstatistik. (313 S.) 904. n. 4. —
3. Dasselbe. 3. Lfg. Die Gebarg. u. die Ergebnisse der Krankheits-, Mortalitäts- u. Invaliditätsstatistik der Bergwerksbruderladen im J. 1902. Zugleich als Bericht vom Ackerbauminister dem Reichsrate mitgeteilt in Gemäßheit des Gesetzes vom 28. VII. 1889. R.G.Bl. Nr. 127. (191 S.) 905. n. 4. —
4. Dasselbe. 4. Lfg. Die Löhne u. Schichtdauer beim Bergbau. Auf Grund v. Erhebgn. der k. k. Bergbehörden bearb. vom arbeitsstatistischen Amte im k. k. Handelsministerium. (71 S.) 905. n. 2. —

— dasselbe, f. d. J. 1904. I. Heft u. II. Heft. 1.—3. Lfg. gr. 8. Ebd. n. 15. —
I. Statistik der Ernte des J. 1904. Mit 5 Diagr., 2 Taf. u. 8 Karten. (IV, 305 S.) 905. n. 3. —
II, 1. Der Bergwerksbetrieb Oesterreichs im J. 1904. 1. Lfg. Die Bergwerksproduktion. (207 S.) 905. n. 3. —
2. Dasselbe. 2. Lfg. Bergwerksverhältnisse (m. Ausnahme der Bergwerksproduktion). Naphthastatistik. Schlagwetterstatistik. (365 S.) 905. n. 5. —
3. Dasselbe. 3 Lfg. Die Gebarg. u. die Ergebnisse der Krankheits-, Mortalitäts- u. Invaliditätsstatistik der Bergwerksbruderladen im J. 1903. Zugleich als Bericht vom Ackerbauminister dem Reichsrate mitgeteilt in Gemäßheit des Gesetzes vom 28. VII. 1889, R.G.Bl. Nr. 127. (221 S.) 906 n. 4. —

— dasselbe, f. d. J. 1905. I. Heft u. II. Heft. 1. u. 2. Lfg. gr. 8. Ebd. n. 11. —
I. Statistik der Ernte des J. 1905. Mit 5 Diagr., 2 Taf. u. 8 Karten. (305 S.) 906. n. 3. —
II, 1. Der Bergwerksbetrieb Oesterreichs im J. 1905. 1. Lfg. Die Bergwerksproduktion. (205 S.) 906. n. 3. —
2. Dasselbe. 2. Lfg. Bergwerksverhältnisse (m. Ausnahme der Bergwerksproduktion). Naphthastatistik. Schlagwetterstatistik. (372 S.) 906. n. 5. —

— statistisches, des k. k. Ackerbau-Ministeriums f. d. J. 1905. II. Heft 3. Lfg. u. III. Heft. gr. 8. Wien 907. Hof- u. Staatsdruckerei. 9. —
(1905 kplt. 20. —)
II, 3. Bergwerksbetrieb, der, Österreichs im J. 1905. 3. Lfg. Die Gebarg. u. die Ergebnisse der Krankheits-, Mortalitäts- u. Invaliditätsstatistik der Bergwerksbruderladen im J. 1904. Zugleich als Bericht vom Ackerbauminister dem Reichsrate mitgeteilt in Gemäßheit d. Gesetzes v. 28. VII. 1889. R.G.Bl. Nr. 127. (177 S.) 4. —
III. Forst- u. Jagdstatistik. (VI, 345 S.) 5. —

— dasselbe f. d. J. 1906. I. Heft. II. Heft. 1 u. 2. Lfg. gr. 8. Ebd. 11. —
1. Statistik der Ernte des J. 1906. Mit 5 Diagr., 8 Tab., 2 Taf. u. 8 Karten. (IV, 315 S.) 907. 3. —
II, 1. Bergwerksbetrieb, der, Österreichs, im J. 1906. 1. Lfg. Die Bergwerksproduktion. (203 S.) 907. 3. —
2. Dasselbe, 2. Lfg. Bergwerksverhältnisse (m. Ausnahme der Bergwerksproduktion). Naphthastatistik. Schlagwetterstatistik. (386 S.) 907. 5. —

— dasselbe f. d. J. 1907. 1. Heft. gr. 8. Ebd. 3. —
1. Statistik der Ernte des J. 1907. Mit 5 Diagr., 8 Tab., 2 Taf. u. 8 Karten. (IV, 327 S.) 908.

— dasselbe f. d. J. 1908. 1. Heft. gr. 8. Ebd. 3. —
1. Statistik der Ernte des J. 1908. Mit 5 Diagr., 8 Tab., 2 Taf. u. 8 Karten. (IV, 329 S.) 909.
Das 2. Heft erscheint jetzt u. d. T.: Statistik des Bergbaues in Österreich.

— dasselbe f. d. J. 1909. Statistik der Ernte d. J. 1909. (IV, 329 S. m. 9 Tab. u. 2 Taf.) gr. 8. Ebd. 910. 3. —

— statistisches, f. das Herzogth. Anhalt. Hrsg. v. dem herzogl. statist. Büreau. 1. u. 2. Hft. 4. Dessau 890. (Baumann.) n.n. 3. 50
1. Staatsgebiet, Naturverhältnisse, Bevölkerung. (IV, 136 S.) 888. n.n. 1. 50
2. Die wirthschaftliche Lage. (219 S.) n.n. 2. —

Jahrbuch, Statistisches, f. d. Grossherzogthum Baden. Jahrg. 1, 1868. Karlsruhe 1869.

— statistisches, f. das Großherzogth. Baden. 5. Jahrg. 1872. Hoch 4. (VIII, 204 S.) Carlsruhe 874. Macklot. n. 3. 45

— dasselbe. 6. Jahrg. 1873. 1. Abth. Hoch 4. (84 S.) Ebend. 874. n. 2. 60

—— statistisches, für das Großherzogth. Baden. 7. Jahrg. 1874. 2 Abthlgn. hoch 4. (VIII, 196 S.) Karlsruhe 875,76, (Macklot'sche Buchh.) *

Jahrbuch, statistisches, für das Großherzogth. Baden. 8. Jahrg. 1875. 3 Abthlgn. 4. (VIII, 210 S.) Karlsruhe 876,77, (Macklot'sche Buchh.) *

— dass. — 9. Jahrg. 1876. 3 Abthlgn. gr. 8. (VIII, 210 S.) (Ebendas.) 877,78. *

— dass. — 10. Jahrg. 1877. 2 Abthlgn. hoch 4. (146 S.) (Ebendas.) 878. *

—— statistisches, für das Großherzogth. Baden. 11.—14. Jahrg. 1878—1881. Lex.-8. (VIII, 262; VIII, 214; VIII, 201; VIII, 244 S.) Karlsruhe 882—83, (Macklot'sche Buchh.) à Jahrg. *

—— statistisches, für das Großherzogth. Baden. 15. Jahrg. 1882. 4 Abthlgn. Lex.-8. (VIII, 244 S.) Karlsruhe 884, (Macklot'sche Buchh.) * 3 —

—— dass. — 16. Jahrg. 1883. 2 Abthlgn. 4. (139 S.) (Ebendas.) 885. * 3 —

—— dass. — 17. Jahrg. 1884. 4. (XIV, 380 S.) (Ebendas.) 886. 7 50

—— dass. — 18. und 19. Jahrg. 1885 und 1886. Lex.-8. (XII, 378; XII, 390 S.) (Ebendas.) 887,88. à Jahrg. 7 50

—— statistisches, f. das Großherzogth. Baden. 20.—23. Jahrg. 1887—1890. 4. (XI, 376; XII, 375; XIII, 354; XIV, 429 S.) Karlsr. 889—92. (Macklot). à Jahrg. 7 50

— statistisches, f. das Großherzogth. Baden. 21.—25. Jahrg. 1888—1892. Lex.-8. (XII, 375; XIII, 354; XIV, 429; XIV, 401; XVIII, 399 S.) Karlsruhe 890—894. Macklot's Verl. à Jahrg. 7. 50

Jahrbuch, statistisches, f. das Großherzogth. Baden. 26.—28. Jahrg. gr. 8. Karlsruhe (Macklot). à Jahrg. 12. —
26. Jahrg. 1893. (XXVIII, 455 S.) 895.
27. Jahrg. 1894. (XVIII, 450 S.) 896.
28. Jahrg. 1895 u. 1896. (XIX, 498 S.) 897.

— statistisches, f. das Großherzogth. Baden. 29. Jahrg. 1897 u. 1898. Lex.-8. (XVIII, 558 S.) Karlsruhe 898. (Macklot). n. 16. —

— dasselbe. 30.—32. Jahrg. 1899—1901. Lex.-8. (XXI, 546, XXII, 559 u. XX, 548 S.) Ebd. 900—902. à n. 16. —

— statistisches, für das Großherzogth. Baden. 33. u. 34. Jahrg. 1902 u. 1903. (XX, 552 u. XX, 602 S.) Lex.-8. Karlsruhe 903. 904. (Macklot.) à n. 6. —

— dasselbe. 35. Jahrg. 1904 u. 1905. (XXI, 800 S.) Lex.-8. Ebd. 905. Geb. in Leinw. n. 9. —
Die Jhrgge. 1—32 sind im Preise auf à n. 6. — ermäßigt.

— statistisches, f. das Großherzogt. Baden. 36. u. 37. Jahrg. 1906 u. 1907 u. Jahrg. 1908 u. 1909. (XXI, 669 S.; XXIII, 747 S.) Lex. 8. Karlsruhe 907. 09. (Macklot.) Geb. in Leinw. à 6. —

Statistisches Jahrbuch für das Grossherzogthum Baden. Jahrgang 13 (1880) ff. bis Jahrgang 38 (1910 und 1911). Karlsruhe.

Statistisches Jahrbuch der Stadt Barmen. Im Auftr. d. Oberbürgermeisters hrsg. v. Städt. Statist. Amte. Jg. [1.] 1904. Barmen 1905: H. Biermann & Co. 4°(8°) [F.]
Aus: Bericht über d. Verwaltung u. d. Stand d. Gemeinde-Angelegenh. d. Stadt Barmen. [05. 13487

Jahrbuch, Statistisches, der Stadt Barmen. Im Auftr. d. Oberbürgermeisters hrsg vom städt. Statist. Amte. Jg. 6. 1909 ff. Barmen 1910 ff. 4°

Jahrbuch, statistisches, f. das Königr. Bayern. Hrsg. vom k. statist. Bureau. 1. Jahrg. 1894. gr. 8. (III, X, 284 S. m. 8 z. Tl. farb. Taf.) München 894. (J. Lindauer.) Kart. n. 3. —

— statistisches, f. d. Königr. Bayern. Hrsg. vom k. stat. Bureau. 2.—4. Jahrg. gr. 8. München (J. Lindauer). Kart. à n. 3. —
2. Jahrg. 1895. (IV, X, 298 S.)
3. Jahrg. 1897. (III, XV, 324 S. m. 6 Taf. u. 3 farb. Kartogr.)
4. Jahrg. 1898. (III, XVI, 320 S. m. 8 Taf.)

— statistisches, f. das Königr. Bayern. Hrsg. vom k. statist. Bureau. 5. Jahrg. 1899. gr. 8. (XV, 295 S.) München 899. (J. Lindauer). Geb. in Leinw. n. 3. —

— dasselbe. 6. Jahrg. 1901. Mit e. Anh.: Die Veröffentlichungen des k. bayer. statist. Bureau, nach der Eintheilg. des „Statist. Jahrbuchs". gr. 8. (XV, 304 S.) Ebd. 901. Geb. in Leinw. n. 3. —

— statistisches, f. das Königr. Bayern. Hrsg. vom k. statist. Bureau. 7. u. 8. Jahrg. 1903 u. 1905. Mit e. Anh.: Die Veröffentlichgn. des k. bayer. statist. Bureaus. (XVI, 315 S. m. 1 Taf. u. XVI, 336 S.) gr. 8. München 903. 905. J. Lindauer. Geb. in Leinw. à n. 3. —

— statistisches, f. d. Königr. Bayern. Hrsg. v. k. statist. Bureau. 9. u. 10. Jahrg. 1907 u. 1909. gr. 8. München, J. Lindauer. Geb. in Leinw. 3. —
9. Mit e. Anh.: Die Veröffentlichgn. d. k. bayer. statist. Bureaus. (XVI, 330 S.) 907.
10. (XVI, 418 S. m. 3 [2 farb.] Taf.) 909. 1. 50

— statistisches, der Stadt Berlin. 4. und 5. Jahrg. Hrsg. von Rich. Böckh. gr. 8. (X, 229; VI, 240 S.) Berlin 878,79, Simion. cart. à Jahrg. *
Der 1. und 2. Jahrg. erschienen u. d. T.: Berliner städtisches Jahrbuch für Volkswirthschaft und Statistik, der 3. Jahrg. u. d. T.: Berliner statist. Jahrbuch für Volkswirthschaft und Statistik.

—— statistisches, der Stadt Berlin. 6.—9. Jahrg. Statistik der J. 1878—1881. Hrsg. von Rich. Böckh. gr. 8. (VIII, 240; VIII, 236; X, 295; X, 332 S.) Berlin 880—83, Simion. Jahrg. 1878 und 1879 cart. à *
Jahrg. 1880 und 1881 cart. à *

—— statistisches, der Stadt Berlin. 10.—13. Jahrg. Statistik der J. 1882—1885. Hrsg. von Rich. Böckh. gr. 8. (X, 319; XIII, 333; XII, 348; XII, 382 S.) Berlin 884—88, Stankiewicz. cart. à Jahrg. * 6 —

— dasselbe. 14. Jahrg. Statistik der J. 1886 u. 1887. Hrsg. v. R. Böckh. gr. 8. (XIII, 570 S.) Ebd. 890. cart. n.n. 10. —

— statistisches, der Stadt Berlin. 15. Jahrg. Statistik d. J. 1888. Hrsg. v. R. Böckh. gr. 8. (XIII, 422 S.) Berlin 890. Stankiewicz. Kart. n. 6. —

— dasselbe. Doppel-Jahrg. 16. u. 17. Statistik der J. 1889 u. 1890. gr. 8. (XVI, 671 S.) Ebd. 893. Kart. n. 12. —

— dasselbe. 18. u. 19. Jahrg. Statistik der J. 1891, 1892. gr. 8. (XVI, 426, XVI, 448 S.) Ebd. 893. 894. Kart. à Jahrg. n. 8. —

— statistisches, d. Stadt Berlin. 20. Jahrg. Statistik d. J. 1893. Im Auftr. d. Magistrats hrsg. v. R. Böckh. gr. 8. (XVIII, 490 S.) Berlin 895. P. Stankiewicz. Kart. n. 8. —

— dasselbe. 21. Jahrg. Statistik d. J. 1894, nebst den einstweil. Ergebnissen d. beiden Volkszählgn. v. J. 1895. Im Auftr. d. Magistrats hrsg. v. R. Böckh. gr. 8. (XXIII, 567 S.) Ebd. 896. Kart. n. 10. —

— dasselbe. 22. Jahrg. Statistik d. J. 1895. Im Auftr. d. Magistrats hrsg. v. R. Böckh. gr. 8. (XXIX, 595 S.) Ebd. 897. Kart. n. 10. —

— dasselbe. 23. Jahrg. Statistik d. J. 1896, nebst den weit. Ergebnissen d. beiden Volkszählgn. v. J. 1895. Im Auftr. d. Magistrats hrsg. v. R. Böckh. gr. 8. (XXXII, 613 S.) Ebd. 898. Kart. n. 10. —

— statistisches, der Stadt Berlin. 24. u. 25. Jahrg. Statistik d. J. 1897 u. 1898 nebst Ergänzgn. f. frühere Jahre. Im Auftrage des Magistrats hrsg. v. R. Böckh. gr. 8. (XXXVII, 621 u. XXVIII, 609 S.) Berlin 900. P. Stankiewicz. Kart. à n. 10. —

— dasselbe. 26. Jahrg., enth. die Statistik des J. 1899, nebst Theilen v. 1900, einschließlich d. Volkszählg. gr. 8. (XXXIII, 750 S.) Ebd. 902. Kart. n. 10. —

Jahrbuch, statistisches, der Stadt Berlin. 27.—29 Jahrg. gr. 8. Berlin, P. Stankiewicz. Kart. n. 34. —
27. Enth. die Statistik der J. 1900—1902 (zum Tl. auch 1903). Im Auftrage des Magistrats hrsg. v. E. Hirschberg. (XVII, 709 S. m. 3 Taf.) 903. n. 14. —
28. Enth. die Statistik 1903 (zum Tl. auch 1904). Im Auftrage des Magistrats hrsg. v. E. Hirschberg. (XV, 98 u. 481 S. m. 2 farb. Taf.) 904. n. 10. —
29. Enth. die Statistik des J. 1904 (zum Tl. auch 1905). Im Auftrage des Magistrats hrsg. v. E. Hirschberg. (XIV, 98 u. 421 S. m. 1 farb. Taf.) 905. n. 10. —

Jahrbuch, statistisches, d. Stadt Berlin. 30. u. 31. Jahrg. Im Auftrage des Magistrats hrsg. v. H. Silbergleit. gr. 8. Berlin, P. Stankiewicz. Kart. 26. —
30. Enth. die Statistik des J. 1905 (zum Tl. auch 1906). (XIV, 149 u. 432 S. m. 3 [1 farb.] Taf.) 907. 10. —
31. Enth. die Statistik der J. 1906 u. 1907 (zum Tl. auch 1908). (XXVI, 277 u. 551 S. m. 2 Bildnissen u. 3 farb. Taf.) 909. 16. —

—— statistisches, für den Kanton Bern. Hrsg. vom kantonalen statist. Bureau unter Mitwirkung der bern. Section der schweizer. statist. Gesellschaft. 1.—3. Jahrg. 1868—1870. gr. 8. (VIII, 288; VI, 277; VIII, 349 S.) Bern, Wyss. à Jahrg. *

— statistisches, f. den Kanton Bern. Hrsg. vom kantonalen statist. Bureau unter Mitwirkg. der bern. Sect. der schweiz. statist. Gesellschaft. 4. Jahrg. gr. 8. (XII, 367 S.) Bern 871. (Huber & Co.) n. 4. —

Jahrbuch, statistisches, f. den Kanton Bern. Hrsg. vom kantonalen statist. Bureau unter Mitwirkg. der bern. Sect. der schweiz. statist. Gesellschaft. 5. Jahrg. gr. 8. (XV, 415 S.) Bern 872. (Huber & Co.) n. 4. 50

—— dass. — 6. und 7. Jahrg. speziell für die J. 1871 und 1872. gr. 8. (XXIV, 719 S.) (Ebendas.) 874. *

— dasselbe. 6. u. 7. Jahrg., speziell f. die J. 1871 u. 1872. gr. 8. (XXIV, 719 S.) Ebend. 875. n. 7. —

— dasselbe. 8. u. 9. Jahrg., speziell f. die J. 1873 u. 1874. gr. 8. (XVI, 1135 S.) Ebend. 876. n. 6. 30

Jahrbuch, statistisches, für d. Kanton Bern. 10. u. 11. Jahrg. Speciell f. d. Jahre 1875—77. In-8°. Bern, Huber & Cie. 6 75

— statistisches, für den Kanton Bern. Hrsg. vom kantonalen statistischen Büreau. 10. u. 11. Jahrg. Speziell für die Jahre 1875—1878. gr. 8. (XII, 755 S.) Bern 878. Huber & Co. in Comm. n. 5. 40

Statistisches Jahrbuch des Königreiches Böhmen. I. Gr.-8°. (XVIII, 484 S.) † Prag: Calve 1910. K 5.—

— statistisches, d Haupt- u. Residenzstadt Budapest. I. Jahrg. 1894 (M. Rückblicken auf d. J. 1874 – 1893.) Red. u bearb. v. Gust. Thirring. Hrsg. v. d. statist. Bureau d Haupt- u. Residenzstadt Budapest. (Ungarisch u. Deutsch) Lex.-8. (XIV, 340 S.) Budapest 896. C Grill. Berlin, Puttkammer & Mühlbrecht. Geb. in Leinw. n. 8. —

— dasselbe. II. Jahrg. 1895 u. 1896. Red. u. bearb. v. Gust. Thirring. (Ungarisch u. Deutsch.) Lex.-8. (X, 425 S.) Ebd. 898. Geb in Leinw. n. 8. —

— statistisches, der Haupt- u. Residenzstadt Budapest. III. Jahrg. 1897 u. 1898. Red. u. bearb. v. Gust. Thirring. Hrsg. v. dem statist. Bureau der Haupt- u. Residenzstadt Budapest. (Ungarisch u. Deutsch.) Lex.-8. (X, 460 S.) Budapest, C. Grill. — Berlin, Puttkammer & Mühlbrecht. Geb. in Leinw. n. 8. —

— statistisches, der Haupt- u. Residenzstadt Budapest. IV. Jahrg. 1899—1901. Red. v. Gust. Thirring. Hrsg. v. dem statist. Bureau der Haupt- u. Residenzstadt Budapest. (Ungarisch u. Deutsch.) (V, 303 S.) Lex.-8. Budapest 904. (Berlin, Puttkammer & Mühlbrecht). Geb. in Leinw. n. 8. —

— dasselbe, V.—VII. Jahrg. 1902—1904. Red. v. Gust. Thirring. (Ungarisch u. deutsch.) (XX, 300; XX, 301 u. XXII, 359 S.) Lex.-8. Ebd. 904—906. Geb. in Leinw. à n. 6. —

— statistisches, d. Haupt- u. Residenzstadt Budapest. VIII. u. IX. Jahrg. 1905 u. 1906. Red. v. Gust. Thirring. (Ungarisch u. deutsch.) (XXII, 359 S.) Lex. 8. Budapest. (Berlin, Puttkammer & Mühlbrecht.) Geb. in Leinw. 10. —
VIII. (XXII, 359 S.) 907. 6.— — IX. (XXIII, 300 S.) 906. 4. —

— statistisches, des Herzogt. Bukowina, s. a. Mitteilungen d. statist. Landesamtes d. Herzogt. Bukowina.

Statistisches Jahrbuch des Herzogtums Bukowina für das Jahr 1907. Czernowitz: Pardini 1910. (Mitteilungen des statistischen Landesamts des Herzogtums Bukowina. Bd 14.)

Statistisches Jahrbuch des Herzogtums Bukowina für das Jahr 1908. Czernowitz: Pardini 1911. (Mitteilungen des statistischen Landesamtes des Herzogtums Bukowina. Bd 15.)

— statistisches, f. die Stadt Dresden. Jahrg. 1899. Hrsg. vom statist. Amt der Stadt Dresden im Juni 1901. Mit e. Chronik f. 1899. Lex.-8. (VIII, 127 S.) Dresden 900. v. Zahn & Jaensch. Kart. n.n. 1. —

Jahrbuch, statistisches, f. die Stadt Dresden. Jahrg. 1900. Hrsg. vom statist. Amt d. Stadt Dresden im Juli 1901. Mit e. Chronik f. 1900. Lex.-8. (XII, 163 S.) Dresden 901. v. Zahn & Jaensch. Kart. n.n. 1. —

— dasselbe. Jahrg. 1901 Hrsg. vom statist. Amt der Stadt Dresden im Aug. 1902. Mit e. Chronik f. 1901. Lex.-8. (VI, 194 S. m. 1 Bildnis.) Ebd. 902. Kart. n.n. 1. —

GV57
9

— statistisches, f. die Stadt Dresden. Jahrg. 1902 u. 1903. Hrsg. vom statist. Amte der Stadt Dresden im Septbr. 1903 bezw. 1904. — Chronik der Stadt Dresden f. d. J. 1902 u. 1903. Bearb. vom Ratsarchiv. (VIII, 239 S. u. VIII, 227 S. m. 1 Taf.) Lex.-8. Dresden 903. 904. v. Zahn & Jaensch. Kart. à n.n. 1. —

— statistisches, f. d. Stadt Dresden. Jahrg. 1904—1908. Hrsg. v. statist. Amte der Stadt Dresden. Lex. 8. Dresden, v. Zahn & Jaensch. Kart. à nn 1. —
1904. (VIII, 193 S.) 907. — 1905. Verwaltungsstatistischer Anh. f. d. J. 1903, 1904 u. 1905. (VIII, 192, IV u. 60 S.) 907. — 1906. Verwaltungsstatistischer Anh. f. d. J. 1904, 1905 u. 1906. (VIII, 203 u. IV, 62 S.) 908. — 1907. Verwaltungsstatistischer Anh. f. d. J. 1905, 1906 u. 1907. Hrsg. im Oktbr. 1908. (VIII, 214 u. IV, 63 S.) 908. — 1908. Verwaltungsstatistischer Anh. f. d. J. 1906, 1907 u. 1908. Hrsg. im Novbr. 1909. (VIII, 208 u. IV, 63 S.) 909.

— statistisches, f. Elsass-Lothringen. 1.—3. Jahrg. 1907—1909. Hrsg. v. statist. Bureau f. Elsass-Lothringen. (XVI, 236; XVI, 272 u. XVI, 312 S. m. 4, 4 u. 6 farb. Taf.) gr. 8. Strassburg 907—10. Strassburger Druckerei u. Verlagsanstalt. Kart. à nn 1. —

Statistisches Jahrbuch für Elsaß-Lothringen. Straßburg i. Els. 3. Jahrgang. 1909. — 4. Jahrgang. 1910. — 5. Jahrgang. 1911.

— statistisches, d. deutsch-israelitischen Gemeindebundes 1885. Hrsg. vom Ausschuss d. deutsch-israelit. Gemeindebundes. gr. 8. (IV, 50 S.) Berlin 886. (Rosenstein & Hildesheimer.) n.n. 1. —

— statistisches, d. Deutsch-Israelitischen Gemeindebundes 1887. Hrsg. vom Bureau d. D. J. G. B. Lex.-8. (58 S.) Berlin, (Rosenstein & Hildesheimer). n.n. 1. —

— statistisches, der Königl. Haupt- u. Residenzstadt Hannover u. ihrer Vorstädte. Aus dem „Adreßbuche der Königl. Haupt- u. Residenzstadt Hannover u. ihrer Vorstädte für 1844 u. 45" besonders abgedruckt. 1. u. 2. Jahrg. (Mit 1 Eisenbahnkarte.) 8. Hannover 844. 45. (Hahn'sche Hofb.) à n. 1/2 ß

STATISTISCHES JAHRBUCH DEUTSCHER JUDEN
Jahrg. 17.[1]) 1905. Im Auftrage des Deutsch-Israelitischen Gemeindebundes herausgegeben vom Bureau fur Statistik der Juden. Berlin-Halensee. Berlin. Druck von R. Boll. 8°.

[1]) Nur Jahrg. 17 des Statistischen Jahrbuchs Deutscher Juden ist herausgegeben vom Bureau fur Statistik der Juden; die anderen Jahrgange sind vom Bureau des Deutsch-Israelitischen Gemeindebundes herausgegeben.

— statistisches, deutscher Juden. 7. Jahrg. 1905. Im Auftrage des deutsch-israelit. Gemeindebundes hrsg. (IV, 229 S.) Lex.-8. Berlin-Halensee (Westfälische Str. 46), Bureau f. Statistik der Juden. n. 2. —

— statistisches, deutscher Juden, Fortsetzg., s.: Handbuch der jüd. Gemeindeverwaltung.

— statistisches, f. die königl. Haupt- u. Residenzstadt Königsberg i. Pr. 1. u. 2. Jahrg. 1908 u. 1909. Im Auftrage des Magistrats hrsg. vom städt. statist. Amt. (VIII, 76 u. VIII, 75 S.) gr. 8. Königsberg 909. 10. Hartung. à — 50

— statistisches, f. die deutschen Länder, s. a. Müller, P. A.

„Statistisches Jahrbuch für die deutschen Länder zwischen dem Rhein, der Mosel und der französischen Grenze, auf das Jahr 1815", herausgegeben von P. A. Müller, Mainz 1815. — Vorh.: Bibl. des Oberlandesgerichts Celle — Td. 106.

—— statistisches, der evangelischen Landeskirche A. B. im Grossfürstenthum Siebenbürgen. 1. Jahrg. Hrsg. vom Landesconsistorium. Lex.-8. (V und 88 S. mit 1. Tab. in qu. Fol.) Hermannstadt 863, (Steinhaussen's Buchh.)

— statistisches, der evangelischen Landeskirche A. B. im Grossfürstenth. Siebenbürgen. Hrsg. vom Landesconsistorium. 3. Jahrg. gr. 8. (XX, 112 S.) Hermannstadt 870. (Michaelis.) n. 2. —

— statistisches, der evangelischen Landeskirche Augsburger Bekenntnisses in Siebenbürgen. Hrsg. vom Landesconsistorium. 4. Jahrg. Lex.-8. (148 S.) Hermannstadt 875. Michaelis in Comm. n. 3. —

— statistisches, der evangelischen Landeskirche Augsburger Bekenntnisses in Siebenbürgen. 5. Jahrg. Hrsg. vom Landesconsistorium. gr. 8. (LXVI, 128 S.) Hermannstadt 880, Michaelis. *
Erscheint alle 5 Jahre.

—— statistisches, der evangelischen Landeskirche Augsburger Bekenntnisses in Siebenbürgen. 6. Jahrg. Hrsg. vom Landesconsistorium. gr. 8. (XIX, 127 S.) Hermannstadt 885, Michaelis. * 3 —
Erscheint alle 5 Jahre.

— statistisches, der evangelischen Landeskirche Augsburger Bekenntnisses in Siebenbürgen. Hrsg. vom Landesconsistorium. VII. Jahrg. (Mit Personal-Schematismus.) gr. 4. (III, XXI, 188 S.) Hermannstadt 892. (Michaelis & Seraphin.) n.n. 5. —

— statistisches, der evangelischen Landeskirche Augsburger Bekenntnisses in den siebenbürgischen Landesteilen Ungarns. 10. Jahrg. Hrsg. vom Landeskonsistorium. (IV, 92 S.) gr. 8. Hermannstadt 906. (F. Michaelis). n. 2. —

— statistisches, der autonomen Landesverwaltung in den im Reichsrathe vertretenen Königreichen u. Ländern. Hrsg. durch die k. k. statist. Central-Commission auf Grund der v. den Ländern gelieferten statist. Tabellen u. Materialien. 1. u. 2. Jahrg. Lex.-8. (LXXIII, 529 u. XLIV, 575 S.) Wien 900. 902. Hof- u. Staatsdruckerei. à n. 20. —

— statistisches, der autonomen Landesverwaltung in den im Reichsrate vertretenen Königreichen u. Ländern. Hrsg. durch die k. k. statist. Zentralkommission auf Grund der von den Ländern gelieferten statist. Tabellen u. Materialien. III.—V. Jahrg. (CVI, 447; XCII, 897 u. XXXVIII, 661 S.) Lex.-8. Wien 903—906. Hof- u. Staatsdruckerei. n. 50. —
III. n. 20. —; erm. Pr. n. 10. —. — IV u. V à n. 20. —.

— statistisches, der autonomen Landesverwaltung in den im Reichsrate vertretenen Königreichen u. Ländern. Hrsg. durch die k. k. statist. Zentral-Kommission auf Grund der v. den Ländern gelieferten statist. Tabellen u. Materialien. VI.—VIII. Jahrg. (XLII, 517; XLVIII, 720 u. XXXV, 488 S.) Lex. 8. Wien 907—09. Hof- u. Staatsdruckerei. à Jahrg. 20. —

Statistisches Jahrbuch der Stadt Linden mit Verwaltungsübersicht. Ausg. 1. Linden: Oppermann & Niehus 1909. 4° [illegible]

STATISTISCHES JAHRBUCH DER FREIEN UND HANSESTADT LÜBECK. Herausgegeben vom Verein für Lübeckische Statistik. Für das Jahr 1861 — Für das Jahr 1863. (Mit Tabellen.) Lübeck 1863—1866. In Comm. der v. Rohden'schen Buchhandlung. 4°.
Für die Jahre 1864 und 1865. (Mit Tabellen.) ib. 1867. —

—— statistisches, der freien und Hansestadt Lübeck für das J. 1861. Hrsg. vom Verein für Lübeck. Statistik. 4. (IV und 64 S.) Lübeck 863, (v. Rohden'sche Buchh.) * —

—— dass. — für das J. 1863. 4. (XX und 91 S. mit 2 Stnt. in 4. und qu. gr. Fol.) (Ebendas.) 866.

—— dass. — für die J. 1864 und 1865. 4. (XXVI und 115 S. mit 2 Stnt. in qu. Fol.) (Ebendas.) 867. *

Jahr-Buch, Statistisches, der deutschen höheren Mädchen- (später) Töchterschulen, Lehrerinnenseminare u. Kindergärtnerinnen-Bildungs-Anstalten, weibl. Fortbildungsschulen u. Frauen-Arbeiterschulen, herausg. von G. W. C. Schmidt. Ausg. 1—9. 1884—95. Dresden. gr. 8.

—— statistisches, der humanistischen u. technischen Mittelschulen d. Königr. Bayern. Zusammengestellt v. Karl Reisert. 1. Jahrg. 2 Abteilgn. in 1 Bde. 8. Bamb. 891, Buchner Verlag. In Leinw. cart. ⸸ 2 50
1. Die humanistischen Mittelschulen. Nach dem Stand vom 5. Aug. 1891. Im Anh.: Die Schulordng. f. d. hum. Gymnasien Bayerns vom 23. Juli 1891 u. Verzeichnis der gebilligten Lehrmittel. (VIII, 111 S.)
2. Die technischen Mittelschulen. Nach dem Stand vom 10. Aug. 1891. Im Anh.: Die Schulordng. f. die Realgymnasien Bayerns vom 3. Septbr. 1891 u. Verzeichnis der gebilligten Lehrmittel. (96 S.)

—— statistisches, der österreichischen Monarchie für die J. 1863—65. Hrsg. von der k. k. statist. Central-Commission. Lex.-8. [1863. (III und 488 S.) 1864. (V und 507 S.) 1865. (V und 510 S.)] Wien 864—67, (Prandel.) à Jahrg. *

—— statistisches, der österreichischen Monarchie für die J. 1866—1868. Hrsg. von der k. k. statist. Central-Commission. Lex.-8. (V, 495; IV, 491; V, 449 S.) Wien 868—70, (Prandel.) [Gerold's Sohn.] à Jahrg. *

— statistisches, der oesterreichisch-ungarischen Monarchie, f. d. J. 1869 u. 1870. Hrsg. v. der k. k. statist. Central-Commission. Lex.-8. (V, 566 u. V, 548 S.) Wien 871 72. Gerold's Sohn in Comm. à n. 4. —

— dasselbe f. d. J. 1871. Lex.-8. (VI, 659 S.) Ebend. 873. n. 6. —

— dasselbe f. das J. 1872. 1—11. Hft. Lex.-8. Ebend. 874. n. 15. 50
1. Flächeninhalt, Bevölkerung, dann Wohnorte der im Reichsrathe vertretenen Königreiche u. Länder. (63 S.) n. 1. 20
2. Landwirthschaftliche Production u. Viehstand der im Reichsrathe vertretenen Königreiche u. Länder im J. 1872. (51 S.) n. 1. 20
3. 4. Nachweisungen üb. die Rübenzucker-Fabriken, Bier-Brauereien u. Branntwein-Brennereien, sowie Dampfkessel-Proben in den im Reichsrathe vertretenen Königreichen u. Ländern. (15 S.) — Eisenbahnen, Strassen- u. Wasserbau, Flussschifffahrt, Seeschifffahrt, Postwesen u. Telegraphen-Betrieb der im Reichsrathe vertretenen Königreiche u. Länder im J. 1872. (91 S.) n. 2. —
5. Clerus der im Reichsrathe vertretenen Königreiche u. Länder im J. 1870. (111 S.) n. 2. 60
6. Privat- u. Straf-Rechtspflege der Civil-Gerichte der im Reichsrathe vertretenen Königreiche u. Länder, im J. 1872. (39 S.) n. — 90
7. Staatshaushalt der im Reichsrathe vertretenen Königreiche u. Länder im J. 1871, nachgewiesen nach den vom k. k. Obersten Rechnungshofe f. die im Reichsrathe vertret. Königreiche u. Länder zusammengestellten Central-Gebarungs-Ausweise. (112 S.) n. 2. 40
8. Vereine, Actiengesellschaften, Bank- u. Credit-Institute, Besitz- u. Lastenstand der Realitäten. (75 S.) n. 2. 40
9. Sparcassen der im Reichsrathe vertretenen Königreiche u. Länder im J. 1872, nebst e. Uebersicht d. Interessenten-guthabens v. 1819—1872. (34 S.) n. — 90
10. Sanitäts- u. Wohlthätigkeits-Anstalten, Gebäude-, Wald. u. Feldbrände, Feuerlöschmittel u. Hagelschäden. (39 S.) n. 1. 10
11. Armee u. Kriegs-Marine im J. 1872. (24 S.) n. — 80

— dasselbe f. das J. 1873. 1—11. Hft. Lex.-8. Ebend. 875. 76. n. 20 20
1. Flächeninhalt, Bevölkerung, Wohnorte u. Bewegung der Bevölkerung. (89 S.) 1874. n. 1. 70
2. Landwirthschaftliche Production u. Viehstand, Marktdurchschnittspreise u. Montan-Industrie im J. 1873. (51 S.) n. 1. 20
3. 4. Gewerbliche Industrie, Handel. (13 S.) — Eisenbahnen, Strassen, Fluss- u. See-Schifffahrt, Post, Telegraphen. (99 S.) n. 2. 20
5. Klerus im J. 1870. Hochschulen, Lehrer-Bildungsanstalten, Mittelschulen u. Fachschulen im J. 1874. Volksschulen im J. 1870. 1. Summarische Recapitulation sämmtl. Lehranstalten im Schulj. 1873—1874. Zahl der Anstalten, d. Lehrpersonals u. der Schüler. Die periodische Presse im J. 1873. 108 S.) n. 2. 60
6. Privat- u. Straf-Rechtspflege der Civil-Gerichte der im Reichsrathe vertretenen Königreiche u. Länder im J. 1873. (39 S.) n. — 90
7. Staatshaushalt im J. 1872 u. 1873 nachgewiesen nach dem vom k. k. obersten Rechnungshofe f. die im Reichsrathe vertretenen Königreiche u. Länder zusammengestellten Central-Gebarungs-Ausweise. Staats-Einnahmen im J. 1872 u. 1873. Stand der gesammten Staatsschuld m. Ende Decbr. 1872 u. 1873, nach dem Ausweise der Staatsschulden-Controls-Commission. Gebarung der Landes-Fonde im J. 1872 u. 1873. Gebarung der Grundentlastungs-Fonde im J. 1872 u. 1873. Gebarung der autonomen u. einiger anderer grösserer Gemeinden im J. 1872 u. 1873. Dotirte politische Fonde f. Zwecke d. Cultus u. Unterrichts im J. 1873. (220 S.) n. 4. 80
8. Vereine, Actiengesellschaften, Bank- u. Credit-Institute, Besitz- u. Lastenstand der Realitäten. (121 S.) n. 3. 80
9. Sparcassen der im Reichsrathe vertretenen Königreiche u. Länder im J. 1873. (37 S.) n. — 90
10. Sanitäts- u. Wohlthätigkeits-Anstalten, Brandstatistik, Feuerlöschmittel u. Hagelschäden. (X, 46 S.) n. 1. 30
11. Armee u. Kriegs-Marine im J. 1873. (24 S.) n. — 80

Jahrbuch, statistisches, der oesterreichisch-ungarischen Monarchie f. d. J. 1874. 1. 2. 5. 9. u. 11. Hft. Lex.-8. Wien 875.76. Gerold's Sohn in Comm. n. 7. 70
1. Flächeninhalt, Bevölkerung, Wohnorte u. Bewegung der Bevölkerung. (89 S.) n. 1. 70
2. Landwirthschaftliche Production, Viehstand, Marktpreise, Montan-Industrie. (51 S.) n. 1. 20
5. Clerus, Lehranstalten, periodische Presse. (112 S.) n. 2. 60
9. Spar-Cassen. (37 S.) n. — 90
11. Armee Kriegs-Marine. (24 S.) n. — 80

— dasselbe, f. d. J. 1874. Anh. zum 1. Hft. Lex.-8. Ebend. 875. n. 1. 70
Bewegung der Bevölkerung. (S. 91—155.)

— statistisches, der Stadt Nürnberg. Hrsg. v. statist. Amt. 1. Jahrg. Für 1909. (IV, 238 S.) Lex. 8. Nürnberg 910. (J. L. Schrag.) 1. 50

Jahrbuch, Statistisches, der königlichen Hauptstadt Olmütz. Herausgegeben vom Gemeinderathe. I. Einleitungsband als Festschrift zum vierzigjährigen Regierungs-Jubiläum Sr. Majestät des Kaisers, bearbeitet von Wilibald Müller. 8. Olmütz 1888.

Jahrbuch, Statistisches, der königlichen Hauptstadt Olmütz. Herausgegeben vom Gemeinderathe. (Fortsetzung.) II. Band. Verwaltungsperiode von 1888—1895, bearbeitet von Wilibald Müller. III. Bd. (1896—1899.) Bearbeitet von der statistischen Commission des Gemeinderathes. (2 Bde.) 8. Olmütz 1896—1901.

— statistisches, für das Deutsche Reich. Hrsg. vom kaiserl. statist. Amt. 1. Jahrg. 1880. gr. 8. (VI, 177 S. mit 2 chromolith. Karten.) Berlin 880. Puttkammer & Mühlbrecht. cart. n. 2. 40

Jahrbuch, statistisches, für das Deutsche Reich. Hrsg. vom kaiserl. statist. Amt. 2. Jahrg. 1881. gr. 8. (VIII, 192 S. mit 3 chromolith. Karten.) Berlin 881. Puttkammer & Mühlbrecht. cart. n. 2. 40

— dasselbe. 3. Jahrg. 1882. gr. 8. (VII, 186 S. mit 3 chromolith. Karten.) Ebend. cart. n. 2. 40

— statistisches, f. das Deutsche Reich. Hrsg. vom kaiserl. statist. Amt. 4—7. Jahrg. 1883—1886. gr. 8. (à ca. VII, 198 S. m. 3 chromolith. Karten.) Berlin 883—86. Puttkammer & Mühlbrecht. cart. à n 2. 40

Jahrbuch, statistisches, f. das Deutsche Reich. Hrsg. vom kaiserl. statist. Amt. 8.—11. Jahrg. 1887—1890. gr. 8. (VIII, 207 S. m. 4 chromolith. Karten; VIII, 212 S. m. 2 chromolith. Karten; VIII, 219 S. m. 3 Karten; IX, 210 S. m. 4 farb. Taf.) Berlin, Puttkammer & Mühlbrecht. cart. à Jahrg. n. 2. 40

— statistisches, f. das Deutsche Reich. Hrsg vom kaiserl. statist. Amt. 12.—15. Jahrg. 1891—1894. gr. 8. Berlin 891—894. Puttkammer & Mühlbrecht Ka·.. à Jahrg. n. 2. —
12. (IX, 205 S. m. 3 Taf.) — 13. (X, 213 S. m. 3 Taf.) — 14. (X, 200 S. m. 1 Karte u. 2 Taf.) — 15. (X, 208 S. m. 2 farb. Karten.)

— statistisches f. d. Deutsche Reich. Hrsg. v. kaiserl. statist. Amt. 16.—19. Jahrg. 1895—1898. gr. 8. Berlin, Puttkammer & Mühlbrecht. Kart. à Jahrg. n. 2. —
16. (IX, 218 S. m. 4 farb. Taf.)
17. (IX, 215 S. m. 4 farb. Taf.)
18. (VIII, 218 S. m. 6 Taf.)
19. (VIII, 222 S. m. 5 farb. Karten.)

— statistisches, f. das Deutsche Reich. Hrsg. vom kaiserl. statist. Amt. 20.—23. Jahrg. 1899—1902. gr. 8. Berlin Puttkammer & Mühlbrecht. Kart. à n. 2. —
20. (VIII, 234 S. m. 4 farb. Karten.) — 21. (VIII, 248 S. m. 3 [2 farb.] Taf.) — 22. (VI, 234 S. m. 3 farb. Taf.) — 23. (VII, 254 S. m. 4 [1 farb.] Taf.)

— statistisches, für das Deutsche Reich. Hrsg. vom kaiserl. statist. Amt. 24.—27. Jahrg. 1903—1906. gr. 8. Berlin, Puttkammer & Mühlbrecht. Kart. à n. 2. —
24. (VIII, 274 u. 31 S. m. 5 farb. Taf.) 903. — 25. (XX, 276 u. 39 S. m. 5 [4 farb.] Taf.) 904. — 26. (XXIV, 321 u. 44 S. m. 5 farb. Taf.) 905. — 27. (XXIV, 347 u. 51 S. m. 6 [5 farb.] Taf.) 906.

— statistisches, f. das Deutsche Reich. Hrsg. vom kaiserl. statist. Amt. 28.—31. Jahrg. 1907—1910. (XXVI, 379 u. 63 S. m. 6 z. Tl. farb. Taf.; XXIX, 388 u. 79 S. m. 10 z. Tl. farb. Taf.; XXX, 423 u. 76 S. m. 9 z. Tl. farb. Taf. u. XXXII, 410 u. 67 S. m. 2 farb. Taf.) gr. 8. Berlin 907—10. Puttkammer & Mühlbrecht. Kart. à 2. —

— **statistisches**, der Stadt Riga. Hrsg. v. Alex **Tobien**. I u. II. gr. 8. Riga, (Jonck & Poliewsky). n. 8. —
I. (VI, 131 S.) 891. n. 3. —. — II. (VIII, 103 u. 124 S.) 892. n. 5. —

—— statistisches, für das Königr. Sachsen, s. a. Kalender.

— statistisches, für das Königr. Sachsen. 33. u. 34. Jahrg. 1905 u. 1906. Hrsg. vom königl. sächs. statist. Landesamte am Anfang d. J. 1905 bezw. 1906. (XII, 248 u. VII, 268 S.) gr. 8. Dresden (C. Heinrich). à n. 1. —
Vergl.: Kalender u. statist. Jahrbuch f. Sachsen.

— statistisches, f. d. Königr. Sachsen. 35.—38. Jahrg. 1907—1910. Hrsg. v. königl. sächs. statist. Landesamte. Abgeschlossen im März 1907 bezw. 1908, im April 1909 u. Anfang Mai 1910. (V, 307; V, 307; 320 u. 318 S.) gr. 8. Dresden, C. Heinrich. à 1. —

— **statistisches**, der Schule Gabelsberger's auf d. J. 1875. Hrsg. u. verlegt vom königl. stenograph. Institut zu Dresden. Red. v. C. **Bruno Rotter**. gr. 16. (XVIII, 166 S.) Dresden 875. G. Dietze. geb. n.n. 2. 50
cf.: **Taschenbuch f. Gabelsberger Stenographen.**

— statistisches, der Schule **Gabelsberger's** auf das J. 1876 mit Gedenktafeln und Vereinskalender. Zweitheilig hrsg. vom königl. stenograph. Institut zu Dresden. Redig. von C. Bruno Rotter. gr. 16. (XXII, IV, 231 S.) Dresden, (G. Dietze. — Uhle.) geb. und geh. **

— **statistisches**, der höheren Schulen u. heilpädagog. Anstalten Deutschlands, Luxemburgs u. der Schweiz. Neue Folge v. Mushacke's Schulkalender 2. Tl. Nach amtl. Quellen bearb. VII.—IX. Jahrg. à 2 Abtlgn. in 1 Bd. gr. 16. (à ca. XL, 248 u. III, 384 S.) Leipzig 887—889. Teubner. à Jahrg. n. 3. 60; geb. n. 4. 40
Vgl. Mushacke's deutscher Schulkalender.

— dasselbe. X. Jahrg. 2 Abtlgn. gr. 16. (X, 260 u. III, 411 S.) Ebd. 890. n. 3. 60; geb. n. 4. 40

— dasselbe. XI. Jahrg. 2 Abtlgn. gr. 16. (XIII, 265 u. III, 413 S.) Ebd. 890. n. 3. 60; geb. n. 4. 40

— **statistisches**, der höheren Schulen u. heilpädagogischen Anstalten Deutschlands, Luxemburgs u. der Schweiz. Neue Folge v. Mushackes Schulkalender II. Tl. Nach amtl. Quellen bearb. 12.—15. Jahrg. à 2 Tle. in 1 Bd. gr. 16. Leipzig, B. G. Teubner. à Jahrg. n.n. 3. 60; geb. in Leinw. n.n. 4. 40
12. (XLIV, 268 u. III, 429 S.) 891. — 13. (XXIV, 214 u. III, 359 S.) 892. — 14. (XXIV, 220 u. III, 352 S.) 893. — 15. (XXIV, 223 u. III, 360 S.) 894.

— statistisches, d. höh. Schulen u. heilpädagog. Anst. Deutschlands, Luxemburgs u. d. Schweiz. Neue Folge v. Mushackes Schulkalender I. Tl. Nach amtlichen Quellen bearb. 16. Jahrg. 2 Tle. gr. 16. (XXIV, 228 u. 366 S.) Leipzig 895. B. G. Teubner. Geb. in Leinw. n.n. 4. 40

— dasselbe. 17.—19. Jahrg. à 2 Tle. gr. 16 Ebd. à Jahrg. n.n. 3. 60; geb. in Leinw. à n.n. 4. 40
17. (XXIV, 226 u. III, 368 S.) 896.
18. (XXIV, 226 u. III, 375 S.) 897.
19. (XXIV, 234 u. III, 383 S.) 898.

— **statistisches**, der höheren Schulen u. heilpädagogischen Anstalten Deutschlands, Luxemburgs u. der Schweiz. Neue Folge v. Mushackes Schulkalender 1. Tl. Nach amtl. Quellen bearb. 23. Jahrg. 2 Tle. gr. 16. (XXVII, 262 u. III, 408 S.) Leipzig 902. B. G. Teubner. n.n. 3. 60; geb. in Leinw. n.n. 4. 40

— **statistisches**, der höheren Schulen u. heilpädagogischen Anstalten Deutschlands, Luxemburgs u. der Schweiz. Nach amtl. Quellen bearb. 26. Jahrg. 2 Tle. in 1 Bde. (XXVIII, 533 u. IV, 231 S.) kl. 8. Leipzig 905. B. G. Teubner. n.n. 3. 60; geb. in Leinw. n.n. 4. 40

Das „Statistische Jahrbuch der höheren Schulen Deutschlands, Luxemburgs und der Schweiz“ bringt in jedem Jahrgange ein Verzeichnis deutscher und österreichischer Programmabhandlungen. **Progr.**

—— statistisches, der höheren Schulen Deutschlands, Luxemburgs und der Schweiz. Neue Folge von Mushacke's Schulkalender. 2. Thl. Nach amtl. Quellen bearb. 1. Jahrg. 2 Abtlgn. in 1 Bde. 12. (XXXVI, 231; IV, 307 S.) Leipzig 880, Teubner. *M 3,60.; geb. *
—— dass. — 2. Jahrg. 2 Abtlgn. in 1 Bd. 12. (XLII, 239; IV, 312 S.) Ebendas. 881. *M 3,60.; geb. *
—— dass. — 3. Jahrg. 2 Abtlgn. in 1 Bd. 12. (LXIV, 239; III, 327 S.) Ebendas. 882. *M 3,60.; geb. *
—— dass. — 4. Jahrg. 2 Abtlgn. in 1 Bd. 12. (XLIV, 242; IV, 336 S.) Ebendas. 883. *M 3,60.; geb. *
—— dass. — 5. Jahrg. 2 Abtlgn. in 1 Bd. 12. (XL, 247; IV, 362 S.) Ebendas. 884. *M 3,60.; geb. *

—— statistisches, der höheren Schulen Deutschlands, Luxemburgs und der Schweiz. Neue Folge von Mushacke's Schulkalender, 2. Tl. Nach amtl. Quellen bearb. 6. Jahrg. gr. 16. (XL, 244; III, 376 S.) Leipzig 886, Teubner. * 3 60
geb. in 1 Bd. oder in 2 Abthlgn. * 4 40

— Statistisches, der höheren Schulen Deutschlands, Luxemburgs und der Schweiz. Neue Folge von Mushackes Schulkalender. II. Teil. Nach amtlichen Quellen bearb. XIII. Jahrg. In-16°. Leipzig, B. G. Teubner. 1893. Mk. 3 60
Lwd. Mk. 4 40

Statistisches Jahrbuch der höheren Schulen Deutschlands, Luxemburgs und der Schweiz. Nach amtl. Quellen bearb. Leipzig.
Jg. 15—16. 1894—96, Jg. 19—20. 1898—1900. Jg. 22—34. 1901—14.

— **statistisches** der höh. **Schulen** Deutschlands, Luxemburgs u. der Schweiz. Nach amtl. Quellen bearb. 31. Jahrg. 2 Tle. (XXXII, 579 u. IV, 229 S.) kl.8. Leipzig 910. B. G. Teubner. nn 4. 20; geb. in Leinw. in 1 od. 2 Bde. nn 5. —

—— statistisches, der höheren Schulen des Königr. Sachsen. Zum Besten der Wittwen- und Waisenkasse von Lehrern an sächs. Realgymnasien und Realschulen hrsg. durch deren Vorstand. 1. Jahrg. Redact.: M. Welte. 8. (48 S.) Dresden 888, Kaufmann's Sortiment. * — 75

— **statistisches, der Schweiz** (Annuaire statistique de la Suisse), s. a. **Statistik, schweizerische.**

Jahrbuch, Statistisches, der Schweiz. Hrsg. vom Statistischen Bureau des eidg. Departements des Innern. — Annuaire statistique de la Suisse. Publié par le bureau de statistique du département fédéral de l'intérieur. — 1. Jahrg. 1891. Mit 2 color. Karten (in-4°). Gr. in-8°. XIV, 265 S. Bern, Verlag des Art. Inst. Orell Füssli in Zürich. 5 —

Jahrbuch, Statistisches, der Schweiz. Hrsg. vom Statistischen Bureau des eidg. Departements des Innern. — Annuaire statistique de la Suisse. Publié par le bureau de statistique du département fédéral de l'intérieur. — 2. Jahrg. 1892. Mit 1 color. Karte (in-4°). Gr. in-8°. XVI, 364 S. Bern, Verlag des Art. Inst. Orell Füssli in Zürich. 6 —

— statistisches der Schweiz. Herausgegeben vom stat. Bureau des eidg. Departement des Innern. 3. Jahrg. — Annuaire statistique de la Suisse. Publié par le bureau de statistique du département fédéral de l'intérieur. 3e année, 1893. Gr. in-8°. XVI, 450 S. Bern, Verl. d. Art. Inst. Orell Füssli Zürich. 8 —

Jahrbuch, statistisches der Schweiz. Hrsg. vom statistischen Bureau des eidgen. Departements des Innern. 4. Jahrg. 1894. — Annuaire statistique de la Suisse. Publié par le bureau de statistique du département fédéral de l'intérieur. 4e année. 1894. Gr. in-8°. XVIII, 444 p. Bern, Verlag d. Art. Inst. Orell Füssli, Zürich. 8 —

Jahrbuch, statistisches, der Schweiz. Herausg. vom Statist. Bureau des eidg. Departements des Innern. 5. Jahrg. 1895. — Annuaire statistique de la Suisse. Publié par le Bureau de statistique du Département fédéral de l'intérieur. 5e année. 1895. Lex. in-8°. XVIII, 408 S. Bern. — Zürich, Art. Inst. Orell Füssli. 7 50
*** Bildet Lieferung 104 der „Schweizerischen Statistik".

Jahrbuch, statistisches, der Schweiz. Herausg. vom statist. Bureau d. eidg. Departements des Innern. 6. Jahrg. 1896. — Annuaire statistique de la Suisse. Publié par le Bureau de statistique du Département fédéral de l'intérieur. 6e année. 1896. Gr. in-8°. 328 S. Bern. — Zürich, Art. Institut Orell Füssli. 6 —
*** Bildet Lieferung 109 der „Statistik der Schweiz".

Jahrbuch, statist., der Schweiz. VII. Jahrg. 1898. Hrsg. v. statist. Bureau des Eidgenöss. Departements des Innern in Bern. Gr. 8°. IV, 453 S. mit 2 graph. Karten. Zürich, Art. Inst. Orell Füssli. 8 —

— Statist. der Schweiz. Herausgeg. vom Statist. Bureau des eidgen. Departements des Innern. Annuaire statistique de la Suisse. 8. Jahrg. 1899. Gr. 8°. IV, 410 S. Bern. Zürich, Verlag Art. Inst. Orell Füssli. 7 50

— Statist. d. Schweiz. Herausgeg. v. statist. Bureau des eidgenöss. Depart. d. Innern. IX. Jahrg. 1900. (Deutsch u. franz. Text nebeneinander.) Lex. 8°. 313 S. Bern, Schmid & Francke. 6 —
*** Schweiz. Statistik. Liefg. 126.

Jahrbuch. Statistisches Jahrbuch der Schweiz. Hrg. vom Statistischen Bureau des eidg. Departements des Innern. Jahrg. 10, 1901. Ausgegeben den 10. Dezember 1901. — Annuaire statistique de la Suisse. Publié par le Bureau de statistique du Département fédéral de l'Intérieur. 10e année, 1901. II + 367 S. 8. Bern, Buchdr. Stämpfli & Cie., Komm. Schmid & Francke, 1901. [geb. fr. 6. —]
Schweizerische Statistik. Lieferung 130. — Statistique de la Suisse. 130e livraison.

Jahrbuch. Alphabetisches Inhaltsverzeichnis der Jahrgänge 1—10 ⟨1891—1901⟩ des Statistischen Jahrbuches der Schweiz und des graphisch-statistischen Atlasses vom Jahre 1897. Hrg. vom Statistischen Bureau des eidg. Departements des Innern. Ausgegeben den 10. Dezember 1901. — Index alphabétique de l'Annuaire statistique de la Suisse tomes 1 à 10 ⟨1891 à 1901⟩ et de l'Atlas graphique et statistique, année 1897. Publié par le Bureau de statistique du Département fédéral de l'Intérieur. 94 S. 8. Bern, Buchdr. Stämpfli & Cie., Komm. Schmid & Francke, 1901. [geb. fr. —. 80]
Schweizerische Statistik. Lieferung 131. — Statistique de la Suisse. 131e livraison.

Jahrbuch. Statistisches Jahrbuch der Schweiz. Hrg. vom Statistischen Bureau des eidg. Departements des Innern. Jahrg. 11, 1902. Ausgegeben den 26. Dezember 1902 = Annuaire statistique de la Suisse. Publié par le Bureau de statistique du Département fédéral de l'Intérieur. 11e année, 1902. [Mit 1 Tafel.] II + 341 S. 8. Bern, Buchdr. Stämpfli & Cie., Komm. A. Francke, 1902. [fr. 6. —, geb. fr. 7. —]
Schweizerische Statistik. Lieferung 136 = Statistique de la Suisse. 136e livraison.

Jahrbuch. Statistisches J' der Schweiz. Hrg. vom Statistischen Bureau des eidg. Departements des Innern. Jahrg. 12, 1903. Ausgegeben den 15. Februar 1904 = Annuaire statistique de la Suisse. Publié par le Bureau de statistique ... fédéral.... 12e année, 1903. II + 334 S. 8. Bern, Buchdr. Stämpfli & Cie., Komm. A. Francke, 1904. [fr. 6. —, geb. 7. —]
Schweizerische Statistik. Lieferung 141 = Statistique de la Suisse. 141e livraison.

Jahrbuch. Statistisches J' der Schweiz. Hrg. vom Statistischen Bureau des eidg. Departements des Innern. Jahrg. 14, 1905. Ausgegeben den 10. März 1906 = Annuaire statistique de la Suisse. Publié par le Bureau de statistique ... fédéral.... 14e année, 1905. II + 355 S. 8. Bern, Buchdr. Stämpfli & Cie., Komm. A. Francke, 1906. [fr. 6. —, geb. 7. —]
Schweizerische Statistik. Lieferung 149 = Statistique de la Suisse. 149e livraison.

Jahrbuch. Statistisches J' der Schweiz. Hrg. vom Statistischen Bureau des eidg. Departements des Innern. Jahrg. 15, 1906. Ausgegeben den 20. März 1907 = Annuaire statistique de la Suisse. Publié par le Bureau de statistique ... fédéral.... 15e année, 1906. II + 360 S. 8. Bern, Buchdr. Stämpfli & Cie., Komm. A. Francke, 1907. [fr. 6. —, geb. 7. —]
Schweizerische Statistik. Lieferung 156 = Statistique de la Suisse. 156e livraison.

Jahrbuch. Statistisches J' der Schweiz. Hrg. vom Statistischen Bureau des eidg. Departements des Innern. Jahrg. 16, 1907. Ausgegeben den 30. März 1908 = Annuaire statistique de la Suisse. Publié par le Bureau de statistique ... fédéral.... 16e année, 1907. [Mit 1 Figur und 1 Karte.] II + 392 S. 8. Bern, Buchdr. Stämpfli & Cie., Komm. A. Francke, 1908. [fr. 6. —, geb. 7. —]
Schweizerische Statistik. Lieferung 161 = Statistique de la Suisse. 161e livraison.

Jahrbuch. Statistisches J' der Schweiz. Hrg. vom Statistischen Bureau des eidg. Departement des Innern. Jahrg. 17, 1908 = Annuaire statistique de la Suisse. Publié par le Bureau de statistique ... fédéral.... 17e année, 1908. II + 390 S. 8. Bern, Buchdr. Stämpfli & Cie., Komm. A. Francke, 1909. [fr. 6. —, geb. 7. —]

Schweizerische Statistik. Liefg. 165 = Statistique de la Suisse. 165e livr.

Jahrbuch. Statistisches J' der Schweiz. Hrg. vom Statistischen Bureau des eidg. Departements des Innern. Jahrg. 18. 1909 = Annuaire statistique de la Suisse. Publié par le Bureau de statistique... fédéral.... 18e année, 1909. [Mit 1 Karte.] 343 S. 8. Bern, Buchdr. Stämpfli & Cie.. Komm. A. Francke, 1910. [fr. 6. —, geb. 7. —]
Schweizerische Statistik. Liefg. 169 = Statistique de la Suisse. 169e livr.

— statistisches, f. den Preussischen Staat. 1.—3. Jahrg. 1903—1905. Hrsg. vom königl. statist. Landesamt. (IV, 242; XII, 252 u. XII, 301 S.) gr. 8. Berlin 904—906. Verlag des königl. statist. Landesamts. Geb. in Leinw. à n. 1. —

— statistisches, f. den Preussischen Staat. 4.—7. Jahrg. 1906—1909. Hrsg. v. königl. preuss. statist. Landesamte. (XII, 316; XII, 308; XII, 361 u. XII, 376 S.) gr. 8. Berlin 907—10. Verlag des königl. statist. Landesamts. Geb. in Leinw. à 1. —

Statistisches Jahrbuch der Vereinigten Staaten von Venezuela. 1894. Caracas 1896 286 S. 8°.

Jahrbuch, Statistisches, deutscher Städte. Jg. 1—21. Breslau 1890—1916

— statistisches, deutscher Städte. In Verbindg. m. R. Böckh, H. Bleicher, Büchel u. a. hrsg. v. M. Neefe. 1. Jahrg. gr. 8. (VIII, 247 S.) Breslau 891 W. G. Korn. n.n. 6. 50; geb. n.n. 7. 80

— dasselbe. 2. Jahrg. gr. 8. (VIII, 297 S.) Ebd. 892. n. 12. —

— dasselbe. 3. Jahrg. gr. 8. (VIII, 378 S.) Ebd. 893. n. 11. 50

— statistisches, deutscher Städte. In Verbindg. m. H. Bleicher, R Böckh, K. Büchel u. A. hrsg. v. M. Neefe. 4. Jahrg. gr. 8. (VIII, 360 S.) Breslau 894. W. G. Korn. n. 11. —

— dasselbe. In Verbindg. m. H. Bleicher, R. Böckh, M. Flinzer u. A. hrsg. v. M. Neefe. 5. Jahrg. gr. 8. (VIII, 360 S.) Ebd. 896. n. 11. —; kart. n. 11. 20

— dasselbe. 6. Jahrg. gr. 8. (XII, 388 S.) Ebd. 897. n. 12. —; kart n. 12. 20

— statistisches, deutscher Städte. In Verbindg. m. H. Bleicher, R. Böckh, A. Dullo u. A. hrsg. v. M. Neefe. 7. Jahrg. gr. 8. (VIII, 416 S.) Breslau 899. W. G. Korn. n. 12. 40; kart. n. 12. 60

— dasselbe. 8. Jahrg. gr. 8. (VIII, 420 S.) Ebd. 900. n. 12. 60; kart. n. 12. 80

— dasselbe. 9. Jahrg. gr. 8. (VIII, 376 S.) Ebd. 901. n. 11. 20; kart. n. 11. 40

— dasselbe. In Verbindg. m. H. Bleicher, Böckh, K. Büchel u. a. hrsg. v. M. Neefe. 10. Jahrg. gr. 8. (XII, 447 S.) Ebd. 902. n. 13. 50; kart. n. 13. 70

— statistisches, deutscher Städte. In Verbindg. m. H. Bleicher, Böckh, K. Büchel u. a. hrsg. v. M. Neefe. 11.—13. Jahrg. gr. 8. Breslau, W. G. Korn. n. 44. 50
11. (XII, 531 S.) 903. n. 16. —. — 12. (XII, 481 S.) 904. n. 14. —. — 13. (XII, 483 S.) 906. n. 14. 50.

— statistisches, deutscher Städte. 14.—16. Jahrg. gr. 8. Breslau, W. G. Korn. 48. 60
14. In Verbindg. m. W. Beukemann, H. Bleicher, H. Böckh u. a. hrsg. v. M. Neefe. 907. 14. 60
15. In Verbindg. m. W. Beukemann, W. Böhmert, K. Büchel u. a. hrsg. v. M. Neefe. (XIV, 546 S.) 908. 17. 50
16. In Verbindg. m. Badtke, W. Beukemann, W. Böhmert u. a. hrsg. v. M. Neefe. (XVI, 504 S.) 909. 16. 50

Jahrbuch, Statistisches, der Stadt Stuttgart für das Jahr 1900. 01. Stuttgart 1902

Statistisches Jahrbuch der Deutschen Evangelisch-Lutherischen Synode von Missouri, Ohio und anderen Staaten: No. 1—35, 1884—1917.
St.Louis, MO

— statistisches, der deutschen evang.-lutherischen Synode v. Missouri, Ohio u. anderen Staaten f. d. J. 1885. gr. 8. (64 S.) St. Louis, Mo. 886. (Dresden, H. J. Naumann.) n. — 75

— statistisches, der deutschen evang.-lutherischen Synode v. Missouri, Ohio u. andern Staaten f. d. J. 1886. gr. 8. (80 S.) St. Louis, Mo. 887. (Dresden, H. J. Naumann.) n. — 70

— dasselbe, f. d. J. 1887. gr. 8. (80 S.) Ebd. 888. n. 1. —

— dasselbe, f. d. J. 1888. gr. 8. (72 S.) Ebd. 889. n. 1. 20

— dasselbe, f. d. J. 1889. gr. 8. (86 S.) Ebd. 890. n. 1. 20

— statistisches, der evang.-lutherischen Synode v. Missouri, Ohio u. andern Staaten f. d. J. 1890—1893. gr. 8. St. Louis, Mo. (Zwickau, Schriftenverein.) n. 5. 45
1890. (81 S.) 891. n. 1. 30. — 1891. (85 S.) 892. n. 1. 50. — 1892. (88 S.) 893. n. 1. 50. — 1893. (96 S.) 894. n. 1. 25.

— statistisches, der deutschen evang.-luther. Synode von Missouri, Ohio u. and. Staaten f. d. J. 1894, 1895 u. 1896. gr. 8. (106, 111 u. 112 S.) St. Louis, Mo. 895–897. (Zwickau, Schriftenverein.) à Jahrg. n. 1. 50

— statistisches, der deutschen evangelisch-lutherischen Synode v. Missouri, Ohio u. andern Staaten f. die J. 1897—1900. gr. 8. (116, 123; 128 u. 136 S.) St. Louis, Mo. 898—901. (Zwickau, Schriftenverein). à n. 1. 50

— statistisches, der deutschen evangelisch-luther. Synode v. Missouri, Ohio u. andern Staaten f. d. J. 1901—1905. (142, 144, 160, 160 u. 175 S.) gr. 8. St. Louis, Mo. 902—906. (Zwickau, Schriften-Verein.) à n. 1. 50

— statistisches, der deutschen evangelisch-lutherischen Synode v. Missouri, Ohio u. andern Staaten f. d. J. 1906—1909. (180, 192, 192 u. 192 S.) 8. St. Louis, Mo. 907—10. (Zwickau, Schriftenverein.) 1906 1. 50; 1907—09 à 1. 80

-- statistisches, f. Taubstummenlehrer. 1895. Bearb. v. F. W. Reuschert. gr. 16. (V, 100 S.) Stuttgart, A. Bonz & Co. Geb. in Leinw. n.n. 1. 80

Statistisches Jahrbuch der Deutschen Turnerschaft, i. A. d. Aussch. d. dtsch. Turnver. hrsg., Leipzig, 8°. 3 Bde.
1. v. Georg Hirth, 1863.
2. —, 1865.
3. v. Ferdinand Goetz u. A. F. Böhme, 1871.
Deutschlands Turnstätten, Übersichtskarte zu , Nürnberg. 1 M.

—— drittes statistisches, der deutschen Turnerschaft. Im Auftrage des Ausschusses der deutschen Turnerschaft hrsg. von Ferd. Goetz und A. F. Böhme. gr. 8. (LXVI, 208 S.) Leipzig 870, Keil. * 3 —
Vgl.: Hirth, G.,

Statistisches Jahrbuch der Turnvereine Deutschlands. Leipzig.
1- 2. Hrsg. v. G. Hirth. 1863 u. 1865.
3. Hrsg. v. F. Goetz u. A. F. Böhme. 1871.

Jahrbuch, Statistisches, für Ungarn. Verfasst und herausgegeben durch das königl. ung. statistische Bureau. 2. Jahrgang. (In deutscher und ungarischer Sprache.) 4. Budapest 1874.

Statistisches Jahrbuch für Ungarn. Heft IV: Bergbau- und Hüttenwesen. Budapest. Jgge. 1888–1890.

— statistisches, des Verbands schweizer. Konsumvereine f. 1900, 1901 u. 1905. I., II. u. III. Jahrg. Hrsg. im Auftrage der Direktion des Verbands vom Verbandssekretariat. (VIII, 59; IV, 109 u. IV, 96 S.) Lex.-8. Basel 900. 901. 905. (Basler Buch- u. Antiquariatshandlg. vorm. A. Geering.) à n. 3. —

— Statist., des Verbands schweiz. Konsumvereine für 1900. 1. Jahrg. Herausgeg. im Auftrage der Direktion des Verbands vom Verbandsekretariat. 4°. 60 S. Basel, Verlag des Verbands schweiz. Konsumvereine.

Jahrbuch. Statistisches Jahrbuch des Verbands schweizer. Konsumvereine für 1901. Jahrg. 2. Hrg. im Auftrage der Direktion des Verbands vom Verbandssekretariat. IV + 109 S. 4. Basel, Verband schweizer. Konsumvereine, 1901. [fr. 3. —]

Jahrbuch, Statistisches, der Stadt Wien. (Mittheilungen des statistischen Departements des Wiener Magistrates. 1.—6., 8.—11. Jahrgang. Für das Jahr 1883—1888, 1890—1893. (10 Bde.) 8. Wien 1885—1895.

——— statistisches, der Stadt Wien für das J. 1883. Unter der Leitung von Mor. Preyer bearb. von Steph. Sedlaczek und Wilh. Löwy. Lex.-8. (XXIII, 341 S.) Wien 885, (Manz'sche Hofverlagsh.) geb. *

—— statistisches, der Stadt Wien für das J. 1884 u. fg.
Diese Jahrgänge erschienen im Selbstverlage des Wiener Magistrats und sind nicht im Handel.

— statistisches, der Stadt Wien f. d. J. 1892. 10. Jahrg. Bearb. v. Steph. Sedlaczek u. Wilh. Löwy. (Mittheilungen des statist. Departements des Wiener Magistrates.) gr. 8. (XIII, 736 S.) Wien 894. (W. Braumüller.) Geb. in Leinw. n.n. 10. —
Die früheren Bde. sind im Selbstverlag des Wiener Magistrats erschienen.

Jahrbuch, statistisches, d. Stadt Wien f. d. J. 1893. 11. Jahrg. Bearb. v. Steph. Sedlaczek u. Wilh. Löwy. (Mittheilgn. d. statist. Departements d. Wiener Magistrates.) gr. 8. (XIV, 731 S.) Wien 895. (W. Braumüller.) Geb. in Leinw. n.n. 10. —

— dasselbe f. d. J. 1894, 1895 u. 1896. 12.—14. Jahrg. Bearb. v. Steph. Sedlaczek, Wilh. Löwy u. Wilh. Hecke. gr. 8. (XV, 814; XIII, 822 u. XIII, 891 S.) Ebd. 896—898. à Jahrg. geb. in Leinw. n.n. 10. —

— statistisches, der Stadt Wien f. die J. 1897—1899. 15.—17. Jahrg. Bearb. v. Steph. Sedlaczek, Wilh. Löwy u. Wilh. Hecke. (Mittheilungen des statist. Departements des Wiener Magistrates.) Lex.-8. (XII, 906; XII, 936 u. XII, 942 S.) Wien 899—901. (W. Braumüller). Geb. in Leinw. à n.n. 10. —

Jahrbuch, statistisches, der Stadt Wien f. d. J. 1900. 18. Jahrg. Bearb. v. Steph. Sedlaczek, Wilh. Löwy u. Wilh. Hecke. (Mitteilungen der statist. Abteilung des Wiener Magistrates.) (XII, 915 S.) Lex.-8. Wien 902. (Gerlach & Wiedling.) Geb. in Leinw. n.n. 10. —

— dasselbe, f. d. J. 1901—1903. 19.—21. Jahrg. Bearb. v. der Magistrats-Abteilg. XXI f. Statistik. (XII, 941; XIII, 954 u. XIV, 905 S.) Lex.-8. Ebd. 903—905. Geb. in Leinw. à n.n. 10. —

— statistisches, der Stadt Wien f. d. J. 1904—1908. 22.—26. Jahrg. Bearb. v. der Magistrats-Abteilg. XXI f. Statistik. (XIII, 938; XIV, 934; XV, 917; XIII, 912 u. XII, 928 S.) Lex. 8. Wien 906—10. Gerlach & Wiedling. Geb. in Leinw. à nn 10. —

Jahrbuch, statistisches für d. Königreich Württemberg f. 1885-94. Stuttgart 1886-95

Jahrbuch. Statistisches J' der Stadt Zürich. Hrg. vom Statistischen Amt der Stadt Zürich. Jahrg. 1, 1905. [Mit Figuren.] IV + 187 S. 8. Zürich, Komm. Rascher & Co., Druck Berichthaus, 1906. fr. 2. —

Jahrbuch. Statistisches J' der Stadt Zürich. Hrg. vom Statistischen Amt der St' Z'. Jahrg. 2, 1906. [Mit Figuren.] IV + 156 S. 8. Zürich, Komm. Rascher & Co., Buchdr. Berichthaus, 1907. fr. 2. —

— — der Stadt Zürich Hrsg. vom statist. Amt der Stadt Zürich, 3. Jahrg. 1907. (221 S.) gr. 8. Zürich. Rascher & Co. Kart. 1. 60.

Jahrbuch. Statistisches J' der Stadt Zürich. Hrg. vom Statistischen Amt der St' Z'. Jahrg. 4, 1908. [Mit Figuren, 3 Planskizzen und 2 Tafeln.] IV + 300 S. 8. Zürich, Komm. Rascher & Co., Buchdr. Berichthaus, 1910. fr. 2. —

Jahrbuch. Statistisches J' der Stadt Zürich. Hrg. vom Statistischen Amt der St' Z'. Jahrg. 5, 1909. [Mit Figuren, 2 Planskizzen und 8 Tafeln.] IV + 342 S. 8. Zürich, Komm. Rascher & Co., Buchdr. Berichthaus, 1910. fr. 2. —

Statistisch-topographisches Jahrbuch des Großherzogthums Mecklenburg Schwerin. 1814—
s. Herzoglich Mecklenburg Schwerinscher Staats-Kalender. Tl 2.

Jahrbuch der Steinkohlenzechen und Braunkohlengruben Westdeutschlands. Nach zuverlässigen Quellen hrsg. von H. Lemberg. [Bis einschl. 13. Aufl. u. d. T.: Lemberg. H., Die Steinkohlenzechen des niederrheinisch-westfälischen Industriebezirks.] 5. Aufl. Dortmund, 1898. 89 S.

Dasselbe. 7. Aufl. Ebd., 1901. 112 S.

Dasselbe. 9. Aufl. Ebd., 1903. 154 S.

Dasselbe. 10. Aufl. Ebd., 1904. 154 S.

Dasselbe. 11. Aufl. Ebd., 1905. 150 S.

Dasselbe. 12. Aufl. Ebd., 1906. 150 S.

Dasselbe. 13. Aufl. Ebd., 1907. 190 S.

Dasselbe. 14. Aufl. Ebd., 1908. 157 S.

— für Arendssche Stenographen f. d. J. 1910. 83. Jahrg. Im Auftrage d. Hauptverbandsvorstandes bearb. v. Paul Amman. (147 u. 8 S.) kl. 8. Berlin, C. Hause.
Geb. in Leinw. nn 1. —

— der Stereotypie 1902. Verf.: Carl Kempe. Hrsg. v. der Maschinenfabrik Kempewerk, Nürnberg, G. m. b. H. schmal Fol. (68 S. m. Abbildgn) Nürnberg. (Leipzig, O. Hedeler) n. 1. —

Jahrbuch der Königl. Sternwarte zu München für 1838, I. Jahrgang; für 1839—40, II. und III. Jahrg.

Jahrbuch der Sternwarte bei München, herausgegeben von J. Lamont. Jahrg. 1—4. München 1838—41.

— der Schule Stolze-Schrey f. d. J. 1903—1906. Hrsg. im Auftrage des Stenographenverbandes Stolze-Schrey von Fritz Specht. (XVI, 236; X, 246; VIII, 272 u. 300 S. m. je 2 Bildnissen.) kl. 8. Berlin, Gerdes & Hödel. Geb. in Leinw. à n.n. 1.25

— der Schule Stolze-Schrey f. d. J. 1909. Hrsg. im Auftrage des Stenographenverbandes Stolze-Schrey v. H. Steffenhagen. (208 S. m. 1 Bildnis.) kl. 8. Berlin, Buchh. des Stenographenverbandes Stolze-Schrey.
Geb. in Leinw. 1.50

Jahrbuch des Strafrechts u. Strafprozesses. Hrsg. von Hs. Th. Soergel u. Krause. Jg. 1. 1906—6. 1911. Hannover 1907—12.
6 Bde
(Das Recht. Rundschau f. d. dt. Juristenstand. Beil.)

Jahrbuch des Strafrechts und Strafprozesses. Hrsg. von Dr. Hs. Th. Soergel u. Landrichter [Johannes Emil Reinhold] Krause. Jg. 1. Hannover: Helwing 1907. 8°
= Recht, Das. 1907, Gratis-Beil. [07. 8771]

— des Strafrechts u. Strafprozesses. Hrsg. v. Hs. Th. Soergel u. R. Krause. 1.—4. Jahrg. Rechtsprechung. 1906—1909. (Nebst: Das Recht. Rundschau f. den Juristenstand.) 11.—14. Jahrg. 1907—1910. (VIII, 368; XV, 529; XXIV, 533 u. XXXI, 425 S.) kl. 8. Hannover 907—10. Helwing.
Geb. in Leinw. à Jahrg. 16. —

— Straßburger katholisches, f. 1908. Unentbehrliches Nachschlagewerk f. die Katholiken Straßburgs u. der Vororte. 1. Jahrg. Hrsg. v. G. Rominger. (185 u. 47 S. m. 2 Taf.) gr. 8. Straßburg i/E. (Schloßgasse 1), Vikar G. Rominger. — 70; kart. 1. —

Jahrbuch d. Deutschen Strassen- u. Kleinbahnzeitung. Hrsg. von Max *Dietrich*. Jg. 2. 1910. Berlin 1910. 4°

— moderner Studenten f. 1905. (98 S.) kl. 8. Osterwieck, A. W. Zickfeldt. n. 1. —

moderner Studenten, Fortsetzg., s.: Jahrbuch mod. Menschen.

Jahr- u. Tagebuch d. wichtigsten Entdeckungen, Erfindungen u. Stiftungen u. d. denkwürd. Weltbegebenheiten seit Christus. Nebst einem Normalkalender. In Verbind. mit einigen Gelehrten herausgeg. v. S. Ch. Wagener. 1r Thl. u. 2r Thl. 1ste Abthlg. gr. 8. Berlin 824, Fr. Maurer. 1r Thl. 1 Rthl. 12 gr. 2r Thl. 1ste Abthlg. 1 Rthlr. 18 gr.

Jahr- u. Tagebuch d. wichtigsten Entdeckungen, Erfindungen u. Stiftungen, u. d. wicht. Weltbegebenheiten seit Christus. Nebst e. Normalkalender. 2. Thl. 2. Abthl. — A. u. d. T.: Kurzgefaßte Welt-Chronik seit Christus bis auf d. neueste Zeit. Ein Erinnerungsbuch f. Gebildete. In Verbind. mit einigen Gelehrten hrsg. v. S. Chr. Wagener. 2. Abthl. July—Decbr. gr. 8. (35½ B.) Berlin 828, (Maurer.)
1. Thl. u. 2. Thl. 1. Abthl. Ebendas. 1824. 3 Thlr. 6 Gr.

—— der altevangelischen Taufgesinnten oder Mennoniten-Gemeinden, hrsg. von H. G. Mannhardt. gr. 8. (VI, 176 S.) Danzig 888, (Saunier's Buchh.) **

—— technisch-chemisches, s. a. Biedermann, Rud.

TECHNISCH-CHEMISCHES JAHRBUCH. Herausgegeben von Rudolph Biedermann. 12 vols., 16mo. Berlin, 1880–'91+
Vols. I to III *were issued as a Supplement to the* Chemiker-Kalender; *after that it forms an independent journal with the sub-title:* Ein Bericht über die Fortschritte auf dem Gebiete der chemischen Technologie.

Jahrbuch, Technisch-chemisches. Herausgegeben von Biedermann (R.). Jahrgang 5 (1882/83) —21 (1898/99).

— technisch-chemisches, 1897/98 u. 1898/99. Ein Bericht üb. die Fortschritte auf dem Gebiete der chem. Technologie. Hrsg. v. Rud. Biedermann. 20. u. 21. Jahrg. gr. 8. (VIII, 562 S. m. 170 Abb. u. VIII, 583 S. m. 169 Abb.) Berlin 899. 900. C. Heymann's Verl.
Geb. in Leinw. à n. 15. —

— dasselbe. 1899 u. 1900. 22. u. 23. Jahrg. gr. 8. (XIV, 514 S. m. 164 Abb. u. XII, 682 S. m. 150 Abb.) Braunschweig 902. F. Vieweg & Sohn.
Geb. in Leinw. à n. 15. —

— technisch-chemisches, 1901—1904. Ein Bericht üb. die Fortschritte auf dem Gebiete der chem. Technologie. Hrsg. v. Rud. Biedermann. 24.—27. Jahrg. (XII, 710 S. m. 124 Abb.; XII, 656 S. m. 72 Abb.; XII, 623 S. m. 86 Abb. u. XII, 698 S. m. 50 Abb.) gr. 8. Braunschweig 903—906. F. Vieweg & Sohn.
Geb. in Leinw. à n. 15. —

— technisch-chemisches, 1905. Ein Bericht üb. die Fortschritte auf dem Gebiete der chem. Technologie. Hrsg. v. Rud. Biedermann. 28. Jahrg. (XII, 650 S. m. 43 Abb.) 8. Braunschweig 907. F. Vieweg & Sohn. Geb. in Leinw. 20. —

— technisches, f. den Buch- u. Kunstdruck, sowie alle verwandten Zweige. Hrsg. u. red. v. A. Halauska. 1. Bd. 1.—9. Hft. gr. 4. (Sp. 1—298 m. Textabbildgn. u. Taf.) Hallein-Salzburg 889. (Leipzig, Gracklauer.)
à n.n. 1.20

—— technisches, f. den Buch- u. Kunstdruck, sowie alle verwandten Zweige. Hrsg. u. redig. v. Ant. Halauska. 1.—3. Bd. gr. 4. (à Bd. 300—400 S.) Hallein-Salzb. 889—92, A. Halauska.
à Bd. * 15 —

— technisches, f. den Buch- u. Kunstdruck, sowie alle verwandten Zweige. Hrsg. u. red. v. Ant. Halauska. 3. u. 4. Bd. à 9 Hfte. gr. 4. (à Hft. ca. 20 S. m. Textabbildgn. u. Taf.) Hallein-Salzburg 892—894. A. Halauska. à Bd. n.n. 12. 60

— technisches, f. den Buch- u. Kunstdruck, sow. alle verw. Zweige. Hrsg. u. unt. Mitwirkg. v. Fachmännern red. v. Ant. Halauska. 5. Bd. 9 Hfte. (à ca. 20 S. m. Abb. u. Taf.) gr. 4. Salzburg 896. A. Halauska. n.n. 12. 55

Jahrbuch der drahtlosen Telegraphie und Telephonie sowie des Gesamtgebietes der elektromagnetischen Schwingungen. Unter Mitarb. von ... u. unter besond. Mitw. von Dr. Jonathan Zenneck, Prof., hrsg. von Dr. Gustav Eichhorn in Zürich. Bd 1, H. 1, No 1. Leipzig: S. Hirzel 1907. 8° [B] 07. 14669

Jahrbuch der drahtlosen Telegraphie und Telephonie, sowie des Gesamtgebietes der elektromagnetischen Schwingungen. Unter Mitarbeit von Prof. M[ax] Abraham ⟨Göttingen⟩ Chefingenieur Graf v. Arco ⟨Berlin⟩, ... Prof. Max Wien ⟨Danzig⟩, und unter besonderer Mitwirkung von Dr. Jonathan Zenneck, ... Braunschweig, hrg. von Dr. Gustav Eichhorn ... in Zürich. Band 1. (1907. 4 Hefte.) Mit 345 Figuren im Text. VI + 659 S. 8. Leipzig. Johann Ambrosius Barth, 1908. [M. 20. —]

Darin S. 369 - 373 und S. 373 - 402 u. 496 - 522 Originalabhandlungen *von* Gustav Eichhorn *und* F[ranz] Rusch.

— der drahtlosen Telegraphie u. Telephonie, sowie d. Gesamtgebietes der elektromagnet. Schwingungen. Unt. Mitarb. v. M. Abraham, Graf v. Arco, A. Blondel u. a. und unter besond. Mitwirkg. v. Jonath. Zenneck hrsg. v. Gust. Eichhorn. 1.—4. Bd. à 4, bezw. 6 Hefte. (à Bd. ca. 500 S. m. Abbildgn. u. Taf.) gr. 8. Leipzig 907—10. J. A. Barth. à Bd. 20. —

— der Textil-Industrie. Rundschau auf dem techn. Gebiete der Spinnerei, Weberei, Wirkerei, Strickerei, Flechterei u. Klöppelei, Posamentiererei, Stickerei, Färberei u. Bleicherei, Zeugdruckerei, Appretur etc. Nebst e. Anh. üb. prakt. Neuergn. in den Industriezweigen. Hrsg. v. G. Reinhard. [Mit mehreren 100 Abbildgn.] gr. 8. (VIII, 370 S.) Leipzig 887. [E. Krause.] Altona, A. Sond. n. 5 —; geb. 6. —

— dasselbe. 1. Nachtrag, enth.: Alle techn. u. prakt. Fortschritte — Erfindgn. u. Erfahrgn. seit Erscheinen d. Hauptwerkes. Hrsg. v. Geo. Reinhard. Mit vielen Abbildgn. gr. 8. (VIII, 200 S.) Ebd. 889. n. 4. — (Hauptwerk u. I. Nachtrag zusammen: n. 7. 50; Hauptwerk geb. u. I. Nachtrag brosch. n. 8. 50)

— der Textil-Industrie. Rundschau auf dem techn. Gebiete der Spinnerei, Weberei, Wirkerei, Strickerei, Flechterei u. Klöppelei, Posamentirerei, Stickerei, Färberei u. Bleicherei, Zeugdruckerei, Appretur etc. II. Nachtrag, enth.: Alle techn. u. prakt. Fortschritte — Erfindgn. u. Erfahrgn. — seit Erscheinen d. I. Nachtrages. Hrsg. v. Geo. Reinhard. Mit vielen Abbildgn. gr. 8. (VIII, 214 S.) Altona 891. Sond. n. 4. — (Hauptwerk, I. u. II. Nachtrag: n. 11. 50; zusammen genommen n. 11. —)

— der Textil-Industrie. Hrsg. v. Rud. Hanel. Jahrg. 1905. (XXXII, 184 u. LXIX S.) 8. Wien, A. Hölder. n. 8 30

— der österreichischen Textil-Industrie. Hrsg. v. Rud. Hanel. Jahrg. 1906. (XXXIX, 4, 188, 72, 7 u. LXIV S.) 8. Ebd. Kart. n. 8. 50

— der österreichischen Textil-Industrie. Hrsg. v. Rud. Hanel. Jahrg. 1907—1910. 8. Wien, Compass-verlag. Kart. 21. 20

1907. (XLVI S., S. 1371—1656, 707—786, 1777—2061 u. LXVI S.) Kart. 5. 20

1908. (LII S., S. 1507—1814, 747—834, 1955—2226 u. LXII S.) Kart. 5. 20

1909. (XI S., S. 1527—1832, 765—856, 1975—2279 u. 953—1008.) Kart. 5. 40

1910. (XII S., S. 1519—1820, 187—229, 524—551 u. 2604—2618.) Kart. 5. 40

Tharander Jahrbuch, zugleich Festschrift zum 50jährigen Jubiläum der Akademie 1866. - Dresden, Leipzig. (Bd. 17 d. ganz. Folge) 1866.
Früher s.: Jb. d. Kgl. Sächs. Akad. f. Forst- u. Landw.
Forts. s.: Tharander Forstl. Jb.

— Tharander, zugleich Festschrift zum 50jährigen Jubiläum der Akademie 1866. Hrsg. von Judeich, Schober, Pressler etc. Der ganzen Folge 17. Bd. gr. 8. (VIII und 682 S. mit 1 Titelkpfr. und mit eingedr. Holzschn.) Leipzig 866, Arnoldische Buchh. cart. *

Vgl.: Jahrbuch der Königl. sächs. Akademie für Forst- und Landwirthe zu Tharand.

Tharander Forstliches Jahrbuch. Herausg. v. B. Cotta (etc.), $^{18-37}$ F. Judeich, $^{38-44}$ M. Kunze. Bd. 1-44 (23 Vol.). $^{1-5}$ Dresd. u. Leipz., $^{6-17}$ Leipz., $^{18-44}$ Dresd. 1842-94.
(Varier. Tit.:
1-7. 1842-51: Forstwirthschaftliches J., herausg. v. der königl. sächs. Akademie f. Forst- u. Landwirthe zu Tharand (1 o. m. Tit.: Forst- u. landw. J. etc.).
8-16 (Neue Folge Bd. 1-9). 1852-64: J. d. königl. sächs. Ak. (etc.).
17. 1866: Tharander J., zugleich Festschrift z. 50jährigen Jubiläum d. Akademie
18-44. 1868-94: som ovf. anf.
»Sach-Register d. Inhaltes d. ersten 10 Bd.« i Bd. 11).
— Supplemente. Herausg. v. $^{1-3}$ F. Judeich, $^{4-6}$ M. Kunze. Bd. 1-6 (2 Vol.). Dresd. 1878-90.
(Delvis m. særsk. Tit. og Pagin.,; se 594 Kunze).

Jahrbuch, Tharander Forstliches. Band 15 (1863)—50 (1900). Bd. 47 mit Atlas. Supplement Bd. 1—5. Leipzig, später Dresden. 8.

— Tharander forstliches. In Vierteljahresheften hrsg. von den Lehrern der Königl. Sächs. Akademie für Forst- und Landwirthe. 18. Bd. 4 Hefte. gr. 8. (1. Heft 104 S. mit eingedr. Holzschn.) Dresden 868, Schönfeld's Buchh. *

Vgl.: Jahrbuch, Tharander.

— Tharander forstliches. In Vierteljahresheften hrsg. unter Mitwirkung der Lehrer an der königl. sächs. Akademie für Forst- und Landwirthe von Judeich. 19. und 20. Bd. à 4 Hefte. gr. 8. (à Heft 80—100 S.) Dresden 869,70, Schönfeld's Verlag. à Jahrg. * 6 —

— dass. — In Vierteljahresheften hrsg. unter Mitwirkung der Lehrer an der königl. sächs. Forstakademie von Judeich. 21.—25. Bd. à 4 Hefte. gr. 8. (à Heft 80—136 S. mit eingedr. Holzschn.) Ebendas. 871—75. 21.—24. Bd. à * 6 —
25. Bd. * 8 —

Jahrbuch, Tharander forstliches. In Vierteljahresheften hrsg. unter Mitwirkung der Lehrer an der königl. sächs. Forstakademie von Judeich. 26. und 27. Bd. à Jahrg. 4 Hefte. gr. 8. (IV, 332 S. mit 4 eingedr. Holzschn. und 2 lithogr. Taf. in qu. gr. Fol.; IV, 328 S. mit 2 eingedr. Holzschn.) Dresden 876,77, Schönfeld's Verlag. à Jahrg. *

— dass. — 27. Bd. Suppl.-Heft: Beiträge zur Kenntniß des Ertrages der Fichte auf normal bestockten Flächen. Von M. Kunze. gr. 8. (S. 1—96 mit 3 Stnt. in qu. gr. 4.) Ebendas. 877. *

— dass. — 28. und 29. Bd. à Jahrg. 4 Hefte. gr. 8. (IV, 320 S. mit eingedr. Holzschn.; IV, 320 S.) Ebendas. 878,79. à Jahrg. *

— dass. — 28. Bd. Suppl.-Heft: Forst-chemische und pflanzenphysiolog. Untersuchungen. Von Schröder. gr. 8. (S. 97—214.) Ebendas. 878. *

— Tharander forstliches. In Vierteljahresheften hrsg. unter Mitwirkung der Lehrer an der königl. sächs. Forstakademie von F. Judeich. 30.—34. Bd. à Bd. 4 Hefte. gr. 8. (IV, 324 S. mit 5 eingedr. Holzschn.; IV, 366 S. mit 7 eingedr. Holzschn.; IV, 316 S. mit 1 Stnt.; IV, 316 S. mit 14 eingedr. Holzschn. und 1 Stnt.; III, 346 S. mit 6 eingedr. Holzschn. und 7 xylogr. Taf.) Dresden 880—84, Schönfeld's Verlagsh. à Bd. *

—— dass. — Supplemente. 2. Bd. 2 Hefte. gr. 8. Ebendas. 881. à Heft * ℳ 2.;

Inhalt:

Heft 1. Kunze, M., die Formzahlen der gemeinen Kiefer. (S. 1—51.) 881.
" 2. —— die Formzahlen der Fichte. (III, S. 52—100.) 882.

—— dass. — Supplemente. 3. Bd. 2 Hefte. gr. 8. Ebendas. à Heft * ℳ 3.; *

Inhalt:

Heft 1. Kunze, M., Untersuchungen über die Genauigkeit, welche bei Holzmassenaufnahmen durch Klassenprobestämme zu erreichen ist. — Beiträge zur Kenntniß des Ertrages der Fichte auf normal bestockten Flächen. (S. 1—118.) 883.
" 2. —— Beiträge zur Kenntniß des Ertrages der gemeinen Kiefer auf normal bestockten Flächen. (S. 119—214.) 884.

— Tharander forstliches. In Vierteljahresheften hrsg. unter Mitwirkung der Lehrer an der königl. sächs. Forstakademie, von F. Judeich. 35.—37. Bd. à 4 Hefte. gr. 8. (VIII, 380; VII, 388 S. mit 3 Holzschn. und 1 Karte; VI, 310 S. mit 2 lithogr. Portr.) Dresden 885—87, Schönfeld's Verlagsh. à Jahrg. *

Jahrbuch, Tharander forstliches. Supplemente. 4. Bd. 1. Heft: Ueber den Einfluß der Anbaumethode auf den Ertrag der gemeinen Kiefer. Von M. Kunze. gr. 8. (S. 1—44 mit 1 Taf.) Dresden 887, Schönfeld's Verlagsh. * 2 —

—— dass. — Supplemente. 4. Bd. 2. Heft: Beiträge zur Kenntniß des Ertrages der Fichte auf normal besteckten Flächen. (Fortsetzung der Abhandlungen in Suppl.-Bd. I und III des „Th. f. J.") gr. 8. (S. 45—169.) Ebendas. 888. * 3 —

—— dass. — In Vierteljahresheften hrsg. unter Mitwirkung der Lehrer an der königl. sächs. Forstakademie, von M. Kunze. 38. Bd. 4 Hefte. gr. 8. (VI, 303 S.) Ebendas. 888. * 8 —

—— Tharander forstliches. Hrsg. unter Mitwirkg. der Lehrer an der kgl. sächs. Forstakademie v. M. Kunze. 39. u. 40. Bd. à 4 Hefte; 41. u. 42. Bd. à 2 Hälften. gr. 8. (VIII, 299 S. m. 1 Karte, 1 lithogr. u. 1 photolithogr. Taf.; VI, 333 S. m. 1 photolithogr. Taf.; VI, 364 S. m. 1 photolithogr. Taf.; VI, 330 S. m. 2 Taf.) Dresd. 889-92, Schönfeld. à Bd. * 8 —

Jahrbuch, Tharander forstliches. Supplemente. 5. Bd. 2 Hefte u. 6. Bd. gr. 8. Dresd., Schönfeld. * 8 —

5. Bd. 1. Kunze, M. Die Formzahlen der gemeinen Kiefer. (84 S.) — 2. Kunze, M. Die Formzahlen der Fichte. [Der Inhalt der beiden Hefte bildet die Fortsetzung u. den Schluß der Abhdlgn. in Bd. II. der Supplemente d. Tharander forstl. Jahrbuchs.] (S. 85—188.) 889. * 3 —.
6. Bd. Kunze, M. Beiträge zur Kenntniß der Rothbuche in Bezug auf Form u. Ertrag. — Kunze, M. Beiträge zur Kenntniß d. Ertrages der gemeinen Kiefer auf normal bestockten Flächen. (III, 172 S.) 890. * 5 —.

-- Tharander forstliches. Hrsg. unter Mitwirkg. der Lehrer an der kgl. sächs. Forstakademie v. M. Kunze. 41.—44. Bd. à 2 Hälften. gr. 8. (à Bd. ca. 300 S.) Dresden 891—893. G. Schönfeld's Verl. à Bd. n. 8. —

— Tharander forstliches. Hrsg. unt. Mitwirkg. d. Professoren an d. Forstakademie Tharand v. M. Kunze. 45.—48. Bd. à 2 Hälften. gr. 8. Dresden 895—898. G. Schönfeld. à Bd. n. 8. —

45. (VI, 286 S. u. 1 Bl. m. 1 Portrait in Autotypie, 4 lith. u. 2 Lichtdr.-Taf.) 895.
46. (IV, 295 S. m. 1 Portrait in Autotypie, 7 Abb. u. 5 [1 Lichtdr.-] Taf.) 896.
47. (IV, 290 S. m. 2 Ill., 4 Zinkdr.-, 2 Lichtdr.-Taf. u. 1 Atlas v. 10 lith., z. Tl. farb. Taf.) 897.
48. (IX, 326 S. m. 1 Portr. in Photograv. u. 4 Abb.) 898.

— dasselbe. Supplemente. 7. Bd. gr. 8. Ebd. 896. n. 3. 60
Die absol. Formzahlen d. gemeinen Kiefer. Von M. Kunze. (119 S.)

— dasselbe. Supplemente. 8. Bd. gr. 8. Ebd. 899. n. 5. —
Die absoluten Formzahlen der Fichte. Von M. Kunze. (135 S.)

— Tharander forstliches. Hrsg. unter Mitwirkg. der Professoren an der Forstakademie Tharand v. M. Kunze. 49.—52. Bd. gr. 8. Dresden 902. Leipzig, G. Schönfeld. à n. 8. —
49. (VI, 294 S. m. 5 Taf.) 899. — 50. (VI, 348 S. m. 1 Portr. u. 2 Taf.) 900. — 51. (VIII, 287 S. m. 2 eingedr. Taf.) — 52. (VII, 327 S. m. 1 Portr. u. 2 Taf.)

— Tharander forstliches. Hrsg. unter Mitwirkg. der Professoren an der Forstakademie Tharand v. M. Kunze. 53.—55. Bd. gr. 8. Leipzig 903—905. [R. C. Schmidt & Co.] Berlin, P. Parey. à Bd. n. 8. —
53. (VIII, 336 u. 52 S. m. 8 Abb. u. 4 Taf.) — 54. (VII, 316 S. m. 6 Abb. u. 1 Taf.) — 55. (VIII, 255 S. m. 1 Abb. u. 2 Taf.)

— dasselbe. 56. Bd. (VIII, 386 S. m. 9 Abbildgn. u. 2 Lichtdr.-Taf.) gr. 8. Berlin 906. P. Parey. n. 8. —
Auch die früh. Jahrgge. sind an P. Parey übergegangen.

— Tharander forstliches. Hrsg. unter Mitwirkg. der Professoren an der Forstakademie Tharand v. M. Kunze. 57. u. 58. Bd. (V, 512 u. VII, 338 S. m. 3 u. 4 Taf.) gr. 8. Berlin 907. 08. P. Parey. à 8. —

— dasselbe. 59.—61. Bd. gr. 8. Ebd. 909. 10. à 8. —
59. (VI, 333 S. m. 1 Abb.) — 60. Leipzig-Bd. (V, 358 S. m. Abbildgn. u. 5 lith. Taf.) — 61. (1. Heft 96 S.)

—— für das deutsche Theater, s. Kürschner, Jos.

—— für Theater u. Theaterfreunde, hrsg. v. C. Lebrün. 1. Jahrg. Neue Aufl. gr. 8. (25 B., 1 Stnt. u. 8 Facsim.) Hamburg 846, Schuberth u. Comp. *

— theologisches, s. a. Amtskalender für evang. Geistliche.

Jahrbuch, theologisches, auf d. J. 1893, 1894. Hrsg. v. R. Schneider. (Des „Amtskalenders f. ev. Geistliche" 2. Tl.) 12 (IV, 319; VIII, 356 S.) Gütersloh, C. Bertelsmann. à Jahrg. n. 2. 40; geb. n. 3. —

— therapeutisches. Herausg. von einem prakt. Arzte. Berlin 853. C. Heymann. 8. (47 S.) 6 ngr.
Beilage zum Taschenkalender für Aerzte.

— therapeutisches. 1890—1893. Kurze therapeut. Angaben, entnommen der deutschen medicin. Journal-Literatur der J. 1890—1893, zusammengestellt u. geordnet v. Ernst Nitzelnadel. 1.—4. Jahrg. 12. Wien, F. Deuticke. Kart. n. 9. 60
1890. (VI, 109 S.) 891. n. 1. 50. — 1891. (VIII, 133 S.) 892. n. 2. —. — 1892. (VIII, 213 S.) 893. n. 3. —. — 1893. (X, 176 S.) 894. n. 3. —.

— therapeutisches. Kurze therapeut. Angaben, entnommen d. deutschen medicin. Journal-Literatur des J. 1894, zusammengest. u. geordnet v. Ernst Nitzelnadel. 5.—7. Jahrg. 12. (VIII, 191; VIII, 190 u. VIII, 185 S.) Wien 895—897. F. Deuticke. à Jahrg. n. 3. —

— dasselbe. Kurze diagn., therapeut. u. pharmakolog. Angaben, entnommen d. deutschen medicin. Journal-Literatur des J. 1897, zusammengest. u. geordnet v. Ernst Nitzelnadel. 8. Jahrg. 12. (X, 244 S.) Ebd. 898. n. 4. —

— therapeutisches. Kurze diagnost., therapeut. u. pharmakolog. Angaben, entnommen der deutschen medicin. Journal-Literatur d. J. 1898/1901, zusammengestellt u. geordnet v. Ernst Nitzelnadel. 9.—12. Jahrg. 12. (VIII, 223; X, 238; VIII, 246 u. VIII, 213 S.) Wien 899—902. F. Deuticke. à n. 4. —

— therapeutisches. Kurze diagnost., therapeut. u. pharmakolog. Angaben, entnommen der deutschen medizin. Journal-Literatur d. J. 1902—1905, zusammengestellt u. geordnet v. Ernst Nitzelnadel. 13.—16. Jahrg. (VIII, 246; VIII, 246; VIII, 266 u. VIII, 280 S.) kl. 8. Wien 903—906. F. Deuticke. à n. 4. —

— therapeutisches. Kurze diagnost., therapeut. u. pharmakolog. Angaben, entnommen der deutschen medizin. Journal-Literatur der J. 1906—1909, zusammengestellt u. geordnet v. Ernst Nitzelnadel. 17.—20. Jahrg. (VIII, 292 S.) kl. 8. Wien, F. Deuticke. 17. —
17. (VIII, 292 S.) 907. 4.— — 18. (VII, 307 S.) 908. 4.— — 19. (VII, 308 S.) 909. 4.— — 20. (VII, 321 S.) 910. 5.—

Jahrbuch, Therapeutisches der Tierheilkunde, s.a. Bass.

— therapeutisches, d. Thierheilkunde f. d. J. 1894. Von Eug. Bass. gr. 8. (IV, 108 S.) Berlin 895. R. Schoetz. n. 3. —

— dasselbe f. d. J. 1895. gr. 8. (IV, 159 S.) Ebd. 896. n. 4. —

— thüringer kirchliches (früher kirchl. Jahrbuch f. das Herzogt. Sachsen-Altenburg u. das Fürstent. Reuss j. L.). 10.—12. Jahrg. gr. 8. Altenburg, St. Geibel. n.n. 7. —
10. In Verbindg. m. F. Hort, E. Seidel, A. Mende u. a. hrsg. v. M. Saupe u. H. Jahn. (III, 208 S.) 904. n.n. 2. —
11. In Verbindg. m. F. Hort, E. Seidel, A. Mende u. a. hrsg. v. M. Saupe u. H. Jahn. (III, 163 S.) 905. n. 2. —
12. Hrsg. v. M. Saupe u. H. Jahn in Verbindg. m. F. Hort, E. Seidel, G. Besch u. a. (III, 188 S.) 906. n. 3. —; geb. n. 3. 80

— thüringer kirchliches, (früher kirchliches Jahrbuch f. d. Herzogt. Sachsen-Altenburg u. d. Fürstent. Reuss jüngere Linie). Hrsg. v. M. Saupe u. H. Jahn in Verbindg. m. G. Berbig, F. Horst, E. Seidel u. a. 15. Jahrg. 1910. (III, 172 S.) 8. Altenburg, St. Geibel. 3.—; geb. 3. 80

— — der königlichen Tierarzneischule zu Hannover. Hannover 68/69 71/84. Schmorl und v. Seefeld Nachf.

I.	1868	M. 2.	II.	1869	M. 2.80.	IV.	1871	M. 4.
V.	1872	„ 4.	VI.	1873	„ 4.	VII.	1874	„ 4.
VIII.	1875	„ 4.	IX.	1876	„ 4.	X.	1877	„ 4.
XI.	1878	„ 4.	XII.	1879	„ 4.	XIII.	1880	„ 4.
XIV.	1881	„ 5.	XV.	1882	„ 4.	XVI.	1883	„ 4.
XVII.	1884	„ 4.						

Redaktion: 68/70 Gerlach. 71/80 Günther, 80/84 Dammann. (Erscheint nicht mehr.)

—— der prakt.-polizeil. u. gerichtl. Thierheilkunde v. u. f. Bayern. In Verbindung mit vielen Hrn. Gerichtsärzten, Militär- u. Civil-Veterinärärzten herausgegeben v. d. Literatur-Kommission d. Industrie- u. Kultur-Vereins zu Nürnberg, dirigirt v. Weidenkeller. 1—3. Jahrg. gr. 8. Nürnberg, (Schneider u. Weigel.) [1. (21¼ B., 1 Tab. u. 2 Stnt.) 830. 1 Thlr. 14 Gr., 2. (22 B. u. 2 lith. Abbild. 4.) 832., 3. (18 B. u. 2 lith. Abbild. 4.) 833. à 1 Thlr. 16 Gr.] Thlr.

— für Tierschützer. 1910. Hrsg. v. P. Förster. (64 S. m. Abbildgn.) kl. 8. Dresden, A. Schütt. — 30.

JAHRBUCH FÜR WISSENSCHAFTLICHE UND PRAKTISCHE TIERZUCHT, EINSCHLIESSLICH DER ZÜCHTUNGSBIOLOGIE.
Bearbeitet von Dr. DISSELHORST, Dr. HANSEN, Kgl. Ökon.-Rat F. HOESCH, Dr. KRAEMER, Zuchtinspektor CHR. MOMSEN, Dr. MÜLLER, Medizinalrat Dr. PUSCH. Herausgegeben von Dr. ROBERT MÜLLER.
Unter Mitarbeit von: Hofrat Dr. ADAMETZ, Dr. ATTINGER, Grenztierarzt AUGST ...
Jahrg. 1. Hannover. Verlagsbuchhandlung von M. & H. Schaper. 8°.
Jahrg. 2. Mit 5 Tafeln. ib. 1907. —
Unter Mitarbeit von Hofrat Dr. ADAMETZ, Dr. ARENANDER, Dr. ATTINGER ...
Jahrg. 3. ib. 1908. —

JAHRBUCH FÜR WISSENSCHAFTLICHE UND PRAKTISCHE TIERZUCHT, EINSCHLIESSLICH DER ZÜCHTUNGSBIOLOGIE. (Begründet von Prof. Dr. ROBERT MÜLLER.)
Herausgegeben von der Deutschen Gesellschaft für Züchtungskunde. Bearbeitet von Professor Dr. H. KRAEMER in Berlin und Professor Dr. R. MÜLLER, Tetschen a. E.
Jahrg. 4. Mit 8 Tafeln und 1 Tabelle. ib. 1909. —
Bearbeitet von Dr. G. WILSDORF, Berlin und Professor Dr. R. MÜLLER, Tetschen a. E.
Jahrg. 5. Mit 35 Abbildungen. ib. 1910. —
Jahrg. 6. Mit 32 Abbildungen. ib. 1911. —

— f. wissenschaftliche u. praktische Tierzucht einschliesslich der Züchtungsbiologie. Bearb. v. Disselhorst, Hansen, F. Hoesch u. a. Hrsg. v. Rob. Müller. Unter Mitarbeit von Adametz, Attinger, Augst u. a. 1. Jahrg. (IV, 388 S.) gr. 8. Leipzig 906. [R. C. Schmidt & Co.] Hannover, M. & H. Schaper. n. 9. —

Jahrbuch für wissenschaftliche und praktische Tierzucht, einschliesslich der Züchtungsbiologie. Bearb. von Dr. [Rudolf] Disselhorst ... Halle a. S., Dr. [Johannes] Hansen ... Bonn-Poppelsdorf, ... Dr. (H[ermann]) Kraemer, Professor a. d. Universität Bern, ... Medizinalrat Dr. [Friedrich Julius Gustav] Pusch ... Dresden. Hrg. von Dr. Robert Müller ... Dresden. Unter Mitarbeit von ... Dr. [Johann Ulrich] Duerst, Privatdozent am Polytechnikum Zürich, ... Dr. (C[onrad]) Keller, Prof. am Pol' Zürich, ... Dr. [Carl] Sakowsky in Bern, ... Dr. R[einhold] O[tto] Ziet[z]schmann, Prof. a. d. Universität Zürich, ... Jahrg. 2. Mit [1 Kartenskizze und] 5 Tafeln. II + LVI + 304 S. gr.-8. Hannover, M. & H. Schaper, 1907. [M. 9. —]
Auch Schweizer Publikationen sind besprochen.

— für wissenschaftliche u. praktische Tierzucht einschliessl. der Züchtungsbiologie. 2.—5. Jahrg. Lex. 8. Hannover, M. & H. Schaper. 43. —
2. Bearb. v. Disselhorst, Hansen, F. Hoesch u. a. Hrsg. v. Rob. Müller. Unter Mitarbeit v. Adametz, Attinger, Augst u. a. (LIV, 304 S. m. 5 Taf.) 907. 9. —
3. Bearb. v. Disselhorst, Hansen, F. Hoesch u. a. Hrsg. v. Rob. Müller. Unter Mitarbeit v. Adametz, Arenander, Attinger u. a. (III, CIV, 227 S.) 908. 9. —
4. (Begründet v. Rob. Müller.) Hrsg. v. der deutschen Gesellschaft f. Züchtungskunde. Bearb. v. H. Kraemer u. R. Müller. (III, CLXVII, 188 S. m. 8 Taf. u. 1 Tab.) 909. 12. —
5. (Begründet v. Rob. Müller.) Hrsg. v. der deutschen Gesellschaft f. Züchtungskunde. Bearb. v. G. Wilsdorf u. R. Müller. (V, 302 S. m. 35 Abbildgn.) 910. 13. —

— für Töchter gebildeter Stände. 1873—1879. 1.—7. Jahrg. Hrsg. von Max Vogler. 16. (à Jahrg. ca. 200—208 S.) Leipzig, G. Körner. Jahrg. 1873—1878 geb. à Jahrg. 1879 geb.

Jahrbuch der Tonkunst von Wien und Prag. [Wien] 1796. H: *Schönfeld, Joh. Ferd. von.* (EB)

— d. Tonkunst v. Wien u. Prag. 8. Prag 796. Schönfeld. 16 gr.

— 1898 d. deutschen Touren-Club allgem. Radfahrer-Union. 12. (184 S.) Nürnberg. (Leipzig, Mittelbach.) Geb. n. 2. 50

—— des oesterreichischen Touristen-Clubs in Wien. 5. Clubjahr. gr. 8. (191 S. mit 2 Stnt.) Wien 874, (Thiel.) * 2 40
—— dass. — 6. Clubjahr. gr. 8. (IV, 265 S. mit 1 Stnt. in qu. gr. Fol.) (Ebendas.) 875. ** 4 —
Vgl.: Jahresbericht.

— des oesterreichischen Touristen-Club in Wien. VII. Clubjahr. Mit 7 (lithogr.) Beilagen. gr. 8. (297 S.) Wien 876, Verlag des oesterr. Touristen-Club. *

— des oesterreichischen Touristen-Club in Wien. VIII. Clubjahr. Mit 7 Beilagen (Tafeln zur Berechnung barometr. Höhenmessungen von J. Frischauf. 8. [XIII, 15 S.], 5 Steintaf. u. 1 Lichtdr.). gr. 8. (378 S.) Wien 877. Hölder in Comm. n. 7. —

— dasselbe. IX. Clubjahr. Mit 5 (lith.) Beilagen. gr. 8. (420 S.) Ebend. 878. n. 7. —

— dasselbe. X. Clubjahr. Red. von Edm. Graf u. Ant. Silberhuber. 3 Hfte. Mit 5 Beilagen. gr. 8. (157, 97 u. 90 S.) Ebend. 878. n. 7. —

— dasselbe. XI. Clubjahr. Red. von Edm. Graf. 3 Hfte. gr. 8. (V, 372 S. mit 5 eingedr. Illustr. u. 11 lith. u. photolith. Taf.) Ebend. 879. 80. n. 7. —

— des österreichischen Touristen-Club. XII. Clubj. Redig. von Edm. Graf. Mit 8 Beilagen und 7 Illustr. im Texte. gr. 8. (VIII, 255 S.) Wien 881, (Hölder.) * Nicht weiter erschienen.

Jahrbuch der Deutschen Traber-Zucht. Hrsg. von d. Techn. Komm. f. Trabrennen. Bd 1. 1900. Berlin: Techn. Komm. f. Trabrennen 1901. 8° [05. 195

Jahrbuch des Deutschen Transportarbeiter-Verbandes 1908. Hrsg. vom Verbands-Vorstand. Berlin 1909. 8°.

— Trierisches, f. ästhetische Kultur. 1908. Hrsg. v. Johs. Mumbauer. (Buchschmuck v. Aug. Trümper.) (IV, 227 S. m. Abb. u. 1 Taf.) Lex. 8. Trier, F. Lintz. 5. —

Jahrbuch der Turnkunst. Jahrbuch der Deutschen Turnerschaft. Hrsg. v. R. Gasch. (F. P. Wiedemann u. Führerstab der D. T.) Leipzig. Jg. 1—30. 1907—36.

— der Turnkunst. Jahrbuch der Deutschen Turnerschaft 1907. Hrsg. v. Rud. Gasch. (VIII, 286 S. m. 139 Abbildgn.) 8. Leipzig 907, E. Stock n. 1. —

Jahrbuch der Turnkunst 1908. (Jahrg. 2.) Mit 230 Bildern. Hrg. von Dr. Rudolf Gasch. Dem Andenken Alfred Mauls gewidmet. VIII + 304 S. 8. Leipzig, Emil Stock, 1908. (M. 1. —, geb. 1. 30)
Darin S. 234—286: Schweiz; s. auch S. II. 14/6. 113. 179. 247 etc.

— der Turnkunst. Jahrbuch der deutschen Turnerschaft 1911. Mit Buchschmuck v. Max Voth, 203 Bildern u. 4 Bildertaf. Hrsg. v. Rud. Gasch. 5. Jahrg. (IV, 233 S.) 8. Leipzig-Zwenkau, E. Stock. 1. —; geb. n 1. 30

Jahrbuch der deutschen Turnkunst. Herausg. von Karl Euler. II. 1. 2. Danzig 1843, 1844. 12.

— typographisches, s. Hoffmann, F. R.

— ungarisches statistisches. Neue Folge. I.—IV. 1893—1896. Im Auftr. d. kön. ung. Handelsministers verf. u. hrsg. durch das kön. ung. statist. Bureau. Amtl. Übersetzg. a. d. ungar. Originale. gr. 8. (XII, 355; XV, 412; XVI, 488. u. XVI, 500 S.) Budapest 894—897. (F. Kilián Nachf.)
Geb. in Leinw. à n.n. 10. —

— ungarisches statistisches. Neue Folge. V—VIII. 1897—1900. Im Auftrage d. kön. ung. Handelsministers verf. u. hrsg. durch d. kön. ung. statist. Centralamt. Amtl. Übersetzg. aus dem ungar. Originale. Lex.-8. (XX, 430; XVI, 393; XIX, 442 u. XVII, 453 S.) Budapest 899—902. (F. Kilián's Nachf.)
Geb. in Leinw. à n.n. 10. —

— ungarisches statistisches. Neue Folge. IX—XII. 1901—1904. Im Auftrage des königl. ung. Handelsministers verf. u. hrsg. vom königl. ung. statist. Zentralamt. Amtliche Uebersetzung aus dem ung. Originale. (XIX, 442; XVIII, 471; XIX, 483 u. XX, 531 u. 8 S.) Lex.-8. Budapest 902. 904. 906. (F. Kilián's Nachf.) Geb. in Leinw. à n.n. 5. —

Jahrbuch, ungar. statistisches. Neue Folge XIII.—XVI. 1905—1908. Im Auftrage des kgl. ung. Handelsministers verf. u. hrsg. v. kgl. ung. statist. Zentralamt. Amtliche Übersetzg. aus dem ungar. Originale. (XX, 523; XX, 523; XX, 506 u. XX, 526 S.) Lex. 8. Budapest 907—10. (F. Kilián's Nachf.)
Geb. in Leinw. nn 5. —

— der Universitäten Deutschlands, herausg. von C. F. L. Wildberg. Jhg. 1—3. Neu-Strelitz 1810—12. 8. . . . . d. 1

— der königl. preuß. Universitäten. 1r Jahrg. 1821—22. gr. 8. Berl., Büreau f. Litt. 21 gr

— der Königl. Preuß. Universitäten, von 1821—1822. 1r Bd. Leipzig, (Melzer.) 1/3 rthl

Christiania, Königl. Univ. Sternwarte.

— — Jahrbuch für 1874—87. Herausgeg. von H. Mohn. Christiania 1877—1889.

— z. belehr. Unterh. f. Damen, s. a. Ebert.

Jahrbuch zur belehrenden Unterhaltung für Damen v. J[ohann] J[akob] Ebert. Für das Jahr ... ([Mit Kupf. v.] G[ottlieb] Boettger sen., W[ilhelm] Jury [u. a.].)
Leipzig: J. B. G. Fleischer (1798 ff.: Mannheim, Leipzig, 1800 ff. nur Leipzig: Theod. Seeger) 1797—1803. 16°
[Kupfert.]
[Umschlagt. u.] 1803 [Nebent.]: Jahrbuch für Damen.
Bei Goedeke, Köhring u. Marwinski zitiert u. d. T.: Jahrbuch zur belehrenden Unterhaltung für junge Damen.

1797: 10 Bl., 333 S., 1 Bl., 1 Titelkupf., 6 Kupfertaf. davon 3 kol.
1798: 8 Bl., 342 S., 1 Bl., 1 kol. Titelkupf., 5 Kupfertaf. davon 2 kol., 3 Notenbl.
1800: 16 Bl., 392 S., 1 Titelkupf., 6 Kupfertaf., 1 Notenbl. [*Davon fehlt Kupf. Nr. 4.*]
1802: IV S., 8 Bl., 268 S., 1 Titelkupf., 6 Kupfertaf. [*Sämtl. Kupf. fehlen.*]
1803: XIII S., 1 Bl., 194 S., 3 Bl., 8 Kupfertaf. davon 4 kol.

Jahrbuch zur belehrenden Unterhaltung
für junge Damen.
Leipzig
Hrsg.: Johann Jakob Ebert.
1795—1797. 1799. 1800.

Jahrbuch zur belehrenden Unterhaltung für junge Damen von J. J. Ebert ... Für das Jahr 1799. Leipzig, bei Theodor Seeger.
Mit Kupfern. 8°.
Erschienen 1795—1802.
1795 erschienen in Leipzig in Commiss. bei den Gebr. Graeff. 1797 bei J. B. G. Fleischer. 1798 ff. Mannheim u. Leipzig bey Theodor Seeger.

— zur Unterhaltung und Belehrung mit Fortsetzung der Geschichte der Bischöfe von Hildesheim. 4. (84 S.) Hildesheim 868, Lax. * — 30

— für christliche Unterhaltung, s. a. Volks-Kalender, christlicher.

— für christliche Unterhaltung, s. a. Volks-Kalender, evangelischer.

— f. christl. Unterhaltung hrsg. v. d. Diakonissen-Anstalt z. Kaiserswerth, für d. J. 1845 u. 46. (1. u. 2. Jahrg.) 8. (à 6 B.) Kaiserswerth. (Berlin, Grobe.) à 3. *

— für christliche Unterhaltung, hrsg. von der Diakonissen-Anstalt zu Kaiserswerth, für die J. 1847—52. 8. (à Jahrg. 106—112 S. mit eingedr. Holzschn.) Kaiserswerth 848—52. (Berlin, Grobe.) à Jahrg. **
Jahrg. 1845 und 1846. Ebendas. à Jahrg. ** 5 Ngr.

— für christliche Unterhaltung, hrsg. von der Diakonissen-Anstalt zu Kaiserswerth, für's Jahr 1853. 8. (112 S. mit eingedr. Holzschn.) Kaiserswerth 852. (Berlin, Grobe.) **
Jahrg. 1845—52. Ebendas. à Jahrg. ** 5 Ngr.

— für christliche Unterhaltung, herausg. von der Diakonissen-Anstalt zu Kaiserswerth für's Jahr 1854—59. Kaiserswerth. (Berlin, Evangelische Buchhdlg. — Wohlgemuth.) 8. Jeder Jahrg. (à 112 S. m. Holzschn. im Text) nn. 5 ngr.
Separatausgabe aus „Christlicher Volkskalender."

—— für christliche Unterhaltung, hrsg. von der Diakonissen-Anstalt zu Kaiserswerth, für's J. 1862. 8. (124 S. mit eingedr. Holzschn.) Kaiserswerth. (Berlin, Beck.) *

— für christliche Unterhaltung. Hrsg. v. d. Diakonissen-Anstalt zu Kaiserswerth f. d. J. 1896, 1897 u. 1898 8. (à ca. 112 S. m. Abb. u. Farbendr.) Kaiserswerth, Buchh. d. Diakonissen-Anstalt. à —25

— f. christliche Unterhaltung. Hrsg. v. der Diakonissen-Anstalt zu Kaiserswerth. 62. Jahrg. 1903. 8. (112 S. m. Abbildgn. u. 1 Farbdr.) Kaiserswerth, Buchh. der Diakonissen-Anstalt. —25

— für christliche Unterhaltung. Hrsg. von der Diakonissen-Anstalt zu Kaiserswerth. 66. Jahrg. 1907. (112 S. m. Abbildgn. u. 1 Farbdr.) kl. 8. Kaiserswerth, Buchh. der Diakonissen-Anstalt. n. —25

— für christliche Unterhaltung. Hrsg. v. der Diakonissen-Anstalt zu Kaiserswerth. 70. Jahrg. 1911. (112 S. m. Abbildgn. u. 1 Farbdr.) kl. 8. Kaiserswerth, Buchh. der Diakonissen-Anstalt. —25

— des höheren Unterrichtswesens in Oesterreich m. Einschluss der gewerblichen Fachschulen u. der Erziehungsanstalten. Bearb. v. K. Schwippel. 1. u. 2. Aufl. gr. 8. (VIII, 334 S.) Wien und Prag 888. Tempsky. — Leipzig, Freytag. geb. n. 5.—

— dasselbe. Bearb. v. J. Neubauer u. J. Diviš. 2. 3. Jahrg. 1889. 1890. gr. 8. (VIII, 384; X, 328 S.) Ebd. à Jahrg. n. 5. 50

— des höheren Unterrichtswesens in Oesterreich m. Einschluss der gewerblichen Fachschulen u. der bedeutendsten Erziehungsanstalten. Bearb. v. Joh. Neubauer u. Jos. Diviš. 4. u. 5. Jahrg. 1891. 1892. gr. 8. (X, 331; X, 339 S.) Prag, F. Tempsky. — Leipzig, G. Freytag. Geb. in Leinw. à Jahrg. n. n. 5. 50

— dasselbe 6. u. 7. Jahrg. 1893. 1894. gr. 8. (X, 280; X, 286 S.) Ebd. Geb. in Leinw. à Jahrg. n. n. 5. 20

— des höh. Unterrichtswesens in Oesterreich mit Einschluss d. gewerbl. Fachschulen u. d. bedeutendsten Erziehungsanst. Bearb. v. Joh. Neubauer u. Jos. Diviš. 8.—11. Jahrg. gr. 8. Prag u. Wien, F. Tempsky. — Leipzig, G. Freytag.
Geb. in Leinw. n. 24. 20
8. 1895. (X, 297 S.) n. 5. 80. — 9. 1896. (X, 305 S.) n. 5. 40.
10. 1897. (X, 383 S.) n. 6. —. — 11. 1898. (X, 389 S.) n. 7. 60.

— des höheren Unterrichtswesens in Österreich m. Einschluss der gewerbl. Fachschulen u. der bedeut. Erziehungsanstalten. Bearb. v. Joh. Neubauer u. Jos. Diviš. 12. Jahrg. 1899. gr. 8. (X, 396 S.) Wien, F. Tempsky. — Leipzig, G. Freytag. Geb. in Leinw n. n. 7.60

— dasselbe. 13. Jahrg. 1900. gr. 8. (X, 410 S.) Ebd.
Geb. in Leinw. n. n. 8. —

— dasselbe. Bearb. v. Jos. Diviš u. Gerson Steinschneider. 14. Jahrg. 1901. gr. 8. (X, 411 S.) Ebd.
Geb. in Leinw. n. n. 8. —

— dasselbe. Bearb. v. Jos. Diviš u. Wilh. Pötzl. 15. Jahrg. 1902. gr. 8. (VIII, 439 S.) Wien 901. F. Tempsky.
Geb. in Leinw. n. n. 8. 50

— des höheren Unterrichtswesens in Oesterreich m. Einschluss der gewerblichen Fachschulen u. der bedeutendst. Erziehungsanstalten. Bearb. v. Jos. Diviš. 16.—18. Jahrg. 1903—1905. 8. Wien, F. Tempsky.
Geb. in Leinw. n. n. 26. —
16. (VIII, 486 S.) 8. 50. — 17. (VIII, 490 S.) 8. 50. — 18. (X, 546 S.) 9. —.

— des höheren Unterrichtswesens in Österreich m. Einschluss der gewerblichen Fachschulen u. der bedeutendsten Erziehungsanstalten. 19.—23. Jahrg. 1906—1910. 8. Wien, F. Tempsky.
Geb. in Leinw. nn 49. 50
1906. Bearb. v. Jos. Diviš. (X, 580 S.) Geb. nn 9. 50
1907. (VIII, 594 S.) Geb. nn 10. —
1908. Bearb. v. Jos. Diviš. (VIII, 511 S.) Geb. nn 10. —
1909. Bearb. v. Emil Sofer. (X, 546 S.) Geb. nn 10. —
1910. Im Auftrage des k. k. Ministeriums f. Kultus u. Unterricht bearb. v. Erwin Lauppert v. Peharnik. (X, 592 S.) Geb. nn 10. —

—— d. Unterrichtswesens in der Schweiz, s. a. Grob, C.

Jahrbuch des Unterrichtswesens in der Schweiz. Gegründet von C. Grob. Jahrg. 1–8, 1887–94. Zürich 1889–96.

Jahrbuch
des Unterrichtswesens in der Schweiz 1890. Bearb. und mit Bundesunterstützung hrsg. von *C. Grob*. Gr. in-8°. VIII, 152 u. 143 S. Zürich, Art. Institut Orell Füssli. 1892. 4 —

Jahrbuch des Unterrichtswesens in der Schweiz. 1894. Achter Jahrg. Bearb. u. mit Bundesunterstützung hrsg. von *A. Huber*. Gr. in-8°. XII, 198 u. 144 S. Zürich, Art. Inst. Orell Füssli. 5 --

— d. Unterrichtswesens in d. Schweiz 1895 u. 1896. 9. u. 10. Jahrg. Bearb. u. m. Bundesunterstützg. hrsg. v. Alb. Huber. gr. 8. (XVI, 292 u. 436 S.) Zürich 898. Art. Institut Orell Füssli. n. 7. —

— des Unterrichtswesens in der Schweiz 1897—1899. 11.—13. Jahrg. Bearb. u. m. Bundesunterstützg. hrsg. v. Alb. Huber. gr. 8. (XII, 187 u. 206; XII, 183 u. 188 u. XII, 169 u. 260 S.) Zürich 899—901. Art. Institut Orell Füssli. à n. 5. —

Jahrbuch des Unterrichtswesens in der Schweiz 1900. 14. Jahrg. Bearb. u. m. Bundesunterstützg. hrsg. v. Alb. Huber. gr. 8. (XII, 203 u. 356 S. m. 1 Bildnis.) Ebd. 902. n. 6. —

— des Unterrichtswesens in der Schweiz 1901—1904. 15.—18. Jahrg. Bearb. u. m. Bundesunterstützg. hrsg. v. Alb. Huber. gr. 8. Zürich, Art. Institut Orell Füssli.
n. 23. —
1901. (XV, 167 u. 216 S.) 903. n. 5. —
1902. m. e. Generalregister aller seit 1883 im Jahrbuch veröffentlichten eidgenöss. u. kantonalen Erlasse über das Schulwesen u. graph. Darstellgn. üb. die pädagog. Rekrutenprüfgn. u. die Dauer der obligator. Schulpflicht in den Kantonen. (XII, 173 u. 263 S.) 904. n. 6. —
1903. (XII, 183 u. 164 S.) 905. n. 6. —
1904. (XIV, 166 u. 179 S.) 906. n. 6. —

— des Unterrichtswesens in der Schweiz 1905—1908. 19.—22. Jahrg. Bearb. u. m. Unterstützg. des Bundes u. der Konferenz der kantonalen Erziehungsdirektoren hrsg. v. Alb. Huber. (XIV, 255 u. 259 S.; XVI, 343 u. 179 S.; XIV, 252 u. 248 S. u. XII, 359 u. 158 S.) gr. 8. Zürich 907—10. Art. Inst. Orell Füssli.
à 7. —

— der Uhrmacher-Verbindung „Urania" zu Glashütte, v. Freunden u. Mitgliedern als Festschrift zu ihrem 25jähr. Jubiläum im August 1904 gewidmet. 1. Bd. (IV, 181 S.) 8. Bautzen (904). E. Hübner.
n. 2. —; geb. n. 2. 80

Dr. Johann Severin Vaters Jahrbuch der häuslichen Andacht und Erhebung des Herzens
s. Jahrbuch der häuslichen Andacht und Erhebung des Herzens.

Jahrbuch des Allgemeinen Verbandes der auf Selbsthilfe beruhenden deutschen Erwerbs- und Wirtschaftsgenossenschaften. Jg.1 = Jahresbericht N.F.39,1897 - Jg.22 = Folge 60,1918. Berlin: Guttentag 1898-1919.
Forts. u.d.T.: Jahrbuch des Deutschen Genossenschaftsverbandes.

Jahrbuch des Allgem. Verbandes d. auf Selbsthilfe beruh. deutschen Erwerbs- u. Wirthschaftsgenossenschaften für 1897. (Des Jahresberichts neue Folge.) I. Jahrg. (39. Folge d. Jahresberichts.) Hrsg. v. Hans Crüger. hoch 4. (XXXVIII, 367 S.) Berlin 898. J. Guttentag. n. 12. —

— dasselbe, s. a.: Jahresbericht rc.

— des Allgemeinen Verbandes der auf Selbsthilfe beruhenden deutschen Erwerbs- u. Wirthschaftsgenossenschaften f. 1898—1901. (Des Jahresberichts neue Folge.) II.—V. Jahrg. (40—43. Folge des Jahresberichts.) Hrsg. v Hans Crüger. hoch 4. (XLVIII, 285; XLIX, 279; XLVII, 270 u. XLIX, 315 S.) Berlin 899—902. J. Guttentag. à n. 10. —

Jahrbuch des allgemeinen Verbandes der auf Selbsthilfe beruhenden deutschen Erwerbs- u. Wirtschaftsgenossenschaften f. 1902—1905. (Des Jahresberichts neue Folge.) VI.—IX. Jahrg. (44.–47. Folge des Jahresberichts.) Hrsg. v. Hans Crüger. (LIII, 248; LV, 254; LXXVII, 234 u. LXXX, 244 S.) hoch 4. Berlin 906. J. Guttentag. à n. 10. —

— des allgemeinen Verbandes der auf Selbsthilfe beruhenden deutschen Erwerbs- u. Wirtschaftsgenossenschaften e. V. f. 1906—1909. (Des Jahresberichts neue Folge.) X.—XIII. Jahrg. (48.—51. Folge des Jahresberichts.) Hrsg. v. Hans Crüger. (LXXVI, 246; LXXXVI, 243; LXXXVIII, 259 u. LXXXII, 267 S.) 32,5×23,5 cm. Berlin 907—10. J. Guttentag. à 10. —

Jahrbuch des Allgemeinen Verbandes der deutschen landwirtschaftlichen Genossenschaften. Jg.1,1894 - 9,1902. Offenbach: Verl. der Anwaltschaft des Allg. Verbandes (1900 ff.: Darmstadt: Verl. des Allg. Verbandes) 1895-1903. DGK
Forts. u.d.T.: Jahrbuch des Reichsverbandes der deutschen landwirtschaftlichen Genossenschaften.

— d. allgem. Verbandes d. deutschen landwirtschaftl. Genossenschaften f. 1895. gr. 4. (IV, 162 S.) Offenbach a/M. 896. Anwaltschaft d. Verbandes. 1. 50

— dasselbe f. 1896 u. 1897. gr. 4. (IV, 212 u. IV, 220 S.) Ebd. 897. 98. à n. 3. —

— des allgemeinen Verbandes der deutschen landwirthschaftlichen Genossenschaften f. 1898—1901. (Des Jahrbuchs 5.—8. Jahrg.) gr. 4. (IV, 266; IV, 259; IV, 277 u. 301 S.) Darmstadt (Rheinstr. 23, I) Allgemeiner Verb. d. deutsch. landwirthschaftl. Genossenschaften. à n. 6. —

— des allgemeinen Verbandes der deutschen landwirthschaftlichen Genossenschaften f. 1902. (Des Jahrbuchs 9. Jahrg.) (323 S.) gr. 4. Darmstadt (Rheinstr. 23, I) 903. Reichsverband der deutschen landwirthschaftl. Genossenschaften. n. 6. —

Jahrbuch d. allgemeinen Verbandes d. deutschen landwirtschaftlichen Genossenschaften f. 1901—04. Darmst. 1902—05. 4°.

Verband der Bäcker, Konditoren u. verwandten Berufsgenossen Deutschlands. Jahrbuch. [1.] 1907. Hamburg: O. Allmann 1908. 8° [ß.] 108.7.208

— d. Verbandes der Bäcker, Konditoren u. verwandten Berufsgenossen Deutschlands 1909. (303 S.) 8. Hamburg 910. (Berlin, Buchh. Vorwärts.) 2. —

Verband der landwirtschaftlichen Genossenschaften für die Provinz Posen. Posen.
Jahrbuch I (1898, ff.

Jahrbuch des Verbandes der landwirtschaftlichen Genossenschaften für die Provinz Posen. 1900 - 1912. Posen 1903-13. DGK

Jahr-Buch des Verbandes pommerscher landwirtschaftlicher Genossenschaften, eingetragener Verein zu Stettin f. 1905 ff. Stettin 1906 ff. 4°.
1908, 1905, 1905, 1. .

Jahrbuch des Verbandes rheinischer Genossenschaften und seiner Centralgenossenschaften zu Cöln am Rhein f. d. J. 1906 bezw. 1906/07. Cöln (1907). 4°.

Verband Deutscher Handlungsgehülfen. Jurist. Person. Leipzig. Jahrbuch. (1.) Für 1900. (Leipzig): Selbstverl. (1899). 8° [ß.] 107.3333 10

— d. Verbandes deutscher Handlungsgehülfen, Leipzig, juristische Person, f. 1903. 4. Jahrg. gr. 16. (298 S.) Leipzig, Verband deutscher Handlungsgehülfen. Geb. in Leinw. 1. —

— des Verbandes deutscher Handlungsgehülfen, Leipzig, juristische Person, f. 1905. 6. Jahrg. (331 S.) 16. Leipzig, Verband deutscher Handlungsgehülfen. Geb. in Leinw. n. — 60

— des Verbandes deutscher Handlungsgehülfen zu Leipzig, f. 1911. 12. Jahrg. (432 S.) 16. Leipzig, Verband deutscher Handlungsgehülfen. Geb. in Leinw. — 70

Jahrbuch des Verbands schweizer. Konsumvereine für 1905. Jahrg. 3. Hrg. vom Verbandssekretariat. [Mit 5 Tabellen.] IV + 96 S. 4. Basel, Verband schweizer. Konsumvereine, Komm. Basler Buch- und Antiquariatsh., 1905. [fr. 4. —]
Jahrg. 2: Statistisches J' des V' schw' K' für 1901... .

— des Verbandes der Reinigungs-Instituts-Unternehmer Deutschlands u. der Nachbarländer. 1909/10. (50 S.) kl. 8. Ebd. — 50

Jahrbuch des Verbandes Deutscher Taubstummen-Turn- und Sportvereine. Leipzig.
Jg. 1—3. 1928—32.

— des Verbandes der Vereine deutscher Molkereibeamten, -Besitzer u. -Pächter e. V. (molkereitechn. Taschenbuch) f. d. J. 1907. 11. Jahrg. Bearb im Auftrage d. Verbandes v. R. Krueger. (X S., Schreibkalender, 40 u. 154 S.) kl. 8. Bunzlau, (G. Kreuschmer). Geb. in Leinw. n.n. 1. 75

— des Verbds. d. Vereine deutsch. Molkereibeamten, -Besitzer u. -Pächter e. V. (molkereitechn. Taschenbuch) f. d. J. 1910. 14. Jahrg. Bearb. im Auftrage des Verbds. v. R. Krueger. (X S., Schreibkalender. 104 u. 148 S.) kl. 8. Bunzlau (G. Kreuschmer). Geb. in Leinw. nn 1. 75

— für 1910 des Verbandes der deutschen Versicherungs-Beamten, Sitz München, gegründet Septbr. 1908. 2. Jahrg. Hrsg. vom geschäftsführ. Ausschuß des V. d. V. V. (212 S. m. 1 Bildnis.) kl. 8. München, M. Steinebach. Geb. in Leinw. 1. —

— für das Verbandsfest 1908 des Mansfelder Kreisverbands evangel. Jünglingsvereine, bearb. v. Fr. Hintze. (14 S.) kl. 8. Querfurt (908). R. Jaeckel. — 10

Jahrbuch zur Verbreitung naturwissenschaftl. Kenntnisse, veranstaltet v. physikal. Vereine zu Frankfurt a. M. Für d. J. 1831. gr. 8. (12 B. u. 2 lith. Zeichn.) Frankfurt a. M., Sauerländer.

Jahrbuch für 1907 - 1911. Verein der Bankbeamten in Berlin.

— des Vereins z. Bekämpfung v. Sprachstörungen unter der Schuljugend. Hrsg. v. J. O. Godtfring. 1895 u. 1896. Lex. 8. Kiel (R. Cordes). à nn 2. 50
1895. Unter Mitwirkg. v. Kieler Lehrern hrsg. (112 S. m. 1 Taf.) — 1896. (68 S. m. 1 Taf.)

JAHRBUCH DES BROMBERGER HISTORISCHEN VEREINS FÜR DEN NETZE-DISTRIKT.
(1886.) Bromberg 1886. Druck der Gruenauer'schen Buchdruckerei G. Böhlke. 8°.
(1888.) (Mit 1 Karte.) ib. 1888. —

— des Bromberger historischen Vereins für den Netze-distrikt. gr. 8. (86 S. mit 1 autogr. Plan.) Bromberg 888, (Mittler'sche Buchh.) *

Forts. u.d.T.: Jahrbuch der historischen Gesellschaft für den Netzedistrikt zu Bromberg.

—— des christlichen Vereins junger Männer zu Berlin. Mit Vorwort v. Emil Frommel. gr. 8. (110 S.) Berl. 892, (Deutsche Evangel. Buch- u. Tractat-Gesellschaft). * — 50

— des christlichen Vereins junger Männer zu Berlin. Nebst e. Adressen-Verzeichnis der christl. Vereine junger Männer (evangel. Jünglingsvereine) in grösseren Städten des In- u. Auslandes. 1894. gr. 8. (41 S.) Berlin, (Deutsche evangel. Buch- u. Tractat-Gesellschaft). n — 50

— d. christl. Vereins junger Männer zu Berlin. 1895. (Bilder a. d. Arbeit.) Nebst e. Adressen-Verzeichnise d. christl. Vereine junger Männer u. evang. Jünglingsvereine in gröss. Städten d. In- u. Auslandes. gr. 8. (69 S. m. Abb.) Berlin (Deutsche evang. Buch- u. Tractat-Gesellschaft.) — 75

— dasselbe f. 1896. gr. 8. (76 S.) Ebd. 897. n.n.n. — 50

— f. 1898 des christlichen Vereins junger Männer zu Berlin. Nebst e. Adressenverzeichnis der christl. Vereine junger Männer u. evangel. Jünglingsvereine in gröss. Städten des In- u. Auslandes. gr. 8. (104 S.) Berlin 899. (Deutsche ev. Buch- u. Tractat-Gesellschaft.) n. — 50

JAHRBUCH DES DEUTSCHEN VEREINS FÜR DAS FORTBILDUNGSSCHULWESEN.
Herausgegeben vom Deutschen Verein für das Fortbildungsschulwesen. Im Auftrage des Vereins bearbeitet von ERNST WITTE. Charlottenburg.
1910. Magdeburg 1910. Creutz'sche Verlagsbuchhandlung (Max Kretschmann) 8°.
1911. ib. 1911. -
1912. ib. 1912. Creutz'sche Verlagsbuchhandlung.
Herausgegeben vom Deutschen Verein für das Fortbildungsschulwesen.
1913. ib. 1913. -
1914. ib. 1914 -

— des deutschen Vereins f. das Fortbildungsschulwesen 1910. Hrsg. vom deutschen Verein f. das Fortbildungsschulwesen. Im Auftrage des Vereins bearb. v. Ernst Witte. (III, 212 S.) gr. 8. Magdeburg 910. Creutz. 2. —

— des deutschen Vereins zur Hebung u. Pflege der Muttersprache im deutschredenden Belgien. Hrsg. vom Vereinsvorstande. gr. 8. (128 S.) Arel [Arlon] (Belgien) (Buttermarktstr.) 901. Alphons Willems. n.n. 1. —

— des deutschen Vereins zur Hebung u. Pflege der Muttersprache im deutschredenden Belgien. Hrsg. v. Vereinsvorstande. (96 S.) 8. Arel (Belgien) 909. Deutscher Verein f. die Muttersprache in Deutsch-Belgien. 1. 60

Jahrbuch des Deutschen Vereines zur Hebung u. Pflege d. Muttersprache im deutschredenden Belgien. Jg. 1909—13. Arel '10—14.

Jahrbuch des Vereins fur d Deutschtum im Ausland. Berl. Annually.

—— des Vereins für deutsche Dichtkunst in München, s. Von der Isar.

Jahrbuch, 1. u. 2., des Vereins f. christl. Erziehungswissenschaft. Hrsg. im Auftrage des Vorstandes v. dessen 1. Vorsitzenden Rud. Hornich. (III, 310 u. III, 344 S. m. je 1 Bildnis.) gr. 8. Kempten 908. 09. J. Kösel. à 3. —

— des Vereines f. erweiterte Frauenbildung in Wien. XII. Vereinsj. Octbr. 1889 – Octbr. 1900. Beilagen: VIII. Bericht üb. die gymnasiale Mädchenschule. Vorkämpferinnen des Frauenstudiums in Österreich-Ungarn. (Fortsetzung.) Veranstaltungen des Vereines im XII. Vereinsj., „Die Zulassg. der Frauen zu den jurist. Studien". Ein Gutachten v. E. Bernatzik. gr. 8. (51 u. 16 S. m. 1 Bildnistaf.) Wien, Bermann & Altmann. 1901. —. 60.

— des Vereins f. erweiterte Frauenbildung in Wien. XVII. Vereinsj. Oktbr. 1904—15. VII. 1905. (51 S.) gr. 8. Wien, A. Bermann. —. 60.

Jahrbuch. 38. J' des Vereins schweiz. Gymnasiallehrer. II + 94 S. 8. Aarau, H. R. Sauerländer & Co., 1909. [fr. 2. —]
Forts. von: ... Jahresheft des V' schweiz. Gymn'. Aarau....

Jahrbuch. 39. J' des Vereins schweiz. Gymnasiallehrer. II + 110 S. 8. Aarau, H. R. Sauerländer & Co., 1910. [fr. 2. —]

Jahrbuch. 40. J' des Vereins schweiz. Gymnasiallehrer. [Mit Figuren.] II + 120 S. 8. Aarau, H. R. Sauerländer & Co., 1910. [fr. 2. —]

Jahrbuch des Vereins für Handlungskommis von 1858 (Kaufmännischer Verein) 1910.
Hamburg 1909

— des Vereins der Hausbesitzer in Gießen 1907/08. Hrsg. v. Raab. (64 S.) 8. Gießen 909. J. Ricker. — 60

—— des historischen Vereins des Kantons Glarus. 1.—3. Heft. gr. 8. (VIII und 113 S., III und 221 S., IV und 160 S.) Zürich 865—67, Meyer und Zeller's Verlag. à Heft * 28 Ngr. *

—— des historischen Vereins des Kanton Glarus. 4.—12. Heft. gr. 8. Zürich 868—75, Meyer und Zeller's Verlag. [4. Heft. (III, 168 S. mit 1 lithogr. Karte und 1 Stnt. in qu. Fol.); 5. Heft. (III, 152 S.); 6. Heft. (II, 156 S. mit 1 Stahlst.); 7. Heft. (IV, 559 S.); 8. Heft. (IV, 162 S. mit 4 Chromolithogr.); 9. Heft. (XIX, 134 S.); 10. Heft. (148 S. mit 1 Stnt.); 11. Heft. (136 S.); 12. Heft. (184 S.)]
4.—7., 9.—12. à Heft * M. 2,80.; 8. Heft * M. 4. *
1.—3. Heft. Ebendas. 1865—67. * M. 8,40.

— des historischen Vereins des Kantons Glarus. 13—15. Hft. gr. 8. (143, VII, 144 u. V, 140 S. m. 2 Taf.) Zürich 877. 78. Meyer & Zeller. à n. 3. —

Jahrbuch des historischen Vereins des Kantons Glarus. 16. Heft. gr. 8. (230 S.) Glarus 879. (Zürich, Meyer und Zeller.)

—— des historischen Vereins des Kantons Glarus. 17.—21. Heft. gr. 8. (III, 115; III, 167; XIV, 185; XII, 117; XIX, 151 S.) Zürich 880—84, Meyer und Zeller. à Heft *

Jahrbuch des historischen Vereins des Kantons Glarus. XXII. Heft. In-8°, XVI u. 212 S. Glarus. Baeschlins Buchhandlung. 1886.

Inhalt: Protokolle des historischen Vereins. — Cosmus Heer, Landammann des Kantons Glarus. Von Med. Dr. *J. Wichser* (Fortsetzung und Schluss).

—— des historischen Vereins des Kantons Glarus. 22. Heft. gr. 8. (XVI, 212 S.) Glarus 886. (Zürich, Meyer und Zeller.) * 2 80

Jahrbuch des historischen Vereins des Kantons Glarus. 23. Heft. gr. 8. (XXVIII, 119 S. mit 1 color. Wappentaf.) Glarus 887, Baeschlin. *

—— dass. — 24. Heft. gr. 8. (XXII, 259 S.) Ebendas. 888. *

Jahrbuch des Histor. Vereins des Kantons Glarus. 25. Heft. Gr. in-8°. XV, 163 u. IX S. Glarus, Baeschlin's Buchh. 1890. 3 — Inhalt: Protokoll der Hauptversammlung vom 18. u. 19. Okt. 1888 (Jubiläumsfeier). Rückblick auf die Thätigkeit des Glarner histor. Vereins in den verflossenen 25 Jahren, von *F. Dinner*. Kerenzen am Walensee, eine Lokalstudie von *Th. Girard*. Die Sammlungen des Histor. Vereins, Verzeichniss der Münzen, Medaillen, Waffen, Geräthe, Gemälde und Handschriften, von *F. Schindler*. Mitgliederverzeichniss pro 1889.

— des historischen Vereins des Kantons Glarus. 26.—30. Hft. gr. 8. Glarus, Baeschlin. à n. 2. 80
26. (XXXII, 112 u. 44 S. m. 1 farb. Wappentaf.) 891. — 27. (VII, 64 u. 27 S.) 892. — 28. (III, XXVII, 96 S. m. 1 Taf.) 893. — 29. (XII, 78 S.) 893. — 30. (III, XIII, 117 S.) 894.

— d. historischen Vereins d. Kantons Glarus. 31. u. 32. Hft. gr. 8. (III, XXII, 84 u. XVI, 160 S. m. 8 Fig.) Glarus 896. Baeschlin. à n. 2. 80

— des historischen Vereins des Kantons Glarus. 33. Hft. gr. 8. (LIV, 126 S.) Glarus 899. Baeschlin. n. 2.80

— des historischen Vereins des Kantons Glarus. 34.—36. Heft. gr. 8. Glarus, J. Baeschlin. 14. 90
34. (LII, 710 S.) 903. 9.30. — 35. (III, XXXVI, 76 S.) 906. 2.80. — 36. (III, X, 93 S.) 910. 2.80.

Jahrbuch des Historischen Vereins des Kantons Glarus. Heft 36 u. 37. 8. Glarus, Buchdr. Glarner Nachrichten, Rud. Tschudy (* *Umschlag:* J. Bäschlin, Buchh.).
Heft 36. IV + X + 93 S. 1910. (fr. 3. -)
Heft 37. IV + XII + 128 S. 1911. (fr. 3. -)

Jahrbuch des Historischen Vereins für das Fürstenthum Liechtenstein. Band 1. 276 S. 8. Vaduz, Selbstverlag des Vereins, 1901.

Jahrbuch des Historischen Vereins für das Fürstenthum Liechtenstein. Band 2. [Mit Illustrationen und 1 Tafel.] IV + 308 S. 8. Vaduz, Selbstverlag des Vereins (Buchdr. J. Kuhn, Buchs-Werdenberg), 1902.

Jahrbuch des Historischen Vereins für das Fürstentum Liechtenstein. Band 3. [Mit Illustrationen und 1 Porträt-Tafel.] 216 S. 8. Vaduz, Selbstverlag des Vereins (Buchdr. J. Kuhn, Buchs-Werdenberg), 1903.

Jahrbuch des Historischen Vereins für das Fürstentum Liechtenstein. Band 4. [Illustriert.] 244 S. 8. Vaduz, Selbstverlag des Vereins (Buchdr. J. Kuhn, Buchs-Werdenberg), 1904.

Jahrbuch des Historischen Vereins für das Fürstentum Liechtenstein. Band 5. [Mit Porträt-Tafel.] 228 S. 8. Vaduz, Selbstverlag des Vereins, 1905.

Jahrbuch des Historischen Vereins für das Fürstentum Liechtenstein. Band 6. [Mit 1 Porträt-Tafel.] 164 S. 8. Vaduz, Selbstverlag des Vereins (Buchdr. J. Kuhn, Buchs-Werdenberg), 1906.

Jahrbuch des Historischen Vereins für das Fürstentum Liechtenstein. Band 7. [Mit 2 Abbildungen und 1 Tafel.] 191 S. 8. Vaduz, Selbstverlag des Vereins (Buchdr. J. Kuhn, Buchs-Werdenberg), 1907.

Jahrbuch des Historischen Vereins für das Fürstentum Liechtenstein. Band 8. [Mit Illustrationen und 16 Tafeln.] XXX + 183 S. 8. Vaduz, Selbstverlag des Vereins (Buchdr. J. Kuhn, Buchs-Werdenberg), 1908.
Fürsten-Jubiläums-Ausgabe.

Jahrbuch des Historischen Vereins für das Fürstentum Liechtenstein. Band 9. [Mit 2 Tafeln.] 141 S. 8. Vaduz, Selbstverlag des Vereins (Buchdr. J. Kuhn, Buchs-Werdenberg), 1909.

Jahrbuch des Historischen Vereins für das Fürstentum Liechtenstein. Band 10. [Mit 1 Figur und 1 Tafel.] 196 S. 8. Vaduz, Selbstverlag des Vereins (Buchdr. J. Kuhn, Buchs-Werdenberg), 1910.

— des Vereins f. die evangelische Kirchengeschichte der Grafsch. Mark. (Red.-Ausschuß: Hengstenberg, Knodt u. Rottebohm. Philippi, Rothert.) 1.—4. Jahrg. 1899—1902. gr. 8. (VII, 186; IV, 184; III, 252 u. 164 S.) Gütersloh, C. Bertelsmann. à n. 3.—

— des Vereins f. die evangelische Kirchengeschichte Westfalens. 5.–8. Jahrg. 1903—1906. (III, 229 S. m. 1 Karte; III, 191; III, 304 u. III, 207 S.) gr. 8. Gütersloh, C. Bertelsmann. à n. 3.—

— des Vereins f. d. evangel. Kirchengeschichte Westfalens. 9. u. 10. Jahrg. 1907 u. 1908. (IV, 260 u. III, 235 S.) 8. Gütersloh, C. Bertelsmann. à Jahrg. 3. —

— dasselbe. 11. u. 12. Jahrg. 1909 u. 1910. (III, 348 S.) 8. Ebd. (909). 6. —

Verein für Vierländer Kunst und Heimat- Tafeln.) (Bergedorf o. Dr.) 8°
kunde. — JAHRBUCH *) 1908. (Mit

*) Das Jahrbuch ist bedeutend umfangreicher als die Jahres-Berichte u. sollte eigentlich die Jahres-Berichte ablösen, fand aber aus Mangel an Interesse keine Fortsetzung.

— des Vereins f. Vierländer Kunst u. Heimatkunde. 1908. (132 S. m. 8 Taf.) gr. 8. Hamburg, (Herold). 2. 50

Jahrbuch ... des Vereins katholischer deutscher Lehrerinnen. 1910(1909?) –21.

Forts. u. d. T.: Bericht ...

JAHRBUCH DES NUMISMATISCHEN VEREINS ZU DRESDEN (E. V.
auf das Jahr 1908. (Mit 2 Tafeln.) Dresden 1913. Selbstverlag des Vereins. In Kommission bei C. G. Thieme. 8°.
auf das Jahr 1909. Mit 12 Lichtdrucktafeln. ib. 1910. — — Druck von Carl Jehne, Dippoldiswalde.
auf das Jahr 1910. (Mit Abbildungen.) ib. 1911. — — —
auf das Jahr 1911. Mit 5 Lichtdrucktafeln und 20 Abbildungen im Text. ib. 1912. — — —
auf das Jahr 1912. Mit 8 Lichtdrucktafeln. ib. 1913. — — —

JAHRBUCH DES VEREINS FÜR ORTS- UND HEIMATSKUNDE IN DER GRAFSCHAFT MARK verbunden mit dem Märkischen Museum zu Witten.
Im Auftrage des Vereins zusammengestellt und bearbeitet von F. W. AUG. POTT und J. H. BORN.
Jahrg. 1. 1886/87. (Mit 1 Tafel.) Witten a. d. Ruhr, im Dezember 1887. — (Witten, Druck von C. L. Krüger.) 8°.
Im Auftrage des Vereins herausgegeben von F. W. AUG. POTT und J. H BORN.
Jahrg. 2. 1887/88. (Mit 1 Tafel.) ib., im Dezember 1888. (ib. —). — 3 1888—89. (Mit Tafeln.) ib., im Januar 1890. Druck von C. L. Krüger. — 4 1889—90. (Mit 1 Tafel.) ib., im Januar 1891. — 5. 1890—91. ib., im Janur 1892. — 6. 1891—92. ib., im März 1893. — 7. 1892—93. (Mit 1 Tafl.) ib., im März 1894. — 8. 1893—94. ib., im April 1895. — 9. 1894—95. (Mit Tafeln.) ib., im Juni 1896. (o. V. o. Dr.) — 10. 1895—96. ib., im April 1897. (o. V. o. Dr.)

11. 1896 97. ib., im Mai 1898. Druck von C. L. Krüger. — 12. 1897—98. ib., im April 1899. (Mit 1 Tafel.) ib. — 13. 1898 99. ib., im April 1900. (Mit 1 Tafel.) Witten a. d. Ruhr. Märkische Druckerei und Verlagsanstalt (G. m. b. H.) — 14. 1899 1900. ib., im Juni 1901. ib. — 15. 1900—1901. ib., im Juni 1902. Märkische Druckerei und Verlags-Anstalt Aug. Pott. — 16. 1901 1902. (Mit 1 Tafel.) ib., im Juni 1903. ib.

Im Auftrage des Vereins herausgegeben von F. W. AUG. POTT und WILH. LORCH.

Jahrg. 17. 1902 1903. (Mit 1 Tafel.) ib., im Juni 1904. ib. —

Im Auftrage des Vereins herausgegeben von F. W. AUG. POTT.

Jahrg. 18. 1903 1904. (Mit 1 Tafel.) ib., im Juni 1905. ib. — 19. 1904—1905., ib., im Juni 1906. ib. — 20. 1905 1906. ib., im Juni 1907. ib. — 21. 1906 1907. ib., im Juni 1908. ib. — 22. 1907 1908. ib., im April 1909. ib. — 23. 1908 1909. ib., im April 1910. ib. —

JAHRBUCH DES VEREINS FÜR ORTS- UND HEIMATSKUNDE IN DER GRAFSCHAFT MARK verbunden mit dem Markischen Museum zu Witten-Ruhr.

Im Auftrage des Vereins herausgegeben von F. W. AUG. POTT.

Jahrg. 24. 1909 1910. ib., im Juni 1911. ib. — 25. 1910—1911. (Mit Tafeln.) ib., im Juni 1912. ib. —

— des Vereins f. Orts- u. Heimatskunde in der Grafsch. Mark verbunden m. dem märkischen Museum zu Witten. 16—18. Jahrg. 1901/02. 1902/03 u. 1903/04. Im Auftrage des Vereins hrsg. v. F. W. Aug. Pott. (158 S. m. 1 Bildnis; 140 S. m. 1 Bildnis u. 118 S. m. 1 Taf.) 8. Witten (Ruhr) 903—905. Selbstverlag des Vereins. à n. 3. —

Jhrg. 16 ist v. J. H. Born, Jhrg. 17 v. W. Lorch mithrsg.

— des Vereins f. Orts- u. Heimatskunde in der Grafsch. Mark verbunden m. dem Märkischen Museum zu Witten. 19.—22. Jahrg. 1904/05—1907/08. Im Auftrage des Vereins hrsg. v. F. W. Aug. Pott. (LXII, 201 S.) 8. Witten (Märkische Druckerei u. Verlags-Anstalt). Geb. à nn 3. —

19. 1904/05. (205 S.) 906. — 20. 1905/06. (222 S.) 907. — 21. 1906/07. (181 S.) 908. — 22. 1907/08. (LXII, 201 S.) 909.

JAHRBUCH DES VEREINS FÜR ORTS- UND HEIMAT-KUNDE IM SÜDERLANDE. Herausgegeben im Auftrage des Vereins von K. Mummenthey.**)

Jahrg. 1. Mit 2 lithographirten Tafeln und 1 Stammtafel. Hagen 1882. Komm. von Gustav Butz. 8°.

— des Vereins f. Orts- u. Heimat-Kunde im Süderlande. Hrsg. im Auftrage d. Vereins v. K. Mummenthey. Mit 2 lith. Taf. u. 1 Stammtaf. 1. u. 2. Jahrg. gr. 8. (III, 117 u. V, 148 S.) Hagen 883. 84. (Butz.) à n. 1. —

JAHRBUCH DES VEREINS FÜR WISSENSCHAFTLICHE PÄDAGOGIK.

Herausgegeben von Prof Dr. T. ZILLER.

Jahrg. 1. Leipzig 1869. In Commission beim Verlag für erziehenden Unterricht. (G. Ad. Gräbner). 8°. — Jahrg. 2. Mit 1 lithographirten Beilage. ib. 1870. — Jahrg. 3. Mit 2 lithographirten Beilagen. ib. 1871. — Jahrg. 4—6. ib. 1872 — 1874. — Jahrg. 7. Langensalza. 1875. Verlags-Comptoir von Hermann Beyer — Jahrg. 8. ib. 1876. Verlag von Hermann Beyer und Söhne. — Jahrg. 9 11. ib. 1877 1879. —

In Vertretung des Herrn Professor Dr. T. ZILLER herausgegeben von Dr. OSKAR ALTENBURG.

Jahrg. 12. ib. 1880 — Jahrg. 13. ib. 1881. —

Herausgegeben von Professor Dr. T. ZILLER. —

Jahrg. 14. ib. 1882. —

Begründet von Prof. Dr. T. ZILLER. Herausgegeben von Prof. Dr. THEODOR VOGT

Jahrg. 15. Leipzig 1883. Verlag von Veit & Comp. — Jahrg. 16—19. ib. 1884 1887. — Jahrg. 20. Dresden 1888. Verlag von Bleyl & Kaemmerer (Paul Th. Kaemmerer.) — Jahrg. 21—30. ib. 1889—1898. — Jahrg. 32—38. ib. 1900 1906. Verlag von Bleyl & Kaemmerer (Inh.: O. Schambach).

Begründet von Prof. Dr. T. ZILLER. Herausgegeben von Prof. Dr. THEODOR VOGT und Prof. Dr. KARL JUST.

Jahrg. 39. Dresden-Blasewitz. 1907. Verlag von Bleyl & Kaemmerer (Inh.: O. Schambach).

Begründet von Prof. Dr. T. ZILLER. Herausgegeben von Prof. Dr. W. REIN.

Jahrg. 40. ib. 1908. —

Begründet von Prof. Dr. T. ZILLER. Herausgegeben von Prof. Lit. D. Dr. W. REIN.

Jahrg. 41. ib. 1909. —

Begründet von Prof. Dr. T. ZILLER. Fortgesetzt von Prof. Dr. TH. VOGT. Herausgegeben von Prof. Lit. D. Dr. W. REIN.

Jahrg. 42 47. ib. 1910—1915. —

SYSTEMATISCHES INHALTSVERZEICHNIS zu den Jahrbuchern des Vereins für wissenschaftliche Pädagogik. Jahrg. 1—41 von FR. FRANKE. Leipzig. Langensalza 1909. Hermann Beyer & Söhne (Beyer & Mann). kl. 8°.

—— des Vereins für wissenschaftliche Pädagogik. 1. Jahrg. Hrsg. von T. Ziller. gr. 8. (VI, 263 S.) Leipzig 869, Verlag für erziehenden Unterricht. [Gräbner.] * 5 —

— — 2. Jahrg. Hersg. von T. Ziller. Ebend. 870. gr. 8. (IV, 328 S.) n. 1 ₰ 25 ngr.

— des Vereins f. wissenschaftliche Paedagogik. 3. Jahrg. Hrsg. v. T. Ziller. Mit 2 lith. Beilagen (in qu. Fol. u. qu. 4.) gr. 8. (IV, 364 S. m. eingedr. Holzschn.) Leipzig 871. Verl. f. erzieh. Unterricht. n. 6. —

— dasselbe. 4. Jahrg. gr. 8. (III, 338 S.) Ebend. 872. n. 5. 40

— dasselbe. 5. Jahrg. gr. 8. (IV, 356 S.) Ebend. 873. n. 6. —

— dasselbe. 6. Jahrg. gr. 8. (284 S.) Ebend. 874. n. 5. 20

— dasselbe. 7. Jahrg. gr. 8. (III, 296 S. m. 1 lith. Karte in 4.) Langensalza 875. Beyer & Söhne. n. 4. —

— dasselbe. 8. Jahrg. gr. 8. (306 S.) Ebend. 876. n. 5. —

— dass. — Erläuterungen nebst Mittheilungen an seine Mitglieder zum 8.—11. Jahrg. (1876—1879.) Hrsg. von T. Ziller. gr. 8. (à Jahrg. 36 S.) Ebendas. à Jahrg. *

— dass. — zum 12.—14. Jahrg. (1880—1882.) In Vertretung des Hrn. T. Ziller hrsg. von Osk. Altenburg. gr. 8. (à Jahrg. 36 S.) Ebendas. à Jahrg. *

— dass. — zum 15. Jahrg. Begründet von T. Ziller. Hrsg. von Thdr. Vogt. gr. 8. (73 S.) Leipzig 884, Veit und Comp. *

— des Vereins für wissenschaftliche Pädagogik. 9. Jahrg. Hrsg. v. T. Ziller. gr. 8. (III, 316 S.) Langensalza 877. Leipzig, Veit & Co. n. 5. —; Erläutergn. dazu, nebst Mittheilgn. an die Mitglieder d. Vereins. Jahrg. 1876. (76 S.) n. 1. —

— dasselbe. 10. u. 11. Jahrg. gr. 8. (à ca. 315 S.) Ebend. 878—79. à Jahrg. n. 5. —

— dasselbe. 12. u. 13. Jahrg. In Vertretung d. Hrn. T. Ziller hrsg. v. Osk. Altenburg. gr. 8. (III, 326 u. III, 278 S.) Ebend. 880. 81. à Jahrg. n. 5. —

— des Vereins f. wissenschaftliche Pädagogik. 14—18. Jahrg. Hrsg. v. T. Ziller u. Th. Vogt. gr. 8. (à ca. 327 S.) Langensalza 882—86. Leipzig, Veit & Co. à Jahrg. n. 5. —

— dasselbe. [XIV—XVII. Jahrg. 1882—1885.] Erläuterungen, nebst Mitteilgn. an seine Mitglieder. Begründet v. T. Ziller. Hrsg. v. Thdr. Vogt. gr. 8. (à ca. 48 S.) Ebend. 882—86. à n. 1. —

— des Vereins f. wissenschaftliche Pädagogik. Begründet v. Ziller. 19. Jahrg. Hrsg. v. Thdr. Vogt. gr. 8. (III, 322 S.) Leipzig, Veit & Co. n. 5. —

— dasselbe. 20.—22. Jahrg. gr. 8. (III, 292; III, 301; III, 297 S.) Dresden 888—890. Bleyl & Kaemmerer. à Jahrg. n. 5. —

— dasselbe. Erläuterungen zum 18.—20. Jahrg. 1886—1888, nebst Mitteilgn. an seine Mitglieder. gr. 8. (60; 63; 75 S.) Ebd. 887—889. à Jahrg. n. 1. —

— dasselbe. 21.—25. Jahrg. 1889—1893. Erläuterungen, nebst Mitteilgn. an seine Mitglieder. gr. 8. (70; 64; 67; 77; 52 S.) Ebd. 890—894. à Jahrg. n. 1. —

— des Vereins f. wissenschaftliche Pädagogik. Begründet v. T. Ziller. Hrsg. v. Thdr. Vogt. 23.—26. Jahrg. 1891—1894. gr. 8. (III, 314; III, 319; III, 275; III, 320 u. 8 S.) Dresden, Bleyl & Kaemmerer. à Jahrg. n. 5. —

— dasselbe. 26.—29. Jahrg. 1894—1897. Erläuterungen, nebst Mitteilgn. an s. Mitglieder. gr. 8. (47, 60, 56 u. 56 S.) Ebd. 895—898. à Jahrg. n. 1. —

— d. Vereins f. wissenschaftliche Pädagogik. Begründet v. T. Ziller. Hrsg. v. Thdr. Vogt. 27.—30. Jahrg. gr. 8. (III, 342; III, 299; III, 293 u. III, 286 S.) Dresden 895—898. Bleyl & Kaemmerer. à Jahrg. n. 5. —

— des Vereins f. wissenschaftliche Pädagogik. Begründet v. T. Ziller. Hrsg. v. Thdr. Vogt. 31.—34. Jahrg. 1899—1902. gr. 8. (III, 321; III, 288; III, 344 u. III, 298 S.) Dresden 899—902. Bleyl & Kaemmerer. à n. 5.—

Jahrbuch des Vereins f. wissenschaftliche Pädagogik. Begründet v. T. Ziller. Hrsg. v. Thdr. Vogt. 30.—33. Jahrg. 1898—1901. Erläuterungen nebst Mitteilgn. an seine Mitglieder. gr. 8. (54, 53, 59 u. 59 S.) Dresden 899—902. Bleyl & Kaemmerer. à n. 1. —

— des Vereins f. wissenschaftliche Pädagogik. Begründet v. T. Ziller. Hrsg. v. Thdr. Vogt. 35.—38. Jahrg. (330; III, 304; III, 308 u. III, 292 S.) gr. 8. Dresden 903—906. Bleyl & Kaemmerer. à n. 5. —

— dasselbe. 34.—37. Jahrg. Erläuterungen, nebst Mitteilgn. an seine Mitglieder. (60, 56, 60 u. 67 S.) 8. Ebd. 903 u. 905. à n.n. 1. —

— dasselbe. Begründet v. T. Ziller. Fortgesetzt v. Th. Vogt. Hrsg. v. W. Rein. 38.—40. Jahrg. Erläutergn. nebst Mitteilgn. an seine Mitglieder. (79 S., 112 S. u. IV, 72 S.) gr. 8. Ebd, 906—09. à nn 1. —
Fortsetzg. s.: Verhandlungen d. Ver. f. wiss. Pädagogik.

— des Vereins f. wissenschaftliche Pädagogik. Begründet v. T. Ziller. Hrsg. v. W. Rein. 39.—42. Jahrg. (III, 276; III, 343; IV, 350 u. V, 297 S.) 8. Dresden-Blasewitz 909. Bleyl & Kaemmerer. à Jahrg. 5. —

— d. pädagogischen Vereins f. Altona u. Umgegend. M. e. Verzeichnis sämtl. Lehrer u. Lehrerinnen an d. öffentl. Schulen Altonas u. d. Umgegend. Hrsg. v. pädagog. Verein. 1896—1898. (1.—3. Jahrg.) 16. (68, 93 u. 112 S.) Altona, Schlüter. Kart. à n.n. — 50

— des pädagogischen Vereins f. Altona u. Umgegend. Mit e. Verzeichnisse der Lehrer u. Lehrerinnen Altonas u. der Umgegend. Hrsg. vom pädagog. Verein. Ostern 1901—Ostern 1902. 6. Jahrg. gr. 16. (110 S.) Altona, Schlüter. In Ledertuch kart. n.n. — 50

— des pädagogischen Vereins f. Altona u. Umgegend. Mit e. Verzeichnisse der Lehrer u. Lehrerinnen Altonas u. der Umgegend. Hrsg. vom pädagog. Verein. Ostern 1906 bis Ostern 1907. 11. Jahrg. (133 S.) 16. Altona, Schlüter. In Ledertuch kart. n. — 60

— des pädagogischen Vereins f. Altona u. Umgegend. Mit e. Verzeichnisse d. Lehrer u. Lehrerinnen Altonas u. der Umgegend. Hrsg. vom pädagog. Verein. Ostern 1910 bis Ostern 1911. 15. Jahrg. (156 S.) 16. Altona, Schlüter. Geb. in Ledertuch — 60

Jahrbuch des Pesther gymnastischen Vereins für 1853. Redigirt durch Joseph v. Szekrényessy, Ausschuß-Mitglied. (A Pesti Testgyakorló Egylet évkönyve 1853ra.) 8. (24 S.) Pest. Müller Emil könyvnyomd. 1854.

Jahrbuch des Pester gymnastischen Vereines für 1856. Redigirt durch Johann Kücz, Vereins-Secretär. Pest, 1857. Müller Emil Könyvnyomdája. (15 S. 2 Bl. 8.) (Deutsch und Ungar. zugleich.)

—— des polytechnischen Vereins zu Carlsruhe, s. Constructionen aus dem Maschinenbau.

Jahrbuch des polytechnischen Vereins in Karlsruhe.
1. Jahrgang: Concurrenz-Arbeiten. Berechnung der constructiven Arbeiten aus dem Maschinen- u. Brückenbau. Karlsruhe 1869. Text 8°. Atlas von 67 Blatt Fol.
2. Jahrgang: Constructionen aus dem Maschinenbau: Hebemaschinen. Karlsruhe 1876. Text 8°. Atlas v. 20 Bl. Fol.
3. Jahrgang: Dasselbe: Wasserräder u. Turbinen. Karlsruhe 1877. Text 8°. Atlas von 20 Blatt Fol.
4. Jahrgang: Dasselbe: Pressen, Spindel- u. Kniehebelpressen, Hydraulische Pressen, Presspumpen. Karlsruhe 1878. Text 8°. Atlas von 20 Blatt Fol.

— des polytechnischen Vereins in Carlsruhe. (1. Jahrg.) Mit einem Atlas Constructionen aus dem Maschinenbau, von 67 (lith.) Blättern (in qu. gr. Fol.). Carlsruhe 870. Veith. gr. 8. (VIII, 343 S.) n. 14 *s*

Verein der Schweizerischen Presse. Jahrbuch 1901. — Association de la Presse suisse. Annuaire 1901. 56 S. 8. Bern, Jent & Co.
Inhalt — Table des matières: 1. Jahresbericht für 1899/1900 von Jakob Börlin... 9. Berufsbildung des Journalisten, von Dr. M[ichael] Bühler.

Verein der Schweizerischen Presse. Jahrbuch 1902 = Association de la Presse suisse. Annuaire 1902.... [Mit] Beilagen = Annexes: Sämtliche Berichte, Sitzungsberichte und Beschlüsse des 8. Internationalen Kongresses der Presse in Bern 1902 = Tous les rapports... du 8e Congrès international de la presse à Berne 1902. [Mit illustriertem Umschlag.] IV + 29 (+ *Beilagen zus.* 221) S. 8. [Bern, H. Jent.] [fr. 2. 75]

— des Vereins f. Privatforstbeamte Deutschlands. Enth. dessen Organisation, Mitgliederliste, Satzgn. u. Prüfungsordngn. Hrsg. v. der Geschäftsstelle des Vereins. Halensee-Berlin, Karlsruherstr. 11. 6. Jahrg. nach dem Stande vom 15. V. 1910. (142 S.) kl. 8. Neudamm 910. J. Neumann. — 80

— 28., des rheinisch-westphälischen Vereins f. Israel. Vom 1. August 1870 bis zum 1. August 1874. gr. 8. (55 S.) Köln 872. (Barmen, Klein.) — 60

Jahrbuch des schlesischen Vereins für Berg- und Hüttenwesen. 1—3. Bd. gr. 4. Breslau 859—61, E. Trewendt. [1. Bd. (992 S. mit eingedr. Holzschn. und 1 Stnt.) 2. Bd. (V und 487 S. mit eingedr. Holzschn. und 1 Stnt.) 3. Bd. (III und 525 S. mit eingedr. Holzschn.) à Bd. * 3 Thlr.] *

Jahrbuch des Schweizerischen Elektrotechnischen Vereins. — Annuaire de l'Association Suisse des Électriciens. 12e Année — 1901 — Jahrg. 12. Redigiert vom Generalsekretariat des S. E. V. ([Mit 7 Tabellen,] Anhang [und] Annoncen.) II + 304 + *Anhang* II + 47 + *Ann.* 24 S. 8. Zürich, Jacques Bollmann, 1901.
Anhang: Wyssling, W[alther]... Bern. K. J. Wyss, 1901 s. Weltausstellung in Paris 1900. Schweiz. Klasse 23... (*Bulletin S. 99*).

Jahrbuch des Schweizerischen Elektrotechnischen Vereins. Mit einer Beilage in Folioformat enthaltend die Tabellen: Statistik über Starkstromanlagen. — Annuaire de l'Association Suisse des Electriciens. Avec une Annexe folio, contenant la Statistique des installations électriques à courant fort. Jahrg. 13 — 1902 — 13e Année. Redigiert vom Generalsekretariat des S. E. V. (*zus.* 445 S.) 8. Zürich, Jacques Bollmann [Polytechnische Verlagsanstalt A.-G., Bern], 1902. [Mit Beilage fr. 10. —]

Jahrbuch des Schweizerischen Elektrotechnischen Vereins. Mit einer Beilage in Folioformat enthaltend die Tabellen: Statistik über Starkstromanlagen = Annuaire de l'Association Suisse des Electriciens. Avec une Annexe folio, contenant la Statistique.... Jahrg. 14 — 1903/04 — 14e Année. Redigiert vom Generalsekretär des S. E. V., Prof. Dr. W[alther] Wyssling. (*zus.* 514 S.) 8. Zürich ... ([Druck:] Jacques Bollmann); Bern, Polytechnische Verlagsanstalt A. G., (1903). [Mit Beilage fr. 10. —]

Beilage s. Statistik.

Jahrbuch des Schweizerischen Elektrotechnischen Vereins. Mit einer Beilage in Folioformat enthaltend die Tabellen: Statistik über Starkstromanlagen = Annuaire de l'Association Suisse des Electriciens. Avec une Annexe folio, contenant la Statistique.... Jahrg. 15—1904/05—15e Année. Redigiert vom Generalsekretär des S. E. V., Prof. Dr. W[alther] Wyssling. (*zus.* 570 S.) 8. Zürich, Hrg. vom Schweiz. E' Verein ([Druck:] Jacques Bollmann). [mit Beilage fr. 10. —]

Beilage s. Statistik.

— des schweizerischen elektrotechnischen Vereins. — Annuaire de l'association suisse des électriciens. 16. Jahrg. 1905/06. Red. v. W. Wyssling. (V, XLIX, 84, 53, 21, 14, 14 u. 90 S.) 8. Zürich (906). (Basel, C. F. Lendorff.) n. 5. —; Beilage dazu: Statistik üb. Starkstromanlagen. (120 S.) 4. n. 5. —

Jahrbuch des Schweizerischen Elektrotechnischen Vereins. Mit einer Beilage in Folioformat enthaltend die Tabellen: Statistik über Starkstromanlagen = Annuaire de l'Association Suisse des Electriciens. Avec une Annexe folio, contenant la Statistique .... Jahrg. 16 – 1905/06 – 16e Année. Redigiert vom Generalsekretär des S. E. V., Prof. Dr. W[alther] Wyssling. (IV + *zus.* 384 S.) 8. Zürich, Hrg. vom Schweiz. E' V' ([Druck:] Jacques Bollmann). [mit Beilage fr. 10. —, einzeln *je* 5. —]

Beilage s. Statistik über Starkstromanlagen....

Jahrbuch des Schweizerischen Elektrotechnischen Vereins = Annuaire de l'Association Suisse des Electriciens. Jahrg. 17 — 1906/07 — 17ème Année. 2 Teile = 2 Parties. Redigiert vom Generalsekretariat des S. E. V. Zürich, Fritz Amberger, 1906. [fr. 10. —]

1. (administrativer) Teil = 1ère Partie. (IV + *zus.* 282 S.) 8.

2. (technischer) Teil = 2ème Partie. [Illustriert.] (IV + *zus.* 251 S.) fol. — *Darin Forts. der* Statistik über Starkstromanlagen....

Jahrbuch des Schweizerischen Elektrotechnischen Vereins (**Teil 2:* Vereines) = Annuaire de l'Association Suisse des Electriciens. Jahrg. 18 – 1907/08 – 18ème Année. 2 Teile = 2 Parties. Redigiert vom Generalsekretariat des S. E. V. [Illustriert.] Zürich, Fritz Amberger, 1907. [fr. 10. —]

1. [administrativer] Teil = 1ère Partie. (VIII + *zus.* 491 S.) 8.
2. [technischer] Teil = 2ème Partie. (VI + *zus.* 244 S.) fol.

Jahrbuch des Schweizerischen Elektrotechnischen Vereins = Annuaire de l'Association Suisse des Electriciens. Jahrg. 19 — 1908/1909 (**Teil 2:* 1908/09) — 19ème Année. 2 Teile = 2 Parties. Redigiert vom Generalsekretariat des S. E. V. Zürich, Fritz Amberger, 1908. [fr. 10. —]

1. (administrativer) Teil = 1ère Partie. (LXXVIII + *zus.* 246 S.) 8.
2. (technischer) Teil = 2ème Partie. (VI + *zus.* 249 S.) fol.

Jahrbuch des Schweizerischen Elektrotechnischen Vereins = Annuaire de l'Association Suisse des Electriciens. Jahrg. 20—1909/1910 (**Teil 2:* 1909/10) — 20ème Année. 2 Teile = 2 Parties. Redigiert vom Generalsekretariat des S. E. V. Zürich, Fritz Amberger, 1909. [fr. 10. —]

1. (administrativer) Teil = 1ère Partie. [Mit Figuren.] (II + LXXXIV + *zus.* 577 S.) 8.
2. (technischer) Teil = 2ème Partie. (IV + *zus.* 261 S.) fol.

—— des Schweriner Vereins für Lehrerinnen und Erzieherinnen, hrsg. von Johanna Willborn. I. 1886. 8. (62 S.) Schwerin, (Stiller'sche Hofbuchh.) *

—— dass. — II. und III. 1887 und 1888. gr. 8. (III, 72; 74 S.) Schwerin, (Bärensprung'sche Hofbuchdr.) à Jahrg. *

— d. Schweriner Vereins f. Lehrerinnen u. Erzieherinnen, Mitglied d. Allgem. deutschen Lehrerinnen-Vereins. Hrsg. v. Johanna Willborn unt. Mitwirkg. d. Vereinsmitglieder Bohrer, Felten, Mehlhardt u. a. X. u. XI. 1895 u. 1896. gr. 8. (III, 60 u. III, 67 S.) Schwerin, Stiller. à n. 1. —

— des Schweriner Vereins f. Lehrerinnen u. Erzieherinnen, Mitglied des allgem. deutschen Lehrerinnen-Vereins, Hrsg v. Johanna Willborn. XVI. 1901. gr. 8. (III, 38 S) Schwerin 902. Stiller. n. 1. —

— des Schweriner Vereins f. Lehrerinnen u. Erzieherinnen, Mitglied des allgemeinen deutschen Lehrerinnen-Vereins. Hrsg. v. Johanna Willborn. XX. 1905. (III, 86 S.) 8. Schwerin 906. Stiller. n. 1. —

— des Schweriner Vereins f. Lehrerinnen u. Erzieherinnen, Mitglied d. allgem. deutschen Lehrerinnen-Vereins u. des mecklenb. Volksschullehrerinnen-Vereins, Mitglied d. Verbandes deutscher Volksschullehrerinnen, Sektion d. allgemeinen deutschen Lehrerinnen-Vereins. Hrsg. vom Vorstand d. Schweriner Vereins. XXIII. 1908. (III, 40 S. m. 1 Bildnis.) 8. Schwerin, Stiller. 1. —

JAHRBUCH DES VEREINS DER SPIRITUS- FABRIKANTEN, des Vereins der Stärke-Interessenten in Deutschland und der Brennerei-Berufsgenossenschaft. Ergänzungsband zur Zeitschrift für Spiritus-Industrie. Für die Schriftleitung verantwortlich G. Heinzelmann. Berlin, 1901.

— d. Vereins d. Spiritus-Fabrikanten in Deutschland, des Vereins der Stärke-Interessenten in Deutschland u. des Vereins deutscher Kartoffeltrockner. 8.—10. Jahrg. 1908—1910. Ergänzungsbd. zur Zeitschrift f. Spiritusindustrie. Schriftleitg.: G. Heinzelmann. (XIV, 513; XVIII, 556 u. XV, 488 S.) 8. Berlin 908—10. P. Parey. Geb. in Leinw. à nn 6. —

JAHRBUCH DES VEREINS FÜR NIEDERDEUTSCHE SPRACHFORSCHUNG.

Jahrg. 1875—1879. (I)—V. Bremen, 1876—1880. J. Kühtmann's Buchhandlung. 8°.

Jahrg. 1880. VI. ib. 1881. Hinricus Fischer.

Jahrg. 1881—1882. VII—VIII. (Mit 1 Tafel.) Norden und Leipzig. 1882—1883. Diedr. Soltau's Verlag.

JAHRBUCH DES VEREINS FÜR NIEDERDEUTSCHE SPRACHFORSCHUNG.

Jahrg. 1883—1885. IX—XI. (Mit 1 Portrait.) Norden und Leipzig. 1884—1886. Diedr. Soltau's Verlag. 8°.

JAHRBUCH DES VEREINS FÜR NIEDERDEUTSCHE SPRACHFORSCHUNG.

Jahrg. 1886. XII. Norden und Leipzig. 1887. Diedr. Soltau's Verlag. 8°. — Jahrg. 1887. XIII. ib. 1888. — Jahrg. 1888. XIV. ib. 1889. — Jahrg. 1889. XV. ib. 1890. — Jahrg. 1890. XVI. ib. 1891. — Jahrg. 1891. XVII. ib. 1892. — Jahrg. 1892. XVIII. ib. 1893. — Jahrg. 1893. XIX. ib. 1894. — Jahrg. 1894. XX. ib. 1895. — Jahrg. 1895. XXI. Mit einem Bildnis. ib. 1896. — Jahrg. 1896. XXII. ib. 1897. — Jahrg. 1897. XXIII. ib. 1898. — Jahrg. 1898. XXIV. ib. 1899. — Jahrg. 1899. XXV. ib. 1899. — Jahrg. 1900. XXVI. ib. 1900. — Jahrg. 1901. XXVII. ib. 1901. — Jahrg. 1902. XXVIII. ib. 1902. — Jahrg 1903. XXIX. ib. 1903. — Jahrg. 1904. XXX. ib. 1904. —

s.a. Niederdeutsches Jahrbuch.

—— des Vereins für niederdeutsche Sprachforschung. Jahrg. 1875—1878. (1.—4. Jahrg.) gr. 8. (131; 180; 183; 122 S.) Bremen, Kühtmann und Comp. Jahrg. 1875 *
Jahrg. 1876, 1877, 1878 à *

—— des Vereins für niederdeutsche Sprachforschung. 5. und 6. Jahrg. 1879 und 1880. gr. 8. (191; III, 151 S.) [Bremen, Fischer.] Norden, Soltau's Verlag. à Jahrg. *

—— dass. — 7.—9. Jahrg. 1881—1883. gr. 8. (III, 172; III, 169; III, 160 S. mit 1 Stahlst.-Portr.) Norden, Soltau's Verlag. à Jahrg.

—— des Vereins für niederdeutsche Sprachforschung. Jahrg. 1884—1887. X—XIII. gr. 8. (III, 180; IV, 176; III, 161; III, 168 S. mit Musikbeilage.) Norden 885—88, Soltau's Verlag. à Jahrg. * 4 —

Jahrbuch des Vereins f. niederdeutsche Sprachforschung. Jahrg. 1888—91. XIV—XVII. gr. 8. (III, 160; III, 160; III, 159; III, 164 S.) Norden 889—92, Soltau. à Jahrg. * 4 —

— des Vereins f. niederdeutsche Sprachforschung. Jahrg. 1889—1893. XV—XIX. gr. 8. (III, 160; III, 164; III, 159; III, 164 u. Musikbeil. 3 S.; III, 168 S.) Norden 890—894. D. Soltau. à Jahrg. n. 4. —

— d. Vereins f. niederdeutsche Sprachforschung. Jahrg. 1894—1896. XX.—XXII. gr. 8. (III, 168 S.; III, 162 S. m. 1 Bildn u. III, 151 S.) Norden 895—897. D. Soltau. à Jahrg. n. 4. —

— des Vereins f. niederdeutsche Sprachforschung Jahrg. 1897—1902. XXIII—XXVIII gr. 8. (III, 154; III, 148 u. 14; III, 160; III, 156; III, 157 u. III, 161 S.) Norden 898—902. D. Soltau. à n. 4. —

— des Vereins f. niederdeutsche Sprachforschung. (Niederdeutsches Jahrb.) Jahrg. 1903—1905. XXIX—XXXI. (III, 160; III, 176 u. III, 164 S.) gr. 8. Norden 903—905. D. Soltau. à n. 4. —

Jahrbuch des Vereins f. niederdeutsche Sprachforschung. (Niederdeutsches Jahrb.) Jahrg. 1906—1910. XXXII—XXXVI. (III, 168; III, 164; III, 160; III, 153 S. u. III, 156 S. m. 1 Heliogr. u. 2 Autotyp.) gr. 8. Norden 906—10. D. Soltau. à 4. —

— des volkswirthschaftlichen Vereins in Wien. 1872. gr. 8. (IV, 190 S.) Wien 872. Maass. 2. 40

Jahrbuch für die deutschen Vereine von Chicago. Jg. 1, 1901/02—
Annual. Octavo, each 175—200 pages. Editor and Publisher. Oscar H. Kraft.
Chicago, IL

—— der Vereine Deutschlands. [Vereins-Adressbuch.] In 7 Abthlgn. Unter Mitwirkg. d. Vereine selbst zusammengestellt v. Paul Wiesenthal. I. Abthl. 3 Bde. u. II. Abthl. 1. Bd. gr. 8. Berl., Wiesenthal. * 10 —; geb. * 13 —; einzelne Vereinsgruppen cart. à * 1 —
I. 1. Die Radfahrer-, Jagd-, Jagdschutz-, Forst-, Hundezucht-, Renn-, Reiter-, Traber-, Pferdezucht-, Brieftauben-, Vogelfreunde-, Geflügelzucht-, Ruder-, Segel-, Schwimm-, Eislauf-, Rollschuhlauf-, Fischerei-, Angel- u. Fischzucht-Vereine. (112 S.) 890. * 2 50; geb. * 3 —.
I. 2. Schützen- u. Schiess-, Alpen-, Touristen-, Gebirgs-, Sammler-, Schach-, Kartenspiel-, Rauch-, Kegler-, Fussball-, Billard- u. Fecht-Vereine. (103 S.) 890. * 2 50; geb. * 3 —.
I. 3. Turn-Vereine, Turnlehrer-Vereine, Athleten-, Stemm- u. Ring-Vereine. (38 S.) 890. * 2 —; geb. * 3 —.
II. 1. Handels-, Gewerbe- u. landwirthschaftliche Vereine. 1.: Vereinigte Kaufmannschaften, Industrie-Vereine, Handels-Vereine, Vereine f. Handelsgeographie, zur Förderung deutscher Interessen im Auslande, Gewerbe-Vereine, Vereine junger Kaufleute, Handwerker-Vereine. (74 S.) 891. * 3 —; geb. * 4 —.

— der Vereine Deutschlands. [Vereins-Adressbuch.] In 7 Abtheilgn. Unter Mitwirkg. d. Vereine selbst zusammengestellt v. P. Wiesenthal. I. gr. 8. Berlin 890. Wiesenthal. n. 2. 50; einzelne Vereinsgruppen cart. à n. 1. —
Die Sport-, Spiel-, Turn-, Touristen-, Sammler-, Rauch- u. verwandten Vereine. (112 S.)

— dasselbe. II. gr. 8. Ebd. 890. n. 2. 50; geb. n.n. 3. —; einzelne Vereinsgruppen daraus ap. cart. à n. 1. —
Schützen- u. Schiess-, Alpen-, Touristen-, Gebirgs-, Sammler-, Schach-, Kartenspiel-, Rauch-, Kegler-, Fussball-, Billard- u. Fecht-Vereine. (103 S.)

— der Vereine Deutschlands. [Vereins-Adressbuch.] In 7 Abthlgn. Unter Mitwirkg. der Vereine selbst zusammengestellt v. Paul Wiesenthal. III u. IV. gr. 8. Berlin, Wiesenthal. n. 5. —; geb. n. 7. — (I—IV.: n. 10. 50; geb. n.n. 13. —)
III. Turn-Vereine, Turnlehrer-Vereine, Athleten-, Stemm- u. Ring-Vereine. (38 S.) 890. n. 2. —; geb. n. 3. —
IV. (2. Abth. 1. Bd.) Handels-, Gewerbe- u. landwirthschaftliche Vereine. I. (74 S.) 891. n. 3. —; geb. n. 4. —

— d. Vereine Deutschlands. Allgem. deutsches Vereins-Adressbuch m. Angabe d. Vorsitzenden, Schriftführer, Kassirer, d. Mitgliederzahl, d. Versammlungslokales u. sonst. wicht. Notizen, unt. Mitwirkg. d. Vereine selbst hrsg. v. Arth. Loewy. I. Jahrg. I. u. II. Bd. 8. Berlin 896. W. Pormetter. Kart. à n. 1. 50
I. Schützen- u. Schiess-Vereine, m. Benutzg. d. Materials d. deutschen Schützen-Bundes hrsg. (94 S.)
II. Jahrbuch d. deutschen Radfahrer-Vereine, m. Beiträgen d. deutschen Radfahrer-Bundes sow. d. allgem. Radfahrer-Union. 1896. (VIII, 145 S.)

—— der freien Vereinigung katholischer Socialpolitiker. Hrsg. durch das Redactions-Comité. 1. und 2. Jahrg. [1887 und 1888.] gr. 8. (III, 150; 200 S.) Frankfurt a. M. (Fösser Nachf.) à Jahrg. * 2 —

—— der freien Vereinigung kathol. Socialpolitiker. Hrsg. durch das Redactions-Comité. 3. Jahrg. [1889]. gr. 8. (III, 111 S.) Frankfurt a. M., Foesser Nachf. * 2

JAHRBUCH DER INTERNATIONALEN VEREINIGUNG FÜR GEWERBLICHEN RECHTSSCHUTZ.
Jahrg. 1. 1897. Berlin 1897. Carl Heymanns Verlag. 8°. — 2. 1898. ib. 1899. — 3. 1899. ib. 1900. — 4. 1900. ib. 1902. — 5. 1901. ib. 1903. — 6. 1902. ib. 1904. — 7. 1903. ib. 1904. — 8. Berliner Kongress 24.—29. Mai 1904.: Teil I. ib. 1904. — Teil II. ib. 1905. — 9. 1905. ib. 1907. — 0. 1906. ib. 1910. — 11. 1907. ib. 1911. — 12. 1908. ib. 1911. — 13. 909. ib. 1911. — 14.[1]) 1910. ib. 1914. — 16. Londoner Kongress 4.—8. Juni 1912. Bd. 1. ib. 1913. —

[1]) Jahrg. 15 zur Zeit noch nicht erschienen.

— d. internat. Vereinigung f. gewerbl. Rechtsschutz. 1. Jahrg. 1897. gr. 8. (489 S.) Berlin 897. C. Heymann's Verl. n. 9. —

— der internationalen Vereinigung für gewerblichen Rechtsschutz. 2.—4. Jahrg. 1898—1900. gr. 8. Berlin, C. Heymann's Verl. n. 21. —
2. (520 S.) 899. n. 9. —. 3. (158 S.) 900. n. 5. —. 4. (351 S.) 902. n. 7. —.

— der internationalen Vereinigung für gewerblichen Rechtsschutz. 5.—8. Jahrg. gr. 8. Berlin, C. Heymann. n. 32. —
5. 1901. (126 S.) 903. n. 3. —. 6. 1902. (210 S.) 904. n. 6. —. 7. 1903. (227 S.) 904. n. 5. —. — 8. Berliner Kongress. 24.—29. V. 1904. 2 Tle. (VIII, 340 u. XXXI, 347 S.) 904. 905. n. 18. —.

— der internationalen Vereinigung f. gewerblichen Rechtsschutz. 9. u. 10. Jahrg. 1905 u. 1906. (XXXIII, 338 S.) gr. 8. Berlin 907. 10. C. Heymann. 18. —
1905. (XXXIII, 388 S.) 10. —. — 1906. (XIX, 252 S.) 8. —.

JAHRBUCH DER INTERNATIONALEN VEREINIGUNG FÜR VERGLEICHENDE RECHTSWISSENSCHAFT UND VOLKSWIRTSCHAFTSLEHRE ZU BERLIN unter Mitwirkung der Herren ...
im Auftrage der Vereinigung herausgegeben von BERNHÖFT und (FELIX) MEYER.
Jahrg. I. 1895. Berlin 1896. Hermann Bahr's Buchhandlung (K. Hoffmann). — 8°. II. 1896. ib. 1897. — III. 1897. ib. 1898. K. Hoffmann. — IV. 1898. ib. 1899. — V. 1899. ib. 1902. —
Bd. VI und VII. ib. 1904. Julius Springer.
Im Auftrage der Vereinigung herausgegeben von Professor Dr. BERNHÖFT in Rostock, Korresp. Mitgliede und Kammergerichtsrat Dr. MEYER in Berlin, Erstem Vorsitzenden.
Bd. VIII. ib. 1910. — A. u. d. T.: Jahrbuch ... Bd. VIII. 1. Abtheilung. ib. 1905. — Bd. VIII. 2. Abteilung. Teil 1—4. ib. 1907—1910. —

— d. internat. Vereinigung f. vergleich. Rechtswissenschaft u. Volkswirtschaftslehre zu Berlin, unt. Mitwirkg. v. Asser, Bekker, Cogliolo u. a. Mitglieder im Auftr. d. Vereinigg. hrsg. v. Bernhöft u. Meyer. 1. Jahrg. 2 Abtlgn. gr. 8. (III, IV, 652 S.) Berlin 895. K. Hoffmann. 16. 40; kplt. erhöhter Pr. n. 17. —

— dasselbe. 2. Jahrg. 1896. gr. 8. (VI, 716 S.) Ebd. 897. n. 18. —

— dasselbe. 3. Jahrg. 1897. 2 Abtlgn. gr. 8. (VI, 934 S.) Ebd. 897. 98. n. 23. 60

— dasselbe. 4. Jahrg. 1898. 1. Abtlg. gr. 8. (288 S.) Ebd. 898. n. 7. —

— der internationalen Vereinigung f. vergleichende Rechtswissenschaft u. Volkswirtschaftslehre zu Berlin, unter Mitwirkg. v. Bekker, Cogliolo, Pasquale u. a. Mitglieder im Auftrage der Vereinigg. hrsg. v. Bernhöft u. Meyer. IV. Jahrg. 1898. 2. Abtlg. gr. 8. (VII u. S. 285—1105.) Berlin 899. K. Hoffmann. n. 20. —; (IV. Jahrg. kplt. n. 27. —)

— dasselbe. V. Jahrg. 1899. 2 Abtlgn. gr. 8. (VII, 1374 S.) Ebd. 900. 902. n. 34. 40

— der internationalen Vereinigung für vergleichende Rechtswissenschaft u. Volkswirtschaftslehre zu Berlin, unter Mitwirkg. v. Bekker, Brissaud, Cogliolo u. a. Mitglieder im Auftrage der Vereinigg. hrsg. v. Bernhöft u. Meyer. VI. u. VII. Bd. 2 Abtlgn. (VII, 1856 S. u. 16 S. Tab.) gr. 8. Berlin 903. 904. J. Springer. n. 47. —

— dasselbe unter Mitwirkg. v. Bekker, Basiliu, Bevilaqua usw. u. a. Mitglieder im Auftrage der Vereinigg. hrsg. v. Bernhöft u. Meyer. VIII. Bd. 1. Abtlg. (539 S.) gr. 8. Ebd. 905. n. 14. —

— der internationalen Vereinigung f. vergleichende Rechtswissenschaft u. Volkswirtschaftslehre zu Berlin, unter Mitwirkg. v. Arandjelowitsch, Bekker, Basiliu usw. u. a. Mitglieder im Auftrage der Vereinigg. hrsg. v. Bernhöft u. Meyer. VIII. Bd. 2. Abtlg. II.—IV. (Schluss-)Tl. (VIII u. S. 541—3476.) gr. 8. Berlin 907—10. J. Springer. 71. —
VIII. Bd. 1. Abtlg. Ebd. 905. 14.—.

Thüringer Vereinigung f. Heimatpflege. Jahr-Buch. Hrsg. von d. Geschäftsstelle in Erfurt. [1.] 1903/08. (Erfurt): Thür. Vereinigung f. Heimatpflege [1909]. 8° 1o9. 1119 3

Thüringer Vereinigung für Heimatpflege eingetr. Verein. — JAHR-BUCH ... Herausgegeben von der Geschäftsstelle Erfurt.
1909.[*]) (Mit Abbildungen.) Selbstverlag der „Thüringer Vereinigung für Heimatpflege". (e. V.) 8°.
1910. (Mit Abbildungen.) ib. —.
Thüringer Vereinigung für Heimatpflege eingetr. Verein. Gegr. am 10. Nov. 1903. — JAHR-BUCH ... Herausgegeben von dem Geschäftsführer L. HANFF, Erfurt.
1911. (Mit Abbildungen.) ib. —

[*]) 1908 erschien das erste Jahr-Buch; ich habe es nicht einsehen können.

— der Thüringer Vereinigung f. Heimatpflege, eingetr. Verein. 1910. Hrsg. v. der Geschäftsstelle Erfurt. (3. Jahrg.) (149 S. m. Abbild.) gr. 8. Erfurt, (K. Keil). 1. —

— für Verkehrsbeamte. 1910. Hrsg. v. W. Müller, E. Semmelroth. Zusammengestellt v. F. Peitgen. (367 S. m. 1 Bildnis u. 1 Taf.) gr. 8. Giessen (910). Brühl. Geb. in Leinw. 2. —

— f. Versicherungs-Beamte 1909. Hrsg. vom Verbande der deutschen Versicherungs-Beamten. Bearb. v. L. Nothhaft. (191 S.) kl. 8. München, M. Steinebach. Geb. in Leinw. 1. —

Jahrbuch der Versicherungs-Gesellschaften Österreich-Ungarns. 1905 u. 1906. Hrsg. von Rud. Hanel. (IV, 178 S. u. IV u. S. 955—1116.) 8. Wien 904. 905. (A. Hölder.) à n. 2. 60
1906. Sonderabdruck aus „Compass".

— der Versicherungs-Gesellschaften Österreich-Ungarns. 1907—1910. Hrsg. v. Rud. Hanel. 8. Wien, Compassverlag. 16. 20
1907. (VI u. S. 987—1149.) 906. Kart. 2. 60
1908. (IV u. S. 1051—1210.) 907. Geb. in Leinw. 4. 40
1909. (IV u. S. 1071—1228.) 908. Geb. in Leinw. 4. 60
1910. (IV u. S. 1045—1200.) 909. Geb. in Leinw. 4. 60
Sonderabdrucke aus: „Compass".

— für das deutsche Versicherungswesen. 1878. (1. Jahrg.) Hrsg. von J. Neumann. Lebens-, Renten- und Unfall-Versicherung. 16. (IV, 241 S.) Berlin 878, Mittler und Sohn. geb. *
— dass. — 1879. (2. Jahrg.) 16. (305 S. mit 2 Tab.) Ebendas. 879. geb. *

— für das deutsche Versicherungswesen. 1880—1884. Hrsg. von J. Neumann. Lebens-, Renten- und Unfall-Versicherung. 16. (...; IV, 339; VI, 333 S. mit 1 Tab.; IV, 395; IV, 435. Berlin, Mittler und Sohn.
Jahrg. 1881 und 1882 geb. à *
Jahrg. 1880, 1883 und 1884 geb. à *

— für das deutsche Versicherungswesen. 1885—1889. Hrsg. von J. Neumann. Lebens-, Renten- und Unfall-Versicherung. gr. 16. (à Jahrg. ca. 460 S.) Berlin, Mittler und Sohn. geb. à Jahrg. *

— für das deutsche Versicherungswesen. 1887—1890. Hrsg. v. J. Neumann. Lebens-, Renten- u. Unfall-Versicherg. gr. 16. (III, 457; 463; 465; 471 S.) Berlin, Mittler & Sohn. geb. à Jahrg. n. 10. —

— für das deutsche Versicherungswesen. 1891—1894. Hrsg v. J. Neumann. Lebens-, Renten- u. Unfall-Versicherg. gr. 16. (475; 491; VI, 503; VI, 505 S.) Berlin, E. S. Mittler & Sohn. Geb. in Leinw. à Jahrg. n. 10. —

— f. d. deutsche Versicherungswesen. 1895. Hrsg. v. J. Neumann. Lebens-, Renten- u. Unfall-Versicherg. gr. 16. (VI, 531 S. m. 2 Tab.) Berlin, E. S. Mittler & Sohn. Geb. in Leinw. n. 10. —

Jahrbuch f. d. deutsche Versicherungswesen f. 1896, 1897, 1898 u. 1899. 12. (VIII, 535; VI, 557; VI, 557 u. VI, 553 S. m. Tab.) Nebst: Vergleich. Tabellen d. Prämien deutscher Lebens-Versicherungs-Gesellschaften 1896, 1897, 1898 u. 1899. Hrsg. v. J. Neumann. 16. (48, 48, 70 u 70 S.) Berlin, E. S. Mittler & Sohn. Geb. in Leinw. u. geh. à Jahrg. n. 10. —

Jahrbuch f. d. d. Versicherungswes. Hrsg. v. J Neumann. 1901-06. Berlin 1901-06

— f. das deutsche Versicherungswesen. 1901. Hrsg. v. J. Neumann. Lebens-, Renten- u. Unfall-Versicherg. 12. (VI, 634 S. m. 2 Tab.) Nebst: Vergleichende Tabellen der Prämien deutscher Lebens-Versicherungs-Gesellschaften. 1901. Hrsg. v. J. Neumann. 16. (72 S.) Berlin, E. S. Mittler & Sohn.
Geb. in Leinw. u. geh. n. 10. —

— dasselbe. 1902. 12. (VIII, 694 S. m. 2. Tab.) Ebd.
Geb. in Leinw. n. 10. —

— f. d. deut. Versicherungswesen. 1904. Hrsg. v. Neumann. Lebens-, Renten- u. Unfall-Versicherung. 12. Berlin, Mittler & Sohn. Geb. 10. —

—— für das gesammte Versicherungswesen, f. Saski, Thdr.

—— für das gesammte Versicherungswesen in Deutschland. Jhg. 1—6. Herausg. von Th. Saski. Mit Tabellen in gr. qu.-Fol. Frankfurt a. M. 1864—67, Leipzig 1867—68. Lex.-8.

*Jahrbuch für das Versicherungswesen im Deutschen Reiche. Lebens-, Renten-, Unfall- und Haftpflichtversicherung. Herausgeber Dr. *C. Neumann.* Berlin, von 1878 ab alljährlich. Davon die Versicherung mit Gewinnanteil bei den Lebensversicherungsgesellschaften des Deutschen Reiches als Separatausgabe.

Jahrbuch für das Versicherungswesen im Deutschen Reiche. Lebens-, Renten-, Unfall- und Haftpflichtversicherung. Hrsg. von K. Neumann. Jg. 1899—1901, 1905, 1907—1908. Berlin, 1899—1908.

— für das Versicherungswesen im Deutschen Reiche. 1905 u. 1907. Lebens-, Renten-, Unfall- u. Haftpflichtversicherung. Hrsg. v. C. Neumann. (VIII, 716 S. m. 1 Tab. u. VII, 718 S. m. 1 Tab.) kl. 8. Berlin, E. S. Mittler & Sohn. Geb. in Leinw. à n. 10. —
Vergl. Neumann's, J., Jahrbuch f. d. Versicherungswesen im Deutschen Reiche.

— f. d. Versicherungswesen im Deutschen Reiche 1906. Lebens-, Renten-, Unfall- u. Haftpflicht-Versicherung. Hrsg. v. Neumann. kl. 8. Berlin, Mittler & Sohn. Geb. 10. —

— der Versuchs- u. Lehranstalt f. Brauerei in Berlin. 1.—4. Bd. 1898—1901. Ergänzungsbd. zur Wochenschrift f. Brauerei. Für die Schriftleitg. verantwortlich W. Windisch. gr. 8. Berlin, P. Parey. Kart. à n. 6. —
1. (V, 258 S. m. 1 Tab.) 899.
2. (V, 275 S. m. Abbildgn. u. 1 Tab.) 900.
3. (IV, 306 S. m. Abbildgn. u. 1 Tab.) 901.
4. (X, 381 S. m. Abbildgn., 8 Taf. u. 1 Tab.) 902.

— der Versuchs- u. Lehranstalt f. Brauerei in Berlin. 5. u. 6. Bd. 1902 u. 1903. Ergänzungsbd. zur Wochenschrift f. Brauerei. gr. 8. Berlin, P. Parey.
Geb. in Leinw. n. 14. —
5. Unter Mitwirkg. von C. v. Eckenbrecher, W. Goslich, J. F. Hoffmann u. a. hrsg. v. M. Delbrück, red. v. W. Windisch. (VIII, 416 S. m. 3 Taf. u. 3 Tab.) 903. n. 6. —
6. Unter Mitwirkg. von C. v. Eckenbrecher, W. Goslich, H. Hanow u. a. hrsg. v. M. Delbrück, red. v. W. Windisch. (XIII, 588 S. m. 1 Tab.) 903. n. 8. —

— der agrikulturchemischen Versuchsstation der Landwirtschaftskammer d. Prov. Sachsen zu Halle a/S. Hrsg. v. Max Maercker. 1895. Lex.-8 (IV, 121 S. m. 3 Lichtdr.-Taf.) Berlin 896. P. Parey. n. 5. —

— dasselbe. II. 1896. Beiträge zu e. ration. Entwicklg. d. Düngerlehre u. Bodenkunde, bes. d. Konservierg. u. Wirkg. d. Stickstoffs im Stalldünger. gr. 8. (VIII, 205 S.) Ebd. 897. n. 7. —

Jahrbuch des Verwaltungsrechts. (Bd 2) [m. d. Untertit.:] Unter Einschluß des Staats- und (Bd 3 ff.: des Staatsverfassungs-, Staatskirchen- und) Völkerrechts. Bearb. u. hrsg. von [Fritz] Stier-Somlo. Berlin. 6 Bde
Jg. 1. (Betr die Erscheinungen des J. 1905.) 1907.
„ 2—4. (Literatur, Rechtsprechung u. Gesetzgebung d. J. 1906—08.) 1907—09.
„ 5. 6, Hälfte 1. Literatur d. J. 1909—10. 1910. 11.
„ 2. Rechtsprechung und Gesetzgebung d. J. 1909—10. 1910. 11.

— des Verwaltungsrechts. Bearb. u. hrsg. v. Stier-Somlo. 1. Jahrg. (Betrifft die Erscheingn. d. J. 1905.) (XIV, 518 S.) Lex.-8. Berlin 907. F. Vahlen.
n. 11. —; geb. in Halbfrz. n.n. 13.25

— des Verwaltungsrechts. Unter Einschluß des Staatsverfassungs-, Staatskirchen- u. Völkerrechts bearb. u. hrsg. v. Stier-Somlo. 2.—5. Jahrg. Lex. 8. Berlin, F. Vahlen. 97.—; geb. in Halbfrz. 111.50
2. (Literatur, Rechtsprechg. u. Gesetzgebg. d. J. 1906.) (XVI, 1159 S.) 907. 24.—; geb. n 27. —
3. (Literatur, Rechtsprechg. u. Gesetzgebg. des J. 1907.) (XVI, 1063 S.) 908. 23.—; geb. n 26. —
4. (Literatur, Rechtsprechg. u. Gesetzgebg. des J. 1908.) (XII, 1026 S.) 909. 23.—; geb. n 26. —
5. (1. Hälfte: Literatur d. J. 1909. 2. Hälfte: Rechtsprechg. u. Gesetzgebg. d. J. 1909.) (X, 708 u. X, 524 S.) 910. 27.—; geb. 32.50

Jahrbuch mit Verzeichnis der Hôtels und Reparaturwerkstätten. 1904. [Herausgeber:] Schweizerischer Velocipedisten-Bund = Annuaire avec liste des Hôtels & Ateliers. [Publié par l']Union Vélocipédique Suisse. [Mit 1 Tabelle.] IV + 96 S. 8. Bâle, H. Krüsi.

Jahrbuch mit Verzeichnis der Hotels und Reparaturwerkstätten. 1905. [Hrg. vom] Schweiz. Velocipedisten Bund = Annuaire avec liste des Hôtels et Ateliers. [Publié par l']Union Vélocipédique Suisse. [Mit 1 Tabelle.] IV + 120 S. 8. Basel, Hermann Krüsi.

Jahrbuch mit Verzeichnis der Hotels und Reparaturwerkstätten. 1906. [Hrg. vom] Schweiz. Velocipedisten Bund = Annuaire avec liste des Hôtels et Ateliers. [Publié par l']Union Vélocipédique Suisse. [Mit 1 Tabelle.] 136 S., *durchschossen.* 8. Zürich, W. Steffen.

Jahrbuch der deutschen Viehzucht, nebst Stammzuchtbuch deutscher Zuchtheerden hrsg. von Wilh. Janke, A. Körte und C. v. Schmidt. Mit Abbildungen berühmter Zuchtthiere. 1. und 2. Jahrg. 1864 und 1865. à Jahrg. 4 Hefte. gr. 8. (à Heft ca. 168 S. mit Stnt. in Tondr.) Breslau, Trewendt.
à Jahrg. *

—— dass. — 3. und 4. Jahrg. 1866 und 1867. à Jahrg. 4 Hefte. gr. 8. (à Heft ca. 120 S. mit Stnt. in Tondr.) Ebendas. à Jahrg. *

—— der Viehzucht, nebst Stammzuchtbuch deutscher Zuchtheerden hrsg. von W. Janke und A. Körte. Mit Abbildgn. berühmter Zuchtthiere. 5. und 6. Jahrg. 1868 und 1869. gr. 8. (à ca. 400 S. mit eingedr. Holzschn. und Stnt. in Tondr.) Breslau, Trewendt. à Jahrg. (*ℳ 12.) * 4 50

Jahrbuch der Viehzucht nebst Stammzuchtbuch edler Zuchtheerden hrsg. von A. Körte. Mit Abbildungen berühmter Zuchtthiere. 7. Jahrg. 1870. gr. 8. (1. Hälfte 192 S. mit 1 Stnt. in Tondr.) Breslau, Trewendt. (*ℳ 12.) 4 50
Jahrg. 1864—1870 zusammengenommen ℳ 24.

— der Viehzucht nebst Stammzuchtbuch edler Zuchtheerden hrsg. v. A. Körte. Neue Folge. 1. Jahrg. 2 Bde. gr. 8. (1. Bd. 192 S.) Breslau 872. Mälzer. n. 12. —

— für Vogelfreunde. Ein Rückblick auf d. J. 1905. 1. Jahrg. Hrsg. von Mart. Braess. (96 S. m. 1 Taf.) gr. 8. Dresden 906. H. Schultze. n. 1. 20

— für Vogelfreunde. Jahrg. I. 1906. Jetzt: Leipzig, Antiquariat Carl Köhler.

Jahrbuch der Vogelkunde v. Kurt Floericke, s.a. Kosmos-Jahrbücher.

Jahrbuch der Vogelkunde von Dr. Kurt Floericke. Bd 1. 1907. Stuttgart: Kosmos 1908. 8°
(Kosmos-Jahrbücher) (o8. 5014

— des deutschen Volkskalenders f. 1872—1876. Hrsg. vom „Deutschen Verein zur Verbreitg. gemeinnütz. Kenntnisse in Prag. Red. v. Jul. Lippert. Mit e. Titelbilde (Holzschntaf.) u. vielen (eingedr.) Holzschn. gr. 8. (à ca. 136 S.) Prag 872—76. Verlag d. deutschen Vereins zur Verbreitg. gemeinnütziger Kenntnisse. à n. — 60

—— dass. — für 1875. gr. 8. (112 S. mit 1 Titelbilde, Holzschntaf., und vielen eingedr. Holzschn.) Prag, (Verlag der Bohemia.) * — 60

—— des deutschen Volkskalenders für 1876—1880. Hrsg. vom deutschen Verein zur Verbreitung gemeinnütziger Kenntnisse in Prag. Redig. von Jul. Lippert. gr. 8. (128; 114; 108; 118; 116 S. mit 1 Titelbilde in Holzschn. und vielen eingedr. Holzschn.) Prag, [Verlag der Bohemia], Haase. à Jahrg. *

Jahrbuch des bayerischen Volksschullehrervereins.
s. Jahrbuch für das bayerische Volksschulwesen.

— f. d. Volksschulwesen etc., s.a. Zerrenner.

Jahrbuch für das Volksschulwesen, als Fortsetzung des neuesten deutschen Schulfreundes. Bd. 1—3. H. 1. 2. Herausg. von C. Ch. G. Zerrenner. Magdeburg 1825—28. 8.

—— für das bayerische Volksschulwesen 1863 und 1864. 1. und 2. Jahrg. Als Fortsetzung des „Schulkalenders aus Franken." 3. und 4. Jahrg. Hrsg. vom bayer. Volksschullehrer-Verein. hoch 4. (IV und 136 S., IV und 146 S.) Freysing, Datterer. à Jahrg.
Die Fortsetzung bildet:

—— des bayerischen Volksschullehrervereins für 1865 und 1866. 3. und 4. Jahrg. (Als Fortsetzung des Schulkalenders aus Franken. 5. und 6. Jahrg.) Redig. von G. R. Marschall. 4. (136 S., VIII und 152 S.) Ansbach, (Junge.) à Jahrg. *
Nicht weiter erschienen.

Jahrbuch des Volksschulwesens in Tirol. Herausgegeben vom k. k. Landesschulrathe für Tirol. Deutsche Ausgabe. Besorgt von Dr. J. Haussotter. I. Jahrg. 1895 8. (VI, 110 S.) —.60
Innsbruck: Wagner 1895.

— dasselbe. 2. Jahrg. gr. 8. (VII, 118 S.) Ebd. 897. n. 1. 40

— des Volksschulwesens in Tirol. Hrsg. vom k. k. Landesschulrathe f. Tirol. Deutsche Ausg., besorgt v. J. Haussotter. III. Jahrg. gr. 8. (VII, 128 S.) Innsbruck 902. (Wagner.) n.n. 1. 20

— f. Volks- u. Jugendspiele. Hrsg. von E. v. Schenckendorff u. F. A. Schmidt. 5.—7. Jahrg. 1896—1898. gr. 8. (V, 314 S.; V, 301 S. u. V, 266 S. m. 1 Tab.) Leipzig, R. Voigtländer. Kart. à Jahrg. n. 3. —

— dasselbe, s.a. Jahrbuch f. Jugend- u. Volksspiele.

— für Volks- u. Jugendspiele. Hrsg. von E. v. Schenckendorff u. F. A. Schmidt. 8.—11. Jahrg. 1899—1902. gr. 8. Leipzig, R. Voigtländer. Kart. à n. 3.—
8. (V, 261 S. m. 1 Bildnis u. 1 Tab.) — 9. (VI, 274 S. m. 1 Bildnis.) — 10. (V, 307 S.) — 11. (V, 365 S. m. Abbildgn. u. 1 Taf.)

Jahrbuch für Volks- und Jugendspiele Hrsg von H. Wickenhagen. Leipzig, R. Voigtländer
1900—1904
8°.
Jg 9 1900; 10 1901; 11. 1902; 12. 1903
Forts u. d. Tit. Jahresbericht des Zentralausschusses f. Volks- u. Jugendspiele in Deutschland über das Jahr 1903 Hrsg von H. Raydt

— für Volks- u. Jugendspiele. In Gemeinschaft mit den Vorsitzenden des Zentral-Ausschusses zur Förderung der Volks- u. Jugendspiele in Deutschland E. v. Schenckendorff u. F. A. Schmidt hrsg. von H. Wickenhagen. 12. Jahrg. 1903. (V, 274 S. m. Abbildgn. u. 1 Taf.) gr. 8. Leipzig [R. Voigtländer.] B. G. Teubner. Kart. n. 3. —

— dasselbe, 15. Jahrg.: 1906. (VII, 327 S. m. Abbildgn. u. 1 Plan.) gr. 8. Leipzig 906. B. G. Teubner. n. 3. —
Jahrg. 13, s.: Wehrkraft durch Erziehung; Jahrg. 14 ist vergriffen.

— für Volks- u. Jugendspiele. In Gemeinschaft m. den Vorsitzenden des Zentralausschusses zur Förderung der Volks- u. Jugendspiele in Deutschland E. v. Schenckendorff u. F. A. Schmidt hrsg. v. H. Raydt. 16.—19. Jahrg. 1907—1910. (VIII, 375; VIII, 318; VIII, 316 u. X, 348 S. m. Abb.) gr. 8. Leipzig 907—910. B. G. Teubner. Kart. à 3. —

—— des deutschen Volkstheaters in Wien. Hrsg. f. d. J. 1892 v. Adf. Rosenzweig. 8. (37 S.) Wien. (Lpz., Literar. Anstalt A. Schulze.) geb. in Leinw. * 3 —

Jahrbuch. 1. J' des Schweizer. kathol. Volksvereins. Bericht über dessen Tätigkeit vom 16. Mai 1905 bis zum 1. Juli 1907, erstattet von Dr. A[lphons] Hättenschwiller, Generalsekretär. 270 S. 8. Solothurn, Buch- und Kunstdr. Union (*Umschlag:* Stans, Verlagshandlung Hans von Matt & Cie.), 1907. [fr. 2. 50]

— 2., des schweizer. kathol. Volksvereins. Bericht üb. dessen Tätigkeit vom 1. VII. 1907 bis zum 1. I. 1909, erstattet v. A. Hättenschwiller. (270 S.) gr. 8. Solothurn 909. Buch- u. Kunstdruckerei Union. — Stans, H. v. Matt & Co. 1. —

—— für Volkswirthschaft. Unter Mitwirkung der namhaftesten Nationalökonomen hrsg. von Wolfg. Eras. 1.—3. Jahrg. 8. (IV, 165; 198; 160 S.) Leipzig 867—69, O. Wigand. à Jahrg. * 1 —

—— für Volkswirthschaft in Bayern. Hrsg. von Jos. Landgraf. Kaufmännischer und Börsenkalender für 1872, wirthschaftl. Behörden-Organismus Bayerns, volkswirthschaftl. Gesetzgebung Bayerns etc. 1. Jahrg. 8. (VIII, 342 S.) München, Th. Ackermann. geb. * 5 —

— für Volkswirthschaft, Handel u. Industrie in Bayern. Hrsg. v. Jos. Landgraf. 1. u. 2. Jahrg. 8. (VIII, 342 u. VIII, 400 S.) München 872. 73. Th. Ackermann. geb. à n. 5. —

—— für Volks- und Staatswirthschaft aller Länder der Erde, hrsg. von J. Minoprio. 1. Jahrg. gr. 8. (VIII, 451 S.) Berlin 880, G. Reimer. *

—— für Volkswirthschaft und Statistik hrsg. von Otto Hübner. Mit einer Beilage: Hübner's statist. Tafel aller Länder der Erde. (in Imp.-Fol.) (3. Aufl. Separatabdr.) gr. 8. (VI und 374 S.) Leipzig 852, G. Mayer. *

—— dass. — Hrsg. von Dems. 2—4. Jahrg. gr. 8. Leipzig 854—56, Hübner. [2. (558 S.) 3 Thlr., 3. (IV und 360 S. mit 1 Tab. in Imp.-Fol.), 4. (VI und 330 S.) à Jahrg. * 2 Thlr.] *

—— für Volkswirthschaft und Statistik. Hrsg. von Otto Hübner. 5—7. Jahrg. gr. 8. Leipzig, Hübner. [5. Jahrg. (V und 438 S.) 857. * 2 Thlr. 15 Ngr., 6. Jahrg. 1. Hälfte. (V und 208 S.) 859. * 1 Thlr. 15 Ngr., 2. Hälfte. (V und 231 S.) 861. * 2 Thlr. 15 Ngr., 7. Jahrg. (V und 234 S. mit 3 Tab. in qu. Fol.) 861. * 2 Thlr.] *

—— für Volkswirthschaft und Statistik. Hrsg. von Otto Hübner. VIII. Jahrg. gr. 8. (III und 245 S. mit 2 Tab. in qu. Fol.) Berlin 863, E. Kühn.

— volkswirthschaftliches, des Königr. Serbien. Hrsg. v. F. B. Pfeiffer. gr. 8. (VIII, 183 u. 77 S.) Berlin 894. H. Walther. n. 6. —

J a h r b u c h des Konsumvereins Vorwärts für das Jahr 1906. Wien 1906.

— für Wagenmeister der deutschen Eisenbahnen. 1910. (X, 309 S. m. 1 farb. Karte.) kl. 8. Berlin, O. Dreyer. Geb. in Leinw. 1. —

Jahrbuch, W a r n e y e r ' s , der Entscheidungen, s. J a h r b u c h der Entscheidungen zum Bürgerlichen Gesetzbuch ...

— der Wasserwerke Deutschlands. Sonder-Ausg. des „Adressbuch f. das Gas-, Wasser- u. Heizungsfach" 1909. (XV, 142 u. 144 S.) gr. 8. Leipzig, Eisenschmidt & Schulze. Geb. in Leinw. 7. 50

—— Weihenstephaner. (1. Jahrg.) 1869. Hrsg. von dem Professorencollegium der königl. bayer. Central-Landwirthschafts-Schule Weihenstephan. Mit der (lithogr.) Ansicht von Weihenstephan (in Tondr.), sowie mehreren lithogr. und xylograph. Taf. und Tab. Lex.-8. (VIII, 340 S. mit 2 Holzschntaf., 2 Stnt., wovon 1 in Buntdr., und 5 Tab. in qu. 4. und Fol.) München, Huber. * 3 60

—— weimarisches, für deutsche Sprache, Litteratur und Kunst hrsg. von Hoffmann von Fallersleben und Osk. Schade. I—IV. Bd. à Bd. 2 Hefte. gr. 8. Hannover 854—56, Rümpler. à Bd.

—— weimarisches, für deutsche Sprache, Litteratur und Kunst hrsg. von Hoffmann v. Fallersleben und Osk. Schade. 5. und 6. Bd. gr. 8. Hannover 857, C. Rümpler. [5. Bd. (III und 480 S.) 6. (476 S.) à Bd. * 2 Thlr. 10 Ngr.] *

—— für Weinbau und Agricultur. (1.) Jahrg. 1877. Hrsg. unter Mitwirkung hervorrag. Fachmänner von Redact. Jos. Rosenzweig. Mit-Redact.: Antonio dal Piaz. gr. 8. (VI, 188 S. mit 35 eingedr. Holzschn.-Illustr.) Wien, (Steckler und Erben.) cart. *

—— dass. — (2.) Jahrg. 1878. Hrsg. unter Mitwirkung hervorrag. Fachmänner von Jos. Rosenzweig. gr. 8. (V, 196 S. mit 36 eingedr. Holzschn.-Abbild.) (Ebendas.) *

Nicht weiter erschienen.

Jahrbuch für Weinbau und Agricultur. Hrsg. ... von Josef Rosenzweig und Antonio dal Piaz. Jg. 1877-79. Wien: Verl. der Oesterr.-Ung. Wein- und Agricultur-Zeitung; Steckler in Comm. 1877-79. -- UB Wien*

Jahrbuch des Deutschen Weinbau-Vereins für 1901. (Mehr nicht ersch.) Mainz: von Zabern 1901. -- 1077.121

— der Welt der Jugend, s.: Welt, die, der Jugend.

Jahrbuch der merkwürdigsten neuen Weltbegebenheiten. 1786 s. Historisch-Genealogischer Kalender oder Jahrbuch der merkwürdigsten neuen Welt-Begebenheiten.

Jahrbuch der Weltreisen, s. J a h r b u c h , Illustriertes, der Weltreisen.

J a h r b u c h der Weltwirtschaft. (Das Wirtschaftsjahr II) 1902-04. Jena 1903-05

Jahrbuch der illustrirten Monatshefte von W e s t e r m a n n. Bd. I—III. Braunschweig, 1857—1858.

Jahrbuch, W e s t e r m a n n ' s (Westermanns illustr. deutsche Monatshefte). Bd. 20, 42, 45–48. Braunschweig 1866–80.

—— westfälisches, s. Producte.

Jahrbuch, Westphälisches.

Paderborn 1804. V: *Weddigen, Pet. Flor.* (Ky)

Westphälisches (historisch-geographisches) *Jahrbuch* zum Nutzen und Vergnügen s. Westphälischer... *Nationalkalender.* 1804–1806.

— f. d. neuen Wetterregeln. Beobachtgn. u. Prognosen f. d. J. .... 1. u. 2. Semester. 2., verb. Aufl. gr. 4. (68 u. 64 S.) Göttingen 896. W. Lambrecht. n. 3. —

— Wickersdorfer, 1908 u. 1909—1910. Abhandlungen zum Programm der freien Schulgemeinde. Hrsg. v. G. Wyneken u. A. Halm. (88 S. u. IV, 73 S.) 8. Jena 909. E. Diederichs. à 1. 50

—— der k. k. Universität Wien f. d. Studienj. 1890/91 u. 1891/92. gr. 8. (VI, 256; 222 S.) Wien 891,92, (Manz). à Jahrg. * 2 40

— der k. k. Universität Wien f. d. Studienj. 1891/92, 1892/93, 1893/94. gr. 8. (222, 236, 240 S.) Wien 892—894. (Manz.) à Jahrg. n. 2. 40

—— Wiener, od. tägl. Taschenbuch f. alle Stände. (Denksprüche auf jeden Tag, u. kurze histor. Notizen.) Mit e. Anh. genealog.-geograph.-statist. Tabn. gr. 12. (16 B. o. Pag.) Wien 832, Haas.

— Wiener humoristisches, und Kalendarium. Herausg. von Isid. Gaiger. 1. Jahrg. 1864. Mit Beiträgen von Ed. Bauernfeld, O. F. Berg, Braun v. Braunthal x. Illustr. von Frz. Gaul, Ernst Juch und Herm. Moser. Wien 864. Geitler. 8. (172 S. m. Holzschn.) n. 12 ngr.

—— dass. — 2. Jahrg. 1865. Illustr. von Franz Gaul, Ernst Juch und Otto Körner. 8. (169 S.) Wien, Markgraf und Müller. *

—— dass. — Kalender für das J. 1866. Hrsg. von Isid. Gaiger. 3. Jahrg. Mit Beiträgen von B. Bucher, M. A. Grandjean, F. Kürnberger x. Illustr. von Frz. Gaul und Ernst Juch. Nebst einem vollständ. Haus-, Geschäfts- und Auskunfts-Kalender. 8. (XXXII und 147 S. mit eingedr. Holzschn.) Wien, Dirnböck's Buchh.

—— dass. — 4. Jahrg. 1867. Mit Beiträgen von M. A. Grandjean, Ferd. Kürnberger, Johannes Nordmann, Julius Mosen, Eduard Schelle, Sig. Schlesinger, Ign. Schnitzer, Julius Schöne, Daniel Spitzer, Karl v. Thaler, Rudolf Valdek. Mit Illustr. von Franz Gaul und Ernst Juch. 8. (127 S.) Ebendas. *

—— Wiener humoristisches, und Kalendarium. Hrsg. von Isid. Gaiger. 5.–8. Jahrg. 1868—1873. 8. (à ca. 150—170 S. mit eingedr. Holzschn.) Wien, Dirnböck's Buchh.
5.–7. Jahrg. à *
8. Jahrg. *

— Wiener humoristisches, u. Kalendarium. Hrsg. v. Isid. Gaiger. 8. Jahrg. 1873. 8. (XXX, 168 S. m. eingedr. Holzschn.) Wien, Rosner. n. 2. —

—— Wiener, für Israeliten 5628. (1867 — 1868.) Mit Beiträgen von N. Brüll, A. Hochmuth, A. Jellinek rc. Hrsg. von Sim. Szántó. 2. Folge. 3. Jahrg. 8. (XXXI und 309 S. mit eingedr. Holzschn.) (Ebendas.) 868. *

Jahrbuch 'Gode Wind', Danzig Zoppoter Yacht-Club. [1.] 1909. (Danzig 1909: Kalemann.) 8° [illegible] 10

Jahrbuch des Wintersports. Wien.
Jg. 1—4. Hrsg. v. E. Peege u. J. Noggeler. 1910—14.
Jg. 5. Hrsg. v. E. Peege u. R. Moißl. 1924.
Jg. 6—7. Hrsg. v. E. Peege. 1925—26.

-- der Wirkwaren-Industrie 1907. Ein Nachschlagewerk f. alle Interessenten der Wirkwaren-Branche. Bearb. v. Hans Säuberlich. (137 S.) gr. 8. Chemnitz (907). H. Wilisch. Geb. in Leinw. 2.50

— wirtschaftlich-statistisches, der hess. Handelskammern f. d. J. 1906—1909, hrsg. namens des hess. Handelskammertages v. dessen Vorort d. grossh. Handelskammer Mainz. 1.—4. Jahrg. (VI, 68; VI, 81; VI, 62 u. VI, 58 S.) Lex. 8. Darmstadt 907—10. E. Roether. à 1.50

— des deutschen Wirtschaftslebens. Hrsg. vom Institut f. Gemeinwohl, Frankfurt a. M. gr. 8. (IV, 308 S.) Frankfurt a/M. 900. (J. Baer & Co.). n. 3. —

— u. Wohnungs-Anzeiger der Stadt Reichenberg f. d. J. 1905. Hrsg. vom Stadtrate Reichenberg. (III, 52, 103, 27, 45, 13, 2 u. 57 S. m. 1 Karte.) gr. 8. Reichenberg i/B., Stadtrat. Kart. n.n. 1.50

(F) Jahrbuch und Wohnungsanzeiger der Stadt Reichenberg. 1908. 4. Jahrg. Gr.-8°. (484 S.) K 2.50
Reichenberg i.B.: Sollors 1907.

— u. Wohnungs-Anzeiger der Stadt Reichenberg f. d. J. 1909. 5. Jahrg. Hrsg. vom Stadtrate Reichenberg. (483 S. m. 2 Taf.) gr. 8. Reichenberg i/B., (J. Müller. — P. Sollors Nachf.) Kart. nn 3.

— der Wohnungsreform im J. 1903. Vorangestellt ist e. Bericht des Vereins Reichs-Wohnungsgesetz (eingetr. Verein, Frankfurt a. Main) f. d. 6. Geschäftsjahr vom 1. I. bis 31. XII. 1903. (80 S.) 8. Göttingen 904. Vandenhoeck & Ruprecht. n. 1. —

— dasselbe im J. 1904. 2. Jahrg. Unter Mitwirkg. von K. v. Mangoldt verf. v. Otto Meißgeier. Hrsg. vom deutschen Verein f. Wohnungsreform (Verein Reichs-Wohnungsgesetz.) (II, 70 S.) gr. 8. Ebd. 905. n. 1. —

— der Wohnungsreform 1905/6. 3. Jahrg. Unter Mitwirkg. von K. v. Mangoldt verf. v. Otto Meißgeier. Hrsg. vom deutschen Verein f. Wohnungsreform (Verein Reichs-Wohnungsgesetz). (IV, 78 S.) gr. 8. Göttingen 907. Vandenhoeck & Ruprecht. 1. —

— dasselbe. 1906/7. 4. Jahrg. Hrsg. vom deutschen Verein f. Wohnungsreform (Verein Reichs-Wohnungsgesetz). (90 S.) gr. 8. Ebd. 908. 1. —

— — württembergisches, s.a. Memminger.

Württembergisches *Jahrbuch*. Hrsg. v.
J[ohann] D[aniel] G[eorg] Memminger.
Stuttgart: Metzler
Jg. 3/4. (1819/20.)

— d. kaiserl. Yacht-Clubs f. d. 2. u. 3. Clubj. 1892 u. 1893. 12. (IV, 238 u. VI, 252 S. m. Abb. u. Taf.) Berlin 897. Kaiserl. Yachtclub. Geb. in Leinw. Nicht im Handel.

— des Zeichenlehrers v. E. Mager. I. Jahrg. 1898. gr. 8. (X, 160 S. m. Illustr. u. 8 Taf.) Stuttgart, A. Brettinger. n. 4. —

— f. den Zeichen- u. Kunstunterricht. Hrsg. v. Geo. Friese. 1. u. 2. Jahrg. gr. 8. Hannover, Helwing. Geb. in Leinw. n. 26. —
1. (Doppelbd.) (Umfassend die Zeit bis zum Herbst 1904.) Mit 6 farb. Kunstbeilagen (Dreifarbendrucken) u. 140 Fksm.-Illustr. (XXIV, 563 S.) 905. n. 12. —
2. (Doppelbd.) (Umfassend die Zeit bis zum Herbst 1905.) Mit 101 Kunstbeilagen u. Fksm.-Illustr. v. Schülerzeichngn. (XXIV, 703 S.) 906. n. 14. —

— für den Zeichen- u. Kunstunterricht. Hrsg. v. Geo. Friese. 3. Jahrg. (Doppelbd.) (Umfassend die Zeit bis zum Herbst 1906.) Mit 204 Kunstbeilagen u. Fksm.-Illustr. v. Schülerzeichngn. (XX, 714 S.) gr. 8. Hannover 907. Helwing. Geb. in Leinw. 15. —

— dasselbe. 4. Jahrg. 4 Hefte. (XI, 822 S. m. 25 Abb.) gr. 8. Ebd. 908. Geb. in Leinw. 11. —

Jahrbuch der Zeit- und Kulturgeschichte. 1907. Jahrg. 1. Hrg. von Dr. Franz Schnürer. VIII + 479 S. gr.-8. Freiburg im Breisgau, Herder, 1908. [geb. M. 7.50]
Herders Jahrbücher.
Darin S. 38—52: II. Kirchliches Leben. 5. Missionswesen. Von P. Anton Huonder S. J.; *S. 875—897:* VII. Kunst. 1. Bildende Kunst. Von Prof. Dr F(ranz) Leitschuh [Freiburg i. Schw.]; *s. auch S. 36. 134. 223. 257. 269 f. 274. 284/6. 303 f. 819/21. etc.* die Schweiz *betr.*

— der Zeit- u. Kulturgeschichte. 1907—1909. 1.—3. Jahrg. Unter Mitwirkg. v. Fachmännern hrsg. v. Frz. Schnürer. (Herders Jahrbücher.) (VIII, 479; X, 473 u. VIII, 439 S.) Lex. 8. Freiburg i/B. 908—10. Herder. Geb. in Leinw. à 7.50

Jahrbuch der Neu-Braunfelser Zeitung : Jahrgang 1—47. 1905—1954.
Annual publication, a storehouse of information on the Germans of the State. Octavo, each 60—90 pages; illustrated. Title varies: KALENDER DER NEU-BRAUNFELSER, 1905—23; 2) KALENDER-JAHRBUCH DER NEU-BRAUNFELSER ZEITUNG, 1924. Issued as "Beilage" with one issue of the NEU-BRAUNFELSER ZEITUNG. None published for 1919, owing to the war-time restrictions on paper. Edited by Georg Frederick Oheim, 1905—41; by Frederick E. Oheim, 1941—54.
New Braunfels, TX

Jahrbuch der Neuen Bündner Zeitung (pro) 1901. Für ... (alle) Abonnenten... unentgeltlich. IV + 40 + 159 S. 8. (Chur, Sprecher & Valer.)

Jahrbuch der Neuen Bündner Zeitung (pro) 1902. Für... (alle) Abonnenten... unentgeltlich. II + 160 S. 8. (Chur, Sprecher & Valer.)

Jahrbuch der «Neuen Bündner Zeitung» pro 1903. Für alle Abonnenten unentgeltlich. II + 144 S. 8. (Chur, Sprecher & Valer.)

Jahrbuch der «Neuen Bündner Zeitung» pro 1904. Für alle Abonnenten unentgeltlich. IV + 32 + 144 S. 8. [Chur, Sprecher & Valer.]

Jahrbuch der Neuen Bündner Zeitung.... [Mit Umschlag-Vignetten.] 8.

J' der «N' B' Z'» pro 1905. IV + 20 + 144 S. [Chur, Sprecher & Valer, 1904.] Für alle Abonnenten unentgeltlich

J' der N' B' Z' pro 1906. IV + 32 + 128 S. Chur, Sp' & V', 1905. (Für alle Ab' unentgeltlich)

Jahrbuch der «Neuen Bündner Zeitung» pro 1907. [Mit Vignetten.] IV + 24 + 128 S. 8. [Chur, Sprecher & Valer, 1906.] Für alle Abonneuten unentgeltlich

Jahrbuch der „St. Petersburger Zeitung". Kalender für 1900 mit einer Eisenbahnkarte von Russland. 4. Jahrgang.
8. St. Petersburg 1900.

Jahrbuch der *St. Petersburger* Zeitung. Kalender f. 1901. SPb. '01.

— d. k. k. hydrographischen Central-Bureau. Hydrograph. Dienst in Oesterreich. 1. u. 2. Jahrg. 1893—1894. Fol. (VIII, 562 u. XXIV, 552 S. m. je 1 Karte.) Wien 895. 96. (W. Braumüller.) à n.n. 10. —

— dasselbe. III. Jahrg. 1895. 14 Thle. Fol. (VI, 44; VI, 234; IV, 150; IV, 73; III, 93; III, 56; III, 43; IV, 86; III, 34; III, 40; III, 286; III, 89; III, 96; III, 53 u. III, 42 S. m. 11 Übersichtskarten, 14 Beilagen u. Tafeln.) Ebd. 897. In Mappe n.n. 25. —

— dasselbe. IV. Jahrg. 1896. Allgem Thl. u. 14 Thle. Fol. Ebd. 898. Kplt. in Mappe n.n. 25. —

Hieraus einzeln:
Allgem. Theil. (IV, 48 S.) n.n. 1. 80
1. D. Donau-Gebiet. (IV, 301 S. m. 3 Taf. u. 1 farb. Karte.) n.n. 5. —
2. D. March-Gebiet m. d. Gebiete der Waag in Mähren. (III, 167 S. m. 1 Taf. u. 1 farb. Karte.) n.n. 3. 60
3. D. Mur-Gebiet m. dem Gebiete d. Raab in Steiermark. (IV, 90 S. m. 1 Taf. u. 1 farb. Karte.) n.n. 1. 80
4. D. Drau-Gebiet. (III, 112 S. m. 1 Taf. u. 1 farb. Karte.) n.n. 1. 80
5. D. Save-Gebiet. (III, 73 S. m. 1 Taf. u. 1 farb. Karte.) n.n. 1. 80
6. D. Rhein-Gebiet. (III, 50 S. m. 1 Taf. u. 1 farb. Karte.) n.n. 1. 80
7. D. Etsch-Gebiet m. d. Gebieten d. Po u. der venetian. Küstenflüsse. (IV, 120 S. m. 1 Taf. u. 1 farb. Karte.) n.n. 1. 80
8. D. Gebiet d. Gewässer d. Küstenlandes. (III, 43 S. m. 1 Taf. u. 1 farb. Karte.) n.n. 1. 80
9. D. Gebiet d. Gewässer Dalmatiens. (III, 47 S. m. 1 Taf. u. 1 farb. Karte.) n.n. 1. 80
10. D. Elbe-Gebiet m. d. Gebiete d. Oder in Böhmen. (III, 243 S. m. 2 Taf. u. 1 farb. Karte.) n.n. 5. —
11. D. Oder-Gebiet in Mähren u. Schlesien. (III, 50 S. m. 1 Taf. u. 1 farb. Karte.) n.n. 1. 80
12. D. Weichsel-Gebiet. (III, 129 S. m. 2 Taf. u. 1 farb. Karte.) n.n. 1. 80
13. D. Dniestr- u. Dniepr-Gebiet. (III, 73 S. m. 1 Taf. u. 1 farb. Karte.) n.n. 1. 80
14. D. Sereth- u. Pruth-Gebiet. (III, 51 S. m. 1 Taf. u. 1 farb. Karte.) n.n. 1. 80

— des k. k. hydrographischen Central-Bureaus. Hydrographischer Dienst in Österreich. V.—VII. Jahrg. 1897—1899. Allgemeiner Thl. u. à 14 Thle. Fol. Wien 899—901. (W. Braumüller). In Mappe à n n. 25. —

Inhalt des VII. Jahrgangs:
Allgemeiner Thl. (IV, 52 S. m. 1 Taf.) n.n. 1. 80
1. Das Donau-Gebiet. (V, 308 S. m. 6 Taf. u. 1 farb. Karte.) n.n. 5. —
2. Das March-Gebiet m. dem Gebiete der Waag in Mähren. (IV, 155 S. m. 1 Taf. u. 1 farb. Karte.) n.n. 3. 60
3. Das Mur-Gebiet m. dem Gebiete der Raab in Steiermark. (III, 90 S. m. 2 Taf. u. 1 farb. Karte.) n.n. 1. 80
4. Das Drau-Gebiet. (III, 108 S. m. 1 Taf. u. 1 farb. Karte.) n.n. 1. 80
5. Das Save-Gebiet. (V, 75 S. m. 2 Taf. u. 1 farb. Karte.) n.n. 1. 80
6. Das Rhein-Gebiet. (III, 50 S. m. 2 Taf. u. 1 farb. Karte.) n.n. 1. 80
7. Das Etsch-Gebiet m. den Gebieten des Po u. der venetianischen Küstenflüsse. (IV, 108 S. m. 1 Taf. u. 1 farb. Karte.) n.n. 1. 80
8. Das Gebiet der Gewässer des Küstenlandes. (III, 46 S. m. 1 Taf. u. 1 farb. Karte.) n.n. 1. 80
9. Das Gebiet der Gewässer Dalmatiens. (IV, 58 S. m. 1 Taf. u. 1 farb. Karte.) n.n. 1. 80
10. Das Elbe-Gebiet m. dem Gebiete der Oder in Böhmen. (IV, 320 S. m. 5 Taf. u. 1 farb. Karte.) n.n. 5. —
11. Das Odergebiet in Mähren u. Schlesien. (III, 49 S. m. 1 Taf. u. 1 farb. Karte.) n.n. 1. 80
12. Das Weichselgebiet. (III, 171 S. m. 2 Taf. u. 1 farb. Karte.) n.n. 1. 80
13. Das Dniestr- u. Dniepr-Gebiet. (III, 89 S. m. 1 Taf. u. 1 farb. Karte.) n.n. 1. 80
14. Das Sereth- u. Pruth-Gebiet. (III, 54 S. m. 1 Taf. u. 1 farb. Karte.) n.n. 1. 80

— des k. k. hydrographischen Zentralbureaus. Hydrographischer Dienst in Oesterreich. VIII.—XI. Jahrg. 1900—1903. Allgemeiner Tl. u. à 14 Tle. Fol. Wien 902—905. (W. Braumüller). In Mappe à Jhrg. n.n. 25. —

Inhalt des XI. Jahrgangs:
Allgemeiner Tl. (IV, 55 S. m. 1 Taf.) n.n. 1. 80
1. Das Donaugebiet. (IV, 346 S. m. 7 Taf. u. 1 farb. Karte.) n.n. 5. —
2. Das March-Gebiet m. dem Gebiete der Waag in Mähren. (III, 151 S. m. 1 Taf. u. 1 farb. Karte.) n.n. 3. 60
3. Das Mur-Gebiet m. dem Gebiete der Raab in Steiermark. (IV, 84 S. m. 1 Taf. u. 1 farb. Karte.) n.n. 1. 80
4. Das Drau-Gebiet. (V, 102 S. m. 2 Taf. u. 1 farb. Karte.) n.n. 1. 80
5. Das Save-Gebiet. (IV, 82 S. m. 2 Taf. u. 1 farb. Karte.) n.n. 1. 80
6. Das Rhein-Gebiet. (IV, 48 S. m. 1 Taf. u. 1 farb. Karte.) n.n. 1. 80
7. Das Etsch-Gebiet m. dem Gebiete des Po u. der venetianischen Küstenflüsse. (IV, 105 S. m. 1 Taf. u. 1 farb. Karte.) n.n. 1. 80
8. Das Gebiet der Gewässer des Küstenlandes. (III, 49 S. m. 1 farb. Karte.) n.n. 1. 80
9. Das Gebiet der Gewässer Dalmatiens. (IV, 57 S. m. 1 farb. Karte.) n.n. 1. 80
10. Das Elbe-Gebiet m. dem Gebiete der Oder in Böhmen. (IV, 295 S. m. 4 Taf. u. 1 farb. Karte.) n.n. 5. —
11. Das Odergebiet in Mähren u. Schlesien. (III, 74 S. m. 2 Taf. u. 1 farb. Karte.) n.n. 1. 80
12. Das Weichsel-Gebiet. (III, 166 S. m. 1 eingedr. Skizze, 2 Taf. u. 1 farb. Karte.) n.n. 1. 80
13. Das Dniestr- u. Dniepr-Gebiet. (III, 94 S. m. 1 Taf. u. 1 farb. Karte.) n.n. 1. 80
14. Das Sereth- u. Pruth-Gebiet. (III, 62 S. m. 1 Taf. u. 1 farb. Karte.) n.n. 1. 80

Jahrbuch des k. k. hydrographischen Zentralbureaus. Hydographischer Dienst in Österreich. XII.—XIV. Jahrg. 1904—1906. Allgemeiner Tl. u. 14 Tle. 38×27,5 cm. Wien 906. 07. W. Braumüller. In Mappe à Jahrg. nn 25. —

Inhalt des XIV. Jahrgangs:
Allgemeiner Tl. (VI, 55 S. m. 2 Taf. u. 1 Karte.) nn 1. 80
1. Das Donau-Gebiet. (IV, 272 S. m. 3 Taf. u. 1 farb. Karte.) nn 5. —
2. Das Marchgebiet m. dem Gebiete der Waag in Mähren. (III, 98 S. m. 1 Taf. u. 1 farb. Karte.) nn 3. 60
3. Das Mur-Gebiet m. dem Gebiete der Raab in Steiermark. (III, 72 S. m. 1 Taf. u. 1 farb. Karte.) nn 1. 80
4. Das Drau-Gebiet. (IV, 81 S. m. 2 Taf. u. 1 farb. Karte.) nn 1. 80
5. Das Save-Gebiet. (IV, 78 S. m. 3 Taf. u. 1 farb. Karte.) nn 1. 80
6. Das Rhein-Gebiet. (IV, 41 S. m. 1 Taf. u. 1 farb. Karte.) nn 1. 80
7. Das Etsch-Gebiet m. dem Gebiete des Po u. der venetianischen Küstenflüsse. (IV, 94 S. m. 1 Taf. u. 1 farb. Karte.) nn 1. 80
8. Das Gebiet der Gewässer des Küstenlandes. (III, 39 S. m. 1 farb. Karte.) nn 1. 80
9. Das Gebiet der Gewässer Dalmatiens. (III, 52 S. m. 1 farb. Karte.) nn 1. 80
10. Das Elbe-Gebiet m. dem Gebiete der Oder in Böhmen. (IV, 212 S. m. 4 Taf. u. 1 farb. Karte.) nn 5. —
11. Das Odergebiet in Mähren u. Schlesien. (III, 58 S. m. 1 Taf. u. 1 farb. Karte.) nn 1. 80
12. Das Weichsel-Gebiet. (III, 157 S. m. 3 Taf. u. 1 farb. Karte.) nn 1. 80
13. Das Dniestr- u. Dniepr-Gebiet. (III, 82 S. m. 1 Taf. u. 1 farb. Karte.) nn 1. 80
14. Das Sereth- u. Pruth-Gebiet. (III, 51 S. m. 1 Taf. u. 1 farb. Karte.) nn 1. 80

Jahrbuch der kaiserl. königl Central-Commission zur Erforschung un(Erhaltung der Bau-Denkmale. Wien 185(—61. H: *Heider*, *Gustav*. (EB)

—— der kaiserl. königl. Central-Commission zur Erforschung und Erhaltung der Baudenkmale. 1856. gr. 4. (VI und 219 S. mit 17 lithogr. und in Kpfr. gest. Taf. in gr. 4., Fol. und gr. Fol. und 26 eingedr. Holzschn.) Wien 856, (Gerold's Sohn.) Thlr. *

Jahrbuch der k. k. Central-Commission zur Erforschung u. Erhaltung der Baudenkmale. (1. Bd.) 1856. Mit 17 (lith. u. in Kpfr. gest.) Taf. (in 4. u. Fol.) u. 26 Holzschn. (im Text.) Wien 856. Braumuller in Comm. gr. 4. (VI, 73, 146 S.) n. 3 ₰. 20 ngr.

— — 2. Bd. (1857.) Mit 34 (lith.) Taf. in Ton- u. Farbendr. u. 156 Holzschn. (im Text.) Redig. von Gust. Heider. Ebend. gr. 4. (XLV, 265 S.) n. 5 ₰. 10 ngr.

— — 3. Bd. (1858.) Mit 42 Taf. (wovon 36 lith. u. 6 in Stahl gest.) u. 177 Holzschn. (im Text.) Redig. von Gust. Heider. Ebend. gr. 4. (XXV, 289 S.) n. 5 ₰. 18 ngr.

— der kaiserlich königlichen Central-Commisson zur Erforschung und Erhaltung der Baudenkmale. 4. Bd. Mit 43 Taf. (28 lith. u. photolith., u. 15 in Stahlst.), u. 91 Holzschnitten (im Text). Red. von Gust. Heider. Wien 860. Prandel & Meyer in Comm. gr. 4. (XXIII, 234 S.) n. 5 ₰ 18 ngr.

— — 5. Bd. Mit 28 Taf. (13 lith. u. 15 in Stahlst.) u. 116 Holzschn. (im Text). Ebend. 861. gr. 4. (XXIV, 312 S.) n. 5 ₰ 18 ngr.

Jahrbuch der k. k. Central-Commission zur Erforschung u. Erhaltung d. Baudenkmale, Fortsetzg., s. Jahrbuch der k. k. Zentral-Kommission f. Erforschung u. Erhaltung d. Kunst- u. historischen Denkmale.

Jahrbuch der k. k. Zentral-Kommission für Erforschung und Erhaltung der Kunst- und historischen Denkmale. Hrsg. unter d. Leitung ihres Präs. Jos. Alex. Frh. v. Helfert von Prof. Wilhelm Kubitschek u. Prof. Alois Riegl. N. F. Bd 1. *Wien: W. Braumüller in Komm. 1903.* 4° [04. 7067]

— der k. k. Zentral-Kommission f. Erforschung u. Erhaltung der Kunst- u. historischen Denkmale. Hrsg. unter der Leitg. ihres Präsidenten Sr. Exz. Jos. Alex. Frhr. v. Helfert v. Wilh. Kubitschek u. Alois Riegl. Neue Folge. 1.—3. Bd. gr. 4. Wien (A. Schroll & Co.) à n.n. 17.—

1. (IV S. u. 400 Sp. m. 243 Abbildgn. u. 11 Taf.) 903. — 2. 2 Tle. (IV, 298 Sp. m. über 250 Abbildgn. u. 6 Taf. u. IV, 288 Sp. m. 67 Abbildgn. u. 4 Taf.) 904. — 3. Hrsg. v. Max Dvořák u. Wilh. Kubitschek. 2 Tle. (324 Sp. m. 310 Abbildgn. u. 1 Taf. u. IV, 276 Sp. m. 103 Abbildgn. u. 6 Taf.) 905. n.n. 17. —; f. Abnehmer der Mitteilungen d. k. k. Zentral-Kommission usw. n.n. 15. —.

— d. k. k. Zentral-Kommisson f. Erforschung u. Erhaltung d. Kunst- u. historischen Denkmale. Hrsg. unter der Leitg. ihres Präsidenten Sr. Exz. Jos. Alex. Frhrn. v. Helfert, v. Max Dvořák u. Wilh. Kubitschek. Neue Folge. 4. Bd. (1. Tl. Sp. 1—200 m. 159 Abb. u. 7 Taf.) 32,5×24,5 cm. Wien 906. (A. Schroll & Co.) nn 15. —

— dasselbe, Register, s.: Register.

Jahrbuch d. Zentralverbandes deutscher Konsumvereine. Herausg. v. H. Kaufmann. Jahrg. 1—13. (1–8 i 2 Bd.). Hamb. 1903—15.

— des Zentralverbandes deutscher Konsumvereine. 1.—4. Jahrg. 1903—1906. Hrsg. v. dem Sekretär des Zentralverbandes deutscher Konsumvereine, Heinr. Kaufmann. gr. 8. Hamburg, Verlagsanstalt des Zentralverbandes deutscher Konsumvereine v. H. Kaufmann & Co. Geb. in Leinw. n. 26. —

1. (348 S.) 903. n. 6. —. — 2. (672 S.) 904. n. 6. —. 3. (975 S.) 905. n. 6. —. — 4. (592 u. 496 S.) 906. n. 8. —.

— d. Zentralverbandes deutscher Konsumvereine. 5. u. 6. Jahrg. 1907 u. 1908. Hrsg. v. d. Generalsekretär d. Zentralverbandes deutscher Konsumvereine Heinr. Kaufmann. à 2 Bde. (XVI, 736 u. VIII, 631 S. u. XIX, 798 u. VIII, 808 S.) gr. 8. Hamburg 907. 08. Verlagsanstalt d. Zentralverbandes deutscher Konsumvereine v. H. Kaufmann & Co. Geb. in Leinw. à Jahrg. 9. —

— des Zentralverbandes deutscher Konsumvereine. 7. Jahrg. 1909. Hrsg. v. d. Generalsekretär d. Zentralverbandes H. Kaufmann. 2 Bde. (996 u. 1006 S.) gr. 8. Hamburg, Verlagsanstalt d. deutschen Konsumvereine v. H. Kaufmann & Co. Geb. 10. —
— dasselbe. 8. Jahrg. 1910. (972 u. 1088 S.) Ebd. Geb. 10. —

Jahrbuch des Zentralverbandes österreich. Konsumvereine. 1909. (96 u. XLIX S.) Lex. 8. Wien (909). (Wiener Volksbuchh.) 4. —

Zentralverband d. Maurer Deutschlands. Jahrbuch. Hrsg. v. Verbandsvorstand. (1.) 1907. Hamburg: Zentralverb. 1908. 8° [10. 5240]

ZERBSTER JAHRBUCH. Herausgegeben von H. WÄSCHKE.
Jahrg. 1. 1905. Zerbst. 1905. Verlag von Fr. Gast's Hofbuchhandlung. 8°.
Jahrg. 2. 1906. ib. 1906. Verlag des Zerbster Geschichtsvereins. (In Kommission von F. Gast's Hofbuchh.)
Jahrg. 3. 1907. ib. 1907. — (—).
Jahrg. 4. 1908. ib. 1908. — (—).
Jahrg. 5. 1909. ib. 1909. Verlag von Fr. Gast's Hofbuchhandlung.
• Jahrg. 6. 1910. ib. 1910. —
Jahrg. 7. 1911. (Mit Tafeln.) ib. 1911. —
Jahrg. 8. 1912. ib. 1912. —
Jahrg. 9. 1913. ib. 1913. —
Jahrg. 10. 1914. ib. 1914. —

Zerbster Jahrbuch. Hrsg. von Dr. H[ermann] Wäschke, Archivrat. Jg. 1. Zerbst: F. Gast 1905. 8° [F.] [06. 1131]

— Zerbster. Hrsg. v. H. Wäschke. 1. u. 2. Jahrg. 1905 u. 1906. (à III, 68 S) gr. 8. Zerbst (F. Gast). à n. 1.—

— Zerbster. Hrsg. v. H. Wäschke. 3.—5. Jahrg. 1907—1909. (III, 64; III, 66 u. III, 74 S.) gr. 8. Zerbst 907—09. F. Gast. à 1. —

Jahrbuch für Zöglinge deutscher Gymnasien, Real- und verwandter Schulen auf das J. 1882. Mit Gust. Freytag's Portr. in Lichtdr. 16. (223 S.) Leipzig, Lemme. cart. *
geb. *

—— dass. — auf die J. 1883 und 1884. Hrsg. von Max Vogler. 16. (215; 196 S. mit 1 Portr.) Leipzig, Thiel. cart. à Jahrg. * 75 Pf.; geb. *

—— dass. — auf das J. 1885. 16. (192 S. mit 10 Text-Abbild. und 1 Titelbild.) Ebendas. cart. *

—— für Zöglinge deutscher Gymnasien, Realschulen und verwandter Lehranstalten. 1886. Hrsg. von Max Vogler. 10. Jahrg. 16. (192 S. mit 4 Text-Abbild. und 1 Titelbilde.) Leipzig, Spamer. cart. * — 60
Die folgenden Jahrge. s. Schüler-Jahrbuch.

— [Aemter- u. Beamten-Verzeichniß] der Zoll- u. indirecten Steuer-Verwaltungen d. deutschen Zollvereins f. d. J. 1890. 5. Folge. Zusammengestellt von C. U. Treu. 12. (297 S.) Rostock 890. Stiller. n. 1. 35

— [Aemter- u. Beamten-Verzeichniß] der Zoll- u. indirecten Steuer-Verwaltungen d. deutschen Zollvereins f. d. J. 1891, 1892. 6. u. 7. Folge. Zusammengestellt v. Carl Ulr. Treu. 8. (324; X, 331 S.) Rostock, Stiller. à Jahrg. n. 1. 35

— (Aemter u. Beamten-Verzeichniß) d. Zoll- u. indirecten Steuer-Verwaltungen d. Deutschen Reiches u. d. Großherzogth Luxemburg f. d. J. 1895, 1896 u. 1897. 10.—12. Folge. Zusammengest. v. Carl Ulr Treu. 8. (à ca. VIII, 287 S.) Rostock, Stiller. à Jahrg. n. 1.40

— dasselbe, einschließl. d. in d. deutschen Schutzgebieten vorhand. Zollstellen f. d. J. 1898. 13. Folge. Zusammengest. v. Karl Ulr. Treu. 8. (VIII, 302 S.) Güstrow, Opitz & Co. n.n. 1.—

— (Aemter- u. Beamten-Verzeichniß) der Zoll- u. indirecten Steuer-Verwaltungen des Deutschen Reiches, einschließlich der in den deutschen Schutzgebieten vorhandenen Zollstellen u. des Großherzogth. Luxemburg f. d. J. 1899 u. 1900. 14. u. 15. Folge. Zusammengestellt von Karl Ulr. Treu. 8. (VIII, 305 u. VIII, 307 S.) Güstrow, Opitz & Co. à n. 1.50

— dasselbe f. d. J. 1901 u. 1902. 16. u. 17. Folge. 8. (VIII, 393 u. VIII, 278 S.) Neubrandenburg, C. Brünslow. à n. 1.50

— der Zoll- u. indirekten Steuer-Verwaltungen des Deutschen Reiches einschliesslich der in den deutschen Schutzgebieten vorhandenen Zollstellen u. des Grossherzogt. Luxemburg f. d. J. 1905. 19. Folge. Zusammengestellt v. K. U Treu. (VIII, 320 S.) kl. 8. Neubrandenburg, C. Brünslow. 1.—

— (Aemter- u. Beamten-Verzeichnis) der Zoll- u. indirekten Steuer-Verwaltungen des Deutschen Reiches einschließlich der in den deutschen Schutzgebieten vorhandenen Zollstellen u. des Großherzogt. Luxemburg f. d. J. 1906. 20. Folge. Zusammengestellt v. Karl Ulr. Treu. (VIII, 329 S.) kl. 8. Neubrandenburg, C. Brünslow. n. 1.—

— (Ämter- u. Beamten-Verzeichnis) der Zoll- u. indirekten Steuer-Verwaltungen des Deutschen Reiches einschließlich der in den deutschen Schutzgebieten vorhandenen Zollstellen u. des Großherzogt. Luxemburg f. d. J. 1909. 21. Folge. Zusammengestellt v. Karl Ulr. Treu. (VIII, 371 S.) kl. 8. Rostock. (Neubrandenburg, C. Brünslow.) 1.50

Jahrbuch, Neumann 's, für Zuckerfabriken,
s. Jahrbuch, Neumann's, für Zuckerfabriken.

— der Zucker-Industrie. Hrsg. von Rud. Hanel. Jahrg. 1905. (VIII, 62 u. LXIX S.) 8. Wien, A. Hölder. n. 8.—

— der österreichischen Zucker-Industrie Hrsg. v. Rud. Hanel. Jahrg. 1906. (VIII, 24 u. 42 S., S. 811 u. 812, 7 u. LXVIII S.) 8. Ebd. Kart. n. 8.—

Jahrbuch der österreichischen Zucker-Industrie. Hrsg. v. Rud. Hanel. Jahrg. 1907—1910. 8. Wien, Compassverlag. Kart. 18.20

1907. (VIII S., S. 1657—1684, 789—831, 1777—2081 u. LXVI S.) 4.60
1908. (VI S., S. 1815—1844, 838—888, 1955—2230 u. LXII S.) 4.40
1909. (VIII S., S. 1833—1860, 859—904, 1975—2278 u. 953—1016.) 4.60
1910. (VIII S., S. 1817—1844, 231—242, 555—557 u. 2004—2617.) 4.60

— f. Zuckerrübenbau. In Verbindg. m. F. Albert, H. Bodenbender, H. Briem &c. hrsg. v. Carl Hager. 1. Jahrg. (Band-Ausg. d. Blätter f. Zuckerrübenbau 1894.) gr. 8. (VII, 531 S. m. Abb. u. Taf.) Berlin 895. R. Kühn's Verl. n. 6.—

Jahrbuch. Zürcher J' 1905—1909. Chronik der Weltereignisse, sowie der historisch-politischen Daten aus der Schweiz und den einzelnen Kantonen, mit besonderer Berücksichtigung von Stadt und Kanton Zürich. Alphabetisches Generalregister. Bearb. von S[amuel] Zurlinden.... 204 S. 8. Zürich, Berichthaus. 1910. [fr. 2.50]

Jahrbuch. Zürcher J' 1909. ([Jahrg.] 5.) Chronik der Weltereignisse, sowie der historisch-politischen Daten aus der Schweiz und den einzelnen Kantonen, mit besonderer Berücksichtigung von Stadt und Kanton Zürich. Bearb. von S[amuel] Zurlinden.... [Illustriert.] IV + 256 S. 8. Zürich, Berichthaus, 1910. [fr. 2.50]

Forts. von: Chronik des Jahres 1908. Historisch-politisches Nachschlagebuch, hrg. von der Zürcherischen Freitagszeitung.

— Züricher für Gemeinnützigkeit. 1876—1878. gr. 8. (255 S. mit 2 Tab.; IV, 171; VI, 242 S.) Zürich 877.78,79, Herzog. Jahrg. 1876 * M 1,60.; Jahrg. 1877 * Jahrg. 1878 *

Nicht weiter erschienen.

— dasselbe. 1879—1880. 8. (IV, 310 S.) Ebend. 881. n. n. 2.50

— Züricher, f. Gemeinnützigkeit. 1881—1882 u. 1883. gr. 8. (IV, 230 u. 208 S.) Zürich 883. 84. (Herzog.) à n.n. 2.50

— dasselbe. 1884. gr. 8. (VI, 259 S.) Ebend. 885. n. 3.—

— dasselbe. 1885. gr. 8. (VI, 195 S.) Ebend. 886. n. 2.—

— Zürcher, f. Gemeinnützigkeit. 1886—1888. gr. 8. (VI, 275; VI, 236; VI, 242 S.) Zürich, (Herzog). à Jahrg. n. 2.40

— dasselbe. 1889. gr. 8. (VI, 270 S.) Ebd. n. 3.—

— Zürcher, f. Gemeinnützigkeit. 1890—1892. 8. (VI, 248; VII, 372; XI, 367 S.) Zürich, (E. Leemann). à Jahrg. n. 2.80

— Zürcher, f. Gemeinnützigkeit. 1893. gr. 8. (X, 417 S. m. 1 Bildnis.) Zürich 894. (E. Leemann.) n. 2.80

- dasselbe 1894 u. 1895. gr. 8. (VIII, 413 u. 298 S.) Ebd. 895. 96. à n. 3.—

— dasselbe. 1896. 8. (IV 248 S.) Ebd. 897. n. 2.40

— Zürcher, f. Gemeinnützigkeit. 1897/98. 8. (XVI, 288 S.) Zürich 898. (Gebr. Leemann & Co.) n. 1.80

— dasselbe. 1898/99. 1899/1900 u. 1900/1901. gr. 8. (VIII, 304; VIII, 312 u. VII, 222 u. 45 S. m. Abb. u. 10 Taf.) Ebd. 899—901. à n. 2.—

Jahrbuch. Zürcher Jahrbuch für Gemeinnützigkeit. [Mit illustriertem Umschlag.] 8. [à fr. 2. —]

1900/1901. ([Mit 1 Porträt im Text und 10 Tafeln, sowie Anhang:] Mitglieder-Verzeichnis der Kantonalen gemeinnützigen Gesellschaft pro 1901.) VIII + 222 + *Anhang* II + 45 S. Zürich-Selnau, Ed. Leemann, 1901.
1901/1902. [Mit 14 Tafeln.] VIII + 252 S. Zürich-Selnau, Gebr. Leemann & Co., 1902.

Jahrbuch. Zürcher J' für Gemeinnützigkeit. 1902/1903. [Mit illustriertem Umschlag und 16 Tafeln.] VIII + 247 S. 8. Zürich-Selnau, Gebr. Leemann & Co., 1903. [fr. 2. —]

Jahrbuch. Zürcher J' für Gemeinnützigkeit. [Mit illustriertem Umschlag.] 8. Zürich-Selnau, Gebr. Leemann & Co. [fr. 2. —]

1903/1904. [Mit 1 Ansicht im Text und 16 Tafeln.] VIII + 296 S. 1904.
1904/1905. ([Mit 15 Tafeln und Beilage:] Mitglieder-Verzeichnis [der] Gemeinnützigen Gesellschaft des Kantons Zürich pro 1905.) VIII + 215 + *Beilage* 63 S. 1905.

— Zürcher, f. Gemeinnützigkeit. 1905/06—1909/10. 8. Zürich-Selnau. (Gebr. Leemann & Co.) à 2.—

1905/1906. (VIII, 258 S. m. 9 Taf.) 906. — 1906/1907. (VIII, 280 S. m. 12 Taf.) 907. — 1907/08. (VIII, 304 u. 77 S. m. 12 Taf.) 908. — 1908/09. (VI, III, 223 S. m. 12 Taf.) 909. — 1909/10. (VIII, 228 S.) 910.

JAHRBUCH DES MÜNSTERER ZWEIGVEREINS DES ALLGEMEINEN DEUTSCHEN SPRACHVEREINS.

Jahrg. 1 bis 10. 1896—1905. Schriftleiter: MATTIAS LINHOFF in Münster, Westfalen. Münster in Westfalen 1905. Druck der Theissingschen Buchhandlung. — A. u. d. T.: JAHRBUCH DES MÜNSTERER ZWEIGVEREINS DES ALLGEMEINEN DEUTSCHEN SPRACHVEREINS. Schriftleiter: MATTIAS LINHOFF in Münster, Westfalen. Jahrg. 1. Münster in Westfalen 1896. Druck der Aschendorffschen Buchhandlung. — 2. ib. 1897. — 3. ib. 1898. — 4. ib. 1899. — 5. ib. 1900. — 6. ib. 1901. — 7. ib. 1902. — 8. ib. 1903. — 9. ib. 1904. — 10. ib. 1905. — 8°.

Jahrg. 11—15. ib. 1906—1910. —

Jahrbuch des Münsterer Zweigvereins des Allgemeinen Deutschen Sprachvereins. Schriftleiter: Mattias Linhoff in Münster. Jg. 1–10. 1896–1905. Münster i. W. 1905: Theissing. 8° (07. 1310)

JAHRBUCH FÜR SEXUELLE ZWISCHENSTUFEN unter (von Jahrg. III an: mit) besonderer Berücksichtigung der Homosexualität.

Herausgegeben unter Mitwirkung namhafter Autoren vom wissenschaftlich-humanitären Comitée.

(Jahrg. I. Mit Abbildungen.) Leipzig und Berlin. Leipzig 1899. Max Spohr. 8°.

Herausgegeben unter Mitwirkung namhafter Autoren im Namen des wissenschaftlich-humanitären Comitées (später: Komitees) von MAGNUS HIRSCHFELD.

Jahrg. II. (Mit 1 Tafel.) ib. 1900. — III. (Mit 1 Tafel.) ib. 1901. — IV. (Mit Tafeln.) ib. 1902. — V. Bd. I, II. (Mit Tafeln.) ib. 1903. — VI. (Mit Tafeln.) ib. 1904. — VII. Bd. I, II. (Mit Tafeln.) ib. 1905. — VIII. (Mit Tafeln.) ib. 1906. —

JAHRBUCH FÜR SEXUELLE ZWISCHENSTUFEN unter besonderer Berücksichtigung der Homosexualität.

Herausgegeben unter Mitwirkung namhafter Autoren im Namen des wissenschaftlich-humanitären Komitees von MAGNUS HIRSCHFELD.

Jahrg. IX. (Mit Tafeln.) ib. 1908. —

— f. sexuelle Zwischenstufen unter besond. Berücksicht. der Homosexualität. Hrsg. unter Mitwirkg. namhafter Autoren v. wissensch. humanitären Comitée Leipzig u. Berlin. gr. 8. (III, 280 S. m. Abb.) Leipzig 899. M. Spohr. n. 5. —

— dasselbe. Hrsg. unter Mitwirkg. namhafter Autoren im Namen des wissensch.-humanit. Comitées v. Magnus Hirschfeld. 2. Jahrg. gr. 8. (II, 483 S. m. Abb.) Ebd. 900. n. 7. —

— dasselbe. 3. Jahrg. gr. 8. (VIII, 616 S. m. Abbildgn.) Ebd. 900. n. 10. —

— dasselbe. 4. Jahrg. gr. 8. (XIII, 980 S. m. Abbildgn. u. Titelbild.) Ebd. 902. n. 16. —

— für sexuelle Zwischenstufen m. besond. Berücksicht. der Homosexualität. Hrsg. unter Mitwirkung namhafter Autoren im Namen des wissenschaftlich-humanitären Komitees v. Magnus Hirschfeld. 5.—8. Jahrg. gr. 8. Leipzig, M. Spohr. n. 67. —

5. 2 Bde. (VIII, 1368 S. m. Abbildgn. u. Taf.) 903. n. 22. —
6. (IV, 744 S. m. 7 Taf.) 904. n. 12. —
7. 2 Bde. (IV, 1064 S. m. 12 Taf.) 905. n. 18. —
8. (IV, 940 S. m. 11 Taf. u. 1 Fksm.) 906. n. 15. —; geb. n.n. 16,50

— für sexuelle Zwischenstufen unter besond. Berücksicht. der Homosexualität. Hrsg. unter Mitwirkg. namhafter Autoren im Namen des wissenschaftlich-humanitären Komitees v. Magnus Hirschfeld. 9. Jahrg. (III, 664 S. m. 16 Taf.) 8. Leipzig 908. M. Spohr. 12.—; geb. n 13.50

Fortsetzg., s.: Vierteljahrsberichte d. wissenschaftl.-humanitären Komitees.

Jahrbuchblätter. Nr. 1. Kalender f. Schule u. Haus 1910. 5. Jahrg. (176 S. m. Abbild.) gr. 8. Linz, Oberösterr. Buchdruckerei- u. Verlagsgesellschaft. 1.—

Jahrbücher der freien deutschen Akademie. Im Auftrag des zur Gründung einer freien akadem. Universität gebildeten Ausschusses hrsg. v. Karl Nauwerck u. Ludw. Noack. 1. Bd. 1 u. 2. Hft. Lex. 8. (S. 1—374.) Frankfurt a. M. 848. 49, Meidinger. (à 1 ₰) 2 ₰

Jahrbücher der Königl. Academie der Künste zu Berlin. A. u. d. T.: Ueber den protestant. Geist aller wahrhaften Kunst und deren neuere Entwickelung in Deutschland, ein Vortrag, gehalten in der öffentl. Sitzung der Königl. Academie d. Künste am 3. Aug. 1839 v. E. H. Tölken, nebst der Berichterstattung über die diesjähr. academ. Preisbewerbung in der Architektur. gr. 4. Berlin 839. (Nicolai.) n. ½ ₰

Jahrbücher der Königlichen Akademie gemeinnütziger Wissenschaften zu Erfurt. Neue Folge. 1. u. 2. Heft. Erfurt 860, 61. Villaret. gr. 8. n. 1 ₰ 20 ngr

1. Heft (164 S.) n. 20 ngr; 2. Heft (157 S. m. Holzschn. u. 8 lith. Taf.) n. 1 ₰.

Jahrbücher der Königl. Akademie gemeinnütziger Wissenschaften zu Erfurt. Neue Folge. 3.—5. Heft. gr. 8. Erfurt 863—66, Villaret. [3. Heft. (366 S. mit 1 lithogr. Karte in qu. Fol.) * 1 Thlr. 15 Ngr., 4. (375 S.) * 1 Thlr. 15 Ngr., 5. (244 S. mit eingedr. Holzschn. und 12 ill. Stnt.) * 1 Thlr. 20 Ngr.]

Neue Folge. 1. und 2. Heft. Ebendas. 1860, 61. * 1 Thlr. 20 Ngr.

Jahrbücher der königl. Akademie gemeinnütziger Wissenschaften. Neue Folge. 6. und 7. Heft. gr. 8. Erfurt, Villaret. [6. Heft. (III, 391 S. mit 3 chromolithogr. Taf.) 870. * M 5.; 7. Heft. (320 S.) 873. * M 3,60.] * 8 60

Neue Folge 1.—5. Heft. Ebendas. 1860—66. * M 19.

Jahrbücher der königl. Akademie gemeinnütziger Wissenschaften zu Erfurt. Neue Folge. 8. und 9. Heft. gr. 8. (318; 139 S. mit 15 Stnt.) Erfurt 877, Villaret. à Heft *

Jahrbücher der königl. Akademie gemeinnütziger Wissenschaften zu Erfurt. Neue Folge. 10. Heft. gr. 8. (197 S. mit 1 chromolithogr. Karte.) Erfurt 880, Villaret. *

—— dass. — Neue Folge. 11. Heft. gr. 8. (175 S.) Ebendas. 882. *

—— dass. — Neue Folge. 12. Heft. gr. 8. (277 S. mit 9 Tab. und 4 chromolithogr. Karten.) Ebendas. 884. *

— dasselbe. Neue Folge. 13. Hft. gr. 8. Ebend. 885. n. 8. —

Beiträge zu e. vergleichenden Topographie u. Statistik v. Erfurt von W. J. A. Frhr. v. Tettau. (V, 220 S.)

Jahrbücher der königl. Akademie gemeinnütziger Wissenschaften zu Erfurt. Neue Folge. 14.—16. Hft. gr. 8. Erfurt, Villaret. n. 7. 50

14. Geschichtliche Darstellung d. Gebietes der Stadt Erfurt u. der Besitzungen der dortigen Stiftungen von W. J. A. Frhr. v. Tettau. Mit 1 Uebersichtskarte. (V, 265 S.) 886. n. 3. —
15. Ueber die Grenz-Beschreibungen in einigen thüringischen Urkunden, nebst Bemerkgn. zu diesen Urkunden. Von A. Werneburg. (79 S. m. 1 Grenzenkarte.) — Einige Resultate 38jähr. Witterungs-Beobachtungen der Station II. Ordnung in Erfurt. Von Koch. (S. 81—136 m. zahlreichen Wetterkarten.) 887. n. 3. —
16. Frhr. W. v. Tettau, üb. d. Grafen von Don Frances v. Viamonte handschriftliche Chronik v. Spanien. (S. 1—52.) — G. Leuchtenberger, das Greisenalter u. Kaiser Wilhelm I. (S. 53—72.) — C. Axmann, üb. den Missbrauch der innern Desinfektion in der Geburtshülfe. (S. 73—89.) 890. n. 1. 50

Jahrbücher der königl. Akademie gemeinnütziger Wissenschaften zu Erfurt. Neue Folge. 17.—20. Hft. gr. 8. Erfurt, C. Villaret. n. 16. 50

17. (III, 149 S.) 892. n. 2. —
18. Paulus Cassel, gesammelte Schriften. 1. Bd. Das Leben d. Menschen in Geschichte u. Symbol. (XV, 454 S.) 892. n. 4. 50
19. (LVIII, 382 S.) 893. n. 5. —
20. (X, 414 S. m. 2 Taf.) 894. n. 5. —

Jahrbücher d. kgl. Akademie gemeinnütz. Wissenschaften zu Erfurt. Neue Folge. 21.—24. Hft. gr. 8. Erfurt, C. Villaret. n. 18. 50

21. (IX, 161 S.) 895. n. 2. —. — 22. (LV, 291 S.) 896. n. 4. 50.
23. (V, 122 S.) 897. n. 2. —. — 24. (V, 306 S.) 898. n. 5. —.

Jahrbücher der königl. Akademie gemeinnütziger Wissenschaften zu Erfurt. Neue Folge. 25.—28. Hft. gr. 8. Erfurt, C. Villaret. n. 12.—

25. (V, 180 S.) 899. n. 3.—. — 26. (V, 232 S.) 900. n. 5.—. 27. (VIII, 118 S.) 901. n. 2.—. — 28. (III, 135 S.) 902. n. 2.—.

Jahrbücher der königl. Akademie gemeinnütziger Wissenschaften zu Erfurt. Neue Folge. 29.—31. Hft. gr. 8. Erfurt, C. Villaret. n. 16.50

29. (VI, 276 S. m. 1 Bildnis u. 1 Faksm.) 903. n. 4.50
30. Festschrift zur Feier des 150jähr. Bestehens der kgl. Akademie. (III, 652 S. m. 2 Taf.) 904. n. 10.—
31. (LX, 75 S.) 905. n. 2.—

Jahrbücher der kgl. Akademie gemeinnütziger Wissenschaften zu Erfurt. Neue Folge. 32.—35. Heft. (XIV, XL, 299 S.; III, XLIV, 278 S.; 331 S. m. Abb. u. 3 Taf. u. III, 314 S. m. 4 Karten.) gr. 8. Erfurt 906—09. K. Villaret. à 5.—

— Allgemeine, der Forst- und Jagdkunde. Herausg. von v. Wedekind u. St. Behlen. Bd. 1—4. Mainz 1830 — (Erfurt, Leipzig) 1833. 8.

A. u. d. T.: Neue Jahrbücher der Forstkunde. Heft 7—9. & Zeitschrift f. d. Forst- u. Jagdwesen. Neue Folge. Bd. 3—4.

Amerikanisch-Deutsche Jahrbücher für Freimaurer. Hrsg. von Edw. Roehr. 1856—60. Williamsburgh: Selbstverl. New York: Günther in Comm., [seit 1857:] Williamsburgh: Triangel 1856 bis 1860. 8°

1856 VIII, 303 S. 2 Abb.; 1857—1858 175 S.; 1859—1860 227 S. 1860.

cf. f. Jg 1856: FZ. 10 (1856) S. 356—358 (W. Keller); f. 1857—1858: L. 15 (1858) S. 174—177; FZ. 13 (1859) S. 11—12; f. 1859—1860: Bh. 3 (1860) S. 254—255; FZ. 14 (1860) S. 317.

Tt. 178. Nicht mehr erschienen.

— amerikanisch-deutsche, für Freimaurer. Hrsg. von Edw. Röhr. I. Jahrg. 1856. gr. 12. (VIII und 304 S. mit 1 Holzschnt.) Williamsburg. (Leipzig, Friese.) **

— amerikanisch-deutsche, für Freimaurer. Hrsg. von Edw. Röhr. (2. Jahrg.) 1857—58. gr. 12. (IV und 175 S.) Williamsburgh 858. (Leipzig, Friese.) **

1. Jahrg. Ebendas. 1856. ** 2 Thlr. 1

Jahrbücher f. Anthropologie u. zur Pathologie u. Therapie d. Irrseyns. In Verbind. mit mehr. Gelehrten hrsg. v. Fr. Nasse. 1. Bd. M. 1 Abbild. gr. 8. (20½ B.) Leipzig 830, Cnobloch.

Ist Fortsetzung der „Zeitschrift f. Anthropologie."

Jahrbücher, appenzellische. In vierteljährl. Hftn. hrsg. v. der appenzell. gemeinnütz. Gesellschaft. 12 Hfte. od. Jahrg. 1854, 1855 u. 1856/57. 8. (IV, 374; 312 u. 328 S.) Trogen. (St. Gallen, Huber & Co.) à Hft. n. —80

Jahrbücher, appenzellische. Hrsg. von der appenzell. gemeinnütz. Gesellschaft. 2. Folge 1.—6. Heft. 8. Trogen. (St. Gallen, Huber und Comp.) [1. Heft. (177 S.); 2. Heft. (160 S. mit 1 Tab. in qu. 4.) 861.; 3. Heft. (188 S.) 862.; 4. Heft. (188 S.) 863.; 5. Heft. (246 S.) 866.; 6. Heft. (212 S.) 868.] à Heft *M 1,60. *

— dasselbe. 2. Folge. 7. Hft. 8. (347 S. m. 12 Tab. in 8. u. qu. 4.) Ebend. 870. in Comm. n. 2. 60

— dasselbe. 2. Folge. 8. Heft. 1. Abth. gr. 8. (282 S.) Ebend. 873. n. 2. 60

— appenzellische. Hrsg. von der appenz. gemeinnützigen Gesellschaft u. red. von Heim. 2. Folge. 8. Heft. 2. Abth. u. 9. Hft. gr. 8. (374 u. 270 S.) Trogen 877 u. 79. St. Gallen, Huber & Co. in Comm. à n. 2. 60

— Appenzellische. Hrsg. v. der appenz. gemeinnütz. Gesellschaft u. red. v. Heim. 2. Folge. 10—12. Hft. u. 3. Folge. 1. Hft. gr. 8. Trogen. (St. Gallen, Huber & Co.) n. 10. 10

II. 10. (325 S.) 882. n. 3. 30. — 11. (186 S.) 883. n. 2. 80. — 12. (200 S.) 884. n. 2. —. — III. 1. (199 S.) 886. n. 2. —

— Appenzellische. Hrsg. v. der appenzell. gemeinnütz. Gesellschaft u. red. v. Heim. 3. Folge. 2. Hft. gr. 8. (178 S.) Trogen 887. (St. Gallen, Huber & Co.) n. 2. —

— appenzellische. Hrsg. v. der appenz. gemeinnütz. Gesellschaft. 3. Folge. 2.—6. Hft. gr. 8. (III, 176 S.) Trogen. (St. Gallen, Huber & Co.) n. 12. 40 (1—6.: n. 14. 40)

2. Red. v. Heim. (178 u. 7 S.) 887. n. 2. 50
3. Red. v. A. Stalger u. G. Niederer. (184 S.) 890. n. 2. 50
4. 5. Red. v. Karl Ritter. (172 u. 267 S.) 891. 892. à n. 2. 50
6. Red. v. Karl Ritter. (III, 176 S.) 894. n. 2. 40

— appenzellische. Hrsg. v. d. appenzell. gemeinnütz. Gesellschaft u. red. v. Karl Ritter. 3. Folge. 7.—10. Hft. gr. 8. (222; III, 264; III, 244 u. III, 262 S.) Trogen 895—898. (St. Gallen, Fehr.) à Hft. n. 2. 40 (1—10: n. 24.—)

— appenzellische. Hrsg. v. der appenz. gemeinnütz. Gesellschaft u. red. v. Karl Ritter. 3. Folge. 11. Hft. gr. 8. (III, 214 S.) Trogen 899. (St. Gallen, Fehr.) n. 2. 40

— dasselbe, red. v. der Red.-Kommission: H. Eugster u. A. Wiget. 3. Folge. 12. Hft. gr. 8. (III, 256 S.) Ebd. 900. n. 2. 40

Jahrbücher. Appenzellische Jahrbücher. Hrg. von der appenz. gemeinnützigen Gesellschaft und redigirt von der Redaktionskommission: H[oward] Eugster,... A[lbert] Wiget,... [und] Dr. A[ugust] Blatter.... 3. Folge. Heft 13. II + 294 S. 8. Trogen, U. Kübler (Komm. ⟨E. Fehr⟩ in St. Gallen), 1901. [fr. 2. 50]

Jahrbücher. Appenzellische Jahrbücher. Hrg. im Auftrag der appenzellischen gemeinnützigen Gesellschaft von Dr. A[ugust] Blatter. 3. Folge. Heft 14. IV + 284 S. 8. Trogen, U. Kübler; Komm. ⟨E. Fehr⟩ in St. Gallen, 1902. [fr. 2. 50]

Jahrbücher. Appenzellische Jahrbücher. Hrg. im Auftrag der appenzellischen gemeinnützigen Gesellschaft von Dr. A[ugust] Blatter. 3. Folge. Heft 15. IV + 200 S. 8. Trogen, U. Kübler; Komm. ⟨E. Fehr⟩ in St. Gallen, 1903. [fr. 2. 50]

Jahrbücher. Appenzellische J' (1854—1904). Im Auftrag der Appenzell. gemeinnützigen Gesellschaft hrg. von der Redaktionskommission: Dr. phil. A[dam] Marti, Dr. phil. W[illy] Nef, Pfarrer E[duard] Schläpfer. 4. Folge. Heft 1. IV + 215 S. 8. Trogen, U. Kübler ⟨Komm. Fehr, St. Gallen⟩, 1904. [fr. 2. 50]

— dasselbe. Im Auftrag der appenzell. gemeinnütz. Gesellschaft hrsg. v. der Red.-Kommission: A. Marti, W. Nef, u. E. Schläpfer. IV. Folge. 1.—3. Heft. 8. Ebd. n. 8. —

1. (1854. 1904.) (III, 214 S.) 904. n. 2. 40
2. (IV, 311 S. m. 1 Bildnis.) 905. n. 2. 80
3. (III, 363 S.) 906. n. 2. 80

Jahrbücher. Appenzellische J'. Im Auftrag der Appenzell. gemeinnützigen Gesellschaft hrg. von der Redaktionskommission: Dr. phil. A[dam] Marti, Dr. phil. W[illy] Nef, Pfarrer E[duard] Schläpfer. Der ganzen Serie Bändchen 35. Mit einem Titelbild [Porträt-Tafel]. IV + 232 S. 8. Trogen, Druck U. Kübler ⟨Komm. Fehr'sche Buchh., St. Gallen⟩, 1907. [fr. 2. 50]

Folgt unmittelbar nach: 4. Folge. Heft 3. 1906.

— dasselbe. XXXVI u. XXXVII. Hrsg. v. der appenz. gemeinnütz. Gesellschaft u. red. v. A. Marti. (207 S. m. 4 Taf. u. IV, 272 S. m. 2 Taf.) 8. Ebd. 908. 09. à 2. 80

Jahrbücher, Appenzellische J'. [Band] 38. Hrg. von der Appenz. gemeinnützigen Gesellschaft und redigiert von Dr. phil. A[dam] Marti. Mit 2 Autotypien [Tafeln]. II + II + 231 S. 8. Trogen, Druck O. Kübler ⟨Komm. Fehr'sche Buchh., St. Gallen⟩. 1910. [fr. 3. —]

Jahrbuecher für die deutsche Armee u. Marine. 1871—1912. Geleitet von Gen.-Major Keim (früher durch E. Schnackenburg). Berlin 1871—1912.

— — Systematisches Verzeichnis der in Bd 1—20, Okt. 1871 bis Sept. 1876 erschienenen größeren Aufsätze. Berlin 1876. 31 S.

— — Verzeichnis der vom Okt. 1871 bis Dez. 1886, Bd 1—61 veröffentl. Aufsätze. Berlin o. J. 20 S.

— für die deutsche Armee u. Marine. Verantwortlich red. von Heinr. v. Löbell. 1. Bd. Jahrg. 1871. Octbr.—Dezbr. 3 Hfte. gr. 8. (1. Hft. 120 S. m. 5 Steintaf. in gr. 8., qu. 8. u. qu. 4.) Berlin, Schneider & Co. n. 6. —

— dasselbe. 2—9. Bd. à 3 Hfte. [Jahrg. 1872 u. 1873]. gr. 8. (à Hft. ca. 120 S. m. Steintaf in gr. 4. u. Fol.) Ebend. à Bd. n. 6. —; einzelne Hfte. n. 3. —

— dasselbe. Verantwortlich red. von G. v. Marées. Jahrg. 1874—1876 od. 10—21. Bd. à 3 Hfte. gr. 8. (à Hft. 120 S.) Ebend. à Bd. n. 8. —; einzelne Hfte. n. 4. —

— für die deutsche Armee u. Marine. Red. von G. v. Marées. Jahrg. 1877—1882. 22.—45. Bd. à 3 Hfte. gr. 8. (22. Bd. 1. Hft. 136 S. m. Steintaf.) Berlin, Schneider & Co. à Jahrg. n. 32. —; einzelne Hfte. à n. 4. —

— für die deutsche Armee u. Marine. Red. von G. v Marées. Jahrg. 1883—1886. 46—61. Bd. à 3 Hfte. gr. 8. (à Hft. ca. 111 S.) Berlin, Wilhelmi. à Jahrg. n. 32. —; einzelne Hfte. à n. 3. —

— für die deutsche Armee u. Marine. Red. von G. v. Marées. Jahrg. 1887 u. 1888. 62.—69. Bd. à 3 Hfte. gr. 8. (à Hft. ca. 120 S.) Berlin, Wilhelmi. à Jahrg. n. 32. —; à Hft. n. 3. —

— dasselbe. Geleitet v. E. Schnackenburg. Jahrg. 1889 u. 1890. 70.—77. Bd. à 3 Hfte. gr. 8. (à Hft. ca. 120 S.) Ebd. à Jahrg. n. 32. —; à Hft. n. 3. —

— für die deutsche Armee u. Marine. Geleitet v. E. Schnackenburg. Jahrg. 1891—1894. 78.—93. Bd. à 3 Hfte. gr. 8. (à Hft. ca. 126 S.) Berlin, A. Bath. à Jahrg. n. 32. —; à Hft. n. 3. —

Jahrbücher f. d. deutsche Armee u. Marine. Geleitet v. E. Schnackenburg. Jahrg. 1895—1898. 94.—109. Bd. à 3 Hfte. (à ca 120 S.) gr. 8. Berlin, A. Bath. à Jahrg. (à 4 Bde.) n. 32. —; einz. Hfte. n. 3. —
Kann auch halbjährlich bezogen werden.

— für die deutsche Armee u. Marine. Geleitet v. E. Schnackenburg u., seit Mai 1901 von Keim. Jahrg. 1899—1901. 110.—121. Bd. à 3 Hfte. gr. 8 Berlin, A. Bath. à Jahrg. n. 32. —
110. (387 S.) — 111. (389 S.) — 112. (383 S.) — 113. (387 S.) — 114. (385 S.) — 115. (384 S.) — 116. (384 S.) — 117. (390 S.) — 118. (385 S.) — 119. (347 S.) — 120. (355 S.) 121. (360 S.)

— dasselbe. Geleitet v. Keim. Jahrg. 1902. 12 Hfte. gr. 8. (à ca. 150 S.) Ebd. n. 24. —

— für die deutsche Armee u. Marine. Geleitet v. Keim. Jahrg. 1903—1906. à 12 Nrn. (698, 762, 714 u. 678 S. gr. 8. Berlin, A. Bath. à Jhrg. n. 24. —

Jahrbücher für die deutsche Armee und Marine. (Fortsetzung.) 98.—133. Bd. 1896—1904. 8. Berlin 1896—1904.

— für die deutsche Armee u. Marine. Geleitet von Keim. Jahrg. 1907—1910 à 12 Nrn. (IV, 740 u. IV, 710 S.; IV, 668 u. IV, 692 S.; IV, 688 u. IV, 686 S. u. IV, 704 u. IV, 636 S.) gr. 8. Berlin, A. Bath. à Jahrg. 24. —

—— die, von Augsburg, s. a. Geschichtschreiber, die, der deutschen Vorzeit.

[Annales Augustani, deutsch] Die Jahrbücher von Augsburg. Uebers. von H. G[eorg] Grandaur. — Leipzig: Duncker 1879. 52 S. (Die Geschichtschreiber d. deutschen Vorzeit. 12. Jh., Bd 1.)
1: Rw 3588-12,1. 12: Germ. g. 159h-XII,1. 300: 392.249-B. Ser. 8,1. 2. 3. 4. 5. 6. 7. 8. 9. 10. 11.
5.390

— Leipzig: Dyk (1893). 52 S. (Die Geschichtschreiber d. deutschen Vorzeit. 2. Gesamtausg. Bd 49 = 12. Jh., Bd 1.)
1: Rw 3588²-Bd 49 = 12. Jh., Bd 1. 3. 4. 5. 6. 7. 8. 9. 10. 11. 102.
5.391

— der Bäder u. Heilquellen Deutschlands, insbesond. des Taunus, herausgeg. von G. J. C. Döring, H. Fenner v. Fenneberg, C. H. Höpfner u. H. A. Peez. 1r u. 2r Bd. Mit Kpf. gr. 8. Wiesbad. 821 u. 22. Schellenberg. à 1 ₰ 8 Ɣ 2 ₰ 16 Ɣ

— d. Baukunde, s. a. Pechmann.

—— der Baukunde. Hrsg. v. Heinr. Frh. v. Pechmann. 1. Bd. 2. u. 2. Bd. 1. Hft. gr. 4. Stuttgart, Cotta. [1. 2. (15½ B u. 6 Stnt.) 828., 2. 1. (15 B. u. 1 lith. Karte.) 832. à 1 Thlr. 8 Gr.]
1. Bd 1. Hft. Ebendas. 1825. 1 Thlr. 4 Gr.

— d. Baumannshöhle, e. Beschreib. rc. 8. Quedlinb. 809. (Ernst). 12 Ɣ (NB. hat wahrscheinlich noch einen andern Titel.)

— baierische, von 1179 — 1294. Aus den Archiven gefertigt v. K. H. v. Lang, s. a. J. G. v. Lori.

Jahrbücher, Baierische, v. 1179 — 1294. Aus d. Urkunden d. Reichs-Archivs gefertigt v. K. H. Ritter v. Lang. Unveränd. Ausg. v. 816, mit Bericht. u. Zusätzen. gr. 8. Nürnb. 824, Riegel u. W.

—— für histor. u. dogmat. Bearbeit. d. röm. Rechts. Hrsg. v. Karl Sell u. Wilh. Sell. 1. Bd. 3 Hfte. gr. 8. Braunschweig 841, Vieweg u. Sohn.

—— f. historische u. dogmatische Bearbeitung des röm. Rechts. Hrsg. v. Karl Sell u. Wilh. Sell. 2. Bd. 3 Hfte. u. 3. Bd. 2 Hfte. gr. 8. Braunschweig 843—45, Vieweg u. Sohn. [2. (30 B.) 3. (19¼ B.) à Hft. 20 Ngr.]
1. Bd. 3 Hfte. Ebendas. 1841. 2 Thlr.

Jahrbücher. Die beiden ältesten deutschen J' der Stadt Zürich: Jahrbuch eines Ungenannten... bis zum Jahre 1336, nebst Fortsetzung eines Andern bis 1446, und Jahrbuch des... Schultheissen... Eberhard Müllers von 1336 bis 1364, nebst Forts' eines A' bis 1386. Im Auftrage der antiquarischen Gesellschaft hrg. von Ludwig Ettmüller. 4. Zürich 1844.
Ausg. A. (Mittheil. Ant. Ges. Zurich. Band 2. Heft 3. 1843.)
Ausg. B. ([Sep.-Ausg. von:] Mittheil. ... Band 2. [Heft 3.] 1844.)

—— die beiden ältesten deutschen, der Stadt Zürich. Jahrbuch eines Ungenannten von den ersten Anfängen der Stadt bis z. J. 1336, nebst Fortsetz. eines Andern bis 1446, u. Jahrbuch des Ritters u. Schultheissen von Zürich, Eberhard Müllers v. 1336 bis 1364, nebst Fortsetz. eines Andern bis 1386. Im Auftrage der antiquar. Gesellschaft hrsg. v. Ludw. Ettmüller. Roy.-4. (8 B.) Zürich 844. (Meyer u. Zeller.) *

Jahrbücher der Berg- u. Hüttenkunde, s. a. Moll C. E. von.

Jahrbücher der Berg- und Hüttenkunde herausg. von K. E. F. von Moll. Bd. 1–5. Mit Kupff. Salzburg 1797—1801. gr. 8. . . . . (lt)

— Berliner, 1788. 4 Quartale. 8. Berl. Realsch.

— — 1789. 16 Stck. 8. Ebend.

— Berliner, (v. A. J. Hecker u. A.) für 1788. 4 Quartale. 1789. 16 Stück, (von C. Jul. Koch). 8. Berl., Reimer. 2 ℔ 6 K

— (Berliner), für Erziehung u. Unterricht. Eine Monatsschrift. Herausgeg. von mehren Lehrern Berlins. 1845 u. 1846. à 12 Hfte. gr. 8. Berlin, Expedit. (Grobe.) à n. 2⅓ ℔ (Ist die Fortsetzung der Preuß. Volks-Schulzeitung.)

— Berliner, f. Erziehung u. Unterricht. Eine Monatsschrift. Hrsg. von mehreren Lehrern Berlins. 3 u. 4. Jahrg. 1847 u. 1848. à 12 Hfte. gr. 8. (926 u. 948 S.) Berlin, Grobe. 3: n. 2⅔ ℔ 4: n. 3⅔ ℔ (1–4: n. 11 ℔)

Berliner Jahrbücher für wissenschaftliche Kritik. I. II. Stuttgart, 1827.

Jahrbücher, Berlinische.
Berlin 1788—89. H (1788): *Hecker, Andr. Jacob.* H (1789): *Koch, Erduin Jul.* (MGT)

— des europäischen Bodenkredits. Hrsg. v. Fel. Hecht. I. Bd. 1. Hälfte. (III, 308 S.) gr. 8. Leipzig 909. Duncker & Humblot. 10. —

BONNER JAHRBÜCHER. Jahrbücher des Vereins von Altert(h)umsfreunden im Rheinlande.
Heft XCVI u. XCVII. Mit 10 Tafeln und 43 Textfiguren. Bonn 1895. Gedruckt auf Kosten des Vereins. Bonn, bei A. Marcus. — XCVIII. Mit 17 Tafeln und 6 Textfiguren. ib. 1895. — — A. u. d. T.: Colonia Agrippinensis. Festschrift der XLIII. Versammlung deutscher Philologen und Schulmänner in Köln am 25. September 1895 gewidmet vom Verein von Alterthumsfreunden im Rheinlande. ib. 1895. Universitäts-Buchdruckerei von Carl Georgi. — XCIX. Mit 3 Tafeln und 23 Textfiguren. ib. 1896. Gedruckt auf Kosten des Vereins. Bonn, bei A. Marcus. — C. Mit 5 Tafeln und 75 Textfiguren. ib. 1896. — — 101. Mit 7 Tafeln und 30 Textfiguren. ib. 1897. — — 102. Mit 6 Tafeln und 27 Textfiguren. ib. 1898. — — 103. Mit 12 Tafeln und 63 Textfiguren. ib. 1898. — — 104. Mit 13 Tafeln und 34 Textfiguren. ib. 1899. — — 105. Mit 23 Tafeln und 31 Textfiguren. ib. 1900. — — 106. Mit 14 Tafeln und 53 Textfiguren. ib. 1901. — — 107. Mit 10 Tafeln und 72 Textfiguren. ib. 1901. Gedruckt auf Kosten des Vereins. Bonn, A. Marcus und E. Weber's Verlag. — 108/9. Mit 15 Tafeln und 50 Textfiguren. ib. 1902. — — 110. Mit 19 Tafeln und 98 Textfiguren. ib. 1903. — — 111/112. Mit 50 Textfiguren. [Hierzu ein Tafelband mit 36 Tafeln.] ib. 1904. — — A. u. d. T.: Novaesium, das im Auftrag des Rheinischen Provinzialverbandes vom Bonner Provinzialmuseum 1887–1900 ausgegrabene Legionslager. *Text. Hierzu ein Tafelband mit 36 Tafeln. ib. 1904. (A. Marcus und E. Weber's Verlag.) — 113. Mit 16 Tafeln und 60 Textfiguren. ib. 1905. — — 114/115. Mit 27 Tafeln und 66 Textfiguren. ib. 1906. 116. Mit 28 Tafeln und 75 Textfiguren. ib. 1907. — 117 (Mit 9 Tafeln und 38 Textfiguren.) ib. 1908. — 118. (Mit 36 Tafeln und 75 Textfiguren.) ib. 1909. — 119 (Mit 27 Tafeln und 47 Textfiguren.) ib. 1910. — 120. (Mit 33 Tafeln und 97 Textfiguren.) ib. 1911. Beilage zu Bonner Jahrbücher 120: BERICHT der Provinzialkommission für Denkmalpflege und der Altertums- und Geschichtsvereine innerhalb der Rheinprovinz vom 1. April 1909 bis 31. Marz 1910. ib. 1911.

— Bonner. Jahrbücher des Vereins von Alterthumsfreunden im Rheinlande. 96. u. 97. Hft. Lex.-8. (IV, 371 S. m. 48 Fig. u. 10 Taf.) Bonn 895. (A. Marcus & E. Weber.) n. 12. —
Früher u. d. Tit.: Jahrbücher d. Vereins v. Alterthumsfreunden im Rheinlande.

— dasselbe. 98.—103. Hft. Lex.-8. Ebd. à Hft. n. 6. —
98. (IV, 171 S. m. 6 Fig. u. 17 Taf.) 895.
99. (IV, 288 S. m. 23 Fig. u. 3 Taf.) 896.
100. (IV, 231 S. m. 75 Fig. u. 5 Taf.) 896.
101. (IV, 106 S. m. 30 Fig. u. 7 Taf.) 897.
102. (IV, 299 S. m. 27 Fig. u. 6 Taf.) 898.
103. (IV, 271 S. m. 63 Fig. u. 12 Taf.) 898.

— Bonner. Jahrbücher des Vereins von Alterthumsfreunden im Rheinlande. 104.—107. Hft. Lex.-8. Bonn (A. Marcus & E. Weber). n. 36. —
104. (IV, 210 S. m. 34 Fig. u. 13 Taf.) 899. n. 6. —
105. (III, 282 S. m. 31 Fig. u. 23 Taf.) 900. n. 10. —
106. (III, 275 S. m. 63 Fig. u. 14 Taf.) 901. n. 10. —
107. (III, 296 S. m. 72 Fig. u. 10 Taf.) 901. n. 10. —

Jahrbücher, Bonner. Jahrbücher des Vereins v. Altertumsfreunden im Rheinlande. 108/109. 110. 111/112. u. 113. Hft. Lex.-8. Bonn (A. Marcus & E. Weber). n. 60. —
108/109. (III, 403 S. m. 50 Fig. u. 15 Taf.) 902. n. 15. —
110. (IV, 374 S. m. 98 Fig. u. 19 Taf.) 903. n. 15. —
111/112. (V, 462 S. m. 50 Fig. u. 36 Taf. in gr. 4, in Mappe.) 904. n. 20. —
113. (IV, 297 S. m. 60 Fig. u. 16 Taf.) 905. n. 10. —

— Bonner. Jahrbücher des Vereins v. Altertumsfreunden im Rheinlande. 114.—118. Heft. Lex. 8. Bonn, A. Marcus & E. Weber. 68. —
114. 115. (V, 483 S. m. 68 Fig. u. 27 Taf.) 906. 16. —
116. (IV, 402 S. m. 75 Fig. u. 28 Taf.) 907. 16. —
117. (IV, 410 S. m. 38 Fig. u. 9 Taf.) 908. 16. —
118. (VI, 430 S. m. 75 Fig. u. 36 z. Tl. farb. Taf.) 909. 20. —

Jahrbücher für wissenschaftliche Botanik. Hrsg. von N. Pringsheim. 1. und 2. Bd. à 3 Hefte und 3. Bd. 1. Heft. Lex.-8. Berlin 857—61, A. Hirschwald. [1. Bd. (IX und 533 S. mit 27 Stnt. und 3 Stahlst.) 2. Bd. (X und 481 S. mit 37 theilweise ill. Stnt.) 3. Bd. 1. Heft. (184 S. mit 17 theilweise ill. Stnt.) 1. Bd. 3 Hefte, 2. Bd. 1. und 3. Heft und 3. Bd. 1. Heft. à * 2 Thlr. 28 Ngr., 2. Bd. 2. Heft * 2 Thlr. 12 Ngr.] *

—— für wissenschaftliche Botanik. Hrsg. von N. Pringsheim. 3. Bd. 2. und 3. Heft. Lex.-8. Berlin 862,63, A. Hirschwald. [2. Heft. (II und S. 185—338 mit 6 zum Theil ill. Stnt.) * 2 Thlr. 28 Ngr., 3. (VIII und S. 339—541 mit 16 zum Theil ill. Stnt.) * 3 Thlr. 10 Ngr.] *

—— dass. — 4.—6. Bd. à 4 Hefte. Lex.-8. Leipzig 862—68, Engelmann. [4. Bd. 1. Heft. (S. 1—124 mit 9 zum Theil ill. Stnt.) * 2 Thlr. 28 Ngr., 2. (II und S. 125—260 mit 5 Stnt.) * 2 Thlr. 20 Ngr., 3. (II und S. 261—384 mit 13 Stnt., wovon 4 ill.) * 3 Thlr., 4. (XII und S. 385—535 mit 9 Stnt.) * 2 Thlr. 28 Ngr.; 5. Bd. 1. Heft. (II und S. 1—126 mit 11 Stnt., wovon 4 in Farbendr.) * 2 Thlr. 25 Ngr., 2. (II und S. 127—246 mit 13 Stnt., wovon 3 in Farbendr.) * 3 Thlr., 3. und 4. (XII und S. 247—439 mit 29 Stnt., wovon 4 in Farbendr.) * 5 Thlr.; 6. Bd. 1. und 2. Heft. (II und S. 1—248 mit 14 Stnt.) * 4 Thlr. 20 Ngr., 3. (II und S. 249—466 mit 14 zum Theil (6) farb. Stnt.) * 4 Thlr. 10 Ngr., 4. (X und S. 467—638 mit 11 zum Theil (9) farb. Stnt.) * 4 Thlr. 10 Ngr.]

1. und 2. Bd. und 3. Bd. 1. Heft. Berlin 1857—61, A. Hirschwald. * 20 Thlr.

—— für wissenschaftliche Botanik. Hrsg. von N. Pringsheim. 7.—9. Bd. à 4 Hefte. Lex.-8. Leipzig, Engelmann. [7. Bd. 1. und 2. Heft. (II, S. 1—260 mit 12 zum Theil (3) farb. lithogr. Taf.) 869. *ℳ 14.; 3. Heft. (II, S. 261—422 mit 16 zum Theil (4) farb. lithogr. Taf. in Lex.-8., qu. 4. und qu. Fol.) 869. *ℳ 14.; 4. Heft. (VIII, S. 423—590 mit 9 zum Theil (1) farb. lithogr. Taf.) 870. *ℳ 7. — 8. Bd. 1. Heft. (S. 1—146 mit 10 lithogr. und chromolithogr. Taf. in gr. 8. und qu. 8.) 871. *ℳ 7.; 2. Heft. (VI, S. 147—303 mit 12 lithogr. Taf.) 871. *ℳ 8.; 3. Heft. (S. 305—428 mit 12 lithogr. Taf. in gr. 8. und qu. gr. 4.) 872. *ℳ 8.; 4. Heft. (S. 429—594 mit 4 lithogr. zum Theil farb. Taf.) 873. *ℳ 7. — 9. Bd. 1. Heft. (S. 1—146 mit 15 lithogr. zum Theil farb. Taf.) 873. *ℳ 12.; 2. Heft. (S. 147—276 mit 10 lithogr. zum Theil farb. Taf.) 874. *ℳ 8.; 3. und 4. Heft. (IV, S. 277—484 mit 23 zum Theil farb. Taf.) 874. *ℳ 13.] *

—— für wissenschaftliche Botanik. Hrsg. von N. Pringsheim. 10. Bd. 4 Hefte. gr. 8. Leipzig, Engelmann. [1. Heft. (S. 1—118 mit 10 zum Theil farb. Stnt.) 875. *ℳ 8.; 2. Heft. (S. 119—244 mit 6 Stnt.) 875. *ℳ 7.; 3. Heft. (S. 245—382 mit 11 Stnt.) 876. *ℳ 8.; 4. Heft. (X, S. 383—550 mit 11 zum Theil farb. Stnt. in gr. 8. und qu. Fol., und Namen- und Sachregister von Bd. I—X. 31 S.) 876. *ℳ 8.] *

—— dass. — 11. Bd. 4 Hefte. gr. 8. Ebendas. [1. Heft. (S. 1—176 mit 7 zum Theil farb. Stnt.) 877. *ℳ 8.; 2. Heft. (S. 177—311 mit 10 Stnt.) 877. *ℳ 9.; 3. Heft. (S. 312—530 mit 10 Stnt.) 877. *ℳ 9.; 4. Heft. (VIII, S. 531—650 mit 14 zum Theil farb. Stnt.) 878. *ℳ 12.] *

—— dass. — 12. Bd. 1. Heft. gr. 8. (S. 1—131 mit 3 lithogr. Taf.) Ebendas. 879.

—— für wissenschaftliche Botanik. Hrsg. von N. Pringsheim. 12. Bd. 2.—4. (Schluss-)Heft. gr. 8. Leipzig, Engelmann. [2. Heft. (S. 133—236 mit 7 lithogr. Taf.) 880. *ℳ 7.; 3. Heft. (S. 237—437 mit 16 farb. Stnt.) 881. *ℳ 15.; 4. Heft. (XII, S. 439—577 mit 10, zum Theil farb. Stnt.) 881. *ℳ 13.] *

—— dass. — 13. Bd. 4 Hefte. gr. 8. Ebendas. [1. Heft. (S. 1—188 mit 8 color. Stnt.) 882. *ℳ 12.; 2. und 3. Heft. (S. 189—568 mit 10 Stnt.) 882. *ℳ 19.; 4. Heft. (XI, S. 569—729 mit 4 Stnt.) *ℳ 8.] *

—— dass. — 14. Bd. 4 Hefte. gr. 8. Berlin 883, Gebr. Bornträger. [1. Heft. (S. 1—131 mit 8, zum Theil farb. Stnt.) *ℳ 10.; 2. Heft. (S. 133—292 mit 10 Stnt.) *ℳ 13,50.; 3. und 4. Heft. (IX, S. 293—601 mit 6 Stnt.) *ℳ 19,50.] *

—— dass. — 15. Bd. 4 Hefte. gr. 8. Ebendas. [1. Heft. (S. 1—208 mit 8 Stnt.) 883. *ℳ 14.; 2. und 3. Heft. (III, S. 209—567 mit 23 Stnt.) 884. *ℳ 28.; 4. Heft. (XI, S. 569—674 mit 2 Stnt.) 884. *ℳ 7.] *

Jahrbücher für wissenschaftliche Botanik. Hrsg. von N. Pringsheim. 16. Bd. 4 Hefte. gr. 8. Berlin 885, Gebr. Bornträger. [1. und 2. Heft. (S. 1—301 mit 7 Stnt.) **ℳ 20.—; 3. Heft. (S. 303—464 mit 13 Stnt.) **ℳ 15.—; 4. Heft. (XI, S. 465—687 mit 8 Stnt.) **ℳ 17.—.] **

—— dass. — 17. Bd. 4 Hefte. gr. 8. Ebendas. 886. [1. Heft. (S. 1—206 mit 10 Stnt.) **ℳ 15.—; 2. Heft. (S. 207—358 mit 10 Stnt.) **ℳ 12.—; 3. Heft. (S. 359—541 mit 11 Stnt.) **ℳ 15.—; 4. Heft. (XI, S. 543—641 mit 6 Stnt.) **ℳ 9.—.] **

—— dass. — 18. Bd. 4 Hefte. gr. 8. Ebendas. 887. [1. Heft. (S. 1—132 mit 3 Stnt.) **ℳ 8.—; 2. Heft. (S. 133—262 mit 6 Stnt.) **ℳ 10.—; 3. Heft. (S. 263—423 mit 6 Stnt.) **ℳ 12.—; 4. Heft. (IX, S. 425—607 mit 9 Stnt.) **ℳ 14.—.] **

—— dass. — 19. Bd. 4 Hefte. gr. 8. Ebendas. 888. [1. Heft. (S. 1—154 mit 2 Taf.) **ℳ 9.—; 2. Heft. (S. 155—294 mit 4 Taf.) **ℳ 11.—; 3. Heft. (S. 295—421 mit 5 Taf.) **ℳ 10.—; 4. Heft. (S. 423—579 mit 9 Taf.) **ℳ 14.—.] **

—— für wissenschaftliche Botanik. Hrsg. v. N. Pringsheim. 20. Bd. 4 Hefte. gr. 8. Berl. 889, Gebr. Borntraeger. [1. u. 2. Heft. (S. 1—260 m. 12 Taf.) ** 20 —; 3. u. 4. Heft. (VII, S. 261—574 m. 16 Taf.) ** 25 —.] ** 45 —

—— dass. — 21. Bd. 4 Hefte. Nebst Namen- u. Sachregister zu XI—XX. Bearb. v. A. Zander. gr. 8. Ebd. 890. [1.—3. Heft nebst Reg. (IV, S. 1—503 m. 12 Taf. u. Sachreg. XXXVII S.) ** 35 —; 4. Heft. (XIII, S. 505—691 m. 6 lithogr. Taf.) ** 14 —.] ** 49 —

Sachregister apart. ** 1 —.

—— dass. — 22. Bd. 4 Hefte. gr. 8. Ebd. 890. [1. u. 2. Heft. (S. 1—292 m. 10 lithogr. Taf.) ** 26 —; 3. u. 4. Heft. (XI, S. 293—680 m. 4 lithogr. Taf.) ** 26 —.] ** 46 —

—— dass. — 23. Bd. 4 Hefte. gr. 8. Ebd. [1.—3. Heft. (S. 1—478 m. 22 lithogr. Taf.) 891. ** 34 —; 4. Heft. (XI, S. 479—703 m. 14 lithogr. Taf.) 892. ** 16 —.] ** 50 —

— dasselbe. 24. Bd. 4 Hfte. gr. 8. (XI, 565 S. m. 26 lith. Taf.) Ebd. 892. n.n. 42. —

— dasselbe. 25. Bd. 4 Hfte. gr. 8. (XIV, 627 S. m. 29 lith. Taf.) Ebd. 893. n.n. 51. —

— dasselbe. 26. Bd. 4 Hfte. gr. 8. (XIII, 782 S. m. 26 lith. Taf.) Ebd. 894. n.n. 50. —

— dasselbe. Begründet v. N. Pringsheim. Hrsg. v. W. Pfeffer u. E. Strasburger. 27. Bd. 1. Hft. gr. 8. (195 S. m. Bildnis u. 5 Taf.) Ebd. 895. n.n. 12. —

— für wissenschaftliche Botanik. Begründet v. N. Pringsheim. Hrsg. v. W. Pfeffer u. E. Strasburger. 27. Bd. 2.—4. Hft. gr. 8. (XI u. S. 197—612 m. 16 Taf.) Berlin 895. Gebr. Borntraeger. n.n. 27. —
(27. Bd. kplt.: n.n. 36. —)

— dasselbe. 28. Bd. 4 Hfte. gr. 8. (IX, 700 S. m. 199 Abb. u. 9 Taf.) Ebd. 895. n.n. 50. —

— dasselbe. 29. Bd. 4 Hfte. gr. 8. (VII, 685 S. m. 20 Abb. u. 12 Taf.) Ebd. 896. n.n. 48. —

— dasselbe. 30. Bd. 4 Hfte. gr. 8. (XI, 688 S. m. 3 Holzschn., 50 Zinkätzgn. u. 22 Taf.) Ebd. 896. 97. n.n. 53. 50

— dasselbe. Namen- u. Sachregister v. Bd. 21—30. Bearb. v. Rud. Giessler. [Aus: „Jahrbb." 31. Bd. 1. Hft.] gr. 8. (IL S.) Ebd. 897. n.n. 1. 50

— dasselbe. 31. Bd. 4 Hfte. gr. 8. (VIII, 699 S. m. 29 Zinkätzgn. u. 18 Taf. u. Register z. 21.—30. Bd. IL S.) Ebd. 897. 98. n.n. 45. 50

— dasselbe. 32. Bd. 4 Hfte. gr. 8. (X, 686 S. m. 16 Fig. u. 13 Taf.) Ebd. 898. n.n. 46. 50

— für wissenschaftliche Botanik. Begründet von N. Pringsheim, hrsg. von W. Pfeffer u. E. Strasburger. 33. Bd. 4 Hfte. gr. 8. (XI, 690 S. m. 20 Fig. u. 8 Taf.) Leipzig 899. Gebr. Borntraeger. n.n. 42. —

— dasselbe. 34. Bd. 4 Hfte. gr. 8. (XI, 701 S. m. 11 Fig. u. 12 Taf.) Ebd. 899. 900. n.n. 45. 20

— dasselbe. 35. Bd. 4 Hfte. gr. 8. (IX, 745 S. m. 18 Fig. u. 16 Taf.) Ebd. 900. n.n. 47. —

— dasselbe. 36. Bd. 4 Hfte. gr. 8. (XI, 775 S. m. 60 Fig. u. 17 Taf.) Ebd. 901. n.n. 45. —

— dasselbe. 37. Bd. 4 Hfte. gr. 8. (XI, 697 S. m. 48 Fig. u. 17 Taf.) Ebd. 901. 902. n.n. 47. —

— dasselbe. 38. Bd. 1.—3. Hft. gr. 8. (S. 1—500 m. 19 Fig. u. 7 Taf.) Ebd. 902. n.n. 30. 50

— für wissenschaftliche Botanik. Begründet v. N. Pringsheim, hrsg. v. W. Pfeffer u. E. Strasburger. 38. Bd. 4. Heft. 39.—41. Bd. à 4 Hefte. gr. 8. Leipzig, Gebr. Borntraeger n. 124. 50
38. IV. (XI u. S. 501—638 m. 12 Fig. u. 1 Taf.) 903.
n.n. 11. 50 (38. Bd. vollständig: n.n. 42. —)
39. (XI, 730 S. m. 205 Fig. u. 10 Taf.) 903. 904. n.n. 43. —
40. (IX, 613 u. LVI S. m. 74 Fig. u. 1 Taf.) 904. n.n. 36. 50
41. (XI, 649 S. m. 98 Fig. u. 5 Taf.) 904. 905. n.n. 33. 50

— dasselbe. 42. u. 43. Bd. à 4 Hefte. Lex.-8. Ebd.
Subskr.-Pr. n.n. 63. 20; Einzelpr. n.n. 78. 65
42. (VIII, 625 S. m. 42 Fig. u. 15 Taf.) 905. 906.
Subskr.-Pr. n.n. 35. 40; Einzelpr. n.n. 43. 85
43. (VIII, 638 S. m. 82 Fig., 1 Kurve u. 5 Taf.) 906.
Subskr.-Pr. n.n. 27. 80; Einzelpr. n.n. 34. 80

— für wissenschaftliche Botanik. Begründet v. N. Pringsheim, hrsg. v. W. Pfeffer u. E. Strasburger. 44.—47. Bd. u. 48. Bd. 1.—4. Heft. Lex. 8. Leipzig, Gebr. Borntraeger. Subskr.-Pr. nn 163.55; Einzelpr. nn 203. 65
44. (4 Hefte.) (IX, 724 S. m. 63 Abb. u. 7 Taf.) 907.
Subskr.-Pr. nn 37.60; Einzelpr. nn 45. 80
45. (3 Hefte.) (VIII, 701 S. m. 80 Fig. u. 3 Taf.) 907. 908.
Subskr.-Pr. nn 32.15; Einzelpr. nn 40. —
46. (6 Hefte.) (VII, 623 S. m. 51 Fig. u. 16 Taf.) 908. 909.
Subskr.-Pr. nn 30.45; Einzelpr. nn 37. 80
47. (5 Hefte.) (VIII, 589 S. m. 38 Fig. u. 17 Taf.) 909. 910.
Subskr.-Pr. nn 33.10; Einzelpr. nn 42. 40
48. I—IV. (S. 1—540 m. 88 Fig. u. 8 Taf.) 910.
Subskr.-Pr. nn 30.25; Einzelpr. nn 37. 65

—— botanische, für Systematik, Pflanzengeschichte und Pflanzengeographie, hrsg. von A. Engler. 1. Bd. 5 Hefte. gr. 8. Leipzig, Engelmann. [1. Heft. (S. 1—85.) 880. *ℳ 2,50.; 2. und 3. Heft. (S. 86—304 mit 1 Lichtdr. und 1 lithogr. Karte.) 880. *ℳ 6,80.; 4. und 5. Heft. (VIII, S. 305—552 mit 2 Stnt.) 881. *ℳ 7.] *

—— dass. — 2. Bd. 5 Hefte. gr. 8. Ebendas. [1.—4. Heft. (S. 1—394 mit 4 eingedr. Holzschn. und 3 Stnt.) 881. *ℳ 11.; 5. Heft. (VII, S. 395—526 mit 1 eingedr. Holzschn. und 1 Stnt.) 882. *ℳ 4.] *

—— dass. — 3. Bd. 5 Hefte. gr. 8. Ebendas. [1. Heft. (S. 1—128 mit 1 Stnt.) 882. *ℳ 3.; 2.—4. Heft. (S. 129—402 mit 7 Stnt.) 882. *ℳ 11.; 5. Heft. (VIII, S. 403—506 mit 1 eingedr. Zinkographie und 1 Stnt.) 882. *ℳ 3.] *

Jahrbücher, botanische, für Systematik, Pflanzengeschichte und Pflanzengeographie, hrsg. von A. Engler. 4. Bd. 5 Hefte. gr. 8. Leipzig 883, Engelmann. [1. und 2. Heft. (S. 1—223 mit 5 eingedr. Holzschn. und 4 Stnt.) *ℳ 7.; 3.—5. Heft. (VIII, S. 224—616 mit 4 eingedr. Holzschn. und 6 Stnt.) *ℳ 14.] *

—— dass. — 5. Bd. 5 Hefte. gr. 8. Ebendas. 884. [1.—3. Heft. (S. 1—347; Literaturbericht S. 1—76, mit eingedr. Holzschn. und 5 Stnt.) *ℳ 19.; 4. und 5. Heft. (VIII, S. 349—521; Literaturbericht S. 77—138, mit 2 Stnt.) à *ℳ 5.] *

—— dass. — 6. Bd. 5 Hefte. gr. 8. Ebendas. [1. und 2. Heft. (S. 1—186; Literaturbericht S. 1—40, mit 1 Stnt.) 884,85. à *ℳ 5.; 3. Heft. (S. 187—286 mit 3 Stnt.; Literaturbericht S. 41—68.) 885. *ℳ 7.; 4. Heft. (S. 287—426 mit 9 Holzschn. und 1 Stnt.; Literaturbericht S. 69—100.) 885. *ℳ 8.; 5. Heft. (VIII, S. 427—526; Bibliographie S. 101—148.) 885. *ℳ 8.] *

—— botanische, für Systematik, Pflanzengeschichte und Pflanzengeographie, hrsg. von A. Engler. 7. Bd. 5 Hefte. gr. 8. (VIII, 80 S.; Litteraturbericht 161 S. mit 4 Holzschn., 2 Taf. und 4 Karten; Beiblatt 13—15.) Leipzig 885,86, Engelmann. à Heft *ℳ 6.—. *

— dasselbe. 8. Bd. 1. Hft. gr. 8. (52 S. m. 1 Holzschn. u. 1 Taf.) Ebend. 886. n. 5. —

— botanische, f. Systematik, Pflanzengeschichte u. Pflanzengeographie, hrsg. von A. Engler. 8. Bd. 2.—5. Hft. gr. 8. (VIII u. S. 69—376 u. Litteraturbericht S. 53—228, m. 2 Holzschn. u. 5 Taf.) Leipzig 887. Engelmann. n. 21. — (8. Bd. cplt.: n. 26. —)

—— dass. — 9. Bd. 5 Hefte. gr. 8. (VII, 470 S.; Litteraturbericht 121 S. mit 3 Holzschn. und 7 Taf.; Beiblatt Nr. 20—22.) Ebendas. 887,88. *

— dasselbe. 10. Bd. 5 Hfte. gr. 8. (VIII, 524 S. u. Litteraturbericht 126 S., m. 14 Taf.) Ebd. 888. 889. n. 36. —

Jahrbücher, botanische, für Systematik, Pflanzengeschichte u. Pflanzengeographie, hrsg. v. A. Engler. 11. Bd. 5 Hfte. gr. 8. (VIII, 466 S., Litteraturbericht 177 S. u. Beiblatt 9 u. 8 S. m. 4 Holzschn. u. 7 Taf.) Leipzig 889. 890. Engelmann. n. 36. —

— dasselbe. 12. Bd. 1.—4. Hft. gr. 8. (S. 1—512, Litteraturbericht S. 1—16 u. Beiblatt 48 S. m. Abbildgn. u. 4 Taf.) Ebd. 890. n. 21. —
Der Schluss dieses Bandes erscheint später.

— botanische, f. Systematik, Pflanzengeschichte u. Pflanzengeographie, hrsg. v. A. Engler. 12. Bd. 5. Hft. gr. 8. (VI u. S. 513—620 u. Litteraturbericht S. 17—92 m. 5 Taf.) Leipzig 890. W. Engelmann. n. 11. — (12. Bd. kplt.: n. 32. —)

— dasselbe. 13. Bd. 1. u. 2. Hft. gr. 8. (S. 1—272 m. 5 Taf.) Ebd. 890. à n. 6. —

— dasselbe. 13. Bd. 3.—5. Hft. gr. 8. (VI u. S. 273—606, Litteraturbericht 159 S. u. Beiblatt 65 S. m. 1 Abbildg. u. 4 Taf.) Ebd. 891. n. 24. — (13. Bd. kplt.: n. 36. —)

— dasselbe. 14. Bd. 5 Hfte. gr. 8. (VI, 539 S., Litteraturbericht 80 S. u. Beiblatt 8, 20, 70 S. m. 3 Holzschn. u. 11 Taf.) Ebd. 891. 892. n. 38. —

— dasselbe. 15. Bd. 5 Hfte. gr. 8. (VII, 638 S., Litteraturbericht 128 S. u. Beiblatt 11, 20, 17, 28 S. m. 15 Holzschn. u. 30 Taf.) Ebd. 892. 893. n. 41. —

— dasselbe. 16. Bd. 5 Hfte. gr. 8. (VIII, 591 S., Litteraturbericht 185 S. u. Beiblatt 42, 22, 13 S. m. 7 Taf.) Ebd. 892. 893. n. 36. —

Jahrbücher, botanische, f. Systematik, Pflanzengeschichte u. Pflanzengeographie, hrsg. v. A. Engler. 17. Bd. 5 Hfte. gr. 8. (V, 592 S., Litteraturbericht 56 S. u. Beiblatt 34, 60, 56 S. m. 4 Holzschn. u. 12 Taf.) Leipzig 893. W. Engelmann. n. 33. —

— dasselbe. 18. Bd. 5 Hfte. gr. 8. (V, 574 S., Litteraturbericht 87 S. u. Beiblatt 48, 82, 16 S. m. 27 Holzschn. u. 10 Taf.) Ebd. 893. 894. n. 33. —

— dasselbe. 19. Bd. 1.—4. Hft. gr. 8. (576 S. u. Beiblatt 56 u. 24 S. m. 3 Taf.) Ebd. 894. n. 26. —

— botanische, f. Systematik, Pflanzengeschichte u. Pflanzengeographie, hrsg. v. A. Engler. 19. Bd. 5. Hft. gr. 8. (IV u. S. 577—681 u. Litteraturbericht 41 S.) Leipzig 895. W. Engelmann. n. 7. —
(19. Bd. kplt.: n. 33. —)

— dasselbe. 20 Bd. 1. u. 2. Hft. gr. 8. (288 S. m. 5 Taf.) Ebd. 894. n. 10. —

— dasselbe. 20. Bd. 3.—5. Hft. gr. 8. (VI u. S. 289—668, Beiblatt 86, 46 u. 56 S. u. Litteraturbericht 32 S. m. 6 Taf.) Ebd. 895. n. 26. —
(20. Bd. kplt.: n. 36. —)

— dasselbe. 21. Bd. 5 Hfte. gr. 8. (IV, 638 S., Litteraturbericht 27 S. u. Beiblatt 110 S. m. 10 Taf. u. 2 Bildn.) Ebd. 895. 96. n. 34. —

— dasselbe. 22. Bd. 5 Hfte. gr. 8. (IV, 798 S., Litteraturbericht 50 S. u. Beiblatt 14 S. m. 58 Fig. u. 5 Taf.) Ebd. 895—897. n. 51. —

— dasselbe. 23. Bd. 5 Hfte. gr. 8. (IV, 611 S. u. Beiblatt 96 S. m. 13 Fig. u. 15 Taf.) Ebd. 896. 97. n. 30. —

— dasselbe. 24. Bd. gr. 8. (IV, 668 S., Litteraturbericht 96 S. u. Beiblatt 55 S. m. 11 Fig. u. 14 Taf.) Ebd. 897. 98. n. 30. —

— dasselbe. 25. Bd. 5 Hfte. gr. 8. (IV, 734 S. u. Beiblatt 57 S. m. 8 Fig. u. 13 Taf.) Ebd. 898. n. 34. —

— dasselbe. 26. Bd. 1. u. 2. Hft. gr. 8. (224 u. Litteraturbericht 32 S. m. 4 Taf.) Ebd. 898. n. 11. —

— botanische, f. Systematik. Pflanzengeschichte u. Pflanzengeographie, hrsg. v. A. Engler. 26. Bd. 3.—5. Hft gr. 8. (V u. S. 225—588, Litteraturbericht S. 33—98 u. Beiblatt 8 S. m. 3 Fig. u. 11 Taf.) Leipzig 899. W. Engelmann. n. 18. —; (26. Bd. kplt. n. 29. —)

— dasselbe. 27. Bd. 5 Hfte. gr. 8. (IV, 683 S., Litteraturbericht 41 S. u. Beiblatt 41 S. m. 1 Fig. u. 10 Taf.) Ebd. 899. 900. n. 30. —

— dasselbe. 28. Bd. 5 Hfte. gr. 8. (IV, 705 S. u. Register der in Bd. I—XXV [1881—1898] beschriebenen neuen Arten u. Varietäten. Zusammengestellt von H. Strauss. (92 S. m. 1 Fig. u. 14 Taf.) Ebd. 899. 900. n. 37. —

— dasselbe. 29. Bd. 5 Hfte. gr. 8. (IV, 785 S.; Beiblatt 32 u. 31 S. u. Litteraturbericht 47 S. m. 8 Fig. u. 9 Taf.) Ebd. 900. 901. n. 33. —

— dasselbe. 30. Bd. 5 Hfte. gr. 8 (IV, 574 S., Register 45 S., Litteraturbericht 102 u. Beiblatt 90 S. m. 14 Fig. u. 23 Taf.) Ebd. 901. 902. n. 33. —

— dasselbe. 31. Bd. 5 Hfte. gr. 8. (IV, 748 S.; Litteraturbericht 30 u. Beiblatt 70 S. m. 40 Fig. u. 16 Taf.) Ebd. 901. 902. n. 42. —

— dasselbe. 32. Bd. 1. Hft. gr. 8. (208 S. m. 6 Taf.) Ebd 902. n. 8. —

— botanische, f. Systematik, Pflanzengeschichte u. Pflanzengeographie, hrsg. v. A. Engler. 32. Bd. 2.—5. Hft. (V u. S. 209-661; Literaturbericht 30 u. Beiblatt 16 u. 36 S. m. 28 Fig. u. 4 Taf.) gr. 8. Leipzig 903. W. Engelmann. n. 24. 40 (32. Bd. kplt. n. 32. 40)

— dasselbe. 33. Bd. 1. Hft. gr. 8. (S. 1—208.) Ebd. 902. n. 6. —

— dasselbe. 33. Bd. 2.—5. Heft. (VII u. S. 209—741, Literaturbericht 72 S. u. Beiblatt 33, 32 u. 7 S. m. 60 Fig. u. 5 Taf.) gr. 8. Ebd. 903. 904. n. 31. —
(33. Bd. kplt. n. 37. —)

— dasselbe. Generalregister. Jahrg. I—XXX (1881—1902). Im Auftrage v. Red. u. Verlag bearb. v. L. Diels u. J. Mildbraed. (III, 178 S.) gr. 8. Ebd. 904. n. 9. —

— dasselbe. 34.—37. Bd. à 5 Hefte. gr. 8. Ebd. n. 155. —
34. (VI, 663 S., Literaturbericht 80 S. u. Beiblatt 76, 41, 77, 16 u. 75 S. m. 40 Fig. u. 11 Taf.) 904. 905. n. 44. —
35. (III, 749 u. 37 S. m. 32 Fig.) 904. 905. n. 37. —
36. (V, 518 S., Literaturbericht 30 S. u. Beiblatt 84, 101 u. 142 S. m. 19 Fig. u. 8 Taf.) 905. n. 35. —
37. (VI, 646 S., Literaturbericht 48 S. u. Beiblatt 67, 7 u. 67 S. m. 27 Fig. u. 9 Taf.) 905. 906. n. 39. —

— dasselbe. 38. Bd. 1.—3. Heft. (S. 1—322, Literaturbericht S. 1-48 u. Beiblatt 90 u. 42 S. m. 52 Fig., 1 Karte im Text u. 4 Taf.) gr. 8. Ebd. 905. 906. n. 26. —

— dasselbe. 39. Bd. 1. u. 2. Heft. (S. 1—319 m. 25 Fig. u. 8 Taf.) gr. 8. Ebd. 906. n. 14. —

— botanische, f. Systematik, Pflanzengeschichte u. Pflanzengeographie, hrsg. v. A. Engler. 38. Bd. 4. u. 5. Heft, 39. Bd. 3.—5. Heft, 40.—44. Bd. u. 45. Bd. 1. u. 2. Heft. gr. 8. Leipzig, W. Engelmann. 269, 40
38. IV. V. (VI u. S. 323—474, Literaturbericht S. 49—80 u. Beiblatt 72 u. 81 S. m. 10 Fig., 5 Taf. u. 1 Tab.) 907. 17.— (38. Bd. vollst. 43.—)
39. III—V. (III u. S. 319—714 m. 5 Fig. u. 7 Taf.) 907. 17. — (39. Bd. vollst. 31.—)
40. (5 Hefte.) (VIII, 583 S., Literaturbericht 119 S. u. Beiblatt 64, 51, 47 u. 117 S. m. 35 Fig. u. 25 Taf.) 907. 908. 55. —
41. (5 Hefte.) (V, 376 S., Literaturbericht 56 S. u. Beiblatt 46, 9 u. 42 S. m. 55 Fig., 20 Taf. u. 1 Tab.) 907. 908. 34. 40
42. (5 Hefte.) (V, 487 S., Literaturbericht 56 S. u. Beiblatt 94 S. m. 118 Fig., 1 Taf. u. 1 Karte.) 908. 909. 36. —
43. (5 Hefte.) (VI, 473 S., Literaturbericht 48 S. u. Beiblatt 40, 59 u. 172 S. m. 28 Fig., 6 Taf., 5 Karten u. 1 Doppeltaf.) 909. 41. —
44. (5 Hefte.) (VIII, 648 S., Literaturbericht 98 S. u. Beiblatt 34 u. 58 S. m. 47 Fig., 8 Taf. u. 1 Karte im Text.) 909. 910. 47. —
45. I. II. (S. 1—320, Literaturbericht 16 u. Beiblatt 51 S. m. 18 Fig. u. 3 Taf.) 910. 22. —

— d. Stadt Breslau, v. R. Pol, s. Zeitbücher d. Schlesier.

Jahrbücher des Brockens vom Jahr 1753 bis 1790 ... Magdeburg 1791. V: *Schröder, Chn Frdr.* (EngG) H: *Reichard, Elias Caspar.* (Ky) (BrMm) (ML) (Gatterer, Repert. d. miner. Litt. Giessen 1798—99. I, 67.)

— des Brockens von 1753—1790, oder Namenskunde aller Personen, welche sich in die Orig.-Stammbücher eingezeichnet haben. (Herausgeg. v. Cl. Ksp. Reichard.) 2 Thle. Mit Kpf. 8. Magdeb. 791. Creutz. 1 ℛ 12 𝔤𝔤

—— der Hrzgl. Sächs. Residenzstadt Coburg, v. 741—1822. Hrsg. v. P. C. G. Karche. (1. Bd.) 8. (31 B. u. 1 Ansicht v. Coburg.) Coburg 825, Riemann.

—— dass. 2. Bd., enthalt.: 1) eine Gesch. d. ehemal. Pflege u. d. jetz. Hrzgth. Coburg; 2) Nachträge u. Fortsetz. bis 1828; 3) Berichtign. (z. 1. Bde.) 8. (25½ B.) Ebds. 829.

Deutsch-Amerikanische Jahrbücher der Freimaurer: 1856–1860.
Organ of Masonic group. Edited & published by Heinrich Eduard Rohr.
Brooklyn, NY

Deutsch-Amerikanische Jahrbucher der Freimaurer: 1856 1860 Williamsburgh, NY
Organ of Masonic group Editor & publisher: Heinrich Eduard Rohr.

Jahrbücher, Deutsche, zur Aufnahme und Förderung eines gemeinnützigen Zusammenwirkens in Wissenschaft, Kunst und Leben . . . Leipzig 1835. H: *Gervinus, Georg Gottlieb.* (Russell VII, 1, 774)

Jahrbücher, deutsche, zur Aufnahme u. Förderung e. gemeinnütz. Zusammenwirkens in Wissenschaft, Kunst u. Leben. Hrsg. v. e. Gesellschaft deutscher Gelehrten. (1. Bd.) 1—3. Hft. gr. 8. Leipzig 835, Engelmann. Thlr.

— deutsche, für Politik und Literatur. Redig. von H. B. Oppenheim. 1. Bd. 1861. October—December. 3 Hefte. (à 10—12 Bog.) gr. 8. Berlin, Guttentag. *

—— deutsche, für Politik und Literatur. Redig. von H. B. Oppenheim. 2.—9. Bd. Jahrg. 1862 und 1863. à Jahrg. 12 Hefte. (à 10—12 Bog.) gr. 8. Berlin, Guttentag. à Jahrg. *

—— dass. — 10.—13. Bd. Jahrg. 1864. 12 Hefte. (à 8—9 Bog.) gr. 8. Ebendas. *
1. Bd. Ebendas. 1861. * 2 Thlr. 1.—13. Bd. herabgesetzter Preis. * 8 Thlr.

Jahrbücher, Deutsche, für Wissenschaft und Kunst. Leipz. 1841—42. H: *Ruge, Arnold.* (BrMm)

— deutsche, für Wissenschaft und Kunst. Herausgeg. unter Verantwortlichkeit der Verlagshandlung. 1. Jahrg. 1841. Juli—December. 6 Hefte. (Der Hallischen Jahrbücher rc. 2. Semester.) gr. 4. Leipzig, Otto Wigand. n. 6 ℛ — Jahrg. 1842. 12 Hfte. gr. 4. Leipzig, O. Wigand. n. 12 ℛ

—— deutsche, f. Wissenschaft u. Kunst. Hrsg. unt. Verantwortlichkeit d. Verlagshandl. 1. Jahrg. 1841. Juli—Dec. u. (2. u. 3.) Jahrg. 1842. (312 Nrn. ½ B.) u. 43. (Nr. 1—24, mehr erschien nicht.) gr. 4. Ebds.

Deutsch-französische Jahrbücher hrsg. von Arnold Ruge und Karl Marx. 1. und 2. Heft. Paris 1844. 237 S. 8.

Jahrbücher (Deutsch-französische). Hrsg. von A. Ruge und Karl Marx. 1.—2. Liefg. gr.-8°. Paris 1844.

— — für Diplomatik und deutsches Staatsrecht. I. 1s Stück. gr. 8. Gotha, Hennings. 820. Rthlr.

— f. d. Dogmatik d. heut. röm. u. deutschen Privatrechts. s. a. Jhering.

Jahrbücher für die Dogmatik des heutigen römischen und deutschen Privatrechts. Hrsg. von C. F. v. Gerber u. R. Jhering [später: u. a.]. [Dann:] Jherings Jahrbücher für die Dogmatik . . . (Bd 37 ff.:) des bürgerlichen Rechts, hrsg. von F[erd.] Regelsberger u. V. Ehrenberg in Verb. mit Unger, Gierke [u. a., zuletzt:] von Emil Strohal u. Vict. Ehrenberg. Bd 1—59 (Bd 13—36 = N. F. 1—24, Bd 37—59 = 2. Folge 1—23). Jena 1857—1911. 61 Bde
Reg. zu Bd 1 bis 50 bearb. von Paul Knoke. 1909.

—— für die Dogmatik des heutigen römischen und deutschen Privatrechts. Hrsg. von C. F. v. Gerber und R. Jhering. 1. Bd. 3 Hefte. gr. 8. (1. Heft 188 S.) Jena 856, Mauke. *

—— für die Dogmatik des heutigen römischen und deutschen Privatrechts. Hrsg. von C. F. v. Gerber und R. Jhering. 2—5. Bd. à Bd. 3 Hefte. gr. 8. Jena 857—61, Mauke. à Bd. * 2 Thlr. *

—— für die Dogmatik des heutigen römischen und deutschen Privatrechts. Hrsg. von C. F. v. Gerber und R. Jhering. 6. Bd. 3 Hefte. gr. 8. (à Heft ca. 180 S.) Jena 862, Mauke's Verlag. *

— — Herausg. von Rud. Jhering. 7. Bd. 3 Hefte (à 10—12 Bgn.). Ebend. 863. gr. 8. n. 2 ℛ

— für die Dogmatik des heutigen römischen u. deutschen Privatrechts. Hersg. von Rud. Jhering. 8—11. Bd. à Bd. 3 Hefte (à 160—180 S.). Jena 867—70. Mauke's Verl. gr. 8. Jeder Bd. n. 2 ℛ

—— für die Dogmatik des heutigen römischen und deutschen Privatrechts. Hrsg. von Rud. Jhering. 9. Bd. 3 Hefte. gr. 8. (à Heft ca. 180 S.) Jena 868, Dufft. * 6 —

—— dass. — Hrsg. von Rud. Jhering und Jos. Unger. In Verbindung mit Otto Bähr und Agathon Wunderlich. 10. Bd. 4 Hefte. gr. 8. (586 S.) Ebendas. 869—71. * 8 —

— für die Dogmatik d. heutigen römischen und deutschen Privatrechts. Hrsg. v. Rud. Jhering u. Jos. Unger. In Verbindg. m. Otto Bähr u. Agathon Wunderlich. 12. Bd. 4 Hfte. gr. 8. (à ca. 160 S.) Jena 871. Dufft. n. 6. —

— dasselbe. 13—15. Bd. Neue Folge. 1—3. B. à 4 Hfte. gr. 8. (à Hft. 205 S.) Ebend. 872—76. à Bd. n. 9. —

— für die Dogmatik des heutigen römischen u. deutschen Privatrechts. Hrsg. von Rud. v. Jhering u. Jos. Unger. In Verbindung mit Otto Bähr u. Agathon Wunderlich. 16. Bd. Neue Folge. 4. Bd. 4 Hfte. gr. 8. (à Hft. 175 S.) Jena 877. Fischer. n. 9. —

— dasselbe. 17—20. Bd. Neue Folge. 5—8. Bd. à 6 Hfte. gr. 8. (à Hft. 66 S.) Ebend. 878—82. à Bd. n. 9. —

— für die Dogmatik d. heutigen römischen u. deutschen Privatrechts. Hrsg. von Rud. v. Jhering. In Verbindg. m. Jos. Unger u. Otto Bähr. 21—25. Bd. Neue Folge. 9—13. Bd. à 6 Hfte. gr. 8. (à Hft. ca. 100 S.) Jena 883—86. Fischer. à Bd. n. 9. —

— für die Dogmatik d. heutigen römischen u. deutschen Privatrechts. Hrsg. von R. v. Jhering in Verbindg. m. F. Regelsberger, V. Ehrenberg u. J. Unger. 26.—30. Bd. Neue Folge. 14.—18. Bd. à 6 Hfte. gr. 8. (à Hft. ca. 100 S.) Jena 887—890. Fischer. à Bd. n. 9. —

— f. die Dogmatik d. heutigen römischen u. deutschen Privatrechts. Hrsg. v. Rud. v. Jhering, in Verbindg. m. Ferd. Regelsberger, Vict. Ehrenberg u. Jos. Unger. 31. Bd. Neue Folge 19. Bd. 6 Hfte. gr. 8. (à Hft. ca. 80 S.) Jena 891. G. Fischer. n. 9. —

— dasselbe. In Verbindg. m. Jos. Unger, Otto Gierke, C. Strohal hrsg. v. Ferd. Regelsberger u. Vict. Ehrenberg. 32.—34. Bd. Neue Folge. 20.—22. Bd. à 6 Hfte. gr. 8. (à Hft. ca. 80 S.) Ebd. 892—894. à Bd. n. 9. —

— für die Dogmatik des bürgerlichen Rechts, s.: Jhering, Rud. v.

Jahrbücher, Dorpater, f. Litteratur, Statistik u. Kunst, besond. Russlands, hrsg. v. Blum, Bunge, Friedlaender, Goebel, Kruse, Neue, Rathke, Struve, Walter, u. v. d. Borg. 1—5. Bd. à 6 Hfte. Jahrg. 1833—35. gr. 8. Riga, (Frantzen; Leipzig, Köhler.) à Bd. Thlr.
Werden nicht fortgesetzt.

—— für Drama, Dramaturgie u. Theater. Hrsg. v. E. Willkomm u. A. Fischer. 1. u. 2. Bd. (à 8 Lfgn.) Schmal gr. 4. Leipzig 837, 38, [Hartung.] à Bd. *
Jede Lfg. apart * 16 Gr.

Einhards [Einhardus] Jahrbücher. Nach d. Ausg. d. Monumenta Germaniae übers. von Otto Abel. — Berlin: Besser 1850. 163 S. (Die Geschichtschreiber d. deutschen Vorzeit. 9. Jh., Bd 2.)
1: Rw 3588-9,2. 12: Germ. g. 159h-IX,2. 300: 392.249-B. Scr. 5,2. 2. 3. 4. 5. 6. 7. 8. 9. 10. 11.
5.490

Einhards [Einhardus] Jahrbücher. Aus des Paulus Diakonus Geschichte der Bischöfe von Metz. Die letzten Fortsetzungen des Fredegar. Nach d. Ausg. d. Monumenta Germaniae übers. von Otto Abel. 2. Aufl., bearb. von W[ilhelm] Wattenbach. — Leipzig: Duncker 1880. 180 S. (Die Geschichtschreiber der deutschen Vorzeit. 9. Jh., Bd 2.)
12: Germ. g. 159hc-IX,2. 2. 5. 9. 11.
5.491

— Leipzig: Dyk 1888. VI,180 S. (Die Geschichtschreiber d. deutschen Vorzeit. 2. Gesamtausg. Bd 17 = 9. Jh., Bd 2.)
1: Rw 5388² - Bd 17 = 9. Jh., Bd 2. 3. 4. 5. 6. 7. 8. 10. 102.
5.492

Jahrbücher d. königl. preussischen staats- u. landwirthschaftlichen Academie Eldena. Herausg. v. E. Baumstark (etc.). Bd. 1-3. Greifswald 1848, 51, 53.
(Sml. Eldenaer Archiv ...).

— der k. preuss. staats- u. landwirthschaftlichen Academie Eldena. Hrsg. v. E. Baumstark, G. C. Haubner, I. C. Schauer u. Fr. Schulze. 1—3. Jahrg. à 3 Hfte. gr. 8. (1: VI u. 492 S. m. 1 lith. Taf. 2: 452 S. 3: ... S. m. 1 lith. Karte in qu. Fol.) Greifswald 848. 49. Kochs Verlagsbuchhandlung. 1. Jahrg. n. 3 ℳ 2 u. 3. Jahrg. à n. 2 ℳ Einzelne Hfte. à n. 1 ℳ

—— der königl. preuss. staats- und landwirthschaftlichen Academie Eldena. Hrsg. von E. Baumstark, (G. C. Haubner, I. C. Schauer, und Fr. Schulze.) 1—3. (Jahrg.) Bd. gr. 8. Greifswald, Koch's Vrlgsh. [1. und 2. Jahrg. à 3 Hefte, 3. Jahrg. 4 Hefte, 1. Jahrg. 848. * 3 Thlr., 2. Jahrg. 849., 3. Jahrg. 852. à * 2 Thlr.] Thlr. *

—— encyclopädische, der gesammten Heilkunde. Unter Mitwirkg. v. Albert, B. Baginsky, A. v. Bardeleben u. a. hrsg. v. Alb. Eulenburg. 1. u. 2. Jahrg. Lex.-8. (680; 703 S. m. Holzschn.) Wien 891,92, Urban u. Schwarzenberg. à Jahrg. * 15 —; geb. ** 17 50
Vorstehendes bildet den 1. u. 2. Ergänzungsbd. zu Real-Encyklopädie d. gesammten Heilkunde (s. d.).

— encyclopädische, der gesammten Heilkunde. Unter Mitwirkg. v. Albert, B. Baginsky, A. v. Bardeleben u. a. hrsg. v. Alb. Eulenburg. 1.—4. Jahrg. gr. 8. (680, 703, 824, 620 S. m. zahlreichen Illustr. in Holzschnitt.) Wien 891—894. Urban & Schwarzenberg. à Jahrg. n. 15. —; geb. n.n. 17. 50

— encyclopädische, d. ges. Heilkunde. Unter Mitwirkg. v. Albert, Em. Aufrecht, A. Baginsky u. a. hrsg. v. Alb Eulenburg. 5. Jahrg. gr. 8. (668 S. m. Holzschn.) Wien 895. Urban & Schwarzenberg. 15. —; geb. n.n. 17. 50

— dasselbe. 6. u 7. Jahrg. gr. 8. (688 u. 652 S. m. Holzschn.) Ebd. 896. 97. à Jahrg. n. 15. —; geb. n.n. 17. 50

— dasselbe. 8. Jahrg. 1. Hälfte. gr. 8. (820 S. m. Holzschn.) Ebd. 898. n. 7. 50

— encyclopädische, der gesammten Heilkunde. Unter Mitwirkg. v. Albert, H. Albrecht, Albu u. a. hrsg. v. Alb. Eulenburg. 8. Jahrg. 2. Hälfte. gr. 8. (S. 321—671 m. Holzschn.) Wien 899. Urban & Schwarzenberg. n. 7. 50; (kplt. n. 15.—; geb. n.n. 17. 50)

— dasselbe. 9. Jahrg. 2 Hälften. gr. 8. (644 S. m. Holzschn.) Ebd. 900. n. 15.—; geb. n.n. 17. 50

— dasselbe. Unter Mitwirkg. von H. Albrecht, Albu, Ascher u. a. Hrsg. v. Alb. Eulenburg. Neue Folge: 1. Jahrg. gr. 8. (676 S. m. Abbildgn.) Ebd. 903. n. 15. —; geb. n. 17. 50

— encyclopädische, der gesamten Heilkunde. 11. bis 14. Bd. Neue Folge. 2.—5. Jahrg. gr. 8. Wien, Urban & Schwarzenberg à n. 15. —; geb. in Halbfrz. à n. 17. 50
11. Unter Mitwirkg. v. W. Abel, Albu, Ascher u. a. Hrsg. v. Alb. Eulenburg. (700 S. m. Abbildgn.) 904.
12. Unter Mitwirkg. v. Albu, B. Baginsky, K. v. Bardeleben. u. a. Hrsg. v. Alb. Eulenburg. (698 S. m. Abbildgn.) 905.
13. Unter Mitwirkg. v. Albu, B. Baginsky, K. v. Bardeleben u. a. Hrsg. v. Alb. Eulenburg. (639 S. m. Abbildgn.) 906.
14. Unter Mitwirkg. v. Albu, Ascher, K. v. Bardeleben u. a. Hrsg. v. Alb. Eulenburg. (630 S. m. 79 Abbildgn.) 907.

— encyclopädische, der gesamten Heilkunde. Unter Mitwirkg. v. Albu, Ascher, G. Avellis, K. v. Bardeleben u. a. Hrsg. v. Alb. Eulenburg. 15.—17. Bd. Neue Folge: 6.—8. Jahrg. (616 S. m. 86 Abb.; 646 S. m. 66 Abb. u. 1 Taf. u. 586 S. m. 131 Abb. u. 9 Taf.) Lex. 8. Wien 908—10. Urban & Schwarzenberg. à Bd. 15.—; geb. in Halbfrz. à n 17. 50

— für folkloristische Erhebungen u. Forschungen zur Entwicklungsgeschichte der geschlechtl. Moral, s.: Anthropophyteia.

Jahrbücher der Erinnerungsfeste alter westphälischer Musensöhne. Hamm 1821. V: *Rautert, Frdr.* (Ky)

— d. Erinnerungsfeste alter Westphäl. Musensöhne. 1s Heft. gr. 8. Hamm 821, Schulz.

—— der Erinnerungs-Feste alter westphäl. Musensöhne. 2. Hft. Befaßt d. vierte bis neunte Fest, in d. Jahren 1822—28, so wie d. kurzen Nekrolog bereits heimgegang. Festgenossen. Redig. v. Fr. Rautert. gr. 8. (16 B.) Hamm 829, Schulz. 1 Thlr., Blnp.

1. Hft. Ebendas. 1821. 12 Gr.

Jahrbücher der Erinnerungsfeste des Halleschen Universitätslebens in den Jahren 1780 bis 1785. Berlin [1820]. V: *Müchler, Carl.* (Erman & Horn, Bibliogr. d. dtsch. Univers. 2. Leipz. u. Berl. 1904.)

Jahrbücher für Erziehung und Unterricht, s. Jahrbücher, Berliner, für Erziehung und Unterricht.

—— der Forst- u. Jagdkunde, v. C. F. Meyer, fortges. von v. Wedekind u. Behlen, s. Zeitschrift rc.

Jahrbücher der gesammten Forst- und Jagdwissenschaft und ihrer Literatur. - Hrsg. C. P. Laurop. - Heidelberg, Leipzig. Jg. 1-2 (à 4 H.). 1823-1824. Forts. s.: Jb. d. ges. forst- u. jagdwiss. Literatur

Laurop, Chr. Pt. (Herausgeber): „Jahrbücher der gesammten Forst- und Jagdwissenschaft und ihrer Literatur", 1.—3. Jahrgang (1. und 2. Jahrgang, je 4 Hefte, 3. Jahrgang, 2 Hefte), Heidelberg 1823—1825 (Groos); Fortsetzung: Derselbe, „Forstwissenschaftliche Hefte", Heft 1 und 2, Nürnberg 1827, 1828 (Riegel).

— f. sozialen Fortschritt u. freiheitliche Weltanschauung. Reformers yearbook. Guide social. Hrsg. v. H. Hasse, in Verbindg. m. dem Inst. f. internat. Austausch fortschrittl. Erfahrg. 1. Jahrg. 1910/11. (178 S. m. 1 Bildnis.) gr. 8. Gautzsch b. Leipzig, F. Dietrich. 2. —; m. Schreibpap. durchsch. 3. —

—— frankfurter, e. Zeitschrift f. d. Erörterung hiesiger öffentl. Angelegenheiten. 1—12. Bd. (à 30—36 Nrn.) Redig. v. C. A. Napp. gr. 4. Frankfurt a. M. 832—38, Brönner. à Bd. *

— — freymüth. der allgem. deutschen Volksschulen, mit bes. Hinsicht auf West- und Süd-Deutschland, herausgeb. von F. H. L. Schwarz, A. J. d'Autel, F. W. Wagner und E. A. Schellenberg. 1s u. 2s Heft. gr. 8. Darmstadt, Leske. 819 u. 820. à 1 Rthlr.

— freimüthige, d. allgem. deutsch. Volksschulen, herausg. v. F. H. C. Schwarz, Fr. L. Wagner, A. H. d'Autel, B A. Schellenberg. 2r Bd. 1s u. 2s Hft. gr. 8. Darmst. 822—23, Leske. à 1 Rthlr.

— dess. 3r—7r Bd. 1s 2s Hft. Jahrg. 1824—27. gr. 8. Heidelberg, Oswald. 3r Bd. 2 Rthlr. 12 gr. 4r—7r Bd. à 2 Rthlr.

—— freimüth., d. allgem. deutschen Volksschulen, hrsg. v. F. H. C. Schwarz, Fr. L. Wagner, A. H. d'Autel, C. A. Schellenberg. Jahrg. 1828. od. 8. Bd. 2 Hfte. gr. 8. Heidelberg, [Vereins-Verlag.]

—— dies., hrsg. v. dens. Jahrg. 1829 u. 30. od. 9. u. 10. Bd. à 4 Hfte. gr. 8. Stuttgart, Metzler. à J.

1. u. 2. Bd. Darmstadt, Leske. 1819—22., hrbgs. Pr. 2 Thlr. — 3—7. Bd. Heidelberg, [Vereins-Verlag.] 1824—27. 10 Thlr. 12 Gr.

— freimüthige, für das Volksschulwesen seit 1818, in Verbind. mit Dr. Schwarz, A. J. d'Autel, F. W. Wagner u. C. A. Schellenberg herausg. von Aug. Hnr. d'Autel. 7 Bde. gr. 8. Darmst. 819—23. Leske. 2 ₰ 3r—8r Bd., à 2 Hefte. gr. 8. Heidelb. 823—28. Oswald. 12 ₰ 12 ℊ Jahrg. 1829 u. 30, à 4 Hfte. 8. Stuttg. 829, 30. Metzler. (à 2 ₰) 4 ₰

— ..., v. Fulda u. Xanten, s. a. Geschichtschreiber, die, der deutschen Vorzeit. 17. Lfg.

Die Jahrbücher von Fulda und Xanten [Annales Xantenses, deutsch]. Nach d. Ausg. d. Monumenta Germaniae übers. von C[arl] Rehdantz. — Berlin: Besser 1852. V,154 S. (Die Geschichtschreiber d. deutschen Vorzeit. 9. Jh., Bd 9. [10.])
1: Rw 3588-9,9.10. 12: Germ. g. 159h-IX,9.10. 300: 392.249-B. Ser. 5,9.10. 2. 3. 4. 5. 6. 7. 8. 9. 10. 11.
5.426

— 2. Aufl. Neu bearb. von W[ilhelm] Wattenbach. Leipzig: Dyk (1889). XIV,184 S. (Die Geschichtschreiber der deutschen Vorzeit. 2. Gesamtausg. Bd 23 = 9. Jh., Bd 8.)
1: Rw 3588ᵃ-Bd 23-9. Jh., Bd 8. 12: Germ. g. 159 hc-IX,8. 3. 4. 5. 6. 7. 8. 9. 10. 102.
5.427

Jahrbücher der Gefängniss-Gesellschaft für die Provinz Sachsen u. das Herzogthum Anhalt. Neue Folge. 4 Bände. Halle 895—98. (Der ganzen Folge 11.—13. Band.)
Früher erschienen:
Jahresbericht der Gefängnissgesellschaft etc. 1—4. 886—88.
Jahrbuch der Gefängnissgesellschaft etc. 5—9. 889—93.

— d. Gefängnis-Gesellschaft f. d. Prov. Sachsen u. d. Herzogt. Anhalt. Neue Folge. 1. Bd. (10. Jahrbuch der alten Folge.) A. u. d. T.: Jahrbücher für Kriminalpolitik u. innere Mission. Unt. Mitwirkg. v. Hecker, H. Hering, Hesekiel, v. Liszt, Graf v. Wintzingerode hrsg. v. J. Winkelmann. 1. Bd. gr. 8. (VIII, 678 S. m. 3 Taf., 1 Plan u. 1 Tab.) Halle 895. M. Niemeyer. n. 12. —

Jahrbücher der Gefängnis-Gesellschaft für die Provinz Sachsen u. das Herzogthum Anhalt. Jg. 11—13. 18. Halle a. S. 1898—1902. 3 Bde
Jg. 11—13. [Nebentit.:] Jahrbücher für Kriminalpolitik u. innere Mission. Unter Mitw. von ... hrsg. von J. Winkelmann, [später:] vom leitenden Ausschuß der Gefängnisgesellschaft. N. F. Bd 2. 3.

Jahrbücher d. Gefängnis-Gesellschaft f. d. Prov. Sachsen u. d. Herzogt. Anhalt. Neue Folge. 2. Bd. (11. u. 12. Jahrbuch d. alten Folge.) gr. 8. (VIII, 356, XXXVI u. XLI S. m. 2 Tab.) Halle 898. M. Niemeyer. n. 10. —

— dasselbe. 3. Bd. (13. Jahrbuch d. alten Folge.) Hrsg. v. d. leit. Ausschuss d. Gefängnis-Gesellschaft f. d. Prov. Sachsen u. d. Herzogt. Anhalt. gr. 8. (V, 112 S. m. 1 Tab.) Ebd. 898. n. 2. 40

Jahrbücher der Gefängnis-Gesellschaft f. d. Prov. Sachsen u. das Herzogth. Anhalt. Neue Folge. 4. Bd. 14. Jahrbuch d. alten Folge. A. u. d. T.: Jahrbücher für Kriminalpolitik u. innere Mission. Unter Mitwirkg. v. J. Hesekiel u. Graf v. Wintzingerode hrsg. vom leit. Ausschuss der Gefängnisgesellschaft f. d. Prov. Sachsen u. das Herzogt. Anhalt. 4. Bd. gr. 8. (III, 148 S. m. 1 Tab.) Halle 899. M. Niemeyer. n. 3. 60

—— der Gefängnißkunde u. Besserungsanstalten, hrsg. v. Nik. Heinr. Julius, Friedr. Noellner u. Geo. Varrentrapp. 1—8. Bd. à 2 Hfte. gr. 8. 1—4. Bd. Frankfurt a. M. 842—44, Varrentrapps Sortmh. 5—8. Bd. Darmstadt 844—46, Leske. à Bd. * 2 Thlr. *

—— dass. Hrsg. von Denselben. Neue Folge. 1. Bd. 2 Hfte u. 2. u. 3. Bd. à 3 Hfte. (Der alten Folge 9—11. Bd.) gr. 8. Frankfurt a. M. 846, 47. Varrentrapp's Sortmh. à * 2 Thlr. *

— der Gefängnißkunde u. Besserungsanstalten, hrsg. v. Nik. Heinr. Julius, Fdr. Noellner, Geo. Varrentrapp. Neue Folge. 2 u. 3. Bd. [Der alten Folge 10 u. 11. Bd.] à 3 Hfte. gr. 8. Frankfurt a. M. 847. 48, Lizius. à Bd. n. 2 ₰

—— der Gegenwart. Redact. A. Schwegler. 1. Jahrg. 1843. Juli—December. 104 Nrn. (½ B.) gr. 4. Stuttgart, Hoffmann'sche Vrlgsh.

—— dass. Hrsg. von Demselben. 2—5. Jahrg. 1844—47. à J. 12 Hfte. (72 B.) gr. 8. Tübingen, Fues, Verl. à J. * 8 Thlr. 4 Ngr. *

—— der Gegenwart. Redig. von A. Schwegler und A. Springer. 6. Jahrg. 1848. 100 Nrn. (½ Bog.) gr. 4. Tübingen, Fues, Vrlgsh. *

—— von Genua, s. a. Geschichtschreiber, die, der deutschen Vorzeit.

Jahrbücher von Genua. Nach d. Ausg. d. Monumenta Germaniae auszugsweise übers. von Wilhelm Arndt (2: von Georg Grandaur). Bd 1.2. — Berlin (2: Leipzig): Duncker 1866-81. (Die Geschichtschreiber d. deutschen Vorzeit. 13. Jh., Bd 8 [a.] b.)
1: Rw 3588-13,8a. b. **12**: Germ. g. 159h-XIII,8. **300**: 392.249-B. Ser. 9,8. **2. 3. 4. 5. 6. 7. 8. 9. 10. 11.**
5.442

[F.] Die Jahrbücher von Genua [Annales Januenses]. Nach d. Ausg. d. Monum. Germ. auszugsweise übs. v. Wilhelm Arndt. 2. Aufl. Neu bearb. v. W[ilh.] Wattenbach u. O[swald] Holder-Egger (2: ... übs. v. Georg Grandaur. 2. Ausg. M. Bericht u. Regist. vers. v. O[swald] Holder-Egger.) Bd 1. 2. *Leipzig: Dyk (1897. 98.)* 2 Bde 8.
1. (1897.) (XXXIV. 347 S.) 2. (1898.) (XXIV, 207 S.)
= Geschichtschreiber d. deutschen Vorzeit. 2. Gesammtausg. XIII. Jh. Bd 8. 9. (= Bd 76. 77.) [98. 699]

—— der deutschen Geschichte. Auf Veranlassung und mit Unterstützung Sr. Maj. des Königs von Bayern hrsg. durch die Historische Commission bei der Königl. Academie der Wissenschaften, s. a. Abel, Sigurd, Karl der Große I. — Bonnell, Heinr. Ed., die Anfänge des Karolingischen Hauses. — Dümmler, Ernst, Geschichte des Ostfränkischen Reiches. — Hahn, Heinr., Fränkisches Reich 741—752. — Hirsch, S., Heinrich II. — Toeche, Thdr., Kaiser Heinrich VI. — Waitz, G., Heinrich I.

—— der deutschen Geschichte, s. a. Meyer v. Knonau, Gerold. Jahrbücher d. Deutschen Reiches unter Heinrich IV. u. Heinrich V. — Winkelmann, Ed. Kaiser Friedrich II.

Jahrbücher der deutschen Geschichte. Auf Veranlassung und mit Unterstützung Sr. Majestät des Königs von Bayern Maximilian II. herausgegeben durch die historische Commission bei der kgl. Akademie der Wissenschaften. 8°.
Die Anfänge des karoling. Hauses von H. E. Bonnell. Berlin 1866.
Jahrbücher d. fränk. Reiches unter König Pippin von L. Oelsner. Leipzig 1871. 741—752 von H. Hahn. Berlin 1863.
unter Karl dem Grossen von Dr. S. Abel. Berlin 1866. 1. Bd.: 768—788.
unter Ludwig dem Frommen von B. Simson. Leipzig 1874. 1. Bd.: 814—830.
Jahrbücher des ostfränkischen Reichs von E. Dümmler. Berl. 1862—65. 1. Bd.: Ludwig der Deutsche. 2. Bd.: Die letzten Karolinger. Konrad I.
Jahrbücher d. deutsch. Reichs unter König Heinrich I. v. G. Waitz. Berlin 1863.
Kaiser Otto d. Grosse. Begonnen von R. Köpke, vollendet von E. Dümmler. Leipzig 1876.
unter Heinrich II. von S. Hirsch, H. Pabst u. H. Bresslau. Berlin u. Leipzig 1862—75. 3 Bde.
unter Heinrich III. v. E. Steindorff. Leipzig 1874. 1 Bd.
Kaiser Heinrich VI. v. Th. Toeche. Leipzig 1867.
Philipp v. Schwaben u. Otto IV. v. Braunschweig v. Seb. Winkelmann. Leipzig 1873. 1. Bd.: Philipp v. Schwaben 1197—1208.

—— der deutschen Geschichte. gr. 8.. Leipzig 862—88, Duncker und Humblot. Sämtl. Bde. auf einmal bezogen [statt * ℳ 277.80.] ** 2

Die Sammlung enthält folgende (bisher unter ihren Spezialtiteln aufgeführte) Einzelschriften:

Abel, S., Jahrbücher des fränkischen Reichs unter Karl dem Großen. 1. Bd. (2. Aufl. von B. Simson.) 1888. ℳ 16.—.
Bernhardi, W., Lothar von Supplinburg. 1879. ℳ 19.—.
—— Konrad III.. 2 Abtlgn. 1883. ℳ 20.—.
Bonnell, H. E., Anfänge des Karolingischen Hauses. 1866. [Vergriffen.]
Breßlau, H., Jahrbücher des deutschen Reichs unter Heinrich II. 3. Bd. 1875. ℳ 9.—.
—— Jahrbücher des deutschen Reichs unter Konrad II. 2 Bde. 1884. ℳ 25.60.
Breysig, Th., Karl Martell. 1869. ℳ 2.40.
Dümmler, E., Geschichte des Ostfränkischen Reiches. 3 Bde. 1887,88. * ℳ 36.—.
—— Kaiser Otto der Große. 1876. ℳ 14.—.
Hahn, H., Jahrbücher des fränkischen Reichs 741—752. 1863. ℳ 4.—.
Hirsch, S., Jahrbücher des deutschen Reichs unter Heinrich II. 1. und 2. Bd. 1875. ℳ 26.—.
Oelsner, L., Jahrbücher des fränkischen Reichs unter Pipin. 1871. ℳ 10.—.
Simson, B., Jahrbücher des fränkischen Reichs unter Ludwig dem Frommen. 2 Bde. 1876. ℳ 15.40.
—— Jahrbücher des fränkischen Reichs unter Karl dem Großen. 2. Bd. 1883. * ℳ 14. —.
Steindorff, E., Kaiser Heinrich III. 2 Bde. 181874,81. ℳ 23.20.
Toeche, Th., Kaiser Heinrich VI. 1867. ℳ 12.—.
Waitz, G., Jahrbücher des deutschen Reichs unter Heinrich I. 3. Aufl. 1885. ℳ 7.20.
Winkelmann, E., Philipp von Schwaben und Otto IV. von Braunschweig. 2 Bde. 1878. ℳ 24.—.

—— der deutschen Geschichte. Auf Veranlassung und mit Unterstützung Sr. Maj. des Königs von Bayern hrsg. durch die historische Commission bei der Kgl. Academie der Wissenschaften. (10. und 11. Bd.) gr. 8. Leipzig, Duncker und Humblot. *

Inhalt:

Breysig, Thdr., Jahrbücher des fränkischen Reichs. 714 bis 741. Die Zeit Karl Martell's. (XIII, 123 S.) 869. * ℳ 2,40.
Oelsner, Ludw., Jahrbücher des fränkischen Reichs unter König Pippin. (XIII, 544 S.) 871. * ℳ 10.;

— der deutschen Geschichte. Hrsg. von der histor. Commission bei der k. Akademie d. Wissenschaften in München. gr. 8. Leipzig, Duncker & Humblot. n. 307. 80; die ganze nachstehende Reihe, ohne „Bonnell, carol. Haus“ auf einmal zogen n. 276. —

Abel, S., Jahrbücher des fränkischen Reiches unter Karl dem Großen. 2 Bde. n. 30. —
1. 768—788. 2. Aufl., bearb. v. B. Simson. (XVI, 696 S.) 888. n. 16. —
2. 789—814. Von B. Simson. (XII, 650 S.) 883. n. 14. —
Bernhardi, W., Lothar v. Supplinburg. (XXIII, 873 S.) 879. n. 19. —
— Konrad III. (XXVIII, 968 S.) 883. n. 20. —

Bonnell, H. E., die Anfänge des carolingischen Hauses. (XV, 224 S.) 866. Vergriffen.
Breßlau, H., Jahrbücher d. deutschen Reiches unter Konrad II. 2 Bde. n. 25. 60
1. 1024—1031. (XII, 492 S.) 879. n. 12. —
2. 1032—1039. (XI, 603 S.) 884. n. 13. 60
— Jahrbücher des deutschen Reiches unter Heinrich II., siehe: Hirsch, S.
Breysig, Th., Jahrbücher des fränkischen Reiches 714—741. Die Zeit Karl Martell's. (XIII, 123 S.) 869. n. 2. 40
Dümmler, E., Geschichte des ostfränkischen Reiches. 2. Aufl. 3 Bde. n. 36. —
1. Ludwig der Deutsche bis zum Frieden von Koblenz (860). (XI, 464 S.) 887. n. 10. —
2. Ludwig d. Deutsche vom Koblenzer Frieden bis zu seinem Tode (860—876). (VI, 446 S.) 887. n. 10. —
3. Die letzten Karolinger. Konrad I. (X. 722 S.) 888. n. 16. —

— Kaiser Otto der Große. Begonnen von Rudolf Köpke. (XIII, 611 S.) 876. n. 14. —
Hahn, H., Jahrbücher des fränkischen Reiches 741—752. (X, 250 S.) 863. n. 4. —
Hirsch, S., Jahrb. des deutschen Reiches unter Heinrich II. 3 Bde. n. 35. —
1. (XV, 560 S.) 862. n. 12. —
2. Vollendet von H. Pabst. (VIII, 467 S.) 864. n. 14. —
3. Hrsg. u. vollendet v. H. Breßlau. (X, 418 S.) 875. n. 9. —
Meyer von Knonau, G., Jahrbücher des deutschen Reiches unter Heinrich IV. und Heinrich V. 1. Bd.: 1056—1069. (XXIV, 703 S.) 890. n. 16. 80

Oelsner, L., Jahrbücher des fränkischen Reiches unter König Pippin. (XIII. 544 S.) 871. n. 10. —
Simson, B., Jahrbücher des fränkischen Reiches unter Ludwig dem Frommen. 2 Bde. n. 15. 40
1. 814—830. (XVI, 406 S.) 874. n. 8. 40
2. 831—840. (XII, 321 S.) 876. n. 7. —
— Jahrbücher des fränkischen Reiches unter Karl dem Großen, s.: Abel, S.
Steindorff, E., Jahrbücher des deutschen Reiches unter Heinrich III. 2 Bde. n. 23. 20
1. (XII, 537 S.) 874. n. 11. 20
2. (IX, 554 S.) 881. n. 12. —

Toeche, Th., Kaiser Heinrich VI. (XIV, 746 S.) 867. n. 12. —
Waitz, G., Jahrbücher des deutschen Reiches unter König Heinrich I. 3. Aufl. (XVI, 294 S.) 885. n. 7. 20
Winkelmann, E., Philipp von Schwaben und Otto IV. von Braunschweig. 2 Bde. n. 24. —
1. König Philipp von Schwaben (1197—1208). (XII, 592 S.) 873. n. 12. —
2. Kaiser Otto IV. von Braunschweig (1208—1218). (XII, 564 S.) 878. n. 12. —
— Kaiser Friedrich II. Erster Bd. 1218—1228. (XII, 580 S.) 889. n. 13. 20

Jahrbücher der Deutschen Geschichte. Auf Veranlassung... des Königs von Bayern hrg. durch die historische Commission bei der Königl. Akademie der Wissenschaften. 8. Leipzig. Duncker & Humblot, 1890—1909.
s. Meyer von Knonau, Gerold.

Jahrbücher der Deutschen Geschichte. Auf Veranlassung ... des Königs von Bayern hrg. durch die historische Commission bei der Königl. Akademie der Wissenschaften. 8. Leipzig, Duncker & Humblot, 1903.
s. Meyer von Knonau, Gerold.

Jahrbücher der Deutschen Geschichte. Auf Veranlassung... des Königs von Bayern hrg. durch die historische Commission bei der Königl. Akademie der Wissenschaften. 8. Leipzig, Duncker & Humblot, 1904. (M. 13. 60)
s. Meyer von Knonau, Gerold.

Jahrbücher der Deutschen Geschichte. Auf Veranlassung ... des Königs von Bayern hrg. durch die historische Commission bei der Königl. Akademie der Wissenschaften. 8. Leipzig, Duncker & Humblot, 1907. (M. 10.40)
s. Meyer von Knonau, Gerold.

Jahrbücher der Deutschen Geschichte. Auf Veranlassung ... des Königs von Bayern hrg. durch die historische Commission bei der Königl. Akademie der Wissenschaften. 8. Leipzig, Duncker & Humblot, 1908. (M. 24. —)
s. Simonsfeld, Henry.

— der deutschen Geschichte. Auf Veranlassg. Sr. Maj. des Königs v. Bayern hrsg. durch die histor. Commission bei der königl. Akademie der Wissenschaften. gr. 8. Leipzig, Duncker & Humblot.
Meyer v. Knonau, Gerold, Jahrbücher des Deutschen Reiches unter Heinrich IV. u. Heinrich V. 7. Bd.: 1116 (Schluß) bis 1125. (XIII, 413 S.) 909. 11.— (Vollst. 101.—)
Simonsfeld, Henry, Jahrbücher des Deutschen Reiches unter Friedrich I. 1. Bd.: 1152 bis 1158. (XXIV, 784 S.) 908. 24. —

— für jüdische Geschichte u. Literatur. Hrsg. v. N. Brüll. [1. Jahrg.] gr. 8. (V, 245 S.) Frankfurt a/M. 874. Erras. n. 7. 50

— dasselbe. [2. Jahrg.] gr. 8. (VII, 212 S.) Ebend. 876. n. 6. —

— für jüdische Geschichte u. Literatur. Hrsg. von N. Brüll. [3. u. 4. Jahrg.] gr. 8. (III, 212 u. VI, 194 S.) Frankfurt a/M. 877. 79. Erras. à n. 6. —

—— für jüdische Geschichte und Literatur. Hrsg. von N. Brüll. 5. und 6. Jahrg. in 1 Bd. gr. 8. (IV, 228 S.) Frankfurt a. M. 883, Erras. *

—— für jüdische Geschichte und Literatur. Hrsg. von N. Brüll. 7. Jahrg. gr. 8. (IV, 188 S.) Frankfurt a. M. 885, [Erras.] A. J. Hofmann. *

—— dass. — 8. und 9. Jahrg. gr. 8. (IV, 188; IV, 176 S.) Frankfurt a. M. 887,88, Reitz und Köhler. à Jahrg. *

—— für jüdische Geschichte u. Litteratur. Hrsg. v. N. Brüll. X. Jahrg. gr. 8. (III, 183 S.) Frankf. a. M. 890, Reitz u. Köhler. * 7 —
Nicht weiter erschienen.

— der neuesten europäischen Geschichte, oder das Zeitalter Napoleons, s. Dyk, J. G., Handbuch. 4r—7r Band.

—— der Geschichte u. Staatskunst. Eine Monatsschrift, in Verbind. mit mehr. gelehrten Männern hrsg. v. Karl Heinr. Ludw. Pölitz. (1—8. Jahrg.) 1828—35. (J. 28. 4 Bde. à 3 Hfte., 29—35. à 2 Bde. à 6 Hfte.) gr. 8. (à Bd. ca. 36—40 B.) Leipzig, Hinrichs. à J.
1—6. Jahrg., hrbgs. Pr. 15 Thlr. — Einzeln à 4 Thlr.

—— der Geschichte u. Staatskunst (Politik). Eine Monatsschrift, in Verbindung mit mehrern gelehrten Männern hrsg. v. Karl Heinr. Ludw. Pölitz. (9. u. 10. Jahrg.) 1836 u. 37. à 2 Bde. à 6 Hfte. gr. 8. Leipzig, Hinrichssche Buchh. à J. *
1—10. Jahrg. 1828—37. Ebendas. hrbgs. Pr. * 20 Thlr. — Einzelne Jahrgg. à * 3 Thlr.
Hieran schließen sich: Neue Jahrbücher der Geschichte und Politik.

— des Geschmacks u. d. Aufklärung. 6 Stck. gr. 8. Leipz. Weygand. 783. (à 10 gr.)

Jahrbücher der Berlinischen Gesellschaft für deutsche Sprache. 1. Bd. Berlin 1820. H: *Schulz. Joh. Otto Leop.* (MGT)

JAHRBÜCHER DER DEUTSCHEN MALAKOZOOLOGISCHEN GESELLSCHAFT. Redigirt von W. KOBELT.:
Jahrg. 1—5. 1874—1878. (Mit Tafeln.) Frankfurt a. M. Johannes Alt. 8°.
Jahrg. 6. 1879. (Mit Tafeln.) ib. Alt & Neumann.
Jahrg. 7—11. Heft I. 1880—1884. (Mit Tafeln.) ib. Moritz Diesterweg.

JAHRBÜCHER DER DEUTSCHEN MALAKOZOOLOGISCHEN GESELLSCHAFT. Redigirt von W. KOBELT.:
Jahrg. 11—12. 1884—1885. (Mit Tafeln.) Frankfurt am Main. Moritz Diesterweg. 8°

JAHRBÜCHER DER DEUTSCHEN MALAKOZOOLOGISCHEN GESELLSCHAFT. Redigiert von W. KOBELT.
Jahrg. 13. 1886. (Mit 11 Tafeln.) Frankfurt am Main. Moritz Diesterweg. 8°.
Jahrg. 14. 1887. (Mit 8 Tafeln). ib. — [1]).

—— der deutschen malakozoologischen Gesellschaft nebst Nachrichtsblatt. Redig. von W. Kobelt. 1. Jahrg. 1874. 4 Hefte. gr. 8. (à Heft 96 S. mit 2 Stnt.) Frankfurt a. M., Alt. *

—— der deutschen malakozoologischen Gesellschaft nebst Nachrichtsblatt. Redig. von W. Kobelt. 2.—6. Jahrg. 1875—1879. à Jahrg. 4 Hefte und Nachrichtsblatt 7.—11. Jahrg. à 12 Nrn. (Bog.) gr. 8. (à Heft 96 S. mit Taf.) Frankfurt a. M., [Alt.] Diesterweg. à Jahrg.

Jahrbücher der deutschen malakozoologischen Gesellschaft nebst Nachrichtsblatt. Redig. von W. Kobelt. 7.—11. Jahrg. 1880—1884. à Jahrg. 4 Hefte und Nachrichtsblatt 12.—16. Jahrg. à 12 Nrn. (Bog.) gr. 8. (à Heft ca. 100 S. mit Stnt.) Frankfurt a. M., Diesterweg. à Jahrg. *

—— der deutschen malakozoologischen Gesellschaft, nebst Nachrichtsblatt. Redig. von W. Koblet. 12.—14. Jahrg. 1885—1887. à Jahrg. 4 Hefte und Nachrichtsblatt 17.—19. Jahrg. à 12 Nrn. (Bog.) gr. 8. (à Heft 100 S. mit Stnt.) Frankfurt a. M., Diesterweg. à Jahrg. ** 24 —
Die Jahrbücher der Gesellschaft erscheinen nicht weiter. Vgl. „Nachrichtsblatt."

Jahrbücher der philosophisch-medicinischen Gesellschaft zu Würzburg. Würzburg 1828—29. H: *Friedreich, Joh. Baptist.* (Ky) (EngM) (ErschDL)

—— der philosoph.-medicin. Gesellschaft zu Würzburg. (Hrsg. v. J. B. Friedreich.) 1. Bd. 1—3. Hft. gr. 8. Würzburg 828, Strecker. [1. (10½ B. u. 3 Stnt.), 2. (12 B., 2 Tab. u. 1 Stnt.) à 20 Gr., 3. (16½ B.) 1 Thlr. 4 Gr.]

—— der Gesellschaft z. Verbreitung d. Glaubens in beiden Welten. A. d. Franz. übers. v. Mehren u. z. Besten d. Missionen hrsg. v. J. J. Ritter. 1. u. 2. Jahrg. 1834, 35. à 4 Hfte. gr. 8. Köln, DuMont-Schauberg. à J.

—— der Gesellschaft z. Verbreit. d. Glaubens in beiden Welten. A. d. Franz. übers. v. Mehren u. z. Besten d. Missionen hrsg. (3—9.) Jahrg. 1836—42. gr. 8. Köln, DuMont-Schauberg. à J. *

Jahrg. 1836—38. hrsg. v. J. J. Ritter, 39—42. ohne genannt. Hrsgeb. — Jahrg. 1841 u. 42. unter dem veränderten Ttl.: Jahrbücher der Verbreitung d. Glaubens. Period. Samml. d. Schreiben d. Bischöfe u. Missionare der Missionen in beiden Welten u. aller auf d. Missionen u. d. Werk z. Verbreitung d. Glaubens bezügl. Actenstücke.

—— für Gesellschafts- und Staatswissenschaften. Hrsg. von J. C. Glaser. Jahrg. 1864—67 oder 1.—8. Bd. à Bd. 6 Hefte. (à 6—7 Bog.) Lex.-8. Berlin, Expedition. à Bd. *

Jahrbücher für Gesellschafts- und Staatswissenschaften. Hrsg. von J. C. Glaser. 9.—12. Bd. Jahrg. 1868 und 1869. à Jahrg. 12 Hefte. (à 6—7 Bog.) Lex.-8. Berlin, Expedition. à Bd. *M 9.; à Jahrg. *

Jahrbücher f. d. baierische Gesetzgebung, Rechtswissenschaft u. Staatsverwaltung mit besond. Hinsicht auf das in den deutschen Bundesstaaten geltende Recht. 1r Bd. 4 Hfte. *Nürnberg*, Fr. N. Campe. 838. gr. 8. (3 Thl.)

— der Preuß. Gesetzgebung, s. a. K. A. v. Kamptz.

Jahrbücher für die Preussische Gesetzgebung, Rechtswissenschaft u. Rechtsverwaltung ... Berlin 1813—37. V: *Kamptz, Carl Albert Christoph Heinrich von.* (EngJ) 41.—54. Bd. 1833—40. (Ky)

Jahrbücher f. d. Preuss. Gesetzgeb., Rechtswissenschaft u. Rechtsverwaltung. Hrsg. im Auftrage d. Königl. Justizministeriums (v. K. A. C. H. v. KAMPTZ). 1.—53r Bd. od. 1.—106s Hft. Jahrg. 1813—38. *Berlin*. (Dümmler.) gr. 8. (Der Jahrg. v. 2 Bdn. od. 4 Hftn. à 3 Thl. 16 Gr.)
Vollst. Register üb. d. bisher erschien. 26 Bde. der von *K. A. C. H. v. Kamptz* herausg. Jahrbücher etc., enthalt. I. Ein Sachregister. II. Ein Verzeichn. derjen. Stellen der allgem. Gesetze, von denen in diesen Jahrb. Abänderung. u. Erklärung. befindl. sind. *Ebend.* 820. gr. 8. (1 Thl.)

Jahrbücher für die Preußische Gesetzgebung, Rechtswissenschaft und Rechtsverwaltung. Im Auftr. des Königl. Justiz-Ministeriums hrsg. von Karl Alb. v. Kamptz. [Bd 39 ff. ohne Nennung des Hrsg.] [2 Ex.] 71 + 71 Bde
Bd 1—66 = H. 1—132. Berlin 1814—45. [2. Ex.: Bd 1—3. 2. Aufl. 1810—22.]
Vollständiges Register zu Bd 1—26. 1826.
Vollständiges alphab. Repertorium über die in den Jahrbüchern enthaltenen ... Ministerial-Rescripte etc. von Carl Friedr. Sonnenburg. Stendal 1828.
Register über die bisher ersch. 52 Bde von F. W. Leitner. Berlin 1840.
— [Desgl.] über 53. bis einschl. 66. Bd. 1846.
Suppl.: Kamptz, Ch. H. v.: Das Gesetz über d. strafrechtl. Verfahren vom 17. Juli 1846 u. der revid. Entwurf zur Straf-Prozeß-Ordnung vom Jahre 1841. 1846.

—— für d. Preuß. Gesetzgebung, Rechtswissenschaft u. Rechtsverwaltung. Hrsg. im Auftrage d. Kgl. Justizministeriums (v. Carl Albe. v. Kamptz). 31—44. Bd. od. 61—88. Hft. Jahrg. 1828—35. gr. 8. Berlin, (Dümmler.) à J.
(Jahrg. 1813—27.) 1—30 Bd à J. 8 Thlr. 16 Gr. — Vollständ. Register z. 1—26. Bde. 1820. 1 Thlr. Ebendas. — Jeder Jahrg. zerfällt in 2 Bde. à 2 Hfte.
Vgl. Gräff, Heinr.

—— für die preuß. Gesetzgebung, Rechtswissenschaft u. Rechtsverwaltung. Hrsg. im Auftrage d. kgl. Justiz-Ministeriums (v. Carl Alb. v. Kamptz). 45—54 Bd. od. 89—108 Hft. Jahrg. 1836—40. à 4 Hfte. gr. 8. Berlin, Expedition. (Dümmler.) à J. *

—— dies. — Register hierzu, s. Leitner, F. W.

—— f. d. preußische Gesetzgebung, Rechtswissenschaft u. Rechtsverwaltung. (Von v. Kamptz.) 55—66. Bd. od. 109—132. (letztes) Hft. gr. 8. Berlin 841—44. (Dümmler.) à Jahrg. 2 Bde. (od. 4 Hfte.) à J. * 3 Thlr. 20 Ngr. *
Einzelne Hfte. à * 1 Thlr.

—— dass. Register über den 53—66. Bd. gr. 8. Berlin 846. (Dümmler.) *

—— dass. Supplement. A. u. d. Ttl.: Das Gesetz üb. das strafrechtl. Verfahren v. 17. Juli 1846 u. der revid. Entwurf zur Strafprozeß-Ordnung v. J. 1841. Zusammengest. von v. Kamptz. gr. 8. Berlin 846. (Dümmler.)

— dass. Supplem. A. u. d. T.: Das Gesetz über das strafrechtliche Verfahren v. 17. Juli 1846 u. der revid. Entwurf zur Straf-Proceß-Ordnung vom J. 1841. Zusammengestellt von v. Kamptz. gr. 8. Berlin 846, Heymann. 1 ₰

Jahrbuch der preußischen G e s e t z g e b u n g ..., s. J a h r b u c h für die preußische Gesetzgebung ...

— — der Gesetzgebung und Rechtspflege im Königreiche Baiern. s. Gönner, N. T. v.

—— der Gesetzgebung u. Rechtspflege in Sachsen, hrsg. v. (G.) Ad. Martin. 1—3. Jahrg. 1828—30. à 3 Hfte. gr. 8. Neustadt a. d. O., Wagner. à J. 2 Thlr.

—— dies., Gesammt-Register üb. alle 3 Bde. (Jahrg.) gr. 8. (2¼ B.) Ebds. 832.
Das 3. Hft. d. 3. Jahrg. wurde nach d. Verf. Tode († 1831) v. dess. Vater Chr Martin besorgt.

— d. Gesetzgebung u. Rechtspflege im Königr. Würtemberg. Herausgeg. v. D. Hofacker. 1r Bd. 1s—3s u. 2r Bd. 1s—3s Heft. 8. Stuttgart 824—27, Metzler. à 16 gr.

—— der Gesetzgebung u. Rechtspflege im Königr. Würtemberg. Hrsg. v. K. W. L. Hofacker. 3. u. 4. Bd. à 3 Hfte. 8. (à Bd. ca. 30 B.) Stuttgart 829—34, Metzler. à Hft.
1. u. 2. Bd. (à 3 Hfte.) Ebendas. 1824—27. à Hft. 16 Gr.

— der Gesetzgebung u. der Rechtswissenschaft d. Großherzogthums Baden, von J. F. N. Brauer u. K. Sal. Zachariä. 1r Bd. für das Jahr 1812. gr. 8. Heidelb. 813. Mohr. 2 ℛ 8 ℊ

Jahrbücher der Gesetzgebung und Verwaltung der Herzogthümer Schleswig, Holstein und Lauenburg. Hrgg. v. Johann Christian Ravit. 8°.

Jg. (1). 1845. Kiel. (1846.) (Heft 1—8. ebd. 1845; Heft 9—12. ebd. 1846.)

Jg. (2). 1846. ebd. (1847.) (Heft 1—11. ebd. 1846—47.)

—— d. Gesetzgebung u. Verwaltung d. Herzogthümer Schleswig, Holstein u. Lauenburg. Hrsg. v. Joh. Chr. Ravit. 1. u. 2. Jahrg. 1845 u. 46. à 10 Hfte. (à 4 B.) gr. 8. Kiel, (Schröder u. Comp.) à Hft. * 7½ Ngr. *

—— dass. 3. Jahrg. 1847. 1. Hft. gr. 8. Ebds. *

—— der Gesetzgebung und Verwaltung der Herzogth. Schleswig, Holstein und Lauenburg. Hrsg. von Joh. Chr. Ravit. 3. Jahrg. 1847. 2. und 3. Heft und 4. Jahrg. 1848. 6 Hefte. gr. 8. Kiel, Schröder und Comp. à Heft * 7½ Ngr. *

1. und 2. Jahrg. und 3. Jahrg. 1. Heft. Ebendas. 1845—47. * 5 Thlr. 7½ Ngr.

—— deutscher Gesinnung, s. Janus.

— der Gewächskunde, von K. Sprengel, A. H. Schrader u. H. F. Link. 1r Bd., 1s—3s Heft. gr. 8. Berl. 818—20. Nauck. à 18 ℊ 2 ℛ 6 ℊ

— die großen kölnischen, s. a. Geschichtschreiber, die, der deutschen Vorzeit

Die grossen kölnischen Jahrbücher. Nach d. Ausg. d. Monumenta Germaniae übers. von Carl Platner. — Berlin: Duncker 1867. XXXII,272 S. (Die Geschichtschreiber d. deutschen Vorzeit. 13. Jh., Bd 1.)

1: Rw 3588-13,1. 12: Germ. g. 159h-XIII,1.
300: 392.249-B. Ser. 9,1. 2. 3. 4. 5. 6. 7. 8. 9. 10. 11.

5.410

— von Altaich, die größeren, s. a. Geschichtschreiber die, der deutschen Vorzeit.

Die grösseren Jahrbücher von Altaich. Nach d. Ausg. d. Monumenta Germaniae übers. von Ludwig Weiland. — Berlin: Duncker 1871. XV,89 S. (Die Geschichtschreiber d. deutschen Vorzeit. 11. Jh., Bd 9.)

1: Rw 3588-11,9. 12: Germ. g. 159h-XI,9.
300: 392.249-B. Ser. 7,9. 2. 3. 4. 5. 6. 7. 8. 9. 10. 11.

5.386

— 2. Aufl. Leipzig: Dyk (1893). XV,116 S. (Die Geschichtschreiber d. deutschen Vorzeit. 2. Gesamtausg. Bd 46 = 11. Jh., Bd 8.)

1: Rw 3588²-Bd 46 = 11. Jh., Bd 8. 12: Germ. g. 159hc-XI,8. 3. 4. 5. 6. 7. 8. 9. 10. 11. 102.

5.387

— Hallische, für deutsche Wissenschaft u. Kunst. Kritiken. — Charakteristiken, — Correspondenzen. — Uebersichten. Redactoren: A. Ruge u. Th. Echtermeyer. 1r—3r Jahrg. 1838—1840. à 312 Numm. Nebst Intelligenzblatt. Roy.-4. Leipzig, Otto Wigand. (à n. 12 ℛ) 36 ℛ.

— Hallische, für deutsche Wissenschaft und Kunst. Kritiken. — Charakteristiken. — Correspondenzen. — Uebersichten. Redaktoren: Echtermeyer u. Ruge in Halle. 4. Jahrg. 1841. 1. Sem. 6 Hfte. (Mit Intelligenzblatt.) Roy.-4. Leipzig, Otto Wigand. n. 6 ℛ — Fortsetz. s. Jahrbücher, deutsche, für Wissenschaft u. Kunst.

— heidelbergische, d. Literatur. 3 Jahrg. 1r zu 15. 2r u. 3r z. 54 Heft. gr. 8. Heidelberg, Mohr u. Zimmer. 808—810. (1r 6 Rthlr. 16 gr. 2r und 3r 8 Rthlr. 12 gr.)

(in einzelnen Abtheilungen Jahrbücher d. Theologie, Philosophie und Pädagogik. 1r Jahrg. 808. 3 Hefte 1 Rthlr. 16 gr. 2r und 3r Jahrg. 809—10. z. 12 Heften. 2 Rthl. 16 gr. d. Jurisprudenz und Staatswissensch. 1r Jahrg. 808. 3 Hefte 1 Rthlr. 8 gr. 2r u. 3r Jahrg. 809—10. jed. Jahrg. 8 Hefte. 1 Rthlr. 20 gr. d. Medicin und Naturgesch. 1r Jahrg. 808. z. 3 Heft. 1 Rthlr. 16 gr. 2r u. 3r Jahrg. 809—10. z. 8 Heften 2 Rthlr. 4 gr. d. Mathematik, Physik u. Kammeralwissenschaft. 1r Jahrg. 808. 3 Hefte 1 Rthlr. 16 gr. 2r u. 3r Jahrg. 809—10. z. 8 Heft. 1 Rthlr. 20 gr. d. Philologie, Historie, schönen Literat. und Kunst 1r Jahrg. 808. in 3 Heft. 1 Rthl. 16 gr. 2r und 3r Jahrg. 809—10. jed. Jahrg. 16 Hefte 3 Rthlr. 12 gr.)

— Heidelbergische, der Literatur. 4r—9r Jahrg. gr. 8. Heidelb. Mohr u. W. 811—16. (4r—7r Jahrgang. à 5 Rthlr. 8r u. 9r à 6 Rthlr.) 3

— — Heidelbergische, der Literatur. 10r—13r Jahrgang. 817—820. gr. 8. Heidelberg, Mohr und W. à Jahrgang 6 Rthlr 16 Gr. 2

— — Dieselben. 14r Jahrg. 12 Hefte. gr. 8. Heidelberg, Oswald. 821.

— Heidelberger, d. Literatur. 15r—20r Jahrg. od. neue Folge 2r—7r Jhrg. gr. 8. Heidelb. 822—27, Oswald. à J.

— ders. erstes Ergänzungsheft. gr. 8. Ebend. 823.

—— Heidelberger, d. Literatur, unt. d. Redact. d. Profess. Paulus, Schwarz, Zachariä, Walch, Tiedemann, Puchelt, Creuzer, Muncke, Schlosser, v. Leonhard, Rau. 21. od. neue Folge 8. Jahrg. 1828. 12 Hfte. gr. 8. Heidelberg, [Vereins-Verlag.]

—— dies. unt. d. Redact. d. vier Facultäten. 22—26. Jahrg. 1829—33. à 12 Hfte. gr. 8. Heidelberg. Winter. à J.

—— dies. unt. Mitwirkung d. vier Facultäten, redig. v. F. C. Schlosser, Muncke u. Chr. Bähr. 27. (u. 28.) od. Neue Folge 1. u. 2. Jahrg. 1834, 35. à 12 Hfte. gr. 8. Ebds. à J.

1. Jahrg. 1808. 15 Hfte., hrbgs. Pr. 8 Thlr. 8 Gr. — 2. u. 3. J. 1800?, 10. à 52 Hfte., hrbgs. Pr. à J. 4 Thlr. 6 Gr.; einzelne Abthln. ebenfalls im hrbgs. Pr. — 4—7. J. 1811—14. à 12 Hfte., hrbgs. Pr. à J. 3 Thlr. — 8—13. J. 1815—20. à 12 Hfte., hrbgs. Pr. à J. 3 Thlr. 8 Gr. (1—4. J. a. u. d. T.: Revision d. Literatur.) Heidelberg, Mohr. — 14—20. od. Neue Folge 1—7. Jahrg. 1821—27. à 12 Hfte. (14. J. 6 Thlr. 16 Gr., 15—20. J. à 7 Thlr. 12 Gr.) u. 1. Ergänzungshft. 1823. 1 Thlr. 12 Gr. Heidelberg, [Vereins-Verlag.]

—— heidelberger d. Literatur, unt. Mitwirk. d. vier Facultäten, redig. v. F. C. Schlosser, Muncke u. Chr. Bähr. 29—35. od. Neue Folge. 3—9. Jahrg. 1836—42. à 12 Hfte. gr. 8. Heidelberg, C. F. Winter. [836—39. à J. * 8 Thlr., 40—42. à * 6⅔ Thlr.] *

Vom J. 1840 an verschwindet die Bemerk.: Neue Folge auf dem Titel.

—— heidelberger, der Literatur, unter Mitwirkung der vier Facultäten redig. v. F. C. Schlosser, Muncke u. Chr. Bähr. 36—40. Jahrg. 1843—47. à J. 6 Doppelhefte. gr. 8. Heidelberg, J. C. B. Mohr. à J. * 6 Thlr. 20 Ngr. *

—— heidelberger, der Literatur, unter Mitwirkung der vier Facultäten. 41—45. Jahrg. 1848—52. à Jahrg. 6 Doppelhefte. (à Doppelheft ca. 10 Bog.) gr. 8. Heidelberg, J. C. B. Mohr. à Jahrg. *

—— heidelberger, der Literatur, unter Mitwirkung der vier Facultäten. 46—49. Jahrg. 1853—56. à Jahrg. 12 Hefte oder 12 Lfgn. (à Heft 80 S.) gr. 8. Heidelberg, J. C. B. Mohr. à Jahrg. *

Jahrbücher, heidelberger, der Literatur, unter Mitwirkung der vier Facultäten. 50—54. Jahrg. 1857—61. à Jahrg. 12 Hefte. gr. 8. (à Heft 80 S.) Heidelberg, J. C. B. Mohr. à Jahrg. Thlr. *

—— Heidelberger, der Literatur, unter Mitwirkung der vier Facultäten. 55.—60. Jahrg. 1862—67. à Jahrg. 12 Hefte. gr. 8. (à Heft 80 S.) Heidelberg, J. C. B. Mohr. à Jahrg. *

—— Heidelberger, der Literatur, unter Mitwirkung der vier Facultäten. 61.—65. Jahrg. à Jahrg. 12 Hefte. (à Heft 5 Bog.) gr. 8. Heidelberg 868—72, J. C. B. Mohr. à Jahrg. *
Nicht weiter erschienen.

—— der homöopath. Heil- u. Lehranstalt zu Leipzig. Hrsg. v. d. Inspectoren ders. (Müller, Hartmann, Haubold). 1—3. Hft. gr. 8. Leipzig, Reclam; Schumann. [1. (13 B. u. 3 Stnt.) 833. 1 Thlr., 2., 3. (19 1/4 B.) 834. 1 Thlr. 16 Gr.]

— der gesammten Heilkunde. Herausg. von Fr. M. Waltenberg. 1r u. 2r Bd., à 3 Hefte. gr. 8. München 827. Fleischmann. à 1 ℛ 9 𝒦 2 ℛ 18 𝒦

—— f. prakt. Heilkunde. Hrsg. v. Fr. Oesterlen. 1. Jahrg. 1845. 6 Doppelhefte. gr. 8. Tübingen, Laupp'sche Buchh. *

— d. Heilquellen Deutschlands, insbesond. des Taunus, herausgeg. v. G. J. L. Döring, H. Fenner v. Fenneberg, E. H. Höpfner u. H. A. Peez. 1r u. 2r Bd. Mit Kupf. gr. 8. Wiesbaden 821 u. 22, Schellenberg. à 1 Rthlr. 8 gr.

— für Deutschlands Heilquellen u. Seebäder. Herausg. v. E. v. Gräfe u. M. Kalisch. 1r—5r Jahrg. 1836—40. Mit Intelligenzblatt, Tabellen u. Steindr. Berlin 836—40. Klemann. (1r u. 2r J. à 2 ℛ 3r J. 2 3/4 ℛ 4r J. in 3 Abthll. 3 ℛ 5r J. 2 ℛ) 11 3/4 ℛ

[Annales Hersfeldenses] Die Jahrbücher von Hersfeld nach ihren Ableitungen und Quellen untersucht und wiederhergestellt von Hermann Lorenz. — Leipzig: Fock 1885. 105 S. 1:Rw 5720.
5.431

— die, v. Hildesheim, s. a. Geschichtschreiber, die, der deutschen Vorzeit.

Die Jahrbücher von Hildesheim. Nach d. Ausg. d. Monumenta Germaniae übers. von Eduard Winkelmann. — Berlin: Duncker 1862. VIII,78 S. (Die Geschichtschreiber d. deutschen Vorzeit. 12. Jh., Bd 5[,1.])
1:Rw 3588-12. Jh., Bd 5,1. 12:Germ. g. 159h-XII,5,1.
300:392.249-B. Ser. 8,5a. 2. 3. 4. 5. 6. 7. 8. 9. 10. 11.
5.433

— 2. Aufl. Neu bearb. von W[ilhelm] Wattenbach. Leipzig: Dyk (1893). IX,114 S. (Die Geschichtschreiber d. deutschen Vorzeit. 2. Gesamtausg. Bd 53 = 12. Jh., Bd 5,1.)
1:Rw 3588ᵃ-Bd 53 = 12. Jh., Bd 5,1. 12:Germ. g. 159hc-XII,5. 3. 4. 5. 6. 7. 8. 10. 11. 102.
5.434

—— der kgl. bayer. Grenzstadt Hof. 1. Hft. Jahrg. $18^{36}/_{37}$. gr. 8. (3 B. u. 1 Tab.) Hof 838, (u. Wunsiedel, Grau.) *

—— für Homoeopathie. Hrsg. v. Alb. Vehsemeyer. 1. Bd. 2 Hfte. u. 2. Bd. 4 Hfte. gr. 8. Leipzig, Schumann. [1. 838. 1 Thlr., 2. 839. 1 1/6 Thlr.]
Fortsetz., s. Jahrbücher, medicinische, etc.

—— und Jahresbericht d. Vereins f. mecklenburg. Geschichte u. Alterthumskunde, aus d. Arbeiten d. Vereins hrsg. v. G. C. F. Lisch, u. A. Bartsch. 1—7. Jahrg. gr. 8. Schwerin u. Rostock, (Stillersche Hofbuchh.) [1. (21 1/2 B. u. 1 Stnt.) 836., 2. (29 1/2 B. u. 4 Stnt.) 837., 3. (20 1/4 B. u. 1 Stnt.) 838., 4. (. . .) 839., 5. (27 B. u. 2 Stnt.) 840., 6. (23 3/4 B. u. 3 Stnt.) 841., 7. (25 1/2 B., 1 Stnt. u. Holzschn.) 842. à * 1 2/3 Thlr.] *

—— u. Jahresbericht des Vereins f. meklenburg. Geschichte u. Alterthumskunde, hrsg. v. G. C. F. Lisch, A. Bartsch u. F. C. Wex. 8—10. Jahrg 1843—45. gr. 8. Schwerin, (Stiller'sche Hofbuchh.) [8. (27 1/2 B. u. 4 Stnt.) 9. (33 5/8 B., 3 Stnt. u. 20 Holzschn.) 10. (20 1/2 B. u. 33 Holzschn.) à J. * 1 Thlr. 20 Ngr.] *

—— dass. Register über die ersten fünf Jahrgänge. Im Auftrage des Vereins angefertigt v. J. G. C. Ritter. 1. Register. gr. 8. (13 B.) Ebds. 844. *
1—7. Jahrg. 1836—42. Ebendas. * 11 Thlr. 20 Ngr.

—— und Jahresbericht des Vereins für meklenburg. Geschichte und Alterthumskunde, hrsg. von G. C. F. Lisch. 11. Jahrg. Mit angehängtem Jahresberichte. gr. 8. (530 S. mit 4 Stnt. und 30 Holzschn.) Schwerin 847. Rostock, Stiller'sche Hofbuchh. *
Vgl. Jahrbücher des Vereins ...

— die, d. Jesuiten zu Schlettstadt u. Rufach, hrsg. v. Jos. Gény, s.: Quellenschriften d. elsäss. Kirchengeschichte.

—— der Insectenkunde, mit besond. Rücksicht auf d. Samml. im Kgl. Museum zu Berlin hrsg. v. Fr. Klug. 1. Bd. M. 2 ill. Kpfrt. gr. 8. (19 1/4 B.) Berlin 834, Th. Enslin.

— — des kaiserl. königl. polytechnischen Instituts in Wien, herausgeg. von J. J. Prechtl. 1r u. 2r Bd. Mit 4 Kpfrn. gr. 8. Wien, Gerold. 819 u. 20. à 4 Rthlr.

— d. k. k. polytechnischen Instituts in Wien. Herausgeg. v. J. J. Prechtl. 3r—11r Bd. Mit Kpfrtf. gr. 8. Wien 821—27, Gerold. 3r—6r Bd. à 4 Rthl. 7r—11r Bd. à 3 Rthl.

— dies. 1r Bd. 2te Aufl. Mit 4 Kupfrtaf. gr. 8. Ebend. 824.

—— d. k. k. polytechn. Instituts in Wien. In Verbind. mit d. Prof. d. Instituts hrsg. v. Joh. Jos. Prechtl. 12—18. Bd. gr. 8. Wien, Gerold. [12. (24 1/4 B. u. 3 Kpfrt.), 13. (25 1/2 B. u. 7 Kpfrt.) 828., 14. (26 B. u. 3 Kpfrt.), 15. (23 3/4 B., 6 Kpfrt. u. Sachregist. üb. d. 11—15. Bd.) 829., 16. (19 1/2 B. u. 5 Kpfrt.) 830., 17. (26 B. u. 2 Kpfrt.) 832., 18. (34 1/4 B. u. 5 Kpfrt.) 834. à 3 Thlr.]

—— des k. k. polytechnischen Instituts in Wien. In Verbind. mit d. Professoren d. Institutes hrsg. v. Joh. Jos. Prechtl. 19. u. 20. Bd. Mit Sachregister üb. d. 16—20. Bd. gr. 8. Wien, [Gerold's Vrlsh.] [19. (32 B. u. 4 Kpfrt.) 837. 3 Thlr., 20. (35 1/2 B. u. 5 Kpfrt.) 839. 4 Thlr.]
1—18. Bd. Ebendas. 1824—34. 60 Thlr.

— — der ambulatorischen Klinik zu Halle. s. a. Pet. Krukenberg.

Jahrbücher der ambulatorischen Klinik zu Halle. Hrsg. v. Peter Krukenberg. Bd 1. Gbd.

Halle: Curt 1820

JB 6.068

—— königsberger medicinische, hrsg. von dem Verein für wissenschaftliche Heilkunde zu Königsberg. 1. Bd. 3 Hefte und 2. und 3. Bd. à 2 Hefte. gr. 8. Königsberg, Gräfe und Unzer. [1. Bd. (III und 406 S.) 858. 59., 2. Bd. (VIII und 379 S. mit 2 Stnt. in qu. gr. 4.) 859., 3. Bd. (269 S. mit 1 Stnt.) 861. 62.] à Jahrg. *

—— Königsberger medicinische, hrsg. von dem Vereine für wissenschaftliche Heilkunde zu Königsberg, redig. von v. Wittich. 4. Bd. 2 Hefte. gr. 8. Danzig 864, Ziemssen. [1. Heft. (S. 1—198.) * 1 Thlr. 4 Ngr., 2. (IV und S. 199—362, mit 5 Stnt., wovon 1 in Buntdr.) * 1 Thlr. 10 Ngr.] *

KÖNIGSBERGER MEDICINISCHE JAHRBÜCHER herausgegeben von dem Verein für wissenschaftliche Heilkunde zu Königsberg.
Bd. 1—3. (Mit Tafeln.) Königsberg, 1859—1862. Gräfe und Unzer. 8°.
Redigirt von v. WITTICH.:
Bd. 4. (Mit Tafeln.) Danzig, 1864. Constantin Ziemssen.

— konstitutionelle. Herausg. v. Karl Weil. 1. Jahrg. 1842 u. 2.—4. Jahrg. 1843—1846. à 3 Bde. gr. 8. Stuttgart 843—46, Krabbe. à n. 1⅚ ₰

—— dass. Hrsg. v. Dems. Jahrg. 1847. 1. u. 2. Bd. gr. 8. Ebds. à *

—— konstitutionelle. Hrsg. von Carl Weill. Jahrg. 1847. 3. Bd. gr. 8. (332 S.) Stuttgart 848, Krabbe. *
Jahrg. 1843—46. à 3 Bde. und Jahrg. 1847. 1. und 2. Bd. Ebendas. * 20 Thlr. 5 Ngr.

—— criminalistische, f. d. Königr. Sachsen. Hrsg. v. Chrstn. Bernhardt v. Watzdorf u. Gust. Alb. Siebdrat. 1. u. 2. Bd. à 3 Hfte. gr. 8. Zwickau, Richter'sche Bh. [1. (23⅝ B.) 836, 37., 2. (22½ B. u. 3 Stnr.) 838. à H. * ⅔ Thlr.] * 1 Thlr., hrbgs. Pr.
Forts. u.d.T.: Jahrbücher für sächsisches Strafrecht.

— f. Kriminalpolitik u. inn. Mission, hrsg. v. J. Winkelmann, s.a. Jahrbücher d. Gefängnis-Gesellschaft f. d. Prov. Sachsen u. d. Herzogt. Anhalt.

Jahrbücher für Kriminalpolitik und innere Mission. Unter Mitw. von ... hrsg. von J. Winkelmann, [später:] vom leitenden Ausschuss der Gefängnisgesellschaft für die Provinz Sachsen u. das Herzogtum Anhalt. N. F. Bd 2. 3. Halle a. S. 1898.

—— für die Criminal-Rechtspflege in d. preuß. Staaten, mit Einschluß d. Rheinprovinzen, Neuvorpommerns u. d. Fürstenth. Neufchatel. Als Fortsetz. der v. Ed. Hitzig begründ. Zeitschrift f. d. preuß. Criminalrechtspflege rc. aus amtl. Quellen hrsg. v. Ad. Jul. Mannkopff. 1. Bd. 1—3. Hft. gr. 8. (12½, 13¾ u. 14 B.) Berlin 840, Nauck'sche Buchh. à *
Vgl. Annalen d. deutsch. u. ausländ. Criminal-Rechtspflege.

Jahrbücher für wissenschaftliche Kritik. Stuttgart u. Tübingen 1827—38. H: *Henning, Leop. Dorotheus gen. v. Schönhoff.* (ADB) (Gans, Rückblicke. Berl. 1836. S. 215—257.)

JAHRBÜCHER FÜR WISSENSCHAFTLICHE KRITIK. Herausgegeben von der Societät für wissenschaftliche Kritik zu Berlin. Verantwortlicher Redacteur: der General-Secretair der Societät, Professor von Henning.
Jahrg. 1827—1833. Bd. 1. Stuttgart und Tübingen 1827—1833. J. G. Cotta'sche Buchh. 4°.
Jahrg. 1833. Bd. 2. — Jahrg. 1840. Bd. 1. Berlin 1833—1840. Duncker und Humblot.
Jahrg. 1840. Bd. 2. — Jahrg. 1846. Bd. 2. ib. 1840—1846. W. Besser.

— f. d. wissensch'ftl. Kritik. 1r Jhrg. 827. gr. 4. Stuttg. v. Cotta.

—— für wissenschaftl. Kritik. Hrsg. v. d. Societät f. wissenschaftl. Kritik zu Berlin. Jahrg. 1828—33. 1. Bd. (Jan.—Juni.) (à J. 2 Bde. od. 12 Hfte.) Redig. v. Henning. gr. 4. (à J. ca. 120 B. u. Beiln.) Stuttgart, Cotta. à J.

—— dies. Jahrg. 1833. 2. Bd. (Jul.—Dec.) —35. (à J. 2 Bde. od. 12 Hfte.) Redig. von v. Henning. gr. 4. Berlin, Duncker u. Humblot. à J.
Jahrg. 1827. Stuttgart, Cotta. 12 Thlr.

—— für wissenschaftl. Kritik. Hrsg. v. d. Societät f. wissenschaftl. Kritik zu Berlin. Jahrg. 1836—42. à 2 Bde. od. 12 Hfte. Redig. von v. Henning. gr. 4. Berlin, Duncker u. Humblot. à J. *

—— f. wissenschaftliche Kritik. Hrsg. v. der Societät f. wissensch. Kritik zu Berlin. Redact. v. Henning. Jahrg. 1843—46. à 12 Hfte. gr. 4. Berlin, Besser, Verl. à J. * 12 Thlr. *

Kritische Jahrbücher für Deutsche Rechtswissenschaft. Hrsg. von Aemil. Lud. Richter [später:] u. R[ob.] Schneider, (seit Bd 11:) von R[ob.] Schneider. Jg. 1—12 = Bd 1—24. Leipzig 1837—48.

Bd 11—24. [Nebentit.:] Neue kritische Jahrbücher. Bd 1—14.

—— krit., f. deutsche Rechtswissenschaft. Im Verein mit viel. Gelehrten hrsg. v. Aemil Ludw. Richter. 1. u. 2. Jahrg. 1837, 38. à 12 Hfte. gr. 8. Leipzig, Focke. à J. *

—— dies. — hrsg. v. A. L. Richter u. Rob. Schneider. 3—6. Jahrg. 1839—42. à 12 Hfte. gr. 8. Leipzig, B. Tauchnitz jun. à J. *

—— kritische, f. deutsche Rechtswissenschaft. Begründet v. Aemil Ludw. Richter. Fortges. v. Rob. Schneider. 7—11. Jahrg. 1843—47. à 12 Hfte. gr. 8. Leipzig, Bernh. Tauchnitz jun. à J. *
1—6. Jahrg. 1837—42. Ebendas. à J. 6 Thlr. 20 Ngr.

— kritische, f. Deutsche Rechtswissenschaft. Begründet von Aemil. Ludw. Richter. Fortges. von Rob. Schneider. 21—24. Bd. 11 u. 12. Jahrg. 1847 u. 1848. à 12 Hefte. gr. 8. (à Jahrg. 1152 S.) Leipzig, B. Tauchnitz. à Jahrg. n. 6⅔ ₰

Kritische Jahrbücher der Staatsarzneikunde für das 19. Jahrhundert. Hrsg. von Christoph Knape u. August Friederich Hecker. Bd 1. Berlin: Maurer 1806. 8°
Bd 1, Th. 1.2: 1806.

—— für dramatische Kunst und Literatur. Redig. von H. Th. Rötscher. 1. Jahrg. 1847. April—Decbr. 9 Hefte. (à ca. 6 Bog.) Lex.-8. Berlin, Hirschfeld. *

—— dass. — Redig. von Dems. 2. Jahrg. 9 Hefte und 3. Jahrg. 6 Hefte. (à Heft ca. 5 Bog.) Lex.-8. Frankfurt a. O. 848—49, Trowitzsch und Sohn.
Vgl.: Theater-Locomotive, neue.

Jahrbücher der königlich preussischen Kunstsammlungen. Band 22-28 Berlin 1901-07

— für Kunstwissenschaft. Hersg. von A. v. Zahn. 1—3. Jahrg. 1868—70. à Jahrg. 4 Hefte (à 5—6 Bgn.). Leipzig, Seemann. gr. 8. Jedes Heft n. 24 ngr.

— für Kunstwissenschaft. Hrsg. von A. v. Zahn. 4—5. Jahrg. 1871—1872. à 4 Hfte. u. 6. Jahrg. 1873. 3 Hfte. (à 5—6 B.) gr. 8. Leipzig, Seemann. à Hft. n. 2.40

—— für d. preuß. Landes-Cultur-Gesetzgebung, mit Genehmigung e. hoh. Ministeriums d. Innern. Angefangen v. E. Frh. v. Glaubitz, hrsg. v. Neigebaur. 1. Hft. gr. 8. (10½ B.) Breslau 830, Gosohorsky.

JAHRBÜCHER FÜR DIE LANDESKUNDE DER HERZOGTHÜMER SCHLESWIG, HOLSTEIN UND LAUENBURG.

Herausgegeben von der S. H. L. Gesellschaft für vaterländische Geschichte redigirt von TH. LEHMANN und HANDELMANN.:

Bd. I—VI. Mit Steindrucktafeln. Kiel 1858 – 1863. In Comm. der akademischen Buchhandlung. 8°.

Herausgegeben von der S. H. L. Gesellschaft für vaterländische Geschichte.:

Bd. VII—VIII. ib. 1864—1866. —

Bd. IX—X. (Mit Tafeln und genealogischen Tabellen.) ib. 1867—1869. In Comm. von G. von Maack's Verlag.

A. m. d. Vortitel:

ARCHIV DER SCHLESW.-HOLST.-LAUENB. GESELLSCHAFT FÜR VATERLÄNDISCHE GESCHICHTE.

Bd. XII—XXI. Folge 3. Bd. I—X.

—— für die Landeskunde der Herzogthümer Schleswig, Holstein und Lauenburg hrsg. von der S. H. L. Gesellschaft für vaterländ. Geschichte redig. von Th. Lehmann und H. Handelmann. 1—4. Bd. à 4 Hefte. gr. 8. Kiel, (Akademische Buchh.) [1. Bd. (1. Heft. 148 S. mit 1 Stnt. in qu. gr. 4. und einem Anhang: Mittheilungen des Vereins für Verbreitung naturwissenschaftl. Kenntnisse 12 S.) 858., 2. Bd. (1. Heft. 250 S. mit 1 lithogr. Karte.) 859., 3. Bd. (1. und 2. Heft. 344 S. mit 5 Stnt.) 860., 4. Bd. (1. Heft. 186 S. mit 4 Stnt.) 861. à Bd. * 3 Thlr.] *

—— für die Landeskunde der Herzogth. Schleswig, Holstein und Lauenburg hrsg. von der Schleswig-Holstein-Lauenburg. Gesellschaft für vaterländ. Geschichte, redig. von Th. Lehmann und H. Handelmann. 5. Bd. 4 Hefte und 6.—9. Bd. à 3 Hefte. gr. 8. (à Bd. ca. 400 S. mit Stnt.) Kiel 862—67, (G. v. Maack's Verlag.) à Bd. *

—— für die Landeskunde der Herzogth. Schleswig, Holstein und Lauenburg. Hrsg. von der S. H. L. Gesellschaft für vaterländ. Geschichte. 10. Bd. 3 Hefte. gr. 8. Mit lithogr. Taf. und Tab. in 4. und Fol. Kiel 869, (v. Maack's Verlag.) *

Vgl.: Zeitschrift der Gesellschaft für die Geschichte der Herzogth. Schleswig-Holstein und Lauenburg. 2. Bd.

— d. Landwirthschaft in Baiern. Herausgeg. v. G. Frh. v. Aretin u. M. Schönleutner. I. Jahrg. 1s u. 2s Hft. u. II. Jahrg. 1s 2s Heft. 8. Landshut 823—24, Krüll. à 12 gr.

Forts. u.d.T.: Neue Jahrbücher der Landwirthschaft in Baiern.

—— landwirthschaftliche. Hrsg. von W. Korn und Ed. Peters. 1.—3. Jahrg. à 4 Hefte. gr. 8. (à Heft ca. 160 S.) Breslau 870—73, Korn. à Jahrg. *

—— dass. — Vierteljahrsschrift für Land- und Volkswirthschaft hrsg. von Wilh. Korn. 4. und 5. Jahrg. à 4 Hefte. gr. 8. (à Heft ca. 160 S.) Ebendas. 878. à Jahrg. *

—— landwirthschaftliche. Vierteljahrsschrift für Land- und Volkswirthschaft, hrsg. von Wilh. Korn. 6. Jahrg. 1875. 4 Hefte. gr. 8. (à Heft ca. 160 S.) Breslau, Korn. *

Nicht weiter erschienen.

—— landwirthschaftliche. Zeitschrift für wissenschaftl. Landwirthschaft und Archiv des königl. preuß. Landes-Oekonomie-Kollegiums. Hrsg. von H. v. Nathusius und C. v. Salviati. 1. Bd. 4 Hefte. gr. 8. (III, 631 S.) Berlin 872, Wiegandt, Hempel und Parey. *

—— dass. — Hrsg. von H. v. Nathusius und H. Thiel. 2. Bd. 4 Hefte. gr. 8. (IV, 887 S., 11 S. Tab. in qu. 4. und Verhandlungen des Landes-Oekonomie-Kollegiums 39 S.) Ebendas. 878. *

—— dass. — 3. Jahrg. 1874. 6 Hefte. Lex.-8. (à Heft 166 S.) Ebendas. *

— dasselbe. 3. Bd. [1874.] Supplement. Lex.-8. Ebend. 875. n. 9. —

Verhandlungen der 20. Sitzungs-Periode d. königl. Landes-Oekonomie-Kollegiums nebst dem Jahres-Berichte üb. den Zustand der Landes-Kultur in Preußen f. das Jahr 1873. (V, 387 S. m. 15 Tab. in qu. gr. 4.)

—— landwirthschaftliche. Zeitschrift für wissenschaftl. Landwirthschaft und Archiv des königl. preuß. Landes-Oekonomie-Kollegiums. Hrsg. von H. v. Nathusius und H. Thiel. 4.—8. Bd. [1875—1879.] à Jahrg. 6 Hefte. Lex.-8. (à Heft ca. 168—184 S.) Berlin, Wiegandt, Hempel und Parey. à Jahrg. *

—— dass. — 5. Suppl.-Bd.: Veterinärwesen. Lex.-8. (117 S.) Ebendas. 876. *

—— dass. — 6. Suppl.-Bd. 3 Hefte. Lex.-8. Ebendas. 877. *

Inhalt:

Heft 1. Untersuchungen auf dem Gebiete der Agriculturchemie und Spiritusfabrikation, ausgeführt an der landwirthschaftl. Versuchs-Station zu Halle a. S. in den J. 1874—1876. Hrsg. von Max Maercker. (405 S. mit 2 in den Text gedr. Holzschn. und 8 lithogr. Taf.) *ℳ 10.

„ 2. Beiträge zur landwirthschaftlichen Statistik von Preußen für das J. 1875. Bearb. im königl. preuß. Ministerium für die landwirthschaftlichen Angelegenheiten. (370 S. mit Tab.) *ℳ 10.

„ 3. —— dass. — für das J. 1876. Bearb. im königl. preuß. Ministerium für die landwirthschaftl. Angelegenheiten. (IV, 263, 65 und 106 S. mit Tab.) *ℳ 12.

—— dass. — 7. Suppl.-Bd. 2 Hefte. gr. 8. Ebendas. 878. *

Inhalt:

Heft 1. Preussens landwirthschaftliche Verwaltung in den J. 1875, 1876, 1877. Nach einem Sr. Maj. dem Könige von dem Minister für die landwirthschaftl. Angelegenheiten erstatteten Berichte. (XIII, 387 und 263 S. mit Tab. und 13 lithogr. und chromolithogr. Taf.) *ℳ 20.

„ 2. Beiträge zur landwirthschaftlichen Statistik von Preussen für das J. 1877, als Ergänzung zu: „Preussens landwirthschaftliche Verwaltung 1875, 1876, 1877". Bearb. im königl. preuss. Ministerium für die landwirthschaftl. Angelegenheiten. (143 S. und Anhang 20 S.) *ℳ 4.

—— dass. — 8. Suppl.-Bd. Hrsg. von H. Thiel. 2 Hefte. gr. 8. Berlin 879, [Wiegandt, Hempel und Parey.] Parey. *

Inhalt:

Heft 1. Die Ernährung der landwirthschaftlichen Nutzthiere. (Neue Beiträge.) Bericht über die Arbeiten der kgl. Württemberg. landwirthschaftl. Versuchsstation Hohenheim aus den J. 1871—1878. (278 S.) *ℳ 6.

„ 2. Beiträge zur landwirthschaftlichen Statistik von Preussen für das J. 1878. Bearb. im kgl. preuss. Ministerium für Landwirthschaft, Domänen und Forsten. (VIII, 703 S. mit 86 S. Tab. in qu. gr. 4.) *ℳ 20.

— dasselbe. 9. Bd. [1880.] 6 Hfte. gr. 8. (1. Hft. 204 S. m. 4 Steintaf.) Ebend. 880. n. 20. —

— dasselbe. 9. Bd. Suppl. I u. II. Lex.-8. Ebend. 880. 81. n. 18. —

Beiträge zur landwirthschaftlichen Statistik von Preussen für das Jahr 1879, nebst Verhandlungen des kgl. Landes-Oekonomie-Kollegiums. Bearb. im kgl. preuss. Ministerium für Landwirthschaft, Domänen u. Forsten. 2 Thle. (VI, 320, VI, 187 S. m. Tab. in qu. gr. 4.)

— dasselbe. 10. u. 11. Bd. [1881 u. 1882.] à 6 Hfte. gr. 8. (à Hft. ca. 212 S. m. Steintaf.) Ebend. à Bd. n. 20. —

— dasselbe. 10. Bd. Suppl. 2 Thle. gr. 8. Ebend. 881. 82. n. 25. —

Beiträge zur landwirthschaftlichen Statistik von Preussen f. das Jahr 1880, nebst Verhandlungen des kgl. Landes-Oekonomie-Kollegiums. Bearb. im kgl. preuss. Ministerium f. Landwirthschaft, Domänen u. Forsten. 2 Thle. (VI, 489 u. VI, 270 S. m. Tab.)

— dasselbe. 11. Bd. Jahrg. 1882. Suppl. gr. 8. Ebend. 882. n. 20. —

Preussens landwirthschaftliche Verwaltung in den Jahren 1878, 1879, 1880. (XV, 622 S. m. Tab.)

— landwirthschaftliche. Zeitschrift f. wissenschaftl. Landwirthschaft u. Archiv d. königl. preuss. Landes-Oekonomie-Kollegiums. Hrsg. v. H. Thiel. 11. Bd. Suppl. II u. III. Lex.-8. Berlin 883. Parey. n. 21. —
Beiträge zur landwirthschaftlichen Statistik v. Preussen f. d. J. 1881, nebst Verhandlgn. d. königl. Landes-Oekonomie-Kollegiums. 1. u. 2. Thl. Bearb. im kgl. preuss. Ministerium f. Landwirthschaft, Domänen u. Forsten. (VI, 439 u. V, 191 S. m. Tab. in qu. gr. 4.)

— dasselbe. 12. Bd. [1883.] 6 Hfte. gr. 8. (1. u. 2. Hft. 288 S. m. 3 Steintaf.) Ebend. n. 20. —

Jahrbücher, landwirthschaftliche. Zeitschrift f. wissenschaftl. Landwirthschaft u. Archiv d. königl. preuss. Landes-Oekonomie-Kollegiums. Hrsg. v. H. Thiel. 12. Bd. Suppl. I—III. Lex.-8. Berlin 883. Parey. n. 36. —
I. Verhandlungen der III. Session der II. Sitzungs-Periode d. kgl. Landes-Oekonomie-Kollegiums vom 14. bis 17. Febr. 1883, nebst Repertorium der period. landwirthschaftl. Literatur 1882. (X, 839 S.) 883. n. 18. —
II. III. Beiträge zur landwirthschaftlichen Statistik v. Preussen f. d. J. 1882. Bearb. im kgl. preuss. Ministerium f. Landwirthschaft, Domänen u. Forsten. 1. u. 2. Thl. (VI, 317 u. V, 201 S. m. 137 S. Tab. in qu. gr. 4.) 882. 83. n. 18. —

— dasselbe. 13. Bd. [1884.] 6 Hfte. gr. 8. (1. Hft. 176 S. m. 9 Steintaf.) Ebend. n. 20. —

— dasselbe. 13. Bd. [1884.] Suppl. I u. II. gr. 8. Ebend. n. 32. —
I. Beiträge zur landwirthschaftlichen Statistik v. Preussen f. d. J. 1883. 1. Thl. Bearb. im kgl. preuss. Ministerium f. Landwirthschaft, Domänen u. Forsten. (XI, 663 S. m. 120 S. Tab. in qu. gr. 4.) 884. n. 20. —
II. dasselbe. 2. Thl. Bearb. im kgl. preuss. Ministerium f. Landwirthschaft, Domänen u. Forsten. (VI, 289 u. XX, 181 S.) 885. n. 12. —

— dasselbe. 14. Bd. [1885.] 6 Hfte. gr. 8. (1. Hft. 176 S. m. 3 Steintaf.) Ebend. n. 20. —

— dasselbe. 14. Bd. [1885.] Suppl. I—III. Lex.-8. Ebend. n. 55. —
I. Preussens landwirthschaftliche Verwaltung in den J. 1881, 1882, 1883. Bericht d. Ministers f. Landwirthschaft, Domänen u. Forsten an Se. Maj. den Kaiser u. König. (XVI, 851 S. m. Tab. u. graph. Steintaf.) 885. n. 25. —
II. Beiträge zur landwirthschaftlichen Statistik v. Preussen f. d. J. 1884. 1. Thl. Bearb. im kgl. preuss. Ministerium f. Landwirthschaft, Domänen u. Forsten. (214 S. m. 126 S. Tab. in qu. gr. 4.) 885. n. 12. —
III. dasselbe. 2. Thl. Bearb. im kgl. preuss. Ministerium f. Landwirthschaft, Domänen u. Forsten. (X, 384, 341 u. XX, 103 S.) 886. n. 18. —

— dasselbe. 15. Bd. [1886.] 6 Hfte. gr. 8. (1. Hft. 216 S.) Ebend. n. 20. —

— dasselbe. 15. Bd. [1886.] Suppl. I. gr. 8. Ebend. n. 10. —
Beiträge zur landwirthschaftlichen Statistik v. Preussen f. d. J. 1885. 1. Thl. Bearb. im kgl. preuss. Ministerium f. Landwirthschaft, Domänen u. Forsten. (V, 100 S. m. 153 S. Tab.)

— landwirthschaftliche. Zeitschrift f. wissenschaftl. Landwirthschaft u. Archiv d. königl. preuss. Landes-Oekonomie-Kollegiums. Hrsg. v. H. Thiel. 15. Bd. [1886.] Suppl. II u. III. gr. 8. Berlin 886. Parey. n. 16. 50
II. Beiträge zur landwirthschaftlichen Statistik v. Preussen f. d. J. 1885, nebst Verhandlgn. d. königl. Landes-Oekonomie-Kollegiums. 2. Thl. Bearb. im kgl. preuss. Ministerium f. Landwirthschaft, Domänen u. Forsten. (IX, 175, 231 u. 118 S. m. 45 S. Tab.) n. 14. —
III. Die Ergebnisse der preussischen Landwirthschaft im J. 1884. Von E. Marcard. (VI, 98 S.) n. 2. 50

— dasselbe. 16. Bd. [1887.] 6 Hfte. gr. 8. (1. Hft. 200 S.) Ebd. 887. n. 20. —

— dasselbe. 16. Bd. [1887.] Suppl. 3 Abthlgn. gr. 8. Ebd. 887. n. 29. —
I. Beiträge zur landwirthschaftlichen Statistik v. Preussen f. d. J. 1886. 1. Thl. Bearb. im kgl. preuss. Ministerium f. Landwirthschaft, Domänen u. Forsten. (81, 19 u. Tab. 143 S.) n. 9. —
II. Beiträge zur landwirthschaftlichen Statistik v. Preussen f. d. J. 1886, nebst Verhandlgn. d. kgl. Landes-Oekonomie-Kollegiums. 2. Thl. Bearb. im kgl. preuss. Ministerium f. Landwirthschaft, Domänen u. Forsten. (XIV, 281; 263 u. Tab. 122 S.) n. 17. —
III. Grundlagen f. die rationelle Fütterung d. Pferdes. Neue Beiträge. Resultate der 1885/86 u. 1886/87 in Hohenheim ausgeführten Versuche, zusammengestellt u. erörtert v. E. Wolff. (VII, 131 S.) n. 3. —

— dasselbe. 17. Bd. [1888.] 6 Hfte. gr. 8. (1. Hft. 176 S. m. 1 Taf.) Ebd. 888. n. 20. —

— dasselbe. 17. Bd. [1888.] Ergänzungsbd. 4 Abthlgn. gr. 8. Ebd. 888. n. 57. —
I. Beiträge zur landwirthschaftlichen Statistik v. Preussen f. d. J. 1887. 1. Thl. Bearb. im kgl. preuss. Ministerium f. Landwirthschaft, Domänen u. Forsten. (73, 36 u. Tab. 158 S.) n. 10. —
II. Preussens landwirthschaftliche Verwaltung in den J. 1884—1887. Bericht d. Ministers f. Landwirthschaft, Domänen u. Forsten an Se. Maj. den Kaiser u. König. (VIII, 584 u. 292 S.) n. 25. —
III. Beiträge zur landwirthschaftlichen Statistik v. Preussen f. d. J. 1887, nebst Verhandlgn. d. kgl. Landes-Oekonomie-Kollegiums. 2. Thl. Bearb. im kgl. preuss. Ministerium f. Landwirthschaft, Domänen u. Forsten. (XVI, 239; 310, Tab. 45 S. u. XIV, 125 S.) n. 18. —
IV. Die Ergebnisse der preußischen Landwirthschaft in den J. 1885 u. 1886. Von v. Marcard. (VI, 138 S.) n. 4. —

— dasselbe. 18. Bd. [1889.] 6 Hfte. gr. 8. (1. Hft. 156 S. m. 3 Taf.) Ebd. 889. n. 20. —

— dasselbe. 18. Bd. [1889.] Ergänzungsbd. I—IV. Ebd. 889. 890. n. 57. —
I. Beiträge zur landwirthschaftlichen Statistik v. Preussen f. d. J. 1888. 1. Thl. Bearb. im kgl. preuss. Ministerium f. Landwirthschaft, Domänen u. Forsten. (V, 95; 34 S. u. 168 S. Tabellen.) n. 10. —
II. Verhandlungen d. kgl. Landes-Oekonomie-Kollegiums üb. den Entwurf eines bürgerlichen Gesetzbuches f. das Deutsche Reich u. andere Gegenstände. III. Session der IV. Sitzungs-Periode vom 11.—22. Novbr. 1889. (XXI, 1017 S.) n. 20. —

III. Ermittelungen üb. die allgemeine Lage der Landwirthschaft in Preussen. Aufgenommen im J. 1888/89. Bearb. im kgl. Preuss. Ministerium f. Landwirthschaft, Domänen u. Forsten. 1. Thl. (XIX, 648 S. m. 2 Taf.) n. 15. —
IV. Beiträge zur landwirthschaftlichen Statistik v. Preussen f. d. J. 1888. Bearb. im kgl. preuss. Ministerium f. Landwirthschaft, Domänen u. Forsten. 2. Thl. (VI, 303, 47, XXV u. 125 S. m. 28 S. Tabellen.) n. 12. —

— dasselbe. 19. Bd. [1890.] 6 Hfte. gr. 8. (1. Hft. 141 S. m. 4 Taf.) Ebd. 890. n. 20. —

— dasselbe. 19. Bd. [1890.] Ergänzungsbd. I u. II. Lex.-8. Ebd. 890. n. 14. —
I. Die Ergebnisse der preußischen Landwirthschaft in den J. 1887 u. 1888. Von v. Marcard. (VI, 168 S.) n. 4. —
II. Beiträge zur landwirthschaftlichen Statistik v. Preussen f. d. J. 1889. Bearb. im kgl. preuss. Ministerium f. Landwirthschaft, Domänen u. Forsten. 1. Thl. (III, 105 u. 36 S. m. 176 S. Tab.) n. 10. —

— landwirthschaftliche. Zeitschrift f. wissenschaftl. Landwirthschaft u. Archiv d. königl. preuss. Landes-Oekonomie-Kollegiums. Hrsg. v. H. Thiel. 19. Bd. [1890]. Ergänzungsbd. III u. IV. Lex.-8. Berlin 891. P. Parey. n. 38. — (I—IV.: n. 52. —)
III. Beiträge zur landwirthschaftlichen Statistik v. Preussen f. d. J. 1889, 2. Thl., nebst Verhandlgn. d. kgl. Landes-Oekonomie-Kollegiums vom 10. bis 15. Novbr. 1890. Bearb. im königl. preuss. Ministerium f. Landwirthschaft, Domänen u. Forsten. (XV, 550; 374, 55, XXV u. 126 S. m. 27 S. Tab.) n. 26. —
IV. Ermittelungen üb. die allgemeine Lage der Landwirthschaft in Preussen. Aufgenommen im J. 1888/89. 2. Thl. (IV, 579 S.) n. 12. —

— dasselbe. 20. Bd. Jahrg. 1891. 6 Hfte. Lex.-8. (à Hft. ca. 180 S. m. Taf.) Ebd. n. 20. —

— dasselbe. 20. Bd. Jahrg. 1891. Ergänzungsbd. I—III. Lex.-8. Ebd. n. 45. —
- I. Beiträge zur landwirthschaftlichen Statistik v. Preussen f. d. J. 1890. Bearb. im königl. preuss. Ministerium f. Landwirthschaft, Domänen u. Forsten. 1. Thl. (V, 92; 36 u. VIII, 237 S. m. Tab.) 891. n. 10. —
- II. Untersuchungen der Milch v. 16 Kühen d. in Ostpreussen rein gezüchteten holländischen Schlages während der Dauer einer Lactation. Mitgetheilt aus der Versuchsmolkerei zu Kleinhof-Tapiau v. Wilh. Fleischmann. Mit 1 graph. Taf. (VIII, 368 S.) 891. n. 10. —
- III. Beiträge zur landwirthschaftlichen Statistik v. Preussen f. d. J. 1890, nebst Verhandlgn. d. königl. Landes-Oekonomie-Kollegiums vom 16. bis 20. Novbr. 1891. 2. Thl. (XV, 327; 304; 23, 55 u. XXV, 136 S. m. Tab.) 892. n. 25. —

Jahrbücher, landwirthschaftliche. Zeitschrift f. wissenschaftl. Landwirthschaft u. Archiv d. königl. preuss. Landes-Oekonomie-Kollegiums. Hrsg. v. H. Thiel. 21. Bd. Jahrg. 1892. 6 Hfte. Lex.-8. (à Hft. ca. 180 S. m. Taf.) Berlin, P. Parey. n. 28. —

— dasselbe. 21. Bd. Jahrg. 1892. Ergänzungsbd. I u. II. Lex.-8. Ebd. n. 38. —
- I. Beiträge zur landwirthschaftlichen Statistik v. Preussen f. d. J. 1891. Bearb. im königl. preuss. Ministerium f. Landwirthschaft, Domänen u. Forsten. 1. Thl. (V, 125; 36, IX, 215 u. 45 S. m. Tab.) 892. n. 10. —
- II. Beiträge zur landwirthschaftlichen Statistik v. Preussen f. d. J. 1891, nebst Verhandlgn. d. königl. Landes-Oekonomie-Kollegiums vom 15. bis 18. Novbr. 1892. 2. Thl. (XV, 261; 411; 23, 55, XXV u. 141 S.) 893. n. 28. —

— dasselbe. 22. Bd. Jahrg. 1893. 6 Hfte. Lex.-8. (à Hft. ca. 180 S. m. Taf.) Ebd. n. 28. —

— dasselbe. 22. Bd. Jahrg. 1893. Ergänzungsbd. I—III. Lex.-8. Ebd. n. 41. —
- I. Beiträge zur landwirthschaftlichen Statistik v. Preussen f. d. J. 1892. Bearb. im königl. preuss. Ministerium f. Landwirthschaft, Domänen u. Forsten. 1. Thl. (V, 53; 48; IX, 271 S. m. Tab.) 893. n. 10. —
- II. — dasselbe. 2. Thl. (VI, 467, 23, 55, XXV u. 156 S. m. Tab.) 894. n. 24. —
- III. Das landwirthschaftliche Versuchswesen u. die Thätigkeit der landwirthschaftlichen Versuchsstationen Preussens im J. 1892. Zusammengefasst v. K. Rümker. (IV, 244 S.) 893. n. 7. —

— dasselbe. 23. Bd. Jahrg. 1894. 6 Hfte. Lex.-8. (à Hft. ca. 180 S. m. Taf.) Ebd. n. 28. —

— landwirthschaftliche. Zeitschrift für wissenschaftl. Landwirthschaft u. Archiv des kgl. preuss. Landes-Oekonomie-Kollegiums. Hrsg. v. H. Thiel. 23. Bd. 1894. Ergänzungsbd. I. u. IV. Lex.-8. Berlin, P. Parey. n. 27. — (I.—IV.: n. 44. —)
- I. Verhandlgn. des kgl. Landes-Oekonomie-Kollegiums v. 1. bis 3. März 1894. I. Session der VI. Sitzungsperiode. (X, 262 S.) 894. n. 7. —
- IV. Beiträge zur landwirthschaftl. Statistik v. Preussen f. d. J. 1893. Bearb. im kgl. preuss. Ministerium f. Landwirthschaft, Domänen u. Forsten. 2. Thl. (VI, 539; 73; XXV, 163 S. m. Tab.) 895. n. 20. — (1. u. 2.: n. 29. —)

— dasselbe. 23. Bd. Jahrg. 1894. Ergänzungsbd. II u. III. Lex.-8. Ebd. n. 17. —
- II. Die Agrarkonferenz vom 28. Mai bis 2. Juni 1894. Bericht üb. die Verhandlgn. der v. Sr. Exc. dem königl. preuss. Minister f. Landwirthschaft, Domänen u. Forsten zur Erörterg. agrarpolit. Massnahmen einberufenen Konferenz. (XVIII, 368 S.) 894. n. 8. —
- III. Beiträge zur landwirthschaftlichen Statistik v. Preussen f. d. J. 1893. Bearb. im königl. preuss. Ministerium f. Landwirthschaft, Domänen u. Forsten. 1. Thl. (V, 24; 48 u. X, 286 S. m. Tab.) 894. n. 9. —

— dasselbe. 24. Bd. 1895. 6 Hfte. (à ca. 150 S. m. Taf.) Lex.-8. Ebd. n. 28. —

— dasselbe. 24. Bd. 1895. Ergänzungsband I.—III. Lex.-8. Ebd. n. 58. —
- I. Das landwirthschaftl. Versuchswesen u. d. Thätigkeit d. landwirthschaftl. Versuchsstationen Preussens im J. 1893. Im Auftr. d. Ministers f. Landwirthschaft, Domänen u. Forsten zusammengef. von K. v. Rümker. (VIII, 347 S.) 895. n. 10. —
- II. Beiträge zur landwirthschaftl. Statistik v. Preussen f. d. J. 1894. Bearb. im kgl. preuss. Ministerium f. Landwirthschaft, Domänen u. Forsten. 1. Thl. (XV, 218; 145, 48 u. X, 805 S. m. Tab.) 895. n. 20. —
- III. dasselbe, nebst Verhandlgn. d. kgl. Landes-Oekonomie-Kollegiums vom 4. Dezbr. 1895. Bearb. im kgl. preuss. Ministerium für Landwirthschaft, Domänen u. Forsten. 2. Thl. (XII, 62; 659, 51 u. XXV, 163 S.) 896. n. 28. —

— dasselbe. 25. Bd. 1896. 6 Hfte. (à ca. 180 S.) Lex.-8. Ebd. n. 28. —

— dasselbe. 25. Bd. [1896.] Ergänzungsbd. I—IV. Lex.-8. Ebd. n. 58. —
- I. Beiträge z. landwirtschaftl. Statistik v. Preussen f. d. J. 1895. Bearb. im kgl. preuss. Ministerium f. Landwirtschaft, Domänen u. Forsten. 1. Tl. (V, 27, 44, XII, 816 S. m. 2 Tab.) 896. n. 13. —
- II. Das landwirtschaftliche Versuchswesen u. d. Thätigkeit d. landwirtschaftl. Versuchsstationen Preussens im J. 1894. Im Auftrage d. Ministers f. Landwirtschaft, Domänen u. Forsten zusammengef. von K. v. Rümker. (X, 450 S. m. 2 graph. Darstellgn. u. 1 Tab.) 896. n. 16. —
- III. Beiträge z. landwirtschaftl. Statistik v. Preussen f. d. J. 1895. Bearb. im kgl. preuss. Ministerium f. Landwirtschaft, Domänen u. Forsten. 2. Tl. (VI, 659; 55; XXV, 163 S.) 897. n. 25. — (1. u. 2.: n. 38. —)
- IV. Register üb. Jahrg. I—XXV (1872—1896), bearb. v. Frz. Engel. (III, 116 S.) 897. n. 4. —

Jahrbücher, landwirthschaftliche. Zeitschrift f. wissenschaftl. Landwirthschaft u. Archiv d. kgl. preuss. Landes-Oekonomie-Kollegiums. Hrsg. v. H. Thiel 26. Bd. (1897.) 6 Hfte. (à ca. 200 S. m. Taf.) Lex.-8. Berlin 897. P. Parey. n. 28. —

— dasselbe. 26. Bd. (1897.) Ergänzungsbd. I.—IV. gr. 8. Ebd. n. 61. —
- I. Verhandlgn. d. kgl. Landes-Okonomie-Kollegiums v. 4. bis 6. II. 1897. I. Session d. VII. Sitzungsperiode. (XI, 231 S. m. 1 farb. Karte.) 897. n. 7. —
- II. Beiträge zur landwirtschaftl. Statistik v. Preussen f. d. J. 1896. Bearb. im kgl. preuss. Ministerium f. Landwirtschaft, Domänen u. Forsten. 1. Tl. (V, 27, 44 u. XII, 833 S. m. 2 Tab.) 897. n. 14. —
- III. D. landwirtschaftl. Versuchswesen u. d. Thätigkeit d. landwirtschaftl. Versuchsstationen Preussens im J. 1895. Im Auftr. d. Ministers f. Landwirtschaft, Domänen u. Forsten zusammengef. Von K. v. Rümker. (VIII, 710 S. m. 3 Lichtdr.- u. 1 graph. Taf.) 897. n. 20. —
- IV. Beiträge zur landwirtschaftl. Statistik v. Preussen f. d. J. 1896. Bearb. im kgl. preuss. Ministerium f. Landwirtschaft, Domänen u. Forsten. 2. Tl. (VI, 637, 65, XXVI, 183 S.) 898. n. 20. — (1. u. 2.: n. 34. —)

— dasselbe. 27. Bd. 1898. 12 Hfte. (à ca. 180 S. m. Taf.) Lex.-8. Ebd. n. 28. —

— dasselbe. 27. Bd. Ergänzungsbd. I—III. Lex.-8. Ebd. n. 41. —
- I. Verhandlgn. d. kgl. Landes-Ökonomie-Kollegiums vom 3.—5. II. 1898. II. Session d. VII. Sitzungs-Periode. (VII, 260 S.) 898. n. 7. —
- II. Das landwirtschaftl. Versuchswesen u. d. Thätigkeit der landwirthschaftl. Versuchsstationen Preussens im J. 1896. Im Auftr. d. Ministers für Landwirtschaft, Domänen u. Forsten zusammengef. Von H. Immendorff. (VIII, 818 S.) 898. n. 20. —
- III. Untersuchgn. üb. d. Stoffwechsel d. Pferdes bei Ruhe u. Arbeit. Neue Folge, unt. Mitwirkg. v. Curt Lehmann u. Johs. Frentzel bearb. v. N. Zuntz u. Osc. Hagemann. (X, 440 S. m. 1 Abb. u. 7 Taf.) 898. n. 14. —

— **landwirtschaftliche.** Zeitschrift f. wissenschaftl. Landwirtschaft u. Archiv des königl. preuss. Landes-Ökonomie-Kollegiums. Hrsg. v. H. Thiel. 27. Bd. (1898.) IV.—VI. Ergänzungsbd. Lex.-8. Berlin, P. Parey. n. 46. —; (I—VI n. 97. —)

IV. Mitteilungen üb. die Arbeiten der Moor-Versuchs-Station in Bremen. Hrsg. v. Br. Tacke. — 4. Bericht m. 3 Textabbildg. u. 24 Taf. (VII, 557 S.) 898. n. 18. —

V. Beiträge zur landwirtsch. Statistik v. Preussen f. d. J. 1897. Bearb. im kgl. preuss. Ministerium f. Landwirtschaft, Domänen u. Forsten. 1. Tl. (V, 73, XVI, 324 S. m. 2 Tab.) 898. n. 13. —

VI. Dasselbe. 2. Tl. (VI, 525 u. 97 S.) 899. n. 15. —

— dasselbe. 28. Bd. (1899.) 6 Hfte. Lex.-8 (II, 1081 S. m. 19 Taf.) Ebd. n. 28 —

— dasselbe. 28. Bd. (1899.) I.—VI. Ergänzungsbd. Lex.-8. Ebd. n. 77. —

I. Vererbung, die, des ländlichen Grundbesitzes im Königr. Preussen. Im Auftrage des kgl. Ministeriums f. Landwirtschaft, Domänen u. Forsten hrsg. v. M. Sering. 1. Bd.: Oberlandesgerichtsbezirke Köln, Frankfurt a. M., Cassel, bearb. v. W. Wygodzinski, R. Hirsch u. Holzapfel. Mit 7 Karten. (XV, 201, 123, 106 u. 135 S. m. Tab.) 899. n. 15. —

II. Verhandlungen des königl. Landes-Ökonomie-Kollegiums vom 27. II. bis 1. III. 1899. I. Session der VIII. Sitzungs-Periode. (VI, 322 S.) 899. n. 8. —

III. Gesamtbericht üb. die Untersuchung der Milch v. 68 Kühen des in Ostpreussen rein gezüchteten holländischen Schlages, während der Dauer einer oder mehrerer Laktationen. Mitgeteilt aus der Versuchsstation u. Lehranstalt f. Molkereiwesen zu Kleinhof-Tapiau. Von Karl Hittcher. Mit 16 Taf. (XIV, 551 S.) 899. n. 14. —

IV. Das landwirtsch. Versuchswesen u. die Thätigkeit der landwirtsch. Versuchsstationen Preussens im J. 1897. Im Auftrage Sr. Exc. des Hrn. Ministers f. Landwirtschaft, Domänen u. Forsten zusammengefasst. Von H. Immendorff. (VIII, 386 S.) 899. n. 10. —

V. Beiträge zur landwirtsch. Statistik v. Preussen f. d. J. 1898. Bearb. im kgl. preuss. Ministerium f. Landwirtschaft, Domänen u. Forsten. 1. Tl. (V, 76, XVI u. 338 S.) 900. n. 13. —

VI. Dasselbe. 2. Tl. (VI, 615 u. 98 S.) 900. n. 18. —

Jahrbücher, landwirtschaftliche. Zeitschrift für wissenschaftl. Landwirtschaft u. Archiv des königl. preuss. Landes-Ökonomie-Kollegiums. Hrsg. von H. Thiel. 29. Bd. (1900.) 6 Hfte. Lex.-8. (II, 1000 S. m. 17 Textabb., 1 Bildnis, 86 Taf. u. 1 farb. Karte.) Berlin, P. Parey. n. 28. —

— dasselbe. 29. Bd. (1900.) I.—V. Ergänzungsbd. Lex.-8. Ebd. n. 55. 50

I. Verhandlungen des königl. Landes-Ökonomie-Kollegiums vom 12. bis 14. III. 1900. 2. Session der VIII. Sitzungs-Periode. (VII, 304 S.) 900. n. 8. —

II. Das landwirtsch. Versuchswesen u. die Thätigkeit der landwirtsch. Versuchsstationen Preussens im J. 1898. Im Auftrage Sr. Exc. des Hrn. Ministers f. Landwirtschaft, Domänen u. Forsten zusammengefasst. Von H. Immendorff. (VIII, 337 S.) 900. n. 9. —

III. Vererbung, die, des ländlichen Grundbesitzes im Königr. Preussen. Im Auftrage des kgl. Ministeriums f. Landwirtschaft, Domänen u. Forsten hrsg. v. M. Sering. 2. Bd., 1. Tl. Oberlandesgerichtsbez. Hamm, Prov. Hannover, bearb. von L. Graf v. Spee u. Fr. Grossmann. Mit 6 Karten. (XIII, 235 u. 279 S. m. Tab.) 900. n. 13. 50

IV. Beiträge zur landwirtsch. Statistik v. Preussen f. d. J. 1899. Bearb. im kgl. preuss. Ministerium f. Landwirtschaft, Domänen u. Forsten. 1. Tl. (V, 71 u. XV, 344 S.) 901. n. 11. —

V. Dasselbe. 2. Tl. (V, 553 S.) 901. n. 14. —

— dasselbe. 30. Bd (1901.) 6 Hfte. Lex.-8. (II, 989 S. m. 5 Abb. u. 18 Taf.) Ebd. n. 28. —

— dasselbe. 30. Bd. (1901.) I.—IV. Ergänzungsbd. Lex.-8. Ebd. n. 47. —

I. Verhandlungen des königl. Landes-Ökonomie-Kollegiums vom 31. I. bis 2. II. 1901. III. Tagg. der VIII. Sitzungs-Periode. (VI, 253 S.) 901. n. 7. —

II. Das landwirtsch. Versuchswesen u. die Thätigkeit der landwirtsch. Versuchsstationen Preussens im J. 1899. Im Auftrage Sr. Exc. des Hrn. Ministers f. Landwirtschaft, Domänen u. Forsten zusammengefasst. Von H. Immendorff. (VIII, 309 S.) 902. n. 8. —

III. Arbeiten der landwirtsch. Akademie Bonn-Poppelsdorf. (V, 463 S. m. Abbildgn. u. 16 Taf.) 902. n. 14. —

IV. Beiträge zur landwirtsch. Statistik v. Preussen f. d. J. 1900. Bearb. im kgl. preuss. Ministerium f. Landwirtschaft, Domänen u. Forsten. (VI, 721 S.) 902. n. 18. —

— dasselbe. 31. Bd. (1902.) 6 Hfte. Lex.-8. (II, 970 S. m. 6 Abb., 13 Taf. u. 1 Bildnis.) Ebd. n. 28. —

— dasselbe. 31. Bd. (1902.) I.—III. Ergänzungsband. Lex.-8. Ebd. n. 17. —

I. Der landwirtschaftliche Gross-, Mittel- u. Kleinbetrieb. Eine Darstellg. seiner privat- u. volkswirtschaftl. Vor- u. Nachteile auf Grund des v. den preuss. Landwirtschaftskammern gesammelten Materials. Von E. Stumpfe. (VI, 287 S.) 902. n. 7. —

II. Verhandlungen des königl. Landes-Ökonomie-Kollegiums vom 3. bis 5. II. 1902. I. Tagg. der IX. Sitzungs-Periode. (VI, 242 S.) 902. n. 6. —

III. Innere Kolonisation in den Provinzen Brandenburg u. Pommern 1891 bis 1901. Erfahrungen u. Verfahren der königl. Generalkommission zu Frankfurt a/Oder. Unter Mitwirkg. v. Mitgliedern des Kollegiums u. v. Spezialkommissaren zusammengestellt u. hrsg. Von H. Metz. (VIII, 160 S.) 902. n. 4. —

— dasselbe. 31. Bd. (1902.) IV. Ergänzungsbd. Lex.-8. Ebd. n. 7. —; (vollständig: n. 24. —)

Das landwirtschaftliche Versuchswesen u. die Thätigkeit der landwirtschaftlichen Versuchsstationen Preussens im J. 1900. Im Auftrage Sr. Exc. des Hrn. Ministers f. Landwirtschaft, Domänen u. Forsten zusammengefasst. Von H. Immendorff. (VIII, 277 S.) 903.

— **landwirtschaftliche.** Zeitschrift f. wissenschaftl. Landwirtschaft u. Archiv des königl. preuss. Landes-Ökonomie-Kollegiums. Hrsg. v. H. Thiel. 32.—35. Bd. (1903—1906.) à 6 Hefte. (947, 996, 984 u. 1037 S. m. Taf.) Lex.-8. Berlin, P. Parey. à Bd. n. 28. —

Jahrbücher, landwirtschaftliche. Zeitschrift für wissenschaftl. Landwirtschaft u. Archiv des königl. preuss. Landes-Ökonomie-Kollegiums. Hrsg. v. H. Thiel. 32. Bd. (1903.) I.—III. Ergänzgsbd. Lex.-8. Berlin, P. Parey. n. 22. —

I. Verhandlungen des königl. Landes-Ökonomie-Kollegiums vom 16. bis 18. II. 1903. II. Tagg. der IX. Sitzungs-Periode. (VI, 264 S.) 903. n. 6. —

II. Statistik der landwirtschaftlichen u. zweckverwandten Unterrichts-Anstalten Preussens f. die J. 1900, 1901 u. 1902. Bearb. im kgl. preuss. Ministerium f. Landwirtschaft, Domänen u. Forsten. (XVIII, 389 S.) 903. n. 10. —

III. Nachweisungen, statistische, aus dem Gebiete der landwirtschaftlichen Verwaltung v. Preussen. Bearb. im königl. preuss. Ministerium f. Landwirtschaft, Domänen u. Forsten. Jahrg. 1901 u. 1902. (VIII, 255 S.) 904. n. 6. —

— dasselbe. 33. Bd. (1904.) I. u. II. Ergänzungsbd. Lex.-8. Ebd. n. 12. —

I. Verhandlungen des königl. Landes-Ökonomie-Kollegiums vom 4.—6. II. 1904. III. Tagg. der IX. Sitzungs-Periode. (VI, 334 S.) 904. n. 8. —

II. Nachweisungen, statistische, aus dem Gebiete der landwirtschaftlichen Verwaltung v. Preussen. Bearb. im kgl. preuss. Ministerium f. Landwirtschaft, Domänen u. Forsten. Jahrg. 1903. (VI, 151 S. m. Tab.) 904. n. 4. —

— dasselbe. 34. Bd. (1905.) Ergänzungsbd. I—III. Lex.-8. Ebd. n. 24. —

I. Verhandlungen des königl. Landes-Ökonomie-Kollegiums vom 2.—4. II. 1905. 1. Tagg. der X. Sitzungs-Periode. (VI, 380 S.) 905. n. 9. —

II. Vererbung, die, des ländlichen Grundbesitzes im Königr. Preussen. Im Auftrage des kgl. Ministeriums f. Landwirtschaft, Domänen u. Forsten hrsg. v. M. Sering. 4. Bd. Provv. Westpreussen, Ostpreussen, Posen u. Schlesien. Bearb. v. Fel. Busch, Adf. v. Wenckstern u. Karl Böhme, Fr. Grossmann, Geo. Doyé u. H. Grandke. Mit 4 Karten. (XII, 102, 99, 107 u. 123 S.) 905. n. 11. —

III. Nachweisungen, statistische, aus dem Gebiete der landwirtschaftlichen Verwaltung v. Preussen. Bearb. im königl. preuss. Ministerium f. Landwirtschaft, Domänen u. Forsten. Jahrg. 1901. (VI, 165 S.) 905. n. 4. —

— dasselbe. 35. Bd. (1906.) I.–III. Ergänzungsbd. Lex.-8. Ebd. n. 21. —

I. Verhandlungen des königl. Landes-Ökonomie-Kollegiums vom 1.—3. II. 1906. II. Tagg. der X. Sitzungs-Periode. (VII, 523 S.) 906. n. 12. —

II. Die Entwickelung der Schweinezucht in Dänemark. Von Th. Brinkmann. Mit 1 Textabbildg. u. 1 graph. Darstellg. (VII, 182 S.) 906. n. 5. —

III. Die Sesshaftmachung der Landarbeiter. Beispiele u. Erfahrgn. nebst Vorschlägen zur Arbeiter-Ansiedelg. auf preuss. Domänen. Von E. Stumpfe. Hierzu 3 Anhänge: I. Die wichtigsten Gesichtspunkte f. den Bau der Gehöfte f. Landarbeiterstellen. Von Noack. Mit 6 Taf. — II. Die Arbeiteransiedelung in den 3 nordischen Königreichen. Von Hollmann. — III. Die Arbeiteransiedelung in England. Von Skalweit. (III, 123 S.) 906. n. 4. —

— dasselbe. 35. Bd. (1906.) IV.—VI. Ergänzungsbd. Lex. 8. Ebd. 28. 50
IV. Arbeiten der landwirtschaftlichen Akademie Bonn-Poppelsdorf. II. Mit 8 Taf. (V, 402 S.) 908. 12. —
V. Statistik der landwirtschaftlichen u. zweckverwandten Unterrichts-Anstalten Preussens f. die J. 1903, 1904 u. 1905. Bearb. im kgl. preuss. Ministerium f. Landwirtschaft, Domänen u. Forsten. (XXII, 485 S.) 908. 12. —
VI. Nachweisungen, statistische, aus dem Gebiete der landwirtschaftlichen Verwaltung v. Preussen. Bearb. im königl. preuss. Ministerium f. Landwirtschaft, Domänen u. Forsten. Jahrg. 1905. (VI, 172 S.) 908. 4. 50

— landwirtschaftliche. Zeitschrift f. wissenschaftl. Landwirtschaft u. Archiv des königl. preuss. Landes-Ökonomie-Kollegiums. Hrsg. v. H. Thiel. 36.—39. Bd. (1907—1910.) à 6 Hefte. (IV, 997; IV, 1101; IV, 950 u. IV, 1081 S. m. Abb. u. 16, 31, 17 u. 32 Taf.) Lex. 8. Berlin, P. Parey. à Bd. 15. —

— dasselbe. 36. Bd. (1907.) I. u. II. Ergänzungsbd. Lex. 8. Ebd. 10. —
I. Verhandlungen des königl. Landes-Ökonomie-Kollegiums v. 6. bis 9. III. 1907. III. Tagg. der X. Sitzungs-Periode. (VII, 482 S.) 907. 10. —
II. Nachweisungen, statistische, aus dem Gebiete der landwirtschaftlichen Verwaltung v. Preussen. Bearb. im königl. preuss. Ministerium f. Landwirtschaft, Domänen u. Forsten. Jahrg. 1906. (VI, 169 S.) 907. 4. 50

— dasselbe. 37. Bd. (1908.) I.—V. Ergänzungsbd. Lex. 8. Ebd. 55. —
I. Das landwirtschaftliche Versuchswesen u. die Tätigkeit der landwirtschaftl. Versuchsstationen Preussens in den J. 1901—1905. Im Auftrage des Hrn. Ministers f. Landwirtschaft, Domänen u. Forsten bearb. von H. Neubauer unter Mitwirkg. v. G. Ellrodt, H. Höft, F. Kretschmer, E. Molz, W. Rommel. (XI, 287 S.) 908. 7. —
II. Verhandlungen des königl. Landes-Ökonomie-Kollegiums vom 5. bis 8. II. 1908. I. Tagg. der XI. Sitzungs-Periode. (VI, 561 S. m. 4 Tab.) 908. 14. —
III. Bericht, 1., vom Dikopshof. Die Einrichtgn. u. die Versuchstätigkeit auf dem zur königl. landwirtschaftl. Akademie Bonn-Poppelsdorf gehör. Gut Dikopshof in den J. 1905—1907. Von J. Hansen. Mit 6 Abbildgn. u. 19 Taf. (X, 410 S.) 908. 12. —
IV. Arbeiten der kgl. Lehranstalt f. Wein-, Obst- u. Gartenbau zu Geisenheim a. Rh. Mit 2 Taf. u. 12 Textabbildgn. (V, 136 S.) 908. 4. —
V. Vererbung, die, des ländlichen Grundbesitzes im Königr. Preussen. Im Auftrage des kgl. Ministeriums f. Landwirtschaft, Domänen u. Forsten hrsg. v. M. Sering. II. Bd., 2. Tl.: Sering, Max, Erbrecht u. Agrarverfassg. in Schleswig-Holstein auf geschichtl. Grundlage, m. Beiträgen v. Rud. Lerch, Pet. Petersen u. Osk. Büchner. Mit 2 Karten. (XXX, 588 u. 180 S.) 908. 16. —

— dasselbe. 38. Bd. (1909.) I.—V. Ergänzungsbd. Lex. 8. Ebd. 37. 50
I. Nachweisungen, statistische, aus dem Gebiete der landwirtschaftlichen Verwaltung v. Preussen. Bearb. im königl. preuss. Ministerium f. Landwirtschaft, Domänen u. Forsten. Jahrg. 1907. (VI, 185 S.) 909. 4. 50
II. Verhandlungen des königl. Landes-Ökonomie-Kollegiums vom 10. bis 13. II. 1909 nebst den Beratungen zum Wassergesetzentwurf. II. Tagg. der XI. Sitzungs-Periode. (VII, 429 u. 302 S.) 909. 12. —
III. Die dänische Volkshochschule u. ihre Bedeutung f. die Entwicklung e. völkischen Kultur in Dänemark. Von A. H. Hollmann. (VI, 130 S.) 903. 3. —
IV. **Die Bedeutung der Fischerei f. die Fleischversorgung im Deutschen Reich.** Von J. König u. A. Splittgerber. Mitteilung der landw. Versuchsstation in Münster i. W. (VIII, 169 S. m. Abb. u. 6 Taf.) 909. 4. —
V. Arbeiten der königl. landwirtschaftlichen Hochschule zu Berlin. Festschrift zur Feier des 70. Geburtstages v. Dr. Hugo Thiel, Wirklichem Geheimen Rat und Ministerialdirektor im Ministerium f. Landwirtschaft, Domänen u. Forsten, Vorsitzendem des Kuratoriums der königl. landwirtschaftl. Hochschule zu Berlin. Mit 1 Portr., 11 Taf. u. 43 Textabbildgn. (VIII, 637 S.) 909. 14. —

Jahrbücher, landwirtschaftliche. Zeitschrift f. wissenschaftl. Landwirtschaft u. Archiv des königl. preuss. Landes-Ökonomie-Kollegiums. Hrsg. v. H. Thiel. 39. Bd. (1910.) I.—VI. Ergänzungsbd. Lex. 8. Berlin, P. Parey. 60. —
I. Nachweisungen, statistische, aus dem Gebiete der landwirtschaftlichen Verwaltung v. Preussen. Bearb. im königl. preuss. Ministerium f. Landwirtschaft, Domänen u. Forsten. Jahrg. 1908. (VI, 185 S.) 910. 5. —
II. Das landwirtschaftliche u. zweckverwandte Unterrichtswesen im Königr. Preussen, zugleich landwirtschaftl. Schulstatistik f. die J. 1906, 1907 u. 1908. Auf Grund amtl. Unterlagen u. Berichte im Auftrage des Ministers f. Landwirtschaft. Domänen u. Forsten bearb. von G. Oldenburg. (XXIV, 768 S. m. 3 [1 farb.] Karten.) 910. 16. —
III. Bericht (7.) üb. die Versuchswirtschaft Lauchstädt der Landwirtschaftskammer für die Prov. Sachsen. Umfassend die J. 1907—1909. Unter Mitwirkg. v. D. Meyer, F. Münster. J. Graff u. W. Gröbler hrsg. v. W. Schneidewind. — Arbeiten der agrik.-chem. Versuchsstation Halle a. S. der Landwirtschaftskammer f. die Prov. Sachsen. III. Von W. Schneidewind, D. Meyer, B. Heinze, F. Münster u. J. Graff hrsg. v. W. Schneidewind. (VIII, 343 S. m 1 Abb. u. 5 Taf.) 910. 8. —
IV. Verhandlungen des königl. Landes-Ökonomie-Kollegiums vom 9.—12. II. 1910 nebst Sachverzeichnis f. die I.—X. Sitzungsperiode des reorganisierten Kollegiums 1879—1907. III. Tagg. der XI. Sitzungsperiode. (XX, 639, 94 u. 96 S. m. 3 farb. Karten.) 910. 13. —
V. Vererbung, die, des ländlichen Grundbesitzes im Königr. Preussen. Im Auftrage des kgl. Ministeriums f. Landwirtschaft, Domänen u. Forsten hrsg. v. M. Sering. III. Bd.: Provv. Sachsen, Brandenburg und Pommern, bearb. v. M. Grabein, Max Beneke, Dietr. Preyer, Aug. Skalweit, Houselle u. P. Hillmann. (XI, 181, 131 u. 181 S. m. 4 farb. Karten.) 910. 13. —
VI. Landwirtschaftliche Studien in Nordamerika m. besond. Berücksicht. der Pflanzenzüchtung. Ein Reisebericht in Wort u. Bild. Von K. v. Rümker, u. E. v. Tschermak, Edler v. Seysenegg. (XVI, 151 S. m. 22 Taf.) 910. 5. —

Jahrbücher, landwirthschaftliche, aus der Provinz Preußen. Von der Centralstelle der landwirthschaftl. Vereine des Reg.-Bez. Königsberg in monatl. Heften hrsg. und im Auftrage derselben redig. von Gumprecht, Friedr. Bernh. Rüder und W. A. Kreyssig. 1—4. Jahrg. 1849—52. à Jahrg. 12 Hefte. gr. 8. Königsberg, (Gräfe und Unzer.) à Jahrg. Thlr. *

Bildet eine Fortsetzung von: Verhandlungen des Vereins zur Beförderung der Landwirthschaft in Königsberg.

— — für den Lebensmagnetismus, oder neues Asklapieion, s. a. Wolfart, K. C.

Jahrbücher für den Lebens-Magnetismus oder Neues Asklapieion. Allgemeines Zeitblatt für die ges. Heilkunde nach den Grundsätzen des Mesmerismus. Hrsg. von K[arl] Chr[istian] Wolfart. Bd 1-3. Leipzig: Brockhaus 1818-20. 6 Bde 8°

Bd 1, H. 1. 2: 1818-19.
Bd 2, H. 1. 2: 1819.
Bd 3, H. 1. 2: 1820.

—— der kgl. bayer. landwirthschaftl. Lehr-Anstalten u. d. landwirthschaftl. Vereins Triptolemea zu Schleißheim, als Beyträge z. Förderung d. Lehre u. d. Gewerbes d. Landwirthschaft, in Verbindung mit d. Lehrern d. landwirthschaftl. Institutes hrsg. v. Max Schönleutner u. L. Zierl. 1—3. Bd. gr. 8. München, Literar.-Artist. Anstalt. [1. (29 B., 1 Tab. u. 1 lith. Karte.) 828., 2. (34½ B. u. 2 B. Tab.) 829. à 1 Thlr. 20 Gr., 3. (30¾ B. u. 5½ B. Tab.) 831. 2 Thlr.]

—— dies. 4. Bd. Hrsg. v. L. Zierl. — A. u. d. T.: Die landwirthschaftl. Pflanzenzucht u. landwirthschaftl. vegetabil. Technologie, als 2. od. besond. Thl. d. landw. vegetab. Productionslehre z. Behuf seiner Vorlesn. entworfen ꝛc. gr. 8. (21½ B. u. 1 B. Tabn. gr. 4.) Ebds. 832.

Jahrbücher, Liefländische, ..., s. Jahrbücher, Livländische ...

Jahrbücher der Literatur. Wien 1818—49. H: *Collin, Matthaeus von, Joh. Georg Hülsemann, Johann Ludwig Deinhardstein, Barthol. Kopitar.* (BrMm) (Ky)

— der Literatur, v. M. v. Collin, (J. G. Hülsemann, J. L. Deinhardstein, G. Kopitar,) für 1818—32, od. 1r—60r Bd. gr. 8. Wien, Gerold. (à Jahrg. 8 ℛ) 120 ℛ

— der Literatur. (Herausg. v. J. L. Deinhardstein.) Jahrg. 1833—1840. od. 61r-92r Bd. gr. 8. Wien 833—40. Gerold. (à J. n. 8 ℛ) n. 64 ℛ

— der Literatur. 93.—116. Bd. 1841—1846. Herausgeg. von J. L. Deinhardstein. gr. 8. Wien, Gerold. à n. 8 ℛ

Jahrbücher der Literatur. (128 Bde.) 8. Wien 1818—1849.

— d. deutschen jurist. Literatur. Herausgeg. v. Fr. Chrstph. Carl Schunck. 1r—3r Bd. à 3 Hfte. gr. 8. Erlangen 826, Palm u. E. à 1 Rthlr. 20 gr.

— dess. 2r Jahrg. 4r—6r Bd. à 3 Hfte. 1827. gr. 8. Ebend. à 1 Rthlr. 20 gr.

—— der gesammten deutschen jurist. Literatur, im Vereine mit mehr. Gelehrten hrsg. v. Friedr. Chrstph. Karl Schunck. 7—17. Bd. à 3 Hfte. gr. 8. Erlangen 828—31, Palm u. Enke. à Bd.

—— dies. 18—29. Bd. à 3 Hfte. od. neue Folge 1—4. Jahrg. 1832—35. gr. 8. Neustadt a. d. O., Wagner. à J. 1—6. Bd. Erlangen, Palm u. Enke. 1826, 27. à 1 Thlr. 20 Gr. — 1—17. Bd. ungetrennt hrbgs. Pr. 15 Thlr.

—— der gesammten deutschen jurist. Literatur, im Vereine mit mehr. Gelehrten hrsg. v. Friedr. Chrstph. Karl Schunck. 30. Bd. od. Neue Folge. 5. Jahrg. 1836. 4 Hfte. gr. 8. Neustadt a. d. O., Wagner. *

— der gesammten deutschen jurist. Literatur. Herausgeg. von Fr. Cph. Karl Schunck. 6 Jahrgg. od. XVII Bde., à 3 Hefte. gr. 8. Erlang. 826—31. Palm u. E. 23 ℛ 8 gGr. Hbg. Pr. 15 ℛ 18r—20r Bd., à 3 Hefte oder Jahrg. 1832. gr. 8. Neustadt, Wagner. 5 ℛ 12 gGr.

— der gesammten deutschen juristischen Literatur, im Vereine mit mehrern Gelehrten herausg. v. Fr. Chr. Karl Schunck. 21r—30r Bd. oder Neue Folge 2r-4r Jahrg. 1833—1835. (à 3 Bde.) gr. 8. Neustadt 833—36. Wagner. (à J. 5½ ℛ) 1r—4r J. 1832—35. 22 ℛ Herabges. auf n. 10 ℛ

Jahrbücher der gesammten forst- u. jagdwissenschaftlichen Literatur. Hrsg. C. P. Laurop. - Heidelberg, Leipzig. Jg. 3. 1825/26.
Früher s.: Jb. d. ges. Forst- u. Jagdwiss.
Forts. s.: Forstwiss. II.

—— f. slawische Literatur, Kunst u. Wissenschaft. Redact.: J. P. Jordan. 1—5. Jahrg. 1843—47. 1. J. 6 Hfte. u. 2—5. J. à 12 Hfte. gr. Lex.-8. Leipzig. [Slawische Buchh.] à J. * 4 Thlr. *

—— für slawische Literatur, Kunst und Wissenschaft. Redig. von J. P. Jordan. (6. und 7.) Jahrg. 1848 und 1849. à 12 Hefte. Mit: Slawische Bibliographie. Lex.-8. Leipzig, Slawische Buchh. à Jahrg. *

— dies. Red.: J. E. Schmaler [Smolef]. (7. Jahrg.) 1849. 52 Nrn. (½ B.) Mit d. Beiblatt: Slawische Rundschau. 52 Nrn. gr. 8. (½ B.) Bautzen, Weller in Comm. baar n. 4 ℛ — Jahrg. 1852. Juli - Decbr. 4 Hfte. gr. 8. Bautzen, Schmaler. n. 2 ℛ

—— dass. — Redig. von J. E. Schmaler. Jahrg. 1852. Juli — Decbr. 4 Hefte. gr. 8. Bautzen, Schmaler. *
1—5. Jahrg. 1843—47. Leipzig, Slawische Buchh. * 20 Thlr. Jahrg. 1850 52. I. Semester, sind nicht erschienen.

— für slavische Literatur, Kunst und Wissenschaft. Red.: J. E. Schmaler. Jahrg. 1853, 1854 u. 1855—56. Neue Folge. 1—3. Bd. à 8 Hefte (à ca. 5 Bgn.). Bautzen, Schmaler. Jeder Jahrg. n. 2 ℛ

Jahrbücher, Livländische, der Landwirthschaft. Dorpat 1825—27. H: *Löwis, Andreas von.* (R-N)

„Liefländische Jahrbücher der Landwirthschaft" 2 Jahrgänge je 4 Hefte, Dorpat 1825, 1826 (Schürmann)

—— livländische, d. Landwirthschaft. Neue Reihenfolge. 1—5. Bd. à 4 Hfte. Mit Abbildn. u. Tabn. 8. Dorpat 838—42, (Nebel.) à Bd. *

— Livländische, d. Landwirthschaft. Neue Reihenfolge. 1r u. 2r Bd. à 4 Hfte. Mit Steindr. 8. Dorpat 837—39. Kluge. (à Hft. ½ ℛ) 4 ℛ

— Livländische, der Landwirthschaft. Neue Reihenfolge. 3.—8. Bd. à 4 Hfte. Mit Abbild. u. Tab. 8. Dorpat und Moskau 839—45. (Gläser.) à Bd. n. 1½ ℛ

— dies. 9. Bd. 4 Hfte. Mit graph. Darstellungen der Witterung, beobachtet u. gezeichnet v. Dr. Mädler. gr. 8. Ebend. 846. n. 1⅔ ℛ — 1.—10. Bd. (Erste Reihe.) à 4 Hfte. 1825—1835. Ebend. à Bd. n. 2 ℛ

— Livländische, der Landwirthschaft. Neue Reihenfolge. 10—12. Bd. à 4 Hfte. gr. 8. (10: X u. 472 S. m. 2 lith. Taf. 11: XII u. 451 S. m. 3 lith. Taf. in qu. Fol. 12: ... S. m. lith. Taf.) Dorpat 848. 50. (Gläser.) à Bd. n. 1½ ℛ

— Livländische, der Landwirthschaft. Neue Reihenfolge. 13. Bd. 4 Hefte (à 7—8 Bgn.). Dorpat 855. (Glaeser.) gr. 8. n. 1 ℛ 15 ngr.

— livländische, der Landwirthschaft. Neue Reihenfolge. 14—17. Bd. à 4 Hefte (à 6—8 Bgn. mit lith. Taf.). Dorpat 860—64. Gläser. gr. 8. Jeder Bd. n. 1 ℛ 15 ngr.

— livländische, der Landwirthschaft. Neue Reihenfolge. 18. Bd. 4 Hefte (ca. 96 S. mit Steintaff. in gr. 4.). Dorpat 865. Gläser's Verlag. gr. 8. n. 1 ℛ 15 ngr.

Jahrbücher, Die, Ludwig des 15ten; a. d. Franz. ... Leipzig 1784. V: *Bouffonidor.* Ü: *Trost, Carl Ludw.* (MGT)

Jahrbücher Ludwigs XV. A. d. Franz. Leipzig 1785. V: *Bouffonidor.* (Pr)

— die, von Magdeburg, s. Geschichtschreiber, die, der deutschen Vorzeit.

Jahrbücher. Die J. von Magdeburg.... Berlin 1863 s. Saxo.

— die, v. Marbach, s. a. Geschichtschreiber, die, d. deutschen Vorzeit.

Die Jahrbücher von Marbach. Nach d. Ausg. d. Monumenta Germaniae übers. von G[eorg] Grandaur. — Leipzig: Duncker 1881. XIII,64 S. (Die Geschichtschreiber d. deutschen Vorzeit. 13. Jh., Bd 6.)
1:Rw 3588-13,6. 12:Germ. g. 159h-XIII,6.
300:392.249-B. Ser. 9,6. 2. 3. 4. 5. 6. 7. 8. 9. 10. 11.
5.453

[G.] Die Jahrbücher von Marbach [Annales Marbacenses]. Nach d. Ausg. d. Monum. Germ. übs. v. G[eorg] Grandaur. (2. Ausg.) *Leipzig: Dyk (1896).* (VIII, 64 S.) 1 Bd 8.
= Geschichtschreiber, Die, d. deutschen Vorzeit. 2. Gesammtausg. XIII. Jh. Bd 6. (= Bd 74.)
[56. 8506

— der deutschen Medizin und Chirurgie, s. a. Harless, Chr. Fr.

Jahrbücher der teutschen Medicin und Chirurgie. Mit Zugabe des Neuesten und Besten aus der ausländischen medicinischen Literatur. Hrsg. v. (Johann) Christian Friedrich Harless. Bd 1-3, gbd.

Nürnberg: Schrag 1813

JB 6.062

— d. deutschen Medicin u. Chirurgie rc., v. Chr. Fr. Harleß. 3 Bde. Mit 4 Kpf. gr. 8. Nürnb. 813. Schrag. 3 ℛ 15 gℓ Fortsetz. unt. d. T.: rhein. Jahrbücher d. Medicin u. Chirurgie, mit Zugabe des Neuesten u. Wissenswürdigsten aus der medicin.-chir. Literatur d. Auslandes, herausg. von Chr. Fr. Harleß. 1r Bd. 1s, 2s Hft. (Auch u. d. T.: neue Jahrbücher d. Medicin u. Chirurgie rc. 1r Bd., 1s, 2s Heft.) gr. 8. Bonn 819. Marcus. 2 ℛ 2r—4r Bd., à 2 Stcke. Auch u. d. T.: neue Jahrbücher d. deutschen Medicin u. Chirurgie rc. 1r—3r Bd. gr. 8. Elberf. 820, 21. Schönian. 6 ℛ 5r—8r Bd., oder neue Jahrbücher rc. 4r—7r Bd., à 3 Stcke. gr. 8. Ebd. 821—23. 9 ℛ 12 gℓ Supplementband zum 1n—4n Bde. gr. 8. Ebd. 821. 1 ℛ 12 gℓ 9r u. 10r Bd., à 3 Stcke. Auch u. dem T.: rhein.-westphäl. Jahrbücher. 1r, 2r Bd., à 3 Stücke. gr. 8. Hamm 824—26. Wundermann. 5 ℛ 13 gℓ Zweiter Supplementbd. gr. 8. Ebd. 827. 1 ℛ 16 gℓ (11r—17r Bd.) fortgesetzt unt. d. T.: Annalen, heidelberg. klinische, herausg. v. Chelius, Harleß, Nägele u. Puchelt. 1r—8r Bd. gr. 8. Heidelb. 825—32. Mohr. (à Jahrg. 4 ℛ) 32 ℛ 13r Bd., 1s, 2s Supplementheft. gr. 8. Ebd. 828. 2 ℛ (Vergl. Annalen, Heidelb. klin.)

—— der in- und ausländischen gesammten Medicin, s.a. Schmidt, Carl Chrn.

—— der in- u. ausländ. gesammten Medicin, hrsg. v. Carl Chrstn. Schmidt. 1. u. 2. Jahrg. 1834 u. 35. od. 1—8. Bd. à 3 Hfte. Lex.-8. Leipzig, O. Wigand. à Bd.

—— der in- u. ausländ. gesammt. Medicin, hrsg. v. Carl Chrstn. Schmidt. 3—9. Jahrg. 1836—42. od. 9—36 Bd. à J. 4 Bde. od. 12 Hfte. gr. Lex.-8. Leipzig, Otto Wigand. à J. *

—— dies. — 1—3. Supplembd. gr. Lex.-8. Ebds. [1. (68 ½ B.) 836. * 4⅔ Thlr., 2. (55 B.) 840., 3. (30 B.) 842. à * 3 ½ Thlr.] *
1. u. 2. Jahrg. 1834 u. 35. od. 1—8. Bd. Ebendas. * 24 Thlr.

—— der in- u. ausländischen gesammten Medicin, hrsg. v. Carl Christ. Schmidt. 10. Jahrg. 1843. (4 Bde. od. 12 Hfte.) Der Reihenfolge 37—40. Bd. Lex.-8. Leipzig, Otto Wigand. *

—— dass. hrsg. v. Alex. Göschen. 11—14. Jahrg. à 4 Bde. (der Reihenfolge 41—56. Bd.) 1844-47. Lex.-8. Ebds. à J. * 12 Thlr. *

Jahrbücher der in- u. ausländischen gesammten Medicin. 4. u. 5. Supplementband. Lex.-8. Ebds. [4. (40⅝ B.) 845. * 4 Thlr. 20 Ngr., 5. (53 B.) 47. * 3 Thlr. 10 Ngr.] Thlr. *
1—9. Jahrg. (36 Bde.), 1—3. Supplemtbd. u. Register üb. Bd. 1—20. Ebendas. 1831-42. * 121 Thlr.

—— dass. Hrsg. v. Carl C. Schmidt u. A. Goeschen. Generalregister üb. Bd. XXI—XXXX. gr. Lex.-8. (10½ B.) Ebds. 844. *

—— der in- und ausländischen Medicin, s.a. General-Register.

—— Schmidt's, der in- und ausländischen gesammten Medicin. Jhg. 1844—70. Bd. 41—148. Ebda. 4.

Carl Christian Schmidts **Jahrbücher** des in- und ausländischen gesammten Medicin. Red. von Hermann Eberhard Richter und Adolf Winter [später von anderen]. Bd 65. 1850-310. 1911. Leipzig 1850-1911.
Gen.-Reg. zu Bd 41-64. 1852; 85-100. 1861; 101-120. 1867; 141-160. 1882; 161-180. 1885; 181-200. 1888; 201-220. 1890; 221-240. 1895; 241-260. 1900. 261-280. 1904.

Jahrbücher der Medicin als Wissenschaft. Verfasst von einer Gesellschaft von Gelehrten u. hrsg. durch A(dalbert) F(riedrich) Marcus u. F(riedrich) W(ilhelm) J(osef) Schelling. Bd 1-3/1, gbd.

Tübingen: Cotta 1805-08

JB 6.058

Jahrbücher, medicinische, s. auch Jahrbücher für Homöopathie rc. 3r Band.

—— medicinische, mit besond. Berücksichtig. d. specif. Heilmethode. Hrsg. v. Alb. Vehsemeyer u. P. Th. F. Kurtz. 3. u. 4. Bd. à 4 Hfte. gr. 8. Berlin 840, 41, Vossische Bh. à *
1. u. 2. Bd., s. Jahrbücher f. Homöopathie.

Jahrbücher, medizinische. Zeitschrift der k. k. Gesellschaft der Aerzte in Wien. Redigirt von A. Duchek, J. Klob und A. Schauenstein. 1861. 17. Jahrgang der ganzen Folge. Erscheinen in zweimonatlichen Heften und in einem Wochenblatte von ca. ½ Bogen. gr. 8. Wien, Selbstverlag. 10 fl.
Getrennt: die Jahrbücher 6 fl., das Wochenblatt 4 fl.

—— medizinische. Zeitschrift der k. k. Gesellschaft der Aerzte in Wien. Redig. von A. Duchek, J. Klob, A. Schauenstein. 17. Jahrg. 1861. 6 Hefte. (à 8—10 Bog.) Mit: Wochenblatt der Zeitschrift der k. k. Gesellschaft der Aerzte in Wien. 52 Nrn. (½ Bog.) Lex.-8. Wien. Leipzig, Hinrichs'sche Sortiments-Buchh. Halbjährlich * *
Die Jahrbücher allein * *
Das Wochenblatt allein * *
Vgl.: Zeitschrift der k. k. Gesellschaft der Aerzte zu Wien.

Jahrbücher, medicinische. Zeitschrift der k. k. Gesellschaft der Ärzte in Wien. Redig. von A. Duchek, A. Schauenstein. 18. und 19. Jahrg. 1862 und 1863. à Jahrg. 6 Hefte. (à 8—10 Bog.) Mit: Wochenblatt der Zeitschrift der k. k. Gesellschaft der Aerzte in Wien. Redig. von A. Duchek, C. Langer, A. Schauenstein. à Jahrg. 52 Nrn. (½ Bog.) Lex.-8. Wien. Leipzig, Hinrichs' Sortiment. à Jahrg. *
Die Jahrbücher allein à Jahrg. *
Das Wochenblatt allein à Jahrg. *

—— dass. — Redig. von C. Braun, A. Duchek, L. Schlager. 20.—23. Jahrg. 1864—67. à Jahrg. 6 Hefte. (à 8—10 Bog.) Mit Wochenblatt der Zeitschrift der k. k. Gesellschaft der Aerzte in Wien. Redig. von C. Braun, A. Duchek, L. Schlager. à Jahrg. 52 Nrn. (½ Bog.) Lex.-8. Ebendas. à Jahrg. *
Die Jahrbücher allein à Jahrg. *
Das Wochenblatt allein à Jahrg. *

—— medizinische. Zeitschrift der k. k. Gesellschaft der Aerzte in Wien. Redig. von C. Braun, A. Duchek, L. Schlager. 24.—26. Jahrg. 1868—1870. à Jahrg. 6 Hefte. (à Heft 8—10 Bog.) Mit Wochenblatt der Zeitschrift der k. k. Gesellschaft der Aerzte in Wien. Redig. von C. Braun, A. Duchek, L. Schlager. à Jahrg. 52 Nrn. (à 1/2 Bog.) Lex.-8. Wien, (Leipzig, Hinrichs.) à Jahrg. *
Jahrbücher allein *
Wochenblatt allein *

—— medizinische. Hrsg. von der k. k. Gesellschaft der Aerzte. Redig. von S. Stricker. Jahrg. 1871—1874. à Jahrg. 4 Hefte. gr. 8. (à Heft 120—240 S. mit eingedr. Holzschn. und Stnt. in qu. 4.) Wien, Braumüller. à Jahrg. *

—— medizinische, hrsg. von der k. k. Gesellschaft der Aerzte. Redig. von S. Stricker. Jahrg. 1875—1879. à Jahrg. 4 Hefte. gr. 8. (à Heft ca. 126—156 S. mit eingedr. Holzschn. und Stnt. und Anzeiger ca. 80 S.) Wien, Braumüller. Jahrg. 1875 und 1876 à *
Jahrg. 1877—1879 à *

—— medizinische, hrsg. von der k. k. Gesellschaft der Aerzte, redig. von S. Stricker. Jahrg. 1880. 4 Hefte. gr. 8. (à Heft ca. 130 S. mit eingedr. Holzschn. und Stnt.) Wien, Braumüller. *
—— dass. — Redig. von R. Heschl. Jahrg. 1881. 4 Hefte. gr. 8. (à Heft ca. 130 S. mit eingedr. Holzschn. und Stnt.) Ebendas. *
—— dass. — Redig. von E. Albert und E. Ludwig. Jahrg. 1882. 4 Hefte. gr. 8. (à Heft ca. 130 S. mit eingedr. Holzschn. und Stnt.) Ebendas. *
—— dass. — Redig. von E. Albert, H. Kundrat und E. Ludwig. Jahrg. 1883 und 1884. à Jahrg. 4 Hefte. gr. 8. (à Heft ca. 130 S. mit eingedr. Holzschn. und Stnt.) Ebendas. à Jahrg. *

—— medizinische, hrsg. von der k. k. Gesellschaft der Ärzte, redig. von E. Albert, H. Kundrat und E. Ludwig. Jahrg. 1885. 4 Hefte. gr. 8. (36 lithogr. Taf., 19 xylogr. und zinkogr. Abbild., nebst Anzeiger 1884/85, Nr. 1—46 428 S.) Wien, Braumüller. * 24 —
—— dass. — Jahrg. 1886—1888. Neue Folge. 1.—3. Jahrg. [Der ganzen Reihe 82.—84. Jahrg.] à Jahrg. 9—10 Hefte. gr. 8. (X, 668 S. mit 20 Taf.; IV, 648 S. mit 30 Taf.; IV, 593 S. mit 18 Taf.) Wien, Hölder. à Jahrg. * 18 —
Einzeln à Heft * 1 60

— medicinische, für das Herzogth. Nassau. Aus Auftrag der Landes-Regierung herausgeg. von J. B. v. Franque, W. Fritze u. P. Thewalt. 1.—5. Hft. Mit 3 Tab. u. 1 Pl. gr. 8. Wiesbaden 843—46, Friedrich's Verlagsbuchh. 1. n. 2/3 ß — 2. n. 1 ß — 3. 4. n. 2 ß — 5. n. 1 ß

—— medicinische, für das Herzogth. Nassau. Aus Auftrag der Landes-Regierung hrsg. von J. B. v. Franque, W. Fritze, P. Thewalt und C. Vogler. 6 — 10. Heft. gr. 8. (X und 2232 S. mit 11 Tab. in gr. 4. und qu. Fol.) Wiesbaden 847—52, (Kreidel.) *
1—5. Heft. Ebendas. 1843. * 4 Thlr. 20 Ngr.

—— medicinische, für das Herzogthum Nassau. Hrsg. von J. B. v. Franque, W. Fritze, C. Vogler. 11—13. Heft. gr. 8. (VII und 1436 S.) Wiesbaden 853—54, Kreidel und Niedner. à Heft * 1 Thlr. *
1—10. Heft. Ebendas. 1843—52. * 8 Thlr. 24 Ngr.

—— medicinische, für das Herzogth. Nassau. Aus Auftrag der herzogl. Landesregierung hrsg. von J. B. v. Franque, W. Fritze und C. Vogler. 14—18. Heft. gr. 8. (VII und 1684 S.) Wiesbaden 859—61, (Kreidel's Verlag.) à Heft * 1 Thlr. *

—— medicinische, für das Herzogth. Nassau. Aus Auftrag der Herzogl. Landesregierung hrsg. von J. B. v. Franque, W. Fritze und C. Vogler. 19.—21. Heft. gr. 8. (X und 1152 S.) Wiesbaden 863,64, (Kreidel's Verlag.) à Heft * 1 Thlr. *
Nicht weiter erschienen.

—— medicinische, für das Herzogth. Nassau. Aus Auftrag der herzogl. Landesregierung hrsg. von L. C. T. Heydenreich, W. Fritze und Ed. Bickel. 22. und 23. Heft. gr. 8. (XII, 666 S.) Wiesbaden 866, (Kreidel.) *

Medicinische Jahrbücher des kaiserlich-königlichen österreichischen Staates. Herausgegeben von den Doctoren und Professoren des Studiums der Heilkunde an der Universität zu Wien. Bd 1 - 41, 43 - 48, 51 - 66, Reg.1 - 26, gbd., Abb.

Wien: 1811 - 1848
Erg.-Bl.: Österreichische medicinische Wochenschrift. 1845 - 1848

JB 6.060

— medizinische, des östreich. Staats, herausg. von den Direktoren u. Professoren d. Universität Wien. 2 Bde zu 4 Stück. u. 3n Bds 1s u. 2s Stück. gr. 8. Wien, Beck. (Kupfer u. Wimm.) 811—15. (à 4 Rthlr.)

— — medizinische, des k. k. österreich. Staates. Herausgegeben von den Direktoren und Professoren des Studiums der Heilkunde an der Universität zu Wien. 3r Bd. 3s 4s Stuck. 4r Bd. in 4 St. gr. 8. Wien, Kupfer. 816. 817. Jedes Stuck 1 Rthlr. 4 Gr.

— — Dieselben 5r Bd. 4 Stücke. u. 6r Bd. 1s bis 4s Stück. gr. 8. Wien, Gerold. 818 — 821. Jedes Stück 1 Rthlr. 16 Gr.

— medicin., d. k. k. österr. Staates. Herausgeg. v. d. Directoren u. Prof. d. Studiums d. Heilkunde an d. Universit. z. Wien. 7r—9r Bd. od. neue Folge 1r u. 2r Bd. 1s—4s u. 3r Bd. 1s—3s Stck. M. Kpf. gr. 8. Wien 822—27. Gerold. à Hft.

— Sach- u. Namenregister üb. d. ersten 6 Bände d. medicin. Jahrb. gr. 8. Wien 822, Gerold.
(Die ersten 6 Bde. kosten jetzt nur 24 Rthlr. 20 gr.)

—— medicinische, des k. k. österreich. Staates. Hrsg. v. d. Directn. u. Professn. d. Studiums d. Heilkunde an d. Universität zu Wien. 9. Bd. 4. Stck. od. Neue Folge. 3. Bd. 4. Stck. M. 3 Stnt. gr. 8. (10 1/2 B.) Wien 828, Gerold.

—— dies. 10—18. Bd. od. Neueste Folge I—IX. Bd. à 4 Stcke. Mit Stnt. gr. 8. Ebds. 829—35. à Bd.
1. Bd. 1. u. 2. Stck. Wien, Beck. 1811. 1 Thlr. 16 Gr. — 1. Bd. 3. u. 4. Stck. u. 2—4. Bd. Wien, Kupfer. 1811—18. 11 Thlr. 18 Gr. — 5. u. 6. Bd nebst Sach- u. Namenregist. üb. d. 1—6. Bd u. 7—9. Bd. 1—3. Stck. od. Neue Folge 1—3. Bd. 1—3. Stck. Wien, Gerold. 1819—27. 28 Thlr. 20 Gr. — 5—14. Bd. nebst Sach- u. Namenregist., hrbgs. Pr. 17 Thlr. — Der 11—18. Bd. wurde hrsg. v. A. J. Frh. v. Stifft, u. redig. v. J. N. Edlen v. Raimann.

—— medicinische, d. k. k. österreich. Staates. 19—33. Bd. od. Neueste Folge. X — XXIV. Bd. à 4 Stcke. Mit lith. Tafn. gr. 8. Wien 836—40, [Gerold's Vrlsh.] à Bd.
19. u. 20. Bd. hrsg. v. A. J. Frhr. v. Stifft u. redig. v. Joh. Nep. Edlen v. Raimann.
21 — 23. - fortges. u. redig. v. Joh. Nep. Edlen v. Raimann.
24 — 33. - fortges. v. dems. u. redig. v. Ant. Edlen v. Rosas Sigm. Casp. Fischer u. Joh. Wisgrill.

Jahrbücher, medicinische, d. k. k. österr. Staates. — Sach- u. Namenregister üb. d. ersten 26 Bde. Von S. C. Fischer. gr. 8. (6 B.) Wien 839, [Gerold's Vrlsh.] Thlr. *
Hieran schliesst sich: Medicinische Jahrbücher und Wochenschrift.

-- dies. Jahrg. 1841. 12 Hefte. (à 8 Bogen.) Mit dem Ergänzungsblatt: Oesterreich. medicin. Wochenschrift. Jährl. 52 Nummern. (à 1 1/2 Bog. incl. literar. Anzeiger.) Mit Lith. gr. 8. Wien, Braumüller u. Seidel. 10 ß

—— medicinische, des österreich. Staates. Hrsg. v. Joh. Nep. v. Raimann. Hauptredact.: A. v. Rosas. Jahrg. 1843—47. à 12 Hfte. (à 8 B.) M. dem Ergänzungsblatt: Oesterreich. medicin. Wochenschrift. 52 Nrn. (à 1½ B.) gr. 8. Wien, Braumüller u. Seidel. à J. * 10 Thlr. *

—— medicinische, des k. k. österreich. Staates. Hrsg. von Wilh. von Well. Hauptredakt.: A. v. Rosas. Jahrg. 1848. 12 Hefte. (à 8 Bog.) Mit dem Ergänzungsblatt: Oesterreichische medicin. Wochenschrift. 52 Nrn. (à 2 Bog.) hoch 4. Wien, [Braumüller.] *

—— und Wochenschrift, medicinische, d. k. k. österreich. Staates. Hrsg. v. Joh. Nep. v. Raimann. Hauptredact.: A. Edl. v. Rosas. Mitredact.: S. C. Fischer u. J. Wisgrill. Jahrg. 1841 u. 42. à 12 Hfte. u. 52 Nrn. (Bog.: Wochenschrift.) Mit Lithogr. gr. 8. Wien, Braumüller u. Seidel. à J.

— u. Wochenschrift, medicinische, des kaiserl. königl. österreich. Staates. Herausgeg. von Jh. Nep. v. Raimann. Hauptredacteur: A. v. Rosas. Mitredacteure: S. C. Fischer u. J. Wisgrill. Jahrg. 1842—1846 à 12 Hefte u. 52 Numm. (Bogen: Wochenschrift.) Mit Lithogr. gr. 8. Ebd. à 10 ℛ︀

JAHRBÜCHER der Leidenden Menschheit. (Lat. Motto aus Virgil.) Mit Titelkpf. (C. Pluth del. et sc.). Leipzig und Prag. 1792. bey Joseph Walenta. 8°. (4 Mk. 50 Pfg. Oskar Rauthe, Friedenau, 1907.)

Gestoch. Tit., 2 Bll. Vorber., 166 S. (incl. 1 Bl. Inh.). — Graf von B—s; Karl u. Louise; Klärchen u. Wenzl; Agnes Gräfin von Orlamünde; Margaretha; Salamina; Friedrich u. August; Leonard u. Susanna; Gottlieb von Sill.

—— der Mineralogie, Geologie, Berg- u. Hüttenkunde. Hrsg. v. Carl Hartmann. 1. Bd. 1. u. 2. Hft. M. 3 Kpfrt. gr. 8. (22 B. u. 1 Tab. gr. 4.) Nürnberg (833, 34), Stein.

—— möglinische, der Landwirthschaft, hrsg. v. d. kgl. preuß. Akad. d. Landbaues zu Möglin unt. Redakt. v. Frz. Körte. 1—5. Bd. gr. 8. Berlin, [Rücker u. Püchler.] [1. (16¼ B. u. 1 Kpfrt.) 836., 2. (22 B. u. 2 Stnt.) 837., 3. (20¼ B.) 838., 4. (22 B.) 839., 5. (19¼ B. u. 1 Abbild.) 842. à 2⅔ Thlr.]

Bildet die Fortsetz. von: Möglin. Annalen d. Landwirthsch.

Jahrbücher der Preussischen Monarchie unter der Regierung Friedrich Wilhelm des Dritten. Berlin 1798—1801. H: *Rambach, Frdr. Eberhard.* (MGT) (BrMm)

Jahrbücher der preussischen Monarchie unter der Regierung Friedrich Wilhelms III. Berlin 1798—1801. H: ***Rambach, Friedrich & Ferdinand Cramer.*** (KGBerlin II, 2533)

Rambach, F. E. (Hersg.): „Jahrbücher der Preußischen Monarchie unter der Regierung Friedrich Wilhelm III.", Jahrg. 1798 bis 1801, 8 Bde. (d. Jahrg. zu 12 Heften), Berlin (Unger). — Vorh.: Preuß Oberbergamt Dortmund. — Signatur: P. 8.

Jahrbücher der Stadt Münchberg. 1. Jahrg. Hof 1838. V: *Zapf, Carl.* (EngG)

Jahrbücher, Münchner, für bildende Kunst. Hrsg. von Dr. *Rudolf Marggraff.* 3 Hefte (in 1 Bde.). Mit artist. Beilagen, Abbildgn. von Original-Kunstwerken in Umriss, auch Erläuterungstafeln (sämmtl. in Steindruck), gefertigt unter Aufsicht der Kgl. Akad. d. Künste in München. Leipzig. Wilh. Engelmann u. Rud. Weigel, 1838, 39, 40. Gr. 8°. Papierfleckig, wie die meisten Expl. Hlwdb.

Geschätzte u. ganz vergriffene Kunst-Zeitschrift, m. Beiträgen vom Herausgeber (weitaus die meisten), Ed. Metzger, A. E. Umbreit, Herm. Marggraff, Rud. Weigel u. F. v. Rumohr. — Ein 4. (u. letztes) Heft erschien München 1842.

— Münchner, für bildende Kunst. Herausg. von Rud. Marggraff. Mit artistischen Beilagen, Abbildd. von Orig.-Kunstwerken in Umriß, auch Erläuterungstafeln. 1s—3s Hft. Mit 12 Abbildd. u. 2 Erläuterungstaf. Lex.-8. Leipzig 838—40. (Engelmann; Rud. Weigel. (à n. 1½ ℛ︀) 4½ ℛ︀

Jahrbücher, Münchner, f. bildende Kunst. Herausg. v. Rud. Marggraff. Mit artist. Beilag., Abbild. von Origin.-Kunstwerken im Umriß u. in ausgeführten Kupferstichen, auch Originalradirungen u. Erläuterungstaf. 1. Jahrg. (Wohlfeile Ausg.) u. 2. Jahrg. 1. Hft. Mit 4 artist. Beilagen. Lex.-8. 1. J. Leipz. 842, Engelmann. n. 2 ℛ︀ — 2. J. 1. H. München, Bergmann u. Roller. n. 1½ ℛ︀

Jahrbücher des Böhmischen Museums für Natur- und Landeskunde, Geschichte, Kunst und Literatur. Prag 1830-31. H: *Palacky, Franz.* (BrMm)

—— des böhmischen Museums f. Natur- u. Länderkunde, Gesch., Kunst u. Lit. Redig. v. F. Palacky. Jahrg. 1830 u. 31. od. 1. u. 2. Bd. à 4 Hfte. gr. 8. (à J. 32 B.) Prag, Calve. à J.

Schließen sich an d. „Monatschrift d. Gesellschaft d. vaterländ. Museums in Böhmen," vgl. diese. — Es ist davon keine Forts. erschienen. Außerdem hat das Museum in böhm. Sprache hrsg.: Casopis spolecnosti wlastenského Museum w Cechách, 1827—35. (à Jahrg. 4 Hfte.) gr. 8. (Prag, Kronberger u. Weber.) à J. 2 Thlr.

Jahrbücher für National-Oekonomie und Statistik. Herausg. von B. Hildebrand. Bd. 1—29. — Gegr. von B. Hildebrand, herausg. von J. Conrad. Bd. 30—62 und Suppl.-H. 1—16. Jhg. 1—30. Jena 1863—93. 8.

(Enthalten in jedem Bande Literaturangaben.) . . . . (D.)

—— für Nationalökonomie und Statistik. Hrsg. von Bruno Hildebrand. 1. Jahrg. 1863. 6 Hefte. (à ca. 8 Bog.) Lex.-8. Jena, Fr. Maucke. *

— — 2. Jahrg. 1864. 2 Bde. à 6 Hefte (à 5 Bgn.). Ebend. Lex.-8. Jeder Bd. n. 2 ℛ︀ 20 ngr.

— für Nationalökonomie u. Statistik. Herausg. von Bruno Hildebrand. 3—8. Jahrg. 1865—70. à Jahrg. 2 Bde. à 6 Hefte (à 5 Bgn.). Jena, Fr. Mauke. Lex.-8. Jeder Bd. n. 2 ℛ︀ 20 ngr.;

— für Nationalökonomie u. Statistik. Hrzg. v. Bruno Hildebrand u. Johs. Conrad. 9—13. Jahrg. (1871—1875.) à 2 Bde. à 6 Hfte. (5 B.) Lex.-8. Jena, Mauke. à Bd. n. 8. —

— dasselbe. 14. Jahrg. 1876. 2 Bde. à 6 Hfte. (à 4—5 B.) gr. 8. Jena, Dufft. à Bd. n. 10. —

— für Nationalökonomie u. Statistik. Hrsg. von Bruno Hildebrand u. Johs. Conrad. 15. u. 16. Jahrg. 1877 u. 1878. à 2 Bde. à 6 Hfte. (à 4—5 B.) gr. 8. Jena, Dufft. à Bd. n. 10. —

— dasselbe. 17—20. Jahrg. 1879—1882. à 2 Bde. à 6 Hfte. (à 4—5 B.) gr. 8. Ebend. à Bd. n. 12. —

— dasselbe. 1—8. Suppl.-Hft. gr. 8. Ebend. 878—81. n. 23. 90

1. (IV, 149 S.) n. 3. —
2. Die Pariser Gewerbesyndikate. [Chambres syndicales de patrons et ouvrières.] Von Thdr. Morsbach. (61 S.) n. 1. 20; Einzelpr. n. 1. 50
3. Die Bundesgesetzgebung der Schweiz unter der neuen Verfassung. Von Gust. Cohn. (80 S.) n. 2. —; Einzelpr. n. 2. 40
4. Der Einfluss von theueren u. billigen Zeiten auf die Sterblichkeit. Von Bela Weisz. (47 S.) Subscr.-Pr. n. 1. 20; Einzelpr. n. 1. 50

5. Die Tarifreform im Deutschen Reiche nach dem Gesetze vom 15. Juli 1879. B. Die neuen deutschen Holzzölle. Von J. Lehr. (63 S.) Einzelpr. n. 1. 50. — C. Die Rohstoffe u. Erzeugnisse der Textil-Industrie im Zolltarife vom 15. Juli 1879. Von J. Gensel. (78 S.) Einzelpr. n. 1. 50

6. Die Tarifreform im Deutschen Reiche nach dem Gesetze vom 15. Juli 1879. D. Die Eisenzölle. Von F. Ritschl. (30 S.) E. Die Zölle auf Droguen, Glas, Leder, Papier u. Materialwaaren. Von A. Bayerdörffer. (S. 31—141.) n. 3. —

7. Das preussisch-deutsche Zolltarifsystem in seiner historischen Entwickelung seit 1818. Von Carl Krökel. (VI, 68 S. m. V, 78 S. Tabellen in qu. gr. 4. u. qu. Fol.) n. 9. —; Einzelpr. n. 11. —

8. Das englische Fabrik- u. Werkstätten-Gesetz von 1878—41 Vict. cap. 16 —, in Uebersetzung mitgetheilt von V. v. Bojanowski. (XII, 69 S.) n. 1. 50; Einzelpr. n. 1. 80

— für Nationalökonomie u. Statistik. Gegründet v. Bruno Hildebrand, hrsg. v. Johs. Conrad. 21—24. Jahrg. 1883—1886. à 2 Bde. à 6 Hfte. (à 4—5 B.) gr. 8. Jena 883—86. Fischer. à Bd. n. 12. —

— dasselbe. Register zu Bd. I—XXXIV u. Neue Folge. Bd. I—V. Abhandlung. Literatur. Gesetzgebung. Miscellen. gr. 8. (III, 89 S.) Ebend. 883. n. 2. 80

— dasselbe. 9—12. Suppl.-Hft. gr. 8. Ebend. n. 7. 40

9. Das englische Patent-, Muster- u. Markenschutzgesetz vom 25. Aug. 1883, nebst Übersetzung. Erläutert v. R. Klostermann. (96 S.) 887. n. 2. —

10. 1. Zustand u. Fortschritte der deutschen Lebensversicherungs-Anstalten im J. 1883. 2. Gesetz, betr. die Unfallversicherung der Arbeiter. Vom 6. Juli 1884. 3. Gesetz, betr. die Kommanditgesellschaften auf Aktien u. die Aktiengesellschaften. Vom 18. Juli 1884. (88 S.) 884. n. 2. 40

11. Zustand u. Fortschritte der deutschen Lebensversicherungs-Anstalten im J. 1884. (46 S. m. 2 Tab.) 885. n. 1. 50

12. Zustand u. Fortschritte der deutschen Lebensversicherungs-Anstalten im J. 1885. (56 S. m. 1 Tab.) 886. n. 1. 50

— für Nationalökonomie u. Statistik. Gegründet v. Bruno Hildebrand, hrsg. v. J. Conrad. 25.—27. Jahrg. 1887—1889. à 2 Bde. à 6 Hfte. (à 4—5 B.) gr. 8. Jena, Fischer. à Bd. n. 12. —

— dasselbe. Jahrg. 1890. 2 Bde. à 6 Hfte. (à Hft. ca. 120 S.) Ebd. à Bd. n. 14. —

— dasselbe. Suppl.-Hft. XIII—XVII. gr. 8. Ebd. n. 11. 10

XIII. Zustand u. Fortschritte der deutschen Lebensversicherungs-Anstalten im J. 1886. (54 S. m. 1 Tab.) 887. n. 1. 50

XIV. — dasselbe im J. 1887. (62 S. m. 1 Tab.) 888. n. 1. 50

XV. — dasselbe im J. 1888. (66 S. m. 1 Tab.) 889. n. 1. 80

XVI. (III, 251 S.) 889. n. 4. 50

XVII. — dasselbe im J. 1889. (60 S. m. 1 Tab.) 890. n. 1. 80

— dasselbe. Register zu Bd. I—XXXIV u. Neue Folge Bd. I—XVI. gr. 8. (III, 175 S.) Ebd. 888. n. 4. —

—— für Nationalökonomie u. Statistik. Gegründet v. Bruno Hildebrand. Hrsg. v. J. Conrad u. v. 1. Bd. d. 3. Folge an in Verbindg. m. L. Elster, Edg. Loening u. W. Lexis. Neue Folge 18.—21. Bd. 3. Folge. 1.—4. Bd. [Der ganzen Reihe 52.—59. Bd.] à Bd. 6 Hefte. (VIII, 720; VI, 672; VI, 672; VI, 666; VI, 954; VI, 954; VI, 946; VII, 952 S.) gr. 8. Jena 1889—92, Fischer. à Heft * 3 —; à Bd. * 14 —

— dasselbe. 18.—21. Suppl.-Hft. gr. 8. Ebd. n. 8. 10

18. Geschichte u. Kritik der Sterblichkeitsmessung bei Versicherungsanstalten. Von Ed. Roghé. (VIII, 123 S. m. e. lith. Anh.) 891. n. 2. 50

19. Zustand u. Fortschritte der deutschen Lebensversicherungs-Anstalten im J. 1890. (64 S. m. 1 Tab.) 891. n. 1. 80

20. — dasselbe im J. 1891. (70 S. m. 1 Tab.) 892. n. 1. 80

21. — dasselbe im J. 1892. (66 S. m. 1 Tab.) 894. n. 2. —

— für Nationalökonomie u. Statistik. Gegründet v. Bruno Hildebrand. Hrsg. v. J. Conrad u. L. Elster in Verbindg. m. Edg. Loening u. W. Lexis. 3. Folge. 1.—6. Bd. [Der ganzen Reihe 56.—61. Bd.] à 6 Hfte. gr. 8. (à Hft. ca. 160 S.) Jena 891—893. G. Fischer. à Bd. n. 14. —

— dasselbe. 3. Folge. 7. u. 8. Bd. [Der ganzen Reihe 62. u. 63. Bd.] à 6 Hfte. gr. 8. (à Hft. ca. 160 S.) Ebd. 894. à Bd. n. 15. —

— f. Nationalökonomie u. Statistik. Gegr. v. Bruno Hildebrand. Hrsg. v. J. Conrad u. L. Elster in Verbindg. m. Edg. Loening u. W. Lexis. 3. Folge. 9.—14. Bd. [Der ganzen Reihe 65—69 Bd.] à 6 Hfte (à ca. 10 Bog.) gr. 8. Jena 895—897. G. Fischer. à Bd. n. 15. —

— dasselbe. Hrsg. v. J. Conrad in Verbindg. m. Edg. Loening u. W. Lexis. 3. Folge. 15. u. 16. Bd. [Der ganzen Reihe 70. u. 71. Bd.] à 6 Hfte. (à ca. 10 Bog.) gr. 8. Ebd. 898. à Bd. n. 15. —

— f. Nationalökonomie u. Statistik. Gegründet v. Bruno Hildebrand. Hrsg. v. J. Conrad in Verbindg. mit Edg. Loening u. W. Lexis. 3. Folge. 17. u. 18 Bd. [Der ganzen Reihe 72. u. 73. Bd.] à 6 Hfte. gr. 8. (VI, 858 u. VI, 858 S.) Jena 899. G. Fischer. à Bd. n. 15. —

— dasselbe. 3. Folge. 19.—24. Bd. [Der ganzen Reihe 74.—78. Bd.] à 6 Hfte. gr. 8. (VI, 906; VI, 858; VI, 874; VI, 906; VI, 858 u. VI, 882 S. u. Volkswirtschaftl. Chronik 1900—1902.) Ebd. 900—902. à Bd. n. 18. —

— dasselbe. Register zu Bd. I—XXXIV, neue Folge Bd. I—XXI, 3. Folge Bd. I—XX = Bd. I—LXXV u. Supplementheft I—XXI, bearb. v. F. Wissowa. gr. 8. (IV, 296 S.) Ebd. 902. n. 6. 50

— für Nationalökonomie u. Statistik. Gegründet v. Bruno Hildebrand. Hrsg. v. J. Conrad in Verbindg. m. Edg. Loening u. W. Lexis. 3. Folge. 25.—28. Bd. [Der ganzen Reihe 80.—83. Bd.] à 6 Hefte. gr. 8. Jena, G. Fischer. n. 76. —

25. (VI, 858 S. u. Volkswirtschaftl. Chronik 1902 S. 461 bis 636 u. 1903 S. 1—220.) 903. n. 18. —

26. (VI, 858 S. u. Volkswirtschaftl. Chronik 1903 S. 221 bis 524.) 903. n. 18. —

27. (VI, 866 S. u. Volkswirtschaftl. Chronik 1903 S. 525 bis 728 u. 1904 S. 1—398.) 904. n. 20. —

28. (VI, 854 S. u. Volkswirtschaftl. Chronik 1904 S. 399 bis 774.) 904. n. 20. —

— dasselbe. Hrsg. v. J. Conrad in Verbindg. m. Edg. Loening, W. Lexis, H. Waentig. 3. Folge. 29.—32. Bd. [Der ganzen Reihe 84.—87. Bd.] à 6 Hefte. gr. 8. Jena, G. Fischer. à n. 20. —

29. (VI, 858 S. u. Volkswirtschaftl. Chronik 1904 S. 775—978 u. 1905 S. 1—286) 905.

30. (VI, 858 S. u. Volkswirtschaftl. Chronik 1905 S. 287—652.) 905.

31. (VI, 858 S. u. Volkswirtschaftl. Chronik 1905 S. 653—858 u. 1906 S. 1—240.) 906.

32. (VI, 858 S. u. Volkswirtschaftl. Chronik 1906 S. 241—648.) 906.

— für Nationalökonomie u. Statistik. Gegründet v. Bruno Hildebrand. Hrsg. v. J. Conrad in Verbindg. m. Edg. Loening, W. Lexis, H. Waentig. 3. Folge. 33.—40. Bd. [Der ganzen Reihe 88.—95. Bd.] à 6 Hefte. gr. 8. Jena, G. Fischer. 168. —

33. (VIII, 856 S. u. Volkswirtschaftl. Chronik 1906, S. 649—907 u. 1907, S. 1—242.) 907. 20. —

34. (VI, 858 S. u. Volkswirtschaftl. Chronik 1907, S. 243—618.) 907. 20. —

35. (VI, 858 S. u. Volkswirtschaftl. Chronik 1907, S. 619—902 u. 1908, S. 1—234.) 908. 20. —

36. (VI, 857 S. u. Volkswirtschaftl. Chronik 1908, S. 235—662.) 908. 20. —

37. (VI, 858 S. u. Volkswirtschaftl. Chronik 1908, S. 663—952 u. 1909, S. 1—276.) 909. 20. —

38. (VII, 856 S. u. Volkswirtschaftl. Chronik 1909, S. 277—738.) 909. 20. —

39. (VI, 858 S. u. Volkswirtschaftl. Chronik 1909, S. 739—1050 u. 1910, S. 1—306.) 910. 24. —

40. (VII, 864 S. u. Volkswirtschaftl. Chronik 1910, S. 307—756.) 910. 24. —

— des deutschen National-Vereins für Musik und ihre Wissenschaft. Redakteur: G. Schilling in Stuttgart. 1r Jahrg. 1839. April — Decbr. 39 Numm. Roy.-4. Karlsruhe, Groos. n. 4½ ß — 2r Jahrg. 1840, 52 Numm. Roy.-4. Ebd. n. 6 ß

— des deutschen National-Vereins für Musik u. ihre Wissenschaft. Redakteur: Hofrath Dr. Schilling in Stuttgart. 3. u. 4. Jahrg. 1841, 1842. à 52 Numm. (Bog.) Roy.-4. Karlsruhe, Groos. à n. 6 ß

— neue, f. d. klass. Altertum, Geschichte u. deutsche Litteratur u. f. Pädagogik, hrsg. v. Johs. Ilberg u. Rich. Richter. 1. Jahrg. 1898. 1. u. 2. Bd. 10 Hfte. (à ca. 80 S.) Lex.-8. Leipzig, B. G. Teubner. n 28 —
Bisher u. d. T.: Jahrbücher, neue, f. Philologie u. Pädagogik.

— neue, für das klassische Altertum, Geschichte u. deutsche Litteratur u. f. Pädagogik, hrsg. von Johs. Ilberg u. Rich. Richter. 2. u. 3. Jahrg. 1899 u. 1900. 3.—6. Bd. 20 Hfte. Lex.-8. Leipzig, B. G. Teubner. à Jahrg. n. 28. —
2. (VIII, 732 S. m. Abb. u. 8 Taf.) 899.
3. (X, 576 S. m. Abb. u. 7 Taf.) 900.

Jahrbücher, neue, f. das klassische Altertum, Geschichte u. deutsche Litteratur u. f. Pädagogik, hrsg. v. Johs. Ilberg u. Bernh. Gerth. 4. u. 5. Jahrg. 1901 u. 1902. 7.—10. Bd. 20 Hfte. Lex.-8. Leipzig, B. G. Teubner. à Jahrg. n. 30. —
4. (X, 580 S. m. 2 Taf.) — 5. (X, 572 S. m. 2 Taf.)
Der 4. Jahrg. ist noch von R. Richter mitherausgegeben.

— neue, f. das klassische Altertum, Geschichte u. deutsche Literatur u. f. Pädagogik, hrsg. v. Johs. Ilberg u. Bernh. Gerth. 6.—9. Jahrg. 1903—1906. 11.—18. Bd. à 10 Hefte. Lex.-8. Leipzig, B. G. Teubner. à Jhrg. n. 30. —
1903. Bd. 11. 12. (X, 744 S. m. 13 Abb. u. 1 Taf. u. VIII, 684 S.) — 1904. Bd. 13. 14. (XIII, 752 S. m. 36 Abb., 5 Kartenskizzen u. 4 Taf. u. VIII, 592 S.) — 1905. Bd. 15. 16 (XII, 760 S. m. 8 Abb., 9 Taf. u. 2 Bildnissen u. IX, 600 S.) — 1906. Bd. 17. 18. (XII, 736 S. m. 11 Abb. u. 24 Taf. u. X, 674 S.)

Jahrbücher, neue, f. d. klass. Altertum, Gesch. u. deutsche Literatur u. f. Pädagogik, hrsg. v. Johs. Ilberg u. Bernh. Gerth. 10.—13. Jahrg. 1907—1910. 19.—26. Bd. à 10 Hefte. (à Bd. ca. 600 S. m. Abb. u. Taf.) Lex. 8. Leipzig, B. G. Teubner. à Jahrg. 30. —

Jahrbücher, neue, der Berg- und Hüttenkunde. s. a. Moll, C. E. F.

—— Neue, herausg. von K. E. F. von Moll. Bd. 1—6, 1. 2. Nürnberg 1808—27. gr. 8.

Jahrbücher. Neue, der Berg- und Hüttenkunde. Herausgegeben von v. Moll. Bd. 1—5 und Bd. 6. Lieferung 1. Nürnberg 1809—24. 8.

Neue Jahrbücher der Forstkunde. Hrsg. G. W. Frhr. v. Wedekind. - Mainz, Leipzig, Darmstadt, Frankfurt a. M. - H. 1-37. 1828-1850 u. 1850-1857. (H. 6-9. 1830-1833 a. u. d. T.: Allgemeine Jahrbücher der Forst- und Jagdkunde.) - (M. n. ersch.)

—— neue, d. Forstkunde. Hrsg. v. G. W. Frh. v. Wedekind. 1—6. Hft. gr. 8. Mainz, Kupferberg. [1. (10 B. u. 2 lith. Tab.) 828. 20 Gr., 2—5. (52½ B., 14 Tab., 1 Höhenkarte u. 2 Stnt.) 823, 29. à 1 Thlr., 6. (11 B. u. 1 Stnt.) 829. 18 Gr.]

—— dies. 7. u. 8. Hft. — A. u. d. T.: Allgem. Jahrbücher d. Forst- u. Jagdkunde. Hrsg. von v. Wedekind u. S. Behlen. (1. Bd.) 1. u. 2. Hft. gr. 8. Ebds. [1. (14½ B., 1 Tab. u. 1 Stnt.), 2. (11 B. u. 1 lith. Tab.) 830. à 20 Gr.]

—— dies. 9. Hft. — A. u. d. T.: Allgem. Jahrbücher d. Forst- u. Jagdkunde. Hrsg. von v. Wedekind u. S. Behlen. 2. Bd. 2. Hft. gr. 8. (11 B.) Leipzig 833, [Gebr. Reichenbach.]

—— dies. 10. Hft. gr. 8. (11 B.) Darmstadt 835, Dingeldey.
„Allgem. Jahrbr." rc. (1. Bd.) 3. u. 4. Hft. u. 2. Bd. 1. Hft., vgl. Zeitschrift f. Forst- u. Jagdwesen rc.

—— neue, f. Forstkunde. Hrsg. v. G. W. Frhrn. v. Wedekind. 11—20. Hft. gr. 8. Darmstadt, Dingeldey. [11. (10¼ B., 2 gebr. u. 2 lith. Tab.) 835. * ⅚ Thlr., 12. (12 B. u. 3 Tab.) 836. * 1 Thlr., 13. (13¼ B. u. 2 Tab.) 837. * 1 Thlr., 14. (16½ B. u. 1 Stnt.) 838. * 1⅛ Thlr., 15. (13¾ B. u. 3 Tab.) * 1⅛ Thlr., 16. (10 B. u. 1 Tab.) 839. * ⅚ Thlr., 17. (11 B.) * 1 Thlr., 18. (15 B. u. 2 Stnt. * 1⅓ Thlr., 19. (13 B. u. 4 Stnt.) 840. * 1½ Thlr., 20. (12¾ B.) 841. * 1⅓ Thlr.] *

—— neue, der Forstkunde. Hrsg. v. G. W. v. Wedekind. 21—35. Hft. gr. 8. Darmstadt, Dingeldey. [21—27. (81¼ B., 8 Stnt. u. 9 Tab.) 841—43. * 8 Thlr. 20 Ngr., 28. (16 B.) 29. (12¼ B., 1 Stnt. u. 2 Tab.) 45. à * 1 Thlr. 10 Ngr., 30. (14⅛ B.) 45. * 1 Thlr. 5 Ngr., 31. (11 B. u. 2 Stnt.) 45. * 1 Thlr., 32. (11 B. u. 4 Stnt.) 45. * 1 Thlr. 5 Ngr., 33. (13⅛ B. u. 2 Stnt.) 46. * 1 Thlr. 5 Ngr., 34. (13¾ B.) 47. * 1 Thlr. 5 Ngr., 35. (10⅛ B.) 47. * 1 Thlr.] *

—— neue, der Forstkunde. Hrsg. von G. W. v. Wedekind. 36. und 37. Heft. gr. 8. Darmstadt, Diehl. [36. (VI und 230 S. mit 1 Stnt.) 848. * 1 Thlr. 10 Ngr., 37. (IV und 150 S.) 850. * 25 Ngr.] *

—— dass. — Hrsg. von Dems. Neue Folge. 1—3. Jahrg. à 4 Hefte. Mit Abbildungen. gr. 8. Frankfurt a. M. 850—51. Sauerländer's Verlag. à Jahrg. *

—— neue, der Forstkunde. Hrsg. von G. W. v. Wedekind. 2. Folge. 4—6. Bd. à Bd. 4 Hefte. gr. 8. Frankfurt a. M. 853—55. Sauerländer's Verlag. [4. Bd. * 2 Thlr. 28 Ngr., 5. und 6. Bd. à * 2 Thlr.] *

— neue, der Geschichte u. Politik. Begründet von Karl Heinrich Ludwig Pölitz. In Verbindung mit mehreren gelehrten Männern gegenwärtig herausg. von Friedr. Bülau. Jahrg. 1839 u. 1840. (Mit Intelligenzblatt.) gr. 8. Leipzig 838—40. Hinrichs. (12 Hefte kosten n. 6 ß) 12 ß

— neue, der Geschichte u. Politik. Begründet von Karl Heinrich Ludwig Pölitz. In Verbindung mit mehreren gelehrten Männern gegenwärtig herausgeg. von Fr. Bülau. (4.—9. Jahrg.) 1841—1846. (Mit Intelligenzblatt.) gr. 8. Leipzig 841—46, Hinrichsche Buchh. à n. 6 ß

— neue, der Geschichte u. Politik. Begründet v. Karl Heinr. Ludw. Pölitz. Hrsg. v. Frdr. Bülau. (10—12. Jahrg.) 1847—1849. à 2 Bde. od. 12 Hfte. gr. 8. (X. 1: VI u. 570 S. X. 2: VI u. 570 S. XI. 1: VI u. 570 S. XI. 2: VI u. 570 S. XII. 1: VI u. 570 S. XII. 2: VI u. 576 S.) Leipzig, Hinrichs. à Jahrg. n. 6 ß

— neue, der Geschichte, der Staats- u. Cameralwissenschaften. Begründet von Karl Heinrich Ludwig Pölitz. In Verbindung mit mehrern gelehrten Männern gegenwärtig herausg. von Friedr. Bülau. 1r Jahrg. 1838. 12 Hefte. gr. 8. Leipzig, Hinrichs. n. 6 ß

„Neue Jahrbücher der Geschichte, der Staats- und Cameralwissenschaften". Begründet von C. H. L. Pölitz. In Verbindung mit mehreren gelehrten Männern herausgegeben von F. Bülau, Leipzig 1839 bis 1849 (jährlich 2 Bände). (Später u. d. T.: „Neue Jahrbücher der Geschichte und Politik"). — Alle vorh.: Com. Bibl. Hamburg.

Jahrbücher, Neue, der königl. philosophisch-medicinischen Gesellschaft zu Würzburg. Abth. für Natur- und Heilkunde. 1. Heft. Würzb. 1830. H: *Friedreich, Joh. Baptist.* (ErschDL) (EBHN) (EngM)

Jahrbücher, neue, d. kgl. philosoph.-medicin. Gesellschaft zu Würzburg. — Abthl. f. Natur- u. Heilkunde. (Hrsg. v. J. B. Friedreich.) 1. Hft. gr. 8. (7¼ B.) Würzburg 830, Strecker. Thlr.

NEUE HEIDELBERGER JAHRBÜCHER. Herausgegeben vom Historisch-Philosophischen Verein (Vereine) zu Heidelberg.

Jahrg. I. (Mit 1 Tafel.) Heidelberg 1891. Verlag von G. Koester. 8°. — II. ib. 1892. — III. (Mit 1 Tafel.) ib. 1893. — IV. ib. 1894. — V. (Mit 1 Karte.) ib. 1895. — VI. ib. 1896. — VII. (Mit Tafeln.) ib. 1897. — VIII. ib. 1898. — IX. (Mit Tafeln.) ib. 1899. — X. ib. 1900. — XI. (Mit 1 Tafel.) ib. 1902. — XII. 1903. (Mit 1 Tafel.) ib. (1903). — XIII. ib. 1905. — XIV. ib. 1906. — XV. ib. 1908. — [1])

Bd. XVI. ib. 1910. — XVII. ib. 1913. — XVIII. ib. 1914. —

[1]) Enthält: Die Briefe der Kinder des Winterkönigs. Herausgegeben und mit einer Einleitung versehen von KARL HAUCH.

— neue Heidelberger, hrsg. vom historisch-philosoph. Vereine zu Heidelberg. Red.: A. v. Oechelhäuser. 1.–8. Jahrg. 1891–1893. à 2 Hfte. gr. 8. (III, 356 S; III, 313 S.; III, 327 S. m. Abbildgn. u. 1 Taf.) Heidelberg, G. Koester. à Hft. n. 3. —

Vorh. u.d.T.: Heidelbergische Jahrbücher der Literatur.

— dasselbe. Red.: Wille. 4. Jahrg. 1894. 2 Hfte. (III, 294 S. m. Abbildgn. u. 6 Lichtdr.-Taf.) Ebd. Subskr.-Pr. à Hft. n. 3. —; Einzelpr. à n. 5. —

— neue Heidelberger, hrsg. v. historisch-philosoph. Vereine zu Heidelberg. Red.: Wille. 5.–7. Jahrg. à 2 Hfte. gr. 8. (III, 280; III, 247 u. III, 260 S. m. 8 Taf.) Heidelberg 895—897. G. Koester. à Hft. n. 3. —

— dasselbe. 8. Jahrg. 1. Hft. gr. 8. (124 S.) Ebd. 898. n. 3. —

— neue Heidelberger, hrsg. vom historisch-philosoph. Vereine zu Heidelberg. Red.: Wille. 8. Jahrg. 2. (Schluss-)Hft. gr. 8. (III u. S. 125–283 m. 3 Taf.) Heidelberg 898. G. Koester. n. 3. —

— dasselbe. 9.—11. Jahrg. à 2 Hfte. gr. 8. Ebd. à Hft. n. 3. —

9. (II, 274 S. m. 6 Taf.) 899. — 10. (III, 246 S.) 900. 11. (II, III, 284 S. m. 1 Bildn.) 901. 902.

— neue Heidelberger, hrsg. vom historisch-philosoph. Vereine zu Heidelberg. Red.: Wille. 12.—14. Jahrg. à 2 Hefte. gr. 8. Heidelberg, G. Köster. à Jhrg. n. 6. —

12. (II, III, 266 S. m. 1 Taf.) 903. — 13. (II, III, 275 S.) 904. 905. — 14. (III, 278 S.) 905. 906.

Jahrbücher, neue Heidelberger, hrsg. vom historisch-philosoph. Vereine zu Heidelberg. Red.: Wille. 15. u. 16. Bd. gr. 8. Heidelberg, G. Köster. à Bd. 6. —

15. Die Briefe der Kinder des Winterkönigs. Hrsg. u. m. e. Einleitg. versehen v. Karl Hauck. (XLVII, 305 S.) 908.
16. (2 Hefte.) (II, 128 u. III, 265 S.) 909. 10.

— neue, der Landwirthschaft in Baiern. Herausgeg. v. G. Frhrn. von Aretin und M. Schönleutner. Jahrg. 1826, 4 Hefte. 8. Nürnb., Zeh. 1 ₰ (Auf 1825 sind sie nicht erschienen.)

—— neue, d. teutschen Medicin u. Chirurgie, v. Chelius, Harless etc., s. Annalen, medicinische, e. Zeitschr. etc.

— neue, d. deutschen Medicin u. Chirurg. A. u. d. T.: Rhein. Jahrbücher, s. a. Harless, C. F.

Neue Jahrbücher der teutschen Medizin und Chirurgie. Mit Zugabe des Neuesten... aus d. mediz.-chirurg. Literatur des Auslandes. Hrsg. v. Chr[istian] Fr[iedrich] Harless. Bd 1-8 [nebst] Suppl.-Bd. Bonn: Marcus (1820 ff.: Büschler) 1819-24. 19 Bde 8°

[1-7 mit Nebent.:] Rheinische Jahrbücher der Medizin u. Chirurgie. 1819-23.

[8 mit Nebent.:] Rheinisch-westfälische Jahrbücher f. Medizin u. Chirurgie. Bd 1. 1824.

Bd 5 ff. Elberfeld: Schönian 1822-23.
Bd 8. Hamm: Schulz & Wundermann. 1824.

Bd 1,	H.1 - (St.2:)	1819.
Bd 2,	St. 1-2:	1820.
Bd 3,	St. 1-2:	1821.
Bd 4,	St. 1-2:	1821.
Bd 5,	St. 1-3:	1822.
Bd 6,	St. 1-3:	1823.
Bd 7,	St. 1-2:	1823.
Bd 8,	St. 2-3:	1824.

Neue Jahrbücher der teutschen Medicin und Chirurgie. Hrsg.v. Friedrich August Benjamin Puchelt u.a. Bd 13-17. Heidelberg: 1828-32

s. a. Annalen, Heidelberger klinische. Bd 4-8

JB 6.072/4-8

—— neue, d. teutschen Medicin u. Chirurgie, hrsg. v. Chelius, Harless, Naegele u. Puchelt. 13. Bd. — A. u. d. T.: Heidelberger klin. Annalen. Eine Zeitschrift etc. 4. Bd. 4 Hfte. gr. 8. Heidelberg 828, Mohr.

—— dies., hrsg. v. dens. 13. Bd. 1. u. 2. Supplementhft. gr. 8. Ebds. 828.

—— dies., hrsg. v. dens. 14—19. Bd. — A. u. d. T.: Heidelberger klin. Annalen. Eine Zeitschrift etc. 5—10. Bd. à 4 Hfte. gr. 8. Ebds. 829—34. à Bd.

„Jahrbücher d. teutsch. Med. u. Chirurgie, hrsg. v. Chr. Fr. Harless," 8 Bde. Nürnberg, Schrag. 1813, hrbgs. Pr 3 Thlr. 15 Gr. — Fortsetzung: Rhein Jahrbücher d. Med., 1 Bd (2 Hfte.) A. u d T.: Neue Jahrbr. d. teutsch. Med., hrsg. v. dems. 1. Bd. (2 Hfte.) Bonn, Marcus. 1829. 2 Thlr. — 2—4. Bd (à 2 Hfte.) Elberfeld, Büschler. 1820, 21. à Hft 1 Thlr. — 5—7. Bd. (à 3 Hfte.) Elberfeld, Schönian. 1822, 23. à Hft. 20 Gr. — 8. u. 9. Bd (à 3 Hfte.) A. u. d. T.: Rhein. westphal. Jahrbr., hrsg. v. dems. 1. u 2. Bd. Hamm, Wundermann 1825—26. 5 Thlr. 13 Gr. — 10—12. Bd. (à 4 Hfte.) A. u. d. T.: Heidelberger klin. Annalen (nicht v. Harless hrsg.) 1—3. Bd. Heidelberg, Mohr 1825—27. à Bd. 4 Thlr

— neue, für Philologie u. Pädagogik. Herausg. von Gf. Seebode, J. Chr. Jahn u. R. Klotz. 1r u. 2r Jahrg., oder 1r — 6r Bd., à 4 Hefte. gr. 8. Leipz. 831, 32. Teubner. (à J. 9 ₰) 18 ₰ 1r Supplementband, 4 Hefte. gr. 8. Ebd. 832. 2 ₰ 16 gr

Die „neuen Jahrbücher" entstanden aus der vorhergeh. Zeitschr., dem „Neuen Archiv f. Philologie rc." u. der „Krit. Bibliothek f. das Schul- u. Unterrichtswesen v. G. Seebode," vgl. diese.

— neue, für Philologie u. Pädagogik, oder kritische Bibliothek für das Schul- u. Unterrichtswesen. In Verbindung mit einem Vereine von Gelehrten herausg. von Gf. Seebode, Jh. Chr. Jahn u. Reinh. Klotz. 3r—10r Jahrg. 1833—1840. od. 7r—30r Bd. à 4 Hfte. gr. 8. Leipzig 833—40. Teubner. (à J. n 9 ₰) 72 ₰ — dies. 2r—6r Supplementband. A. u. d. T.: Archiv für Philologie u. Pädagogik. 2r—6r Bd. à 4 Hfte. gr. 8. Ebd. 833—40. (à n. 2⅔ ₰) 13⅓ ₰

Jahrbücher, neue, f. Philologie u. Pädagogik, od. kritische Bibliothek f. d. Schul- u. Unterrichtswesen. In Verbindung mit einem Vereine von Gelehrten herausgegeb. von Gttfr. Seebode, Jh. Chr. Jahn u. Reinhold Klotz. 11.—16. Jahrg. 1841—1846 oder 31.—48. Bd. à 4 Hefte. gr. 8. Leipzig, Teubner. à n. 9 ₰

— ders. 7.—11. Supplementband. à 4 Hefte u. 12. Suppl.-Bd. 1. 2. Heft. — A. u. d. T.: Archiv für Philologie und Pädagogik. 7.—12. Bd. 1. u. 2. Heft. gr. 8. Ebend. 841—46. à n. 2/3 ß

— dies. 12. Suppl.-Bd. 3 u. 4. Hft. 13 — 18. Suppl.-Bd. à 4 Hfte. A. u. d. T.: Archiv f. Philologie u. Padagogik. 12. Bd. 3 u. 4. Hft. u. 13 - 18. Bd. à 4 Hfte. gr. 8. (12. Bd.: S. 325—640. 13. Bd.: 640 S. 14. Bd.: 644 S. 15. Bd.: VIII u. 620 S. m. 4 lith. Taf. in Fol. 16. Bd.: VI u. 622 S. m. 1 Tab. in Fol. 17. Bd.: . . . S. m. 1 lith. Taf. 18. Bd.: . . . S.) Leipzig 847—52, Teubner. à Hft. n. 2/3 ß (1 — 18. Bd.: 48 ß)

— neue, für Philologie u. Padagogik, od. krit. Bibliothek fur das Schul- u. Unterrichtswesen. Hrsg. v. Joh. Chr. Jahn u. Reinh. Klotz. 17. Jahrg. 1847. 49 — 51. Bd. 12 Hfte. gr. 8. Leipzig, Teubner. — Begrundet v. Joh. Chr. Jahn. Gegenwartig hrsg. v. Reinh. Klotz u. Rud. Dietsch. 18—22. Jahrg. 1848 — 1852 od 52 — 66 Bd. à 4 Hfte. gr. 8. Ebd. 848 – 52. à Jahrg. n. 9 ß; jeder Bd. einzeln à n. 3 3/4 ß

— neue, für Philologie und Paedagogik. Begründet von Joh. Chrn. Jahn, herausg. von Reinhold Klotz, Rud. Dietsch u. Alfr. Fleckeisen. 23—25. Jahrg. (1853—55.) oder 67—72. Bd. à 6 Hefte (à 8 Bgn.). Leipzig, Teubner. gr. 8. Jeder Jahrg. n. 9 ß.; einzelne Bde. à n. 3 ß. 22½ ngr.

Jahrbücher, neue, für Philologie und Paedagogik. Begründet von Joh. Chr. Jahn, gegenwärtig herausg. von Rud. Dietsch und Alfr. Fleckeisen. 26—28. Jahrg. (1856—58.) oder 73—78. Bd. à 6 Hefte (à 8—10 Bgn.). Leipzig, Teubner. gr. 8. Jeder Jahrg. n. 9 ß.; einzelne Bde. à n. 3 ß. 22½ ngr.

— — 19. Supplem.-Bd. A. u. d. T.: Archiv für Philologie und Paedagogik. Begründet u. s. w. Gegenwärtig herausg. von Reinhold Klotz u. Rud. Dietsch. 19. Bd. 4 Hefte. Ebend. 853, 54. gr. 8. (640 S.) Jedes Heft n. 20 ngr.

— 1. Abth.: für classische Philologie, herausg. von Alfr. Fleckeisen. Neue Folge der Supplemente. 1. Bd. 4 Hefte. — 2. Bd. 3 Hefte. — 3. Bd. 1. 2. Heft. Ebend. 856—58. gr. 8. (1. Bd.: 419 S. u. 2 lith. Karten in 4. n. 2 ß. 12 ngr.; 2. Bd.: 414 S. n. 2 ß. 12 ngr.; 3. Bd.: S. 1—290. n. 1 ß. 18 ngr.) n. 6 ß. 12 ngr.

— neue für Philologie u. Pädagogik. Begründet von M. Joh. Chrn. Jahn. Gegenwärtig herausg. von Rud. Dietzsch, Alfr. Fleckeisen u. Herm. Masius. 29—34. Jahrg. 1859—64. oder 79—90 Bd. à 6 Hefte (à 8—10 Bgn.). Leipzig, Teubner. gr. 8. Jeder Jahrg. n. 9 ß

— — 1. Abth.: für classische Philologie. Herausg. von Alfr. Fleckeisen. Neue Folge der Supplemente. 3. Bd. 3—6. Heft. — 4. Bd. 1—4. Heft. — 5. Bd. 1. Heft. Ebend. 859—64. gr. 8. (3. Bd.: S. 291—894; 4. Bd.: 672 S. u. 1 lith. Taf.; 5. Bd.: S. 1—182.) n. 6 ß 22 ngr.
III. 3.: n. 28 ngr.; 4.: n. 24 ngr.; 5.: n. 20 ngr.; 6.: n. 24 ngr. — IV. 1: n. 24 ngr.; 2.: n. 20 ngr.; 3.: n. 1 ß; 4.: n. 28 ngr. — V. 1.: n. 28 ngr.

Jahrbücher, neue, für Philologie u. Pädagogik. Begründet von Joh. Chrn. Jahn. Gegenwärtig hersg. von Alfr. Fleckeisen u. Herm. Masius. 35—40. Jahrg. 1865—70 oder 91—100. Bd. à Bd. 6 Hefte. (à ca. 150 S.). Leipzig, Teubner. gr. 8. Jeder Jahrg. n. 9 ß

Jahrbücher, neue, für Philologie und Pädagogik. 1. Abthl. Für class. Philologie. Hrsg. von Alfr. Fleckeisen. 4. Suppl.-Bd. 3.—5. Heft und 5. Suppl.-Bd. 1. Heft. gr. 8. Leipzig. Teubner. [4. Bd. 3. Heft. (S. 307—502.) 863. * 1 Thlr. 4. (S. 503—672 mit 1 Stnt.) 864. * 28 Ngr., 5. (III und S. 673—1014.) 867. * 1 Thlr. 26 Ngr., 5. Bd. 1. Heft (S. 1—182.) 864. * 28 Ngr.] *
1.—3. Bd. und 4. Bd. 1. und 2. Heft. Ebendas. 1856—61. * 11 Thlr 6 Ngr.

— neue, f. Philologie u. Paedagogik Hrsg. v. Alfr. Fleckeisen u. Herm. Masius. 41—43. Jahrg. 1871—1873. od. 103—108. Bd. à 6 Hfte. gr. 8. (à Hft 144 S.) Leipzig, Teubner. à Jahrg. n. 27. —

— dasselbe. 44—46. Jahrg. 1874—1876 od. 109—114. Bd. à 6 Hfte. gr. 8. (à Hft. ca. 108 S.) Ebend. à Jahrg. n. 30. —

— neue, für Philologie u. Paedagogik. Hrsg. unter der Red. v. Alfr. Fleckeisen u. Herm. Masius. 47—52. Jahrg. 1877—1882 oder 115—126. Bd. à 6 Hfte. gr. 8. (à Hft. ca. 124 S.) Ebend. 877—82. à Jahrg. n. 30. —

— dasselbe. Repertorium über die ersten 50 Jahrgänge der Jahrbücher für Philologie u. Pädagogik 1826—1875 nebst Supplementbänden. gr. 8. (VIII, 291 S.) Ebend. 877. n. 6. —

— neue, f. Philologie u. Pädagogik. Hrsg. unter der Red. v. Alfr. Fleckeisen u. Herm. Masius. 127—134. Bd. à 12 Hfte. gr. 8. (à Hft. ca. 176 S.) Ebend. 883 - 86. à Jahrg. v. 2 Bdn. n. 30. —

— neue, für Philologie u. Pädagogik. Hrsg. unter d. Red. v. A. Fleckeisen u. H. Masius. 135.—142. Bd. à 6 Hfte. gr. 8. (à Hft. ca. 150 S.) Ebd. 887—890. à Bd. n. 15. —; à Jahrg. = 2 Bde. n. [illegible]. —

— neue, für Philologie u. Pädagogik. Hrsg. unter der Red. v. Alfr. Fleckeisen u. Herm. Masius. Jahrg. 1891—1894. 143.—150. Bd. à Jahrg. 12 Hfte. gr. 8. (à Hft. ca. 144 S.) Ebd. à Jahrg. = 2 Bde. n. 30. —

— neue, für Philologie u. Pädagogik. Hrsg. unt. d. Red. v. Alfr. Fleckeisen u. Rich. Richter. Jahrg. 1895—1897. 151.—156. Bd. à 12 Hfte. (à ca 150 S.) gr. 8. Ebd. à Jahrg. n. 30. —

Jahrbücher, neue, f. Philologie u. Pädagogik, Fortsetzg., s.: Jahrbücher, neue, f. d. klass. Altertum, Geschichte u. deutsche Litteratur u. f. Pädagogik.

— neue, f. Religions-, Kirchen- u. Schulwesen. Herausg. v. J. Schuderoff. 21r — 25r Jahrg. od. 41r — 50r Bd. gr. 8. Leipz. 822 — 26, Barth. à 3 Rthlr.

— dess. 26r Jahrg. 51r u. 52r Bd. od. Neueste Jahrbücher 1r u. 2r Bd. gr. 8. Neust. 827, Wagner.

– neue, für sächsisches Strafrecht. Herausgeg. von Chr. Bernh. v. Watzdorf u. Gust. Alb. Siebdrat, Fr. Oscar Schwarze u. G. Fr. Held. 1.—3. Bd. à 4 Hefte. gr. 8. Dresden u. Leipzig 841—43, Arnoldische B. à Hft. n. 2/3 ß

Vorh. u.d.T.: Jahrbücher für sächs. Strafrecht.

— dass. 4. Bd. 12 Hefte. Ebend. 845, 46. à Bd. n. 2 2/3 ß

— neue, für sächsisches Strafrecht. Hrsg. v. Gust. Frdr. Held, Gust. Albert Siebdrat, Friedrich Oscar Schwarze. 5.—7. Bd. à 4 Hfte. gr. 8. (5. Bd. 494 S. 6. Bd. VI u. 482 S. 7. Bd. VIII u. 472 S.) Leipzig 847—53, Arnold. à Hft. n. 2/3 ß à Bd. n. 2 2/3 ß (1—7: n. 18 2/3 ß)

— neue, für sächsisches Strafrecht. Herausg. von Gust. Friedr. Held, Gust. Alb. Siebdrat, Friedr. Osc. Schwarze. 8. u. 9. Bd. à 4 Hefte. Leipzig 853—56. Arnold. gr. 8. (8. Bd.: VIII, 476 S.; 9. Bd.: VIII, 471 S. u. 32 S. Register zum 1—9. Bde.) VIII, 1—4. u. IX, 1—3. à n. 20 ngr. IX, 4.: n. 26 ngr.

— neue, f. deutsche Theologie. Hrsg. v. Ludw. Lemme. 1.—3. Jahrg. 1892—1894. à 4 Hfte. gr. 8. (à Hft. ca. 160 S.) Bonn, E. Weber. à Jahrg. n. 10.—; einzelne Hfte. à n. 3.—

— neue, f. deutsche Theologie. Unter Mitwirkg. v. Braun, Erdmann, P. Ewald u. A. hrsg. v. Ludw. Lemme. 4. Bd. 1895. 4 Hfte. (à ca. 120 S.) gr. 8. Bonn, A. Marcus & E. Weber. n. 10.—; einz. Hfte. n. 3.—

—— neue, für Turnkunst. Freie Hefte für Erziehung und Gesundheitspflege. In Gemeinschaft mit E. Friedrich, M. Schreber, A. Spiess und C. Wassmannsdorf hrsg. von M. Kloss. 1. und 2. Bd. à 4 Hefte. gr. 8. Dresden 855—56, Schönfeld's Buchh. à Bd. *

—— neue, für die Turnkunst. Freie Hefte für Erziehung und Gesundheitspflege. In Gemeinschaft von E. Friedrich, P. M. Kawerau, M. Schreber, C. H. Schildbach und C. Wassmannsdorff hrsg. von M. Kloss. 3—7. Bd. à Bd. 4 Hefte. gr. 8. (à Heft ca. 80 S. theilweise mit Stnt. und eingedr. Holzschn.) Dresden 857—61, (Schönfeld's Buchh.) [à Heft * 17½ Ngr., à Bd. * 2 Thlr. 10 Ngr.] *

Jahrbücher, neue, für die Turnkunst. Zeitschrift für die Angelegenheiten des deutschen Turnwesens vornehmlich in seiner Richtung auf Erziehung und Gesundheitspflege. In Gemeinschaft mit E. Friedrich, P. M. Kawerau, J. C. Lion, C. H. Schildbach und C. Wassmannsdorff hrsg. von M. Kloss. 8.—10. Bd. à Bd. 6 Hefte. gr. 8. (à Heft ca. 64 S.) Dresden 862—64, (Schönfeld's Buchh.) à Bd. *

—— dass. — In Gemeinschaft mit E. Friedrich, P. M. Kawerau, H. Kluge, J. C. Lion etc. hrsg. von M. Kloss. 11. Bd. 6 Hefte. gr. 8. (à Heft 48—64 S. mit Stnt.) (Ebendas.) 865. *

—— dass. — In Gemeinschaft mit C. Euler, E. Friedrich, H. Kluge etc. hrsg. von M. Kloss. 12. Bd. 6 Hefte. gr. 8. (à Heft 56—64 S. mit Stnt.) (Ebendas.) 866. *

—— dass. — In Gemeinschaft mit C. Euler, B. Frank, E. Friedrich etc. hrsg. von M. Kloss. 13. Bd. 6 Hefte. gr. 8. (à Heft 64—80 S. mit Stnt. in gr. 8. und gr. Fol.) (Ebendas.) 867. *

—— neue, für die Turnkunst. Blätter für die Angelegenheiten des deutschen Turnwesens vornehmlich in seiner Richtung auf Erziehung und Gesundheitspflege. In Gemeinschaft mit C. Euler, B. Frank, Friedrich etc. hrsg. und redig. von M. Kloss. 14.—16. Bd. à 6 Hefte. gr. 8. (à Heft 40—48 S.) Dresden 868—70, Schönfeld's Verlag. à Jahrg. * 7 50

—— dass. — In Gemeinschaft mit C. Euler, B. Frank, H. Kluge etc. hrsg. und redig. von M. Kloss. 17.—20. Bd. à 6 Hefte. gr. 8. (à Heft 48 S. mit eingedr. Holzschn. oder Stnt.) Ebendas. 871—74. à Jahrg. * 7 50

— neue, für die Turnkunst. Blätter für die Angelegenheiten des deutschen Turnwesens vornehmlich in seiner Richtung auf Erziehung und Gesundheitspflege. Organ der deutschen Turnlehrerschaft. In Gemeinschaft mit C. Euler, B. Frank, H. Kluge etc. hrsg. und redig. von M. Kloss. 21.—23. Bd. à 6 Hefte. (à 3 Bog. mit Stnt.) gr. 8. Dresden 875—77, Schönfeld's Verlag. à Bd. *

— dass. — In Gemeinschaft mit C. Euler, O. H. Jäger, G. H. Weber etc. hrsg. und redig. von M. Kloss. 24. und 25. Bd. à 6 Hefte. (à 3 Bog.) gr. 8. Ebendas. 878,79. à Jahrg. *

—— neue, für die Turnkunst. Blätter für die Angelegenheiten des deutschen Turnwesens vornehmlich in seiner Richtung auf Erziehung und Gesundheitspflege. Organ der deutschen Turnlehrerschaft. In Gemeinschaft mit C. Euler, O. H. Jäger, G. H. Weber etc. hrsg. und redig. von M. Kloss. 26. und 27. Bd. (1880 und 1881). à Bd. 6 Hefte. (à Heft 3 Bog.) gr. 8. Dresden, Schönfeld's Verlagsh. à Bd. *

Die Fortsetzung bildet: Jahrbücher der deutschen Turnkunst.

— dasselbe. In Gemeinschaft mit J. Hermann, F. Markhart, A. Maul, G. H. Weber red. u. hrsg. v. W. Bier. Neue Folge. 1. Bd. 12 Hfte. (2 B.) gr. 8. Leipzig, Strauch. n. 7. 50

Jahrbücher, Nürnberger, aus d. bis jetzt bekannten ältesten Monumenten d. deutschen Geschichte, a. d. Annalen d. Rathschreibers Joh. Müllner, u. aus d. noch weiter eröffn. Quellen d. Nürnberger Archivs mittelst Allerhöchster Vergünstigung u. Unterstützung bearb. u. hrsg. v. G. W. K. Lochner. 1. Hft. Von d. ältesten Zeit bis z. J. 1219. 4. (15½ B.) Nürnberg 832, Riegel u. Wießner. Thlr.

—— nürnberger, aus den bis jetzt bekannten ältesten Monumenten d. deutschen Geschichte etc. bearb. u. hrsg. v. Geo. Wolfg. Karl Lochner. 2. Hft. 1. u. 2. Abthl. 4. Nürnberg, Riegel u. Wießner.

Abthl. 1. Von 1219—1291. (11½ B.) 834. 9 Gr.
" 2. Von 1291—1313. (14 B.) 835. 16 Gr.
1. Hft. Ebendas. 1832. 18 Gr.

Jahrbücher d. Großherzogl. Badischen Ober-Hofgerichts z. Mannheim. Herausgeg. v. Staatsr. v. Hohnhorst. Jahrg. 824—26. 1r—3r Jahrg. gr. 4. Mannh., Schwan u. G. à 4 Rthlr. Rthlr.

—— des großhrzgl Badischen Ober-Hofgerichts zu Mannheim. Gesammelt, u. mit Genehmigung d. Großh. Justizministerii hrsg. von v. Hohnhorst. Die J. 1826—32. od. 4—7. Jahrg. gr. 4. Mannheim 833, Schwan u. Götz. [4. J. 826. (51 B.), 5. J. 27 u. 28. (52½ B.), 6. J. 29 u. 30. (50 B.) à 4 Thlr., 7. J. 31 u. 32. (44½ B.) 3 Thlr. 12 Gr.]

—— dies. Neue Folge. Hrsg. u. mit Bemerkn. verseh. von v. Hohnhorst. 1—3. Jahrg. 1833—35. (Der ganzen Sammlung 8—10. Jahrg.) à 6 Hfte. gr. 8. Ebds. [833. 2 Thlr. 16 Gr., 34, 35. à 2 Thlr.]

—— des großhrzgl. badischen Oberhofgerichts in Mannheim. Hrsg. v. mehr. Mitgliedern d. Oberhofgerichts. Hauptredakt.: Trefurt. Neue Folge. 4—7. Jahrg. 18³⁶/₃₇, 18³⁸/₃₉, 1840, 18⁴¹/₄₂. (Der ganzen Samml. 11—14. Jahrg.) à J. 4 Doppelhfte. gr. 8. Mannheim, Schwan- u. Götz'sche Hofbuchh. [4. J. * 2 Thlr., 5—7. à * 2⅔ Thlr.] *

—— des großherz. badischen Oberhofgerichts in Mannheim. Hauptredakteur: Bekk. Neue Folge. 8. u. 9. Jahrg. 18⁴³/₄₄ u. 18⁴⁵/₄₆. (Der ganz. Sammlung 15 u. 16. Jahrg.) à 4 Doppelhfte. gr. 8. Mannheim. [Götz.] à J. *

1—7. Jahrg. 1833—1842. Ebendas. * 16 Thlr. 20 Ngr.

Jahrbücher des großherzogl. badischen Oberhofgerichts in Mannheim. Neue Folge. 10—12. Jahrg. 1847—51. (Der ganzen Sammlung 17—19. Jahrg.) gr. 8. Mannheim 848—51, Götz, Vrlgsh. [10. und 11. Jahrg. à * 2 Thlr. 20 Ngr., 12. Jahrg. * 2 Thlr.] *

Der 10. Jahrg. wurde von Stabel, der 11. und 12. Jahrg. von Trefurt redigirt.

Jahrbücher des großherzoglich badischen Oberhofgerichts. Fortges. unter Redaktion von Anton Stabel. Neue Folge. 13. Jahrg. 18⁵²/₅₃. (Der ganzen Sammlung 20. Jahrg.) 4 Hefte. gr. 8. (1. und 2. Heft 240 S.) Mannheim 853, Götz. *

Jahrbücher des königl. sächs. Oberverwaltungsgerichts. Hrsg. v. den Mitgliedern des Gerichtshofs. 1. u. 2. Bd. à 4 Hfte. gr. 8. (II, 384 u. II 386 S.) Leipzig 901. 902. Roßberg'sche Verl.-Buchh. à Bd. n. 8.—

— des königl. sächsischen Oberverwaltungsgerichts. Hrsg. v. den Mitgliedern des Gerichtshofs. 8.—9. Bd. à 4 Hefte. (II, 387; II, 389; II, 388; II, 388, II, 388; II, 388 u. II, 384 S.) gr. 8. Leipzig 903—906. Roßberg'sche Verlagsbuchh. à Bd. n. 8. —

— d. königl. sächs. Oberverwaltungsgerichts. Hrsg. v. den Mitgliedern d. Gerichtshofs. 10.—15. Bd. à 4 Hefte. (383, 384, 384, 384, 385 u. 385 S.) gr. 8. Leipzig 907—910. Roßbergsche Verlagsbuchh. à Bd. 8.—; geb. in Halbfrz. à 9. 50

Jahrbücher des tellurischen Observatoriums zu Bern. 1881. 4⁰

—— für classische Philologie. Hrsg. von Alfr. Fleckeisen. 5. Suppl.-Bd. 2.—5. Heft. gr. 8. Leipzig, Teubner. [2. Heft. (S. 183—350 mit 1 Tab. in qu. Fol.) 869. *ℳ 2,80.; 3. Heft. (S. 353—536.) 870. *ℳ 2,80.; 4. Heft. (S. 537—816.) 871. *ℳ 4.; 5. Heft. (III, S. 817—914.) 872. *ℳ 2.] * 11 60

—— dass. — 6. Suppl.-Bd. 3 Hefte. gr. 8. Ebendas. [1. Heft. (S. 1—315.) 872. *ℳ 5,60.; 2. Heft. (S. 316—556.) 873. *ℳ 4.; 3. Heft. (S. 557—826.) 873. *ℳ 4.] * 13 60

—— dass. — 7. Suppl.-Bd. 4 Hefte. gr. 8. Ebendas. [1. Heft. (S. 1—97.) 874. *ℳ 1,60.; 2. und 3. Heft (S. 99—539.) 874. *ℳ 10,60.; 4. Heft. (S. 541—866.) 875. *ℳ 8.] * 20 20

1.—7. Suppl.-Bd. zusammengenommen *ℳ 48.

—— für classische Philologie. Hrsg. von Alfr. Fleckeisen. 8. Suppl.-Bd. 3 Hefte. gr. 8. Leipzig, Teubner. [1. Heft. (S. 1—290.) 875. *ℳ 6,80.; 2. Heft. (S. 291—645.) 876. ℳ 8.; 3. Heft. (S. 647—820.) 876. *ℳ 4.]

—— dass. — 9. Suppl.-Bd. 3 Hefte. gr. 8. Ebendas. [1. Heft. (S. 1—221.) 877. *ℳ 4.; 2. Heft. (S. 223—565.) 877. *ℳ 7,20.; 3. Heft. (S. 567—836 mit 1 Tab.) 878. *ℳ 6.] *

—— dass. — 10. Suppl.-Bd. 3 Hefte. gr. 8. Ebendas. [1. Heft. (S. 1—231.) 878. *ℳ 5.; 2. Heft. (S. 233—470.) 879. *ℳ 4,80.; 3. Heft. (S. 471—696.) 879. *ℳ 4,80.] *

—— für classische Philologie. Hrsg. von Alfr. Fleckeisen. 11. Suppl.-Bd. 2 Hefte. gr. 8. Leipzig 880, Teubner. [1. Heft. (S. 1—399.) *ℳ 8.; 2. Heft. (III, S. 401—754.) *ℳ 6,40.] *

—— dass. — 12. Suppl.-Bd. 3 Hefte. gr. 8. Ebendas. [1. Heft. (S. 1—248.) 880. *ℳ 6.; 2. und 3. Heft. (S. 249—333.) 881. *ℳ 10.] *

—— dass. — 13. Suppl.-Bd. 3 Hefte. gr. 8. Ebendas. [1. Heft. (S. 1—238.) 882. *ℳ 5.; 2. Heft. (S. 239—440.) 883. *ℳ 4.; 3. Heft. (III, S. 441—864.) 884. *ℳ 8.] *

—— dass. — 14. Suppl.-Bd. 2 Hefte. gr. 8. Ebendas. [1. Heft. (S. 1—338 mit 1 Taf.) 884. *ℳ 6.; 2. Heft. (III, S. 339—781.) 885. *ℳ 8.] *

—— für classische Philologie. Hrsg. von Alfr. Fleckeisen. 15. Suppl.-Bd. 3 Hefte. gr. 8. Leipzig, Teubner. [1. und 2. Heft. (S. 1—556.) 886. *ℳ 10.80.; 3. Heft. (III, S. 557—728.) 887. *ℳ 4.—.] * 14 80

—— dass. — 16. Suppl.-Bd. 3 Hefte. gr. 8. Ebendas. [1. Heft. (S. 1—220.) 887. *ℳ 4.80.; 2. Heft. (S. 221—499.) 888. *ℳ 6.40.; 3. Heft. (III, S. 500—828.) 888. *ℳ 6.40.] * 17 60

— dasselbe. 17. Suppl.-Bd. 2 Hfte. gr. 8. (III, 747 S.) Ebd. 889. 890. n. 13. 20

— für classische Philologie. Hrsg. v. Alfr. Fleckeisen. 18. Suppl.-Bd. 2 Hfte. gr. 8. Leipzig, B. G. Teubner. n. 12. 80

1. (352 S.) 891. n. 6. 40. — 2. (III u. S. 353—706.) 892. n. 6. 40

— dasselbe. 19. Suppl.-Bd. 2 Hfte. gr. 8. Ebd. n. 16. 40

1. (364 S.) 892. n. 6. 40. — 2. (III u. S. 365—808.) 893. n. 10. —

— dasselbe. 20. Suppl.-Bd. 2 Hfte. gr. 8. Ebd. n. 20. —

1. (340 S. m. 3 Karten.) 893. n. 8. —. — 2. (III u. S. 341—816 m. 2 Taf.) 894. n. 12. —.

— dasselbe. 21. Suppl.-Bd. 2 Hfte. gr. 8. (III, 616 S. m. 1 Taf.) Ebd. 894. n. 16. —

— für classische Philologie. Hrsg. v. Alfr. Fleckeisen. 22. Suppl.-Bd. 2 Hfte. gr. 8. Leipzig, B. G. Teubner. n. 20. —

1. (334 S.) 895. n. 8. —. — 2. (III u. S. 335—772.) 896. n. 12. —

— dasselbe. 23. Suppl.-Bd. 3 Hfte. gr. 8. Ebd. n. 21. 20

1. (289 S.) 896. n. 8. —. — 2. (S. 291—536.) 896. n. 6. 80. — 3. (III u. S. 537—798.) 897. n. 6. 40.

— dasselbe. 24. Suppl.-Bd. 1. u. 2. Hft. gr. 8. Ebd. 898. n. 19. 60

1. (382 S.) n. 12. —. — 2. (S. 383—634.) n. 7. 60.

— für classische Philologie. Hrsg. v. Alfr. Fleckeisen. 24. Suppl.-Bd. 3. (Schluss-)Hft. gr. 8. (III u. S. 635—932.) Leipzig 899. B. G. Teubner. n. 8. —; (kplt. n. 27. 60)

— dasselbe. 25. Suppl.-Bd. 3 Hfte. gr. 8. (III, 866 S.) Ebd. 899. n. 24. 80

— dasselbe. 26. Suppl.-Bd. 3 Hfte. gr. 8. (III, 680 S. m. 2 Abb. u. 3 Doppeltaf.) Ebd. 900. 901. n. 22. 80

— dasselbe. 27. Suppl.-Bd. 3 Hfte. gr. 8. (802 S.) Ebd. 900. 902. n. 27. —

— für classische Philologie. Begründet v. Alfr. Fleckeisen. 28. Suppl.-Bd. 2 Hefte. (III, 778 S.) gr. 8. Leipzig 903. B. G. Teubner. n. 26. —

— f. Philologie u. Pädagogik. Eine krit. Zeitschrift; in Verbindung mit einem Verein v. Gelehrten herausgeg. von J. C. Jahn. 1r Jahrg. 1s—4s Heft in 2 Bden. gr. 8. Lpz. 826, Teubner.

— dess. 2r Jahrg. 1r—3r Bd. od. d. ganzen Folge 3r—5r Bd. 12 Hefte. 8. Ebend. 827.

—— für Philologie u. Paedagogik. Eine krit. Zeitschr. in Verbind. mit e. Verein v. Gelehrten hrsg. v. Joh. Chrstn. Jahn. 3—5. Jahrg. 1828—30. à 3 Bde. od. d. ganzen Folge 6—14. Bd. à 4 Hfte. gr. 8. Leipzig, Teubner. à J.

1. u. 2. Jahrg. 1826 u. 27. Ebendas. 15 Thlr. — Alle 5 Jahrge. zusammen, hrbgs. Pr. 25 Thlr. 12 Gr.

Jahrbücher f. specul. Philos. u. d. philosoph. Bearbeit. d. empir. Wissenschh., h. v. L. Noack. 1r Jahrg. (in 4 H.) *Darmst.*, Leske. 846. gr 8⁰ 6 ß 2r J. (in 6 H.) 847. 7 ß 3r J. m. d. neuen T.: Jahrbb. f. Wissensch. u. Leben. (in 12 H.) 848. 7 ß

Jahrbücher für speculative Philosophie u. die philosoph. Bearbeitung der empirischen Wissenschaften. Herausg. von Ludw. Noack. 2. Jahrg. 1847. 6 Hefte. gr. 8. (1280 S.) Darmstadt, Leske. n. 7 ß (— 3. Jahrg. s.: Jahrbücher f. Wissenschaft etc.)

— die, von Pöhlde, s. Geschichtschreiber, die, der deutschen Vorzeit.

[Annales Palidenses, deutsch] Die Jahrbücher von Pöhlde. Nach d. Ausg. d. Monumenta Germaniae übers. von Eduard Winkelmann. — Berlin: Duncker 1863. X,102 S. (Die Geschichtschreiber d. deutschen Vorzeit. 12. Jh., Bd 10.)
Verfasser eines Teils der Annales ist Theodorus Monachus.
1: Rw 3588-12,10. 12: Germ. g. 159h-XII,10. 300: 392.249-B. Ser. 8,10. 2. 3. 4. 5. 6. 7. 8. 10. 11.
5.467

— 2. Aufl. Neu bearb. von W[ilhelm] Wattenbach. Leipzig: Dyk (1894). X,124 S. (Die Geschichtschreiber d. deutschen Vorzeit. 2. Gesamtausg. Bd 61-12. Jh., Bd 13.)
1: Rw 3588ᵃ-Bd 61-12. Jh., Bd 13. 12: Germ. g. 159hc-XII,13. 3. 4. 5. 6. 7. 8. 9. 10. 11. 102.
5.468

POMMERSCHE JAHRBÜCHER.
Herausgegeben vom Rügisch-Pommerschen Geschichtsverein zu Greifswald und Stralsund. Bd. 1. Greifswald 1900. Julius Abel. 8°. — 2—5. ib. 1901—1904. — 6. (Mit 1 Tafel.) ib. 1905. — 7. Mit 1 Tafel, 2 Karten und 1 Abbildung. ib. 1906. — 8. ib. 1907. — 9. (Mit IX Tafeln.) ib. 1908. — 10. ib. 1909. — 11. ib. 1910. — 12. ib. 1911. —
Ergänzungsbd. 1. ib. 1901. — A. u. d. T.: Der Einfall des kais. General-Wachtmeisters Joachim Ernst v. Krockow in Hinterpommern vom Jahre 1643. Von HERMANN KLAJE. (Pommersche Jahrbücher. Ergänzungsbd. 1.) ib. 1901. —
Ergänzungsbd. 2. ib. 1910. — A. u. d. T.: Der Kirchenbau in Mecklenburg und Neuvorpommern zur Zeit der deutschen Kolonisation. Von Dr. HEINRICH REIFFERSCHEID. Mit mehreren Abbildungen im Text, 8 Tafeln und einer Übersichtskarte. (Pommersche Jahrbücher — Ergänzungsbd. 2) ib. 1910. —

— pommersche. Hrsg. vom rügisch-pommerschen Geschichtsverein zu Greifswald u. Stralsund. 1.—3. Bd. gr. 8. Greifswald, J. Abel. n. 12.80
1. (III, 179 S.) 900. n. 4.—. — 2. (III, 194 S.) 901. n. 4.20. 3. (III, 214 S.) 902. n. 4.60.

— dasselbe. 1. Ergänzungsbd. gr. 8. Ebd. n. 4.—
Der Einfall des kaiserl. General-Wachtmeisters Joachim Ernst v. Krockow in Hinterpommern vom J. 1643. Von Herm. Klaje. (X, 167 S.) 901.

— pommersche. Hrsg. vom rügisch-pommerschen Geschichtsverein zu Greifswald u. Stralsund. (Red.-Ausschuß: E. Bernheim, G. Frommhold, H. Ulmann, A. Wellinghoff.) 4.—7. Bd. gr. 8. Greifswald, J. Abel. n. 18.60
4. (III, 168 S.) 903. n. 4.—. 5. (III, 120 S.) 904. n. 3.— 6. (III, 161 S. m. Fig. u. 1 Bildnis.) 905. n. 4.— 7. (V, 366 S. m. 1 Abb., 1 Taf. u. 2 Karten.) 906. n. 7.60

— pommersche. Hrsg. vom rügisch-pommerschen Geschichtsverein zu Greifswald u. Stralsund. (Red.-Ausschuß: E. Bernheim, G. Frommhold, H. Ulmann, F. Curschmann.) 8.—10. Bd. gr. 8. Greifswald, J. Abel. 15.50
8. (III, 215 S.) 907. 5.—. — 9. (III, 227 S.) 908. 5.— 10. (III, 267 S.) 909. 5.50

Jahrbücher, Preussische. 1.—13. Bd. herausgegeben von R. Haym; 14.—17. Bd. von A. Flügel; 18.—43. Bd. von H. v. Treitschke und W. Wehrenpfennig; 44.—51. Bd. von H v. Treitschke allein; vom 52.—79. Bde. von H. v. Treitschke und H. Delbrück. Register zu Bd. 1—25. Register zu Bd. 26—50. (81 Bde.)
8. Berlin 1858—1895.

Jahrbücher, preußische. Hrsg. von R. Haym. Jahrg. 1858—61. 1—8. Bd. à Bd. 6 Hefte. gr. 8. Berlin, G. Reimer. à Bd. * 3 Thlr. Thlr. *

— preußische. Hrsg. von R. Haym. Jahrg. 1862—64. oder 9.—14. Bd. à Bd. 6 Hefte. gr. 8. (à Heft ca. 110 S.) Berlin, G. Reimer. à Bd. *

— preußische. Redakt.: A. Flögel. Jahrg. 1865 u. 1866. 15—18. Bd. à Bd. 6 Hefte (à ca. 110 S.). Berlin, G. Reimer. gr. 8. Jeder Bd. n. 3 ₰

— — Hrsg. von Heinr. von Treitschke. Redakt.: A. Flögel. Jahrg. 1867—70 oder 17—25. Bd. Ebend. à Bd. 6 Hefte (à ca. 110 S.). gr. 8. Jeder Bd. n. 3 ₰

— preußische. Hrsg. von H. v. Treitschke u. W. Wehrenpfennig. Jahrg. 1871—1876, od. 27—38. Bd. à 6 Hfte. gr. 8. (à Hft. ca. 120 S.) Berlin, G. Reimer. à Bd. n. 9. —

— dasselbe. Register zu Bd. 1 bis 25. gr. 8. (44 S.) Ebend. 872. n. — 80

— preußische. Hrsg. von H. v. Treitschke u. W. Wehrenpfennig. Jahrg. 1877—1882. 39—50. Bd. à 6 Hfte. gr. 8. (à Hft. ca. 111 S.) Berlin, G. Reimer. à Bd. n. 9. —

— preußische. Hrsg. von Heinr. v. Treitschke u. H. Delbrück. Jahrg. 1883—1886. 51—58. Bd. à 6 Hfte. gr. 8. (à Hft. ca. 123 S.) Berlin, G. Reimer. à Bd. n. 9. —

— dasselbe. Register zum 26. bis 50. Bd. gr. 8. (89 S.) Ebend. 883. n. — 80

— preußische. Hrsg. von H. v. Treitschke u. H. Delbrück. Jahrg. 1887—1890. 59.—66. Bd. à 6 Hfte. gr. 8. (à Hft. ca. 100 S.) Berlin, G. Reimer. à Bd. n. 9. —

— preußische. Hrsg. v. Hans Delbrück. Jahrg. 1891, 1892. 67.—70. Bd. à 6 Hfte. gr. 8. (à Hft. ca. 120 S.) Berlin, G. Reimer. à Bd. n. 9. —

— dasselbe. Jahrg. 1893. 1894. 71.—78. Bd. à 3 Hfte. gr. 8. (à Hft. ca. 160 S.) Berlin, H. Walther. à Bd. n. 6. —

— dasselbe. Register zum 51.—70. Bd. gr. 8. (46 S.) Berlin 893. G. Reimer. n. — 80

— preußische. Hrsg. v. Hans Delbrück. Jahrg. 1895—1899. 79.—98. Bd. à 3 Hfte. (à ca. 200 S.) gr. 8. Berlin, G. Stilke. à Bd. n. 6. —; einz. Hfte. n. 2.50

— preußische. Hrsg. v. Hans Delbrück. Jahrg. 1900—1902. 99—110. Bd. à 3 Hfte. gr. 8. Berlin, G. Stilke. à Bd. n. 6. —
99. (V, 569 S.) — 100. (V, 579 S.) — 101. (V, 569 S.) — 102. (V, 572 S.) — 103. (V, 569 S.) — 104. (V, 570 S.) — 105. (V, 568 S.) — 106. (V, 570 S.) — 107. (V, 582 S.) — 108. (V, 570 S.) — 109. (V, 560 S.) — 110. (V, 572 S.)

— dasselbe. 71.—100. Bd. (1893 bis 1900 Juni.) Register. gr. 8. (47 S) Ebd. 901. n. 1. —

— preußische. Hrsg. v. Hans Delbrück. Jahrg. 1903—1906. 111—126. Bd. à 3 Hefte. (111., 112., 115., 119., 123. u. 124. Bd. V, 590; V, 560; V, 572; V, 572; V, 606 u. VI, 586 S.) gr. 8. Berlin, G. Stilke. à Bd. n. 6. —; einzelne Hefte n. 2.50

— preußische. Hrsg. u. Red.: Hans Delbrück. Jahrg. 1907—1910. 127.—142. Bd. à 3 Hefte. (V, 570; V, 568, V, 559, V, 561, VI, 570, V, 566; VI, 561, VI, 566, V, 570, VI, 568, VI, 544; V, 551, VI, 578, VI, 566; VI, 570 u. V, 575 S.) gr. 8. Berlin, G. Stilke. à Bd. 6. —

Jahrbücher, Protestantische — für Oesterreich. unter Mitwirkung mehrerer protestantischer Theologen und Schulmänner, herausgegeben von Viktor Hornyánszky. 1. Jahrgang 1854. 1. und 2. Heft. (S. 1—160.) 8. Pesth. Gedruckt bei Landerer und Heckenast. 1854.

Inhalt: Heft 1. Die protestantischen Gymnasien im österreichischen Kaiserstaat und ihre Oeffentlichkeit im Jahre 1853. — Die protestantischen Pfarreien, Volksschulen und Gymnasien in Oesterreich. — Unterstützung der protestantischen Gymnasien des Pesth-Ofner-Distriktes von Seite der Gemeinden und Privaten. — Johann von Kis (Biographie.) — Heft 2. Die protestantischen Gymnasien in Ungarn. — Gegenwärtiger Stand der Verfassungsfrage der evangelischen Kirche in Preußen. — Die evangelische Superintendenz A. C. des Montandistrikts. — Biographien: Michael Polgár. — Paul Sárváry. — W. Hey. — In beiden Heften: Amtliche Mittheilungen. — Nachrichten aus dem Inlande und Auslande. — Miscellen. — Literatur. — Personal-Notizen.

Jahrbücher, Protestantische — für Oesterreich, unter Mitwirkung mehrerer protest. Theologen und Schulmänner. Herausgegeben von Viktor Hornyánszky. Erster Jahrgang 1854. 3. und 4. Heft. (S. 161—320.) 8. Pesth. Gedruckt bei Landerer und Heckenast. Verlag von Gustav Heckenast. 1854. (1376.)

Inhalt: 3. Heft. Ueber Katechismen. — Das reformirte Kollegium in Debreczin. — Statistisches: Ueber die evangelische Superintendenz A. K. des Theiß-Distriktes. — Ueber die evangelischen Gymnasien A. K. und H. K. im Kaschauer Distrikte Ungarns. — Die protestantische Kirche in Frankreich. — Das Kollegium in Malta. — 4. Heft. Das evangelische Distriktual-Kollegium zu Eperies. — Der Zipser evangelische Schullehrerverein von seiner Gründung bis zu seiner Auflösung. — Eine Stimme über den Ausnahmszustand der Kirche. — Statistisches: Ueber die evangelische Superintendenz A. K. diesseits der Donau. — Ueber die evangelische Superintendenz A. K. in Siebenbürgen. — Die evangelische Gemeinde in Laibach. — Die evangelischen Gemeinden in Asien. — Verordnung des Weimar'schen Kirchenraths über die Amtstracht der Geistlichen. — Kirchliche Bewegung in Schweden. — Die deutsch-protestantische Kirche in San Franzisko. — Das Leben und die jetzigen großen Pläne der Mormonen.

— protestantische, für Oesterreich, unter Mitwirkung mehrerer protestant. Theologen und Schulmänner hrsg. von Vict. Hornyánszky. 1. Jahrg. 1854. 6 Hefte und 2. Jahrg. 1855. 8 Hefte. gr. 8. Pest, Heckenast's Verlag. [1. Jahrg. * 2 Thlr., 2. Jahrg. * 2 Thlr. 8 Ngr.] *

— dass. — Hrsg. von Dems. 3. und 4. Jahrg. 1856 und 1857. (à 8 Hefte.) gr. 8. Ebds. à Jahrg. *

Jahrbücher Protestantische — für Oesterreich unter Mitwirkung mehrerer protest. Theologen und Schulmänner herausgegeben von Viktor Hornyánszky. 3ter Jahrg. 1856. 7tes und 8tes Heft. Pesth, 1856. Gedr. bei Landerer und Heckenast. (S. 513—636 und ein Bl. Inhalt. 8.)
Schluß des 3. Jahrgangs.

Inhalt: 7. Heft. Abhandlungen. Der Entwurf zu einem Gesetze über die Vertretung und Verwaltung der evangel. Kirche in Ungarn. — Die evangel. Landeskirche in Siebenbürgen. — Das Evangelium und die evangelische Kirche in Florenz während der letzten zehn Jahre. — Aus den Berathungen der zu Bremen abgehaltenen Hauptversammlung des Gustav-Adolph-Vereins am 3. und 4. September. — Entwurf zu einer Umgestaltung der Pesther evangel. Elementarschule in eine vierklassige Hauptschule. (8. Heft.) — Amtliche Nachrichten. — 8. Heft. Neusohl oder Schemnitz? — Witwen- und Waisenfonde. — Aphorismen. — Stimmen über den Entwurf zu einem Gesetze über die Vertretung und Verwaltung der Kirchenangelegenheiten der Evangelischen beider Bekenntnisse im Königreiche Ungarn, in der serbischen Woiwodschaft und dem Temeser Banate. — Die großen Tage Bremens. — Nachrichten aus dem Kirchen- und Schulleben. Inland. Ausland.

Hornyánszky Viktor. Protestantische Jahrbücher für Oesterreich unter Mitwirkung mehrerer protest. Theologen und Schulmänner, herausgegeben von — —. 4. Jahrg. 1856. 1., 2., 3. Heft. Pest, 1857. Bei Gust. Heckenast, (S. 1—240. 8.)

Inhalt: 1. Hft. Der evangelische Gottesdienst. — Die evangel. Landeskirche A. C. in Siebenbürgen. — Die schottische Kirche. — Stimmen über den Entwurf zu einer ungarischen Kirchenverfassung. — Vota der Superintendenzen. — Schemnitz oder Neusohl? — 2. Hft. Briefe über Kirchenverfassung. — Zur Friedhofsfrage. — Vota über den Entwurf zu einem Gesetze über die Vertretung und Verwaltung der Kirchen-Angelegenheiten der Evangelischen beider Bekenntnisse im Königreiche Ungarn, in der serbischen Wojwodschaft und dem Temescher Banate. — Die Trauung der gemischten Ehen in Siebenbürgen. — Das neue Ehegesetz und die Mischehen in Ungarn. — Das neue Ehegesetz und die gemischten Ehen in Schlesien. — Drei Dokumente zum Ehegesetze. — 3. Hft. Offene Briefe über die „Provisorische Vorschrift für die Vertretung und Verwaltung der evangelischen Landeskirche A. C. in Siebenbürgen.“ — Der ministerielle Gesetzentwurf zur Regelung der evangelischen Kirche in Ungarn und die unmaßgeblichen Ansichten über diesen Entwurf von Herrn Josef Székács. — Das Votum der evangelischen Senioratsgemeinde zu Preßburg über den ministeriellen Gesetzentwurf. — Rückblicke auf die Stimmen über den Gesetzentwurf. — Offenes Schreiben an Herrn Pfarrer V. Czerwenka. — Offene Antwort auf den ersten Brief über Kirchenverfassung. — Dr. Joh. Szeberényi. †

— protestantische, für Oesterreich, unter Mitwirkung mehrerer protestant. Theologen und Schulmänner hrsg. von Vict. Hornyánsky. 5. Jahrg. 1858. 10 Nrn. (à 2 Bog.) gr. 8. Pest, Heckenast's Verlag. *
1—4. Jahrg. Ebendas. 1854—57. * 9 Thlr. 18 Ngr.

Jahrbücher, protestantische, — für Oesterreich. Herausgegeben und redigirt von V. Hornyánsky. Fünfter Jahrgang. Nr. 3—10. *Pest* 1858. Gedruckt bei *Landerer u. Heckenast.* S. 65—96, 97—128, 129—160, 161—224, 225—316 8°.
Preis eines Jahrganges 2 fl. 30 kr. CM.

INHALT. **Nr. 3.** Zur Zehentablösungsfrage der evangelischen Geistlichkeit in Siebenbürgen. — Erwiderung auf den Vorschlag: »Zur Besoldungsfrage der sächsischen Geistlichen in Siebenbürgen.« — Schemnitz oder Neusohl. — Nothgedrungene Erklärung des Neusohler Obergymnasial-Comités, veranlasst durch die Schemnitzer »Denkschrift«. — **Nr. 4.** Iliacos muros intra peccatur et extra. — Noch einmal die Zehententschädigungsfrage der evang. Landeskirche A. B. in Siebenbürgen. — Stadt- und Ortskommunen als Patrone. — Literatur. — **Nr. 5.** Revue. — Das Ehegesetz für Katholiken und die confessionelle Gleichberechtigung. — Widersprüche und Ausschreitungen. — Literatur. — **Nr. 6.** Eine Instruktion für die Seelsorger. — Dr. Johann Szeberinyi's Kritik der ungarischen Synodal-Beschlüsse vom J. 1791. — Noch ein Wort über die theol. Lehranstalt in Eperies. Von Prof. *Stefan Linberger.* — Die 50-jährige Dienst-Jubiläumsfeier Sr. Hochwürden des Herrn Georg Paul Binder, Superintendenten der evang. Landeskirche A. B.'s in Siebenbürgen. — Einige Rückblicke. — **Nr. 7—10.** Skizzen zur Geschichte der evangelischen Gemeinde Augsburger Confession in Pest. — Der Abendmahlstreit in der evangel. Kirche Ungarns und Siebenbürgens. Von *St. Linberger.* — Die Unitarier in Ungarn und Siebenbürgen. — Häresien und Secten in der evangelischen Kirche Ungarns u. Siebenbürgens. Von *St. Linberger.* — Widersprüche und Ausschreitungen. Von *Sam. Steiner.* — Die Katholiken in Preussen und die Evangelischen in Oesterreich. — Mormonen. Von *St. Linberger.* — Die Geschichte der evang. Gemeinde zu Bartfeld und das von der deutschen Gemeinde gefeierte Jubelfest. Von *Sam. St. Justh*, Pfarrer. — Archiv für evangel. Kirchengeschichte. Aus Handschriften gesammelt von *V. Hornyansky.*)

— dass. — Neue Folge. 1. Bd. 1860. 6 Hefte. Pest, Osterlamm.

— der Preuß. Provinzial-Stände. Eine Zeitschrift z. Besprechung gemeins. Angelegenheiten d. Vaterlandes. Hrsg. v. N. N. Neaube u. m. A. 1. u. 2. Bd. à 4 Hfte. gr. 8. Leipzig 832, 34, (Kayser.) à B.

— der königl. preuß. Provinzial-Stände. Eine Zeitschrift, herausg. von N. N. Neaube. 1r Jahrg., 4 Hfte. 1832. (16 Hft.) gr. 8. Leipz., Wolbrecht. 2 ꝛß

— der Preuß. Provinzial-Stände. Eine Zeitschrift zur Besprechung gemeinsamer Angelegenheiten des Vaterlandes. Herausg. von N. N. Neaube u. m. A. 1r u. 2r Bd. à 4 Hefte. gr. 8. Leipzig 834. Kaysers Buchh.; jetzt Melzer. (à 2 ꝛß) 4 ꝛß

— des gemeinen deutschen bürgerl. Prozesses, hrsg. v. Fr. A. Frh. v. Zu-Rhein. 1. Bd. 2 Hfte. gr. 8. Nürnberg 829, 30, Campe.

— für Psychiatrie. [Neue Folge d. psychiatr. Centralblattes.] Hrsg. vom Vereine f. Psychiatrie u. forens. Psychologie in Wien. Red. v. M. Gauster u. Th. Meynert. 1. Jahrg. 1879. 3 Hfte. gr. 8. (1. Hft. 68 S.) Wien, Töplitz & Deuticke. n. 6. —

— für Psychiatrie. [Neue Folge des psychiatr. Central-Blattes.] Hrsg. vom Vereine für Psychiatrie und forens. Psychologie in Wien. Redig. von Th. Meynert. 2. Bd. 3 Hefte. gr. 8. (215 S.) Wien 880, 81, Töplitz und Deuticke.

— dasselbe. 3. Bd. 1—3. Hft. gr. 8. (252 S. m. 6 Steintaf.) Ebend. 881. 82. n. 7. 50

— dasselbe. Red. v. Th. Meynert u. J. Fritsch. 4. Bd. 1. Hft. gr. 8. (67 S.) Ebend. 882. n. 1. 60
cf.: Centralblatt, psychiatrisches.

— für Psychiatrie. [Neue Folge d. psychiatr. Centralblattes.] Hrsg. vom Vereine f. Psychiatrie u. forens. Psychologie in Wien. Red. v. Th. Meynert u. J. Fritsch. 4. Bd. 2. u. 3. Hft. gr. 8. (III u. S. 69—206 m. 4 Steintaf.) Wien 883. Toeplitz & Deuticke. n. 6. — (4. Bd. cplt.: n. 7. 60)

— dasselbe. 5. Bd. 3 Hfte. gr. 8. (280 S.) Ebend. 884. n. 7. 60

— für Psychiatrie. [Neue Folge des psychiatr. Centralblattes.] Hrsg. vom Vereine für Psychiatrie und forens. Psychologie in Wien. Redig. von Th. Meynert und J. Fritsch. 6. Bd. 3 Hefte. gr. 8. (238 S.) Wien 886, Deuticke. *

— für Psychiatrie. Hrsg. vom Vereine f. Psychiatrie u. forens. Psychologie in Wien. Red. v. J. Fritsch, M. Gauster, Krafft-Ebing, M. Leidesdorf, Th. Meynert, A. Pick unter Verantwortg. v. J. Fritsch. 7. Bd. 3 Hfte. gr. 8. (III, 336 S.) Wien 887. Deuticke. n. 10. 50

— dasselbe. 8. Bd. 3 Hfte. gr. 8. (IV, 348 S.) Ebd. 888. 889 n. 11. —

— dasselbe. 9. Bd. 3 Hfte. gr. 8. (III, 362 S.) Ebd. 889. 890 n. 12. —

— für Psychiatrie. Hrsg. vom Vereine f. Psychiatrie u. forens. Psychologie in Wien. Red. v. J. Fritsch, M. Gauster, v. Krafft-Ebing, Th. Meynert, A. Pick. Unter Verantwortg. v. J. Fritsch. 10. Bd. 3 Hfte. gr. 8. (III, 334 S.) Wien 891. 892. F. Deuticke. n. 11. —

— dasselbe. 11. Bd. 3 Hfte. gr. 8. (III, 11 u. 362 S. m. 10 Taf.) Ebd. 892. n. 15. —

— dasselbe. 12. Bd. 3 Hfte. gr. 8. (III, 441 S. m. Abbildgn., 9 Taf. u. 1 Blatt Erklärgn.) Ebd. 893. 894. n. 19. —
Fortsetzung u. d. T.:

— für Psychiatrie u. Neurologie. Hrsg. vom Vereine f. Psychiatrie u. Neurologie in Wien. Red. v. J. Fritsch, M. Gauster, v. Krafft-Ebing, A. Pick, J. Wagner v. Jauregg. Unter Verantwortg. v. J. Fritsch. 13. Bd. 1. Hft. gr. 8. (S. 1—128 m. 2 Taf.) Ebd. 894. n. 5. —

— für Psychiatrie u. Neurologie. Hrsg. v. Vereine für Psychiatrie u. Neurologie in Wien. Red. v. J. Fritsch, M. Gauster, v. Krafft-Ebing, A. Pick, J. Wagner v. Jauregg. Unt. Verantwortg. v. J. Fritsch. 13. Bd. 2. u. 3. Hft. gr. 8. (III u. S. 129 344 m. Abb. u. 1 Taf.) Wien 895. F. Deuticke. n. 8. — (13. Bd. kplt.: n. 13. —)

— dasselbe. 14. Bd. 3 Hfte. gr. 8. (III, V, 578 S. m. 4 Taf.) Ebd. 895. 96. n. 22. —

— dasselbe. 15. Bd. 3 Hfte. gr. 8. (III, 374 S. m. Fig. u. 5 Taf.) Ebd. 896. 97. n. 16. —

— dasselbe. 16. Bd. 3 Hfte. gr. 8. (III, 419 S. m. 51 Abb. u. 6 Taf.) Ebd. 897. n. 18. —

— für Psychiatrie u. Neurologie. Hrsg. vom Vereine f. Psychiatrie u. Neurologie in Wien. Red. v. J. Fritsch, v. Krafft-Ebing, H. Obersteiner, A. Pick, J. Wagner v. Jauregg. Unter Verantwortung v. J. Fritsch. 17. Bd. 3 Hfte. gr. 8. (III, 364 S. m. Abb. u. 3 farb. Taf.) Wien 898. F. Deuticke. n. 16. —

— dasselbe. 18. Bd. 3 Hfte. gr. 8. (III, 586 S. m. Abb. u. 9 Taf.) Ebd. 899. n. 32. —

— dasselbe. 19. Bd. 3 Hfte. gr. 8. (560 S. m. Abbildgn. u. 1 Taf.) Ebd 900. n. 24. —

— dasselbe. 20. Bd. 3 Hfte. gr. 8. (III, 424 S. m. 1 Abbildg. u. 14 Taf.) Ebd. 901. n. 23. —

— dasselbe. 21. Bd. 3 Hfte. gr. 8. (III, 446 S. m. 5 Abbildgn. u. 11 Taf.) Ebd. 902. n. 23. —

— dasselbe. 22. Bd. Festschrift, Hrn. Hofrath Professor Dr. Richard Freiherrn v. Krafft-Ebing zur Feier der Vollendg. seiner 30jähr. Wirksamkeit als Universitätsprofessor dargebracht v. Vereine f. Psychiatrie u. Neurologie zu Wien 1872—1902. gr. 8. (V, 507 S. m. 17 Abb., 2 Taf. u. 1 Bildnis.) Ebd. 902. n. 20. —

— für Psychiatrie u. Neurologie. Hrsg. vom Vereine f. Psychiatrie u. Neurologie in Wien. Red. v. J. Fritsch, H. Obersteiner, A. Pick, J. Wagner v. Jauregg. Unter Verantwortg. v. J. Fritsch. 23.—27. Bd. à 3 Hefte. gr. 8. Wien, F. Deuticke. n. 110. —
23. (III, III, 458 S. m. Abbildgn. u. 14 Taf.) 903. n. 28. —
24. (III, 466 S. m. 15 Abbildgn. u. 17 Taf.) 903. n. 28. —
25. Mit 38 Abbildgn. im Text u. 6 Taf., sowie e. Autoren- u. Sachregister üb. Bd. 1—25. (III, 390 S.) 904.905. n. 18. —
26. (III, 444 S. m. Abbildgn. u. 5 Taf.) 905. n. 14. —
27. (III, 438 S. m. 12 Taf.) 906. 907. n. 22. —

— für Psychiatrie u. Neurologie. Organ des Vereines f. Psychiatrie u. Neurologie in Wien. Hrsg. v. J. Fritsch, F. Hartmann, K. Mayer u. a. Red. v. J. Fritsch, O. Marburg, E. Raimann. 28.—31. Bd. gr. 8. Wien, F. Deuticke. 80. —
28. (3 Hefte.) (III, 397 S. m. 6 Taf.) 907. 17. —
29. (3 Hefte.) (III, 464 S. m. Abb.) 908. 909. 22. —
30. (3 Hefte.) (IV, 336 S. m. Fig. u. 3 Taf.) 909. 16. —
31. (3 Hefte.) (IV, 478 S. m. Fig., 1 Bildnis u. 13 Taf.) 910. 25. —

— für Psychologie in Wien. Red. von Doc. Dr. J. Fritsch, Reg.-R. Dr. M. Gauster, Proff. DD. Krafft-Ebing, M. Leidesdorf, Th. Meynert, A. Pick unter Verantwortung von Dr. J. Fritsch. 7. Band. 1. und 2. Heft. gr. 8°. (224 S.) Wien, Toeplitz & Deuticke. fl. 4.20. 1587.

—— die, von Quedlinburg, s. a. Geschichtschreiber, die, der deutschen Vorzeit.

[Annales Quedlinburgenses, deutsch] Die Jahrbücher von Quedlinburg. Nach d. Ausg. d. Monumenta Germaniae übers. von Eduard Winkelmann. — Berlin: Duncker 1862. VI,58 S. (Die Geschichtschreiber d. deutschen Vorzeit. 10. Jh., Bd 9.)
1: Rw 3588-10,9. 12: Germ. g. 159h-X,9.
300: 392.249-B.Ser.6,9. 2. 3. 4. 5. 6. 7. 8. 9. 10. 11.
5.479

— 2. Aufl. Neu bearb. von W[ilhelm] Wattenbach. Leipzig: Dyk (1891). VIII,74 S. (Die Geschichtschreiber der deutschen Vorzeit. 2. Gesamtausg. Bd 36 = 10. Jh., Bd 9.)
1: Rw 3588^{2}-Bd 36 = 10. Jh., Bd 9. 12: Germ. g. 159hc-X,9.
3. 4. 5. 6. 7. 8. 9. 10. 11. 102.
5.180

— für badisches Recht. Als erweiterte Fortsetzung der oberhofgerichtlichen Jahrbücher herausg. von Stabel. 1. Bd. [Der oberhofgericht. Jahrbücher XXI. Bd.] 1. u. 2. Heft. Mannheim 859. Göt. gr. 8. (VIII, 256 S.) n. 1 ₰ 10 ngr.

—— für badisches Recht. Als erweiterte Fortsetzung der oberhofgericht. Jahrbücher hrsg. von Stabel. 1. Bd. (Der oberhofgericht. Jahrbücher 21. Bd.) 1. und 2. Heft. gr. 8. (VIII und 256 S.) Mannheim 859, [Rotter.] *
Vgl. Jahrbücher des großherzogl. bad. Oberhofgerichts.

—— für badisches Recht. Als erweiterte Fortsetzung der oberhofgericht. Jahrbücher hrsg. von Stabel. 1. Bd. (Der oberhofgericht. Jahrbücher XXI. Bd.) 3.—5. Heft. gr. 8. (VII und S. 257—618.) Mannheim 865,67, Bensheimer. *

— der württembergischen Rechtspflege, hrsg. von den Mitgliedern d. Oberlandesgerichts zu Stuttgart u. des Vorstandes d. württemberg. Anwaltskammer. 1.—3. Bd. à 3 Hfte. gr. 8. (à Hft. ca. 130 S.) Tübingen 887—890. Laupp. à Bd. n. 6. —

— der württembergischen Rechtspflege, hrsg. v. den Mitgliedern d. Oberlandesgerichts zu Stuttgart u. d. Vorstandes der württemberg. Anwaltskammer. 4.—6. Bd. à 3 Hfte. gr. 8. (à Hft. ca. 130 S.) Tübingen 891—894. H. Laupp. à Bd. n. 6. —

— der württemberg. Rechtspflege, hrsg. v. d. Mitgliedern des Oberlandesgerichts u. d. Verwaltungsgerichtshofs zu Stuttgart u. d. Vorstandes d. württemberg. Anwaltskammer. 7.—10. Bd. à 3 Hfte. (à ca. 130 S.) gr. 8. Tübingen 895—898. H. Laupp. à Bd. n. 6. —

— der württembergischen Rechtspflege, hrsg. v. den Mitgliedern des Oberlandesgerichts u. des Verwaltungsgerichtshofs zu Stuttgart u. des Vorstandes der württemberg. Anwaltskammer. 11.—14. Bd. à 3 Hfte. gr. 8. (VIII, 377; VII, 398; VIII, 398 u. VIII, 392 S.) Tübingen 899—902 H. Laupp. à Bd. n. 6. —

— dasselbe. Generalregister zu Bd. 1—10, in alphabet. u. systemat. Anordng. bearb. v. Herm. Bierer. gr. 8. (112 S.) Ebd. 899. n. 3. —

Jahrbücher der württembergischen Rechtspflege, hrsg. v. d. Mitgliedern des Oberlandesgerichts u. des Verwaltungsgerichtshofs zu Stuttgart u. des Vorstandes der württemberg. Anwaltskammer. 15.—18. Bd. à 3 Hefte. (VIII, 397; VIII, 375; X, 420 u. XI, 388 S.) 8. Tübingen 903—905. H. Laupp. à Bd. n. 6. —

— der württembergischen Rechtspflege, hrsg. v. den Mitgliedern d. Oberlandesgerichts u. des Verwaltungsgerichtshofs zu Stuttgart u. d. Vorstandes der württemberg. Anwaltskammer. 19.—22. Bd. à 3 Hefte. (XII, 390; VII, 393; XII, 390 u. VII, 388 S.) 8. Tübingen 907—10. H. Laupp. à Bd. 6. —

Jahrbücher der deutschen Rechtswissenschaft und Gesetzgebung. In Verb. mit mehreren Gelehrten hrsg. von H. Th. Schletter. Bd 1—14, H. 2. [Nebst] Sachreg. zu Bd 1—10. Erlangen 1855—71.

—— der deutschen Rechtswissenschaft und Gesetzgebung. In Verbindung mit mehreren Gelehrten hrsg. von H. Th. Schletter. 1. und 2. Bd. (à 4 Hefte.) hoch. 4. Erlangen, Enke's Verlag. [1. (VI und 412 S.) 855., 2. (384 S.) 856. à Bd. * 2 Thlr. 20 Ngr.] *

—— der deutschen Rechtswissenschaft und Gesetzgebung. In Verbindung mit mehreren Gelehrten hrsg. von H. Th. Schletter. 2. Bd. 5. Heft, 3. Bd. 3 Hefte, 4. Bd. 3 Hefte, 5. Bd. 4 Hefte, 6. Bd. 4 Hefte, 7. Bd. 4 Hefte und 8. Bd. 1. und 2. Heft. hoch 4. Erlangen, Enke's Verlagsh. [2. Bd. 5. Heft. (IV und S. 385—468.) 857. 58., 3. Bd. (IV und 284 S.) 858., 4. Bd. (296 S.) 858., 5. Bd. (IV und 400 S.) 859. 60., 6. Bd. (IV und 390 S.) 861., 7. Bd. (IV und 388 S.) 861. 62., 8. Bd. 1. und 2. Heft. (S. 1—208.) 862. à Heft * 20 Ngr.] *
1. Bd. und 2. Bd. 1—4. Heft. Ebendas. 1855. 56. * 5 Thlr. 10 Ngr.

—— der deutschen Rechtswissenschaft und Gesetzgebung. In Verbindung mit mehreren Gelehrten hrsg. von H. Th. Schletter. 8. Bd. 3. und 4. Heft und 9.—12. Bd. à Bd. 3 Hefte. hoch 4. [8. Bd. (IV und S. 209—380.) 9. Bd. (IV und 292 S.) 10. Bd. (IV und 287 S.) 11. Bd. (IV und 289 S.) 12. Bd. (IV und 288 S.) Erlangen 862—68, Enke's Verlag. à Heft * 20 Ngr. *

1.—7. Bd. und 8. Bd. 1. und 2. Heft. Ebendas. 1855—62. * 19 Thlr. 10 Ngr.

Jahrbücher der deutschen Rechtswissenschaft und Gesetzgebung. In Verbindung mit mehreren Gelehrten hrsg. von Th. Schletter. 13. Bd. 3 Hefte. hoch 4. (à ca. 80 S.) Erlangen [Stuttgart] 869, Enke. à Heft *ℳ 2. * 6 —

—— dass. — 14. Bd. 1. und 2. Heft. Lex.-8. (192 S.) Ebendas. 872,73. à Heft *ℳ 2. * 4 —

Nicht weiter erschienen.

Jahrbücher der Regierung Ludwigs XV.; a. d. Franz. Leipzig 1785. V: *Bouffonidor.* Ü: *Trost, Carl Frdr.* (Ky)

Jahrbücher der Regierung Ludwigs XV.; aus d. Französ. (von K. F. Trost). 8. Leipz. 785. Graffé. 18 gr

Jahrbücher der Regierung Marie-Theresiens. Aus d. Französ. des Hrn. Fromogeot, v. Jh. Rautenstrauch. gr. 8. Wien 776. Kurzböck. 1 ℔ 8 gr Schrbp. 1 ℔ 16 gr

—— des deutschen Reichs unt. d. sächs. Hause. Hrsg. v. Leop. Ranke. 1—3. Bd. 1. Abthl. gr. 8. Berlin, Duncker u. Humblot.
A. u. d. Tiln.:
Bd. 1. Abthl. 1. Jahrbücher d. deutsch. Reichs unt. d. Herrschaft König Heinrichs I. Von Geo. Waitz. (13½ B.) 837. 20 Gr.
" 2. Jahrbücher ꝛc. unt. d. Herrschaft König Ottos I. 936—951. Von Rud. Anastas. Köpke. (5¼ B.) 838. 15 Gr.
" 3. Jahrbücher ꝛc. unt. d. Herrschaft König u. Kaiser Ottos I. 951—973. Von Wilh. Doenniges. (15 B.) 839. 1 Thlr.
" 2. Abthl. 1. Jahrbücher ꝛc. unt. d. Herrschaft Kaiser Ottos II. 973—983. Von Wilh. Giesebrecht. (11¼ B.) 840. 1 Thlr.
" 2. Jahrbücher ꝛc. unt. d. Herrschaft König u. Kaiser Ottos III. 983—1002. Von Roger Wilmans. (16 B.) 840. 1 Thlr. 6 Gr.
" 3. Abthl. 1. Krit. Prüfung d. Aechtheit u. d. histor. Werthes d. Chronicon Corbejense. Eine gekr. Preisschr. v. Siegfr. Hirsch u. Geo. Waitz. (9½ B.) 839. 16 Gr.

—— des deutschen Reichs unter Heinrich IV. u. Heinrich V., s. Meyer v. Knonau, Gerold.

—— des deutschen Reichs und der deutschen Kirche im Zeitalter der Reformation, hrsg. von J. K. F. Knaake. 1. Bd. 1. Heft. gr. 8. (IV, 160 S.) Leipzig 872, T. O. Weigel. * 3 —

— der kön. ung. Reichs-Anstalt f. Meteorologie u. Erdmagnetismus. Officielle Publication. (Ungarisch u. deutsch.) XXXII. Bd. Jahrg. 1902. 4 Thle. 4. Budapest (L. Toldi). à n. 4. —
1. (X, 236 S.) 904.
2. Ergebnisse der meteorologisch-magnet. Beobachtgn. am Observatorium Ó-Gyalla. (V, 120 S. m. 12 Taf.) 903.
3. Ergebnisse der Gewitterbeobachtungen im J. 1902. (III, XXVIII, 49 S. m. 1 Karte.) 904.
4. Ergebnisse der Niederschlags-Beobachtungen im J. 1902. (XXXII, 150 S. m. 1 Karte.) 905.

Jahrbücher der königl. ung. Reichs-Anstalt f. Meteorologie u. Erdmagnetismus. Officielle Publication. (Ungarisch u. deutsch.) XXXIII. Bd. Jahrg. 1903. 4 Thle. 4. Budapest (L. Toldi). à n. 4. —
1. (X, 219 S.) 905.
2. Ergebnisse der meteorologisch-magnetischen Beobachtungen am Observatorium in Ó-Gyalla. (144 u. 107 S. m. Fig.) 904.
3. Ergebnisse der Gewitterbeobachtungen in dem J. 1903. (XXVII, 30 S. m. 1 Taf.) 905.
4. Ergebnisse der Niederschlags-Beobachtungen im J. 1903. (XXXIV, 166 S. m. 1 Karte.) 906.

— der königl. ung. Reichsanstalt f. Meteorologie u. Erdmagnetismus. Officielle Publication. (Ungarisch u. deutsch.) XXXIV. Bd. Jahrg. 1904. 1. u. 4. Thl. 31×23,5 cm. Budapest (L. Toldi). 8. —
1. (X, 220 S.) 906. 4. —
4. Ergebnisse der Niederschlags-Beobachtgn. im J. 1904. (XLII, 193 S. m. Fig. u. 1 Karte.) 907. 4. —
2. u. 3. Thl. Ebd. 906. 8.—

— dasselbe. XXXIV. Bd. Jahrg. 1904. 2. u. 3. Thl. 4. Ebd. à n. 4. —
2. Ergebnisse der meteorologisch-magnetischen Beobachtungen am Observatorium in Ó-Gyalla. (52 S. m. 1 Taf.) 906.
3. Ergebnisse der Gewitterbeobachtungen in dem J. 1904. (XXIX, 20 S.) 906.
Der 1. Tl. ist noch nicht erschienen.

— dasselbe. XXXV. Bd. Jahrg. 1905. 4 Thle. 31×24 cm. Ebd. 16. —
1. (X, 226 S.) 907. 4. —
2. Ergebnisse der meteorologisch-magnet. Beobachtgn. am Observatorium in Ógyalla. (56 S. m. Fig.) 907. 4. —
3. Ergebnisse der Gewitterbeobachtgn. in dem J. 1905. (XXIX, 19 S.) 907. 4. —
4. Ergebnisse der Niederschlags-Beobachtgn. im J. 1905. (LV, 201 S. m. Fig. u. 2 Karten.) 907. 4. —

— dasselbe. Anh. Lex. 8. Ebd. nn 3. —
Bericht üb. die internationale meteorolog. Direktorenkonferenz in Innsbruck Septbr. 1905. (IV, 154 S.) 906. nn 3. —

— dasselbe. XXXVI. Bd. Jahrg. 1906. 4 Thle. 31×23,5 cm. Ebd. 16. —
1. (XII, 183 S.) 908. 4. —
2. Ergebnisse der meteorolog.-magnet. Beobachtgn. am Observatorium in Ógyalla. (XVI, 219 S.) 907. 4. —
3. Ergebnisse der Gewitterbeobachtgn. in dem J. 1906. (XXIX, 19 S.) 908. 3. —
4. Ergebnisse der Niederschlags-Beobachtgn. im J. 1906. (XCI, 108 S. m. Fig. u. 1 Taf.) 908. 5. —

Jahrbücher der d. kgl. ungar. Ackerbauminister unterstehenden königl. ungar. Reichsanstalt f. Meteorologie u. Erdmagnetismus. Officielle Publication. (Ungarisch u. deutsch.) XXXVII. Bd., Jahrg. 1907. 4 Tle. 31×23,5 cm. Budapest (L. Toldi). 16. —
1. (XIII, 169 S.) 909. 4. —
2. Ergebnisse der meteorologisch-magnet. Beobachtgn. am Observatorium in Ógyalla. (XII, 228 S. m. 5 Taf.) 910. 5. —
3. Ergebnisse der Gewitterbeobachtgn. in dem J. 1907. (XXIX, 19 S.) 910. 3. —
4. Ergebnisse der Niederschlags-Beobachtgn. im J. 1907. (69 u. 138 S. m. Abbildgn. u. 1 Taf.) 909. 4. —

— dasselbe. XXXVIII. Bd., Jahrg. 1908. 1. Tl. (XI, 185 S.) 31×23,5 cm. Ebd. 910. 4. —

— f. Religion u. Sitten, oder für Kirchen-, Schul- u. Armenwesen in der evangel.-reformirten Schweiz. In Verbind. mit Mehrern herausg. von J. R. Steinmüller. Jahrg. 1827. 2 Hefte. 8. Ebnat u. (St. Gallen), Huber. 1 ℔ 18 gr

— f. Religions-, Kirchen- u. Schulwesen, s. J. Schuderoff.

— — für Religions-, Kirchen- und Schulwesen. 8r — 20r Jahrg. Herausgeg. von J. Schuderoff. od. 27r — 40r Bd. Jeder in 3 Heften. (Folge von: Journal zur Veredlung des Prediger- und Schullehrerstandes). gr. 8. Leipzig, Barth. 816 — 821. à 1 Rthlr. 12 Gr.

— — Dasselbe 1r bis 7r Jahrg. Ist Verlag von Ebend.

—— für Religions-, Kirchen- u. Schulwesen. Hrsg. v. J. Schuderoff. 27—31. Jahrg. 1828—32, od. 53—61. Bd. — A. u. d. T.: Neueste Jahrbücher rc. 8—11. Bd. à 3 Hfte. gr. 8. Neustadt a. d. O., Wagner. à Bd. 1 Thlr. 12 Gr.
Schließen sich an dess. „Journal f. Veredlung d. Prediger- u. Schullehrerstandes rc. 1-6. Jahrg. (1—12. Bd.) 1802—7., hrbgf. Pr. 6 Thlr. — Neues Journal rc. od. Annalen f. d. öffentl. Religions- u. Schulwesen, 7—13. J. (13—26. Bd.) 1808—14, hrbgf. Pr. 7 Thlr. — Neue Zeitschr. rc. od. Jahrbücher f. d. offentl. Religions- u. Schulwesen, 14. J. (27. u. 28. Bd.) 1815, hrbgf. Pr. 1 Thlr. — Jahrbr. f. Relig.-, Kirchen- u. Schulwes. 15—20. J. (29—40. Bd.) 1816—21., hrbgf. Pr. 6 Thlr. — Neue Jahrbr. f. R.-, K.- u. Schulwes., 21—25 J. (41—50. Bd.) 1822—26., hrbgf. Pr. 5 Thlr. — Jeder Jahrg. hat 2 Bde. à 3 Stck. Leipzig, Barth. — Neueste Jahrbr. rc." 26. Jahrg. (51., 52. Bd. od. 1. u. 2. Bd. d. N. J.) 1827. Neustadt a. d. O., Wagner. 5 Thlr. — Die letzten 11 Bde. zusammen, hrbgf. Pr. 8 Thlr. 16 Gr.

— des Rennsportes. (Band-Ausg. der Monatshefte d. Rennsportes.) Hrsg. v. F. Nolda. 1. Halbbd. (1889, 2. Sem.) gr. 8. (468 S. m. 6 Lichtdr.) Berlin 890. (Leipzig, Rocco.) geb. n. 10. —

Jahrbücher des Rennsportes. (Band-Ausg. d. Monatshefte d. Rennsportes.) Hrsg. v. F. Nolda. 2. Halbbd. (1890, 1. Sem.) gr. 8. (IV, 430 S. m. 6 Lichtdr.) Berlin 890. (Leipzig, Rocco.) geb. n. 10. —

— — Rheinische, der Medizin. s. Harleß, C. F.

Rheinische Jahrbücher zur gesellschaftlichen Reform. hrsg. unter Mitwirkung mehrerer von Hermann Püttmann. 2 Bde. Darmstadt 1845 und Bellevue bei Constanz 1846. 384, 326 S.

—— rheinische, zur gesellschaftl. Reform. Hrsg. unter Mitwirkung Mehrerer von Herm. Püttmann. 2. Bd. gr. 8. (21 B.) Belle-Vue 846, Verlagsbuchhandlung.

Jahrbücher der Preuss. Rhein-Universität. Bonn 1. Bd. 1.—4. Heft 1819—21. H: *Arndt, Ernst Moritz* & *Aug. Wilh. v. Schlegel.* (MGT)

Jahrbücher der grossen Loge Royal York zur Freundschaft in Berlin ... Berlin 1798—99. H: *Marmalle, F. G.* & *Johann Gottlieb Rhode.* (MGT) (Kl) (SJL)

Jahrbücher der Grossen Loge Royale York zur Freundschaft in Berlin. Oder Denkwürdigkeiten für Freimaurer. [Hrsg. von Joh. Gottlieb Rhode u. Joh. Georg Marmålle.] Jahr 1 1798/9. Berlin: Selbstverl., Nauk [in Komm. 1799]. 276 S. 8°
cf. Taschenbuch f. Frmr. 1800 S. 323—352.
Kl. 2930. 23. 25.

— romänische. Politisch-litterar. Zeitschrift. Hrsg.: W. Rudow. IX. Jahrg. (der „romän. Revue"). 1893. 12 Hfte. gr. 8. (à Hft. ca. 64 S. m. Bildnissen.) Hermannstadt, (W. Krafft). 12. —

— dasselbe. Hrsg.: Cornelius Diaconovich. Red.: V. Branisce. X. Jahrg. 1894. 12 Hfte. gr. 8. (à Hft. ca. 64 S.) Temesvár, Selbstverl. d. Hrsg. 12. —
s.: Revue, romänische.

— d. Sanitätswesens, s. G. Haberl.

— die, v. Sanct Jacob in Lüttich, s.a. Geschichtschreiber, die, d. deutschen Vorzeit.

[Annales Sancti Jacobi Leodiensis minores, deutsch] Die Jahrbücher von Sanct Jacob in Lüttich. Die Jahrbücher Lamberts des Kleinen [Lambertus Parvus Monachus S. Jacobi Leodiensis: Annales, deutsch]. Die Jahrbücher Reiners [Reinerus Monachus S. Jacobi Leodiensis: Chronicon, deutsch]. Nach d. Ausg. d. Monumenta Germaniae übers. von Carl Platner. — Leipzig: Duncker 1881. X,121 S. (Die Geschichtschreiber d. deutschen Vorzeit. 13. Jh., Bd 2.)
1: Rw 3588-13,2. 12: Germ. g. 159h-XIII,2. 300: 392.249-B. Ser. 9,2. 2. 3. 4. 5. 6. 7. 8. 9. 10. 11.
5.500

— [2. Ausg.] Leipzig: Dyk (1896). X,121 S. (Die Geschichtschreiber d. deutschen Vorzeit. 2. Gesamtausg. Bd 70 = 13. Jh., Bd 2.)
1: Rw 3588ª-Bd 70 = 13. Jh., Bd 2. 3. 4. 5. 6. 7. 8. 9. 10. 11. 102.
5.501

—— der Stadt St. Gallen, s.a. Ehrenzeller, Pet.

— der Stadt St. Gallen. 1823—1834. (oder 11 Hefte: I. 1—5. II. 1—5. III. 1.) gr. 8. St. Gallen 824—37. Huber u. Comp. 6⅓ ₰

—— St. Gallische. 1835—41. Als Fortsetzung der Jahrbücher der Stadt St. Gallen von 1823—34. rc. I. u. 2. Abthl. Von P. Ehrenzeller. gr. 8. (41 B.) St. Gallen 842, Scheitlin u. Zollikofer. *

Jahrbücher, St. Gallische, 1843. Neue Folge. 1. Heft von Kasp. Wild. gr. 8. (VIII und 179 S.) St. Gallen 863, Scheitlin und Zollikofer.

– St. Gallische. 1863. Neue Folge. 1. Heft. Von Kasp. Wild. St. Gallen 863. Scheitlin & Zollikofer. gr. 8. (VIII, 179 S.) 27 ngr

—— zur Schiller-Stiftung. 1. Bd. Mit 1 in Kpfr. gest. Abbild. des Goethe-Schiller-Standbildes von Rietschel. gr. 8. (VIII und 217 S.) Dresden 857, Kuntze. *
Ist nicht fortgesetzt worden.

—— schleswig-holsteinische. Zeitschrift für die wirtschaftl. Kultur, die sozialen Bestrebungen und das öffentl. Leben der Gegenwart. Redig. von Wilh. Biernatzki. 1. Bd. 1884. 4 Hefte. gr. 8. (à Heft ca. 120 S.) Kiel, Biernatzki. à Heft *ℳ 3. *

—— Schleswig-Holsteinische. Zeitschrift für die wirtschaftl. Kultur, die sozialen Bestrebungen und das öffentl. Leben der Gegenwart. Redig. von Wilh. Biernatzki. 2. Bd. 1885. 4 Hefte. gr. 8. Kiel, Biernatzki. [1. Heft. (S. 1—99 mit 1 Lichtdr.-Portr.); 2. Heft. (S. 101—196 mit 1 Lichtdr.-Portr.); 3. Heft. (S. 197—290 mit 1 Lichtdr.-Portr.); 4. Heft. (XVI, S. 291—381 mit 1 Lichtdr.-Portr.)] à Heft *ℳ 3.—. *

Jahrbücher, Carl Christian Schmidt's, der in- und ausländischen gesammten Medicin,
s. Jahrbücher der in- und ausländischen gesammten Medicin.

—— für das evangelische Schulwesen in Oesterreich. Begründet und hrsg. von Alb. Wittstock. Unter Mitwirkung mehrerer pädagog. Schriftsteller. 1. Jahrg. 1862. 3—4 Hefte. (ca. 15 Bog.) Lex.-8. Wien, (Fromme.) *

— für das evangelische Schulwesen in Oesterreich. Begründet u. herausg. von Alb. Wittstock. Unter Mitwirkung mehrerer pädagogischer Schriftsteller. 1. Jahrg. 1862. 3 Hefte (à 5 Bgn.). Wien 862. Tendler & Co. in Comm. gr. 8. n. 1 ₰ 10 ngr

Jahrbücher: Schweizerische Jahrbücher
① Eine National-Zeitschrift von und für Schweitzer (auf dem Umschlag der Sammelbände) ④ Wöchentliche Unterhaltungs-Blätter für Welt- und Menschenkunde ⑤ 4. 1. 1823—27. 12. 1823 ⑥ 8° ⑦ Wochenblatt ⑧ Aarau: H. R. Sauerländer ⑩ Heinrich Remigius Sauerländer ⑪ der Herausgeber ⑫ liberal; Berichte über die politischen Ereignisse des In- und Auslandes ⑭ Be: L; Bs: WA (4. 1. 1823—28. 6. 1823) ⑮ Auslandsberichte nur bis 14. 6. 1823. Beschwerden ausländischer Regierungen dürften Anlaß zur Einstellung gewesen sein (v. Nr. 26, p. 852).

—— der Seidenzucht in Deutschland, hrsg. v. Theod. Mögling. 1. Jahrg. 1845. 1. u. 2. Vierteljahrsh. gr. 8. (14 B.) Stuttgart, Metzler'sche Buchh. à Hft. *

Jahrbücher der Altonaer Sing-Akademie. Erstes Heft 1860. Herausgegeben von einem Mitglied des Vereins. Altona [1860]. H: *Nopitsch, Wilhelm Hermann.* (A)

—— der altonaer Sing-Academie. 1. Heft. 1860. Hrsg. von einem Mitgliede des Vereins. gr. 8. (80 S. mit 1 Tab. in 4.) Altona 861, (Lehmkuhl und Comp.) *

— Slawische, d. Literatur, Kunst u. Wissenschaft. Redact.: J. P. Jordan. 1. Jahrg. 1843. 6 Hfte. Lex.-8. Leipzig 843, Binder. n. 4 ℛ — 2.—4. Jahrg. 1844—1846. à 12 Hfte. Lex.-8. Ebend. (Kell.) à n. 4 ℛ

Jahrbücher d. gesammten Staatsarzneikunde. Herausg. Ch. F. L. Wildberg. 1r Bd. 1s Heft. *Leipz.*, Weber. 835. gr. 8. (1 Thl.)

— der Hamburgischen Staatskrankenanstalten. Hrsg. v. den Aerzten dieser Anstalten unter Red. v. Alfr. Kast. 1. Jahrg. 1889. Lex.-8. (VI, L, 484 S.) Leipzig 890. F. C. W. Vogel. n. 15. —; geb. n. 17. —

— der Hamburgischen Staatskrankenanstalten. Hrsg. v. den Aerzten dieser Anstalten unter Red. v. Alfr. Kast. 2. Jahrg. 1890. Lex.-8. (XXIII, 707 S. m. 124 Abbildgn. u. 12 Taf.) Leipzig 892. F. C. W. Vogel. n. 15. — (1 u. 2.: n. 30. —)

— dasselbe. Hrsg. von den Ärzten dieser Anstalten unter Red. v. Th. Rumpf. 3. Bd. Jahrg. 1891/1892. Mit 46 Abbildgn. im Text u. 18 Taf. gr. 8. (9, XXXVI, 314 u. 519 S.) Hamburg 894. L. Voss. Geb. n. 20. —

Daraus einzeln:

1. Das Desinfektionshaus. Von Rumpel. Hierzu Taf. I—III. — 2. Baubeschreibung der neuen Desinfektionsanstalt. Von Zimmermann. Mit 3 Abbildgn. im Text. — 3. Das Sielgrubenhaus. Von Rumpel. Hierzu Taf. IV u. 4 Abbildgn. im Text. — 4. Vorsichtsmassregeln gegen die Übertragung ansteckender Erkrankungen im Neuen Allgemeinen Krankenhause. Von Rumpf. (1—4. zusammen als Sonder-Abdruck unter dem Titel: „Die Desinfektionsvorrichtungen und Vorsichtsmassregeln gegen die Übertragung ansteckender Erkrankungen im Neuen Allgemeinen Krankenhause".) (32 S.) n. 3. 6
5. Die Cholera in den Hamburgischen Krankenanstalten. Von Rumpf. Hierzu Taf. V u. VI. (15 S.) n. 2. —
6. Die bakteriologischen Befunde der Cholera im Jahre 1892. Von Th. Rumpel. (15 S.) n. 1. —
7. Die sekundären Krankheitsprocesse der Cholera. Von Rumpf. (18 S.) n. 1. 25
8. Über den Einfluss der Cholera auf Menstruation, Schwangerschaft, Geburt u. Wochenbett. Von A. Schütz. (13 S.) n. 1. —
9. Die Behandlung der Cholera mit intravenöser Kochsalzinfusion. Von C. Sick. Mit 2 Abbildgn. im Text. (15 S.) n. 1. —
10. Die Infusionstherapie der Cholera, behandelt nach 967 Fällen aus dem Alten Allgemeinen Krankenhause zu Hamburg. Von G. Hager. (24 S.) n. 1. 50
11. Symmetrische periphere Gangrän im Verlaufe einer Cholera gravis. Von F. Reiche. (4 S.) n. — 50
12. Die therapeutischen Bestrebungen während der Choleraepidemie 1892. Von F. Reiche u. M. Wilckens. (13 S.) n. 1. 50
13. Cholera-Leichenbefunde. Von Eug. Fraenkel, M. Simmonds u. O. Deicke. (26 S.) n. 1. 50
14. Aus den Cholerabaracken des Seemannskrankenhauses. Von Carl Lauenstein. Mit 9 Abbildgn. im Text. (14 S.) n. 1. —
15. Die Cholera-Epidemie in der Irrenanstalt Friedrichsberg. Von Theodor Neuberger. (12 S.) n. — 75
16. Giebt es einen Rheumatismus gonorrhoicus? Von J. A. Gläser. (40 S.) n. 2. —
17. Über einen Fall kryptogenetischer Sepsis mit typhusähnlichem Verlaufe. Von C. Manchot. Mit 1 Abbildg. im Text. (5 S.) n. — 75
18. Ein Fall von Akromegalie mit Sektionsbefund. Von R. Boltz. Mit 2 Abbildgn. im Text. (10 S.) n. — 75
19. Zur Behandlung des Empyems bei Kindern. Von A. Schütz. (11 S.) n. — 75
20. Ein Fall von cyklischer Albuminurie. Von H. Albers-Schönberg. Mit 1 Abbildg. im Text. (16 S.) n. 1. —
21. Arteriitis pulmonalis. Von F. Reiche. Mit 5 Abbildgn. im Text. (14 S.) n. 1. —
22. Über Striae distensae cutis. Von H. Sieveking. (5 S.) n. — 75
23. Beitrag zur operativen Behandlung des Hallux valgus. Von F. Möller. (33 S.) n. 1. 75
24. Über Magen-Dünndarmfistel. Von Otto Lauenstein. (35 S.) n. 1. 75
25. Anatomische Befunde bei Humerusluxationen. Von C. Sick. Mit 2 Abbildgn. im Text. (6 S.) n. — 75
26. Über die sogenannten Bednarschen Aphthen. Von Eug. Fraenkel. Hierzu Taf. VII. (15 S.) n. 1. 50
27. Über Katatonie. Von Albert Staelin. Hierzu Taf. VIII u. 3 Abbildgn. im Text. (18 S.) n. 1. 75
28. Zur Kasuistik der accessorischen Schilddrüse. Von Albert Staelin. Hierzu Taf. IX. (8 S.) n. 1. 25
29. Über osteoplastische Resektion des Kreuz-Steissbeines als Voroperation zur Exstirpation des carcinomatösen Uterus und des Rektum-Carcinoms etc. Von A. Wiesinger. (9 S.) n. — 75
30. Über Schilddrüsenschwellung in der Frühperiode der Syphilis. Von Jul. Engel-Reimers. (7 S.) n. — 75
31. Die athletische Körperform. Von Jul. Engel-Reimers. Hierzu Taf. X. (8 S.) n. 1. 25
32. Klinische u. anatomische Untersuchung eines Falles von generalisierter tuberöser Lepra, mit besonderer Berücksichtigung des Nervensystems. Von M. Nonne. Hierzu Taf. XI u. XII. (22 S.) n. 2. 50
33. Ein Mischfall von Syphilis und Tuberkulose des Mastdarmes. Von E. Rieder. (6 S.) n. — 75
34. Untersuchungen über eine Conjunctivitis-Epidemie. Von H. Wilbrand, A. Saenger u. A. Staelin. Hierzu Taf. XIII u. 2 Abbildgn. im Text. (26 S.) n. 2. —
35. Kasuistische Mittheilungen. (Zur Behandlung des Stirnhöhlenempyems. Die chronische Entzündung des Schleimbeutels unter dem Ansatz der Achillessehne. Ein Fall von Milzabscess. Fall von Pyopneumothorax. Heilung durch ausgedehnte Rippenresektion.) Von Carl Lauenstein. (13 S.) n. 1. —
36. Ruptur eines Aneurysmas der Aorta in die Vena cava superior. Von Alfred Hohenemser. (6 S.) n. — 75

— d. hamburg. Staatskrankenanstalten. Hrsg. v. d. Ärzten dieser Anstalten unt. Red v Th. Rumpf. IV. Bd. Jahrg. 1893/1894. gr. 8. (8, XLIV, 389 u. 656 S. m. 57 Abb. u. 9 Taf.) Hamburg 896. L. Voss. Geb. in Leinw. n. 25. —

Hieraus einzeln:

Albers-Schönberg, H., z. Behandlg. d. Extrauteringravidität in d. ersten Monaten. (12 S.) (6.) n. — 75
— Beitrag zur Statistik d. Carcinoma uteri. (3 S.) (5.) n. — 40
Aldehoff, zwei Fälle v. totaler Abreissg. d. Fusses. (4 S.) (29.) n. — 40
Camp, de la, ein Fall v. Febris recurrens. (9 S. m. 8 Fig.) (8.) n. — 75
Chapeaurouge, A. de, Beitrag zur Äthernarkose. (16 S.) (27.) n. 1. —
Cordua, zur konservativen Behandlg. d. tuberkulös-eitrigen Lymphdrüsenentzündg. (15 S.) (26.) n. 1. —
Eisenlohr, C., zur pathologischen Anatomie der Athetose. (19 S. m. 3 Fig.) (2.) n. 1. 20
Fraenkel, Eug., Beitrag zur Lehre v. der Uterustuberkulose (papilläre Cervixtuberkulose). (10 S. m. 1 Taf.) 895. (17.) n. 1. 50
Goebel, Carl, über d. Bacillus d. „Schaumorgane". (31 S. m. 1 Taf.) (19.) n. 2. 50
— über d. Abschluss septischer Höhlen bei Koeliotomien, spec. b. Operationen im kleinen Becken. (61 S.) (15.) n. 3. 50
Hahn, R., üb. extragenitale Primäraffekte. (37 S.) (23.) n. 2. —
Hohenemser, Alfr., üb. Rückfallfieber bei multipler Sarkombildg. (13 S. m. 4 Kurven.) (13.) n. 1. —

Kaes, Thdr., üb. d. Markfasergehalt d. Grosshirnrinde e. 1¼jähr. männl. Kindes. (51 S. m. 4 Doppeltaf.) (31.) n. 6. —
Kromser, Th., üb. zehn Fälle v. subkutanen Nierenverletzgn. durch stumpfe Gewalt. (12 S.) (30.) n. — 75
Lauenstein, C., Beiträge zur Frage d. Erwerbsfähigkeit v. Personen, behaftet m. körperl. Schäden u. Verletzungsfolgen. (16 S. m. 16 Skizzen.) (28.) n. 1. —
Luce, Hans, über e. Fall v. Werlhofscher Krankheit m. intraperitonealer Blutg. (16 S. m. 1 Kurve u. 3 Abb.) (22.) n. 1. —
Lympius, M., tötliche Fettembolie in d. Narkose b. Brisement forcé. (5 S.) (21.) n. — 40
Mannhardt, Fr., Coloboma Chorioideae. (7 S.) (24.) n. — 60
Petersen, H., d. Cirkelschnitt bei d. Behandlg. d. Unterschenkelvaricen u. variküsen Unterschenkelgeschwüre. (25 S. m. 1 Abb.) (16.) n. 1. 50
Reiche, F., Beiträge zur Kenntnis der Diphtherie. (71 S.) (9.) n. 4. —
Roemer, Fr., ein Fall v. Endotheliom der Dura mater. (17 S. m. 3 Taf.) (3.) n. 3. —
Rumpel, Th., d. einheim. Brechdurchfälle in Hamburg v. 1893—1895. (57 S.) (10.) n. 3. 60
Rumpf, Th., d. Gründg. e. Schwestern-Vereins f. d. hamburg. Staatskrankenanstalten. (19 S.) (1.) n. 1. 20
Rumpf u. Wilkens, d. Behandlg. d. Typhus abdominalis m. abgetödteten Kulturen d. Bacillus pyocyaneus. (45 S. m. 20 Kurven.) (7.) n. 3. —
Schmilinsky, H., ein Beitrag zur Lehre v. d. Magenmykosen. (14 S.) (18.) n. 1. —
Sick, C., üb. akute Osteomyelitis d. Brustbeins. (9 S.) (14.) n. — 75
Sieveking, H., Kompression d. Cervikalmarkes durch e. im Wirbelkanal liegendes Neurofibrom bei e. Fall v. multiplen Neuromen. (6 S.) (11.) n. — 50
Simmonds, M., üb. Mittelohrentzündg. im frühen Kindesalter. (17 S.) (23.) n. 1. —
Sudeck, P., ein Fall v. Tuberkelbildg. im Rückenmark. Kasuist. Beitrag. (4 S.) (4.) n. — 40
Wiesinger, A., zur Technik d. sakralen u. parasakralen Methoden. Vortrag, geh. im ärztl. Verein zu Hamburg, Novbr. 1894. (27 S.) (20.) n. 1. 50
Zuschlag, üb. einige Versuche m. Methylketol. (6 S.) (12.) n. — 60

Jahrbücher d. hamburg. Staatskrankenanstalten. Hrsg. v. Lenhartz, Rumpf, sow. d. Ärzten d. alten u. d. neuen allgem. Krankenhauses unt. Red. v. Rumpf. V. Bd. Jahrg. 1895/1896. Mit 39 Abb. im Text u 9 Taf. gr. 8. (8, XLVII, 239 u. 495 S.) Hamburg 897. L. Voss. Geb. in Leinw. n. 20. — (I—V: n. 95. —

— der hamburg. Staatskrankenanstalten. Hrsg. v. Lenhartz, Reye, Rumpf, sowie den Ärzten der Anstalten unter Red. v. Rumpf. VI. Bd. Jahrg. 1897/98. Mit 9 Abbildgn. im Text u. 16 Taf. gr. 8. (7, L, 598 S.) Hamburg 900. L. Voss. Geb. in Leinw. n. 20. —

— dasselbe. Hrsg. v. Lenhartz, Reye, Deneke, sowie den Ärzten der Anstalten unter Red. v. Lenhartz. VII. Bd. Jahrg. 1899/1900. gr. 8. (VII, 684 S. m. 21 Abbildgn. u. 5 Taf.) Ebd. 902. Geb. in Leinw. n. 30. —

— dasselbe. Ergänzungsbd. 1901. gr. 8. Ebd. Geb. in Leinw. n. 6. —
Krankenhäuser u. Irrenanstalten, die allgemeinen, der freien u. Hansestadt Hamburg. Mit 94 Abbildgn. im Text u. 2 Taf. Den ärztl. Teilnehmern an der 73. Versammlung deutscher Naturforscher und Ärzte gewidmet von dem Krankenhaus-Collegium. (VII, 188 S.) 901. 6. —

— der hamburgischen Staatskrankenanstalten. Hrsg. v. Lenhartz, Reye, Deneke, sowie den Ärzten der Anstalten unter Red. v. Lenhartz. VIII—X. Bd. Jahrg. 1901/1902, 1903/1904 u. 1905. gr. 8. Hamburg, L. Voss. Geb. in Leinw. n. 73. —
VIII. 1901/1902. (XVIII, 266 S. m. 14 Abbildgn. u. 18 Taf.) 904. n. 23. —
IX. 1903/1904. (XVI, 214 u. 218 S. m. 20 Abbildgn. u. 16 Taf.) 905. n. 22. —
X. 1905. (X, 168 u. 369 S. m. 68 Abbildgn. u. 27 Taf.) 906. n. 28. —
Vergl.: Mitteilungen aus den hamburgischen Staatskrankenanstalten.

— der hamburgischen Staatskrankenanstalten. Hrsg. v. Lenhartz, Deneke, Weygandt, Neuberger, sowie den Ärzten d. Anstalten unter Red. v. Lenhartz. XI.—XIV. Bd. Jahrg. 1906—1909. gr. 8. Hamburg, L. Voss. Geb. in Leinw. 81. —
XI. (VIII, 110 u. 300 S. m. 72 Abb. u. 1 Taf.) 907. Geb. 18. —
XII. (XX, 110 u. 381 S. m. 55 Abb., 7 Taf. u. 6 Bl. Erklärgn.) 908. Geb. 22. —
XIII. (VIII, 118 u. 401 S. m. 32 Abb. u. 1 Taf.) 909. Geb. 20. —
XIV. (IX, 142 u. 395 S. m. 44 Abb. u. 4 Taf.) 910. Geb. 21. —

Jahrbücher der hamburgischen Staatskrankenanstalten. Hrsg. v. Lenhartz, Deneke, Weygandt, Neuberger, sowie den Ärzten d. Anstalten unter Red. v. Lenhartz. XIII. Bd. Suppl. gr. 8. Hamburg, L. Voss. Geb. in Leinw. 5. —
Die Ergebnisse der hamburgischen Krebsforschung im J. 1908. Von E. Körber. Mit e. Vorwort v. H. Lenhartz. Mit 21 grossen Tab. u. Kurven u. vielen kleinen Tab. im Text u. 1 (farb.) Taf. (X, 117 S.) 909.

— dasselbe. Fortsetzg. d. wissenschaftl. Teils, s.: Mitteilungen aus d. hamburg. Staatskrankenanstalten.

Julius, Dr. Nicol. Heinr. Jahrbücher der Straf- und Besserungs-Anstalten, Erziehungshäuser, Armenfürsorge und anderer Werke der christlichen Liebe. *Berlin, Theod. Chr. Friedr. Enslin.* 1829
Eine Zeitschrift, welche in monatlichen Heften oder jährlich 2 Bänden 8vo. erscheint. 1829

—— der Straf- u. Besserungs-Anstalten, Erziehungshäuser, Armenfürsorge u. andere Werke d. christl. Liebe, hrsg. v. Nik. Heinr. Julius. (1—5. Jahrg.) 1829—33. od. 1—10. Bd. à 6 Hfte. gr. 8. Berlin, Th. Enslin. à 3.

Jahrbücher d. Straf- u. Besserungsanstalten, Erziehungsanstalten etc. hrsg. v. Julius. 10 Bde. Berlin 829—33, u. Fortsetzung: Jahrbücher f. Gefängnisskunde u. Besserungsanstalten, hrsg. v. Julius, Nöllner u. Varrentrap. 11 Bde. Frankf. a/M. 842—47. Zusammen 21 Bde. (126. —) Vergriffen! selten!

— für Sächs. Strafrecht. Herausg. von Christ. Bernh. von Watzdorf und Gustav Alb. Siebdrat. 1r Bd. 1s u. 2s Heft. Mit Intelligenzblatt. gr. 8. Zwickau 839, 40. Laurentius. (à n. $^2/_3$ ℳ) $1^1/_3$ ℳ

— für Sächsisches Strafrecht. Herausgeg. von Chr. Bernh. v. Watzdorf u. Gust. Alb. Siebdrat. 1. Bd. 3. Heft. gr. 8. Zwickau 840, Laurentius. (h) n. $^2/_3$ ℳ

Jahrbücher für sächs. Strafrecht. Hrsg. v. Chrstn. Bernh. v. Watzdorf u. Gust. Alb. Siebdrat. 1. Bd. 3 Hfte. Mit Intelligenzblatt. gr. 8. ($24^3/_4$ B.) Zwickau 839, 40. [Grünberg, Levysohn.] à H. * $^2/_3$ Thlr. Thlr. *

—— für deutsche Theologie hrsg. von Liebner, Dorner, Ehrenfeuchter, Landerer, Palmer, Weizsäcker. 1. Bd. 1. und 2. Heft. gr. 8. (III und S. 1—416.) Stuttgart 850, Besser. à Heft * 1 Thlr. *

—— für deutsche Theologie hrsg. von Liebner, Dorner, Ehrenfeuchter, Landerer, Palmer und Weizsäcker. 2—6. Bd. à 4 Hefte. gr. 8. (à Bd. ca. 800—900 S.) Gotha 857—61, Besser. [à Heft * 1 Thlr., à Bd. * 4 Thlr.] *

—— für deutsche Theologie hrsg. von Liebner, Dorner, Ehrenfeuchter etc. 7.—12. Bd. à Bd. 4 Hefte. gr. 8. (à Heft ca. 200—300 S.) Gotha 862—67, Besser. à Bd. * 4 Thlr. *

—— für deutsche Theologie hrsg. von Liebner, Dorner, Ehrenfeuchter etc. 13.—16. Bd. à 4 Hefte. gr. 8. (à Heft ca. 190 200 S.) Gotha 868—71, Besser. à Heft * ℳ 3.; à Bd. * 12 —
—— dass. — hrsg. von Dorner, Ehrenfeuchter, Wangemann etc. 17.—20. Bd. à 4 Hefte. gr. 8. (à Heft ca. 176—190 S.) Ebendas. 872—75. 17.—19. Bd. à Heft * ℳ 3.; à Bd. * 12 — 20. Bd. à Heft * ℳ 3,60. * 14 40

— für deutsche Theologie, hrsg. von Dillmann, Dorner, Ehrenfeuchter rc. 21.—23. Bd. à 4 Hefte. gr. 8. (à Heft 176 S.) Gotha 876—79, Besser. à Heft * M 3,60.; à Bd. *

— d. Theologie u. theolog. Nachrichten. Herausgeg. v. F. H. C. Schwarz. 1r—4r Jahrg. 1824—27. 8. Frkf., Hermann. à 5 Rthlr.
(Ist e. Folge d. neuen theolog. Annalen v. Wachler.)

— für Theologie u. christliche Philosophie. Herausg. v. Dr. Kuhn, Locherer, Lüft und Staudenmaier. 1r Jahrg. 1834. 2 Bde. à 2 Hfte. u. 3r—5r Bd. à 2 Hfte. gr. 8. Frankf. a. M. 834, 35. Andreäische Buchh. (à Hft. 5/6 ß) 8 1/3 ß — Jahrg. 1836. (6r Bd.) 3 Hfte. gr. 8. Mainz 836 Kupferberg. (à H. 5/6 ß) 2 1/2 ß — Jahrg. 1837. 7r Bd. 1s u. 2s Hft. gr. 8. Ebd. à 5/6 ß

— für protestantische Theologie. Unter Mitwirkung von Mitgliedern der theolog. Facultäten zu Bern, Bonn, Giessen, Heidelberg, Jena, Kiel, Leiden, Strassburg, Wien und Zürich und anderen namhaften Gelehrten hrsg. von Hase, Lipsius, Pfleiderer, Schrader. 1.—5. Jahrg. 1875—1879. à Jahrg. 4 Hefte. gr. 8. (à Heft ca. 192 S.) Leipzig, Barth. à Jahrg. *

—— für protestantische Theologie. Unter Mitwirkung von Mitgliedern der theolog. Facultäten zu Bern, Bonn, Giessen, Heidelberg, Jena, Kiel, Leiden, Strassburg, Wien und Zürich und anderen namhaften Gelehrten hrsg. von Hase, Lipsius, Pfleiderer, Schrader. 6.—10. Jahrg. 1880—1884. à Jahrg. 4 Hefte. gr. 8. (à Heft ca. 190 S.) Leipzig, Barth. à Jahrg. *

—— für protestantische Theologie. Unter Mitwirkung von Mitgliedern der theolog. Facultäten zu Bern, Bonn, Giessen, Heidelberg, Jena, Kiel, Leiden, Strassburg, Wien und Zürich, und anderen namhaften Gelehrten hrsg. von Hase, Lipsius, Pfleiderer, Schrader. Jahrg. 1885 und 1886. à Jahrg. 4 Hefte. gr. 8. (à Heft ca. 170 S.) Leipzig, Barth. à Jahrg. *

Jahrbücher für protestantische Theologie. Unter Mitwirkung von Mitgliedern der theolog. Facultäten zu Bern, Bonn, Giessen, Heidelberg, Jena, Kiel, Leiden, Strassburg, Wien und Zürich, und anderen namhaften Gelehrten hrsg. von Hase, Lipsius, Pfleiderer, Schrader. 13. und 14. Jahrg. 1887 und 1888. à Jahrg. 4 Hefte. gr. 8. (à Heft ca. 160—170 S.) Leipzig, Reichardt Verlag. à Jahrg. *
Geht mit Jahrg. XV. u. fg. an J. C. B. Mohr in Freiburg i. Br. über.

—— für protestantische Theologie. Begründet unter Mitwirkg. v. Mitgliedern der theolog. Facultäten zu Bern, Bonn, Giessen, Heidelberg, Jena, Kiel, Leiden, Strassburg, Wien u. Zürich u. anderen namhaften Gelehrten, hrsg. v. Lipsius, Pfleiderer, Schrader. 15.—18. Jahrg. 1889—1892. à Jahrg. 4 Hefte. gr. 8. (à Heft ca. 160 S.) Braunschw., Schwetschke u. Sohn. à Jahrg. * 15 —
Einzelpr. à Heft * 5 —
Der 15. Jahrg. erschien im Verlage von J. C. B. Mohr, Freiburg i. Br.

—— theologische, in Verbindung m. mehr. Gelehrten hrsg. v. E. Zeller. 1—6. Bd. Jahrg. 1842—47. à 4 Hfte. Lex.-8. Tübingen, Fues, Verl. [1—4. Bd. à * 4 Thlr. 20 Ngr. 5. u. 6. Bd. à * 3 Thlr. 18 Ngr.] *

—— theologische, hrsg. von F. Chr. Baur und E. Zeller. 7—11. Bd. Jahrg. 1848—52. à Jahrg. 4 Hefte. gr. 8. Tübingen, Fues, Vrlgsh. à Jahrg. *
1—6. Bd., Jahrg. 1842—47. Ebendas. * 25 Thlr. 26 Ngr.

—— theologische, in Verbindung mit mehreren Gelehrten hrsg. von F. Chr. Baur und E. Zeller. XII—XV. Bd. Jahrg. 1853—56. à Jahrg. 4 Hefte. gr. 8. Tübingen, L. F. Fues' Verlag. à Jahrg. *
1—XI. Bd. Ebendas. 1842—52. * 43 Thlr. 26 Ngr.

—— theologische, in Verbindung mit mehreren Gelehrten hrsg. von F. Chr. Baur und E. Zeller. XVI. Bd. Jahrg. 1857. 4 Hefte. gr. 8. (1. Heft. 153 S.) Tübingen, L. F. Fues. *
I—XV. Bd. Ebendas. 1842—56. * 47 Thlr. 14 Ngr.
Ist nicht fortgesetzt worden.

—— thierärztliche. Universal-Repertorium der Leistungen und Fortschritte auf dem Gebiete der Veterinärwissenschaften. Bearb. von J. E. L. Falke. 1. Jahrg. 1878. 5 Hefte. Lex.-8. (VIII, 202 S.) Leipzig, Dege. à Heft * M 1. *

—— dass. — Unter Mitwirkung von Anacker bearb. von J. E. L. Falke. 2. Jahrg. 1879. 6 Hefte. gr. 8. (VIII, 200 S.) Leipzig, [Dege.] Dege und Haenel. à Heft * M 1. *

—— thierärztliche. Universal-Repertorium der Leistungen und Fortschritte auf dem Gebiete der Veterinärwissenschaften. Bearb. von J. E. L. Falke. 3. Jahrg. 8 Hefte. Lex.-8. (VIII, 243 S.) Jena 880, 81, [Dege und Haenel.] Dege'sche Verlagsh. à Heft * M 1. *

—— dass. — Universal-Repertorium der Leistungen und Fortschritte auf dem Gebiete der Veterinärwissenschaften. 4. Jahrg. 10 Hefte. Lex.-8. (à Heft ca. 32 S.) Ebendas. 881, 82. *
Fortsetzung u. d. T.: Centralblatt für Veterinärwissenschaften.

Jahrbücher der Deutsch-Amerikanischen Turnerei:
Band I—3 Nov. 1890—Oct. 1894
Intended to appear bi-monthly, but slight irregularities. Sub-title: Dem gesammten Turnwesen mit besonderer Berücksichtigung der Geschichte des Nordamerikanischen Turner-Bundes gewidmet. Octavo, each ca. 48 pages; paged continuously title-page & contents, 4 pages. Edited & published by Heinrich Christian Anton Metzner.
New York, NY

—— der deutsch-amerikanischen Turnerei. Dem gesamten Turnwesen m. besond. Berücksicht. der Geschichte d. nordamerikanischen Turner-Bundes gewidmet. Hrsg. u. redig. v. Heinrich Metzner. 1. u. 2. Bd. à 6 Hefte. gr. 8. (à Heft ca. 50 S.) New-York 891/92, 892/93. (Lpz., Ed. Strauch.) à Heft * 1 20; à Bd. * 7 20

—— der deutschen Turnkunst. Hrsg. v. Karl Euler. 1. u. 2. Hft. 12. (12½ B.) Danzig 843, 44, Anhuth. à *

— der deutschen Turnkunst. Herausgeg. von Karl Euler. 1. Heft. 12. Danzig 843, Anhuth. n. 1/4 ß — 2. Heft. 12. Solingen 844, Pfeiffer. n. 1/3 ß

Jahrbücher der deutschen Turnkunst, Blätter f. d. Angelegenheiten d. dtsch. Turnwesens, vornehmlich in seiner Richtung auf Erziehung u. Gesundheitspflege.
Bd. 1—27 hrsg. v. M. Kloß, Dresden 1855—1881.
— Neue Folge Bd. 1—13, Begründ. v. M. Kloß, hrsg. v. W. Bier, Leipzig 1882—1894, 8°. 40 Bde.

—— der deutschen Turnkunst. Zeitschrift für die Angelegenheiten des deutschen Turnwesens, vornehmlich in seiner Richtung auf Erziehung und Gesundheitspflege. Organ der deutschen Turnlehrerschaft. Gegründet im J. 1855 von M. Kloss. In Gemeinschaft mit J. Hermann, H. Brendicke, F. Feddo, F. Markhart, A. Maul, G. H. Weber, F. Marx redig. und hrsg. von W. Bier. Neue Folge. 1.—3. Bd. (1882—1884.) à Bd. 12 Hefte. (à Heft 2 Bog.) gr. 8. Leipzig, Strauch. à Bd. *

—— der deutschen Turnkunst. Zeitschrift für die Angelegenheiten des deutschen Turnwesens, vornehmlich in seiner Richtung auf Erziehung und Gesundheitspflege. Organ der deutschen Turnlehrerschaft. Gegr. im J. 1855 von M. Kloss. In Gemeinschaft mit J. Hermann, F. Fedde, Adf. Zenz etc. redig. und hrsg. von W. Bier. Neue Folge. 4.—8. Bd. à 12 Hefte. (à Heft 2—2½ Bog.) gr. 8. Leipzig 885—89, Strauch. à Bd. *

— der deutschen Turnkunst. Zeitschrift f. die Angelegenheiten d. deutschen Turnwesens, vornehmlich in seiner Richtg. auf Erziehg. u. Gesundheitspflege. Organ der deutschen Turnlehrerschaft. Gegründet im J. 1855 v. M. Kloss. In Gemeinschaft m. J. Hermann, F. Fedde, Adf. Zenz etc. red. u. hrsg. v. W. Bier. Neue Folge. 6.—9. [33.—36.] Bd. à 12 Hfte. (à 2—2½ B.) gr. 8. Leipzig 887—890. Strauch. à Bd. n. 7. 50

Jahrbücher der deutschen Turnkunst. Zeitschrift f. die Angelegenheiten d. deutschen Turnwesens, vornehmlich in seiner Richtg. auf Erziehg. u. Gesundheitspflege. Organ der deutschen Turnlehrerschaft. Gegründet im J. 1855 v. Kloss. In Gemeinschaft m. J. Hermann, Adf. Zenz, H. Brendicke etc. geleitet u. hrsg. v. W. Bier. Neue Folge. 10.—13. [37.—40.] Bd. à 12 Hfte. (à 2—2½ Bog.) gr. 8. Leipzig 891—894. E. Strauch. à Bd. n. 7. 50

—— typographische. Hrsgbr.: Jul. Mäser. 1.—5. Jahrg. 1880—1884. à Jahrg. 12 Hefte. (à Heft ½ Bog. mit Beilagen.) Lex.-8. Leipzig-Reudnitz, Mäser. à Jahrg. *

— dasselbe. 6. u. 7. Jahrg. 1885 u. 1886. à 12 Hfte. (½ B. m. Beilagen.) Lex.-8. Leipzig-Reudnitz, Mäser. à Jahrg. n. 3. 60; einzelne Hfte. à n.n. — 30

— typographische. Hrsg.: J. Mäser. 8.—11. Jahrg. 1887—1890. à 12 Hfte. (½ B. m. Beilagen.) Lex.-8. Leipzig-Reudnitz, Mäser. à Jahrg. n. 3. 60; einzelne Hfte. à n. — 30

— typographische. Hrsg.: Jul. Mäser. 12.—14. Jahrg. 1891—1893. à 12 Hfte. (à ca. 1 Bog. m. Beilagen.) Lex.-8. Leipzig-Reudnitz, J. Mäser. à Jahrg. n. 3. 60; einzelne Hfte. à n.n. — 30

— typographische. Hrsg.: Jul. Mäser. 16. u. 17. Jahrg. 1895—1896. à 12 Hfte. (à ca. 1 Bog. m. Beilagen.) Lex.-8. Leipzig-Reudnitz, J. Mäser. à Jahrg. n. 3. 60; einz. Hfte. n.n. — 30

— dasselbe. Unt. Mitwirkg. v. Nieper, sowie v. Max Honegger u. Aarland hrsg. v. Jul. Mäser. 18. u. 19. Jahrg. 1897—1898. à 12 Hfte. (à ca. 1 Bog. m. Beilagen.) Lex.-8. Ebd. à Jahrg. n. 4. 80; einz. Hfte. n. — 40

— typographische. Hrsg. v. Technikum f. Buchdrucker in Leipzig. 20.—23. Jahrg. 1899—1902. à 12 Hfte. Lex.-8. (à ca. XI, u. 12 S. m. Beilagen.) Leipzig-Reudnitz, J. Mäser. à Jahrg. n. 4. 80

— typographische. Hrsg. vom Technikum f. Buchdrucker in Leipzig. 24—26. Jahrg. 1903—1905. à 12 Hefte. (à ca. 8 u. XLIV S. m. Beilagen.) Lex.-8. Leipzig-Reudnitz, J. Mäser. à Jhrg. n. 4.80

— dasselbe. 27. Jahrg. 1906. 12 Hefte. (à ca. 12 u. XXXIV S. m. Beilagen.) Lex.-8. Ebd. n. 6. —

— typographische. Hrsg. v. Technikum f. Buchdrucker in Leipzig. 28.—31. Jahrg. 1907—1910. à 12 Hefte. (à ca. 8 u. L S. m. z. Tl. farb. Beilagen.) Lex. 8. Leipzig-Reudnitz, J. Mäser. Jahrg. 1907. 08 à 6.—; 1909. 10 à 7. 20

—— zur (der) Verbreitung des Glaubens. Periodische Sammlung der Schreiben der Bischöfe u. Missionare in beiden Welten u. aller auf die Missionen 2c. bezügl. Actenstücke. (10—14.) Jahrg. 1843—47. à 6 Hfte. gr. 8. Köln, Du Mont-Schauberg'sche Buchh. à J. * 1 Thlr. 15 Ngr. *

1—9. Jahrg. 1836—42. Ebendas. à Jahrg. * 1 Thlr. 15 Ngr.

—— der Verbreitung des Glaubens. Periodische Sammlung der Schreiben der Bischöfe und Missionare der Missionen in beiden Welten 2c. Jahrg. 1848—52. à Jahrg. 6 Hefte. gr. 8. Köln, Du Mont-Schauberg'sche Buchh. à Jahrg. Thlr. *

—— der Verbreitung des Glaubens. Periodische Sammlung der Schreiben der Bischöfe und Missionare der Missionen in beiden Welten 2c. (Aus dem Französ.) Jahrg. 1853—56. à Jahrg. 6 Hefte. gr. 8. Köln, Du Mont-Schauberg'sche Buchh. à Jahrg. *

—— der Verbreitung des Glaubens. Periodische Sammlung der Schreiben der Bischöfe und Missionare der Missionen in beiden Welten 2c. (Aus dem Französ.) Jahrg. 1857—61. à Jahrg. 12 Hefte. gr. 8. (à Heft ca. 60—70 S.) Köln, Du Mont-Schauberg'sche Buchh. à Jahrg. *

—— der Verbreitung des Glaubens. Periodische Sammlung der Schreiben der Bischöfe und Missionare der Missionen in beiden Welten 2c. (Aus dem Französ.) Jahrg. 1862—67. à Jahrg. 12 Hefte. gr. 8. (à Heft ca. 70 S.) Köln, Du Mont-Schauberg'sche Buchh. à Jahrg. *

—— der Verbreitung des Glaubens. Periodische Sammlung der Schreiben der Bischöfe und Missionare der Missionen beider Welten und aller auf die Missionen und das Werk der Verbreitung des Glaubens bezügl. Actenstücke. Jahrg. 1868—1874. à 6 Hefte. 8. (à Heft 64—80 S.) Köln, DuMont-Schauberg'sche Buchh. à Jahrg. * 4 50

—— der Verbreitung des Glaubens. Periodische Sammlung der Schreiben der Bischöfe und Missionare der Missionen in beiden Welten und aller auf die Missionen und das Werk der Verbreitung des Glaubens bezügl. Actenstücke. Zum Besten der Missionen. Jahrg. 1875—1879. à Jahrg. 6 Hefte (à 4 Bog.) gr. 8. Köln, DuMont-Schauberg'sche Buchh. à Jahrg. *

—— der Verbreitung des Glaubens. Periodische Sammlung der Schreiben der Bischöfe und Missionare der Missionen in beiden Welten und aller auf die Missionen und das Werk der Verbreitung des Glaubens bezügl. Actenstücke. Zum Besten der Missionen. Jahrg. 1880—1884. à Jahrg. 6 Hefte. (à Heft 4 Bog.) gr. 8. Köln, DuMont-Schauberg'sche Buchh. à Jahrg. *

—— der Verbreitung des Glaubens. Periodische Sammlung der Schreiben der Bischöfe und Missionare der Missionen in beiden Welten und aller auf die Missionen und das Werk der Verbreitung des Glaubens bezügl. Aktenstücke. Jahrg. 1885—1888. à Jahrg. 6 Hefte. (à Heft 4 Bog.) gr. 8. Köln, Du Mont-Schauberg'sche Buchh. à Jahrg. *

—— der Verbreitung d. Glaubens. Periodische Sammlg. der Schreiben der Bischöfe u. Missionare der Missionen in beiden Welten u. aller auf die Missionen u. das Werk der Verbreitg. d. Glaubens bezügl. Aktenstücke. Jahrg. 1889—1892. à Jahrg. 6 Hefte. (à Heft 4 Bog. m. Abbildgn.) gr. 8. [Köln, M. DuMont-Schauberg.] Straßb., Le Roux. à Jahrg. * 4 50

— dasselbe. Jahrg. 1893. 6 Hfte. (4 Bog. m. Abbildgn.) gr. 8. Straßburg i/E., F. X. Le Roux & Co. n. 4. 50

— d. Verbreitg. d. Glaubens. Periodische Sammlg. d. Schreiben der Bischöfe u. Missionare der Missionen in beiden Welten u. aller auf die Missionen u. d. Werk d. Verbreitg. d. Glaubens bezügl. Aktenstücke. Jahrg. 1895—1898. à 6 Hfte. (à ca. 5 Bog. m. Abb.) 8. Straßburg, F. X. Le Roux & Co. à Jahrg. n. 4. 50; einz. Hfte. n. 1. —

— der Verbreitung des Glaubens. Periodische Sammlg. der Schreiben der Bischöfe u. Missionare der Missionen in beiden Welten u. aller auf die Missionen u. das Werk der Verbreitg. des Glaubens bezügl. Aktenstücke. Jahrg. 1899—1902. à 6 Hfte. 8. (à Jahrg. IV, 479 S. m. Abbildgn.) Straßburg, F. X. Le Roux & Co. à Jahrg. n. 4. 50

— der Verbreitung des Glaubens. Periodische Sammlg. der Schreiben der Bischöfe u. Missionare der Missionen in beiden Welten u. aller auf die Missionen u. das Werk der Verbreitg. des Glaubens bezügl. Aktenstücke. Jahrg. 1903—1906. à 6 Hefte. (à Jhrg. 479 S. m. Abbildgn.) 8. Straßburg, F. X. Le Roux & Co. à Jhrg. n. 4. 50

— der Verbreitung des Glaubens. Periodische Sammlg. der Schreiben der Bischöfe u. Missionare der Missionen in beiden Welten u. aller auf die Missionen u. das Werk der Verbreitg. des Glaubens bezügl. Aktenstücke. Jahrg. 1907—1910. à 6 Hefte. (475, 475, 475 u. 474 S. m. Abb.) 8. Straßburg, F. X. Le Roux & Co. à Jahrg. 4. 50

Jahrbücher zur Verbreitung des Glaubens. Salzburg 1882 ff. H: *Hager, Edmund.* (Hr)

JAHRBÜCHER der Verbreitung des Glaubens. Ausgabe für Österreich-Ungarn. Salzburg 1885(-1912): Verlag der Direktion des Werkes der Glaubensverbreitung.

JAHRBÜCHER DES VEREINS VON ALTERTHUMSFREUNDEN IM RHEINLANDE.
(Heft) I—II. Mit Tafeln. Bonn 1842—1843. Gedruckt auf Kosten des Vereins. Cöln. bei F. C. Eisen. 8°.
(Heft) III—LXXIV.*) Mit Tafeln. ib. 1843—1882. Gedruckt auf Kosten des Vereins. Bonn. bei A. Marcus.
(Heft) XXIV a. u. d. T.: Sach- und Namenregister zu Heft I—XXIII. Jahrgang I—XII., 1. der Jahrbücher des Vereins von Alterthumsfreunden im Rheinlande. ib. 1857. — —
Heft LXV ist: Register zu den Jahrbüchern I—LX und den zu Winckelmann's Geburtstage ausgegebenen Festschriften. Verfasst von BONE. ib. 1879. — —

—— des Vereins von Alterthumsfreunden im Rheinlande. 1—10. Hft. gr. 8. Bonn. (Marcus.) [1. (8¾ B. u. 4 Stnt.) 842. 2. (10 B. u. 1 Stnt.) 43. 3. (13½ B. u. 8 Stnt.) 43. 4. (14 B. u. 8 Stnt.) 44. 5. u. 6. (27⅞ B. u. 14 Stnt.) 44. 7. (19 B. u. 6 Stnt. u. den Moselgedichten des Ausonius u. Venatinus latein. u. deutsch von Ed. Böcking.) 45. 8. (12 B. u. 4 Stnt.) 46. 9. (14 B. u. 7 Stnt.) 47. 10. (15 B. u. 8 Stnt.) 47. à * 1 Thlr. 15 Ngr. *

Jahrbücher des Vereins von Alterthumsfreunden im Rheinlande. 11—18. Heft (oder 6—9. Jahrg. à 2 Hefte.) gr. 8. Bonn, Marcus. [Heft 11. (186 S. und 6 Stnt.) 847., 12. (206 S. und 10 Stnt.) 13. (206 S. und 8 Stnt.) 848., 14. (213 S. und 7 Stnt.) 849., 15. (232 S. und 5 Stnt. in 4. und Fol.) 850., 16. (164 S. und 3 Stnt. in gr. 8. und qu. 4.) 851., 17. (228 S. mit 3 Stnt. und 1 lithogr. Karte.) 852., 18. (267 S. mit 3 Stnt. und 1 lithogr. Karte) 852. à Heft * 1 Thlr. 15 Ngr.] *
1—10. Heft. Ebendas. 1842—47. * 15 Thlr.

—— des Vereins von Alterthumsfreunden im Rheinlande. 19—23. Heft. (oder 10. Jahrg. und 11. Jahrg. 1—3. Heft.) Mit Steintafeln. gr. 8. Bonn 853—54, Marcus. à Heft * 1 Thlr. 15 Ngr. *
1—18. Heft. Ebendas. 1842—52. * 27 Thlr.

—— des Vereins von Alterthumsfreunden im Rheinlande. XXIV. (12. Jahrg. 2. Heft.) A. u. d. T.: Sach- und Namenregister zu Heft I—XXIII. (Jahrg. 1—12, 1. Heft.) gr. 8. (V und 78 S.) Bonn 857, (Marcus.) *

—— dass. — XXV—XXXI. (13—15. Jahrg. à 2 Hefte und 16. Jahrg. 1. Heft.) gr. 8. (Ebendas.) [13. Jahrg. 1. Heft. (224 S. mit 6 Stnt.) 857., 2. Heft. (218 S. mit 6 Stnt. auf 3 Bl. in qu. Fol.) 858., 14. Jahrg. 1. Heft. (174 S. mit 5 Stnt. auf 4 Bl. in gr. 8. und qu. Fol.) 859., 2. Heft. (122 S. mit 18 Stnt., wovon 1 in Tondr., in gr. 8. und Fol.) 860., 15. Jahrg. 2 Hefte. (301 S. mit 8 Stnt. in gr. 8. und qu. gr. 4.) 861., 16. Jahrg. 1. Heft. (VIII und 228 S. mit 4 Stnt. in gr. 8., gr. 4. und qu. Imp.-Fol.) 861. à Heft * 1 Thlr. 15 Ngr.] Thlr. *
I—XXIII. Heft. 1842—56. (Ebendas.) * 34 Thlr. 15 Ngr.

—— des Vereins von Alterthumsfreunden im Rheinlande. XXXII.—XLIII. Heft. gr. 8. [32. Heft. (160 S. mit 2 Stnt. in gr. 8. und gr. 4.) 33. und 34. (310 S. mit 5 Stnt.) 35. (174 S. mit 3 Stnt. in gr. 8. und gr. 4.) 36. (IV und 208 S. mit 4 Stnt., wovon 1 in Buntdr. in gr. 4. und qu. Fol.) 37. (IV und 276 S. mit 8 Stnt. in 4. und qu. Fol. und mehreren in den Text eingedr. Holzschn.) 38. (IV und 208 S. mit 2 Stnt. in 4. und qu. Fol und mehreren in den Text eingedr. Holzschn.) 39. und 40. (VI und 427 S. mit 8 Taf., wovon 5 lithogr. und 3 photogr., in gr. 8. und 4. und mehreren in den Text eingedr. Holzschn.) 41. (IV und 186 S. mit 5 Stnt., wovon 3 in Buntdr., in gr. 8. und qu. 4. und mehreren in den Text eingedr. Holzschn.) 42. (IV und 256 S. mit 8 Stnt., wovon 3 in Buntdr., in gr. 4. und Fol. und mehreren in den Text eingedr. Holzschn.) 43. (IV und 228 S. mit 9 Stnt. in gr. 4 und Fol.)] Bonn 862—67, (Marcus.) à Heft * 1 Thlr. 15 Ngr. *
I.—XXXI. Heft. (Ebendas.) 1842—61. * 45 Thlr.

—— des Vereins von Alterthumsfreunden im Rheinlande. 44.—56. Heft. gr. 8. Bonn, (Marcus.) [44. und 45. Heft. (IV, 306 S. mit 14 lithogr. Taf. in Lex.-8. und qu. gr. 4. und 4 eingedr. Holzschn.) 869.; 46. Heft. (IV, 208 S. mit 13 lithogr. Taf., wovon 3 in Bunt- und 1 in Tondr., und 30 eingedr. Holzschn.) 869.; 47. und 48. Heft. (IV, 224 S. mit 15 lithogr. Taf. in Lex.-8. und qu. gr. 4. und 3 eingedr. Holzschn.) 869.; 49. Heft. (IV, 204 S. mit 3 lithogr. Taf. und 13 eingedr. Holzschn.) 871.; 50. und 51. Heft. (IV, 323 S. mit 7 lithogr. Taf. in hoch 4. und qu. Imp.-Fol. und 23 eingedr. Holzschn.) 872.; 52. Heft. hoch 4. (IV, 204 S. mit 7 lithogr. Taf. in hoch 4. und qu. Fol. und 3 eingedr. Holzschn.) 873.; 53. und 54. Heft. (IV, 353 S. mit 17 lithogr. Taf. in hoch 4. und qu. Fol. und 7 eingedr. Holzschn.) 874.; 55. und 56. Heft. (290 S. mit 6 lithogr. Taf. in Lex.-8. und qu. 4. und 4 eingedr. Holzschn.) 875.] à Heft *ℳ 4,50. * 58 50

—— des Vereins von Alterthumsfreunden im Rheinlande. 57.—67. Heft. Lex.-8. Bonn, (Marcus.) [57. Heft. (249 S. mit 10 Taf. in Holzschn., Stndr., Lichtdr. und Aubeldr. in Lex.-8. und qu. Fol. und 6 eingedr. Holzschn.) 876. *ℳ 4,50.; 58. Heft. (IV, 245 S. mit 9 Taf. in Stndr. und Aubeldr. in gr. 8., qu. gr. 4. und qu. Fol.) 876. *ℳ 6,75.; 59. Heft. (192 S. mit eingedr. Holzschn. und 8 lithogr. und Aubeldr.-Taf. in Lex.-8., qu. gr. 4. und qu. Fol.) 876. *ℳ 6,75.; 60. Heft. (192 S. mit 12 eingedr. Holzschn. und 7 lithogr. und phototyp. Taf.) 877. *ℳ 6,75.; 61. Heft. (187 S. mit 6 eingedr. Holzschn. und 8 lithogr. und phototyp. Taf.) 877. *ℳ 6.; 62. Heft. (188 S. mit 7 lithogr. und chromolithogr. Taf. in Lex.-8. und qu. Fol.) 878. *ℳ 6.; 63. Heft. (IV, 216 S. mit 5 autogr., lithogr., chromolithogr. und phototyp. Taf.) 878. *ℳ 6.; 64. Heft. (IV, 208 S. mit 10 lithogr. und Lichtdr.-Taf. und 2 eingedr. Holzschn.) 878. *ℳ 6.; 65. Heft. Register zu den Jahrbüchern I—LX und den zu Winckelmann's Geburtstage ausgegebenen Festschriften. Verfasst von Bone. (IV, S.) 879. *ℳ 8.; 66. Heft. (186 S. mit 2 Lichtdr. und 3 autogr. Taf. und 4 eingedr. Holzschn.) 879. *ℳ 6.; 67. Heft. (159 S. mit 7 lithogr. und Aubeldr.-Taf.) 879. *ℳ 6.] *

—— des Vereins von Alterthumsfreunden im Rheinlande. 68.—78. Heft. Lex.-8. Bonn, (A. Marcus.) [68. Heft. (191 S. mit 8 Taf., 2 in Aubeldr. und 1 Lichtdr., und 13 eingedr. Holzschn.) 880; 69. Heft. (IV, 156 S. mit eingedr. Holzschn., 7 Stnt. und 2 Aubeldr.-Taf.) 880; 70. Heft. (160 S. mit 12 lithogr., Holzschn.- und Aubeldr.-Taf. und 2 eingedr. Holzschn.) 881; 71. Heft. (160 S. mit 7 lithogr., Holzschn.- und Lichtdr.-Taf. und 4 eingedr. Holzschn.) 881; 72. Heft. (IV, 219 S. mit 6 eingedr. Holzschn. und 8 Taf.) 882; 73. Heft. (IV, 188 S. mit 2 eingedr. Holzschn. und 5 Taf.) 882; 74. Heft. (224 S. mit 15 eingedr. Holzschn. und 10 Taf.) 882; 75. Heft. (IV, 216 S. mit 1 eingedr. Holzschn. und 5 Taf.) 883; 76. Heft. (264 S. mit 9 eingedr. Holzschn. und 4 Taf.) 883; 77. Heft. (IV, 258 S. mit 10 eingedr. Holzschn. und 11 Taf.) 884; 78. Heft. (IV, 258 S. mit 10 eingedr. Holzschn. und 7 Taf.) 884.] à Heft *

—— des Vereins von Alterthumsfreunden im Rheinlande. 79.—86. Heft. Lex.-8. Bonn, (A. Marcus.) [79. Heft. (III, 292 S. mit 7 Taf. und 12 Holzschn.) 885; 80. Heft. (III, 258 S. mit 2 Holzschn. und 5 Taf.) 886; 81. Heft. (IV, 240 S. mit 7 Taf. und 7 Holzschn.) 886; 82. Heft. (IV, 244 S. mit 4 Holzschn. und 6 Taf.) 886; 83. Heft. (III, 252 S. mit 19 Holzschn. und 4 Taf.) 887; 84. Heft. (IV, 288 S. mit 14 Holzschn. und 5 Taf.) 887; 85. Heft. (IV, 184 S. mit 6 Taf. und 4 Holzschn.) 888; 86. Heft. (IV, 304 S. mit 13 Taf.) 888.] à Heft *

—— d. Vereins v. Alterthumsfreunden im Rheinlande. 87.—93. Heft. Lex.-8. Bonn, (Marcus). [87. Heft. (IV, 220 S. m. 6 Taf. u. 13 eingedr. Abbildgn.) 889. * 6 —; 88. Heft. (IV, 287 S. m. 3 Taf. u. 15 eingedr. Abbildgn.) 889. * 6 —; 89. Heft. (IV, 296 S. m. 2 Taf. u. 10 Holzschn.) 889. * 6 —; 90. Heft. (IV, 264 S. m. 4 Taf. u. 21 eingedr. Holzschn.) 891. * 6 —; 91. Heft. (IV, 274 S.) 892. * 9 —; 92. Heft. (IV, 315 S. m. 11 Taf. u. 22 Textfig.) 892. * 6 —; 93. Heft. (IV, 348 S. m. 10 Taf. u. 25 Textfig.) 892. * 6 —.] * 45 —

91. Heft enthält: Register zu den Jahrbüchern 61—90 u. zu den 1885 u. 1888 zu Winckelmanns Geburtstage ausgegebenen Festschriften. Verf. v. Bone.

—— dass. — Festschrift zum 50jähr. Jubiläum am 1. Octbr. 1891. Lex.-8. (147 S. m. 6 Taf. u. 2 Textfig.) (Ebd.) 891. * 6 —

— d. Vereins v. Alterthumsfreunden im Rheinlande. 90.—95. Hft. Lex.-8. Bonn, (A. Marcus). n. 39. —

90. (IV, 264 S. m. 4 Taf. u. 21 Holzschn.) 891. n. 6. —
91. Register zu den Jahrbüchern 61—90 u. den 1885 u. 1888 zu Winckelmanns Geburtstage ausgegebenen Festschriften. Verf. v. Bone. (IV, 274 S.) 892. n. 9. —
92. (IV, 315 S. m. 11 Taf. u. 22 Textfig.) 892. n. 6. —
93. (IV, 348 S. m. 10 Taf. u. 25 Textfig.) 892. n. 6. —
94. (IV, 174 S. m. 6 Taf. u. 18 Textfig.) 893. n. 6. —
95. (IV, 280 S. m. 7 Taf. u. 2 Fig.) 894. n. 6. —

— d. Vereins v. Alterthumsfreunden im Rheinlande, Fortsetzung, s.: Jahrbücher, Bonner.

— des ärztlichen Vereines in München. 1r Jahrg. Mit 1 Kpfr. u. 5 Steintaf. gr. 8. München 835. Webersche Buchh. 1½ ₰ — 2r Jahrg., mit 4 Beilagen. gr. 8. Ebd. 836. 1½ ₰

—— des ärztlichen Vereines in München. 1. u. 2. Jahrg. gr. 8. München, [Kgl. Hofbuchh. v. Bayer.] [1. (15½ B., 1 Kpfrt., 5 Stnt. u. 1 Tab.) 835., 2. (26½ B. u. 4 Tab.) 836. à 1½ Thlr.]

—— dies. — 3. u. 4. Jahrg. (1. u. 2. Hft.) gr. 8. Landshut, v. Vogel'sche Vrlsh. [3. (20 B.) 841. 1⅔ Thlr., 4. 1. (8 B.), 2. (6½ B.) 842. à ⅔ Thlr.]

Jahrbücher des ärztl. Vereins zu München. 4. Jahrg. 3. u. 4. Hft. gr. 8. (9⅜ B.) Landshut 842, v. Vogel'sche Vrlgsbuchh. à Hft. —

1—3. u. 4. Jahrg. 1. u. 2. Hft. Ebendas. 1835—41. 5 Thlr. 11¼ Ngr.

JAHRBÜCHER DES VEREINS FÜR MEKLENBURGISCHE GESCHICHTE UND ALTERTHUMSKUNDE, aus den Arbeiten des Vereins herausgegeben von G. C. F.(RIEDRICH) LISCH. (Mit angehängtem Jahresberichte, später: Mit angehängten Quartalberichten.)

Jahrg. 1—44. Mit Steindrucktafeln, Tafeln in Farbendruck, Holzschnitten … Auf Kosten des Vereins. Schwerin, 1836—1879. In Comm. in der Stillerschen Hofbuchhandlung. 8°.

JAHRBÜCHER DES VEREINS FÜR MEKLENBURGISCHE GESCHICHTE UND ALTERTHUMSKUNDE, gegründet vom Geheimen Archivrath Dr. G. C. F. LISCH, fortgesetzt von F. WIGGER. Mit angehängten Quartalberichten.

Jahrg. 45—49. Mit Tafeln und Abbildungen. ib. 1880—1884. —

REGISTER ÜBER DIE ERSTEN FÜNF JAHRGÄNGE der Jahrbücher und Jahresberichte des Vereins für meklenburgische Geschichte und Alterthumskunde, im Auftrage des Vereins und unter Leitung des Vereinsausschusses angefertigt von J. G. C. RITTER.

Erstes Register. Auf Kosten des Vereins. Schwerin, 1844. —

REGISTER ÜBER DEN VI. BIS X. JAHRGANG der Jahrbücher und Jahresberichte … angefertigt von J. G. C. RITTER.

Zweites Register. Auf Kosten des Vereins. ib. 1848. —

REGISTER ÜBER DEN XI. BIS XX. JAHRGANG mit Haupt- und Urkunden-Register über den I. bis XX. Jahrgang der Jahrbücher und Jahresberichte … angefertigt von J. G. C. RITTER.

Drittes Register. Auf Kosten des Vereins. ib. 1856. —

REGISTER ÜBER DIE ERSTEN DREISSIG JAHRGÄNGE der Jahrbücher und Jahresberichte des Vereins für meklenburgische Geschichte und Alterthumskunde, im Auftrage des Vereins … angefertigt von J. G. C. RITTER.

Viertes Register. Heft 1—2. Auf Kosten des Vereins. ib. 1866—1868. —

JAHRBÜCHER DES VEREINS FÜR MEKLENBURGISCHE GESCHICHTE UND ALTERTHUMSKUNDE, gegründet vom Geheimen Archivrath Dr. G. C. F. LISCH, fortgesetzt vom Geh.(heimen) Archivrath Dr. (F.) WIGGER.

Jahrg. 50. Mit angehängten Quartalberichten und der Matrikel von 1835—1885. (Mit Stammtafeln.) Auf Kosten des Vereins. Schwerin 1885. In Comm. der Stillerschen Hofbuchhandlung. 8°.

Jahrg. 51. Mit 11 Tafeln und angehängten Quartalberichten. Auf Kosten des Vereins. ib. 1886. —

JAHRBÜCHER[1]) DES VEREINS FÜR (MEKLENBURGISCHE) MECKLENBURGISCHE GESCHICHTE UND ALTERTHUMSKUNDE, gegründet vom (von) Geh(eimen) Archivrath Dr. (G. C. F.) LISCH, fortgesetzt vom (von) Geh(eimen) Archivrath Dr. WIGGER.

Herausgegeben vom Archivar Dr. SCHILDT. Auf Kosten des Vereins.

Jahrg. 52., mit 6 Tafeln und angehängten Quartalberichten. Schwerin 1887. In Comm. in der Stillerschen Hofbuchhandlung. 8°.

Herausgegeben von H. GROTEFEND. Auf Kosten des Vereins.

Jahrg. 53. Mit 1 Plan und angehängten Quartalberichten. ib. 1888. In Comm. der Stillerschen Hofbuchhandlung. — 54. Mit mehreren Tafeln und angehängten Quartalberichten. ib. 1889. — 55. Mit angehängten Jahresberichten für 1889 und 1890. ib. 1890. — 56. Mit angehängten Quartalberichten und Jahresbericht. ib. 1891. — 57. Mit angehängten Quartalberichten und Jahresbericht. ib. 1892. Druck und Vertrieb der Bärensprung'schen Hofbuchdruckerei. — 58. Mit angehängten Quartalberichten und Jahresbericht. ib. 1893. — 59. Mit angehängten Quartalberichten und Jahresbericht. ib. 1894. — 60. Mit angehängten Quartalberichten und Jahresbericht. ib. 1895. — 61. Mit angehängten Quartalberichten und Jahresbericht. ib. 1896. — 62. Mit angehängten Quartalberichten und Jahresbericht. ib. 1897. — 63. Angehängt sind: Jahresbericht und Anleitung zur Beobachtung vorgeschichtlicher Denkmäler. ib. 1898. — 64. Angehängt ist der Jahresbericht des Vereins. (Mit Karten.) ib. 1899. — 65. Angehängt ist der Jahresbericht des Vereins. ib. 1900. — 66. Mit Abbildungen und angehängtem Jahresberichte. ib. 1901. — 67. Mit Abbildungen und angehängtem Jahresberichte. ib. 1902. — 68. Mit Abbildungen und angehängtem Jahresberichte. ib. 1903. — 69. Mit Abbildungen und angehängtem Jahresberichte. ib. 1904. — —

Herausgegeben von Geh. Archivrat Dr. H. GROTEFEND als 1. Sekretär des Vereins. Auf Kosten des Vereins.

Jahrg. 70. Mit Abbildungen und angehängtem Jahresberichte. ib. 1905. — 71. ib. 1906. — 72. ib. 1907. — 73. ib. 1908. — 74. ib. 1909. — 75. (Mit 1 Porträt.) Mit angehängtem Jahresberichte. ib. 1910. — 76. (Mit Tafeln.) Mit angehängtem Jahresberichte. ib. 1911. — 77. (Mit 1 Tafel.) Mit angehängtem Jahresberichte. ib. 1912. — 77. Beiheft. (Mit 1 Karte.) ib. 1913. — 78. (Mit Tafeln.) Mit angehängtem Jahresberichte. ib. 1913. — 79. (Mit 1 Tafel.) Mit angehängtem Jahresberichte. ib. 1914. —

REGISTER über die Jahrgänge 31 bis 40 der Jahrbücher und Jahresberichte des Vereins für mecklenburgische Geschichte und Alterthumskunde, im Auftrage des Vereins angefertigt von L. FROMM. Auf Kosten des Vereins. Schwerin 1887. In Commission in der Stillerschen Hofbuchhandlung. 8°.

REGISTER über die Jahrgänge 41 bis 50 der Jahrbücher und Jahresberichte des Vereins für mecklenburgische Geschichte und Altertumskunde, im Auftrage des Vereins angefertigt von C. JAHR und F. RUSCH. ib. 1904. —

[1]) Der Umschlagtitel des Jahrgangs 52 u. ff. lautet: Jahrbücher und Jahresberichte …

—— des Vereins für meklenburgische Geschichte und Alterthumskunde, aus den Arbeiten des Vereins hrsg. v. G. C. F. Lisch. 12—16. Jahrg. 1847—1851. Mit angehängtem Jahresberichte. gr. 8. (XX und 2287 S. mit 5 lithogr. und 1 lithochrom. Taf. und 62 eingedr. Holzschn.) Schwerin, (Stiller'sche Hofbuchh.) à Jahrg. *

Vgl. Jahrbücher und Jahresbericht des Vereins …

—— dass. — Hrsg. von Dems. 17—20. Jahrg. Mit angehängtem Jahresberichte. gr. 8. (XVII, 1500 und Jahresbericht 216 S. mit 4 Stnt., 2 lithogr. Taf. in Farbendr. in gr. 8. und qu. gr. Fol. und mehrern in den Text gedr. Holzschn.) Ebds. 852—55. à Jahrg. *

—— dass. — Hrsg. von Dems. 21. Jahrg. Mit angehängtem Jahresberichte. gr. 8. (IV und 318 S. und Jahresbericht 32 S. mit 1 Stnt. und 8 eingedr. Holzschn.) Ebds. 856. *

—— dass. — Register über den 11. bis 20. Jahrg. Mit Haupt- und Urkunden-Register über den 1. bis 20. Jahrg. Im Auftrage des Vereins und unter Leitung des Vereinsausschusses angefertigt von J. G. C. Ritter. 3. Register. gr. 8. (III und 307 S.) Ebds. 856. *

—— des Vereins für meklenburgische Geschichte und Alterthumskunde, aus den Arbeiten des Vereins hrsg. von G. C. Friedr. Lisch. 22. Jahrg. Mit angehängtem Jahresberichte. gr. 8. (IV und 331 S. mit 2 eingedr. Holzschn. und Jahresbericht 51 S.) Schwerin 857, (Stiller'sche Hofbuchh.) *

—— dass. — 23. Jahrg. Mit angehängtem Jahresberichte. gr. 8. (IV und 384 S. mit 2 Stnt., 1 Stahlst. in gr. 8. und 4., 8 eingedr. Holzschn., 6 Messingschn. und Jahresbericht 86 S.) (Ebendas.) 859. *

—— dass. — 24. Jahrg. Mit angehängtem Jahresberichte. gr. 8. (IV und 351 S. mit 1 Kpfrt. in qu. Fol., 4 eingedr. Holzschn. und Jahresbericht 34 S.) (Ebendas.) 859. *

—— dass. — 25. und 26. Jahrg. Mit angehängten Quartalberichten. gr. 8. (XI und 800 S. mit 1 Kpfrt., 5 Stnt. in 8., 4. und Fol. und 23 eingedr. Holzschn.) Ebendas. 860. 61. à Jahrg. *

—— des Vereins für meklenburgische Geschichte und Alterthumskunde, aus den Arbeiten des Vereins hrsg. von G. C. Friedr. Lisch. 27.—31. Jahrg. Mit angehängten Quartalberichten. gr. 8. [27. Jahrg. (IV und 362 S. mit 12 eingedr. Holzschn.) 28. (IV und 380 S. mit 1 Steindrtaf. in Fol. und 1 eingedr. Holzschn.) 29. (IV und 355 S. mit 19 eingedr. Holzschn.) 30. (VII und 224 S. mit 50 eingedr. Holzschn. und 4 Steindrtaf.) 31. (IV und 201 S. mit 1 eingedr. Holzschn.)] Schwerin 863—66, (Stiller'sche Hofbuchh.) à Jahrg. *

—— dass. — Hrsg. von G. C. Friedr. Lisch und W. G. Beyer. 32. Jahrg. Mit angehängten Quartalberichten. gr. 8. (IV und 300 S. mit 11 eingedr. Holzschn.) (Ebendas.) 867. *

—— dass. — Register über die ersten 30 Jahrgänge. Im Auftrage des Vereins und unter Leitung des Vereinsausschusses angefertigt von J. G. C. Ritter. 4. Register. 1. und 2. Heft. gr. 8. [1. Heft. (III und S. 1—288.) 2. (S. 289—722.)] (Ebendas.) 866—68. à Heft * 1 Thlr. *

—— des Vereins für meklenburgische Geschichte und Alterthumskunde aus den Arbeiten des Vereins hrsg. von G. C. Friedr. Lisch. 33.—36. Jahrg. Mit angehängten Quartalberichten. gr. 8. Schwerin 869—72, (Stiller'sche Hofbuchh.) [33. Jahrg. (IV, 286 S. mit 23 eingedr. Holzschn.); 34. Jahrg. (IV, 320 S. mit 17 eingedr. Holzschn.); 35. Jahrg. (IV, 290 S. mit 2 Stnt. in qu. Fol. und 2 eingedr. Holzschn.); 36. Jahrg. (IV, 277 S. mit 13 eingedr. Holzschn.)] à Jahrg. *

— und Jahresbericht des Vereins f. mecklenburgische Geschichte u. Alterthumskunde. aus den Arbeiten d. Vereins hrsg. v. G. C. Frdr. Lisch u. W. G. Beyer. 36.—40. Jahrg.. Mit (eingedr.) Holzschn. Mit angehängten Quartalberichten. gr. 8. (IV, 277, 331, 298, IV, 294 u. IV, 276 S.) Schwerin 872—75. Stiller in Comm. à Jahrg. n. 5.

Jahrbücher des Vereins für meklenburgische Geschichte und Alterthumskunde, aus den Arbeiten des Vereins hrsg. von G. C. Friedr. Lisch. 40.—44 Jahrg. Mit angehängten Quartalberichten. gr. 8. Schwerin 875—79, (Stiller'sche Hofbuchh.) [40. Jahrg. (IV, 267 S. mit 3 eingedr. Holzschn.); 41. Jahrg. (IV, 290 S. mit 2 eingedr. Holzschn.); 42. Jahrg. (III, 286 S. mit 2 autogr. Stnt.); 43. Jahrg. (275 S. mit 2 eingedr. Holzschn.); 44. Jahrg. (156 S.)] à Jahrg. *

—— des Vereins für mecklenburgische Geschichte und Alterthumskunde, gegründet von G. C. F. Lisch, fortgesetzt von F. Wigger. 45.—49. Jahrg. Mit angehängten Quartalberichten. gr. 8. (IV, 314 S., Quartalberichte 72 S.; IV, 324 S., Quartalberichte 42 S.; IV, 304 S. mit 6 lithogr. Taf., Quartalberichte 69 S.; IV, 346 S. mit 3 Abbild., Quartalberichte 70 S.; IV, 312 S. mit 5 lithogr. Taf., Quartalberichte 45 S.) Schwerin 880—84, Stiller'sche Hofbuchh. à Jahrg. *

—— des Vereins für mecklenburgische Geschichte und Alterthumskunde, gegründet von G. C. F. Lisch, fortgesetzt von F. Wigger. 50. Jahrg. Mit angehängten Quartalberichten und der Matrikel von 1835—1885. gr. 8. (388, 136 S. mit 2 genealog. Tab.) Schwerin 885, (Stiller'sche Hofbuchh.) * 6 —

Jahrbücher des Vereins für mecklenburgische Geschichte und Alterthumskunde, gegründet von G. C. F. Lisch, fortgesetzt von F. Wigger. 51. Jahrg. Mit angehängten Quartalberichten. gr. 8. (IV, 350, 52 S. mit 11 Taf.) (Ebendas.) 886. * 6 —

—— dass. — 52. Jahrg. Mit angehängten Quartalberichten. Hrsg. von Schildt. gr. 8. (III, 320 S.; Quartalberichte 47 S. mit 6 Taf.) (Ebendas.) 887. * 6 —

—— dass. — 53. Jahrg. Mit angehängten Quartalberichten. Hrsg. von H. Grotefend. gr. 8. (III, 356 S.; Quartalberichte 27 S. mit 1 Plan.) (Ebendas.) 888. * 6 —

—— dass. — Register über die Jahrgänge XXXI bis XL, im im Auftrage des Vereins angefertigt von L. Fromm. gr. 8. (III, 279 S.) Ebendas. 887. * 5 —

—— des Vereins f. meklenburgische Geschichte u. Alterthumskunde, gegründet v. Lisch, fortgesetzt v. Wigger. 54.—56. Jahrg. Hrsg. v. H. Grotefend. gr. 8. Schwerin, (Stiller). [54. Jahrg. Mit angehängten Quartalberichten. (III, 248 S. m. mehreren Tafeln, Quartalberichte 56, 8, 18, 7 S.) 889. * 6 —; 55. Jahrg. Mit angehängten Jahresberichten 1889 u. 1890. (III, 272 S., Jahresber. 14, 19 S.) 890. * 8 —; 56. Jahrg. Mit Quartalberichten u. Jahresbericht 1891. (III, 272; 16; 16; 10; 34 S. m. Abbildgn.) 891. * 8 —.] * 22 —

Erscheinen vom 57. Jahrg. ab im Comm.-Verlage d. Bärensprung'schen Hofbuchdr. in Schwerin.

— dasselbe. 57. Jahrg. Mit angehängten Quartalberichten u. Jahresbericht 1892. gr. 8. (IV, 354, 16, 16, 16 u. 24 S.) Ebd. 892. n. 8. —

— dasselbe. 58. Jahrg. Mit angehängten Quartalberichten u. Jahresbericht. gr. 8. (IV, 280 u. 88 S.) Ebd. 893. n. 8. —

— dasselbe. 59. Jahrg. Mit angehängten Quartalberichten u. Jahresbericht. gr. 8. (IV, 338 u. 98 S.) Ebd. 894. n. 8. —

— d. Vereins f. mecklenburg. Geschichte u. Alterthumskunde, gegr. v. Lisch, fortges. v. Wigger. 60.—62. Jahrg., hrsg. v. H. Grotefend. M. angehängten Quartalberichten u. Jahresbericht. gr. 8. (IV, 308 u. 111; IV, 372 u. 48 u. VIII, 359 u. 44 S.) Schwerin 895—897. (Bärensprung'sche Hofbuchdr.) à Jahrg. n. 8. —

— des Vereins f. mecklenburgische Geschichte u. Alterthumskunde, gegründet v. Lisch, fortgesetzt v. Wigger. 63. Jahrg., hrsg. von H. Grotefend. Angehängt sind: Jahresbericht u. Anleitg. zur Beobachtg. vorgeschichtl. Denkmäler. gr. 8. (III, 226, 16 u. 16 S. m. Abbildgn.) Schwerin 898. (Bärensprung'sche Hofbuchdr.) n. 8. —

— dasselbe. 64.—67. Jahrg., hrsg. v. H. Grotefend. Mit Abbildgn. u. angehängten Jahresberichten. gr. 8. Ebd. à n. 8. —

64. (III, 278 u. 19 S. m. 2 Karten u. 1 Taf.) 899. — 65. (III, 316 u. 17 S.) 900. — 66. (III, 284 u. 16 S.) 901. — 67. (III, 376 u. 28 S.) 902.

— des Vereins f. mecklenburgische Geschichte u. Alterthumskunde, gegründet v. Lisch, fortgesetzt v. Wigger. 68.—71. Jahrg., hrsg. v. H. Grotefend. Mit Abbildgn. u. angehängtem Jahresberichte. gr. 8. Schwerin (Bärensprung'sche Hofbuchdr.) à Jhrg. n. 8. —

68. (III, 296 u. 59 S.) 903. — 69. (III, IV, 350 u. 29 S.) 904. — 70. (III, 312 u. 36 S. m. 2 Taf.) 905. — 71. (V, 360 u. 36 S. m. 1 Bildnis, 10 Taf. u. 1 farb. Karte.) 906.

— dasselbe. Mit angehängten Jahresberichten. Register üb. die Jahrg. 41—50, im Auftrage des Vereins angefertigt v. E. Jahr u. F. Rusch. (IV, 354 S.) 8. Ebd. 904. n. 8.—

— des Vereins f. mecklenburgische Geschichte u. Altertumskunde, gegründet v. Lisch, fortgesetzt v. Wigger. 72.—75. Jahrg., hrsg. v. H. Grotefend. Mit angehängtem Jahresberichte. (III, 334 u. 41 S.; III, 292, 42 u. 67 S.; III, 202 u. 56 S. m. 1 Bildnis u. III, 232 u. 32 S. m. 1 Bildnis.) 8. Schwerin 907—10. (Bärensprung'sche Hofbuchdr.) à Jahrg. 8. —

— dasselbe. Register üb. die Jahrgänge 51 bis 60, im Auftrage d. Vereins angefertigt v. F. Rusch. (346 S.) 8. Ebd. 907. 8. —

— des landwirthschaftl. Vereins im Herzogthum Nassau. 1r Bd. gr. 8. Wiesbad. 821. Schellenberg. 1 ₰ 8 gr (Ritter). 1 ₰ 12 gr

„Jahrbücher des landwirthschaftlichen Vereins im Herzogthum Nassau; herausgegeben von Albrecht", Wiesbaden 1822—1830 (Schellenberg).

JAHRBÜCHER DES NASSAUISCHEN VEREINS FÜR NATURKUNDE.
Herausgegeben von C. L. KIRSCHBAUM.:
Heft XIX und XX. Mit 2 lithographirten Tafeln. ib. 1864—1866. —
Jahrg. XXI und XXII — XXIX u. XXX. Mit lithographirten und colorirten Tafeln ... ib. 1867 und 1868 — 1876 u. 1877. —
Herausgegeben von C. L. KIRSCHBAUM, und nach dessen Tod im Namen des Vorstandes von LEHR.:
Jahrg. XXXI u. XXXII. ib. 1878 u. 1879. —
Herausgegeben von CARL KOCH.:
Jahrg. 33 und 34. (Mit 1 Tafel.) ib. 1880 u. 1881. —
Herausgegeben von ARNOLD PAGENSTECHER.:
Jahrg. 35—37. Mit 2 Portraits in Stahlstich, lithographirten Tafeln und 1 geologischen Übersichtskarte. ib. 1882—1884. —
In Heft 19 und 20. 1864—1866.: Inhaltsübersicht der ersten 20 Hefte der Jahrbücher des nassauischen Vereins für Naturkunde.
In Jahrg. 35. 1882.: Inhalts-Uebersicht der 35 Hefte der Jahrbücher des nassauischen Vereins für Naturkunde.

JAHRBÜCHER DES NASSAUISCHEN VEREINS FÜR NATURKUNDE.
Herausgegeben von ARNOLD PAGENSTECHER.:
Jahrg. 38—39. Mit 2 colorirten und 10 lithographirten Tafeln. Wiesbaden. 1885 — 1886. Julius Niedner. 8°.
In Jahrg. 38. 1885: 3. Nachtrag zu dem Kataloge der Bibliothek des Nassauischen Vereins für Naturkunde von AUG. RÖMER.

JAHRBÜCHER DES NASSAUISCHEN VEREINS FÜR NATURKUNDE.
Herausgegeben von ARNOLD PAGENSTECHER.
Jahrg. 40. [1]) Mit 6 lithographierten Tafeln. Wiesbaden. 1887. Julius Niedner. 8°. — 41. ib. 1888. J. F. Bergmann. — 42. (FESTSCHRIFT zur Feier des sechzigjährigen Bestehens des Vereins.) Mit Text-Abbildungen und 7 Tafeln. ib. 1889. — 43. Mit 3 Tafeln. ib. 1890. — 44. Mit 1 Tafel. ib. 1891. — 45. Mit 20 Figuren im Texte. ib. 1892. — 46. Mit 4 lithographischen Tafeln. ib. 1893. — 47. Mit 4 lithographirten Tafeln. ib. 1894. — 48. Mit 3 lithographirten Tafeln und 4 Abbildungen im Texte. ib. 1895. — 49. Mit 4 lithographirten Tafeln. ib. 1896. — 50. Mit einem Porträt von C. R. Fresenius und einer Karten-Skizze. ib. 1897. — 51. Mit 5 Abbildungen im Text. ib. 1898. — 52. Mit 4 Tafeln. ib. 1899. — 53. ib. 1900. — 54. [1]) Mit 3 Tafeln ib. 1901. — 55. Mit 2 Tafeln. ib. 1902. — 56. Mit 1 Tafel. ib. 1903. —
[1]) In Jahrg. 40. 1887: 4. NACHTRAG ZU DEM KATALOGE DER BIBLIOTHEK des Nassauischen Vereins für Naturkunde von AUG. RÖMER. 8°.
[1]) In Jahrbücher ... Jahrg. 54. 1901: INHALTS-UEBERSICHT der Jahrbücher des nassauischen Vereins für Naturkunde 36. bis 53. Heft.
57. Mit 2 Tafeln und 1 Textabbildung. ib. 1904. — 58. Mit 1 Tafel und 2 Textabbildungen. ib. 1905. — 59. Mit 2 Tafeln und 19 Textabbildungen. ib. 1906. — 60. Mit 4 Tafeln und 15 Textabbildungen. ib. 1907. — 61. Mit 3 Tafeln und 2 Textabbildungen. ib. 1908. — 62. Mit 8 Tafeln und 12 Textabbildungen. ib. 1909. — 63. Mit 1 Tafel und 16 Textabbildungen. ib. 1910. — 64. Mit 4 Tafeln, 1 geologischen Karte und 7 Textabbildungen. ib. 1911. — 65. Mit 4 Tafeln und 34 Textabbildungen. ib. 1912. —
Herausgegeben von HEINRICH FRESENIUS.
Jahrg. 66. Mit 1 Bildnis von Arnold Pagenstecher, 5 Tafeln und 27 Textabbildungen. ib. 1913. — 67. Mit XI Tafeln und 1 Textabbildung. ib. 1914. —

—— des Nassauischen Vereins für Naturkunde. Hrsg. von C. L. Kirschbaum. 19. und 20. Heft. gr. 8. (V und 592 S. mit 2 chromolithogr. Taf. in qu. 4.) Ebendas. 864—66. à Heft * 1 Thlr. *

—— des nassauischen Vereins für Naturkunde. Hrsg. von C. L. Kirschbaum. 21. und 22. Jahrg. gr. 8. (III, 475 S.) Wiesbaden 867,68, Niedner. * 6 —
—— dass. — 23. und 24. Jahrg. gr. 8. (V, 459 S. mit 6 Chromolithogr.) Ebendas. 869,70. * 6 —
—— dass. — 25. und 26. Jahrg. (1871 und 1872.) gr. 8. (V, 495 S. mit 9 lithogr. Taf. und 1 lithogr. Situationsplan.) Ebendas. 872. * 6 —
—— dass. — 27. und 28. Jahrg. (1873 und 1874.) gr. 8. (258 S. mit 1 lithogr. und color. Taf.) Ebendas. 874. * 4 — fr.

—— des nassauischen Vereins für Naturkunde. Hrsgbr.: C. L. Kirschbaum. 29. und 30. Jahrg. gr. 8. (486 S.) Wiesbaden 876,77, Niedner.

—— dass. — Hrsg. von C. L. Kirschbaum und nach dessen Tod im Namen des Vorstandes von Lehr. 31. und 32. Jahrg. gr. 8. (IV, 347 S.) Ebendas. 878,79.

—— des Nassauischen Vereins für Naturkunde. Hrsg. von Carl Koch. 33. und 34. Jahrg. gr. 8. (V, 464 S. mit 1 Stnt.) Wiesbaden 880,81, Niedner.
—— dass. — Hrsg. von Arnold Pagenstecher. 35. Jahrg. gr. 8. (III, 159 S. mit 2 Portr. in Stahlst. und 1 lithogr. Taf.; Bibliothekskatalog IV, 89 S.) Ebendas. 882.
—— dass. — 36. Jahrg. gr. 8. (III, 196 S. mit 1 geolog. chromolithogr. Übersichtskarte und 2 lithogr. Taf.) Ebendas. 883.
—— dass. — 37. Jahrg. gr. 8. (IV, 375 S. mit 7 lithogr. Taf.) Ebendas. 884.

—— des Nassauischen Vereins für Naturkunde. Hrsg. durch Arnold Pagenstecher. 38. Jahrg. gr. 8. (IV, 181 S. mit 2 color. Taf.) Wiesbaden 885, Niedner. * 4 —
—— dass. — 39. Jahrg. gr. 8. (III, 196 S. mit 10 Taf.) Ebendas. 886. * 6 —
—— dass. — 40. Jahrg. gr. 8. (IV, 349 S. mit 6 lithogr. Taf.) Ebendas. 887. * 7 —
—— dass. — 41. Jahrg. gr. 8. (XXIV, 221 S.) Wiesbaden 888, Bergmann. * 5 —

—— des Nassauischen Vereins f. Naturkunde. Hrsg. v. Arnold Pagenstecher. 42.—44. Jahrg. gr. 8. Wiesb., Bergmann. [42. Jahrg. (XXIX, 345 S. m. Textfig. u. 7 Taf.] 889. * 10 —; 43. Jahrg. (XXXII, 114 S. m. 3 Taf.) 890. * 4 —; 44. Jahrg. (XXVI, 278 S. m. 1 Taf.) 891. * 5 —.] * 19 —

— des nassauischen Vereins f. Naturkunde. Hrsg. v. Arnold Pagenstecher. 43.—47. Jahrg. gr. 8. Wiesbaden, J. F. Bergmann. n. 26. —
43. (XXXII, 114 S. m. 3 Taf.) 890. n. 4. —. — 44. (XXVI, 278 S. m. 1 Taf.) 891. n. 5. — — 45. (XCIV, 156 S. m. 20 Fig.) 892. n. 5. —. — 46. (XXXII, 144 S. m. 4 lith. Taf.) 893. n. 6. —. — 47. (XXVIII, 137 S. m. 4 Taf.) 894. n. 6. —.

— d. nassauischen Vereins f. Naturkunde. Hrsg. v Arnold Pagenstecher. 48.—51. Jahrg. gr. 8. Wiesbaden, J. F. Bergmann. n. 35. —
48. (XXX, 246 S. m. 4 Abb. u. 8 Taf.) 895. n. 9. —
49. (XXXI, 236 S. m. 4 Taf.) 893. n. ^. —
50. M. 1 Portr. v. C. R. Fresenius u. 1 Karten-Skizze.) (XCIV, 250 S.) 897. n. 9. —
51. (XLIII, 294 S. m. 5 Abb.) 898. n. 8. —

— des nassauischen Vereins f. Naturkunde. Hrsg. v. Arnold Pagenstecher. 52. u. 53. Jahrg. gr. 8. (LVIII, 205 S. m. 4 Taf. u. XXXVI, 225 u. 89 S.) Wiesbaden 899. 900. J. F. Bergmann. à Jahrg. n. 7. —

— dasselbe. 54. u. 55. Jahrg. gr. 8. (LX, 222 u. 87 S. m. 8 Taf. u. XXVIII, 248 u. 51 S. m. 2 farb. Taf.) Ebd. 901. 902. à Jahrg. n. 9. —

— des nassauischen Vereins f. Naturkunde. Hrsg. v Arnold Pagenstecher. 56.—59. Jahrg. gr. 8. Wiesbaden, J. F. Bergmann. n. 33. —
56. (XLVIII, 177 u. 51 S. m. Abb. u. 1 Taf.) 903. n. 7. —
57. (XXXIV, 275 u. 51 S. m. 1 Abb. u. 2 Taf.) 904. n. 8. —
58. (LII, 319 u. 51 S. m. 2 Abbildgn. u. 1 Taf.) 905. n. 9. —
59. (XXXII, 351 u. 54 S. m. 19 Abb. u. 2. Taf.) 906. n. 9. —

— des nassauischen Vereins f. Naturkunde. Hrsg. v. Arnold Pagenstecher. 60.—63. Jahrg. gr. 8. Wiesbaden 907—10. J. F. Bergmann. à Jahrg. 9. —
60. (XXXI, 325 u. 54 S. m. 15 Abbildgn. u. 4 Taf.) 907.
61. (XXVI, 307 u. 54 S. m. 2 Abbildgn. u. 3 Taf.) 908.
62. (XXVII, 232 u. 54 S. m. 12 Abbildgn. u. 8 Taf.) 909.
63. (XXIX, 262 u. 54 S. m. 16 Abbildgn. u. 1 Taf.) 910.

JAHRBÜCHER DES VEREINS FÜR NATURKUNDE IM HERZOGTHUM NASSAU. In Auftrag des Vorstandes herausgegeben von C. THOMÄ.:
Heft 1 — Heft 2. Mit 4 Tafeln Abbildungen nach der Natur (und meteorologischen Tabellen). Wiesbaden. 1844—1845. Auf Kosten des Vereins gedruckt, theilweise im Verlag der A. Scholz'schen Buchhandlung. 8°.
Heft 3. Mit 9 Ausschlagtabellen. ib. 1846. Auf Kosten des Vereins gedruckt.
Unter Mitwirkung der Herren WILHELM BAYRHOFFER, JOHANNES BECKER, ... in Auftrag des Vorstandes herausgegeben von C. THOMÄ.:
Heft 4 und 5. Mit 15 Ausschlagtabellen, 1 Kärtchen und 1 eingedruckten Holzschnitte. ib. 1849. In Comm. der Chr. W. Kreidel'schen Buchhandlung.
A. u. d. T.:
JAHRBÜCHER DES VEREINS FÜR NATURKUNDE IM HERZOGTHUM NASSAU.
Heft 4. Mit 15 Ausschlagtabellen, 1 Kärtchen und 1 eingedruckten Holzschnitte. ib. 1849. Auf Kosten des Vereins gedruckt.
Heft 5. ib. 1849. — A. u. d. T.: J. D. W. BAYRHOFFER, Uebersicht der Moose, Lebermoose und Flechten des Taunus. ib. 1849. Druck der C. Ritter'schen Buchdruckerei.
Unter Mitwirkung der Herren SCHENCK, VIGELIUS, ... in Auftrag des Vorstandes herausgegeben von FRIDOLIN SANDBERGER.:
Heft 6. Mit 2 Ausschlagetabellen und 4 Tafeln Abbildungen. ib. 1850. Auf Kosten des Vereins gedruckt und in Comm. bei Chr. W. Kreidel.
Herausgegeben von FRIDOLIN SANDBERGER.:
Heft 7. Abth. 1-3 — Heft 9. Abth. 1-2. (Mit Tafeln, Tabellen ...) ib. 1851 — 1853. — —
Herausgegeben v. C. L. KIRSCHBAUM.:
Heft 10 — Heft 13. Mit lithographirten Tafeln, Karten, ... ib. 1855—1858. Kreidel & Niedner. (In Comm.)
Heft 14 — Heft 17 und 18. Mit lithographirten Tafeln und 1 Kärtchen. ib. 1859—1862. 1863. Julius Niedner.

Jahrbücher des Vereins f. Naturkunde im Herzogthum Nassau. In Auftrag des Vorstandes, hrsg. v. C. Thomä. 1—3. Hft. Mit 4 Taf. Abbild. u. 23 Tabb. gr. 8. Wiesbaden. [Kreidel.] [1. (8⅜ B. u. 7 Tab.) 844. * 20 Ngr. 2. (11⅞ B.) 45. 3. (16½ B.) 46. * 1 Thlr. 12½ Ngr.] Thlr. *

— des Vereins für Naturkunde im Herzogth. Nassau. In Auftrag des Vorstandes, herausgeg. von C. Thomä. 1.—3. Heft. gr. 8. Wiesbaden 844—46, Scholz. (Kreidel.) 1. 2. à n. ⅔ ℛ — 3. n. ¾ ℛ

— des Vereins f. Naturkunde im Herzogth. Nassau. Hrsg. v. C Thomä. 4 u. 5. Hft. Mit 15 Ausschlagtabellen (in Fol.), 1 (lith.) Kärtchen u. 1 eingedr. Holzschn. gr. 8 (XXIV u. 369 S.) Wiesbaden 849, Kreidel in Comm. n. 1 ℛ 12 ngr — Unter Mitwirkung der Herren Schenck, Vigelius, H. v. Meyer, K. List u. Fresenius hrsg. v. Fridolin Sandberger. 6. Hft. Mit 2 Ausschlagtabellen (in qu. Fol.) u. 4 (lith.) Taf. Abbildgn. (in 8., gr. 4. u. Fol., wobei 1 color. Karte.) gr. 8. (IV u. 228 S.) Ebd 850, in Comm. n. ¾ ℛ — Hrsg.: Fridolin Sandberger. 7. Hft. in 3 Abthlgn 8. Hft. 1 u. 2 Abthlg. gr. 8. (7: XVIII u. 493 S. m. 3 lith. Taf. 8: IV u. 375 S. m. 6 lith. u. 1 lithochrom Taf. in gr 8. u. gr. 4. u. 6 Tab. in qu. gr 4.) Ebd 851. 52, in Comm. 7: n. 1⅛ ℛ 8. 1. 2: n. 1 ℛ 2 ngr (1 - 8. 1. 2: n. 6 ℛ 12¾ ngr)

—— dass. — Hrsg. von Fridolin Sandberger. 8. Heft. 1. und 2. Abthl. gr. 8. (III und 375 S. mit 7 Stnt. in gr. 8. und gr. 4. und 6 Tab. in qu. gr. 4.) Ebds. 851. *
1—3. Heft. Ebendas. 1844—46. * 2 Thlr. 2½ Ngr.

— des Vereins für Naturkunde im Herzogthum Nassau. Herausg. von Fridolin Sandberger. 9. Heft. 1. u. 2. Abth. Wiesbaden 853. Kreidel u. Niedner in Comm. gr. 8. (2 Bl., 307; 2 Bl., 105 S. u. 1 lith. Karte in 4.) 1 ℛ.

—— des Vereins für Naturkunde im Herzogth. Nassau. Hrsg. von C. L. Kirschbaum. 10—15. Heft. gr. 8. Wiesbaden 855—60, [Niedner.] [10. Heft. (VI und 883 S. mit 1 Tab. in qu. Fol. und 2 Stnt.) 11. (IV und 242 S. mit 2 Stnt. und 1 chromolithogr. Karte.) 12. (III und 474 S. mit 2 Stnt.) 13. (V und 883 S. mit 1 chromolithogr. Karte in Fol., 2 Tab. in qu. Fol. und Imp.-Fol. und 2 Stnt.) 14. (IV und 487 S.) 15. (IV und 266 S. mit 1 Tab. in qu. gr. 4. und 1 Beilage V und 151 S.) à Heft * 1 Thlr.] *

—— des Vereins für Naturkunde im Herzogth. Nassau. Hrsg. von C. L. Kirschbaum. 16.—18. Heft. gr. 8. [16. Heft (IV und 329 S. mit 1 lithogr. Kärtchen und 2 Stnt. in 4. und qu. Fol.) 17. und 18. (IV und 640 S. mit 2 Tab. in 4. und gr. Fol. und mit 2 Stnt. in gr. 8. und 4.)] Wiesbaden 861—63, Niedner. à Heft * 1 Thlr. *

Jahrbücher des Vereins für Naturkunde im Herzogthum Nassau. Heft 13–30. Wiesbaden 1858–77.

Jahrbücher des Vereins für Naturkunde im Herzogthum Nassau. (Später: Jahrbücher des nassauischen Vereins für Naturkunde.) Heft 1 - 20. Wiesbaden 1844 66. Ferner: Jahrg. 35—53 Wiesbaden 1882—1900. 8.

— des Vereins vom heil. Vincenz von Paul. Mit Genehmigung des Generalrathes im Auszuge wiedergegeben und mit einer Zugabe für die deutschen Conferenzen versehen durch den Provinzialrath des Vereins für Rheinland und Westphalen. Jahrg. 1851—58. oder 1—8. Bd. à 10 Hefte (à 2—3 Bgn.). Köln, Bachem in Comm. gr. 8. Jeder Jahrg. n. 1 ℛ. 15 ngr.

— des Vereins vom heiligen Vincenz von Paul. Nach den französ. Bülletins mit Genehmigung des Generalrathes im Auszuge wiedergegeben u. mit einer Zugabe über die deutschen Vereins-Verhältnisse vermehrt durch den Provinzialrath für Rheinpreußen. 9—14. Bd. Jahrg. 1859—64. à 10 Hefte (à 1—2 Bgn.). Köln, Bachem in Comm. gr. 8. Jeder Jahrg. n. 1 ℛ 15 ngr.

— des Vereins vom heil. Vincenz von Paul. Nach den französ. Bülletins mit Genehmigung des Generalrathes im Auszug wiedergegeben u. mit einer Zugabe über die deutschen Vereins-Verhältnisse vermehrt durch den Provinzialrath für Rheinpreußen. 15. Bd. Jahrg. 1865. 10 Hefte (à ca. 24 S.). Köln. (Bachem.) 8. n. 1 ℛ 15 ngr.

Jahrbücher des Vereins vom heil. Vincenz 2c. 16—21. Bd. Jahrg. 1866—1870. à Jahrg. 10 Hefte (à 1½ Bgn.). Köln. (Bachem.) 8. Jeder Bd. n. 1 ℛ

— des Vereins vom H. Vincenz v. Paul. Nach den franz. Bulletins m. Genehmigg. d. Generalrathes im Auszuge wiedergegeben u. m. e. Zugabe f. die deutschen Conferenzen verm. durch den Provinzialrath f. Rheinpreußen. 21. Bd. Jahrg. 1871 10 Hfte (1½ B.) 8. Köln, Bachem in Comm. n. 3. —

— des Vereins vom heil. Vincenz v. Paul. Nach den französ. Bulletins mit Genehmigung des Generalrathes im Auszuge wiedergegeben und mit einer Zugabe für die deutschen Conferenzen vermehrt durch den Provinzialrath für Rheinpreußen. Jahrg. 1872—1879 oder 23.—30. Bd. à 10 Hefte. 8. (à Heft 24 S.) Köln, (Bachem.) à Jahrg. *

—— des Vereins vom heil. Vincenz v. Paul. Nach den französ. Bulletins mit Genehmigung des Generalrathes im Auszuge wiedergegeben und mit einer Zugabe für die deutschen Conferenzen verm. durch den Provinzialrath für Rheinpreußen. Jahrg. 1880—1884. 31.—35. Bd. à Bd. 10 Hefte. 8. (à Heft ca. 24 S.) Köln, (Bachem.) Jahrg. 1880 *
Jahrg. 1881—1884 à *

—— des Vereins vom heil. Vincenz von Paul. Nach den französ. Bulletins mit Genehmigung des Generalrathes im Auszuge wiedergegeben und mit einer Zugabe für die deutschen Conferenzen verm. durch den Provinzialrath für Rheinpreußen. Jahrg. 1885. 36. Bd. 10 Hefte. 8. (à Heft ca. 24 S.) Köln, (Bachem.) *

—— dass. — Jahrg. 1886 und 1887. 37. und 38. Bd. à 12 Hefte. 8. (à Heft 20 S.) (Ebendas.) à Bd. *

— des Vereins vom h. Vincenz v. Paul. Nach den französ. Bulletins m. Genehmigg. d. Generalrathes im Auszuge wiedergegeben u. m. e. Zugabe f. die deutschen Conferenzen verm. durch den Oberverwaltungsrath f. Rheinpreußen. Jahrg. 1887—1890. 38.—41. Bd. à 12 Hfte. 8. (à Hft. ca. 20 S.) Köln, (Bachem).
à Jahrg. n. 4. —

— des Vereins vom h. Vincenz v. Paul. Nach den französ. Bulletins m. Genehmigg. d. Generalrathes im Auszuge wiedergegeben u. m. e. Zugabe f. die deutschen Conferenzen verm. durch den Oberverwaltungsrath f. Rheinpreußen. Jahrg. 1891 — 1894. 42.—45. Bd. à 12 Hfte. 8. (à Hft. ca. 20 S.) Köln, (J. P. Bachem.)
à Jahrg. n. 4. —

— d. Vereins v. hl. Vincenz v. Paul. Nach d. französ. Bulletins m. Genehmigg. d. Generalrathes im Auszuge wiederg. u. m. e. Zugabe f. d. deutschen Conferenzen verm. durch den Oberverwaltungsrath f. Rheinpreußen. Jahrg. 1895—1898. 47.—50. Bd. à 12 Hfte. (à ca. 20 S.) 8. Köln (J. P. Bachem). à Jahrg. n. 4. —

— des Vereins vom hl. Vincenz v. Paul. Nach den französ. Bulletins m. Genehmigg. des Generalrates im Auszuge wiedergegeben u. m. e. Zugabe f. die deutschen Konferenzen verm. durch den Oberverwaltungsrat f. Rheinpreußen. Jahrg. 1899—1902. 51.—54. Bd. à 12 Hfte. 8. (240, 243, 242 u. 285 S. m. je 2 Taf.) Köln (J. P. Bachem).
à Jahrg. n. 4. —

— des Vereins vom h. Vincenz v. Paul. Nach den französ. Bulletins m. Genehmigg. des Generalrates im Auszuge wiedergegeben u. m. e. Zugabe f. die deutschen Konferenzen verm. durch den Oberverwaltungsrat f. Rheinpreußen. Jahrg. 1903—1906. 55—58. Bd. à 12 Hefte. (II, 250, II, 246, 220 u. 240 S.) 8. Köln (J. P. Bachem).
à Jhrg. n. 4. —

— des Vereins vom hl. Vincenz v. Paul. Für die deutschen Konferenzen hrsg. durch den Oberverwaltungsrat f. Rheinpreußen. 59.—62. Bd. Jahrg. 1907—1910. à 12 Hefte. (240, 240; IV, 240 u. IV, 272 S.) 8. Köln (J. P. Bachem).
à Bd. 4. —

— der Vereine für Geschichte u. Alterthumskunde, s. Archiv für Geschichte u. Alterthumskunde Westphalens, von P. Wigand.

JAHRBÜCHER DER VEREINE FÜR GESCHICHTE UND ALTERTHUMSKUNDE, eine Beilage zum Archiv für Geschichte und Alterthumskunde Westphalens. von PAUL WIGAND.
Jahrg. 1831. Lemgo 1831. Meyersche Hof-Buchhandlung. 8°.
Jahrg. 2. 1834. ib. 1834. —
No. 1—4. 1835—1838. (Ohne bes. Titelblatt. ib. —)

— die, v. Vincenz u. Gerlach, s. Geschichtschreiber, die, der deutschen Vorzeit.

— zu Meyer's Volksbibliothek für Länder-, Völker- und Naturkunde. Mit Kpfrn. und Karten. 1—3. Bd. 16. (726 S. mit 3 Stahlst. in 4. und 1 in Kpfr. gest. und ill. Karte in gr. 4.) Hildburghausen 850, bibliographisches Institut. à Bd. * 5 Ngr. *

— d. Preuß. Volksschulwesens. Herausgeg. v. L. Beckedorff. 1r—7r Bd. gr. 8. Berlin 825—27, Trautwein.

Jahrbücher des Preuß. Volks-Schul-Wesens. Hrsg. v. L. Beckedorff. 8. u. 9. Bd. à 3 Hfte. gr. 8. Berlin 828, 29, Trautwein. à Bd. Thlr.
1—7. Bd. Ebendas. 1825—27. 7 Thlr. — 1—9. Bd. zusamm. genomm., hrbgs. Pr. 4 Thlr. 12 Gr.

Beckedorff, Dr. L. Jahrbücher des Preufsischen Volks-Schul-Wesens. *Berlin, G. Brüschke.* 1826

Beckedorff, Dr. Ludolph. Jahrbücher des Preufsischen Volks-Schul-Wesens IV. Bd. drittes Heft. *Berlin, G. Brüschke.* 1826

— für Volks- u. Landwirthschaft. Neue Folge der Schriften u. Verhandlgn. der ökonom. Gesellschaft im Königr. Sachsen. 1—4. Bd. à 4 Hfte. gr. 8. (1. Bd. VIII u. 318 S. m. 1 lith. Taf. 2. Bd. VIII u. 304 S. m. 1 eingedr. Holzschn. u. 1 lith. Taf. in qu. Fol. 3. Bd. VI u. 312 S. m. 7 lith. Taf. in gr. 8. u. qu. gr. 4. 4. Bd. VI u. 310 S. m. 1 Holzschn.) Dresden 848—52, Arnold. (à Bd. n. 1⅓ ℛ) n. 5⅓ ℛ

— für Volks- und Landwirthschaft. Neue Folge der Schriften und Verhandlungen der ökonom. Gesellschaft im Königreich Sachsen. 5. Bd. 4 Hefte. gr. 8. (1—3. Heft S. 1—252 mit 1 Stnt.) Dresden 854, Arnoldische Buchh. *
1—4. Bd. Ebendas. 1848—52. * 5 Thlr. 10 Ngr.

Jahrbücher für Volks- und Landwirthschaft. Neue Folge der Schriften und Verhandlungen der ökonom. Gesellschaft im Königr. Sachsen. 6. und 7. Bd. à 4 Hefte. gr. 8. (XII und 636 S.) Dresden 855—60, Arnoldische Buchh. à Bd. * 1 Thlr. 10 Ngr. *

— für Volks- und Landwirthschaft. Neue Folge der Schriften und Verhandlungen der ökonom. Gesellschaft im Königr. Sachsen. 8. und 9. Bd. à 4 Hefte. gr. 8. Dresden, am Ende. [Kaufmann.] [8. Bd. (316 S.) 861—64; 9. Bd. (200 S.) 868.]
à Bd. * 6 —

— dass. — Hrsg. von der oekonom. Gesellschaft im Königr. Sachsen. 10. Bd. 4 Hefte. gr. 8. (à Heft ca. 86 S.) Ebendas. 872. * 3 —

Jahrbücher des fränkischen Weinbau-Vereins in zwanglosen Heften. H. 1-7. Würzburg: Selbstverl. 1836-44. - - 121*

Jahrbücher d. fränkischen Weinbau-Vereins, in zwanglosen Heften. 1—7. Hft. gr. 8. (Mit 1 Steintaf.) Würzburg, 1836—44. (Stahel.) à — 15

— des fränk. Weinbau-Vereins, in zwangl. Hftn. 1. u. 2. Hft. gr. 8. (11½ B. u. 1 Stnt.) Würzburg 836, (Stahel'sche Buchh.)

Wiener Jahrbücher der Litteratur. Wien, Gerold, gr. 8°, 1818—1848, jährlich 4 Bde, im ganzen bis 1848 124 Bde. à Jahrg. 24 Mk.

Jahrbücher der biblischen wissenschaft, s. Ewald.

— für Wissenschaft und Kunst. Hrsg. von Otto Wigand. 1. und 2. Bd. à 3 Hefte. gr. 8. (à Heft 392 S.) Leipzig 854, O. Wigand. à Bd. * 2 Thlr. *

— dass. — Hrsg. von Dems. 3. Bd. (3 Hefte.) gr. 8. (IV und 332 S.) Ebds. 855. *

— dass. — Hrsg. von Dems. 4. und 5. Bd. à 3 Hefte. gr. 8. Ebds. [4. (IV und 347 S.) 855—56. * 1 Thlr. 25 Ngr., 5. (344 S.) 856. * 1 Thlr. 20 Ngr.] *

— für Wissenschaft und Leben. Hrsg. von Ludw. Noack. (Der Jahrbücher für speculative Philosophie 3. Jahrg.) 1848. 12 Hefte. (à ca. 6 Bog.) gr. 8. Darmstadt, Leske. *
Vgl. Jahrbücher für speculative Philosophie.

— für musikalische Wissenschaft. Hrsg. von Friedr. Chrysander. 1. und 2. Bd. Lex.-8. (452 S., VIII und und 374 S.) Leipzig 863,67, Breitkopf und Härtel. à Bd. * 2 Thlr. 24 Ngr. *

— Würtembergische, s. Memminger.

— Würtembergische, f. vaterländ. Geschichte, Geographie, Statistik u. Topographie ꝛc., herausg. von J. D. G. Memminger. 1r — 15r Jahrg. 1818 — 33, à 2 Hefte. 8. Stuttg., v. Cotta. (1r — 2r J. à 1 Thlr 16 Gr 3r — 15r J. à 2 Thlr) 29 Thlr 8 Gr

— Würtembergische, für vaterländ. Geschichte, Geographie, Statistik u. Topographie. Herausg. v. J. G. D. Memminger. (16r — 18r) Jahrg. 1833—1835. 1s u. 2s Heft. 8. Stuttgart 834—36. v. Cotta. (à J. 2 Hefte.) à Heft 1 Thlr — J. 1836. 1s Heft u. 1837. 1s u. 2s H. 8. Ebd. 837, 38. à 2 Hfte. à 1 Thlr — J. 1838. 1s u. 2s H. 839. à 1 Thlr

— Württembergische, für vaterländische Geschichte, Geographie, Statistik und Topographie. Herausgeg. von dem statist.-topograph. Büreau. Jahrg. 1839. 2. Hft. u. 1840—1845 à 2 Hefte. 8. Stuttgart u. Tübingen 840—47, Cotta'sche Buchh. à 1 Thlr

— Württembergische, f. vaterländische Geschichte, Geographie, Statistik u. Topographie. Hrsg. v. dem statist.-topograph Bureau. Jahrg. 1846—1849. à 2 Hfte. gr. 8. (46: 209 S. m. 4 Tab. 47: 450 S. m. 1 Tab. in gr. Fol 48. 1: IV u. 222 S. m. 1 Tab. in qu. 4. 48. 2: IV u. 147 S. m. 1 Tab. in qu. gr. 4. 49. 1: IV u. 264 S. 49. 2: IV u. 240 S.) Stuttgart 847—51, Cotta. (à Hft. 1 Thlr) 8 Thlr

— dies. Jahrg. 1850 u 1851. à 2 Hfte. 8. (1850: VIII u. 431 S. m. 2 lith. Plänen in 4. 1851. 1: IV u. 208 S. 2: 206 S.) Stuttgart 851. 52, J. B Müller. (1850 à Hft. n. 28 ngr 1851 à Hft. n. 24 ngr) n. 3 Thlr 14 ngr

—— württembergische, für vaterländische Geschichte, Geographie, Statistik und Topographie. Hrsg. von dem königl. statistisch-topograph. Bureau, mit dem Verein für Vaterlandskunde. Jahrg. 1851. 2. Heft. 8. (206 S.) Stuttgart 852. [Leipzig, C. F. Winter'sche Vrlgsh.] *

— Württembergische, für vaterländische Geschichte, Geographie, Statistik und Topographie. Herausg. von dem königl. statistisch-topograph. Bureau, mit dem Verein für Vaterlandskunde. Jahrg. 1852. 2 Hefte. Stuttgart 853, 54. Verlag d. Erheiterungen. 8. (2 Bl., 216; 2 Bl., 232 S. u. 6 lith. Taf. in 4.) Jedes Heft 27 ngr.

—— dass. — Hrsg. von Dens. Jahrg. 1853 und 1854. à 2 Hefte. gr. 8. Stuttgart 855—56, Ed. Hallberger. [1853. 1. (III und 235 S.) 2. (IV und 220 S.) 1854. (VII und 451 S. mit eingedr. Holzschn.) 855—56. à Heft * 27 Ngr.] *

—— württembergische, für vaterländische Geschichte, Geographie, Statistik und Topographie hrsg. von dem königl. statistisch-topographischen Bureau, mit dem Verein für Vaterlandskunde. Jahrg. 1855. 2 Hefte. gr. 8. (VI und 464 S. mit 8 lithogr. Darstellungen in qu. gr. 4.) Stuttgart 856, Ed. Hallberger. à Heft 27 Ngr.

—— dass. — Hrsg. von dem königl. statistisch-topographischen Bureau. Jahrg. 1856—60. à Jahrg. 2 Hefte. gr. 8. Stuttgart, Aue. [1856. 1. Heft. (III und 286 S. mit 1 Stnt. in qu. gr. Fol.) 857. * 28 Ngr., 2. Heft. (IV und 209 S.) 857. * 24 Ngr., 1857. 2 Hefte. (III und 222 S. mit 1 Stnt., III und 289 S.) 858, 59. à Heft * 24 Ngr., 1858. 2 Hefte. (VI und 417 S. mit 2 Tab. in qu. Fol.) 860. à Heft * 24 Ngr., 1859. 2 Hefte. (VII und 860 S. mit 19 Tab. in qu. 4. und qu. Fol. und 1 Stnt.) 861. à Heft * 24 Ngr., 1860. 2 Hefte. (VI und 489 S. mit 2 Tab. in Fol.) 862. à Heft * 24 Ngr.] *
Vgl. 12. Bd. 1. Abthl. S. 478.

—— Württembergische, für vaterländische Geschichte, Geographie, Statistik und Topographie. Hrsg. von dem Königl. statistisch-topograph. Bureau. Jahrg. 1861 und 1862. à Jahrg. 2 Hefte. gr. 8. [1861. (IX und 646 S. mit 1 Tab. in gr. Fol.) 1862. (VII und 500 S. mit 3 Tab. in gr. 4.)] Stuttgart, Aue. à Heft * 24 Ngr. *
Fortsetzung, s. Jahrbücher, Württembergische, für Statistik und Landeskunde.

Jahrbücher, Württembergische,

— — für Statistik und Landeskunde. Herausgegeben von dem k. statistisch-topographischen Bureau. Von 1885 an „vom k. statistischen Landesamt". Jahrg. 1863—1892. (Beigabe: Württembergische Vierteljahrshefte für Landesgeschichte.) 8. Stuttgart 1865—1893.

— — Supplement-Band zum Jahrg. 1880. Trigonometrische Höhenbestimmungen. Von Regelmann. Alte, namentlich abgegangene Orte, Burgen etc. im württembergischen Schwaben. Von L. Pregizer. Supplement-Band zum Jahrg. 1882. Trigonometrische Höhenbestimmungen. Meteorologie. Supplement-Band zum Jahrg. 1883. Hof- und Staatskalender für 1884. Wasserstandsbeobachtungen an den württembergischen Pegelstationen 1880 und 1881. (Mit 4 Taf.) Flächeninhalt der Flussgebiete Württembergs (Mit 1 Karte.) Supplement-Band zum Jahrg. 1885. Wasserstandsbeobachtungen an den württembergischen Pegelstationen 1882 und 1883. Witterungsbericht von den Jahren 1880, 1881, 1882 und 1883. (Mit 4 Taf.) Supplement-Band zum Jahrg. 1886. Personen-, Sach- und Ortsregister der württembergischen Jahrbücher für Statistik und Landeskunde. 1818—1885. (Das ganze Werk 38 Bde.) 8. Stuttgart 1880—1886.

—— Württembergische, für Statistik und Landeskunde. Hrsg. von dem k. statistisch-topograph. Bureau. Jahrg. 1863—65. 8. [1863. (IX und 380 S.) 1864. (III und 414 S. mit 3 Tab. in Fol. und qu. gr. Fol.) 1865. (III und 375 S. mit 1 Stnt. und 1 Tab. in gr. und Imp.-4.) Stuttgart 865—67, Lindemann. à Jahrg. *
Vgl.: Jahrbücher, Württembergische, für vaterländische Geschichte ꝛc.

—— württtembergische, für Statistik und Landeskunde. Hrsg. von dem k. statistisch-topograph. Bureau. Jahrg. 1866—1869. gr. 8. (III, 446 S. mit 1 Tab. in qu. Fol.; III, 426 S. mit 2 Tab. und 1 Stnt. in qu. Fol.; VI, 548 S. mit 4 Tab. in qu. Fol. und 1 Stnt. in gr. 4.; CIX, 453 S. mit 1 Tab. in Fol. und 9 Stnt., wovon 6 in Buntdr., in 8., gr. 4. und qu. Fol.) Stuttgart 868—70, Lindemann. à Jahrg. * 2 —
—— dass. — Jahrg. 1870. gr. 8. (IV, 655 S. mit 4 Tab. in gr. 4. und Fol. und 2 Stnt. in qu. gr. 4.) Ebendas. 872. * 3 60
—— dass. — Jahrg. 1871. gr. 8. (LXIX, 442 S. mit 1 Tab. in gr. 4.) Ebendas. 874. * 3 60
—— dass. — Jahrg. 1872. hoch 4. (XXVIII, 418 S. mit 1 lithogr. und chromolithogr. Taf.) Ebendas. 874. * 5 50
—— dass. — Jahrg. 1873. 2 Thle. hoch 4. (1. Thl. 259 S. mit 7 zum Theil color. Stnt.) Ebendas. 874. * 5 50

Jahrbücher württembergische, für Statistik und Landeskunde. Hrsg. von dem k. statistisch-topograph. Bureau. Jahrg. 1874 und 1875. à 2 Thle. hoch 4. (XXIX, 232, X, 339; 263, CXVII, 56 S. mit 2 Stnt. in qu. Fol.) Stuttgart, [Lindemann.] Kohlhammer. à Jahrg. *
— dass. — Jahrg. 1876. 4 Hefte. hoch 4. (IV, 180; III, 139; IV, 294; VIII, 238 S.) Ebendas. *
— dass. — Jahrg. 1877. 4 Hefte. hoch 4. (VI, 168; 296; X, 174 S. mit 2 Stnt.; 143 S.) Ebendas. *
— dass. — Jahrg. 1878. 4 Hefte. hoch 4. (V, 248; 135; IV, 231; IV, 252 S.) Ebendas. *
— dass. — Jahrg. 1879. 2 Thle. hoch 4. (LXX, 207, 314 S. mit 6 Karten; VII, 318 S.) Stuttgart, Kohlhammer. *

—— württembergische, für Statistik und Landeskunde. Hrsg. von dem k. statistisch-topograph. Bureau. Jahrg. 1880. 2 Bde. und Suppl. Lex.-8. (LXXV, 402; 302; 147 S.) Stuttgart, Kohlhammer. *

Jahrbücher, württembergische, für Statistik und Landeskunde. Hrsg. von dem k. statistisch-topograph. Bureau. Jahrg. 1881. 2 Bde. Lex.-8. (LXXV, 615 S. mit 15 Taf.; XII, 313 S.) Stuttgart, Kohlhammer. *

—— dass. — Jahrg. 1882. 2 Bde. und Suppl. Lex.-8. (200; LXXXVII, 320; 224 S.) Ebendas. *

—— dass. — Jahrg. 1883. 2 Bde. und Suppl. Lex.-8. (378; 328; LXXVII S.) Ebendas. *

—— dass. — Jahrg. 1884. 2 Bde. Lex.-8. (488; 320 S.) Ebendas. *

—— württembergische, für Statistik und Landeskunde. Hrsg. vom Kgl. Württembergischen Statistischen Landesamte. Jahrg. 1885. 2 Bde. [1. Bd. 2 Hälften, und 2. Bd. 4 Hefte.] Lex.-8. Stuttgart, Kohlhammer. *

Inhalt:

Bd. 1. 1. Hälfte: Statistisches Jahrbuch für 1885. (XII, 219 S.) — 2. Hälfte: Witterungsbericht 1884. Bewegung der Bevölkerung 1884. Einkommensteuer 1884. Litteratur 1884. (96 S.)
» 2. s. Vierteljahrshefte für Landesgeschichte etc.

—— dass. — Jahrg. 1886. 2 Hälften à 4 Hefte und Suppl.-Bd. Lex.-8. Ebendas. *

Inhalt:

Hälfte 1. 1. Heft: Statistisches Jahrbuch 1886. (XII, 198 S.)
2. Heft: Medicinalbericht 1882–84. (VIII, 317 S. mit eingedr. Karten.)
3. Heft: Witterungsbericht 1885 und 1886. — Wasserstandsbeobachtungen 1884–86. — Wärmemessungen in und an dem Bodensee. (110 S. mit 1 Taf.)
4. Heft: Bewegung der Bevölkerung im J. 1885. Litteratur 1885/86. (44 S.)
Suppl.-Bd.: Wasserstandsbeobachtung von den Württembergischen Pegelstationen. Witterungsbericht von den J. 1880/83. (157 S. mit 4 Taf.)
Hälfte 2. s. Vierteljahrshefte für Landesgeschichte etc.
Suppl.-Bd.: Uebersicht des Inhalts-, Personen-, Sach- und Ortsverzeichnisses der Württembergischen Jahrbücher 1815—1818. (VIII, 205 S.)

—— dass. — Jahrg. 1887. 1. Bd. 3 Hefte, und 2. Bd. 4 Hefte. Lex.-8. Ebendas.

Inhalt:

Bd. 1. 1. Heft: Statistisches Jahrbuch für 1887. (X, 265 S.)
2. Heft: Die Ergebnisse der Volkszählung vom 1. Decbr. 1885. (210 S.)
3. Heft: Statistik der Württembergischen Oberamts-Sparkassen 1883—1885. Die Zeitungen und Zeitschriften in Württemberg im J. 1886. Württembergische Litteratur vom J. 1887. (84 S.)
» 2. s. Vierteljahrshefte für Landesgeschichte etc.

—— württembergische, f. Statistik u. Landeskunde, hrsg. v. dem k. statist. Landesamt. Jahrg. 1888. 2 Bde. Lex.-8. Stuttg., Kohlhammer. [1. Bd. 3 Hefte. (VIII, 287; 104; IV, 200 S. u. 5 Karten.) 2. Bd. 4 Hefte. (240; 79 S.)] * 5 —

—— dass. — Jahrg. 1889. 2 Bde. Lex.-8. Ebd. [1. Bd. 4 Hefte. (XIII, 279 S. m. 1 Karte; 107; 176 S. m. eingedr. Kärtchen u. 2 Karten; VII, 310 S. m. eingedr. Karten); 2. Bd. 4 Hefte. (240 S.)] * 5 —

—— dass. — Jahrg. 1890/91. 2 Bde. Lex.-8. Ebd. [1. Bd. 3 Hefte. (VIII, 353 S. m. 2 Kart.); 270; 251 S.); 2. Bd. 4 Hefte. (302; 65 S.)] * 5 —

2. Bd. eines jeden Jahrg. auch apart u. d. T.: Vierteljahrshefte, württembergische, f. Landesgeschichte (s. d.).

— dasselbe. Jahrg. 1892. Lex.-8. (III, XX, 521 u. IV, 247 S. m. 5 graph. Taf. u. 8 Karten.) Ebd. 893. n. 4.—

— dasselbe. Jahrg. 1893. Lex.-8. (III, XXXIV, 324, 305 u. IV, 173 S. m. Abbildgn. u. 4 Taf.) Ebd. 894. n. 4. —

— württemberg., f. Statistik u. Landeskunde. Hrsg. v. dem k. statist. Landesamt. Jahrg. 1894 u. 1895. à 8 Hfte. Lex.-8. Stuttgart (W. Kohlhammer). à Jahrg. n.n. 4 —

1894. (VIII, XXXVI, 519, 418 u. VIII, 224 S. m. 3 Taf.) 895.
1895. (V, XXXIV, 240, 842 u. VIII, 254 S.) 896.

— dasselbe. 1896 u. 1897. à 4 Hfte. Lex.-8. Ebd. à Jahrg. n.n. 4. —

1896. (III, XXXVI, 208, 122, VIII, 216, 60 u. Anh. 93 S.) 897.
1897. (IV, XXXVI, 256, 80, XII, 260 u. VIII, 134 S. m. Abb. u. 6 Taf.) 898.

— dasselbe. I. Ergänzungsbd. 8 Hfte. (à ca. 300 S.) Lex.-8. Ebd. 898. n.n. 4. —

Jahrbücher, württembergische, f. Statistik u. Landeskunde. Hrsg. v. dem k. statist. Landesamt. Jahrg. 1898—1900. à 4 Hfte. Lex.-8. Stuttgart 899—901. (W. Kohlhammer.) à Jahrg. n.n. 4. —

1898. (LVIII, 941 S.) — 1899. (LI, 724 S.) — 1900. (LVIII, 879 S. m. 5 farb. Karten.)

— dasselbe. Jahrg. 1901. 4 Hfte. gr. 4. (1. Hft. V, XXIII, 274 S. m. 1 farb. Karte.) Ebd. 902. n.n. 8. —

— württembergische, f. Statistik u. Landeskunde. Hrsg. v. dem königl. statist. Landesamt. Jahrg. 1902—1906. gr. 4. Stuttgart (W. Kohlhammer). à n.n. 8. —

1902. (III, XXIV, 291 S. m. Abbildgn. u. farb. Karten.) 903.
1903. 2 Hefte. (I, 176 u. III, XXII, 190 S.) 903.
1904. 2 Hefte. (I, 183 u. III, XXIV, 207 S. m. 1 Karte.) 904.
1905. 2 Hefte. (220 u. XXIV, 192 S. m. 27 Karten u. 2 Taf.) 905.
1906. 2 Hefte. (1. Heft. I, 209 S. m. Abbildgn. u. 1 Plan.) 906.

— württembergische, f. Statistik u. Landeskunde. Hrsg. v. dem königl. statist. Landesamt. Jahrg. 1907—1910. à 2 Hefte. Lex. 8. Stuttgart (W. Kohlhammer). à Jahrg. nn 3. 50

1907. (VIII, 465 S. m. 2 Karten u. 1 Taf.) — 1908. (III, 161 u. XXVI, 211 S.) — 1909. (VIII, 385 S. m. 1 Taf.) — 1910. (III, XXVIII, 397 S.)

Wien, K. K. Central-Anstalt für Meteorologie und Erdmagnetismus, Jahrbücher, Bd. I—VIII, Jahrg. 1848—56. Wien 1854—61.

— — Dieselbe Publikation. Neue Folge, Bd. I—XVII, XIX—XXIV. (Der ganzen Reihe Bd. IX—XXV, XXVII—XXXII.) Jahrg. 1864—78, 79, (nur Theil I), 1880, 82—87. Wien 1866—88.

Jahrg. 1875 mit photograph. Ansicht und Situationsplan des Observatoriums der Central-Anstalt. Jahrg. 1848—56 veröffentlicht von Karl Kreil, 1864—70 von Carl Jelinek und Carl Fritsch, 1871—74 von Carl Jelinek und Ferdinand Osnaghi, 1875 von Letzterem allein. Vom Jahrg. 1876 ab sind die Jahrbücher als officielle Publikationen bezeichnet, unter J. Hann. Für die Jahre 1857—63 sind keine Jahrbücher zum Druck gelangt; diese Lücke wird zum Theil durch die „Uebersichten der Witterung in Oesterreich" ausgefüllt, welche in den Jahren 1853—58 in den Sitzber. der k. Akad. der Wissensch., von 1856—63 auch als selbstständige Publikation erschienen sind.

Wien, K. K. Central-Anstalt für Meteorologie und Erdmagnetismus, Jahrbücher, Neue Folge, Band 18, 25—28. Jahrg. 1881, 88—91. Wien 1884, 89—91, 93.

—— der k. k. Central-Anstalt für Meteorologie und Erdmagnetismus von Carl Kreil. 1. und 2. Bd. (Jahrg. 1848 und 1849. — Jahrg. 1850.) Hrsg. durch die kaiserl. Akademie der Wissenschaften. gr. 4. (420, XVIII und 257 S. mit 2 Stnt.) Wien 854, (Gerold's Sohn.) [Bd. 1. * 6 Thlr. 20 Ngr., 2. * 4 Thlr.] *

— — 3. Bd. (Jahrg. 1851.) Ebend. 855. gr. 4. (IV, 252 S u. Anh.: Beobachtungen über period. Erscheinungen im Pflanzen- u. Thierreiche von Carl Fritsch. 44 S.) n. 5 ₰.

— — 4. Bd. (Jahrg. 1852.) Ebend. 856. gr. 4. (VIII, 352 S. u. Anh.: Beobachtungen über period. Erscheinungen im Pflanzen- u. Thierreiche von Carl Fritsch, 54 S.) n. 6 ₰. 20 ngr

— — 5. Bd. Jahrg. 1853. Mit 4 Fig. in Holzschn. Ebend. 858. gr. 4. (VI, 490 S. u. Anh.: Beobachtungen über period. Erscheinungen im Pflanzen- u. Thierreiche von Carl Fritsch, 93 S.) n. 8 ₰.

— der k. k. Central-Anstalt für Meteorologie u. Erdmagnetismus von Karl Kreil. 6. Bd. Jahrg. 1854. Mit 1 lith. Taf. Herausg. durch die kaiserl. Akademie der Wissenschaften. Wien 859. Gerold in Comm. gr. 4. (IV, 536 S. u. Anhang: „Beobachtungen über periodische Erscheinungen im Pflanzen- u. Thierreiche von Karl Fritsch.“ 81 S.) n. 8 ℳ

— — 7. Bd. Jahrg. 1855. Mit 1 lith. Taf. Ebend. 860. gr. 4. (IV, 490 S. u. Anhang: „Phänologische Beobachtungen aus dem Pflanzen- u. Thierreich von Karl Fritsch.“ 106 S.) n. 8 ℳ

— — 8. Bd. Jahrg. 1856. Ebend. 861. gr. 4. (IV, 542 S. u. Anhang: „Phytophänologische Beobachtungen, angestellt im k. k. botanischen Garten zu Wien im Jahre 1856.“ 143 S.) n. 8 ℳ

—— der k. k. Central-Anstalt für Meteorologie und Erdmagnetismus von Carl Jelinek und Carl Fritsch. Neue Folge, 1. und 2. Bd. Jahrg. 1864 und 1865. Der ganzen Reihe 9. und 10. Bd. gr. 4. [1. Bd. (VII und 188 S. mit 2 Chromolithogr.) 2. Bd. (IV und 208 S. mit 2 Chromolithogr.) Wien 866,67, (Braumüller.) à Bd. * 2 Thlr. *
1.—7. Bd. Ebendas. 1854—61, (Gerold's Sohn.) * 46 Thlr. 10 Ngr.

—— der k. k. Central-Anstalt für Meteorologie und Erdmagnetismus von Carl Jelinek und Carl Fritsch. Neue Folge. 3.—7. Bd. Jahrg. 1866—1870. Der ganzen Reihe 11.—15. Bd. gr. 4. (IV, 206 S. mit 1 lithogr. Taf. in qu. Fol.; VI, 227; XIV, 338 S. mit 1 lithogr. Karte; XVI, 278 S. mit 1 lithogr. Karte; XV, 272 S.) Wien 869—73, (Braumüller.) à Jahrg. *

Jahrbücher der k. k. Central-Anstalt f. Meteorologie u. Erdmagnetismus v. Carl Jelinek u. Ferd. Osnaghi. Neue Folge. 8—10. Bd. Jahrg. 1871—1874. Der ganzen Reihe. 16—19. Bd. gr. 4. (VII, 208; XII, 236; XI, 230 u. XVI, 172. S.) Wien 874—76. Braumüller in Comm. à Bd. n. 6. —

— dasselbe. 9. Bd. Supplementband enth.: Phänologische Beobachtungen aus dem Pflanzen- u. Thierreiche v. Karl Fritsch. VIII. Hft. Jahrg. 1857. Hrsg. durch die kaiserl. Akademie der Wissenschaften. [Mit 1 (chromolith.) Plane v. Kremsier u. 1 (lith.) Plane v. Kaschau (in Fol.)] 4. (IV, 180 S.) Wien 869. Gerold's Sohn in Comm. n. 8. —

—— der k. k. Central-Anstalt für Meteorologie und Erdmagnetismus von Carl Jelinek und Ferd. Osnaghi. Neue Folge. 11.—13. Bd. Jahrg. 1874—1876. Der ganzen Reihe 19.—21. Bd. gr. 4. Wien, (Braumüller.) [Jahrg. 1874. (XVI, 172 S. mit 1 chromolithogr. Karte in gr. Fol.); Jahrg. 1875. (XVI, 186 S. mit 1 photolithogr. Plan und 1 chromolithogr. Karte.); Jahrg. 1876. (XVII, 258 S. mit 1 chromolithogr. Karte.)] à Jahrg. *

—— der k. k. Central-Anstalt für Meteorologie und Erdmagnetismus. Officielle Publication. Jahrg. 1877—1879. Neue Folge 14.—16. Bd. Der ganzen Reihe 22.—24. Bd. Imp.-4. Wien, (Braumüller.) [Jahrg. 1877. (XIV, 274 S. mit 1 chromolithogr. Karte); Jahrg. 1878. (XII, 249 S.); Jahrg. 1879. (XII, 312 S.)] à Jahrg. *

—— der K. k. Central-Anstalt für Meteorologie und Erdmagnetismus. Officielle Publication. Jahrg. 1880—1887. Imp.-4. Hohe Warte bei Wien, Verlag der K. k. Central-Anstalt für Meteorologie und Erdmagnetismus. [Jahrg. 1880. (XIV, 314 S.); Jahrg. 1881. (XV, 320 S.); Jahrg. 1882. (XVI, 326 S.); Jahrg. 1883. (XVIII, 352 S.); Jahrg. 1884. (XVI, 352 S.); Jahrg. 1885. (XVIII, 380 S.); Jahrg. 1886. (XIX, 374 S.); Jahrg. 1887. (XVIII, 386 S.)] à Jahrg. * 6 —

Wien, k. k. Central-Anstalt für Meteorologie und Erdmagnetismus, Jahrbücher der — für die Jahre 1897, 98. 34. u. 35. Band. Wien 1899. 4°.

Jahrbücher der k. k. Central-Anstalt für Meteorologie und Erdmagnetismus von Carl Jelinek und Carl Fritsch. Officielle Publication. Neue Folge. Bd 3. Jahrg. 1866 — 37. Jahrg. 1900. Wien 1868 ff. 4°.

— der k. k. Central-Anstalt f. Meteorologie u. Erdmagnetismus. Officielle Publication. Jahrg. 1901—1903. Neue Folge. 38.—40. Bd. Der ganzen Reihe 46. bis 48. Bd. 4. Wien (W. Braumüller). à n.n. 12. —
1901. (XL, II, 132, 147, 31 u. 21 S.) 903. — 1902. (XXXII, II, 132, 154, 32 u. 23 S.) 904. — 1903. (XXVI, II, 139, 156, 32 u. 25 S.) 905.
Fortsetzung u. d. T.:

— der k. k. Zentral-Anstalt f. Meteorologie u. Geodynamik. Officielle Publikation. Jahrg. 1904. Neue Folge. 41. Bd. Der ganzen Reihe 49. Bd. (XXIX, 132, 105, 32 u. 23 S.) 4. Ebd. (906). n.n. 12. —

— dasselbe. Anh. (41 S.) 4. Ebd. 906. n.n. 8. —

— der k. k. Zentral-Anstalt f. Meteorologie u. Geodynamik. Offizielle Publikation. Jahrg. 1907. Neue Folge. 44. Bd. Der ganzen Reihe 52. Bd. (XXXIV, 138, 76, 40 u. 18 S.) 30,5×23,5 cm. Wien 909. (Gerold & Co.) 24. —

Budapest, Königl. Ungarische Central-Anstalt für Meteorologie und Erdmagnetismus. Jahrbücher, herausgegeben von Dr. Guido Schenzl für 1871—86. Jahrgang I—XVI. Budapest 1873—81, 83—86, 88.

Budapest, Königl. Ungarische Central-Anstalt für Meteorologie und Erdmagnetismus. Jahrbücher. Band XVII—XX. 1887—90. Budapest 1889—91, 93.

Budapest, Kgl. Ungar. Central-Anstalt für Meteorologie und Erdmagnetismus. Jahrbücher der —. XXI—XXVII. Band. Jahrg. 1891—97. Budapest 1894—98.

—— der königl. ungar. Central-Anstalt für Meteorologie und Erdmagnetismus von Guido Schenzl. 1.—3. Bd. Jahrg. 1871—1873. (Ungarisch und deutsch.) gr. 4. Budapest, (Kilian.) [1. Bd. (VIII, 123 S.) 873.; 2. Bd. (XVIII, 128 S. mit 1 Stnt. in qu. gr. Fol.) 874.; 3. Bd. (VI, 129 S. mit 1 lithogr. Karte in qu. Fol.) 875.] * 24 —

— der königl. ungarischen Central-Anstalt f. Meteorologie u. Erdmagnetismus, unter Mitwirkung von Ign. Kurländer u. Ludw. Gruber hrsg. von Guido Schenzl. 7. Bd. Jahrg. 1877. (Ungarisch u. deutsch.) gr. 4. (133 S.) Budapest 879. (Kilian.) n. 10. —

—— der königl. ungarischen Central-Anstalt für Meteorologie und Erdmagnetismus, unter Mitwirkung von Ign. Kurländer und Ludw. Gruber hrsg. von Guido Schenzl. (12. und 13. Bd. Jahrg. 1882 und 1883.) (Ungarisch und deutsch.) gr. 4. (188; 201 S.) Budapest 884,85, (Kilian; Universitäts-Buchh.) à Bd.

—— der königl. ungarischen Central-Anstalt f. Meteorologie u. Erdmagnetismus. Unter Mitwirkung v. Ign. Kurländer u. Ludw. Gruber hrsg. v. Guido Schenzl. 14. Bd. Jahrg. 1884. (Ungarisch u. deutsch.) gr. 4. (182 S.) Budapest 885, (Kilian). * 10 —

—— dass. — Officielle Publication. 15.—17. Bd. Jahrg. 1885—1887. (Ung. u. deutsch.) gr. 4. (212; 195; 185 S.) Ebd. à Bd. * 10 —
1.—13. Bd. (Jahrg. 1871—83.) Ebd. à * 10 —.

Wien. K. K. Hydrographisches Central-Bureau, Jahrbücher des — II. Jahrg. 1894. Wien 1896. Fol.

—— der Zoll-Gesetzgebung u. Verwaltung d. Deutschen Zoll- u. Handels-Vereins. Hrsg. v. G. T. A. Pochhammer. Jahrg. 1834. 4 Hfte. M. 1 ill. Karte (Fol.). gr. 8. Berlin, Jonas Vrls.-Buchh.

—— dies., hrsg. v. dems. 1834. 5. (Supplem.-) Hft. gr. 8. Ebds.

—— dies., hrsg. v. dems. 1835. 4 Hfte gr. 8. Ebds.

—— der Zoll-Gesetzgebung u. Verwaltung d. deutschen Zoll- u. Handels-Vereins. Hrsg. v. G. T. A. Pochhammer. Jahrg. 1836—41. à 4 Hfte. gr. 8. Berlin, Jonas Vrlsbuchh. à J. *

—— der Zoll-Gesetzgebung u. Verwaltung des deutschen Zoll- u. Handels-Vereins. Hrsg. v. G. T. A. Pochhammer. Jahrg. 1841. 1. u. 2. Supplmtbd. gr. 8. (35⅛ B.) Berlin 843, Jonas Vrlgs-Buchh. *

—— dass. Hrsg. v. Dems. Jahrg. 1842. u. 43. à 4 Hfte. gr. 8. Ebds. à J. * 3 Thlr. *

—— der Zoll-Gesetzgebung und Verwaltung des deutschen Zoll- und Handelsvereins. Redig. im königl. preuß. Finanz-Ministerium. Jahrg. 1854. gr. 8. (VIII und 874 S.) Berlin, Jonas' Verlag. **

—— dass. — Jahrg. 1855 1. Heft und Jahrg. 1856 1. Heft. gr. 8. (Jahrg. 1855 S. 1—192 und Jahrg. 1856 S. 1—104.) Ebds. à Jahrg. **

—— der Zoll-Gesetzgebung und Verwaltung des deutschen Zoll- und Handelsvereins. Redig. im königl. preuß. Finanz-Ministerium. Jahrg. 1857—60. à 4 Hefte. gr. 8. (à Heft ca. 200 S.) Berlin, Jonas' Verlag. à Jahrg. **

—— der Zoll-Gesetzgebung und Verwaltung des deutschen Zoll- und Handelsvereins. Redig. im königl. preuß. Finanz-Ministerium. Jahrg. 1869. 1870. 1873. gr. 8. (à Heft 160—190 S.) Berlin, Jonas. Jahrg. 1869 und 1870 à ** 9 —
1873 * 10 —

—— zoologische. Zeitschrift für Systematik, Geographie und Biologie der Thiere. Hrsg. von J. W. Spengel. 1. Bd. 4 Hefte. gr. 8. (IV, 732 S. mit Holzschn. und 16 Taf.) Jena 886, Fischer. *

— dasselbe. 1. Suppl.-Hft. gr. 8. Ebend. 886. n. 5. —
Die Schmetterlingsfauna Nordwest-Deutschlands, insbesondere die lepidopterolog. Verhältnisse der Umgebg. v. Göttingen. Von Karl Jordan. (XVIII, 164 S.)

— zoologische. Zeitschrift f. Systematik, Geographie u. Biologie der Thiere. Hrsg. v. J. W. Spengel. 2. Bd. 4 Hfte. gr. 8. (IV, 982 S. m. 33 Holzschn. u. 27 Taf.) Jena 887. Fischer. n.n. 42. —

— dasselbe. Abtheilung f. Systematik, Geographie u. Biologie der Thiere. Hrsg. v. J. W. Spengel. 3. Bd. 6 Hfte. gr. 8. (IV, 1076 S. m. 8 Holzschn. u. 31 Taf.) Ebd. 888. 889. n.n. 56. —

— — dasselbe. 4. Bd. 5 Hfte. gr. 8. (IV, 1134 S. m. 12 Holzschn. u. 29 Taf.) Ebd. 889. 890. n.n. 46. —

— dasselbe. 2. Suppl.-Hft. gr. 8. Ebd. 889. n. 2. 40
(1. u. 2.: n. 7. 40)
Die Fauna v. Helgoland. Von K. W. v. Dalla Torre. (99 S.)

— — dasselbe. 5. Bd. 1.—3. Hft. gr. 8. (S. 1—548 m. 85 Abbildgn. u. 38 Taf.) Ebd. 890. n.n. 30. —

— dasselbe. Abtheilung f. Systematik, Geographie u. Biologie der Thiere. Hrsg. v. J. W. Spengel. 5. Bd. 4. u. 5. Hft. gr. 8. (IV u. S. 551—926 m. 14 lith. Taf.) Ebd. 890. n.n. 22. — (5. Bd. kplt.: n.n. 52. —)

— dasselbe. 6. Bd. 5 Hfte. gr. 8. (IV, 766 S. m. 1 Abbildg. u. 32 lith. Taf.) Ebd. 891. 892. n.n. 42. —

— dasselbe. 7. Bd. 5 Hfte. gr. 8. (IV, 926 S. m. 24 Abbildgn., 1 Lichtdr.- u. 25 lith. Taf.) Ebd. 893. 894. n.n. 46. —

— zoologische. Hrsg. v. J. W. Spengel. 3. Suppl.-Hft. gr. 8. Ebd. 893. n. 15. — (1—3.: n. 22. 40)
Studii sui Trematodi endoparassiti. Primo contributo di osservazioni sui Distomidi di Fr. Sav. Monticelli. (229 S. m. 8 Fig. u. 8 Taf.)

— dasselbe. Abth. f. Systematik, Geographie u. Biologie d. Thiere. Hrsg. v. J. W. Spengel. 8. Bd. 5. Hft. gr. 8. (IV, 818 S. m. 47 Abb. u. 19 Taf., nebst Gratis-Beilage: Geogenet. Beiträge v. Otto Kuntze. (78 S. m. 7 Abb. u. 2 Profilen.) Ebd. 894. 95. n.n. 40. —

— dasselbe. 9. Bd. 6 Hfte. gr. 8. (IV, 790 S. m. 51 Abb. u. 14 Taf.) Ebd. 895—897. n.n. 38. 10

— dasselbe. 10. Bd. 6 Hfte. gr. 8. (IV, 708 S. m. 9 Abb. u. 38 Taf.) Ebd. 897. 98. n.n. 56. —

— dasselbe. 11. Bd. 6 Hfte. gr. 8. (IV, 531 S. m. 6 Abb. u. 81 Taf.) Ebd. 897. 98. n.n. 50. —

— zoologische. Hrsg. v. J. W. Spengel. Suppl. IV. 1.—3. Hft. gr. 8. Ebd. n. 65. —
Fauna Chilensis. Abbandlgn. zur Kenntnis der Zoologie Chiles nach d. Sammlgn. v. L. Plate. 1. Hft. M. 14 lith. Taf. u. 2 Abb. im Text. (278 S.) 897. n. 25. —
3. Dasselbe. 2. u. 3. Hft. M. 11 lith. Taf. u. 8 Abb. im Text. (V u. S. 281—786.) 898. à n. 20. —

— dasselbe. Abth. f. Systematik, Geographie u. Biologie der Thiere. 12. Bd. 6 Hfte. gr. 8. (IV, 784 S. m. 43 Abbildgn. u. 32 Taf.) Ebd. 898. 899. n.n. 57. —

— dasselbe. 13. Bd. 6 Hfte. gr. 8. (IV, 618 S. m. 82 Abbildgn., 2 Karten u. 38 Taf.) Ebd. 900. n.n. 56. —

— dasselbe. 14. Bd. 6 Hfte. gr. 8. (IV, 590 S. m. 88 Abbildgn. u. 36 Taf.) Ebd. 900. 901. n.n. 53. —

— dasselbe. 15. Bd. 6 Hfte. gr. 8. (IV, 677 S. m. 44 Abb., 35 Taf., 1 Kurve u. 1 Karte.) Ebd. 902. n.n. 49. 70

— dasselbe. 16. Bd. 6 Hfte. gr. 8. (III, 912 S. m. 49 Abb. u. 33 Taf.) Ebd. 902. n.n. 62. —

— dasselbe. 17. Bd. 1. u. 2. Hft. gr. 8. (S. 1—338 m. 18 Abbildgn. u. 12 Taf.) Ebd. 902. n.n. 26. —

— dasselbe. V. Suppl. 2. Bd. 3 Hfte. gr. 8. Ebd. n. 52. 50
1. Fauna chilensis. Abhandlungen zur Kenntniss der Zoologie Chiles nach den Sammlgn. v. L. Plate. 2. Bd. 1. Hft. Mit 12 lith. Taf. (250 S.) 899. n. 20. —
2. Dasselbe. 2. Bd. 2. Hft. Mit 6 lith. Taf. (S. 251—606.) 901. n.n. 20. —
3. Dasselbe. 2. Bd. 3. Hft. Mit 24 lith. Taf. u. 25 Abb. im Text. (V u. S. 607—772.) 902. n.n. 12. 50

— dasselbe. Abth. f. Systematik, Geographie u. Biologie der Thiere. 17. Bd. 3—6. Heft. 18—23. Bd. à 6 Hfte. u. 24. Bd. 1—4. Hft. gr. 8. Ebd. n.n. 390. 90
17. III—VI. (III u. S. 481—660 m. 47 Abbildgn. u. 19 Taf.) 902. 903. n.n. 31. — (17. Bd. kplt. n.n. 57. —)
18. (IV, 730 S. m. 4 Kurven, 71 Abbildgn. u. 37 Taf.) 903. n.n. 44. 50
19. (IV, 738 S. m. 70 Abbildgn., 1 Kartenskizze u. 44 Taf.) 903. 904. n.n. 62. —
20. (IV, 767 S. m. 138 Abbildgn. u. 25 Taf.) 904. n.n. 55. 90
21. (IV, 726 S. m. 97 Abb. u. 32 Taf.) 904. 905. n.n. 53. 50
22. (IV, 758 S. m. 21 Abbildgn. u. 27 Taf.) 905. n.n. 49. —
23. (IV, 760 S. m. 88 Abbildgn., 2 Karten u. 31 Taf.) 905. 906. n.n. 60. 50
24. I—IV. (S. 1—316 m. 42 Abb. u. 23 Taf.) 906. n.n. 34. 50

— dasselbe. VI. Suppl. III. Bd. 3 Hefte. gr. 8. Ebd. n.n. 72. —
1. Fauna chilensis. Abhandlungen zur Kenntniss der Zoologie Chiles nach den Sammlgn. v. Dr. L. Plate. III. Bd. 1. Heft. Mit 13 lith. Taf. u. 35 Abbildgn. im Text. (214 S.) 903. n.n. 22. —
2. Dasselbe. III. Bd. 2. Heft. Mit 18 lith. Taf. u. 7 Abbildgn. im Text. (S. 215—406.) 904. n.n. 20. —
3. Dasselbe. III. Bd. 3. Heft. Mit 18 lith. Taf. u. 142 Abbildgn. im Text. (V u. S. 407—806.) 905. n.n. 30. —
(Vollständig: n.n. 189. 60)

— dasselbe. VII. Suppl.-Bd. gr. 8. Ebd. n.n. — 60
Festschrift zum 70. Geburtstage des Hrn. Geheimen Raths Prof. Dr. August Weismann in Freiburg in Baden. Mit 33 Taf. u. 164 Abbildgn. im Text. (VIII, 749 S.) 904.
Hieraus einzeln:
Boveri, Th., über die phylogenetische Bedeutung der Sehorgane des Amphioxus. (S. 409—428 m. 10 Abb.) 1. —
Brauer, Aug., Beiträge zur Kenntnis der Entwicklung u. Anatomie der Gymnophionen. IV. Die Entwicklg. der beiden Trigeminus-Ganglien. (S. 381—408 m. 7 Abb. u. 2 Taf.) 3. —
Emery, C., zur Kenntnis des Polymorphismus der Ameisen. (S. 587—610 m. 6 Abbildgn.) 1. 50
Forel, Aug., über Polymorphysmus u. Variation bei den Ameisen. (S. 571—586.) 1. —
Friese, H. u. F. v. Wagner, üb. die Hummeln als Zeugen natürlicher Formenbildung. (S. 551—570 m. 2 Taf.) 5. —
Gruber, Aug., über Amoeba viridis Leidy. (S. 67—76 m. 1 Taf.) 2. 50
Guenther, Konr., Keimfleck u. Synapsis. Studien an der Samenreifg. v. Hydra viridis. (S. 139—160 m. 1 Taf.) 2. —
Häcker, Valent., Bastardirung u. Geschlechtszellenbildung. Ein krit. Referat. (S. 161—256 m. 13 Abb. u. 1 Taf.) 4. —
Hesse, Rich., über den feinern Bau der Stäbchen u. Zapfen einiger Wirbelthiere. (S. 471—518 m. 3 Abb. u. 1 Taf.) 2. 50
Kathariner, L., über die Entwicklung v. Gyrodactylus elegans v. Nrdm. (S. 519—550 m. 10 Abb. u. 3 Taf.) 3. 50
Korschelt, E., über Doppelbildungen bei Lumbriciden. (S. 257—300 m. 7 Abbildgn. u. 2 Taf.) 2. —
Ludwig, Hub., Brutpflege bei Echinodermen. (S. 683—699.) — 80
Petrunkewitsch, Alex., künstliche Parthenogenese. (S. 77—138 m. 8 Abbildgn. u. 3 Taf.) 5. —
Speiser, P., die Hemipterengattung Polyctenes Gigl. u. ihre Stellung im System. (S. 373—380 m. 1 Taf.) 1. —
Spemann, Hans, über experimentell erzeugte Doppelbildungen m. cyclopischem Defect. (S. 429—470 m. 24 Abbildgn. u. 2 Taf.) 3. —
Spengel, J. W., über Schwimmblasen, Lungen u. Kiementaschen der Wirbelthiere. (S. 727—749.) 1. 20
Strassen, Otto L. zur, Anthraconema, e. neue Gattung freilebender Nematoden. (S. 301—346 m. 9 Abbildgn. u. 2 Taf.) 4. —
Wasmann, E., S. J., zur Kenntnis der Gäste der Treiberameisen u. ihrer Wirthe am oberen Congo, nach den Sammlgn. u. Beobachtgn. v. Pater Herm. Kohl, C. SS. C., bearb. [138. Beitrag zur Kenntniss der Myrmekophilen u. Termitophilen.] (S. 611—682 m. 3 Taf.) 5. —
Woltereck, R., über die Entwicklung der Velella aus e. in der Tiefe vorkommenden Larve. Erste Mittheilg. üb. die Tiefplankton-Fänge der zoolog. Station Villefranche s. m. (S. 347—372 m. 6 Abbildgn. u. 3 Taf.) 5. —
Ziegler, Heinr. Ernst, der Begriff des Instinctes einst u. jetzt. (S. 700—726.) 1. 20

Jahrbücher, zoologische. Hrsg. v. J. W. Spengel. Suppl. VIII. gr. 8. Jena, G. Fischer. n.n. 36. —
Festschrift zum 80. Geburtstage des Hrn. Geheimen Regierungsrats Prof. Dr. Karl Möbius in Berlin. Mit 20 Taf. u. 20 Abbildgn. im Text. (VII, 654 S.) 905.

— dasselbe. Abtlg. f. Systematik, Geographie u. Biologie d. Tiere. 24. Bd. 5. u. 6. Heft u. 25.—29. Bd. gr. 8. Ebd. nn 272. 75

24. V. VI. (IV u. S. 317—654 m. 12 Abb. u. 9 Taf.) 907. nn 24. — (24. Bd. kplt. nn 58. 50)
25. (6 Hefte.) (IV, 742 S. m. 48 Abb. u. 27 Taf.) 907. nn 58. 50
26. (5 Hefte.) (IV, 628 S. m. 27 Abb. u. 35 Taf.) 907. 908. nn 51. 25
27. (6 Hefte.) (IV, 600 S. m. 57 Abb. u. 30 Taf.) 908. 909. nn 52. —
28. (6 Hefte.) (IV, 610 S. m. 127. Abb. u. 11 Taf.) 909. 910. nn 30. —
29. (6 Hefte.) (IV, 714 S. m. 57 Abb. u. 23 Taf.) 910. nn 53. —

— dasselbe. Abteilung f. Systematik, Geographie u. Biologie d. Tiere. Generalregister zu Bd. 1—20 sowie zu d. Supplementen 1—7. Bearb. v. R. v. Hanstein. (V, 474 S.) gr. 8. Ebd. 907. 22. —

— dasselbe. Abteilung f. allgem. Zoologie u. Physiologie d. Tiere. 30. Bd. 1. Heft. (168 S. m. 3 farb. Taf.) gr. 8. Ebd. 910. nn 9. —

— dasselbe. IX.—XII. Suppl. gr. 8. Ebd. 175. 50
Arwidsson, Ivar, Studien üb. d. skandinavischen u. arktischen Maldaniden, nebst Zusammenstellg. d. übr. bisher bekannten Arten dieser Familie. (308 S. m. 12 Taf.) 907. (IX. Suppl. 1. Heft.) nn 15. —
Ergebnisse e. zoologischen Forschungsreise nach Westindien v. W. Kükenthal u. R. Hartmeyer im J. 1907. Mit 8 Taf. u. 8 Abb. im Text. (104 S.) 908. (XI. Suppl. 1. Heft.) nn 15. —
— dasselbe. 2. Tl. (S. 105—342 m. 52 Abb., 11 Taf. u. 1 Karte.) 910. (XI. Suppl. 2. Heft.) nn 24. —
Festschrift z. 60. Geburtstage d. Herrn Geheimen Regierungsrats Prof. Dr. Max Braun in Königsberg. (VII u. S. 265—754 m. 183 Abb. u. 13 Taf.) 910. (XII. Suppl. 3. Heft.) nn 30. —
Fiebrig, Karl, Cassiden u. Cryptocephaliden Paraguays, ihre Entwicklungsstadien u. Schutzvorrichtungen. (S. 161 bis 264 m. 6 [4 farb.] Taf.) 910. (XII. Suppl. 2. Heft.) nn 15. —
Fuhrmann, O., die Cestoden d. Vögel. (232 S.) 908. (X. Suppl. 1. Heft.) nn 16. —
Lutz, Ad., Tabaniden Brasiliens u. einiger Nachbarstaaten. Mit 3 Taf. (III u. S. 619—692.) 909. (X. Suppl. 4. Heft.) nn 14. —
Pira, Adf., Studien zur Geschichte d. Schweinerassen insbes. derjenigen Schwedens. Mit 52 Abb. im Text. (S. 233—426.) 909. (X. Suppl. 2. Heft.) nn 10. —
Sarasin, Fritz, üb. die Geschichte d. Tierwelt v. Ceylon. (160 S. m. 3 farb. Kartentaf.) 910. (XII. Suppl. 1. Heft.) nn 7. —
Siebenrock, Kust. F., Synopsis der rezenten Schildkröten. m. Berücksicht. d. in histor. Zeit ausgestorb. Arten (S. 427—618.) 909. (X. Suppl. 3. Heft.) nn 7. 50

Siltala, A. J., trichopterologische Untersuchungen. Nr. 2. Über die postembryonale Entwicklg. d. Trichopteren-Larven. Mit 5 Taf. u. 20 Abb. im Text. (V u. S. 309—626.) 907. (IX. Suppl. 2. Heft.) nn 10. —

— dasselbe. Abtheilung f. Anatomie u. Ontologie der Thiere. Hrsg. v. J. W. Spengel. 3. Bd. 4 Hfte. gr. 8. (IV, 783 S. m. 32 Holzschn. u. 38 Taf.) Ebd. 888. 889. n.n. 50. —

— dasselbe. Zeitschrift f. Anatomie u. Ontogenie der Thiere. Hrsg. v. J. W. Spengel. 4. Bd. 1. u. 2. Hft. gr. 8. (S. 1—348 m. 21 Taf. u. 12 Textabbildgn.) Ebd. 889. 890. n.n. 30. —

— zoologische. Abtheilung f. Anatomie u. Ontogenie der Thiere. Hrsg. v. J. W. Spengel. 4. Bd. 3. u. 4. Hft. gr. 8. (IV u. S. 349—738 m. 19 Abbildgn. u. 22 lith. Taf.) Jena 890. 891. G. Fischer. n.n. 28. — (4. Bd. kplt.: n.n. 58. —)

— dasselbe. 5. Bd. 4 Hfte. gr. 8. (IV, 604 S. m. 27 Abbildgn. u. 40 lith. Taf.) Ebd. 891. 892. n.n. 47. —

— dasselbe. 6. Bd. 4 Hfte. gr. 8. (III, 625 S. m. 42 Abbildgn. u. 36 lith. Taf.) Ebd. 892. 893. n.n. 54. —

— dasselbe. 7. Bd. 1.—3. Hft. gr. 8. (608 S. m. 19 Abbildgn., 10 Lichtdr.- u. 24 lith. Taf.) Ebd. 893. 894. n.n. 51. —

— zoologische. Abth. f. Anatomie u. Ontogenie der Thiere. Hrsg. v. J. W. Spengel. 7. Bd. 4. Hft. gr. 8. (IV u. S. 609—717 m. 11 Abb. u. 7 Taf.) Jena 894. G. Fischer. n.n. 8. — (7. Bd. kplt.: n.n. 59 —)

— dasselbe. 8. Bd. 4 Hfte. gr. 8. (IV, 564 S. m. 18 Abb. u. 37 Taf.) Ebd. 895. n.n. 45. —

— dasselbe. 9. Bd. 4 Hfte. gr. 8. (IV, 722 S. m. 82 Abb. u. 49 Taf.) Ebd. 895. 96. n.n. 68. 50

— dasselbe. 10. Bd. 4 Hfte. gr. 8. (IV, 646 S. m. 62 Abb. u. 47 Taf.) Ebd. 897. n.n. 67. —

— dasselbe. 11. Bd. 4 Hfte. gr. 8. (IV, 518 S. m. 88 Abb. u. 41 Taf.) Ebd. 897. 98. n.n. 56. —

— dasselbe. 12. Bd. 1. u. 2. Hft gr. 8. (406 S. m. 11 Abb. u. 17 Taf.) Ebd. 898. n.n. 30. —

— zoologische. Hrsg. v. J. W. Spengel. Abth. f. Anatomie u. Ontogenie der Thiere. 12. Bd. 3. u. 4. Hft. gr. 8. (IV u. S. 407—744 m. 17 Abbildgn. u. 20 Taf.) Jena 899. G. Fischer. n.n. 35. —; (12. Bd. kplt. n.n. 65. —)

— dasselbe. 13. Bd. 4 Hfte. gr. 8. (IV, 714 S. m. 24 Abbildgn. u. 50 Taf.) Ebd. 899. 900. n.n. 71. —

— dasselbe. 14. Bd. 4 Hfte. gr. 8. (IV, 658 S. m. 59 Abbildgn. u. 52 Taf.) Ebd. 900. 901. n.n. 63. —

— dasselbe. 15. Bd. 4 Hfte. gr. 8. (III, 812 S. m. 78 Abbildgn. u. 48 Taf.) Ebd. 901. 902. n.n. 72. —

— dasselbe. 16. Bd. 4 Hfte. (IV, 764 S. m. 121 Abb. u. 40 Taf.) Ebd. 902. n.n. 75. 60

— dasselbe. 17. Bd. 1. u. 2. Hft. gr. 8. (S. 1—480 m. 69 Abbildgn. u. 10 Taf.) Ebd. 902. n.n. 28. —

— zoologische. Hrsg. v. J. W. Spengel. Abtlg. f. Anatomie u. Ontogenie der Thiere. 17. Bd. 3. u. 4. Heft; 18—22. Bd. à 4 Hefte u. 23. Bd. 1. u. 2. Heft. gr. 8. Jena, G. Fischer. n.n. 428. —
17. III. IV. (IV u. S. 481—788 m. 28 Abbildgn. u. 26 Taf.) 903. n.n. 38. —; (17. Bd. kplt. n.n. 66. —)
18. (IV, 538 S. m. 23 Abbildgn. u. 54 Taf.) 903. n.n. 66. —
19. (III, 690 S. m. 85 Abb. u. 25 Taf.) 903. 904. n.n. 44. 50
20. (IV, 676 S. m. 49 Abbildgn. u. 43 Taf.) 904. n.n. 78. —
21. (IV, 734 S. m. 70 Abbildgn. u. 43 Taf.) 904. n.n. 78. —
22. (IV, 866 S. m. 86 Abbildgn. u. 41 Taf.) 905. n.n. 81. —
23. I. II. (S. 1—380 m. 9 Abb. u. 24 Taf.) 906. n. 42. 50

— zoologische. Hrsg. v. J. W. Spengel. Abtlg. f. Anatomie u. Ontogenie der Tiere. 23. Bd. 3. u. 4. Heft, 24.—30. Bd. u. 31. Bd. 1. Heft. Jena, G. Fischer. nn 570. —

23. III. IV. (IV u. S. 381—770 m. 182 Abb. u. 16 Taf.) 906. 907. nn 40.— (23. Bd. vollst. nn 82. 50)
24. (4 Hefte.) (IV, 642 S. m. 51 Abb. u. 53 Taf.) 907. nn 85. —
25. (4 Hefte.) (IV, 770 S. m. 50 Abb., 83 Taf. u. 1 Kurve.) 907. 908. nn 62. —
26. (4 Hefte.) (IV, 712 S. m. 44 Abb. u. 39 Taf.) 908. nn 73. —
27. (4 Hefte.) (IV, 686 S. m. 95 Abb. u. 42 Taf.) 908. 909. nn 80. —
28. (3 Hefte.) (IV, 659 S. m. 195 Abb. u. 33 Taf.) 909. nn 64. —
29. (4 Hefte.) (IV, 1617 S. m. 43 Abb. u. 42 Taf.) 909. 910. nn 76. —
30. (4 Hefte.) (IV, 688 S. m. 113 Abb. u. 39 Taf.) 910. nn 79. —
31. I. (S. 1—170 m. 49 Abb. u. 3 Taf.) 910. nn 11. —

— — Zürcher, s. Hirzel, S.

Jahrbüchlein, christliches, nach J. C. Lavater. Neue mit Liederversen verschied. Dichter versehene Ausg. Veranstaltet von der evangel. Gesellschaft in Zürich. 32. (218 S.) Zürich 853, Depot der evangel. Gesellschaft.

Jahrbüchlein, evangelisches, oder hannoverscher Volkskalender für das liebe Christenvolk in Stadt und Land auf das J. 1869. 8. (112 S.) Harburg, Elkan. *

—— evangelisches, enth. Altes und Neues zur Erbauung, Belehrung und Unterhaltung für das liebe Christenvolk in Stadt und Land. Jahrg. 1870. 8. (104 S.) Hannover, Evangelischer Bücherverein.

Jahrbüchlein deutscher Gedichte auf 1815, von F. Löst, Fouqué, H. L. Thdr. Giesebrecht u. A. 8. Berl. 815. Nicolai. 1 ₰ 6 gr

Jahrbüchlein deutscher Gedichte auf 1815, von Löst, Fouque', Giesenbrecht u. a. 8. Berl. Nicolai. 815.

Jahrbüchlein Deutscher Geschichte auf . . . . Hg.: H. Löst, de la Motte-Fouqué u. A.
1815. 4 Bl., 279 S.
Stettin. Goed. VIII, 88, 167.

JAHRBÜCHLEIN DER GUSTAV - GLOGAU - GESELLSCHAFT.
1. Herausgegeben im Herbst 1899. (Berlin, Druck von Carl Hermann Müller. Zu haben bei der Geschäftsstelle der Glogau-Gesellschaft Pastor La Roche in Derwitz bei Gr.-Kreuz (Mark).) 8°.
2. Herbst 1900. (—.)
3. u. d. T.: Gustav Glogaus System der Philosophie. Dargestellt von HANS CLASEN. 3. Jahrbüchlein der Gustav Glogau-Gesellschaft. Sonderabdruck aus der Zeitschrift für Philosophie und philosophische Kritik. Verlag von Hermann Haacke in Leipzig. Herbst 1901. Selbstverlag der Gustav Glogau-Gesellschaft. (Geschäftsstelle: Pastor La Roche in Derwitz b. Groß-Kreuz i. d. Mark.)
4. Herbst 1902. ib. —
5. Herbst 1903. (—.)
6. Herbst 1904. Geschäftsstelle: Pastor La Roche in Golzow (Kreis Zauch-Belzig).
7. Herbst 1905. ib. —.
8. Herbst 1906. (Druck von J. B. Meyer, Flensburg.)
9. Herbst 1907. (ib. —.)
10. Herbst 1908. Geschäftsstelle: Schriftsteller Walter Frühauf in Lingen a. d. Ems. (ib. —.)
11. Herbst 1909. Buchdruckerei v. d. Velde Veldmann, Lingen.
12. Herbst 1910. (ib. —.)
13. Herbst 1911. Inhalt: 1. G. GLOGAU: Steinthals Ethik. 2. W. FRÜHAUF: Glogau als protestantischer Philosoph. 3. V. KIRCHNER: 12. Jahrbüchlein der Gustav-Glogau-Gesellschaft. 4. W. FRÜHAUF: Das Fortwirken des Glogauschen Geistes. 5. Mitgliederverzeichnis. 6. Rechnungslegung. (ib. —.)

Jahr-Büchlein der evang.-reform. Johannisgemeinde zu Lissa i. P. [1.] Auf d. J. 1903. *(Lissa i. P. 1903: O. Eisermann.)* 8° [F.]
Ant. s. u. d. T. Kirchen-Kalender der ev.-ref. Johannisgemeinde. [03. 1601]

Jahr-Büchlein der ev.-reform. Johannisgemeinde zu Lissa i. P. 6. Jahrg. 1905. (46 S. m. 2 Abbildgn.) 8. Lissa (F. Ebbecke). n. — 25

Jahr-Büchlein d. ev.-reform. Johannisgemeinde zu Lissa in P. 11. Jahrg. 1910. (40 S. m. 1 eingedr. Bildnis.) 8. Lissa (O. Eulitz). — 40

Jahrbüchlein der deutschen pädagogischen Literatur, s. Gräfe, Heinr.

Jahrbüchlein d. deutschen theolog. Litt., s. Deegen.

— der braunschweigischen Missions-Konferenz 1905. (82 S.) 8. Braunschweig. H. Wollermann. n. — 25

Jahrbüchlein, musikalisches, oder Bericht aller bemerkenswerthen Ereignisse im Gebiete der Tonkunst. Für Musiker und Freunde der Tonkunst. Herausg. v. J. C. Häuser. 1r Jahrg. 1833. gr. 16. Quedlinburg 834. Basse. 1/2 ₰

Gittermann, J. C. H. (Herausgeber; von 1835 an: Bueren, G. W.): „Jahrbüchlein zur Unterhaltung und zum Nutzen, zunächst für Ostfriesland und Harrlingerland", Emden 1833—1839. — Vorh.: Com. Bibl. Hamburg.

Jahre, Acht, in Dänemark. Das Merkwürdigste aus meinem Leben. Ulm 1852. V: *Nübling, Theod. Ulrich.* (Heyd) (Ky)

— acht, in Dänemark. Das Merkwürdigste aus meinem Leben. Zusammengetragen f. Verwandte u. Freunde, die sich meiner auch nach dem Tode noch gerne erinnern. Von einem Ulmer (Theod Ulr. Nübling). 8. (126 S.) Ulm 852, Gebr. Nübling. 12 ngr

Jahre, 88, des Hotel zum Kurfürsten in Fulda. 1815—1903. Fulda 1903. V: *Müller, August.* (Berl)

Jahre, Acht und Vierzig. Zeichnungen und Skizzen aus der Mappe eines constitutionellen Officiers. Cassel 1851—52. V: *Heusinger, Edmund.* (Priv.-Bibl. König v. Hannover. Hann. 1858.) (Ky)

Jahre, achtundvierzig. Zeichnungen und Skizzen aus der Mappe eines constitutionellen Officiers. 4 Bde. gr. 8. Cassel, Hotop. [1. (XXIII und 231 S.) 851., 2. (III und 298 S.) 3. (III und 296 S.) 4. (III und 330 S.) 852. à 1 Thlr.]

Jahre (Die) 1830 und 1831. Volk, Volkssouverainität, Regieren und Gehorchen. 8°. Erlangen 1832.

— die, 1830 u. 1831. gr. 8. Erlang. 832. Heyder. 6 K

(—) 1830—1845. Noch fünfzehn Jahre aus dem Leben eines Todten. Hinterlassene Papiere eines französisch-preußischen Offiziers. Fortsetzung der „Vierzig Jahre aus dem Leben eines Todten" in 3 Bdn. (1790—1830.) Tübingen 854. Osiander. gr. 8. (VI, 438 S.) 1 ₰. 24 ngr.

—— 1846 — 1868, die, in ihren wichtigen Bedeutungen. Aus den Papieren des jüngst verstorb. Benedictinermönches Albertus. 8. (15 S.) Hoyerswerda 849, Erbe.

Jahre, die, 1812 u. 13, s. Stein, K., chronolog. Taschenbuch.

Jahre, 80, unter dem Schirm des Höchsten und unter dem Schatten des Allmächtigen. Leipzig 1895. H: *Heinrich, E.* (Ky)

— 80, unt. d. Schirm d. Höchsten u. unt. d. Schatten d. Allmächtigen. A. u. d. T.: D. Losgn. u. Lehrtexte d. Brüder-Gemeine auf d. 1. April d. J. 1815—1895. (Hrsg. v. E. Heinrich.) 16. (VII, 85 S.) Leipzig 895. G. Wigand. Geb. n. 1. 20

Jahre, acht, Amtsleben in Ungarn. Von einem k. k. Stuhlrichter in Disponibilität. gr. 8. (VIII und 47 S.) Leipzig 861. [Glauchau, Moritz.] *

Jahre, acht, Amtsleben in Ungarn. Von einem k. k. Stuhlrichter in Disponibilität. Leipzig 861. Oehme. gr. 8. (VIII, 47 S.) n. 8 ngr.

Jahre, Dreissig, Arbeit auf Sand und Moor. Berlin 1904. V: *Wangenheim, Freih. v.* (Zuwachsverz. d. Bibliotheken in Zürich 1898 ff., 8.)

Jahre, Elf, Balkan. Erinnerungen eines preussischen Officiers aus den Jahren 1876—87. Breslau 1889. V: *Mach, v.* (KA)

—— elf, Balkan. Erinnerungen e. preuss. Offiziers aus den Jahren 1876 bis 1887. 8. (XV, 489 S. m. 1 Karte.) Bresl. 889, Kern's Verlag. * 10 —; geb. * 11 50

— zwei, Chirurgie 1905 u. 1906. Bericht aus der chirurg. Privatklinik v. Dr. Krecke in München. (VI, 893 S. m. Abb.) gr. 8. München (908). (J. F. Lehmann's Sort.) 5. —
Vergl.: Krecke, Beiträge z. prakt. Chirurgie.

Jahre, die denkwürdigen, 1856 und 1857 und was sich in ihnen begeben wird. Hamburg 856. (Altona) Verlags-Büreau in Comm. 8. (8 S.) n. 1 ngr.

Fünfzig Jahre Kaiserswerther Diakonissen-Arbeit im heiligen Lande. Festschrift z. Jubelfeier d. Diakonissen-Anstalten in Jerusalem am 4. Mai 1901. *Kaiserswerth: Diak.-Anst. (1901).* (82 S.) 8° [J.] [illegible]

— 50, Diakonissendienst in Hessen (1858—1908). Jubiläumspredigt u. Jubiläumsbericht d. Diakonissenhauses „Elisabethenstift" in Darmstadt bei seiner Jubelfeier am 18. VI. 1908. (27 S. m. 1 Abb.) 8. Darmstadt 908. (Wartburg-Buchh.) nn — 25

— 3, in Süd-Amerika. 1884—1887. Erlebnisse e. Berners in Argentinien. (Von Fritz Haller-Bion.) (198 S.) gr. 8. Bern 908. (A. Francke.) 5. —

— dasselbe, s. a. Verein f. Verbreitung guter Schriften. Bern. Nr. 69.

Jahre, Drei, auf dem Throne 1888—1891. Leipzig 1891. V: *Robolsky, Hermann.* (Kat. d. ständ. Bibl. Stuttgart 1907. S. 473.)

— drei, auf dem Throne. 1888—1891. gr. 8. (III, 190 S.) Lpz. 891, Renger. * 3 —; geb. * 4 —

Jahre, Drei J. als Unter-Offizier bei der Französischen Armee.— Basel 1897 s.a F[ischer], E[mil].

Jahre, drei, als Unter-Offizier b. d. französ. Armee 1855—1858. Von E. F. — Irrfahrten e. mod. Reisläufers. [Aus: „Basler Nachrichten".] gr. 8. (II, 125 S. m. 1 Bild.) Basel 897. Koehler. 1. 50

Jahre, drei, in der Unterwelt. gr. 8. (IV und 211 S.) Berlin 866. A. Jonas.

Jahre, Dreihundert, rückwärts! oder die Lutheraner in der unirten Kirche ... Leipzig 1849. V: *Sintenis, Wilh. Franz.* (ZU)

—— dreihundert, rückwärts! oder die Lutheraner in der unirten Kirche. Auch eine Umschau nach einigen frommen Brüdern in und um Neuhaldensleben. gr. 8. (40 S.) Leipzig 849, [Baensch.] *

Jahre, Dreissig, aus dem Leben eines Journalisten ... Wien 1894—98. V: *Pollak, Heinrich.* (KA)

— dreissig, aus dem Leben e. Journalisten. Erinnerungen u. Aufzeichngn. v. ***. I. Bd. gr. 8. (V, 283 S.) Wien 894. A. Hölder. n. 4. —

— 30, aus d. Leben e. Journalisten. Erinnergn. u. Aufzeichngn. v. ***. II. u. III. Bd. gr. 8. Wien, A. Hölder. n. 9. — (I.—III.: n. 13. —)
II. 1868—1873. (V, 307 S.) 895. n. 5. —
III. 1873—1881. (III, 286 S.) 898. n. 4. —

— 30, experimenteller Pathologie. Herrn Prof. Dr. S. Stricker zur Feier s. 25jähr. Jubiläums als ordentl. Professor d. allgem. u. experiment. Pathologie u. z. Erinnerg. an d. 30jähr. Bestand d. Institutes f. experiment. Pathologie in Wien gewidmet v. Freunden u. Schülern. Lex.-8. (99 S. m. 1 Bildn.) Wien 898. F. Deuticke. n. 2. 50

Jahre, Dreissig, in Rußland. Leipzig 1844 V: *Kolbe, Eduard.* (BrVV)

Jahre 53, aus einem bewegten Leben . . . Wien 1903. V: *Wattmann-Maelcamp-Beaulieu, Ludwig Baron.* (National-Ztg. Nr. 1, I. L. 1905.) (EB)

53 Jahre aus einem bewegten Leben. Vom Verf. d. Memoiren eines österr. Veteranen. Bd 1. *Wien: W. Braumüller & Sohn in Komm. 1903.* 8° [F.] [03. 14949

— 53, aus e. bewegten Leben. Vom Verf. der Memoiren e. österreich. Veteranen. 1—3. Bd. 2. Aufl. (VIII, 305 S.) gr. 8. Wien (W. Braumüller). à n. 5. —
1. 2. Aufl. (VIII, 305 S.) 904. — 2. 2. Aufl. (VIII, 320 S. m. 2 Karten.) 904. — 3. (VI, 349 S.) 905.

Jahre, 13, im Beichtstuhl Von dem Verf. der Schrift: „Aus dem Tagebuche e. convertierten Priesters". 8. (64 S.) Leipzig 893. Fr. Richter. n. — 75

— 13, im Westen von Amerika, oder Abenteuer des Häuptlings Sombrero. gr. 8. (VIII, 262 S.) Nürnberg 877. v. Ebner in Comm. n. 3. —

100 Jahre Neunkircher Eisenwerk unter der Firma Gebr. Stumm. Saarbrücken 1906. 96 S. mit 10 Abb.

—— eilf, aus d. Leben ein. Kindes. Eine wahre Geschichte, aus d. Engl. 12. (4½ B. u. 2 Bild.) Straßburg 842, Levrault'sche Buchh. 6¼ Ngr. — Col. -

Jahre, die ersten 30, des Königl. Schullehrer-Seminars zu Eckernförde-Borby. 8. (108 S.) Eckernförde 888, (Heldt.) *

Jahre, Die ersten 25, des A. T. V. zu Göttingen. Festschrift . . . Göttingen 1886. V: *Benshausen, L.* (Erman & Horn, Bibl. d. dtsch. Universitäten. 2. Leipz. u. Berl. 1904.)

Die ersten 25 Jahre der vereinigten Bruderklubs von Crimmitschau, Gössnitz, Meerane, Schmölln. Versammlungsort Gössnitz. Meerane [1906]: Sievers. 18 S. 8° [Umschlagtit.]
Bericht üb. Gründung der vierteljährl. Zskünfte des Klubs, Zsstellung sämtlicher Versammlungen mit Angabe der Teilnehmerzahl u. gehaltenen Vorträge, Verzeichn. sämtlicher Mitgl.

—— die ersten 25, des 7. Westfälischen Infanterie-Regiments Nr. 56 1860—1885. Auf Veranlassung des Regiments in kurzer Darstellung bearb. für die Unteroffiziere und Mannschaften. 8. (VII, 128 S. mit 2 Lichtdr.-Portr. und 6 Skizzen im Text.) Berlin 885, Mittler und Sohn. * 1 20

— die ersten 25, des Reichsgerichts, s. Archiv, sächsisches, f. deutsches bürgerliches Recht. Beilageheft zu Bd. 14.

Die ersten 25 Jahre des Reichsgerichts. Sonderheft d. Sächs. Archivs f. Deutsches Bürgerl. Recht z. 25 jähr. Bestehen d. höchsten Deutschen Gerichtshofs. (Vorr.: Oberl.Ger.R. Dr. [Frdr. Karl Ludw.] Wulfert.) *Leipzig: Roßberg 1904.* (VII, 239 S.) 8° [F.]
= Archiv, Sächsisches, f. Deutsches Bürgerl. Recht. Bd 14, Beilageh. [04 1.:18

Die ersten 25 Jahre des Elektrotechnischen Vereins (1879–1904). Hrsg. von Emil Naglo. Berlin 1904: H. S. Hermann. (157 S). 8° [07. 7634

Die ersten fünfzig Jahre der österreichischen Bahnposten. Eine Gedenkschrift herausgegeben vom Postbeamtenvereine in Wien. Wien. 1900. Selbstverlag. In Comm. Spielhagen & Schurich. Gr.-8°. VII, 113 S. mit 2 Tafeln. K 2.—

Die ersten 50 Jahre des Bestehens des Gaswerkes der Stadt Elbing. 28. Nov. 1859–1909. Elbing 1909: Kühn. 52 S. 4° [10. 17316

—— die ersten fünfzig, d. Friederikenstifts. 1840—1890. gr. 8. (27 S. m. Abbildgn.) Hannov. 890, (Feesche). * — 50

Die ersten 50 Jahre der städtischen Gasanstalten zu Halle a. S. Halle a. S, 1906. 89 S. mit 15 Taf.

Deutsche Lebensversicherungs-Gesellschaft zu Lübeck. Die ersten 50 Jahre. Ein Beitrag zur Geschichte des Lebensversicherungswesens in Deutschland, von *J. Neumann.* Berlin 1878. V. 1878 12. Z. 1878 45.

Jahre, Die ersten 100, des Kgl. Lehrer-Seminars zu Alfeld a. L. Alfeld 1902. V: *Scheibner & Oppermann.* (Löwe, Bibl. d. Hann. u. Braunschw. Gesch. Hann. 1908. S. 229.)

— d. ersten, im Lehrerberufe. E. Geleitsbüchlein für junge Lehrer. Von e. deutschen Seminarlehrer. 12. (VIII, 276 S.) Paderborn 898. F. Schöningh
n. 1. 80: geb. n. 2. 60

Centralturnlehrerbildungsanstalt, kgl., in München. — Die ersten 7 Jahre. Bericht über d. bisherige Thätigkeit der —. Erstattet von ihrem Vorstande *G. H. Weber.* München 1879. Druck von R. Oldenbourg Gr. 8°. Cart. *)
39 S. Lat. Lett.

Jahre, Die ersten 40, (vom 1. April 1855 bis 31. März 1895) der Westpreussischen Provinzial-Irrenanstalt zu Schwetz. Danzig 1897. V: *Grunau, Hermann.* (Berl)

Die ersten zehn Jahre. Festschrift zum zehnten Gründungstage der Loge „Zukunft" im Or. Pressburg. Wien: Rosner 1884. 23 S. 4° [Umschlagtit.]
Gesch. der Loge 1874—1884.

Jahre. Die ersten zehn Jahre unter dem neuen Bund. Solothurn 1858 s.K[aiser], S[imon].

Jahre, Die ersten zehn, unter dem neuen Bunde . . . Solothurn 1858. V: *Kaiser, Simon.* (BSchwLk V, 10 a)

— 6, Fremdenlegionär. Erlebnisse u. Abenteuer d. „Grafen Rohden" (Max Bischof). (195 S. m. 1 Bildn.) 8. Leipzig (910). F. Püttmann. 2. —

Jahre, Fünf, am Hofe des Königs von Serbien. Politisch-feuilletonistische Aufzeichnungen (1889–94).... (von *Philipp Franz Bresnitz v. Sydakoff*). Wien 1895. (In Wien, Bibl. d. Kriegsarchivs.)
Anon.-Lex. V. p. 162 (nach d. Cat. genannter Bibl.)

— fünf, am Hofe d. Königs v. Serbien. Polit.-feuilletonist. Aufzeichngn. (1889—1894). Von e. Diplomaten. gr. 8. (VI, 125 S.) Leipzig 895. F. Luckhardt, Sep.-Cto. n. 2. —

—— fünf, aus dem Leben eines deutschen Volksschullehrers, hrsg. von einigen sächs. Schulmännern, als Freunden Wander's, und der Sache die er vertritt. Die Disciplinar-Untersuchung gegen den Lehrer Wander zu Hirschberg in Schlesien. 8. (159 S.) Grimma 848, Verlags-Comptoir. *

— 5, ärztlicher Missionsarbeit 1900—1905, s.: Missionsschriften, rheinische, Nr. 135.

Jahre, Fünf närrische, oder Florellos freundliche Insel . . . Berl. 1804. V: *Cramer, Carl Gottlob.* (MGT)

Jahre, fünf närrische, od. Florellas freundl. Insel. Roman f. d. Einen, Gesch. f. d. Andern, m. K. 2 Bde. 8. Leipz. Joachim. 804.

Zum 18. Febr. 1908. Fünf **Jahre** der Sammlung und Festigung, 1903–1908. (Hrsg.: [Otto] v. Kiesenwetter.) Fortführung d. Geschichte d. Bundes d. Landwirte im Anschluß an die 1903 u. d. T. 'Zehn Jahre wirtschaftspolitischen Kampfes' [von O. v. Kiesenwetter] erschienenen hist. Darstellung seiner Gründung u. Betätigung in d. ersten 10 J. Zur 15. Wiederkehr s. Gründungstages. Berlin: Bund d. Landwirte 1908. (157 S.) 4° [F.] [08. 3013

Jahre, fünf, Andrassy'scher Staatskunst u. die Orient-Politik Oesterreich-Ungarns. [Geschrieben im Juni 1876 nach den Berliner Minister-Conferenzen u. den Pesther Delegations-Verhandlgn.] gr. 8. (47 S.) München 876. Fritsch. n. 1. —

Fünfunddreißig Jahre der Evangelisch Lutherischen St. Jacobus Gemeinde, Ecke der Dritten Str. und Columbia Ave. in Philadelphia. Pa. *Zu haben beim Kirchenrat der Gemeinde. 1890. 80 S.*

75 Jahre des Hauses J. G. Frenzel (Weberei), Sorau N.-L., 1830 bis 1905. — (Sorau N.-L. 1905: Eggen.) 52 S. 4° 38 A.

Fünfundsiebzig **Jahre** der Firma Leipheimer & Mende, (Spezialhaus für Stoffe in Wolle, Baumwolle und Seide.) Karlsruhe. 1. Juli 1909. [Mit Abb.] (Karlsruhe i. B. 1909: Braun.) 28 S. 4°

Jahre, 75, der Regimentsgeschichte des Infanterie-Regiments Prinz Friedrich der Niederlande [2. Westfälisches] Nr. 15. 1813—1888. 8. (16 S.) Minden 888, Hufeland. * — 20

Fünfundsiebzig **Jahre** des Hauses J. G. Schelter & Giesecke, (Schriftgießerei) in Leipzig. (1819–1894.) [Mit Abb.] [Leipzig: Selbstverl. 1894.] 62 S. 2°

— 45, aus Wilhelmine Eberhards Leben; e. biogr. Skizze f. Mütter u. Töchter. 8. Marb. Krieger. 802.

Fünfundzwanzig **Jahre** der Bremer Bank. (1856—1881.) Als Ms. gedr. Bremen 1881: Schünemann. 23 S. 8°

Jahre, 25, des Betriebes der Papierfabrik Biberist. Festschrift 1890. Bern 1890. V: *Jent, A.* (Zuwachsverz. d. Bibliotheken in Zürich 1898 ff.)

25 Jahre des unter dem Allerh. Protectorat I. M. der Kaiserin und Königin Auguste Victoria stehenden Diaconissen-Mutterhauses Paul Gerhardt-Stift in Berlin. 1876–1901. Denkschrift hrsg. z. Jubelfeier am 7. Juni 1901. (Berlin 1901.) 144 S. 8° A 18.5402

Jahre, Fünfundzwanzig, in der Diaspora. Kurzgefasste Geschichte des Freimaurerkränzchens zu den vereinigten drei Flüssen in Passau. Demselben zum Andenken gewidmet von seinem ununterbrochen die ganzen Jahre vorsitzenden Meister. Nürnberg 1904. V: *Sommer, Adolf.* (wolfstieg I, 617)

Festschrift. 25 Jahre im Dienste der deutschen Seefischerei. E. Rückblick auf d. Tätigkeit d. Deutsch. Seefischerei-Vereins von H[ermann] *Henking.* D. Seefischerschulen d. Deutsch. Seefischerei-Vereins [von] *(Dittmer).* D. Samariterkurse d. Deutsch. Seefischerei-Vereins [von Hermann] *Henking.* Mit 1 Kte. Berlin 1910. 4°

25 Jahre deutscher Eisenindustrie und der Verein deutscher Eisenhüttenleute. Hrsg. zur 25jährigen Erinnerungsfeier an die Neubegründung des Vereins. Düsseldorf, 1904. 36 S.

Jahre, Fünfundzwanzig, österreichischer Finanzpolitik . . . Berlin 1874. V: *Angerstein, Wilh.* (WFM)

Jahre, 25, oesterreichischer Finanzpolitik [1848—1873]. Ein histor. Rückblick. gr. 8. (112 S.) Leipzig und Berlin 874, Luckhardt'sche Verlagsh. *

— 25, d. badischen histor. Kommission. 1883—1908. (III, 81 S.) gr. 8. Heidelberg 909. C. Winter, Verl. 1. —

— fünfundzwanzig, aus Napoleon's III. Leben. Eine vollständ. Geschichte dieses merkwürd. Usurpators u. seiner Zeit. 7 Hfte. gr. 8. (140 S.) Wien 871. Wenedikt. à — 50

Jahre, 25, aus dem Leben eines Schauspielers . . . Wien 1852. V: *Rens.* (Ky)

— 25, aus dem Leben eines Schauspielers, nebst einigen Bemerkungen u. gutgemeinten Vorschlägen in Betreff der jetzigen Bühnen-Zustände (von Renz). 8. (VI u. 74 S.) Wien 852, Wallishausser in Comm. n. n. 12 ℳ

1885–1910. Fünfundzwanzig **Jahre** sozialer Mitarbeit. Zum Gedächtnis an d. 25jähr. Bestehen d. Unfallversicherung. Hrsg. vom Verband d. Deutschen Baugewerks-Berufsgenossenschaften. Berlin: Elsner 1910. 248 S. 8° [10. 17753

25 **Jahre** unter Obdachlosen. Festschrift z. 25jähr. Bestehen d. Vereins Dienst an Arbeitlosen E. V. zu Berlin. (Vorr.: Otto Eismann.) Berlin: Ver. Dienst an Arbeitslosen 1907. (240 S.) 8° [F.] [08. 1660

Jahre, Fünfundzwanzig, im Staatsdienste. Lose Blätter aus dem Papierkorb eines Unbedeutenden. Wien 1882. V: *Härdtl, Joseph Freih. v.* (EB)

—— 25, sächsischer Verfassungs- u. Verwaltungsgeschichte. Zur Erinnerg. an den am 1. Febr. 1891 aus dem Staatsdienste geschiedenen Staatsminister Herm. v. Nostitz-Wallwitz, Exc. gr. 8. (26 S.) Lpz. 891, Teubner. * — 40
Aus: Dresdner Journal, besonders abgedruckt.

Jahre, 25, der Wirksamkeit des Crefelder Armenwesens seit Einführung des Elberfelder Systems 1863—1888. Crefeld 1888. V: *Seyffardt, L. F. & Andere.* (Bibl. d. stat. Bureaus. Dresden 1890.)

[F.] 1872–1897. Fünfundzwanzig Jahre Deutscher Zeitgeschichte. Jubiläums-Schrift, hrsg. v. d. Red. d. Berl. Tagebl. (Vorr.: Rudolf Mosse.) *Berlin: R. Mosse 1897.* (4 Bl., 194 S., 1 Bl.) 1 Bd 8. [97. 2780

— 15, sozialer Arbeit, s.a. Schriften des kaufmännischen Verbandes f. weibliche Angestellte, Nr. 5.

15 Jahre sozialer Arbeit. Verwaltungsbericht d. kaufm. Verbandes f. weibl. Angestellte, E. V., f. d. J. 1904. Mit e. Rückblick auf d. Tätigkeit d. Verbandes seit s. Begründung. (Berlin: [Kaufmänn. Verband f. weibl. Angestellte] 1905.) (42 S.) 8° [F.]
= Schriften d. kaufmänn. Verbandes f. weibl. Angestellte. No 5. [05. 14039

15 Jahre sozialer Arbeit. Verwaltungs-Bericht d. kaufmänn. Verbandes f. weibl. Angestellte E. V. f. d. J. 1904 mit e. Rückblick auf d. Tätigkeit d. Verbandes seit seiner Begründung. — Berlin 1905: (Levy). 42 S. 8° (Schriften d. kaufmänn. Verbandes f. weibl. Angestellte E. V. No 5.)

—— noch fünfzehn, aus dem Leben eines Todten. Hinterlassene Papiere eines französisch-preuß. Offiziers. (1830—1815.) Fortsetzung der „Vierzig Jahre aus dem Leben eines Todten" in 3 Bdn. (1790—1830.) gr. 8. (VI und 438 S.) Tübingen 854, Osiander'sche Buchh. Thlr.

Jahre. Fünfzig Jahre des Hauses (*Umschlag:* der Firma) C. F. Bally Söhne in Schönenwerd. (1851—1901.) [Mit vielen Illustrationen und 9 Tafeln.] VI + 83 S. 4. (Basel, Kreis, 1901.)

[Hoerder-Bergwerksverein.] Hoerder Bergwerks- und Hütten-Verein zu Hoerde in Westfalen. 50 Jahre seines Bestehens als Aktiengesellschaft, 1. März 1852—1902. Aachen, 1902. 67 S. mit Abb. und Taf.

50 Jahre eines Kaufmännischen Berufsvereins. Festschrift zum Jubiläum des Vereins für Handlungs-Commis von 1858. (1858—1908.) Hrsg. . . . von H. J. Thissen. — Hamburg 1908: (Bendschneider). 80 S. 4° 38 A.

Jahre, Fünfzig, gewerblicher Bestrebungen. Festschrift . . . Wien 1890. V: *Auspitzer, Emil.* (EB)

— 50, gewerblicher Bestrebungen. Festschrift zur Feier des 50jähr. Jubiläums d. niederösterreich. Gewerbevereins. Hrsg. vom niederösterreich. Gewerbeverein. Lex.-8. (XII, 430 S.) Wien 890. Hölder. n. 8.—

50 Jahre im Dienste einer guten Sache, E. Rückbl. auf d. Geschichte d. Kölner Turnvereins, Köln 1893, X u. 147 S., 8°.

— fünfzig, unter d. Geheimnis Gottes. Selbstbiographie v. J. D. 8. (IV, 166 S.) Leipzig 898. A. Deichert Nachf. n. 2.10

Jahre, fünfzig, der geheim. Geschichte Frankreichs, 1—6. Bd. s.a. Chronik d. Oeil de Boeuf, 15—20. Bd.

Fünfzig Jahre der geheimen Geschichte Frankreichs und des Hofes von Versailles. (Marie Antoinette. — Louis XVI. — Napoleon Bonaparte etc.) 2 Bde. Leipzig 1836. 8°.
Chronique galante, Bd. VIII—IX.

FÜNFZIG Jahre der geheimen Geschichte Frankreichs und des Hofes von Versailles. 4 Bde. Leipzig, literar. Museum, 1836, 36, 37, 37. 8°.
1: 1 Bl., 304 S. 2: 1 Bl., 260 S. 3: 1 Bl., 262 S. 4: 1 Bl., 280 S.
— — Dasselbe. Bd. 1—2. Ebd. 1837. 8°.
228 u. 209 SS. Mit d. Vortitel: Chronique galante.

Fünfzig Jahre der geheimen Geschichte Frankreichs und des Hofes von Versailles. 6 Bde. Leipzig, Otto Wigand, 1836—37. Gr. 16°. (6 Thlr.) (4 Mk. 50 Pfg., etw. fleck. Leihbibl.-Expl., R. Bertling, 1892.)

Jahre, Fünfzig, der Zwanglosen Gesellschaft 1837—1887. München 1887. V: *Lossen, Max.* (H. Hayn, Thesaurus librorum Ph. Pfister. München 1883.) (Hdschr. Mitth. von Friedrich Müller, Künchen.)

—— fünfzig, der Landwirthschaft Westpreußens. Festschrift zur Feier des fünfzigjähr. Bestehens des Hauptvereins westpreuß. Landwirthe verf. von dessen gegenwärt. Generalsekretär (Benno Martiny). gr. 8. (IV, 329 S. mit 4 Photogr. und 3 lithogr. Karten in Fol. und qu. gr. Fol.) Danzig 872, (Kafemann.) geb. *

Fünfzig Jahre aus dem Leben von Georg und Emilie Beseler 1809—1859. Kiel. 1904. 8°

50 Jahre zentraler Licht- und Kraftversorgung der Stadt Neuß. Festschrift z. 50jähr. Bestehen des Gaswerks Neuß und zur Eröffnung des erweiterten Elektrizitätswerks. — (Neuß 1908: Goder.) 32 S., 11 Taf. 8° 38 A.

Washington [DC] Sängerbund. Fünfzig Jahre des dten Lieds in Wash. Eine Gedenkschr z Feier des 50-jährigen Jubs . . . 21.-23. Apr 1901. Wash, 1901.

Jahre, fünfzig, Goßnerscher Mission. Eine Festschrift. gr. 8. (86 S.) Berlin 886. Buchh. der Goßnerschen Mission. n. 1.—

— 50, innerer Mission in Nassau. 1850—1900. Allgemeine Uebersicht üb. die Arbeiten der inneren Mission u. insbesondere Bericht üb. die Entstehg. u. Entwicklg., die Anstalten u. Thätigkeiten des evangel. Vereins in dem Consistorialbez. Wiesbaden. Hrsg. v. Vorstande des evangel. Bundes. gr. 8. (VI, 115 S.) Herborn 901. Buchh. des Colportagevereins. n. —80

Fünfzig Jahre innerer Mission in Nassau. 1850—1900. Allgem. Uebersicht über d. Arbeiten d inneren Mission u. insbesond. Bericht über d. Entstehung u. Entwicklung, d. Anstalten u. Thätigkeiten d. Ev. Vereins in d. Consist. Bez. Wiesbaden. Hrsg. v. Vorstande d. Ev. Vereins. Herborn: Nassauischer Colportagever. 1901. VI, 115 S. 8° [11. 3939 4

—— 50, der Missionsthätigkeit im Königr. Sachsen. Eine Jubiläumsausg. Hrsg. vom dem evangelisch-luther. sächs. Haupt-Missions-Verein bei seiner 50. Jahresfeier. gr. 8. (V, 114 S.) Dresden 869, Naumann. *

Fünfzig Jahre dten Strebens. Gedenkblätter z 50-jhr Jub der Germania in Saginaw, Mich. Saginaw. 1906.

—— 50, militärischer Thätigkeit Sr. königl. Hoheit d. Großherzogs Friedrich v. Baden. 26. Apr. 1891. gr. 8. (26 S. m. Bildnis u. 6 Ftsms.) Karlsr. 891, Braun. — 40

Berlin, Reichs-Postamt, 50 Jahre elektrischer Telegraphie. Berlin 1899. 4°.

50 Jahre elektrischer Telegraphie. 1849 – 1. Oktober – 1899. *Berlin 1899: Reichsdr.* (99 S.) 4° [F.] [01. 9413

— fünfzig, russischer Verwaltung in den baltischen Provinzen. gr. 8. (V, 297 S.) Leipzig 883. Duncker & Humblot. n. 6. 60

— 200, Hoch- u. Deutschmeister. 80 Autotypien nach photograph. Orig.-Aufnahmen v. Charles Scolik, k. u. k. Hof-Photograph, Wien VIII. Prachtausg. gr. 4. (14 S. Text) Wien 896. R. Lechner's Sort. Geb. in Leinw. n. 12. —; Volksausg. gr. 8. (14 S. Text m. 30 Taf.) n. 2. —

Jahre, Hundert, der Johannis-Loge Friedrich zur Beständigkeit im Or. Zerbst, gestiftet am 24. Mai 1783. Zerbst 1883. V: *Henning, Albert & Richard Köhler.* (wolfstieg I, 654)

— 100, preußischer Herrschaft im Münsterlande. (Von F. Philippi.) (120 S. m. 1 Tab.) 8. Münster 904. Universitätsbuchh. F. Coppenrath. Kart. n. 2. —

— 100, sächsischer Kämpfe. Zehn Vorträge aus d. Geschichte d. Siebenbürger Sachsen im letzten Jahrh. gr. 8. (VII, 344 S) Hermannstadt 896. W. Krafft. n. 3. —; geb. n.n. 4. —

Jahre, 100, des Geschäftshauses Ernst Siegfried Mittler & Sohn, Königlichen Hofbuchhandlung und Hofbuchdruckerei in Berlin ... Berlin 1889. V: *Toeche, Th.* (stadtBiblBerlin X, S. 27)

Einhundert Jahre des Geschäftshauses Ernst Siegfried Mittler und Sohn, Königliche Hofbuchhandlung und Hofbuchdruckerei in Berlin. Ein Zeitbild. (1789—3. März—1889.) Als Hs. für Freunde. [Mit Abb.] Berlin: (Selbstverl.) 1889. 160 S. 4°

100 Jahre der Papierfabrik Spechthausen. Festschrift zum 10. Sept. 1887. — (Berlin 1887: Reichsdr.) 31 S. 4°

Hundert Jahre in Wort und Bild. Eine Kulturgesch. des XIX. Jhs hrsg. von Dr. S. Stefan [d. i. Siegm. Stefan Epstein.] Mit 800 Text.Ill. u. 8 Kunstbeil. *Berlin: 'Pallas' 1899.* (VIII, 768 S.) 4°(8°) [S.]

— 100, in Wort u. Bild. Eine Kulturgeschichte des XIX. Jahrh., hrsg. v. S. Stefan. Mit 800 Text-Illustr. u. 8 Kunstbeilagen. gr. 8. (XXXII, 768 S.) Berlin 899. [Verlags-Anstalt Pallas.] Neufeld & Henius. Geb. 6.—

150 Jahre des Bestehens der Firma Riquet & Co., gegr. am 15. Nov. 1745, Leipzig. — (Leipzig) 1895: (Grumbach). 29 S., 3 Taf. 8° 1. 38 A.

Jahre, Hundertfünfzig, einer Deutschen Drogenhandlung 1750—1900 ... [Leipzig 1900.] V: *Dufour Feronce, Albert.* (Berl)

150 Jahre einer deutschen Drogenhandlung, 1750—1900. Ein Beitr. z. Gesch. ihrer Firma, hrsg. 1900 von Brückner, Lampe & Co., Leipzig, Berlin, Hamburg. (Verf.: Albert Dufour-Feronce.) — (Leipzig 1900: Meisenbach, Riffarth & Co.) 36 S. 4° 1.

— 100, braunschweig. Husaren. Gesch. d. braunschweig. Husaren-Regiments Nr. 17. 2 Tle. gr. 8. Braunschweig (909). G. Westermann. Geb. in Halbleinw. 40. —

1. Von d. Errichtung d. Schwarzen Schaar 1809 bis z. Frühj. 1870. Von Graf v. Schlieffen-Wioska. Mit 13 Bildn., 19 schwarzen u. farb. Abb. u. 18 Karten. (XII, 371 S. m. 1 Stammtaf.)
2. Von d. Mobilmachung 1870 bis z. J. 1909. Von Astfeld v. Mackensen. Mit 12 Bildn., 1 Bildnistaf., 9 schwarzen u. farb. Abb. u. 6 Karten. (VII, 265 S. m. 1 Stammtaf.)

50 JAHRE INGENIEUR ARBEIT IN OBERSCHLESIEN. Eine Gedenkschrift zur Feier des 50jährigen Bestehens des Oberschlesischen Bezirksvereins deutscher Ingenieure. Im Auftrage des Vereins und unter Mitarbeit seiner Mitglieder bearbeitet von C(ONRAD) MATSCHOSS. Mit 14 Textfiguren und einem Titelbild. Berlin Verlagsbuchhandlung von Julius Springer. 4°.

Jahre, Sieben, Jugendbund für Entschiedenes Christentum in Deutschland. Friedrichshagen bei Berlin [1902]. V: *Blecher, Friedrich.* (Berl)

Jahre, 10, Jungfrauenverein, s.: Bausteine, kleine. 4.

Jahre, Zwei, Kapellmeister an der Königl. Oper zu Berlin. Mit Anhang. Bielefeld 1890. V: *Deppe, Ludwig.* Vgl. Kat. d. Berl. Stadt-Bibl. 6 (1907), S. 139. (DARP)

— 60, österreichisch-ungarische Kavallerie 1848—1908. Hrsg. v. der Red. d. „Kavallerist. Monatshefte". Unter Mitwirkg. v. Ant. Semek, Ferd. Strobl v. Ravelsberg, Rich. Frhr. v. Gablenz verf. u. zusammengestellt v. Hugo Kerchnawe. (III, 60 S. m. 1 Taf. u. 1 Tab.) Lex. 8. Wien 908. (C. Konegen.) 3. —

Jahre (20) Kranken- und Invalidenfürsorge der Landesversicherungsanstalt der Hansestädte. 4°. Lübeck 1911.

Jahre, Die letzten dreissig, des Hochstifts und Erzbisthums Salzburg [Nürnberg] 1816. V: *Rademacher (= Franz Carl Ludwig Radermacher?).* (Mitth. Dr Ign. Schwarz-Wien.)

Jahre, Die letzten dreissig, des Hochstifts und Erzbisthums Salzburg. [Nürnberg] 1816. V: *Koch-Sternfeld, Jos. Ernst Ritter von.* (Hr)

Jahre, die letzten dreyßig, des Hochstifts und Erzbisthums Salzburg. gr. 8. Nürnberg, Riegel und W. (in Comm.) 816.

— 4, des v. Rom-Bewegung in Österreich, s.: Wartburghefte.

Meine ersten zwei Jahre in d neuen Welt nebst einem späteren Briefe von demselben Verfasser, z Warnung für Auswanderungslustige nach A. Merseburg. 1832.

— die merkwürd., aus d. Leben d. jungen ....., der von d. algier. Corsaren gefangen u. verkauft wurde rc. 8. Leipz., Joachim. 12 gr

Jahre, d. merkwürd. e. Villars Leben. 8. Halberst. Büreau f. Litt. 803.

— d. merkwürd. aus Villars Leben, 8. Halberst. 803. Vogler in Potsd. 16 gl

— 50, innere Mission. Bericht über die Thätigkeit des Central-Ausschusses f. d. inn. Mission d. deutschen evang. Kirche in d. J. 1848 bis 1898. gr. 8. (VII, 185 S. m. 1 Bildn.) Berlin (Genthinerstr. 38), Central-Ausschuß f. d. innere Mission. n. 1. 60

Jahre, 100, Musikgeschichte. gr. 8. (103 S.) Berlin 902. Schuster & Loeffler. n. 1. —

Zum neuen Jahre! Durch die am 5. dieses Monats verkündete Verfassungs-Urkunde — Urwähler des Bezirks 48. 1 Bl. Fol. Flugblatt. Berlin, 28. Dez. 1848.

Im Jahre 1909. Liegnitz: Verl. f. Nationalstenogr. 1903. (16 S.) 8° [Umschlagt.] = Zehnpfennig-Unterhaltungshefte f. Nationalstenogr. No 6. [illegible] 2

— 90, burschenschaftlicher Entwicklung in Freiburg im Breisgau. Hrsg. v. d. Burschenschaft Teutonia. (28 S. m. 2 Abb.) gr. 8. Freiburg i/B. (908). C. Troemer. — 50

— des Königl. sächs. Oberverwaltungsgerichts. Hrsg. v. den Mitgliedern des Gerichtshofes. 14. Bd. gr. 8. Leipzig, Rossberg'sche Verlagsbuchh. S. — 1910.

30 Jahre experimentelle Pathologie. Herrn Prof. Dr. S[alomon] Stricker z. Feier s. 25j. Jubil. als o. Prof. d. allg. u. experim. Pathol. u. z. Erinn. an d. 30j. Bestand d. Institutes f. experim. Pathol. in Wien gewidm. v. Freunden u. Schülern. *Leipzig & Wien: F. Deuticke 1898.* (2 Bl., 97 S., 1 Bl., 1 Portr.) 1 Bd 8. [illegible]

— zwei, Hietzinger Politik. gr. 8. (40 S.) Leipzig 868, Quandt und Händel.
Vgl.: Antwort.

— 25, Postsparkasse. Eine Denkschrift zum 25. Jahrestage d. Gründg. d. k. k. Postsparkassenamtes in Wien. (36 S. m. Abb. u. 1 farb. Taf.) Lex. 8. Wien 908. (Hof- u. Staatsdruckerei.) nn 1. 40

Fünfzig Jahre Professor und Freimaurer. Budapest 1887. 31 S. 8⁰.
Über Ludw. Lewis. Als Anhang zu der Schrift: Lasz, Sam.: Ein greiser Gelehrter. Erinnerung an Ludw. Lewis.

— 40, Reichsvolksschulgesetz. Die österreich. Volksschule vor u. nach d. J. 1869. Allen Freunden d. Volksbildg. gewidmet v. Verein „Freie Schule". (97 S.) 8. Wien 909. (Mor. Stern.) — 50

— 10, Revisionsarbeit im Molkerei-Revisionsverbande f. die Provv. Brandenburg, Pommern, Sachsen u. die Großherz. Mecklenburg in Prenzlau. Ein Ueberblick üb. das genossenschaftl. u. milchwirtsch. Leben im Verbande während der ersten 10 Jahre seines Bestehens. Hrsg. vom Vorstande. gr. 8. (40 S. m. 8 Tab.) Prenzlau 900. A. Mieck. n. 2. —

Jahre, die schrecklichsten, meines Lebens, s. Aschenbrenner.

Jahre, Sechs, in Griechenland. Ansichten, Bilder und Erlebnisse ... Grimma 1842. V: *Hartmann, Joh. Gust.* (EngG) (Cb)

Jahre, sechs, in Griechenland. Ansichten, Bilder u. Erlebnisse aus Griechenlands Gegenwart. Mitgetheilt von H. v. P. (Joh. Gust. Hartmann.) Nebst ein. Anh., eine statist. Uebersicht d. Königr. Griechenland u. eine Anleitung zum Reisen nach u. in Griechenland enthaltend. gr. 12. (23¼ B.) Grimma 842, Verlags-Comptoir.

Jahre, Sechs, aus Karl Burgfelds Leben, Freundschaft, Liebe und Orden ... Riga u. Leipz. 1793. V: *Demme, Herm. Christoph Gfr.* (GGr) (MGT) (Ky) (Br'm) (Kl)

— sechs, aus Burgfelds Leben, (v. H. C. G. Demme). 8. Leipz. 793. Göschen. 20 gl

(F) 60 Jahre auf Habsburgs Kaiserthrone. Ein Gedenkbuch zum Jubiläum der 60jährigen Regierung Kaiser Franz Josefs I. 1848—1908. 4°. 1. Heft K —.60
Wien: Karl Groák 1907.

(F) 60 Jahre auf Habsburgs Throne. 4°. Erscheint in 48 Lieferungen Wien: Th. Daberkow's Verlag 1907. à K .60

— fünf, Selbstverwaltung u. die preußische Volksschule. Ein Vereins-Vortrag. gr. 8. (27 S.) Halle a/S. 893. H. Schroedel. n. — 40

Jahre, Die 700, der Geschichte Livlands ... Riga 1859. V: *Napiersky, Carl Eduard v.* (R-N)

— die 700, der Geschichte Livlands. Programm. gr. 4. (11 S.) Riga 859. (Leipzig, C. F. Fleischer.) *

Jahre, Sieben, aus dem Leben eines sächsischen Artilleristen ... Dresden u. Leipz. 1845. V: *Herzog, C. G.* (Ky)

— Sieben, aus dem Leben eines sächsischen Artilleristen. (C. G. Herzog.) Militärische Skizze. 12. Dresden u. Leipzig 845, Arnold. 6 ngl

Jahre, Sieben, aus dem Lebenslauf eines Kosmopoliten. O. O. [ca. 1790]. V: *Schrader, Carl Heinrich von.* (MGT)

— sieben, eines evangelischen Pfarrvikars in einem deutschen Kleinstaat. Ein Blatt aus der Vergangenheit für die Gegenwart. 8. (III, 104 S.) Herborn 887, Buchh. des Nassauischen Colportage-Vereins. *M 1.—.; geb. *

— sieben u. vierzig, eines Revolutionsmannes, od. Leben u. Abentheuer Hanet Clery's, währ. d. Revolution, bei d. Kriege in Deutschland u. Italien, auf St. Domingo u. in Korsika. A. d. Franz. v. Fr. Gleich. 2 Thle. 8. (30 B.) Leipzig 829, [Hartmann.]

— 47, e. Revolutionsmannes, od. Leben u. Abentheuer Hanet Clery's, während d. Revolution, bei d. Kriege in Deutschland u. Italien, auf St. Domingo u. Korsika; aus d. Französ. v. Fr. Gleich. 2 Thle. 8. Leipz. 829. Nauck. 2 ß

Jahre, 17, im Joruba-Land. Erinnerungen an Anna Hinderer, Gattin d. Rev. David Hinderer, Missionar für West-Afrika. Aus ihrem Tagebuch u. ihren Briefen zusammengestellt. Auszug aus dem engl. Original. Mit einem Titelbilde (in Stahlst.). gr. 8. (70 S.) Barmen 879. (Klein.) n. — 80

— sechs, Sklavendienst. Erlebnisse e. deutschen Fremdenlegionärs in Algerien u. Tonkin. 8. Aufl. 8. (44 S.) Metz 889. (Deutsche Buchhandlg.) n.n. — 25

— sechs, Sklavendienst. Erlebnisse e. deutschen Fremdenlegionärs in Algerien u. Tonkin. 11. u. 12. Tauf. 8. (44 S.) Metz 895. P. Müller. — 30

—— zwölf, Socialistengesetz. Ein Beitrag zur Geschichte d. Socialistengesetzes u. der socialdemokrat. Bewegg. in Deutschland. gr. 8. (100 S.) Berl. 890, Germania. * 1 —

Jahre, Fünfzig, Allgemeine Sparcasse und Leihanstalt in Linz. 1849 bis 1899. Linz 1899. V: *Sonnleithner, Andreas.* (WFM II, S. 233

—— fünfzig, Stillleben im Drange der Zeit und der Geschäfte. (1801—1850.) Poetische Aufzeichnungen eines greisen Hof- und Staatsmannes, der seine Rechnung mit der Welt abgeschlossen. 16. (XII und 272 S.) Berlin 853, A. Duncker. *

Jahre, drei, Verfassungsstreit. Beiträge zur jüngsten Geschichte Oesterreichs. Von einem Ungar. gr. 8. (214 S.) Leipzig 864, Brockhaus. *

Jahre, Drei, Verfassungsstreit. Leipzig 1865. V: *Ludasi (Gans), Moritz.* (WBL XVI, 134)

Vierhundert Jahre rheinischer Presse. Hrsg. von der internationalen Presse-Ausstellung Köln 1928 in Verbindung mit der rheinischen Provinzial-Verwaltung. Mit einem Geleitwort von Karl d'Ester. — Essen-Ruhr: Baedeker 1928. 52 Fks.Dr. 4° (Faksimile-Publikationen rheinischer Drucke. 1.)

Jahre, Vierzehn, an der Spielbank, Erinnerungen eines Croupier. Hrsg. v. J. Ch. Gl. Wiesbaden 1872. V: *Glücklich, J. Chr.* (Russell)

—— vierzehn, an der Spiel-Bank. Erinnerungen eines Croupier. Hrsg. von J. Ch. Gl. gr. 8. (XXIV, 127 S.) Wiesbaden 872, Rodrian. *

—— vierzig, oder Gemeinnütziges vom Dorfe. Eine treue Darstellung ausgeführter Verbesserungen auf dem Dorfe für Freunde des Gemeinnützigen, insbesondere: Geistliche, Lehrer, Gemeinde-, Schul- und Kirchenvorstände u. s. w. 8. (IV und 60 S.) Langensalza 859, [Schulbuchhandlung von Greßler.]

Jahre, Vierzig, von Frankfurt a. M. ... Frankfurt a. M. 1834. V: *Döring, Philipp Jacob.* (BrMm) (Heyden, Gallerie ber. u. merkw. Frankfurter. 1861. S. 547, Nr. 31.)

Jahre, Vierzig, von Frankfurt a. M., oder Frankfurt im Jahre 1792, 1832 und 1872 nebst einer chronologischen Übersicht der merkwürdigsten Begebenheiten ... Frankfurt a. M. 1834. V: *Ring, D.* (Ky) (BrMm)

—— vierzig, von Frankfurt a. M., od. Frankfurt im J. 1792, 1832 u. 1872, nebst e. chronolog. Uebersicht d. merkwürdigsten Begebenheiten Frankfurts v. 1700 b. 1833. 2 Thle. — A. u. d. T.: Neueste Chronik v. d. freien Stadt Frankfurt a. M. rc., nebst Anzeige d. neuesten nützl. Erfindn., Lehranstalten, wissenschaftl. Instituten, Stiftn., Prachtgebäuden, geschickten Malern u. Künstlern, d. vorzügl. Fabriken rc., welche seit 40 Jahren, v. 1792 b. 1832, hervorgeg. sind, nebst Hinblick auf d. J. 1872. (Von D. Ring.) Mit Ttlkpfr. u. Ttl.-vign. u. 1 lith. Karte (4.). gr. 12. ($10\frac{2}{3}$ B.) Frankfurt a. M. 834, Döring.

Vierzig Jahre des deutschen Hospitals und Dispensary in der Stadt New York. Eine geschichtliche Darstellung. (New York 1909.) 119 S. 4° [10. 233

Jahre, Vierzig, aus dem Leben eines Todten ... Paris [Tübingen] 1847-49. V: *Friedrich, C.* (BGE)

Jahre, Vierzig, aus dem Leben eines Toten. Hinterlassene Papiere eines französisch-preussischen Offiziers. In drei Bänden. Tübingen 1848—1849. V: *Friederich, Johann Conrad.* (Ebrard, F. Cl. & L. Liebmann: J. K. Friederich. Frankf. a. M. 1918. S. 290. *Friedrich, Conrad.* (BGE VIII³, 129)

—— vierzig, aus dem Leben eines Todten. 1790—1830. Hinterlassene Papiere eines französ.-preuß. Offiziers. 3 Bde. gr. 8. Tübingen, Osiander'sche Buchh. [1. (512 S.) 2. (VIII und 511 S.) 3. (VIII und 540 S.) 848.]

— Vierzig, aus dem Leben eines Todten. 1790—1830. Hinterlassene Papiere eines französisch-preuß. Offiziers. 3 Bde. in 12 Lfgn. gr. 8. (1. Bd. 512 S. 2. Bd. VIII u. 511 S. 3. Bd. VIII u. 540 S.) Tübingen 848. 49, Osiander. (à Lfg. ½ ℳ) 6 ℳ

Jahre, Vierzig, aus dem Leben eines Wieners. Wien 1890. V: *Skala, Carl.* (EB)

—— vierzig, aus dem Leben e. Wieners. Wiener Volksroman v. e. Achtundvierziger. 1.—9. Lfg. 8. (VII, S. 1—264.) Wien 890, 91. (Lpz., Literar. Anstalt Aug. Schulze.) à Lfg. * — 20; * 1 80
Nicht weiter erschienen.

— vierzig, aus dem Leben e. Wieners. Wiener Volksroman v. e. Achtundvierziger. 1.—8. Buch. 8. (VII, 264 S.) Wien 891. 892. (Leipzig, Literar. Anstalt A. Schulze.) à n. 1. —; auch in Lfgn. à n. — 20 zu beziehen.

Jahre, 17, Regiment Dr. Waibel. Zeitgemässer Rückblick anlässlich der bevorstehenden Gemeindewahlen. [Bregenz 1885.] V: *Rhomberg, Adolf.* (Margr)

— 60, Wehrmacht. 1848—1908. Bearb. im k. u. k. Kriegsarchiv. (VII, 299 S. m. Abb., 23 [5 farb.] Taf. u. 5 Karten.) 36×27,5 cm. Wien 908. (R. Lechner's Sort.) Geb. in Leinw. nn 40. —

Jahre, Zehn, deutscher Arbeit; Gedenkschrift zum 10jährigen Bestande des deutschen Schulvereins in Wien. Wien 1890. V: *Neumann, Carl.* (Zuwachsverz. d. Bibliotheken in Zürich 1898 ff.)

Jahre, zehn, deutscher Arbeit. Gedenkschrift zum zehnjähr. Bestande d. deutschen Schulvereins in Wien. Im Auftrage der Vereinsleitg. verf. vom Vereinssekretär. gr. 8. (56 S.) Wien 890, (Pichler's Wwe. u. Sohn). * — 50

— 10, landeskultureller Arbeit 1892—1902. Eine Uebersicht üb. die Tätigkeit der deutschen Sektion des Landeskulturrates f. das Königr. Böhmen in den letzten 10 Jahren. Mit Tabellen, graph. Darstellgn. u. 20 Abbildgn. Lex.-8. (LIV S.) Prag 902. (J. G. Calve.) n. 2. —

Zehn Jahre landeskultureller Arbeit. 1892—1902. Eine Uebersicht über d. Thätigkeit d. Deutschen Sektion d. Landeskulturrates f. d. Königr. Böhmen in d. letzten 10 Jahren. Mit Tab., graph. Darst. u. 20 Abb. *Prag: Deutsche Sekt. d. Landeskulturrates f. Böhmen 1902.* (XLIII S.) 4°(8°) [02. 1771

— 10, im Dienste der Kunst 1890—1900. Ein Beitrag zur Entwickelungsgeschichte des Centralvereins f. Stenotachygraphie zu Leipzig. gr. 8. (46 S. m. 1 Bildnistaf.) Leipzig (900). Central-Verein f. Stenotachygraphie. n. 1. —; geb. in Leinw. n. 1.50

Jahre, Zehn, Preussisch-deutscher Eisenbahnpolitik. Leipzig 1876. V: *Leyen, Albrecht von der.* (Kat. d. Verlagsbuchh. Veit & Co. Leipzig 1891. S. 38.) (Kü 10) *Leyen, Rich. v. der.* (Tübz 24, 20)

— zehn, preußisch-deutscher Eisenbahnpolitik. gr. 8. (101 S.) Leipzig 876. Veit & Co. n. 2. —

Jahre, Zehn, unter der rothen Flagge. Innsbruck 1891. V: *Winder, Engelbert.* (EB)

ZEHN JAHRE planmässiger Förderung des Kleinwohnungswesens in Westfalen. Rückblicke und Ausblicke anlässlich des 10jährigen Bestehens des Westfälischen Vereins zur Förderung des Kleinwohnungswesens 1902—1912 zugleich 10. Geschäftsbericht. Münster i. W. Universitätsbuchdruckerei Johannes Bredt. 4°.

10 Jahre in der französischen Fremdenlegion in Nord-Afrika. Meine Flucht u. d. Ermordung meines Reisegefährten bei Aïn-chair in Marokko. Selbsterzählt von e. früheren Fremdenlegionär. Görlitz: (Most [1910]). 16 S. 8° [10. 12216

— 10, in der französischen Fremdenlegion in Nord-Afrika. Meine Flucht u. die Ermordg. meines Reisegefährten bei Aïn-chair in Marokko. Selbsterzählt v. e. früheren Fremdenlegionär (Arth. Krüger). (16 S.) gr. 8. Görlitz (910). (Leipzig, M. Prager.) — 20

Zehn Jahre evangelischen Gemeindelebens in Karbitz ⟨Böhmen⟩ der ersten Los von Rom-Gemeinde. Hrsg. vom Presbyterium d. evang. Pfarrgemeinde A. B. Karbitz, unter Mitw. von Pfarrer (Richard) Otto-Obercrinitz u. Vikar (Martin) Schreiber-Karbitz. ⟨Marburg a. L. 1909: H. Bauer.⟩ 36 S. 8° [09. 13290 4

— 10, im Kampfe f. Kaiser u. Reich, f. deutsche Art, f. deutsche Arbeit in Stadt u. Land! Von *.*. I. u. II. (Je 40 S.) gr. 8. Berlin (904). Deutsche Tageszeitung. Unberechnet.

Zum 18. Februar 1903. ZEHN JAHRE WIRTSCHAFTS-POLITISCHEN KAMPFES. Historische Darstellung der Gründung, des Werdeganges und des bisherigen Wirkens des Bundes der Landwirte. Im Auftrage des Bundes der Landwirte bearbeitet von von KIESENWETTER. Verlegt und herausgegeben vom Bund der Landwirte ... zur zehnten Wiederkehr seines Gründungstages. Berlin 1903. fol.

Jahre.— Z e h n Jahre deutscher Kolonialbestrebungen ..., s.a. G r u n e r t , C.

Jahre, 10, deutscher Kolonial-Bestrebungen in der Abteilung Berlin der Deutschen Kolonial-Gesellschaft 1884—94. [Berlin 1894.] V: *Grunert, Carl.* (Berl)

Jahre, zehn, in Krieg u. Frieden. 1866 bis 1876. Vom Verf. der Jugend-Erinnergn. e. alten Sachsen. gr. 8. (VI, 147 S.) Dresd. 889, Hackarath. * 2 —; geb. * 2 80

JAHRE, Zehn, aus dem Leben einer schönen Frau. (190*.) (Mk. 2 = Kr. 2,40.)
Offerirte W. Schindler in Pressburg, 1909.

—— zehn, aus meinem Schulleben, od. Mittheiln. a. d. Gebiete d. Unterrichts- u. Erziehungs-Wesens, in Briefen v. e. vormal. Schulmanne. gr. 12. (21⅛ B.) Sulzbach 833, v. Seidel.

—— zehn, aus meinem Schulleben, od. Mittheiln. aus d. Gebiete d. Unterrichts- u. Erziehungs-Wesens in Briefen von e. vormal. Schulmanne. 2. u. 3. Thl. gr. 12. (42⅛ B.) Sulzbach 836, v. Seidelsche Buchh.
(1. Thl.) Ebendas. 1833. 1 Thlr. 8 Gr.

Jahre, Zehn, in Ungarn. Erlebnisse und Beobachtungen eines Weltbürgers. Leipz. 1845. V: *Schönholz, Frdr. v.* (Feil)

—- zehn, in Ungarn. Erlebnisse u. Beobachtungen eines Weltbürgers. 2 Bde. 8. (30 B.) Leipzig 845, Hartknoch.

Jahre, 150, Schlesische Zeitung 1742—1892. Ein Beitrag zur vaterländischen Kultur-Geschichte. Breslau 1892. V: *Weigelt, Carl.* (Kat. d. Druckschr. üb. Breslau. Breslau 1903. S. 385.) (Berl)

— 150, Schlesische Zeitung 1742—1892. Ein Beitrag zur vaterländ. Kulturgeschichte. 4. (IX, 816 S. m. 2 Fksms.) Breslau 892. W. G. Korn. Kart. n. 4. —

— zehn, Zionismus. Flugschrift, hrsg. vom zionist. Centralbureau, Köln, Ubierring 28. 1.—20. Taus. (40 S. m. 1 Bildn.) gr. 8. Köln (907). Expedit. „Die Welt". — 06

Zwanzig Jahre alldeutscher Arbeit und Kämpfe. Hrsg. von d. Hauptleitung d. Alldeutschen Verbandes. (Hrsg.: Heinrich Claß.) Leipzig: Dieterich 1910. XX, 467 S. 8° [10. 13072

Zwanzig Jahre ostdeutscher Industrie. Ein Gedenkblatt z. 50. Geburtstage Sr. Maj. Kaiser Wilhelm II. am 27. Jan. 1909. Danzig: A. Müller vorm. Wedelsche Hofbuchdr. (1909). 36 S. 2° [10. 11700

[Jahre.] Z w a n z i g Jahre deutscher Kulturarbeit. Tätigkeit u. Aufgaben neupreuss. Kolonisation in Westpreussen u. Posen. 4°
(Haus u. Abgeordneten. 20. Leg.-Per., Sess. 1907. Nr. 501.)

— 20, deutscher Kulturarbeit. Tätigkeit u. Aufgaben neupreuß. Kolonisation in Westpreußen u. Posen. (1886 bis 1906.) (V, 308 S. m. z. Tl. farb. Taf. u. 1 farb. Karte.) 31×22,5 cm. Berlin 907. (W. Moeser.) Geb. in Leinw. 10.—

JAHRE, Zwanzig, aus dem Leben einer hübschen Frau. (Aus d. Französ.) Altona, Verlags-Bureau, o. J. (c. 1865). 12°.
Orig.: Vingt ans de la vie d'une femme, ou mémoires de Julia R. Suivi de vingt ans de la vie d'un garçon. 2 tom. Londres 1790. 12°. — S. l. et a. (réimpr., 18**). 18°. Av. 12 grav. s. acier. Pap. vél. (16 Mk. Kühl.)
— Paris au Palais Royal, 1890. 12°. 100 pp. Papier de Holl. (10 Mk. Max Harrwitz, 1904.)

ZWANZIG Jahre aus dem Leben einer hübschen Frau. (Tolles priap. Machwerk, nach d. Französ.) Boston, Reginald Chesterfield (Altona, Verlagsgesellsch.), o. J. (um 1865). 12°. 91 S. (1 Rthl.) Längst vergriffen!

— — Dasselbe. Cincinnati, George Brown. (Ibid.) 1872. 12°. 80 S. (1 Rthl. Fischhaber etc.)

— — Dasselbe. Ebd., o. J. (ca. 1895). Breit-12°. Paris (fing.) 1883. 8°. (5 Mk. 50 Pfg. L. M. Glogau Sohn.)
80 S. (incl. Titel u. 1 Bl. Einleitg.).

JAHRE, Zwanzig, aus dem Leben eines jungen Mannes. (Aus d. Französ.) Altona, Verlags-Bureau, o. J. (c. 1865). 12°.
(1 Rthlr. Fischhaber u. A.) 80 SS. — Sotadicum, wie das folgende.
Orig.: Vingt ans de la vie d'un jeune homme. Av. 6 grav. erot. Londres 1790. 12°. — Paris, Palais Royal 1883. 12°. (Verboten vom L.-G. Wien, 28. April 1895. § 516.)
Drujon, livres condamnés:
Vingt ans de la vie d'un jeune homme. — A V... C... C... C..., 1789—1790 (vers 1830), in-18°, de 93 pp., avec 6 fig. libres. — (Réimprimé en Belgique, en 1854 et en 1864.) Ouvrage licencieux faisant suite à: Vingt ans de la vie d'une femme, ou Mémoires de Julie R***. — Londres, 1789 (vers 1830), in-18°, 6 grav. libres, — Londres, 1790.

ZWANZIG Jahre aus dem Leben eines jungen Mannes. (Priapisches Machwerk nach d. Französ.) Boston. Reginald Chesterfield (Altona, Verlagsbureau, ca. 1865). 12°.

— — Dasselbe. Boston, Reginald Chesterfield (Altona, Verlags-Bureau) 1872. (Auf dem Umschlag: Cincinnati, George Brown, 1872.) Kl. 8°.
Verboten vom L.-G. Wien, 28. April 1895. § 516.

— — Dasselbe. Haarburg (fing.), o. J. (c. 1898). Breit-12°.
43 S. (incl. Umschlagtitel). Ein besonderer Haupttitel nicht vorhanden. Lat. Lettern. (Letztes Blatt fehlt in allen noch vorkommenden Expln.)

JAHRE, Zwanzig, aus meinem Leben. Der Wahrheit treu nacherzählt von dem Verfasser. Geschrieben im Jahre des Heils 1853. 8°. 188 S.
Verb. d. AG. Dresden VII 131/90.

JAHRE, 20, aus meinem Leben oder Erlebnisse eines Garçon d'hôtel. Gedruckt im Jahre des Heils 1853 (vielmehr ca. 1890). 12°. (6 Mk. eine böhmische Firma, 1901.)
128 S. Sotadisches Machwerk voller Tollheiten. — Kapitel-Ueberschriften: 1. Meine erste Bekanntschaft mit der Liebe. 2. Mein Aufenthalt in Leipzig. 3. Erzählung der Christel. 4. Ende meines Aufenthaltes in Leipzig. 5. Mein Aufenthalt in Berlin. 6. Mein Aufenthalt im Hotel Viktoria. 7. Erzählung der Baronin v. Ende. 8. Erzähl. der Gräfin Hohenthal (S. 56 ff.).

Zwei oder drei Jahre? Berlin 1860. 8°

—— zwei, aus dem Leben e. gefallenen Jünglings, s. Weg, der wahre, zur Frömmigkeit rc., 2. u. 3. Bdchn.

—— zwei, aus d. Leben ein. Matrosen. Eine histor. Schilderung d. Seelebens. Aus d. Engl. übersetzt v. ein. Seemanne. 2 Bde. gr. 12. (22⅝ B.) Bremen 842, Schünemann's Verlagsb.

Jahre, Zwey, aus dem Leben des Predigers Rheinfeld und seiner Familie . . . Gera 1792. V: *Lucius, Carl Frdr.* (ML)

— 2, aus d. Leben des Prediger Rheinfelds u. seiner Familie. 8. Gera 792. Haller. 18 gr

— zwey, aus dem Leben des Prediger Rheinfelds und seiner Familie, eine Kriegs-Scene, 8. Gera, 792. Rothe. 23 sgl.

—— zwei, unt. d. Mauren, od. d. gezwungene Renegat. Scenen u. Beobachtn. aus d. Leben e. span. Patrioten. Von ihm selbst beschrieben. 8. (14 B.) Stuttgart 834, Balz.

Jahre, Zwei, in Petersburg. Ein Roman . . . Leipzig 1833. V: *Tarnow, Fanny.* (Ky) (BrVV)

—— zwei, in Petersburg. Ein Roman aus den Papieren eines alten Diplomaten. (Von Fanny Tarnow.?) 8. (19¼ B.) Leipzig 833, Brockhaus.

Jahre, Die zweiten 25, der polytechnischen Gesellschaft zu Berlin. Berlin 1889. V: *Veitmeyer.* (Kat. d. Bibl. d. Kais. Patentamtes. Berlin 1896.)

Jahreiß, J. J., darf der Religionslehrer, als solcher, politische und weltliche Angelegenheiten zu Gegenständen seiner amtlichen Wirksamkeit machen? 8. (Erlangen, Palm und Enke.) 819.

Jahreiss, R. [Assistenzarzt an der med. Poliklinik]: Beiträge zur Untersuchung des Harns auf Eiweiss und Zucker.... Erlangen, Druck v. Junge & Sohn, 1886; 19 S. 8°.
Erlangen, Med. Fak., Inaug.-Diss. v. 1886.

Jahreiss, R., Beiträge zur Untersuchung des Harns auf Eiweiss und Zucker. Diss. Erlangen 1886, Th. Blaesing. 8°. 19 S.

Jahren. Nach dreissig J'. Aarau 1877 s.a.(W[apf], A[nton]).

Nach 30 Jahren. Die letzten Tage des Sonderbundes. Gedenkblatt f. die schweiz. Jugend. Aus den Erlebnissen und Zusammenstellungen eines 50jährigen. Aarau, H. R. Sauerländer. 107 S. 8. 1877. 1. 20

[S.] ... Nach fünfundzwanzig Jahren! Die zum Andenken an den Deutsch-französischen Krieg 1870—71 zu Gross-Lichterfelde im J. 1895 veranstalt. Festlichktn. (*Gross-Lichterfelde: Dr. v. J. Unverdorben [1895].*) (1 Bl., 27 S.) 1 Bd 2. [56 st.,

Jahren. Vor fünfzig J' (1856). Erinnerungen ... s. B[ähler], E[duard].

Jahren, von den guten u. üblen, u. Zeiten d. Staaten u. d. Kirche. Eine Predigt am Schlusse des Jahres. 8. Augsb. 793. Bolling. 1 gr

Jahren. Vor hundert J'. Njbl. Winterthur s.a.(Morf, Heinrich)

Jahren. Vor hundert J' ‹1798(–1799)›. Luzern 1898 sa.[Zumbühl. Eduard].

Jahren. Vor hundert J'. Eine Denkschrift an die ereigni-vollen Jahre 1798 und 1799. Mit einer Karte, zwei Planskizzen von Schlachten und Holz-schnitten im Texte. (4 [Theile].) 8. Zürich 1899.

([Theil] 1) s. Oechsli, Wilhelm. Die Schweiz in den Jahren 1798 und 1799.
([Theil] 2) s. Becker, F[ridolin] Die erste Schlacht bei Zürich ...
([Theil] 3) s. Meyer, Wilhelm. Die zweite Schlacht bei Zürich ...
([Theil] 4) s. Zeller-Werdmüller, H[einrich]. Aus zeitgenössischen Aufzeichnungen und Briefen.

Vor hundert Jahren. [1.] *Zürich: F. Schulthess 1899.* 8° [S.]

Jahren. Vor 40 J'. Bern sa(G[audar]d, [Friedrich]).

G. V. H...z. Vor vierzig **Jahren**. Erinnerungen e. alten Kriegsmannes. Wien & Leipzig: C. W. Stern 1906. (106 S.) 8°

Jahren (Nach 10). Material und Glossen zur Geschichte des Socialistengesetzes. I. Historisches. II. Die Opfer des Socialistengesetzes. 148 pp. 8°. London, German Co-operative Publishing Co., 1889.

Jahres, des, Abschied, v. L. v. Germar. Nachspiel. gr. 8. Dresd. Arnold. 815.

Jahres, des, Lauf. Gedichte v. Goethe, Geibel u. A. 8. (23 S. m. farb. Illustr.) Lpz. 891, Kunstdruck- u. Verlags-Anst. geb. 2 —

Jahres, des, Lauf in Wort u. Bild. 8. (24 Chromolith.) Berlin 894. W. Schultz-Engelhard. n. 2. 50

[**Jahresabrechnung** der Grossloge zur Sonne in Bayreuth: von 1864/65 an.]

Loge Globus [in Hamburg]. **Jahres-Abrechnung** für die Zeit vom 1. Juli 1892 bis 30. Juni 1893. 1 Bl. 2°. [Kopftit.]

Jahresabschluß, der, des Sortimentsbuchhändlers. Eine kurz gefaßte, auf Erfahrung beruhende Anleitung nach den Grundsätzen der einfachen Buchhaltung den Vermögensbestand, sowie Gewinn und Verlust einer Sortimentsbuchhandlung zu ermitteln. gr. 8. (VIII und 24 S.) Leipzig 859, (Wagner.) *

Jahres-Abschluss der Stadt-Hauptkasse zu Görlitz. *[Wird fortges.]*

Jahres-Ausstellung, d. buchgew., i. D. Buchhändlerhause z. Leipz. 2. A. Leipzig 1893

Jahresausstellung, Münchener, 1889. Reich illustr. Berichte v. Fr. Pecht. [Sonderhefte der „Kunst f. Alle" IV, 19—V, 4.] 10 Hefte. gr. 4. (VIII, 154 S. m. 36 Taf. u. zahlr. Textillustr.) Münch. 889, Verlagsanstalt f. Kunst u. Wissenschaft. * 6 —
—— desgl. 1890. — Reich illustr. Berichte v. Fr. Pecht. [Sonderhefte der „Kunst f. Alle". V, 19—24.] 6 Hefte. gr. 4. (96 S. m. 23 Taf. u. zahlr. Textillustr.) Ebd. 890. * 3 60
Vgl.: Kunst f. Alle.

—— Münchener, von Kunstwerken aller Nationen 1889. Text v. Max Bernstein. 5 Lfgn. Fol. (V, 40 S. m. eingedr. Illustr. u. Taf.) Münch., E. Albert u. Comp. à Lfg. * 1 50; * 7 50
In Mappe 9 —; geb. * 9 50
—— desgl. — 2. Jahrg. 1890. Text v. O. J. Bierbaum. 2 Thle. Fol. (IV, 48 S. m. 42 z. Thl. farb. Vollbildern u. 48 Textabbildgn.) Ebd. à Thl. * 3 50; * 7 —; geb. * 12 —

Jahres-Ausweis des Grundarmen-Versorgungshauses der Leopoldstadt und Jägerzeile vom Jahre 1855. Den Wohlthätern und Gönnern des Versorgungshauses dargelegt von der Grundarmen-Hausverwaltung. Mechitharisten-Buchdruckerei in Wien. (8 S. 8.)

Jahresausweis des Grundarmen-Versorgungshauses der Leopoldstadt und Jägerzeile vom Jahre 1856. Den Wohlthätern und Gönnern des Versorgungshauses dargelegt von der Grundarmen-Hausverwaltung. Wien, 1856 Gedruckt bei Josef Stöckholzer v. Hirschfeld. (8 S. 4.)

Jahresausweis des Grundarmen-Versorgungshauses der Leopoldstadt und Jägerzeile vom Jahre 1857. Den Wohlthätern und Gönnern des Versorgungshauses dargelegt von der Grundarmen-Hausverwaltung. Wien, 1857. Gedruckt bei Josef Stöckholzer v. Hirschfeld. (8 S. 4.)

Jahresbericht, v. auch: „Bericht" u. „Rechenschaftsbericht".

Jahresbericht des Bürgerturnvereins Aarau f. 1884, nebst Mitgliederverzeichniss. In-8°, 20 S. Aarau, Sauerländer.

Jahresbericht, 1., betreffend das städtische Elektrizitätswerk Aarau, 1895. Mit 10 photograph. Ansichten des Werkes und 2 Tabellen (graph. Darstellungen des Lichtkonsums). 45 S. Aarau, Emil Wirz.

Städtisches Elektrizitätswerk Aarau. Jahresbericht pro 1901 u. pro 1902. *je* 21 S. 8. Aarau, H. R. Sauerländer & Co., 1902 u. 1903.
JB. pro 1900 ist nicht separat, sondern nur im Rechenschaftsbericht *der* Gemeinde Aarau *erschienen.*

Jahresbericht des Frauenvereins Aarau pro 1886. In-8°, 8 S. Aarau, H. R. Sauerländer.

Kantonale Krankenanstalt Aarau. 14. Jahresbericht 1900. 87 S. 8. Aarau, G. Keller, 1901.

Kantonale Krankenanstalt Aarau. 15. Jahresbericht 1901. 82 S. 8. Aarau, G. Keller, 1902.

Samariter-Verein Aarau. Jahresbericht 1899/1900. 16 S. 8. Aarau, Buchdr. der Aargauer Nachrichten, 1901.

1. **Jahresbericht** über das Töchterinstitut und Lehrerinnenseminar in Aarau. 1873/74. Ausgeg. v. Rektor der Anstalt O. Sutermeister. 48 Stn. 8. Aarau, Druck v. H. R. Sauerländer.
*** Beigabe: Gegen die jährlichen Schau- und Scheinprüfungen und für die Promotions- und Abgangsprüfungen oder Schlussrepetitorien.

Jahresbericht (siebenter) über das Töchterinstitut und Lehrerinnenseminar Aarau pro 1879/80. Ausgef. von J. Keller (Rector). In-8°, 24 p. Aarau, Sauerländer.

Jahresbericht (8.) über d. Töchterinstitut u. Lehrerseminar in Aarau, Schuljahr 1880—81. Herausgegeben von J. Keller, d. Z. Rector. In-8°, 26 S. Aarau, H. R. Sauerländer.

— 10., über das Töchterinstitut und Lehrerinnenseminar in Aarau, Schuljahr 1882—83. In-8°. 88 S. Aarau, Sauerländer.
*** Mit einer literarischen Beilage: Das rhätische Seminar Haldenstein-Marschlins" von J. Keller, Rector.

— 11., über das Töchterinstitut „Lehrerinnenseminar Aarau". Schuljahr 1883—84. Ausgegeben von J. Keller, Rector. In-8°, 80 S. Aarau, H. R. Sauerländer.

— 12., über das Töchterinstitut und Lehrerinnenseminar Aarau. Schuljahr 1884/85. In-8°, 64 S. Aarau, H. R. Sauerländer.

— 13., über das Töchterinstitut u. Lehrerseminar Aarau. Schuljahr 1885/86. Herausgegeben von J. Keller, Rector. Aarau, H. R. Sauerländer.

Aarau. Jahresbericht, 14., über das Töchterinstitut und Lehrerinnenseminar Aarau. Schuljahr 1886—1887. Ausgegeben von J. Suter, d. Z. Rektor. In-8°, 28 S. Aarau, H. R. Sauerländer. 1887

Jahresbericht, 15., über das Töchterinstitut und Lehrerinnenseminar Aarau. Schuljahr 1887/88. Herausgegeben von *J. Suter*, Rektor. Beigabe: *Flühmann. E.*, Eine Lebensfrage unserer Anstalt. In-8°, 54 S. Aarau, H. R. Sauerländer.

Jahresbericht, XXIII., über das Töchterinstitut u. Lehrerinnenseminar Aarau. Schuljahr 1895/96. Ausgegeben von *J. Suter*, Rektor. Gr. in-8°. 82 S. Aarau, H. R. Sauerländer & Co.

— XXIV., über das Töchterinstitut u. Lehrerinnenseminar zu Aarau. Schuljahr 1896/97. Ausgegeben von *J. Suter*, Rektor. In-8°. 38 S. Aarau, H. R. Sauerländer & Co.

Töchterinstitut und Lehrerinnenseminar Aarau. 28. Jahresbericht. Schuljahr 1900/1901. Ausgegeben von J[acob] Suter, Rektor. Beilage: Zur Erinnerung an Seminardirektor Jakob Keller. [Mit illustriertem Umschlag.] 69 S. 8. Aarau, H. R. Sauerländer & Co., 1901.

Töchterinstitut und Lehrerinnenseminar Aarau. 29. Jahresbericht. Schuljahr 1901/1902. Ausgegeben von J[acob] Suter, Rektor. [Mit illustriertem Umschlag.] 51 S. 8. Aarau, H. R. Sauerländer & Co., 1902.

Töchterinstitut und Lehrerinnenseminar Aarau. 30. Jahresbericht. Schuljahr 1902/1903. Ausgegeben von J[acob] Suter, Rektor. Mit einer Beilage: Geschichte am Seminar. Von E(lisabeth) Flühmann. [Mit illustriertem Umschlag.] 41+*Beilage* 37 S. 8. Aarau, H. R. Sauerländer & Co., 1903.

Kaufmännischer Verein Aarau (Sektion des Schweiz. Kaufm. Vereins). 30. Jahresbericht, sowie Bericht über dessen Unterrichtswesen vom 1. Mai 1900 bis 30. April 1901. IV + 68 S. 8. Aarau, A. Villiger-Amsler, 1901.

Kaufmännischer Verein Aarau (Sektion des Schweiz. Kaufm. Vereins). 31. Jahresbericht, sowie Bericht über dessen Unterrichtswesen vom 1. Mai 1901 bis 30. April 1902. IV + 48 S. 8. Aarau, H. R. Sauerländer & Co., 1902.

Amts-Ersparniskasse Aarberg. Jahres-Bericht pro 1901. IV + 24 S. 8. Aarberg, Th. Schwab, 1902.

Zwangserziehungs-Anstalt Aarburg. Jahresbericht pro 1900. 17 S. 8. Zofingen, (Joh.) Fehlmann, (1901).

Zwangserziehungs-Anstalt Aarburg. Jahresbericht pro 1901. (1902 Februar 28.) 19 S. 8. Zofingen, P. Ringier, 1901.

Zwangserziehungs-Anstalt Aarburg. Jahres-Bericht pro 1902. 25 S. 8. Zofingen, Francke, Ringier & Cie., A.-G., 1903.

JAHRESBERICHT UND ABHANDLUNGEN DES NATURWISSENSCHAFTLICHEN VEREINS IN MAGDEBURG.
1885. (Mit Tafeln und Tabellen.) ib. 1886. —

JAHRESBERICHT UND ABHANDLUNGEN DES NATURWISSENSCHAFTLICHEN VEREINS IN MAGDEBURG.
1887. (Mit Tafeln.) Magdeburg. 1888. Druck: Faber'sche Buchdruckerei. 8°.
Redaction: ERNST HINTZMANN:
1888. (Mit Tafeln.) ib. 1889. — Beilage u. d. T.: Das Innere der Erde. Vortrag, gehalten im naturwissenschaftlichen Verein zu Magdeburg am 8. Mai 1888 von ERNST HINTZMANN. Beilage zum Jahrbuch des naturwissenschaftlichen Vereins in Magdeburg. ib. 1888. Verlag von Wennhacke & Zincke.
Redaction: O. WALTER:
1889. (Mit 1 Tafel.) ib. 1890. Druck: Faber'sche Buchdruckerei, A. & R. Faber. 1890. (Mit 1 Tafel.) ib. 1891. — 1891. (Mit Karten und Tafeln.) ib. 1892. — 1892. ib. 1893. — 1893—1894. I. Halbjahr. (Mit Tafeln.) ib. 1894. —
Redaction: R. POTINECKE:
1894. II. Halbjahr — 1896. (Mit Tafeln.) ib. 1896. — 1896—1898. (Mit Tafeln.) ib. 1898. — 1898—1900. (Mit Tafeln.) ib. 1900. — 1900—1902. (Mit Tafeln.) ib. 1902. — 1902—1904. ib. 1904. Druck: Faber'sche Buchdruckerei.
Redaction: R. WEIDENHAGEN.
1904—1907. ib. 1907. —

— u. Abhandlungen des naturwissenschaftl. Vereins in Magdeburg. Red.: R. Potinecke. 1900—1902. gr. 8. (V, 191 S. m. Abbildgn. u. 1 Bildn.) Magdeburg 902. (Faber). n. 3.—
Früher unter d. T.: Abhandlungen, beigegeben dem Jahresberichte des naturwiss. Vereins zu Magdeburg.

[Jahresbericht mit Abrechnung des Klubs „Die brüderliche Einigkeit" in Hamburg über die Weihnachts-Bescherung.] 8°.
44. Hamburg 1902: Pape. 4 Bl.; 60. Hamburg 1918: Meyer. 12 S. 358.

—— über die chirurgische Abtheilung des Ludwigs-Spitals Charlottenhilfe in Stuttgart im J. 1878 von H. Burckhardt. gr. 8. (150 S.) Stuttgart 880, Enke. *

— über die chirurgische Abteilung u. die chirurgische Poliklinik des Spitals in Basel. 1901 u. 1902. gr. 8. Basel, Spital. à n. 1.—
1901. Erstattet v. O. Hildebrand, E. Hagenbach, A. Müller, A. Vischer, C. S. Hägler u. E. Fricker. (94 S.) 902.
1902. Erstattet v. O. Hildebrand, A. Müller, A. Vischer, H. Friolet, C. S. Hägler, u. E. Fricker. (90 S.) 903.

Jahresbericht der milchwirtschaftl. u. bakteriolog. Abtheilung der Landwirthschaftl. Versuchsstation ... in Kiel, s. Jahresbericht der Milchwirthschaftl. Versuchsstation zu Kiel.

JAHRES-BERICHT DER RÜGISCH-POMMERSCHEN ABTHEILUNG der Gesellschaft für Pom.(mersche) Geschichte und Alterthumskunde (in Stralsund und Greifswald).
36., v. J. 1869—1871. Greifswald. Auf Kosten der Rügisch-Pommerschen Ges. Abtheilung gedruckt und als Vereinsschrift herausgegeben für das Jahr 1871. 8°.
37., siehe Pommersche Geschichtsdenkmäler. Herausgegeben von THEODOR PYL. Bd. 4. 1874.
38 und 39., v. 1874—1877 nebst Nachträgen zu Focks Rügisch-Pommerscher Geschichte betr. die Wolgaster Bibliothek und J. L. Perusius herausgegeben von THEODOR PYL. Greifswald 1877. Vereinsschrift der Rügisch-Pommerschen Abtheilung der Gesellschaft für Pommersche Geschichte und Alterthumskunde in Stralsund und Greifswald. 8°.
40., siehe THEODOR PYL, Geschichte der Stadt Greifswald ... 1879.
41—44., siehe THEODOR PYL, Nachtrag zur Geschichte des Cist. Klosters Eldena und der Stadt Greifswald ... 1883.

—— 36., der rügisch-pommerschen Abthl. der Gesellschaft für pommersche Geschichte und Alterthumskunde in Stralsund und Greifswald vom J. 1869—1871. gr. 8. (III, 79 S.) Greifswald 871, (Bindewald.) * 1 —

— 55.—58., d. Allg. Pomm. Abth. d. Ges. f. Pommersche Gesch. u. A., s.: Pyl, Thdr., d. Greifswalder Sammlgn. vaterländ. Alterthümer.

Jahresbericht des k. k. Ackerbau-Ministeriums über die Maßregeln und Arbeiten zur Förderung der Landescultur in den im Reichsrathe vertretenen Königreichen und Ländern für 1868. Lex.-8. (IV, 363 S.) Wien 869, Gerold's Sohn. *

Jahresbericht des österreich. Aëro-Klub üb. d. Vereinsj. 1909. (65 S.) 8. Wien 910. (Verl. der allg. Sport-Ztg.) 1. —
Erschien früher u. d. T.:
Jahresbericht des Wiener Aëro-Club für 1901. schmal gr. 8. (55 S. m. Abbildgn.) Wien 902. (Verl. der allgem. Sport-Zeitg.) n. 1. —

— des Wiener Aëro-Klub üb. d. Vereinsj. 1902—1906. (64, 48 u. 59 S. m. Abbildgn.; 44 S. m. 2 Bildniss. u. 47 S.) schmal 8. Wien 902—907. (Verlag der allgem. Sport-Zeitg.) à n. 1. —

-- des Wiener Aëro-Klub üb. d. Vereinsj. 1908. (49 S.) 8. Ebd. 909. 1. —

Jahresbericht der Agricultur-Chemie. Separat-Ausg. des Centralblattes für Agricultur-Chemie und rationellen Wirthschaftsbetrieb. Hrsg. von W. Detmer 1875. 2 Bde. gr. 8.. (X, 288 und „der Oeconom" 116 S.) Berlin, Luckhardt'sche Verlagsh. 1876. à Bd. * M 10. *
Nicht weiter erschienen.

Jahresbericht der königlichen Akademie der Wissenschaften, am Maximilianstage den 12. Oktober 1808 . . . München 1808. 12. Oktober 1809. München 1810. V: *Schlichtegroll*, *Adolph Hnr. Frdr.* (Ky) (MGT)

— der Königl. Academie d. Wissenschaften, (v. F. v. Schlichtegroll.) 1808. gr. 4. Münch. 809. (Fleischmann). 5 gr Ders. am Maximilianstage den 12. Oct. 1809. gr. 4. Ebd. 810. ... 3r—8r Jahresbericht rc. 1810—16. gr. 4. Ebd.

Jahresbericht, Dritter und vierter, der kön. Bayer. Akademie der Wissenschaften am 12. Oct. 1810 u. 1811. München 1812. V: *Schlichtegroll*, *Adolph Heinr. Friedrich.* (MGT)

Jahresbericht der königl. Academie der Künste (zu Berlin), abgestattet in d. öffentl. Sitzung derselben am 12. Juni 1846 und zunächst dem Andenken d. verst. einheim. Mitglieder Fr. Aug. Elsasser u. C. W. Wach gewidmet von E. H. Toelken. gr. 4. Berlin 846, Stricker. n. 1/2 Thlr.

Jahresbericht d. kgl. Academie d. Künste, abgestattet in d. öffentl. Stitzung derselben am 12. Juni 1846 u. zunächst d. Andenken d. verst. einheim. Mitglieder Fr. Aug. Elsasser u. C. W. Wach gewidm. v. E. H. Toelken. gr. 4. (6 B.) Berlin 846, Vossische Sort.-Buchh. *

—— der kgl. schwed. Akad. d. Wissenschaften üb. d. Fortschritte d. Botanik im J. 1828 u. 34. Der Akad. übergeb. am 31. März 1835 u. 36. v. Joh. Em. Wikström. Uebers. u. mit Zusätzen u. Registern vers. v. C. T. Beilschmied. gr. 8. Breslau, (Max u. Komp.) [828. (8 1/2 B.) 835. 7/12 Thlr., 34. (15 1/4 B.) 836. 1 Thlr.]
Die vorhergeh. Jahrgg., s. Jahresberichte; Fortsetz., s. Wikström.

Jahresbericht d. Kgl. Schwed. Akademie d. Wissenschaften üb. d. Fortschritte d. Botanik in d. J. 1829—33. Der Akad. übergeb. (jedesmal) am 31. März 1830—33 v. Joh. Em. Wikström. Uebersetzt u. mit Zusätzen versch. v. C. T. Beilschmied. gr. 8. Breslau 834, 35, (Max u. Comp.) [829. (7 B.) 10 Gr., 30. (11 B.) 16 Gr., 31. (13 3/4 B.) 22 Gr., 32. (12 B.) 18 Gr., 33. (14 3/4 B.) 1 Thlr.]

— der Königl. Schwed. Akademie der Wissenschaften über d. Fortschritte d. Botanik im Jahre 1836. Der Akademie übergeben am 31. März 1837. Von Jh. E. Wikström. Uebersetzt u. mit Zusätzen u. Registern versehen von C. T. Beilschmied. gr. 8. Breslau 840. (Max u. Comp.) 1 3/4 Thlr. — ders. im Jahre 1837. Der Akademie übergeben am 31. März 1838. Uebersetzt u. mit Registern versehen von C. T. Beilschmied. gr. 8. Ebend. 841. 2 Thlr. — ders. im J. 1838. Uebersetzt v. Demselben. gr. 8. Ebend. 843. 2 Thlr.

JAHRESBERICHT DER KÖNIGL. SCHWEDISCHEN AKADEMIE DER WISSENSCHAFTEN ÜBER DIE FORTSCHRITTE DER BOTANIK in den Jahren 1839—1842. Der Akademie übergeben am 31. März 1840, 1841, 1842, 1843. Von JOH. EM. WIKSTRÖM. Uebersetzt und mit Zusätzen und Registern versehen von C. T. BEILSCHMIED.
Regensburg. 1846, 1847. Verlag der Redaction der Flora. 8°.

Jahresbericht d. Schwed. Akademie d. Wissenschaften üb. d. Fortschritte d. Naturgeschichte, Anatomie u. Physiologie d. Thiere u. Pflanzen. A. d. Schwed. mit Zusätzen v. J. Müller. 1824. Der Uebersetzung 1r Jahrg. gr. 8. Bonn 826, Marcus.

—— der Schwed. Acad. d. Wissenschn. üb. d. Fortschritte d. Naturgeschichte, Anatomie u. Physiologie d. Thiere u. Pflanzen. A. d. Schwed. mit Zusätzen v. J. Müller. 1825. Der Uebersetz. 2. Thl. gr. 8. (14 B.) Bonn 828, Marcus.
1824, od. 1. Thl. Ebendas. 1826. 1 Thlr. 4 Gr.

[Jahres-Bericht der Freimaurerloge „Akazia" im Orient Winterthur:] von 1901 an. 430.

Aktiengesellschaft für Eisenbahnenmaterial in Bern. 1. Jahresbericht pr. 1872. 9 Stn. 4. Bern, Druck v. Rieder & Simmen.

Aktiengesellschaft der Fabrik für Eisenbahnmaterial in Bern. 2. Jahresbericht f. 1873. 7 Stn. 4. Bern, Druck v. Rieder u. Simmen.

Aktiongesellschaft für Gasbeleuchtung (*28 u. 29:* in) Wädensweil (*29: Wädenswil).

27. Jahresbericht für das Geschäftsjahr 1900. [4 S.] 4. (Wädensweil, J. Baumann, 1901.)
28. u. 29. Jahresbericht 1901 u. 1902. 17 u. 15 S. kl.-4. Wädensweil, A. Stutz, 1902 u. 1903.

Schweiz. **Alkoholgegnerbund.** Jahresbericht pro 1902/1903 hrg. vom National-Komitee — Ligue antialcoolique suisse. Annuaire 1902/1903 publié par le Comité national. IV + 113 [+ 10] S. 8. Lachen, Jean Salzmann, 1903.
1. sep. gedruckter Bericht.

[Jahresbericht] Handelskammer Allenstein (für den Regierungsbezirk Allenstein Ostpr.) 1. ff. Jahresbericht f. d. J. 1909/1910 ff. Allenstein 1910 ff. 8°
1, 1909/10. 1910 — 5, 1913/14. 1914.

Handelskammer Allenstein (für d. Reg. Bez. Allenstein Ostpr.). **Jahresbericht.** 1. Allenstein 1910: Harich. 8° (11. 6379 10

Centralkommission für die Rhein-Schiffahrt. Allgemeiner **Jahresbericht.** Mainz, (1861 ff.:) Mannheim.
Für 1852—65.
[Und]
Statistischer Jahres-Bericht der Central-Kommission für die Rhein-Schiffahrt. Mannheim.
Für 1866—77.

— allgemeiner, für 1856—59 der Central-Commission für die Rhein-Schifffahrt. gr. 4. Mainz 857—60, Kupferberg. [1856. (XXXV und 129 S.) 1857. (XX und 127 S.) 1858. (XX und 182 S.) 1859. (XIX und 182 S.)] à Jahrg.

— allgemeiner, für 1860 der Central-Commission für die Rhein-Schifffahrt. gr. 4. (XX und 127 S.) Mainz 862, Kupferberg.

— dass. — für 1861—66. gr. 4. [1861. (XVI und 121 S.) 862., 1862. (XVIII und 121 S.) 863., 1863. (XV und 123 S.) 864., 1864. (XV und 123 S.) 865., 1865/66. (128 S.) 867.] Mannheim, Schneider. à Jahrg.
Sind auch in französ. Sprache zu gleichem Preise erschienen.

— allgemeiner der Central-Commission für die Rhein-Schifffahrt, für 1862—68. Mannheim, Schneider. gr. 4. Jeder Jahrg. 2 ℳ
1862. (XVIII, 121 S.) 863., 1863. (XV, 123 S.) 864., 1864. (XV, 123 S.) 865., 1865/66. (128 S.) 867., 1866/67. (XXIX, 71 S.) 869., 1867/68. (XXIII, 110 S.) 870.
Auch in franz. Sprache zu gleichem Preise.

Das Krüppelheim „Alten Eichen" zu Stellingen bei Altona. . . . Jahresbericht für die Zeit vom 1. Januar bis 31. Dezember . . . Altona. 8°
11.—18, 1909—16.
Fortges. u. d. T.:
. . . Jahresbericht über das Krüppelheim „Alten Eichen" zu Stellingen b. Altona. Altona. 8°
19 ff. 1917 ff.

JAHRES-BERICHT DER ALTERTHUMS-GESELLSCHAFT, abgestattet vom Vorstande in der General-Versammlung zu Insterburg
am 23. September 1881. Insterburg. 1881. Druck der Insterburger Vereinsdruckerei. 8°.
am 20. Oktober 1882. ib. 1882. Druck von C. Wilhelmi.

JAHRESBERICHT DER ALTERTHUMS-GESELLSCHAFT zu Insterburg.
Erstattet in der Generalversammlung vom 14. November 1884. (Ohne bes. Titelblatt. — Druck von C. Wilhelmi in Insterburg.) 8°.
Für das Vereinsjahr 1884/85. Erstattet vom Vorstande in der Generalversammlung am 30. Oktober 1885. Insterburg 1885. Druck von Carl Wilhelmi.

JAHRESBERICHT DER ALTERTHUMS-GESELLSCHAFT in Insterburg
für das Vereinsjahr 1885/86. Erstattet vom Vorstande in der Generalversammlung am 18. Oktober 1886. ib. 1886. —

JAHRESBERICHT DER ALTERTHUMS-GESELLSCHAFT ZU INSTERBURG . . .
Erstattet vom Vorstande in der Generalversammlung . . .
für das Vereinsjahr 1886/87 . . . am 31. Oktober 1887. Insterburg 1887. Druck von Carl Wilhelmi [1]). 8°.
für das Vereinsjahr 1888/89 . . . den 14. November 1889. ib. 1890. —
JAHRESBERICHT DER ALTERTUMS-GESELLSCHAFT ZU INSTERBURG . . .
Erstattet vom Vorstande in der Generalversammlung . . .
über das Vereinsjahr 1889/90 . . . vom 5. Dezember 1890. ib. 1891. —
JAHRESBERICHT DER ALTERTHUMS-GESELLSCHAFT ZU INSTERBURG . . .
über das Vereinsjahr 1891/92. (ib. — Ohne bes. Titelbl.)
über das Vereinsjahr 1. Oktober 1892/93. (o. O. o. Dr.)
über das Vereinsjahr 1. Oktober 1893/94. (o. O. o. Dr.)
[1]) Jahresbericht . . . für 1887/88 und 1890/91 nicht erschienen.

JAHRESBERICHT DER ALTERTHUMSGESELLSCHAFT INSTERBURG . .
für das Vereinsjahr vom 1. Oktober 1894 bis 31. Dezember 1895. (o. O. o. Dr. ohne bes. Titelbl.)
für das Vereinsjahr 1896. (Insterburg. Druck von Czibulinski's Nachf.) (Mit bes. Titelbl.)
für das Vereinsjahr 1897. ib. —
für das Vereinsjahr 1898. (ib. —)
für das Vereinsjahr 1899. (ib. —)
JAHRESBERICHT DER ALTERTUMSGESELLSCHAFT INSTERBURG . .
für das Vereinsjahr 1900. (ib. —. Ohne bes. Titelbl.)
für das Vereinsjahr 1903. Insterburg 1904. Buchdruckerei Dr. A. Bittner.
für das Vereinsjahr 1904. ib. 1905. —
für das Vereinsjahr 1905. ib. 1906. —
für das Vereinsjahr 1907 [1]). ib. 1908. —
für das Vereinsjahr 1909. ib. 1910. —
für das Vereinsjahr 1910. ib. 1911. Dr. Albert Bittners Buchdruckerei. — Darin mit bes. Titelbl.: VERZEICHNIS der vorgeschichtlichen und geschichtlichen Sammlungen der Altertumsgesellschaft zu Insterburg. Insterburg 1911. Dr. Albert Bittner's Buchdruckerei.
für das Vereinsjahr 1911. ib. 1912. —
[1]) Jahresbericht 1908 befindet sich im 11. Heft der Zeitschrift.

JAHRES-BERICHT des Lauinger Altertums-Vereins
über das Jahr 1906. (Lauingen a. D. St. Johannes-Buchdruckerei. Ohne bes. Titelbl.) 8°.

Mannheimer Alterthums-Verein. — JAHRES-BERICHT für die Geschäfts-Jahre 1881 & 1882 erstattet vom Vorstande des Vereins. Mannheim. 1883. Buchdruckerei Wilhelm Beute. 4°.

JAHRESBERICHT DES KÖNIGLICH SÄCHS. ALTERTHUMS-VEREINS
über das Vereinsjahr 1879—1880. Dresden 1880. Druck: Wilh. Baensch. 8°.
über das Vereinsjahr 1880—1881. ib. 1881. —
über das Vereinsjahr 1881—1882. ib. 1882. —
über das Vereinsjahr 1882—1883. ib. 1883. —

JAHRESBERICHT DES KÖNIGLICH SÄCHS. ALTERTHUMS-VEREINS
über das Vereinsjahr 1883—1884. Dresden. 1884. Officin: Wilhelm Baensch. 8°.
über das Vereinsjahr 1884—1885. ib. 1885. —
über das Vereinsjahr 1885—1886 ib. 1886. —

JAHRESBERICHT DES KÖNIGLICH. SÄCHS. ALTERT(H)UMS-VEREINS
über das Vereinsjahr
1886—1887. Dresden 1887. Officin: Wilhelm Baensch. 8°. — 1887—1888. ib. 1888. —
über das Vereinsjahr
64. 1888—1889. ib. 1889. — 65. 1889—1890. ib. 1890. — 66. 1890—1891. ib. 1891. — 67. 1891/92. ib. 1892. Wilhelm Baensch, K. S. Hofverlagsbuchhandlung. — 68. [8]) 1892/93. ib. 1893. — 69. 1893/94. ib. 1894. — 70 1894/95. ib. 1895. — 71. 1895/96. ib. 1896. — 72. 1896/97. ib. 1897. — 73 1897/98. ib. 1898. — 74. 1898/99. ib. 1899. Wilhelm Baensch, Verlagshandlung. — 75. 1899/1900. ib. 1900. —
JAHRESBERICHT DES KÖNIGLICH SÄCHSISCHEN ALTERTUMS-VEREINS
über das Vereinsjahr
76—84. 1900/1901—1908/1909. ib. 1901—1909. — 85—86. 1909/1910—910/1911. ib. 1910—1911. Buchdruckerei der Wilhelm und Bertha v. Baensch-Stiftung.
[8]) Titel fingiert.

Jahresbericht des Altertumsvereins für Schleswig und Umgegend. 1. Schleswig 1905: Schlesw. Nachrichten. 8°

Jahresbericht der Handwerkskammer zu Altona f. 1902/03. Altona-Ottensen (1903) 8°
(Fortges. u. d. Tit.:)
Geschäftsbericht der Handwerkskammer zu Altona f. d. Zeit von 1903/1904 1905/1906. Altona-Ottensen (1905. 1908). 8°.
(Fortges. u. d. Tit.:)
Jahresbericht der Handwerkskammer Altona f. d. Zeit 1906/1907 ff. Altona-Ottensen (1907 ff.). 8°.

Krankenpflege-Verein Altstetten. ([Rückblick] auf seine zehnjährige Thätigkeit resp. 7. Jahresbericht 1901. — 1902 Juni 30.) [3 S.] 8. (A[ltstetten-]Z[ürich], J. K[opp]-T[anner].)

Jahresbericht des Alumnatvereins seit 1909/10.

Alumneum für Studierende der Theologie in Basel. 57. Jahresbericht vom 1. Oktober 1900 bis zum 30. September 1901. 8 S. 4. Basel, Basler Druck- und Verlagsanstalt, 1901.

Alumneum für Studierende der Theologie in Basel. 58. Jahresbericht vom 1. Oktober 1901 bis zum 30. September 1902. 8 S. 4. Basel, Basler Druck- und Verlagsanstalt, 1902.

Jahresbericht des handelsstatist. Amtes pro 1898. Hrsg. v. schweizer. Zolldepartement. 4. (100 S.) Bern, Schweizer. Oberzolldirektion. Abteilung Handelsstatistik. 1900. 1. —

Jahresbericht des Statistischen Amts der Stadt Düsseldorf. Erg.H. zu d. Statist. Monatsberichten d. Stadt Düsseldorf. [2.] Für 1902. Düsseldorf 1902: L. Voss & Cie. 4°
Ist enth. in: Statist. Monatsberichte d. Stadt Düsseldorf. Jg. 1. 1902. [o8. 11791]

Jahresbericht des Statistischen Amts der Stadt Düsseldorf für 1906 [u.] 1907. Düsseldorf (1907,08). 4°. [Umschlagtit.]
(Fortges. u. d. Tit.:)
Zur wirtschaftl. u. sozialen Entwickelung Düsseldorfs i. J. 1908. 1909. Jahresbericht ... Düsseldorf 1909. 1910. 4°.

Jahresbericht des Statistischen Amtes der Stadt Königsberg i. Pr. Jahr 1906. O. O. u. J. 2°.
(Fortges. u. d. Tit.:)
Jahresübersichten, Statistische, für die Königliche Haupt- u. Residenzstadt Königsberg i. Pr. 1907. Bearb. von Georg *Neuhaus*. Königsberg i. Pr. 1908. 8°.
(Fortges. u. d. Tit.:)
Jahrbuch, Statistisches, für die Königliche Haupt- und Residenzstadt Königsberg i. Pr. In. Auftr. d. Magistrats hrsg. vom Städt. Statist. Amt. Jg 1. 2. Königsberg i. Pr. 1909. 8°.
1. 1908 1909. 2. 1909 1910.

Amtsbürgschafts-Genossenschaft für den Kanton Bern. 9. Jahresbericht über das Geschäftsjahr 1900. 42 S. 8. (Bern, Büchler & Co., [1901].)

Amtsbürgschafts-Genossenschaft für den Kanton Bern. 10. Jahresbericht über das Geschäftsjahr 1901. 45 S. 8. (Bern, Büchler & Co.)

Amtsbürgschafts-Genossenschaft für den Kanton Bern. 11. Jahresbericht über das Geschäftsjahr 1902. 48 S. 8. (Bern, Bühler & Werder, [1903].)

Anstalt für Arbeits-Vermittlung im Engelhof... (in Basel). 17. Jahresbericht (vom 1. April 1900 bis 31. März 1901). [4 S.] 4.

Anstalt für Arbeits-Vermittlung im Engelhof ... (in Basel). 18. Jahresbericht (vom 1. April 1901 bis 31. März 1902). [4 S.] 4.

Anstalt für Arbeits-Vermittlung im Engelhof ... (in Basel). 19. Jahresbericht (vom 1. April 1902 bis 31. März 1903). [4 S.] 4.

Jahresbericht der Anstalt für schwachsinnige Kinder zu Regensberg. 9—10. 1891—92.

Anstalt für Erziehung schwachsinniger Kinder in Regensberg. 18. u. 19. u. 20. Jahresbericht. 1900 u. 1901 u. 1902. [je Mit 1 Ansicht.] 20 u. 20 u. 24 S. 8. Zürich (20: -Selnau), Ed. Leemann, 1901 u. Gebr. Leemann & Co., 1902 u. 1903.

Erster Jahresbericht über die von dem Einwohner J. Boysen gegründete Anstalt für verwahrlosete Knaben in Schleswig. Gedruckt auf Kosten des Vereins zur Beförderung der Wohlfahrt der ärmeren Klassen. Schleswig. 1849. 8°

Anstalt für schwachsinnige Kinder im Kienberg bei Gelterkinden. 2. Jahresbericht pro 1900. 25 S. 8. Liestal, Suter & Cie., 1901.

Anstalt für schwach begabte Taubstumme in Bettingen. 1. Jahresbericht 1902—1903. 4 S. 8.

—— der k. ungar. geologischen Anstalt für 1882 und 1883. gr. 8. Budapest. (Berlin, Friedländer und Sohn.) [1882. (87 S. mit 1 Stnt.) 883. *ℳ 1,40.; 1883. (144 S. mit 5 eingedr. Abbild. und 1 Stnt.) 884. *ℳ 2.] *

—— der kgl. ungar. geologischen Anstalt für 1885. Lex.-8. (247 S.) Budapest 887, (Kilián's Universitäts-Buchh.) *

Jahresbericht der kgl. ungar. geologischen Anstalt f. 1886—1888. gr. 8. Budapest 888—890. (Kilián.) à n. 8. —
1886. (253 S. m. 1 Taf.) — 1887. (209 S. m. 1 Taf.) — 1888. (193 S. m. 2 Taf.)

— der kgl. ung. geologischen Anstalt f. 1889—1891. Lex.-8. Budapest, (F. Kilián). n. 21. —
1889. (196 S.) 891. n. 6. —. — 1890. (195 S. m. Textabbildgn. u. 1 Taf.) 892. n. 7. —. — 1891. (236 S. m. 1 Taf.) 893. n. 8. —.

— dasselbe. Generalregister der Jahrgänge 1882—1891. Zusammengestellt von Mor. v. Pálfy. Lex.-8. (124 S.) Ebd. 899. n. 4. 40

— d. kgl. ung. geologischen Anstalt f. 1892. gr. 8. (324 S. m. 2 Taf.) Budapest 895. (F. Kilián Nachf.) n. 12. —

— dasselbe f. 1893. gr. 8. (227 S. m. 1 Taf.) Ebd. 895. n. 8. —

Jahresbericht der königl. ungar geologischen Anstalt für 1894. Lex.-8. (183 S.) 3.60 Ebda. 1897.

— dasselbe f. 1895. Uebertragg. aus d. ungar. Original. Lex.-8. (142 S.) Ebd. 898. n. 6. —

— der kgl. ungar. geologischen Anstalt für 1896—1899. Uebertragung aus dem ungar. Original. Lex.-8. Budapest (F. Kilián's Nachf.) n.n. 38. —
1896. (219 S.) 898. n. 8. —. — 1897. (255 S. m. Abbildgn. u. 1 Karte.) 899) n.n. 10. —. — 1898. (296 S. m. Fig.) 901. n. 12. —. 1899. (164 S. m. Fig.) 901. n. 8. —.

— der kgl. ung. geologischen Anstalt f. 1900—1904. Uebertragung aus dem ungar. Original. Lex.-8. Budapest (F. Kilián's Nachf.) n. 61. 60
1900. (256 S. m. Fig. u. 1 Taf.) 903. n. 12. —
1901. (205 S. m. Fig. u. 1 Taf.) 903. n. 10. —
1902. (254 S.) 904. n. 12. —
1903. (347 S. m. Abbildgn. u. 2 Taf.) 905. n. 15. —
1904. (358 S. m. Abbildgn.) 906. n. 12. 60

—— der Alsterdorfer Anstalten. Im Namen des Vorstandes abgestattet von H. Sengelmann. (1866.) gr. 16. (70 S.) Hamburg, Verlag der Alsterdorfer Anstalten. *

Jahresbericht über die Anstalten des evangel.-kirchl. Hilfsvereins in Kärnten. Klgft., Bertschinger, Schlick in St. Veit a. d. Glan, 1902—.

Appenzellerbahn-Gesellschaft (Strecke Winkeln-Herisau-Appenzell). 28. Jahres-Bericht umfassend 1900. II + 54 S. 4. Herisau, Schläpfer & Cie., 1901.

Appenzellerbahn-Gesellschaft (Strecke Winkeln-Herisau-Appenzell). 29. Jahres-Bericht 1901. II + 50 S. 4. Herisau, Schläpfer & Cie., 1902.

Appenzellerbahn-Gesellschaft (Strecke Winkeln-Herisau-Appenzell). 30. Jahres-Bericht 1902. II + 50 S. 4. Herisau, Schläpfer & Cie., 1903.

Evangelische Arbeit (*S. 7: Evangelisches Werk) unter den Italienern in Basel. 1. Jahresbericht vom 1. August ([und] Rechnung vom 1. Juli) 1900 bis 30. Juni 1901. 7 S. 8.

— u. Arbeiten der II. chirurgischen Klinik zu Wien. 1. IV. 1904–31. XII. 1905. Hrsg. v. Jul. Hochenegg. (VI, 572 S. m. 129 Abbildgn.) Lex.-8. Wien 906. Urban & Schwarzenberg. n. 20. —; geb. n.n. 22. —

— u. Arbeiten der II. chirurgischen Klinik zu Wien, Fortsetzg., s.: Jahresbericht der II. chirurg. Klinik.

Schweizerischer Arbeiterbund und Schweizerisches Arbeitersekretariat. 13. u. 14. Jahresbericht für die Jahre 1899 und 1900, nebst den Protokollen der Sitzung des Bundesvorstandes und dem Bericht über den ausserordentlichen Arbeitertag in Bern 1900. II + 143 S. 8. Zürich, Komm. Buchh. des Schweiz. Grütlivereins, 1901. [fr. 1.20]

Schweiz. Arbeiterbund und Schweizerisches Arbeitersekretariat. ... Jahresbericht..., nebst den Protokollen der Sitzungen des Bundesvorstandes. 8. Zürich, Komm. Buchh. des Schweiz. Grütlivereins.

15. Jahresbericht für das Jahr 1901.... Der Arbeitertag in Bern am 31. März 1902. 126 S. 1902. [fr. 1.50]

16. Jahresbericht für das Jahr 1902.... II + 80 S. 1903. [fr. 1.20]

Jahresbericht, 5., der Arbeiterinnen-Heimath in Klein-Basel. In-8°, 7 S. Basel, Druck v. M. Werner-Riehm. 1886.

Arbeiterinnen-Heimath (in Basel). 20. Jahresbericht. 1. Juni 1900 bis 31. Mai 1901. 7 S. 8. Basel, A. Galliker, 1901.

Deutsche Arbeiter-Kolonie in England. (Jahresbericht 8. 1907.) (Ldn.)

Jahresbericht der Allgem. Arbeiter-Kranken- u. Unterstützungskasse für Kärnten. Klgft., v. Kleinmayr, Bertschinger, Leon, 1871—.

Arbeitersekretariat f. d. Kreise Altena–Iserlohn. Jahres-Bericht. (=: Arbeitersekretariat f. d. Sauer- u. Siegerland. Jahres-Bericht.) [1.] 1900 -04. Iserlohn: Arbeitersekr. 1905. 8°

Jahresbericht des Bochumer Arbeiter-Sekretariats. Ausg. 1 u. 2 (1902/05 u. 1906). Bochum, 1906—1907.

Jahresbericht (2.) des Arbeitersecretariats in Frankfurt a. M. für 1900, nebst Jahresbericht des Gewerkschafts-Secretärs und einer Abhandlung: Ein Musterfall nach dem neuen Unfallversicherungsgesetz. 8°. Frankfurt a. M., Union-Druckerei, 1901.

Jahresbericht (6.) für 1904, nebst Jahresbericht des Gewerkschafts-Sekretärs und einer Abhandlung: Dreissig Jahre Fabrik- und Gewerbeinspektion. gr. 8°. Frankfurt a. M., Arbeitersecretariat, 1905.

Jahresbericht [des] Arbeiter-Sekretariat[s] Frankfurt a. M. 10. f. 1908 nebst Bericht d. Gewerkschafts-Sekretärs u. e. Anh.: 10 Jahre Arbeiter-Sekretariat. Frankfurt a. M. 1909. 8°.

Jahresbericht des Arbeiter-Sekretariats für Gelsenkirchen und Umgegend. Jg. 1 u. 2 (1904 u. 1905). Gelsenkirchen, 1905—1906.

Arbeiter-Sekretariat für Kiel und Umgegend. Bericht (2ff. Jahres-Bericht) über das Geschäftsjahr ... 1. 1901. Kiel: Arbeiter-Sekretariat 1901. 8° [F.] [illegible]

... Jahresbericht des Arbeiter-Sekretariats für Kiel und Umgegend. Kiel. 8°
1.—10., 1901—1910.
Fortges. u. d. T.:
Das Gewerkschaftsleben in Kiel. Berichte ... Kiel. 11.—(21.), 1911—1921.

Jahresbericht des Arbeiter-Sekretariats in Köln, nebst Jahresbericht der Kartellkommission der freien Gewerkschaften in Köln. Jg. 1–6 (1901–1906). Köln. 1902–1907.

Jahres-Bericht des Arbeiter-Sekretariats in Lübeck nebst Jahres-Berichten d. Aufsichtskommission, d. Gewerkschafts-Kartells u. d. Bauarbeiter-Schutzkomm. 1. Lübeck 1902: F. Meyer & Co. 8° [F.] [illegible]

Jahresbericht (1.) des Arbeiter-Sekretariats in Lübeck, nebst Jahresberichten der Aufsichtskommission und des Gewerkschaftskartells. 8°. Lübeck, Selbstverlag, 1902.

— 4. Jahresbericht. 8°. Lübeck 1905.

Jahresbericht [des] Arbeitersekretariats und [der] Gewerkschaften Magdeburgs.

Jahresbericht des Arbeitersekretariats für das Sauer- und Siegerland, nebst dem Bericht der Agitations-Kommission über den Stand der Gewerkschafts-Bewegung im Bezirk des Sekretariats. Bericht der Gewerkschafts-Kartelle Altena, Hemer-Menden, Hohenlimburg, Iserlohn, Lüdenscheid, Plettenberg und Siegen. Jg. 1–3 (1900/04, 1905, 1906). Lüdenscheid, 1905–1907.

Jahresbericht, IX., d. schweiz. Arbeiter-Sekretariats. In-8°. 183 S. Zürich, Buchh. des schweiz. Grütlivereins. 1896. — 70

— 12., des schweizer. Arbeitersekretariats f. d. J. 1898 nebst den Protokollen der Sitzungen des Bundesvorstandes. Anh. Bericht üb. die Anwendg. des eidgenöss. Fabrikgesetzes. gr. 8. (110 S.) Zürich 899. (Buchh. des schweiz. Grütlivereins.) n. 1. —
Vergl.: Jahresbericht des leitenden Ausschusses des schweiz. Arbeiterbundes.

Arbeitslosenkasse des Arbeiterbundes Basel. 1. Jahresbericht ⟨15. April 1901 bis 15. April 1902.⟩ 16 S. 8. [Basel,] Emil Birkhäuser.
Bericht[e] des Basler Arbeitersekretariats. No. 6, 1902.

Jahresbericht des städtischen Arbeits- und Wohnungsnachweis [!] in Elberfeld. [1.] Elberfeld (1908): Martini & Grüttefien. 4° [illegible]

Jahresbericht der Arbeitsnachweisstellen des Grossherzogtums Luxemburg. Geschäftsj. 1906 ff. Luxemburg 1907 ff. 8°.
1906, 1907. 1907, 1908.

Jahresbericht (I. u. II.) des Mitteldeutschen Arbeitsnachweisverbandes für das Geschäftsjahr 1907/08 und 1908/09. 4°. Frankfurt a/M., Gebr. Knauer, 1908/09.

Jahresbericht der Loge Archimedes zum sächsischen Bunde im Or. Schneeberg. 1883. 8. 8 S.

Armen-Erziehungs-Verein im Bezirk Aarau. 12. Jahresbericht f. d. J. 1871. 15 Sn. 8. Aarau, H. R. Sauerländer.

Armen-Erziehungs-Verein im Bezirk Aarau. 13. Jahresbericht f. 1872. 16 Sn. 8. Aarau, Druck v. H. R. Sauerländer.

Armen-Erziehungs-Verein im Bezirk Aarau. 14. Jahresbericht pr. 1873. 18 Stn. 8. Aarau, Druck v. H. R. Sauerländer.

Armen-Erziehungsverein im Bezirk Aarau. 16. Jahresbericht, f. das Jahr 1875. 14 Stn. 8. Aarau, Druck von Sauerländer.

Jahresbericht (20.) des Armen-Erziehungs-Vereins des Bezirks Aarau für das Jahr 1879. In-8°, 16 S. Aarau, Sauerländer.

Jahresbericht des Armen-Erziehungs-Vereins im Bezirk Aarau für das Jahr 1880. In-8°, 18 S. Aarau, H. R. Sauerländer.

Jahresbericht, 23., des Armen-Erziehungsverein im Bezirk Aarau pro 1881. In 8°, 18 S. Aarau, H. R. Sauerländer.

Jahresbericht des Armen-Erziehungsvereins im Bezirk Aarau pro 1882. In-8°, 16 S. Aarau, Sauerländer.

Jahresbericht, 26., des Armenerziehungsvereins im Bezirk Aarau für das Jahr 1885. In-8°, 20 S. Aarau, H. R. Sauerländer.

Armen-Erziehungs-Verein im Bezirk Aarau. 41. Jahresbericht für das Jahr 1900. 18 S. 8. Aarau, Buchdr. des Aargauer Tagblatt, 1901.

Armen-Erziehungs-Verein des Bezirks Aarau. 42. Jahresbericht für das Jahr 1901. 19 S. 8. Aarau, Buchdr. der Aargauer Nachrichten, 1902.

Armen-Erziehungs-Verein des Bezirks Aarau. 43. Jahresbericht für das Jahr 1902. 16 S. 8. Aarau, H. [R.] Sauerländer & Co., 1903.

Armen-Erziehungs-Verein im Bezirk Baden. 9. Jahresbericht f. 1871. 14 Stn. 4. Druck v. J. Huwiler.

Armen-Erziehungs-Verein im Bezirk Baden. 10. Jahresbericht pr. 1872. 14 Stn. 8. Baden, Druck v. J. Huwiler.

Armen-Erziehungs-Verein im Bezirk Baden. 38. Jahresbericht über das Jahr 1900. II + 20 S. 8. Baden, J. Jäger, Juni 1901.

Armen-Erziehungs-Verein des Bezirks Rheinfelden. 12. *u.* 13. *u.* 14. Jahresbericht über das Jahr 1900 *u.* 1901 *u.* 1902. 19 *u.* 19 *u.* 18 S. 8. Rheinfelden, Buchdr. des «Schweizerboten», 1901 *u.* 1902 *u.* 1903.

Armenkinder-Erziehungs-Verein im Bezirk Muri. 8.

39. Jahresbericht pro 1900. 15 S. Muri, A. Schibli-Keller, (1901).
40. Jahresbericht pro 1901. II + 15 S. [Muri,] A. Heller, 1902.
41. Jahresbericht pro 1902. II + 16 S. Muri, A. Schibli-Keller, 1903.

Allgemeine Armenpflege (Basel). 3. Jahresbericht ⟨31. der freiwilligen Armenpflege⟩ über das Jahr 1900. 32 S. 8. Basel, Emil Birkhäuser, 1901.

Allgemeine Armenpflege (Basel). 4. Jahresbericht ⟨32. der freiwilligen Armenpflege⟩ über das Jahr 1901. II + 27 S. 8. Basel, Kreis, 1902.

Allgemeine Armenpflege (Basel). 5. Jahresbericht ⟨33. der freiwilligen Armenpflege⟩ über das Jahr 1902. II + 36 S. 8. Basel, Friedrich Reinhardt, 1903.

Jahresbericht des Breslauer Armenpflegerinnen-Vereins. [1.] Für d. Jahr 1896. Breslau 1896: P. Voß. 8°

—— 25., üb. die freiwillige Armenschullehrer-Anstalt in Beuggen v. 4. Jul. 1845. 16. (3 B.) Basel, Bahnmaier's Bh. *

Armenschullehrer- und Kinderanstalt in Beuggen. 81. Jahresbericht ([und] Jahresrechnung vom 1. Juni 1900 bis 31. Mai 1901). [Mit illustriertem Umschlag.] 47 S. 8. Basel, M. Werner-Riehm, 1901.

Armenschullehrer- und Kinderanstalt in Beuggen. 82. Jahresbericht ([und] Jahresrechnung vom 1. Juni 1901 bis 31. Mai 1902). [Mit illustriertem Umschlag.] 48 S. 8. Basel, M. Werner-Riehm, 1902.

Jahresbericht(, 1.) des evangelisch-lutherischen Armen- und Kranken-Vereins in Breslau 1849—1850. gr. 8. (36 S.) Breslau 851, (Dülfer's Buchh.) *

— des evangelisch-luther. Armen- u. Kranken-Vereins in Breslau 1849—1850. gr. 8. (36 S.) Breslau 851. (Dülfer & Geiser.) n. 2 ngr

Freiwilliger Armenverein in Herisau. 11. Jahresbericht, vorgetr. den 5. März 1871 v. Pfr. Fr. Leuzinger. 15 S. 8.

Freiwilliger Armenverein in Herisau. 12. Jahresbericht, vorgetr. v. Pfr. Frid. Leuzinger. 20 Seiten. 8. 1872.

Freiwilliger Armenverein in Herisau. 15. Jahresbericht. 18 Stn. 8. Herisau, C. J. Meisel'sche Buchdr. 1875.

Freiwilliger Armenverein in Herisau. 41. Jahresbericht 1900/19001. 13 S. 8. Herisau, Schläpfer & Cie., 1901.

. Freiwilliger Armenverein in Herisau. 42. u. 43. Jahresbericht 1901/1902 *u.* 1902/1903. *je* 13 S. 8. Herisau, Schläpfer & Cie., 1902 *u.* 1903.

. Freiwilliger Armenverein in Speicher. 45. *u.* 46. Jahresbericht vom 1. Oktober 1900 bis 30. September 1901 *u.* vom 1. Oktober 1901 bis 30. September 1902. 11 *u.* 12 S. 8. Trogen, U. Kübler, 1901 *u.* 1902.

Freiwilliger Armenverein in Winterthur. 1. Jahresbericht pro 1870/71. 15 Stn. 8.

Freiwilliger Armenverein in Winterthur. 3. Jahresbericht pr. 1872/73. 15 Stn. 8.

Jahresbericht (I.) des freiwilligen Armenvereins in Zürich. In-8°, 27 S. Zürich, Druck v. Ulrich. 1880.

Jahresbericht, 3., des freiwilligen Armenvereins in Zürich. In-8°, 29 S. 1882. Zürich, Druck von J. J. Ulrich.

Armenverein der evangelischen Gesellschaft für die Stadt Zürich. Jahresbericht. 8. Zürich, Berichthaus.
Vom 1. Juli 1900 bis 30. Juni 1901. 10 S. 1901.
Vom 1. Juli 1901 bis 30. Juni 1902. 9 S. 1902.

Solothurnischer Armenverein, 20. Jahresbericht, f. d. J. 1870. Druck von J. Gassmann, Sohn. 35 Seiten. 8.

Solothurnischer Armenverein. 21. Jahresbericht f. 1871. 27 Stn. 8. Solothurn, Druck v. J. Gassmann, Sohn.

Solothurnischer Armenverein. 22. Jahresbericht f. 1872. 18 Stn. 8. Solothurn, Druck v. J. Gassmann Sohn.

Solothurnischer Armenverein. 23. Jahresbericht pr. 1873. 21 Stn. 8. Solothurn, Druck v. J. Gassmann, Sohn.

Armenverein, Solothurnischer, 24. Jahresbericht des Comité für 1874. 18 Stn. in-8.

Armenverein, Solothurnischer. 25. Jahresbericht f. 1875. 19 Stn. 8. Solothurn, Druck von J. Gassmann, Sohn.

Seeländische Armenverpflegungsanstalt in Worben. Jahresbericht pro 1900. II + 29 S. 8. Lyss, Herrli & Hegi, 1901.

Arth-Rigibahn-Gesellschaft. [Mit illustriertem Umschlag und 2 Tabellen.] 4. Zürich, Zürcher & Furrer.
27. Jahresbericht 1900. 32 S. 1901. — 28. Jahresbericht 1901. 32 S. 1902.

— **astronomischer.** Mit Unterstützg. der astronom. Gesellschaft hrsg. v. Walt. F. Wislicenus. 1.—3. Bd. enth. die Litteratur d. J. 1899—1901. gr. 8. Berlin, G. Reimer. n. 56. —
1. (XXIII, 586 S.) 900. n. 17.—. — 2. (XXVI, 631 S.) 901. n. 19.—. — 3. (XXXII, 671 S.) 902. n. 20.—.

Jahresbericht, astronomischer. Mit Unterstützg. der astronom. Gesellschaft hrsg. v. Walt. F. Wislicenus. 4.—6. Bd. gr. 8. Berlin, G. Reimer. n. 58. —
4. Enth. die Litteratur des J. 1902. (XXXIII, 648 S.) 903.
5. Enth. die Literatur des J. 1903. (XXXV, 663 S.) 904. n. 20. —
6. Enth. die Literatur des J. 1904. (XXXVIII, 615 S.) 905. n. 19. —

— **dasselbe,** begründet von Walt. F. Wislicenus. Mit Unterstützg. der astronom. Gesellschaft hrsg. von A. Berberich. 7. Bd. Die Literatur des J. 1905. Mit e. Bilde W. F. Wislicenus'. (XXXVIII, 647 S.) gr. 8. Ebd. 906. n. 20. —

— **astronomischer,** begründ. v. Walt. F. Wislicenus. Mit Unterstützg. der astronom. Gesellschaft hrsg. v. A. Berberich. 8.—11. Bd. Die Literatur d. J. 1906—1909. (XXXVI, 672 S.) gr. 8. Berlin, G. Reimer. 87. —
8. (XXXVI, 672 S.) 907. 21.—. — 9. (XXXVI, 654 S.) 908. 21.—. — 10. (XXXVIII, 708 S.) 909. 23.—. — 11. (XXXVI, 727 S.) 910. 22.—.

Kantonales Asyl in Wil. 9. Jahresbericht 1900. [Mit 5 Ansichten und Grundrissen.] II + 46 S. 8. St. Gallen, Buchdr. Merkur, 1901.

Kantonales Asyl in Wil. 8. St. Gallen, Buchdr. Merkur.

10. Jahresbericht 1901. [Mit 1 Ansicht und 3 Grundrissen.] II + 48 S. 1902.
10 (*d. i.* 11). Jahresbericht 1902. [Mit 1 Ansichts-Tafel und 3 Grundrissen.] II + 39 S. 1903.

Asyl für weibliche Obdachlose und schutzbedürftige Mädchen (am Nonnenweg, Basel). Jahresbericht 1900. 4 S. 8. (1901.)

Asyl für weibliche Obdachlose und schutzbedürftige Mädchen (am Nonnenweg, Basel). 17. Jahresbericht 1901. [4 S.] 8. (1902.)

Asyl für weibliche Obdachlose und schutzbedürftige Mädchen (am Nonnenweg, Basel). 18. Jahresbericht 1902. [4 S.] 8. (1903.)

Aufsichtsbehörde in Betreibungs- und Konkurssachen für den Kanton Bern. Jahresbericht.... 8. Bern, Lack Aeschlimann & Jost.
...für das Jahr 1900. [Mit 1 Tabelle.] II + 45 S. 1901.
...für das Jahr 1901. [Mit 1 Tabelle.] II + 39 S. 1902.

—— der Augenheilanstalt für Arme in Wiesbaden, s. a. Pagenstecher, H.

—— 33.—35., der Augenheilanstalt f. Arme in Wiesbaden. 1888—1890. 8. (28; 30; 36 S.) Wiesb. 889—91, Bergmann. à Jahresbericht 1

— **34.—38., der Augenheilanstalt f. Arme in Wiesbaden, Elisabethenstr. 9. u. Kapellenstr. 30 (Fahrweg), f. 1889, 1890, 1891, 1892 u. 1893. 8. (30, 36, 39, 36 u. 40 S.) Wiesbaden 1890—1894. (J. F. Bergmann.) à n. 1. —**

— 39.—42., d. Augenheilanstalt f. Arme in Wiesbaden, Elisabethenstr. 9 u. Kapellenstr. 42 [früher 30] (Fahrweg) f. 1894, 1895, 1896 u. 1897. 12. (44, 44, 52 u. 53 S.) Wiesbaden 895—898. (J. F. Bergmann.) à Jahrg. n. 1. —

— **43.—49., der Augenheilanstalt f. Arme in Wiesbaden Elisabethenstr. 9 u. Kapellenstr. 42 (Fahrweg) f. 1898 - 1904. 12. Wiesbaden (J. F. Bergmann.) à n. 1. —**
43. Für 1898. (55 S.) (899.) — 44. Für 1899. (56 S.) (900.)
45. Für 1900. (58 S.) (901.) — 46. Für 1901. (59 S.) (902.)
47. Für 1902. (61 S.) (903.) — 48. Für 1903. (58 S.) (904.)
49. Für 1904. (61 S.) (905.)

— 50.—54., d. Augenheilanstalt f. Arme in Wiesbaden, Elisabethenstr. 9 u. Kapellenstr. 42 (Fahrweg), f. 1905—1909. (67, 52, 56, 59 u. 55 S.) kl. 8. Wiesbaden 906—10. (J. F. Bergmann.) à 1. —

Augenheilanstalt in Basel. 12. Jahresbericht vom 1. Jan. 1875 bis 1. Jan. 1876, im Auftrag des Komite veröffentlicht von Prof. Dr. Schiess-Gemuseus. 52 S. 8. Basel, Druck von F. Riehm.

Augenheilanstalt in Basel. XXXIV. Jahresbericht vom 1. Jan. 1897 bis 31. Decemb. 1897 im Auftrage des Komité veröffentlicht v. *Karl Mellinger*. 8°. 15 S. Basel 1898.

—— aus der Augenheilanstalt Dr. Kleins zu Neisse, s.a. Klein, S.

— 6., aus Dr. Klein's Augenheilanstalt zu Neisse. Vom 1. Febr. 1888—31. Jan. 1889. gr. 8. (8 S.) Neisse 889. (Wiesbaden, Bergmann.) n.n. —80

Jahresbericht der Handelskammer Augsburg. 1909-11. Augsburg 1910-12

Jahres-bericht der technischen Lehranstalten Augsburg 1852—53. 4.

Jahres-bericht der Maschinenbauschule Augsburg 1864—66. 67—68. 4.

[Jahres-Bericht der Loge „Aurora Nr. 30" in Milwaukee. 1870.] 21.

Jahresbericht der Auskunft- und Fürsorgestelle für Lungenkranke in Elbing. [1.] Für d. J. 1908. Elbing (1908): Kühn 8°

Jahresbericht des Ausschusses der augsburger Gewerbehalle für das Verwaltungsjahr 1857. Fol. (8 S. mit 4 Stat.) Augsburg 858, (Kollmann'sche Buchh.) *

— I.—III., d. leitenden Ausschusses d. schweizerischen Arbeiterbundes u. d. schweizerischen Arbeitersekretariats. Protokolle der Sitzungen d. Bundesvorstandes d. schweizer. Arbeiterbundes. gr. 8. Winterthur, (Geschwister Ziegler). n. 2.80
I. f. das J. 1887. Protokoll v. 5. Febr. 1888. (89 S.) Zürich 888. n. —50; französ. Ausg. n. —50
II. f. das J. 1888. Protokoll vom 10. Febr. 1889. (68 S.) 889. n. —90; französ. Ausg. n. —90
III. f. das J. 1889. Die Arbeiterschutz-Einrichtungen d. Gemeinderaths v. Paris. (79 S.) 890. n. —90; französ. Ausg. n. —90

— 4.—11., d. leit. Ausschusses d. schweizerischen Arbeiterbundes u. d. schweizer. Arbeitersekretariats f. d. J. 1890—1897, nebst d. Protokollen d. Sitzgn. d Bundesvorstandes. gr. 8. Zürich (Buchh. d. schweiz. Grütlivereins.) n. 5.80
4. 5. Für 1890 u. 1891. D. Arbeitertag in Olten zu Ostern 1890. (128 S.) 892. n. —50
6. Für 1892. D. Arbeitertag in Biel zu Ostern 1893, Bericht an d. schweizer. Industrie-Departement üb. d. Motion Comtesse u. d. Eingaben d. Mai-Demonstrationen. (116 S.) 893. n. —60
7. Für 1893. Bericht von d. Enquête üb. d. Stellungnahme d. Arbeiterschaft zur Bundesgesetzgebung betr. Kranken- u. Unfallversicherung. (139 S.) 894. n. —60
8. Für 1894. Lohnbeweggn. u. Streiks i. d. Schweiz seit d. J. 1860. (207 S.) 895. n. 1. —
9. Für 1895. D. Arbeitertag in Winterthur am 6. April 1896. Lohnbeweggn. u. Streiks im J. 1895. (183 S.) 896. —60
10. Für 1896. (95 S.) 897. n. 1.50
11. Für 1897. Anh.: Eingabe an d. ständeräthl. Kommission z. Vorberathg. d. Kranken- u. Unfallversicherg. (100 S.) 898. n. 1. —

Jahresbericht, 13. u. 14., des leitenden Ausschusses des schweizerischen Arbeiterbundes u. des schweizerischen Arbeitersekretariats f. d. J. 1899 u. 1900, nebst den Protokollen der Sitzung des Bundesvorstandes u. dem Bericht üb. den ausserordentl. Arbeitertag in Bern 1900. gr. 8. (143 S.) Zürich, Buchh. des schweiz. Grütlivereins. 1901 1. 20.

Jahresbericht, 15, des leitenden Ausschusses des schweiz. Arbeiterbundes u. des schweizerischen Arbeitersekretariats f. d. J. 1901, nebst den Protokollen der Sitzgn. des Bundesvorstandes. Der Arbeitertag in Bern am 31. III. 1902. (126 S.) gr. 8. Zürich, Buchh. des schweiz Grütlivereins. 1902. 1. 20.

— 16.—19., des leitenden Ausschusses des schweiz. Arbeiterbundes u. des schweizerischen Arbeitersekretariates f. d. J. 1902—1905, nebst dem Protokoll der Sitzgn. des Bundesvorstandes. gr. 8. Zürich, (Buchh. des schweiz. Grütlivereins.) n. 4.40
16. (80 S.) 903. n. 1. —. — 17. (67 S.) 904. n. 1.20.
18. (109 S.) 905. n. 1.20. — 19. (100 S.) 906. n. 1. —.

— 20.—22., des leitenden Ausschusses d. schweiz. Arbeiterbundes u. d. schweiz. Arbeitersekretariates f. d. J. 1906, 1907 u. 1908, nebst den Protokollen der Sitzgn. des Bundesvorstandes. (94 S.) 8. Zürich 909. Buchh. d. schweiz. Grütlivereins. 1. —

Jahresbericht, 23., des leitenden Ausschusses des schweiz. Arbeiterbundes u. des schweizerischen Arbeitersekretariates f. d J. 1909, nebst dem Protokoll der Sitzg. des Bundesvorstandes. (48 S.) 8. Zürich, Buchh. des schweiz. Grütlivereins. 1910. —. 50.

Interkantonaler Verband für Naturalverpflegung. Jahresbericht des leitenden Ausschusses pro 1899/1900. Erstattet der Generalversammlung in Zürich den 13. Dezember 1900. II + 13 S. 8. Frauenfeld, Huber & Co., 1901.

Interkantonaler Verband für Naturalverpflegung. Jahresbericht des leitenden Ausschusses 1900/01. Erstattet... den 9. Dezember 1901. 14 S. 8. Frauenfeld, Huber & Co., 1901.

Interkantonaler Verband für Naturalverpflegung. Jahresbericht des leitenden Ausschusses pro 1901/02. Erstattet... den 14. Juli 1902. 12 S. 8. Frauenfeld, Huber & Co., 1902.

Interkantonaler Verband für Naturalverpflegung. Jahresbericht des leitenden Ausschusses pro 1902. Erstattet ... den 10. August 1903. 18 S. 8. Frauenfeld, Huber & Co., 1903.

Eklektischer Bund: Erster Jahresbericht des von der grossen Mutterloge des eklektischen Fr.M.Bundes niedergesetzten Ausschusses zur Anbahnung eines maurerischen Vereines zum Schutze deutscher Auswanderer diesseits und jenseits des Oceans. Erstattet am St. Johannis-Fest im Or. Frankfurt a.M. 24. Juni 5849. 8 S. 8°. [Kopftit.]

Jahres-Bericht des Ausschusses des Vorarlberger Museum-Vereins in Bregenz. 22. ff. über den Vereinsjahrgang 1882 ff. Bregenz. 8°

Hülfsverein Aussersihl. 5. Jahresbericht für das Jahr 1875.

Samariterverein Aussersihl(-Zürich). 14. *u.* 15. *u.* 16. Jahresbericht vom 1. Februar 1900 bis 31. Januar 1901 *u.* vom 1. Februar 1901 bis 31. Januar 1902 *u.* vom 1. Februar 1902 bis 31. Januar 1903. 22 *u.* 28 *u.* 28 S. 8. Zürich, W. Coradi-Maag, 1901 *u.* 1902 *u.* 1903.

Oesterr.-Ungar. Hilfsverein Austria in Basel. 15. Jahresbericht. 1900. 8 S. 8. (1901.)

Oesterr.-Ungar. Hilfsverein Austria in Basel. 16. *u.* 17. Jahresbericht. 1901 *u.* 1902. *je* 8 S. 8. (1902 *u.* 1903.)

Kinderversorgungsverein des Bezirks Zofingen. 45. Jahresbericht nebst Auszug aus der Rechnung vom Jahr 1900. 19 S. 8. Zofingen, Ringier, (1901).

Kinderversorgungsverein des Bezirks Zofingen. 46. Jahresbericht nebst Auszug aus der Rechnung vom Jahre 1901. 18 S. 8. Zofingen, Ringier, (1902).

Kinderversorgungsverein des Bezirks Zofingen. 47. Jahresbericht nebst Auszug aus der Rechnung vom Jahre 1902. 21 S. 8. Zofingen, Fehlmann, 1903.

Bachletten-Kleinkinderschule [in Basel]. *lithogr.* [*je* 3 *u.* 2 S.] 4.
26. Jahresbericht (*u.* Rechnung) vom 1. Oct. 1900 bis 30. Sept. 1901.
27. Jahresbericht (*u.* Rechnung) vom 1. October 1901 bis 1. October 1902.

Öffentliche Bad- und Wasch-Anstalt in Basel. 35. Jahresbericht vom 1. April 1900 — 31. März 1901. [4 S.] 4. (Basel, Emil Birkhäuser, 1901.)

Öffentliche Bad- und Wasch-Anstalt in Basel. 36. *u.* 37. Jahresbericht vom 1. April 1901 bis 31. März 1902 *u.* vom 1. April 1902 bis 31. März 1903. [*je* 4 S.] 4. (Basel, Franz Wittmer.)

Bad- und Waschanstalt in Winterthur. Jahresbericht pro 1870. 2 S. Fol.

Gewerbeverein Baden. 6. Jahresbericht p. 1870. Baden, J. Zehnder's Buchdr. 13 Stn. 8.

Töchter-Pensionat und Lehrerinnen-Seminar Baldegg (Kt. Luzern). Jahresbericht 1900/1901. [Mit illustriertem Umschlag.] 20 S. kl.-4. Luzern, J. Schill, 1901.

Töchter-Pensionat und Lehrerinnen-Seminar Baldegg (Kt. Luzern). Jahres-Bericht 1901/1902 *u.* 1902/1903. [*je* Mit illustriertem Umschlag.] *je* 19 S. kl.-4. Luzern, J. Schill, 1902 *u.* 1903.

Bamberg, Sternwarte, Jahresbericht der — bis Frühjahr 1894—98. (Sonder-Abdruck aus der Vierteljahresschrift der Astronom. Gesellsch., Jahrgang 29, 31—33, Hefte 2, Jahrg. 30, Heft 3.) Bamberg 1894, 98.

Aargauische Bank. 16. Jahresbericht, f. 1870. 19 Stn. 4.

Aargauische Bank. 17. Jahresbericht für 1871. 25 Stn. 4. Aarau, Druck v. H. R. Sauerländer.

Aargauische Bank. 18. Jahresbericht pr. 1872. 23 Stn. 4.

Aargauische Bank. 19. Jahresbericht für 1873. 26 Stn. 4. Aarau, Druck v. H. R. Sauerländer.

Aargauische Bank. 20. Jahresbericht für 1874. (32 Stn. in-4.)

Aargauische Bank. 21. Jahresbericht f. 1875. 28 S. 4. Aarau, Druck von Sauerländer.

Jahresbericht, 26., der aargauischen Bank für 1880. In-4°, 36 S. Aarau, H. R. Sauerländer.

Jahresbericht, 28., der aargauischen Bank pro 1882. In-4°, 48 S. Aarau, Sauerländer.

Bank, Aargauische. 29. Jahresbericht für 1883. Gr. in-4°, 42 S. Aarau, H. R. Sauerländer.

Aargauische Bank. 32. Jahresbericht pro 1886. Gr. in-4°, 42 S. Aarau, H. R. Sauerländer.

1887

Bank, aargauische. 33. Jahresbericht für 1887. Hoch-4°, 42 S., mit Tabellen. Aarau, ebendas.

1888

Jahresbericht, 45., der Aargauischen Bank für 1899. Gr. 4°. 40 S. Aarau, H. R. Sauerländer & Co.

Aargauische Bank (in Aarau). 46. Jahresbericht für 1900. 42 S. 4. (Aarau, H. R. Sauerländer & Co., 1901.)

Aargauische Bank (in Aarau). 47. Jahresbericht für 1901. 40 S. 4. (Aarau, H. R. Sauerländer & Co., 1902.)

Aargauische Bank (in Aarau). 48. Jahresbericht für 1902. 40 S. 4. (Aarau, H. R. Sauerländer & Co., 1903.)

Bank für Appenzell-Ausser-Rhoden. 5. Jahresbericht de 1871. 12 Stn. 4.

Bank in Basel. Jahresbericht für 1871. 23 Stn. 4. Basel, Schweighauser'sche Buchdr.

Bank in Basel. Jahresbericht pr. 1872. 23 Stn. 4. Basel, Schweighauser'sche Buchdr.

Bank in Basel. (56.) Jahres-Bericht von 1900. II + 27 S. 4. Basel, Schweighauser, 1901.

Bank in Basel. (57.) Jahres-Bericht von 1901. II + 27 S. 4. Basel, Schweighauser, 1902.

Eidgenössische Bank in Bern. 7. Jahresbericht des Verwaltungsrathes über das Geschäftsjahr 1870. Vorlage an die Generalversammlung der Actionnäre vom 11. März 1871. Bern, Druck v. Rieder & Simmen. 12 Stn. 4. m. 7 Tab.

Eidgenössische Bank in Bern. 8. Jahresbericht üb. d. J. 1871. 10 Stn. 4. mit 7 Tabellen. (In deutscher u. französ. Sprache.)

Eidgen. Bank in Bern. 9. Jahresbericht über d. J. 1872. 29 Stn. 4.

Eidgenöss. Bank in Bern. Jahresbericht pr. 1873. 29 Stn. 4. Bern, Druck v. Rieder & Simmen.

Eidgen. Bank in Bern. Jahresbericht des Verwaltungsrathes üb. d. 11. Geschäftsjahr 1874. 15 Stn. 4. mit 9 Tabellen. Bern, Druck von Rieder & Simmen.

Eidgenössische Bank (Actiengesellschaft), Zürich. Jahresbericht. 37. Geschäftsjahr 1900. 19 [+ 28] S. 4. Zürich, J. Leemann, 1901.

Eidgenössische Bank (Actiengesellschaft), Zürich. Jahresbericht. 38. Geschäftsjahr 1901. II + 41 S. 4. Zürich, J. Leemann, 1902.

Eidgenössische Bank (Actiengesellschaft), Zürich. Jahresbericht. 39. Geschäftsjahr 1902. II + 41 S. 4. Zürich, J. Leemann, 1903.

Bank in Glarus. 19. Jahresbericht für 1871. 13 Stn. 4. u. 3 Tabellen. Glarus, Fr. Schmid'sche Buchdruckerei.

Bank in Glarus. 20. Jahresbericht pr. 1872. 14 Stn. 4. u. 3 Tabellen. Glarus, Fr. Schmid'sche Buchdr.

Bank in Glarus. 21. Jahresbericht pr. 1873. 14 Stn. 4. m. 2 Tabellen. Glarus, Druck v. F. Schmid.

Bank in Glarus. 22. Jahresbericht pro 1874. Glarus, Buchdruckerei v. Frid. Schmid, 1875. (14 Stn. in-4. mit 3 Beil.)

Bank in Glarus. 23. Jahresbericht, vom Jahre 1875. 13 S. 4. Glarus, Druck von F. Schmid.

Bank in Glarus. 48. Jahresbericht vom Jahre 1900. II + 10 S. 4. Glarus, D. Hefti, 1901.

Bank in Glarus. 49. Jahresbericht vom Jahre 1901. II + 10 S. 4. Glarus, D. Hefti, 1902.

Bank in Glarus. 50. Jahresbericht vom Jahre 1902. II + 11 S. 4. Glarus, D. Hefti, 1903.

Bank in Langenthal. 33. Jahresbericht pro 1900. 19 S. 4. Langenthal, G. Dysli, (1901).

Bank in Langenthal. 34. Jahresbericht pro 1901. 19 S. 4. Langenthal, G. Dysli, (1902).

Bank in Langenthal. 35. Jahresbericht pro 1902. 19 S. 4. Langenthal, G. Dysli, (1903).

Bank in Luzern. 14. Jahresbericht von 1870. Luzern, Druck v. Gebr. Räber. 16 S. 4.

Bank in Luzern. 15. Jahresbericht de 1871. 16 Stn. 4. Luzern, Druck v. Gebr. Räber.

Bank in Luzern. 16. Jahresbericht von 1872. 16 Stn. 4. Luzern, Druck v. Gebr. Räber.

Bank in Luzern. 17. Jahresbericht pr. 1873. 16 Stn. 4. Luzern, Druck v. Gebr. Räber.

Bank in Luzern. 18. Jahresbericht 1874. 16 Stn. 4. Luzern, Buchdruckerei v. Gebr. Räber.

Bank in Luzern. 19. Jahresbericht von 1875. 14 S. 4. Luzern, Druck von Gebr. Räber.

Bank in Luzern. 44. Jahresbericht von 1900. [Mit 1 Tabelle.] II + 19 S. 4. Luzern, H. Keller, 1901.

Bank in Luzern. 45. Jahresbericht von 1901. [Mit 1 Tabelle.] II + 19 S. 4. Luzern, H. Keller, 1902.

Jahres-Bericht über das 50ste ff. Geschäftsjahr der Norddeutschen Bank in Hamburg für die am 14. März 1907 ff. stattfindende ordentliche Generalversammlung der Anteilseigner. (1906) ff. (Hamburg 1907) ff. 4°

33. Jahresbericht der Bank in St. Gallen, für die Actionär-Versammlung vom 21. März 1871. Geschäftsjahr 1869/70. Zollikofer'sche Buchdruck. 1871. 41 S. 4°

Bank in St. Gallen. 35. Jahresbericht pr. 1871/72. 35 Stn. 4. St. Gallen, Zollikofer'sche Buchdr.

Bank in St. Gallen. 36. Jahresbericht pr. 1872/73. 35 Stn. 4. St. Gallen, Zollikofer'sche Buchdr.

Bank in St. Gallen. 38. Jahresbericht. Geschäftsjahr 1874/75. 37 S. 4. St. Gallen, Druck von Zollikofer.

Bank in St. Gallen, 63. Jahresbericht, Geschäftsjahr 1900 (und St. Gallische Hypothekarkassa, 36. Geschäftsjahr 1900). IV + 29 + 13 S. 4. St. Gallen, Zollikofer, 1901.

Bank in St. Gallen. 64. Jahresbericht. Geschäftsjahr 1901 (und St. Gallische Hypothekarkassa, 37. Geschäftsjahr 1901). IV + 29 + 13 S. 4. St. Gallen, Zollikofer, 1902.

Jahresbericht, 65., [der] Bank in St. Gallen. Geschäftsjahr 1902 (und St. Gallische Hypothekarkassa, 38. Geschäftsjahr 1902). IV + 29 + 13 S. 4°. St. Gallen, Zollikofer, 1903.

Jahres-Bericht der Tönninger Darlehnsbank für das ... Geschäftsjahr
13.—15. 1888—90. Tönning. (1889—91.) 8°.
Fortges. u. d. T.:
* Jahres-Bericht der Schleswig-Holsteinischen Bank für das ... Geschäftsjahr
16.—18. 1891—93. ebd. (1892—94.) 8°.
19. ff. 1894 ff. ebd. (1895) ff. 4°.

Bank in Schwyz. 2. Jahresbericht von 1875. 12 S. 4.

Bank in Schwyz. 27. Jahresbericht von 1900. 10 S. 4. (1901.)

Bank in Schwyz. 28. Jahresbericht von 1901. 10 S. 4. (1902.)

Bank in Schwyz. 29. Jahresbericht von 1902. 10 S. 4. (1903.)

Bank in Zürich. 36. Jahresbericht pro 1872. 17 Stn. 4. Zürich, Druck v. J. Ulrich.

Bank in Zürich. 37. Jahresbericht pr. 1873. 18 Stn. 4. Zürich, Druck v. J. J. Ulrich.

Bank in Zürich. 39. Jahresbericht über deren Verrichtungen für die Generalversammlung der Actionäre am 14. Febr. 1876. 20 S. 4. Zürich, Druck von J. J. Ulrich.

Bank in Zürich. 64. Jahresbericht 1900. 21 S. 4. Zürich, Berichthaus, (1901).

Bank in Zürich. 65. Jahresbericht 1901. 21 S. 4. Zürich, Berichthaus, (1902).

Bank in Zürich. 66. Jahresbericht 1902. 23 S. 4. Zürich, Berichthaus, (1903).

(Inspektorat der schweizerischen Emissionsbanken.) [Jahresbericht über die] Banknotenkontrolle. Auszug aus dem Bericht des schweizerischen Bundesrates... über seine Geschäftsführung im Jahre 1900.... [Mit 4 Tabellen.] 26 S. 4. (1901.)

(Inspektorat der schweizerischen Emissionsbanken.) [Jahresbericht über die] Banknotenkontrolle. Auszug aus dem Bericht des schweizerischen Bundesrates ... über seine Geschäftsführung im Jahre 1901.... [Mit 4 Tabellen.] II + 25 S. 4. (1902.)

(Inspektorat der schweizerischen Emissionsbanken.) [Jahresbericht über die] Banknotenkontrolle. Auszug aus dem Bericht des schweizerischen Bundesrates... über seine Geschäftsführung im Jahre 1902.... [Mit 6 Tabellen.] II + 32 S. 4. (1903.)

— (9.) des Bankraths der Graubündner Kantonalbank an den Grossen Rath des Kantons Graubünden, für das Jahr 1879. In-4°, 25 S. Chur, Druck von F. Gengel.

Aktienbrauerei Basel. Jahresbericht. 18. (Geschäftsjahr vom 1. Oktober 1900 bis 30. September) 1901. 11 S. 8. Basel, Franz Wittmer, 1901.

Aktienbrauerei Basel. Jahresbericht. 19. (Geschäftsjahr vom 1. Oktober 1901 bis 30. September) 1902. 11 S. 8. Basel, Franz Wittmer, 1902.

Amateur-Photographen-Verein Basel.
[1.] Jahresbericht für 1901. *autogr.* [6 S.] 4.
Jahresbericht für 1902. 6 S. 8. (1903.)

— des Bürgerspitals Basel pro 1901—1903. (128, 133 u. 133 S.) Lex.-8. Basel 902—904. Bürgerspital. à n. 2.—

Diakonenhaus Basel. 12. Jahresbericht. Jahrgang 1900/1901. [Illustriert.] 16 S. 8. Basel, Fr. Reinhardt, 1901.

Diakonenhaus Basel. 13. Jahresbericht. Jahrgang 1901/1902. 15 S. 8. Basel, Fr. Reinhardt, 1902.

Diakonenhaus Basel. 14. Jahresbericht. Jahrgang 1902/1903. 17 S. 8. Basel, Friedrich Reinhardt, 1903.

Feldschützen-Verein Basel. Jahresbericht pro 1900 u. pro 1901 u. pro 1902. IV + 44 u. IV + 48 u. IV + 30 S. 8. Basel, Wwe. J. J. Rudin, (1901 u. 1902) u. J. Frehner, 1903.

Fussball-Club Basel. Jahres-Bericht. (3. IV.) 1901-1903 (V. 6). 24 S. 8. Basel, H. Krüsi.

Gas-, Wasser- & Elektricitätswerk Basel. Jahresbericht. 4. Basel, Emil Birkhäuser.
...pro 1900. [Mit 9 Tabellen.] 77 S. 1901.
...pro 1901. [Mit 9 graphischen Tabellen.] 74 S. 1902.

Gas-, Wasser- & Elektrizitätswerk Basel. Jahresbericht pro 1902. [Mit 8 graphischen Tabellen.] 81 S. 4. Basel, Emil Birkhäuser, 1903.

Gewerbehalle Basel. 9. Jahresbericht. 1871—72. 11 Stn. 8.

Gewerbehalle Basel. 38. Jahresbericht (1. April) 1900—(31 März) 1901. 9 S. 8.

Gewerbehalle Basel. 39. u. 40. Jahresbericht 1901—1902 u. 1902—1903. 9 u. 8 S. 8.

Gewerbe-Museum Basel. Jahresbericht 1900. II + 25 S. 8. Basel, Franz Wittmer, 1901.

Gewerbe-Museum Basel. Jahresbericht 1901. II + 36 S. 8. Basel, Franz Wittmer, 1902.

Gewerbe-Museum Basel. Jahresbericht 1902. II + 39 S. 8. Basel, Franz Wittmer, 1903.

Jahresbericht des Gewerbemuseums Basel 1907. Basel 1908

20. Jahresbericht des Gewerbe-Vereins Basel, umfassend den Zeitraum vom 1. April 1886 bis Ende März 1887, erstattet an der Jahresversammlung vom 22. April 1887. In-8°, 44 S. Basel, Buchdruckerei von Franz Wittmer.

Handwerker-Bank Basel. 16. Jahresbericht vom 1. Apr. 1875 bis 31. März 1876. 16 Stn. 4. Basel, Druck von F. Wittmer.

Handwerker-Bank Basel. 41. Jahresbericht. Vom 1. Februar 1900 bis 31. Januar 1901. [Mit 1 Tabelle.] IV + 15 S. 4. [Basel,] Franz Wittmer, (1901).

Handwerker-Bank Basel. 42. Jahresbericht. Vom 1. Februar 1901 bis 31. Januar 1902. [Mit 1 Tabelle.] IV + 15 S. 4. [Basel,] Franz Wittmer, (1902).

Handwerkerbank Basel. 43. Jahresbericht. Vom 1. Februar 1902 bis 31. Januar 1903. [Mit 1 Tabelle.] IV + 15 S. 4. [Basel,] Franz Wittmer, (1903).

— des Handwerker- und Gewerbevereines Basel für 1895. Basel 1896

Jahresbericht des Handwerker- und Gewerbevereins Basel für 1897. 1902. Basel 1898. 03

Kneipp-Verein Basel. (1.) Jahresbericht (März) 1901/1902 (März). 24 S. 8. Basel, Schweizerische Verlags-Druckerei, 1902.

Landsturm-Schiessverein Basel (Mitglied des «Schweizerischen Landsturm-Verbandes»). Jahresbericht pro 1900. II + 11 S. 8. Basel, F. Gassmann, 1901.

Unteroffizier-Verein Basel-Stadt. Jahresbericht pro 1900 u. pro 1901 u. pro 1902. II + 20 u. II + 24 u. II + 31 S. 8. Basel, A. Galliker, 1901 u. 1902 u. 1903.

Actienbrauerei Basel-Strassburg. Jahresbericht pr. 1873/74. 8 Stn. 8. Basel, Druck v. C. Schultze.

Schweizerischer Bauernverband und schweizerisches Bauernsekretariat. 3. Jahresbericht. 1900. 35 S. 8. Bern, K. J. Wyss, 1901. [fr. 1.20]
Mitteilungen des Schweizerischen Bauernsekretariates. Nr. 10.

Schweizerischer Bauernverband und schweizerisches Bauernsekretariat. 4. Jahresbericht. 1901. 57 S. 8. Bern, K. J. Wyss, 1902. [fr. —.80]
Mitteilungen des Schweizerischen Bauernsekretariates. Nr. 13.

Schweizerischer Bauernverband und schweizerisches Arbeitersekretariat. 5. Jahresbericht. 1902. 45 S. 8. Bern, K. J. Wyss, 1903. [fr. 1. —]
Mitteilungen des Schweizerischen Bauernsekretariates. Nr. 17.

Jahresbericht (7.) des schweizer. Bauernverbandes und des Bauernsekretariats 1904. gr. 8°. Bern, Wyss, 1905. (Mitteilungen des schweiz. Bauernsekretariats, Heft 21.)

—— 3., des landwirthschaftlichen Bauernvereins im mansfelder Seekreise, s. Schadeberg, J.

Bauernverein des Kantons Luzern. Jahresbericht pro 1900.
58 S. 8. Luzern, H. Keller, 1901.
14 S. 4. (Luzern, H. Keller, 1901.)

Jahresbericht der k. k. Bau- u. Kunsthandwerkerschule. v.: Jahres-Bericht der gewerbl. Zeichen- u. Modellirschule.

Jahresbericht der K. Bayerischen Bau(gewerk)schule mit Gewerbelehrer-Institut in München. 1907/08-12/13. München 1908-13

Jahresbericht der Beamten des Deutschen Altenheim: 1899-1902? Cincinnati, OH

Jahresbericht des Beamtencollegiums der Grossloge von Ungarn für die drei St. Johannisgrade, erstattet der am 19. Febr. d. J. tagenden zweiten Grosslogenversammlung in Pest. Pest. 1871. gr. 8. 16 S.

Jahresbericht der Deutschen Schulvereinigung „Belgranoschule und Germaniaschule": no. 1. 1897 ?
Published by the Deutsche Schulvereinigung „Belgranoschule und Germaniaschule". Annual report
Buenos Aires

Waisenhaus «Bentzolheim» (*4 u. 5: «Benzelheim») in Wetzweil-Herrliberg. 4. u. 5. u. 6. Jahresbericht ⟨1900 u. 1901 u. 1902⟩. je 4 S. 8. (1901 u. 1902 u. 1903.)

Jahresbericht der meteorologischen Beobachtungen zu Frankfurt/M. 1891. [Hrsg.:] Physikalischer Verein, Frankfurt. Sep.-Abdr.

Pola. Hydrographisches Amt der K. K. Kriegsmarine, Jahresbericht der meteorologischen und magnetischen Beobachtungen an der Sternwarte des — Jahrgang 1893. Pola.

— Sternwarte des Hydrograph. Amtes der K. K. Kriegsmarine, Jahresbericht der meteorologischen und magnetischen Beobachtungen an der — 1894, 95. Pola. lg. Fol.

Jahresbericht über die meteorologischen Beobachtungen der Sternwarte zu Bern für 1873-80. Bern.

Bern. Sternwarte. Jahresbericht über die meteorologischen Beobachtungen zu Bern für das Jahr 1873 und Plan zur Umgestaltung der Berner Sternwarte in ein tellurisches Observatorium etc. Mit 5 Blatt Uebersichten.

Jahresbericht über die Beobachtungen, Versuche und neuen Einführungen der K. K. Montan-Beamten auf dem Gebiete des berg- und hüttenmännischen Maschinen- und Bauwesens. Für 1851, 52, 53. Text nebst Atlas in fol.

—— über die Beobachtungs-Ergebnisse der im Königreich Preussen und in den Reichslanden eingerichteten forstlich-meteorologischen Stationen. Hrsg. von A. Müttrich. 1.—4. Jahrg. Die J. 1875—1878. gr. 8. (91; III, 107; 115; III, 121 S.) Berlin 877—80, Springer. à Jahrg. *

—— über die Beobachtungs-Ergebnisse der im Königr. Preussen und in den Reichslanden eingerichteten forstlich-meteorologischen Stationen. Hrsg. von A. Müttrich. 5. und 6. Jahrg. Die J. 1879 und 1880. gr. 8. (III, 122; III, 123 S.) Berlin 881,82, Springer. à Jahrg. *

—— dass. — der von den forstlichen Versuchsanstalten des Königr. Preussen, des Königr. Württemberg, des Herzogth. Braunschweig und der Reichslande eingerichteten forstlich-meteorologischen Stationen. Hrsg. von A. Müttrich. 7. Jahrg. Das J. 1881. gr. 8. (III, 121 S.) Ebendas. 882. *

—— dass. — der von den forstlichen Versuchsanstalten des Königr. Preussen, des Königr. Württemberg, des Herzogth. Braunschweig, der thüringischen Staaten, der Reichslande und dem Landesdirectorium der Prov. Hannover eingerichteten forstlich-meteorologischen Stationen. Hrsg. von A. Müttrich. 8. und 9. Jahrg. Die J. 1882 und 1883. gr. 8. (à Jahrg. ca. III, 124 S.) Berlin 884,85, Springer. à Jahrg. *

— über die Beobachtungs-Ergebnisse der von den forstlichen Versuchsanstalten des Königr. Preussen, des Königr. Württemberg, des Herzogth. Braunschweig, der thüringischen Staaten, der Reichslande und dem Landesdirectorium der Prov. Hannover eingerichteten forstlich-meteorologischen Stationen. Hrsg. von A. Müttrich. 10. und 11. Jahrg. Die J. 1884 und 1885. gr. 8. (III, 128; III, 120 S.) Berlin 885,86, Springer. à Jahrg. * 2 —

—— dass. — von den forstlichen Versuchsanstalten des Königr. Preussen, des Herzogth. Braunschweig, der thüringischen Staaten, der Reichslande und dem Landesdirectorium der Prov. Hannover eingerichteten forstlich-meteorologischen Stationen. Hrsg. von A. Müttrich. 12. und 13. Jahrg. Die J. 1886 und 1887. gr. 8. (à Jahrg. III, 116 S.) Berlin 887,88, Springer. à Jahrg. * 2 —

—— üb. die Beobachtungs-Ergebnisse der v. den forstlichen Versuchsanstalten d. Königr. Preussen, d. Königr. Württemberg, d. Herzogth. Braunschweig, der thüring. Staaten, der Reichslande u. dem Landesdirectorium der Prov. Hannover eingerichteten forstlich-meteorolog. Stationen. Hrsg. v. A. Müttrich. 14. Jahrg. Das J. 1888. gr. 8. (III, 118 S.) Berl. 889, Springer. * 2 —

—— dass. — der v. den forstlichen Versuchsanstalten d. Königr. Preussen, d. Herzogth. Braunschweig, der thüring. Staaten, der Reichslande u. dem Landesdirectorium der Prov. Hannover eingerichteten forstlich-meteorolog. Stationen. Hrsg. v. A. Müttrich. 15.—17. Jahrg. D. J. 1889—1891. gr. 8. (III, 123; III, 120; III, 118 S.) Ebd. 889—92. à Jahresbericht * 2 —

— über die Beobachtungs-Ergebnisse der v. den forstlichen Versuchsanstalten des Königr. Preussen, des Herzogth. Braunschweig, der Reichslande u. dem Landesdirectorium der Prov. Hannover eingerichteten forstlich-meteorologischen Stationen. Hrsg. v. A. Müttrich. 16.—19. Jahrg. Das Jahr 1890, 1891, 1892, 1893. gr. 8. (III, 120; III, 118; III, 118; III, 119 S.) Berlin 891—894. J. Springer. à Jahrg. n. 2. —

— üb. d. Beobachtungs-Ergebnisse d. v. d. forstl. Versuchsanst. d. Königr. Preussen, d. Herzogth. Braunschweig, d. Reichslande u. d. Landesdirectorium d. Prov. Hannover eingericht. forstlich-meteorolog. Stationen. Hrsg. v. A. Müttrich. 20.—22. Jahrg. Das J. 1894, 1895 u. 1896. gr. 8. (III, 119; IV, 119 u. III, 120 S.) Berlin 895—897. J. Springer. à Jahrg. n. 2. —

— über die Beobachtungs-Ergebnisse der v. den forstlichen Versuchsanstalten des Königr. Preussen, des Herzogth. Braunschweig, der Reichslande u. dem Landesdirectorium der Prov. Hannover eingerichteten forstlich-meteorolog. Stationen. Hrsg. v. A. Müttrich. 23. Jahrg. Das J. 1897. gr. 8. (III, 124 S.) Berlin 898. J. Springer. n. 2. —
Erscheint nicht mehr.

Jahresbericht über die Beobachtungs-Ergebnisse der forstlich-meteorologischen Stationen in Elsaß-Lothringen. Hrsg. Hauptstation f. d. forstl. Versuchswes. Straßburg. - Straßburg. Jg. 1-9. 1882-1890. - (M. n. erm.)

Jahres-Bericht uber die Beobachtungs-Ergebnisse der forstlich-meteorologischen Stationen in Elsass-Lothringen nebst Mittheilungen uber Beobachtungen einzelner Erscheinungen im Thier- und Pflanzenleben. Jahrg. I–VII. 1882–88. Strassburg.

Jahresbericht, III., über die vom Verein schweizorischer Bienenfreunde errichteten apistischen Beobachtungsstationen vom 1. November 1886 —31. October 1887. Gr.-in-8°, 34 S. Aarau, H. R. Sauerländer.

Jahresbericht, XIV., üb. die apistische Beobachtungsstation vom 1. Nov. 1897—31. Oct. 1898. Mit e. graph. Beilage. Gr. 8°. 60 S. Aarau, H. R. Sauerländer & Co. 1899.

Verein schweizerischer Bienenfreunde. 16. Jahresbericht über die apistischen Beobachtungsstationen vom 1. November 1899 bis 31. Oktober 1900. Von U[lrich] Kramer in Zürich, Präsident.... [Mit 5 Figuren und 1 graphischen Tabelle.] 60 S. 8. Aarau, H. R. Sauerländer & Co., [1901].

Verein schweizerischer Bienenfreunde. 17. Jahresbericht über die apistischen Beobachtungsstationen vom 1. November 1900 bis 31. Oktober 1901. Von U[lrich] Kramer in Zürich, Präsident.... [Mit Abbildungen und 1 graphischen Tabelle.] 58 S. 8. [Aarau, H. R. Sauerländer & Co., 1902.]

Verein schweizerischer Bienenfreunde. 18. Jahresbericht über die apistischen Beobachtungs-Stationen vom 1. November 1901 bis 31. Oktober 1902, von U[lrich] Kramer, in Zürich, Präsident.... [Mit Figuren und 1 graphischen Tabelle.] 62 S. 8. [Aarau, H. R. Sauerländer & Co., 1903.]

Jahresbericht, I. [1885], der ornithologischen Beobachtungsstationen im Königr. Sachsen, bearb. von A. B. Meyer und F. Helm. gr. 8. (VIII, 82 S. mit 1 chromolithogr. Karte des Königr. Sachsen.) Dresden 886, v. Zahn und Jaensch. *

—— dass. — II. [1886]. gr. 8. (220 S. mit 1 chromolithogr. Karte des Königr. Sachsen.) Dresden 887. (Berlin, Friedländer und Sohn.) **

—— dass. — III. [1887]. Mit einem Anhange. gr. 8. (IV, 124 S.) Ebendas. 888. *

Inhalt:

Einleitung [Verzeichniss der 134 Beobachter. 1887 ausgefallene Beobachter. Neue Beobachter im J. 1887. Berichtigungen zum II. Jahresbericht: 1886].

Allgemeiner Theil [Verzeichniss der 129 Beobachtungsstationen nebst Notizen über ihre Lage und dergl. 1887 ausgefallene Beobachtungsstationen. Im J. 1887 neu errichtete Beobachtungsstationen. Die Witterung im J. 1887 nebst einzelnen Bemerkungen über den Vogelzug].

Specieller Theil. 1887 nicht beobachtete Vögel. 1887 neu beobachtete Vögel. Die 215 beobachteten Vögel.

Anhang. Das Vorkommen des Steppenhuhnes, Syrrhaptes paradoxus Pall., in Europa im J. 1888.

—— IV. [Jahr 1888], der Ornithologischen Beobachtungsstationen im Königr. Sachsen. Bearb. v. A. B. Meyer u. F. Helm. Mit Anhängen üb. das Vorkommen d. Rosenstaares in Europa i. J. 1888 u. in früheren Jahren, sowie üb. die Verbreitung der Kreuzotter im Königr. Sachsen. gr. 4. (VI, 150 S. m. 1 color. Karte.) Berl. 889, Friedländer u. Sohn. * 12 —

—— dass. — V. [Jahr. 1889]. Mit e. Anh.: Die sonst. Landesfauna betr. Beobachtgn. gr. 4. (IV, 80 S.) Ebd. 890. * 8 —

—— dass. — VI. [Jahr 1890]. Nebst e. Anh.: Die sonst. Landesfauna betr. Beobachtgn., u. Verzeichniss der bis jetzt im Königr. Sachsen beobacht. Vögel m. Angaben üb. ihre sonst. geograph. Verbreitg. gr. 4. (IV, 135 S. m. 1 color. Vegetationskarte d. Erde.) Ebd. 892. * 12 —

— VII.—X., (1891—1894) der ornithologischen Beobachtungsstationen im Königr. Sachsen, bearb. v. A. B. Meyer u. F. Helm. Nebst e. Anh.: D. sonst. Landesfauna betr. Beobachtgn. Imp.-4. (VIII, 162 S.) Berlin 896. R. Friedländer & Sohn. n.n. 15. —

— der ornithologischen Beobachtungsstationen im Königr. Sachsen, s. a. Meyor, A. B., u. F. Helm.

Jahresbericht über die Bergschule zu Siegen. Siegen, 1868.

Kaufmännischer Verein Luzern (vormals Verein junger Kaufleute), Sektion des Schweizerischen Kaufmännischen Vereins. ... Jahres-Bericht [und] Bericht der Kaufmännischen Fortbildungsschule und der Vereinshauskommission.... 8.

34. Jahres-Bericht [und] Bericht d. K. F. u. d. V. vom 1. Juli 1900 bis 30. Juni 1901. II + 87 S. Luzern, Genossenschafts-Buchdr., 1901.

35. Jahres-Bericht [und] Bericht d. K. F.-Sch. u. d. V.-K. vom 1. Juli 1901 bis 30. Juni 1902. II + 122 S. Luzern, H. Keller, 1902.

JAHRESBERICHT DES AKADEMISCHEN ALPENVEREINS BERLIN.
(I.) 1904. Berlin. Druck: Albert Lüdtke. 8°.

AKADEMISCHER ALPEN-VEREIN BERLIN.
II. Jahresbericht 1905. (o. O. o. Dr.)
III. Jahresbericht 1906. Druck von Gebr. Unger in Berlin.
IV. Jahresbericht. 1907. —
V. Jahresbericht. 1908. —
VI. Jahresbericht 1909. (—.)
VII. Jahresbericht 1910. (—.)

Jahresbericht des Arbeitersekretariats Berlin (Berliner Gewerkschafts-Kommission). gr. 8°. Berlin 1899.
— 15. Jahresbericht pro 1903. gr. 8°. Berlin, Buchh. Vorwärts, 1904.

— 15., 1903 des Arbeiter-Sekretariats Berlin (Berliner Gewerkschafts-Kommission) u. Kassenbericht der Berliner Gewerkschafts- Kommission pro 1903. (127 S. m. 1 Tab.) 8. Berlin 904. (Buchh. Vorwärts.) n. 1. 50
Fortsetzg., s.: Jahres- u. Kassen-Bericht der Berliner Gewerkschafts-Kommission usw.

— 2., üb. die Handelshochschule Berlin. Oktbr. 1907/08. Erstattet von dem Rektor der Handelshochschule Jastrow. (Korporation der Kaufmannschaft v. Berlin.) (88 S.) Lex. 8. Berlin 909. G. Reimer. 1.—
Vergl.: Handelshochschule, die, Berlin.

Protestantisch-kirchlicher Hülfsverein Bern. 58. Jahresbericht. Abgelegt durch Alb[ert] von Rütte, Pfarrer. Von Ostern 1900 bis Ostern 1901. 32 S. 8. Bern, H. Spahr, 1901.

Protestantisch-kirchlicher Hülfsverein Bern. 59. Jahresbericht. Abgelegt durch M[oritz] Ochsenbein, Pfarrer. Von Ostern 1901 bis Ende April 1902. 38 S. 8. Bern, H. Spahr, 1902.

Protestantisch-kirchlicher Hülfsverein Bern. 60. Jahresbericht. Abgelegt durch M[oritz] Ochsenbein, Pfarrer. Von Ostern 1902 bis Ende April 1903. 41 S. 8. Bern, H. Spahr, 1903.

Männer-Samariterverein Bern. 16. Jahresbericht für das Jahr 1900. Beilage: Über Blutvergiftung. Vortrag gehalten... am 19. März 1901 von Dr. med. W[alther] Kürsteiner. IV + 44 S. 8. Bern, Obrecht & Käser, 1901.
(Separatabdruck *der Beilage, S. 26—48, käuflich* à fr. —. 10)

Männer-Samariterverein Bern. 8.
17. Jahresbericht für das Jahr 1901. Beilage: Die Grenzen des Samariterwesens. Vortrag gehalten ... am 10. November 1901 von Herrn Oberst Dr. (A[lfred]) Mürset. IV + 56 S. Bern, Obrecht & Käser, 1902.
18. Jahresbericht für das Jahr 1902. Beilage: Über die Beziehungen des Samariterdienstes zur Gerichtsbarkeit von Herrn Prof. Dr. [Carl] Emmert. IV + 48 S. Bern, Fritz Obrecht, 1903.

Kaufmännischer Verein Bern, Sektion des Schweizerischen Kaufmännischen Vereins. 39. Jahresbericht vom 1. Mai 1900 bis 30. April 1901 (inkl. Mitgliederetat auf 1. August 1901). Anhang: Schulbericht. IV + 58 + *Anhang* [19] S. 8. Bern, Stämpfli & Cie., 1901.

Kaufmännischer Verein Bern, Sektion des Schweizerischen Kaufmännischen Vereins. 40. Jahresbericht vom 1. Mai 1901 bis 30. April 1902 (inkl. Mitgliederetat auf 1. August 1902). Anhang: I. Schulbericht; II. Denkschrift des 19. Zentralfestes des S. K. V. 1902 in Bern (gleichzeitig Jubiläum der Sektion Bern). [Illustriert.] (*zus.* 78) + *Anhang II* 112 S. 8. (*Druck, ausser Anhang II:* Bern, Ott & Bolliger.)

Anhang II. Denkschrift ... s. Chlapperläubli.

Verein Bern für Verbreitung guter Schriften [Kantonal-Verein]. 11. Jahresbericht pro (1. April) 1900—(31. März) 1901. 38 S. 8. Bern, Stalder & Sieber, 1901.

Verein Bern für Verbreitung guter Schriften [Kantonal-Verein]. 12. Jahresbericht vom 1. April bis 31. Dezember 1901. 48 S. 8. Bern, Haller, 1902.

Verein Bern für Verbreitung Guter Schriften [Kantonal-Verein]. 13. Jahresbericht über das Jahr 1902. 56 S. 8. Bern, Ott & Bolliger, 1903.

Bern-Muri-Gümligen-Worb-Bahn. 4. Jahresbericht. Betriebsjahr 1900. 26 S. 4. Bern, Ott & Bolliger, 1901.

Bern-Muri-Gümligen-Worb-Bahn. 5. Jahresbericht. Betriebsjahr 1901. II + 24 S. 4. Bern, Siebenmann & Co., 1902.

Bern-Muri-Gümligen-Worb-Bahn. 6. Jahresbericht. Betriebsjahr 1902. II + 24 S. 4. Bern, Siebenmann & Co., 1903.

Neuorganisation des Löschwesens und 1. Verwaltungsbericht der Berufsfeuerwehr der Stadt Kiel ... (2: Feuerlöschwesen der Stadt Kiel ... II. Jahres-Bericht ...) Kiel 1898: Handorff. 8° [illegible]

Jahresbericht der Berufsorganisation der Krankenpflegerinnen Deutschlands. 1. (2.) 1903/4 u. 1904/5. — Berlin 1904-(05): Zeeck. 8°

2. u. d. T.: Berufsorganisation d. Krankenpflegerinnen ...

Die späteren Jahresberichte sind in der Verbandszeitschr. „Unterm Lazaruskreuz" erschienen.

— 2., über das Diakonissen-Krankenhaus Bethanien zu Breslau, vom 1 Jan. bis 31. Dezbr. 1851. gr. 8. (28 S.) Breslau 852. (Dülfer & Geiser.) n. 2 ngl

Anstalt Bethesda für Epileptische in Tschugg. [15.] u. 16. u. 17. Jahresbericht für 1900 u. für 1901 u. für 1902, erstattet ... durch K[arl] Howald, Kirchmeier. 39 u. 36 u. 35 S. 8. (1901 u. 1902 u. 1903.)

Jahresbericht über das Deutsche Evangelisch-Lutherische Bethlehem-Waisenhaus: no. 1, 1889/90 -

Published by the Evangelical Lutheran Bethlehem Orphan Asylum Association.
New Orleans, LA

Jahresbericht über die Betriebs-Verwaltung der Oldenburgischen Eisenbahnen f. d. J. 1910 ff. Oldenburg o. J. 4°
1910—1913.

Jahres-Bericht des Bezirks-Gremiums für Handel, Fabriken und Gewerbe in Aschaffenburg.
(1908 ff. fortges. u. d. Tit.:)
Jahres-Bericht des Handels-Gremiums zu Aschaffenburg. 1908 ff. Aschaffenburg o. J. 8°

Jahresbericht des Bezirks-Gremiums für Handel und Gewerbe in Fürth für 1882. 84. 86-98. Fürth 1883-99

Jahresbericht des Bezirks-Gremiums für Handel u Gewerbe in Fürth. 1900. 02. 04 Fürth 1901-04

Jahresbericht d. Bez.-Gremiums f. Handel u Gewerbe in Fürth. 1906. Nürnberg 1907

Jahresbericht der Bezirkskommission zur Erforschung und Erhaltung der Denkmäler innerhalb des Regierungsbezirks Wiesbaden für das Jahr 1903 ff. (Wiesbaden.) o. J. 4°.

Mittelländisches Bezirks-Krankenhaus in Trogen. 24. u. 25. u. 26. Jahresbericht über den Betrieb pro 1900 u. 1901 u. 1902. 11 u. 15 u. 15 S. 8. Trogen, U. Kübler, 1901 u. 1902 u. 1903.

Jahresbericht des Nautischen Bezirks-Vereins zu Kiel erstattet vom Vorstande. (1. für 1870.) Kiel. 1871. 10.–16. für 1879–85. ebd. 1880–86. 19.–24. für 1888–93. ebd. 1889–94. 26 ff. für 1895 ff. ebd. 1896 ff. 8°

Die 66. u. 67. u. 68. öffentliche Bibel- und Missionsfeier in St. Gallen. Den 6. Juni 1901 u. Den 29. Mai 1902 u. Den 11. Juni 1903.(**Jahresbericht** etc. und Rechnung 1900/1901 u. 1901/02 u. 1902/03.) 14 u. 16 u. 15 S. 8°
St. Gallen, Buchh. der Evangelischen Gesellschaft.

Bibelgesellschaft in Basel. 8. Basel, Fr. Reinhardt.
Jahres-Bericht über das (96. Gesellschafts-)Jahr (1. April) 1900/1901 (März 31). 18 S. 1901.
Jahres-Bericht über das (97. Gesellschafts-)Jahr (1. April) 1901/1902 (März 31). 10 S. 1902.

... **Jahresbericht** der Hamburg-Altonaischen Bibelgesellschaft. Nebst Beilagen. Hamburg ... 8°
1—3, 1816—18. 20, 1835. 46, 1862. 48, 1864. 50—82, 1866—99.
1 [auch u. d. T.:] Nachricht von der 1. allgemeinen Jahresversammlung der Hamburg-Altonaischen Bibelgesellschaft.

Jahresbericht der Hamburg-Altonaischen Bibelgesellschaft. (1r 2r à 8 Gr. 3r 9 Gr.) 8. Hamburg, Perthes und Besser. 816 — 18.

— der Hamburg-Altonaischen Bibelgesellschaft. 1r—4r Bericht. 8. Hamb. 816 — 18. Perthes u. B. 1 ß 5 K

— d. Hamb.-Altonaer Bibelgesellschaft. 4r Bericht. 1819. 8. Hamb., Perthes u. B.

—— 15.—20., der Wupperthaler Bibelgesellschaft, gegründet den 11. Juli 1854. gr. 8. (19; 15; 16; 16; 16; 16 S.) Barmen 869—75, Wiemann. 15. Jahrg. *
16.—18. Jahrg. à *
19. und 20. Jahrg. à *

— 15., der Wupperthaler Bibelgesellschaft, gegründet den 11. Juli 1854. Barmen 870. (Klein.) gr. 8. (19 S.) n. 4 ngl

— 16., der Wupperthaler Bibelgesellschaft, gegründet den 11. Juli 1854. gr. 8. (15 S.) (Barmen 872. Klein.) n.n. — 25

— dasselbe. 17. u. 18. Bericht. gr. 8. (à 16 S.) Barmen 872. 73. Wiemann. à n.n. — 30

— dasselbe. 19. u. 20. Bericht. gr. 8. (à 16 S.) Ebend. 874. 75. à n. — 20

Jahresbericht der Königlichen Bibliothek zu Berlin. [1.] Für d. J. 1905/06. Burg b. M. 1906: A. Hopfer. 8°

Jahresbericht der Königlichen Bibliothek zu Berlin f. d. J. 1905/06—1908/09. Burg (1906 ff.) 8°.

. Tierschutz-Verein Biel (*pro 1901: von Biel und Umgebung). Jahresbericht 1900 u. pro 1901 — Société biennoise pour la protection des animaux. Rapport annuel 1900 et 1901. II + 8 u. II + 23 S. 8. Biel, W. Gassmann, 1901 u. E. Andres, 1902.

Jahresbericht der Handelskammer Bielefeld für 1866-77. Bielefeld 1867-78

Elektricitätswerke Davos ⟨Aktiengesellschaft⟩. Jahresbericht und Bilanz... . 4. Davos, Buchdr. Davos A.-G.
... pro 1900. [Mit 1 graphischen Tafel.] VIII (+ 24) S. 1901. — ... pro 1901. VIII (+ 26) S. 1902. — ... pro 1902. VIII (+ 24) S. 1903.

Kieler Creditbank Kiel (eingetr. Genossenschaft). Jahresbericht 1871—1903. Kiel. (1871)—1904. Fol.

Fortges. u. d. T.:
Jahres-Bericht und Bilanz der Kieler Creditbank für 1904 ff. Kiel. 1905 ff. 4°

Jahresbericht über das k. k. Blinden-Erziehungsinstitut im Schuljahre 1856 und zugleich Einladung zu der am 23. August d. J. Vormittags von 9 bis 1 Uhr stattfindenden öffentlichen Prüfung der Zöglinge dieser Anstalt. Wien, 1856. Gedruckt bei A. Pichlers Witwe und Sohn. (19 S. 4.)
Inhalt: Schulnachrichten.

Jahresbericht über das k. k. Blinden-Erziehungs-Institut im Schuljahre 1857. Wien, 1857. Gedruckt bei A. Pichlers Witwe und Sohn. (19 S. 4.)
Enthält: 1. Eine Ode an die Sonne. Gedicht von dem Zöglinge Wilh. Smetana. — 2. Ueber das Farbenkennen der Blinden. — 3. Das Verhältniß des Blinden-Erziehungs-Institutes zur Versorgungs- und Beschäftigungs-Anstalt für erwachsene Blinde.

Jahresbericht über das k. k. Blinden-Erziehungs-Institut (in Wien) im Schuljahre 1858 etc. *Wien* 1858. Gedruckt bei *A. Pichler's Wtw.* & S. 14 S.. 4°.

JAHRESBERICHT DES BLINDEN-FÜRSORGEVEREINS DER RHEINPROVINZ.
Ausgabe für die Regierungsbezirke Koblenz (später: Coblenz) und Trier.
XIII. 1898. Düren. Act.-Ges. für Zeitungsverlag u. Druckerei. — XIV. 1899. ib. — XV. 1900. ib. Druck der Rheinischen Provinzial-Arbeits-Anstalt Brauweiler.
JAHRES-BERICHT DES BLINDEN-FÜRSORGEVEREINS DER RHEINPROVINZ.
16. 1901. Gesamt-Ausgabe. Düren. Hamel'sche Buchdruckerei. — 17. Gesamt-Ausgabe. ib. —
VEREIN ZUR FÜRSORGE FÜR DIE BLINDEN DER RHEINPROVINZ.
XVIII. 1903. Düren. Gesamt-Ausgabe. Gedruckt in der Rh. Prov.-Arbeits-Anstalt in Brauweiler.
JAHRESBERICHT (auch: JAHRES-BERICHT) DES BLINDEN-FÜRSORGE-VEREINS IN DER RHEINPROVINZ.
19. 1904. Gesamt-Ausgabe. ib. — XX. 1905. Gesamt-Ausgabe. ib. — XXI. 1906. Gesamt-Ausgabe. ib. —

Bernischer [kantonaler] Blindenversorgungs-Verein. 17. Jahresbericht vom 1. April 1900 bis 1. April 1901. 20 S. 8.

Bernischer [kantonaler] Blindenversorgungs-Verein. 18. *u.* 19. Jahresbericht für das Rechnungsjahr vom 1. April 1901 bis 31. März 1902 *u.* vom 1. April 1902 bis 31. März 1903. *je* 21 S. 8.

Trinkerinnenheilstätte «Blumenau» in Steg ⟨Tösstal⟩, Kt. Zürich. 4. Jahresbericht umfassend das Jahr 1900. [Mit 1 Ansicht.] 4 S. 4. (Wald, H. Hess, [1901].)

Trinkerinnenheilstätte «Blumenau» in Steg ⟨Tösstal, Ct. Zürich⟩. 5. Jahresbericht umfassend das Jahr 1901. [Mit 1 Ansicht.] 8 S. 8. Wald, H. Hess, 1902.

Trinkerinnenheilstätte «Blumenau» in Steg ⟨Tösstal⟩, Kt. Zürich. 6. Jahresbericht umfassend das Jahr 1902. [Mit 1 Ansicht.] 8 S. 8. Wald, H. Hess, 1903.

Jahres-Bericht der Schlesischen Boden-Credit-Actien-Bank in Breslau.

Jahresbericht der Westdeutschen Bodenkreditanstalt in Köln a. Rh.

— über die Bodenproduction, Industrieerzeugnisse, Handels- und Verkehrsverhältnisse im Oedenburger Kammerbezirke während der Jahre 1857—1860. Erstattet von der Handels- und Gewerbekammer in Oedenburg. 4. Oedenburg 1862.

Jahresbericht der Sternwarte Bogenhausen bei München 1852, 54.

Basler Börsen-Verein. 5. Jahresbericht über das Jahr 1870. Basel, Druck von J. G. Bauer. 12 Seiten. 8.

Basler Börsenverein. 6. Jahresbericht üb. d. J. 1871. 10 Stn. 8. Basel, Druck v. J. G. Baur.

Basler Börsenverein. 7. Jahresbericht über das Jahr 1872. Basel, Druck v. J. G. Baur. 10 Stn. 8.

Basler Börsen-Verein. 8. Jahresbericht pr. 1873. 10 Stn. 8. Basel, Druck v. J. G. Baur.

Basler-Börsen-Verein. 9. Jahresbericht 1874. 11 Stn. 8. Basel, Buchdruckerei v. J. G. Baur.

Jahresbericht, Botanischer. Herausgegeben bis Jahrg. 10 von Just. Die Jahrgänge 11—14 von Koehne und Geyler, von 15—25 von Koehne, von 26 ab von Schumann. Jahrg. 1 (1873) bis 26 (1898). Berlin 1874—1900. 8.

—— botanischer. Systematisch geordnetes Repertorium der botan. Literatur aller Länder. Unter Mitwirkung von Ascherson, Askenasy, Batalin etc. hrsg. von Leop. Just. 1. Jahrg. (1873.) 2 Halbbde. gr. 8. Berlin 874, Gebr. Borntraeger. [1. Halbbd. (S. 1—320.) *M 8.; 2. Halbbd. (XXXIV, S. 321—744.) *M 12.] *

—— botanischer. Systematisch geordnetes Repertorium der botanischen Literatur aller Länder. Unter Mitwirkung von Aronheim, Ascherson, Askenasy etc. hrsg. von Leop. Just. 2. Jahrg. (1874.) 3 Abthlgn. Lex.-8. Berlin, Bornträger. [1. Abthl. (S. 1—480.) 875. *M 12.; 2. Abthl. S. 481—800.) 875. *M 8.; 3. Abthl. (VIII, S. 801—1296.) *M 13.]

—— dass. — Unter Mitwirkung von Askenasy, Batalin, Emmerling etc. hrsg. von Leop. Just. 3. Jahrg. (1875.) 2 Halbbde. Lex.-8. Ebendas. [1. Halbbd. (S. 1—560.) 876. *M 14.; 2. Halbbd. (XIV, S. 561—1146.) 877. *M 15.]

—— dass. — Unter Mitwirkung von Askenasy, Batalin, v. Borbas etc. hrsg. von Leop. Just. 4. Jahrg. (1876.) 3 Abthlgn. Lex.-8. Ebendas. 878. [1. und 2. Abthl. (V, S. 1—848.) * ℳ 21,20.; 3. Abthl. (XII, S. 849—1534.) * ℳ 18.] *

—— dass. — Unter Mitwirkung von Askenasy, Batalin, Bauke etc. hrsg. von Leop. Just. 5. Jahrg. (1877.) 3 Abthlgn. gr. 8. Ebendas. 879. [1. Abthl. (S. 1—320.) * ℳ 8.; 2. und 3. Abthl. (X, S. 321—1100.) * ℳ 20.] *

Jahresbericht, botanischer. Systematisch geordnetes Repertorium der botan. Literatur aller Länder. Unter Mitwirkung von Askenasy, Batalin, Briosi etc. hrsg. von Leop. Just. 6. Jahrg. [1878.] 2 Abthlgn. gr. 8. Berlin, Gebr. Bornträger. [1. Abthl. 1. Heft. (288 S.) 880. * ℳ 7,20.; 2. Heft. (S. 289—632.) 881. * ℳ 8,80. — 2. Abthl. 1. Heft. (S. 1—272.) 880. * ℳ 6,80.; 2. Heft. (S. 273—496.) 881. * ℳ 5,60.; 3. Heft. (S. 497—784.) 882. * ℳ 7,20.; 4. und 5. Heft. (V, S. 785—1399.) 883. * ℳ 16.] *

—— dass. — 7. Jahrg. [1879.] 2 Abthlgn. gr. 8. Ebendas. [1. Abthl. 1. Heft. (S. 1—400.) 881. * ℳ 10.; 2. Heft. (V, S. 401—603.) 883. * ℳ 6. — 2. Abthl. 1. Heft. (S. 1—336.) 881. * ℳ 8,40.; 2. und 3. Heft. (V, S. 337—882.) 883. * ℳ 15.] *

—— dass. — 8. Jahrg. [1880.] 2 Abthlgn. gr. 8. Ebendas. 883. [1. Abthl. (IV, 593 S.) * ℳ 17. — 2. Abthl. 1. Heft. (S. 1—400.) * ℳ 11.; 2. Heft. (IV, S. 401—1021.) * ℳ 18.] *

— dasselbe. 9. Jahrg. [1881]. 2 Abthlgn. gr. 8. (IV, 502 u. IV, 1191 S.) Ebend. 883. n. 50. —

—— dass. — 9. Jahrg. [1881.] 2 Abthlgn. gr. 8. Ebendas. [1. Abthl. 1. Heft. (S. 1—320.) 883. * ℳ 9.; 2. Heft. (IV, S. 321—562.) 884. * ℳ 7. — 2. Abthl. (IV, 1191 S.) 884. * ℳ 34.]

—— dass. — 10. Jahrg. [1882.] 2 Abthlgn. gr. 8. Ebendas. [1. Abthl. 1. Heft. (S. 1—288.) 884; 2. Heft. (VI, S. 289—563.) 884. à * ℳ 8. — 2. Abthl. 1. Heft. (S. 1—528.) 885. * ℳ 15.; 2. Heft. (VI, S. 529—868.) 885. * ℳ 11.] *

Botanischer Jahresbericht. Systematisch geordnetes Repertorium der botanischen Literatur aller Länder. - Berlin. Jg. 1-10. 1873-1882.
Forts. s.: Just's Botan. Jahresber.

Jahresbericht der Direktion der Schleswig-Holsteinischen Adeligen Brandgilde für Gebäude . . . betr. das Verwaltungsjahr vom 1. Januar bis 31. December 1890. (Kiel. 1891.) Fol. [Kopft.]
Jahresbericht der Schleswig-Holsteinischen Adeligen Brandgilde für 1906. 1910. Kiel. 1907. 1911. Fol.

Bezirksschule Breitenbach. Jahres-Bericht vom Schuljahr 1900/1901 u. 1901/1902 u. 1902/1903. [je 4 S.] 4.

Jahresbericht (1.) des Arbeitersecretariats Bremen, nebst Berichten über die Gewerkschaftsorganisationen, Gewerbegericht und Frauenarbeit. 8°. Bremen, Selbstverlag, 1901.

— 4.—6., des Arbeiter-Sekretariats Bremen, nebst Berichten üb. Stand, Leistungen u. wirtschaftliche Kämpfe d. Gewerkschaften, d. Gewerkschaftskartell, den Bildungsausschuß u. das Gewerbegericht f. d. Geschäftsj. 1903—1905. (127, 104 u. 171 S.) gr. 8. Bremen 904—906. (Buchh. Bremer Bürger-Zeitg.) à n.n. — 50

— 7.—10., 1906—1909, d. Arbeiter-Sekretariats Bremen nebst Berichten üb. Stand, Leistungen u. wirtschaftl. Kämpfe der Gewerkschaften, das Gewerkschaftskartell, den Bildungsausschuß, das Gewerbegericht. (80 S. m. 2 Tab.) 8. Bremen (Buchh. der Bremer Bürger-Zeitg.). à — 50
7. (116 S.) 907. — 8. Mit e. Abhandlg. „Reform d. Arbeiterversicherg." (112 S.) 908. — 9. (76 S. m. 2 Tab.) 909. — 10. (80 S. m. 2 Tab.) 910.

Spar- und Leihkasse Bremgarten. 23. Jahresbericht über das Geschäftsjahr 1900. 19 S. 4. Bremgarten, F. Weissenbach, 1901.

Spar- und Leihkasse Bremgarten. 24. Jahresbericht über das Geschäftsjahr 1901. 19 S. 4. Bremgarten, F. Weissenbach, 1902.

Spar- und Leihkasse Bremgarten. 25. Jahresbericht über das Geschäftsjahr 1902. 18 S. 4. Bremgarten, F. Weissenbach, 1903.

Ersparnisskassa Bremgarten-Muri. Jahresbericht pr. 1872. 8 Stn. 4. Wohlen, Druck v. J. Keller.

Ersparnisskasse Bremgarten-Muri in Wohlen. Jahres-Bericht pro 1900. II + 16 S. 4. Muri, A. Schibli-Keller, 1901.

. Ersparnisskasse Bremgarten-Muri in Wohlen. Jahres-Bericht pro 1901 u. pro 1902. je II + 16 S. 4. Muri, A. Schibli-Keller, 1902 u. (1903).

Jahresbericht des Zellengefängnisses Bruchsal, s. Blätter für Gefängnisskunde.

Jahresbericht des Frmr-Verein Bruderbund seit 1906.

Spar- und Leihkasse Brugg, Genossenschaft. 51. Jahresbericht pro 1900. 18 S. 4. Brugg, «Effingerhof», 1901.

Spar- und Leihkasse Brugg, Genossenschaft. 52. Jahresbericht pro 1901. 25 S. 4. Brugg, «Effingerhof», 1902.

Spar- und Leihkasse Brugg, Genossenschaft. 53. Jahresbericht 1902. 20 S. 4. Brugg, «Effingerhof», 1903.

Jahresbericht über die Buchdrucker-Lehranstalt in Leipzig. Ostern 1870—72. Leipzig. H: *Burckhardt, Julius.* (cb)

Internationales Buchdrucker-Sekretariat (in Bern). Jahresbericht pro 1902 = Secrétariat typographique international. Rapport annuel pour 1902. 59 S. 8. Basel, Buchdr. des Schweizerischen Typographenbundes, 1903.

Jahresbericht der Oeffentlichen Bücherhalle zu Hamburg. 1. Hamburg: Hamb. Gesellsch. z. Beförd. d Künste u. nützl. Gewerbe 1901. 8°

Jahresbericht der öff. Bücherhalle zu Hamburg. 1899-1903 Hamburg 1901-04

Jahresbericht d. Öffentl. Bücherhalle zu Hamburg. 1904-12. Hamburg 1905-13

Jahres-Bericht der städtischen Bücher- u. Lesehalle. (Hrsg.: Max de la Vigne, Stadtbibliothekar.) [1.] *Osnabrück 1903: (Meinders & Elstermann).* 8°

—— 1.—5., der Deutschen evangelischen Buch- und Tractat-Gesellschaft in Berlin. Vom 1. Octbr. 1878—30. Septbr. 1883. 8. (47; 53; 88; 196; 220 S.) Berlin, Deutsche evangel. Buch- und Tractat-Gesellschaft. 1.—3. Jahresbericht à * 4. und 5. Jahresbericht à *

— 2., der Deutschen evangelischen Buch- u. Tractat-Gesellschaft in Berlin. Vom 1. Octbr. 1879—1. Octbr. 1880. 8. (63 S.) Berlin 881. Deutsche evangel. Buch- u. Tractat-Gesellschaft. n. — 20

—— 6.—10., der deutschen evangelischen Buch- und Tractat-Gesellschaft in Berlin. Vom 1. Octbr. 1884—30. Septbr. 1888. 8. (102; 111; 112; 111; 116 S.) Berlin, Deutsche evangel. Buch- und Tractat-Gesellschaft. à * — 50

— 13. u. 15.—19., d. Deutschen Evangel. Buch- u. Tractat-Gesellschaft in Berlin. gr. 8. Berlin, Deutsche Evangel. Buch- u. Tractat-Gesellschaft. n. 3. 80
13. Vom 1. Oktbr. 1890 bis 1. Oktbr. 1891. (IV, 83 S.) 891. n. — 50
15. Vom 1. Oktbr. 1892 bis 1. Oktbr. 1893. (IV, 57 S.) 893. n. 1. 50
16. Vom 1. Oktbr. 1893 bis 1. Oktbr. 1894. (IV, 43 S.) 894. n. — 50
17. Vom 1. Oktbr. 1894 bis 1. Oktbr. 1895. (47 S.) 895. n. — 30
18. Vom 1. Oktbr. 1895 bis 1. Oktbr. 1896. (60 S.) 897. n. — 50
19. Vom 1. Oktbr. 1896 bis 1. Oktbr. 1897. (53 S.) 898. n. — 50

— 14., der Deutschen Evangelischen Buch- u. Tractat-Gesellschaft in Berlin. Vom 1 Octbr. 1891 bis 1. Octbr. 1892. 8. (IV, 84 S.) Berlin 893. Deutsche Evangel. Buch- u. Tractat-Gesellschaft. n. — 50

— 20., der deutschen evangel. Buch- u. Tractat-Gesellschaft in Berlin, Aderstr. 142. Vom 1. X. 1897 bis 1. X. 1898. 8. (32, 32 u. 24 S.) Berlin 899. Deutsche evangel. Buch- u. Tractat-Gesellschaft. n. — 20

— dasselbe, 21. Vom 1. X. 1898 bis 1. X. 1899. 8. (24 S.) Ebd. 899. — 40

Jahres-Bericht des Deutschen Schulvereins Buenos Aires. (5—8.) 1903—1906. B.-Aires '04—07.

Jahresbericht des Bundes der Freien Gmden v N-A. Milw. 1900.

[**Jahresbericht** des] Bund[es] Berliner Grundbesitzer-Vereine.

JAHRESBERICHT DES BUNDES DER INDUSTRIELLEN ...
für das Geschäftsjahr 1895. 96. Berlin 1896. (o. Dr.) 8°.
für das Geschäftsjahr 1896/97. ib. 1898. Druck von J. Harrwitz Nachfolger. (C. Th. Kehrbach.)
für das Geschäftsjahr 1897/98. ib. 1899. —
Herausgegeben von Dr. WILH. WENDLANDT, Generalsekretär.
für das Geschäftsjahr 1898/99. ib. 1900. Druck von H. Klokow, Berlin.
Im Auftrage des Vorstandes herausgegeben von Dr. WILHELM WENDLANDT, Generalsekretär.
für das Geschäftsjahr 1899/1900—1901/1902. ib. 1900—1903. —
für das Geschäftsjahr 1902/1903. ib. 1904. Druck von J. S. Preuss, Berlin.
für das Geschäftsjahr 1903/1904—1906/1907. ib. 1905—1908. Druck von Hermann Klokow.
für das Geschäftsjahr 1907/1908. (Erster Teil. Zweiter Teil.) ib. 1908. —

JAHRESBERICHT DES BUNDES DER INDUSTRIELLEN. E. V. ...
Im Auftrage des Vorstandes herausgegeben vom Generalsekretär Dr. WILHELM WENDLANDT, M. d. A.
für das Geschäftsjahr 1908/1909. (Erster Teil.) ib. 1909. —
für das Geschäftsjahr 1908/1909. (Zweiter Teil.) ib. 1910. — [1]

[1]) Die Fortsetzung der Jahresberichte heisst: Veröffentlichungen des Bundes der Industriellen.

— des Bundeskomitees d. schweiz. Gewerkschaftsbundes an die Zentralvorstände u. Mitglieder des Gewerkschafts-Ausschusses 1909. (80 S.) 8. Bern 910. (Zürich, Buchh. des schweiz. Grütlivereins.) — 50

Jahresbericht des Bundesvorstandes ... d. schweiz. Genossenschaftsbundes, s. Jahresbericht d. schweiz. Genossenschaftsbundes.

Bad- & Waschanstalt Burgdorf. 4.
31. Jahresbericht über das Betriebsjahr 1900. [II + 5 S.] (1901.)
32. Jahresbericht über das Betriebsjahr 1901. [5 S.] (1902.)

Bad- & Waschanstalt Burgdorf. 33. Jahresbericht über das Betriebsjahr 1902. [7 S.] 4. (1903.)

Spar- & Kreditkasse Burgdorf. 4. Burgdorf, (S. Haller).
37. Jahresbericht vom 1. Juli 1900 bis 30. Juni 1901. IV + 14 S. 1901.
38. Jahresbericht vom 1. Juli 1901 bis 30. Juni 1902. IV + 14 S. 1902.

Spar- und Kreditkasse Burgdorf. 39. Jahresbericht vom 1. Juli 1902 bis 30. Juni 1903. IV + 14 S. 4. Burgdorf, S. Haller, 1903.

Kaufmännischer Verein Burgdorf (Sektion des Schweizerischen Kaufmännischen Vereins). 38. Jahresbericht vom 1. Mai 1900 bis 30. April 1901. IV + 63 S. 8. Burgdorf, P. Eggenweiler, 1901.

Kaufmännischer Verein Burgdorf (Sektion des Schweizerischen Kaufmännischen Vereins). 39. Jahresbericht vom 1. Mai 1901 bis 30. April 1902. IV + 70 S. 8. Burgdorf, (S. Haller), 1902.

Kaufmännischer Verein Burgdorf (Sektion des Schweizerischen Kaufmännischen Vereins). 40. Jahresbericht vom 1. Mai 1902 bis 30. April 1903. IV + 85 S. 8. Burgdorf, E. Baumgartner, (1903).

Bürgergemeinde der Stadt Schaffhausen. Jahresbericht des Bürgerrates und Uebersicht der Rechnungen sämtlicher unter Aufsicht des Bürgerrates stehenden Verwaltungen.... 4.
...1900. 17 + 16 S. Schaffhausen, Kühn & Comp., 1901.
...1901. 19 + 16 S. Schaffhausen, H. Meier & Cie., 1902.

Bürgergemeinde der Stadt Schaffhausen. Jahresbericht des Bürgerrates und Uebersicht der Rechnungen sämtlicher unter Aufsicht des Bürgerrates stehenden Verwaltungen 1902 an die Bürgergemeinde.... 18 + 16 S. 4. Schaffhausen, H. Meier & Cie., 1903.

Provisor. Ausg.: ... an den Bürgerausschuss.... 18 + 16 S. Schaffhausen ... 1903.

Jahresbericht der höhern Bürgerschule in Freiburg i. B. 1867—68.

Höhere Bürgerschule zu Marne. Ostern ...
Jahresbericht womit zu der ... Feier des Geburtstages des Kaisers und Königs etc. einladet Karl Seitz. 4°.
1877—81. Marne. (1877—81.)
—— womit etc. einladet [Franz Karl] Schwalbach.
1882. ebd. (1882.)

Jahresbericht der höheren Knabenschule zu Oldesloe. Von Martin Schultze. (1878—80.) Oldesloe. 1878—80. 4°.
Jahresbericht der höheren Bürgerschule zu Oldesloe. Ostern 1881—82. Oldesloe. (1881—82.) 4°.
Jahresbericht des Realprogymnasiums zu Oldesloe. Ostern 1883—85. ebd. (1883—85.) 4°.
Jahresbericht des Realprogymnasiums zu Oldesloe über das Schuljahr . . . ., womit zu der öffentlichen Prüfung etc. einladet Friedrich Bangert.
1885/86—1889/90. ebd. 1886—90. 4°.
Realprogymnasium in Oldesloe. **Jahresbericht** über das Schuljahr . . ., womit etc. einladet Friedrich Bangert.
1890/91—1895/96. ebd. 1891—96. 4°.
Realprogymnasium in Oldesloe in Umwandlung zu einer Realschule. * **Jahresbericht** über das Schuljahr etc.
1896/97 ff. ebd. 1897 ff. 4°.

Jahresbericht über die höhere Bürgerschule zu Segeberg. Jg. 1. Segeberg. 1873; Jg. 4. ebd. 1876.

Jahresbericht der liter.-praktischen Bürgerverbindung in Riga über d. 100.—110. Gesellschaftsjahr. Riga '02—13. Aus: Rigasche Stadtblätter.

Bergedorfer Bürgerverein von 1847. Sammlung für Heimatkunde. **Jahresbericht** für 1907. 1910. 1913. — (Bergedorf 1908—14: Wagner.) 8° [Kopft.]

Jahresbericht des Bürger- und Gewerbevereins zu Hermannstadt für 1873. Hermannstadt 1874

Jahres-Bericht über die Veränderungen im Stande der Bevölkerung während des Jahres ... in der Stadt Altona. (Altona.) Fol.
1887—88. 1891—92.

Fortges. u. d. T.:
Jahres-Bericht des Statistischen Bureaus der Stadt Altona. (ebd.) Fol.
1893—96. 1898—99.

[Jahresbericht] Statistisches Bureau [1911 ff.:] Amt und Bureau der Zentralwahlkommission. Jahresbericht für d. J. 1909 ff. Hamburg 1910 ff. 4°

Ersparniss-Anstalt Bütschwil und deren Filiale in Wattwil. 26. Jahresbericht pro 1902. II + 16 S. 4. Bütschwil, Gottfr. Hildebrand, 1903.

Jahresbericht des vaterländischen Museums Carolino-Augusteum der Landes-Hauptstadt Salzburg für das Jahr 1852. Mit 6 xilogr. Tafeln. gr. 8. (80 S.) Salzburg, Oberer (Endl u. Penker) 1852.

Jahresbericht des vaterländischen Museums Carolino-Augusteum der Landes-Hauptstadt Salzburg für das Jahr 1853. Mit 2 Kupfertafeln. 8. (90 S.) Salzburg. Gedruckt in der Oberer'schen (Endl und Penker) Buchdruckerei. 1854.

Inhalt: Vermehrung der Sammlungen des Museums im Jahre 1853. In historisch-statistischer Beziehung: A) Manuskripte und Druckwerke, Karten und Pläne, Diplome und Urkunden, Porträts und Handschriften merkwürdiger Personen, Musik-Kompositionen u. s. w. B) Münzen und Medaillen und deren Aequiralente. C) Antiken. — In artistischer und technologischer Beziehung. — In naturhistorischer Beziehung. — Stand sämmtlicher dem Museum angehörigen Mitglieder im Jahre 1853. — Rechnung über Empfänge und Ausgaben des Museums im Jahre 1853. — Anhang: Die mittelalterlichen Burgen und Schlösser im Herzogthume Salzburg in gedrängtester Kürze zusammengestellt von Maria Vinzenz Süß.

Jahresbericht des vaterländischen Museums Carolino-Augusteum der Landeshauptstadt Salzburg für das Jahr 1855. Salzburg. Gedr. in der Oberer'schen (Endl & Penker) Buchdruckerei. (72 S. 8.)

Jahresbericht des vaterländ. Museums Carolino-Augusteum der Landeshauptstadt Salzburg für das J. 1856. Salzburg, bei Endl und Penker.

Jahres-Bericht des vaterländ. Museums Carolino-Augusteum der Landes-Hauptstadt Salzburg für das J. 1857. *Salzburg* 1857. Gedr. in der *Endl & Penker* Buchdr. 76 S., gr. 8°. Mit einer lithogr. Taf. zu Seite 42–46: Die Tropfsteinhöhle an der Drachenwand bei Fuschl.

Enthält 3 Anhänge: I. Babo von Abensberg. Die altgefeierte Dynastie, in ihrer Abkunft etc. in Baiern und Oesterreich. Kritisch und kulturgeschichtlich von *J. E.* Ritter von *Koch-Sternfeld* (Regensburg 1857, März). (Besprechung.) — II. Die Grabdenkmäler der Franziskaner-Kirche zu Salzburg. Von *A.* Ritter v. *Schallhammer.* — III. Die Eremitage auf dem Rainberge (Ofenlochberg) vor dem Neuthore in Salzburg. Von *J. Riedl.*

Jahres-Bericht des städtischen Museum Carolino-Augusteum zu Salzburg für 1885–89. Salzburg (1886–90). 8°

Altona, Kgl. Christianeum, Jahresbericht des — über das Schuljahr 1894/95 bis 98/99. Altona 1895, 96, 97, 98.

Bürger-Turnverein Chur. Jahres-Bericht über das 66. Vereins-Jahr (1900). II + 20 S. 8. Chur, A.-G. Bündner Tagblatt, 1901.

Bürger-Turnverein Chur. Jahres-Bericht über das 67. u. 60 [*d. i.* 68]. Vereins-Jahr (1901 *u.* 1902). 32 *u.* II + 20 S. 8. Chur, Bischofberger (*67:* Buntzler) & Hotzenköcherle, 1902 *u.* 1903.

Muster- und Modell-Sammlung Chur. 10. (Jahres-)Bericht pro 1900. 11 S. 8. Chur, Sprecher & Valer, 1901.

Kaufmännischer Verein Chur ⟨Sektion des Schweiz. Kaufm. Vereins⟩. 30. Jahresbericht ([mit Anhang:] Bericht der Unterrichtskommission über die Fortbildungsschule) pro 1902/03. 20 + *Anhang* 24 S. 8. Chur, Manatschal Ebner & Cie., 1903.
Jahresberichte pro 1900/01 u. 1901/02 wurden nicht gedruckt.

Jahresbericht der internationalen Lehr- u. Erziehungsanstalt „Concordia“ bei Zürich für das Schuljahr 1884/85. Gr. in-8°, 100 S. Zürich, Druck von Schiller & Cie.

Constantia Bern, Verein junger Christkatholiken. 8. Bern. Genossenschafts-Buchdr.
11. Jahresbericht. Vom 1. Januar 1900 bis 31. Januar 1901. 10 S. 1901
12. Jahresbericht. Vom 1. Februar 1901 bis 31. Dezember 1901. 8 S. 1902.

«Constantia», Verein junger Christkatholiken von Bern und Umgebung. 13. Jahresbericht. 1902. 11 S. 8. Bern, Genossenschafts-Buchdr., 1903.

JAHRESBERICHT DES COPERNICUS-VEREINS FÜR WISSENSCHAFT UND KUNST
1., abgestattet ... am 19. Februar 1855 von ... WEESE. (S. 1—10.); 2., abgestattet ... am 19. Februar 1856 von ... WEESE. (S. 11—22.) Thorn. 1856. Druck der Rathsbuchdruckerei. 8°.

JAHRES-BERICHT DES COPERNICUS-VEREINS FÜR WISSENSCHAFT UND KUNST zu Thorn
XVII., abgestattet ... am 19. Februar 1871 von ... L. PROWE. [Separat-Abdruck aus der Altpreußischen Monatsschrift Bd. VIII. Hft. 8.] Königsberg. 1871. Gedruckt in der Albert Rosbach'schen Buchdruckerei. 8°.
XVIII., abgestattet ... am 19. Februar 1872 von ... L. PROWE. Thorn. 1872. Gedruckt in der Rathsbuchdruckerei (Ernst Lambeck.)
XIX. u. XX., abgestattet ... am 19. Februar 1874 von ... L. PROWE. ib. 1875. —
XXI., abgestattet ... am 19. Februar 1875 von ... L. PROWE. ib. 1875. —
XXII., abgestattet ... am 19. Februar 1876 von ... L. PROWE. ib. 1878. —
XXIII., abgestattet ... am 19. Februar 1877 von ... L. PROWE. ib. 1878. —

JAHRES-BERICHT DES COPPERNICUS-VEREINS FÜR WISSENSCHAFT UND KUNST zu Thorn,
XXIV., abgestattet ... am 19. Februar 1878 von ... L. PROWE. Thorn 1886. Gedruckt in der Rathsbuchdruckerei (Ernst Lambeck). 8°.

Jahresbericht des pfälzischen Dampfkessel-Revisions-Vereins mit dem Sitze in Kaiserslautern. 4. 1875. Kaiserslautern

Jahresbericht der ersten Bukowinaer Dampfmühlen-Aktien-Gesellschaft. Czernowitz: Selbstverl 1884

Vereinigte Dampfschiffahrts-Gesellschaft des Vierwaldstättersees. 2. Jahresbericht für 1871. 26 Stn. 4. Luzern, Druck von Gebr. Räber.

Vereinigte Dampfschiffahrtsgesellschaft des Vierwaldstättersees. 3. Jahresbericht pr. 1872. 24 Stn. 8. Luzern, Druck v. Gebr. Räber.

Verein. Dampfschifffahrt-Gesellschaft des Vierwaldstättersees. 4. Jahresbericht pr. 1873. 26 Stn. Luzern, Druck v. Gebr. Räber.

Vereinigte Dampfschifffahrts-Gesellschaft des Vierwaldstättersees. 5. Jahresbericht 1874. 28 Stn. 4 und 3 Tabellen. Luzern, Druck v. Gebrüder Räber.

Vereinigte Dampfschifffahrts-Gesellschaft des Vierwaldstättersees. 6. Jahresbericht, umfassend das Betriebsjahr 1875. 24 S. 4. Luzern, Druck von Gebr. Räber.

Jahres-Bericht der Tönninger Darlehnsbank für das … Geschäftsjahr
13.—15. 1888—90. Tönning. (1889—91.) 8°.
Fortges. u. d. T.:
* Jahres-Bericht der Schleswig-Holsteinischen Bank für das … Geschäftsjahr
16.—18. 1891—93. ebd. (1892—94.) 8°.
19. ff. 1894 ff. ebd. (1895) ff. 4°.

Jahresbericht des Arbeiter-Sekretariats Darmstadt. 1. Darmstadt: Müller 1900. 8°

Jahresbericht der Handelskammer Darmstadt für 1862. 63. 67-78. 86-99. Darmstadt 1862-99

— erster, des Debrahauses bei Rudolstadt. Rudolstadt 858. Scheitz. 8. (24 S) nn. 3 ngr

Jahresbericht der Denkmalpflege im Gh. Hessen 1902—1907. Im Auftrag des Ministeriums des Innern. I. Mit Abbild. Darmstadt 1910. 4°.

— der Denkmalpflege im Grossherzogt. Hessen. I. Bearb. u. hrsg. im Auftrag d. grossh. Ministeriums des Innern. (194 S. u. XXXIV Bl. u. S. Abbildgn.) Lex. 8. Darmstadt 910. (A. Bergstraesser.) 2. —

Jahresbericht der Denkmalpflege im Grossherzogtum Hessen. Bearb. u. hrsg. im Auftr. Grossh. Ministeriums d. Innern. 1. Darmstadt 1910: (Wittich). 4°, 8°)

—— erster, der königl. technischen Deputation für Veterinärwesen über die Verbreitung ansteckender Thierkrankheiten in Preußen. Berichts-Jahr vom 1. April 1876 bis 31. März 1877. Lex.-8. (36 S.) Berlin 877. [Wiegandt, Hempel und Parey.] Parey. *
Aus: Landwirthschaftl. Jahrbücher, besonders abgedruckt.

Jahresbericht d. königl. technischen Deputation für das Veterinärwesen üb. die Verbreitung ansteckender Thierkrankheiten in Preussen. 1-10: 18^76/77-85/86. Berl. 1877-86.
(1: Særtr. — 2-10: Archiv f. wissenschaftl. u. prakt. Thierheilkunde. Bd. 5-12. Supplement; indb. hermed).

Jahresbericht der königlich technischen Deputation für das Veterinärwesen üb. d. Verbreitg. ansteck. Krankhtn. in Preussen. Berlin, Springer.
1. Bericht. 76/77. M. 1.—
2.—10. Bericht. 77/86. à M. 1.20

Jahresbericht der königlich technischen Deputation für das Veterinärwesen über die Verbreitung von Tierseuchen im Deutschen Reiche. Bearbeitet im Kaiserlichen Gesundheitsamt zu Berlin. Ebd.
1. Jahrgang. 86. M. 10.
2.—8. Jahrgang. 87/94. à M. 12.
9.—13. Jahrgang. 95/99. à M. 10.

— dermatologischer. Unter Mitwirkg. von Fachgenossen u. in Verbindg. m. W. Tamms hrsg. von O. Lassar. 1. Jahrg.: Über das J. 1905. (XII, 684 S.) Lex. 8. Wiesbaden 907. J. F. Bergmann. 18. —

— dasselbe. Begründet v. O. Lassar u. W. Tamms. Unter Mitwirkg. v. Fachgenossen hrsg. v. P. G. Unna u. W. Tamms. 2. u. 3. Jahrg.: Über die J. 1906 u. 1907. (XVIII, 1028 S.) Lex. 8. Ebd. 909. 25. —

Jahresbericht der Detaillistenkammer zu Hamburg. [1.] Für 1905. Hamburg: Selbstverl. d. Detaillistenkammer (1905). 8°

— der Detaillistenkammer zu Hamburg für 1905. (XII, 219 S.) gr. 8. Hamburg (906.) (O. Meissner's Verl.) n. 2. —

— der Detaillistenkammer zu Hamburg. 1906—1909. (XV, 320; XIV, 298; XIV, 286 u. XV, 327 S.) Lex. 8. Hamburg 907—10. (O. Meissner's Verl.) à 3. —

— 1., des naturärztlichen Diakonie-Vereins. Hrsg. vom Vereins-Vorstand. (32 S.) 8. Mellenbach (906). Verlag „Gesundes Leben". n. — 50

Rheinisch-Westfälischer Diakonieverein. E. V. … **Jahresbericht.** 1. Dortmund 1909: Crüwell. 8°

Jahresbericht der evangelisch-lutherischen Diakonissen-Anstalt zu Flensburg. 1–18. 1874/75 – 1890/92. Flensburg. 1875–93. 8°

— 6., über die Diakonissen-Anstalt zu Kaiserswerth am Rhein, vom 1. Jan. 1842 bis 1. Jan. 1843. — 7., vom 1. Jan. 1843 bis 31. Dec. 1843. gr. 8. Kaiserswerth 844. (Crefeld, Funke.) à n. 1/6 ₰ — 1.—5. Bericht, s. Jahr-Fünft.

— 11 u. 12., über die Diakonissen-Anstalt zu Kaiserswerth am Rhein, vom 1. Jan. 1847 bis 1. Jan. 1849. Nebst den Allerhöchst bestätigten Statuten des Rheinisch-Westphäl. Vereins für Bildung u. Beschäftigung evangel. Diakonissen. gr. 8. (à 64 S.) Kaiserswerth 849. (Leipzig, Gebhardt & Reisland.) à n. n. 1/12 ₰ (siehe: Jahr-Zehnt.)

Jahresbericht, 32., über die Diakonissen-Anstalt zu Kaiserswerth am Rhein, vom 1. März 1868 bis 1. März 1869, namentlich über die von ihr umfaßten Institute: das Diakonissen-Mutterhaus und dessen auswärtige Filiale und Stationen, das Diakonissen-Krankenhaus ꝛc. gr. 6. (120 S.) Kaiserswerth 1870. (Barmen, Buchh. der evangel. Gesellschaft.) * 1 —

—— 33.—39., über die Diakonissen-Anstalt zu Kaiserswerth a. Rh. von 1869—1875. gr. 8. (à Jahrg. 40 S.) Kaiserswerth. (Barmen, Klein.) à Jahrg.

Diakonissen-Anstalt zu Riehen. 49. Jahresbericht (20. *resp.* 1. September 1900 bis 2. Oktober *resp.* 31. August) 1901. 46 S. 8. Basel, Fr. Reinhardt, 1901.

Diakonissen-Anstalt zu Riehen. 50. Jahresbericht (1. Oktober *resp.* 1. September 1901 bis 25. September *resp.* 31. August) 1902. 56 S. 8. Basel, Friedrich Reinhardt, 1902.

. Diakonissenspital in Riehen. Jahresbericht…. Im Auftrage des Tit. Komite veröffentlicht von Dr. F[ritz] Gutknecht, Hausarzt der Anstalt. 8. Basel, Basler Druck- und Verlags-Anstalt.
… vom 1. September 1899 bis 31. August 1900. 14 S. 1902.
… vom 1. September 1900 bis 31. August 1901. 13 S. 1902.
… vom 1. September 1901 bis 31. August 1902. 14 S. 1902.

Jahresbericht des Diakonissen-Vereins von Buffalo:
NBuHi: 1896—1900. Buffalo, NY

Jahresbericht der Deutschen Dichter-Gedächtnis-Stiftung über die Jahre …? [1.] Hamburg-Großborstel: Deutsche Dichter-Gedächtnis-Stift. 1904. 8°.

Jahresbericht . . . der Deutschen Dichter-Gedächtnis-Stiftung. Jg 1 ff. Hamburg-Grossborstel 1904. 8°.
1, 1901—1903. 1904; 2, 1904, 1905; 3, 1905, 1906.

Jahresbericht des Dienstmädchen-Asyl-Vereines zu Klgft. Klgft., St. Hermagoras-Druck., St. Josefs-Druck., 1889—.

Leihkasse Dietikon. 7. Jahresbericht pr. 1870–71. Zürich, Druck von Schiller & Comp. 14 Stn. 8.

Leihkasse Dietikon. 8. Jahresbericht, v. 1. Juli 1871 bis 30. Juni 1872. 14 Stn. 8. Zürich, Druck v. Schiller & Co.

Leihkasse Dietikon. 9. Jahresbericht pr. 1872/73. 15 Stn. 8. Zürich, Druck v. Schiller & Comp.

JAHRESBERICHT DES HISTORISCHEN VEREINS DILLINGEN. Jahrg. I. 1888. Mit 2 wissenschaftlichen Beilagen, 1 Plane zu den Faiminger Ausgrabungen und 1 Lichtdruck. Dillingen. Im Selbstverlage des Vereins. Buchdruckerei von L. Keller's Wwe. 8°. — II. 1889. Mit 4 wissenschaftlichen Beilagen und 4 Plänen zu den Ausgrabungen. ib. — Buchdruckerei von A. Kolb. — III. 1890. Mit 3 wissenschaftlichen Beilagen und 3 Plänen zu den Ausgrabungen. ib. — IV. 1891. (Mit Tafeln.) ib. —.

JAHRES-BERICHT DES HISTORISCHEN VEREINS DILLINGEN. Jahrg. V. 1892. (Mit Tafeln.) ib. — VI. 1893. Mit 3 wissenschaftlichen Beilagen und 3 Tafeln. ib. — VII. 1894. (Mit 4 Tafeln Abbildungen und 2 Plänen.) ib. 1895. Buchdruckerei von J. Keller. — VIII. 1895. Mit 5 Tafeln Abbildungen und 2 Plänen. ib. 1896. Buchdruckerei von A. Kolb.

Forts.s.: J a h r b u c h d.hist.Ver.Dill.

Jahresbericht der Gewerbeschule Dinkelsbühl. 2, 1870–71. 4.

Jahresbericht der ausführenden Direktion des Schleswig-Holsteinischen Landwirtschaftlichen Generalvereins für das Jahr 1874–78. Kiel. 1875–(79). 8°

Vgl.1.Jahresbericht d.Schleswig-Holstein. Landwirtschaftl.Generalvereins.

—— der ausführenden Direktion des schleswig-holstein. landwirtschaftlichen Generalvereins für das J. 1887/1888. gr. 8. (112 S. mit 4 eingedr. Tab.) Kiel 888, (Biernatzki.) ** 1 —

Jahresbericht der Direktion der Schleswig-Holsteinischen Adeligen Brandgilde für Gebäude . . . betr. das Verwaltungsjahr vom 1. Januar bis 31. December 1890. (Kiel. 1891.) Fol. [Kopft.]

Jahresbericht der Schleswig-Holsteinischen Adeligen Brandgilde für 1906. 1910. Kiel. 1907. 1911. Fol.

Jahresbericht der Direktion der Lübeck-Büchener Eisenbahn-Gesellschaft. 60. f. d. J. 1909 ff. Lübeck 1910 ff. 4°

Jahresbericht der Direktion des Erziehungswesens über den Zustand d. Zürcherischen Unterrichtswesens in den Jahren 1837–93.

Direktion des Erziehungswesens (des Kantons Zürich). Jahres-Bericht über den Zustand des zürcherischen Unterrichtswesens. 8. [Winterthur, Geschw. Ziegler.]
... im Jahre 1900. 179 S. (1901.)
... im Jahre 1901. 127 S. (1902.)

Direktion des Erziehungswesens (des Kantons Zürich). Jahres-Bericht über den Zustand des zürcherischen Unterrichtswesens im Jahre 1902. 113 S. 8.

Jahresbericht der Direction der Gesellschaft für Erbauung von Arbeiterwohnungen zu der 18. Rechnung f. d. Jahr 1879. In-8°, 7 S. Zürich.
Vgl.Jahresbericht d.Gesellschaft...

Direktion des Gesundheitswesens des Kantons Zürich. Jahres-Bericht pro 1900. Separatabdruck aus dem Rechenschaftsbericht des Regierungsrates ... für das Jahr 1900. 51 S. 8.

Direktion des Gesundheitswesens des Kantons Zürich. Jahres-Bericht pro 1901. Separatabdruck aus dem Rechenschaftsbericht des Regierungsrates ... für das Jahr 1901. 45 S. 8.

Direktion des Gesundheitswesens des Kantons Zürich. Jahres-Bericht pro 1902. Separatabdruck aus dem Rechenschaftsbericht des Regierungsrates ... für das Jahr 1902. 47 S. 8.

Jahresbericht der D i r e k t i o n der Strafanstalt Lenzburg, s. J a h r e s b e r i c h t der Strafanstalt L e n z b u r g.

Jahresbericht der Direktion des Priester-, Kranken- und Defizienten-Institutes in Wien. Für das Jahr 1853. 8. (36 S.) Wien. Gedruckt bei Leopold Grund. 1854.

Jahresbericht der Direktion des Priester-Kranken- und Defizienten-Institutes in Wien. Für das Jahr 1855. Wien, 1856. Gedruckt bei Leopold Grund. (38 S. 8.)

Jahres-Bericht erstattet von der Direction der Kieler Seecadettenschule für das Jahr 1849. Kiel. 1850. 4°.

Kranken-Asyl Thalweil (*19: Thalwil). 17. u. 18. u. 19. Jahresbericht der Direktion umfassend 1900 u. 1901 u. 1902. je 6 S. 8. Thalweil (*19: Thalwil), Otto Kracht, 1900 (d. i. 1901) u. 1902 u. 1903.

Jahresbericht des D i r e k t o r s des Kgl. Geodätischen Instituts.
(Veröffentlichung d. Kgl. Preuss. Geodät. Institutes. N. F. 4 ff.)

Jahresbericht des Direktors des Königlichen Geodätischen Instituts für die Zeit von April — bis April —. Als Manuskript gedruckt. 1886/87–1901/1902. Berlin-Potsdam 1887 ff. 8°.
(bis 1893 Berlin,) Jahresbericht des Direktors für die Zeit vom 1. April 1892 bis 31. März 1893, 93/94–97/98. Berlin 1893–95. Potsdam 1896. 97.

Potsdam, K. Preuss. Geodätisches Institut, Jahresbericht des Direktors für die Zeit vom 1. April 1898 bis 31. März 1899. Potsdam 1899. 8°.

— des Directors der königl. Landwirthschafts-Gesellschaft zu Celle f. d. J. 1873 u. 1874. gr. 8. (II, 187 u. II. 82 S.) Celle 874. 75. Schulze'sche Buchh. à n. 2. —

Jahresbericht des Direktoriums des Bethel College der Mennoniten-Gemeinschaft von Nord Amerika zu Newton, Kansas: No. 1, 1887/88–?
Organ of the Allgemeine Conferenz der Mennoniten von Nord Amerika. First report published by August Wiebusch & Son Printing Co., St. Louis, Mo.
Newton, KS

Jahresbericht des Directoriums des Allgemeinen Deutschen Waisen-Vereins der Stadt Baltimore: 1, 1867–?
Title varies: JAHRES- UND FINANZ-BERICHT, 1873–1900. Octavo, various paging. Published by H. Kroh, 1867–78; by the Office of the "Volksfreund und Biene," 1879–82; by C. W. Schneidereith, 1883–84; by Th. Kroh & Söhne, 1885–87; by C. W. Schneidereith & Söhne, 1888–89; by Th. Kroh & Söhne, 1890; by C. W. Schneidereith & Söhne, 1891–1900.
Baltimore, MD

Jahresbericht des Direktors-Rathes der Öffentlichen Schulen von St. Louis: 1855?–?
Published by Office of Anzeiger des Westens in 1870.
St.Louis, MO

Beck, Jahresbericht des landwirthschaftlichen Districts-Vereins des Eichsfeldes für d. Jahr 1855, enthaltend eine Skizze über die Cultur- und Industrie-Verhältnisse des Eichsfeldes nebst Vorschlägen zur ferneren Hebung derselben. Verf. vom bisherigen Vorsitzenden dieses Vereins rc. Heiligenstadt. (Delion.) gr. 8. (4 Bl., 191 S. u. Anhang: Topograph.-statist. Nachrichten über die bisher separirten rc. Eichsfelder Ortschaften rc. XXXIX S.) 1856. nn. 20 ngr

Dr. Martin Luther College. Jahresbericht. 1891---.

Jahresbericht, Achter —. Vorgetragen bei der Plenar-Versammlung des Dom-Musik-Vereines und Mozarteums zu Salzburg am 11. Juni 1854. 8. (58 S.) Salzburg. Gedruckt bei Franz Xav. Duyle. 1854.

Jahresbericht [der] Königl. D o m s c h u l e zu Schleswig. (Gymnasium u. Höhere Bürgerschule.) 1873. 1874. 4⁰

Altenberger Dom-Verein. — JAHRES-BERICHT für die Jahre 1904—1907. (Mit Tafeln.) Düsseldorf. Druck von L. Schwann 4°.

Dorcas-Verein [in Zürich]. 13. Jahresbericht vom 1. Mai 1900 bis zum 30. April 1902. 15 S. 8. Zürich, Berichthaus, 1902.

Jahres-Bericht des Arbeiter-Sekretariats Dortmund, nebst tabellarischer Übersicht über den Stand der angeschlossenen Gewerkschaften. Jg. 1—5 (1902—1906). Dortmund, 1903—1907.

Jahresbericht des Arbeitersekretariats u. des Gewerkschaftskartells Dortmund-Hörde, mit Anhang: Der Bergarbeiterstreik, die Streikprozesse und der § 153 der Gew.-Ord. Geschäftsjahr 1904. 8⁰. Dortmund 1905.

Jahresbericht der Gewerbeförderungsstelle Dortmund. [1.] Dortmund (1906): W. Crüwell. 8° [J.]

Jahresbericht d. Handelskammer Dortmund f. 1871 u 75-99. 4° Dortmund 1872-1900

JAHRES-BERICHT DER SECTION DRESDEN DES D. U. OE. ALPEN-VEREINS(,) das Jahr 1884 und die Zeit bis Mitte Mai 1885 umfassend. (Mit 1 Tafel.) ib. — das Jahr 1885 und die Zeit bis Ende Juni 1886 umfassend. ib. —

JAHRESBERICHT DER SECTION DRESDEN des Gebirgsvereins für die sächsisch-böhmische Schweiz über das Jahr 1882. Redigirt von HERMANN KRONE. Mit einer Abbildung der Hocksteinhütte. Dresden 1883. Verlag der Section Dresden. 8°.

Jahresbericht der Handelskammer Duisburg für 1870-97. Duisburg 1871-98

— über die Durchführung des Kinderschutzgesetzes im J. 1905, erstattet v. den großherzogl. hess. Gewerbeinspektionen. Hrsg. im Auftrage des großh. hess. Ministeriums des Innern. (III, 112 S.) gr. 8. Darmstadt 906. G. Jonghaus. n.n. — 65

— üb. die Durchführung des Kinderschutzgesetzes im J. 1906, f. die Zeit vom 1. I. 1906 bis 31. XII. 1906, erstattet v. den grossherzogl. hess. Gewerbeinspektionen. (Umschlag: Das Kinderschutzgesetz im Grossherzogt. Hessen.) Hrsg. im Auftrage des grossh. hess. Ministeriums des Innern. (III, 95 S.) gr. 8. Darmstadt, G. Jonghaus. 1907. —. 65.

— über die Durchführung des Kinderschutzgesetzes im J. 1907, f. die Zeit vom 1. I. 1907 bis 31. XII. 1907, erstattet v. den grossherzogl. hess. Gewerbeinspektionen (Umschlag: Das Kinderschutzgesetz im Grossherzogt. Hessen.) Hrsg. im Auftrage des grossh. hess. Ministeriums des Innern. (III, 48 S.) gr. 8. Darmstadt, G. Jonghaus. 1908. —. 50.

— üb. die Durchführung des Kinderschutzgesetzes im J. 1908, f. die Zeit vom 1. I. 1908 bis 31. XII. 1908, erstattet v. den grossherzogl. hess. Gewerbeinspektionen. (Umschlag: Das Kinderschutzgesetz im Grossherzogt. Hessen.) Hrsg. im Auftrage des grossh. hess. Ministeriums des Innern. (III, 48 S.) gr. 8. Darmstadt, G. Jonghaus. 1909. —. 50.

— üb. die Durchführung des Kinderschutzgesetzes im J. 1909, f. die Zeit vom 1. I. 1909 bis 31. XII 1909, erstattet v. den grossherzogl. hess. Gewerbeinspektionen. (Umschlag: Das Kinderschutzgesetz im Grossherzogt. Hessen.) Hrsg. im Auftrage des grossh. hess. Ministeriums des Innern. (III, 46 S.) gr. 8. Darmstadt, G. Jonghaus. 1910. —. 50.

— über die Durchführung des Kinderschutzgesetzes in d. J. 1906—1909, f. die Zeit vom 1. I. 1906 bis 31. XII. 1909, erstattet v. d. großherzogl. hess. Gewerbeinspektionen. (Umschlag: Das Kinderschutzgesetz im Großherzogt. Hessen.) Hrsg. im Auftrage des großh. hess. Ministeriums des Innern. (III, 46 S.) gr. 8. Darmstadt 907—10. Buchh. großh. Staatsverlags. nn 2. 15
1906. (III, 95 S.) nn — 65. — 1907. (III, 48 S.) nn — 50.
1909. (III, 48 S.) nn — 50. — 1910. (III, 46 S.) nn — 50.

Landes- und Stadt-Bibliothek Düsseldorf. Jahresbericht. 1. 1904/05. Düsseldorf: Landes- u. Stadt-Bibliothek 1905. 4° [J.]
Aus: Bericht über d. Stand u. d. Verwaltung d. Gemeinde-Angelegenh. d. Stadt Düsseldorf ... 1. April 1904 bis 31. März 1905.

Jahresbericht 1 ff. der Landes- und Stadt-Bibliothek D ü s s e l d o r f . Düsseldorf 1905 ff. 4⁰
Jahresber. 1, 1904/05; 2, 1905/06; 3, 1906/07; 4, 1907/08; 5, 1908/09.

—— 49., über die Rettungs-Anstalten Düsselthal und Overdyck, sowie 13. Bericht über Zoppenbrück, nebst Festbericht bei Gelegenheit des goldenen Jubiläums der Anstalt. [Neue Folge 21. Bericht über das J. 1868.] gr. 8. (81 S.) Düsselthal 869. (Barmen, Buchh. der evangel. Gesellschaft.) — 75
—— 50.—54., über die Rettungs-Anstalten Düsselthal und Overdyck sowie 14.—18. Bericht über Zoppenbrück. Neue Folge 22.—26. Bericht über die J. des Heils 1869—1873. gr. 8. (à 20—48 S.) Düsselthal. (Barmen, Wiemann.) à * 40 Pf. und * — 80

— dasselbe. 54. Neue Folge. 26. Bericht üb. d. J. d. Heils 1873. gr. 8. (48 S.) Ebend. 874. n. — 40

—— 55., über die Rettungs-Anstalten Düsselthal und Overdyck, sowie 19. Bericht über Zoppenbrück. gr. 8. (38 S.) Düsselthal 875. (Barmen, Wiemann.) **
Nicht weiter erschienen.

Jahresbericht der (Königlichen) Forstakademie Eberswalde für die Zeit vom ... bis ... - Eberswalde. 1898-1920.
Forts. : Jahresber. d. Forstl. Hochsch. Eberswalde

Jahresbericht der unter dem Schutze der Grossloge von Ungarn arbeitenden Johannis-Loge „Eintracht" in Neudörfl für das Mr.-Jahr 5879 80. Wien, Druck von H. Hoffmann. 1880. 8. 16 S.
Mit Mitgliederverzeichniss.

XIIter Jahresbericht über die Einwohner-Mädchenschule in Bern, am Ende des Schuljahres 1872/73, von J. V. W i d m a n n. 84 Stn. 8. Bern, Druck v. Rieder & Simmen.

Einzinserkasse des Kantons Luzern (in Luzern). 41. Jahresbericht pro 1900. II + 22 S. 4. Luzern, J. Schill, 1901.

Einzinserkasse des Kantons Luzern (in Luzern). 42. u. 43. Jahresbericht pro 1901 u. pro 1902. je II + 20 S. 4. Luzern, J. Schill, 1902 u. 1903.

Jahresbericht üb. d. Eisenbahnen u d. Dampfschiffahrt in Baden für 1876-98. 4° Karlsruhe 1877-99

—— über die Eisenbahnen und Dampfschifffahrt im Großherzogthum Baden für die J. 1884—1886 im Auftrag des Großherzogl. Ministeriums der Finanzen hrsg. von der General-Direction der Staatseisenbahnen zugleich als Fortsetzung der vorausgegangenen Jahrgänge 44—46. Nachweisung über den Betrieb der bad. Staatseisenbahnen und der unter Staatsverwaltung stehenden bad. Privateisenbahnen. gr. 4. (492; 482; 492 S. mit 11 Taf.) Karlsruhe, Müller'sche Hofbuchh. à Jahrg. * 5 60
Jahrg. 1877—1883. Ebendas. à * ℳ 5.60.

— erster, der Prager Eisenbahn-Gesellschaft. 4. Prag 829. (Andere). 12 K

Jahresbericht des Siegerländer Eisensteinvereins, G. m. b. H., in Siegen. [Bis 1905: Verein für den Verkauf von Siegerländer Eisenstein in Siegen]. Jg. 1896–1907. Siegen, 1897–1908.

Jahresbericht der Loge Eleusis zur Verschwiegenheit in Bayreuth von Johannis 1881—1882. Bayreuth, Druck v. Burger. 1882. 8. 9 S.

Sparkasse Elgg. Jahresbericht.... 4.
... pro 1900. [Mit] Anhang: Einige Notizen über die Gründung und Entwicklung ... 1851—1900. II + 15 S. Elgg, H. Büche, 1901.
... pro 1901 u. ... pro 1902. *je* 8 S. (1902 u. 1903.)

Leihkasse Enge (Zürich). 33. u. 34. u. 35. Jahresbericht umfassend das Jahr 1900 u. 1901 u. 1902. *je* 15 S. 8. Zürich, F. Lohbauer, (1901 u. 1902 u. 1903).

Männerchor Enge (Zürich). Jahresbericht umfassend den Zeitraum vom 10. Februar 1900 bis 23. Februar 1901 samt Mitglieder-Verzeichnis. Erstattet von Ad[olf] Baltensberger.... 36 S. 8. Zürich II., A. Schaufelberger, 1901.

Männerchor Enge (Zürich). Jahres-Bericht vom 23. Februar 1901 bis 22. Februar 1902, samt Mitglieder-Verzeichnis. Erstattet von Willy Schudel.... 40 S. 8. Zürich, Rüegg-Naegeli & Cie., 1902.

Männerchor Enge (Zürich). Jahresbericht vom 23. Februar 1902 bis 14. Februar 1903, samt Mitgliederverzeichnis. Erstattet von Theodor Kihm.... 47 S. 8. Zürich, A. Schaufelberger, 1903.

Kantonale Entbindungsanstalt (in St. Gallen). Jahres-Bericht pro 1900. 11 S. 8. (1901.)

Kantonale Entbindungsanstalt (in St. Gallen). Jahres-Bericht pro 1901. 11 S. 8.

Kantonale Entbindungsanstalt (in St. Gallen). Jahres-Bericht pro 1902. 12 S. 8. (1903.)

Jahresbericht des Berliner Enthaltsamkeits-Vereins. Herausgeg. von F. W. G. Kranichfeld. 8°
Berlin: (J. A. Wohlgemuth) 1841.

— üb. d. Entwickelg. uns. Kolonien. Beilage z. deutschen Kolonialblatt 1896. Fol. (160 S.) Berlin 896. (E. S. Mittler & Sohn.) n. 2. 50

Jahresbericht über die Entwickelung der Deutschen Schutzgebiete im Jahre —. (Beilagen zum Deutschen Kolonialblatt.) 1893/94—1900/1901. Mit einem Band Anlagen zu 1900/1901. Berlin 1894 ff. 4°.

— üb. d. Entwickelung d. deutschen Schutzgebiete im J. 1896/97. Beilage zum deutschen Kolonialblatt 1898. gr. 4. (156 S) Berlin 898. E. S. Mittler & Sohn. n. 2. 50

— über die Entwickelung der deutschen Schutzgebiete in Afrika u. der Südsee i. d. J. 1897/98, 1898/99, 1899—1900 u. 1900/1901. Beilage zum Deutschen Kolonialblatt 1899—1902. Fol. (218, 317, 266 u. 112 u. Anlagen 352 S.) Berlin, E. S. Mittler & Sohn. à n. 2. 50

— über die Entwickelung der deutschen Schutzgebiete in Afrika u. der Südsee in d. J. 1901/1902—1904/1905. Beilage zum Deutschen Kolonialblatt 1903—1906. Fol. Berlin, E. S. Mittler & Sohn. à n. 2. 50
1901/02. Mit e. Bde. Anlagen nebst 2 Karten in Steindr. (121 u. 432 S.) — 1902/03. Mit e. Bde. Anlagen, nebst 3 Karten in Steindr. (124 u. 525 S.) — 1903/04. Mit e. Bde. Anlagen. (114 u. 494 S.) — 1904/05. Mit e. Bde. Anlagen. (92 u. 393 S.)

— über die Entwickelung der deutschen Schutzgebiete in Afrika u. der Südsee im J. 1905/1906. Beilage zum Deutschen Kolonialblatt 1907. Mit e. Bde. Anlagen. (139 u. 461 S. m. 1 Taf.) 30,5×22 cm. Berlin, E. S. Mittler & Sohn. 2. 50

— dasselbe im J. 1906/1907. Beilage zum Deutschen Kolonialblatt 1908. Tl. A—G u. Anh. Lex. 8. Ebd. 2.75; Einzelpr. 4. 40
A: Allgemeines. (78 S.) —40. — B: Deutsch-Ostafrika. (184 S. m. 1 Karte u. 6 Taf.) —60. — C: Kamerun. (112 S. m. 1 Karte u. 5 Taf.) —60. — D: Togo. (111 S. m. 11 Taf.) —60. — E: Deutsch-Südwestafrika. (125 S. m. 12 Taf.) —60. — F. I: Deutsch-Neu-Guinea. (Altes Schutzgebiet: Bismarck-Archipel u. Kaiser-Wilhelmsland.) (35 S. m. 3 Taf.) —40. — F. II: Dasselbe. Inselgebiet. (Ost-Karolinen, West-Karolinen m. Palau u. Marianen u. Marschall-Inseln.) (55 S. m. 3 Taf.) —40. — G: Samoa. (38 S. m. 2 Taf.) —40. — Anh.: Missionsberichte. (87 S.) —40.

— dasselbe im J. 1907/08. Beilage zum Deutschen Kolonialblatt 1909. Tl. A—G u. Anh. Lex. 8. Ebd. 2.75; Einzelpr. 5. —
A: Allgemeines. (92 S.) —50. — B: Deutsch-Ostafrika. (243 S. m. 13 Taf.) —75. — C: Kamerun. (138 S. m. 1 Karte u. 4 Taf.) —60. — D: Togo. (118 S. m. 10 Taf.) —60. — E: Deutsch-Südwestafrika. (205 S. m. 11 Taf.) —75. — F. I: Deutsch-Neu-Guinea. (Altes Schutzgebiet: Bismarck-Archipel, Salomons-Inseln u. Kaiser-Wilhelmsland.) (55 S. m. 4 Taf.) —40. — F. II: Dasselbe. Inselgebiet. (Ost-Karolinen, West-Karolinen m. Palau u. Marianen u. Marschall-Inseln.) (48 S.) —40. — G: Samoa. (46 S. m. 6 Taf. u. 1 Karte.) —50. — Anh.: Missionsberichte. (86 S.) —50.
Fortsetzg., s.: Denkschrift.

— üb. d. Entwickelg. d. Schutzgebiete Togo u. Kamerun, v. Deutsch-Ostafrika, Deutsch-Südwestafrika, d. Schutzgebietes d. Marshall-Inseln u. Denkschrift betr. d. Verwendg. d. Afrikafonds. Beilage z. Deutschen Kolonialblatt 1897. Fol. (150 S.) Berlin 897. E. S. Mittler & Sohn. n. 2. 50

—— epidemiologischer, des allgemeinen ärztlichen Vereins für Epidemiologie und öffentliche Gesundheitspflege in Thüringen für das J. 1869. Nach den Berichten der Mitglieder erstattet in der Generalversammlung am 5. Mai 1870 in Erfurt von dem Secretär des Vereins L. Pfeiffer. gr. 8. (32 S.) Darmstadt 870, Zernin. * — 50
Aus: Zeitschrift für Epidemiologie und öffentliche Gesundheitspflege, besonders abgedruckt.

— üb. d. griechische Epigraphik f. 1888—1894, v. Wilh. Larfeld, s.: Jahresbericht üb. d. Fortschritte d. class. Alterthumswissenschaft.

7. Jahresbericht d. kgl. landw. Kreiswinterschule Erding. 7: 1904/05. Erding 1905.

—— über die Erfahrungen und Fortschritte auf dem Gesammtgebiete der Landwirthschaft. Zum Gebrauche für prakt. Landwirthe. Hrsg. von Buerstenbinder und K. Stammer. 1. und 2. Jahrg. 1886 und 1887. gr. 8. (XXI, 670 S. mit 29 in den Text eingedr. Holzst.; XVII, 518 S. mit 33 in den Text eingedr. Holzst. und 1 lithogr. Taf.) Braunschweig, Vieweg und Sohn. à Jahrg. * 8 —
geb. à Jahrg. * 8 80

—— dass. — 3. Jahrg. 1888. gr. 8. (XIV, 596 S. mit 46 in den Text eingedr. Holzst.) Ebendas. * 9 —
geb. * 9 80

— dasselbe. 4. Jahrg. 1889. Mit 68 in den Text eingedr. Holzst. gr. 8. (XV, 560 S.) Ebd. n. 10. —;
geb. n. 10. 80

— über die Erfahrungen u. Fortschritte auf dem Gesammtgebiete der Landwirthschaft. Zum Gebrauche f. prakt. Landwirthe. Hrsg. v. Buerstenbinder u. K. Stammer. 5. Jahrg. 1890. Mit 108 in den Text eingedr. Holzst. gr. 8. (XV, 608 S.) Braunschweig 891. F. Vieweg & Sohn. n. 11. —; geb in Leinw. n. 11. 80

GV67
16

— dasselbe. 6. u. 7. Jahrg. 1891. 1892. gr. 8. (XVI, 439 S. m. 144 Holzst.; XVI, 446 S. m. 167 Holzst.) Ebd. 892. 893. à Jahrg. n. 8. —; geb. in Leinw. n. 8.80

— dasselbe. Hrsg. v. Buerstenbinder. 8. Jahrg. 1893. gr. 8. (XVIII, 491 S. m. 161 Holzst.) Ebd. 894. n. 9. — ; geb. in Leinw. n. 9. 80

— üb. d. Erfahrgn. u. Fortschritte auf d. Gesammtgebiete d. Landwirthschaft. Zum Gebrauche f. prakt. Landwirthe. Begr. v. Buerstenbinder. 9.—11. Jahrg. 1894—1896. Hrsg. v. Emil Pommer. gr. 8. Braunschweig, F. Vieweg & Sohn. à n. 9. —; geb. in Leinw. à n. 9. 80

9. (XVIII, 482 S. m. 134 Holzst.) 895.
10. (XIX, 518 S. m. 161 Abb.) 896.
11. (XIX, 557 m. 157 Abb.) 897.

— über die Erfahrungen u. Fortschritte auf dem Gesammtgebiete der Landwirthschaft. Zum Gebrauche f. prakt. Landwirthe. Begründet v. Buerstenbinder. 12.—15. Jahrg. 1897—1900. Hrsg. v. Emil Pommer. gr. 8. Braunschweig, F. Vieweg & Sohn. Geb. in Halbleinw. à n. 9. —; in Leinw. à n. 9. 80

12. (XXII, 583 S. m. 144 Abbildgn.) 898. — 13. (XXI, 520 S. m. 123 Abbildgn.) 900. — 14. (XXIII, 594 S. m. 138 Abbildgn.) 900. — 15. (XXIII, 547 S. m. 101 Abbildgn.) 901.

— dasselbe. 16. Jahrg. 1901. Hrsg. v. R. Thomsen u. M. Willner. gr. 8. (XXXV, 519 S. m. 114 Abbildgn.) Ebd. 902. Geb. in Leinw., biegsam n. 9. —; m. steifen Decken n. 9. 80

— über die Erfahrungen u. Fortschritte auf dem Gesamtgebiete der Landwirtschaft. Zum Gebrauche f. prakt. Landwirte begründet v. Buerstenbinder. 17.—20. Jahrg. 1902—1905. gr. 8. Braunschweig, F. Vieweg & Sohn. Geb. in Leinw., biegsam n. 42. —; fest n. 45. 20

17. Hrsg. v. R. Thomsen u. M. Willner. (XXXVII, 619 S. m. 168 Abbildgn.) 903. n. 10. —; bzw. n. 10. 80
18. Hrsg. v. R. Thomsen u. M. Willner. (XXIX, 487 S. m. 71 Abbildgn.) 904. n. 10. —; bzw. n. 10. 80
19. Hrsg. v. M. Hoffmann u. A. Kostlan. (XXXI, 468 S. m. 59 Abbildgn.) 905. n. 10. —; bzw. n. 10. 80
20. Hrsg. v. M. Hoffmann u. A. Kostlan. (XXIX, 564 S. m. 45 Abbildgn. u. 1 Bildnis.) 906. n. 12. —; bzw. n. 12. 80

Der Preis der kplt. Serie ist auf n. 130. —, der der Bde. 1—10 auf n. 70. — u. der Bde. 11—20 auf n. 80. — ermäßigt.

— üb. die Erfahrungen u. Fortschritte auf dem Gesamtgebiete der Landwirtschaft. Zum Gebrauche f. prakt. Landwirte begründet v. Buerstenbinder. 21.—24. Jahrg. 1906—1909. 8. Braunschweig, F. Vieweg & Sohn. Geb. in Leinw., biegsam 56. —; fest 59. 20

1906. Hrsg. v. M. Hoffmann u. E. Langenbeck. (XXVII, 524 S. m. 59 Abb. u. 1 Bildnis.) 907. Geb. 12.— bzw. 12. 80
1907. Hrsg. v. M. Hoffmann u. E. Langenbeck. (XXIX, 504 S. m. 69 Abb. u. 1 Bildnis.) 908. Geb. 14.— bzw. 14. 80
1908. Hrsg. v. M. Hoffmann unter Mitwirkg. v. Max Müller, Fel. Bornemann, Erich Meyer. (XXXII, 564 S. m. 24 Abb. u. 1 Bildnis.) 909. 14.—; geb. 15. — bzw. 15. 80
1909. Hrsg. v. M. Hoffmann unter Mitwirkg. v. Max Müller, Fel. Bornemann, Erich Meyer. (XXXIV, 478 S. m. 27 Abb. u. 1 Bildnis.) 910. 14.—; geb. 15.— bzw. 15. 80

Jahresbericht der Handwerkskammer Erfurt für 1902 03. 1903 ff. (Erfurt) [illegible] 1902/03 - 190[illegible].

—— zweiter und dritter, über die Ergebnisse der an den badischen meteorologischen Stationen in den J. 1870 und 1871 angestellten Beobachtungen. Bearb. von Friedr. Weber und Sohncke. gr. 8. (171 S.) Karlsruhe 873, Braun'sche Hofbuchh. * 1 80

— über die Ergebnisse der Immunitätsforschung. Unter Mitwirkg v. Fachgenossen hrsg. v. Wolfg. Weichardt. 1. Bd.: Bericht üb. d. J. 1905. (III, 225 S.) Lex.-8. Stuttgart 906. F. Enke. n. 8. —

— üb. die Ergebnisse der Immunitätsforschung. Unter Mitwirkg. v. Fachgenossen hrsg. v. Wolfg. Weichardt. II.—V. Bd. Lex. 8. Stuttgart, F. Enke. 82. —

II. Bericht üb. d. J. 1906 einschliesslich des Berichts üb. die „Beziehgn. der Immunitätsforschg. zur Lehre v. den Geschwülsten" v. G. Schöne u. üb. „Opsonine" v. W. Rosenthal. (III, 448 S.) 908. 14.
III. Bericht üb. d. J. 1907 einschliesslich e. zusammenfass. Uebersicht „Ueber Anaphylaxie" v. C. Levaditi u. üb. „Phagozytose, Opsonintheorie u. Verwandtes" v. W. Rosenthal. (III, 543 S.) 908. 17.
IV. Bericht üb. d. J. 1908 einschliesslich e. zusammenfass. Uebersicht „Die Komplementbildg." v. G. Meier u. üb. „Phagozytose u. ihre Bedinggn." v. W. Rosenthal. (III, 604 S.) 909. 21. —
V. 1. Ergebnisse der Immunitätsforschg. (III, 280 S. m. Abbildgn.) 910. 9.
2. Bericht üb. d. J. 1909 m. e. zusammenfassender Übersicht vom Hrsg. (XXV, 655 S.) 910. 21.

Jahresbericht (des Landes-Ausschusses) über die Ergebnisse der Landes-Kommunalverwaltung (von Hohenzollern) pro (später: vom 1. Oktober . . .) 1893/94 - 1901/02. Sigmaringen. 1894—1902. 8°.

Fortges. u. d. T.: **Jahresbericht** über die Ergebnisse der Landes-Kommunalverwaltung (von Hohenzollern) für die Zeit vom 1. Okt. 1902/03 ff. ebd. 1903 ff. 4°.

[Jahresbericht.] Ernst Ludwig-Verein. Hessischer Zentralver. f. Errichtung billiger Wohnungen. Jahresbericht f. 1905. Darmstadt 1906 [eingegangen]. 8°.

—— über die erscheinungen auf dem gebiete der germanischen philologie, hrsg. von der gesellschaft für deutsche philologie in Berlin. 1. Jahrg. 1879. 3 Hefte. gr. 8. (IV, 239 S.) Berlin, Calvary und Comp.

— über die erscheinungen auf dem gebiete der germanischen philologie, hrsg. von der gesellschaft für deutsche philologie in Berlin. 1. Jahrg. 1879. 3 Hfte. gr. 8. (1. Hft. IV, 96 S.) Berlin 880. Calvary & Co. n. 6. —

—— über die erscheinungen auf dem gebiete der germanischen philologie, hrsg. von der gesellschaft für deutsche philologie in Berlin. 2. und 3. Jahrg. 1880 und 1881. gr. 8. (III, 307; III, 322 S.) Berlin 881,82, Calvary und Comp. à Jahrg. *

— über die Erscheinungen auf dem Gebiete der germanischen Philologie hrsg. v. der Gesellschaft f. deutsche Philologie in Berlin. 4. u. 5. Jahrg. 1882 u. 1883. gr. 8. (à Abtlg ca. 128 S.) Leipzig 883. 84. Reissner. à Jahrg. n. 8. —

—— dass. — 6. Jahrg. 1884. 2 Abthlgn. gr. 8. (IV, 418 S.) Ebendas. 884,85.

— dasselbe. 6. Jahrg. 1884. gr. 8. (IV, 468 S.) Ebend. 885. n. 10. —

—— über die Erscheinungen auf dem Gebiete der germanischen Philologie, hrsg. von der Gesellschaft für deutsche Philologie in Berlin. 7.—9. Jahrg. 1885—1887. à Jahrg. 2 Hefte. gr. 8. (S. 1—128; II, S. 129—352; — S. 1—128; II, S. 129—372; — S. 1—128; S. 129—333.) Leipzig 886—88, Reissner. à Jahrg. *

Jahresbericht über die Erscheinungen auf dem Gebiete der german. Philologie, hrsg. v. d. Gesellsch. f. deutsche Philologie in Berlin. 10.—13. Jahrg. 1888—1891. à 2 Abtlgn. gr. 8. (X, 374; XI, 396; XII, 354; XIII, 478 S.) Lpz. 889—92, Reissner. à Jahrg. * 8 —

— dasselbe. 13.—15. Jahrg. 1891—1893. à 2 Abtlgn. gr. 8. (478; III, 428; III, 402 S.) Ebd. 892—894. à Jahrg. n. 9. —

— üb. d. Erscheingn. auf d. Gebiete d. germanischen Philologie, hrsg. v. d. Gesellschaft f. deutsche Philologie in Berlin. 16.—19. Jahrg. 1894—1897. gr. 8. (III, 396; IV, 392; III, 409 u. IV, 388 S.) Dresden 895—898. C. Reissner. à Jahrg. n. 9. —

— über die Erscheinungen auf dem Gebiete der germanischen Philologie, hrsg. v. der Gesellschaft f. deutsche Philologie in Berlin. 20. u. 21. Jahrg. 1898 u. 1899. à 2 Abtlgn. gr. 8. (VIII, 458 u. VIII, 439 S.) Dresden 899. 900. Leipzig, O. R. Reisland. à Jahrg. n. 9. —

— dasselbe. 22. u. 23. Jahrg. 1900 u. 1901. à 2 Abtlgn. gr. 8. (VII, 477 u. VIII, 389 S.) Leipzig 901. 902. O. R. Reisland. à Jahrg. n. 9. —

— über die Erscheinungen auf dem Gebiete der germanischen Philologie, hrsg. v. der Gesellschaft f. deutsche Philologie in Berlin. 24.—26. Jahrg. 1902—1904. (VIII, 370; VIII, 387 u. VIII, 225 u. 183 S.) gr. 8. Leipzig 903—905. O. R. Reisland. à n. 9. —

— über die Erscheinungen auf dem Gebiete der germanischen Philologie, hrsg. v. der Gesellschaft f. deutsche Philologie in Berlin. 27.—30. Jahrg. 1905—1908. gr. 8. Leipzig, O. R. Reisland. 41. —
1905. (VIII, 177 u. 213 S.) 907. 9. —
1906. (VIII, 210 u. 234 S.) 908. 10. —
1907. (VIII, 218 u. 247 S.) 909. 10. —
1908. (VIII, 260 u. 268 S.) 910. 12. —

— über die wichtigsten Erscheinungen auf dem Gebiete der schönen Literatur. Hrsg. v. Verbande kathol. Schriftsteller u. Schriftstellerinnen Österreichs. 2. Jahrg. 1910. (IV, 67 S.) gr. 8. Wien, B. Herder. — 40

Ersparnisskassa der Stadtgemeinde Olten. 21. Jahresbericht f. 1871. 10 Stn. 4. Olten.

Ersparnisskassa des Kantons Uri (in Altdorf) ⟨Schweizerische Emissionsbank No. 27⟩. Jahresbericht pro 1900. 23 S. 4. Altdorf, Huber, 1901.

Ersparnisskasse in Schaffhausen. 84. Jahres-Bericht vom 1. Juli 1900 bis 31. März 1901. II + 15 S. 4. Schaffhausen, Joh. Bachmann, 1901.

Ersparnisskasse in Schaffhausen. 85. Jahres-Bericht vom 1. April 1901 bis 31. März 1902. II + 14 S. 4. Schaffhausen, Joh. Bachmann, 1902.

Ersparnisskasse in Schaffhausen. 86. Jahres-Bericht vom 1. April 1902 bis 31. März 1903. II + 15 S. 4. Schaffhausen, Joh. Bachmann, 1903.

Jahresbericht über die auf Selbsthülfe gegründeten deutschen Erwerbs- und Wirtschaftsgenossenschaften. 1,1859 - 38,1897. Leipzig: O.Mayer; Klinkhardt 1859-97.
Forts. u.d.T.: Jahrbuch des Allgemeinen Verbandes der auf Selbsthilfe beruhenden deutschen Erwerbs- und Wirtschaftsgenossenschaften.

— für 1859 über die auf dem Princip der Selbsthülfe der Betheiligten beruhenden deutschen Genossenschaften der Handwerker und Arbeiter. Im Auftrage des Congresses deutscher Volkswirthe ... von H. Schulze-Delitzsch. (Mit 2 Tab. in gr. Fol.) Leipzig 1860. gr. 8. — Für 1860 über die auf Selbsthülfe der Betheiligten gegründeten deutschen Erwerbs- u. Wirthschaftsgenossenschaften des kleinen Gewerbsstandes. Im Auftrage ... Leipzig 1861. gr. 8. . . . . (D.)
— für 1861—93 über die auf Selbsthülfe gegründeten deutschen Erwerbs- u. Wirthschaftsgenossenschaften. Von H. Schulze-Delitzsch; für 1883—94 von F. Schenck. Leipzig. 4, seit 1872 Fol., seit 1886 gr. Fol. . . . . (D.; LHK.)

JAHRESBERICHT FÜR 1861 ÜBER DIE AUF SELBSTHÜLFE GEGRÜNDETEN DEUTSCHEN ERWERBS- UND WIRTHSCHAFTSGENOSSENSCHAFTEN des kleinen und mittleren Gewerbstandes. Von H. SCHULZE-DELITZSCH. Im Auftrage des Congresses deutscher Volkswirthe.
(Mit Tabellen.) ib. 1862. —

JAHRESBERICHT FÜR ... ÜBER DIE AUF SELBSTHÜLFE GEGRÜNDETEN DEUTSCHEN ERWERBS- UND WIRTHSCHAFTSGENOSSENSCHAFTEN von H. SCHULZE-DELITZSCH. Im Auftrage des Congresses deutscher Volkswirthe.
Für 1862 — Für 1863 ib. 1863—1864. — 4°.

— f. 1895 üb. d. auf Selbsthilfe gegründ. deutschen Erwerbs- u. Wirthschaftsgenossenschaften v. Hans Crüger. Fol. (XIX, 155 S.) Leipzig 896. J. Klinkhardt. n. 12. —

— dasselbe f. 1896. (XXIV, 165 S.) Ebd. 897. n. 15. —

— dasselbe, Fortsetzg., s.: Jahrbuch d. allgem. Verbandes d. auf Selbsthilfe beruh. deutschen Erwerbs- u. Wirthschaftsgenossenschaften.

Erzherzog Rainer-Museum für Kunst u Gewerbe. Jahresbericht 1907-09. 4°
Brünn 1908-10

— 1., d. deutschen Erzieherinnen-Heims in Wien f. d. J. 1890. gr. 8. (24 S.) Wien 891. (Lpz., Litter. Anst. Aug. Schulze.) * — 60

Erziehungsanstalt für katholische Mädchen in Richterswil (*20: Richtersweil). 8.
20. Jahresbericht 1900. 12 S. Richtersweil, Rob. Haller's Wwe. & Cie., [1901].
21. u. 22. Jahresbericht 1901 u. 1902. *je* 11 S. Richterswil, R. Ehrsam & Cie., 1902 u. 1903.

— über die Erziehungsanstalt des Benediktiner-Stiftes Maria Einsiedeln im Studienjahre 1865/66. Mit einem Programme: Schiller's Jugenddichtung. gr. 4. (28 S.) Einsiedeln 866, Gebr. Benziger.

Jahresbericht über die Erziehungsanstalt des Benedictinerstiftes Maria Einsiedeln im Studienjahre 1870/71. Einsiedeln, Gebrüder Benziger. 44 Stn. 4.
Programm: Die Uebereinstimmung der religiösen u. wissenschaftl. Weltanschauung. Von P. Benno Kühne.

Erziehungsanstalt in St.a Isabella, Estado, Sta Katharina, Brasilien. 35. und 36. Jahresbericht vom 1. März 1899 bis 1. März 1901. Hrg. von Christian Zluhan, ... Vorsteher der Anstalt. [Mit 1 Ansicht.] 23 S. 8. Basel, M. Werner-Riehm.

Jahresbericht der Erziehungs-Direktion des Kts. Aargau pr. 1872. 25 Stn. 4.

Erziehungs-Direktion des Kantons Aargau. Jahresbericht pro 1900. Auszug aus dem Rechenschaftsbericht des Regierungsrates an den h. Grossen Rat pro 1900. 56 S. 8. Brugg, «Effingerhof», 1901.

Erziehungs- u. Fürsorgeverein für geistig zurückgebliebene (schwachsinnige) Kinder. Eingetragener Verein. — JAHRESBERICHT
für 1905—1906, erstattet vom Vorstande. Berlin, Dezember 1906. (o. O. o. Dr.) 8°.

AUSZUG AUS DEM JAHRESBERICHT des Erziehungs- und Fürsorge-Vereins für geistig zurückgebliebene (schwachsinnige) Kinder. (Eingetragener Verein.) — pro 1905. Vorsitzender: Dr. P. von GISYCKI. Separatabdruck aus der „Jugendfürsorge", Herausgeber: Rektor Franz Pagel. Heft 4. — VII. Jahrg. — 1906. (o. O. o. Dr.) 8°.

JAHRESBERICHT des Erziehungs- und Fürsorgevereins für geistig zurückgebliebene (schwachsinnige) Kinder. Eingetr. Verein [später: (Eingetr. Verein)]
pro 1907. Separatabdruck aus der „Jugendfürsorge". Herausgeber: Rektor Franz Pagel. Heft 2 — IX. Jahrg. — 1908. (Berlin. Druck von Kissling & Krüger.) 8°.
pro 1907/08. Berlin, im Januar 1909. (Berlin, Druck von Otto Rinka.)
pro 1909/1910. Berlin, im Januar 1911. (o. O. o. Dr.)
JAHRESBERICHT des Erziehungs- u. Fürsorgevereins für geistig zurückgebliebene (schwachsinnige) Kinder. (Eingetragener Verein.)
1911/12. Berlin, im Januar 1913. Berlin. Druck von Eduard Jäckel.

Jahresbericht des Erziehungs-Vereins zu Stettin. 1899/1900. 1902/03. [Mehr nicht erschienen.] Stettin: J. G. Prüfer (1902/03: Fischer & Schmidt) 1900-03. 2 Bde 8° [J.]

Leih- und Sparkasse Eschenz. Jahresbericht f. 1873. 7 Stn. 4. Stein a. R., D. Störchlin'sche Buchdr.

Leih- und Sparkasse Eschenz. (36.) Jahres-Bericht pro 1900. [Mit 1 Tabelle.] 14 S. 4. Stein am Rhein, F. Büzberger, 1901.

Leih- und Sparkasse Eschenz. (37.) Jahres-Bericht pro 1901. 14 S. 4. Stein am Rhein, F. Büzberger, 1902.

Leih- & Sparkasse Eschenz. (38.) Jahres-Bericht pro 1902. 14 S. 4. Stein am Rhein, Jakob Fischli, 1903.

Jahres-Bericht des Arbeiter-Sekretariats Essen-Ruhr nebst Berichten des Gewerkschaftskartells Essen und der einzelnen Gewerkschaften. Jg. 1 (1904). Essen-Ruhr, 1905. 133 S. mit 1 Tab.

Jahresbericht der Handelskammer Essen für 1880-90 u 95-99. 4° Essen 1881-1900

Jahresbericht der Handelskammer Essen für 1900-06. 4° Essen 1901-07

Jahresbericht des Zechen-Verbandes Essen (Ruhr). [1.] Für 1908 u. 1909. Essen 1910: Haarfeld. 4° (11. 6437 6

—— des academischen Excursions-Vereines zu Ungarisch-Altenburg. 1871/72. 8. (VI, 88 S.) Ungarisch-Altenburg 872. (Wien, Perles.) * 2 —

Jahresbericht des Export-Vereines für Böhmen, Mähren und Schlesien in Prag 1907. Prag 1908

—— des großherzogl. badischen Fabrik-Inspektors für 1880. gr. 8. (44 S.) Karlsruhe 881, Braun'sche Hofbuchh. *
Nicht weiter erschienen.

Jahresbericht des großherzogl. badischen Fabrikinspektors für das J. 1888. Hrsg. im Auftrage d. großherzogl. Ministeriums d. Innern. gr. 8. (77 S. m. Tab.) Karlsruhe 889. (Kundt.) n. — 60

—— dass. — f. d. J. 1889. Mit Beilage. gr. 8. Karlsr. 890, Bielefeld's Hofbuchh. ** 4 —
Jahresbericht. (V, 73 S.) Beilage: Die sociale Lage der Cigarrenarbeiter im Großherzogth. Baden. (VI, 231 S.) Fortsetzung u. d. T.:

— der großherzogl. badischen Fabrikinspektion f. d. J. 1890—1893. Hrsg. im Auftrage des großherzogl. Ministeriums des Innern. gr. 8. Karlsruhe, Ferd. Thiergarten, Verlag der „Badischen Presse". (Karlsruhe, A. Bielefeld's Hofbuchh.) n. 7. 60
1890. (VI, 99 S.) 891. n. 2. —. — 1891. (V, 81 S.) 892. n. 1. 60. — 1892. (136 S.) 893. n. 2. —. — 1893. (V, 140 S.) 894. n. 2. —.

— d. großherzogl. bad. Fabrikinspektion f. d. J. 1894, 1895 u. 1896. Erstatt. an großherzogl. Ministerium d. Innern. gr. 8. (IV, 161; IV, 177 u. V, 203 S.) Karlsruhe 895—897. F. Thiergarten. à Jahrg. n. 2. 50

— der großherzogl. badischen Fabrikinspektion f. d. J. 1898. Erstattet an d. großherzogl. Ministerium d. Innern. gr. 8. (V, 140 S.) Karlsruhe 899. F. Thiergarten. n. 3.—

— der großherzoglich badischen Fabrikinspektion f. die Jahre 1899 u. 1901—1905. Erstattet an großherzogl. Ministerium des Innern. gr. 8. Karlsruhe, F. Thiergarten. n. 15. 60
1899. (VI, 166 S.) 900. n. 3. —. — 1901. (V, 80 S.) 902. n. 2. —. — 1902. (147 S.) n. 2. 50. — 1903. (152 S.) 904. n. 2. 50. — 1904. (140 S.) 905. n. 2. 50. — 1905. (187 S.) 906. n. 3. —.
1900 ist vergriffen.

— der großherzogl. badischen Fabrik-Inspektion f. d. J. 1906—1909. Erstattet an großherzogl. Ministerium des Innern. (188, 169, 147 u. 119 S.) gr. 8. Karlsruhe 907—10. (F. Gutsch.) à 3. —

Jahresbericht der Fabrikinspektoren für 1874. 76. 77. 78. Berlin 1875-79

Fachschule, deutsche, für Blecharbeiter zu Aue. Jahresbericht 7. 12 bis 14. 1883. 1888-90. Schwarzenberg-Aue 1884-91

Fachschule, deutsche, für Blecharbeiter zu Aue in Sachsen. Jahresbericht 7. 12-18.

Jahresbericht, erster, der deutschen Fachschule für Drechsler und Bildschnitzer zu Leisnig für 1884-85. Leisnig 1885

Fachschule, dtsche, f. Drechsler u Bildschnitzer z. Leipzig. Jahresber 1884-85. 91-94

Jahresbericht der k. k. Fachschule für Gewehr-Industrie in Ferlach. Ferlach, Bertschinger in Klgft., Bruchdruckerei Mürzzuschlag, 1881—.

Jahresbericht der K. Höheren Fachschule für Maschinenbau und Elektrotechnik zu Würzburg 1908/09. Würzburg 1909

Jahresbericht der k. k. Fachschule für Holz-Industrie in Villach. Villach. Muhr, Gitschthaler, 1872—. Quart.

Jahresbericht, Zwanzigster der k. k. Fachschule für Holz-Industrie in Villach und der mit derselben verbundenen Lehranstalten und Specialcurse für das Schuljahr 1891/92. Erstattet vom Director. Gr.-4. (26 S.) —.60
Klagenfurt: v.Kleinmayr 1892.

Jahresbericht (Bericht) der Kunstgewerblichen Fachschule in Flensburg. 1908 ff. (Flensburg. 1909 ff.) 8°

Jahresbericht der k. k. maschinengewerblichen Fachschule in Klgft. Klgft., Bertschinger, St. Josefs-Druck., Röschnar, 1862—.

Schweizerische Fachschule für Damenschneiderei und Lingerie in Zürich. 12. Jahresbericht 1. Mai 1900—31. Dezember 1900. 14 S. 8. Zürich III, W. Coradi-Maag, 1901.

Schweizerische Fachschule für Damensch(n)eiderei und Lingerie in Zürich. 13. Jahresbericht. 1901. [Mit Porträt-Tafel.] 24 S. 8. Zürich, Buchdr. des Schweiz. Grütlivereins, 1902.

Schweizerische Fachschule für Damenschneiderei und Lingerie in Zürich. 14 Jahresbericht. 1902. [Mit 1 Ansichts-Tafel.] 25 S. 8. Zürich, Jacques Bollmann, 1903.

Jahresbericht der Fachschule für die Stahlwaren-industrie.
Vorh. u.d. T.:
Bericht der Fachschule für die Stahlwaren-industrie 1904 ff.

Jahresbericht d. Fachschule f. Thonindustrie in Znaim f. 1885 u 87. Znaim 1885. 87

Jahresbericht der königlich Württembergischen Fachschule für Feinmechanik, Uhrmacherei u Elektromechanik in Schwenningen a. N. 1902-04. Stuttgart 1903. 04

Jahresbericht zur Feier des 25jährigen Bestehens ..., s. Jahresbericht, 22., des westfäl. Turnlehrervereins.

. . . Jahresbericht des Schleswig-Holsteinischen Vereins „Feierabendhaus". 1 ff. (Kiel. 1895 ff.) 8°

Der Jahresbericht für 18⁹⁹/₀₀ — Ansbach, Brügel. — enthält auf S. 3 „Kurze Geschichte der latein. Schule zu Feuchtwangen."
Progr. Feuchtwangen.

Ländl. Feuerversicherungs-Gesellschaft in Appenzell. Jahresbericht pr. 31. Dez. 1874. 8 Sten. 8. Appenzell, Buchdruckerei v. J. Neff.

Luzern: **Jahresbericht der Loge „Fiat Lux" in Luzern. 1909.** 430.

JAHRESBERICHT DES HISTORISCHEN FILIAL-VEREINES ZU NEUBURG AN DER DONAU
für das Jahr 1864. Neuburg 1865. Druck von J. B. Rindfleisch.

— des rheinischen Fischerei-Vereins f. 1888/89—1891/92, erstattet vom Vorsitzenden Frhr. v. la Valette St. George. Nebst Anlagen. gr. 8. (36; 36; 34; 50 S.) Bonn 889—92, F. Cohen. à Jahrg. * 1 —

Jahresbericht des Rheinischen Fischereivereins. Bonn 1903/04—1908/09

Jahresbericht des Fischerei-Vereins der Provinz Schleswig-Holstein.
1–3. Rendsburg. 1877, 79 u. 80. Handschriftlich. Fol.
5. ebd. 1882. 4°, (6.) ebd. 1883. 8°
Fortges. u. d. T.: Jahresbericht des Central-Fischerei-Vereins für Schleswig-Holstein.

Gärtnermeister-Verein Flora Basel. 3. Jahresbericht 1900. II + 8 S. 8. Basel, Buchdr. des Schweiz. Typographenbundes, 1901.

Jahres-Bericht des Deutschen Flotten-Vereins, e. V. f. d. Jahr 1903—1910. 4°.

Gemeinschaftlicher Fonds der adeligen Klöster und Güter.
50. Jahresbericht, erstattet in der gemeinschaftlichen Versammlung der schleswig-holsteinischen adeligen Klöster und Güter über die Verhältnisse des gemeinschaftlichen Fonds im Jahre 1890 (v. Graf Kurt Reventlou). Kiel. 1891. 4°
Neugedruckt unter dem Titel:
50. Jahresbericht, den Interessenten des gemeinschaftlichen Fonds der schleswig-holsteinischen adeligen Klöster und Güter erstattet von der Direktion in der General-Versammlung am 14. Jan. 1891. Kiel. 1910. 4°

Jahresbericht des Forstinspektors des Kts. Graubündten 1866–84. 4°

—— 4. und 5., der mährisch-schlesischen Forst-Schule zu Eulenberg. Cursus 1870/71 und 1872/73. gr. 8. (à 20 S.) Olmütz 872,73, (Grosse.) à ** — 50

— 5. u. 6., der mährisch-schlesischen Forst-Schule zu Eulenberg. Cursus 1870/71 u. 1872/73. gr. 8. (29 S.) Olmütz 872. 73. Grosse in Comm. à n.n. — 50

—— der mährisch-schlesischen Forst-Schule zu Eulenberg per Sternberg in Mähren. Cursus 1873/74. Veröffentlicht von Augustin Buchmayer. gr. 8. (30 S.) Wien 874, (Hölzel.) *

—— dass. — Cursus 1874/75. gr. 8. (34 S.) (Ebendas.) 875. *

— dasselbe, 7. Bericht. Cursus 1874/5. Veröffentlicht von Augustin Buchmayer. gr. 8. (34 S.) Wien 876. Hölzel in Comm. n. — 40

—— dass. — Cursus 1876/77. (25. Cursus, mit 565 Namen derjenigen, welche während der 25 Jahre die Forstschule besucht haben.) gr. 8. (55 S.) (Ebendas.) 877. *

—— dass. — Cursus 1878/79. gr. 8. (47 S.) (Ebendas.) 879. *

—— der mähr.-schles. Forstlehranstalt zu Eulenberg in Mähren. Studienj. 1888/89—1891/92. Auf Kosten d. mähr.-schles. Forstschulvereins veröffentlicht v. Augustin Buchmayer. gr. 8. (80 S. m. 1 Karte u. 1 Lichtdr.-Taf.; 58; 63; 56 S.) Olmütz 889—92, (Hölzel). Jahrg. 1888/89 * 2 —; Jahrg. 1889/90—1891/92 à * 1 —

— d. mährisch-schles. Forstlehranstalt zu Eulenberg in Mähren. Studienj. 1892/93. Auf Kosten d. mährisch-schles. Forstschulvereins veröffentl v. Augustin Buchmayer. gr. 8. (48 S. m. Abb. u. 2 Taf.) Olmütz 893. (E. Hölzel) n 1. —

— dasselbe f. d. Studienj. 1893/94. gr 8. (68 S. m. 1 Bildn.) Ebd. 894. n. 2. —

— dasselbe f. d. Studienj. 1894/95. gr. 8. (86 S. m. 1 Kartenskizze.) Ebd. 895. n. 1. —

Jahresbericht über die Forstwirthschaft, gegründet von Saalborn. 1876–88. Frankfurt.

Gewerbliche Fortbildungsschule der Kirchgemeinde Kirchberg. 9. Jahresbericht 1902/03. [4 S.] 4. Kirchberg, A. Moser.
1. gedruckter Bericht.

Gewerbliche Fortbildungsschule in Luzern. 9. Jahresbericht für das Schuljahr 1900/1901. II + 27 S. 8. Luzern, (J. Burkhardt), 1901.

Gewerbliche Fortbildungsschule in Luzern. 10. Jahresbericht für das Schuljahr 1901/1902. II + 28 S. 8. Luzern, (J. Burkhardt), 1902.

Gewerbliche Fortbildungsschule in Luzern. 11. Jahresbericht für das Schuljahr 1902/1903. II + 28 S. 8. Luzern, J. Burkhardt, 1903.

. . . Jahresbericht der Städt. gewerblichen Fortbildungsschule zu Kiel. (Kiel.) 8° u. Fol.
1 ff. Schuljahr 1907/08 ff.

— 2. u. 3., der männlichen Fortbildungs- u. Gewerbeschulen Münchens für d. Schuljahr 1907/08 u. 1908/09. Von Geo. Kerschensteiner. (VIII, 365 u. VIII, 376 S.) gr. 8. Ebd. 908. 09. à 1. 50
1.Jahresber.s.:Jahresbericht der Lehrlingsabteilung d.männl.Fortbildungsschulen Mü.

Jahresbericht der männlichen Fortbildungs- und Gewerbeschulen Münchens von G. Kerschensteiner. 1906/07-13. München 1907-13

Jahresbericht über die Städtischen Fortbildungsschulen zu Königsberg i. Pr. (Hrsg.: [Richard] Trinte.) [1.] 1907/08. (Königsberg i. Pr.) 1908: Königsberger Allgem. Zeitung. 8° [F.] [illegible]

... Jahresbericht über den Fortgang der Schleswig-Holsteinischen Bibelgesellschaft. Mit einem Anhange, die Jahresfeier der Schl. Holst. Bibelgesellschaft betr. 2–36. Schleswig. 1818–1853. 8°

. . . Jahresbericht über den Fortgang der Schleswig-Holsteinischen Landes-Bibelgesellschaft. Mit einem Anhange (die . . . Jahresfeyer der Schlesw. Holst. Bibelgesellschaft betr.). Schleswig. 8°.
10. 1826; 14. 1830; 15. 1831; 18.—20. 1834—36; 22. 1838.

. . . Jahresbericht über den Fortgang der Sonntagsschule für den Friedrichsberg und den Lollfuß. (Schleswig.) 8°
2. 1818; 3. 1819.

Jahresbericht über die Fortschritte der Agrikulturchemie, mit besonderer Berücksichtigung der Pflanzenchemie und Pflanzenphysiologie. Jg. 1 für 1858/59 (1860) ff. Berlin
Seit Jg. 7 für 1864 (1866): Jahresbericht über die Fortschritte auf dem Gesamtgebiete der Agrikulturchemie.
Seit Jg. 61 für 1918 (1920), 4. Folge 1: Jahresbericht für Agrikulturchemie.
Gen. Reg. Jg. 1—20. 1858—1877. 1879
N. F. Jg. 1—20. 1878—1897. T. 1. 1899; T. 2 u. 3. 1908

Jahresbericht über die Fortschritte der Agrikulturchemie mit besonderer Berücksichtigung der Pflanzenchemie und Pflanzenphysiologie. Hrsg. von Robert Hoffmann. Mit einem vollständ. Sach- und Namen-Register. 4.—6. Jahrg. 1861—64. Lex.-8. Berlin 863—65, Springer's Verlag. [4. Jahrg. (1861—1862) (299 S.) * 1 Thlr. 20 Ngr., 5. (1862—1863) (268 S.) * 1 Thlr. 20 Ngr., 6. (1863—1864) (235 S.) * 1 Thlr. 15 Ngr.] *

—— über die Fortschritte auf dem Gesammtgebiete der Agrikultur-Chemie. Begründet von Rob. Hoffmann. Fortgesetzt von Ed. Peters. Mit einem vollständ. Sach- und Namen-Register. 7.—9. Jahrg.: d. J. 1864—66. Lex.-8. Berlin 866—68, Springer's Verlag. [7. Jahrg. (1864.) (IV und 445 S.) * 2 Thlr. 27⅓ Ngr., 8. (1865.) (444 S.)

Vgl. Hoffmann, Rob.

—— über die Fortschritte auf dem Gesammtgebiete der Agricultur-Chemie. Begründet von Rob. Hoffmann. Fortgesetzt von Ed. Peters. 9. Jahrg.: das J. 1866. Mit einem vollständ. Sach- und Namen-Register. Lex.-8. (510 S.) Berlin 868, Springer's Verlag. *

—— dass. — 10. Jahrg.: Das J. 1867. Lex.-8. (1. Hälfte 208 S.) Ebendas. 869. (*ℳ 8,75.) *

— über die Fortschritte auf dem Gesammtgebiete der Agrikultur-Chemie. Begründet v. Rob. Hoffmann. Fortgesetzt v. Ed. Peters. Weiter fortgeführt v. Th. Dietrich, H. Hellriegel, J. Fittbogen, R. Ulbricht. 11. u. 12. Jahrg: Die Jahre 1868 u. 1869. Mit e. vollständ. Sach- u. Namen-Register. gr. 8. (XXVIII, 775 S.) Berlin 871. Springer's Verl. n. 17. 50

From 1874, annual volumes are divided into portions having independent pagination and bearing the following titles:

Jahresbericht über die Fortschritte der Chemie des Bodens, der Luft und des Düngers. Herausgegeben von Th. Dietrich.

Jahresbericht über die Fortschritte der Chemie der Pflanze. Herausgegeben von J. Flittbogen.

Jahresbericht über die Fortschritte der Chemie der Thierernährung und der chemischen Technologie der landwirthschaftlichen Nebengewerbe. Herausgegeben von J. König und A. Hilger.

—— dass. — Weiter fortgeführt von Th. Dietrich, J. Fittbogen, J. König. 13.—15. Jahrg.: Die J. 1870—1872. 3 Bde. gr. 8. Ebendas. 874. *

Inhalt:

Bd. 1. Dietrich, Thdr., die Chemie des Bodens, der Luft und des Düngers. (IX, 284 S.) *ℳ 8,40.

» 2. Fittbogen, J., Jahresbericht über die Fortschritte der Chemie der Pflanze. (X, 240 S.) *ℳ 5,60.

» 3. König, Jos., Jahresbericht über die Fortschritte der Chemie der Thierernährung und der chem. Technologie der landwirthschaftl. Nebengewerbe. (XIX, 334 S.) *ℳ 9.

—— über die Fortschritte auf dem Gesammtgebiete der Agricultur-Chemie. Begründet von R. Hoffmann. Fortgesetzt von Ed. Peters. Weitergeführt von Th. Dietrich, J. König und A. Hilger. 16. und 17. Jahrg.: Die J. 1873 und 1874. 3 Bde. gr. 8. Berlin 876, Springer. *

Inhalt:

Bd. 1. Die Chemie des Bodens und der Luft [Meteorologie, Gewässer], bearb. von Th. Dietrich. — Die Chemie der Pflanze, bearb. von A. Hilger. (XV, 352 S.) *ℳ 9.

» 2. Jahresbericht über die Fortschritte der Chemie der Thierernährung und der landwirthschaftl. Nebengewerbe. Bearb. von J. König und A. Hilger. (XVI, 308 S.) *ℳ 9.

» 3. Die Chemie des Düngers, bearb. von Th. Dietrich. (VII, 124 S.) *ℳ 3,60.

—— dass. — Weitergeführt von Th. Dietrich, J. König, W. Wolf etc. 18. und 19. Jahrg.: Die J. 1875 und 1876. 3 Bde. gr. 8. Ebendas. 878. *

Inhalt:

Bd. 1. Boden, Wasser, Atmosphäre [Meteorologie]. Bearb. von Th. Dietrich und A. Hilger. — Die Pflanze [Pflanzenchemie, Vegetation, Pflanzenkrankheiten]. Bearb. von E. v. Gerichten, R. Heinrich, Chr. Kellermann. (XXVI, 482 S.) *ℳ 13.

» 2. Chemie der Thierernährung. Bearb. von J. König. (S. 1—154.) — Landwirthschaftliche Nebengewerbe. Bearb. von M. Reess, C Weigelt, C. Lintner, M. Delbrück, W. Kirchner, A. Hilger. (S. 155—311.) *ℳ 9.

» 3. Die Düngung. Bearb. von W. Wolf. (VII, 92 S.) *ℳ 2,60.

—— dass. — 20. Jahrg.: Das J. 1877. gr. 8. (XXXIV, 729 S.) Ebendas. 878. *

—— dass. — Generalregister über Jahrg. I—XX. [1858—1877.] Unter Mitwirkung von E. v. Gerichten, C. Krauch, E. v. Raumer, W. Rössler und O. H. Will hrsg. von A. Hilger. gr. 8. (VIII, 388 S.) Ebendas. 879. *

1.—20. Jahrg. 1858—1877. (*ℳ 175,40.) *ℳ 100.

— dasselbe. Generalregister über Jahrgang I—XX. [1858—1877.] Unter Mitwirkung von E. v. Gerichten, C. Krauch, E. v. Raumer, W. Rössler u. O. H. Will hrsg. von A. Hilger. gr. 8. (VIII, 388 S.) Ebend. 878. n. 9. —

Der Preis f. den 1—20. Jahrg. ist auf 100 ℳ herabgesetzt.

Jahresbericht über die Fortschritte auf dem Gesammtgebiete der Agricultur-Chemie. Begründet von R. Hoffmann, fortgeführt unter Mitwirkung von M. Delbrück, Th. Dietrich, E. v. Gerichten etc. von A. Hilger. Neue Folge. 1. Jahrg. [Der ganzen Reihe 21. Jahrg.] Das J. 1878. Lex.-8. (XXXV, 829 S.) Berlin 879, [Springer.] Parey. *

— dasselbe. Neue Folge. 1. Jahrg. [Der ganzen Reihe 21. Jahrg.] Das Jahr 1878. Lex.-8. (XXXV, 829 S.) Ebend. 880. n. 22. —

Jahresbericht über die Fortschritte auf dem Gesammtgebiete der Agricultur-Chemie. Begründet von R. Hoffmann, fortgeführt unter Mitwirkung von M. Delbrück, Th. Dietrich, E. v. Gerichten etc. von A. Hilger. Neue Folge. 2. Jahrg. [Der ganzen Reihe 22. Jahrg.] Das J. 1879. Lex.-8. (XXXII, 685 S.) Ebendas. 880. *

—— dass. — Neue Folge. 3. Jahrg. [Der ganzen Reihe 23. Jahrg.] Das J. 1880. gr. 8. (XXXIV, 679 S.) Berlin 881, Parey. *

—— dass. — Begründet von R. Hoffmann. Hrsg. von A. Hilger, unter Mitwirkung von P. Degener, Th. Dietrich, E. v. Gerichten etc. Neue Folge. 4. Jahrg. [Der ganzen Reihe 24. Jahrg.] Das J. 1881. gr. 8. (XXIX, 624 S.) Ebendas. 882. *

Jahresbericht üb. die Fortschritte auf dem Gesammtgebiete der Agricultur-Chemie. Begründet v. R. Hoffmann. Hrsg. v. A. Hilger unter Mitwirkg. von P. Degener, Th. Dietrich, E. A. Grete etc. Neue Folge. 5. Jahrg. [Der ganzen Reihe 25. Jahrg.] Das J. 1882. gr. 8. (XXXI, 612 S.) Berlin 883. Parey. n. 22. —

—— dass. — Neue Folge. 6. Jahrg. [Der ganzen Reihe 26. Jahrg.]. Das J. 1883. gr. 8. (XXIX, 613 S.) Ebendas. 884. *

Jahresbericht über die Fortschritte auf dem Gesammtgebiete der Agricultur-Chemie. Neue Folge. VII. [Das J. 1884.] Unter Mitwirkung von P. Degener, Th. Dietrich, E. A. Grete etc. hrsg. von A. Hilger. [Der ganzen Reihe 27. Jahrg.] gr. 8. (XXIX, 757 S.) Berlin 885, Parey. * 25 —

—— dass. — Neue Folge. VIII und IX. [Die J. 1885 und 1886.] Unter Mitwirkung von Dafert, E. A. Grete, R. Hornberger etc. hrsg. von A. Hilger. [Der ganzen Reihe 28. und 29. Jahrg.] gr. 8. (XXXII, 666; XXXIV, 638 S.) Ebendas. 886,87. à Jahrg. * 23 —

—— dass. — Neue Folge. X. 1887. Der ganzen Reihe 30. Jahrg. Unter Mitwirkung von A. Hansen, R. Hornberger, H. Immendorff etc. hrsg. von A. Hilger. gr. 8. (XXX, 679 S.) Ebendas. 888. * 23 —

Jahresbericht üb. die Fortschritte auf dem Gesamtgebiete der Agrikultur-Chemie. Neue Folge. XI—XIV. 1888—1891. Der ganzen Reihe 31.—34. Jahrg. Unter Mitwirkg. v. Th. Bokorny, Th. Dietrich, E. Haselhoff, L. Hiltner, R. Hornberger, H. Immendorfer etc. hrsg. v. A. Hilger u. seit 1890 unter Mitwirkg. v. Th. Dietrich. gr. 8. (XXX, 606; XXX, 710; XXXVII, 850; XXXVII, 756 S.) Berl. 889—92, Parey. XI. u. XII. Jahrg. à * 23 —
XIII. Jahrg. * 28 —; XIV. Jahrg. * 26 —

— dasselbe. Neue Folge, XIV, XV. 1891. 1892. Der ganzen Reihe 34. u. 35. Jahrg gr. 8. (XXXVIII, 756; XXXVIII, 757 S.) Ebd. 892. 893. à Jahrg. n. 26. —

— dasselbe. Neue Folge, XVI. 1893. Der ganzen Reihe 36. Jahrg. gr. 8. (XXXII, 566 S.) Ebd. 894. n. 24. —

Jahresbericht üb. d. Fortschritte auf d. Gesamtgebiete der Agrikultur-Chemie. Neue Folge, XVII.—XVIII. 1894—1895. D. ganzen Reihe 37. u. 38. Jahrg. Unt. Mitwirkg. v. Th. Bokorny, Fr. Erk, E. Haselhoff etc. hrsg. v. A. Hilger u. Th. Dietrich. gr. 8. (XXXVI, 698 u. XXXV, 668 S.) Berlin 895. 96. P. Parey. à n. 25.—

— dasselbe. Neue Folge, XIX.—XX. 1896—1897. D. ganzen Reihe 39. u. 40. Jahrg. gr. 8. (XXXVIII, 712 u. XL, 766 S.) Ebd. 897. 98. à n. 26.—

— dasselbe. Generalregister zu Bd. I—XX der neuen Folge (Bd. XXI—XL der ganzen Reihe). Jahrg. 1878—1897. Bearb. v. Heinr. Kraut. 1. Tl.: Pflanzenproduktion. gr. 8. (IV, 278 S.) Ebd. 899. n. 10.—

— dasselbe. Generalregister zu Bd. I—XX der neuen Folge (Bd. XXI—XL der ganzen Reihe), Jahrg. 1878—1897. 2. u. 3. (Schluss-)Tl. gr. 8. Ebd. 908. 30.—
2. Tierproduktion, landw. Nebengewerbe u. agrikulturchem. Untersuchungsmethoden. Bearb. v. H. Kraut. (S. 281—509.) 10.—
3. Autorenregister. Begonnen v. H. Kraut, beendet v. Th. Dietrich. (IV, 548 S.) 20.—
1. Tl. Ebd. 899. 10.—

— üb. die Fortschritte auf dem Gesamtgebiete der Agrikultur-Chemie. 3. Folge. I—IV. 1898—1901. Der ganzen Reihe 41.—44. Jahrg. Unter Mitwirkg. v. G. Dunzinger, R. Eichloff, Fr. Erk, E. Haselhoff u. a. hrsg. v. A. Hilger u. Th. Dietrich. gr. 8. (XXXVIII, 700; XXXVI, 666; XXXVI, 717 und XXXVIII, 613 S.) Berlin 899—902. P. Parey. à n. 26.—

— üb. die Fortschritte auf dem Gesamtgebiete der Agrikultur-Chemie. 3. Folge. V—VIII. 1902 bis 1905. Der ganzen Reihe 45—48. Jahrg. gr. 8. Berlin. P. Parey. n. 106.—
V. Unter Mitwirkg. v. G. Dunzinger, Fr. Erk, E. Haselhoff u. a. hrsg. v. A. Hilger u. Th. Dietrich. (XXXVI, 608 S.) 903. n. 26.—
VI. Unter Mitwirkg. v. G. Bleuel, G. Dunzinger, F. Gössel u. a. hrsg. v. A. Hilger u. Th. Dietrich. (XXXVI, 661 S.) 904 n. 26.—
VII. Unter Mitwirkg. v. G. Bleuel, G. Dunzinger, E. Haselhoff u. a. hrsg. v. Th. Dietrich. (XLIV, 740 S.) 905. n. 28.—
VIII. Unter Mitwirkg. v. G. Bleuel, G. Hager, F. Honcamp u. a. hrsg. v. Th. Dietrich. (XXXVI, 662 S.) 906. n. 26.—

— üb. d. Fortschritte auf d. Gesamtgebiete der Agrikultur-Chemie. 3. Folge. IX.—XII. 1906—1909. Der ganzen Reihe 49.—52. Jahrg. Unter Mitwirkg. v. G. Bleuel, A. Köhler, Fel. Mach u. a. hrsg. v. Th. Dietrich. gr. 8. Berlin, P. Parey. 110.—
IX. (XXXVIII, 626 S.) 907. 26.—
X. (XXXV, 623 S.) 908. 28.—
XI. (XXXVI, 650 S.) 909. 28.—
XII. (XXXIV, 545 S.) 910. 28.—

—— über die Fortschritte der classischen Alterthumswissenschaft hrsg. von Conr. Bursian. 1. Jahrg. 1873. 12 Hefte. Mit einem Beiblatte: Bibliotheca philologica classica. gr. 8. (à Heft ca. 100 S.) Berlin 874, Calvary und Comp. *

—— über die Fortschritte der classischen Alterthumswissenschaft hrsg. von Conr. Bursian. 2. und 3. Jahrg. 1874 und 1875. à Jahrg. 12 Hefte. [3. und 4. Bd.] Mit einem Beiblatte; Bibliotheca philologica classica. 2. und 3. Jahrg. 1875 und 1876. gr. 8. (VII, 876; VI, 383; 267 S.) Berlin, Calvary und Comp. Subscr.-Pr. * Ladenpr. *

—— dass. — 4. Jahrg. 1876. 12 Hefte. [5.—8. Bd.] Mit einem Beiblatte: Bibliotheca philologica classica. 4. Jahrg. 1877. gr. 8. (V, 298; V, 394; V, 526; IV, 322 S.) Ebendas. Subscr.-Pr. * ℳ 30.; Ladenpr. *

—— dass. — 5. Jahrg. 1877. 12 Hefte. [9.—12. Bd.] Mit einem Beiblatte: Bibliotheca philologica classica. 5. Jahrg. 1878. gr. 8. (IV, 364; VI, 330; V, 373; 322, 42 S.) Ebendas. Subscr.-Pr. * ℳ 30.; Ladenpr. *

—— dass. — 6. Jahrg. 1878. 12 Hefte. [13.—16. Bd.] Mit den Beiblättern: Bibliotheca philologica classica. 6. Jahrg. 1879. und Biographisches Jahrbuch für Alterthumkunde. 2. Jahrg. 1879. gr. 8. (IV, 246; IV, 286; VII, 596; IV, 367, 89 S.) Ebendas. Subscr.-Pr. * Ladenpr. *

—— dass. — 7. Jahrg. 1879. 12 Hefte. [17.—20. Bd.] Mit den Beiblättern: Bibliotheca philologica classica. 7. Jahrg. 1880. und Biographisches Jahrbuch für Alterthumskunde. 3. Jahrg. 1880. gr. 8. (IV, 296; IV, 260; IV, ca. 700; ca. 530 S.) Ebendas. Subscr.-Pr. * ℳ 30.; Ladenpr. *

—— über die Fortschritte der classischen Alterthumswissenschaft. Hrsg. von Conr. Bursian. 8. Jahrg. 1880. 12 Hefte. [21.—25. Bd.] Mit den Beiblättern: Bibliotheca philologica classica. 8. Jahrg. [1881] und Biographisches Jahrbuch für Alterthumskunde. 4. Jahrg. [1881.] gr. 8. (214; 266; 618; 432 S.) Berlin 881, Calvary und Comp. Pränumerations-Pr. * ℳ 30.; Ladenpr. *

—— dass. — 9. und 10. Jahrg. 1881 und 1882. Neue Folge. 1. und 2. Jahrg. à Jahrg. 12 Hefte. [26.—33. Bd.] Mit den Beiblättern: Bibliotheca philologica classica. 9. und 10. Jahrg. [1882 und 1883] und Biographisches Jahrbuch für Alterthumskunde. 5. und 6. Jahrg. [1882 und 1883.] gr. 8. (329, 294, 419, 340; VIII, 284, 271, 572, 398, IV, 127, 12 S.) Ebendas. 882,83.
Pränumerations-Pr. à Jahrg. * ℳ 30.; Ladenpr. à Jahrg. *

Jahresbericht über die Fortschritte der classischen Alterthumswissenschaft, hrsg. von Conr. Bursian. 9. Jahrg. Neue Folge. 1. Jahrg. 12 Hfte. [26—29. Bd.] Mit den Beiblättern: Bibliotheca philologica classica. 9. Jahrgang [1882] u. Biographisches Jahrbuch für Alterthumskunde. 5. Jahrg. [1882]. gr. 8. (IV, 364, VI, 330, V, 373 u. 322 S.) Ebend. Subscr.-Pr. n. 30. —; Ladenpr. n. 36. —

— über die Fortschritte der classischen Alterthumswissenschaft, hrsg. v. Conr. Bursian. 10. Jahrg. 1882. Neue Folge. 2. Jahrg. [Mit den Beiblättern: Bibliotheca philologica classica. 10. Jahrg. (1883) u. Biograph. Jahrbuch f. Alterthumskunde. 6. Jahrg. (1883)]. 30. bis 33. Bd. 12 Hfte. gr. 8. (à Hft. ca. 96 S.) Berlin 883. Calvary & Co. n. 36. —

— dass. — Begründet von Conr. Bursian, hrsg. von Iwan Müller. 11. und 12. Jahrg. 1883 und 1884. Neue Folge. 3. und 4. Jahrg. à Jahrg. 12 Hefte. [34.—41. Bd.] Mit den Beiblättern: Bibliotheca philologica classica. 11. und 12. Jahrg. [1884 und 1885] und Biographisches Jahrbuch für Alterthumskunde. 7. und 8. Jahrg. [1884 und 1885.] gr. 8. (IV, 293, V, 298, VII, 554, II, 391, 172, 32; II, 288, II, 256, II, 472, 432, 144, 16 S.) Ebendas. 884,85.
11. Jahrg. Pränumerations-Pr. * ℳ 35.; Ladenpr. *
12. Jahrg. Pränumerations-Pr. * ℳ 34.; Ladenpr. *

— dasselbe. Begründet v. Conr. Bursian, hrsg. v. Iwan Müller. 11. Jahrg. 1883. (Mit denselben Beiblättern.) 34—37. Bd. 12 Hfte. gr. 8. (à Hft. ca. 96 S.) Ebend. 883. n. 36. —

— dasselbe. 11. Jahrg. 1883. Suppl.-Schlussheft. gr. 8. (6½ B.) Ebend. 885. Subscr.-Pr. n. 5. —; Ladenpr. 7. 50

— dasselbe. 12. Jahrg. 1884. 38—41. Bd. 12 Hfte. gr. 8. Ebend. 885. Subscr.-Pr. n. 30. —; Ladenpr. 36. —

—— über die Fortschritte der classischen Alterthumswissenschaft, begründet von Conrad Bursian, hrsg. von Iwan Müller. 12. Jahrg. 1884. Suppl.-Schlussheft. (10 Bog.) gr. 8. Berlin 886, Calvary und Comp. Subscr.-Pr. * 4 —
Ladenpr. 6 —

—— dass. — 13.—15. Jahrg. 1885—1887. 42.—53. Bd. à Jahrg. 4 Bde. oder 12 Hefte. gr. 8. Ebendas. [Jahrg. 1885. (268; 282; 434; 494 S.); Jahrg. 1886. (300; 316; 366; 445 S.); Jahrg. 1887. (245; 372; 579; 497 S.)]
Pränumerations-Pr. à Jahrg. * 30 —
Ladenpr. à Jahrg. * 36 —

— dasselbe. 13. Jahrg. 1885. 42—45. Bd. 12 Hfte. gr. 8. Ebend. 885. Subscr.-Pr. n. 30. —; Ladenpr. n. 36. —

— dasselbe. 14. Jahrg. 1886. 46—49. Bd. 12 Hfte. gr. 8. Ebend. Subscr.-Pr. n. 30. —; Ladenpr. n. 36. —

— dasselbe. 15. Jahrg. 1887. Suppl.-Schlusshft. gr. 8. (50. Bd. IV u. S. 225—246; 52. Bd. V u. S. 433—579; Bibliotheca philologica classica III u. S. 233—365 u. Biograph. Jahrbuch III u. S. 97—182.) Ebd. 889. Subscr.-Pr. n. 6. 75; Einzelpr. n. 12. —

—— dass. — Suppl.-Bd. [25. Bd.] 3 Hefte: Bericht über die Mythologie in den J. 1876—1885 und über die Kunstarchäologie in den J. 1874—1885 von A. Preuner. gr. 8. (288 S.) Ebendas. 886—88.
Für Abonnenten des Jahresberichts à Heft * 1 80
Für Nichtabonnenten à Heft * 3 60

—— üb. die Fortschritte der class. Alterthumswissenschaft, begründet v. Conr. Bursian, hrsg. von Iwan v. Müller. 16.—19. Jahrg. 1888—91. Neue Folge. 8.—10. Jahrg. u. 3. Folge. 1. Jahrg. à Jahrg. 4 Bde. oder 12 Hefte. Mit den Beiblättern: Bibliotheca philologica classica. 16.—19. Jahrg. 1888—91 u. Biographisches Jahrbuch f. Alterthumskunde. 11.—14. Jahrg. 1888—91. gr. 8. (203, 283, 398, 531; 454, 275, 518, 515; 137, 286, 463, 460; 184, 286, 301, 547 S.) Berl., Calvary u. Comp.
Subscr.-Pr. à Jahrg. * 30 —; Ladenpr. à Jahrg. * 36 —

—— dass. — Suppl.-Bd. [25. Bd.]: Jahresbericht üb. die Mythologie aus den J. 1876—1885 v. A. Preuner. 4. u. 5. (Schluss-)Heft. gr. 8. Ebd. [4. Heft. (S. 289—384.) 890. Subscr.-Pr. * 1 80; Einzelpr. * 3 60; 5. Heft. (IV, S. 385—512.) 891. Subscr.-Pr. * 2 40; Einzelpr. * 3 60.] Subscr.-Pr. * 4 20; Einzelpr. * 7 20
1.—3. Heft. Ebd. 1886—88. à Heft * 1 80 bezw. * 3 60.

dasselbe. 18. Jahrg. 1890. Neue Folge 10. Jahrg. 62.—65. Bd. 12 Hfte. Mit den Beiblättern: Bibliotheca philologica classica. 17. Jahrg. 1890 u. Biographisches Jahrbuch f. Alterthumskunde. 18. Jahrg. 1890. gr. 8. (1. Hft. 5 B.) Ebd. Subscr.-Pr. n. 30. —; Ladenpr. n. 36. —

— üb. die Fortschritte der classischen Alterthumswissenschaft, begründet v. Conr. Bursian, hrsg. v. Iwan v. Müller. 66. Bd. (Suppl.-Bd. zur neuen Folge.) 5 Hfte. gr. 8. Berlin 892. S. Calvary & Co.
Subskr.-Pr. n. 10. 80; Einzelpr. n. 16. 20
Jahresbericht üb. die griechischen Inschriften v. Wilh. Larfeld. — Jahresbericht üb. die griechische Mythologie aus den J. 1886—1890. Von Frdr. Back. (400 S.)

— dasselbe. 19.—22. Jahrg. 1891—1894. 3. Folge, 1.—4. Jahrg. 67.—82. Bd. à 12 Hfte. Mit den Beiblättern: Bibliotheca philologica classica. 18.—21. Jahrg. 1891—1894 u. Biographisches Jahrbuch f. Alterthumskunde. 14.—17. Jahrg. 1891—1894. gr. 8. (à Hft. ca. 6 Bog.) Ebd. Subskr.-Pr. à Jahrg. n. 30. —; Ladenpr. n. 36. —

— üb. d. Fortschritte d. class. Alterthumswissenschaft, begr. v. Conr. Bursian, hrsg. von Iwan v. Müller. 23. Jahrg. 1895. 3. Folge. 5 Jahrg. 83.—86. Bd. 12 Hfte. (à ca. 6 Bog.) M. d. Beiblättern: Bibliotheca philologica classica. 22. Jahrg. 1895 u. Biograph. Jahrbuch f. Alterthumskunde. 18. Jahrg. 1895. gr. 8. Berlin. Leipzig, O. R. Reisland.
Subskr.-Pr. n.n. 32. —; Einzelpreis n. 36. —

— dasselbe. 87. Bd. Suppl.-Bd. zur 3. Folge. gr. 8. Ebd. 896. Subskr.-Pr. n. 12. 80; Einzelpr. n. 19. 20
Jahresbericht üb. d. italischen Sprachen, auch d. Altlatein., Etruskische u. Venetische, f. d. J. 1886—93. Von W. Deecke. (125 S.) Kplt. Einzelpr. n.n. 4. 80. — Jahresbericht üb. d. griech. Epigraphik f. 1888—1894. Von Wilh. Larfeld. (III u. S. 127—495.)

Jahresbericht üb. d. Fortschritte d. class. Alterthumswissenschaft, begr. von Conr. Bursian. General-Register zur 1. bis 3. Folge. (Jahrg. I—XXIII = Bd. 1—87), hrsg. v. Hugo Bloch, bearb. v. Solms Todtmann. gr. 8. (IV, 700 S.) Ebd.
Subskr.-Pr. n. 17. 60; Einzelpr. n. 22. —

— dasselbe. Hrsg. v. Osk. Seyffert u. Paul Wendland. 24.—26. Jahrg. 1896—1898. 4. Folge. 1.—3. Jahrg. D. ganzen Reihe 88.—99. Bd. à Jahrg. 12 Hfte. (à ca. 6 Bog.) M. d. Beiblättern: Bibliotheca philologica classica. 23.—25. Jahrg. 1896—1898 u. Biographisches Jahrbuch f. Altorthumskunde. 19.—21. Jahrg. 1896—1898. gr. 8. Berlin. Leipzig, O. R. Reisland. à Jahrg. Subskr.-Pr. n.n. 32. —; Einzelpr. n. 36. —

— über die Fortschritte der classischen Altertumswissenschaft, begründet v. Conr. Bursian, hrsg. v. L. Gurlitt u. W. Kroll. 27.—30. Jahrg. 1899—1902. Der ganzen Reihe 100.—115. Bd. à 12 Hfte. Mit den Beiblättern: Bibliotheca philologica classica. 26.—29. Jahrg. (1899—1902) u. Biographisches Jahrbuch f. Alterthumskunde. 22.—25. Jahrg. (1899—1902). gr. 8. Leipzig, O. R. Reisland. à Jahrg. n.n. 36. —;
Subskr.-Pr. à Jahrg. n.n. 32. —
27. (IV, 216; IV, 248; IV, 336 u. X, 400 S.)
28. (IV, 180; IV, 272; IV, 300 u. X, 406 S.)
29. (IV, 280; IV, 308; IV, 176 u. XIV, 438 S.)
30. (IV, 322; IV, 272; IV, 232 u. X, 484 S.)
Der Subskr.-Pr. erlischt 4 Wochen nach Erscheinen des 1. Hefts

Jahresbericht über die Fortschritte der klassischen Altertumswissenschaft, begründ. v. Conr. Bursian, hrsg. v. L. Gurlitt u. W. Kroll. 31—34. Jahrg. 1903—1906. Der ganzen Reihe 116—123. u. 125—132. Bd. à 12 Hefte. Mit den Beiblättern: Bibliotheca philologica classica. 30—33. Jahrg. (1903—1906) u. Biographisches Jahrbuch f. Altertumskunde. 26—29. Jahrg. (1903—1906). gr. 8. Leipzig, O. R. Reisland.
Subskr.-Pr. à Jhrg. n.n. 32. —;
Ladenpr. à Jhrg. n.n. 36. —
Der Subskr.-Pr. erlischt 4 Wochen nach Erscheinen d. 1. Heftes.
31. (III, 328; III, 180; III, 247 u. V, 400 u. 115 S.) 903.
32. (III, 256; III, 142; III, 314 u. IV, 370 u. 120 S.) 904.
33. (III, 256; III, 208; III, 382 u. V, 361 u. 143 S.) 905.
34. (III, 299; III, 282; III, 250 u. V, 336 u. 80 S.) 906.
Der 34. Jhrg. ist v. W. Kroll allein hrsg.

— dasselbe. Der ganzen Reihe 124. Bd. Suppl.-Bd. (VI, 547 S.) gr. 8. Ebd. 905. n. 13. —

— über die Fortschritte der klassischen Altertumswissenschaft, begründet v. Conr. Bursian, hrsg. v. W. Kroll. 35.—38. Jahrg. 1907—1910. Der ganzen Reihe 133.—150. Bd. à 12 Hefte. Mit d. Beiblättern: Bibliotheca philologica classica. 34.—37. Jahrg. (1907—1910) u. Biograph. Jahrbuch f. Altertumskunde. 30.—33. Jahrg. (1907—1910.) gr. 8. Leipzig, O. R. Reisland. Subskr.-Pr. à Jahrg. nn 32.—;
Ladenpr. à Jahrg. nn 36. —
35. (IV, 322; IV, 270; IV, 281; VI, IV, 251, 197; IV, 652 S.) 907.
36. (IV, 158; IV, 251; IV, 278; VI, IV, 291, 195 S.) 908.
37. (IV, 304; IV, 270; IV, 449; VI, IV, 241, 150; VIII, 708 S.) 909.
38. (IV, 355; IV, 252; IV, 263 S.) 910.
Der Subskr.-Pr. erlischt 4 Wochen nach Erscheinen des 1. Heftes.

— dasselbe. 146. Bd. Suppl.-Bd. gr. 8. Ebd.
Subskr.-Pr. 16.—; Einzelpr. 18. —
Bibliotheca scriptorum classicorum et graecorum et latinorum. Die Literatur v. 1878—1896 einschliessl. umfassend. Von Rud. Klussmann. I. Bd.: Scriptores graeci. 1. Tl.: Collectiones. Abercius bis Homerus. (VIII, 708 S.) 909.
Der Subskr.-Pr. ist 8 Wochen nach Erscheinen erloschen.

Jahresbericht üb. die Fortschritte d. Anatomie u. Physiologie. Herausg. v. 1-14 F. Hofmann u. G. Schwalbe, 15-20 L. Hermann u. G. Schwalbe. Bd. 1-20: 1872-91 (26 Vol.). Leipz. 1873-93.
(6-7 à 3. Abth. 1-2: Anatomie. Entwicklungsgeschichte. 3. Physiologie. — 8-20 à 2 Abth.: 1. An. u. Entw. 2. Ph.). (Fortsættelse af Bericht etc.; delvis fortsat af efterflg. Jahresbericht).

Jahresbericht über die Fortschritte der Bergbaukunst im Jahre 1859. herausgegeben von C. Hartmann. Jgg. I. Leipzig, 1860.

Jahresbericht Fortschritte Chemie

Jahres-Bericht über die Fortschritte der Chemie und Mineralogie. Jg. 21-27. Tübingen: 1842-48.

s.a. Jahresbericht über die Fortschritte der physischen Wissenschaften.

Jahresbericht über die Fortschritte der Chemie und Mineralogie. Eingereicht an die schwedische Akademie der Wissenschaften. Von Jacob Berzelius. [*From* 1849-'51, *edited by* L. F. Svanberg.] Aus dem schwedischen übersetzt von F. Wöhler. 10 vols. (XXI-XXX), 8vo. Tübingen, 1842-'51 ‖ Register. Vols. I-XVII, 1839; I-XXV, 1847.
Cf. Årsberättelse om Framstegen i Fysik och Kemi; *also* Annuaire des sciences chimiques; *also* Rapport annuel sur les progrès des sciences physiques et chimiques.

—— über die Fortschritte der Chemie; nach Berzelius' Tode fortges. von L. Svanberg. Eingereicht an die schwed. Akademie der Wissenschaften. 28—30. Jahrg. à 2 Hefte. (1. Heft: Unorganische Chemie. — 2. Heft: Pflanzenchemie und Thierchemie. gr. 8. Tübingen, Laupp'sche Buchh. [Jahrg. 28. (XII und 557 S.) 849. * 2 Thlr. 20 Ngr., 29. (XII und 596 S.) 851. * 2 Thlr. 27 Ngr., 30. (XII und 583 S.) 851. * 2 Thlr. 21 Ngr.] *
Vgl.: Berzelius, Joh. Jac. v., Jahresbericht.

Jahresbericht über die Fortschritte auf dem Gebiete der reinen Chemie bearb. im Verein m. mehreren Fachgenossen u. hrsg. v. Wilh. Staedel. 1. Jahrg. Bericht f. 1873. gr. 8. (XXXVIII, 557 S.) Tübingen 874. Laupp. n. 10. 50

—— dass. — bearb. im Verein mit Rich. Anschütz, F. Herrmann, Karl Heumann etc. und hrsg. von Wilh. Staedel. 2. Jahrg. Bericht für 1874. gr. 8. (XII, 631 S.) Ebendas. 875. *

—— über die Fortschritte auf dem Gebiete der reinen Chemie, bearb. im Verein mit Rich. Anschütz, M. Conrad, F. Herrmann etc. und hrsg. von Wilh. Staedel. 3. und 4. Jahrg. Bericht für 1875 und 1876. gr. 8. (XXVI, 529; XX, 486 S.) Tübingen 876,77, Laupp'sche Buchh. à Jahrg. *

Jahresbericht über die Fortschritte auf dem Gebiete der reinen Chemie, bearb. im Verein mit Rich. Anschütz, Karl Heumann, Otto Hehner etc. und hrsg. von Wilh. Staedel. 5. Jahrg. Bericht für 1877. gr. 8. (X, 642 S.) Tübingen, 878, Laupp'sche Buchh. *

—— dass. — Bearb. im Verein mit Aug. Bernthsen, Otto Hehner, Karl Heumann etc. und hrsg. von Ludw. Medicus und W. Staedel. 6. Jahrg. Bericht für 1878. gr. 8. (VI, 605 S.) Ebendas. 879.

—— über die Fortschritte auf dem Gebiete der reinen Chemie. Bearb. im Verein mit Aug. Bernthsen, Otto Hehner, Karl Heumann, C. Seubert, und hrsg. von Ludw. Medicus und W. Staedel. 7. Jahrg. Bericht für das J. 1879. 2 Hälften. gr. 8. Tübingen 880, Laupp'sche Buchh. [1. Hälfte. (S. 1—240.) *ℳ 5.; 2. Hälfte. (VIII, S. 241—623.) *ℳ 8.]

—— dass. — Hrsg. von W. Staedel. 8. Jahrg. Bericht für das J. 1880. 2 Hälften. gr. 8. Ebendas. [1. Hälfte. (S. 1—288.) 881. *ℳ 6.; 2. Hälfte. (VIII, S. 289—644.) 882. *ℳ 7.] *

Jahresbericht über die Fortschritte auf dem Gebiete der reinen Chemie. Bearb. im Verein mit Aug. Bernthsen, H. Reinhardt, und hrsg. von Wilh. Staedel. 9. Jahrg. Bericht für das J. 1881. 2 Hälften. gr. 8. Tübingen, Laupp'sche Buchh. [1. Hälfte. (S. 1—288.) 882. *ℳ 6.; 2. Hälfte. (VIII, S. 289—612.) 883. *ℳ 7.] *

Jahresbericht über die Fortschritte der reinen, pharmaceutischen und technischen Chemie ... Begründet von E. Liebig und H. Kopp. [Jg.] 1847/1848, erschienen 1849 und [Jge.] 1849 bis 1910, erschienen unregelmäßig ein bis fünf Jahre später; bis Jg. 1882 in einem Teile, von Jg. 1883 bis 1893 und 1900 bis 1910 in zwei Teilen, von Jg. 1894—1899 in drei Teilen. (Die Jge. 1905—1908 sind zusammengefaßt.) Gießen; von 1886 ab: Braunschweig.
Von [Jg.] 1858 ab: **Jahresbericht** über die Fortschritte der reinen pharmaceutischen und technischen Chemie ... —
(Bericht ...) **Jahresbericht** über die Fortschritte der Chemie und verwandter Theile anderer Wissenschaften.
Von [Jg.] 1893: **Jahresbericht** über die Fortschritte der Chemie.
Reg. 1847—1856. 1858
1857—1866. 1868
1867—1876. T. 1. Autorenreg.; T. 2. Sachregister. 1880
1877—1886. T. 1. 2. 1898
1887—1896. T. 1. 1904; T. 2. 1907
1897—1904. T. 1. 1910; T. 2. 1912
(Forts. s. Literatur-Register der organischen Chemie)

— über die Fortschritte der reinen, pharmaceut. u. technischen Chemie, Physik, Mineralogie u. Geologie. Unter Mitwirkung v. H. Buff, E. Dieffenbach, C. Ettling, F. Knapp, H. Will, F. Zamminer hrsg. v. Justus (Frhrn. v.) Liebig u. Herm. Kopp. Für 1847 u. 1848. 5 Hfte. gr. 8. (XXII u. 1367 S. m. 3 Tab. in Fol.) Giessen 849, Ricker. (1—4. Heft à n. 1 ß 5. Heft n. 2 ß) n. 6 ß — Für 1849. 2 Hefte. gr. 8. (XVI u. 868 S.) Ebd. 850. (1. Heft n. 1 2/3 ß 2. Heft n. 2 1/3 ß) n. 4 ß — Für 1850. 2 Hefte. gr. 8. (XVI u. 866 S.) Ebd. 851. (1. Heft n. 1 2/3 ß 2. Heft n. 2 1/3 ß) n. 4 ß — Für 1851. 2 Hefte. gr. 8. (XVIII u. 926 S.) Ebd. 852. (1. Heft n. 1 2/3 ß 2. Heft n. 2 1/3 ß) n. 4 ß

— über die Fortschritte der reinen, pharmaceutischen und technischen Chemie, Physik, Mineralogie und Geologie. Unter Mitwirkung von H. Buff, E. Diefenbach, C. Ettling, F. Knapp, H. Will, F. Zamminer herausg. von Justus Liebig und Herm. Kopp. Für 1852—56. (à 2 Hefte.) Giessen 853—57. Ricker. gr. 8. (852.: XVIII, 1036 S.; 853.: XVIII, 980 S.; 854.: XVIII, 960 S.; 855.: XXI, 1076 S.; 856.: VIII, 959 S.) Jahrg. 1852—54. u. 1856.: à n. 4 ß.; 1855.: n. 4 ß. 20 ngr.

Jahresbericht über die Fortschritte der reinen, pharmaceutischen und technischen Chemie, Physik, Mineralogie und Geologie. Unter Mitwirkung von H. Buff, E. Dieffenbach, C. Ettling, F. Knapp, H. Will, F. Zamminer hrsg. von Justus (Frhrn. v.) Liebig und Herm. Kopp. Register zu den Berichten für 1847 bis 1856. gr. 8. (III und 848 S.) Giessen 858, Ricker. *

— — Für 1857. (2 Abthlgn.) Ebend. 858. gr. 8. n. 4 ß. 20 ngr.
1. Abth.: Jahresbericht über die Fortschritte der Chemie u. verwandter Theile anderer Wissenschaften. Von Herm. Kopp u. Heinr. Will. (XVI, 774 S.) n. 3 ß. 10 ngr.
2. Abth.: Jahresbericht über die Fortschritte der Physik von Friedr. Zamminer. Für 1857. (XII, 287 S.) n. 1 ß. 10 ngr.

— über die Fortschritte der reinen, pharmaceutischen u. technischen Chemie, Physik, Mineralogie u. Geologie. Für 1858. (1. Abth.) Jahresbericht über die Fortschritte der Chemie u. verwandter Theile anderer Wissenschaften. Von Herm. Kopp u. Heinr. Will. Giessen 859. Ricker. gr. 8. (XX, 859 S.) n. 4 ß 10 ngr.

— — Für 1859. (1. Abth.) Jahresbericht über die Fortschritte der Chemie u. verwandter Theile anderer Wissenschaften. Von Herm. Kopp u. Heinr. Will. Ebend. 860. gr. 8. (XX, 903 S.) n. 4 ß 20 ngr.

— — A. u. d. T.: Jahresbericht über die Fortschritte der Chemie u. verwandter Theile anderer Wissenschaften. Von Herm. Kopp u. Heinr. Will. Für 1860. Ebend. 861. gr. 8. (XXII, 906 S.) n. 4 ß 20 ngr.

Jahresbericht über die Fortschritte der reinen, pharmaceutischen und technischen Chemie, Physik, Mineralogie und Geologie. A. u. d. T.: Jahresbericht über die Fortschritte der Chemie und verwandten Theile anderer Wissenschaften. Unter Mitwirkung von Th. Engelbach, W. Hallwachs, A. Knop hrsg. von Herm. Kopp und Heinr. Will. Für 1861. Die Redakt. besorgt von Wilh. Hallwachs. 2 Häften. gr. 8. Giessen, Ricker. [1. Hälfte. (S. 1—384.) 862. * 2 Thlr., 2. (XXIV und S. 385—1195.) 863. * 4 Thlr.] *

—— dass. — Für 1862. Die Redakt. besorgt von Friedr. Dehn. gr. 8. (XXIV und 888 S.) Ebendas. 863. *

—— dass. — Unter Mitwirkung von C. Bohn, Th. Engelbach, A. Knop hrsg. von Heinr. Will. Für 1863. 2 Hefte. gr. 8. Ebendas. [1. Heft. (S. 1—480.) 864. * 2 Thlr. 10 Ngr., 2. (XXVI und S. 481—970.) 864. * 2 Thlr. 20 Ngr.] *

—— dass. — Unter Mitwirkung von C. Bohn und Th. Engelbach, hrsg. von Heinr. Will. Für 1864 und 1865. à Jahrg. 2 Hefte. gr. 8. Ebendas. [1864. 1. Heft. (S. 1—480.) 865. * 2 Thlr. 20 Ngr., 2. (XXVII und S. 481—964.) 865. * 2 Thlr. 20 Ngr., 1865. 1. Heft. (S. 1—480.) 866. * 2 Thlr. 20 Ngr., 2. (XXVII und S. 481—1007.) 867. * 3 Thlr.] *

—— dass. — Unter Mitwirkung von Th. Engelbach hrsg. von Heinr. Will. Für 1866. 3 Hefte. gr. 8. Ebendas. [1. Heft. (S. 1—480.) 867. * 2 Thlr. 20 Ngr., 2. (S. 481—832.) 867. * 2 Thlr., 3. (XXVII und S. 833—1076.) 868. * 1 Thlr. 10 Ngr.] *

—— dass. — Hrsg. 1857—1862 von Herm. Kopp und Heinr. Will, 1863—1866 von Heinr. Will. Register zu den Berichten für 1857—1866. gr. 8. (IV und 543 S.) Ebendas. 1868. *

—— über die Fortschritte der Chemie und verwandter Theile anderer Wissenschaften. Unter Mitwirkung von Th. Engelbach, Al. Naumann, K. Zöppritz hrsg. von Heinr. Will. Für 1867. 3 Hefte. gr. 8. Giessen 869, Ricker. [1. und 2. Heft. (S. 1—960.) à * ℳ 8.; 3. Heft. (XXVII, S. 961—1118.) * ℳ 2.] *

—— dass. — Unter Mitwirkung von Th. Engelbach, Al. Naumann, W. Städel hrsg. von Adph. Strecker. Für 1868. 3 Hefte. gr. 8. Ebendas. 870. [1. und 2. Heft. (S. 1—960.) à * ℳ 8.; 3. Heft. (XXXI, S. 961—1096.) * ℳ 2.] *

— über die Fortschritte der Chemie u. verwandter Theile anderer Wissenschaften. Unter Mitwirkg. v. A. Laubenheimer, Al. Naumann, F. Nies, F. Rose hrsg. v. Adph. Strecker. Für 1869. 3 Hfte. gr. 8. (XXXVII, 1372 S.) Giessen 871. 72. Ricker. à Hft. n. 8. —

—— dass. — Unter Mitwirkung von K. Birnbaum, W. Dittmar, F. Hoppe-Seyler etc. hrsg. von Alex. Naumann. Für 1870. 3 Hefte. gr. 8. Ebendas. [1. und 2. Heft. (S. 1—960.) 872. à * ℳ 9.; 3. Heft. (XLII, S. 961—1481.) 873. * ℳ 12.] *

—— dass. — Unter Mitwirkung von K. Birnbaum, A. Laubenheimer, P. Liechti, A. Michälis, F. Nies, K. Zöppritz hrsg. von Alex. Naumann. Für 1871. 3 Hefte. gr. 8. (XLIII, 1814 S.) Ebendas. 873,74. à Heft * ℳ 9. *

—— dass. — Unter Mitwirkung von K. Birnbaum, Fr. Böckmann, F. Herrmann etc. hrsg. von Alex. Naumann und Aug. Laubenheimer. Für 1872. 3 Hefte. gr. 8. (1276 S.) Ebendas. 874. à Heft * ℳ 9. *

—— dass. — Unter Mitwirkung von K. Birnbaum, H. Braun, F. Fittica etc. hrsg. von Alex. Naumann. Für 1873. gr. 8. (XL, 1336 S.) Ebendas. 875. *

—— über die Fortschritte der Chemie und verwandter Theile anderer Wissenschaften. Unter Mitwirkung von K. Birnbaum, F. Fittica, C. Hell etc. hrsg. von Alex. Naumann. Für 1874. 3 Hefte. gr. 8. Giessen 876, Ricker. [1. und 2. Heft. (S. 1—960.) à * ℳ 9.; 3. Heft. (XL, S. 961—1432.) * ℳ 11.] *

— über die Fortschritte der Chemie u. verwandter Theile anderer Wissenschaften. Unter Mitwirkung v. K. Birnbaum, C. Boettinger, C. Hell etc. hrsg. von F. Fittica. Für 1875. 3 Hfte. gr. 8. (XI, 1396 S.) Giessen 877. Ricker. n. 28. —

—— dass. — Unter Mitwirkung von C. Boettinger, C. Hell, H. Klinger etc. hrsg. von F. Fittica. Für 1876. 3 Hefte. gr. 8. Ebendas. [1. Heft. (S. 1—480.) 877. * ℳ 9.; 2. und 3. Heft. (XIV, S. 481—1406.) 878. à * ℳ 10.] *

—— dass. — Hrsg. 1867 von H. Will, 1868 bis 1869 von A. Strecker, 1870—1874 von A. Naumann, 1875 bis 1876 von F. Fittica. Register zu den Berichten für 1867 bis 1876. 3 Hefte. gr. 8. Ebendas. [1. Heft: Autorenregister. (S. 1—276.) 878. * ℳ 7.; 2. Heft: Sachregister. A—M. (S. 277—516.) 879. * ℳ 6.; 3. Heft: Sachregister N—Z. (III, S. 517—725.) 880. * ℳ 5.] *

—— dass. — Unter Mitwirkung von C. Boettinger, C. Hell, H. Klinger etc. hrsg. von F. Fittica. Für 1877. 3 Hefte. gr. 8. Ebendas. [1. Heft. (S. 1—480.) 878. * ℳ 9.; 2. Heft. (S. 481—960.) 878. * ℳ 9.; 3. Heft. (LII, S. 961—1504.) 879. * ℳ 12.] *

—— dass. — Für 1878. 3 Hefte. gr. 8. Ebendas. [1. Heft. (S. 1—480.) 879. * ℳ 9.; 2. Heft. (S. 481—960.) 879. * ℳ 9.; 3. Heft. (XLVIII, S. 961—1524.) 880. * ℳ 14.] *

—— über die Fortschritte der Chemie und verwandter Theile anderer Wissenschaften. Unter Mitwirkung von F. Braun, A. Breuer, C. Hell etc. hrsg. von F. Fittica. Für 1879. 3 Hefte. gr. 8. (XLIV, 1419 S.) Giessen 880,81, Ricker. à Heft * ℳ 10. *

—— dass. — Unter Mitwirkung von A. Bornträger, F. Braun, A. Breuer etc. hrsg. von F. Fittica. Für 1880. 4 Hefte. gr. 8. Ebendas. [1. und 2. Heft. (S. 1—960.) 881. à * ℳ 10.; 3. und 4. Heft. (XLVIII, S. 961—1715.) 882. * ℳ 15.] *

—— dass. — Unter Mitwirkung von A. Breuer, W. Feussner, C. Hell etc. hrsg. von F. Fittica. Für 1881. 4 Hefte. gr. 8. Ebendas. [1. und 2. Heft. (S. 1—960.) 882,83. à * ℳ 10.; 3. und 4. Heft. (LVI, S. 961—1620.) 883. * ℳ 14.] *

— dasselbe. Für 1882. gr. 8. (LXIII, 1889 S.) Ebend. 884. 85. n. 42. —

—— dass. — Unter Mitwirkung von A. Bornträger, A. Elsas, E. Erdmann etc. hrsg. von F. Fittica. Für 1882. 4 Hefte. gr. 8. Ebendas. 884. [1.—3. Heft. (S. 1—1440.) à * ℳ 10.; 4. Heft. (LXIII, S 1441—1889.) * ℳ 12.] *

—— dass. — Für 1883. 4 Hefte. gr. 8. Ebendas. [1. Heft. (S. 1—480.) 884. * ℳ 10.; 2. Heft. (S. 481—864.) 884. * ℳ 8.; 3. und 4. Heft. (S. 865—1824.) 885. à * ℳ 10.] *

—— über die Fortschritte der Chemie und verwandter Theile anderer Wissenschaften. Begründet von J. v. Liebig und H. Kopp. Unter Mitwirkung von A. Bornträger, A. Elsas, E. Erdmann etc. hrsg. von F. Fittica. Für 1883. 5. Heft. gr. 8. (LXVII, S. 1825—2273.) Giessen 885, Ricker'sche Buchh. * 12 —

1883 1.—4. Heft. Ebendas. 1884,85. * ℳ 38.—.

—— dass. — Für 1884. 5 Hefte. gr. 8. Ebendas. [1.—4. Heft. (LVI, S. 1—1844.) 886. à Heft * ℳ 10.—; 5. Heft. (XLIV, S. 1845—2382.) 887. * ℳ 15.—.] * 55 —

—— dass. — Für 1885. 6 Hefte. gr. 8. Ebendas. [1. Heft. (S. 1—480.) 887. * ℳ 10.—; 2.—4. Heft. (S. 481—1676.) 887. * ℳ 27.—; 5. Heft. (S. 1677—2156.) 888. * ℳ 10.—; 6. Heft. (XLIV, S. 2157—2707.) 888. * ℳ 18.—.] * 65 —

— dasselbe. 1885. 6 Hfte. gr. 8. (XLIV, 2707 S.) Ebd. 887. n. 65. —

— dasselbe. 1886. 6 Hfte. gr. 8. (LI, XXXVI, 2654 S.) Braunschweig 888. 890. Vieweg & Sohn. n. 60. —

— dasselbe. General-Register f. d. Berichte v. 1877 —1886. 2 Thle. in 3 Bdn. gr. 8. Ebd. 898. n. 100. —
1. Autoren-Register. (616 S.) n. 30. —
2. Sach-Register. 2 Bde. (1619 S.) n. 70. —

dass. — Für 1887. 6 Hefte. gr. 8. Ebd. [1. Heft. (S. 1—480.) 889. * 10 —; 2. Heft. (S. 481—960.) 889. * 10 —; 3. u. 4. Heft. (S. 961—1920.) 890. à * 10 —; 5. Heft. (LVIII, S. 1921—2400.) 890. * 11 50; 6. Heft. (XLIV, S. 2401—3107.) 891. * 18 50.] * 70 —

— dasselbe. Für 1888. 7 Hfte. gr. 8. (LXVII, XLVIII, 3371 S.) Ebd. 890—893. n. 75. —

Jahresbericht über die Fortschritte der Chemie u. verwandter Theile anderer Wissenschaften. Begründet v. J. Liebig u. H. Kopp. Unter Mitwirkg. v. A. Bornträger, A. Elsas, H. Erdmann etc. hrsg. v. F. Fittica. Für 1889. 1.—6. Hft. gr. 8. (LXIII, 2880 S.) Braunschweig 892—894. F. Vieweg & Sohn. n. 62. 50

Jahresbericht üb. d. Fortschritte d. Chemie u. verw. Theile and. Wissenschaften. Begr. v. J. Liebig u. H. Kopp. Unt. Mitwirkg. v. A. Bornträger, O. T. Christensen, A. Elsas u. A. hrsg. v. F. Fittica. Für 1889. 7. (Schluss-)Hft. gr. 8. (XLVIII u. S. 2881—3219.) Braunschweig 895. F. Vieweg & Sohn. n. 10. — (1889 kplt.: n. 72. 50)

— dasselbe. Für 1890. 1. u. 2. Hft. gr. 8. (960 S.) Ebd. 894. n. 22. —

— dasselbe. Für 1890. 3.—7.(Schluss-)Hft. gr. 8. (LVIII u. S. 961—3357.) Ebd. 895. 96. n. 58. — (kplt. n. 80.—)

— dasselbe, unt. Mitwirkg. v. A. Bornträger, O. T. Christensen, A. Eichengrün etc. hrsg. v. F. Fittica. Für 1891. 7 Hefte. gr. 8. (LIX, 3160 S.) Ebd. 897. 898. n. 76. 50

— dasselbe. Für 1892. 1.—3. Hft. gr. 8. (1440 S.) Ebd. 898. n. 87. 50

— über die Fortschritte der Chemie u. verwandter Theile anderer Wissenschaften. Begründet v. J. Liebig u. H. Kopp, unter Mitwirkg. von W. Bein, A. Bornträger, O. T. Christensen etc. hrsg. v. F. Fittica. Für 1892. 4.—7. Hft. gr. 8. (C, LXXVIII u. S. 1441—3347.) Braunschweig 899—900. F. Vieweg & Sohn. n. 51. —; (1892 kplt. n. 88. —)

— dasselbe, unter Mitwirkg. namhafter Fachgenossen hrsg. von G. Bodländer. Für 1893. 8 Hfte. gr. 8. (LXXXVIII, 2607 S.) Ebd. 900. 901. n. 85. —

— dasselbe, unter Mitwirkg. namhafter Fachgenossen hrsg. v. G. Bodländer, W. Kerp u. G. Minunni. Für 1894. 1.—9. Hft. gr. 8. (XCVIII u. S. 1—2848.) Ebd. 901. 902. à Hft. n. 10. —

— über die Fortschritte der Chemie u. verwandter Theile anderer Wissenschaften. Begründet v. J. Liebig u. H. Kopp, unter Mitwirkg. namhafter Fachgenossen hrsg. v. G. Bodländer, W. Kerp u. G. Minunni. Für 1894. 10. (Schluss-)Heft. (XCIX—CII u. S. 2849—3190.) gr. 8. Braunschweig 903. F. Vieweg & Sohn. n. 10. —; (1894 kplt. n. 100. —)

— dasselbe. Für 1895. 1.—3. Hft. gr. 8. (S. 1—938 u. I—XXXVIII.) Ebd. 902. à Hft. n. 10. —

— dasselbe. Für 1895. 4.—11. (Schluss-)Heft. (XXXIX—CXIII u. S. 939—3548.) gr. 8. Ebd. 902—904. n. 84. — (1895 kplt. n. 114. —.)

— dasselbe. Begonnen von K. v. Buchka, fortgesetzt v. G. Bodländer. Für 1896. 8 Hfte. gr. 8. (XCII, 2701 S.) Ebd. 900. 901. n. 85. —

— dasselbe. General-Register f. die Berichte von 1887 bis 1896. 1. Thl. Autoren-Register, hrsg. v. G. Bodländer. 2 Hefte. (873 S.) gr. 8. Ebd. 904. à n. 25. —

— dasselbe. General-Register f. d. Berichte v. 1887 bis 1896. 2. Tl. Sachregister, bearb. v. G. Bodländer. 2 Bde. (1580 S.) gr. 8. Ebd. 907. 80. —
1. Tl. Ebd. 904. 50. —.

— dasselbe. Hrsg. v. G. Bodländer. Für 1897. 10 Hfte. gr. 8. (CXII, 3344 S. m. 1 Tab.) Ebd. 901. 902. n. 108. —

— dasselbe. Begründet v. J. Liebig u. H. Kopp, unter Mitwirkg. namhafter Fachgenossen hrsg. v. G. Bodländler u. W. Kerp. Für 1898. 11 Hefte. (XCVII, 3091 u. LXIII S.) gr. 8. Ebd. 903—905. n. 104. —

— dasselbe. Für 1899. 10 Hefte. (LXXXIX, 2888 u. LVIII S.) gr. 8. Ebd. 904. 905. n. 102. —

— dasselbe u. verwandter Teile anderer Wissenschaften. Begründet v. J. Liebig u. H. Kopp, unter Mitwirkg. namhafter Fachgenossen hrsg. v. G. Bodländer u. W. Kerp. Für 1900. 1. u. 2. Heft. (S. 1.—480.) gr. 8. Ebd. 906. à n. 10. —

— üb. die Fortschritte d. Chemie u. verwandter Teile anderer Wissenschaften. Begründet v. J. Liebig u. H. Kopp, unter Mitwirkg. namhafter Fachgenossen hrsg. v. G. Bodländer, W. Kerp u. J. Troeger. Für 1900. 3.—9. Heft. (S. I—LXXXI u. 481—2022.) gr. 8. Braunschweig 907. F. Vieweg & Sohn. 72. — (Kplt. 92. —)

— dasselbe. hrsg. v. W. Kerp u. J. Troeger. Für 1901. 9 Hefte. (XCII, 2118 S.) gr. 8. Ebd. 907. 08. 111. —

— dasselbe. Für 1902. 10 Hefte. (XCVII, 2360 S.) gr. 8. Ebd. 908. 09. 124. —

— dasselbe. Für 1903. 9 Hefte. (LXXV, 2224 S.) gr. 8. Ebd. 904. 905. n. 85. —

— dasselbe. Für 1904. 1.—10. Heft. (I—CII u. 2288 S.) gr. 8. Ebd. 905. 906. à Heft n. 10. —

Jahresbericht üb. die Fortschritte d. Chemie u. verwandter Teile anderer Wissenschaften. Hrsg. v. G. Bodländer u. W. Kerp. Für 1904. 11. (Schluss-) Heft. (S. 2289—2521.) gr. 8. Braunschweig 907. F. Vieweg & Sohn. 10.— (Kplt. 110. —)

— dasselbe. General-Register f. d. Berichte v. 1897—1904. 1. Tl. Autoren-Register, hrsg. v. E. Fromm. (847 S.) gr. 8. Ebd. 910. 50 —

— dasselbe, hrsg. v. J. Tröger u. E. Baur. Für 1905—1908. 1.—19. Heft. (Organischer Tl. S. 1—4080 u. anorgan. Tl. S. 1—480.) gr. 8. Ebd. 909. 10. à Heft 12. —

— üb. d. Fortschritte auf d. Gebiete d. Chirurgie. Unt. Mitwirkg. v. Becker, Bennecke, v. Bonsdorff etc. red. u. hrsg. v. Hildebrand. I. Jahrg. Bericht üb. d. J. 1895. gr. 8. (XVI, 1315 S.) Wiesbaden 896. J. F. Bergmann. n. 28. 60

— dasselbe. II. Jahrg. Bericht üb. d. J. 1896. gr. 8. (XIV, 1341 S.) Ebd. 897. n. 26. —

— über die Fortschritte auf dem Gebiete der Chirurgie. Unter Mitwirkg. v. Ayrer, Becker, Bennecke etc. red. u. hrsg. v. Hildebrand. III. Jahrg. Bericht üb. d. J. 1897. gr. 8. (XIV, 1103 S.) Wiesbaden 898. J. F. Bergmann. n. 25. —

— dasselbe. 4. Jahrg. Bericht üb. d. J. 1898. gr. 8. (XIV, 1182 S.) Ebd. 899. n. 25. —

— dasselbe. V. Jahrg. Bericht üb. d. J. 1899. gr. 8. (XIV, 1118 S.) Ebd. 900. n. 28. —

— dasselbe. 6. Jahrg. Bericht üb. d. J. 1900. gr. 8. (XIII, 1079 S.) Ebd. 901. n. 30. —

— über d. Fortschritte auf dem Gebiete d. Chirurgie. 7.—11. Jahrg., Bericht üb. d. J. 1901—1905. gr. 8. Wiesbaden, J. F. Bergmann. n. 174. —
7. Unter Mitwirkg. v. Bartholdy, Becker, Bennecke u. a. red. u. hrsg. v. Hildebrand. (XII, 1193 S.) 902. n. 32. —
8. Unter Mitwirkg. v. Bartholdy, Becker, Bennecke u. a. red. u. hrsg. v. Hildebrand. (XII, 1364 S.) 903. n. 34. —
9. Unter Mitwirkg. v. Bartholdy, Becker, Bennecke u. a. red. u. hrsg. v. Hildebrand. (XIII, 1200 S.) 904. n. 34. —
10. Unter Mitwirkg. v. Bartholdy, Becker, v. Bonsdorff u. a. red. u. hrsg. v. Hildebrand. (XIII, 1243 S.) 905. n. 36. —
11. Unter Mitwirkg. v. Bartholdy, Becker, v. Bonsdorff u. a. red. u. hrsg. v. Hildebrand. (XV, 1399 S.) 906. n. 38. —

— üb. die Fortschritte auf dem Gebiete d. Chirurgie. Unter Mitwirkg. v. Bartholdy, A. Becker, E. Becker u. a. red. u. hrsg. v. Hildebrand. XII.—XV. Jahrg. Lex. 8. Wiesbaden, J. F. Bergmann. 140. —
XII. Bericht üb. d. J. 1906. (XIII, 1494 S.) 907. 39. —
XIII. Bericht üb. d. J. 1907. (XIII, 1460 S.) 908. 40. —
XIV. Bericht üb. d. J. 1908. 2 Abtlgn. (XIV, 1508 S.) 909. 41. —
XV. Bericht üb. d. J. 1909. I. Abtlg. (816 S.) 910. 20. —

— über die Fortschritte in der Chirurgie u. Geburtshülfe in allen Ländern im J. 1847 u. 1848. Hrsg. von (C.) Canstatt u. Eisenmann. [Separatabdr. aus dem Jahresbericht über gesammte Medicin.] hoch 4. (47: IV u. 210 S. mit 2 lith. Taf. 48: 258 S. m 4 lith. Taf.) Erlangen 848. 49, Enke. 1847: n. 1 ℛ︎ 18 ℊℊ︎ 1848: n. 2 ℛ︎ (Fortsetz. siehe: Canstatt's, C., Jahresbericht.)

— üb. d. Fortschritte d. Diagnostik im J. 1894, hrsg. v. E. Schill. 1. Jahrg. gr. 8. (VIII, 164 S.) Leipzig 895. Verlag d. „Reichs-Medicinal-Anzeigers" B. Konegen. n. 3. 20; geb. in Leinw. n. 4. —

— dasselbe im J. 1895. 2. Jahrg. gr. 8. (171 S.) Ebd. 896. n. 3. 40; geb. in Leinw. n. 4. 20

— dasselbe im J. 1896. 3. Jahrg. gr. 8. (VIII, 254 S.) Ebd. 897. n. 5. 60; geb. in Leinw. n. 6. 50

— dasselbe im J. 1897. 4. Jahrg. gr. 8. (VIII, 188 S.) Ebd. 898. n. 4. 50; geb. in Leinw. n. 5. 40

— über die Fortschritte der Diagnostik im J. 1898. Hrsg. v. E. Schill. 5. Jahrg. gr. 8. (7, 202 S.) Leipzig 899. B. Konegen. n. 4. 80; geb. in Leinw. n. 5. 70

Jahresbericht über die Fortschritte der Diagnostik im J. 1899. 6. Jahrg. gr. 8. (232 S.) Leipzig 900. B. Konegen. n. 6. —; geb. in Leinw. n. 7. —
1.—6. Jahrg. zusammen bezogen, ermäss. Preis n.n. 18. —.

— dasselbe im J. 1900. 7. Jahrg. gr. 8. (VIII, 349 S.) Ebd. 901. n. 8. —; geb. in Leinw. n. 9. —

— dasselbe im J. 1901. 8. Jahrg. gr. 8. (VIII, 168 S.) Ebd. 902. n. 4. 80; geb. in Leinw. n. 5. 70

— über die Fortschritte der Diagnostik im J. 1902. Hrsg. v. E. Schill. 9. Jahrg. (VIII, 278 S.) gr. 8. Leipzig 903. B. Konegen. n. 7. 20; geb. in Leinw. n. 8. 20

— dasselbe im J. 1903. 10. Jahrg. (VIII, 235 S.) 8. Ebd. 904. n. 6. —; geb. in Leinw. n. 7. —

—— über die Fortschritte auf dem Gebiete der Geburtshülfe und Gynäkologie. Unter Mitwirkung von Ahlfeld, Bumm, Frommel etc. hrsg. von Rich. Frommel. 1. Jahrg. Bericht über das J. 1887. gr. 8. (VIII, 555 S.) Wiesbaden 888, Bergmann. *

—— über die Fortschritte auf dem Gebiete der Geburtshilfe u. Gynaekologie. Unter Mitwirkg. v. Ahlfeld, Bumm, Carsten etc. hrsg. v. Rich. Frommel. 2. u. 3. Jahrg. Bericht üb. d. J. 1888 u. 1889. gr. 8. (VIII, 651; XI, 758 S.) Wiesb. 889, 90, Bergmann.
2. Jahrg. * 14 —; 3. Jahrg. * 16 —

— über die Fortschritte auf dem Gebiete der Geburtshilfe u. Gynäkologie. Unter Mitwirkg. v. Bumm, Carsten, Döderlein etc. hrsg v. Rich. Frommel. 4. Jahrg. Bericht üb. d. J. 1890. gr. 8. (XI, 757 S.) Wiesbaden 891. J. F. Bergmann n. 16. —

— dasselbe. 5. Jahrg. Bericht üb d. J. 1891. gr. 8. (XII, 982 S.) Ebd. 892. n. 21. —

— dasselbe 6. Jahrg. Bericht üb. d. J. 1892. gr. 8. (VII, 867 S.) Ebd. 893. n. 21. —

— dasselbe. 7. Jahrg. Bericht üb. d. J. 1893. gr. 8. (X, 907 S.) Ebd. 894. n. 22. —

Jahresbericht üb. d. Fortschritte auf d. Gebiete d. Geburtshilfe u. Gynäkologie. Unt. der Mitwirkg. v. Bokelmann, Bumm, Döderlein etc. u. unt. d. Red. v. E. Bumm u. J. Veit hrsg. v. Rich. Frommel. 8.—11. Jahrg. Bericht üb. d. J. 1894—1897. gr. 8. (X, 975; X, 941; X, 997 u. X, 1072 S.) Wiesbaden 895—898. J. F. Bergmann. à Jahrg. n. 22. 60

— über die Fortschritte auf dem Gebiete der Geburtshilfe u. Gynäkologie. Unter der Mitwirkg. v. Bokelmann, K. Brandt, Bumm etc. u. unter der Red. von E. Bumm u. J. Veit hrsg. v. Rich. Frommel. 12. u. 13. Jahrg. Bericht üb. d. J. 1898 u. 1899. gr. 8. (X, 1051 u. X, 1048 S.) Wiesbaden 899. 900. J. F. Bergmann. à n. 22. 60
Fortsetzung, s. a. Frommel's, R., Jahresbericht.

Jahresbericht. [Richard] Frommels J' über die Fortschritte auf dem Gebiete der Geburtshilfe und Gynäkologie. Unter der Mitwirkung von ... Dr. [Edmund] Wormser ⟨Basel⟩ redigiert von Prof. Dr. E(rnst) Bumm in Berlin und Prof. Dr. J[ohann] Veit in Halle. Jahrg. 18: Bericht über das Jahr 1904. XII + 1327 [+ *Anzeigen* 25] S. 8. Wiesbaden, J. F. Bergmann, 1905. [M. 33. —]

Jahresbericht über die Fortschritte auf d. Gebiete der Geburtshilfe u. Gynäkologie. XXI.—XXIII. Jahrg. Bericht über d. J. 1907—1909. Lex. 8. Wiesbaden, J. F. Bergmann. 104. —
XXI. Unter Mitwirkg. v. K. Baisch, Bovin, K. Brandt u. a. red. v. K. Franz u. J. Veit. (X, 967 S.) 908. 32. —
XXII. Unter Mitwirkg. v. Artom di Sant' Agneso, K. Baisch, Bovin u. a. red. v. K. Franz u. J. Veit. (X, 1064 S.) 909. 36. —
XXIII. Unter Mitwirkg. v. Adler, Artom di Sant' Agneso, K. Baisch, Bovin u. a. Red. v. K. Franz u. J. Veit. (X, 1042 S.) 910. 36. —
Vergl.: Frommel's Jahresbericht.

Jahresbericht über die Fortschritte auf dem Gesamtgebiete der Agrikultur-Chemie, s. Jahresbericht über die Fortschritte der Agrikultur-Chemie.

Jahresbericht über die Fortschritte der gesammten Land- und Hauswirthschaft und der einschlagenden technischen Gewerbe und Hilfswissenschaften. Jg. 1857—1859 u. 1867—1869. Stuttgart

—— über die Fortschritte der gesammten Landwirthschaft, s.a. Löbe, W.

— üb. d. Fortschritte in d. Lehre v. d. Gährungs-Organismen. Unt. Mitwirkg. v. Fachgenossen bearb. u. hrsg. v. Alfr. Koch. 6. Jahrg. 1895. gr. 8. (VIII, 350 S.) Braunschweig 898. H. Bruhn. n. 11. —

— dasselbe, s. a.: Koch, Alfr.

— über die Fortschritte in der Lehre v. den Gährungs-Organismen. Unter Mitwirkg. v. Fachgenossen bearb. u. hrsg. von Alfr. Koch. 7. Jahrg. 1896. gr. 8. (VIII, 265 S.) Braunschweig 898. [H. Bruhn.] Leipzig, S. Hirzel. n. 8. 60

— dasselbe. 8. Jahrg. 1897. gr. 8. (VIII, 303 S.) Ebd. 899. n. 9. 60

— dasselbe. 9. u. 10. Jahrg. 1898 u. 1899. gr. 8. (VIII, 348 u. VIII, 358 S.) Leipzig 900. 901. S. Hirzel. à n. 12. —

— über die Fortschritte in der Lehre v. den Gärungs-Organismen. Unter Mitwirkung von Fachgenossen bearb. u. hrsg. v. Alfr. Koch. 11.—14. Jahrg. 1900—1903. gr. 8. Leipzig, S. Hirzel. n. 72. —
11. (VIII, 408 S.) 903. n. 14. —. — 12. (VIII, 585 S.) 904. n. 16. —. — 13. (VII, 672 S.) 905. n. 22. —. — 14. (VIII, 599 S.) 906. n. 20. —.

— über die Fortschritte in der Lehre von den Gärungs-Organismen. Unter Mitwirkg. von Fachgenossen bearb. u. hrsg. v. Alfr. Koch. 15.—18. Jahrg. 1904—1907. (VIII, 636; VIII, 592; VIII, 824 u. VIII, 684 S.) gr. 8. Leipzig 907—10. S. Hirzel. 1904 22. —; 1905—07 à 24. —

Baumgarten, P., Jahresbericht üb. die Fortschritte in der Lehre v. den pathogenen Mikroorganismen, umfassend Bacterien, Pilze u. Protozoën. 1. Jahrg. 1885. Mit 2 Holzschn. u. 1 lith. Taf. gr. 8. (VII, 192 S.) Braunschweig 886. H. Bruhn. n. 5. —

Baumgarten, P., Jahresbericht üb. die Fortschritte in der Lehre von den pathogenen Mikroorganismen, umfassend Bacterien, Pilze u. Protozoën. 2. Jahrg. 1886. gr. 8. (VIII, 458 S.) Braunschweig 887. H. Bruhn. n. 11. —

Baumgarten, P., Jahresbericht über die Fortschritte in der Lehre von den pathogenen Mikroorganismen, umfassend Bacterien, Pilze und Protozoën. 3. Jahrg. 1887. gr. 8. (VIII, 517 S.) Braunschweig, H. Bruhn. *

— dasselbe. 4. Jahrg. 1888. 1. u. 2. Hälfte. gr. 8. (XI, 587 S.) Ebd. 890. n. 14. —
1. n. 6. 40. — 2. n. 7. 60.

—— über die Fortschritte in der Lehre v. den pathogenen Mikroorganismen, umf. Bacterien, Pilze u. Protozoën. Unter Mitwirkg. mehrerer Fachgenossen bearb. u. hrsg. v. P. Baumgarten. 4.—6. Jahrg. 1888—90. gr. 8. (XI, 587 S.; XI, 632 S.; XI, 651 S.) Braunschw. 890—92, Bruhn. Jahrg. 1888 * 14 —
Jahrg. 1889 u. 1890 à * 16 —

— dasselbe. Namen- u. Sachregister zum 1.—5. Jahrg. 1885—1889. gr. 8. (III, 98 S.) Ebd. 891. n. 2. 60

— dasselbe. 7. Jahrg. 1891. gr. 8. (XI, 910 S. m. 1 Taf.) Ebd. 893. n. 22. —

— dasselbe. 8. Jahrg. 1892. gr. 8. (XI, 807 S.) Ebd. 894. n. 20. —

— üb. die Fortschritte in der Lehre v. den pathogenen Mikroorganismen, umfassend Bacterien, Pilze u. Protozoën. Unt. Mitwirkg. v. Fachgenossen bearb. u. hrsg. von P. v. Baumgarten u. F. Roloff. 9. Jahrg. 1893. 2 Abthlgn. gr. 8. (XI, 855 S.) Braunschweig 895. H. Bruhn. n. 21. —

— dasselbe bearb. u. hrsg. von P. v. Baumgarten u. F. Tangl. 10. u. 11. Jahrg. 1894 u. 1895. gr. 8. (X, 846 u. XI, 794 S.) Ebd. 896. 97. à n. 21. —

Jahresbericht üb. d. Fortschritte in der Lehre v. den pathogenen Mikroorganismen, umfassend Bacterien, Pilze u. Protozoën. Namen- u. Sach-Register zu Jahrg. I—X 1885—1894. Bearb. v. B. Honsell u. E. Ziemke. gr. 8. (280 S.) Braunschweig 896. H. Bruhn. n. 10. —

— dasselbe. 12. Jahrg. 1896. gr. 8. (XI, 896 S.) Ebd. 898. n. 23. —

— dasselbe. 13. Jahrg. 1897. 1. Hälfte. gr. 8. (336 S.) Ebd. 898. n. 9. —

— über die Fortschritte in der Lehre v. den pathogenen Mikroorganismen, umfassend Bacterien, Pilze u. Protozoën. Unter Mitwirkg. v. Fachgenossen bearb. u. hrsg. von P. v. Baumgarten u. F. Tangl. 13. Jahrg. 1897. 2. Hälfte. gr. 8. (XII u. S. 337—1063.) Braunschweig 899. [H. Bruhn.] Leipzig, S. Hirzel.
n. 17. —; (13. Jahrg. kplt. n. 26. —)

— dasselbe. 14. Jahrg. 1898. gr. 8. (XII, 1055 S.) Ebd. 900. n. 26. —

— dasselbe. 15. Jahrg. 1899. gr. 8. (XII, 1040 S.) Leipzig 901. S. Hirzel. n. 28. —

— dasselbe. 16. Jahrg. 1900. 2 Abthlgn. gr. 8. (XII, 812 S.) Ebd. 902. n. 22. —

— über die Fortschritte in der Lehre v. den pathogenen Mikroorganismen, umfassend Bacterien, Pilze u. Protozoën. Unter Mitwirkg. v. Fachgenossen bearb. u. hrsg. von P. v. Baumgarten u. F. Tangl. 17.—20. Jahrg. 1901—1904. gr. 8. Leipzig, S. Hirzel. n. 140. —
17. (XII, 1114 S.) 903. n. 32. —. — 18. (XII, 1364 S.) 904. 905. n. 40. —. — 19. (XII, 1276 S.) 905. n. 36. —. — 20. (XII, 1106 S.) 906. n. 32. —.

— üb. die Fortschritte in der Lehre v. den pathogenen Mikroorganismen, umfassend Bacterien, Pilze u. Protozoën. Unter Mitwirkg. v. Fachgenossen bearb. u. hrsg. 21.—23. Jahrg. 1905—1907 u. 24. Jahrg. 1908. I. Abtlg. gr. 8. Leipzig, S. Hirzel. 115. —
1905. Von P. v. Baumgarten u. F. Tangl. (XII, 941 S.) 907. 30. —
1906. Von P. v. Baumgarten u. F. Tangl. (XII, 964 S.) 908. 33. —
1907. Von P. v. Baumgarten u. F. Tangl. (XII, 940 S.) 909. 32. —
1908. I. Von P. v. Baumgarten u. W. Dibbelt. (640 S.) 910. 20. —

—— über die Fortschritte und Leistungen der Homöopathie im In- und Auslande. 1. Jahrg. (Juli 1845 — Juli 1846.) Hrsg. von Fr. Hektor Arneth und Ad. Marenzeller. gr. 8. (XVI und 383 S.) Wien 848, Tendler und Comp. *

— über die Fortschritte u. Leistungen auf d. Gebiete der Hygiene, begründ. v. J. Uffelmann, hrsg. v. A. Pfeiffer, s.a. Vierteljahrsschrift, deutsche, f. öffentl. Gesundheitspflege.

Jahresbericht über d. Fortschritte u. Leistungen auf d. Gebiete der Hygiene. Hrsg. v. Uffelmann. F. d. J. 1883—1902. Braunschw. 1884—1904. 20 Bde.

— über die Fortschritte u. Leistungen auf dem Gebiete der sozialen Hygiene u. Demographie. 1. Bd.: Bericht üb. die J. 1900 u. 1901. Hrsg. v. A. Grotjahn u. F. Kriegel. gr. 8. (VII, 370 S.) Jena 902. G. Fischer. n. 7.50

— über die Fortschritte u. Leistungen auf dem Gebiete der sozialen Hygiene u. Demographie. 2. bis 4. Bd.: Bericht üb. d. J. 1902—1904. Hrsg. v. A. Grotjahn u. F. Kriegel. gr. 8. Jena, G. Fischer. n. 33.— 2. (X, 473 S.) 903. n. 12.—. 3. (XX, 376 S.) 904. n. 10.— 4. (VIII, 434 S.) 904. n. 11.—

Jahresbericht über die Fortschritte u. Leistungen der chem. Technologie ..., s. Jahresbericht über die Fortschritte der chem. Technologie ...

Jahresbericht über die Fortschritte im landwirthschaftlichen Maschinenwesen. Jg. 1—4. 1875—1879. Berlin

Jahresbericht üb. die Fortschritte im landwirthschaftlichen Maschinenwesen ... verfasst v. A. Wüst. Jahrg. 1—2. Leipz., Berl. 1875—76.
(1 har Tit.: Die F. d. l. M. Jahresbericht ...).

— über die Fortschritte der gesammten in- und ausländischen Medicin in den J. 1842—1845. Im Verein mit mehreren Aerzten herausg. v. Alex. Göschen. I. II. III. Jahrg. à 4 Hfte. gr. Lex.-8. Lpz., O. Wigand. I. II. à n. $6\frac{2}{3}$ ℛ III. n $4\frac{2}{3}$ ℛ

—— üb. die Fortschritte der gesammten in- u. ausländ. Medicin in d. J. 1845. Im Verein mit mehr. Aerzten hrsg. v. A. Goeschen. III. Jahrg. 4 Hfte. gr. Lex.-8. Leipzig 846, Otto Wigand. *
1. u. 2. Jahrg. s. a. Encyklopädie d. gesammt. Medicin 2. u. 3. Supplem.-Bd.

—— üb. die Fortschritte der gesammten Medicin in allen Ländern. Im Vereine m. mehr. Gelehrten hrsg. v. C. Canstadt u. Eisenmann. — Leistungen des Jahres 1841. I. Jahrg. 2 Bde. gr. Lex.-8. (80 B. u. 3 Stnt.) Erlangen 842, Enke's Vrlgsh. *

—— dass. Leistungen des Jahres 1842. 1. u. 2. Bd. (2. Jahrg.) 8 Hfte. Mit Stntfln. Lex.-8. Ebds. 843. *

—— dass. Leistungen d. J. 1842. 3. u. 4. Bd. 8 Hfte. Mit Stntfln. Ebds. 843. *

— dass. im Jahre 1843. 7 Bde. Mit lith. Taf. — (A. u. d. T.: 1. Bd. 2 Hfte. Biologie. n. 1 ℛ 24 ngr — 2. Bd. 2 Hfte. Jahresbericht über die Fortschritte in der Heilkunde. Allgem. Nosologie u. Therapie. 1. Bd. n. $2\frac{5}{8}$ ℛ — 3. Bd. 2 Hfte. Jahresbericht rc. 2. Bd. Lokal-Pathologie. n. 3 ℛ $21\frac{1}{2}$ ngr — 4. Bd. 3 Hfte. Jahresbericht rc. 3. Bd. Specielle Pathologie u. Therapie. 3 Hfte. n. 3 ℛ — dass. 5. Bd. Jahresbericht rc. 4. Bd. 2 Hfte. Heilmittel- u. Giftlehre. n. $2\frac{5}{8}$ ℛ — 6. Bd. Bericht über Thierheilkunde n. $\frac{5}{8}$ ℛ — 7. Bd. Staatsarzneikunde. n. $\frac{3}{4}$ ℛ) Ebd. 843, 44. n. 15 ℛ $4\frac{1}{4}$ ngr

—— dass. Leistungen d. J. 1843. 7 Bde. Mit Stnt. Ebds. 844, 45. *

Hieraus einzeln:

Bd. 1. Biologie. 2 Hfte. ($15\frac{3}{4}$ B.) * 1 Thlr. 24 Ngr.
- 2. Bericht üb. die gesammte Heilkunde. 1. Bd. Allgem. Nosologie u. Therapie. 2 Hfte. ($23\frac{1}{4}$ B.) * 2 Thlr. 19 Ngr.
- 3. Bericht üb. die gesammte Heilkunde. 2. Bd. Lokal-Pathologie. 2 Hfte. ($32\frac{3}{4}$ B.) * 3 Thlr. 20 Ngr.
4. Bericht üb. die gesammte Heilkunde. 3. Bd. Specielle Pathologie u. Therapie. 3 Hfte. ($26\frac{3}{4}$ B. u. 1 Stnt.) * 3 Thlr.
- 5. Bericht üb. die gesammte Heilkunde. 4. Bd. Heilmittel- u. Giftlehre. 2 Hfte. ($24\frac{1}{4}$ B. u. 1 Stnt.) * 2 Thlr. 19 Ngr.

Bd. 6. Bericht üb. die Thierheilkunde. ($5\frac{3}{4}$ B.) * 19 Ngr.
- 7. Staatsarzneikunde. ($6\frac{1}{4}$ B.) * 22 Ngr.

— dass. 1844. 7 Bde. (A. u. d. vorsteh. T.) Ebend. 844, 45. (1. Bd. n. $1\frac{11}{12}$ ℛ 2. Bd. n. $2\frac{3}{4}$ ℛ 3. Bd. n. 2 ℛ 28 ngr 4. Bd. n. 5 ℛ 2 ngr 5. Bd. n. 3 ℛ 4 ngr 6. Bd. n. $\frac{5}{8}$ ℛ 7. Bd. n. 16 ngr) n. 16 ℛ $16\frac{1}{4}$ ngr

—— dass. Leistungen d. J. 1844. 7 Bde. Mit Stnt. u. eingedr. Holzschn. Ebds. 845, 46. [1. ($16\frac{1}{4}$ B.) * 1 Thlr. 27 Ngr., 2. ($23\frac{1}{4}$ B. u. 1 Stnt.) * 2 Thlr. 22 Ngr., 3. ($24\frac{3}{4}$ B.) * 2 Thlr. 28 Ngr., 4. ($85\frac{1}{2}$ B., 2 Stnt. u. 12 Holzschn.) * 5 Thlr. 2 Ngr., 5. ($26\frac{1}{2}$ B., 2 Stnt. u. 8 Holzschn.) * 3 Thlr. 4 Ngr., 6. (7 B.) * 14 Ngr., 7. ($4\frac{3}{4}$ B.) * 16 Ngr.] Thlr. *

— dass. 1845. 7 Bde. (A. u. d. vorst. Schrift.) 1. Bd. n. 2 ℛ 2. Bd. n. 2 ℛ 23 ngr 3. Bd. n. $3\frac{1}{3}$ ℛ 4. Bd. n. 1 ℛ 9 ngr 5. Bd. n. 2 ℛ 27 ngr 6. Bd. n. 12 ngr 7. Bd. n. 1 ℛ 2 ngr) Ebend. 845, 46. n. 16 ℛ 23 ngr

Außerdem sind aus Obigem unter folg. Tit. abgedruckt:

Jahresbericht über die Fortschritte der Chirurgie und Geburtshülfe rc. im J. 1843. Herausgeg. von Canstatt u. Eisenmann. 2. Hefte. Ebend. 844. n. 2 ℛ $8\frac{3}{4}$ ngr

— ders. im Jahre 1844. Ebend. 846. n. 2 ℛ

— ders. im Jahre 1845. Ebend. 846. n. 3 ℛ 6 ngr

— ders. im Jahre 1846. Herausgeg. von Dr. Eisenmann u. Canstatt. Mit 3 Kpfr. Ebend. 846. 1 ℛ 22 ngr

— ders. über die Fortschr. der prakt. Medicin, Chirurgie rc. im J. 1841. Ebend. 841. n. $3\frac{1}{3}$ ℛ

— ders. über die Fortschr. der theoret. Medicin, im J. 1841. Ebend. n. 2 ℛ

— ders. über die Fortschr. der prakt. Medicin rc. im J. 1841. Specielle Pathologie. Ebend. n. 4 ℛ

— ders. über die Fortschritte der Pharmacie rc. im J. 1842. Herausgeg. von Prof. Thierbach, Prof. Martius, Prof. Scherer u. Dr. Simon. Ebend. 844. n. $2\frac{1}{3}$ ℛ

— ders. dass. im Jahre 1843. Herausgeg. v. Prof. Martius, Prof. Scherer u. Dr. Siebert. 2 Hfte. Ebd. 844. n. $3\frac{1}{12}$ ℛ

— ders. dass. im J. 1844. Herausgeg. von Prof. Scherer u. Dr. Wiggers. Ebend. 845. n. $2\frac{1}{3}$ ℛ

— ders. dass. im J. 1845. Herausgeg. von Prof. Scherer u. Dr. Wiggers. Ebend. 846. n. $2\frac{2}{3}$ ℛ

— ders. über die Fortschr. der Staatsarzneikunde rc. in den Jahren 1841—1843. Herausgeg. von Canstatt u. Eisenmann. Ebend. 845. n. $1\frac{1}{3}$ ℛ

— ders. dass. im J. 1844. Ebend. 845. n. 16 ngr

— ders. über die Fortsch. d. Thierheilkunde im Jahre 1844. Ebend. 846. n. $\frac{7}{12}$ ℛ

—— dass. Leistungen d. J. 1845. 7 Bde. Mit Stnt. u. eingedr. Holzschn. Ebds. 846, 47. [1. ($17\frac{1}{4}$ B.) * 2 Thlr., 2. ($13\frac{5}{8}$ B. u. 1 Stnt.) * 1 Thlr. 20 Ngr., 3. ($28\frac{3}{4}$ B. u. 1 Stnt.) * 3 Thlr. 10 Ngr., 4. (38 B. u. 5 Stnt.) * 4 Thlr. 9 Ngr., 5. ($24\frac{3}{4}$ B.) * 2 Thlr. 27 Ngr., 6. ($3\frac{3}{4}$ B.) * 12 Ngr., 7. ($8\frac{7}{8}$ B.) * 1 Thlr. 2 Ngr.] *

Die Bände der Jahre 1844 u. 45 werden einzeln unter denselb. Ttln. wie Jahrg. 1843 abgegeben.

Ferner wurden aus vorstehenden Jahrgängen unter nachbemerkten Ttln. besonders abgedruckt:

Jahresbericht üb. die Fortschritte der Chirurgie u. Geburtshülfe in allen Ländern in den Jahren 1843—1845. Hrsg. v. Carl Canstatt u. Eisenmann. [1843. ($20\frac{1}{4}$ B. u. 1 Stnt.) 844. * 2 Thlr. $8\frac{3}{4}$ Ngr., 1844. ($16\frac{3}{4}$ B.) 46. * 2 Thlr., 1845. ($27\frac{1}{4}$ B. u. 5 Kpfrt.) 47. * 3 Thlr. 6 Ngr.] * 7 Thlr. $14\frac{3}{4}$ Ngr.

—— üb. die Fortschritte der pract. Medicin, Chirurgie in allen Ländern im J. 1841. Hrsg. v. Carl Canstatt. ($27\frac{1}{8}$ B.) 844. * 3 Thlr. 10 Ngr.

—— üb. die Fortschritte der pract. Medicin. Specielle Pathologie in allen Ländern im J. 1841. Hrsg. v. Carl Canstatt. ($34\frac{3}{8}$ B. u. 2 Stnt.) 844. * 4 Thlr.

—— üb. die Fortschritte der theoret. Medicin in allen Ländern im J. 1841. Hrsg. v. Carl Canstatt. ($15\frac{1}{4}$ B. u. 4 Stnt.) 844. * 2 Thlr.

—— üb. die Fortschritte der Pharmacie in allen Ländern in den Jahren 1842—1845. Hrsg. v. Thierbach, Martius, Scherer, Siebert, Simon u. Wiggers. [1842. ($33\frac{1}{8}$ B. u. 2 Stnt.) 43. * 2 Thlr. 10 Ngr., 1843. ($26\frac{3}{4}$ B. u. 1 Stnt.) 44. * 3 Thlr. $2\frac{1}{2}$ Ngr., 1844. (19 B. u. 1 Stnt.) 45. * 2 Thlr. 10 Ngr., 1845. (26 B.) 46. * 2 Thlr. 20 Ngr.] * 10 Thlr. $12\frac{1}{2}$ Ngr.

—— üb. die Fortschritte der Staatsarzneikunde in allen Ländern in den Jahren 1841—1843. Hrsg. v. Carl Canstatt u. Eisenmann. ($6\frac{5}{8}$ B.) 845. * 1 Thlr. 10 Ngr.

—— dass. im J. 1844. ($4\frac{5}{8}$ B.) 845. * 16 Ngr.

—— über die Fortschritte der gesammten Medicin in allen Ländern. Im Vereine mit mehr. Gelehrten hrsg. von C. Canstatt und Eisenmann. — Leistungen des Jahres 1846. 7 Bde. Mit Stnt. und eingedr. Holzsch. 4. Erlangen 847, Enke's Vrlgsh. *

Auch unter den Titeln:

Bd. 1. Fortschritte in der Biologie im J. 1846. (207 S.) * 1 Thlr. 16 Ngr.
- 2. Fortschritte in der Heilkunde im J. 1846. 1. Bd.: Allgemeine Nosologie und Therapie. (199 S.) * 1 Thlr. 14 Ngr.
- 3. Fortschritte in der Heilkunde im J. 1846. 2. Bd.: Local-Pathologie. (320 S. und 1 Stnt.) * 2 Thlr. 12 Ngr.
- 4. Fortschritte in der Heilkunde im J. 1846. 3. Bd.: Specielle Pathologie und Therapie. (351 S. mit 2 Stnt. und 3 Holzschn.) * 2 Thlr. 20 Ngr.
- 5. Fortschritte in der Heilkunde im J. 1846. 4. Bd.: Heilmittel- und Giftlehre. (160 S. mit 1 Stnt. und 2 Holzschn.) * 1 Thlr. 8 Ngr.
- 6. Fortschritte der Thierheilkunde im J. 1846. (72 S.) * 16 Ngr.
- 7. Fortschritte der Staatsarzneikunde im J. 1846. (67 S.) * 16 Ngr.

— im J. 1847. 7 Bde. [A. u. d. obenstehenden Titeln.] hoch 4. (1. Bd.: 164 S. 2. Bd.: 199 S. 3. Bd.: 307 S. 4. Bd.: 355 S. m. 2 lith Taf. 5. Bd.: 226 S. 6. Bd: 66 S. 7. Bd.: 48 S.) Ebd. 847. 48. (1: n. 1 Thlr 6 Ngr 2: n. 1 Thlr 16 Ngr 3: n. 2 Thlr 8 Ngr 4: n. 2 Thlr 16 Ngr 5: n 1 Thlr 21 Ngr 6: n. 16 Ngr 7: n. 1/3 Thlr n. 10 Thlr 3 Ngr

—— dass. — Leistungen des J. 1847. 7 Bde. 4. Ebds. 848. *

Auch unter den Titeln:

Bd. 1. Fortschritte in der Biologie im J. 1847. (164 S.) * 1 Thlr. 6 Ngr.
- 2. Fortschritte in der Heilkunde im J. 1847. 1. Bd.: Allgemeine Nosologie und Therapie. (199 S.) * 1 Thlr. 16 Ngr.
- 3. Fortschritte in der Heilkunde im J. 1847. 2. Bd.: Local-Pathologie. (307 S.) * 2 Thlr. 8 Ngr.
- 4. Fortschritte in der Heilkunde im J. 1847. 3. Bd.: Specielle Pathologie und Therapie. (335 S. und 2 Stnt.) * 2 Thlr. 16 Ngr.
- 5. Fortschritte in der Heilkunde im J. 1847. 4. Bd.: Heilmittel- und Giftlehre. (226 S.) * 1 Thlr. 21 Ngr.
- 6. Fortschritte der Thierheilkunde im J. 1847. (66 S.) * 16 Ngr.
- 7. Fortschritte der Staatsarzneikunde im J. 1847. (48 S.) * 10 Ngr.

Jahresbericht über die Fortschritte der gesammten Medicin in allen Ländern. Im Vereine mit mehr. Gelehrten hrsg. von C. Canstatt und Eisenmann. — Leistungen des J. 1848. 7 Bde. 4. Erlangen 849, Enke's Vrlgsh. Thlr. *

Auch unter den Titeln:

Bd. 1. Fortschritte in der Biologie im J. 1848. (VI und 180 S.) * 1 Thlr. 12 Ngr.
- 2. Fortschritte in der Heilkunde im J. 1848. 1. Bd.: Allgemeine Nosologie und Therapie. (372 S.) * 2 Thlr. 22 Ngr.
- 3. Fortschritte in der Heilkunde im J. 1848. 2. Bd.: Local-Pathologie. (272 S.) * 2 Thlr.
- 4. Fortschritte in der Heilkunde im J. 1848. 3. Bd.: Specielle Pathologie und Therapie. (344 S. und 2 Stnt.) * 2 Thlr. 20 Ngr.
- 5. Fortschritte in der Heilkunde im J. 1848. 4. Bd.: Heilmittel- und Giftlehre. (264 S. und 4 Stnt.) * 2 Thlr. 4 Ngr.
- 6. Fortschritte der Thierheilkunde im J. 1848. (VII und 61 S.) * 16 Ngr.
- 7. Fortschritte der Staatsarzneikunde im J. 1848. (62 S.) * 14 Ngr.

— im Jahre 1849 u. folgende, siehe Canstatt's Jahresbericht.

—— dass. — Leistungen des J. 1849. 7 Bde. 4. Ebds. 850. *

Auch unter den Titeln:

Bd. 1. Fortschritte in der Biologie im J. 1849. (198 S.) * 1 Thlr. 15 Ngr.
2. Fortschritte in der Heilkunde im J. 1849. 1. Bd.: Allgemeine Nosologie und Therapie. (309 S. und 1 Stnt.) * 2 Thlr. 10 Ngr.
- 3. Fortschritte in der Heilkunde im J. 1849. 2. Bd.: Local-Pathologie. (291 S.) * 2 Thlr. 5 Ngr.
- 4. Fortschritte in der Heilkunde im J. 1849. 3. Bd.: Specielle Pathologie und Therapie. (420 S.) * 3 Thlr. 4 Ngr.
- 5. Fortschritte in der Heilkunde im J. 1849. 4. Bd.: Heilmittel- und Giftlehre. (263 S. mit 1 Stnt. und eingedr. Holzschn.) * 2 Thlr.
- 6. Fortschritte der Thierheilkunde im J. 1849. (V und 79 S.) * 20 Ngr.
- 7. Fortschritte der Staatsarzneikunde im J. 1849. (67 S.) * 16 Ngr.

—— dass. — Leistungen des J. 1850. 7 Bde. 4. Ebds. 851. *

Auch unter den Titeln:

Bd. 1. Fortschritte in der Biologie im J. 1850. (147 S.) * 1 Thlr. 4 Ngr.
- 2. Fortschritte in der Heilkunde im J. 1850. 1. Bd.: Allgemeine Nosologie und Therapie. (307 S. und 1 Stnt.) * 2 Thlr. 10 Ngr.
- 3. Fortschritte in der Heilkunde im J. 1850. 2. Bd.: Local-Pathologie (316 S. und 1 Stnt.) * 2 Thlr. 12 Ngr.
- 4. Fortschritte in der Heilkunde im J. 1850. 3. Bd.: Spezielle Pathologie und Therapie. (339 S. und 1 Stnt.) * 2 Thlr. 16 Ngr.
- 5. Fortschritte in der Heilkunde im J. 1850. 4. Bd.: Heilmittel- und Giftlehre. (261 S. und 5 Stnt.) * 2 Thlr. 8 Ngr.
- 6. Fortschritte der Thierheilkunde im J. 1850. (72 S.) * 17 Ngr.
- 7. Fortschritte der Staatsarzneikunde im J. 1850. (73 S.) * 17 Ngr.

Aus vorstehenden Jahrgängen wurden unter nachstehenden Titeln besonders abgedruckt:

Jahresbericht über die Fortschritte in der Chirurgie und Geburtshülfe in allen Ländern in den J. 1846—50. Hrsg. von Canstatt (und) Eisenmann. 4. Erlangen, Enke's Vrlgsh. [1846. (227 S. mit 3 Kpfrt. und mehr. Holzschn.) 847. * 1 Thlr. 22 Ngr., 1847. (IV und 210 S. mit 2 Stnt.) 848. * 1 Thlr. 18 Ngr., 1848. (258 S. und 4 Stnt.) 849. * 2 Thlr., 1849. (IV und 253 S. mit 1 Stnt.) 850. * 2 Thlr., 1850. (240 S.) 851. * 2 Thlr.] * 9 Thlr. 10 Ngr.

—— über die Fortschritte in der Pharmacie in allen Ländern in den J. 1846—50. Hrsg. von Scherer, Heldenreich und Wiggers. 6—10. Jahrg. 4. Erlangen, Enke's Vrlgsh. [1846. (257 S.) 847., 1847. (296 S.) 848., 1848. (. . . S.) 849., 1849. (298 S.) 850., 1850. (IX und 302 S. mit 5 Stnt.) 851. à Jahrg. * 2 Thlr. 4 Ngr.] * 10 Thlr. 20 Ngr.

—— über die Fortschritte der gesammten Medicin in allen Ländern. Leistungen im J. 1851. (Neue Folge. 1. Jahrg.) Redig. von Scherer, Virchow und Eisenmann. 7 Bde. (1. und 2., unveränd. Abdr.) hoch 4. Würzburg 852, Stahel'sche Buchh. *

Inhalt:

Bd. 1. Physiologische Wissenschaften. (XV und 204 S.)
- 2. Allgemeine Pathologie. (135 S.)
- 3. Specielle oder Local-Pathologie. (304 S.)
- 4. Specielle Nosologie. (375 S. mit 1 Stnt. in Fol.)
- 5. Heilmittellehre. (162 S. mit 1 Stnt. in Fol.)
- 6. Thierheilkunde. (65 S.)
- 7. Staats-Arzneikunde. (90 S. und Namens- und Sachregister 68 S.)

—— dass. — Leistungen im J. 1852. (Neue Folge. 2. Jahrg.) Redig. von Denselben. 7 Bde. hoch 4. Ebds. 853. *

Inhalt:

Bd. 1. Physiologische Wissenschaften. (IV und 224 S.) * 1 Thlr. 24 Ngr.
- 2. Allgemeine Pathologie. (164 S.)
- 3. Specielle oder Local-Pathologie. (335 S.)
- 4. Specielle Nosologie. (526 S.)
- 5. Heilmittellehre. (247 S. mit 1 Stnt. in qu. Fol. und eingedr. Holzschn.)
- 6. Thierheilkunde. (71 S.)
- 7. Staatsarzneikunde. (65 S.)

—— dass. — Leistungen im J. 1853. (Neue Folge. 3. Jahrg.) Redig. von Denselben. 7 Bde. hoch 4. Ebds. 854. *

Inhalt:

Bd. 1. Physiologische Wissenschaften. (IV und 245 S.) Einzeln * 1 Thlr. 24 Ngr.
- 2. Allgemeine Pathologie. (178 S.)
- 3. Specielle oder Local-Pathologie. (360 S.)
- 4. Specielle Nosologie. (397 S.)
- 5. Heilmittellehre. (193 S.)
- 6. Thierheilkunde. (68 S.)
- 7. Staatsarzneikunde. (76 S.)

Jahresbericht über die Fortschritte der gesammten Medicin in allen Ländern. Leistungen im J. 1854. (Neue Folge. 4. Jahrg.) Redig. von Scherer, Virchow und Eisenmann. 7 Bde. hoch 4. Würzburg 855, Stahel'sche Buchh. Thlr. *

Inhalt:

Bd. 1. Physiologische Wissenschaften. Bearb. von A. Fick, C. Ludwig, Henle, Scherer, Valentin. (218 S.) Einzeln * 1 Thlr. 24 Ngr.
- 2. Allgemeine Pathologie. (190 S.)
- 3. Specielle oder Local-Pathologie. (342 S.)
- 4. Specielle Nosologie. (348 S.)
- 5. Heilmittellehre. (221 S. mit 3 Stnt.)
- 6. Thierheilkunde. (71 S.)
- 7. Staatsarzneikunde. (63 S.)

—— dass. — Leistungen im J. 1855. (Neue Folge. 5. Jahrg.) Redig. von Denselben unter Mitwirkung von Friedreich. 1. Bd. hoch 4. Ebds. 856. pr. 7 Bde. *

Inhalt:

Bd. 1. Physiologische Wissenschaften. Bearb. von A. Fick, Henle, Valentin und Scherer. (208 S.) Einzeln * 1 Thlr. 24 Ngr.

—— über die Fortschritte der gesammten Medicin, s. Canstatt's Jahresbericht.

Jahresbericht über die Fortschritte der inneren Medizin im In- und Auslande. Unter Mitw. zahlreicher Fachgelehrter hrsg. von... Red. von E. Schreiber [später von anderen]. Bericht über das Jahr 1901 ff. Stuttgart 1906 ff.
Bericht über das Jahr 1901. Bd. 1. 2. 1906–08.
Bericht über das Jahr 1902/03. Bd 1. 2. 1909.
Bericht über das Jahr 1908. Bd 1–3. 1909–10.
Bericht über das Jahr 1909. Bd 1. 1910.

— über die Fortschritte der inneren Medizin im In- u. Auslande. Unter Mitwirkung zahlr. Fachgelehrten hrsg. v. W. Ebstein. Red. v. E. Schreiber. Bericht üb. d. J. 1901. (In 2 Bdn.) 1.—7. Heft. (1. Bd. VIII, 872 u. 2. Bd. S. 1—256.) Lex.-8. Stuttgart 904—906. F. Enke. à Hft. n. 4. —

— über die Fortschritte der inneren Medizin im In- u. Auslande. Unter Mitwirkg. zahlr. Fachgelehrten hrsg. v. W. Ebstein. Red. v. E. Schreiber. Bericht üb. d. J. 1901. 8.—10. Heft. (2. Bd., XI u. S. 257—832.) Lex. 8. Stuttgart 907. 08. F. Enke. 14. 40; (kplt. 42. 40)

— dasselbe. Begründet v. Ebstein. Hrsg. v. Bendix, Beyer, Freymuth u. a. Red.: Schreiber, Rigler. Bericht üb. d. J. 1902 u. 1903. I. Bd. (XIII, 776 S.) Lex. 8. Leipzig 909. Dr. W. Klinkhardt. 29. 10

— dasselbe. Hrsg. v. Beyer, Brassert, Döllken u. a. Red.: Schreiber, Rigler. Bericht üb. d. J. 1908. I.—III. Bd. (XII, VIII, VIII u. S. 1—1506 S.) Lex. 8. Ebd. 909. 57. 20

—— über die Fortschritte in der Pharmacie, s. Cannstatt's Jahresbericht.

JAHRESBERICHT ÜBER DIE FORTSCHRITTE DER GESAMMTEN PHARMACIE UND PHARMACOLOGIE IM IN- UND AUSLANDE. Von Dierbach und Martius. Separat-Abdruck für Pharmaceuten aus Canstatt's Jahresbericht über die Fortschritte der gesammten Medicin in allen Ländern. 1 vol., roy. 8vo. Erlangen, 1841.

Continued under the title:

Jahresbericht über die Fortschritte der Pharmacie in allen Ländern. Herausgegeben von Dierbach, Martius, Scherer und Simon. [*In* 1843 *edited by* Siebert, Martius *and* Scherer; *in* 1844 *and* 1845 *edited by* Scherer *and* Wiggers; *from* 1846-'49 *by* Scherer, Heidenreich *and* Wiggers.] Separat-Abdruck für Pharmaceuten aus Canstatt's und Eisenmann's Jahresbericht über die Fortschritte der gesammten Medicin in allen Ländern. [This addition is dropped after 1845.] 8 vols. (II-IX), roy. 8vo. Erlangen, 1842-'49.

— üb. die Fortschritte in der Pharmacie in allen Ländern im J. 1846—1849. Hrsgb. von Scherer, Heidenreich und Wiggers. 6—9. Jahrg. hoch 4. (6: 257 S. 7: 296 S. 8: ... S. m. 2 lith. Taf. 9: 298 S.) Erlangen 847—50, Enke. à n. 2 ₰ 1 ngl

Continued under the title:

Canstatt's Jahresbericht über die Fortschritte in der Pharmacie und verwandten Wissenschaften [*from* 1853] in allen Ländern. Verfasst von Martel, Frank, Heidenreich, Löschner, Scherer und Wiggers. [*In* 1852 *edited by* Eisenmann, Falk, Klencke, Löschner, Ludwig, Scherer *and* Wiggers; *from* 1853, '54 *by* Scherer, Virchow *and* Eisenmann; *from* 1855, '56 *by the same*, unter Mitwirkung von Friedreich; *after* 1857 *edited by* Scherer, Virchow *and* Eisenmann.] Neue Folge. 14 vols. (XI-XXV), roy. 8vo. Würzburg, 1851-'65.

—— über die Fortschritte in der Pharmacie und verwandten Wissenschaften im J. 1851. Verfasst von Martell Frank, Heidenreich, Löschner, Scherer, Wiggers. Neue Folge. 1. Jahrg. 1. Abthl. hoch 4. (164 S.) Ebds. 852. *

—— über die Fortschritte in der Pharmacie und verwandten Wissenschaften im J. 1851. Verfasst von Martel Frank, Heidenreich, Löschner, Scherer, Wiggers. Neue Folge. 1. Jahrg. 2. Abthl. hoch 4. (154 S.) Ebds. 852. *
Neue Folge. 1. Jahrg. 1. Abthl. Ebendas. 1852. * 1 Thlr. 10 Ngr.

—— dass. — im J. 1852. Verfasst von Eisenmann, Falk, Klencke, Löschner, Ludwig, Scherer, Wiggers. Neue Folge. 2. Jahrg. 2 Abthlgn. hoch 4. Ebds. 853. [Abthl. 1. (184 S.) 2. (192 S. und XXIV S. Namen- und Sachregister über beide Abthlgn.) à Abthl. * 1 Thlr. 15 Ngr.] *

—— dass. — im J. 1853. Verfasst von Eisenmann, Falk, Löschner, Ludwig, Scherer, Wiggers. Neue Folge. 3. Jahrg. 2 Abthlgn. hoch 4. Ebds. 854. [Abthl. 1. (IV und 154 S. mit 2 Stnt.) * 1 Thlr. 10 Ngr., 2. (167 S. und XVI S. Register.) * 1 Thlr. 15 Ngr.] *

—— dass. — im J. 1854. Verfasst von Eisenmann, Falk, Löschner, Ludwig, Scherer, Wiggers. Neue Folge. 4. Jahrg. hoch. 4. (XVII und 365 S.) Ebds. 855. *

—— dass. — im J. 1855. Verfasst von Falk, Fick, Löschner, Scherer, Wiggers. Neue Folge. 5. Jahrg. 2. Abthl. hoch 4. (357 S. mit 1 ill. Kpfrt.) Ebds. 856. *

—— über die Fortschritte der Pharmacognosie, Pharmacie und Toxicologie hrsg. von Wiggers und Th. Husemann. Neue Folge des mit Ende 1865 abgeschloss. Canstatt'schen pharmaceut. Jahresberichts. 1. Jahrg. 1866. (Der ganzen Reihe 26. Jahrg.) gr. 8. (IV und 487 S.) Göttingen 867, Vandenhoeck und Ruprecht's Verlag. *

—— über die Fortschritte der Pharmacognosie, Pharmacie und Toxicologie hrsg. von Wiggers und A. Husemann. Neue Folge des mit Ende 1865 abgeschlossnen Canstatt'schen pharmac. Journal. 2.—8. Jahrg. 1867—1873. [Der ganzen Reihe 27.—32. Jahrg.] gr. 8. Göttingen 868—75, Vandenhoeck und Ruprecht's Verlag. [2. Jahrg. (569 S.) *ℳ 8.; 3. Jahrg. 1868. (578 S.) *ℳ 8,40.; 4. Jahrg. (568 S.) *ℳ 8,40.; 5. Jahrg. (636 S.) *ℳ 9.; 6. Jahrg. (591 S.) *ℳ 9.; 7. Jahrg. (660 S.) *ℳ 10.; 8. Jahrg. (618 S. mit 1 Stnt.) *ℳ 11.] * 63 80

— über die Fortschritte der Pharmacognosie, Pharmacie u. Toxicologie hrsg. v. Wiggers u. A. Husemann. Neue Folge d. am Ende 1865 abgeschlossenen Canstatt'schen pharmac. Jahresberichts. 5—9. Jahrg. 1871—1874. [Der ganzen Reihe 30—34. Jahrg.] gr. 8. Göttingen 871—75. Vandenhoeck & Ruprecht's Verl. n. 49. —
5. (636 S.) n. 9. —. — 6. (591 S.) n. 9. —. — 7. (660 S.) n. 10. — — 8. (618 S.) n. 11. —. — 9. (549 S.) n. 10. —.

—— über die Fortschritte der Pharmacognosie, Pharmacie und Toxicologie, bisher hrsg. von A. Wiggers und A. Husemann, fortgesetzt von G. Dragendorff. Neue Folge des mit Ende 1865 abgeschlossenen Canstatt'schen pharmac. Jahresberichts. 9. Jahrg. 1874. [Der ganzen Reihe 34. Jahrg.] gr. 8. (649 S.) Göttingen 875, Vandenhoeck und Ruprecht's Verlag. *

—— dass. — von G. Dragendorff. Neue Folge des mit Ende 1865 abgeschlossenen Canstatt'schen pharmac. Jahresberichtes. 10.—13. Jahrg. 1875—1878. [Der ganzen Reihe 35.—38. Jahrg.] gr. 8. (IV, 518; IV, 682; III, 598; III, 659 S.) Ebendas. 876—79. 10. Jahrg. * 11. und 13. Jahrg. à *ℳ 12.; 12. Jahrg. *

—— über die Fortschritte der Pharmacognosie, Pharmacie und Toxicologie, hrsg. von N. Wulfsberg. Neue Folge des mit Ende 1865 abgeschlossenen Canstatt'schen pharmaceut. Jahresberichts. 14. und 15. Jahrg. 1879 und 1880. [Der ganzen Reihe 39. und 40. Jahrg.] gr. 8. (IV, 304; 802 S.) Göttingen 880, 82, Vandenhoeck und Ruprecht's Verlag. à Jahrg. *

— über die Fortschritte der Pharmacognosie, Pharmacie u. Toxicologie, hrsg. v. Heinr. Beckurts. Neue Folge d. m. Ende 1865 abgeschlossenen Canstatt'schen pharmac. Jahresberichts. 16. u. 17. Jahrg 1881 u. 1882. [Der ganzen Reihe 41. u. 42. Jahrg.] gr. 8. (VII, 986 S.) Göttingen 883. 84. Vandenhoeck & Ruprecht's Verl. n. 18. —

—— über die Fortschritte der Pharmacognosie, Pharmacie und Toxicologie, hrsg. von Heinr. Beckurts. Neue Folge des mit Ende 1865 abgeschlossenen Canstatt'schen pharmaceut. Jahresberichts. 18. und 19. Jahrg. 1883 und 1884. [Der ganzen Reihe 43. und 44. Jahrg.] 2 Hälften. gr. 8. Göttingen, Vandenhoeck und Ruprecht's Verlag. [1. Hälfte. (IV, S. 1—400.) 885. *M 8.—.; 2. Hälfte. (S. 401—1357.) 886. *M 19.—.] *

— üb. die Fortschritte der Pharmakognosie, Pharmacie u. Toxikologie, hrsg. v. H. Beckurts. Neue Folge d. m. Ende 1865 abgeschlossenen Canstatt'schen pharmac. Jahresberichts. 20. Jahrg. 1885. [Der ganzen Reihe 45. Jahrg.] gr. 8. (VII, 639 S.) Göttingen 887. Vandenhoeck & Ruprecht's Verl. n. 14. —

— dasselbe. 21. Jahrg. 1886. [Der ganzen Reihe 46. Jahrg.] gr. 8. (VII, 623 S.) Ebd. 887. n. 14. —

—— dass. — 22. Jahrg. 1887. [Der ganzen Reihe 47. Jahrg.] 2 Thle. gr. 8. Ebendas. [1. Thl. (S. 1—560 mit 2 Tab.) *M 13.—.; 2. Thl. (VI, S. 561—778.) *M 5.—.] *

—— über die Fortschritte der Pharmakognosie, Pharmacie, Toxikologie, hrsg. v. Heinr. Beckurts. Neue Folge d. m. Ende 1865 abgeschlossenen Canstatt'schen pharmaceut. Jahresberichts. 23. Jahrg. 1888. 2 Hälften u. 24. Jahrg. 1889. [Der ganzen Reihe 48. u. 49. Jahrg.] gr. 8. Gött., Vandenhoeck u. Ruprecht. [23 Jahrg. 1. Hälfte. (S. 1—256.) 889. * 6 —; 2. Hälfte. (VII, S. 257—623.) 890. * 9 —; 24. Jahrg. (VI, 653 S.) 891. * 15 60.] * 30 60

Fortsetzung u. d. T.:

Jahresbericht der Pharmacie, herausgegeben vom deutschen Apothekerverein unter Redaction von Heinr. Beckurts. Neue Folge.

—— über die Fortschritte der Pharmakotherapie. Ein Nachschlagebuch für Lehrer der medicin. Wissenschaften, Aerzte und Apotheker. Hrsg. von Ed. Rud. Kobert. 1. Bd. 2 Hälften. Für das J. 1884. gr. 8. (1. Hälfte V, S. 1—240; 2. Hälfte XII, S. 241—515.) Strassburg 885 Trübner. *

Nicht weiter erschienen.

— üb. die Fortschritte der Physiologie. In Verbindg. m. Fachgenossen hrsg. v. L. Hermann. Neue Folge d. physiolog. Theiles der Jahresberichte v. Henle u. Meissner, Hofmann u. Schwalbe, Hermann u. Schwalbe. 1. Bd. Bericht üb. das J. 1892. gr. 8. (VIII, 278 S.) Bonn 894. E. Strauss. n. 15. —

— üb. d. Fortschritte d. Physiologie unter Mitwirkg. v. R. Cohn, J. v. Kries, F. Nawrocki hrsg. v. L. Hermann. Neue Folge d. physiolog. Theiles d. Jahresberichte v. Henle u. Meissner, Hofmann u. Schwalbe, Hermann u. Schwalbe II.—VI Bd.: Bericht üb. d. J. 1893—1897. gr. 8. (VIII, 808; VI, 812; VI, 800; VI, 330 u. VI, 305 S.) Bonn 895—898. E. Strauss. à Bd. n. 15. —

— über die Fortschritte der Physiologie, unter Mitwirkg. v. R. Cohn, J. v. Kries, F. Nawrocki hrsg. v. L. Hermann. Neue Folge des physiolog. Theiles der Jahresberichte v. Henle u. Meissner, Hofmann u. Schwalbe, Hermann u. Schwalbe. VII. Bd.: Bericht üb. d. J. 1898. gr. 8. (VI, 307 S.) Bonn 899. E. Strauss. n. 15. —

— dasselbe, unter Mitwirkg. v. R. Cohn, F. Nawrocki, O. Weiss hrsg. v. L. Hermann. VIII. u. IX. Bd.: Bericht üb. d. J. 1899 u. 1900. gr. 8. (VI, 324 u. VI, 311 S.) Ebd. 900. 901. à n. 15. —

— über die Fortschritte der Physiologie. Unter Mitwirkg. v. R. Cohn, A. Samojloff, O. Weiss hrsg. v. L. Hermann. Neue Folge des physiolog. Theiles der Jahresberichte von Henle u. Meissner, Hofmann u. Schwalbe, Hermann u. Schwalbe. X. Bd.: Bericht üb. d. J. 1901. (VI, 345 S.) gr. 8. Bonn 902. [E. Strauss.] Leipzig, A. Kröner. n. 15. —

— dasselbe. General-Register zu Bd. 1—10. Jahrgänge 1892—1901. (140 S.) gr. 8. Bonn 903. [E. Strauss.] Leipzig, A. Kröner. n. 7. 50

— dasselbe. XI. Bd.: Bericht üb. d. J. 1902. (VI, 341 S.) gr. 8. Stuttgart 903. Leipzig, A. Kröner. n. 15. —

— dasselbe. Unter Mitwirkg. v. R. Cohn, A. Ellinger, A. Samojloff, O. Weiss hrsg. v. L. Hermann. Neue Folge des physiolog. Teiles der Jahresberichte von Henle u. Meissner, Hofmann u. Schwalbe, Hermann u. Schwalbe. XII—XIV. Bd.: Bericht üb. d. J. 1903—1905. Lex.-8. Stuttgart, F. Enke. n. 60. —
XII. (VI, 334 S.) 905. n. 16. —. — XIII. (VIII, 372 S.) 905. n. 17. —. — XIV. (VIII, 378 S.) 906. n. 17. —.

— über die Fortschritte der Physiologie. Neue Folge des physiolog. Teiles der Jahresberichte v. Henle u. Meissner, Hofmann u. Schwalbe, Hermann u. Schwalbe. XV.—XVIII. Bd.: Bericht üb. d. J. 1906—1909. Lex. 8. Stuttgart, F. Enke. 100. —
XV. Unter Mitwirkg. v. R. Cohn, A. Ellinger, M. Gildemeister, A. Samojloff, O. Weiss hrsg. v. L. Hermann. (VIII, 421 S.) 908. 19. —
XVI. Unter Mitwirkg. v. R. Cohn, A. Ellinger, M. Gildemeister u. a. hrsg. v. L. Hermann. (VIII, 496 S.) 909. 24. —
XVII. Unter Mitwirkg. v. R. Cohn, A. Ellinger, E. Laqueur u. a. hrsg. v. L. Hermann u. O. Weiss. (VIII, 562 S.) 910. 27. -
XVIII. Unter Mitwirkg. v. R. Cohn, A. Ellinger, E. Laqueur u. a. hrsg. v. L. Hermann u. O. Weiss. (VIII, 672 S.) 910. 30. —

— über die Fortschritte d. Preuß. Staats-Verwaltung u. des Kommunalwesens, im Jahre [illegible]. Von der Redaktion der Kameralist. Zeitung. Abgedr. aus der Kameralist. Zeitung. Jahrg. 1836. gr. 4. Berlin 836. Heymann. 1/3 ℳ

JAHRESBERICHT ÜBER DIE FORTSCHRITTE DER CHEMISCHEN TECHNOLOGIE für Fabrikanten, Hütten- und Forstleute, Cameralisten, Chemiker und Pharmaceuten. Herausgegeben von Joh. Rud. Wagner. 6 vols., 8vo. Leipzig, 1855–'60.

Continued under the title:

Jahresbericht über die Fortschritte und Leistungen der chemischen Technologie und technischen Chemie. Herausgegeben von J. R. Wagner. 9 vols. (VII–XV), 8vo. Leipzig, 1861–'69.

Continued under the title:

Jahresbericht über die Fortschritte und Leistungen der chemischen Technologie und technischen Chemie, (*from* vol. XVIII,) mit besonderer Berücksichtigung der Gewerbestatistik. Herausgegeben von J. R. Wagner. Neue Folge. 11 vols. (XVI–XXVI), 8vo. Leipzig, 1870–'80.

Continued under the title:

Wagner's (R. von) Jahresbericht über die Leistungen der chemischen Technologie, mit besonderer Berücksichtigung der Gewerbestatistik für das Jahr 1880–'91. Herausgegeben von F. Fischer. 12 vols. [XXVII–XXXVIII], 8vo. Leipzig, 1881–'92+

— über die Fortschritte der chemischen Technologie, s. Wagner, Joh. Rud.

—— über die Fortschritte der chemischen Technologie für Fabrikanten, Hütten- und Forstleute, Cameralisten, Chemiker und Pharmaceuten. Hrsg. von Joh. Rud. Wagner. I. Jahrg. 1855. gr. 8. (VIII und 508 S. mit 65 eingedr. Holzschn.) Leipzig 856, O. Wigand. *

GV67
17

—— über die Fortschritte der chemischen Technologie für Fabrikanten, Hütten- und Forstleute, Chemiker, Pharmaceuten und Cameralisten. Hrsg. von Johs. Rud. Wagner. 2—4. Jahrg. 1856—58. gr. 8. Leipzig, O. Wigand. [2. Jahrg. (VIII und 472 S. mit 102 eingedr. Originalholzschn.) * 2 Thlr. 20 Ngr., 3. (VIII und 520 S. mit 58 eingedr. Originalholzschn.) * 2 Thlr. 20 Ngr., 4. (XV und 647 S. mit 88 eingedr. Originalholzschn.) * 3 Thlr. 10 Ngr.] Thlr. *
1. Jahrg. Ebendas. 1855. * 2 Thlr. 20 Ngr.
Die Fortsetzung führt den Titel:

Jahresbericht über die Fortschritte und Leistungen der chemischen Technologie und technischen Chemie. Hrsg. von Johs. Rud. Wagner. 5—7. Jahrg. 1859—61. gr. 8. Leipzig, O. Wigand. [5. Jahrg. (XII und 708 S. mit 75 eingedr. Holzschn.) * 3 Thlr. 20 Ngr., 6. (XI und 667 S. mit 67 eingedr. Holzschn.) * 3 Thlr. 10 Ngr., 7. (XVI und 738 S. mit 87 eingedr. Holzschn.) * 4 Thlr.] *

—— über die Fortschritte und Leistungen der chemischen Technologie und technischen Chemie. Hrsg. von Johs. Rud. Wagner. 8.—12. Jahrg. 1862—66. gr. 8. [8. Jahrg. (XVI und 736 S. mit 74 eingedr. Holzschn.) 9. (XII und 775 S. mit 126 eingedr. Holzschn.) 10. (XII und 736 S. mit 89 eingedr. Holzschn.) 11. (XVI und 784 S. mit 49 eingedr. Holzschn.) 12. (XVI und 756 S. mit 69 eingedr. Holzschn.)] Leipzig, O. Wigand. à Jahrg. *

—— dass. — Generalregister über Bd. 1—10 bearb. von Friedr. Gottschalk. gr. 8. (307 S.) Ebendas. 866. *
1.—7. Jahrg. Ebendas. 1855—61. * 23 Thlr. 10 Ngr.

Jahresbericht über die Fortschritte der Thierchemie hrsg. von Rich. Maly. 1. Bd. für das J. 1871. 8. (V, 345 S.) Wien 873, Braumüller. *

—— dass. — 2. Bd. für das J. 1872. Bearb. und redig. vom Hrsg. unter Mitwirkung von C. L. Rovida, Olof Hammarsten, Jul. Dreschfeld, E. Salkowski. gr. 8. (377 S. mit 1 xylograph. Taf. in gr. 4.) Ebendas. 874. *

—— dass. — 3. Bd. über das J. 1873. Unter Mitwirkung von Rich. Přibram, C. L. Rovida, Olof Hammarsten, J. Dreschfeld. gr. 8. (336 S.) Wiesbaden 874, Kreidel's Verlag. *

— dasselbe. 4. Bd. üb. d. J. 1874. Unter Mitwirkg. v. Olof Hammarsten, J. Dreschfeld, Rich. Přibram etc. gr. 8. (VIII, 483 S.) Wiesbaden 875. Kreidel. n. 15.—

—— über die Fortschritte der Thier-Chemie. Hrsg. und redig. von Rich. Maly. 5. Bd. über das J. 1875. Unter Mitwirkung von Olof Hammarsten, J. Dreschfeld, E. Külz etc. gr. 8. (VIII, 314 S.) Wiesbaden 876, [Kreidel's Verlag.] Bergmann. *
—— dass. — Redig. und hrsg. von Fel. Hoppe-Seyler. 6. Bd. über das J. 1876. Bearb. von E. Baumann, Olof Hammarsten, E. Herter, E. Külz, C. L. Rovida, H. Weiske. gr. 8. (VII, 295 S.) Ebendas. 877. *
—— dass. — Redig. und hrsg. von Rich. Maly. 7. und 8. Bd. 1877 und 1878. Unter Mitwirkung von Stefano Capranica, E. Herter, Olof Hammarsten, E. Külz, H. Weiske. gr. 8. (397; VII, 400 S.) Wiesbaden 878,79, Bergmann. à Jahrg. *

— über die Fortschritte der Thier-Chemie. Red. u. hrsg. v. Fel. Hoppe-Seyler. 6. Bd. üb. d. J. 1876. Bearb. v. E. Baumann, Ol. Hammarsten, E. Herter, E. Külz, C. L. Rovida, H. Weiske. gr. 8. (VII, 295 S.) Wiesbaden 877. Bergmann. n. 12.—

—— über die Fortschritte der Thier-Chemie. Redig. und hrsg. von Rich. Maly. 9. Bd. über das J. 1879. Unter Mitwirkung von Stefano Capranica, Olof Hammarsten, Erwin Herter etc. gr. 8. (II, 432 S.) Wiesbaden 880. Bergmann.
—— dass. — 10. Bd. über das J. 1880. gr. 8. (VII, 506 S.) Ebendas. 881.
—— dass. — Sach- und Autoren-Register über die ersten zehn Jahrg., bearb. von Rud. Andreasch. gr. 8. (V, 154 S.) Ebendas. 881.

—— über die Fortschritte der Thier-Chemie oder der physiologischen und pathologischen Chemie. Redig. und hrsg. von Rich. Maly. 11. Bd. über das J. 1881. 2 Abthlgn. gr. 8. (V, 494 S.) Ebendas. 882. *
—— dass. — 12. Bd. über das J. 1882. Redig. und hrsg. von Rich. Přibram unter Mitwirkung von Rud. Andreasch, Paul Fürbringer, P. Giacosa etc. gr. 8. (VII, 541 S.) Ebendas. 883.
—— dass. — 13. Bd. über das J. 1883. Unter Mitwirkung von Rud. Andreasch, Paul Fürbringer, P. Giacosa etc. gr. 8. (VII, 435 S.) Ebendas. 884. *

—— über die Fortschritte der Thier-Chemie oder der physiologischen und pathologischen Chemie. Redig. und hrsg. von Rich. Maly. 14. Bd. über das J. 1884. Unter Mitredact. von Rud. Andreasch und Mitwirkung von Paul Fürbringer, P. Giacosa, Max Gruber etc. gr. 8. (III, 558 S.) Wiesbaden 885, Bergmann. * 18 —
—— dass. — 15. Bd. über das J. 1885. Unter Mitredact. von Rud. Andreasch und Mitwirkung von R. H. Chittenden, Max Gruber, Olof Hammarsten etc. gr. 8. (IX, 542 S.) Ebendas. 886. * 18 —

Jahresbericht über die Fortschritte der Thier-Chemie oder der physiologischen und pathologischen Chemie. 16. Bd. über das J. 1886. Redig. von Rud. Andreasch unter Mitwirkung von Max Gruber, Olof Hammarsten, Erw. Hertter etc. gr. 8. (VII, 551 S.) Wiesbaden 887, Bergmann. * 18 —
—— dass. — 17. Bd. über das J. 1887. Redig. von Rud. Andreasch unter Mitwirkung von Olof Hammarsten, Erw. Hertter, J. Horbaczewski etc. gr. 8. (VII, 512 S.) Ebendas. 888. * 16 —

— dasselbe. 18. Bd. üb. d. J. 1888. gr. 8. (IV, 378 S.) Ebd. 889. n. 12. 60

— dasselbe. 19. Bd., üb. d. J. 1889. gr. 8. (V, 542 S.) Ebd. 890. n. 16. 80

— über die Fortschritte der Thier-Chemie od. der physiologischen u. pathologischen Chemie v. Rich. Maly. 20. u. 21. Bd., üb. d. J. 1890, 1891. Red. v. Rud. Andreasch, unter Mitwirkg. v. Olof Hammarsten, Erw. Herter, J. Horbaczewski etc. gr. 8. (XIV, 494; VII, 518 S.) Wiesbaden 891. 892. J. F. Bergmann. à Bd. n. 16. 50

— dasselbe. Autoren- u. Sach-Register zu den Bdn. XI —XX. Bearb. v. Rud. Andreasch. gr. 8. (IV, 197 S.) Ebd. 892. n. 8. —

— dasselbe. Begründet v. R. Maly. 22. Bd. üb. d. J. 1892. Hrsg. u. red. v. M. v. Nencki u. Rud. Andreasch, unter Mitwirkg. v. John J. Abel, Hans Buchner, Olof Hammarsten etc. gr. 8. (VII, 694 S.) Ebd. 893. n. 20. —

— dasselbe. 23. Bd. üb. d. J. 1893. gr. 8. (V, 751 S.) Ebd. 894. n. 22. —

— üb. d. Fortschritte d. Thier-Chemie od. d. physiolog. u. patholog. Chemie. Begründet v. R. Maly. 24. Bd. üb. d. J. 1894. Hrsg. u. red. v. M. v. Nencki u. Rud. Andreasch unt. Mitwirkg. v. John J. Abel, G. Colasanti, Mart. Hahn etc. gr. 8. (V, 911 S.) Wiesbaden 895. J. F. Bergmann. n. 22. 60

— dasselbe. 25. Bd. üb. d. J. 1895. gr. 8. (VII, 717 S.) Ebd. 896. n. 22. —

— dasselbe. 26. Bd. üb. d. J. 1896. gr. 8. (V, 1038 S.) Ebd 897. n. 26. 60

— dasselbe. 27. Bd. üb. d. J. 1897. gr. 8. (VII, 979 S.) Ebd. 898. n. 25. —

— über die Fortschritte der Thier-Chemie oder der physiolog. u. patholog. Chemie. Begründet v. R. Maly. 28. Bd. über das J. 1898. Hrsg. u. red. von M. v. Nencki u. Rud. Andreasch unter Mitwirkg. v. G. Colasanti, Mart. Hahn, Olof Hammarsten etc. gr. 8. (V, 888 S.) Wiesbaden 899. J. F. Bergmann. n. 25. —

— dasselbe. 29. Bd. üb. d. J. 1899. Hrsg. u. red. von M. v. Nencki u. Rud. Andreasch unter Mitwg. v. St. Bondzyński, G. Colasanti, Mart. Hahn. gr. 8. (VII, 1058 S.) Ebd. 900. n. 28. —

— dasselbe. 30. Bd. üb. d. J. 1900. gr. 8. (IX, 1139 S.) Ebd. 901. n. 30. —

— dasselbe. Autoren- u. Sachregister zu den Bdn. XXI —XXX v. Rud. Andreasch. (III, 460 S.) gr. 8. Ebd. 903. n. 16. —

— dasselbe. Fortgesetzt v. R. Andreasch, M. v. Nencki, K. Spiro. 31. Bd. üb. d. J. 1901. Hrsg. u. red. v. Rud. Andreasch u. Karl Spiro unter Mitwirkg. v. St. Bondzyńsky, G. Colasanti, Mart. Hahn u. a. gr. 8. (XXXIX, 1054 S.) Ebd. 902. n. 30. —

— üb. die Fortschritte der Tier-Chemie od. der physiologischen u. pathologischen Chemie. Begründet v. Rich. Maly. Fortgesetzt v. R. Andreasch, M. v. Nencki, K. Spiro. 32—35. Bd. üb. die J. 1902—1905. Hrsg. u. red. v. Rud. Andreasch u. Karl Spiro unter Mitwirkg. v. L. Blum, St. Bondzyński, A. Bonanni u. a. (VIII, 1119 S.) gr. 8. Wiesbaden, J. F. Bergmann. n. 138. —
32. (VII, 1142 S.) 903. n. 32. —. 33. (V, 1298 S.) 904. n. 36. — 34. (VII, 1244 S.) 905. n. 36. —. 35. (VIII, 1119 S.) 906. n. 34. —

— über die Fortschritte der Tier-Chemie od. der physiolog., patholog. u. Immuno-Chemie u. d. Pharmakologie. Begründet v. Rich. Maly. Fortgesetzt v. R. Andreasch, M. v. Nencki, K. Spiro. 36.—39. Bd. üb. d. J. 1906—1909. gr. 8. Wiesbaden, J. F. Bergmann. 154. 60
36. Hrsg. u. red. v. Rud. Andreasch u. Karl Spiro unter Mitwirkg. v. L. Blum, St. Bondzyński, A. Bonanni u. a. (VIII, 1068 S.) 907. 34. —
37. Hrsg. u. red. v. Rud. Andreasch u. Karl Spiro unter Mitwirkg. v. J. Biberfeld, L. Blum, St. Bondzyński u. a. (VIII. III. 1275 S.) 908. 37. 60
38. Hrsg. v. Rud. Andreasch u. Karl Spiro unter Mitwirkg. v. Alb. Ascoli. J. Biberfeld, L. Blum u. a. Red. v. R. Andreasch. (VIII, 1411 S.) 909. 41. —
39. Hrsg. v. Rud. Andreasch u. Karl Spiro unter Mitwirkg. v. Alb. Ascoli, J. Biberfeld, L. Blum u. a. Red. v. R. Andreasch. (VI, 1476 S.) 910. 42. —

Jahresbericht über die Fortschritte der Tierheilkunde in d. J. 1841—50. hoch 4. (à ca. 64 S.) Von Ed. Hering. Erlangen 43—51. Enke. M. 13.80
Siehe auch: Canstatts Jahresberichte.

Jahresbericht üb. die Fortschritte d. Thierheilkunde, (v. [1841] Hertwig, [1842 u. 43] F. A. Kuers, [1845] C. J. Fuchs, [1846-65] E. Hering, [1872-74] Bollinger, [1880] Ellenberger u. Schütz). 1841, [43]/[45], 45-50, 52, 53, 56, 61-65, 72-74, 80 (alle aarlige undt. 18[42]/[43]; 20 Aarg. i 6 Vol.). [1841-50] Erlang., [1852-65] Würzburg, [1872-80] Berl. 1843-[81]. 4°.
(Særtr. af Jahresbericht üb. Fortschritte d. gesammten Medicin ... m. varierende Tit., delvis uden Titelbl.).

Jahresbericht über die Fortschritte u. kritische Übersicht der gesamten In- u. ausländischen Litteratur im Gebiet der Viehzucht u. Tierheilkunst. Herausgegeben v. F. A. Kuers. 1. Jahrgang. Berlin 35.

— über die Fortschritte in der Untersuchung der Nahrungs- u. Genussmittel, bearb. v. H. Beckurts. [Aus: „Jahresber. d. Pharmacie".] 1. u. 2. Jahrg. 1891. 1892. gr. 8. (151 S.) Göttingen, Vandenhoeck & Ruprecht. n. 6. 40
1. (100 S.) 893. n. 2. 80. — 2. (151 S.) 894. n. 3. 60.

— üb. d. Fortschritte in d. Untersuchg. d. Nahrungs- u. Genussmittel, bearb. v. H. Beckurts. [Aus: „Jahresber. d. Pharmacie".] 3. Jahrg. 1893. gr. 8. (IV, 144 S.) Göttingen 894. Vandenhoeck & Ruprecht. n. 3. 60

— dasselbe. 4. Jahrg. 1894. gr. 8. (197 S.) Ebd. 895. n. 5. 60

— dasselbe. 5. u. 6. Jahrg. 1895—1896. gr. 8. (216 u. 232 S.) Ebd. 896. 98. à n. 6. —

— über die Fortschritte in der Untersuchung der Nahrungs- u. Genussmittel, bearb. v. H. Beckurts. 7. u. 8. Jahrg. 1897 u. 1898. gr. 8. Göttingen, Vandenhoeck & Ruprecht. n. 10. 40
7. (191 S.) 899. n. 5. 60. — 8. (II, 149 S.) 900. n. 4. 80.
Sonderabdrucke aus: „Jahresbericht der Pharmacie".

Jahresbericht über die Fortschritte in der Untersuchung der Nahrungs- u. Genussmittel, bearb. v. H. Beckurts. Unter Mitwirkg. v. G. Frerichs. 9. u. 10. Jahrg. 1899 u. 1900. gr. 8. Ebd. n. 10. 80
9. (III, 136 S.) 901. n. 4. 80. — 10. (194 S.) 902. n. 6. —.
Sonderabdrucke aus: „Jahresbericht der Pharmacie".

— über die Fortschritte in der Untersuchung der Nahrungs- u. Genussmittel, bearb. v. H. Beckurts. Unter Mitwirkg. v. G. Frerichs u. H. Frerichs. 11.—14. Jahrg. 1901—1904. gr. 8. Göttingen, Vandenhoeck & Ruprecht. n. 26. —
11. (206 S.) 903. n. 6. —. — 12. (238 S.) 904. n. 6. —. — 13. (256 S.) 905. n. 7. —. — 14. (III, 224 S.) 906. n. 7. —.
Sonderabdrucke aus: „Jahresber. d. Pharmacie".

— über die Fortschritte in der Untersuchung der Nahrungs- u. Genussmittel, bearb. v. Heinr. Beckurts unter Mitwirkg. v. H. Frerichs u. H. Emde. 15.—19. Jahrg. 1905—1909. (210 S.) gr. 8. Göttingen, Vandenhoeck & Ruprecht. 29. —
15. (220 S.) 907. 7.—. 16. (177 S.) 907. 5.—
17. (170 S.) 908. 5.—, 18. (205 S.) 909. 6.—
19. (210 S.) 910. 6.—
Sonderabdrucke aus: „Jahresber. d. Pharmazie".

Jahresbericht über die Fortschritte, Veröffentlichungen und wichtigeren Ereignisse im Gebiete des Forst- Jagd- und Fischereiwesens. Supplemente zur Allgemeinen Forst- und Jagdzeitung. - Frankfurt a. M. Bd. 23-27. 1910/11-1914/19. - (M. n. ersch.)
Früher s.: Jahresber. üb. Veröff. u. wichtigere Ereignisse i. Gebiete d. Forstwes.

Jahres-Bericht über die **Fortschritte der physischen Wissenschaften.** Von J. Berzelius. Jg. 1—30. 1822—1851. Tübingen
Seit 1842: **Jahres-Bericht über die Fortschritte der Chemie und Mineralogie.**

Jahres-Bericht über die Fortschritte der physischen Wissenschaften von Jacob Berzelius. Aus dem Schwedischen übersetzt v. C(hristian)G(ottlob) Gmelin u. F(riedrich) Wöhler. Jg. 1-2,4-21, 24-25, 27, Reg.1-17. Gbd.

Tübingen: Laupp 1822-48
Titeländerung: Jg. 21-27: Jahres-Bericht über die Fortschritte der Chemie u. Mineralogie. 1842-48.

Jahresbericht über die Fortschritte der physischen Wissenschaften, herausgegeben von Berzelius; deutsch von Gmelin. Jgge. I—XXVII. Tübingen, 1822—1848.
dgl. **Register** für die Jgge. I—V. Ebend., 1826.
dgl. **Register** für die Jgge. I—XVII. Ebend., 1839.

JAHRESBERICHT ÜBER DIE FORTSCHRITTE DER PHYSISCHEN WISSENSCHAFTEN, DER CHEMIE UND MINERALOGIE, von Jacob Berzelius. Vollständiges Sach- und Namen-Register. Tübingen, 1847. pp. 180, 8vo. (Jg.I-XXV)

— über die Fortschritte des Zeugdrucks u. verwandter Industrien, hrsg. v. Antonio Sansone, s.: Lauber, Eduard, praktisches Handbuch des Zeugdrucks.

— 53.—55., des Museums Francisco-Carolinum. Nebst d. 47.—49. Lfg. d. Beiträge z. Landeskunde v. Oesterreich ob der Enns. gr. 8. Linz (V. Fink). à n. 2. —
53. (LXIII, 136 S. m. Abb.) 895.
54. (LXXXVII, IV, 184 S. m. 1 Taf.) 896.
55. (LXXI, IV, 155 S. m. 1 Bildnis.) 897.

— 57., des Museums Francisco-Carolinum. Nebst der 51. Lfg. der Beiträge zur Landeskunde v. Oesterreich ob der Enns. gr. 8. (XLVIII, 64, 58, IV, 68 u. 20 S. m. 5 Beilagen.) Linz 899. (V. Fink.) n. 2. —

Jahresbericht des Museum Francisco-Carolinum nebst Beiträge zur Landeskunde von Österreich ob der Erms. 1906/07. 07 08. 10. Linz 1907-11

— dasselbe, s. a.: Bericht etc.

Jahresbericht des Franz Josef Kinderspitales in Prag. Vom J. 1856. Prag, bei Gottl. Haase Söhne. 1857. (16 S. 4.)

Schweizer-Frauen-Verband Fraternité (in Zürich). Jahresbericht für 1900. (1901 März 4.) 15 S. 8. Zürich, J. Rüegg, 1900.

Schweizer-Frauen-Verband Fraternité (in Zürich). Jahresbericht für 1901. 15 S. 8. Zürich, J. Rüegg, 1902.

Schweizer-Frauenverband Fraternité [in Zürich]. Jahresbericht für 1902. 15 S. 8. Zürich, J. Rüegg, 1903.

Frauen-Arbeits-Schule in St. Gallen. Jahresbericht 1900-1901. 19 S. 8. St. Gallen, Zollikofer, 1901.

Frauen-Arbeits-Schule in St. Gallen. Jahres-Bericht 1901-1902. 23 S. 8. St. Gallen, Zollikofer, 1902.

Frauen-Arbeitsverein der Münstergemeinde (Basel). je 3 S. 8.
19. Jahresbericht 1900. (1901.) — 20. Jahresbericht 1901. (1902.)

Frauenarbeitsverein der Münstergemeinde (Basel). 21. Jahresbericht 1902/03. 3 S. 8. (1903.)

Jahresbericht (3 ff.: Bericht) des Frankfurter Frauenbildungsvereins f. d. J. 1877 ff. — Frankfurt a. M. 1878 ff.: Küchler [u. a.] 8°

Jahres-Bericht des Frauen-Erwerb-Vereines in Klgft. Klgft., v. Kleinmayr, St. Josefs-Druck., 1868—.

— VI., der Gasbeleuchtungsgesellschaft Frauenfeld, umfassend den Zeitraum vom 1. Mai 1883 bis 30. April 1884. In-8°, 10 S. Frauenfeld, Huber.

Gasbeleuchtungsgesellschaft Frauenfeld. 23. Jahresbericht vom 1. Mai 1900 bis 30. April 1901. 12 S. 8. Frauenfeld, Huber & Co., 1901.

Gasbeleuchtungsgesellschaft Frauenfeld. 24. Jahresbericht vom 1. Mai 1901 bis 30. April 1902. 12 S. 8. Frauenfeld, Huber & Co., 1902.

Gasbeleuchtungsgesellschaft Frauenfeld. 25. Jahresbericht vom 1. Mai 1902 bis 30. April 1903. 12 S. 8. Frauenfeld, Huber & Co., 1903.

Krankenanstalt Frauenfeld. 4. Jahresbericht für das Jahr 1900. 27 S. 8. Frauenfeld, Huber & Co., (1901).

Krankenanstalt Frauenfeld. 5. Jahresbericht für das Jahr 1901. 39 S. 8. Frauenfeld, Huber & Co., (1902).

Krankenanstalt Frauenfeld. 6. Jahresbericht 1902. 25 S. 8. Frauenfeld, Huber & Co., (1903).

Kaufmännischer Verein Frauenfeld (Sektion des Schweizerischen Kaufmännischen Vereins). 19. Jahresbericht vom 1. Mai 1900 bis 30. April 1901. II + 19 S. 8. Frauenfeld, Huber & Co., 1901.

Kaufmännischer Verein Frauenfeld (Sektion des Schweizerischen Kaufmännischen Vereins). 20. Jahresbericht vom 1. Mai 1901 bis 30. April 1902. II + 19 S. 8. Frauenfeld, Huber & Co., 1902.

Kaufmännischer Verein Frauenfeld und seine Fortbildungsschule. 21. Jahresbericht vom 1. Mai 1902 bis 31. April 1903. IV + 23 S. 8. Frauenfeld, Huber & Co., 1903.

Bernischer [kantonaler] Frauenverein zur Unterstützung zerstreut lebender Protestanten. 38. Jahresbericht 1900. 19 S. 8. Bern, H. Spahr, 1901.

Bernischer [kantonaler] Frauenverein zur Unterstützung zerstreut lebender Protestanten. 39. Jahresbericht 1901. 19 S. 8. Bern, H. Spahr, 1902.

Bernischer [kantonaler] Frauenverein zur Unterstützung zerstreut lebender Protestanten. 40. Jahresbericht 1902. 20 S. 8. Bern, H. Spahr, 1903.

Jahresbericht des Deutschen Frauen-Vereins in Buenos Aires über das Vereinsjahr:
no 1. 1896/97–?
Annual report of the „Verein" which was established to operate a home and school for children and needy women. Published in German and Spanish, with various printers. Octavo, each about 30 pages, illustrated. Printed by Imprenta „Mercur"
Buenos Aires

Jahresbericht des israelitischen Frauen-Vereines in Wien. Wien, 1856. Druck von L. C. Zamarski. (12 S. 8.)

Jahresbericht des schwäbischen Frauenvereins für 1875-80. Stuttgart 1876-81

Schweiz. Gemeinnütziger Frauen-Verein, Sektion Bern. 10. Jahresbericht (1. April) 1900—(1. April) 1901. 20 S. 8. Bern, Stämpfli & Cie., 1901.

Schweiz. Gemeinnütziger Frauen-Verein, Sektion Bern. 11. Jahresbericht (1. April) 1901—1902 (April 1). 20 S. 8. Bern, Stämpfli & Cie., 1902.

Schweizer. gemeinnütziger Frauenverein, Sektion Stadt Luzern. 11. u. 12. u. 13. Jahresbericht 1900 u. 1901 u. 1902. 16 u. 14 u. 15 S. 8. (Luzern, H. Keller, 1901 u. 1902 u. 1903.)

Thurgauischer Frauenverein zur Hebung der Sittlichkeit. 1. Jahresbericht für das Jahr 1902. 7 S. 8. Frauenfeld, Huber & Co. 1903.

Zürcherischer Frauenverein für zerstreut lebende Protestanten in der Schweiz. 41. u. 42. u. 43. Jahresbericht. 1900 u. 1901 u. 1902. 19 u. 17 u. 20 S. 8. Zürich, Schulthess & Co., 1901 u. 1902 u. 1903.

— erster, d. Frauen-Vereinigung f. sociale Hilfsthätigkeit in Wien. 1897. gr. 8. (28 S.) Wien 898. (Leipzig, Literar. Anstalt, A. Schulze.) — 30

Jahresbericht, Fünfter — des Frauen-Wohlthätigkeits-Vereines sammt weiblicher Arbeitsschule im Bezirke Roßau für die Zeit vom 1. Jänner bis letzten Dezember 1853. 8. (6 Blätter ungeb.) Wien. Druck von Karl Gerold und Sohn. 1854.

Jahresbericht, siebenter — des Frauen-Wohlthätigkeits-Vereines sammt weiblicher Arbeitsschule im Bezirke Roßau für die Zeit vom 1. Jänner bis letzten Dezember 1855. Wien, 1856. Gedruckt bei Leopold Sommer. (14 S. 8.)

Jahresbericht, achter — des Frauen-Wohlthätigkeitsvereines im Bezirke Margarethen. 1856. Wien, bei A. Pichlers Witwe und Sohn, 1857. (14 S. 8.)

Jahresbericht, vierter, des Frauen-Wohlthätigkeits-Vereines im Bezirke Neubau. Umfassend die Gemeinden Neubau, Schottenfeld, Spittelberg und St. Ulrich. Vom 1. Jänner bis letzten Dezember 1852. 8. (16 S.) Wien, Mechitaristen-Buchdruckerei 1853.

Jahresbericht, Sechster — des Frauen-Wohlthätigkeits-Vereines im Bezirke Neubau. Umfassend die Gemeinden Neubau, Schottenfeld, Spittelberg und St. Ulrich. Vom 31. Jänner bis 31. Dezember 1854. Wien. Mechitharisten-Buchdruckerei. (20 S. 8.) geh.

Jahresbericht siebenter — des Frauen-Wohlthätigkeits-Vereines im Bezirke Neubau. Umfassend die Gemeinden Neubau, Schottenfeld, Spittelberg und St. Ulrich. Vom 1. Jänner bis 31. Dezember 1855. (Satz und Druck unentgeltlich.) Wien. Mechitharisten-Buchdruckerei. (24 S. 8.)

Jahresbericht, achter — des Frauen-Wohlthätigkeitsvereines im Bezirke Neubau. Umfassend die Gemeinden: Neubau, Schottenfeld, Spittelberg und St. Ulrich im J. 1856. Wien, 1857. Mechitharisten-Buchdr. (23 S. 8.)

Jahresbericht des Frauen-Wohlthätigkeits-Vereines der inneren Stadt Wien. Vom 1. Jänner bis letzten Dezember 1854. Wien. 1855. Mechitharisten-Buchdruckerei. (18 S. 8.)

Jahresbericht des Frauen-Wohlthätigkeits-Vereines der innern Stadt Wien. Vom 1. Jänner bis letzten Dezember 1855. Wien, 1856. Mechitharisten-Buchdruckerei. (19 S. 8.)

Jahresbericht des Frauen-Wohlthätigkeitsvereines der inneren Stadt Wien. Vom 1. Jänner bis 31. Dez. 1856. Wien, 1857, bei den Mechitharisten. (20 S. 8.)

Jahres-Bericht, Vierter und fünfter — des Frauen-Wohlthätigkeits-Vereines für Wien und seine Umgebung. Vom 1. Jänner 1852 bis letzten Dezember 1853. 8. (14 S. und 2 Taf.) Wien. Gedruckt bei A. Pichler's Witwe und Sohn. 1854.

Jahresbericht, sechster — des Frauen-Wohlthätigkeits-Vereines für Wien und Umgebung. Vom 1. Jänner bis letzten Dezember 1854. Wien. 1855. Gedruckt bei A. Pichler's Witw und Sohn. (14 S. und 1 Tabelle 8.)

Jahresbericht, siebenter — des Frauen-Wohlthätigkeits-Vereines für Wien und Umgebung. Vom 1. Jänner bis letzten Dezember 1855. Wien, 1856. Gedr. bei A. Pichlers Witwe und Sohn. (12 S. 8. Mit einer Rechnungstabelle.)

Jahresbericht, achter — des Frauen-Wohlthätigkeitsvereines für Wien und Umgebung, 1856 Wien. Bei A. Pichlers Witwe und Sohn. 1857. (18 S. 1 Bl. 8. und eine Tabelle. Fol.)

Jahresbericht der Handelskammer Freiburg i. B. für 1866. Freiburg 1867

[Jahresbericht der Freimaurer-Loge „Zur Hoffnung" in Bern:] 1904. 430.

JAHRESBERICHT ... DES GESCHICHTS- UND ALTERTUMSVEREINS FRIEDBERG (Hessen).
1908. (Neue Tageszeitung. Druckerei & Verlag A.G. Friedberg (Hessen).) 8°.

Privatbeilanstalt «Friedheim», Zihlschlacht (Thurgau). Jahresbericht 1900. 13 S. 8. Zürich, Jacques Bollmann, 1901.

[Jahresbericht der Loge „Friedrich August z. d. 3 Zirkeln" in Zittau.] 8°.
1887. 26 S.; 1888. 32 S.; 1889. 28 S.; 1890. 31 S. 358.

Jahresbericht der zürcherischen Fünferkollekte 39, 1892.

— 1., des Arbeitersekretariats Fürth, nebst Bericht des Gewerkschaftskartells u. der Zentral-Bibliothek der Gewerkschaften pro 1905. (48 S.) 8. Nürnberg (906). (Fürth, Arbeitersekretariat.) n. — 20

Jahresbericht, 2.—5., des Arbeiter-Sekretariats Fürth f. d. J. 1906—1909. Berichte des Gewerkschaftskartells, der einzelnen Gewerkschaften, der Bauarbeiterschutzkommission, der Jugendorganisation, des Bildungsausschusses u. der Zentralbibliothek der Gewerkschaften. 8. Fürth i/. (Hirschenstr. 24 p.), Arbeitersekretariat. à — 20
2. (40 S.) (907.) — 3. Mit e. Anh.: Statist. Erhebg. üb. Verbreitg. der polit. Organisation u. Presse innerhalb der Gewerkschaften. (64 S. m. 1 Tab.) (908.) — 4. (64 S.) (909.) — 5. (60 S.) (910.)

Jahresbericht, erstattet vom Handelsgremium Fürth. 1908. 10. 11. Nürnberg 1909-12

Jahresbericht der unter dem Schutze der Grossloge von Ungarn arbeitenden Johannisfrmr-Loge „Galilei" in Budapest pro 1878/79 (VIII) u. 1879/80. 2 Hefte. Budapest, Druck von Fanda. 1879 u. 1880. 8. 16 u. 19 S.

Jahresbericht über den botanischen Garten in Bern pro 1904. Bern 1905. 12 S. 8°.
Bern. Univ.-Schr. 1904/1905.

Jahresbericht über den botanischen Garten in Bern pro 1905. Bern 1906. 16 S. 8°.
Bern. Univ.-Schr. 1905/1906.

Jahresbericht über den Botanischen Garten in Bern pro 1906. Bern 1907. 19 S. 8°.
Bern. Univ.-Schr. 1906/1907.

Jahresbericht über den Botanischen Garten in Bern pro 1907. Bern 1908. 21 S. 8°.
Bern. Univ.-Schr. 1907/08.

Jahresbericht über den Botanischen Garten in Bern pro 1908. Bern 1909. 15 S. 8°
Bern. Univ.-Schr. 1908/09

Jahresbericht über den Botanischen Garten in Bern im Jahre 1909. Bern 1910. 20 S. 8°.
Bern. Univ.-Schr. 1909/10.

Jahresbericht über den Botanischen Garten in Bern. Im J. 1909. Bern 1910: Spahr. 8°

Zoologischer Garten in Basel. (28.) Jahresbericht 1900. 9 S. 4. Basel, Emil Birkhäuser, 1901.

Zoologischer Garten in Basel. (29.) Jahresbericht 1901. 9 S. 4. Basel, Emil Birkhäuser, 1902.

Zoologischer Garten in Basel. (30.) Jahresbericht 1902. 8 S. 4. Basel, Emil Birkhäuser, 1903.

Jahresbericht, Eilfter — der böhmischen Gartenbau-Gesellschaft in Prag, vorgetragen in der General-Versammlung der Herren Mitglieder am 18. März 1855. Prag. 1855. Friedrich Rohlicek. (6 Bl. 4)

Jahresbericht, dreizehnter — der böhmischen Gartenbaugesellschaft in Prag, vorgetragen in der Generalversammlung der Herrn Mitglieder am 15. März 1857. Prag, 1857. Dr. von Friedr. Rohlicek. (1¾ Bog. 4.)

— 1., 2. u. 3. des Gartenbau-Vereins für Anhalt 1839, 1840 u. 1841. 3 Hefte. gr. 8. (Mit 1 Steintafel.) Dessau 841. (Aue.) à n. ½ ℛ.

Jahresbericht (1—3.) d. Gartenbau-Vereins f. Anhalt, 1839—41. 3 Hfte. Mit 1 Steintaf. gr. 8. Dessau, 1842. (Aue.) 1. —

Jahres-Bericht des Kärntner Gartenbau-Vereines. Klgft., Bertschinger, v. Kleinmayr, Leon, 1872—. (Später in den „Mitteilungen".)

Jahresbericht des Gartenbau-Vereins für Schleswig, Holstein u. Lauenburg pro . . . (Kiel.) 8°
1856/57. (1857.)
1857. (1858.)
1858. (1859.)
1859. (Preetz. 1860.)

Jahresbericht, dritter — des k. k. Steiermärkischen Gartenbauvereines, vorgetragen von dem Vereins-Sekretär in der Jahresversammlung am 19. Dezember 1852. 8. (8 Bl.) Gratz, Jos. A. Kienreich 1853.

Jahres-Bericht, Vierter — des k. k. steiermärkischen Gartenbau-Vereines, vorgetragen von dem Vereinssekretär in der Jahres-Versammlung am 12. Februar 1854. 8. (16 S.) Gratz. Druck von J. A. Kienreich.

Jahresbericht, Fünfter — des k. k. steiermärkischen Gartenbau-Vereins. Mit Beiträgen von den Mitgliedern Hiller, Matern und Trummer Franz. Gratz. 1855. Druck von J. A. Kienreich. (34 S. 8.)

Jahresbericht, siebenter — des k. k. steierm. Gartenbauvereines. Mit Beiträgen von David Sackel und Struska. Gratz, 1857. Druck und Papier von J. A. Kienreich. (24 S. 8.)

— (16.) des thüringer Gartenbau-Vereins zu Gotha für das J. vom 1. Juli 1844 bis dahin 1845. gr. 8. (IV und 212 S.) Gotha 848, (Gläser.) *

Jahresbericht der Gauverwaltung Süd-Deutschlands u. der Zentralstelle der Binnenschiffer des Rheins, des Verbandes der Hafenarbeiter ... Deutschlands. [1.] 1906. Hamburg (1907): Bendschneider. 8° [10. 1937

— des Steirischen Gebirgsvereines. 1884—1888. gr. 8. (20; 24; 28; 28; 28 S. mit je 1 Panorama.) Graz, (Leuschner und Lubensky.) à Jahrg. *
Die früheren Jahrge. erschienen u. d. T.: Jahrbuch des steirischen Gebirgsvereins.

— des steirischen Gebirgsvereines f. d. Vereinsj. 1889. 17. Jahrg. gr. 8. (34 S. m. 1 Panorama.) Graz 890. Selbstverl. d. Vereins. n. — 80

— des Steirischen Gebirgsvereines 1889—1892. gr. 8. (à Jahrg. ca. 25 S. m. 1 Panor.) Graz, Selbstverlag d. Vereins. à Jahrg. * — 80

— 43.—47., der rheinisch-westphälischen Gefängniß-Gesellschaft über die Vereinsjahre 1869/70, 1870/71, 1871/72, 1872/73, 1873/74. 8. (70; III, 102; 111; 100; III, 104 S.) Düsseldorf 870—74. (Barmen, Klein.) 43., 45. und 46. Bericht à * 1 —
44. Bericht — 75
47. Bericht * 1 50

— 48.—51., der rheinisch-westfälischen Gefängniß-Gesellschaft über die Vereinsjahre 1874/75, 1875/76, 1876/77, 1877/78. gr. 8. (IV, 100; IV, 126; 156; 85 S.) Düsseldorf 876—79. (Barmen, Klein.) 48., 49. und 51. Bericht à *
50. Bericht *

— 58.—61., der Rheinisch-Westfälischen Gefängnis-Gesellschaft über die Vereinsj. 1884/5—1888/9. gr. 8. (110; 158; 141; 170 S.) Düsseldorf, (Voß und Comp.) à Jahrg. *
Frühere Jahrgänge sind nicht mehr vorhanden.

— 62.—66., der rheinisch-westfälischen Gefängniß-Gesellschaft üb. das Vereinsj. 1888/89, 1889/90, 1890/91, 1891/92, 1892/93 im Auftrage des Ausschusses zusammengestellt von v. Koblinski. gr. 8. (189; 145; II, 194; 162; 190 S.) Düsseldorf 891—894. (L. Voß & Co.) à n. — 75

— 67.—70., der rheinisch-westfäl. Gefängniß-Gesellschaft üb. d. Vereinsj. 1893/94—1896/97, im Auftr. d. Ausschusses zusammengest. von v. Koblinski. gr. 8. (185, 175, 163 u. 175 S.) Düsseldorf 895—898. (L. Voß & Co.) à Jahrg. n. — 75

— 71.—74., der rheinisch-westfälischen Gefängnis-Gesellschaft üb. d. Vereinsj. 1897/98—1900/01, im Auftrage des Ausschusses zusammengestellt von v. Rohden. gr. 8. Düsseldorf (L. Voß & Co.) n. 3. 25
71. (214 u. 16 S.) 898. n. 1. —. — 72. (210 S. m. 1 Tab.) 900. n. — 75. — 73. (164 S. m. 1 Tab.) (900.) n. — 75. — 74. (210 S.) (901.) n. — 75.

— 75.—77., der rheinisch-westfälischen Gefängnis-Gesellschaft über das Vereinsj. 1901/1902, 1902/1903 u. 1903/1904, im Auftrage des Ausschusses zusammengestellt von v. Rohden. gr. 8. Düsseldorf, Selbstverlag. n. 2. 70

75. (202 S. m. 1 Tab.) (903.) n. — 75
76. (207 S. m. 1 Tab.) (904.) n. — 75
77. (211 S. m. 1 Tab.) (905.) n. 1. 20

—— 1., der Gefängniss-Gesellschaft für die Prov. Sachsen und das Herzogth. Anhalt, sowie Verhandlungen und Referate der ersten Jahresversammlung am 8. Octbr. 1885 in Magdeburg. gr. 8. (100 S.) Halle 885, (Fricke's Sortiment.) *

—— dass. — 2., sowie Verhandlungen und Referate auf der zweiten Jahresversammlung am 7. und 8. Septbr. 1886 zu Dessau. gr. 8. (100 S.) (Ebendas.) 886. *

— 1/2., 3. u. 4., der Gefängniss-Gesellschaft für die Prov. Sachsen u. das Herzogth. Anhalt. gr. 8. Halle a/S., (Fricke's Sort.) à n. 1. 20

1/2. General-Versammlungen zu Halle a/S. (100 S.) 886.
3. Nebst Verhandlungen u. Referaten auf der General-Versammlung zu Erfurt am 22. u. 23. Septbr. 1887. (124 S.) 887.
4. Nebst Verhandlungen u. Referaten auf der General-Versammlung zu Halberstadt am 7. u. 8. Juni 1888. (96 S.) 888.

Fortsetzung s. u.: Jahrbuch.

Jahresbericht über die Kieler Gelehrtenschule ..., 1869/70. Kiel. 1870. 8°

Jahresbericht über die Kieler Gelehrtenschule, womit zu der am 22. März ... stattfindenden Feier des Geburtstages Wilhelm I. einladet das Lehrer-Collegium. 1870/71 – 1885/86. Kiel. 1871–86. 4°

Jahresbericht über die Kieler Gelehrtenschule. 1887/88 und 1888/89. Kiel 1888 und 89. 4°
– 1890/91 erstattet v. W. Wegehaupt.

Jahresbericht der Deutschen evangelischen Gemeinde in Rom. 1899/1900. 1902/03. Rom.

Deutsche Evangelische (protest.) Gemeinde in *Salonik*. Jahresbericht. 9. 1904. Groß-Lichterfelde.

Jahresbericht der deutsch-evangelischen Gemeinde in *Madrid*. Hrsg.: Wilhelm Albrecht. 1. 1903/04—11. 1914. (Madrid '05—15.)

Jahresbericht der Deutsch-Evangelischen Gemeinde zu Rio de Janeiro für das Verwaltungsjahr:
no. 1, 1845? ?
Annual report of the Deutsch-Evangelische Gemeinde zu Rio de Janeiro. Title varies slightly: Jahresbericht des Vorstandes der Deutsch-Evangelischen Gemeinde zu Rio de Janeiro, 1917/18 1918/19. Edited by the Pastor of the Church. Printed by Druck, Typographia Brasil; with 1919/20 by Druck, Typ. Universal. Has „Beilage zum Jahresbericht" for 1931/32 - 1934/35, or longer.
Rio de Janeiro

Jahresbericht, vierter — der evangelischen Gemeinde in Laibach. Zum Besten des Schulbaufondes dieser Gemeinde. Laibach, 1856 Druck von Ignaz von Kleinmayr und Fedor Bamberg. (16 S. 8.)

Jahresbericht, fünfter — der evangelischen Gemeinde in Laibach, Laibach, 1857. Bei Ignaz von Kleinmayr und Fedor Bamberg. (16 S. 8.)

1. Jahresbericht 1908–10. Kirchliche Gemeinschaft. Kirchl. Blaukreuzverein. Christl. Arbeiterheim. Holzspalte-Anstalt. Verein christl. junger Mädchen. Sonntagschule. Breslau: Korn (1910). 8° [10. 18,84 2]

Jahresbericht des General-Komitees f. Dt. Ev. Seemanns-Mission in Großbritannien. 14. 19—22. 25—29. Bln 1899—1914.

Jahresbericht des General-Verbandes ländlicher Genossenschaften Raiffeisenscher Organisation für Deutschland (u.) d. Landwirtschaftl. Central-Darlehnskasse f. Deutschland (u. d. Beamten-Pensionskasse „Raiffeisen") zu Neuwied a. Rh.

Jahresbericht des Generalverbandes ländlicher Genossenschaften, der landwirtschaftlichen Zentral-Darlehnskasse für Deutschland und der Beamten-Pensionskasse Raiffeisen in Berlin. 1909-11. Berlin 1910-12

(Jahresbericht des Schleswig-Holsteinischen landwirthschaftlichen Generalvereins.) Jahresbericht. Erstattet an das Präsidium des Königlichen Landes–Oekonomie-Collegiums in Berlin von der ausführenden Direction des Schleswig-Holsteinischen landwirthschaftlichen Generalvereins, pro 1873. Kiel. 1874. 8°
Fortges. u. d. T.:
Jahresbericht der ausführenden Direction des Schleswig-Holsteinischen landwirthschaftlichen General-Vereins für das Jahr 1879–90. ebd. (1880)–91. 8°
Fortges. u. d. T.:
Jahres-Bericht des Schleswig-Holsteinischen Landwirthschaftlichen Generalvereins, erstattet von der ausführenden Direction für das Jahr 1891–95. ebd. 1892–96. 8°
Fortges. u. d. T.:
Jahres-Bericht der Landwirthschaftskammer für die Provinz Schleswig-Holstein für das Jahr 1896 ff. Kiel. 1897 ff. 8°

Jahresbericht der Generalversammlung der Aktionäre der Schleppschiffahrt auf dem Neckar 1892. 1905-10. 4° Heilbronn 1893. 1906-11

— (Bericht) über die Generalversammlung des Stuttgarter Handelsvereins. 1863. 64. 1868-1900. Stuttgart 1863-1900

Deutscher Orden der Harugari, NY. Jahres-Bericht der General Versammlung, 1907. NY, 1907.

— der freien Genossenschaft der Graveure Wiens. 3. Jahrg. gr. 4. (20 S. m. 2 phototyp. u. 12 Holzschn.-Taf.) Wien 878. Helf's Sort. n. 8. —

Landwirtschaftliche Genossenschaft des Bezirkes Brugg.

Jahresbericht pro 1900 u. pro 1901. [6 u. 3 S.] 4. (1901 u. 1902.)
15. Jahresbericht pro 1902. [2 S.] fol. (1903.)

JAHRESBERICHT FÜR 1859 ÜBER DIE AUF DEM PRINCIP DER SELBSTHÜLFE DER BETHEILIGTEN BERUHENDEN DEUTSCHEN GENOSSENSCHAFTEN der Handwerker und Arbeiter. Von H. SCHULZE-DELITZSCH. Im Auftrage des Congresses deutscher Volkswirthe.
(Mit Tabellen.) Leipzig. 1860. Gustav Mayer. 8°.
Forts. s. Jahresbericht über die Erwerbs- u. Wirtsch.-Genossenschaften ...

— 1., des Bundesvorstandes u. des leitenden Ausschusses d. schweizerischen Genossenschaftsbundes, Union coopérative suisse, f. d. J. 1899, erstattet zu Händen des II. Genossenschaftskongresses in Basel, den 25. III. 1900, nebst e. Anh.: Aktenstücke betr. die Besteuerg. der Wirtschaftsgenossenschaften. 8. (63 S.) Zürich 900. (Buchh. des schweiz. Grütlivereins.) n. — 50

Schweizerischer Genossenschaftsbund. 2. Jahresbericht für das Jahr 1900 erstattet zu Handen des 3. Genossenschaftskongresses in Zürich, den 14. April 1901, nebst Protokoll des 2. Genossenschaftskongresses in Basel, den 25. März 1900, und einem Anhang: Der britische Genossenschaftskongress in Cardiff 1900 (von Dr. Hans Müller). [Mit 1 Tabelle.] IV + 116 S. 8. Zürich, Schweiz. Genossenschaftsbund, 1901.

Jahresbericht, 2., vom Vorstand u. leitenden Ausschuss des schweizerischen Genossenschaftsbundes f. d. J. 1900, erstattet zu Händen des III. Genossenschaftskongresses in Zürich, den 14. IV. 1901 nebst Protokoll des II. Genossenschaftskongresses in Basel, den 25. III. 1900 u. e. Anh.: Der brit. Genossenschaftskongress in Cardiff 1900. 8. (116 S. m. 1 Tab.) Zürich 901. Buchh. des schweiz. Grütlivereins.) n. — 80

— geographischer, üb. Österreich. M. Unterstützg. d. hohen k. k. Ministeriums f. Cultus u. Unterricht hrsg. v. F. v. Czerny, O. Lenz, F. Löwl, J. Palacky, A. Penck, A. Rohman, E. Richter, W. Tomaschek u. F. v. Wieser. Red. v. Rob. Sieger. 1. Jahrg. 1894. gr. 8. (XI, 205 S.) Wien 897. E. Hölzel. n. 3.50

— geographischer üb. Österreich. Mit Unterstützg. des hohen k. k. Ministeriums f. Cultus u. Unterricht hrsg. v. F. v. Czerny, O. Lenz, F. Löwl, J. Palacký, A. Penck, A. Rehman, E. Richter, W. Tomaschek u. F. v. Wieser. Red. v. Rob. Sieger. 2. u. 3. Jahrg. 1895 u. 1896. gr. 8. (X, 224 u. VIII, 188 S.) Wien 898. 901. E. Hölzel. à n. 3.50

Jahresbericht, geographischer, aus Oesterreich. Red. v. Alfr. Grund u. Fritz Machaček. IV. Jahrg. Mit e. Vorwort v. Albr. Penck. In Verbindung m. dem Bericht üb. das 29. u. 30. Vereinsj. (1902/3 u. 1903/4) erstattet vom Vereine der Geographen an der k. k. Universität in Wien. (XXVII, III, 168 S. m. 1 Bildnis u. 1 Karte.) gr. 8. Wien 906. F. Deuticke. n. 5.—

— geographischer, aus Österreich. V.—VII. Jahrg. In Verbindg. m. dem Bericht über das 31.—34. Vereinsj. (1904/5, 1905/6, 1906/7, 1907/8) erstattet vom Vereine der Geographen an der k. k. Universität in Wien. gr. 8. Wien, F. Deuticke. 17.50
V. Red. v. Alfr. Grund u. Fritz Machaček. (IX, III, 191 S. m. 1 Karte.) 907. 5.—
VI. Red. v. Fritz Machaček u. Gust. Götzinger. (XXII, III, 146 S. m. 2 Taf.) 907. 5.—
VII. Red. v. Fritz Machaček u. Gust. Götzinger. (XIV, III, 221 S. m. 3 Taf.) 909. 7.50

Mittelrheinischer Geometer-Verein. — ... 1. Jahresbericht für 1875 und 1876; 2. Bericht über die 3. ordentliche Versammlung und 3. Jahresbericht für 1877. (Ohne bes. Titelblatt. — Frankfurt a. M., im Juli 1878. Mahlau & Waldschmidt.) 8°.

Mittelrheinischer Geometer-Verein. Auszug aus dem 6ten Jahresberichte, über die Vereinsthätigkeit im Jahre 1881, erstattet in der 12. Versammlung zu Frankfurt a. M., am 26ten März 1882. (Ohne bes. Titelblatt. — Autographirt.) fol.

Jahresbericht, (3.-6., 9. und 10.) der deutschen Gerberschule zu Freiberg i. S. 1891/92-94/95 und 97-98/99. Freiberg 1892-99

Jahresbericht der Deutschen Gerberschule zu Freiberg i. S. 1895/96-1903/04. 1905/06. Freiberg i. S. 1896-06

Gewerbliche Fortbildungsschule Gerlafingen. 6. u. 7. u. 8. Jahresbericht. Schuljahr 1900-1901 (2. Mai 1900 bis 10. April 1901) u. 1901-1902 (1. Mai 1901 bis 10. April 1902) u. 1902-1903 (1. Mai 1902 bis 15. April 1903). je 4 S. 4. Solothurn, Zepfel.

Germania: [**Jahresbericht** der Loge „Germania Nr. 219" in Mexico. 1909.]

Jahresbericht des Sport-Club Germania: 1900-1941? Sao Paulo
Annual report of the Sport-Club Germania, Sao Paulo.

Basler Gesangverein [in Basel]. Jahresbericht 1900-1901 (September 6). 77. Vereinsjahr. 26 S. 4. Basel, Kreis, 1901.

Jahres- u Geschäftsbericht des Deutschen Buchgewerbe-Vereins zu Leipzig. 1900-05. Leipzig 1901-06

Jahres- und Geschäftsbericht f. d. Jahr 1906. Deutscher Buchgewerbeverein. Leipzig (1907): Breitkopf & Härtel. 8°

— Bericht über den Geschäftsgang v. Handel, Industrie u. Schiffahrt i. d. J. 1903—1905. Sachverständigen-Berichte, hrsg. v. der Handelskammer zu Magdeburg. Lex.-8. Magdeburg (Heinrichshofen's Sort.) n. 6.80
1903. (IX, 104 S.) 904. n. 3.—. — 1904. (VIII, 102 S.) 905. n. 1.80. — 1905. (X, 98 S.) 906. n. 2.—.

Jahresbericht üb. den Geschäftsgang v. Handel, Industrie u. Schiffahrt im J. 1906. Sachverständigen-Berichte, hrsg. v. d. Handelskammer zu Magdeburg. (VII, 118 S.) Lex. 8. Magdeburg 907. (Heinrichshofen's Sort.) 2.—

— der sozialen Geschäftsstelle f. das evangelische Deutschland, s.a. Flugschrift, kirchlich-soziale. Nr. 10.

Die Soziale Geschäftsstelle für das evangelische Deutschland. **Jahresbericht.** [1.] Über d. J. 1906. Erstattet auf d. Generalversammlung 1907. Berlin: Vaterländ. Verl. u. Kunstanst. (1907). 8° [J.] [07. 9863]

JAHRES-BERICHT DER GESCHÄFTSSTELLE DES DEUTSCH-EVANGELISCHEN VEREINS ZUR FÖRDERUNG DER SITTLICHKEIT
über die Jahre 1909 und 1910. Erstattet von P. Lic. BOHN, Generalsekretär des Vereins. ib. 1910. Geschäftsstelle des deutschen Sittlichkeitsvereins, Plötzensee. Für den Buchhandel durch H. G. Wallmann, Leipzig.

Jahresbericht und Geschäfts-Uebersicht des Central-Vereins zur Fürsorge für entlassene Strafgefangene etc. für das Jahr 1880–84. 1887. Kiel. 1880–85 u. 1888. 8°

JAHRESBERICHT[1]) DES DÜSSELDORFER GESCHICHTSVEREINS
für das Vereinsjahr 1886. (Gedruckt bei L. Voß & Cie. — Ohne bes. Titelbl.) 8°.
Düsseldorfer Geschichts-Verein. — JAHRESBERICHT für das Vereinsjahr 1889. (Buchdruckerei C. Kraus, Düsseldorf. — Ohne bes. Titelbl.)
für das Vereinsjahr 1890. (Buchdruckerei C. Kraus (Ed. Lintz). — Ohne bes. Titelbl.)
Düsseldorfer Geschichts-Verein. — JAHRESBERICHT
für das Vereinsjahr 1891. (o. O. o. Dr. Ohne bes. Titelbl.)
Düsseldorfer Geschichts-Verein. — JAHRES-BERICHT
für das Vereinsjahr 1892. (Druck von Gustav Jockwer, Düsseldorf. Ohne bes. Titelbl.)
(Düsseldorfer Geschichts-Verein.) — JAHRESBERICHT
für das Jahr 1893. (Ed. Lintz. Buchdruckerei. Ohne bes. Titelbl.)
Düsseldorfer Geschichtsverein. — JAHRESBERICHT
für das Vereinsjahr 1894. Düsseldorf. (o. O. o. Dr. Ohne bes. Titelbl.)
Düsseldorfer Geschichts-Verein. — JAHRES - BERICHT
für das Vereinsjahr 1895. (ib.) (o. O. o. Dr. Ohne bes. Titelbl.)
für das Vereinsjahr 1897. (o. O. o. Dr. Ohne bes. Titelbl.)

[1]) Die fehlenden Jahresberichte habe ich nicht einsehen können.

JAHRESBERICHT DES HANSISCHEN GESCHICHTSVEREINS,
1—12. Erstattet vom Vorstande (desselben) in der 2—13. Vereinsversammlung, später: Generalversammlung ... 1872 — ... 1883. (Ohne bes. Titelblatt. Lübeck. Druck von H. G. Rahtgens.) 8°.
13. Erstattet vom Vorstande in der 14. Generalversammlung ... 1884. Lübeck 1884. Druck von H. G. Rahtgens.

JAHRESBERICHT DES HANSISCHEN GESCHICHTSVEREINS,
14—15. Erstattet vom Vorstande in der 15—16. Generalversammlung ... 1885 — ... 1886. (Ohne bes. Titelblatt. — Druck von H. G. Rahtgens in Lübeck.) 8°.

JAHRESBERICHT DES HANSISCHEN GESCHICHTSVEREINS,
16., erstattet vom Vorstande in der 17. Vereinsversammlung zu Stettin am 31. Mai 1887. (Ohne bes. Titelbl.) 8°.
17., erstattet vom Vorstande am 22. Mai 1888. (Druck von H. G. Rahtgens in Lübeck.)
18., erstattet vom Vorstande in der 18. Generalversammlung zu Lüneburg am 11. Juni 1889. (ib. —.)
19., erstattet vom Vorstande in der 19. Generalversammlung zu Osnabrück am 27. Mai 1890. (ib. —.)
20., erstattet vom Vorstande in der 20. Generalversammlung zu Lübeck am 19. Mai 1891. (ib. —.)
21., erstattet vom Vorstande in der 21. Generalversammlung zu Braunschweig am 7. Juni 1892. (ib. —.)
22., erstattet vom Vorstande (o. O. o. Dr.)
23.—30., erstattet vom Vorstande. (o. O. o. Dr.)
31., erstattet vom Vorstande in der 31. Jahresversammlung zu Emden am 20. Mai 1902. (Druck von H. G. Rahtgens in Lübeck.)
32., erstattet vom Vorstande in der 32. Versammlung zu Magdeburg am 2. Juni 1903. (ib. —.)
33., erstattet vom Vorstande in der Versammlung zu Kiel am 24. Mai 1904. (ib. —.)
34., erstattet vom Vorstande (o. O. o. Dr.)

NACHRICHTEN VOM HANSISCHEN GESCHICHTSVEREIN.
35[1]. Jahresbericht. Versammlung zu Lübeck. 1906. Juni (angebund. an Bd. XII. der Geschichtsblätter.)

[1]) Der 36. Jahresbericht ist in Bd. XIII der Geschichtsblätter enthalten.

JAHRESBERICHT DES HANSISCHEN GESCHICHTSVEREINS
37., erstattet vom Vorstande in der Versammlung zu Rostock am 10. Juni 1908. (o. O. o. Dr.)
38., erstattet vom Vorstande in der Versammlung zu Münster am 1. Juni 1909. (o. O. o. Dr.)

Jahresbericht des Geschichtsvereines für Kärnten in Klgft. Klgft., v. Kleinmayr, Bertschinger, Leon, 1856—.

Jahresbericht der Geschichtswissenschaft. 1—17. 1878—95. Berlin.

JAHRES-BERICHT des katholischen Gesellen-Vereines zu Tyrnau für das Jahr 1863. Tyrnau 1864. 12 S. - 8°

- der anthropologischen Gesellschaft in Wien f. die J. 1900 u. 1901. hoch 4. (S. 23—39 bezw. S. 28—46.) Ebd. 901. 902. à n. — 75
Sonderabdrucke aus: „Mittheilgn. d. anthropolog. Gesellsch. in Wien".
Vorh.unt.d.T.: Jahresbericht d. Präsidenten d.anthrop.Ges.

— der anthropologischen Gesellschaft in Wien f. die J. 1902—1905. Lex.-8. Wien (A. Hölder). n. 8. —
1902. (S. 54—84.) 903. n. 2.—. — 1903. (S. 20—47 m. Abbildgn.) 904. n. 2. 40. — 1904. (S. 17—40 m. Abbildgn.) 905. n. 1. 30. — 1905. (S. 103—122 m. Abbildgn.) 906. n. 1. 30
Sonderabdrucke aus: „Mitth. d. anthropolog. Gesellsch. in Wien".

— der anthropologischen Gesellschaft in Wien f. d. J. 1906—1908. (18, 5, 6 u. 8 S. m. Abbild.) Lex. 8. Wien (A. Hölder). à — 80
Sonderabdr. a.: „Sitzungsber. d. anthropolog. Gesellsch. in Wien".

—— 1—8., d. Gesellschaft z. Beförder. d. evangel. Missionen unt. d. Heiden f. d. J. 1824—26; nebst e. Uebersicht d. Missionswesens am Ende d. J. 1824; die Gesch. d. Missionen unt. d. Eskimo's in Terra Labrador; Ueberblick d. Gesch. d. Ausbreit. d. Christenthums unt. d. Negern. M. 1 Karte. gr. 8. (17 B.) Berlin 825—27, (Nicolai.)

—— ders. f. d. J. 1827. Enthalt. e. Ueberblick d. Geschichte d. Ausbreit. d. Christenthums unt. d. Heiden. gr. 8. (6 B.) Berlin 828, (Laue.)

—— ders. f. d. J. 1828. Angehängt ist e. Uebersicht d. Wichtigsten aus d. neuesten Missionsgesch. gr. 8. (7½ B.) Ebds. 829.

— 1r—5r, der Gesellschaft zur Beförderung d. evangel. Missionen unter den Heiden; nebst e. Uebersicht des Missionswesens am Ende d. Jahres 1824 ꝛc. Mit 1 Karte. gr. 8. Berl. 825—29. 1r—3r. (Nicolai). 18 K 4r u. 5r. gr. 8. Berl. 829, 30. (Laue). (à 6 K) 12 K

—— 6—17., der Gesellschaft z. Beförderung d. evangel. Missionen unt. d. Heiden f. d. J. 1829—40. gr. 8. Berlin 830—41, (J. A. Wohlgemuth.) •

— funfzehnter u. sechszehnter, der Gesellschaft zur Beförderung der evangel. Missionen unter den Heiden für die Jahre 1838 u. 1839. gr. 8. (Berlin 839, 40. Besser.) (15r n. 1/3 rß 16r n. 1/2 rß) 7/12 rß

Jahresbericht, Siebzehnter,
der Gesellschaft zur Beförderung der evangelischen Missionen unter den Heiden für das Jahr 1840. Berl. 1841. V: *Felder*. (Ky)

—— 42., der Gesellschaft zur Beförderung der evangelischen Missionen unter den Heiden zu Berlin. Für das J. 1865. gr. 8. (134 S.) Berlin 866, (Beck.)

JAHRESBERICHT DER GESELLSCHAFT FÜR BEFÖRDERUNG DER NATURWISSENSCHAFTEN ZU FREIBURG ... Am Stiftungstage, später: Am Stiftungsfeste abgestattet vom Sekretär ... SCHULTZE.
2., vom 6. August 1822 bis 6. August 1823. Freiburg. Gedruckt bei Franz Xaver Wangler. 8°.
4., vom 6. August 1824 bis 6. August 1825. ib. —
5., vom 6. August 1825 bis 6. August 1826. ib. —

Jahresbericht der Königlich Böhmischen Gesellschaft der Wissenschaften. 1881 ff. Prag. 8°.

Jahresbericht der Königl. Böhmischen Gesellschaft der Wissenschaften. Für 1886 bis 1896. Prag 1887—1897. 8.

— der königl. böhmischen Gesellschaft der Wissenschaften f. die J. 1890—1893. gr. 8. Prag, (F. Řivnáč). n. 2. 80
1890. (47 u. XXXII S. m. 1 Bild.) 891. n. 1. —. — 1891. (47 S.) 892. n. — 60. — 1892. (48 S.) 893. n. — 60. — 1893. (50 S.) 893. n. — 60.

— der kgl. böhm. Gesellschaft der Wissenschaften f. d. J. 1894, 1895. 1896 u. 1897. gr. 8. Prag (F. Řivnáč). n. 4. 80
1894. (53 u. 68 S. m. Abb.) 895. n. 1. 60
1895. (53 u. 7 S.) 896. n. 1. —
1896. (62 u. 22 S.) 897. n. 1. 20. — 1897. (72 S.) 898. n. 1. —

— der königl. böhmischen Gesellschaft der Wissenschaften f. d. J. 1898—1901. gr. 8. (71, 64, 70 u. 74 S.) Prag 899—902. (F. Řivnáč.) à n. 1. —

— der königl. böhmischen Gesellschaft der Wissenschaften f. d. J. 1902—1905. (73; 74 u. 14; 79 u. 83 S.) Lex.-8. Prag (F. Řivnáč.) à n. 1. —

— der kgl. böhmisch. Gesellschaft der Wissenschaften f. d. J. 1906—1909. (77, 74, 74 u. 80 S.) Lex. 8. Prag 907—10. (F. Řivnáč.) à 1. —

Jahresbericht der deutschen Gesellschaft von Chicago: 1854/55? -?
Annual. Later issues published in English and German.
Chicago, IL

Chicago Dte Gesell. 54. Jahres-Ber ... nebst Mitglieder-Verzeichnis u Statuten, 1. Jan 1908 - Dez 1908. Chicago, 1909.

JAHRESBERICHT DER DEUTSCHEN GESELLSCHAFT FÜR KUNST UND WISSENSCHAFT IN BROMBERG.
(1.) 1902/03. Erstattet in der Vereinsversammlung am 22. Juni 1903. Bromberg. Druck von A. Mill. (Ohne bes. Titelbl.) 4°.

DEUTSCHE GESELLSCHAFT FÜR KUNST UND WISSENSCHAFT IN BROMBERG.
Jahresbericht 2. 1903/1904. Bromberg 1904. Gruenauersche Buchdruckerei Otto Grunwald.
Jahresbericht 3. 1904/1905. ib. 1905. Gruenauersche Buchdruckerei Richard Krahl.
Jahresbericht 4. 1905/1906. ib. 1906. –
Jahresbericht 5. 1906/1907. ib. 1907. Buchdruckerei von A. Dittmann.
Jahresbericht 6. 1907/1908. ib. 1908. Gruenauersche Buchdruckerei Richard Krahl.
Jahresbericht 7. 1908/1909. ib. 1909. –

DEUTSCHE GESELLSCHAFT FÜR KUNST UND WISSENSCHAFT IN BROMBERG. Eingetragener Verein.
Jahresbericht 8. 1909/1910. ib. 1910. –
Jahresbericht 9. 1910/1911. ib. 1911. –
Jahresbericht 10. 1911/1912. ib. 1912. –

DEUTSCHE GESELLSCHAFT FÜR KUNST UND WISSENSCHAFT ZU BROMBEG. Abteilung für Litteratur.
1. Jahresbericht 1903/1904. Bromberg 1904. Gruenauersche Buchdruckerei Otto Grunwald. 4°.
2. Jahresbericht 1904/1905. ib. 1905. Gruenauersche Buchdruckerei Richard Krahl.
3. Jahresbericht 1905/1906. ib. 1906. –
4. Jahresbericht 1906/1907. ib. 1907. Buchdruckerei von A. Dittmann.
5. Jahresbericht 1907/1908. ib. 1908. Gruenauersche Buchdruckerei Richard Krahl.

Jahresbericht der Deutschen Gesellschaft von Maryland: 1783?—?
Published by various publishers, the Report for 1817 by Schäffer & Maund.
Baltimore, MD

Jahresbericht der Deutschen Gesellschaft von Milwaukee: 1880/81—1917?
Various publishers: no. 1—9, Druck der "Germania;" no. 10—11, Druck von Julius Auerbach; no. 12—14, [Printed by] The Hake-Stern Co.; no. 15—25: Printed by Franz D. Hake.
Milwaukee, WI

—— der deutschen morgenländischen Gesellschaft für das J. 1845 und 1846. gr. 8. Leipzig, (Brockhaus.) [1845. (VI und 160 S.) 847. * 20 Ngr., 1846. (IV und 243 S.) 848. * 1 Thlr.] *
Die Fortsetzung erscheint u. d. T.: Zeitschrift für die deutsche morgenländische Gesellschaft.

Jahresbericht der Deutschen Gesellschaft von New Orleans: no. 1, 1847/48—?
Reports of the Society have been published in the DEUTSCHE ZEITUNG; others published separately. Octavo, usually 16 pages.
New Orleans, LA

Jahresbericht der Deutschen Gesellschaft von New Orleans: 1847—1917? New Orleans, LA

96. Jahresbericht der *Deutschen Gesellschaft* der Stadt New-York f. d. J. 1879. New-York 1880. 8°. 43 S. Cart.
Die Gesellschaft hat sich seit fast 100 Jahren nicht geringe Verdienste um das Wohl armer deutscher Einwanderer erworben.

Jahresbericht der Deutschen Gesellschaft von Pennsylvanien: 1764?—1918?
Annual report of the Society which was organized, permanently, Dec. 26, 1764. Variations in title.
Philadelphia, PA

Jahresbericht, 103., der deutschen Gesellschaft von Pennsylvanien für das J. 1867. gr. 8. (42 S.) Philadelphia 868, (Schäfer und Koradi.) * — 80

Jahresbericht der Deutschen Gesellschaft von St. Paul-Minneapolis: no. 1—6, 1905—1920?
Published by F. C. Neumeier. Stillwater, MN

Gesellschaft für Erbauung von Arbeiterwohnungen in Zürich. Jahresbericht f. 1873. 8 Stn. 4.
Vgl. Jahresbericht d. Direction d. Gesellschaft f. Erb. v. Arbeiterwohn.

JAHRESBERICHT DER GESELLSCHAFT FÜR ERDKUNDE ZU KÖLN für das Vereinsjahr 1898/1899. Köln 1900. Druck von A. Steven. 8°. 1900/1903.[1]) ib. 1903. —

[1]) Mehr nicht erschienen.

Gesellschaft für Erstellung billiger Wohnhäuser in Schaffhausen. 8. Jahresbericht. II + 10 S. 8. Schaffhausen, H. Meier & Cie., 1901.

Gesellschaft für Erstellung billiger Wohnhäuser in Schaffhausen. 9. Jahresbericht (1901). II + 10 S. 8. Schaffhausen, Kühn & Comp., 1902.

Gesellschaft für Erstellung billiger Wohnhäuser in Schaffhausen. 10. Jahresbericht (1902). 11 S. 8. Schaffhausen, H. Meier & Cie., 1903.

Jahresbericht der Ehstländischen Literärischen Gesellschaft f. 1864/65. 1865/66. 1910/11—12/13. o. O. Aus: Revaler Beobachter.

Evangelische Gesellschaft des Kantons Bern. 8. Bern, Buchdr. Berner Tagblatt.
70. Jahresbericht von (1. Juli) 1900-1901 (Juni 30). 100 S. 1901.
71. Jahresbericht von (1. Juli) 1901-1902 (Juni 30). 116 S. 1902.

Evangelische Gesellschaft der Kantone St. Gallen und Appenzell. 38. u. 39. Jahresbericht 1900/1901 (September 30) u. 1901/1902 (September 30). 31 u. 40 S. 8.

—— der evangelischen Gesellschaft in Straßburg zur Förderung der innern Mission. 1871. gr. 8. (20 S.) Straßburg 872. (Barmen, Klein.) * — 40

Jahresbericht der evangelischen Gesellschaft in Zürich, v. J. 1869—70. Gedr. bei J. J. Ulrich. 51 Stn. 8.

Jahresbericht der evangelischen Gesellschaft (evangelisch-kirchlicher Verein) in Zürich, vom Jahre 1882—83. In-8°, 84 S. Zürich, Ulrich.

— der evangelischen Gesellschaft (evangelisch-kirchlicher Verein) in Zürich. Vom Jahre 1883—1884. In-8°, 86 S. Zür., Druck v. Ulrich & Cie.

— 10., der evangelischen Gesellschaft in Zürich, 1884—1885. In-8°, 75 S. Zürich, Druck von Ulrich & Çie.

Evangelische Gesellschaft (evangelisch-kirchlicher Verein) Zürich. Jahresbericht. Vom Jahre 1899/1900. 116 S. 8. Zürich, Evangelische Gesellschaft, 1901.

Evangelische Gesellschaft (evangelisch-kirchlicher Verein) in Zürich. Jahresbericht. Vom Jahre 1900/1901. 73 S. 8. Zürich, Evangelische Gesellschaft, 1902.

Evangelische Gesellschaft (evangelisch-kirchlicher Verein) in Zürich. Jahresbericht. Vom Jahre 1901/1902. 64 S. 8. Zürich, Evangelische Gesellschaft, 1903.

Jahresbericht der *Felliner* litterarischen Gesellschaft f. d. J. 1883—1913. Fellin.

... JAHRES-BERICHT DER GESELLSCHAFT ZUR FÖRDERUNG DER WISSENSCHAFT DES JUDENTUMS.
1903. Erster ... Erstattet von dem Schriftführer Dr. LUCAS, Glogau (o. O. o. Dr.) 4°.
(1904.) Zweiter ... (o. O. o. Dr.) (Ohne bes. Titelblatt.)
1905. Dritter ... (Glogau, Druck von Carl Flemming.) (Mit bes. Titelblatt.)
1906. Vierter ... (N. W. Druck von R. Boll.)
1907. Fünfter ... (o. O. o. Dr.)
1908—1911. Sechster—Neunter ... Berlin.

JAHRESBERICHT DER GESELLSCHAFT FÜR NÜTZLICHE FORSCHUNGEN ZU TRIER
vom Jahre 1850. (Ohne bes. Titelblatt. Trier 1850. Fr. Lintz'sche Buchdruckerei.) 4°.
vom Jahre 1851. (Ohne bes. Titelblatt. ib. 1851. —).
vom Jahre 1852. Mit 1 Abbildung zu Entdeckungen 1. gehörig (und 1 meteorologischen Tabelle). Trier, 1853. Fr. Lintz'sche Buchhandlung. 4°.
vom Jahre 1853. Mit 12 in den Text eingedruckten Holzschnitten (und 1 meteorologischen Tabelle). ib. 1854. In Comm. der Fr. Lintz'schen Buchhandlung.
vom Jahre 1854. Mit 1 Abbildung zu Entdeckungen I (und meteorologischen Tabellen). ib. 1855. —
vom Jahre 1855. Herausgegeben von ... SCHNEEMANN. Mit 2 Tafeln Abbildungen zu Bericht 1 und 6, und 6 meteorologischen Tabellen. ib. 1856. —
vom Jahre 1856. Herausgegeben von ... SCHNEEMANN. Mit 2 Tafeln Abbildungen zu Entdeckungen 1 und 2 meteorologischen Tabellen. ib. 1857. Fr. Lintz'sche Buchhandlung.
vom Jahre 1857. Herausgegeben von ... SCHNEEMANN. Mit 1 Tafel zu Entdeckungen No. 13 und 2 meteorologischen Tabellen. ib. 1858. —

— der Gesellschaft für nützliche Forschungen zu Trier vom Jahre 1852—1854. Trier, Lintz in Comm. gr. 4. (852: 38 S., 1 lith. Taf. u. 1 Tab. in Fol. n. 15 ngr.; 853: 75 S. n. 20 ngr.; 854: 79 S. u. 2 Tab. in 4. u. Fol. n. 25 ngr.) n. 2 ℳ.

— — vom Jahre 1855—1857. Herausg. von Schneemann. Trier 856, 57. Lintz in Comm. gr. 4. (855: 88 S., 2 lith. Taf. u. 6 Tab. in Fol. n. 20 ngr.; 856: 94 S., 2 lith. Taf. u. 2 Tab. in Fol. n. 25 ngr.; 857: 91 S., 1 lith. Taf. u. 2 Tab. in Fol. n. 1 ℳ.) n. 2 ℳ. 15 ngr.

— der Gesellschaft für nützliche Forschungen zu Trier vom Jahre 1858. Herausg. von dem zeitigen Secr. Schneemann. Mit 2 meteorologischen Tabellen (in Fol.). Trier 859. Lintz. gr. 4. (2 Bl., 90 S.) n. 25 ngr.

— — über die Jahre 1859 u. 1860. Herausg. von Schneemann. Mit 6 meteorolog. Tab. (auf 2 Taf. in Fol.) u. 1 (lith.) Sternschnuppenkarte (in Fol.). Ebend. 861. gr. 4. (2 Bl., 99 S.) n. 1 ℳ.

— der Gesellschaft für nützliche Forschungen zu Trier über die J. 1861 und 1862. Hrsg. von Schneemann. gr. 4. (III und 127 S. mit 3 Stnt. Abbild. und 3 meteorolog. Tab. in gr. 4. und qu. Fol.) Trier 864, Lintz' Verlag. *

— dass. — über die J. 1863 und 1864. Hrsg. von Ladner. gr. 4. (III und 90 S. mit 2 meteorolog. Tab. in qu. gr. Fol.) Ebendas. 867. *

JAHRESBERICHT DER GESELLSCHAFT FÜR NÜTZLICHE FORSCHUNGEN ZU TRIER
über die Jahre 1863 und 1864. Herausgegeben von ... LADNER. Mit meteorologischen Tabellen. Nebst einer Beilage: „Die angeblichen Trierischen Inschriftenfälschungen älterer und neuerer Zeit." Ein Beitrag zur Kritik des „Corpus Inscriptionum ed. Guilelmus Brambach" von JOHANN LEONARDY. Trier, 1867. Verlag der Fr. Lintz'schen Buchhandlung. 4°.
Die Beilage ersch. a. u. d. bes. Tit.:
JOHANN LEONARDY, Die angeblichen Trierischen Inschriften-Fälschungen älterer und neuerer Zeit. Ein Beitrag zur Kritik des Corpus Inscriptionum Rhenanarum edidit Guilelmus Brambach. Gedruckt auf Kosten der Gesellschaft für nützliche Forschungen. Trier, 1867. Fr. Lintz'sche Buchdruckerei. 4°.

— der Gesellschaft für nützliche Forschungen zu Trier von 1865 bis 1868. Hrsg. von Ladner. Mit 5 (lithogr.) Taf. Abbildungen und (4) meteorolog. Tab. von Steinhäuser und Flesch (in gr. 4. und Fol.). gr. 4. (III, 113 S.) Trier 869, Lintz' Verlag. *

— der Gesellschaft f. nützliche Forschungen zu Trier von 1869 bis 1871. Hrsg. v. dem Secretär der Gesellschaft Ladner. Mit 2 (lith.) Taf. Abbildgn. u. meteorolog. Tab. v. Steinhäuser u. Flesch (in qu. Fol.) gr. 4. (III, 155 S.) Trier 872. Lintz. n. 3. —

— der Gesellschaft für nützliche Forschungen zu Trier von 1872 und 1873. Hrsg. von dem Secretär der Gesellschaft Ladner. Mit 6 (lithogr.) Bildtaf. und meteorolog. Tab. (in qu. Fol.) von Steinhäuser und Flesch. gr. 4. (105 S.) Trier 874, Lintz'sche Buchh. *

— dass. — von 1874—1877. gr. 4. (95 S. mit 3 Taf. und meteorolog. Tab.) Ebendas. 878. *

— der Gesellschaft für nützliche Forschungen zu Trier von 1878—1881. Hrsg. von dem Secretär der Gesellschaft. gr. 4. (88 S. mit 6 Taf.) Trier 882, Lintz'sche Buchh. *

— der Gesellschaft f. nützliche Forschungen zu Trier v. 1882—1893. Red. v. H. Lehner. 4. Trier 894. (F. Lintz.) n. 2. —
Vorgeschichtliche Grabhügel in der Eifel u. im Hochwald. Von Hans Lehner. Mit 6 photolith. Taf. nach Zeichngn. v. A. Ebertz. (8, XXV u. 86 S. m. 1 Abbildg.)

— der Gesellschaft f. nützliche Forschungen zu Trier von 1894—1899. gr. 4. (XII, 98 S. m. 7 Taf.) Trier 899. (F. Lintz.) n. 6. —
von 1894 bis 1899. Inhalt. MARX, Erzbischof Amalarius Fortunatus von Trier — HETTNER, Über die vorgeschichtlichen Funde im Kreise Merzig und in dessen nächster Umgebung (Taf. I—III). — v. BOCH, Statistik römischer Funde im Kreise Merzig (Taf. IV u. V). — KEUFFER, Bücherei und Bücherwesen von S. Maximin im Mittelalter (Taf. VI). — HETTNER, Der Anschluss der römischen Stadtmauer an dem Ostturm der Porta nigra (Taf. VII). — SCHNELL. Zu den Wallerfangner Bronzeringen.

— der Gesellschaft f. nützliche Forschungen zu Trier v. 1900 bis 1905. (XII, 75 S.) Lex. 8. Trier 906. (F. Lintz.) 6. —
von 1900 bis 1905. Inhalt: Vereinsnachrichten. — WIEGAND, Das Grabdenkmal des Erzbischofs Richard von Greiffenclau. — SCHMITZ, Beiträge zur Geschichte der Liebfrauenkirche, ihrer Plastik und Malerei. — KRÜGER, Römische Villa bei Schleidweiler. — MÜLLER, Die Ortsnamen im Regierungsbezirk Trier.

Gesellschaft für nützliche Forschungen zu Trier. — TRIERER JAHRESBERICHTE
I. 1908. Jahresbericht der Gesellschaft für nützliche Forschungen zu Trier für die Jahre 1906—1908. Neue Folge. Jahrg. I. 1908. (Mit Tafeln.) Trier 1909. Buchdruckerei von Jacob Lintz. 4°. —
II. 1909. Jahresbericht ... für das Jahr 1909. Neue Folge. Jahrg. II. 1909. (Mit Tafeln.) ib. 1910. —
III. 1910. Jahresbericht ... für das Jahr 1910. Neue Folge. Jahrg. III. 1910. (Mit Tafeln.) ib. 1911. Kommissionsverlag der Fr. Lintzschen Buchhandlung Fr. V. Lintz, Trier.
IV. 1911. Jahresbericht ... für das Jahr 1911. Neue Folge. Jahrg. IV. 1911. (Mit Tafeln.) ib. 1913. —
V. 1912. Jahresbericht ... für das Jahr 1912. Neue Folge. Jahrg. V. 1912 ib. 1914. —

JAHRESBERICHT DER FREIBERGER GEOLOGISCHEN GESELLSCHAFT.
I—III. Freiberg in Sachsen, Ostern 1908—1910. Freiberg. Gerlachsche Buchdruckerei. 8°.

JAHRESBERICHT DER GESELLSCHAFT VON FREUNDEN DER NATURWISSENSCHAFTEN IN GERA.
16 und 17. 1873. 1874. (Mit 1 meteorologischen Tabelle.) Gera. Druck von Bahr & Draeger.
18., 19 und 20. 1875. 1876. 1877. (Mit 1 Tafel und meteorologischen Tabellen.) ib. Druck von Hermann Rudolph.

JAHRESBERICHT DER GESELLSCHAFT VON FREUNDEN DER NATURWISSENSCHAFTEN in Gera.
21—26. 1878—1883. (Mit meteorologischen Tabellen.) Gera. Druck von Isaleib & Rietzschel. 8°.

JAHRESBERICHT DER GESELLSCHAFT VON FREUNDEN DER NATURWISSENSCHAFTEN IN GERA.

27—31. 1884—1888. (Mit 4 Tafeln.) Gera. Druck von Theodor Hofmann. 8°.

JAHRESBERICHT DER GESELLSCHAFT VON FREUNDEN DER NATURWISSENSCHAFTEN IN GERA (REUSS).

32—35.[1]) 1889—1892. (Mit 1 Tafel.) ib. —. 36—38[2]). 1893—1895 ib. Druck von Walter Müller. — 39—42[3]). 1896—1899. (Mit Tafeln.) ib. —. 43—45. 1900—1902. ib. 1903. Druck der Geraer Verlagsanstalt und Druckerei. — 46—48. 1903—1905. ib. 1906. Druck von Hermann Schmidt. — 49 und 50. 1906—1907. (Mit Tafeln.) Gera-Untermhaus 1908. Druck der Kunstanstalt Fr. Eugen Köhler, G. m. b. H. — 51 und 52. 1908—1909. (Mit Tafeln.) ib. 1910. —

[1]) In Jahresbericht 32. bis 35. 1889—1892: Bibliotheca Ruthenea. Die Litteratur zur Landeskunde und Geschichte des Fürstentums Reuss jüngerer Linie. Zusammengestellt von HEINRICH ALFRED AUERBACH.

[2]) In Jahresbericht 36. bis 38., 1893—95: SACHREGISTER für die Bibliothek der Gesellschaft von Freunden der Naturwissenschaften.

[3]) In Jahresbericht 39. bis 42. 1896—1899.: Bibliotheca Ruthenea. Die Litteratur zur Landeskunde und Geschichte der Fürstentümer Reuss j. und ä. L.: I. Nachtrag. Zusammengestellt von HEINRICH ALFRED AUERBACH.

Gemeinnützige Gesellschaft der Stadt St. Gallen. 28. Jahres-Bericht vom 1. April 1900 bis 31. März 1901. 59 S. 8. St. Gallen, Buchdr. Merkur, 1901.

Gemeinnützige Gesellschaft der Stadt St. Gallen. 29. Jahresbericht vom 1. April 1901 bis 31. März 1902. 39 S. 8. St. Gallen, V. Schmid, 1902.

Gemeinnützige Gesellschaft der Stadt St. Gallen. 30. Jahresbericht vom 1. April 1902 bis 31. März 1903. 47 S. 8. St. Gallen, C. Schuppisser, 1903.

—— erster, der Geographischen Gesellschaft in Bern 1878/79. gr. 8. (44 S.) Bern 879, (Haller.) *

— zweiter, der Geographischen Gesellschaft in Bern, 1879—80. Redigirt von G. Reymond-Le-Brun. In-8°, 106 S. Bern, B. F. Haller. 1880.

. Der erste Jahresbericht erschien 1879. (In-8°, 44 S. Preis 1 Fr.)

Jahresbericht, 3., der Geographischen Gesellschaft in Bern f. 1880/1881. Mit 2 (1 lith. u. 1 chromolith.) Kartenbeilagen. Red. von G. Reymond-le Brun. gr. 8. (LI, 192 S.) Bern 881. (Haller.) n. 2. 40

Jahresbericht, 4., der geographischen Gesellschaft in Bern 1881/82, redig. von G. Reymond-leBrun. Gr. in-8°. Mit 3 Karten. XLVIII und 151 S. Bern, B. F. Haller, 1882. 5 —

—— dass. — V., 1882/1883. gr. 8. (XXX, 234 S. mit 2 lithogr. Karten und 2 Illustr.) (Ebendas.) 883. *

— V., der Geographischen Gesellschaft v. Bern 1882/1883. Mit 2 Karten u. 2 Illustr. Red. v. G. Reymond-le Brun. gr. 8. (XXX, 234 S.) Bern 883. (Nydegger & Baumgart.) n. 4. —

Jahresbericht, VI., der geographischen Gesellschaft von Bern 1883/84. Redigirt von G. Reymond-LeBrun. In-8°, 272 S., mit 1 Tafel. Bern, Nydegger & Baumgart. 1884. 5 —

— dasselbe. VII., 1884—1885. Mit 2 Taf. gr. 8. (XXIII, 335 S.) Ebend. 885. n. 4. —

—— VII. und VIII., der Geographischen Gesellschaft von Bern 1884—1885 und 1885—1887. Redig. von G. Reymond-le Brun. gr. 8. (XXIII, 335 S. mit 2 Taf.; XXXII, 135 S.) Bern 885,88, (P. Haller.) à Jahrg. *

Jahresbericht, 9., der Geograph. Gesellschaft von Bern, 1888—89. Red. von *C. H. Mann*. Gr. in-8°. XXIV, 339 S. Bern, Haller'sche Buchdr. 5 — 1890.

— X.—XII., der geographischen Gesellschaft v. Bern. Red. v. C. H. Mann. gr. 8. Bern, (P. Haller). à n. 5. —

X. 1890. (III, XXIV, 185 S. m. 1 Taf.) 891. — XI. 1891—1892. (LIV, 375 S.) 893. — XII. 1893. (XIV, 76 u. 58 S.) 894.

— XIII.—XV., der geographischen Gesellschaft in Bern. 1894—1896. Red. v. Ed. Brückner u. C. H. Mann. Je 2 Hfte. gr. 8. Bern 894—897. (P. Haller.) à n. 2. 50

XIII. (XXIV, 214 S.) — XIV. (XXIV, 209 S. m. Abb. u. 1 Taf.) — XV. (XV, 177 S. m. 1 Karte.)

Jahresbericht, XIV., d. Geographischen Gesellschaft in Bern. 1895. Redig. von *E. Brückner* u. *C. H. Mann*. 2 Hefte. Mit 1 Taf. u. Textabb Gr. in-8°. XXIV, 209 S. Bern, Haller'sche Buchdruckerei. Inhalt: *E. Brückner*. Rapports du Comité du Ve Congrès international des sciences géograph. et des commissions spéciales sur l'exécution des résolutions votées à Berne en 1891. — *E. Kurz*. Aus dem Tagebuch des Malers Friedrich Kurz über seinen Aufenthalt bei den Missouri-Indianern 1848—52 (Fortsetz. u. Schluss). — *L. Poinsard*. Curiosités géographiques. — *Ad. Methfessel*. Der Alto Paraná u. die Wasserfälle des Rio Yguazú. — *C. H. Mann*. Zum Gebrauch der Leichbretter. — *A. Gobat* u. *Ed. Brückner*. Der VI. Internationale Geograph. Kongress zu London 1895. — *Ed. Brückner*. Die Frage der Weltkarte im Mass-Stab 1 : 1,000,000 vor dem Londoner Geographenkongress. — *C. H. Mann*. Vom Verbandstag der Geograph. Ges. in St. Gallen. Mitteilungen über den Bibliothekbestand. — Mitgliederverzeichnis (Februar 1896).

— XVI., der Geograph. Gesellschaft von Bern. 1897. Redigiert v. *Ed. Brückner* u. *C. H. Mann*. Gr. 8°. 294 S. m. 1 Portr. Bern 1898, Haller'sche Buchdruckerei. 6 25

. Inhalt: Präsidialbericht üb. d. Geschäftsjahr 1897, deutsch u. franz. Auszüge aus d. Protokollen. Ausschreiben des Verbandes der geographischen Gesellschaften der Schweiz betr. d. Herstellung e. Handb d. Schweizerkde. *Graf, J. H.*, D. geogr. Gesellsch. i. Bern 1873—1898. E Rückblick gelegentlich der Feier des 25jähr. Bestehens d. Ges. *Ducommun. E.*, Alb. Schaffter et la Société de Géogr. de Berne. *Moser, Ch.*, Mondschein in der Nacht vor der Laupenschlacht. *Stockmar, H.*, L'Algérie en 1840. *Zahler, H.*, Krankheit im Volksglauben des Simmenthals. *Schmid, E.*, Die Temperaturverhältnisse der Aare bei Bern. *Mann, C. H.*, Mitteilungen über den Bibliothekbestand

—, XVII., der Geographischen Gesellschaft von Bern. 1898/99. Redigiert v. *Ed. Brückner*. 8°. XXI, 230 S. Bern, Haller'sche Buchdruckerei. 1900.

. Präsidialbericht für die Jahre 1898 und 1899 — Auszüge aus den Protokollen. — *Jochelson, W.* Die Inkagiren im äussersten Nordosten Asiens. — *Jochelson, W.* Ueber die Sprache und Schrift der Inkagiren. — *Sarasin, Paul*. Ueber unsere Reisen im Innern von Celebes. — *Schumacher, A.* Die Uebereinstimmung von Zeit, Weg und Kreisteilung. — *Brückner, Ed.* Die schweizerische Landschaft einst und jetzt. — *Mann, C. H.* Kreuz und quer durch Brasiliea. — *Wehrli, Leo*. Reisebilder aus den Anden. — *Graf, J. H.* Ueber die Schweizerkarte des Jost von Meggen. — *Brückner, Ed.* Bericht über den intern. Geogr.-Kongress. — *Mann, C. H.* Die Jubiläumsfeier der Geogr. Gesellschaft. — *Eduard Petri*. †

Jahresbericht der Geographischen Gesellschaft von Bern. Band 18. 1900—1902. [Mit Illustrationen, 5 Tabellen und 3 Karten.] XXXIX + 239 S. 8. Bern, Haller'sche Buchdr. [Komm. A. Francke], 1903. [fr. 8. —]

— dasselbe. XIX. Bd. 1903—1904. (XXXVII, 119 S. m. 9 Fig., 1 Taf. u. 2 Karten.) gr. 8. Ebd. 905. n. 4. —

Jahresbericht der Geographischen Gesellschaft von Bern. Band 20. 1905—1906. (Mit 4 Tafeln und 1 Karte.) XLII + 249 S. 8. Bern, Komm. A. Francke, 1907. [fr. 8. —]

Jahresbericht der Geographischen Gesellschaft von Bern. Band 21. 1906—1907. Redigiert von Max Friederichsen. [Mit 2 Karten und 1 Skizze im Text.] 151 S. 8. Bern, Komm. A. Francke, 1909. [fr. 5. —]

— I., der geographischen Gesellschaft zu Greifswald. 1882—83. Im Auftrage d. Vorstandes hrsg. v. Rud. Credner. gr. 8. (III, 156 S. m. 1 Steintaf.) Greifswald 883. Abel. n. 2. —

JAHRESBERICHT DER GEOGRAPHISCHEN GESELLSCHAFT ZU GREIFSWALD. Im Auftrage des Vorstandes herausgegeben von RUDOLF CREDNER.

II. 1883—1886. Greifswald 1887. (Th. I. 1883—1884. ib. 1885. — II. 1883—86. ib. 1887.) Julius Abel. 8°.

III. Teil I. Mit 12 Tabellen und 6 Tafeln. ib. 1888. — Teil II. 1886—1889. ib. 1889. —

IV. 1889—90. Mit 2 Karten. ib. 1891. —

V. 1890—93. Mit einer Karte und einer Profiltafel. ib. 1893. —

VI. Teil I. 1893—96. Mit 2 Karten. ib. 1896. — Teil II. 1896—98. ib. 1898. —

VII. 1898—1900. (Mit 2 Karten.) ib. 1900. —

VIII. 1900—1903. Mit 3 Karten, 16 Tafeln und 3 Profilen im Text. ib. 1904. —

IX. 1903—1905. Mit 1 Karte, 6 Tafeln und 15 Figuren im Text. ib. 1905. —

X. 1905—1906. Festschrift zum 25jährigen Bestehen der Gesellschaft. Mit 5 Karten und 10 Tafeln als Beilagen, 13 Figuren und 9 Kartenskizzen im Text. ib. 1907. —

Im Auftrage des Vorstandes von Dr. GUSTAV BRAUN.

XI. 1907—1908. (Mit Tafeln.) ib. 1909. —

Im Auftrage des Vorstandes herausgegeben von Dr. MAX FRIEDERICHSEN.

XII. 1909—1910. Mit 5 Karten, 6 Tabellen, 29 Textabbildungen. ib. 1911. —

XIII. 1911—1912. Mit 1 Titelbild, 27 Tafeln und zahlreichen Textabbildungen. ib. 1913. Kommissionsverlag von Bruncken & Co.

XIV. 1913—1914. Mit Karten, Diagrammen und Abbildungen auf 19 Tafeln. ib. 1914. —

—— III. (2 Tle.) u. IV., der Geographischen Gesellschaft zu Greifswald. 1886—89 u. 1889—90. Im Auftrage d. Vorstandes hrsg. v. Rud. Credner. 8. Greifsw., Abel. [III. Jahrg. 1. Tl. (106 S.) 889. * 4 50; 2. Tl. (II, 273 S.) 889. * 4 80; IV. Jahrg. (61 S.) 891. * 6 —.] * 15 30

— II.—VI., d. geograph. Gesellschaft zu Greifswald. 1882—1896. Im Auftr. d. Vorstandes hrsg. v. Rud. Credner. gr. 8. Greifswald, J. Abel. n. 27. 80

II. 1883—84. 2 Thle. (III, IV, 228 S. m. 2 Taf. u. 1. farb. Karte.) 885. 87. n. 4. 50

III. 1. 1884—86. (III, 106 S. m. 12 Tab. u. 6 Taf.) 888. n. 4. 50

III. 2. 1886—1889. (IV, VII, 273 S.) 889. n. 4. 80

IV. 1889—90. (IV, 66, 61 u. 47 S. m. 2 farb. Karten.) 891. n. 4. —

V. 1890—93. (IV, 269 S. m. 1 Karte u. e. Profiltaf.) 893. n. 4. —

VI. 1. 1893—96. (III, 147 S. m. 2 Karten.) 896. n. 3. —

VI. 2. 1896—98. (III, 236 S.) 898. n. 3. —

JAHRESBERICHT DER GEOGRAPHISCHEN GESELLSCHAFT IN HAMBURG. Im Auftrage des Vorstandes erstattet von L. FRIEDERICHSEN.

1—2. 1873-74 — 1874-75. Mit Originalkarten und Holzschnitten. Hamburg 1874—1875. L. Friederichsen & Co. 8°.

Jahresbericht, 1., der geographischen Gesellschaft zu Hannover 1879. gr. 8. (III, 158 S. mit 1 lithogr. Karte.) Hannover 880, Helwing'sche Sortimentsb. *

2—4. 1880/81 — 1882/83. Mit 1 Karte der Landdrostei Hannover. ib. 1881—1884. Druck von Fr. Culemann.

JAHRESBERICHT DER GEOGRAPHISCHEN GESELLSCHAFT ZU HANNOVER

5—6. 1883/84 — 1884/85. Hannover. 1885. Schrift und Druck von Fr. Culemann. 8°.

JAHRESBERICHT DER GEOGRAPHISCHEN GESELLSCHAFT ZU HANNOVER.

7. 1885/87. Hannover 1887. Druck von Carl Küster. 8°. —

8. 1887/89. ib. 1890. —

9. 1889/92. ib. 1893. Druck der Schlüterschen Buchdruckerei.

11. 1898—1905. Sonder-Abdruck aus den Hannoverschen Geschichtsblättern. Jahrg. 1905. ib. 1905. Th. Schäfer.

— 8. u. 9., der geographischen Gesellschaft zu Hannover. gr. 8. Hannover, (F. Cruse). n. 1. 40
8. 1887/89. (81 S.) 890. n. 1. —. — 9. 1889/92. (22 S.) 893. n. — 40.

— 10., der geographischen Gesellschaft zu Hannover 1893—98. gr. 8. (36 S.) Hannover 899. (Schmorl & v. Seefeld Nachf.) n. — 50

Jahresbericht der Geographischen Gesellschaft in München. (H. 4: Red. von C[arl] Arendts; 5: ... u. G. A. v. Huller; 6: Hrsg. von Dr. Friedrich Ratzel, Prof., München; 7: von Dr. G. A. v. Huller; 8. 9: von Dr. Albrecht Penck; 10: von F. Ratzel u. Eugen Oberhummer; 11: von E. Oberhummer u. Wilhelm Rohmeder; 12–15: von E. Oberhummer; 16. 17: von Dr. Heinrich Zimmerer; 18: von E. Oberhummer u. Theodor Geiger; 19. 20: von E. Oberhummer u J[osef] F[elix] Pompeckj.) H. [1]–20. München: Buchdr. C. Wolf & Sohn; 6–9: Buchdr. F. Straube; 10ff.: Th. Ackermann 1871–1903. 20 Bde 8°

[1–3.] Jahresber. 1–3. 1871–73. [4.] Jahresber. 4. 5. 1875.
[5.] Jahresber. 6. 7. 1877. 6. 1877–1879. 1880. 7. 1880–1881. 1882.
8. 1882–1883. 1884. 9–12. 1884–1887. 1885–88.
13. 1888 u. 1889. 1890. 14. 1890 u. 1891. 1892.
15—Festschrift d. Geogr. Gesellschaft in München z. Feier ihres 25jähr. Bestehens mit e. Jahresber. f. 1892 u. 1893... hrsg. von ... Prof. Dr. E. Oberhummer. 1894.
16. 1894 u. 1895. 1896. 17. 1896 u. 1897. 1898. 18. 1898 u. 1899. 1900.
19. 1900/1901. 1901. 20. 1901/1902. 1903.
Forts. s. u. d. T.: Mitteilungen d. Geographischen Gesellschaft in München. (67. 3431

—— der Geographischen Gesellschaft in München. 1.—12. Heft. gr. 8. München, (Th. Ackermann's Verlag.) [* * ℳ 30.10.]

Inhalt:

Heft 1. I. Jahresbericht. 1871. (IV, 143 S.) Vergriffen.
» 2. II. Jahresbericht. 1872. (IV, 143 S.) ** ℳ 1.80.
» 3. III. Jahresbericht. 1873. (IV, 200 S. mit 1 Taf.) Vergriffen.
» 4. IV. und V. Jahresbericht. Redig. von C. Arendts. (269 S.) 875. ** ℳ 3.40.
» 5. VI. und VII. Jahresbericht. Redig. von C. Arendts und G. A. v. Huller. (163 S.) 877. ** ℳ 2.—.
» 6. 1877—1879. Hrsg. von Friedr. Ratzel. (VIII, 224 S.) 880. ** ℳ 6.—.
» 7. 1880 und 1881. Hrsg. von G. A. v. Huller. (153 S.) 882. ** ℳ 2.—.
» 8. 1882 und 1883. Hrsg. von Albr. Penck. (XXXII, 230 S.) 884. ** ℳ 3.60.
» 9. 1884. Hrsg. von Albr. Penck. (XL, 108 S.) 885. ** ℳ 1.80.
» 10. 1885. Hrsg. von Friedr. Ratzel und Eug. Oberhummer. (XXXIII, 141 S.) 886. ** ℳ 3.—.
» 11. 1886. Hrsg. von Eug. Oberhummer und Wilh. Rohmeder. (XXXIV, 125 S. mit 2 Karten.) 887. ** ℳ 3.—.
» 12. 1887. Hrsg. von Eug. Oberhummer. Mit einem Inhaltsverzeichnis über Heft 1—12. (L, 160 S. mit 1 Karte und 2 Taf.) 888. ** ℳ 3.50.

—— der geographischen Gesellschaft in München f. 1888 u. 1889. [Der ganzen Reihe 13. Heft.] Hrsg. v. Eug. Oberhummer. Mit e. Inhaltsverzeichn. üb. Heft 1—12. gr. 8. (XLVIII, 106 S.) Münch. 890, (Th. Ackermann's Verlag). ** 2 —

— der geographischen Gesellschaft in München f. 1890 u. 1891. (Der ganzen Reihe 14. Hft.) Hrsg. v. Eugen Oberhummer. gr. 8. (XL, 127 S. m. 3 z. Tl. farb. Taf.) München 892. (Th. Ackermann.) n.n. 3. —

— der geograph. Gesellschaft in München f. 1892 u. 1893, s.: Festschrift d. geograph. Gesellschaft in München z. Feier ihres 25jähr. Bestehens.

— dasselbe f. 1894 u. 1895. (D. ganzen Reihe 16. Hft.) Hrsg. v. Heinr. Zimmerer. gr. 8. (CXXXI, 313 u. 9 S. m. Fig. u. 1 Karte.) München 896. (Th. Ackermann.) n.n. 5. —

— der geographischen Gesellschaft in München f. 1896 u. 1897. (Der ganzen Reihe 17. Hft.) Hrsg. v. Heinr. Zimmerer. gr. 8. (LXIV, 119 S. m. 1 Karte.) München 898. (Th. Ackermann.) n.n. 3.—

— dasselbe, f. 1898 u. 1899. (Der ganzen Reihe 18. Hft.) Hrsg. von Eug. Oberhummer u. Thdr. Geiger. gr. 8. (LXXVIII, 144 S. m. 3 Lichtdr.-Taf. u. 2 Karten.) Ebd. 900. n.n. 4.20

— dasselbe, f. 1900—1901. (Der ganzen Reihe 19. Hft.) Hrsg. v. Eug. Oberhummer u. J. F. Pompeckj. gr. 8. (LXX, 135 S. m. 9 Abbildgn., 1 Karte u. 2 Lichtdr.-Taf.) Ebd. 901. n.n. 3.—

— der geographischen Gesellschaft in München f. 1901/1902. (Der ganzen Reihe 20. Heft.) Hrsg. von Eug. Oberhummer u. J. F. Pompeckj. Mit 9 Taf. u. 4 Textbildern sowie e. Register über sämtl. Jahresberichte. (LXXV, 124 u. 55 S.) gr. 8. München 903. (Th. Ackermann.) n. 4.—
Fortsetzung, s.: Mitteilungen.

Jahresbericht der Geographisch-Ethnographischen Gesellschaft in Zürich für das Jahr 1899/1900 — 1901/1902. Zürich 1900 ff. 8°.

Jahresbericht der Geographisch-Ethnographischen Gesellschaft Zürich. 8.
[2.] 1900/1 u. d. T.: Festschrift der — — Gesellschaft in Zürich bei Anlass der Versammlung des Verbandes der schweizerischen Geographischen Gesellschaften in Zürich im Jahr 1901. (Nebst Jahresbericht für das Gesellschaftsjahr 1900/1901). [Mit 2 Figuren und 2 Karten.] 208 S. Zürich, F. Lohbauer, 1901.
(3:) für das Jahr 1901/1902 Mit [2 Figuren, 2 Karten und] Beilagen. 164 S. Zürich, Druckerei der Neuen Zürcher Zeitung, 1902.

Jahresbericht der Geographisch-Ethnographischen Gesellschaft in Zürich pro 1903-1904. [Mit Illustrationen, 1 Tafel und 1 Karte.] 67 S. 8. Zürich, F. Lohbauer, 1904.
(Pro 1902/1903 wurde kein Jahresheft ausgegeben.)

Jahresbericht der Geographisch-Ethnographischen Gesellschaft in Zürich pro 1905–1906. (Mit [1 Illustration, 12 Tafeln, 4 Karten und] wissenschaftlichen Beilagen.) 154 S. 8. Zürich, F. Lohbauer, 1906.

Jahresbericht der Geograph.-Ethnographischen Gesellschaft in Zürich pro 1906—1907. (Mit [Illustrationen und] wissenschaftlichen Beilagen.) 127 S. 8. Zürich, F. Lohbauer, 1907.

Jahresbericht der Geograph.-Ethnographischen Gesellschaft in Zürich pro 1907-1908. (Mit [Illustrationen, 1 Karte und] wissenschaftlichen Beilagen.) 132 S. 8. Zürich, F. Lohbauer, 1908.

Jahresbericht der Geograph.-Ethnographischen Gesellschaft in Zürich pro 1908-1909. ([Mit 1 Figur, 2 Kartenskizzen, 6 Tafeln und] wissenschaftliche[n] Beilagen.) II + 256 S. 8. Zürich, F. Lohbauer, 1909.

Jahresbericht der Gesellschaft für die Geschichte der Deutschen in Maryland: 1—, 1887—1955 +.
Report of the Society, published annually 1887—1901, thereafter irregularly. First Report, only, has title in German; others with slight variations: REPORT OF THE SOCIETY FOR THE HISTORY OF THE GERMANS IN MARYLAND. Published in English and German. Suspended: 1908—28, 1930—38; but the 150th ANNIVERSARY REPORT was issued 1933. Illustrated, including portraits. Important source for history of German-Americans in Md.
Baltimore, MD

— 1., der Gesellschaft f. fränkische Geschichte über das J. 1906. (88 S.) 8. Würzburg 906. (H. Stürtz.) n. 1.—

JAHRESBERICHT DER GESELLSCHAFT FÜR GESCHICHTE UND LITERATUR DER LANDWIRTSCHAFT.
I.[1]) 1904. Leipzig. Druck von Thalacker & Schöffer. 8°. — II—X. 1905—1913. ib. — XI. Kriegsjahr 1914. ib. —

[1]) Als Organ der Gesellschaft werden die in Weimar erscheinenden „LANDWIRTSCHAFTLICHEN BLÄTTER" benutzt.

JAHRESBERICHT DER GESELLSCHAFT FÜR POMMERSCHE GESCHICHTE UND ALTERTHUMSKUNDE. ..
1—5. 1826—1830. (Mit Tafeln.) Stettin, 1827—1832. Bei Friedrich Heinrich Morin. 8°.
6. 1831. ib. 1833. Gedruckt bei F. Hessenland.
7—13. 1831—1838. ib. 1836 1839. Auf Kosten und im Verlage der Gesellschaft. In Comm. der Nicolai'schen Buchhandlung.
14·15. 1839 1840. (Mit 1 Tafel.) ib. 1840. Auf Kosten und im Verlage der Gesellschaft. In Comm. der Buchhandlung Becker und Altendorff.
16—18. 1841—1843. ib. 1842 1843. Auf Kosten und im Verlage der Gesellschaft. In Comm. der Buchhandlung Windolff & Striese in Königsberg i. N.
19—24. 1844—1849. ib. 1844 1850. Auf Kosten und im Verlage der Gesellschaft.
25. 1850. ib. 1851. Druck von R. Grafsmann.

—— 13. u. 14., der Gesellschaft f. pommersche Geschichte u. Alterthumskunde. gr. 8. Stettin. (Weise.) [13. (2½ B.) 839. • ⅓ Thlr., 14. (5 B.) 840. • ½ Thlr.] •
1—12. Jahresbericht. Ebendas.

JAHRES-BERICHT DER GESELLSCHAFT FÜR POMMERSCHE GESCHICHTE UND ALTERTHUMSKUNDE.
27—37. 1854—1875. ib. 1855—1875. Auf Kosten und im Verlage der Gesellschaft.
38. 1876. ib. 1876. Druck von Herrcke & Lebeling.

GESELLSCHAFT FÜR RHEINISCHE GESCHICHTSKUNDE. — ... JAHRESBERICHT.
1., Köln, den 28. December 1881. (Koeln. Druck von M. Du Mont-Schauberg.) (Ohne bes. Titelbl.) 8°.
2., Köln, den 20. December 1882. (ib. —.)
3., Köln, den 18. November 1883. (ib. —.)
4., Köln, den 5. Januar 1885. (ib. —.)
5., Köln, den 8. December 1885. (ib. —.)

... JAHRESVERSAMMLUNG DER GESELLSCHAFT FÜR RHEINISCHE GESCHICHTSKUNDE.
Bericht des Vorsitzenden über die wissenschaftlichen Unternehmungen der Gesellschaft.
6., Köln, im December 1886. (ib. —.) 4°.
7., Köln, im December 1887. (ib. —.)
... JAHRESVERSAMMLUNG DER GESELLSCHAFT FÜR RHEINISCHE GESCHICHTSKUNDE.
6., Geschäftlicher Bericht nebst dem Verzeichniss der Stifter, Patrone und Mitglieder der Gesellschaft. Köln, im December 1886. (ib. —.) (Ohne bes. Titelblatt.) 8°.
7., Geschäftlicher Bericht nebst dem Verzeichniss der Stifter, Patrone, Mitglieder und des Vorstandes der Gesellschaft. Köln, im December 1887. (ib. —.)[1])
10., Geschäftsbericht. Köln, im März 1881. (ib. —.)
[1]) Geschäftsbericht 8. und 9 habe ich nicht einsehen können.

JAHRESBERICHT DER GESELLSCHAFT FÜR RHEINISCHE GESCHICHTSKUNDE
(11.,) über das Jahr 1891. Bonn 1892. Universitätsbuchdruckerei von Carl Georgi. (Mit bes. Titelbl.) 8°.
(12.,) über das Jahr 1892. ib. 1893. —
XIII.—XXXIII., über das Jahr 1893—1913. ib. 1894—1914. —

JAHRES-BERICHT DER HAMBURGER GESELLSCHAFT ZUR VERBREITUNG MATHEMATISCHER KENNTNISSE. Vom 3. März 1839 bis zum 3. März 1840. (Ohne bes. Titelblatt.)

JAHRESBERICHT DER HAMBURGISCHEN NATURWISSENSCHAFTLICHEN GESELLSCHAFT. Abgestattet am 8. Januar 1847 vom Präsidenten derselben. Hamburg. s. a. Gedruckt bei F. H. Nestler und Melle. 8°.

Gesellschaft für Handel und Industrie in Luzern. 11. und 12. Jahresbericht für die Jahre 1899 und 1900: I. Bericht des Vorstandes; II. Bericht der kaufmännischen Fortbildungsschule; III. Bericht der Verkehrskommission. [Mit 1 Tabelle.] 63 S. 8. Luzern, Räber & Cie., 1901.

Gesellschaft für Handel und Industrie in Luzern. 13. Jahresbericht für das Jahr 1901: I. Bericht des Vorstandes; II. Bericht der kaufmännischen Fortbildungsschule; III. Bericht der Verkehrskommission. [Mit 1 Tabelle.] 55 S. 8. Luzern, C. J. Bucher, (1902).

Gesellschaft für Handel und Industrie in Luzern. 14. Jahresbericht für das Jahr 1902. I. Bericht des Vorstandes; II. Bericht der kaufmännischen Fortbildungsschule; III. Bericht der Verkehrskommission. [Mit 1 Tabelle.] II + 47 S. 8. (Luzern, H. Keller, 1903.)

Achter Jahresbericht der historisch-antiquarischen Gesellschaft von *Graubünden.* Jahrgang 1878. In-8°, 16 u. 66 S. Chur, Sprecher & Plattnor.
*** Der erste Theil enthält Vereinschronik, Rechnung, Mitgliederverzeichniss, Literaturangaben u. dgl. Der zweite unter eigenem Haupttitel, eine „Verfassungsgeschichte der *Stadt Cur* im Mittelalter, von Dr. *P. C. Planta.*"

Jahresbericht, XIV., der histor.-ant. Gesellschaft von Graubünden. Jahrgang 1884. Chur, Dr. v. Sprecher u. Plattner. In-8°, 20 S. (Enthält auf S. 6—8 den Nekrolog von Kantonsarchivar Christian Kind.) — Dazu Beilage: *Rud. v. Ems.* Ein rätischer Dichter des XIII. Jahrhunderts. Skizze von Sam. Plattner. Chur, Dr. v. Sprecher u. Plattner. In-8°, 16 S. 1885.

Jahresbericht, XV. Der historisch-antiquarischen Gesellschaft in Graubünden, Jahrgang 1885. Chur, Sprechor & Plattner. 1886.

Jahresbericht, XVI., der Historisch-Antiquarischen Gesellschaft in Graubünden. Jahrg. 1886. In-8°. Chur, Sprecher & Plattner. 1887.

Jahresbericht, XX., der historisch-antiquar. Gesellschaft von Graubünden. Jahrg. 1890. In-8°. 40 u. 63 S. Chur, Hitz'sche Buchhdlg. 2 —

— XXII. u. XXIII., der historisch-antiq. Gesellschaft v. Graubünden. Jahrg. 1892. 1893. gr. 8. Chur (Hitz). à n. 2. —
1892. (27, 60 u. 10 S. m. 2 farb. Taf.) 893. — 1893. (28 u. 28 S.) 894.

— XXIII.—XXV., d. historisch-antiq. Gesellschaft v. Graubünden. Jahrg. 1893—1895. gr. 8. (28, 28; 68 u. 110 S.) Chur 894—896. (Hitz.) à n. 2. —

Jahresbericht, XXVI., der Histor.-antiquarischen Gesellschaft von Graubünden. Jahrg. 1896. Gr. in-8°. 128 S. Chur, Hitz'sche Buchh. 1897. 3 —
*** Berichtigung der Preisangabe in N° 3, die auf einer irrtümlichen Mitteilung des Verlegers beruhte.

Jahresbericht, XXVII., der historisch-antiqu. Gesellschaft von Graubünden. Jahrg. 1897. Gr. 8°. 254 S. Chur, Hitz'sche Buchh. 1898. 6 —
*** Inhalt: I. Jahresbericht. — II *Muoth, H.*, Zwei sogenannte Aemterbücher des Bistums Chur aus dem Anfang des XV. Jahrh.

Jahresbericht, XXVIII., der histor.-antiqu. Gesellschaft von Graubünden. Jahrg. 1898. 8°. 184 S. Chur. Hitz'sche Buchh. 1899. 5 —
Inhalt: I. Jahresbericht. II. Die Kanzlei-Akten der Regentschaft des Bistums Chur aus den Jahren 1499 bis 1500. Hrsg. v. *Fritz Jecklin.* Als Fortsetzung zu: *Mohr, Codex diplom. VII. Bd.*

Jahresbericht. 30. Jahresbericht der Historisch-antiquar. Gesellschaft von Graubünden. Jahrg. 1900. ([Mit zwei] litterarischen Beilagen.) IV + 31 + *Beilagen* VIII + 143 + 44 S. 8. Chur, Sprecher & Valer, 1901.
[Beilage 1] *u. d. T.:* Der Katalog des Bischofs (Johann VI) Flugi vom Jahre 1645. Mit Urkunden neu hrg. von Joh[ann] Georg Mayer, Professor, und Fritz Jecklin, Stadtarchivar. VIII + 148 S. Chur, Sprecher & Valer, 1901. — *Auch sep.*
[Beilage 2:] (Jecklin, C[onstanz].) Chur vor hundert Jahren. Ein Kultur-Bild. 44 S. — *Auch sep.*

Jahresbericht. 31. Jahresbericht der Historisch-antiquar. Gesellschaft von Graubünden. Jahrg. 1901. ([Mit zwei] litterarischen Beilagen.) IV + 30 + *Beilagen* II + 103 + 58 S. 8. Chur, Sprecher & Valer, 1902.
Beilagen u. bes. Titeln:
[Beilage 1] s. Meuli, Anton. — *Auch sep.*
[Beilage 2:] Truog, Jac[ob] Rud[olf]. Die Bündner Prädikanten 1555—1901 nach den Matrikelbüchern der Synode. Von Jak. Rud. Truog, Pfarrer in Tamins. 58 S. Chur, Sprecher & Valer, 1902. — *Auch sep.*

Jahresbericht. 32. J' der Historisch-antiquar. Gesellschaft von Graubünden. Jahrg. 1902. ([Mit 1 Porträt-Tafel und zwei] litterarischen Beilagen.) IV + 32 + *Beilagen* 23 + 116 S. 8. Chur, Sprecher & Valer, 1903.
(Beilagen [1]:) (J[ecklin], C[onstanz].) Ständerat Peter Conradin von Planta. [Mit Porträt-Tafel.] 23 S. — *Auch sep.*
(Beilagen [2].) *u. bes. T.:* Valer, M[ichael]. Die Beziehungen der III Bünde zu Tirol ... 1632—1652. 116 S. Chur, Sp' & V', 1903. — *Auch sep.*

Jahresbericht. 33. J' der Historisch-antiquar. Gesellschaft von Graubünden. Jahrg. 1903. ([Mit zwei] litterarischen Beilagen. [Illustriert.]) IV + 31 + *Beilagen* 145 S. 8. Chur, Sprecher & Valer, 1904.
(Beilagen [1].) S. 1—128 *u. bes. T.:* s. Pfister, Alexander.
(Beilagen [2].) S. 129—145: Jecklin, Fritz. Römische Ausgrabungen in der Custorei in Chur. Vortrag gehalten ... am 2. Dezember 1902. [Illustriert.] *Ausg. B.* —

Jahresbericht. 34. J' der Historisch-antiquar. Gesellschaft von Graubünden. Jahrg. 1904. ([Mit drei] litterarischen Beilagen [und 1 Abbildung].) 34 + *Beilagen* 96 + 69 + 16 S. 8. Chur, Sprecher & Valer, 1905.
(Beilagen:) [1] *u. bes. T.*, s. Jecklin, Fritz; — [2] *u. bes. T.*, s. Tuor, Chr(istian) Mod(est); — [3:] Planta, P(eter) v[on]. Einsendung an die tit. historisch-antiquarische Gesellschaft durch P. v. P" in Fürstenau ([betr.:] A[lexander] Pfister, «Die Patrioten...»). 16 S.

Jahresbericht. 35. J' der Historisch-antiquarischen Gesellschaft von Graubünden. Jahrg. 1905. ([Mit vier] litterarischen Beilagen.) 42 + *Beilagen* IV + 199 S. 8. Chur, Sprecher & Valer, 1906.
(Beilagen:) [1.] *u. bes. T.*, s. Jecklin, Fritz, und Muoth, J[ohann] C[aspar]; — [2.] s. Ludwig, D[aniel] A[ugust]; — [3.] s. Giovanoli, G[audenzio]; — [4.] *S. 193—199:* Luginbühl, Rud[olf]. Zur Geschichte Graubündens im Jahre 1801.

Jahresbericht. 36. J' der historisch-antiquarischen Gesellschaft von Graubünden. Jahrg. 1906. ([Mit vier] litterarischen Beilagen [sowie 2 Tafeln und 2 Karten].) XLIX + *Beilagen* 159 S. 8. Chur, Sprecher & Valer, 1907.
S. V—XIV: J[ohann] C[aspar] Muoth (Professor. [Bio-bibliographischer Nachruf von] C[onstanz] J[ecklin].)
(Beilagen:) [1.] s. Kind, Gottfried; — [2.] s. Ludwig, D[aniel] A[ugust]; — [3.] s. (Jecklin, C[onstanz]); — [4.] s. Ganzoni, R[udolf] A[nton].

Jahresbericht. 37. J' der Historisch-antiquarischen Gesellschaft von Graubünden. Jahrg. 1907. ([Mit fünf] litterarischen Beilagen [und 5 Tafeln].) XLII + *Beilagen* 267 S. 8. Chur, Sprecher & Valer. 1908.
(Beilagen:) [1.] s. Hoppeler, Robert; — [2.] s. Planta, P[eter] von; — [3.] s. Jecklin, Fritz; — [4.] s. Sprecher, Paul; — [5.] s. Tropp, Joh[ann] Martin.

Jahresbericht. 38. J' der Historisch-antiquarischen Gesellschaft von Graubünden. Jahrg. 1908. ([Mit drei] litterarischen Beilagen.) XLIV + *Beilagen* 199 S. 8. Chur, Victor Sprecher, 1909.
(Beilagen:) [1.] s. Jecklin, Fritz; — [2.] Hoppeler, Robert: — [3.] Ganzoni, R[udolf] A[nton].

Jahresbericht. 39. J' der Historisch-antiquarischen Gesellschaft von Graubünden. Jahrg. 1909. ([Mit 1 Karte und] litterarischen Beilagen.) XXXII + 240 S. 8. Chur, Victor Sprecher, 1910.

— der histor. und antiquar. Gesellschaft in Basel pro 1881—82. Vorgelesen am Herbstausflug nach Colmar. In-8°, 8 S. Basel, 1882.

Jahresbericht der Fürstlich Jablonowskischen Gesellschaft. Leipzig, im März 1880—1900 ff. 8°.

JAHRESBERICHT DER FÜRSTLICH JABLONOWSKISCHEN GESELLSCHAFT.
Leipzig, im März 1910. (o. O. o. V.) 8°.
Leipzig, im Mai 1911. (o. O. o. V.)

—— der industriellen Gesellschaft v. Mülhausen i/E. 1889, 1890, 1891. Lex.-8. (203 S. m. 2 lithogr. Taf. u. 1 Karte; 365 S. m. 8 Taf.; 172 S. m. 1 Tab. u. 3 Taf.) Mülhausen i. E. 889—92, (Detloff). Jahrg. 1890 * 8 —; Jahrg. 1889 u. 1891 à * 3 —
Französ. Ausg. s. u. d. T.: Bulletin de la Société industrielle de M. Preis à tome * 18 — (nicht wie irrthümlich angegeben, à Lfg.).

— der industriellen Gesellschaft v. Mülhausen i/E. 1891. Lex.-8. (172 S. m. 1 Tab. u. 3. Taf.) Mülhausen i/E. 891. (C. Detloff.) n.n. 3. —

— d. industriellen Gesellschaft v. Mühlhausen 1892 — 1898. Lex.-8. Mühlhausen i/E. (C. Detloff). à n. 6. —
1892. (259 S. m. 4 Tab. u. 11 Taf.) 895.
1893. (212 S. m. 1 Tab. u. 10 Taf.) 895.
1894. (208 S. m. 12 Tab. u. 4 Taf.) 695.
1895. (165 S. m. 2 Tab. u. 4 Taf.) 895.
1896. (208 S. m. 10 Tab. u. 3 Taf.) 897.
1897. (187 S. m. Fig., 2 Tab. u. 5 Taf.) 897.
1898. (197 S. m. 2 Tab. u. 18 Taf.) 898.

Gesellschaft, industr., v. Mülhausen i. E. Jahresber. 1889-1900. Mülhausen 1889-1900

Gesellschaft, industr., v. Mülhausen, Jahresbericht 1901-06. Strassburg 1901-07

Gesellschaft, industr., v. Mülhausen. Jahresbericht. 1907-11. Mülhausen 1908-12

Gesellschaft für Christliche Jünglingsvereine in Basel. 11. Jahresbericht über das Jahr 1900/1901. (1901 März.) [Mit 1 Tabelle.] IV + 46 S. 8. Basel, Basler Druck- und Verlags-Anstalt, 1901.

JAHRES-BERICHT über die Gründung und Wirksamkeit der Juristischen Gesellschaft München
im Vereinsjahr 1889/90. München. Kgl. Hof-Buchdruckerei von E. Mühlthaler. 8°.
JAHRES-BERICHT über die Wirksamkeit der Juristischen Gesellschaft München
im Vereinsjahr 1890. ib. —
im Vereinsjahre 1891—1895. ib. —
BERICHT über die Wirksamkeit der Juristischen Gesellschaft München
im Vereinsjahre 1896—1897. ib. —
JAHRESBERICHT der Juristischen Gesellschaft zu München (e. V.)
für die Jahre 1898—1901. ib. 1902. — [1])
für das Jahr 1906. ib. E. Mühlthaler's Buch- und Kunstdruckerei A. G.
JAHRESBERICHT der Juristischen Gesellschaft in München. (E. V.)
für das Jahr 1907. (Mit 1 Tafel.) ib. —

[1]) Die Jahresberichte 1902—1905 habe ich nicht einsehen können.

Kaufmännische Gesellschaft in Zürich. I. Jahresbericht vom 27. Nov. 1873 bis 31. Dez. 1874. 59 Stn. gr. 8. Zürich, Druck v. Orell Füssli & Co. Beigabe: Steinmann, A., über Handels- und Gewerbekammern im Ausland und die Pflege der Handelsinteressen in der Schweiz. 21 pp.

— (G.) des Vorstandes d. kaufmännischen Gesellschaft Zürich. In-8°, 46 und 8 S. Zürich, J. Ulrich. 1880.

Jahresbericht, 8., des Vorstandes der Kaufmänn. Gesellschaft Zürich, vom 1. Januar bis 31. Dezember 1881. In-8°, 48 S. Zürich, Druck von J. J. Ulrich. 1882.

Jahresbericht der Gesellschaft schweizerischer Landwirthe. 1882.

Jahresbericht d. landw. Gesellschaft d. Kantons Aargau. 1874. 14 Stn. 8. Aarau, Druck von J. J. Christen.

Landwirtschaftliche Gesellschaft des Kantons St. Gallen. Jahres-Bericht pro 1900. ([Mit] Schlussarbeit: Zur Viehwirtschaftsfrage.) II + 45 S. 8. Altstätten, (A. Vetter), 1901.

Landwirtschaftliche Gesellschaft des Kantons St. Gallen. Jahres-Bericht pro 1901. ([Mit] Schlussarbeit: Die kantonale Obstkommission, ihre bisherige und zukünftige Tätigkeit.) II + 45 S. 8. Wattwil, J. Kutz, 1902.

Landwirtschaftliche Gesellschaft des Kantons St. Gallen. Jahres-Bericht pro 1902. II + 40 S. 8. Altstätten, (A. Vetter), 1903.

JAHRES-BERICHT DER LITTERARISCHEN GESELLSCHAFT ZU POTSDAM . . .
verfasst vom Schriftführer der Gesellschaft, Lehrer der städtischen höheren Töchterschule W. RIEHL.
vom Februar 1874 bis zum Februar 1875. Potsdam, 1875. Krämer'sche Buchdruckerei (E. R. Brandt.) 8°.
JAHRESBERICHT . . .
vom Februar 1876 bis zum Februar 1877. ib. 1877. Gedruckt bei Allert Arndt.
vom Februar 1877 bis zum Februar 1878. ib. 1878. —
JAHRES-BERICHT . . .
vom Februar 1878 bis zum Februar 1879. ib. 1879. —
JAHRES-BERICHT . . .
vom Februar 1879 bis zum Februar 1880. ib. 1880. —
DIE LITTERARISCHE GESELLSCHAFT zu Potsdam von 1830 bis 1880 nebst JAHRES-BERICHT vom Februar 1880 bis zum Februar 1881, vom Schriftführer W. RIEHL. ib. 1881. —

JAHRES-BERICHT DER LITTERARISCHEN GESELLSCHAFT ZU POTSDAM . . .
verfasst vom Schriftführer der Gesellschaft, Lehrer der städtischen höheren Töchterschule W. RIEHL
vom Februar 1881 bis zum Februar 1882. ib. 1882. —
vom Februar 1882 bis zum Februar 1883. ib. 1883. —
vom Februar 1883 bis zum Februar 1884. ib. 1884. —
verfasst vom Schriftführer W. RIEHL.
vom Februar 1884 bis zum Februar 1885. ib. 1885. —
vom Februar 1885 bis zum Februar 1886. ib. 1886. —

JAHRES-BERICHT DER LITTERARISCHEN GESELLSCHAFT ZU POTSDAM . . .
verfasst vom Schriftführer W. RIEHL.
vom Februar 1886 bis zum Februar 1887. ib. 1887. —
vom Februar 1887 bis zum Februar 1888. ib. 1888. —
verfasst vom Schriftführer H. RADEMACHER.
vom Februar 1888 bis zum Februar 1889. ib. 1889. —
vom Februar 1889 bis zum Februar 1890. ib. 1890. — [1])
vom Februar 1896 bis zum Februar 1897. ib. 1897. — [1])
verfasst vom Schriftführer FELLENBERG.
vom Februar 1899 bis zum Februar 1900. ib. 1900. —
vom Februar 1900 bis zum Februar 1901. ib. 1901. —
vom Februar 1901 bis zum Februar 1902. ib. 1902. —
vom Februar 1903 bis zum Februar 1904. ib. 1904. —
vom Februar 1905 bis zum Februar 1906. ib. 1906. —
vom Februar 1907 bis zum Februar 1908. ib. 1908. — [1])
vom Februar 1911 bis zum Februar 1912. ib. 1912. —

[1]) Die fehlenden Jahres-Berichte habe ich nicht einsehen können.

Gesellschaft schweizer. Localbahnen. 1. Jahresbericht p. 1873. 35 Stn. 4. Zürich, Druck v. Orell, Füssli & Co. 1874.
- - 2.Jahresbericht f.1874. Ebda.1875.

JAHRES-BERICHT DER MATHEMATISCHEN GESELLSCHAFT von Fastnacht 1882 — Fastnacht 1883. Vom Jahrverwalter (C. W. PLATH) nach den Original-Protokollen in Reimlein gebracht und von sämmtlichen Mitgliedern höchst tactvoll vorgetragen. Hamburg s. a. Schlachter & Rübger. 8°.

JAHRESBERICHT DER GESELLSCHAFT FÜR MIKROSKOPIE ZU HANNOVER.
1. Hannover. 1880. Buchdruckerei von Arnold Weichelt. 8°.
2., für die Geschäftsjahre 1881—1882. ib. 1883. Berenberg'sche Buchdruckerei.

Gesellschaft der Musikfreunde zu Berlin. Jahres-Bericht. [1.] Pro 1907/08. (Berlin-Charlottenburg 1908: Reichel.) 8°

Jahresbericht der Gesellschaft der Musikfreunde des österreichischen Kaiserstaates über die Leistungen des Verwaltungsjahres 1855. Aus J. B. Wallishausser's k. k. Hoftheater-Druckerei. (23 S. 4.)

JAHRESBERICHT DER NATURFORSCHENDEN GESELLSCHAFT IN EMDEN
für 1853. (Mit 1 meteorologischen Tabelle.) ib. 1854. Druck von J. Hemkes.
40., für 1854. (Mit 1 meteorologischen Tabelle.) ib. 1855. Druck von H. Woortman sen.
41—42., für 1855—1856. (Mit 1 meteorologischen Tabelle.) ib. 1856—1857. Druck von H. Woortman sen.
43—49. 1857—1863. Von H. METGER. (Mit meteorologischen Tabellen.) ib. 1858—1864. Druck von D. Th. Woortman.
50—53. 1864—1867. Von HERMANN MEIER. ib. 1865—1868. —
54—66. 1868—1880/81. ib. 1869—1882. —
67. 1881/82. ib. 1883. Druck von Th. Hahn Wittwe.

—— 55.—60., der naturforschenden Gesellschaft in Emden 1869—1874. gr. 8. (41; 45; 44; IV, 56; 44; 40 S.) Emden 870—75, (Haynel.)
1869 und 1874 à * 1 50
1870 * 1 —
1871—1873 à * 1 25

— 55—61., der naturforschenden Gesellschaft in Emden 1869—1875. gr. 8. Emden 871—75. (Haynel.) n. 8. 5
55. (41 S.) n. 1. 50. — 56. (45 S.) n. 1. —. — 57. (II, 44 S.) n. 1. 25. — 58. (VI, 56 S.) n.n. 1. 25. — 59. (44 S.) n.n. 1. 2. — 60. (40 S.) n.n. 1. 50. — 61. (46 S.) — 75.

—— 61.—64., der naturforschenden Gesellschaft in Emden. 1875—1878. gr. 8. (46; 44, 63; III, 58 S.) Emden 876—79, (Haynel.)
61. Bericht
62.—64. Bericht à *

— dasselbe. 65. Jahresbericht 1879/80. gr. 8. (128 S.) Ebend. 880. n. 1. 35

— dasselbe. 66. Jahresbericht 1880/81. gr. 8. (III, 109 S.) Ebend. 882. n. 1. —

— 67., der naturforschenden Gesellschaft in Emden. 1881/82. gr. 8. (68 S.) Emden 883. (Haynel.) n. 1. 60

JAHRESBERICHT DER NATURFORSCHENDEN GESELLSCHAFT in Emden.
68. 1882/83. (Mit 1 Tafel.) Emden. 1884. Druck von Th. Hahn Wittwe. Darin mit bes. Titelblatt: Systematische Uebersicht der Mineralien des Museums der naturforschenden Gesellschaft zu Emden. I. Oryktognosie. Verfasst von S. A. MARTINI. ib. 1884. — 8°.
69. 1883/84. ib. 1885. —
70. 1884/85. ib. 1886. — Darin mit bes. Titelblatt: C. HERRMANN und A. RÜHMEKORB, Verzeichniss der Phanerogamen, welche im Herbarium des Emder Museums zu finden sind. ib. 1885. —

— dasselbe. 68. Bericht. 1882/83. gr. 8. (84 S. m. 1 Steintaf.) Ebend. 884. n. 1. —

— dasselbe. 69. Bericht. 1883/84. gr. 8. (56 S.) Ebend. 885. n. 1. —

—— 70. und 71., der Naturforschenden Gesellschaft in Emden. . 1884/85 und 1885/86. gr. 8. (128; 106 S.) Emden 886,87, (Haynel.) à Jahrg. * 1 —

JAHRESBERICHT DER NATURFORSCHENDEN GESELLSCHAFT IN EMDEN
71. 1885/86. Emden 1887. Druck von Th. Hahn Wittwe. 8°. — 72. und 73. 1886/88. ib. 1889. — Darin mit bes. Titelbl.: Verzeichniss der in der Cryptogamen-Sammlung des Museums zu Emden befindlichen 824 Pflanzen. Geordnet und angefertigt von C. HERRMANN (und) W. BRAMMER. ib. 1888. — 74., pro 1888/89 nebst Festschrift über die Feier ihres 75jährigen Bestehens. Mit 4 Tafeln. ib. 1890. — Darin mit bes. Titelbl.: Festbericht über die Feier des 75jährigen Bestehens der Naturforschenden Gesellschaft in Emden am 29. December 1889. Von MARTINI. ib. 1890. — 75., pro 1889/90. ib. 1891. — 76., pro 1890/91. (Mit 36 Tafeln.) ib. 1892. Druck von Conr. Zorn, Herm. Tapper's Nachf. — 77—79., pro 1891/92—1893/94. (Mit Tafeln.) ib. 1893—1895. Druck von Th. Hahn Wittwe. — 80., pro 1894/95. (Mit 3 Tafeln). ib. 1896. Druck von Anton Gerhard. — 81., pro 1895/96. ib. 1897. Druck von Th. Hahn Wittwe. — 82., für 1896/97. ib. 1898. Druck von Conr. Zorn, Herm. Tapper's Nachf. — 83. und 84., für 1897/99. ib. 1899. Druck von Th. Hahn Wittwe. —

— 72/73., 74.—76., der naturforschenden Gesellschaft in Emden pro 1886/88, 1888/89—1890/91. gr. 8. (82, 34; 80, 32 S. m. 4 Taf.; II, 86; II, 177, VI S. m. 36 S.) Emden 890—92, (Haynel). Jahrg. 72/73, 74 u. 75 à * 1 50; Jahrg. 76 cart. * 5 40

— 75.—78., der naturforschenden Gesellschaft in Emden pro 1889/90, 1890/91, 1891/92, 1892/93. gr. 8. (IV, 84 S.) Emden, (W. Haynel). n. 11. 10
75. (II, 86 S.) 891. n. 1. 50. — 76. (II, 177 u. VI S. m. 36 Taf.) 892. Kart. n. 5. 40. — 77. (IV, 84 S.) 893. Kart. n. 2. 70. — 78. (IV, 100 S.) 894. n. 1. 50.

— 79., d. naturforschenden Gesellschaft in Emden pro 1893/94. gr. 8. (IV, 42 S. m. 2 Taf.) Emden 895. (W. Haynel.) 1. 50

— dasselbe. 80. Bericht pro 1894/95. gr. 8. (IV, 68 u. 20 S. m. 3 Taf.) Ebd. 896. Kart. n. 2. —

— 81. u. 82. Bericht pro 1895/96 u. 1896/97. gr. 8. (IV, 39 u. IV, 42 S.) Ebd. 897. 98. à n. 1. —

— 83.—86., der naturforschenden Gesellschaft in Emden. gr. 8. Emden (W. Haynel). n. 3. —
83/84. 1897—1899. (IV, 45 S.) n. 1. —. — 85. 1899|1900. (IV, 59 S.) 901. n. 1. —. — 86. 1900|1901. (VIII, 48 S. m. 1 Taf.) n. 1. —.

— 87.—90., der naturforschenden Gesellschaft in Emden f. 1901/1902—1904/1905. gr. 8. Emden (W. Haynel). n. 6. 50
87. 1901/1902. (IV, 65 S.) 903. n. 1. —
88. 1902/1903. (IV, 56 S. m. 1 farb. Taf.) 904. n. 2. —
89. 1903/1904. (V, 66 S.) 905. n. 2. —
90. 1904/1905. (VII, 75 S.) 906. n. 1. 50

— 91.—94., der naturforschenden Gesellschaft in Emden f. 1905/06. 1906/07. 1907/08 u. 1908/09. 8. Emden, W. Haynel. 7. —
91. (II, 51 S.) 907. 1.50. — 92. (II, 68 S. m. 2 Taf.) 906. 2.— 93. (VII, 61 S. m. 1 Fig.) 909. 2.—. — 94. (VIII, 45 S.) 910. 1.50

JAHRESBERICHT DER NATURFORSCHENDEN GESELLSCHAFT ZU FREIBURG. An den Stiftungsfesten ... abgestattet vom Hofrath SCHULTZE.
6 and 7., 1827 und 1828. ib. 1828. In der Herder'schen Kunst- und Buchhandlung. 8°.
8., vom 25. August 1828 bis 25. August 1829. ib. 1830. —

— der naturforschenden Gesellschaft Graubündens. Neue Folge. 1—3. Jahrg. (Vereinsjahr 1854/55, 1855/56, 1856/57.) Chur 856—58. (Grubenmann.) gr. 8. (1. Jahrg.: 2 Bl., VI, 99 S. u. 2 lith. Taf.; 2. Jahrg.: 2 Bl., 152 S. u. 4 lith. Taf.; 3. Jahrg.: 2 Bl., 185 S. u. 1 lith. Taf.) 1.: n. 15 ngr; 2. u. 3.: à n. 24 ngr

—— der naturforschenden Gesellschaft Graubündens. Neue Folge. VII.—XII. Jahrg. (Vereinsjahr 1860—1867.) gr. 8. Chur 862—67, (Hitz.) [VII. Jahrg. IV und 187 S. mit 3 Stnt. und 1 Tab. in 8., qu. 4. und qu. Fol.) * 24 Ngr., VIII. (IV und 312 S.) * 1 Thlr. 6 Ngr., IX. (IV und 160 S. mit 1 Stnt. in qu. Fol.) * 24 Ngr., X. (IV und 218 S. mit 2 ill. Stnt. in qu. Fol.) * 24 Ngr., XI. (XXXI und 221 S. mit 1 Chromolithogr. in qu. 4.) * 24 Ngr., XII. (XVIII und 82 S. mit 1 Tab. in qu. Fol.) * 15 Ngr.] *

— der naturforschenden Gesellschaft Graubündens. Neue Folge. 13. und 14. Jahrg. [Vereinsjahre 1867—1869.] gr. 8. (XIX, 250 S. mit eingedr. Holzschn.; XIX, 228 S. mit 3 Stnt. in 8. und 4.) Chur 869, (Hitz.) à * 2 40

— dass. — Neue Folge. 15. Jahrg. [Vereinsjahr 1869—70.] Nebst einem Anhang: Hans Ardüser's Selbstbiographie und Chronik [1572—1614.] Nach einem im Pfefferser Archiv zu St. Gallen aufgefundenen Mscr. veröffentlicht. gr. 8. (XV, 272 S. mit 1 chromolithogr. Karte in gr. 4.) (Ebendas.) 870. * 3 —

— dass. — Neue Folge. 16.—18. Jahrg. Vereinsjahre 1870—74. gr. 8. (220; 210; 256 S.) (Ebendas.) 872—75. 16. und 17. Jahrg. à * 2 40 18. Jahrg. * 2 60

Jahresbericht der naturforschenden Gesellschaft Graubündens. N. F. XVIII. Jahrg. Vereinsjahr 1873—74. 108 Stn. gr. 8. Chur 1874. Hiezu als Beilage: Commentar der Ardüser'schen Chronik. Bogen 32—38. 3. —

— der naturforschenden Gesellschaft Graubünden's. Neue Folge. 19. Jahrg. Vereinsjahr 1874/75. gr. 8. (159 S.) Chur 876, (Hitz'sche Buchh.) *

Jahresbericht der naturforschenden Gesellschaft Graubündens. Neue Folge. 20. Jahrg. Vereinsjahr 1875/76. [Nebst einer systematischen Uebersicht der Jahrgänge XI—XX.] gr. 8. (XXVIII, 181 S. u. Anh. VII u. S. 585—638.) Chur 877. Hitz in Comm. n. 3.—

— dasselbe. Neue Folge. 21. Jahrg. Vereinsjahr 1876/77. gr. 8. (XXXIX, 129 S. m. 3 Tab. u. 1 graph. Steintaf.) Ebend. 878. n. 2. —

— dasselbe. Neue Folge. 22. Jahrg. Vereinsjahr 1877—78. gr. 8. (XLIV, 187 S. m. 4 Tab.) Ebend. 879. n. 2. 60

Jahresbericht d. naturforschenden Gesellschaft Graubündens. Neue Folge. XXIII. u. XXIV. Jahrg. Vereinsjahre 1878/79 u. 1879/80. In-8⁰, XXIX u. 224 S. Chur, Hitz'sche Buchh. 1881. 5 —

— dasselbe. Neue Folge. 25. Jahrg. Vereinsjahr 1880/81. gr. 8. (XXIV, 154 S.) Ebend. 882. n. 2. —

— der naturforschenden Gesellschaft Graubündens. Neue Folge. XXVI. Jahrg. Vereinsjahr 1881/82. gr. 8. (XXXIV, 167 S. m. 1 chromolith. Plan.) Chur 883. Hitz. n. 2. 40

— dasselbe. Neue Folge. 27. Jahrg. Vereinsj. 1882/83. gr. 8. (XXXVII, 85 u. 64 S.) Ebend. 884. n. 2. 40

— dasselbe. Neue Folge. 28. Jahrg. Vereinsj. 1883/84. gr. 8. (XXIV, 148 S. u. S. 65—108.) Ebend. 885. n. 3. —

— der naturforschenden Gesellschaft Graubündens. Neue Folge. 29. Jahrg. Vereinsjahr 1884—85. gr. 8. (XXIII, 209 S.) Chur 886. (Hitz.) n. 3. —

— dasselbe. Neue Folge. 30. Jahrg. [Nebst e. Inhaltsübersicht der Berichte 21—30.] Vereinsj. 1885—86. gr. 8. (XXXII, 216 S.) Ebd. 887. n. 3. —

— dass. — Neue Folge. 31. Jahrg. Vereinsj. 1886/87. Hiezu als Beilage: „Die Flora des Unterengadins" von Ed. Killias. gr. 8. (XXVI, 86, Beilage LXXV, 266 S.) (Ebendas.) 888. *

— dasselbe. Neue Folge. 32. Jahrg. Vereinsj. 1887—88. gr. 8. (XXV, 94 S.) Ebd. 889. n. 2. —

Jahresbericht d. naturforschenden Gesellschaft Graubündens. Neue Folge. 33. u. 34. Jahrg. Beilagen: Killias. Verzeichniss der Käfer Graubündens, Bog. 1—3 u. dass. Bog. 4—9. Vereinsj. 1888/89 u. 1889/90. gr. 8. (XXIV, 89 S. u. S. 1—48 m. 1 Tab.; XXVIII, 169 S. u. S. 49—144.) Chur 890,91, (Hitz). 33. Jahrg. * 2 50; 34. Jahrg. * 3 50

— der Naturforschenden Gesellschaft Graubündens. Neue Folge. XXXV. Jahrg. Vereinjahr 1890/91. Mit 2 Lichtdr. u. 13 in den Text gedr. Profilen u. Skizzen. In-8⁰. 324 S. Chur, Hitz'sche Buchhandlung. 1892. 4 —

Inhalt: Dr. Eduard Killias, eine biogaphische Skizze, von *R. Lorenz*; *Killias, E.*, die naturhistorischen Verhältnisse des Engadins, Vortrag; *Tarnuzzer, C.*, der geologische Bau des Rhaeticon-Gebirges; *Amstein, J. G.*, Beiträge zur Mollusken-Fauna Graubündens, Nachtrag: *Planta, A. von*, Ueber Honigbildung; *Bernhard, O.*, Perlsüchtige Gemse; Meteorolog. Beobachtungen in Graubünden, 1889 u. 1890; *Bosshard, E.*, Neue Analysen der Sauerquellen des Kurhauses St. Moriz. Literatur zur Landeskunde Graubündens 1891.

dasselbe. Neue Folge. 36. Bd. Beilage: Killias, Verzeichniss der Käfer Graubündens, Schluss. Vereinsj. 1891/92 u. 1892/93. gr. 8. (XXX, 182 S. u. S. 145—275 m. 8 Taf.) Ebd. 893. n. 4. —

Jahresbericht der naturforschenden Gesellschaft Graubündens. Neue Folge. 37. Bd. Vereinsj 1893/94. Mit 1 Lichtdr. Taf., 2 Holzschn. im Text u. 4 Wetterkarten. Beilage: Einleitung u. Register zum Verzeichnis der Käfer Graubündens. Gr. in-8⁰. XXXI, 292 u. XLIII S. mit 5 Tab. Chur, Hitz'sche Buchh. 1894. 5 —

— d. naturforschenden Gesellschaft Graubündens. Neue Folge. 38. Bd. Vereinsj. 1894/95. Beilagen: J. L. Caflisch: Beiträge zu e. Verzeichnisse der Insecten-Fauna Graubündens. V. Lepidopteren. II. Nachtrag. Mit 2 Karten. P. Lorenz: D. Ergebnisse der sanitar. Untersuchgn. d. Rekruten d. Kantons Graubünden (Schweiz) i. d. J. 1875—1879. M. 4 Karten. gr. 8. (XXX, 108, II, X, 71 S. m. 1 Taf. u. 109 S. in gr. 4.) Chur 895. (Hitz.) n. 5. —

Jahresbericht der naturforschenden Gesellschaft Graubündens. Neue Folge. 39. Bd. Vereinsj. 1895/96. gr. 8. (XIV, 300 S.) Chur 896. (Hitz.) n. 4. —

Jahresbericht der naturf. Gesellschaft Graubündens. N. F. 40. Bd. Gr. in-8⁰. XXXI, 119 S. Chur, Hitz'sche Buchh. 1897. 2 —

— dasselbe. Neue Folge. 41. Bd. Vereinsj. 1897/98. Nebst Beilage: Lorenz, P.: D. Fische des Kantons Graubünden (Schweiz). M. 6 Tab. u. e. Karte. gr. 8. (XXIV, 159 S. m. Abb., 1 farb. Karte u. III, 135 S.) Ebd. 898. n. 4. —

— der naturforschenden Gesellschaft Graubündens. Neue Folge. XLII.—XLV. Bd. gr. 8. Chur. (Hitz Nachf.) n. 18. 50

XLII. Vereinsj. 1898/99. Nebst Beilage: 3. u. 4. Anh. Zu Ulrich Campells topograph. Beschreibg. des rät. Alpenlandes. (Lateinisch u. deutsch.) (XXXI, 127 S. m. Abbildgn., 1 Tab., 3 Taf. u. 160 S.) 899. n. 4. —

XLIII. Vereinsj. 1899|1900. Mit 2 geolog. Profilen in Farbendr. (LXI, 120 S., Doppels. 81—121 u. 32 S.) 900. n. 4. —

XLIV. Vereinsj. 1900|1901. (III, 178; XXIV, 174; VII u. CVII S. m. 2 Taf.) 901. n. 6. —

XLV. Vereinsj. 1901|1902. Mit Karten, Profilen, 6 Taf. u. 1 Abbildg. im Text. (XXIV, 168 S.) 902. n. 4. 50

Jahresbericht d. Naturf. Gesellschaft Graubündens. Neue Folge. XLIII. Band. Vereinsjahr 1899/1900. Mit 9 geolog. Profilen in Farbendruck. In-8°. Chur, Commissionsverlag der Hitz'schen Buchhandlung. 1900. 4 —

*** I. Geschäftl. Teil. XLII S. II. Wissenschaftl. Teil. 120 S. Notice sur quelques gisements métallifères du Canton des Grisons. Par les Prof. Dr. *Tarnuzzer* et *G. Nussberger* et le Dr. *P. Lorenz*. Avec 9 profils géolog. imprimés en couleurs. — Weitere chemische Analysen von Bündner Erzen. Von Dr. *P. Lorenz*. — Beiträge zu einem Verzeichnisse der Insectenfauna Graubündens. Von Dr. *E. Kilias*. — 3. Nachtrag der Bündner Lepidopteren. Von *L. Bazzigher*. — Ein neuer Fundort von Botrychium virginianum Siv. in Graubünden. Von Dr. *Chr. Tarnuzzer*. — Chemische Untersuchung der eisenhaltigen Gypsthermen von Vals im Lugnez. Von Dr. *G. Nussberger*. — Die chemische Untersuchung der Mineralquellen von Val Sinestra bei Sent. Von Dr. *G. Nussberger*. — Chemische Analyse der Trinkquelle Chasellas bei der Unter-Alpina in Campfer (Ober-Engadin.) Von Dr. *Ed. Bosshard*, Prof. in Winterthur. — Litteratur zur phys. Landeskunde Graubündens pr. 1899. — Anhang: Ulr. Campells Topogr. Raetica. Anhang 3 u. 4. Herausgeg. von Prof. Dr. *T. Schiess*. — Pag. 81—121. (Doppelseiten) mit Anmerkungen. (30 S.)

Jahresbericht der Naturforschenden Gesellschaft Graubündens. Neue Folge. Band 44. Vereinsjahr 1900/1901. Mit 2 Tafeln Abbildungen ([und 1 Tabelle. 2 Abtheilungen, nebst] Anhang). IV + 178 + XXVI + 174 + *Anhang* VIII + CVII S. 8. Chur. Comm. Hitz (Druck von Jos. Casanova), 1901. [fr. 6. —]
[Abth. 1] s. Lorenz, Paul.
Anhang s. Campell, Ulrich.

Jahres-Bericht der Naturforschenden Gesellschaft Graubündens. Neue Folge. Band 46. Vereinsjahre 1902/1903 und 1903/1904. Mit einem geologischen Längenprofil des Albulatunnels [Tafel]. XXXVI + 126 S. 8. Chur, Komm. F. Schuler, 1904. [fr. 2.50] R

Jahres-Bericht der Naturforschenden Gesellschaft Graubündens. Neue Folge. Band 47. Vereinsjahr 1904/05. XVI + 240 S. 8. Chur, Komm. F. Schuler, 1905. [fr. 3.50]

Jahres-Bericht der Naturforschenden Gesellschaft Graubündens. Neue Folge. Band 48. Vereinsjahr 1905/06. [Mit 6 Tafeln und 1 Karte.] XXXIV + 362 S. 8. Chur, Komm. F. Schuler, 1906. [fr. 5.—]
S. 1—326 u. bes. T., s. Brunies, S(tephan).

Jahres-Bericht der Naturforschenden Gesellschaft Graubündens. Neue Folge. Band 49. Vereinsjahr 1906/07. [Mit 2 Figuren.] XVI + 150 S. 8. Chur, Komm. F. Schuler, 1907. [fr. 2.—]

Jahresbericht der Naturforschenden Gesellschaft Graubündens. Neue Folge. Band 50. Vereinsjahr 1907/08. ([Mit 2 Figuren, sowie Anhang:] Systematische Uebersicht des Inhaltes der Bände 41 bis 50 ... 1897/98 bis 1907/08.) XXVIII + 186 S. 8. Chur, Komm. F. Schuler, 1908. [fr. 3.—]

Jahresbericht der Naturforschenden Gesellschaft Graubündens. Neue Folge. Band 51. Vereinsjahr 1908/09. [Mit 1 Tabelle, 7 Tafeln und 1 Karte.] XX + 581 S. 8. Chur, Komm. F. Schuler, 1909. [fr. 6.—]

Jahresbericht der Naturforschenden Gesellschaft Graubündens. Neue Folge. Band 52. Vereinsjahr 1909 1910. Mit 1 Abbildung im Text. IV + XVI + 159 S. 8. Chur. Comm. F. Schuler, 1910. [fr. 2.50]

— 11., der naturhistorischen Gesellschaft zu Hannover von Michaelis 1860 bis dahin 1861. hoch 4. (42 S. mit 1 Chromolithogr.) Hannover 862, (Hahn'sche Hofbuchh.) * *

— 12., der naturhistorischen Gesellschaft zu Hannover von Michaelis 1861 bis dahin 1862. hoch 4. (41 S.) Ebendas. 863. * *

Jahresbericht der Naturhistorischen Gesellschaft zu Hannover für die Geschäftsjahre —. 13. 1862-1863. 14. 1863-1864. 20. 1869-1870 22. 1871-1872 — 38/39. 1887/88-1888 89. Hannover 1864—1890. 12 Bde. 4° u. 8°

Jahresbericht, achtzehnter und neunzehnter, der naturforschenden Gesellschaft zu Hannover von Michaelis 1867 bis dahin 1869. Hannover 1869. 4.

— 21., der naturhistorischen Gesellschaft zu Hannover von Michaelis 1870 bis dahin 1871. gr. 8. (64 S.) Hannover 873, Hahn'sche Buchh. * 1 50

— 22.—28., der naturhistorischen Gesellschaft zu Hannover für 1872—1878. gr. 8. (71; 50; 56; 42; 57, 80; 80 S.) Hannover 873—79, Hahn'sche Buchh. à Jahrg. *

— 29.—33., der naturhistorischen Gesellschaft zu Hannover für 1878—1882. gr. 8. Hannover, Hahn'sche Buchh. [29. und 30. Jahresbericht. (76 S.) 880; 31. und 32. Jahresbericht. (43 S.) 883; 33. Jahresbericht. (80 S.) 884.] à Jahrg. *

— 34.—37., der naturhistorischen Gesellschaft zu Hannover für 1885—1888. gr. 8. (à Jahrg. 80 S.) Hannover, Hahn'sche Buchh.) à Jahrg. *

— 38/39. u. 40/41., der naturhistorischen Gesellschaft zu Hannover f. d. Geschäftsj. 1887/88, 1888/89 u. 1889/90, 1890/91. gr. 8. (39; 106 S. m. je 2 Taf.) Hannov. 890,92, (Hahn). 38/39. Jahresber. * 2 —; 40/41. Jahresber. * 1 50

— 42. u. 43., d. naturhistorischen Gesellschaft zu Hannover f. d. Geschäftsj. 1891/92 u. 1892/93 Hrsg. v. Herm. Ude. gr. 8. (106 S. m. 1 Taf.) Hannover 894. (Hahn.) n. 1. 50

— dasselbe. 44.—47. Bericht, s. a. Festschrift zur Feier d. 100jähr. Bestehens d. naturhistor. Gesellschaft.

Festschrift zur Feier des 100jährigen Bestehens der Naturhistorischen Gesellschaft zu Hannover. Geschichte und 44.—47. Jahresbericht (Geschäftsjahre 1893/94 bis 1896/97). (Mit 9 Tafeln.) ib. 1897. — A. u. d. T. Festschrift Geschichte und 44.—47. Jahresbericht der Naturhistorischen Gesellschaft zu Hannover. ib. 1897. — Darin mit bes. Titelbl.: Die Geschichte der Naturhistorischen Gesellschaft zu Hannover von 1797 bis 1897. Zur Feier des hundertjährigen Bestehens der Naturhistorischen Gesellschaft. Bearbeitet von HERMANN UDE.

— 48. u. 49., der naturhistorischen Gesellschaft zu Hannover f. die Geschäftsj. 1897/98 u. 1898/99. Hrsg. v. H. Ude. gr. 8. (200 S.) Hannover 900. (Hahn.) n. 1. 50

JAHRESBERICHT DER NATURHISTORISCHEN GESELLSCHAFT ZU HANNOVER.
Herausgegeben von H. UDE.
48. und 49., für die Geschäftsjahre 1897/98 und 1898/99. ib. 1900.
Herausgegeben von W. PEETS.
50. bis 54., über die Geschäftsjahre 1899/1900, 1900/01, 1901/02, 1902/03 und 1903/04. ib. 1905. —
55. bis 57., über die Geschäftsjahre 1904/05, 1905/06, 1906/07. (Mit Tafeln.) ib. 1908.
58. bis 59., über die Geschäftsjahre 1907/08 und 1908/09. ib. 1910.

— 50.—54., der naturhistorischen Gesellschaft zu Hannover üb. die Geschäftsjahre 1899/1900, 1900/01, 1901/02, 1902/03 u. 1903/04. Hrsg. v. W. Peets. (264 S.) 8. Hannover 905. (Hahn.) n. 2. —

— 55.—57., der naturhistorischen Gesellschaft zu Hannover üb. die Geschäftsj. 1904/05, 1905/06, 1906/07. Hrsg. v. W. Peets. (II, 289 S.) 8. Hannover 908. (Hahn.) 4. —

JAHRESBERICHT DER NATURHISTORISCHEN GESELLSCHAFT ZU NÜRNBERG. 1882—1883. Nürnberg 1883—1884. Hermann Ballhorn (v. Ebner'sche Buchhandlung). 8°.

JAHRESBERICHT DER NATURHISTORISCHEN GESELLSCHAFT ZU NÜRNBERG.

1884. Nebst Abhandlungen VIII. Bd. Bog. 1, 2 enthaltend: Die geologischen Verhältnisse im Arbeitsgebiete der Naturhistorischen Gesellschaft Nürnberg. Von HAGEN. Mit 2 geologischen Karten. Nürnberg. 1885. Hermann Ballhorn (v. Ebner'sche Buchhandlung). 8°.

1885. Nebst Abhandlungen VIII. Bd. Bog. 3 enthaltend: Die Thätigkeit der phänologischen Station der Naturhistorischen Gesellschaft in Nürnberg (Jahrg. 1882—85). Von FR. SCHULTHEISS. ib. 1886. —

JAHRESBERICHT DER NATURHISTORISCHEN GESELLSCHAFT ZU NÜRNBERG.

1886. Nebst Abhandlungen VIII. Bd. Bog. 4 u. 5a enthaltend: 1. Die Kreuzotter. Vortrag, gehalten . . . Von HAGEN. 2. Bericht über die Thätigkeit der botanischen Sektion. 3. Bericht über die Thätigkeit der anthropologischen Sektion. Nürnberg 1887. Hermann Ballhorn (v. Ebner'sche Buchhandlung.) 8°.

1887. Mit einer Beilage: Festschrift zur Begrüssung des XVIII. Kongresses der deutschen Anthropologischen Gesellschaft zu Nürnberg. ib. 1888. —

1888. Nebst Abhandlungen VIII. Bd. Bog. 5, 6 u. 7 enthaltend: 1. Phänologischer Bericht. Witterung und Vegetationsentwicklung in den Jahren 1887 und 1888 von FR. SCHULTHEISS. 2. Sporadische Pflanzen der Lokalflora Nürnbergs von FR. SCHULTHEISS. 3. Bemerkungen über einige Reptilien des Naturhistorischen Museums aus Peru, Brasilien, Cuba und Gross Namaland von O. BOETTGER. 4. Ein Grabhügel bei Behringersdorf im Pegnitzthal. Ausgegraben von der anthropologischen Gesellschaft. Von B. BAUMÜLLER und S. v. FORSTER. ib. 1889. Hermann Ballhorn.

1889. Nebst Abhandlungen VIII. Bd. Bog. 8—13 enthaltend: 1. Über den Para-Nitro-alpha-Methyl-Zimmtaldehyd von JOACHIM BIEHRINGER. 2. Über Aluminium- und Siliciumlegierungen von HANS STOCKMEIER. 3. Naturhistorische Bestrebungen Nürnbergs im XVII. und XVIII. Jahrhundert. Leben und Werke ihrer Beschützer und Vertreter. Von ERNST SPIESS. ib. 1890.

1890. ib. 1891. —

JAHRESBERICHT DER NATURHISTORISCHEN GESELLSCHAFT ZU NÜRNBERG.

für 1904. Nürnberg 1905. Druck von U. E. Sebald. — für 1905. ib. 1906. —

JAHRESBERICHT VON DER GESELLSCHAFT FÜR NATUR- UND HEIL-KUNDE ZU DRESDEN.

Für 1848. Dresden 1849. Druck von E. Blochmann und Sohn.

JAHRESBERICHT VON DER GESELLSCHAFT FÜR NATUR- UND HEIL-KUNDE IN DRESDEN.

Für 1850. (Dresden.) 1851. Druck von E. Blochmann & Sohn.

JAHRESBERICHTE (VON) DER GESELLSCHAFT FÜR NATUR- UND HEIL-KUNDE, später: HEILKUNDE IN DRESDEN.

Für 1851 und 1852. (Mit 1 Tafel.) (Dresden.) 1853. —
Für die Jahre 1853—1857. Dresden 1858. Druck von Carl Heinrich Gärtner.
Für 1858—1866. ib. 1861—1867. Druck von B. G. Teubner.

JAHRESBERICHT DER GESELLSCHAFT FÜR NATUR- UND HEILKUNDE IN DRESDEN.

Juni 1869 bis Mai 1870. (Mit 2 Beilagen.) ib. 1870. —
October 1870 bis April 1871. ib. 1871. —
September 1871 bis April 1872. (Mit 1 Tabelle.) ib. 1872. G. A. Kaufmann. (E. am Ende's Buchh.)
October 1872 bis Juni 1873. ib. 1873. —
October 1873 bis Mai 1874. ib. 1874. —
October 1874 bis Mai 1875. ib. 1875. —
October 1875 bis Juni 1876. (Mit 1 Tafel.) ib. 1876. —
September 1876 bis August 1877. (Redigirt von GRENSER und KLEMM.) ib. 1877. —
September 1877 bis August 1878. Leipzig 1879. Druck von Metzger & Wittig.
Sitzungsperiode 1878—1879. (September 1878 bis Mai 1879.) Dresden 1879. G. A. Kaufmann's Sortimentsbuchhandlung (R. Bernhardt.)
Sitzungsperiode 1879—1880. (September 1879 bis April 1880.) Berlin. 1880. Druck von G. Reimer.

—— der Gesellschaft für Natur- und Heilkunde in Dresden. Juni 1869 bis Mai 1870; Octbr. 1870 bis April 1871; Septbr. 1871 bis April 1872; Octbr. 1872 bis Juni 1873; Octbr. 1873 bis Juni 1874; Octbr. 1874 bis Mai 1875. gr. 8. (IV, 140; IV, 103; IV, 175 S. mit 1 Tab. in 4.; IV, 144; IV, 90; IV, 103 S.) Dresden 870—75, Kaufmann. à * 2 —

—— der Gesellschaft für Natur- und Heilkunde in Dresden. Octbr. 1875 bis Juni 1876; Septbr. 1876 bis Aug. 1877. gr. 8. (IV, 208; IV, 259 S.) Dresden 876,77, (Kaufmann's Sortiment.) à Jahrg. †

Jahresbericht der Gesellschaft für Natur- und Heilkunde in Dresden. Septbr. 1877 bis Aug. 1878; Septbr. 1878 bis Mai 1879. gr. 8. (III, 160; IV, 136 S.) Leipzig 878,79. (Dresden, Kaufmann's Sortiment.) à Jahrg. †

— der Gesellschaft für Natur- und Heilkunde in Dresden. Sitzungsperiode 1879—1880. [Septbr. 1879 bis April 1880.] gr. 8. (IV, 110 S.) Berlin 880. (Dresden, Kaufmann's Sortiment.) *

— — dass. — Sitzungsperiode 1880—1881. [Septbr. 1880 bis Mai 1881.] gr. 8. (IV, 160 S. mit 4 eingedr. Holzschn.) Dresden 881, (Kaufmann's Sortiment.) *

Jahresbericht der Gesellschaft für Natur- und Heilkunde in Dresden. Sitzungsperiode 1881—1882. [Septbr. 1881 bis Mai 1882.] gr. 8. (IV, 92 S.) Dresden 882, (Kaufmann's Sortiment.) *

— der Gesellschaft f. Natur- u. Heilkunde in Dresden. Sitzungsperiode 1882—1883. Septbr. 1882 bis Mai 1883. gr. 8. (IV, 132 S.) Dresden 883. (Kaufmann's Sort.) n. 2. 60

— dasselbe. Sitzungsperiode 1883 — 1884. [Septbr. 1883 bis Mai 1884.] gr. 8. (IV, 168 S. m. 9 Taf.) Ebend. 884. n. 3. —

— dasselbe. Sitzungsperiode 1884 — 1885. [Septbr. 1884 bis Mai 1885.] gr. 8. (IV, 137 S.) Ebend. 885. n. 2. 60

Jahresbericht der Gesellschaft f. Natur- u. Heilkunde in Dresden. Sitzungsperiode 1885—1886. [Oktbr. 1885 bis April 1886.] Red. v. Grenser u. R. Sohmaltz. gr. 8. (IV, 170 S.) Dresden 886. (Kaufmann's Sort.) n. 3. —

— der Gesellschaft f. Natur- u. Heilkunde in Dresden. Sitzungsperiode 1886—87. [Septbr. 1886 — April 1887.] gr. 8. (184 S. m. 2 Holzschn. Dresden 887. (Kaufmann's Sort.) n. 3. —

—— dass. — Sitzungsperiode 1887 — 1888. [Septbr. 1887—Mai 1888.] gr. 8. (IV, 155 S. mit 4 Holzschn.) (Ebendas.) 888. *

— dasselbe. Sitzungsperiode 1888—1889. [Septbr. 1888—Apr. 1889.] 8. (IV, 140 S.) Ebd. 889. n. 2. 60

— dasselbe. Sitzungsperiode 1889—1890 [Septbr. 1889—Apr. 1890.] gr. 8. (IV, 176 S. m. Abbildgn. u. 2 farb. Karten.) Ebd. 890. n. 3. —

Jahresbericht der Gesellschaft f. Natur- u. Heilkunde in Dresden. Sitzungsperiode 1890—1891. [Septbr. 1890 — Apr. 1891.] gr. 8. (IV, 97 S.) Dresden 891. G. A. Kaufmann's Sort. n. 2. —

— dasselbe. Sitzungsperiode 1891—1892. [Septbr. 1891 — Apr. 1892.] gr. 8. (IV, 154 S. m. Abbildgn. u. 1 Taf.) Ebd. 892. n. 2. 80

— dasselbe. Sitzungsperiode 1892—1893. [Septbr. 1892 — Apr. 1893.] gr. 8. (IV, 195 S. m. 1 Abbildg. u. 10 graph. Taf.) Ebd. 893. n. 4. —

— dasselbe. Sitzungsperiode 1893 — 1894. [Septbr. 1893 — Apr. 1894.] gr. 8. (IV, 136 S.) Ebd. 894. n. 3. —

— d. Gesellschaft f. Natur- u. Heilkunde in Dresden. Sitzungsperiode 1891—1895. [Septbr. 1894 bis Mai 1895.] gr. 8. (IV, 191 S.) Dresden 895. G. A. Kaufmann. n. 3 —

— dasselbe. Sitzungsperiode 1895—1896, 1896—1897 u. 1897—1898. [Septbr. 1895 bis April 1898.] gr. 8. (IV, 216 S. m. Abb. u. 3 Taf.; IV, 216 u. IV, 191 S.) Ebd. 896—898. à n. 3. 50

— der Gesellschaft f. Natur- u. Heilkunde in Dresden. Sitzungsperiode 1898—1899. (Septbr. 1898 bis April 1899.) gr. 8. (IV, 184 S. m. 1 Abbildg., 1 Bildnis u. 2 Tab.) Dresden 899. G. A. Kaufmann's Buchh. n. 3.60

— dasselbe. Sitzungsperiode 1899—1900. (Septbr. 1899 bis April 1900.) gr. 8. (IV, 157 S. m. Abb. u. 2 Tab.) Ebd. 900. n. 3.—

— dasselbe. Sitzungsperiode 1900—1901 (Septbr. 1900 bis April 1901). gr. 8. München 901. J. F. Lehmann's Verl. n. 4.—

— der Gesellschaft f. Natur- u. Heilkunde in Dresden. Sitzungsperiode 1901/1902 bis 1904/1905. gr. 8. München, J. F. Lehmann's Verl. n. 19, 80
1901/02. (Septbr. 1901 bis April 1902). (VII, 243 S.) 902. n. 6. —
1902/03. (Septbr. 1902 bis April 1903). (VII, 176 S.) 904. n. 4. 80
1903/04. (Septbr. 1903 bis Mai 1904). (XXVII, 186 S.) 905. n. 5. —
1904/05. (Septbr. 1904 bis Mai 1905). (XXVI, 156 S.) 905. n. 4. —

Sitzungsperiode 1904—1905. (September 1904 bis 1905.) Redaktion geschlossen 1. Oktober 1905. — Ausgegeben 1. November 1905. ib. 1905. —

— der Gesellschaft f. Natur- u. Heilkunde in Dresden. Sitzungsperiode 1905/06—1909/10. gr. 8. München, J. F. Lehmann's Verl. 21. —
1905/06. (Septbr. 1905 bis Mai 1906.) (XXIII, 149 S.) 907. 4. —
1906/07. (Oktbr. 1906 bis Mai 1907.) (XXIV, 178 S.) 908. 5. —
1907/08. (Oktbr. 1907 bis Mai 1908.) (XXIV, 161 S.) 908. 4. —
1908/09. (Oktbr. 1908 bis Septbr. 1909.) (XXIV, 135 S.) 909. 4. —
1909/10. (Oktbr. 1909—Mai 1910.) (XXIV, 142 S.) 910. 4 —

JAHRESBERICHT DER NATURWISSENSCHAFTLICHEN GESELLSCHAFT IN DRESDEN
von dem J 1849—1850. s. l. & a. 8°.

JAHRESBERICHT DER NATURWISSENSCHAFTLICHEN GESELLSCHAFT ZU ELBERFELD.
1. Für das Vereinsjahr von Februar 1878 bis Februar 1879. Elberfeld. 1879. Druck von A. Martini & Grüttefien. 8°.
2. Für das Vereinsjahr von Februar 1879 bis Februar 1880. ib. 1880. Gedruckt bei Sam. Lucas.

——— der naturwissenschaftlichen Gesellschaft zu Elberfeld. Elberfeld.
1. Für d. Vereinsj. 1878—1879. 1879.
2. „ „ „ 1879—1880. 1880.
[Mehr nicht ersch.; Gesellschaft wird vereinigt mit d. Naturwiss. Verein; s. *Jahres-Berichte d. Naturwiss. Ver. in Elberfeld.*]

1. JAHRESBERICHT DER NUMISMATISCHEN GESELLSCHAFT ZU BERLIN. (Manuscript.) Berlin 1845. Gedr. bei Ernst Siegfried Mittler. 8°.

Jahres-Bericht der Numismatischen Gesellschaft in Wien über das Jahr 1878. 1880. 1885. 3 voll. Wien 1879. 1881. 1886.

JAHRESBERICHT der unter dem Protectorate Sr. Königl. Hoheit des Herrn Herzogs Carl in Bayern, Dr. med. stehenden Nürnberger Medicin. Gesellschaft und Poliklinik (Anerkannter Verein).
(III.). für 1881. Nürnberg, 1882. L. Jegel's Buchdruckerei. („Nürnberger Presse“.)
Vorh.unt.d.T.:Jahresbericht d.Poliklinik zu Nürnberg.
(IV.). für 1882. ib. 1883. Ludw. Jegel'sche Buchdruckerei („Nürnberger Presse“).
(V.), für 1883. ib. 1884. —
(VI.), für 1884. ib. 1885. — VII., für 1885. ib. 1886. —

JAHRES-BERICHT der unter dem Protectorate Sr. Königl. Hoheit des Herr(e)n Herzogs Carl in Bayern, Dr. med. stehenden Nürnberger Medicin. (auch: Mediz. und Medic.) Gesellschaft und Poliklinik (Anerkannter Verein)
VIII—XVIII., für 1886—1896. ib. 1887—1897. Druck von Fr. Monninger.

JAHRES-BERICHT der unter dem Protektorate Sr. Königl. Hoheit des Herrn Herzogs Carl in Bayern, Dr. med. stehenden Nürnberger Medic. Gesellschaft und Poliklinik (Anerkannter Verein)
XIX—XXIV. für 1897—1902. ib. 1898—1903. —

JAHRES-BERICHT der unter dem Protektorate Sr. Königl. Hoheit des Herrn Herzogs Carl in Bayern, Dr. med. stehenden Nürnberger Medic. Gesellschaft und Poliklinik (Eingetragener Verein).
XXV—XXIX., für 1903—1907. ib. 1904—1907. — XXX., für 1908. ib. 1909. — XXXI., für 1909. ib. 1910. — (Inh. S. Liebel.)

JAHRES-BERICHT DER NÜRNBERGER MEDIC. GESELLSCHAFT UND POLIKLINIK. (Eingetragener Verein.)
XXXII., für 1910. ib. 1911. — XXXIII., für 1911. ib. 1912. — XXXIV., für 1912. ib. 1913. Druck von G. Heydolph. — XXXV., für 1913. ib. 1914. —

Jahresbericht, VIII., der ornitholog. Gesellschaft in Basel für 1878. In-8°, 74 S. Basel (Georg). 1879. — 80

*** Berichte. — Mitgliederverzeichniss. — Bibliothekskatalog. — *Hagmann.* Aus dem zoolog. Garten zu Basel. — *Huber.* Ornithologisches von der Pariser Weltausstellung. — Italienische Hühner. — Nutzen der Hühner. — Hühnerkrankheiten, von *Schmidt-Hottensen* und *Länder-Stehelin.* — Ueber Kanarienzucht und Kanarienhandel, von *K. Treu.* — Ueber die rothen Kanarien, von *Fr. Otto.*

Jahresbericht (9.) d. ornithologischen Gesellschaft Basel, 1879. In-8°, 60 S. Basel. H. Georg 1880.

Jahresbericht (X.) der ornithologischen Gesellschaft zu Basel für 1880. Kl.-in-8°, 90 S. Basel, (H. Georg). 1881 — 80

Ornithologische Gesellschaft, Basel. 30. Jahres-Bericht für 1900. ([Mit] Katalog der Bibliothek.) IV + 68 S. 8. Basel, Basler Druck- und Verlags-Anstalt, 1901.

Ornithologische Gesellschaft, Basel. 31. Jahres-Bericht für 1901. ([Mit] Katalog der Bibliothek.) IV + 49 S. 8. Basel, Basler Druck- und Verlags-Anstalt, 1902.

Ornithologische Gesellschaft, Basel. 32. Jahres-Bericht für 1902. II + 35 S. 8. Basel, Basler Druck- und Verlags-Anstalt, 1903.

Jahresbericht der Ostschweizerischen Geographisch-commerciellen Gesellschaft in St. Gallen pro —. 1878—1881/1882. St. Gallen 1879—1882. 3 Bde. 8°.

Jahresbericht der ostschweizerischen geographisch-commerciellen Gesellschaft in St. Gallen 1880 auf 1881. In-8°, 97 S. St. Gallen, Zollikofer'sche Buchdruckerei. 1882.

— der Allerhöchst bestätigten Pharmaceutischen Gesellschaft zu St. Petersburg für 1836. Redigirt vom Curatorio der Gesellschaft. gr. 8. St. Petersburg 837. (Leipzig, Hermann.) n. 1 ß

——— der Allerh. bestät. pharmaceutischen Gesellschaft zu St. Petersburg f. 1836. Redig. v. Curatorio d. Gesellschaft. gr. 8. (5½ B.) St. Petersburg 837. (Leipzig, Polet.) •

JA(H)RESBERICHT DER GESELLSCHAFT FÜR DEUTSCHE PHILOLOGIE ZU BERLIN für das ja(h)r 1877—1879. (Ohne besond. Titelblatt.) 8°.

— 1., der philosophischen Gesellschaft zu Hamburg. 1893—1894. gr. 8. (12 S.) Leipzig 894. Baemeister. n. — 50

— 2., der philosophischen Gesellschaft zu Hamburg. 1894/95. gr. 8. (12 S.) Kiel 896. (Hamburg [Feldstr. 53], Dr. Maack.) n.n. — 50

Jahresbericht der physikalischen Gesellschaft in Zürich 1 7, 1887–94.

—— 3., der physikalischen Gesellschaft in Zürich f. d. J. 1889. Nebst 2 wissenschaftl. Beilagen. gr. 8. Uster-Zür. 1890. (Zür., Meyer u. Zeller.) * 1 20
Kopp, R. Messungen an Accumulatoren verschiedener Systeme. — Messerschmitt, J. B. Zur Photometrie der Himmelskörper. (66 S.)

Physikalische Gesellschaft in Zürich. 11. Jahresbericht 1899 und 1900. 16 S. 8. Zürich, F. Lohbauer, 1901.
Letzter gedr. Jahresbericht. — Forts. s. Mitteilungen der Physikalischen Gesellschaft ... 1901. Nr. 1 *ff.*

—— der physikalisch-medicinischen Gesellschaft zu Würzburg 1887, s. Leube.

Jahresbericht der Polytechnischen Gesellschaft zu Stettin f. 1869-70. Stettin 1870

JAHRESBERICHT DER PSYCHOLOGISCHEN GESELLSCHAFT ZU BRESLAU. (Sektion Breslau der Deutschen Gesellschaft für Psychologische Forschung.)
1899/1900. (o. O. o. Dr.) 8°.
1900/01. (Berlin. Wilhelm Wagner.)

JAHRESBERICHT, später: JAHRES-BERICHT DER SCHLESISCHEN GESELLSCHAFT FÜR VATERLÄNDISCHE KULTUR. Enthält: Arbeiten und Veränderungen der Gesellschaft.
28. (Abth. I. II.) — 38. Im Jahre 1850—1860. (Mit Tafeln.) Breslau. Gedruckt bei Grass, Barth und Comp. 4°.

JAHRES-BERICHT DER SCHLESISCHEN GESELLSCHAFT FÜR VATERLÄNDISCHE CULTUR. Enthält den Generalbericht über die Arbeiten und Veränderungen der Gesellschaft.
39—50. Im Jahre 1861—1872. (Mit 1 Tafel.) ib. 1862—1873. Josef Max und Komp. 8°.

— 36—41., der schlesischen Gesellschaft für vaterländische Kultur. Enthält: Arbeiten u. Veränderungen der Gesellschaft im Jahre 1858—1863. Breslau 860—64. Max & Co. Lex.-8. (36.: 224 S., 3 lith. Taf. u. 1 Tab. n. 1 ₰ 10 ngr; 37.: 222 S. u. 5 Tab. n. 1 ₰; 38.: 202 S., 1 Tab. u. 1 Holzschntaf. n. 1 ₰ 10 ngr; 39.: 144 S. u. 2 Tab. n. 20 ngr; 40.: VIII, 162 S. u. 2 Tab. n. 20 ngr; 41.: VI, 156 S. u. 2 Tab. n. 20 ngr) n. 5 ₰ 20 ngr

—— 39.—44., der schlesischen Gesellschaft für vaterländische Cultur. Enthält den Generalbericht über die Arbeiten und Veränderungen der Gesellschaft in den J. 1861—66. Lex.-8. Breslau 863—67, Max und Comp. [39. (144 S. mit 2 Tab. in Imp.-4. und qu. Fol.) * 20 Ngr., 40. (VIII und 162 S. mit 2 Tab. in qu. Fol.) * 20 Ngr., 41. (VI und 156 S. mit 2 Tab. in qu. Fol.) * 20 Ngr., 42. (VI und 266 S. mit 1 Tab. in qu. Fol.) * 1 Thlr., 43. (211 S. mit 1 Tab. in qu. Fol.) * 20 Ngr., 44. (267 S. mit 1 Tab. in qu. Fol.) * 1 Thlr.] *

—— 45.—47., 49., der schlesischen Gesellschaft für vaterländische Cultur. Enthält den Generalbericht über die Arbeiten und Veränderungen der Gesellschaft in den J. 1867—1869, 1871. Lex.-8. (279; X, 300 S. mit 1 Tab. in qu. gr. 4.; X, 371 S. mit 1 Tab. in qu. Fol.) Breslau 868—70,72, (Max und Comp.) [Aderholz' Buchh.] Jahrg. 1867—69 à * ℳ 3.; Jahrg. 1871 *

— 47. u. 48., der schlesischen Gesellschaft f. vaterländische Cultur. Enthält den Generalbericht üb. die Arbeiten u. Verändergn. der Gesellschaft im J. 1869. Lex.-8. (X, 371 u. 320 S. m. e. Tab. in qu. Fol.) Breslau 870. 71. Aderholz' Buchh. à n. 3. —

—— dass. — 50.—52. In den J. 1872—1874. Lex.-8. (VIII, 350; VIII, 287; VI, 293 S. mit Tab.) Breslau 873—75, (Aderholz' Buchh.) Jahrg. 1872 * ℳ 4,50.; Jahrg. 1873 * Jahrg. 1874 *

—— 53.—56., der schlesischen Gesellschaft für vaterländische Cultur. Enthält den Generalbericht über die Arbeiten und Veränderungen der Gesellschaft im J. 1875—1878. gr. 8. (VII, 326; IV, 394; VIII, 420; VIII, 331.) Breslau 876—79, Aderholz' Buchh. Jahrg. 1875 und 1878 à Jahrg. 1876 * ℳ 5.; Jahrg. 1877

— dasselbe. 57. Jahresbericht im Jahre 1879. gr. 8. (XX, 473 S. m. 2 Tab.) Ebend. 880. n. 6. —

— dasselbe. 58. Jahresbericht im Jahre 1880. gr. 8. (XVI, 291 S.) Ebend. 881. n. 4. —

— dasselbe. 59. Jahresbericht im Jahre 1881. gr. 8. (XVI, 424 S. m. 1 Steintaf.) Ebend. 882. n. 8. —

— 60., der schlesischen Gesellschaft f. vaterländische Cultur. Enth. den Generalbericht üb. die Arbeiten u. Verändergn. der Gesellschaft im J. 1882. gr. 8. (XV, 434 S. m. 1 Tab. u. 1 Karte.) Breslau 883. Aderholz. n. 8. —

— dasselbe. 61. Bericht im J. 1883. gr. 8. (XVI, 417 S.) Ebend. 884. n. 7. 20

— dasselbe. 62. Bericht im J. 1884. gr. 8. (XLIV, 402 S.) Ebend. 885. n. 7. —

— dasselbe. 63. Bericht im J. 1885. Nebst e. Ergänzungsheft: Rhizodendron Oppoliense Göpp., beschrieben v. K. Gust. Stenzel. gr. 8. (VII, XLVI, 444 u. Ergänzungshft. 30 S. m. 3 Taf.) Ebend. 886. n. 7. —

— 64., der schlesischen Gesellschaft f. vaterländische Cultur. Enthält den Generalbericht üb. die Arbeiten u. Verändergn. der Gesellschaft im J. 1886. Nebst e. Ergänzungsheft: Zacharias Allert's Tagebuch aus dem J. 1627, hrsg. v. Jul. Krebs. gr. 8. (VII, XL, 327 u. 121 S.) Breslau 887. Aderholz. n. 6. —

— dasselbe, 65. Arbeiten u. Verändergn. der Gesellschaft im J. 1887. gr. 8. (VII, XLII, 411 S.) Ebd. 888. n. 6. —

— dasselbe, 66. Arbeiten u. Verändergn. der Gesellschaft im J. 1888. gr. 8. (XIX, 317 S.) Ebd. 889. n. 5. —

— dasselbe, 67. Arbeiten u. Verändergn. der Gesellschaft im J. 1889. gr. 8. (XLIV, 287 S. m. 1 Tab. u. 1 Plan.) Ebd. 890. n. 5. —

— 68., der schlesischen Gesellschaft f. vaterländische Cultur. Enthält den Generalbericht üb. die Arbeiten u. Verändergn. der Gesellschaft im J. 1890. gr. 8. (VII, 329 S. m. 1 Tab.) Breslau 891. G. P. Aderholz. n. 6. —

— dasselbe, 69., enth. den Generalbericht üb. die Arbeiten u. Verändergn. der Gesellschaft im J. 1891. gr. 8. (VII, 52; 132, 224, 44 u. 29 S.) Ebd. 892. n. 6. —

—— dass. — Ergänzungsheft z. 68. u. 69. Jahresbericht. gr. 8. Ebd. * 6 —
68. Jahresber.: Schube, Th. Zur Geschichte der schlesischen Floren-Erforschg. bis zum Beginn d. 17. Jahrh. — Hieronymus, G. Beiträge zur Kenntniss der europäischen Zoocecidien u. der Verbreitg. derselben. (II, 72 S.) 890. * 4 —.
69. Jahresber.: Partsch, J. Litteratur der Landes- u. Volkskunde d. Prov. Schlesien. 1. Heft. (IV, 92 S.) 892. * 2 —.

— dasselbe, 70., enth. den Generalbericht üb. die Arbeiten u. Verändergn. der Gesellschaft im J. 1892. gr. 8. (VII, 81; 127, 132, 60 u. 11 S.) Ebd. 893. n. 6. —

— dasselbe. Ergänzungsheft. gr. 8. Ebd. 893. n. 2. — Litteratur der Landes- u. Volkskunde der Prov. Schlesien. Zusammengestellt v. J. Partsch. 2. Hft. (S. 93–180.)

— dasselbe, 71., enth. den Generalbericht üb. die Arbeiten u. Verändergn. der Gesellschaft im J. 1893. gr. 8. (VII, 56; 55, 45, 81, 62, 27, 19, 28 u. 24 S.) Ebd. 894. n. 6. —

— 72., d. schles. Gesellschaft f. vaterländ. Cultur. Enth. d. Generalbericht üb. d. Arbeiten u. Veränderungen d. Gesellschaft im J. 1894. gr. 8. (VII, 51; 116, 22, 128, 123, 49, 40 u. 23 S. m. Abb., 1 Tab. u. 1 Taf.) Breslau 895. G. P. Aderholz. n. 7. —

— dasselbe. Ergänzungsheft. gr. 8. Ebd. 895. n. 2. —
Litteratur d. Landes- u. Volkskunde d. Prov. Schlesien. Zusammengest. v. J. Partsch. 3. Hft. (S. 161—265.)

— dasselbe, 73., enth. d. Generalbericht üb. d. Arbeiten u. Verändergn. d. Gesellschaft im J. 1895. gr. 8. (VII, 46; 158, 8, 118, 107, 47, 52, 7 u. 17 S. m. Kurven, 1 Tab. u. 1 Karte.) Ebd. 896. n. 7. —

— dasselbe. Ergänzungsheft. gr. 8. Ebd. 896. n. 2. —
Litteratur d. Landes- u. Volkskunde d. Prov. Schlesien. Zusammengest. v. J. Partsch. 4. Hft. (S. 267—324.)

— dasselbe. Enth. d. Generalbericht üb. d. Arbeiten u. Verändergn. d. Gesellschaft im J. 1896. gr. 8. (VIII, 19, 159, 3, 49, 64, 53, 96, 19 u. 12 S. m. 1 Tab.) Ebd. 897. n. 7. —

— dasselbe. Ergänzungsheft. gr. 8. Ebd. 897. n. 2. —
Litteratur d. Landes- u. Volkskunde d. Prov. Schlesien. Von J. Partsch. 5. Hft. (S. 325—380.)

— dasselbe, 75., enth. d Generalbericht üb. d Arbeiten u. Verändergn. d. Gesellschaft im J. 1897. gr. 8. (VIII, 43, 184, 8, 59, 20, 47, 102 u. 23 S. m. 2 Tab.) Ebd. 898. n. 7. —

— dasselbe. Ergänzungsheft. gr. 8. Ebd. 898. n. 2. —
Litteratur d. Landes- u. Volkskunde d. Prov. Schlesien. Von J. Partsch. 6. Hft. (S. 381—444.)

— 76. u. 77., der schlesischen Gesellschaft f. vaterländische Cultur. Enth. den Generalbericht üb. die Arbeiten u. Verändergn. der Gesellschaft in d. J. 1898 u. 1899. gr. 8. Breslau, G. P. Aderholz. à n. 7. —
76. (VIII, 33, 293, 12, 64, 50, 10, 7, 6 u. 17 S. m. 1 Abbildg. u. 2 Tab.) 899.
77. (VII, 39, 176, 8, 71, 59, 15, 5 u. 10 S. m. 2 Tab.) 900.

— dasselbe. Ergänzungsheft z. 77. Jahresbericht. gr. 8. Ebd. 900. n. 2. —
Litteratur der Landes- u. Volkskunde der Prov. Schlesien. Von J. Partsch. 7. Hft. (S. 445—530.)

— dasselbe. 78. Enth. den Generalbericht üb. die Arbeiten u. Verändergn. der Gesellschaft im J. 1900. Hierzu e. Ergänzungsheft: Beiträge zur Kenntniss der Verbreitg. der Gefässpflanzen in Schlesien v. Thdr. Schube. gr. 8. (VIII, 24, 319, 63, 120, 40, 76, 3, 8, 15 u. 36 S. m. 1 Tab. u. 4 Karten.) Ebd. 901. n. 9. —

— dasselbe. 79. Enth. den Generalbericht üb. die Arbeiten u. Verändergn. der Gesellschaft im J. 1901. gr. 8. (VIII, 305, 62, 18, 54, 21, 1, 4, 4 u. 16 S.) Ebd. 902. n. 9. —

— 80.—83., der schlesischen Gesellschaft f. vaterländische Cultur. Enth. den Generalbericht über die Arbeiten u. Verändergn. der Gesellschaft in d. J. 1902—1905. gr. 8. Breslau, G. P. Aderholz. à n. 9. —
80. (VIII, 28, 309, 33, 28, 91, 42, 107, 41, 14, 12 u. 26 S. m. Abbildgn., 1 Taf., 1 Tab. u. 1 Bildnis.) 903. — 81. (VIII, 86, 191, 91, 44, 68, 32, 12, 34, 17 u. 24 S. m. 2 Tab.) 904. — 82. (X, 12, 158, 72, 161, 66, 19, 1, 3, 4, 1, 1, 1, 10, 35, 3 u. 24 S. m. Abbildgn., 4 Taf., 2 Tab. u. 1 Karte.) 905. — 83. (VIII, 74; X, 255, 59, 41, 110, 81, 1, 2, 1, 12, 1, 8, 7, 3, 22 u. 28 S. m. 1 Tab.) 906.

— 84.—87., der schlesischen Gesellschaft f. vaterländische Cultur. Enth. den Generalbericht üb. die Arbeiten u. Verändergn. der Gesellschaft in den J. 1906—1909. gr. 8. Breslau, G. P. Aderholz. 39. —
84. (IX, 11, 252, 107, 92, 28, 1, 1, 29, 16, 25, 21, 10, 2, 1 u. 58 S. m. Abbildgn., 3 Taf. u. 1 Tab.) 907. 9. —
85. (X, 50, 230, 61, 05, 20, 1, 29, 25, 1, 83, 1, 7, 24, 1 u. 38 S. m. Abbildgn.) 908. 9. —
86. (XI, 34, 259, 66, 80, 32, 36, 17, 48, 34, 1, 6, 11, 1, 2, 1 u. 16 S. m. Abbildgn., 3 Taf. u. 1 Tab.) 909. nn 9. —
87. (X, 86, 253, 1, 156, 105, 46, 1, 9, 1, 1, 1, 80, 1, 16, 1, 3, 3 u. 69 S. m. Fig. u. 1 Taf.) 910. 12. —

Ergänzungsheft zum 81. u. 84. Jahresbericht . . . s. u. d. T.: Literatur der Landes- und Volkskunde der Provinz Schlesien. Zusammengestellt von HEINRICH NENTWIG, umfassend die Jahre 1900—1903, 1904—1906. ib. 1904, 1907. —

Schweizerische Gesellschaft für Erhaltung historischer Kunstdenkmäler. Jahresbericht für 1900... erstattet von Prof. Dr. J(osef) Zemp. II + 53 S. 4. Zürich, Schulthess & Co., 1901.

Schweizerische Gesellschaft für Erhaltung historischer Kunstdenkmäler. Jahresbericht für 1901 ... erstattet von Prof. Dr. J(osef) Zemp. II + 34 S. 4. Zürich, Schulthess & Co., 1902.

Jahresbericht. 1. u. 2. J' der Schweiz. Gesellschaft für Urgeschichte ⟨Société suisse de Préhistoire — *2: Soc' préhistorique suisse —⟩. Im Auftrage des Vorstandes erstattet von Dr. J[acob] Heierli. [Illustriert.] 136 u. IV + 185 S. gr.-8. Zürich, F. Lohbauer, 1909 u. 1910.

Jahresbericht der Gesellschaft für Sonntagsfeier in Basel. 1894. In 8°. 8 S. Basel, Werner Riehm.

Gesellschaft für Sonntagsfeier in Basel. Jahresbericht 1900. 8 S. 8. Basel, M. Werner-Riehm, 1901.

Gesellschaft für Sonntagsfeier in Basel. Jahresbericht 1901. 8 S. 8. Basel, M. Werner-Riehm, 1902.

Gesellschaft für Sonntagsfeier in Basel. Jahresbericht 1902. 10 S. 8. Basel, M. Werner-Riehm, 1903.

JAHRESBERICHT DER GESELLSCHAFT FÜR WISSENSCHAFTLICHE UNTERHALTUNG. Vereinsjahr 1841—1842. Nebst einem Wort über die Entstehung der Gesellschaft und ihr Wirken im ersten Vereinsjahre. Erfurt 1842. Gedruckt bei Hennings und Hopf. 8°.

—— der Gesellschaft für Verbreitung von Volksbildung über das Vereinsj. 1875 [1. April bis Ende Decbr.], erstattet zur 6. ordentl. Generalversammlung in Heidelberg am 7., 8. und 9. Juni 1876 vom Zentralausschuß. gr. 8. (XXVI, 104 S.) Berlin 876, Gesellschaft für Verbreitung von Volksbildung.
—— dass. — über das Vereinsj. 1876 [1. Jan. bis Ende Decbr.], erstattet zur 7. ordentl. Generalversammlung in Breslau am 4., 5. und 6. Juli 1877 vom Zentralausschuß. gr. 8. (XXXIV, 110 S.) Ebendas. 877.

Jahresbericht der Gesellschaft für Verbreitung von Volksbildung über das Vereinsj. 1876 [1. Jan. bis Ende Dez.], erstattet zur 7. ordentl. Generalversammlung in Breslau am 4., 5. u. 6. Juli 1877 vom Zentralausschuß. gr. 8. (XXXIV, 110 S.) Berlin 878. Gesellschaft f. Verbreitg. v. Volksbildg. — 50

—— dass. — über das Vereinsj. 1877 [1. Jan. bis Ende Decbr.], erstattet zur 8. ordentl. Generalversammlung in Krefeld am 28., 29. und 30. Juni 1878 vom Zentralausschuß. gr. 8. (XXIV, 104 S.) Ebendas. 878.
—— dass. — über das Vereinsj. 1878 [1. Jan. bis 31. Decbr.], erstattet zur 9. ordentl. Generalversammlung in Danzig am 8., 9. und 10. Juni 1879 vom Zentralausschuß. gr. 8. (XXXI, 82 S.) Ebendas. 879.

—— der Gesellschaft für Verbreitung von Volksbildung über das Vereinsj. 1879 [1. Jan. bis 31. Dezbr.], erstattet zur 10. ordentl. Generalversammlung in Leipzig am 22., 23. und 24. Mai 1880 vom Zentralausschuß. gr. 8. (XXXI, 80 S.) Berlin 880, Gesellschaft für Verbreitung von Volksbildung.
Auszug. (31 S.)

——- dass. — über das Vereinsj. 1881 [1. Jan. bis 31. Dezbr.], erstattet zur 12. ordentl. General-Versammlung in Gotha am 3., 4. und 5. Juni 1882 vom Zentralausschuß. 8. (XXVIII, 72 S.) Ebendas. 882.
Kleine Ausg. (XXVIII S.)

— der Gesellschaft f. Verbreitung v. Volksbildung üb. das Vereinsj. 1882 [1. Jan. bis 31. Dezbr.], erstattet zur 13. ordentl. General-Versammlg. in Barmen am 3., 4. u. 5. Juni 1883 vom Zentralausschuß. 8. (XXX, 68 S.) Berlin 883. Gesellschaft f. Verbreitg. v. Volksbildg. — 40; kleine Ausg. (XXX S.) — 20

—— der Gesellschaft für Verbreitung von Volksbildung über die Vereinsj. 1883—1888. gr. 8. Berlin, Gesellschaft für Verbreitung von Volksbildung. gratis.
Bericht 1883 und 1884 sind in einzelnen Heften erschienen; die folgenden sind in der Zeitschrift der Gesellschaft, „Der Bildungs-Verein", veröffentlicht.

Gesellschaft zum Rätischen Volkshaus (in Chur). 1. Jahresbericht (pro 1901/1902 September 30). [Mit 1 Ansicht.] 19 S. 8. Chur, Manatschal Ebner & Cie., 1902.

JAHRES-BERICHT DER WESTPHÄL.(ISCHEN) GESELLSCHAFT FÜR VATERLÄNDISCHE CULTUR.
1. Minden, 1826. Gedruckt bei Georg Wilhelm Essmann und Sohn. 4°.
2. ib. 1827. Gedruckt bei G. W. Essmann's Wittwe und Sohn.

JAHRESBERICHT DER WETTERAUISCHEN GESELLSCHAFT FÜR DIE GESAMMTE NATURKUNDE. Nebst einem Anhang naturwissenschaftlicher Mittheilungen, später: Arbeiten.
Über das Gesellschaftsjahr 1843/44 — 1850/51. (Mit Tafeln.) Hanau 1844 — 1851. Druck der Waisenhausbuchdruckerei. 8°.

JAHRESBERICHT DER WETTERAUER, später: WETTERAUISCHEN GESELLSCHAFT FÜR DIE GESAMMTE NATURKUNDE ZU HANAU. Nebst einem Anhang naturwissenschaftlicher Arbeiten, später: Abhandlungen.
Über die Gesellschaftsjahre von August 1851 bis dahin 1853 — von August 1853 bis dahin 1855. (Mit Tafeln und meteorologischen Tabellen.) ib. 1854—1855. —
Über die Gesellschaftsjahre von August 1855 bis dahin 1857. ib. 1858. — Darin mit bes. Titelblatt: CARL JÄGER, Systematische Uebersicht der in der Wetterau vorkommenden Vögel. Eine Festgabe der Wetterauer Gesellschaft bei ihrem 50jährigen Jubiläum im August 1858. ib. 1858. —
Über das Gesellschaftsjahr von August 1857 bis dahin 1858, nebst Festbericht über die 50jährige Jubelfeier am 11. August 1858. ib. 1858. —
Über die Gesellschaftsjahre von August 1858 bis dahin 1859 und von August 1859 bis dahin 1860. ib. 1861. —
Über das Gesellschaftsjahr von August 1860 bis ebendahin 1861. Nebst einer Abhandlung über Wetterauische Algen, von ROSSMANN. ib. 1862. Buchdruckerei von J. G. Kittsteiner.
Über die beiden Gesellschaftsjahre von 1861—63. Nebst einigen naturkundlichen Abhandlungen. (Mit 1 Tafel und meteorologischen Tabellen.) ib. 1864. Druck der Waisenhaus-Buchdruckerei.

—— der wetterauischen Gesellschaft für die gesammte Naturkunde über das Gesellschaftsjahr 1850/51. Nebst einem Anhange naturwissenschaftl. Arbeiten. gr. 8. (248 S.) Hanau 851, (König.) *

—— der wetterauer Gesellschaft für die gesammte Naturkunde zu Hanau über die Gesellschaftsjahre vom Aug. 1851 bis dahin 1853. Nebst einem Anhang naturwissenschaftlicher Arbeiten. gr. 8. (IV und 173 S. mit 3 Tab. in gr. Fol. und 1 Stnt. in qu. gr. 4.) Hanau 854, (König.) **

—— dass. — vom Aug. 1853 bis dahin 1855. Nebst einem Anhang naturwissenschaftlicher Arbeiten. 8. (XXXVI und 206 S. mit 1 lithogr. Karte und 1 Tab. in gr. Fol.) Ebds. 855. **
Jahresbericht 1850/51. Ebendas. 1851. ** 15 Ngr.

Jahresbericht der Wetterauer Gesellschaft für die gesammte Naturkunde zu Hanau über die Gesellschaftsjahre von August 1855 bis dahin 1857. Nebst einem Anh. naturwissenschaftl. Arbeiten. Hanau 858. (König.) gr. 8. (XLVII, (65 S.) nn. 12⅓ ngr

— der Wetterauer Gesellschaft für die gesammte Naturkunde zu Hanau über die Gesellschaftsjahre von August 1858 bis dahin 1860. Nebst einem Anhang naturwissenschaftlicher Abhandlungen. Hanau 861. (König.) 8. (XXXII, 116 S.) n. 16 ngr

—— der Wetterauer Gesellschaft für die gesammte Naturkunde zu Hanau über das Gesellschaftsjahr von Aug. 1860 bis ebendahin 1861. Nebst einer Abhandlung über Wetterauische Algen von Rossmann. gr. 8. (32 S.) Hanau 862, (König's Verlag.)
Forts.unt.d.T.:Bericht d.Wetterauischen Gesellschaft.

Jahresbericht der Wissenschaftlichen Gesellschaft in Strassburg. 1. Erstattet ... 1907 von Adolf Michaelis. Strassburg: K. J. Trübner 1907. 4°
— Schriften d. Wissenschaftlichen Gesellschaft in Straßburg. 4.[2.] 1907. 1910

JAHRESBERICHT DER WISSENSCHAFTLICHEN GESELLSCHAFT IN STRASSBURG
1., erstattet bei der I. Jahresversammlung am 6. Juli 1907. Von ADOLF MICHAELIS. Mit dem Verzeichnis der Mitglieder der Gesellschaft. Strassburg 1907. Karl J. Trübner. 4°.
2., erstattet bei der II. Jahresversammlung am 4. Juli 1908. Von ADOLF MICHAELIS. Mit dem Verzeichnis der Mitglieder der Gesellschaft. ib. 1908. —
3. erstattet bei der III. Jahresversammlung am 3. Juli 1909. Von THEOBALD ZIEGLER. Mit dem Verzeichnis der Mitglieder der Gesellschaft. ib. 1910. —

— 2. u. 3., über den öffentlichen Gesundheitszustand u. die Verwaltung der öffentlichen Gesundheitspflege in Bremen im J. 1873 u. 1874. Hrsg. vom Gesundheitsrathe. Referent: E. Lorent. gr. 8. (à 66 S. m. Steintaf. in qu. gr. 4. u. Fol.) Leipzig 874. 76. Veit & Co. à n. 2. —

— 4., über den öffentlichen Gesundheitszustand u. die Verwaltung der öffentlichen Gesundheitspflege in Bremen in den Jahren 1875 u. 1876. Hrsg. vom Gesundheitsrathe. Referent: E. Lorent. gr. 8. (111 S. m. Tab.) Bremen 877. Bruns in Comm. n. 4. —

—— 5., über den öffentlichen Gesundheitszustand und die Verwaltung der öffentlichen Gesundheitspflege in Bremen in den J. 1877 und 1878. Hrsg. vom Gesundheitsrathe. Referent: E. Lorent. gr. 8. (125 S. mit Tab.) Bremen 880, [Bruns.] Roussel. *

— 6., üb. den öffentlichen Gesundheitszustand u. die Verwaltung der öffentlichen Gesundheitspflege in Bremen in den J. 1879 bis 1882. Hrsg. vom Gesundheitsrathe. Referent E. Lorent. gr. 8. (VI, 219 u. 210 S. m. 6 Taf.) Bremen 884. (Rühle & Schlenker.) n. 4. —

— 7., über den öffentlichen Gesundheitszustand u. die Verwaltung der öffentlichen Gesundheitspflege in Bremen in d. J. 1883 bis 1886. Erstattet vom Gesundheitsrate. gr. 8. (IV, 160 S.) Bremen 889. (Rühle & Schlenker.) n. 2. —

— 9., über den öffentlichen Gesundheitszustand u. die Verwaltung der öffentlichen Gesundheitspflege in Bremen in den J. 1893 bis 1903. Erstattet vom Gesundheitsrate. (IV, 121 S.) Lex.-8. Bremen 905. G. Winter. n. 2. —
Der 8. Bericht erschien u. d. T.: Bericht, 8., über den Gesundheitszustand usw. in Bremen. 894.

— üb. den öffentlichen Gesundheitszustand etc. in Bremen, Fortsetzg., s.: Bericht üb. den öffentlichen Gesundheitszustand.

Jahresbericht des grossherzoglich badischen Gewerbeaufsichtsamts (der grossherzoglich badischen Fabrikinspektion). 1907-12. Karlsruhe 1908-13

— des Gewerbeaufsichtsbeamten des Aufsichtsbez. Lübeck f. 1901. (23 S.) gr. 8. Berlin, Lübeck, Lübcke & Nöhring. 1902. —. 70.

— des Gewerbe-Aufsichtsbeamten des Aufsichtsbez. Lübeck f. 1902. 1903 u. 1904. (Von Lorenz) (23. 25. u. 29 S.) 8. Berlin 903—905. (Lübeck, Lübcke & Nöhring.) à n. — 60

— des Gewerbe-Aufsichtsbeamten des Aufsichtsbez. Lübeck f. 1905 u. 1906. (Von Lorenz.) (31 S. u. 32 S. m. 1 Abb.) 8. Berlin 906/07. (Lübeck, Lübcke & Nöhring.) à 1. —

Jahresbericht des Gewerbeaufsichtsbeamten für Reuss älterer Linie, Fabr.-Insp. Hulck. 1896—1898. gr. 8°. Greiz, E. Schlemm Nachf. in Komm., 1897—1899.

— 1896er, des Gewerbeaufsichtsbeamten f. Reuß Ae. L. Von Hulek. gr. 8. (56 S.) Greiz 897. (E. Schlemm Nachf.) n. 1. —

— dasselbe. 1897er. gr. 8. (54 S.) Ebd. 898. n.n. — 60

— 1898er, des Gewerbeaufsichtsbeamten für Reuß Aelt. L. Hulek. gr. 8. (43 S.) Greiz 899. (E. Schlemm Nachf.) n. — 70

Jahresbericht über die amtliche Thätigkeit des Gewerbeinspektors . . . im Fürstenthum Reuss j. L. gemass d. Anleit. d. Herrn Reichskanzlers über Erstatt. d. Jahresberichte. f. 1899. 1901. 1903 1904. Berlin 1900—1905. 8°.
;F... u. f. T.. ;

Jahresbericht des Gewerbe-Aufsichtsbeamten des Fürstentums Reuss j. L. f. 1905 ff. Berlin 1906 ff. 8°.
1905. 1906—1909. 1910.

Gewerbegerichte der Stadt Bern und der Gemeinde Bolligen. 6. Jahresbericht pro 1900. II + 24 S. 8. Bern, Stalder & Sieber, 1901.

Gewerbegerichte der Stadt Bern und der Gemeinde Bolligen. 7. Jahresbericht pro 1901. 30 S. 8. Bern, Rösch & Schatzmann, 1902.

Gewerbegerichte der Stadt Bern und der Gemeinde Bolligen. 8. Jahresbericht pro 1902. 34 S. 8. Bern, Genossenschafts-Buchdr., 1903.

Gewerbe-Halle in Basel. 8. Jahresbericht pr. 1870/71. 11 Stn. 8. 1871.

— der großh. hessischen Gewerbeinspektionen f. d. J. 1900 u. 1901. Hrsg. im Auftrage d. großh. Ministeriums des Innern. gr. 8. (109 u. VII, 181 S. m. Tab.) Darmstadt 901. 902. (G. Jonghaus.) à n. 1. —
Vergl.: Jahresberichte der Gewerbe-Inspektionen für das Großherzogt. Hessen.

— der großh. hessischen Gewerbeinspektionen f. die J. 1902—1905. Hrsg. im Auftrage des großh. Ministeriums des Innern. (VII, 254; VII, 250; VIII, 297 u. VIII, 268 S.) gr. 8. Darmstadt 903—906. (G. Jonghaus.) à n. 1. —

— der großh. hessischen Gewerbeinspektionen f. d. J. 1906—1909. Hrsg. im Auftrage des großh. Ministeriums des Innern. (VIII, 344; VIII, 258; VIII, 278 u. VIII, 253 S.) gr. 8. Darmstadt 907—10. Buchh. großh. Staatsverlags. à 1. —

Jahresbericht der königl. sächsischen Gewerbe-Inspektoren und Berg-Inspektoren. 1884–99. Dresden 1885–1900

Jahresbericht der Brem. Gewerbekammer, s. a. Bericht der Brem. Gewerbekammer

Jahresbericht d. Bremischen Gewerbekammer. 1906 07-10/11. Bremen 1907-11

Jahresbericht der Gewerbekammer zu Chemnitz für 1902-05. Chemnitz 1904-06

Jahresbericht der Gewerbekammer zu Chemnitz. 1906-11. Chemnitz 1907-12

Jahresbericht der Hamburgischen Gewerbekammer für 1896. Hamburg 1897; 1897. ebd. 1898. 4°.

— der Hamburgischen Gewerbekammer. 1900-05. 4° Hamburg 1901-06

— der Hamburgischen Gewerbekammer. 1906-12. 4° Hamburg 1907-13

Jahresbericht der Gewerbe- und Handelskammer von Niederbayern, s. Bericht der Gewerbe- und Handelskammer. . .

Jahresbericht der Gewerbekammer zu Leipzig für 1874-75. Leipzig 1875

Jahresbericht der Gewerbekammer zu Leipzig. 1900-04. Leipzig 1901-05

Jahresbericht, aus dem, der Lübeck'schen Gewerbekammer f. 1873. Lübeck 1874

Jahresbericht der Gewerbekammer für die Provinz Schleswig-Holstein. Jg. 1–5 für das Jahr 1886–90. Kiel 1887–91. 8°

Jahresbericht der Gewerbelehrlingsschule zu Bistritz in Siebenbürgen, s. Jahresbericht der Gewerbeschule zu Bistritz in Siebenbürgen.

Jahresbericht des bayerischen Gewerbemuseums zu Nürnberg für 1875-99. 4° Nürnberg 1876-1900

Jahresbericht des Bayer. Gewerbemuseums zu Nürnberg 1900. 4° Nürnberg 1901

Jahresbericht des Deutschen Gewerbemuseums zu Berlin 1868. 4° Berlin 1869

— 2., des kantonalen Gewerbemuseums in Aarau u. der gewerblichen Unterrichtsanstalt, umfassend die J. 1897/98, 1898/99. Ausg. 1899. gr. 8. (67 S.) Aarau 899. (H. R. Sauerländer & Co.) n. — 80

Jahresbericht des kantonalen Gewerbemuseums in Aarau. 1906. 08. 10. Brugg 1907-11

Kantonales Gewerbemuseum, Bern. 32. Jahres-Bericht für das Jahr 1900. [Mit 1 Tafel.] II + 46 S. 8. Bern, Büchler & Co., 1901.

Kantonales Gewerbemuseum, Bern. 33. Jahres-Bericht für das Jahr 1901. II + 51 S. 8. Bern, Büchler & Co., 1902.

Kantonales Gewerbe-Museum in Bern. 34. Jahresbericht für das Jahr 1902. IV + 52 S. 8. Bern, Büchler & Co., 1903.

Jahresbericht des kantonalen Gewerbemuseums Bern. 1900. 02. 05. Bern 1901-06

Jahresbericht des kanton. Gewerbemuseums in Bern. 1906. 09. Bern 1907. 10

Gewerbemuseum, Mährisches, in Brünn. Jahresbericht f. 1894. 96. 99. 8° u 4° Brünn 1895-1900

Gewerbemuseum, Mährisches in Brünn. Jahresbericht 1900-05. 4° Brünn 1901-06

Gewerbemuseum, Pfälzisches, in Kaiserslautern. Jahresbericht 1902-12. 4° Kaiserslautern 1907-13

Jahresbericht des technologischen Gewerbemuseums in Wien für 1883-85. 87-90. Nebst Nachtrag 4. 5. 8-10. Wien 1884-91

Gewerbemuseum, k. k. technologisches in Wien. Jahresbericht 1903 04. 06 07 bis 09 10. 12/13. Wien 1904-13

Jahresbericht des k. k. technolog. Gewerbemus. in Wien. 26. 27. (1905/6) Wien 1906

Jahresbericht des Gewerbemuseums und der Berufsschule für Metallarbeiter in Winterthur für 1876. 77. 83–87. 91. 92. 94. 98. Winterthur 1877–99.

Jahresbericht, 11., des Gewerbemuseums Winterthur. Erstattet von der Aufsichtskommission des Gewerbemuseums an die Stadtverwaltung. Umfassend das Jahr 1885. Gr. in-8°, 15 S. Winterthur, Buchdruckerei von J. Westfehling.

Dreizehnter Jahresbericht des Gewerbemuseums Winterthur. Umfassend das Jahr 1887. Gr. in-8°, 35 S. Winterthur, Buchdruckerei J. Kaufmann.

Jahresbericht, XVIII., des Gewerbe-Museums und IV. Jahresbericht der Berufsschule für Metallarbeiter in Winterthur umfassend das Jahr 1892. M. 1 Lichtdruck. In-8°. 33 S. Winterthur, Buchdruckerei Binkert & Müller.

Jahresbericht des Gewerbemuseum und der Berufsschule für Metallarbeiter in Winterthur. 1899-1902. 04. 05. Winterthur 1901-06

Gewerbemuseum (Winterthur), 26. Jahresbericht, und Berufsschule für Metallarbeiter in Winterthur, 12. Jahresbericht, umfassend das Jahr 1900. ([Mit 1 Tabelle und 3 Tafeln. — Nebst Anhang:] 26. Jahresbericht der Zentralkommission der Gewerbemuseen Zürich und Winterthur umfassend das Jahr 1900 [und 2 Vorträge von] A[lbert] Pfister [und] C[arl] Zehnder über das Kunstgewerbe auf der Pariser Weltausstellung 1900.) 36 + *Anhang* 34 S. 8. Winterthur, Geschwister Ziegler, 1901.

Gewerbemuseum (Winterthur), 27. Jahresbericht, und Berufsschule für Metallarbeiter in Winterthur, 13. Jahresbericht, umfassend das Jahr 1901. ([Mit 2 Tafeln und Anhang:] 27. Jahresbericht der Zentralkommission der Gewerbemuseen Zürich und Winterthur umfassend das Jahr 1901.) 44 + *Anhang* 14 S. 8. Winterthur, Buchdr. Winterthur, 1902.

Gewerbemuseum (Winterthur), 28. Jahresbericht, und Berufsschule für Metallarbeiter in Winterthur, 14. Jahresbericht, umfassend das Jahr 1902. ([Mit 2 Tafeln und Anhang:] 28. Jahresbericht der Zentralkommission der Gewerbemuseen Zürich und Winterthur umfassend das Jahr 1902.) 11 + 39 + *Anhang* 16 S. 8. Winterthur, Geschwister Ziegler, 1903.

Jahresbericht des Gewerbemuseums, der Berufsschule für Metallarbeiter und der gewerblichen Fortbildungsschule Winterthur. 1908. 09. 11. Winterthur 1909-12

Jahresbericht des Gewerbemuseums der Stadt Zürich. 1899. Zürich 1900

Jahresbericht der allgemeinen Gewerbeschule und der Schule für Bauhandwerker, s. Bericht der allgemeinen Gewerbeschule. . .

Jahresbericht der Gewerbe(Lehrlings)schule zu Bistritz in Siebenbürgen für 1875/76-98/99. Bistritz 1876-99

Jahresbericht der Gewerbeschule zu Bistritz in Siebenbürgen. 4ff. 1878ff. Kronstadt (1881ff.: Bistritz) 1879ff.

Bistritz, Gewerbeschule zu — in Siebenbürgen, Jahresbericht IX., X. XII. XIII. XIV. Bistritz 1883, 84, 86–88.

Bistritz, Gewerbeschule zu, XV.–XVI. Jahresbericht der — am Schlusse des Schuljahres 1889/90. Bistritz 1890.

Bistritz, Gewerbeschule. XVII.–XXII. Jahresbericht der — 1892–96, 96–97. Bistritz 1896, 97.

Bistritz, Gewerbelehrlingsschule, 23. Jahresbericht der — zu —. Bistritz 1898. 8°.

Jahresbericht d. Gewerbelehrlingsschule zu Bistritz. 1899-1902. Bistritz 1900-03

Jahresbericht der Gewerbelehrlingsschule zu Besztercze. 1902/03-11. Bistritz 1903-12

Jahresbericht über die höhere und niedere Gewerbeschule in Barmen f. 1864-66 u 69. Barmen 1865-70

Jahres-Bericht der (Städtischen) Gewerbeschule zu Kiel. (Bericht der Schule des Gewerbevereins.) Kiel. 8° 1—34. 1873/74—1906/07.
34 u. d. T.: Letzter Jahresbericht der Städt. Gewerbeschule zu Kiel und Rückblick in ihre Vergangenheit.

Gewerbeschule in Pforzheim. Jahresbericht für 1859-61. 64. 65. 67. 69. 70. 72. 75. 77. 79. 82. 84. 85. 87. 89-94. Pforzheim 1859-94

Jahresbericht über die Gewerbeschule in Prag. 1869. Prag 1869

Jahresbericht der städt. Gewerbeschule in Stuttgart. 1906/07. 10/11. Stuttgart 1907. 11

Kantonaler bernischer Gewerbeverband. Jahresbericht.... 8.
... pro 1900/1901. 51 S. Biel, H. Schneider, 1901.
... pro 1901/1902 u. ... pro 1902/1903. 51 u. IV + 48 S. Burgdorf, E. Baumgartner, (1902 u. 1903).

Kantonaler st. gallischer Gewerbe-Verband. 11. Jahresbericht 1900. 11 + 11 S. 8. Lichtensteig, Mäder, (1901).

Kantonaler st. gallischer Gewerbe-Verband. 12. u. 13. Jahres-Bericht 1901 u. 1902. 11 + 18 u. 11 + 31 S. 8. Lichtensteig, A. Maeder, (1902 u. 1903).

Jahresbericht des Gewerbevereins für Aachen, Burtscheid und Umgebung. 1901-03. Aachen 1902-04

Jahresbericht des Gewerbevereins für Aachen, Burtscheid und Umgegend. 1904-12. Aachen 1905-13

Jahresbericht, zwölfter, des Basler Gewerbe-Vereins umfassend den Zeitraum vom 1. April 1878 bis Ende März 1879. In-8°, 28 S. Basel, Druck v. Franz Wittmer.

Jahresbericht d. Breslauer Gewerbevereins f. 1833. 34. 36-41. 4° Breslau 1834-42

Jahresbericht des Frankfurter Gewerbsvereins der Gesellschaft zur Beförderung nützlicher Künste und deren Hilfswissenschaften vom Jahre 1844/45. 2 Hefte. 8°.

Jahresbericht des Gewerbevereins in Glashütte an die Handels- und Gewerbekammer zu Dresden. Glashütte 1865

Jahresbericht des Gewerbe- und Handelsvereins in Oldenburg für 1864. gr. 8. (IV und 72 S.) Oldenburg 865, (Schulze'sche Buchh.) * *

— des Gewerbe- und Handels-Vereins in Oldenburg für 1874, 1875 und 1876. gr. 8. (VIII, 280 S.) Oldenburg 877, Schulze'sche Hofbuchh. *

— des Gewerbe- und Handels-Vereins in Oldenburg für 1877–1879. gr. 8. (à Jahrg. ca. 250 S.) Oldenburg 880, Selbstverlag des Vereins. à Jahrg. *

— 4., des schweizer. Gewerbevereins, 1883, erstattet an die Sektionen vom Vorstand. In-4°, 18 S. Bern, Haller.

Jahresbericht des schweizerischen Gewerbevereins. 1886. 88-91. 94. 96. 97. 4° Zürich u a. O. 1887-98

Schweizerischer Gewerbeverein. 21. Jahresbericht 1900. [Mit 1 Tabelle.] 64 S. 4. St. Gallen, Honegger, 1901.

Schweizerischer Gewerbeverein. 22. Jahresbericht 1901. [Mit 1 Tabelle.] II + 99 S. 4. St. Gallen, Honegger, 1902.

Schweizerischer Gewerbeverein. 23. Jahresbericht 1902. [Mit 1 Tabelle.] II + 80 S. kl.-4. St. Gallen, Honegger, 1903.

Jahresbericht des Schweizer. Gewerbevereins. 1903-11. 4° St Gallen 1904-12

Jahresbericht (Rechenschaftsbericht) über den Stuttgarter Gewerbeverein für 1849-95/6. Stuttgart 1858-97

Jahresbericht des Stuttgarter Gewerbevereins. 1905-09. Stuttgart 1910

Gewerbeverein in Ulm. Jahresbericht für 1874. 75. 77. 79. 80. Ulm 1875-81

Jahresbericht d. Gewerbever. z. Weimar, s. Bericht d. Gewerbever. z. Weimar.

Jahresbericht d. Ritterschen Gewerbevorschule. 1897-1905 (m. Denkschr.) Stuttgart 1898-05

Jahresbericht der Handelskammer Giessen für 1872-99. Giessen 1873-1900

Oberschlesischer Museumverein Gleiwitz. — (2.) JAHRESBERICHT (für 1906). Gleiwitz, im März 1907. Neumanns Stadtbuchdruckerei. 4°.
Oberschles. Museum. — (3.) JAHRESBERICHT (für 1907). Gleiwitz, den 9. März 1908. ib. Druck von Friedr. Feldhuss.
Oberschlesisches Museum E. V. — 4. JAHRESBERICHT (für 1908). Gleiwitz, den 22. März 1909. ib. 1909. —

Gewerbemuseum Gmünd. Jahresbericht für 1877-78. 82-84. Gmünd 1878-85

Laboratorium Golaz & Cie (*1903: Pharmaceutisches Laboratorium der «Dialysata Golaz») in Saxon (Schweiz). Jahres-Bericht. 8.
April 1901. IV + 34 [+ 38] S.
April 1902. IV + 29 [+ 42] S. (Lucka S.-A., Berger & Behrend.)
Januar 1903. IV + 25 [+ 38] S. (Lucka S.-A., Reinhold Berger.)

Jahresbericht der Handelskammer Görlitz für 1881-97. Görlitz 1882-98

JAHRESBERICHT DER GÖRRES-GESELLSCHAFT ZUR PFLEGE DER WISSENSCHAFT IM KATHOLISCHEN DEUTSCHLAND. Erstattet von dem Verwaltungs-Ausschusse auf Grund des §. 32 des Vereins-Statuts.
Für das Jahr 1876—1882. Köln 1877—1883. Comm. von J. P. Bachem. 8°.
Daselbe. Für das Jahr 1877. 2. Aufl. ib. 1878. —

GÖRRES-GESELLSCHAFT ZUR PFLEGE DER WISSENSCHAFT IM KATHOLISCHEN DEUTSCHLAND.
Jahresbericht für 1883 — Jahresbericht für 1885. Köln, 1884—1886. Commissions-Verlag von J. P. Bachem. 8°.
A. u. d. T.:
JAHRESBERICHT DER GÖRRES-GESELLSCHAFT ZUR PFLEGE DER WISSENSCHAFT IM KATHOLISCHEN DEUTSCHLAND für das Jahr ... Erstattet von dem Verwaltungs-Ausschusse auf Grund des §. 32 des Vereins-Statuts.
Für das Jahr 1883 — Für das Jahr 1885. ib. 1884—1886. —

JAHRESBERICHT DER GÖRRES-GESELLSCHAFT ZUR PFLEGE DER WISSENSCHAFT IM KATHOLISCHEN DEUTSCHLAND. ... Erstattet von dem Verwaltungs-Ausschusse auf Grund des § 32 des Vereins-Statuts.
für das Jahr 1886. Köln, 1887. Druck und Commissions-Verlag von J. P. Bachem. 8°.
für das Jahr 1887—1899. ib. 1888—1900. —[1])
für das Jahr 1901—1910. ib. 1902—1911. —
JAHRESBERICHT DER GÖRRES-GESELLSCHAFT ZUR PFLEGE DER WISSENSCHAFT IM KATHOLISCHEN DEUTSCHLAND. ... Erstattet vom Vorstande.
für das Jahr 1911. ib. 1912. —

[1]) Jahresbericht 1900 ist in der 1. Vereinsschrift 1901 enthalten.

Jahresbericht über das evangelische Diakonissenhaus „Gottessegen" Bukarest (1901 ff.: ev. Bukarester Diakonissenhaus; 1907 ff.: u. d. Filiale Dt. ev. Schule „Gottessegen" Ploesti). 1900—1908. Bukarest ('05: Bln) '00—09.

Gotthelfstiftung in Meiringen. 13. Jahresbericht. Berichtsjahr 1900. 22 S. 8. Meiringen, Buchdr. Meiringen, 1901.

Gotthelfstiftung in Meiringen. 14. Jahresbericht. Berichtsjahr 1901. 23 S. 8. Meiringen, Buchdr. Meiringen, 1903.

Stadtbernische Gotthelfstiftung. 14. Jahresbericht vom 1. Oktober 1900 bis 30. September 1901. [Mit 1 Tabelle.] 28 S. 8. Bern, Stämpfli & Cie., 1901.

Stadtbernische Gotthelfstiftung. 15. Jahresbericht über die Tätigkeit pro 1901/1902 (September). [Mit 1 Tabelle.] 30 S. 8. Bern, Stämpfli & Cie., 1902.

Jahresbericht der Handelskammer Graudenz.

Jahresbericht der Graveure Wiens, mit Illustrationen. (25 S 10 T) 4° Wien 1875

Jahresbericht der Allgemeinen Deutschen Greisenheimat von Baltimore: 1881—
Published by C. W. Schneidereith & Söhne.
Baltimore, MD

Jahresbericht, Dritter — der Gremial-Handelsschule an Sonntagen in Prag. 4. (3 Blätter.) Prag. 1853, k. k. Hofbuchdruckerei von Gottlieb Haase Söhne in Prag.

Jahresbericht der Gremial-Handelsschule an Sonntagen in Prag. Prag. K. k. Hofbuchdruckerei von Gottlieb Haase Söhne. (4 Bl. 4.) geh. 1855.

JAHRESBERICHT des Ansiedlungsvereins Groß-Berlin.
1., auf das Geschäftsjahr 1908. Nikolassee. Verlag: Adolf Otto. 8°.

...Jahresbericht des Ansiedlungsvereins Groß-Berlin. 1. (Nikolassee: Otto 1909). 8°
(Ansiedlungs-Verein Groß-Berlin. Flugschrift. 2.)
(Schriften d. Ansiedlungs-Vereins Groß-Berlin. [2b.]) A 12. 8970

— erster, über die Gründung und den Fortgang der Schleswig-Holsteinischen Bibelgesellschaft mit einem Anhange, die erste Jahresfeyer der Schleswig-Holst. Bibelgesellschaft betreffend. 8. Schleswig, M. Koch (in Comm.) 817.

JAHRES-BERICHT über die Gründung und Wirksamkeit der Juristischen Gesellschaft München
im Vereinsjahr 1889/90. München. Kgl. Hof-Buchdruckerei von E. Mühlthaler. 8°.
JAHRES-BERICHT über die Wirksamkeit der Juristischen Gesellschaft München
im Vereinsjahr 1890. ib. —
im Vereinsjahre 1891—1895. ib. —
BERICHT über die Wirksamkeit der Juristischen Gesellschaft München
im Vereinsjahre 1896—1897. ib. —
JAHRESBERICHT der Juristischen Gesellschaft zu München (e. V.)
für die Jahre 1898—1901. ib. 1902. —[1])
für das Jahr 1906. ib. E. Mühlthaler's Buch- und Kunstdruckerei A. G.
JAHRESBERICHT der Juristischen Gesellschaft in München. (E. V.)
für das Jahr 1907. (Mit 1 Tafel.) ib. —

[1]) Die Jahresberichte 1902—1905 habe ich nicht einsehen können.

Jahresbericht des Grütlivereins, 1878—79, herausg. vom Central-Comité in Kriens. In-4°, 44 S. Bern, E. W. Krebs. 1880. 1 —

Jahresbericht des schweizerischen Grütlivereins, umfassend den Zeitabschnitt vom 1. Oktober 1885 bis 30. September 1886. Zusammengestellt vom Centralcomité des Vereins. In-8°, 94 S. St. Gallen, Buchdruckerei Th. Wirth & Cie. 1887.

Jahresbericht des schweizerischen Grütlivereins, umfassend den Zeitabschnitt vom 1. Oktbr. 1889 bis 31. Dezbr. 1890. Zusammengestellt vom Zentralkomite des Vereins. Winterthur, im Aug. 1891. gr. 4. (131 S.) Zürich 891. (Buchh. des schweizer. Grütlivereins.) n. 1. 25

— dasselbe, umfassend den Zeitabschnitt vom 1. Jan. bis 31. Dezbr. 1891. Zusammengestellt im Juli 1892. gr. 4. (137 S.) Ebd. 892. n. 1. 25

— d. schweizer. Grütlivereins, umfass. d. Zeitabschnitt v. 1. Jan. bis 31. Dezbr. 1892. Zusammengest. vom Centralkomite d. Vereins. Winterthur, im Novbr. 1893. Fol. (III, 97 S.) Zürich 893. Buchh. d. schweiz. Grütlivereins. 1. 50

Jahresbericht d. schweizer. Grütlivereins, umfassend d. Zeitabschnitt vom 1. I. 1893—31. XII. 1895. Fol. Zürich, Buchh. d. schweizer. Grütlivereins. à n. 1. 20

1893. Zusammengest. im Aug. 1894. (XII, 86 S.) 894.
1894. Zusammengest. Ende Aug. 1895. (XVI, 99 S.) 895.
1895. Zusammengest. Ende Aug. 1896. (XVI, 88 S.) 896.

— dasselbe, umfass. d. Zeitabschn. v. 1. I. 1896 31 XII. 1897. Zusammengest. v. Vereinssekretariat. Luzern. Fol. Ebd. à n. 1. 50

1896. Zusammengest. Ende Aug. 1897. (105 S.) 897.
1897. Zusammengest. u. bearb. Mitte Aug. 1898. (XXXIX, 94 S.) 898.

— des schweizerischen Grütlivereins, umfassend den Zeitabschnitt v. 1. I.—31. XII. 1898. Zusammengestellt u. bearb. vom Vereinssekretariat. Luzern, Mitte Septbr. 1899. Fol. (IV, 139 S.) Zürich 899. (Buchh. des schweiz. Grütlivereins.) n. 1. 50

Jahresbericht des schweizerischen Grütlivereins, umfassend den Zeitabschnitt v. 1. I.—31. XII. 1899. Zusammengestellt u. bearb. vom Vereinssekretariat. Luzern, Ende August 1900. Fol. (124 S.) Ebd. 900. n. 1. 50

— dasselbe, umfassend den Zeitabschnitt v. 1. I.—31. XII. 1900. Zusammengestellt u. bearb. vom Vereinssekretariat. Luzern, Ende Juni 1901. gr. 4. (122 S.) Ebd. 901. n. 1. 60

— des schweizerischen Grütlivereins f. d. J. 1901—1905. gr. 4. Zürich (Buchh. der schweiz. Grütlivereins.) n. 7. 40

1901. Umfassend den Zeitabschnitt v. 1. I.—31. XII. 1901. Zusammengestellt u. bearb. vom Vereinssekretariat. (190 S.) 902. n. 1. 50
1902. Umfassend den Zeitabschnitt vom 1. I.—31. XII. 1902. Zusammengestellt u. bearb. vom Zentralkomitee. Luzern u. Biel. Aug. 1903. (116 S.) 903. n. 1. 20
1903. Zusammengestellt u. bearb. vom Zentralkomitee in Biel. (167 S.) 904. n. 1. 60
1904. Zusammengestellt u. bearb. vom Vereins- resp. Parteisekretariat in Biel. (174 S.) 905. n. 1. 60
1905. Zusammengestellt u. bearb. vom Vereins- resp. Parteisekretariat in Biel. (234 S.) 906. n. 1. 50

— des schweiz. Grütli-Vereins f. d. J. 1906 u. 1907. Zusammengestellt u. bearb. vom Vereins- u. Parteisekretariat in Biel. (208 u. 218 S.) gr. 8. Zürich 907. 08. (Buchh. des schweiz. Grütlivereins.) à 1. —
Fortsetzg., s.: Jahrbuch des schweiz. Grütli-Vereins.

GUTENBERG-GESELLSCHAFT. — JAHRES(-)BERICHT.
1., erstattet in der General-Versammlung zu Mainz am 24. Juni 1902. Mainz 1902. Mainzer Verlagsanstalt und Druckerei A.-G. 4°.
2., erstattet in der ordentlichen Mitglieder-Versammlung zu Mainz am 28. Juni 1903. ib. 1903. Gedruckt bei Joh. Falk.
3., erstattet in der ordentlichen Mitglieder-Versammlung zu Mainz am 26. Juni 1904. ib. 1904. Gedruckt bei Karl Theyer.
4., erstattet in der ordentlichen Mitglieder-Versammlung zu Mainz am 25. Juni 1905. ib. 1905. Gedruckt bei H. Prickarts.
5., erstattet in der ordentlichen Mitglieder-Versammlung zu Mainz am 24. Juni 1906. ib. 1906. Gedruckt bei Joh. Falk & Söhne.
6., erstattet in der ordentlichen Mitgliederversammlung zu Mainz am 23. Juni 1907. ib. 1907. Gedruckt in Georg Aug. Walter's Druckerei. G. M. B. H.
7., erstattet in der ordentlichen Mitgliederversammlung zu Mainz am 28. Juni ib. 1908. Gedruckt in der Mainzer Verlagsanstalt A.-G.
8., erstattet in der ordentlichen Mitgliederversammlung zu Mainz am 27. Juni 1909. ib. 1909. Gedruckt bei Oscar Schneider. 8°.
9., erstattet in der ordentlichen Mitgliederversammlung zu Mainz am 26. Juni 1910. ib. 1910. Gedruckt bei Karl Theyer.
10., erstattet in der ordentlichen Mitgliederversammlung zu Mainz am 25. Juni 1911. ib. 1911. Buchdruckerei H. Prickarts.
11., erstattet in der ordentlichen Mitgliederversammlung zu Mainz am 30. Juni 1912. ib. 1912. Gedruckt in der Mainzer Verlagsanstalt A.-G.

Jahres-Bericht über das Gymnasium der k. k. Theresianischen Akademie. *Wien* 1858. Druck von *A. Schweiger*. 58 S., 4°.
INHALT. De epithetis Homericis in εισ desinentibus. Scripsit Antonius Goebel, Phil. Dr. (S. 3—46.

Jahresbericht des k. k. akademischen Gymnasiums (1900 ff.: k. k. dt. Staats-Gymn.) zu Olmütz. 1851—65. 67 ff. Olmütz. 4° u. 8°

Jahresbericht über das k. k. akademische Gymnasium in Wien während des Schuljahres 1855/56, mit welchem zu der öffentlichen Prüfung und Schlußfeier am 30. und 31. Juli und 1. August alle Vorgesetzten, Gönner und Freunde der Anstalt ergebenst einladet im Namen des Lehrkörpers der Direktor Dr. Alois Capellmann. Voran gehen von demselben zwei Abhandlungen. 1. Ueberzeugung und Einsicht in ihrem Unterschiede bei wissenschaftlicher Beweisführung. 2. Schedæ Homericæ. Wien. Druck von Karl Gerolds Sohn. (35 S. 4.)

Jahresbericht über das k. k. akademische Gymnasium in Wien während des Schuljahres 1856/57, erstattet von dem Direktor Dr. Alois Capellmann. Wien, 1857. Druck von Karl Gerolds Sohn. (40 S. 4.)
Enthält: Fortschritt des katholischen Religionsunterrichtes an den k. k. österreichischen Gymnasien seit dem Jahre 1850. Von Karl Berlinger.

(**Jahresbericht** vom Gymnasium in Altona.) 4°.
(1828/29—1830/31.) Altona. 1829—31.
(1832/33, 1833/34, 1835/36 u. 1840/41.) ebd. 1833, 34, 36 u. 41.

Jahresbericht über das Gymnasium in Burgdorf 1874—95.

— über das Gymnasium in Burgdorf 1880—81. In-4°, 34 S. Burgdorf, Druck von C. Langlois.

Gymnasium in Burgdorf. Jahresbericht am Schlusse des Schuljahres 1900/1901. 50 S. 8. Burgdorf, P. Eggenweiler, 1901.

Gymnasium in Burgdorf. Jahresbericht am Schlusse des Schuljahres 1901/1902. Mit einer wissenschaftlichen Beilage: Bartholomäus Anhorns Beschreibung des Waldmannschen Auflaufs von Dr. H(ans) Bögli. 53 S. + *Beilage* XVI + 102 S. 8. Burgdorf, P. Eggenweiler, 1902.

Gymnasium in Burgdorf. Jahresbericht am Schlusse des Schuljahres 1902/1903. 59 S. 8. Burgdorf, P. Eggenweiler, 1903.

Königliches Gymnasium und Höhere Bürgerschule zu Husum. Ostern 1874, 75, 1879–82. **Jahres-Bericht**, erstattet v. Heinrich Keck. Husum. 1874, 75, 1879–82. 4°

Gymnasium mit höherer Bürgerschule zu Wandsbeck. ... **Jahresbericht**, womit zu der Feier etc. einladet Hermann Klapp.
(Jg.) 4.–9. 1877–82. Wandsbeck. 1877–82. 4°.
Gymnasium mit Realprogymnasium in Wandsbek. ... **Jahresbericht**, womit etc. einladet Hermann Klapp.
(Jg.) 10.–11. 12.–17. 1883–84. 1886–90. ebd. 1883–84. 86–90. 4°.
Matthias Claudius-Gymnasium mit Realprogymnasium in Wandsbek. ... **Jahresbericht**, womit etc. einladet Hermann Klapp.
(Jg.) 18.–19., 1891–92. ebd. 1891–92. 4°.
Matthias Claudius-Gymnasium mit Realschule und Vorschule in Wandsbek. ... **Jahresbericht**, womit etc. einladet Hermann Klapp.
(Jg.) 20.–21., 1893–94. ebd. 1893–94. 4°.
—— **Jahresbericht**, womit etc. einladet Rudolf Franz.
(Jg.) 22., 1895. ebd. 1895. 4°.
—— **Bericht** über das Schuljahr ...
(Jg.) 23 ff., 1895/96 ff. ebd. 1896 ff. 4°.

Jahresbericht über das Gymnasium des Benediktiner Stiftes Engelberg im Studienjahre 1871/72. 4. Luzern, Gebr. Räber.

XXIX. Jahresbericht über das Gymnasium des Benediktinerstiftes Engelberg im Studienjahr 1879/80. Gr.-in-8°, 25 S. Luzern, Druck von Gebr. Räber.

— XXX., über das Gymnasium des Benedictiner-Stiftes Engelberg im Studienjahr 1880/81. In-8°, 28 S. Luzern, Druck von Gebr. Räber.

Jahresbericht, 31., üb. d. Gymnasium d. Benedictiner-Stiftes Engelberg im Studienjahr 1881–82. In-8°, 28 S. Luzern, Druck von Gebr. Räber.

Gymnasium des Benediktiner-Stiftes Engelberg. 50. Jahresbericht... im Studienjahre 1900-1901. ([Mit 1 Porträt und] Anhang.) 85 S. kl.-4. Luzern, Räber & Cie., 1901.
Anhang s. Fellmann, Basilius.

Gymnasium des Benediktiner-Stiftes Engelberg. 51. Jahresbericht im Studienjahre 1901-1902. ([Mit 1 Porträt-Tafel und] Anhang.) 90 S. kl.-4. Luzern, Räber & Cie., 1902.

Anhang s. Hess, Ignaz.

Gymnasium des Benediktiner-Stiftes Engelberg. 52. Jahresbericht im Studienjahre 1902-1903. ([Mit] Beilage.) 32 + *Beilage* II S. + S. 91–158. kl.-4. Luzern, Räber & Cie., 1903.

Freies Gymnasium in Zürich. 5. Jahresbericht. 13. Schuljahr. 1900/1901. Mit einer Beigabe von Herrn S(al[omon]) Lüssi: «Worte der Erinnerung an Chr(istian) Wanner-Burckhardt.» 22 S. 8. Zürich, Art. Institut Orell Füssli, 1901.
Beigabe s. Lüssi, S(al[omon]).

Erster (-Neunter) Jahresbericht über das k. k. katholische Gymnasium zu Ofen am Schlusse des Schuljahres 1852 (-1860). Ofen 1852 (-1860): Kön. Ungar. Universitäts-Buchdruckerei. 29-51 S. - 4°

Jahres-Bericht, siebenter, über das kath. Gymnasium zu Ofen. *Ofen.* **Aus der k. k.** *Univers.-Buchdr.* 23 S., 4°.
INHALT. De fato quale apud Homerum et Virgilium perhibetur. Von Dr. *Joh. Hauler.*

ERSTER (-Sechster) Jahresbericht des k. k. katholischen Gymnasiums zu Schemnitz am Schlusse des Schuljahres 1854 (-1859). Veröffentlicht durch Johann Nep. Groschner. Schemnitz 1854: Franz Lorber. 54 S. - 250 mm

Jahres-Bericht, achter, von dem k. k. Gymnasium zu Klattau. *Klattau* 1858. Buchdr. von *Braun's sel. Wtw. u. Schmid.* XVI, 24 S., 4°.
INHALT. Kunde von der Umgebung Klattau's. Von *J. Andrlik.*

Jahres-Bericht des k. k. Gymnasiums zu Königgrätz am Schlusse des Schuljahres 1854. Veröffentlicht durch den prov. Director der Anstalt Tomas Bilek. 4. (36 S.) Prag. Druck von Friedr. Rohlicek. 1854.
Inhalt: O vetě dvouclenové. Podal Václav Jandecka. (Ueber zweigliedrige Gleichung.) — Schulnachrichten.

Jahresbericht des k. k. Gymnasiums (1884 ff.: Staats-Gymn.) zu Marburg 1851–1914/15. Marbg.

Jahresbericht des k. k. Gymnasiums zu Neustadt (1911 ff.: des k. k. Staatsgymn. in *Rudolfswert*). 1855. 58. 59. 63. 65. 67. 69. 70. 1872/73–1914/15. Neustadt (1874 ff.: Rudolfswert).

Jahresbericht des k. k. Gymnasiums zu Pilsen. *Pilsen.* Druck von *J. M. Schmid.* 57 S., 4°.
INHALT. Fr. Baptistae Mantuani Georgius. Prolegomena. Vom Direktor. (p. 3–35).

Jahresbericht des Gymnasiums und Realgymnasiums zu Rendsburg durch welches zu den ... Schulfeierlichkeiten einladet [Christian Adolf] Wallichs.
1890–97 ff. ebd. 1890–97 ff. 4°
Bis 1889 unt. d. T.: Programm d. Gymnasiums ... zu Rendsburg.

Königliches Gymnasium und Realprogymnasium zu Husum. Ostern 1883,85,86. **Jahres-Bericht**, erstattet v. Heinrich Keck. Husum. 1883,85,86. 4°.
— Ostern 1888. **Jahresbericht**, erstattet v. Wilhelm Collmann. Husum. 1888. 4°.

Gymnasium mit höherer Bürgerschule zu Wandsbeck. ... **Jahresbericht**, womit zu der Feier etc. einladet Hermann Klapp.
(Jg.) 4.–9. 1877–82. Wandsbeck. 1877–82. 4°.
Gymnasium mit Realprogymnasium in Wandsbek. ... **Jahresbericht**, womit etc. einladet Hermann Klapp.
(Jg.) 10.–11. 13.–17. 1883–84. 1886–90. ebd. 1883–84. 86–90. 4°.
Matthias Claudius-Gymnasium mit Realprogymnasium in Wandsbek. ... **Jahresbericht**, womit etc. einladet Hermann Klapp.
(Jg.) 18.–19., 1891–92. ebd. 1891–92. 4°.
Matthias Claudius-Gymnasium mit Realschule und Vorschule in Wandsbek. ... **Jahresbericht**, womit etc. einladet Hermann Klapp.
(Jg.) 20.–21., 1893–94. ebd. 1893–94. 4°.
—— **Jahresbericht**, womit etc. einladet Rudolf Franz.
(Jg.) 22., 1895. ebd. 1895. 4°.
—— **Bericht** über das Schuljahr ...
(Jg.) 23 ff., 1895/96 ff. ebd. 1896 ff. 4°.

Königliches Gymnasium und Realschule 1. Ordnung (später Realgymnasium) zu Flensburg. **Jahresbericht** 1873, 1886/87. Flensburg. 1873 u. 87. 4°.

Jahresbericht des städtischen Gymnasiums in Bern. 1881–95. 4°

Städtisches Gymnasium in Bern. Jahresbericht (1900/)1901. 68 S. 4. Bern, Stämpfli & Cie., 1901.

Städtisches Gymnasium in Bern. Jahresbericht (1901/)1902. 74 S. 4. Bern, Stämpfli & Cie., 1902.

Städtisches Gymnasium in Bern. Jahresbericht (1902-)1903. 75 S. 8. Bern, Stämpfli & Cie., 1903.

Jahresbericht des k. k. vollständigen Gymnasiums in Krakau für das Schuljahr 1855. Wien. Mechitharisten-Kongregations-Buchdruckerei. (VIII. (91 S. 8.)
Inhalt: Uebersetzung von Psalmen, Hymnen und Kirchengebeten aus dem XIV. Jahrhundert. Aus der Handschrift herausgegeben von E. Janota.

Jahresbericht des k. k. vollständigen Gymnasiums zu Bambor für das Schuljahr 1856, womit zu der auf den 15. Juli festgesetzten Feierlichkeit der Klassenverlesung und des Jahresschlusses alle P. T. Herren Vorgesetzten, Eltern, Gönner und Freunde der Anstalt ergebendst einladet die k. k. Gymnasial-Direktion. Voran geht eine Abhandlung über Telegraphie vom Gymnasiallehrer August Decker. Schulnachrichten. Wien, 1856. Druck v. Karl Gerolds Sohn. (32 S. 4.)

Jahresbericht der Haftpflicht-Versicherungsanstalt der Hessen-Nassauischen landwirtschaftlichen Berufsgenossenschaft ... [1.] Für d. Zeit v. 1. Juli bis 31. Dez. 1905. (Cassel 1906.) 4°

Jahresbericht des Landwirtschaftlichen Haftpflichtversicherungsvereins für die Provinz Schleswig-Holstein auf Gegenseitigkeit auf das Jahr 1907 ff. Süderbrarup. (1909 ff.: Glückstadt.) 1908 ff. 8°

Gewerbl. Fortbildungsschule Hägendorf und Umgebung. 1. u. 2. Jahresbericht. Schuljahr: Oktober 1901 bis September 1902 u. Oktober 1902 bis September 1903. *je* 7 S. 4. Olten (°*1:* [Olten]), Buchdr. der «Oltner Nachrichten», (1902) u. 1903.

— hagiographischer, f. d. J. 1900. Zusammenstellung aller im J. 1900 in deutscher Sprache erschienenen Werke, Übersetzgn. u. größerer od. wichtigerer Artikel üb. Heilige, Selige u. Ehrwürdige. Im Vereine m. mehreren Freunden der Hagiologie hrsg. v. L. Helmling, O. S. B. gr. 8. (48 S.) Mainz 901. Fr. Kirchheim. n. — 70

— hagiographischer, f. d. J. 1901 u. 1902. Zusammenstellung aller im J. 1901/2 in deutscher Sprache erschienenen Werke, Uebersetzgn. u. größerer oder wichtigerer Artikel über Heilige, Selige u. Ehrwürdige. Im Vereine m. mehreren Freunden der Hagiologie hrsg. v. L. Helmling, O. S. B. (VII, 204 S.) gr. 8. Kempten 903. J. Kösel. n. 3. —

Jahresbericht. Hagiographischer Jahresbericht für das Jahr 1903. Zusammenstellung aller im Jahr 1903 in deutscher Sprache erschienenen Werke, Übersetzungen und grösserer oder wichtigerer Artikel über Heilige, Selige und Ehrwürdige. Im Vereine mit mehreren Freunden der Hagiologie hrg. von L[eander] Helmling, O. S. B. ... VIII+268 S. 8. Kempten und München, Jos. Kösel, 1904. [M. 4. —]

— hagiographischer, f. d. J. 1904—1906. Unter Mitwirkg. mehrerer Fachgelehrten hrsg. v. P. Hildebr. Bihlmeyer, O. S. B. (VII, 804 S.) 8. Kempten 908. J. Kösel. 5. —

(1.) Jahresbericht des Haide-Cultur-Vereins für Schleswig-Holstein 1872. Kiel. (1873.) 8° In: Vereinsblatt des Haide-Cultur-Vereins für Schleswig-Holstein. Jg. 1—3.

Jahresbericht der Handelskammer Halberstadt für 1874-80. Halberstadt 1875-81

Jahresbericht [des] Arbeitersekretariat[s] Hanau a. M. f. d. 2. G. Geschäftsjahr 1905 nebst 3. Anh. Jahresbericht d. Gewerkschafts-Kartells. Hanau a. M. 1906 ff. 8°.
2. 1905 1906. 3. 1906, 1907.

Jahres Bericht von Handel, Manufakturwesen der Stadt Milwaukee 1856? ?
Milwaukee, WI

Jahresbericht über den Handel Rigas im Jahre 1888. Riga 1889

— über den Handel Rigas im J. 1901. (Von der handelsstatist. Section des Rigaer Börsen-Comités.) gr. 8. (153 S. m. 1 Tab.) Riga (902). (E. Bruhns.) n.n. 2.36

Jahresbericht der Grazer Handelsakademie für 1885-96. 98 Graz 1886-99

Jahresbericht der Grazer Handelsakademie. 1897. Graz (1897)

— der Handelsakademie in Hamburg. 1902-04 Hamburg 1902-04

—— 5., der staatlich subventionierten Pressburger Handels-Akademie. Schulj. 1889/90—1891/92. Erstattet v. Johs. Jónás. Uebersetzg. aus dem Ungar. gr. 8. (à Jahrg. ca. 80 S.) Pressb., (Heckenast's Nachf.) à Jahrg. * — 50

Basler Handelsbank. 5. Jahresbericht pr. 1872. 21 Stn 4. mit 1 Tabelle. Basel, Schweighauserische Buchdr.

Jahres- und Handelsbericht des Kaiserlich Königlich Österreich-Ungarischen Konsulats zu Chicago für 1891-93. Chicago 1892-94

— 1.—3., der Handelshochschule zu Leipzig. Im Auftrage des Handelshochschulsenats zusammengestellt v. H. Raydt. gr. 8. (32, 44 u. 48 S.) Leipzig 899 —901. M. Hesse. à n. — 50

— 5.—7., der Handelshochschule zu Leipzig. Im Auftrage des Handelshochschulsenats zusammengestellt von H. Raydt. gr. 8. Leipzig (Rossberg'sche Buchh.) n.n. 1. 90
5. (61 S.) 903. n.n. — 65. — 6. (59 S.) 904. n.n. — 60. — 7. (67 S.) n.n. — 65.

— der Handelshochschule zu Leipzig. 5-8. Leipzig 1903-06

— der Handelshochschule zu Leipzig. 9-15. Leipzig 1907-13

— 12., der Handelshochschule zu Leipzig. Im Auftrage d. Handelshochschulsenats zusammengest. von H. Raydt. (65 S.) gr. 8. Leipzig 910. (Rossberg'sche Buchh.) — 60

Jahresbericht d. Handelskammer f. Aachen u Burtscheid f. 1870-1900. Aachen 1871-1900

— der Handelskammer zu Aachen. 1900-05. Aachen 1902-06

— der Handelskammer zu Aachen. 1906-11. Aachen 1907-12

Jahresbericht der Handelskammer des Kreises Altena und Olpe für 1884. Mühlheim 1885

Jahres-Bericht der Handelskammer zu Altona für 1898 ff. [1899 ff.] Thl 1. 2. Altona 1899 ff.

— der Handelskammer zu Altona f. d. J. 1905. 2 Tle. gr. 8. Altona (906). (J. Harder Sort.) à n.n. 1. —
1. Bericht über das Wirtschaftsjahr u. die Kammertätigkeit. (47 S.)
2. Schiffahrt, Fischerei, Statistik. (67 S.)

— der Handelskammer zu Altona f. d. J. 1906—1909. à 2 Tle. gr. 8. Altona (907—10). (J. Harder, Sort.) nn 8. —
I. Bericht über das Wirtschaftsjahr und die Kammertätigkeit. (45, 51, 58 u. 57 S.) à nn 1. —
II. Schiffahrt, Fischerei, Statistik. (74, 89, 95 u. 93 S.) à nn 1. —

Jahresbericht der Handelskammer für die Kreise Arnsberg, Meschede und Brilon f. d. J. 1891—1891. 1896—1907. Arnsberg 1892—1908. 2° u. 8°.
(Fortges. u. d. T.:)
Jahresbericht der Handelskammer für das südöstliche Westfalen. Arnsberg 1908 ff. 8°.
1908, 1908—1909, 1910.

Jahresbericht d. Handelskammer zu Aurich f. 1906—1910. Emden 1910. 8°

—— der Handels-Kammer für Barmen pro 1871. gr. 8. (76 S.) Ebendas. 872. ** 1 25

Jahresbericht der Handelskammer Barmen 1871-99. 4° Barmen 1872-1900

Jahresbericht der Handelskammer für Barmen. 1900-05 4° Barmen 1901-06

Jahresbericht der Handelskammer zu Barmen. 1906-12. 4° Barmen 1907-13

Jahresbericht der Handelskammer Basel für 1884-99. Basel 1885-1900

— XII., der Handelskammer an d. Basler Handels- u. Industrieverein über d. J. 1887. gr. 8. (150 S. m. 1 Tab.) Basel 888. (Bern, Jenni.) n. 1. 60

—— XII., der Handelskammer an den Basler Handels- und Industrieverein über das J. 1887. gr. 8. (150 S. mit 1 Tab.) Basel 888. (Bern, Köhler'sche Buchh.) *

Handelskammer (in Basel). 25. Jahresbericht an den Basler Handels- und Industrieverein über das Jahr 1900. [Mit 1 Tabelle.] 177 S. 8. Basel, M. Werner-Riehm, 1901.

Handelskammer (in Basel). 26. Jahresbericht an den Basler Handels- und Industrieverein über das Jahr 1901. [Mit 1 Tabelle.] 159 S. 8. Basel, M. Werner-Riehm, 1902.

Handelskammer (in Basel). 27. Jahresbericht an den Basler Handels- und Industrieverein über das Jahr 1902. [Mit 1 Tabelle.] 131 S. 8. Basel, M. Werner-Riehm, 1903.

Jahresbericht der Handelskammer an den Basler Handels- und Industrieverein für 1903. Basel 1904.

Jahresbericht d. Handelskammer an d. Basler Handels- u Industriever. 1904 — 11. Basel 1905-12

Jahres-Bericht der Bergischen Handelskammer zu Lennep.

Jahresbericht der Handelskammer zu Berlin. [1.] Für 1902 (abgeschl. Mitte Febr. 1903). *Berlin (1903): H. S. Hermann.* 4°(8°)

— der Handelskammer zu Berlin für 1902-06. 4° Berlin 1903-07

Jahresbericht der Handelskammer zu Berlin. 1907-12. I. II. Berlin 1908-13

Jahresbericht der Handelskammer des Kreises Bochum für 1871-99. 4° u 8°. Bochum 1872-1900

Jahresbericht der Handelskammer zu Bochum. 1900-05. 4° Bochum 1901-06

Jahresbericht der Handelskammer zu Bochum II. 1906-11. 4° Bochum 1907-12

Jahres-Bericht der Handelskammer zu Bochum. Bochum. 4°
Für d. J. 1909. T. 1. 2.
Aus: Mitteilungen d. Handelskammer zu Bochum. Jg. 8, H. 2.

Jahresbericht der Handelskammer zu Bonn.

Jahresbericht der Handelskammer zu Brandenburg a. H.

Jahres-Bericht der Handelskammer zu Braunsberg (Ostpr.) f. d. J. 1894 ff. Braunsberg 1895 ff. 8°

Jahresbericht der Handelskammer in Bremen, s.a. Bericht der Handelskammer in Bremen.

Jahresbericht der Handelskammer in Bremen 1865.

Bremen, Handelskammer, Jahresbericht für 1869, erstattet an den Kaufmanns-Konvent. Bremen 1870.

— der Handelskammer in Bremen für 1876—1879, erstattet an den Kaufmanns-Convent. gr. 8. (68; 47; 59; 63 S.) Bremen 877—80, (Valett und Comp.) à Jahrg. *

— — Jahresbericht für 1899, erstattet an den Kaufmanns-Konvent. Bremen 1900. 8°.

— der Handelskammer zu Breslau für 1850-99. Breslau 1851-1900

Jahresbericht der Handelskammer zu Breslau. 1900-05. Breslau 1902-06

Jahresbericht der Handelskammer zu Breslau. 1906-11. Breslau 1907-12

Jahresbericht der Handelskammer zu Bromberg.

Jahresbericht der Handelskammer in Calw. 1906. 09.10. 4° Calw 1907. 10

—— der Handelskammer zu Celle für das J. 1867. gr. 8. (47 S.) Celle 868, (Schulze'sche Buchh.) * — 50

— der Handelskammer zu Chemnitz. 1902-05. Chemnitz 1903-06

— der Handelskammer zu Chemnitz. 1906-10. Chemnitz 1907-11

Jahresbericht der Handelskammer in Cincinnati für 1883. • Cincinnati 1884

Jahresbericht d. dtschen Handelskammer zu Brüssel f. 1894-99. Brüssel 1895-1900

Jahresbericht der Deutschen Handelskammer zu Brüssel. 1900-04. Brüssel 1901-04

Jahresbericht der Handelskammer zu Dillenburg für 1870-86. Dillenburg 1871-87

Jahresbericht d. Handelskammer z. Dortmund. 1900-05. 4° Dortmund 1901-06

Jahresbericht d. Handelskammer zu Dortmund. 1906-11. 4° Dortmund 1907-12

Jahresbericht der Handelskammer in Duisburg. 1. Für 1906. Duisburg-Ruhrort (1907): J. Brendow & Sohn. 4° (07. 1908)

Jahresbericht der Handelskammer in Duisburg. 1 ff. 1906 ff. Duisburg-Ruhrort (1907 ff.) 4°.
1, 1906—2, 1908.

Jahresbericht der Handelskammer zu Düsseldorf für 1867. 1886-88. 90-98/99. Düsseldorf 1867-99

(Jahres-)Bericht d. Handelskammer z. Düsseldorf f. 1900-03. Düsseldorf 1901-04

Jahresbericht der Handelskammer von Elberfeld und Barmen für 1847/50-62. 64. 67-84. 87-99. 8° und 4° Elberfeld 1847-1900

Jahresbericht der Handelskammer für Elberfeld 1900-05. 4° Elberfeld 1901-06

Jahresbericht der Handelskammer für Elberfeld. 1906-11. 4° Elberfeld 1907-12

—— der Handelskammer zu Emden für die J. 1869 und 1870. gr. 8. (65; 78 S.) Emden 870/71 (Haynel.) 1869 1 —
1870 1 50

— der Handelskammer zu Emden für die J. 1871—1878. gr. 8. (à Jahrg. ca. 60—70 S.) Emden 872—79, (Haynel.) à Jahrg. *

Jahres-Bericht der Handelskammer zu Erfurt.

Jahresbericht der Handelskammer f. d. Kreis Essen. 1907-11. 4° Essen 1908-12

Jahresbericht der Handelskammer zu Flensburg. Flensburg 8° 1875. 1895. 1896. 1899—1905. 1908 ff.

— der Handelskammer der freien Stadt Frankfurt für 1863. gr. 8. (VIII und 147 S. mit 1 Tab. in qu. Fol.) Frankfurt a. M. 864, (Völcker.)

Jahresbericht der Handelskammer zu Frankfurt a. M. 1863-67. 70. 72-99. Frankfurt a. M. 1864-1900

— d. Handelskammer zu Frankfurt a/M. f. 1897. gr. 8. (X, 334 u. 29 S.) Frankfurt a/M. 898. (R. Hülsen.) n. 6. —

— der Handelskammer zu Frankfurt am Main für 1898. gr. 8. (XI, 365 S.) Frankfurt a/M. 899. Handelskammer. n. 6. —

Jahresbericht der Handelskammer zu Frankfurt a. M. [1904 abgeschlossen.]
[Seit 1905, fortges. u. d. T.:] Wirtschaftsbericht, Frankfurter, ...

Jahres-Bericht der Handelskammer zu Frankfurt a. O.

— der Handelskammer zu Geestemünde (Handelskammer f. die Kreise Geestemünde, Lehe, Blumenthal, Osterholz). Für 1898. 2 Tle. gr. 8. Geestemünde (J. H. Henke.) à n. 1. —
1. Ansichten, Gutachten, Wünsche. (54 S.) 898.
2. Berichte üb. die einzelnen Betriebszweige im Bezirk. Statist. Mitteilgn. (45 S.) 899.

— dasselbe. Für 1899. 2 Tle. gr. 8. Ebd. n. 2. 50
1. Ansichten, Gutachten, Wünsche. (46 S.) 899. n. 1. —
2. Innere Angelegenheiten der Kammer. Berichte üb. die einzelnen Betriebszweige im Bezirk. Statistische Mitteilgn. (48 u. XXXVII S.) 900. n. 1. 50

— dasselbe. Für 1900. 2 Tle. gr. 8. Ebd. à n. 1. —
1. Ansichten, Gutachten, Wünsche. (59 S.) 900.
2. Innere Angelegenheiten der Kammer. Lage u. Entwickelg. von Handel u. Industrie im Bezirk. Statistische Mitteilgn. (99 u. XII S.) 901.

— dasselbe. Für 1901. 2 Tle. gr. 8. Ebd. à n. 1. —
1. Ansichten, Gutachten, Wünsche. (78 S.) 901.
2. Innere Angelegenheiten der Kammer. Lage u. Entwickelg. von Handel u. Industrie im Bezirk. Statistische Mitteilgn. (93 u. IX S.) 902

— der Handelskammer zu Geestemünde. Handelskammer f. die Kreise Geestemünde, Lehe, Blumenthal Osterholz. Für 1902. 2 Tle. gr. 8. Geestemünde (J. H. Henke.) à n. 1. —
1. Ansichten, Gutachten, Wünsche. (93 S.) 902. — 2. Innere Angelegenheiten der Kammer. Lage u. Entwicklg. v. Handel u. Industrie im Bezirk. Statist. Mitteilgn. (94 u. IX S.) 903.

Jahresbericht d. Handelskammer zu Gera. 1833. 94. 97. 98. 1900-05 Gera 1893-06

Jahresbericht der Handelskammer zu Gera. 1906-11. Gera 1907-12

Jahresbericht der Handels- und Gewerbekammer in Budweis, s. a. Bericht der Handels- und Gewerbekammer in Budweis

Jahresbericht der Handels- und Gewerbekammer in Budweis, über Industrie, Handel und Verkehr im Jahre 1853. 8. (VIII, 144 S. und XVII Tabellen.) Budweis. Druck der bischöflichen Buchdruckerei von M. Zdarssa's Erben. 1854.

— der Handels- und Gewerbekammer zu Chemnitz. 1863 und 1864. gr. 8. (IX und 162 S. mit 1 Stnt. und 8 Tab. in 4., qu. Fol. und gr. Fol., XIII und 190 S. mit 1 Tab. in Fol.) Chemnitz 864, (Focke.) à * 20 Ngr. *

— der Handels- und Gewerbekammer zu Chemnitz. 1866. gr. 8. (VIII, 221 S. mit 1 Tab. in Fol.) Chemnitz 868, (Focke.) * 2 —
— dass. — 1867. gr. 8. (VI, 90 S. mit 1 Chromolithogr. in gr. Fol.) Ebendas. 868. * 1 —

Jahresbericht der Handels- und Gewerbekammer zu Chemnitz. 1868. 1869 und 1870. 1871 und 1872. gr. 8. (XIII, 311 S. mit 1 Chromolithogr. in gr. Fol.; IX, 353 S. mit 2 Stnt. in Fol.; 397 S. mit 2 Tab. in qu. 4.) Chemnitz 870-74 Focke. à *

— dasselbe. 1873 u. 1874. Lex.-8. (VII, 354 S. m. 2 Tab in gr. Fol.) Ebend. 876. n. 5. —

— der Handels- und Gewerbekammer zu Chemnitz 1873 und 1874. Lex.-8. (VII, 354 S. mit 2 Tab. in gr. Fol.) Chemnitz 875, (Focke.)
— dass. — 1875 und 1876. gr. 8. (VII, 388 S. mit 2 Tab. in Fol.) (Ebendas.) 878.

— der Handels- und Gewerbekammer zu Chemnitz 1877 und 1878. gr. 8. (VIII, 485 S. mit 2 Tab.) Chemnitz 881, (Focke.)

— der Handels- u. Gewerbekammer zu Chemnitz. 1882. gr. 8. (VIII, 171 S. m. 1 Tab.) Chemnitz 883. (Focke.) n. 2. —

— dasselbe. 1883. gr. 8. (X, 281 S.) Ebend. 884. n. 3. —

— dass. — 1883 und 1884. gr. 8. (X, 281; X, 297 S. mit 1 graph. Tab.) (Ebendas.) 883,84. à Jahrg. *

— dasselbe. 1884. gr. 8. (X, 297 S. m. 1 graph. Tab.) Ebend. 885. n.n. 3. —

— dasselbe. 1885. gr. 8. (XI, 350 S. m. 1 Tab.) Ebend. 886. n. 3. —

— der Handels- u. Gewerbekammer zu Chemnitz 1886—1888. Lex.-8. (XII, 428 S. m. 1 Tab.; XII. 438 S. m. 1 Tab.; XII, 475 S. m. Taf. u. 1 graph. Taf.) Chemnitz 887—889. (Focke.) à n. 3. —

— der Handels- u. Gewerbekammer zu Chemnitz 1890—1892. gr. 8. Chemnitz, (Focke). n. 11. —
1890. (XIII, 473 S. m. Tab.) 891. n. 3. —. — 1891. (XXIII, 456 S. m. 1 Tab.) 892. n. 4. —. — 1892. (XLIII, 555 S. m. 1 graph. Taf.) 893. n. 4. —.

— der Handels- u. Gewerbekammer zu Chemnitz. 1893—1896. à 2 Thle. gr. 8. Chemnitz (Focke). n.n 16. —
1893. (XXXIX, 189 u. XVI, 405 S. m. 1 Tab. u. 1 graph. Taf.) 894. n. 4. —.
1894. (XLI, 202 u. XVI, 433 S. m. 2 graph. Taf.) 895. n.n. 3. 50.
1895. (XLIV, 250 u. XVI, 461 S. m. 2 Tab.) 896. n.n. 3. 50.
1896. (XXXVIII, 321 u. XVI, 436 S. m. 3 graph. Taf.) 897. n. 5. —.

— der Handels- u. Gewerbekammer zu Chemnitz 1900. 2 Thle. Lex.-8. (XIX, 163 u. XV, 851 S. m. 2 graph. Darstellgn.) Chemnitz 901. (Focke.) n. 10. —

— der Handels- und Gewerbekammer zu Chemnitz. 1900. 01. Chemnitz 1901-02

Jahres-Bericht der Handels- und Gewerbekammer des Kaschauer-Distriktes an das hohe k. k. Ministerium für Handel, Gewerbe und öffentliche Bauten, über den Zustand des Handels und der Industrie im J. 1851. — 8. (84 S.) Kaschau, C. Werfer 1853.

Jahresbericht der Handels-Gewerbekammer des Preßburger-Distrikts. 1851. — 8., (20 S.) Preßburg, C. Frdr. Wigand. 1852.

Jahres=Bericht der Handels= und Gewerbe-kammer des Preßburger Distrikts. 1852. 8. (30 S.) Preßburg. Druck der vormals Schmid'schen Buch=druckerei. 1853.

—— der Handels= und Gewerbekammer zu Dresden 1864. Lex.=8. (IV und 254 S.) Dresden 865, (Burdach.) *

—— der Handels= und Gewerbekammer zu Dresden. 1867—1870. Lex.=8. (VIII, 206 S. mit 1 Chromolithogr. in qu. 4.; VIII, 255 S. mit 2 Stnt. in Fol. und qu. Fol.; VIII, 163 S. mit 2 Tab., wovon 1 chromolithogr.; VIII, 244 S.) Dresden 868—72, (Burdach'sche Hofbuchh.) à *

Jahresbericht der Handels- u Gewerbekammer Dresden f. 1900. Dresden 1901

— der Handels= u. Gewerbekammer zu Leipzig. 1863—68. Leipzig, (Hirzel.) Lex.=8. [1863. (VIII, 171 S. mit 1 Tab. in qu. gr. 4.) 865. n. 15 ngr., 1864. (VI, 198 S.) 866. n. 15 ngr., 1865 u. 1866. (VIII, 222 S.) 867. n. 7½ ngr., 1867 u. 1868. (VIII, 144 S.) 870. n. 10 ngr.] n. 1 ℛ 17½ ngr.

Jahresbericht der Handels- u Gewerbekammer für Mittelfranken. 1863. 64. 82-98 Nürnberg 1864-99

— der Handels= u. Gewerbekammer f. Mittelfranken 1888. 1889. gr. 8. (VII, 192 S. m. Tab.; VII, 201 S. m. 4 Tab.) Nürnberg 889. 890. (H. Schrag.) à n. 4. —

— der Handels= u. Gewerbekammer f. Mittelfranken 1890—1893. gr. 8. Nürnberg, (J. L. Schrag). n. 14. —
1890. (VIII, 300 S. m. 6 Tab.) 891. n. 4. —. — 1891. (VIII, 207 S. m. 5 Tab.) 892. n. 4. —. — 1892. (XI, 291 S. m. Tab.) 893. n. 3. —. — 1893. (IX, 256 S. m. Tab.) 894. n. 3. —.

— d. Handels= u. Gewerbekammer für Mittel=franken 1894—1897. gr. 8. (IX, 319; IX, 299; IX, 307 u. X, 278 S. m. Tab.) Nürnberg 895 - 898. (J. L. Schrag.) à n. 3. —

— der Handels= u. Gewerbekammer f. Mittelfranken 1898—1901. gr. 8. (XI, 341 S. m. 8 Tab.; XI, 325 S. m. 9 Tab.; XI, 414 S. m. 8 Tab. u. X, 314 S. m. 6 Tab.) Nürnberg 899—902. (J. L. Schrag.) à n. 3. —

— der Handels= u. Gewerbekammer f. Mittelfranken 1902—1905. gr. 8. Nürnberg (J. L. Schrag.) n. 13. —
1902. (X, 391 S. m. 2 Tab.) 903. n. 3. —
1903. (X, 348 S.) 904. n. 3. —
1904. (Mit Ergänzgn. bis Ende April 1905.) (XXIII, 439 S. m. 3 Tab.) 905. n. 3. 50
1905. (Mit Ergänzgn. bis Ende April 1906). (XXX, 434 S.) 906. n. 3. 50

— der Handels= u. Gewerbekammer f. Mittel-franken. 1906—1908. 8. Nürnberg, (J. L. Schrag). 11. 50
1906. (Mit Ergänzgn. bis Ende Febr. 1907.) (XL, 613 S.) 907. 3. 50
1907. 3 Tle. in 2 Bdn. (XXIV, 177 u. III, IX, 385 S.) 908. 4. —
1908. (XXXVI, 271 u. 449 S.) 909. 4. —
Fortsetzg., s.: Jahresbericht der Handelskammer Nürnberg.

Jahresbericht der Handels- und Gewerbekammer Oberbayern für 1863. 64. 69-76. 78-99. München 1863-99

Jahresbericht der Handels- und Gewerbe kammer für Oberbayern. 1869, 1871. München 1870, 72. 8°. Cart.
1869; XII–268 S. M. Tabell. 1871; IX–114 S., r. Bl. M. Tabell.

Jahresbericht der Handels- und Gewerbekammer für Oberbayern pro 1869—78 — München 1870—79 — 8°.

—— der Handels- und Gewerbekammer für Ober-bayern 1872/73. gr. 8. (XVI, 607 und Anh. 112 S.) München 875, (Brissel.)

— der Handels- u. Gewerbekammer f. Oberbayern 1884. gr. 8. (XVI, 335 S.) München 885. (Th. Acker-mann's Sort.) n. 1. 80

— dasselbe. 1885. gr. 8. (XIV, 213 S.) Ebend. 886. n. 1. 80

— der Handels- u. Gewerbekammer f. Oberbayern 1886. 1887. gr. 8. (XV, 291; XIV, 190 S.) München 887. 888. Th. Ackermann's Sort. à n. 1. 80

— dasselbe, 1888. 1889. gr. 8. (XIV, 192 u. XIII, 303 S.) Ebd. 889. 890. à n. 2. 70

— der Handels- u. Gewerbekammer f. Oberbayern 1890, 1891, 1892 u. 1893. gr. 8. (XIII, 183; XIII, 205; XIV, 291 u. XIV, 250 S.) München 891—894. Th. Ackermann. à n. 2. 70

— der Handels- u. Gewerbekammer f. Ober-bayern 1894. gr. 8. (XIV, 247 S.) München 895. (Th. Ackermann.) n. 2. 80

— dasselbe. 1895. gr. 8. (XIV, 270 S.) Ebd. 896. n. 2. 40

Jahresbericht d. Hand.- u Gewerbek. f. Oberbayern. 1900-03 München 1901-04

Jahresbericht der Handels- und Gewerbekammer für Oberbayern. 1904 bis 1908. München 1905-09

Jahresbericht der Handels- und Gewerbekammer Oberfranken für 1863. 64. 80-99 Bayreuth 1863-99

— d. Handels= u. Gewerbekammer f. Oberfranken pro 1895. gr. 8. (159 S.) Bayreuth 896. (C. Gießel.) n. — 70

— dasselbe pro 1896. gr. 8. (204 S.) Ebd. 897. n. 1. 40

Jahresbericht d. Hand.- u Gewerbek. f. Oberfranken. 1900-05 Bayreuth 1901-06

— der Handels= u. Gewerbekammer f. Oberfranken pro 1903. (236 S.) gr. 8. Bayreuth 904. (C. Gießel.) Kart. n.n. 1. 50

— dasselbe pro 1904, m. Ergänzgn. bis Ende April 1905. (228 S.) gr. 8. Ebd. 905. n.n. 1. 50

— der Handels= u. Gewerbekammer f. Oberfranken pro 1905—1907. (246 S.) gr. 8. Bayreuth, (C. Gießel). 4. —
1905. (246 S.) 906. 1. —
1906. (280 S. m. 2 Tab.) 907. 1. 50
1907. (303 S. m. 2 Tab.) 908. 1. 50
Fortsetzg., s.: Jahresbericht d. Handelskammer f. Oberfranken.

Jahresbericht der Handels- und Gewerbekammer Oberpfalz und Regensburg für 1863. 64. 83-99. Regensburg 1864-1900

—— der Handels= und Gewerbekammer der Oberpfalz und von Regensburg für die J. 1886 und 1887. [In 1 Bde.] gr. 8. (IV, 158 S.) Regensburg 888, (Riempp.) *

Jahresbericht der Handels- und Gewerbekammer der Oberpfalz und von Regensburg. 1900-05 Regensburg 1901-06

Jahresbericht der Handels- und Gewerbekammer der Oberpfalz und von Regensburg. 1906-08. Regensburg 1907-09

GV67
19

Jahres=Bericht der Handels= und Gewerbekammer in Oedenburg an das hohe k. k. Ministerium für Handel, Gewerbe und öffentliche Bauten, über den Zustand der Landeskultur, des Handels, der Industrie und der Verkehrsverhältnisse des Kammerbezirkes im Jahre 1852. 8. (170 S.) Wien. Druck von Karl Gerold und Sohn. 1854.

Jahresbericht der Handels= und Gewerbekammer in Oedenburg an das hohe k. k. Ministerium für Handel, Gewerbe und öffentliche Bauten über den Zustand der Landeskultur, der Handels=, Industrie= und Verkehrsverhältnisse des Kammerbezirkes im Jahre 1853. Oedenburg, 1855. Druck von Adolph Reichard. (271 S. 8. Mit Ausweis=Tabellen und einer Uebersichtskarte der mit dem Gouvernement=Erlasse ddto. 9. Juni 1854 Z. 3909/119. in die Erhaltung des Landesbaufondes übernommenen nebst Bezeichnung der in staatsartiger Pflege stehenden Straßen des Oedenburger Verwaltungsgebietes. Lithogr. und gedruckt von Ernest Becher in Wien.)

Jahres-Bericht der Oedenburger Handels- und Gewerbekammer für 1854—1856. *Oedenburg* 1857. *Carl Romwalter.* 260 S., 8°. Mit 1 Tab.

INHALT. I. Einleitung. II. Naturerzeugnisse aus dem Mineralreiche. III. aus dem Pflanzen- und Thierreiche. IV. Seidenkultur. V. Weinproduktion. VI. Viehzucht. VII. Gewerbl. Industrie. VIII. Handel. IX. Creditwesen. X. Versicherungswesen. XI. Sensalenwesen. XII. Rechtspflege. XIII. Communications-Mittel. — XIV. Unterrichtswesen.

Jahres=Bericht der Handels= u. Gewerbekammer für das Erzherzogthum Oesterreich ob der Enns über Industrie, Handel und Verkehr im J. 1852. — 8. (104 S.) Linz, J. Feichtingers Erben, 1853.

Jahres=Bericht der Handels= und Gewerbekammer für das Erzherzogthum Oesterreich ob der Enns über Industrie, Handel und Verkehr im Jahre 1853. 8. (126 S.) Linz. Druck von Josef Wimmer. 1854.

Jahres-Bericht der Handels- und Gewerbekammer für das Erzherzogthum Oesterreich ob der Enns über Industrie, Handel und Verkehr für die Jahre 1854, 1855 und 1856.
8. Linz 1857.

Jahresbericht der Handels- und Gewerbekammer für das Erzherzogthum Oesterreich ob der Enns über Industrie, Handel und Verkehr im Jahre 1856. *Linz* 1857. Druck von *J. Feichtinger's Erben.* 187 S. 8°.

Jahresbericht der Handels= und Gewerbekammer in Pilsen an das hohe k. k. Ministerium für Handel, Gewerbe und öffentliche Bauten für 1853. Prag, 1854. Dr. der k. k. Hofbuchdr. von Gottl. Haase Söhne. (70 S. 1 Bl. 8.)

Jahresbericht der Handels- und Gewerbekammer in Pilsen für 1856. *Prag* 1857. Druck v. *Kath. Gerzabek.* 87 S. 8°.

—— der Handels= und Gewerbekammer zu Plauen. 1862 und 1863. Lex.=8. (VIII und 216 S.) Plauen 865, (Hohmann.) *

—— der Handels= und Gewerbekammer zu Plauen von den J. 1866—1870. gr. 8. (XII, 238; XI, 256; XII, 339; XI, 221; XI, 216 S.) Plauen 868—72, (Hohmann.)
1866—1867 und 1870 à *
1868 und 1869 à *

— dasselbe v. d. J. 1871. 2 Abthlgn. gr. 8. (XV, 561 S.) Ebend. 874. à n. 2. —

— dasselbe v. den J. 1872, 1873 u. 1874. gr. 8. (XII u. S. 115—456.) Ebend. 876. n. 3. —

— der Handels= u. Gewerbekammer zu Plauen von den Jahren 1875—1879. gr. 8. (X, 232; X, 316; XII, 316; VIII, 307; XII, 393 S.) Plauen 877—81. Hohmann in Comm. à n. 2. —

—— der Handels= und Gewerbekammer zu Plauen auf die J. 1878—1882. gr. 8. (VIII, 301; XII, 393; VII, 385; IV, 332 S.) Plauen 880—83, (Hohmann's Verlag.)
à Jahrg.

—— der Handels= und Gewerbekammer zu Plauen auf das J. 1883. 3 Thle. gr. 8. (IV, 352, 131 S.) Plauen 884, (Hohmann's Verlag.) *

Jahresbericht der Handels= und Gewerbekammer zu Plauen auf das J. 1884. 2 Thle. gr. 8. (IV, 398 S.) Plauen 885, (Hohmann's Verlag.) * 2 —

—— der Handels= u. Gewerbekammer zu Plauen auf d. J. 1890. 1. Tl. gr. 8. (IV, 269 S.) Plauen i. V. 891, (Hohmann'sche Buchh.)
* * 3 50

Jahresbericht d. Handels- u Gewerbekammer Plauen f. 1866. 70-99. Plauen 1867-1900

Jahresbericht d. Handels- u Gewerbekammer Plauen. 1900-05. Plauen 1901-06

Jahresbericht der Handelskammer Plauen. 1907-11. Plauen 1908-12

Jahresbericht der Handels- und Gewerbekammer zu Preßburg, s. Jahresbericht der Preßburger Handels- u. Gewerbekammer

Jahresbericht der Handels= und Gewerbekammer zu Reichenberg an das hohe k. k. Ministerium für Handel, Gewerbe und öffentliche Bauten für 1852 8. (164 S.) Reichenberg. Buch= und Steindruckerei von Philipp Gerzabek. 1853.

Jahresbericht der Kgl. Handels- und Gewerbekammer zu Reutlingen für 1856.
Reutlingen 1857

Jahresbericht der Handels= und Gewerbekammer für das Herzogthum Salzburg. 1851. Salzburg, Oberer 1852. 8.

Jahresbericht der Handels- und Gewerbekammer Schwaben und Neuburg für 1863. 64. 70-75. 80-99. Augsburg 1864-1900

Jahresbericht der Handels- und Gewerbekammer für Schwaben und Neuburg. 1900-05. Augsburg 1901-06

Jahresbericht der Handels- u Gewerbekammer für Schwaben u Neuburg. 1906-08. Augsburg 1907-09

Jahresbericht der Handels- und Gewerbekammer Stuttgart für 1856. 57. 76-99. 4° und 8° Stuttgart 1857-1900

— der Handels- u. Gewerbe-Kammer in Stuttgart f. 1892, 1893. Stuttgart, (J. B. Metzler's Sort.) n 3. —
1892. Fol. (IX, 71 S.) 893. n. 1. — . 1893. gr. 8. (XV, 210 S.) 894. n. 2. —.

— d. Handels- u. Gewerbe-Kammer in Stuttgart f. d J. 1894—1897. gr. 8. Stuttgart (J. B. Metzler's Sort.) n.n. 8 25
1894. (XIII, 221 S.) 895 n.n. 2. 50
1895. (XII, 202 S.) 896. n.n. 2. 25
1896. (XII, 165 S.) 897. n.n. 1. 75
1897. (XII, 188 S.) 898. n.n. 1. 75

— der Handels- u. Gewerbe-Kammer in Stuttgart f. d. J. 1898 u. 1899. gr. 8. Stuttgart 899. 900. (F. Stahl.) n.n. 5. 50
1898. (XVI, 313 S.) n. 3. —. — 1899. (XIV, 235 S.) n.n. 2. 50
Fortsetzung s.: Jahresbericht d. Handelskammer.

Jahresbericht der Handels- und Gewerbekammer in Ulm für 1856. Ulm 1857

Jahresbericht der Handels- und Gewerbekammer Unterfranken und Aschaffenburg für 1853. 64. 73-99. Würzburg 1864-1900

—— der Handels- u. Gewerbekammer f. Unterfranken u. Aschaffenburg. 1889. gr. 8. (VI, 274 S.) Würzb. 890, (Stuber's Verlag). * 2 —

— der Handels- u. Gewerbekammer f. Unterfranken u. Aschaffenburg. 1890/91. gr. 8. (VIII, 227 S.) Würzburg 892. (A. Stuber's Verl.) n. 1. 50

— dasselbe. 1892/93. gr. 8. (VIII, 304 S.) Würzburg 894. (Ballhorn & Cramer.) n. 3. —

— d. Handels- u. Gewerbekammer f. Unterfranken u. Aschaffenburg in Würzburg 1894 95. gr. 8. (VIII, 468 S.) Würzburg 896. (Ballhorn & Cramer.) n. 2. 50

— der Handels- u. Gewerbekammer f. Unterfranken u. Aschaffenburg in Würzburg. 1896—1898. gr. 8. (X, 362, VI, 260 u. VIII, 254 S.) Würzburg 897—899. (Stahel's Sort.) à n. 2. —

— dasselbe 1899—1901. gr. 8. (VIII, 244; VII, 284 u. VI, 224 S.) Ebd. 900—902. à n. 2. —

— der Handels- u. Gewerbekammer f. Unterfranken u. Aschaffenburg in Würzburg. 1902. (VIII, 247 S.) gr. 8. Würzburg 903. (Stahel's Verl.) n. 1. —

— dasselbe 1903—1905. (VIII, 168; VIII, 192 u. X, 251 S.) gr. 8. Ebd. 904—906. à n. 2. —

— der Handels- u. Gewerbekammer f. Unterfranken u. Aschaffenburg in Würzburg 1906—1908. (X, 248; IX, 277 u. IX, 128 u. 149 S.) 8. Würzburg 907—09. (Stahel's Sort.) à 2. —
Fortsetzg., s.: Jahresbericht der unterfränkischen Handwerkskammer.

— der Handels- u. Gewerbekammer zu Zittau für das Jahr 1879. [Unter theilweiser Berücksicht. der Jahre 1878 u. 1880.] gr. 8. (XI, 201 S.) Zittau 880. (Bautzen, Rühl.) n.n. 3. -

—— dass. — für das Jahr 1880. gr. 8. (96 S.) (Ebendas.) 881. * *

—— dass. — für die J. 1881/82. gr. 8. (215 S.) (Ebendas.) 882. * 4

—— dass. — für das J. 1882. Schlußbericht. gr. 8. (83 S.) (Ebendas.) 883.

— der Handels- u. Gewerbekammer zu Zittau f. d. J. 1883. Hierzu als Anh. e. Separatheft: „Zur Währungsfrage". gr. 8. (XII, 168 u. Anh. 19 S.) Bautzen 884. (Rühl.) n. 3. —

—— Handels- u. Gewerbekammer zu Zittau auf d. J. 1890. gr. 8. (XIV, 235 S.) Bautzen 891. (Zittau, Pahl.) * * 1 25

— dasselbe f. 1893. gr. 8. (XII, 304 S.) Zittau 894. Selbstverl. der Kammer. n. 2. 70

— d. Handels- u. Gewerbekammer zu Zittau f. 1894 1897. gr. 8. Zittau, Selbstverl. d. Kammer. n. 11. 55
1894. (XV, 357 S.) 895. n. 2. 75
1895. (XLIV, 343 S.) 896. n. 2. 80
1896. (LII, 380 S.) 897. n. 3. —
1897. (LII, 124 u. 230 S.) 898. n. 3. —

— der Handels- u. Gewerbekammer zu Zittau für 1898—1901. gr. 8. (XLVIII, 116 u. 226; XLVIII, 118 u. 232; XLVIII, 252 u. 124 u. XXXIX, 143 u. 187 S.) Zittau 899—902. Handels- u. Gewerbekammer. (Nur direkt.) à n. 3. —

— der Handels- u. Gewerbekammer zu Zittau f. 1902—1905. (XLII, 211 u. 56; XLIV, 360; XLIV, 346 u. XLIV, 256 u. 73 S.) gr. 8. Zittau 903—906. Handels- u. Gewerbekammer. (Nur direkt.) à n. 3. —

— dasselbe. Inhaltsverzeichnis des I. Tls., die J. 1885 bis 1903 umfassend. (IV, 62 S.) Lex.-8. Ebd. 905. n. — 60

Jahresbericht der Handels- u. Gewerbekammer zu Zittau f. 1906—1908. (XLVIII, 304 S., XLIV, 243 u. 67 S. u. XLIV, 299 S.) gr. 8. Zittau 907—09. Handels- u. Gewerbekammer. à 3. —

Jahresbericht der Handelskammer zu Gleiwitz für 1860. Gleiwitz 1861

Jahresbericht der Handelskammer zu Goslar.

Jahresbericht der Handelskammer zu Göttingen.

Jahresbericht der Handelskammer Hagen für 1858 und 1886-98. 8° und 4° Hagen 1859-99

Jahresbericht der Handelskammer zu Hagen. 1899-1905. 4° Hagen 1900-06

Jahresbericht der Handelskammer zu Hagen. 1906-11. 4° Hagen 1907-12

Jahresbericht der Handelskammer Halle für 1866 und 78-99. 4° Halle 1866-99

Jahresbericht der Handelskammer zu Halle a. S. 1867. 68. 1900-05. Halle 1869-06

Jahresbericht der Handelskammer zu Halle a. S. 1906-11. Halle 1907-12

Jahresbericht der Handelskammer zu Hamburg für 1893-99. 4° Hamburg 1893-99

— der Handelskammer zu Hamburg üb. d. J. 1899. Nebst Beilage: Hamburg's Handel im J. 1899. Sachverständigen-Berichte, hrsg. auf Veranlassg. d. Handelskammer. gr. 8. (II, 52 u. 123 S.) Hamburg 900. (C. Stöckicht.) 1. 50

— dasselbe üb. d. J. 1900 u. 1901. Nebst Beilage: Hamburg's Handel i. d. J. 1900 u. 1901. gr. 8. (II, 54 u. 125 S. u. III, 48 u. 132 S.) Hamburg 901. 902. (C. Boysen.) à n. 2. —

Jahresbericht der Handelskammer zu Hamburg üb. d. J. 1902 bis 1905. Nebst Beilage: Hamburg's Handel i. d. J. 1902 bis 1905. Sachverständigen-Berichte, hrsg. auf Veranlassg. der Handelskammer. (41 u. 128; 56 u. 124; 55 u. 131 u. 58 u. 113 S.) gr. 8. Hamburg (903—906). (C. Boysen.) à n. 2. —

— der Handelskammer zu Hamburg üb. d. J. 1906—1909, erstattet der Versammlg. „Eines ehrbaren Kaufmanns" am 31. XII. 1906, 1907, 1908 u. 1909. (68, 60, 60 u. 76 S.) gr. 8. Hamburg (907—10). (C. Bovsen.) à 2 —

Jahresbericht der Handelskammer zu Hanau für 1873 1897, Th. 1; 1898 –1904. [1897, T. 2 nicht erschienen.] Hanau 1874 1905: Waisenhaus-Buchdr. (1880ff.: J. G. Kittsteiner; 1900-01, 1903: G. Heydt Nachf.; 1902, 1904: Döring & Hunning). 14 Bde 4°, 18 Bde 8° 1873–1904. 1874–1905.

—— der Handelskammer zu Hannover für das J. 1867. Lex.-8. (VIII, 127 S.) Hannover 868, (Schulze's Buchh.) 2 50

— der Handelskammer zu Hannover für die J. 1874—1879. gr. 8. (à Jahrg. ca. 226 S.) Hannover 875—80, (Schulbuchh.) à Jahrg.

—— der Handelskammer zu Hannover für die J. 1880—1884. gr. 8. (à Jahrg. ca. 250 S.) Hannover 881—85, (Schulbuchhandlung.) à Jahrg.

—— der Handelskammer zu Hannover für die J. 1885—1887. Erstattet den Handel- und Gewerbetreibenden des Kammerbezirks. gr. 8. (VIII, 250; VIII, 255; VI, 240 S.) Hannover und Celle 886—88, (Schulbuchhandlung.) à Jahrg.

— der Handelskammer zu Hannover f. das J. 1888 Erstattet den Handel- u. Gewerbetreibenden d. Kammerbezirks. gr. 8. (VII, 276 S. m. Tab.) Hannover 889. (Schulbuchhandlg.) — 75

— der Handelskammer zu Hannover f. die J. 1889—1893. Erstattet den Handel- u. Gewerbetreibenden d. Kammerbezirks. gr. 8. (VIII, 253; VII, 247; VII, 236; VII, 235; VIII, 237 u. 4 S.) Hannover 890—894. (Hannover u. Celle, Schulbuchh.) à — 75

— der Handelskammer zu Hannover f. d. J. 1894—1897. gr. 8. (VIII, 316; VII, 339; VIII, 352 u. VIII, 322 S. m. je 2 graph. Taf.) Hannover 895—898. (Hannover u. Celle, Schulbuchh.) à — 75

— der Handelskammer zu Hannover f. d. J. 1898—1900. gr. 8. Hannover. (Hannover u. Celle, Schulbuchh.) 3. 50
1898. (VIII, 316 S. m. 2 graph. Taf.) 899. — 75
1899. (VIII, 402 S. m. 1 Taf.) 900. — 75
1900. (VIII, 428 S.) 901. n. 2. —

Jahresbericht der Handelskammer zu Hannover 1900-06. Hannover 1901-07

Jahresbericht der Handelskammer zu Hannover. 1907-11. Hannover 1908-12

Jahresbericht der Handelskammer zu Harburg

Jahresbericht der großherzogl. hessischen Handelskammer zu Worms, s. Jahresbericht der Handelskammer zu Worms.

Jahresbericht der Handelskammer zu Hildesheim.

Jahresbericht der Handelskammer für die Kreise Hirschberg und Schönau für 1867-99. 4° u 8° Hirschberg 1867-99

Jahresbericht d. Handelskammer f. Hirschberg u Schönau in Hirschberg. 1901-05. Hirschberg 1901-06

Jahresbericht der Handelskammer zu Hirschberg. 1906-08. Hirschberg 1907-09

Jahresbericht der Handelskammer des Kreises Iserlohn.

Jahresbericht der Handelskammer Iserlohn für 1867-96. Iserlohn 1868-97

— der Handelskammer für die Kreise Karlsruhe und Baden für 1864. 68-72. 77. 80-99. Karlsruhe 1865-1900

Jahresbericht der Handelsk. für Karlsruhe u Baden. 1900-05. Karlsruhe 1901-06

Jahresbericht der Handelskammer für die Kreise Karlsruhe und Baden. 1906 bis 1911. Karlsruhe 1907-12

Jahresbericht der Handelskammer Kassel für 1871-74. Kassel 1872-75

Jahres-Bericht der Handelskammer zu Cassel f. 1873—1892. 1894 ff. [Seit] 1901 [je] Tl 1—3; [Seit] 1906 [je] Tl 1. 2. Cassel 1874 ff. 1°

— der Handelskammer zu Cassel für 1875—1879. Fol. (26; 22; 29; 26; 25 S.) Kassel 876—80, Meßner'sche Buchh. à Jahrg.

Jahresbericht der Handelskammer zu Kiel (Jg. 1.) für das Jahr 1872. Kiel. 1873. (Jg. 3–4.) für 1874–75. ebd. 1875–76. (Jg. 7 und 8–18). für die Jahre 1878 und 1879–1889. ebd. 1880–90.

— der Handelskammer zu Kiel für das Jahr 1881. gr. 8. (IV, 64 S.) Kiel 882. (Lipsius & Tischer.) cart. n. 2. —

— der Handelskammer zu Kiel f. 1882. gr. 8. (184 S.) Kiel 883. (Lipsius & Tischer.) n. 2. 40

— dasselbe, f. 1883. gr. 8. (XIV, 152 S.) Ebend. 884. n. 2. 50

— dasselbe, f. 1884. gr. 8. (XV, 192 S.) Ebend. 885. n. 3. —

— dasselbe, f. 1885. 14. Jahrg. gr. 8. (XV, 177 u. 51 S.) Ebend. 886. cart. n. 2. 40

— der Handelskammer zu Kiel f. 1886. 15. Jahrg. gr. 8. (XV, 166 S.) Kiel, (Lipsius & Tischer). cart. n. 2. 50

— dasselbe f. 1887—1889. 16.—18. Jahrg. gr. 8. (XV, 198; XX, 260; XXIII, 138 u. CXXI S.) Ebd. cart. à Jahrg. n. 3. —

— der Handelskammer zu Kiel f. 1890—1892. XIX.—XXI. Jahrg. gr. 8. (XXI, 159 u. 82 S.) Kiel, (Lipsius & Tischer). n. 8. —
1890. (XXII, 142 u. 86 S.) 891. n. 3. —. — 1891. (XXII, 280 S.) 892. n. 3. —. — 1892. (XXI, 159 u. 82 S.) 893. n. 2. .

— der Handelskammer zu Kiel f. 1901. 30. Jahrg. gr. 8. (XXIII, 168 u. 98 S.) Kiel 902. (Lipsius & Tischer.) n. 4. —

— der Handelskammer zu Kiel f. 1902—1905. 31. bis 34. Jahrg. gr. 8. Kiel (Lipsius & Tischer.) n. 17. 80
1902. (XXV, 159, 103 u. 14 S.) 903. n. 4. —
1903. (XXV, 194, 103 u. 2 S.) 904. n. 3. —
1904. (XXV, 157 u. 101 S.) 905. n. 4. —
1905. 1. I. Tl. Bericht üb. die Tätigkeit etc. der Handelskammer (XVI, 63 S.) 905. Kart. n. 2. 80
2. II. Tl. Tatsächliche Berichte. III. Tl. Statistische Uebersichten. (VII, 86 u. 173 S.) 906. Kart. n. 4. —

— der Handelskammer zu Kiel für 1907. 35. u. 36. Jahrg. à 3 Tle. (XVII, 95; VII, 108 u. 147 S. u. XIX, 108; VII, 89, 109 u. 68 S.) gr. 8. Kiel 907. 08. (Lipsius & Tischer.) à Jahrg. 6. —

Jahresbericht der Handelskammer Koblenz für 1878-99. 4° Koblenz 1879-1900

Jahresbericht der Handelskammer zu Koblenz. 1901-05. Koblenz 1902-06

Jahresbericht der Handelskammer zu Koblenz. 1906-11. Koblenz 1907-12

Jahresbericht der Hadelskammer Koln für 1862-99. Köln 1863-1900

Jahresbericht der Handelskammer zu Köln. 1900-05. Köln 1901-06

Jahresbericht der Handelskammer (Handelsgenossenschaft) Konstanz für 1888 bis 99. Konstanz 1889-1900

Jahresbericht der Handelskammer für Konstanz. 1900-04. Konstanz 1901-05

Jahresbericht d. Handelskammer f. d. Kreis Konstanz. 1905-09. Konstanz 1906-10

[Jahres-Bericht] Handelskammer für den Regierungsbezirk Köslin zu Stolp i. Pomm. 1. ff. Jahres-Bericht f. d. J. 1900/1901 ff. Stolp i. Pomm. (1901) ff. 8°

100 (Jahre). Jahresbericht der Handelskammer zu Crefeld für 1904. — Crefeld 1905: Kramer & Baum. XLII, 55 S. 4° [Kopft.:] Zum 100jähr. Bestehen der Handelskammer.

Jahres-Bericht der Handelskammer zu Landshut i. Schl.

Jahresbericht der Handelskammer zu Lauban.

— der Handelskammer Leipzig für 1863. 64. 69. 70. 74-76. 86-98. Leipzig 1864-99

—— der Handelskammer zu Leipzig. 1867 und 1868. Lex.-8. (VIII, 144 S.) Leipzig 870, (Hirzel.) * 1 —
—— dass. — 1869 und 1870. Lex.-8. (VIII, 182 S.) (Ebendas.) 872. * 1 —
—— dass. — 1871 und 1872. Lex.-8. (VIII, 185 S.) (Ebendas.) 874. 1 —
—— dass. — 1873. Lex.-8. (VI, 126 S.) Ebendas. 874. 1 —

— der Handelskammer zu Leipzig 1869/70, 1871/72 u. 1873. Lex.-8. (VIII, 182, VIII, 185 u. VI, 126 S.) Leipzig 872—75. Hirzel in Comm. à n. 1. —

— der Handelskammer Leipzig für 1878-83. 99-1903. Leipzig 1879-1904

—— der Handelskammer zu Leipzig. 1885—1887. gr. 8. (IX, 151; IX, 169; X, 176 S.) Leipzig 886—88, (Hinrichs'sche Buchh. Verlag.) à Jahrg. *

—— der Handelskammer zu Leipzig. 1888—1891. gr. 8. (à Jahrg. 150—225 S.) Lpz. 889—92, (Hinrichs' Verlag). à Jahrg. * 1 60

— der Handelskammer zu Leipzig 1889—1893. gr. 8. (IX, 190; X, 237; IX, 228; X, 267; XII, 296 S.) Leipzig 890—894. (J. C. Hinrichs' Verl.) à n. 1. 60

— d. Handelskammer zu Leipzig. 1894—1897. gr. 8. (XII, 380; XII, 405; XII, 260 u. XII, 201 S.) Leipzig 895—898. (J. C. Hinrichs' Verl.) à n. 1. 60

— der Handelskammer zu Leipzig. 1898—1901. gr. 8. (XII, 221; XII, 258; XII, 261 S. m. 1 farb. Plan u. XII, 239 S.) Leipzig 899—902. (J. C. Hinrichs' Verl.) à n. 1. 60

— der Handelskammer Leipzig auf d. J. 1902—1905. Lex.-8. Leipzig 903—906. (J. C. Hinrichs' Verl.) n. 5.20
1902. (XX, 264 S.) 1. 60. — 1903. (XIV, 255 S.) 1. 60. 1904. (56 S.) 1. —. — 1905. (52 S.) 1. —.

— der Handelskammer Leipzig auf d. J. 1906—1909. (63, 59, 66 u. 82 S.) Lex. 8. Leipzig (907—10). (J. C. Hinrichs' Verl.) à 1. —

— dasselbe, s.: Mitteilungen der Handelskammer zu Leipzig.

Jahresbericht der Handelskammer für das Lennegebiet des Kreises Altena u. f. d. Kreis Olpe f. d. J. 1889—1897. 1898.99. 1907/08. 1908 09. Altena 1890—1909. 2° u. 4°

Jahres-Bericht der Handels-Kammer zu Liegnitz.

Jahresbericht der Handelskammer zu Limburg a. d. Lahn für 1869-87. 96-99. Limburg 1870-1900

Jahresbericht d Handelskammer in Limburg a. d. L. 1900-05. Limburg a. d. Lahn 1902-06

Jahresbericht d. Handelskammer z. Limburg a. d. Lahn. 1906-12. Limburg 1907-13

Jahresbericht d. Handelsk. f. d. Kreise Lörrach u Waldshut z. Schopfheim 1895-98. Schopfheim 1896-99

Jahresbericht der Handelskammer zu Lüdenscheid.

— der Handelskammer zu Lüneburg vom J. 1871 u. 1872. gr. 8. (V, 84 u. V, 117 S.) Lüneburg 872. 73. (Engel.) à n. 1. 50

— dasselbe vom J. 1873—1875. Fol. (à ca. 37 S.) Ebend. 874—76. à n. 2. —

— der Handelskammer zu Lüneburg vom Jahre 1876. Fol. (32 S.) Lüneburg 877. (Engel.) n. 2. —

—— der Handelskammer zu Lüneburg von den J. 1878 und 1879. Fol. (II, 57 S.) Lüneburg 880, (Engel's Buchh.) *

—— dass. — von den J. 1880—1883. Fol. (II, 36; 31; 28; 28 S.) Lüneburg 881—84, (Herold und Wahlstab'sche Buchh.) à Jahrg. *

—— der Handelskammer zu Lüneburg vom J. 1884—1887. Fol. (33; III, 27; 30; 28 S.) Lüneburg 885—88, (Herold und Wahlstab.) Jahrg. 1884 *
Jahrg. 1885 und 1886 à *
Jahrg. 1887 *

— der Handelskammer zu Lüneburg v. d. J. 1898—1901. Fol. Lüneburg (Herold & Wahlstab). n. 7. —
1898. (III, 30 S.) 899. n. 1. 50. — 1899. (III, 38 S.) 900. n. 2. —. — 1900. (III, 36 S.) 901. n. 2. —. — 1901. (III, 35 S.) 902. n.n. 1. 50.

— der Handelskammer zu Lüneburg vom J. 1902 u. 1904. (III, 76 u. IV, 94 S.) 8. Lüneburg 903. 905. (Herold & Wahlstab). à n.n. 1. 50

Jahresbericht der Handelskammer Mainz für 1853-99. Mainz 1853-99

Jahresbericht der Handelskammer zu Mainz 1900-05. Mainz 1901-06

Jahresbericht der grossh. Handelskammer zu Mainz. 1906-11. Mainz 1907-12

Jahresbericht d. Handelskammer Mannheim f. 1866. 67. 72-99. Mannheim 1866-99

—— der Handelskammer in Mannheim für 1872. gr. 8. (144 S. mit 1 lithogr. Plan in 4.) Mannheim 873, Schneider's Verlag. 3 —

— der Handelskammer in Mannheim für 1877—1879. gr. 8. (XVI, 2908.) Mannheim 880. (Hermann.) n. 2. —

— - dass. — für 1880. gr. 8. (XVI, 228, LV S.) (Ebendas.) 881. *

— der Handelskammer für den Kreis Mannheim für das Jahr 1881. gr. 8. (XX, 232 u. Anh. CXI S.) Ebend. 882. n. 3. 60

— der Handelskammer f. den Kreis Mannheim f. d. J. 1882. gr. 8. (XXIV, 446 S. m. Tab.) Mannheim 883. (Hermann.) n. 3. 50

— dasselbe, f. d. J. 1883. gr. 8. (XXIV, 277 u. CXVI S.) Ebend. 884. n. 4. 60

—— der Handelskammer für den Kreis Mannheim für die J. 1884—1887. à Jahrg. 2 Thle. gr. 8. (XX, 99; XXVIII, 228 S. mit 2 graph. Stnt. — XXXII, 53; CXXXIX, XIV, 244 S. mit 1 Taf. — LXXXVIII, 140; XIV, 125 S. mit 2 Taf. — 104, 184, 26; 126 S. mit 1 graph. Stnt.) Mannheim 885—88, (Hermann.) à Jahrg. *

—— dass. — für das J. 1888. 2 Thle. gr. 8. (232; 36; 131 S. mit 1 Taf.) (Ebendas.) *

— dasselbe, f. d. J. 1889. 2 Thle. gr. 8. (19, 240, 34 u. 186 S. m. 1 graph. Taf.) Ebd. 890. n.n. 4. 60

— der Handelskammer f. den Kreis Mannheim f. d. J. 1890—1893. gr. 8. Mannheim, (J. Hermann). à Jahr n. 4. 60
1890. 2 Thle. (XXIV, 216, XXXIII, 143 S. m. 2 graph. Taf.) 891.
1891. 2 Thle. (XIII, 278, XXXV, 148 S. m. 2 graph. Taf.) 892.
1892. 2 Thle. (XXV, 208, XXIV, 158 S. m. 4 Taf.) 893.
1893. 2 Thle. (XXI, 248, XXXI, 176 S. m. 1 Taf.) 894.

— d. Handelskammer f. d. Kreis Mannheim f. d. J. 1893 u. 1894. à 2 Thle. gr. 8. (21, 248; 81, 176 S. m. 1 graph. Darstellg.; 24, 295 u. 36, 171 S.) Mannheim (894. 95). (J. Hermann.) à Jahrg. n. 4. 80

— dasselbe f. d. J. 1895. 2 Thle. gr. 8 (28, 291, XXXVIII u. 36, 184 S. m. 1 graph. Darstellg.) Ebd. 896. n. 2. 40

— dasselbe f. d. J. 1896. 2 Thle. gr. 8. (24, 287, XLII u. 39, 193 S. m. 1 graph. Darstellg. u. 2 farb. Karten.) Ebd. 897. n. 4. 80

— dasselbe f. d. J. 1897. 2 Thle. gr. 8. (27, 316 u. 40, 198 S. m. 1 graph. Darstellg.) Ebd. 898. n. 4. 60

Jahresbericht der Handelskammer Mannheim für 1900-05. Mannheim 1901-06

— der Handelskammer f. den Kreis Mannheim f. d. J. 1903 u. 1904 à 2 Tle. u. 1905 1. Tl. gr. 8. Mannheim (J. Hermann.) n. 12. 40
1903. (40, 378 u. 48, 310 S. m. 1 Taf.) 904. n. 4. 80
1904. (50, 512 u. XII, 72, 224 S. m. 1 Taf.) 905. n. 5. —
1905. I. (XVI, 48 u. 544 S.) 906. n. 2. 60

Jahresbericht d. Handelskammer f. d. Kr. Mannheim. 1906-10. Mannheim 1907-11

Jahresbericht, der Handelskammer f. den Kreis Mannheim f. d. J. 1908. 1. Tl. (XX, 506 S.) 8. Mannheim, J. Hermann. 1909. 4. 80.

— der Handelskammer f. d. Kreis Mannheim f. d. J. 1909. 2 Tle. 8. Mannheim (910). (J. Hermann.) nn 6. 80
1. (XXXII, 46 u. 672 S.) nn 4. 80
2. (30 u. 168 S. m. 1 Kurven-Taf.) nn 2. —

—— der Handels-Kammer von Minden. (Kreis Minden, Kreis Lübbecke, Stadt Vlotho.) Für 1866. gr. 8. (VII und 111 S.) Minden 867, (Volkening.) *

—— der Handelskammer von Minden [Kreis Minden, Lübbecke, Stadt Vlotho]. Für 1867—1871. gr. 8. (VIII, 159; 92; 113; 99; 112 S.) Minden 868—72, Volkening.
1867—1870 à * 1 50
1871 * 1 —

- der Handelskammer v. Minden. [Kreis Minden, Kreis Lübbecke, Stadt Vlotho] Für 1870. gr. 8. (99 S.) Minden 871. (Hufeland.) n. 1. 50

-- dasselbe. Für 1871. 8. (112 S.) Ebend. 872. n. 1. —

— der Handelskammer von Minden [Kreis Minden, Lübbecke, Stadt Vlotho]. Für 1872. gr. 8. (144 S.) Minden 873. (Leipzig, Siegismund und Volkening.)
— dass. — Für 1873—1878. gr. 8. (à Jahrg. ca. 100 S. und Beilagen.) Minden 874—79, Hufeland. à Jahrg.

—— der Handelskammer von Minden [Kreis Minden, Lübbecke, Stadt Vlotho]. Für 1879—1883. gr. 8. (à Jahrg. ca. 100 S.) Minden 880—84, Hufeland. à Jahrg.

—— der Handelskammmer von Minden [Kreis Minden, Lübbecke, Stadt Vlotho]. Für 1884. gr. 8. (ca. 100 S.) Minden 885, (Hufeland.)
Wird seit 1885 nicht mehr durch den Buchhandel vertrieben.

Jahres-Bericht der Handelskammer für die Kreise Mühlhausen i. Thür., Worbis u. Heiligenstadt.

Jahresbericht d. Handelskammer zu Mülhausen i. E. f. 1877-99. Mülhausen 1878-1900

Jahresbericht der Handelskammer für die Kreise Mülheim a. d. Ruhr und Oberhausen (Rhld.)

Jahresbericht d. Handelskammer f. den Regierungsbezirk Münster (Westf.) f. 1895-99 Münster 1895-99

Jahresbericht der Handelskammer für die westliche Niederlausitz zu Cottbus.

—— der Handelskammer zu Nordhausen für 1870. gr. 8. (43 S.) Nordhausen 871, (Büchting.) * — 75

— der Handelskammer zu Nordhausen für die J. 1871—1873. 8. (37; 59; 46 S.) Nordhausen 872—74, (Eigendorf.) à Jahrg. *
— dass. — für die J. 1874—78. kl. Fol. (20; 22; 22; 20; 20 S.) (Ebendas.) 875—79. à Jahrg. *

—— der Handelskammer zu Nordhausen für die J. 1879—1883. 8. (à Jahrg. ca. 40—50 S.) Nordhausen 880—84, (Eigendorf's Buchh.) à Jahrg. *

—— der Handelskammer zu Nordhausen für die J. 1884—1888. 8. (à Jahrg. ca. 40—50 S.) Nordhausen 885—89, (Eigendorf's Buchh.) à Jahrg. *

— der Handelskammer f. Oberfranken f. d. J. 1908. (343 S. m. 2 Tab.) gr. 8. Bayreuth 909. (C. Giessel jun.) 1. 50
Vergl.: Jahresbericht der Handels- u. Gewerbekammer für Oberfranken.

Jahresbericht der Handelskammer für die preussische Oberlausitz zu Görlitz. 1898. 1900-11. Görlitz 1899-1912

Jahresbericht der Oedenburger Handels- und Gewerbekammer, s. Jahresbericht der Handels- u. Gewerbekammer in Oedenburg.

Jahresbericht der Handelskammer zu Offenbach für 1857-99. Offenbach 1858-1900

Jahresbericht der grossherzogl. Handelskammer zu Offenbach a. M. 1900-05 Offenbach 1901-06

Jahresbericht der grossherzoglichen Handelskammer zu Offenbach. 1906-11. Offenbach 1907-12

Jahresbericht der Handelskammer für den Kreis Offenburg und den Amtsbezirk Ettenheim zu Lahr für 1881-99. Lahr 1881-1900

Jahresbericht der Handelskammer für den Kreis Offenburg und Amtsbezirk Ettenheim in Lahr. 1900-05 Lahr 1901-06

Jahresbericht der Handelskammer für den Kreis Offenburg mit Amtsbezirk Ettenheim in Lahr. 1907-12. Lahr 1908-13

Jahresbericht d. Handelskammer f. d. Bez. Oppeln. 1900-05 Oppeln 1901-06

Jahresbericht der Handelskammer für den Regierungsbezirk Oppeln. 1906 bis 1911. Oppeln 1907-12

Jahresbericht der Handelskammer zu Osnabrück über d. J. 1898-1903. Osnabrück 1899-1904. 8°.
(Herbert u. d. Tit.)
Bericht der Handelskammer zu Osnabrück üb. d. Wirtschaftsjahr 1904 ff. Osnabrück 1905 ff. 8°.

—— der Handelskammer für Ostfriesland und die Stadt Papenburg für das J. 1871. gr. 8. (155 S.) Norden 873. (Emden, Haynel.) * 1 50

—— dass. — für das J. 1872. gr. 8. (IV, 144 S.) Ebendas. 874. * 2 —

—— dass. — für das J. 1873. Fol. (IV, 58 S.) (Ebendas.) 874. * 2 —

—— dass. — für das J. 1874. Fol. (IV, 71 S.) Aurich 875. (Emden, Haynel.) * 3 —

—— dasselbe f. das J. 1872 u. 1873. gr. 8. (IV, 144 u. IV, 158 S.) Ebend. 874. 75. à n. 2. —

— der Handelskammer für Ostfriesland und Papenburg für die J. 1875 und 1876. Fol. (IV, 67; IV, 65 S.) Aurich 876,77. (Emden, Haynel.) à Jahrg. * *

— dass. — für die J. 1877 und 1878. Fol. (IV, 73; IV, 69 S.) Papenburg 878,79. (Emden, Haynel.) à Jahrg. * *

— der Handelskammer für Ostfriesland u. Papenburg für das Jahr 1876—1878. Fol. (IV, 65; IV, 73 u. IV, 69 S.) Weener 877—79. (Emden, Haynel.) à n. n. 3. —

— — der Handelskammer für Ostfriesland und Papenburg für das J. 1879. Fol. (IV, 71 S.) Papenburg 880. (Emden, Haynel.) *

Jahresbericht der Handelskammer für Ostfriesland und Papenburg für das J. 1880. Fol. (IV, 69 S.) Papenburg 881. (Emden, Haynel.) *

— dasselbe für das Jahr 1880. Fol. (IV, 69 S.) Ebend. 882. n. 3. —

— dasselbe für das Jahr 1881. Fol. (IV, 64 S.) Ebend. 882. n. 2. —

Jahresbericht der Handelskammer f. Ostfriesland u. Papenburg f. d. J. 1882. Fol. (IV, 66 S.) Weener 883. (Emden, Haynel.) n. n. 2. —

— dasselbe, f. d. J. 1883. Fol. (IV, 67 S.) Ebend. 884. 3. —

— dasselbe, f. d. J. 1884. Fol. (IV, 76 S.) Ebend. 885. n. 2. —

—— der Handelskammer für Ostfriesland und Papenburg für das J. 1885. Fol. (IV, 72 S.) Emden 886, (Haynel.) *

— der Handelskammer f. Ostfriesland u. Papenburg f. d. J. 1886—1889. Fol. (IV, 71; IV, 66; IV, 75; IV, 76 S.) Papenburg 887—890. (Emden, Haynel.) à n. 2. —

— der Handelskammer f. Ostfriesland u. Papenburg f. d. J. 1890—1892. Fol. (IV, 64; IV, 67; IV, 66 S.) Leer 891—898. (Emden, W. Haynel.) à n. 2. —

— dasselbe f. d. J. 1893. 2 Thle. Fol. (III, 18 u. IV, 48 S.) Ebd. 894. à Thl. n. 2. —

— d. Handelskammer f. Ostfriesland u. Papenburg f. d. J. 1894—1896. à 2 Thle. Fol. Leer 895—897. (Emden, W. Haynel.) à Jahrg. n. 3. —
1894. 1. (III, 18 S.) n. 1. —. — 2. (IV, 51 S.) n. 2. —.
1895. 1. (III, 16 S.) n. 1. —. — 2. (IV, 51 S.) n. 2. —.
1896. 1. (III, 18 S.) n. 1. —. — 2. (IV, 68 S.) n. 2. —.

— dasselbe f. d. J. 1897. 2 Thle. Fol. Norden 898. (Emden, W. Haynel.) n. 2. 50
1. (18 S.) n. 1. —. — 2. (IV, 72 S.) n. 1. 50.

— der Handelskammer f. Ostfriesland u. Papenburg f. d. J. 1898—1901. à 2 Thle. Fol. (III, 20 S.) Leer (899—902). (Emden, W. Haynel.) n. 15. 50
1898. I (III, 20 S.) n. 1. —. — II (IV, 60 S.) n. 3. —.
1899. I (III, 16 S.) n. 1. 50. — II (IV, 59 S.) n. 2. —.
1900. I (III, 20 S.) n. 1. —. — II (IV, 60 S.) n. 2. —.
1901. I (III, 18 S.) n. 2. —. — II (IV, 60 S.) n. 3. —.

— der Handelskammer f. Ostfriesland u. Papenburg f. d. J. 1902—1905 à 2 Tle. Fol. Norden (903 bis 906). (Emden, W. Haynel.) n. 14. 50
1902. 1. (III, 20 S.) n. 1. 50. — 2. (IV, 68 S.) n. 2. —
1903. 1. (III, 21 S.) n. 1. —. — 2. (III, 61 S.) n. 2. —
1904. 1. (III, 20 S.) — 2. (III, 67 S.) à n. 2. —
1905. 1. (III, 22 S.) — 2. (III, 68 S.) à n. 2. —

— der Handelskammer für Ostfriesland u. Papenburg f. d. J. 1906—1908 à 2 Tle. u. 1909 I. Tl. 31×21,5 cm. Norden. (Emden, W. Haynel.) 13. 50
1906. (III, 22 u. III, 67 S.) (907). 3. 50
1907. (III, 22 u. III, 65 S.) (908). 4. —
1908. (III, 27 u. IV, 72 S.) (909). 4. —
1909. I. (III, 25 S.) (910). 2. —

Jahresbericht der Pest-Ofner Handels- und Gewerbekammer. 1853. 8. (1 Blatt, 142 S.) Pest, Buchdruckerei von L. Lukács. 1853.

Jahresbericht der Pest-Ofner Handels- und Gewerbekammer für 1854—56. *Pest* 1857. Buchdr. v. *Emil Müller*. 191 S. 8°.

Jahres-Bericht der Pest-Ofner Handels- und Gewerbekammer für 1857—1859. 8. Pest 1860.

Jahresbericht der Pest-Ofener Handels- und Gewerbekammer f. 1860-62. Pest 1863

Jahresbericht der pfälzischen Handels- und Gewerbekammer für 1857-60. 62-67. 77. 78. 80-93. Ludwigshafen 1858-94

— der pfälzischen Handels- und Gewerbekammer für die J. 1875—1878. gr. 8. (ca. 150—160 S.) Ludwigshafen 876—79. (Lauterborn.) à Jahrg.

—— der Pfälzischen Handels- und Gewerbekammer für die J. 1879—1882. gr. 8. (VIII, 164; 152; VIII, 158; VIII, 166 S.) Ludwigshafen 880—83. (Lauterborn.) à Jahrg. *

— dasselbe, f. d. J. 1883. gr. 8. (VIII, 189 S.) Ebend. 884. n. 1. 20

—— der Pfälzischen Handels- und Gewerbekammer für die J. 1886 und 1887. gr. 8. (XII, 168; XII, 150 S.) Ludwigshafen 887,88, (Baumgartner.) à Jahrg. *

—— der pfälzischen Handels- u. Gewerbekammer f. d. J. 1888—1890. gr. 8. (XII, 146; VI, 171 S. m. 1 Plan; X, 213 S.) Ludwigshafen 889—91, (Baumgartner). à Jahrg. ** 1 20

— d. pfälzischen Handels- u. Gewerbekammer f. d. J. 1891/93. à 2 Thle. gr. 8. (IX, 184, VII, 116; X, 195, VII, 121 u. X, 200, VII, 123 S.) Ludwigshafen 1892—94. Handels- u. Gewerbekammer. à n. 2. 40

— dasselbe f. d. J. 1894—1897. gr. 8. Ebd. n.n. 16. 40
1894. (XIII, 224 S.) 895. n. 2. —
1895. 2 Tle. (XXXI, 218 u. VIII, 171 S.) 897. à n.n. 2. 40
1896. (XXXII, 613 S.) 897. n.n. 4. 50
1897. 2 Tle. (XXIII, 262 u. XI, 271 S.) 898. n.n. 4. 80

— der pfälzischen Handels- & Gewerbekammer f. d. J. 1898 u. 1899. 2 Thle. gr. 8. Ludwigshafen (F. Baumgartner). n.n. 8. 50
1898. (XXV, 391 S.) 899. n.n. 3. 50
1899. 1. (XXI, 359 S. m. 2 Plänen.) 900. n.n. 3. 50
2. (XII, 188 S.) 900. n. 1. 50

Jahresbericht der pfälz. Handels- u Gewerbek. 1906-08. Ludwigshafen 1907-09

Jahresbericht der Handelskammer für den Amtsbezirk Pforzheim, s.a. Bericht . . .

Jahresbericht der Handelskammer für den Amtsbezirk Pforzheim für 1880. 82. 85. 87. 89-91. 93-99. Pforzheim 1881-1900

Jahresbericht der Handelskammer zu Posen für 1874-80. Posen 1875-81

Jahresbericht der Handelskammer zu Potsdam.

— der Preßburger Handels- u. Gewerbekammer, erstattet an Se. Exc. den k. ung. Handelsminister üb. die Thätigkeit der Kammer u. die wirthschaftlichen Verhältnisse des Kammerbezirkes in d. J. 1890—1893. gr. 8. Preßburg, (G. Heckenast's Nachf.). n. 11. 50
1890. VIII, 192 S.) 891. n. 3. —. — 1891. (VII, 213 S.) 892. n. 3. —. — 1892. (VII, 259 S.) 893. n. 1. 50. — 1893. (VII, 252 S.) 894. n. 4. —.

—— der Handels- u. Gewerbekammer zu Preßburg, erstattet an Se. Exc. den k. ungar. Handelsminister üb. die Thätigkeit der Kammer u. die wirthschaftl. Verhältnisse d. Kammerbezirks i. J. 1890 u. 1891. gr. 8. (VIII, 192; VII, 213 S.) Preßb. 891,92, (Heckenast's Nachf.) à Jahrg. * 3 —

— d. Preßburger Handels- u. Gewerbekammer, erstattet an d. k. ungar. Handelsminister üb. d. Thätigkeit d. Kammer u. d. wirthschaftl. Verhältnisse d. Kammerbezirkes im J. 1894—1895. gr. 8. (VII, 244 u. VII, 271 S.) Preßburg 895. 96. (G. Heckenast's Nachf.) à n. 3.—

Jahresbericht d. Preßburger Handels- u. Gewerbekammer, erstatt. an d. k. ungar. Handelsminister üb. d. Thätigkeit d. Kammer u. d. wirthschaftl. Verhältnisse d. Kammerbezirkes i. J. 1896. gr. 8. (VII, 327 S.) Preßburg 897. (G. Heckenast's Nachf.) n. 6. —

— der Preßburger Handels- u. Gewerbekammer, Fortsetz., s.: Bericht der Handels- u. Gewerbekammer in Pozsony.

—— der Handelskammer für die Kreise Reichenbach, Schweidnitz und Waldenburg für das J. 1869. gr. 8. (158 S. mit 1 Tab. in 4.) Schweidnitz 871, (Heege.) * 2 —

Jahresbericht der Handelskammer zu Ruhrort. (1.) Für d. J. 1898. Ruhrort: J. Bredow & Sohn 1899. 4°

Jahresbericht der Handelskammer zu Saarbrücken für 1886-91. 95-99. 4° Saarbrücken 1887-1900

Jahresbericht der Handelskammer Saarbrücken. 1892-94. 1901-11. 4° Saarbrücken 1893-1912

Jahresbericht der Handelskammer für die Kreise Sagan und Sprottau zu Sagan.

Jahresbericht d. Handelskammer f. d. Fürstentl. Schwarzburg-Sondershausen. 1905. Arnstadt 1906

Jahres-Bericht der Handelskammer für den Kreis Siegen.

Jahres-Bericht der Handelskammer für den Kreis Solingen.

Jahresbericht der Handelskammer Stolberg (Rheinland) für 1871. 72. 74. 81. 86-96. 98. 99. 4° Aachen 1872-1900

Jahresbericht der Handelskammer zu Stolberg (Rheinland). 1897-05. 4° Aachen 1898-1906

Jahresbericht d. Handelskammer zu Stolberg (Rheinl.) 1906-11. Stolberg 1907-12

Jahres-Bericht der Handelskammer zu Stralsund.

Jahres-Bericht der Handelskammer für Kreis Thorn *(1906 abgeschlossen)*.

Jahresbericht der Handelskammer zu Trier 1900-05. 4°

Jahresbericht der Handelskammer zu Trier. 1906-11. 4° Trier 1907-12

Jahresbericht (Bericht) der Triester Handels- und Gewerbekammer über die wirtschaftlichen Verhältnisse in Triest. 1907-11. 4° Triest 1908-12

— der Handelskammer f. den Reg.-Bez. Unterfranken u. Aschaffenburg in Würzburg 1909. (X, 153 S.) 8. Würzburg (910). (Stahel's Sort.) 2. —
Vergl.: Jahresbericht d. Handels- u. Gewerbekammer f. Unterfranken u. Aschaffenburg.

Jahresbericht der Handelskammer zu Wesel für 1875-99. Wesel 1876-1900

Jahresbericht d. Handelsk. z. Wesel m. d. Wahlbez. Wes., Emmerich u Bocholt 1900-05. Wesel 1901-06

Jahresbericht der Handelskammer zu Wesel. 1906-10. Wesel 1907-11

Jahresbericht der Handelskammer für das südöstliche Westfalen. [1.] Über d. J. 1908. Arnsberg 1908: Stein. 4°
Anf. s. Jahresbericht d. Handelskammer zu Arnsberg.

Jahresbericht der Handelskammer für das südöstliche Westfalen.
(1909 f. fortges. u. d. Tit.:)
Bericht der Handelskammer für das südöstliche Westfalen in Arnsberg üb. d. J. 1909 ff. Arnsberg 1910 ff. 8°

Jahresbericht der Handelskammer für den Kreis Wetzlar. [1.] 1901. Wetzlar (1902): Irmgardt. 8°

— der Handelskammer zu Wiesbaden f. 1884. gr. 8. (VII, 131 S.) Wiesbaden 885. Bechtold & Co. n. 2. —

—— der Handelskammer zu Wiesbaden für 1884. gr. 8. (VII, 131 S.) Wiesbaden 886, Bechtold und Comp. *

—— dass. — für 1886. gr. 8. (VII, 115 S.) Ebendas. 887. *

— der Handelskammer zu Wiesbaden f. 1888. gr. 8. (VI, 109 S. m. 3 Tab.) Wiesbaden 889. Bechtold & Co. n. 1. 50

— der Handelskammer zu Wiesbaden f. 1890, 1891, 1893. gr. 8. Wiesbaden, (Bechtold & Co.). n. 4. —
1890. (IV, 118 S. m. 3 Tab.) 891. n. 2. — . — 1891. (VII, 160 S. m. 2 Tab.) 892. n. 1. —. — 1893. (188 S. m. 2 Tab.) 894. n. 1. —.
Jahrg. 1892 ist vergriffen.

— d. Handelskammer zu Wiesbaden f. 1894. gr. 8. (195 S. m. 4 Tab.) Wiesbaden 895. (R. Bechtold & Co.) n. 2. —

— dasselbe f. 1895. gr. 8. (152 S. m. 2 Tab.) Wiesbaden 896. (G. Quiel.) n. 2. —

— der Handelskammer zu Wiesbaden f. 1896—1901. gr. 8. (175, 168, 172, 170, 176 S. m. je 2 Tab. u. 168 S. m. 1 Tab.) Wiesbaden 897—902. (G. Quiel.) à 1. 50

Jahresbericht der Handelskammer zu Worms für 1857-97. Worms 1858-98

—— der großherzoglich hessischen Handels-Kammer zu Worms für d. J. 1863 und 1864/66. gr. 4. (III und 36 S., VII und 75 S.) Worms 864, 67 (Rahke.) à * 12 Ngr. *

Jahresbericht der Gr Handelskammer Worms 1898-1905. Worms 1899-1906

Jahresbericht der grossh. Handelskammer Worms. 1906-11. Worms 1907-12

Zürcher Handelskammer (Vorstand der Kaufmännischen Gesellschaft Zürich). 27. Jahresbericht. 1900. 28 S. 8. Zürich, Berichthaus, 1001.

Zürcher Handelskammer, (Vorstand) der Kaufmännischen Gesellschaft Zürich. 28. Jahresbericht. 1901. 30 S. 8. Zürich, Berichthaus, 1902.

Zürcher Handelskammer, (Vorstand) der Kaufmännischen Gesellschaft Zürich. 29. Jahresbericht. 1902. 31 S. 8. Zürich, Berichthaus, 1903.

Jahresbericht d. Handels- u Gewerbekammern in Württ. f. 1857-99. Stuttgart 1858-1900

Jahresbericht der Rotterdamer Handelskammern. Auszug 1907-10. Rotterdam 1908-11

— üb. d. öffentl. Handels-Lehranstalt zu Dresden f. 1870-74. 77 u 78. Dresden 1871-79

Schweiz. Handelslehrerverein. Association des Professeurs des Ecoles de commerce suisses. 3. Jahresbericht 1900. ([Mit] Beigabe: Uebersicht der Lehrpläne der schweiz. Handelsschulen [in 5 Tabellen] von W[erner] Flury.) 39 S. 8. Zürich III, Arnold Bopp, 1901.

— des badischen Handelsministeriums für 1873-81. Karlsruhe 1874-82

— des großh. badischen Handels-Ministeriums über seinen Geschäftskreis f. d. J. 1874. 2 Thle. hoch 4. Karlsruhe 875. Braun. n. 10. —
1. Behördenorganisation, Bildung f. den öffentlichen Dienst, Gesetzgebung, Zustände der Landwirthschaft, einschließlich Fischerei u. Forstwesen. Industrie u. Handel. Verkehrswesen. Statistische Arbeiten. (214 S. m. Tab., 5 lith. u. color. Plänen in qu. Fol. u. e. lith. u. color. Karte in Imp.-Fol.) n. 6. —
2. Eisenbahnen. (V, 160 S. m. Tab.) n. 4. —

Jahresbericht des großh. badischen Handels-Ministeriums über seinen Geschäftskreis f. d. J. 1875. 2 Thle. hoch 4. (V, 143 u. V, 139 S.) Karlsruhe 876. Braun. à n. 4. —

Jahresbericht des großh. badischen Handels-Ministeriums über seinen Geschäftskreis für die Jahre 1876 u. 1877. hoch 4. (VII, 117 S. m. 1 graph. Steintaf.) Karlsruhe 878. Braun. n. 3. —

—— des großherzogl. badischen Handels-Ministeriums über seinen Geschäftskreis für die J. 1878 und 1879. hoch 4. (V, 197 S. mit 2 graph. Stnt.) Karlsruhe 880, Braun'sche Hofbuchh. *
Nicht weiter erschienen.

Jahres-Bericht der Handelsschule des Kieler Detaillisten-Vereins über das ... Schuljahr vom October ... bis October ... (3.) –(14.). 1880/81–1891/92. Kiel 1881–92. 15. ff. Kiel. 1893 ff. 8°

— (Bericht) der Höheren Handelsschule zu Stuttgart. 1879. 82. 87. 92/93-95/96. 98/99-1904. Stuttgart 1879-1904

— der Stuttgarter Handelsschule. 1904/05-13. Stuttgart 1905-13

Jahresbericht der Handels-Schule in Klgft. Klgft., Röschuar, 1890—.

Städtische Handelsschule in Flensburg nebst der mit der Landwirtschaftsschule gemeinsamen Vorschule.
*Jahresbericht über das Schuljahr ...
1888/89. Flensburg. 1889; 1890/91—92/93. ebd. 1891—93. 4°.
Fortges. u. d. T.:
Städtische Realschule mit wahlfreiem Unterricht in der Handelswissenschaft zu Flensburg.
Jahresbericht über das Schuljahr ...
1893/94—94/95. ebd. 1894—95. 4°.
Fortges. u. d. T.:
Städtische Oberrealschule — mit wahlfreiem Unterricht in der Handelswissenschaft — verbunden mit Landwirtschaftsschule zu Flensburg.
Jahresbericht über das Schuljahr 1895/96 erstattet von dem Direktor Karl Flebbe. ebd. 1896. 4°.
Fortges. u. d. T.:
Oberreal- und Landwirtschaftsschule in Flensburg.
* **Jahresbericht** über das Schuljahr
1896/97 ff. ebd. 1897 ff. 4°.

— 1. u. 2., der Handelsschule der Union (kaufm. Verein), Bremen, erstattet von Johs. Müller. gr. 8. Bremen 903. 904. (G. Winter.) n. 1. 50
1. (86 S. m. 1 Tab.) n. 1. —. — 2. (38 S.) n. — 50.

A. C. Widemanns Handels-Schule in Basel ... gegründet im September 1876. 25. Jahresbericht vom 1. September 1900 bis 1. September 1901, nebst einer Denkschrift zum 25jährigen Bestehen der Handels-Schule. [Mit Illustrationen und 6 Tafeln.] II + 23 S. 4. Basel, Kreis.

A. C. Widemanns Handels-Schule in Basel .... 26. Jahresbericht vom 1. September 1901 bis 1. September 1902. 12 S. 8. (Basel, R. Ehrich.)

A. C. Widemanns Handels-Schule in Basel.... 27. Jahresbericht vom 1. September 1902 bis 1. September 1903. 12 S. 8. Basel, Schweighauser, 1903.

Handelsschule des Kaufmännischen Vereins Zürich. 13. Jahresbericht 1900. Erstattet von der Unterrichtskommission. 31 S. 8°. Zürich, Juchli & Beck, 1901.
Beilage zu: 39. Jahresbericht des Kaufmännischen Vereins Zürich 1900. Zürich 1901.

Handelsschule des Kaufmännischen Vereins Zürich. 14. Jahresbericht 1901. Erstattet von der Unterrichtskommission. II + 32 S. 8. Zürich, F. Lohbauer, 1902.
Beilage zu: Rückblick auf die 40-jährige Thätigkeit ... 1861—1901 und 40. Jahresbericht des Kaufmännischen Vereins Zürich 1901. Zürich 1902.

Handelsschule des Kaufmännischen Vereins Zürich. 15. Jahresbericht 1902. Erstattet von der Unterrichtskommission. 8. Zürich, F. Lohbauer, 1903.
Ausg. A: sep. 36 S.
Ausg. B: II + 36 S. — *Beilage zu:* 41. Jahresbericht des Kaufmännischen Vereins Zürich. 1902. Zürich ... 1903.

Schweiz. Handelsstatistik. Jahresbericht 1900. Hrg. vom Schweiz. Zolldepartement. Ausgegeben den 22. August 1901. ([Mit] Anhang...: Rekapitulation des Specialhandels von 1885—1900.) II + 108 + *Anhang* 47 S. kl.-4. Bern, A. Benteli, 1901. [fr. 1. —]

Schweiz. Handelsstatistik. Jahresbericht 1902. Hrg. vom Schweiz. Zolldepartement. Ausgegeben den 12 August 1903. [Mit 2 graphischen Tabellen.] II + 109 S. kl.-4. Bern, A. Benteli, 1903. [fr. 1. —]

—— neunter, des Handels- und Gewerbe-Vereins in Detmold über das Vereinsj. vom 1. Mai 1886 bis 30. April 1887. 8. (40 S.) Detmold 887, (Hinrichs'sche Hofbuchh.) * — 50
—— dass. — zehnter, über das Vereinsj. vom 1. Mai 1887 bis 1. Mai 1888. 8. (47 S.) (Ebendas.) 888. * — 50
1.—3. Jahresb. (Ebendas.) à * 30 Pf.

Handels- und Industrie-Verein des Kantons Glarus. Jahresbericht pro 1900. 19 S. 8. Glarus, D. Hefti, 1901.

Handels- und Industrie-Verein des Kantons Glarus. Jahresbericht pro 1901. 19 S. 8. Glarus, D. Hefti, 1902.

Kieler Handels- und Industrie-Verein. Jahresbericht pro 1854—1860. Kiel. 1855—61. 4°

—— 11.—13., des Lippischen Handels- u. Gewerbe-Vereins in Detmold üb. d. Geschäftsj. v. 1. Mai 1888—30. April 1891. 8. (56; 56; 64 S.) Detm. 889—91, (Hinrichs). à Jahrg. * — 50

— 15., des Lippischen Handels- u. Gewerbe-Vereins in Detmold üb. das Geschäftsj. v. 1. Mai 1892 bis 30. Apr. 1893. gr. 8. (IV, 86 S.) Detmold 893. (Hinrichs.) — 75

— 16.—19., d. Lippischen Handels- u. Gewerbe-Vereins in Detmold üb. d. Geschäftsjahre v. 1. Mai 1893 bis 30. Apr. 1897. 8. (IV, 77, 85; 92 u. 104 S.) Detmold 895—897. (Meyer, Hofbuchdruckerei.)
Nicht im Handel.

— 23. u. 24., des lippischen Handels- u. Gewerbe-Vereins in Detmold üb. das Geschäftsj. vom 1. V. 1900 bis 30. IV. 1901 u. v. 1. V. 1901 bis 30. IV. 1902. gr. 8. (150 u. 129 S.) Detmold 901. 902. (H. Hinrichs.) à n. 1. 40

— 25. u. 26., des lippischen Handels- u. Gewerbe-Vereins in Detmold. gr. 8. Detmold (H. Hinrichs.) à n. 1. 40
25. Ueber das Geschäftsj. vom 1. V. 1902 bis 30. IV. 1903. (134 S.) 903. — 26. Ueber das Geschäftsj. vom 1. V. 1903 bis Dezbr. 1904. (147 S.) 904.
Fortsetzg., s.: Bericht der Handelskammer f. das Fürstent. Lippe

Schweizerischer Handels- und Industrie-Verein. 31. Jahresbericht über das Vereinsjahr vom April 1900 bis zum März 1901. 10 S. 4. Zürich, Berichthaus, 1901.

Schweizerischer Handels- und Industrie-Verein. 32. Jahresbericht über das Vereinsjahr April 1901/März 1902. [Mit 1 Tabelle.] 9 S. 4. Zürich, Berichthaus, 1902.

Schweizerischer Handels- und Industrie-Verein. 33. Jahresbericht über das Vereinsjahr April 1902/März 1903. [Mit Beilage.] 9 + *Beilage* VI + 28 S. 4. Zürich, Berichthaus, 1903.
Beilage s. (Schuler, Hans).

Jahresbericht d. Stuttgarter Handelsvereins 1867. 1901-06. Stuttgart 1868. 1901-06

— des Stuttgarter Handelsvereins. 1907-13. Stuttgart 1907-13

Handwerkerbank in Basel. 11. Jahresbericht für 1870/71. Basel, Druck v. J. J. Mast. 19 Stn. 8.

Handwerkerbank in Basel. 12. Jahresbericht. Vom 1. April 1871 bis 31. März 1872. 20 Stn. 8. Basel, Buchdr. J. J. Mast.

Handwerkerbank in Basel. 13. Jahresbericht pr. 1872/73. 13 Stn. 4. Basel, Druck v. F. Wittmer.

Handwerkerbank in Olten. 7. Jahresbericht pr. 1873. 7 Stn. 4. Olten, Druck v. A. Michel.

Handwerkerbank Olten. 8. Jahresbericht 1874. Olten, Druck v. August Michel. (7 Stn. in-4.)

... Jahresbericht (Bericht) der Städtischen Handwerkerschule zu Kiel. (Kiel.) 8° u. Fol.
1 ff. Schuljahr 1907/08 ff.

— 24., üb. den evangelischen Handwerkerverein in München f. d. J. 1871/72. gr. 8. (10 S.) München 872. (Barmen, Klein.) n. — 30

Handwerker- und Gewerbeverein der Stadt Bern. Jahres-Bericht pro 1900. 32 S. 8. Bern, Büchler & Co., (1901).

Handwerker- und Gewerbeverein der Stadt Bern. Jahres-Bericht pro 1901. 40 S. 8. Bern, Büchler & Co., 1902.

Jahresbericht der Handwerkskammer zu Aachen. [1.] Für d. Geschäftsj. 1900/01. Aachen 1901: A. Jacobi. 8°

Jahresbericht der Handwerkskammer zu Aachen für die Geschäftsjahr 1902/03 bis 1905/1906. Aachen 1903—1906. 8°.
(Fortges. u. d. Tit.:)
Geschäftsbericht der Handwerkskammer zu Aachen f. d. Zeit von 1906—1908. Aachen 1908. 8°.

Jahresbericht (Geschäftsbericht) der Handwerkskammer zu Altona für 1901/02 ff. Altona-Ottensen. (1902 ff.) 8°

Jahresbericht der Handwerkskammer zu Altona f. 1902/03. Altona-Ottensen (1903). 4°
(Fortges. u. d. Tit.:)
Geschäftsbericht der Handwerkskammer zu Altona f. d. Zeit von 1903/1904—1905/1906. Altona-Ottensen (1905. 1906). 8°.
(Fortges. u. d. Tit.:)
Jahresbericht der Handwerkskammer Altona f. d. Zeit 1906/1907 ff. Altona-Ottensen (1907 ff.). 8°.

(Jahres-)Bericht der Handwerkskammer für das Herzogtum Anhalt 1900-05. Dessau 1901-05

Jahresbericht der Handwerkskammer zu Arnsberg. 1900-04. Arnsberg 1901-05

Jahresbericht der Handwerkskammer zu Aurich f. d. Zeit v. 1. April 1908 bis 31. März 1910 ff. Emden 1910 ff. 8°

Jahresbericht der Handwerkskammer zu Bielefeld für 1900-04. Bielefeld 1901-05

— der Handwerkskammer zu Breslau f. die J. 1900 bis 1902. (VIII, 304; VI, 302 u. V, 258 S.) gr. 8 Breslau 901—903. (F. Hirt.) à n. 2. —

Jahresbericht der Handwerkskammer zu Breslau f. die J. 1903 u. 1904. (VI, 380 S.) gr. 8. Breslau 905. (F. Hirt.) n.n. 1. 50

— dasselbe f. d. J. 1905. (VI, 257 S.) gr. 8. Ebd. 906. n.n. 1. 50

— der Handwerkskammer zu Breslau f. d. J. 1906—1908. (VI, 261 S.) gr. 8. Breslau, (F. Hirt). nn 3. 70
1906. (VI, 261 S.) 907. 1. 50 — 1907. (VI, 254 S.) 908. 1. 50 — 1908. (IV, 92 S.) 909. — 70.

— der Handwerkskammer zu Breslau. 1906-11. Breslau 1907-12

Jahresbericht der Handwerkskammer zu Danzig 1903. Danzig 1904

— der Handwerkskammer zu Darmstadt. 1900-03. 05. 4° Darmstadt 1902-05

— der Handwerkskammer zu Darmstadt 1905. (V, 180 S.) gr. 8. Darmstadt 906. (E. Bernin.) n. 2.60

— der Handwerkskammer zu Darmstadt 1906—1909. (V, 104; V, 90; V, 108 u. V, 87 S.) gr. 8. Darmstadt 907—10. Handwerkskammer. à 1.50

Jahresbericht d. Handwerkskammer z. Dortmund. 1900-04. Dortmund 1902-04

Jahres-Bericht der Handwerkskammer zu Dortmund üb. d. Geschäftsj. 1902, 1903/04. Hamm i. W. 1903—1904. 8°.

Jahresbericht d. Handwerkskammer z. Düsseldorf f. 1900-06. Düsseldorf 1901-06

Jahresbericht d. Handwerkskammer f. Elsass-Lothr. 1900-06. Strassburg 1903-06

Jahresbericht d. Handwerkskammer f. Els.-Lothr. 1906/07-11 Strassburg 1907-11

Jahresbericht der Handwerkskammer zu Erfurt für 1900-04. Erfurt 1901-05

Jahresbericht der Handwerkskammer zu Flensburg 1900-05. Flensburg 1901-05

Jahresbericht der Handwerkskammer zu Flensburg. 1906/07-12. Flensburg 1907-12

— der gemeinsamen Handwerkskammer zu Gera R. 1900-06. Gera 1902-06

Jahresbericht der Handwerkskammer zu Gotha. 1901-05. Gotha 1902-06

Jahresbericht der Handwerkskammer zu Harburg a. Elbe. 1900-05. Harburg 1901-06

Jahresbericht d. Handwerkskammer zu Harburg a. d. Elbe. 1906-11. Harburg 1907-12

Jahresbericht der Handwerkskammer zu Heilbronn. 1901. 02. Heilbronn 1902. 03

Jahresbericht der Handwerkskammer zu Hildesheim. 1900-03. Hildesheim 1903

Jahresbericht der Handwerkskammer zu Insterburg. 1901-05. Insterburg 1902-06

Jahresbericht der Handwerkskammer zu Insterburg. 1906-09. Insterburg 1907-10

Jahres-Bericht der Handwerkskammer zu Karlsruhe. [1.] Für d. Zeit vom ... 1. Jan. 1901 bis 31. März 1903 – 1. Apr. Karlsruhe 1903: Fidelitas. 8° [F.] 1903—1906

— der Handwerkskammer zu Karlsruhe. 1901-06. Karlsruhe 1903-06

— der Handwerkskammer zu Karlsruhe. 1906/07-12. Karlsruhe 1907-12

Jahres-Bericht der Handwerkskammer zu Cöln. [1.] Für d. Zeit v. 1. Apr. 1901/1903. Cöln 1903: Quos. 4°

Jahresbericht der Handwerkskammer zu Königsberg i. Pr. 1900-05. Königsberg 1902-06

Jahresbericht der Handwerkskammer zu Königsberg i. Pr. 1906-10. Königsberg 1908-11

— der Handwerkskammer für die badischen Kreise Konstanz, Villingen und Waldshut zu Konstanz. 1901-06. Konstanz 1902-06

— der Handwerkskammer für die badischen Kreise Konstanz, Villingen und Waldshut in Konstanz. 1906/07-12. Konstanz 1907-12

Jahresbericht der Handwerkskammer zu Liegnitz 1901/02. Liegnitz 1902

Jahresbericht der Handwerkskammer zu Liegnitz f. d. Zeit vom 1. Juli 1902 bis 30. Juni 1903 ff. Liegnitz 1903 ff. 8°.

Jahresbericht der Handwerkskammer zu Liegnitz. 1904/08. Liegnitz 1908

Jahresbericht d. (Lippischen) Handwerksk. f. d. Fürstent. Lippe z. Detmold 1900-06. Lemgo 1901-06

Jahresbericht der Handwerkskammer für das Fürstentum Lippe. 1906-11. Detmold 1908-12

Jahresbericht der mittelfränkischen Handwerkskammer 1900-05. Nürnberg 1901-05

— der Handwerkskammer für Mittelfranken. 1908-12. Nürnberg 1909-13

Jahresbericht der Handwerkskammer für Niederbayern. 1900-05 Landshut, Passau 1902-06

Jahresbericht der Handwerkskammer für Niederbayern. 1906/07-10. Landshut 1908-11

— der Handwerkskammer für Oberbayern. 1900-05 München 1902-06

— der Handwerkskammer für Oberbayern. 1906-11. München 1907-12

— der Handwerkskammer von Oberfranken. 1900-05 Bayreuth 1902-06

— der Handwerkskammer von Oberfranken. 1906-10. Bamberg 1907-11

— der Handwerkskammer für die Oberpfalz und Regensburg. 1900-05 Regensburg 1902-06

— d. Handwerkskammer f. d. Oberpfalz u. Regensburg. 1906-11. Regensburg 1907-12

Jahresbericht der Handwerkskammer zu Oppeln f. d. Zeit vom 20. April 1900 bis 31. März 1902. Oppeln 1903. 8°.

Jahresbericht der Handwerkskammer zu Osnabrück. 1900-04 Osnabrück 1901-05

Jahresbericht der Handwerkskammer zu Osnabrück f. d. Zeit 1901/02 ff. Osnabrück 1902 ff. 8°.
1901/1902, 1902—1906/1907, 1907.

Jahresbericht der pfälzischen Handwerkskammer. 1900-05. Kaiserslautern 1902-06

Jahresbericht der Handwerkskammer zu Posen. 1903-06. Posen 1904-06

Jahresbericht der Handwerkskammer für den Regierungsbezirk Posen. 1906/08 Posen 1908

(Jahres-)Bericht der Handwerkskammer f. d. Grossherzogt. Sachsen. 1900-05. Weimar 1902-06

— der Handwerkskammer für Schwaben und Neuburg. 1900-05. Augsburg 1902-06

Jahresbericht der Handwerkskammer für Schwaben und Neuburg f. d. J. 1902 ff. Augsburg [1903 ff.] 8°.
1902. 1903—1907. 1908.
[Forts. u. d. Tit.:]
Geschäftsbericht der Handwerkskammer . . . f. d. J. 1909. O. O. [1910.] 8°.

Jahresbericht der Handwerkskammer zu Sigmaringen. 1900-06. Sigmaringen 1901-06

Jahresbericht der Handwerkskammer zu Sigmaringen 1901/1902 ff. Haigerloch 1902 [Jann:] Sigmaringen 1903 ff. 8°.

Jahresbericht der Handwerkskammer zu Sigmaringen. 1906/07-11. Sigmaringen 1907-11

Jahresbericht der Handwerkskammer zu Stettin. 1900-06. Stettin 1901-07

Jahresbericht der Handwerkskammer zu Stettin. 1906/07-12. Stettin 1907-12

Jahres-Bericht der Handwerks-Kammer zu Stralsund. [1.] Für 1900/01. Stralsund (1901): Herrguth. 8°

Jahresbericht der Handwerkskammer zu Stralsund 1900-06. Stralsund 1901-06

Jahresbericht d. Handwerkskammer zu Stralsund. 1906/07-11. Stralsund 1907-11

— der unterfränkischen Handwerks-Kammer f. d. J. 1908 u. 1909. (VIII, 78 S.) 8. Würzburg, (Stahel's Sort.). 1. 80

1908. (VIII, 78 S.) 909. — 80. — 1909. (VIII, 66 S.) 910. 1. — Vergl.: Jahresbericht d. Handels- u. Gewerbekammer f. Unterfranken u. Aschaffenburg.

Jahresbericht der Handwerkskammer zu Wiesbaden 1901-06. 4° Wiesbaden 1902-06

Handwerks- & Gewerbeverein des Kantons Zürich. (46.) Jahresbericht pro 1900. [Mit 1 Tabelle.] 39 S. 8. Wädensweil, A. Stutz, 1901.

Handwerks- & Gewerbeverein des Kantons Zürich. (47.) Jahresbericht pro 1901. [Mit 1 Tabelle.] II + 40 S. 8. Wädensweil, A. Stutz, 1902.

Handwerks- & Gewerbeverein des Kantons Zürich. (48.) Jahresbericht pro 1902. [Mit 1 Tabelle.] 47 S. 8. Pfäffikon, J. Peter, 1903.

Jahresbericht über die 5 Hansaschulen des Bezirks *Hercilio*. 1904. o. O. ('05). 4°

JAHRES-BERICHT DES HARZ-KLUBS.
(6.) umfassend den Zeitraum August 1891 bis Juli 1892 nebst Ordnung und Tages-Ordnung für die 8. Hauptversammlung zu Lauterberg am 11. September 1892. (Quedlinburg. Druck von Heinr. Röhl.) 8°.
JAHRES-BERICHT DES HARZKLUBS.
7. umfassend den Zeitraum August 1892 bis Juli 1893 nebst Ordnung und Tages-Ordnung für die 9. Hauptversammlung zu Lauterberg am 10. September 1893. (ib. —.)

Jahresbericht. Hauptausschuß zur Förderung der Leibesübungen in Groß-Berlin. Berlin.
1. 1909—10, 3—9. 1911—18.

— 42., der preußischen Haupt-Bibelgesellschaft über das J. 1856. 8. (70 S.) Berlin 857, (Ged.) **

— 42., der Preußischen Haupt-Bibelgesellschaft über das Jahr 1856. Berlin, Evangelische Buchhdlg. 8. (1 Bl., 70 S.) nn. 5 ngr

(Kommission für Verbreitung) guter Schriften in Luzern. 10. Jahresbericht über das Haupt-Depot (1900). 9 S. 8. (1901.)

(Kommission für Verbreitung) Guter Schriften in Luzern. 11. und 12. Jahresbericht über das Hauptdepot (1901 und 1902). 8 S. 8. (1903.)

Jahresbericht der deutsch-israelitischen Haupt- und Mädchenschule zu Brody, nebst Einladung zur Prüfung am Schlusse des Schuljahres 1855/56. Lemberg, 1856. Gedr. bei Kornel Piller. (16 S. 4.)

Jahresbericht der deutsch-israelitischen Haupt- und Mädchenschule zu Brody, nebst Einladung zur Prüfung am Schlusse des Schuljahres 1856/57. Prag, 1857. K. k. Hofbuchdr. von Gottl. Haase Söhne. (4 Bl. 4)

ERSTER Jahresbericht über die Haupt- und Elementar-Schulen der kön. freien Hauptstadt Ofen, veröffentlicht am Schlusse des Studienjahres 1855-56 vom Director. Beiträge von katholischem Charakter: Anrede des Direktors Joseph Kriegler an die Kinder und Aeltern gehalten bei der feierlichen Kommunion der Schüler. Franz R. Wimmer: Das Ziel der Erziehung zur Religion. Ofen 1856. Gedr. mit M. Bagó'schen Schriften. 22 S. - 4°

— 29., d. evangelischen Hauptvereins der Gustav-Adolf-Stiftung f. Siebenbürgen üb. das Vereinsj. 1890/91. Hrsg. vom Hauptvorstand. gr. 8. (53 S.) Hermannst. 892, (Seraphin). + — 20
1.—28. Jahrg. erschienen im Selbstverlage d. evangel. Hauptvereins.

— des Haupt-Vereins der evangelischen Gustav-Adolf-Stiftung für die Provinz Brandenburg. Vereinsjahr 1865/66. gr. 8. (16 S.) Berlin 867, (Geelhaar.) **

Jahresbericht d. Hauptvereins f. Knabenhandarbeit Berlin f. 1886-89. Berlin (1888. 89)

Jahresbericht des Pommerschen Hauptvereins der deutschen Luther-Stiftung. [1.] Überd. J. 1904. Stettin 1905: R. Grassmann. 8° [J.] (4. 884, 9

Jahresbericht (Bericht, Geschäftsbericht, Abrechnung) des Schleswig-Holsteinischen Hauptvereins der Gustav-Adolf-Stiftung für die Jahre . . . Kiel. 8°
1853—63. 1866—69. 1872 ff.

Jahresbericht des Schleswig-Holsteinischen Hauptvereins der evangelischen Gustav-Adolf-Stiftung für die Zeit vom 6. Nov. 1892 bis Juni 1894 erstattet vom Vereinssecretär Franz Martin Rendtorff Preetz. 1894. 8°.
— für das Vereinsjahr 1893/94 ff. ebd. 1895 ff. 8°.

Jahresbericht des Hausfrauen-Vereins zu Magdeburg. 1900/01-1915/16. [Mehr nicht ersch.] — (Magdeburg 1900-1916: Faber.) 8°

Jahresbericht zum Haushaltungsplan der Stadt Hadersleben für das Jahr 1874. (Hadersleben. 1874.) 4°

Bernische Haushaltungsschule in Worb. 15. Jahresbericht pro 1900. 11 S. 4. (1901.)

Bernische Haushaltungsschule in Worb. 16. Jahresbericht pro 1901. 11 S. 4. (1902.)

Bernische Haushaltungsschule in Worb. 17. Jahresbericht pro 1902. 12 S. 4. (1903.)

— üb. d. Haushaltungsschule f. schulpflicht. Mädchen in Marienburg, Westpr. F. d. Schulj 1894/95 erstattet v. E. Schreiber. gr. 8. (12 S.) Marienburg 895. L. Giesow. n.n. — 25

Jahres-Bericht der Ostpreußischen Haushaltungsschule und der Kgl. concess. Gewerbeschule von E(lisabeth) Popp und L(uise) v. Hippel, Königsberg i. Pr., gegründet im J. 1899. [1.] 1902. *Königsberg i. Ostpr. 1903: L. Krause & Ewerlien.* 8° [J. u. Ant.] (4. 884, 10

Jahresbericht des Hauspflege-Vereins zu Stettin (2: Jahresbericht d. Stettiner Frauen-Vereins. Abteil. Hauspflege: 3 ff.: Jahresbericht des Hauspflege-Vereins des Stettiner Frauen-Vereins ...) 1. Stettin 1904: Bauchwitz. 8°

Hausverdienstkommission in Zürich. Jahresbericht 1871 v. Dr. A. Schneider. 15 Stn. 8. Zürich, Druck v. J. Herzog.

Hausverdienstverein für Zürich und Umgebung. 3. Jahresbericht, umfassend das Jahr 1875. 14 S. 8. Zürich, Druck von J. Herzog.

— **sechster,** des Hausverdienst-Vereins für Zürich und Umgebung, umfassend das Jahr 1878. In-8°. Zürich, J. Herzog.

— (7.) des Hausverdienstvereins für Zürich und Umgebung, umfassend das Jahr 1879. In-16°, 21 S. Zürich, Druck von Herzog.

erster [1872er] Jahresbericht über die Hebung des Flachs- und Hanfbaues im Regierungsbez. Trier. gr. 8. (III, 48 S.) Trier 878, (Lintz' Verlag.) Von O.Beck. *

zweiter (1878er) Jahresbericht über die Hebung des Flachs- und Hanfbaues im Regierungsbez. Trier. gr. 8. (59 S.) Ebendas. 874. *

— dasselbe. zweiter (1873.) Jahresbericht. gr. 8. (59 S.) Ebend. 876. n. 1. —

erster Jahresbericht über die Hebung des ländlichen Kreditwesens im Regierungsbez. Trier. gr. 8. (44 S.) Trier 873, Lintz' Verlag. Von O.Beck. *

– der unter ärztlicher Leitung von Aug. Rothmund jun. stehenden Heilanstalt für Augenkranke für die Jahre 1861/62. Nebst einem Vortrage über Accomodations-Krankheiten. München 863. Lentner. 4. (32 S.) n. 8 ngr.

—— der Heilanstalt zu Wehnen im J. 1876. 8. (16 S.) Oldenburg 877, Schulze'sche Hofbuchh. *

Jahresbericht d. Gewerbevereins Heilbronn für 1868-70. 75-93. Heilbronn 1869-94

Jahresbericht d. Gewerbevereins Heilbronn. 1893-1911. Heilbronn 1894-1912

Jahresbericht der Handelskammer Heilbronn. 1908–11. Heilbronn 1909–12.

— des Handelsvereins Heilbronn. 1895. 96. 98. 1900. 02-11. Heilbronn 1896-1912

Bernische Heilstätte für Tuberkulöse in Heiligenschwendi. 6. Jahresbericht 1900. [Illustriert.] IV + 89 S. 8. Bern, K. J. Wyss, 1901.

Bernische Heilstätte für Tuberkulöse in Heiligenschwendi. 7. Jahresbericht 1901. [Illustriert.] II + 50 S. 8. Bern, K. J. Wyss, 1902.

Bernische Heilstätte für Tuberkulöse in Heiligenschwendi. 8. Jahresbericht 1902. [Illustriert.] IV + 64 S. 8. Bern, K. J. Wyss, 1903.

Deutsche Heilstätte für minderbemittelte Lungenkranke in Davos. Jahresbericht. [1.] 1902. (Davos 1903.) 8° A12.899.10

Jahresbericht der zürcherischen Heilstätte für Kinder bei Aegeri 1–7, 1886–92.

Zürcherische Heilstätte bei Ägeri für scrophulöse und rhachitische Kinder von Zürich und Umgebung. 16. Jahresbericht (pro 1900). 24 S. 8. Zürich, Berichthaus, 1901.

Zürcherische Heilstätte bei Ägeri für scrophulöse und rhachitische Kinder von Zürich und Umgebung. 17. u. 18. Jahresbericht (pro 1901 u. pro 1902). *je* 32 S. 8. Zürich, Berichthaus, 1902 u. 1903.

Zürcherische Heilstätte für Lungenkranke in Wald. 8. Wald, H. Hess.

2. Jahresbericht 1900. [Mit 1 Ansicht.] 43 S. 1901.
3. Jahresbericht 1901. [Mit 1 Tafel.] II + 37 S. 1902.
4. Jahresbericht 1902. [Mit 1 Tafel.] 37 S. 1903.

Jahresbericht, Erster, der Heilungsanstalt für arme Augenkranke in Nürnberg . . . Nürnberg 1815. V: *Kapfer, Joh. Mich.* (Call)

Jahresbericht des Deutschen Protestantischen Heims für Alte und Gebrechliche in der Stadt New Orleans: no. 1, 1885/86—

The "Erster Jahresbericht" issued as the first and second reports, jointly, for the period Sept. 28, 1885 to Feb. 25, 1888; contains also the report of the Frauen-Hülfsverein; printed by Georg Müller; octavo, 46 pages; illustrated.

New Orleans, LA

Helvetia. [Abstinentenverbindung an schweizerischen Mittelschulen.] Jahresbericht. (Sommersemester 1900 [und] Wintersemester 1900/1901.) 16 S. 8.

Herberge zur Heimath in Bern. Jahresbericht für 1875. 7 Stn. 8 und 4 Stn. 4. Bern, Druck von Stämpfli.

Herberge zur Heimat in St. Gallen. 13. Jahresbericht (1900/1901 Juni 30). 15 S. 8. St. Gallen, Honegger, 1901.

Herberge zur Heimat in St. Gallen. 14. Jahresbericht (1901/1902 Juni 30). 15 S. 8. St. Gallen, Honegger, 1902.

Gewerbliche Fortbildungs-Schule Herisau. 8. Herisau, Schläpfer & Cie.

15. Jahres-Bericht pro Mai 1900 bis April 1901. II + 16 S. (1901.)
16. Jahresbericht pro Mai 1901 bis April 1902. II + 16 S. 1902.
17. Jahresbericht pro Mai 1902 bis April 1903. II + 17 S. 1903.

Friedensverein Herisau [Sektion des Schweizer. Friedensvereins]. Jahresbericht (und Kassarechnung [nebst] Mitgliederverzeichnis) für das Jahr 1902. 8 S. 8.

(Ausnahmsweise gedruckt.)

—— 20. u. 21., d. Herzog Ernst-Seminars zu Gotha. Bericht üb. d. Schulj. 1887/89 u. 1889/91. Hrsg. v. A. Zeyß. gr. 8. Gotha, Thienemann. [20. Bericht. (31 S.) 889. * — 80; 21. Bericht. (16 S.) 891. * — 60.] * 1 40

— 21. u. 22., d. Herzog Ernst-Seminars zu Gotha. Hrsg. v. A. Zeyß. gr. 8. Gotha, E. F. Thienemann's Verl. à n. — 60

21. (16 S.) 891.
22. 1. Das Rechnen im Dienste der Kulturgeschichte v. M. Berbig. 2. Schulnachrichten vom 1. März 1891/93. (39 S.) 893.

—— des königl. bayer. Fabrik-Inspektors Heuser für die Pfalz über seine Wirksamkeit im J. 1879. gr. 8. (55 S. mit Tab.) Speyer 881, Kleeberger'sche Buchh. *

Aus: Jahresberichte der k. bayer. Fabriken-Inspektoren, besonders abgedruckt.

Kirchliche Hilfsgesellschaft in Basel. 21. Jahresbericht für das Jahr 1900. 13 S. 8. Basel, Basler Druck- und Verlags-Anstalt, 1901.

Kirchliche Hilfsgesellschaft in Basel. 22. Jahresbericht für das Jahr 1901. 12 S. 8. Basel, Basler Druck- und Verlags-Anstalt, 1902.

Kirchliche Hilfsgesellschaft in Basel. 23. Jahresbericht für das Jahr 1902. 9 S. 8. Basel, Basler Druck- und Verlags-Anstalt, 1903.

Hülfsgesellschaft in Luzern. 44. Jahresbericht. 4 Stn. 4. 1876.

59. **Jahresbericht** der Hülfsgesellschaft der Stadt St. Gallen. Im Februar 1876, 66 S. 8°
St. Gallen, Druck von J. Bulf. 1876.

Hülfs-Gesellschaft der Stadt St. Gallen. 84. Jahresbericht (1900). II + 114 S. 8. St. Gallen, Honegger, 1901.

Hülfs-Gesellschaft der Stadt St. Gallen. 85. Jahresbericht (1901). II + 110 S. 8. St. Gallen, Sonderegger, 1902.

Hülfs-Gesellschaft der Stadt St. Gallen. 86. Jahresbericht (1902). IV + 109 S. 8. St. Gallen, Buchdr. der «Ostschweiz», 1903.

Hülfs- und Sparkasse des Bipperamts in Wiedlisbach. 27. Jahresbericht pro 1900. 7 S. 4. Wiedlisbach, J. Bohner, 1901.

Hülfs- und Sparkasse des Bipperamts in Wiedlisbach. 28. Jahresbericht pro 1901. 7 S. 4. Wiedlisbach, Bohner, (1902).

Hülfs- und Sparkasse des Bipperamts in Wiedlisbach. 29. Jahresbericht pro 1902. 7 S. 4. Wiedlisbach, J. Bohner, 1903.

Jahresbericht. Evangelisches Hülfskomitee f. dt. Seeleute in Antwerpen. 1—11. 1902/03—'13. Antwerpen.

Deutscher Hülfsverein im Aargau. 7. Jahresbericht de 1871. 7 Stn. 8. Aarau, H. R. Sauerländer.

Deutscher Hülfsverein im Aargau. Jahresbericht f. 1873. 7 Stn. 8. Aarau, Druck v. H. R. Sauerländer.

Deutscher Hülfsverein in Aarau. Jahresbericht f. 1874. 8 Stn. 8. Aarau, Druck von H. R. Sauerländer.

— über den Deutschen Hilfsverein im Aargau für das Jahr 1880. Erstattet in der Generalversammlung vom 15. Mai 1881. In-8°, 8 S. Aarau, H. R. Sauerländer.

Jahresbericht über den Deutschen Hülfsverein im Aargau für 1881. In-8°, 1/2 Bgn. Aarau, H. R. Sauerländer.

— des Deutschen Hilfsvereins im Aargau pro 1898. 8°. 10 S. Aarau, H. R. Sauerländer & Co.

Deutscher Hilfsverein im Aargau. 36. Jahresbericht für 1900. II + 8 S. 8. Aarau, H. R. Sauerländer & Co., 1901.

Deutscher Hilfsverein im Aargau. 37. Jahresbericht für 1901. II + 8 S. 8. Aarau, H. R. Sauerländer & Co., 1902.

Deutscher Hilfsverein im Aargau. 38. Jahresbericht für 1902. II + 8 S. 8. Aarau, H. R. Sauerländer & Co., 1903.

Deutscher Hülfsverein in Bern. *je* 29 S. 8.
39. Jahresbericht pro 1900. Bern, Harald Jensen, 1901.
40. Jahresbericht pro 1901. Bern, Buchdr. Berner Tagblatt, 1902.

Deutscher Hülfsverein in Bern. 41. Jahresbericht pro 1902. 29 S. 8. Bern, Harald Jensen, 1903.

Jahresbericht des deutschen Hilfsvereins für entlassene Gefangene zu Hamburg. [1.] Für d. Zeit v. 23. Juni 1903 bis ult. Dez. 1904. Hamburg (1905): H. O. Persiehl. 8° (05. 1911) 8

Jahresbericht des Deutschen Hilfsvereins in Genf. 21—23. 25. 27—29. 31. 34. 35. 40. 42 ff. Genf 1885 ff.

Deutscher Hilfsverein in Genf. 37. Jahresbericht (1900). IV + 20 S. 8. Genf, Karl Zöllner, 1901.

Deutscher Hilfsverein in Genf. 38. u. 39. Jahresbericht (1901 u. 1902). *je* II + 24 S. 8. Genf, P. Richter, 1902 u. Karl Zöllner, 1903.

Deutscher Hilfsverein in Lausanne. 29. Jahresbericht [pro 1900]. 19 S. 8. Lausanne, Lucien Vincent, 1901.

Deutscher Hilfsverein in Lausanne. 30. Jahresbericht [pro 1901]. 19 S. 8. Lausanne, Corbaz & Cie, 1902.

Deutscher Hilfsverein in Lausanne. 31. Jahresbericht (1902). 19 S. 8. Lausanne, Corbaz & Cie, 1903.

Deutscher Hilfsverein in Lugano. 8.
8. Jahresbericht für 1900. 12 S. 1901.
9. Jahresbericht für 1901. 10 S. 1902.

Deutscher Hilfsverein in Lugano. 10. Jahresbericht für 1902. 12 S. 8. 1903.

Jahresbericht. Deutscher Hilfsverein in *Nizza*. 36. 38. 1910/11—13. (Nizza).

Jahres-Bericht des Deutschen Hilfsvereins in Rio de Janeiro:
no. 1, 1844? – ?
Annual report of the Deutscher Hilfsverein in Rio de Janeiro, which was established Feb. 23, 1844
Among other publishers: Ernst Schneider. Printers: Typ. Brasil. Bergfeld & Rappel (in 1917/19)
Rio de Janeiro

Jahresbericht über das Schuljahr des Deutschen Hilfsvereins (Sociedade Allema de Beneficencia) – Abteilung Schule:
no. 1, 1862? – ?
Title varies slightly: Jahresbericht des Deutschen Hilfsvereins der Abteilung Schule zu Rio de Janeiro, nos. 91? – 93, 1934 – 36, or to the end. Annual report, each approx. 45 – 74 pages. Publisher: Beyer Verlag, then Typ. Germania L. Timon for the Deutscher Hilfsverein
Rio de Janeiro

Jahresbericht des Deutschen Hülfsvereins v. 22. März 1876 in *Stockholm*. 14. 16—21. 25—28. 30—40. Stockh. 1891—1916.

11.—14., d. deutschen Hilfsvereines in Wien f. d. J. 1888—1891. gr. 8. (à Jahrg. 32 S.) Wien 889—92. (Lpz., Literar. Anstalt, Aug. Schulze.) à Jahrg. * — 60

Deutscher Hülfsverein in Zürich. 14. Jahresbericht pr. 1870. Zürich. Druck v. J. Herzog. 31 Stn. 8.

Deutscher Hülfsverein in Zürich. 15. Jahresbericht de 1871. 19 Stn. 8. Zürich, Druck v. Herzog.

Deutscher Hülfsverein in Zürich. 16. Jahresbericht pr. 1872. 19 Sто. 8. Zürich, Druck v. J Herzog.

— des deutschen Hülfsvereins in Zürich. Nº 23. In-16º, 18 S. Zürich, Druck von R. Dancker. 1880.

Jahresbericht des deutschen Hülfsvereins in Zürich, 1884. Vorgetragen in der Vereinsversammlung vom 23. März 1885. Gr. in-8º, 19 S. Zürich, Druck von Ulrich & Cie.

JAHRESBERICHT DES HÜLFSVEREINS FÜR GEISTESKRANKE IN DER RHEINPROVINZ. (Eingetragener Verein.)
Jahrg. 1. 1901. Düsseldorf (1902). Druck von L. Voss & Cie. 8º. — 2. 1902. Brauweiler 1903. Druck der Rheinischen Provinzial-Arbeits-Anstalt. — 3. 1903. ib. 1904. —

JAHRESBERICHT DES HILFSVEREINS FÜR GEISTESKRANKE IN DER RHEINPROVINZ. (Eingetragener Verein.)
Jahrg. 4—9. 1904—1910. ib. 1905—1910. — [1]).
Jahrg. 10—13. 1910—1913. Düsseldorf-Grafenberg. Gedruckt in der Prov.-Heil- und Pflege-Anstalt.

[1]) Der Verein gibt noch aufklärende Aufsätze über das Irrenwesen heraus.

Hülfsverein f. arme Irren des Kantons Luzern. 2. Jahresbericht 1875. 54 Stn. 8. Luzern, Druck von Meyer.

Hilfs-Verein für arme Irren des Kantons Luzern. 27. Jahresbericht 1900. 93 S. 8. Luzern, J. L. Bucher & Sohn, 1901.

Hilfs-Verein für arme Irren des Kantons Luzern. 8.
28. Jahresbericht. 1901. 110 S. Luzern, J. Burkhardt, 1902.
29. Jahresbericht. 1902. 115 S. Luzern, Genossenschafts-Buchdr., 1903.

Jahresbericht des kaufmännischen (1 9: ... und gewerblichen) Hilfsvereins (10 ff.: des kaufmänn. Verbandes) für weibliche Angestellte. 1. — [20]. — Berlin 1891?-1909: Issleib (5 ff.: Loewenthal). 8º
Forts. u. d. T.: Verwaltungsbericht.

— erster, des Lissaboner deutschen Hülfsvereins, abgestattet im Namen des Vorstandes von v. Weyhe. 8. (25 S.) Hamburg 817. (Berlin, Geelhaar.) — 2. u. 3. des deutschen Hülfsvereins in Lissabon, abgestattet im Namen des Vorstandes von Heinr. Moller. 8. (2: 34 S. 3: 15 S. m. 3 Tab. in 4.) Berlin 848. 49. (Geelhaar.) à n. 4 ngℓ

— ders. 4., abgestattet im Namen des Vorstandes von Herm. Moder. 8. (14 S. m. 3 Tab. in 4.) Berlin 850. (Leipzig, Hartmann.) n. 1/6 ℛℓ

—— erster, d. Hülfs-Vereins f. auswärt. evangel. Missions-Anstalten zu Rostock. Vom 25. Juni 1830 bis dahin 1831. 8. (2½ B.) Rostock 832, (Oeberg u. Comp.)

— des Hülfs-Vereins für auswärtige evangel. Missions-Anstalten in Rostock. 1s—5s Heft. gr. 8. Rostock 831—35. (Oeberg.) (à n. 1/12 ℛℓ) 5/12 ℛℓ

Hilfsverein der Stadt Olten. 8. Olten, Buchdr. des «Oltner Tagblatt».
10. Jahresbericht 1900. (1901 April 30.) 41 S. 1900.
11. Jahresbericht 1901. 38 S. 1902.

Jahresbericht, 32., des protestantisch-kirchlichen Hülfsvereins im Aargau, 1884. In-8º, 12 S. Aarau, Sauerländer.

— 33., des protestantisch-kirchlichen Hilfsvereins im Kanton Aargau. 1885. In-8º, 12 S. Aarau, H. R. Sauerländer.

Jahresbericht, 34., des protestantisch-kirchlichen Hilfsvereins im Kanton Aargau pro 1886. In-8º, 10 S. Aarau, H. R. Sauerländer.

Protestantisch-kirchlicher Hilfsverein des Kantons Aargau. 48. Jahresbericht für 1900. 22 S. 8. Aarau, H. R. Sauerländer & Co., 1901.

Protestantisch-kirchlicher Hilfsverein des Kantons Aargau. 49. Jahresbericht für 1901. 22 S. 8. Aarau, H. R. Sauerländer & Co., 1902.

Protestantisch-kirchlicher Hilfsverein des Kantons Aargau. 50. Jahresbericht für 1902. 16 S. 8. Aarau, H. R. Sauerländer & Co., 1903.

Protestantisch-kirchlicher Hülfsverein im Kanton St. Gallen. 57. Jahresbericht. 1900. 74 S. 8. St. Gallen, Zollikofer, 1901.

Protestantisch-kirchlicher Hülfsverein im Kanton St. Gallen. 58. Jahresbericht. 1901. 52 S. 8. St. Gallen, V. Schmid, 1902.

Jahresbericht, 32., des Protestantisch-kirchlichen Hülfsvereins im Kanton Zürich. Vom 1. Januar bis 31. Dezember 1874. 8. Zürich, Druck von D. Bürkli.

Hülfsverein, Protestantisch-kirchlicher, im Kanton Zürich. 33. Jahresbericht. Vom 1. Jan. bis 31. Dez. 1875. 30 Stn. 8. Zürich, Druck von D. Bürkli.

Jahresbericht des protestantisch-kirchlichen Hülfsvereins im Kt. Zürich 49, 1891.

Protestantisch-kirchlicher Hülfsverein im Kanton Zürich. 8. Zürich, Fritz Amberger.
58. Jahresbericht. 1900. [Mit 1 Ansicht.] 53 S. 1901.
59. Jahresbericht. 1901. 53 S. 1902.

Protestantisch-kirchliche Hilfsvereine in der Schweiz. 58. Jahresbericht 1900. 60 S. 8. Basel, M. Werner-Riehm, 1901.

Protestantisch-kirchliche Hilfsvereine in der Schweiz. 59. Jahresbericht 1901. 57 S. 8. Basel, M. Werner-Riehm, 1902.

Protestantisch-kirchliche Hilfsvereine in der Schweiz. 60. Jahresbericht ... 1902. 60 S. 8. Basel, M. Werner-Riehm, 1903.
(Teil) 1: Bericht des Hilfsvereins (Vorvereins) zu Basel über das Jahr 1902. — *So auch bis 1901.*

— VI., (Bericht üb. d. J. 1905) des Privat-Laboratoriums (erstes Spezialatelier f. wissenschaftliche Photographie) Universitätslehrer Hugo Hinterberger. Gegründet 1897. Mit 15 Autotyp. u. 1 Strichreproduktion im Text. (31 S. m. Abbildgn.) Lex.-8. Wien 906. (Stuttgart, Franckh.) n. 1. —
Vergl.: Hinterberger, Hugo — Rundfrage, e., betr. Gründung e. Zeitschrift: „Die photographische Kunst im Dienste der Wissenschaft".

— VII. u. VIII., (Bericht üb. d. J. 1906 u. 1907) Dezenniumsbericht des Privatlaboratoriums (erstes Spezialatelier f. wissenschaftliche Photographie) Universitätslehrer Hugo Hinterberger. Gegr. 1897. Mit 17 Autotyp. u. 2 Strichreproduktionen im Text. (43 S.) Lex.8. Wien 908. (J. Šafář.) 1. –

Jahresbericht der Königlich Bayerischen Technischen Hochschule zu München. München Jgge. 1898—99 ff.

Jahresbericht, Achter, der landschaftl. technischen Hochschule am Joannoum zu Graz für das Studienjahr 1872—1873. 8. Graz 1874.

Jahresbericht d. königl. landwirthschaftlichen Hochschule in Berlin. Jahrg. II: 1893/94, X—XVII: 1901/02—1908/09, XX—XXII: 1911/12—1913/14. Berl. 1894—1914. 4°.

Jahresbericht der Kgl. Technischen Hochschule zu Stuttgart, s. Jahresbericht der Kgl. Polytechnischen Schule zu Stuttgart.

Jahresbericht der k. thierärztlichen Hochschule in München, s. Zeitschrift, deutsche, f. Thiermedicin u. vergleich. Pathologie.

Jahresbericht (1900-01 Bericht) d. K. tierärztlichen Hochschule in München. 1812/13, 15/16, 48/49, 51/52, 1854—58, 1893/94—1913/14. Münch. (1893/94-94/95 Leipz.) 1812—1914.

Freies Deutsches Hochstift zu Frankfurt am Main. — JAHRESBERICHT 1902/03. Frankfurt a. M. Druck von Gebrüder Knauer. 8°.

K. K. Naturhistorisches Hofmuseum, Jahresbericht des — für 1887...92. Wien 1888—93.

— d. k. k. naturhistorischen Hofmuseums f. 1896. Von Frz. Steindachner. [Aus: „Annalen d. k. k. naturhistor. Hofmuseums".] Lex.-8. (54 S.) Wien 897. A. Hölder. n. 2. —

— des k. k. naturhistorischen Hofmuseums für 1897—1900. Von Frz. Steindachner. Lex.-8. (50, 49, 64 u. 62 S.) Wien 898—901. A. Hölder. à n. 2. —
Sonderabdrucke a.: „Annalen d. k. k. naturhist. Hofmuseums."

— des k. k. naturhistorischen Hofmuseums für 1901—1904. Von Frz. Steindachner. (60, 69, 63 u. 55 S.) Lex.-8. Wien 902—905. A. Hölder. à n. 2. —
Sonderabdrucke a.: „Annalen d. k. k. naturhistor. Hofmuseums".

— dasselbe, s. a.: Hauer, F. v.

Jahresbericht der königlichen landwirtschaftlichen Akademie Hohenheim. 1900-06. Plieningen 1901-06

Jahresbericht d. K. Württembergischen landwirthschaftlichen Akademie Hohenheim. 1901/02—1905/06, 1908/09—1909/10. Plieningen 1902—16.

Jahresbericht der K. Württemb. landwirtschaftlichen Hochschule H. für die Zeit vom 1. April 1905/06 [bis] 1911/12. Plieningen: Find bezw. Vaihingen: Scharr 1906—12.

Krankenasyl Horgen. Jahresbericht 1900 u. 1901 u. 1902. 12 u. 12 u. 10 S. 8. Horgen, Schläpfer & Co., 1901 u. 1902 u. 1903.

Kaufmännischer Verein Horgen, Sektion des schweiz. Kaufm. Vereins. 8. Horgen, Schläpfer & Co.
31. Jahresbericht vom 1. Mai 1900 bis 30. April 1901 ... und 4. Bericht der Unterrichts-Kommission über die Unterrichtsthätigkeit im Vereinsjahr 1900/1901. IV + 31 S. 1901.
32. Jahres-Bericht vom 1. Mai 1901 bis 30. April 1902 ... und 5. Bericht seiner Handelsschule im Vereinsjahr 1901/1902. IV + 35 S. 1902.
33. Jahres-Bericht vom 1. Mai 1902 bis 30. April 1903 ... und 6. Bericht seiner Handelsschule im Vereinsjahr 1902/1903. IV + 33 S. 1903.

Jahresbericht des Deutschen Hospitals der Stadt Philadelphia: 1879 ?
Philadelphia, PA

Jahresbericht des Deutschen Hospitalvereins: no. 1, 1897 ?
Annual report of the Deutscher Hospitalverein, which was established July 7, 1897, also as „Wohlfahrtsverein". Name of Verein in Portuguese: Associacao Hospital Allemao, Sociedad Beneficente.
Rio de Janeiro

Jahres-Bericht des Deutschen Hospitalvereins in Buenos Aires: no. 1, 1891 ?
Annual report of the „Verein". Published by Buchdruckerei von Lessel & Mengen (also as O.B. Mengen, or Oscar B. Mengen), 1908 1913; thereafter, publisher not named. Date of establishment of the „Verein" Aug. 26, 1867. Celebrated 100th Anniversary Aug. 26, 1967. Octavo, each report about 32 pages.
Buenos Aires

Lesezirkel Hottingen, Litterarische Gesellschaft in Zürich. 19. Jahresbericht umfassend das Jahr 1900. [Mit 1 Tafel und 2 Illustrationen.] 74 S. 8. Zürich, Gebrüder Frank, 1901.

Lesezirkel Hottingen, Litterarische Gesellschaft in Zürich. 20. Jahresbericht umfassend das Jahr 1901. [Mit 3 Tafeln und 1 Porträt.] 94 S. 8. Zürich, J. Frank, 1902.

Lesezirkel Hottingen, Litterarische Gesellschaft in Zürich. 21. Jahresbericht umfassend das Jahr 1902. [Mit 1 Porträt-Tafel.] 96 S. 8. Zürich, J. Frank, 1903.

Jahresbericht der Loge Humanitas in Neudörfl a. L. und des gleichnamigen Brudervereins in Wien. Juni 1877 u. Juni 1880. 2 Hefte. Wien, Praetorius. 8.

[Jahresbericht der Loge „Humanitas" in Neudörfl. 1878.]

JAHRESBERICHT DES HUMBOLDT-VEREINS ZU RONNEBURG vom Jahre 1881—1885. (Mit 1 Tafel.) (Gera 1886. Druck von Paul Stier.) 8°.

Spar- & Leihkasse Huttwyl (*26: Huttwil). 24. u. 25. u. 26. Jahresbericht über das Geschäftsjahr 1900 u. 1901 u. 1902. IV + 12 u. IV + 16 u. IV + 16 S. 4. Huttwyl (*26: Huttwil), Joh. Schürch, 1901 u. 1902 u. 1903.

— des Breslauer Hydrauliker-Vereins. 1870/71. Zusammengestellt v. Aurel Anderssohn. gr. 8. (52 S. m. 2 Kpfrtaf.) Breslau 871. Maruschke & Berendt. n. 1. 50

Jahresbericht, Hydrologischer, von der Elbe für 1892—93, bearb. von der Kgl. Preuss. Elbstrom-Bauverwaltung zu Magdeburg. Magdeburg 1893—94. Fol. . (0.)

— üb. soziale Hygiene, Demographie u. Medizinalstatistik u. alle Zweige des sozialen Versicherungswesens. 5. Bd.: Bericht üb. d. J. 1905. Hrsg. v. A. Grotjahn u. F. Kriegel. (VIII, 428 S.) gr. 8. Ebd. 906. n. 11. —

— über soziale Hygiene, Demographie u. Medizinalstatistik u. alle Zweige des sozialen Versicherungswesens. 6.—9. Bd.: Bericht üb. d. J. 1906—1909. Hrsg. v. A. Grotjahn u. F. Kriegel. gr. 8. Jena, G. Fischer. 45. 50
6. (VIII, 376 S.) 907. 11.— — 7. (VIII, 391 S.) 908. 11. 50. — 8. (VIII, 365 S.) 909. 11.— — 9. (VIII, 410 S.) 910. 12. —

Basellandschaftl. Hypothekenbank. Jahresbericht f. 1871. 10 Stn. 4. Liestal, Druck von Lüdin und Walser.

Basellandschaftliche Hypothekenbank. Jahresbericht pr. 1872. 10 Stn. 4. Liestal, Druck v. Lüdin & Walser.

Basellandschaftl. Hypothekenbank. Jahresbericht v. 1873. 14 Stn. 4. Liestal, Druck v. Lüdin & Walser.

Jahres-Bericht der Hypotheken-Bank in Hamburg.

Thurgauische Hypothekenbank. Jahresbericht pr. 1870. 26 Stn. 4.

Thurgauische Hypothekenbank. Jahresbericht für 1871. 34 Stn. 4 und 1 Tabelle. Frauenfeld, J. Huber.

Thurgauische Hypothekenbank. Jahresbericht pr. 1872. 32 Stn. 4.

Thurgauische Hypothekenbank. Jahresbericht von 1884. In-8°, 28 S. Frauenfeld, J. Huber's Buchdruckerei.

Thurgauische Hypothekenbank. (49.) Jahresbericht pro 1900. IV + 29 S. 4. Frauenfeld, Huber & Co., 1901.

Thurgauische Hypothekenbank (in Frauenfeld. 50.) Jahresbericht pro 1901. [Mit 1 Doppel-Tabelle.] II + 40 S. 4. Frauenfeld, Huber & Co., 1902.

Thurgauische Hypothekenbank (in Frauenfeld). (51.) Jahresbericht pro 1902. II + 30 S. 4. Frauenfeld, Huber & Co., 1903.

Allgemeine Bibliotheken ([in Basel. Jahresbericht und] Jahresrechnung 1901 u. 1902). 13 u. 11 S. 8. [Basel, Schweighauser, 1902 u. 1903.]
(= *Vereinigte* Volksbibliotheken und Jugend-, Bürger- und Arbeiterbibliotheken.)

Schweizerischer Friedensverein. Jahresbericht und Jahresrechnung 1. Mai 1901 bis 9. März 1902 u. vom 10. März 1902 bis 19. April 1903. Protokoll der Delegiertenversammlung in Olten den 9. März 1902 u. in Baden ... den 19. April 1903. 18 u. 22 S. 8. Bern, Haller, 1902 u. 1903.
Der Jahresbericht 1900/1 ist nicht sep. erschienen.

Gemeinnützige Gesellschaft des Bezirkes Andelfingen. (Jahresbericht und Jahresrechnung pro 1900.) [3 S.] 4. (1901.)

Kantonaler Gewerbeverein von Baselland.
Jahresbericht und -Rechnung über das Jahr 1901. 28 S. 4. Liestal, Gebrüder Lüdin, 1902.
Jahresbericht und Jahresrechnung pro 1902. II + 22 S. 8. Liestal, Suter & Cie., 1903.
Jahresbericht 1900 wurde nicht gedruckt.

[C]Kantonalbank von Bern. Jahres-Bericht nebst Jahresrechnung pro 1900. [Mit 1 Tabelle.] IV + 24 S. 4. Bern, Stämpfli & Cie., 1901.

Kantonalbank von Bern. Jahres-Bericht nebst Jahresrechnung pro 1901. [Mit 1 Tabelle.] IV + 25 S. 4. Bern, Stämpfli & Cie., 1902.

Kantonalbank von Bern. Jahres-Bericht nebst Jahresrechnung pro 1902. [Mit 1 Tabelle.] IV + 26 S. 4. Bern, Stämpfli & Cie., 1903.

Allgemeine Mechaniker-Krankenkasse in Basel. (Jahresbericht und) 47. u. 48. u. 49. Jahresrechnung umfassend das Geschäftsjahr 1900 u. 1901 u. 1902 (*je* nebst Protokoll-Auszug). [*je* 4 S.] fol. (1901 u. 1902 u. 1903.)

Gemeinnützige Gesellschaft des Kantons Graubünden. Jahresbericht samt Jahresrechnung und Mitgliederverzeichnis.... 8.
... im Jahr (Mitte) 1900/1901 (Ende). II + 50 S. Chur, Manatschal Ebner & Cie., 1902.
... im Jahr 1902. II + 53 S. Chur, Buchdr. A.-G. Bündner Tagblatt, 1903

Rettungsanstalt f. verwahrloste Kinder im Bezirke Werdenberg. 29. Jahresbericht und Jahresrechnung. 11 Stn. 8. Buchs, Druck von J. Kuhn. 1876.

Werdenbergische Rettungsanstalt in Grabs. 54. Jahresbericht und Jahresrechnung pro 1900. 14 S. 8. Buchs, J. Kuhn, 1901.

Werdenbergische Rettungsanstalt in Grabs. 55. Jahresbericht und Jahresrechnung pro 1901. 14 S. 8. Buchs, J. Kuhn, 1902.

Hülfsverein Schönenwerd. 25. Jahresbericht nebst Jahresrechnung für das Jahr 1900. 19 S. 8. Schönenwerd, Gebrüder Widmer, 1901.

Jahresbericht über das schweizerdeutsche Idiotikon, umfassend den Zeitraum vom Weinmonat 1873 bis Ende Herbstmonat 1874. 9 Stn. gr. 8. Zürich, Druck v. J. Herzog.

Jahresbericht, zweiter, über das schweizerische Idiotikon umfassend den Zeitraum vom 1. Weinmonat 1874 bis 30. Herbstmonat 1875. 15 Stn. gr. 8. Zürich, Druck von Schulthess.

Jahresbericht, dritter, über das schweizerdeutsche Idiotikon, umfassend den Zeitraum vom 1. Weinmonat bis zum 30. Herbstmonat 1876. 9 Stn. 8. Zürich, Druck von J. Herzog.

— — 4., über das schweizerdeutsche Idiotikon umfassend den Zeitraum vom 1. Oct. 1876 — 30. Sept. 1877. 10 S. 8. Zürich, Druck v. D. Bürkli.

Jahresbericht, V., über d. schweizerdeutsche Idiotikon umfassend den Zeitraum vom 1. Weinmonat 1877 bis 30. Herbstmonat 1878. In-8°, 7 S. Zürich (Druck v. Schulthess).

Jahresbericht (6.) über das schweizerdeutsche Idiotikon, umfassend den Zeitraum v. 1. Oct. 1878 bis zum 30. Sept. 1879. In-8°, 8 S. Zürich, Druck von David Bürkli.

— illustr. literarischer, u. Weihnachts-Katalog 1908. Verbunden m. e. Almanach f. 1909. Begründet unter der Leitg. von Detlev v. Liliencron. Hrsg. v. der Red. „Nord u. Süd". (184 S.) Lex. 8. Berlin, Verlag „Nord u. Süd". n 1.40

Jahresbericht der kantonalen Industrieschule, des städt. Gymnasiums und der Sekundarschule in Zug 1863-75, 77-95. 4° u. 8°

Jahresbericht der kantonalen Industrie-Schule, des städtischen Gymnasiums u. der Sekundar-Schule in Zug. Schuljahr 1872/73. Mit Beilage. 48 Stn. 4 m. Tabelle. Zug, Druck v. J. Zürcher.
*** Beilage: Die Beziehungen zwischen der deutschen und der französischen Poesie im Mittelalter. Das Rittergedicht, von C. Elsener. 33 Stn. 4.

Jahres-Bericht der Kant. Industrie-Schule, des städtischen Gymnasiums und der Sekundar-Schule in Zug. Schuljahr 1900/1901. ([Mit] Programm.) II + 69 S. 8. Zug, Rey & Kalt, (1901).

Programm s. Parpan, Caspar.

Jahres-Bericht der Kantonalen Industrie-Schule, des städtischen Gymnasiums und der Sekundar-Schule in Zug. Schuljahr 1901/1902. ([Mit] Programm.) II + VIII + 87 S. 8. Zug, Blunschi, (1902).
Programm s. Hug, J(ohann).

Jahres-Bericht der kantonalen Industrieschule, des städt. Gymnasiums und der Sekundarschule in Zug. Schuljahr 1902/1903. ([Mit] Programm.) II + 71 S. 8. Zug, Hess, (1903).
Programm s. Dill, E(mil).

— der königl. Industrieschule zu München am Schlusse des Schuljahres 1868—69. gr. 4. (14 S.) München 869, (Th. Ackermann.) *

Jahresbericht der Industrieschule zu München 1879-80.

Jahresbericht des Altonaer Industrievereins für 1878. Altona 1878

Insel- und Ausserkrankenhauskorporation (in Bern). Jahresbericht pro 1900. II + 93 S. 8. Bern, Büchler & Co., 1901.

Insel- und Ausserkrankenhauskorporation (in Bern). Jahresbericht pro 1901. II + 95 S. 8. Bern, Büchler & Co., 1902.

Jahresbericht der Eidgenössischen Inspektion für Forstwesen, Jagd und Fischerei. - Bern. Jahresber. 1. 1875 ff.

Jahresbericht des Inspectors der Zionsschule zu Baltimore bei der Jahresversammlung des Schulvereins: 1, 1868?
Edited by Heinrich Scheib, 1868-88; published by C. W. Schneidereith & Söhne, 1868-91. Octavo, each 8-24 pages. Reports of an excellent parochial school, the Zions Kirche which was dedicated Oct. 9, 1808
Baltimore, MD

Baltimore. Zions Schule. Jahresbericht des Inspectors bei der Jahresversammlung des Schulvereins am 23. Juni 1872. Baltimore: Schneidereith, 1872. MdBZ

— 31., der Inspectoren des Staatsgefängnisses für den östlichen Bezirk von Pensylvanien an den Senat u. das Repräsentantenhaus des Freistaats Pensylvanien für 1859. Aus dem Engl. übersetzt von Ad. Bauer. Donaueschingen 860. Schmidt. gr. 8. (51 S.) n. 16 ngr

Jahresbericht der Alterthumsgesellschaft Insterburg, s. Jahresbericht d. Alterthumsges. zu Insterburg.

Jahresbericht für 1853 über das erste Institut für schwedische Heilgymnastik und Orthopädie zu Wien. Abgestattet von seinem Gründer Ludwig Joseph Melicher. 4 (38 S.) Wien. Druck und Verlag von J B. Wallishausser. 1854.

Jahresbericht für 1854. Ueber das erste Institut für Heilgymnastik und die medizinisch-chirurgische und gymnastisch-orthopädische Heilanstalt zu Wien, Alservorstadt, Adlergasse Nr. 166. Abgestattet von seinem Gründer Ludwig Josef Melichar. Wien, 1855. Druck und Verlag von J. B. Wallishausser. (24 S. 4.)

— des Instituts zur Förderung der israelitischen Literatur über das erste Jahr, 1. Mai 1855 bis 1. Mai 1856. gr. 8. (16 S.) Leipzig 856, Schnauß. (Ladenpr. ??)
Wurde nicht durch den Buchhandel debitirt.

Jahresbericht des Instituts für Gewerbeförderung und des Jubiläums-Gewerbefonds der Handels- u Gewerbekammer in Reichenberg. 1899. Reichenberg 1900

Jahresbericht des Institutes für Gewerbeförderung in Reichenberg. 1909 bis 1911. Reichenberg 1910-12

Jahres-Bericht über das clinische chirurgisch-augenärztliche Institut der Universität zu Berlin. Abgestattet von Carl Ferdinand (von) Graefe. Folge 9.10. Berlin: Reimer 1825-26. 4°
Folge 9: 1824: 1825.
Folge 10: 1825: 1826.

Jahresbericht des Königl. Pomologischen Instituts zu Proskau .. Erstattet von d. Dir. Prof. Dr. Stoll. [1.] Für d. J. 1909. Berlin: Parey 1910. 8° (n. 4.) 9

— 1., d. Instituts f. rumänische Sprache (Rumänisches Seminar) zu Leipzig. Hrsg. auf Kosten d. kgl. rumän. Kultusministeriums v. dem Leiter d. Instituts Gust. Weigand. gr. 8. (VIII, 155 S.) Leipzig 894. J. A. Barth. n. 3. —

— 2., d. Instituts f. rumänische Sprache (Rumänisches Seminar) zu Leipzig. Hrsg. v. d. Leiter d. Instituts Gust. Weigand. gr. 8. (X, 224 S.) Leipzig 895. J. A. Barth. n. 4.50

Jahresbericht, 3.—5., d. Instituts f. rumänische Sprache (Rumänisches Seminar) zu Leipzig. Hrsg. v. d. Leiter d. Instituts Gust. Weigand. gr. 8. (XV. 332; IX, 336 u. IX, 370 S) Ebd. 896—898. à Jahrg. n. 6. —

Jahresbericht, 6. u. 7., des Instituts f. rumänische Sprache (rumänisches Seminar) zu Leipzig. Hrsg. v. dem Leiter des Instituts Gust. Weigand. gr. 8. (VII, 398 u. X, 250 S.) Leipzig 899. 900. J. A. Barth. à n. 6. —

— dasselbe. 8. u. 9. (VIII, 324 u. VII, 236 S.) gr. 8. Ebd. 902. à n. 8. —

— 10.—12., des Institutes für rumänische Sprache (rumänisches Seminar) zu Leipzig. Hrsg. v. dem Leiter des Instituts, Gust. Weigand. gr. 8. Leipzig (J. A. Barth.) n.n. 23. —
10. (XVIII, 689 S.) 904. n.n. 10. —. — 11. (VIII, 368 S.) 904. n.n. 8. —. — 12. (VIII, 232 S.) 906. n.n. 5. —.

— 13.—16., des Instituts f. rumänische Sprache (rumänisches Seminar) zu Leipzig. Hrsg. v. dem Leiter des Instituts Gust. Weigand. gr. 8. Leipzig, (J. A. Barth). nn 18. 50
13. (VI, 194 S. m. 8 Taf. u. 1 Karte.) 908. nn 4. 50
14. (VIII, 197 S. m. 3 Taf.) 908. nn 4. 50
15. (V, 168 S. m. 3 Taf.) 909. nn 4. 50
16. (VIII, 230 S.) 910. nn 5. —

Jahresbericht, vierzigster, des steiermärkisch-ständischen Joanneums zu Gratz für das Jahr 1851. Herausgegeben von den Kuratoren dieses Instituts. 4. (20 S.) Gratz, J. A. Kienreich 1852.

Jahresbericht, Ein und Vierzigster, des steiermärkisch ständischen Joanneums zu Gratz für das Schuljahr 18⁵¹/₅₂. Herausgegeben von den Kuratoren dieses Instituts. 4. (38 S.) Gratz, Druck und Papier von Jos. A. Kienreich, 1853.

Jahresbericht, Zweiundvierzigster — des steiermärkisch-ständischen Joanneums zu Gratz für das Schuljahr 1853. Herausgegeben von den Kuratoren dieses Institutes. 4. (38 S.) Gratz. Druck von J. A. Kienreich.

Jahresbericht, dreiundvierzigster — des steiermärkisch-ständischen Joanneums zu Gratz für das Schuljahr 1854. Herausgegeben von den Kuratoren dieses Institutes. Gratz 1855. Druck von J. A. Kienreich. (34 S. 4.)

Jahresbericht, vierundvierzigster — des steiermärkisch-ständischen Joannäums zu Gratz für das Schuljahr 1855. Herausgegeben von den Kuratoren des Institutes. Gratz, 1855. Druck und Papier von J. A Kienreich. (31 S. 4.)
Inhalt: Lehrmittel-Sammlungen. — Vereine, welche mit dem Joannäum in Verbindung stehen. — Schulsachen.

Jahresbericht, fünf und vierzigster — des steiermärkisch-ständischen Joanneums zu Gratz für das Schuljahr 1856. Gratz, 1857 bei Josef A. Kienreich. (33 S. 4.)

Jahresbericht, sechsundvierzigster — des steiermärk.-ständ. Joanneums zu Gratz für das Schuljahr 1857. Herausgeg. von den Curatoren des Institutes. *Gratz* 1858. *J. A. Kienreich.* 34 S., 4⁰.
INHALT. Lehrmittel-Sammlungen (I. Naturhistor. Abth. — II. Technische Abth. — III. Abth. für Geschichte. — IV. Bibliothek). — Unterricht — Vereine welche mit dem Joanneum in Verbindung stehen (I. Landwirthschaftsgesellschaft. II. Lesevereine. — III. Historischer Verein für Steiermark. — IV. Geognost.-montan. Verein f. Steierm. — V. Verein zur Unterstützung armer und würdiger Schüler der ständ.-techn. Lehranstalten).

Jahresbericht des Joanneum zu Gratz 1865. 4.

Jahresbericht des steiermärkisch-landschaftlichen Joanneums zu Graz, 74. 75. 79. 82. über das Jahr 1885, 1886, 1890, 1893. Herausgegeben vom steiermärkischen Landes-Ausschusse. (4 Bde.) 4. Graz 1886—1894.

Graz 1896-1900
Jahresbericht des Steiermärkischen Landesmuseums „Joanneum" f. 1895. 97-99.

Jahresbericht des steiermärkisch-landschaftlichen Joanneums zu Graz. (Fortsetzung.) 86., 87., über das Jahr 1897, 1898. Herausgegeben vom Curatorium. (2 Bde.) 4. Graz 1898—1899.

Jahresbericht des steiermärk. Landesmusums Joanneum. 1900-05 Graz 1901-06

Jahresbericht des Steiermärk. Landesmuseums Joanneum. 1906. 07. 09. 11. 12. Graz 1907-13

Jahresbericht der unter Konstitution der Grossen Loge von Hamburg arbeitenden Johannis-Loge zur Verbrüderung in Oedenburg (Ungarn). I, 1870. IV, 1873 (in 4.). VI, 1875. VII, 1876 u. Rechnungsabschluss 1875-76. 5 Hefte. Wien u. Oedenburg 1870—1876. 8.

[Jahresbericht der Loge „Joseph zur Einigkeit" in Nürnberg: 1876/77.]
W. 11834 kennt Jahresber. erst von 1884 an. 21.

Jahresbericht des Danziger Jugendfürsorge-Verbandes. 1. (April 1901/02. Danzig 1902: Kafemann.) 8° [illegible] 10

Jahresbericht des Kieler Jugendspielvereins (bis 1900 d. Vere. z. Förderung d. Jugend- u. Volksspiele in d. Stadt Kiel) für d. J. 1898/99 bis 1918/19, zsgest. v. Wilh. Peters, Kiel 1899—1919, 8°. 21 Bde.

JAHRES-BERICHT des Kieler Jugendspielvereins E.V. für das Jahr . . . Zusammengestellt von Professor WILHELM PETERS.
. . . 1906—1907. Inhaltsverzeichnis: I. Der Stand der Ferienspiele von O. PLAUMANN-Kiel. — II. Eigentlicher Jahresbericht für 1906/1907. ib. 1907.
. . . 1907—1908. Inhaltsverzeichnis: I. Die Volks- und Jugendspielbewegung in Kiel. — II. Eilbotenlauf von Knivsberg nach Kiel. Vortrag von Lehrer H. HAGELBERG-Kiel. — III. Jahresbericht für 1907/1908. ib. 1908. —
. . . 1908—1909. Inhaltsverzeichnis: I. Das Bosseln (Eisbosseln) Teil V. Das Bosseln im Kreise Steinburg und Umgegend. — II. Jahresbericht für 1908/1909. ib. 1909. —

1. [bis] 7. Jahresbericht des Justinus-Kerner-Vereines Weinsberg für das Jahr 1905 [bis] 1911. Weinsberg [o. J.]

— über das k. bayer. Kadettenkorps für das Schuljahr 1899/1900 u. —1911/12. München 1900—1912.

Kaiser Franz Josef-Museum f. Kunst u. Gewerbe in Troppau. Jahresbericht (1910 ff.: Tätigkeitsbericht). 1895—1912. Troppau. 8⁰ u. 4⁰

Jahresbericht des k. k. Kaiser Franz Joseph-Staats-Gymnasiums (1914/15 ff.: Kaiser Franz Joseph-Staats-Realgymn.) in Mähr.-Schönberg. 1907/08 ff. Mähr.-Schönberg.

Kaiser Friedrich-Museum in Posen. Jahresbericht. 1907-09. 11. 4° Bojanowo 1908-12

Jahresbericht, erster — der Kaiserin Elisabeth-Krippen-Anstalt zu Großwardein. Für die Zeit von der Entstehung des Vereines bis Ende des Jahres 1856. (Kundgemacht in der am 24. April 1856 stattgefundenen Generalversammlung. (Großwardein, 1856. Druck von Alois Tichy. (30 S. 8.)

Jahresbericht, zweiter — der Kaiserin Elisabeth Krippenanstalt zu Großwardein, 1856. Großwardein, bei Alois Tichy. 1856. (21 S. 8. und eine Tabelle. 4.)

Jahresbericht des k. k. Kaiserin Elisabeth-Staats-Ober-Gymnasiums (1912 ff.: Kaiserin Elisabeth-Staats-Realgymn.) in *Lundenberg.* **1909/10 ff.** (Lundenberg.)

Kaiser-Wilhelm-Bibliothek in Posen. Jahresbericht 1. Etatsjahr 1902. Von d. Dir. Rudolf Focke. *Bojanowo (1902): Arbeits- u. Landarmenhaus.* 4° [F.]
Aus: Vorlagen f. d. 37. Provinziallandtag d. Prov. Posen. Bd 1. [04. 1950]

Jahresbericht ... [der] Kaiser Wilhelm-Bibliothek in Posen. Etatsjahr 1902 ff. Hrsg. von Rud. Focke. Bojanowo [1903] [Jahresbericht 2, 3] Posen 1904–1905. Jahresber. 4 ff. Bojanowo 1906 ff. 4°
1: (von d. Eröffnung am 14. Nov. 1902 bis 31. März 1903) o. J.
Aus: Vorlagen f. d. 37. Provinziallandtag d. Provinz Posen. Bd 1.
2. Etatsj. 1903. 1904.
3. Etatsj. 1904. Anl.: Das staatlich organisierte Volksbibliothekswesen in d. Provinz Posen u. d. Prov.-Wanderbibliothek. Jahresber. 1. 2. Lesejahre 1903/04 u. 1904/05. 1905.
4. Etatsj. 1905. Anl.: ... Jahresber. 3. Lesejahr 1905/06. 1906.
Aus: Vorlagen f. d. 39. Provinziallandtag d. Prov. Posen. Bd 2.
5. Etatsj. 1906. Anl. ... Jahresber. 4. Lesejahr 1906/07. 1907.
6. Etatsj. 1907. Anl. ... Jahresber. 5. Lesejahr 1907/08. 1908.

Jahresbericht, erster, der Kaiser-Wilhelm-Stiftung für deutsche Waisenkinder in London erstattet von dem Verwaltungsrathe in der Jahres-Hauptversammlung der Mitglieder am 11. Juni 1880 abgehalten im Waisenhause 214 Dalston Lane, N., London. London, gedr. bei Aug. Siegle. 1880. 8. 19 S.
Berichterstatter ist Br. Karl Bergmann.

Jahresbericht der Kaiser-Wilhelms-Universität Strassburg (Sommersemester 1877 und Wintersemester 1877/78) erstattet von dem Prorector Dr. August Kundt, o. Prof. der Physik. Bericht über die **Preisbewerbung** für das Jahr 1877/78 und über die Preisaufgaben für das Jahr 1878/79, sowie über die Lamey-Preisstiftung und die Max Müller'sche Preisstiftung. Strassburg, Buchdr. von R. Schultz u. Comp. Berger-Levrault's Nachf., 1878. 25 S. 8. [Dazu gehört]: Ueber Fortschritte und Rückschritte der Theologie unseres Jahrhunderts und über ihre Stellung zur Gesammtheit der Wissenschaften. Rede gehalten am 1. Mai 1878 bei Uebernahme des Rectorats der Kaiser-Wilhelms-Universität Strassburg von Heinrich Holtzmann, Doctor und o. Prof. der Theologie . . . Strassburg, Karl J. Trübner. London, Trübner u. Comp., 1878. 8. 2 + 36 S.

Jahresbericht der Kammer für Kleinhandel zu Bremen. 1. Bremen 1908: H. M. Hauschild. 8° [08. 1500]

Jahres-Bericht des Kampfgenossen-Vereins von 1870/71 zu Kiel. Erstattet in der ordentlichen Generalversammlung 1892/93.–1893/94. Kiel. 1893.–1894. 8°.

Jahresbericht der Kantonal-Armenkommission des Kts. Graubünden 1840—56.

Kantonalbank in Bern. Jahresbericht pro 1870. Bern, Druck v. Rieder & Simmen. 19 S. 4. m. 1 Tabelle.

Kantonalbank von Bern. Jahresbericht pro 1871. 19 Stn. 4. u. 1 Tabelle. Bern, Druck v. Rieder u. Simmen.

Kantonalbank von Bern. Jahresbericht f. 1872. 16 Stn. 4. mit einer Tabelle. Bern, Druck v. Rieder & Simmen.

Graubündner Kantonalbank. 2. Jahresbericht pr. 1872. 31 Stn. 4. Chur.

Graubündner [C]Kantonalbank (in Chur). 30. Jahresbericht. Für das Jahr 1900. II + 27 S. 4. Chur, Manatschal Ebner & Cie., 1901.

Graubündner **Kantonalbank** (in Chur). 31. Jahresbericht. Für das Jahr 1901. II + 25 S. 4. Chur, Manatschal Ebner & Cie., 1902.

Graubündner Kantonalbank (in Chur). 32. Jahresbericht. Für das Jahr 1902. II + 24 S. 4. Chur, Manatschal Ebner & Cie., 1903.

Obwaldner [C]Kantonal-Bank in Sarnen. 14. Jahresbericht 1900. II + 23 S. 8. Sarnen, Jos. Müller, (1901).

Obwaldner **Kantonal-Bank** in Sarnen. 15. Jahresbericht 1901. II + 26 S. 8. Sarnen, Jos. Müller, (1902).

Obwaldner Kantonal-Bank in Sarnen. 16. Jahresbericht 1902. II + 26 S. 8. Sarnen, Jos. Müller, (1903).

Thurgauische Kantonalbank. Jahresbericht pr. 1872. 19 Stn. 4.

Thurgauische Kantonalbank. Jahresbericht f. 1873. 17 Stn. 4.

Thurgauische Kantonalbank. Jahresbericht pro 1874. (17 Stn. in-4.)

Zuger [C]**Kantonalbank** (in Zug). 9. Jahresbericht über das Rechnungsjahr 1900. 23 S. 4. Zug, G. Hess, 1901.

Zuger **Kantonalbank** (in Zug). 10. Jahresbericht über das Rechnungsjahr 1901. 23 S. 4. Zug, G. Hess, 1902.

Zuger **Kantonalbank** (in Zug). 11. Jahresbericht über das Rechnungsjahr 1902. 23 S. 4. Zug, G. Hess, 1903.

Jahresbericht [des] Berner Kantonal-Kunstverein [s]. Mitgetheilt der Hauptversammlung den 29. April 1873. 26 Stn. i. 8°

— — Jahresbericht vom 24. April 1874. 44 Stn. in 8.

— — Jahresbericht vom 10. März 1875. 37 Stn. in 8.

Jahresbericht über die Kantonal-Lehranstalt zu Sarnen (Obwalden) für das Schuljahr 1878-79, mit Beilage: Abstammung der italienischen und französischen Sprache und ihr Lautverhältniss zur lateinischen Schriftsprache, von Vincenz Gasser. In-4°, 21 und 22 S. Sarnen, Druck von J. Müller.

Bernischer [C]Kantonal-Schützenverein. Jahresbericht pro 1900. II + 24 S. 8. Bern, Neukomm & Zimmermann, 1901.

Bernischer **Kantonal-Schützenverein.** Jahresbericht pro 1901. II + 29 S. 8. Interlaken, Otto Schlaefli, 1902.

Bernischer **Kantonal-Schützenverein.** Jahres-Bericht pro 1902. II + 27 S. 8. Interlaken, Otto Schlaefli, 1903.

Kantonal-Spar- und Leihkasse in Luzern. 23. Jahresbericht pr. 1872. 31 Stn. gr. 8. Luzern, Druck v. Gebr. Räber.

[C]Kantonschemiker des Kantons Thurgau. Jahresbericht pro 1900. 18 S. 8. [Frauenfeld, Huber & Co., 1901.]
Forts.s.:Jahresbericht d.Thurg. kanton.Laboratoriums.

[C]Kantonsschule von Appenzell A. Rh. in Trogen. Jahresbericht für das Schuljahr 1900/1901. II + 28 S. 8. Trogen, U. Kübler, 1901.

Kantonsschule von Appenzell A. Rh. in Trogen. Jahresbericht für das Schuljahr 1901/1902 u. 1902/1903. II + 27 u. II + 24 S. 8. Trogen, U. Kübler, 1902 u. 1903.

[C]Kantonsschule von Solothurn. Jahresbericht für das Schuljahr 1900/1901. 74 S. 4. Solothurn, Gassmann, Sohn, (1901).

Kantonsschule von Solothurn. Jahresbericht für das Schuljahr 1901/1902. [Dazu:] Wissenschaftliche Beilage: Alfred Hartmann, von Prof. W(alther) von Arx. 58 S. 4. + *Beilage* II + 118 S. 8. Solothurn, Gassmann, Sohn, (1902).

Kantonsschule von Solothurn. Jahresbericht für das Schuljahr 1902/1903. 74 S. 4. Solothurn, C. Gassmann, (1903).

Jahresbericht der Kantonsschule und Theologie Luzern 1866–67, 73–74, 77–81, 90–94. 4.

— über die Kantonsschule und die Theologie zu Luzern für das Schuljahr 1880/1881. Beilage: I. Biographien der ehemaligen Professoren Zähringer, Ineichen und Bossart von den Professoren Amberg, Arnet und Bucher. II. Die Bündner-Wirren des Jahres 1620 in ihren Wirkungen auf die Eidgenossenschaft, von Prof. Reinhart. In-4°, 34 S. Beilagen 73 S. Luzern, Gebrüder Räber. 1 —

—— über die Kantonsschule und die Theologie zu Luzern für das Schulj. 1881/82. 4. Luzern 882, (Gebr. Räber.) *
Inhalt:
Ruedim, A., Principes de formation de la langue française. (S. 1–25.) — Schmid, Joh., und J. Bucher, Biographien der ehemaligen Professoren Aebi und Greber. (S. 26–37.)

—— über die Kantonsschule und die Theologie zu Luzern für das Schulj. 1883/84. 4. (48 S.) Luzern 884, (Gebr. Räber.) * 1 —
Inhalt:
Biographien des Prof. A. Kaufmann, Rektor Gehrig, Pfr. Suppiger, Chorherr Suter. — Amberg, B., Geschichte des Realschulwesens in Luzern.

Jahresbericht
über die Kantonsschule und die Theologie zu Luzern für das Schuljahr 1885/86.
Inhalt: *Segesser, Fr.*, Dr., Kommissar Dr. Jos. Winkler, Nekrolog, und *Brandstätter, Renward*, Dr., die Regenz bei den Luzerner Osterspielen. In-4°, (38 S.) Luzern, Gebrüder Räber. 1 35

—— dass. — 1886, s. Brandstetter, Renward, die Regenz bei den Luzerner Osterspielen.
Die übrigen Jahrge. sind nicht im Handel.

Jahresbericht über die Urnersche Kantonsschule in Altdorf 1889–92, 94.

Urnersche [C]Kantonsschule in Altdorf. Jahres-Bericht für das Schuljahr 1900/1901. II + 12 S. 4. Altdorf, Huber, 1901.

Urnersche Kantonsschule in Altdorf. Jahres-Bericht für das Schuljahr 1901/1902. II + 12 S. 4. Altdorf, Huber, 1902.

Urnersche Kantonsschule und Gewerbliche Fortbildungsschule in Altdorf. Jahres-Bericht für das Schuljahr 1902/1903. II + 13 S. 4. Altdorf, Huber, (1903).

Jahresbericht üb. d. Kantons-Spital zu Königsfelden. 1873. Erstattet v. E. Schaufelbuel, Direktor. 68 Stn. 8. Aarau, Albrecht. 1875.

Solothurn. [C]Kantonsspital in Olten. Jahresbericht pro 1900. 28 S. 8. Olten, Buchdr. des «Oltner Tagblatt», 1901.

Solothurnischer Kantonsspital in Olten. Jahresbericht pro 1901 u. pro 1902. *je* 29 S. 8. Olten, Buchdr. des «Oltner Tagblatt», 1902 u. August Michel, 1903.

Kantonsspital zu St. Gallen. 8. St. Gallen, Buchdr. Merkur.
28. Jahresbericht 1900. II + 45 S. 1901.
29. Jahresbericht 1901. II + 45 S. 1902.

Armen- und Korrektionsanstalt und Krankenasyl Kappel a. A. Jahresbericht pro 1900. 17 S. 8. Affoltern a. A., J. Weiss, 1901.

Armen- und Korrektionsanstalt und Krankenasyl Kappel am Albis. Jahresbericht pro 1901. II + 16 S. 8. Affoltern a. A., H. Hagenbüchli, 1902.

Jahresbericht des Gewerbevereins Karlsruhe mit Bericht über die Thätigkeit des Landesverbandes badischer Gewerbevereine für 1898. 4° Karlsruhe 1899

Gewerbeverein Karlsruhe. Jahresbericht 1901. 4° Karlsruhe 1902

Gewerbeverein Karlsruhe. Jahresbericht 1904-10. Karlsruhe 1905-11

Jahresbericht der grossherzoglichen Kunstgewerbeschule Karlsruhe 1909/10. 1911/13. Karlsruhe 1910-13

—— 4. und 5., der meteorologischen Centralstation Carlsruhe über die Ergebnisse der an den meteorolog. Stationen des Grossherzogth. Baden in den J. 1872 und 1873 angestellten Beobachtungen. Bearb. von Lübeck. gr. 8. (109 S. mit 2 Taf.; 85 S. mit 2 Taf.) Carlsruhe 873,74, Braun'sche Hofbuchh. à Jahrg. *

— 6., der meteorologischen Centralstation Carlsruhe üb. die Ergebnisse der an den meteorologischen Stationen d. Grossherzogth. Baden im J. 1874 angestellten Beobachtungen. Bearb. v. Osc. Ruppel gr. 8. (90 S.) Ebend. 875. n.n. 1. 5.

— 8. u. 9., der grossh. badischen meteorologischen Centralstation Carlsruhe für das Jahr 1876 u. 1877. Bearb. v. Osc. Ruppel. gr. 8. (à III, 92 S.) Carlsruhe 877. 78. Braun. à n. 1. 50

—— 10.—13., der grossherzogl. badischen meteorologischen Centralstation Karlsruhe für die J. 1878—1881. gr. 8. (79; 82; III, 110; III, 96 S.) Karlsruhe 879—82, Braun'sche Hofbuch. à Jahrg.
—— dass. — 14., für das J. 1882. Bearb. von L. Würtenberger. gr. 8. (III, 134 S.) Ebendas. 883.

Kartell der christl. Gewerkschaften zu Köln. Jahresbericht. 1. 1907. Köln: Kartell (1907). 8° [F.] [08. 8879]

— 1., des Kartells der christl. Gewerkschaften zu Köln 1907. (47 u. II S.) II. 8. Köln (908). Verlag des Generalsekretariates der christl. Gewerkschaften. — 15

Jahresbericht . . . des Kartell[s] der christl. Gewerkschaften zu Köln. 1—3. 1907—1909. Köln o. J. 8°.

Jahresbericht des Cartellverbandes der akademischen Turnvereine. Berlin. 3. 1874—75, 4.—8. 1876—81.

Bernischer [kantonaler] Käsereiverband. Jahresbericht pro 1900. 28 S. 8. (Bern, K. J. Wyss, 1901.)

Bernischer [kantonaler] Käsereiverband. Jahresbericht pro 1901. 30 S. 8. (Bern, K. J. Wyss, 1902.)

(Kultusverein der Israeliten der Stadt Bern. Jahresbericht, Kassa-Bericht [und] Mitgliederverzeichnis pro 1901 u. pro 1902.) 8 u. 12 S. 8. (Dezember 1901 u. Dezember 1902.)

Witwen-, Waisen- und Alterskasse der Lehrer an der Kantonsschule St. Gallen. [je 3 S.] 4.
(19. Jahresbericht [und] Kassa-Rechnung pro 1900. 1901.)
(20. Jahresbericht [und] Kassa-Rechnung pro 1901. 1902.)
(21. Jahresbericht [und] Kassa-Rechnung pro 1902. 1903.)

Jahres- und Kassenbericht der Berliner Gewerkschafts-Kommission und Bericht des Arbeiter-Sekretariats Berlin. Jg. 15 -19 (1903—1907). Berlin, 1904—1908.

Jahres- u. Kassenbericht, 16. u. 17., der Berliner Gewerkschafts-Kommissionen u. Bericht des Sekretariats Berlin pro 1904 u. 1905. Berlin, (Buchh. Vorwärts.) n. 2. 60
1904. (128 S. m. 3 Tab.) 905. n. 1. 50
1905. (143 S. m. 3 Tab.) 906. n. 1. —
Vergl.: Jahresbericht des Arbeiter-Sekretariats Berlin.

Jahres- u. Kassenbericht, 18., der Berliner Gewerkschafts-Kommission u. Bericht des Arbeiter-Sekretariats Berlin pro 1906. (183 S. m. 3 Tab.) gr. 8. Berlin, Buchh. Vorwärts. 1907. 1. 50.

Jahres- u. Kassenbericht, 19., der Berliner Gewerkschafts-Kommission u. Bericht des Arbeiter-Sekretariats Berlin pro 1907. (146 S. m. 3 Tab.) gr. 8. Berlin, Buchh. Vorwärts. 1908. 1. 50.

Jahres- u. Kassenbericht, 20., der Berliner Gewerkschafts-Kommission u. Bericht des Arbeiter-Sekretariats Berlin pro 1908. (231 S. m. 2 Tab.) gr. 8. Berlin, Buchh. Vorwärts. 1909. 2. —

Jahres- u. Kassenbericht. 21., der Berliner Gewerkschafts-Kommission u. Bericht des Arbeiter-Sekretariats Berlin pro 1909. (128 S. m. 3 Tab.) gr. 8. Berlin, Buchh. Vorwärts. 1910. 1. 50.

[Jahresbericht.] 22. Jahres- u. Kassenbericht d. Gewerkschaftskommission Berlins u. Umgegend. Tl 1. 2. Berlin o. J. 8°

Jahresbericht des Prager Kellnervereines. Dr. von Joh. Spurny in Prag. 1856. (10 S. 4)

Jahresbericht der Gewerbschule Kempten 1872—73, 75—76. 4.

Jahres-Bericht des Arbeitersekretariats Kiel nebst Jahresberichten der Gewerkschaftskartelle Kiel und Dietrichsdorf. Jg. 1—5 (1901—1905). Kiel, 1902—1906.

Privat-Heil- u. Pflegeanstalt Kilchberg bei Zürich. Jahresbericht pro 1900. 11 + 26 S. 8. Horgen, Schläpfer & Co., 1901.

— 2. u. 3., d. Kinder-Abtheilung d. Spitales d. allg. Poliklinik in Wien. Erstattet v. Emil Borggrün. gr. 8. (III, 47 u. IV, 86 S.) Wien 895. 96. F. Deuticke. à n. 2.—
Der 1. Jahresbericht ist nur im Archiv f. Kinderheilkunde erschienen.

Zusammengefasster 14.–17. Jahres-Bericht über die Kinder-Anstalt des Rauhen Hauses v. Januar 1847 bis October 1851. Hamburg. 1851.

— 19., der Kinder-Anstalt des Rauhen Hauses über das Jahr 1852. Mit 1 Abbildg. der Anstalt in Holzschn. Hamburg 853. Agentur des Rauhen Hauses. gr. 8. (VIII, 45 S.) 4½ ngr.

— der Kinder-Anstalt des Rauhen Hauses über die J. 1853—1857. (XX—XXIV.) gr. 8. (VIII und 87 S. mit 1 Abbild. der Anstalt in Holzschn.) Hamburg 856, Agentur des Rauhen Hauses.

Jahresbericht, XXV., der Kinder-Anstalt des Rauhen Hauses über das Jahr 1858 [zugleich die innere Verwaltung der Anstalt bis Septbr. 1859 umfassend]. Mit 1 Abbildg. der Anstalt (in Holzschn.). Hamburg 859. Agentur des Rauhen Hauses. gr. 8. (VIII, 21 S.) 4½ ngr.

— dass. — XXVI., über das J. 1859 (zugleich die innere Verwaltung der Anstalt bis Aug. 1860 umfassend.) gr. 8. (VIII und 16 S. mit 1 Abbild. der Anstalt in Holzschn.) Ebendas. 860.

— der Kinderanstalt des Rauhen Hauses, zugleich mit Beziehung auf das Pensionat und die Brüderanstalt, über das J. 1867. [34. Verwaltungsjahr.] gr. 8. (48 S. mit 1 Holzschntaf.) Hamburg 868, Agentur des Rauhen Hauses. *

Jahresbericht, Eilfter — über die israelitische Kinderbewahr-Anstalt zu Wien. 8. (16 S.) Wien. Druck von Keck und Pierer. 1854.

Jahresbericht, zwölfter — über die israelitische Kinderbewahr-Anstalt zu Wien, Leopoldstadt, Donaustraße Nr. 5. Wien. 1855. Druck von Leopold Sommer. (16 S. 8.)

Jahresbericht, dreizehnter — über die israelitische Kinderbewahranstalt zu Wien, Leopoldstadt, Donaustraße Nr. 5. Wien, 1856. Druck und Papier von Leopold Sommer. (14 S. 8.)

Jahresbericht, vierzehnter — über die israelitische Kinderbewahranstalt zu Wien. Wien, 1857. Druck und Papier von Leopold Sommer. (14 S. 1 Bl. 8.)

Jahresbericht, 45., über die Kinderbewahranstalten der Stadt Zürich. 1874/75.

48. Jahresbericht über die Kinder-Bewahranstalt der Stadt Zürich. 1. Nov. 1877 bis 31. Okt. 1878. In-8°, 18 S. Zürich, J. Ulrich. 1878.

Jahresbericht (49.) über die Kinderbewahranstalten der Stadt Zürich. In-8°, 17 S. Zürich, J. J. Ulrich. 1880.

Jahresbericht der Kinderbewahranstalten der Stadt Zürich 50—52. 54—62. 1879—92.

— 54., über die Kinder-Bewahranstalten d. Stadt Zürich, 1. Nov. 1883 bis 31. Okt. 1884. In-8°, 15 S. Zürich, Druck von Ulrich & Cie.

55. Jahresbericht über die Kinder-Bewahranstalten der Stadt Zürich, 1. Nov. 1884 bis 31. Oct. 1885. In-8°, 16 S. Druck von Ulrich & Cie. im Berichthaus.

[Jahresbericht des Vereins Kinderfürsorge in Düsseldorf seit 1907.]

Kinderkrippe in Luzern. 8.
4. Jahresbericht 1. Mai 1900 bis 30. April 1901. 11 S. (1901.)
5. Jahresbericht 1. Mai 1901 bis 30. April 1902. 15 S. (1902.)

Kinderspital in Basel. 38. Jahresbericht 1900, erstattet von Prof. E[duard] Hagenbach-Burckhardt, Oberarzt, Dr. J[oseph] Fahm, Hilfsarzt, [und] Dr. Georg Pfisterer, Assistenzarzt. 158 S. 8. Basel, M. Werner-Riehm, 1902.

Kinderspital in Basel. 39. Jahresbericht 1901, erstattet von Prof. E[duard] Hagenbach-Burckhardt, Oberarzt, Dr. J[oseph] Fahm, Hilfsarzt, [und] Dr. E[rnst] Burckhardt, Assistenzarzt. 130 S. 8. Basel, M. Werner-Riehm, 1902.

— 39.—41., des Kinderspitals in Basel. gr. 8. Basel, Kinderspital. à n. 1. 50
39. Erstattet v. E. Hagenbach-Burckhardt, J. Fahm, E. Burckhardt. 1901. (130 S.) 902.
40. Erstattet v. E. Hagenbach-Burckhardt, J. Fahm, M. Reber 1902. (144 S.) 903.
41. Erstattet v. E. Hagenbach-Burckhardt, J. Fahm, Th. Dieterle. 1903. (147 S.) 904.

Jahresbericht des . . . ersten allgemeinen Kinderspitals in Wien. [Wien 1846—75.] H: *Mauthner, Ludw. Wilh.* (EB)

Jahresbericht (4 ff.: Bericht) der deutschen evangelischen Kirche für Venezuela. 2—10. 1900/01—10/11. (Hirschbg, 4 ff.: Mörchingen).

Jahres-Bericht . . . des unter dem Protektorate Ihrer Majestät der Kaiserin und Königin stehenden Evangelischen Kirchenbau-Vereins für Berlin (begründet 1890 von d. Evang.-Kirchl. Hülfsverein). 15, 1904 1905 17, 1906 1907 Berlin 1905–1907. 8°.

Jahresbericht des Kirchenrathes über seine Verrichtungen und das Ergebniss der Jahresberichte der Bezirkskirchenpflegen und Kapitel im Jahre 1874. 16 Stn. 8. Zürich, Genossenschafts-Buchdruckerei.

Jahresbericht des Kirchenrathes über seine Verrichtungen und das Ergebniss der Jahresberichte der Bezirkskirchenpflegen und Kapitel im Jahre 1875. 15 S. Zürich, Genossenschafts-Buchdruckerei.

Jahresbericht des Kirchenrathes über seine Verrichtungen und das Ergebniss der Jahresberichte der Bezirkskirchenpflegen und Kapitel im Jahre 1876. 20 S. 8. Amtsbl. 1877 Nr. 68. Zofingen, Druck von Ringier. —. 50

Kirchenrat [des Kantons Zürich]. Jahresbericht über seine Verrichtungen und das Ergebnis der Jahresberichte der Bezirkskirchenpflegen und Kapitel im Jahre 1900. 28 S. 8. Zürich, J. Rüegg, 1901.

Kirchenrat (des Kantons Zürich). Jahresbericht über seine Verrichtungen und das Ergebnis der Jahresberichte der Bezirkskirchenpflegen und Kapitel im Jahre 1901. 30 S. 8. Zürich, J. Rüegg, 1902.

Kirchenrat (des Kantons Zürich). Jahresbericht über seine Verrichtungen und das Ergebnis der Jahresberichte der Bezirks-Kirchenpflegen und Kapitel im Jahre 1902. 35 S. 8.
Ausg. A: sep. — Ausg. B: Beilage zum Amtsblatt des Kantons Zürich No. 54 vom 7. Juli 1903.

Christ-katholischer Kirchgemeinderat in Bern. Jahresbericht pro 1900. [4 S.] 4. (1901.)

Christ-katholischer Kirchgemeinderat in Bern. Jahresbericht pro 1901. [4 S.] 4. (1902.)

Jahresbericht der Gewerbschule Kitzingen a. M. 1874–75. 4°

Jahresbericht der technischen Lehranstalten Kitzingen a. M. 1872–73. 4.

Jahresbericht der Section Klgft. des deutschen u. österr. Alpenvereines. Klgft., Bertschinger, v. Kleinmayr, Leon, (1873)—.

—— erster, d. Kleinkinderschule zu Marburg. gr. 8. (1½ B.) Marburg 838, (Garthe.) *

Jahresbericht über die chirurgische Klinik der Universität Greifswald während d. Etatsjahres 1888/89, hrsg. v. H. Helferich u. Cahen. gr. 8. (XVI, 156 S. m. Abbildgn. u. 2 Grundrissen.) Greifsw. 890, Abel. * 4 50

— über die chirurgische Klinik der Universität Greifswald während d. Etatsj. 1889/90, hrsg. v. H. Helferich. Mit 62 Abbildgn. im Text. gr. 8. (VIII, 172 S.) Leipzig 892. F. C. W. Vogel. n. 4. —
s.a. Helferich u. Cahen.

— der Heidelberger chirurgischen Klinik, s.: Beiträge zur klinischen Chirurgie.

Oto-laryngologische Klinik und Poliklinik in Basel. Jahresbericht vom 1. Januar 1899 bis 31. December 1900. Erstattet von Professor F[riedrich] Siebenmann, Oberarzt. und E[rnst] Oppikofer, Assistenzarzt. Separat-Abdruck aus Zeitschrift für Ohrenheilkunde, Band 40. II + 56 S. 8. Wiesbaden, J. F. Bergmann, 1901.

— über die königl. psychiatrische Klinik in München f. 1904 u. 1905. (III, 126 S.) gr. 8. München 907. J. F. Lehmann's Verl. 2. 40

— dasselbe f. 1906 u. 1907. (III, 183 S. m. 4 Abbildgn.) gr. 8. Ebd. 909. 3. 60

— der II. chirurgischen Klinik zu Wien. 1. I. 1906 bis 31. XII. 1906. Hrsg. v. Jul. Hochenegg. (XIII, 227 S. m. 20 Abbildgn.) Lex. 8. Wien 907. Urban & Schwarzenberg. 10.—; geb. n 12. —

— d. Knabenarbeitsschule I i. Stöckachschulgeb. Stuttgart f. 1881-89. Stuttgart 1881-89

Jahres-Bericht über die höhere Knaben-Bürgerschule in Kiel während des Schuljahres . . ., mit welchem zu der . . . Prüfung einladet das Lehrercollegium. 4°.
1871/72—1872/73. Kiel. 1872—73.
Fortges. u. d. T.:
Jahres-Bericht über die Realschule in Kiel etc.
1875/76—1876/77. 1879/80—1880/81. ebd. 1876—77, 80—81.
Fortges. u. d. T.:
Jahres-Bericht über die Ober-Realschule in Kiel etc.
1887/88, 1891/92—1893/94, 1895/96—96/97. ebd. 1888, 92—94, 96—97.
Fortges. u. d. T.:
* Jahres-Bericht der Ober-Realschule mit Reform-Realgymnasialklassen in Kiel über das Schuljahr . . . Erstattet v. [Gustav] Luppe. 1897/98 ff. ebd. 1898 ff. 4°.

—— 6., der öffentlichen Knaben-Hauptschule des k. k. Schulrathes Hermann in dem 1. Bezirk Wiens, Schülerstraße 20, für das Schuljahr 1864—65. gr. 8. (48 S. mit 1 Stnt.) Wien 865, (Beck'sche Universitäts-Buchh.) *

Knaben-Pensionat... in Zug. Jahres-Bericht. [*je* Mit 1 Ansicht.] 8. Zug, Blunschi.
Knaben-Pensionat und Freies katholisches Lehrerseminar bei St. Michael in Zug. Schuljahr 1900/1901. IV + 86 S. [1901.]
Knaben-Pensionat bei St. Michael in Zug. Schuljahr 1901/1902 u. 1902/1903. *je* IV + 32 S. [1902 u. 1903.]

Jahresbericht über die evangelische Knaben- und Mädchenschule in Czernowitz über das Schuljahr 1878/79. Czernowitz: Selbstverl. d. Anstalt 1879.

Jahresbericht der höheren Knabenschule zu Oldesloe. Von Martin Schultze. (1878—80.) Oldesloe. 1878—80. 4°.
Jahresbericht der höheren Bürgerschule zu Oldesloe. Ostern 1881—82. Oldesloe. (1881—82.) 4°.
Jahresbericht des Realprogymnasiums zu Oldesloe. Ostern 1883—85. ebd. (1883—85.) 4°.
Jahresbericht des Realprogymnasiums zu Oldesloe über das Schuljahr . . . ., womit zu der öffentlichen Prüfung etc. einladet Friedrich Bangert.
1885/86—1889/90. ebd. 1886—90. 4°.
Realprogymnasium in Oldesloe. **Jahresbericht** über das Schuljahr . . ., womit etc. einladet Friedrich Bangert.
1890/91—1895/96. ebd. 1891—96. 4°.
Realprogymnasium in Oldesloe in Umwandlung zu einer Realschule. ***Jahresbericht** über das Schuljahr etc.
1896/97 ff. ebd. 1897 ff. 4°.

Jahresbericht (Bericht) der Städtischen Höheren Knabenschule (1914 ff.: der Städtischen Realschule) in Bad Segeberg über das Schuljahr 1907—08 ff. (Segeberg. 1908 ff.) 4°

—— des evangelischen **Knabenvereins**, Jugendabtheilg. d. evangel. Jünglings- u. Männervereins, zu Köln [Rhein] f. 1889—1891. gr. 8. (à 16 S.) Köln a. Rh. 889—91, (Roemke u. Comp.). à Jahrg. * — 30

— des evangelischen **Knabenvereins**, Jugendabtheilg. des evangelischen Jünglings- u. Männervereins zu Köln a. Rhein f. 1891—1893. gr. 8. Köln (Roemke & Co.). n. — 70
1891. (15 S.) 891. n. — 30. — 1892. (16 S.) 893. n. — 20. — 1893. (7 S.) 894. n. — 20.
Erschien bis zum J. 1890 u. d. T.: Jahrbuch u. s. w.

Jahresbericht der Knabenzeichenschule zu Krefeld 1905. Krefeld 1905

Jahres-Bericht des Niederschlesischen Knappschafts-Vereins für 1904 ff. Waldenburg i. Schl. o. J. 4°.
1904–1908.

Jahres-Bericht des Oberschlesischen Knappschafts-Vereins f. d. J. 1904 ff. Kattowitz. O.-S. 1904 ff. 4°
1904–1908.

Jahresbericht der Handelskammer Kolberg für 1878. 80. Kolberg 1879. 81

Jahresbericht des Kollegiums der Kaufmannschaft und der Handelskammer zu Magdeburg.

JAHRESBERICHT DER DEUTSCHEN KOLONIALGESELLSCHAFT.
1888—1896. Berlin 1889—1897. Deutsche Kolonialgesellschaft. In Kommission bei Carl Heymanns Verlag. 8°. — 1896. Beilage zu Nr. 19 der Deutschen Kolonialzeitung vom 8. Mai 1897.
1897 1898. ib. 1898—1899. —
Bearbeitet in der Geschäftsstelle.
1899—1908. ib. 1900—1909. —
1909. ib. 1910. Deutsche Kolonialgesellschaft.
1910. ib. 1911. —

— der deutschen **Kolonialgesellschaft**. 1888. Lex.-8. (22 S.) Berlin 889. (C. Heymann's Verl.) n. — 40

— der deutschen **Kolonialgesellschaft** 1889—1893. Lex.-8. Berlin, (C. Heymanns Verl.). n. 2.50
1889. (23 S.) 890. n. — 40. — 1890. (26 S.) 891. n. — 40. — 1891. (24 S.) 892. n. — 50. — 1892. (29 S.) 893. n. — 60. — 1893. (38 S.) 894. n. — 60.

Jahresbericht d. deutschen **Kolonialgesellschaft**. 1894, 1895 u. 1896. gr. 8. (54, 78 u. 79 S.) Berlin 895—897. (C. Heymann's Verl.) à Jahrg. n. 1. —

Jahresbericht der deutschen **Kolonialgesellschaft**. 1897—1900. gr. 8. Berlin (C. Heymann's Verl.). n. 3. 60
1897. (71 S.) 898. n. 1. —. — 1898. (60 S.) 899. n. — 60. 1899. (76 S.) 900. n. 1. —. — 1900. (82 S.) 901. n. 1. —.

— 26ter, des Komité des solothurn. Armenvereins f. 1876. 16 S. 8. Solothurn, Druck v. J. Gassmann.

—— I., [1882] des Comités für **ornithologische** Beobachtungs-Stationen in Oesterreich und Ungarn. Redig. unter Mitwirkung von Ad. Bachofen v. Echt, R. Blasius, Gust. v. Hayek etc. von Vict. Ritter v. Tschusi zu Schmidhoffen, hrsg. im Auftrage Sr. k. und k. Hoheit des durchlauchtigsten Kronprinzen Erzherzog Rudolf vom „Ornithologischen Vereine“ in Wien. gr. 8. (X, 210 S.) Wien 883, (Frick.) *

—— 5. [1886], des Comités für **ornithologische** Beobachtungsstationen in Oesterreich-Ungarn. Redig. von V. Ritter v. Tschusi zu Schmidhoffen und K. v. Dalla-Torre. Hrsg. vom permanenten internationalen ornitholog. Comité: R. Blasius, G. v. Hayek. Suppl. zu „Ornis“ Jahrg. 1888. gr. 8. (XI, 346 S.) Wien 888, Gerold's Sohn. *
Die früheren Jahresberichte sind in den ersten 4 Jahrgängen des „Ornis, internationale Zeitschrift für die gesammte Ornithologie“ enthalten und separat nicht erschienen.

Jahresbericht des Kommitees zur Gründung und Verwaltung der Bukowiner Landesbibliothek . . . Czernowitz: Selbstverl. d. Komitees 1853/60. *(Erschienen für die Jahre 1851–1859.)*

KOLONIAL-WIRTSCHAFTLICHES KOMITEE. — JAHRESBERICHT
1899/1900. Mit einer Karte der Expeditionen. (Berlin. Gedruckt in der Königlichen Hofbuchdruckerei von E. S. Mittler & Sohn.) 8°.
1900/1901. Mit einer Skizze der Baumwollfarm in Togo und Tabellen über Beschaffung und Verteilung von Saatgut und chemische und technische Untersuchungen. (o. O. o. Dr.)
1901/1902. Mit statistischen Tafeln des Handels und der Eisenbahnen in Afrika und Tabellen über Beschaffung und Verteilung von Saatgut und chemische und technische Untersuchungen. (Berlin, E. S. Mittler & Sohn. Königliche Hofbuchdruckerei.)
1902/1903. (Berlin. Gedruckt in der Königlichen Hofbuchdruckerei von E. S. Mittler & Sohn.)

Jahresbericht [2: Bericht] des Komitees für Deutsche Evangelische Seemannsmission. 1 ff. Bln 1897 ff.

Jahres-Bericht des Königl. Commerz-Collegiums zu Altona für 1889 ff. Altona. 1890 ff. Fol.

Die Denkmalpflege in Pommern. . . . **Jahresbericht** der Kommission zur Erhaltung und Erforschung der Denkmäler in der Provinz Pommern. 1 ff. Stettin. 1897 ff. 8°.

Kommission zur **Fürsorge** für Erholungsbedürftige (in der) Basler Kinderheilstätte in Langenbruck (in Basel). 17. Jahresbericht. 1. Mai 1900 bis 30. April 1901. 27 S. 8. Basel, Basler Druck- und Verlags-Anstalt, 1901.

Kommission zur **Fürsorge** für Erholungsbedürftige (in der) Basler Kinderheilstätte in Langenbruck (in Basel). 18. Jahresbericht. 1. Mai 1901 bis 30. April 1902. 30 S. 8. Basel, Basler Druck- und Verlags-Anstalt, 1902.

Kommission zur **Fürsorge** für Erholungsbedürftige (in der) Basler Kinderheilstätte in Langenbruck (in Basel). 19. Jahresbericht. 1. Mai 1902 bis 30. April 1903. [Mit 1 Ansicht.] 23 S. 8. Basel, Basler Druck- und Verlags-Anstalt, 1903.

—— der Commission zur wissenschaftlichen **Untersuchung** der deutschen Meere, s. Bericht etc.

Jahresbericht der Kommission zur wissenschaftlichen Untersuchung der deutschen Meere in Kiel. Berlin 1873. 75. 78. 82. H: *Meyer, Hnr. Adolph, Carl August Moebius, Gust. Karsten & Vict. Hensen.* (Bachmann, Mecklenburg. Güstrow 1889.)

—— der Commission zur wissenschaftlichen Untersuchung der deutschen Meere in Kiel für das J. 1871. Im Auftrage des königl. preuss. Ministeriums für die landwirthschaftl. Angelegenheiten hrsg. von H. A. Meyer, K. Möbius, G. Karsten und V. Hensen. 1. Jahrg. Die Expedition zur physikalisch-chem. und biolog. Untersuchung der Ostsee im Sommer 1871 auf S. M. Avisodampfer Pommerania nebst physikal. Beobachtungen an den Stationen der preuss. Ostseeküste. Mit 1 (chromolithogr.) Seekarte (in Imp.-Fol.) und 1 (lithogr.) Taf. Abbildungen. Bericht an das königl. preuss. Ministerium für die landwirthschaftl. Angelegenheiten von der Commission zur wissenschaftl. Untersuchung der deutschen Meere in Kiel. Fol. (XI, 178 S.) Berlin 873, Wiegandt, Hempel und Parey. *

Jahresbericht der Commission zur wissenschaftlichen Untersuchung der deutschen Meere in Kiel f. die J. 1872 u. 1873. Im Auftrage d. königl. preuss. Ministeriums f. die landwirthschaftl. Angelegenheiten heiten hrsg. etc. 2. u. 3. Jahrg. Die Expedition zur physikalisch-chem. u. biolog. Untersuchg. der Nordsee im Sommer 1872. Die Resultate der Beobachtgn. an den Stationen der deutschen Ostsee- u. Nordsee-Küsten in den J. 1872. 1873. Das Ergebniss der statist. Ermittelgn. üb. den Betrieb der Seefischerei. Bericht an das königl. preuss. Ministerium f. die landwirthschaftl. Angelegenheiten v. der Kommission zur wissenschaftl. Untersuchg. der deutschen Meere in Kiel. Mit 1 (lith.) Seekarte (in gr. Fol.) 16 Kpfrtaf. (in Fol.) u. 9 (lith.) Karten zur Fischereistatistik (in gr. Fol.) Fol. (VII, 380 S.) Ebend. 875. n. 40. —

— der Commission zur wissenschaftlichen Untersuchung der deutschen Meere in Kiel für die J. 1874—1876. Im Auftrage des königl. preussischen Ministeriums für die landwirthschaftl. Angelegenheiten hrsg. von H. A. Meyer, K. Möbius, G. Karsten, V. Hensen. 4.—6. Jahrg. Fol. (294 S. mit 10 lithogr. Taf. und 1 graph. Darstellung.) Berlin 878, [Wiegandt, Hempel und Parey.] Parey. *
Forts.unt.d.T.:Wissenschaftliche Meeresuntersuchungen. Neue Folge.

5. Jahresbericht der Kommission für Versorgung verwahrloster Kinder, nebst einem Rückblick auf die Ergebnisse der Thätigkeit dieser Kommission in d. J. 1865–70. Zürich, Druck v. J. Herzog. 28 Stn. 8°

Kommission für Versorgung verwahrloster Kinder. IX. Jahresbericht. Zürich, Druck v. J. Herzog. 17 Stn. 8. 1875.

Jahresbericht, X., der Kommission für Versorgung verwahrloster Kinder im Bezirk Zürich. Als Anhang: Rückblick auf die Thätigkeit der Kommission von 1865-75. 24 Stn. 8. Zürich, Druck von J. Herzog. 1876.

Jahresbericht der Commission für Versorgung verwahrloster Kinder im Bezirk Zürich 25—27. 1889—92.

Kommission für den [C]Zentralzettelkatalog der Bibliotheken der Stadt Zürich. 2. Jahresbericht 1900. 8 S. 8. Zürich, F. Lohbauer, (1901).

Jahres-Bericht für den Kommunal-Landtag des Preuß. Markgraftums Oberlausitz pro 1894 ff. (Görlitz. 1894 ff.) Fol.

Jahresbericht, erster — über die Wiener Kommunal-Oberrealschule in der Vorstadt Wieden, während des Schuljahres 1855/56 mit welchem zu der öffentlichen Prüfung und Schlußfeier am 28., 29., 30. und 31. Juli und 1. August alle Vorgesetzten, Gönner und Freunde der Anstalt ehrerbietigst einladet im Namen des Lehrkörpers der Direktor Dr. Valentin Teirich. Wien, 1856. Druck von Anton Schweiger. (105 S. 4. Mit 2 Lithogr. 1. Wiener-Kommunal-Oberrealschule in der Vorstadt Wieden. 2. Plan der Wiener-Kommunal-Oberrealschule in der Vorstadt Wieden. Artist. Anstalt von Reiffenstein und Rösch.)
Inhalt: Ueber Ozon. Von Vincenz Klatzinsky. — Die Geographie an der Realschule. Von Alois Czedik. — Schulnachrichten.

Jahres-Bericht, dritter — über die Wiener Kommunal-Oberrealschule in der Vorstadt Wieden. *Wien* 1858. Druck von *A. Schweiger.* XX, 48 S., 4°.
INHALT. Der Boden von Wien. Eine topographische Studie von Dr. *Kopesky* (S. I—XVI) — Ueber die Wichtigkeit des Gesangunterrichts in der Schule, mit besonderer Rücksicht auf den Kirchengesang. Von *F. Tippmann* (S. XVII—XX).

Jahresbericht, zweiter — der selbstständigen Wiener Kommunal-Unterrealschule in der Vorstadt Gumpendorf. Veröffentlicht am Schlusse des Schuljahres 1856. Wien, 1856. Gedr. bei Ant. Schweiger. (52 S 3 Bl. 8.)
Inhalt: Ueber die abgekürzte Division in ganzen Zahlen und in Dezimalbrüchen. Von Franz Schweik. — Ueber den Gesang in Realschulen. Von Dominik Finkes. — Begriff von Zeit und Zeitformen. Von Math. Stix. — Schulnachrichten. Vom Direktor Dr. Franz Nagsky.

Jahres-Bericht, vierter — der selbständigen Wiener Kommunal-Realschule in der Vorstadt Gumpendorf. *Wien* 1858. Druck von *A. Schweiger.* 36 S. 8°.
INHALT. Bericht über die erste Wiener Gewerbeschule zu Gumpendorf. Von *Aug. Schmitt* (S. 25—36).

—— 4., der selbständiger wiener Kommunal-Realschule in der Vorstadt Gumpendorf. Veröffentlicht am Schlusse des Schuljahres 1858. gr. 8. (36 S.) Wien 858, (Mayer und Comp.) *

— vierter, der selbständigen Wiener Kommunal-Realschule in der Vorstadt Gumpendorf. Veröffentlicht am Schlusse des Schuljahres 1858. Wien 858. (Wendelin.) gr. 8. (1 Bl., 36 S.) n. 6 ngr.

JAHRESBERICHT DER ALLGEMEINEN KONFERENZ DER DEUTSCH-EVANGELISCHEN VEREINE ZUR FÖRDERUNG DER SITTLICHKEIT für das Jahr 1907. Berlin 1907. Verlag der Geschäftsstelle der deutschen Sittlichkeitsvereine, A. Dartsch. Für den Buchhandel durch H. G. Wallmann, Leipzig. 8°.

— der allgemeinen Konferenz der deutsch-evangelischen Vereine zur Förderung der Sittlichkeit f. d. J. 1907. Von Bohn. (24 S.) 8. Berlin 907. (Leipzig, H. G. Wallmann.) - 30

Jahresbericht [des] Arbeiter-Sekretariat[s] und Gewerkschaftskartell[s] Königsberg i. Pr. Erster f. d. J. 1907. Königsberg i. Pr. (1908). 8°.
[Fortges. u. d. Tit.:]
Bericht, Zweiter, des Arbeiter-Sekretariats und des Gewerkschafts-Kartells Königsberg i. Pr. Erstattet f. d. Geschäftsjahr 1908. Königsberg i. Pr. (1909). 8°.

Kantonale Heil- und Pflege-Anstalt Königsfelden (Aargau). Jahresbericht 1900. 39 S. 8. Brugg, «Effingerhof», 1901.

Kgl. Konservatorium für Musik. 51. [bis] 54. Jahresbericht, Stuttgart 1907/08 [bis] 1910/11. Stuttgart: Strecker & Schr. 1908 1911.

Jahresbericht des Königl. württemberg. Konsulats in Wien über die volkswirtschaftl. Ergebnisse der Jahre 1866 und 69 im Kaisertum Österreich. (Manuskripte) fol

Basler Konsum-Gesellschaft. Jahresbericht über das erste Geschäftsjahr (Dezember 1900—30. September 1901) und Verzeichnis der Vertrags-Firmen. 30 S. 8. Basel, Buchdr. des Basler Anzeiger, 1901.

Jahres Bericht des Vereins Kosmos von Philadelphia: No. 1, 1883/84? -
Annual report. Society also cited as Kosmos-Verein. Sub title: Wissenschaft und Geselligkeit in sich zu vereinen. Octavo. Published by the Wissenschaftliches Comite des Vereins.
Philadelphia, PA

12. Jahresbericht über die Kranken- und Diakonissenanstalt der evangel. Gesellschaft in Neumünster. 1870. Zürich, bei J. J. Ulrich. 1871. 15 Stn. 8°

Thurgauische Kantonale Krankenanstalt in Münsterlingen. Jahresbericht pro 1900. ([Mit] Anhang.) 43 + *Anhang* 12 S. 8. Frauenfeld, Huber & Co., 1901.
Anhang u. d. T.: Anhang zum Jahresbericht des Kantonsspitals Münsterlingen pro 1900. Beobachtungen über den Betrieb und die Betriebskosten... in den Jahren 1896 bis 1900 nach einem der Spitalkommission erstatteten Referate von Dr. Conrad Brunner, Spitalarzt.

Thurgauische Kantonale Krankenanstalt in Münsterlingen. Jahresbericht pro 1901. 40 S. 8. Frauenfeld, Huber & Co., 1902.

— des k. k. allg. Krankenhauses in Prag f. d. J. 1902. (In deutscher u. tschech. Sprache.) (889 S. m. 1 Tab. u. 5 Plänen.) Lex.-8. Prag 904. J. G. Calve. n. 4.—

Jahresbericht des deutschen Krankenhauses (Hospital d. dt.-ev. Gemeinde) in Neapel. 1900/01—1913/14. Neapel.

Jahresbericht der Krankenhaus-Kommission über die Verwaltung und den Betrieb der städtischen Krankenanstalt und des städtischen Armenhauses sowie der Desinfektions-Anstalt im Rechnungsjahre 1899 ff. Kiel. 1900 ff. 8°.

Krankenkasse der Bandfabrik-Arbeiterinnen zu Basel. Jahresbericht für das Jahr 1900. [3 S.] 4. [1901.]

Krankenkasse der Bandfabrik-Arbeiterinnen zu Basel. [1902.]
Jahresbericht für das Jahr 1901. [3 S.] 4.
Jahresrechnung No. 55 vom Jahre 1901. [2 S.] fol.

Krankenkasse der Bandfabrik-Arbeiterinnen zu Basel. [1903.]
Jahresbericht für das Jahr 1902. [3 S.] 4.
Jahresrechnung No. 56 vom Jahre 1902. [2 S.] fol.

Jahresbericht des Vorstandes der Krankenkasse für die Gußstahlfabrik der Firma Fried. Krupp pro 1900. 1901. [Essen] o. J. 4°
(Fortges. u. d. Tit.:)
Jahresbericht(e) der Krankenkasse der Gußstahlfabrik Fried. Krupp A. G., Essen, u. d. unt. Verwalt. d. Krankenkassenvorstandes stehend. sonstig. Kassen u. Fonds. . . f. 1903 ff. Essen o. J. 4°
1903–1913.

Krankenkasse der vereinigten Schreiner [in Basel]. Jahresbericht pro 1900 *u.* pro 1901 *u.* pro 1902. *je* 1 S. 4. (1901 *u.* 1902 *u.* 1903.)

— 19. u. 20., der Kranken- u. Sterbekasse des schweizerischen Grütlivereins vom J. 1891 u. 1892. Ausgefertigt v. der Zentralverwaltg. in Nieder-Rohrdorf im Mai 1892 u. Mai 1893. gr. 4. (à 55 S.) Zürich 892. 893. (Buchh. d. schweizer Grütlivereins.) à n. 1.—

— 21. u. 22., d. Kranken- u. Sterbekasse d. schweizer. Grütlivereins v. J. 1893 u. 1894. Ausgefert. v. der Zentralverwaltg. in Glarus im Mai 1894. Fol. (53 u. 23 S.) Zürich 894. 95. Buchh. d. schweizer. Grütlivereins. à n. 1.—

Kranken- & Sterbekasse des Schweizerischen Grütlivereins. 28. Jahresbericht vom Jahre 1900. Ausgefertigt von der Centralverwaltung in Chur. im April 1901. 21 S. 4. Zürich, Buchdr. des Schweiz. Grütlivereins, 1901.

Kranken- & Sterbekasse des Schweizerischen Grütlivereins. 29. Jahresbericht vom Jahre 1901. Ausgefertigt von der Centralverwaltung in Chur im April 1902. 22 S. 4. Zürich, Buchdr. des Schweiz. Grütlivereins, 1902.

Kranken- und Sterbekasse des Schweizerischen Grütlivereins. 30. Jahresbericht vom Jahre 1902. Ausgefertigt von der Zentralverwaltung in Chur im April 1903. 22 S. 4. Zürich, Buchdr. des Schweiz. Grütlivereins, 1903.

Krankenkassen-Verband (**1900:* Krankenvereinsverband) für Freizügigkeit des Kantons Zürich. 16. *u.* 17. *u.* 18. Jahresbericht.... 8. Pfäffikon, J. Peter.
... pro 1900. [Mit 2 Tabellen.] 15 S. (1901.)
... pro 1901. [Mit 1 Tabelle.] 16 S. (1902.)
... pro 1902. [Mit 1 Tabelle.] 11 + 16 S. (1903.)

Allgemeine Krankenpflege (in Basel). 37. Jahresbericht 1900. [4 S.] 4. ([Basel,] E. Birkhäuser. 1901.)

Allgemeine Krankenpflege (in Basel). 38. Jahresbericht 1901. [4 S.] 4. ([Basel,] E. Birkhäuser, 1902.)

Allgemeine Krankenpflege (in Basel). 39. Jahresbericht 1902. [4 S.] 4. ([Basel,] Emil Birkhäuser, 1903.)

Krankenpflege-Verein der polit. Gemeinde Oberuzwil. 11. Jahresbericht pro 1900. 16 S. 8. (Uzwil, E. Helfenberger,) 1901.

Krankenpflege-Verein der polit. Gemeinde Oberuzwil. 12. *u.* 13. Jahresbericht pro 1901 *u.* pro 1902. 16 u. 17 S. 8. 1902 *u.* 1903.

Kranken-Unterstützungs-Verein der Schweiz. Locomotiv- u. Maschinenfabrik in Winterthur. 1. Jahresbericht. 6 Stn. gr. 8. 1874.

Krankenunterstützungsverein der Schweiz. Locomotiv- und Maschinen-Fabrik in Winterthur. 2. Jahresbericht. 14 Stn. 8. 1874.

Prättigauer Krankenverein. 19. Jahresbericht. Jahrg. 1900. 10 S. 8. Schiers, Richter & Good, 1901.

Prättigauer Krankenverein. 20. Jahresbericht. Jahrg. 1901. 12 S. 8. Schiers, (Walt & Hoffmann), 1902.

Jahresbericht des Kranken- und Unterstützungsvereines der Studierenden an der Universität Czernowitz für das Studienjahr . . . Czernowitz: Verl. d. Vereines 1877/1914. *(Erschienen für die Studienjahre 1876/77–1913/14.)*

Credit-Anstalt in Luzern. 1. Jahresbericht pr. 1873. 15 Stn. 4. Luzern, Druck v. Gebr. Räber.

Credit-Anstalt in Luzern. Jahresbericht über das 2. Geschäftsjahr 1874. Luzern, Buchdr. von Gebr. Räber, 1875. (16 Stn. in-4.)

Credit-Anstalt in Luzern. Jahresbericht. 3. Geschäftsjahr 1875. 15 Stn. 4. Luzern, Druck von Gebr. Räber.

Creditanstalt in Luzern. Jahresbericht. 28. Geschäftsjahr 1900. IV + 10 S. 4. Luzern, Räber & Cie., 1901.

Creditanstalt in Luzern. Jahresbericht. 29. Geschäftsjahr 1901. II + 10 S. 4. Luzern, Räber & Cie., 1902.

Creditanstalt in Luzern. Jahresbericht. 30. Geschäftsjahr 1902. II + 10 S. 4. Luzern, Räber & Cie., 1903.

Kieler Creditbank Kiel (eingetr. Genossenschaft). Jahresbericht 1871—1903. Kiel. (1871)—1904. Fol.
1870 (erster), 1876 u. 1888 fehlen.
Fortges. u. d. T.:
Jahres-Bericht und Bilanz der Kieler Creditbank für 1904 ff. Kiel. 1905 ff. 4°

— vierter, des Kreisausschusses des St. Johanniszweigvereins zur Obsorge für entlassene Sträflinge aus Unterfranken u. Aschaffenburg, auf das Jahr 1858. Würzburg 859. Stahel in Comm. 8. (26 S.) n. 4 ngr

Jahresbericht über das ... Betriebsjahr der Marburger Kreisbahn. 1. Marburg: J. A. Koch 1906. 4° [J.]

Jahresbericht, I., des Kreis-Frauen-Vereins zur Beförderung der Seidenzucht in Schwaben und Neuburg, vorgetragen in der General-Versammlung am 15. Novbr. 1847. gr. 8. (35 S. und 2 Tab. in Fol.) Augsburg 847, (Schmid'sche Buchh.) *

Jahresbericht des königlichen Kreismagazins von Oberbayern für Lehrmittel und Schuleinrichtungsgegenstände in München. 1875-1903 München 1904

Jahresbericht der königlichen Kreis-, Landwirtschafts- und Gewerbeschule zu München für das Jahr 1855-56. 62-63. München 1856. ff.

(Oberengadiner) Kreis-Spital in Samaden. 6. u. 7. Jahresbericht (1900/01 Mai 31 u. 1901/1902 Mai 31). je 23 S. 4. Samaden, Simon Tanner, 1901 u. Engadin Press Co., 1902. V° Gr

Jahresbericht des histor. Kreisvereins f. d. Reg.-Bez. von Schwaben u. Neuburg, s. Jahresbericht d. histor. Vereins f. d. Reg.-Bez. v. Schwaben u. Neuburg.

Jahresbericht des Husumer Kreisvereins zur Fürsorge für entlassene Gefangene pro 1881. Husum. o. J. 8°

Jahresbericht des Pinneberger Kreis-Vereins für Obst- und Gartenbau für das Jahr 1902. (1. April 1902 — 31. März 1903.) Elmshorn. 1903. 8°

Jahres-Bericht des I. kärntnerischen Krieger-Vereines für Klgft. u. Umgebung. Klgft., St. Hermagoras-Druck., Leon, Rüschnar, 1881—.

Jahresbericht des Aargauischen Kriminalgerichts pr. 1873. 37 Stn. u. 1 Tabelle.

Jahresbericht der 'Krippe'. [1.] Okt. 1904 bis Okt. 1905. Königsberg i. Pr. (1905): Hartung. 8° [J.]

—— 1.—3., über die erste Krippe [Säuglings-Asyl] zu Berlin erstattet vom Gründer und Leiter J. Albu. gr. 8. (16; 16; 19 S.) Berlin 870—72, (Rubenow.) à *

—— 4., über die erste Krippe [Säuglings-Asyl] zu Berlin, nebst einem Anhang über die Gesundheitspflege der Säuglinge von J. Albu. 8. (38 S.) (Ebendas.) 878.

Krippe zu St. Leonhard (in Basel). 11. Jahresbericht. 1900. 8 S. 8. Basel, M. Werner-Riehm, 1901.

Krippe zu St. Leonhard (in Basel). 12. Jahresbericht. 1901. 7 S. 8. Basel, M. Werner-Riehm, 1901.

Krippe zu St. Leonhard (in Basel). 13. Jahresbericht. 1902. 7 S. 8. Basel, M. Werner-Riehm, 1903.

Krippe zu St. Peter (in Basel). Jahresbericht 8 u. 9. 1900 u. 1901. je 7 S. 8. Basel, Kreis, 1901 u. 1902.

Krippe zu St. Peter (in Basel). 10. Jahresbericht. 1902. 7 S. 8. Basel, Kreis, 1903.

—— kritischer, zum Christlichen Bücherschatz, hrsg. von Gust. Schlosser. 1. Jahrg. 4 Hefte. gr. 8. (128 S.) [Frankfurt a. M. 886, Drescher's Verlag.] Leipzig, Wilh. Weber. * 2 —
—— dass. — 2. Jahrg. 3 Hefte. gr. 8. (96 S.) Ebendas. 887. à Heft * 50 Pf. * 1 50

— kritischer, zum Christlichen Bücherschatz, hrsg. v. G. Schlosser. 2. Jahrg. gr. 8. (1. Hft. 32 S.) Frankfurt a/M. 887. [Drescher's Verl.] Leipzig, Th. Rother. n. 2. —

Jahresbericht, kritischer, über die Fortschritte der romanischen Philologie. Unter Mitwirkg. v. 115 Fachgenossen hrsg. v. Karl Vollmöller u. Rich. Otto. Mitred. v. G. Baist, C. Salvioni, W. Scheffler, E. Seelmann. 1. Jahrg. 1890. 6 Hfte. gr. 8. München 890—895. R. Oldenbourg. n. 16. —
Es erschienen seither 1.—4. Hft. (532 S.)

— kritischer, über d. Fortschritte d. romanischen Philologie. Unter Mitwirkg. v. 115 Fachgenossen hrsg. v. Karl Vollmöller u. Rich. Otto. Mitred. v. G. Baist, R. Mahrenholtz, C. Salvioni, W. Scheffler, E. Seelmann. 1. Jahrg. 1890. 6 Hfte. gr. 8. (692 S.) München 894. 95. R. Oldenbourg. n. 16. —

— dasselbe, hrsg. v. Karl Vollmöller. Mitred. v. G. Baist, Otto E. A. Dickmann, R. Mahrenholtz, C. Salvioni, II. Bd. 1891—1894. 1. Hälfte. 4 Hfte. (à ca. 120 S.) gr. 8. Leipzig 896. Renger. n. 18. —
(I. u. II.: n. 34. —)

— dasselbe. III. Bd. 1891—1894. 2. Hälfte. 4 Hfte. (à ca. 120 S.) gr. 8. Erlangen 897. F. Junge. n. 18. —

— kritischer, üb. die Fortschritte der romanischen Philologie. Unter Mitwirkg. v. üb. 100 Fachgenossen hrsg. v. Karl Vollmöller. Mitred. v. G. Baist, Otto E. A. Dickmann, R. Mahrenholtz, V. Rossi, G. Salvioni. IV. Bd. 1895. 1896. 4 Hfte. gr. 8. (1. Tl. 396 S.; 2. Tl. VIII, 598 S. u. Autorenregister 36 S.; 3. Tl. 213 u. 4. Tl. 72 S.) Erlangen 899. 900. F. Junge. n. 49.55

— dasselbe. V. Bd. 1897. 1898. 1. u. 2. Hft. gr. 8. (1. Tl. S. 1—336.) Ebd. 901. 902. n. 12.60

Jahresbericht, kritischer, üb. die Fortschritte d. romanisch. Philologie. Unter Mitwirkg. v. üb. 100 Fachgenossen hrsg. v. Karl Vollmöller. Mitred. v. G. Baist, Otto E. A. Dickmann, R. Mahrenholtz, V. Rossi, G. Salvioni. V. Bd. 1897. 1898. 3. u. 4. Heft. (1. Tl. S. 337—434; 2. Tl. 476 S.; 3. Tl. 91 S.; 4. Tl. 60, 40 u. VIII S.) gr. 8. Erlangen 903. F. Junge. n. 29.50
(Kplt. n. 42.10)

— dasselbe. VI. Bd. 1899—1901. 3 Hefte. (492, 371, 79 u. 108 S. u. Autorenregister 42 S.) Lex.-8. Ebd. 903—905. n. 40.80

— dasselbe. VII. Bd. 1902/1903. (VIII, 226, 334, 70 u. 27 S.) Lex.-8. Ebd. 905. n. 26.50

— kritischer, üb. die Fortschritte der romanischen Philologie. Unter Mitwirkg. v. über 100 Fachgenossen hrsg. v. Karl Vollmöller. VIII.—X. Bd. 1904—1906. Lex. 8. Erlangen, F. Junge. 93. 55
VIII. Mitred. v. G. Baist, Otto E. A. Dickmann, R. Mahrenholtz, V. Rossi, C. Salvioni. (VIII, 262 S. S. 5—353; VIII, IV, 9, 78 u. 25 S.) 908. 28. 10
IX. Mitred. v. G. Baist, R. Marenholtz, V. Rossi, C. Salvioni. (VIII, 284, 262, 42, 115 u. 29 S.) 909. 28. 75
X. Mitred. v. G. Baist, V. Rossi, C. Salvioni. (VIII, 237, 364. 52. 254 u. 32 S.) 910. 35. 70

— dasselbe. XI. Bd. 1907/08. 1. Heft. (S. 1—188.) Lex. 8. Ebd. 910. 7. 20

Jahresbericht der Kulturgesellschaft des Bezirks Aarau über das Jahr 1884. In-8°, 12 S. Aarau, Sauerländer.

Bernische Kunstgesellschaft [in Bern]. 3. Jahresbericht über die Zeit vom Herbst 1899 bis Frühling 1901. [Mit Illustrationen und 1 Tafel.] 27 S. 4. Bern, Obrecht & Käser, 1901.

Zürcher Kunst-Gesellschaft (Zürich). Jahresbericht für 1900 u. für 1901 u. 1902 und Verzeichnis der Mitglieder pro 30. Juni 1901 u. vom 30. Juni 1902 u. vom 30. Juni 1903. 47 u. 63 u. 59 S. 8. Zürich, Dr. der Neuen Zürcher Zeitung, 1901 u. 1902 u. 1903.

Kantonal-bernische Kunstgewerbe-Genossenschaft. 1. Jahresbericht pro 1902. II + 12 S. 8. Bern, Fritz Käser, 1903.

Jahresbericht der Königlichen Kunstgewerbeschule zu München für 1880/81-96,97 und 99/1900. München 1881-1900

Jahresbericht d. k. Kunstgewerbeschule zu Münch. 1882-1906. München 1882-06

— der K. Kunstgewerbeschule zu München 1906/07/08. 09,10,11. München 1907-12

— über d. Kunstgewerbeschule in Nürnberg f. 1878/80. 81,82-95/96 Nürnberg 1879-96

— der Königlichen Kunstgewerbeschule zu Stuttgart für 1892-93. Stuttgart 1893

Jahresbericht der grossherzoglichen Kunstgewerbeschule zu Stuttgart 1893/94 – 1900/01. Stuttgart 1894–1902.

Jahres-Bericht des Kunstgewerbevereins zu Magdeburg. 1904/05. Magdeburg 1905: (Faber). 8° [F.]

— des Wiener Kunstgewerbevereins für 1891. 92. 94. Wien 1892-95

Jahresbericht des Württembergischen Kunstgewerbevereins. 1877. 79. 81-87. 1889-1900. Stuttgart 1877-1900

—— des württembergischen Kunstgewerbevereins für das J. 1879. gr. 8. (34 S.) Stuttgart 880, (Metzler'sche Sortimentsh.) **
Die Fortsetzung ist nicht im Handel.

— 1. d. v. Wagner'schen Kunst-Institutes der kgl. Universität Würzburg, s. Sittl, Carl. Die Phineusschale u. ähnliche Vasen.

Kunstverein von Biel und Umgebung. Jahres-Bericht pro 1900. 12 S. 8. Biel, (E. Andres), 1901.

Kunstverein von Biel und Umgebung. Jahres-Bericht pro 1901. 11 S. 8. Biel, Würsten & Schurter, 1902.

Jahresbericht des Kunstvereines für Kärnten. Klgft., v. Kleinmayr, Leon, 1908—.

JAHRES-BERICHT DES NEISSER KUNST- UND ALTERT(H)UMS-VEREINS.
Herausgegeben vom Vorstand(e) des Vereins.
1897. Jahrg. 1. Mit 1 Plan und 2 Portraits. Neisse 1898. Druck von Ad. Letzel. 8°.
1898. Jahrg. 2. Mit 1 Bild, 1 Wappentafel, 1 Stadtplan und 1 Städteansicht. ib. 1899. Druck von F. Bär.
1899. Jahrg. 3. Mit 2 Bildern und 1 Tafel. ib. 1900. —
1900. Jahrg. 4. Mit 2 Bildern und 1 Tafel. ib. 1901. —
1901. Jahrg. 5. Mit 1 Bild und 1 Plan. ib. 1901. —
1902. Jahrg. 6. Mit 2 Bildern, 1 Plan und 1 Tafel. ib. 1902. —
1903. Jahrg. 7. Mit 4 Bildern. ib. 1904. F. Bär's Buchdruckerei, G. m. b. H.
1904 [1]). Jahrg. 8. Mit 3 Bildern. ib. 1905. —
1905. Jahrg. 9. Mit 3 Bildern. ib. 1906. —
1906 [2]). Jahrg. 10. Katalog. (Mit Tafeln.) ib. 1907. —
1907. Jahrg. 11. Zugleich Katalog der Bücher- und Urkundensammlung. (Mit Tafeln.) ib. 1908. —
Ausgegeben vom Vorstande des Vereins.
1908. Jahrg. 12. Mit 3 Bildern. ib. 1909. —
1909. Jahrg. 13. Mit 7 Bildern. ib. 1910. —
1910. Jahrg. 14. Mit 7 Bildern. ib. (1911.) Selbstverlag des Vereins. (Für den Buchhandel zu beziehen durch die J. Graveur'sche Buchhandlung [Rud. Wuttke]).
1911. Jahrg. 15. Mit 5 Bildern. ib. 1912. —

[1]) In Jahres-Bericht 1904. Jahrg. 8: INHALTSVERZEICHNIS der Jahresberichte des Neisser Kunst- und Altertums-Vereins 1897—1903. Vom Vorsitzenden Stadtsyndikus HELLMANN.
[2]) In Jahres-Bericht 1906. Jahrg. 10: KATALOG der Sammlung des Neisser Kunst- und Altertums-Vereins von DITTRICH. (Mit Ausschluss der Bücher- und Urkunden-Sammlung.)

— 1903 des Kunst-Vereins f. die Rheinlande u. Westfalen in Düsseldorf. 74. Verwaltungsj. vom 1. XI. 1902 bis 31. X. 1903. (48 u. 152 S. m. Abbildgn.) 8. Düsseldorf 904. Kunstverein f. die Rheinlande u. Westfalen. Kart. n. 3. —

Jahresbericht des Thüringischen Kunst- und Gewerbevereins zu Saalfeld 1864. Saalfeld 1865

Zürcher Kunstverein. Jahresbericht 1872. 15 Stn. 8. Zürich, Druck v. Orell, Füssli & Co.

— üb. d. Kurhospital d. Stadt Bad-Nauheim im Sommer 1897 m. e. kurzen Rückblick auf Entstehg. u. Entwickelg. dieser Anstalt bis zu deren Uebernahme durch d. Konitzky-stift v. Langebartels. 8. (15 S.) Bad-Nauheim 898. (Leipzig, Rößling.) n. — 20

Jahresbericht über den ... Cursus der Kgl. polytechnischen Schule (35—41: und über den ... Cursus der Kgl. Baugewerkenschule) zu Dresden. 35. [bzw.] 26. 1862-1863 — 42. 1869-1870.

Jahresbericht über den 38.-42. Kursus der Königlich technischen Schule und über den 29.-32. Kursus der Königl. Baugewerkenschule zu Dresden. Dresden 1865-70

Badener Kurverein in Baden. 5. Jahresbericht pr. 1872/73. 10 Stn. 8. Baden, Zehnder's Buchdr.

KURZER JAHRESBERICHT DES NATURWISSENSCHAFTLICHEN VEREINS VON ELBERFELD UND BARMEN. Erstattet in der ersten diesjährigen Sitzung am 8. Januar 1868 vom Vereins-Präses. ib. 1868. Gedruckt bei Sam. Lucas. 8o.

— aus Dr. E. Geissler's öffentl. chemischen Laboratorium, Inh.: Dr. Otto Schweissinger, zu Dresden 1887 u. 1888. gr. 8. (III, 31; 26 S.) Dresd. 888,89, Warnatz u. Lehmann. à Jahresber. — 40
Nicht weiter erschienen.

Thurgauisches kantonales Laboratorium (in Frauenfeld). Jahresbericht pro 1901. 16 S. 8. [Frauenfeld, Huber & Co., 1902.]

bis 1900 s. Kantonschemiker des Kantons Thurgau.

Thurgauisches kantonales Laboratorium (in Frauenfeld). Jahresbericht pro 1902. 16 S. 8. [Frauenfeld, Huber & Co., 1903.]

Töchter-Fortbildungsschule Lachen. [1.] Jahresbericht. Schuljahr 1902/03. [4 S.] 8. Lachen, A. Kessler.

—— des steiermärkischen Landesarchives zu Graz. 1. Jahrg. 1869. Mit Genehmigung des steiermärk. Landes-Ausschusses hrsg. vom Landesarchive. gr. 8. (94 S. mit 1 Stnt.) Graz 870, Leuschner und Lubensky.

Jahresbericht des Bayerischen Landesausschusses für Naturpflege. 1. München (1906): Seyfried. 8° [11. 4191 4

Jahresbericht d. Landesausschusses d. bad. Gewerbever. f. 1884-85. Karlsruhe 1885

Schweizerische Landesbibliothek (in Bern). 6. Jahresbericht 1900—1901 erstattet von der Schweizerischen Bibliothek-Kommission. 36 S. 8. Bern, Haller, 1902.

Jahresbericht, Zwanzigster, der Steiermärkischen Landes-Bürgerschule in Cilli am Schlusse d. Schuljahres 1889—90. 8. (18 S.) Cilli: Rasch 1890. —.30

-- d. niederösterr. Landes-Gebär- u. Findelanstalt pro 1893/94. Ausg. v. niederösterreich. Landesausschusse. [Aus: „Jahresbericht der niederösterr. Landes-Wohlthätigkeitsanstalten".] Lex.-8. (51 S.) Wien 894. (F. Deuticke.) n. 1. —

Historische Landeshalle für Schleswig-Holstein. (Eingetragener Verein in Kiel.) . . . Jahresbericht für . . . Kiel. 8° [1]--20, 1897--1919.

Jahresbericht (1899-1900 Bericht . . .) d. königl. böhm. pomologischen Landesinstituts in Troja . . 1897 99/1900. Prag.

Jahresbericht, 1.—3., des Landes-Medicinal-Collegiums über das Medicinalwesen im Königr. Sachsen auf die J. 1867—1869. Lex.-8. (VIII, 184; 160; VII, 172 S. mit 2 color. Stnt. in gr. Fol.) Dresden 869—72, (Heinrich.) à *

—— 4. und 5., des Landes-Medicinal-Collegiums über das Medicinalwesen im Königreich Sachsen auf die J. 1872 und 1873. Lex.-8. (172 S. mit 1 Karte in Steindr.; 244 S. mit 1 Karte in Steindr.) Dresden 874,75, (Heinrich.) à Jahrg. *

—— dass. — 6.—9., auf die Jahre 1874—1877. Lex.-8. (VII, 152; VII, 166; VII, 196 S. mit 2 Stnt.; VI, 154 S. mit 1 Karte in Steindr.) Leipzig 876—79, F. C. W. Vogel. à Jahrg. *

—— 10.—14., des Landes-Medicinal-Collegiums über das Medicinalwesen im Königr. Sachsen auf die J. 1878—1882. Lex.-8. (VII, 191 S. mit 1 chromolithogr. Karte; VI, 181; VI, 132; VI, 162; VIII, 166 S.) Leipzig 880—84, F. C. W. Vogel. à Jahrg. *

—— 15.—18., des Landes-Medicinal-Collegiums über das Medicinalwesen im Königr. Sachsen auf die J. 1883—1886. gr. 8. (VIII, 156; VI, 142; VIII, 159; VIII, 132 S.) Leipzig, F. C. W. Vogel. à Jahrg. * 4 —

—— 19.—22., d. Landes-Medicinal-Collegiums üb. das Medicinalwesen im Königr. Sachsen auf d. J. 1887—1890. Lex.-8. (VIII, 212 S. m. 3 Taf.; VIII, 344; VIII, 332; 311, XLIV S. m. 1 Curventaf.) Lpz. 889—91, F. C. W. Vogel. à Jahrg. * 4 —

— 21.—24., d. Landes-Medicinal-Collegiums üb. das Medicinalwesen im Königr. Sachsen auf d. J 1889—1892. Lex.-8. (VIII, 832 S.; 311 u. XLIV S. m. 1 Curventaf.; 261 u. XLVII S.; 290 S.) Leipzig 890—893. F. C. W. Vogel à n. 4. —

— 25-28. d. Landes-Medicinal-Collegiums üb. d. Medicinalwesen im Königr. Sachsen auf d. J. 1893, 1894, 1895 u. 1896. gr. 8. (354, 313, 312 u. 379 S.) Leipzig 894—898. F. C. W. Vogel. à n. 4. —

— 29.—32., des Landes-Medicinal-Collegiums üb. das Medicinalwesen im Königr. Sachsen auf d. J. 1897—1900. gr. 8. (405, 392, 383 u. 377 S.) Leipzig 898—901. F. C. W. Vogel. à n. 4. —

Jahresbericht, 33.—36., des königl. Landes-Medizinal-Kollegiums üb. d. Medizinalwesen im Königr. Sachsen auf d. J. 1901—1904. (302, 323, 416 u. 401 S.) Lex.-8. Leipzig 903—906. F. C. W. Vogel. à n. 4. —

— 37.—40., des köngl. Landes-Medizinal-Kollegiums üb. das Medizinalwesen im Königr. Sachsen auf d. J. 1905—1908. (428, 387, 368 u. 368 S.) Lex. 8. Leipzig 907—10. F. C. W. Vogel. à 4. —

Jahresbericht des schweiz. Landesmuseums in Zürich 1-3, 1892-94.

Jahresbericht, 3., des Schweizer. Landesmuseums in Zürich, 1894, erstattet von *H. Angst.* Mit 2 Taf. In-8°. 89 S. Zürich, Art. Institut Orell Füssli. 1 —

Schweizerisches Landesmuseum in Zürich. 9. Jahresbericht 1900... erstattet... von Direktor H[einrich] Angst. ([Mit 1 Plan und 4 Tafeln, sowie einem] Anhang.) IV + 102 + *Anhang* II + 46 S. 8. Zürich, Art. Institut Orell Füssli, 1901.

Anhang u. d. T.: Der Spiezer Kirchenstuhlhandel. Dokumentierter Spezialbericht der Museumsdirektion an die Eidgen. Landesmuseums-Kommission. [Mit 1 Doppel-Tafel.] Zürich, Art. Institut Orell Füssli, 1901.

Schweizerisches Landesmuseum in Zürich. 10. Jahresbericht 1901 ... erstattet ... von Direktor H[einrich] Angst. [Mit 3 Tafeln.] IV + 119 S. 8. Zürich, Art. Institut Orell Füssli, 1902.

Schweizerisches Landesmuseum in Zürich. 11. Jahresbericht 1902 ... erstattet ... von Vice-Direktor Dr. H[ans] Lehmann. [Mit 4 Tafeln.] IV + 128 S. 8. Zürich, Art. Institut Orell Füssli, 1903.

Jahresbericht des k. k. Landesschulrates für Kärnten über den Zustand des Volksschulwesens im Herzogtume Kärnten. Klgft., v. Kleinmayr, 1904—.

—— erster, über das herzogl. Anhaltische Landesseminar zu Cöthen. Ostern 1879. Enth. Mittheilungen über dasselbe, nebst einem Rückblick auf die Geschichte des Anhalt. Seminarwesens überhaupt, zugleich zum Gedächtniß der vor 100 Jahren geschehenen Gründung des ersten Anhaltiner Schullehrer-Seminars. gr. 8. (48 S.) Cöthen 879, Schettler's Verlag. *

—— siebenter, über das herzogl. anhalt. Landesseminar zu Cöthen. Ostern 1885. [Das Freihandzeichnen als Unterrichtsgegenstand an allgem. wissenschaftl. Lehranstalten von Hoppe. — Nachrichten über das verflossene Vereinsjahr.] 8. (32 S.) Cöthen 885, Paul Schettler's Erben. * — 40

—— dass. — neunter. Ostern 1887. [Sind Erziehungsanstalten für noch nicht schulpflichtige Kinder Hilfsanstalten für die Familie oder für die Schule? Von H. Weile.] 8. (22 S.) Ebendas. 887. * — 40

Jahresbericht X., Des Landes-Unter- und Communal-Ober-Gymnasiums in Mähr.-Neustadt. Veröffentlicht am Schlusse des Schuljahres 1896/97 vom Director der Lehranstalt. Gr.-8. (65 S.) —.60 Kremsier: Gusek 1897.

Jahresbericht des Landesverbandes der badischen Gewerbe- und Handwerkervereinigungen. 1904/05-08. 11. 4° Rastatt 1905-08. 11

Jahresbericht des Landesvereins für Heimatsschutz im Herzogtum Braunschweig. 1. Braunschweig 1910: Appelhans. 8° (ro. 611) 7

Preuß. Landesverein f. Frauenstimmrecht. Jahresbericht. Für d. Geschäftsjahr 1909. — (Berlin-)Wilmersdorf (1909): Andritzki. 8° 1909-1911.

Jahresber. d. Preuß. Landesvereins v. roten Kreuz für d. Jahr 1897, 1898/99, 1899/1000, 1901/02, 1902/03. Berlin 1898—1903. (Je 1 Bd.)

Jahresbericht des Preussischen Landesvereins vom Roten Kreuz. Berlin 1904 bis 1909. Jahrg. 1903/04 bis 1907/09.

— d. niederösterr. Landes-Wohlthätigkeitsanstalten pro 1893/94. Ausg. v. niederösterreich. Landesausschusse. Lex.-8. (235 S.) Wien 894. (F. Deuticke). n. 2. 50

— des grossherzoglich hessischen Landeswohnungsinspektors f. d. J. 1903. Hrsg. im Auftrage des grossherzogl. Ministerium des Innern. (III, 82 S.) gr. 8. Darmstadt, G. Jonghaus. 1904. 1. —

— des grossh. hessischen Landeswohnungsinspektors f. d. J. 1904. Hrsg. **im Auftrage des grossh. Ministerium des Innern. (123 S.) gr. 8. Darmstadt '05, G. Jonghaus.** 1. —

Jahresbericht des grossherzogl. hessischen Landeswohnungsinspektors f. d. J. 1905. Hrsg. im Auftrage des grossherzogl. Ministeriums des Innern. (136 S.) gr. 8. Darmstadt '06, G. Jonghaus. —. 60.

— des großherz. hess. Landeswohnungsinspektors f. d. J. 1906—1909. Hrsg. im Auftrage des großherzogl. Ministeriums des Innern. gr. 8. Darmstadt 907—10. Buchh. großherz. Staatsverlags. 3. 60
1906. (106 S.) — 60. — 1907. (IV, 162 S.) 1. —.
1908. (IV, 108 S.) 1. —
1909. Nebst: Gretzschel, Vortrag üb. Zweck u. Aufgabe der Wohnungsinspektion. (Gehalten in den ersten Instruktionsversammlgn. der Wohnungsinspektoren.) (III, 87 u. 11 S.) 1. —

Jahresbericht der Gewerbs- und Handelsschule Landshut 1870-71. 4°

— über die Landwirtschaft im Königr. Sachsen f. d. J. 1900 u. 1901. Hrsg. v. dem Landeskulturrat des Königr. Sachsen. gr. 8. (IV, 244 u. II, 234 S.) Dresden 901. 902. Leipzig, G. Schönfeld. à n. 4. —

— über die Landwirtschaft im Königr. Sachsen f. d. J. 1902—1905. Hrsg. v. dem Landeskulturrate f. das Königr. Sachsen. (V, 249 S. m. 4 graph. Darstellgn.; 248; V, 259 u. V, 275 S.) gr. 8. Leipzig 903—906. [R. C. Schmidt & Co.] Dresden, J. Päßler, Verl.-Abtlg. à n. 4. —

— üb. die Landwirtschaft im Königr. Sachsen f. d. J. 1906—1908. Hrsg. v. dem Landeskulturrate f. das Kgr. Sachsen. (VI, 332; VI, 282 u. VI, 287 S.) Lex. 8. Dresden 907—09. J. Päßler. nn 5. —

Jahresbericht der Kgl. Landwirtschafts-Gesellschaft zu Celle. 1873—1899. Hannover 1876—1900. 8. — Hierbei Bericht über die 1. allgemeine Versammlung zu Celle im Jahre 1854.

Jahres-Bericht über den Zustand der Landes-Cultur in der Prov. Brandenburg . . . erstattet durch d. Landwirtschaftskammer f. d. Prov. Brandenburg. F. d. J. 1899—1904. Prenzlau 1900—1905. 8°.
(Fortges. u. d. Tit.:)
Jahresbericht der Landwirtschaftskammer für die Prov. Brandenburg . . . f. d. J. 1905 ff. Prenzlau 1906 ff. 8°.
1905 . . . u. d. fünfjähr. Zeitraum 1901—1905, 1906.
1906—1908.

— der Landwirtschaftskammer f. d. Prov. Hannover. Für d. J. 1907/08 u. 1908/09. gr. 8. Hannover 908. 09. (M. & H. Schaper.) 2. 50
1907/08. (107 S.) 1. —. — 1908/09. (118 S.) 1. 50.

Jahres-Bericht der Landwirtschaftskammer für den Regierungsbezirk Cassel.

Jahres-Bericht der Landwirtschafts-Kammer für das Fürstentum Lübeck über das Geschäftsjahr . . . Eutin. 8°
1901. 1906. 1908 ff.

Jahresbericht der Landwirtschaftskammer für die Prov. Ostpreussen.

Jahresbericht der Landwirtschaftskammer für die Prov. Posen für 1896. Posen o. J. 8°.
(Fortges. u. d. Tit.:)
Jahresbericht über den Zustand der Landeskultur im Gebiete der Landwirthschaftskammer für die Prov. Posen f. d. J. 1897 ff. An d. Kgl. Minist. für Landwirtschaft, Domänen u. Forsten erstattet von d. Vorstande d. Landwirthschaftskammer. Posen o. J. 8°.
1897—1900. 1901/02. 1906/07.
1905/06: . . . u. Bericht üb. d. Entwickel. d. Landwirtschaft in d. Zeitraum von 1901—1905. 1906

Jahresbericht d. Landwirtschaftskammer f. d. Rheinprovinz . . . f. 1891—1913. 1905 & 1910 u. den fünfjährigen Zeitraum 1901—05, 1906—10. Bonn 1892 1911. 4°.

Jahresbericht der Landwirtschaftskammer für die Rheinprovinz über die Veränderungen und Fortschritte der Landwirtschaft in der Rheinprovinz. Jg. 1900—1907. Bonn, 1901—1908.

Jahresbericht der Landwirtschaftskammer für die Provinz Sachsen. Jg. 1905 1907. Halle, 1906—1908.

Jahres-Bericht der Landwirtschaftskammer für die Prov. Schlesien.

Jahresbericht der Landwirtschaftskammer für die Provinz Schleswig-Holstein für das Jahr 1896 ff. Kiel. 1897 ff. 4°.

Vorh.unt.d.T.:Jahresbericht d.Schlesw.-Holstein.Landwirthschaftl. Generalvereins.

Jahres-Bericht d. Landwirtschaftskammer f. die Provinz Schleswig-Holstein f das Jahr 1902. Kiel 1903. 4°.

Jahresbericht der Landwirtschaftskammer zu Stettin über den Zustand der Landeskultur in der Provinz Pommern. [1—9.] Für d. J. (1896)-1904. Stettin 1897-1905: Pommersche Reichspost. 9 Bde 8° [3.]
[1.] (Für d. J. 1896.) 1897.
[2—9.] Für d. J. 1897—1904. 1898—1905.
Forts. s. u. d. T.: Bericht d. Landwirtschaftskammer zu Stettin über d. Zustand . . . 1906.

Jahresbericht der Landwirthschaftskammer zu Stettin über den Zustand der Landeskultur in der Prov. Pommern f. d. J. [1896]—1904. Stettin 1897—1905. 8°.
(Fortges. u. d. Tit.:)
Bericht der Landwirtschaftskammer zu Stettin über den Zustand der Landeskultur in der Prov. Pommern für d. J. 1905. Stettin 1906. 8°.
1905 u. Bericht üb. d. Zeitraum von 1901—1905, 1906.
(Fortges. u. d. Tit.:)
Jahresbericht der Landwirtschaftskammer zu Stettin über den Zustand der Landeskultur in d. Prov. Pommern f. d. J. 1906 ff. Stettin 1907 ff. 8°.
1906, 1907 1908, 1909

Jahres-Bericht über den Zustand der Landeskultur in der Prov. Westfalen f. d. J. 1900 erstatt. durch d. Landwirtschaftskammer f. d. Prov. Westfalen. Münster o. J. 8°.
(Fortges. u. d. Tit.:)
Jahres-Bericht d. Landwirtschaftskammer f. d. Prov. Westfalen f. d. Zeit 1901 1902 ff. Münster o. J. 8°.
1901/1902 (nebst) Anl.: 1902/1903 (nebst) Anl.: 1903/1904; 1904/1905; 1905/1906

Jahresbericht d. Landwirtschaftskammer f. die Provinz Westpreussen. 1903 10 **U. St. o. A. 4°.**

Jahresbericht über den Zustand der Landeskultur im Gebiete der Landwirtschafts-Kammer für den Reg.-Bez. Wiesbaden . . . erstattet von d. Vorstande d. Landwirtschafts-Kammer. F. d. J. 1900—1904. Wiesbaden 1901—1905. 8°.
(Fortges. u. d. Tit.:)
Jahresbericht der Landwirtschafts-Kammer f. d. Reg.-Bez. Wiesbaden f. d. Verwaltungsj. 1905 ff. Wiesbaden 1906 ff. 8°.
1905 u. Bericht üb. d. Entwickel. d. Landwirtschaft in d. 5jahr. Zeitraum von 1901—1905, 1906.
1906, 1907—1909, 1910.

— der Landwirtschafts-Kammer f. den Reg.-Bez. Wiesbaden f. d. Verwaltungsj. 1909. (VI, 172 S. m. 1 Taf.) Lex. 8. Wiesbaden 910. (R. Bechtold & Co.) 1. —

Jahres-Bericht d. Bayerischen Landwirthschafts-Rathes f. 1896—1911. Münch. 1897—1912.

Jahresbericht über die Königliche Landwirtschafts- und Gewerbeschule und die Handwerks-Feiertagsschule zu Straubing für 1863-64. 4° Straubing 1864

Landwirtschaftsschule zu Hildesheim. Jahresbericht ... III—IV: 1878/80 —1880/81, X: 1886/87, XII: 1888/89; XIV: 1890/91. Hildesh. 1880—91. 4°.

—— des Landwirthschafts-Vereins für das Bremische Gebiet. 1866—1874. gr. 8. (75; 128; 75 S. mit 1 Stnt. und 4 Tab. in 4.; 134; 116; 119; 98; 118; 94 S.) Bremen, (Hampe.) 1866 und 1868 à * 1867, 1869—1874 à *

—— des Landwirthschafts-Vereins für das Bremische Gebiet. 1875. gr. 8. (111 S.) Bremen 876, (Hampe.) *

—— dass. — 1876—1878. gr. 8. (170 S. mit 1 autogr. Plan; 159 S. mit 1 autogr. Plan; 174 S.) Bremen 877—79, (Rühle und Schlenker.) à Jahrg. *

Jahresbericht des Landwirthschafts-Vereins für das Bremische Gebiet. 1879—1883. 8. (135 S. mit 2 Karten; 120; 102; 155 S. mit 1 autogr. Plan; 103 S.) Bremen 880—84, Rühle und Schlenker. à Jahrg. *

—— des Landwirthschafts-Vereins für das Bremische Gebiet 1884—1887. gr. 8. (124; 93; 164 S. mit 1 Karte; 164 S.) Bremen, Rühle und Schlenker. à Jahrg. * 2 —

— des Landwirthschafts-Vereins f. das Bremische Gebiet. 1886—1889. gr. 8. (164 S. m. 1 Karte; 164; 159; 112 S.) Bremen 887—890. Rühle & Schlenker. à n. 2. —

— d. Landwirthschafts Vereins f. das Bremische Gebiet. 1890—1892. gr. 8. (104; 80; 80 S.) Bremen 891—893 Rühle & Schlenker. à n. 2 —

— d. Landwirthschafts-Vereins f. d. Bremische Gebiet 1893, 1894, 1895, 1896 u. 1897. gr. 8. (98, XLIV; 104; 126; 103 u. 116 S.) Bremen 894—898. Rühle & Schlenker. à Jahrg. n. 2. —

— des Landwirthschafts-Vereins f. das Bremische Gebiet 1898—1901. gr. 8. (114, 109, 116 u. 157 S.) Bremen 899—902. Rühle & Schlenker. à n. 2. —

— des Landwirthschafts-Vereins für das Bremische Gebiet 1902—1905. gr. 8. Bremen, Rühle & Schlenker. n. 7. —

1902. (109 S.) 903. n. 1. —. — 1903. (84 S.) 904. n. 2. —. — 1904. (186 S.) 905. n. 2. —. — 1905. (88 S.) n. 2. —.

— des Landwirtschafts-Vereins f. das Bremische Gebiet 1906—1909. (103 S.; 112 S.; 108 S. m. 1 farb. Karte u. 117 S.) 8. Bremen 907—10. Rühle & Schlenker. à 2. —

Frauenverein Länggass-Brückfeld (in Bern). Jahresbericht über seine Tätigkeit vom 1. Mai 1901 bis 1. Mai 1902. 8 S. 8.

Frauenverein Länggass-Brückfeld (in Bern). Jahresbericht vom 1. Mai 1902 bis 30. April 1903. 8 S. 8.

Krankenpflegeverein Länggasse (in Bern). 5. Jahresbericht vom 1. Mai 1900 bis 30. April 1901. 4 S. 8.

Krankenpflegeverein Länggasse (in Bern). 6. u. 7. Jahresbericht vom 1. Mai 1901 bis 30. April 1902 u. vom 1. Mai 1902 bis 30. April 1903. *je* 4 S. 8. (1902 u. 1903.)

Jahresbericht des Berliner Lawn-Tennis-Verbandes. [1.] 1908. Schöneberg-Berlin (1908): Gebhardt, Jahn & Landt. 8°

Lehr- und Erziehungs-Anstalt des Benediktiner-Stiftes Disentis. Jahres-Bericht über das Schuljahr 1900/1901 u. 1901/1902 u. 1902/1903. [*je* Mit illustriertem Umschlag.] 24 u. 26 u. 26 S. 8. Chur, Dr. der A.-G. Bündner Tagblatt, 1901 u. 1902 u. 1903.

Lehr- und Erziehungs-Anstalt der VV. Kapuziner am Collegium S. Fidelis in Stans. 24. u. 25. u. 26. Jahresbericht. (Schuljahr 1900/1901 u. 1901/1902 u. 1902/1903.) [*je* Mit 1 Tafel.] 26 u. 28 u. 28 S. 8. Stans, Paul von Matt, 1901 u. 1902 u. Ad. & P. von Matt, 1903.

Jahresbericht über die Lehr- und Erziehungsanstalt Maria Einsiedeln 1840—95. 4.

Jahresbericht über die Lehr- u. Erziehungsanstalt des Benediktiner-Stiftes Maria Einsiedeln i. J. 1871/72. 43 Stn. 4. Einsiedeln, Gebr. Benziger.
*** Programm: Der Kalender, von P. Wilh. Sidler.

Jahresbericht über die Lehr- und Erziehungsanstalt des Benediktiner-Stiftes Maria-Einsiedeln im Studienjahr 1872/73. 40 Stn. 4°. Einsiedeln. Gebr. Benziger. 1873.
Mit dem Programm: Rektor P. Gall Morel, von P. Benziger.

Jahresbericht über die Lehr- u. Erziehungsanstalt des Benediktiner-Stifts Maria-Einsiedeln im Studienjahre 1873/74. 43 Stn. gr. 4. Einsiedeln, Gebr. Benziger. 1874.
*** Programm: Die ideelle u. ästhetische Bedeutung der mittelhochdeutschen Poesie. Von P. Alb. Kuhn.

Jahresbericht üb. d. Lehr- und Erziehungsanstalt des Benedikt-Stiftes Maria Einsiedeln. 1874-75. M. e. Progr.: Kühne, P. B., Gedenkblätter auf Dr. H. Schmid, Abt v. Einsiedeln. 50 Stn. gr. 4. Einsiedeln, Gebr. C. u. N. Benziger. 2. —

Jahresbericht über die Lehr- und Erziehungsananstalt d. Benediktiner Stiftes Maria-Einsiedeln. 1875/76. M. Progr. Keel P. L., Wirksamkeit der jüd. Propheten. 50 Stn. gr. 4. Einsiedeln, Verlag von Gebr. Benziger. 2. —

Jahresbericht über die Lehr- und Erziehungsanstalt des Benediktiner-Stiftes *Maria-Einsiedeln*. Studienjahr 1877/78. Mit Anhang: Zur Entwickelungsgesch. d. modernen Meteorologie (Schluss), von P. *Wilh. Sidler*. 4°. Einsiedeln, Benziger.

Jahresbericht über die Lehr- und Erziehungsanstalt des Benedictinerstiftes Maria Einsiedeln im Studienjahre 1878—1879. Mit einem Programme: Die Wirksamkeit d. jüdischen Propheten (Schluss), von P. Leo Keel. In-4°, 44 S. Einsiedeln, Gebr. Benziger 2 —

— über die Lehr- u. Erziehungsanstalt des Benediktinerstiftes Maria-Einsiedeln 1879/80 mit einem Programme: „Die höchste Aufgabe der Philosophie". In-4°, 52 S. Einsiedeln, Gebr. Benziger. 2 —

— über die Lehr- und Erziehungsanstalt des Benedictiner-Stiftes Maria-Einsiedeln im Studienjahr 1880/81. Mit einem Programm: Der jetzige Stiftsbau Maria-Einsiedeln. Von Dr. P. Albert Kuhn, Prof. In-4°, 52 S. Einsiedeln, Gebr. K. & N. Benziger.

Jahresbericht über die Lehr- und Erziehungsanstalt des Benediktinerstiftes Maria Einsiedeln im Studienjahre 1882—83. Mit einem Programm: „Erinnerungen an Pater Athanasius Tschopp", von P. Columban Brugger, O. S. B., Professor. Mit mehreren Illustrationen und Noten-Einlagen. In-4°, 36 S. Einsiedeln, Benziger, 1883. 2 50

— über die Lehr- und Erziehungsanstalt des Benedictiner-Stiftes Maria-Einsiedeln im Studienjahre 1883/84. Mit einem Programme: Monte Cassino von seiner Gründung und Gestaltung bis zu seiner Blüthe unter Abt Desiderius. Von P. Heinr. Rickenbach, Kapitular von Einsiedeln, d. Z. Professor der Philologie in Monte Cassino. In-4°, 45 S. Einsiedeln, Gebr. Benziger.

Jahresbericht über d. Lehr- u. Erziehungsanstalt d. Benedictiner-Stiftes Maria Einsiedeln 1884/85. Mit einem Progr.! Monte Cassino von seiner Gründung und Gestaltung bis zu seiner höchsten Blüthe unter Abt Desiderius von *H. Rickenbach.* Forts. u. Schluss. Gr. in-4°, 64 S. Einsiedeln, Gebr. Benziger. 2 50

— über die Lehr- und Erziehungsanstalt des Benediktiner-Stiftes Maria-Einsiedeln im 7. Studienjahr 1885/86. Mit einem Programm: Die sieben freien Künste im Mittelalter, von *P. Gabr. Meier.* O. S. B. Prof. In-4°, 48 S. Einsiedeln, Gebr. K. u. N. Benziger. 2 50

Jahresbericht über die Lehr- und Erziehungsanstalt des Benediktinerstiftes Maria-Einsiedeln im Studienjahre 1886/87. Mit einem Programme: „Die sieben freien Künste im Mittelalter" (Schluss). Von P. *Gabr. Meier*, Prof. Gr. in-4°, 48 S. Einsiedeln, Benziger & Cie. 2 50

Jahresbericht über die Lehr- und Erziehungs-Anstalt des Benediktiner-Stiftes Maria-Einsiedeln im Studienjahre 1889/90. Mit Programm: Ueber schweizer. Landesvermessung, von *R. Netzhammer.* Mit 5 Taf. u. 11 Fig. Gr. in-4°. 54 S. Einsiedeln, Benziger & Co. 3 —

Jahresbericht über die Lehr- und Erziehungs-Anstalt des Benediktinerstiftes Maria Einsiedeln im Studienjahre 1890/1891. Mit einem Programm: Selbstbiographie des Qu. Horatius Flaccus, von *K. Kühne.* Gr. in-4°. 48 S. Einsiedeln, Benziger & Co. 2 50

Jahresbericht der Lehr- und Erziehungsanstalt des Benediktiner-Stiftes Maria-Einsiedeln im Studienjahre 1891/92. Mit einem Programme: Die Erhaltung der Energie, das Grundprinzip der neuern Naturlehre von P. *Columban Brugger.* In-4°. 18 S. Einsiedeln, Benziger & Co. 2 50

Jahresbericht über die Lehr- u. Erziehungs-Anstalt des Benediktiner-Stiftes Maria Einsiedeln im Studien-Jahre 1895—96. Herausg. von *B. Benziger.* Mit einem Programm: Abt Basilius. Ein Lebensbild für die Zöglinge und Freunde der Stiftsschule von Maria Einsiedeln. Mit 2 Porträts. Gr. in-4°. 48 S. Einsiedeln, Benziger & Co. 2 50

Jahresbericht über die höhere Lehranstalt in Luzern für das Schuljahr 1887/88. In-4°. Luzern, Gebr. Räber. — 50

Jahresbericht über die höhere Lehranstalt zu Luzern für das Schuljahr 1889/90. Mit Beilage: Zur Chronik der Witterung und verwandter Naturerscheinungen mit besonderer Rücksicht auf das Gebiet der Reuss und der angrenzenden Gebiete der Aare und des Rheins. I. Theil. 1—13. Jahrhundert, von *B. Amberg.* In-4°. 52 u. 35 S. Luzern, Gebrüder Räber. 1 75

Jahresbericht üb. die höhere Lehranstalt zu Luzern f. d. Schulj. 1894/95. Red.: *Hürbin u. Amberg.* In-4°. 80 S. Luzern, Räber & Co. 1895. 1 50
I. Zur Geschichte des Salzhandels u. d. Salzwerke in der Schweiz v. *Ribeaud.* II. Nekrolog auf Hochw. Herrn Custos Rölly sel. v. *K. Kopp.* III. Selbstbiographie des Hrn. Professor *Ineichen* sel., hrsg. v. *Arnet.* IV. Ueber die Programme der höhern Lehranstalt v. *J. Bucher.*

— üb. d. höhere Lehranstalt zu Luzern f. d. Schulj. 1894/95. Red.: Hürbin u. Amberg. 4. Luzern 895. (Räber & Co.) 1. 50
I. Zur Geschichte des Salzhandels u. der Salzwerke in der Schweiz v. Tulbeaud. II. Nekrolog auf Custos Rölly v. Karl Kopp. III. Selbstbiographie v. Professor Ineichen, hrsg. v. Arnet. IV. Ueber d. Programme d. höh. Lehranstalt v. J. Bucher. (80 S.)

— über die höhere Lehranstalt zu Luzern für das Schuljahr 1895—96. In-4°. 58 S. Mit den Beilagen: I. Zweck, Ziel und Bedeutung der Handelsschulen, von *W. Wick.* 19 S. II. Murbach und Luzern, von *Jos. Hürbin.* Mit 1 Taf. 28 S. Luzern, Räber & Cie. 1896.

— dasselbe f. d. Schulj. 1895/96. 4. Ebd. 896. n.n. 1. 20
I. Bedeutg., Zweck, Ziel u. Einrichtg. d. Handelsschulen v. W. Wick. II. Murbach u. Luzern. Am Anfang u. Ende murbach. Hoheit üb. Luzern. Von Jos. Hürbin. (19 u. 48 S. m. 1 Lichtdr.-Taf.)

Jahresbericht über die höhere Lehranstalt zu Luzern für das Schuljahr 1896/97. In-4°. IV, 63 S. Luzern, Räber & Cie. 1 50
*** Mit Beilage: Beiträge zur Chronik der Witterung u. verwandter Naturerscheinungen mit besondrer Rücksicht auf das Gebiet der Reuss u. der angrenzenden Gebiete der Aare u. des Rheins, von *B. Amberg.* Teil III (2. Hälfte des 16. Jahrh u. 17. Jahrh bis 1613).

— der höheren Lehranstalt zu Luzern für das Schuljahr 1897—98. Beilage I: 4 Nekrologe. II: Statuten der Juristen-Universität Pavia vom Jahr 1396. Hrsg. v. *Jos. Hürbin.* In-4°. 80 S. Luzern, Räber & Co. — 80

Höhere Lehranstalt in Luzern. Jahresbericht für das Schuljahr 1900/1901. [Mit] Beilagen: I. Topographisch-historische Studien ... von Prof. Raphael Reinhard. II. Nekrolog über Gustav Arnold von Prof. Ant(on) Portmann. 59 + *Beilagen* 94 S. 4. Luzern, J. Schill, 1901.
Beilagen s. (Portmann, Anton) — Reinhard, Raphael.

Höhere Lehranstalt zu Luzern. Jahresbericht für das Schuljahr 1901/1902. [Mit] Beilagen: I. Die Namen der Bäume ... von Prof. J(osef) L(eop[old]) Brandstetter, Erziehungsrat. II. Nekrolog über Stadtpfarrer Niklaus Schürch, von Professor Dr Franz Segesser, Regens. 62 + *Beilagen* 93 S. 4. Luzern, J. Schill, 1902.
Beilagen s. Brandstetter, Josef Leop[old] — Segesser, Franz.

Höhere Lehranstalt zu Luzern. Jahresbericht für das Schuljahr 1902/1903. [Mit 1 Ansicht und] Beilagen: I. Verzeichnis der Lehrbücher der Kantonsschule; II. Nekrolog über Custos Michael Kaufmann, von Professor Dr Niklaus Kaufmann. 62 + *Beilagen* 6 + 4 S. 4. Luzern, J. Schill, 1903.

Jahresbericht über die Kantonale Lehranstalt zu Sarnen 1893--95.

Kantonale Lehranstalt zu Sarnen (Obwalden). Jahresbericht für das Schuljahr 1900/1901. (Mit [Nekrologen:] P. Placidus Rigert [von] P. Gallus Küng [und] P. Bernard M[aria] Dr. Lierheimer [von] P. Dominicus Bucher, einer Beilage [und 1 Ansichts-Tafel].) II + 43 + *Beilage* 48 S. 4. Sarnen, Josef Müller, 1901.
Beilage s. Anderhalden, Beda.

Kantonale Lehranstalt zu Sarnen (Obwalden). Jahresbericht für das Schuljahr 1901/02. (Mit [Nekrologen:] † Landammann Theodor Wirz [von] P. Gallus Küng [und] P. Josef M[aria] Zangerle [von] P. Sigisbert Meier, einer Beilage [sowie 2 Figuren, 1 Porträt und 1 Tafel].) II + 47 + *Beilage* 38 S. 4. Sarnen, Josef Müller, 1902.
Beilage s. Anderhalden, Beda.

Kantonale Lehranstalt zu Sarnen (Obwalden). Jahresbericht für das Schuljahr 1902/03. (Mit [1 Tafel, einem Nekrolog:] P. Martin Kiem, Subprior und em. Dekan des Stiftes Muri-Gries [von] P. Sigisbert Meier [und] einer Beilage.) II + 38 + *Beilage* 59 S. 4. Sarnen, Josef Müller, 1903.
Beilage s. Eggor, Johann Baptist.

35. Jahresbericht d. landwirtschaftlichen Lehranstalt ... in Bautsen. 35: 1909/10. Bautzen 1910.

Jahresbericht der k. k. landwirtschaftlichen Lehranstalt in Czernowitz ... Czernowitz: Selbstverl. d. Lehranstalt 1872/73. (Erschienen für die Schuljahre 1871/72 – 1872/73.)

Jahresbericht (22.) über die Lehranstalt im Collegium Maria-Hilf in Schwyz. 8⁰. Schwyz, Waisenanstalt Ingenbohl. 1878.

XXIII. Jahresbericht über die Lehranstalt im Kollegium Maria-Hilf in Schwyz, 1879. In-8⁰, 56 S. Schwyz, Druck der Waisenanstalt Ingenbohl.

XXIV. Jahresbericht über die Lehranstalt im Collegium Maria-Hilf in Schwyz. 1878/80. Schwyz, Druck der Waisenanstalt Ingenbohl.

Jahresbericht, XXV., über die Lehranstalt im Collegium Maria-Hilf in Schwyz. In-8⁰, 60 S. Schwyz, Druck der Waisenanstalt Paradies in Ingenbohl. 1881.

Lehranstalt im Kollegium Maria-Hilf in Schwyz. 45. Jahresbericht. Schuljahr 1900/1901. [Mit 1 Ansicht.] IV + 80 S. kl.-4. Schwyz, Emil Steiner. 1901.

Lehranstalt im Kollegium Maria-Hilf in Schwyz. 46. Jahresbericht. Schuljahr 1901/1902. [Mit 1 Ansicht.] 88 S. kl.-4. Schwyz, Emil Steiner, 1902.

Jahresbericht der k. k. öffentlichen Lehranstalt für orientalische Sprachen in Wien. (Nr. 2) 1890. Mit dem Frequentanten-Ausweis über die Schuljahre 1884—1885 und 1889—1890. 8. Wien 1890.

Jahresbericht über die technischen und landwirthschaftlichen Lehranstalten zu Nürnberg. I–IV. Nürnberg, 1860–1866.

—— 3., über die evangel. Lehrerbildungs-Anstalt in Bielitz 1871—72. Hrsg. von Carl Riedel. gr. 8. (59 S.) Bielitz 872, (Zamarski und Fröhlich.)

Bernische [kantonale] Lehrerkasse. Jahres-Bericht pro 1899 und 1900 u. pro 1901 u. pro 1902. 16 u. 24 u. 12 S. 8. Bern, Büchler & Co., 1901 u. 1902 u. 1903.

Jahresbericht, zehnter, des Lehrer-Witwen- und Waisen-Pensions-Instituts für die St. Pöltner Diözese vom 1. Jänner bis letzten Dezember 1852. 8. (20 S.) St. Pölten, Druck von F. Lorenz.

Jahresbericht dreizehnter — des Lehrer Witwen- und Waisen-Pensionsinstitutes für die St. Pöltner Diözese vom 1. Jänner bis letzten Dezember 1855. St. Pölten, gedruckt bei F. Lorenz. (26 S. 8.)

Jahresbericht des Deutschen Evangelischen Lehrerseminars für Rio Grande do Sul, Santa Cruz
Jahrgang 1, 1910 – ?
Annual report of the Lehrerseminar which was established 1910. Mimeographed 1910–1925, then printed by Druck von Rotermund & Cia, Sao Leopoldo. Place of publication varies. Sao Leopoldo. Edited by the Seminardirektor (1916–1925, or longer), Rektor F. Strothmann.
Santa Cruz

Jahresbericht, erster, über das Lehrerseminar zu Gotha. Schuljahr 1865/66. Hrsg. von Friedr. Dittes. gr. 8. (37 S.) Gotha 866, Thienemann.

—— zweiter, über das Lehrerseminar zu Gotha. Schuljahr 1866/67. Hrsg. von Friedr. Dittes. gr. 8. (59 S.) Ebendas. 866.

—— 3., über das Lehrerseminar zu Gotha. Schuljahr 1867/68. Hrsg. von Ferd. Dittes. gr. 8. (66 S.) Gotha 868, Thienemann.

—— dass. — 4. Schuljahr 1868/69. Hrsg. von C. Kehr. gr. 8. (62 S. mit eingedr. Holzschn.) Ebendas. 869.

—— dass. — 5. und 6. Schuljahr 1869/70 und 1870/71. Hrsg. von Paul Möbius. gr. 8. (48; 53 S.) Ebendas. 870,71.

—— dass. — 7. Hrsg. von C. Kehr. Schuljahr 1871/72. gr. 8. (68 S.) Ebendas. 872.

—— dass. — 8. Hrsg. von C. Kehr. Schuljahr 1872/73. gr. 8. (56 S.) Ebendas. 873.

—— dass. — 9. Schuljahr 1873/74. Ueber den Stand des Turnwesens in den Volksschulen des Herzogth. Gotha. Vom Turnlehrer Ed. Mönch. gr. 8. (28 S.) Ebendas. 874.

—— 10., über das herzogl. Lehrerseminar zu Gotha. Schuljahr 1874/75. Die Schul- und Hausordnung des herzogl. Lehrerseminars zu Gotha. Hrsg. von Alwin Zeyß. gr. 8. (32 S.) Ebendas. 875.

GV67
21

—— 11. und 12., über das herzogl. Lehrerseminar zu Gotha. Schuljahre 1875/76, 1876/77. Hrsg. von Alw. Zenß. gr. 8. (à 36 S.) Gotha 876,77, Thienemann'sche Hofbuchh. à Jahrg. *
—— dass. — 13. Schuljahr 1877/78. Hrsg. von Alw. Zenß. gr. 8. (64 S.) Ebendas. 878. *

—— 14.—17., des herzogl. Lehrerseminars zu Gotha. Hrsg. von A. Zeyß. gr. 8. (39; 31; 32; 32 S.) Gotha 881 —84, Thienemann. à Jahrg.

Forts.s.:Jahresbericht d.herz.Seminars zu Gotha.

Jahresbericht des Lehrerseminars in Hitzkirch 1879–80. 4°

Lehrer-Seminar in Hitzkirch. Jahresbericht für das Schuljahr 1900/1901. 17 S. 4. Luzern, Räber & Cie., 1901.

Lehrer-Seminar in Hitzkirch. Jahres-Bericht für das Schuljahr 1901/1902. 17 S. 4. Luzern, Räber & Cie., 1902.

. Lehrer-Seminar in Hitzkirch. Jahres-Bericht für das Schuljahr 1902/1903. 19 S. 4. Luzern, Räber & Cie., 1903.

Schwyzerisches Lehrerseminar zu Rickenbach. Jahresbericht. Schuljahr 1900/1901. II + 28 S. 8. Schwyz, Emil Steiner, 1901.

Schwyzer. Lehrerseminar zu Rickenbach. Jahresbericht. Schuljahr 1901/1902. [Mit 1 Ansicht.] II + 31 S. 8. Schwyz, Emil Steiner, 1902.

Schwyzer. Lehrerseminar zu Rickenbach. Jahresbericht. Schuljahr 1902/1903. [Mit 1 Ansicht.] II + 28 S. 8. Schwyz, Emil Steiner, 1903.

Basler Lehrerverein [in Basel]. Jahresbericht 1902/1903. (1903 März.) 10 S. 8.
1. gedruckter Bericht. — Titel auf S. 8.

—— des bündnerischen Lehrervereins. 1. und 2. Jahrg. 1883/84 und 1884/85. Hrsg. von Th. Wiget. gr. 8. (58; 60 S.) Chur 883,84, (Kellenberger'sche Buchh.) à Jahrg.

Jahresbericht des bündnerischen Lehrervereins. 3. und 4. Jahrg. Hrsg. von Theod. Wiget, d. Z. Präsident des Vereins. gr. 8. (60; 74 S. mit 3 Taf.) Chur 885,86, Rich. à Jahrg. 1 —
—— dass. — 5. Jahrg. Hrsg. vom Präsidenten des Vereins. gr. 8. (92 S.) (Ebendas.) 887.
[Für die Mitglieder des Vereins ℳ 1.—.] * 1 20
—— dass. — 6. Jahrg. Hrsg. von Thdr. Wiget, d. z. Präsident des Vereins. gr. 8. (137 S. mit 3 Taf.) (Ebendas.) 888. * 1 40

—— des Bündnerischen Lehrervereins. 7.—10. Jahrg. Hrsg. v. P. Conrad. gr. 8. (108 S. m. 3 lithogr. Taf.; 108 S. m. 1 Taf.; 143 S. m. Abbildgn.; 94 S.) Chur 889–92, (Rich.) à Jahrg. * 1 40

— des bündnerischen Lehrervereins. 11. Jahrg. Herausg. v. *P. Conrad.* Gr. in-8°. 127 S. Chur, Jul. Rich. 1893.

Jahresbericht des bündnerischen Lehrervereins. 12. Jahrg. Herasg. von *P. Conrad.* Gr. in-8°. 120 S. Chur, Jul. Rich. 1894.

— d. bündnerischen Lehrervereins. 13.—16. Jahrg. Hrsg. v. P. Conrad. gr. 8. (168 S. m. 6 Taf.; 135 S.; 111 S. m. 6 Taf. u. 103 S.) Chur 895–898. (J. Rich.) à n. 1. 40

— des bündnerischen Lehrervereins. 17.—20. Jahrg. Hrsg. v. P. Conrad. gr. 8. Chur 899. (J. Rich.) n. 6. 40
17. (229 S. m. Fig.) 899. n. 1. 60. — 18. (156 S.) 900. n. 1. 40. 19. (117 S. m. 5 Taf.) 901. n. 1. 40. — 20. (116 S.) 902. n. 2. —.

Jahresbericht des Bündnerischen [Lehrervereins. Jahrg. 19. Hrg. von P[aul] Conrad, Seminardirektor.... [Mit 5 Tafeln.] 117 S. 8. Chur, Manatschal Ebner & Cie., 1901. [fr. 1. —]

Jahresbericht des Bündnerischen Lehrervereins. Jahrg. 20. Hrg. von P[aul] Conrad, Seminardirektor.... 161 S. 8. Chur, Bischofberger & Hotzenköcherle, 1902. [fr. 1. 50, im Buchh. fr. 1. 80]

Jahresbericht des Bündnerischen Lehrervereins. Jahrg. 21. Hrg. vom Vorstand. 168 S. 8. Chur, Buchdr. A.-G. Bündner Tagblatt, 1903. [fr. 1. 50]

Jahresbericht des Bündnerischen Lehrervereins. Jahrg. 22. Hrg. vom Vorstand. [Illustriert.] 177 S. 8. Chur, Sprecher & Valer, 1904. [fr. 1. 50]

— des bündnerischen Lehrervereins. 21.—23. Jahrg. Hrsg. vom Vorstand. (168, 177 u. 148 S.) gr. 8. Chur 903–905. (J. Rich.) à n. 2. —

Jahres-Bericht des Bündnerischen Lehrer-Vereins. Jahrg. 24. Hrg. vom Vorstand des Vereins. [Mit 1 Tabelle.] 149 S. 8. Chur, Hermann Fiebig, 1906. [fr. 1. 50]

Jahres-Bericht des Bündnerischen Lehrer-Vereins. Jahrg. 25. Hrg. vom Vorstand des Vereins. [Mit 2 Tafeln.] 178 S. 8. Schiers, Walt & Fopp, 1907. [fr. 1. 80]

Jahresbericht des Bündnerischen Lehrervereins. Jahrg. 26. Hrg. vom Vorstand des Vereins. [Illustriert.] 269 S. 8. Chur, Bischofberger & Hotzenköcherle, 1908. [fr. 2. —]

Jahresbericht des Bündnerischen Lehrervereins. Jahrg. 27. Hrg. vom Vorstand des Vereins. 190 S. 8. Chur, Manatschal Ebner & Cie., 1909. [fr. 2. —]

— des bündnerischen Lehrervereins. 24.—28. Jahrg. Hrsg. vom Vorstand des Vereins. (149 S.) gr. 8. Chur, (J. Rich). 11. 50
24. (149 S.) 906. 2. —. — 25. (178 S.) 907. 2. 50. — 26. (269 S.) 908. 2. 50. — 27. (190 S.) 909. 2. —. — 28. (154 S.) 910. 2. 50

Schles. Lehrer-Verein f. Naturkunde. **Jahres-Bericht**, erstattet v. geschäftsführenden Ausschusse. [1.] Für 1905/06. Görlitz 1907: Kretschmer. 8°

Jahresbericht, erster — über Dr. Ad. Jos. Pick's Lehr- und Erziehungs-Institut für Knaben israel. Konfession. *Wien* 1858. Gedruckt bei *Jos. Stöckholzer v. Hirschfeld.* 36 S. 8°.
INHALT. Der Unterricht in der Muttersprache. Von Dr. *M. Bonisch* (S. 9—16).

— 1., der Lehrlings-Abteilung der männlichen Fortbildungsschulen Münchens (Schulj. 1906/07) von Geo. Kerschensteiner. (VIII, 517 S.) gr. 8. München (907). Buchdruckerei u. Verlagsanstalt C. Gerber. 3. —
Forts.s.:Jahresbericht d.männlichen Fortbildungs-u.Gewerbeschulen Mü.

Lehrwerkstätten der Stadt Bern. (Fachschule für Mechaniker, Schreiner, Schlosser und Spengler.) 13. Jahresbericht über den Betrieb im Betriebsjahre 1900. [Mit 6 Tafeln.] II + 32 S. 8. Bern, Büchler & Co., (1901).

Lehrwerkstätten der Stadt Bern. (Fachschule für Mechaniker, Schreiner, Schlosser und Spengler.) 14. Jahresbericht über den Betrieb im Betriebsjahre 1901. [Mit 5 Tafeln.] II + 35 S. 8. Bern, Büchler & Co., (1902).

Lehrwerkstätten der Stadt Bern. (Fachschule für Mechaniker, Schreiner, Schlosser und Spengler.) 15. Jahresbericht über den Betrieb im Betriebsjahre 1902. [Mit 4 Tafeln.] II + 39 S. 8. Bern, Büchler & Co., (1903).

3. Jahresbericht der Leihkasse in Langenthal von 1870. Langenthal. Buchdr. Fr. Herzig. 17 S. 4.

Leihkasse in Langenthal. 5. Jahresbericht pr. 1872. 17 Stn. 4. Langenthal, Druck v. Fr. Herzig.

Leihkasse in Langenthal. 6. Jahresbericht pr. 1873. 17 Stn. 4. Langenthal, Druck v. F. Herzig.

Leih-Kasse in Langenthal. 7. Jahresbericht 1874. 15 Stn. 4. Langenthal, Buchdr. v. Fr. Herzig.

X. Jahresbericht der Leihkasse im Wahlkreise Neumünster. 1869/70. Neumünster. Druck v. J. Lohbauer. 1871. 15 Stn. 8°

Leihkasse im Wahlkreise Neumünster. 13. Jahresbericht pr. 1872/73. 16 Stn. 8. Zürich, Druck v. Zürcher & Furrer.

Leihkasse im Wahlkreise Neumünster. 14. Jahresbericht pr. 1873/74. 12 Stn. 8. Zürich, Druck v. Zürcher & Furrer.

Leih- und Sparkasse f. d. Bezirk Diessenhofen. 6. Jahresbericht 1870/71. 14 Stn. 8. Diessenhofen, Druck v. L. Stephan.

Leih- und Sparkassa für den Bezirk Diessenhofen. 8. Jahresbericht pr. 1872/73. 13 Stn. 4. Diessenhofen, Druck v. L. Stephan.

Leih- und Sparkasse für den Bezirk Diessenhofen. 9. Jahresbericht pr. 1873/74. 12 Stn. 4. Diessenhofen, L. Stephan'sche Buchdr.

Leih- und Sparkasse des Bezirks Diessenhofen (in Diessenhofen). 36. Jahresbericht für das Geschäftsjahr 1900/(30. Juni) 1901. II + 12 S. kl.-4. Diessenhofen, C. Forrer, 1901.

Leih- und Sparkasse des Bezirks Diessenhofen (in Diessenhofen). 37. Jahresbericht für das Geschäftsjahr 1901/1902 (Juni 30). II + 12 S. kl.-4. Diessenhofen, C. Forrer, 1902.

Leih- und Sparkasse des Bezirks Diessenhofen (in Diessenhofen). (38.) Jahres-Bericht pro 1902/1903 (Juni 30). 15 S. kl.-4. Diessenhofen, C. Forrer, 1903.

Leih- und Sparkasse in Schaffhausen. 5. Jahresbericht 1870/71. 14 Stn. 8. Schaffh., Druck v. Bercher & Meier.

Leihkasse in Winterthur. 10. Jahresbericht pr. 1872/73. 12 Stn. 8. Winterthur, Druck v. Bleuler-Hausheer & Co.

Leihkasse in Winterthur. 11. Jahresbericht pr. 1. März 1873 bis Ende Febr. 1874, 15 Stn. gr. 8. Winterthur, Druck v. Bleuler-Hausheer & Co.

Leihkasse in Winterthur. 13. Jahresbericht, vom 28. Februar 1875 bis 29. Febr. 1876. 16 Stn. 8. Winterthur, Druck von Bleuler Hausheer & Co.

Leihkasse der Stadt Zürich. 17. Jahresbericht pr. 1872/73. 18 Stn. 8.

Leihkasse der Stadt Zürich. 18. Jahresbericht vom 1. Oct. 1873 bis 30. Sept. 1874. 22 Stn. 8. Zürich, Druck v. Fr. Schulthess.

— 1., des Arbeiter-Sekretariats Leipzig f. d. J. 1904. Nebst e. Uebersicht über die Leipziger Gewerkschaften u. dem Geschäftsbericht des Gewerkschaftskartells. (VI, 96 S. m. 1 Tab.) gr. 8. Leipzig 905. (Leipziger Buchdruckerei.) n. — 80

Fortsetzg., s.: Arbeitersekretariat, das Leipziger, u. die Leipziger Gewerkschaften.

Jahresbericht der Handelskammer Leipzig,
s. Jahresbericht der Handelskammer zu Leipzig.

—— über die Leistungen und Fortschritte in der Anatomie und Physiologie. Unter Mitwirkung zahlreicher Gelehrten hrsg. von Rud. Virchow und Aug. Hirsch. Unter Special-Redact. von E. Gurlt und A. Hirsch. Berichte für die J. 1867—1871. hoch 4. (III, 187; III, 136; III, 140; III, 146; III, 143 S.) Berlin 868—72, Hirschwald. à Jahrg. *

Jahresbericht über die Leistungen und Fortschritte in der Anatomie und Physiologie. Unter Mitwirkung zahlreicher Gelehrten hrsg. von Rud. Virchow und Aug. Hirsch. Unter Special-Redact. von Aug. Hirsch. Berichte für die J. 1872—1874. hoch 4. (165; 206; 278 S.) Berlin 873—75, Hirschwald. 1872 und 1873 à *M 7.; 1874 *
Separat-Ausg. aus Jahresbericht über die Leistungen und Fortschritte der gesammten Medicin.

— dasselbe. Bericht f. d. J. 1874 u. 1875. hoch 4. (278 u. 273 S.) Ebend. 875. 76. à n. 9. 50

— über die Leistungen u. Fortschritte in der Anatomie u. Physiologie. Unter Mitwirkung zahlreicher Gelehrten hrsg. v. Rud. Virchow u. Aug. Hirsch. Unter Special-Red. von Aug. Hirsch. Bericht für d. Jahre 1876—1881. hoch 4. (234, 196, 206, 192, 223 u. 217 S.) Berlin 877—82. Hirschwald. à n. 9. 50

Jahresbericht über die Leistungen u. Fortschritte in der Anatomie u. Physiologie. Unter Mitwirkg. zahlreicher Gelehrten hrsg. v. Rud. Virchow u. Aug. Hirsch. Unter Special-Red. v. Aug. Hirsch. Bericht f. die J. 1882—1885. hoch 4. (à ca. 230 S.) Berlin 883—86. Hirschwald. à n. 9. 50

Jahresbericht über die Leistungen u. Fortschritte in der Anatomie u. Physiologie. Unter Mitwirkg. zahlr. Gelehrten hrsg. v. R. Virchow u. A. Hirsch. Unter Special-Red. v. A. Hirsch. Bericht f. d. J. 1886—1889. hoch 4. (III, 214; III, 216; VI, 206; III, 217 S.) Berlin 887—890. Hirschwald. à Jahrg. n. 9. 50

— über die Leistungen u. Fortschritte der Anatomie u. Physiologie. Unter Mitwirkg. zahlreicher Gelehrten hrsg. v. Rud. Virchow u. Aug. Hirsch. Unter Special-Red. v. Aug. Hirsch. Bericht f. d. J. 1890—1892. Lex.-8. (III, 231; III, 246; III, 226 S.) Berlin 891—893. A. Hirschwald. à Jahrg. n. 9. 50

— dasselbe. Unter Special-Red. v. E. Gurlt u. C. Posner. Bericht f. d. J. 1893. Lex.-8. (III, 229 S.) Ebd. 894. n. 9. 50

— üb. d. Leistgn. u. Fortschritte in d. Anatomie u. Physiologie. Unt. Mitwirkg. zahlr. Gelehrten hrsg. v. Rud. Virchow. Unt. Special-Red. v. E. Gurlt u. C. Posner. Bericht f. d. J. 1894, 1895, 1896 u. 1897. Lex.-8. (III, 218; III, 206; III, 216 u. III, 234 S.) Berlin 895—898. A. Hirschwald. à Jahrg. n. 9. 50

— üb. die Leistungen u. Fortschritte in der Anatomie u. Physiologie. Unter Mitwirkg. zahlr. Gelehrten hrsg. v. Rud. Virchow unter Red. v. C. Posner. Bericht f. d. J. 1898—1901. Lex.-8. (III, 246; IV, 241; III, 250 u. III, 296 S.) Berlin 899—902. A. Hirschwald. à n. 9. 50

— über die Leistungen u. Fortschritte in der Anatomie u. Physiologie. (Fortsetzg. v. Virchow's Jahresbericht.) Unter Mitwirkg. zahlreicher Gelehrten hrsg. v. W. Waldeyer u. C. Posner. Bericht f. d. J. 1902 u. 1903. (III, 316 u. III, 299 S.) Lex.-8. Berlin 903. 904. A. Hirschwald. à n. 9. 50

— dasselbe. Bericht f. d. J. 1904 u. 1905. (III, 321 u. III, 310 S.) Lex.-8. Ebd. 905. 906. à n. 9. 50
Sonderabdrucke aus: „Jahresbericht d. ges. Medicin".

— über die Leistungen u. Fortschritte in der Anatomie u. Physiologie. (Fortsetzung v. Virchow's Jahresbericht.) Unter Mitwirkg. zahlr. Gelehrten hrsg. v. W. Waldeyer u. C. Posner. Bericht f. d. J. 1906—1909. (III, 323; III, 333; III, 309 u. III, 314 S.) Lex. 8. Berlin 907—10. A. Hirschwald. à 9. 50
Sonderabdr. a.: „Jahresbericht d. ges. Medicin".

— über die Leistungen u. Fortschritte auf dem Gebiete der Erkrankungen des Urogenitalapparates. Hrsg. v. Albu, R. du Bois-Reymond, C. P. C. Bosch u. a. Red. v. M. Nitze u. S. Jacoby. Nach Nitze's Tode unter Mitwirkg. v. A. Kollmann. I. Jahrg.: Bericht üb. das J. 1905. (XII, 342 S. m. 1 Bildnis.) Lex.-8. Berlin 906. S. Karger. n. 12. —

— über die Leistungen u. Fortschritte auf dem Gebiete der Erkrankungen des Urogenitalapparates. Begründet v. M. Nitze u. S. Jacoby. Hrsg. v. R. du Bois Reymond, C. P. C. Bosch, C. Bruni u. a. unter Mitwirkg. v. J. Albarran, A. Bier, H. Fenwick u. a. red. v. A. Kollmann u. S. Jacoby. II.—V. Jahrg. Bericht üb. d. J. 1906—1909. Lex. 8. Berlin, S. Karger. 79. —; geb. n 87. —

II. (VI, 452 S.) 907.	16. —; geb. n 18. —
III. (V, 518 S.) 908.	19. —; geb. n 21. —
IV. (V, 455 S.) 909.	20. —; geb. n 22. —
V. (V, 462 S.) 910.	24. —; geb. n 26. —

—— über die Leistungen und Fortschritte in der Forstwirthschaft. Unter Mitwirkung eines Fachgenossen hrsg. von Saalborn. Bericht für das J. 1879. (1. Jahrg.) gr. 8. (VIII, 86 S.) Frankfurt a. M. 880, Sauerländer's Verlag.

—— über die Leistungen und Fortschritte in der Forstwirthschaft. Zusammengestellt für ausübende Forstmänner und Privatwaldbesitzer unter Mitwirkung von Fachgenossen und hrsg. von Saalborn. 2.—5. Jahrg. 1880—1883. gr. 8. (VII, 156; VIII, 156; VIII, 160; VIII, 160 S.) Frankfurt a. M., Sauerländer's Verlag. 1881—84. à Jahrg. *

Jahresbericht über die Leistungen und Fortschritte in der Forstwirthschaft. Zusammengestellt für ausübende Forstmänner und Privatwaldbesitzer unter Mitwirkung von Fachgenossen und hrsg. von Saalborn. 6. Jahrg. 1884. gr. 8. (VIII, 160 S.) Frankfurt a. M. 885, J. D. Sauerländer's Verlag. *

— dasselbe. 7. Jahrg. 1885. gr. 8. (VIII, 168 S.) Ebend. 886. n. 2. 40

— über die Leistungen u. Fortschritte in der Forstwirthschaft. Zusammengestellt für ausüb. Forstmänner u. Privatwaldbesitzer unter Mitwirkung v. Fachgenossen u. hrsg. v. Saalborn. 8. u. 9. Jahrg. 1886. 1887. gr. 8. (VIII, 200; VIII, 194 S.) Frankfurt a/M., Sauerländer. à Jahrg. n. 2. 40
10. Jahrg. s.: Saalborn, Bericht.

—— über die Leistungen und Fortschritte in der gesammten Medicin. (Fortsetzung von Canstatt's Jahresbericht.) Unter Mitwirkung zahlreicher Gelehrten hrsg. von Rud. Virchow und Aug. Hirsch. Unter Special-Redact. von E. Gurlt und A. Hirsch. Bericht für das J. 1866. 2 Bde. à 3 Abthlgn. hoch 4. (à Abthl. ca. 135 S.) Berlin 867, A. Hirschwald. *
Vgl.: Canstatt's Jahresbericht über die Fortschritte der gesammten Medicin. — 1.—15. Jahrg. Würzburg 1851—65, Stahel'sche Buchh. (* 165 Thlr.) Ermässigter Preis * * 33 Thlr.; einzelne Bände * 5 Thlr. 15 Ngr.

—— über die Leistungen und Fortschritte in der gesammten Medicin. Unter Mitwirkung zahlreicher Gelehrten hrsg. von Rud. Virchow und Aug. Hirsch. Unter Special-Redact. von E. Gurlt und A. Hirsch. 2.—6. Jahrg. Bericht für die J. 1867—1871. à 2 Bde. à 3 Abthlgn. hoch 4. (à Abthl. ca. 140—160 S.) Berlin 868—72, Hirschwald. à Jahrg. *

—— dass. — Unter Special-Redact. von Aug. Hirsch. 7.—9. Jahrg. Bericht für die J. 1872—1874. à 2 Bde. à 3 Abthlgn. hoch 4. (à Abthl. ca. 140—160 S.) Ebendas. 873—75. à Jahrg. *

—— über die Leistungen und Fortschritte in der gesammten Medicin. Unter Mitwirkung zahlreicher Gelehrten hrsg. von Rud. Virchow und Aug. Hirsch. Unter Special-Redact. von Aug. Hirsch. 10.—13. Jahrg. Bericht für die J. 1875—1878. à Jahrg. 2 Bde. à 3 Abthlgn. hoch 4. (VI, 660, VII, 714; VI, 612, VII, 697; VII, 605, VII, 697; VII, 626, VII, 722 S.) Berlin 876—79, Hirschwald. à Jahrg. *

—— über die Leistungen und Fortschritte in der gesammten Medicin. Unter Mitwirkung zahlreicher Gelehrten hrsg. von Rud. Virchow und Aug. Hirsch. Unter Special-Redact. von Aug. Hirsch. 14.—18. Jahrg. Bericht für die J. 1879—1883. à Jahrg. 2 Bde. hoch 4. (VII, 632, VII, 729; VII, 713, VII, 708; VII, 597, VII, 694; VII, 666, VII, 681; VII, 652, VII, 710 S.) Berlin 880—84, Hirschwald. à Jahrg. *

—— über die Leistungen und Fortschritte in der gesammten Medicin. Unter Mitwirkung zahlreicher Gelehrten hrsg. von Rud. Virchow und Aug. Hirsch. Unter Special-Redact. von Aug. Hirsch. 19.—23. Jahrg. Bericht für die J. 1884—1888. à Jahrg. 2 Bde. in 3 Abthlgn. hoch 4. Berlin, Hirschwald. [19. Jahrg. 1884. (VII, 787; VII, 623 S.); 20. Jahrg. 1885. (VII, 668; VII, 768 S.); 21. Jahrg. 1886. (VII, 638; VII, 806 S.); 22. Jahrg. 1887. (VII, 679; VII, 883 S.); 23. Jahrg. 1888. (VII, 568; . . . S.)] à Jahrg. * 37 —

— über die Leistungen u. Fortschritte in der gesammten Medicin. Unter Mitwirkg. zahlreicher Gelehrten hrsg. v. Rud. Virchow u. Aug. Hirsch. Unter Special-Red. v. Aug. Hirsch. 21.—24. Jahrg. Bericht f. die J. 1886—1889. à Jahrg. 2 Bde., à Bd. 3 Abthlgn. hoch 4. (à Abthlg. ca. 210 S.) Berlin 887—890. Hirschwald. à Jahrg. n. 37. —

— über die Leistungen u. Fortschritte in der gesammten Medicin. Unter Mitwirkg. zahlreicher Gelehrten hrsg. v. Rud. Virchow u. Aug. Hirsch. Unter Special-Red. v. Aug. Hirsch. 25.—27. Jahrg. Bericht f. d. J. 1890—1892. à Jahrg. 2 Bde., à Bd. 3 Abthlgn. Lex.-8. (à Abthlg. ca. 230 S.) Berlin 891—893. A. Hirschwald. à Jahrg. n. 37. —

— dasselbe. General-Register üb. die Berichte 1866—1890. Jahrg. I—XXV. Lex.-8. (577 S.) Ebd. 893. n. 24. —

— dasselbe. Hrsg. v. Rud. Virchow. Unter Special-Red. v. E. Gurlt u. C. Posner. 28. Jahrg. Bericht f. d. J. 1893. 2 Bde. à 3 Abthlgn. Lex.-8. (à Abth. ca. 230 S.) Ebd. 894. n. 37.

— üb. d. Leistgn. u. Fortschritte in d. ges. Medicin. Unt. Mitwirkg. zahlr. Gelehrten hrsg. v. Rud. Virchow unter Special-Red. v. E. Gurlt u. C. Posner. 29.–32. Jahrg. Bericht f. d. J. 1894—1897. Je 2 Bde. à 3 Abthlgn. (à ca. 200 S.) Lex.-8. Berlin 895—898. A. Hirschwald. à Jahrg. n. 37. —

— über die Leistungen u. Fortschritte in der gesammten Medicin. Unter Mitwirkg. zahlr. Gelehrten hrsg. v. Rud. Virchow unter Red. v. C. Posner. 33.—36. Jahrg Bericht f. d. J. 1898—1901. à 2 Bde. à 3 Abthlgn. Lex.-8. Berlin 899—902. A. Hirschwald. à Jahrg. n. 37.—
33. (VII, 601 u. VII, 756 S.) — 34. (VII, 565 u. VII, 759 S.)
35. (VII, 594 u. VIII, 795 S.) — 36. (VII, 658 u. VIII, 889 S.)

— über die Leistungen u. Fortschritte in d. gesammten Medicin. (Fortsetzung v. Virchow's Jahresbericht.) Unter Mitwirkg. zahlreicher Gelehrten hrsg. von W. Waldeyer u. C. Posner. 37.—40. Jahrg. Bericht f. d. J. 1902—1905. à 2 Bde. Je 3 Abthlgn. Lex.-8. Berlin, A. Hirschwald. n. 175. —
37. (XVI, 1630 S. m. 1 Bildnis.) 903. n. 37 —
38–40. (XVI, 1760; XV, 1915 u. XV, 1887 S.) 904—906. à n. 46. —

— über die Leistgn. u. Fortschritte in der gesammten Medicin. (Fortsetzung v. Virchow's Jahresbericht.) Unter Mitwirkg. zahlr. Gelehrten hrsg. v. W. Waldeyer u. C. Posner. 41.—44. Jahrg. Bericht f. d. J. 1906—1909. à 2 Bde. Je 3 Abthlgn. (VII, 970 u. VIII, 984 S.; VII, 978 u. VIII, 901 S.; VII, 969 u. VIII, 968 S.; VII, 895 u. VIII, 959 S.) Lex. 8. Berlin 907—10. A. Hirschwald. à Jahrg. 46. —

—— über die Leistungen und Fortschritte auf dem Gebiete des Militair-Sanitätswesen. Bearb. von Wilh. Roth. 1. Jahrg. Bericht für das J. 1873. hoch 4. (IV, 71 S.) Berlin 874, Hirschwald. * 2 80
—— dass. — 2. Jahrg. Bericht für das J. 1874. hoch 4. (IV, 140 S.) Ebendas. 875. * 5 60
Separat-Ausg. aus Jahresbericht über die Leistungen und Fortschritte in der gesammten Medicin.

—— über die Leistungen und Fortschritte auf dem Gebiete des Militair-Sanitätswesens. Bearb. von Wilh. Roth. 3.—5. Jahrg. Bericht für die J. 1875/76, 1877 und 1878. Lex.-8. (53; 84; III, 113 S) Berlin 877—79, Hirschwald. 3. Jahrg. * ℳ 2,80.; 4. und 5. Jahrg. à *

Jahresbericht über die Leistungen und Fortschritte auf dem Gebiete des Militär-Sanitätswesens. Bearb. von Wilh. Roth. 6. Jahrg. Bericht für das J. 1879. Lex.-8. (150 S.) Berlin 880, Hirschwald. *
—— dass. — 7. Jahrg. Bericht für das J. 1880. Lex.-8. (IV, 174 S.) Ebendas. 881. *
—— dass. — 8. Jahrg. Bericht für die J. 1881 und 1882. Lex.-8. (XII, 388 S.) Berlin 883, Mittler und Sohn. *
—— dass. — 9. Jahrg. Bericht für das J. 1883. Lex.-8. (XII, 262 S.) Ebendas. 884. *
—— dass. — 10. Jahrg. Bericht für das J. 1884. Lex.-8. (XI, 213 S.) Ebendas. 885. *

—— über die Leistungen und Fortschritte auf dem Gebiete des Militär-Sanitätswesens. Bearb. von Wilh. Roth. 11. und 12. Jahrg. Bericht für die J. 1885 und 1886. Suppl.Bde. der „Deutschen militärärztl. Zeitschrift." gr. 8. (XII, 205; XII, 210 S.) Berlin 886,87, Mittler und Sohn. à Jahrg. * 4 80
—— dass. — 13. Jahrg. Bericht für das J. 1887. Suppl.-Bd. zur „Deutschen militärärztl. Zeitschrift." gr. 8. (XII, 265 S.) Ebendas. 888. * 5 50

—— über die Leistungen u. Fortschritte auf dem Gebiete d. Militär-Sanitätswesens. Bearb. v. Wilh. Roth. 14.—16. Jahrg. Bericht f. d. J. 1888—1890. Suppl.-Bd. zur deutschen militärärztl. Zeitschrift. gr. 8. (XIII, 234; XII, 228; XIII, 200 S.) Berl. 889—92, Mittler u. Sohn. 14. u. 15. Jahrg. à * 5 —; 16. Jahrg. * 4 80

— üb. die Leistungen u. Fortschritte auf dem Gebiete d. Militär-Sanitätswesens. Bearb. v. Wilh. Roth. 16. Jahrg. Bericht f. d. J. 1890. Suppl.-Bd. zur deutschen militärärztl. Zeitschrift. gr. 8. (XIII, 200 S.) Berlin 891. E. S. Mittler & Sohn. n. 4. 80

— dasselbe. Bearb. v. Ant. Lübbert. 17. Jahrg. Bericht f. d. J. 1891. gr. 8. (XI, 177 S.) Ebd. 892. n. 4. —

— dasselbe. Hrsg. v. der Red. der Deutschen militärärztl. Zeitschrift. 18. Jahrg Bericht f. d. J. 1892. gr. 8. (XI, 216 S.) Ebd. 893. n. 4. 80

Jahresbericht über Leistungen u. Fortschritte auf d. Gebiete d. Militär-Sanitätswesens, s. a. Roth, W.

Jahresbericht. W[ilhelm] Roth's Jahresbericht über die Leistungen und Fortschritte auf dem Gebiete des Militär-Sanitätswesens. Hrg. von der Redaktion der Deutschen militärärztlichen Zeitschrift. Jahrg. 27: Bericht für das Jahr 1901. Supplementband zur Deutschen militärärztlichen Zeitschrift. XVI + 182 S. 8. Berlin, Ernst Siegfried Mittler & Sohn, 1902. [M. 4. 50]

Jahresbericht üb. d. Leistungen u. Fortschr. auf d. Gebiet d. Militär-Sanitätswesens. Hrsg. v. W. Roth, demnächst v. d. Red. d. Deutsch. mil.-ärztl. Zeitschr. Jahrg. 29. Berlin 1903.

Jahresbericht über die Leistungen und Fortschritte auf dem Gebiete des Militär-Sanitätswesens. Begr. von W. Roth. Hrsg. von H. Bischoff. Erscheint als Ergänz.-Bd. zur Deutschen militärärztlichen Zeitschrift. Berlin 1905 bis 1910. Jahrg. 30 bis 35.

— üb. d. Leistgn. u. Fortschritte auf d. Gebiete der Neurologie u. Psychiatrie. In Verbindg. m. Adler, Bary, v. Bechterew u. a. Hrsg. v. E. Flatau u. L. Jacobsohn. Red. v. E. Mendel. I. Jahrg. Bericht üb. d. J. 1897. Lex.-8. (VIII, 1508 S.) Berlin 898. S. Karger. n. 30. —; geb. n.n. 33. —

— über die Leistungen u. Fortschritte auf dem Gebiete der Neurologie u. Psychiatrie. In Verbindg. m. Adler, B. Ascher, Bary u. a., unter Mitwirkg. v. Ed. Flatau. Red. v. E. Mendel u. L. Jacobsohn. II.—V. Jahrg. Bericht üb. die J. 1898—1901. Lex.-8. (VIII, 1406 S. m. Bildn.; VI, 1286; VI, 1135 u. VI, 1104 S.) Berlin 899—902. S. Karger. à n. 32. —; geb. à n.n. 35. —

— über die Leistungen u. Fortschritte auf dem Gebiete der Neurologie u. Psychiatrie. In Verbindg. mit Albrecht, M. Arndt, B. Ascher u. a. hrsg. u. unter Mitwirkg. v. Ed. Flatau u. S. Bendix red. v. E. Mendel u. L. Jacobsohn. VI.—IX. Jahrg. Bericht üb. d. J. 1902—1905. (VI, 1333; VI, 1240; VI, 1318 u. VI, 1291 S.) Lex.-8. Berlin 903—906. S. Karger. à n. 35. —; geb. à n. 38. —

— über die Leistungen u. Fortschritte auf dem Gebiete der Neurologie u. Psychiatrie. X.—XIII. Jahrg. Bericht üb. d. J. 1906—1909. Lex. 8. Berlin, S. Karger. 159. —; geb. n 171. —
X. In Verbindg. m. Albrecht, M. Arndt, B. Ascher u. a. hrsg. u. unter Mitwirkg. v. Ed. Flatau u. S. Bendix red. v. E. Mendel u. L. Jacobsohn. (VIII, 1350 S.) 907. 37. —; geb. n 40. —
XI. In Verbindg. m. Albrecht, M. Arndt, B. Ascher u. a. hrsg. u. unter Mitwirkg. v. Ed. Flatau u. S. Bendix red. v. L. Jacobsohn. (VI, 1431 S.) 908. 40. —; geb. n 43. —
XII. In Verbindg. m. Albrecht, M. Arndt, B. Ascher u. a. hrsg u. unter Mitwirkg. v. Ed. Flatau u. S. Bendix red. v. L. Jacobsohn. (VI, 1312 S.) 909. 40. —; geb. n 43. —
XIII. In Verbindg. m. M. Arndt, B. Ascher, Audenino u. a. hrsg. u. unter Mitwirkg. v. Ed. Flatau u. S. Bendix red. v. L. Jacobsohn. (VII, 1294 S.) 910. 42. —; geb. n 45. —

Jahresbericht über die Leistungen und Fortschritte im Gebiete der Ophthalmologie hrsg. im Verein mit mehreren Fachgenossen und redig. von Albr. Nagel. 1.—4. Jahrg. Bericht für die J. 1870—1873. gr. 8. (XII, 488 S. mit 1 lithogr. Taf. Abbildungen; IV, 480; VIII, 487; VI, 525 S.) Tübingen 872—75, Laupp'sche Buchh.
1.—3. Jahrg. à * 9 60
4. Jahrg. * 10 —

— dasselbe. 5. Jahrg. Bericht f. d. J. 1874. gr. 8. (IV, 602 S.) Ebend. 876. n. 12.

— über die Leistungen u. Fortschritte im Gebiete der Ophthalmologie, hrsg. im Verein mit mehreren Fachgenossen u. red. von Albr. Nagel. 6. Jahrg. Bericht für das Jahr 1875. gr. 8. (IV, 536 S.) Tübingen 877. Laupp. n. 12. —

Jahresbericht über die Leistungen u. Fortschritte im Gebiete der Ophthalmologie, hrsg. im Verein mit mehreren Fachgenossen u. red. von Albr. Nagel. 7. Jahrg. Bericht für das Jahr 1876. gr. 8. (V, 571 S.) Tübingen 878. Laupp. n. 12. —

—— dass. — begründet von Albr. Nagel, fortgesetzt im Verein mit mehreren Fachgenossen und redig. von Jul. Michel. 8. Jahrg. Bericht für das J. 1877. 2 Hälften. gr. 8. Ebendas. 880. [1. Hälfte. Mit der ophthalmolog. Bibliographie des J. 1878. (S. 1—224.) * *M.* 6.; 2. Hälfte. (III, S. 225—421.) * *M.* 4.]

— über die Leistungen und Fortschritte im Gebiete der Ophthalmologie, begründet von Albr. Nagel, fortgesetzt im Verein mit mehreren Fachgenossen und redig. von Jul. Michel. 9. und 10. Jahrg. Bericht für die J. 1878 und 1879. gr. 8. (IV, 478 S. mit 3 Tab. und Bibliographie 71 S.; IV, 473 S.) Tübingen 880, 81, Laupp'sche Buchh. à Jahrg. *

— dasselbe. 11. Jahrg. Bericht für das Jahr 1880. gr. 8. (IV, 511 S. m. 3 Tab. u. Bibliographie 82 S.) Ebend. 882. n. 13. —

— über die Leistungen u. Fortschritte im Gebiete der Ophthalmologie, begründet v. Albr. Nagel, fortgesetzt im Verein m. mehreren Fachgenossen u. red. v. Jul. Michel. 12. Jahrg. Bericht f. d. J. 1881. gr. 8. (IV, 540 S. m. 3 Tab. u. Bibliographie 140 S.) Tübingen 883. Laupp. n. 13. —

— — dass. — 13. Jahrg. Bericht für das J. 1882. gr. 8. (IV, 606 S. und Bibliographie 86 S.) Ebendas. 883. *

—— dass. — 14. Jahrg. Bericht für das J. 1883. gr. 8. (IV, 662 S. und Bibliographie 94 S.) Ebendas. 884. *

—— über die Leistungen und Fortschritte im Gebiete der Ophthalmologie, begründet von Albr. Nagel, fortgesetzt im Verein mit mehreren Fachgenossen und redig. von Jul. Michel. 15. Jahrg. Bericht für das J. 1884. gr. 8. (IV, 728 S., Bibliographie 100 S.) Tübingen 885, Laupp'sche Buchh. *

— über die Leistungen u. Fortschritte im Gebiete der Ophthalmologie, begründet v. A. Nagel, fortgesetzt im Verein m. mehreren Fachgenossen u. red. v. J. Michel. 16. Jahrg. Bericht f. d. J. 1885. gr. 8. (IV, 608 u. Bibliographie 90 S.) Tübingen 886. Laupp. n. 15. 80

— dasselbe. 17. Jahrg. Bericht f. d. J. 1886. gr. 8. (VI, 605 u. Bibliographie 98 S.) Ebd. 887. n. 15. 80

—— dass. — 18. Jahrg. Bericht für das J. 1887. gr. 8. (IV, 559 S., Bibliographie 93 S.) Ebendas. 888. *

—— über die Leistungen u. Fortschritte im Gebiete der Ophthalmologie. Begründet v. Albr. Nagel. Fortges. im Verein m. mehr. Fachgenossen u. redig. v. Jul. Michel. 19.—21. Jahrg. Bericht f. d. J. 1888—1890. gr. 8. (IV, 612 S., Bibliogr. 87 S.; IV, 606 S., Bibliogr. 92 S.; IV, 536 S., Bibliogr. 89 S.) Tüb. 889—91, Laupp.
19. u. 20 Jahrg. à * 16 —; 21. Jahrg. * 14 —

— dasselbe. 22. Jahrg. Bericht f. d. J. 1891. gr. 8. (IV, 542 u. Bibliographie 80 S.) Ebd. 892. n 14. —

— dasselbe. 23. Jahrg. Bericht f. d. J. 1892. gr. 8. (IV, 607 u. Bibliographie 88 S.) Ebd. 894. n. 16. —

— üb. d. Leistgn. u. Fortschritte im Gebiete d. Ophthalmologie. Begr. von Albr. Nagel. Fortges. im Verein m. mehr. Fachgenossen u. red. v. Jul. Michel. 24. Jahrg. Bericht f. d. J. 1893. gr. 8. (IV, 576 u. Bibliographie 92 S.) Tübingen 894. H. Laupp. n. 15. 60

— dasselbe. 25. Jahrg. Bericht f. d. J. 1894. gr. 8. (VII, 636 u. Bibliographie 100 S.) Ebd. 895. n. 17. —

— dasselbe. 26. Jahrg. Bericht f. d. J. 1895. gr. 8. (IV, 620 u. Bibliographie 94 S.) Ebd. 896. n. 17. —

— dasselbe. 27. Jahrg. Bericht f. d. J. 1896. gr. 8. (V, 575 u. Bibliographie 89 S.) Ebd. 897. n. 18. —

— dasselbe. 28. Jahrg. Bericht f. d. J. 1897. gr. 8. (V, 617 S. m. 5 Tab. u. Bibliographie 89 S.) Ebd. 898. n. 20. —

— üb. die Leistungen u. Fortschritte im Gebiete der Ophthalmologie. Begründet u. bis zum Jahrg. 1876 red. v. Albr. Nagel. Unter Mitwirkg. mehrerer Fachgenossen fortgesetzt u. red. seit dem Jahrg. 1877 von Jul. v. Michel. 29. Jahrg. Bericht f. d. J. 1898. gr. 8. (V, 918 u. 110 S. u. 5 Tab.) Tübingen 899—900. H. Laupp. n. 26. —

— dasselbe. 30. Jahrg. Bericht f. das J. 1899. gr. 8. (VIII, 798 u. 120 S. m. 5 Tab.) Ebd. 900. 901. n. 26. —

— dasselbe. 31. Jahrg. Bericht f. d. J. 1900. gr. 8. (VII, 766 u. 113 S. m. 5 Tab.) Ebd. 901. 902. n. 30. —

— dasselbe. 32. Jahrg. Bericht f. d. J. 1901. 1. Hälfte. gr. 8. (400 S.) Ebd. 902. n. 13. 80

— über die Leistungen u. Fortschritte im Gebiete der Ophthalmologie. Begründet u. bis zum Jahrg. 1876 red. v. Albr. Nagel. Unter Mitwirkg. mehrerer Fachgenossen fortgesetzt u. red. seit dem Jahrg. 1877 von Jul. v. Michel. 32. Jahrg. Bericht f. d. J. 1901. 2. Hälfte. (VII, S. 401—789 u. 110 S. m. 4 Tab.) gr. 8. Tübingen 903. H. Laupp. n. 17. — (Vollständig: n. 30. 80)

— dasselbe. 33.—36. Jahrg. Bericht f. d. J. 1902—1905. Ebd. n. 128. 75
1902. (2 Hälften.) (VII, 771 u. 117 S. m. 5 Tab.) 903. n. 32. —
1903. (VII, 786 u. 124 S. m. 5 Tab.) 904. n. 32. —
1904. 2 Hälften. (VIII, 795 u. 123 S. m. 5 Tab.) 905. n. 32. —
1905. 2 Hälften. (VII, 791 u. 116 S. m. 5 Tab.) 906. n. 32. 75

— über die Leistungen u. Fortschritte im Gebiete der Ophthalmologie. Begründet u. bis zum Jahrg. 1876 red. v. Albr. Nagel. Unter Mitwirkg. mehrerer Fachgenossen fortgesetzt u. red. seit dem Jahrg. 1877 von Jul. v. Michel. 37.—40. Jahrg. Bericht f. d. J. 1906—1909. gr. 8. Tübingen, H. Laupp. 140. —
1906. (III, 753 u. 116 S. m. 4 Taf.) 907. 32. —
1907. (VII, 805 u. 120 S. m. 4 Tab.) 908. 34. —
1908. (VII, 839 u. 135 S. m. 4 Tab.) 909. 36. —
1909. (VII, 873 u. 137 S.) 910. 38. —

— über die Leistungen in der Kriegsheilkunde im J. 1860. Hrsg. von Scherer, Virchow und Eisenmann. hoch 4. (199 S. mit 1 Stnt. in qu. Fol.) Würzburg 861. Stahel'sche Buchh. *

— über die Leistungen in der Kriegsheilkunde im J. 1861—65. Hrsg. von Scherer, Virchow und Eisenmann. hoch 4. [1861. (211 S. mit 1 Stnt. in qu. Fol.) 1862. (163 S. mit 1 Stnt. in qu. Fol.) 1863. (141 S. mit 1 Stnt. in qu. Fol.) 1864. (IV und 304 S. mit 1 Stnt.) 1865. (263 S. mit 2 Stnt. in gr. 4.)] Würzburg 862—66, Stahel'sche Buchh.) à Jahrg. *

Jahresbericht Leistungen Medizinalverwaltung

Jahres-Bericht über die Leistungen der Medicinal-Verwaltung und Gesetzgebung in der Provinz Oesterreich unter der Enns vom Jahre 1843..., hrsg. von Joseph Johann Knolz. 216 S., gbd.

Wien: Kaulfuß & Prandel 1844 (Sammlung der Sanitätsverordnungen für das Erzherzogthum Osterreich unter der Enns... Bd 10)

— über die Leistungen in der Pharmacie, s. Canstatt's Jahresbericht.

Jahresbericht über die Leistungen der chem. Technologie, vgl. Jahresbericht über die Fortschritte der chem. Technologie ...

— über die Leistungen der chemischen Technologie. Für 1867—1869. Hrsg. von Joh. Rud. Wagner. 13.—15. Jahrg. gr. 8. (XIII, 800 S. mit 69 eingedr. Holzschn.; XIV, 836 S. mit 63 eingedr. Holzschn.; XV, 832 S. mit 57 eingedr. Holzschn.) Leipzig 868—70, O. Wigand. à Jahrg. *

— dass. — 1870—1874. Hrsg. von Joh. Rud. v. Wagner. 16.—20. oder Neue Folge. 1.—5. Jahrg. gr. 8. (XVI, 824 S. mit 122 eingedr. Holzschn.; XVII, 951 S. mit 120 eingedr. Holzschn.; XVIII, 936 S. mit 95 eingedr. Holzschn.; XIX, 995 S. mit 81 eingedr. Holzschn.; XX, 1061 S. mit 88 eingedr. Holzschn.) Ebendas. 871—75. 16. Jahrg. * 17. Jahrg. *M 14.; 18. Jahrg. * 19. Jahrg. *M 16.; 20. Jahrg. *

— dass. — Generalregister über Bd. XI—XX, bearb. von Friedr. Gottschalk. gr. 8. (378 S.) Ebendas. 876. *

— dasselbe, f. d. J. 1875. 21. od. Neue Folge 6. Jahrg. Mit 99 (eingedr.) Holzschn. gr. 8. (XVIII, 1138 S.) Ebend. 876. n. 18. —

Jahresbericht über die Leistungen der chemischen Technologie mit besonderer Berücksichtigung der Gewerbestatistik für das J. 1876 u. 1877. Hrsg. von Rud. v. Wagner. 22. u. 23. oder neue Folge 7. u. 8. Jahrg. Mit (eingedr.) Holzschn. gr. 8. (XIX, 1200 u. XX, 1143 S.) Leipzig 877. 78. O. Wigand. à Jahrg. n. 20. —

— dasselbe, für das J. 1878 u. 1879. 24. u. 25. oder neue Folge 9. u. 10. Jahrg. Mit (eingedr.) Holzschn. gr. 8. (XXIV, 1259 u. XXVI, 1285 S.) Ebend. 879. 80. à n. 22. —

Jahresbericht über die Leistungen der chemischen Technologie mit besond. Berücksicht. der Gewerbestatistik für das Jahr 1879. Hrsg. von Rud. v. Wagner. 25. oder neue Folge 10. Jahrg. gr. 8. (XXVI, 1285 S. mit 109 eingedr. Holzschn.) Leipzig 880, O. Wigand. *
Fortsetzung, s. Wagner, Rud. v.

— über die Leistungen der chemischen Technologie m. besond. Berücksicht. der Gewerbestatistik f. d. J. 1883—1885. [Jahrg. I—XXV bearb. von R. v. Wagner.] Fortgesetzt v. Ferd. Fischer. 29—31. od. neue Folge. 14—16. Jahrg. Mit Abbildgn. gr. 8. (à ca. XX, 1332 S.) Leipzig 884—86. O. Wigand. à n. 24. —

— dasselbe. Generalregister üb. Bd. XXI—XXX, hrsg. v. F. Fischer. gr. 8. (184 S.) Ebd. 889. n. 4. —

— über die Leistungen der chemischen Technologie, m. besond. Berücksicht. der Gewerbestatistik f. d. J. 1886. [Jahrg. I—XXV bearb. v. R. v. Wagner.] Fortgesetzt von F. Fischer. 32., od. neue Folge 17. Jahrg. Mit 325 Abbildgn. gr. 8. (XXIV, 1211 S.) Leipzig 887. O. Wigand. n. 24. —

— dasselbe, f. d. J. 1887. 33., od. neue Folge 18. Jahrg. Mit 338 Abbildgn. gr. 8. (XXVIII, 1261 S.) Ebd. 888. n. 24. —

— über die Leistungen der chemischen Technologie m. besond. Berücksicht. der Gewerbestatistik f. d. J. 1888—1891. Jahrg. I—XXV bearb. v. R. v. Wagner. Fortges. v. Ferd. Fischer. 34.—37. od. Neue Folge 19.—22. Jahrg. gr. 8. (XXIV, 1214 S. m. 228 Abbildgn.; XXXV, 1256 S. m. 216 Abbildgn.; XXXVI, 1247 S. m. 209 Abbildgn.; XXXVII, 1240 S. m. 193 Abbildgn.) Lpz. 889—92. O. Wigand. à Jahrg. * 24 —

— über die Leistungen der chemischen Technologie m. besond. Berücksicht. der Gewerbestatistik f. d. J. 1890 — 1892. (Jahrg. I — XXV bearb. von R. v. Wagner.) Fortgesetzt v. Ferd. Fischer. 36.—39. od. neue Folge 21.—24. Jahrg. gr. 8. (XXXVI, 1247 S. m. 209 Abbildgn.; XXXVI, 1240 S. m. 193 Abbildgn.; XXXV, 1180 S. m. 227 Abbildgn.; XL, 1272 S. m. 200 Abbildgn.) Leipzig 891—894. O. Wigand. à Jahrg. n. 24. —

— üb d. Leistungen d. chem. Technologie m. bes. Berücksicht. d. Elektrochemie u. Gewerbestatistik f. d. J. 1894—1897. Jahrg. I—XXV bearb. von R. v. Wagner. Fortges. v. Ferd. Fischer. 40.—43. od. neue Folge 25.-28. Jahrg. gr. 8. Leipzig, O. Wigand. à Jahrg. n. 24. —

1894. (XXXIV, 1208 S. m. 206 Abb.) 895.
1895. (XXXIX, 1207 S. m. 226 Abb.) 896.
1896. (XXXVI, 1244 S. m. 262 Abb.) 897.
1897. (XXXIV. 1222 S. m. 250 Abb.) 898.

— dasselbe. Generalregister üb. Bd. XXXI—XL. Unt. Mitwirkung v. F. Fischer bearb. v. Guericke, Unger u. Wildt. gr. 8. (646 S.) Ebd. 898. n. 12. —

— über die Leistungen der chemischen Technologie m. besond. Berücksicht. d. Elektrochemie u. Gewerbestatistik f. d. J. 1898 u. 1899. Jahrg. I—XXV bearb. von R. v. Wagner. Fortgesetzt v. Ferd. Fischer. 44. u. 45. od. neue Folge 29. u. 30. Jahrg. gr. 8. (XXXVI, 1280 S. m. 202 Abb. u. XXXIV, 1256 S. m. 281 Abb.) Leipzig 899. 900. O. Wigand. à n. 24. —

— dasselbe f. d. J. 1900. 46. Jahrg. od. neue Folge. 31. Jahrg. Bearb. v. Ferd. Fischer. 2 Abthlgn. gr. 8. Ebd. 901. à n. 14. —
1. Unorganischer Thl. (XIX, 604 S. m. 249 Abbildgn.)
2. Organischer Thl. (XXVI, 619 S. m. 87 Abbildgn.)

— dasselbe f. d. J. 1901. 47. Jahrg. oder neue Folge 32. Jahrg. 2 Abtlgn. gr. 8. Ebd. 902. à n. 14. —
1. Unorganischer Thl. (XIX, 604 S. m. 230 Abbildgn.)
2. Organischer Thl. (XXIV, 661 S. m. 50 Abbildgn.)

— über die Leistungen der chemischen Technologie m. besond. Berücksicht. der Elektrochemie u. Gewerbestatistik f. d. J. 1902—1905. 48.—51. Jahrg. od. neue Folge 33—36. Jahrg. Bearb. v. Ferd. Fischer. (Jahrg. I—XXV von R. v. Wagner.) à 2 Abtlgn. gr. 8. Leipzig 903—906. O. Wigand. à n. 14. —
48. 1. Unorganischer Thl. Mit 221 Abbildgn. (XXIII, 563 S.)
2. Organischer Thl. Mit 52 Abbildgn. (XXIV, 655 S.)
49. 1. Unorganischer Thl. Mit 185 Abbildgn. (XXII, 611 S.)
2. Organischer Thl. Mit 72 Abbildgn. (XXIII, 635 S.)
50. 1. Unorganischer Thl. Mit 224 Abbildgn. Mit dem Bildnis Professor Fischers. (XXVII, 628 S.)
2. Organischer Thl. Mit 73 Abbildgn. (XXVII, 578 S.)
51. 1. Unorganischer Tl. Mit 284 Abbildgn. (XXVIII, 640 S.)
2. Organischer Tl. Mit 57 Abbildgn. (XXIV, 636 S.)

— dasselbe. Generalregister üb. Bd. 41—50. (260 S.) gr. 8. Ebd. 908. 9. —

— über die Leistungen der chemischen Technologie m. besond. Berücksicht. der Elektrochemie u. Gewerbestatistik f. d. J. 1906—1909. 52.—55. Jahrg. od. neue Folge 37.—40. Jahrg. Bearb. v. Ferd. Fischer. (Jahrg. I—XXV von R. v. Wagner.) à 2 Abtlgn. gr. 8. Leipzig, [O. Wigand] J. A. Barth. à Abtlg. 15.—;
52. I. Unorganischer Tl. (XXX, 846 S. m. 251 Abb.) 907.
II. Organischer Tl. (XXXII, 590 S. m. 59 Abb.) 907.
53. I. Unorganischer Tl. (XXXV, 658 S. m. 238 Abb.) 908.
II. Organischer Tl. (XXVII, 612 S. m. 41 Abb.) 908.
54. I. Unorganischer Tl. (XXXIV, 665 S. m. Abb.) 909.
II. Organischer Tl. (XXVIII, 619 S. m. 75 Abb.) 909.
55. I. Unorganischer Tl. (XXVIII, 669 S. m. 266 Abb.) 910.
II. Organischer Tl. (XXVI, 620 S. m. 69 Abb.) 910.

—— über die Leistungen in der Thierheilkunde, s. Canstatt's Jahresbericht.

—— über die Leistungen in der Thierheilkunde in den J. 1851—55. Bearb. von Hering und redig. von Scherer, Virchow, Eisenmann etc. hoch 4. Würzburg 852—56, Stahel'sche Buchh. [1851. (65 S.) 1852. (71 S.) 1853. (68 S.) 1854. (71 S.) à Jahrg. * 18 Ngr. 1855. (66 S.) * 20 Ngr.] *

Jahresbericht über die Leistungen auf dem Gebiete der Veterinär-Medicin. Hrsg. von Ellenberger und Schütz. 1. Jahrg. [J. 1881]. Lex.-8. (IV, 88 S.) Berlin 882, Hirschwald. *

— über die Leistungen auf dem Gebiete der Veterinär-Medicin. Unter Mitwirkg. v. Azary, Born, Eichbaum etc. Hrsg. v. Ellenberger u. Schütz. 2. Jahrg. [J. 1882]. Lex.-8. (IV, 148 S.) Berlin 883. Hirschwald. n. 5. 60

Jahresbericht über die Leistungen auf dem Gebiete der Veterinär-Medicin. Unter Mitwirkg. v. Azary, Born, Eichbaum etc. Hrsg. v. Ellenberger u. Schütz. 3. Jahrg. [J. 1883]. Lex. 8. (IV, 176 S.) Berlin 884. Hirschwald. n. 5. 60

—— über die Leistungen auf dem Gebiete der Veterinär-Medicin. Unter Mitwirkung von Azary, Born, Eichbaum etc. Hrsg. von Ellenberger und Schütz. 4. Jahrg. [J. 1884.] Lex.-8. (III, 200 S.) Berlin 885, Hirschwald. * 6 —
—— dass. — Unter Mitwirkung von Born, Eichbaum, Eversbusch etc. Hrsg. von Ellenberger und Schütz. 5. Jahrg. [J. 1885.] Lex.-8. (IV, 174 S.) Ebendas. 886. * 5 60
—— dass. — Unter Mitwirkung von Born, Edelmann, Eichbaum etc. Hrsg. von Ellenberger und Schütz. 6. Jahrg. [J. 1886.] Lex.-8. (IV, 218 S.) Ebendas. 887. * 7 50
—— dass. — Unter Mitwirkung von Born, Edelmann, Fambach. Hrsg. von Ellenberger und Schütz. 7. Jahrg. [J. 1887.] Lex.-8. (IV, 160 S.) Ebendas. 888. * 7 50

—— über die Leistungen auf dem Gebiete der Veterinär-Medicin. Unter Mitwirkg. v. Born, Edelmann, Fambach. Hrsg. v. Ellenberger u. Schütz. 8. Jahrg. [J. 1888.]. Lex.-8. (IV, 229 S.) Berl. 889, Hirschwald. * 10 —
—— dass. — Unter Mitwirkg. v. Baum, Born, Edelmann u. A. hrsg. v. Ellenberger u. Schütz. 9.—11. Jahrg. [J. 1889—1891]. Lex.-8. (IV, 222; IV, 214; IV, 202 S.) Ebd. 890—92. à Jahrg. * 10 —

— üb. die Leistungen auf dem Gebiete der Veterinär-Medicin. Unter Mitwirkg. von Baum, Born, Edelmann etc. Hrsg. von Ellenberger u. Schütz. 10.—13. Jahrg. (J. 1890—1893). Lex.-8. (IV, 214; IV, 202; IV, 209; IV, 222 S.) Berlin 891—894. A. Hirschwald. à Jahrg. n. 10. —

— üb. d. Leistgn. auf d. Gebiete d. Veterinär-Medicin. Unter Mitwirkg. v. Baum, Beel, Born etc. Hrsg. v. Ellenberger u. Schütz. 14. u. 15. Jahrg. (J. 1894 u. 1895.) Lex.-8. (IV, 243 u. IV, 229 S.) Berlin 895. 96 A. Hirschwald. à Jahrg. n. 10. —

— dasselbe. General-Register üb. d. Berichte 1881—1895. Jahrg. I XV. Bearb. v. Herm. Baum. Lex.-8. (IV, 95 S.) Ebd. 897. n. 6. —

— dasselbe. Unter Mitwirkg. v. Beel, Driessen, A. Eber hrsg. v. Schütz u. Baum. 16. u. 17. Jahrg. (J. 1896 u. 1897.) Lex.-8. (VI, 225 u. IV, 254 S.) Ebd. 897. 98. à Jahrg. n. 10. —

— über die Leistungen auf dem Gebiete der Veterinär-Medicin. Unter Mitwirkg. v. M. G. de Bruin, Dexler, Driessen etc. hrsg. v. Ellenberger, Schütz u. Baum. 18. Jahrg. (J. 1898). Lex.-8. (IV, 240 S.) Berlin 899. A. Hirchwald. n. 10. —

— dasselbe. Unter Mitwirkg. v. M. G. de Bruin, Dexler, Edelmann u. a. Hrsg. v. Ellenberger, Schütz u. Baum. 19.—21. Jahrg. (J. 1899—1901.) Lex.-8. (IV, 295; IV, 267 u. IV, 312 S.) Ebd. 900—902. à n. 14. —

— über die Leistungen auf dem Gebiete der Veterinär-Medicin. Unter Mitwirkg. v. M. G. de Bruin, Dexler, Edelmann u. a. Hrsg. v. Ellenberger u. Schütz Red. v. Ellenberger u. Ant. Sticker. 22. u. 23. Jhrg. (J. 1902 u. 1903.) (IV, 277 u. IV, 316 S.) Lex.-8. Berlin 903. 904. A. Hirschwald. à n. 14. —

— dasselbe. Red. v. Ellenberger u. Otto Zietzschmann. 24. Jahrg. (J. 1904.) (IV, 358 S.) Lex.-8. Ebd. 905. n. 14. —

— dasselbe. 25. Jahrg. (J. 1905.) (IV, 436 S.) Lex.-8. Ebd. 906. n. 17. —

— über die Leistungen auf dem Gebiete der Veterinär-Medizin. Unter Mitwirkg. v. Dexler, Edelmann, Freund u. a. Hrsg. v. Ellenberger u. Schütz. Red. v. Ellenberger u. Otto Zietzschmann. 26.—29. Jahrg. (J. 1906—1909.) (VIII, 434; IV, 416; IV, 459 u. VI, 436 S.) Lex. 8. Berlin 907—10. A. Hirschwald. à 17. —

—— über die Leistungen in den physiologischen Wissenschaften im J. 1851. Bearb. von Heidenreich, Henle, Scherer, Valentin. hoch 4. (204 S.) Ebds. 852. *
Vorstehendes bildet eine Fortsetzung von: Canstatt's und Eisenmann's Jahresbericht etc.

Jahresbericht, Dritter — über die wissenschaftlichen Leistungen des Doktoren-Kollegiums der medizinischen Fakultät in Wien unter dem Dekanate des Dr. Joseph Schneller im Jahre 1852 bis 1853. Im Auszuge erstattet in der Plenarversammlung am 6. Juni 1853. 8. (32 S.) Wien. Mechitharisten-Buchdruckerei. 1853.

Jahresbericht, Vierter — über die wissenschaftlichen Leistungen des Doktoren-Kollegiums der medizinischen Fakultät in Wien, unter dem Dekanate der Dr. J. J. Knolz im Jahre 1853—1854. Im Auszuge erstattet in der Plenarversammlung am 14. Juni 1854. 8. (16 S.) Wien. Mechitharisten-Buchdruckerei.

Jahresbericht, Fünfter — über die wissenschaftlichen Leistungen des Doktoren-Kollegiums der medizinischen Fakultät in Wien, unter dem Dekanate des Dr. Josef Johann Knolz, k. k. nied. österr. Regierungsrath im Jahre 1854—55. Nebst einem Anhange über die Gebahrung der Fakultäts-Fonde. Wien. 1855. Druck von Zamarski, Universitäts-Buchdruckerei. (26 S. 8.)

Jahresbericht, sechster -- über die wissenschaftlichen Leistungen des Doktoren-Kollegiums der mediz. Fakultät in Wien unter dem Dekanate des Dr. Josef Joh. Knolz. Im Jahre 1855/56. Wien, 1856. Druck von L. C. Zamarski. (22 S. 8.)

Jahresbericht, siebenter — über die wissenschaftlichen Leistungen des Doktoren-Kollegiums der medizinischen Fakultät in Wien unter dem Dekanate des Alois Aitenberger im Jahre 1856/57. Wien, 1857. Dr. von L. C. Zarmaski, Univerüt.-Buchdruckerei (vormals J. P. Sollinger.) (23 S. 8.)

Jahresbericht, achter — über die wissenschaftlichen Leistungen des Doctoren-Collegiums der med. Facultät in Wien, unter dem Decanate des Dr. Alois Aitenberger im J. 1857 — 58. *Wien* 1858. Typ.-lit.-art. Anstalt (*L. C. Zamarski, C. Dittmarsch et Comp.*) 20 S. 8°.

Hypothekar- u. Leihkasse Lenzburg. 2. Jahresbericht pr. 1870. Lenzburg, Druck v. J. H. Oechslin. 10 Stn. 4.

Hypothekar- und Leihkasse Lenzburg. 5. Jahresbericht pr. 1873. 15 Stn. 4. Lenzburg, Druck v. J. J. Oechslin.

Hypothekar- & Leihkasse Lenzburg. 32. Jahresbericht pro 1900. 16 S. 4. Lenzburg, G. Müller, 1901.

Hypothekar- und Leihkasse Lenzburg. 33. Jahresbericht pro 1901. 16 S. 4. Lenzburg, Hegner, 1902.

Hypothekar- und Leihkasse Lenzburg. 34. Jahresbericht pro 1902. 16 S. 4. Lenzburg, Fr. X. Kromer, 1903.

Strafanstalt Lenzburg. Jahresbericht pro 1900. Separatabdruck aus dem Rechenschaftsbericht des aarg. Reg.-Rates. II + 35 S. 8. Brugg, «Effingerhof», 1901.

Strafanstalt Lenzburg. Jahresbericht pro 1901 u. pro 1902. Separatabdruck aus dem Rechenschaftsbericht des aarg. Reg.-Rates. II + 31 u. II + 35 S. 8. Brugg, «Effingerhof», 1902 u. 1903.

— der Direktion der Strafanstalt Lenzburg (Aargau, Schweiz) f. d. J. 1909. (80 S.) 8. Lenzburg (910). (Aarau, Krauß & Brach.) nn 1. —

Jahresbericht über das ... Geschäftsjahr des Leopold v. Ranke-Vereins in Wiehe. 1. (1906.) Wiehe 1907: O. Kirschbaum. 8° [F.] [07. 7961 3]

Jahresbericht der allgemeinen Lesegesellschaft in Basel für 1879 und Mitglieder-Verzeichniss für 1880. In-8°, 36 S. Basel, Druck v. J. G. Baur.

— der allgemeinen Lesegesellschaft in Basel für 1883 u. Mitgliederverzeichniss für 1884. In-8°, 35 S. Basel, Buchdruckerei Baur.

Jahresbericht der allgemeinen Lesegesellschaft in Basel für 1884 u. Mitgliederverzeichniss für 1885. In-8°, 34 S.

Allgemeine Lesegesellschaft in Basel. (114.) **Jahresbericht für 1900 und Mitglieder-Verzeichnis für 1901. 29 S. 8. Basel, Franz** Wittmer, 1901.

Allgemeine Lesegesellschaft in Basel. (115.) Jahresbericht für 1901 und Mitglieder-Verzeichnis für 1902. 25 S. 8. Basel. Franz Wittmer, 1902.

Allgemeine Lesegesellschaft in Basel. (116.) **Jahresbericht** für 1902 und Mitglieder-Verzeichnis für 1903. 16 S. 8. Basel, Franz Wittmer, 1903.

Lesehalle in Bremen. **Jahresbericht.** [1.] 1901. Bremen: Lesehalle [1902]. 24 S. 8°

Jahresbericht [der] Lesehalle in Bremen. 1906—1908. (Bremen) o. J. 8°.

DEUTSCHE GESELLSCHAFT FÜR ETHISCHE KULTUR, ABTEILUNG BERLIN. ... JAHRESBERICHT DER ERSTEN ÖFFENTLICHEN LESEHALLE ZU BERLIN C., Neue Schönhauserstr. 13.

2. ... für das Jahr 1896. Berlin 1897. Druck von H. S. Hermann. 8°.
3. ... für das Jahr 1897. ib. 1898. (O. Dr.)
4. ... für das Jahr 1898. ib. 1899. (O. Dr.)
5. ... für das Jahr 1899. ib. 1900. (O. Dr.)
6. ... für das Jahr 1900. ib. 1901. (Hermann Gueffroy, Halensee.)
7. ... für das Jahr 1901. ib. 1902. Druck von Siegfried Scholem.
8. ... für das Jahr 1902. ib. 1903. Druck von Jacoby & Comp.
9. ... für das Jahr 1903. ib. 1904. Druck von Leonhard Simion.

... JAHRESBERICHT DER ERSTEN ÖFFENTLICHEN LESEHALLE ZU BERLIN C., Münz-Strasse 11.

10. ... Für das Jahr 1904. ib. 1905. (O. Dr.)
11. ... Für das Jahr 1905. ib. 1906. (O. Dr.)
12. ... Für das Jahr 1906. ib. 1907. Druck von Leonhard Simion Nf.
13. ... Für das Jahr 1907. Vom 1. Juli 1908 an: Rungestrasse 25—27. ib. 1908. —

... JAHRESBERICHT DER ERSTEN ÖFFENTLICHEN LESEHALLE ZU BERLIN S.-O., Rungestrasse 25—27. Täglich von 12—3 und 6—10 Uhr, Sonntags von 10½—1 und 5—10 Uhr für jedermann unentgeltlich geöffnet.

14. ... Für das Jahr 1908. Gottesberg 1908. Oskar Hensels Buchdruckerei.
15. ... für das Jahr 1909. ib. 1910. —
16. ... Für das Jahr 1910. ib. 1911. —

Jahresbericht (1890 ff.: Bericht) der Lese- u. Redehalle d. dt. Studenten in Prag. Vereinsj. 1869—1913. Prag.

Jahresbericht des akademischen Lesevereins in Zürich. 1—22. 25—26. 1870—95. (Bericht 23—24 wurden nicht gedruckt).

Akademischer Leseverein in Zürich. 3. Jahresbericht üb. 1871. Zürich.

Jahresbericht, erster — des pädagogischen Lesevereines in Hainburg. Zusammengestellt von Theodor Oettinger, 1857. Preßburg, bei Alois Schreiber. (1 Bog. 8.)

Jahresbericht des Gesangvereins Deutscher Liederkranz New York 22. 1868.

Jahresbericht (u. Mitglieder-Verzeichnis) [des Gesangvereins] Deutscher Liederkranz der Stadt New York, 1880–1931, New York 1880–1931.

«Liederkranz-Frohsinn» Bern. Jahresbericht pro 1899—1900. 53 S. 8. Bern, Suter & Lierow, 1901.

Berner Liedertafel (in Bern). Jahresbericht für das Musikjahr 1900/1901, nebst Mitglieder-Verzeichnis (auf 21. September 1901). 141 S. 8. Bern, Haller, 1901.

Berner Liedertafel (in Bern). Jahresbericht für das Musikjahr 1901/1902, nebst Mitglieder-Verzeichnis (auf 20. September 1902). 112 S. 8. Bern, Suter & Lierow, 1902.

Kaufmännischer Verein Liestal. 5. Jahresbericht. Umfassend den Zeitraum vom 1. Mai 1900 bis 30. April 1901. IV + 21 S. 8. Liestal, Gebrüder Lüdin, 1901.

Kaufmännischer Verein Liestal (Sektion des Schweizerischen Kaufmännischen Vereins). 6. Jahresbericht. Umfassend den Zeitraum vom 1. Mai 1901 bis 30. April 1902. IV + 29 S. 8. Liestal, Suter & Cie., 1902.

——— 1., von d. Linerhause zu Altencelle bei Celle. 8. (1½ B.) Celle 846, Schulze'sche Buchh. *

— zweiter, dritter u. siebenter, v. dem Linerhause zu Altencelle bei Celle. 8. (34. 32 u. 28 S.) Celle 846. 47. 51, Schulze. à n. n. 1/12 ♃

—— 21., von dem Linerhause zu Altencelle bei Celle. 8. (20 S.) Celle 865, (Schulze'sche Buchh.)

—— 22., von dem Linerhause zu Altencelle bei Celle. 8. (20 S.) Ebendas. 867. *

—— 23.—30., von dem Linerhause zu Altencelle. 8. (à 18—32 S.) Celle 868—74, (Schulze'sche Buchh.) à

—— 31.—35., von dem Linerhause zu Altencelle. 8. (à Jahrg. 16 S.) Celle 875—79, (Schulze'sche Buchh.) à Jahrg. *

—— 36.—40., von dem Linerhause zu Altencelle. 8. (à Jahrg. ca. 16 S.) Celle 880—84, (Schulze'sche Buchh.) à Jahrg.

—— 41.—43., von dem Linerhause zu Altencelle. 8. (17; 16; 16 S.) Celle 885—87, (Schulze'sche Buchh.) à Jahrg. * — 30

—— 44.—47., v. dem Linerhause zu Altencelle. 8. (à Jahrg. 15 S.) Celle 888—91, (Schulbuchh.). à Jahrg. — 30

Jahresbericht, 46.—49., v. dem Linerhause zu Altencelle. 8. (à 15 S.) Celle 890—893. (Hannover u. Celle, Schulbuchh.) à — 30

— 51., v. d. Rettungsanstalt Linerhaus zu Altencelle. Zugl. Festbericht z. 50jähr. Bestehen d. Anstalt. 8. (28 S.) Celle 895. (Hannover u. Celle, Schulbuchh.) — 30

— dasselbe. 52. u. 53. 8. (16 u. 15 S.) Ebd. 896. 97. à — 30

— 54.—56., v. der Rettungsanstalt Linerhaus zu Altencelle. 8. (à 16 S.) Celle 898—900. (Hannover u. Celle, Schulbuchh.) à — 30

Jahresbericht. Literarischer J' 1907. Verbunden mit einem Almanach für 1908 und einem illustrierten Weihnachts-Katalog. Hrg. von der Redaktion «Nord und Süd» unter der Leitung von Detlev v. Liliencron. [Mit Illustrationen, Melodien und 3 Tafeln. Jahrg. 1.] IV + 250 + XXII + 80 [+ *Beilagen* 136] S. gr.-8. Berlin, Verlag «Nord und Süd», S. Schottlaender.

— literarischer. Hrsg. vom Dürerbund. 1911. (172 S. m. Abbildgn. u. 5 [2 farb.] Taf.) Lex. 8. München, G. D. W. Callwey. — 70

— litterarischer, u. Weihnachtskatalog f. 1883. Hrsg. v. E. Dohmke, C. Gehlert, R. Heinemann, E. Lehmann, Ad. Rosenberg u. O. Seemann. gr. 8. (160 S. m. eingedr. Holzschn.) Leipzig 884. Seemann. — 75

— litterarischer, u. Weihnachts-Katalog f. katholische Kreise. Ausg. Weihnachten 1891. Lex.-8. (64 S.) Münster i/W. 892. H. Schöningh. n. — 25

— literarischer, u. Weihnachts-Katalog f. kathol. Kreise. Weihnachten 1897. Lex.-8. (72 S. m. Abb.) Münster, H. Schöningh. — 40

— literarischer, u. Weihnachts-Katalog f. gebildete kathol. Kreise 12. Jahrg. Weihnachten 1902. Lex.-8. (112 S. m. Abb.) Münster, H. Schöningh. n. — 35

— literarischer, u. Weihnachts-Katalog f. gebildete (katholische) Kreise. 16. Jahrg. (112 S. m. Abbildgn.) Lex.-8. Münster, H. Schöningh. n. — 35

— literarischer, u. Weihnachts-Katalog f. gebildete katholische Kreise. 19. Jahrg. Weihnachten 1910. (142 S. m. Abbildgn.) Lex. 8. München, H. Schöningh. — 35

— der Literatur üb. physische Anthropologie im J. 1905. Von Eug. Fischer. (132 S.) gr. 8. Jena 907. G. Fischer. 4. —

— dasselbe. 2. Bd.: Bericht üb. d. J. 1906. (130 S.) gr. 8. Ebd. 908. 6. —
Sonderabdr. a.: „Jahresbericht üb. d. Fortschr. d. Anat. u. Entwicklgsgesch."

— üb. d. christl.-lateinische Litteratur v. 1886/87 bis Ende 1894. Von Carl Weyman. [Aus: „Jahresber. üb. d. Fortschr. d. class. Alterthumswiss."] gr. 8. (64 S.) Berlin 896. Leipzig, O. R. Reisland. n.n. 2. 40

— üb. d. Litteratur zur deutschen Erziehungs- u. Schulgeschichte des J. 1893 von Karl Kehrbach. [Aus: „Jahresberichte f. neuere deutsche Litteraturgeschichte" IV, 1.] Lex.-8. (32 S.) Stuttgart 895. Leipzig, G. J. Göschen. n. 1. 50

Jahresbericht über d. Litteratur zur deutschen Erziehungs- u. Schulgeschichte, Fortsetzg., s: Kehrbach, Karl, Geschichte d. Unterrichts- u. Erziehungswesens.

— über die hydrobiologische u. hydrographische Literatur 1908. Im Anschluss an Bd. I u. II d. internationalen Revue der ges. Hydrobiologie u. Hydrographie u. unter Mitarbeit v. L. Brühl, A. E. Forster, G. Götzinger u. a. hrsg. v. R. Woltereck. (IV, 235 S.) Lex. 8. Leipzig 909. 10. Dr. W. Klinkhardt. 7. 50; f. die Abnehmer des 1. u. 2. Jahrg. d. „Internationalen Revue der gesamten Hydrobiologie u. Hydrographie" gratis.

Jahresbericht der Litteraturarchiv-Gesellschaft in Berlin [1–7.] 1891–98. *Berlin 1893–99: Marschner & Stephan* (1893 ff.: *Dr. von Martzke & Märtin, Trebnitz i. Schl.*). 7 Bde 8°
Forts. s. u. d. T.: Bericht d. Litt.-Ges. in Berlin 1899 ff.

Jahresbericht des Pester Lloyd für 1855. Redigirt durch Karl Weißkircher, Sekretär. Pest, 1856. Buchdruckerei von Emil Müller. (93 S. 8.) (Deutsch und Ungarisch zugleich.)

Jahresbericht der Loge zum goldenen Apfel in Dresden. 10 Piecen. 8. 1848 51. 1852.53, 1857 58, 1859,60, 1861,62, 1863/64, 1866/67, 1867/68, 1868/69, 1870/71.

[**Jahres-Bericht** der Loge Zur Brudertreue in Aarau:] von 1903/04 an. 21.

Jahresbericht der Loge zur Brudertreue an der Elbe f. d. Jahr 1878—79 von J. F. Hoffmann. 1879—80 von Dr. F. W. Bahnson. 1882—83 von Hoffmann. 3 Hefte. Hamburg. 8. 12, 8 u. 10 S.

Jahresbericht der Loge zur Einigkeit pro 5875. Frankfurt a/M. 1876. 8. 8 S.

[**Jahresbericht** der Loge „zur Eintracht" in Neudörfl. 1884/85.] 21.

[**Jahresbericht** der Loge „zur Freimütigkeit am Rhein" im Orient Frankenthal:] 7. Dez. 1839. 4 Bl. 8°. 21.

Jahresbericht der Loge zur Kette in München pro 1880/81. Für die Schlussloge am 24. Juni 1881 zusammengestellt (München 1881). kl. 8. 17 S.

Jahres-Bericht 1878/79 u. 1879/80 der Loge zu den 3 Säulen zu Kronstadt. 2 Hefte. 8. Pudapest 1879. 5 S. Kronstadt 1880. 7 S.

[**Jahresbericht** der Loge „Zur Verschwiegenheit" in Pressburg. 1877/78.] 430.

—— 20. und 21., des Bremer Local-Vereins der evangelischen Gustav-Adolphs-Stiftung. Juli 1872 und Juli 1873. 8. (à 8 S.) Barmen 872,73, Wiemann.

Lorraine Baugesellschaft in Bern. 13. Jahresbericht pr. 1873. 12 Stn. 8. Bern, Druck v. Rieder & Simmen.

—— des naturhistorischen Vereines „Lotos" für 1876—1878. Redig. von Ph. Knoll. 26.—28. Jahrg. der Zeitschrift „Lotos". gr. 8. (XVI, 102 S. mit 8 lithogr. Taf. und mehreren eingedr. Holzschn.; XVI, 220; 71 S.) Prag 876—78, (Calve'sche Hofbuchh.) 1876 * ℳ 5,40.; 1877 * 1878 *
Vgl.: Lotos.

— dasselbe, für 1878. Red. von Ph. Knoll. 28. Jahrg. der Zeitschrift „Lotos". gr. 8. (71 S.) Ebend. 879. n. 1.60
cf.: Lotos.

[**Jahresbericht** der Loge „Ludewig zur Treue" in Giessen.] 1846. 28 S. 8°. 21.

Jahresbericht der Handelskammer Ludwigshafen a. Rh. 1909-11. Ludwigshafen 1910-12

Renn-Club Luzern. 4. Luzern, H. Keller.
2. Jahres-Bericht für das Jahr 1900. 27 S. 1901.
3. Jahres-Bericht für das Jahr 1901. ([Mit 1 Tafel:] Plan der Rennbahn.) 25 S. 1902.

Renn-Club Luzern. 4. Jahres-Bericht für das Jahr 1902. 29 S. 4. Luzern, H. Keller, 1903.

Jahresbericht des Vereines Mochse-Luewjon in Czernowitz . . . Czernowitz: Selbstverl. d. Vereins 1884/1892.

Jahresbericht des Städtischen Mädchen-Lyzeums in Klgft. Klgft., v. Kleinmayr. 1905—.

. . . **Jahresbericht** der Höheren Mädchenschule von Frl. Franziska Kraus (1911 ff.: des Privat-Lyzeums nebst Ober-Lyzeum in Kiel, Waitzstraße 2) für das Schuljahr . . . (v. Franziska Kraus). Kiel. 4°
(1)—6, 1909/10—1914/15.

Jahresbericht der höhern Mädchenschule von Winterthur 1872/73. 45 Stn. 8. Winterthur, Bleuler-Hausheer & Co.
*** Beigabe: Ueber den Fröbel'schen Kindergarten von H. Morf, Waisenvater. 20 Stn. 8.

. . . **Jahresbericht** über die Städtische Höhere Mädchenschule II (1911 ff.: über das Städtische Lyzeum II) ⟨an der Harms- und der Paul Flemming-Straße⟩ zu Kiel für das Schuljahr Ostern . . . bis Ostern . . . Kiel. 4°
1 ff., 1908—1909 ff. 1909 ff.

JAHRESBERICHT DER MÄNNER VOM MORGENSTERN, Heimatbund in Nordhannover.
Heft 1. (Mit 3 Tafeln.) Bremerhaven. (1898.) Verlag: Georg Schipper vorm. Chr. G. Tienken. 8°.

— der Männer vom Morgenstern, Heimatbund in Nordhannover. 1. Hft. gr. 8. (111 S. m. 3 Taf.) Bremerhaven 898. G. Schipper. 8. —

JAHRES-BERICHT DER MÄNNER VOM MORGENSTERN, Heimatbund an Elb- und Wesermündung.
Heft 2 *). ib. 1899. —
Heft 3. Inhalt: 1. Ueber die Moore, mit besonderer Berücksichtigung der zwischen Unterweser und Unterelbe liegenden. (Von) Dr. C. WEBER, Bremen. 2. Die Ortsnamen zwischen Unterelbe und Unterweser. (Von) Direkt. Dr. JELLINGHAUS-Segeberg. 3. Kurzgefasste Abhandlung über Deiche und einzelne, namentlich Hamburgische Deichrechte. (Von) K. G. O. KRAUSE, Rat bei der Landherrenschaft Hamburg. 4. Jahresbericht. (Von) Dr. J. BOHLS. 5. Mitglieder-Verzeichnis. ib. 1900. —
Heft 4. Inhalt: 1. Ältere Wurster Inschriften. Gesammelt von Dr. G. v. d. OSTEN. 2. Kurzgefasste Abhandlung über Deiche und einzelne namentlich Hamburgische Deichrechte. (Schluss). Von Rat KRAUSE, Hamburg. 3. Jahresbericht. 4. Kassenbericht. 5. Mitglieder-Verzeichnis. ib. 1901. Verlag der v. Vangerowschen Buchhandlung Georg Schipper.
Heft 5/6. (Vereinsjahre 1902/1904.) Inhalt: 1. Beiträge zur Geschichte des Brandgildenwesens auf Hamburgischem Landgebiet. Von Dr. KARL LOHMEYER. 2. Spuren germanischen Aberglaubens in unseren Tagen. Von Dr. KARL TÖWE. 3. Jahresbericht. 4. Mitglieder-Verzeichnis. ib. 1904. Verlag Georg Schipper.
Heft 7/8. (Vereinsjahr 1905/1906.) (Mit 2 Tafeln.) Inhaltsverzeichnis: 1. Direktor Professor Dr. SCHUCHHARDT: Die Hauptobjekte unserer gegenwärtigen Altertumsforschung in Nordwestdeutschland. 2. Direktor Dr. v. d. OSTEN: Ein Versuch über den Volksaberglauben im Lande Wursten. 3. Assessor WIEBALCK: Kunsthistorische Streifzüge durch die Nordseemarschen der ehemaligen Diözese Bremen. 4. Dr. phil. BOHLS: Moorfunde. 5. Oberlehrer Dr. RÜTHER: Entstehung und Besiedelung des Landes Hadeln und seine Orts- und Flurnamen. 6. Pastor RÜTHER: Streit zwischen dem Hamburgischen Staate und dem Kloster Neuenwalde, wegen des Besitzes der fünf Heidedörfer Arensch, Berensch, Eudendorf, Oxstedt und Holte. 7. Pastor RÜTHER: Der Nordwestdeutsche Verband für Altertumsforschung. 8. Pastor RÜTHER: Hauptversammlung der Männer vom Morgenstern. 9. Mitgliederverzeichnis. ib. 1906. —

Heft 9. (Vereinsjahr 1906/1907). (Mit 2 Tafeln.) Inhaltsverzeichnis: 1. Amtsrichter R. WIEBALCK: Hermann Allmers und die Heimat. 2. Direktor Dr. v. d. OSTEN: Rückschau und Ausblick. 3. Direktor Dr. AGAHD: Die Grabungen bei Sievern. 4. Oberlehrer ROBRA: Die Ausgrabungen auf der Burg Altenwalde. 5. Schriftsteller MÜLLER-BRAUEL: Besiedelung der Gegend zwischen Elbe und Weser in vorgeschichtlicher Zeit. 6. Pastor WENDEBURG: Stammesverschiebungen in dem Wurster Kirchspiel Imsum. 7. Oberlehrer Dr. ED. RÜTHER: Quellen zur Geschichte des Landes Hadeln. 8. Pastor H. RÜTHER: Verlassene Siedelungen und untergegangene Dörfer auf der Geest des Kreises Lehe. 9. Oberlehrer Dr. HOFMEISTER: Aufruf zur Errichtung einer Heimatbibliothek. 10. Jahresbericht. 11. Mitgliederverzeichnis nebst Vorstand. ib. 1907. Verlag von Schipper, Mocker & Co.

²) Heft 2 u. folg. enthalten am Schlusse: Mitglieder-Verzeichnis der „Männer vom Morgenstern".

— der Männer vom Morgenstern, Heimatbund an Elb- u. Wesermündg. 2. u. 3. Hft. gr. 8. Bremerhaven, v. Vangerow'sche Buchh. à 3. —
2. (68 S.) 899. — 3. (70 S.) 900.

— der Männer vom Morgenstern, Heimatbund an Elb- u. Wesermündung. 4.—9. Heft. gr. 8. Bremerhaven, A. Mocker. à — 75
4. (64 S.) 901. — 5. 6. (Vereinsjahre 1902/1904.) (62 S.) 904. — 7. 8. (Vereinsjahr 1905/1906.) (103 S. m. Abbildgn. u. 1 Taf.) 906. — 9. (Vereinsjahr 1906/1907.) (127 S. m. Abb. u. 2. Taf.) 907.

Jahresbericht der Männer vom Morgenstern, Heimatbund an Elb- u. Wesermündung. 10. u. 11. Vereinsjahr 1907/08 u. 1908/09. Hannover, E. Geibel. 6. —
10. (III, 187 S. m. Abbildgn. u. Taf.) 908. 2. —
11. (III, 319 S. m. Abbildgn.) 910. 4. —

Jahresbericht des Deutschen Männer-Gesangvereins über das ... Vereinsjahr...:
no. 1. 1895 ?
Published by Deutscher Manner-Gesangverein. Annual report
Buenos Aires

Jahresbericht des Evangelischen Männer- und Jünglingsvereins zu Kiel. [1.] Erstattet im Sept. 1904. ([Kiel] 1904.) 8° [F.] fol. 14678 8

JAHRES-BERICHT des Marie-Elisabethen-Vereines in Pest für 1869/70. Pest 1870. Gedruckt bei Alois Bucsánszky. 11 S. - 220 mm

Bezirksschule Mariastein. Jahres-Bericht. Schuljahr 1900—1901. [4 S.] 4. (Laufen, Vonburg.)

Marienheim (Intern. Heim f. Lehrerinnen u. Dienstmädchen) und Deutsche Krankenpflege in *Florenz*. Jahresbericht. 13. 1904. Florenz.

Jahresbericht, erster — des Marien-Vereins zur Beförderung der katholischen Mission in Central-Afrika. Das Jahr vom 1. März 1851 bis letzten Februar 1852 gerechnet. 4. (50 S.) Wien, Druck der k. k. Hof- und Staatsdruckerei, 1852.

Jahresbericht des Marien-Vereines zur Beförderung der katholischen Mission in Central-Afrika. 4. 1854—1855. Wien 1855. 4°.

Jahresbericht, sechster — des Marien-Vereines zur Beförderung der katholischen Mission in Central-Afrika. Das Jahr vom 1. März 1856 bis letzten Februar 1857 gerechnet. Wien, 1857. Aus der k. k. Hof- und Staatsdr. (52 S. 4.)

Jahresbericht der Marien Waisen Anstalt in Mannheim. Mannheim 1865. H: *Andriano, Jacob.* (BaBb)

Jahresbericht über das 1. Vereinsjahr 1887 des Marine-Regatta-Vereins. (Berlin. 1888.) 8°.
Fortges. u. d. T.:
Jahrbuch des Marine-Regatta-Vereines für das ... Vereinsjahr. Berlin. 8°.
4. 1890; 5. 1891.
Fortges. u. d. T.:
* **Jahrbuch** des Kaiserlichen Yacht-Clubs für das ... Club-Jahr. Berlin. 8°.
2 ff. 1892 ff.

(Mägdeherberge und) Martha-Stift (in Basel). 43. Jahresbericht ([und] Rechnung) pro 1900. [2 S.] 4. (1901.)

(Mägdeherberge und) Martha-Stift (in Basel). 44. Jahresbericht ([und] Rechnung) pro 1901. [2 S.] 4. (1902.)

(Mägdeherberge und) Marthastift (in Basel). 45. Jahresbericht ([und] Rechnung) pro 1902. [2 S.] 4. (1903.)

Jahresbericht über das Martineum, Höhere Privat-Lehranstalt, zu Breklum v. Eduard Wende. (2. Schuljahr. 1883/84.) Breklum. 1884. 4°

Jahres-Bericht des maurerischen Vereins »Masonia« zu New York, enth. zugleich einen Abriss der Geschichte und Thätigkeit des Vereins von der Zeit seiner Gründung an bis zur Feier seines elfjährl. (!) Stiftungsfestes Oct. 1855 bis Oct. 1866. Williamsburgh [1866]. V: *Röhr, Eduard.* (wolfstieg I, 694)

Jahresbericht des maur. Vereins „Masonia" zu New York, enthaltend zugleich einen Abriss der Geschichte und Thätigkeit des Vereins von der Zeit seiner Gründung an bis zur Feier seines 11 jaehrl. Stiftungsfestes, Oct. 1855—Oct. 1866. [New York 1866]: Triangel. 39 S. 8°
Enth. auf S. 37—39 ein Mitgliederverzeichnis.
Rekt. Kneisner, Hamburg.

—— erster, d. Mäßigkeits-Gesellschaft d. danziger Landkreises. 8. (2½ B.) Danzig 839, Gerhard.

— der deutschen Mathematiker-Vereinigung. 1.—3. Bd. 1890—91, 1891—92, 1892—93. Hrsg. im Auftrage d. Vorstandes v. G. Cantor, W. Dyck, E. Lampe. gr. 8. Berlin, G. Reimer. n. 28. 10
1. Chronik der Vereinigung f. 1890—91. Bericht üb. die auf der Versammlung in Halle 1891 geh. Vorträge, sowie e. ausführlicher Bericht üb. die Fortschritte der projectiven Invariantentheorie im letzten Vierteljahrhundert v. W. Frz. Meyer. (IV, 292 S.) 892. n. 7. 60
2. Chronik der Vereinigung f. 1891—92, kurze Berichte üb. einzelne der f. die Versammlung in Nürnberg bestimmten Vorträge, sowie e. ausführlicher Bericht üb. die Entwickelung der Lehre vom Erddruck, v. Fritz Kötter. (III, 156 S. m. 2 Taf.) 893. n. 4. 50
3. Chronik der Vereinigung f. 1892—93, kurze Berichte üb. die auf der Versammlung in München geh. Vorträge, sowie e. ausführl. Bericht üb. die Entwicklung der Theorie der algebraischen Functionen in älterer u. neuerer Zeit v. A. Brill u. M. Noether, sowie e. Bericht üb. die Entwicklung u. die Hauptaufgaben der Theorie der einfachen Fachwerke, v. L. Henneberg. Mit 2 Fig.-Taf. (IV, 599 S.) 894. n. 16. —

— d. deutschen Mathematiker-Vereinigung. 4. Bd. 1894—95. gr. 8. Berlin 896. G. Reimer. n. 16. —
Enth. d. Chronik d. Vereinigg. f. d. J. 1894 u. 1895, kurze Berichte üb. d. auf d. Versammlgn. in Wien u. Lübeck geh. Vorträge, sow. e. ausführl. Bericht üb. d. Theorie d. algebraischen Zahlkörper, v. Dav. Hilbert. Hrsg. im Auftr. d. Vorstandes v. A. Wangerin u. A. Gutzmer. (V, XVIII. 646 S.)

— dasselbe. 5. Bd. 1896. 1. u. 2. Hft. 1. Lfg. gr. 8. Leipzig, B. G. Teubner. n. 7. 20
I. Enth. d. Chronik d. Vereinigg. f. d. J. 1896, sow. kurze Berichte üb. d. auf d. Versammlg. in Frankfurt a/M. geh. Vorträge. Hrsg. im Auftr. d. Vorstandes v. A. Wangerin u. A. Gutzmer. (91 S.) 897. n. 2. 80
II, 1. D. Entwickelg. d. synthet. Geometrie. Bericht, erstatt. d. deutschen Mathematiker-Vereinigg. von Ernst Kötter. 1. Lfg. (128 S.) 898. n. 4. 40

— der deutschen Mathematiker-Vereinigung. Hrsg. im Auftrage des Vorstandes v. A. Wangerin u. A. Gutzmer. 5. Bd. II. Hft. 2. Lfg. gr. 8. Leipzig, B. G. Teubner. n. 14.40; (5. Bd. kplt. n. 21. 20)
Die Entwickelung der synthetischen Geometrie. 1. Tl.: Von Monge bis auf Staudt, 1847. Bericht, erstattet der deutschen Mathematiker-Vereinigung. Von Ernst Kötter. 2. Lfg. (XXVIII u. S. 129—486.) 901.

— dasselbe 6. Bd. 1897. 1. Hft. gr. 8. Ebd. 898. n. 4. —
Enth. d. Chronik d. Vereinigg. f. d. J. 1897, sow. kurze Berichte üb. d. auf d. Versammlg. in Braunschweig geh. Vorträge. Hrsg. im Auftr. d. Vorstandes v. G. Hauck u. A. Gutzmer. (142 S.)

— dasselbe. Hrsg. im Auftrage des Vorstandes v. G. Hauck u. A. Gutzmer. 6. Bd. 2. Hft. gr. 8. Ebd. n. 4. —
Die geometrischen Grundlagen der Photogrammetrie. Von S. Finsterwalder. Mit 19 Fig. im Text. — Mechanische Beziehungen bei der Flächen-Deformation. Von S. Finsterwalder. Mit 33 Fig. im Text. — Übersicht üb. die wicht. Lehrbücher der Infinitesimal-Rechnung von Euler bis auf die heutige Zeit. Von G. Bohlmann. (IV, 110 S.) 899.

— dasselbe. 7. Bd. 2 Hfte. gr. 8. Ebd. n. 12. 80
1. Enth. die Chronik der Vereinigung f. d. J. 1898, sowie die auf der Versammlung in Düsseldorf geh. Vorträge. (159 S. m. Fig.) 899. n. 4. 80
2. Die Entwicklg. d. Wahrscheinlichkeitstheorie u. ihre Anwendungen. Bericht. Von Em. Czuber. (VIII, 279 S.) 899. n. 8. —

— dasselbe. 8. Bd. 2 Hfte. gr. 8. Ebd. n. 16. —
1. Enth. I. Die Chronik der Vereinigung f. d. J. 1899. II. Die auf der Versammlung zu München geh. Vorträge. (281 S. m. Fig.) 900. n. 8. —
2. Die Entwickelung der Lehre v. den Punktmannigfaltigkeiten. Bericht. Von Arth. Schoenflies. (IV, VI, 251 S. m. 8 Fig.) 900. n. 8. —

— der deutschen Mathematiker-Vereinigung. IX. Bd. 1. Heft. Enth. die Chronik der Vereinigg. f. d. J. 1900 u. die auf der Versammlg. in Aachen geh. Vorträge. Hrsg. im Auftrage des Vorstandes von K. Hensel u. A. Gutzmer. (IV, 140 S.) gr. 8. Leipzig 901. B. G. Teubner. n. 5. — (IX. Bd. vollständig: 9. —)

— dasselbe. Hrsg. im Auftrage des Vorstandes v. K. Hensel u. A. Gutzmer. 9. Bd. 2. Hft. gr. 8. Ebd. n. 4. —
Die kinetischen Probleme der wissenschaftlichen Technik. Bericht. Von Karl Heun. (VI, 123 S.) 900.
Das 1. Hft. erscheint später.

Jahresbericht der deutschen Mathematiker-Vereinigung. Hrsg. im Auftrage des Vorstandes v. R. Mehmke u. A. Gutzmer. 10. Bd. 2. Hft. 1. Hälfte. gr. 8. Leipzig, B. G. Teubner. n. 5. 60
Entwicklungen nach oscillirenden Functionen. Bericht, erstattet der deutschen Mathematiker-Vereinigung. Von H. Burkhardt. 1. Hälfte. (176 S.) 901.
Das 1. Hft. erscheint später.

— dasselbe. Hrsg. im Auftrage des Vorstandes von R. Mehmke u. A. Gutzmer. 10. Bd. II. Heft. 2.—5. Lfg. gr. 8. Ebd. n. 40. —
2. Entwicklungen nach oscillirenden Functionen. Bericht, erstattet der deutschen Mathematiker-Vereinigung. Von H. Burkhardt. 2. Lfg. (S. 177—400.) 902. n. 7. 60
3. Dasselbe. 3. Lfg. (S. 401—768.) 903. n. 12. 40
4. Dasselbe. 4. Lfg. (S. 769—1072.) 904. n. 10. —
5. Dasselbe. 5. Lfg. (S. 1073—1392.) 906. n. 10. —

— der deutschen Mathematiker-Vereinigung. 10. Bd. I. Heft u. II. Heft. 6. (Schluss-)Lfg. gr. 8. Leipzig, B. G. Teubner. 18. 40 (10. Bd. kplt. 64. —)
10. I. Enth.: Geschichte der deutschen Mathematiker-Vereinigung. Im Auftrage des Vorstandes f. den III. internationalen Mathematiker-Kongress zu Heidelberg im Aug. 1904 verf. v. A. Gutzmer, sowie Generalregister des Jahresberichts der deutschen Mathematiker-Vereinigung, Bd. 1—10, v. Ernst Wölffing. Hrsg. im Auftrage des Vorstandes v. R. Mehmke u. A. Gutzmer. (IV, 106 S.) 909. 4. —
10. II, 6. Entwicklungen nach oscillirenden Functionen u. Integration der Differentialgleichungen der mathemat. Physik. Bericht, erstattet d. deutschen Mathematiker-Vereinigung. Von H. Burkhardt. 6. (Schluss-)Lfg. (XII, III u. S. 1393—1804.) 908. 14. 40

— dasselbe. In Monatsheften hrsg. v. A. Gutzmer. 11. Bd. 12 Hfte. gr. 8. (VI, 442 S. m. 1 eingedr. Bildnis) Ebd. 902. n. 14. —

— dasselbe. In Monatsheften hrsg. v. A. Gutzmer. 12.—15. Bd. à 12 Hefte. gr. 8. Ebd. 906. à Bd. n. 18. —
12. (VI, 602 S. m. 4 eingedr. Bildnissen.) 903. — 13. (VI, 602 S. m. 1 Fig. u. 3 eingedr. Bildn.) 904. — 14. (VI, 602 S. m. 8 Fig. u. 5 eingedr. Bildn.) 905. — 15. (VI, 602 S. m. 6 Fig. u. 3 eingedr. Bildn.) 906.

— dasselbe. In Monatsheften hrsg. v. A. Gutzmer. 16.—19. Bd. à 12 Hefte. (19. Bd. 1. Heft. 48 u. 48 S. m. 9 Fig.) gr. 8. Ebd. 907—10. à Bd. 18. —

JAHRESBERICHT DER DEUTSCHEN MATHEMATIKER-VEREINIGUNG.
Der Ergänzungsbände Bd. I. Leipzig 1906. B. G. Teubner. — A. u. d. T.: Über die Entwicklung der Elementar-Geometrie im XIX. Jahrhundert. Bericht der Deutschen Mathematiker-Vereinigung, erstattet von MAX SIMON. Mit 28 Figuren im Text. ib. 1906. — 8°. (VIII, 278 S.)
in Monatsheften herausgegeben von A. GUTZMER in Halle a. S.
Der Ergänzungsbände Bd. II. ib. 1908. — A. u. d. T.: Die Entwickelung der Lehre von den Punktmannigfaltigkeiten. Bericht, erstattet der Deutschen Mathematiker-Vereinigung von ARTHUR SCHOENFLIES. Teil 2[1]. Mit 26 Figuren im Text. ib. 1908. — (X, 331 S.).
Der Ergänzungsbände Bd. IV[2]. Lief. 1. 2. Verzeichnis der Schriften Leonhard Eulers bearbeitet GUSTAV ENESTRÖM in Stockholm. Lieferung 1. 2. ib. 1910. 1913. —
Der Ergänzungsbände Bd. V. ib. 1914. — A. u d. T.: Die Berührungstransformationen. Geschichte und Invariantentheorie. Zwei Referate der Deutschen Mathematiker-Vereinigung, erstattet von H. LIEBMANN und F. ENGEL. ib. 1914. —

[1]) Teil 1 erschien unter demselben Titel im Jahresbericht... Bd. VIII.
[2]) Ergänzungsbd. III war z. Z. noch nicht erschienen.

Gymnasium mit höherer Bürgerschule zu Wandsbeck. ... **Jahresbericht**, womit zu der Feier etc. einladet Hermann Klapp.
(Jg.) 4.—9. 1877—82. Wandsbeck. 1877—82. 4°.

Gymnasium mit Realprogymnasium in Wandsbek. ... **Jahresbericht**, womit etc. einladet Hermann Klapp.
(Jg.) 10.—11., 13.—17., 1883—84, 1886—90. ebd. 1883—84, 86—90. 4°.

Matthias Claudius-Gymnasium mit Realprogymnasium in Wandsbek. ... **Jahresbericht**, womit etc. einladet Hermann Klapp.
(Jg.) 18.—19., 1891—92. ebd. 1891—92. 4°.

Matthias Claudius-Gymnasium mit Realschule und Vorschule in Wandsbek. ... **Jahresbericht**, womit etc. einladet Hermann Klapp.
(Jg.) 20.—21., 1893—94. ebd. 1893—94. 4°.

—— **Jahresbericht**, womit etc. einladet Rudolf Franz.
(Jg.) 22., 1895. ebd. 1895. 4°.

—— **Bericht** über das Schuljahr ...
(Jg.) 23 ff., 1895/96 ff. ebd. 1896 ff. 4°.

Jahresbericht, medicinisch-statistischer, über die Stadt Stuttgart von den J. 1873 und 1874. 1. und 2. Jahrg. Hrsg. vom Stuttgarter ärztl. Verein. 8. (64; V, 70 S.) Stuttgart 874, Metzler's Verlag. à * 1 —

—— medicinisch-statistischer, über die Stadt Stuttgart vom J. 1875. 3. Jahrg. Hrsg. vom Stuttgarter ärztl. Vereine. gr. 8. (75 S.) Stuttgart 876, Metzler'sche Buchh. *
—— dass. — vom J. 1876. Mit einem Anhang über den Untergrund der Stadt Stuttgart. 4. Jahrg. gr. 8. (127 S. mit 1 chromolithogr. Karte in gr. 4.) Ebendas. 877. *
—— dass. — vom J. 1877. Mit 1 (chromolithogr.) Karte der armenärztl. Bezirke. 5. Jahrg. Hrsg. vom Stuttgarter ärztl. Verein. Referent Neuschler. gr. 8. (64 S.) Ebendas. 878. *

Jahresbericht, medicinisch-statistischer, über die Stadt Stuttgart vom J. 1878. Mit einem Nachtrag das J. 1875 betr. 6. Jahrg. Hrsg. vom Stuttgarter ärztl. Verein. Referent Neuschler. gr. 8. (III, 78 S. mit Tab.) Stuttgart 879, (Metzler'sche Buchh.) *

—— medicinisch-statistischer, über die Stadt Stuttgart vom J. 1879 und 1880. 7. und 8. Jahrg. Hrsg. vom Stuttgarter ärztl. Verein. Redig. von Carl Köstlin. gr. 8. (III, 68 S. mit Tab.; IV, 64 S. mit Tab.) Stuttgart 880,81, Metzler'sche Buchh. à Jahrg. *
—— dass. — vom J. 1881. 9. Jahrg. Redig. von Adf. Reuss. gr. 8. (III, 140 S.) Ebendas. 882. *
—— dass. — vom J. 1882. 10. Jahrg. Mit 2 Beilagen: 1) Der Stuttgarter ärztl. Verein 1872—82. 2) Beiträge zur Medicinal-Statistik von Stuttgart. gr. 8. (V, 110 S.) Ebendas. 883. *
—— dass. — vom J. 1883. 11. Jahrg. Mit 2 Beilagen: 1) Beiträge zur Medicinal-Statistik von Stuttgart. 2) Die Todesursachen 1873—82. gr. 8. (III, 119 S. mit Tab.) Ebendas. 884. *

—— medicinisch-statistischer, über die Stadt Stuttgart vom J. 1884 und 1885. 12. und 13. Jahrg. Hrsg. vom Stuttgarter ärztl. Verein. Redig. von Adf. Reuss. gr. 8. (III, 154; III, 96 S.) Stuttgart 885,86, Metzler's Verlag. à Jahrg. * 1 —
—— dass. — vom J. 1886 und 1887. 14. und 15. Jahrg. Hrsg. vom Stuttgarter ärztl. Verein. gr. 8. (III, 109; III, 88 S. mit Tab.) Ebendas. 887,88. à Jahrg. * 1 —

— medicinisch-statistischer, üb. die Stadt Stuttgart vom J. 1886—1889. 14.—17. Jahrg. Hrsg. v. Stuttgarter ärztl. Verein. gr. 8. (III, 109 S.; III, 88 S. mit Tab.; III, 89 S.) Stuttgart 887—890. Metzler's Verl. à n. 1. —

— medicinisch-statistischer, üb. die Stadt Stuttgart vom J. 1890—1893. 18.—21. Jahrg. Hrsg. vom Stuttgarter ärztl. Verein. Red. v. W. Weinberg. gr. 8. (III, 104 S. m. 1 farb. Plan; III, 105 S. m. Tab. u. 1 Plan; III, 107 S. m. Tab. u. 1 Plan; III, 98 S. m. Tab. u. 1 Plan.) Stuttgart 891—894. J. B. Metzler's Verl. à Jahrg. n. 1. —
Ermässigter Preis f. Jahrg. 1—8 u. 10—17 zusammen n. 6. —; Jahrg. 9 ist vergriffen.

— medicinisch-statistischer, üb. d. Stadt Stuttgart in d. J. 1894—1897. 22.–25. Jahrg. Hrsg. v. Stuttgarter ärztl. Verein. Red. v. W. Weinberg. gr. 8. (III, 96 S. m. 1 Plan; III, 104; III, 74 u. III, 78 S.) Stuttgart 895—898. (J. B. Metzler's Verl.) à n. 1. —

— medizinisch-statistischer, üb. die Stadt Stuttgart i. d. J. 1898—1900. 26.—28. Jahrg. Hrsg. vom Stuttgarter ärztl. Verein. Red. v. W. Weinberg. gr. 8. (III, 79; III, 80 u. III, 72 S.) Stuttgart 899—901. (J. B. Metzler.) à n. 1. —

MEDIZINISCH-STATISTISCHER JAHRES-BERICHT (JAHRESBERICHT) ÜBER DIE STADT STUTTGART . . .
Herausgegeben vom Stuttgarter ärztlichen Verein.
Im Jahr 1901. Jahrg. 29. ib. 1902. Hofbuchdruckerei Zu Gutenberg Carl Grü-(en.) ninger (Klett & Hartmann). 4°.
Im Jahr 1902. Jahrg. 30. ib. 1903. —
Im Jahr 1903. Jahrg. 31. ib. 1904. —
Im Jahr 1904. Jahrg. 32. ib. 1905. —
Im Jahr 1905. Jahrg. 33. ib. 1906. —
Im Jahr 1906. Jahrg. 34. ib. 1907. —

— medizinisch-statistischer, üb. die Stadt Stuttgart in d. J. 1907—1909. 35.—37. Jahrg. Hrsg. vom Stuttgarter ärztl. Verein. Red. v. A. Gastpar. (35, 33 u. 37 S.) Lex. 8. Stuttgart 908—10. (C. Grüninger.) à 1. —

E. Merck's Jahresbericht üb. Neuerungen auf den Gebieten d. Pharmakotherapie u. Pharmazie. Jahrg. 6—7: 1892—93, Jahrg. 11—27: 1897—1913. Darmst. 1893—94, 1898—1914.
[Titel noget varierende.]

Jahresbericht d. Milch-Magazin-Genossenschaft E. G. Insterburg. 1: 1872—73. Insterburg 1873.

Jahresbericht d. schweizerischen Milchversuchsstation in Lausanne. 6. Von R. Schatzmann. Aarau 1878.

— 12., der schweizerischen Milchversuchsstation in Lausanne [früher in Thun]. Von R. Schatzmann. 8. (45 S.) Aarau 884. Wirz-Christen. n. — 60

—— 1., über die k. k. Militär-Erziehungs- und Bildungsanstalten, dann über die Officiers-Töchter-Erziehungs-Institute. Hrsg. vom Organ der militär-wissenschaftl. Vereine mit Benützung amtl. Quellen. gr. 8. (129 S.) Wien 884, Seidel und Sohn. *

Jahresbericht, Erster, über die k. k. Militär-Erziehungs- und Bildungs-Anstalten, dann über die Officiers-Töchter-Erziehungs-Institute. Herausgegeben vom Organ der militär-wissenschaftlichen Vereine mit Benützung amtlicher Quellen. Separat-Beilage des: „Organ der milit.-wissensch. Vereine". 29. Bd. — Wien 1884.

Schweiz. Militär-Sanitäts-Verein, Sektion Basel. 19. Jahresbericht. Vereinsjahr 1900. 22 S. 8. Basel, J. Frehner, 1901.

Schweiz. Militär-Sanitäts-Verein, Sektion Basel. 20. Jahresbericht. Vereinsjahr 1901. 17 S. 8. Basel, J. Frehner, (1902).

Schweiz. Militär-Sanitäts-Verein, Sektion Basel. 21. Jahresbericht. Vereinsjahr 1902. 20 S. 8. Basel, J. Frehner, (1903).

Jahresbericht des k. k. I. kärntn. Militär-Veteranen-Vereines in Klgft. Klgft., Bertschinger, v. Kleinmayr, St. Josefs-Druck., 1870—.

Jahresbericht des Grossherzoglich Badischen Ministeriums des Innern über seinen Geschäftskreis für die Jahre 1880 und 1881. Karlsruhe 1883. — Derselbe für die Jahre 1882 und 1883. — 1884 bis 1888. — 1889 bis 1896. Karlsruhe. (Fortsetzung siehe unter: Geschäftsbericht usw.)

—— des großherzogl. badischen Ministeriums des Innern über seinen Geschäftskreis für die J. 1882 und 1883. Lex.-8. (X, 600 S.) Karlsruhe 885, Braun'sche Hofbuchh. *

— d. großherzogl. badischen Ministeriums d. Innern f. d. J. 1889—1896. 2 Bde. 4. (VIII, 710 u. VIII, 545 S.) Karlsruhe 897. F. Thiergarten. 20. —

Jahresbericht des k. k. Ministeriums für Cultus und Unterricht. Wien 1871—77. H: *Thaa, Georg Ritter von.* (EB)

— des k. k. Ministeriums für Cultus und Unterricht für 1870. Lex.-8. (IV, 373 S. mit 1 chromolithogr. Karte in Fol.) Wien 871, (Gerold's Sohn.) * 4 —

Jahresbericht des k. k. Ministeriums für Kultus und Unterricht für 1875. Wien: Gerold 1876.

Jahresbericht, II., für innere Mission. Verhandlgn. zu Frankf. a. M. Frankf. 1880. 8°. (1 Mk. 20 Pfg. A. Bielefeld, 1892.)

— 1. und 2., für innere Mission in Leipzig 1870 und 1871. gr. 8. (40; 35 S.) Leipzig 871,72, Hinrichs' Verlag. à — 30

— dass. — 3. 1872. Stadtmission in Leipzig. Vortrag und Bericht am 3. Jahresfeste des Vereins für innere Mission in Leipzig am 3. Novbr. 1872 gehalten von Past. Lehmann. gr. 8. (40 S.) Ebendas. 874. — 30

— 1., d. Missionäre Oblaten d. Unbefleckten Jungfrau Maria. Hrsg. v. d. deutschen Missionsanstalt St. Karl, Valkenburg (Holland), Weihnachten 1894. 8. (28 S. m. 4 Bildern.) Valkenburg 895. (Aachen, J. Schweitzer.) n. — 10

— dasselbe, 2. Bericht. Hrsg. v. d. PP. Oblaten d. deutschen Ordensprovinz. Weihnachten 1895. 8. (22 S. m. 2 Abb. u. 1 eingedr. Karte.) Ebd. 895. n. — 10

— dasselbe, 3. u. 4. Bericht. Gewidmet d. Freunden u. Wohlthätern d. Missionen, insbes. allen Mitgliedern des marian. Missionsvereins. Hrsg. v. d. PP. Oblaten d. deutschen Ordensprovinz. Weihnachten 1896 u. 1897. 8. (à 16 S.) Ebd. 897. 98. à n.n. — 10

— 22., der evangel. Missionsgesellschaft zu Basel auf 1. Juli 1877. Bearbeitet von J. Josenhans. XXXII und 144 S. gr. 8. Basel, Druck von F. Schneider.

Evangelische Missions-Gesellschaft zu Basel. 86. *u.* 87. *u.* 88. Jahresbericht (pro 1900 *u.* pro 1901 *u.* pro 1902) auf 1. Juli 1901 *u.* auf 1. Juli 1902 *u.* auf 1. Juli 1903. VI + 156 *u.* II + 148 *u.* II + 156 S. 8. Basel, Missionsverwaltung, 1901 *u.* 1902 *u.* 1903.

Cpl. Ausg.: ([Mit:] Beilagen, Statistische Angaben I – X [und] Jahresrechnung).

— 26., der evang.-luther. Missions-Gesellschaft zu Dresden, umfassend den Zeitraum v. 25. Aug. 1844 bis zum 22. Aug. 1845. 8. (7½ B.) Dresden 846. (Leipzig, Dörffling u. Franke.) *

Jahresbericht, 17., der Kölner Missionsgesellschaft für das Jahr 1838-39 . . . Köln 1839. V: *Göbel, Max.* (zu)

— 17., der kölner Missionsgesellschaft f. d. J. 1838—1839. Enthält: Paulus, d. erste Heidenmissionar, e. Zeuge f. d. gute Recht d. evangel. Missionen. gr. 12. (2⅔ B.) Köln 839, (Bachem.) *

1—16. Jahresber. Ebendas. . . .

— 40.—43., der rheinischen Missions-Gesellschaft von den Jahren 1869—1872. gr. 8. Barmen, (Klein. — Wiemann.) [1869. (64 S.) * 75 Pf.; 1870. (82 S.) * 40 Pf.; 1871 und 1872. (79; 82 S.) à * 30 Pf.] * 1 75

— (19.,) des evangelischen Missions-Hülfs-Vereins in Magdeburg für das J. 1847, mit der Festpredigt des Prediger (Fr.) Arndt. gr. 8. (31 S.) Magdeburg 848, (Heinrichshofen'sche Buchh.)

Jahresbericht des Missions-Hilfsvereins der Gesellschaft zur Beförderung der evangelischen Missionen unter den Heiden in der Synode Garz a. Rügen. 1. *Putbus 1901: R. Decker.* 8° [F.]

Jahresbericht, 4., d. Missions-Hülfsvereins im Göttingischen. Mit e. Rede üb. d. Verhältniß der Christlichen Mission zu dem sogenannten Zufalle u. zur allgemeinen Völkerkunde, von Fr. Lücke, d. Z. Vorstand des Vereins. gr. 8. Göttingen 841. (Vandenhoeck u. Ruprecht.) ⅛ ℛ

— 7., des Missions-Hülfsvereins im Göttingischen. — Die wahre Kirchlichkeit der evang. Mission von der sittl. Seite betrachtet. Rede am 20. Mai 1844 in der Versamml. d. götting. Missionsvereins gehalten v. Frdr. Lücke. gr. 8. (3 B.) Göttingen, Vandenhoeck u. Ruprecht. 1844.

1—6. Bericht. Ebendas.?

Jahresbericht des Missions-Hilfsvereins in der Synode Pasewalk. [1.] Für d. J. 1907. Pasewalk (1908): H. Gnädig. 8° [F.]

Jahresbericht des Missions-Hilfs-Vereins der Synode Pyritz. 1. Für d. J. 1902. *Pyritz 1903: Backe.* 8° [F.]

Jahresbericht des Missions-Hülfs-Vereins der Synode Treptow a. Toll. [1.] Für d. Jahr 1904. Treptow a. Toll. 1905: H. Ehlert. 8° [F.]

Zürcher [kantonales] Missionskomite. 74. Jahresbericht an die Freunde der Mission (1. Juli 1900 bis 30. Juni 1901). ([Mit] Verzeichnis der Missionsbibliothek, Zürich.) 44 S. 8. Zürich, Berichthaus, 1901.

Zürcher [kantonales] Missionskomite. 75. Jahresbericht an die Freunde der Mission (1. Juli 1901 bis 30. Juni 1902). 40 S. 8. Zürich, Berichthaus, 1902.

Zürcher [kantonales] Missionskomitee. 76. Jahresbericht an die Freunde der Mission (1. Juli 1902 bis 30. Juni 1903). 28 S. 8. Zürich, Berichthaus, 1903.

— der 28., des evangelischen Missions-Vereins. 16. (16 S.) Berlin 865, Missions-Verein.

. . . Jahresbericht des Evangelischen Missionsvereins in Altona. Altona . . . 8°
9. 10. 1849.

— 13., des evangel. Missions-Vereines in Celle. 8. (1½ B.) Celle 845. (Schulze'sche Buchh.) *

— 1—5., des evangel. Missions-Vereins in Kurhessen. Beigefügt sind die in d. General-Versammln. gehalt. Reden u. Gebete. gr. 8. Kassel 831—38, Kriegersche Buchh. à *

— vierter, des evangel. Missions-Vereins in Kurhessen. Beigefügt sind bei der diesjähr. General-Versammlung d. Missions-Hülfsvereins zu Marburg von Prof. Dr. Kling gehaltenen Rede u. Gebete. gr. 8. Kassel 837. (Fischer) n. ¼ ℛ

— ders. fünfter, erstattet am 6. März 1838 in der General-Versammlung des Vereins, nebst der durch Pfarrer Wendel gehalt. Festrede. Beigefügt ist. Rede und Gebet, welche bei der am 4. März 1838 Statt gehabten Jahresf. der des Hülfsvereins zu Marburg durch Prof. Dr. Müller gehalten wurden. gr. 8. Kassel 838. Krieger. n. ¼ ℛ

— des 13. evang. Missions-Vereins zu Lüneburg 1846. gr. 8. (4¼ B.) Lüneburg, Engel. *

Zürcher. Missionsverein. 45. Jahresbericht. 8. Zürich, Druck v. J. Ulrich. 1872.

Jahresbericht, 52., des Zürcher Missionsvereins. In-8⁰, 22 S. Zürich, J. Ulrich. 1879

— (53.) des zürcherischen Missionsvereins an die Freunde des Reiches Gottes. In-8⁰, 31 S. Zürich, Druck von J. J. Ulrich. 1880.

Jahresbericht (54.) des zürcherischen Missionsvereins an die Freunde des Reiches Gottes. In-8⁰, 32 S. Zürich, J. J. Ulrich. 1881.

— 55., des Zürcherischen Missionsvereins an die Freunde des Reiches Gottes. In-8⁰, 31 S. Zürich, J. J. Ulrich. 1882.

Jahresbericht, LVII., des zürcherischen Missionsvereins an die Freunde d. Reiches Gottes. In-8⁰, 24 S. Zürich, Ulrich & Cie. 1884.

58. Jahresbericht des zürcher. Missionsvereins an die Freunde des Reiches Gottes. In-8⁰, 31 S. 1885.

— 59., des zürcherischen Missionsvereins an die Freunde des Reiches Gottes. In-8⁰, 26 S. Zürich, Ulrich & Cie. 1886.

61. Jahresbericht des zürcherischen Missionsvereins an die Freunde des Reiches Gottes. In-8⁰, 23 S. Zürich, Druck von Ulrich & Cie. 1888.

Jahresbericht, 67., des Zürcherischen Missionsvereins an die Freunde des Reiches Gottes. In-8⁰. 45 S. Zürich, Ulrich & Co. 1894.

Jahresbericht, 68., d. Zürcherischen Missionsvereins an die Freunde des Reiches Gottes. In-8⁰. 25 S. Zürich. 1895.

— 69., des Zürcherischen Missionsvereins an die Freunde des Reiches Gottes. In-8⁰. 19 S. Zürich, Buchdruckerei Berichthaus. 1896.

Jahresbericht, 71., d. Zürcherischen Missionsvereins an die Freunde des Reiches Gottes. In-8⁰. 32 S. Zürich, Berichthaus (vorm. Ulrich & Co.) 1898

— 72., des zürcher. Missionsvereins an die Freunde des Reiches Gottes. 8⁰. 33 S. Zürich. Buchdruckerei Berichthaus. 1899.

— von dem Missionswerk der Brüdergemeine vom Juli 1869 bis Juli 1870 nebst der Rechnung der Missions-Diaconie vom J. 1869. gr. 8. (36 S.) Bautzen 870. (Barmen, Klein.) * — 60

— dass. — vom Juli 1871 bis Juli 1872 nebst der Rechnung der Missions-Diakonie vom J. 1870. gr. 8. (39 S.) Ebendas. 872. * — 40

JAHRBERICHT von … FÜR DIE MITGLIEDER DER HAMBURGER GESELLSCHAFT ZUR VERBREITUNG MATHEMATISCHER KENNTNISSE.
1827. (Mit 1 Tafel.) (Ohne bes. Titelblatt.) 4⁰.

JAHRBERICHT von … FÜR DIE MITGLIEDER DER HAMBURGISCHEN GESELLSCHAFT ZUR VERBREITUNG MATHEMATISCHER KENNTNISSE.
1829. (Ohne bes. Titelblatt.)

JAHRESBERICHT von … FÜR DIE MITGLIEDER DER HAMBURGISCHEN GESELLSCHAFT ZUR VERBREITUNG MATHEMATISCHER KENNTNISSE.
1830–1831. (Mit 1 Tafel.) (Ohne bes. Titelblatt.)

JAHRBERICHT AN DIE MITGLIEDER DER HAMBURGER GESELLSCHAFT ZUR VERBREITUNG MATHEMATISCHER KENNTNISSE
für das Jahr 1833. (Mit 1 Tafel.) (Ohne bes. Titelblatt.)

JAHRESBERICHT FÜR DIE MITGLIEDER DER HAMBURGISCHEN GESELLSCHAFT ZUR VERBREITUNG MATHEMATISCHER KENNTNISSE.
Von Fastnacht 1833 bis Fastnacht 1834. (Ohne bes. Titelblatt.)
Von Fastnacht 1834 bis Fastnacht 1835. (Ohne bes. Titelblatt.)
Von Fastnacht 1835 bis Fastnacht 1836. (Mit 1 Tafel.) (Ohne bes. Titelblatt.)
Von Fastnacht 1836 bis Fastnacht 1837. (Ohne bes. Titelblatt.)
Von Fastnacht 1837 bis Fastnacht 1839. (Ohne bes. Titelblatt.)

JAHRES-BERICHT FÜR DIE MITGLIEDER DER HAMBURGISCHEN GESELLSCHAFT ZUR VERBREITUNG MATHEMATISCHER KENNTNISSE, auch: DER MATHEMATISCHEN WISSENSCHAFTEN.
(Februar 1841.). Fastnacht 1842. (Mit 1 Tafel.) Fastnacht 1843. Fastnacht 1844 Fastnacht 1846. Von Fastnacht 1846 bis Fastnacht 1847. Fastnacht 1850. Fastnacht 1852. Fastnacht 1853. Fastnacht 1859. (Mit Tafeln.) Fastnacht 1861. Fastnacht 1865. (Mit Tafeln.) Fastnacht 1867. (Mit Tafeln.) Fastnacht 1869. Fastnacht nacht 1871. (Sämmtliche Jahres-Berichte sind ohne bes. Titelblatt erschienen.) 4⁰.

JAHRESBERICHT AN DIE MITGLIEDER DER SINSHEIMER GESELLSCHAFT ZUR ERFORSCHUNG DER VATERLÄNDISCHEN DENKMA(H)LE DER VORZEIT von K.(ARL) WILHELMI.
1—12. Mit lithographirten Tafeln. Sinsheim 1831—1848. Auf Kosten der Gesellschaft. 8⁰.
13. ib. 1851. — A. u. d. T.: KARL WILHELMI, Geschichte der vormaligen freien adeligen Benedictiner-Abtei Sunnesheim. ib. 1851. Gedruckt bei Georg Mohr in Heidelberg.
14. ib. 1856. Auf Kosten der Gesellschaft. — A. u. d. T.: JOH. DAVID KARL WILHELMI, Geschichte der Grossherzoglich-Badischen Amtsstadt Sinsheim. ib. 1856. Gedruckt von Georg Mohr in Heidelberg.

Deutscher Landwehr- und Reservisten-Verein Basel. Jahresbericht (1900) und Mitglieder-Verzeichnis. Februar 1901. II + 16 S. 8. Basel, A. Galliker, 1901.

Deutscher Landwehr- und Reservisten-Verein Basel. Jahresbericht (1901) und Mitglieder-Verzeichnis. Februar 1902. II + 20 S. 8. [Basel,] A. Galliker.

Deutscher Landwehr- u. Reservisten-Verein Basel. Jahres-Bericht (1902) und Mitglieder-Verzeichnis. Februar 1903. II + 35 S. 8. Basel, A. Galliker.

. Männerchor Chur. Jahresbericht nebst Mitglieder-Verzeichnis. Vereinsjahr 1900/1901 (August). II + 39 S. 8. Chur, Sprecher & Valer, 1901.

Männerchor Chur. Jahresbericht nebst Mitglieder-Verzeichnis. Vereinsjahr 1901/1902 (August). II + 47 S. 8. Chur, Sprecher & Valer.

Männerchor Chur. Jahresbericht nebst Mitglieder-Verzeichnis. Vereinsjahr 1902/1903 (August). II + 42 S. 8. Chur, Sprecher & Valer.

JAHRESBERICHT NEBST MITGLIEDER-VERZEICHNISS DES GEBIRGS-VEREINS DER GRAFSCHAFT GLATZ, … Herausgegeben vom Central-Vorstand(e).
1., umfassend die Zeit von der Gründung des Vereins im Herbst 1880 bis Ende März 1882. Glatz. Verlag des Gebirgs-Vereins der Grafschaft Glatz. 4⁰.
2., umfassend die Zeit vom 1. April 1882 bis 1. April 1883. ib. —

JAHRESBERICHT NEBST MITGLIEDER-VERZEICHNISS DES GEBIRGS-VEREINS DER GRAFSCHAFT GLATZ, …
Herausgegeben vom Central-Vorstand.:
3., umfassend die Zeit vom 1. April 1883 bis 1. April 1884. Glatz. Verlag des Gebirgs-Vereins der Grafschaft Glatz. 4⁰.
4., umfassend die Zeit vom 1. April 1884 bis 1. April 1885. (Mit 1 Karte.) ib. —
5., umfassend die Zeit vom 1. April 1885 bis 1. April 1886. (Mit 1 Karte.) ib. —

JAHRESBERICHT nebst Mitglieder-Verzeichniss des Gebirgs-Vereins der Grafschaft Glatz …
Herausgegeben vom Central-Vorstand:
6., umfassend die Zeit vom 1. April 1886 bis 1. April 1887. (Mit einer Beilage: Rundsicht von der hohen Mense.) Glatz. Verlag des Gebirgs-Vereins der Grafschaft Glatz. 4°.
7., umfassend die Zeit vom 1. April 1887 bis 1. April 1888. Hierzu eine Beilage: Karte der Grafschaft Glatz [2]). ib.

[2]) Die Karte ist auch einzeln erschienen.

JAHRESBERICHT nebst Mitglieder-Verzeichnis(s) des Glatzer Gebirgs-Vereins …
Herausgegeben vom Central-Vorstand:
8., umfassend die Zeit vom 1. April 1888 bis 1. April 1889. ib. Verlag des Glatzer Gebirgs-Vereins.
9., umfassend die Zeit vom 1. April 1889 bis 1. April 1890. ib. –
10., umfassend die Zeit vom 1. April 1890 bis 1. April 1891. ib. –
11., umfassend die Zeit vom 1. April 1891 bis 1. April 1892. ib. –
12., umfassend die Zeit vom 1. April 1892 bis 1. April 1893. ib. –
13., umfassend die Zeit vom 1. April 1893 bis 1. April 1894. ib. –
14., umfassend die Zeit vom 1. April 1894 bis 1. April 1895. ib. –
15., umfassend die Zeit vom 1. April 1895 bis 1. April 1896. ib. –
16., umfassend die Zeit vom 1. April 1896 bis 1. April 1897. ib. –
17., umfassend die Zeit vom 1. April 1897 bis 1. April 1898. ib. –
18., umfassend die Zeit vom 1. April 1898 bis 1. April 1899. ib. –
19., umfassend die Zeit vom 1. April 1899 bis 1. April 1900. ib. –
Herausgegeben vom Haupt-Vorstand (Hauptvorstand):
20., umfassend die Zeit vom 1. April 1900 bis 1. April 1901. ib. –
21., umfassend die Zeit vom 1. April 1901 bis 31. Dezember 1901. ib. –
22., umfassend die Zeit vom 1. Januar bis 31. Dezember 1902. ib. (1903). –
23., umfassend die Zeit vom 1. Januar bis 31. Dezember 1903. ib. –
24., umfassend die Zeit vom 1. Januar bis 31. Dezember 1904. ib. –

Jahres-Bericht und Mitglieder-Verzeichnis der Deutschen Gesellschaft der Stadt New York : no. 1, 1784 1914
Annual report of the Society. Published with varying titles.
New York, NY

Jahresbericht und Mitglieder-Verzeichnis der Deutschen Gesellschaft der Stadt New York: 1784 present.
New York, NY

— und Mitgliederverzeichniss des Sängervereins „Harmonie", Zürich 1879, verfasst v. Gachnang. In-8°, 76 S. Zürich, Druck von Schiller & Cie.

Sängerverein Harmonie Zürich. Jahresbericht nebst Mitglieder-Verzeichnis pro 1900. Dem Vereine erstattet von H(einrich) Maurer-Gœtsch. [Mit 2 Porträts.] 140 S. 8. Zürich, Emil Cotti's Wwe., 1901.

Sängerverein Harmonie Zürich. Jahresbericht nebst Mitglieder-Verzeichnis pro 1901. Dem Vereine erstattet von H(einrich) Maurer. 124 S. 8. Zürich, Hürlimann & Fischer, 1902.

Sängerverein Harmonie Zürich. Jahresbericht nebst Mitglieder-Verzeichnis pro 1902. Dem Vereine erstattet von Albert Bodmer. 95 S. 8. Zürich, Gottl. Hürlimann (* *Umschlag:* Hürlimann & Fischer), 1903.

Basler Liederkranz (in Basel). 30. Jahres-Bericht und Mitglieder-Verzeichnis vom 1. April 1900 bis 31. März 1901. 36 S. 8. Basel, Emil Birkhäuser, 1901.

Basler Liederkranz (in Basel). 31. Jahres-Bericht vom 1. April 1901 bis 31. März 1902, nebst Mitglieder-Verzeichnis. 28 S. 8. Basel, Emil Birkhäuser, 1902.

[Jahresbericht und Mitglieder-Verzeichnis der Loge „zur Nächstenliebe" in Mamornitza. 1889/90.

— u. Mitglieder-Verzeichniß d. Vereins „Niederwald" 1890—1891. 8. (35 S.) Wien 891. (Leipzig, Literar. Anstalt A. Schulze.) n. — 60

Verband schweizerischer Spenglermeister und Blechwarenfabrikanten. Jahresbericht (pro 1900) und Mitglieder-Verzeichnis. — Association suisse des maîtres ferblantiers et de fabricants de ferblanterie. Rapport annuel et Liste des membres. 1901. 22 S. 8. Zürich, Vollenweider-Gubler, 1901.

Gemeinnütziger Verein der Stadt Bern. 13. Jahresbericht und Mitgliederverzeichnis. 1900. 47 S. 8. Bern, Obrecht & Käser, 1901.

Gemeinnütziger Verein der Stadt Bern. 14. Jahresbericht und Mitgliederverzeichnis. 1901. 46 S. 8. Bern, Haller, 1902.

Gemeinnütziger Verein der Stadt Bern. 15. Jahresbericht und Mitgliederverzeichnis. 1902. 40 S. 8. Bern, Büchler & Co., 1903.

JAHRESBERICHT UND MITGLIEDER-VERZEICHNISS DES VEREINS FÜR ÖFFENTLICHE GESUNDHEITSPFLEGE IN NÜRNBERG am 1. Januar 1880. ib. — 8°.

Verein für Verbreitung guter Schriften in Basel. 11. Jahresbericht, nebst Mitglieder-Verzeichnis. 1900. 46 S. 8. Basel, Wackernagel, 1901.

Verein für Verbreitung guter Schriften in Basel. 12. Jahresbericht, nebst Mitglieder-Verzeichnis. 1901. 40 S. 8. Basel, Wackernagel, 1902.

Verein für Verbreitung guter Schriften in Basel. 13. Jahresbericht, nebst Mitglieder-Verzeichnis. 1902. 40 S. 8. Basel, Emil Birkhäuser, 1903.

— dritter, u. Mittheil. d. Gartenbau-Vereins im Grossherzogth. Hessen. Mit 1 Steintaf. gr. 8. Darmstadt, 1842. Kern. — 2⅙
— — Ders. 4. u. 5. Ebend. 1844. Selbstverlag. — 17½

— 3.—5., u. Mittheilungen des Gartenbau-Vereins im Großherzogthum Hessen. gr. 8. (Mit 1 Steintaf.) Darmstadt 842—44, Kern. 3. $\frac{7}{12}$ ₰ 4. 5. à $\frac{7}{12}$ ₰

—— 1—7. und Mittheilungen des Gartenbau-Vereins für Neuvorpommern und Rügen. Hrsg. von dem Vorstande und bearb. von F. Jühlke. gr. 8. Greifswald, Koch's Vrlgsh. [1. und 2. (77 S. und 1 Plan in Fol.) 847. 18 Ngr., 3. (IV und 111 S.) 848. 18 Ngr., 4. und 5. (VI und 93 S.) 850. 18 Ngr., 6. und 7. (VIII und 127 S. mit 2 Stnt. in qu. Fol. und eingedr. Holzschn.) 852. * 15 Ngr.]

Jahresbericht, 6 u. 7, u. Mittheilungen des Gartenbau-Vereins für Neuvorpommern u. Rügen. Mit 2 (lith.) Taf. Abbildgn. (in gr. 8. u. qu. Fol.) u. in den Text gedr. Zeichngn. (in Holzschn.) Lex. 8. (VIII u. 127 S.) Greifswald 852, Bamberg in Comm. n. ½ ₰

— achter und neunter, und Mittheilungen des Gartenbau-Vereins für Neuvorpommern und Rügen. Herausg. von dem Vorstande u. bearb. von F. Jühlke. Greifswald 854. Bamberg in Comm. gr. 8. (IV, 162 S.) n. 15 ngr.

— — 6 u. 7., 8 u. 9., 10—13. Ebend. 1852, 54 u. 58. (Bamberg.) à — 15
1. 15

Jahresbericht und Mitteilungen der ostschweiz. geograph. u. commerc. Gesellschaft. 1879–91. St. Gallen.

Jahresbericht u Mitteilungen d. Handelskamm. z. Köln. 1906 07-11. Köln 1907-12

JAHRESBERICHT UND MITTHEILUNGEN DES VEREINS FÜR GREIZER GESCHICHTE ZU GREIZ. Im Auftrage herausgegeben vor HERTEL und EWALD BARTSCH.

1. Greiz 1894. Selbstverlag des Vereins. Commissionsvertrieb der Fürstlichen Hofbuchhandlung Erich Schlemm. 8°. (20, LXIII S.)

JAHRES-BERICHT DES VEREINS FÜR GREIZER GESCHICHTE ZU GREIZ. Im Auftrage herausgegeben von K. COLLMANN und O. RICHTER.

2. bis 5. Enthält: Graf Heinrich VI. Reuss ä. L., Der Held von Zenta, von BERTHOLD SCHMIDT. Grössere Ausgabe mit Urkundenbelegen. (Mit 1 Tafel.) ib. 1897. Kommissionsverlag Erich Schlemm Nachfolger. Max Frege.

6. bis 10. Jahres-Bericht und Mitteilungen (3. Band des Vereins für Greizer Geschichte zu Greiz). Enthält: 1. Reformationsakten des Fürstentums Reuss Ält. L., herausgegeb. von EWALD BARTSCH. 2. Die Errichtung des Konsistoriums zu Greiz von K. COLLMANN. 3. Kriegslasten im Reussenland gegen Ende des 17. Jahrhunderts von demselben. ib. 1904. Selbstverlag des Vereins.

— 2.—5., des Vereins f. Greizer Geschichte zu Greiz. Im Auftr. hrsg. v. K. Collmann u. O. Richter. gr. 8. (XXVI, 83 S. m. 1 Bildn.) Ebd. 897. n. 1. 60

— 11.—17., u. Mitteilungen (4. Bd.) des Vereins f. Greizer Geschichte zu Greiz. (38 S.) 8. Greiz 909. (E. Schlemm Nachf.) 1. —

JAHRESBERICHT UND MITTHEILUNGEN DES HISTORISCH-STATISTISCHEN VEREINS ZU FRANKFURT A. O.

4. Mit 4 Tafeln Abbildungen. ib. 1864. Comm. der Hofbuchdruckerei von Trowitzsch und Sohn.

Mittel-Schule zu Bero-Münster, Kt. Luzern. Jahresbericht über das Schuljahr 1900/01. II + 15 S. 4. Luzern, Räber & Cie., 1901.

Darin S. 11—13: Nekrologe *von* † Chorherr Johann Georg Elmiger *und* † Professor Dr. Joh[ann] Stadelmann.

Mittel-Schule zu Bero-Münster ⟨Kt. Luzern⟩. Jahresbericht für das Schuljahr 1901/02. II + 12 S. 4. Luzern, J. Schill, 1902.

Mittel-Schule zu Bero-Münster ⟨Kt. Luzern⟩. Jahresbericht für das Schuljahr 1902/03. ([Mit] Beilage.) II + 12 + *Beilage* 24 S. 4. Luzern, J. Schill, 1903.

Beilage s. Kopp, C(arl) A(lois).

—— des Vereins „Mittelschule“ in Wien über das Vereinsj. 1873/4. Redig. von dem Schriftführer des Vereins Jos. Egermann. gr. 8. (40 S.) Wien 875, (Hölder.)
Nicht weiter erschienen.

— des Vereines „Mittelschule“ in Wien. Novbr. 1880—Octbr. 1881. Veröffentlicht v. Ludw. Fischer. gr. 8. (IV, 143 S.) Wien 881. (Hölder.) n. 1. 50

— des Vereines „Mittelschule“ in Wien. Novbr. 1880 —Octbr. 1881. Veröffentlicht von Ludw. Fischer. gr. 8. (IV, 113 S.) Wien 882, (Hölder.)

Mittel-Schule in Willisau. Jahresbericht für das Schuljahr 1900/1901. II + 8 S. 4. Willisau, L. Meyer, 1901.

Mittel-Schule in Willisau ⟨Kt. Luzern⟩. Jahresbericht für das Schuljahr 1901/1902. II + 8 S. 4. Willisau, L. Meyer, 1902.

Mittel-Schule in Willisau ⟨Kt. Luzern⟩. Jahresbericht für das Schuljahr 1902/1903. II + 8 S. 4. Willisau, L. Meyer, 1903.

Jahres-Bericht der St. Joh. Loge Modestia cum Libertate im Or. von Zürich über das Jahr 1876, 1877, 1878, 1879, 1880, 1881, 1882, 1883. 8 Hefte. Zürich, Druck von Schiller & Co. 1876—1884. 8.

Jahresbericht d. Bernischen Molkereischule in Rütti—Zollikofen 10—12, 15, 17, 25: 1896, 1897/98, 1898/99, 1901/02, 1903/04, 1911—12. Von 10-15 E. Wüthrig. 17 A. Peter. Bern etc. 1897—1912.

Bernische Molkereischule in Rütti-Zollikofen. 13. & 14. Jahresbericht pro 1899/1900 und 1900/1901. Erstattet... Von Dr. Ernst Wüthrich. [Mit 1 Tafel, 1 Tabelle und 1 Ansicht.] 103 S. 8. Bern, K. J. Wyss, 1901.

Bernische Molkereischule in Rütti-Zollikofen 1887—1902. 15. Jahresbericht pro Rechnungsjahr 1901 und Schuljahr 1901/1902. Erstattet ... Von Dr. Ernst Wüthrich. [Mit 1 Tafel, 1 Tabelle und 1 Ansicht.] II + 72 S. 8. Bern, K. J. Wyss, 1902.

Bernische Molkereischule in Rütti-Zollikofen. 16. Jahresbericht pro Rechnungsjahr 1902 und Schuljahr 1902/1903. Erstattet... von Albin Peter. ([Mit 1 Ansicht und] Anhang.) 84 S. 8. Zollikofen, Selbstverlag (Typ. Ott & Bolliger, Bern), 1903.

Anhang: [1] S. 49—65: Ueber bakteriologische Eigenschaften der «Kessimilch» vor und nach dem Labzusatz,... von A(lbin) Peter, Direktor; — *[2] S. 66—83:* Die Schwankungen in der chemischen Zusammensetzung der Sammelmilch von drei Käsereigesellschaften,... von G(uido) Koestler.

Jahres-Bericht des Molkerei-Verbandes der Provinz Pommern. 1904. Stettin 1905.

9.—13., der unter dem höchsten Protectorate Ihrer k. u. k. Hoheit, der durchlauchtigsten Frau Kronprinzessin-Witwe, Erzherzogin Stephanie, stehenden internationalen Stiftung: Mozarteum in Salzburg, 1889—1893. Verf. u. vorgetragen v. Joh. Ev. Engl. Lex.-8. Salzburg, (H. Kerber). n. 5. 20

9. 1889. Vorgetragen bei dem X. Mozarttage 1890. (61 S.) 890. n. —80. — 10. Vorgetragen bei dem XI. Mozarttage, am 12. Mai 1891. (68 S.) 891. n. —80. — 11. Vorgetragen bei dem XII. Mozarttage, am 25. Juli 1892. (112 S.) 892. n. 1 —. — 12. Vorgetragen bei dem XIII. Mozarttage, am 23. Mai 1893. (125 S.) 893. n. 1 —. — 13. Vorgetragen bei dem XIV. Mozarttage, am 15. Mai 1894. (111 S.) 894. n. 1. 60.

— 14., der unt. dem Protectorate der Frau Kronprinzessin Witwe Erzherzogin Stephanie stehend. internat. Stiftg. Mozarteum in Salzburg. 1894. Verf. u. vorgetr. bei d. XV. Mozarttage am 9. Juni 1895 v. Joh. Ev. Engl. Lex.-8. (123 S.) Salzburg 895. (H. Kerber.) n.n. 1. 20

— dasselbe. 15. Bericht. 1895. Verf. u. vorgetr. b. d. XVI. Mozarttage am 7. VI. 1896 v. Joh. Ev. Engl. Lex.-8. (77 S.) Ebd. 896. n.n. 1. 20

— dasselbe. 16. Bericht. 1896. Verf. u. vorgetr. b. d. XVII. Mozarttage am 20. VI. 1897 v. Joh. Ev. Engl. Lex.-8. (61 S.) Ebd. 897. n. 1. 40

— dasselbe. 17. Bericht. 1897. Verf. u. vorgetr. b. d. XVIII. Mozarttage am 8. VII. 1898 v. Joh. Ev. Engl. Lex.-8. (63 S.) Ebd. 898. n. 1. 10

— 18. u. 19., der unter dem höchsten Protectorate Ihrer k. u. k. Hoheit, der durchlaucht. Frau Kronprinzessin-Witwe Erzherzogin Stephanie stehenden internationalen Stiftung: Mozarteum in Salzburg. 1898 u. 1899. Lex.-8. Salzburg (E. Höllrigl). à n.n. — 75

1898. Verf. u. vorgetragen bei dem XIX. Mozarttage, am 3. VII. 1899 v. Joh. Ev. Engl. (54 S.) 899.

1899. Verf. u. vorgetragen bei d. XX. Mozarttage, am 11. VII 1900 v. Joh. Ev. Engl. (57 S.) 900.

— 20., der unter dem höchsten Protectorate Sr. k. u. k. Hoheit, des hochw.-durchlaucht. Herrn Erzherzog Eugen, Hoch- u. Deutschmeister, stehenden internation. Stiftung: Mozarteum in Salzburg. 1900. Verf. u. vorgetragen bei dem XXI. Mozarttage, am 27. XI. 1901 v. Joh. Ev. Engl. Lex.-8. (58 S.) Ebd. 901. n.n. — 75

— 21., 22. u. 24., der unter dem höchsten Protektorate Sr. k. u. k. Hoheit des hochwürdigst-durchlauchtigsten Herrn Erzherzog Eugen, Hoch- u. Deutschmeister, stehenden internationalen Stiftung: Mozarteum in Salzburg 1901 1902 u. 1904. Verf. u. vorgetragen bei dem XXII., XXIII. u. XXV. Mozarttage am 7. VIII. 1902, bzw. 26. VIII. 1903 u. 30. VII. 1905 von Joh. Ev. Engl. (68, 60 u. 58 S.) Lex.-8. Salzburg 902. 903. 905. (E. Höllrigl.) à n.n. — 75

— 25. u. 26., der unter dem höchsten Protektorate Sr. k. u. k. Hoheit, d. hochwürdigst-durchlauchtigsten Herrn Erzherzog Eugen, Hoch- u. Deutschmeister, stehenden internationalen Stiftg.: Mozarteum in Salzburg 1905 u. 1906. Verf. u. vorgetragen bei dem XXVI. Mozarttage am 22. IV. 1907 v. Joh. Ev. Engl. (100 S.) Lex. 8. Salzburg 907. (E. Höllrigl.) 1. 40

— dasselbe. 27.—29. 1907—1909. Verf. u. vorgetragen bei dem XXVII.—XXIX. Mozarttage am 31. III. 1910, 15. II. 1908 u. 28. III. 1909 v. Joh. Ev. Engl. (49, 65 u. 50 S.) gr. 8. Ebd. 908—10. à nn — 75

— 14.—16., der Mozart-Gemeinde pro 1902—1904. Vorgeragen u. genehmigt bei dem am 28. IV. 1903, bzw. 10. II. 1904 u. 26. II. 1905 abgeh. außerordentl. Mozarttage. (96, 72 u. 76 S.) Lex.-8. Ebd. 903—905. à n.n. — 75

— 17.—20., der Mozart-Gemeinde pro 1905—1908. Vorgetragen u. genehmigt bei dem am 21. IV. 1906, 22. IV. 1907 abgeh. außerordentl. bezw. 7. III. 1908 u. 28. III. 1909 abgeh. Mozarttage. (80, 95, 82 u. 81 S.) Lex. 8. Ebd. 906—09. à nn — 75

Jahresbericht der Handelskammer Mülheim a. R. für 1870-87. 91-97. 4° Mülheim 1871-98.

JAHRESBERICHT DER SECTION MÜNCHEN DES DEUTSCHEN UND ÖSTERREICHISCHEN ALPENVEREINS.
V -VII. (1874—1876. — Ohne bes. Titelblatt.) 4°.

JAHRESBERICHT DER ALPENVEREINS-SECTION MÜNCHEN. Anerkannter Verein.
VIII—X. (1877—1879. Ohne bes. Titelblatt.) 4°.
XI—XV. (Vereinsjahr 1880 — Vereinsjahr 1884). (Ohne bes. Titelblatt. München. Dr. Wild'sche Buchdruckerei (Gebr. Parcus).).

JAHRESBERICHT DER ALPENVEREINS-SEKTION MÜNCHEN. Anerkannter Verein.
XVI—XVII. (Vereinsjahr 1885—1886). (Ohne bes. Titelblatt. — Dr. Wild'sche Buchdruckerei (Gebr. Parcus) München.) 4°.

— 1., des Arbeiter-Sekretariats München f. d. Geschäftsj. 1898, nebst Berichten üb. Gewerkschafts-Organisationen u. Lohnbeweggn. gr. 8. (99 S.) München 899. (M. Ernst.) n. — 20

— dasselbe. 2.—4., u. Geschäfts-Bericht des Gewerkschaftsverein München pro 1899—1901. Ueberſicht üb. den Stand der Münchener Gewerkschafts-Bewegg., Berichte üb. Lohnbeweggn. ꝛc. gr. 8. (IV, 87; IV, 95 S. m. 1 Tab. u. IV, 72 S.) München (900—902). Gewerkschaftsverein. à — 30

— 5.—7., des Arbeiter-Sekretariats München u. Geschäfts-Bericht des Gewerkschaftsvereins München pro 1902—1904. gr. 8. München (Kaufingerstr. 14), (Expedition der Münchener Post). n. 1. 95
5. Anh.: Wohnungs-Mietrecht von M. Ahles. (IV, 88 S.) n. — 75
6. Anh.: Erbfolge, Testament u. Pflichtteilsrecht nach dem bürgerl. Gesetzbuch v. Heinr. Kaster. (IV, 87 S.) n. — 60
7. Anh.: Das Recht des Abzahlungsgeschäftes, v. Alb. Nußbaum. (IV, 84 S.) (905.) n. — 60

— 9., des Arbeiter-Sekretariats München u. Geschäfts-Bericht des Gewerkschaftsvereins München pro 1906 Anh.: Schadensersatzansprüche aus dem Lohnkampf. Von Max Prager. (IV, 87 S.) gr. 8. München (907) Arbeiter-Sekretariat. 1. —

Jahresbericht, 10., des Arbeitersekretariats München u. Geschäfts-Bericht des Gewerkschaftsvereins München pro 1907. Anhang: Die elterliche Gewalt nach dem Deutschen bürgerlichen Gesetzbuche von Rechtspraktikant A. Saenger. (84 S.) München, Selbstverlag des Gewerkschaftsvereins. 1. —

Jahres-Bericht des Allgemeinen Gewerbe-Vereins München pro 1879—81. München 1881. 8°. 40 S. Cart.

Jahresbericht der Handelskammer München. 1909-11. München 1910-12

Jahresbericht der Kreis-Gewerbschule München 1872—73. 4.

Jahresbericht der Kreis-Realschule München 1877-78, 93-94.

Jahresbericht des Realgymnasiums München 1870-71, 74-75.

Jahresbericht der Handwerkskammer Münster 1900-04. Ochtrup 1901-04

Jahresbericht der Handwerkskammer Münster 1904 06-12. Münster 1905-12

Münster-Ausbau in Bern. 14. Jahresbericht (vom 1. Juli 1900 bis Juni 1901) erstattet 1901 (durch K[arl] Howald ...). [Mit 3 Tafeln.] II + 51 S. 8. [Bern,] H. & A. Kümmerly & Frey.

Münster-Ausbau in Bern. 15. Jahresbericht (vom 1. Juli 1901 bis 30. Juni 1902) erstattet 1902 (durch K[arl] Howald ...). [Mit 2 Tafeln.] II + 52 S. 8. Bern, H. Kümmerly & Frey.

Münster-Chor (Basel). Jahres-Bericht für das Jahr 1900. 7 S. 8. Basel, Basler Druck- und Verlags-Anstalt, 1901.

Kantonale (*Thurgauische) Irrenanstalt Münsterlingen. Jahresbericht pro 1900. 21 S. 8. Frauenfeld, Huber & Co., 1901.

Kantonale (*Thurgauische) Irrenanstalt Münsterlingen. Jahresbericht pro 1901. 24 S. 8. Frauenfeld, Huber & Co., 1902.

. Thurgauische [kantonale] Irrenanstalt Münsterlingen. Jahresbericht pro 1902. 24 S. 8. Frauenfeld, Huber & Co., 1903.

Jahres-Bericht des Museal-Vereines für Waidhofen a. d. Ybbs und Umgebung. Jg. 1. Waidhofen a. d. Ybbs: Musealverein 1910. 8°

Jahresbericht des Altonaer Museums 1909. Altona 1910

Museum für Arbeiter-Wohlfahrtseinrichtungen in München. Jahresbericht 1901. 02. 03. 05. München 1901-05

Jahresbericht des Museums für hamburgische Geschichte für das Jahr 1910. 1911/12. — Hamburg: Gräfe & Sillem in Komm. 1911 bis 13. 4°
(Jahrbuch d. Hamburg. Wiss. Anstalten. 28. 1910. Beih. 4, T. 1; 30. 1912, Beih. 7, 1.)

Historisches Museum in Bern. Jahresbericht für 1900. Abgelegt von Direktor H(ermann) Kasser. [Illustriert.] 71 S. 8. Bern, K. J. Wyss, 1901.

Historisches Museum in Bern. Jahresbericht pro 1901. Abgelegt von Direktor H(ermann) Kasser. [Mit illustriertem Umschlag.] 64 S. 8. Bern, K. J. Wyss, 1902.

Oberschlesischer Museumverein Gleiwitz. — (2.) JAHRESBERICHT (für 1906). Gleiwitz, im März 1907. Neumanns Stadtbuchdruckerei. 4°.

Oberschles. Museum. — (3.) JAHRESBERICHT (für 1907). Gleiwitz, den 9. März 1908. ib. Druck von Friedr. Feldhuss.

Oberschlesisches Museum E. V. — 4. JAHRESBERICHT (für 1908). Gleiwitz, den 22. März 1909. ib. 1909. —

Jahresbericht der Museumsgesellschaft in Bern, erstattet an der Generalversammlung vom 11. Mai 1885 vom Präsidenten der Direktion, Hrn. E. Stettler, Fürsprecher, nebst Mitgliederverzeichniss. In-16°, 31 S. Bern, Buchdruckerei von K. J. Wyss.

Museums-Gesellschaft in St. Gallen. 17. Jahresbericht über d. J. 1872. 25 Stn. 8. St. Gallen, Druck v. M. Kälin.

Museums-Gesellschaft in St. Gallen. 18. Jahresbericht pr. 1873. 22 Stn. 8. St. Gallen, M. Kälin'sche Buchdr. — Katalog der Museums-Bibliothek. 1. Supplement. 1873. 16 Stn. 8. St. Gallen, Zollikofer'sche Buchdr.

Museums-Gesellschaft in St. Gallen. 19. Jahresbericht 1874. 22 Stn. 8. St. Gallen, Druck d. M. Kälin'schen Offizin.

Museumsgesellschaft in St. Gallen. 20. Jahresbericht. 1875. 24 S. 8. St. Gallen, Druck von M. Kälin.

Jahresbericht, dreiundzwanzigster, über die Museums-Gesellschaft in St. Gallen, 1878. In-8°. St. Gallen, M. Kälin.

Jahresbericht (24.) über die Museums-Gesellschaft in St. Gallen. In-8°, 20 S. St. Gallen, Druck von M. Kälin. 1880 ·

— 25., über die Museums-Gesellschaft in St. Gallen, 1880. Mit statistischen Uebersichten für die zehn Jahre 1871 — 1880. Erstattet an die Generalversammlung vom 2. März 1881. In-8°, 28 S. St. Gallen, M. Kälin'sche Buchdr.

— 27., über die Museumsgesellschaft in St. Gallen, 1882. Erstattet an die Generalversammlung vom 22. Februar 1883. In-8°, 18 S. St. Gallen, Kälin'sche Buchdruckerei.

— 28., über die Museumsgesellschaft in St. Gallen. Erstattet an die Generalversammlung vom 13. März 1884. In-8°, 24 S. St. Gallen, Kälin.

— 30., über die Museums-Gesellschaft in St. Gallen 1885. In-8°, 20 S. St. Gallen, Druck der Kälinschen Buchdruckerei.

Museums-Gesellschaft in St. Gallen. 45. Jahresbericht. 1900. [Mit] ... Verzeichnis der aufgelegten Zeitungen und Zeitschriften [und] Verzeichnis der im Jahre 1900 der Bibliothek einverleibten Bücher (IV. Supplement zum Hauptkatalog von 1901). 38 S. 8. St. Gallen, Honegger, 1901.

Museums-Gesellschaft in St. Gallen. 46. Jahresbericht. 1901. [Mit] ... Verzeichnis der aufgelegten Zeitungen und Zeitschriften, [und Anhängen :] Gedichte von Ernst Zahn [und] ... Dr. Arnold Ott. 32 S. 8. St. Gallen, Honegger, 1902.

Museums-Gesellschaft in St. Gallen. 47. Jahresbericht. 1902. [Mit] ... Verzeichnis der aufgelegten Zeitungen und Zeitschriften [und] Verzeichnis der im Jahre 1902 der Bibliothek einverleibten Bücher. 32 S. 8. St. Gallen, Honegger, 1903.

Museum-Gesellschaft in Zürich. 37. Jahresbericht pr. 1870, vorgetr. von Dr. J. Horner. Zürich, Druck v. Orell, Füssli & Co. 56 Stn. 12.

Museums-Gesellschaft in Zürich. 38. Jahresbericht üb. 1871, vorgetr. v. Prof. H. Grob. 58 Stn. 12. Zürich, Druck v. Orell, Füssli & Co.

Museum-Gesellschaft in Zürich. 39. Jahresbericht pr. 1872. 54 Stn. 12. Zürich, Druck v. Orell, Füssli & Co.

Museum-Gesellschaft in Zürich. 40. Jahresbericht pr. 1873. 55 Stn. 12. Zürich, Druck v. Orell Füssli & Co.

— fünfundvierzigster, d. Museumsgesellschaft in Zürich, 1878. In-16°, 51 S. Zürich, Orell Füssli & Cie.

— 50., der Museumsgesellschaft in Zürich, 1883. Vorgetragen Namens der Vorsteherschaft in der Generalversammlung vom 23. März 1884 von Advokat Meyer-Stadler, Präsidenten für 1883. In-16°, 64 S. Zürich, Bürkli.

— 51. Jahresbericht der Museums-Gesellschaft in Zürich, 1884. Vorgetragen Namens der Vorsteherschaft in der Generalversammlung vom 22. März 1885 von W. Tobler-Meyer, Präsidenten für 1884. In-16°, 82 S. Zürich, Druck von D. Bürkli.

Museumsgesellschaft in Zürich. 67. Jahresbericht. 1900... vorgelegt von Prof. Dr. Theodor Vetter.... ([Mit] Verzeichnis der... aufgelegten Zeitungen und Zeitschriften [und] Verzeichnis der vom 1. März 1900 bis 28. Februar 1901 ... angeschafften ... Bücher.) 130 S. 8. Zürich, Fritz Amberger, 1901.

— 1., des Museums-Vereins in Celle. 1892/93. gr. 8. Celle 893. (Schulze.) n 75
Jahresbericht u. Mitgliederverzeichnis. (16 S.) — Nachrichten üb. Francesco Maria Capellini Stechinelli. Mitgeteilt v. Nöldeke. (18 S. m. 1 Taf.)

— 4., d. Museums-Vereins in Celle. 1895/96. gr. 8. Celle 896. (Schulze.) n — 75
Haus- u. Denkinschriften in Celle, ges. v. Nöldeke. — Ilse Schmidtchen v. Th. Sprenger. (VI, 30 S. m. 1 Taf.)
2. u. 3. Bericht sind — da sogleich nach Ausgabe vergriffen — im Bücher-Lexikon nicht aufgenommen.

KREFELDER MUSEUMS-VEREIN. — JAHRESBERICHT
XIV., 1898. Crefeld. J. B. Klein'sche Buchdr. M. Buscher.
XV—XXIV., 1899—1908. (o. O. o. Dr.)

—— 1., des Museumsvereins für das Fürstentum Lüneburg. 1878. gr. 8. (23 S.) Lüneburg 879, (Herold und Wahlstab'sche Buchh.) *
—— dass. — 2. 1879. gr. 8. (77 S. mit 1 Stnt.) (Ebendas.) 880. +
—— dass. — 3. und 4. 1880 und 1881. gr. 8. (100 S.) (Ebendas.) 882. +
—— dass. — 5. und 6. 1882 und 1883. gr. 8. (III, 102 S.) (Ebendas.) 881. +

—— 7., 8. und 9., des Museumsvereins für das Fürstentum Lüneburg. 1884—1886. gr. 8. (113 S.) Lüneburg 886, (Herold und Wahlstab.) 2 —

JAHRESBERICHT DES MUSEUMSVEREINS FÜR DAS FÜRSTENTHUM LÜNEBURG

10., 11., 12. und 13. 1887—1890. Lüneburg. 1891. Druck der von Stern'schen Buchdruckerei. 8°.

JAHRESBERICHTE DES MUSEUMS-VEREINS FÜR DAS FÜRSTENTUM LÜNEBURG

für die Jahre 1891—1895. (Mit 2 Tafeln.) ib. 1896. —
1896/98. ib. 1899. —
1899/1901. (Mit Tafeln.) ib. 1901. In Kommission bei Herold & Wahlstab. (F. Bock.)

.. **Jahresbericht** der Musik-Akademie zu Hanau a. M. 1. 1905/06. Hanau (1906): Waisenhaus. 8° (08. 7.) 4

Allgemeine **Musikgesellschaft** (in Basel). 4. Basel, Schweighauser.

25. Jahresbericht für (1. Oktober) 1899 bis (30. September) 1900. II + 18 S. 1901.
26. Jahresbericht für (1. Oktober) 1900 bis (30. September) 1901. II + 31 S. 1902.
27. Jahresbericht für (1. Oktober) 1901 bis (30. September) 1902. II + 19 S. 1902.

Musikschule in Zürich. 25. u. 26. u. 27. Jahresbericht 1900—1901 u. 1901—1902 u. 1902—1903. 11 u. 12 u. 11 S. 4. Zürich, Art. Institut Orell Füssli, 1901 u. 1902 u. 1903.

Jahresbericht des Musikvereines für Kärnten in Klgft. Klgft., v. Kleinmayr, (1875)—.

Jahresbericht des Frankfurter Mutterschutz. (1, 1907/08-1910/11.) — (Frankfurt a. M. 1908-1911: Gätje.) 8°

— üb. d. **Mythologie** aus d. J. 1891 u. 1892. Von O. Gruppe. [Aus: „Jahresber. üb. d. Fortschr. d. class. Alterthumswiss."] gr. 8. (219 S.) Berlin 896. Leipzig, O. R. Reisland. n.n. 6. —

—— erster, des **germanischen Nationalmuseums** zu Nürnberg vom Septbr. 1853 bis Ende 1854 mit Rückblick auf das J. 1852 verfasst von W. Harless. gr. 4. (18 S.) Nürnberg 854. Leipzig, Fr. Fleischer. **

—— zweiter, des **germanischen Nationalmuseums** zu Nürnberg vom Septbr. 1854 bis Ende Aug. 1855, verf. von J. Müller. gr. 4. (28 S. mit 1 Stnt. und „Aufruf" 4 S.) Ebds. 855. **

—— dritter, des **germanischen Nationalmuseums** zu Nürnberg von Anfang Septbr. 1855 bis 1. Octbr. 1856. gr. 4. (44 S. mit 1 Holzschnt.) Ebds. 856. **

—— vierter, des germanischen **Nationalmuseums** zu Nürnberg vom 1. Octbr. 1856 bis Ende 1857. gr. 4. (40 S. mit 1 Holzschnt.) Nürnberg 858, Literarisch-artistische Anstalt des germanischen Museums (W. Schmid's Verlag.) **

—— fünfter, des germanischen **Nationalmuseums** zu Nürnberg vom 1. Jan. bis 31. Decbr. 1858. gr. 4. (48 S. mit 1 Holzschnt.) Ebendas. 859.

Jahresbericht des germanischen National-Museums zu Nürnberg ... 1853—59. (0.)
—— Bericht 7—8. 1861, 62.
—— 9—41. 1862—91. Nürnberg 1864—94. 4.

Naturalverpflegung im Appenzell Ausserrhod. Mittelland, umfassend die Gemeinden Trogen, Speicher, Rehetobel, Wald, Teufen, Bühler und Gais. 8. Trogen, U. Kübler.

II. (18.) Jahresbericht vom 1. Oktober 1899 bis 31. Dezember 1900. 17 S. 1901.
III. (19.) Jahresbericht für das Jahr 1901. 19 S. 1902.
Die ... arabische Ziffer bedeutet das Jahr ... der engern Naturalverpflegungsstation....

Naturalverpflegung im Appenzell Ausserrhod. Mittelland, umfassend die Gemeinden Trogen, Speicher, Rehetobel, Wald, Teufen, Bühler und Gais. IV. (20.) Jahresbericht für das Jahr 1902. 14 S. 8. Trogen, U. Kübler, 1903.

— — über Neuerungen und Erfahrungen in der **Thonwaaren- und Kalkindustrie** in den J. 1880 und 1881. Hrsg. von W. Olschewsky, H. Hauenschild und A. Eckhart. gr. 8. (IV, 62 S. mit eingedr. Holzschn.) Halle 882, Knapp.
— — dass. — in den J. 1882 und 1883. Im Auftrage des „Ziegler- u. Kalkbrenner-Vereins" verfasst von W. Olschewsky. gr. 8. (IV, 75 S. mit eingedr. Fig.; 63 S. mit eingedr. Fig.) Berlin 883,84, (Polytechn. Buchhandlung.) à Jahrg.
Vorstehende zwei Schriften sind aus: Notizblatt des Ziegler- und Kalkbrenner-Vereins, besonders abgedruckt.

Jahresbericht über die Neuerungen und Leistungen auf dem Gebiete des Pflanzenschutzes — seit Bd 4. 1901: der Pflanzenkrankheiten. Hrsg. von M. Hollrung. Bd 1—16. Berlin 1898—1913
Seit Bd 8. 1905: **Jahresbericht** über das Gebiet der Pflanzenkrankheiten.

— über die Neuerungen u. Leistungen auf dem Gebiete des **Pflanzenschutzes**. Hrsg. v. M. Hollrung. 1.—3. Bd. Die J. 1898—1900. gr. 8. Berlin, P. Parey. n. 25.—
1. (VIII, 184 S.) 899. n. 5.—. 2. (VIII, 303 S.) 900. n. 10.—. 3. (VIII, 291 S.) 902. n. 10.—.

— üb. die Neuerungen u. Leistungen auf dem Gebiete der **Pflanzenkrankheiten**. Hrsg. v. M. Hollrung. 4. Bd. Das J. 1901. (VIII. 305 S.) gr. 8. Berlin 903. P. Parey. n. 12. —

— dasselbe. 5.—7. Bd. Die J. 1902—1904. gr. 8. Ebd. à n. 15. —
5. Unter Mitwirkg. v. K. Braun, L. Fabricius, E. Küster u. a. hrsg. v. M. Hollrung. (VIII, 408 S.) 904. — 6. Unter Mitwirkg. v. K. Braun, L. Fabricius, E. Küster u. a. hrsg. v. M. Hollrung. (VIII, 374 S.) 905. — 7. Unter Mitwirkg. v. L. Fabricius, E. Küster, E. Reuter u. a. hrsg. v. M. Hollrung. (VIII, 374 S.) 905.
Erschien früher u. d. T.: **Jahresbericht** üb. die Neuerungen u. Leistungen auf d. Gebiete d. Pflanzenschutzes.

Jahresbericht des Turnvereins **Neugersdorf** (Alt- u. Neugersdorf) 1890, n. e. Rückbl. auf 1849—1899 als Gedenkbl. an d. 50-Jahr-Feier d. erstmaligen Begründung d. T. V. Neugersdorf, 24 S., 8°.

Verkehrs- und Verschönerungs-Verein Neuhausen (2: a. Rheinfall). [1. u. 2.] Jahres-Bericht für das Jahr 1901 u. 1902. II + 16 u. 23 S. 8. Neuhausen, Weigel & Wenger (*2: Adolf Weigel), 1902 u. 1903.

Gemeindepflege Neumünster(-Zürich V). 2. Jahresbericht. Umfassend die Thätigkeit vom 1. November 1900 bis 30. September 1902. 13 S. 8. Zürich, J. Baumgartner, 1902.

Jahresbericht der Kranken- und Diakonissen-Anstalt Neumünster 23, 32—34. 1880, 1889—92.

Samariter-Verein Neumünster(-Zürich). 8. Zürich, Steiger & Tschopp.

15. Jahresbericht im Vereinsjahr 1900. 27 S. 1901.
16. Jahresbericht im Vereinsjahr 1901. 25 S. 1902.

Samariter-Verein Neumünster(-Zürich). 17. Jahresbericht im Vereinsjahr 1902. 28 S. 8. Zürich, J. Leemann, 1903.

Verein **positiver** Kirchgenossen Neumünster[-Zürich]. 2. Jahresbericht vom 1. Oktober 1899 bis 30. September 1901. 11 S. 8. Zürich, J. Baumgartner, 1901.

Jahresbericht der Handelskammer Neuss für 1886. 88-94. 96. Neuss 1887-97

Jahresbericht der Gewerbs- und Handelsschule Neustadt a. d. Haardt 1870—71. 4.

Jahresbericht, XI.—XX., der Kuranstalt Neu-Wittelsbach bei München (unter der Verwaltg. d. bayerischen Frauenvereins vom Roten Kreuz). Sanatorium f. innere Krankheiten. 1. I. 1896 bis 1. I. 1906. Hrsg. v. Rud. v. Hoesslin. (96 S.) 8. München 907. J. F. Lehmann's Verl. 2. —

Jahresbericht der Schweizer Unterstützungs-Gesellschaft New Orleans: 1847
New Orleans, LA

Jahresbericht aus dem Deutschen Emigrantenhause New York:
Nos. 1 (1874)– , 1873–1913/14?
Annual report of the Deutsches Lutherisches Emigrantenhaus, which is located in New York City. Printed by Wartburg Druckerei, Mt. Vernon. Report year begins in April of each year.
Mount Vernon, NY

Jahresbericht der Nicolai-Hauptsternwarte 1863–87. St. Petersburg.

Kantonale Brandversicherungs-Anstalt Nidwalden. 17. u. 18. u. 19. Jahres-Bericht pro 1900 u. pro 1901 u. pro 1902. II + 16 u. II + 17 u. II + 16 S. 8. Stans, Paul von Matt, (1901 u. 1902) u. Ad. & P. von Matt, (1903).

Jahresbericht des Heimatbundes Niedersachsen. 1. Hannover 1903: W. Jürgens. 8° [F.]

Not- und Hilfskasse der Evangelischen Schulvereine in den Kantonen Bern und Freiburg [in Bern]. 26. Jahresbericht pro 1901. [2 S.] 8. [Bern 1902.]
Sep.-Abdr., nur ausnahmsweise veranstaltet, aus «Schweizerisches Evangelisches Schulblatt».

Jahresbericht (2.) des Arbeiter-Sekretariats Nürnberg für das Geschäftsjahr 1895/96 nebst Berichten über die Gewerkschaftsorganisationen, Lohnbewegungen, Streiks und einem Bericht der Arbeiter-Beisitzer des Gewerbegerichtes Nürnberg. 8°. Nürnberg, Wörlein u. Co., 1896.

— dasselbe. 1. Jahresbericht. s.: Geschäfts-Bericht 2c.

— 2. u. 3., d. Arbeiter-Sekretariats Nürnberg. gr. 8. Nürnberg (A. Henning). à n. — 25
2. Für d. Geschäftsj. 1895/96, nebst Berichten üb. d. Gewerkschaftsorganisationen, Lohnbeweggn., Streiks u. e. Bericht d. Arbeiter-Beisitzer d. Gewerbegerichts Nürnberg. (61 S.) 896.
3. Für d. Geschäftsj. 1896/97, nebst Berichten üb. Gewerkschaftsorganisationen u. Lohnbewegngn., sow. e. Referat d. Arbeiter-Beisitzer d. Gewerbegerichts Nürnberg. (87 S.) 898.

Jahresbericht, 5. u. 6., des Arbeiter-Sekretariates Nürnberg, nebst Berichten üb. die Gewerkschaftsorganisationen, Lohnkämpfe, das Gewerbegericht u. sozialstatistische Monographien 2c. Geschäftsjahre 1899 u. 1900. gr. 8. (VI, 103 S. m. 1 Tab. u. III, 82 S.) Nürnberg 900. 901. Arbeiter-Sekretariat. à — 50
Vergl.: Verwaltungs-Bericht des Arbeiter-Sekretariates Nürnberg.

— dasselbe. 7., nebst Anh.: die Arbeitslosenzählg. in Nürnberg am 19. I. 1902. Geschäftsj. 1901. gr. 8. (III, 76 u. 24 S. m. 1 Tab.) Ebd. 902. n. — 50

— 8.—11., des Arbeiter-Sekretariates Nürnberg. gr. 8. Nürnberg (Egidienplatz 22), Arbeiter-Sekretariat. n. 2. 50
8. Nebst Berichten üb. die Gewerkschaftsorganisationen, Lohnkämpfe, das Gewerbegericht u. sozialist. Monographien etc. Geschäftsj. 1902. (III, 80 S. m. 1. Tab. (903.) n. — 50
9. Nebst Berichten üb. die Gewerkschaftsorganisationen, Lohnkämpfe, das Gewerbegericht 2c. 2c. Geschäftsj. 1903. (III, 79 S. m. 1 Tab.) 904. n. — 50
10. Für das abgelaufene Geschäftsj. 1904, nebst e. Einleitung: Rückblick auf die zehnjähr. Tätigkeit des Sekretariats 1. XI. 1894 bis 31. XII. 1904. (III, 144 S.) 905. n. 1. —
11. Geschäftsj. 1905. (IV, 107 S. m. 1 Tab.) 906. n. — 50

— 12.—15., des Arbeiter-Sekretariats Nürnberg, nebst Berichten: der Vereinigten Gewerkschaften, d. Beisitzer des Gewerbegerichts, d. Nürnberger Gewerkschaftsbewegg., des Bildungsausschusses u. d. Volkshausvereins etc. f. d. J. 1906—1909. (III, 120; III, 116; III, 96 u. III, 92 S. m. je 1 Tab.) gr. 8. Nürnberg 907—10. (Breitegasse 25/27), Arbeiter-Sekretariat. à — 50

— der Handelskammer Nürnberg f. d. J. 1909. (XXXIV, 475 S.) 8. Nürnberg 910. J. L. Schrag. 4. —
Vergl.: Jahresbericht der Handels- u. Gewerbekammer für Mittelfranken.

Jahresbericht der Industrieschule Nürnberg 1875–78, 81–82.

Jahresbericht der Kreis-Gewerbschule Nürnberg 1872–73. 4.

Jahresbericht der Kreis-Realschule Nürnberg 1877–78, 86–87.

Sparkasse Oberfreiamt in Merenschwand. 27. Jahresbericht über das Geschäftsjahr 1900. II + 15 S. 8. Muri, A. Heller, 1901.

. Sparkasse Oberfreiamt in Merenschwand. 28. u. 29. Jahresbericht über das Geschäftsjahr 1901 u. 1902. *je* II + 15 S. 8. Muri, A. Heller, 1902 u. 1903.

Jahresbericht des Aargauischen Obergerichts f. 1873. 56 Stn. u. 5 Tabellen.

Jahresbericht des k. k. Ober-Gymnasiums (1900 ff.: d. k. k. ersten Staatsgymn.) zu Czernowitz. 1851—55. 57 ff. Czernowitz.

Jahresbericht des k. k. deutschen Obergymnasiums (1908 ff.: d. k. k. zweiten Staatsgymn.) in *Lemberg*. 1851—56. 61—63. 78—1913. Lemberg. 4°

Jahres-Bericht des k. k. Ober-Gymnasiums (1905 ff.: über d. k. k. Staatsgymn.) in Eger. 1852. 54—58. 60 ff. Eger. 4° u. 8°

Jahresbericht, neunter, des k. k. Ober-Gymnasiums in Görz. *Görz.* Gedruckt bei *Paternolli.* 85 S., 8°.
INHALT. Beitrag zur Behandlungsweise der Aesthetik in der obersten Gymnasialklasse. Von *Thom. Hohenwarter.* (p. 3—13). — Die Tempora und Modi im Slovenischen mit Rücksicht auf das Deutsche und die classischen Sprachen. Von *Joh. Šolar* (p. 14—40).

Jahresbericht des k. k. Obergymnasiums (1874/75 ff.: Staats-Obergymn.) zu Landskron in Böhmen. 1872/73 ff. Landskron.

Jahresbericht, Fünfter — des k. k. Ober-Gymnasiums zu Leitomischl. Veröffentlicht am Schlusse des Schuljahres 1855. Leitomischl. Buchdruckerei des Ant. Augusta. (24 S. 4.)
Inhalt: Beitrag zur Kenntniß des gestirnten Himmels in besonderer Hinsicht auf die altklassischen Dichtungen. Schulnachrichten.

Jahres-Bericht, achter — des k. k. Obergymnasiums zu Melk. *Wien* 1858. Gedruckt bei *A. Pichler's Wtw. & S.* 27 S., 4°.
INHALT. Einige Fragmente des Euripides, übersetzt vom Director *Th. Mayer.* (S. 3—15.)

Jahres-Bericht des k. k. Obergymnasiums zu Saaz in Böhmen. *Saaz.* Gedruckt bei *Ferd. Ritt. v. Schönfeld's Wtw.* 32 S., 4°.
INHALT. Die Elektricität der Atmosphäre. Von *F. Girka.* (S. 3—23).

Jahresbericht des k. k. Obergymnasiums zu Saaz am Schlusse des Studienjahres 1853. 4. (34 S.) Saaz, v. Schönfeld'sche Buchd.

Inhalt: Kurzgefaßte Zusammenstellung der Literatur der Griechen von ihren Uranfängen bis zum Schlusse des zweiten Zeitraumes. Von A. Dostal. — Nekrolog. — Schulnachrichten.

Jahresbericht des k. k. öffentlichen Obergymnasiums zu Saaz in Böhmen. Veröffentlicht am Schlusse des Studienjahres 1856 durch den Direktor des Gymnasiums Oswald Müchel. Saaz. Buchdruckerei Ferdinand Ritter von Schönfelds Witwe. (16 S. 4.)

Jahresbericht, dritter — des k. k. Obergymnasiums zu Schemnitz am Schlusse des Schuljahres 1856. Veröffentlicht durch den Director der Anstalt Johann Nedolvi. Voran geht eine mathematische Abhandlung von Professor Dr. Ferdinand Lutter. Pesth, 1856. Druck von J. Beimel und Basil Kozma. (16 S. 4. Mit einem Lektionsplan.)

Jahresbericht des k. k. Obergymnasiums zu den Schotten in Wien am Schlusse des Schuljahres 1856. Mit einem Programm: Kurze Charakteristik der wichtigeren vorweltlichen Pflanzengattungen. Wien. Druck von Karl Gerolds Sohn. (50 S. 4.)

Jahresbericht des k. k. Obergymnasiums zu den Schotten in Wien am Schlusse des Schuljahres 1857, veröffentlicht von dem Direktor desselben. Wien, Druck von Karl Gerolds Sohn. (41 S. 4.)

Enthält: Die Geschichte des k. k. Gymnasiums des Benediktiner-Stiftes Schotten in Wien.

Jahres-Bericht des k. k. Ober-Gymnasiums (1899 ff.: d. Staats-Gymn.) in Troppau. 1851—54. 56—65. 1867 ff. Troppau. 4°

Jahresbericht des k. k. zweiten deutschen Obergymnasiums (1911 ff.: Jahresbericht d. k. k. Staats-Realgymn. mit dt. Unterrichtssprache) in Brünn. 1878 ff. Brünn.

Jahresbericht, Erster — der Elbogner Oberrealschule für das Studienjahr 1853. Von Wenzel Schwab, pr. Direktor. 8. (54 S. u. 1 Plan.) Prag, Druck. v. K. Gerzabek 1853.

Inhalt: Schulnachrichten. — Ueber die religiös-sittliche Bildung an den Oesterreichischen Realschulen.

Jahres-Bericht, Zweiter — der Elbogner Oberrealschule für das Schuljahr 1854, von Wenzel Schwab. 8. (56 S.) Prag. Druck von Kath. Gerzabek. 1854.

Inhalt: Historische Notizen über die Elbogner Realschule. — Einiges zur vorzüglichen Beachtung für Eltern und Elternstellvertreter.

Jahres-Bericht der Ober-Realschule in Elbogen für das Schuljahr 1858. *Prag* 1858. Druck von *Friedr. Rohlíček* im fürst-erzbisch. Seminar. 43 S., 4°.

INHALT. Ueber die Ausbreitung der deutschen Nationalität in Böhmen. Von *P. Wenzel Weber*. (p. 3—11). — Beitrag zur Bestimmung der ebenen Schnitte von Cylinder- und Kegelflächen. Von *Georg Zach*. (p. 11—14). — Ueber den Mangel an passenden Modellen für das Freihand-Zeichnen. Von *Georg Zach*. (p. 14—15). — Hervorhebung einiger Thatsachen aus dem Gebiete der Zoologie, die uns deutlich eine besondere Planmässigkeit in der Natur erkennen lassen. Von *Jos. Oertelt* (p. 16—24).

Jahres-Bericht über die Ober-Realschule in Kiel etc. 1882/83 1886/87, 1888/89 – 1890/91, 1894/95. Kiel. 1883 87. 1889–91. 1895. 4°

Jahres-Bericht über die höhere Knaben-Bürgerschule in Kiel während des Schuljahres . . ., mit welchem zu der . . . Prüfung einladet das Lehrercollegium. 4°.
1871/72—1872/73. Kiel. 1872—73.
Fortges. u. d. T.:
Jahres-Bericht über die Realschule in Kiel etc.
1875/76—1876/77. 1879/80—1880/81. ebd. 1876—77, 80—81.
Fortges. u. d. T.:
Jahres-Bericht über die Ober-Realschule in Kiel etc.
1887/88. 1891/92—1893/94. 1895/96—96/97. ebd. 1888, 92—94. 96—97.
Fortges. u. d. T.:
* **Jahres-Bericht** der Ober-Realschule mit Reform-Realgymnasialklassen in Kiel über das Schuljahr . . . Erstattet v. [Gustav] Luppe.
1897/98 ff. ebd. 1898 ff. 4°.

Jahresbericht, vierter — der k. k. Oberrealschule zu Klagenfurt am Schlusse des Schuljahres 1856. Klagenfurt, Druck von Joh. Leon. (100 S. 8.)

Städtische Handelsschule in Flensburg nebst der mit der Landwirtschaftsschule gemeinsamen Vorschule.
Jahresbericht über das Schuljahr . . .
1888/89. Flensburg. 1889; 1890/91—92/93. ebd. 1891—93. 4°.
Fortges. u. d. T.:
Städtische Realschule mit wahlfreiem Unterricht in der Handelswissenschaft zu Flensburg.
Jahresbericht über das Schuljahr . . .
1893/94—94/95. ebd. 1894—95. 4°.
Fortges. u. d. T.:
Städtische Oberrealschule — mit wahlfreiem Unterricht in der Handelswissenschaft — verbunden mit Landwirtschaftsschule zu Flensburg.

Jahresbericht über das Schuljahr 1895/96 erstattet von dem Direktor Karl Flebbe. ebd. 1896. 4°.
Fortges. u. d. T.:
Oberreal- und Landwirtschaftsschule in Flensburg.
* **Jahresbericht** über das Schuljahr
1896/97 ff. ebd. 1897 ff. 4°.

Jahresbericht der k. k. Oberrealschule in Linz für das Studienjahr 1856/57. *Linz* 1857. Druck von *Jos. Feichtinger's Erben*. 36 S. 4°.

INHALT: Die mittelalterliche Baukunst in ihrer Hauptrichtung vom kulturhistorischen Standpunkte dargestellt zum leichteren Verständnisse der Geschichte des Mittelalters von *Josef Haberleithner*, ord. Lehrer.

Jahres-Bericht der k. k. Oberrealschule in Linz. *Linz* 1858. Druck von *Jos. Feichtinger's Erben*. 47 S. 4°.

INHALT. Ueber die neueren Ansichten von dem Wesen der Wärme. Eine Studie von *Josef Frank* (p. 3—24).

Jahresbericht, erster — der k. k. Oberrealschule der königlichen freien Hauptstadt Ofen. Am Schlusse des Schuljahres 1856 veröffentlicht vom prov. Director. Ofen, 1856. Gedr. mit M. Bagó'schen Schriften. (164 S. 8.)

Jahres-Bericht, dritter, der k. k. Ober-Realschule der kön. freien Hauptstadt Ofen. Am Schlusse des Schuljahres 1858 veröffentlicht vom Director. *Ofen* 1858. Gedruckt mit *M. Bagó'schen* Schriften. 84 S., 8°. Mit zwei Tafeln lithogr. Figuren.

INHALT. Ueber die Construction stereoskopischer Bilder. Von *Jos. Wastler* (S. 1—17). — Zur Beleuchtung des Verhältnisses zwischen Schule und Leben. Von *Richard Rotter* (S. 18—48).

Jahres-Bericht, vierter, über die k. k. Ober-Realschule zu Olmütz im Schuljahre 1858. *Olmütz. Anton Halauska's* Univ.-Buchdruckerei. 41 S., 4°. Mit zwei Plänen der k. k. Ober-Realschulgebäude.

INHALT. In wiefern hängt die Blüte der Kunst und Literatur mit dem Verfalle des Staatslebens zusammen? Von *Jos. Haufka* (S. 3—16).

Jahresbericht, sechster — der Oberrealschule zu Reichenberg. Juli 1857. Reichenberg. Buch- und Steindruckerei von Rudolf Gerzabek. (45 S. 4.)

Enthält: 1. Elektromagnetische Telegraphie, von dem suppl. Lehrer Josef Walter. — 2. Ueber poetische Anschauung, vom Lehrer Emanuel Gelinek.

Jahresbericht, siebenter, der Ober-Realschule in Reichenberg. Juli 1858. *Reichenberg* 1858. Druck von *Heinrich T. Stiepel*. 47 S., 4°. 2 Tafeln.

INHALT. Das Jeschkengebirge. Eine geognost. Skizze v. suppl. Lehrer *Joh. Pfohl*. (p. 1). — Ansichten über die Methode für die Anfangsgründe der darstellenden Geometrie vom Lehrer *W. Kur* (p. 19). — Statistische Tabellen vom Lehrer *A. Wiede*.

Jahresbericht der k. k. Ober-Realschule am Schottenfelde in Wien für das Studienjahr 1851—52. Von Fr. Hauke. gr. 4. (64 S. mit 3 Kpfrt. in gr. 4. und qu. Fol.) Wien 852, Braumüller. Thlr. *

Inhalt:

Zur Geschichte der Realschule Wien's von Joh. Engel. Das chemische Laboratorium und die aus demselben im Studienjahre 1851—52 hervorgegangenen Arbeiten von Hinterberger.

Jahres-Bericht der k. k. Ober-Realschule am Schottenfelde in Wien für das Studienjahr 1852—53. 4. (64 S.) Wien. Gedr. bei A. Schweiger 1853.

Inhalt: Das „allgemein." Bildungsmittel der Realschule, mit besonderer Rücksicht auf den deutschen Unterricht in den Oberklassen. Von Theod. Vernaleken. — Entwicklung allgemeiner Gesetze für Dreieckseiten. Von Dr. Hartmann Edlen v. Franzenshuld. — Bier- und Weinanalysen. Von Dr. Friedr. Hinterberger. — Einiges über Seide und Seidenzucht. Von Friedr. Hinterberger. — Ueber den Unterricht in der Physik an den Unter-Realschulen. Von Jak. Schabus. — Schulnachrichten. Vom Director Hauke.

Jahres-Bericht der k. k. Oberrealschule am Schottenfelde in Wien, für das Studienjahr 1853/54. 4. (62 S.) Wien. Gedruckt bei Anton Schweiger. 1854.

Inhalt: Gibt die Pflege der Naturwissenschaften an Realschulen Grund zu Befürchtungen für den christlichen Unterricht und die religiöse Bildung der Schüler? von Joh. Engel — Relazionen für Dreieckseiten, von Prof. Dr. M. Hartmann E. v. Franzenshuld. — Ueber den Standpunkt und die Behandlungsweise des Unterrichtes in neueren Sprachen an Realschulen. Mit nächster Rücksicht auf den Unterricht in der englischen und französischen Sprache, von J. B. Högel. — Chemische Notizen von Dr. Friedr. Hinterberger. — Ueber die Einführung des Gesangunterrichtes in den Gymnasien und Realschulen des österreichischen Kaiserstaates, von J. B. Ziegler. — Schulnachrichten.

Jahresbericht der k. k. Ober-Realschule am Schottenfelde in Wien für das Studienjahr 1855—1856. Wien, 1856. Druck von M. Auer. (59 S. 4.)

Inhalt: Die schwache und starke Biegung des attributiven Adjectivs. Ein Beitrag zur historischen Grammatik. Von Theodor Vernaleken. — Ueber die razionale Darstellung der Gleichungen, von Prof. Dr. Hartmann E. von Franzenshuld. — Zur Geschichte der Schottenfelder Ober-Realschule. — Schulnachrichten.

—— der k. k. Ober-Realschule am Schottenfelde in Wien für das Studien-Jahr 1857—58. gr. 4. (III und 58 S.) Wien 858, (Mayer und Comp.) *

— — für das Studien-Jahr 1857—58. Wien 858. (Wendelin.) gr. 4. (2 Bl., 58 S.) n. 12 ngr.

Jahresbericht, fünfter — über die steiermärkisch-ständische Oberrealschule in Gratz, für das Studienjahr 1856. Druck und Papier von Josef A. Kienreich. (58 S. 4.)

Jahresbericht, siebenter — über die steiermärkisch-ständische Ober-Realschule in Gratz. Druck und Papier von *Jos. A. Kienreich*. 48 S., 8°.

INHALT. Physikalische Abhandlungen. Von Dr. *Eugen Netolička* (S. 1—20).

— des geodynamischen Observatoriums zu Lemberg, v. W Láska, s.: Mittheilungen der Erdbeben-Kommission d. kaiserl. Akademie der Wissenschaften in Wien. 28.

Nedanócz, Meteorologisches Observatorium des Neutrathaler landwirthschaftl. Vereines, Jahresberichte, zusammengestellt und herausgegeben von Frh. Gregor Friesenhof. 1—5. 1876—80. [Nedanócz 1877—82.] Fol.

Jahres-Bericht des mährisch-schlesischen Obst-, Wein- und Gartenbau-Vereines im Jahre 1852 und 1853. 8. (46 S.) Brünn. Druck von Karl Winiker. 1854.

—— der Ohio Staats-Landbaubehörde mit einem Auszug der Verhandlungen der County Ackerbau-Gesellschaften an die General-Versammlung von Ohio. Für das J. 1858. Lex.-8. (XL und 632 S. mit eingedr. Holzschn.) Columbus, Ohio 859. (New-York. Westermann und Comp.) geb. *

Jahresbericht d. landwirtschaftlichen Winterschule Oldenburg i. Gr. 11: 1909/10. Oldenb. 1910.

Bezirksschule Olten. Jahres-Bericht für das Schuljahr 1900 —1901. 28 S. 4. Olten, Buchdr. des «Oltner Tagblatt» und «Volksblatt vom Jura», 1901.

Bezirksschule Olten. Jahres-Bericht für das Schuljahr 1901-1902. 27 S. 4. Olten, Buchdr. des «Oltner Tagblatt» und «Volksblatt vom Jura», 1902.

Bezirksschule Olten. Jahres-Bericht für das Schuljahr 1902-03. 27 S. 4. Olten, Buchdr. des «Oltner Tagblatt»..., 1903.

Handwerkerbank Olten. 5. Jahresbericht für 1871. 8 Stn. 4. Olten Druck von A. Michel.

Handwerkerbank Olten. 6. Jahresbericht pr. 1872. 10 Stn. 4. Olten, Druck v. A. Michel.

Reformierte Kirchgemeinde Olten. Jahresbericht.... 8.
... über das kirchliche Leben 1900 ([von] Max Zimmermann, Pfarrer). 8 S. [1901.]
... vom Jahre 1901 ... von Max Zimmermann, Pfarrer. Anhang: Auszug aus der Jahres-Rechnung pro 1901. 15 S. Olten, Buchdr. des Oltner Tagblatt, 1902.

Reformierte Kirchgemeinde Olten. Jahresbericht vom Jahre 1902 ... von Max Zimmermann, Pfarrer. Anhang: Auszug aus der Jahres-Rechnung pro 1902. 15 S. 8. Olten, Buchdr. des Oltner Tagblatt, 1903.

Armenerziehungsverein Olten-Gösgen. 23. Jahresbericht 1900. II + 37 S. 8. Olten, Buchdr. des Oltner Tagblattes, 1901.

Armenerziehungsverein Olten-Gösgen. 24. Jahres-Bericht. 1901. II + 31 S. 8. Olten, August Michel, 1902.

Armen-Erziehungs-Verein Olten-Gösgen. 25. Jahresbericht für das Jahr 1902 und Rückblicke auf seine 25jährige Tätigkeit. [Mit 1 Tabelle.] II + 42 S. 8. Olten, Buchdr. des Oltner Tagblatt, 1903.

— oenologischer. Bericht über die Fortschritte in Wissenschaft u. Praxis auf dem Gesammtgebiete von Rebbau, Weinbereitung u. Kellerwirthschaft, erstattet unter Mitwirkung von O. Saare u. C. Weigelt. 1. Jahrg. 1878. gr. 8. (XII, 178 S.) Berlin 880. Springer. n. 4. —

—— oenologischer. Bericht über die Fortschritte in Wissenschaft und Praxis auf dem Gesammtgebiete von Rebbau, Weinbereitung und Kellerwirthschaft, erstattet unter Mitwirkung von O. Saare und K. Portele von C. Weigelt. 2. Jahrg. 1879. Mit einem Anhang, enthaltend das Gesetz vom 14. Mai 1879, betreffend den Verkehr mit Nahrungsmitteln, Genussmitteln und Gebrauchsgegenständen und die Materialien des k. deutschen Gesundheits-Amtes zu dem Kapitel „Wein". gr. 8. (XIV, 189 S.) Berlin 881, [Springer.] Parey. *

—— dass. — 3. Jahrg. 1880. Mit einem Anhang, enthaltend das österreich. Kunstweingesetz und die dasselbe ergänzende k. k. Ministerialverordnung vom 16. Septbr. 1880. gr. 8. (XI, 161 S.) Berlin 882, Parey. *

—— dass. — Unter Mitwirkung von O. Saare und K. Portele hrsg. von C. Weigelt. 4. Jahrg. 1881. gr. 8. (XIV, 154 S.) Kassel 883, Fischer. *

—— dass. — Unter Mitwirkung von P. Hofferichter, K. Portele, O. Saare hrsg. von C. Weigelt. 5. Jahrg. 1882. gr. 8. (XVIII, 192 S.) Ebendas. 884. *

—— oenologischer. Bericht über die Fortschritte in Wissenschaft und Praxis auf dem Gesammtgebiete von Rebbau, Weinbereitung und Kellerwirthschaft, erstattet unter Mitwirkung von O. Saare, K. Portele, P. Hofferichter, C. Amthor, hrsg. von C. Weigelt. 6. und 7. Jahrg. 1883 und 1884. gr. 8. (XV, 189; XIV, 211 S.) Kassel, Fischer. à Jahrg. *

—— dass. — erstattet unter Mitwirkung von O. Saare, K. Portele, J. Mai, J. Rotheit, und hrsg. von C. Weigelt. 8. Jahrg. 1885. gr. 8. (XIV, 168 S.) Ebendas. 886. *

—— oenologischer. Bericht üb. die Fortschritte in Wissenschaft u. Praxis auf dem Gesammtgebiete v. Rebbau, Weinbereitg. u. Kellerwirthschaft, erstattet unter Mitwirkg. v. O. Saare u. J. Baumann u. hrsg. v. C. Weigelt. 9. Jahrg. 1886. gr. 8. (XII, 179 S.) Cassel 890, Fischer. * 6 —

JAHRESBERICHT DER DEUTSCHEN ORIENT-GESELLSCHAFT ZU BERLIN.
1., erstattet in der ordentlichen Hauptversammlung am 8. Mai 1899. Berlin. Druck von H. S. Hermann. 8°.
2., erstattet in der ordentlichen Hauptversammlung am 1. Mai 1900. ib. —
3., erstattet in der ordentlichen Hauptversammlung am 13. Mai 1901. Leipzig. Druck von W. Drugulin. [1]

[1] Jahresbericht 4 konnte ich nicht einsehen.

JAHRESBERICHT DER DEUTSCHEN ORIENT-GESELLSCHAFT, EINGETRAGENER VEREIN ZU BERLIN.
5., erstattet in der ordentlichen Hauptversammlung am 23. Juni 1903. Berlin. Druck von H. S. Hermann.
6., erstattet in der ordentlichen Hauptversammlung am 9. Mai 1904. ib. —
7., erstattet in der ordentlichen Hauptversammlung am 12. Mai 1905. ib. —
8., erstattet in der ordentlichen Hauptversammlung am 28. Mai 1906. ib. —
9., erstattet in der ordentlichen Hauptversammlung am 15. Juni 1907. ib. —
10., erstattet in der ordentlichen Hauptversammlung am 9. Mai 1908. ib. —
11., erstattet in der ordentlichen Hauptversammlung am 21. Mai 1909. ib. —
12., erstattet in der ordentlichen Hauptversammlung am 18. Juni 1910. ib. —
13., erstattet in der ordentlichen Hauptversammlung am 13. Juni 1911. ib. —

Jahresbericht des deutschen Ostmarken-Vereins E. V. [1.] Über d. Geschäftsjahr 1908. Berlin 1909: Greve. 8°

Deutscher Ostmarken-Verein E. V. Gegründet 1894. — JAHRESBERICHT für das Geschäftsjahr 1909—1910. Berlin 1910—1911. Buchdruckerei Wilhelm Issleib. 8°.
JAHRESBERICHT des Deutschen Ostmarken-Vereins E. V. Gegründet 1894. für das Geschäftsjahr 1911. ib. — (Ohne bes. Titelblatt.) 8°.

JAHRES-BERICHT DES GEBIRGSVEREINS OYBIN
(Vereinsjahr 1883—1884). Erstattet in der 4. Generalversammlung am 8. April 1884 vom Vorstande Dr. MOSCHKAU. Zittau. 1884. Druckerei der Morgen-Zeitung. 8°.

—— pädagogischer, für Deutschlands Volksschullehrer. Im Verein m. Bartholomäi, Kellner, Lüben, Prange, Schulze u. Teickner bearb. u. hrsg. von Carl Nacke. 1. Jahrg. gr. 8. (21½ B.) Leipzig 846. [Brandstetter.] *

— pädagogischer, für Deutschlands Volksschullehrer. Im Verein mit Bartholomäi, Kellner, Lüben, Prange, Schulze u. Teickner bearb. u. herausgeg. von Carl Nacke. 1. Jahrg. gr. 8. Leipzig 846, Einhorn's Verl.-Exped. n. 1 ß

—— pädagogischer, für Deutschlands Volksschullehrer. Im Verein mit Bartholomäi, Hentschel, Kellner, Lüben, Prange, Schulze, Stoy bearb. und hrsg. von K. Nacke. 2—6. Jahrg. (Bd.) gr. 8. Leipzig, Brandstetter. [2. (XIII und 410 S.) 847., 3. (XII und 394 S.) 848., 4. (XII und 399 S.) 849. à 1 Thlr., 5. (XI und 508 S.) 851. 1 Thlr. 15 Ngr., 6. (XIII und 388 S.) 852. 1 Thlr. 7½ Ngr.]
1. Jahrg. Ebendas. 846. * 1 Thlr.

— pädagogischer, für Deutschlands Volksschullehrer. Im Verein mit Bartholomäi, Hentschel, Kellner, Lüben, Prange, Schulze und Stoy bearb. u. herausg. von Karl Nacke. 7—9. Jahrg. à 2 Abthlgn. Leipzig 853—56. Brandstetter. gr. 8. (7. Jahrg.: X, 586 S. 2 ß.; 8. Jahrg.: XIV, 527 S. 1 ß. 27 ngr.; 9. Jahrg.: XXIV. 570 S. 2 ß. 6 ngr.) 6 ß. 3 ngr.

—— pädagogischer, für die Volksschullehrer Deutschlands und der Schweiz. Im Verein mit Bartholomäi, Gräfe, Hentschel, Kellner rc. bearb. und hrsg. von Aug. Lüben. 10—18. Bd. (Jahrg.) gr. 8. Leipzig, Brandstetter. [10. Bd. (XII und 760 S.) 857. * 2 Thlr. 20 Ngr., 11. (X und 622 S.) 858. * 2 Thlr., 12. (X und 650 S.) 860. * 2 Thlr. 10 Ngr., 13. (XII und 756 S.) 861. * 2 Thlr. 20 Ngr.] *

—— pädagogischer, für die Volksschullehrer Deutschlands und der Schweiz. Im Verein mit Bartholomäi, Gräfe, Hentschel, Hopf rc. bearb. und hrsg. von Aug. Lüben. 14.—18. Bd. gr. 8. Leipzig, Brandstetter. [14. Bd. (XVI und 790 S.) 862. * 2 Thlr. 24 Ngr., 15. (XI und 623 S.) 863. * 2 Thlr. 10 Ngr., 16. (XI und 754 S.) 864. * 2 Thlr. 20 Ngr., 17. (XI und 796 S.) 865. * 2 Thlr. 24 Ngr., 18. (XI und 668 S.) 867. * 2 Thlr. 15 Ngr.] *

—— pädagogischer, für die Volksschullehrer Deutschlands und der Schweiz. Im Verein mit Bartholomäi, Debbe, Dittes, Gottschalg, Hentschel rc. bearb. und hrsg. von Aug. Lüben. 19.—25. Bd. (1866—1872.) gr. 8. (XII, 767; X, 712; XII, 812; XII, 858; XII, 690; XII, 827; 788 S. mit dem Bildnisse A. Lüben's in Stahlst.) Leipzig 868—73, Brandstetter.
19. und 21. Bd. (à * M. 8,40.); 20. und 23. Bd. (à * M. 8.) à * 5 —
22. Bd. (* M. 9.) * 5 50
24. und 25. Bd. à * 9 —
1.—4., 6.—22. Jahrg. zusammen * M. 81,50.

— pädagogischer, f. die Volksschullehrer Deutschlands u. der Schweiz. Im Verein m. Bartholomäi, Dittes, Hentschel rc. bearb. u. hrsg. v. Aug. Lüben. 22—25. Bd. gr. 8. Leipzig 871—74. Brandstetter. n. 35. —
22. (XII, 858 S.) n. 9. —. — 23. (XII, 690 S.) n. 8. —. — 24. (XII, 827 S.) n. 9. —. — 25. (788 S.) n. 9. —.

—— pädagogischer, von 1873 und 1874. Im Verein mit Bartholomäi, Gödei, Gottschalg, Kehr, Lion, Oberländer, Richter, Schlegel, Werner und Zimmermann bearb. und hrsg. von Friedr. Dittes. 26. und 27. Jahrg. gr. 8. (XVI, 879 S. mit dem lithogr. Bildnisse von C. Nacke, dem Begründer des Jahresberichts; XII, 784 S.) Ebendas. 874,75. à Jahrg. * 10 —

—— pädagogischer, von 1875. Im Verein mit Bartholomäi, Gödei, Gottschalg rc. bearb. und hrsg. von Friedr. Dittes. 28. Jahrg. gr. 8. (XIV, 706 S.) Leipzig 876, Brandstetter. '

—— dass. — von 1876—1878. Im Verein mit Felsberg, Flinzer, Gottschalg rc. bearb. und hrsg. von Friedr. Dittes. 29.—31. Jahrg. gr. 8. (XVI, 867; XVI, 1081 S. mit dem Bildniß Friedr. Brandstetter's in Stahlst.; XIII, 795 S.) Ebendas. 877—79. 29. und 31. Jahrg. à *
30. Jahrg. *

—— pädagogischer, von 1879—1881. Im Verein mit Eckardt, Emericzy, Felsberg rc. bearb. und hrsg. von Friedr. Dittes. 32.—34. Jahrg. gr. 8. (XII, 819; XII, 872; X, 705 S.) Leipzig 880—82, Brandstetter. à Jahrg. *

Jahresbericht, pädagogischer, von 1882. Im Verein mit Binkau, Eckardt, Eichler rc. bearb. und hrsg. von Friedr. Dittes. 35. Jahrg. gr. 8. (XII, 944 S.) Leipzig 883, Brandstetter. *

—— dass. — von 1883. Im Verein mit Binkau, Eckardt, Eichler rc. und mit dem Archiv-Bureau der schweizer. permanenten Schulausstellung in Zürich bearb. und hrsg. von Friedr. Dittes. 36. Jahrg. gr. 8. (X, 865 S.) Ebendas. 884. *

—— pädagogischer, von 1884 und 1885. Im Verein mit Binkau, Eckardt, Eichler rc. und mit dem Archiv-Bureau der schweizer. permanenten Schulausstellung in Zürich bearb. und hrsg. von Friedr. Dittes. 37. und 38. Jahrg. gr. 8. (XII, 846; XII, 787 S.) Leipzig 885,86, Brandstetter. à Jahrg. *

—— dass. — von 1886 und 1887. Im Verein mit Binkau, Eckardt, Eichler rc. und mit dem Archiv-Bureau der schweizer. permanenten Schulausstellung in Zürich bearb. und hrsg. von Alb. Richter. 39. und 40. Jahrg. gr. 8. (XII, 895; X, 854 S.) Ebendas. 887,88. à Jahrg. *

—— pädagogischer, v. 1888—1891. Im Verein m. Eichler, Freytag, Frisch rc. u. m. dem Archiv Bureau d. Pestalozzianums in Zürich bearb. u. hrsg. v. Alb. Richter. 41.—44. Jahrg. gr. 8. (XII, 870; XIII, 841; XII, 820; XII, 580, 347 S.) Lpz. 889—92, Fr. Brandstetter. à Jahrg. * 10 —

— pädagogischer, v. 1890—1893. Im Verein m. Frisch, Gottschalg, Griesmann rc. u. m. dem Archiv Bureau d. Pestalozzianums in Zürich bearb. u. hrsg. v. Alb. Richter. 43.—46. Jahrg. gr. 8. Leipzig, F. Brandstetter. à Jahrg n. 10. —
1890. (XII, 820 S.) 891. — 1891. (XII, 580 u. 347 S.) 892. — 1892. (XII, 510 u. 340 S.) 893. — 1893. (XII, 528 u. 342 S.) 894.

— pädagogischer, v. 1894, 1895 u. 1896. Im Verein m. Foerster, Freytag, Frisch rc. u. m. d. Archivbureau d. Pestalozzianums in Zürich bearb. u. hrsg. v. Alb. Richter. 47.—49. Jahrg. gr. 8. (XII, 562 u. 315; XII, 582 u. 310 u. XII, 558 u. 387 S. m. 1 Bildn.) Leipzig 895—897. F. Brandstetter. à Jahrg. n. 10. —

— dasselbe v. 1897. Hrsg. v. Heinr. Scherer. 50. Jahrg. gr. 8. (XII, 555 u. 455 S.) Ebd. 898. n. 10. —

— pädagogischer, v. 1898. Im Verein m. Foerster, Freytag, Frisch rc. u. m. dem Archivbureau des Pestalozzianums in Zürich bearb. u. hrsg. v. Heinr. Scherer. 51. Jahrg. gr. 8. (XI, 495 u. 337 S.) Leipzig 899. F. Brandstetter. n. 10. —

— dasselbe, v. 1899—1901. Im Verein m. Freytag, Frisch, Gottschalg u. a. u. m. dem Archivbureau des Pestalozzianums in Zürich bearb. u. hrsg. v. Heinr. Scherer. 52.—54. Jahrg. gr. 8. (XIV, 596 u. 332 S.; XIII, 599 u. 244 S. u. XIV, 618 u. 261 S.) Ebd. 900—902. à n. 12. —

— pädagogischer, von 1902—1905. 55.—58. Jahrg. gr. 8. Leipzig, F. Brandstetter. à n. 12. —
1902. Im Verein m. Freytag, Frisch, Hauschild u. a. bearb. u. hrsg. v. Heinr. Scherer. (XV, 663 u. 190 S.) 903. — 1903. Im Verein mit Freytag, Berth. Hartmann, G. R. Hauschild u. a. bearb. u. hrsg. v. Heinr. Scherer. (XVI, 691 u. 171 S.) 904. — 1904. Im Verein m. Ed. Balsiger, E. R. Freytag, Berth. Hartmann u. a. bearb. u. hrsg. von Heinr. Scherer. (XV, 707 u. 184 S.) 905. — 1905. Im Verein m. Ed. Balsiger, E. R. Freytag, Berth. Hartmann u. a. bearb. u. hrsg. v. Heinr. Scherer. (XIV, 638 u. 128 S.) 906.

Jahresbericht, pädagogischer, v. 1906—1909. 59.—62. Jahrg. gr. 8. Leipzig, F. Brandstetter. à 12. —
1906. Im Verein m. Ed. Balsiger, E. R. Freytag, Berth. Hartmann u. a. bearb. u. hrsg. v. Heinr. Scherer. (XII, 265 u. 157 S.) 907.
1907. Im Verein m. Ed. Balsiger, E. R. Freytag, G. R. Hauschild u. a. bearb. u. hrsg. v. Heinr. Scherer. (XVI, 680 u. 144 S.) 908.
1908. Im Verein m. Ed. Balsiger, E. R. Freytag, G. R. Hauschild u. a. bearb. u. hrsg. v. Heinr. Scherer. (XVI, 632 u. 202 S.) 909.
1909. Im Verein m. H. Arnold, Ed. Balsiger, K. Brauckmann u. a. bearb. u. hrsg. v. Karl Schmidt. (XVII, 671 u. 97 S.) 910.

—— 23. und 24., der rheinisch-westfälischen Pastoralgehülfen-Anstalt [Diakonen-Anstalt] zu Duisburg, vom 1. Jan. 1867 bis 1. Jan. 1869. gr. 8. (40 S.) Duisburg 870. (Barmen, Buchh. der evangel. Gesellschaft.) * — 60

—— 30. bis 32., der rheinisch-westfälischen Pastoralgehülfen-Anstalt [Diakonen-Anstalt] zu Duisburg, vom 1. Jan. 1874 bis 1. Jan. 1877. gr. 8. (68 S.) Duisburg 877. (Barmen, Klein.)
25.—29. Jahresbericht. (Ebendas.) (à 16 S.) à Jahrg. * 30 Pf.

—— der evangelischen Pastoral-Hülfsgesellschaft für Rheinland und Westphalen, vom 1. April 1871 bis 1. April 1872. gr. 8. (16 S.) Elberfeld 872. (Barmen, Klein.) * — 30

Vierter Jahres-Bericht über die Paulinen-Pflege zu Winnenden. *Stuttgart*, 1827.

Jahresbericht über das Evangelische Asyl „Pella" für Waisen und Heimatlose am Taquary" no 1, 1894.
Annual report of the „Waisenasyl Pella", published by the institution and edited by its Director. Slight variations in title: Jahresbericht über das Evangelische Waisenasyl Pella und Altenheim „Bethanien" zu Taquary. Octavo, illustrated, including portraits. Printed by Buchdruckerei von Gundlach & Schuldt (later, Gundlach & Becker).
Porto Alegre

Jahresbericht über das evangelische Waisenasyl Pella und Altenheim Bethanien zu *Taquary*. 8. 12—15. 17. 1900—1909. (S. Leopoldo [u. a.].)

Theolog. Pensionat im Rebhause in Basel. 13. Jahresbericht. 9 Stn. 8. Basel, F. Schneider. 1872.

Jahresbericht, 35., über das Theologische Pensionat im neuen Rebhause in Basel. In-8°. 12 S. 1894.

Theologisches Pensionat im neuen Rebhause in Basel. 41. Jahresbericht (vom April 1900 bis April 1901). 12 S. 8. Basel, Fr. Reinhardt, 1901.

Theologisches Pensionat im neuen Rebhause in Basel. 42. Jahresbericht (vom April 1901 bis April 1902). 12 S. 8. Basel, Fr. Reinhardt, 1902.

Theologisches Pensionat im neuen Rebhause in Basel. 43. Jahresbericht (vom April 1902 bis April 1903). 12 S. 8. Basel, Fr. Reinhardt, 1903.

Jahresbericht der Pensionskasse der Gußstahlfabrik Friedr. Krupp A. G., Essen.

Jahresbericht des Pestalozzianums. (Schweizerische permanente Schulausstellung) in Zürich 1879. 81. 84. 93. 94. 97. 98. 99. Zürich 1880-1900

Jahresbericht, zwanzigster, des Pestalozzianums in Zürich. Umfassend das Jahr 1894. Gr. in-8°. 29 S. Zürich III. E. Rüegg.

— 21., des Pestalozzianums (Schweizer. permanente Schulausstellung) in Zürich. Umfassend das Jahr 1895. In-8°. 16 S. Zürich, Buchdruckerei E. Rüegg.

Pestalozzianum (Schweizerische permanente Schulausstellung) in Zürich. 26. Jahresbericht. Umfassend das Jahr 1900. [Illustriert.] IV + 28 S. 8. Zürich III, Emil Rüegg, 1901.

Pestalozzianum (Schweizerische permanente Schulausstellung) in Zürich. 27. Jahresbericht. Umfassend das Jahr 1901. [Illustriert.] IV + 28 S. 8. Zürich, Emil Rüegg, 1902.

Pestalozzianum (Schweizerische permanente Schulausstellung) in Zürich. 28. Jahresbericht. Umfassend das Jahr 1902. [Mit illustriertem Umschlag.] IV + 36 S. 8. Zürich, Emil Rüegg, 1903.

Jahresbericht des Pestalozzianum (Schweizerische permanente Schulausstellung) in Zürich. 1905-10. Zürich 1907-11

Pestalozzigesellschaft in Zürich, Verein für Volksbildung und Volkserziehung. Gegründet 1896.... 5. Jahresbericht vom 1. April 1900 bis 31. März 1901. 39 S. 8. Zürich III, C. Conzett's Wwe., 1901.

Pestalozzigesellschaft in Zürich, Verein für Volksbildung und Volkserziehung. Gegründet 1896.... 6. Jahresbericht vom 1. April 1901 bis 31. März 1902. 64 S. 8. Zürich, W. Corndi-Mang, 1902.

Pestalozzigesellschaft in Zürich, Verein für Volksbildung und Volkserziehung. Gegründet 1896.... 7. Jahresbericht vom 1. April 1902 bis 31. März 1903. II + 72 S. 8. Zürich, Aschmann & Scheller, 1903.

— über das Gebiet der Pflanzenkrankheiten. 8.—11. Bd. Die J. 1905—1908. Lex. 8. Berlin, P. Parey. 66. —

8. Unter Mitwirkg. v. K. Braun, O. v. Czadek, H. Diedicke u. a. hrsg. v. M. Hollrung. (VIII, 340 S.) 907. 15. —
9. Unter Mitwirkg. von O. v. Czadek, H. Diedicke, G. Köck u. a. hrsg. v. M. Hollrung. (VIII, 298 S.) 908. 15. —
10. Erstattet v. M. Hollrung. (X, 402 S.) 909. 18. —
11. Erstattet v. M. Hollrung. (VII, 362 S.) 910. 18. —

Bd. 1-7 unt. d. T.: Jahresbericht über die Neuerungen...auf d. Geb. d. Pflanzenkrankheiten (bezw. d. Pflanzenschutzes).

— der Pharmacie, hrsg. vom deutschen Apothekerverein unter Redact. v. Heinr. Beckurts. Neue Folge d. m. Ende 1865 abgeschlossenen Canstatt'schen pharmaceut. Jahresberichts. 25. Jahrg. 1890 u. 26. Jahrg. 1891, 1. Hälfte. [Der ganzen Reihe 50. Jahrg. u. 51. Jahrg. 1. Hälfte.] gr. 8. Gött., Vandenhoeck u. Ruprecht. [25. Jahrg. (VI, 738 S.) 892. * 18 —; 26. Jahrg. 1. Hälfte. (S. 1—272 m. 1 Tab.) 892. * 7 —.] * 25 —.

Vorh. unt. d. T.: Jahresbericht über die Fortschritte der Pharmacognosie, Pharmacie u. Toxikologie.

— dasselbe. 26. Jahrg. 1891. [Der ganzen Reihe 51. Jahrg.] gr. 8. (VI, 787 S. m. 1 Tab.) Ebd. 893. n. 20. —

— dasselbe. 27. Jahrg. 1892. [Der ganzen Reihe 52. Jahrg.] gr. 8. (VII, 887 S.) 894. n. 22. —

— d. Pharmacie, hrsg. v. deutschen Apothekerverein unt. Red. v. Heinr. Beckurts. Neue Folge d. m. Ende 1865 abgeschloss. Cannstatt'schen pharmac. Jahresberichts. 28 Jahrg. 1893. (Der ganzen Reihe 53. Jahrg. gr. 8. (VIII, 850 S.) Göttingen 894. Vandenhoeck & Ruprecht. n. 21. —

Jahresbericht d. Pharmacie, hrsg. v. deutschen Apothekerverein unter Red. v. Heinr. Beckurts. Neue Folge d. m. Ende 1865 abgeschloss. Cannstatt'schen pharmac. Jahresberichts. 29. u. 30. Jahrg., 1894—1895. (Der ganzen Reihe 54. u. 55. Jahrg.) gr. 8. (VI, 894 u. VI, 868 S.) Ebd 895. 96. à Jahrg. n. 22. —

— dasselbe. 31. Jahrg., 1896. (D. ganzen Reihe 56. Jahrg.) gr. 8. (VIII, 910 S.) Ebd. 898. n. 24. —

— dasselbe. 32. Jahrg., 1897. (D. ganzen Reihe 57. Jahrg.) 1. Hälfte. gr. 8. (336 S.) Ebd. 898 n. 9. —

— der Pharmacie, hrsg. vom deutschen Apothekerverein. Unter Mitwirkg. v. G. Frerichs u. W. W. Weichelt bearb. v. Heinr. Beckurts. 32. Jahrg. 1897. (Der ganzen Reihe 57. Jahrg.) 2. Hälfte. gr. 8. (VII u. S. 337—872.) Göttingen 899. Vandenhoeck & Ruprecht. n. 15. —; (32. Jahrg. kplt. n. 24. —)

— dasselbe. Bearb. v. Heinr. Beckurts unter Mitwirkg. v. G. Frerichs. 33. Jahrg., 1898. (Der ganzen Reihe 58. Jahrg.) gr. 8. (IV, 798 S.) Ebd, 899. 900. n. 23. —

— dasselbe. 34. Jahrg., 1899. (Der ganzen Reihe 59. Jahrg.) gr. 8. (VII, 728 S.) Ebd. 900. 901. n. 22. —

— dasselbe. 35. Jahrg. 1900. (Der ganzen Reihe 60. Jahrg.) gr. 8. (V, 730 S.) Ebd. 901. 902. n. 22. —

— dasselbe. 36. Jahrg. 1901. (Der ganzen Reihe 61. Jahrg.) 1. Hälfte. gr. 8. (352 S.) Ebd. 902. n. 11. —

— der Pharmacie, hrsg. vom deutschen Apothekerverein. Bearb. v. Heinr. Beckurts. Unter Mitwirkung v. G. Frerichs. 36. Jahrg. 1901. (Der ganzen Reihe 61. Jahrg.) 2. Hälfte. (IV u. S. 353—701.) gr. 8. Göttingen 903. Vandenhoeck & Ruprecht. n. 12. — (Kplt.: n. 23. —)

— dasselbe. Bearb. v. Heinr. Beckurts. Unter Mitwirkg. v. G. Frerichs u. H. Frerichs. 37.—39. Jahrg. 1902—1904. (Der ganzen Reihe 62.—64. Jahrg.) à 2 Tle. (IV, 752; IV, 741 u. IV, 764 S.) gr. 8. Ebd. 904—906. à Jhrg. n. 24.—

— dasselbe. 40. Jahrg. 1905. (Der ganzen Reihe 65. Jahrg.) 1. Tl. (336 S.) gr. 8. Ebd. 906. n. 10.—

— der Pharmazie, hrsg. vom deutschen Apothekerverein. Bearb. v. Heinr. Beckurts. Unter Mitwirkg. v. H. Frerichs. 40. Jahrg., 1905. (Der ganzen Reihe 65. Jahrg.) 2. Tl. (IV u. S. 337—734.) gr. 8. Göttingen 907. (Vandenhoeck & Ruprecht). 14.— (Vollst. 24.—)

— dasselbe. Bearb. v. Heinr. Beckurts. Unter Mitwirkg. v. H. Frerichs u. H. Emde. 41.—44. Jahrg., 1906—1909. (Der ganzen Reihe 66.—69. Jahrg.) (IV, 615 S.) gr. 8. Ebd. 75.—; geb. in Leinw. 79.—
41. (IV, 615 S.) 907. 19.—; geb. 20.—
42. (IV, 608 S.) 908. 19.—; geb. 20.—
43. (IV, 575 S.) 909. 18.—; geb. n 19.—
44. (IV, 659 S.) 910. 19.—; geb. 20.—

Philadelphia Bern. 16. Jahresbericht (1900—1901 September 30) abgelegt... durch... Max Schaerer, cand. theol. 8 S. 4. [Bern, Buchdr. Berner Tagblatt.]

Philadelphia Bern. 17. Jahresbericht (1901—1902 Sept. 30, abgelegt... durch... Dr. Omar Weber, Gymnasiallehrer. 8 S. 4.

JAHRESBERICHT DER PHILOMATHIE ZU REICHENBACH IN SCHLESIEN, später: REICHENBACH UNTER DER EULE.
1—16. 1869—1884. Reichenbach. Schnellpressendruck von A. E. Pape (Ad. Pape, später H. Dittrich). 8°.

JAHRESBERICHT DER PHILOMATHIE ZU REICHENBACH UNTER DER EULE.
17—18. Ausgegeben am 7. November 1885 — Ausgegeben Ende October 1886. Reichenbach. Druck von A. E. Pape (H. Dittrich). 8°.

JAHRESBERICHT DER PHILOMATHIE ZU REICHENBACH IN SCHLESIEN.
19. Ausgegeben am 25. Oktober 1887. Reichenbach. Druck von A. E. Pape (H. Dittrich). 8°.
20. Ausgegeben Ende October 1888. ib. —
21. Ausgegeben im October 1889. ib. —
JAHRESBERICHT DER PHILOMATHIE ZU REICHENBACH IN SCHLES.
22. Ausgegeben im November 1890. ib. —
23. Ausgegeben im November 1891. ib. —
24. Ausgegeben im November 1892. ib. —
25. Ausgegeben im Oktober 1893. ib. Druck von P. Wogkittel.
26. Ausgegeben im November 1894. ib. —
27. Ausgegeben im November 1895. ib. —
28. Ausgegeben im November 1896. (ib. Druck von H. Dittrich.)
29. Ausgegeben im November 1897. (ib. Druck von P. Wogkittel.)
30. Ausgegeben im November 1898. (ib. —).
JAHRESBERICHT DER PHILOMATHIE ZU REICHENBACH IN SCHLESIEN.
31.—34. (Oktober 1898 — Oktober 1902.) ib. Druck: „Tageblatt"-Buchdruckerei C. Salzburg.

Pilger-Mission auf St. Chrischona bei Basel. 24. Jahresbericht pr. 1872. 32 Stn, 8. Basel, Pilgermissions-Buchdr.

Pilger-Mission auf St. Chrischona bei Basel. 27. Jahresbericht, vom Jahre 1875. 39 S. 8. Basel, C. F. Spittler.

— — 28ter, der Pilger-Mission auf St. Chrischona bei Basel, vom Jahre 1876. 47 S. 8. Basel, C. F. Spittler.

Pilger-Mission auf St. Chrischona bei Basel. Jahresbericht vom Jahre 1900. [Illustriert.] 36 S. 8. [Basel, Pilgermissions-Buchdr. St. Chrischona, 1901.]

Pilger-Mission auf St. Chrischona bei Basel. Jahresbericht vom Jahre 1901. 47 S. 8. Basel, Buchdr. St. Chrischona, [1902].

Pilger-Mission auf St. Chrischona bei Basel. Jahresbericht vom Jahre 1902. [Illustriert.] IV + 40 S. 8. (Basel, Buchdr. St. Chrischona, [1903].)

Landwirtschaftliche Schule Plantahof in Landquart ⟨Kt. Graubünden⟩. 4. Jahresbericht 1900/1901. Zugleich: Programm und Unterrichtsplan. [Mit illustriertem Umschlag.] 72 S. 8. Davos, Buchdr. Davos A.-G., 1901.

Landwirtschaftliche Schule Plantahof in Landquart ⟨Kanton Graubünden⟩. 5. Jahresbericht 1901/1902. Zugleich: Programm und Unterrichtsplan. [Mit illustriertem Umschlag.] 61 S. 8. Chur, A.-G. Bündner Tagblatt, 1902.

Landwirtschaftliche Schule Plantahof in Landquart ⟨Kanton Graubünden⟩. 6. Jahresbericht 1902/1903. Zugleich: Programm und Unterrichtsplan. [Illustriert.] 92 S. 8. Chur, A.-G. Bündner Tagblatt, 1903.

Jahresbericht der Handelskammer Plauen, s. Jahresbericht der Handels- u. Gewerbekammer zu Plauen.

Allgemeine Poliklinik des Kantons Basel-Stadt. Jahresbericht 1900. ([Darin:] Wissenschaftliche Beiträge aus der allgemeinen Poliklinik [von] Dr. Wilhelm Respinger, Prof. Dr. F[riedrich] Egger [und] Dr. B[urkhard] Schwendener.) 68 S. kl.-4. Basel, J. Frehner, 1901.

Allgemeine Poliklinik des Kantons Basel-Stadt. Jahresbericht.... Basel, J. Frehner.
... im Jahre 1901. [Mit Textfiguren, 2 Tafeln und 1 graphischen Tabelle.] 160 S. kl.-4. 1902. — *Darin S. 25—160:* Festschrift. Dr. Rudolf Massini, ... Direktor der Allgemeinen Poliklinik zu seinem 25jährigen Professoren-Jubiläum von seinen Schülern gewidmet.
... im Jahre 1902. 36 S. 8. 1903.

JAHRESBERICHT DER POLIKLINIK ZU NÜRNBERG.
I. 1879/80. Nürnberg. Ludw. Jegel'sche Buchdruckerei („Nürnberger Presse"). 8°
Forts.s.: Jahresbericht der... Nürnberger Medicin. Gesellschaft...

JAHRESBERICHT DER POLLICHIA, eines naturwissenschaftlichen Vereins der bayerischen, auch: Bayer. Pfalz. Herausgegeben von dem Ausschusse des Vereins.
I. Nebst dem Vortrage von C. H. SCHULTZ BIP. über „Hypecoum pendulum Lin." Landau, 1843. Buchdruckerei von J. Baur. 8°.
II.—VI. Neustadt a. d. Haardt 1844—1848. Buchdruckerei von Ch. Trautmann.
VII. Speyer 1849. Gedruckt bei Kranzbühler.
VIII.—X. Neustadt a. d. Haardt. 1850—1852. Buchdruckerei von Ch. Trautmann.
XI. Speyer. 1853. Druck der Daniel Kranzbühler'schen Officin.
XII. Neustadt a/H. 1854. Gedruckt in der Ch. Trautmann'schen Officine.

—— 2., der Pollichia, eines naturwissenschaftl. Vereins d. bayerischen Pfalz. Hrsg. von d. Ausschusse des Vereins. gr. 8. (6¾ B.) Neustadt a. d. Haardt 844. (Gottschick.) *

VERZEICHNISS der in dem Gebiete der Pollichia vorkommenden Naturgegenstände. Lief. 1. s. l. & a. (Beilage zum II. Jahresbericht der Pollichia, ... 1844.) 8°.

Jahresbericht, dritter, der Pollichia. gr. 8. Neustadt a/H. 845, Gottschick. 1/6 ß

—— (neunter,) der Pollichia, eines naturwissenschaftl. Vereins der bayer. Pfalz. Hrsg. von dem Ausschusse des Vereins. gr. 8. (56 S.) Neustadt a/H. 851, (Gottschick.) *

JAHRESBERICHT DER POLLICHIA, eines naturwissenschaftlichen Vereins der Rheinpfalz. Herausgegeben von dem Ausschusse des Vereins.

XIII.–XIV. Neustadt a/H. 1855—1856. Ch. Trautmann'sche Buchdruckerei.

XV. Mit einer grossen litho-typographischen Tafel Th. Gümbel's: Abbildungen sämmtlicher Laubmoose des Pollichia-Gebiets in natürlichen Gruppirungen enthaltend. Landau in der Pfalz. 1857. Buchdruckerei von Ed. Kaussler's Buchhandlung.

XVI.–XXI. (Mit Tafeln.) Neustadt a/H. 1859–1863. Buchdruckerei von D. Kranzbühler jun.

XXII.–XXXVI. (Mit Tafeln.) Dürkheim a/H. 1866—1879. Buchdruckerei von J. Rheinberger.

In Jahresbericht XVIII und XIX: Inhaltsverzeichniss der Jahresberichte (1--XIX) der Pollichia.

— 15., der Pollichia, eines wissenschaftl. Vereins der Rheinpfalz. Mit 1 grossen litho-typograph. Taf. Th. Gümbel's: Abbildgn. sämmtl. Laubmoose des Pollichia-Gebiets in natürlichen Gruppirungen enthltd. Herausg. von dem Ausschusse des Vereins. Landau 857. (Kaussler.) gr. 8. (XVI, 133 S.) n. 1 ₰. 20 ngr.

—— 22.—24., der Pollichia, eines naturwissenschaftlichen Vereins der Rheinpfalz. gr. 8. (LXVIII und 347 S.) Dürkheim 866, (Lang.) *

—— 25.—27., der Pollichia, eines naturwissenschaftlichen Vereins der Rheinpfalz. Hrsg. vom Ausschusse des Vereins. 8. (LXV, 219 S. mit 2 lithogr. Plänen, wovon 1 in Buntdr., und 1 chromolithogr. Karte in 4. und Fol.) Dürkheim a. H. 868, (Lang's Buchh.) * 6 —

—— dass. — 28. und 29. gr. 8. (LXXXVIII, 176 S. mit 2 Tab. und 2 lithogr. und chromolithogr. Taf. in qu. Fol.) (Ebendas.) 871. * 3 50

—— dass. — Nachtrag zum 28. und 29. Jahresbericht: Newton und das Gesetz der Schwere. Vortrag, gehalten bei der 5. Wanderversammlung der Pollichia, am 2. April zu Neustadt a. H. von G. F. Koch. gr. 8. (19 S.) (Ebendas.) 872. *

—— 30.—32., der Pollichia, eines naturwissenschaftlichen Vereins der Rheinpfalz. Hrsg. vom Ausschusse des Vereins. gr. 8. (XXXIX, 91 S.) Dürkheim 874, (Lang's Buchh.) *

—— dass. — 33. gr. 8. (XXXVIII, 56 S.) (Ebendas.) 875. *

—— dass. — 34. und 35. gr. 8. (XXXXVI, 131 S. mit 2 Taf.) (Ebendas.) 877. *

—— 36., der Pollichia, eines naturwissenschaftl. Vereins der Rheinpfalz. Hrsg. vom Ausschusse des Vereins. gr. 8. (XXXVI, 174 S. mit 3 color. Taf.) Dürkheim 880, (Lang's Buchh.) *

— 37—39., der Pollichia, eines naturwissenschaftlichen Vereins der Rheinpfalz. Hrsg. vom Ausschusse des Vereins. gr. 8. (LVIII, 74 S. m. 2 Tab.) Dürkheim 881. (Lang.) n. 2. —

— 40—42., der Pollichia, e. naturwissenschaftl. Vereins der Rheinpfalz. Hrsg. vom Ausschusse d. Vereins. gr. 8. (XXXIV, 127 S. m. 2 Tab. u. 3 z. Thl. farb. Steintaf.) Dürkheim 884. (Lang.) n. 4. 80

Jahresbericht, 43.—46., der Pollichia, e. naturwissenschaftlichen Vereins der Rheinpfalz. Hrsg. vom Ausschusse des Vereins. gr. 8. (XXVIII, 169 S. m. Abbildgn.) Dürkheim 888. (Lang.) n. 4. 80

Fortsetzung s.: Mitteilungen der Pollichia

Jahresbericht des Kgl. Polytechnikums zu Stuttgart, s. Jahresbericht der Kgl. Polytechnischen Schule zu Stuttgart.

Schweizerischer Pontonnier-Fahrverein. Jahres-Bericht.... 8.

... pro 1900. II + 20 S. Basel, A. Galliker, 1901.
... pro 1901. II + 13 S. Basel, Emil Birkhäuser, (1902).
... pro 1902. II + 11 S. Muri, A. Schibli-Keller, 1902.

Jahresbericht des Präsidenten der anthropologischen Gesellschaft für 1890. Erstattet in der Jahresversammlung am 17. Februar 1891. (Separat-Abdruck aus Band XXI [der neuen Folge XI] der Mittheilungen der anthropologischen Gesellschaft in Wien.) 4. (17 S.) In Comm. Wien: A.Hölder 1891. —.60

Jahresbericht des Präsidenten der anthropologischen Gesellschaft in Wien für 1891. 4. (13 S.) In Comm. .80
Wien: Hölder 1892.

— dasselbe f. 1892. Erstattet in der Jahres-Versammlg. am 14. März 1893. gr. 4. (12 S.) Ebd. 893. n. 1. 20

— dasselbe f. 1893. Erstattet in der Jahres-Versammlg. am 13. März 1894. gr. 4. (10 S.) Ebd. 894. n. 1. 20

— d. Präsidenten d. anthropologischen Gesellschaft in Wien f. 1894 u. 1895. Erstatt. in d. Jahres-Versammlung am 10. März 1896. [Aus: „Mittheilgn. d. anthropolog. Gesellsch. in Wien".] gr. 4. (9 S.) Wien 896. (A. Hölder.) n. -- 80

— dasselbe f. 1896. Erstatt. in d. Jahres-Versammlg. am 9. III. 1897. [Aus: „Mittheilgn. d. anthropolog. Gesellsch. in Wien".] gr. 4. (18 S.) Ebd. 897. n. 1. 20

— des Präsidenten der anthropologischen Gesellschaft in Wien Ferd. Frhr. v. Andrian-Werburg für 1897. Erstattet in der Jahres-Versammlg. am 8. III. 1898. gr. 4. (13 S. m. Abbildgn.) Wien 899. (A. Hölder.) n. 1. 20

— dasselbe f. 1898. Erstattet in der Jahres-Versammlg. am 14. II. 1899. gr. 4. (19 S.) Ebd. 899. n. 1. 20

— dasselbe f. 1899. Erstattet in der Jahres-Versammlg. am 13. III. 1900. gr. 4. (15 S.) Ebd. 900. n. 1. 20

Forts.s.:Jahresbericht d.anthropolog.Ges.in Wien.

JAHRESBERICHT ÜBER DIE, später: DER LAUSITZER PREDIGER-GESELLSCHAFT ZU LEIPZIG.

Als 1. Mittheilung sich anschliessend an die »Kurzen Nachrichten« vom 10. December 1872 bis dahin 1875. (Voraus geht: I. Die Socialethik Oettingens von KARL KALICH. II. Rede bei der Trauung seiner Nichte. Gehalten von J. G. RODIG.) Zusammengestellt von EDMUND ZIMMERMANN. (Bautzen. Schmaler's Buchdruckerei.) 4°.

2. Mittheilung vom 10. December 1875 bis dahin 1876. (Voraus geht ein Vortrag: Die Götterdämmerung. Von PHIL. EMIL HÖHNE.) Zu dem am 11. December in Leipzig festlich zu begehenden 160jährigen Jubelfeste ihrer Stiftung im Auftrag der Gesellschaft zusammengestellt und herausgegeben von EDMUND ZIMMERMANN. (Leipzig. Druck von C. G. Naumann.)

3. Mittheilung. Bericht vom 10. December 1876 bis dahin 1877. Voraus geht ein Vortrag über die deutschen Humanisten des 15. und 16. Jahrhunderts als Pfleger vaterländischen Sinnes und Strebens von KÄMMEL. Im Auftrage der Gesellschaft zusammengestellt und herausgegeben von ADOLF BRÖSEL. (ib. —)

4. Mittheilung. Bericht vom 10. December 1877 bis dahin 1878. (Voraus geht ein Vortrag: Das Christenthum und die philosophische Speculation bis zur Zeit der Reformation. Von BENZ.) Zum 162jährigen Stiftungsfeste im Auftrage der Gesellschaft zusammengestellt und herausgegeben von HERMANN WETZKE. (ib. —)

5. Mittheilung. Bericht vom 10. December 1878 bis dahin 1879.. (Voraus geht ein Vortrag: Das Christenthum und die philosophische Speculation von der Reformationszeit bis auf die Gegenwart. Fortsetzung. Von BENZ.) Zum 163jährigen Stiftungsfeste zusammengestellt und herausgegeben von ARTHUR RICHTER. (ib. —)
6. Mittheilung. Bericht vom 10. December 1879 bis dahin 1880. Voraus geht ein Vortrag: »Von Jerusalem nach Bethlehem« von GRUNDT. Zum 164jährigen Stiftungsfeste zusammengestellt und herausgegeben von ARTHUR RICHTER. (ib. —)
7. Mitteilung. Bericht vom Desember 1880 bis dahin 1881. Voraus geht ein Vortrag »Der Geistliche als Apologet« von (E. GUSTAV) STEUDE. Zum 165jährigen Stiftungsfeste zusammengestellt und herausgegeben von JOSEPH RÜLING. (ib. —)
8. Mittheilung. Bericht vom 10. December 1881 bis dahin 1882. Voraus geht eine Abhandlung: Das Christentum und die philosophische Spekulation. III. Die Spekulation über das Christentum ausserhalb des Christentums, von der Reformation bis auf die Gegenwart von BENZ. Zum 166jährigen Stiftungsfeste zusammengestellt und herausgegeben von RICHARD NITSCHE. (ib. —)
9. Mitteilung. Bericht vom Dezember 1882 bis dahin 1883. Voraus geht eine Abhandlung: Ad criticorum de aetate thorae placita adnotatiunculae. Scripsit MULERT. Zum 167jährigen Stiftungsfeste zusammengestellt und herausgegeben von OTTOMAR HOEPPNER. (ib. —)

JAHRESBERICHT DER LAUSITZER PREDIGER-GESELLSCHAFT ZU LEIPZIG.
10. Mitteilung. Bericht vom Desember 1883 bis dahin 1884. Voraus geht: Judas von Gamala (als Bild damaliger Zeit) ein Vortrag, gehalten von ... CHRISTIAN ALFRED KÖRNER ... Zum 168jährigen Stiftungsfeste zusammengestellt und herausgegeben von PAUL RÄDE. (Leipzig. Druck von C. G. Naumann.) 4°.
11. Mitteilung. Bericht vom Desember 1884 bis dahin 1885. Voraus geht die Fortsetzung der Abhandlung in der 9. Mitteilung: Ad criticorum de aetate thorae placita adnotatiunculae (Pars altera). Scripsit MULERT. Zum 169jährigen Stiftungsfeste zusammengestellt und herausgegeben von PAUL RÄDE. (ib. —)
12. Mitteilung. Bericht vom Desember 1885 bis dahin 1886. Voraus geht: Über Johann Balthasar Schupp und seine »Lehrreichen Schriften«. Zur Charakteristik der ethischen Erneuerungstheorieen in der Mitte des 17. Jahrhunderts. Von JOHANNES GEORG RENTSCH. Zum 170jährigen Stiftungsfeste herausgegeben von FRITZ SCHÖNCKE. (ib. —)

JAHRESBERICHT DER LAUSITZER PREDIGER-GESELLSCHAFT ZU LEIPZIG.
13. Mitteilung. Bericht vom Dezember 1886 bis dahin 1887. Voraus geht eine Abhandlung: Luthers Urteile über seine hebräischen Kenntnisse. Ein Beitrag zur Würdigung der hebräischen Studien des deutschen Reformators. Von FRIEDRICH GRUNDT. Zum 171jährigen Stiftungsfeste zusammengestellt und herausgegeben von GUSTAV MANN. (Bautzen. Schmalers Buchdruckerei.) 4°.
14. Mitteilung. Bericht vom Dezember 1887 bis dahin 1888. Voraus geht eine Abhandlung: Die Bedeutung der „Gemeinschaft" in der Theologie A. Ritschls. Von ERNST KATZER. Zum 172jährigen Stiftungsfeste zusammengestellt und herausgegeben von RICHARD TRUÖL. (ib. —.)
15. Mitteilung. Bericht vom Dezember 1888 bis dahin 1889. Zum 173jährigen Stiftungsfeste zusammengestellt und herausgegeben von MORITZ DOMASCHKE. (ib. —.)
16. Mitteilung. Bericht vom Dezember 1889 bis dahin 1890. Zum 174jährigen Stiftungsfeste zusammengestellt und herausgegeben von OTTO LORENZ. (ib. —.)
17. Mitteilung. Bericht vom Dezember 1890 bis Ostern 1892 mit kurzer Chronik der Gesellschaft von 1867 bis 1892. Voraus geht eine Abhandlung: „Der Theolog in der Schule" von RÖMPLER. Zur Jubelfeier des 175jährigen Bestehens der Gesellschaft zusammengestellt und herausgegeben von OTTO SIEBENHÜNER. (Mit 1 Tafel.) (ib. —.)
18. Mitteilung. Bericht von Ostern 1892 bis Dezember 1893. Voraus geht: „Nur nicht schnell fertig!". Vortrag, beim Herbstkonvent in Zittau am 19. September 1893 gehalten. Von KALICH. Zum 177. Stiftungsfeste zusammengestellt und herausgegeben von LUDWIG TISCHER. (ib. —.)
19. Mitteilung. Bericht vom Dezember 1893 bis November 1894. Zum 178. Stiftungsfeste zusammengestellt und herausgegeben von OSKAR MICHAEL. (ib. —.)
20. Mitteilung. Bericht vom Oktober 1894 bis dahin 1895. Voraus geht eine Abhandlung: Religion und Sittlichkeit nach Paulus. Von RÜLING. Zum 179. Stiftungsfeste zusammengestellt und herausgegeben von GERHARD KANIG. (ib. —.)
21. Mitteilung. Bericht über das Wintersemester 1895/96 und über das Sommersemester 1896. Voraus geht eine Abhandlung: Vom Werte des Kindertaufens und von der Seligkeit ungetauft verstorbener Kinder. Von NITSCHE. Als Einladung zum 180. Stiftungsfeste herausgegeben von GERHARD SATLOW. (Leipzig. Druck von Pöschel & Trepte.)
22. Mitteilung. Bericht über das Wintersemester 1896/97 und über das Sommersemester 1897. Zum 181. Stiftungsfeste zusammengestellt und herausgegeben von GOTTFRIED ALEX. (ib. —.)
23. Mitteilung. Bericht über das Wintersemester 1897/98 und über das Sommersemester 1898. Voraus geht eine Abhandlung über das Thema: Zur Charakteristik der neueren Theologie von JOHANNES GÖTTSCHING. Als Einladung zum 182. Stiftungsfeste herausgegeben von CURT RESCH. (ib. —.)
24. Mitteilung. Bericht über das Wintersemester 1898/99 und über das Sommersemester 1899. Voraus geht eine Abhandlung über das Thema: Die neuere Heiligungsbewegung in Deutschland. Von B. PLANITZ. Als Einladung zum 183. Stiftungsfeste herausgegeben von JOHANNES HERZ. (ib. —.)
25. Mitteilung. Bericht über das Wintersemester 1899/1900 und über das Sommersemester 1900. Voraus geht eine Abhandlung über das Thema: Max Stirner, als logischer, socialer und ethischer Anarchist, ein Nietzsche vor Nietzsche. Von PAUL LUCCHESI. Als Einladung zum 184. Stiftungsfeste herausgegeben von PAUL LEHMANN. (ib. —)
26. Mitteilung. Bericht über das Wintersemester 1900/1901 und über das Sommersemester 1901. Voraus geht eine Abhandlung über das Thema: Das Christusbild der mittelalterlichen Kirche. Von OTTO BALTZER. Als Einladung zum 185. Stiftungsfeste herausgegeben von JOH. HIECKE. (ib. —.)
27. Mitteilung. Bericht über das Wintersemester 1901/1902 und über das Sommersemester 1902. Voraus geht eine Abhandlung über: Die ὁδός der Apostelgeschichte und die διδαχὴ τῶν Ἀποστόλων bez. „Die beiden jüdischen Wege". Von TUBESING. Als Einladung zum 186. Stiftungsfeste herausgegeben von JOHANNES HIECKE. (ib. —.)
28. Mitteilung. Bericht über das Wintersemester 1902/1903 und über das Sommersemester 1903. Voraus geht ein Abdruck der Statuten und Gesetze der Lausitzer Prediger-Gesellschaft von 1716 bis 1773/74. Aus den Urkunden des Gesellschaftsarchivs zusammengestellt und herausgegeben von JOHANNES HIECKE. Als Einladung zum 187. Stiftungsfeste herausgegeben von JOHANNES KAPPLER. (ib. —.)
29. Mitteilung. Bericht über das Wintersemester 1903/04 und über das Sommersemester 1904. Voraus geht eine Abhandlung über das Thema: Katechismus und Katechismusunterricht im albertinischen Sachsen. Von MÜLLER Leipzig. Als Einladung zum 188. Stiftungsfeste herausgegeben von RICHARD BOITZ. (Bautzen. Schmalers Buchdruckerei.)
30. Mitteilung. Bericht über das Wintersemester 1904/1905 und über das Sommersemester 1905. Voraus geht ein Abdruck der Statuten und Gesetze der Lausitzer Prediger-Gesellschaft von 1778 bis 1790. Aus den Urkunden des Gesellschaftsarchivs zusammengestellt und herausgegeben von JOHANNES HIECKE. Als Einladung zum 189. Stiftungsfeste herausgegeben von GERHARD MISCHNER. (ib. —.)
31. Mitteilung. Bericht über das Wintersemester 1905/1906 und über das Sommersemester 1906. Voraus geht ein Abdruck der Statuten und Gesetze der Lausitzer Prediger-Gesellschaft von 1791 bis 1806. Aus den Urkunden des Gesellschaftsarchivs zusammengestellt und herausgegeben von JOHANNES HIECKE. Als Einladung zum 190. Stiftungsfeste herausgegeben von GUSTAV MÜRBE. (ib. —.)
32. Mitteilung. Bericht über das Wintersemester 1906/1907 und über das Sommersemester 1907. Als Einladung zum 191. Stiftungsfeste herausgegeben von JOHANNES RENTSCH. (ib. —.)
33. Mitteilung. Bericht über das Wintersemester 1907/08 und über das Sommersemester 1908. Voraus geht ein Abdruck der von Herrn Geheimrat Prof. D. FRICKE am 11. Dezember 1872 gehaltenen Festansprache anlässlich der Fahnenweihe der Soc. Lus. Sor., herausgegeben von A. H. SCHUCH, sowie eine Geschichte des Soc.-Hauses, herausgegeben von A. H. B. PLANITZ. Als Einladung zum 192. Stiftungsfeste herausgegeben von GOTTHARD BITTERLICH. (ib. —.)
34. Mitteilung. Bericht über das Wintersemester 1908/09 und über das Sommersemester 1909. Voraus geht ein Abdruck des von A. H. Dr. phil. GÖTTSCHING, Pastor an der Kreuzkirche zu Dresden, am 27. September 1909 auf dem Herbstkonvente in Bischofswerda gehaltenen Vortrags über: Selbsterlösung oder Gotteserlösung nach Goethes Faust. Als Einladung zum 193. Stiftungsfeste herausgegeben von ERICH VETTER. (ib. —.)

JAHRESBERICHT DER SORABIA (LAUSITZER PREDIGER-GESELLSCHAFT) ZU LEIPZIG.
35. Mitteilung. Bericht über das Wintersemester 1909/10 und über das Sommersemester 1910. Als Einladung zum 194. Stiftungsfeste herausgegeben von ERICH VETTER. (ib. —.)
36. Mitteilung. Bericht über das Wintersemester 1910/11 und über das Sommersemester 1911. Voraus geht der Abdruck des Vortrags von Seminaroberlehrer A. H. WOLF-Bautzen: „Spannungen zwischen Zeitgeist und religiösem Geist im Religionsunterricht". Als Einladung zum 195. Stiftungsfeste herausgegeben von CURT MIELSCH. (ib. —.)
37. Mitteilung. Bericht über das Wintersemester 1911/12 und über das Sommersemester 1912. Als Einladung zum 196. Stiftungsfeste herausgegeben von WALTER BEHREND. (ib. —.)

—— des Presbyteriums der evangelischen Gemeinde zu Trier für das J. 1883. gr. 8. (36 S.) Trier 884, Sonnenburg'sche Buchdruckerei.

Jahresbericht des Presbyteriums der evangelischen Pfarrgemeinde zu Klgft. Klgft., Bertschinger & Heyn, Gutenberghaus, (1877)—.

Bundesstaedtischer Pressverein (Bern). Jahresbericht pro 1901. [4 S.,] *Maschinenschrift-Druck.* fol.
1. schriftlicher Bericht.

Jahresbericht, erster — der reorganisirten öffentlichen israelitischen Primär-Hauptschule im Hermann Todesco'schen Stiftungsgebäude zu Preßburg. Schuljahr 1855/56. Preßburg. 1857. Bei Alois Schreiber. (12 S. 8.)

Jahres-Bericht der reorganisirten öffentl. israel. Primär-Hauptschule im Hermann Todesko-schen Stiftungsgebäude zu Pressburg. *Pressburg* 1858. Druck von *Alois Schreiber*. 10 S., 8º.
INHALT. Schulberichte.

Primar- und Sekundarschulen der Stadt Luzern. Jahres-Bericht. Schuljahr.... 8.

... 1900/1901. 102 S. Luzern, ⟨J. Burkhardt⟩, 1901. — *Darin S. 98—101:* Nekrolog [von] † Gustav Arnold, städtischer Musikdirektor.... ([Von] R[obert] L[udin].

... 1901/1902. 106 S. Luzern, ⟨J. Burkhardt⟩, 1902.

... 1902/1903. ... [Mit] Beilage: Das Lesen in der Primarschule. ⟨Von J(osef) Schilliger.⟩ 123 S. Luzern, J. Burkhardt, 1903.

Bernische Privat-Blindenanstalt (im Schloss Köniz und Blindenversorgungsverein in Bern). 10. Jahresbericht für die Jahre 1900 und 1901. IV + 28 S. 8. Bern, Büchler & Co., 1902.

I. Jahresbericht, der Privat-Handelsschule in Lemberg, am Schlusse des Jahres 1866/67 an die hohe k. k. Statthalterei. 8º. (9 S.) Lemberg, Wild in Comm. 1867.

Privatklinik von Dr. med. [Hermann] Häberlin in Zürich. Jahres-Bericht 1901. [Mit 1 Ansicht.] IV + 13 S. 8. Zürich, Müller, Werder & Cie., 1902.

— 12., der Kehr-Rohden'schen Privatklinik in Halberstadt, Lindenweg 25 u. 26. gr. 8. (III, 152 S.) Guben 902. (A. Koenig.) n. 4. —

Jahresbericht und Programm der k. k. önologischen und pomologischen Lehranstalt zu Klosterneuburg. 9. 10. 1883—85. Klosterneuburg

Mädchen- und Frauengruppen für soziale Hilfsarbeit zu Berlin. Programm 1897/98-1898/99. Jahresbericht und Programm 1900/01-1911/12. Davon vergr. 1899/1900, 1902/03, 1903/04, 1907/08. Berlin: [Selbstverl.] 8º

Jahresbericht und Programm der deutschen Schlosserschule zu Rosswein i. S. 1899/00. 4º Rosswein 1900

Jahresbericht über das Progymnasium mit Realklassen in Münster, Kt. Luzern, für das Schuljahr 1878-79. In-4º, 11 S. Luzern, Druck von Gebr. Räber.

Progymnasium mit Realklassen in Sursee ⟨Kt. Luzern⟩. Jahresbericht für das Schuljahr 1900/1901. IV + 20 S. 4. Sursee, Huber, 1901.

Progymnasium mit Realklassen in Sursee ⟨Kt. Luzern⟩. Jahresbericht für das Schuljahr 1901/1902. IV + 18 S. 4. Sursee, Huber, 1902.

Progymnasium mit Realklassen in Sursee ⟨Kt. Luzern⟩. Jahresbericht für das Schuljahr 1902/1903. IV + 21 S. kl.-4. Sursee, Huber, 1903.

... Jahresbericht über die städtische Realschule zu Neumünster. (1.) Neumünster. 1872; 3.—12. ebd. 1874—83. 4º.

... Jahresbericht über die in der Umwandlung zu einem Progymnasium und Realprogymnasium begriffene städtische Realschule zu Neumünster.
13 u. 14. ebd. 1884 u. 85. 4º.

Jahresbericht über das (in der Entwicklung begriffene) Progymnasium und Realprogymnasium zu Neumünster (die frühere Realschule).
Jg. 15 ff. ebd. 1886 ff. 4º.

Jahresbericht u Protokoll d. d. Mecklenburgischen Handwerkskammer. 1900-05. Schwerin 1901-05

Jahresbericht für die Provinzial-Gärtnerlehranstalt zu Tapiau. [1.] Für d. J. 1905. Königsberg i Pr. 1906: Ostpr. Dr. 8º [F.] 10

Jahresbericht des Provinzial-Taubstummen-Vereins für Schleswig-Holstein für das Jahr ... Altona-Ottensen. 8º
1895/96. 1896/97. 1900/01 ff.
—— über die ersten 25 Jahre seines Bestehens. 1882—1907.
—— „ „ „ 30 „ „ „ 1882—1912.

Jahresbericht des Provinzialverbandes der Westpreußischen Vereine zur Fürsorge für entlassene Gefangene in Danzig. 1. Für d. J. 1901/1902. Danzig (1903): A. W. Kafemann. 8º [F.]

JAHRESBERICHT DES SÄCHSISCHEN PROVINZIAL-VEREINS FÜR GETREIDE UND PRODUKTEN-HANDEL.
I. 1898 und 1899. Halle a. S. (1900.) Druck von Otto Hendel. 8º. — II—VII. 1900 und 1901—1906. ib. (1902—1906.) —

— I.—III., des sächs. Prov.-Vereins für Getreide- u. Produkten-Handel. 1898/99, 1900/1901 u. 1902. gr. 8. (37, 70 u. 52 S.) Halle (O. Hendel). à n. 1. —

— IV—VI., des sächsischen Prov.-Vereins f. Getreide- u. Produkten-Handel. 1903—1905. gr. 8. Halle 903. 905. 906. (O. Hendel.) n. 5. 50
IV. (80 S.) 1. 50. — V. (114 S.) 2. —. — VI. (145 S.) 2. —

— VII., des sächs. Prov.-Vereins f. Getreide- u. Produkten-Handel. 1906. (III, 148 S.) gr. 8. Halle (907). (O. Hendel.) 2. —

JAHRES-BERICHT DES WESTFÄLISCHEN PROVINZIAL-VEREINS FÜR WISSENSCHAFT UND KUNST.
1—2. (Mit 1 Tafel.) Münster. (1873)—1874. Aschendorff'sche Buchdruckerei. 8º.

JAHRESBERICHT DES WESTFÄLISCHEN PROVINZIAL-VEREINS FÜR WISSENSCHAFT UND KUNST.
3—12. Pro 1874 — Für 1883. (Mit Abbildungen ...) ib. 1875—1884. Druck der Coppenrath'schen Buchdruckerei.

JAHRESBERICHT DES WESTFÄLISCHEN PROVINZIAL-VEREINS FÜR WISSENSCHAFT UND KUNST
13—14. Für 1884—1885. (Mit Tafeln.) Münster. 1885—1886. Druck der Coppenrathschen Buchdruckerei. 8º.

... JAHRESBERICHT DES WESTFÄLISCHEN PROVINZIAL-VEREINS FÜR WISSENSCHAFT UND KUNST.
15. ... für 1886. Münster. 1887. Druck der Coppenrath'schen Buchdruckerei. 8º. —
16. ... für 1887. ib. 1888. —
17. ... für 1888. Nebst 1 Porträt und 1 Tafel. ib. 1889. —
18. ... für 1889. ib. 1890. —
19. ... für 1890. ib. 1891. —
20. ... für 1891. ib. 1892. Westfälische Vereinsdruckerei vormals Coppenrathsche Buchdr. —
21. ... für 1892/93. ib. 1893. —
22. ... für 1893/94. ib. 1894. Druck der Regensbergschen Buchdruckerei. —
23. ... für 1894/95. ib. 1895. —
24. ... für 1895/96. ib. 1896. —
25. ... für 1896/97. ib. 1897. —
26. ... für 1897/98. ib. 1898. —
27. ... für 1898/99. ib. 1899. —
28. ... für 1899/1900. ib. 1900. —
29. ... für 1900/1901. ib. 1901.
30. ... für 1901/1902. ib. 1902. —
31. ... für 1902/1903. (Mit Tafeln.) ib. 1903. —
32. ... für 1903/04. ib. 1904. —

33. . . . für 1904/05. ib. 1905. —
34. . . . für 1905/06. ib. 1906. —
35. . . . für 1906/07. ib. 1907. —
36. . . . für 1907/08. ib. 1908. —
37. . . . für 1908/09. (Mit 1 Tafel.) ib. 1909. —
38. . . . für 1909/10. (Mit Abbildungen.) ib. 1910. —

24. u. 25., d. **westfälischen** Prov.-Vereins f. Wissenschaft u. Kunst f. 1895/96 u. 1896/97. gr. 8. (XXXVI, 256 S. m. 1 Karte u. LXVIII. 249 S.) Münster 896. 97. (Regensberg.) à Jahrg. kart. n. 3. —

— 26.—30., d. **westfäl.** Prov.-Vereins f. Wissenschaft u. Kunst. gr. 8. Münster (Regensberg). à n. 3. —
26. 1897|98 (LXII, 211 S.) 898. — 27. 1898|99. (XXXX, 178 S.) 899. — 28. 1899|1900. (XXXXVII, 183 S. m. 1 Bildn.) 900. — 29. 1900|1901. (XXXXVIII, 160 S. m. 1 Taf.) 901. — 30. 1901|1902. (LX, 183 S.) 902.

— 31—33., d. **westfälischen** Prov.-Vereins f. Wissenschaft u. Kunst f. 1902/1903. 1903/1904 u. 1904/1905. (LXXII, 324 u. 8 S. m. Abb., Taf. u. 1 Karte, LX, 217 S. m. Abb. u. 3 Taf. u. LII, 153 S. m. 1 Bildnis.) gr. 8. Münster 903—905. (Regensberg.) à n. 3 —

— 34.—37., des **westfälischen** Prov.-Vereins f. Wissenschaft u. Knnst f. 1905/06—1908/09. (XXXIV, 278 S.; LI, 234 S.; LXXIII, 157 S. u. S. 105—187 u. XXXX, 158 S. m. 1 Bildnis.) Münster 906—09. (Regensberg.) à 3. —

Quodlibet (Basel). Jahresbericht.... Verzeichnis der Mitglieder des Vereins. 8.
Jahresbericht pro 1899/1900. 42. Vereinsjahr.... [Mit Vignetten.] II + 63 S. Basel, Verlags-Dr., [1901].
Jahresbericht pro 1900/01. 43. Vereinsjahr.... [Illustriert.] II + 78 S. Basel, Verlags-Dr., (1902).
Jahresbericht pro 1901/02. 44. Vereinsjahr.... [Mit Vignetten.] II + 79 S. (Basel, Schweiz. Verlags-Dr., 1903.)

Gewerbliche Fortbildungsschule R a g a z.
10. u. 11. **Jahresbericht**. Schuljahr 1901/1902 u. 1902/1903 ...
Ragaz: Lehmann-Good 1902 u. 1903. Je 16 S.

Jahresbericht...der **Neuwieder Raiffeisen-Organisation**.[1.]1901. (Darin: Jahresbericht ... d. Generalverbandes ländlicher Genossenschaften Raiffeisenscher Organisation f. Deutschland ...[1.]; u.: Jahresbericht ... d. Verbandes ländlicher Genossenschaften R.O. f. d. einzelnen Landesteile]. [1.]) *(Neuwied 1901: Raiffeisen-Dr.)* 8° [Umschlagt. F.]
[e). 7,7°

Jahresbericht 1901 der Neuwieder Raiffeisen-Organisation (des Generalverbandes ländlicher Genossenschaften Raiffeisenscher Organisation für Deutschland, der Landwirthschaftlichen Central-Darlehnskasse für Deutschland und der Beamten-Pensionskasse »Raiffeisen« zu Neuwied am Rhein). Neuwied. Jahresbericht für 1902, 1903, 1904, 1908, 1909, 1910.
Hierzu einzeln:
Jahresbericht 1908 des Verbandes ländlicher Genossenschaften der Provinz Ostpreußen usw.
Jahresbericht 1908 des Verbandes ländlicher Genossenschaften der Provinz Westpreußen usw.
Jahresbericht 1908 des Verbandes ländlicher Genossenschaften Raiffeisenscher Organisation für Brandenburg, Pommern und beide Mecklenburg usw.
Jahresbericht 1909, 1910.
Jahresbericht 1909 des Verbandes ländlicher Genossenschaften Raiffeisenscher Organisation für Schlesien usw.
Jahresbericht 1910.

Jahresbericht des R a t h e s der öffentlichen Schulen von St. Louis 15, 17–19. 1870, 1872–73.

Freimaurer-Vereinigung „Rat und Tat" Frankfurt a. M. Jahresbericht 1907 ff. [Dat.:] Frankfurt a. M. 1908ff. 8°.
1907: 21 S. [1908]; 1908: 22 S. [1909]; 1909: 23 S. [1910]; 1911: 33 S. [1912]; 1912: 39 S. [1913]; 1913: 37 S. [1914]; 1914: 33 S. [1915]; 1915: 30 S. [1916]. 1.

Jahres-Bericht des Verschönerungsvereins Rauschen (Eingetr. Ver.) zu Königsberg i. Pr. Gegründet am 23. Jan. 1903. [1.] (Geschäftsjahr 1905.) (Königsberg i. Pr. 1906: Ostpr. Dr.) 8°

Jahresbericht d. R e a l g y m n a s i u m s zu Flensburg, s. J a h r e s b e r i c h t d. Kgl. G y m n a s i u m s ... zu Flensburg.

Jahresbericht d. Königl. Realgymnasiums d. höheren Landwirtschaftsschule zu Döbeln. 41. Döbeln 1910. 4°.

Jahresbericht des k. k. Real- und Ober-Gymnasiums (1895 ff.: K. K. Rudolf-Gymnasiums) in *Brody*. 1879—1909. Brody.

Jahres-Bericht des k. k. Real-Obergymnasiums (1910 ff.: Staats-Ober-Gymn.) zu Mies. 1871—75. 1877 ff. Pilsen (1879 ff.: Mies).

Jahresbericht über das Real-Obergymnasium der königl. Stadt *Ung. Hradisch* (1910 ff.: d. k. k. Staatsgymn. mit dt. Unterrichtssprache). 1868/69—1914/15. Brünn (1872 ff.: U. Hradisch).

Realprogymnasium zu Marne. Ostern ...
Jahresbericht. womit etc. einladet [Franz Karl] Schwalbach. 1883—87. Marne. (1883—87.)
—— womit etc. einladet [Richard] von Holly und Ponientzietz. 1888—92. ebd. (1888)—92.
Realprogymnasium zu Marne. (Ostern 1893 ff.)
Jahresbericht über das Schuljahr ..., erstattet v. Richard von Holly (und Ponientzietz).
1892/93 ff. Marne. 1893 ff. 4°.

Jahresbericht der höheren Knabenschule zu Oldesloe. Von Martin Schultze. (1878—80.) Oldesloe. 1878—80. 4°.
Jahresbericht der höheren Bürgerschule zu Oldesloe. Ostern 1881—82. Oldesloe. (1881—82.) 4°.
Jahresbericht des Realprogymnasiums zu Oldesloe. Ostern 1883—85. ebd. (1883—85.) 4°.
Jahresbericht des Realprogymnasiums zu Oldesloe über das Schuljahr ...., womit zu der öffentlichen Prüfung etc. einladet Friedrich Bangert.
1885/86—1889/90. ebd. 1886—90. 4°.
Realprogymnasium in Oldesloe. **Jahresbericht** über das Schuljahr ..., womit etc. einladet Friedrich Bangert.
1890/91—1895/96. ebd. 1891—96. 4°.
Realprogymnasium in Oldesloe in Umwandlung zu einer Realschule. ***Jahresbericht** über das Schuljahr etc.
1896/97 ff. ebd. 1897 ff. 4°.

Jahresbericht über das R e a l p r o g y m n a s i u m in Segeberg (Wilhelmsschule), während des Schuljahres 1883/84, 84/85. Segeberg. 1884–85.
1886/87. ebd. 1887; 1888/89–1895/96. ebd. 1889–96; 1898–1901. ebd. 1898–1901. 4°

Realprogymnasium zu Segeberg. (Wilhelmsschule.)
Jahresbericht Ostern 1883. 4°.

Realschule, von 1883 an Realgymnasium und Realschule. **Jahresbericht** über das 1. Schuljahr Ostern 1871 — Ostern 1872, womit zugleich zu der ... öffentlichen Prüfung einladet der Direktor E. Schlee. Altona. 1872. 4°

Jahresbericht der Realschule zu Altona über das Schuljahr Ostern ... bis Ostern ..., womit zugleich zu der ... öffentlichen Prüfung einladet der Director E. Schlee.
1873/74. Altona. 1874. 4°.

Jahresbericht der Realschule zu Altona-Ottensen über das Schuljahr von Ostern ... bis Ostern ..., erstattet v. August Strehlow.
1896/97 ff. Altona-Ottensen. 1897 ff. 4°.

Königliche Realschule (i. E.) ⟨nebst städtischer Vorschule⟩ zu Apenrade. **Jahresbericht** über die Schuljahre 1904 u. 1905 – 1914/15. Apenrade. 1906 – 15. 4°

Jahresbericht der bayerischen Real- und Fortbildungsschule zu Neuburg a. D. für 1879-80 und 1880-81. Neuburg 1880. 81

. . . **Jahresbericht** der Realschule zu Blankenese erstattet v. Walther Kirschten.
1. ff. Schuljahr 1894/95 ff. Blankenese. 1895 ff. 4°.

Jahresbericht der Dorotheenstädtischen Realschule, Berlin. 1869. 4°

Jahresbericht der Evangelischen Realschule in Santa Cruz, Rio Grande do Sul, für das Schuljahr .. no. 1, 1870
Annual report of the Evangelische Realschule, Santa Cruz. The issue for joint years, 1870 1930 contains 17 pages
Santa Cruz

-- üb. d. Real- (Gewerbe-) u gewerbl. Fortbildgsschule zu Straubing. 1872-1900. Straubing

Jahresbericht über die K. Realschule und gewerbliche Fortbildungsschule zu Straubing 1901/02. Straubing 1902

Real- und Handwerker-Schule der Stadt Solothurn. 4.
10. Jahres-Bericht. Schuljahr 1900/1901. 20 S. Solothurn, Brugger & Gigandet, 1901.
11. Jahres-Bericht. Schuljahr 1901/1902. 17 S. Solothurn, Buch- und Kunstdruckerei Union, 1902.

Jahres-Bericht über die Realschule in Kiel während des Schuljahres ... mit welchem zu der ... öffentlichen Prüfung einladet das Lehrer-Collegium. 1873/74, 1874/75, 1877/78, 1878/79, 1881/82. Kiel 1874, 75, 78, 79, 82. 4°

Jahres-Bericht über die höhere Knaben-Bürgerschule in Kiel während des Schuljahres . . . . mit welchem zu der . . . Prüfung einladet das Lehrercollegium. 4°.
1871/72—1872/73. Kiel. 1872—73.
Fortges. u. d. T.:
Jahres-Bericht über die Realschule in Kiel etc.
1875/76—1876/77. 1879/80—1880/81. ebd. 1876—77, 80—81.
Fortges. u. d. T.:
Jahres-Bericht über die Ober-Realschule in Kiel etc.
1887/88, 1891/92—1893/94, 1895/96—96/97. ebd. 1888, 92—94, 96—97.
Fortges. u. d. T.:
* **Jahres-Bericht** der Ober-Realschule mit Reform-Realgymnasialklassen in Kiel über das Schuljahr . . . Erstattet v. [Gustav] Luppe.
1897/98 ff. ebd. 1898 ff. 4°.

Jahres-Bericht der Realschule in Kiel über das Schuljahr . . . Erstattet v. [Karl] Baer.
1897/98 ff. Kiel. 1898 ff. 4°.

Städtische Realschule zu Elmshorn. * **Jahres-Bericht** über das Schuljahr . . . erstattet v. Gotthelf Willenberg.
1896/97 ff. Elmshorn. 1897 ff. 4°.

Städtische Realschule mit lateinischem Nebenunterricht (1908 ff.: Städtische Oberrealschule) nebst Vorschule zu Heide in Holstein. **Jahresbericht** über das Schuljahr 1903/04 ff. Heide. (1904 ff.) 4°

. . . **Jahresbericht** über die städtische Realschule zu Neumünster. (1.) Neumünster. 1872; 3.—12. ebd. 1874—83. 4°.
. . . **Jahresbericht** über die in der Umwandlung zu einem Progymnasium und Realprogymnasium begriffene städtische Realschule zu Neumünster.
13 u. 14. ebd. 1884 u. 85. 4°.
Jahresbericht über das (in der Entwicklung begriffene) Progymnasium und Realprogymnasium zu Neumünster (die frühere Realschule).
Jg. 15 ff. ebd. 1886 ff. 4°.

Städtische Realschule (i. E.) zu Tondern. **Jahresbericht.** Schulnachrichten über die Schuljahre 1906/07—1914/15. Tondern. 1908—15. 4°

Städtische Handelsschule in Flensburg nebst der mit der Landwirtschaftsschule gemeinsamen Vorschule.
Jahresbericht über das Schuljahr . . .
1888/89. Flensburg. 1889; 1890/91—92/93. ebd. 1891—93. 4°.
Fortges. u. d. T.:
Städtische Realschule mit wahlfreiem Unterricht in der Handelswissenschaft zu Flensburg.
Jahresbericht über das Schuljahr . . .
1893/94—94/95. ebd. 1894—95. 4°
Fortges. u. d. T.:
Städtische Oberrealschule — mit wahlfreiem Unterricht in der Handelswissenschaft — verbunden mit Landwirtschaftsschule zu Flensburg.

Jahresbericht über das Schuljahr 1895/96 erstattet von dem Direktor Karl Flebbe. ebd. 1896. 4°.
Fortges. u. d. T.:
Oberreal- und Landwirtschaftsschule in Flensburg.
* **Jahresbericht** über das Schuljahr
1896/97 ff. ebd. 1897 ff. 4°.

Städtische Realschule (i. E.) mit Vorschule zu Eckernförde. **Jahresbericht** über die Schuljahre 1905 und 1906 ff. Erstattet v. [Peter] Berg. Eckernförde. 1907 ff. 4°

Jahres-Bericht über die Königliche Realschule, Vorschule und Elisabethschule zu Berlin ... Voran geht: Eine Abhandlung des Lehrers Dr. K. E. Bloch: Johann Balthasar Schuppius. 1863. 4°.

Leih- & Sparkassa Aadorf. Jahresbericht & Rechnung für das Betriebsjahr 1900 *u.* 1901 *u.* 1902. *je* II + 12 S. kl.-4. Eschlikon, J. Wehrli, 1903.

Aargauische Südbahn. 29. Jahresbericht und Rechnung des Directoriums der Schweizerischen Centralbahn über das Unternehmen der Aargauischen Südbahn für das Jahr 1900. 33 S. 4. Basel, Kreis, 1901.

Bahnunternehmung Wohlen-Bremgarten. 26. Jahresbericht und Rechnung des Directoriums der Schweizerischen Centralbahn über die Bahnunternehmung Wohlen-Bremgarten für das Jahr 1900. 12 S. 4. Basel, Kreis, 1901.

— und Rechnung des Hülfsvereins Fluntern. (8.) Juni 1880. In-16°, 14 S. Zürich, F. Lohbauer.

Jahresbericht und Rechnung des Hülfsvereins Fluntern, vorgelegt in der Versammlung v. 2. Sept. 1883. In-8°, 12 S. Zürich, Druck von Fr. Lohbauer.

Freiwillige Akademische Gesellschaft der Stadt Basel. Geschichte. 67. Jahr 1901, Jahres-Bericht und Rechnung. Anhang: 4. Jahresbericht der Kommission der Jakob Burckhardt-Stiftung. Separat-Beilage: Berichte der Oeffentlichen Bibliothek, der Physikalischen Anstalt und der Kunst-Kommission. 37 + *Sep.-Beilage* 32 S. 8. Basel, Basler Druck- und Verlags-Anstalt, 1902.

Arbeiter-Kolonie Herdern. 6. Jahresbericht und Rechnung. 1900. [Mit illustriertem Umschlag.] IV + 45 S. 8. Zürich, Ed. Leemann, 1901.

Arbeiter-Kolonie Herdern. 7. Jahresbericht und Rechnung. 1901. [Mit illustriertem Umschlag.] IV + 44 S. 8. Zürich, Gebrüder Leemann & Cie., 1902.

Arbeiter-Kolonie Herdern. 8. Jahresbericht und Rechnung. 1902. [Mit illustriertem Umschlag.] IV + 43 S. 8. Zürich, Gebr. Leemann & Cie., 1903.

Protestantisch-kirchlicher Hülfsverein (* *für 1901:* Hilfsverein) im Kanton Thurgau. Jahresbericht und Rechnung für das Jahr 1900 *u.* 1901. 16 *u.* 18 S. 8. Frauenfeld, Huber & Co., 1901 *u.* 1902.

GV67
23

Kantonale Rettungsanstalt Klosterfiechten [bei Basel]. 8. Jahresbericht nebst Rechnung über das Jahr 1900. 12 S. 8. Basel, G. Krebs, 1901.

Schweizerische Locomotiv- & Maschinen-Fabrik in Winterthur. 29. Jahresbericht sammt Rechnung über das 28. Betriebsjahr vom 1. Juli 1900 bis 30. Juni 1901. 9 S. 4. Winterthur, Geschwister Ziegler, 1901.

Schweizerische Lokomotiv- & Maschinenfabrik in Winterthur. 30. Jahresbericht sammt Rechnung über das 29. Betriebsjahr vom 1. Juli 1901 bis 30. Juni 1902. 11 S. 4. Winterthur, Geschwister Ziegler, 1902.

Schweizerische Lokomotiv- & Maschinenfabrik in Winterthur. 31. Jahresbericht samt Rechnung über das 30. Betriebsjahr vom 1. Juli 1902 bis 30. Juni 1903. 9 S. 4. Winterthur, Geschwister Ziegler, 1903.

Pestalozzi-Gesellschaft (in Basel). Jahresbericht und Rechnung 1900. 32 S. 8. Basel, Wackernagel, 1901.

Pestalozzi-Gesellschaft (in Basel). Jahresbericht und Rechnung 1901 *u.* 1902. 30 *u.* 32 S. 8. Basel, Wackernagel, 1902 *u.* G. Krebs, 1903.

Kindergarten-Verein St. Gallen. Jahresbericht und Rechnung über das Jahr 1900. 16 S. 8. St. Gallen, Honegger, 1901.

Kindergarten-Verein St. Gallen. Jahresbericht und Rechnung über das Jahr 1901. 23 S. 8. St. Gallen, J. J. Sonderegger, 1902.

Rettungs-Anstalt in St. Gallen. 23. Jahresbericht u. Rechnung üb. d. J. 1873. 14 Stn. 8. St. Gallen, Zollikofer'sche Buchdr.

Rettungsanstalt St. Gallen. 60. Jahresbericht und Rechnung (vom 31. Januar 1900 bis 31. Januar 1901). Den 1. Mai 1901. 14 S. 8. Bruggen, J. Hauser, 1901.

Rettungsanstalt St. Gallen. 61. Jahresbericht und Rechnung (vom 31. Januar 1901 bis 31. Januar 1902). Den 1. Mai 1902. 15 S. 8. Bruggen, J. Hauser, 1902.

Rettungsanstalt St. Gallen. 62. Jahresbericht und Rechnung (vom 31. Januar 1902 bis 31. Januar 1903). Den 1. Mai 1903. 16 S. 8. Bruggen, A. Hauser, 1903.

Sonntagsheiligungs-Verein des Kantons St. Gallen. Jahresbericht und Rechnung. 8.
(Juli) 1900/1901 (Juli). 34 S. St. Gallen, Zollikofer, 1901.
(1. Juli) 1901/1902 (Juni 30). 47 S. St. Gallen, Buchdr. der «Ostschweiz», 1902.

Spar- und Leihkasse des Kreises Merenschwand (in Merenschwand), ... Genossenschaft. 35. Jahresbericht und Rechnung pro 1900. II + 7 S. 8. Muri, A. Schibli-Keller, 1901.

Spar- und Leihkasse des Kreises Merenschwand (in Merenschwand). 36. *u.* 37. Jahresbericht und Rechnung pro 1901 *u.* pro 1902. *je* II + 7 S. 8. Muri, A. Schibli-Keller, (1902 *u.* 1903).

Jahresbericht Rechnung Taubstummenanstalt

Jahresbericht und Rechnung über die...Taubstummenanstalt zu...Dresden auf die Zeit... 1831 - 1834, 1836. Bericht 1-4, 6, gbd., Tab.

Dresden: Ber.1: Walther 1831
Ber.2-4, 6: typ.Blochmann 1832-1836

1831 u.d.T.: Taubstummenschule, Die, zu Dresden. Ein Wort zum Besten der Taubstummen im Königreich Sachsen.

Eisenbahnunternehmung Wohlen-Bremgarten. 27. Jahresbericht und Rechnung für das Jahr 1901, erstattet von der Kreisdirektion II der Schweizerischen Bundesbahnen in Basel. 12 S. 4. Basel, Kreis, 1902.

Thurgauischer Evang. Missionsverein und Fünfer-Kollekte. Jahres-Bericht und Rechnungen vom Jahre 1900. 16 S. 8. Diessenhofen, C. Forrer, 1901.

Technische Prüfanstalten des S(chweiz.) E(lektrotechnischen) V(ereins) = Institutions de contrôle de l'Association suisse des Électriciens. (1.) Jahresbericht und Rechnungsablage der Aufsichtskommission für das Jahr 1902/03 = (1er) Rapport annuel sur l'activité et l'état financier de la Commission de surveillance pour l'année 1902/03. 86 S. 8.
Forts. von: Technisches Inspektorat für elektrische Starkstromanlagen.

(Evangelisationsverein in Basel. Jahresbericht [sowie] 19. *u.* 21. *u.* 22. Rechnungs-Ablage für das Jahr 1900 *u.* 1901 *u.* 1902.) 4 *u.* [4] *u.* [5] S. 8. (1901 *u.* 1902 *u.* 1903.)
(«20.» *ist bei Zählung der Rechnungen ausgefallen.*)

Jahresbericht mit Rechnungs Ablage Deutscher Turnverein, Buenos Aires
no. 1 - ?
Report of the Turnverein, which in 1919/20 covered the 127th „Ordentliche Generalversammlung", but date of first report not established. Title of report varies slightly. Printer not usually given, but reports published by the Verein/Klub. Name of the „Verein" varies: Deutscher Klub in Buenos Aires (commonly Deutscher Turnverein), 1908/09 to the present.
Buenos Aires

Aktiengesellschaft für Speisewirthschaften (in Basel). Jahresbericht und Rechnungsabschluss über das Jahr 1900 *u.* 1901. *je* 8 S. 8. Basel, Franz Wittmer, 1901 *u.* 1902.

Industrie Gesellschaft für Schappe in Basel. Jahresbericht und Rechnungsabschluss über das Jahr 1900. 18 S. 4. Basel, Franz Wittmer, 1901.

Industrie Gesellschaft für Schappe in Basel. Jahresbericht und Rechnungsabschluss über das Jahr 1901. 16 S. 4. Basel, Franz Wittmer, 1902.

Industrie Gesellschaft für Schappe in Basel. Jahresbericht und Rechnungsabschluss über das Jahr 1902. 16 S. 4. Basel, Franz Wittmer, 1903.

Jahresbericht und Rechnungs-Auszug der Marien Waisen Anstalt in Mannheim. Mannheim 1870. H: *Andriano, Jacob.* (BaBb)

Jahresbericht der städt. Rechtsauskunftstelle zu Duisburg. 1. Für d. Zeit v. 1. Dez. 1907 bis 30. Nov. 1908. (Duisburg 1908: Rhein- u. Ruhrzeitung.) 8°

Jahresbericht der Städtischen Rechtsauskunftsstelle zu Essen-Ruhr. 1. Essen-Ruhr (1907): Boeckling & Müller. 8° (10. 1763)

Jahresbericht der städtischen Rechtsauskunftsstelle in Kiel. [1.] Für d. Zeit v. 1. Apr. 1907 bis 31. März 1908. Kiel 1908: Vollbehr & Riepen. 8° [F.]

Jahresbericht d. allgem. Rechtshilfevereins i. Wien I. 1893. 94. Wien 1894.95

Jahres-Bericht des Deutschen Rechtsschutz-Vereins. New York, NY
Title varies slightly. German Legal Aid Society.
DLC: 1890 - 94; 1903.

— I., über die Anstalt Regensberg. Umfassend den Zeitraum vom 6. Mai bis 31. Dez. 1883. Erstattet von der grösseren Kommission. In-8°, 24 S.

Jahresbericht der Handelskammer Regensburg. 1909-11. Regensburg 1910-12

— der Kgl. Preuss. Regierungs- und Gewerberäte und Bergbehörden für 1888-98. Berlin 1889-99

— der kgl. ungarischen geologischen Reichs-Anstalt f. 1905--1907. Übertragung aus dem ungar. Original. Hrsg. v. d. dem kgl. ungar. Ackerbauministerium unterst. königl. ungar. geolog. Reichsanstalt. (292 S. m. Abb. u. 1 Taf.; 288 S. m. Fig. u. 355 S. m. Fig. u. 1 Karte.) Lex. 8. Budapest 907—09. (F. Kilián's Nachf.) à 10. —

— des schweiz. Rennvereins f. 1879. In-8°, 15 S. Zürich, Druck von Orell Füssli & Cie.

—— 13., über die hamburger Rettungs-Anstalt für sittlich verwahrloste Kinder im Rauhen Hause zu Horn. 1846. (Hrsg. von J. H. Wichern.) gr. 8. (36 S.) Hamburg 847, Agentur des Rauhen Hauses. *

—— erster, über die Rettungs-Anstalt zu Hänlein an der Bergstraße im Großherzogthum Hessen. Anhang: Bericht über die sonstige Thätigkeit des Vereins für innere Mission in Darmstadt nebst Rechnungsablage. gr. 8. (III und 70 S.) Darmstadt 852, (v. Auw'sche Buchh.) **

Rettungsanstalt für arme verwahrloste Kinder auf dem Freienstein, Kirchgemeinde Rorbas. 26. Jahresbericht pr. 1872/73. 12 Stn. 8. Zürich, Druck v. J. J. Ulrich.

Rettungsanstalt f. arme verwahrloste Kinder auf dem Freienstein, Kt. Zürich. 28. Jahresbericht vom 1. Juli 1874 — 30. Juni 1875. 12 Stn. Zürich, Druck von J. J. Ulrich.

Zweiter, dritter Jahresbericht über die Rettungsanstalt für arme verwahrlosete Kinder zu Tuttlingen. *Stuttgart*, 1827, 1828.

Jahresbericht über die schweizer. Rettungsanstalt f. Knaben in der Bächtelen bei Bern. 26—54. 1865—93.

31. Jahresbericht über die schweizerische Rettungsanstalt für Knaben in der Bächtelen bei Bern, 1869—70. Zürich, gedr. bei J. J. Ulrich. 1871. 19 Stn. 8°

Schweizer. Rettungsanstalt für Knaben in der Bächtelen bei Bern. 34. Jahresbericht pr. 1872/73. 19 Stn. 8. Schaffhausen, Brodtmann'sche Buchdr.

Schweizer Rettungsanstalt in der Bächtelen. 37. Jahresbericht 1875/76. 20. S. 8. Aarau, Sauerländer.

Jahresbericht (40.) über die schweizer. Rettungs-Anstalt f. Knaben in d. Bächtelen. In-16°, 13 S. Bern, Stämpfli. 1879.

Schweizerische Rettungsanstalt für Knaben in der Bächtelen bei Bern. 62. Jahresbericht (vom 1. Mai 1900 bis 30. April 1901). 19 S. 8. Bern, Stämpfli & Cie., 1901.

Schweizer. Rettungsanstalt für kathol. Knaben auf dem Sonnenberg bei Luzern. 13. Jahresbericht. 35 Stn. 8° Luzern, Meyer'sche Buchdr. 1872.

Schweizerische Rettungsanstalt für katholische Knaben auf dem Sonnenberg bei Luzern. 42. Jahresbericht 1900—1901. (1901 Juni.) 35 S. 8. Luzern, H. Keller, 1901.

Schweizerische Rettungsanstalt für katholische Knaben auf dem Sonnenberg bei Luzern. 43. Jahresbericht. 1901—1902. (1902 Mai.) 32 S. 8. Luzern, H. Keller, 1902.

Schweizerische Rettungsanstalt für katholische Knaben auf dem Sonnenberg bei Luzern. 44. Jahresbericht. 1902—1903 (Mai). 30 S. 8. Luzern, H. Keller, 1903.

—— 6., der Wiener freiwilligen Rettungs-Gesellschaft. [1887.] gr. 8. (249 S. mit 1 Taf.) Wien 888, (Huber und Lahme.) * 2 —

Frühere Jahrgänge erschienen in derselben Weise. Vgl. Jahrbuch und Kalendarium etc.

—— 7., der Wiener freiwilligen Rettungs-Gesellschaft [1888]. gr. 8. (218 S.) Wien 889, (Huber u. Lahme). * 2 —
—— dass. — 8.—10., à 2 Tle. [Statistisch u. finanziell-administrativ.] 1889—1891. gr. 8. (à Tl. 100—200 S.) (Ebd.) 890—92. à Tl. * 2 —; à Jahresbericht * 1 —

— 14., d. Wiener freiwill. Rettungs-Gesellschaft. (1894.) (Statistischer u. finanz. Thl.) gr. 8. (79 S.) Wien 895. (Huber & Lahme.) n. 2. —

Jahresbericht der Handelskammer Reutlingen. 1901-05. Reutlingen 1902-06

Jahresbericht der Handelskammer Reutlingen. 1906-11 Reutlingen 1907-12

(Jahres-)Bericht der Handwerkskammer Reutlingen. 1901-05. Reutlingen 1902-06

Pflegeanstalt Rheinau. Jahres-Bericht pro 1900. 27 S. 8. Zürich, Buchdr. des Schweiz. Grütlivereins, 1901.

Pflegeanstalt Rheinau. Jahres-Bericht pro 1901. 30 S. 8. Zürich, Buchdr. des Schweiz. Grütlivereins, 1902.

Pflege-Anstalt Rheinau. Jahresbericht für das Jahr 1902. 31 S. 8. Winterthur, Geschwister Ziegler, 1903.

Verschönerungs- & Kurverein Rheinfelden. je 16 S. 8.

8. Jahresbericht pro 1900. Rheinfelden, U. Herzog. 1901.
9. Jahresbericht pro 1901. Rheinfelden, G. Zimmermann, 1902.

Verschönerungs- & Kurverein Rheinfelden. 10. Jahresbericht pro 1902. 19 S. 8. Rheinfelden, U. Herzog, 1903.

Taubstummen-Anstalt Riehen. 62. Jahresbericht Mai 1900 bis Mai 1901. 17 S. 8. Basel, Basler Druck- und Verlags-Anstalt, 1901.

Taubstummen-Anstalt Riehen. 63. Jahresbericht Mai 1901 bis Mai 1902. 15 S. 8. Basel, Basler Druck- und Verlags-Anstalt, 1902.

Taubstummen-Anstalt Riehen. 64. Jahresbericht Mai 1902 bis Mai 1903. 19 S. 8. Basel, Friedrich Reinhardt, 1903.

Arther Rigibahn-Gesellschaft. 1. Jahresbericht vom 31. Jan. 1873 bis 31. Oct. 1874. 12 Stn. 4. m. 1 Tabelle. Winterthur, J. Westfehling.

Rigibahn-Gesellschaft. 31. Jahresbericht für das Jahr 1900. [Mit 3 Tabellen.] II + 40 S. 4. Luzern, Räber & Cie., 1901.

Rigibahn-Gesellschaft. 32. Jahresbericht für das Jahr 1901. [Mit 3 Tabellen und illustriertem Umschlag.] II + 40 S. 4. Luzern, Räber & Cie., 1902.

Rigibahn-Gesellschaft. 33. Jahresbericht für das Jahr 1902. [Mit 4 Tabellen und illustriertem Umschlag.] II + 43 S. 4. Luzern, Räber & Cie., 1903.

[Jahresbericht der Loge „Drei Ringe" in Santiago de Chile. 1894/95.] 21.

Jahresbericht der Universität Rostock. Zusammengestellt von Rektor und Dekanen. Jahrg. I. 1906. Rostock 1906: Adlers Erben. (80 S.) 8°

Jahresbericht der Universität Rostock. Zusammengestellt von Rektor und Dekanen. Jg. 2. 1907. Rostock 1907: Adlers Erben. (77 S.) 8°

Jahresbericht der Universität Rostock zusammengestellt von Rektor und Dekanen. Jg. 3. 1908. Rostock 1909: Adler. 80 S. 8° [U 09. 3781

Jahresbericht der Universität Rostock zusammengestellt von Rektor und Dekanen. Jg. 4. 1909. Rostock 1910: Adler. 56 S. 8° [U 10. 4003

Jahresbericht der Handelskammer Rottweil. 1900-05. Rottweil 1901-06

Jahresbericht der Handelskammer Rottweil. 1906-11. Rottweil 1907-12

— pro 1880 nebst einem geschichtlichen Rückblick auf das 25jährige Bestehen der Augenheilanstalt für Arme zu Wiesbaden (begründet von Alex. Pagenstecher, fortgeführt v. Herm. Pagenstecher). 8. (48 S.) Wiesbaden 881. (Bergmann.) n.n. 1. 25

Basler RuderClub (in Basel). 16. Jahresbericht 1900. [Mit 1 Ansicht.] II + 19 S. 8. Basel, Wassermann & Schäublin. 1901.

Basler Ruder-Club (in Basel). 17. Jahresbericht 1901. [Mit 1 Ansicht.] II + 22 S. 8. Basel, Wassermann & Schäublin, 1902.

Basler Ruder Club (in Basel). 18. Jahresbericht 1902. [Mit 1 Ansicht.] 19 S. 8. Basel, Wassermann & Schäublin, 1903.

Jahresbericht des k. k. Real- und Ober-Gymnasiums (1895ff.: K. K. Rudolf-Gymnasiums) in *Brody*. 1879—1909. Brody.

Kranken-Asyl Rüti. 15. u. 16. u. 17. Jahresbericht pro 1900 u. pro 1901 u. für das Jahr 1902. 20 u. 23 u. 21 S. 8. Rüti, Fr. Lohmann-Ritter, 1901 u. 1902 u. 1903.

Landwirthschaftliche Schule Rütti. 16. Jahresbericht pro 1875 an die Tit. Aufsichtsbehörde zu Handen der Tit. Direktion des Innern des Kantons Bern. 29 S. gr. 4.

Landwirtschaftliche Schule Rütti, Jahresbericht.... 4. Bern, Lack Aeschlimann & Jost.

... umfassend das Schuljahr 1900-1901. ([Mit Illustrationen, 1 Tabelle und 1 Tafel, sowie einem] Anhang.) 86 S. 1901.

... umfassend das Schuljahr 1901-1902. Mit ([Illustrationen, 1 Tabelle und 1 Tafel, sowie einem] Anhang [und]) einer Beilage.... 91 + *Beilage* II + 28 S. 1902. — Beilage s. (Moser, C[arl], und Käppeli, J[oseph]).

... umfassend das Schuljahr 1902-1903. ([Mit 3 Tabellen und 2 Tafeln, sowie einem] Anhang.) 89 S. 1903.

Schweizerischer Samariterbund. 13. Jahresbericht für 1900/1901 (Mai). (Mit Beilagen: Protokoll, Willkommgruss und Festbericht der Delegiertenversammlung vom 2. Juni 1901 in Interlaken.) 174 S. 8. Zürich, Gebrüder Frank, 1901.

Schweizerischer Samariterbund. 14. Jahresbericht für 1901/1902 (Juni). (Mit Beilagen: Protokoll und Festbericht der Delegiertenversammlung vom 6. Juli 1902 in Baden [und 1 Tafel].) 208 S. 8. Zürich, J. Frank, 1902.

Schweizerischer Samariterbund. 15. Jahresbericht für 1902/1903 (Juni). (Mit Beilagen: Protokoll und Festbericht der Delegiertenversammlung vom 7. Juni 1903 in St. Gallen.) II + 210 S. 8. Zürich, Jean Frank, 1903.

Bündner Samariter-Verein. Jahresbericht pro 1900 u. pro 1901 u. pro 1902. II + 48 u. II + 34 u. II + 35 S. 8. Chur, Manatschal Ebner & Cie., 1901 u. 1902 u. 1903.

Jahresbericht des Deutschen Samariter-Vereins zu Kiel. 2.—10. 1883—91/92. Kiel. 1884—92. 8°

XXI. Jahresbericht der k. k. Samen-Control-Station. Erstattet vom Director Dr. Th. R. v. Weinzierl. (Public. d. k. k. Samen-Control-Station in Wien. Nr. 246.) Gr.-8°. (38 S.) Wien: Frick 1902. K —.80

Jahresbericht der schweizerischen Samen-Kontrollstation am eidgenössischen Polytechnikum. [illegible]

Jahresbericht u. Sammlungen d. histor. Gesellschaft von Wisconsin für 1855. Milwaukie.

Sanitäts-Kolonne vom Roten Kreuz zu Königsberg i. Pr. (1: Freiwillige Sanitäts-Colonne Königsberg i. Pr.). **Jahresbericht.** [1.] Für 1901. *Königsberg 1902: Ostpr. Dr.* 8° [R.] [04. 9564 10

Jahres-Bericht des unter dem allerhöchsten Schutze Ihrer Majestät der Kaiserin Maria Anna stehenden ersten allgemeinen St. Annen-Kinderspitales für 1854 Wien. 1855 Gedruckt bei Leopold Sommer. (26 S 8.) geh

Jahresbericht des ersten allgemeinen St. Annen-Kinderspitales für 1856. Wien, 1857. Gedr. bei Leop. Sommer. (28 S. 4.)

Jahresbericht des St. Elisabethen-Vereines zu Klgft. Klgft., St. Hermagoras-Druck., St. Josefs-Druck., 1872—.

Aktienbauverein St. Gallen. Jahresbericht über das Jahr 1900. IV + 7 S. 4. St. Gallen, Honegger, 1901.

Aktienbauverein St. Gallen. Jahresbericht über das Jahr 1901. IV + 7 S. 4. St. Gallen, Honegger, 1902.

Aktienbauverein St. Gallen. Jahresbericht über das Jahr 1902. IV + 7 S. 4. St. Gallen, Honegger, 1903.

Fortbildungs-Schule St. Gallen. Jahresbericht pro 1900/1901. [Mit illustriertem Umschlag.] 31 S. 8. St. Gallen, Zollikofer, 1901.

(Gewerbliche) Fortbildungs-Schule St. Gallen. Jahres-Bericht für 1901/1902 u. für 1902/1903. [*je* Mit illustriertem Umschlag.] 30 u. 27 S. 8. St. Gallen, Zollikofer, 1902 u. 1903.

Jahresbericht des Gewerbevereins St. Gallen für 1875-82. 84. St. Gallen 1876-85

Gewerbeverein St. Gallen. Jahres-Bericht über das 66. Geschäftsjahr 1900. II + 10 S. 4. St. Gallen, Honegger, 1901.

Gewerbeverein St. Gallen. Jahres-Bericht über das 67. Geschäftsjahr 1901. II + 12 S. 4. St. Gallen, Honegger, 1902.

Gewerbeverein St. Gallen. Jahres-Bericht über das 68. Geschäftsjahr 1902. II + 12 S. 4. St. Gallen, Honegger, 1903.

Handels-Akademie St. Gallen. 2. Jahres-Bericht (1900/1901). II + 9 S. 4. St. Gallen, Zollikofer, 1901.

Handels-Akademie St. Gallen. 3. Jahres-Bericht (1901/1902). II + 11 S. 4. St. Gallen, Zollikofer, 1902.

Kaufmännischer Verein St. Gallen (Sektion des Schweizerischen Kaufmännischen Vereins)... in St. Gallen. 10. Jahres-Bericht pro (1. Mai) 1900/(30. April) 1901. IV + 49 S. 4. St. Gallen, Zollikofer, 1901.

Kaufmännischer Verein St. Gallen (Sektion des Schweizerischen Kaufmännischen Vereins)... in St. Gallen. 11. Jahres-Bericht pro (1. Mai) 1901/(30. April) 1902. IV + 43 S. 4. St. Gallen, Zollikofer, 1902.

Kaufmännischer Verein St. Gallen (Sektion des Schweizerischen Kaufmännischen Vereins)... in St. Gallen. 12. Jahres-Bericht pro 1902/1903 (April 30). IV + 42 S. 4. St. Gallen, Zollikofer. 1903.

Verkehrs-Schule St. Gallen. 2. Jahresbericht (1900/1901). IV + 22 S. 4. St. Gallen, Zollikofer, 1901.

Verkehrs-Schule St. Gallen. 3. Jahres-Bericht (1901/1902). IV + 17 S. 4. St. Gallen, Zollikofer, 1902.

Armenerziehungs-Anstalt «St. Johann» in Klingnau. 7. Jahresbericht pro 1900. [Mit illustriertem Umschlag.] IV + 20 S. 8. Klingnau, Ferdinand Bürli, 1901.

Armenerziehungs-Anstalt «St. Johann» in Klingnau. 8. *u.* 9. Jahresbericht pro 1901 *u.* pro 1902. [*je* Mit illustriertem Umschlag.] IV + 21 *u.* IV + 19 S. 8. Klingnau, Ferdinand Bürli, 1902 *u.* 1903.

Jahresbericht der Deutschen Evangelischen Lutherischen St. Johannes-Gemeinde in Passaic, N.J. für das Jahr 1909–1910
Published by Paul Lemke, St. Johannes Gemeinde
Passaic, NJ

Jahresbericht der unter der Grossen Loge von Hamburg arbeitenden St. Joh. Loge „zu den 3 Ankern" in Bremerhaven. 3 Hefte. 1868, VII. 1869, VIII. 1870, IX. 8. je 14 S.
Mit Mitgliederverzeichniss.

Anstalt für schwachsinnige Kinder St. Joseph in Bremgarten. 11. Jahresbericht pro 1900. 16 S. 8. Bremgarten, Weissenbach, 1901.

Anstalt für schwachsinnige Kinder St. Joseph in Bremgarten. 8.
12. Jahresbericht pro 1901. 16 S. Bremgarten, F. Weissenbach, 1902.
13. Jahresbericht pro 1902. [Mit Ansicht.] 20 S. [Bremgarten,] Weissenbach, 1903.

Kranken- und Greisen-Asyl St. Katharinenthal [bei Diessenhofen]. Jahresbericht 1900. 20 S. 8. Frauenfeld, Huber & Co., 1901.

Kranken- und Greisen-Asyl St. Katharinenthal [bei Diessenhofen]. Jahresbericht 1901. 20 S. 8. Frauenfeld, Huber & Co., 1902.

Kranken- und Greisen-Asyl St. Katharinenthal [bei Diessenhofen]. Jahresbericht 1902. 22 S. 8. Frauenfeld, Huber & Co., 1903.

Töchterpensionat und Lehrerinnen-Seminar St. Clara (in) Stans, Unterwalden, Schweiz. 36. Jahres-Bericht 1902/1903. [Mit illustriertem Umschlag.] 22 S. 8. Stans, Ad. & P. von Matt, 1903.

Jahresbericht, erster — der Konferenz St. Leopold in der Leopoldstadt vom Vereine des heil. Vincenz von Paul in Wien. Das Jahr vom 1. April 1856 bis Ende März 1857 gerechnet. Wien. Dr. von M. Lell. (14 S. 8.)

Jahresbericht der evang.-luth. St. Petri-Pauli-Kirche in Tiflis f. d. Jahr 1900—1915

— der St. Petrus Claver-Sodalität f. die afrikan. Missionen 1908. (46 S. m. Abbildgn., 1 Vollbild u. 1 Bildnis.) gr. 8. Salzburg 909. St. Petrus Claver-Sodalität. —40

Schweizerische Colonisationsgesellschaft Santa Fé (*1903:* in Liquidation,) in Basel. *je zus.* 3 Doppel-Bl. 4.
42. Jahresbericht pro 1900 ([und] 41. Bilanz *etc.* per 31. December 1900. —1901 November 18).
(Schlussrechnung [und] 42. Bilanz *etc.* per 15. Juni 1903.—1903 Juni 15.)

Deutscher Verein für Versicherungs-Wissenschaft (E. V.).
JAHRESBERICHT — SATZUNGEN. Ausgegeben im Januar 1904. Berlin 1904. Ernst Siegfried Mittler und Sohn. 8°.

Vereine zur Obsorge für entlassene Sträflinge. — 26. *Jahresbericht* (pro 1886) u. *Satzungen* der unter dem . . . . Protektorate Sr. Kgl. Hoheit d. Prinz-Regenten *Luitpold* . . . . stehenden Vereine — d. k. Haupt- u. Residenzstadt München u. des Kreises Oberbayern. München 1886—87. 8°. Cart.
24 u. 24 S.

JAHRESBERICHT DES VATERLÄNDISCHEN GEBIRGSVEREINS SAXONIA
1879—1880. s. l. & a.
1880—1881. Dresden s. a. Druck von Rich. Herm. Dietrich. 8°.

Gemeinnützige Gesellschaft Schaffhausen. Jahresbericht 1900. 45 S. 8. Schaffhausen, H. Meier & Cie., 1901.

Gewerbeverein Schaffhausen. 8.
19. Jahresbericht vom 1. April 1900 bis 31. März 1901. 32 S. Schaffhausen, H. Meier & Cie., 1901.
20. Jahresbericht vom 1. April 1901 bis 31. März 1902. 47 S. Schaffhausen, Joh. Bachmann, 1902.

Kantonaler Gewerbeverein Schaffhausen. 21. Jahresbericht vom 1. April 1902 bis 31. März 1903. 57 S. 8. Schaffhausen, Joos-Bäschlin, 1903.

(*3 u. 5:* Kantonales) Lehrlingspatronat Schaffhausen. 3. *u.* 4. *u.* 5. Jahresbericht 1900 *u.* 1901 *u.* 1902. 11 *u.* 14 *u.* 10 S. 8. Schaffhausen, H. Meier & Cie., 1901 *u.* Paul Schoch, 1902 *u.* Kühn & Comp., 1903.

Ruder-Club Schaffhausen. 4. Jahresbericht pro (März) 1900/(März) 1901. II + 12 S. 8. Schaffhausen, H. Meier & Cie., 1901.

Samariter-Verein Schaffhausen. 1. Jahresbericht vom 1. Juli 1900 bis 31. Dezember 1901. 20 S. 8. Schaffhausen, H. Meier & Cie., 1902.

Kaufmännischer Verein Schaffhausen (Sektion des Schweiz. Kaufmännischen Vereins). 38. Jahresbericht vom 1. Mai 1900 bis 30. April 1901. Nebst Anhang: Bericht der Unterrichtskommission. IV + 55 S. 8. Schaffhausen, H. Meier & Cie., 1901.
Vorher unt. d. T.: Jahresbericht [des] Kaufmänn. Verein[s] in Schaffhausen.

Scharfschützen-Verein der Stadt Bern. 28. Jahresbericht über das Vereinsjahr 1900. II + 26 S. 8. Bern, Lack Aeschlimann & Jost, 1901.

JAHRESBERICHT ÜBER DIE SCHICKSALE DES VEREINS FÜR KUNDE DER NATUR UND DER KUNST IM FÜRSTENTHUM HILDESHEIM UND DER STADT GOSLAR.
4 und 5. Erstattet in der allgemeinen Versammlung des Vereins den 31. Julius 1849. (Ohne bes. Titelblatt.)

Jahresbericht üb. d. Schleppschiffahrt a. d. Neckar f. 1878-99. 4° Heilbronn 1879-1900

Jahresbericht üb d. Schleppschiffahrt a. d. Neckar f. 1900-04. 4° Heilbronn 1900-04

Schweizerischer Schlossermeister-Verband. Jahresbericht von 1900 nebst Sektions- und Mitglieder-Verzeichnis. II + 58 S. 8. Bern, J. Lehmann, 1901.

Gewerbliche Fortbildungsschule Schönenwerd. 4.
1. Jahresbericht. Schuljahr 1900/1901 (Nov. 1900 – Sept. 1901). 7 S. Schönenwerd, Gebr. Widmer.
2. Jahresbericht. Schuljahr 1901/1902, Okt. 1901 – Sept. 1902. 6 S. Schönenwerd, J. Widmer-Roth.

Gewerbliche Fortbildungsschule Schönenwerd. 3. Jahresbericht. Schuljahr 1902/1903, November 1902 – September 1903. 5 S. 4. Schönenwerd, J. Widmer-Roth, 1903.

Hülfsverein Schönenwerd. 27. Jahresbericht, und 1. Bericht der Kommission für Krankenpflege, nebst Jahresrechnungen für das Jahr 1902. 16 S. 8. Schönenwerd, J. Widmer-Roth, 1903.

Schreibstube für Arbeitslose in Basel. 6. Jahresbericht 1900. [4 S.] 4. (1901.)

Schreibstube für Arbeitslose in Basel. 7. Jahresbericht 1901. [4 S.] 4. (1902.)

Schreibstube für Arbeitslose in Basel. 8. Jahresbericht 1902. [4 S.] 4. (1903.)

Schweizerischer Schreinermeister-Verein. Jahresbericht pro 1900. Beilage zur «Schweizer. Schreinerzeitung» Nr. 29. — 1901. [4 S.] 4. [Luzern, J. Schill.]

— der schweizerischen permanenten Schulausstellung in Bern für 1895. Bern 1896

Schweiz. permanente Schulausstellung in Bern. 22. Jahresbericht pro 1900. [Mit illustriertem Umschlag.] II + 25 S. 8. Bern, Stämpfli & Cie., 1901.

Schweiz. permanente Schulausstellung in Bern. 23. Jahresbericht pro 1901. [Illustriert.] II + 26 S. 8. Bern, Stämpfli & Cie., 1902.

Jahresbericht, vierter, der schweizer. permanenten Schulausstellung in Zürich. Umfassend d. Jahr 1878. In-8°, 17 S. Zürich, Druck v. J. Herzog.

— (V.) der schweizerischen permanenten Schulausstellung in Zürich, umfassend das Jahr 1879, mit Beilage: Ueber zürcherische Schulhausbauten, von A. Koller. In-8°, 32 u. 17 S. Zürich, Druck von Zürcher u. Furrer.

— (6.) der schweizer. perman. Schulausstellung in Zürich. In-8°, 31 S. Zürich, Druck von J. Ulrich. 1881

— 7., der schweizerischen permanenten Schulausstellung in Zürich, umfassend das Jahr 1881. Gr. in-8°, 32 S. Zürich, Herzog, 1882.

Jahresbericht, achter, der schweizerischen permanenten Schulausstellung in Zürich. Umfassend das Jahr 1882. In-8°, 36 S. Zürich, Druck von Herzog, 1883.

Neunter **Jahresbericht** der Schweiz. permanenten Schulausstellung in Zürich. Umfassend das Jahr 1883. In-8°, 34 S. Aussersihl, Fritschi-Zinggeler

— 11., der schweizerischen permanenten Schulausstellung in Zürich. Umfassend das Jahr 1885. Gr. in-8°, 30 S. Aussersihl, Druck v. Fritschi-Zinggeler.

13. Jahresbericht der schweizerischen permanenten Schulausstellung in Zürich. Umfassend das Jahr 1887. In-8°, 37 S. Aussersihl, Druck von Fritschi-Zinggeler.

Jahresbericht über die (63 ff.: Bericht üb. d. Schulj. d.) Allgemeine Deutsche Schule zu *Antwerpen*. (41.) 42. 63 ff. 1881 ff. (Antwerpen). 8° u. 4°

Jahres-Bericht der deutsch-chinesischen Schule, Peking, China. [1.] 1906. Peking (1906). 8° 07. 10336

Jahresbericht der Deutschen Schule: no. 1, 1891/92
Title varies: Bericht über die Schule der Deutschen Kolonie. Annual report of the Colegio Aleman
Published by H. „Glogo"
Quiriquina

Deutsche ⟨Evangelische⟩ Schule in Alexandrien. **Jahresbericht** 18—22. 1901/02—1905/06. Lahr (03 ff.: Jerusalem).

Deutsche Schule zu *Campina*. Jahres-Bericht pro 1905—1906. Bukarest.

Deutsche Schule ⟨Colegio Aleman⟩ in *Caracas*. Jahres-Bericht 1905/06. 1908/09. Caracas '06—09.

Jahres-Bericht der Deutschen Schule u. d. kaufmännischen Fortbildungsschule in Salonik. 1902/03. Salonik.

1858—1908. Deutsche Schule in Paris 93, Rue de Crimée. **Jahresbericht.** Über 1907—09. (Ps.)

Jahresbericht der Deutschen Schule zu Puerto Montt: no. 1, 1869? – ?
Annual report of the Schule, of which the 64th „Schuljahr" was 1933; each approx. 20 pages
Publisher: Libreria Central.
Puerto Monti

Jahresbericht der freien Schule in Zürich 1877–90.

— (V.) der Freien Schule in Zürich von Mai 1879 bis Mai 1880. In-8°, 21 S. Hottingen, Druck von H. Zürcher.

Jahres-Bericht über die gelehrte Schule und die Bürgerschule zu Kiel. Womit zu der öffentlichen Prüfung etc. einladet Johannes Friedrich Lucht. Kiel. 1836. 4°.

Jahresbericht d. landwirtschaftlichen Schule zu Meissen. 22: 1900–01 Meissen 1901.

München 1856
Jahresbericht der Königlichen polytechnischen Schule in München für 1855-56. 4°

Jahres-Bericht (1901/1902 ff.: Bericht) der Kgl. Polytechnischen Schule (1876/77 1888-89: des Kgl. Polytechnikums; 1889-90 ff.: der Kgl. Technischen Hochschule) zu (1892/93 ff.: in) Stuttgart für das Schulj. (1866/67 ff.: Studienj.) 1865/66 1909/10. 1866–[1911].

1843/44—1860/61 in: Einladungsschrift zu d. Feier d. Geburtsfestes d. Königs. 1844—1861

1861/62. [Kein Jahresbericht veröffentlicht.]

1862/63 in: Zur Feier d. Geburtsfestes d. Königs. 1863

1863/64 in: Denkschrift zur Feier d. Einweihung d. neuen Gebäudes

1864/65 in: Einladungs-Schrift zu d. Ausstellung v. Arbeiten

1865/66. Mit einer Abhandlung über den Umbau eines städtischen Wohnhauses in Stuttgart von Alexander Tritschler. [Die Abh. auch einzeln bei Fues in Tübingen.]

1866/67. Mit einer Abhandlung über die Schwingungsbewegungen der Lokomotiven von [Paul] Zech. [Die Abh. auch einzeln bei Fues in Tübingen.]

1867/68. Mit einer Abhandlung „Zur Theorie der Tonnengewölbe" von [Adolph] v. Hänel. [Die Abh. auch einzeln bei Fues in Tübingen.]

1868/69. Mit dem Abdr. eines Vortrags über das ehemalige Lusthaus in Stuttgart als Monument des früheren Renaissancestyls von Wilhelm Bäumer. Mit 4 Fig. u. 3 Holzschn. [Die Abh. auch einzeln bei Fues in Tübingen.]

1890/91. Mit einem Anh.: Statistik der Studierenden für die letzten 20 Studienjahre.

1895/96. Mit einem Anh.: Die neuen Gebäude für das elektrotechnische Institut und das chemische Laboratorium. (Mit 1 Ansicht u. 3 Grundrissen.)

1900/01. Mit einem Anh.: Das Ingenieurlaboratorium der Technischen Hochschule Stuttgart. (Nach den Aufzeichnungen des Laboratoriumsvorstands [Carl] v. Bach.) 1901. [Der Anh. auch als Sonderabdr.]

1906/07. Mit einem Anh.: Die Materialprüfungsanstalt der Technischen Hochschule Stuttgart. (Nach den Aufzeichnungen des Vorstandes der Materialprüfungsanstalt C[arl] v. Bach.) 1908. [Der Anh. auch als Sonderabdr.]

1910/11 ff. in: Programm f. 1911/12 ff.

Jahresbericht der öffentl. Schulen von St. Louis f. 1870 71 u 71 72. St. Louis 1872.73

Schulen von Wohlen. Jahresbericht, Schuljahr 1902/3. Hrg. von der Schulpflege und Lehrerschaft. [Mit Beilage.] 66 + II + *Beilage* 14 S. 8. Wohlen, Kasimir Meyer.

1. gedr. Bericht seit 1872. — Beilage s. Misteli, Emil.

Jahresbericht, erster, des königl. bayer. Schullehrer-Seminars zu Kaiserslautern. Hrsg. von Karl Andreae. Lex.-8. (87 S. mit 2 Stnt.) Kaiserslautern 872, Tascher. *

[Jahres-Bericht.] Deutscher Schulschiff-Verein. Jahres-Bericht von 1909/1910. Bremen o. J. 8°

Freiwillige Schulsynode von Basel-Stadt. (1. Jahresbericht.) 1891—1900. [Illustriert.] II + 80 S. 8. Basel, Emil Birkhäuser, 1901.

Jahresbericht des Allgemeinen Deutschen Schulvereins zur Erhaltung des Deutschthums im Auslande (1909 ff: Ver. f. d. Dtm i. Ausl. Allg. Dt. Schulver. Jahresber.) f. 1898—1905, 1909 ff. Männer-Ortsgruppe Berlin. (Bln.)

Evangelischer Schulverein, Sektion Basel-Stadt. 18.—20. Jahresbericht (1. Oktober) 1899—1902 (September 30). 19 S. 8. Basel, M. Werner-Riehm, 1902.

31. Jahresbericht des St. Gallischen Schutzaufsichtscomité für entlassene Sträflinge. 1869. St. Gallen. Druck von M. Kälin. 1870. 25 Stn. 8.

St. Gallischer Schutzaufsichtsverein für entlassene Sträflinge. 33. Jahresbericht pr. 1872/74. 39 Stn. 8. St. G., Druck v. J. Buff.

Jahresbericht des zürcherischen Schutzaufsichtsvereins für entlassene Sträflinge 30–38, 1884–93.

Schweizerische Schützenstube im bernisch-historischen Museum... in Bern. Jahresbericht pro 1900. 16 S. 8. Bern, Büchler & Co., 1901.

Schweizerische Schützenstube im bernisch-historischen Museum ... in Bern. Jahresbericht pro 1901. IV + 14 S. 8. Bern, Gottfr. Iseli, 1902.

Schweizerische Schützenstube im bernisch-historischen Museum ... in Bern. Jahresbericht pro 1902. [Mit illustriertem Umschlag.] IV + 14 S. 8. Bern, Stalder & Sieber, 1903.

Jahresbericht des mährisch-schlesischen Schutz-Vereines für das Jahr 1852. Vorgetragen in der allgemeinen Versammlung des Vereines am 3 Juli 1853. 4. (24 S.) Brünn. Druck von Franz Gastl. 1853.

Jahresbericht des mährisch-schlesischen Schutzvereines für das Jahr 1853. Vorgetragen in der General-Versammlung des Vereins am 30. Juli 1854. 4. (10 Blätt.) Brünn. Druck von Franz Gastl. 1854.

Jahresbericht des mährisch-schlesischen Schutz-Vereines für das Jahr 1855. Vorgetragen in der Generalversammlung des Vereines am 18. Mai 1856 mit Zusammenfassung der wesentlichsten Momente, welche in der allgemeinen Versammlung vom 28. Dezember 1855 zur Kenntniß gebracht, lediglich das Jahr 1854 berühren. Brünn, 1856. Druck von Rudolph Rohrers Erben. (10 Bl. 4.)

Jahresbericht des Schwaben-Verein von Chicago: 1–40, 1877

Annual report of the Canstatter Volksfest of the Schwabenverein von Chicago. 1. v.; Quarto, each 26–80 pages; illustrated including portraits; dialect interest

Chicago, IL

„Schweiz". Transportversicherungsgesellschaft in Zürich. 1. Jahresbericht f. 1870. Zürich, Druck von D. Bürkli. 11 S. 4.

„Schweiz". Transport-Versicherungsgesellschaft in Zürich. 2. Jahresbericht für 1871. 14 Stn. 4. Zürich, Druck von D. Bürkli.

„Schweiz." Transport-Versicherungs-Gesellschaft in Zürich. 3. Jahresbericht pr. 1872. 14 Stn. 4. Zürich, Druck von D. Bürkli.

„Schweiz", Transport-Versicherungs-Gesellschaft in Zürich. 4. Jahresbericht f. 1873. 12 Stn. 4. Zürich, Druck v. D. Bürkli.

«Schweiz», Allgemeine Versicherungs-Aktien-Gesellschaft in Zürich. 4. Zürich, Fritz Amberger.
31. Jahresbericht. 1900. 12 S. 1901. — 32. Jahresbericht. 1901. 15 S. 1902.

Schweizerinnenheim zu Berlin W., Marburgerstrasse 4. 3. Jahresbericht vom 1. Oktober 1900 bis 31. Dezember 1901. — Home Suisse à Berlin. 3e Rapport Annuel. 22 S. 8. Berlin, Buchdr. Gutenberg, 1902.

Gewerbliche Fortbildungsschule Schwyz. Jahresbericht. Schuljahr 1900/1901 u. 1901/1902 u. 1902/1903. II + 19 u. II + 16 u. II + 18 S. 8. Schwyz, Caspar Triner & Cie., (1901) u. A. Kälin, 1902 u. Emil Steiner, 1903.

[C]Kantonalbank Schwyz. 11. Jahresbericht für das Rechnungsjahr 1900. 25 S. 4. Einsiedeln, Eberle & Rickenbach, 1901.

Kantonalbank Schwyz. 12. Jahresbericht für das Rechnungsjahr 1901. 25 S. 4. Einsiedeln, Eberle & Rickenbach, 1902.

Kantonalbank Schwyz. 13. Jahresbericht für das Rechnungsjahr 1902. 27 S. 4. Einsiedeln, Eberle & Rickenbach, 1903.

Jahresbericht des Vereins Deutsches Seemannsheim zu Buenos Aires:
no 1, 1901/02 –
Annual report of the „Verein", which was established July 1902. Octavo, each report 16 pages; illustrated. Title varies: Jahresbericht der Deutschen Evangelischen Seemanns-Mission zu Buenos Aires, 1904–1905; Bericht über das Geschäftsjahr, other slight variations.
Buenos Aires

Jahresbericht [der] Kieler Seemannskasse. Kiel. 8°. 31 ff. für 1900/01 ff.

—— (1.—3.), der norddeutschen Seewarte für die J. 1868—1870. Erstattet von W. v. Freeden. Hrsg. von der Handelskammer in Hamburg. 4. (31 S. mit 1 Tab. in Fol.; 56; 51 S.) Hamburg 869—71, (Mauke Söhne.) 1868 * 1869 und 1870 à *

— dasselbe, f. d. J. 1871. 4. (87 S. m. 1 Tabelle in qu. Fol.) Hamburg 872. (Friederichsen & Co.) n. — 90

—— dass. — für die J. 1871—1873. 4. (86 S. mit 1 Tab. in qu. 4.; 59; 48 S.) Hamburg 872—74, O. Meissner. à *

Jahres-Bericht der Deutschen Seewarte für das Jahr —. Erstattet von W. von Freeden. 5. 1872 — 7. 1874. Hamburg 1873 – 1875. 3 Bde. 4°.

Jahresbericht der k. k. Seidenbau-Versuchsstation in Görtz. Görtz 1869—70. H: *Haberlandt, Friedrich.* (EB)

Zürcherische [kantonale] Seidenindustrie-Gesellschaft. Jahresbericht über das Jahr 1900. [Mit 1 Tabelle.] IV + 40 S. 4. Zürich, Druckerei der Neuen Zürcher Zeitung, 1901.

Zürcherische [kantonale] Seidenindustrie-Gesellschaft. Jahresbericht über das Jahr 1901. [Mit 1 Tabelle.] IV + 54 S. 4. Zürich, Druckerei der Neuen Zürcher Zeitung, 1902.

Zürcherische [kantonale] Seidenindustrie-Gesellschaft. Jahresbericht für das Jahr 1902. [Mit 1 Tabelle.] IV + 55 S. 4. Zürich, Buchdr. der Neuen Zürcher Zeitung, 1903.

—— der Section für Philosophie der Görres-Gesellschaft zur Pflege der Wissenschaft im katholischen Deutschland für das J. 1883. gr. 8. (111 S.) Köln 884, (Bachem.)

Jahresbericht der Section für Philosophie. 1884. gr. 8. (108 S.) Köln 885, (Bachem.) * 1 80
Inhalt:
Vorbemerkung. — 1. Bach, das Système de la nature und die moderne Philosophie. Vortrag. — 2. Braig, Carl, über das philosophische System von Hermann Lotze. Vortrag. — 3. Schmid, Al., Gefühl und Gefühlsvermögen. Beitrag. — Baeumker, Cl., einige Gedanken über Metaphysik und über ihre Entwickelung in der hellenischen Philosophie.
Die Fortsetzung erscheint u. d. T.: Philosophisches Jahrbuch, im Verlag der Fuldaer Actien-Druckerei.

JAHRES-BERICHT DER ZOOLOGISCHEN SEKTION DES WESTFÄLISCHEN PROVINZIAL-VEREINS FÜR WISSENSCHAFT UND KUNST.[1] XXXVIII für das Rechnungsjahr 1909—1910. Vom Direktor der Sektion Dr. H. REEKER. Münster 1910. Druck der Regensbergschen Buchdruckerei. 8°.

[1]) Die andern Jahresberichte der Zoolog. Sektion sind in den Jahresberichten des Westfälischen Provinzialvereins für Wissenschaft und Kunst enthalten.

Evangelisches Seminar auf dem Muristalden bei Bern. 25. Jahresbericht 1900-1901. 57 S. 8. Bern, Buchdr. des Berner Tagblatt, 1901.

Evangelisches Seminar auf dem Muristalden bei Bern. 26. Jahresbericht 1901-1902. 69 S. 8. Bern, Buchdr. des Berner Tagblatt, (1902).

Evangelisches Seminar auf dem Muristalden bei Bern. 27. Jahresbericht. 1902-1903. 54 S. 8. Bern, Buchdr. des Berner Tagblatt, (1903).

—— 18.—20., des Herzogl. Seminars zu Gotha. Hrsg. von A. Zeyß. gr. 8. (38; 35; 31 S.) Gotha 885—89, Thienemann. à Jahrg. * — 80
Die früheren Jahrgänge erschienen u. d. T.: Jahresbericht des herzogl. Lehrerseminars zu Gotha.

Jahresbericht des jüdisch-theologischen Seminars „Fraenckelscher Stiftung". 8 voll. 4°, 35 voll. 8°. Breslau 1857—1899.

— d. theologischen Seminariums d. Brüdergemeine in Gnadenfeld v. Studienj. 1895/96, erstattet u. hrsg. v. P. Kölbing. gr. 8. (111, 65 S.) Gnadau 896. (Unitäts-Buchh.) n. 1. —

— dasselbe v. Studienj. 1896/97, hrsg. v. P. Kölbing. Nebst Beilage: Roy, H.: D Volksgemeinde u. d. Gemeinde d. Frommen im Psalter. gr. 8. (80 S.) Ebd. 897. n. 1. 50

— des theologischen Seminariums der Brüdergemeine in Gnadenfeld, Fortsetzung, s.: Bericht.

Jahres-Bericht d. Landes-Meierei- u. Haushaltungsschule Söhle bei Neutitschein. II: 1908—09. Neutitschein.

Jahresbericht, XXX., des Armenvereins Solothurn pro 1880. Kl. in-8°, 29 S. Solothurn, J. G. Gassmann, Sohn.

Armenverein Solothurn. 50. Jahresbericht pro 1900. [Mit 1 Porträt-Tafel.] IV + 66 S. 8. Solothurn, Gassmann, Sohn, 1901.

Armenverein Solothurn. 51. Jahresbericht pro 1901. II + 27 S. 8. Solothurn, Zepfel, 1902.

Armenverein Solothurn. 52. Jahresbericht pro 1902. II + 30 S. 8. Solothurn, Buch- und Kunstdr. Union, 1903.

Kaufmännischer Verein Solothurn, Sektion des Schweiz. Kaufmännischen Vereins. 38. u. 39. Jahres-Bericht vom 1. Mai 1900 bis 30. April 1901 u. vom 1. Mai 1901 bis 30. April 1902. II+43 u. IV + 50 S. 8. Solothurn, Zepfel, 1901 u. Buch- und Kunstdr. Union, 1902.

Sektion Solothurn-Bucheggberg-Lobern des Vereins für Verbreitung guter Schriften. Jahresbericht pro 1899 und 1900, nebst Generalbericht über den 10jährigen Bestand. II + 30 S. 8. Solothurn, Zepfel, 1901.

— d. Sonderausschusses f. Pflanzenschutz, bearb. v. Frank u. Sorauer, s. a. Arbeiten d. deutschen Landwirtschafts-Gesellschaft.

Jahresbericht d. Sonderausschusses f. Pflanzenschutz. Bearb. (1896 ff. zusammengestellt) v. 1893-99 Frank u. Sorauer, 1900-02 Sorauer u. Hollrung, 1903-04 Sorauer u. Reh. 1893—1904. Berl. 1894—1905.

Jahresbericht des Sonderausschusses für Pflanzenschutz. Berlin 1893—1904 (Arbeiten der Deutsch. Landwirtsch. Ges. H. 5. 8. 19. 26. 29. 38. 50. 60. 71. 82. 94. 107)

— 1. u. 2., d. Sonnblick-Vereines f. das J. 1892, 1893. Lex.-8. Wien, (Gerold & Co.). à n. 3. —
1. (63 S. m. 4 Taf. in Lichtdr.) 893. — 2. (30 S. m. 2 Taf. in Lichtdr.) 894.

— 3.—5., d. Sonnblick-Vereins f. d. J. 1894—1896. Lex.-8. Wien (Gerold & Co.). à n. 3. —
1894. (42 S. m. 3 Lichtdr.-Taf.) 895.
1895. (38 S. m. 1 Abb. u. 3 Lichtdr.-Taf.) 896.
1896. (40 S. m. 2 Abb. u. 3 Lichtdr.-Taf.) 897.

— 6.—10., des Sonnblick-Vereins f. die J. 1897—1901. Wien. (Gerold & Co.) à n. 3. —
6. (38 S. m. 2 Abbildgn. u. 3 Lichtdr.-Taf.) Lex.-8. 898.
7. (59 S. m. 3 Abbildgn. u. 1 Lichtdr.-Taf.) Lex.-8. 899.
8. (73 S. m. 3 Abbildgn. u. 5 Taf.) Lex.-8. 900.
9. (49 S. m. 3 Abbildgn. u. 3 Taf.) hoch 4. 901.
10. Mit e. Titelbilde, 5 Taf. u. 10 Abbildgn. im Texte. (49 S.) hoch 4. 902.

— 11., des Sonnblick-Vereines f. d. J. 1902—1905. hoch 4. Wien (Gerold & Co.). à n. 3. —
11. Mit 1 Titelbilde, 3 Taf. u. 5 Abb. im Texte. (48 S.) 903.
12. Mit 1 Titelbilde, 1 Taf. u. 20 Abb. im Texte. (41 S.) 904.
13. Mit 1 Titelbilde, 2 Taf. u. 8 Abb. im Texte. (47 S.) 905.
14. Mit 1 Titelbilde, 2 Taf., 4 Wetterkarten u. 8 Abb. im Texte. (50 S.) 906.

— 15.—18., des Sonnblick-Vereines f. die J. 1906 bis 1909. Lex. 8. Wien, (Gerold & Co.). à 3.50
15. Mit 1 Titelbild, 1 Schlusstaf., 17 Abbildgn. u. 1 Karte im Texte. (65 S.) 907. — 16. Mit 1 Taf., 1 Karte, 2 Beilagen u. 5 Abbildgn. im Texte. (52 S.) 908. — 17. Mit 1 Titelbilde, 10 Abbildgn. im Texte u. 1 Schlusstaf. (54 S.) (909.) — 18. Mit 1 Titelbilde, 1 Abbildg. im Texte u. 1 Schlusstaf. (47 S.) (910.)

Evangelische Heilanstalt «Sonnenhalde» für weibliche Gemütskranke bei Riehen. 1. Jahresbericht (15. Oktober 1900 bis 31. August 1901). 29 S. 8. Basel, Basler Druck- und Verlags-Anstalt, 1901.

Evangelische Heilanstalt «Sonnenhalde» für weibliche Gemütskranke bei Riehen. 2. Jahresbericht (1. September 1901 bis 31. August 1902). 32 S. 8. Basel, Basler Druck- und Verlags-Anstalt, 1902.

Jahresbericht der Sonntags-Schule zu Dresden. f. 1891—1892 jährlich. 110.

Jahresbericht der Sorabia zu Leipzig, s. Jahresbericht der Lausitzer Prediger-Gesellschaft zu Leipzig.

Kantonale Spar- und Leihkasse von Nidwalden (in Stans). 22. Jahres-Bericht (1900). II + 29 S. 4. Stans, Paul von Matt, 1901.

Kantonale Spar- und Leihkasse von Nidwalden (in Stans). 23. Jahres-Bericht (1901). II + 29 S. 4. Stans, Paul von Matt, 1902.

Kantonale Spar- und Leihkasse von Nidwalden (in Stans). 24. Jahresbericht (1902). II + 29 S. 4. Stans, Paul von Matt, 1903.

Spar- & Leihkasse des Bezirkes Pfäffikon (in Pfäffikon). 67. Jahresbericht vom Jahre 1900. [Mit 1 Doppel-Tabelle.] II + 13 S. 8. Pfäffikon, E. Zwingli, (1901).

Spar- und Leihkasse des Bezirkes Pfäffikon (in Pfäffikon). 68. Jahresbericht vom Jahre 1901. [Mit 1 Tabelle.] II + 15 S. 8. Pfäffikon, J. Peter, (1902).

Spar- & Leihkasse des Bezirkes Pfäffikon (in Pfäffikon). 69. Jahresbericht vom Jahre 1902. [Mit 1 Doppel-Tabelle.] II + 12 + 1 S. 8. Pfäffikon, E. Zwingli, 1903.

4. Jahresbericht der Spar- und Leihkasse in Schaffhausen. 1870. Schaffhausen: Druck v. Bercher und Meier. 1871. 12 Stn. 8.

Spar- u. Leih-Casse in Schaffhausen. 7. Jahresbericht. 13 Stn. 8. Schaffh., Druck v. H. Meier. 1874.

Spar- u. Leih-Kasse in Schaffhausen. 8. Jahresbericht Schaffhausen, Buchdruckerei v. H. Meier. 13 Stn. 8. 1875.

Spar- und Leihkasse in Schaffhausen. 9. Jahresbericht, Buchdruckerei von H. Meier 1876. 13 S. 8.

Spar- und Leihkasse in Schaffhausen. 35. Jahresbericht. Vom 1. Oktober 1900 bis 30. September 1901. [Mit 1 Tabelle.] 17 S. 8. Schaffhausen, Bolli & Böcherer, 1901.

Spar- und Leihkasse in Schaffhausen. 36. Jahresbericht. Vom 1. Oktober 1901 bis 30. September 1902. [Mit 1 Tabelle.] 18 S. 8. Schaffhausen, Bolli & Böcherer, 1902.

Spar- und Leihkasse des Kreises Veltheim in Veltheim. 1. Jahresbericht pr. 1872. 8 Stn. 4: Brugg, Druck v. G. Kraft, Sohn.

Spar- und Leihkasse in Zofingen. 8. Jahresbericht pr. 1870. Zofingen, Druck v. Ringier. 18 Stn. 4.

Spar- und Leihkasse in Zofingen. 9. Jahresbericht pro 1871. 18 Stn. 4. Zofingen, Ringier'sche Buchdr.

Spar- und Leihkasse in Zofingen. 10. Jahresbericht pr. 1872. 18 Stn. 4. Zofingen, Ringier'sche Buchdr.

Spar- und Leihkasse in Zofingen. 38. Jahresbericht pro 1900. 16 S. 4. Zofingen, Francke & Cie, 1901.

Spar- & Leihkasse in Zofingen. 39. u. 40. Jahresbericht pro 1901 u. pro 1902. je II + 16 S. 4. Zofingen, Francke & Cie., 1902 u. Francke, Ringier & Cie. A.-G., 1903.

Spar- und Leihkasse in Zurzach. 22. Jahresbericht pr. 1872. 8 Stn. 8.

Spar- und Leihkasse des Bezirks Zurzach. 23. Jahresbericht f. 1873. 16 Stn. 4. Zurzach, Druck v. E. Schaufenbühl.

Spar- & Leihkasse des Bezirks Zurzach in Zurzach. 50. Jahresbericht pro 1900. II + 25 S. 4. Klingnau, Ferdinand Bürli, (1901).

Jahresbericht über die ländlichen Spar- u. Vorschussvereine (5ff: Verbandstag d. ländl. Spar- u. Vorschussver. u. Wirtschafts-Genossenschaften). 1—3. 5—31. Hermannstadt 1887—1917.

Jahresbericht der allgemeinen Speise-Anstalt in Basel für 1870, verf. von J. G. Wackernagel. 14 Stn. 8.

Allgem. Speise-Anstalten Gross- u. Klein-Basels. Jahresbericht für 1874. VI, 10 Stn. 4. 1875.

Jahresbericht des Realgymnasiums Speyer 1880--81.

Jahresbericht der Real- und Fortbildungsschule Speyer 1879--80. 92--93.

Schweizerischer Spinner-, Zwirner- & Weber-Verein. Jahres-Bericht. Von Anfang Mai bis Ende Dezember 1900. II + 37 S. 4. Zürich, Schulthess & Co., 1901.

Schweizerischer Spinner-, Zwirner- & Weber-Verein. Jahres-Bericht. 1901. II + 38 S. 4. Zürich, Schulthess & Co., 1902.

Schweizerischer Spinner-, Zwirner- & Weber-Verein. Jahres-Bericht. 1902. II + 40 S. 4. Zürich, Schulthess & Co., 1903.

Jahres-Bericht des Akademischen Sport-Bundes ⟨A. S. B.⟩. (1. Dresden 1910: Schuschwary & Joch.) 8° (11. 89)

— üb. d. italischen Sprachen, auch d. Altlateinische, Etruskische u. Venetische v. W. Deecke, s.: Jahresbericht üb. d. Fortschritte d. class. Alterthumswissenschaft.

Jahresbericht der Staats Ackerbau-Behörde von Ohio. 1845?-1917? Columbus, OH

Jahresbericht über die Staatseisenbahnen und die Bodenseedampfschiffahrt im Grossherzogtum Baden. 1899-1905. kl 4° Karlsruhe 1900-06

Jahresbericht üb. die Staatseisenbahnen u. die Bodensee-Dampfschiffahrt im Großherzogt. Baden f. d. J. 1904 u. 1905. Im Auftrag d. Ministeriums d. großherzogl. Hauses u. der auswärt. Angelegenheiten hrsg. v. der Generaldirektion der bad. Staatseisenbahnen, zugleich als Fortsetzg. der vorangegangenen Jahrgänge 64. u. 65. Nachweisg. üb. den Betrieb der großh. bad. Staatseisenbahnen u. der unter Staatsverwaltg. steh. bad. Privateisenbahnen. (58 u. 295 S. u. 70 u. 289 S.) Lex.-8. Karlsruhe 905. 906. Ch. F. Müller. à n. 5. 60

— über die Staatseisenbahnen u. die Bodensee-Dampfschiffahrt im Großherzogt. Baden f. d. J. 1906—1908. Im Auftrag des Ministeriums des großherzogl. Hauses u. der auswärt. Angelegenheiten hrsg. v. der Generaldirektion der bad. Staatseisenbahnen, zugleich als Fortsetzg. der vorangegangenen Jahrgänge 66.—68. Nachweisg. üb. den Betrieb der großh. bad. Staats-Eisenbahnen u. der unter Staatsverwaltg. steh. bad. Privat-Eisenbahn Appenweier-Oppenau. (75 u. 203 S. m. 1 Karte; 81 u. 307 S. m. 1 Karte u. 356 S. m. 1 farb. Karte.) Lex. 8. Karlsruhe 907—09. C. F. Müller.

Jahresbericht über die Staatseisenbahnen und die Bodensee-Dampfschiffahrt in Baden. 1906-12. 4° Karlsruhe 1907-13

Jahresbericht der Königlich Bayerischen Staatseisenbahn Verwaltung. [Bis 1906 einschl. u. d. T.: Bericht über die Ergebnisse des Betriebes der Kgl. Bayerischen Staatseisenbahnen, der Bodensee Dampfschiffahrt, des Ludwig-Donau-Main-Kanals und der Kettenschleppschiffahrt auf dem Main.] Jg. 1851—1863. 1864—1865. 1866—1867. 1870—1884. 1887—1907. München, 1852—1908

Jahresbericht, IX., d. k. k. Staatsgewerbeschule in Brünn am Ende d. Schuljahres 1882—83. gr. 8. (36 S.) Brünn, C. Winkler 25 kr. (36 S. mit Abhandl. XII S. u. 1 Taf.) 40 kr. N. b.

Jahresbericht der k. k. Staatsgewerbeschule zu Czernowitz über das Schuljahr 1873/74 [bis 1912/13]. Czernowitz: Selbstverl. d. Anstalt 1874/1913.

Jahresbericht des k. k. akademischen Gymnasiums (1900 ff.: k. k. dt. Staats-Gymn.) zu Olmütz. 1851—65. 67 ff. Olmütz. 4° u. 8°

Jahresbericht über das deutsche Staats-Gymnasium (1911 ff.: Staats-Realgymn.) in Prag-Altstadt. 1888/89 ff. Prag.

Jahresbericht des k. k. Deutschen Staatsgymnasiums in der Stadt Kgl. Weinberge. 1899 ff. Kgl. Weinberge.

Jahres-Bericht des k. k. Ober-Gymnasiums (1905 ff.: über d. k. k. Staatsgymn.) in Eger. 1852. 54—58. 60 ff. Eger. 4° u. 8°

Jahresbericht des k. k. Ober-Gymnasiums (1900 ff.: d. k. k. ersten Staatsgymn.) zu Czernowitz. 1851—55. 57 ff. Czernowitz.

Jahresbericht des k. k. ersten Staats-Gymnasiums in Graz. Veröffentlicht am Schlusse des Studien-Jahres 1891 von Director Dr. Ferd. Maurer. Gr.-8. (73 S.) Nur fest —.70 Graz: Leuschner & Lubensky 1891.

Jahresbericht des k. k. Staatsgymnasiums zu Gottschee. 1907/08—1914/15.

Jahresbericht, Vierter — über das k. k. kathol. Staats-Gymnasium in Leutschau während des Schuljahres 1855. Veröffentlicht von dem Direktor der Anstalt Ant. Ed. Siegl. Leutschau. Gedruckt bei Joh. Werthmüller und Sohn. (32 S. 4.) Inhalt: Josef Dvořák: Die Einrichtung unserer Kalender. — Schulnachrichten.

Jahresbericht, sechster — über das k. k. kath. Staats-Gymnasium zu Leutschau, veröffentlicht am Schlusse des Studienjahres 1857 von dem Direktor der Anstalt Ant. Ed. Siegl. Leutschau, 1857. Gedruckt bei Joh. Werthmüller & Sohn. (40 S. 4.) Enthält: Ueber Darstellung und Diktion des Geschichtschreibers Sallustius. Von Georg Hofmann.

Jahresbericht des k. k. Staats-Gymnasiums in Mähr.-Neustadt. 1908/09 ff. Mähr.-Neustadt.

Jahresbericht des k. k. Gymnasiums (1884 ff.: Staats-Gymn.) zu Marburg 1851—1914/15. Marbg.

Jahres-Bericht des k. k. Ober-Gymnasiums (1809 ff.: d. Staats-Gymn.) in Troppau. 1851—54. 56—65. 1867 ff. Troppau. 4°

Jahresbericht des k. k. Staatsgymnasiums mit dt. Unterrichtssprache zu Laibach. 1908/09—1913/14. Laibach.

Jahresbericht über das Real-Obergymnasium der königl. Stadt *Ung. Hradisch* (1910 ff.: d. k. k. Staatsgymn. mit dt. Unterrichtssprache). 1868/69—1914/15. Brünn (1872 ff.: U. Hradisch).

Jahresbericht des k. k. Staats-Gymnasiums in Villach. Bertschinger in Klgft., Weiler, Muhr, Gitschthaler, 1870—.

Jahresbericht, Zweiundzwanzigster, des II Staats-Gymnasiums in Graz. Veröffentlicht am Schlusse des Schuljahres 1891. Von Director Heinrich Noë. Lex.-8. (63 S.) Nur fest —.70
Graz: Leuschner & Lubensky 1891.

Jahresbericht des k. k. deutschen Obergymnasiums (1908 ff.: d. k. k. zweiten Staatsgymn.) in *Lemberg*. 1851—56. 61—63. 78—1913. Lemberg. 4°

Jahresbericht der k. k. Staats-Handwerkerschule. v.: Jahresbericht der gewerbl. Zeichen- u. Modellirschule.

Jahresbericht der K. K. allgemeinen Staats-Handwerkerschule in Linz 1891/92. Linz 1892

Hamburg, Physikal. Staats-Laboratorium, (Voller, August). Jahresbericht für 1886. (Aus dem Jahrbuch der wissenschaftl. Anstalten zu Hamburg, IV.) Hamburg 1887.

Jahresbericht der technischen Staatslehranstalten zu Chemnitz für 1889/90-1899/1900 mit wissenschaftlichen Beigaben. 4° Chemnitz 1890-1900

Jahresbericht d. techn. Staatslehranst. in Chemnitz. 1900/01. 02/03-08. 11/12. 4° Chemnitz 1901-12

Jahresbericht der technischen Staatslehranstalten in Chemnitz. 1908/10. 10/11. 4° Chemnitz 1910. 11

Jahresbericht des k. k. Obergymnasiums (1874/75 ff.: Staats-Obergymn.) zu Landskron in Böhmen. 1872/73 ff. Landskron.

Jahresbericht des Staats-Obergymnasiums (1901 ff.: Staats-Gymn.) in Mähr.-Trübau. 1887/88 ff. Mähr.-Trübau.

Jahres-Bericht des k. k. Real-Obergymnasiums (1910 ff.: Staats-Ober-Gymn.) zu Mies. 1871—75. 1877 ff. Pilsen (1879 ff.: Mies).

Jahresbericht des k. k. Staats-Obergymnasiums (1901 ff.: über d. k. k. Staats-Gymn. mit dt. Unterrichtssprache) in Prag-Neustadt (Stephansgasse). 1880 ff. Prag.

XXX. Jahresbericht des k. k. Staats-Ober-Gymnasiums zu Saaz. Gr.-8°. (68 S.) † K 1.20
Saaz: Kern 1903.

Jahresbericht der k. k. Staats-Oberrealschule zu Klgft. Klgft., Leon, Bertschinger & Heyn, Gutenberghaus, 1854—.

Jahresbericht, XXXII, der Staats-Oberrealschule zu Klagenfurt Veröffentlicht am Schlusse des Schuljahres 1889 von dem Director Josef Opl. 8. (30 S.) * —.60
Klagenfurt: v.Kleinmayr 1889.

Jahresbericht, XXXIV., der Staats-Oberrealschule zu Klagenfurt. Veröff. v. d. Director Josef Opl. 8. (61 S. m 2 Tafeln) * —.60
Ebda.1891.

Jahresbericht, XXXV., der Staats-Oberealschule zu Klagenfurt. Veröffentlicht am Schlusse des Schuljahres 1892 von dem Director Josef Opl. Gr.-8. (83 S.) * —.60
Ebda.1892.

Jahresbericht, 36., der Staats-Oberrealschule zu Klagenfurt. Veröffentlicht am Schlusse des Schuljahres 1893 von dem Director Josef Opl. Gr.-8. (84 S.) —.60
Ebda.1393.

Jahresbericht, XXXIX., der Staats-Oberrealschule zu Klagenfurt. Veröffentlicht am Schlusse des Schuljahres 1896 von dem Director Josef Opl. Gr.-8. (35 S.) —.60
Ebda.1896.

Jahres-Bericht des Staats-Real- u. Obergymnasiums (1904 ff.: Staats-Gym.) in Nikolsburg. 1874 ff. Nikolsburg.

Jahresbericht des Staats-Secretärs an den Gouverneur des Staates Ohio für 1873.

—— 10., der Stadt-Mission der freien evangel. Gemeine in Elberfeld und Barmen vom 31. Oktbr. 1871 bis zum 31. Oktbr. 1872. gr. 8. (8 S.) Elberfeld 873. (Barmen, Klein.)

— des Olmützer **Stadtphysikates** f. die J. 1890—1892. Erstattet v. H. Cantor. 7.—9. Jahrg. gr. 8. Olmütz, (E. Hölzel). n. 7. 60
7. Für d. J. 1890. (139 S.) 891. n. 2.—. — 8. Für d. J. 1891. (148 S.) 892. n. 2. 50. — 9. Für d. J. 1892. (175 S. m. 1 lith. Taf.) 893. n. 2. 80.

— d. Olmützer **Stadtphysikates** f. d. J. 1893. Erstattet von H. Cantor. 10. Jahrg. gr. 8. (118 S. m. 1 graph. Taf.) Olmütz 894. (E. Hölzel.) n. 2. 80

— dasselbe f. d. J. 1894 u. 1895. 11. u. 12 Jahrg. gr. 8. (126 S. m. 1 Plan u. 1 graph. Taf. u. 126 S. m. 1 Ansicht u. 1 graph. Taf.) Ebd. 895. 96. à n. 2.—

— dasselbe f. d. J. 1896. 13. Jahrg. gr. 8. (122 S. m. 1 graph. Taf.) Ebd. 897. n. 1.—

Jahresbericht des Wiener **Stadtfysikates** üb. seine Amtsthätigkeit im J. 1871. Im Auftrage d. löbl. Gemeinderathes erstattet v. Frz. Innhauser u. Ed. Nusser. gr. 8. (VI, 249 S.) Wien 872. Braumüller. n. 5. —

— dasselbe, im J. 1872—1874. II—V. gr. 8. (IV, 190 V, 190; V, 219 u. V, 254 u. XXXIII, XXXVII, XXXV u. XXXIX S. Tabellen.) Ebend. 873—76. à n. 6. —

—— dass. — in den J. 1873 und 1874. Im Auftrage des löbl. Gemeinderathes erstattet von den beiden Stadtfysikern Frz. Innhauser und Ed. Nusser. III. und IV. gr. 8. (V, 190 S. mit XXXVII S. Tabellen; V, 219 S. und XXXV S. Tabellen.) Ebendas. 874,75. à *

— des Wiener Stadtfysikates über seine Amtsthätigkeit im J. 1875—1878. Im Auftrage des löbl. Gemeinderathes erstattet von den beiden Stadtfysikern Frz. Innhauser und Ed. Nusser. V—VIII. gr. 8. (V, 254 S. und Tab. XXXIX S.; V, 357, XXXX; V, 290 S. mit 43 Tab.; V, 351 S.) Wien 876—79, Braumüller. V. *ℳ 6.; VI. * VII. und VIII. à *

—— des Wiener Stadtfysikates über seine Amtsthätigkeit im J. 1879. Im Auftrage des löbl. Gemeinderathes erstattet von den beiden Stadtfysikern Frz. Innhauser und Ed. Nusser. IX. gr. 8. (V, 342 S.) Wien 880, Braumüller.

—— dass. — im J. 1880. Im Auftrage des löbl. Gemeinderathes erstattet von Frz. Innhauser und den städt. Aerzten Emil Kammerer und Greg. Schmid. X. gr. 8. (V, 326 S.) Ebendas. 881. *

— des Wiener Stadtphysikates üb. seine Amtsthätigkeit, sowie üb. die Gesundheitsverhältnisse Wiens u. der städt. Humanitäts-Anstalten im J. 1881 Im Auftrage d. löbl. Gemeinderathes erstattet v. Emil Kammerer, Greg. Schmid u. Adf. Löffler. XI. gr. 8. (VIII, 496 S.) Wien 882. Braumüller. n. 8. —

— dasselbe im J. 1882. XII. gr. 8. (XXVII, 858 S.) Ebend. 883. n. 10. —

—— des Wiener Stadtphysikates über seine Amtsthätigkeit, sowie über die Gesundheitsverhältnisse Wiens und der städtischen Humanitäts-Anstalten in den J. 1883 und 1884, und in den J. 1885 und 1886. Im Auftrage des löbl. Gemeinderathes erstattet von Emil Kammerer, Greg. Schmid und Adf. Löffler. XIII—XVI. gr. 8. (XIX, 867; XIX, 1056 S.) Wien 885,87, (Braumüller.) à Bd. * 10 —

— d. Wiener Stadtphysikates, Fortsetzg., s.: Bericht d. Wiener Stadtphysikates.

Jahresbericht über die Stadtschulen von Luzern für d. Schuljahr 1882/83. In-4°. Luzern, Prell. 1 —

Stadt-Schulen von Solothurn. Jahres-Bericht für das Schuljahr 1900 bis 1901. 46 S. 4. Solothurn, Brugger & Gigandet, 1901.

Stadt-Schulen von Solothurn. Jahres-Bericht für das Schuljahr 1901 bis 1902. 43 S. 4. Solothurn, Gassmann, Sohn, 1902.

Stadtschulen von Solothurn. Jahres-Bericht für das Schuljahr 1902-1903. [Mit 2 Porträts.] 53 S. 4. Solothurn, Zepfel, 1903.

Jahresbericht des Friesacher Stadtverschönerungsvereines. St. Veit a. d. Glan, Schlick, Bertschinger in Klgft., 1881—.

Electrizitätswerk Stäfa A. G. Jahresbericht pro 1900 u. pro 1901 u. pro 1902. je 48. 8. [1901 u. 1902] u. (1903).

Jahres-Bericht über den Stand der Gemeinde-Angelegenheiten der Stadt Münster i. W.

Jahres-Bericht über den Stand und die Verwaltung der Gemeinde-Angelegenheiten der Stadt Bielefeld für 1910 ff. Bielefeld o. J. 4°
1910—1918.

Jahresbericht, fünfzehnter — über den Stand und die Wirksamkeit des Franz Josef Kinderspitales in Prag im Jahre 1856. Druck von Gottlieb Haase Söhne in Prag. (16 S. 4.)

Stanserhornbahn-Gesellschaft. 8. u. 9. u. 10. Jahresbericht umfassend das Jahr 1900 u. 1901 u. 1902. 9 u. 11 u. 12 S. 4. Luzern, J. Burkhardt, 1901 u. 1902 u. 1903.

Jahresbericht XI. u. XII. der meteorolog. Station des Kurvereins Wiesbaden für die Jahre 1891 92, 1892–93. Wiesbaden 1891--93.

Wiesbaden. Meteorol. Station des Kurvereins [Maier, J. J.], 13.—17. Jahresbericht der — für die Jahre 1893/94—97/98.
Wiesbaden 1894, 95, 98.

— Meteorolog. Station des Kurvereins. Achtzehnter Jahresbericht der — für das Jahr 1898/99. Wiesbaden 1899. 4°.

Worms, Meteorologische Station, Jahresbericht der — für 1898.
Worms 1899. 8°.

Jahresbericht, Erster, der zoologischen Station in Neapel. Leipzig 1876. V: *Dohrn, Ant.* Vgl. Jubil.-Kat. d. Verlagsh. Wilh. Engelmann in Leipzig 1911, S. 184. (DARP)

Forts. u. d. T.: Zoologischer Jahresbericht. Jg. 1879ff.

— 1., der zoologischen Station in Neapel (von Ant. Dohrn). 8. (IV, 92 S.) Leipzig 876, Engelmann. *

Jahresbericht der von den forstlichen Versuchsanstalten des Kgr. Preussen, des Kgr. Württemberg, des Hzgth. Braunschweig u. der Reichslande eingerichteten forstlich-meteorologischen Stationen. Herausg. von A. Müttrich. Jhg. 7. Das J 1881.

— (wie oben) ... der thüringischen Staaten, der Reichslande u. dem Landesdirectorium der Prov. Hannover eingerichteten forstlich-meteorologischen Stationen Herausg. von A. Müttrich. Jhg. 8—16. Die Jahre [eigentlich: Das Jahr] 1882—90

—, —— (wie oben, aber ohne Württemberg). Jhg. 17. 1891. Berlin 1881—92. gr. 8
[Die Bücherlexika haben verschiedene Angaben über diesen Jahresbericht.]

—— der forstlich-phänologischen Stationen Deutschlands. Hrsg. im Auftrag des Vereins Deutscher forstl. Versuchsanstalten von der Grossherzogl. Hess. Versuchsanstalt zu Giessen. I.—III. Jahrg. 1885—1887. gr. 8. (172; 120; 124 S.) Berlin 886—88, Springer. à Jahrg. *

—— der forstlich-phänologischen Stationen Deutschlands. Hrsg. im Auftrag d. Vereins deutscher forstl. Versuchsanstalten v. der grossherzogl. hess. Versuchsanstalt zu Giessen. IV. - VII. Jahrg. 1888—1891. gr. 8. (123; 125; 119; 113 S.) Berl. 890—92, Springer. à Jahrg. * 2 —

— der forstlich-phänologischen Stationen Deutschlands. Hrsg. im Auftrag des Vereins deutscher forstl. Versuchsanstalten v. der grossh. hess. Versuchsanstalt zu Giessen 5.—9. Jahrg. 1889—1893. gr. 8. (125, 119, 113, VII u. 108 S. m. 1 Taf., IV, 107 S.) Berlin 890—894. J. Springer. à n. 2. —

— d. forstlich-phänologischen Stationen Deutschlands. Hrsg. im Auftr. d. Vereins deutscher forstl. Versuchsanstalten v. d. grossh. hess. Versuchsanstalt zu Giessen. 10. Jahrg. 1894. gr. 8. (IV, 106 S.) Berlin 896. J. Springer. n. 2. —

— statistischer, f. 1897. Hrsg. v. statist. Amte der Stadt Dresden. gr. 4. (18 S.) Dresden 898. (v. Zahn & Jaensch.) n.n. — 75

— statistischer, f. 1898. Hrsg. v. statist. Amte d. Stadt Dresden. Abgeschlossen am 1. IV. 1899. Fol. (19 S.) Dresden (899). (v. Zahn u. Jaensch). n.n. 1. —
Vergl. Jahrbuch, statistisches, f. die Stadt Dresden.

Statistischer **Jahresbericht** (hrsg. v. Statistischen Amt, Kiel). (1.) [2.] f. 1907–08. (Kiel 1908–09: Schmidt & Klaunig). 4°
Forts. s. in: Monatsberichte d. Statist. Amts d. Stadt Kiel. Jahresübersichten.
Ill. 13255 8

– über den Schiffs- und Güterverkehr auf dem Rheine, Statistischer, im J. 1862–68. Mannheim 1864—70. 4. . . . . (Mc.)

—— statistischer, über die Vereinigten Staaten von Venezuela. Hrsg. auf Befehl des Präsidenten der Republik Ilustre Americano General Guzman Blanco. Fol. (9 S. mit Karte in Imp.-Fol.) Caracas 884. (Hamburg, Friedrichsen und Comp.) 1 50

Jahresbericht, statist. üb. d. Verein. Staaten v. Venezuela f. 1884. 87-89. fol Caracas 1885-90

—— statistischer, üb. die Vereinigten Staaten v. Venezuela. Abschluß der Redaktion am 1. Juli 1889. Fol. (9 S. m. Karte.) Caracas 889. (Hamb., Friederichsen u. Comp.) 3 —

Jahresbericht. Statistischer, über die sanitaren Verhaltnisse des k. k. Heeres und der Population in der Militargrenze, dann über die Ergebnisse der Untersuchung der Wehrpflichtigen im Jahre 1869. (Mit 1 Karte und 2 Beilagen im Text.) 4 Wien 1871.

Jahresbericht, statistischer, der Stadt Wiesbaden Hrsg. vom städt. statist. Amt. I. u. II. Jahrg. 1907 u. 1908. (66 S. m. 1 Fig. u. 48 S. m. eingedr. Kurven u. 1 eingedr. Kartenskizze.) Lex. 8. Wiesbaden 908. 09. J. F. Bergmann. à 1. 60

Jahresbericht, Statistischer, der Stadt Wiesbaden. Wiesbaden 1907—1915
Von 1911 ab: **Jahrbuch, Statistisches, der Stadt Wiesbaden**

Centralkommission für die Rhein-Schiffahrt. Allgemeiner **Jahresbericht**. Mainz, (1861 ff.:) Mannheim.
Für 1862–65.
[Und]
Statistischer **Jahres-Bericht** der Central-Kommission für die Rhein-Schiffahrt. Mannheim. Zus. 8 Bde
Für 1866–77.

—— statistischer, der Central-Commission für die Rhein-Schifffahrt 1866/67, 1867/68, 1869/70, 1871 und 1872. gr. 4. (XXIX, 71; XXIII, 110; IV, 167; IV, 110; 124 S.) Mannheim 869—73, Schneider's Verlag. à * 6 —
—— dass. — 1873. gr. 4. (134 S.) Mannheim 874, (Hermann.) * 6 —

Jahresbericht, statistischer, der Central-Commission für die Rhein-Schifffahrt 1874. gr. 4. (III, 126 S.) Mannheim 875, (Schneider.) *
— dass. — 1875—1878. gr. 4. (IV, 147; IV, 135; IV, 135; III, 127 S.) Mannheim 876—79, (Hermann's Buchh.)
1875 und 1876 à * *M* 6.; 1877 *
1878 *

— dasselbe, 1879. gr. 4. (IV, 111 S. m. Tab.) Ebend. 880. n.n. 5. —

— dasselbe, 1880. gr. 4. (IV, 119 S. m. Tab.) Ebend. 881. n.n. 5 —

—— der Central-Kommission für die Rhein-Schiffahrt, Statistischer, 1866/67—77/78. Mannheim. — 1879—93. München 1886—88. Mannheim 1890—94. (Mit Tabellen u. graph. Tafeln.) gr. 4. . . . . (MüA.)

JAHRESBERICHT nebst Statuten der Abtheilung des Künstlervereins für Bremische Geschichte und Alterthümer. Bremen 1864. Druck von Heinrich Strack. 8°.

Jahresbericht und Statuten des Kirchen-Musik-Vereines bei der landesfürstlichen Pfarre zu St. Johann in der Praterstraße. Für das Solarjahr 1853. 8. (16 S.) Wien. Gedruckt bei Josef Stöckholzer von Hirschfeld.

Jahresbericht, Statuten, Mitgliederverzeichnis etc. d. österr. Gesellschaft d. Friedensfreunde 1896. gr. 16. (112 S.) Wien. (Leipzig, Literar. Anstalt, A. Schulze.) n. 1. —

Vereinigung bibliothekarisch arbeitender Frauen. **Jahresbericht** (2: Jahresbericht, Statuten ...; 3. 4.: Jahresbericht, Satzungen, Mitgliederverzeichnis). [1–4.] 1907/08–1910/11. [Mehr nicht ersch.] — (Berlin 1908–11: Hayn.) 8° (1 : 4°).

Leih- und Sparkasse Steckborn. Jahres-Bericht pro 1900. 20 S. 4. (1901.)

Leih- & Sparkasse Steckborn. Jahres-Bericht pro 1901 u. pro 1902. *je* 20 S. 4. (Steckborn, L. Keller-Steffen, 1902 u. 1903.)

Spar- und Leihkasse Stein am Rhein. (57. u. 58. u. 59.) Jahres-Bericht pro 1900 u. pro 1901 u. pro 1902. II + 14 u. II + 16 u. II + 14 S. 4. Stein am Rhein, F. Bilzberger, 1901 u. 1902 u. 1903.

[Jahresbericht.] Statistische Stelle der Stadt Görlitz. Jahresbericht für 1907–1909. O. O. u. J. 4°.

Allgemeiner Schweizerischer Stenographen-Verein. Jahresbericht für 1900/1901. Erstattet an der 42. Generalversammlung, Kreuzlingen, 16. Juni 1901. II + 34 S. 8. Wetzikon bei Zürich, (Herm. Bebie), 1901.

Allgemeiner Schweizer. Stenographen-Verein. Jahresbericht 1901/1902. Erstattet an der 43. Generalversammlung, Neuenburg, 13. Juli 1902. II + 28 S. 8. Wetzikon bei Zürich, (H. Bebie), 1902.

Allgemeiner Schweizerischer Stenographen-Verein. Jahresbericht 1902/1903. Erstattet an der 44. Jahresversammlung in Rüti am 12. Juli 1903. IV + 28 S. 8. Wetzikon bei Zürich, H. Bebie, 1903.

Jahresbericht des k. k. Stiftsgymnasiums der Benediktiner in St. Paul (Kärnten). St. Paul (bis 1893 typ. Styria in Graz, dann St. Josefs-Druck., Klgft.), 1866—. (V. auch: „Juventus". — Von 1849 bis 1885 sind keine Berichte ersch.)

XVIII. **Jahresbericht** des k. k. Stiftsgymnasiums der Benediktiner in St. Paul über das Schuljahr 1902/03 Lex.-8°. (71 S.) St. Paul: Selbtverl. 1903.

Jahres-Bericht über das Braunauer öffentliche katholische Stifts-Gymnasium am Schlusse des Schuljahres 1857-58. *Prag* 1858. Druck u. Papier v. *C. Bellmann.* 31 S., 8°.
INHALT. Sprachliches über den Modus. Von *P. Leander Hubeny.* (S. 3—14).

Jahresbericht des öffentlichen Stifts-Unter-Gymnasiums der Benedictiner zu St. Paul. Ausgegeben 1894. 8. (60 S.) * —.60
Klagenfurt: v. Kleinmayr 1894.

Jahresbericht zum 30jährigen Stiftungsfest des Berliner Handwerkervereins. Verwaltung 1888-89. Berlin 1889

Allgemeiner Stipendien-Verein für Theologie-Studirende. 9. Jahresbericht vom 1. April 1870 bis 31. März 1871. Zürich. Orell, Füssli & Comp. 9 Stn. 8.

Schweizerische Hülfsgesellschaft Strassburg i./E. 27. Jahresbericht pro 1900. 8 S. 8. (Strassburg, Elsäss. Druck. vorm. G. Fischbach, 1901.)

Schweizerische Hülfsgesellschaft Strassburg i./E. 28. Jahresbericht pro 1901. 8 S. 8. (Strassburg, Elsass. Druck. vorm. G. Fischbach, 1902.)

Schweizerische Hülfsgesellschaft Strassburg i./E. 29. Jahresbericht pro 1902. 8 S. 8. (Strassburg, Elsäss. Druck. vorm. G. Fischbach, 1903.)

— von der kgl. Studienanstalt zu Erlangen in Mittelfranken bekannt gemacht bei der öffentl. Preisvertheilung v. 28. Aug. 1845. Vorausgeschickt ist: Die Geschichte d. Gymnasiums zu Erlangen. 1. Entstehung d. Gymnasiums v. Friedr. Wilh. Rücker. gr. 4. (6½ B.) Erlangen 845, Blaesing. *

Jahresbericht des Arbeiter-Sekretariats Stuttgart. [1.] Für d. Geschäftsjahr 1897. Stuttgart: A. Agster 1898. 8° [F.] [07. 14010]

Jahresbericht des Arbeitersekretariats Stuttgart für 1898. 1899. Stuttgart 1899. 1900

— der Handelskammer Stuttgart für 1900. gr. 8. (LVIII, 323 S.) Stuttgart 901. (F. Stahl.) n.n. 3. 25

Jahresbericht der Handelskammer Stuttgart für 1901. gr. 8. (XX, 295 S.) Stuttgart 902. C. Grüninger. n. 1. —
Vergl.: Jahresbericht der Handels- u. Gewerbe-Kammer.

— der Handelskammer Stuttgart f. 1902 u. 1903. (XVII, 267 u. XVIII, 315 S.) gr. 8. Stuttgart 903. 904. (C. Grüninger.) à n. 1. —

— dasselbe f. 1904. (XXIV, 419 S.) gr. 8. Stuttgart 905. (F. Stahl.) n. 4. —

— der Handelskammer Stuttgart f. d. J. 1907—1909. (XXXIII, 388; XXXIII, 436 u. XXXVII, 389 S.) gr. 8. Stuttgart 908—10. (C. Grüninger.) à 1. 50
Vergl.: Bericht der Handelskammer Stuttgart.

Jahresbericht der Handwerkskammer Stuttgart 1901-05. Stuttgart 1902-06

— der Handwerkskammer Stuttgart. 1905 07-09. Stuttgart 1907-09

— erster, der Spar- und Creditcasse Suhrenthal in Schöftland pro 1882. Gr. in-4°, 16 S. Aarau, Sauerländer.

Jahresbericht, 4., der Spar- und Creditcasse Suhrenthal in Schöftland pro 1885. Gr. in-4°, 18 S. Aarau, Sauerländer.

Spar- und Creditkasse Suhrenthal in Schöftland. 19. Jahresbericht pro 1900. 16 S. 4. Aarau, Buchdr. der Aargauer Nachrichten, 1901.

Spar- und Creditkasse Suhrenthal in Schöftland. 20. Jahresbericht pro 1901. [Mit 2 Tabellen.] 17 S. 4. Aarau, Buchdr. der Aargauer Nachrichten, 1902.

Spar- & Creditkasse Suhrenthal in Schöftland. 21. Jahresbericht pro 1902. 15 S. 4. Aarau, G. Keller, (1903).

— summarischer, der Handels- u. Gewerbekammer in Olmütz üb. die Thätigkeit der Kammer u. die wirtschaftl. Verhältnisse d. Kammerbezirkes im J. 1900. gr. 8. (XXIII, 163 S. m. 1 Taf.) Olmütz 901. (E. Hölzel.) n. — 40

Suppenanstalt und Ferienkolonie armer Schulkinder der Stadt Solothurn. 6. Jahresbericht pro 1900. 11 S. 8. Solothurn, Zepfel, 1901.

Suppenanstalt und Ferienkolonie armer Schulkinder der Stadt Solothurn. 7. Jahresbericht pro 1901. II + 12 S. 8. Solothurn, Zepfel, 1902.

Jahres-Bericht des Sustentations-Fonds der Loge zum Frankfurter Adler in Frankfurt a. M. Von 1834—1842 jährlich.
1834 gegründet.

— über Tacitus. 1892—1895. Von Geo. Helmreich. [Aus: „Jahresber. üb. d. Fortschr. d. class. Alterthumswiss."] gr. 8. (62 S.) Berlin 896. O. R. Reisland. n n. 2. 40

Jahresbericht und Tagesordnung des Grossorients von Ungarn zu der am 30. November 1879 einberufenen General-Versammlung. Budapest 1879. 4. 23 S. u. 4 Tabellen.
In ungarischer und deutscher Sprache.

Jahresbericht über die amtliche Thätigkeit des Gewerbeinspektors . . . im Fürstenthum Reuss j. L. gemäss d. Anleit. d. Herrn Reichskanzlers über Erstatt. d. Jahres-Berichte, f. 1899. 1901. 1903 1904. Berlin 1900—1905. 8°.
[illegible]
Jahresbericht des Gewerbe-Aufsichtsbeamten des Fürstentums Reuss j. L. f. 1905 ff. Berlin 1906 ff. 8°.
[illegible]

Bauernverein des Kantons Luzern. Jahresbericht über die Tätigkeit pro 1901.
77 S. 8. Luzern, H. Keller, 1902.
22 S. 4. (Luzern, H. Keller, 1902.)

Bauernverein des Kantons Luzern. Jahresbericht über die Tätigkeit pro 1902. 48 S. 8. Luzern, H. Keller, 1903.

— üb. d. chirurgische Thätigkeit im allgem. Krankenhause in Karlsbad. Verf. v. Fink gr. 8. (69 S.) Karlsbad 895. H. Feller. n. 2. —

Jahresbericht über die Tätigkeit der (2 ff.: Jahresbericht der) Forstberatungsstelle der Landwirtschaftskammer für die Provinz Westfalen. [1.] Münster i. W. [1910]: Der Westfale. 8°
Aus: Jahresbericht d. Landwirtschaftskammer. A 12. 13978

Jahresbericht über die Tätigkeit der Gewerbeaufsichtsbeamten für den Aufsichtsbezirk Lübeck für die Jahre 1895—1906. gr. 8°. Lübeck, Lübcke u. Hartmann, 1896—1907.

Jahresbericht über die Thätigkeit der Gewerbeaufsichtsbeamten für den Aufsichtsbezirk Lübeck . . . Lübeck 1896—98. H: *Johannsen, Albert.* (Ky)

— üb. d. Thätigkeit d. Gewerbeaufsichtsbeamten f. den Aufsichtsbez. Lübeck i. d. J. 1895, 1896 u. 1897. (Von Johannsen.) gr. 8. (16, 20 u. 21 S.) Lübeck 896—898. (Lübcke & Hartmann.) à Jahrg. n. — 50

— über die Thätigkeit des Gewerbeaufsichtsbeamten f. d. Aufsichtsbez. Lübeck im J. 1898. (Von Johannsen.) gr. 4. (20 S.) Lübeck 899. (Lübcke & Nöhring.) n. — 60

dasselbe i. d. J. 1899 u. 1900. (Von Johannsen.) gr. 8. (27 u. 28 S.) Berlin 900. 901. Ebd. à n. — 70

— dasselbe f. 1901. (Von Lorenz.) gr. 8. (28 S.) Ebd. 902. n. — 70

— 1.–3., 1891, 1892, 1893, über die Thätigkeit der Heimstätte f. Verletzte zu Nieder-Schönhausen bei Berlin. Von G. Schütz. gr. 8. (41; 69; 31 S.) Berlin 892–894. (F. Schneider & Co.) à n. 1. —

über die Tätigkeit des astronomischen Instituts zu Heidelberg, v. W. Valentiner, s.: Mitteilungen d. grossherzogl. Sternwarte zu Heidelberg.

— üb. d. Thätigkeit d. landwirtschaftlichen Instituts d. Universität Königsberg i/Pr. v. Backhaus, s: Berichte d. landwirtschaftl. Instituts etc.

Jahres-Bericht über die Thätigkeit des Landeskulturrathes für das Königreich Böhmen im Jahre 1874. 8. Prag 1875.

JAHRESBERICHT ÜBER DIE THÄTIGKEIT DES MUSEUMSVEREINS FÜR DAS FÜRSTENTHUM LÜNEBURG. 1878. Lüneburg. 1879. Druck der von Stern'schen Buchdruckerei. 8°.

Jahres-Bericht [illegible] der Deutschen Seewarte für [illegible] 1. 1875–1878. 2. 1879 … 15. 1892. [illegible] Jahrg. 1. 1878 – 15. 1892. Hamburg [illegible]

Jahres-Bericht [illegible] der Deutschen Seewarte für das Jahr … Erstattet [illegible] zu den „Annalen der Hydrographie und Maritimen [illegible] 1892. Hamburg 1894 ff. [illegible] Hydrographie und Maritimen Meteorologie. Jahrg. 22. 1894 — 28. 1900. 8.

— 32., üb. die Tätigkeit der deutschen Seewarte, (kaiserliche Marine) f. d. J. 1909. (IV, 52 S.) Lex. 8. Hamburg 910. (Berlin, E. S. Mittler & Sohn.) — 75

Abstinenzverein «Sobrietas». Jahresbericht über die Thätigkeit vom Januar 1899 bis Januar 1900. Im Auftrage des Centralkomitee ausgearbeitet von... C[onrad] König,... 16 S. 8. Frauenfeld, Huber & Co., 1901.

[Schweizer.] Abstinenzverein «Sobrietas». Jahresbericht über die Tätigkeit vom Januar 1900 bis Januar 1902. Im Auftrag des Zentralkomitees ausgearb. von... C[onrad] König, Lehrer. 27 S. 8. Frauenfeld, Huber & Co., 1903.

— über die Tätigkeit der großh. Sternwarte zu Heidelberg, v. W. Valentiner, s.: Mitteilungen der grossh. Sternwarte zu Heidelberg.

JAHRESBERICHT ÜBER DIE THÄTIGKEIT DES VEREINS FÜR NATURKUNDE IN CASSEL.

abgestattet ... von ... R. A. PHILIPPI.:
(1.–2. 1837–1838. (Ohne bes. Titelblatt.) 4°
abgestattet ... von ... R. W. BUNSEN.:
3. 1839. (Ohne bes. Titelblatt.)
abgestattet ... von ... E. W. SEZEKORN.:
4. 1840. (Ohne bes. Titelblatt.)
abgestattet ... von ... R. A. PHILIPPI.:
5–8. 1841—1844. (Mit 1 Tafel. Ohne bes. Titelblatt.)
abgestattet ... von ... A. SCHWARZENBERG.:
9. 1845. (Ohne bes. Titelblatt.)
abgestattet ... von ... R. A. PHILIPPI.:
10–11. 1846—1847. (Mit 1 Tafel. Ohne bes. Titelblatt.)

Jahresbericht über die Tätigkeit d. naturwissenschaftl. Vereins f. d. Fürstentum Lüneburg, s. Jahresbericht des naturwissenschaftl. Vereins f. d. Fürstentum Lüneburg.

Jahresbericht (6–8: über die Thätigkeit) der Versuchsstation für Nematoden-Vertilgung (9.10: f. Pflanzenschutz zu Halle a. S.) von Dr. M[ax] Hollrung. 1–10. 1889–98. (Halle a.S.: 1890–99: Gebauer-Schwetschke; 4. 5: Waisenhaus; 6ff.: O. Thiele.) 10 Bde 8° [F.] [illegible]

Kieler Volksbildungs-Verein. Jahres-Bericht über die Thätigkeit des Kieler Volksbildungs-Vereins ...
7. 1880/82. (Kiel. 1882.); 9. 1885/86. (ebd. 1886); (10.) 1887/89. (ebd. 1889.); 12. 1892/94. (ebd. 1894.)

Jahresbericht, 1., über die Thätigkeit des Central-Stellenvermittlungs-Bureau des schweiz. Vereins junger Kaufleute vom 1. Juni 1876 — 30. Apr. 1877. 13 S. 4. Aarau, H. R. Sauerländer.

Taubstummenanstalt in Aarau. 27. Jahresbericht. 10 Sn. 8. Aarau, H. R. Sauerländer. 1876.

Jahresbericht, 33., der Taubstummenanstalt von Aarau auf Landenhof, 1885—87, abgelegt durch die Direktion. In-8°, 24 S. Aarau, H. R. Sauerländer.

Taubstummen-Anstalt in Hohenrain, Kt. Luzern. Jahresbericht.... 4. Luzern, Räber & Cie.
... für das Schuljahr 1900/01. 17 S. 1901.
... für das Schuljahr 1901/1902. 28 S. 1902. — *Darin S. 13–28:* Psychisch-sprachliche Entwicklung des vollsinnigen und des taubstummen Kindes bis zum Schulalter. Eine Parallele. ⟨Konferenzvortrag von M[artin] Follmann, Direktor.⟩
... für das Schuljahr 1902/1903. 85 S. 1903. — *Darin S. 17–35:* Das hörend-schwachsinnige Kind. Referat.... ⟨Kürzung.⟩ ⟨[Von] F[ranz] J[oseph] Roos, Taubstummenlehrer.⟩

Jahresbericht über das k. k. Taubstummen-Institut während des Schuljahres 1856/57. Erstattet bei Gelegenheit der am 14. August 1857 Vormittags von 8 bis 12 Uhr stattfindenden öffentlichen Prüfung von dem Director Alexander Venus. Wien, 1857. Gedr. bei A. Pichlers Witwe u. Sohn. (20 S. 4.)

Jahres-Bericht, fünfter — über das k. k. Taubstummen-Institut während des Schuljahres 1858. *Wien* 1858. Gedruckt bei *A. Pichler's Wtw. & S.* 35 S. 4°.
INHALT. Bericht über das Resultat des Lehrkurses über die Taubstummenunterrichts-Methode und die dabei gemachten Erfahrungen im Schuljahre 1858 (S. 6–9). — Berathungs-Protokoll über die Frage: Wäre es nicht zweckmässig, so wie für Lehramtskandidaten, so auch für weibliche Personen einen Lehrkurs behufs der Befähigung zum Taubstummenunterrichte zu eröffnen? (S. 17–18).

JAHRESBERICHT ERSTATTET VOM FRANKFURTER TAUNUS-CLUB in der Hauptversammlung am 4. August 1872. (Zugleich die Jahre 1868 bzw. der Gründung des Vereins bis heute einschliessend).
1. Frankfurt am Main. 1872. Druck von Mahlau & Waldschmidt. 8°.

JAHRESBERICHT DES FRANKFURTER TAUNUS CLUB(S) erstattet in der Hauptversammlung desselben ...
2., am 3. August 1873. ib. 1873. —
3., am 2. August 1874. ib. 1874. Druck von Kumpf & Reis.
4., am 1. August 1875. ib. 1875. Druck von Theodor Wentz.
5., am 13. August 1876. ib. 1876. Druck von Textor's Druckerei.
6., am 5. August 1877. ib. 1877. Druck von Theodor Wentz.
7., am 19. Januar 1879, von G. HAUS. ib. 1878. Druck von Mahlau & Waldschmidt.

JAHRESBERICHT DES FRANKFURTER TAUNUS-CLUBS.
8–11. Nebst August Ravenstein's Portrait, einer Ansicht der Schutzhütte auf dem Rossert und einem Kärtchen von dessen Umgebung. ib. 1883. Druck von Theodor Wentz.

Jahresbericht des Deutsch-Amerikanischen Techniker-Verbandes: 1880/81 - 1894/95.

Annual report of the Deutsch-Amerikanische Techniker-Verband [also as, National Association of German American Technologists]. Title varies: JAHRESBERICHT DES TECHNIKER-VERBANDES VON NEW YORK. Continued in the journal THE TECHNOLOGIST. Place of publication varies: Baltimore, Md. Octavo, each 32 -40 pages.
New York, NY

—— des **Techniker-Vereins** der sächs.-thüringischen Mineralöl-Industrie. 1887—1889. gr. 8. (48; 48; 51 S.) Cöthen 888—90. (Halle a. S., Hofstetter.) Jahrg. 1887 * 2 40; 1888 u. 89 à * 2 —
Nicht weiter erschienen.

Jahresbericht des Technikums des Kts. Bern in Burgdorf 1, 1894–95. 4.

Technikum des Kantons Bern in Burgdorf. Technische Mittelschule für Techniker des Hoch- und Tiefbaus, Maschinentechniker, Elektrotechniker und Chemiker. [*je* Mit illustriertem Umschlag.] 4.

7. Jahresbericht 1900/1901. 43 S. Burgdorf, P. Eggenweiler, 1901.
8. Jahresbericht 1901/1902. 48 S. Burgdorf, (S. Haller), 1902. — *Darin S. 3–5:* Nekrologe. [Mit 2 Porträts.]
9. Jahresbericht 1902/1903. 46 S. Burgdorf, P. Eggenweiler, 1903.

Westschweizerisches **Technikum** in Biel. 13. Jahresbericht pro 1902/1903 *u.* Programm (1903). [*je* Mit 1 Ansicht, sowie Kopf- und Randleisten.] II + 15 *u.* IV + 67 S. 4. (1903 *u.* Biel, W. Gassmann, 1903.)

[Jahresbericht der Loge „Tempel der Freundschaft" in Bingen.] 1897/98. 2 Bl. 8°.

[Jahres-Bericht der „German Masonic Temple Association" of the City of New York. Seit 1902/03.]

Texas-Landgesellschaft in Liquidation (in Basel). 18. Jahresbericht Januar 1900—Januar 1901. [3 S.] 4. (1901.)

Texas-Landgesellschaft in Liquidation (in Basel). 19. Jahresbericht. Januar 1901 — Januar 1902. [3 S.] 4. (1902.)

Texas-Landgesellschaft in Liquidation (in Basel). 20. Jahresbericht Januar 1902—Januar 1903. [3 S.] 4. (1903.)

Krankenanstalt Theodosianum in Zürich. 13. Jahres-Bericht 1900. 24 S. 8. Ingenbohl, Buchdr. der Erziehungsanstalt »Paradies«, [1901].

Privat-Spital Theodosianum in Zürich. 14. Jahres-Bericht 1901. 22 S. 8. Ingenbohl, Buchdr. der Erziehungsanstalt »Paradies«, [1902].

—— theologischer. Unter Mitwirkung namhafter Theologen hrsg. von Wilh. Hauck. 1. und 2. Jahrg. à Jahrg. 4 Hefte. gr. 8. (à Heft ca. 180 S.) Wiesbaden 866,67, Niedner. à Jahrg. *

—— theologischer. Unter Mitwirkung namhafter Theologen hrsg. von Wilh. Hauck. 3.—5. Jahrg. à 4 Hefte. gr. 8. (à Heft 126—236 S.) Wiesbaden 868—70, Niedner. à Jahrg. *

—— dass. — 6.—9. Jahrg. (1871—1874.) à 12 Hefte. gr. 8. (à Heft 64—80 S.) Ebendas. 872—75. à Jahrg. *

— theologischer. Unter Mitwirkung namhafter Theologen hrsg. von Wilh. Hauck. 10. Jahrg. (1875.) 12 Hefte. gr. 8. (à Heft ca. 64 S.) Wiesbaden, Niedner.
Die erschienenen 10 Jahrg. (*M* 140.) herabgef. Pr. *M* 16.
Nicht weiter erschienen.

—— **theologischer.** Unter Mitwirkung von Bassermann, Benrath, Böhringer etc. hrsg. von B. Pünjer. 1.—3. Bd., enthaltend die Literatur der J. 1881—1883. gr. 8. (V, 389; VIII, 463; VIII, 406 S.) Leipzig 882—84, Barth. à Bd.

—— theologischer. Unter Mitwirkung von Bassermann, Benrath, Böhringer etc. hrsg. von B. Pünjer. 4. Bd., enth. die Literatur des J. 1884. gr. 8. (VIII, 412 S.) Leipzig 885, Barth. * 8 —
—— dass. — Unter Mitwirkung von Böhringer, Dreyer, Ehlers etc. hrsg. von R. A. Lipsius. 5. Bd., enth. die Literatur des J. 1885. gr. 8. (X, 566 S.) Leipzig 886, G. Reichardt, Verlag. *M* 10.—; geb. * 12 —
—— dass. — Unter Mitwirkung von Benrath, Böhringer, Dreyer etc. hrsg. von R. A. Lipsius. 6. und 7. Bd., enth. die Literatur der J. 1886 und 1887. gr. 8. (X, 528; X, 558 S.) Ebendas. 887,88. à Jahrg. * 10 —
geb. à Jahrg. * 12 —
Die Fortsetzung erscheint im Verlage von J. C. B. Mohr in Freiburg i. Br.

—— theologischer. Unter Mitwirkg. v. Benrath, Böhringer, Dreyer etc. hrsg. v. R. A. Lipsius. 8. Bd., enth. die Literatur d. J. 1888. 4 Abthlgn. gr. 8. [Freib. i. Br. 889, J. C. B. Mohr.] Braunschw., Schwetschke u. Sohn. Preis f. d. ganzen Band * 12 —
1. Exegese, bearb. v. Siegfried u. Holtzmann. (112 S.) * 4 —. — 2. Histor. Theologie, bearb. v. Lüdemann, Krüger, Böhringer, Benrath, Werner, Nippold u. Furrer. (192 S.) * 7 —. — 3. Systemat. Theologie, bearb. v. Lipsius u. Marbach. (86 S.) * 4 —. — 4. Praktische Theologie u. kirchl. Kunst, bearb. v. Ehlers, Woltersdorf, Kind, Dreyer, Hasenclever u. Spitta. (X, 170 S.) * 6 —.
—— dass. — Unter Mitwirkg. v. Baur, Benrath, Böhringer etc. hrsg. v. R. A. Lipsius. 9. Bd., enth. die Literatur d. J. 1889. 4 Abthlgn. gr. 8. Braunschw. 890, Schwetschke u. Sohn.
Preis f. den ganzen Band * 12 —
1. Exegese. Bearb. v. Siegfried u. Holtzmann. (S. 1—128) * 4 —. — 2. Historische Theologie. Bearb. v. Lüdemann, Krüger, Boehringer, Benrath, Werner, Nippold u. Furrer. (S. 129—346.) * 5 —. — 3. Systematische Theologie. Bearb. v. Baur, Lipsius, Dorner u. Marbach. (98 S.) * 4 —. — 4. Praktische Theologie u. kirchliche Kunst. Bearb. v. Ehlers, Woltersdorf, Kind, Dreyer, Hasenclever u. Spitta. (X, 164 S.) * 5 —.

—— dass. — Unter Mitwirkg. v. Baur, Böhringer, Dorner etc. hrsg. v. R. A. Lipsius. 10. Bd., enth. die Literatur d. J. 1890. 4 Abthlgn. gr. 8. Ebd. 891. Preis f. den ganzen Band. * 12 —
1. Exegese. Bearb. v. Siegfried u. Holtzmann. (S. 1—116.) * 4 —. — 2. Histor. Theologie. Bearb. v. Lüdemann, Krüger, Böhringer, Loesche, Werner, Kohlschmidt u. Furrer. (S. 117—324.) * 5 —. — 3. Systematische Theologie. Bearb. v. Baur, Lipsius, Dorner u. Marbach. (S. 325—416.) * 4 —. — 4. Praktische Theologie u. kirchliche Kunst. Bearb. v. Ehlers, Woltersdorf, Kind, Dreyer, Hasenclever u. Spitta. (X, 181 S.) * 5 —.
—— dass. — 11. Bd., enth. die Literatur d. J. 1891. 4 Abthlgn. gr. 8. Ebd. 892. Preis f. den ganzen Band * 12 —
1. Exegese. Bearb. v. Siegfried u. Holtzmann. (S. 1—132.) * 4 —. — 2. Histor. Theologie. Bearb. v. Lüdemann, Krüger, Böhringer, Loesche, Werner, Kohlschmidt u. Furrer. (S. 133—342.) * 5 —. — 3. Systematische Theologie. Bearb. v. Baur, Lipsius, Dorner u. Marbach. (S. 343—450.) * 4 —. — 4. Praktische Theologie u. kirchliche Kunst. Bearb. v. Ehlers, Woltersdorf, Kind, Dreyer, Hasenclever, Spitta. (X, S. 451—658.) * 5 —.

— dasselbe. Hrsg. v. H. Holtzmann. 12. Bd., enth. die Literatur d. J. 1892. 4 Abthlgn. gr. 8. Ebd 893. n. 14. —; Einzelpr. n. 21. —
1. Exegese. (148 S.) n. 5. —. — 2. Historische Theologie. (S. 149—378.) n. 7. —. — 3. Systematische Theologie. (Bearb. v. Baur, Mehlhorn u. Marbach.) (S. 379—452.) n. 3. —. — 4. Praktische Theologie u. kirchliche Kunst. (VI u. S. 453—649.) n. 6. —.

Jahresbericht, theologischer. Unter Mitwirkg. v. Baur, Böhringer, Dreyer etc. hrsg. v. H. Holtzmann. 13. Bd., enth. die Literatur d. J. 1893. 1. Abth. gr. 8. Braunschweig 894. C. A. Schwetschke & Sohn. Einzelpr. n. 6. — (kplt.: n. 14 —)
Exegese, bearb. v. Siegfried u. Holtzmann. (118 S.)

— theologischer. Unt. Mitwirkg. v. Baur, Böhringer, Dreyer etc. hrsg. v. H. Holtzmann. 13. Bd., enth. d. Literatur d. J. 1893. 2.—4. Abth. gr. 8. Braunschweig 894. Berlin, C. A. Schwetschke & Sohn. Einzelpr. n. 16. — (kplt. Subskr.-Pr. n. 14. —)
2. Histor. Theologie. Bearb. v. Lüdemann, Krüger, Böhringer, Lösche, Werner, Kohlschmidt u. Furrer. (S. 149—392.) n. 7. —
3. Systemat. Theologie. Bearb. v. Baur, Mehlhorn u. Marbach. (S. 393—482.) n. 3. —
4. Prakt. Theologie u. kirchl. Kunst. Bearb. v. Bleek, Woltersdorf, Kind, Dreyer, Hasenclever u. Spitta. (VI u. S. 483—692.) n. 6. —

— dasselbe. 14. Bd., enth. d. Literatur d. J. 1894. 4 Abthlgn. nebst Register. gr. 8. Ebd. 895. Einzelpr. n. 22. 50 (kplt. Subskr.-Pr. n. 18. —)
1. Exegese. Bearb. v. Siegfried u. Holtzmann. (164 S.) n. 6. —
2. Histor. Theologie. Bearb. v. Lüdemann, Krüger, Böhringer, Lösche, Werner, Kohlschmidt u. Furrer. (S. 165—398.) n. 7. 50
3. Systemat. Theologie, bearb. v. Baur, Mehlhorn u. Dreyer. (S. 399—486.) n. 3. —
4. Prakt. Theologie u. kirchl. Kunst. Bearb. v. Marbach, Ehlers, Woltersdorf, Kind, Everling, Hasenclever u. Spitta. (VI u. S. 487—601.) n. 6. —
Register, bearb. v. L. Plöthner. (77 S.) 896. Unentgeltlich.

— dasselbe. Hrsg. v. H. Holtzmann (von d. 4. Abth. an m. G. Krüger.) 15. Bd., enth. d. Literatur d. J. 1895. 4 Abthlgn. u. Register. gr. 8. Ebd. 896. Einzelpr. n. 25. – (kplt. Subskr.-Pr. n. 18. —)
1. Exegese. Bearb. v. Siegfried u. Holtzmann. (150 S.) n. 6. —
2. Histor. Theologie. Bearb. v. Lüdemann, Krüger, Böhringer, Lösche, Werner, Kohlschmidt u. Furrer. (208 u. 9 S.) n. 7. —
3. Systemat. Theologie. Bearb. v. E. W. Mayer, Troeltsch, Sulze u. Dreyer. (115 S.) n. 4. —
4. Prakt. Theologie u. kirchl. Kunst. Bearb. v. Marbach, Ehlers, Woltersdorf, Kind, Everling, Hasenclever u. Spitta. (142 S.) n. 6. —
Register, bearb. v. L. Plöthner. (VI, 77 S.) 897. n. 2. — ; f. Subskribenten unberechnet.

— dasselbe. Hrsg. v. H. Holtzmann u. G. Krüger. 16. Bd., enth. d. Literatur d. J. 1896. 4 Abthlgn. nebst Register. gr. 8. Ebd. 897. Einzelpr. n. 21.— (Subskr.-Pr. kplt. n. 20. —)
1. Exegese. Bearb. v. Siegfried u. Holtzmann. (156 S.) n. 6. —
2. Histor. Theologie. Bearb. v. Lüdemann, Krüger, Ficker, Lösche, Hegler, Kohlschmidt u. Furrer. (S. 157—477.) n. 7. —
3. Systemat. Theologie. Bearb. v. Mayer, Troeltsch, Sulze u. Dreyer. (S. 477—631.) n. 4. —
4. Prakt. Theologie u. kirchl. Kunst. Bearb. v. Marbach, Ehlers, Woltersdorf, Kind, Everling, Hasenclever u. Spitta. (S. 633—779.) n. 7. —
Register, bearb. v. L. Plöthner u. W. Schott. (VI, S. 781—784 u. 92 S.) Unentgeltlich.

Jahresbericht, theologischer. Hrsg. v. H. Holtzmann u. G. Krüger. 17. Bd., enth. d. Literatur d. J. 1897. 4 Abthlgn. gr. 8. Braunschweig 898. Berlin, C. A. Schwetschke & Sohn. Einzelpr. n. 24. — (Subskr.-Pr. kplt. n. 20. —)
1. Exegese. Bearb. v. Siegfried u. Holtzmann. (174 S.) n. 6. —
2. Histor. Theologie. Bearb. v. Lüdemann, Krüger, Ficker, Lösche, Hegler, Kohlschmidt u. Tiele. (S. 177—499.) n. 7. —
3. Systemat. Theologie. Bearb. v. E. W. Mayer, Troeltsch, Sulze u. Dreyer. (S. 501—675.) n. 4. —
4. Prakt. Theologie u. kirchl. Kunst. Bearb. v. Marbach, Lülmann, Woltersdorf, Hering, Everling, Hasenclever u. Spitta. (S. 677—840.) n. 7. —

— theologischer. Unter Mitwirkg. v. Dreyer, Everling, Ficker etc. hrsg. v. H. Holtzmann u. G. Krüger. 17. Bd., enth. die Literatur des J. 1897. 5. (Schluss-) Abth. Register, bearb. v. L. Plöthner, W. Schott, M. Hadelich. gr. 8. (100 S.) Berlin 899. C. A. Schwetschke & Sohn. Einzelpr. n. 1. —

— dasselbe. 18. Bd., enth. die Literatur des J. 1898. 5 Abthlgn. u. Ergänzung zur 2. Abth. gr. 8. Ebd. 899. Einzelpr. n. 38. — (Subskr.-Pr. kplt. n. 30. —)
1. Exegese, bearb. v. Siegfried u. Holtzmann. (190 S.) n. 9.—
2. Historische Theologie. Bearb. v. Lüdemann, Preuschen, Ficker, Loesche, Kohlschmidt u. Tiele. (S. 191—464 c.) n. 10. —
Ergänzung dazu: Kirchengeschichte v. 1648 an. Bearb. v. Alfr. Hegler. (S. 779—821.) n. 2. —
3. Systemat. Theologie. Bearb. v. Meyer, Troeltsch, Sulze u. Dreyer. (S. 465—615.) n. 7. —
4. Praktische Theologie u. kirchliche Kunst v. Marbach, Lülmann, Foerster, Hering, Everling, Hasenclever u. Spitta. (S. 617—778 u. IV S.) n. 8. —
5. Register, bearb. v. C. Funger. (VII u. S. 823—946.) n. 2. —

Jahresbericht, theologischer. Unter Mitwirkg. v. Elsenhans, Everling, Ficker etc. hrsg. v. H. Holtzmann u. G. Krüger. 19. Bd., enth. die Literatur d. J. 1899. 5 Abthlgn. gr. 8. Berlin 900. C. A. Schwetschke & Sohn. n. 30. —; in 5 Abthlgn. bezogen n. 40. —
1. Exegese. Bearb. v. Siegfried u. Holtzmann. (170 S) n. 9.—
2. Historische Theologie. Bearb. v. Lüdemann, Preuschen, Ficker, Loesche, Kohlschmidt, Lehmann u. Hegler. (S. 171—531.) n. 12. —
3. Systematische Theologie. Bearb. v. Mayer, Scheibe, Sulze u. Elsenhans. (S. 533—744.) n. 9. —
4. Praktische Theologie u. kirchliche Kunst. Bearb. v. Marbach, Lülmann, Foerster, Hering, Everling, Hasenclever u. Spitta. (S. 775—936 u. VI S.) n. 8. —
5. Register. Bearb. v. C. Funger. (VIII u. S. 937—1087.) n. 2. —

— dasselbe. Unter Mitwirkg. v. Baentsch, O. Clemen, Elsenhans u. a. hrsg. v. G. Krüger. 20. Bd., enth. die Literatur d. J. 1900. Nebst Register. Bearb. v. G. Funger. gr. 8. (XVI, 1390 S.) Ebd. 901. n. 30. —; in 5 Abthlgn. bezogen n. 40. —
I. Exegese. Bearb. v. Baentsch, Meyer. (288 S) n. 9. —
II. Historische Theologie. Bearb. v. Lüdemann, Preuschen, Ficker, O. Clemen, Loesche, Kohlschmidt, Lehmann, Hegler, Koehler. (S. 291—796.) n. 12. —
III. Systemat. Theologie. Bearb. v. Mayer, Scheibe, Sulze. Elsenhans. (S. 797—1086.) n. 9. —
IV. Prakt. Theologie. Bearb. v. Everling, Marbach, Lülmann, Foerster, Hering, Hasenclever, Spitta. Totenschau von Nestle. (S. 1087—1250.) n. 8. —
V. Register. Bearb. v. C. Funger. (XVI u. S. 1251—1390.) n. 2. —

— dasselbe. Unter Mitwirkg. v. Baentsch, Beer, Bruckner u. a. Hrsg. v. G. Krüger u. W. Koehler. 21. Bd., enth. die Literatur des J. 1901. 1.–6. Abthlg. gr. 8. Ebd. 902. n n. 50. 70
1. Vorderasiatische Literatur u. ausserbiblische Religionsgeschichte. Bearb. v. Beer u. Lehmann. (III, 86 S.) n.n. 3.40
2. Das Alte Testament. Bearb. v. Bruno Baentsch. (IV u. S. 87—244.) n.n. 6. 50
3. Das Neue Testament. Bearb. v. Arnold Meyer u. Rud. Knopp. (III u. S. 245—351.) n. 4. 40
4. Kirchengeschichte. Bearb. v. Erwin Preuschen, Albert Bruckner, Otto Clemen, Walth. Koehler, Johs. Werner, Osk. Kohlschmidt. (IX u. S. 353—804.) n.n. 18. 40
5. Systematische Theologie. Bearb. v. Arno Neumann, Max Scheibe, Arth. Titius, Thdr. Elsenhans. (IV u. S. 805—1054.) n.n. 10. —
6. Praktische Theologie. Bearb. v. Otto Everling, Fr. Marbach, C. Lülmann, H. Meydenbauer, Otto Hering, Geo. Stuhlfauth, Frdr. Spitta. Totenschau, bearb. v. Eberh. Nestle. (V u. S. 1055—1252.) n. 8. —

— theologischer. Unter Mitwirkg. v. Baentsch, Beer, Bruckner u. a. Hrsg. v. G. Krüger u. W. Koehler. 21. Bd., enth. die Literatur des J. 1901. 7. Abtlg. gr. 8. Berlin [C. A. Schwetschke & Sohn]. Leipzig, M. Heinsius Nachf. n.n. 5. 80 (Kplt. n.n. 56. 50)
Register. Bearb. v. C. Funger. (S. 1253—1394.) 902.

— dasselbe. Unter Mitwirkg. v. Baentsch, Beer, Christlieb usw. Hrsg. v. G. Krüger u. W. Koehler. 22. Bd., enth. die Literatur u. Totenschau des J. 1902. 7 Abtlgn. gr. 8. Ebd. 903. n. 65. 10
1. Vorderasiatische Literatur u. ausserbiblische Religionsgeschichte. Bearb. v. Beer u. Lehmann. (III, 113 S.) n.n. 4.60
2. Das Alte Testament. Bearb. v. Baentsch. (IV u. S. 115—288.) n.n. 7. —
3. Das Neue Testament. Bearb. v. Knopf, Meyer u. Weiss. (III u. S. 289—375.) n.n. 5. 60
4. Kirchengeschichte. Bearb. v. Preuschen, Krüger, Clemen, Koehler, Werner, Issel. (XI u. S. 377—929.) n.n. 22. 50
5. Systematische Theologie. Bearb. v. Neumann, Christlieb, Titius u. Hoffmann. (IV u. S. 931—1217.) n.n. 11. 70
6. Praktische Theologie. Bearb. v. Otto Everling, Jul. Smend, C. Lülmann, H. Meydenbauer, Otto Hering, Geo. Stuhlfauth, Frdr. Spitta. Totenschau, bearb. v. Bernh. Nestle. (V u. S. 1219—1442.) n.n. 9. 10
7. Register. Bearb. v. C. Funger. (S. 1443—1665.) n.n. 6. 60

— dasselbe. Unter Mitwirkg. v. Arnold, Beer, Christlieb usw. Hrsg. v. G. Krüger u. W. Koehler. 23. Bd., enth. die Literatur u. Totenschau des J. 1903. 7 Abtlgn. gr. 8. Ebd. 904. n.n. 55. 90
1. Vorderasiatische Literatur u. ausserbiblische Religionsgeschichte. Bearb. v. Beer u. Lehmann. (IX, 112 S.) n.n. 4. 60
2. Das Alte Testament. Bearb. v. Volz. (IV u. S. 113—228.) n.n. 4. 70
3. Das Neue Testament. Bearb. v. Holtzmann, Knopf, Weiss. (III u. S. 229—319.) n.n. 3. 75
4. Kirchengeschichte. Bearb. v. Preuschen, Clemen, Koch, Köhler, Arnold, Werner, Issel, Krüger. (X u. S. 321—766.) n.n. 18. 20
5. Systematische Theologie. Bearb. v. Neumann, Titius, Christlieb, Hoffmann. (VI u. S. 767—997.) n.n. 9. 75
6. Praktische Theologie. Bearb. v. Everling, Smend, Lülmann, Meydenbauer, Stuhlfauth, Spitta. Totenschau, bearb. v. Nestle. (V u. S. 999—1198.) n.n. 8. 45
7. Register. Bearb. v. Funger. (S. 1199—1354.) n.n. 6. 45

— dasselbe. Unter Mitwirkg. v. Beer, Christlieb, O. Clemen u. a. hrsg. v. G. Krüger u. W. Koehler. 24. Bd., enth. die Literatur u. Totenschau des J. 1904. 7 Abtlgn. gr. 8. Ebd. 905. n.n. 59. 50
1. Vorderasiatische Literatur u. ausserbiblische Religionsgeschichte. Bearb. v. Beer u. Lehmann. (III, 101 S.) n.n. 4. 50
2. Das Neue Testament. Bearb. v. Holtzmann, Knopf, Weiss. (III u. S. 103—185.) n.n. 3. 55
3. Das Alte Testament. Bearb. v. Volz. (IV u. S. 187—293.) n.n. 4. 55
4. Kirchengeschichte. Bearb. v. Krüger, Clemen, Vogt, Köhler, Herz, Werner, Raupp. (XII, S. 295—802 u. VII S.) n.n. 21. 15
5. Systematische Theologie. Bearb. v. Neumann, Christlieb, Titius, Hoffmann. (VII u. S. 808—1062.) n.n. 11. —
6. Praktische Theologie. Bearb. v. Everling, Smend, Lülmann, Meydenbauer, Hering, Stuhlfauth, Spitta. Totenschau. Bearb. v. Nestle. (V u. S. 1063—1248.) n.n. 8. —
7. Register. Bearb. v. Funger. (S. 1249—1410.) n.n. 6. 75

Jahresbericht, theologischer. Unter Mitwirkg. v. Beer, Christlieb, O. Clemen usw. Hrsg. v. G. Krüger u. W. Koehler. 25. Bd., enth. die Literatur u. Totenschau des J. 1905. 1—4. Abtlg. Lex.-8. Leipzig 906. M. Heinsius Nachf. n.n. 38. 45
1. Ausserbiblische Religionsgeschichte u. vorderasiatische Literatur. Bearb. v. Lehmann u. Beer. (III, 82 S.) n.n. 3. 50
2. Das Alte Testament. Bearb. v. Volz. (IV u. S. 83—207.) n.n. 5. 40
3. Das Neue Testament. Bearb. v. Meyer u. Knopf. (IV u. S. 209—327.) n.n. 5. —
4. Kirchengeschichte. Bearb. v. Krüger, Clemen, Vogt, Köhler, Herz, Werner, Raupp. (XII u. S. 329—918.) n.n. 24. 55

— **theologischer.** Unter Mitwirkg. v. Beer, Christlieb, O. Clemen u. a. hrsg. v. G. Krüger u. W. Koehler. 25. Bd., enth. die Literatur u. Totenschau d. J. 1905. 5.—7. (Schluss-)Abtlg. Lex. 8. Leipzig, M. Heinsius Nachf. nn 27. 85
5. Systemat. Theologie. Bearb. v. Neumann, Christlieb, Titius, Hoffmann. (VII u. S. 919—1205.) 906. nn 12. —
6. Praktische Theologie. Bearb. v. Greeven, Smend, Lülmann, Hering, Meydenbauer, Stuhlfauth, Spitta. Totenschau. Bearb. v. Nestle. (VI u. S. 1207—1415.) 906. nn 8. 75
7. Register. Bearb. v. Funger. (S. 1417—1588.) 906. nn 7. 10
1.—4. Abtlg. Ebd. 906. nn 38.45.

— dasselbe. Unter Mitwirkg. v. Beer, Brückner, Christlieb usw. hrsg. v. G. Krüger u. W. Koehler. 26. Bd., enth. die Literatur u. Totenschau des J. 1906. 8 Abteilgn. Lex. 8. Ebd. nn 65. 40
1. Vorderasiatische Literatur u. ausserbibl. Religionsgesch. Bearb. v. Beer u. Lehmann. (IV, 91 S.) 907. nn 3. 90
2. Das Alte Testament. Bearb. v. Paul Volz. (IV u. S. 93—209.) 907. nn 5. —
3. Das Neue Testament. Bearb. v. Knopf u. Brückner. (IV u. S. 211—309.) 907. nn 4. 25
4. Kirchengeschichte. Bearb. v. Krüger, Clemen, Vogt, Köhler, Herz, Werner, Raupp. (XII u. S. 311—911.) 907. nn 25. —
5. Systematische Theologie. Bearb. v. Christlieb, Titius, Hoffmann. (VII u. S. 903—1158.) 908. nn 10. 75
6. Praktische Theologie. Bearb. v. Hachmeister, Cohrs, Jahnke, Glaue, Meydenbauer, Spitta, Keller. Totenschau. Bearb. v. Nestle. (VI u. S. 1159—1307.) 908. nn 5. 40
7. Kirchl. Kunst. Bearb. v. Stuhlfauth. (III u. S. 1309—1406.) 908. nn 4. —
8. Register. Bearb. v. Funger. (S. 1407—1570.) 908. nn 7. 10

— dasselbe. Unter Mitwirkg. v. Brückner, Christlieb, Cohrs u. a. hrsg. v. G. Krüger u. W. Koehler. 27. Bd., enth. d. Literatur u. Totenschau d. J. 1907. 8 Abtlgn. Lex. 8. Ebd. nn 73. 45
1 A. Vorderasiatische Literatur. Bearb. v. Gressmann. (III u. 1—53.) 908. nn 2. 40
B. Ausserbiblische Religionsgeschichte. Bearb. v. Segerstedt. (III u. S. 1009—1036.) 908. nn 1. 30
2. Das Alte Testament. Bearb. v. Volz. (IV u. S. 55—162.) 908. nn 4. 55
3. Das Neue Testament. Bearb. v. Brückner u. Knopf. (IV u. S. 163—257.) 908. nn 4. 10
4. Kirchengeschichte. Bearb. v. Werner, Krüger, Vogt, Hermelink, Koehler, Herz. (XII u. S. 259—1008.) 908. nn 31. —
5. Systematische Theologie. Bearb. v. Christlieb u. Hoffmann. (VI, 223 S.) 908. nn 9. 25
6. Praktische Theologie. Bearb. v. Hachmeister, Cohrs, Glaue, Meydenbauer, Keller. — Totenschau. Bearb. v. Nestle. (VI u. S. 225—424.) 908. nn 6. 45
7. Kirchl. Kunst. Bearb. v. Stuhlfauth. (IV u. S. 425—531.) 908. nn 4. 65
8. Register. Bearb. v. Funger. (S. 535—717.) 908. nn 7. 75

— dasselbe. Unter Mitwirkg. v. Brückner, Christlieb, Cohrs u. a. hrsg. v. G. Krüger u. M. Schian. 28. Bd., enth. d. Literatur u. Totenschau d. J. 1908. 8 Abtlgn. Lex. 8. Leipzig, M. Heinsius Nachf. 69. 85
1. Vorderorientalische Literatur u. ausserbibl. Religionsgeschichte. Bearb. v. Gressmann u. Segerstedt. (IV, 84 S.) 909. nn 3. 60
2. Das Alte Testament. Bearb. v. Volz. (IV u. S. 85—176.) 909. nn 8. 90
3. Das Neue Testament. Bearb. v. Brückner u. Knopf. (IV u. S. 177—275.) 909. nn 4. 25
4. Kirchengeschichte. Bearb. v. Preuschen u. Krüger, Vogt u. Hermelink, Köhler, Zscharnack, Werner, Schian. (X u. S. 277—951.) 909. nn 28. —
5. Systematische Theologie. Bearb. v. Christlieb, Holzhey, Hoffmann. (VI, 108 S.) 909. nn 8. 30
6. Praktische Theologie. Bearb. v. Hachmeister, Glaue, Cohrs, Friedrich, Koller. (V u. S. 109—407.) 909. nn 8. 80
7. Kunst, kirchl. Bearb. v. Stuhlfauth. (IV u. S. 409—540.) 909. nn 5. 50
8. Register. Bearb. v. Funger. Totenschau, bearb. v. Nestle. (S. 541—718.) 909. nn 7. 50

Jahresbericht, theologischer. Unter Mitwirkung v. Brückner, Christlieb, Cohrs u. a. hrsg. v. G. Krüger, u. M. Schian. 29. Bd., enth. die Literatur u. Totenschau des J. 1909. 1. Tl. Des ganzen Bds. 1.—3., 5. u. 6. Abtlg. Lex. 8. Leipzig, M. Heinsius Nachf. nn 29. 90
1. Vorderorientalische Literatur u. ausserbibl. Religionsgeschichte. Bearb. v. Herrmann u. Segerstedt. (IV, 90 u. 10 S.) 910. nn 3. 90
2. Das Neue Testament. Bearb. v. Brückner u. Knopf. (IV u. S. 91—202.) 910. nn 4. 75
3. Das Alte Testament. Bearb. v. Westphal. (IV u. S. 203—301.) 910. nn 4. 25
5. Systemat. Theologie. Bearb v. Christlieb, Holzhey u. Hoffmann. (VI, 185 S.) 910. nn 7. 80
6. Praktische Theologie. Bearb. v. Hachmeister, Cohrs, Glaue, Friedrich, Keller. (V, 219 S.) 910. nn 9. 20
Die 4. Abtlg. ist noch nicht erschienen.

Töchter-Pensionat & Lehrerinnen-Seminar «Theresianum» in Ingenbohl, Kt. Schwyz, Schweiz. Jahresbericht 1900/1901. [Mit illustriertem Umschlag.] 42 S. 8. Ingenbohl, Druck der Erziehungsanstalt «Paradies.»

Töchter-Pensionat & Lehrerinnen-Seminar «Theresianum» in Ingenbohl, Kt. Schwyz, Schweiz. Jahresbericht. 1901/1902. [Mit illustriertem Umschlag.] 42 S. 8. Ingenbohl, Druck der Erziehungsanstalt «Paradies.»

Töchter-Pensionat & Lehrerinnen-Seminar «Theresianum» in Ingenbohl Kt. Schwyz, Schweiz. Jahresbericht 1902/1903. [Mit illustriertem Umschlag.] 48 S. 8. Ingenbohl, Druck der Erziehungsanstalt «Paradies.»

JAHRESBERICHT DES THÜRINGER-WALD-VEREINS. 5. Vereinsjahr vom 1. April 1884 bis 31. März 1885. ib. 1885. —

Gewerbliche Fortbildungsschule Thusis. Jahresbericht pro 1900/1901 u. pro 1901/1902 u. pro 1902/03. 7 u. 7 u. II + 8 S. 8. Thusis, ⟨A. Roth⟩.

—— der königl. Thierarzneischule zu Hannover. Hrsg. von A. C. Gerlach. 1. Bericht 1868. gr. 8. (VI, 132 S. mit 7 Abbild. in Holzschn. und 2 lithogr. Taf., wovon 1 color.) Hannover 869, Schmorl und v. Seefeld. *

—— dass. — 2. Bericht 1869. (IV, 152 S. mit 3 Taf. Abbildungen, wovon 1 color.) Ebendas. 870. *

—— dass. — Hrsg. von dem Lehrer-Collegium durch den Dir. Prof. Günther. 4.—7. Bericht 1871—1874. gr. 8. (IV, 128 S. mit 6 lithogr. und chromolithogr. Taf. Abbildungen in gr. 8., 4. und qu. Fol.; IV, 103 S. mit 1 lithogr. Taf. Abbildungen; 132 S. mit 3 lithogr. Taf. Abbildungen und 3 Tab. in 8. und qu. 4.; IV, 103 S. mit 3 lithogr. Taf. und 6 Tab. auf 2 Stnt. in qu. gr. 4.) Hannover 872—75, Schmorl und v. Seefeld. à *
Der 3. Bericht ist veröffentlicht im Magazin für Thierheilkunde und nicht besonders erschienen.

— der königl. Thierarzneischule zu Hannover. Hrsg. von dem Lehrer-Collegium durch den Dir. Med.-R. Prof. Günther. 8.—11. Bericht. 1875—1878. gr. 8. (103 S. mit 4 lithogr. Taf.; III, 108 S. mit 2 lithogr. Curven-Tab. und 3 lithogr. und chromolithogr. Taf.; 132 S. mit 8 eingedr. Holzschn. und 1 lithogr. Taf.; III, 131 S. mit 2 Taf. Abbild. in Aubeldr.) Hannover 876—79, Schmorl und v. Seefeld. à Jahrg. *

— der königl. Thierarzneischule zu Hannover. Hrsg. von dem Lehrer-Collegium. 12. Bericht. 1878/79; 13. Bericht. 1879/80. gr. 8. (III, 114; III, 110 S. mit 4 Stnt.) Hannover 880,81, Schmorl und v. Seefeld. à Jahrg.

— dass. — Redig. von Dammann. 14. Bericht 1880/82. gr. 8. (III, 162 S. mit 1 lithogr. Tab. und 3 Lichtdr.-Taf.) Ebendas. 882.

— dass. — 15. Bericht. 1882/83. gr. 8. (III, 125 S. mit 1 color. Taf., 1 Holzschn. und 3 Curventaf.) Ebendas. 883.

— dass. — 16. Bericht. 1883/84. gr. 8. (III, 141 S. mit eingedr. Fig.) Ebendas. 884.

— der königl. Thierarzneischule zu Hannover. Hrsg. von dem Lehrer-Collegium, redig. von Dammann. 17. Bericht. 1884/85. gr. 8. (IV, 135 S. mit eingedr. Fig.) Hannover 885, Schmorl und v. Seefeld. * 4 —
Nicht weiter erschienen.

Aargauischer Thierschutz-Verein. Jahresbericht 1870 bis 71. 60 Stn. 8. Aarau, J. J. Christen.

Aargauischer Thierschutz-Verein. Jahresbericht pr. 1872/73. 48 Stn. 8. Aarau, Druck v. J. J. Christen.

Aargauischer Thierschutz-Verein. 4. Jahresbericht pr. 30. Juni 1873 bis 30. Juni 1874. 52 Stn. 8. Aarau, Druck v. J. J. Christen.

Jahresbericht, zehnter, des aargauischen Thierschutzvereins, vom 30. Juni 1879 bis 30. Juni 1880. Kl. in-8°, 64 S. Aarau, J. J. Christen.

— 12., des Aargauer Thierschutzvereins vom 1. Juli 1881 bis 30. Juni 1882, den Mitgliedern desselben vom Vorstand erstattet. Kl. in-8°, 60 S. Aarau, J. J. Christen.

Jahresbericht, XIV., des aargauischen Thierschutzvereins vom 1. Juli 1883 bis 30. Juni 1884, den Mitgliedern desselben vom Vorstande erstattet. In-8°, 84 S. Aarau, Christen.

Basler Tierschutz-Verein (in Basel). Jahresbericht 1900. IV + 64 S. 8. Basel, Fr. Reinhardt, 1901.

Basler Tierschutz-Verein (in Basel). Jahresbericht 1901. [Mit Titelvignette.] IV + 77 S. 8. Basel, R. G. Zbinden, 1902.

Basler Tierschutz-Verein (in Basel). Jahresbericht 1902. [Mit Titelvignette.] II + 80 S. 8. Basel, Kreis, 1903.

Thierschutz-Verein von Bern. Jahresbericht pr. 1872. 35 Stn. 8.

Jahresbericht des Kieler Thierschutz-Vereins... verfasst v. C. Hildebrandt, L. Nancke, Heinrich Köhler, Franz Schuck. 1.ff für das Jahr 1872/73ff. Kiel. 1873ff. 8°

... Jahresbericht des Kieler Tierschutzvereins für das Jahr (die Jahre) ... Kiel. 8°
30., 1901—1902. Verfaßt v. H. Barfod. 1903.
31.–35., 1903–1907. Verfaßt v. Dr. May u. E. Rothbarth. 1908.
(36.—39., 1908—11 [u. d. T.:]) 40 Jahre Tierschutz. Verfaßt v. E. Rothbarth. 1912.

Jahresbericht über das Töchterinstitut ... in Aarau, s. Jahresbericht über das Töchterinstitut Aarau.

Töchter-Pensionat und Lehrerinnen-Seminar in Menzingen, Ct. Zug. 37. Jahresbericht 1900/1901. [Mit illustriertem Umschlag.] 26 S. 4. Solothurn, Buch- und Kunstdruckerei Union, 1901.

Töchter-Pensionat und Lehrerinnen-Seminar in Menzingen Ct. Zug. 38. u. 39. Jahresbericht 1901/1902 u. 1902-1903. [je Mit illustriertem Umschlag.] 24 u. 29 S. 4. (1902 u. 1903.)

JAHRESBERICHT DES TOURISTEN-CLUBS FÜR DIE MARK BRANDENBURG.
2.,*) für das Jahr 1885. (o. O. o. Dr.) 4°.
3., für das Jahr 1886. Vom Vorstande erstattet in der Generalversammlung vom 18. Januar 1887. Zusammengestellt vom I. Schriftführer FRANZ TISMAR.
4., für das Jahr 1887.
5., für das Jahr 1888. Vom Vorstande erstattet in der General-Versammlung vom 23. Januar 1889.
6., für das Jahr 1889. Vom Vorstande erstattet in der General-Versammlung vom 22. Januar 1890.
7., für das Jahr 1890. Vom Vorstande erstattet in der General-Versammlung vom 14. Januar 1891.
JAHRESBERICHT DES TOURISTEN-CLUB FÜR DIE MARK BRANDENBURG.
8., für das Jahr 1891. Vom Vorstande erstattet in der General-Versammlung vom 13. Januar 1892.
9., für das Jahr 1892.
10., für das Jahr 1893. Berlin 1894. Druck von Georg Klemm.

JAHRESBERICHT DES TOURISTEN CLUB FÜR DIE MARK BRANDENBURG ZU BERLIN.
11. 1894 (ib. —)
12. 1895. ib. Druck von Dobrzynski & Walter. —
13. 1896. Charlottenburg, Druck von Richard Münch.
JAHRES-BERICHT DES TOURISTEN-CLUB FÜR DIE MARK BRANDENBURG ZU BERLIN.
14—16. 1897—1899. ib. —
17—19. 1900—1902. Berlin. Druck: Carl Marschner.
TOURISTEN KLUB. TOURISTENKLUB FÜR DIE MARK BRANDENBURG. JAHRESBERICHT.
20—24. 1903—1907. (ib. —.)

*) Jahresbericht 1 ist nicht gedruckt worden, sondern nur handschriftlich vorhanden.

— erster und zweiter, des österreichischen Touristen-Club in Wien. I. und II. Clubjahr. Neue Ausg. gr. 8. (144 S. mit 1 Tab.) Wien 879, (Hölder.)

— dritter, d. österreichischen Touristen-Club in Wien. 3. Clubjahr. [Vom 1. Juni bis letzten Dezbr. 1871.] gr. 8. (97 S.) Wien 872. (Braumüller.) n. 1. —

Jahresbericht der Realschule Traunstein 1879—80.

Jahresbericht d. Handelskammer Trier f. 1866-74. 76. 80-83. 85-91. 93. 96-99. 8° u 4° Trier 1867-1900

Jahresbericht, erster, der Trinkerheilanstalt zu Ellikon a. d. Thur. .... 1889. Zürich 1890. 31 S. 8°. (Weitere Jahresberichte alljährlich bis 1899.)

Jahresbericht der Trinkerheilstätte zu Ellikon a. d. Thur 2–4, 1890–92.

Trinkerheilstätte zu Ellikon a. d. Thur. 12. Jahresbericht über Jahr 1900. [Mit 1 Ansicht.] 34 S. 8. Zürich, Berichthaus, 1901.

. Trinkerheilstätte zu Ellikon a. d. Thur. 13. Jahresbericht über das Jahr 1901. [Mit 1 Ansicht.] 32 S. 8. Zürich, Berichthaus, 1902.

Jahresbericht des Westfälischen Turnlehrer-Vereins. Mülheim a. d. Ruhr.
1.—17. 1875—94, 19.—20. 1896—97, 22. 1901.

— 22, veröffentlicht zur Feier des 25jährigen Bestehens des westfälischen Turnlehrervereins. 1876—1901. gr. 8. (42 S.) Bielefeld (901). A. Helmich. n. 1.—

— 23., des westfälischen Turnlehrervereins. 1902. gr. 8. (86 S.) Ebd. (902). n. —75

Jahresbericht über den Akademischen Turnverein zu Greifswald. Greifswald.
3. 1876—77. 7.—10. 1880—84.

Schweiz. Typographenbund. Jahresbericht für das Jahr 1900. IV + 127 S. 8. Basel, Buchdr. des Schweiz. Typographenbundes, 1901.

Schweiz. Typographenbund. Jahresbericht für das Jahr 1901. IV + 136 S. 8. Basel, Buchdr. des Schweiz. Typographenbundes, 1902.

Schweiz(erischer) Typographenbund. Jahresbericht für das Jahr 1902. [Mit 1 Tafel.] IV + 144 S. 8. Basel, Buchdr. des Schweiz. Typographenbundes, 1903.

Typographia Bern. Jahresbericht.... 8.
... pro 1900. [52. Vereinsjahr.] 20 S. (1901.)
... pro 1901. (53. Vereinsjahr.) 28 S. (1902.)
... pro 1902. (54. Vereinsjahr.) 28 S. (1903.)

Jahres-Bericht der Deutsch-Amerikanischen Typographia : 22 - 52, 1894/95 - 1931/32.
Annual report of the DAT [after 1894, as Deutsch-Amerikanische Typographia: Zweig der International Typographical Union]. Slight variations in title. 1st - 21st reports never published; 60th - 67th, 1932/33 - 1939/40 published in the September issues of the Buchdrucker-Zeitung, q.v. Quarto, each 16 - 60 pages, little illustration. A most important source for German and general printing in USA.
New York, NY

Jahresbericht über den schulärztlichen Überwachungsdienst an den Volksschulen zu Breslau. Hrsg. von Stadtarzt Dr. [August] Oebbecke. [1.] Für d. Schuljahr 1901. Breslau [1902]: Grass, Barth & Co. 8° [10. 4911 2

Jahresbericht der Handelskammer Ulm a. D. 1901-05. Ulm 1902-06

Jahresbericht der Handelskammer Ulm a. D. 1906-11. Ulm 1907-12

Jahresbericht der Handwerkskammer Ulm 1900-05. Ulm 1902-06

— der Handwerkskammer Ulm. 1906-12. Ulm 1907-13

Jahresbericht der Unfallheilkunde, gerichtlichen Medizin u. öffentlichen Gesundheitspflege f. ärztliche Sachverständigenthätigkeit. Unt. Mitwirkg. v. Blaschko, Bratz, Bröse etc. hrsg. v. Placzek. gr. 8. (IX, 707 S.) Leipzig 901. G. Thieme. n. 18.—
Erscheint nicht mehr.

Neue Unfallkasse Schweiz. Schreinermeister in Luzern. 7. Jahresbericht vom 1. Juli 1900 bis 30. Juni 1901. 34 S. 8. Luzern, J. Schill, 1901.

Jahresbericht, VIII., d. schweiz. Unfallversicherungs-Aktiengesellschaft in Winterthur vom 1. Jan. bis 31. Dez. 1883. In-4°, 16 S. mit Supplement. Winterthur, Westfehling.

—— der Unfallversicherungs-Genossenschaft zu Chemnitz. 1873. 4. (12 S.) Chemnitz 873, Focke. *

Jahresbericht der Kgl. Universitäts-Bibliothek zu Greifswald.

Jahresbericht der Königlichen Universitäts-Bibliothek zu Halle. [1.] 1909. Halle a. S. 1910: Waisenhaus. 8°
Aus: Chronik d. Universität. [10. 16908 4

Jahresbericht des Arbeitgeberverbandes Unterelbe. Jg. 1907. Hamburg, 1908. 35 S.

Arbeitgeberverband Unterelbe. Jahresbericht. Berichterstatt.: W[ilhelm] G[eorg] H[einrich] v. *Reisswitz*. 1909 ff. Hamburg (1910) ff. 8°
1909 – 1913.

Jahresbericht, erster — der k. k. Unterrealschule in Görz. Veröffentlicht am Schlusse des Schuljahres 1856. Görz, 1856. Gedruckt bei Seitz. (44 S. 4.)
Inhalt: Einiges zur Chronik der k. k. Unter-Realschule in Görz. — Ueber den Unterricht in der Projectionslehre. — Ueber die Geometrie und deren praktische Anwendung. — Schulsachen.

Jahresbericht, zweiter und dritter — der k. k. Unterrealschule in Görz. *Görz* 1858. Druck von *Seitz*. 38 S. 8°.
INHALT. Chronik dieser Unterrealschule vom verflossenen Schulj. 1856-57 und 1857-58.

Jahresbericht, zweiter — der k. k. Unterrealschule in Innsbruck für das Schuljahr 1854/55. Innsbruck, 1855. Gedr. in der Wagnerschen Universitäts-Buchdruckerei. 26 S. 4.)

Jahres-Bericht, II. — der k. k. Unterrealschule zu Klagenfurt am Schlusse des Schuljahres 1854. 8. (58 S.) Klagenfurt. Gedruckt bei Johann Leon.
Inhalt: Lehrverfahren. — Schulnachrichten.

Jahres-Bericht; Erster — der k. k. Unter-Realschule in Laibach. Veröffentlicht am Schlusse des Schuljahres 1853. 4. (32 S.) Druck bei Jos. Blasnik.
Inhalt: Errichtung der k. k. Unter-Realschule in Laibach. — Andeutungen zur Vaterlandeskunde von Krain. — Schulnachrichten.

Jahresbericht, sechster — der k. k. selbstständigen Unterrealschule in Laibach, Gedruckt bei *J. Blasnik*. 37 S., 4°.
INHALT. Schule und Leben, insbesondere Realschule und gewerbliches Leben. Von *Peternel* (S. 3—12).

Jahres-Bericht, Erster — der k. k. vollständigen Unterrealschule in Brody, für das Studienjahr 1854. 8. (32 S. und 1 Abriß.) Lemberg. Gedruckt bei Peter Piller und Sohn. 1854.
Inhalt: Schulnachrichten.

Jahresbericht der k.k. vollständigen Unter-Realschule in Salzburg. *Salzburg* 1858. Schnellpressendruck der *Zaunrith'schen* Buchdr. 47 S., 4°.
INHALT. Arno, sechster Bischof und erster Erzbischof von Salzburg 785—821. Mit einer übersichtlichen Geschichte Salzburgs bis auf seine Zeit, von *Friedr. Horner*, geprüftem Lehramtskandidaten fur Geographie und Geschichte (S. 1—32).

Jahresbericht, erster, der öffentl. städtischen Unterrealschulen in Neusatz am Schlusse des Studienjahres 1857-58. Druck v. *Joh. Kaulitzy* in *Neusatz*. 19 S., 4°.
INHALT- Ein Wort über die Realschulen als Vorbildungsanstalten der Jugend für alle Fächer des gewerblichen Verkehrs. Von *Adolf Hübner* (S. 1--3).

Jahresbericht, I., der gewerblichen Unterrichtsanstalt des kantonalen Gewerbemuseums in Aarau für 1896/97. April 1897. Mit 1 Abbild. In-4°. II, 43 S. Aarau, H. R. Sauerländer & Co.

Jahres Bericht der Allgemeinen Deutschen Unterstützungsgesellschaft 1886
Literary 1, 1886 Annual report of the German General Benevolent Society
San Francisco, CA

Jahresbericht der Allgemeinen Deutschen Unterstützungs-Gesellschaft in Portland, Oregon
1871 1941
Published by Allgemeine Deutsche Unterstützungs Gesellschaft. See U1 S 2.
Portland, OR

...**Jahresbericht** über die Unterstützungskasse der Aerztekammer für die Provinz Brandenburg und den Stadtkreis Berlin. Begründet durch Beschluß d. Aerztekammer am 15. Juni 1901, in Wirksamkeit seit d. 1. Jan. 1902. Jg. [1.] Berlin: P. Zühlcke 1903. 4° [J.] 07. 4113

Chicago Gegenseitiger Unterstts-Ver. 23. Jahresbericht. Chi, 1894.

Schweizer Unterstützungs-Verein für Böhmen in Prag. 14. Jahresbericht (1900). [7 S.] 8. Prag, Buchdr. Löwit & Lamberg, Verlag des Vereins, 1901.

— des schweizer-deutschen Unterstützungsvereins in Ancona für 1880. In-8°, 8 S. Ancona, stabilimonto Civolli.

Jahresbericht üb. die Untersuchungen u. Erfahrungen auf dem Gebiete d. Landwirthschaft. Von W. Henneberg (etc.). 1853-61, 1865-68. Celle, senere Götting. 1854-72 (de særsk. indb. i 5 Vol.).
(Under noget varier. Tit. udg. som særsk. Del af eller Supplem. til »Journal für Landwirthschaft«, kun delvis m. særsk. Titelbl. — 1853-61 delte i 2 Abth.: Pflanzenproduction og Thierproduction (etc.) — 1853, 54, 55/56 I, m. særsk. Titelbl., — 1855/56 II, 57/58 I = neue Folge Bd. 2, 4. — 1857/61 = neue Folge. Suppl.-heft. 1-3 (2 er Pflanzenprod. 1 og 3 Thierprod.; 1 Vol.). — 1865/66, 66/67, 67/68 = 2. Folge. Suppl.-heft 1-3 (1-2 har kun Tit.: Jahresbericht ...; 2 Vol.). — Sml.: Literar. landw. Jahresbericht f. 1859-63, i selve »Journal ...« Neue Folge Bd. 6-9, og: Repertorium d. period. landw. Literatur f. 1861-66 i »Annalen d. Landw. . . . Wochen-Blatt: i »Landw. Jahrbücher«: f. 1873-74 i Bd. 3, f. 1874-83 i Supplementerne »Beiträge ...« 1875-83, se 375). 373.

—— über die Untersuchungen und Erfahrungen auf dem Gebiete der Landwirthschaft 1851. In Verbindung mit C. Kraut bearb. von W. Henneberg. I. Abthl. Die landwirthschaftl. Pflanzenproduktion. gr. 8. (XII und 537 S.) Celle 856, Capaun-Karlowa'sche Buchh. **
Aus: Journal für Landwirthschaft. Landwirthschaftliches Centralblatt für das Königr. Hannover, besonders abgedruckt.

— über die Untersuchungen und Erfahrungen auf dem Gebiete der Landwirthschaft 1854. In Verbindung mit Carl Kraut bearb. von Wilh. Henneberg. Aus dem: „Journal für Landwirthschaft. Landwirthschaftliches Centralblatt für das Königreich Hannover 2c." 1. Abth.: Die landwirthschaftl. Pflanzenproduktion. — 2. Abth.: Die landwirthschaftl. Thierproduktion. Hauswirthschaft und landwirthschaftl. Gewerbe. Landwirthschaftl. Geräthe u. Maschinen. Celle 856. Capaun-Karlowa. gr. 8. (XII, 337; VI, 265, XVI S.) nn. 3 ℛ︀. 7½ ngr.

—— über die Untersuchungen und Erfahrungen auf dem Gebiete der Landwirthschaft. 1854. In Verbindung mit C. Kraut, bearb. von W. Henneberg. 2. Abthl.: Die landwirthschaftl. Thierproduktion. Hauswirthschaft und landwirthschaftl. Gewerbe. Landwirthschaftl. Geräthe und Maschinen. gr. 8. (VI und 282 S.) Celle 857, Capaun-Karlowa'sche Buchh. **

— über die Untersuchungen und Erfahrungen auf dem Gebiete der landwirthschaftlichen Pflanzenproduction 1855 u. 1856. In Verbindung mit C. Kraut und F. Stohmann bearb. von W. Henneberg. In 2 Abthlgn. Abdr. aus dem Journal f. Landwirthschaft. Göttingen 858. Dieterich. gr. 8. (XV, VI, 324, 162 S.) n. 2 ℛ︀. 14 ngr.
2. Abth. A. u. d. T.: Jahresbericht über die Untersuchungen u. Erfahrungen auf dem Gebiete des allgemeinen u. speciellen Pflanzenbaus 1855 u. 1856. Von W. Henneberg. Supplem.-Heft zu den ersten 5 Jahrg. (1853—1857) des „Journal für Landwirthschaft." n. 24 ngr.

—— über die Untersuchungen und Erfahrungen auf dem Gebiete der landwirthschaftlichen Pflanzenproduction 1855 und 1856. In Verbindung mit C. Kraut und F. Stohmann bearb. von W. Henneberg. 2 Abthlgn. gr. 8. Göttingen, Dieterich'sche Buchh. [1. Abthl. (824 S.) 858. * 1 Thlr. 20 Ngr., 2. Abthl. (XVII und 162 S.) 859. * 24 Ngr.] *
Vorstehende zwei Schriften wurden aus: Journal für Landwirthschaft. Landwirthschaftliches Centralblatt für das Königreich Hannover, besonders abgedruckt.

—— über die Untersuchungen und Erfahrungen auf dem Gebiete der landwirthschaftlichen Pflanzen- und Thierproduction für 1865/66. Unter Mitwirkung von v. Gohren, G. Kühn, C. Märcker 2c. hrsg. W. Henneberg, K. Nobbe und F. Stohmann. 2 Abthlgn. gr. 8. Göttingen 867, Deuerlich'sche Buchh. [1. Abthl. (S. 1—128.) * 20 Ngr., 2. Abthl. (XVIII und S. 129—331.) * 1 Thlr. 6 Ngr.]
Aus: Journal für Landwirthschaft, besonders abgedruckt.

—— über die Untersuchungen und Erfahrungen auf dem Gebiete der landwirthschaftlichen Pflanzen- und Thierproduction für 1866—67. Unter Mitwirkung von G. Kühn, M. Märcker, A. Reinecke, E. Schulze und O. Bäber, hrsg. von W. Henneberg, F. Nobbe und F. Stohmann. 2 Abthlgn. gr. 8. Göttingen, Deuerlich'sche Buchh. [1. Abthl. (S. 1—96.) 868. * ℳ 1,50.; 2. Abthl. (XVII, S. 97—475.) 869. * ℳ 5.] *
Aus: Journal für Landwirthschaft, besonders abgedruckt.

—— über die Untersuchungen und Fortschritte auf dem Gesammtgebiete der Zuckerfabrikation, s. Stammer, K.

Jahresbericht über die Untersuchungen u Fortschritte auf dem Gesamtgebiet der Zuckerfabrikation. Begr. v. K Stammer Jahrg. 22-37 (1882-97). Braunschweig 1883-98

— über die Untersuchungen u. Fortschritte auf dem Gesammtgebiete der Zuckerfabrikation, begründet von K. Stammer. Hrsg. v. Joh. Bock. 33. Jahrg. 1893. gr. 8. (XII, 366 S. m. 78 Abbildgn. u. 1 Bildnis.) Braunschweig 894. F. Vieweg & Sohn. n. 12. —

— üb. d. Untersuchungen u. Fortschritte auf d. Gesammtgebiete d. Zuckerfabrikation, begr. v. K. Stammer. Hrsg. v. Joh. Bock. 34.—37. Jahrg. 1894—1897. gr. 8. Braunschweig, F. Vieweg & Sohn. à Jahrg. n. 12. —
34. 1894. (X, 354 S. m. 57 Abb.) 895.
35. 1895. (XI, 379 S. m. Abb.) 896.
36. 1896. (XI, 487 S. m. 46 Abb.) 897.
37. 1897. (XI, 378 S. m. Abb.) 898.

— über die Untersuchgn. u. Fortschritte auf dem Gesammtgebiete der Zuckerfabrikation, begründet von K. Stammer. Hrsg. v. Joh. Bock 38. u. 39. Jahrg. 1898 u. 1899. gr. 8. (XI, 326 S. m. 38 Abb. u. XI, 338 S. m. 55 Abb.) Braunschweig 899. 900. F. Vieweg & Sohn. Geb. à n. 12. —

— dasselbe. 40. Jahrg. 1900. Mit 35 eingedr. Abbildgn., 2 Curven-Taf. u. alphabet. Sachregister zum 1. bis 40. Jahrg., 1861 bis 1900 einschließlich. gr. 8. (XI, 538 S.) Ebd. 901. Geb. in Leinw. n. 15. —

— üb. die Untersuchungen u. Fortschritte auf dem Gesammtgebiete der Zuckerfabrikation. Begründet v. K. Stammer. Hrsg. v. Joh. Bock. 41.—45. Jahrg. 1901—1905. gr. 8. Braunschweig, F. Vieweg & Sohn.
Geb. in Leinw. n. 61. —

1901.	(XII, 374 S. m. 48 Abbildgn.) 902.	n. 12. —
1902.	(XIII, 371 S. m. 25 Abbildgn.) 903.	n. 12. —
1903.	(XI, 313 S. m. 25 Abbildgn.) 905.	n. 12. —
1904.	(X, 307 S. m. 24 Abbildgn.) 906.	n. 12. —
1905.	(X, 321 S. m. 30 Abbildgn.) 906.	n. 13. —

Die älteren Jhrgge. sind im Preise herabgesetzt.

— über die Untersuchungen u. Fortschritte auf dem Gesamtgebiete der Zuckerfabrikation. Begründet v. K. Stammer. Hrsg. v. Joh. Bock. 46.—49. Jahrg. 1906—1909. 8. Braunschweig, F. Vieweg & Sohn.
Geb. in Leinw. 62. —
46. (XI, 351 S. m. 32 Abb.) 907. Geb. 14. —
47. (X, 312 S. m. 12 Abb.) 908. Geb. 16. —
48. (XII, 287 S. m. 12 Abb. u. 5 Kurventaf.) 909. 15.—; geb. 16. —
49. (XII, 361 S. m. 25 Abb.) 910. Geb. 16. —

JAHRESBERICHT DES CHEMISCHEN UNTERSUCHUNGSAMTES DER STADT BRESLAU für das Jahr 1890–92, erstattet von B. Fischer. 8vo. Ill. Breslau, 1891–'92+

JAHRESBERICHT des chemischen Untersuchungsamtes der Stadt Breslau für das Jahr 1892–93, erstattet von B. Fischer. Roy. 8vo. Ill. Breslau, 1893.

JAHRESBERICHT des chemischen Untersuchungsamtes der Stadt Breslau, 1898. Im Auftrage des Curatoriums erstattet von B. Fischer. Berlin, 1900.

Jahres-Bericht des chemischen Untersuchungsamtes der Stadt Breslau, zugleich ein Rückblick auf das 10jährige Bestehen des Amtes. 1890/91—1899/1900. Breslau

Jahres-Bericht. Untersuchungsamt in Hamm i.W. [1.] 1906. Hamm i.W. [1907]: Reimann. 8°

Jahresbericht des Untersuchungsamtes für Lebensmittel etc. in Hannover pro 1877/78. gr. 8. (81 S.) Hannover 878, Schäfer.
—— dass. — pro 1878/79. Lex.-8. (32 S.) Hannover 879, Schmidt.
Aus: Wider die Nahrungsfälscher, besonders abgedruckt.

— — des Untersuchungsamtes für Lebensmittel etc. in Hannover pro 1878/79. Lex.-8. (32 S.) Hannover 879, Schäfer.

— 1. und 2., der Untersuchungs-Station des hygienischen Instituts der königl. Ludwig-Maximilians-Universität München für die J. 1880 und 1881. Hrsg. von E. Egger. gr. 8. (V, 128 S.) München 882, Rieger'sche Universitäts-Buchh.
—— dass. — 3. und 4., für die J. 1882 und 1883. Hrsg. von R. Emmerich und R. Sendtner. gr. 8. (154 S.) Ebendas. 885.

Sektion Uto des S(chweizer) A(lpen) C(lub, Zürich). 8. Zürich, Art. Institut Orell Füssli.
(2. gedr.) Jahresbericht für (1. April) 1900/1901 (Februar 28). II + 27 S. 1901.
(3. gedr.) Jahresbericht für (1. März) 1901/1902 (März 31). II + 30 S. 1902.
Jahresbericht für 1902/1903 (März 31). II + 28 S. 1903.

Jahresbericht über die Veränderungen und Fortschritte im Militärwesen etc. Herausgegeben von H. v. Löbell, Oberst z. Disp. I.—XXI. Jahrg. 1874—1894. (22 Bde.)
8. Berlin 1875—1895.

— über die Veränderungen und Fortschritte im Militärwesen, herausg. von *H. von Löbell*. VI. Jahrgang 1879. In-8°, 652 S. Berlin, E. S. Mittler & Sohn. 13 35

Jahres-Bericht über die Veränderungen im Stande der Bevölkerung während des Jahres ... in der Stadt Altona. (Altona.) Fol.
1887—88. 1891—92.
Fortges. u. d. T.:
Jahres-Bericht des Statistischen Bureaus der Stadt Altona. (ebd.) Fol.
1893—96. 1898—99.

Verband für Simmenthaler Alpfleckviehzucht und Alpwirtschaft, umfassend die Amtsbezirke Saanen, Obersimmenthal, Niedersimmenthal, Frutigen und Interlaken. 8. Zweisimmen, W. Ilg-Ith.
2. Jahres-Bericht pro 1900. 30 S. 1901 (*Umschlag: 1900*).
3. Jahres-Bericht pro 1901. 47 S. 1902.

Jahresbericht des Verbandes der katholischen Arbeiter- und Knappenvereine der Erzdiözese Cöln f. d. J. 1909 ff. (M. Gladbach 1910) ff. 8°

Jahresbericht des Verbandes der Bergarbeiter Deutschlands erstattet vom Vorstand des Verbandes. Vorlage für die Delegierten zur Generalversammlung. Jg. 1905 u. 1906. Bochum, 1907. 191 S.

— des Verbandes der österr. Flachs- u. Leinen-Interessenten in Trautenau. I. 1898. Sammt Beilage der wichtigsten den Flachsbau u. die Leinen-Industrie betreff. Documente. hoch 4. (XVI, 62 S.) Trautenau 894. (Wien, F. Deuticke.) n. 2. —

Jahres-Bericht. Verband zur Förderung des Arbeitsnachweises im Regierungsbezirk Düsseldorf. Geschäftsj. 1 ff. Düsseldorf 1898 ff. 8°.
1–11, 1897,98–1908.

Jahres-Bericht [des] Verband[es] zur Förderung des Arbeitsnachweises im Reg.-Bez. Düsseldorf. *[Schließt mit Jg. 12. 1909 ab.]*

Verband deutsch-schweizerischer Gartenbauvereine. Jahresbericht pro 1900 u. 1901. 8. *je* 14 S. (1901 u. 1902.)

[Jahresbericht] Verband der Gemeinde- und Staatsarbeiter, Filiale Groß-Berlin. Jahresbericht 1909 ff. Berlin 1910 ff. 8°

Jahresbericht d. Verbandes rhein.-westf. Gemeinden, e. V. zu Cöln. 2. ff. Geschäftsjahr 1909 ff. Cöln 1910. 8°

Jahresbericht des Verbandes ländlicher Genossenschaften Raiffeisenscher Organisation für Hessen, d. Filiale Cassel d. Landwirtschaftl. Central-Darlehnskasse f. Deutschland u. d. Hessischen Bezirks-Genossenschaftsbank.
[1907 ff. fortges. u. d. Tit.:]
Jahresbericht des Hessischen Verbandes ländlicher Genossenschaften, e. V., zu Cassel, d. Filiale Cassel d. Landwirtschaftl. Zentral-Darlehnskasse f. Deutschland u. d. Hessischen Bezirks-Genossenschaftsbank. e. G. m. b. H., Cassel, [seit 1909 ff.:] u. d. Hessischen An- u. Verkaufsgenossenschaft, e. G. m. b. H., Cassel. [seit 1910 ff.:] u. d. Hessischen Siedelungs-Gesellschaft, G. m. b. H., zu Cassel. Neuwied o. J. 8°
1907—1912.

[Jahresbericht.] Verband der landwirtschaftlichen Genossenschaften für die Provinz Posen. Jahresbericht 1. 2. Posen 1899. 1902. 8°.
[Fortges. u. d. Tit.:]
Jahrbuch des Verbandes der landwirtschaftlichen Genossenschaften f. d. Prov. Posen pro 1900 u. 1901 ff. Posen 1903 ff. 8°.
3. 1900 u. 1901. 1903; 4. 1902 u. 1903, 1904; 5. 1904, 1905—9. 1908, 1909.

Jahresbericht des Verbandes bayerischer Gewerbevereine 1906. Nürnberg 1906

Verband Ostdeutscher Industrieller (eingetragener Verein). — JAHRESBERICHT
1. umfassend das Kalenderjahr 1900. Danzig 1901. A. Müller vorm. Wedel'sche Hofbuchdruckerei. 8°.
2. umfassend das Kalenderjahr 1901. ib. 1902. —
Verband Ostdeutscher Industrieller (Eingetragener Verein). — JAHRESBERICHT
3. umfassend das Kalenderjahr 1902. Herausgegeben im April 1903. ib. —
4. umfassend das Kalenderjahr 1903. Herausgegeben im April 1904. ib. —
5. umfassend das Kalenderjahr 1904. Herausgegeben im Juli 1905. ib. —
6. umfassend das Kalenderjahr 1905. Herausgegeben im Mai 1906. ib. —
7. umfassend das Kalenderjahr 1906. Herausgegeben im Juni 1907. ib. —
8. umfassend das Kalenderjahr 1907. Herausgegeben im Juni 1908. ib. —

Jahresbericht des kaufmännischen Verbandes f. weibl. Angestellte, s. Jahresbericht des kaufmänn. Hilfsvereins f. weibl. Angest.

Jahresbericht des Verbandes Nordwestdeutscher Konsumvereine für das Jahr 1909, nebst einem Rückblick auf die 25jähr. Verbandstätigkeit. Erst. von Ferdinand Vieth. 1885—1910. — Hamburg: Zentralverb. Dt. Konsumvereine (1910). 167 S.

Jahresbericht d. Verbandes d. Vereine Kreditreform e. V. in Leipzig. 1901/02. 1904,05. 06,07-12. 4°
Leipzig 1902-12

Jahres-Bericht des Verbandes der schleswig-holsteinischen Vereine für Verbreitung von Volksbildung. (Kiel. 1879.) 8°

JAHRESBERICHT des Verbandes Deutscher Waren- und Kaufhäuser E. V. für das Geschäftsjahr 1903/04. Berlin. (Ullstein & Co.) 8°.

JAHRES-BERICHT des Verbandes Deutscher Waren- und Kaufhäuser (Eingetragener Verein) für das Geschäftsjahr 1904/1905—1908/1909. (o. O. o. Dr.) 4°.

JAHRES-BERICHT des Verbandes Deutscher Waren- und Kaufhäuser e. V. (Berlin) für das Jahr 1910. (o. O. o. Dr.)

Jahresbericht über die ländlichen Spar- u. Vorschussvereine (5ff: Verbandstag d. ländl. Spar- u. Vorschussver. u. Wirtschafts-Genossenschaften). 1—3. 5—31. Hermannstadt 1887—1917.

Verband d. Land-, Wald-, Weinbergsarbeiter u. -Arbeiterinnen Deutschlands, Berlin ... Geschäftsbericht d. Verbandes d. Land-, Wald- u. Weinbergsarbeiter u. -Arbeiterinnen Deutschlands (2ff.: **Jahresbericht** des Verbandsvorstandes). 1. Für 1909. Berlin 1910: (Vorwärts). 8° A 12. 8526

—— über die Verbreitung von Thierseuchen im Deutschen Reiche. Bearb. im kaiserl. Gesundheitsamte zu Berlin. 1. Jahrg. Das J. 1886. Lex.-8. (X, 55, 137 S. mit 8 Uebersichtskarten.) Berlin 887, Springer. * 10 —
—— dass. — 2. Jahrg. Das J. 1887. Lex.-8. (X, 213, 113 S. mit 7 Uebersichtskarten.) Ebendas. 888. * 12 —
Für die Abonnenten der „Veröffentlichungen des kaiserl. Gesundheitsamtes" * 9 60

—— über die Verbreitung v. Thierseuchen im Deutschen Reiche. Bearb. im Kaiserl. Gesundheitsamte zu Berlin. 3.—6. Jahrg. Die J. 1888—1891. Lex.-8. (VIII, 200, 76 S. m. 7 Uebersichtskarten; VI, 182, 81 S. m. 6 Uebersichtskarten; VI, 213, 87 S. m. 6 Uebersichtskarten u. 8 Diagrammen; XII, 223, 86 S. m. 6 Uebersichtskarten.) Berl. 889—92, Springer. à Jahrg. * 12 —

— üb. die Verbreitung von Thierseuchen im Deutschen Reiche. Bearb. im kaiserl. Gesundheitsamte zu Berlin. 5.—8. Jahrg. Die J. 1890, 1891, 1892, 1893. Lex.-8. Berlin, J. Springer. à Jahrg. n. 12. —
Für die Abonnenten der „Veröffentlichungen des kaiserl. Gesundheitsamts" zu e. um 20% ermäßigten Preise.
5. (VI, 213 u. 87 S. m. 6 Übersichtskarten u. 8 Diagrammen.) 891.
6. (XII, 223 u. 86 S. m. 6 Übersichtskarten.) 892.
7. (VI, 220 u. 92 S. m. 6 Übersichtskarten.) 893.
8. (VI, 207 u. 85 S. m. 6 Übersichtskarten. 894.

— üb. d. Verbreitg. v. Thierseuchen im Deutschen Reiche. Bearb. im kaiserl. Gesundheitsamte zu Berlin. 9.—12. Jahrg. D. J. 1894—1897. Lex.-8. Berlin, J. Springer. à Jahrg. n. 10. —
9. (VI, 236 u. 64 S. m. 5 farb. Karten.) 895.
10. (V, 228 u. 69 S. m. 8 Diagr. u. 5 farb. Karten.) 896.
11. (V, 242 u. 74 S. m. 5 farb. Karten.) 897.
12. (VI, 258 u. 86 S. m. 5 farb. Karten.) 898.
Für d. Abonnenten d. Veröffentlichgn. d. kaiserl. Gesundheitsamtes bei Vorherbestellung 20% billiger.

— über die Verbreitung v. Thierseuchen im Deutschen Reich. Bearb. im kaiserl. Gesundheitsamte zu Berlin. 13.—16. Jahrg. Die J. 1898—1901. Lex.-8. Berlin, J. Springer. à n. 10. —
13. Mit 5 (farb.) Uebersichtskarten. (VI, 174 u. 100 S.) 899.
14. Mit 5 (farb.) Uebersichtskarten. (VI, 172 u. 96 S.) 900.
15. Mit 5 (farb.) Uebersichtskarten u. 11 in den Text gedr. Diagrammen. (VI, 176 u. 100 S.) 901.
16. Mit 5 (farb.) Uebersichtskarten. (VI, 236 u. 113 S.) 902.
Den Abonnenten der Veröffentlichungen des kaiserl. Gesundheitsamts wird der Jahresbericht m. 20% Rabatt geliefert.

— über die Verbreitung v. Tierseuchen im Deutschen Reiche. Bearb. im kaiserl. Gesundheitsamte zu Berlin. 17—20. Jahrg. Die J. 1902—1905. Lex.-8. Berlin, J. Springer. à n. 10. —
17. Mit 5 (farb.) Uebersichtskarten. (VIII, 97 u. 261 S.) 903.
18. Mit 4 (farb.) Uebersichtskarten. (VI, 66 u. 156 S.) 904.
19. Mit 4 (farb.) Uebersichtskarten. (VI, 72 u. 215 S.) 905.
20. Mit 4 (farb.) Uebersichtskarten u. 19 in den Text gedr. Diagr. (VIII, 88 u. 210 S.) 906.
Den Abnehmern der Veröffentlichungen des kaiserl. Gesundheitsamts wird der Jahresbericht m. 20% Rabatt geliefert.

— üb. die Verbreitung v. Tierseuchen im Deutschen Reiche. Bearb. im kaiserl. Gesundheitsamte zu Berlin. 21.—24. Jahrg. Die J. 1906—1909. Mit 4 (farb.) Übersichtskarten. (VII, 88 u. 307 S.; VII, 97 u. 176 S.; VIII, 122 u. 208 S. u. VII, 102 u. 190 S.) Lex. 8. Berlin 907—10. J. Springer. à 12. —
Den Abnehmern der Veröffentlichgn. des kaiserl. Gesundheitsamts wird der Jahresbericht m. 20% Rabatt geliefert.

JAHRESBERICHT DES AKADEMISCHEN VEREINS FÜR LAUSITZISCHE GESCHICHTE UND SPRACHE ZU BRESLAU.
1. Ostern 1838 bis dahin 1839. Breslau. Druck von C. H. Storch & Comp. 8°.
2—4. Ostern 1839 bis dahin 1842. Görlitz. Gedr. bei G. Heinze & Comp.
5. Ostern 1842 bis dahin 1843. Breslau. Druck von C. H. Storch & Comp.
6—8. Ostern 1843 bis dahin 1846. Lüben. Druck von G. A. Rämisch.

Jahres-Bericht d Akad. Vereins in Hoboken, NJ. 18 nos. NY, 1862-89.

Jahresbericht des akademischen Vereines der Mathematiker und Physiker in Czernowitz. Czernowitz 1881.

JAHRESBERICHT DES AKADEMISCHEN NATURWISSENSCHAFTLICHEN VEREINES ZU BRESLAU.
2—3. Für 1852—1853 und 1854. ib. 1853—1855. Druck von Robert Nischkowsky. 8°.

—— des academischen naturwissenschaftlichen Vereines in Graz. 1.—5. Jahrg. gr. 8. (47 S. mit 2 Stnt.; 94 S. mit 2 Stnt.; 127; 78 S. mit 1 Stnt.; III, 92 S. mit 1 Stnt.) Graz 875—79, (Leuschner und Lubensky.)
1. und 5. Jahrg. à **
2.—4. Jahrg. à **

Jahresbericht des Akademisch-Neuphilologischen Vereins zu Halle a. S. 1. (*Halle 1901.*) 8° [Ig. 6498 3]

JAHRESBERICHT DES VEREINS DER SÄCHSISCHEN ALTERTHUMS-FREUNDE.
1—8. (Mit Tafeln.) Dresden 1835—1837. Gedruckt bei B. G. Teubner. fol.
Dasselbe. 2. Aufl. ib. 1853. Gedruckt bei Ferd. Rühle. fol.
Forts.unt.d.T.:Jahresbericht d.Kgl.Sächsischen Alterthums-Vereins. Dresden 1879 ff.

JAHRESBERICHT DES ALTMÄRKISCHEN VEREINS FÜR VATERLÄNDISCHE GESCHICHTE UND INDUSTRIE, später: ZU SALZWEDEL.
Herausgegeben von JOH. FRIED. DANNEIL.:
1—3. (Mit Tafeln.) Auf Kosten des Vereins. Neuhaldensleben 1838—1840. Gedruckt bei C. A. Eyraud. 8°.
4—11. (Mit Tafeln.) Auf Kosten des Vereins. Neuhaldensleben und Gardelegen. 1841—1848. —

— 10., des Altmärkischen Vereins für vaterländ. Geschichte u. Industrie zu Salzwedel. Hrsg. von Joh. Friedr. Danneil. Im Anh.: Vollrath, über die Mängel der Altmärkischen besonders bäuerlichen Landwirthschaft, u. wie denselben abzuhelfen ist? gr. 8. (64 u. 36 S. mit 2 lith. Taf. in 4) Neuhaldensleben 847, Eyraud. 9 ngr. — 11. — gr. 8. (41 S. m. 1 lith. Taf.) Ebd. 848. ⅓ ₰

JAHRESBERICHT DES ALTMÄRKISCHEN VEREINS FÜR VATERLÄNDISCHE GESCHICHTE UND INDUSTRIE, später: ZU SALZWEDEL. ABTHEILUNG FÜR GESCHICHTE.
Herausgegeben von TH. FR. ZECHLIN.:
12. (Mit Tafeln.) Salzwedel. 1859. Druck der Buchdruckerei von A. Schuster's Wwe.
13. ib. 1863. A. Schuster's Buchdruckerei (Aug. Marahrens).
14. (Mit 1 Tafel.) ib. 1864. Chr. Robolsky's Buchdruckerei.
15. (Mit Tafeln.) ib. 1865. Königliche Hof-Steindruckerei und Buchdruckerei.
16—20. Heft 1—2. Magdeburg. 1868—1885. Druck von E. Baensch jun.
In „Jahresbericht ... 20. Heft 2. 1885: Inhalt der Jahresberichte I bis XX vom Jahre 1837 — 1884 soweit sich derselbe auf Geschichte und Alterthumskunde erstreckt, also mit Ausschluss des Inhalts für Industrie und Landwirthschaft in den Jahresberichten I—XI.

JAHRESBERICHT DES ALTMÄRKISCHEN VEREINS FÜR VATERLÄNDISCHE GESCHICHTE UND INDUSTRIE ZU SALZWEDEL. Abtheilung fur Geschichte.
Herausgegeben von TH. FR. ZECHLIN.:
21. Heft 1. Magdeburg. 1886. Druck von E. Baensch jun. 8°

JAHRESBERICHT DES ALTMÄRKISCHEN VEREINS FÜR VATERLÄNDISCHE GESCHICHTE UND INDUSTRIE ZU SALZWEDEL. Abt(h)eilung für Geschichte.
Herausgegeben von TH. FR. ZECHLIN:
21. Heft 2. Magdeburg. 1887. Druck von E. Baensch jun. 8°. — 22. Heft 1. 2. ib. 1888. 1889. — 23. (Mit Tafeln.) Magdeburg. 1893. Druck von E. Baensch jun. Salzwedel. Druck von A. Menzel. — 24. Heft 1. (Mit Tafeln.) ib. 1894. Druck von E. Baensch jun. — A. u. d. T.: Die Wappen und Siegel der Städte, Flecken und Dörfer der Altmark und Prignitz. Von G. G. WINKEL. Mit 30 farbigen Wappen und 46 Siegelabbildungen. ib. 1894. —
Im Auftrage des Vorstandes herausgegeben von T. O. RADLACH:
24. Heft 2. ib. 1897. — 25. (Mit Tafeln.) ib. 1898. — 26. (Mit Tafeln.) ib. 1899. —
Im Auftrage des Vorstandes herausgegeben von W. ZAHN:
27. (Mit Tafeln.) ib. 1900. — 28. (Mit Tafeln.) ib. 1901. — 29. (Mit Tafeln.) ib. 1902. — 30. (Mit Karten.) ib 1903. — 31. Heft 1. ib. 1903. — Heft 2. (Mit 1 Karte.) ib. 1904. — 32. (Mit Tafeln und Karten.) ib. 1905. — 33. [1] (Mit Tafeln.) ib. 1906. —

[1] In Jahresbericht 33: Inhaltsverzeichnis der Jahresberichte 1—32. I. Nach Verfassern geordnet. II. Nach Stoffen geordnet.

JAHRESBERICHT DES ALTMÄRKISCHEN VEREINS FÜR VATERLÄNDISCHE GESCHICHTE ZU SALZWEDEL.
Im Auftrage des Vorstandes herausgegeben von W. ZAHN.
34. (Mit Tafeln.) ib. 1907. — 35. ib. 1908. — 36. ib. 1909. — 37. (Mit 1 Tafel.) ib. 1910. —
Im Auftrage des Vorstandes zusammengestellt von W. ZAHN, und nach dessen Tode herausgegeben von M. SCHULLE.
38. (Mit Tafeln.) ib. 1911. —
Im Auftrage des Vorstandes herausgegeben von E. WOLLESEN.
39. Hierzu Bd. II. Heft 2 der Visitationsabschiede. ib. 1912. —
Im Auftrage des Vorstandes herausgegeben von G. DAUME.

Jahres-Bericht des Vereines zur Anbetung des allerheiligsten Sakramentes des Altares in der Gurker Diözese. Klgft., St. Hermagoras-Druck., 1879—.

JAHRESBERICHT DES ANNABERG-BUCHHOLZER VEREINS FÜR NATURKUNDE.
1. Annaberg und Buchholz 1868. 8°.
2. Redigirt ... von ... H. JUNGHANS. (Mit 1 Tafel.) Annaberg 1870. Selbstverlag des Vereins.
3. Redigirt unter Mitwirkung der hierzu erwählten Commission der Herren JUNGHANS, PRIEBISCH, RUHSAM und ... RICHTER. ib. 1873. —
4—5. Herausgegeben vom Directorium des Vereins. Mit Tafeln. ib. 1876—1880. —

—— 5. und 6., des Annaberg-Buchholzer Vereins für Naturkunde. Hrsg. vom Directorium des Vereins. gr. 8. (97; 111 S.) Annaberg 880,83, (Graser.) à Jahrg. **

JAHRESBERICHT DES ANNABERG-BUCHHOLZER-VEREINS FÜR NATURKUNDE.
Redigiert unter Mitwirkung der hierzu erwählten Commission der Herren JUNGHAUS ... und des stellvertretenden Schriftführers Herrn RICHTER.
Siebenter ... (1883—1885). Annaberg im Erzgebirge 1886. (Druck von C. O. Schreiber.) 8°.

—— VII., des Annaberg-Buchholzer Vereins für Naturkunde. [1883—1885.] Hrsg. von dem Directorium des Vereins. gr. 8. (127 S. mit 1 Chromolithogr.) Annaberg 886, (Graser.) **

—— des Annaberg-Buchholzer Vereins f. Naturkunde, s. Bericht.

Verein für Anschaffung künstlicher Glieder und Apparate (in Basel). 24. Jahresbericht vom 1. April 1900 bis 31. März 1901. [2 S.] 4. (Basel, M. Werner-Riehm.)

Verein für Anschaffung künstlicher Glieder und Apparate (in Basel). 25. Jahresbericht vom 1. April 1901 bis 31 März 1902. [2 S.] 4. (Basel, Fr. Reinhardt.)

Verein für Anschaffung künstlicher Glieder und Apparate (in Basel). 26. Jahresbericht vom 1. April 1902 bis 31. März 1903. [2 S.] 4. (Basel, Fr. Reinhardt.)

JAHRES-BERICHT DES VEREINS DER AERZTE DÜSSELDORFS
für die Vereinsjahre 1896 und 1897, erstattet vom Ausschuss des Vereins: Sanitäts-Rath Dr. KEIMER, I. Vorsitzender; Oberstabsarzt Dr. HECKER, II. Vorsitzender; Dr. HOFACKER, Kassenführer; Sanitäts-Rath Dr. HUCKLENBROICH, Dr. FELDMANN, Sanitäts-Rath Dr. PERETTI, verfasst von Dr. AUG. HOFFMANN, Schriftführer. (ib. —.)
über das Vereinsjahr 1898, erstattet vom Ausschuss des Vereins für das Jahr 1898: Oberstabsarzt I. Kl. Dr. A. HECKER, I. Vorsitzender; Dr. PFALZ, II. Vorsitzender; Sanitätsrath Dr. HUCKLENBROICH, Schriftführer und Kassierer; Dr. ECKARDT; Dr. FELDMANN; Sanitätsrath Dr. VOLKMANN, Dr. STERN. (ib. —.)
für das Vereinsjahr 1899, erstattet vom Ausschuss des Vereins für das Jahr 1899: Sanitätsrath Dr. KEIMER, I. Vorsitzender, Sanitätsrath Dr. FLEISCHHAUER, II. Vorsitzender, Dr. BEWERUNGE, Kassenwart, Oberstabsarzt Dr. BUNGEROTH, Dr. ECKART, Sanitätsrath Dr. PERETTI, Dr. PFALZ, Dr. STERN, Schriftführer, Sanitätsrath Dr. VOLKMANN. (ib. —.)
für das Vereinsjahr 1900, erstattet vom Ausschuss des Vereins für das Jahr 1900: Sanitätsrath Dr. KEIMER, I. Vorsitzender. Sanitätsrath Dr. FLEISCHHAUER, II. Vorsitzender. Dr. MERTTENS, Schriftführer. Dr. BEWERUNGE, Kassenwart. Oberstabsarzt Dr. BUNGEROTH. Dr. ESSER, Neuss. Dr. ESCHWEILER. Dr. PERETTI, Sanitätsrath. Dr. STRAETER, Sanitätsrath. ib. —
Verein der Aerzte Düsseldorfs. Eingetragener Verein. — JAHRES-BERICHT des Vereins der Aerzte Düsseldorfs
für das Vereinsjahr 1901, erstattet vom Ausschuss des Vereins für das Jahr 1901: General-Oberarzt Dr. A. HECKER, I. Vorsitzender. Sanitätsrath Dr. STRAETER II. Vorsitzender. Dr. JOST, Schriftführer. Dr. PFEIFFER, Kassenwart. Dr. ESSER, Neuss. Dr. ESCHWEILER. Dr. MERTTENS. Dr. HOFACKER. Dr. MELLINGHOFF II. ib. —
Verein der Aerzte (später: Ärzte) Düsseldorfs (E. V.) — JAHRES-BERICHT des Vereins der Aerzte (später: Ärzte) Düsseldorfs
für das Vereinsjahr 1902, erstattet vom Ausschuss des Vereins für das Jahr 1902. ib. —
für das Vereinsjahr 1903, erstattet vom Ausschuss des Vereins für das Jahr 1903. ib. F. Girardet & Cie.
über das Vereinsjahr 1904, erstattet vom Ausschuss des Vereins für das Jahr 1904. ib. —
über das Vereinsjahr 1905, erstattet vom Ausschuss des Vereins für das Jahr 1905. ib. —
über die Vereinsjahre 1906 u. 1907, erstattet vom Ausschuss des Vereins für das Jahr 1907. ib. Fr. Dietz.
über das Vereinsjahr 1908, erstattet vom Ausschuss des Vereins für das Jahr 1908. ib. Druck von Fr. Dietz.
über das Vereinsjahr 1909, erstattet vom Ausschuss des Vereins für das Jahr 1909. ib. —
über das Vereinsjahr 1910, erstattet vom Ausschuss des Vereins für das Jahr 1910. ib. —
über das Vereinsjahr 1911, erstattet vom Ausschuss des Vereins für das Jahr 1911. ib. —
über das Vereinsjahr 1912, erstattet vom Ausschuss des Vereins für das Jahr 1912. ib. —

JAHRESBERICHT DES VEREINS HESSISCHER AERZTE zugleich ärztlichen Kreisvereins für die Kreise Darmstadt & (und) Gross-Gerau für das Jahr 1878—1882. (Darmstadt, Druck von Gebr. Edelmann, später: Druck von H. Brill.) 8°.

JAHRESBERICHT DES VEREINS HESSISCHER AERZTE zugleich ärztlichen Kreisvereins für die Kreise Darmstadt und Gross-Gerau
für das Jahr 1883. s. l. & a. 8°.
für das Jahr 1884 mit einem Berichte über die vierzigjährige Thätigkeit des Vereins vom Tage seiner Gründung, dem 30. September 1844 an. s. l. & a.
für das Jahr 1885. s. l. & a.

JAHRESBERICHT DES AERZTLICHEN VEREINS ZU BRAUNSCHWEIG
über das Jahr 1898. Braunschweig 1899. Buchdruckerei Friedrich Bosse. 8°.
über das Jahr 1899. Bearbeitet von O. WILLE und H. LUPPRIAN. ib. 1899. —
über das Jahr 1900. Bearbeitet vom 1. Schriftführer (O. WILLE). ib. 1901. —
über das Jahr 1901. Bearbeitet von OTTO WILLE. ib. 1902. —
über das Jahr 1902. Herausgegeben vom 1. Schriftführer HAMPE. ib. 1903. —

JAHRESBERICHT DES AERZTLICHEN VEREINS DES KREISES BRAUNSCHWEIG (E. Vs.)
über das Jahr 1903. Herausgegeben von J. HAMPE. ib. 1904. —
über das Jahr 1904. Herausgegeben von OTTO KÖHLER. ib. 1906. —
über das Jahr 1905. Herausgegeben von OTTO KÖHLER. ib. 1906. —
über die Jahre 1906 und 1907. Herausgegeben von SIEGFRIED SCHÜTTE. ib. 1908. —
über das Jahr 1908. Herausgegeben von KARL STAMM. ib. 1909. —
über das Jahr 1909. Herausgegeben von KARL STAMM. Berlin. Verlag von Urban & Schwarzenberg.
über das Jahr 1910. Herausgegeben von W. RAMDOHR. ib. —
über das Jahr 1911. Herausgegeben von W. RAMDOHR. ib. —
über das Jahr 1912. Herausgegeben von F. POMMEREHNE. ib. —

— des ärztlichen Vereins zu Frankfurt a. M. 1905—1908. 8. München, J. F. Lehmann's Verl. 23.—
1905. [Aus: „Münch. med. Wochenschr."] (V, 245 S.) 908 5.—. — 1906. (IX, 293 S.) 907. 6.—. — 1907. (VI, 296 S.) 909. 6.—. — 1908. (VII, 328 S. m. Abb.) 910. 6.—.

JAHRSBERICHT des ärztlichen Vereins in Hamburg bis Ende 1832. Hamburg 1833.

Jahres-Bericht, Zwölfter — — des Vereines zur Beförderung der Handwerke unter den inländischen Israeliten. Vorgetragen in der General-Versammlung am 13. Mai 1855. Wien. 1855. Druck von L. C. Zamarski. (16 S. 4.)

Jahresbericht, dreizehnter — des Vereines zur Beförderung der Handwerke unter den inländischen Israeliten. Wien 1856. Druck von L. C. Zamarski. (14 S. 4.)

Jahresbericht, vierzehnter — des Vereines zur Beförderung der Handwerke unter den inländischen Israeliten. Wien, 1857, bei L. C. Zamarski. (6 Bl. 4.)

—— des Vereines zur Bekämpfung der wissenschaftlichen Thierfolter in Wien unter dem Protectorate I. Hoh. Prinzessin Wilhelmine v. Montléart-Sachsen-Curland für das J. 1884. gr. 8. (8 S.) Wien 885, (Huber und Lahme.) * — 16

Jahresbericht des berg- und hüttenmännischen Vereins zu Siegen. Jg. 1903. Siegen, 1904.

Bernischer Verein für Handel und Industrie. 11. Jahresbericht pr. 1870/71. Bern, Haller'sche Buchdr. 39 Stn. 8.

Jahresbericht des Vereines für Blinden-Fürsorge in Kärnten. Klgft., v. Kleinmayr, 1907—.

1.—3. Jahresbericht des Bonner Vereins für Körperpflege in Volk und Schule, 1883—85, 8°.

JAHRESBERICHT DES BOTANISCHEN VEREINES AM MITTEL- UND NIEDER-RHEINE. Herausgegeben von der Direction des Vereines.
1. Mit botanischen Abhandlungen der Mitglieder A. HENRY, CL. MARQUART und PH. WIRTGEN. Bonn 1837. Comm. von Henry & Cohen. 8°.
2. Mit Abhandlungen und Beiträgen der Mitglieder FINGERHUTH, M. J. LÖHR ... ib. 1839. -
3—5. Coblenz 1840—1841. Gedr. bei Dubois & Werle.

—— I. u. 2., des botanischen Vereines am Mittel- u. Niederrheine. Mit botan. Abhandln. d. Mitglieder Fingerhuth, A. Henry, M. J. Löhr, Cl. Marquart, Oligschläger, Schumann u. Ph. Wirtgen, hrsg. v. der Direct. d. Vereines. gr. 8. Bonn, Henry u. Cohen. [1. (9 B. u. 1 Stnt.) 837., 2. (9½ B.) 839. à ⅔ Thlr.]

—— 16.—19., des christlichen Vereins junger Kaufleute in Barmen. 1871—1874. 8. (15 S.) Barmen 872—75, Wiemann. 1871—1873 à **
1874 *

Christlicher Verein Junger Kaufleute in Basel. 18. Jahresbericht 1900. [Illustriert.] 25 S. 8. Basel, M. Werner-Riehm, 1901.

Christlicher Verein Junger Kaufleute in Basel. 19. Jahresbericht 1901. 27 S. 8. Basel, M. Werner-Riehm, 1902.

Christlicher Verein Junger Kaufleute in Basel. 20. Jahresbericht 1902. 30 S. 8. Basel, M. Werner-Riehm, 1903.

Christlich-sozialer Verein der Stadt Bern. Jahresbericht für das 3. Vereinsjahr (1. März 1900 bis 28. Februar 1901). IV + 22 S. 8. Bern, N. Dürrenmatt-Egger, 1901.

DEUTSCHER VEREIN GEGEN DEN MISBRAUCH (sic!) GEISTIGER GETRÄNKE. — JAHRESBERICHT ...
des Vereins-Geschäftsführers für 1884. Bremen 1885. Druck von C. W. Roussell. 8°. (1885 ist in den Mittheilungen ... Jahrg. III. Nr. 4. 1886 enthalten.)
des Geschäftsführers für 1887. (Ohne bes. Titelblatt o. O. o. Dr.) (1889 ist in den Mittheilungen ... Jahrg. VII. Nr. 1. 1890 enthalten.)

DEUTSCHER VEREIN GEGEN DEN MISBRAUCH (sic!) GEISTIGER GETRÄNKE. — BERICHT des Geschäftsführers ...
über das Jahr 1892. (X. Vereinsjahr.) Dresden-N. 1893. Druck von Woldemar Ulrich.
über das Jahr 1893. (XI. Vereinsjahr.) Hildesheim 1894. Druck von Gebr. Gerstenberg.

DEUTSCHER VEREIN GEGEN DEN MISSBRAUCH GEISTIGER GETRÄNKE. — BERICHT des Geschäftsführers ...
über das Jahr 1894. (XII. Vereinsjahr.) ib. 1895. —
über das Jahr 1895 (XIII. Vereinsjahr) nebst Jahresberichten einiger Bezirksvereine. ib. 1896. Druck von August Lax in Hildesheim.
über das Jahr 1896 (XIV. Vereinsjahr) nebst Jahresberichten einiger Bezirksvereine. ib. 1897. Geschäftsstelle des Vereins (Dr. W. Bode). Druck von August Lax
über das Jahr 1897 (XV. Vereinsjahr) nebst Jahresberichten einiger Bezirksvereine. ib. 1898. —
über das Jahr 1898 (XVI. Geschäftsjahr) nebst Jahresberichten einiger Bezirksvereine. ib. 1899. Mässigkeits-Verlag des Deutschen Vereins gegen den Missbrauch geistiger Getränke.

DEUTSCHER VEREIN GEGEN DEN MISSBRAUCH GEISTIGER GETRÄNKE. — GESCHÄFTSBERICHT ...
über das Jahr 1899. (XVII. Vereinsjahr.) ib. 1900. Mässigkeits-Verlag.
über das Jahr 1900. (XVIII. Vereinsjahr.) ib. 1901. Deutscher Verein gegen d. Missbr. geist. Getr. — Mässigkeits-Verlag.
über das Jahr 1901. (XIX. Vereinsjahr.) Berlin 1902. Geschäftsstelle des Deutschen Vereins g. d. M. g. G.

DEUTSCHER VEREIN GEGEN DEN MISSBRAUCH GEISTIGER GETRÄNKE (E.V.). — GESCHÄFTSBERICHT ...
über das Jahr 1902. (XX. Vereinsjahr.) ib. 1903. —
über das Jahr 1904. (XXII. Vereinsjahr.) ib. 1905. Geschäftsstelle des Deutschen Vereins gegen den Missbrauch geistiger Getränke.
über das Jahr 1905. (XXIII. Vereinsjahr.) ib. 1906. Mässigkeits-Verlag.
über das Jahr 1906. (XXIV. Vereinsjahr.) ib. 1907. —
über das Jahr 1907. (XXV. Vereinsjahr.) ib. 1908. —
über das Jahr 1908. (XXVI. Vereinsjahr.) ib. 1909. —
über das Jahr 1909. (27. Vereinsjahr.) ib. 1910. —
über das Jahr 1910. (28. Vereinsjahr.) ib. 1911. —
über das Jahr 1911. (29. Vereinsjahr.) ib. 1912. —
über das Jahr 1912. (30. Vereinsjahr.) ib. 1913. —

Deutscher Verein, NY. Jahresber ... 1895---. Mt. Vernon, NY. 1895---.

Deutscher Verein für das nördliche Schleswig. 2. Jahresbericht 1892—94. Hadersleben 1894. 8°

Deutscher Verein für Versicherungs-Wissenschaft. (E.V.) Jahresbericht. Satzungen. Mitglieder-Verzeichnis. Ausgeg. im Jan. 1904. *Berlin: E. S. Mittler & Sohn.* (67 S.) 8° [04. 3018

Jahresbericht des Allgemeinen Deutschen Schulvereins zur Erhaltung des Deutschthums im Auslande (1909 ff: Ver. f. d. Dtm i. Ausl. Allg. Dt. Schulver. Jahresber.) f. 1898—1905, 1909 ff. Männer-Ortsgruppe Berlin. (Bln.)

JAHRESBERICHT DES ENTOMOLOGISCHEN VEREINS ZU STETTIN.
1. Stettin, 1839. 8°.

JAHRESBERICHT DES VEREINS FÜR ERDKUNDE IN DRESDEN.
1. Hildburghausen 1864. Druck vom Bibliographischen Institut. 4°.

JAHRESBERICHTE DES VEREINS FÜR ERDKUNDE ZU DRESDEN.
Bd. I. (Jahrgänge I bis V, März 1863 bis April 1868.) Dresden. 1868. 8°.
(Enthält:)
Jahresbericht des Vereins für Erdkunde zu Dresden.
I. (2. Abdruck.) Dresden 1865. G. Schönfeld's Buchhandlung (C. A. Werner).
II. ib. 1865. — Darin mit bes. Titelblatt: SOPHUS RUGE, Der Chaldäer Seleukos. Eine kritische Untersuchung aus der Geschichte der Geographie. ib 1865. —
III. (Mit 1 Karte.) ib. 1866. — Darin mit bes. Titelblatt: JULIUS CÄSAR HÄNTZSCHE, Talysch. Eine geografische Skizze. ib. 1867. —
IV. und V. (Mit 1 Tabelle.) ib. 1868. — Darin mit bes. Titelblatt: WOLDEMAR SCHULTZ, Natur- und Culturstudien über Südamerika und seine Bewohner, mit besonderer Berücksichtigung der Colonisationsfrage. (Nachgelassenes Werk, herausgegeben vom Vereine für Erdkunde in Dresden.) (Mit 1 Tabelle.) s. l. & a.
In Jahresbericht IV und V.: Sachregister über die 5 ersten Jahresberichte des Vereins für Erdkunde zu Dresden vom 12. März 1863 bis 1. April 1868, I. Band.
Bd. II. (Jahrgänge VI bis X, April 1868 bis April 1873.) Dresden. 1873.
(Enthält:)
Jahresbericht des Vereins für Erdkunde zu Dresden.
VI. und VII. (Mit Karten.) ib. 1870. G. Schönfeld's Buchhandlung (C. A. Werner). — Darin mit bes. Titelblatt: HEINRICH WUTTKE, Zur Geschichte der Erdkunde in der letzten Hälfte des Mittelalters. Die Karten der seefahrenden Völker Südeuropas bis zum ersten Druck der Erdbeschreibung des Ptolemäus. (Mit Karten.) s. l. & a.
Nachtrag zum VI. und VII. Jahresbericht des Vereins für Erdkunde zu Dresden. s. l. & a. A. u. d. T.: ROBERT ABENDROTH, Die Colonie am Pozuzu, in ihren physischen, ökonomischen und politischen Verhältnissen dargestellt. Dresden. Druck von E. Blochmann und Sohn.
VIII. und IX. ib. 1872. G. Schönfeld's Buchhandlung (R. von Zahn).
X. (Mit Karten.) ib. 1874. Expedition der Jahresberichte des Vereins für Erdkunde.
In Jahresbericht VIII und IX.: Sachregister über die 2 Jahresberichte des Vereins für Erdkunde zu Dresden vom 1. April 1868 bis 1. April 1872 (zweiter Band).
Bd. III. (Jahrgänge XI—XV. April 1873 — April 1878.) Dresden. 1878. Expedition der Jahresberichte des Vereins.
(Enthält:)
Jahresbericht des Vereins für Erdkunde zu Dresden.
XI. Wissenschaftlicher Theil. Redaction: C. MEINICKE. (Mit 1 Karte.) ib. 1874. —
XI. und XII. Geschäftlicher Theil und Sitzungsberichte. ib. 1875. —
XII. Wissenschaftlicher Theil. Redaction: C. MEINICKE. (Mit 1 Tafel.) ib. 1875. —
XIII. und XIV. ib. 1877. —
XV. Wissenschaftlicher Theil. (Mit 1 Portrait.) ib. 1878. Expedition der Jahresberichte des Vereins für Erdkunde. (A. Huhle.)
XV. Geschäftlicher Theil und Sitzungsberichte. ib. 1878. —

JAHRESBERICHTE DES VEREINS FÜR ERDKUNDE ZU DRESDEN.
Bd. IV. (XVI. — XX. Jahresbericht, 1878—1883.) (Mit Karten und Tafeln.) Dresden. 1883. Commissionsverlag von A. Huhle. 8°.
Die einzelnen Jahresberichte ersch. auch u. bes. Titel.:
Jahresbericht des Vereins für Erdkunde zu Dresden.
XVIII. , XIX. und XX. Mit 1 Tafel Abbildungen. ib. 1883. —

JAHRESBERICHTE DES VEREINS FÜR ERDKUNDE ZU DRESDEN.
Bd. V. (XXI.—XXV. Jahresbericht, 1884—1896.) (Mit Karten.) Dresden 1896. Commissionsverlag von A. Huhle. — A. u. d. T.: JAHRESBERICHT DES VEREINS FÜR ERDKUNDE ZU DRESDEN. XXI. ib. 1885. — XXII. ib. 1892. — XXIII. ib. 1893. — XXIV. Mit einer Kartenskizze von Island. ib. 1894. — XXV. Mit einer Karte der Ostküste von Labrador. ib. 1896. — 8°.
Bd. VI.: XXVI. und XXVII. Jahresbericht 1898—1901, mit Gesamtregister. (Mit Tafeln und Karten.) ib. (1906). —

—— erster bis dritter, des Vereins für Erdkunde zu Dresden. gr. 8. Dresden, Schönfeld's Buchh. [1. 2. Abdr. (29 S.) 865. * 5 Ngr., 2. (80 S.) 865. * 10 Ngr., 3. (236 S. mit 1 chromolithogr. Karte in 4.) 866. * 1 Thlr.] *

—— 4. und 5., des Vereins für Erdkunde zu Dresden. gr. 8. (XLII, 245 S. mit 1 Tab. in Fol.) Dresden 868, Expedition der Jahresberichte. * 2 50
—— dass. — 6. und 7. gr. 8. (244 S.) Ebendas. 870. * 3 —
—— dass. — Nachtrag. Die Colonie am Pozuzu in ihren phys., ökonom. und polit. Verhältnissen dargestellt von Rob. Abendroth. gr. 8. (60 S. mit 10 Stnt. in gr. Fol.) Ebendas. 870. * 3 —
—— dass. — 8. und 9. gr. 8. (136 S.) Ebendas. 872. * 2 —
—— dass. — 10. gr. 8. (158 S. mit 1 Stnt. in qu. 4.) Ebendas. 874. * 2 50
—— dass. — 11. und 12. Wissenschaftlicher Theil. Redact.: C. Meinicke. gr. 8. Ebendas. [11. (152 S. mit 1 Stnt.) 874. *M.* 2,40.; 12. (98 S. mit eingedr. Holzschn.) 875. 90 Pf.] * 3 30

— XIII. u. XIV., des Vereins für Erdkunde zu Dresden. gr. 8. (IV, 134 u. Anh. 11 S.) Dresden 877. Huhle. n. 2. 40

— dasselbe. XV. Jahresbericht. Geschäftlicher Thl. u. Sitzungsberichte. gr. 8. (81 S.) Ebend. 878. n. 1. —

— dasselbe. Wissenschaftlicher Thl. gr. 8. (85 S. m. 1 Lichtdr.) Ebend. 878. n. 1. 50

— dasselbe. 16. u. 17. Jahresbericht. Sitzungsberichte u. geschäftlicher Theil der Vereinsjahre 1878—79 u. 1879—80: Schluss Ende März 1880. gr. 8. (IV, 45 S.) Ebend. 880. n. — 30

—— 16., des Vereins für Erdkunde zu Dresden. Wissenschaftlicher Theil mit Nachtrag. gr. 8. (175 S.) Dresden 879, (Huhle.) *
—— dass. — 17. Wissenschaftlicher Theil mit Nachtrag. gr. 8. (IV, 98 S.; Nachtrag IV, 48 S. mit 1 Lichtdr.) (Ebendas.) 880. *
—— dass. — 18.—20. Wissenschaftlicher Theil mit Nachtrag. gr. 8. (136 S. mit 1 Lichtdr.) (Ebendas.) 883. *

—— XXI., des Vereins für Erdkunde in Dresden. gr. 8. (III, 104 S.) Dresden 885, (Huhle.) * 1 —

— XXII. u. XXIII., des Vereins f. Erdkunde zu Dresden. gr. 8. (III, 226; III, 170 S.) Dresden 892. 893. (A. Huhle.) à n. 3. —

— dasselbe, XXIV. gr. 8. (76 S. m. 1. Kartenskizze.) Ebd. 894. n. 1. —

Jahresbericht, XXV., d. Vereins f. Erdkunde zu Dresden. M. e. Karte d. Ostküste v. Labrador. gr. 8. (III. X. 226 S.) Dresden 896. (A. Huhle.) n. 3. —

— dasselbe XXVI. M. e. Bildn. in Lichtdr. u. 4 Abb. im Texte. gr. 8. (VIII, 148 u. 77 S.) Ebd. 898. n. 2. 80

— XXVII., des Vereins f. Erdkunde zu Dresden. gr. 8. (IV, 192 S. m. 7 Taf.) Dresden 901. (A. Huhle.) n. 2. 50

— des Vereins f. Erdkunde zu Dresden, Fortsetzg., s.: Mitteilungen des Vereins f. Erdkunde zu Dresden.

JAHRESBERICHT DES VEREINS FÜR ERDKUNDE ZU CASSEL.
VII. 1889. Cassel 1889. Druck von Baier & Lewalter.
VIII. 1889/90. Wissenschaftliche Beilage: „Geographische Wappen und Briefmarken" von G. COORDES. (Kassel 1890. Druck von K. Gosewisch.) 4°.
Im Auftrage des Vorstandes erstattet von CARL HESSLER:
IX. und X. Cassel 1893. Druck von Weber & Weidemeyer. 8°.
XI. bis XIV. ib. 1896. Hof- und Waisenhaus-Buchdruckerei.
XV. bis XVIII. (Mit meteorologischen Tabellen.) ib. 1901. Druck von Weber & Weidemeyer.
XIX. bis XXIII. (Mit meteorologischen Tabellen.) ib. 1905. Druck von Gebr. Landsiedel.
XXIV. und XXV. ib. 1907. —

— IX. u. X., des Vereins f. Erdkunde zu Cassel. Im Auftrage des Vorstandes erstattet v. Carl Heßler. gr. 8. (III, 67 S. m. Abbildgn.) Cassel 893. (G. H. Wigand'sche Buchh.) n. 1. —

— XI. bis XIV., d. Vereins f. Erdkunde zu Cassel. Im Auftr. d. Vorstandes erstattet v. Carl Heßler. gr. 8. (III, 52 S.) Kassel 896. (G. H. Wigand'sche Buchh.) n. — 80

—— erster, des Vereins für Erdkunde zu Metz pro 1878. gr. 8. (126 S. mit 3 lithogr. Bl. Zeichnungen.) Metz 879, (Scriba.)

—— 2., des Vereins für Erdkunde zu Metz pro 1879. gr. 8. (117 S. mit 2 lithogr. Bl. Zeichnungen.) Metz 880, Scriba. *
—— dass. — 3., pro 1880. gr. 8. (200 S. mit 3 Taf., wovon 2 lithogr. und 1 in Lichtdr.) Ebendas. 881. *
—— dass. — 4., pro 1881. gr. 8. (178 S. mit 3 lithogr. Taf. und 10 Holzschn. im Text.) Ebendas. 882. *
—— dass. — 5., pro 1882. gr. 8. (176 S. mit 4 Taf., wovon 3 lithogr. und 1 chromolithogr.) Ebendas. 882. *

JAHRESBERICHT DES VEREINS FÜR ERDKUNDE ZU METZ
VI.—VII., für 1883—1884. Metz. 1885. G. Scriba. 8°.
VIII., für 1885. ib. 1886. —

—— VI—VII., des Vereins für Erdkunde zu Metz für 1883—1884. Lex.-8. (168 S.) Metz 885, Scriba. * 3 —
—— dass. — VIII—X., für 1886—1888. gr. 8. (128 S. mit 1 Tab.; 125 S. mit 1 Stnt.; 178 S. mit 1 Tab.) Ebendas. 887,88. à Jahrg. * 3 —

JAHRESBERICHT DES VEREINS FÜR ERDKUNDE ZU METZ.
IX. Für 1886. (Mit Uebersicht über die Bewegung der Civil-Bevölkerung 1886 und 1 Tafel.) Metz 1887. G. Scriba. 8°.
X. Für 1887/88. (Mit Uebersicht über die Bewegung der Civil-Bevölkerung der Stadt Metz im Jahre 1887.) ib. 1888. —
XI. Für 1888—89. (Mit Notizen über die Witterungsverhältnisse in Metz für 1889 und mit Uebersicht über die Bewegung der Zivil-Bevölkerung der Stadt Metz im Jahre 1889, von MEINEL.) ib. 1889. —
XII. Für 1889—90. (Mit Uebersicht über die Bewegung der Zivil-Bevölkerung der Stadt Metz im Jahre 1889, von MEINEL.) ib. 1890. —
XIII. Für 1890—91. (Mit 1 Karte und 1 Uebersicht über die Bewegung der Zivil-Bevölkerung der Stadt Metz im Jahre 1890, von MEINEL.) ib. 1891. —
XIV. Für 1891—92. (Mit Aufzeichnungen über die Witterungs-Verhältnisse in Metz für . . . 1891 und Übersicht über die Bewegung der Civilbevölkerung der Stadt Metz während des Jahres 1891.) ib. 1892. —
XV. Für das Vereinsjahr 1892—93. (Mit Beilage 1: Phänologische Beobachtungen für Metz aus den Jahren 1891—93; Beilage 2: Notizen über die Witterungsverhältnisse; Beilage 3: MEINEL, Übersicht über die Bewegung der Civilbevölkerung der Stadt Metz während des Jahres 1892.) ib. 1893. —

— XI.—XIII., d. Vereins f. Erdkunde zu Metz f. 1888/89—1890/91. gr. 8. (91 S. m. 1 Tab.; 95 S. m. 1 Tab.; 183 S. m. 1 Tab. u. 1 Karte.) Metz 889—92, Scriba. à Jahrg. * 2 —

— dasselbe f. 1891—92. gr. 8. (IV, 47 S. m. 2 Tab.) Ebd. 892. n. 1. 50

— dasselbe f. 1892—93. gr. 8. (121 S. m. 3 Tab. u. 2 Karten.) Ebd. 893. n. 3. —

— XVI—XX., d. Vereins f. Erdkunde zu Metz f. d. Vereinsj. 1893/94—1897/98. gr. 8. Metz, G. Scriba. à Jahrg. n. 3. —
XVI. Vereinsj. 1893/94. (1.. S. m. 3 Tab. u. 2 Karten.) 894.
XVII. Vereinsj. 1894/95. (133 S. m. 3 Tab. u. 3 Karten.) 895.
XVIII. Vereinsj. 1895/96. (93 S. m. 2 Tab. u. 2 Plänen.) 897.
XIX. Vereinsj. 1896/97. (.9 S. m. 2 Tab. u. 1 farb. Karte.) 897.
XX. Vereinsj. 1897/98. (151 S. m. 1 Tab. u. 2 Karten.) 898.

— XXI.—XXIII., des Vereins f. Erdkunde zu Metz für d. Vereinsj. 1898/99, 1899/900, 1900/901. gr. 8. Metz, G. Scriba. n. 7. —
XXI. (86 S. m. 1 Tab.) 899. n. 3. —. — XXII. (127 S. m. 1 Tab.) 900. n. 2. —. — XXIII. (128 S. m. 1 Tab. u. 3 Taf.) 900. n. 2. —.

— XXIV., des Vereins f. Erdkunde zu Metz f. das Vereinsj. 1901—1904. (100 S. m. 3 Tab.) gr. 8. Metz 904. G. Scriba. n. 2. —

— dasselbe, XXV., f. das Vereinsj. 1905—1906. (XXVI, 200 S. m. 2 Tab.) gr. 8. Ebd. 906. n. 3. —
XXV. Für die Vereinsjahre 1905—1906. (Beilagen: 1. Meteorologische Aufzeichnungen für Metz aus den Jahren 1904 und 1905. — 2. PAWOLLECK: Statistische Notizen über die Civilbevölkerung von Metz für die Jahre 1904 und 1905.) ib. 1906. —

— XXVI., des Vereins f. Erdkunde zu Metz für d. Vereinsj. 1907—1909. (XXXII, 124 S. m. Abbildgn. u. 2 Tab.) gr. 8. Metz 909. G. Scriba. 3. —
(Anhang: EYLES, Statistische Notizen über die Civilbevölkerung von Metz für die Jahre 1906 und 1907. — Beilage: Meteorologische Aufzeichnungen für Metz aus den Jahren 1906 und 1907.) ib. 1909. —

—— des Vereins für Erdkunde zu Stettin. 1883—1885. gr. 8. (79 S. mit 2 Karten.) Stettin 885, (Saunier's Buchh.) * 1 —

JAHRESBERICHT DES VEREINS FÜR ERDKUNDE ZU STETTIN.
1886. Stettin, 1887. In Kommission bei Léon Saunier. 8°. — 1887. (Mit Karten.) ib. 1888. — 1888/89. ib. 1889. Druck von Herrcke & Lebeling. — 1889—1891. (Mit 1 Karte.) ib. 1892. Gedruckt bei Hermann Saran.

JAHRESBERICHT für 1864, vorgetragen in der Generalversammlung des Vereins zur Erforschung der rheinischen Geschichte und Alterthümer zu Mainz am 28. Juli 1865, von ... LINDENSCHMIT. (Ohne bes. Titelblatt. Mainz, Druck von Victor v. Zabern.) 4°.

Verein zur Erforschung rheinischer Geschichte und Alterthümer.
JAHRESBERICHT für 1873 u. 1874. Der General-Versammlung erstattet am 25. Februar 1875 von LINDENSCHMIT. (Ohne bes. Titelblatt. Mainz. Buchdruckerei von H. Prickarts.) 8°.
JAHRESBERICHT 1879/80 (von JAKOB KELLER). (Ohne bes. Titelblatt. Mainz. Philipp v. Zabern's Druckerei.) 4°.

Verein zur Erforschung der Rheinischen Geschichte & Alterthümer.— JAHRESBERICHT über die Vereinsperiode vom I. Juli 1880 bis I. April 1881. Erstattet in der General-Versammlung vom 28. Juli 1881 (von JAKOB KELLER). (Mainz. s. a. Philipp v. Zabern's Druckerei.) 4°.

JAHRESBERICHT DES VEREINS ZUR ERHALTUNG DER DENKMÄLER DER PROVINZ SACHSEN.
I, für 1894. Quedlinburg 1895. Druck von Heinr. Röhl. 8°. — II., für 1895. (Mit 1 Tafel.) ib. 1896. — III., für 1896. (Mit 1 Tafel.) ib. 1897. — IV., für 1897. (Mit 1 Tafel.) ib. 1898. — V., für 1898/99. (Mit Tafeln.) Magdeburg 1899. Druck von E. Baensch jun. — 7. (recte! 6), fuer 1899—1900. ib. 1900. —

Jahresbericht des Vereins zur Erhaltung der Denkmäler der Provinz Sachsen. (1–6.) Für 1894–1900. *Quedlinburg 1895–98: H. Röhl;* (5. 6: *Magdeburg 1899 1900: E. Baensch jun.*) 6 Bde 8° [F.]
1–4. 1894–97. 1895–98. 5. 1898/99. 1899. 6. 1899–1900. 1900.
Forts. s. u. d. T.: Jahrbuch d. Denkmalpflege in d. Prov. Sachsen.

Jahresbericht des Vereins zur Ermunterung des Gewerbegeistes in Böhmen für das 47.-63. Vereinsjahr. Prag 1880-96

— des evangelischen Vereins zu Hannover. Verhandlungen der Jahresversammlung in Uelzen am 13. u. 14. X. 1903. (121 S.) gr. 8. Hannover 904. (H. Feesche.) Unberechnet.

—— 2., des evangelischen Vereins für äußere und innere Mission im Großherzogthum Hessen. 8. (56 S.) Darmstadt 851. (Frankfurt a. M., Völcker.) *

— 2., des evangelischen Vereins f. äußere u. innere Mission im Großherzogth. Hessen. 8. (56 S.) Darmstadt 851. (Frankfurt a. M., Zimmer'sche Sort.B.) n. 4 ngr

— zweiter, des evangelischen Vereines für kirchliche Zwecke. 1849 — 1850. gr. 8. (20 S.) (Berlin, Wohlgemuth's B. W. Schultze) baar n. n. 1/12 ℛ

—— (2.,) des evangelischen Vereins für kirchliche Zwecke. 1849—1850. gr. 8. (20 S.) (Berlin 850, Wilh. Schultze.) **

Jahresbericht des Evanglisch Protestantischen Vereins für Diakonie: Cincinnati, OH 1838–1918

—— des Vereins für deutsche „Ferien-Colonien" für arme und schwächliche Kinder der Stadt Prag. Jahr 1887. gr. 8. (24 S.) Prag 888, (Dominicus.) * — 40
Die früheren Jahrgänge s. Bericht über die deutschen Ferien-Colonien.

— des Vereins für deutsche „Ferien-Colonien" für arme u. schwächliche Kinder der Stadt Prag. Jahr 1887. 1888. 1889. gr. 8. (24; 16; 17 S.) Prag, (Dominicus). à n. — 40

— des Vereins deutscher Ferien-Colonien f. arme u. schwächliche Kinder der deutschen Schulen Prags. Im J. 1890, 1891, 1892, 1893. gr. 8. (20, 24, 33, 28 S. m. 1 Lichtdr.) Prag 891—894. (H. Dominicus.) à n. — 40

— d. Vereins f. deutsche Ferien-Colonien f. arme u. schwächl. Kinder d. deutschen Schulen Prags. In den J. 1894, 1895, 1896 u. 1897. gr. 8. (26, 24, 24 u. 18 S.) Prag 895—898. (H. Dominicus.) à Jahrg. n. — 40

Jahresbericht. 9. ff., des Vereins zur Förderung der Bodenkultur unter den Juden Deutschlands. 1907/08 ff. (Berlin 1908) ff. 8°

—— 1—4., des Vereins z. Förderung d. Enthaltsamkeit v. geistigen Getränken, auf dem Rollkruge bei Berlin gestiftet am 11. Febr. 1838. Zur Jahresfeier am 13. Febr. 1839—42. Hrsg. v. Vorstande d. Vereins. 8. Berlin, (J. A. Wohlgemuth.) à *

Jahresbericht des Vereines zur Förderg. der naturwissenschaftlichen Erforschung der Adria. Wien IX., Währingerstrasse 13. 1. u. 2. Jahrg. Lex.-8. Wien, W. Braumüller. à n. 1. —
1. Bericht f. d. J. 1903. 1. Geschäftlicher Bericht. 2. Das Pflanzenleben des Meeres. Von J. Wiesner. (39 S.) 904.
2. Bericht f. d. J. 1904. 1. Geschäftlicher Bericht. 2. Vorläufiger Bericht üb. die zoologisch-botan. u. die physikalisch-geograph. Untersuchgn. im Golfe v. Triest. (38 S.) 905.

Jahresbericht d. Vereines zur Förderung d. naturw. Erforschung d. Adria. Wien IX., Währingerstr. 13. 3.—7. Jahrg. Lex. 8. Wien, W. Braumüller. 5. 10
3. Bericht f. d. J. 1905. 1. Geschäftlicher Bericht. 2. (Als Beilage.) Ein österreich. Forschungsschiff. Von Carl J. Cori. (Mit 8 Abb. im Text u. 1 Karte.) (18 u. 28 S.) 906. 1. 40
4. Bericht f. d. J. 1906. (17 S.) 907. 1. —
5. Bericht f. d. J. 1907. (29 S.) 908. 1. —
6. Bericht f. d. J. 1908. (28 S.) 909. — 70
7. Bericht f. d. J. 1909. (37 S.) 910. 1. —

JAHRESBERICHT DES VEREINS ZUR FÖRDERUNG ÜBERSEEISCHER HANDELSBEZIEHUNGEN zu Stettin.
1—4. 1873—1876. (Mit 1 Tabelle. Stettin.) Buchdruckerei von A. Bornemann. 8°.
5. ib. 1877. — A. u. d. T.: VEREIN ZUR FÖRDERUNG ÜBERSEEISCHER HANDELSBEZIEHUNGEN zu Stettin. 1872—1876. ib. 1877. —
6—7. (Mit 1 Karte.) ib. 1878—1879. —
8—9. ib. 1880—1881. Druck von F. Hessenland.
10. ib. 1882. — A. u. d. T.: VEREIN ZUR FÖRDERUNG ÜBERSEEISCHER HANDELSBEZIEHUNGEN zu Stettin. 1877—1881. ib. 1882. —
11—13. ib. 1883—1885. —

JAHRESBERICHT DES VEREINS ZUR FÖRDERUNG ÜBERSEEISCHER HANDELSBEZIEHUNGEN zu Stettin.
14. Stettin. 1886. Druck von F. Hessenland. 8°.

JAHRESBERICHT DES VEREINS ZUR FÖRDERUNG ÜBERSEEISCHER HANDELSBEZIEHUNGEN ZU STETTIN.
15. und 16. Stettin 1888. Buchdruckerei von A. Bornemann. 8°. — 17. ib. 1889. Druck von F. Hessenland. — 18. ib. 1890. — 19. ib. 1891. — 20. ib. 1892. — 21. ib. 1893. — 22. und 23. ib. 1895. — 24. ib. 1896. — 25. ib. 1897. — 26. ib. 1898. — 27. (Mit 1 Karte.) ib. 1899. — 28. ib. 1900. — 29. ib. 1901. — 30. ib. 1902. — 31. ib. 1903. — 32. ib. 1904. — 33. ib. 1905. — 34. ib. 1906. — 35. ib. 1907. Druck von M. Bauchwitz. — 36—43. ib. 1908—1915. Druck von F. Hessenland G. m. b. H. —

—— siebenter, des unter dem Protektorate Ihrer Majestät der Kaiserin Friedrich stehenden Vereins zur Förderung von Handfertigkeit und Jugendspiel zu Görlitz. gr. 8. (34 S.) Görlitz 888, (Vierling.) — —
I.—VI. Bericht sind nur vom Geschäftsführer des Vereins, Direktionsrat und Landtags-Abg. v. Schenkendorf in Görlitz, zu beziehen.

Jahresbericht des Vereins zur Förderung von Handfertigkeit u. Jugendspiel zu Görlitz. Görlitz.
7—8. 1888—89, 10. 1891, 14. 1895, 20. 1901.

JAHRES-BERICHT des Vereins zur Förderung der Jugend- und Volksspiele in der Stadt Kiel für das Jahr . . .
Zusammengestellt von WILHELM PETERS, Oberlehrer am Gymnasium.
. . . 1896–97. Kiel, Juni 1897. Druck von A. F. Jensen. 8°.
. . . 1898–99. Inhalt: I. Das Trillspiel (mit Illustration.) . . . Oberlehrer PETERS. II. Das Bosseln (Eisbosseln). Teil I . . . Lehrer B. NISSEN. ib. 1899. Druck von Vollbehr & Riepen.
. . . 1899–1900. Inhaltsverzeichnis. I. Die Olympischen Spiele. — II. Das Bosseln (Eisbosseln), Teil II. — III. Eigentlicher Jahresbericht für 1899–1900. ib. 1900. —
. . . 1900–1901. Inhaltsverzeichnis: I. Das Bosseln (Eisbosseln). Teil III. — II. Eigentlicher Jahresbericht für 1900–1901. ib. 1901. —
. . . 1901–1902. Inhaltsverzeichnis: I. Das Bosseln (Eisbosseln). Teil IV (A). — II. Eigentlicher Bericht für 1901–1902. ib. 1902. —
. . . 1902–1903. Inhaltsverzeichnis: I. Das Bosseln (Eisbosseln). Teil IV, B. II. Eigentlicher Jahresbericht für 1902–1903. ib. 1903. —
. . . 1903–1904. Inhaltsverzeichnis: I. Zwei Spiele der Kaiserlichen Marine. — II. Mitgliederliste. — III. Eigentlicher Jahresbericht für 1903–1904. ib. 1904. —
. . . 1904–1905. Inhaltsverzeichnis: I. Die Gefahren der Großstadt für die Gesundheit (von Lehrer OTTO ASMUSSEN). — II. Eigentlicher Jahresbericht für 1904–1905. ib. 1905. —
. . . 1905–1906. Inhaltsverzeichnis: I. Alte Kieler Spiele. — II. Eigentlicher Jahresbericht für 1905–1906. ib. 1906. —

Forts. s.: Jahresbericht des Kieler Jugendspielvereins.

Verein zur Förderung der Kunstarbeit in Schleswig-Holstein. Jahresbericht 1900. (Schleswig. 1900.) 4°, geb. in 8°

JAHRESBERICHT DES VEREINS ZUR FÖRDERUNG DES STÄDTISCHEN RAUTENSTRAUCH-JOEST-MUSEUMS FÜR VÖLKERKUNDE IN CÖLN.
I—IV. (1904—1907). Erstattet von . . . W. FOY. Cöln 1908. Druck von M. Du Mont Schauberg. 8°.

Jahresbericht des Vereins zur Förderung des Wohls der arbeitenden Klassen i. Kr. Waldenburg i. Schl.

— d. Vereins zur Förderg. d. Zeichenunterrichts in Westfalen. 12. (29 S.) Bielefeld 895. A. Helmich. n. — 50

JAHRESBERICHT. später: JAHRES-BERICHT DES FRANKFURTER VEREINS FÜR GEOGRAPHIE UND STATISTIK.
Jahrg. XIX—XXXIII. 1854—1855 — 1868—1869. s. l. & a.
Jahrg. XXXIV—XXXV. 1869—1870 — 1870—1871. ib. 1870—1871. Druck von H. L. Brönner.
Jahrg. XXXVI—XLVII. 1871—1872 — 1881—83. (Mit Karten.) ib. 1873—1883. Druck von Mahlau & Waldschmidt.

Forts. von: Jahresbericht d. geograph. Vereins zu Frankf./M.

—— des Frankfurter Vereins für Geographie und Statistik. 37. und 38. Jahrg. 1872—73 und 1873—74. gr. 8. (136 S. mit 1 chromolithogr. Karte in Imp.-4.) Frankfurt a. M. 875, (Auffarth.) * 2 —

—— des Frankfurter Vereins für Geographie und Statistik. 39. Jahrg. 1874/75. gr. 8. (XLVII, 100 S. mit 2 lithogr. Karten.) Frankfurt a. M. 876. (Barmen, Klein.)

—— dass. — 40.—42. Jahrg. 1875/78. gr. 8. (XXX, 111 S. mit 1 lithogr. Taf.) Frankfurt a. M. 878, Mahlau und Waldschmidt.

JAHRES-BERICHT DES FRANKFURTER VEREINS FÜR GEOGRAPHIE UND STATISTIK.
Jahrg. 48 und 49. 1883—84 und 1884—85. Frankfurt a. M. 1885. Druck von Mahlau & Waldschmidt. 8°.

JAHRESBERICHT DES FRANKFURTER VEREINS FÜR GEOGRAPHIE UND STATISTIK.

Herausgegeben von FRIEDRICH CLEMENS EBRARD:

Jahrg. 50. 1885–86. (Mit 1 Tafel.) Frankfurt a. M. 1887. Druck von Gebrüder Knauer. 8°.

Im Namen des Vorstandes herausgegeben von FRIEDRICH CLEMENS EBRARD:

Jahrg. 51 und 52. 1886–87 und 1887–88. (Mit Karten.) ib. 1888. — 53 und 54. 1888–89 und 1889–90. (Mit 2 Tafeln.) ib. 1890. — 55 und 56. 1890–91 und 1891–92. ib. 1893. — 57 bis 59. 1892–93 bis 1894–95. ib. 1896. — 60. 1895–96. (Mit Tafeln.) ib. 1897. —

Im Namen des Vorstandes herausgegeben von FR. HÖFLER:

61. bis 63. 1896–97 bis 1898–99. ib. 1899. Verlag von Gebrüder Knauer. —

— des Frankfurter Vereins f. Geographie u. Statistik. 64.—65. Jahrg. 1899—1900 u. 1900—1901. Im Namen des Vorstandes hrsg. v. Fr. Höfler. gr. 8. (211 S. m. 4 farb. Karten.) Frankfurt a/M. 901. Gebr. Knauer. n. 5.40

— des Frankfurter Vereins f. Geographie u. Statistik. 66. bis 67. Jahrg. 1901—1902 u. 1902—1903. Im Namen des Vorstandes hrsg. v. Fr. Höfler. (218 S. m. 2 Taf. u. 4 Karten.) gr. 8. Frankfurt a/M. 903. Gebr. Knauer. n. 6.—

— des Frankfurter Vereins f. Geographie u. Statistik. 68.—74. Jahrg. Im Namen des Vorstandes hrsg. v. Herm. Traut. gr. 8. Frankfurt a/M., Gebr. Knauer. 22.—

68. u. 69. Jahrg. 1903—1904 u. 1904—1905. (226 S. m. Fig. u. 2 Karten.) 905. 6.—
70. Jahrg. 1905—1906. (190 S. m. 2 Karten, 1 Pause u. 1 Taf.) 907. 6.—
71. u. 72. Jahrg. 1906—1907 u. 1907—1908. (214 S.) 908. 6.—
73. u. 74. Jahrg. 1908—1909 u. 1909—1910. (134 S.) 910. 4.—

Jahresbericht des Vereins für erweiterte Frauenbildung in Wien. 1. 1888/89 ff. Nebst Beil. — Wien: Konegen u. a. 8°

— des Vereines f. erweiterte Frauenbildung in Wien. 3. Vereinsj. Octbr 1890—Octbr. 1891. Mit der Beilage: Ibsen u. das Recht der Frau. Vortrag, geh. v. Emil Reich, am 19. März 1892. — Ueber die Resultate der deutschen Frauenbestrebungen. Vortrag, geh. v. Mathilde Weber, geb. Walz, am 26. Mai 1891. — Die Frauenfrage in Polen. Von Sophie Daszynska. gr. 8. (55 S. m. 2 Bildnissen.) Wien 892. (Bermann & Altmann.) n. — 60

— dasselbe. 4. Vereinsj. Octbr. 1891—Octbr. 1892. Beilage: Vortrag v. Marianne Hainisch: „Ein Mutterwort üb. die Frauenfrage". Vortrag v. C. B. Brühl: Einiges üb. die Gaben der Natur an die Frau u. die Konsequenzen hieraus f. Bedeutung, Stellung, Aufgaben u. Rechte der Frau in der menschlichen Gesellschaft. gr. 8. (64 S. m. 2 Illustr. u. 2 Taf.) Ebd. 893. n. — 60

— dasselbe. 5. Vereinsj. Octbr. 1892—Octbr. 1893. Beilage: Bericht üb. die gymnasiale Mädchenschule. Brief v. Erismann aus Moskau, Brief v. J. Gaulo aus Zürich, Brief v. El. Motschnikoff aus Paris üb. „Das medicin. Studium u. die ärztl. Praxis der Frauen". gr. 8. (32 S. m. Bildnis.) Ebd. 894. n. n. — 60

— d. Vereines f. erweit. Frauenbildung in Wien. VI. Vereinsj. Octbr. 1893—Oktbr. 1894. Beilage: Bericht üb. d. gymnasiale Mädchenschule. Vortrag v. Ottilie Bondy: D. Bildungstrieb in d. Verein. Staaten. gr. 8. (32 S. m. 2 Bildnissen.) Wien 895. (Bermann & Altmann.) — 60

— dasselbe. VII. Vereinsj. Octbr. 1894—Octbr. 1895. Beilage: III. Bericht üb. d. gymnasiale Mädchenschule. Vortrag v. Margarit Melik Beglarian: Die Stellg. d. armen. Frau u. ihrer mohamedan. Nachbarin. gr. 8. (40 S. m. 1 Bildn.) Ebd. 896. n. — 60

— dasselbe. VIII. Vereinsj. Octbr. 1895—Octbr. 1896. Beilagen: IV. Bericht üb. d. gymnasiale Mädchenschule. Gedenkfeier, begangen Sonntag d. 25 X. 1896 v. Vereine f. erweit. Frauenbildg. f. s. Vice-Präsidenten Dr. jur. Serafin Bondi († 26. VIII. 1896). Vorkämpferinnen d. Frauenstudiums in Österreich-Ungarn. gr. 8. (48 S. m. 2 Bildn.) Ebd. 897. n. — 60

— dasselbe. IX. Vereinsj. Octbr. 1896—Octbr. 1897. Beilagen: V. Bericht üb. d. gymnasiale Mädchenschule. Roswitha v. Gandersheim (Vortrag v. Rich. v. Kralik). Vorkämpferinnen d. Frauenstudiums in Österreich-Ungarn. (Fortsetzg.) gr. 8. (54 S. m. 2 Bildn.) Ebd. 898. n. — 60

— des Vereines f. erweiterte Frauenbildung in Wien. X. Vereinsj. Octbr. 1897—Octbr. 1898. Beilagen: VI. Bericht üb. die gymnasiale Mädchenschule. Rückblick vom 28. X. 1888 bis 28. X. 1898. Aus der Heimat der Medea. (60 S. m. 1 Bildn.) Wien 899. (A. Bermann.) n. — 60

— dasselbe. XI. Vereinsj. Octbr. 1898—Octbr. 1899. Beilagen: VII. Bericht üb. die gymnasiale Mädchenschule. Über Andersens Landsmänninnen. gr. 8. (53 S. m. 1 Bildnis.) Ebd. (900). n. — 60

— dasselbe. XII. Vereinsj. Octbr. 1899—Octbr. 1900. Beilagen: VIII. Bericht üb. die gymnasiale Mädchenschule. Vorkämpferinnen des Frauenstudiums in Österreich-Ungarn. (Fortsetzung.) Veranstaltungen des Vereines im XII. Vereinsj. „Die Zulassg. der Frauen zu den jurist. Studien". Ein Gutachten v. Edm. Bernatzik. gr. 8. (51 u. 16 S. m. 1 Bildnistaf.) Ebd. 901. n. — 60

— dasselbe. XIII. Vereinsj. Octb. 1900—Octbr. 1901. Beilagen: IX. Bericht üb. die gymnasiale Mädchenschule. Gedenkfeier f. Marie Bosshardt van Demerghel. „Islands Frauen u. ihr Antheil an der heim. Cultur u. Literatur". Vortrag von Hans Krticzka, Frhr. v. Jaden. gr. 8. (62 S. m. 1 Bildnis.) Ebd. (902). n. — 60

— des Vereines f. erweiterte Frauenbildung in Wien. XIV.—XVII. Vereinsj. gr. 8. Wien (903). (A. Bermann.) à n. — 60

XIV. Oktbr. 1901—Oktbr. 1902. Beilage: X. Bericht über die gymnasiale Mädchenschule. (40 S.) (903.)
XV. Oktbr. 1902—Oktbr. 1903. Beilagen: a) XI. Bericht über die gymnasiale Mädchenschule (Mädchen-Obergymnasium m. Öff.-Recht). b) Vortrag v. Frau Dr. Ricarda Huch: „Ueber den Einfluss v. Studium u. Beruf auf die Persönlichkeit der Frau". (52 S.) (903.)
XVI. Oktbr. 1903—Oktbr. 1904. (68 S.) (905).
XVII. 1. X. 1904—15. VII. 1905. (51 S.) (906).

— des Vereines f. erweiterte Frauenbildung in Wien. XVIII.—XXI. Vereinsj. 15. VII. 1905—15. VII. 1909. (43 S., 48 S. m. 1 Bildnis, 46 S. m. 1 Bildnis u. 47 S. m. 1 Bildnis.) gr. 8. Wien (906—09). (A. Bermann.) à — 60

—— erster bis fünfter, des Vereins von Freunden der Erdkunde zu Leipzig. 1861—65. gr. 8. Leipzig, (Hinrichs' Verlag.) [1. (III und 79 S. mit 1 lithogr. Karte.) 862. 15 Ngr., 2. (III und 112 S.) 863. 18 Ngr., 3. (79 S. mit 2 Stnt. in 4.) 864. 15 Ngr., 4. (III und 169 S. mit 3 Stnt. in qu. gr. Fol.) 865. * 2 Thlr., 5. (XVI und 191 S. mit 4 chromolithogr. Karten und 2 Stnt. in qu. Fol.) 866. * 2 Thlr. 20 Ngr.] *

—— 6.—11., des Vereins von Freunden der Erdkunde zu Leipzig. gr. 8. Leipzig, Hinrichs' Verlag. [6. 1866. (XVI, 135 S. mit 2 lithogr. Karten in 8. und Fol.) 868. *M. 6.; 7. 1867. (XXXVI, 30 S. mit 1 Stnt. in Fol.) 868. *M. 2,40.; 8. 1868. (XXVII, 48 S. mit 1 Stnt. in qu. Fol.) 870. *M. 2,40.; 9. 1869. (XXX, 88 S. mit 1 Stnt. in qu. Fol.) 870. *M. 3,60.; 10. 1870. (LVI, 48 S. mit 1 Stnt. in gr. Fol.) 871. *M. 3.; 11. 1871. (XLI, 72 S. mit 1 Chromolithogr. in qu. Fol.) 872. *M. 6.] * 23 40

—— dass. — s. Mittheilungen des Vereins für Erdkunde zu Leipzig.

Verein der Freundinnen junger Mädchen, Sektion Baselland, und Erholungsstation Walten (*1900:* bei Läufelfingen). Jahresbericht.... 8.

... über das Jahr 1900. 11 S. (Liestal, Brodbeck & Cie., 1901.)
... über das Jahr 1901. 12 S. [1902.]

Verein der Freundinnen junger Mädchen, mit Erholungsstation Walten, und Frauenverein zur Hebung der Sittlichkeit, Sektion Baselland. Jahresbericht über das Jahr 1902. 12 S. 8. [1903.]

Jahresbericht des Vereins zur Fürsorge für die Blinden in der Rheinprovinz, s. Jahresbericht des Blinden-Fürsorgevereins d. Rheinprovinz.

Jahresbericht des Vereins zur Fürsorge für die weibliche Jugend (17 ff.: des Vereins Wohlfahrt der weibl. Jugend zu Berlin). 1-27. — Berlin 1893-1917: Paul [u. a.] 8°
[27.] 1917 u. d. T.: Tätigkeitsbericht des Vereins Wohlfahrt der weibl. Jugend.

Jahresbericht des Vereins zur Fürsorge für unbemittelte Lungenkranke zu Breslau ⟨E.V.⟩. 1. Breslau 1905: Grass, Barth & Co. 8° [ℑ.] [ᴵᵉ⁴·⁶⁹⁹

Jahresbericht des Vereins für Gartenbau in Schleswig, Holstein und Lauenburg pro 1858. (Kiel. 1859.) Siehe in: Jahrbücher für die Landeskunde etc. Bd. 2. 8°
pro 1859. Erstattet am 28. Februar 1860. (ebd. 1860.)
pro 1860. Erstattet am 20. März 1861. (ebd. 1861.)
pro 1861. Erstattet am 15. März 1862. (ebd. 1862.) 8°
Siehe auch in: Jahrbücher für die Landeskunde etc. Bd. 3--5. Kiel. 1859–62. 8°

Jahresbericht des Vereins der Geographen an der Universität Wien. 1. (1875) -- 4. (1878). Wien 1875--1878. 4 Bde. 8°.

JAHRESBERICHT DES GEOGRAPHISCHEN VEREINS ZU FRANKFURT A/M.
Jahrg. I—XVIII. 1836—37. — 1853—1854. s. l. & a. 8°.

Forts. s.: Jahresbericht d. Frankf. Ver. f. Geogr. u. Statistik.

JAHRESBERICHT DES VEREINS PRAKTISCHER GEOMETER
5. Von EDUARD NIESS. Nebst einem Anhange: Die Geschichte der praktischen Geometrie. Drei Vorträge von WILHELM WOLF. (Mit 1 Tabelle und autographirten Figurentafeln.) Dresden s. a. Druck von C. Heinrich.
6., auf die beiden Vereinsjahre 1865/66 und 1867/68 von KARL FROHNSDORFF. ib. Druck von Ferdinand Thomass.

JAHRESBERICHT. später: JAHRES-BERICHT DES VEREINS PRAKTISCHER GEOMETER IM KÖNIGREICHE SACHSEN
7., auf die beiden Vereinsjahre 1869/70 und 1871/72. Im Auftrage des Vereins herausgegeben von JULIUS NAGEL. (Mit Tafeln und Tabellen.) ib. —
8., auf die beiden Vereinsjahre 1873/74 und 1875/76. Im Auftrage des Vereins herausgegeben von MARTIN WEIDAUER. Grossenhain. 1877. Druck von Baumert & Methner.
9., 1877/78 und 1879/80. Im Auftrage des Vereins herausgegeben von MARTIN WEIDAUER. ib. 1881. —

JAHRESBERICHT DES VEREINS PRAKTISCHER GEOMETER IM KÖNIGREICHE SACHSEN
10., auf die Vereinsjahre 1881/82 und 1883/84. Im Auftrage des Vereins bearbeitet von FRIEDRICH HARIG. Dresden 1885. Lehmannsche Buchdruckerei. 8°.

Verein Schweiz. Geschäftsreisender. Jahresbericht vom 1. Juli 1900 bis 1. Juli 1901. II + 10 S. 4.
(1. gedruckter Jahresbericht)

Verein Schweiz. Geschäftsreisender. Jahresbericht vom 1. Juli 1901 bis 1. Juli 1902. II + 16 S. 4.

Verein schweizerischer Geschäftsreisender. 25. Jahresbericht umfassend das Berichtsjahr 1902/03 und erstattet durch den Zentralvorstand in Basel. 28 S. 8.

JAHRESBERICHT ...
Verein für Geschichte und Alterthümer der Stadt Einbeck und Umgegend. — für das Jahr 1895. Einbeck. Druck von J. Schroedter. 8°.
JAHRESBERICHT ... DES VEREINS FÜR GESCHICHTE UND ALTERT(H)ÜMER DER STADT EINBECK UND UMGEGEND
für das Jahr 1896. ib. — für das Jahr 1898. ib. — für das Jahr 1900. ib. Druck von C. Feist. — für 1901 und 1902. Vorgedruckt ist eine Abhandlung von Oberlehrer FEISE: „Der Streit der Familie Steynhop mit der Familie Meynhold und dem Rathe der Stadt Einbeck in den Jahren 1424 bis 1455" (aus den Hannoverschen Geschichtsblättern). (o. O. o. Dr.) — für das Jahr 1906. (Mit 1 Tafel.) Einbeck. Druck von Joh. Schroedter. — für das Jahr 1907. ib. (o. Dr.) — für das Jahr 1908. J. Schroedter's Buchdruckerei, G. m. b. H.[1])

[1]) 1909—1910 sind keine Jahresberichte herausgegeben. Als Jahresbericht für das Jahr 1911 wird die Schrift: „Die Münzen und das Münzwesen der Stadt Eimbeck" angesehen.

Jahresbericht des Vereins f. d. Geschichte Dortmunds u. d. Grafschaft Mark, s. Jahresbericht des histor. Vereins für Dortmund u. d. Grafschaft Mark.

Jahresbericht des Vereins für Greizer Geschichte zu Greiz, s. Jahresbericht u. Mittheilungen des Vereins für Greizer Geschichte zu Greiz.

JAHRESBERICHT DES VEREINS FÜR LÜBECKISCHE GESCHICHTE UND ALTERTUMSKUNDE
für 1907. (Angebunden an die Zeitschrift.)

—— des Vereins f. mecklenburg. Geschichte u. Alterthumskunde, s. a. Jahrbücher.

JAHRESBERICHT DES VEREINS FÜR MEKLENBURGISCHE GESCHICHTE UND ALTERTHUMSKUNDE, aus den Verhandlungen, später: aus den Arbeiten des Vereins herausgegeben von A. BARTSCH:
Jahrg. 1 –8. Mit lithographirten Tafeln, Holzschnitten ... Auf Kosten des Vereins. Schwerin, 1836—1843. In Comm. in der Stillerschen Hofbuchhandlung. 8°.

JAHRESBERICHT DES VEREINS FÜR MEKLENBURGISCHE GESCHICHTE UND ALTERTHUMSKUNDE
von FRIEDRICH CARL WEX.:
Jahrg. 9—11. ib. 1844—1846. —
von WILHELM GOTTLIEB BEYER.:
Jahrg. 12—24. ib. 1847—1859. —

JAHRESBERICHT DES VEREINS FÜR GESCHICHTE DER STADT MEISSEN.
1881 — Anhang zu dem 1. Heft der Mitteilungen des Vereins. Meissen. In Komm. bei Louis Mosche. 8°.*)

*) Die folgenden Jahresberichte sind in den »Mitteilungen« enthalten.

JAHRESBERICHT DES VEREINS FÜR GESCHICHTE DER NEUMARK, erstattet vom Vorstande. 1. Landsberg (1892). Druck von R. Schneider & Sohn. 4°.

Jahresbericht des Vereins für Geschichte der Stadt Nürnberg 1–2 in: Mitteilungen d. Ver. f. Gesch. d. Stadt Nürnberg. 1879ff.

Jahresbericht des Vereins für Geschichte der Stadt Nürnberg über das 3.– 8. Vereinsjahr 1880—85. Nürnberg. 1881—86. 8°.

JAHRESBERICHT DES VEREINS FÜR GESCHICHTE DER STADT NÜRNBERG über das ... Vereinsjahr ...
7–8. Vereinsjahr 1884–1885. Nürnberg. 1885–1886. Im Selbstverlag des Vereins. 8°.

JAHRESBERICHT DES VEREINS FÜR GESCHICHTE DER STADT NÜRNBERG ÜBER DAS ... VEREINSJAHR.
... 9. 1886. Nürnberg. 1887. Im Selbstverlag des Vereins. 8°. — 10. 1887. ib. 1888. Heinrich Schrag. (In Kommission.) — 11. 1888. ib. 1889. — 12. 1889. ib. 1890.

Verein für Geschichte der Stadt Nürnberg. — JAHRESBERICHT ÜBER DAS VEREINSJAHR ...
13. 1890. ib. 1891. — 14. 1891. ib. 1892. — 15. 1892. ib. 1893. Joh. Leonh. Schrag. (In Kommission.) — 16. 1893. ib. 1894. — 17. 1894. ib. 1895. — 18. 1895. ib. 1896. — 19. 1896. ib. 1897. — 20. 1897. ib. 1898. — 21. 1898. ib. 1899. — 22. 1899. ib. 1900. J. L. Schrag. (In Kommission.) — 23. 1900. ib. 1901. — 24. 1901. ib. 1902. — 25. 1902. ib. 1903. — 26. 1903. ib. 1904. — 27. 1904. ib. 1905. — 28. 1905. ib. 1906. — 29. 1906. ib. 1907. — 30. 1907. ib. 1908. — 31. 1908. ib. 1909. — 32. 1909. ib. 1910. — 33. 1910. ib. 1911. — 34. 1911. ib. 1912. — 35. 1912. ib. 1913. — 36. 1913. ib. 1914. — 37. 1914. ib. 1915. —

JAHRESBERICHT DES VEREINS FÜR DIE GESCHICHTE VON OST- UND WESTPREUSSEN (E. V.)
über das Vereinsjahr 1907–1908. Königsberg. Druck von Emil Rautenberg. (Ohne bes. Titelbl.) 8°.
über das Vereinsjahr 1908–1909. ib. —
über das Vereinsjahr 1909-1910–1914-1915. (ib. Hartungsche Buchdruckerei.)

Verein für rheinische Geschichte und Alterthümer.
JAHRESBERICHT 1872 (von L. LINDENSCHMIT). (Ohne bes. Titelblatt. Mainz. Druck von Victor v. Zabern.) 4°.
JAHRESBERICHT für 1872/73, erstattet in der Generalversammlung am 9. Dezember 1873 (von LINDENSCHMIT). (Ohne bes. Titelblatt.)

Jahresbericht des Geschichts- und altertumsforschenden Vereins zu Schleiz, siehe
Jahresbericht des Vogtländischen Altertumsforschenden Vereins zu Hohenleuben (gegründet i. J. 1825).

JAHRESBERICHT DES VEREINS FÜR ÖFFENTLICHE GESUNDHEITSPFLEGE IN HAMBURG.
(1). Hamburg 1882. Druck von F. A. Hungerland. 8°.
2. ib. 1883. Druck von H. Ph. Birkmann.

JAHRESBERICHT DES VEREINS FÜR ÖFFENTLICHE GESUNDHEITSPFLEGE IN HAMBURG.
5. Hamburg 1886. Druck von Carl Pottier. 8°.

Jahresbericht des Vereins der Grosshandler der Manufakturwaren- und verwandten Branchen zu Hamburg. 1908-11. 4° Hamburg 1909-12

Jahresbericht des „Verein Berliner Grundstücks- und Hypotheken-Makler", E. V.

... Jahresbericht des Vereins zur Gründung evangelischer Alumnate in Schleswig-Holstein. Ploen (1908 ff.: Ratzeburg i. Lbg.). 8°
7, 1896. 8, 1897. 18–23, 1907–1912. 25, 1914.

JAHRSBERICHT DES VEREINS ZUR GRÜNDUNG EINES NATURHISTORISCHEN MUSEUMS ZU HANNOVER.
1., von Michaelis 1850 bis dahin 1851. (Hannover.) Druck der Schlüter'schen Hofbuchdruckerei. 8°.

—— 1., des halleschen landwirthschaftl. Vereins für 1813. Den Mitgliedern desselben v. Neubaur. gr. 8. (5¾ B.) Halle 811, Schwetschke u. Sohn.

—— 4., des hamburger Vereins gegen Thierquälerei f. d. J. 1845. Im Namen des Vorstandes abgestatt. v. Ferd. Veit. 8. (1½ B.) Hamburg. (Perthes-Besser u. Mauke.) 1846. *

— des Hannoverschen Vereins für Pferdezucht. 1834. gr. 4. Hannover 835. (Helwing.) ⅜ ß

Verein gegen Haus- und Gassenbettel in der Gemeinde St. Gallen. 47. Jahresbericht vom 1. November 1900 bis 31. Oktober 1901. 12 S. 4. (St. Gallen, Honegger.)

Verein gegen Haus- und Gassenbettel in der Gemeinde St. Gallen. 48. Jahresbericht vom 1. November 1901 bis 31. Oktober 1902. 12 S. 4. (St. Gallen, V. Schmid.)

JAHRESBERICHT ÜBER DEN HISTORISCHEN VEREIN ZU BRANDENBURG A. (D.) H. Herausgegeben durch den zeitigen Vorstand.
I. 1870 (Brandenburg). Druck der Muller'schen Buchdruckerei. 8°.
II. und III. ib. 1872. — Darin mit bes. Titel: FERDINAND HORN. Geschichte der Stadt Plaue a. d. Havel von 1620 bis 1793. Ein Vortrag im historischen Verein zu Brandenburg. ib. 1871. Comm. bei Adolph Müller.
IV. V. VI. Herausgegeben im Auftrage des zeitigen Vorstandes von H. SELIGO. ib. s. a. Buchdruckerei von Gustav Matthes.

—— 1.–8., über den historischen Verein zu Brandenburg a. H. Hrsg. durch den zeit. Vorstand. 8. Brandenburg 873, Müller. [1. 1870. (68 S.) 871. ℳ 1,50.; 2. und 3. Octbr. 1869 bis Octbr. 1871. (140 S.) *ℳ 2,50.] *

—— dass. — 4., 5. und 6. Hrsg. im Auftrage des zeit. Vorstandes von H. Seligo. gr. 8. (LXIV, 48 S.) Ebendas. 875. *

—— 7.–12., über den historischen Verein zu Brandenburg a. d. H. Hrsg. im Auftrage des zeit. Vorstandes von R. Grupp. gr. 8. (86 S.) Brandenburg a. d. H. 881, (Müller.) *

JAHRESBERICHT ÜBER DEN HISTORISCHEN VEREIN ZU BRANDENBURG A. D. H. Herausgegeben im Auftrage des zeitigen Vorstandes vom Gymnasiallehrer R. GRUPP.
XIII.–XVI. Brandenburg a. d. H. 1884. Buchdruckerei von J. Wiesike. 8°.

JAHRESBERICHT ÜBER DEN HISTORISCHEN VEREIN ZU BRANDENBURG a. d. H.
Herausgegeben im Auftrage des zeitigen Vorstandes.
XVII.–XIX. (Mit Tafeln.) Brandenburg a. d. H. 1887. Buchdruckerei von J. Wiesike. — Darin mit bes. Titelbl.: Siegel der Alt- und Neustadt Brandenburg. Ein Beitrag zur alteren Geschichte der Stadt Brandenburg. Mit 3 Tafeln. Von G. SELLO. ib. 1886. Verlag von J. Wiesike. 8°.
XX. ib. 1888. Buchdruckerei von J. Wiesike.
JAHRESBERICHT DES HISTORISCHEN VEREINS ZU BRANDENBURG a. d. H.
Herausgegeben im Auftrage des zeitigen Vorstandes. 8°.
XXI.–XXV. ib. 1894. —[1])

[1]) In Jahresbericht XXI.–XXV: Katalog der Bibliothek des historischen Vereins zu Brandenburg a. d. H.

— XXI.–XXVIII., d. histor. Vereins zu Brandenburg a/H. Hrsg. im Auftr. d. zeit. Vorstandes. gr. 8. Brandenburg (M. Evenius). à n. 2.—
XXI–XXV. (XXXII, 114 u. 39 S. m. 1 Taf. u. 1 Tab.) 894.
XXVI–XXVIII. Hrsg. v. Otto Tschirch. (IV, 131 S. m. Titelbild.) 896.
Die Jahresberichte XIII–XX waren nicht im Handel u. sind vergriffen.

JAHRES-BERICHT DES HISTORISCHEN VEREINS ZU BRANDENBURG a. d. H. (auch: a. H.)
Herausgegeben im Auftrage des Vorstandes von OTTO TSCHIRCH.
XXVI.–XXVIII. Mit 1 Titelbilde. ib. 1896. — XXIX.–XXX. Mit 1 Titelbilde. ib. 1898. —[1]) XXXI.[2]) ib. 1899. — 32.–33. ib. 1901. — 34.–35. Mit 13 Bildertafeln. ib. 1904. J. Wiesikes Buchdruckerei. — 36.–37. Mit einem Titelbilde und einem Plane. ib. 1906. — 38.–40. Mit 1 Titelbild und 6 Abbildungen, sowie 1 Stadtplan. ib. 1908. —
Im Auftrage des Vorstandes herausgegeben von OTTO TSCHIRCH und GEORG BECKER.
41.–42. Mit 2 Tafeln und 6 Textbildern. ib. 1910. —
Im Auftrage des Vorstandes herausgegeben von OTTO TSCHIRCH.
43. und 44. Festschrift zur Hohenzollernfeier 1912. Mit einem Titelbild und 6 Abbildungen. ib. 1912. —

[1]) In Jahres-Bericht XXIX–XXX: Alphabetisches Register (nach den Verfassern geordnet) der in den ersten dreissig Jahresberichten ... enthaltenen Abhandlungen und Vorträge, verfasst von W. LENCER, ergänzt von O. TSCHIRCH.

[2]) Enthält: Schöppen, Schöppenstuhl und Klinke. Ein Beitrag zur brandenburg-märkischen Geschichte. Nach Quellen bearbeitet von RUDOLF GRUPP.

— 29.–33., des historischen Vereins zu Brandenburg a. d. H. Hrsg. im Auftrage des Vorstandes von Otto Tschirch. gr. 8. Brandenburg (M. Evenius.) n. 6.—
29. 30. (IV, 132 S. m. 1 Titelbilde. 899. n. 2.—. — 31. (IV, 120 S.) 899. n. 2.—. — 32. 33. (141 S.) 901. n. 2.—.

— 34.—35. u. 36.—37., des historischen Vereins zu Brandenburg a. d. H. Hrsg. im Auftrage des Vorstandes v. Otto Tschirch. gr. 8. Brandenburg (M. Evenius.) à n. 3. —
34. 35. (III, 134 S. m. 13 Taf.) 904.
36. 37. Mit e. Titelbild u. e. Plane. (140 S.) 906.

— 38.—40., des historischen Vereins zu Brandenburg a. d. H. Im Auftrage des Vorstandes hrsg. v. Otto Tschirch. Mit 1 Titelbild u. 6 Abbildgn. sowie 1 Stadtplan. (IV, 180 S.) 8. Brandenburg 908. (M. Evenius.) 4. 50

JAHRESBERICHT DES HISTORISCHEN VEREINS FÜR DEN CHIEMGAU (IN TRAUNSTEIN). (Anerkannter Verein).
I. Traunstein. 1890. Druck von Carl Werkmeister. 8°. — II. pro 1890. (—) III. 1891. — IV. 1892. — V. VI. 1893 und 1894. — (VII und VIII.) Für die Jahre 1895 incl. 1897. — (IX., X.) 1898 und 1899. ib. Druck von Ed. Leopoldseder. —

JAHRESBERICHT DES HISTORISCHEN VEREINS FÜR DEN CHIEMGAU IN TRAUNSTEIN. (Eingetragener Verein.)
1900—1903. Traunstein. Druck von Müller & Sohn.

JAHRESBERICHT DES HISTORISCHEN VEREINS FÜR DONAUWÖRTH UND UMGEGEND.
Erstattet vom 1. Vorstande Dr. F. X. THALHOFER.
Für das Vereinsjahr 1902/03. Donauwörth. Druck der Buchhandlung Ludwig Auer. 8°.

JAHRESBERICHT DES HISTORISCHEN VEREINS FÜR DORTMUND UND DIE GRAFSCHAFT MARK.
6. (1878.) (Ohne bes. Titelblatt. Dortmund. Druck von W. Crüwell.) 4°.
8. Erstattet ... 1880. durch den Schriftführer des Vereins. (Ohne bes. Titelblatt. ib. —)

JAHRESBERICHT DES HISTORISCHEN VEREINS FÜR DORTMUND UND DIE GRAFSCHAFT MARK.
13. Dortmund. 1885. Druck von W. Crüwell. 8°.

JAHRES-BERICHT DES HISTORISCHEN VEREINS FÜR DORTMUND UND DIE GRAFSCHAFT MARK.
18. (Separat-Abdruck aus Nr. 359 der Rheinisch-Westfälischen Zeitung.) Dortmund 1890. (Druck von G. D. Bädeker in Essen.) 8°.

JAHRESVERSAMMLUNG DES HISTORISCHEN VEREINS FÜR DORTMUND UND DIE GRAFSCHAFT MARK.
XX. Dortmund 1893. Buchdruckerei von C. L. Krüger. 8°.

JAHRESBERICHT DES HISTORISCHEN VEREINS FÜR DORTMUND UND DIE GRAFSCHAFT MARK.
XXII. ib. 1894. Buchdruckerei von C. L. Krüger.

JAHRES-BERICHT DES HISTORISCHEN VEREINS FÜR DORTMUND UND DIE GRAFSCHAFT MARK.
XXVIII. (Separat-Abdruck aus Nr. 359 der Rheinisch-Westfälischen Zeitung.) Dortmund 1900. (Druck von D. Bädeker in Essen.)[1]

JAHRESBERICHT DES VEREINS FÜR DIE GESCHICHTE DORTMUNDS UND DER GRAFSCHAFT MARK.
30. ib. 1903. —

JAHRESBERICHT DES HISTORISCHEN VEREINS FÜR DIE GESCHICHTE DORTMUNDS UND DER GRAFSCHAFT MARK.
31., über das Jahr 1903. ib. 1904. Druck von Hermann Meyer.

JAHRESBERICHT DES HISTORISCHEN VEREINS FÜR DORTMUND UND DIE GRAFSCHAFT MARK.
32., für das Jahr 1904. ib. 1905. —
33., für das Jahr 1905. (Neuer Abdruck.) ib. 1906. Eduard Herfort.
35.,[1] über das Jahr 1907. Erstattet in der Jahresversammlung vom 8. Januar 1908. Dortmund 1908. Druck von Eduard Herfort.
36., über das Jahr 1908. Erstattet in der Jahresversammlung vom 11. Januar 1909. ib. 1909. —
37., über das Jahr 1909. Erstattet in der Jahresversammlung vom 25. Januar 1910. ib. 1910. —
38., über das Jahr 1910. Erstattet in der Jahresversammlung vom 24. Januar 1911. ib. 1911. —
39., über das Jahr 1911. Erstattet in der Jahresversammlung vom 15. Januar 1912. ib. 1912. —
40., über das Jahr 1912. Erstattet in der Jahresversammlung vom 14. Januar 1913. ib. 1913. —

[1]) Die fehlenden Jahresberichte habe ich nicht einsehen können.

JAHR(E)SBERICHT DES HISTORISCHEN VEREINS IN (später VON, FÜR) MITTELFRANKEN.
8—9. 1837—1838. Mit Tafeln. ib. 1838—1839. —
10—34. (1841)—1866. Mit Tafeln. Ansbach 1841—(1866). Druck der Brügelschen Officin, später Druck von Carl Brügel & Sohn.
35. 1867. ib. Druck der Carl Junge'schen Officin.
36—41. 1868—(1881). Mit Tafeln. ib. (1868)—1881. Druck von Brügel & Sohn.

Vorh. unt. d. T.:

JAHRSBERICHT DES HISTORISCHEN VEREINS IM REZAT-KREIS.
(1)—7. 1830—1836. Mit Tafeln. Nürnberg (1830)—1837. Riegel & Wiessner. 4°.

—— 13., des histor. Vereins in Mittelfranken. 1843. 4. (16¾ B., 7 Stnt. u. 1 col. Karte.) Ansbach 844. (Dollfuß'sche Buchh.) *

—— 40., des historischen Vereins für Mittelfranken. gr. 8. (XLI, 99 S. mit 1 Stnt.) Ansbach 880, (Seybold's Buchh.) *

—— dass. — 41. gr. 8. (XLII, 72 S.) (Ebendas.) 881. *

— 42., d. historischen Vereins v. Mittelfranken. 4. (XLIV, 56 S. m. 8 autogr. Taf.) Ansbach 883. (Seybold.) n. 8. —

—— 43. u. 44., d. historischen Vereins f. Mittelfranken. gr. 4. (XL, 122 S. m. 8 Taf.; XXXIV, 86 S.) Ansb. 889, 92, (Seybold.) à Jahrg. * 3 —

— 45. u. 46., d. histor. Vereins f. Mittelfranken. gr. 4. (XXVI, 119 u. 28 u. 28 S.) Ansbach 896. 98. (F. Seybold.) n. 3. —

— 47.—49., des historischen Vereins f. Mittelfranken. gr. 4. (XII, 99; VIII, 132 S. m. 1 Bildn. u. III, IX, 67 S.) Ansbach 900—902. (F. Seybold.) à n. 3. —

— 50.—53., des historischen Vereins f. Mittelfranken. Lex.-8. Ansbach (F. Seybold). n.n. 16. 50
50. (III, V, 165 S.) 903. 4. 50
51. (IV, 65 S. m. 1 Taf.) 904. 3. 50
52. (IV, 51 S.) 905. 4. 50. — 53. (III, 111 S.) 906. 4. —

— 54.—57., des historischen Vereins f. Mittelfranken. (X, 134 S.) 8. Ansbach, (F. Seybold). nn 17. 40
54. (X, 134 S.) 907. 4. 20. — 55. (XV, 111 S. m. 1 Abb.) 908. 4. 50 — 56. (XVI, 188 S.) 909. 4. 20 — 57. (VIII, 130 S.) 910. 4. 50.

JAHRES-BERICHT DES HISTORISCHEN VEREINS ZU MÜNSTER
zum 42jährigen Stiftungs-Feste des Vereins den 15. März 1874, in dessen Auftrage herausgegeben durch den Vereins-Secretair Dr. SAUER. Münster. 1874. Gedruckt bei Joseph Krick. 8°.
zum 43jährigen Stiftungs-Feste den 14. März 1875, in dessen Auftrage herausgegeben durch den Vereins-Secretair L. BRUNGERT. ib. 1875. Druck der Coppenrath'schen Buchdruckerei.
zum 44jährigen Stiftungs-Feste den 12. März 1876, in dessen Auftrage herausgegeben durch den Vereins-Secretair L. BRUNGERT. ib. 1876. —
für das Vereinsjahr 1876/7. Von L. BRUNGERT. (Mit 1 Tafel.) ib. 1877. —
für das Jahr 1877—78. Von L. BRUNGERT. (Mit 1 Karte.) ib. 1878. —

JAHRESBERICHT DES HISTORISCHEN VEREINS FÜR NEUMARKT I. O. UND UMGEBUNG (E. V.), gegründet am 14. September 1904.
Jahrg. 1 und 2. 1904 und 1905. Neumarkt i. Oberpfalz. Druck von J. M. Boegl. 8°. —
Jahrg. 3. 1906. ib. 1907. —

JAHRESBERICHT DES HISTORISCHEN VEREINS FÜR NEUMARKT I. O. UND UMGEBUNG (E. V.).
Jahrg. 4. 1907. (Mit Tafeln.) ib. 1908. —
Jahrg. 5 und 6. 1908 und 1909. ib. 1910. —

—— 1—4., des historischen Vereines von u. für Oberbayern. Für d. J. 1838—41. Lex.-8. München 839—42, Franz.
1. Bericht. Erstattet in d. Generalversamml. v. 20. Jan. 1839 durch Friedr. Aug. Frhr. v. Zu-Rhein. (5 B.) 8 Gr.
2. „ Erstattet in d. Generalversamml. v. 8. März 1840 durch denselben. (7½ B.) 10 Gr.
3. „ Erstattet in d. Generalversamml. v. 15. Feb. 1841 durch Jos. v. Stichaner. (5¾ B.) 9 Gr.
4. „ Erstattet in d. Generalversamml. v. 15. Febr. 1842 durch denselben. (4½ B.) 9 Gr.

—— 5—9., des histor. Vereines von u. für Oberbayern. Für d. J. 1842—46. Erstattet v. Jos. v. Stichaner. Lex.-8. München, Franz. [5. (6 B.) 843. * 11¼ Ngr., 6. (5¼ B.) 44. * 11¼ Ngr., 7. (5 B.) 45. * 11¼ Ngr., 8. (5¼ B.) 46. * 12 Ngr., 9. (6 B.) 47. 12 Ngr.] *]

1—4. 1838—41. Ebendas. 1 Thlr. 15 Ngr.

— 9 u. 10., des historischen Vereines von u. für Oberbayern. Für d. J. 1846 u. 1847. Erstattet durch Jos. v. Stichaner. gr. 8. (96 u. 128 S.) München 847. 48, Franz. à n. 12 ngl — 11., für d. J. 1848. Erstattet in der Generalversammlung am 1. März 1849 durch Jos. v. Stichaner. gr. 8. (90 S.) Ebd. 849. n. 12 ngl — 12., für d. J. 1849. Erstattet in der General-Versammlung am 2. April 1850 durch Jos. v. Stichaner. gr. 8. (80 S.) München 850. (Franz.) n. 12 ngl — 13., für d. J. 1850. Erstattet in der General-Versammlung am 2. Mai 1851 durch Jos. v. Stichaner. gr. 8. (76 S.) München 851, Franz in Comm. n. ⅓ ßf — 14., für d. Jahr 1851. Erstattet in der General-Versammlg. am 1. April 1852 durch den ersten Vorstand des Vereines. Jos. v. Stichaner. gr. 8. (76 S.) Ebd. 852, in Comm. n. ⅓ ßf

—— 15., des historischen Vereines von und für Oberbayern. Für das J. 1852. Erstattet in der General-Versammlung am 1. Juni 1853 durch den zweiten Vorstand des Vereines, Mart. v. Deutinger. gr. 8. (88 S.) München 853, (Franz.) *

—— dass. — 16. Für das J. 1853. Erstattet am Tage der Enthüllung des Westenrieder-Monumentes, in der General-Versammlung vom 1. Aug. 1854 durch den zweiten Vereinsvorstand Mart. v. Deutinger. gr. 8. (102 S.) Ebdf. 854. *

—— dass. — 17. Für das J. 1854. Erstattet in der Plenarversammlung am 1. Aug. 1855 durch den 2. Vereinsvorstand Friedr. Hektor Hundt. gr. 8. (148 S.) Ebdf. 855. *

—— dass. — 18. Für das J. 1855. Erstattet in der Plenarversammlung am 1. Juli 1856 durch den 1. Vereinsvorstand, Friedr. Hektor Hundt. gr. 8. (131 S.) Ebdf. 856. *

—— 19—28., des historischen Vereines von und für Oberbayern. Für die J. 1856—60. Erstattet in der Plenarversammlung am 1. April 1857, 1. April 1858, 1. Juli 1859, 1. Septbr. 1860, 1. Aug. 1861, durch den ersten Vereinsvorstand Friedr. Hektor Grafen Hundt. gr. 8. (100 S., 185 S., 148 S., 104 S., 149 S.) München 857—61, (Franz.) à Jahrg. * 10 Ngr. *

—— 24. und 25., des historischen Vereines von und für Oberbayern. Für die J. 1861 und 1862. Erstattet in der Festversammlung zur 25jähr. Stiftungs-Feier des Vereins am 26. Mai 1863 durch den ersten Vorstand Friedr. Hekt. Grafen Hundt. gr. 8. (264 S.) München 863, (Franz'sche Buchh.) —

—— 26., des historischen Vereines von und für Oberbayern. Für das J. 1863. Erstattet in der Plenarversammlung am 1. Aug. 1864 durch den ersten Vorstand Friedr. Hekt. Grafen Hundt. gr. 8. (77 S.) (Ebendas.) 864. *

—— 27., des historischen Vereines von und für Oberbayern. Für das J. 1864. Erstattet in der Plenarversammlung am 1. Juni 1865 durch den ersten Vorstand Friedr. Hekt. Grafen Hundt. gr. 8. (163 S.) (Ebendas.) 865. *

—— 28., des historischen Vereines von und für Oberbayern. Für das J. 1865. Erstattet in der Plenarversammlung am 1. Juni 1866 durch den ersten Vorstand Friedr. Hekt. Grafen Hundt. gr. 8. (131 S.) (Ebendas.) 866. *

—— 29., des historischen Vereines von und für Oberbayern. Für das J. 1866. Erstattet in der Plenarversammlung am 1. April 1867 durch Friedr. Hekt. Grafen Hundt. gr. 8. (147 S.) (Ebendas.) 867. *

—— 30., des historischen Vereins von und für Oberbayern. Für das J. 1867. Erstattet in der Plenarversammlung am 1. Septbr. 1868 durch v. Schönwerth. gr. 8. (96 S.) München 869, (Franz'sche Buchh.)

—— dass. — 31. Für das J. 1868. Erstattet in der Plenarversammlung am 1. April 1869 durch v. Schönwerth. gr. 8. (91 S.) (Ebendas.) 870. *

—— dass. — 32. und 33. Für die J. 1869 und 1870. Erstattet in der Plenarversammlung am 1. Decbr. 1871 durch v. Schönwerth. gr. 8. (224 S.) (Ebendas.) 873. *

—— dass. — 34. und 35. Für die J. 1871 und 1872. Erstattet in der Plenarversammlung am 1. Decbr. 1873 durch v. Schönwerth. gr. 8. (203 S.) Ebendas. 874. *

—— 36.—38., des historischen Vereins von und für Oberbayern. Für die J. 1873—1875. gr. 8. (204 S.) München 876, (Franz'sche Buchh.) *

—— dass. — 39. und 40. Für die J. 1876 und 1877. gr. 8. (170 S.) Ebendas. 879. *

—— 41., des historischen Vereines von Oberbayern. Für das J. 1878. Erstattet in der Plenarversammlung vom 1. März 1880 durch den ersten Vorstand Friedr. Hektor Grafen Hundt. gr. 8. (91 S.) München 880, (Franz'sche Buchh.)

—— dass. — 42. und 43. Für die J. 1879 und 1880. Erstattet in der Plenarversammlung vom 1. Febr. 1881 durch den ersten Vorstand Ludw. Rockinger. gr. 8. (217 S. mit 1 Lichtdr.-Bildnisse.) (Ebendas.) 881. *

—— 44. und 45., des historischen Vereines von Oberbayern. Für die J. 1881 und 1882. Erstattet in den Plenarversammlungen vom 2./I. 82. und 1./II. 83. durch den ersten Vorstand Ludw. Rockinger. gr. 8. (115 S.) München 883, (Franz' Verlag.) * 4 —

—— dass. — 46. und 47. Für die J. 1883 und 1884. Im Auftrage des Ausschusses erstattet durch Ludw. Rockinger. gr. 8. (XXVI, 103 S.) (Ebendas.) 885. * 2 —

—— dass. — 48. und 49. Für die J. 1885 und 1886. Im Auftrage des Ausschusses erstattet durch Ludw. Ritter v. Rockinger. gr. 8. (LX, 102 S.) (Ebendas.) 887. * 4 —

— dasselbe, 50. u. 51. Für die J. 1887 u. 1888. Im Auftrage des Ausschusses erstattet durch Chrn. Haeutle. gr. 8. (XXVIII, 181 S.) Ebd. 889. n. 4. —

— 52. u. 53., d. historischen Vereines v. Oberbayern. Für die J. 1889 u. 1890. Im Auftrage d. Ausschusses erstattet durch Chrn. Haeutle. gr. 8. (XLI, 171 S.) München 891. (G. Franz' Verl.) n. 4. —

—— —— 54. u. 55., für die Jahre 1891, 1892 in: Oberbay. Archiv f. vaterl. Geschichte. Bd. 48. 1893—1894.

— 56. u. 57., d. historischen Vereins v. Oberbayern. F. d. J. 1893 u. 1894. Im Auftr. d. Ausschusses erstattet durch Marcellus Stigloher. gr. 8. (XIV, 46 S.) München 895. (G. Franz' Verl.) n. 1. —

— dasselbe 58. u. 59. Für die J. 1895 u. 1896. gr. 8. (XXII, 63 S.) Ebd. 897. n. 1. 50

Die frühern Berichte erschienen als Beigabe z. „Archiv, Oberbayer., f. vaterland. Geschichte".

— erster, des histor. Vereins im Oberdonau-Kreise. Für d. Jahr 1835. Mit 6 Steintaf. 4. Augsburg 836. M. Riegers Buchh. (Himmer); auch (Kollmann.) 1 ßf

JAHRS-BERICHT DES HISTORISCHEN VEREINS IM OBERDONAU-KREISE. 1—2. 1835—1836. (Mit Tafeln.) Augsburg 1836—1837. Lautersche Buchdruckerey. 4°.

JAHRS-BERICHT DES HISTORISCHEN VEREINS IM VORIGEN OBERDONAU-KREISE.
3. 1837. (Mit Tafeln.) ib. 1838. —

Forts. s.: Jahresbericht d. hist. Ver. f. d. Reg.-Bez. von Schwaben u. Neuburg.

JAHRESBERICHT DES HISTORISCHEN VEREINS VON OBERFRANKEN ZU BAYREUTH für das Jahr 1842/43—1846/47. Bayreuth 1843—47. — 8°.

JAHRESBERICHT DES HISTORISCHEN VEREINES VON OBERPFALZ UND REGENSBURG
für die Jahre 1872, 1873 und 1874 erstattet in der Generalversammlung am 17. März 1875 durch ... HUGO Graf v. WALDERDORFF. (Mit 5 Beilagen.) Stadtamhof. 1876. Druck von Joseph Mayr. 8°.
für die Jahre 1875, 1876 und 1877 erstattet in der Generalversammlung am 10. Juli 1878 durch ... HUGO Graf von WALDERDORFF. (Mit 4 Beilagen.) ib. 1878. —

JAHRESBERICHT DES HISTORISCHEN VEREINES DER PFALZ.
1. (Mit Tafeln.) Speyer. 1842. Gedruckt bei Daniel Kranzbühler. 4°.

JAHRESBERICHT DES HISTORISCHEN VEREINS FÜR DIE GRAFSCHAFT RAVENSBERG ZU BIELEFELD.
I. Beigegeben ist ein Vortrag des Herrn Pastor GÖBEL: Wilhelm von Ravensberg und Gobelinus Persona, ein Geschichtsbild aus den Zeiten des päpstlichen Schisma. Bielefeld 1877. Druck von Velhagen & Klasing. 8°.
II. Inhalt: Das Leben des Dietrich von Niem, Vortrag des Herrn Oberlehrer Dr. MICHAEL und Die Einführung der Reformation in Bielefeld. Vortrag des Herrn Pastor GÖBEL. Urkunden aus dem Vereins-Archiv und Vereins-Nachrichten. ib. 1878. —
III. Inhalt: 1) Bericht des Vorstandes. 2) Der grosse Kurfürst und der Jülich-Clevesche Erbfolgestreit Vortrag des Herrn Direktor Dr. NITZSCH. 3) Katalog der Sammlung. ib. 1880. —
IV. 1882. Inhalt: 1. Bericht des Vorstandes. 2. Ravensberger Plattdeutsch, vom Kantor GROVEMEYER. 3. Geschichte der Neustädter Kirche, nach den Urkunden und mündlichen Quellen zusammengestellt von TH. JORDAN. ib. 1883. —

JAHRESBERICHT DES HISTORISCHEN VEREINS FÜR DIE GRAFSCHAFT RAVENSBERG zu Bielefeld.
5. 1883. Inhalt: 1. Bericht des Vorstandes. 2. Über ein militärisches Tagebuch aus dem siebenjährigen Kriege. Von WILBRAND. 3. Chronik der Stadt Bielefeld. I. Teil. Von MICHAEL. 4. Geschenke und Erwerbungen. Bielefeld. 1883. Druck von Velhagen & Klasing. 8°.

JAHRESBERICHT DES HISTORISCHEN VEREINS FÜR DIE GRAFSCHAFT RAVENSBERG ZU BIELEFELD.
6. 1886. Inhalt: 1) Bericht des Vorstandes. 2) Leben der Marswidis, der Gründerin des Stiftes Schildesche. 3) Über zwei Ablassbriefe für Kloster Schildesche. Nach Professor NORDHOFF. 4) Über Bielefelder Familiennamen. Von TUMPEL. 5) Der Bielefelder Münzfund vom 11. August 1885. Von WILBRAND. 6) Das Strassengefecht in Bielefeld am 14. Juni 1757. Bielefeld 1886. Druck von Velhagen & Klasing. 8°. —
7. 1887. Inhalt: 1) Bericht des Vorstandes. 2) Zur Kriegsgeschichte Ravensbergs. Zusammengestellt von RUDOLF BERTELSMANN. ib. 1887. —
8. 1891. Inhalt: 1) Bericht des Vorstandes. 2) Vorwort zu den Ratsverhandlungen. 3) Bielefelder Ratsverhandlungen von 1586—1628. 4) Glossar. 5) Namen- und Sachverzeichnis. ib. 1891. —
9. 1894. Inhalt: 1. Bericht des Vorstandes. 2. Urkundenbuch der Stadt Bielefeld. I. Teil, 1. Hälfte. Herausgegeben von R. REESE. ib. 1894. —

—— 8., d. historischen Vereins f. die Grafsch. Ravensberg zu Bielefeld. 1891. gr. 8. (XIV, 141 S.) Bielef. 891, (Velhagen u. Klasing). * 2 —

Die früheren Berichte kamen nicht in den Handel.

— 9 u. 10., d. histor. Vereins f. d. Grafsch. Ravensberg zu Bielefeld. 1894 u. 1895. gr. 8. (VII, X, 160 S. m. 2 Taf. u. VII, 111 S. m. 1 Taf.) Bielefeld 891. 95. (Velhagen & Klasing.) à n. 2. —

— dasselbe 11. u. 12. 1897 u. 1898. gr. 8. (VIII, 125 u. VII, 106 S.) Ebd. 897. à n. 2. —

— 13. u. 14., des historischen Vereins f. die Grafsch. Ravensberg zu Bielefeld. 1899 u. 1900. gr. 8. (VIII, 139 u. XII, 111 S.) Bielefeld 899. 900. (Velhagen & Klasing.) à n. 2. —

— dasselbe, 15. 1901. Enth. zugleich das Register der ersten 14 Jahresberichte. gr. 8. (VIII, 237 S.) Ebd. 901. n. 2. —

— 16.—20., des historischen Vereins f. die Grafsch. Ravensberg zu Bielefeld. 1902—1906. gr. 8. Bielefeld (Velhagen & Klasing). à n 2. —
16. (XII, 110 S.) 902. — 17. (XII, 146 S.) 903. — 18. (XIV, 99 S.) 904. — 19. (XII, 94 S. m. 1 Karte.) 905. — 20. (XIV, 64 S. m. 18 Abb. u. Plänen.)

— 21.—24., des historischen Vereins f. die Grafschaft Ravensberg zu Bielefeld. 1907—1910. (XVI, 118 S.; XIV, 113 S. m. Abb.; XI, 124 S. u. X, 124 S.) 8. Bielefeld, (Velhagen & Klasing). à 2. —

Jahresbericht d. histor. Vereins im Rezatkreis 1.—7. Nürnberg 1830—37. 4. Jahresbericht d. histor. Vereins in Mittelfranken 8.— Nürnberg u. Ansbach 1838— 4.

Jahresbericht, 1—7., des historischen Vereins im Rezatkreis. Für d. J. 1830—36. gr. 4. Nürnberg, Riegel u. Wießner. [1. 831. ½ Thlr., 2. 832. ½ Thlr., 3. 833. 7/12 Thlr., 4. 834. ¾ Thlr., 5. 835. ½ Thlr., 6. (14¼ B. u. 1 Stnt.) 836. 1 Thlr., 7. (13 B. u. 2 Kart.) 837. 5/6 Thlr.] Thlr.

— erster bis fünfter, des histor. Vereins im Rezat-Kreis. Für d. Jahre 1831 bis 1834, (v. K. H. v. Lang). gr. 4. Nürnberg 831—34. Riegel u. Wießner. (1r, 2r. 1 1/12 ß 3r ½ ß 4r ¾ ß 5r ½ ß) 2 5/6 ß — dass. sechster. Für das Jahr 1835. Mit 1 lithogr. Blatte. Mit dem Anhange: Regesta Circuli Rezatensis, sive Diplomatum Historiam Pagorum, Urbium, Oppidorum, Villarum, Arcium nec non Gentium nobilium, quae in illius Circuli ditione et olim exstiterunt et nunc exstant, illustrantium, Summaria, secundum Annorum Seriem disposita. Opus posthumum Car. Henrici de Lang, post ejus Obitum Cura et Studio Societatis, Monumentis Circuli Rezatensis histor. eruendis et conservandis addictae, multis numeris auctum in lucem editum. Sect. I. gr. 4. Ebd. 836, 37 1 ß — dass. siebenter. Für das Jahr 1836. Mit 2 lithogr. Charten. gr. 4. Ebd. 837. 5/6 ß

Jahresbericht des histor. Vereins (f. d. Regierungs-Bezirk) von Schwaben u. Neuburg Nr. 1–3, s. Jahresbericht d. hist. Vereins im (vorigen) Oberdonau-Kreise.

JAHRS-BERICHT DES HISTORISCHEN VEREINS (FÜR DEN REGIERUNGS-BEZIRK) VON SCHWABEN UND NEUBURG.
4—9. 1838—1843. (Mit Tafeln.) ib. 1839—1844. —

JAHRS-BERICHT DES HISTORISCHEN KREIS-VEREINS FÜR DEN REGIERUNGS-BEZIRK VON SCHWABEN UND NEUBURG.
10—12. 1844—1846. Verfasst von ... VON RAISER. (Mit Tafeln.) ib. 1846 — 1847. —
13 und 14. 1847 und 1848. (Mit 1 Tafel.) ib. 1849. —

JAHRES-BERICHT DES HISTORISCHEN KREIS-VEREINS IM REGIERUNGSBEZIRK VON SCHWABEN UND NEUBURG.
15—18. 1849—1852. Mit artistischen Beigaben. ib. 1851—1853. Druck der J. N. Hartmann'schen Buchdr.

JAHRES-BERICHT DES HISTORISCHEN VEREINS IM REGIERUNGS-BEZIRK VON SCHWABEN UND NEUBURG.
19. 1853. Mit 3 lithographirten Abbildungen. ib. 1853. Druck der J. P. Himmer'schen Buchdr.

JAHRES-BERICHT DES HISTORISCHEN KREIS-VEREINS IM REGIERUNGS-BEZIRKE VON SCHWABEN UND NEUBURG.
20. 1854. Mit 4 artistischen Beigaben. ib. 1854. Druck der F. C. Kremer'schen Buchdr. 8°.
21 und 22. 1855 und 1856. Mit 2 artistischen Beigaben. ib. 1856. Druck der J. N. Hartmann'schen Buchdr.
23. 1857. ib. 1858. — Darin: JAMES YATES, Der Pfahl-Graben. Kurze allgemeine Beschreibung des Limes Rhaeticus und Limes Transrhenanus des Römischen Reiches. Aus dem Englischen vom Verfasser übersetzt. Augsburg 1858. —
24 und 25. 1858 und 1859. Mit einer Abhandlung über die ältesten Glasgemälde des Domes in Augsburg und Abbildung derselben in Farbendruck. ib. 1860. —
26. 1860. ib. 1861. — A. u. d. T.: Tagebuch des Lucas Rem aus den Jahren 1494—1541. Ein Beitrag zur Handelsgeschichte der Stadt Augsburg. Mitgetheilt ... von B. GREIFF. ib. 1861. —
27 und 28. 1861 und 1862. ib. 1862. Ph. J. Pfeiffer'sche Buchdr. Darin: M. MEZGER, Die römischen Steindenkmäler, Inschriften und Gefässstempel im Maximilians-Museum zu Augsburg. Augsburg 1862. —
29—31. 1863—1865. ib. 1865—1866. —

32. 1866. Mit 1 artistischen Beilage ... ib. 1867. — Darin: Catalog der Bibliothek des historischen Kreis-Vereins im Regierungsbezirke von Schwaben und Neuburg. ib. 1867. —
33—35. 1867—1870. Mit 1 artistischen Beigabe. ib. 1868—1872. —

JAHRESBERICHT DES HISTORISCHEN VEREINS FÜR SCHWABEN UND NEUBURG. Herausgegeben von dem Verwaltungs-Ausschuss.
36. 1871 und 1872. ib. 1873. Druck der J. P. Himmer'schen Buchdr. Darin: Die Selbstbiographie des ELIAS HOLL, Baumeisters der Stadt Augsburg. (1573—1646). Herausgegeben von Christian Meyer. Augsburg 1873. [illegible]
für 1873—1880. ib. 1875—1881. — 8°.

JAHRESBERICHT DES HISTORISCHEN VEREINS VON SCHWABEN UND NEUBURG
für die Jahre 1881—1884. Herausgegeben vom Verwaltungs-Ausschusse. Augsburg im Januar 1885. Augsburg, 1885. Druck der J. P. Himmer'schen Buchdruckerei. 8°.

JAHRESBERICHT DES HISTORISCHEN VEREINS VON SCHWABEN UND NEUBURG. Herausgegeben vom Verwaltungs-Ausschuss(e).
für die Jahre 1885—1887. Augsburg im April 1888. Augsburg, 1888. Druck der J. P. Himmer'schen Buchdruckerei. 8°.
für die Jahre 1888 und 1889. Augsburg im Februar 1890. ib. 1890. —
für die Jahre 1890 und 1891. Augsburg im Februar 1892. ib. 1892. —
für die Jahre 1892 und 1893. Augsburg im März 1894. ib. 1894. —
für die Jahre 1894, 1895 und 1896. Augsburg im April 1897. ib. 1897. —
für die Jahre 1897, 1898 und 1899. Augsburg im April 1900. ib. 1900. —
für die Jahre 1900—1902. Augsburg im Juli 1903. Mit 1 Karte. ib. 1903. Druck der J. P. Himmer'schen Buchdruckerei.

JARHESBERICHT DES HISTORISCHEN VEREINS FÜR STRAUBING UND UMGEBUNG.
Jahrg. 1. 1898. (Mit Tafeln.) Straubing 1899. Cl. Attenkofer'sche Buch- & Accidenzdruckerei (später: und Kunstdruckerei). 8° — 2. 1899. (Mit Tafeln.) ib. 1900. — 3. 1900. (Mit Tafeln.) ib. 1901. — 4. 1901. (Mit Tafeln.) ib. 1902. — 5. 1902. (Mit Tafeln.) ib. 1903. — 6. 1903. (Mit 1 Tafel.) ib. 1904. — 7. 1904. (Mit Tafeln.) ib. 1905. — 8. 1905. (Mit Tafeln.) ib. 1906. — 9. 1906. (Mit 3 Tafeln.) ib. 1907. — 10. 1907. ib. 1908. — 11. 1908. ib. 1909. — 12. 1909. ib. 1910. — 13. 1910. ib. 1911. — 14. 1911. ib. 1912. — 15. 1912. ib. 1913. — 16. 1913. ib. 1914. — 17. 1914. ib. 1915. —

Jahresbericht des histor. Vereines von Unterfranken, siehe A.: Archiv des histor. Vereines.

JAHRESBERICHT, später JAHRES-BERICHT DES HISTORISCHEN VEREIN(E)S VON UNTERFRANKEN UND ASCHAFFENBURG.
Erstattet in der öffentlichen General-Versammlung ... am 9—16. Stiftungsfeste ... 1839 — ... 1846 vom ... Dr. KARL GOTTFRIED SCHAROLD.:
9—16. 1838/39 — 1845/46. Würzburg, 1839—1846. 8°.
Erstattet in der öffentlichen Generalversammlung am 17—21. Stiftungsfeste ... 1847 — ... 1851 vom ... Dr. IGNAZ DENZINGER.:
17—21. 1846/47 — 1850/51. ib. 1847—1851.
Erstattet vom ... Dr. IGNAZ DENZINGER.:
22—24. 1851/52 — 1853/54. ib. 1852—1854. Druck von Friedrich Ernst Thein.
Erstattet ... von M. TH. CONTZEN.:
25—26. 1854/55 — 1855/56. ib. 1856—1857. —
Combinirter 27. und 28. 1856/57 und 1857/58. ib. 1859. —
Für 1859, 1860 und 1861. ib. 1862. —
Für 1862 — Für 1864. ib. 1863—1865. —
Erstattet von M. TH. CONTZEN und L. A. Freiherrn von GUMPPENBERG.:
Für 1865 und 1866. ib. 1867. —
Erstattet (im Namen des Ausschusses) von L. A. Freiherrn von GUMPPENBERG.:
Für 1867 — Für 1872. ib. 1868—1873. —
Erstattet im Namen des Ausschusses von GEORG HENNER.:
Für 1873 — Für 1884. ib. 1874—1885. Im Verlage des histor. Vereines von Unterfranken und Aschaffenburg. Druck der Thein'schen Druckerei (Stürtz).

JAHRES-BERICHT DES HISTORISCHEN VEREINES VON UNTERFRANKEN UND ASCHAFFENBURG.
Erstattet im Namen des Ausschusses von ... GEORG HENNER.:
Für 1885. Würzburg. 1886. Im Verlage des histor. Vereines von Unterfranken und Aschaffenburg. 8°.

JAHRES-BERICHT DES HISTORISCHEN VEREIN(E)S VON UNTERFRANKEN UND ASCHAFFENBURG.
Erstattet im Namen des Ausschusses von ... GEORG HENNER
für 1886. Würzburg 1887. Im Verlage des histor. Verein(e)s von Unterfranken und Aschaffenburg. 8°.
Erstattet im Namen des Ausschusses von ... THEODOR HENNER.
für 1887—1894. ib. 1888—1895. — für 1895—1901. ib. 1896—1902. Im Verlag des histor. Vereins von Unterfranken und Aschaffenburg. In Comm. der Stahelschen k. Hof- und Univ.-Buch- und Kunsthandlung, später: des k. Hof- und Universitätsverlags von Stahel, bezw. der Stahel'schen Verlags-Anstalt. — für 1902—1913. ib. 1903—1914. —

— d. histor. Vereins f. Unterfranken u. Aschaffenburg f. 1895 u. 1896. Erstatt. im Namen d. Ausschusses v. Thdr. Henner. gr. 8. (60 u. 32 S.) Würzburg 896. 97. (Stahel'sche Verlagsanstalt.) à n. 1. —

— des historischen Vereins v. Unterfranken u. Aschaffenburg f. 1897—1900. Erstattet im Namen des Ausschusses v. Thdr. Henner. gr. 8. (29, 79, 53 u. 56 S.) Würzburg 898—901. (Stahel's Verl.) à n. 1. —

— des historischen Vereins v. Unterfranken u. Aschaffenburg f. 1901—1904. Erstattet im Namen des Ausschusses v. Thdr. Henner. (61, 59, 53 u. 56 S.) gr. 8. Würzburg 902—905. (Stahel's Verl.) à n. 1. —

JAHRESBERICHT DES HISTORISCH STATISTISCHEN VEREINS ZU FRANKFURT A. O.
2—3. ib. 1862—1863. Gedruckt in der Hofbuchdruckerei [illegible] Hofbuchdruckerei von Trowitzsch und Sohn

Jahresbericht des Vereins von Holzinteressenten Südwestdeutschlands und Niederschriften über die Verhandlungen der Generalversammlungen. Jahresber. 1-13. 1901-1913. - Jahresber. 1913-1920 [illegible] Bericht über die Jubiläumstagung und Generalversammlung am [illegible] 1926. - (M. n. erm.)

Jahresbericht des Vereins für bergbauliche Interessen der Braunkohlenwerke im Leipziger Berginspektionsbezirke. Jg. 1901 Markranstädt. 1902.

Jahresbericht des Vereins für die bergbaulichen Interessen im Oberbergamtsbezirk Dortmund zu Essen. Jg. 1867 [illegible] Essen. [illegible]

Jahresbericht des Vereins für die bergbaulichen Interessen [illegible] Bezirk. Essen. Jgge. 1889 - 1891.

Jahresbericht des Vereins für die bergbaulichen Interessen im Oberbergamtsbezirk Dortmund. T. 1. 2. 1906—13 u. 1925 ff. Essen
Seit 1925: Jahresbericht des Vereins für die bergbaulichen Interessen Essen [nur T. 1]

Jahresbericht des Vereins für die bergbaulichen Interessen [illegible] in Bollingen (Lothringen). Jg. [illegible]

Jahresbericht des Vereins für die bergbaulichen Interessen Niederschlesiens. Jg. 1885/86—1903. Waldenburg, 1886—1904.

Jahresbericht des Vereins für die Interessen der [illegible] Industrie. 2- 10. Jg. (1894/95- 1902/03). Köln, [illegible]

Jahresbericht des Vereins für die Interessen der [illegible] Industrie. 1900-12. 4° [illegible]

JAHRES-BERICHT DES VEREINS DER NATIONALLIBERALEN JUGEND ZU KÖLN.
1899/1900. Köln. Druck von Fritz Elsner. [illegible]
JAHRESBERICHT DES VEREINS DER NATIONALLIBERALEN JUGEND [illegible] KÖLN A. RH.
(Sonder-Abdruck aus der Mainummer [illegible] Jugend" des Reichsverbandes der Vereine der Nationalliberalen [illegible]

— des Vereins der nationalliberalen Jugend zu Köln 1899/1900. gr. 4. (27 S.) Köln (900). (C. Roemke & Co.) n. 1. —

Jahresbericht, dritter, des Vereins der Kandidaten der medizinisch-chirurgischen Studien an der Wiener Hochschule zur Unterstützung kranker und hilfsbedürftiger Kollegen für das Jahr 1852. 4. Wien, Buchdr. d. Mechitaristen.

Jahresbericht, Vierter — des Vereines der Kandidaten der medizinisch-chirurgischen Studien an der Wiener Hochschule zur Unterstützung kranker und hilfsbedürftiger Kollegen für das Jahr 1853. 4. (16 S.) Wien. Mechitharisten-Buchdruckerei.

Jahresbericht, siebenter — des Vereines der Kandidaten der medizinisch-chirurgischen Studien an der Wiener Hochschule zur Unterstützung kranker und hilfsbedürftiger Kollegen, für das J. 1856. Wien, Druck und Papier von Leopold Sommer. (7 Bl. 4.)

—— des Karger landwirthschaftlichen Vereins im Kreise Bomst, Provinz Posen, für das J. 1852. Hrsg. durch A. Rothe. I. Jahrg. gr. 8. (VIII und 80 S.) Glogau 853, Flemming's Verlag. *

[C]Katholischor Verein für inländische Mission in der Schweiz. Gegründet und geleitet vom schweizerischen Katholikenverein. 37. Jahresbericht. 1900. IV + 136 S. 8. Solothurn, Buch- und Kunst-Druckerei Union, 1901.

— des Vereins Berliner Kaufleute und Industrieller für 1883-84. 86-88. 89-92 und 99,2. Berlin 1884-99

JAHRES-BERICHT DES VEREINS BERLINER KAUFLEUTE UND INDUSTRIELLER
für das Etats-Jahr 1889/1890. (Vom April 1889 bis April 1890.) ib. 1890. —
JAHRESBERICHT DES VEREINS BERLINER KAUFLEUTE UND INDUSTRIELLER
für das Etats-Jahr 1890/1891. (vom April 1890 bis Juni 1891.) ib. 1891. —
für das Etats-Jahr 1891/1892. ib. 1892. (—.)
für das Etatsjahr 1892/1893. (1. April 1892 bis 1. April 1893.) ib. 1893. Druck von H. S. Hermann.
für das Etatsjahr 1893/94 (1. April 1893 bis 31. März 1894). ib. 1894. —
für das Etatsjahr 1894/95 (1. April 1894 bis 31. März 1895). ib. 1895. —
für das Etatsjahr 1895/96 (1. April 1895 bis 31. März 1896). ib. 1896. —
für das Etatsjahr 1896/97 (1. April 1896 bis 31. März 1897). ib. 1897. —
für das Etatsjahr 1897/98 (1. April 1897 bis 31. März 1898). ib. 1898. —
JAHRESBERICHT DES VEREINS BERLINER KAUFLEUTE UND INDUSTRIELLER im Zusammenhang mit dem Bericht über die Thätigkeit des Centralausschusses hiesiger kaufmännischer, gewerblicher und industrieller Vereine.
1. April 1898 bis 31. März 1899. (ib. —)
1. April 1899 bis 31. December 1899 (über das Jahr 1899).
Theil I. (und Anhang). Umschlag: Berlin, 1. Januar 1900. (Berlin. Druck von H. S. Hermann.)
Theil II. Spezialberichte. 1. Januar 1899 bis 31. Dezember 1899. Berlin, 22. Februar 1900.
Januar 1900 bis Dezember 1900. (über das Jahr 1900. Berlin 1. Januar 1901.) (ib.)
Januar 1901 bis Dezember 1901. (über das Jahr 1901. Berlin, 1. Januar 1902.) (ib.)
Januar bis Dezember 1902. (über des Jahr 1902. Berlin, 1. Januar 1903.) (ib.)
(Jahresbericht 1903.) BERICHT über die 25. ordentliche Generalversammlung des Vereins Berliner Kaufleute und Industrieller am Montag, den 29. Februar 1904 im Sitzungs-Saale, Berlin W., Jäger-Strasse 22. (ib. —)

Jahresbericht des Vereins Berliner Kaufleute und Industrieller im Zusammenhang mit dem Bericht über die Thätigkeit des Centralausschusses hiesiger kaufmännischer, gewerblicher und industrieller Vereine. Berlin. Für das Etatsjahr 1891/92—1893/94. 1895/96. 1896/97. 1898/99.
1899 (2 Teile) bis 1903.
Tätigkeits-Übersicht für das Jahr 1905 ff.

Verein junger Kaufleute in Aarau. 5. Jahresbericht, vom 1. Jan. bis 31. Dezb. 1875. 20 S. 8. Aarau, Druck von Sauerländer.

— (neunter) des Vereins junger Kaufleute in Aarau pro 1879. In-8°, 24 S. Aarau, Sauerländer.

— (10.) des Vereins junger Kaufleute in Aarau pro 1880. In-8°, 22 S. Aarau, H. R. Sauerländer.

Jahresbericht, 11., des Vereins junger Kaufleute in Aarau pro 1881. In-8°, 24 S. Aarau, H. R. Sauerländer.

— 12., des Vereins junger Kaufleute in Aarau, umfassend den Zeitraum vom 1. Januar 1882 bis 31. Dezember 1882. In-8°, 24 S. Aarau, Sauerländer.

— 13., des Vereins junger Kaufleute in Aarau. 1883—84. In-8°, 24 S. Aarau, H. R. Sauerländer.

Jahresbericht, 14., des Vereins junger Kaufleute in Aarau pro 1884. In-8°, 24 S. Aarau, Sauerländer.

Jahresbericht, 15., des Vereins junger Kaufleute in Aarau pro 1885. In-8°, 28 S. Aarau, H. R. Sauerländer.

— Jahresbericht, 16., des Vereins junger Kaufleute in Aarau, umfassend den Zeitraum vom 1. Januar bis 31. Dezember 1886. In-8°, 30 S. Aarau, H. R. Sauerländer.

8. Jahresbericht des Vereins junger Kaufleute in Basel üb. d. J. 1869—70. Basel, Druck von F. Riehm. 1871. 41 Stn. 8.

Jahresbericht des Vereins junger Kaufleute von Berlin.

Verein junger Kaufleute in Bern. 9. Jahresbericht per 1870/71. Bern, Druck v. Rieder u. Simmen. 31 Stn. 8.

Verein junger Kaufleute in Bern. 10. Jahresbericht, umfass. den Zeitraum vom 1. Mai 1871 bis 30. April 1872. 37 Stn. 8. Bern, Druck v. Rieder & Simmen.

Verein junger Kaufleute in Bern. 12. Jahresbericht v. 1. Mai 1873 bis 30. April 1874. 37 Stn. 8. Bern, Druck v. Rieder u. Simmen. 1874.

Verein junger Kaufleute in Burgdorf. 8. Jahresbericht pro 1870/71. Burgdorf, Druck von C. Langlois. 15 Stn. 8.

Verein junger Kaufleute in Burgdorf. 9. Jahresbericht, umfass. den Zeitraum vom 31. März 1871 bis 31. März 1872. 15 Stn. 8. Burgdorf, Druck v. C. Langlois.

Verein junger Kaufleute in Frauenfeld. 1. Jahresbericht. 11 Stn. 8. 1872.

Verein junger Kaufleute in Horgen. 2. Jahresbericht f. 1871. 15 Stn. 8. Horgen, Druck v. J. Schläpfer.

Verein junger Kaufleute in Horgen. 4. Jahresbericht v. 19. April 1874. 14 Stn. 8. Horgen, Druck v. J. Schläpfer. 1874.

— — in Horgen. 6. Jahresbericht, 1875. 23 S. 8. Horgen, Druck von J. Schläpfer.

4. Jahresbericht des Vereins junger Kaufleute in Luzern. üb. d. J. 1869—70. Luzern. Druck v. Härdi. 29 Stn. 8. 1871

Verein junger Kaufleute in Luzern. 5. Jahresbericht de 1871. 28 Stn. 8.

— — in Luzern. 9. Jahresbericht, umfassend den Zeitraum vom 31. Dezb. 1874 bis gleichen Datum 1875. 38 S. 8. Luzern, Druck von C. M. Härdi.

Verein junger Kaufleute in St. Gallen. 11. Jahresbericht f. 1870. St. Gallen, Druck v. J. J. Sonderegger. 23 S. 8.

Verein junger Kaufleute in Winterthur. 8. Jahresbericht vom 8. Mai 1871 bis 8. Mai 1872. 23 Stn. 8. Winterthur, Druck v. J. Westfehling.

Kaufmännischer Verein in Baden. 2. Jahresbericht v. 30. April 1873 bis 30. April 1874. 16 Stn. 8. Baden, J. Zehnder's Buchdr. 1874.

Kaufmännischer Verein in Basel (Sektion des Schweizer. Kaufmännischen Vereins). 39. Jahresbericht vom 1. April 1900 bis 31. März 1901. Anhang: Bericht der Unterrichtskommission. IV + 64 S. 8. Basel, Schweizer. Verlags-Druckerei, 1901.
Mit Beilage: Anhang VIII zum (C)Katalog der Bibliothek....

Kaufmännischer Verein in Basel (Sektion des Schweizer. Kaufmännischen Vereins). 40. Jahresbericht vom 1. April 1901 bis 31. März 1902. Anhang: Bericht der Unterrichtskommission. IV + 75 S. 8. Basel, Schweizer. Verlags-Druckerei, 1902. V Bas

Kaufmännischer Verein in Schaffhausen. 6. Jahresbericht pr. 1870. Schaffh., Druck v. Bercher u. Meier. 14 Stn. 8.

Kaufmännischer Verein in Schaffhausen. 7. Jahresbericht f. 1871. 15 Stn. 8. Schaffh., Druck v. Bercher & Meier.

Kaufmännischer Verein in Schaffhausen. 9. Jahresbericht f. 1873. 22 Stn. 8. Schaffhausen, Druck v. J. Meier. 1874. Forts. s.: Jahresbericht [des] Kaufmänn. Verein[s] Schaffhausen.

Kaufmännischer Verein in Zürich. 10. Jahresbericht de 1870/71. Zürich, Druck v. Gebr. Lohbauer. 55 Stn. 8.

Kaufmännischer Verein in Zürich. 11. Jahresbericht üb. 1871/72. 52 Stn. 8. Zürich, Druck v. J. Herzog.

Jahresber. 1882 d. Vereins v. roten Kreuz i. Ungarn. Budapest 1883.

JAHRES-BERICHT, später: JAHRESBERICHT ÜBER DEN VEREIN FÜR KUNDE DER NATUR UND DER KUNST IM FÜRSTENTHUM HILDESHEIM UND IN DER STADT GOSLAR.
1—3. Erstattet in der allgemeinen Versammlung des Vereins am 30. Julius 1845 — am 30. Julius 1847. (Ohne bes. Titelblatt.) 8⁰.

Verein für christliche Kunst. — Jahresbericht (26.) für das Jahr 1886. München 1887. (Druck von J. Gotteswinter.) 4°. Cart.
8 S. u. 2 Bll. (à 2 Col.) Beilage: Schrett, Joh., zur Erklärung des Jüngsten Gerichtes von P. v. Cornelius. (S.-A. aus d. „Allgem. Zeitung".)

—— des Vereins für christliche Kunst in der evangelischen Kirche Bayerns. 1886—1888. gr. 8. (22 S. mit 7 Abbild.) Nürnberg 888, Ballhorn's Verlag. * — 50

Verein für Vierländer Kunst und Heimatkunde. — JAHRES-BERICHT[1])
für 1903/1904. (Bergedorf.) Bergedorfer Buchdruckerei von Ed. Wagner 8⁰. — für 1904/1905. (ib.) — für 1905/1906. (ib.) — für 1906/07. (ib.) — für 1907/08. (ib.) — für 1908/09. (ib.) — für 1909/10. (ib.) — für 1910/11. (ib.) — für 1911/12. (ib.) — für 1912/1913. (ib.) — für 1913/1914. (ib.) —

[1]) Ferner ist erschienen: „Zeitschrift für Heimatkultur", 1905. Die Hafnerfamilie Schaumann, 1907. Hygienische Gesichtspunkte beim Bau eines Landhauses.

Jahresbericht, Sechsundzwanzigster — des Vereines der Kunstfreunde für Kirchenmusik in Böhmen. 4. (8 S.) Prag. Gottlieb Haase Söhne. 1854.

Jahresbericht, Siebenundzwanzigster — des Vereines der Kunstfreunde für Kirchenmusik in Böhmen. Prag. 1855. Druck der k. k. Hofbuchdruckerei von Gottlieb Haase Söhne. (8 S. 4.)

Jahresbericht, achtundzwanzigster — des Vereines der Kunstfreunde für Kirchenmusik in Böhmen. Prag, 1856. Druck der k. k. Hofbuchdruckerei von Gottlieb Haase Söhne. (8 S. 4.)

—— 9. u. 10., d. Vereins v. Kunstfreunden in Lübeck. Vereinsj. 1888/89 u. 1889/90. gr. 4. (16 S. m. 3 Lichtdr.-Bild.; 10 S. m. 4 Lichtdr.-Bild.) Lübeck 890,91, (Nöhring). à Jahrg. * 2 40

Jahresbericht des Vereins für siebenbürgische Landeskunde f. d. J. 1853—1914. Hermannstadt.

Jahresbericht des Vereins für siebenbürgische Landeskunde. Redigirt vom Vereins-Sekretär. Für das Vereinsjahr 1887/88, 1888/89, 1890, 1890/91, 1892, 1892/93, 1893/94, 1894/95.
8. Hermannstadt 1888—1895.

Jahresbericht des Vereines für siebenbürgische Landeskunde. Redigirt vom Vereins-Sekretär. (Fortsetzung.) Für das Vereinsjahr 1895/96, 1896/97, 1897/98, 1898/99, 1899/1900, 1900/01, 1901/02, 1902/03, 1903/04.
8. Hermannstadt 1896—1904.

Verein für christliche Lesozirkel (in Basel). 4.
20. Jahresbericht ... Dezember 1900. ([Basel.] Basler Druck- und Verlags-Anstalt.) [4 S.]
21. Jahresbericht ... Dezember 1901. [8 S.]
22. Jahresbericht ... Dezember 1902. [4 S.]

JAHRES-BERICHT DES LITERARISCHEN VEREINS IN NÜRNBERG.
1840/41. Nürnberg. 1842. In Com. u. von Bauer und Raspe. 8°.
1841/42. Nebst einer Sammlung von prosaischen und poetischen Vorträgen, aus den Jahren 1841 und 1842. ib. 1843.

JAHRESBERICHT DES LIT(T)ERARISCH-GESELLIGEN VEREINS ZU OLDENBURG
1—2. Von ADOLF STAHR. Oldenburg, 1840—1841. Gedruckt in der Schulzeschen Buchdruckerei. (W. Berndt.) 8°.
3. Herausgegeben von MAX. HEINRICH RÜDER. ib. 1842. —
4. Herausgegeben von CARL BUCHOLTZ. ib. 1843. Gerhard Stalling.
5. Herausgegeben von KARL AUGUST MAYER. ib. 1844. —
6. Herausgegeben von C. ZEDELIUS. ib. 1846. Schulzesche Buchhandlung (W. Berndt.)
7. Herausgegeben von ED. PLATE. ib. Decbr. 1846. —
8. Vorgelesen am Stiftungsfeste, den 16. Nov. 1847, von RÜDER II. ib. 1848. —
9. Herausgegeben vom Assessor von STEUN. ib. 1849. —
10. Herausgegeben von G. ARENS. ib. 1850. —
11. Herausgegeben von J. BARTELMANN. ib. 1851. —
12. Herausgegeben von A. LÜBBEN. ib. 1852. —
13. Herausgegeben vom Ministerialrath Dr. RUNDE. ib. 1853. —
14. Herausgegeben von Ad. LAUN. ib. 1854. —

JAHRES-BERICHT DES LITERARISCH-GESELL. VEREINS ZU OLDENBURG. Herausgegeben vom Landgerichtsassessor TAPPENBECK.
15., 16. und 17. ib. 1857. —
18. ib. 1858. Schnellpressendruck der Schulzeschen Buchhandlung. (W. Berndt.)

JAHRES-BERICHT DES LITERARISCH-GESELLIGEN VEREINS ZU OLDENBURG.
19. Herausgegeben vom Amtsassessor SCHMIDT. ib. 1859. —
20., 21. und 22. Für die Mitglieder gedruckt. ib. 1862. Druck von Gerhard Stalling.
23., 24. und 25. Für die Mitglieder gedruckt. ib. 1865. —

JAHRES-BERICHT DES LITERARISCH-GESELLIGEN VEREINS ZU OLDENBURG.
26. und 27. Für die Mitglieder gedruckt. Oldenburg 1866. Druck von Gerhard Stalling. 8°.

— 7., des literarisch-geselligen Vereins zu Oldenburg. Hrsg. von Ed. Plate. gr. 8. (23 S.) Oldenburg 847, Schulze. n. 1/6 ℛ — 8., Vorgelesen d. 16. Nov. 1847, von (Aug. Theod.) Rüder. gr. 8. (11 S.) Ebd. 847. 1/8 ℛ — 9., Hrsg. von (Rob.) v. Steun. gr. 8. (16 S.) Ebd. 849. 1/8 ℛ — 10., Hrsg. v. G. Arens. gr. 8. (11 S.) Ebd. 850. 1/12 ℛ — 11., Hrsg. v. J. Bartelmann. gr. 8. (16 S.) Ebd. 851. 1/12 ℛ — 12., Hrsg. v. A. Lübben. gr. 8. (16 S.) Ebd. 852. 3 ngl

Jahresbericht, 13., des literarisch-geselligen Vereins zu Oldenburg. Herausg. von Runde. Oldenburg 853. Schulze. gr. 8. (15 S.) 3 ngr.

— 14., des literarisch-geselligen Vereins zu Oldenburg. Hrsg. von Ad. Laun. gr. 8. (12 S.) Oldenburg 854, Schulze'sche Buchh.)

JAHRESBERICHT. auch: JAHRES-BERICHT DES MANNHEDMER VEREIN(E)S FÜR NATURKUNDE.
1–11. ... 1834–1844. (Mit Tafeln. Mannheim 1834)—1845. Druckerei von J. Kaufmann. 8°.
Vorgetragen ... von (CARL ANTON) LÖW.:
12–17. ... 1845—1850. (Mit Tafeln. ib.) 1846—1851. —
Vorgetragen ... von H. SCHRÖDER.:
18–22. ... 1852–1856. (Mit Tafeln. ib.) 1853—1856. —
Erstattet ... durch den zeitigen Präsidenten des Vereins.:
23 und 24 ... 1858. ib. 1858. Buchdruckerei von J. Schneider.
Erstattet ... von E. WEBER.:
25—36. ... 1859—1870. (Mit Tafeln.) ib. 1859—1870. —
37. ... 1871. ib. 1871. Mannheimer Vereins-Druckerei.
Erstattet ... von VOGELGESANG.:
38. ... 1872. ib. 1872. Druck von J. Ph. Walther.
39 und 40. ... 1873 und 1874. ib. 1875. Druck von J. Schneider.
Erstattet ... von VOGELGESANG und HEINGÄRTNER.:
41., 42., 43. und 44. Für die Jahre 1874, 1875, 1876 und 1877. ib. 1878. Druck von J. Ph. Walther.
Im Auftrag des Vereins erstattet von J. LINDMANN.:
Für die Jahre 1878–1882. ib. 1883. —

Im 30. Jahresbericht ... 1864: Uebersicht sämmtlicher den Jahresberichten des Mannheimer Vereins für Naturkunde seit seiner Gründung im Jahre 1838 beigegebener wissenschaftlicher Abhandlungen.

JAHRESBERICHT DES MANNHEIMER VEREINS FÜR NATURKUNDE
50 und 51., für die Jahre 1883 und 1884. Nebst wissenschaftlichen Beiträgen, den revidierten Statuten und Mitgliederverzeichnissen. (Mit 1 Tafel.) Mannheim. 1885. Buchdruckerei von J. Ph. Walther. 8°.

Forts. s.: Jahresbericht des Vereins f. Naturkunde zu Mannheim.

Verein für Mässigkeit und Volkswohl [in Basel]. je 4 S. 8. (Basel, Fr. Reinhardt.)
2. Jahresbericht. März 1900 bis Februar 1901.
3. Jahresbericht. März 1901 bis Februar 1902.

Verein für Mässigkeit und Volkswohl [in Basel]. 4. Jahresbericht. März 1902 bis Februar 1903. 4 S. 8. (Basel, Fr. Reinhardt.)

JAHRESBERICHT DES MINERALOGISCHEN VEREINES IN LANDSHUT,
2., erstattet bei der 2. Generalversammlung den 13. Februar 1868 von dem Vereins-Secretär. (ib.)

JAHRES-BERICHT DES MINERALOGISCHEN VEREINES IN LANDSHUT,
3., erstattet bei der General-Versammlung am 20. Februar 1869 durch den Vereins-Sekretär. (ib.)
4., erstattet bei der General-Versammlung am 5. März 1870 durch den Vereins-Sekretär. (ib.) —

— erster u. zweiter, d. Vereins f. innere Mission in Leipzig 1870 u. 1871. gr. 8. (40 u. 85 S.) Leipzig, Hinrichs' Verl. in Comm. à — 30

— 3. Bericht f. 1872. gr. 8. (40 S.) Ebend. — 30
Stadtmission in Leipzig. Vortrag u. Bericht am 3. Jahresfeste d. Vereins f. innere Mission in Leipzig am 3. Novbr. 1872, geh. v. Lehmann.

München. Münchener Verein für Luftschiffahrt [Emden, R., Dr.], Jahresbericht d... [illegible] für das Jahr 1895–96. Erlangen 1896–97.

— des Münchener-Vereins gegen Thierquälerei, s.: Knaben, die ungleichen. – Werner, Jgn.

JAHRESBERICHT DES VEREINS FÜR DAS HISTORISCHE MUSEUM ZU FRANKFURT AM MAIN.
Erstattet vom Vorstande ...
2. ... am 28. October 1878. (Frankfurt a. M. Druck von Feodor Körber.) 8°.
3. ... am 15. November 1879. (ib.) Druckerei des Frankfurter Intelligenz-Blattes (J. G. Holtzwart's Nachfolger).
4. ... am 15. November 1880. (ib.) — (—)
5. ... am 28. October 1881. Frankfurt am Main. 1881. Druck von C. Adelmann.
6. ... am 2. December 1882. ib. 1882. Druck von T. (!) Adelmann.
Erstattet vom Vorstande in der Jahresversammlung ...
7. ... am 17. November 1883. ib. 1883. —
8. ... am 29. November 1884. ib. 1884.
9. ... am 25. November 1885. ib. 1885.
10. ... am 24. November 1886. ib. 1886. —
11. ... am 19. November 1887. ib. 1887.
12. ... am 26. November 1888. ib. 1888. —
13. ... am 27. November 1889. ib. 1889.
14. ... am 24. November 1890. ib. 1890.
15. ... am 30. November 1891. ib. 1891.
16. ... am 21. November 1892. ib. 1892.
17. ... am 15. Januar 1894. ib. 1894. —
18. ... am 22. November 1894. ib. 1894.
19. ... am 12. Dezember 1895. ib. 1895. —
20. ... am 10. Dezember 1896. ib. 1896. —
21. ... am 2. Dezember 1897. ib. 1897. —
22. ... am 8. December 1898. ib. 1899. Druck von Reinhold Mahlau (Fa. Mahlau & Waldschmidt).
23. ... am 23. Januar 1900. ib. 1900. —
24. ... am 8. März 1901. ib. 1901. —
25. ... am 26. März 1902. Mit einem Rückblick auf das fünfundzwanzigjährige Wirken des Vereines. ib. 1902. —
26. ... am 26. Februar 1903. ib. 1903. —
27. ... am 9. März 1904. ib. 1904.

JAHRESBERICHT DES VEREINS FÜR DAS HISTORISCHE MUSEUM ZU FRANKFURT A. M.
Erstattet vom Vorstande in der Jahresversammlung ...
28. ... am 5. Januar 1905. ib. 1905. —
Erstattet vom Vorstand in der Jahresversammlung ... Herausgegeben mit Unterstützung der Städtischen Kommission für Kunst- und Altertumsgegenstände.
29. ... am 1. März 1906. Mit 5 Tafeln in Lichtdruck. ib. 1906. —
30. ... am 11. Februar 1907. Mit 8 Tafeln in Lichtdruck. ib. 1907. —
31. ... am 4. März 1908. (Mit Tafeln.) ib. 1908. —

JAHRESBERICHT DES VEREINS DER NATURFREUNDE VORMALS »GESELLSCHAFT DER THIERFREUNDE« zu Büdingen
2., für das Vereinsjahr 1878. Büdingen. Druck der A. Heller'schen Hofbuchdruckerei. 8°.

JAHRES-BERICHT DES NATURHISTORISCHEN VEREINS IN PASSAU.
1–3. Für 1857 — Für 1859. (Mit Tafeln.) Passau. 1858—1860. Gedruckt bei F. W. Keppler. 8°.
4., für 1860. ib. 1861. Druck von Dr. J. B. Bressl.
5., über die Jahre 1861 und 1862. ib. 1863. Druck von F. W. Keppler.
6., über die Jahre 1863 und 1864. (Mit 1 Tafel.) ib. 1865. —
7. und 8., über die Jahre 1865 bis 1868. (Mit Tafeln.) ib. 1869. —
9., über die Jahre 1869 bis 1870. ib. 1871. —

Jahres-Bericht des Naturhistorischen Vereins von Wisconsin für das Jahr 1877–78 und 1879–80. Milwaukee 1877 und 1880. 1 Bd. 8°

JAHRESBERICHT DES NATURHISTORISCHEN VEREIN(E)S in Zweibrücken
(1.), für das Verwaltungsjahr 1868/64. Zweibrücken, 1864. Druck von August Kranzbühler. 8°.
2., für das Verwaltungsjahr 1864/65. Inhalt: 1) Vorbemerkung. 2) Jahresbericht. 3) Die Umgegend von Zweibrücken, eine geognostische Skizze von HEINRICH LAUBMANN. ib. 1865. Druck von P. P. Hallanzy.
4., für das Verwaltungsjahr 1866/67. ib. 1868. Druck von August Kranzbühler.

Jahresbericht des Vereins für Naturkunde zu Mannheim Nr. 1–51, s. Jahresbericht des Mannheimer Vereins für Naturkunde.

JAHRESBERICHT DES VEREINS FÜR NATURKUNDE ZU MANNHEIM.
52. bis einschl. 55., für die Jahre 1885 bis einschl. 1888 nebst wissenschaftlichen Beiträgen und Mitgliederverzeichnissen. (Mit 1 Tafel.) Mannheim. Buchdruckerei von J. Ph. Walther. 8°.
56. bis einschl. 60.[1]), für die Jahre 1889 bis einschl. 1893 nebst wissenschaftlichen Beiträgen und dem Verzeichniss der Mitglieder. ib. 1894. —
Mannheimer Verein für Naturkunde. — ... JAHRESBERICHT ...
Im Auftrag des Vereins herausgegeben von W. FÖHNER.
71. u. 72 ... Nebst naturwissenschaftlichen Notizen u. einer Abhandlung des Herrn Prof. F. FÖRSTER in Bretten über: „Die Libellulidengattungen von Afrika und Madagaskar". ib. 1906. —
Verein für Naturkunde Mannheim. — ... JAHRES-BERICHT ...
Im Auftrage des Vereins herausgegeben von W. FÖHNER.
73., 74. und 75 ... 1906—1908. (Mit Tafeln.) Nebst naturwissenschaftlichen Abhandlungen und Notizen. ib. 1909. Hofbuchdruckerei Max Hahn & Co.

[1]) Jahresbericht ... 61 bis 70 ist nicht veröffentlicht worden.

JAHRESBERICHT DES VEREINS FÜR NATURKUNDE AN DER UNTERWESER ...
Erstattet von FR. PLETTKE, Geestemünde.
für 1903 und 1904. Geestemünde. 1905. 8°.
für 1905. ib. 1906. Druck von A. Hapfor, Burg b. Magdeburg.
Erstattet von F. PLETTKE, Geestemünde.
für 1906. ib. 1907. —

JAHRESBERICHT DES VEREINS FÜR NATURKUNDE zu Zwickau, später: in Sachsen.
1871—1878. (Mit Tafeln und 1 Karte.) Zwickau. 1872—1879. Druck von R. Zückler. 8°.
1879. (Mit 1 Tafel.) ib. 1880. Druck von C. A. Günther.
1880. (Mit Tafeln.) Leipzig. 1881. Druck von B. G. Teubner.
1881—1884. Mit Tafeln. Zwickau. 1882—1885. Druck von R. Zückler.

JAHRESBERICHT DES VEREINS FÜR NATURKUNDE zu Zwickau in Sachsen.
1885—1886. Mit 2 Tafeln. Zwickau. 1886—1887. Druck von R. Zückler. 8°.

JAHRESBERICHT DES VEREINS FÜR NATURKUNDE ZU ZWICKAU IN SACHSEN.
1887. Zwickau 1888. Druck von R. Zückler. 8°. — Darin mit bes. Titelbl.: Neuroptera germanica. Die Netzflügler Deutschlands mit Berücksichtigung auch einiger aussendeutschen Arten nach der analytischen Methode unter Mitwirkung von H. KOLBE, bearbeitet von M. ROSTOCK. (Mit Tafeln.) ib. 1888. — 1888. ib. 1889. — 1889. (Mit Tafeln.) ib. 1890. — 1890. ib. 1891. — 1891. ib. 1892. — 1892. ib. 1894. Druck von R. Zückler. — 1893. (Mit Tafeln.) ib. 1894. — 1894. Mit einer Karte. ib. 1895. — 1895. ib. 1896. — 1896. ib. 1897. — 1897. ib. 1898. — 1898. ib. 1899. — 1899. ib. 1901. — 1900. ib. 1902. — 1901. ib. 1902. — XXXII. 1902. 41. Vereinsjahr. Leipzig 1908. Druck von F. G. Teubner.

—— des Vereins für Naturkunde zu Zwickau in Sachsen. 1887. gr. 8. (XXXII, 200 S. mit 10 Taf.) Zwickau 888, (Bär.) **

— d. Vereins f. Naturkunde zu Zwickau (Sachsen). 1888—1893. gr. 8. Zwickau, (A. Bär Nachf.). n n. 12.15
1888. (32 S.) 889. n.n. — 75. — 1889. (XXVIII, 35 S. m. 2 Taf.) 890. n.n. 2. —. — 1890. (XXXI, 122 S.) 891. n.n. 3. 20. — 1891. (XXVIII, 24 S.) 892. n.n. 1. 50. — 1892. (XXVIII, 30 S.) 893. n.n. 1. 50. — 1893. (XXVIII, 65 S. m. 3 Taf.) 894. n.n. 3. 20.

JAHRESBERICHT DES VEREINS FÜR NATURKUNDE ZU ZWICKAU I. S.
XXXIII. 1903. 42. Vereinsjahr. (Mit Tafeln.) ib. 1905. —
XXXIV. und XXXV. 1904 und 1905. 43. und 44. Vereinsjahr. Mit 8 Lichtdrucktafeln. Zwickau i. S., 1907. Druck von Förster & Borries.
XXXVI bis XXXIX. 1906—1909. 45. bis 48. Vereinsjahr. Zwickau 1910. Zwickauer Zeitungs-(Amtsblatt-)Druckerei.

JAHRESBERICHT DES VEREINS FÜR NATURWISSENSCHAFT ZU BRAUNSCHWEIG
für das Geschäftsjahr 1879/80. Braunschweig 1880. Druck der Herzogl. Waisenhaus-Buchdruckerei. 8°.
für das Geschäftsjahr 1880/81. Redigirt von TH. NOACK. Altenburg 1881. Pierer'sche Hofbuchdruckerei.

—— des Vereins für Naturwissenschaft zu Braunschweig für das Geschäftsj. 1880/81. Redig. von Th. Noack. gr. 8. (IV, 166 S.) Braunschweig 881, (Schulbuchhandlung.) *

JAHRESBERICHT DES VEREINS FÜR NATURWISSENSCHAFT zu Braunschweig.
3., für die Vereinsjahre 1881/82 und 1882/83. Braunschweig, 1883. Druck von Friedrich Vieweg und Sohn. (Commissions-Verlag der Schulbuchhandlung.) 8°.

— dasselbe. 3. Bericht f. die Vereinsj. 1881/82 u. 1882/83. gr. 8. (IV, 164 S.) Ebend. 883. n. 2. —

— 4., des Vereins f. Naturwissenschaft zu Braunschweig für die Vereinsj. 1883/84—1885/86. gr. 8. (IV, 230 S.) Braunschweig 887. (Schulbuchh.) n. 2. —

Jahresbericht, 5., des Vereins f. Naturwissenschaft zu Braunschweig f. d. Vereinsj. 1886—1887. Als Festschrift zur Feier des 25jähr. Bestehens hrsg. am 20. Novbr. 1887. gr. 8. (XIX, 150 S.) Braunschweig 887. (Schulbuchh.) n. 2. —

—— dass. — 3.—5., für die Vereinsj. 1881/82—1886/87. gr. 8. (IV, 164; IV, 230; XIX, 150 S.) (Ebendas.) 883—88. à Bd. *

— 6., d. Vereins f. Naturwissenschaft zu Braunschweig f. die Vereinsj. 1887/88 u. 1888/89. gr. 8. (IV, 527 S. m. 1 farb. Karte.) Braunschweig 891. (Schulbuchh.) n. 5. —

— dasselbe. 7. Jahresbericht f. die Vereinsj. 1889/90 u. 1890/91. gr. 8. (IV, 228 S.) Ebd. 893. n. 2. —

— 8. u. 10.—12., des Vereins f. Naturwissenschaft zu Braunschweig. gr. 8. Braunschweig. (Schulbuch.) à n. 3.—
8. Für die Vereinsj. 1891|92 u. 1892|93. (III, 279 S.) 900.
10. Für die Vereinsj. 1895|96 u. 1896|97. (XII, 312 S. m. 6 Fig. u. 2 Taf.) 897.
11. Für die Vereinsj. 1897|98 u. 1898|99. (XI, 314 S. m. 6 Abbildgn.) 899.
12. Für die Vereinsj. 1899|1901. (153 S. m. 3 Abbildgn.) 902.
Der 9. Jahresbericht ist noch nicht erschienen.

Jahresbericht, 9., 13. u. 14., des Vereins f. Naturwissenschaft zu Braunschweig. 8. Braunschweig (Schulbuchh.) à n. 3. —
9. Für die Vereinsj. 1893/1894 u. 1894/1895. (IV, 104 S.) 903.
13. Für die Vereinsj. 1901/1902 u. 1902/1903. (III, 92 S. m. 2 Abbildgn.) 904.
14. Für die Vereinsj. 1903/1904 u. 1904/1905. (III, 122 S.) 906.

— 15., des Vereins f. Naturwissenschaft zu Braunschweig f. die Vereinsj. 1905/1906 u. 1906/1907. (III, XL, 57 S.) 8. Braunschweig 908. (Schulbuchh.) 3. —

16., für die Vereinsjahre 1907/1908 und 1908/1909. (Mit Tafel.) ib. 1910. —
17., für die Vereinsjahre 1909/10, 1910/11 und 1911/12. FESTSCHRIFT zum 50jährigen Bestehen des Vereins. (Mit Tafeln.) ib. 1913. —

Jahresbericht, erster, des naturwissenschaftlichen Vereines zu Bremen, s. Abhandlungen, hrsg. vom naturwissenschaftl. Verein zu Bremen.

JAHRESBERICHT DES NATURWISSENSCHAFTLICHEN VEREINES ZU BREMEN.
1—18. Vom Nov. 1864 bis Ende März 1883. Bremen 1866—1883. C. Ed. Müller. 8°.

JAHRESBERICHT DES NATURWISSENSCHAFTLICHEN VEREINES zu Bremen.
19—21. Für das Gesellschaftsjahr vom April 1883 bis Ende März 1884 — Für das Gesellschaftsjahr vom April 1885 bis Ende März 1886. Bremen. 1884—1886. C. Ed. Müller. 8°.

JAHRESBERICHT DES NATURWISSENSCHAFTLICHEN VEREIN(E)S ZU BREMEN.
22.—33. Für das Gesellschaftsjahr vom April 1886 bis Ende März 1887 — Für das Gesellschaftsjahr vom April 1897 bis Ende März 1898. Bremen. 1887—1898. C. Ed. Müller. 8°.
34. Für das Gesellschaftsjahr vom April 1898 bis Ende März 1899. Druck von Carl Schünemann.
35. Für das Gesellschaftsjahr vom April 1899 bis Ende März 1900. ib. 1900. Verlag von G. A. von Halem.
36. Für das Gesellschaftsjahr vom April 1900 bis Ende März 1901. ib. 1901. —

JAHRESBERICHT DES NATURWISSENSCHAFTLICHEN VEREINS ZU BREMEN, gegründet am 17. November 1864.
37. Für das Gesellschaftsjahr vom April 1901 bis Ende März 1902. ib. 1902. —
38. Für das Gesellschaftsjahr vom April 1902 bis Ende März 1903. ib. 1903. —
39. Für das Gesellschaftsjahr vom April 1903 bis Ende März 1904. ib. 1904. —
40. Für das Gesellschaftsjahr vom April 1904 bis Ende März 1905. ib. 1905. —
41. Für das Gesellschaftsjahr vom April 1905 bis Ende März 1906. ib. 1906. Franz Leuwer.
42. Für das Gesellschaftsjahr vom April 1906 bis Ende März 1907. ib. 1907. —
43. Für das Gesellschaftsjahr vom April 1907 bis Ende März 1908. ib. 1908. —
44. Für das Gesellschaftsjahr vom April 1908 bis Ende März 1909. ib. 1909. —

JAHRESBERICHT ... DES NATURWISSENSCHAFTLICHEN VEREINS ZU DARMSTADT.
für 1899.[1]) (20. Vereinsjahr.) Gedruckt im Februar 1900. (o. O. o. Dr.) 8°.
für 1900. 21. Vereinsjahr. Gedruckt im Januar 1901. (Darmstadt, Druck von Eduard Roether.)
für 1901. 22. Vereinsjahr. Gedruckt im Januar 1902. (—.)
für 1902. 23. Vereinsjahr. Gedruckt im Januar 1903. (—.)
für 1903. 24. Vereinsjahr. Gedruckt im Januar 1904. (—.)
für 1904. 25. Vereinsjahr. Gedruckt im Januar 1905. (—.)
für 1905. 26. Vereinsjahr. Gedruckt im Januar 1906. (—.)
für 1906. 27. Vereinsjahr. Gedruckt im Januar 1907. (—.)
für 1907. 28. Vereinsjahr. Gedruckt im Januar 1908. (—.)

[1]) 1899 erschien der erste Jahresbericht.

—— des naturwissenschaftlichen Vereins von Elsass-Lothringen und Annales de la société botanique vogéso-rhénane 1884. Hrsg. vom Vorstand. gr. 8. (34 S. mit 2 Lichtdr.-Taf.) Strassburg 885, (Schmidt's Universitäts-Buchh.) *

— dasselbe. 1885. Hrsg. vom Vorstand. gr. 8. (34 S. m. 1 autogr. Taf.) Barr. Ebend. 886. n. 1. 20

— des naturwissenschaftl. Vereins in Halle (hrsgb. v. C G. Giebel). [2. Jahrg. vom Juni 1849—1850.] Mit 1 lith. Taf. (in gr. 4.) gr. 8. (IV u. 162 S.) Berlin 850, Wiegandt & Grieben. n. $^{5}/_{6}$ ℛ — [3. Jahrg. 1850.] Mit 3 (lith.) Taf. (in gr. 8. u. gr. 4.) gr. 8. (VI u. 189 S.) Ebd. 851. n. 1 $^{1}/_{3}$ ℛ — [4. Jahrg. 1851.] Mit 4 (lith.) Taf. (in gr. 8. u. qu. gr. 4.) gr. 8. (VI u. 306 S.) Ebd. 852. n. 2 ℛ — 5. Jahrg. 1852. 4 Hfte. gr. 8. (VI u. 576 S. m. 7 Tab. in qu. Fol. u. 7 lith. Taf.) Ebd. 852. 53. (1. Hft. n. $^{5}/_{6}$ ℛ 2. Hft. n. $^{2}/_{3}$ ℛ 3 u. 4. Hft. n. 3 ℛ) n. 4 $^{1}/_{2}$ ℛ (2—4. Jahrg. n. 8 $^{2}/_{3}$ ℛ) (1. Jahrg. siehe: Auszug aus den Sitzungsprotokollen.)

Jahresbericht des naturwissenschaftlichen Vereins in Halle. 2. Jg. Berlin 1850. H: *Giebel, Chn. Gfr.* (Ky)

Jahresbericht des naturwissenschaftlichen Vereins in Halle. Jahrg. 2 (1849—50) 3. 4. 5. (1852). Berlin. 8.
(Fortsetzung: Zeitschrift für die gesammten Naturwissenschaften.)

JAHRS-BERICHT DES NATURWISSENSCHAFTLICHEN VEREINS IN HAMBURG vom Jahre 1839 bis zum Jahre 1840. Rede des Präsidenten des Vereins (H. von STRUVE), gehalten den 18. November 1840, dem Jahrstage der dritten Stiftungsfeier. Hamburg. s. a. Gedruckt in der Langhoff-schen Buchdruckerei. 4°.

Forts. s.: Jahresbericht über d. Verhandlungen d. naturwiss. Ver. in Hamburg.

JAHRESBERICHT DES NATURWISSENSCHAFTLICHEN VEREINS ZU CREFELD.
1862. 1863. Nebst einer wissenschaftlichen Beilage. Monographie der Pilzmücken, von J. WINNERTZ. (Mit Tafeln.) Crefeld. Druck von Kramer & Baum. 8°.

JAHRES-BERICHT DES NATURWISSENSCHAFTLICHEN VEREINS ZU CREFELD
1892—93. ib. 1893. — 1893—94. ib. 1894. Druck von Kramer & Baum. — 1894—95. (Mit Tafeln.) ib. 1895. — 1895—96. ib. 1896. — 1896—97. ib. 1897. —
JAHRES-BERICHT DES NATURWISSENSCHAFTLICHEN VEREINS ZU KREFELD.
1897—98. ib. 1898. — 1898—99. ib. 1899. —
Naturwissenschaftlicher Verein zu Krefeld (eingetragener Verein). — JAHRES-BERICHT.
1899—1900. Krefeld 1900. — 1900—1901. ib. 1901. — 1901/1902. ib. J. B. Klein'sche Buchdruckerei, M. Buscher. — 1902—1903. ib. 1903. Druck von Kramer & Baum. —
Naturwissenschaftlicher Verein zu Krefeld (eingetragener Verein), gegründet am 1. März 1858. JAHRES-BERICHT
1903—1904. (Mit Tafeln.) ib. 1904. — 1904—1905. ib. 1905. — 1906—1907. (Mit Tafeln.) ib. 1907. — 1907—08. (Mit 1 Tafel.) ib. 1908. — 1908—1909. ib. 1909. — 1909—1910. ib. 1910. — 1910—1911. ib. 1911. — 1911—1912. ib. 1912. — 1912—1913. ib. 1913. — 1913—1914. ib. 1914. —

—— des naturwissenschaftlichen Vereins f. d. Fürstenth. Lippe. 1890 u. 1891. 8. (96; V, 68 S.) Detmold 890,91, (Hinrichs). à Jahrg. * 1 50

JAHRESBERICHT DES NATURWISSENSCHAFTL. VEREINS FÜR DAS FÜRSTENTUM LIPPE.
1891. Inhalt. 1. Rechenschaftsbericht für 1890, erstattet von ... Gymnasialdirektor GEBHARD. 2. FR. MÜLLER. Die Gross-Schmetterlinge des lippischen Faunengebiets. Detmold 1891. Meyersche Hofbuchdruckerei (Quentin). 8°.

JAHRESBERICHT ÜBER DEN NATURWISSENSCHAFTLICHEN VEREIN DES FÜRSTENTHUMS LÜNEBURG. 2—6. (Ohne bes. Titelblatt. Lüneburg 1853—1856.)

JAHRESBERICHT DES NATURWISSENSCHAFTLICHEN VEREINS FÜR DAS FÜRSTENTHUM LÜNEBURG. 6. (Ohne bes. Titelblatt. Lüneburg 1857.)

JAHRESBERICHT ÜBER DIE THÄTIGKEIT DES NATURWISSENSCHAFTLICHEN VEREINS FÜR DAS FÜRSTENTHUM LÜNEBURG. 7. (Ohne bes. Titelblatt. Lüneburg 1858.)

JAHRESBERICHT DES NATURWISSENSCHAFTLICHEN VEREINS FÜR DAS FÜRSTENTHUM LÜNEBURG.
8—9. (Ohne bes. Titelblatt. Lüneburg 1859-1860.)
10—11. Lüneburg. 1861—1862. Druck der von Sternschen Buchdruckerei. 8°.
12—13. 1862,3—1863,4. ib. 1863—1864. —

JAHRESBERICHT DES NATURWISSENSCHAFTLICHEN VEREINS ZU MAGDEBURG.
1—12. Nebst den Sitzungsberichten aus dem Jahre 1871 — (aus dem Jahre) 1881. Magdeburg. 1872—1882. Druck: Faber'sche Buchdruckerei (A. & R. Faber). 8°.

JAHRESBERICHT DES NATURWISSENSCHAFTLICHEN VEREINS ZU MAGDEBURG.
13., 14. und 15. 1882. 1883. 1884. Nebst den Sitzungsberichten. Magdeburg. 1885. Druck: Faber'sche Buchdruckerei A. & R. Faber. 8°.

— 1., des naturwissenschaftlichen Vereins zu Osnabrück. 1870—1871. Mit 4 (lith.) Taf. gr. 8. (67 S.) Osnabrück 872. Rackhorst. n. 1. 60

—— 1., des naturwissenschaftlichen Vereins zu Osnabrück. Für 1870—1871. gr. 8. (66 S. mit 3 lithogr. Taf.) Osnabrück 872, (Veith.) *

— dasselbe. 2. Jahresbericht. 1872—1873. gr. 8. (96 S.) Ebend. 875. n. 1. 20

— dasselbe. 3. Jahresbericht. 1874—1875. Mit 3 (lith.) Taf. gr. 8. (180 S.) Ebend. 877. n. 3. —

—— 4., des naturwissenschaftlichen Vereins zu Osnabrück. Für die J. 1876—1880. gr. 8. (III, 136 S. mit 3 lithogr. Taf.) Osnabrück 880, (Rackhorst'sche Buchh.) *

— 5., d. naturwissenschaftlichen Vereins zu Osnabrück. Für die J. 1880—1882. Mit 3 (lith.) Taf. gr. 8. (183 S.) Osnabrück 883. (Rackhorst.) n. 2. —

— dasselbe. 6. Bericht. Für die J. 1883 u. 1884. Mit 2 Karten u. 5 Taf. Voran geht e. Festschrift zur Feier der 42. Generalversammlg. d. naturhistor. Vereins der preuss. Rheinlande, Westfalens u. d. Reg.-Bez. Osnabrück. gr. 8. (VI, 288 S.) Ebend. 885. n. 2. 50

—— 7. u. 8., d. naturwissenschaftlichen Vereins zu Osnabrück. Für d. J. 1885—1888 u. 1889—1890. gr. 8. (III, 182 S. m. Tab. u. graph. Taf.; V, 178 S. m. 2 Taf., 2 Tab. u. 2 Bl. Erklärgn.) Osnabr. 889,91, (Rackhorst). 7. Jahrg. * 2 50; 8. Jahrg. ** 3 —

— 9., d. naturwissenschaftlichen Vereins zu Osnabrück. Für d. J. 1891 u. 1892. gr. 8. (III, 232 S. m. 1 Tab.) Osnabrück 893. (Rackhorst.) n. 3. 60

— dasselbe. 10. Bericht. Für die J. 1893 u. 1894. Zugl. Festschrift zur Feier d. 25jähr. Bestehens des Vereins. gr. 8. (LVIII, 246 u. 4 S. m. 5 Taf.) Ebd. 895. n. 5. —

— 11.—14., des naturwissenschaftlichen Vereins zu Osnabrück gr. 8. Osnabrück. (Rackhorst.) n. 10.—
11. 1895 u. 1896. (XLII, 192 S. m. 1 Taf.) 897. n. 3.—
12. 1897. (XXXII, 117 S.) 898. n. 2.—
13. 1898. (III, 175 S. m. graph. Darstellgn. u. 1 Taf.) 898. n. 2.50
14. 1899 u. 1900. (XLVI. 86 S. m. 3 Taf.) 901. n. 2.50

— 15., des naturwissenschaftlichen Vereins zu Osnabrück. Für d. J. 1901 u. 1902. (LXIX, 100 S. m. 3 Taf. u. 2 Tab.) gr. 8. Osnabrück 903. (Rackhorst.) Darin mit bes. Titelbl.: Ueber einen transneptunischen Planeten. Ein Beitrag von THEODOR FR. GRIGULL. ib. 1902. Buchdruckerei von A. Liesecke. — Die Wetterkräfte der Planetenatmosphären. Von C. MARTI. ib. 1902. —

— 16., des naturwissenschaftlichen Vereins zu Osnabrück. Für die J. 1903, 1904, 1905 u. 1906. (L, 154 u. 37 S. m. Abb., 2 Taf. u. 1 Karte.) 8. Osnabrück 907. (Rackhorst.) 2.—

JAHRESBERICHT DES NATURWISSENSCHAFTLICHEN VEREINES ZU POSEN für 1846, herausgegeben im Auftrage des Vereines vom Secretair desselben, H. LOEW.
Inhalt: 1. Kurzer Bericht über die Leistungen des Vereines im Jahr 1846;
2. Zwei entomologische Abhandlungen vom Herausgeber;
3. Verzeichniss der in der Bibliothek des Vereines befindlichen Bücher. Posen 1847. Bei J. J. Heine. 4°.
Darin mit bes. Titelblatt: H. LOEW, Dipterologische Beiträge. Theil 3. ib. 1847. —

— des naturwissenschaftlichen Vereines zu Posen für 1846, hrsg. im Auftrage des Vereines von H. Loew. gr. 4. (VIII und 41 S.) Posen 847, Heine. *

JAHRESBERICHT DES NATURWISSENSCHAFTLICHEN VEREINS ZU SCHWEINFURT
für das Vereinsjahr 1890. Schweinfurt. Druck der Morich'schen Offizin (W. A. Pollich). 8°.

JAHRESBERICHT DES NATURWISSENSCHAFTLICHEN VEREINS IN SCHWEINFURT
für die Vereinsjahre 1891 bis 1902. Nebst einer Abhandlung über künstliche Geiser. (ib.) Fr. J. Reichardt's Buchdruckerei (Wilh. Zinn).

. . . JAHRESBERICHT DES NIEDERSÄCHSISCHEN BOTANISCHEN VEREINS. (Botanische Abteilung der Naturhistorischen Gesellschaft zu Hannover).
1. und 2., Geschäftsjahr 1908 und 1909. (Mit Tafeln und Abbildungen.) Hannover 1910. Druck von Wilh. Riemschneider. 8°.
3., Geschäftsjahr 1909/1910. (Mit Abbildungen.) ib. 1911. —

Jahresbericht des Niedersächsischen geologischen Vereins. 1. Hannover 1909: Riemschneider. 8°

. . . JAHRESBERICHT DES NIEDERSÄCHSISCHEN ZOOLOGISCHEN VEREINS. (Zoologische Abteilung der Naturhistorischen Gesellschaft zu Hannover.)
1., Geschäftsjahr 1909. (Mit Tafeln.) Hannover 1910. Druck von Wilh. Riemschneider. 8°.
2., 3. und 4., Geschäftsjahre 1910, 1911 und 1912. (Mit Tafeln.) ib. 1912. —

Jahresbericht des norddeutschen Vereins zur Ueberwachung von Dampfkesseln. Bericht 1 (1870) — 30 (1899). Nebst Statuten 1873. Hamburg. 8.

— erster, des oberhessischen Vereins für Localgeschichte. Vereinsjahr 1878—1879 [vom 15. Juni 1878 bis 15. Juni 1879.] Redig. vom Vereinssecretär. Lex.-8. (94 S.) Gießen 879, (Roth.) *

— 2., des oberhessischen Vereins für Localgeschichte. Vereinsj. 1880—1881. Redig. vom Vereinssecretär. gr. 8. (135 S. mit 4 Stnt.) Gießen 881, (Roth.)
— dass. — 3. 1882—1883. gr. 8. (132 S. mit 3 Taf.) (Ebendas.) 883.

— dasselbe. 4. Bericht. Vereinsjahr 1884—1885. Red. vom Vereinssecretär. gr. 8. (104 S. m. 8 Taf.) Ebend. 885. n. 3.—

— 5., des oberhessischen Vereins für Localgeschichte. Vereinsj. 1886—1887. Red. vom Vereinssecretär. Mit 1 Karte u. 5 Taf. gr. 8. (120 S.) Gießen 887. (Roth.) n. 3.—

— des Oberhessischen Vereins f. Lokalgeschichte, Neue Folge, s: Mitteilungen des Oberhessischen Geschichtsvereins in Gießen.

Jahresbericht des Ornithologischen Vereins, München. Hrsg. v. C. Parrot. [1.] 1897 u. 1898. München: R. Jordan in Komm. 1899. 8°

Jahresbericht des ornithologischen Vereins, München f. 1897 u. 1898. Hrsg. v. C. Parrot. gr. 8. (LXXXIV, 156 S.) München 899. (E. Reinhardt.) n. 4.50

— dasselbe. 2., f. 1899 u. 1900. gr. 8. (III, 324 S.) Ebd. 901. n.n. 6.—

— 3., des ornithologischen Vereins München (E. V.) f. 1901 u. 1902. Hrsg. v. C. Parrot. (III, 392 S. m. 1 Taf.) gr. 8. München 903. Jena, G. Fischer. n. 8.—
Der Preis für 1897/98 ist auf n. 5.— erhöht. — Fortsetzg. s.: Verhandlungen d. ornitholog. Gesellschaft in Bayern.

JAHRES-BERICHT DES ORNITHOLOGISCHEN VEREINS ZU STETTIN über das . . . Vereins-Jahr
1. 17. Febr. 1873 — 1. Jan. 1874. Stettin, 1874. Druck von F. Hessenland (Rödel). 8°.
2. 1. Januar 1874 — 1. Januar 1875. ib. 1875. Druck von August Bönecke.
3. Vom 1. Januar bis 31. December 1875. ib. 1876. Druck von F. Hessenland.
4. Vom 1. Januar bis 31. December 1876. ib. 1877. —

Jahresbericht des Vereins Deutscher Papier-Fabrikanten. Im Auftr. d. Vorstandes erstattet v. Geschäftsführer [Rudolf] Ditges. [1.] Für 1901/1902. *Berlin: Deutscher Verl. 1902.* 8° [F.]

Jahresbericht des Vereins deutscher Papierfabrikanten. 1903/05. Berlin 1904-06

JAHRESBERICHT, später: JAHRES-BERICHT DES PHYSIKALISCHEN VEREINS ZU FRANKFURT AM MAIN für das Rechnungsjahr
1839-40. (Frankfurt a. M.) s. a. Druck von Stockmar & Wagner. 8°.
1840-41 — 1866-1867. (Mit Tafeln und meteorologischen Tabellen.) s. l. & a.

JAHRES-BERICHT DES PHYSIKALISCHEN VEREINS ZU FRANKFURT AM MAIN. Herausgegeben vom Physikalischen Verein in Frankfurt a/M. für das Rechnungsjahr
1867—1868. (Mit Tafeln.) s. l. & a.

JAHRES-BERICHT später: JAHRESBERICHT DES PHYSIKALISCHEN VEREINS ZU FRANKFURT AM MAIN für das Rechnungsjahr
1868-1869 — 1880-1881. (Mit Tafeln und meteorologischen Tabellen.) Frankfurt a/M. Mai 1870 — August 1882. C. Naumann's Druckerei.

JAHRESBERICHT DES PHYSIKALISCHEN VEREINS ZU FRANKFURT AM MAIN
für das Rechnungsjahr 1881-1882 — für das Rechnungsjahr 1883-1884. (Mit Tafeln und meteorologischen Tabellen.) Frankfurt a/M. (Juni 1883) — Juni 1885. C. Naumann's Druckerei. 8°.

JAHRESBERICHT DES PHYSIKALISCHEN VEREINS ZU FRANKFURT AM MAIN.
für das Rechnungsjahr 1884—1885. (Mit 1 Karte und meteorologischen Tabellen.) Juli 1886. Frankfurt a. M. C. Naumann's Druckerei. 8°.
für das Rechnungsjahr 1885—1886. (Mit Tafeln und meteorologischen Tabellen.) Juli 1887. ib. 1887. —
für das Rechnungsjahr 1886—1887. Mit 2 Lichtdruckbildern und 4 photolithographischen Blättern (und meteorologischen Tabellen.) ib. 1888. —
für das Rechnungsjahr 1887—1888. (Mit meteorologischen Tabellen und graphischen Darstellungen des Luftdrucks usw.) ib. 1889. —
für das Rechnungsjahr 1888—1889. (Mit meteorologischen Tabellen.) ib. 1890. —
für das Rechnungsjahr 1889—1890. (Mit meteorologischen Tabellen und graphischen Darstellungen.) ib. 1891. —
für das Rechnungsjahr 1890—1891. (Mit meteorologischen Tabellen und graphischen Darstellungen.) ib. 1892. —
für das Rechnungsjahr 1891—1892. (Mit meteorologischen Tabellen und graphischen Darstellungen.) ib. 1893. —
für das Rechnungsjahr 1892—1893. (Mit meteorologischen Tabellen und graphischen Darstellungen.) ib. 1894. —
für das Rechnungsjahr 1893—1894. (Mit meteorologischen Tabellen und graphischen Darstellungen.) ib. 1895. —
für das Rechnungsjahr 1894—1895. (Mit meteorologischen Tabellen und graphischen Darstellungen.) ib. 1896. —
für das Rechnungsjahr 1895—1896. (Mit meteorologischen Tabellen und graphischen Darstellungen.) ib. 1897. —
für das Rechnungsjahr 1896—1897. (Mit Tafeln, meteorologischen Tabellen und graphischen Darstellungen.) ib. 1898. —

für das Rechnungsjahr 1897—1898. (Mit Tafeln, meteorologischen Tabellen und graphischen Darstellungen.) ib. 1899. —
für das Rechnungsjahr 1898—1899. (Mit meteorologischen Tabellen und graphischen Darstellungen.) ib. 1900. —
für das Rechnungsjahr 1899—1900. (Mit 1 Tafel, meteorologischen Tabellen und graphischen Darstellungen.) ib. 1901. —
für das Rechnungsjahr 1900—1901. ib. 1902. —
für das Rechnungsjahr 1901—1902. (Mit 1 Tafel, meteorologischen Tabellen und graphischen Darstellungen des Luftdrucks.) ib. 1903. —
für das Rechnungsjahr 1902—1903. (Mit einer Beilage.) (Mit meteorologischen Tabellen und graphischen Darstellungen des Luftdrucks.) ib. 1904. —
für das Rechnungsjahr 1903—1904. (Mit 1 Tafel, meteorologischen Tabellen und graphischen Darstellungen des Luftdrucks.) ib. 1905. —
für das Rechnungsjahr 1904—1905. (Mit meteorologischen Tabellen und graphischen Darstellungen des Luftdrucks und der Niederschläge.) ib. 1906. —
für das Rechnungsjahr 1905—1906. (Mit meteorologischen Tabellen und graphischen Darstellungen des Luftdrucks und der Niederschläge.) ib. 1907. —
für das Rechnungsjahr 1906—1907. (Mit 12 Monatstabellen 1907 und 1 graphischen Darstellung des täglichen mittleren Luftdrucks, der täglichen mittleren Lufttemperatur und der monatlichen Höhe der atmosphärischen Niederschläge zu Frankfurt a. M.) ib. 1908. —
für das Rechnungsjahr 1907—1908. (Mit Tafeln und meteorologischen Tabellen.) ib. 1909. —
für das Rechnungsjahr 1908—1909. (Mit Abbildungen und meteorologischen Tabellen.) ib. 1910. —
für das Rechnungsjahr 1909—1910. (Mit Abbildungen und meteorologischen Tabellen.) ib. 1911. —
für das Rechnungsjahr 1910—1911. (Mit meteorologischen Tabellen.) ib. 1912. —
für das Rechnungsjahr 1911—1912. (Mit Abbildungen und meteorologischen Tabellen.) ib. 1913. —

— d. physikalischen Vereins zu Frankfurt am Main f. das Rechnungsj. 1895—1896. gr. 8. (100 S. m. 1 Lichtdr.- u. 1 graph. Taf. u. 6 Tab.) Frankfurt a/M. 897. (J. Alt.) n. 4.—

— des physikalischen Vereins zu Frankfurt am Main f. d. Rechnungsj. 1897/98, 1898/99 u. 1899/1900. gr. 8. Frankfurt a/M. (J. Alt.) à n. 4.—
1897. 1898. (164 S. m. Abb., 1 Bildnis, 1 graph. Taf. u. 6 Tab.) 899.
1898. 1899. (80 S. m. 2 graph. Taf. u. 6 Tab.) 900.
1899. 1900. (167 S. m. 1 Lichtdr.-Taf., 2 graph. Taf. u. 6 Tab.) 901.

— des physikalischen Vereins zu Frankfurt a. Main f. d. Rechnungsj. 1900—1901 u. 1901—1902. (109 S. u. 91 u. 69 S. m. 1 Bildnis u. 6 Tab.) gr. 8. Frankfurt a/M. 902. 903. (J. Alt.) à n. 4.—

— dasselbe, f. d. Rechnungsjahr 1902—1903. Mit der Beilage: Walth. Zurhellen, Darlegung u. Kritik der zur Reduktion photograph. Himmelsaufnahmen aufgestellten Formeln u. Methoden. (100 u. VIII, 96 S. m. Fig., 3 Taf. u. 12 Tab.) gr. 8. 904. n. 5.—

— des physikalischen Vereins zu Frankfurt a. M. f. d. Rechnungsj. 1908—1909. (123 S. m. Abbildgn. u. 12 Tab. auf 6 Taf.) gr. 8. Frankfurt a/M. 910. (J. Alt.) 4.—

Jahresbericht des Polytechnischen Vereins zu Würzburg über den Stand seines Schulwesens 1859-60. 61-62. 66-72. 4° Würzburg 1860-73

Jahresbericht des Vereins der Deutschen Presse von Pennsylvanien: 1862—1918.
Organized to strengthen the position of the German language in Pa.
Philadelphia, PA

JAHRES-BERICHT DES PREUSSISCHEN BOTANISCHEN VEREINS
1891/92. Mit einer Tafel und zwei Abbildungen im Text. Königsberg in Pr. 1892. Buchdruckerei von R. Leupold. 4°.
JAHRESBERICHT DES PREUSSISCHEN BOTANISCHEN VEREINS (E. V.)
1907. ib. 1908. — 1908. (Mit zwei Tafeln.) ib. 1909. —

JAHRESBERICHT DES PROTESTANTISCH-LIBERALEN VEREINS VON ELSASS-LOTHRINGEN.
5. Der Hauptversammlung am 19. November 1876 vorgelegt von TH. GEROLD. Strassburg, 1877. Druck von J. H. Ed. Heitz. 8°.
6. Der Hauptversammlung vom 26. November 1877 vorgelegt von TH. BECK. ib. 1878. —
7. Der Hauptversammlung vom 24. November 1878 vorgelegt von RUD. REUSS. ib. 1879. —
9. (1879—1880.)**) Der Hauptversammlung vom 5. Dezember 1880 vorgelegt von CARL ENGEL. ib. 1881. —
10. Der Hauptversammlung vom 4. Dezember 1881 vorgelegt von G. PFERSDORFF. ib. 1882. —
11. Der Hauptversammlung vom 10. Dezember 1882 vorgelegt von LUDWIG HATT. ib. 1883. —

Jahresbericht des Vereins zu Rath und That. Chemnitz 1873—77. 1880—83. 9 Bl. Fol.
Vielfach in der maur. Presse abgedruckt.

JAHRES-BERICHT DES »VEREINS FÜR REFORMATIONSGESCHICHTE« über seine Thätigkeit …
(1. Geschäftsjahr.) Vom 1. April 1883 bis 31. März 1884. s. l. & a. (Druck von Ehrhardt Karras in Halle a. S.) 8°.
(2. Geschäftsjahr.) Vom 1. April 1884 bis 31. März 1885. s. l. & a. (—)

DER VEREIN FÜR REFORMATIONSGESCHICHTE AM SCHLUSS SEINES ERSTEN TRIENNIUMS.
1. Bericht über die erste Generalversammlung in Frankfurt a. M. 2. Vortrag des … Prof. Dr. SCHOTT …: Frankfurt als Herberge der fremden protestantischen Flüchtlinge. 3. Verzeichnis der Schriften und Satzungen des Vereins. 4. Verzeichnis der Mitglieder. (Halle o. J. Druck von Ehrhardt Karras.) 8°.

JAHRES-BERICHT DES „VEREINS FÜR REFORMATIONSGESCHICHTE" ÜBER SEINE THÄTIGKEIT.
(4. Geschäftsjahr.) Vom 1. April 1886 bis 31. März 1887. (ib. o. J. —.)
(5. Geschäftsjahr.) Vom 1. April 1887 bis 31. März 1888. (ib. o. J. —.)

DER VEREIN FÜR REFORMATIONSGESCHICHTE AM SCHLUSS SEINES ZWEITEN TRIENNIUMS. Zugleich BERICHT über das
(6. Geschäftsjahr) 1888—89. (ib. o. J. —.)

JAHRES-BERICHT DES „VEREINS FÜR REFORMATIONSGESCHICHTE" ÜBER SEINE THÄTIGKEIT.
(7. Geschäftsjahr.) Vom 1. April 1889 bis 31. März 1890. (ib. o. J. —.)
(8. Geschäftsjahr.) Vom 1. April 1890 bis 31. März 1891. (ib. o. J. —.)

DER VEREIN FÜR REFORMATIONSGESCHICHTE NACH ABLAUF SEINES DRITTEN TRIENNIUMS. Zugleich BERICHT über das
(9.) Geschäftsjahr 1891—92. (ib. o. J. —)

—— 12. und 13., des Vereins zur Rettung sittlich verwahrloster Kinder im Riesengebirge über die J. 1851 und 1852. 8. (31 und 32 S.) Schreiberhau 852—53. (Breslau, Dülfer's Buchh.) à Jahrg. *

Jahresbericht des Rheinischen V e r e i n s zur Förderung des Arbeiterwohnungswesens.
Bis 1902 u. d. T.: G e s c h ä f t s b e r i c h t des Rhein. Ver. z. Förd. d. Arb.wohn.wesens.

JAHRESBERICHT DES RHEINISCHEN VEREINS ZUR FÖRDERUNG DES ARBEITERWOHNUNGSWESENS
für 1903/4. ib. Druck von August Bagel. — für 1904/05. (Mit 1 Tafel.) ib. — für 1905/06. ib. — für 1906/07 I. Teil. Berlin 1908. Carl Heymanns Verlag. — für 1906/07. II Teil: Generalversammlungsberichte. ib. 1908. — 8°. — A. u. d. T.: Berichte über die (IX. X.) Generalversammlung des Rheinischen Vereins zur Förderung des Arbeiter-Wohnungswesens am 5. Oktober 1907 und die V. Generalversammlung des Verbandes rheinischer Baugenossenschaften am 6. Oktober 1907 im Städtischen Saalbau zu Essen-Ruhr. — für 1908. ib. —

— des rhein. Vereins zur Förderung des Arbeiterwohnungswesens f. 1906/07. 2 Tle. gr. 8. Berlin 908. C. Heymann. à 1.—
1. (143 S.) — 2. Bericht üb. d. IX. (X.) Generalversammlung des rhein. Vereins zur Förderg. des Arbeiterwohnungswesens am 5. X. 1907 u. die V. Generalversammlg. des Verbandes rhein. Baugenossenschaften am 6. X. 1907 im städtischen Saalbau zu Essen-Ruhr. (Nach d. stenograph. Aufnahme v. Tielmann u. Broszeit.) (75 S.)

—— 28., des rheinisch-westphälischen Vereins für Israel. Vom 1. August 1870 bis zum 1. August 1871. gr. 8. (55 S.) Cöln 872. (Barmen, Klein.)

—— 29.—35., des rheinisch-westphälischen Vereins für Israel. Vom 1. Aug. 1871 bis zum 1. Aug. 1878. gr. 8. (à Jahrg. ca. 18 S.) Köln 872—79. (Barmen, Klein.) à Jahrg. *

— 33., des rheinisch-westfälischen Vereins für Israel. Vom 1. Aug. 1875 bis zum 1. Aug. 1876. gr. 8. (44 S.) Köln 877. (Barmen, Klein.) n. — 60

— dasselbe. 35. Jahresbericht. Vom 1. Aug. 1877 bis zum 1. Aug. 1878. gr. 8. (48 S.) Ebend. 879. n. — 75

Jahresbericht vom Verein zum Schutze Germanischer Einwanderung:
no 1, 1882 –
Annual report of the „Verein" which was organized June 15, 1882. Published in German and Spanish. Octavo, each about 24 pages. „Geschichte des Vereins, 1882–1922" published in the Report for 1922, pages 1–13. Note that covers are missing on reports for 1904, 1906, 1907. Title varies: Jahresbericht des Vereins zur Forderung Germanischer Einwanderung. 1–26, 1882–1908.
Buenos Aires

JAHRESBERICHT DES VEREINS ZUM SCHUTZE DER KINDER VOR AUSNUTZUNG UND MISSHANDLUNG (EINGETRAGENER VEREIN).
3. ... für das Jahr 1901. (o. O. o. J.) 4°.

VEREIN ZUM SCHUTZ DER KINDER VOR AUSNUTZUNG UND MISSHANDLUNG. ... JAHRES-BERICHT ...
(4.) ... vom 1. Januar 1902 bis 1. November 1903. (Berlin. Druck von G. Buschhardt.) 8°.
(6.) ... für das Vereinsjahr 1904. (Berlin. Druck von H. S. Hermann.)
JAHRESBERICHT DES VEREINS ZUM SCHUTZ DER KINDER VOR AUSNUTZUNG UND MISSHANDLUNG ...
7. ... für das Jahr 1905 nebst Mitgliederverzeichnis und Satzungen. ib. 1906. —
8. ... für das Jahr 1906 nebst Mitgliederverzeichnis und Satzungen. ib. 1907. —
9. ... für das Jahr 1907. ib. 1908. —
10. ... für das Jahr 1908 nebst Mitgliederverzeichnis. ib. 1909. —
11—13. ... für das Jahr 1909—1911. ib. 1910—1912. —

Jahresbericht des schweiz. Vereins von Dampfkessel-Besitzern 1, 7, 8, 10–12, 15–26. Zürich, Bern etc. 1869–95.

— XV., des schweiz. Vereins von Dampfkesselbesitzern, 1883. Gr. in-8°, XIII u. 100 S. mit Supplement u. XXXXII S. Glarus, Schmid, 1884.

Schweizerischer Verein von Dampfkessel-Besitzern. 8.
32. Jahresbericht 1900. [Mit Figuren und 2 Tafeln.] II + 165 S. Luzern, H. Keller, 1901.
Jahrg. 33, 1901. (Jahresbericht *etc.*) [Mit Figuren und 4 Tafeln.] II + 167 S. Wald, H. Hess, 1902.

Schweizerischer Verein für Evangelischen Gottesdienst an Kurorten. Jahresbericht.... *je* 8 S. 8. (Basel, Fr. Reinhardt.)
... vom Jahr 1900. (November 1900.)
... vom Jahr 1901. (November 1901.)

Schweizerischer Verein für Evangelischen Gottesdienst an Kurorten. Jahresbericht. vom Jahr 1902. (November 1902.) 8 S. 8. (Basel, Fr. Reinhardt.)

Schweizerischer Kaufmännischer Verein, Centralbureau für Stellenvermittlung (in Zürich). 26. Jahresbericht vom 1. Mai 1901 bis 30. April 1902. IV + 20 S. 8. Zürich, Druckerei der Neuen Zürcher-Zeitung, 1902.

Schweizerischer Kaufmännischer Verein, Centralbureau für Stellenvermittlung (in Zürich). 27. Jahresbericht vom 1. Mai 1902 bis 30. April 1903. IV + 19 S. 8. Zürich, Dr. der Neuen Zürcher Zeitung, 1903.

Schweizerischer Verein vom Blauen Kreuz. Sektion Basel. 19. u. 20. Jahresbericht 1900 u. 1902. 8 u. 7 S. 8. [1901] u. Basel, Birkhäuser & Dubi, 1903.
Für 1901 wurde kein Bericht gedruckt.

Schweizerischer landwirtschaftlicher Verein. Jahresbericht pro 1900. II + 56 S. 8. St. Gallen, Victor Schmid, 1901.

Schweizerischer landwirtschaftlicher Verein. Jahres-Bericht pro 1901. II + 38 S. 8. Altstätten, (A. Vetter), 1902.

Schweizerischer landwirtschaftlicher Verein. Jahresbericht pro 1902. II + 51 S. 8. Bern, K. J. Wyss, 1903.

Schweizerischer Milchwirthschaftlicher Verein ([und seine] Sektionen). (14.) Jahresbericht pro 1900. II + 23 S. 8. Schaffhausen, Kühn & Comp., 1901.

Schweizerischer Milchwirtschaftlicher Verein und seine Sektionen. 8. Schaffhausen, Kühn & Comp.
15. Jahresbericht pro 1901; mit Fusions-Rechnungen der beiden frühern Hauptvereine, Schweiz. Milchwirtschaftlicher Verein und Schweiz. Milchwirtschaftlicher Centralverband. II + 87 S. 1902.
16. Jahresbericht pro 1902. II + 94 S. 1903.

Jahresbericht des Vereins für Deutsche Seemannsfürsorge im Hafen von New York: 1907 1929?
New York, NY

JAHRESBERICHT DES VEREINS FÜR NEUERE SPRACHEN zu Hannover.
1—6. Hannover. 1881—1886. Schrift und Druck von Fr. Culemann. 8°.

JAHRESBERICHT DES VEREINS FÜR DIE STATISTIK DER JUDEN E. V. IN MÜNCHEN
über das 1. Vereinsjahr 1904. München. Druck von B. Heller. 8°.
JAHRESBERICHT DES VEREINS FÜR STATISTIK DER JUDEN, E. V., MÜNCHEN.
1906. (Lithographiert. Quartbogen.) — 1907. — 1908. — für das Jahr 1909. —

— — des technischen Vereines in Lemberg. Bd. I. (1867.) 8. 109 S.) Lemberg, technischer Verein.
Enthalt: Kurze Uebersicht über die Entstehung und Entwickelung des Vereins. — Statuten. — Verzeichniss der abgehaltenen Vorträge. — Mitglieder-Verzeichniß. — Zmurko, Prof. Dr., Ueber die Bestimmung des Rauminhaltes von Körperschichten, welche von parallelen ebenen Grundflächen und von Umflächen zweiter Ordnung begrenzt sind. — Schneider, Anton. O wyrobach glinianych w Galicyi. (Ueber die Thon-Waaren Industrie in Galizien.) — Vortrag, betreffend die Erzeugung von Soda, von ihren Uranfängen an bis auf die in der letzten Zeit in diesem Fache gemachten Fortschritte. Gehalten von Alfred Sierich. — Wolek, Wojciech, Dr. med. Okulista. O oprawie law szkolnych. (Wolek, Dr. d. Medicin u. Augenheilkunde. Ueber die Verbesserung der Bänke in den Schulen.)

JAHRESBERICHT DES THÜRINGISCH-SÄCHSISCHEN VEREINS FÜR ERFORSCHUNG DES VATERLÄNDISCHEN ALTERTUMS UND ERHALTUNG SEINER DENKMALE IN HALLE A. D. SAALE für ...
1894—95. Halle a. S. 1895. Plötz'sche Buchdruckerei (R. Nietschmann). 8°. — 1895—96. ib. 1896. — 1896/97. ib. 1897. Plötz'sche Buchdruckerei Curt Nietschmann. — 1897/98. ib. 1898. — 1898/99. ib. 1899. — 1899/1900. ib. 1900. In Kommission bei Eduard Anton. — 1900/1901. ib. 1902. — 1901/1902. ib. 1903. — 1902/1903. ib. 1904. — 1903/1904. ib. 1905. — 1904/1905. ib. 1906. — 1905/1906. ib. 1907. — 1906/1907. ib. 1908. — 1907/1908. Mit einem Porträt. ib. 1909. — 1909/10. (90. 91. Vereinsjahr.) ib. 1910. —
Vorh. unt. d. T.: Monatsblätter d. Thür.-Sächs. Vereins . . .

— d. Thüringisch-Sächsischen Vereins f. Erforschg. d. vaterländ. Altertums u. Erhaltg. s. Denkmale in Halle a. d. Saale f. 1896/97. gr. 8. (96 S.) Halle 897. (E. Anton.) n.n. 1.—

— des thüringisch-sächsischen Vereins f. Erforschung des vaterländischen Altertums u. Erhaltung seiner Denkmale in Halle an der Saale für 1897/98, 1898/99, 1899/1900 u. 1900/1901. gr. 8. (66, 65, 55 u. 60 S.) Halle 899—902. (E. Anton.) à n.n. 1.—

— des thüringisch-sächsischen Vereins f. Erforschung des vaterländischen Altertums u. Erhaltung seiner Denkmale in Halle a. d. Saale f. 1901/1902. 1902/1903. 1903/1904 u. 1904/1905. (44, 35, 69 u. 80 S. m. 1 Abbildg.) gr. 8. Halle 903—906. (E. Anton.) à n.n. 1.—

— des thüringisch-sächsischen Vereins f. Erforschg. des vaterländ. Altertums u. Erhaltg. seiner Denkmale in Halle a. d. Saale f. 1905/06, 1906/07, 1907/08, 1908/09 u. 1909/10. (32 S., 43 S., 116 S. m. 1 Bildnis, 112 S. u. IV, 91 S.) 8. Halle 907—10. E. Anton. 1905/06 u. 1906/07 à nn 1.—; 1907/08—1910/11 à 2.—

Verein zur Unterstützung durch Arbeit in Bern. Jahresbericht vom 1. Mai 1899 bis 30. April 1900. [Mit 4 Ansichten.] II + 14 S. 8. Bern, J. Fischer-Lohmann, 1901.

—— siebenter und achter, des Vereines zur Unterstützung der armen Negerkinder. 12. (102 S., 106 S.) Köln 859,60, (Bachem.) à 7½ Ngr.

—— 10.—14., des Vereines zur Unterstützung der armen Negerkinder für die Zwecke der central-africanischen Mission. Hrsg. von dem Central-Vorstande des Vereines in Köln. 16. (à Jahrg. ca. IV und 90—116 S.) Köln 862—66, (Bachem.) à Jahrg.

. . . Jahresbericht des Vereins zur Unterstützung hülfsbedürftiger verwaister Predigertöchter in Schleswig-Holstein-Lauenburg. Itzehoe . . . 8°
14, 1879. 16, 1881. 17, 1882. 26, 1891.
Für 1900—1909. Flensburg. 1901—10.
„ 1911. ebd. 1912.

Jahresbericht des Vereins zur Verbreitung von Naturkenntniß und höherer Wahrheit... mitgetheilt von J[ohann] S[alomo] C[hristoph] Schweigger. (1824.) Halle [1824.] 8°

(1824:) [1824.]

Verein für Verbreitung guter Schriften (Sektion St. Gallen). Jahresbericht über das Vereinsjahr 1900. 20 S. 8. St. Gallen, C. Schuppisser, 1901.

Verein für Verbreitung guter Schriften (Sektion St. Gallen). Jahresbericht über das Vereinsjahr 1901. 26 S. 8. St. Gallen, C. Schuppisser, 1902.

Verein für Verbreitung guter Schriften (Sektion St. Gallen). Jahresbericht über das Vereinsjahr 1902. 24 S. 8. St. Gallen, C. Schuppisser, 1903.

Verein für Verbreitung guter Schriften, Sektion Solothurn-Bucheggberg-Lebern. Jahresbericht pro 1899 und 1900, nebst Generalbericht über den 10-jährigen Bestand. II + 30 S. 8. Solothurn, Zepfel, 1901.

Verein für Verbreitung guter Schriften in Zürich. 11. Jahresbericht (pro 1900). 35 S. 8. Zürich, Jacques Bollmann, 1901.

Verein für Verbreitung guter Schriften in Zürich. 12. Jahresbericht (pro 1901). 40 S. 8. Zürich, Jacques Bollmann, 1902.

Verein für Verbreitung guter Schriften in Zürich. 13. Jahresbericht (pro 1902). 35 S. 8. Zürich, Jacques Bollmann, 1903.

Jahresbericht des Vereins für den Verkauf von Siegerländer Eisenstein, s. Jahresbericht d. Siegerländer Eisensteinvereins.

Jahres-Bericht des Vereines vom hl. Vinzenz von Paul für freiwillige Armenpflege. Klgft., St. Hermagoras-Druck., St. Josefs-Druck., 1873—.

JAHRESBERICHT DES VOIGTLÄNDISCH(EN) ALTERTHUMSFORSCHENDEN VEREINS (ZU HOHENLEUBEN).
13. Vorgetragen in der Hauptversammlung desselben am 30. August 1838 von FRIEDRICH ALBERTI. Gera, gedruckt in der Hofbuchdruckerei von Blachmann und Bornschein. 8°.
14. Verfasst von FRIEDRICH ALBERTI. (Mit 1 Tafel.) ib. — (In Comm. bei C. G. Scherbarth.)
Herausgegeben von FRIEDRICH ALBERTI.:
15—19. Jahr 1840—1844. (Mit Tafeln.) ib., gedruckt in der Hofbuchdruckerei von Blachmann und Bornschein.
Im Auftrage des Directoriums herausgegeben von FRIEDRICH ALBERTI.:
20 und 21. ib., gedruckt in der Hofbuchdruckerei.
Herausgegeben von FRIEDRICH ALBERTI.:
22, 23 und 24. (Mit 1 Tafel.) Ronneburg. s. a. In Eberhardt Hofmeister's Buch-Handlung.
25, 26 und 27. Jahr 1850—1852. (Mit Tafeln.) Gera, Druck der Hofbuchdruckerei.
(28), 29, 30 und 31. (1852, 1853 und 1855.) (Mit Tafeln.) ib. —
(32.) 1860, verfasst von OSCHATZ. (Ohne bes. Titelblatt.)
33. Vorgetragen in der Hauptversammluug am 5. August 1862 von JULIUS FRIEDEMANN. Greiz, 1863. Druck von Otto Henning.
34. 35. 36. Vorgetragen in der Hauptversammlung am 2. August 1865 von JULIUS FRIEDEMANN. Weida, 1865. Druck von H. Aderhold.
37. Im Auftrage des Direktoriums herausgegeben von JULIUS FRIEDEMANN. ib. 1867. —

Nr.1-12 enth.in:Variscia, Greiz 1829 ff.

Jahresbericht, 14. u. 15. des voigtländ. alterthumsforschenden Vereins. Hrsg. v. Friedr. Alberti. Jahr 1839 u. 40. 8. Gera, (Kanitz.) [839. (7⅞ B. u. 1 Abbild.), 40. (6½ B. u. 1 Stnt.) à * ⅝ Thlr.] *

—— 20—24., des voigtländischen alterthumsforschenden Vereins. Im Auftrage des Directoriums, hrsg. von Friedr. Alberti. 8. Gera. (Ronneburg, Hofmeister.) [20. und 21. (128 S.) 847. * 15 Ngr., 22—24. (194 S. mit 1 Stnt.) 850. * 20 Ngr.] *

—— 25., 26. und 27. und 29., 30. und 31., des voigtländischen alterthumsforschenden Vereins. (Jahr 1850—1852. — 1853 und 1855.) Hrsg. von Friedr. Alberti. (2 Hefte.) 8. (110 S. mit 2 Stnt., 88 S. mit 2 Stnt.) Gera 856. (Ronneburg, Hofmeister.) à Jahrg. *

Jahresbericht des Voigtländ. Alterthumsforsch. Vereins 1866ff unter d. Titel: Mitteilungen aus dem Archiv des Voigländ. Alterthumsforsch. Vereins.

47., 48. und 49. JAHRESBERICHT DES VOGTLÄNDISCHEN ALTERTHUMSFORSCHENDEN VEREINS ZU HOHENLEUBEN und 1. Jahresbericht des Geschichts- und Alterthumsforschenden Vereins zu Schleiz. Im Autrag des Directoriums herausgegeben von ... RICHARD RUCKDESCHEL. Weida, 1879. Druck von H. Aderhold. 8°.

50. und 51. JAHRESBERICHT DES VOGTLÄNDISCHEN ALTERTHUMSFORSCHENDEN VEREINS ZU HOHENLEUBEN und 2. und 3. Jahresbericht des Geschichts- und Alterthumsforschenden Vereins zu Schleiz. Im Autrag des Direktoriums herausgegeben von M. DIETRICH. (ib. 1880. —)

52. und 53. JAHRESBERICHT DES VOGTLÄNDISCHEN ALTERTUMSFORSCHENDEN VEREINS ZU HOHENLEUBEN und 4. und 5. Jahresbericht des Geschichts- und altertumsforschenden Vereins zu Schleiz. Im Auftrag des Direktoriums herausgegeben von M. DIETRICH. (ib. 1883. —)

54. und 55. JAHRESBERICHT DES VOGTLÄNDISCHEN ALTERTUMSFORSCHENDEN VEREINS ZU HOHENLEUBEN und 6. und 7. Jahresbericht des Geschichts- und altertumsforschenden Vereins zu Schleiz. Im Auftrag des Direktoriums herausgegeben von M. DIETRICH. s. l. & a. (Druck von H. Aderhold. Weda.) 8°.

56. UND 57. JAHRESBERICHT DES VOGTLÄNDISCHEN ALTERTUMSFORSCHENDEN VEREINS ZU HOHENLEUBEN und 8., 9. und 10. JAHRESBERICHT DES GESCHICHTS- UND ALTERTUMSFORSCHENDEN VEREINS ZU SCHLEIZ. Im Auftrage des Direktoriums herausgegeben von M. DIETRICH. (Weida 1887. Druck von H. Aderhold.) 8°.
58. und 59. JAHRESBERICHT DES VOGTLÄNDISCHEN ALTERTUMSFORSCHENDEN VEREINS ZU HOHENLEUBEN und 11. und 12. JAHRESBERICHT DES GESCHICHTS- UND ALTERTUMSFORSCHENDEN VEREINS ZU SCHLEIZ. Im Auftrage des Vorstandes herausgegeben von M. DIETRICH. (Mit 2 Tafeln.) (ib. —)
60. JAHRESBERICHT DES VOGTLÄNDISCHEN ALTERTUMSFORSCHENDEN VEREINS ZU HOHENLEUBEN. Im Auftrag des Vorstandes herausgegeben von M. DIETRICH. ib. 1889. —

61., 62., 63., 64. JAHRESBERICHT DES VOGTLÄNDISCHEN ALTERTUMSFORSCHENDEN VEREINS ZU HOHENLEUBEN und 13., 14., 15., 16., 17. JAHRESBERICHT DES GESCHICHTS- UND ALTERTUMSFORSCHENDEN VEREINS ZU SCHLEIZ. Im Auftrag des Direktoriums herausgegeben von HEINRICH BLECHSCHMIDT. Hohenleuben, im August 1914. (Zeutenroda 1894. Druck von August Oberreuter.)
65. und 66. JAHRESBERICHT DES VOGTLÄNDISCHEN ALTERTUMSFORSCHENDEN VEREINS ZU HOHENLEUBEN (gegründet im Jahre 1825) und 18. u. 19. JAHRESBERICHT DES GESCHICHTS- UND ALTERTUMSFORSCHENDEN VEREINS ZU SCHLEIZ. Im Auftrage des Direktoriums herausgegeben von HEINRICH BLECHSCHMIDT. Hohenleuben, im August 1896. (Mit 1 Tafel.) (ib. 1896. —)

67., 68. und 69. JAHRESBERICHT DES VOGTLÄNDISCHEN ALTERTUMSFORSCHENDEN VEREINS ZU HOHENLEUBEN, gegründet im Jalre 1825. Im Auftrage des Direktorims (sic!) herausgegeben von LUDWIG. Hohenleuben, im August 1899. (Mit 1 Karte.) (Weida. Druck von Paul Aderhold.)
JAHRESBERICHT DES VOGTLÄNDISCHEN ALTERTUMSFORSCHENDEN VEREINS ZU HOHENLEUBEN, gegründet im Jahre 1825.
Im Auftrage des Direktoriums herausgegeben von G. MÜLLER:
70. und 71. Hohenleuben, im Januar 1901. ib. —
Im Auftrage des Vereins herausgegeben von FERD. THORMANN:
72. und 73. Hohenleuben, im Januar 1903. (ib. Druck von H. Aderholts Buchdruckerei.)
JAHRESBERICHT DES VOGTLÄNDISCHEN ALTERTUMSFORSCHENDEN VEREINS ZU HOHENLEUBEN, gegründet im Jahre 1825.
Im Auftrage des Vereins herausgegeben von FERD. THORMANN.
74. und 75. Hohenleuben, im Januar 1905. (ib. Druck von H. Aderlold.)

— 72—75., des vogtländischen altertumsforschenden Vereins zu Hohenleuben, gegründet im J. 1825. Im Auftrage des Vereins hrsg. v. Ferd. Thormann. 8. Hohenleuben 903. 905. Vogtländ. altertumsforsch. Verein. n. 4. 30
72.73. (III, 119 S. m. 2 Taf.) 903. n. 1. 50
74.75. (III, 267 S.) 905 n. 2. 80

— 76. u. 77., des vogtländischen altertumsforschenden Vereins zu Hohenleuben, gegründet im J. 1825. Im Auftrage des Vereins hrsg. v. Ferd. Thormann. (III, 119 S. m. 1 Taf.) 8. Hohenleuben 907. Verlag des Vereins. 2. —

— dasselbe. 78., 79. u. 80. Im Auftrage des Vereins hrsg. v. Alfr. Weber. (III, 272 S. m. 1 Karte.) 8. Ebd. 910. 2. 70

Jahresbericht des Vereins für Volkskunde u. Linguistik in Prag. 1. u. 1905. Prag 1893—1906.

JAHRES()BERICHT DES VEREINS FÜR SÄCHSISCHE VOLKSKUNDE …
erstattet vom Vereins-Vorstande
in den Vereinsjahren 1897 und 1898. Dresden 1899. Druck der Dresdner Verkehrs-Anstalt Hansa. 8°.
auf das Vereinsjahr 1899. ib. 1900. —
auf das Vereinsjahr 1901. ib. 1902. Druck der Neuen Verkehrs-Anstalt Hansa.
V. auf das Vereinsjahr 1902. ib. 1903. —
VI. auf das Vereinsjahr 1903. ib. 1904. —
erstattet vom Vereinsvorstande.
VII–XIV., auf das Vereinsjahr 1904–1911. ib. 1905–1912. —
VEREIN FÜR SÄCHSISCHE VOLKSKUNDE – JAHRESBERICHT …
XV. 1912. ib. 1913. —

[1]) Jahresbericht auf das Vereinsjahr 1900 habe ich nicht einsehen können.

Jahresbericht des Vereins zur Wahrung der wirtschaftlichen Interessen der Eisen- und Stahlindustrie von Elsaß-Lothringen und Luxemburg in Metz. 5.—9. Jg. (1899—1903). Straßburg, 1900—1904.

—— 18., des weiblichen Vereins für Armen-Krankenpflege. 8. (30 S.) Celle 852, Schulze'sche Buchh.

JAHRESBERICHT DES WESTDEUTSCHEN VEREINS FÜR COLONISATION UND EXPORT.
2. 1883. Druck von L. Schwann, Düsseldorf. 4°.

Jahresbericht des Westfälischen Vereins zur Förderung des Kleinwohnungswesens zu Münster (Westf.). 1. 2. Münster 1903–04. 8°
1. Für d. Zeit bis Ende 1902. 1903. 2. Für d. J. 1903. 1904.
Fortges. u.d.T.: Berichte über d. Mitglieder-Versammlung d. Westf. Vereins z. Förderung d. Kleinwohnungswesens. 1904 ff.

Jahres-Bericht 1875 des *Westfäl. Vereins f. Vogelschutz, Geflügel- u. Singvögelzucht.* Hrsg. von *H. Landois.* Münster i. W. 8°. 70 S. Cart.

JAHRESBERICHT DES VEREINS FÜR WETTERKUNDE ZU COBURG.
1883. Coburg. Druck der Dietz'schen Hofbuchdruckerei. 8°. — 1884. ib. 1884. — 1885—1888. ib. — 1889—1891. (Mit Tafeln.) ib. — X—XXIII. 1892–1905. (Mit Tafeln.) ib. — XXIV. 1906. (Mit Tafeln.) ib. Besser'sche Hofbuchdruckerei. Inh.: H. Klebert. — XXV. 1907. (Mit Tafeln.) ib. Thüringer Kunstanstalt & Graphische Union. A.-G. — XXVI. 1908. ib. Scheller & Geisthardt. — XXVII. 1909. (Mit Tafeln.) ib. — XXVIII. 1910. (Mit Tafeln.) ib. Graphische Werke.

JAHRESBERICHT DES WITTENBERGER VEREINS FÜR HEIMATHKUNDE DES KURKREISES.
1., November 1856—1857. (Ohne bes. Titelblatt. Wittenberg. Druck von Bernhard Heinrich Rübener.) 4°.
2., November 1857—1858. (Ohne bes. Titelblatt. ib. —)
3., November 1858—1859. (Ohne bes. Titelblatt. ib. —)
4., November 1859—1860. (Ohne bes. Titelblatt. ib. —)
5., Abgeschlossen den 18. November 1861. (Ohne bes. Titelblatt. ib. —)
6., November 1861—1862. (Ohne bes. Titelblatt. ib. —)
7., November 1862—1864. (Ohne bes. Titelblatt. ib. —)

— – I. und II., des württembergischen Vereins für Handelsgeographie und Förderung deutscher Interessen im Auslande. [1882—1884.] gr. 8. (XXIV, 112 S.) Stuttgart 884, Hoffmann'sche Buchdruckerei. * *

Jahresbericht, III. und IV. [1884—1886], des württembergischen Vereins für Handelsgeographie und Förderung deutscher Interessen im Auslande. Unter Redact. von E. Metzger. gr. 8. (120 S. mit Holzschn.) Stuttgart 886, Hoffmann'sche Buchdr. *

— V.—VI. [1886—88], d. württembergischen Vereins f. Handelsgeographie u. Förderung deutscher Interessen im Auslande. Unter Red. von E. Metzger. gr. 8. (XXIII, 104 S.) Stuttgart 888. (Krais.) n. 3. —

—— VII. u. VIII. [1888—89], d. württemberg. Vereins f. Handelsgeographie u. Förderg. deutscher Interessen im Auslande. Unter Redact. v. E. Metzger. gr. 8. (XXVIII, 196 S.) Stuttg. 890, (Lindemann). 4 —

—— VII. u. VIII. (1888—89) ib. 1890. Komm.-Verlag von W. Kohlhammer. — Darin mit bes. Titelblatt: EMIL METZGER, Württembergische Forschungsreisende und Geographen des 19. Jahrhunderts. Festschrift zur Feier des 25jährigen Regierungsjubiläums Sr. Majestät des Königs Karl. Im Auftrage des Württ. Vereins für Handelsgeographie bearbeitet. ib. 1889. W. Kohlhammer.
Herausgegeben von der Redaktions-Commission. (später: Redaktions-Kommission.)
IX. u. X. (1890 u. 91) (Mit 1 Tafel.) ib. 1892. — XI. u. XII. (1892 u. 93) (Mit 1 Tafel.) ib. 1894. — XIII. u. XIV. (1894 u. 95) ib. 1896. — XV. u. XVI. (1896 u. 97) (Mit Tafeln.) ib. 1898. — XVII., XVIII. u. XIX (1898, 1899 u. 1900) (Mit Tafeln.) ib. 1901. — XX., XXI., XXII. u. XXIII. (1901, 1902, 1903 u. 1904) ib. 1905. Kommissions-Verlag von W. Kohlhammer. — XXIV. und XXV. (1905 u. 1906) (Mit Tafeln.) ib. 1907. —

— des Vereins f. entlassene weibliche Zöglinge der Blindenanstalt Hannover f. 1898/1900. 8. (17 S. m. 1 Abb.) Hannover 901. (Hannover u. Celle, Schulbuchh.) — 50

Jahresbericht des zoologisch-botanischen Vereins in Wien 1855.

Zürcherischer [kantonaler] Milchwirtschaftlicher Verein. 15. *u.* 16. *u.* 17. Jahres-Bericht pro 1900 *u.* pro 1901 *u.* pro 1902. 15 *u.* 12 *u.* 12 S. 8. Schaffhausen, Kühn & Comp., 1901 *u.* 1902 *u.* 1903.

Zürcher. Verein zum Schutz der Thiere. 14. u. 15. Jahresbericht üb. d. J. 1870—71. Von Pfr. Wolff, Präs. 30 Stn. 8. Zürich, Druck v. J. Herzog.

Jahresbericht, 16. bis 18., des zürcherischen Vereins zum Schutz der Thiere. 1875

—— für 1867, über die, dem Verbande der norddeutschen Genossenschaften von Mecklenburg, Vorpommern und Rügen angehörigen Vereine. 4. (12 S. mit 1 Tab. in qu. Fol.) Rostock 868, Leopold's Universitäts-Buchh. — 30

Jahresbericht d. Vereinigung f. angewandte Botanik. 1.—13. Jahrg. 1903—15. Berl. 1904 (ↄ: 1903)—16. 4°.
(1–3 m. Tit.: Jahresbericht d. Vereinigung d. Vertreter f. ang. Bot.).

— der Vereinigg. f. angewandte Botanik. IV.—VII. Jahrg. Lex. 8. Berlin, Gebr. Borntraeger. 62. 40
IV. 1906. (LXIII, 348 S. m. 19 Abb. u. 8. Taf.) 907. 14. —
V. 1907. (LIX, 234 S. m. 5 Abb. u. 5 Taf.) 908. 16. 40
VI. 1908. (XLII, 294 S. m. 7 Abb. u. 2 Taf.) 909. 16. —
VII. 1909. (LIX, 257 S. m. 52 Abb. u. 7 Taf.) 910. 16. —

Jahresbericht der Vereinigung zur Förderung der Volks- und Jugendspiele in Groß-Lichterfelde. … [1.] Für d. J. 1905. (Groß-Lichterfelde 1905: J. Unverdorben & Co.) 8° [ot. 5000

Vereinigung für staatswissenschaftliche Fortbildung. — Erster JAHRESBERICHT. (1903) Berlin. Universitäts-Buchdruckerei von Gustav Schade (Otto Francke). qu. 4°

Vereinigung bibliothekarisch arbeitender Frauen. Jahresbericht (2: Jahresbericht, Statuten ...; 3. 4.: Jahresbericht, Satzungen, Mitgliederverzeichnis). [1-4.] 1907/08-1910/11. [Mehr nicht ersch.] — (Berlin 1908-11: Hayn.) 8° (1 : 4°).

Jahres-Bericht der Jüdischen wissenschaftlich-geselligen Vereinigung zu Marburg. 1. *Marburg (1904): J. Hamel.* 8° [04. 8870 4

JAHRESBERICHT DER CÖLNER VEREINIGUNG FÜR RECHTS- UND STAATSWISSENSCHAFTLICHE FORTBILDUNG [1])
für das Geschäftsjahr 1906 (1. April 1906 bis 31. März 1907). Kölner Verlags-Anstalt und Druckerei, A.-G. 4°.
für das Geschäftsjahr 1907 (1. April 1907 — 31. März 1908.) ib. —
für das Geschäftsjahr 1908 (1. April 1908 bis 31. März 1909). ib. —
für das Geschäftsjahr 1909 (1. April 1909 bis 31. März 1910). ib. —
für das Geschäftsjahr 1910 (1. April 1910 bis 31. März 1911). ib. —
für das Geschäftsjahr 1911; (1. April 1911 bis 31. März 1912). ib. —

[1]) Erschienen sind ausserdem die Studienpläne der Kurse.

— 1., der Vereinigung bildender Künstler Österreichs „Secession". Lex.-8. (82 S.) Wien 899. (Leipzig, Literar. Anstalt A. Schulze.) n. — 60

. . . Jahresbericht der Vereinigung ehemaliger Primaner des Gymnasiums zu Glückstadt von 1887. Elmshorn. Glückstadt. 8°
2, 1889. 8—12, 1895—99. 19—20, 1906—07. 22—24, 1909—11. 26—30, 1913—17. 33, 1920. 35 ff., 1922 ff.

JAHRESBERICHT DER VEREINIGUNG DER VERTRETER DER ANGEWANDTEN BOTANIK.
Jahrg. 1. 1903. Berlin 1904. Verlag von Gebrüder Borntraeger. 8°. — 2. 1903/04. ib. 1905. — 3. 1904/05. Mit 2 Tafeln und 10 Textabbildungen. ib. 1906. — 4. 1906. Mit 8 Tafeln und 19 Textabbildungen. ib. 1907. — 5. 1907. Mit 5 Tafeln und 5 Textabbildungen. ib. 1908. —

— der Vereinigung der Vertreter der angewandten Botanik. 1.—3. Jahrgang. gr. 8. Berlin, Gebr. Borntraeger. n. 19. 20
1. 1903. (III, 150 S.) 904. n. 4.—
2. 1903/04. (VIII, 195 S. m. Abbildgn.) 905. n. 5. 20
3. 1904/05. (XX, 254 S. m. 10 Abbildgn. u. 2 Taf.) 906. n. 10.—

Forts.s.: Jahresbericht d. Vereinigung f. angewandte Botanik.

Jahresbericht der Vereinigung pfälzischer Weinproduzenten, Weinhändler u. Weinkommissionäre A. V. zu Neustadt a. d. Haardt f. d. J. 1905. (16 u. 61 S.) gr. 8. Neustadt a H. (906). (D. Meininger.) n. 2.—

— der Vereinigung pfälzischer Weinproduzenten, Weinhändler u. Weinkommissionäre A. V. zu Neustadt a. d. Haardt f. d. J. 1908. (13, 13, 15 u. XI, 41 S.) gr. 8. Neustadt a/H. (909). (D. Meininger.) 1.50

Jahresbericht des Vereinsausschusses des katholischen Wohltätigkeitsvereines in Czernowitz. Czernowitz: Selbstverl. 1889.

—— über die landwirthschaftlichen Verhältnisse Schleswig-Holsteins, erstattet im Decbr. 1868 von der ausführ. Direction des Schleswig-Holsteinschen landwirthschaftl. Generalvereins. 4. (98 S.) Kiel 869, Schwers'sche Buchh. *

—— 4., u. Verhandlungen der Gesellschaft f. Beförderung u. Verbesserung des Flachsbaus in Irland. Nebst ein. Anh., Bilance des Rechnungsführers u. Liste v. Beiträgen u. Schenkungen f. das m. dem 31. Octbr. 1844 endende Jahr. Aus d. Engl. v. C. A. Pajeken. gr. 8. (6 B.) Bremen 845, Schünemann's Vrlgsh. *

JAHRES-BERICHT ÜBER DIE VERHANDLUNGEN DES NATURWISSENSCHAFTLICHEN VEREINS IN HAMBURG. Abgestattet zu der Stiftungsfeier ... von H. J. MÜLLER.:
Von November 1840 bis November 1841. Hamburg. s. a. Gedruckt bei F. H. Nestler und Melle. 4°.
Von November 1841 bis November 1842. Nebst einigen einleitenden Worten von Herrn Minister-Resident von STRUVE. ib. s. a. —
Von November 1842 bis November 1843. Bevorwortet von Sr. Excellenz Herrn Minister von STRUVE, ... Abgestattet bei der Stiftungsfeier am 29. November 1843 von P. SCHMIDT. ib. s. a. —
Abgestattet bei der Stiftungsfeier am 29. November 1846 von P. SCHMIDT. (Hamburg. s. a.) H. G. Voigt's Buchdruckerei.

Vorh. unt. d. T.: Jahresbericht d. naturwiss. Vereins in Hamburg.

JAHRES-BERICHT ÜBER DIE VERHANDLUNGEN DES THÜRINGISCH-SÄCHSISCHEN VEREINS FÜR ERFORSCHUNG DES VATERLÄNDISCHEN ALTERTHUMS, vorgetragen in der ... General-Versammlung seiner Mitglieder.
1—3. 1821—(1823). (Mit Tafeln.) Naumburg. 1821—1823. Gedruckt in der Wild'schen Buchdruckerei. 8°.

Jahresbericht über den Verkehr auf den der Ministerial-Bau-Kommission in Berlin unterstellten Märkischen Wasserstraßen. [1.] Im Jahre 1899. Aufgestellt Berlin, im März 1900. [Berlin: Kgl. Minist.-Bau-Komm. 1900.] 4° [F.] [03. 6600

Verkehrskommission von Luzern, Vierwaldstättersee u. Umgebung (in Luzern). 9. Jahresbericht für das Jahr 1900. [Mit 1 graphischen Tabelle.] 31 S. 8. Luzern, Räber & Cie., 1901.

Verkehrs-Verein für den Kanton Glarus. 8. Jahresbericht 1900. (Anhang: Jahresberichte der Lokalsektionen.) IV + 36 S. 8. Glarus, J. Spälti, 1901.

Oberländischer Verkehrsverein (in Interlaken). 4. Jahresbericht vom 1. November 1900 bis 31. Oktober 1901. [Mit illustriertem Umschlag.] IV + 74 S. 8. Interlaken, Otto Schlaefli, 1901.

Oberländischer Verkehrsverein (in Interlaken). 5. Jahresbericht vom 1. November 1901 bis 31. Oktober 1902. [Mit illustriertem Umschlag.] II + 47 S. 8. Interlaken, K. J Wyss, 1902.

Verkehrs-Verein für das See- und Oberwynental [in Hochdorf]. 2. u. 3. u. 4. Jahresbericht pro 1900 u. pro 1901 u. pro 1902. II + 27 u. II + 15 u. II + 32 S. 8. Hochdorf, H. Rast, 1901 u. 1902 u. Reinach, Tenger, 1903.

Verkehrs- und Verschönerungs-Verein für die Stadt (* 7. *Jahresb.:* von) Biel und Umgebung. (— Société de développement et d'embellissement * 7. *Jahresb.:* d'o. et de d. - de Bienne et environs.) [Umschlag illustriert.] 8.
6. Jahresbericht (— 6e rapport annuel) 1900. 38 S. Biel, (E. Andres), 1901.
7. Jahresbericht (— 7e rapport du Comité) 1901. 30 S. Biel, C. Schweizer & Co., 1902.

Verkehrs- und Verschönerungs-Verein für Solothurn und Umgebung. 8. und 9. Jahresbericht. 1899 und 1900. [Mit 2 Ansichten.] IV + 48 S. 8. Solothurn, Buch- und Kunstdruckerei Union, 1901.

Verkehrs- & Verschönerungs-Verein für Solothurn und Umgebung. 10. und 11. Jahresbericht. 1901 und 1902. [Mit 1 Ansicht und 1 Tafel.] II + 40 S. 8. Solothurn, E. Gigandet, 1903.

Verkehrs- und Verschönerungsverein von Winterthur und Umgebung. 2. u. 3. Jahresbericht 1900/1901 (Dezember 31) u. 1902. 24 u. 22 S. 8. Winterthur, Buchdr. Winterthur, 1902 u. 1903.

Jahres-Bericht über die Vermögens-Gebahrung des St. Josefs unentgeltlichen Kinderspitales auf der Wieden für das Verwaltungsjahr 1855. Gedr. bei A. Pichlers Witwe & Sohn. (13 S. 4.)

— über Veröffentlichungen u. wichtigere Ereignisse im Gebicte des Forstwesens, der forstl. Zoologie, der Agrikulturchemie, d. Meteorologie u. der forstl. Botanik, hrsg. v. Tuisko Lorey bezw. Karl Wimmenauer, s. a. Forst- u. Jagd-Zeitung, allgemeine. Suppl.

Jahresbericht über Veröffentlichungen und wichtigere Ereignisse im Gebiete des Forstwesens, der forstlichen Botanik ... für das Jahr ... Supplemente zur Allgemeinen Forst- und Jagd-Zeitung. - Frankfurt a. M. Bd. 1-22. 1888/89 - 1909/10.
Früher : Suppl. z. Allg. Forst- u. Jagdztg.
Forts. : Jahresber. üb. d. Fortschr., Veröff. u. wichtigeren Ereignisse i. Gebiete d. Forst-, Jagd- u. Fischereiwes.

Jahresbericht üb. Veröffentlichungen u. wichtigere Ereignisse im Gebiete d. Forstwesens, d. forstl. Botanik, d. forstl. Zoologie, d. Agrikulturchemie u. d. Meteorologie. Herausg. v. T. Lorey, J. Lehr. 1888-93 (aarlig, 1 Vol.). Frankf. a. M. 1889-94. 4°.
(Supplemente z. Allgemeinen Forst- u. Jagd-Zeitung. Bd. 14 H. 1-3, og: 2. Jahrg. 1892-94). 612.

Jahresbericht üb. Veröffentlichungen u. wichtigere Ereignisse im Gebiete d. Forstwesens ... Herausg. v. 1894-1900 T. Lorey, 1901-06 K. Wimmenauer, 1907 ff. H. Weber. 1894-1914. Frankf. a. M. 1895—1919. 4°.
(Suppl. z. Allgemeinen Forst- u. Jagd-Zeitung). 612.

34. Jahresbericht über die Verrichtungen der Bank in Zürich, für die Generalversammlung der Actionnäre am 6. März 1871. Gedr. bei J. J. Ulrich. 1871. 23 Stn. 4.

Jahresbericht über die Verrichtungen der Bank in Zürich 43–52, 1879–88. Zür. 4.

— 47., über die Verrichtungen der Bank in Zürich im Jahr 1883, nebst Bericht der Revisions-Commission für die Generalversammlung der Aktionäre am 26. März 1884. 39 S. Zürich, Ulrich.

Jahresbericht, 48., über die Verrichtung der Bank in Zürich im Jahr 1884, nebst Bericht der Revisions-Commission für die Generalversammlung der Actionäre am 25. März 1885. In-4°, 40 S. Zürich, Druck von Ulrich & Co.

JAHRESBERICHT ÜBER DIE VERRICHTUNGEN UND DEN ZUSTAND DER NATURFORSCHENDEN GESELLSCHAFT IN EMDEN
für die Jahre 1837, 1838 und 1839. Emden, 1840. Druck von H. Woortman. 8°.
für das Jahr 1840. ib. 1841. —
im Jahre 1841—1847. (Mit meteorologischen Tabellen.) ib. 1842—1848. —

Jahresbericht über die Verrichtungen und den Zustand der naturforschenden Gesellschaft zu Emden im Jahre 1844. 1845, 1846, 1848, 1849, 1852, 1853, 1854. 1855. 1857 - 1865. Emden. 8.

Jahresbericht der Loge Verschwiegenheit in Pressburg. 24. Juni 1877. 8. 8 S.

Jahresbericht der gegenseitigen Versicherungs Gesellschaft: Cincinnati, OH
no. 1. 1858

Jahresbericht d. agrikulturchemischen Versuchs-Station zu Dahme. 2. Dahme 1859.

Jahresbericht d. agrikulturchemischen Versuchsstation in Kiel. 1895. 1898—99, 1910. Von 1895—99 A. Emmerling, 1910 H. Wehnert. Kiel 1896—1911. (Særtr.). 4°.

Jahresbericht der deutsch-schweizerischen Versuchsstation und Schule für Obst-, Wein- und Gartenbau in Wädensweil. 1–4. 1890–94. Zürich.

Deutsch-schweizerische Versuchsstation und Schule für Obst-, Wein- und Gartenbau in Wädensweil. [Mit illustriertem Umschlag.] 8.
9. Jahresbericht (1. September) 1898/99 (August 31). II + 118 S. Zürich, Meyer & Hendess, 1901.
10., 11. & 12. Jahresbericht vom 1. September 1899 bis 31. August 1902. Zugleich Schlussbericht. II + 154 S. Wädensweil, A. Stutz, 1902.

Jahresbericht der Landwirtschaftl. Versuchsstation zu Marburg. Erstattet von deren Vorstand ... Th. Dietrich. [1.] Über das Etatsjahr 1894/95. *Marburg 1895: J. A. Koch.* 8° [F.] (03. 1460) 4

Jahresbericht der Milchwirthschaftlichen Versuchsstation (u Lehranstalt) zu Kiel für das Meiereijahr 1878/79—1889/90 v. Max Schrodt. Kiel. 1879 - 91. 8°
Fortges. u. d. T.:
Jahres-Bericht der milchwirthschaftlichen und bakteriologischen Abtheilung der Landwirthschaftlichen Versuchsstation und der Milchwirthschaftlichen Lehranstalt in Kiel über das Meiereijahr 1890/91—1895/96 v. H. Weigmann. Kiel. 1895 - 97. 8°
Fortges. u. d. T.:
Jahres-Bericht der Versuchsstation (u. Lehranstalt) für Molkereiwesen der Landwirthschaftskammer für die Provinz Schleswig-Holstein in Kiel über das Meiereijahr . . . v. H. Weigmann Kiel. 8°
1896/97. 1898.
1898/99. 1900.
1899/1900. 1901.

Jahresbericht, 2., d. staatlich autor. Versuchs- u. Musterstation f. Vogelschutz, Schloßgut Seebach, Kr. Langensalza vom 1. IV. 1909 bis 1. IV. 1910, Leiter: Frdr. Schwabe. Unter Aufsicht des Besitzers Hans Frhrn. v. Berlepsch. Adresse: Vogelschutz, Seebach, Kreis Langensalza. (16 S.) 8. Leipzig (910). Fritzsche & Schmidt. — 25

Jahresbericht (6–8: über die Thätigkeit) der Versuchsstation für Nematoden-Vertilgung (9.10: f. Pflanzenschutz zu Halle a. S.) von Dr. M[ax] Hollrung. 1–10. 1889–98. (Halle a. S.: 1890–99: Gebauer-Schwetschke; 4. 5: Waisenhaus; 6 ff.: O. Thiele.) 10 Bde 8° [F.] (04. 1185)

Jahresbericht, XIV., über die Verwaltung der Zürcher Kantonalbank, umfassend das Jahr 1883. In-4°, 55 S. Zürich, Orell Füssli & Cie.

Allgemeine Krankenkasse in Zürich. 44. [*d. i.* 45.] *u.* 46. Jahresbericht der Verwaltung an die Löbl. Hülfsgesellschaft. Vom 1. November 1900 bis 31. Oktober 1901 *u.* Vom 1. November 1901 bis 31. Oktober 1902. *je* 11 S. 8. Zürich, Fritz Amberger, 1901 *u.* 1902.
(42.—44. Jahresbericht sind falsch nummeriert.)

Jahresbericht über die Verwaltung des Medincinalwesens und über die öffentliche Gesundheitspflege des Kts. St. Gallen 1885–94. St. Gallen.

Verwaltung des Medizinalwesens und öffentliche Gesundheitspflege des Kantons St. Gallen. Jahresbericht 1900. [Illustriert.] (2 Teile.) VI + 149 + II + 203 S. 8. St. Gallen, Buchdr. Merkur, 1901.

Jahresbericht über die Verwaltung des Medicinalwesens, die Krankenanstalten und die öffentl. Gesundheitsverhältnisse der freien Stadt Frankfurt. Hrsg. unter Mitwirkung des Physikats von dem ärztl. Verein. 1—3. Jahrg. 1857—59. Lex.-8. Frankfurt a. M., Sauerländer's Verlag. [1. Jahrg. (XII und 288 S. mit 2 Tab. in Imp.-Fol. und qu. Imp.-Fol.) 859. * 1 Thlr. 6 Ngr., 2. Jahrg. (VI und 244 S. mit 1 Tab. in Imp.-Fol.) 860. * 1 Thlr. 5 Ngr., 3. Jahrg. (VI und 333 S. mit 1 Tab. in Imp.-Fol. und 1 chromolithogr. hydrograph. Generalplane von Frankfurt a/M. in Fol.) 861. * 2 Thlr.] Thlr. *

- - - über die Verwaltung des Medicinalwesens, die Krankenanstalten und die öffentlichen Gesundheitsverhältnisse der freien Stadt Frankfurt. Hrsg. unter Mitwirkung des Physikats von dem ärztl. Verein. 4.—8. Jahrg. 1860—64. Lex.-8. [4. Jahrg. (IV und 219 S. mit 1 Tab. und 1 Stnt. in Imp.-Fol.) 5. (IV und 223 S. mit 1 Stnt. und 1 Tab. in gr. 8. und Imp.-Fol.) 6. (IV und 186 S. mit 1 Tab. in Imp.-Fol.) 7. (IV und 195 S. mit 1 Tab. in Imp.-Fol.) 8. (IV und 184 S. mit 1 Tab. in Imp.-Fol.)] Frankfurt a. M., Sauerländer's Verlag. à Jahrg. *

—— über die Verwaltung des Medicinalwesens, die Krankenanstalten und die öffentlichen Gesundheitsverhältnisse der Stadt Frankfurt a. M. Hrsg. vom aerztl. Verein. 9.—17. Jahrg. 1865—1873. Lex.-8. (IV, 187 S. mit 1 Tab. in Imp.-Fol.; IV, 176 S. mit 1 Tab. in Imp.-Fol.; IV, 208 S. mit 1 Tab. in Imp.-Fol. und 3 Stnt., wovon 2 in Buntdr., in qu. 4. und Fol.; IV, 232 S. mit 6 Stnt. und 1 Tab. in Imp.-Fol.; IV, 204 S. mit 1 Tab. in Imp.-Fol.; IV, 324; IV, 281; IV, 263 S. mit eingedr. Holzschn.; IV, 235 S.) Frankfurt a. M. 868—73, Sauerländer's Verlag. à Jahrg. * 3 60

—— über die Verwaltung des Medicinalwesens, die Krankenanstalten und die öffentlichen Gesundheitsverhältnisse der Stadt Frankfurt a. M. Hrsg. von dem ärztl. Verein. 18.—22. Jahrg. 1874—1878. gr. 8. (IV, 278; IV, 282; IV, 236 und Anhang 64; IV, 232; IV, 240 S.) Frankfurt a. M. 875—79, Sauerländer's Verlag. à Jahrg. *

—— über die Verwaltung des Medicinalwesens, die Krankenanstalten und die öffentlichen Gesundheitsverhältnisse der Stadt Frankfurt a. M. Hrsg. von dem ärztl. Verein. 23.—27. Jahrg. 1879—1883. gr. 8. (IV, 220; IV, 257; IV, 232; IV, 216; IV, 272 S.) Frankfurt a. M. 880—84, Sauerländer's Verlag. à Jahrg. *

—— über die Verwaltung des Medicinalwesens, die Krankenanstalten und die öffentlichen Gesundheitsverhältnisse der Stadt Frankfurt a. M. Hrsg. von dem ärztl. Verein. 28.—31. Jahrg. 1884—1887. gr. 8. (IV, 268; IV, 272; IV, 307; IV, 215 S.) Frankfurt a. M. 885—88, J. D. Sauerländer's Verlag. à Jahrg. * 3 60

Jahresbericht üb. d. Verwaltung d. Medicinalwesens, d. Krankenanstalten u. die öffentlichen Gesundheitsverhältnisse der Stadt Frankfurt a/M. Hrsg. von dem ärztl. Verein. 30.—33. Jahrg. 1886—1889. gr. 8. (IV, 307; IV, 246; VI, 259; IV, 296 S.) Frankfurt a/M. 887—890. Sauerländer. à Jahrg. n. 3.60

— über die Verwaltung des Medicinalwesens, die Kranken-Anstalten u. die öffentlichen Gesundheitsverhältnisse der Stadt Frankfurt a/M. Hrsg. v. dem ärztl. Verein. 34.—37. Jahrg. 1890—1893. gr. 8. (IV, 218; IV, 272; IV, 238; IV, 224 S.) Frankfurt a/M. 891—894. J. D. Sauerländer. à Jahrg. n. 3.60

— üb. d. Verwaltg. d. Medicinalwesens, d. Kranken-Anstalten u. d. öffentl. Gesundheitsverhältnisse d. Stadt Frankfurt a/M. Hrsg. v. d. ärztl. Verein. XXXVIII.—XLI. Jahrg. 1894—1897. gr. 8. (IV, 236; IV, 244 u. 18; IV, 240 u. IV, 260 S.) Frankfurt a/M. 895—898. J. D. Sauerländer. à Jahrg. n. 3.60

— über die Verwaltung des Medizinalwesens, die Kranken-Anstalten u. die öffentlichen Gesundheitsverhältnisse der Stadt Frankfurt a. M. Hrsg. v. dem ärztl. Verein. XLII.—XLV. Jahrg. 1898—1901. gr. 8. (IV, 280; IV, 284; IV, 300 u. IV, 308 S.) Frankfurt a/M. 899—902. Mahlau & Waldschmidt. à n. 3.60

Jahresbericht über die Verwaltung des Medizinalwesens, die Krankenanstalten u. die öffentlichen Gesundheitsverhältnisse der Stadt Frankfurt a. M. Hrsg v. dem ärztl. Verein. XLVI. u. XLVII. Jahrg. 1902 u. 1903. (IV, 267 u. IV, 247 S.) gr. 8. Frankfurt a/M. 903. 904. Mahlau & Waldschmidt. à n. 3.60

— über die Verwaltung des Medizinalwesens, die Krankenanstalten u. die öffentlichen Gesundheitsverhältnisse der Stadt Frankfurt a. M. Hrsg. von dem ärztl. Verein. XLVIII. Jahrg. 1904. (IV, 144 S. m. 2 Taf. u. 1 Bildnis.) gr. 8. Frankfurt a/M. 907. Mahlau & Waldschmidt. 3.60

—— über die Verwaltung des Medicinalwesens, die öffentl. Krankenanstalten und den allgemeinen Gesundheitszustand des Kantons Zürich in den J. 1852—54 nebst Mittheilungen aus der Praxis der Aerzte und Thierärzte, erstattet von der Direction der Medicinalangelegenheiten. gr. 8. Zürich 853—55, (Orell, Füßli und Comp.) [1852. (IV und 183 S. mit 1 Tab. in qu. Fol.) 1853. (IV und 197 S. mit 1 Tab. in Fol.) 1854. (IV und 205 S. mit 1 Tab. in qu. Fol.) à Jahrg. * 20 Ngr.] *

— über die Verwaltung des Medicinalwesens die öffentlichen Krankenanstalten und den allgemeinen Gesundheitszustand des Kantons Zürich im Jahre 1852—54 nebst Mittheilungen aus der Praxis der Aerzte und Thierärzte erstattet von der Direktion der Medizinalangelegenheiten. Zürich 854, 55. (Orell, Füßli u. Co.) 8. (IV, 167 S. u. 9 Tab. in 8. u. 4.; IV, 182 S. u. 9 Tab. in 4.; IV, 205 S. u. 1 Tab. in Fol.) Jeder Jahrg. n. 20 ngr.

— über die Verwaltung des Sanitätswesens u. den allgemeinen Gesundheitszustand des Kantons St. Gallen im J. 1877. 8. (107 S. m. Tab.) St. Gallen 879. (Scheitlin & Zollikofer.) n.n. 3. —

—— über die Verwaltung des Sanitätswesens und den allgemeinen Gesundheitszustand des Kantons St. Gallen im J. 1878—1883. 8. (à Jahrg. ca. 100 S.) St. Gallen 879—84. Nicht im Handel.

Hülfsgesellschaft in Winterthur. 88. Jahresbericht über die Verwaltung des Stiftungsfonds, den Gang des Kindergartens, der Suppenanstalt, und die Verhältnisse der Ersparniskasse. 1900. 29 S. 8. Winterthur, Buchdr. Winterthur, 1901.

Hülfsgesellschaft in Winterthur. 89. Jahresbericht über die Verwaltung des Stiftungsfonds, den Gang des Kindergartens, der Suppenanstalt und die Verhältnisse der Ersparniskasse. 1901. 31 S. 8. Winterthur, Geschwister Ziegler, 1902.

Hülfsgesellschaft in Winterthur. 90. Jahresbericht über die Verwaltung des Stiftungsfonds, den Gang des Kindergartens, der Suppenanstalt, und die Verhältnisse der Ersparniskasse. 1902. 32 S. 8. Winterthur, Buchdr. Winterthur, 1903.

[C]Kantonsspital Winterthur. Jahres-Bericht der Verwaltung für das Jahr 1900. 9 S. 8. Winterthur, Geschwister Ziegler, 1901.

Kantonsspital Winterthur. Jahresbericht der Verwaltung für das Jahr 1901. 14 S. 8. Winterthur, Geschwister Ziegler, 1902.

Kantonsspital Winterthur. Jahresbericht der Verwaltung für das Jahr 1902. 12 S. 8. Winterthur, Geschwister Ziegler, 1903.

Kantonale Frauenklinik Zürich. Jahresbericht der Verwaltung pro 1900. 12 S. 8. (1901.)

Kantonale Frauenklinik Zürich. Jahresbericht der Verwaltung pro 1901. 14 S. 8. (1902.)

Kantonale Frauenklinik Zürich. Jahresbericht der Verwaltung pro 1902. II + 15 S. 8. Winterthur, Geschwister Ziegler, 1903.

[C]Kantonsspital Zürich. Jahres-Bericht der Verwaltung des Kantonsspitals Zürich (inkl. Staatskellerei), der Augenklinik, der Med. Poliklinik und des Pockenspitals, sowie über die mit denselben verbundenen Fonds pro 1900. 33 S. 8. Zürich, Jacques Bollmann, 1901.

Kantonsspital Zürich. Jahresbericht der Verwaltung des Kantonsspitals Zürich (inkl. Staatskellerei), der Augenklinik, der Mediz. Poliklinik und des Pockenspitals, sowie über die mit denselben verbundenen Fonds pro 1901. II + 33 S. 8. Zürich, Jacques Bollmann, 1902.

Kantonsspital Zürich. Jahresbericht der Verwaltung des Kantonsspitals Zürich (inkl. Staatskellerei), der Augenklinik, der Medizinischen Poliklinik und des Pockenspitals, sowie über die mit denselben verbundenen Fonds pro 1902. 31 S. 8. Winterthur, Geschwister Ziegler, 1903.

Jahresbericht, sieben und zwanzigster — des Verwaltungsausschusses über die Jahre 1855 und 1856. (Ferdinandeum.) Innsbruck, 1857. Gedruckt in der Wagnerschen Buchdr. (105 S. 1 Bl. 8.)

... Jahres-Bericht des Verwaltungsausschusses des Vereins zur Förderung des St. Nicolaiebers zu Kiel für das Verwaltungsjahr ... 11. 1882/83. Kiel. 1883; 13. 1884/85. ebd. 1885; 14. 1885/86 ebd. 1886. 8°.

[Jahresbericht.] Jahres- und Verwaltungsbericht der Handelskammer für den Stadtkreis Duisburg für d. J. 1895–1905. [Je] Tl 1. 2. Duisburg 1896–1906. 8°.

Jahresbericht des Verwaltungsrathes des St. Joseph's Asylum, New York: 1888–?
New York, NY

Jahres-Bericht des Verwaltungrathes des Deutschen Hospitals und Dispensary in der Stadt New York: 1st, 1869–1914
It is possible that earlier reports exist.
New York, NY

— 9., des Verwaltungs-Rathes der Hamburger Rettungs-Anstalt für sittlich-verwahrlosete Kinder im Rauhen Hause in Horn. Mit der Beil.: Nachricht üb. das Gehülfen-Institut, als Seminar für die innere Mission unter deutschen Protestanten, im Rauhen Hause, von dessen Vorsteher J. H. Wichern. 8. Hamburg 843, Perthes-Besser u. M. 1/4 ℛ

— ders. 10., herausg. zum Mai 1844. gr. 8. Hamburg 844, Agentur des Rauhen Hauses. 1/3 ℛ — 11., herausgeg. bis zum Mai 1845. Ebend. 1/6 ℛ

— ders. 12., 1845—1846. Mit 1 Abbild. gr. 8. Ebend. 846. n. 6 ngl

[Jahresbericht und Verzeichnis der Effecten des Pensionsfonds der Loge „Zukunft" in Pressburg. 1877/78.] 8 S. 8°. 21.

Knaben-Sekundarschule der Stadt Bern. Jahresbericht und Verzeichnis der Lehrer und Schüler. Mai 1901. [Mit 1 Tabelle.] 32 S. 8. Bern, Genossenschafts-Buchdr., 1901.

Knaben-Sekundarschule der Stadt Bern. Jahresbericht und Verzeichnis der Behörden, Lehrer und Schüler. Mai 1902. [Mit 1 Tabelle.] 32 S. 8. Bern, Genossenschafts-Buchdr., 1902.

Knaben-Sekundarschule der Stadt Bern. Jahresbericht und Verzeichnis der Behörden, Lehrer und Schüler. Mai 1903. [Mit 1 Tabelle.] 34 S. 8. Bern, Genossenschafts-Buchdr., 1903.

Jahresbericht üb. das Veterinärwesen in Ungarn. Im Auftrage d. kön. ung. Ackerbauministeriums nach amtlichen Quellen bearb. v. F. Hutyra. Jahrg. 1-5: 1889-93 (2 Vol.). Budapest 1890-94. 4°. (Nach d. 3.-7. Jahrg. d. ungar. Ausg.).

Jahresbericht üb. das Veterinärwesen in Ungarn ... Jahrg. 6—16: 1894—1904 & 1908—10. Budap. 1895—1905 & 1913—14. 4°. [1908—10 paa Ungarsk].

— über das Veterinärwesen in Ungarn. Im Auftrage des königl. ung. Ackerbauministers nach amtl. Berichten bearb. von Frz. Hutyra. 13. Jahrg. 1901. (Nach dem 15. Jahrg. d. ungar. Orig.-Ausg.) (Publikationen des königl.-ung. Ackerbauministers. Nr. 10.) gr. 8. (148 S. m. 1 farb. Karte.) Budapest 902. (O. Nagel jun.) n.n. 1. 70

— über das Veterinärwesen in Ungarn. Im Auftrage des kön. ung. Ackerbauministers nach amtl. Berichten bearb. v. Frz. Hutyra. 14. Jahrg. 1902. (Nach dem 16. Jahrg. der ungar. Orig.-Ausg.) (Publikationen des kön.-ung. Ackerbauministers.) (135 S.) gr. 8. Budapest 903. (O. Nagel jun.) n.n. 1. 70

— dasselbe. Hrsg. vom kön. ung. Ackerbauminister. 15. Jahrg. 1903. (Nach dem 17. Jahrg. der ungar. Orig.-Ausg.) (Publikationen des kön. ung. Ackerbauministers.) (110 S.) gr. 8. Ebd. 904. n.n. 2. —

— dasselbe. 16. Jahrg. 1904. (Nach dem 18. Jhrg. der ungar. Orig.-Ausg.) (118 S.) gr. 8. Ebd. 906. n. 1. 70

Jahresbericht der Section Villach des Deutschen u. Österreichischen Alpenvereines. Villach, Muhr, Gitschthaler, (1870)—.

Jahresbericht über den Vogelzug auf Helgoland. Von Dr. Hugo Weigold, Helgoland. 1. (Leipzig: Kittler 1910.) 8°
(Journal f. Ornithologie. 1910, Sonderh.) 10. 13166

— 15., der schweiz. Volksbank über d. Geschäftsjahr 1883, abgelegt in der Delegirtenversammlung vom 28. Februar 1884. In-4°, 39 S. Bern, J. Schmidt.

Jahresbericht der Städtischen Volksbücherei (Geheimrat Joh. Wilh. Colsman-Stiftung). 1. 1906/1907. (Langenberg 1907: A. Forsthoff.) 8° [5.] 07. 16766

JAHRESBERICHT des Volksbundes zur Bekampfung des Schmutzes in Wort und Bild. Auf der Generalversammlung am 12. Dezember 1905 erstattet vom geschäftsführenden Ausschuß. 1. Berlin 1905. Geschäftsstelle des Volksbundes. 8°.

Jahresbericht der Klagenfurter Volksküche. Klgft., v. Kleinmayr, 1876—.

Jahresbericht der Deutsch-Argentinischen Volksschule, Belgrano: no. 1, 1910–?
Annual report of the Deutsch-Argentinische Volksschule, Belgrano, Humboldt Schule
Buenos Aires

Bericht über das Volksschulwesen in der Stadt Dortmund bei Übernahme der Volksschulen auf die Stadtgemeinde mit Jahresbericht [1]([2]ff.: **Jahres-Bericht** über die Volksschulen in der Stadt Dortmund). Dortmund 1904: Lensing. 8° 04. 1144

Jahresbericht des Volksvereins für das katholische Deutschland. Jg. 1902/03—1905/06. M.-Gladbach, 1903—1906.

«Pension Vonderflüh», Heilanstalt für Alkohol-Kranke, in Sarnen (Obwalden Schweiz). Gegründet vom Schweizerischen Katholikenverein. 4. Jahresbericht (1900). 20 S. 8. Sarnen, Verlag «Pension Vonderflüh», Buchdr. Jos. Müller, (1901).

Jahresbericht des Vororts des Nord-Amerikanischen Turnerbundes. Milwaukee.
1880–84, 1885—86, 1887—90, 1908—09.

Jahresbericht über die auf dem Princip der Selbsthülfe der Creditbedürftigen aus dem kleineren und mittleren Gewerbstande beruhenden Deutschen Vorschuss- u. Creditvereine. Für 1858. Von H. Schulze-Delitzsch. Braunschweig 1859. gr. 8. (b.)

Jahresbericht v. Vorstand u. leitenden Ausschuß d. schweiz. Genossenschaftsbundes, s. Jahresbericht d. schweiz. Genossenschaftsbundes.

Jahres-Bericht des Vorstandes des Bezirks-Vereins für die Freie und Hansestadt Hamburg der Deutschen Gesellschaft zur Rettung Schiffbrüchiger. 1875–78, 1878–79. Hamburg [1878, 1879.]

JAHRESBERICHT DES VORSTANDES DER GEOGRAPHISCHEN GESELLSCHAFT IN BREMEN ...
(1.)—6. Bremen (1878)—1883. Carl Schünemann's Buchdruckerei. 8°.

JAHRES-BERICHT, später JAHRESBERICHT DES VORSTANDES DER GEOGRAPHISCHEN GESELLSCHAFT in Bremen.
VII—VIII. Bremen 1884—1885. Carl Schünemann's Buchdruckerei. 8°.

JAHRESBERICHT des Vorstandes der Geographischen Gesellschaft in Bremen.
X. (für 1888.) ib. 1889. –
XI. Anlage zu Heft 2, Bd. XIV der „Deutschen Geographischen Blätter". ib. 1891. –

— des Vorstandes des vogtländ.-erzgebirg. Industrievereins zu Plauen I. V. 1899-1900. Plauen 1900

— d. Vorstandes d. voigtländisch-erzgebirg. Industrievereins zu Plauen. 1901-03. 4° Plauen 1902-03

Jahresbericht des Vorstandes der Krankenkasse f. d. Gußstahlfabrik d. Fa. Friedr. Krupp, s. Jahresbericht der Krankenkasse d. Gußstahlfabrik Friedr. Krupp ...

Schweizerische Turner-Hülfskasse. Jahresbericht des leitenden Vorstandes = Caisse Suisse de secours aux gymnastes. Rapport annuel du Comité-Directeur. kl.-fol. Frauenfeld, Huber & Co.

1900/1901 (Juni 30). 22 S. 1901. — 1901/1902 (Juni 30). 22 S. 1902.

Schweizerische Turner-Hülfskasse. Jahresbericht des leitenden Vorstandes 1902/1903 (Juni 30) = Caisse suisse de secours aux gymnastes. Rapport annuel du Comité-Directeur. 15 S. kl.-fol. Frauenfeld, Huber & Co., 1903.

Jahresbericht des Vorstandes des Deutschen Pionier-Vereins von Cincinnati : no. 1-63, 1868/69-1930/31.

Annual report. Title varies: 1) BERICHT DER MONATLICHEN VERSAMMLUNG DES DEUTSCHEN PIONIER-VEREINS VON CINCINNATI, 1869/70-1884/85; 2) JAHRESBERICHT DES VORSTANDES DES DEUTSCHEN PIONIER-VEREINS VON CINCINNATI, no. 20, 1887/88; 3) JAHRESBERICHT DES VERWALTUNGSJAHRES DES DEUTSCHEN PIONIER-VEREINS VON CINCINNATI, no. 21, July, 1888 - June 30, 1889; 4) VORSTANDS-BERICHT DES VERWALTUNGSJAHRES DES DEUTSCHEN PIONIER-VEREINS VON CINCINNATI, no. 22-63, 1889/90-1930/31. Number 1-19, 1868/69-1885/86 published in DER DEUTSCHE PIONIER. As a separately published report, it follows DER DEUTSCHE PIONIER. Octavo, with varying pages, up to 48 pages; illustrated including portraits; contains biographical sketches.
Cincinnati, OH

— des Vorstandes des Vereins für Handelsfreiheit für 1862 und 63. Hamburg 1862. 63

Jahresbericht des Vorstandes des Kieler Vereins zur Förderung von Handelsbeziehungen mit dem Auslande. (2.) für 1884. Kiel. 1884; 3. für 1885. ebd. 1886; 5. für das Jahr 1887. ebd. 1888; 7.–12. für das Jahr 1889–94. ebd. 1890–95. 8°

Jahresbericht des Vorstandes der kaufmänn. Gesellschaft Zürich, s. Jahresbericht der kaufmänn. Gesellschaft in Zürich.

Jahres-Bericht des Vorstandes des Kieler Zweigvereins des Vaterländischen Frauen-Vereins für ...
1880 und 1881. Kiel. 1882; 1882. ebd. 1883; 1883/84. ebd. 1885; 1885/86. ebd. 1887; 1887. ebd. 1888; 1891—93. ebd. 1892—94. 8°.

Jahresbericht des Vorsteher-Amtes der Kaufmannschaft zu Danzig üb. s. Thätigkeit im Mai 1893/94—1905 u. üb. Danzigs Handel, Gewerbe und Schiffahrt im J. 1893—1905. Danzig (1894)—1906. 4°.
[Fortges. u. d. Tit.:]
Bericht des Vorsteher-Amtes der Kaufmannschaft zu Danzig üb. Danzigs Handel, Gewerbe und Schiffahrt im J. 1906 ff. [je Bd 1. 2.] Danzig 1907 ff. 8°.
1906, 1907—1909, 1910.

Jahresbericht des Vorsteheramts der Kaufmannschaft zu Tilsit für 1875. 78. 81 u 86. Tilsit 1876-87

Schuhmacher-Association in Zürich. 43. Jahresbericht der Vorsteherschaft (31. Januar 1900 bis 31. Januar 1901). 6 S. 8. Zürich, Siegfried & Co., 1901.

Schuhmacher-Association in Zürich. 44. Jahresbericht der Vorsteherschaft (31. Januar 1901 bis 31. Januar 1902). 6 S. 8. Zürich IV, Siegfried & Co., 1902.

Schuhmacher-Association in Zürich. 45. Jahresbericht der Vorsteherschaft (31. Januar 1902 bis 31. Januar 1903). 6 S. 8. Zürich, Siegfried & Co., 1903.

«Wäckerling-Stiftung» ⟨Pflegeanstalt⟩ in Uetikon. (Erster) Jahresbericht für das Jahr 1902. 26 S. 8. Winterthur, Geschwister Ziegler, 1903.

Bank Wädensweil. 37. Jahresbericht 1900. 25 S. 4. Wädensweil, J. Baumann, 1901.

Bank Wädensweil. 38. Jahresbericht. 1901. 25 S. 4. Wädensweil, J. Baumann, 1902.

Bank Wädensweil. 39. Jahresbericht. 1902. 25 S. 4. Wädensweil, J. Baumann, 1903.

Turnverein Wädenswil (*52: Wädensweil). Jahresbericht über das 52. u. 53. u. 54. Vereinsjahr 1900 u. 1901 u. 1902. II + 16 u. IV + 8 u. II + 12 S. 8. Wädenswil (*52: Wädensweil), J. Baumann, 1901 u. 1902 u. 1903.

Jahresbericht des Deutschen Protestantischen Waisenhauses : no. 1, 1856/-1880/
Various publishers, e.g., no 14 was printed by Druck der "Deutschen Zeitung".
New Orleans, LA

Evangelisch-armenisches Waisenhaus in Brussa ⟨Kleinasien⟩. 8.
[26.] Jahresbericht 1900. 11 S. Basel, Missionsverwaltung (Druck M. Werner-Riehm, [1901]).
[27.] u. 28. Jahresbericht 1901 u. 1902. [je Mit Illustrationen.] 47 u. 30 S. Basel, M. Werner-Riehm, 1902 u. 1903.

Syrisches Waisenhaus in Jerusalem. 15. Jahresbericht, vom Jahre 1875. 32 S. 8. Basel, Druck auf St. Chrischona.

-- — 16ter, des syrischen Waisenhauses in Jerusalem vom Jahre 1876. 56 S. 8. Basel, C. F. Spittler.

——— 20., des Syrischen Waisenhauses in Jerusalem. Vom J. 1880. 8. (29 S.) Köln 881. (Hannover, Schulbuchhandlung.)

—— des Syrischen Waisenhauses in Jerusalem. 21. bis 29. Jahrg. 1881—1889. 8. (à Jahrg. 29 S.) Köln. (Hannover und Celle, Schulbuchhandlung.) à Jahrg. — 30

Jahres-Bericht des Preßburger israelit. Waisen-Instituts: Jerucham Jasum umfassend die Verwaltungsperiode vom 1. Nov. 1852 bis Ende Oktober 1854. Preßburg, 1855. Druck der vorm. Schmid'schen Buchdr. (21 S. 1 Bl. 8.)

Bündnerischer Waisenunterstützungs-Verein. Jahres-Bericht über das Jahr 1900. 11 S. 8. Chur, Sprecher & Valer, 1901.

Bündnerischer Waisen-Unterstützungs-Verein. Jahres-Bericht über das Jahr 1901. 8 S. 8. Chur, Bischofberger, Buntzler & Hotzenköcherle, 1902.

Bündnerischer Waisen-Unterstützungs-Verein. Jahres-Bericht über das Jahr 1902. 6 S. 8. Chur, Jos. Casanova, 1903.

Jahresbericht des Mennonitischen Waisen- und Kinder-Vereins zu Halstead, Kansas: Nos. 1–19, 1894–1912
Published for a time by United Brethren Publishing House, Dayton, Ohio
Newton, KS

— d. evang. Waisenversorgungs-Vereines in Wien üb. d. 36. Vereinsj. 1. 1/7. gr. 8. (55 S.) Wien 898. (Leipzig, Literar. Anstalt, A. Schulze.) — 80

Jahresbericht der bernischen Heil- und Pflegeanstalt Waldau f. d. J. 1888 an die Regierung erstattet von den Beamten und der Aufsichtscommission. In-8⁰. 34 S. Bern, Buchdr. G. Michel. 1590.

Kantonale Irren- und Krankenanstalt Waldhaus (bei Chur). 9. Jahresbericht pro 1900. II + 8 [+ 35] S. 4. Chur, Manatschal Ebner & Cie., 1901.

Kantonale Irren- und Krankenanstalt Waldhaus (bei Chur). 4. Chur, Manatschal Ebner & Cie.
10. Jahresbericht pro 1901. [Mit 4 doppelten Tabellen.] II + 17 S. 1902.
11. Jahresbericht pro 1902. [Mit 1 Ansicht, 4 doppelten und 3 graphischen Tabellen.] II + 16 S. 1903.

Jahresbericht für 1850 über die Wasserheilanstalt zu Rostock, enth.: 1. Gedanken und Bemerkungen rc. 2. Die Curliste. 3. Einiges über die Cholera und deren Behandlung durch Wasser. 4. Krankheitsfälle. 5. Hausordnung. gr. 8. (V und 89 S.) Rostock 851, (Stiller'sche Hofbuchh.) Thlr.

Jahresbericht über die Wasserversorgung von Zürich und Umgebung für 1873–92.

Jahresbericht über das städtische Wasserwerk der Stadt Braunschweig für die Jahre 1867—1889. Braunschweig

Krankenhaus Wattwil. 10. Jahresbericht 1900. II + 35 S. 8. Wattwil, J. Rutz, 1901.

Krankenhaus Wattwil. 11. Jahresbericht 1901. II + 39 S. 8. Wattwil, J. Rutz, 1902.

Krankenhaus Wattwil. 12. Jahresbericht 1902. II + 37 S. 8. Wattwil, J. Rutz, 1903.

Webschule Wattwil. 20. Jahresbericht (1900) von F[riedrich] Hofmann. Verlesen... 13. Mai 1901.... 13 S. 8.

Jahresbericht d. kgl. landwirtschaftl. Zentralschule Weihenstephan, s. Jahresbericht d. kgl. landwirtschaftl. Zentralschule zu Weihenstephan.

Jahresbericht der Weinbauverbesserungs-Commission 1833. Weinfelden.

Jahresbericht des Weinbau-Vereins der Provinz Rheinhessen für das 1. Vereinsjahr 1905/06. (2: Weinbau-Verein der Provinz Rheinhessen. Jahres-Bericht für das 2. Geschäfts-Jahr 1906/07.) Mainz 1906–07: Thever. -- 121* [Weiteres nicht ermittelt]

Weissenburg a. S., Königl. Realschule und gewerbliche Fortbildungsschule. Jahresbericht über die — 1889–90, 1893/94–97/98 Weissenburg a. S.

Weissenburg a. S., Königl. Realschule, Jahresbericht über die —. 1890/91. Weissenburg a. S.

Weissenburg a. S., Königl. Realschule, Jahresbericht der — 1891/92, 92/93. Weissenburg a. S.

Wengernalp-Bahn. 10. Jahresbericht 1900. [Mit illustriertem Umschlag.] II + 31 S. 4. Interlaken, Otto Schlaefli, 1901.

Wengernalp-Bahn. 11. Jahresbericht 1901. [Mit illustriertem Umschlag und 1 Tabelle.] IV + 35 S. 4. Interlaken, Otto Schlaefli, 1902.

Wengernalp-Bahn. 12. Jahresbericht 1902. [Mit illustriertem Umschlag und 1 Tabelle.] IV + 35 S. 4. Interlaken, Otto Schlaefli, 1903.

JAHRESBERICHT über das Werk der Heiligen Kindheit Jesu in Ungarn. Esztergom 1890: Selbstverlag der Generaldirektion des Werkes der h. Kindheit. 16 S. - 160 mm

Jahresbericht des Deutschen Werkbundes. 1. (Leipzig 1909: Poeschel & Trepte.) 8° [11. 1909]

— über die Werktags-Volksschulen der kgl. Haupt- u. Residenzstadt München f. d. Schulj. 1890/91. Erstattet durch die kgl. Lokalschulkommission. gr. 4. (86 S.) München 891. (J. Lindauer.) n. 1 —

— üb die Werktags-Volksschulen der kgl. Haupt- u. Residenzstadt München f. d. Schulj. 1891/92. Neue Folge. 2. Hft. Erstatt. durch d. kgl. Lokalschulkommission. M. 5 Anhängen. gr. 4. (106 S. m. Abb. u. Grundrissen.) Nebst 1 Beilage: „Geschichte der Innern St. Bonifazschule A v. J. Böhngen". gr. 8. (21 S.) München 892. (J. Lindauer.) n. 1. —

Jahresbericht üb. die Werktags-Volksschulen d. kgl. Haupt- u. Residenzstadt München f. d. Schulj. 1892/93 u. 1893/94 Neue Folge. 3. u. 4. Hft Mit 5 Anhängen, ferner m. 1 Beilage: „D. Hilfsschule f. Schwachbefähigte, e. pädagog. Studie d. Lehrervereins d. Volksschule Giesing (München)". gr. 4. (II, 90 u. 42 S.) Ebd. 894. n. 1. —

Jahresbericht üb. das aargauische Lehrerseminar Wettingen. Schuljahr 1887/88. Ausgegeben im Auftrag der Behörden und Namens der Lehrerschaft von *J. Keller*, d. Z. Direktor. In-8⁰, 27 u. 48 S. Baden, Buchdruckerei von J. Zehnder

Aargauisches Lehrerseminar Wettingen. Jahresbericht. Schuljahr 1900/1901. Beilagen: I. Die Reden bei der Beerdigung des Herrn Seminardirektors J(akob) Keller am 4. Dezember 1900. [Mit Porträt.] II. Die Versorgung der Pflanzen mit Stickstoff. Von W[ilhelm] Holliger. 33 + *Beilagen* 14 + 97 S. 8. Baden, O. Wanner, 1901.
Beilagen s. Holliger, W[ilhelm] — Reden.

Aargauisches Lehrerseminar Wettingen. Jahresbericht über das Schuljahr 1901/1902. Ausgegeben von Joh[ann] Ad(olf) Herzog, Direktor. 55 S. 8. Baden, O. Wanner, 1902.

Aargauisches Lehrerseminar Wettingen. Jahresbericht über das Schuljahr 1902/1903.... Beilage: Die Prinzipien der ästhetischen Reinigung und Steigerung von Joh[ann] Adolf Herzog. 55 + *Beilage* 29 S. 8. Baden, O. Wanner, 1903.

— 1., der freien Schulgemeinde Wickersdorf 1. IX. 1906—1. III. 1908. (II, 30 S. m. Abbildgn.) 8. Jena 908. E. Diederichs. 1. —

— dasselbe. 2., 1. III. 1908—1. I. 1910. (63 S. m. eingeklebten Abbildgn.) 8. Ebd. 910. 1.50

Jahresbericht der Handels- u Gewerbekammer Wien für 1872–75, 79. Wien 1873-80

Jahresbericht der geologischen Reichsanstalt Wien. 9, 1857–58. (W. Haidinger).

Jahresbericht (Bericht) des Lokal-Gewerbevereins und der allgemeinen Gewerbeschule Wiesbaden. 1901/02-12/13. Wiesbaden 1902-13

Rettungsanstalt Wiesen [Gemeinde Herisau]. Jahresbericht umfassend die Jahre 1900 und 1901. 8 S. 8. [1902.]

[Jahresbericht der Loge „Wilhelm zur aufgehenden Sonne" in Stuttgart. Seit 1908/09.]

... Jahresbericht der Landwirtschaftlichen Winterschule zu Bredstedt ‹Schleswig-Holstein› über das Schuljahr ... erstattet v. dem Direktor F. G. Deissmann.
8 ff. 1900/01 ff. Bredstedt, Husum, später Garding. (1901 fi.) 8°.

Jahresbericht d. ... landwirtschaftlichen Winterschule ... in Kaaden. XXI: 1908/09. Kaaden 1909.

Landwirtschaftliche Winterschule für den Kreis Herzogtum Lauenburg in Mölln. Jahresbericht über das ... Schuljahr ... Mölln i. L. 4°
1 ff., 1908/09 ff.

Arbeitersekretariat Winterthur. 1. Jahresbericht vom 1. Juli 1900 bis zum 30. Juni 1901. IV + 31 S. 8. Töss, J. Wirz, 1901.

Arbeitersekretariat Winterthur. 2. Jahresbericht vom 1. Juli 1901 bis 31. Dezember 1902. [Mit 1 Tabelle.] IV + 48 S. 8. Töss, J. Wirz, 1903.

Freiwilliger Armen-Verein Winterthur. 4. Jahresbericht v. 1. April 1873 bis 31. März 1874. 16 Stn. 8. 1874.

Freiwilliger Armenverein Winterthur. 31. u. 32. u. 33. Jahresbericht vom 1. April 1900 bis 31. März 1901 u. vom 1. April 1901 bis 31. März 1902 u. vom 1. April 1902 bis 31. März 1903. 13 u. 12 u. 13 S. 8.

Leihkasse Winterthur. 8. Jahresbericht pr. 1870/71. Winterth., Druck v. Bleuler-Hausheer & Co. 12 S. 8.

Kaufmännischer Verein Winterthur ‹Sektion des Schweiz. Kaufmännischen Vereins›. 37. u. 38. u. 39. Jahresbericht vom 1. Mai 1900 bis 30. April 1901 u. vom 1. Mai 1901 bis 30. April 1902 u. vom 1. Mai 1902 bis 30. April 1903. IV + 48 u. IV + 51 u. IV + 55 S. 8. Winterthur, Geschwister Ziegler (*38: Buchdr. Winterthur), 1901 u. 1902 u. 1903.

Jahresbericht, zweiter — über das Wirken des mährisch-schlesischen Blinden-Erziehungsinstitutes für das Militärjahr 1855. Brünn, 1856. Aus Franz Gastl's Buchdruckerei. (8 S. 4.)

Jahresbericht, dritter — über das Wirken des m. s. Blinden Erziehungs-Institutes für das Militärjahr 1856. Brünn, 1857. Aus Franz Gastl's Buchdr. (6 Bl. 4.)

Jahresbericht über das Wirken des unter dem Allerhöchsten Schutze Ihrer Majestät der Kaiserin Maria Anna stehenden ersten Kinderspitales zur heil. Anna im Jahre 1854. Wien, 1855. Gedr. bei Leopold Sommer. (22 S. 2 Bl. 4.)

Jahresbericht über das Wirken des Kreuzer-Vereines zur Unterstützung der Wiener Gewerbsleute im Jahre 1854. Wien. 1855. Gedruckt bei A. Pichler's Wtw. und Sohn. (22 S. 8.)

Jahres-Bericht über das Wirken des Studenten-Unterstützungs Vereines am k. k. Staats-Gymnasium zu Salzburg im Schuljahre 1896. 8. (11 S.) ... im Schuljahre 1897. 8. (11 S.) ... im Schuljahre 1898. 8. (11 S.) ... im Schuljahre 1899. 8. (11 S.) ... im Schuljahre 1900. 8. (10 S.) K. k. Staats-G. *Salzburg* 1896. 1897. 1898. 1899. 1900.
Progr.

Jahresbericht über das Wirken des unter dem höchsten Schutze Seiner k. k. Hoheit des durchlauchtigsten Herrn Erzherzogs Franz Karl stehenden Vereins zur Versorgung und Beschäftigung erwachsener Blinden in Wien. Vom 1. Jänner bis letzten Dezember 1854. Wien. 1855. Gedruckt bei Leopold Sommer. (34 S. 4.)

Jahresbericht über das Wirken des unter dem höchsten Schutze Sr. k. k. Hoheit des Durchlauchtigsten Herrn Erzherzogs Franz Karl stehenden Vereines zur Versorgung und Beschäftigung erwachsener Blinden in Wien. Vom 1. Jänner bis letzten Dezember 1855. Wien, 1856. Gedruckt bei Leopold Sommer (36 S. 4.)

Jahresbericht über das Wirken des unter dem höchsten Schutze Sr. k. k. Hoheit des Durchlauchtigsten Herrn Erzherzogs Franz Karl stehenden Vereines zur Versorgung und Beschäftigung erwachsener Blinden in Wien. Vom 1. Jänner bis letzten Dezember 1856. Wien, 1857. Dr. und Papier von Leop. Sommer. (36 S. 4.)

Vierter und fünfter Jahresbericht über das Wirken des Louisenstädtschen Wohlthätigkeitsvereins zu Berlin, erstattet an den Grünen-Donnerstagen der Jahre 1829 und 1830. 8. *Berlin.*

Schweizer. Wirkereiverein. 8. Basel, Emil Birkhäuser.
7. Jahresbericht pro 1900(/1901 Juni). II + 14 S. 1901.
8. Jahresbericht pro 1901(/1902 Juni). II + 37 S. 1902.

Schweizer. Wirkereiverein. 9. Jahresbericht pro 1902(/3). II + 25 S. 8. Basel, Emil Birkhäuser, 1903.

—— über die Wirksamkeit der kaiserl. Akademie der Wissenschaften und die in derselben im Zeitraume vom 30. Mai 1865 bis 30. Mai 1866 eingetretenen Veränderungen nebst den für die feierliche Sitzung im J. 1866 bestimmt gewesenen Vorträgen. 8. (182 S.) Wien 867, (Gerold's Sohn.) * *
Vgl.: Sitzung, die feierliche, der Akademie der Wissenschaften.

—— 52., über die Wirksamkeit der Elberfeld-Barmer Gefängnis-Gesellschaft, s. Heinersdorf, E.

JAHRES-BERICHT, später JAHRESBERICHT ÜBER DIE WIRKSAMKEIT DER JURISTISCHEN GESELLSCHAFT ZU BERLIN. Erstattet durch den Vorstand. 5—14. 1863/64 — 1872—73. (Berlin. Druck von G. Jansen, später Druck von E. S. Mittler und Sohn.) 4°.

JAHRESBERICHT ÜBER DIE WIRKSAMKEIT DER JURISTISCHEN GESELLSCHAFT ZU BERLIN.
15—22. 1873—74 — 1880—81. (ib. Druck von E. S. Mittler und Sohn.)
23. 1881—82. (ib. Druck von C. Berg & v. Holten.)

JAHRES-BERICHT ÜBER DIE WIRKSAMKEIT DER JURISTISCHEN GESELLSCHAFT zu Berlin.
24—26. 1882-83 — 1884-85. Berlin. Kunst- und Buchdruckerei. Otto v. Holten. 8°.

JAHRES-BERICHT ÜBER DIE WIRKSAMKEIT DER JURISTISCHEN GESELLSCHAFT ZU BERLIN.
27., in dem Vereinsjahre 1885—86. Berlin. Kunst- und Buchdruckerei Otto v. Holten. 8°. — 28., ... 1886—87. ib. — 29. ... 1887—88. ib. — 30. ... 1888—89. ib. — 31. ... 1889—90. ib. — 32. ... 1890—91. ib. — 33. ... 1891—92. ib. — 34. ... 1892—93. ib. — 35. ... 1893—94. ib. — 36. ... 1894—95. ib. (—.) 37. ... 1895—96. ib. (—.) 38. ... 1896—97. ib. (—.) 39 ... 1897—98. ib. (—.) 40. ... 1898—99. ib. (—) 41. ... 1899—1900. ib. (—.) 42. ... 1900—1901. ib. (—.) 43. ... 1901—1902. ib. (—.) 44. ... 1902—1903. ib. (—.) 45. ... 1903—1904. ib. (—.) 46. ... 1904—1905. ib. (—.) 47. ... 1905—1906. (ib. —.) gr. 8°. — 48., ... 1907—1908. (ib. —.) 49., ... 1907—1908. (ib. —.) 50. ... 1908—1909. (ib. —.)

JAHRES-BERICHT über die Gründung und Wirksamkeit der Juristischen Gesellschaft München
im Vereinsjahr 1889/90. München. Kgl. Hof-Buchdruckerei von E. Mühlthaler. 8°.
JAHRES-BERICHT über die Wirksamkeit der Juristischen Gesellschaft München
im Vereinsjahr 1890. ib. —
im Vereinsjahre 1891—1895. ib. —
BERICHT über die Wirksamkeit der Juristischen Gesellschaft München
im Vereinsjahre 1896—1897. ib. —
JAHRESBERICHT der Juristischen Gesellschaft zu München (e. V.)
für die Jahre 1898—1901. ib. 1902. — [1])
für das Jahr 1906. ib. E. Mühlthaler's Buch- und Kunstdruckerei A. G.
JAHRESBERICHT der Juristischen Gesellschaft in München. (E. V.)
für das Jahr 1907. (Mit 1 Tafel.) ib. —

[1]) Die Jahresberichte 1902—1905 habe ich nicht einsehen können.

—— erster, über die Wirksamkeit der beiden Comités für die naturwissenschaftliche Durchforschung von Böhmen im J. 1864. gr. 8. (75 S. mit 1 lithogr. Karte in 4.) Prag 865, (Rziwnatz.) *

—— zweiter, über die Wirksamkeit der beiden Comités für die naturwissenschaftliche Durchforschung von Böhmen im J. 1865 und 1866. gr. 8. (96 S.) (Ebendas.) 867. *

Jahresbericht üb. d. Wirksamkeit des ungar. Landes-Industrie-Vereins. 4° Pest 1872

JAHRESBERICHT ÜBER DIE WIRKSAMKEIT DES LITERATEN-VEREINS ZU LEIPZIG.
2. Vorgetragen den 19. Mai 1843. (Leipzig. Druck von Ernst Stange.) 8°.
3. Vorgetragen am 6. Mai 1844. (ib. —)
4. Vorgetragen am 19. Mai 1845. (ib. Druck von Oskar Leiner.)

JAHRESBERICHT ÜBER DIE WIRKSAMKEIT DES SCHRIFTSTELLERVEREINS ZU LEIPZIG.
5. Vorgetragen am 7. September 1846. (Leipzig. Druck von Oskar Leiner.)

— über die Wirksamkeit des Vereins zur Beförderung des Seidenbaues für die Provinz Brandenburg im Jahre 1855—1856. Nebst 3 Taf. (in Fol.) lith. Abbildgn. Berlin 856. G. Bethge in Comm. gr. 8. (32 S.) n. 7½ ngr.

—— über die Wirksamkeit des Vereins zur Beförderung des Seidenbaues für die Provinz Brandenburg im J. 1856—57. gr. 8. (76 S. nebst 6 Stnt.) Berlin 858, (G. Bethge.) *

—— über die Wirksamkeit des Vereins zur Beförderung des Seidenbaues für die Prov. Brandenburg in den J. 1868—1869, 1870—1871, 1871—1872, erstattet von E. v. Schlicht. gr. 8. (15; 22; 19 S.) Berlin 869—72, Wiegandt, Hempel und Parey. à *

— über die Wirksamkeit d. Vereins zur Beförderung d. Seidenbaues f. die Provinz Brandenburg im J. 1870—1871 u. 1871—1872 erstattet von E. v. Schlicht. gr. 8. (22 u. 19 S.) Berlin 872. 73. Wiegandt, Hempel & Parey. à n. — 50

— dasselbe, im J. 1872—1873. gr. 8. (31 S.) Ebend. 874. n.n. — 75

—— 1—4., üb. die Wirksamkeit des Vereins zur Besserung des Schicksals entlassener Strafgefangener für die Kirchspiele Oldenburg u. Osternburg v. J. 1842—1845. gr. 8. Oldenburg, Schulzesche Buchh. [1. (1½ B.) 43, 2. (2⅞ B.) 43, 3. (... B.) 44, 4. (2⅞ B.) 46. à * 5 Ngr.] *

Fünfter Jahresbericht von der Wirksamkeit des Vereins zu Gerdauen zur Erziehung und Unterstützung sehr armer Kinder in Preufsen. Zum Besten des Vereins gedruckt. *Königsberg, Hartung* 1829

Jahres-Bericht, Dritter — über die Wirksamkeit des Werner-Vereines zur geologischen Durchforschung von Mähren und Schlesien im Vereinsjahre 1853. 4. (34 S.) Wien. Druck von Karl Gerold und Sohn. 1854.

Jahresbericht, fünfter — über die Wirksamkeit des Werner-Vereins zur geologischen Durchforschung von Mähren und Schlesien im Vereinsjahre 1855. Brünn, 1856. Buchdr. von Karl Winiker. (80, 17 S. 8. Mit einer Karte: Versuch einer hypsometrischen oder Höhen-Karte der Umgebungen von Brünn 2c. entworfen und gezeichnet von Karl Koristka.)

Jahresbericht, sechster — über die Wirksamkeit des Wernervereines zur geologischen Durchforschung von Mähren und Schlesien im Vereinsjahre 1856. Brünn, 1857, bei K. Winiker. (43 S. 8.)

JAHRESBERICHT ÜBER DIE WIRKSAMKEIT UND DEN ZUSTAND DER NATURFORSCHENDEN GESELLSCHAFT IN EMDEN
im Jahre 1848. (Mit 1 meteorologischen Tabelle.) ib. 1849. —
im Jahre 1849. (Mit 1 meteorologischen Tabelle.) ib. 1850.
im Jahre 1850—1851. (Mit meteorologischen Tabellen.) ib. 1851—1852. Gedruckt in der Expedition des Ostfriesischen Volksboten.
im Jahre 1852. (Mit 1 meteorologischen Tabelle.) ib. 1853. Druck von J. Hemkes.

Emden, Naturforschende Gesellschaft, 36.—50., 52.—70. Jahresbericht über die Wirksamkeit und den Zustand der —, in den Jahren 1850—61, 66—85, 66—88. Emden 1851—65, 67—80, 82—86, 89.

— — wissenschaftlicher, über die morgenländischen Studien, s. a. Zeitschrift der deutschen morgenländischen Gesellschaft.

— Wissenschaftlicher, über die morgenländischen Studien. 1859—1861. 1862—1867 Heft 1 [R. Gosche]. 1876—1877 [E. Kuhn und A. Socin]. 1878 [E. Kuhn]. 1879. 1880 [E. Kuhn und A. Müller]. 1881 [H. Kern, F. Praetorius, F. Baethgen, J. Klatt, E. Kautzsch, H. Ethé, F. Hommel]. [1—4 = Supplement zu Band 20. 24. 33 der Zeitschrift der Deutschen Morgenländischen Gesellschaft.]
Leipzig 1868. 1871. 1879. 1881. 1883. 1885.

Wissenschaftlicher Jahresbericht über die Morgenländischen Studien im Jahre 1881. Von H. KERN, F. PRAETORIUS, F. BAETHGEN, J. KLATT, E. KAUTZSCH, H. ETHÉ, F. HOMMEL. Für die Deutsche Morgenländische Gesellschaft. Leipzig 1885, in Comm. bei F. A. Brockhaus. 8°.

[Jahresbericht der Loge „Wittekind zur westf. Pforte" in Minden. Seit 1909.]
21.

—— 31.—40., über die Witterungs-Verhältnisse in Würtemberg. Jahrg. 1855—64. Aus den Aufzeichnungen der württemberg. Beobachter hrsg. vom königl. statistisch-topograph. Bureau durch Plieninger. gr. 8. [31. und 32. (221 S. mit 1 Tab. in Fol.) 33. und 34. (182 S. mit 1 Tab. in Fol.) 35. und 36. (228 S. mit 1 Tab. in Fol.) 37. und 38. (172 S. mit 1 Tab. in gr. 4.) 39. und 40. (119 S. mit 1 Tab. in Fol.)] Stuttgart 862—68, Aue. Je 2 Berichte *

Jahresbericht des Wiener allgemeinen Witwen- und Waisen-Pensions-Institutes über das zweiundreigßigste Instituts-Jahr, vom 1. Jänner bis Ende Dezember 1854. Wien 1855 Gedr. bei den Edlen von Ghelen'schen Erben. (XVIII. S. 1 Tab. 92 S. 8.)

Jahresbericht des Wiener allgemeinen Witwen- und Waisen Pensions-Institutes über das drei und dreißigste Instituts-Jahr vom 1. Januar bis Ende Dezember 1855. Wien, 1856. Gedr. bei den Edlen v. Ghelen'schen Erben. (24 S. 8.)

Witwen- & Waisenstiftung der Stadt Luzern. 28. Jahresbericht über die Jahre 1900, 1901 und 1902. 12 S. 8. [1903.]

Strafanstalt Witzwyl. 6. u. [7. u. 8.] Jahresbericht pro 1900 u. pro 1901 u. pro 1902. 22 u. II + 20 u. 16 S. 8. Erlach, E. Andres, 1901 u. 1902 u. F. Dätwiler, 1903.

Kaufmännischer Verein Wohlen, Sektion des Schweiz. Kaufmännischen Vereins. 1. Jahresbericht vom 15. Februar 1901 bis 30. April 1902. IV + 31 S. 8.

Kaufmännischer Verein Wohlen, Sektion des Schweiz. Kaufmännischen Vereins. 2. Jahresbericht. Vom 1. Mai 1902 bis 30. April 1903. IV + 23 S. 8.

Jahresbericht des Wohlfahrtsausschusses der Logen Absalom, St. Georg, Emanuel und Ferdinand zum Felsen in Hamburg. (Hamburg 1906.) 7 S. 8°.

Jahresbericht, eilfter — des Evangel. Deutschen Wohlthätigkeitsvereines zu Konstantinopel, abgestattet in der Generalversammlung am 7. Dez. 1856. Triest, Dr. des österreichischen Lloyd. 1857. (16 S. 8.)

Pflegeanstalt Wülflingen. Jahresbericht für das Jahr 1900. 32 S. 8. Winterthur, Geschwister Ziegler, 1901.

Pflegeanstalt Wülflingen. Jahresbericht für das Jahr 1901. 30 S. 8. Winterthur, Geschwister Ziegler, 1902.

Pflegeanstalt Wülflingen. Jahresbericht für das Jahr 1902. 30 S. 8. Winterthur, Geschwister Ziegler, 1903.

Aktien-Brauerei Wyl. Jahresbericht (über das am 30. September 1901 abgelaufene, 12. Geschäftsjahr). 8 S. 8. Wyl, J. Zehnder, 1901.

Aktien-Brauerei Wyl. Jahresbericht (über das am 30. September 1902 abgelaufene 13. Geschäftsjahr). 8 S. 8. Wyl, J. Zehnder, 1902.

Jahres-Bericht der gewerblichen Zeichen- u. Modellirschule in Klgft. Klgft., Leon, Bertschinger, Gutenberghaus, 1871—. (Von 1890 an: k. k. Staats-Handwerkerschule, von 1907 an: k. k. Bau- u. Kunsthandwerkerschule.)

Jahresbericht der gewerblichen Zeichen- und Modellierschule und die gewerbliche Fortbildungsschule in Klagenfurt für 1886/87. Klagenfurt 1887

Jahresbericht des Zentral-Arbeiter-Sekretariates für das Jahr 1905. (Korrespondenzbl. d. Generalkomm. d. Gewerksch. Deutschlands, 1906, 8.)

Jahresbericht des Zentralausschusses für Volks- und Jugendspiele in Deutschland 1903. Leipzig 1904

Jahres-Bericht d. k. Zentral-Blinden-Institutes zu München f. d. Schuljahr 1883–84. 8°. 39 S.

— des Centralbureaus f. Meteorologie u. Hydrographie im Grossherzogth. Baden, nebst den Ergebnissen der meteorolog. Beobachtgn. u. der Wasserstandsaufzeichngn. am Rhein u. an seinen grösseren Nebenflüssen f. d. J. 1883. gr. 4. (IV, 77 S. m. 6 graph. Steintaf.) Karlsruhe 884. Braun. n. 4. 50

— dasselbe, f. d. J. 1884. gr. 4. (IV, 56 S. m. 11 Taf.) Ebend. 885. n. 4. —

—— des Centralbureaus für Meteorologie und Hydrographie im Grossherzogth. Baden, nebst den Ergebnissen der meteorolog. Beobachtungen und der Wasserstandsaufzeichnungen am Rhein und an seinen grössern Nebenflüssen für das J. 1885, sowie den Mittelwerthen für das Lustrum 1881—1885 und einer bibliograph. Beilage. gr. 4. (IV, 96 S. mit 11 Taf.) Karlsruhe 886, Braun'sche Hofbuchh. * 6 —

—— dass. — nebst den Ergebnissen der meteorolog. Beobachtungen und der Wasserstandsaufzeichnungen am Rhein und an seinen grössern Nebenflüssen für das J. 1886. gr. 4. (IV, 66 S. mit 11 Taf.) Ebendas. 887. * 5 —

—— dass. — für das J. 1887. gr. 4. (IV, 74 S. mit 11 Taf.) Ebendas. 888. * 5 40

—— d. Centralbureaus f. Meteorologie u. Hydrographie im Grossherzogth. Baden, nebst den Ergebnissen der meteorolog. Beobachtgn. u. der Wasserstandsaufzeichngn. am Rhein u. an seinen grösseren Nebenflüssen f. d. J. 1888, 1889 u. 1891. gr. 4. (IV, 74 S. m. 11 Taf.; IV, 72 S. m. 11 Taf.; IV, 92 S. m. 10 Taf.) Karlsr. 889,90,92, Braun. Jahrg. 1888 u. 1889 à * 5 40; 1891 * 6 —

— des Centralbureaus f. Meteorologie u. Hydrographie im Grossherzogth. Baden, m. den Ergebnissen der meteorolog. Beobachtgn. u. der Wasserstandsaufzeichngn. am Rhein u. an seinen grösseren Nebenflüssen f. d. J. 1890 u. m. den Mittelwerthen f. den 5jähr. Zeitraum 1886—1890. Nebst e. Anh., betr. den Konstanzer Pegel. gr. 4. (IV, 126 S. m. 11 Taf.) Karlsruhe 891. G. Braun. n. 6. —

— dasselbe, m. den Ergebnissen der meteorolog. Beobachtgn. u. der Wasserstandsaufzeichngn. am Rhein u. an seinen grössern Nebenflüssen f. d. J. 1892. Mit e. Rückblick auf das 1. Jahrzehnt d. Bestehens d. Centralbureaus als Vorwort u. e. Vergleichg. der Mittelwerthe der Rheinwasserstände aus den Jahresreihen 1852—1881 u. 1882—1891. gr. 4. (XV, 97 S. m. 10 Taf.) Ebd. 893. n. 6. —

— dasselbe, m. den Ergebnissen der meteorolog. Beobachtgn. u. der Wasserstandsaufzeichngn. am Rhein u. an seinen grösseren Nebenflüssen f. d. J. 1893. gr. 4. (IV, 93 S. m. 10 Taf.) Ebd. 894. n. 6. —

— d. Centralbureaus f. Meteorologie u. Hydrographie im Grossherzogth. Baden, m. d. Ergebnissen d. meteorolog. Beobachtgn. u. d. Wasserstandsaufzeichngn. a. Rhein u. an s. grösseren Nebenflüssen f. d. J. 1894. gr. 4. (IV, 93 S. m. 10 Taf.) Karlsruhe 895. G. Braun'sche Hofbuchdruckerei & Verlag. n. 6. —

— dasselbe f. d. J. 1895 u. m. d. Mittelwerthen f. d. fünfjähr. Zeitraum 1891—1895. gr. 4. (IV, 111 S. m. 10 Taf.) Ebd. 896. n. 6. —

— dasselbe f. d. J. 1896. Mit e. Anh. betr. d. Hochwasserkatastrophe v. März 1896. gr. 4. (IV, 117 S. m. 11 Taf.) Ebd. 897. n. 6. —

— dasselbe f. d. J. 1897. gr. 4. (IV, 99 S. m. 10 Taf.) Ebd. 898. n. 6. —

— des Centralbureaus f. Meteorologie u. Hydrographie im Grossherzogth. Baden, m. den Ergebnissen der meteorolog. Beobachtgn. u. der Wasserstandsaufzeichngn. am Rhein u. an seinen grösseren Nebenflüssen f. d. J. 1898 u. 1899. gr. 4. (IV, 97 S. m. 10 Taf. u. IV, 98 S. m. 6 Taf.) Karlsruhe 899. 900. G. Braun'sche Hofbuchdr. à n. 6. —

— dasselbe f. d. J. 1900, u. m. den Mittelwerthen f. die Zeiträume 1896—1900, 1861—1870, 1871—1880, 1881—1890, 1891—1900. gr. 4. (IV, 130 S. m. 5 Taf. u. 1 farb. Karte.) Ebd. 901. n. 8. —

— dasselbe f. d. J. 1901. gr. 4. (IV, 115 S. m. 5 Taf. u. 1 farb. Karte.) Ebd. 902. n. 8. —

— des Centralbureaus (seit 1903 Zentralbureaus) für Meteorologie u. Hydrographie im Grossherzogt. Baden, m. den Ergebnissen der meteorolog. Beobachtgn. u. der Wasserstandstaufzeichnungen am Rhein u. an seinen grösseren Nebenflüssen f. die J. 1902—1904. gr. 4. Karlsruhe 903. G. Braun'sche Hofbuchdr. à n. 8. —
1902. (IV, 112 S. m. 5 Taf. u. 1 farb. Karte.) 903. — 1903. (IV, 114 S. m. 5 Taf. u. 1 farb. Karte.) 904. — 1904. (IV, 116 S. m. 5 Taf. u. 1 farb. Karte.) 905.

— dasselbe f. d. J. 1905 u. m. den Mittelwerten f. den fünfjähr. Zeitraum 1901—1905. (IV, 132 S. m. 5 Taf. u. 1 farb. Karte.) gr. 4. Ebd. 906. n. 10. —

— des Zentralbureaus f. Meteorologie u. Hydrographie im Grossherzogt. Baden, m. den Ergebnissen der meteorolog. Beobachtgn. u. der Wasserstandsaufzeichngn. am Rhein u. in seinen grösseren Nebenflüssen f. d. J. 1906—1909. (IV, 116; IV, 116; IV, 118 u. IV, 116 S. m. je 5 Taf. u. je 1 farb. Karte.) 35×26,5 cm. Karlsruhe 907—10. G. Braun'sche Hofbuchdr. à 8. —

Jahresbericht der Centrale für private Fürsorge in Frankfurt am Main ... f. d. Rechnungsjahr 1. Nov. 1903 bis 31. Okt. 1904. (Frankfurt a. M. 1905: Englert & Schlosser.) 8° [F.] 105. 837. 4

— 7., des schlesischen Central-Enthaltsamkeits-Verein. Hrsg. vom schles. Central-Enthaltsamkeits-Vereins-Vorstande. 12. (24 S.) (Breslau 852, Dülfer & Geiser.) n. 2 ngr

Jahresbericht des Central-Fischerei-Vereins für Schleswig-Holstein. (Vorh. unt. d. T.: Jahresbericht d. Fischerei-Vereins d. Prov. Schleswig-Holstein.)
7 ff. ebd. 1884 ff. 8°
Beilage zu 13. ebd. 1890: Die Teich-Anlagen bei Mühlen- und Lobarbek. Von der Fischereigesellschaft in Kellinghusen. Mit Karte. ebd. 1891. 8°

— über das Central-Handels-Register f. d. deutsche Reich 1874. gr. 8. (74 S.) Berlin 875. C. Heymann's Verl. in Comm. — 30

— dasselbe 1875. 2. Jahrg. gr. 8. (48 S.) Ebend. 875. n.n. — 50

—— dass. — 1875. 2. Jahrg. gr. 8. (48 S.) (Ebendas.) 876. **
Nicht weiter erschienen.

3 u. 4., des Oldenburg. Central-Hülfsvereins für entlassene Strafgefangene d. J. 1844 u. 1845 betreffend. gr. 8. (20 u 33 S.) Oldenburg 846. 47, Schulze. 3: n. 3 ngr 4: n. 1/6 rf

(Zentralkomitee für das ärztliche Fortbildungswesen in Preussen. Jahresbericht. [1.]) Leipzig: Thieme 1901. 8° [11. 7062

Zentralkomitee für das ärztliche Fortbildungswesen in Preussen.
... JAHRESBERICHT in der Generalversammlung des Zentralkomitees ... in Berlin im Ministerium der geistlichen p. Angelegenheiten erstattet von Prof. Dr. R. KUTNER, Schriftführer des Zentralkomitees.
3.[1]) ... am 6. Juni 1903 ... Jena 1903. Verlag von Gustav Fischer. 8°.
4. ... am 4. Juni 1904 ... Naumburg a. S. Lippert & Co. (G. Pätz'sche Buchdruckerei.)
5. ... am 17. Juni 1905 ... Berlin 1905. J. S. Preuss.
... JAHRESBERICHT in der Generalversammlung des Zentralkomitees ... in Berlin im Kaiserin Friedrich-Hause für das ärztliche Fortbildungswesen erstattet von Prof. Dr. R. KUTNER, Generalsekretär des Zentralkomitees.
6. ... am 1. März 1906 ... ib. 1906. —
7. ... am 29. Juni 1907 ... ib. 1907. —
8. ... am 4. Juli 1908 ... ib. 1908. —
Reichsausschuss für das ärztliche Fortbildungswesen.
JAHRESBERICHT ... über das ärztliche Fortbildungswesen im Deutschen Reiche erstattet von Prof. Dr. R. KUTNER.
(9) 1908/09. ib. —
(10) 1909/10. ib. —
[1]) Jahresbericht 1 und 2 siehe: R. KUTNER, Das ärztliche Fortbildungswesen in Preussen; Die Weiterentwicklung des ärztl. Fortbildungswesens in Preussen.

15. Jahresbericht des Centralcomité des Zürcherischen Schutzaufsichts-Vereins für entlassene Sträflinge, vom 1. April 1869 bis 31. März 1870. Zürich, Druck von Fr. Schulthess. 1871. 44 Stn. 8.

Jahresbericht des Zentralkomites des bern. Vereins f. Handel u Industrie f. 1867-87. Bern 1868-88

Bernischer Verein für Handel und Industrie. 41. Jahresbericht des Centralkomitees betreffend das Vereinsjahr 1900/1901. (1901, Ende April.) 62 S. 8. Bern, Neukomm & Zimmermann.

Bernischer Verein für Handel und Industrie. 42. Jahresbericht des Centralkomitees. Vereinsjahr (1. Mai) 1901/1902 (April 30). 75 S. 8. (Bern, Suter & Lierow.)

Bern(ischer) Verein für Handel und Industrie. 43. Jahresbericht des Zentralkomitees betreffend das Vereinsjahr (1. Mai) 1902/1903 (April 30). 72 S. 8. Bern, Suter & Lierow.

Schweizerischer Kaufmännischer Verein. 4. Zürich, Aschmann & Scheller.
28. Jahresbericht des Centralkomitees 1900/1901 ⟨vom 1 Mai 1900 bis 30. April 1901⟩. [Mit 1 Tabelle.] IV + 17 S. 1901.
29. Jahresbericht des Centralkomitees 1901/1902 ⟨vom 1. Mai 1901 bis 30. April 1902⟩. [Mit 1 Tabelle.] II + 16 S. 1902.

Schweizerischer Kaufmännischer Verein. 30. Jahresbericht des Centralkomitees 1902/03 ⟨... vom 1. Mai 1902 bis 30. April 1903⟩. [Mit 2 Tabellen.] IV + 16 S. 4. Zürich, Aschmann & Scheller, 1903.

Centralkommission für die Rhein-Schifffahrt. Allgemeiner Jahresbericht. Mainz, (1861 ff.:) Mannheim.
Für 1852—65.
[Und]
Statistischer Jahres-Bericht der Central-Kommission für die Rhein-Schiffahrt. Mannheim. Zus. 8 Bde
Für 1866—77.

—— der Central-Commission für die Rhein-Schiffahrt 1879—1884. gr. 4. (IV, 111 S. mit Tab.; IV, 119 S. mit Tab.; IV, 129 S. mit Tab.; 55 S. mit Tab. und lithogr. Curventaf.; 58 S. mit Tab. und lithogr. Curventaf.; IV, 64 S. mit Tab. und 7 Stnt.) München 880—85. (Mannheim, Hermann's Buchh.) Jahrg. 1879 und 1880 à 4
Jahrg. 1881—1884 à 5

—— der Central-Commission für die Rhein-Schiffahrt 1885—1887. gr. 4. (IV, 72 S. mit Tab. und graph. Taf.; IV, 73 S. mit Tab. und graph. Taf.; IV, 80 S. mit Tab. und geograph. Taf.) München 886—88. (Mannheim, Hermann.) à Jahrg. ** 6 —

— dasselbe. 1888 u. 1889. gr. 4. (IV, 80 S. m. Tab.; IV, 80 S. m. Tab. u. 9 graph. Taf.) Ebd. 889. 890. à n.n. 4. —

— der Central-Commission f. die Rhein-Schiffahrt. 1890—1893. gr. 4. München. (Mannheim, J. Hermann.) à n.n. 4. —
1890. (IV, 82 S. m. Tab. u. 9 graph. Taf.) 891. — 1891. (IV, 84 S. m. 17 Beilagen.) 892. — 1892. (IV, 84 S. m. 23 Beilagen.) 893. — 1893. (IV, 98 S. m. 22 Beilagen.) 894.

— d. Central-Commission f. d. Rhein-Schiffahrt 1894—1897. gr. 4. München (Mannheim, J. Hermann) à Jahrg. n.n 4. —
1894. (IV, 105 S. m. 17 Beilagen.) 895.
1895. (IV, 101, 9, 3, 5, 1, 1 u. 89 S. m. 9 graph. Darstellgn. u. 4 Tab.) 896.
1896. (IV, 159 S. m. 2 Tab. u. 9 graph. Taf.) 897.
1897. (IV, 167 S. m. 4 Tab. u. 9 graph. Taf.) 898.

— der Central-Commission f. die Rhein-Schiffahrt 1898 u. 1899. gr. 4. München. (Mannheim, J. Hermann.) à n.n. 4.—
1898. (146, IV u. XXXVII S. m. 4 Tab. u. 10 graph. Taf.) 899.
1899. (IV, 120 u. LVII S. m. 4 Tab. u. 10 graph. Taf.) 900.

— der Zentral-Kommission f. die Rhein-Schifffahrt 1902—1905. gr. 4. Mannheim (J. Hermann). à n.n. 4. —
1902. (IV, 167, 10 u. 71 S. m. 10 graph. Taf.) 903. — 1903. (IV, 147, 9 u. 73 S. m. 10 graph. Taf.) Darmstadt 904. — 1904. (IV, 158, 9 u. 73 S. m. 10 graph. Taf.) Darmstadt 905. — 1905. (IV, 160, 9 u. 73 S. m. 11 graph. Taf.) Darmstadt 906.

Jahresbericht der Zentral-Kommission f. die Rhein-Schiffahrt 1906. (IV, 168, 9 u. 73 S. m. 11 graph. Taf.) Lex. 8. Darmstadt 907. (Mannheim, J. Hermann.) nn 4. —

Jahresbericht des Physikalischen Central-Observatoriums für 1869, 1871 und 1872. Der Akademie abgestattet von Heinrich Wild. St. Petersburg 1870 u. 1873. 2 Bde. 62; 103 S. 4°.

Petersburg. Physikalisches Central-Observatorium (Wild, H.), Jahresbericht des — für 1894

Petersburg. Physikal. Central-Observatorium, Jahresbericht des — für 1897. (M. Rykatscheff.) Petersburg 1898. 4°.

Jahres-Bericht üb. die königl. landwirthschaftliche Central-Schule zu Schleissheim. 1845/46. (Münch. 1846). 4°.

— der Königl. landwirthschaftlichen Centralschule zu Weyhenstephan, mit einer Abhandlung über die Wahl eines Wirthschaftssystems im Allgemeinen, u. mit besonderer Beziehung auf Weyhenstephan. (Von C. Helferich.) Mit 1 (lith.) Flurplane des k. Staatsgutes (in Fol.). Freising 853. (Landshut, Krüll.) gr. 8. (2 Bl., 60 S.) n. 20 ngr.

— — (für 1855/56.) Mit einem Programme: Beiträge zur Kenntniß des bayerischen Waldes von Libl. Freising 856. (Landshut, Krüll.) gr. 8. (VI, 80 S.) n. 8 ngr.

— — (für 1856/57.) Mit einem Programme: Ueber den forstlichen Unterricht in der k. b. landwirthschaftl. Centralschule zu Weyhenstephan u. den Wirthschaftsbetrieb in dem k. Forstrevier Freising von v. Lips. 1. u. 2. Aufl. Freysing 857. Datterer. gr. 8. (3 Bl., IV, 87 S.) n. 9 ngr.

—— der königl. landwirthschaftlichen Centralschule zu Weyhenstephan pro 1857/58. Mit einem Programm: Die physikalischen Eigenschaften der Erdarten von Meister. gr. 8. (V und 84 S.) Freysing, (Wölfle'sche Buchh.) *

— der königl. landwirthschaftlichen Centralschule zu Weyhenstephan pro 1858/59. Mit einem Programm: Uebersicht der Vorträge über Rechtskunde für Landwirthe von Koch. Freysing 859. (Datterer.) gr. 8. (VI, 66 S.) n. 10 ngr.

— — pro 1860/61. Mit: Ueber den Einfluß des Futterbaues auf den Ertrag an Getreide u. die Rente der Güter. — Ueber den Einfluß einer entsprechenden Wirthschaftsweise auf den Ertrag der Güter von Helferich. Ebend. 861. gr. 8. (V, 98 S.) 10 ngr.

—— der k. landwirthschaftlichen Centralschule zu Weihenstephan pro 1864/65. gr. 8. (171 S.) Freising 865, Datterer.

Jahresbericht der landwirthschaftlichen Centralschule zu Weihenstephan 1869–75, 77–80, 86–87, 89–91, 93–94. Freising.

— — der königl. bayerischen landwirtschaftlichen Zentralschule Weihenstephan pro 1882/83. gr. 8. (V, 78 S.) Freising 883, (Datterer.)

— — der kgl. bayerischen landwirtschaftlichen Zentralschule Weihenstephan pro 1888/89. gr. 8. (VII, 99 S. m. 1 Bild.) Freising 889, (Datterer). * 2 —
Spätere Jahrge. sind im Selbstverlage erschienen.

—— erster, zweiter und dritter, der chemischen Centralstelle für öffentliche Gesundheitspflege in Dresden. Hrsg. von H. Fleck. hoch 4. Dresden, v. Zahn's Verlag. [I. (III, 43 S. mit 4 Holzschn. und 2 Stnt. in gr. 4.) 872. *ℳ 3.; II. (IV, 68 S. mit 3 Holzschn. und 5 Stnt. in gr. 4.) 873. *ℳ 6.; III. (IV, 95 S. mit 1 Holzschn. und 3 Stnt. in gr. 4.) 874. *ℳ 6.] 15 —

—— 4. und 5., der chemischen Centralstelle für öffentliche Gesundheitspflege in Dresden. Hrsg. von H. Fleck. Lex.-8. (154 S. mit 4 Holzschn. und 2 Curventaf.) Dresden 878, v. Zahn's Verlag.

— 6. u. 7., der chemischen Centralstelle für öffentliche Gesundheitspflege in Dresden. Hrsg. v. H. Fleck. Mit 2 Curventaf. u. 1 lith. Taf. Lex.-8. (104 S.) Dresden 878. v. Zahn's Verl. n. 6. —

Jahresbericht, 6. und 7., der chemischen Centralstelle für öffentliche Gesundheitspflege in Dresden. Hrsg. von H. Fleck. Lex.-8. (104 S. mit 2 Curventaf. und 1 lithogr. Taf.) Dresden 879, v. Zahn's Verlag. *

— — 8. und 9., der chemischen Centralstelle für öffentliche Gesundheitspflege zu Dresden. Hrsg. von H. Fleck. Lex.-8. (95 S. mit 3 eingedr. Holzschn.) Dresden 880, v. Zahn und Jaensch. *

— — dass. — 10. und 11. Lex.-8. (90 S. mit 2 lithogr. Taf.) Ebendas. 882. *

— 12. u. 13., der k. chemischen Centralstelle f. öffentliche Gesundheitspflege zu Dresden. Hrsg. v. H. Fleck. Mit 2 Holzschn. Lex.-8. (III, 91 S.) Dresden 884. v. Zahn & Jaensch. n. 8. —

—— 14.—17., der k. chemischen Centralstelle für öffentliche Gesundheitspflege in Dresden. Hrsg. von H. Fleck. Lex.-8. (V, 102 S. mit 1 Holzschn.) Dresden 888, v. Zahn und Jaensch. *

— der kgl. chemischen Zentralstelle f. öffentl. Gesundheitspflege in Dresden, Fortsetzg., s.: Arbeiten aus den kgl. hygienischen Instituten zu Dresden.

Jahresbericht der Centralstelle der preussischen Landwirtschaftskammern (Viehverwertungsstelle). 5–7. 1903/04–1905/06. 4°

Jahresbericht der Zentralstelle des Vereins für Landwirtschaft und Gewerbe in Hohenzollern. 1876. 97-1913. Sigmaringen 1877-1913

Jahresbericht der Zentralstelle des Vereins zur Beförderung der Landwirtschaft und Gewerbe in den hohenzollernschen Landen für 1876 und 1897-99. Sigmaringen 1877. 98-1900

Jahresbericht der Zentralstelle des Vereins zur Beförderung der Landwirtschaft und der Gewerbe in den hohenzollernschen Landen. 1900-06. Sigmaringen 1901-06

Jahresbericht der kgl. Central-Thierarzneischule zu München, s.a. Jahresbericht von der kgl. bayer. Central-Veterinär-Schule.

--- der k. Central-Thierarzneischule in München, s.Zeitschrift, deutsche, f. Thiermedicin u. vergleichende Pathologie.

— der königlichen Central-Tierarzneischule (vom Jahre 1890 ab tierärztliche Hochschule) zu München pro 1818, 19, 37, 38, 41, 43, 45, 46, 47, 49, 50, 60, 68 79 u. 82. München im entsprechenden Jahre. Vom Jahre 1877 ab erscheint der Jahresbericht als Supplementheft zur deutschen Zeitschrift für Tiermedizin und vergleichende Pathologie.

Deutsch-amischer Cent-Verband.v Peoria, Ill. Jahres-Bericht. Peoria, Jan 27, 1910.

Jahresbericht des Zentralverbandes der Haus- und Grundbesitzer-Vereine Deutschlands ... mit Verzeichnissen ... [u.] Kassenbericht üb. d. Geschäftsj. v. 1. Juli 1908 bis 30. Juni 1909 ff. Berlin 1909 ff. 8°

Jahresbericht, XXI., d. Centralverbandes d. deutschen Hilfsvereine in der Schweiz für 1884. Vorort Genf. In-8°, 16 S. Genf, Buchdruckerei Karl Schuchardt.

Jahresbericht, 22., des Central-Verbandes der deutschen Hilfsvereine in der Schweiz für 1885. Vorort Genf. Gr.-8°, 16 S. Genf, Buchdruckerei Karl Schuchardt.

Centralverband der kathol. Krankenkassen der Schweiz. 5. Jahresbericht über den Geschäftsgang. 1900. 7 S. 8. Zürich V, Börsig, Buchdr. Neumünster, [1901].

Jahresbericht des Centralvereins zur Fürsorge für entlassene Sträflinge und Corrigenden in der Provinz Schleswig-Holstein-Lauenburg. Erstattet ... vom Ober-Staatsanwalt Giehlow. 1.–3., für das Jahr 1876–78. Erstattet 1877–79. Kiel. 1877–79. 8°

Jahres-Bericht des landwirtschaftlichen Zentralvereins, Allenstein. (1.) Pro 1. April 1907/8. Allenstein 1908: Harich. 8° [illegible] 10

Littauen und Masuren. Landwirthschaftlicher Central-Verein für —. Jahres-Bericht für 1883–85. Insterburg 1884–86.

Jahresbericht d. landwirthschaftlichen Central-Vereins d. Provinz Sachsen etc. 1887, 1889. Halle. 4°.

Jahresbericht des Central-Vereins zur Lösung des Problems der Anziehung. Vereinsjahr 1875/76. gr. 8. (26 und 7 S.) Breslau 876, Maruschke und Berendt.
Nicht weiter erschienen.

Jahresbericht des Polytechnischen Zentralvereins (für Unterfranken und Aschaffenburg) zu Würzburg für 1856-59. 63-64. 66,67-91. 4° und 8° Würzburg 1856-91

Schweiz. Zentral-Verein vom «Roten Kreuz», Lokalsektion St. Gallen. 7. und 8. Jahresbericht. [Nebst] Jahresrechnungen pro 1900 und 1901. 40 S. 8. St. Gallen, Honegger, 1902.

Jahrs-Bericht (Jahres-Bericht) von der königlich-baierischen Central-Veterinär-Schule am Schlusse des Schuljahres (über das Schuljahr) 1812/13. 1820/21. 1824/25. München 1813–25.
Fortges. u. d. Tit.:
Die königlich-bayerische Central-Thierarznei-Schule zu München im Jahre 1833—1857. 1859–1861. (München 1833—61.)
Fortges. u. d. Tit.:
Jahresbericht der kgl. Central-Thierarznei-Schule pro 1868/69. o. O. u. J.
Fortges. u. d. Tit.:
Die königlich bayerische Central-Thierarznei-Schule zu München im Jahre 1869/70. 1870/71. o. O. u. J.
Fortges. u. d. Tit.:
Jahresbericht der kgl. Central-Thierarznei-Schule (k. Thierärztlichen Hochschule) München pro 1871/72. 1873/74 1883/84. 1885/86–1894/95. 1896/97 1899/1900. o. O. u. J. (1885/86 ff.: Leipzig 1887—96; München 1898—1900.)
Fortges. u. d. Tit.:
Bericht der k. Tierärztlichen Hochschule in München für das Studienjahr 1900/01 –1910/11. München 1910—11.

— von der königlich bayerischen Central — Veterinärschule 1812 - 13. 8. München 14. Lindauer. (Nürnberg, Stein.) M. - .40

— des Zentralwohnungsinspektors im k. Staatsministerium des Innern f. d. J. 1907. Hrsg. im Auftrage des k. Staatsministeriums des Innern. (Von Bergmann.) (32 S.) 8. München 908. J. Lindauer. nn — 30

Jahresbericht der Zieglerschule zu Lauban für 1897-98. 4° Lauban 1898

Jahresbericht der Zieglerschule zu Lauban. 1901/02. 4° Lauban 1902

— zoologischer, für 1879. Hrsg. von der zoolog. Station zu Neapel. Red. v. Vict. Carus. 2 Hälften. Lex.-8. (XII, 1249 S.) Leipzig 880. Engelmann. n. 32. —
Vorh.unt.d.T.:Jahresbericht der zoolog.Station in Neapel.

— dass. — für 1880. 4 Abthlgn. gr. 8. Ebendas. 881.
Inhalt:
Abthl. 1. Allgemeines bis Vermes. Mit Register. (IX, 383 S.) *M 10.
» 2. Arthropoda. Mit Register. (IV, 435 S.) *M 10.
» 3. Tunicata, Mollusca. Mit Register. (V, 116 S.) *M 3.
» 4. Vertebrata. Mit Special-Registern und dem Register der neuen Gattungen zu allen 4 Abthlgn. (IV, 293 S.) *M 8.

— zoologischer, f. 1881. Hrsg. v. der Zoolog. Station zu Neapel. 4 Abthlgn. gr. 8. Leipzig 882. Engelmann. n. 31. —
1. Allgemeines bis Vermes. Mit Register. Red. v. J. Vict. Carus. (X, 336 S.) n. 10. —
2. Arthropoda. Mit Register. Red. v. Paul Mayer. (VIII, 419 S.) n. 10. —
3. Tunicata, Mollusca. Mit Register. Red. v. J. Vict. Carus. (V, 112 S.) n. 3. —
4. Vertebrata. Mit Register u. dem Register der neuen Gattungen zu allen 4 Abtheilgn. Red. v. J. Vict. Carus (VI, 314 S.) n. 8. —

— dasselbe f. 1882. 4 Abthlgn. gr. 8. Ebend. 883. 84. n. 32. —
1. Allgemeines bis Vermes. Mit Register. Red. v. Paul Mayer. (VIII, 334 S.) n. 10. —
2. Arthropoda. Mit Register. Red. v. Paul Mayer u. Wilh. Giesbrecht. (III, 478 S.) n. 11. —
3. Tunicata, Mollusca, Brachiopoda. Mit Register. Red. v. Paul Mayer. (III, 147 S.) n. 3. —
4. Vertebrata. Mit Register u. dem Register der neuen Gattungen zu allen 4 Abthlgn. Red. v. J. Vict. Carus. (IV, 303 S.) n. 8. —

— dasselbe f. 1883. 4 Abthlgn. gr. 8. Ebend. 884. 85. n. 34. —

1. Allgemeines bis Bryozoa. Mit Register u. dem Register der neuen Gattgn. zu allen 4 Abthlgn. Red. v. Paul Mayer u. Wilh. Giesbrecht. (VIII, 291 S.) n. 9. —
2. Arthropoda. Mit Register. Red. v. Paul Mayer u. Wilh. Giesbrecht. (III, 584 S.) n. 13. —
3. Mollusca, Brachiopoda. Mit Register. Red. v. Paul Mayer. (III, 114 S.) n. 3. —
4. Tunicata, Vertebrata. Mit Register. Red. v. Paul Mayer. (IV, 334 S.) n. 9. —

—— zoologischer, für 1884. Hrsg. von der zoolog. Station zu Neapel. 4 Abthlgn. gr. 8. Berlin, Friedländer und Sohn. * 36 —

Inhalt:

Abthl. 1. Allgemeines bis Bryozoa. Mit Register und dem Register der neuen Gattungen zu allen 4 Abthlgn. Redig. von Paul Mayer und Wilh. Giesbrecht. (VIII, 358 S.) 886. *ℳ 10.
» 2. Arthropoda. Mit Register. Redig. von Paul Mayer und Wilh. Giesbrecht. (III, 586 S.) 885. *ℳ 13.—.
» 3. Mollusca, Brachiopoda. Mit Register. Redig. von Paul Mayer. (III, 142 S.) 885. *ℳ 3.—.
» 4. Tunicata, Vertebrata. Mit Register. Redig. von Paul Mayer. (IV, 413 S.) 886. *ℳ 10.—.

—— dass. — für 1885. 4 Abthlgn. gr. 8. Ebendas. 886,87. * 33 —

Inhalt:

Abthl. 1. Allgemeines. Protozoa. Porifera. Coelenterata. Echinodermata. Vermes. Bryozoa. Mit Register und dem Register der neuen Gattungen zu allen 4 Abthlgn. Redig. von Paul Mayer und Wilh. Giesbrecht. (VIII, 258 S.) *ℳ 8.—.
» 2. Arthropoda. Mit Register. Redig. von Paul Mayer und Wilh. Giesbrecht. (III, 619 S.) *ℳ 13.—.
» 3. Mollusca, Brachiopoda. Mit Register. Redig. von Paul Mayer. (139 S.) *ℳ 3.—.
» 4. Tunicata, Vertebrata. Mit Register. Redig. von Paul Mayer. (IV, 335 S.) *ℳ 9.—.

Jahresbericht, zoologischer, für 1885. Nachtrag zur 1. Abthl. Redig. von Paul Mayer. gr. 8. (93 S.) Berlin 887, Friedländer und Sohn. *

— dasselbe, f. 1886—1888. gr. 8. (VI, 474; IV, 489; IV, 572 S.) Ebd. 888—890. à Jahrg. n. 24. —

— zoologischer, f. 1889—1893. Hrsg. v. der zoolog. Station zu Neapel. Red. v. Paul Mayer. gr. 8. Berlin, R. Friedländer & Sohn. à Jahrg. n. 24. —

1889. (IV, 27; 6, 28, 23, 65, 7, 89, 57, 6, 182, 25, 14, 23 S.) 891.
1890. (IV, 25; 6, 29, 58, 11, 74, 64, 7, 205, 34 S.) 892.
1891. (V, 27; 8, 25, 29, 75, 12, 72, 61, 13, 221, 44 S.) 893.
1892. (V, 35; 12, 20, 20, 66, 10, 90, 66, 7, 248, 45 S.) 894.
1893. (V, 31; 14, 19, 11, 64, 9, 89, 64, 34, 221, 28 S.) 894.

— dasselbe. Autoren- u. Sachregister zu d. Berichten f. 1886—1890. Bearb. v. P. Schiemenz u. E. Schoebel. Hrsg. v. der zoolog. Station zu Neapel. gr. 8. (IV, 365 S.) Ebd. 895. n. 16. —

— zoologischer, f. 1894—1897. Hrsg. v. d. zoolog. Station zu Neapel. Red. v. Paul Mayer. gr. 8. Berlin, R. Friedländer & Sohn. à Jahrg. n. 24. —

1894. (V, 20; 12, 18, 14, 48, 1, 73, 70, 13, 250 u. 26 S.) 895.
1895. (V, 44, 5, 18, 16, 61, 2, 83, 51, 14, 250 u. 30 S.) 896.
1896. (V, 51, 7, 19, 17, 63, 3, 67, 58, 12, 230, 15 u. 24 S.) 897.
1897. (VI, 34, 6, 22, 10, 64, 4, 52, 52, 5, 255 u. 26 S.) 898.

— zoologischer, f. 1898—1901. Hrsg. v. der zoolog. Station zu Neapel. Red. v. Paul Mayer. gr. 8. Berlin, R. Friedländer & Sohn. à n. 24. —

1898. (VI, 29, 9, 22, 14, 57, 3, 57, 46, 6, 231 u. 26 S.) 899.
1899. (VI, 34, 8, 18, 12, 64, 1, 60, 40, 10, 214 u. 28 S.) 900.
1900. (VIII, 18, 8, 20, 15, 70, 5, 56, 42, 9, 210 u. 23 S.) 901.
1901. (VIII, 16, 6, 16, 70, 2, 67, 72, 5, 219 u. 25 S.) 902.

— dasselbe. Autoren-Register zu den Jahresberichten f. 1891—1900. Bearb. v. E. Hentschel u. E. Schoebel. (226 S.) gr. 8. Ebd. 903. n. 12. —

— zoologischer, f. 1902—1905. Hrsg. v. der zoolog. Station zu Neapel. Red. v. Paul Mayer. gr. 8. Berlin, R. Friedländer & Sohn. à n. 24. —

1902. (VIII, 29, 6, 28, 81, 7, 72, 62, 6, 236 u. 32 S.) 903.
1903. (VIII, 26, 6, 25, 17, 81, 2, 74, 43, 8, 254 u. 36 S.) 904.
1904. (VIII, 38, 9, 41, 13, 81, 2, 78, 48, 13, 271 u. 20 S.) 905.
1905. (VIII, 29, 10, 31, 14, 70, 3, 71, 34, 12, 254 u. 32 S.) 906.

— zoologischer, f. 1906—1909. Hrsg. v. d. zoolog. Station zu Neapel. Red. v. Paul Mayer. Lex. 8. Berlin, R. Friedländer & Sohn. à 24. —

1906. (VIII, 31, 5, 37, 103, 5, 77, 32, 5, 251 u. 36 S.) 907.
1907. (VIII, 53, 10, 35, 16, 87, 2, 71, 22, 6, 260 u. 31 S.) 908.
1908. (VIII, 52, 9, 34, 13, 91, 3, 80, 21, 8, 235 u. 31 S.) 909.
1909. (VIII, 74, 56, 17, 81, 99, 22, 5, 274 u. 33 S.) 910.

Bremer Zufluchtsstätte für Frauen und Mädchen. Jahresbericht (1)-5. — Bremen (1909-1914). 4°

[Jahresbericht der Loge „Zukunft" in Pressburg. 1876/77.] 8 S. 8°.

Arbeiter-Union Zürich. Jahresbericht vom 1. April 1901 bis 31. Dez. 1902. [Mit 1 Tabelle.] II + 46 S. 8. Zürich, Conzett & Wirz, 1903.

Forts. von: Arbeitskammer Zürich.

Jahresbericht der Arbeiter-Union Zürich 1904—1905. 8°. Zürich, Buchdr. des „Volksrecht", 1906.

— der Arbeiter-Union Zürich. Umfassend den Zeitraum v. 1. I. 1907 bis 31. XII. 1909. gr. 8. Zürich (Buchh. des schweiz. Grütlivereins). 1. 10

1907. (65 S.) 908. — 40. — 1908. (67 S. m. 1 Tab.) 909. — 50. — 1909. (69 S.) 910. — 20.

Arbeitskammer Zürich. 4. Jahresbericht vom 1. Januar 1900 bis 31. März 1901. II + 59 S. 8. Zürich, (Kirsten & Zeisberg), 1901.

Jahresbericht des Gewerbemuseums Zürich 1--20, 1876--95.

Jahresbericht, 2ter, des Gewerbemuseums Zürich. Umfassend d. J. 1876. Mit einem Anhang: „Bemerkung über die kunstgewe.bliche Ausstellung in München 1876" von Prof. J. Stadler. 36 S. 8. Zürich, Schiller & Comp.

— (V.) des Gewerbemuseums Zürich, umfassend das Jahr 1879. In-8°, 27 u. 32 S. Zürich, Druck von Zürcher & Furrer.

— VI., des Gewerbemuseums Zürich. 27 S. Beilagen: VI. Jahresbericht der Centralcommission des Gewerbemuseums Zürich und Winterthur. 11 S. — VI. Jahresbericht der Schweizer permanenten Schulausstellung in Zürich. 31 S. — In-8°. Zürich, Druck von J. J. Ulrich. 1881

Jahresbericht, achter, des Gewerbemuseums Zürich. Umfassend das Jahr 1882. Erstattet von der Aufsichtskommission des Gewerbemuseums an den Verwaltungsrat. In-8°, 30 S. Zürich, 1883.

Jahresbericht, IX., des Gewerbemuseums Zürich. Erstattet von der Aufsichtskommission des Gewerbemuseums an den Verwaltungsrat. Umfassend das Jahr 1883. In-8⁰, 31 S. Mit Beilagen: IX. Jahresbericht der Zentralkommission der Gewerbemuseen Zürich und Winterthur, umfassend das Jahr 1883. Erstattet an den h. Regierungsrath des Kantons Zürich. In-8⁰, 9 S., und: Rechnung der Zentralkommission der Gewerbemuseen Zürich und Winterthur pro 1883.

Gewerbeverband Zürich. Jahresbericht pro 1900. 66 S. 8. Zürich, Art. Institut Orell Füssli, 1901.

Gewerbeverband Zürich. Jahresbericht pro 1901. 51 S. 8. Zürich, Art. Institut Orell Füssli, 1902.

Gewerbeverband Zürich. Jahresbericht pro 1902. 49 S. 8. Zürich, Art. Institut Orell Füssli, 1903.

Hypothekarbank Zürich. 4. Jahresbericht 1900. 13 S. 4. Zürich, Art. Institut Orell Füssli, 1901.

Hypothekarbank Zürich. 5. Jahresbericht 1901. 15 S. 4. Zürich, Art. Institut Orell Füssli, 1902.

Jugendhorte Zürich I. 15. Jahresbericht (1. Nov.) 1900—(31. Okt.) 1901. 40 S. 8. Zürich, Zürcher & Furrer, 1901.

Jugendhorte Zürich I. 16. Jahresbericht (1. November) 1901-1902 (Oktober 31). 39 S. 8. Zürich, Gebr. Leemann & Co., 1902.

Jahresbericht über den Knabenhort Zürich. 3, 1888—89.

Jahresbericht der technischen Lehranstalt Zürich. I und 4. 1827 und 1830.

Lehrer-Verein Zürich. Jahresbericht für das Jahr 1900; Jahresberichte der Methodisch-pädagogischen Sektion, des Lehrer-Turnvereins, des Lehrer-Gesangvereins und des Frauen-Chors; Rechnungs-Auszug und Mitglieder-Verzeichnis. 43 + IX S. 8. Zürich, Hürlimann & Fischer, 1901.

Lehrer-Verein Zürich. Jahresbericht für das Jahr 1901; Jahresberichte der Pädagogischen Vereinigung, des Lehrer-Turnvereins, des Lehrer-Gesangvereins und des Frauen-Chors; Rechnungs-Auszug und Mitglieder-Verzeichnis. 57 + IX S. 8. Zürich, Hürlimann & Fischer, 1902.

Lehrerverein Zürich. Jahresbericht für das Jahr 1902; Jahresberichte der pädagogischen Vereinigung, des Lehrerturnvereins, des Lehrergesangvereins und des Frauenchors; Rechnungs-Auszug und Mitglieder-Verzeichnis. 64 S. 8. Zürich, Gott. Hürlimann (*Umschlag:* Hürlimann & Fischer), 1903.

Lehrlings-Patronat Zürich. 7. u. 8. u. 9. Jahresbericht 1900 u. 1901 u. 1902. 8. Zürich, F. Lohbauer, (1901 u. 1902) u. 1903.
Ausg. A mit verkürzter Betriebsrechnung: 24 S. u. [Mit 2 Tabellen] 32 S. u. [Mit 2 Tabellen] 26 S.
Ausg. B mit detaillierter Betriebsrechnung: [je Mit 2 Tabellen.] 27 u. 37 u. 31 S.

Männerchor Zürich. Jahresbericht über das 74ste Vereinsjahr 1900. Erstattet von A(dr[inu]) Boller-Wolf. Anhang: Mitglieder-Verzeichnis pro 31. Dezember 1900. [Mit 1 Tafel.] 60+35 S. 8. Zürich, F. Lohbauer, 1901.

Jahresbericht der Museumsgesellschaft Zürich 1–61, 1834–94.

Museumsgesellschaft Zürich. 68. Jahresbericht. 1901 ... vorgelegt von Prof. Dr. Theodor Vetter.... ([Mit] Verzeichnis der ... aufgelegten Zeitungen und Zeitschriften.) 83 S. 8. Zürich, Fritz Amberger, 1902.

Museumsgesellschaft Zürich. 69. Jahresbericht. 1902 ... vorgelegt von Hans Geilinger-Scheele.... ([Mit] Verzeichnis der ... aufgelegten Zeitungen und Zeitschriften.) 88 S. 8. Zürich, Zürcher & Furrer, 1903.

Seeclub Zürich. 36. Jahresbericht 1900. II + 25 S. 8. [Zürich, Art. Institut Orell Füssli, 1901.]

Seeclub Zürich. 37. Jahresbericht 1901. II + 32 S. 8. [Zürich, Art. Institut Orell Füssli, 1902.]

Sektion Zürich des Schweiz. Gem(einnützigen) Frauenvereins. Jahresbericht vom 1. April 1900 bis 31. März 1901. [Mit 4 Tabellen.] 39 S. 8. Zürich, W. Coradi-Maag, 1901.

Sektion Zürich des Schweiz. Gem(einnützigen) Frauenvereins. Jahresbericht vom 1. April 1901 bis 31. März 1902. [Mit 3 Tabellen.] 35 S. 8. Zürich, W. Coradi-Maag, 1902.

Jahresbericht der Stadtbibliothek Zürich über das Jahr 1880. In -8⁰, 14 S. Zürich, Druck von Orell Füssli & Cie. 1881.

Stadtbibliothek Zürich. Jahresbericht über das Jahr 1900. 28 S. 8. Zürich, Schulthess & Co., 1901.

Stadtbibliothek Zürich. Jahresbericht über das Jahr 1901. 24 S. 8. Zürich, Schulthess & Co., 1902.

Stadtbibliothek Zürich. Jahresbericht über das Jahr 1902. 22 S. 8. Zürich, Schulthess & Co., 1903.

Jahresbericht d. Thierarzneischule Zürich. 18⁸⁷/₈₈. Zürich 1889.
(Herl bl. a.: Z. Geschichte d. Th. Z.).

Tierarzneischule Zürich. Aus dem Jahresbericht pro 1900. Separat-Abdruck aus dem «Schweizer Archiv für Tierheilkunde» Heft 3, Jahrg. 1901. 18 S. 8. [Zürich, Art. Institut Orell Füssli.]

«Zürich», Allgemeine Unfall- und Haftpflicht-Versicherungs-Aktiengesellschaft in Zürich. 4. Zürich, Fritz Amberger.
28. Jahresbericht. 1900. 18 S. 1901.
29. Jahresbericht. 1901. 16 S. 1902.

Kaufmännischer Verein Zürich. 39. Jahresbericht (und 13. Jahresbericht seiner Handelsschule pro) 1900. ([Nebst] Mitglieder-Verzeichnis. Bestand am 31. Mai 1901.) [Mit 1 Ansicht.] IV + 50 + *Beilagen* 31 + 37 S. 8. Zürich, Juchli & Beck, 1901.

Kaufmännischer Verein Zürich. 41. Jahresbericht. 1902. ([Nebst] Mitglieder-Verzeichnis. Bestand am 31. Mai 1903. [Sowie] 15. Jahresbericht ... der Handelsschule des ... Vereins ... 1902.) IV + 52 + *Beilagen* 38 + II + 36 S. 8. Zürich, F. Lohbauer, 1903.

Verschönerungsverein Zürich. 26. Jahresbericht 1900. 8 S. 8. Zürich III, Arnold Bopp, 1901.

Verschönerungsverein Zürich. 27. Jahresbericht 1901. 15 S. 8. Zürich III, Arnold Bopp, 1902.

Verschönerungsverein Zürich. 28. Jahresbericht 1902, nebst einem Mitgliederverzeichnis. 55 S. 8. Zürich, Arnold Bopp, 1903.

Spar- und Leihkasse Zurzach in Zurzach. 51. Jahresbericht pro 1901. II + 19 S. 4. Klingnau, Ferdinand Bürli, (1902).

Spar- und Leihkasse Zurzach in Zurzach. 52. Jahresbericht pro 1902. II + 19 S. 4. Klingnau, Ferdinand Bürli, (1903).

Jahresbericht, Zweyter, über den Zustand und die Beschäftigungen des Cosmographischen Instituts in Wien im Jahre 1811. 8. Wien 1812.

Jahresbericht über den Zustand der . . . Feyertags-Schule in München . . . München 1822. V: *Weichselbaumer, Matthias.* (HTbPP)

Jahrsbericht über den Zustand der männlichen und weiblichen Feiertagsschulen in München pro. 1815. *München.* 1816.

Jahres-Bericht über den Zustand des Handels und der Gewerbe im Bezirke der Handels- und Gewerbekammer zu Leoben, in den Jahren 1854—1856. 8. Leoben 1857.

— über den Zustand der Industrie, des Handels und der Gewerbe im Bezirke der Handels- und Gewerbekammer Leoben in den Jahren 1857—1859. 8. Bruck 1861.

— über den Zustand des Handels und der Gewerbe im Bezirke der Handels- und Gewerbekammer Leoben in den Jahren 1860 bis 1862 nebst dem statistischen Ausweise vom Jahre 1863 und dem Gutachten über den Entwurf eines für Oesterreich und den deutschen Zollverein zu vereinbarenden gemeinschaftlichen Zolltarifes. 8. Bruck a. M. 1864.

— über den Zustand der Prager Handelsakademie für 1873-74 u. 76-77. Prag 1874. 77

Jahresbericht, über den Zustand der höheren Handelslehranstalt in Prag. *Prag* 1858. Druck der k. k. Hofbuchdruckerei von *Gottl. Haase Söhne.* 46 S. 4°.
INHALT. Zur Buchung der Staatspapiere, Actien und der Creditpapiere überhaupt. Von *Josef Odenthal.* (S. 3—32).

— üb. den Zustand der Universität Heidelberg. 1r u. 2r Jahrg. Heidelb. 817 u. 18. Groos. (16 K) 12 K

Jahresbericht, Zehnter — über den Zustand der Kleinkinder-Bewahranstalt in der kön. Hauptstadt Olmütz mit Ende des Jahres 1853. 8. (20 S.) Olmütz. Buchdruckerei von Franz Slawik.

Jahresbericht, dreizehnter — über den Zustand der Kleinkinderbewahranstalt in der k. Hauptstadt Olmütz mit Ende des Jahres 1856. Gedr. von F. Slawik in Olmütz. 1857. (20 S. 8.)

Jahresbericht über den Zustand des Krankenhospitals zu Allerheiligen. Bresl. 1811—17. V: *Ebers, Joh. Jac. Hnr.* (Nent)

Jahres-Bericht üb. den Zustand d. Landescultur im Bezirke d. Pommerschen ökonomischen Gesellschaft. 1883/84, 1890, 1901. Stolp, Stettin 1884—1902. 4°.

Jahres-Bericht üb. den Zustand d. Landescultur im Bezirke d. pommerschen ökonom. Gesellschaft. 1888, 89, 91 (3 H.). Stolp 1889-92. 4°.

Jahres-Bericht über den Zustand der Landes-Cultur in der Prov. Brandenburg . . . erstattet durch d. Landwirtschaftskammer f. d. Prov. Brandenburg. F. d. J. 1899—1904. Prenzlau 1900—1905. 8°.
(Fortges. u. d. Tit.:)
Jahresbericht der Landwirtschaftskammer für die Prov. Brandenburg . . . f. d. J. 1905 ff. Prenzlau 1906 ff. 8°.
1905: . . . u. d. fünfjähr. Zeitraum 1901—1905, 1906.
1906—1908.

Jahresbericht der Landwirtschaftskammer für die Prov. Posen für 1896. Posen o. J. 8°.
(Fortges. u. d. Tit.:)
Jahresbericht über den Zustand der Landeskultur im Gebiete der Landwirtschaftskammer für die Prov. Posen f. d. J. 1897 ff. An d. Kgl. Minist. für Landwirtschaft, Domänen u. Forsten erstattet von d. Vorstande d. Landwirthschaftskammer. Posen o. J. 8°.
1897—1900 [illegible]
1905/06 [illegible]

— über den Zustand der Landeskultur im Gebiete des Vereines nassauischer Land- u. Forstwirte f. d. J. 1891, 1892. An das königl. Ministerium f. Landwirtschaft, Domänen u. Forsten erstattet v. dem Vereins-Direktorium. gr. 8. (62 S. m. 2 Tab.; 56 S. m. 2 Tab.) Wiesbaden 892. 893. (R. Bechtold & Co.) à n. 1. —

— üb. d. Zustand d. Landeskultur im Gebiete d. Vereines nassauischer Land- u. Forstwirte f. d. J. 1892—1895. An d. kgl. Ministerium f. Landwirtschaft, Domänen u. Forsten erstattet v. d. Vereins-Direktorium. gr. 8 (56 S.; 60 S. m. 2 Tab.; 52 S. m. 2 Tab. u. 50 S.) Wiesbaden 893—896. (R. Bechtold & Co.) à n. 1. —

— dasselbe im Gebiete d. Landwirtschafts-Kammer f. den Reg.-Bez. Wiesbaden f. d. J. 1896 u. 1897. An das kgl. Ministerium f. Landwirtschaft, Domänen u. Forsten erstattet v. d. Vorstande d. Landwirtschaftskammer. gr. 8. Ebd. à n. 1. —
1896. (66 u. 3 S.) 897. — 1897. (13 u. III S. m. 3 Tab.) 898.

— über den Zustand der Landeskultur im Gebiete der Landwirtschafts-Kammer f. den Reg.-Bez. Wiesbaden f. d. J. 1901. An das königl. Ministerium f. Landwirtschaft, Domänen u. Forsten erstattet v. dem Vorstande der Landwirtschafts-Kammer. gr. 8. (88 S.) Wiesbaden (902). (R. Bechtold & Co.) n — 60

— über den Zustand der Landeskultur im Gebiete der Landwirtschafts-Kammer f. den Reg.-Bez. Wiesbaden f. das J. 1903. An das königl. Ministerium f. Landwirtschaft, Domänen u. Forsten erstattet v. dem Vorstande der Landwirtschafts-Kammer. (116 S.) gr. 8. Wiesbaden 904. (R. Bechtold & Co.) n. — 60

Jahresbericht über den Zustand der Landeskultur im Gebiete der Landwirtschafts-Kammer für den Reg.-Bez. Wiesbaden . . . erstattet von d. Vorstande d. Landwirtschafts-Kammer. F. d. J. 1900—1904. Wiesbaden 1901—1905. 8°.
(Fortges. u. d. Tit.:)
Jahresbericht der Landwirtschafts-Kammer f. d. Reg.-Bez. Wiesbaden f. d. Verwaltungsj. 1905 ff. Wiesbaden 1906 ff. 8°.
1905 u. Bericht üb. d. Entwickel. d. Landwirtschaft in d. 5jähr. Zeitraum von 1901—1905, 1906
1906, 1907—1908, 1909.

Jahresbericht über den Zustand der Landeskultur in Hohenzollern für 1874 bis 1880. Sigmaringen

Jahres-Bericht über den Zustand der Landeskultur in der Prov. Westfalen f. d. J. [illegible] erstatt. durch d. Landwirtschaftskammer f. d. Prov. Westfalen. Münster o. J. [illegible]
(Fortges. u. d. Tit.:)
Jahres-Bericht d. Landwirtschaftskammer f. d. Prov. Westfalen f. d. Zeit 1901 1902 ff. Münster o. J. 8°.
1901/1902 [nebst] Anl.; 1902/1903 [nebst] Anl.; 1903/1904; 1904/1905; 1905-1906.

Jahresbericht über den Zustand und das Wirken des historischen Vereines für Steiermark seit der letzten allgemeinen Versammlung d. i. seit 1. April 1853 bis letzten Jänner 1854. Von dem Vereinssekretär Prof. Dr. Göth. 8. (32 S.) Aus der C. Tanzer'schen Buchdruckerei.

Jahresbericht, 7ter — über den Zustand und das Wirken des histor. Vereines für Steiermark vom 1. März 1855 bis letzten Februar 1856. Aus der C. Tanzer'schen Buchdruckerei. (55 S. 8.)

Jahresbericht, achter — über den Zustand und das Wirken des historischen Vereines für Steiermark vom 1. März 1856 bis letzten März 1857. Vom Vereinssekretär Prof. Dr. Goeth. Druck von C. Tanzer in Gratz. (40 S. 8.)

Jahresbericht, neunter, über den Zustand u. das Wirken des hist. Vereines für Steiermark v. 1. April 1857 bis letzten Februar 1858. *Graz* 1858. Druck von *C. Tanzer.* 26 S., 8°.

—— über Zustände und Ergebnisse des Zellengefängnisses Bruchsal während des J. 1865, s. Blätter für Gefängnisskunde.

—— über Zustände und Ergebnisse bei der Strafanstalt Zwickau mit der Hilfsanstalt Voigtsberg während des J. 1867. Im Auftrage zusammengestellt und bearb. von Alex. Krell. gr. 8. (III, 104 S. mit 1 Tab. in qu. 4.) Zwickau 869. (Richter'sche Buchh.)

— systematisches u. alphabetisches Zuwachsverzeichnis der Bibliothek der Gehe-Stiftung zu Dresden 1907, m. Ausschluß der Antiquaria u. Fortsetzungen, s.: Bibliothek, die, der Gehe-Stiftung zu Dresden.

Jahresbericht der Gewerbeschule Zweibrücken 1869 71. 4°

BERLINER ZWEIGVEREIN DER DEUTSCHEN METEOROLOGISCHEN GESELLSCHAFT.
VEREINSJAHR ... 4. 1887. (o. Dr.) 8°. — 5. 1888. Druck von Dobrzynski & Müllner. — 6. 1889 ib. — 7. 1890. ib. — 8. 1891. ib. Dobrzynski & Walter. — 9 11. 1892 1894. ib. 12. 1895. ib (o. Dr.) — 13. 1896. ib. (o. Dr.) — 14. 1897. ib. 1897. (Druck von Dobrzynski & Walter in Berlin.) — 15. 1898. ib. (Druck von Otto Walter.) — 16. (1899. ib. —.) 17—19. 1900—1902. (ib. .)

BERLINER ZWEIGVEREIN DER DEUTSCHEN METEOROLOGISCHEN GESELLSCHAFT. — JAHRESBERICHT über das ...
20. Vereinsjahr 1903. (ib.) — 21. Vereinsjahr 1904. ib. — 22. Vereinsjahr 1905. ib. — 23—26. Vereinsjahr 1906—1909. ib. 1907—1910. —

Jahresbericht, erster, des Breslauer Zweigvereins der evangelischen Gesellschaft für Deutschland. Breslau 857. (Dülfer.) gr. 8. (15 S.) 1 ngr.

Jahresbericht des Gewerbevereins Zwickau für 1883. Zwickau 1881

Jahresberichte d. kgl. Bayer. Akademie d. Wissenschaften. 1—3. Bericht. gr. 4. München, (Franz.) -
Bericht 1. Von d. neuen Organisat. d. Akad. im J. 1827 b. Ende Sept. 1829. (8½ B. u. 8 Stnt.) 830. 18 Gr.
" 2. Vom 1. Oct. 1829 b. 27. März 1831. (13½ B. u. 6 Stnt.) 831. 20 Gr.
" 3. Vom 28. März 1831 b. 28. März 1833. (16½ B. u. 6 Stnt. gr. 4. u. 4 qu. Fol.) 834. 21 Gr.

Jahres-Berichte der Königlichen Akademie der Künste zu Berlin. 1875 1876 f. Berlin. 4°.

— der Königl. Schwedischen Akademie der Wissenschaften üb. die Fortschritte der Botanik in den letzten Jahren vor und bis 1820, und in den Jahren 1821, 1822 u. 1824. Von J. E. Wikström. Uebersetzt u. mit Hinweisungen auf neuere Arbeiten u. mit Registern versehen von C. T. Beilschmied. gr. 8. Breslau 838. (Max u. Comp.) 1 ℛ Vgl. Jahresberichte. -- dies. in den Jahren 1826 u. 1827. Uebersetzt u. mit Bemerkk. versehen von C. T. Beilschmied. (18½ B. u. berichtigter Titel zu dem Hefte der Jahresberichte über 1820—22 u. 1824.) gr. 8. Ebd. 839. 1⅙ ℛ

[Jahresberichte der Loge Albrecht Dürer in Nürnberg seit 1900.]

[Jahresberichte der Loge Alma an der Ostsee in Kiel seit 1869.]

Jahresberichte des Hagenauer Altertums-Vereins. H. 1—5. — Hagenau 1910—1914: Hagenauer Zeitung.
Forts. s.: Bulletin de la Société d'histoire et d'archéologie de Haguenau.

Jahresberichte des Statist. Amts der Stadt Schöneberg. Im Auftr. d. Magistr. hrsg. von R[ené] Kuczynski. 1./3. Jg. 1908/10. Berlin: Puttkammer & Mühlbrecht o. J. [1912?] 4° A 12.951 7

Jahresberichte nebst Anlagen zu den ordentlichen Generalversammlungen des Norddeutschen Lloyd in Bremen. [Neudruck der Jg.] 1857—1906. Bremen, 1907. ca. 700 S.

Anstalt für schwachsinnige Kinder auf Kienberg [bei Gelterkinden]. Jahres-Berichte pro 1901 und 1902. 22 S. 8. Liestal, Suter & Cie., 1903.

[Jahresberichte der Loge Apollo in Leipzig seit 1801.]

[Jahresberichte der Loge Archimedes zum ewigen Bunde in Gera seit 1845.]

[Jahresberichte der Loge Armin zur Treue und Einigkeit in Altona seit 1900.]

—— der amtlichen Aerzte, der Anstaltsärzte u. der praktischen Aerzte. Die Ministerial-Entschließungen vom 19. u. 30. April 1878. sowie d. Entschließung der k. Regierung v. Mittelfranken vom 31. Oktbr. 1891. 8. (38 S.) Ansbach 892, Brügel u. Sohn. * — 50

Augsburg: [Jahresberichte der Loge Augusta in Augsburg seit 1873.]

[Jahresberichte der Loge Balduin zur Linde in Leipzig seit 1812.]

[Jahresberichte des Beamtenkollegiums resp. Berichte der Symbolischen Grossloge von Ungarn über ihre Tätigkeit. Seit 1871.]

Meistens zweisprachig abgefasst.

Jahresberichte der dem „Verein für die bergbaulichen Interessen im Oberbergamtsbezirk Dortmund zu Essen-Ruhr" als Mitglieder angehörenden Bergwerks-Unternehmungen.
- Adler, Gewerkschaft des Steinkohlenbergwerks, in Kupferdreh. Jg. 1900 u. 1907.
- Adolf von Hansemann, Zeche, zu Mengede. Jg. 1897/98 1907/08. Enth. in: „Union", Aktiengesellschaft für Bergbau, Eisen- und Stahlindustrie zu Dortmund.
- Aktien-Gesellschaft für Bergbau, Blei- und Zinkfabrikation zu Stolberg und in Westfalen (mit Zeche „Lothar"). Jg. 1904 1907.
- Alma, Zeche, (ver. Rheinelbe und Alma) zu Rhein-Elbe. Jg. 1871 1907. Enth. in: Gelsenkirchener Bergwerks-Aktien-Gesellschaft.
- Alstaden, Société minière par actions, à Alstaden. Jg. 1872, 1873 1875 1878 1880. 1882—1887. 1889—1902. (1903 nicht gedruckt). 1904—1907. Seit 1904 enth. in: Bergwerksgesellschaft „Hibernia" in Herne.
- Alte Haase, Gewerkschaft, in Sprockhövel. Jg. 1894 1907.
- Altendorf, Zeche, in Dahlhausen (Ruhr). Jg. 1890 1907.
- Amalia, Zeche, zu Werne. Jg. 1875/76. 1876/77. 1879/80 1907/08. Enth. in: Harpener Bergbau-Aktien-Gesellschaft in Dortmund.

[Jahresberichte der dem Verein für die bergbaulichen Interessen im Oberbergamt-bezirk Dortmund zu Essen Ruhr als Mitglieder angehörenden Bergwerks-Unternehmungen.]
- Aplerbecker Aktienverein für Bergbau (Zeche ver. Margarethe) in Sölde i. W. Jg. 1871 1886. 1889—1907.
- Arenbergsche Aktiengesellschaft für Bergbau und Hüttenbetrieb in Essen-Ruhr. Jg. 1858. 1860. 1862. 1866. 1876. 1878 1907. Seit 1859 Zeche „Prosper", seit 1901 auch „Julius Philipp" umfassend.
- Auguste Viktoria, Gewerkschaft, in Sinsen. Jg. 1904—1907.
- Baaker Mulde, Zeche, in Linden i. W. Jg. 1886 1907/08. Von 1901—1903 enth. in: Friedlicher Nachbar, seit 1901 in: Deutsch-Luxemburgische Bergwerks- und Hütten-A.-G. in Bochum.
- Baldur, Zeche, zu Hervest-Dorsten. Jg. 1905 1907. Enth. in: Bergwerksgesellschaft „Trier" in Hamm.
- Behrensschächte (Shamrock III/IV) zu Wanne. Jg. 1890 1907. Enth. in: Bergwerksgesellschaft „Hibernia" in Herne.
- Belgische Aktien-Gesellschaft der Steinkohlengruben von Herne-Bochum in Herne und Brüssel (Société Anonyme Belge des Charbonnages d'Herne Bochum). Jg. 1890—1905/06. Enth. in: Harpener Bergbau-Aktien-Gesellschaft in Dortmund.
- Berneck, Zeche, bei Bochum. Jg. 1900—1903 (Schluß). Von 1900 1903 enth. in: Bochumer Koks- und Kohlenwerke (Ch. 40), 1901 in Konstantin der Große u. 1903 stillgelegt.
- ver. Bickefeld Tiefbau, Steinkohlenbergwerk, in Aplerbeck. Jg. 1901 1903 (Schluß). Seit 1904 im Besitz der Zeche „Graf Bismarck" in Bismarck und stillgelegt.
- Blankenburg, Gewerkschaft, in Hammerthal bei Blankenstein. Jg. 1880. 1884 u. 1885 1907.
- Bochumer Bergwerks-Aktien-Gesellschaft (Zeche ver. Präsident) in Bochum. Jg. 1875. 1876. 1885—1907.

ver. Bommerbänker Tiefbau, Gewerkschaft, in Bommern. Jg. 1861, 1889, 1891–1901, 1902–1906 (Schluß). Seit 1903 im Besitz der Gewerkschaft „Mont-Cenis" in Sodingen. Im September 1906 stillgelegt.

ver. Bonifazius, Bergwerksgesellschaft, zu Kray bei Gelsenkirchen. Jg. 1874–1876, 1880–1894, 1896–1907. Seit 1899 enth. in: Gelsenkirchener Bergwerks-Aktien-Gesellschaft.

Borussia, Gewerkschaft, in Kley bei Dortmund. Jg. 1875, 1876, 1880, 1882–1885, 1887–1907.

Bruchstraße, Zeche, bei Langendreer. Jg. 1887–1891/92 u. 1893/94–1907/08. Enth. in: „Luise Tiefbau", Dortmunder Steinkohlenbergwerk.

C siehe auch unter K und Z.

ver. Charlotte, Gewerkschaft, in Überruhr. Jg. 1903–1907.

Christian-Levin, Zeche, zu Borgeborbeck. Jg. 1875–1889, 1891–1907. Enth. in: „König-Wilhelm", Essener Bergwerksverein.

Courl, Bergwerks-Aktien-Gesellschaft, zu Courl i. W. Jg. 1885 u. 1890–1907/08. Seit 1907 enth. in: Harpener Bergbau-Aktien-Gesellschaft in Dortmund.

Dahlbusch, Bergwerksgesellschaft, in Rotthausen bei Gelsenkirchen. Jg. 1874–1875, 1876, 1879–1907.

ver. Dahlhauser Tiefbau, Zeche, zu Dahlhausen. Jg. 1898–1904 (1905 nicht gedr.), 1906–1907. Von 1906 an enth. in: Essener Steinkohlenbergwerke, A.-G., in Essen-Ruhr.

Dannenbaum, Aktien-Gesellschaft, in Bochum (mit Friederika und Prinz Regent). Jg. 1888, 1890/91 (1899/1900 (1900/01 nicht ersch.), 1901/02–1907/08. Von 1899–1900 enth. in: Aktiengesellschaft für Eisen- und Kohlenindustrie „Differdingen-Dannenbaum" in Differdingen, seit 1901 in Deutsch-Luxemburgische Bergwerks- und Hütten-A. G. in Bochum.

Deutschland, Zeche, bei Haßlinghausen. Jg. 1870, 1872–1907. Von 1902 an auch „Stock und Scherenberg" mit „Herzkämper Mulde" umfassend.

[Jahresberichte der dem Verein für die bergbaulichen Interessen im Oberbergamtsbezirk Dortmund zu Essen-Ruhr als Mitglieder angehörenden Bergwerks-Unternehmungen.]

Deutsch-Luxemburgische Bergwerks- und Hütten-Aktiengesellschaft zu Bochum. Jg. 1901/02–1907/08. Jg. 1899–1900 unter der Firma: „Differdingen-Dannenbaum", Aktien-Ges. für Eisen- und Kohlenindustrie mit den Zechen „Dannenbaum", „Friederika" und „Prinz-Regent". Von 1904 an umfassend: „Friedlicher Nachbar" mit „Hasenwinkel" und „Baaker Mulde", seit 18. Nov. 1905 auch „Bergwerksverein Friedrich Wilhelmshütte, A.-G."

Differdingen-Dannenbaum, Aktien-Gesellschaft für Eisen- und Kohlenindustrie zu Differdingen (Luxemburg). (Einschließlich Zeche „Dannenbaum"). Jg. 1898/99 u. 1899/1900 (1900/01 ist nicht ersch.), 1901/02–1907/08. Seit 1901 enth. in: „Deutsch-Luxemburgische Bergwerks- und Hütten-Akt.-Ges. in Bochum".

Dorstfeld, Gewerkschaft, in Dorstfeld. Jg. 1898–1907.

Dortmunder Bergbau-Gesellschaft zu Weitmar (umfassend die Zeche „ver. General und Erbstollen", vom 1. 1. 1890 bis 30. 6. 1895 auch „Helene Nachtigall"). Jg. 1875/76, 1876/77, 1879/80, 1880/81, 1882/83–1907/08. Seit 1. 10. 1895 enth. in: Gewerkschaft General zu Weitmar, seit 1899 in: Lothringer Hüttenverein Aumetz Friede zu Kneuttingen (Ch 15).

Dortmunder Steinkohlenbergwerk siehe: „Luise Tiefbau", Dortmunder Steinkohlenbergwerk.

Eiberg, Gewerkschaft des Steinkohlenbergwerks, zu Steele (Ruhr). Jg. 1883, 1885, 1889–1907. Seit 1904 enth. in: Zeche Ewald bei Herten i. W.

Eintracht Tiefbau, Steinkohlenbergwerk, zu Steele (Ruhr). Jg. 1891–1907.

Engelsburg, Zeche, zu Weitmar. Jg. 1890–1900 u. 1900/01–1907/08. Enth. in: Bochumer Verein für Bergbau und Gußstahlfabrikation in Bochum (Ch 12).

Erin, Zeche, zu Kastrop. Jg. 1887–1907. Enth. in: Gelsenkirchener Bergwerks-Aktien-Gesellschaft.

Essener Bergwerksverein „König Wilhelm" zu Essen-Ruhr siehe: „König Wilhelm".

Essener Steinkohlenbergwerke, Aktiengesellschaft, zu Essen-Ruhr. Jg. 1906–1907. Umfassend: Rheinische Anthrazit-Kohlenwerke, einschließlich der Zechen „Heisinger Tiefbau", „Pauline" und „Friedrich Wilhelm" (Karl Funke), ferner die Zechen „Herkules" (einschließlich „Rinkradt"), „ver. Pörtingssiepen", „ver. Dahlhauser Tiefbau" und „Katharina".

Ewald, Gewerkschaft des Steinkohlenbergwerks, bei Herten i. W. und „Ewald Fortsetzung" in Recklinghausen. Jg. 1879–1885 u. 1887–1907. Seit 1904 auch „Eiberg" bei Steele umfassend.

ver. Franziska Tiefbau, Zeche, in Witten. Jg. 1880–1881, 1884–1889, 1891–1907. Von 1895–1902 enth. in: „ver. Hamburg und Franziska", von 1904 an in: Gelsenkirchener Bergwerks-Aktiengesellschaft.

Freiberg, Zeche, bei Sölde i. W. Jg. 1857–58, 1867/68–1869/70, 1870/71–1878/79, 1880/81, 1885/86, 1888/89–1907. Bis 1904 enth. in: Bergbau-Aktiengesellschaft „Mark" zu Freiberg, von 1905 an in: Mülheimer Bergwerksverein.

Freie Vogel und Unverhofft, Zeche, zu Hörde i. W. Jg. 1892, 1896, 1898, 1900–1907.

Friederika, Zeche, zu Bochum. Jg. 1885, 1890/91, 1899/1900 (1900/01 nicht ersch.), 1901/02–1907/08. Von 1885–1899 enth. in: Zeche „Dannenbaum", von 1899–1900 in: Aktien-Ges. Differdingen-Dannenbaum, seit 1902 in: Deutsch-Luxemburg. Bergwerks- und Hütten-A. G.

Friedlicher Nachbar, Gewerkschaft, zu Linden i. W. (Umfassend seit 1901 „Baaker Mulde" und seit 1. 4. 1904 „Hasenwinkel"). Jg. 1893–1903/04. Seit 1. 7. 1904 enth. in: Deutsch-Luxemburgische Bergwerks-Akt.-Ges. in Bochum.

Friedrich Ernestine, Steinkohlenbergwerk, zu Stoppenberg. Jg. 1890–1907.

Friedrich der Große, Gewerkschaft, in Herne. Jg. 1878, 1881, 1884–1907.

[Jahresberichte der dem Verein für die bergbaulichen Interessen im Oberbergamtsbezirk Dortmund zu Essen-Ruhr als Mitglieder angehörenden Bergwerks-Unternehmungen.]

Friedrich Heinrich, Steinkohlenbergwerk, Aktiengesellschaft in Lintfort (Kr. Mörs). Jg. 1906/07 u. 1907/08.

Friedrich-Wilhelm, Zeche, bei Kupferdreh. (Seit 1906 auch unter dem Namen „Karl Funke"). Jg. 1901–1907. Von 1903–1905 enth. in: Rheinische Anthrazitkohlenwerke, von 1906 an in: Essener Steinkohlenbergwerke, A.-G.

Friedrich Wilhelmshütte, Aktiengesellschaft Bergwerksverein, zu Mülheim (Ruhr). Jg. 1871/72, 1878/79 u. 1880/81–1907/08. Seit 1906 enth. in: Deutsch-Luxemburgische Bergwerks- und Hütten-A.-G. in Bochum.

Gelsenkirchener Bergwerks-Aktiengesellschaft in Rheinelbe bei Gelsenkirchen. Jg. 1873–1907. Umfassend: „ver. Rheinelbe und Alma", von 1881 an „ver. Stein und Hardenberg", von 1887 an „Erin", von 1892 an „Westfälischer Grubenverein" mit den Zechen „Hansa", „Zollern" und „ver. Germania", ab 1893 „Monopol", von 1897 ab „Westhausen", von 1899 an „ver. Bonifazius", von 1904 an „ver. Hamburg und Franziska", von 1907 an „Schalker Gruben- und Hüttenverein" und „Aachener Hütten-Aktien-Verein".

General, Gewerkschaft, zu Weitmar bei Bochum. (Vom 1. 7. 1895 bis 30. 6. 1896 auch „Helene Nachtigall" umfassend). Jg. 1895/96–1907/08. Seit 1899 enth. in: Lothringer Hüttenverein, Aumetz Friede zu Kneuttingen (Ch 15). Siehe auch: Dortmunder Bergbau-Gesellschaft zu Weitmar.

General Blumenthal, Gewerkschaft, in Recklinghausen. Jg. 1891–1907. Seit 1906 enth. in: Bergwerksgesellschaft „Hibernia" in Herne.

ver. General und Erbstollen, Zeche, zu Weitmar. Jg. 1875/76, 1876/77, 1879/80, 1880/81, 1882/83–1907/08. Bis 1894 enth. in: Dortmunder Bergbau-Gesellschaft zu Weitmar, von 1895–1899 in: Gewerkschaft „General", von 1899 an in: Lothringer Hüttenverein, Aumetz Friede (Ch 15).

ver. Germania, Zeche, zu Marten. Jg. 1882–1907. Enth. in: Gelsenkirchener Bergwerks-Aktien-Gesellschaft.

Glückauf Tiefbau, Zeche, zu Barop. Jg. 1872/73, 1874/75, 1881/82, 1883/84–1907/08. Enth. in: „Union", Aktiengesellschaft für Bergbau, Eisen- und Stahlindustrie in Dortmund.

Glückswinkelburg, Zeche, bei Bochum. Jg. 1892–1904 (Schluß). Von 1899–1903 enth. in: Bochumer Koks- und Kohlenwerke (Ch 40), seit 1. 4. 1904 in: „Konstantin der Große" und am 1. 1. 1905 stillgelegt.

Gneisenau, Zeche, zu Derne. Jg. 1891–1907/08. Enth. in: Harpener Bergbau-Aktien-Gesellschaft in Dortmund.

Gottessegen, Gewerkschaft, zu Löttringhausen bei Dortmund. Jg. 1888–1907.

Graf Beust, Steinkohlenbergwerk, zu Essen-Ruhr. Jg. 1870–1907. Umfassend seit 1897 auch „ver. Hoffnung und Sekretarius Aak".

Graf Bismarck, Steinkohlenbergwerk, zu Gelsenkirchen-Bismarck. Jg. 1880, 1881, 1883, 1885, 1887–1907. Die 1904 angekaufte Zeche „ver. Bickefeld Tiefbau" bei Aplerbeck wurde sofort stillgelegt.

Graf Moltke, Gewerkschaft des Steinkohlenbergwerks, in Gladbeck i. W. Jg. 1882, 1884, 1885, 1888–1907. Seit 1889 enth. in: Aktiengesellschaft des Steinkohlenbergwerks „Nordstern" zu Essen-Ruhr, seit 1907 in „Phönix", Aktiengesellschaft in Hoerde.

Graf Schwerin, Gewerkschaft des Steinkohlenbergwerks, bei Kastrop i. W. Jg. 1886 bis 1907.

Gutehoffnungshütte, Aktienverein für Bergbau und Hüttenbetrieb zu Oberhausen 2 (Rheinland). Jg. 1893/94–1907/08. Umfassend Zeche „Ludwig" und Steinkohlenbergwerk „Oberhausen" mit den Schächten „Vondern", „Osterfeld", „Sterkrade" und „Hugo".

ver. Hagenbeck, Steinkohlenbergwerk, in Essen-Ruhr. Jg. 1873, 1876, 1881–1907. Seit 1886 enth. in: Mülheimer Bergwerksverein in Mülheim (Ruhr).

[Jahresberichte der dem Verein für die bergbaulichen Interessen im Oberbergamtsbezirk Dortmund zu Essen-Ruhr als Mitglieder angehörenden Bergwerks-Unternehmungen.]

ver. Hamburg, Zeche, in Witten. Jg. 1880–1902 u. 1904–1907. Von 1895–1902 enth. in: „ver. Hamburg und Franziska"; seit 1904 in: Gelsenkirchener Bergwerks-Aktien-Gesellschaft.

ver. Hamburg und Franziska, Gewerkschaft, zu Witten. (Umfassend „ver. Franziska Tiefbau" und „ver. Hamburg"). Jg. 1895–1902 u. 1904–1907. Seit 1904 enth. in: Gelsenkirchener Bergwerks-Aktiengesellschaft.

ver. Hannibal, Zeche, in Eickel. Jg. 1881–1884, 1898 (Schluß). Seit 1898 im Besitz der Firma Fried. Krupp, A.-G., Essen-Ruhr.

Hansa, Zeche, zu Huckarde. Jg. 1892–1907. Enth. in: Gelsenkirchener Bergwerks-Aktiengesellschaft.

Harpener Bergbau-Aktien-Gesellschaft in Dortmund. Jg. 1875/76, 1876/77, 1879/80–1907/08. Umfassend die Zechen: „Heinrich Gustav", „Prinz von Preußen", „Amalia" und „Karoline". Ferner seit 1889: Neu-Iserlohn, Vollmond und Société Anonyme Belge des Charbonnages d'Herne-Bochum mit den Zechen: „von der Heydt, Julia und Recklinghausen I u. II"; seit 1891 „Gneisenau, Scharnhorst und Preußen I II", seit 1895 Bergwerks-Akt.-Ges. „Hugo"; seit 1907 Zeche „Courl", seit 1904 Bergbau- und Schiffahrts-Aktiengesellschaft vorm. Kannengießer in Ruhrort (mit den Zechen „ver. Sellerbeck und Roland"), seit 1905 „Siebenplaneten".

Hasenwinkel, Zeche, zu Dahlhausen. Jg. 1893–1907/08. Vom 1. 1. 1899 bis 1. 4. 1904 enthalten in: Bochumer Verein für Bergbau und Gußstahlfabrikation (Ch 12); vom 1. 4. bis 30. 6. 1904 enth. in: Friedlicher Nachbar; seit 1. 7. 1904 in: Deutsch-Luxemburgische Bergwerks- u. Hütten-Akt.-Ges.

Heinrich, Zeche, zu Überruhr. Jg. 1906 u. 1907.

Heinrich Gustav, Zeche, zu Werne. Jg. 1875/76, 1876/77, 1879/80–1907/08. Enth. in: Harpener Bergbau-Aktien-Gesellschaft in Dortmund.

Helene und Amalie, Zeche, in Bergeborbeck. Jg. 1891–1898 u. 1900–1907.

Helene Nachtigall, Zeche, bei Witten. Jg. 1890–1896 (Schluß). Vom 1. 1. 1890 bis 30. 6. 1895 enth. in: Dortmunder Bergbau-Gesellschaft, vom 1. 7. 1895 bis 30. 6. 1896 in Gewerkschaft „General", vom 1. 7. 1896 an in „Nordstern" und stillgelegt.

Herkules, Zeche, in Essen-Ruhr. Jg. 1888–1904 (1905 nicht gedruckt), 1906, 1907. Seit 1906 enth. in: Essener Steinkohlenbergwerke, A.-G. in Essen-Ruhr.

Hermann, Bergwerksgesellschaft m. b. H., zu Bork, Kreis Lüdinghausen. Jg. 1906/07 u. 1907/08.

Herzkämper Mulde, Zeche, in Silschede bei Herzkamp. Jg. 1895, 1898–1899/1900, 1902–1907. Seit 1899 enth. in: „Stock und Scherenberg", von 1902 an in „Deutschland".

Von der Heydt, Zeche, in Herne. Jg. 1891–1907/08. Enth. in: Harpener Bergbau-Aktien-Gesellschaft in Dortmund.

Hibernia, Bergwerksgesellschaft, in Herne. (Von 1873–1887 unter dem Namen „Hibernia und Shamrock"). Jg. 1875, 1876, 1879–1882, 1884–1907. Umfassend die Zechen Hibernia und Shamrock seit 1873; ferner seit 1885 Wilhelmine Viktoria; seit 1898 Schlägel & Eisen und seit 1904 General Blumenthal und Alstaden.

Hoerder Bergwerks- und Hüttenverein zu Hoerde (mit Zeche Hoerder Kohlenwerk). Jg. 1879/80–1885/86 u. 1887/88–1907/08. Seit 1906 enth. in: Phönix, A.-G. für Bergbau und Hüttenbetrieb in Hoerde.

Hoerder Kohlenwerk, Zeche, bei Brakel. Jg. 1879/80–1885/86 u. 1887/88–1907/08. Bis 1906 enth. in: Hoerder Bergwerks- und Hüttenverein; seit 1906 in Phönix, A.-G. für Bergbau und Hüttenbetrieb in Hoerde.

Hoesch, Eisen- und Stahlwerk, Aktien-Gesellschaft in Dortmund. Jg. 1896/97–1907/08. Seit 1899 einschließend „ver. Westphalia" mit „Kaiserstuhl".

ver. Hoffnung und Sekretarius Aak, Zeche, zu Essen-Ruhr. Jg. 1885 u. 1896 ff. Enth. in: Steinkohlenbergwerk „Graf Beust" in Essen-Ruhr.

[Jahresberichte der dem Verein für die bergbaulichen Interessen im Oberbergamtsbezirk Dortmund zu Essen-Ruhr als Mitglieder angehörenden Bergwerks-Unternehmungen.]

Holland, Bergbau-Gesellschaft, zu Wattenscheid. Jg. 1870–1872, 1875–1895, 1897–1907. Seit 1897 enth. in: Aktiengesellschaft Steinkohlenbergwerk Nordstern, seit 1907 in: Phönix, A.-G. für Bergbau in Hoerde.

Hugo, Bergwerks-Aktien-Gesellschaft, in Buer. Jg. 1886, 1887, 1889–1907/08. Seit 1895 enth. in: Harpener Bergbau-Akt.-Ges. in Dortmund.

Hugo, Schacht, zu Biefeld bei Ruhrort. Jg. 1894/95–1907/08. Enth. in: Gutehoffnungshütte, Aktien-Verein für Bergbau und Hüttenbetrieb in Oberhausen 2.

Humboldt, Zeche, zu Mülheim a. R. Jg. 1898–1907. Enth. in: Mülheimer Bergwerksverein zu Mülheim a. R.

Johann Deimelsberg, Gewerkschaft, zu Steele. Jg. 1890–1907.

Julia, Zeche, in Herne. Jg. 1890–1907/08. Enth. in: Harpener Bergbau-Aktien-Gesellschaft in Dortmund.

Julius Philipp, Gewerkschaft, in Bochum. Jg. 1880/81, 1885/86, 1889/90, 1891/92, 1894/95 bis 1902/03 (Schluß). Seit 1904 im Besitz der Arenbergschen A.-G. für Bergbau und Hüttenbetrieb in Essen-Ruhr und stillgelegt.

Kaiser Friedrich, Gewerkschaft, in Barop. Jg. 1885–1907.

Kaiserstuhl, Zeche, bei Dortmund. Jg. 1876, 1879–1883, 1885, 1887, 1889–1897, (1898 nicht ersch.), 1899–1907/08. Bis 1897 enth. in: ver. Westphalia in Dortmund, seit 1899 enth. in: Eisen- und Stahlwerk „Hoesch", A.-G. in Dortmund.

Karl Friedrichs Erbstollen, Zeche, zu Weitmar. Jg. 1872/73, 1874/75–1881/82, 1883/84 bis 1907/08. Enth. in „Union", Aktiengesellschaft für Bergbau, Eisen- und Stahlindustrie zu Dortmund.

Karl Funke (Friedrich Wilhelm), Zeche, zu Kupferdreh. Jg. 1903–1907. Von 1903 bis 1906 enth. in: Rheinische Anthrazit-Kohlenwerke zu Kupferdreh, von 1906 an in: Essener Steinkohlenbergwerke, Essen-Ruhr.

Karoline, Steinkohlen- und Eisensteinbergwerk bei Holzwickede. Jg. 1885–1907.

Karoline, Zeche, in Hagen. Jg. 1875/76, 1876/77, 1879/80–1907/08. Enth. in: Harpener Bergbau-Aktien-Gesellschaft in Dortmund.

ver. Karolinenglück, Zeche, zu Hamme bei Bochum. Jg. 1890–1907/08. Enth. in: Bochumer Verein für Bergbau und Gußstahlfabrikation zu Bochum (Ch 12).

Karolus Magnus, Steinkohlenbergwerk, zu Berge-Borbeck. Jg. 1880–1907.

Kölner Bergwerks-Verein in Altenessen. Jg. 1871–1907.

König Ludwig, Gewerkschaft, zu König Ludwig bei Recklinghausen. Jg. 1875 und 1881–1907.

König Wilhelm, Essener Bergwerksverein, A.-G., in Borbeck. Jg. 1875–1889 u. 1891 bis 1907. Umfassend „Neu Köln" und „Christian-Levin", seit 1859 auch „Wolfsbank" und „Neu Wesel".

Königin Elisabeth, Gewerkschaft, zu Frillendorf-Essen. Jg. 1882–1886, 1888–1891, 1893–1907.

Königsborn, Aktien-Gesellschaft für Bergbau, Salinen- und Solbadbetrieb, in Unna-Königsborn. Jg. 1879–1885 u. 1887–1907. Seit 1904 auch Zeche Sprockhövel umfassend.

Königsgrube, Zeche, bei Röhlinghausen. Jg. 1872, 1873, 1875–1907. Enth. in: Magdeburger Bergwerks-Aktien-Gesellschaft in Magdeburg.

Konkordia, Bergbau-Aktiengesellschaft, zu Oberhausen. Jg. 1869–1872 u. 1874–1907. Die 1902 erworbene Zeche Steingatt wurde stillgelegt.

Konsolidation, Bergwerks-Aktien-Gesellschaft, zu Schalke i. W. Jg. 1873–1877 und 1879–1907.

ver. Konstantin der Große, Zeche, bei Bochum. Jg. 1881–1889, 1891–1893, 1895–1907. Umfassend seit 1901 Bochumer Koks- und Kohlenwerke in Wiemelhausen einschl. der Zechen Bernek und „Glückswinkelburg".

Krone, Gewerkschaft, bei Hörde. Jg. 1889–1898 [Schluß]. Seit 1899 im Besitz der Fentscher Hütten-Aktien-Gesellschaft in Antwerpen; seit April 1908 im Konkurs.

[Jahresberichte der dem Verein für die bergbaulichen Interessen im Oberbergamtsbezirk Dortmund zu Essen-Ruhr als Mitglieder angehörenden Bergwerks-Unternehmungen.]

Langenbrahm, Gewerkschaft des Steinkohlenbergwerks, in Rüttenscheid. Jg. 1881–1907. Von 1892 an einschließlich „Schnabel ins Osten".

Lothringen, Gewerkschaft des Steinkohlenbergwerks, in Gerthe bei Bochum. Jg. 1884 bis 1887 und 1889–1907.

Ludwig, Zeche, zu Bellinghausen. Jg. 1890/91–1907/08. Enth. in: „Gutehoffnungshütte", Aktienverein für Bergbau und Hüttenbetrieb in Oberhausen.

Luise Tiefbau, Dortmunder Steinkohlenbergwerk zu Barop. Jg. 1875/76, 1876/77, 1881/82–1891/92, 1892/93–1907/08. Seit 1887 umfassend: „Bruchstraße", seit 1890 auch „ver. Wiendahlsbank" bei Annen.

Lukas, Zeche, bei Dortmund. Jg. 1901–1907. Enth. in: Aktiengesellschaft für Bergbau, Blei- und Zinkfabrikation zu Stolberg und in Westfalen.

Magdeburger Bergwerks-Aktiengesellschaft (mit Zeche „Königsgrube" bei Röhlinghausen). Jg. 1872, 1873, 1875–1907.

ver. Margarethe, Zeche, in Sölde i. W. Jg. 1874–1886, 1889–1907. Enth. in: Aplerbecker Aktienverein für Bergbau zu Sölde.

ver. Marianne und Steinbank, Zeche, in Höntrop. Jg. 1883–1901 [Schluß]. Von 1868 bis 29. 3. 1901 enth. in: Bochumer Verein für Bergbau und Gußstahlfabrikation (Ch 12), seit 29. 3. 1901 im Besitz der Gewerkschaft Mathias Stinnes und stillgelegt.

Mark, Bergbau-Aktiengesellschaft, bei Sölde (mit der Zeche Freiberg). Jg. 1857/58, 1867/68, 1869/70, 1873/74, 1878/79, 1880/81, 1885/86, 1888/89–1907. Seit 1905 enth. in: Mülheimer Bergwerksverein zu Mülheim (Ruhr).

Massen, Bergbau-Aktiengesellschaft, zu Niedermassen. Jg. 1890–1907.

Mathias Stinnes, Steinkohlenbergwerk, zu Karnap. Jg. 1883–1907. Von 1904 an einschließlich „ver. Marianne und Steinbank" in Höntrop.

Minister Achenbach, Gewerkschaft des konsolidierten Steinkohlenbergwerks, zu Brambauer. Jg. 1900/01–1907/08.

Monopol, Zeche, zu Kamen. Jg. 1894–1907. Enth. in: Gelsenkirchener Bergwerks-Aktiengesellschaft.

Mont Cenis, Gewerkschaft des Steinkohlenbergwerks, in Sodingen. Jg. 1891/92, 1893/94, 1895/96, 1899/1900, 1901–1907. Von 1904–1906 einschließlich Zeche „Bommerbänker Tiefbau", welche 1906 stillgelegt wurde.

Mülheimer Bergwerksverein zu Mülheim (Ruhr). Jg. 1898–1907. Umfassend die Zechen Hagenbeck, Humboldt und Wiesche, seit 1899 Rosenblumendelle und seit 1905 auch Aktiengesellschaft „Mark" mit Zeche Freiberg.

Neu-Essen, Bergwerksgesellschaft, in Altenessen. Jg. 1856, 1861, 1863–1870, 1875, 1878, 1881–1907.

Neu-Iserlohn, Zeche, zu Lütgendortmund. Jg. 1889–1907/08. Enth. in: Harpener Bergbau-Aktien-Gesellschaft in Dortmund.

Neu-Köln, Zeche, zu Bergeborbeck. Jg. 1875–1889, 1891–1907. Enth. in: König Wilhelm, Essener Bergwerksverein.

Neu-Wesel, Zeche, bei Borbeck. Jg. 1889, 1891–1907. Enth. in: König Wilhelm, Essener Bergwerksverein.

Nordstern, Aktiengesellschaft, in Essen. (Von 1879 an einschließlich Graf Moltke und seit 1897 einschließlich Holland.) Jg. 1881–1883, 1885, 1890, 1892–1907. Seit 1907 enth. in: Phönix, Aktiengesellschaft zu Hoerde.

Oberhausen, Zeche, zu Oberhausen. Jg. 1890/91–1907/08. Enth. in: Gutehoffnungshütte, Aktienverein für Bergbau und Hüttenbetrieb in Oberhausen.

Oespel, Gewerkschaft, zu Kley (Kr. Dortmund). Jg. 1906 u. 1907.

Osterfeld, Schacht, bei Osterfeld. Jg. 1880/81–1907/8. Enth. in: Gutehoffnungshütte, Aktienverein für Bergbau und Hüttenbetrieb in Oberhausen.

Pauline, Zeche, zu Werden a. R. Jg. 1900–1907. Bis 1905 enth. in: Rheinische Anthrazit-Kohlenwerke zu Kupferdreh; seit 1906 in: Essener Steinkohlenbergwerke A.-G. zu Essen-Ruhr.

[Jahresberichte der dem Verein für die bergbaulichen Interessen im Oberbergamtsbezirk Dortmund zu Essen-Ruhr als Mitglieder angehörenden Bergwerks-Unternehmungen.]

Phönix, Aktiengesellschaft, zu Hoerde. Jg. 1879/80–1907/08. Seit 1896 „Westende", seit 1906 „Hoerder Bergwerks- und Hüttenverein" und seit 1907 „Nordstern" umfassend.

Pluto, Bergbau-Aktien-Gesellschaft, zu Essen-Ruhr u. Wanne. Jg. 1875, 1876, 1880–1907. Seit 1899 im Besitz des Schalker Gruben- und Hüttenvereins zu Gelsenkirchen, der 1907 zur Gelsenkirchener Bergwerks-A.-G. kam.

ver. Pörtingssiepen, Zeche, zu Kupferdreh. Jg. 1879–1884, 1886–1904 u. 1906–1907 (1885 u. 1905 nicht gedruckt). Seit 1906 enth. in: Essener Steinkohlenbergwerke, A.-G. in Essen.

ver. Präsident, Zeche, zu Bochum. Jg. 1875, 1876, 1885–1907. Enth. in: Bochumer Bergwerks-Aktiengesellschaft in Bochum.

Preußen I u. II, Zechen, bei Lünen. Jg. 1891–1907/08. Enth. in: Harpener Bergbau-Aktien-Gesellschaft in Dortmund.

Prinz Regent, Zeche, zu Bochum. Jg. 1865–1899, 1900. [1901 nicht ersch.] 1902–1907/08. Von 1865–1899 enth. in: Zeche Dannenbaum; von 1899–1900 in: Akt.-Ges. Differdingen-Dannenbaum; seit 1902 in: Deutsch-Luxemburgische Bergwerks- und Hütten-A.-G. in Bochum.

Prinz von Preußen, Zeche, zu Langendreer. Jg. 1875/76, 1876/77, 1879/80–1907/08. Enth. in: Harpener Bergbau-Aktien-Gesellschaft zu Dortmund.

Prosper, Zeche, zu Bottrop. Jg. 1858, 1860, 1862, 1866–1870, 1878–1907. Enth. in: Arenbergsche Aktien-Gesellschaft für Bergbau und Hüttenbetrieb zu Essen-Ruhr.

Radbod, Zeche, bei Hamm. Jg. 1905–1907. Enth. in: Bergwerksgesellschaft „Trier" m. b. H. in Hamm.

Recklinghausen I u. II, Zechen, zu Recklinghausen. Jg. 1869–1907/08. Enth. in: Harpener Bergbau-Aktien-Gesellschaft in Dortmund.

ver. Rhein-Elbe und Alma zu Rhein-Elbe bei Gelsenkirchen. Jg. 1873–1907. Enth. in: Gelsenkirchener Bergwerks-Aktien-Gesellschaft zu Gelsenkirchen.

Rheinische Anthrazit-Kohlenwerke zu Kupferdreh. Jg. 1890/91–1907. Umfassend die Zeche Heisinger Tiefbau, seit 1900 auch Pauline und seit 1903 Friedrich Wilhelm; seit 1906 enth. in: Essener Steinkohlenbergwerke, A.-G. in Essen-Ruhr.

Richradt, Zeche, in Kupferdreh. Jg. 1881–1904 (1895 nicht gedr.), 1906–1907. Seit 1904 enth. in: Zeche Herkules; seit 1906 in: Essener Steinkohlenbergwerke, A.-G. in Essen-Ruhr.

Roland, Zeche, zu Oberhausen [illegible] Jg. 1880–1907 [illegible] Seit 1891 im Besitz der Bergbau- und Schiffahrts-A.-G. Kannengießer in Mülheim; seit 1901 enth. in: Harpener Bergbau-Akt.-Ges. in Dortmund.

ver. Rosenblumendelle, zu Heißen. Jg. 1865, 1891–1907. Seit 1899 enth. in: Mülheimer Bergwerksverein in Mülheim (Ruhr).

ver. Sälzer und Neuack, Zeche, in Essen-Ruhr. Jg. [illegible] 1901 [Schluß]. Seit 1901 im Besitz der Firma Fried. Krupp, A.-G. in Essen-Ruhr.

Schalker Gruben- und Hüttenverein, Aktiengesellschaft, zu Gelsenkirchen. (Seit 1897 einschließlich Vulkan, seit 1899 auch Pluto.) Jg. [illegible] 1907. Seit 1907 enth. in: Gelsenkirchener Bergwerks-Aktiengesellschaft.

Scharnhorst, Zeche, bei Dortmund. Jg. 1891–1907/08. Enth. in: Harpener Bergbau-Aktien-Gesellschaft in Dortmund.

Schlägel & Eisen, Gewerkschaft, bei Recklinghausen. Jg. [illegible] Seit 1898 enth. in: Bergwerksgesellschaft „Hibernia" in Herne.

Schnabel ins Osten, Zeche, in Rüttenscheid. Jg. 1890–1892. Enth. in: Gewerkschaft des Steinkohlenbergwerks Langenbrahm in Rüttenscheid.

ver. Schürbank und Charlottenburg, Gewerkschaft, in Aplerbeck. Jg. 1881, 1882, 1884–1885, 1887–1907.

[Jahresberichte der dem Verein für die bergbaulichen Interessen im Oberbergamtsbezirk Dortmund zu Essen-Ruhr als Mitglieder angehörenden Bergwerks-Unternehmungen.]

ver. Sellerbeck, Zeche, zu Mülheim (Ruhr). Jg. 1901–1907/08. Enth. in: Harpener Bergbau-Aktien-Gesellschaft zu Dortmund.

Shamrock, Zeche, in Herne und Shamrock III/IV (Behrensschächte) in Wanne. Jg. 1890–1907 [illegible] Enth. in: Bergwerksgesellschaft „Hibernia" in Herne.

Siebenplaneten, Gewerkschaft der Zeche, zu Langendreer. Jg. 1890–1907/08. Seit 1905 enth. in: Harpener Bergbau-A.-G. in Dortmund.

Société anonyme Belge des Charbonnages d'Herne-Bochum in Brüssel. Jg. 1890 ff. [illegible] in: Harpener Bergbau-Akt.-Ges. in Dortmund.

Société anonyme des Charbonnages Westphaliens à Bredenscheid près Hattingen. Siehe: Westfälische Steinkohlenbergwerke A.-G. in Hattingen.

Sprockhövel, Gewerkschaft der Zeche, in Sprockhövel. Jg. 1900–1903 [Schluß]. Seit 1904 im Besitz der A.-G. Königsborn in Unna-K. und stillgelegt.

Steingatt, Zeche, bei Kupferdreh. Jg. 1902. Enth. in: Konkordia, Bergbau-Aktiengesellschaft zu Oberhausen. 1903 stillgelegt.

ver. Stein und Hardenberg, Zeche, Nette (Eving). Jg. 1887–1907. Enth. in: Gelsenkirchener Bergwerks-Aktien-Gesellschaft.

Sterkrade, Schacht, in Sterkrade. Jg. 1880/81–1907/08. Enth. in: Gutehoffnungshütte, Aktienverein für Bergbau und Hüttenbetrieb zu Oberhausen.

Stock & Scherenberg, Zeche, zu Hattingen [illegible] Muldel. Jg. 1880–1888/89, 1900–1902, 1907. Seit 1902 enth. in: Zeche [illegible] land bei Hattingen [illegible].

ver. Trappe, Gewerkschaft des Steinkohlenbergwerks zu Silschede. Jg. 1884–1888, 1890–1907.

Tremonia, Gewerkschaft, zu Dortmund. Jg. 1884, 1886–1907.

Trier, Bergwerksgesellschaft [illegible] in Hamm i. W. [illegible] Zechen Radbod und Baldur. Jg. 1905–1907.

Union, Aktiengesellschaft für Bergbau, Eisen- und Stahlindustrie zu Dortmund. Jg. 1872/73 [illegible] Umfassend die Zechen [illegible] bau und Karl Friedrichs Erbstollen [illegible] mann.

Unser Fritz, Gewerkschaft, zu [illegible] Jg. 18[illegible]

Viktor, Zeche, in Rauxel. Jg. 1884 [illegible]

Viktoria, Gewerkschaft, in Kupferdreh. Jg. [illegible] 1907.

Viktoria Mathias, Steinkohlenbergwerk [illegible] Jg. 188[illegible]

Vollmond, Zeche, zu Langendreer. Jg. 1890–1907/08. Enth. in: Harpener Bergbau-Aktien-Gesellschaft zu Dortmund.

Vondern, Schacht, bei Osterfeld. Jg. 1880/81–1907/08. Enth. in: Gutehoffnungshütte, Aktienverein für Bergbau und Hüttenbetrieb zu Oberhausen.

Vulkan, Aktiengesellschaft, zu Dortmund. Jg. 189[illegible] [illegible] Gruben- und Hüttenverein zu Gelsenkirchen [illegible] Bergwerks-Akt.-Ges.

Werne, Zeche, bei Werne. Jg. 1900–1907/08. Enth. in: Georgs-Marien-Bergwerks- und Hütten-Verein, A.-G. zu Osnabrück [illegible]

Westende, Zeche, zu Meiderich. Jg. 18[illegible] Enth. in: Phönix, Aktiengesellschaft zu Hoerde.

Westfälische Steinkohlenbergwerke A.-G. in Bredenscheid bei Hattingen (Société anonyme des charbonnages Westphaliens à Bredenscheid près Hattingen a/Ruhr). Jg. 1900–1902. [Schluß.]

Westfälischer Grubenverein mit Zeche Hansa bei Huckarde. Jg. 1882–[illegible] Enth. in: Gelsenkirchener Bergwerks-Aktien-Gesellschaft.

Westhausen, Zeche, zu Bodelschwingh. Jg. 18[illegible]–1907. Enth. in: Gelsenkirchener Bergwerks-Aktien-Gesellschaft.

ver. Westphalia, Gewerkschaft, in Dortmund (mit Schacht Kaiserstuhl). Jg. 1875, 1879–1884, 1885, 1887, [illegible] nicht ersch. [illegible] 1907/08. Seit 1900 enth. in: Eisen- und Stahlwerk „Hoesch", A.-G. in Dortmund.

[Jahresberichte der dem Verein für die bergbaulichen Interessen im Oberbergamtsbezirk Dortmund zu Essen-Ruhr als Mitglieder angehörenden Bergwerks-Unternehmungen.]

Wiendahlsbank, Zeche, bei Annen. Jg. 1880 [illegible] Enth. in: Luise Tiefbau, Dortmunder Steinkohlenbergwerk.

ver. Wiesche, Steinkohlenbergwerk, zu Mülheim (Ruhr). Jg. [illegible] 1880–1907. Seit 1898 enth. in: Mülheimer Bergwerksverein zu Mülheim (Ruhr).

Wilhelmine Viktoria, Zeche, zu Gelsenkirchen. Jg. 1885 u. 188[illegible]–1907. Enth. in: Bergwerksgesellschaft Hibernia zu Herne.

Wolfsbank, Zeche, zu Bergeborbeck. Jg. 1880–1889, 1907. Enth. in: König Wilhelm, Essener Bergwerksverein zu Essen-Ruhr.

Zentrum, Bergwerksgesellschaft, in Wattenscheid. Jg. 1880, 1884, 1892, 1893, 1895 [illegible] nicht ersch. [illegible] Seit 1900 enth. in: Rheinische Stahlwerke zu Meiderich bei Ruhrort. (Ch 27)

Zollern, Zeche, zu Kirchlinde. Jg. 1892–1907. Enth. in: Gelsenkirchener Bergwerks-Aktien-Gesellschaft.

— der gewerbl. Berufsgenossenschaften üb. Unfallverhütung, i. a Nachrichten, amtliche, des Reichs-Versicherungsamts.

Jahresberichte der gewerblichen Berufsgenossenschaften über Unfallverhütung [1.] Für 1907 T. 1. Berlin. Behrend 1908 [illegible]
(Amtl. Nachrichten d. Reichs-Versicherungsamts. 1908, Beih. 2, 1.)

Jahresberichte der gewerblichen Berufsgenossenschaften über Unfallverhütung 1907. 08. 10–12. (Amtl. Nachricht. d. Reichsvers.-Amts, Beih. 3e) 1° Berlin 1908–1[illegible]

Jahresberichte der gewerblichen Berufsgenossenschaften über Unfallverhütung. Jg. 1909. Berlin, 1910. 664 S. mit Abb.

Jahresberichte und Bilanzen der Hamburg-Amerika Linie. Bd 1. *Hamburg: Hamburg-Amerika Linie 1903.* 4°

[Jahresberichte der Loge Braunfels zur Beharrlichkeit in Hanau seit 1872.]

[Jahresberichte der Johannisloge „Bruderbund am Fichtenberg" in Berlin-Steglitz.]
1906/07, 1908/09.

[Jahresberichte der Loge Bruderkette zu den drei Schwanen in Zwickau seit 1888.]

Gross-Lichterfelde: **[Jahresberichte des Brudervereins zu Gross-Lichterfelde von 1887—1897.]**

Jahresberichte der Buch- und von Olfers-Stiftung der Loge zu den drei Balken in Münster seit 1899.

Jahresberichte des Mädchenhorts Cäcilie [der Prov. G. L. von Hamburg] in Berlin seit 1907.

Canstatter Volksfest Verein.
--Jahres Berichte pro 1891. Phila, 1892.

Jahresberichte der reinen, pharmaceutischen, technischen Chemie, Physik etc.; herausgegeben von J. v. Liebig, später H. Kopp u. F. Fittica. Giessen und Braunschweig. Jgge. 1847—1890.
dgl. Registerband für die Jgge. 1847—1856. 1857—1876.

[Jahres-Berichte der Loge „Constantia zur Zuversicht" in Konstanz:]
1868; 1869; 1871; 1872; 1873; 1874; 1875; 1879/80; 1881/82; 1888.

Berlin, Königl. Preuss. Geodätisches Institut, Jahresberichte des Direktors des Königl. Geodätischen Instituts für die Zeit vom April 1886 bis April 1889. Berlin 1887—89.

[Jahresberichte der Loge „Drei Lichter im Felde" in Gross-Lichterfelde seit 1896.]

JAHRESBERICHTE DER SECTION DRESDEN des Gebirgsvereins für die sächsisch-böhmische Schweiz
über die Jahre 1883 und 1884. Dresden 1885. Druck von Friedrich May in Bischofswerda. 8°.
In Jahresberichte ... 1883 und 1884: Verzeichniss der in der Bibliothek der Section Dresden befindlichen Bücher, Zeitschriften und Karten.
¹) In: Jahresberichte ... über die Jahre 1885 und 1886. Verzeichniss der in der Bibliothek der Section Dresden befindlichen Bücher, Zeitschriften und Karten.

JAHRESBERICHTE DER SECTION DRESDEN DES GEBIRGSVEREINS FÜR DIE SÄCHSISCH-BÖHMISCHE SCHWEIZ
über die Jahre 1885 und 1886. Dresden 1887. Druck von Friedrich May in Bischofswerda. 8°. ¹)
über die Jahre 1887 und 1888. ib. 1889.
über die Jahre 1889 und 1890. ib. 1891. —
über das Jahr 1891 und 1892. ib. 1892. —

JAHRESBERICHT DER SECTION DRESDEN DES GEBIRGSVEREINS FÜR DIE SÄCHSISCHE SCHWEIZ
über das Jahr 1893. ib. 1894. —
über das Jahr 1894. ib. 1895. —
über das Jahr 1895. ib. 1896. Hellmuth Henkler's Buchdruckerei.
über das Jahr 1896—1901. ib. 1897—1902. —
über die Jahre 1902 und 1903. ib. 1904. —

JAHRESBERICHTE DER ORTSGRUPPE DRESDEN DES GEBIRGSVEREINS FÜR DIE SÄCHSISCHE SCHWEIZ
über die Jahre 1904 und 1905. ib. 1906. —
über die Jahre 1906 und 1907. ib. 1908. —

Haida: **[Jahresberichte des Kränzchens Einigkeit in Haida i. Böhmen seit 1897.]**

[Jahresberichte der Eintrachtslogen herausgegeben von der Grossen Freimaurerloge „zur Eintracht" im Or. Darmstadt, seit 1908/09.]

[Jahresberichte der Loge Eleusis zur Verschwiegenheit in Bayreuth seit ca 1750.]

Jahresberichte der Enthaltsamkeitsgesellschaft des Danziger Landkreises. 32. Bericht, 1881. 29 S. 1882 u. f.

Karlsruhe, Meteorologische Centralstation
— — Jahresberichte über die Ergebnisse der an den badischen meteorolog. Stationen angest. Beobachtungen. Für 1869—84. Karlsruhe 1871—84.

[Jahresberichte der Loge „Ernst für Wahrheit, Freundschaft und Recht" in Koburg. Seit 1879/80.]

Jahresberichte der Königlich Sächsischen Fabriken- und Dampfkessel-Inspektionen für 1879 und 83. Dresden 1880. 84

—— der königl. sächsischen Fabriken- und Dampfkessel-Inspektionen für 1881. Veröffentlicht auf Anordnung des königl. sächs. Ministeriums des Innern. gr. 8. (XVI, 168 S.) Berlin 882, Kortkampf. cart. *
Fortsetzung nicht im Handel.

Jahresberichte der Fabriken-Inspektoren. Jg. 1876—77 u. N. F. Bd 1—23. 1879—1898. Berlin
Seit 1879: Mittheilungen, Amtliche, aus den Jahres-Berichten der mit Beaufsichtigung der Fabriken betrauten Beamten
Seit 1892: Mitteilungen, Amtliche, aus den Jahresberichten der Gewerbe-Aufsichtsbeamten, zsgest. im Reichsamt des Innern

—— der Fabriken-Inspectoren für das J. 1875. gr. 8. (123 S.) Ebendas. 876. *
—— dass. — für die J. 1876 und 1877. Veröffentlicht auf Anordnung des Ministers für Handel, Gewerbe und öffentl. Arbeiten. gr. 8. (XVII, 341; XXIV, 334 S.) Berlin 877,78, Kortkampf. à Jahrg. *
—— dass. — für das J. 1878. gr. 8. (XXXII, 336 S.) Ebendas. 879. *
Ausg. auf Chamois-Pap. *

—— der Fabriken-Inspectoren für das J. 1879. Veröffentlicht auf Anordnung des Ministers für Handel, Gewerbe und öffentl. Arbeiten. gr. 8. (920 S.) Berlin 880, Kortkampf. *

—— dass. — für das J. 1880. gr. 8. (606 S.) Ebendas. 881. *

—— dass. — für das J. 1881. gr. 8. (654 S.) Ebendas. 882. *

—— dass. — für das J. 1882. gr. 8. (832 S.) Ebendas. 883. *

Jahres-Berichte, die, der kgl. bayerischen Fabriken-Inspectoren f. das Jahr 1880. Im Auftrage des königlichen Staatsministeriums des Innern, Abtheilung für Landwirthschaft, Gewerbe u. Handel veröffentlicht. gr. 8. (III, 162 S.) München 881. Th. Ackermann. n. 2. 80

— dasselbe, f. das Jahr 1881. Im Auftrage des königl. Staatsministeriums des Innern, Abtheilung für Landwirthschaft, Gewerbe u. Handel veröffentlicht. gr. 8. (IV, 126 S.) Ebend. 882. n. 2. 20

Jahresberichte, die, der königl. bayerischen Fabrikon-Inspectoren f. d. J. 1882. Im Auftrage d. königl. Staatsministeriums d. Innern, Abtheilg. f. Landwirthschaft, Gewerbe u. Handel veröffentlicht. gr. 8. (IV, 134 S.) m. 1 Steintaf.) München 883. Th. Ackermann's Verl. n. 2. 40

— dasselbe f. d. J. 1883. Mit e. Anh. betr. den Vollzug der Gewerbeordng. beim Bergbau. gr. 8. (IV, 104 S.) Ebend. 884. n. 1. 80

—— die, der Königl. bayerischen Fabriken-Inspectoren für das J. 1884. Mit einem Anhang betr. den Vollzug der Gewerbeordnung beim Bergbau. Im Auftrage des königl. Staatsministeriums des Innern, Abtheilung für Landwirthschaft, Gewerbe und Handel, veröffentlicht. gr. 8. (IV, 129 S.) München 885, Th. Ackermann's Verlag. *

— dasselbe f. d. J. 1885. Mit e. Anh.: betr. den Vollzug der Gewerbeordng. beim Bergbau. gr. 8. (IV, 132 S.) Ebend. 886. n. 2. 20

Jahresberichte, die, der kgl. bayerischen Fabriken-Inspectoren f. d. J. 1886. Mit e. Anh. betr. den Vollzug d. Gewerbeordng. beim Bergbau. Im Auftrage d. kgl. Staatsministeriums d. Innern, Abtheilg. f. Landwirthschaft, Gewerbe u. Handel veröffentlicht. gr. 8. (IV, 139 S.) München 887. Th. Ackermann's Verl. n. 2. 20

— dasselbe, f. d. J. 1887. gr. 8. (IV, 90 S.) Ebd. 888. n. 1. 80

Jahresberichte, die, der königl. bayer. Fabriken-Inspektoren für d. J. 1888—1891, m. e. Anh. betr. den Vollzug d. Gewerbeordng. beim Bergbau. Im Auftrage d. königl. Staatsministeriums d. Innern, Abthlg. für Landwirthschaft, Gewerbe u. Handel veröffentlicht. gr. 8. (IV, 150 S. u. 10 Taf.; IV, 136 S. u. 5 Taf.; IV, 150 S. u. 10 Taf.; IV, 150 S.) Münch. 889—92, Th. Ackermann's Verlag.
Jahrg. 1888 u. 1890 à » 3 —; Jahrg. 1889 u. 1891 à » 2 80

— die, der kgl. bayerischen Fabriken- u. Gewerbe-Inspectoren f. d. J. 1892, 1893. Mit e. Anh., betr. den Vollzug der Gewerbeordng. beim Bergbau. gr. 8. (VI, 256; VIII, 271 S.) Ebd. 893. 894. à n. 4. 80

— die, der kgl. bayer. Fabriken- u. Gewerbe-Inspectoren f. d. J. 1894. Mit e. Anh., betr. d. Vollzug d. Gewerbeordng. beim Bergbau. Im Auftr. d. kgl. Staatsministeriums d. Innern, Abtheilg. f. Landwirthschaft, Gewerbe u. Handel veröffentlicht. gr. 8. (XXXIX, 387 S.) München 895. Th. Ackermann. n. 6. —

— dasselbe f. d. J. 1895, 1896 u. 1897. gr. 8. (LIII, 489 S. m. Fig.; LVII, 490 S. m. Fig. u. LVII, 479 S.) Ebd. 896 - 898. à Jahrg. n. 7. —

— die, der königl. bayerischen Fabriken- u. Gewerbe-Inspectoren f. d. J. 1898. Mit e. Anh., betr. den Vollzug der Gewerbeordng. beim Bergbau. Im Auftrage des königl. Staatsministeriums des Innern. Abtheilg. f. Landwirthschaft, Gewerbe u. Handel veröffentlicht. gr. 8. (LIII, 508 S.) München 899. Th. Ackermann. n. 7. —

Jahresberichte, die, der kgl. bayerischen Fabriken- u. Gewerbe-Inspectoren f. d. J. 1899. Mit e. Anh., betr. das Schmiedegewerbe. Im Auftrage des königl. Staatsministeriums des Innern, Abtheilg. f. Landwirthschaft, Gewerbe u. Handel veröffentlicht. gr. 8. (LIV, 516 u. X, 80 S.) Ebd. 900. n. 8. —

— dasselbe, dann der königl. bayerischen Bergbehörden f. d. J. 1900. Mit e. Anh., betr. das Maurergewerbe. Im Auftrage des königl. Staatsministeriums d. Innern, Abtheilg. f. Landwirthschaft, Gewerbe u. Handel veröffentlicht. gr. 8. (XXI, 287 u. 78 S.) Ebd. 901. n. 5. —

— dasselbe, f. d. J. 1901. Mit e. Anh., betr. das Müllergewerbe. Im Auftrage des königl. Staatsministeriums des Innern, Abtheilg. f. Landwirthschaft, Gewerbe u. Handel veröffentlicht. gr. 8. (XXII, 800 u. 93 S.) Ebd 902. n. 5. —

— die, der königl. bayerischen Fabriken- u. Gewerbe-Inspektoren, dann der königl. bayerischen Bergbehörden f. d. J. 1902—1905. gr. 8. München, Th. Ackermann. n. 26. 60

1902. Mit e. Anh., betr. das Bierbrauergewerbe. Im Auftrage des königl. Staatsministeriums des Innern, Abtlg. f. Landwirtschaft, Gewerbe u. Handel, veröffentlicht. (XXIX, 304 u. 128 S.) 903. n. 5. 60
1903. Mit e. Anh., betr. Erhebgn. üb. die wirtschaftl. Lage der gewerbl. Arbeiter Bayerns. 1. Tl., Arbeitsgelegenheit, Arbeitsnachweis, Arbeitslosenfürsorge. Im Auftrage des königl. Staatsministeriums des Innern, Abteilg. f. Landwirtschaft, Gewerbe u. Handel, veröffentlicht. (XXXIX, 351 u. 135 S. m. Tab. 904.) n. 6. 60; Anh. allein n. 1. 80
1904. Mit e. Anh., betr. Erhebgn. üb. die wirtschaftl. Lage der Textilindustrie u. deren Arbeiter. Im Auftrage des königl. Staatsministeriums des königl. Hauses u. des Aeußeren veröffentlicht. (XVII, 380 u. 170 S.) 905. n. 7. —
1905. Mit e. Anh., betr. Erhebgn. üb. die wirtschaftl. Lage der gewerbl. Arbeiter Bayerns. II. Tl.: Lohnverhältnisse, Wohnungs- u. Ernährungswesen. Im Auftrage des königl. Staatsministeriums des königl. Hauses u. des Aeußeren veröffentlicht. (VII, 893 u. 202 S.) 906. n. 7. 40

— die, der königl. bayer. Fabriken- u. Gewerbe-Inspektoren, dann der königl. bayer. Bergbehörden f. d. J. 1906. Mit e. Denkschrift üb. die Heimarbeit in Bayern. Im Auftrage des königl. Staatsministeriums des königl. Hauses u. des Aeußern veröffentlicht. (XI, 445 u. 62 S.) gr. 8. München 907. Th. Ackermann. 6. 60
Fortsetzg., s.: Jahresberichte d. bayer. Gewerbeaufsichtsbeamten.

— der Fabriken-Inspektoren f. Berlin u. f. die Prov. Schlesien f. d. J. 1874. gr. 8. (VII, 64 S.) Berlin 875. v. Decker. — 60

— dasselbe, f. d. J. 1875. gr. 8. (128 S.) Ebend. 878. n. 1. 20

Jahresberichte der königl. preussischen Fabriken-Inspektoren f. 1874-78. Berlin 875—79.

1874.	— 60	1877.
1875.	1 20	1878.
1876.	7 20	

Jahresberichte der Kgl. sächsischen Fabriken- und Dampfkessel-Inspektoren. Nebst Anhang. Zsgest. im Kgl. sächsischen Ministerium des Innern. Jg. 1881—1899. Dresden
Seit 1884: **Jahresberichte** der Kgl. sächsischen Gewerbe und Berg-Inspektoren
Seit 1887: **Jahresberichte** der Kgl. sächsischen Gewerbe-Inspektoren

— der königl. sächsischen Fabriken-, Dampfkessel- u. Berg-Inspectoren f. 1883. Veröffentlicht auf Anordng. d. königl. sächs. Ministeriums d. Innern. gr. 8. (IX, 194 S.) Dresden 884. (Lommatzsch' Buchdr.) cart. n.n. 2. —

Jahresberichte der Grossherzoglich badischen Fabrikinspection für die Jahre 1895—1910. Hrsg. im Auftrage des grossherz. Ministerium des Innern. gr. 8°. Karlsruhe, Bielefeld (F. Gutsch), 1896—1911.

GV67
27

Jahresberichte des Großherzoglich badischen Fabrik-Inspectors. 1880. Karlsruhe

— der großh. hess. Fabrik-Inspektoren f. die Prov. Starkenburg (Aufsichtsbez. I) u. f. d. Provv. Rheinhessen u. Oberhessen (Aufsichtsbez. II) f. die J. 1895, 1896 u. 1897. gr. 8. (86, 110 u. 63 u. 82 S. m. 1 Tab.) Darmstadt 896—898. (G. Jonghaus.) à n. — 40

[Jahresberichte der Loge Fichte zur Selbstbeherrschung in Berlin seit 1901.]

Jahresberichte der Forstverwaltung in Deutsch-Ostafrika. Beihefte zu Der Pflanzer. Hrsg. Kaiserl. Gouvernement Daressalam. - Daressalam. Wirtschaftsjahr 1910/11 u. 1911/12. - (M. n. erm.)

Jahresberichte üb. d. Fortschritte d. Anatomie u. Entwicklungsgeschichte. In Verbindung m. Albrecht, v. Bardeleben, Bauer u. a. hrsg. v. G. Schwalbe. Neue Folge. 1. Bd. Litteratur-Verzeichnis f. die J. 1892, 1893, 1894, 1895, bearb. v. Konr. Bauer. gr. 8. (XVI. 717 S.) Jena 897. G. Fischer. n. 16. —

— dasselbe. Neue Folge. II. Bd. Litteratur 1896. 2 Abtlgn. gr. 8. (à Abtlg. ca. 580 S.) Jena 897. G. Fischer. n. 30. —

Jahresberichte über die Fortschritte der Anatomie u. Entwicklungsgeschichte. In Verbindg. m. Albrecht, v. Bardeleben, Bauer u. a. hrsg. v. G. Schwalbe. Neue Folge. III. Bd. Litteratur 1897. gr. 8. (XVII, 1142 S.) Jena 899. G. Fischer. n. 36. —; bei Bezug v. Bd. I—III n. 30. —

— dasselbe. IV. Bd. Litteratur 1898. 3 Abtlgn. gr. 8. (XVI, 294, 232 u. 706 S.) Ebd. 899. n. 42. —

— dasselbe. In Verbindg. m. Albrecht, Arnstein, von Bardeleben u. a. hrsg. v. G. Schwalbe. Neue Folge. V. Bd. Litteratur 1899. 3 Abtlgn. gr. 8. (XVI, 284, 228 u. 799 S.) Ebd. 900. n. 50. —

— dasselbe. In Verbindg. m. Albrecht, v. Bardeleben, Eggeling etc. hrsg. v. G. Schwalbe. Neue Folge. 6. Bd. Litteratur 1900. 3 Abthlgn. gr. 8. (299, 210, 830 u. XVIS.) Ebd. 901. Einzelpr. n. 51.—; Subskr.-Pr. n. 41.—

Jahresberichte üb. die Fortschritte der Anatomie u. Entwicklungsgeschichte. In Verbindg. m. Albrecht, v. Bardeleben, Eggeling u. a. hrsg. v. G. Schwalbe. Neue Folge. 7. Bd. Litteratur 1901. 3 Abtlgn. (284, 232, 812 u. XVIII S.) gr. 8. Jena 902. G. Fischer. Einzelpr. n. 52. —; Subskr.-Pr. n. 42. —

— dasselbe. In Verbindg. m. v. Bardeleben, Rud. Burckhardt, Eggeling u. a. hrsg. v. G. Schwalbe. Neue Folge. 8. Bd. Literatur 1902. 3 Abtlgn. (256, 804, 928 u. XVIII S.) gr. 8. Ebd. 903. Einzelpr. n. 62. —; Subskr.-Pr. n. 50. —

— dasselbe. Neue Folge. 9. Bd. Literatur 1903. 3 Abtlgn. (874, 380 u. 1181 S.) gr. 8. Ebd. 904. 905. Einzelpr. n. 76. —; Subskr.-Pr. n. 62. —

— dasselbe. Neue Folge. 10. Bd. Literatur 1904. I. u. II. Abtlg. u. III. Abtlg. 2 Tle. (372, 286 u. XVIII, 1096 S.) gr. 8. Ebd. 905. 906. Einzelpr. n 85. —; Subskr.-Pr. n. 68. —

— dasselbe. In Verbindg. m. Karl v. Bardeleben. W. Berg, L. Bolk u. a. hrsg. v. G. Schwalbe. Neue Folge. 11. Bd. Literatur 1905. I. u. II. Abtlg. (334 u. 256 S.) gr. 8. Ebd. 906. Einzelpr. n. 34. —; Subskr.-Pr. n. 27. —

— dasselbe. Hrsg. v. G. Schwalbe. Gesamtregister zu Jahrg. 1892—1901. Bearb. v. Ernst Schwalbe 2 Tle. gr. 8. Ebd. n. 60. —
I. Namenregister (VIII, 610 S.) 904. n. 20. —
II. Sachregister (m. e. Verweisregister). (IV, 816 S.) 906. n. 40. —

Jahresberichte üb. die Fortschritte der Anatomie u. Entwicklungsgeschichte. In Verbindg. m. Karl v. Bardelebeu, W. Berg, L. Bolk u. a. hrsg. v. G. Schwalbe. Neue Folge. 11. Bd. Literatur 1905. III. Abtlg. 2 Tle. gr. 8. Jena, G. Fischer. Einzelpr. 55.—; Subskr.-Pr. 45.—
III, 1. (S. 1—634.) 906. Einzelpr. 30.—; Subskr.-Pr. 25. —
III, 2. (XVIII u. S. 635—1134.) 907. Einzelpr. 25.—; Subskr.-Pr. 20. —

— dasselbe. Neue Folge. 12.—14. Bd. Literatur 1906—1908. à 3 Tle. gr. 8. Ebd. Einzelpr. 227.50; Subskr.-Pr. 182. —
12. I. (382 S.) 907. Einzelpr. 16.—; Subskr.-Pr. 12. —
II. (290 S.) 907. Einzelpr. 16.—; Subskr.-Pr. 12. —
III, 1. (620 S.) 907. Einzelpr. 30.—; Subskr.-Pr. 24. —
III, 2. (XX u. S. 621—1050) 908. Einzelpr. 25.—; Subskr.-Pr. 20. —
13. I. (414 S.) 908. Einzelpr. 17.—; Subskr.-Pr. 13. —
II. (256 S.) 908. Einzelpr. 10.—; Subskr.-Pr. 8. —
III. (XX, 984 S.) 908. 09. Einzelpr. 40.—; Subskr.-Pr. 32. —
14. I. (360 S.) 909. Einzelpr. 16.—; Subskr.-Pr. 12. —
II. (262 S.) 909. Einzelpr. 12.50; Subskr.-Pr. 10. —
III. (XX, 982 S.) 909. 10. Einzelpr. 45.—; Subskr.-Pr. 39. —

Jahresberichte üb. die Fortschritte der Anatomie u. Entwicklungsgeschichte. In Verbindg. m. Karl v. Bardelebeu, W. Berg, L. Bolk u. a. hrsg. v. G. Schwalbe. Neue Folge. 15. Bd. Literatur 1909. I. u. II. Tl. gr. 8. Jena, G. Fischer. Einzelpr. 36.—; Subskr.-Pr. 32. —
I. (II, 470 S.) 910. Einzelpr. 22.—; Subskr.-Pr. 20. —
II. (276 S.) 910. Einzelpr. 14.—; Subskr.-Pr. 12. —

Jahresberichte üb. die Fortschritte der Anatomie u. Physiologie in Verbindung m. Braune, Hoyer, Kronecker u. A. hrsg. v. Fr. Hofmann und G. Schwalbe. 1. Bd. Literatur 1870. gr. 8. (VIII, 612 S.) Leipzig 873. F. C. W. Vogel. n. 12. —

— dasselbe. 2. Bd. Literatur 1873. gr. 8. (VII, 574 S.) Ebend. 875. n. 11. —

— dasselbe. 3. u. 4. Bd. Literatur 1874 u. 1875. gr. 8. (VI, 866 u. VI, 450, 276 S.) Ebend. 875. 76. à Bd. n. 14. —

Jahres-Berichte über die Fortschritte der Anatomie u. Physiologie. In Verbindung mit Aeby, K. Bardeleben, Bizzozero etc. hrsg. von Fr. Hoffmann u. G. Schwalbe. 5. Bd. Literatur 1876. gr. 8. (VI, 587 u. 316 S.) Leipzig 877. 78. F. C. W. Vogel. n. 19. —

— dasselbe. 6. Bd. Literatur 1877. 3 Abtheilgn. gr. 8. Ebend. 877. n. 24. —
1. Anatomie. (IV, 457 S.) n. 10. —
2. Entwickelungsgeschichte; Anatomie der wirbellosen Thiere. (IV, 235 S.) n. 6. —
3. Physiologie. (IV, 342 S.) n. 8. —

— dasselbe. 7. Bd. Literatur 1878. 3 Abtheilgn. gr. 8. Ebend. 879. n. 26. —
1. Anatomie. (IV, 469 S.) n. 10. —
2. Entwickelungsgeschichte; Anatomie der wirbellosen Thiere. (IV, 247 S.) n. 6. —
3. Physiologie. (IV, 431 S.) n. 10. —

— dasselbe. 8. Bd. Literatur 1879. 1. u. 2. Abth. gr. 8. Ebend. 880. n. 22. —
1. Anatomie u. Entwickelungsgeschichte. (IV, 458 S.) n. 12. —
2. Physiologie. (IV, 409 S.) n. 10. —

— dasselbe. 9. Bd. Literatur 1880. 1. u. 2. Abth. gr. 8. Ebend. 881. n. 25. —
1. Anatomie u. Entwickelungsgeschichte. (IV, 455 S.) n. 12. —
2. Physiologie. (IV, 521 S.) n. 13. —

— dasselbe. 10. Bd. Literatur 1881. 1. Abth.: Anatomie u. Entwickelungsgeschichte. gr. 8. (IV, 484 S.) Ebend. 882. n. 13. —

Jahresberichte üb. die Fortschritte der Anatomie u. Physiologie. In Verbindg. m. Chr. Aeby, K. Bardeleben, Bizzozero etc. hrsg. v. Fr. Hofmann u. G. Schwalbe. 10. Bd. Literatur 1881. 2. Abth.: Physiologie. gr. 8. (IV, 457 S.) Leipzig 882. F. C. W. Vogel. n. 12. (1. u. 2.: n. 25. —)

— dasselbe. 11. Bd. Literatur 1882. 2 Abthlgn. gr. 8. Ebend. 883. n. 22. —
1. Anatomie u. Entwickelungsgeschichte. (IV, 399 S.) n. 10. —
2. Physiologie. (IV, 412 S.) n. 12. —

— dasselbe. 12. Bd. Literatur 1883. 2 Abthlgn. gr. 8. Ebend. 884. 85. n. 26. —
1. Anatomie u. Entwickelungsgeschichte. (IV, 493 S.) n. 13. —
2. Physiologie. (IV, 490 S.) n. 13. —

— dasselbe. 13. Bd. Literatur 1884. 2 Abthlgn. gr. 8. Ebend. 886. n. 36. —
1. Anatomie u. Entwickelungsgeschichte. (IV, 562 S.) n. 16. —
2. Physiologie. Mit Generalregister zu Bd. I—X. (IV, 481 u. Reg. 164 S.) n. 20. —

— dasselbe. 14. Bd. Literatur 1885. 1. Abth. Anatomie u. Entwickelungsgeschichte. gr. 8. (IV, 630 S.) Ebend. 886. n. 16. —

Jahresberichte über die Fortschritte der Anatomie u. Physiologie. In Verbindung m. Berté, Bizzozero, Chr. Bohr etc. Hrsg. v. Fr. Hofmann u. G. Schwalbe. 14. Bd. Literatur 1885. II. Abth. Physiologie. 1. u. 2. Hälfte. gr. 8. (IV, 476 S.) Leipzig 887. F. C. W. Vogel. n. 14. — (14. Bd. cplt.: n. 30. —)

— dasselbe. Hrsg. v. L. Hermann u. G. Schwalbe. 15. Bd. Literatur 1886. 2 Abthlgn. gr. 8. Ebd. n. 30. —
1. Anatomie u. Entwickelungsgeschichte. (VI, 650 S.) 887. n. 18. —
2. Physiologie. (IV, 432 S.) 888. n. 12. —

— dasselbe. Hrsg. v. L. Hermann, Fr. Hofmann u. G. Schwalbe. 16. Bd. Literatur 1887. 2 Abthlgn. gr. 8. Ebd. 888. n. 36. —
1. Anatomie u. Entwickelungsgeschichte. (IV, 827 S.) n. 24. —
2. Physiologie. (IV, 423 S.) n. 12. —

— dasselbe. Hrsg. v. L. Hermann u. G. Schwalbe 17. Bd. Literatur 1888. 2 Abthlgn. gr. 8. Ebd. 889. n. 38. —
1. Anatomie u. Entwickelungsgeschichte. (IV, 738 S.) n. 23. —
2. Physiologie. (IV, 460 S.) n. 15. —

Jahresberichte üb. die Fortschritte der Anatomie u. Physiologie. In Verbindung m. Baessler, Berté, Bizzozero etc. Hrsg. v. L. Hermann u. G. Schwalbe. 18. Bd. Literatur 1889. 2 Abthlgn. gr. 8 Leipzig 890. F. C. W. Vogel. n. 40. —
1. Anatomie u. Entwickelungsgeschichte. (IV, 894 S.) n. 22. —
2. Physiologie. (512 S.) n. 18. —

Jahresberichte üb. die Fortschritte der Anatomie u. Physiologie. In Verbindung m. Baessler, Drechsel, Fürst etc. Hrsg. v. L. Hermann u. G. Schwalbe. 19. Bd. Literatur 1890. 2 Abthlgn. gr. 8. Leipzig 891. F. C. W. Vogel. n. 42. —
1. Anatomie u. Entwickelungsgeschichte. (IV, 812 S.) n. 24. —
2. Physiologie. (IV, 550 S.) n. 18. —

— dasselbe. 20. Bd. Literatur 1891. 2 Abthlgn. gr. 8. Ebd. 893. n. 50. —
1. Anatomie u. Entwickelungsgeschichte. (IV, 750 S.) n. 22. —
2. Physiologie. [Mit Generalregister zu Bd. 11—20.] (IV, 732 S.) n. 28.
Die Jahresberichte hören mit diesem Bde. zu erscheinen auf.

— dasselbe. Neue Folge des physiologischen Thls., s.: Jahresbericht üb. die Fortschritte der Physiologie.

HARTIG, Theodor (Hrsg.): Jahresberichte über die Fortschritte der Forstwissenschaft und forstlichen Naturkunde im Jahre 1836 und 1837 nebst Original-Abhandlungen aus dem Gebiete dieser Wissenschaften. Eine Zeitschrift für Forstleute, Waldbesitzer und Cameralisten. - Berlin 1837 - 1839. 1. Jg. H. 1-4; 646 S. (Mehr nicht ersch.)

Jahresberichte über d. Fortschritte d. Forstwissenschaft u. forstl. Naturkunde im J. 1836 u. 1837, nebst Orig.-Abhandln. aus d. Gebiete dies. Wissenschaften. Eine Zeitschr. f. Forstleute, Waldbesitzer u. Cameralisten. Hrsg. v. Theod. Hartig. 1. Jahrg. 1 — 4. Hft. gr. 8. Berlin, Förstner. [1. (11 B. u. 1 Kpfrt.) 837. * 1⅓ Thlr., 2. (9 B.) 838. * 1 Thlr., 3., 4. (11¾ u. 10½ B.) 839. à * 1⅓ Thlr.] *

Jahresbericht(e) über die Fortschritte auf dem Gebiete der Hygiene. *[Wird fortges.]*

JAHRESBERICHTE ÜBER DIE FORTSCHRITTE DER THIER-CHEMIE. Sach- und Autoren-Register über die ersten zehn Jahrgänge von Maly's Jahresbericht . . . Bearbeitet von Rudolph Andreasch. Wiesbaden, 1881. 8vo. Wien: Braumüller; Wiesbaden: Bergmann 1871–1880

Jahresberichte des Freimaurer-Krankeninstitut[es] in Hamburg seit 1797. Tt. 1226.

[**Jahresberichte** der Loge „Die Freunde zur Eintracht" in Mainz seit 1884.]

Freundschaft: [**Jahresberichte** des humanitären Vereins Freundschaft in Wien seit 1877.]

[**Jahresberichte** der Loge Friedrich zur ernsten Arbeit in Jena seit 1890.]

[**Jahresberichte** der Loge Friedrich August zu den drei Zirkeln in Zittau seit 1817.]

[**Jahresberichte** der Loge Friedrich der Edle in Stettin seit 1901.]

Lörrach: [**Jahresberichte** der Loge Friedrich zur Eintracht in Lörrach seit 1908.]

[**Jahresberichte** der Loge Friedrich zur Gerechtigkeit in Berlin seit 1910.]

[**Jahresberichte** der Loge Friedrich zur Morgenröte in Halberstadt seit 1903.]

[Jahresberichte der Loge Friedrich Wilhelm zum eisernen Kreuz in Bonn seit 1900.]

[Jahresberichte der Loge Friedrich Wilhelm zur Wahrheit und Treue in Rathenow seit 1862.]

[Jahresberichte der Loge „Galilei" in Budapest. 1878; 1879; 1879/80.]

Deutsche Freie Gemeinde v. Philadelphia

--Jahresberichte. Nos. 21-22. Phila. 1873-74.

Gemeinde-Spital Biel. Jahres-Berichte für die Jahre 1899, 1900, 1901. 77 S. 8. Biel, C. Schweizer & Co., 1902.

[Jahresberichte der Loge Germania zur deutschen Treue in Erlangen seit 1900.]

Jahresberichte der Geschichtswissenschaft, im Auftrage der histor. Gesellschaft zu Berlin hrsg. von F. Abraham, J. Hermann, Edm. Meyer. 1. Jahrg. 1878. gr. 8. (XII, 663 S.) Berlin 879, Mittler und Sohn. * ℳ 12.; geb. * *

—— der Geschichtswissenschaft, im Auftrage der histor. Gesellschaft zu Berlin hrsg. von F. Abraham, J. Hermann, Edm. Meyer. 2. und 3. Jahrg. 1879 und 1880. gr. 8. (X, 838; X, 162, 345, 294 S.) Berlin 881,83, Mittler und Sohn. à Jahrg. *

—— der Geschichtswissenschaft, im Auftrage der histor. Gesellschaft zu Berlin hrsg. von J. Hermann, J. Jastrow, Edm. Meyer. 4. Jahrg. 1881. gr. 8. (XII, 154, 386, 300 S.) Berlin 885. Mittler und Sohn. * ℳ 18.—; geb. *

— der Geschichtswissenschaft, im Auftrage der Histor. Gesellschaft zu Berlin hrsg. v. J. Hermann, J. Jastrow, Edm. Meyer. V. Jahrg. 1882. Lex.-8. (XII, 244; 457 u. 850 S.) Berlin 886. Mittler & Sohn. n. 22.—; geb. n. 24.—

— dasselbe, hrsg. v. J. Hermann u. J. Jastrow. VI. Jahrg. 1883. Lex.-8. (XVI, 133; 438 u. 826 S.) Berlin 888. Gaertner. n. 22.—

— dasselbe, hrsg. v. J. Jastrow. VII. Jahrg. 1884. Lex.-8. (XVI, 248; 885 u. 898 S.) Ebd. 888. n. 26.—

—— dass. — VIII. Jahrg. 1885. Lex.-8. (XV, 195, 343, 402 S.) Ebendas. 888. * ℳ 24.—; geb. * *

— dasselbe. IX. Jahrg. 1886. Lex.-8. (XVI, 164, 363 u. 464 S.) Ebd. 889. n. 25.—; geb. n.n. 27.—

— dasselbe. X. Jahrg. 1887. Lex.-8. (XVI, 211; 310 u. 432 S.) Ebd. 889. n. 24.—; geb. n.n. 26.—

— der Geschichtswissenschaft, im Auftrage der histor. Gesellschaft zu Berlin hrsg. v. J. Jastrow. 11.—15. Jahrg. 1888—1892. gr. 8. Berlin, R. Gaertner. à Jahrg. n. 30.—; geb. n.n. 32.—
11. (XX, 135; 459, 331, 254 S.) 890. — 12. (XVIII, 170; 454, 320, 201 S.) 891. — 13. (XVIII, 173; 373, 379, 224 S.) 892. — 14. (XVII, 173; 400, 356, 244 S.) 893. — 15. (XVII, 174; 348, 298, 240 S.) 894.

— d. Geschichtswissenschaft im Auftr. d. histor. Gesellschaft zu Berlin hrsg. v. J. Jastrow. XVI.—XVIII. Jahrg. 1893—1895. Lex.-8. Berlin, R. Gaertner. à Jahrg. n. 30.—; geb. n.n. 32.—
XVI. 1893. (XVIII, 111, 155, 508 u. 301 S.) 895.
XVII. 1894. (XX, 135, 436, 338 u. 268 S.) 896.
XVIII. 1895. (XVIII, 206, 431, 328 u. 286 S.) 897.
Der XVIII. Jahrg. ist von Ernst Berner hrsg.

— dasselbe, hrsg. v. Ernst Berner. 19. Jahrg. 1896. gr. 8. (XVIII, 280, 512, 317 u. 352 S.) Ebd. 898. n. 32.—; geb. n.n. 34.—

— der Geschichtswissenschaft, im Auftrage der histor. Gesellschaft zu Berlin hrsg. v. E. Berner. XX. u. XXI. Jahrg. 1897 u. 1898. gr. 8. (XVII, 107, 461, 448 u. 846 u. XVIII, 136, 562, 334 u. 365 S.) Berlin 899. 900. [R. Gaertner.] Weidmann. à n. 30.—; geb. à n.n. 32.—

— dasselbe. XXII. Jahrg. 1899. gr. 8. (XIX, 64, 623, 449 u. 429 S.) Ebd. 901. n. 36.—; geb. n.n. 38.—

— dasselbe. XXIII. Jahrg. 1900. gr. 8. (XVIII, 144, 626, 364 u. 279 S.) Ebd. 902. n. 32.—; geb. n.n. 34.—

Jahresberichte der Geschichtswissenschaft, im Auftrage der histor. Gesellschaft zu Berlin hrsg. v. Ernst Berner. XXIV.—XXVI. Jahrg. 1901—1903. gr. 8. Berlin, Weidmann. n. 108.—; geb. n. 118.—
1901. (XVI, 173, 463, 323 u. 247 S.) 903. n. 32.—; geb. n. 34.—
1902. 2 Tle (XII, 176, 461 u. IX, 538, 324 S.) 904. n. 40.—; geb. n. 44.—
1903. 2 Tle. (X, 263, 492 u. VIII, 288, 256 S.) 905. n. 36.—; geb. n. 40.—

— dasselbe, hrsg. v. Geo. Schuster. XXVII. Jahrg. 1904. 2 Tle. (XII, 249, 643 u. VIII, 441, 298 S.) gr. 8. Ebd. 906. n. 44.—; geb. n. 48.—

— der Geschichtswissenschaft, im Auftrage der histor. Gesellschaft zu Berlin hrsg. v. Geo Schuster. XXVIII.—XXXI. Jahrg. 1905—1908. à 2 Tle. gr. 8. Berlin, Weidmann. 196.—; geb. 212.—
XXVIII. (XII, 316, 519 u. VIII, 332, 326 S.) 907. 42.—; geb. 46.—
XXIX. (XII, 373, 594 u. VIII, 379, 281 S.) 908. 50.—; geb. 54.—
XXX. (XII, 410, 574 u. VIII, 468 u. 322 S.) 909. 56.—; geb. 60.—
XXXI. (XI, 279, 483 u. VIII, 427 u. 300 S.) 910. 48.—; geb. 52.—

Deutsche Gesell. v. Chicago.

--Jahresberichte. NY. 1860-1918.

- Jahresberichte, nebst Mitgliederverzeichnis.
Vi 7? Chi 1??? 1???-1943

Jahresberichte der deutschen Gesellschaft zur Erforschung vaterländ. Sprache u. Alterthümer, s. Sammlung.

JAHRESBERICHT DER DEUTSCHEN GESELLSCHAFT ZUR ERFORSCHUNG VATERLÄNDISCHER SPRACHE UND ALTERTHÜMER.
I. Sammlung die Jahre 1825 bis 1828 enthaltend. Mit 17 lythographirten Beilagen. Leipzig 1829. bei Friedrich Christian Wilhelm Vogel. 8°.

Jahresberichte der Deutschen Gesellschaft zur Erforschung vaterländischer Sprache und Alterthümer. Sammlung I. Leipzig 1829. 8.
(... 1828 ... 48 ... die Mitglieder der deutschen Ge...)

—— der deutschen Gesellschaft in Leipzig, 1825—28., s. Berichte (in d. Anmerk.).

Jahresberichte der Deutschen Gesellschaft von Milwaukee.
Milwaukee: Germania, Auerbach, Hake-Stern Co., 1880-1917.

Deutsche Gesell. v. N. Orl. Jahresberichte. N. Orl. 1847-1927.

Deutsche Gesellschaft von Pennsylanien
--Jahresberichte ... 154v. Phila. 1867-1919.

Jahresberichte der Felliner litterärischen Ges. 1882-1912 17. Fellin (Lit-terärische Ges.) 1883--1918

— — der Gesellschaft von Freunden der Naturwissenschaften in Gera. I—VI. 1858—1863. Gera. 8.

München, Geographische Gesellschaft, Jahresberichte für 1873-87 Heft 4-12 München 1875, 77, 80, 82, 84-88.

Jahresberichte der Gesellschaft für Rheinische Geschichtskunde Jg. 1891 — 1894 u. 1896-1899. Bonn, 1892 1900.

Jahresbericht der naturforschenden Gesellschaft Graubünden's. Neue Folge. XXII. Jahrgang. (1877—78). In-8⁰. XLIV u. 188 S. Chur, Hitz'sche Buchhandlung. 1881

Jahresberichte von der Gesellschaft für Natur- und Heilkunde in Dresden für 1858-1862. Dresden. 1861—1863. 8.

—— der Gesellschaft für Natur- und Heilkunde in Dresden. 1865—66. gr. 8. (III und 140 S.) Dresden 867, (am Ende.) *

— — Juni 1869 bis Mai 1870. Ebend. 870. gr. 8. (IV, 140 S.) n. 20 ngr.

Hanau, Wetterauische Gesellschaft für die gesammte Naturkunde, Jahresberichte vom August 1851 bis Ende Dec. 1882 und vom 1 April 1885 bis 31. März 1889. Hanau 1854-79, 83, 87, 89

— die, der kgl. bayer. Gewerbeaufsichtsbeamten, dann der königl. bayer. Bergbehörden f. d. J. 1907—1909. Im Auftrage des kgl. Staatsministeriums des königl. Hauses u. des Aeußern veröffentlicht. gr. 8. München, Th. Ackermann. 20. —
1907. (XVII, 482 S.) 908. 6. 40
1908. Mit e. Anh. betr. Erhebgn. üb. die Papierindustrie. (XVI, 424 u. 122 S.) 909. 7. —
1909. (XXVII, 453 S.) 910. 6. 60
Vgl.: Jahresberichte der bayer. Fabriken- u. Gewerbe-Inspektoren.

Jahresberichte der Gewerbe-Aufsichtsbeamten und Bergbehörden [1.] Für d. J. 1899. Bd 1. Berlin. Reichsamt d. Innern 1900.

— der Gewerbe-Aufsichtsbeamten u. Bergbehörden f. d. J. 1902—1905. Mit Tabellen, e. Verzeichnis der Gewerbe-Aufsichtsbeamten u. ihrer Bezirke sowie e. Gesamtregister zu den Berichten. gr. 8. Berlin (R. v. Decker). Geb. in Leinw. n.n. 104. 90
1902. Dem Bundesrat u. dem Reichstag vorgelegt. 4 Bde. (XXXIX, 581; 296, X, 423, 173, 91 u. V, 254, 23, 84, 15, 27, 36, 49, 33, 87, 59, 27, 25, 7, 21, 29, 16, 21, 28, 42, 81, 129 u. 523 S.) 903. n.n. 24. 50
1903. Amtl. Ausg. 4 Bde. (XLIV, 671; XXXI, 482, 215, 148 u. VII, 250, 23, 36, 13, 35, 30, 41, 33, 33, 33, 27, 27, 7, 23, 29, 15, 25, 25, 55, 51, 127 u. 987 S.) 904. n.n. 32. —
1904. Amtl. Ausg. 4 Bde. (XLIV, 718; IX, 871; X, 463, 225, 136; VII 297, 21, 27, 17, 45, 31, 48, 37, 35, 40, 27, 23, 7, 19, 37, 17, 27, 29, 66, 43; 153 u. 1100 S. m. Abb.) 905. n.n. 32. —
1905. Amtl. Ausg. 1.—3. Bd. (XLIII, 667; VII, 885; X, 451, 219, 180 u. VII, 268, 27, 30, 17, 34, 37, 39, 29, 41, 50, 27, 25, 11, 19, 31, 13, 25, 31, 55, 35 u. 161 S.) 906. n.n. 16. 40

— der Gewerbe-Aufsichtsbeamten u. Bergbehörden f. d. J. 1906—1909. Mit Tabellen, e. Übersicht üb. die Gewerbe-Aufsichtsbeamten, ihr Hilfspersonal u. die Aufsichtsbezirke sowie e. Gesamtregister zu den Berichten. Amtliche Ausg. à 4 Bde. gr. 8. Berlin, R. v. Decker. Geb. in Leinw. nn 105. 50
1906. (XL, 759; XI, 521; X, 351, 303. 184; VII, 344, 24, 48, 15, 29, 54, 40, 35, 53, 49, 23, 24, 13, 14, 29, 19, 23, 32, 51, 43, 165 u. 791 S.) 907. Geb. nn 27. 50
1907. (XXXIX, 737; XVII, 465; XI, 392; 251, 165; VII, 258; 25, 35, 17, 43, 41, 43, 37, 41, 50, 19, 23, 11, 15, 31, 19, 25, 33, 59, 37, 149 u. 643 S.) 908. Geb. nn 27. —
1908. (XXXV, 721; XVI, 405; X, 315; 289, 143; VII, 278; 21, 41, 13, 43, 49, 48, 37, 44, 50, 19, 23, 15, 16, 29, 21, 23, 31, 47, 42, 141 u. 584 S.) 909. Geb. nn 28. —
1909. (XXXII, 731; XXVII, 435; X, 319, 187, 115; VII, 253, 23, 35, 15, 37, 47, 39, 31, 35, 55, 19, 23, 11, 17, 27, 19, 21, 25, 39, 39, 163; 163 u. 504 S.) 910. Geb. 25. —

Jahresberichte der Gewerbe-Aufsichtsbeamten und Bergbehörden für die Jahre 1902—1910. Mit Tabellen, einem Verzeichnis der Gewerbeaufsichtsbeamten, ihr Hilfspersonal und ihre Aufsichtsbezirke. Amtliche Ausgabe à 4 Bde. 8⁰. Berlin, R. v. Decker, 1903—1911.

Jahresberichte der Gewerbe-Aufsichtsbeamten und der Bergbehörden in Elsaß-Lothringen. [Bis 1905 u. d. T.: Verwaltungsberichte der Gewerbe-Aufsichtsbeamten in Elsaß-Lothr.] Jg. 1903—1907. Berlin, 1904—1908.

— der Gewerbe-Aufsichtsbeamten u. der Bergbehörden in Elsaß-Lothringen f. 1907—1909. (II, 149 u. II, 141 u. II, 163 S.) 8. Berlin 908—10. (Straßburg, E. d'Oleire & Rasch.) à 1. —

Jahresberichte d. Gewerbe-Aufsichtsbeamten d. Herzogth. Braunschweig f. d. J. 1895, 1896 u. 1897. gr. 8. (55, 59 u. 58 S.) Braunschweig 896—898. J. H. Meyer. Kart. à n. 1. 50

— der Gewerbe-Aufsichtsbeamten des Herzogth. Braunschweig f. das J. 1898. gr. 8. (55 S.) Braunschweig 899. J. H. Meyer. Kart. n. 1. 50

— der königl. sächsischen Gewerbe-Aufsichtsbeamten f. 1900 u. 1901. Nebst Berichten der königl. sächs. Berginspektoren, betr. die Verwendg. jugendl. u. weibl. Arbeiter beim Bergbau, sowie die Beaufsichtigg. der unterirdisch betriebenen Brüche u. Gruben. Sonder-Ausg. nach den vom Reichsamt des Innern veröffentlichten Jahres-Berichten der Gewerbe-Aufsichtsbeamten gr. 8. (XVIII, 377 S. m. 1 Taf. u. XVI, 447 S.) Berlin 901. 902. (Dresden-A., Zahnsg. 24, F. A. Schröer). Kart. à n.n. 3. —

— der königl. sächsischen Gewerbe-Aufsichtsbeamten f. 1902—1905. Nebst Berichten der königl. sächs. Berginspektoren, betr. die Verwendg. jugendl. u. weibl. Arbeiter beim Bergbau, sowie die Beaufsichtigg. der unterirdisch betriebenen Brüche u. Gruben. Sonder-Ausg. nach den vom Reichsamte des Innern veröffentlichten Jahres-Berichten der Gewerbe-Aufsichtsbeamten. (XVI, 423; XVI, 432; XIV, 465 u. XIV, 453 S.) gr. 8 Berlin 903—906. (Dresden-A., Zahnsg. 24, F. A. Schröer.) Kart. à n.n. 3. —

— der königl. sächs. Gewerbe-Aufsichtsbeamten f. 1906—1909. Nebst Berichten der königl. sächs. Berginspektoren, betr. die Verwendg. jugendl. u. weibl. Arbeiter beim Bergbau, sowie die Beaufsichtigg. d. unterirdisch betriebenen Brüche u. Gruben. Sonder-Ausg. nach den vom Reichsamte des Innern veröffentlichten Jahresberichten der Gewerbe-Aufsichtsbeamten. (XIV, 353; XVI, 394; XIV, 317 u. XIV, 339 S.) gr. 8. Berlin 907—10. (Dresden-A., Zahnsg. 24, F. A. Schröer.) Kart. à nn 3. —

— der Gewerbe-Aufsichtsbeamten im Königr. Württemberg f. d. J. 1895, 1896 u. 1897. [Aus: „Gewerbebl. aus Württ."] gr. 4. (44, 44 u. 99 S.) Stuttgart 896—898. (H. Lindemann.) à n. 1. —

— der Gewerbe-Aufsichtsbeamten in Königr. Württemberg f. 1898—1901. gr. 8. (IV, 185 S. m. 1 Tab.; 220 S. m. 1 Taf.; 220 S. m. 2 Fig. u. IV, 195 S. m. Fig.) Berlin 899—902. (Stuttgart, H. Lindemann). à n. 2. —

— der Gewerbeaufsichtsbeamten im Königr. Württemberg f. 1902—1905. (IV, 240; IV, 224 S.; IV, 236 S. m. Abb. u. IV, 226 S.) 8. Stuttgart 903—906. (H. Lindemann.) à n. 2. —

— der Gewerbeaufsichtsbeamten im Königreich Württemberg f. 1906—1909. (IV, 308; IV, 256; IV, 244 u. IV, 191 S.) 8. Stuttgart 907—10. (H. Lindemann.) à 2. —

Jahresberichte der Gewerbeaufsichtsbeamten im Kgr. Württemberg in d. J. 1897—1910. gr. 8⁰. Stuttgart, H. Lindemann, 1898—1911.

— der Gewerbe-Inspektoren f. das Großherzogl. Hessen, umfassend die Bezz. Darmstadt, Mainz, Gießen u. Offenbach f. das J. 1898. gr. 8. (51, 91, 70 u. 52 S.) Darmstadt 899. (G. Jonghaus). n. 1. —

— dasselbe, f. d. J. 1899. gr. 8. (73, 95, 111 u. 105 S.) Ebd. 900. n. 1. 50
Fortsetzg. s.: Jahresbericht d. großh. hess. Gewerbeinspektionen.

—— der königl. sächsischen Gewerbe-Inspectoren für 1887. Nebst einem Anhang, die Berichte der Königl. Sächs. Berg-Inspectoren über die Verwendung jugendl. und weibl. Arbeiter beim Bergbau betr. Zusammengestellt im Königl. Sächs. Ministerium des Innern. gr. 8. (VII, 246 S.) Dresden 888, (Buchdr. von F. Lommatzsch.) cart. *

— der königl. sächsischen Gewerbe-Inspectoren für 1887—1889. Nebst e. Anh., die Berichte der königl. sächs. Berg-Inspectoren üb. die Verwendg. jugendl. u. weibl. Arbeiter beim Bergbau betr. Zusammengestellt im königl. sächs. Ministerium d. Innern. gr. 8. (VII, 246; IX, 219; VIII, 211 S.) Ebd. 888—890. cart. à n. 3. —

— der königl. sächsischen Gewerbe-Inspektoren für 1890—1893. Nebst Berichten der königl. sächs. Berg-Inspektoren, die Verwendg. jugendl. u. weibl. Arbeiter beim Bergbau betr. Zusammengestellt im königl. sächs. Ministerium d. Innern. gr. 8. (VIII, 232; VIII, 232; VIII, 345; VIII, 369 S.) Dresden 891—894. A. Schröer (Buchdr. v. F. Lommatzsch). Kart. à n. 3. —

— d. kgl. sächs. Gewerbe-Inspektoren f. 1894. Nebst Berichten d. kgl. sächs. Berg-Inspektoren, d. Verwendg. jugendl. u. weibl. Arbeiter b. Bergbau betr. Zusammengest. im kgl. sächs. Ministerium d. Innern. gr. 8. (VIII, 558 S.) Dresden 895. (A. Schröer.) Kart. n. 3. —

— dasselbe f. 1895, 1896 u. 1897. gr. 8. (VIII, 579; VIII, 561 u. VIII, 561 S.) Ebd. 896—898. Kart. à n. 4.—

— der königl. sächsischen Gewerbe-Inspektoren f. 1898 u. 1899. Nebst Berichten der königl. sächs. Berg-Inspektoren, die Verwendg. jugendl. u. weibl. Arbeiter beim Bergbau betr. Zusammengestellt im königl. sächs. Ministerium des Innern. gr. 8. (VIII, 568 u. VIII, 673 S. m. je 2 Taf.) Dresden 899. 900. (A. Schröer). Kart. à n. 4. —

— der königl. sächsischen Gewerbe-Inspektoren u. d. Berginspektoren.
f. 1881. Berlin 882. 3 — | 1884—91. Dresden 885—92. à
„ 1883. Dresden 884. 2 — |

— der königl. sächsischen Gewerbe- u. Berg-Inspectoren f. 1884. Veröffentlicht auf Anordng. d. königl. sächs. Ministeriums d. Innern. gr. 8. (IX, 280 S.) Dresden 885. Lommatzsch' Buchdr. cart. n.n. 3. —

— dasselbe f. 1885. gr. 8. (VII, 247 S.) Ebend. 886. cart. n. 3. —

— der königl. sächsischen Gewerbe- u. Berg-Inspectoren für 1886. Zusammengestellt im königl. sächs. Ministerium d. Innern. gr. 8. (VII, 301 S.) Dresden 887. Buchdruckerei v. F. Lommatzsch. cart. n. 3. —

— der Königl. Preußischen Gewerberäthe, nebst den Berichten der Bergbehörden üb. die Beschäftigg. jugendl. Arbeiter auf den Bergwerken, Salinen u. Aufbereitungs-Anstalten Preußens während d. Jahres 1888. Amtliche Ausg. Lex.-8. (XX, 290 S.) Berlin 889. Bruer. n. 3. 90; geb. n. 4. 65

— dasselbe. 1889. Lex.-8. (XXVIII, 389 S. m. Tab.) Ebd. 890. 5. 20; geb. n. 5. 95

— dasselbe, f. die Reg.-Bezirke Köln u. Koblenz u. Aachen u. Trier während d. J. 1889. Auszug aus der amtl. Ausg. [Mit amtl. Genehmigg.] gr. 8. (III, 52 S. m. 1 Tab.) Ebd. 890. n. — 50

— dasselbe, f. die Reg.-Bezirke Minden u. Münster, Arnsberg u. Düsseldorf während des J. 1889. Auszug aus der amtl. Ausg. [Mit amtl. Genehmigg.] gr. 8. (VIII, 59 S. m. 1 Tab.) Ebd. 890. n. — 50

—— der königl. preuß. Gewerberäthe u. Bergbehörden für 1890. Amtliche Ausg. gr. 8. (XXXV, 117 S. mit 8 Tab. u. 1 Taf.) Berl. 891, Bruer. [illegible] 6 —; geb. [illegible] 6 70
Fortsetzung s. u. d. T.: Jahres-Berichte der königl. preuß. Regierungs- u. Gewerberäthe u. Bergbehörden.

„Jahresberichte des Gewerbevereins zu Erfurt für das Jahr 1838, nebst einigen landwirthschaftliche Gegenstände betreffenden Verhandlungen desselben", Erfurt 1839 (Müller).

Waldenburg i. Schl.: **[Jahresberichte der Loge Glückauf zur Brudertreue in Waldenburg i. Schl. seit 1847.]**

— — der sämmtlichen humanistischen Gymnasien in Bayern. 1868/69 —1879/80 — 4⁰.

Jahresberichte der großherzoglich hessischen Handelskammer zu Darmstadt. II. Jahresbericht für 1863. Lex.-8. (IV und 51 S.) Darmstadt 864, (Jernin.) * * –

—— dass. — III. Jahresbericht für 1864—66. Lex.-8. (56 S. mit 1 Tab. in 4.) Ebendas. 867. * * –

—— der großherzogl. hessischen Handelskammer zu Darmstadt. 4. Jahresbericht für 1867—1869. Lex.-8. (IV, 128 S. mit 3 Tab. in qu. gr. 4. und qu. Fol.) Darmstadt 869, (Jernin.) *
—— dass. — 5. Jahresbericht für 1870/71. gr. 8. (101 S.) (Ebendas.) 872. * *
—— dass. — 6. Jahresbericht für 1872. gr. 8. (124 S.) (Ebendas.) 874. *

—— der großherzogl. hessischen Handelskammer zu Darmstadt. 7.—12. Jahresbericht für 1874—1879. gr. 8. (118; 110; 104; 98 S. mit 2 Tab. in qu. gr. 4.; 103 S.) Darmstadt 876—80. (Jernin.) à Jahrg. *

—— der großherzogl. hessischen Handelskammer zu Darmstadt. 13. Jahresbericht für 1879. gr. 8. (115 S.) Darmstadt 880, (Jernin.) *

—— dass. — 14. Jahresbericht für 1880. gr. 8. (94 S.) (Ebendas.) 881. *

—— dass. — 15. Jahresbericht für 1881. gr. 8. (110 S.) (Ebendas.) 882. *

Jahresberichte der großherzogl. hessischen Handelskammer zu Darmstadt. 16. Jahresbericht für 1882. gr. 8. (112 S.) Darmstadt 883, (Jernin.) *

— dass. — 17. Jahresbericht für 1883. gr. 8. (111 S.) (Ebendas.) 884. *

— dass. — 18. Jahresbericht für 1884. gr. 8. (112 S.) (Ebendas.) 885. *

Jahresberichte der großherzogl. hessischen Handelskammer zu Darmstadt. XIX. Jahresbericht für 1885. gr. 8. (111 S.) Darmstadt 886, (Zernin.) *

— der großherzogl. hessischen Handelskammer zu Darmstadt. XX—XXII. Jahresbericht f. 1886—1889. gr. 8. Darmstadt 887—890. (Zernin.) n. 10. 90
XX. (128 S.) n. 2. 80. — XXI. (118 S.) n. 2. 70. — XXII. (112 S.) n. 2. 70. — XXIII. (152 S.) n. 2. 70.

— der großherzogl. hessischen Handelskammer zu Darmstadt. XXIV.—XXVII. Jahresbericht üb. 1890—1893. gr. 8. (146; 110; 126; 124 S.) Darmstadt 891—894. (C. Zernin.) à n. 2. 80

— d. großherzogl. hessischen Handelskammer zu Darmstadt. XXVIII.—XXXI. Jahresbericht üb. 1894, 1895, 1896 u. 1897. gr. 8. (140, 140, 106 u. 172 S.) Darmstadt 895—898. (C. Zernin.) à Jahrg. n. 2. 80

— der großherzogl. hess. Handelskammer zu Darmstadt. XXXII.—XXXIV. Jahresbericht üb. 1898—1900. gr. 8. (144, 142 u. 184 S.) Darmstadt 899—901. (C. Zernin). à n. 2. 80

— der großherzogl. hessischen Handelskammer zu Darmstadt. XXXV u. XXXVI. Jahresbericht üb. 1901 u. 1902. (130 u. 120 S.) gr. 8. Darmstadt 902. 903. (C. Zernin.) à n. 2. 80
Fortsetzung, s.: Bericht.

(Jahres-)Berichte der grossherzoglich hessischen Handelskammer zu Darmstadt. 1900-06. Darmstadt 1901-07

Jahresberichte deutscher Handelskammern:

Sitz	Name	Jahrgänge
Bingen	Handelskammer (Statist. Teil)	1906.
Darmstadt	Handelskammer (Statist. Teil)	1906.
Dessau	Handelskammer (Verhandlungen u. Mitteilungen)	1906—1908.
Friedberg	Handelskammer (Statist. Teil)	1906.
Heidenheim	Handelskammer	1898—1904.
Heilbronn	Handelskammer	1898—1904.
Kalw	Handelskammer	1898—1904.
Mainz	Handelskammer (Wirtschaftlich-statist. Jahrbuch)	1906.
Minden	Handelskammer	1899—1906/07.
Offenbach	Handelskammer (Statist. Teil)	1906.
Ravensburg	Handelskammer	1898—1904.
Reutlingen	Handelskammer	1898—1904.
Ulm	Handelskammer	1898—1904.
Wetzlar	Handelskammer	1902—1907.
Worms	Handelskammer (Statist. Teil)	1906.

— der Handels- u. Gewerbekammern in Württemberg f. d. J. 1869—1874, m. Nachträgen u. e. statist. Anh. Hrsg. v. der königl. Centralstelle f. Gewerbe u. Handel. gr. 8. (à ca. 300 S.) Stuttgart 870—75. Grüninger. à n. 1. —

— der Handels- u. Gewerbekammern in Württemberg für das Jahr 1875—1879. Hrsg. von der königl. Centralstelle f. Gewerbe u. Handel. 4. (XV, 370, XIV, 370; XV, 356; XVI, 342 S.) Stuttgart 876—80. Grüninger. à n. 1. —

— der Handels- und Gewerbekammern in Württemberg für die J. 1879—1883, mit einem statist. Anhang. Hrsg. von der königl. Centralstelle für Gewerbe und Handel. gr. 8. (à Jahrg. ca. 350 S.) Stuttgart 881—84, (Grüninger.) à Jahrg. *

— der Handels- und Gewerbekammern in Württemberg für die J. 1884—1887. Systematisch zusammengestellt und veröffentlicht von der königl. Zentralstelle für Gewerbe und Handel. gr. 8. (XV, 74, 288; XV, 74, 253; XV, 74, 266; XV, 71, 288 S.) Stuttgart 885—88, (Grüninger.) à Jahrg. *

— der Handels- u. Gewerbekammern in Württemberg f. d. J. 1888—1892. Systematisch zusammengestellt, veröffentlicht u. m. e. Anh. versehen v. der königl. Centralstelle f. Gewerbe u. Handel. gr. 8. (XV, 292; XIV, 307; XV, 347; XV, 310; XV, 334 S.) Stuttgart 889—893. (C. Grüninger.) à n. 1. —

— d. Handels- u. Gewerbekammern in Württemberg f. d. J. 1893 u. 1894. Systemat. zusammengest., veröffentl. u. m. e. Anh. vers. v. d. kgl. Centralstelle f. Gewerbe u. Handel. gr. 8. (XVI, 114 u. 336 u. XVI, 131 u. 313 S.) Stuttgart 894. 95. (C. Grüninger.) à n. 1. —
Jahrg. 1895 ist vergriffen.

— dasselbe f. d. J. 1896 u. 1897. gr. 8. (XVI, 455 u. XV, 428 S.) Ebd. 897. 98. à n. 1. —

— der Handels- u. Gewerbekammern in Württemberg f. d. J. 1898 u. 1899. Systematisch zusammengestellt, veröffentlicht u. m. e. Anh. versehen von d. königl. Centralstelle f. Gewerbe u. Handel. gr. 8. (XV, 497 u. XVII, 536 S.) Ebd. 899. 900. à n. 1. —

Jahresberichte der Handelskammern und kaufmännischen Korporationen des preussischen Staates für 1860-72. Berlin 1861-73

Jahresberichte der Handelskammern und kaufmännischen Korporationen des Preussischen Staats. (Beilage zum Preussischen Handelsarchiv.) Für 1868, 69, 70, 71. Berlin 1869—72.

Jahresberichte d. Handelskammern z. Crefeld, Essen, Magdeburg, Wesel u. A. m. Jährlich 1-

— der Handelskammern in Württemberg f. d. J. 1900 u. 1901. Systematisch zusammengestellt, veröffentlicht u. m. e. Anh. versehen v. der königl. Centralstelle f. Gewerbe u. Handel. gr. 8. (XVI, 428 u. XVII, 429 S.) Stuttgart 901. 902. (C. Grüninger). à n. 1. —
Früher unter dem Titel:
Jahresberichte der Handels- u. Gewerbe-Kammern in Württemberg.

— der Handelskammern in Württemberg f. die J. 1902—1904. Systematisch zusammengestellt, veröffentlicht u. m. e. Anh. versehen v. der königl. Zentralstelle f. Gewerbe u. Handel. (XVII, 504; XVII, 436 u. XVII, 389 S.) gr. 8. Stuttgart 903. 905. 906. (C. Grüninger.) à n. 1. —

— über das Heer- u. Kriegswesen, s.: Löbell, v.

Basler Heilstätte für Brustkranke in Davos und Basler Hilfsverein für Brustkranke (in Basel). Jahresberichte für das Jahr 1900. [Mit 1 Tafel.] II + 60 S. 8. Basel, Kreis, 1901.

Basler Heilstätte für Brustkranke in Davos und Basler Hilfsverein für Brustkranke (in Basel). Jahresberichte für das Jahr 1901. II + 56 S. 8. Basel, Kreis, 1902.

Basler Heilstätte für Brustkranke in Davos und Basler Hilfsverein für Brustkranke (in Basel). Jahresberichte für das Jahr 1902. II + 55 S. 8. Basel, Kreis, 1903.

Jahresberichte der Henkenbergstiftung der Loge zu den drei Balken in Münster seit 1907.

[Jahresberichte der Loge Herder in Bremen seit 1902.]

[Jahresberichte der Loge Hermann zur Beständigkeit in Breslau seit 1894.]

Hamburg: **Jahresberichte der Herm. Settegast-Stiftung [der Prov. Gr. L. von Hamburg] in Berlin seit 1896.**

Jahresberichte amerikan Humanitätsanstalten. 1836—73. 1 Paket.

Jahresberichte und Jahresversammlungsberichte des deutschen Vereins gegen den Missbrauch geistiger Getränke. Seit 1883. Hildesheim.

Jahresberichte und Jahresversammlungsberichte

— der Zweigvereine des deutschen Vereins und vieler Einzelvereine.

Jahresberichte des österreichischen archäologischen Institutes in Wien. I. Bd. I. Heft. Mit 3 Tafeln und 63 Textfiguren. Ausgegeben am 31. März. 4. (142 S. und Beiblatt 87 S.) Pro complet Wien: Hölder 1898 9.—

[Jahresberichte der Loge Johannes zum wiedererbauten Tempel in Ludwigsburg seit 1897.]

[Jahresberichte der Loge Joseph zur Einigkeit in Nürnberg seit 1884.]

Bernisch kantonale Irrenanstalten Waldau, Münsingen und Bellelay. Jahres-Berichte für das Jahr 1901. 88 S. 8. Bern, Rösch & Schatzmann, 1902.

Bernisch kantonale Irrenanstalten Waldau, Münsingen und Bellelay. Jahres-Berichte für das Jahr 1902. 93 S. 8. Bern, Rösch & Schatzmann, 1903.

Jahresberichte aus Irrenanstalten d. Verein. Staaten (1853—74). 3 Bde.

[Jahresberichte der Loge Karl und Charlotte zur Treue in Offenbach a. M. seit 1900.]

[Jahresberichte der Loge Karl zum Felsen in Altona von 1796—1852.]

[Jahresberichte der Loge Karl zum aufgehenden Licht in Frankfurt a. M. seit 1875.]

[Jahresberichte der Loge Karl zum neuen Licht in Alzey seit 1896.]

Karl z. Lindenberg: **[Jahresberichte der Loge Karl zum Lindenberg in Frankfurt a. M.]**
Beginn der Hrsg. unbekannt.

Ulm: **[Jahresberichte der Loge Karl zu den drei Ulmen in Ulm.]**
Beginn der Hrsg. unbekannt.

Saaz: **[Jahresberichte des humanitären Vereins Kette in Saaz i. Böhmen seit 1895.]**

Jahresberichte des Vereins Kinderfürsorge der Loge Zu den drei Verbündeten in Düsseldorf seit 1894.

Komitee, Agenten und Kantonale Verbände der Deutsch-schweizerischen, evangelisch-christlichen Jünglings- und Männervereine. Jahres-Berichte über das Jahr 1901. 32 S. 8. Basel, Emil Birkhäuser, 1902.

Komitee, Agenten und Kantonale Verbände der Deutsch-schweizerischen, evangelisch-christlichen Jünglings- und Männervereine. Jahres-Berichte über das Jahr 1902. 26 S. 8. Basel, Friedrich Reinhardt, 1903.
Ausg. A: sep.
Ausg. B: Beilage zu Nr. 5 des «Schweizerischer Jünglings-Bote».

— Kiel. **Commission** zur wissenschaftl. Untersuchung der Deutschen Meere, Jahresberichte der —. Im Auftrage des Königl. Preuss. Ministeriums für die landwirthschaftl. Angelegenheiten herausgegeben von H. A. Meyer, K. Mobius, G. Karsten, V. Hensen, (C. Kupffer), (A. Engler), J. Reincke.
I. **Jahrg. 1871**: Die Expedition zur physik.-chem. und biologischen Untersuchung der Ostsee auf S. M. Avisodampfer „Pommerania" nebst physik. Beobachtungen an den Stationen der preussischen Ostseeküste. Berlin **1873**. Fol.
II. und III. Jahrg. **1872, 73**: Die Expedition zur physikal.-chemischen und biologischen Untersuchung der Nordsee im Sommer 1872. Die Resultate der Beobachtungen an den Stationen der deutschen Ostsee- und Nordsee-Kuste in den Jahren **1872**, 73. Das Ergebniss der statistischen Ermittelungen uber den Betrieb der Seefischerei. Berlin 1875. Fol.

Kiel, Commission zur wissensch. Untersuchung etc. Jahresberichte der —.
IV.—VI. Jahrg. 1874, 75, 76: [Neun Abhandlungen, Special-Untersuchungen, mit einem Anhang: die wirbellosen Thiere der Travemünder Bucht, Theil I, von H. Lenz.] Berlin 1878. Fol.
VII.—XI. Jahrg. 1877—1881: [Neun Abhandlungen, Special-Untersuchungen, darunter: Die wirbellosen Thiere der Travemunder Bucht. Theil II, von H. Lenz.] Berlin 1881. (2 Bde.) Fol.
XII.—XVI. Jahrg. 1882—1886: [Vier Abhandlungen, Special-Untersuchungen.] Berlin 1887. Fol.
XVII.—XIX. Jahrg. 1887—1889, nebst Atlas. Berlin 1889. Fol.

[Jahresberichte der „König Solomons Loge Nr. 279" in New York. 1870, 1873.]

Jahresberichte der König Wilhelm Stiftung in Bonn seit 1896.

—— der k. k. Consulats-Behörden, s.a. Austria.

Jahresberichte d. Consulatsbehörden, Zusammengestellt v. statist. Departement im k. k. Handels-Ministerium. XII. Jahrg. (Bogen 47 bis 53. S. 661—756.) (XXVII. Band d. „Nachrichten über Industrie, Handel u. Verkehr"). Wien, Hof- und Staatsdruckerei. Per Bogen 15 kr. 1884

Jahresberichte der Consulats-Behörden. 1898. Lex.-8. VI. Heft. (S. 693—828) 1.80
Wien: Hof- und Staatsdruckerei 1898

Jahresberichte der Consulats-Behörden. 1898. Lex. 8. VIII. Heft. (S. 1101—1338) 3.40
Wien: Hof- und Staatsdruckerei 1898

—— der k. und k. österreichisch-ungarischen Consulats-Behörden, s.a. Nachrichten über Industrie, Handel und Verkehr.

Jahresberichte d. k. k. österr.-ungar. Consulatsbehörden. Zusammengest. v. statist. Departement im k. k. Handels-Ministerium. XIII. Jahrg. gr. 8. (S. 345—952.) Wien, Hof- u. Staatsdr. Per Bogen à 15 kr. 1885

Jahresberichte der k. k. österr.-ungar. Consulatsbehörden. Zusammengestellt vom statist. Department im k. k. Handels-Ministerium. XIII. Jahrg. (Bogen 68–69.) XXX. Bd. der Nachrichten über Industrie, Handel u. Verkehr. gr. 8°. (S. 953 bis 984 u. Register.) Wien, Hof- u. Staatsdruckerei. fl. —.30.
XIV. Jahrg. (Bogen 1–17.) (XXXII. Bd. Der Nachrichten über Industrie, Handel u. Verkehr.) gr. 8°. (S. 1–32 u. Register.) Ebd. à fl. —.15. 1886

Jahresberichte der k. k. österr.-ungar. Consulatsbehörden. Zusammengestellt vom statist. Department im k. k. Handelsministerium. XIV. Jahrg. (Bogen 18–52.) gr. 8°. (S. 241–736.) Wien, Hof- und Staatsdruckerei. Per Bogen fl. —.15. 1886

Jahresberichte der k. u. k. österr.-ungar. Consulats-Behörden. Zusammengestellt vom statistischen Department im k. k. Handelsministerium. XIV. Jahrg. 1886. Bog. 53–56. gr. 8°. (S. 737–780.) Wien, Hof- und Staatsdruckerei. Gefalzt in Umschlag per Bog. fl. —.15. 1887

Jahresb[illegible]chte der k. k. österr.-ungar. Consulatsbehörden. Zusammengestellt vom statist. Departement im k. k. Handelsbauministerium. XVII. Jahrg. (Bog. 1—7.) Gr.-8. (S. 1—84.) Pro Bogen —.15
Wien: Hof-u.Staatsdruckerei 1889.

Jahresberichte der k. u. k. österreichisch-ungarischen Consulatsbehörden. Zusammengestellt vom statistischen Departement im k. k. Handelsministerium. XXI. Jahrgang. Complet. Lex.-8. (VI, 1088 S.) 4.—
Wien: Hof- und Staatsdruckerei 1894

Jahresberichte der k. u. k. österr.-ungar. Consulats-Behörden. Zusammengestellt vom statistischen Departement im k. k. Handels-Ministerium. XXV. Jahrgang. (LXV. Band der „Nachrichten über Industrie, Handel u. Verkehr".) 1897. 5. Heft. Lex.-8. (S. 445 bis 598) Wien: Hof- und Staatsdruckerei 1897 2.20

Jahresberichte der k. u. k. österr.-ungar. Consulats-Behörden. Zusammengestellt vom statistischen Departement im k. k. Handels-Ministerium. XXV. Jahrgang. (LXV. Band der „Nachrichten über Industrie, Handel u. Verkehr".) 1897. 6. Heft. Lex.-8. (S. 599 bis 814) Wien: Perles 1897 2.80

Jahresberichte der k. u. k. österr.-ungar. Consulats-Behörden. Zusammengestellt vom statistischen Departement im k. k. Handels-Ministerium. XXV. Jahrgang. (LXV. Band der „Nachrichten über Industrie, Handel u. Verkehr".) 1897. 7. Heft. Lex.-8. (S. 815 bis 976) Ebda. 2.20

Jahresberichte der k. u. k. österr.-ungar. Consulats-Behörden. Zusammengestellt vom statistischen Departement im k. k. Handels-Ministerium. XXV. Jahrgang. 1897. VIII. Bd. Lex.-8. (S. 977—1220) Ebda. 3.20

Jahresberichte der k. u. k. österr.-ungar. Consulats-Behörden. Zusammengestellt vom statistischen Departement im k. k. Handels-Ministerium. XXV. Jahrgang. (LXV. Band der „Nachrichten über Industrie, Handel u. Verkehr".) 1897. 9. Heft. Lex.-8. (S. 1221 bis 1402 Wien: Hof- und Staatsdruckerei 1898 2.60

(F) Jahresberichte der k. und k. österreichisch-ungarischen Consulats-Behörden. Zusammengestellt vom Statistischen Departement im k. k. Handelsministerium. XXVI. Jahrgang. (LXVIII. Band der „Nachrichten über Industrie, Handel und Verkehr".) Wien. 1898. Hof- u. Staatsdruckerei. 4°. VI, 1558 S fl. 4.—

Jahresberichte der k. u. k. österr.-ungar. Consulats-Behörden. XXVI. Jahrgang. (LXVIII. Band der „Nachrichten über Industrie Handel und Verkehr". 1899. 5. Heft. Lex.-8. (S. 589—692) 1.40
Wien: Hof- und Staatsdruckerei 1899

Jahresberichte der k. und k. österreichisch-ungarischen Consulats-Behörden. Zusammengestellt vom Statistischen Departement im k. k. Handelsministerium. XXVII. Jahrgang. (LXX. Bd. der „Nachrichten über Industrie, Handel und Verkehr".) Wien. 1899. Hof- und Staatsdruckerei. 4°. erscheint in 12 Nrn. Compl. fl. 5.—, einzelne Bogen à fl. —.20
Vergl. Nr. 818. Erscheint als Beilage zur „Austria" (Nr. 884).

Jahresberichte der k. und k. österreichisch-ungarischen Consulats-Behörden. Zusammengestellt vom Statistischen Departement im k. k. Handelsministerium. XXVIII. Jahrgang. (LXXIV. Bd. der „Nachrichten über Industrie, Handel und Verkehr".) Wien. 1900. Hof- und Staatsdruckerei. Lex.-8°. erscheint in 12 Nrn. compl. K 8.—

—— der städtischen Kranken-Anstalten zu Elberfeld. 1. Bd. Jahrg. 1864. Hrsg. von Carl Pagenstecher. gr. 8. (VII und 167 S.) Elberfeld 865, Friderichs.

Jahresberichte der Krankenkasse der Gussstahlfabrik Friedr. Krupp A.-G. [Wird fortges.]

Verband der Vereins Creditreform e. V. in Leipzig. Jahresberichte: 1906/07 ff.

Westböhmisches Kunstgewerbe-Museum d. K. u. K. Franz Josef I. in Pilsen. Jahres-Berichte a. d. J. 1892—1908. (Bericht über d. Tätigkeit u. d. Stand d. westböhm. städt. Kunstgewerbemus.) Pilsen '08. 157, 155 S.

—— der großherzogl. badischen Landes-Commissäre über die Zustände und Ergebnisse der innern Verwaltung für das J. 1865. gr. 4. (VI, 457 S.) Karlsruhe 866, (Macklot.) *
—— dass. — für das J. 1866. gr. 4. (1107 S.) (Ebendas.) 867. *
—— dass. — für das J. 1867. 4. (588 S.) (Ebendas.) 868. *
Veröffentlicht auf Anordnung des großherzogl. Ministeriums des Innern.

[Jahresberichte der Gr. Landesloge von Sachsen in Dresden seit 1840.]

Jahresberichte über die Leistungen und Fortschritte auf dem Gebiete des Militär-Sanitäts-Wesens. Hrsg. von Dr. W. Roth. 8. Jahrg. 1873–80. Berlin.

W. Roths Jahresberichte über die Leistungen und Fortschritte . . . des Militär-Sanitätswesen. Jg 8 ff. Berlin 1883 ff. 8°. (1. Jg 1876.)

[Jahresberichte der Loge Lessing zu den drei Ringen in Greiz seit 1868.]

[Jahresberichte der Loge Lessing in Valparaiso seit 1905.]

[Jahresberichte der Loge Libanon zu den drei Zedern in Erlangen seit 1887.]

Bieler Liedertafel. Jahres-Berichte (*Umschlag: Berichte über die Musikjahre) 1894—1901 (63. bis und mit 69. Vereinsjahr). 196 S. 8. Biel, Schüler & Cie., 1901.

— für neuere deutsche Litteraturgeschichte, unter ständ. Mitwirkg. v. J. Bolte, W. Creizenach, C. Ellinger etc. hrsg. v. Jul. Elias, Max Herrmann, Siegfr. Szamatólski. 1. Bd. (J. 1890). Lex.-8. (XI, 136 u. 196 S.) Stuttgart 892. G. J. Göschen. n. 10. —; geb. in Leinw. n. 12. —

— dasselbe. 2. Bd. (J. 1891). Lex.-8. (XV, 196 u. 275 S.) Ebd. 893. n. 12. 60; geb. n. 14. 60

— dasselbe. 3. Bd. (J. 1892). 1. Abtlg. Lex.-8. (224 S.) Ebd. 894. n. 7. —

— f. neuere deutsche Litteraturgeschichte, unt. ständ. Mitwirkg. v. J. Bolte, K. Breysig, W. Creizenach etc., m. besond. Unterstützg. v. Erich Schmidt hrsg. v. Jul. Elias u. Max Osborn. 3. Bd. (J. 1892.) 2. Abtlg. Lex.-8. (X, 555 S.) Stuttgart 895. Berlin, B. Behr's Verlag. n. 16. 80 (kplt.: n. 23. 80; geb. n. 25. 80)

— dasselbe. 4. Bd. (J. 1893.) 4 Abtlgn. Lex.-8. (144, 288 u. VI, 248 S.) Ebd. 895. geb. n. 28. 80

— dasselbe. 5. Bd. (J. 1894.) 4 Abtlgn. Lex.-8. (152, 192, 183 u. VI, 189 S.) Ebd. 896. 97. n. 31. —

— dasselbe. 6. Bd. (J. 1895.) 1. u. 2. Abtlg. Lex.-8. (141 u. 184 S.) Ebd. 897. n. 14. —
D. Schluss d. 6. Bds. ist noch nicht erschienen.

Jahresberichte für neuere deutsche Litteraturgeschichte. Unter Mitwirkg. v. J. Bolte, W. Creizenach, K. Drescher etc. Mit besond. Unterstützg. v. Erich Schmidt hrsg. v. Jul. Elias, Max Osborn, Wilh. Fabian. 6. Bd. (J. 1895). 3. u. 4. Abtlg. Lex.-8. (166 u. VI, 98 S.) Berlin 899. B. Behr's Verl. n. 18. —; (6. Bd. kplt. n. 27. —; geb. in Leinw. n. 29. —)

— dasselbe, unt. Mitwirkg. v. J. Bolte, W. Creizenach, K. Drescher etc., m. bes. Unterstützg. v. Erich Schmidt hrsg. v. Jul. Elias u. Max Osborn. 7. Bd. (J. 1896.) 1. Abtlg. Lex.-8. (151 S.) Ebd. 898. n. 6. 80

— dasselbe. Unter Mitwirkg. v. B. Adickes, J. Bolte, A. Batka etc. Mit besond. Unterstützung v. Erich Schmidt hrsg. v. Jul. Elias, Max Osborn, Wilh. Fabian, C. Alt. 7. Bd. (J. 1896). 2.—4. Abtlg. Lex.-8. (154, 172 u. VI, 136 S.) Ebd. n. 23.20; (7. Bd. kplt. n. 30. —; geb. in Leinw. n. 32. —)

— dasselbe. Unter Mitwirkg. v. B. Adickes, R. Batka, E. Brandenburg etc. Mit besond. Unterstützg. v. Erich Schmidt hrsg. v Jul. Elias, Max Osborn, Wilh. Fabian, C. Alt. 8. Bd. (J. 1897.) 4 Abtlgn. Lex.-8. (187, 162, 195 u. VI, 63 u. XXXXIII S.) Ebd. 900. 901. n. 28. —; geb. in Leinw. n. 30. —

— dasselbe. Unter Mitwirkung v. E. Brandenburg, F. Cohrs, W. Creizenach u. a. Mit besond. Unterstützg. v. Erich Schmidt hrsg. v. Jul. Elias, Max Osborn, Wilh. Fabian, C. Alt, Frdr. Gotthelf. 9. Bd. (J. 1898.) 4 Abtlgn. Lex.-8. (160, 140 u. VIII, 159 S.) Ebd. 901. 902. n. 22. 40; geb. in Leinw. n. 24. 40

— dasselbe. 10. Bd. (J. 1899.) 1. u. 2. Abtlg. Lex.-8. (161 u. 145 S.) Ebd. 901. à n. 8. —

— f. neuere deutsche Litteraturgeschichte. Unter Mitwirkg. v. C. Alt, E. Brandenburg, F. Cohrs u. a. Mit besond. Unterstützg. v. Erich Schmidt hrsg. v. Jul. Elias, Max Osborn, Wilh. Fabian, Frdr. Gotthelf, Kurt Jahn. 10. Bd. (J. 1899.) 3. u. 4. Abtlg. (132 u. VI, 158 S.) Lex.-8. Berlin 903. B. Behr's Verl. n. 15. — (10. Bd. kplt. n. 31. —; geb. in Leinw. n. 33. —)

— dasselbe. Unter Mitwirkg. v. C. Alt, E. Brandenburg, F. Cohrs u. a. Mit besond. Unterstützg. v. Erich Schmidt hrsg. v. Jul. Elias, Max Osborn, Wilh. Fabian, Kurt Jahn, Hans Daffis. 11. Bd. (J. 1900.) 4 Abtlgn. (148, 142 u. VI, 168 S.) Lex.-8. Ebd. 903. 904. n. 25. —; geb. in Leinw. n. 27. —

— dasselbe. Unter Mitwirkg. v. C. Alt, F. Cohrs, W. Creizenach u. a. Mit besond. Unterstützg. v. Erich Schmidt hrsg. v. Jul. Elias, Max Osborn, Wilh. Fabian, Kurt Jahn, Hans Daffis. 12. Bd. (J. 1901.) 4 Abtlgn. (147, 122 u. VI, 180 S.) Lex.-8. Ebd. 904. 905. n. 25. 60

Jahresberichte für neuere deutsche Litteraturgeschichte. Unter Mitwirkg. v. C. Alt, A. E. Berger, F. Cohrs u. a. Mit besond. Unterstützg. v. Erich Schmidt hrsg. v. Jul. Elias, Max Osborn, Wilh. Fabian, Kurt Jahn, Ludw. Kraehe. 13. Bd. (J. 1902.) 3 Tle. Lex.-8. Berlin, B. Behr's Verl. n. 40. —; geb. in 2 Leinw.-Bdn. n. 44. —
1. Bibliographie. Bearb. v. Osk. Arnstein. (217 S.) 905. n. 14. —
2. 3. Text u. Register. (VII u. S. 219—661.) 906. n. 26. —

— dasselbe. Unter Mitwirkg. v. C. Alt, F. Cohrs, W. Creizenach u. a. Mit besond. Unterstützg. v. Erich Schmidt hrsg. v. Jul. Elias, Max Osborn, Wilh. Fabian, Kurt Jahn, Ludw. Kraehe, Frz. Deibel. 14. Bd (J. 1903.) I. Bibliographie. Bearb. v. Osc. Arnstein. (VI, 416 S.) Lex.-8. Ebd. 906. n. 24. —

— für neuere deutsche Literaturgeschichte. Unter Mitwirkg. v. C. Alt, F. Cohrs, W. Creizenach u. a. Mit besond. Unterstützg. v. Erich Schmidt hrsg. v. Jul. Elias, Max Osborn, Wilh. Fabian, Kurt Jahn, Ludw. Kraehe, Frz. Deibel, M. Morris. 14. Bd. (J. 1903.) II. u. III. Heft. Text. (VI u. S. 417—878.) Lex. 8. Berlin 906. Zehlendorf, B. Behr's Verl. 30. —; geb. in 1 Leinw.-Bd. 32. — (14. Bd. kplt. 54. —)

Jahresberichte für neuere deutsche Literaturgeschichte. Unter Mitwirkg. v. C. Alt, F. Cohrs, W. Creizenach u. a. Mit besond. Unterstützg. v. Erich Schmidt hrsg. v. Jul. Elias, Max Osborn, Wilh. Fabian, Kurt Jahn, Ludw. Kraehe, Frz. Deibel, M. Morris. 15. Bd. (J. 1904.) 2 Hefte. Lex. 8. Berlin. Zehlendorf, B. Behr's Verl. 24. —
I. Bibliographie. Bearb. v. Osc. Arnstein. (VI S. u. 270 Sp.) 907. 8. —
II. Text u. Register. (VI u. S. 271—527.) 908. 16. —

— dasselbe. Unter Mitwirkg. v. C. Alt, C. A. v. Bloedau, F. Cohrs u. a. Mit besond. Unterstützung v. Erich Schmidt hrsg. v. Jul. Elias, M. Osborn, Wilh. Fabian, K. Jahn, L. Krähe, F. Deibel, M. Morris. 16. Bd. (J. 1905.) 2 Hefte. Lex. 8. Ebd. 32. —
I. Bibliographie. Bearb. v. Osc. Arnstein. (VI S. u. 278 Sp.) 908. 8. —; geb. 10. —
II. Text u. Register. (VI u. S. 281—734.) 909. 24. —

— dasselbe. 17. u. 18. Bd. (J. 1906/7.) Lex. 8. Ebd. 52. —; geb. 58. —
I. Bibliographie. Bearb. v. Osc. Arnstein. (XIII S. u. 484 Sp.) 909. 16. —; geb. 18. —
II. Text u. Register. (VIII u. S. 485—1001.) 910. 36. —; geb. 38. —

— dasselbe. 19. u. 20. Bd. (1908 u. 1909.) I. Bibliographie. Bearb. v. Osc. Arnstein. (XXII, 530 Sp.) Lex. 8. Ebd. 910. 18. —; geb. 20. —

Jahresberichte -- seit 1892: von Loebells Jahresberichte — über die Veränderungen und Fortschritte im Militärwesen; seit 1906: — über das Heer- und Kriegswesen. Jg. 1—40. Berlin 1874—1913

Jahresberichte. (Heinrich) v. Löbell's Jahresberichte über die Veränderungen und Fortschritte im Militärwesen. Jahrg. 28: 1901. Unter Mitwirkung... hrg. von [Gerhard] v. Pelet-Narbonne. Generalleutnant z. D. Mit einem Bildniss [Tafel] und fünf Skizzen im Text. XIV + 554 S. 8. Berlin, Ernst Siegfried Mittler & Sohn. (1902). [M. 10. 50]

Darin S. 211 f.: Das Heerwesen der Schweizerischen Eidgenossenschaft. 1901: *ferner S. 275. 315 - 347. 362 f. 365 f. 391 - 394. 396 164. 474 etc., sowie S. 477 - 491* Litteratur *passim*, die Schweiz *betr.*

Jahresberichte. [Heinrich] v. Löbell's J' über die Veränderungen und Fortschritte im Militärwesen. Jahrg. 30: 1903. Unter Mitwirkung... der Oberstleutnants... Gertsch... u. a. hrg. von [Gerhard] v. Pelet-Narbonne.... Mit zwei Skizzen im Text. XVI + 542 S. 8. Berlin, Mittler, (1904). [M. 11. —, geb. 12. 50]

Darin S. 241—243: Das Heerwesen der Schweizerischen Eidgenossenschaft. 1903. ([Von] Fritz Gertsch); *s. ferner S. 293 f. 316 f. 363 f. 453 f. 475/7 etc.* die Schweiz *betr.*

[**Jahresberichte** der Loge „zum Frankfurter Adler" in Frankfurt a. M. Seit 1889.]

[**Jahresberichte** der Loge zur Akazie in Meissen seit 1896.]

[**Jahresberichte** der Loge zu den drei Ankern in Bremerhaven seit 1900.]

[**Jahresberichte** der Loge zum goldnen Apfel in Dresden von 1852-1869.]

[**Jahresberichte** der Loge zur edlen Aussicht in Freiburg i. Br. seit 1860.]

[**Jahresberichte** der Loge zu den drei Bergen in Freiberg i. Sa. seit 1858.]

[**Jahresberichte** der Loge zur Bruderkette in Hamburg seit 1872.]

[**Jahresberichte** der Loge zur Brudertreue an der Elbe in Hamburg seit 1846.]

[**Jahresberichte** der Loge „An Erwin's Dom" in Strassburg i. E. von 1882—1898 und seit 1908.]

[**Jahresberichte** der Loge zur Einigkeit und Treue in Kassel seit 1910.]

[**Jahresberichte** der Loge zu den drei weissen Felsen in Weissenfels seit 1908.]

Z. Treuen Herzen: [**Jahresberichte** der Loge zum treuen Herzen in Strassburg i. E.]
Beginn der Hrsg. unbekannt.

Z. Hoffnung und Stärke am Niederrhein: [**Jahresberichte** der Loge zur Hoffnung und Stärke am Niederrhein in Düsseldorf seit 1906.]

[**Jahresberichte** der Loge zur Kette in München seit 1876.]

[**Jahresberichte** der Loge zum aufgehenden Licht an der Isar in München seit 1903.]

[**Jahresberichte** der Loge zur goldnen Lotosblume in Crimmitschau seit 1909.]

[**Jahresberichte** der Loge zur goldnen Mauer in Bautzen seit 1851.]

[**Jahres-Berichte** der St. Johannis □ „Modestia cum Libertate" im Or. von Zürich von 1874 an.]

[**Jahres-Berichte** der Loge „zum Morgenstern" in Hof: seit 1907/08.]

[**Jahresberichte** der Loge „zur Perle am Berge" in Perleberg. Seit 1904/05.]

[**Jahresberichte** der Loge „Zu den drei Pfeilen" in Nürnberg. Seit 1903/04.]

[**Jahresberichte** der Loge zur Rose am Teutoburger Walde in Detmold seit 1900.]

[**Jahresberichte** der Loge zur Säule an den Vogesen in Mülhausen i. Els. seit 1888.]

[**Jahresberichte** der Loge „zu den 2 Säulen am Stein" in Würzburg. Seit 1887/88.]

[**Jahresberichte** der Loge „zu den 3 Schwertern und Asträa zur grünenden Raute" in Dresden. Seit 1851/52.]

[**Jahresberichte** der Loge zu den drei Schwertern und Asträa zur grünenden Raute in Dresden seit 1871.]

[**Jahresberichte** der Loge zum Tempel des Friedens in Metz seit 1901.]

[**Jahresberichte** der Loge „zum wiedererbauten Tempel der Bruderliebe" im Or. Worms. 1898/99; 1901/02.]

[**Jahresberichte** der Loge zu den fünf Türmen am Salzquell in Halle a. S. seit 1904.]

[**Jahresberichte der Loge zur Verbrüderung an der Regnitz in Bamberg seit 1875.**]

[**Jahresberichte** der Loge zur Wahrhaftigkeit und Bruderliebe in Döbeln seit 1884.]

[**Jahresberichte** der Loge zur Wahrheit und Freundschaft in Fürth seit 1891.]

[**Jahresberichte der Loge zur Weltkugel in Lübeck seit 1891.**]

[**Jahresberichte** der Loge „zu den 3 Cedern" in Stuttgart. Seit 1905/06.]

— erster, üb. d. k. k. Militär-Erzieh.- u. Bildungs-Anst., dann üb. d. Officierstöchter-Erzieh.-Instit. Hrsg. v. Organ d. milit.-wissensch. Vereine. 8. (129 S.) Wien, *L. W. Seidel & Sohn. 1 fl. 1884

Jahresberichte d. badischen Ministeriums d. Innern 1880/81 – 1895/96. Tiergarten. Karlsruhe.

[**Jahresberichte** und Mitgliederverzeichnisse der Loge „Allvater zum freien Gedanken" im Or. Lahr. Seit 1905.]

[**Jahresberichte,** nebst Mitgliederverzeichnissen und Arbeitskalender der Loge „zur Pyramide" in Plauen. Seit 1900.]

[**Jahres-Berichte** und Mitglieder-Verzeichnisse der Loge „Constantia zur Zuversicht" in Constanz: 1888/89; 1889/90; 1896/97; 1901/02—1909/10.]

[**Jahres-Berichte** und Mitglieder-Verzeichnisse der Loge „zum Morgenstern" in Hof: 1865/66; 1886.]

[**Jahresberichte,** geschäftliche Mitteilungen, Verhandlungsberichte, Einladungen usw. des Preußischen Landesverbandes d. Haus- und Grundbesitzer-Vereine.] Köln am Rh., Spandau. Berlin-Spandau 1902 ff. 8°

— und **Mittheilungen** des historisch-statistischen Vereins zu Frankfurt a. O. 1.—7. Heft. 4. Frankfurt a. O., (Trowitzsch und Sohn. — Harnecker und Comp.) * * 1

Inhalt:

Heft. 1. (XX und 48 S. mit 1 Taf. Abbild.) 861.
" 2. A. u. d. T.: das Neumärkische Landbuch Markgraf Ludwig des Aelteren 1337 hrsg. von Gollmert. (32 S.) 862. * * 7½ Ngr.
" 3. (32 S.) 863.
" 4. (56 S. mit 4 Taf. Abbild.) 864.
" 5. A. u. d. T.: Geschichte der Stadt Frankfurt a. O. von Ed. Philippi mit Stadtplan von 1706. (128 S.) 865. * * 18 Ngr.
" 6. 7. (XV und 148 S. mit 3 Taf. Abbild.) 867. * * 24 Ngr.

— und **Mittheilungen** des historisch-statistischen Vereins zu Frankfurt a. O. 8. Heft: Geschichte der französischen Colonie in Frankfurt a. O. von Tollin. gr. 8. (192 S.) Frankfurt a. O. 868, (Trowitzsch und Sohn.) *

— des Museums-Vereins f. das Fürstent. Lüneburg. 1896/98. gr. 8. (VIII, 149 S.) Lüneburg 899. (Herold & Wahlstab). n. 2. —

— dasselbe. 1899/1901. gr. 8. (III, 166 S.) Ebd. 901. n. 3. 50

Jahresberichte des Germanischen Nationalmuseum zu Nürnberg. 4°.
1.: September 1853 — Ende August 1854 mit Rückblick auf das Jahr 1852 verfasst v. W. Harless. Nürnberg, [illegible] 1854
2.: September 1854 — Ende August 1855 verfasst v. J. Müller. ebd. 1855.
3.: September 1855 — 1. October 1856. ebd. 1856.
4.: 1. October 1856 — Ende 1857. ebd. 1858.
5., 6. u. 9.: 1. Januar bis 31. Dezember 1858, 59 u. 62. Nürnberg. 1859, 60 u. 63.

Pestalozzi z. Wahrheit: [**Jahresberichte** der Loge Pestalozzi zur Wahrheit in Berlin seit 1901.]

Jahresberichte der Pestalozzi-Stiftung der Loge zur Brudertreue an der Elbe in Hamburg seit 1847.

[**Jahresberichte** der Loge Phönix in Leipzig seit 1893.]

Pillau: [**Jahresberichte** der Freimaurer-Vereinigung Pilot in Pillau seit 1898.]

Nationaler Deutsch-Amerikanischer Lehrerbund.
--Jahresberichte des Präsidenten. 27 ann reps. Milw. 1866-1909.

Jahresberichte und Programme:
der kgl. technischen Hochschule in Aachen 1870/71—1879/80 —
der kgl. Bau-Akademie in Berlin 1869/70—1878/79.
der kgl. Berg-Akademie in Berlin 1874/75 -- Sommersemester 1880.
der kgl. Gewerbe-Akademie in Berlin 1867/68—1878/79.
der kgl. technischen Hochschule in Berlin 1879/80 —
der herzogl. technischen Hochschule in Braunschweig 1868/69 —1879/80 —
der k. k. technischen Hochschule in Brünn 1868/69—1880/81 —
der grossh. polytechnischen Schule in Carlsruhe 1869/70 — 1880/81 —
der grossh. techn. Hochschule in Darmstadt 1869/70—1879/80 —
des kgl. Polytechnikum in Dresden 1866/67—1879/80 —
der kgl. Bergakademie in Freiberg 1873/74—1879/80 —
der k. k. technischen Hochschule in Graz 1867/68—1880/81 —
der kgl. techn. Hochschule zu Hannover 1867/68—1879/80 —
der k. k. Bergakademie in Leoben 1875/76—1879/80 —
der kgl. technischen Hochschule in München 1868/69 — 1879/80 —
der k. k. deutschen technischen Hochschule in Prag 1868/69— 1879/80 —
der polytechnischen Schule in Riga 1869/70—1879/80 —
des kgl. Polytechnikum in Stuttgart 1866/67—1879/80 —
der k. k. technischen Hochschule in Wien 1869/70—1879/80 —
der eidgenössischen polytechnischen Schule in Zürich 1869/70 —1878/79 —
(Werden nicht alle regelmässig zugestellt.)

[Jahresberichte der Provinzialgrossloge von Hamburg in Berlin seit 1901.]

Canton Appenzell I. Rh. Jahresberichte an den h. Grossen Rat des Kts. ... über das Jahr 1900: (20.) Jahresbericht der Landwirtschafts-Kommission; — Jahresbericht des Kantonsforstamtes; — Jahresbericht des Kantonstierarztes. 43 S. 8. Appenzell, Genossenschafts-Buchdr., 1901.

Kanton Appenzell I.-Rh. Jahresberichte an den h. Grossen Rat des Kantons ... über das Jahr 1901: (21.) Jahresbericht der Landwirtschafts-Kommission; — ... des Kantonsforstamtes; — ... des Kantonstierarztes. 32 S. 8. Appenzell, Genossenschafts-Buchdr., 1902.

Kanton Appenzell I.-Rh. Jahresberichte an den h. Grossen Rat über das Jahr 1902: (22.) Jahresbericht der Landwirtschafts-Kommission; — ... des Kantonsforstamtes; — ... des Kantonstierarztes. 41 S. 8. Appenzell, Genossenschafts-Buchdr., 1903.

[Jahresberichte des Vereins „Rat und Tat" in Hamburg. 1903; 1904.]

— u. Rechnungen des Vereins f. das historische Museum u. f. Erhaltung Baslerischer Altertümer. Nebst e. Vortrag v. Rud. Wackernagel: Über Altertümersammlungen. J. 1893. gr. 4. (40 S. m. 3 Taf.) Basel 894. (R. Reich.) n. 2. —

— u. Rechnungen d. Vereins f. d. histor. Museum u. f. Erhaltg. Basler. Altertümer. Nebst e. Vortrag v. Alb. Burckhardt-Finsler: D. grosse Spiesshofzimmer im histor. Museum zu Basel. J. 1894. gr. 4. (57 S. m. 1 Taf.) Basel 895. R. Reich. n. 2. —

— dasselbe. Nebst e. Arbeit v. E. A. Stückelberg üb. „Die mittelalterl. Grabmäler des Basler Münsters". J. 1895. gr. 4. (68 S. m. 32 Fig.) Ebd. 896. n. 2. 80

Jahresberichte u. Rechnungen d. Vereins f. d. histor. Museum u. f. Erhaltg. Basler. Altertümer. Nebst e. Arbeit v. A. Burckhardt-Finsler üb. „D. Olleton- u. Waffeleisen d. histor. Museums". J. 1896. gr. 4. (38 S. m. 2 Taf.) Basel 897. R. Reich. n. 2. 80

— u. Rechnungen des Vereins f. das historische Museum u. f Erhaltung Baslerischer Altertümer. Nebst e. Arbeit v. A. Burckhardt-Finsler üb. die „Stammbücher des histor. Museums zu Basel". J. 1897. gr. 4. (51 S. m. 1 Taf.) Basel 898. Helbing & Lichtenhahn. n. 2. 80

— — dasselbe. Nebst e. Arbeit v. A. Burckhardt-Finsler üb. 8 aus der gräfl. Douglas'schen Sammlg. f. Basel erworbene Glasgemälde. J. 1898. gr. 4. (91 S. m. 2 Taf.) Ebd. 899. n. 2. 80

— — dasselbe. Jahr 1899 u. 1900. gr. 4. (35 S. m. 1 Taf. u. 31 S. m. 2 Taf.) Ebd. 900. 901. à n. 2. 80

— — dasselbe. Jahr 1901. gr. 4. (36 S. m. 1 Taf.) Ebd. 902 n. 2. —

— u. Rechnungen des Vereins f. das historische Museum u. f. Erhaltung Baslerischer Altertümer. Jahr 1902—1905. (32 S. m. 1 Taf.; 38 S. m. 1 Taf.; 36 S. m. 1 Taf. u. 32 S. m. 2 Taf.) Lex.-8. Basel 903—906. Helbing & Lichtenhahn. à n. 2. 80

— u. Rechnungen des Vereins f. das historische Museum u. f. Erhaltung Baslerischer Altertümer, nebst e. Abhandlg. v. F. Holzach üb.: Der Feerenteppich im histor. Museum zu Basel. Jahr 1906. (46 S. m. 1 Abbildg. u. 1 Taf.) Lex. 8. Basel 907. Helbing & Lichtenhahn. 2. 80

— — dasselbe. Jahr 1907. (82 S. m. 2 Taf.) Lex. 8. Ebd. 908. 2. 80

— — 1. des Vereins f. das histor. Museum u. f. Erhaltg. Baslerischer Altertümer u. 2. der Kommission zum histor. Museum. Jahr 1908 u. 1909. (82 S. m. 1 Taf. u. 36 S. m. 2 Taf.) Lex. 8. Ebd. 909. 10. à 2. 80

— der königl. preussischen Regierungs- u. Gewerberäthe und Bergbehörden für 1891. Amtliche Ausg. gr. 8. (XXXIX, 397 S. m. Tab.) Berl. 892. Bruer. * 6. 30; geb. * 7 —
Frühere Jahrge. s.: Jahres-Berichte der königl. preussischen Gewerberäthe u. Bergbehörden.

— dasselbe f. 1892. gr. 8. (XLIX, 482 S. m. Tab.) Ebd. 893. n. 8. 10; geb. n. 8. 80

— dasselbe f. 1893. gr. 8. (XXXIX, 655 S. m. Tab.) Ebd. 894. n. 7. 95; geb. n. 8. 65
s.: Jahres-Berichte der königl. preussischen Gewerberäthe u. Bergbehörden.

— d. kgl. preuss. Regierungs- u. Gewerberäthe u. Bergbehörden f. 1894. Amtl. Ausg. gr. 8. (XXXIV, 715 S. m. Tab.) Berlin 895. W. T. Bruer. n. 9. 45; geb. n. 10. 15

— dasselbe f. 1895. Mit Tabellen u. Abb. Amtl. Ausg. gr. 8. (XXXIV, 819 S.) Ebd. 896. n.n. 11. 85; geb. n. 12. 55

— dasselbe f. 1896. gr. 8. (XLVII, 742 S.) Ebd. 897. n.n. 10. 65; geb. n. 11. 35

— dasselbe f. 1897. gr. 8. (XXXI, 17 u 775 S.) Ebd. 898. n.n. 14. 55; geb. n. 15. 25

— der königl. preussischen Regierungs- u. Gewerberäthe u. Bergbehörden 1898. Mit Tabellen u. Abb. Amtl. Ausg. gr. 8. (XXXIX, 690 S.) Berlin 899. R. v. Decker. n. 8. 70; geb. in Leinw. n. 9. 40

— dasselbe, f. 1899. gr. 8. (LV, 916 S. m. 17 Tab.) Ebd. 900. n. 10. 24; geb. in Leinw. n. 10. 94

— dasselbe, 1900. gr. 8. (XLIX, 669 S.) Ebd. 901. n. 6. 60; geb. in Leinw. n. 7. 30

— dasselbe, f. 1901. gr. 8. (LI, 607 S.) Ebd. 902. n. 5.76; kart. n. 6.06; geb. in Leinw. n. 6.46

— der königl. preußischen Regierungs- u. Gewerberäte u. Bergbehörden f. 1902—1905. Mit Tabellen u. Abbildgn. Amtl. Ausg. gr. 8. Berlin, R. v. Decker. n. 26.06; kart. n. 27.26; geb. in Leinw. n. 28.86
1902. (LV, 688 S.) 903. n. 6.41; kart. n. 6.71; geb. n. 7.11
1903. (LX, 769 S.) 904. n. 6.55; kart. n. 6.85; geb. n. 7.25
1904. (LVIII, 800 S.) 905. n. 6.80; kart. n. 7.10; geb. n. 7.50
1905. (LIX, 740 S.) 906. n. 6.30; kart. n. 6.60; geb. n. 7.—

— der königl. preuß. Regierungs- u. Gewerberäte u. Bergbehörden f. 1906—1909. Mit Tabellen u. Abb. Amtl. Ausg. (LXVIII, 856; LXVII, 820; LXIII, 804 u. LX, 816 S.) gr. 8. Berlin 907—10. R. v. Decker. à nn 5.25; geb. in Leinw. à nn 5.75

Jahresberichte der sämmtlichen technischen Schulen des Königreichs Bayern (resp. Gewerb-, Real- u. Industrie-Schulen, Realgymnasien) 1848/49—79/80 — 4°.

Jahresberichte über das höhere Schulwesen, hrsg. v. C. Rethwisch. 1. Jahrg. 1886. gr. 8. (VIII, 368 S.) Berlin 887. Gaertner. n. 8.—

— dasselbe. 2.—4. Jahrg. 1887—1889. gr. 8. (VI, 114 u. 483 S.; VI, 101 u. 474 S.; VIII, 614 S.) Ebd. 888—890. à Jahrg. n. 12.—

— dasselbe. 3. Jahrg. Ergänzungshft. gr. 8. Ebd. 889. n. — 60
Evangelische Religionslehre v. L. Witte. (24 S.)

— dasselbe. 4. Jahrg. Ergänzungshft. Evangelische Religionslehre v. Leop. Witte. gr. 8. (34 S.) Ebd. 890. n. — 90

— dasselbe. 4. Jahrg. Ergänzungshft. Katholische Religionslehre v. J. N. Brunner. gr. 8. (39 S.) Ebd. 890. n. 1.—

— üb. das höhere Schulwesen, hrsg. v. Conr. Rethwisch. 5. Jahrg. 1890. gr. 8. (VIII, 22, 52, 68, 60, 84, 46, 10, 60, 16, 29, 52, 8, 21, 71 u. 65 S.) Berlin 891. R. Gaertner. n. 12.—; geb. in Halbfrz. n.n. 14.—

— dasselbe. 2 Ergänzungshefte. gr. 8. Ebd. 891. n. 2.—
1. Evangelische Religionslehre v. Leop. Witte. (47 S.) n. 1.—
2. Katholische Religionslehre v. J. N. Brunner. (42 S.) n. 1.

— dasselbe. 6. Jahrg. 1891. gr. 8. (VII, 692 S.) Ebd. 892. n. 13.—; geb. n.n. 15.—

— dasselbe. 2 Ergänzungshefte. gr. 8. Ebd. 892. n. 1.80
1. Evangelische Religionslehre v. Leop. Witte. (42 S.) n. 1.—
2. Katholische Religionslehre v. J. N. Brunner. (31 S.) n. — 80

— dasselbe. 7. Jahrg. 1892. gr. 8. (VIII, 26, 24, 34, 20, 51, 75, 40, 53, 89, 14, 32, 51, 19, 16 u. 74 S.) Ebd. 893. n. 12.—; geb. n.n. 14.—

— dasselbe. 8. Jahrg. 1893. gr. 8. VIII, 29; 30, 38, 22, 59, 71, 38, 61, 86, 16, 56, 52, 18, 76 u. 92 S.) Ebd. 894. n. 14.—; geb. n.n. 16.

— üb. d. höhere Schulwesen, hrsg. v. Conr. Rethwisch. IX.—XI. Jahrg. 1894—1896. gr. 8. Berlin, R. Gaertner. à n. 13.—; geb. à n.n. 15.—
IX. (VIII, 25, 35, 84, 22, 52, 72, 34, 56, 98, 10, 44, 44, 20, 14 u. 82 S.) 895.
X. (VIII, 24, 66, 35, 12, 56, 90, 38, 53, 56, 14, 40, 74, 16, 8 u. 74 S.) 896.
XI. (VIII, 30, 48, 28, 63, 84, 84, 44, 79, 10, 22, 56, 25, 6, 37 u. 76 S.) 897.

— dasselbe. XII. Jahrg. 1897. gr. 8. (VIII, 30, 50, 32, 57, 74, 26, 40, 74, 18, 41, 49, 25, 30 u. 76 S.) Ebd. 898. n. 14.—; geb. n.n. 16.—

— über das höhere Schulwesen, hrsg. v. Conr. Rethwisch. XIII. Jahrg. 1898. gr. 8. (VIII, 16, 28, 54, 39, 24, 64, 71, 36, 44, 83, 21, 50, 62, 11, 7, 48 u. 84 S.) Berlin 899. [R. Gaertner.] Weidmann. n. 15.—; geb. n.n. 17.—

— dasselbe. XIV. Jahrg. 1899. gr. 8. (VIII, 7, 80, 51, 36, 22, 69, 57, 29, 44, 62, 26, 48, 51, 27, 9, 37 u. 80 S.) Ebd. 900. n. 14.—; geb. n.n. 16.—

— dasselbe. XV. Jahrg. 1900. gr. 8. (VIII, 30, 56, 30, 70, 66, 30, 42, 54, 20, 44, 82, 80, 10, 36 u. 79 S.) Ebd. 901. n. 14.—; geb. n.n. 16.—

— dasselbe. XVI. Jahrg. 1901. gr. 8. (VIII, 11, 60, 38, 66, 70, 81, 58, 94, 27, 58, 96, 31, 26 u. 75 S.) Berlin 902. Weidmann. n. 16.—; geb. n. 18.—

— über das höhere Schulwesen, hrsg. v. Conr. Rethwisch. 17—20. Jahrg. 1902—1905. gr. 8. Berlin, Weidmann. n. 71.—; geb. in Halbfrz. n. 79.—
17. (VIII, 8, 44, 58, 48, 26, 73, 70, 24, 47, 60, 36, 52, 85, 26, 31 u. 84 S.) 903. n. 16.—; geb. n. 18.—
18. (VIII, 8, 30, 63, 66, 84, 92, 33, 90, 100, 38, 60, 86, 14, 8, 36 u. 98 S.) 904. n. 18.—; geb. n. 20.—
19. (VII, 8, 33, 66, 73, 32, 85, 75, 34, 74, 48, 54, 96, 25, 36, 32 u. 100 S.) 905. n. 18.—; geb. n. 20.
20. (VIII, 10, 45, 79, 38, 84, 84, 32, 126, 64, 81, 67, 87, 17, 80 u. 128 S.) 906. n. 19.—; geb. n. 21.—

— üb. das höhere Schulwesen, hrsg. v. Conr. Rethwisch. XXI.—XXIII. Jahrg. 1906—1909. gr. 8. Berlin. Weidmann. 54.—; geb. in Halbfrz. 60.80
XXI. (VIII, 8, 64, 69, 78, 28, 98, 77, 33, 30, 58, 70, 127, 21, 17 u. 30 S.) 907. 17.—; geb. 19.—
XXII. (VIII, 12, 62, 84, 51, 22, 96, 96, 36, 124, 64, 74, 84, 164, 22, 9 u. 32 S.) 908 22.—; geb. 24.40
XXIII. (VIII, 6, 82, 49, 51, 60, 19, 48, 58, 50, 61, 112, 16, 14 u. 27 S.) 909. 15.—; geb. 17.40

Jahresberichte über die deutsche See- und Küstenfischerei für 1. April 1899/1900 und 1. April 1900/1901. Nach amtlichen Quellen (unter thunlichster Benutzung der von ... G. Havemann über 1899 hinterlassenen Aufzeichnungen) bearbeitet von M. Lindeman. ([S.-A.] Mittheilungen des Deutschen Seefischerei-Vereins. No. 5. 1902.) Berlin 1902. 98 S. 8°.

Lüneburg: **[Jahresberichte** der Loge Selene zu den drei Türmen in Lüneburg 1810 bis ca. 1835.]

Jahresberichte des Knabenhorts Settegast [der Prov. Gr. L. von Hamburg] in Berlin seit 1901.

[Jahresberichte der Loge Solon in Chemnitz seit 1900.]

— üb. d. k. k. archäolog. Staats-Museum zu Aquileja von 1882—1891. [Aus: „Mitth. d. Central-Comm. f. Erforschg. d. Kunst- etc. Denkm.“] 8. (128 S.) Wien 898. (W. Braumüller.) n n. 2.—

Stadtsängerverein-Frohsinn St. Gallen. Jahres-Berichte vom 1. Juli 1898 bis 30. Juni 1901. 84 S. 8. St. Gallen, Wiser & Frey, 1902.

Jahresberichte, Statistische, der Stadt Aachen *[Wird fortges.]*

Kiel: **Jahresberichte** von den Stiftungen der Loge Alma an der Ostsee in Kiel seit 1869.

Jahresberichte von Stiftungen der Loge Balduin zur Linde in Leipzig seit 1886.

Jahresberichte von Stiftungen der Loge Fichte zur Selbstbeherrschung in Berlin seit 1901.

Zittau: **Jahresberichte** der Stiftungen der Loge Friedrich August zu den drei Zirkeln in Zittau seit 1869.

Jahresberichte der Stiftungen der Loge Germania zur deutschen Treue in Erlangen seit 1900.

Grosslichterfelde: **Jahresberichte** der Stiftungen der Loge drei Lichter im Felde in Grosslichterfelde seit 1896.

Jahresberichte von Stiftungen der Loge zum Tempel des Friedens in Metz seit 1882.

[**Jahresberichte** über die Tätigkeit der St.Johannis-Loge „zur Hansa" im Orient Bremen.]
1895/96; 1896/97; 1898/99.

Hamburg, Deutsche Seewarte.

— — Jahresberichte über die Thatigkeit der Deutschen Seewarte. I.—XI. Jahrgang 1875/78 — 1888. [Separat-Abdruck aus dem Archiv der Seewarte]. Hamburg.

[Jahresberichte der Loge Teutonia in Buenos Aires seit 1909.]

— — der k. Thierarzneischule in München. Jahrg. 1868/69—78/79 — 8°.

[**Jahres-Berichte** der unter der Grossloge „Zur Sonne" in Bayreuth arbeitenden Tochterlogen: von 1896/97 an bis 1913/14.]

Gesellschaft für nützliche Forschungen zu Trier. — TRIERER JAHRESBERICHTE
I. 1908. Jahresbericht der Gesellschaft für nützliche Forschungen zu Trier für die Jahre 1906—1908. Neue Folge. Jahrg. I. 1908. (Mit Tafeln.) Trier 1909. Buchdruckerei von Jacob Lintz. 4°. —
II. 1909. Jahresbericht . . . für das Jahr 1909. Neue Folge. Jahrg. II. 1909. (Mit Tafeln.) ib. 1910. —
III. 1910. Jahresbericht . . . für das Jahr 1910. Neue Folge. Jahrg. III. 1910. (Mit Tafeln.) ib. 1911. Kommissionsverlag der Fr. Lintzschen Buchhandlung Fr. V. Lintz, Trier.
IV. 1911. Jahresbericht . . . für das Jahr 1911. Neue Folge. Jahrg. IV. 1911. (Mit Tafeln.) ib. 1913. —
V. 1912. Jahresbericht . . . für das Jahr 1912. Neue Folge. Jahrg. V. 1912 ib. 1914. —

Jahresberichte der Unterstützungskasse der Loge zur Brudertreue an der Elbe in Hamburg seit 1871.

JAHRESBERICHTE ÜBER DIE UNTERSUCHUNGEN UND FORTSCHRITTE AUF DEM GESAMMTGEBIETE DER ZUCKERFABRIKATION. Alphabetisches Sach-Register zum I–XII Jahrgange, bearbeitet von K. Stammer. Braunschweig, 1873. 8vo.
The same, Alphabetisches Sach-Register zum XIII bis XXVI Jahrgange in Band XXVI, 1886.

— üb. d. Verändergn. u. Fortschritte im Militärwesen, s. a. Löbell, v.

—— über die Veränderungen und Fortschritte im Militairwesen. 1. Jahrg. 1874. Unter Mitwirkung des Gen.-Lieutn. Frhrn. v. Troschke, Oberst Baron v. Meerheimb, Oberst-Lieutn. Frz. v. Erlach ɩc. hrsg. von Oberst zu D. H. v. Löbell. Lex.-8. (XXI, 784 S.) Berlin 875, Mittler und Sohn.
geb. * *

—— über die Veränderungen und Fortschritte im Militairwesen. 2. Jahrg. 1875. Unter Mitwirkung des Gen.-Lieutn. Frhr. v. Troschke, Oberst Baron v. Meerheimb, Oberstlieutn. Blume ɩc. hrsg. von Oberst z. D. H. v. Löbell. Lex.-8. (XVI, 631 S.) Berlin 876, Mittler und Sohn. * ℳ 9.; geb. *

—— dass. — 3. Jahrg. 1876. Unter Mitwirkung des Oberst Baron v. Meerheimb, der Oberstlieutenants Blume, Kaehler ɩc. hrsg. von Oberst z. D. H. v. Löbell. gr. 8. (XII, 533 S.) Ebendas. 877. * ℳ 8.; geb. *

—— dass. — 4. Jahrg. 1877. Unter Mitwirkung der Oberstlieutenants Blume, Kühne, Vincent ɩc. hrsg. von Oberst z. D. H. v. Löbell. gr. 8. (X, 412 S.) Ebendas. 878.
geb. *

—— dass. — 5. Jahrg. 1878. Unter Mitwirkung des Obern Baron v. Meerheimb, Oberstlieutn. Blume, Maj. Müller ɩc. hrsg. von Oberst z. D. H. v. Löbell. gr. 8. (XIV, 540 S.) Ebendas. 879. ℳ 8.; geb. *

—— über die Veränderungen und Fortschritte im Militärwesen. 6. Jahrg. 1879. Unter Mitwirkung von Müller, Hilder, Wille ɩc. hrsg. von H. v. Löbell. gr. 8. (XIV, 652 S.) Berlin 880, Mittler und Sohn. *
geb. *

—— dass. — 7. Jahrg. 1880. Unter Mitwirkung von Frhr. v. Meerheimb, Müller und Witte ɩc. hrsg. von H. v. Löbell. gr. 8. (XII, 404 S.) Ebendas. 881. * ℳ 7.; geb. *

—— dass. — 8. Jahrg. 1881. Unter Mitwirkung von Müller, Witte, und v. Estorff ɩc. hrsg. von H. v. Löbell. gr. 8. (XIV, 633 S.) Ebendas. 882. * ℳ 10.; geb. *

—— dass. — 9. Jahrg. 1882. Unter Mitwirkung von v. Gagern, v. Estorff, Müller ɩc. hrsg. von H. v. Löbell. gr. 8. (XIV, 563 S.) Ebendas. 883. * ℳ 9.; geb. *

—— dass. — 10. Jahrg. 1883. Unter Mitwirkung von Bentivegni, Kriebel, Müller ɩc. hrsg. von H. v. Löbell. gr. 8. (XIV, 537 S.) Ebendas. 884. * ℳ 8,50.; geb. *

—— über die Veränderungen und Fortschritte im Militärwesen. XI. Jahrg.: 1884. Unter Mitwirkung von v. Bentivegni, Kriebel, Müller ɩc. hrsg. von H. v. Löbell. gr. 8. (XIV, 533 S.) Berlin 885, Mittler und Sohn. * ℳ 8.50.; geb. * *

—— dass. — XII. Jahrg.: 1885. gr. 8. (XVI, 663 S.) Ebendas. 886. * ℳ 10.50.; geb. * *

—— dass. — XIII. Jahrg.: 1886. Lex.-8. (XIX, 586 S.) Ebendas. 887. * ℳ 9.50.; geb. * *

—— dass. — XIV. Jahrg.: 1887. Unter Mitwirkung von v. Bentivegni, Müller, Poten ɩc. hrsg. von H. v. Löbell. Lex.-8. (XV, 568 S.) Ebendas. 888. * ℳ 9.—.; geb. * *

—— XV. Jahrg. 1888. Unter Mitwirkung von Müller, v. Bentivegni, Kriebel rc. hrsg. von H. v. Löbell. Lex.-8. (XVII, 506 S.) Ebendas. 888. * M 9.—; geb. * *

—— dass. — XVI. Jahrg. 1889. 2 Thle. Lex.-8. Ebd. 890. * 15 —; geb. * * 16 75

1. Berichte über das Heerwesen der einzelnen Staaten. Unter Mitwirkung von Körner, Exner, v. Bruchhausen u. mehrerer Anderer hrsg. von H. v. Löbell. (XX, S. 1—652.) * 10 —.
2. Berichte über die einzelnen Zweige der Kriegswissenschaften. Unter Mitwirkg. von Schröder, Poten, Witte u. A. hrsg. von v. Löbell. (VIII, S. 653—996.) * 8 —.

—— dass. — XVII. u. XVIII. Jahrg. 1890 u. 1891. Unter Mitwirkg. von v. Bentivegni, Kriebel, Poten u. A. hrsg. von H. v. Löbell. Lex.-8. (XIX, 490; XVI, 500 S.) Ebd. 891,92. à Jahrg. * 8 ; geb. * * 9 50

Jahresberichte über die Veränderungen u. Fortschritte im Militärwesen. XIX. Jahrg. 1892. Hrsg. v. Th. v. Jarotzky. Lex.-8. (XXVIII, 593 S. m. 1 Karte.) Berlin 893. E. S. Mittler & Sohn. n. 10.—; geb. n.n. 11. 50

— dasselbe. XX. Jahrg. 1893. Lex.-8. (XXII, 564 S.) Ebd. 894. n. 9. 60; geb. n.n. 11. —

Jahresberichte über die Veränderungen und Fortschritte im Militärwesen etc. Herausgegeben von H. v. Löbell, Oberst z. Disp. (Fortsetzung) XXIII—XXIV. Jahrg. 1896—1897. XXV Jahrg.: Das Militärwesen in seiner Entwicklung während der 25 Jahre 1874—1898 als Jubiläumsband der v. Löbell'schen Jahresberichte. Herausgegeben von v. Pelet Narbonne, Generalleutnant z. D. 1. Theil. Berichte über das Heerwesen der einzelnen Staaten. 2. Theil. Berichte über die einzelnen Zweige der Kriegswissenschaften und des Heerwesens 1899. XXVI.—XXX. Jahrg. 1899—1903. (9 Bde.)
8. Berlin 1897—1904.

Jahresberichte über d. Verbreitg. v. Tierseuchen im Deutsch. Reich. Hrsg. v. Kaiserl. Ges.-Amt. 1—18. Jahrg. von 1886—1903. M. Übersichtskarten. Berlin 1886—1904. 18 Bde.

Jahresberichte über die Verbreitung von Tierseuchen im Deutschen Reich. Hrsg. vom Kaiserlichen Gesundheits Amt. Berlin 1905 bis 1909. Jahrg. 19 bis 24. 6 Bde.

— des (Berliner) Vereins gegen das Branntweintrinken, gestiftet 1837. Von 1888 ab.

Jahresberichte des botanischen Vereins . . . Bonn und Coblenz, 1837–41. 8°.

Verein für das Dttum im Ausland. Jahresberichte. Berlin. 1880-1924.

Jahresberichte des Vereins für Erdkunde zu Dresden.
s. Jahresbericht d. Vereins f. Erdkunde in Dresden.

— für 1895 bis 1898 des Vereins zur Erhaltung des Deutschtums im Auslande (Münchener Ortsgruppe des „Allgem. Deutschen Schulvereins") zu München. Erstattet durch den I. Vorstand Wilh. Rohmeder. gr. 8. (36 S.) München 899. (J. F. Lehmann's Verl.) — 60

— des Evang. Vereins zur Errichtung schlesischer Trinkerasyle. 13. Bericht, 1897. 15 S. 1898 u. f.

Jahresberichte des Vereins für Naturkunde zu Cassel: 3, 4. 9. 10, 11, 12, 13, 15, 16—18. 19—23, 24 und 25, 26 und 27. 28. 29 und 30. 31, 32 und 33, 34 und 35. Cassel. 1838—1883.

JAHRES-BERICHTE DES NATURWISSENSCHAFTLICHEN VEREINS VON ELBERFELD UND BARMEN, vorgetragen bei den Stiftungs-Festen des Vereins von CARL FUHLROTT.
Heft (1)—2. Elberfeld. 1851—1853. Comm bei J Bädeker. 8°.

JAHRES-BERICHTE DES NATURWISSENSCHAFTLICHEN VEREINS VON ELBERFELD UND BARMEN, nebst wissenschaftlichen Beilagen herausgegeben von CARL FUHLROTT.
Heft 3. (Mit 1 Tafel.) ib. 1858. Comm. J. Löwenstein & Comp.
Heft 4. (Mit 1 Tafel.) ib. 1863. Comm. G. Mebus & Comp.

JAHRES-BERICHTE DES NATURWISSENSCHAFTLICHEN VEREINS IN ELBERFELD nebst wissenschaftlichen Beilagen. herausgegeben von demselben.
Heft 5 mit der Photographie von Prof. Dr. Fuhlrott. ib. 1878. Gedruckt bei Sam. Lucas.

JAHRES-BERICHTE DES NATURWISSENSCHAFTLICHEN VEREINS in Elberfeld.
Heft 6. (Mit Tafeln.) Elberfeld 1884. Gedruckt bei Sam. Lucas. 8°.

JAHRES-BERICHTE DES NATURWISSENSCHAFTLICHEN VEREINS IN ELBERFELD.
Heft 7. Elberfeld 1887. Gedruckt bei Sam. Lucas. 8°. — (Darin mit bes. Titelbl.: Flora von Elberfeld und Umgebung. Anleitung zum Bestimmen der um Elberfeld wildwachsenden Phanerogamen und Gefasskryptogamen von HERMANN SCHMIDT. Elberfeld 1887. Im Verlage des Naturwissenschaftlichen Vereins in Elberfeld. Gedruckt bei Sam. Lucas.)

JAHRES-BERICHTE DES NATURWISSENSCHAFTLICHEN VEREINS ZU ELBERFELD.
Heft 8. FESTSCHRIFT zum 50jährigen Jubiläum. (Mit 22 Taf.) ib. 1896. Druck von A. Martini & Grüttefien.

JAHRES-BERICHTE DES NATURWISSENSCHAFTLICHEN VEREINS IN ELBERFELD.
Heft 9. ib. 1899. Baedekersche Buch- und Kunsthandlung und Buchdruckerei. — Heft 10. Mit Tafeln. ib. 1903. — Heft 11. (Mit Tafeln.) ib. 1906. Buchdruckerei A. Martini & Grüttefien. — Heft 12. (Mit Tafeln.) ib. 1909. — Heft 13. (Mit Tafeln.) ib. 1912

—— des philologischen Vereins zu Berlin. 3. Jahrg. 1877. 4 Hefte. gr. 8. (108 S.) Berlin, Weidmann'sche Buchh.
Der 1. und 2. Jahrg. waren nicht im Handel.
Vom 4. Jahrg. an erscheinen die Jahresberichte nur als Beilage zu der Zeitschrift für das Gymnasialwesen.

JAHRESBERICHTE DES PHILOLOGISCHEN VEREINS ZU BERLIN.
Jahrg. 3—8. Berlin 1877—1882. Weidmannsche Buchh. 8°.

JAHRESBERICHTE DES PHILOLOGISCHEN VEREINS zu Berlin.
Jahrg. 9—11. Berlin. 1883—1885. Weidmannsche Buchhandlung. 8°.

Frankfurt a. M., Physikalischer Verein, Jahresberichte für die Rechnungsjahre 1845–85, 87–88. Frankfurt a. M.

Jahresberichte des Vereins zu Rath und That [in Chemnitz] seit 1873.

Jahresberichte der zum Westfälischen[!] sowie zum Rheinischen Provinzial-Lehrerverbande gehörenden Vereine 1893. Bielefeld: (A. Helmich) 1894. (04 S.) 8° [F.]
Beilage z. Lehrerzeitung f. Westfalen. [vs. 8-41 8]

— Verwaltungs-Abtheilung für das Unterrichts-Wesen. Jahresberichte der Verwaltungsbehörden über das Jahr 1888. XIII. Schuljahr 1888/89. Hamburg 1889.

Jahresberichte der Verwaltungsbehörden der freien und Hansestadt Hamburg.
1896. Hamburg. 1897. 4°.

[Jahresberichte des Verwaltungsrates der schweizerischen Grossloge Alpina seit 1844.]

[Jahresberichte der Loge „vom Fels zum Meer" in Hamburg. 1909/10.]

Gymnastic Union.
--Jahresberichte des Vororts des Nordamerikanischen Turnerbundes.

Bremen, Deutsche Gesellschaft zur Rettung Schiffbrüchiger.
— — Jahresberichte des Vorstandes. IV. Bremen 1810.

Jahresberichte des Vorstandes des Deutschen Pionier-Vereins von Cincinnati. Cincinnati: Pionier-Verein, 1868-1931.

Jahresberichte des Mennonitischen Waisen- und Kinder-Vereins zu Halstead, Kansas: 1894–1912

Also called Fosy Waisenverein. Place of publication changes: Dayton, Ohio, and Germany.
Berne, IN

Bernische kantonale Irrenanstalten Waldau, Münsingen und Bellelay. Jahresberichte für das Jahr 1900. 87 S. 8. Bern, Gebhardt, Rösch & Schatzmann, 1901.

[Jahresberichte der Loge „Wilhelm zu den drei Säulen" in Wolfenbüttel. Seit 1893/94.]

Jahresberichte der Wittwen- und Waisenstiftung der Loge Hermann zum Lande der Berge in Elberfeld seit ca 1900.

Düsseldorf: **Jahresberichte** der Wittwen- und Waisenstiftung der Loge Zu den drei Verbündeten in Düsseldorf seit 1854.

Jahresberichte der dem Verein für die bergbaulichen Interessen im Oberbergamtsbezirk Dortmund zu Essen als Mitglieder angehörenden Zechen.

Alstaden, A.-G., in Alstaden bei Oberhausen. Jg. 1872. 1873. 1875—1878. 1880. 1882—1887. 1889—1903 (Schluß). (1904 vereinigt mit Hibernia.)
Alte Haase, Gew., in Sprockhövel. Jg. 1894—1903.
Altendorf, Gew., in Altendorf bei Dahlhausen. Jg. 1880—1902.
Aplerbecker Aktienverein für Bergbau in Sölde i. W. (Zeche ver. Margarethe). Jg. 1871—1886 u. 1899—1902.
Arenbergsche Akt.-Ges. für Bergbau und Hüttenbetrieb in Essen. Jg. 1858. 1860. 1862. 1864—1870. 1878—1903.
ver. Bickefeld Tiefbau in Aplerbeck. Jg. 1891—1903.
Blankenburg, Gew., in Hammerthal bei Blankenstein. Jg. 1880—1883 u. 1885—1903.
Bochumer Bergwerks-Akt.-Ges. in Bochum. Jg. 1875. 1876. 1885—1903.
ver. Bommerbänker Tiefbau, Gew., in Bommern Ruhr. 1881. 1889. 1891—1901. (1903 vereinigt mit Mont Cenis).
Borussia, Gew., in Marten. Jg. 1875. 1876. 1880. 1882—1887. 1889—1902.
Dahlbusch, A.-G., in Gelsenkirchen. Jg. 1873. 1875. 1876. 1879—1903.
ver. Dahlhauser Tiefbau in Dahlhausen Ruhr. Jg. 1868—1903.
Deutschland, Gew., in Haßlinghausen bei Sprockhövel. Jg. 1890 u. 1892—1901. Nebst Herzkämper Mulde Jg. 1895—1898 und Stock und Scherenberg Jg. 1890—1896. 1899 II. 1900.
Deutsch-Luxemburgische Bergwerks- und Hütten-Akt.-Ges. in Bochum. Jg. 1885. 1890/91—1899.1900. 1901/02 u. 1902/03.
Eiberg, Gew., in Steele. Jg. 1863. 1865. 1869—1903 (Schluß). (1904 vereinigt mit Ewald.)
Eintracht Tiefbau, Gew., in Steele. Jg. 1861—1903.
Ewald, Gew., in Herten i. W. Jg. 1879—1884 u. 1887—1903.
Freie Vogel und Unverhofft, Gew., in Hörde. Jg. 1892. 1896—1898. 1900—1902.
Friedlicher Nachbar, Gew., in Linden i. W. Jg. 1890—1901. Nebst Baaker Mulde Jg. 1886—1900 (Schluß). (1904 vereinigt mit Hasenwinkel.)
Friedrich Ernestine, Gew., in Essen. Jg. 1890—1903.
Friedrich der Große, Gew., in Herne. Jg. 1880. 1881. 1884—1902.
Friedrich-Wilhelmshütte, Bergwerksverein, A. G. in Mülheim (Ruhr). Jg. 1871/72—1902/03.
Gelsenkirchener Bergwerks-A.-G. in Rhein-Elbe bei Gelsenkirchen. Jg. 1873—1903. Nebst Bonifazius Jg. 1874—1876. 1880—1894. 1896—1898 (Schluß).
General, Gew., in Weitmar. Jg. 1875/76. 1876/77. 1879/80. 1881/82. 1882/83—1898 (Schluß).
General Blumenthal, Gew., in Herne. Jg. 1891—1902 (1903 übergegangen an Hibernia).
Gottessegen, Gew., in Löttringhausen i. W. Jg. 1888—1903.
Graf Beust, Gew., in Essen. Jg. 1890—1903.
Graf Bismarck, Gew., in Bismarck i. W. Jg. 1880. 1881. 1883—1885. 1887—1903.
Graf Schwerin, Gew., in Kastrop i. W. Jg. 1896—1903.
Gutehoffnungshütte, Aktienverein für Bergbau und Hüttenbetrieb in Oberhausen (Rhld.). Jg. 1880/81—1901/02.
ver. Hamburg und Franziska, Gew., in Witten. Jg. 1896—1902. Nebst ver. Franziska Tiefbau Jg. 1880—1899 (Schluß) und ver. Hamburg Jg. 1890—1894 (Schluß). (1904 vereinigt mit der Gelsenkirchener Bergwerks-A.-G.)
Hannibal, Gew., in Eickel. Jg. 1881 u. 1883—1898 (Schluß).
Harpener Bergbau-Akt.-Ges. in Dortmund. Jg. 1875/76. 1876/77. 1879/80—1902/03. Nebst Courl Jg. 1885 u. 1890—1894 und Hugo Jg. 1886. 1887. 1889—1894.
Helene und Amalie, Gew., in Bergeborbeck. Jg. 1890—1898 u. 1900—1902.
Herkules, Gew., in Essen. Jg. 1888—1903.
Hibernia, Bergwerks-Gesellschaft, A. G., in Herne. Jg. 1875. 1876. 1879—1882. 1884—1903. Nebst Schlägel & Eisen Jg. 1890 u. 1892—1897.
Hoerder Bergwerks- und Hüttenverein A. G. in Hoerde. Jg. 1879/80—1885/86 u. 1887/88—1902/03.
Hoesch, Eisen- und Stahlwerk, A. G., in Dortmund. Jg. 1896/97—1902/03.
Johann Deimelsberg, Gew., in Steele. Jg. 1893—1902.
Julius Philipp, Gew., in Bochum. Jg. 1883/84. 1885/86. 1891/92. 1894/95—1902/03 (1903 erworben von der Arenbergschen A. G.).
Karoline, Gew., in Holzwickede. Jg. 1885—1903.
Karolus Magnus, Gew., in Bochum. Jg. 1890—1903.
Kölner Bergwerksverein A. G., in Altenessen. Jg. 1872—1903.
König Ludwig, Gew., in König Ludwig (Bez. Münster). Jg. 1875 u. 1884—1903.
König Wilhelm, Essener Bergwerksverein, A. G., in Borbeck. Jg. 1875—1885. 1887—1889. 1891—1903.
Königin Elisabeth, Gew., in Essen. Jg. 1882—1886. 1884—1891. 1893—1903.
Königshorn, A. G., in Unna-Königshorn. Jg. 1879—1885 u. 1897—1903.
Konkordia, A. G., in Oberhausen (Rhld.). Jg. 1869—1872 u. 1874—1902.
Konsolidation, A. G., in Schalke. Jg. 1873—1877 u. 1879—1903.
ver. Konstantin der Große, Gew., in Bochum. Jg. 1881—1889. 1891—1893. 1895—1903.
Krone, Gew., in Hoerde. Jg. 1890—1903 (Schluß).
Langenbrahm, Gew., in Rüttenscheid bei Essen. Jg. 1884—1903.
Lothringen, Gew., in Gerthe bei Bochum. Jg. 1884—1887 u. 1889—1903.
Louise Tiefbau (Dortmunder Steinkohlenbergwerk, A. G.) in Barop. Jg. 1875/76. 1876/77. 1881/82—1891/92. 1893/94—1902/03.
Magdeburger Bergwerks-A. G., in Röhlinghausen (Bez. Dortmund). Jg. 1872. 1873. 1875—1903.
Mark, Bergbau-A. G., in Holzwickede. Jg. 1857/58. 1867/68—1869/70. 1873/74—1878/79. 1880/81. 1888/89—1902/03.
Massen, A. G., in Massen bei Unna. Jg. 1890—1903.
Mathias Stinnes, Gew., in Essen. Jg. 1893—1903.
Mont Cenis, Gew., in Sodingen i. W. Jg. 1891/92—1893/94 u. 1895/96—1902.
Mülheimer Bergwerksverein, A. G., in Mülheim Ruhr. Jg. 1898—1903. Nebst ver. Hagenbeck Jg. 1873. 1876. 1883—1887 (Schluß), ver. Rosenblumendelle Jg. 1885 u. 1891—1898 (Schluß) und ver. Wiesche Jg. 1889—1897 (Schluß).
Neuessen, A. G., in Altenessen. Jg. 1856. 1861. 1863—1870. 1875. 1876. 1884—1903.
Nordstern, A. G., in Wattenscheid. Jg. 1881—1883. 1885. 1890. 1892—1898. 1900—1903. Nebst Graf Moltke Jg. 1882. 1881. 1885. 1896—1898 (Schluß) und Holland Jg. 1870—1873 u. 1875—1896 (Schluß).
Phoenix, A. G. für Bergbau und Hüttenbetrieb in Laar bei Ruhrort. Jg. 1879/80—1902/03.
ver. Pörtingssiepen, Gew., in Kupferdreh. Jg. 1879—1902.
Rheinische Anthrazitkohlenwerke, A. G., in Kupferdreh. Jg. 1890/91—1902/03.
Richradt, Gew., in Kupferdreh. Jg. 1881—1903.
Roland, Gew., in Mülheim Ruhr. Jg. 1890—1893 u. 1895—1899 (Schluß).
ver. Sälzer und Neuack, Gew., in Essen. Jg. 1866. 1868/69. 1870/71. 1874. 1876—1900 (Schluß).
Schalker Gruben- und Hüttenverein, A. G., in Gelsenkirchen. Jg. 1894/95—1902/03. Nebst Pluto Jg. 1875. 1876. 1880—1898 (Schluß) und Vulkan-Duisburg Jg. 1894/95—1896/97 (Schluß).
ver. Schürbank und Charlottenburg, Gew., in Mülheim Ruhr. Jg. 1880—1882. 1884. 1885. 1887—1903.
Siebenplaneten, Gew., in Langendreer. Jg. 1890—1902.
Sprockhövel, Gew., in Sprockhövel. Jg. 1900—1903.
ver. Trappe, Gew., in Silschede. Jg. 1883—1888 u. 1890—1903.
Tremonia, Gew., in Dortmund. Jg. 1884 u. 1886—1903.
Union, A. G. für Bergbau, Eisen- und Stahlindustrie in Dortmund. Jg. 1872/73. 1874/75—1881/82. 1883/84—1902/03.
Unser Fritz, Gew., in Unser Fritz i. W. Jg. 1877—1880 u. 1883—1903.
Viktor, Gew., in Rauxel. Jg. 1885—1903.
Viktoria, Gew., in Kupferdreh. Jg. 1903.
Viktoria Mathias, Gew., in Essen. Jg. 1890—1903.
Westfälische Steinkohlenbergwerke, A. G., in Bredenscheid bei Hattingen/Ruhr. Jg. 1900—1902 (Schluß).

Jahresberichte der Zentrale für Spiritusverwertung, G. m. b. H. in Berlin. 1900/1901. 1901/1902.

Jahresberichte des Centralcomité's und der Sectionen des schweiz. Militär-Sanitätsvereins. In-8⁰, 16 S. Aarau, H. R. Sauerländer. 1882

Jahresberichte des Centralcomité und der Sektionen des schweizer. Militär-Sanitätsvereins, 1884/85. In-8⁰, 40 S. Aarau, Sauerländer. 1885

— — der landwirthschaftl. Centralschule Weihenstephan pro 1867/68. Mit den Satzungen der Anstalt, dann 1868/69—1879/80 — 8⁰.

Schweizerischer Milchwirtschaftlicher Centralverband. Jahresberichte pro 1899 und 1900. 128 S. 8. Bern, K. J. Wyss, 1901.

Jahresblätter, Leipziger allgem. krit., der gesammten Journal-Litt. Deutschlands. 1r Jahrg. 1827. gr. 8. Leipz., M. Blume. 1–2 ⅓ 16 ℳ

Jahresblüten. Kalender f. 1891. gr. 4. (12 farb. Bl. m. Seidenbändern.) München 890. Stroefer. In Carton. n. 4. —

Jahresblüthen v. u. f. Knebel. (Gedichte.) Gedruckt als Mscpt. f. Freunde u. Freundinnen, z. Feier des 30. Novbr. 1825. gr. 4. Weimar 826. (Hoffmann). 6 ℳ

Jahres-Bote für 1848. Ein Kalender für Studirende und Freunde der Wissenschaften. Redig. von Fernand Stamm. gr. 16. (204 S.) Prag 847, Haase Söhne, Verlags-Expedition. *

Jahresbote, der. Prager Kalender f. d. J. 1853; mit Illustr. Prag, Fr. Styblo. gr. 8.

GV67
28

Jahresbote, Der — Prager Haus- und Kirchenkalender für das Jahr 1854. Herausgegeben durch den katholischen Verein mit fürst-erzbischöflicher Approbation. Unter Redaktion des Wenzel Forst. In Betreff des astronomischen Theiles bearbeitet von Dr. Albert Kunesch. Zweiter Jahrgang. Mit 12 Illustrationen von Hellich, und mehreren Holzschnitten. 8. Prag. Druck der C. Wetterl'schen Buchdruckerei. Besitzer Fr. Franke. Verlag von Fr. Styblo.

Jahresbote, der — Prager Haus- und Kirchenkalender für das Jahr 1855. Herausgegeben durch den kathol. Verein. Unter Redaktion des Wenzel Frost. In Betreff des astronomischen Theiles bearbeitet von Dr. Adalb. Kunesch. Dritter Jahrgang. Mit 12 neuen Monats-Illustrationen. gr. 8. (128 S. u. 12 Blätt. und 1 Abbildg.) Prag. Druck von Karl W. Medau. Verlag von Fr. Styblo.

Jahresbote, Der —. Prager Haus- und Kirchenkalender für das Schaltjahr 1856. Herausgegeben durch den katholischen Verein mit fürsterzbischöflicher Approbation. Unter Redaktion des Wenzel Frost, Lehrdirektors am Taubstummen-Institute. In Betreff des astronomischen Theiles bearbeitet von Dr. Adalbert Kunesch. Vierter Jahrgang. Mit 12 Monats-Illustrationen und mehreren Holzschnitten. Nebst dem alphabetischen Verzeichnisse der Jahrmärkte und deren Anordnung nach den Tagen. Prag. Verlag von Fr. Styblo. Druck und Papier des art. typogr. Instituts von Karl Bellmann. Ein Titelkupfer mit der Unterschrift: Unbefleckte Empfängniß Mariens. (127 S. 18 Bl. 4.)

Jahresbote, der — Prager Haus- und Kirchenkalender für das gemeine Jahr 1558. Herausgegeben durch den kathol. Verein mit fürsterzbischöfl. Approbation. Unter Redaktion des Wenzel Frost. In Betreff des astronomischen Theiles bearbeitet von Dr. Adalbert Kunesch. 6. Jahrg. Prag. Verlag von Fr. Styblo. Dr. und Papier des artist.-typogr. Instituts von Karl Bellmann. (128 S. 13 Bl. 4.)

Jahresbote, der —. Prager Haus- u. Kirchenkalender für das gemeine Jahr 1859. Herausg. durch den kathol. Verein. Unter Redaktion des Wenzel Frost, Lehrdirektors am Taubstummen-Institut. In Betreff des astronomischen Theiles bearbeitet von Fr. Karlinski. Adjunkten an der k. k. Sternwarte zu Prag u. s. w. Siebenter Jahrgang. Mit 12 Monats-Illustrationen und mehreren Holzschnitten u. s. w. *Prag.* Verlag von *Friedr. Stýblo.* 112 S., 9 Bl. 4°. 20 kr.

INHALT. Die katholische Kirche ist die alleinseligmachende. — Der kathol. Gruss. — Die edle Frau. — Abbé de l'Epée, der Gründer der Schulen für Taubstumme. — Wunderbare Rettung des kathol. Priesters Sicard. — Die Geschichte von Wyšehrad. — Hundertjährige Erinnerungsblätter aus der vaterländischen Geschichte auf das Jahr 1859 — Leopold Josef Maria Graf von Daun.

Jahresbote. der. Prager Haus- und Kirchenkalender für das gemeine Jahr 1862. Herausg. durch den katholischen Verein, unter Redaction des Wenzel Frost. Der astronomische Theil bearbeitet von M. F. Karlinsky. 10. Jahrgang mit 12 Monats-Illustrationen und mehreren Holzschnitten. gr. 8. (125 S.) Prag. Styblo. 36 kr.

Jahresbote, der. Prager Haus- und Kirchenkalender für die J. 1863—68. 11.—16. Jahrg. 4. (à ca. 180 S.) Prag, Styblo. à Jahrg. *

Jahres-Bote, der. Ein Volkskalender für Stadt und Land auf die J. 1876—1880. 13.—17. Jahrg. 4. (à Jahrg. ca. 38—40 S. mit eingedr. Holzschn.) Würzburg, Etlinger'sche Buchh. à Jahrg.

Jahres-Bote, der. Ein Volkskalender f. Stadt u. Land auf d. J. 1877. 14. Jahrg. 4. Aufl. 4. (38 S. m. eingedr. Holzschn.) Würzburg, Etlinger. n. — 20

Jahres-Bote, der. Ein Volkskalender für Stadt und Land auf die J. 1881—1885. 4. (à Jahrg. ca. 40 S. mit eingedr. Holzschn.) Würzburg, Etlinger'sche Buchh. à Jahrg.

Jahres-Bote, der. Ein Volkskalender für Stadt und Land auf die J. 1886—1889. 4. (à Jahrg. 38—39 S. mit Illustr.) Würzburg, Etlinger'sche Buchh. à Jahrg. *

Jahres-Bote, der. Ein Volkskalender für Stadt und Land auf d. J. 1890—1893. gr. 4. (38; 36; 46; 48 S. m. Bildern.) Würzb., Etlinger. à Jahrg. * — 20
Protestant. Ausg. auf d. J. 1893. (XXIV, 34 S.) * — 20

Jahres-Bote, der. Ein Volkskalender f. Stadt u. Land auf d. J. 1895. 4. (40 u. 19 S. m. Bildern.) Würzburg, Etlinger. n. — 20
In kathol. u. protestant. Ausgabe erschienen.

Jahres-Bote, der. Ein Volkskal. f. Stadt u. Land auf d. J. 1899. 34. Jahrg. 4. (48 u. 8 S. m. Bild. u. 1 Wandkal.) Würzburg, Etlinger. n. — 20
Erscheint in 2 Ausgaben, f. Katholiken u. Protestanten.

Jahres-Bote, der. Ein Volkskalender f. Stadt u. Land auf das J. 1903. 38. Jahrg. 4. (45 u. 8 S. m. Bildern u. Wandkalender.) Würzburg. Veitshöchheim, Etlinger. n. — 20

Jahres-Bote, der. Ein Volkskalender f. Stadt u. Land auf das J. 1907. 42. Jahrg. (58 u. 8 S. m. Abbildgn. u. Wandkalender.) gr. 8. Würzburg, Etlinger. n. — 20
In katholischer u. protestantischer Ausg.

Jahres-Bote, der. Ein Volkskalender f. Stadt u. Land auf d. J. 1910. 45. Jahrg. (63 u. 11 S. m. Abb.) gr. 8. Würzburg, W. Ott. — 20
In katholischer u. protestantischer Ausgabe.

—— deutscher. Illustr. Kalender auf d. J. 1892 u. 1893. 4. (à Jahrg. 80 S. m. 1 Farbendr., 1 Wand- u. 1 Taschenkalender.) Flöha, Peitz u. Sohn. à Jahrg. — 50

— deutscher, auf d. J. 1895. Mit 1 Plan des deutschen Reichstagssitzungssaales u. 1 Wandkalender. 4. (48 u. 16 S. m. Abbildgn. u. 1 Farbendr.) Flöha, A. Peitz & Sohn. — 60

— deutscher. Illustr. Kalender f. alle Stände auf d. J. 1899. 4. (50 S. m. 1 Wandkal.) Flöha, A. Peitz & Sohn. — 30

Jahres-Bote, deutscher. Illustr. Kalender f. alle Stände auf d. J. 1903. 13. Jahrg. 4. (48 S.) Flöha, A. Peitz & Sohn. — 30

— deutscher. Illustrierter Kalender f. alle Stände auf d. J. 1907. 17. Jahrg. (47 S. m. Wandkalender.) gr. 8. Flöha, A. Peitz & Sohn. — 30

— deutscher. Illustr. Kalender f. alle Stände auf d. J. 1911. 21. Jahrg. (48 S.) gr. 8. Flöha, A. Peitz & Sohn. — 20

—— der gemütliche. Volkskalender für das J. 1887. Hrsg. von Ed. Jost. 8. (66 S. mit zahlr. Illustr. von Arth. Krüger.) Leipzig, Dürselen.

— — der, für Oesterreich-Ungarn 1892 u. 1893. gr. 8. (à Jahrg. XXII, 72 S. m. Illustr.) Wien, v. Waldheim. 1892 * — 25; 1893 — 30

— der, f. Oesterreich-Ungarn 1895. 4. Jahrg. gr. 8. (XXXVI, 72 S. m. Illustr.) Wien, R. v. Waldheim. n. — 25

Jahresbote, Der, für Oesterreich-Ungarn. 1896. 5. Jahrgang. Mit vielen Illustrationen. 8. (72 S.) —.20
Wien: Waldheim 1895.

Jahresbote, Der, für Oesterreich-Ungarn. 1897. 6. Jahrgang. Mit vielen Illustrationen. 8. (72 S.) —.20
Wien: Waldheim 1896.

Jahresbote, Der, für Oesterreich-Ungarn. 1898. 7. Jahrgang. Mit vielen Illustrationen. 8. (72 S.) —.20
Wien: Waldheim 1897.

— der, f. Oesterreich-Ungarn 1899. 8. Jahrg. gr. 8. (XXXVI, 72 S. m. Abb.) Wien, R. v. Waldheim. — 25

(F) Der Jahres-Bote für Österreich-Ungarn. 1900. IX. Jahrgang. Wien. Waldheim. Gr.-8°. 72 S. fl. —.20

059

(F) Der Jahres-Bote für Oesterreich-Ungarn 1901. X. Jahrgang. Wien. Waldheim. Gr.-8°. 72 S. K —.35

(F) Der Jahres-Bote für Österreich-Ungarn. 1902. XI. Jahrgang. Wien, Waldheim Gr.-8°. 72 S. K —.35

— der, f. Oesterreich-Ungarn 1903. 12. Jahrg gr. 8. (XXXVI, 72 S. m. Abb.) Wien, R. v. Waldheim. — 30

(F) Der Jahres-Bote für Österreich Ungarn. 1904. 13. Jahrg. Gr.-8°. (72 S.) K —.35
Wien: Waldheim 1903.

(F) Der Jahresbote für Österreich-Ungarn. 14. Jahrg. 1905. Gr.-8°. (72 S.) K —.35
Wien: Waldheim 1904.

(F) Der Jahresbote für Österreich-Ungarn 1906. 15. Jahrg. 8°. (68 S.) K —.35
Wien: Waldheim 1905.

— der, f. Oesterreich-Ungarn 1907. 16. Jahrg. (XXXVI, 74 S. m. Abbildgn.) 8. Wien, Druckerei- u. Verlagsaktiengesellsch. vorm. R. v. Waldheim. — 30

(F) Der Jahresbote für Österreich-Ungarn. 1908. 17. Jahrg. Gr.-8°. (74, 72 S.) K —.35
Wien: Waldheim 1907.

(F) Der Jahresbote für Österreich-Ungarn. 1909. 18. Jahrg. Gr.-8°. (74, 64 S.) K —.35
Wien: Waldheim 1908.

(F) Der Jahresbote für Österreich-Ungarn 1910. 19. Jahrg. Gr.-8°. (80, 64 S.) K —.35
Wien: Waldheim 1909.

— der, f. Oesterreich-Ungarn 1911. 20. Jahrg. (XXXVI, 80 S. m. Abb.) 8. Wien, Druckerei- u. Verlagsaktiengesellschaft vorm. R. v. Waldheim. — 30

— sächsischer. Illustrierter Kalender f. alle Stände auf d. J. 1891. 4. (78 S. m. Text-Abbildgn., 1 Farbendr., 1 Wand- u. 1 Portemonnaiekalender.) Flöha 890. Peitz & Sohn. — 50

Jahresbuch des Pest-Ofner Musikvereins-Conservatoriums für 1856. 17. Jahrg. Redigirt durch Gabriel Mátray. Pest, 1857. Bei Trattner-Karolyi. (Deutsch und magyarisch.) (113 S. 8.)

Jahres-Buch der Trabrennen in Oesterreich-Ungarn pro 1902—1905. (XIV, 682; V, 801; VI, 852 u. VI, 984 S.) kl. 8. Wien 903—906. (F. Beck.) à n. 6. —

Jahresbuch der Trabrennen in Oesterreich-Ungarn pro 1906 - 1909. (VI, 1126; VI, 1201; VI, 1273 u. VI, 1441 S.) kl. 8. Wien 907—10. (F. Beck.) à 6. —

Colonie Friedau. Jahresbudget-Entwurf. 8 S. 8. (Leipzig, Walter Wigand's Buchdr., [1902].)
[Hrg. vom Gründungskomitee des Vereins «Colonie Friedau» in Zürich.]

Jahresbulletin der schweiz. hydromet. Beobachtungen im Rhein-, Rhone-, Reuss-, Aare-, Tessin- u. Limmatgebiet. Graphische Darstellung der täglichen Mittelwasserstände d. J. 1871. Bearb. v. Flückiger. 6 Tafeln fol. Bern, eidg. Büreau.

Jahres-Chronik, Wiener, von der ältesten Zeit bis auf die Gegenwart... Wien 1899. V: *Globočnik, Anton.* (EB)

Jahres-Diademe, ein Geschenk f. Jung u. Alt. Mit 12 Kpf. Lpz. 32. Augsb.... Schlosser. 3 Rℓ

Kaufmännische Gesellschaft Aarau. Jahresessen Samstag den 29. November 1902 (Hôtel Terminus Gerber). [Liedertexte *etc.*] 16 S. 8. Aarau, Sauerländer.

Jahresexercitien, geistliche — zum Gebrauche der Töchter der christlichen Liebe des heiligen Vincenz von Paul. Aus dem Französischen übersetzt. Mit Genehmigung der Obern. Gratz, 1856. Druck und Papier von J. A. Kienreich. (XXXII. 461 S. 8.)

Jahres-Extract, Halber — Nr. 135 aus der Witwen- und Waisen-Rechnung der Wirthschafts-Beamten in Niederösterreich vom 1. Juli bis Ende December 1854 Wien. 1855 Gedruckt bei A. Pichler's Witwe und Sohn. (1 Bl. Fol.)

Jahresfeier, Die erste bis achte, der freiwilligen Armen-Schullehrer-Anstalt zu Beuggen von 1821 bis 20. Juni 1828. Basel. V: *Zeller, Carl August Friedrich.* (Ky)

Jahresfeier, d. 1e—6e, d. freiwill. Armen-Schullehrer-Anstalt z. Beuggen. 1821—26. 8. Basel, (Spittler.) à 3 gr.

Jahresfeier, die 7—14., der freywill. Armen-Schullehrer-Anstalt zu Beuggen, 1828—34. (Von Zeller.) 8. (à ca. 3—4. B.) Basel, (Spittler.) à
1—6. Jahresf. Ebendas. 1821—26. à 3 Gr.

Jahresfeier, die zwanzigste, der freiwilligen Armen-Schullehrer-Anstalt zu Beuggen, den 3. Juli 1810. 8. Basel 841, Spittler u. Comp. 1/8 ℔

— 19e, d. königl. Aufrufs vom 3. Febr. 1813 an die Freiwilligen. gr. 8. Berl. 832. Duncker u. H. 6 ℛ

— der Wied'schen Bibel-Gesellschaft nebst Säculargedächniß d. Todestages Luthers. gr. 8. Neuwied 846, Lichtfers. n. 1/12 ℔

Jahresfeier, erste, der öffentl. Handels-Lehranstalt zu Leipzig, verbunden mit der Einweihung des ihr eingeräumten Hauses, am 27. Jan. 1837. gr. 8. Leipz. 832. Fr. Fleischer. 6 ℛ

— zweite, des Kulturcongresses zu Fürth. 4. Nürnb. 818. Riegel u. W. 4 ℛ

Jahresfeier, Schröders, am 3. Novbr. 1788. V: *Arien, Bernh. Chph d'* [?]. (Arch. f. Litt. VIII, 214.)

Jahresfeier der Riga'schen Section der Evangelischen Bibel-Gesellschaft in Rußland. Am 22. Oct. 1837, 30. Oct. 1838, 5. Nov. 1839. Riga 1837—39. H: *Grave, Carl Ludwig von.* (R-N)

Jahresfeier, Der deutschen Siege, in der St. Georgenkirche zu Dessau 19. Oktober 1814. Dessau [1814]. V: *Marées, Johann Friedrich de.* (HHBD Anhaltina 68)

Jahresfeier, die erste, der Stiftung d. deutschkathol. Gemeinde in München, am 16. Septbr. 1849. gr. 8. (42 S.) München 849. (Franz.) 1/6 ℔

Das Jahresfest des Schweizer. Alpen-Club in Herisau 1873. 93 Stn. 8. Herisau, Druck v. M. Schläpfer. 1874.

Jahresfest, das, f. innere Mission in Frankfurt a. M. am 15. Jan. 1882. gr. 8. Frankfurt a/M. 882. Schriften-Niederlage d. Evangel. Vereins. n. — 40
I. Festpredigt üb. Apostelgeschichte 3, 1—9 v. H. A. Bayer. II. Kurze Darstellung der Thätigkeiten der inneren Mission in Frankfurt a. M., gegeben v. Gust. Schlosser. (43 S.)

Jahresfest der am 13. April 1808 in Mitau eröffneten Privat-Lehranstalt . . . Mitau 1809. V: *Döllen, Carl August.* (R-N)

Jahresfest (Zehntes) des Vereins schweizer. Gymnasiallehrer. Aarau, Sauerländer 1878.
*** Jahreshefte 1—10 zusammen Fr. 10. —

Jahresfest, 17., des Vereins schweiz. Gymnasiallehrer pro 1885. Gr. in-8°, 162 S. Aarau, Sauerländer. 2 40

Das 1. **Jahresfest** des Vereins zur Pflege der Kirchenmusik in der Provinz Sachsen. (Göttingen: Vandenhoeck & Ruprecht in Komm. [1908].) 8° [09. 5327 7]

Jahres(Geschäfts-)bericht des Kaiser und König Franz Joseph I.-Landes-Jubiläums-Kreditfonds zur Unterstützung von Kleingewerbetreibenden. 1905. 06. 08. 09. 4° Prag 1906-10

(**Jahres-**) **Geschäfts-Bericht** der Handwerkskammer zu Altona. 1900 01-05 06. Altona 1901-06

Jahresgruß der Sonntagspost [Peoria, Ill]. Peoria, Illinois. 1889.

Jahreshauptversammlung, die V., des deutsch-österreichischen Bauernbundes in Budweis am 7. II. 1904. (36 S. m. 2 Bildnissen.) gr. 8. Budweis, F. K. Reitterer & Co. (Nur direkt.) n. — 60

Jahresheft (der Heidelberger Akademie der Wissenschaften). [1.] Juni 1909 bis Juni 1910. Heidelberg: Winter 1910. 8°
(Sitzungsberichte d. Heidelberger Akad. d. Wiss.) [10. 1264]

Jahresheft der böhmischen Forstschule zu Weißwasser. 1857. 1. Jahrg. Mit 1 lith. Zeichnung u. 1 Tab. (in Fol.) Prag, Raiwnak in Comm. gr. 8. (2 Bl., 88 S.) n. 15 ngr.

— — II. Unterrichtsjahr 1857—58. Mit 1 lith. Zeichnung (in 4.). Ebend. 858. gr. 8. (2 Bl., 64 S.) n. 12 ngr.

— der naturwissenschaftlichen Section der k. k. mähr. schles. Gesellschaft für Ackerbau, Natur- und Landeskunde, für das Jahr 1858. Brünn. (Nitsch u. Grosse.) gr. 8. (XLIV, 139 S.) n. 16 ngr.

Jahresheft der naturwissenschaftlichen Section der k. k. mährisch-schlesischen Gesellschaft für Ackerbau, Natur- u. Landeskunde, für die Jahre 1859 u. 1860. Brünn 860, 61. (Nitsch.) gr. 8. (XLIII, 192 S. m. 4 lith. Taf. u. 1 Tab.; XLI, 116 S.) 59.: nn. 20 ngr.; 60.: nn. 10 ngr.

Thurhof-Verein ([St. Gallischer kantonaler Verein für die] Katholische Rettungsanstalt Thurhof [bei Oberbüren].) Jahresheft pro 1900. II + XVI + 48 S. 8. St. Gallen, Buchdr. der «Ostschweiz», 1901.

. Thurhof-Verein. ([St. Gallischer kant. Verein für die] Katholische Rettungsanstalt Thurhof [bei Oberbüren].) Jahresheft pro 1901 u. pro 1902. [*je* Mit Ansichts-Vignette.] II + 68 u. II + 71 S. 8. St. Gallen, Buchdr. der «Ostschweiz», 1902 u. 1903.

Jahresheft, 2., des Vereins schweizerischer Gymnasiallehrer, enth. das Protokoll der 10. Jahresversammlung u. Nachrichten über Entstehung u. Geschichte von 12 Gymnasien der Schweiz. Aarau 870. Sauerländer's Verl. Lex.-8. (50 S.) n. 8 ngr.

Jahresheft, 3—8., d. Vereins schweizerischer Gymnasiallehrer. Lex.-8. (74 S. m. e. Tab. in qu. Fol.) Aarau 871—76. Sauerländer. n. 6. 80
3. (74 S.) n. 1. 20. — 4. (181 S.) n. 2. 40. — 5. (30 S.) n. — 80 — 6. (40 S.) n. — 60. — 7. (68 S.) n. — 80. — 8. (64 S.) n. 1. —.

Jahresheft, 9. u. 10., des Vereins schweizerischer Gymnasiallehrer. Lex.-8. (88 u. 89 S.) Aarau 877. 78. Sauerländer. à n. 1. —

— dasselbe. 11—14. Jahresheft. gr. 8. (73, 66, 61 u. 49 S. m. Holzschn.) Ebend. 879—82. à n. 1. 20

Jahresheft, 15. u. 16., d. Vereins schweizerischer Gymnasiallehrer. Lex.-8. (à ca. 112 S.) Aarau 883. 84. (Sauerländer.) à n. 2. —

Jahresheft, 17., des Vereins schweizerischer Gymnasiallehrer. gr. 8. (161 S.) Aarau 885, (Sauerländer's Verlagsh.) *

— dasselbe, 18. gr. 8. (87 S.) Ebend. 886. n. 1. 80

Jahresheft, 19., d. Vereins schweizerischer Gymnasiallehrer. gr. 8. (37 S.) Aarau 887. (Sauerländer.) n. 1. —

— dasselbe, 20. gr. 8. (VI, 70 S.) Ebd. 888. n. 1. 60

Jahresheft, 21., d. Vereins schweizerischer Gymnasiallehrer. gr. 8. (96 S.) Aarau 889, (Sauerländer u. Comp.). * 1 80

Jahresheft, 22.—24., des Vereins schweizerischer Gymnasiallehrer. gr. 8. (III, 84 S. m. Fig.) Aarau, H. R. Sauerländer & Co. n. 5. 20
22. (114 S.) 892. n. 2. 40. — 23. (55 S.) 893. n. 1. — 24. (III, 84 S. m. Fig.) 894. n. 1. 80.

Jahresheft, 25. u. 26., des Vereins schweizerischer Gymnasiallehrer. gr. 8. (102 u. 100 S.) Aarau 895. 96. H. R. Sauerländer & Co. à n. 2. —

— dasselbe. 27. u. 28. Hft. gr. 8. (81 u. II, 81 S.) Ebd. 897. 98. à n. 1. 80

Jahresheft, 29. u. 30., des Vereins schweizerischer Gymnasiallehrer. gr. 8. (II, 69 u. II, 74 S.) Aarau 899. 900. H. R. Sauerländer & Co. à n. 1. 80

— dasselbe. 31. u. 32. gr. 8. (II, 108 u. II, 117 S.) Ebd. 901. 902. à n. 2. —

Jahresheft, 33—36., des Vereins schweiz. Gymnasiallehrer. Lex.-8. Aarau, H. R. Sauerländer & Co. n. 6. 80
33. (65 S.) 903. n. 1. 60. — 34. (II, 94 S.) 904 n. 2. —. 35. (II, 56 S.) 905. n. 1. 60. — 36. (II, 73 S.) 906. n. 1. 60.

Jahresheft, 37., des Vereins schweiz. Gymnasiallehrer. (I, 97 S. m. 14 Kartenbeilag.) gr. 8. Aarau 908. H. R. Sauerländer & Co. 4. 20
Fortsetzg., s.: Jahrbuch.

— des Vereins f. schlesische Insektenkunde zu Breslau. (Früher: Zeitschrift f. Entomologie.) Neue Folge. 33. Heft. (XL, 25 S. m. 1 Taf.) 8. Breslau 908. (Maruschke & Berendt.) 1. —

Jahresheft d. Vereins f. schlesische Insektenkunde zu Breslau. (Früher: Zeitschrift f. Entomologie.) 2. u. 3. Heft. 8. Breslau (Maruschke & Berendt). 1. 80
2. (XXXIV, 46 S.) 909. 1.—. — 3. (XXXII, 8 S.) 910. — 80.

Jahresheft des Vereines des krainischen Landes-Museums. Redigirt von Karl Deschmann. Laibach, 1856. Druck von Ignaz v. Kleinmayr u. Fedor Bamberg. (1 Bl. 80 S. u. eine Tabelle. 8.)
Inhalt: Einiges über die naturwissenschaftlichen Forschungen in Krain. — Meteorologische Beobachtungen zu Laibach im J. 1855. — Hylobius variegatus. Schmidt. (Der scheckige Forstrüsselkäfer.) — Ueber das Erscheinen der Purpurmade. Monas prodigiosa Ehr. in Laibach. — Bericht über die Versammlung der Freunde der Naturwissenschaften im Laibacher Museum im Jahre 1849. — Ausweis über den Rechnungsabschluß des krainischen Landes-Museums für das Solarjahr seit 1. Januar bis letzten Dezember 1855.

— das 1. u. 2., des Vereins zur Pflege der Kirchenmusik in d. Prov. Sachsen. gr. 8. Hettstedt. (Göttingen, Vandenhoeck & Ruprecht.) à — 50
1. Zu Hettstedt am 14. u. 15. VI. 1908 (8, 56 S.) 908.
2. Zu Nordhausen am 26. u. 27. IV. 1909. (48 S.) 909.

— d. Zeichenunterrichts 1895. Ergänzungsschrift z. „Zeichenlehrer", Zeitschrift d. Vereins württ. Zeichenlehrer. Red. v. E. Mager. M. 6 Pflanzenstudien in Lichtdr. als Musterbeispiele. I. Jahrg. gr. 8. (VIII, 88 S.) Stuttgart 896. Süddeutsche Verlagsbuchh. n.n. 2.50

JAHRESHEFTE DES WIRTENBERGISCHEN ALTERTHUMS VEREINS. (Bd. 1.) Heft I—XII. (Mit Tafeln.) Stuttgart 1844—1869.*) fol.
Bd. 2. Heft I (Lief. 1.) — Heft II (Lief. 2-3). (Mit Tafeln.) ib. 1873(—1879).
A. u. d. T.: E. PAULUS, Die Cisterzienser-Abtei Maulbronn. Herausgegeben vom Württembergischen Alterthums-Verein unter dem Protektorat Seiner Majestät des Königs Karl von Württemberg. (Mit Tafeln.) Stuttgart. 1873(—1879). In Comm. bei Karl Aue.

Jahreshefte, geognostische. 1. Jahrg. 1888. Hrsg. im Auftrage d. königl. bayer. Staatsministeriums des Innern v. der geognost. Abtheilg. d. k. bayer. Oberbergamtes in München. Lex.-8. (IV, 185 S. m. eingedr. Abbildgn. u. 1 Taf.) Cassel 888. Fischer. n. 8. —

— dasselbe. 2. Jahrg. 1889. Lex.-8. (IV, 188 S. m. 4 Taf.) Ebd. 889. n. 12. —

Jahreshefte, geognostische. 3. Jahrg. 1890. Hrsg. im Auftrage d. königl. bayer. Staatsministeriums d. Innern v. der geognost. Abtheilg. d. kgl. bayer. Oberbergamtes in München. Lex.-8. (III, 99 S. m. Abbildgn. u. 1 geolog. Karte.) Cassel 890. Th. Fischer. n. 10. — (1—3.: n. 30. —)

— dasselbe. 4. Jahrg. 1891. Lex.-8. (IV, 171 S. m. Abbildgn., 1 Taf u. 1 Bl. Erklärgn.) Ebd. 892. n. 20. —

— dasselbe. 5. Jahrg. 1892. Lex.-8. (IV, 219 S. m. Abbildgn.) Ebd. 893. n. 14. —

— dasselbe. 6. Jahrg. 1893. Lex.-8. (III, 105 S. m. Profilen u. 1 farb. Karte.) Ebd. 894. n. 10. —

— geognostische. Hrsg. im Auftr. d. kgl. bayer. Staatsministeriums d. Innern v. d. geognost. Abtheilg. d. kgl. bayer. Oberbergamtes in München. 7. Jahrg. 1894. Lex.-8. (III, 103 S. m. 2 farb. Karten.) Cassel 895. Th Fischer. n. 12. —

— dasselbe. 8. u. 9. Jahrg. 1895 u. 1896. Lex.-8. (III, 155 S. m. Abb. u IV, 104 S. m. 14 Taf.) Ebd. 896. 97. à n. 16. —

— geognostische. 10.—14. Jahrg. 1897—1901. Hrsg. im Auftrage des königl. bayer. Staatsministeriums des Innern v. der geognost. Abtheilg. des kgl. bayer. Oberbergamts in München. Lex.-8. München, Piloty & Löhle. n. 81. —; (ermäss. Preis f. 1—9 n.n. 50. —)
10. 1897. (IV, 180 S. m. 8 Taf.) 898. n. 16. —
11. 1898. (III, 89 S. m. 2 Bildnissen, 14 Taf., 2 farb. Profiltaf. u. 1 farb. geolog. Karte.) 899. n. 20. —
12. 1899. (V, 160 S. m. Abbildgn. u. 1 Taf.) 899. n. 15. —
13. 1900. (V, 208 S. m. Abbildgn. u. 8 Taf.) 901. n. 20. —
14. 1801. (III, 250 S. m. Abbildgn. u. 8 Taf.) 901. n. 20. —

— geognostische. 15—17. Jahrg. 1902—1904. Hrsg. im Auftrage des königl. bayer. Staatsministeriums des Innern v. der geognost. Abtheilg. des königl. bayer. Oberbergamtes in München. Lex.-8. München, Piloty & Loehle. à n. 25. —
15. (III, 286 S. m. Abbildgn. u. 5 Taf.) 903.
16. (III, 184 S. m. Abb., 2 [1 farb.] Taf. u. 2 farb. Karten.) 905.
17. (III, 247 S. m. Abb. 4 [2 farb.] Taf. u. 1 farb. Karte.) 906.

— geognostische. 18.—21. Jahrg. 1905—1908. Hrsg. im Auftr. des kgl. bayer. Staatsministeriums des königl. Hauses u. des Äussern v. der geognost. Abteilg. des kgl. bayer. Oberbergamtes in München. Lex. 8. München, Piloty & Loehle. à 25. —
18. (III, 176 S. m. Abb., 5 [1 farb.] Taf. u. 3 farb. Karten.) 907. — 19. (IV, 202 S. m. Abbildgn., 6 Taf. u. 3 [1 farb.] Karten.) 908. — 20. (III, 270 S. m. Abb., 16 [2 farb.] Taf. u. 4 farb. Karten.) 908. — 21. (III, 228 S. m. Abb., 3 Taf. u. 3 farb. Karten.) 909.

Jahresheft der Gesellschaft für Anthropologie u. Urgeschichte d. Oberlausitz. Namens d. Gesellschaft hrsg. v. ihrem Vorsitzenden L. Feyerabend. 1.–4. Hft. gr. 8. Görlitz, A. Förster. à n. 2.—
1. (VI, 74 S. m. 2 Taf.) 890.
2. (III u. S. 75—146 m. 1 Taf.) 892.
3. (III u. S. 147—211 m. 3 Taf.) 893.
4. (V u. S. 219—281 m. Abb. u. 5 Taf.) 894.

Jahreshefte der Gesellschaft f. Anthropologie u. Urgeschichte der Oberlausitz. Namens der Gesellschaft hrsg. v. Ludw. Feyerabend. II. Bd. 1.—4. Heft. Jahrg. 1905—1908. (II, II u. S. 1—351 m. Abb. u. 14 Taf.) gr. 8. Görlitz 905—09. (H. Tzschaschel.) nn 15. 20

— d. österreichischen archäologischen Instituts in Wien. 1. Bd. 2 Hfte. gr. 4. (à Hft. ca. 140 S. u. 80 Sp. m. Textfig. u. Taf.) Wien 898. A. Hölder. n. 15.—
Trat an Stelle der eingegangenen „Archäologisch-epigraphischen Mittheilungen aus Oesterreich-Ungarn".

Jahreshefte des österreichischen archäologischen Instituts in Wien. 2.—5. Bd. à 2 Hfte. gr. 4. Wien 899—902. A. Hölder. à Bd. n. 15.—
2. (275 S, u. 111 Sp. m. Fig. u. 8 Taf.)
3. (216 S. u. 223 Sp. m. Fig. u. 6 Taf.)
4. (212 S. u. 207 Sp. m. Fig. u. 7 Taf.)
5. (216 S. u. 231 Sp. m. Fig. u. 5 Taf.)

Jahreshefte des österreichischen archäologischen Instituts in Wien. 6—9. Bd. à 2 Hefte. gr. 4. Wien, A. Hölder. à n. 15.—
6. (III, 266 S. u. 120 Sp. m. 178 Abb. u. 3 Taf.) 903.
7. (III, 244 S. u. 160 Sp. m. 131 Abb. u. 2 Taf.) 904.
8. (III, 296 S. u. 128 Sp. m. 87 Abb. u. 5 Taf.) 905.
9. (III, 324 S. u. 88 Sp. m. 109 Abb. u. 4 Taf.) 906.

— des österreich. archäologischen Institutes in Wien. 10.—13. Bd. à 2 Hefte. (13. Bd. 1. Heft 122 S. u. 128 Sp. m. 108 Abb., 4 Taf. u. 1 eingedr. Kartenskizze.) Lex. 8. Wien 907—10. A. Hölder. à Bd. 18.—

— dasselbe. Indices zu d. Bdn. VI—X. (Sp. 121—280.) Lex. 8. Ebd. 907. 4. 20

JAHRESHEFTE DES VEREINS FÜR MATHEMATIK UND NATURWISSENSCHAFTEN IN ULM a/D.
Jahrg. 1. Ulm 1888. Wagnersche Buchdruckerei. 8°. — 2. ib. 1889. — 3. ib. 1890. — 4. ib. 1891. — 5. ib. 1892. — 6. ib. 1893. — 7. ib. 1895. — 8. ib. 1897. — 9. ib. 1899. — 10. ib. 1901. Heinrich Frey, Buchdruckerei. — 11. ib. 1903. — 12. ib. 1906. — 13. ib. 1907. —
Forts. u. d. T.: Mitteilungen des Vereins für Mathematik und Naturwissenschaften in Ulm.

JAHRESHEFTE DES VEREINS FÜR VATERLÄNDISCHE NATURKUNDE IN WÜRTTEMBERG.
Herausgegeben von dessen Redaktionscommission, ...
Jahrg. 1—25. (Mit Steintafeln und Holzschnitten.) Stuttgart. 1845—1869. Ebner & Seubert. 8°.
Jahrg. 26—41. (Mit Steintafeln und Holzschnitten.) ib. 1870—1885. E. Schweizerbart'sche Verlagshandlung (E. Koch).
In »Jahreshefte ... Jahrg. 20. 1864:
Register zu den Jahresheften des Vereins für vaterländische Naturkunde in Württemberg. Jahrg. I—XX, 1845—1864. Von G. WERNER.
In »Jahreshefte ... Jahrg. 39. 1883:
General-Register zu den Jahresheften des Vereins für vaterländische Naturkunde in Württemberg. Jahrg. I—XXXIX, 1845—1883. Von EDUARD KOCH.
In »Jahreshefte ... Jahrg. 21. 1865:
Catalog der Bibliothek des Vereins für vaterländische Naturkunde in Württemberg. Von KRAUSS.
In »Jahreshefte ... Jahrg. 36. 1880:
Katalog der Bibliothek des Vereins für vaterländische Naturkunde in Württemberg. Von E. HOFMANN.

Jahreshefte des Vereins für vaterländ. Naturkunde in Württemberg. Herausgeg. von dessen Redaktionscommission, Gr. H. v. Mohl, Th. Plieninger, Fehling, Wolfgang Menzel, Fd. Krauß. 1. Jahrg. 1. 2. u. 2. Jahrg. 1. Heft. gr. 8. (Mit lith. Taf.) Stuttgart 845. 46. Ebner u. S. à 3/4 ℛ

Jahreshefte des Vereins für vaterland. Naturkunde in Wurttemberg. Herausgeg. von H. v. Mohl, Th. Plieninger, Fehling, Wolfg. Menzel, Ferd. Krauss. 2. Jahrg. 2. Hft. (Mit 1 lith. Taf. in gr. 4.) gr. 8. (S. 129–258.) Stuttgart 846, Ebner & Seubert. 3/4 ℛ

Jahreshefte des Vereins für vaterländische Naturkunde in Württemberg. Herausg. von dessen Redactionscommission H. v. Mohl, Th. Plieninger, Fehling, O. Fraas, Wolfg. Menzel, F. Krauss. Stuttgart, Ebner u. Seubert. gr. 8.
6. Jahrg. (1850.) 3. Heft. (S. 257—440.) n. 1 ℛ. 2 ngr. — 7. Jahrg. (1851.) 3. Heft. (S. 265—422.) 1 ℛ. — 8. Jahrg. (1852.) 3 Hefte. (524 S. u. 6 lith. Taf.) 2 ℛ. 7½ ngr. — 9. Jahrg. (1853.) 3 Hefte. (371 S. u. 7 lith. Taf.) 2 ℛ. 7½ ngr. — 10. Jahrg. (1854.) 3 Hefte. (512 S. u. 10 lith. Taf.) 3 ℛ. — 11. Jahrg. (1855.) 3 Hefte. (480 S. u. 2 lith. Taf.) 2 ℛ. 7½ ngr. — 12. Jahrg. (1856.) 3 Hefte. (556 S. u. 2 lith. Taf.) 3 ℛ. — 13. Jahrg. (1857.) 3 Hefte. (396 S., 3 lith. Taf. u. 1 lith. Karte in Fol.) 2 ℛ. 7½ ngr. — 14. Jahrg. (1858.) 3 Hefte. (352 S. m. Holzschn. im Text, 2 lith. Taf. u. 1 Tab.) 2 ℛ. 7½ ngr.

Jahreshefte des Vereins für vaterländische Naturkunde in Württemberg. Hrsg. von H. v. Mohl, Th. Plieninger, Fehling, Wolfg. Menzel, Ferd. Krauss. 8. Jahrg. 3. Heft. 1. und 2. Abthl., 11. Jahrg. 3. Heft, 13—17. Jahrg. à 3 Hefte. gr. 8. Stuttgart, Ebner und Seubert. [8. Jahrg. 3. Heft. 1. und 2. Abthl. (IV und S. 257—524 mit 6 lithogr. qu. Foliotaf.) 857. 1. Abthl. 22½ Ngr., 2. Abthl. 1 Thlr. 15 Ngr.; 11. Jahrg. 3. Heft. (IV und S. 273—480.) 857. 1 Thlr. 15 Ngr.; 13. Jahrg. 3 Hefte. (III und 396 S. mit 3 Stnt. in qu. gr. 4. und 1 lithogr. Karte in Fol.) 857. 58. à Heft 22½ Ngr.; 14. Jahrg. 3 Hefte. (IV und 332 S. mit 1 Tab. in Imp.-Fol., 1 Stnt. in qu. Fol. und 2 eingedr. Holzschn.) 858. à Heft 22½ Ngr.; 15. Jahrg. 3 Hefte. (IV und 360 S. mit 3 Stnt.) 859. à Heft 22½ Ngr.; 16. Jahrg. 3 Hefte. (IV und 292 S. mit 3 Stnt.) 860. à Heft 22½ Ngr.; 17. Jahrg. 3 Hefte. (IV und 364 S. mit 5 Stnt., wovon 1 in Buntdr., in gr. 8. und in gr. 4.) 861. à Heft 22½ Ngr.]

Jahreshefte des Vereins für vaterländische Naturkunde in Württemberg. Hrsg. von H. v. Mohl, H. v. Fehling, O. Fraas etc. 26. Jahrg. 1870. 3 Hefte. gr. 8. Stuttgart, Schweizerbart'sche Verlagsh. [1. Heft. (S. 1—144 mit 1 color. lithogr. Karte und 2 lithogr. Taf. Profilen in qu. 4.) *ℳ 2,25.; 2. und 3. Heft. (IV, S. 145—367 mit 10 Stnt. in 4.) *ℳ 7.] * 9 25

Jahreshefte d. Vereins f. vaterländ. Naturkunde in Württemberg. Hrsg. von H. v. Mohl, H. v. Fehling, O. Fraas etc. 27. Jahrg. 1871. 1—3. Hft. gr. 8. (IV, 300 S.) Stuttgart 871. E. Schweizerbart. à Hft. n. 2. 25
Fortsetzung davon:
Jahreshefte, Württembergische naturwiss.

— des Vereins für vaterländische Naturkunde in Württemberg. Hrsg. von dessen Redactions-Commission H. v. Fehling, O. Fraas, F. v. Kraus, P. v. Zech. 35. Jahrg. 1879. gr. 8. (IV, 372 S. mit 5 lithogr. Taf. und 2 eingedr. Holzschn.) Ebendas. *

Jahreshefte des Vereins für vaterländische Naturkunde in Württemberg. Hrsg. von dessen Redactions-Commission H. v. Fehling, O. Fraass, F. v. Krauss, P. v. Zech. 36.—38. Jahrg. 1880—1882. gr. 8. (IV, 392 S. mit 4 lithogr. Taf.; IV, 388; IV, 356 S.) Stuttgart, Schweizerbart'sche Verlagsh. à Jahrg. *

— dass. — Hrsg. von dessen Redact.-Commission O. Fraass, F. v. Krauss, C. v. Marx, P. v. Zech. 39. und 40. Jahrg. 1883 und 1884. gr. 8. (IV, 382 S. mit 2 lithogr. und color. Taf. und 8 eingedr. Holzschn.; IV, 371 S. mit 3 lithogr. Taf. und 3 eingedr. Holzschn.) Ebendas. à Jahrg. *

--- des Vereins für vaterländische Naturkunde in Württemberg. Hrsg. von dessen Redact.-Commission O. Fraas, F. v. Krauss, C. v. Marx, P. v. Zech. 41.—44. Jahrg. gr. 8. (IV, 348 S. mit 6 Taf.; IV, 352 S. mit 9 Taf.; IV, 452 S. mit 5 Taf.; IV, 336 S. mit 7 Taf.) Stuttgart 885—88, Schweizerbart'sche Verlagsh. à Jahrg. *

-- des Vereins für vaterländische Naturkunde in Württemberg. Hrsg. von dessen Red.-Kommission O. Fraas, F. v. Krauss, C. v. Marx, P. v. Zech. 45. u. 46. Jahrg. gr. 8. (IV, 364 S. m. 8 Taf.; IV, 308 S. m. 3 Taf.) Stuttg. 889,90, Schweizerbart. à Jahrg. * 7 20

— des Vereins f. vaterländische Naturkunde in Württemberg. Hrsg. v. dessen Red.-Kommission O. Fraas, C. Hell, O. Kirchner, K. Lampert, E. v. Rousch. 47. Jahrg. gr. 8. (IV, XCIV, 448 S. m. 8 Taf. u. dem Portr. v. Ferd. v. Krauss.) Stuttgart 891. E. Schweizerbart. n. 7. 20

— dasselbe. Hrsg. v. O. Fraas, C. Hell, O. Kirchner, K. Lampert. 48. u. 49. Jahrg. gr. 8. (V, CIII, 274 S. m. 7 Taf.; IV, 268 S. m. 9 Taf.) Ebd. 892. 893. à Jahrg. n. 7. 20

Jahreshefte des Vereins f. vaterländische Naturkunde in Württemberg. Hrsg. v. O. Fraas, C. Hell, O. Kirchner, K. Lampert, Aug. Schmidt. 50. Jahrg. gr. 8. (IV, CXXX, 1004 S. m. 7 Taf.) Stuttgart 894. E. Schweizerbart. n. 12. —

— d. Vereins f. vaterländ. Naturkunde in Württemberg. Hrsg. v. dessen Red.-Kommission C. Hell, O. Kirchner, K. Lampert, Fr. Nies, A. Schmidt. 51. u. 52. Jahrg. gr. 8. (V, CXXXVI, 390 S. m. Abb. u. V, CXXVI, 419 S. m. 7 Taf.) Stuttgart 895. 96. E. Schweizerbart. à Jahrg. n. 7. 20

— dasselbe. Hrsg. v. dessen Red.-Kommission Eb. Fraas, C. Hell, O. Kirchner, K. Lampert, Aug. Schmidt. 53. u. 54. Jahrg. gr. 8. (V, CVII, 250 S. m. 2 Taf. u. IV, LXXXVI, 833 S. m. 9 Taf. u. 1 Bildn.) Ebd. 897. 98. à Jahrg. n. 7. 20

— des Vereins für vaterländische Naturkunde in Württemberg. Hrsg. v. dessen Red.-Kommission Eb. Fraas, C. Hell, O. Kirchner, K. Lampert, Aug. Schmidt, hrsg. v. J. Eichler. 55.—58. Jahrg. gr. 8. Stuttgart (C. Grüninger). à n. 7. 20
55. (V, LXXXVI, 471 S. m. 8 Taf., 8 Bl. Erklärgn. u. 1 Bildnis.) 899.
56. (V, LXI, 541 S. m. 9 Taf. u. 5 Bl. Erklärgn.) 900.
57. (CXXVIII, 442 S. m. 14 Taf. u. 5 Bl. Erklärgn.) 901.
58. (CV, 390 S. m. 8 Taf. u. 7 Bl. Erklärgn. u. Beilage 38 S.) 902.

— des Vereins f. vaterländ. Naturkunde in Württemberg. Im Auftrag der Red.-Kommission: Eb. Fraas, C. Hell, O. Kirchner, K. Lampert, A. Schmidt hrsg. v. J. Eichler. 59—62. Jahrg. gr. 8. Stuttgart (C. Grüninger). à n. 7. 20
59. (C, 353 S. m. Abb., 10 Taf. u. 3 Tab. u. Beilage S. 39 bis 67.) 903. — 60. (CXVIII, 358 S. m. Abb., 14 Taf., 14 Bl. Erklärgn., 3 Tab., 1 Karte u. Beilage S. 69—112.) (904.) — 61. (LXXXI, 397 S. m. 9 Taf., 4 Tab., 9 Bl. Erklärgn. u. Beilage 78 S. u. 3 Karten.) 905. — 62. (CXII, 399 S. u. S. 113—163 m. 1 Taf. Beilage S. 79—135 m. eingedr. Skizzen u. 3 Karten.) 906.

— d. Vereins f. vaterländ. Naturkunde in Württemberg. Im Auftr. der Red.-Kommission: E. Fraas, C. v. Hell, O. Kirchner, K. Lampert, A. Schmidt hrsg. v. J. Eichler. 63.—66. Jahrg. gr. 8. Stuttgart, C. Grüninger. à 7. 20
63. (LXXXVIII, 460 S. m. Abb., 9 Taf., 9 Bl. Erklärgn. u. Beilagen 41, 10 u. 99 S. m. Abb. u. 4 Taf. u. S. 135—218 m. 2 Karten.) 907. — 64. (XCI, 421 S. m. Abbildg., 5 Taf., 4 Bl. Erklärgn. u. Beilagen V u. S. 165—251 u. 280 S. m. 1 Karte, 2 Taf. u. 2 Bl. Erklärgn.) 908. — 65. m. 2 Beilagen. (LXXXV, 297 S. m. Abb., 10 Taf., 2 Beilagen u. 8 Bl. Erklärgn., 92 S. m. Abb., 1 Taf. u. 1 Bl. Erklärgn. u. S. 219—278 m. 3 farb. Karten.) 909. — 66. (CIII, 506 S. m. Fig., 14 Taf. u. 9 Bl. Erklärgn., 36 S. m. 1 Fig. u. 1 Taf.) 910.

JAHRESHEFTE DES NATURWISSENSCHAFTLICHEN VEREINS FÜR DAS FÜRSTENTHUM LÜNEBURG.
I—III. 1865—1867. Mit Lithographien. Lüneburg und Dannenberg. Buch- und Steindruckerei von H. König. 8°.
IV. 1868 u. 1869. Mit 2 Lithographieen. Lüneburg, 1870. Engel's Buchhandlung.
V. 1870 u. 1871. ib. 1873. Buchdruckerei von Heinr. König.
VI. 1872 und 1873. ib. 1876. Engel's Buchhandlung.
VII. 1874—1878. Mit 2 Abbildungen. ib. 1878. Buchdruckerei von Heinrich König.
VIII. 1879—1882. (Mit Tafeln und Tabellen.) ib. 1882. —

Jahreshefte des naturwissenschaftlichen Vereins für das Fürstenthum Lüneburg. III. 1867, und IV. 1868 und 1869. gr. 8. (III, 154 S. mit 1 Lithogr.; III, 143 S. mit 2 Lithogr. in qu. 4.) Lüneburg 869,70, (Engel's Buchh.) à ** 1 50

Jahreshefte des naturwissenschaftlichen Vereins für das Fürstenth. Lüneburg. V. 1870 und 1871. gr. 8. (101 S.) Lüneburg 873, (Engel's Buchh.) *

— dasselbe. VI. 1872 u. 1873. gr. 8. (221 S. m. 1 Chromolith. in qu. Fol.) Ebend. 876. n. 3. —

—— des naturwissenschaftlichen Vereins für das Fürstenth. Lüneburg. VII. 1874—1878. gr. 8. (123 S. mit 2 Abbild.) Lüneburg 878, (Herold und Wahlstab'sche Buchh.) *

Jahreshefte des naturwissenschaftlichen Vereins für das Fürstent. Lüneburg. VIII. 1879—1882. gr. 8. (III, 117 S. m. 4 Steintaf.) Lüneburg 882. (Herold & Wahlstab.) n. 2. —

— des naturwissenschaftlichen Vereins f. das Fürstent. Lüneburg. IX. 1883. 1884. gr. 8. (149 S.) Lüneburg 884. (Herold & Wahlstab.) n. 2. —

— des Naturwissenschaftlichen Vereins für das Fürstentum Lüneburg. X. 1885—1887. gr. 8. (123 S.) Lüneburg 887. (Herold & Wahlstab'sche Buchh.) n. 2. —

— des naturwissenschaftlichen Vereins f. d. Fürstent. Lüneburg. X.—XIII. gr. 8. Lüneburg (Herold & Wahlstab.) à n.n. 2. —
X. 1885—1887. (IV, 123 S.) 887.
XI. 1888—1889. (IV, 132 S.) 889.
XII. 1890—1892. (IV, 112 S.) 892.
XIII. 1893—1895. (IV, XXIV, 151 S.) 895.

— des naturwissenschaftlichen Vereins f. das Fürstent. Lüneburg. XIV u. XV. gr. 8. Lüneburg (Herold & Wahlstab). à n. 2. —
XIV. 1896—1898. (LXXX, 77 S.) 898.
XV. 1899—1901. (III, XCIII, 71 S.) 901.

JAHRESHEFTE DES NATURWISSENSCHAFTLICHEN VEREINS FÜR DAS FÜRSTENTUM LÜNEBURG.
X. 1885—1887. Lüneburg 1887. Buchdruckerei von Heinrich König*). 8°.
XI. 1888. 1889. (Mit 1 Tafel.) ib. 1890. —
XII. 1890—1892. (Mit 1 Karte.) ib. 1893. —
XIII. 1893—1895. (Mit 1 Tafel.) ib. 1895. —
XIV. 1896—1898. ib. 1898. —
XV. 1899—1901. ib. 1901. —
XVI. 1902—1904. ib. 1904. —
XVII. 1905—1907. ib. 1907. —
XVIII. 1908—1910. ib. 1910. —

*) In X. 1885—1887: II. Verzeichnis der naturwissenschaftlichen Werke, welche im Besitze des naturwissenschaftlichen Vereins, in der Stadtbibliothek und in der Bibliothek des Johanneums enthalten sind. Dieses Verzeichniss enthält die seit 1871 nach Aufstellung des ersten Verzeichnisses (cf. Jahresheft V.) erworbenen Werke.

Jahreshefte, württembergische naturwissenschaftliche. Bearbeitet von Mehreren und hrsg. von Th. Plieninger. 2. Jahrg. 3. Heft und 3—5. Jahrg. à 3 Hefte. gr. 8. Stuttgart, Ebner und Seubert. [2. Jahrg. 3. Heft (S. 259—392 und 1 Stnt.) 847. * 22 Ngr., 3. Jahrg. (IV und 430 S. mit 4 Stnt. in Fol. und gr. 8.) 847. * 2 Thlr. 6 Ngr., 4. Jahrg. (IV und 404 S. mit 1 ill. und 1 schw. Stnt.) 849. * 2 Thlr. 6 Ngr., 5. (IV und 390 S. mit 3 Stnt.) 850. * 2 Thlr. 6 Ngr.] *

—— dass. — 6—8. Jahrg. à Jahrg. 2 Hefte. Hrsg. von Denis. gr. 8. Ebds. [6. (256 S.) 850., 7. (264 S. mit 1 Stnt. in qu. 4.) 851., 8. (256 S. mit 5 Stnt. in qu. gr. 4. und 2 Stnt. in Fol.) 852. à Jahrg. 1 Thlr. 15 Ngr.]

1. Jahrg. (2 Hefte) und 2. Jahrg. 1. und 2. Heft. Ebendas. 3 Thlr.

— **Württembergische naturwissenschaftliche.** Herausg. von H. v. Mohl, H. v. Fehling, O. Fraas, F. Krauss, W. Menzel. 18. u. 19. Jahrg. à 3 Hefte. — 20. Jahrg. 1. Heft. Ebend. 862—64. gr. 8. (18.: IV, 388 S. u. 5 lith. Taf.; 19.: IV, 352 S. mit 1 lith. Taf. u. 3 Tab.; 20.: S. 1—152.) 6 ₰

XVIII. 1., XIX. 1—3 u. XX. 1. à 22⅔ ngr: XVIII. 2. 3. 2 ₰ 7½ ngr.

Jahreshefte, württembergische naturwissenschaftliche. Hersg. von H. v. Mohl, H. v. Fehling, O. Fraas etc. XX. Jahrg. 2 Heft. XXVI Jahrg. à Jahrg. 3 Hefte. Stuttgart 865—70. E. Schweizerbart. gr. 8. [XX, 2. 3. (IV u. S. 153—348 mit 1 Steintaf. in qu. Fol.) XXI. (324 S. mit 7 Steintaf.) XXII. (II 252 S. mit 3 Steintaff.) XXIII. (IV, 364 S. mit 3 Steintaff. u. eingedr. Holzschn.) XXIV. (IV, 316 S. mit 7 Steintaff.) XXV. (IV, 228 S. mit 4 Steintaff.) XXVI. (IV, 367 S. mit 1 color. Karte u. 2 Taff. Profilen.)] XX. 2—XXV, à Heft n. 22½ ngr., XXVI. n. 3 ₰ 2½ ngr.

Vom Jahrg. XXVI u. d. T.: Jahreshefte des Vereines für vaterländ. Naturkunde in Württemberg.

Jahreshefte, württembergische naturwisenschaftliche. Hrsg. von H. v. Mohl, H. v. Fehling, O. Fraas etc. 28. u. 29. Jahrg. 1872 u. 1873. à 3 Hfte. gr. 8. (à ca. 128 S.) Ebend. à Hft. n. 2. 25

— dasselbe. 30. u. 31. Jahrg. 1874 u. 1875. à 3 Hfte. Mit color. Steintaf. (in qu. 4.) gr. 8. (à ca. 176 S.) Ebend. à Hft. n. 2. 40

—— württembergische naturwissenschaftliche. Hrsg. von W. Hofmeister, H. v. Fehling, O. Fraas, F. v. Kraus, P. v. Zech. 32. Jahrg. 1876. 3 Hefte. gr. 8. (468 S. mit 6 eingedr. Holzschn., 1 lithogr. Karte in gr. 4., 11 Stnt. in qu. gr. 4. und 1 lithogr. und color. Längenprofil in qu. gr. Fol.) Stuttgart, Schweizerbart'sche Verlagsh.

— württembergische naturwissenschaftliche. Hrsg. von H. v. Fehling, O. Fraas, F. v. Krauss, P. v. Zech. 33. Jahrg. 1877. 3 Hfte. gr. 8. (326 S. mit eingedr. Holzschn. u. 5 Steintaf.) Stuttgart 877. Schweizerbart. n. 12. 80

—— dass. — Hrsg. von Schwendener, H. v. Fehling, O. Fraas, F. v. Kraus, P. v. Zech. 34. Jahrg. 1878. 3 Hefte. gr. 8. (IV, 396 S. mit 8 Stnt.) Ebendas.

Als Fortsetzung schliesst sich an:

Jahreshefte d. Vereins f. vaterländ. Naturkunde in Württemberg.

Jahreshefte, württembergische, des Vereins für vaterländische Naturkunde in Württemberg. Herausgegeben von dessen Redactions-Commission. Vol. I—XIX. 1. 1845—1863. Stuttgart. 8.

Jahres-Isothermen, Karte der, v. A. Supan. Im Masst. 1 : 80,000.000. 4 Bl. Gr.-Qu.-Fol. Farbendruck. Wien, Eduard Hölzel. 5 fl.; auf Leinwd. gesp. in Mappe 7 fl. 50 kr.; mit Stäben 8 fl. 50 kr.
1885. S. 148

Jahres-Kalender, immerwährender in 7 Taf. f. die J. 1—2000 n. Chr. (8 S.) hoch 4. Nebst Schlüssel. (8 S.) Lex.-8. München 903. O. Franz' Verl. 2.—; Wandtafel-Ausg. m. verschiebbaren Tafeln, auf Karton 2.—

— des k. k. Patentamtes f. d. J. 1899. Lex.-8. (55 S.) Wien (900). Lehmann & Wentzel. n. 3.—

— dasselbe f. d. J. 1900 u. 1901. Lex.-8. (139 u. 241 S.) Ebd. (901. 902). à n. 6. 70

Landwirtschaftskammer f. d. Prov. Pommern. **Jahres-Kassenabschluss** von den Fonds der Landwirtschaftskammer in Stettin. [1.] Für d. Rechnungsjahr 1904 ... Stettin 1905: L. Pasenow. 4° [F.]

Anf. s. u. d. T.: Jahresrechnung d. Landwirtschaftskammer f. d. Prov. Pommern f. 1903.
j.6. 1901 9

Jahreskatalog der Geräte-Abteilung der Zeitung »Nutzgeflügelzucht«, Brutapparate-Fabrik mit Kraftbetrieb. Leitung: W. Cremat. Jg. 8. 1906 ff. Gr.-Lichterfelde-West

Jahres-Katalog des k. k. Patentamtes für das Jahr 1899. Wien. [1900.] Lehmann & Wentzel. Lex.-8°. 55 S. K 1.—

Jahres-Katalog des k. k. Patentamtes f. d. J. 1900. Lex.-8. (139 S.) Wien, Lehmann & Wentzel. 6. 70
1901.

Jahres-Katalog des k. k. Patentamtes f. d. J. 1901. (241 S.) Lex.-8. Wien, Lehmann & Wentzel. 6. 70.
1902.

Jahres-Katalog des k. k. Patentamtes f. d. J. 1902 bis 1905. (237, 277, 299 u. 317 S.) Lex.-8. Wien (903 bis 906). Lehmann & Wentzel. à n. 6. 80

Jahres-Katalog des k. k. Patentamtes f. d. J. 1906. (297 S.) Lex. 8. Wien (907). Lehmann & Wentzel. 6. 80

— dasselbe f. d. J. 1907 u. 1908. (204 u. 220 S.) Lex. 8. Ebd. (908. 09). à 5.—

Vergl.: Sachverzeichnis, alphabetisches, üb. sämtliche in das Patentregister eingetragenen Patente.

— dasselbe f. d. J. 1909. 2 Tle. Lex. 8. Ebd. (910). 6. 40

1. (233 S.) 5.—. — 2. Alphabetisches Sachverzeichnis üb. sämtl. bis 31. XII. 1909 in das Patentregister eingetr. Patente. (139 S.) 1.40.

Jahres-Katalog pro 1895 d. Wiener botan. Tauschvereins. (Gegründet 1845.) Hrsg. v. Ign. Dörfler. gr. 4. (28 S. m. 1 Bildn.) Wien 895. C. Gerold's Sohn. n. — 50

Jahreskatalog der pädagogischen Centralbibliothek (Comenius-Stiftung) zu Leipzig, enth. e. Teil der Neuerwerbgn. des J. 1898. 12. (80 S.) Leipzig 898. (J. Klinkhardt.) n. — 85

Jahres-Kranz des katholischen Christen. Gebete, Herzensergießungen und Lobgesänge auf alle Festtage des Herrn, der allerheiligsten Jungfrau Maria, der Engel und der Heiligen Gottes. Für alle Stände und für verschiedene Zeiten und Lebensverhältnisse. Wien 854. (Mechitharisten-Congreg.-Buchhdlg.) 18. (XVI, 632 S.) n. 14 ngr.

Jahres-Kranz des katholischen Christen. Gebete, Herzensergießungen und Lobgesänge auf alle Festtage des Herrn, der allerheiligsten Jungfrau Maria, der Engel und der Heiligen Gottes. Für alle Stände und verschiedene Zeiten und Lebensverhältnisse. G. W. Kl. 8. (XX, 644 S.) Wien. Druck und Verlag von Karl Ueberreuter. 1855.

Jahreskurse f. ärztl. Fortbildung in 12 Monatsheften. Systemat. angeordnete, illustr. Lehrvorträge üb. den jährl. Wissenszuwachs d. gesamt. Heilkunde. Hrsg.: v. Bruns, E. Bumm, Erb u. a. Red.: D. Sarason. Jahrg. 1910. 12 Hefte. (IV, 906 S. m. 157 Abbild.) Lex. 8. München, J. F. Lehmanns Verl. 16.—; geb. 18.—

Jahresmappe der deutschen Gesellschaft f. christliche Kunst. Jahresausg. 1893, enth. 12 Foliotaf. in Kupferdruck u. Phototypie, nebst erläut. Texte, bearb. v. Staudhamer. Fol. (10 S.) München, V. Putze. n. 15.—

— dasselbe, s. a.: Gesellschaft, deutsche, etc.

— dasselbe. Jahresausg. 1894, enth. 10 Foliotaf. in Kupferdr. u. Phototypie, nebst erläut. Texte m. weiteren Illustr., bearb. v. Staudhamer. Fol. (20 S.) Ebd. n. 15. —

Jahres-Mappe d. deutschen Gesellschaft f. christliche Kunst. 1897. M. 12 Foliotaf. in Kpfrdr. u. Phototypie u. 15 Abb. im Texte, ausgew. durch d. Juroren G. Hauberrisser, Leonh. Romeis, Fr. Xav. Bernauer u. a. Nebst erläut. Texte v. Herm. Jos. Graf Fugger-Glött. Fol. (IV, 14 S.) Freiburg i/B. 897. (Herder.) n. 15. —

— dasselbe. 1898. M. 12 Foliotaf. in Kpfrdr. u. Phototypie, sow. e. Kunstblatt in Farben u. 19 Abb. im Texte, ausgew. durch d. Juroren Hackel, Kolmsperger, Buscher u. a. Nebst erläut. Texte v. Jos. Bach. Fol. (27 S.) Ebd. 898. n. 15. —

Jahres-Mappe der deutschen Gesellschaft f. christliche Kunst. 1899. Mit 12 Foliotaf. in Kpfrdr., Phototypie u. Farbendr., nebst 19 Abbildgn. im Texte u. 1 Titel-Medaillon, ausgewählt durch die Juroren J. Bühlmann, G. Hauberrisser, A. Hess u. a. Nebst erläut. Texte von Osc. Frhrn. Lochner v. Hüttenbach. Fol. (22 S.) Freiburg i/B. (Herder.) n. 15. —

— dasselbe. 1900. Mit 12 Foliotaf. in Kpfrdr., Phototypie, Zinkographie u. Farbendr., nebst 25 Abbildgn. im Texte u. 1 Titel-Medaillon, ausgewählt durch die Juroren J. Bühlmann, G. Hauberrisser, A. Hess u. a. Nebst erläut. Texte v. Jos. Popp. Fol. (V, 26 S.) Ebd. n. 15. —

— dasselbe. 1901. Mit 12 Foliotaf. in Kpfrdr., Phototypie, Zinkographie, nebst 19 Abbildgn. im Texte u. 1 Titel-Medaillon, ausgewählt durch die Juroren J. Angermair, H. Schurr, S. Eberle etc. Nebst einführ. Text v. Mart. Spahn. Fol. (28 S.) München (Gesellschaft f. christl. Kunst). n. 15. —

— dasselbe. 1902. Mit 12 Foliotaf. in Kpfrdr., Phototypie, Zinkographie, nebst 22 Abbildgn. im Texte, ausgewählt durch die Juroren J. Angermair, Th. Buscher, A. Pruska u. A. Nebst erläut. Text v. Seb. Staudhamer. Fol. (28 S.) Ebd. n. 15. —

Jahres-Mappe der deutschen Gesellschaft f. christliche Kunst. 1903, 1905 u. 1906. gr. Fol. München (Gesellschaft f. christl. Kunst). à n. 15. —
1903. Mit 11 Foliotaf. in Kpfrdr., Phototypie, Zinkographie, nebst 27 Abbildgn. im Texte. Ausgewählt durch die Juroren Bühlmann, G. Fugel, Grauert u. a. Nebst erläut. Text v. Jos. Popp. (29 S.)
1905. Mit 12 Foliotaf. in Kupferdr., Mezzotinto, Lichtdr. u. Lith., nebst 24 Abbildgn im Texte. Ausgewählt durch die Juroren: Geo. Albertshofer, Karl Bauer, Max Heilmaier u. a. Nebst erläut. Text v. Fel. Mader. (24 S.)
1906. Mit 10 Foliotaf. in Kupferdr., Mezzotinto, Lichtdr. u. Autotypie, nebst 29 Abbildgn. im Texte. Ausgewählt durch die Juroren: Jak. Angermaier, Geo. Busch, Geo. v. Hauberrisser u. a. Nebst erläut. Text v. Frdr. H. Hofmann. (24 S.)

Jahres-Mappe 1907—1910 der deutschen Gesellschaft f. christliche Kunst. 39,5×29,5 cm. München (Gesellschaft f. christl. Kunst.) à 15. —
1907. Mit 12 Foliotaf. in Kupferdr., Mezzotinto, Lichtdr. u. Autotypie, nebst 25 Abbild. im Texte. Ausgewählt durch die Juroren: Andr. Biglmayr, Hans Grässel, Max Heilmaier u. a. Nebst erläut. Text v. Rich. Hoffmann. (24 S.)
1908. Mit 11 Foliotaf. in Kupferdr., Mezzotinto u. Lichtdr., nebst 23 Abb. im Texte. Ausgewählt durch die Juroren: Jak. Bradl, Joh. Nep. Brunner, Jos. Endres. Nebst erläut. Text v. Jos. Bernhart. (24 S.)
1909. Mit 12 Foliotaf. in Kupferdr., Mezzotinto, Lichtdr. u. Lith., nebst 26 Abb. im Text. Ausgewählt durch die Juroren: Geo. Albertshofer, Rich. Berndl, Max Dasio u. a. Nebst erläut. Text v. Rich. Hoffmann. (24 S.)
1910. Mit 12 Foliotaf. in Kupferdr., Mezzotinto u. Lichtdr. nebst 37 Abb. im Text. Ausgewählt durch d. Juroren: Fel. Baumhauer, L. Baur, Pet. Danger u. a. Nebst erläut. Text v. Ludw. Baur. (32 S.)

— der Gesellschaft f. vervielfältigende Kunst in Wien 1898. 1899 I u. II. 1900 u. 1901. (à 6 Bl.) gr. Fol. Wien, Gesellschaft f. vervielfältig. Kunst. à n. 20. —; auf Japanpap. à n. 50. —; f. Abnehmer der „Graphischen Künste" unentgeltlich.

— d. Gesellschaft f. vervielfältigende Kunst in Wien 1902—1905. (à 6 Bl.) gr. Fol. Wien, Gesellschaft f. vervielfältig. Kunst. à n. 20. —; auf Japanpap. à n. 50. —; f. Abnehmer der „Graphischen Künste" unentgeltlich.

Jahres-Mappe d. Gesellschaft f. vervielfältigende Kunst in Wien 1906—1909. (6 Bl., 4, 4 u. 4 farb. Bl.) 59,5×46,5 cm. Wien 907—10. Gesellschaft f. vervielfältig. Kunst. à 20.—; auf Japanpap. à 50.—; f. Abnehmer d. „Graphischen Künste" unberechnet.

Jahres-Mitteilungen. Statist. Daten üb. d. kgl. bayer. Haupt- u. Residenzstadt München. 1. Jahrg. 1898. 16. (40 S.) München 898. Regensburg, Nationale Verlagsanstalt. — 20

Jahresnachweisungen der Königlichen Generalkommissionen für das Jahr 1908 ff. Berlin 1909 ff. 8°

Jahresprogramm, fünftes, der öffentlichen Oberrealschule der kön. Freistadt Presburg. Presburg 855. Wigand in Comm. gr. 4. (1 Bl., 157 S.) n. 20 ngr.

Jahresprogramme für den Turnunterricht der aarg. Knabenschulen. In-8°, 8 S. Aarau, Sauerländer. 1885.

Jahres-Rechenschaft, Siebente bis Ein und Zwanzigste, des Frauen-Vereins zu Riga vom 13. Januar 1825 bis 13. Januar 1839. Riga. II: *Grave, Carl Ludwig von.* (R-N)

Gasbeleuchtungs-Gesellschaft Aarau. Jahresrechnung 1900-1901 u. 1901-1902 u. 1902-1903. je 4 S. 4. (Aarau, Sauerländer, 1901 u. 1902 u. 1903.)

(Gemeinde) Herisau. Jahresrechnung und Bericht über die gesamte Gemeindeverwaltung 1900. ([Mit] Voranschlag pro 1901.) II + 64 S. 4. Herisau, Schläpfer & Cie., 1901.

(Gemeinde) Herisau. Jahresrechnung und Bericht über die gesamte Gemeindeverwaltung 1901. ([Mit] Voranschlag pro 1902.) II + 66 S. 4. Herisau, Schläpfer & Cie., 1902.

(Gemeinde) Herisau. Jahresrechnung und Bericht über die gesamte Gemeindeverwaltung 1902. ([Mit] Voranschlag pro 1903.) II + 69 S. 4. Herisau, Schläpfer & Cie., 1903.

21. Jahresrechnung und Bericht der Spar- und Leihkasse des Kantons Luzern für das Jahr 1870. 35 Stn. 8.

Sparkasse «Biene» in Schaffhausen. Jahres-Rechnung 1900. 7 S. 4. Schaffhausen, H. Meier & Cie., 1901.

Sparkasse «Biene» in Schaffhausen. Jahres-Rechnung 1901. 8 S. 4. Schaffhausen, H. Meier & Cie., 1902.

Sparkasse «Biene» in Schaffhausen. Jahres-Rechnung 1902. 8 S. 4. Schaffhausen, H. Meier & Cie., 1903.

Ersparniskasse der Stadt Solothurn. 81. Jahres-Rechnung 1900. II + 11 S. 8. Solothurn, Brugger & Gigandet, 1901.

Ersparniskasse der Stadt Solothurn. 82. Jahres-Rechnung 1901. II + 11 S. 8. Solothurn, Buch- und Kunstdruckerei Union, 1902.

Ersparniskasse der Stadt Solothurn. 83. Jahres-Rechnung 1902. II + 11 S. 8. Solothurn, C. Gassmann, 1903.

Spar- & Kredit-Kassa Flums. 11. Jahresrechnung 1900. IV + 8 S. 8. Mels, Hidber, 1901.

. Spar- & Kredit-Kassa Flums. 12. u. 13. Jahres-Rechnung 1901 u. 1902. II + 12 u. II + 10 S. 8. Mels, Hidber, 1902 u. 1903.

Jahres-Rechnung über sämmtliche Gemeindegüter von Trogen, f. d. J. 1871. 60 Stn. 8. u. 1 Tabelle. Appenzell 1872.

Gemeindeverwaltung von Hundwil. Jahresrechnung 1871. 46 Stn. 8.

Amts-Ersparniskasse Fraubrunnen. 61. Jahresrechnung und Geschäftsbericht pro 1900/1901. ⟨Vom 1. Juli 1900 bis 30. Juni 1901.⟩ IV + 18 S. 8. Burgdorf, ⟨S. Haller⟩, 1901.

Amts-Ersparniskasse Fraubrunnen. 62. Jahresrechnung und Geschäftsbericht pro 1901/1902. ⟨Vom 1. Juli 1901 bis 30. Juni 1902.⟩ IV + 18 S. 8. Burgdorf, ⟨S. Haller⟩, 1902.

Amts-Ersparniskasse Fraubrunnen. 63. Jahresrechnung und Geschäftsbericht pro 1902/1903. ⟨Vom 1. Juli 1902 bis 30. Juni 1903.⟩ IV + 18 S. 8. Burgdorf, ⟨S. Haller⟩, 1903.

Grosswangen. Hülfskassa in Grosswangen, Bankgeschäft. (18. u. 19.) u. 20. Jahresrechnung und Geschäftsbericht pro 1900 u. pro 1901 u. pro 1902. II + 15 u. II + 15 u. II + 18 S. 4. Luzern, J. Schill, 1901 u. 1902 u. 1903.

Jahres-Rechnung der Gemeinde Glarus, umfassend den Zeitraum vom 1. Jan. bis 31. Dezb. 1875. 1. Verwaltungsrechnung von Fr. Vogel, Verwalter. 51 Stn. 4. Glarus, Druck von F. Schmid.

Oeffentl. Güter der Gemeinde Gais Jahres-Rechnung v. J. 1874. 56 Stn. 8. Trogen, Druck der Schläpferischen Buchdruckerei.

Gemeinde Gais. Jahres-Rechnung über die öffentlichen Güter vom Jahre 1900. ([Mit] Voranschlag für 1901. — 1901 Februar 8.) II + 112 S. 8. Gais, Buchdr. Gais, 1901.

Gemeinde Gais. Jahres-Rechnung über die öffentlichen Güter vom Jahre 1901. ([Mit] Voranschlag für 1902. — 1902 Februar 14.) II + 112 S. 8. Gais, C. Indermaur. 1902.

Gemeinde Gais. Jahres-Rechnung über die öffentlichen Güter vom Jahre 1902. ([Mit] Voranschlag für 1903. — 1903 Februar 13.) II + 119 S. 8. Gais, ⟨C. Indermaur⟩, 1903.

Gemeinde Rehetobel. Jahresrechnung über die öffentlichen Güter. 1900. ([Mit] Voranschlag für 1901. — 1901 Februar 5.) II + 38 S. 8. Herisau, Schläpfer & Cie., 1901.

Gemeinde Rehetobel. Jahresrechnung über die öffentlichen Güter. 1901. ([Mit] Voranschlag für 1902. — 1902 Februar 6.) II + 45 S. 8. Herisau, Schläpfer & Cie., 1902.

. Gemeinde Rehetobel. Jahresrechnung über die öffentlichen Güter. 1902. ([Mit] Voranschlag für 1903. — 1903 Januar.) II + 46 S. 8. Herisau, Schläpfer & Cie., 1903.

Gemeinde Trogen. Jahres-Rechnung über die öffentlichen Güter derselben pr. 1872. 64 Stn. 8. mit 1 Tabelle. Trogen, Schläpfer'sche Buchdruckerei.

Gemeinde Wolfhalden. Jahresrechnung über die öffentlichen Güter.... 8. Heiden, R. Weber.

Jahresrechnung ... 1900 und Voranschlag für 1901. (1901 Januar 24.) II + 47 S. 1901.

Jahresrechnung ... 1901 und Voranschlag für 1902. (1902 Januar 31/Febr. 4.) II + 48 S. 1902.

Gemeinde Wolfhalden. Jahresrechnung über die öffentlichen Güter 1902 und Voranschlag für 1903. (1903 Februar 4.) II + 52 S. 8. Heiden, R. Weber, 1903.

. Spar- und Leihkasse Kallau (*d. i.* Hallau). 39. Jahres-Rechnung vom 1. Juli 1900 bis 30. Juni 1901. 15 S. 8. Hallau, G. Pfund, 1901.

Spar- und Leihkasse Hallau. 40. Jahres-Rechnung vom 1. Juli 1901 bis 30. Juni 1902. 15 S. 8. Hallau, G. Pfund, 1902.

. Spar- und Leihkasse Hallau. 41. Jahres-Rechnung vom 1. Juli 1902 bis 30. Juni 1903. II + 16 S. 8. Hallau, G. Pfund, 1903.

Martha-Heim Herisau. Jahresrechnung vom 1. Juni 1900 bis 31. Mai 1901 u. pro 1. Juni 1901 bis 31. Mai 1902 u. vom 1. Juni 1902 bis 31. Mai 1903. [3] u. 4 u. [3] S. 8. (1901) u. Herisau, W. Schiess & Zwicki, 1902 u. Schläpfer & Cie, (1903).

Hülfskasse für Schweizer Aerzte und Burckhardt-Baader-Stiftung. 18. Jahresrechnung 1900. 1901 März 15. [Sep.-Abdr. aus dem Correspondenz-Blatt für Schweizer Aerzte. Jahrg. 31, 1901.] 5 S. gr.-8. [Basel, Benno Schwabe.]

St. Gallischer Krankenkassa-Verein (in St. Gallen). 61. Jahresrechnung 1900. [7 S.] 8. (St. Gallen, J. J. Sonderegger,) 1901.

St. Gallischer Krankenkassa-Verein (in St. Gallen). 62. u. 63. Jahresrechnung 1901 u. 1902. [7 u. 8 S.] 8. (St. Gallen, J. J. Sonderegger,) 1902 u. 1903.

Allgemeine Kranken- und Begräbniskasse hiesiger Bürger und Einwohner beiderlei Geschlechts [in Basel]. 54. u. 55. u. 56. Jahresrechnung. Jahrg. 1900 u. 1901 u. 1902. *je* 1 S. fol. [1901 u. 1902 u. 1903.]

Krankenkasse der Bandfabrik-Arbeiterinnen zu Basel. Jahresrechnung No. 54 vom Jahre 1900. [2 S.] fol. [1901.]

St. Gallischer Krankenunterstützungsverein, vom 1. Januar 1901 genannt St. Gallischer Kranken-Versicherungs-Verein (in St. Gallen). 63. Jahres-Rechnung 1900. [7 S.] 8. 1901.

St. Gallischer Kranken-Versicherungs-Verein (in St. Gallen). ⟨gegründet anno 1838, reorganisiert anno 1900.⟩ 64. Jahres-Rechnung 1901. [7 S.] 8. (1902.)

St. Gallischer Kranken-Versicherungs-Verein (in St. Gallen). 65. Jahres-Rechnung 1902. [7 S.] 8. (1903.)

Kranken-Unterstützungsverein der Mechanischen Weberei von Gebr. Zweifel in Sirnach. 27. u. 28. u. 29. Jahresrechnung. 1900 u. 1901 u. 1902. II + 9 u. II + 9 u. 11 S. 8. Eschlikon, J. Wehrli, 1901 u. 1902 u. 1903.

Bezirksleihkasse Kreuzlingen. Jahresrechnung pr. 1873. 4 Stn. 4.

Bezirks-Leihkasse Kreuzlingen. Jahresrechnung üb. das Geschäftsjahr 1874. (4 Stn. in-4.)

Bezirk Küssnacht. Jahres-Rechnung für das Jahr 1900 ([und] Voranschläge pro 1901. — 1901 April 18.) 20 S. 4. Küssnacht, Jos. Blum, 1901.

Jahresrechnung der Landwirtschaftskammer für die Provinz Pommern für 1903 u. Verwendungsplan d. Ersparnisse aus 1902 u. 1903. Stettin 1904: 'Pommersche Reichspost'. (17 S.) 4° [Umschlagt. J.]
Forts. s. u. d. T.: Jahres-Kassenabschluss von d. Fonds d. Landwirtschaftskammer in Stettin. 1905
(e4. 5000 9

Lehrer-, Witwen- und Waisen-Unterstützungs-Verein des Kantons Luzern (*68:* oder «Lehrerkasse Luzern»). 66. Jahres-Rechnung *u.* 67. *u.* 68. Rechnung für das Jahr 1900 *u.* 1901 *u.* 1902. [3 *u.* 3 *u.* 4 S.] 4. Luzern, H. Keller, (1901 *u.* 1902 *u.* 1903).

Leihkasse des Bezirks Gottlieben. Jahresrechnung pr. 1870. 3 Stn. 4.

Leihkasse des Bezirks Gottlieben. Jahresrechnung de a. 1871. 4 Stn. 4.

Leihkasse des Bezirks Gottlieben. Jahresrechnung pr. 1872. 1 Stn. 4.

Leihkasse der Gemeinde Wilchingen (in Wilchingen).
8. Hallau, G. Pfund.
26. Jahres-Rechnung 1900. [8 S.] 1901.
27. Jahres-Rechnung 1901. [Mit 1 Tabelle.] 8 S. 1902.

Jahresrechnung, 51., der schweiz. Mobiliar-Versicherungs-Gesellschaft. 51. Versicherungsjahr, geschlossen mit 30. Juni 1877. 26 S. Fol. Bern, Druck von Stämpfli.

Jahresrechnung, LVIII., der schweiz. Mobiliar-Versicherungs-Gesellschaft. 58. Versicherungsjahr, geschlossen mit 30. Juni 1884. In-4°, 18 S., mit Tabellen. Bern, Stämpfli'sche Buchdr. 1893.

Jahresrechnung, 59., der schweiz. Mobiliar-Versicherungs-Gesellschaft. 59. Versicherungsjahr, geschlossen mit 30. Juni 1885. In-4°, 15 S., mit 2 Tabellen. Bern, Stämpfli'sche Buchdr.

Kindergarten Oberstrasse (in St. Gallen). 24. Jahres-Rechnung pro 1900. [4 S.] 8. St. Gallen, Zollikofer, 1901.

Kindergarten Oberstrasse in St. Gallen. 25. Jahres-Rechnung pro 1901. [4 S.] 8. St. Gallen, Zollikofer, 1902.

Kindergarten Oberstrasse in St. Gallen. 26. Jahres-Rechnung pro 1902. [4 S.] 8. St. Gallen, Zollikofer, 1903.

Pensionsanstalt (Wittwen-, Waisen- und Alterskasse) des Orchester-Vereins [in Basel]. Jahres-Rechnung Nr. 61 per 1900. [2 S.] fol. [1901.]

Pensionsanstalt (Wittwen-, Waisen- und Alterskasse) des Orchester-Vereins [in Basel]. Jahres-Rechnung Nr. 62 per 1901. [2 S.] fol. [1902.]

Freiwillige Pensionskasse lediger Bürgerinnen, Basel. 76. Jahresrechnung. Ende Dezember 1900. 1 S. 4. [Basel,] Basler Druck- und Verlags-Anstalt, (1901).

Freiwillige Pensionskasse lediger Bürgerinnen, Basel. 77. Jahresrechnung. Ende Dezember 1901. 1 S. 4. [Basel,] Basler Druck- und Verlags-Anstalt, (1902).

Freiwillige Pensionskasse lediger Bürgerinnen, Basel. 78. Jahresrechnung. Ende Dezember 1902. 1 S. 4. [Basel,] Basler Druck- und Verlags-Anstalt, (1903).

Leihkasse Richtersweil. 25. *u.* 26. *u.* 27. Jahresrechnung, Juni 1900—Juni 1901 *u.* Juni 1901—Juni 1902 *u.* Juni 1902—Juni 1903. II + 16 *u.* II + 15 *u.* II + 15 S. 8. Richtersweil, R. Ehrsam & Cie., 1901 *u.* 1902 *u.* 1903.

Korn- und Lagerhaus-Gesellschaft Schaffhausen. 18. Jahres-Rechnung. Abgeschlossen per 31. Dezember 1900. (1901 April 27.) [4 S.] quer-4. Schaffhausen, H. Meier & Cie., 1900.

Korn- und Lagerhaus-Gesellschaft Schaffhausen. 29. Jahresrechnung. Abgeschlossen per 31. Dezember 1901. (1902 März 24.) [4 S.] quer-4. Schaffhausen, H. Meier & Cie., 1901.

Korn- und Lagerhaus-Gesellschaft Schaffhausen. 30. Jahresrechnung. Abgeschlossen per 31. Dezember 1902. [4 S.] quer-4. Schaffhausen, H. Meier & Cie., 1903.

Hülfsverein Schönenwerd. 26. Jahresrechnung für das Jahr 1901. 8 S. 8. Schönenwerd, Gebrüder Widmer, 1902.

Gemeinde Schwyz. Jahresrechnung 1900. 24 S. 4. Schwyz, A. Kälin, 1901.

Gemeinde Schwyz. Jahresrechnung 1901. 24 S. 4. Schwyz, A. Kälin, 1902.

Gemeinde Schwyz. Jahresrechnung 1902. 23 S. 4. Schwyz, A. Kälin, 1903.

Steinhauer-Unterstützungs-Kasse in Krankheits- und Todesfällen [in Basel]. Jahresrechnung No. 42 *u.* No. 43 für das Jahr 1901 *u.* 1902. *je* 1 S. fol. [1902 *u.* 1903.]
Jahresrechnung No. 43 für 1902 in handschr. Copie.

Verein zur Unterstützung bürgerlicher Blinder und Augenkranker der Stadt Schaffhausen. 90. Jahresrechnung vom 1. August 1900 bis 31. Juli 1901. II + 6 S. 8. Schaffhausen, H. Meier & Cie., 1901.

Verein zur Unterstützung bürgerlicher Blinder und Augenkranker der Stadt Schaffhausen. 91. *u.* 92. Jahresrechnung vom 1. August 1901 bis 31. Juli 1902 *u.* vom 1. August 1902 bis 31. Juli 1903. 8 *u.* 7 S. 8. Schaffhausen, H. Meier & Cie., 1902 *u.* 1903.

Verein vom hl. Vinzenz von Paul in Bern (zur Unterstützung der Armen der röm.-kathol. Gemeinde). Jahres-Rechnung pro 1900. [4 S.] 4. (1901.)

Verein vom hl. Vinzenz von Paul in Bern (zur Unterstützung der Armen der römisch-kathol. Gemeinde). Jahres-Rechnung pro 1901. [4 S.] 4. (1902.)

Verein vom hl. Vinzenz von Paul in Bern (zur Unterstützung der Armen der römisch-kathol. Gemeinde). Jahres-Rechnung pro 1902. [4 S.] 4. (1903.)

Verkehrsverein für St. Gallen und Umgebung. Jahres-Rechnung....

Jahresrechnung, erstattet von den Verwaltungen der Landeskassa etc. des Kts. Appenzell A.-Rh. für 1856—94 (von 1881 an vollst.)

Jahresrechnung erstattet von der Verwaltung der Landeskassa, des Salzregals, der Assekuranzkassa, der Strassenkassa und der Kantonsschulkassa des Kantons Appenzell-Ausserrhoden, umfassend den Zeitraum vom 1. Januar bis 31. Dez. 1870. 34 Stn. 8.

Jahresrechnung, erstattet von den Verwaltungen der Landeskassa, des Salzregals, der Assekuranzkassa, der Strassenkassa und der Kantonsschulkassa, üb. d. J. 1871. 35 Stn. 8.

Jahresrechnung, erstattet von den Verwaltungen der Landeskassa, des Salzregals, der Assekuranzkassa, der Strassenkassa und der Kantonsschulkassa pr. 1873. 39 u. 16 Stn. 8.

Jahresrechnung, erstattet v. d. Verwaltungen d. Landeskassa, des Salzregals, der Assekuranzkassa, der Strassenkassa u. der Kantonsschulkassa, umfassend den Zeitraum vom 1. Jan. bis 31. Dezbr. 1874.

Jahresrechnung, erstattet von den Verwaltungen der Landeskasse, des Salzregals, der Assekuranzkasse, der Strassenkasse und der Kantonsschulkasse des Kantons Appenzell A. Rh., umfassend d. Zeitraum vom 1. Jan. bis 31. Dezb. 1875. 39 S. 8.

Jahresrechnung erstattet von den Verwaltungen der Landeskassa, des Salzregals, der Assekuranzkassa, der Strassenkassa und der Kantonsschulkassa des Kantons Appenzell A. Rh., umfassend den Zeitraum vom 1. Januar bis 31. Dezember 1882. In-8°, 38 S.

Appenzell A.-Rh. Jahresrechn., erstattet v. d. Verwaltungen d. Landescassa, d. Salzregals etc. umfass. d. Zeitraum v. 1. Jan. bis 31. Dez. 1884. In-8°, 47 S.

Jahresrechnung erstattet von den Verwaltungen der Landeskassa, des Salzregals, der Assekuranzkassa u. s. w. des Kantons Appenzell A. Rh. Vom 1. Jan.—31. Dec. 1885. In-8°, 56 S.

Appenzell A.-Rh. Jahresrechnung erstattet von den Verwaltungen der Landeskassa, des Salzregals, der Assekuranzkassa, der Strassenkassa, der Kantonsschulkassa, der Zwangsarbeitsanstalt, der Kantonalbank und der Lehrerpensionskassa des Kantons Appenzell A.-Rh., umfassend den Zeitraum vom 1. Januar bis 31. Dezember 1887. In-8°, 55 S.

Jahresrechnung erstattet von den Verwaltungen der Landeskassa, des Salzregals, der Assekuranzkassa, der Strassenkassa, der Kantonsschulkassa, der Zwangsarbeitsanstalt, der Kantonalbank und der Lehrerpensionskassa des Kantons Appenzell A.-Rh., umfassend den Zeitraum vom 1. Januar bis 31. Dezember 1888. In-8°, 58 S. 1889

Jahresrechnung erstattet von den Verwaltungen der Landeskassa, des Salzregals, der Assekuranzkassa, der Strassenkassa etc. etc. des Kantons Appenzell, umfassend den Zeitraum vom 1. Januar bis 31. Dezember 1893. In-8°. 64 S.

Jahresrechnung erstattet von den Verwaltungen der Landeskassa, des Salzregals, der Assekuranz-, Strassen- und Kantons-Schulkassa, der Zwangsarbeitsanstalt, der Kantonalbank u. der Lehrerpensionskassa des Kantons Appenzell A. Rh., umfass. den Zeitraum vom 1. Jan. bis 31. Dez. 1895. In-8°. 66 S. Herisau, Druck von Schläpfer & Cie.

Jahresrechnung erstattet von den Verwaltungen der Landeskassa, des Salzregals, der Assekuranz-, der Strassen-, der Kantonsschul- u. der Lehrerpensions-Kassa, der Zwangsarbeitsanstalt u. der Kantonalbank des Kantons Appenzell a. Rh. für das Jahr 1896. In-8°. 68 S. Herisau, Druck v. Schläpfer & Cie.

Jahresrechnung erstattet von den Verwaltungen der Landeskassa, des Salzregals, der Assekuranzkassa, der Strassenkassa, Kantonsschule, Bank u. Kantonsbibliothek etc. des Kts. Appenzell A. Rh. für d. J. 1897. In-8°. 68 S. (Herisau, Schläpfer & Cie.)

[C]Kanton Appenzell A. Rh. Jahresrechnung, erstattet von den Verwaltungen der Landeskassa, ... der Kantonalbank, ... und der Kantonsbibliothek, umfassend 1900. 72 S. 8. Herisau, Schläpfer & Cie., 1901.

Kanton Appenzell A. Rh. Jahresrechnung, erstattet von den Verwaltungen der Landeskassa, ... der Kantonalbank, ... und der Kantonsbibliothek, umfassend 1901. 72 S. 8. Herisau, Schläpfer & Cie., 1902.

Kanton Appenzell A. Rh. Jahresrechnung, erstattet von den Verwaltungen der Landeskassa, ... der Kantonalbank, ... und der Kantonsbibliothek, umfassend 1902. 72 S. 8. Herisau, Schläpfer & Cie., 1903.

Gemeinde Hundwil. Jahres-Rechnung über die öffentlichen Verwaltungen. 1900. Mit Budgets (pro 1901) und Kirchenrechnung. II + 37 S. 8. Teufen, G. Theurer, 1901.

Gemeinde Hundwil. Jahresrechnung über die öffentlichen Verwaltungen. 1901. Mit Büdgets (pro 1902) und Kirchenrechnung. II + 38 S. 8. Herisau, Schläpfer & Cie., 1902.

Gemeinde Hundwil. Jahresrechnung über die öffentlichen Verwaltungen. 1902. Mit Büdgets (pro 1903) und Kirchenrechnung. II + 38 S. 8. Herisau, W. Schiess & Zwicki, 1903.

Volksbank in Luzern. Jahres-Rechnung.... 4.
... pro 1900. IV + 8 S. Luzern, J. L. Bucher & Sohn, (1901).
... pro 1901. IV + 11 S. Luzern, C. J. Bucher, (1902).
... pro 1902. [Mit 8 Tabellen.] IV + 12 S. Luzern, C. J. Bucher, (1903).

Bezirk Schwyz. Jahresrechnung 1900... ([und] Voranschlag für das Jahr 1901. — 1901 April.) 15 S. 4.

Korporations-Genossenschaft Zug. Jahresrechnung pr. 1872. 26 Stn. 8. Zug, Buchdr. Blunschi.

Jahresrechnung für das Züricher-Volk. Auf den September 1840. 8. Winterthur.

Gemeinde Reute. Jahres-Rechnungen über die Gemeinde-Verwaltungen in Reute 1900, nebst Voranschlag für das Jahr 1901. (1901 Januar 25.) II + 19 S. 8. Heiden, R. Weber, 1901.

Gemeinde Heiden. Jahresrechnungen über sämtliche Güter.... 8. Heiden, R. Weber.

... für das Jahr 1900 und Voranschlag für 1901. (1901 Februar.) II + 72 S. 1901.
... für das Jahr 1901 und Voranschlag für 1902. (1902 Februar.) II + 72 S. 1902.
... für das Jahr 1902 und Voranschlag für 1903. (1903 Februar.) II + 62 S. 1903.

Ersparniskasse von Nidwalden.... [*je* 3 S.] 4. Stans, Carl Engelberger.

... (in Stans). 73. Jahres-Rechnungsbericht pro 1900. 1901.
... (in Stans). 74. Jahres-Rechnungsbericht pro 1901. 1902.
... in Stans. 75. Jahres-Rechnungsbericht pro 1902. 1903.

Jahres-Renn-Kalender f. Deutschland. Hrsg. vom General-Sekretariat des Union-Klub. 1897. 2 Thle 8. (XXXII, 647 u. XVI, 204 S.) Berlin 898. (W. H. Kühl.) n. 12. —

Jahres-Renn-Kalender f. Deutschland. Hrsg. vom General-Sekretariat des Union-Klub. 1901. 2 Thle. 8. Berlin 901. (W. H. Kühl.) n. 13. 20
1. Geschlossene Rennen f. die J. 1901—1904, Register der in denselben engagirten Pferde bezw. erwarteten Produkte. Statistik etc. (XVI, 220 S.) n. 4. 40
2. Berichte üb. im J. 1901 gelaufene Flach- u. Hinderniss-Rennen, nebst Register, Gewinn-Statistik u. s. w. (XXXI, 800 S.) n. 8. 80

— dasselbe. 1902. 1. Thl. 8. Ebd. 902. n. 4. 40
Geschlossene Rennen f. die J. 1902—1905, Register der in denselben engagirten Pferde bezw. erwarteten Produkte. Statistik etc. (XVI, 222 u. 34 S.)

Jahres-Renn-Kalender f. Deutschland. Hrsg. vom General-Sekretariat des Union-Klub. 1902. 2. Thl. 8. Berlin 902. (W. H. Kühl.) n. 8. 80 (Kplt. n. 13. 20)
Berichte üb. im J. 1902 gelaufene Flach- u. Hinderniss-Rennen, nebst Register, Gewinn-Statistik u. s. w. (XXXI, 782 S.)

— dasselbe. 1903. 2 Thle. 8. Ebd. n. 13. 20
1. Geschlossene Rennen f. die J. 1903—1906, Register der in denselben engagirten Pferde bezw. erwarteten Produkte. Statistik etc. (XVI, 264 u. 8 S.) 902. n. 4. 40
2. Berichte üb. im J. 1903 gelaufene Flach- u. Hinderniss-Rennen, nebst Register, Gewinn-Statistik u. s. w. (XXXII, 799 S.) 903. n. 8. 80

— dasselbe. 1904. 2 Thle. 8. Ebd n. 13. 20
1. Geschlossene Rennen f. d. J. 1904—1907, Register der in denselben engagirten Pferde bezw. erwarteten Produkte, Statistik etc. (XII, 262 u. 26 S.) 904. n. 4. 40
2. Berichte üb. im J. 1904 gelaufene Flach- u. Hinderniss-Rennen, nebst Register, Gewinn-Statistik u. s. w. (XXXV, 832 S.) 904. n. 8. 80

— dasselbe. 1905. 2 Thle. 8. Ebd. n. 13. 20
1. Geschlossene Rennen f. die J. 1905—1908. Register der in denselben engagirten Pferde bezw. erwarteten Produkte, Statistik etc. (XII, 270 u. 26 S.) 905. n. 4. 40
2. Berichte üb. im J. 1905 gelaufene Flach- u. Hinderniss-Rennen, nebst Register, Gewinn-Statistik u. s. w. (XXXVI, 896 S.) 905. n. 8. 80

— dasselbe. 1906. 1. Thl. 8. Ebd. 906. n. 4. 40
Geschlossene Rennen f. die J. 1906—1909. Register der in denselben engagirten Pferde bezw. erwarteten Produkte, Statistik etc. (XVI, 263 u. 32 S.)

Jahres-Renn-Kalender f. Deutschland. Hrsg. vom General-Sekretariat des Union-Klub. 1906. 2. Thl. 8. Berlin 906. (W. H. Kühl.) 8.80 (Kplt. 13. 20)
Berichte üb. im J. 1906 gelaufene Flach- u. Hinderniss-Rennen, nebst Register, Gewinn-Statistik u. s. w. (XL, 908 S.)

— dasselbe. 1907. 2 Thle. Ebd. 13. 20
1. Geschlossene Rennen f. d. J. 1907—1910. Register der in denselben engagierten Pferde bezw. erwarteten Produkte, Statistik etc. (XVI, 208 u. 20 S.) 907. 4. 40
2. Berichte üb. im J. 1907 gelaufene Flach- u. Hinderniss-Rennen, nebst Register, Gewinn-Statistik u. s. w. (XL, 1018 S.) 907. 8. 80

— dasselbe. 1908. 2 Thle. 8. Ebd. 13. 20
1. Geschlossene Rennen f. d. J. 1908—1911, Register der in denselben engagirten Pferde bezw. erwarteten Produkte, Statistik etc. (XXII, 284 u. 80 S.) 908. 4. 40
2. Berichte üb. im J. 1908 gelaufene Flach- u. Hindernissrennen, nebst Register, Gewinn-Statistik u. s. w. (XLVIII, 1112 S.) 906. 8. 80

— dasselbe. 1910. 1. Thl. 8. Ebd. 4. 40
Geschlossene Rennen f. d. J. 1910—1912. Register der in denselben engagierten Pferde bezw. erwarteten Produkte, Statistik etc. (XXIII, 300 u. 27 S.) 910.

Jahres-Renn-Kalender für die Schweiz. Hrg. vom Renn-Klub Luzern. [Jahrg. 1,] 1903. II + 66 S. 8. Luzern, J. Schill, 1904.

Jahres-Renn-Kalender für die Schweiz. Hrg. vom Renn-Klub Luzern. ⟨Namens der Schweizerischen Renngesellschaften.⟩ [Jahrg. 3,] 1905. 78 S. 8. Luzern, J. Schill's Erben, 1905. [fr. —. 50]

Jahres-Renn-Kalender für die Schweiz. Hrg. vom Renn-Klub Luzern. ⟨Namens der Schweizerischen Renngesellschaften.⟩ [Jahrg. 4—7,] 1906—1909. 8. Luzern, J. Schills Erben, 1907—1910.

[Jahrg. 4,] 1906. 61 S. — [Jahrg. 5,] 1907. 71 S. — [Jahrg. 6,] 1908. 80 S. — [Jahrg. 7,] 1909. 93 S.

JAHRES-RUNDSCHAU über die chemische Industrie und deren wirthschaftliche Verhältnisse für das Jahr 1893. Ein übersichtlich-geordneter Bericht über die Fortschritte der chemischen Gross- und Klein-Industrie, sowie über analytische Methoden. Unter Mitwirkung von Fachmännern herausgegeben von Adolf Bender. Wien, Pest, Leipzig, 1894.

In four parts, sold separately:
Part I. Metallurgy, inorganic acids, bases, and salts.
Part II. Foods.
Part III. Dyestuffs, Printing, Tanning, and Paper manufacture.
Part IV. Illumination, Explosives, Photography, etc.

Jahresrundschau über d. chem. Industrie u. deren wirtschaftl Verhältnisse. Hrsg. v. A. Bender. Abt. 2. Jahrg. 1893. 94. Berlin 1894, 95. 2 Bde.

Pädagogische Jahresrundschau. Hauptsächl. auf Grund d. kath. Fachpresse bearb. von Joseph Schiffels. Jg. [1–6.] 1893–99. *Breslau: F. Goerlich;* (3. 4: *Paderborn: F. Schöningh;* 5. 6: *Trier: Löwenberg*) 1894–99. 6 Bde 8° [F.]
[1.] Jg. 1893. 1894. 2.–4. Jg. 1894–96. 1895–97. [5. 6.] 1898. 1899.

Jahresrundschau, pädagogische. Hauptsächlich auf Grund der kathol. Fachpresse bearb. v. Jos. Schiffels. Jahrg. 1899—1902. à 4 Hfte. gr. 8. (à Jahrg. ca. 175 S.) Trier, Löwenberg. à Jahrg. n. 2. —

Jahresrundschau, pädagogische. Uebersicht üb. das pädagog. Leben u. Streben der Gegenwart. Hauptsächlich auf Grund der kathol. Fachpresse bearb. v. Jos. Schiffels. 9—11. Jahrg. 1903—1905. à 12 Hefte. (à Jahrg. ca. 180 S.) gr. 8. Trier, Löwenberg. à Jhrg. n. 2. —

Jahresschau, pädagogische, üb. d. Volksschulwesen in d. J. 1906—1909. In Gemeinschaft m. E. Altmann, J. Baier, J. Blauert u. a. hrsg. v. E. Clausnitzer. (XXIV, 441; XXXI, 494; XVIII, 373; XVIII, 424 S.) gr. 8. Leipzig 907—10. B. G. Teubner.
à 6.—; geb. in Leinw. à 7.—; Subskr.-Pr. à 4.—; geb. à 5.—

Jahresschluss-Loge. 30. Dec. 5871. o. J. [1871]. 1 Bl. 8° [Kopftit.]
2 Lieder ohne Noten.

Jahres-Schluß-Rechnung des Vereines zur Beförderung der Handwerke und des Ackerbaues unter den Israeliten in Ungarn. Vom 1. December 1853 bis Ende December 1854. Pesth. 1855. Druckerei von Johann Herz. (10 S. 4.)

Accordia: [**Jahresschreiben** der Loge „Accordia Nr. 277" in Chicago.]
Am Tage St. Johannes des Ev. 1858.

[**Jahresschreiben** der Loge „Agrippina" in Köln:]
24. Juni 1845; do. 1846; do. 1847.
Vgl. W. 10977.

[**Jahresschreiben** der Loge „Albertine zur Vollkommenheit (Doskonatosci" in Plock.]
3. Sept. 1803; 8. Juli 1804; 7. Juli 1805; 30. Mai 1808; 3. Juli 1811.
Vgl. W. 12743.

[**Jahresschreiben** der Loge „Alexander zu den drei Sternen" in Ansbach:]
25. Juni 1804; 24. Juni 1805; 25. Jan. 1806; 24. Juni 1813.

[**Jahresschreiben** der Loge „Alexius zur Beständigkeit" in Bernburg.]
25. Juni 1828; 24. Juni 1829; do. 1831; 1. Sept. 1833; 24. Juni 1835; do. 1837; do. 1840; do. 1842; do. 1845; do. 1847; do. 1851; do. 1855; do. 1857; do. 1859.
Das Jahresschreiben von 1833 enthält: Schröder: Rede zur Wiedereröffnung des Maurertempels Alexius zur Beständigkeit 31. Dez. 1831.

Weimar: [**Jahresschreiben** der Loge „Amalia" in Weimar.]
3. Juli 1817; 25. Juni 1818; 3. Juli 1819; 24. Juni 1822; do. 1823; 24. Juni 1842; do. 1846; 28. Mai 1853; ohne Dat.
Vgl. W. 12522.

3 Goldene Anker zu Liebe und Treue: [**Jahresschreiben** der Loge „3 goldene Anker zu Liebe und Treue" in Stettin.]
3. März 1825; do. 1840; do. 1845.
Teilweise sind Mitgl.-Verz. angeschlossen.

[**Jahresschreiben** der Loge „Archimedes zum sächsischen Bunde" in Schneeberg.]
24. Juni 1845; am Johannisfeste 1852.

Rentweinsdorf: [**Jahresschreiben** der Loge „Aristides zur Wahrheit und Gerechtigkeit" in Rentweinsdorf.]
29. Juni 1808; 28. Juni 1809.

Asträa z. grün. Raute: [**Jahresschreiben** der Loge „Asträa zur grünenden Raute" in Dresden:]
23. Dez. 1815; do. 1816; 24. Juni 1817; do. 1818; do. 1820; do. 1821; do. 1823.

[**Jahresschreiben** der Loge „Asträa zu den drei Ulmen" in Ulm.]
14. Juli 1793.
Vgl. W. 12481.

[**Jahresschreiben** der Loge „Augusta zur goldenen Krone" in Stargard.]
Johannis 1803.

[**Jahresschreiben** der Loge „Augusta zum goldenen Zirkel" in Göttingen.]
25. Juni 1815; 24. Juni 1817; Johannis 1819; 24. Juni 1821; do. 1822; do. 1824; do. 1830; 20. Nov. 1835.

Reichenbach: [**Jahresschreiben** der Loge „Aurora zur ehernen Kette" in Reichenbach.]
24. Juni 1835; do. 1837; do. 1841; 15. Okt. 1844; 24. Juni 1846; do. 1848.

Balduin z. Linde: [**Jahresschreiben** der Loge „Balduin zur Linde" in Leipzig:]
24. Febr. 1810; 28. Febr. 1811; 7. Febr. 1812; 8. Febr. 1813; 15. Febr. 1814; 30. April 1817; 7. Mai 1818; 30. April 1819; Mai 1820; Mai 1822; 20. März 1823; 29. Febr. 1824; Mai 1826; April 1827; do. 1829; 8. Mai 1831; 1. Okt. 1833; 1. Juni 1836; 31. März 1837; 24. Juni 1838; do. 1840; do. 1842; do. 1846.

Meridian: [**Jahresschreiben** und Bestand-Liste der Loge „Meridian" Nr. 2 in Süd St. Louis.]
1864; 1865/66; 1867; 1869.

Braunsberg: [**Jahresschreiben** der Loge „Bruno zum Doppelkreuz" in Braunsberg.]
29. Juni 1840; 24. Juni 1842; 24. Juni 1843; 24. Juni 1846.

[**Jahresschreiben** der Loge „Carl z. d. 3 Adlern" in Erfurt.]
24. Juni 1819; do. 1821; do. 1823; do. 1845; do. 1850; do. 1856.

Offenbach: [**Jahresschreiben** der Loge „Carl und Charlotte zur Treue" in Offenbach:]
26. Okt. 1845. Angeschl. ist Mitgl.-Verz.

[**Jahresschreiben** der Loge „Carl zur guten Hoffnung" in Heidelberg:]
31. Dez. 1808.

Hildburghausen: [**Jahresschreiben** der Loge „Carl zum Rautenkranz" in Hildburghausen:]
3. Mai 1790; 1. Nov. 1810; do. 1811; do. 1812; 25. Juni 1814; 3. Okt. 1824; 24. Juni 1834; do. 1836; do. 1839; 1. Mai 1846; 1. Juli 1857.

Karl z. gekrönten Säule: [**Jahresschreiben** der Loge „Carl zur gekrönten Säule" in Braunschweig.]
25. Juni 1803; 25. Juni 1804; 25. Juni 1805; 30. Juni 1806; 30. Juni 1808; 30. Dez. 1809; 11. Okt. 1810; 24. Jan. 1835; 24. Juni 1839; 24. Juni 1846; 19. Sept. 1854.

[**Jahresschreiben** der Loge „Carl zur Treue" in Pappenheim:]
24. Juni 1807; do. 1808; do. 1810; do. 1812; do. 1814; 6. Juli 1815; 24. Juni 1816; 19. Juni 1817; 25. Juni 1818; 24. Juni 1819. Teilweise sind Mitgl.-Verz. angeschlossen.
Vgl. W. 11928.

Karl z. d. 3 Ulmen: [**Jahresschreiben** der Loge „Carl zu den 3 Ulmen" in Ulm.]
24. Juni 1845; do. 1847; do. 1851.
Vgl. W. 12483.

[**Jahresschreiben** der Johannis-Loge „Charlotte zu den 3 Nelken" in Meiningen:]
24. Juni 1817; do. 1840; do. 1845; 2. Dez. 1847; 4. Dez. 1849; Johannisfest 1860.
Das J.-Schr. von 1777 enthält Näheres über den Tod des Carl Gotthelf von Hund.

[**Jahresschreiben** der Loge „Constantia z. gekr. Eintracht" in Elbing.]
6. Febr. 1793; 24. Aug. 1801; 1. Aug. 1803; 9. Okt. 1804; 31 Juli 1806; 1. Aug. 1818.

Constantia: [**Jahresschreiben** der Loge „Constantia" in Kyritz.]
25. Mai 1845.
Vgl. W. 11120.

[**Jahresschreiben** des Kränzchens „Lucas Cranach" in Kronach:]
27. November 1884.

Eschwege: [**Jahresschreiben** der Loge „Eintracht zur Akazie" in Eschwege:]
5. Jan. 1811; 13. Mai 1812.

[**Jahresschreiben** der Loge „Ernst zum Kompass in Gotha".]
25. Juni 1807; do. 1808; 1. Sept. 1809; 24. Juni 1810; 25. Juni 1811; 24. Juni 1814; do. 1815; Johannisfest 1816; 24. Juni 1818; 25. Juni 1820; 1. Juli 1828; Okt. 1844; 16. Jan. 1846; Dez. 1852; 14. Okt. 1857.

[**Jahresschreiben** der Loge „Eugenia zum gekr. Löwen" in Danzig.]
23. Aug. 1779; Johannis 1781; 6. Sept. 1783; 2. Okt. 1786; Johannisfest 1793; 30. Juli 1796; 24. Juni 1808; 25. Juni 1810.

Beeskow: [**Jahresschreiben** der Loge Euthanasia zur Unsterblichkeit in Beeskow.]
28. Dezember 1826; 23. Dezember 1828; 1. Mai 1836: April 1838.

Euthanasia z. Unsterblichkeit: [**Jahresschreiben** der Loge „Euthanasia zur Unsterblichkeit" in Frankfurt a. O.:]
19. April 1819; 23. April 1820; 19. April 1821; do. 1822; do. 1823; 29. Juli 1824.

Neuruppin: [**Jahresschreiben** der Loge „Ferdinand zum roten Adler" in Neuruppin:]
24. Juni 1828.

[**Jahresschreiben** der Loge „Ferdinand zur Glückseligkeit" in Magdeburg:]
24. Juni 1783; do. 1785; do. 1786; do. 1787; do. 1801; do. 1802; 26. Juli 1803; 24. Juni 1804; 25. Juni 1805; 23. Juli 1806; 27. Juni 1807; 28. Juni 1808; 1. Juli 1809; do. 1810; do. 1811; do. 1812; 24. Juni 1818; do. 1821; do. 1822; do. 1825; 26. Juni 1826; 27. Juni 1828; 27. Aug. 1829; 30. Aug. 1830; 3. Juli 1831; 25. Juni 1834; 24. Juni 1835; 25. Juni 1836; do. 1837; do. 1838; do. 1839; 24. Juni 1842; do. 1846; do. 1849; do. 1851; do. 1852; do. 1853; do. 1854; do. 1856.

[**Jahresschreiben** der Loge „Ferdinand zur gekrönten Säule" in Hildesheim:]
Johannis 1777; 30. Dez. 1778; 27. Febr. 1779.

Franklin: [**Jahresschreiben** der Loge „Franklin Nr. 2" in New York.]
13. Aug. 1853; 24. Juni 1854; Johannisfest 1857; 13. Juni 1863.
Zum Teil sind Mitgl.-Verz. angeschlossen.

[**Jahresschreiben** der Loge „Frères réunis" in Strassburg i. E.]
20. Jan. 1846.

Joinville: [**Jahresschreiben** der Loge „Deutsche Freundschaft zum südlichen Kreuze" in Joinville.]
Am Tage aller Maurer 1862; ebenso 1870.

Havelberg: [**Jahresschreiben** der Loge „Freundschaft und Wohltätigkeit" in Havelberg:]
24. Juni 1805; do. 1806; 25. Juni 1807; do. 1808; 26. Juni 1811.

Friederike z. Unsterblichkeit: [**Jahresschreiben** der Loge „Friederike zur Unsterblichkeit" in Stade.]
26. Sept. 1845; 25. Juni 1855.

[**Jahresschreiben** der Loge „Friedrica Ludovica zur Treue" in Parchim:]
24. Febr. 1810. Angeschl. Mitgl.-Verz.

[**Jahresschreiben** der Joh.-Loge „Friedr. zur aufgehenden Sonne" in Brieg.]
24. Juni 1815; 27. Juni 1831; 24. Juni 1833; 25. Juni 1835; 24. Juni 1836; 24. Juni 1839; 24. Juni 1841.

Brieg: [**Jahresschreiben** der Altschott. Loge „Friedr. zur aufgeh. Sonne" in Brieg.]
26. Juli 1805; 1. Mai 1806; 18. April 1808; 24. Juni 1810; do. 1811; do. 1834; do. 1836; do. 1837; do. 1839; do. 1842.
Die Altschott. Loge hat unabhängig von der Joh.-Loge Jahresschreiben erlassen.

Zerbst: [**Jahresschreiben** der Loge „Friedrich zur Beständigkeit" in Zerbst.]
3. Okt. 1828; 24. Juni 1844; St. Johannistag 1846.

Konitz: [**Jahresschreiben** der Loge „Friedrich zur wahren Freundschaft" in Konitz:]
27. Juni 1804; 13. Mai 1805; 24. Juni 1838.

[**Jahresschreiben** der Loge „Friedrich zu den 3 Quellen" in Pyrmont:]
1. März 1778. (Das Datum ist hdschr.)

[**Jahresschreiben** der Loge „Friedrich zum goldenen Scepter" in Breslau:]
24. Juni 1806; do. 1832; do. 1834; do. 1835; do. 1836; do. 1839; 1. Juli 1840; 14. Juni 1842; do. 1844; do. 1845; do. 1849; do. 1850; do. 1851; do. 1852; 1. Juli 1854.

Brandenburg: [**Jahresschreiben** der Loge „Friedrich zur Tugend" in Brandenburg.]
26. Dez. 1803; 10. Nov. 1804; Juli 1805; 2. Juli 1808; 1. Juli 1809; 4. Sept. 1834; 24. Juni 1842.

Koblenz: [**Jahresschreiben** der Loge „Friedrich zur Vaterlandsliebe" in Koblenz:]
24. Juni 1842; do. 1844; do. 1845.

[**Jahresschreiben** der Loge „Friedrich August zum treuen Bunde" in Wurzen.]
24. Juni 1828; 1. Febr. 1831; 1. Sept. 1841; 15. Dez. 1845; 15. Sept. 1848.

Ratibor: [**Jahresschreiben** der Loge „Friedrich Wilhelm zur Gerechtigkeit" in Ratibor:]
24. Juni 1836.

Bonn: [**Jahresschreiben** der Loge „Friedrich Wilhelm zum eisernen Kreuz" in Bonn.] 25. Mai 1859.

Küstrin: [**Jahresschreiben** der Loge „Friedrich Wilhelm zum goldenen Zepter in Küstrin:]
24. Juni 1793; do. 1795; do. 1797; do. 1802; do. 1804; Johannistag 1806; 24. Juni 1811; do. 1814; Johannistag 1840; do. 1842; 24. Juni 1847.

[Gemeinschaftliche **Jahresschreiben** der Logen „Friedrich zum weissen Pferde" und „zum schwarzen Bär" in Hannover.]
23. Aug. 1824; 24. Juni 1826.

Nienburg: [**Jahresschreiben** der Loge „Georg zum silbernen Einhorn" in Nienburg.]
25. Juni 1837; do. 1838; 24. Juni 1839; do. 1840; do. 1841; Johannisfest 1844; Johannistag 1851; do. 1853.

Arolsen: [**Jahresschreiben** der Loge „Georg zur wachsenden Palme" in Arolsen.]
12. August 1851.

[**Jahresschreiben** der Loge „Georg zu den 3 Säulen" in Einbeck:]
16. Febr. 1801; 25. Aug. 1802; do. 1803; 31. Dez. 1804; 20. Juni 1811; 25. Juni 1812; 29. Juni 1814; 16. Aug. 1838; Nov. 1842; März 1848; Sept. 1854.

[Jahresschreiben der Grossloge „zur Eintracht" in Darmstadt:] 21. Aug. 1853.

Günther z. Eintracht: **[Jahresschreiben** der Loge „Günther zur Eintracht" in Rudolstadt.] 14. Sept. 1860.

[Jahresschreiben der Loge „Günther zum stehenden Löwen" in Rudolstadt.]
6. Aug. 1801; 1. Nov. 1804; 7. Jan. 1808; 21. Sept. 1810.

Stralsund: **[Jahresschreiben** der Loge „Gustav Adolf zu den 3 Strahlen" in Stralsund.]
22. März 1800; do. 1802; do. 1803; do. 1804; do. 1805; do. 1811; do. 1812; do. 1813; do. 1814; 5. Febr. 1817; 15. Nov. 1818; 14. Nov. 1820; do. 1823; do. 1828; do. 1830; do. 1845; 1. Dez. 1849; do. 1851; 10. Nov. 1854; 14. Nov. 1857; 1. Dez. 1860.

Harpokrates: **[Jahresschreiben** der Loge „Harpokrates" in Magdeburg.]
24. Juni 1834; do. 1839; do. 1842; do. 1848; do. 1859; do. 1860.

[Jahresschreiben der Loge „Hercynia zur Brudertreue" in Klausthal-Zellerfeld:]
Juli 1852; Johannis 1854.

Goslar: **[Jahresschreiben** der Loge „Hercynia zum flammenden Stern" in Goslar.]
24. Juni 1810; do. 1811; do. 1812; do. 1815; Aug. 1831; Johannis-Fest 1833; do. 1835; do. 1845; 24. Juni 1846; do. 1854; do. 1857.

Herkules: **[Jahresschreiben** der Loge „Herkules" in Schweidnitz.]
1. Okt. 1832.

[Jahresschreiben der Loge „Hermann zum Lande der Berge" in Elberfeld.]
1. Juli 1822; 1. Sept. 1847; 20. Aug. 1848; 1. Nov. 1850.

[Jahresschreiben der Loge „Horus" in Breslau.]
25. Juni 1821; 24. Juni 1823; do. 1824; 25. Juni 1831; do. 1833; do. 1834; do. 1835; do. 1836; 24. Juni 1837; do. 1838; do. 1839; 25. Juni 1840; do. 1841; do. 1842; do. 1843; do. 1844; do. 1845; do. 1846; do. 1847; do. 1849; 24. Juni 1850; Johannistag 1851; 24. Juni 1854; do. 1855.

Bromberg: **[Jahresschreiben** der Loge „Janus" in Bromberg.]
24. Juni 1828; do. 1829; do. 1830; do. 1836; do. 1842; do. 1844; do. 1846.

[Jahresschreiben der Loge Johannes der Evangelist zur Eintracht in Darmstadt:]
20. Dezember 1840; 24. Juni 1843.

Johannes z. brüderlichen Liebe: **[Jahresschreiben** der Loge „Johannes zur brüderlichen Liebe" in Worms.]
27. Nov. 1781.

[Jahresschreiben der Loge „Johannes zum Wohl der Menschheit" in Salzwedel.]
3. Juni 1803; 24. Juni 1804; do. 1805; 26. Juni 1806; 29. Juni 1808; 24. Juni 1809.

Irene z. d. 3 Sternen: **[Jahresschreiben** der verbundenen Logen „Irene zu den drei Sternen", „Tempel der Wahrheit" und „Prometheus" in Rostock.]
24. Juni 1830; do. 1839; do. 1840; do. 1841; do. 1843; do. 1845.

[Jahresschreiben der vereinten Loge „Irene zu den 3 Sternen, Tempel zur Wahrheit und Prometheus" in Rostock.]
10. März 1856; 1. März 1862.

[Jahresschreiben der Loge „Julia Carolina zu den 3 Helmen" in Helmstedt:]
24. Juni 1814; do. 1815; do. 1816; 27. Juni 1817; 24. Juni 1818; do. 1819; 25. Juni 1820; do. 1822; do. 1833; do. 1835; do. 1836; do. 1838; 24. Juni 1845.

Julius z. Eintracht: **[Jahresschreiben** der Loge „Julius zur Eintracht" in Stargard.]
29. Mai 1805; do. 1806; 12. Okt. 1810.

[Jahresschreiben der Loge „Julius zu den 3 empfindsamen Herzen" in Anklam:]
Johannistag 1801; 24. Juni 1811; 16. Aug. 1815.

Karl z. Lindenberg: **[Jahresschreiben** der Loge „Karl zum Lindenberg" in Frankfurt am Main:]
15. Nov. 1850 [angeschl. Mitgl.-Verz.].

[Jahresschreiben der Loge „Karl zur Treue" in Karlsruhe:]
ohne Datum (1809?).

Kasimir Zu den 9 Sternen: **[Jahresschreiben** der altschott. Loge „Kasimir zu den 9 Sternen" in Prag.]
20. Nov. 1787 angeschl. Mitgl.-Verz. Vgl. W. 13085.

König Solomon: **[Jahresschreiben** der „König Solomons-Loge Nr. 279" in New York.]
15. April 1860.

Helsingör: **[Jahresschreiben** der Loge „Kosmos" in Helsingör.]
20. August 1851.

Kissingen: **[Jahresschreiben** des Kränzchens „zur Freundschaft an der Saale" in Kissingen:]
Ohne Datum (1904?).

[Jahres-Schreiben der Grossen Landesloge der Freimaurer von Deutschland:] 24. Juni 1838; do. 1842; do. 1845; do. 1857.

Z. Frankfurter Adler: **[Jahresschreiben** der Loge „zum Frankfurter Adler" in Frankfurt a. M.:]
31. März 1833; Okt. 1846; Joh. 1850; Joh.-Fest 1855; Joh. 1900; do. 1901; Aug. 1905.

[Jahresschreiben der Loge „zum preuss. Adler" in Insterburg:]
24. Aug. 1803; 31. Dez. 1808; 30. Okt. 1811; 25. Juni 1819; 1. Aug. 1835; 24. Aug. 1848; 24. Juni 1854.

Meissen: **[Jahresschreiben** der Loge „zur Akazie" in Meissen.]
24. Juli 1847; 3. Febr. 1857.

[Jahresschreiben der Altschottischen Loge „Zu den 3 Nelken", resp. „Charlotte z. d. 3 Nelken" in Meiningen.]
Am Tage Joh. Bapt. 1776; do. 1777; do. 1778; do. 1779.

Z. d. 3 goldenen Ankern: **[Jahresschreiben** der Loge „zu den 3 goldenen Ankern" in Stettin.]
3. März 1805; 20. März 1806; 4. März 1809; 3. Juni 1810; 25. Sept. 1811; 4. März 1816; März 1818; 2. April 1820; 5. März 1822; 3. März 1823; 4. März 1824.
Teilweise sind Mitgl.-Verz. angeschlossen.

[Jahresschreiben der Loge „zu den 3 Balken des deuen Tempels" in Münster:]
27. Dez. 1792; 21. Okt. 1803; 26 Juni 1804; 9. Juli 1805; 26. Juni 1806; 2. Juli 1807; 10. Juli 1809; 25. Juli 1811; 26. Juni 1812; 24. Juni 1814; do. 1815; do. 1816; 31. Mai 1818; 24. Juni 1819; 25. Juni 1820; do. 1821; 24. Juni 1822; do. 1832; do. 1837.

[Jahresschreiben der Loge „Zum schwarzen Bär" in Hannover:]
21. März 1789; 19. März 1792; do. 1793; 18. März 1795; do. 1796; do. 1797; 17. März 1799; 18. März 1800; do. 1801; do. 1802; 24. März 1803; 6. Dez. 1805; 17. März 1808; 31. März 1809; 24. Juni 1810; 1. Juli 1813; 24. Juni 1816; do. 1818; do. 1820; do. 1821; do. 1823; Aug. 1836; do. 1838; 28. Juni 1840; 25. Juni 1843; 24. Juni 1847; do. 1849.
Dem Jahrschreib. von 1838 ist beigefügt ein Gedicht: „Bundeslicht." 1 Bl. 8°. [Kopftit.]

Eisleben: **[Jahresschreiben** der Loge „zum aufblühenden Baum" in Eisleben.]
1. Okt. 1835; Sept. 1837; 27. Sept. 1838; do. 1839; 28. Sept. 1840; 27. Sept. 1841; do. 1842; do. 1843; do. 1844; 4. Nov. 1845; 27. Sept. 1848; do. 1851.
Teilweise sind Mitgl.-Verzeichn. angeschlossen.

[Jahresschreiben der Loge „zu den 3 eisernen Bergen" in Siegen.]
26. Juli 1847.

Freiberg: **[Jahresschreiben** der Loge „zu den 3 Bergen" in Freiberg.]
15. Tag des 12. Mts. 1799; 16. Dez. 1800; 18. Dez. 1801; Johannisfest 1802; 25. Juli 1803; 25. Juni 1804; 15. März 1805; 30. Jan. 1822; 23. Dez. 1823; 15. Dez. 1826; 24. Juni 1835; 24. Juni 1839; 16. Dez. 1842; 24. Juni 1845; do. 1854.

[Jahresschreiben der Loge „zur Bescheidenheit" in Zürich:] 19. Jan. 1817; 28. Sept. 1833; 24. Juni 1837; 3. Okt. 1840; 30. Sept. 1844; Johannisfest 1851; Johannisfest 1857.

[Jahres-Schreiben der Loge „zur Beständigkeit" in Aachen:] 1. Merz 1779, 1. May 1782, 30. Juli 1786, 24. Juli 1788.

[Jahresschreiben der Loge zur Beständigkeit in Berlin:]
12. Okt. 1805; 12. Okt. 1809; 12. Okt. 1810; 12. Okt. 1811; 12. Okt. 1854; 12. Okt. 1856; 15. Nov. 1857.

Z. Beständigkeit: [**Jahresschreiben** der Loge „zur Beständigkeit" in Wien.]
18. Aug. 1783; 16. Juni 1784.
Teilweise sind Mitgl.-Verz. angeschlossen.
Vgl. W. 13194.

Thorn: [**Jahresschreiben** der Loge „zum Bienenkorb" in Thorn.]
5. Okt. 1801; 26. Okt. 1805; 7. Okt. 1810; 5. Okt. 1811; 8. Okt. 1817.

Annaberg: [**Jahresschreiben** der Loge „zum treuen Bruderherzen" in Annaberg:]
20. Juli 1855.

Aarau: [**Jahresschreiben** der Loge „zur Brudertreue" in Aarau:] Oktober 1835.

Sangerhausen: [**Jahresschreiben** der Loge „zur Brudertreue" in Sangerhausen.]
24. Juni 1842.

Kottbus: [**Jahresschreiben** der Loge „zum Brunnen in der Wüste" in Kottbus:]
4. März 1841; 1857.

Soest: [**Jahresschreiben** der Loge „zur Bundeskette" in Soest.]
3. Juli 1837; Johannisfest 1842; 19. Aug. 1843.

[**Jahresschreiben** der Loge „zur festen Burg an der Saale" in Kalbe.]
25. Juni 1831; 24. Juni 1836; do. 1837; do. 1842; do. 1843.

Candeur et Ferdinand aux neuf étoiles réunies: [**Jahresschreiben** der Loge „de la Candeur et Ferdinand aux neuf étoiles réunies" in Strassburg i. E.] 1785.
Sehr selten.

Z. Ceder: [**Jahresschreiben** der Loge „zur Ceder" in Hannover.]
20. Sept. 1809; 31. Dez. 1810; 1. Nov. 1811; 13. Jan. 1814; 21. Nov. 1818; März 1836; Jan. 1840; Jan. 1844; Dez. 1857.

Z. d. 3 Cedern: [**Jahresschreiben** der Loge „zu den 3 Cedern" in Stuttgart.]
27. Dez. 1841; 24. Juni 1845; do. 1849; do. 1851; 18. Juni 1853; 25. Juni 1854.

[**Jahresschreiben** der Loge „zum grossen Christof" in Stade.]
24. Sept. 1837; do. 1839.

[**Jahresschreiben** der Loge „zur Einigkeit" in Danzig.]
30. Juli 1799; 5. Aug. 1802; 13. März 1808; 6. Juli 1809; 2. Juli 1810; 1. Jan. 1812; 12. Sept. 1815; 1. Sept. 1818; 1. Dez. 1825; 1. Sept. 1830; do. 1834.

[**Jahresschreiben** der Loge „zur Einigkeit" in Frankfurt a. M.:]
27. Juni 1802; Mai 1850.

Rügenwalde: [**Jahresschreiben** der Loge „zur Einigkeit an der Ostsee" in Rügenwalde.]
12. Sept. 1811.

Wriezen: [**Jahresschreiben** der Loge „zur Einigkeit" in Wriezen.]
7. Aug. 1850.

[**Jahresschreiben** der Loge „zur Eintracht und Standhaftigkeit" in Kassel:]
24. Juni 1850.

Z. wahren Eintracht: [**Jahresschreiben** der Loge „zur wahren Eintracht" in Wien.]
13. März 1782; 12. März 1783.
Vgl. W. 13196.

Schmiedeberg: [**Jahresschreiben** der Loge „zu den 3 Felsen" in Schmiedeberg.]
24. Juni 1842; 1. Juni 1850.

Z. d. 3 weissen Felsen: [**Jahresschreiben** der Loge „zu den 3 weissen Felsen" in Weissenfels.]
24. Juni 1844; do. 1851.

[**Jahresschreiben** der Loge „zum heiligen Feuer" in Hettstedt:]
16. Juli 1819; 24. Juni 1822; 18. März 1824.

Zu d. 3 Flammen: [**Jahresschreiben** der Loge „zu den 3 Flammen" in Plauen.]
24. Juni 1794.
Vgl. W. 11957.

[**Jahresschreiben** der Loge „Zur Freimütigkeit am Rhein" in Frankenthal:]
1. März 1819; 1. Juli 1824; 24. Juni 1835; 7. Dez. 1839.

[Jahresschreiben der Loge „zu den wahren vereinigten Freunden" in Brünn.]

10. Juli 1785.
Vgl. W. 12981.

Z. Friedensbund: **[Jahresschreiben der** Loge „zum Friedensbund" in Neubrandenburg:]

24. Juni 1818; do. 1821; 25. Juni 1822; do. 1823; 24. Juni 1828; Johannis 1840; 24. Juni 1847.

[Jahresschreiben der Loge „zum Füllhorn" in Lübeck:]

Okt. 1804; 21. Mai 1806; 24. Juni 1808; 4. Sept. 1810; 6. April 1818; 24. Juni 1823.

[Jahresschreiben der Loge „zur vollkommenen Gleichheit" in Krefeld:]

29. April 1789; 20. Mai 1803.

[Jahresschreiben der Loge „zur Glocke" in Breslau:] 13. Juni 1842 1 Bl. 4⁰.

Z. gekrönten goldenen Greif: **[Jahresschreiben** der Loge „zum gekr. goldenen Greif" in Neubrandenburg:]

1. Jan. 1779; 24. Juni 1821; do. 1832.
Vgl. W. 11777.

Greifswald: **[Jahresschreiben** der Loge „zu den 3 Greifen" in Greifswald.]

30. Sept. 1798; 29. Sept. 1799; do. 1800; do. 1801; do. 1802; do. 1803; 30. Sept. 1804; 29. Sept. 1805; do. 1808; do. 1809; do. 1810; do. 1813; do. 1815; do. 1816; do. 1817; 30. Sept. 1820; do. 1823.
1806, 1807 und 1814 wurde kein Jahresschr. ausgegeben.

Z. d. 3 Hammern: **[Jahresschreiben** der Loge „zu den 3 Hammern" in Naumburg:]

14. Juli 1827; 24. Juli 1828; 25. Sept. 1830; 24. Juni 1850.

Leer: **[Jahresschreiben** der Loge „zur goldenen Harfe" in Leer.]

1. Okt. 1800; 11. Dez. 1805.

Marienwerder: **[Jahresschreiben** der Loge „zur goldenen Harfe" in Marienwerder.]

18. Febr. 1804; 24. Juni 1805; 29. Okt. 1808; 24. Juni 1828; 19. Aug. 1843.
1806 und 1807 sind keine Jahresschreiben erschienen.

[Jahresschreiben der Loge „zur Harmonie" in Chemnitz.]

24. Juni 1845; do. 1849; do. 1851.

Z. aufrichtigen Herzen: **[Jahresschreiben** der Loge „zum aufrichtigen Herzen" in Frankfurt a. O.]

1. Aug. 1781; Johannistag 1785; 1. Nov. 1787; 25. Juni 1790; 24. Juni 1799; 24. Nov. 1804; 24. Juni 1828; 25. Juni 1830; Sankt Joh. 1813; 24. Juni 1842; 14. Aug. 1843; 24. Juni 1845; 14. Sept. 1846; 4. Sept. 1847; 29. Juni 1850; 8. Juli 1851.

Graz: **[Jahresschreiben** der Loge „zu den vereinigten Herzen" in Graz.]

24. Juni 1786; 15. Dez. 1787; 5. Aug. 1788.
Bei 1787 ist Mitgl.-Verz. angeschlossen.

Oldenburg: **[Jahresschreiben** der Loge „zum goldenen Hirsch" in Oldenburg:]

30. Sept. 1800; 31. März 1802; 31. Dez. 1804; 31. Nov. 1807; 15. Mai 1810; 1. März 1815; Johannis 1842; 24. Juni 1846; 7. Okt. 1852; 24. Juni 1857.
Teilweise sind Mitgl.-Verz. angeschlossen.

[Jahresschreiben der Loge „Zur Hoffnung" in Bern:] 8. Jan. 1826. 24. Jan. 1843; April 1848.

[Jahresschreiben der Loge „zur gekrönten Hoffnung" in Wien.]

24. Juni 1789; 17. Okt. 1793.
Vgl. W. 13180.

Z. neugekrönten Hoffnung: **[Jahresschreiben** der Loge „zur neugekrönten Hoffnung" in Wien.]

14. Jan. 1786.
Enth. Bericht über die infolge der K. Verordnung vom 11. Dezember 1785 erfolgte Verschmelzung der Logen „Zur gekrönten Hoffnung", „Zur Wohltätigkeit" und „Zu den 3 Feuern".

[Jahresschreiben der Loge „zum heiligen Joseph" in Wien.]

1782; 15. März 1784; 14. Aug. 1790; 2. Dez. 1794.
Zum Teil sind Mitgl.-Verz. angeschl.
Vgl. W. 13187.

Torgau: **[Jahresschreiben** der Loge „zu den 3 Kränzen" resp. „Friedr. Wilh. zu den 3 Kränzen" in Torgau.]

24. Juni 1820; 1. Sept. 1822; 24. Juni 1824; do. 1826; do. 1849; do. 1855.

[Jahresschreiben der Loge „zum eisernen Kreuz" in Mainz:]

3. Aug. 1815; 24. Juni 1817; 20. Juni 1820.

Merseburg: [**Jahresschreiben** der Loge „zum goldenen Kreuz" in Merseburg.]
23. Okt 1805; 24. Juli 1807; 11. Jan. 1814; 20. Okt. 1815; 8. Juli 1817; 6. Okt. 1818; 25. Juni 1820; 24. Juni 1821; 25. Juni 1822; 24. Juni 1823; do. 1824; 25. Juni 1831; do. 1834; do. 1838; 24. Juni 1839; do. 1840; do. 1843.

[**Jahresschreiben** der Loge „zur goldenen Krone" in Stendal.]
14. Okt. 1801; 6. Okt. 1802; 28. Okt. 1803; 11. Nov. 1804; 30. Nov. 1805.

[**Jahresschreiben** der Loge „zu den 3 Kronen" in Königsberg i. Pr.:]
2. Jan. 1803.

[**Jahresschreiben** der Loge „zu den 3 Kronen" in Königsberg:]
30. Okt. 1804; 31. Dez. 1810; 1811; 1. Jan. 1818; Johannisfest 1819; 18. Sept. 1822; 8. Sept. 1823; 24. Juni 1829; do. 1841; do. 1843; do. 1845; do. 1847; do. 1849; do. 1851; do. 1855; Johannisfest 1857; 24. Juni 1859

Gnesen: [**Jahresschreiben** der Loge „zum bekränzten Kubus" in Gnesen.]
10. Juli 1806; Johannisfest 1854.

[**Jahresschreiben** der Loge „zum Leoparden" in Lübben:]
23. Dez. 1809; 24. Juni 1830; do. 1844; do. 1847. Vgl. W. 11458.

Gumbinnen: [**Jahresschreiben** der Loge „zur goldenen Leyer" in Gumbinnen.]
12. Okt. 1841; 10. Okt. 1842; 12. Okt. 1843; 9. Okt. 1845; do. 1846; 15. Okt. 1850.

Hamm: [**Jahresschreiben** der Loge „zum hellen Licht" in Hamm:]
24. Juni 1831; do. 1837; do. 1838; 1. Aug. 1846.

[**Jahresschreiben** der Loge „zu den 6 Lilien" in Neisse:]
25. Juni 1843.

Schwelm: [**Jahresschreiben** der Loge „zum westfälischen Löwen" in Schwelm.]
1. Aug. 1818; 25. April 1819; do. 1833; do. 1836; do. 1839; do. 1842; do. 1844; do. 1845.

[**Jahresschreiben** der Loge „zur aufgehenden Morgenröte" in Frankfurt a. M.:]
Ende August 1833; 10. Aug. 1851.

Z. Morgenstern: [**Jahresschreiben** der Loge „zum Morgenstern" in Hof:]
1. Juli 1799; do. 1800; do. 1801; 12. Juli 1802; 26. Sept. 1803; 2. Juli 1804; 14. Aug. 1805; 1. Juli 1806; 25. Juni 1808; 24. Juni 1811; 30. Juni 1812; 1. Nov. 1815; 1. Jan. 1818; 24. Juni 1818; do. 1820; 25. Juni 1821; do. 1823; 24. Juni 1828; do. 1829; do. 1830; Johannistag 1832; 24. Juni 1833; do. 1835; 24. Juni 1836; 25. Juni 1837; do. 1846.

[**Jahresschreiben** der Loge zum Oelzweig in Bremen.]
1. Okt. 1819; 10. April 1822; Okt. 1828; Okt. 1829; 6. Okt. 1830; 31. Okt. 1832; 28. Okt. 1835; Okt. 1841; 10. Okt. 1847; 13. Okt. 1849; 6. Okt. 1854; 5. Nov. 1857.

[**Jahresschreiben** der Loge „zum Pegasus" in Berlin:]
4. Sept. 1840; 28. Okt. 1842; 4. Sept. 1843; 4. Sept. 1844; 15. Dez. 1856.

Birkenfeld: [**Jahresschreiben** der Loge „zur Pflichttreue" in Birkenfeld.]
24. Juni 1837; Johannis 1838; do. 1839; 5. Aug. 1841; Johannis 1842; do. 1845.

Zum goldenen Pflug: [**Jahresschreiben** der Loge zum Goldenen Pflug in Berlin:]
8. November 1805; 1. Dezember 1841.

[**Jahresschreiben** der Loge „zum Pilgrim" in Berlin:]
26. Februar 1805; 26. Februar 1806; 24. Februar 1846; 24. Februar 1847; 24. Februar 1850; 24. Februar 1855.

[**Jahresschreiben** der Loge „zur Pyramide" in Plauen.]
28. Dez. 1836; 7. Mai 1840; 12. März 1844; 27. Dez. 1857.

[**Jahresschreiben** der Loge „zur heissen Quelle" in Hirschberg.]
24. Juni 1851.

Osnabrück: [**Jahresschreiben** der Loge „zum goldenen Rade" in Osnabrück:]
24. Juni 1808; 26. Juni 1810; 24. Juni 1811; 25. Juni 1812; do. 1814; do. 1817; do. 1818; do. 1819; do. 1820; do. 1821; 30. Nov. 1822; 25. Juni 1823; 30. Nov. 1824; 25. Okt. 1825; 1. Sept. 1830; 24. Juni 1836.

Detmold: [**Jahresschreiben** der Loge „zur Rose am Teutoburger Walde" in Detmold:] 24. Juni 1852.

Z. den drei Rosenknospen: **[Jahresschreiben der Loge „zu den drei Rosenknospen" in Bochum.]**
24. Juni 1788; 26. Sept. 1805; 5. Okt. 1808.

[Jahresschreiben der Loge „zu den 3 gekrönten Säulen" in Prag.]
27. Okt. 1783; 18. Juni 1784.

[Jahresschreiben der Loge zum „goldenen Schiff" in Berlin:]
11. März 1836; 13. März 1839; 11. März 1840; 11. März 1845; 11. März 1846; 11. März 1847.

Z. gekrönten Schlange: **[Jahresschreiben der Loge „zur gekrönten Schlange" in Görlitz.]**
1. Mai 1780; do. 1804; do. 1806; 5. April 1809.

[Jahresschreiben der Loge „zum goldenen Schwert" in Wesel.]
30. Juni 1805; 24. Juni 1805; Okt. 1836; Juni 1846.

[Jahresschreiben der Loge „zum Schwert" in Riga:] 12. Sept. 1778; 20. Juli 1779; Nov. 1781; Johannisfest 1784; do. 1790.
Sehr selten.

Z. d. 3 Schwertern und Asträa z. grün. Raute: **[Jahresschreiben der Loge „zu den 3 Schwertern und Asträa zur grünenden Raute" in Dresden:]**
1. Jan. 1833; 31. Dez. 1838; 27. Juni 1840; 24. Juni 1842; do. 1846; do. 1850; 20. Jan. 1854; do. 1861.
Vor 1833 ist kein Jahresschreiben ausgegeben worden.

Kempten: **[Jahresschreiben der Loge „zur aufgehenden Sonne" in Kempten:]**
19. Aug. 1792.

[Jahresschreiben der Loge zur Sonne in Bayreuth:]
Joh.-Tag 1786; 3. August 1800; 24. Juni 1801; 24. Oktober 1802; 4. August 1803; 24. Juni 1805; 1. Oktober 1807; 1. Januar 1810.

[Jahresschreiben der Loge „zur Sonne der vereinigten resp. wahren verein. Freunde" in Brünn.]
9. Juli 1786; 25. Aug. 1787.

[Jahresschreiben der Loge „zur Standhaftigkeit" in Potsdam.]
24. Juni 1819; do. 1824.

[Jahresschreiben der Loge „De Ster in het Oosten" in Batavia.]
21. Juni 1891; 1. Juni 1893; 1. Juni 1894; 24. Aug. 1895; 1900.

[Jahresschreiben der Loge „zu den 3 Sternen" in Rostock.]
März 1821; 15. Nov. 1822; 25. Juni 1823; 29. Nov. 1824; 25. Juni 1825; 24. Juni 1836; do. 1843.

Z. d. 7 Sternen: **[Jahresschreiben der Loge „zu den sieben Sternen" in Pest.]**
24. Juni 1792.

Z. weissen Taube: **[Jahresschreiben der Loge „zur weissen Taube" in Neisse:]**
21. Aug. 1805; 1. Okt. 1810; 26. Dez. 1815; 21. Aug. 1816; 24. Nov. 1858.

[Jahresschreiben der Loge „Zum Tempel der Freundschaft" in Heiligenstadt:]
24. Juni 1829; Nov. 1835; 24. Juni 1843; do. 1845; 25. Juni 1850; 24. Juni 1851.

[Jahresschreiben der Loge „Zum Tempel der Freundschaft und Wohltätigkeit" in Havelberg:]
24. Juni 1834.

Z. Tempel der Wahrheit: **[Jahresschreiben der Loge „zum Tempel der Wahrheit" in Rostock.]**
18. Juli 1804; 28. Nov. 1807; 6. Febr. 1808; 18. Juli 1809; 28. Aug. 1810; 18. Juli 1815; do. 1817; 31. Dez. 1818.

Z. wiedererbauten Tempel der Bruderliebe: **[Jahresschreiben der Loge „zum wiedererbauten Tempel der Bruderliebe" in Worms.]**
Juni 1836; do. 1839; März 1843; 4. März 1852.

Goldberg: **[Jahresschreiben der Loge „zur Treue an der Katzbach" in Goldberg. 31. Mai 1858.**

Z. wahren Treue: **[Jahresschreiben der Loge „zur wahren Treue" in Emden.]**
24. Juni 1809; do. 1811; do. 1812; do. 1813; do. 1816.

Glatz: **[Jahresschreiben der Loge „zu den 3 Triangeln" in Glatz.]**
6. Mai 1788; 24. Juni 1804; do. 1805; do. 1808; do. 1809; do. 1810; do. 1811; do. 1812; do. 1838; do. 1839; do. 1840; do. 1841; do. 1843; do. 1845; do. 1846; do. 1847; do. 1849; do. 1851; do. 1855; do. 1856.

[Jahresschreiben der Loge „zur ostfriesischen Union" in Aurich:]
27. Juni 1847.

[Jahresschreiben der Loge „zur gekrönten Unschuld" in Nordhausen:]
1. Juli 1815; 22. Aug. 1816; 24. Juli 1818; Nov. 1821; 13. Sept. 1837; 1. Sept. 1842; 22. Aug. 1850; do. 1851.

[Jahresschreiben der Loge „zur Vaterlandsliebe" in Wismar.]
2. Juni 1819; 2. Juni 1819; 4. Juli 1822; Okt. 1830; 25. Jan. 1839; 1842; Johannis 1847; do. 1848; do. 1856; do. 1859.

Landeshut: **[Jahresschreiben** der Loge „zum innigen Verein am Riesengebirge" in Landeshut.]
13. Juni 1821; 24. Juni 1822; do 1840; do 1842; Johannistag 1843; 24. Juni 1844; do 1845; do. 1846; do. 1852.

Trier: **[Jahresschreiben** der Loge „zum Verein der Menschenfreunde" in Trier.]
24. Juni 1819; 4. Juli 1822; 15. Nov. 1824; 22. Juni 1828; 27. Juni 1830; 26. Juni 1831; 24. Juni 1837; do. 1838; do. 1840; do. 1841; do. 1842; 22. Juni 1845; 28. Juni 1846; 24. Juni 1847.

Z. biedern Vereinigung: **[Jahresschreiben** der Loge zur biedern Vereinigung in Glogau.]
15. Sept. 1803; 11. Juli 1804; 30. Okt. 1805; 10. Juli 1806; 17. Jan. 1809; 7. Okt. 1812; 2. Okt. 1817; 24. Juni 1821; 25. Juni 1822; 24. Juni 1823; do. 1825; 2. Jan. 1830; 20. Nov. 1833; 24. Juni 1842; do. 1846; 26. März 1853.

[Jahresschreiben der vereinten Loge „zu den 3 Totengerippen, zur Säule und zur Glocke" in Breslau:]
20. April 1844; 18. Mai 1847.

Glauchau: **[Jahresschreiben** der Loge „zur Verschwisterung der Menschheit" in Glauchau.]
März 1847; 24. Juni 1850. [Angeschlossen sind die Mitgliederverzeichnisse.]

Z. Wahrheit und Einigkeit: **[Jahresschreiben** der Loge „zur Wahrheit und Einigkeit" in Prag.]
7. Dez. 1783 (angeschl. Mitgl.-Verz.).

[Jahresschreiben der Loge „zur Wahrheit und Freundschaft" in Fürth.]
11. Juni 1804; 12. Juni 1805; do. 1806; 14. Sept. 1808; 6. Juli 1810; 31. Juni 1824; 19. Juni 1826; 22. Juni 1829; 1. Mai 1832; 20. Sept. 1838; 1. Okt. 1840; 5. Sept. 1841; 15. Juni 1845; 17. Juni 1849; 12. Juni 1853.

Prenzlau: **[Jahresschreiben** der Loge „zur Wahrheit" in Prenzlau.]
1. Jan. 1802; 6. März 1804; do 1806; 24. Juni 1817; do. 1818; do. 1820; do. 1825; do. 1828; do. 1830; do. 1832; do. 1838; do. 1840; do. 1845; do. 1848; Johannistag 1851.

Kosel: **[Jahresschreiben** der Loge „zur siegenden Wahrheit" in Kosel:]
Johannistag 1817; do. 1818; do. 1819; do. 1820; do. 1821; do. 1822.

Passau: **[Jahresschreiben** der Loge „zu den 3 vereinigten Wässern" in Passau:]
1785.

Löwenberg: **[Jahresschreiben** der Loge „Zum Wegweiser" zu Löwenberg:]
7. Sept. 1842.
Vgl. W. 11437.

[Jahresschreiben der Loge „zur kleinen Welt" in Riga:] 6. Mai 1794.
Sehr selten.

Z. Weltkugel: **[Jahresschreiben** der Loge „zur Weltkugel" in Lübeck:]
24. Juni 1838; März 1847; Johannisfest 1860.

[Jahresschreiben der Loge „zum Widder" in Berlin:]
23. Mai 1810; 18. Juni 1811.

[Jahresschreiben der Loge „zum Zirkel der Eintracht" in Weissenfels.]
25. Juni 1803; 17. April 1805; 24. Juni 1806; do. 1808; 15. Mai 1819; 24. Juni 1821; do. 1823.

[Jahresschreiben der 3 verbundenen Logen „zu den 3 Cedern" in Stuttgart, „Carl zu den 3 Ulmen" in Ulm, „Carl zum Brunnen des Heils" in Heilbronn.]
24. Juni 1855. Angeschl. Mitgl.-Verz. dieser Logen 1855/56.

[**Jahresschreiben** der vereinigten Logen „Zur Einigkeit" und „Sokrates zur Standhaftigkeit" zu Frankfurt a. M.:]
1. Tag des 10. Mon. 1815; 1. Sept. 1823; Okt. 1830; Johannisfest 1835.
Das Jahresschreiben von 1835 enthält Mitt. über die mit diesen Logen verbundenen Wohltätigkeitsanstalten.

Z. flamm. Stern: [**Jahresschreiben** der vereinigten Logen zum flammenden Stern, Friedrich zu den 3 Seraphim, Verschwiegenheit zu den 3 verbundenen Händen, zur Eintracht:]
9. Mai 1775; 12. März 1779; 13. Sept. 1780; 27. Juni 1784; 21. Okt. 1786; 11. Juli 1787; 19. Jan. 1789; 24. Juni 1791.

Ludwig zur Eintracht: [**Jahresschreiben** der Loge „Ludwig zur Eintracht" in Mainz:]
25. Juni 1822.
Vgl. W. 11564.

Luise z. aufrichtigen Herzen: [**Jahresschreiben** der Loge „Luise zum aufrichtigen Herzen" in Tilsit.]
25. Juni 1805; 18. Juli 1814; 1. Juli 1815.

Meseritz: [**Jahresschreiben** der Loge „Luise zur Unsterblichkeit" in Meseritz.]
24. Juni 1845; do. 1855; do. 1856.

[**Jahresschreiben** der Loge „Maria zum goldenen Schwert" in Köslin:]
20. Okt. 1782; 11. Okt. 1783; 23. Okt. 1784; Aug. 1785.

Verein Masonia: [**Jahresschreiben** des „Maur. Vereins Masonia" in New York.]
24. Okt. 1856; 24. Okt. 1857.

Memel: [**Jahresschreiben** der Loge „Memphis" in Memel.]
24. Juni 1799; 25. Juni 1801; 24. Juni 1803; do. 1806; 6. Aug. 1808; 15. Juli 1809; 24. Juni 1818; do. 1828; do. 1829; do. 1858.

[**Jahresschreiben** der Loge Minerva zu den 3 Palmen in Leipzig:]
Johannisfest 1778; do. 1780; do. 1782; Johannistag 1783; do. 1785; 24. Juni 1787; do. 1789; do. 1791; do. 1793; do. 1797; do. 1799; do. 1801 do. 1803; 30. Juli 1805; 24. Juli 1807; 24. Juni 1808; 10. Okt. 1809; 24. Juni 1811; 31. Dez. 1813; 24. Juni 1817; do. 1820; do. 1833; do. 1838; do. 1841; do. 1847; do. 1850; do. 1856; do. 1859.

Minerva: [**Jahresschreiben** der Loge „Minerva" in Potsdam.] 3. Juni 1806.

Milwaukee: [**Jahresschreiben** und Mitgl.-Verz. der Loge „Aurora Nr. 30" in Milwaukee. 1860.]

Copernikus: [**Jahresschreiben** und Mitgl.-Verz. der Loge „Copernikus" Nr. 545 in Williamsburg. 1866.]

Botochan: [**Jahresschreiben** und Mitglieder-Verzeichnis der Loge „Hiram" in Botochan. 1885, 1886.]

Les Sages d'Heliopolis: [**Jahresschreiben** und Mitglieder-Verzeichnis der Loge „Les Sages d'Heliopolis" in Bukarest. 1873/74.]

Schiller: [**Jahresschreiben** und Mitglieder-Verzeichnis der Loge „Schiller" Nr. 304 in Williamsburg.]
22. Jan. 1856.

[**Jahresschreiben** der Grossen Mutterloge des Eklektischen Freimaurerbundes in Frankfurt a. M.:] 20. Febr. 1812; 1. Okt. 1815; ohne Datum; 15. Jan. 1849.

[**Jahresschreiben** der Loge „Navigator" Nr. 32 in New York.]
April 1860.

[**Jahresschreiben** der Loge „Olaus til den hvide Leopard" in Christiania.]
April 1851.

Emmerich: [**Jahresschreiben** der Loge „Pax inimica malis" in Emmerich.]
24. Juni 1801; do. 1802; do. 1803; 10. Nov. 1830.

Pforte z. Tempel des Lichts: [**Jahresschreiben** der Loge „Pforte zum Tempel des Lichts" in Hildesheim:]
30. Sept. 1844; 24. Juni 1846; Joh.-Fest 1857.

Güstrow: [**Jahresschreiben** der Loge „Phöbus Apollo" in Güstrow.]
28. Juli 1808; 25. Juni 1810; 24. Juni 1816; do. 1845; do. 1854; do. 1859.

[**Jahresschreiben** der Provinzialloge von Mecklenburg Hamburgischer Konstitution:] 12. April 1821.

[**Jahresschreiben** der Prov.-Loge von Niedersachsen zu Hamburg:] 24. Juni 1845, 24. Juni 1846, Johannis 1859.

[**Jahresschreiben** der Prov.-Loge von Schlesien zu Breslau:] am Tage St. Johannis des Täufers 1836.

[**Jahresschreiben** der Loge „Pythagoras zu den drei Höhen" in Liegnitz:]
25. Juni 1846; 25. Juni 1847.

Münden: [**Jahresschreiben** der Loge „Pythagoras zu den drei Strömen" in Münden:]
1. Juli 1799; 24. Juni 1800; do. 1801; do. 1802; do. 1803; do. 1804; do. 1807; do. 1808; do. 1809; do. 1810; do. 1811; 25. Juni 1812; 11. Okt. 1814; 20. Sept. 1816; Okt. 1835; Johannis 1840; do. 1842.

[**Jahresschreiben** der Loge „Pythagoras" in New York.]
21. Mai 1846; Juni 1849; 1. März 1854; 1. Febr. 1855; Januar 1856

Friedberg: [**Jahresschreiben** der Loge „Rudolf zu den 3 Schwanen" in Friedberg.] 11. Jan. 1780.

Landsberg: [**Jahresschreiben** der Loge „St. Johannes zum schwarzen Adler" in Landsberg.]
26. März 1811; 24. Juni 1812; 8. Juli 1817; 24. Juni 1818; do. 1819; do 1820; 25. Juni 1824; 24. Juni 1825; do. 1843; do 1844.

Lüneburg: [**Jahresschreiben** der Loge „Selene zu den 3 Türmen" in Lüneburg:]
7. Nov. 1810; 20. Aug. 1812; 24. Juli 1847.

Klattau: [**Jahresschreiben** der Loge „Sincérité" in Klattau.]
9. Oktober 1785. Angeschlossen ist Mitgl.-Verz.

Zielenzig: [**Jahresschreiben** der Loge „Stern St. Johannis" in Zielenzig.]
24. Juni 1834; 24. Juni 1837; 24. Juni 1841.

Königsberg i. N.: [**Jahresschreiben** der Loge „Tempel des Johannes" in Königsberg i. N.:]
4. Juni 1840; 16. Nov. 1844.

Krotoschin: [**Jahresschreiben** der Loge „Tempel der Pflichttreue" in Krotoschin:]
24. Juli 1841; 24. Juni 1845; do. 1846.

[**Jahresschreiben** der verbundenen „Logen „Tempel der Wahrheit" und „Prometheus" in Rostock.]
6. Jan. 1824.

Teutonia z. Weisheit: [**Jahresschreiben** der Loge „Teutonia zur Weisheit" in Potsdam.]
1. Febr. 1810; 24. Juni 1811.

Graudenz: [**Jahresschreiben** der Loge „Victoria z. d. 3 gekrönten Türmen" in Graudenz.]
10. Juni 1804; 9. Juli 1821.

[**Jahresschreiben** der Loge „Victoria zu den drei gekrönten Türmen" in Marienburg.]
10. Sept. 1804.

[**Jahresschreiben** der Loge „die Wachsende zu d. 3 Schlüsseln" resp. „Karl zu d. 3 Schlüsseln" in Regensburg:]
30. Juni 1786; do. 1787; 5. Juli 1788; 9. Juli 1789; 30. Sept. 1790; 30. Juni 1791; 21. Juli 1799.
Teilweise sind Mitgl.-Verz. angeschlossen.

Jülich: [**Jahresschreiben** der Loge „Wahrheit und Einigkeit zu den sieben vereinigten Brüdern" in Jülich:]
24. Juni 1835.

Oels: [**Jahresschreiben** der Loge „Wilhelm zur gekrönten Säule" in Oels.]
25. Juni 1828; 24. Juni 1836; do. 1842; Johannisfest 1846; 24. Juni 1848.

Wilhelm z. aufgeh. Sonne: [**Jahresschreiben** der Loge „Wilhelm zur aufgehenden Sonne" in Stuttgart.]
24. Juni 1838; do. 1840; do. 1844; 25. März 1852. Vgl. W. 12419.

Gersfeld: [**Jahresschreiben** der Loge „Wilhelmine z. d. 3 Buchen" in Gersfeld.] 27. Sept. 1777.

Wittekind z. westf. Pforte: [**Jahresschreiben** der Loge „Wittekind zur westfälischen Pforte" in Minden.]
24. Juni 1789.
Vgl. W. 11690.

Zorobabel und Friedrich zur gekr. Hoffnung: [**Jahresschreiben** der Loge „Zorobabel und Friedrich z. gekrönten Hoffnung" in Copenhagen. 1859.]

[**Jahresschreiben** der Loge „Zorobabel zum Nordstern in Copenhagen.]
20. Febr. 1802; 30. Nov. 1804; 8. Febr. 1839.

Jahresschrift des ungarischen Forstvereines für 1866. Redig. von Alb. v. Bedö. 1. u. 2. Abth. Pressburg (Wigand.) gr. 8. [1. Abthl. (VII, 96 S.) n. 10 ngr., 2. Abthl. (136 S.) n. 1 ℳ] n. 1 ℳ 10 ngr.

Jahres-Schrift des westgalizischen Forst-Vereins. 1—6. Heft. (à 6—8 Bgn. mit lith. Taf. u. Karten.) Krakau 852—56. (Bielitz, Zamarski.) gr. 8. Jedes Heft n. 17⅓ ngr.

— — 7. Heft. 857. (157 S., 4 Tab. u. 1 lith. Karte in Fol.) — 8. Heft. Mit 1 (lith. u. color.) Taf. u. 1 (lith.) Karte (in Fol.). Krakau 858. Friedlein in Comm. gr. 8. (1 Bl., 173 S.)
7.: nn. 1 ℳ.; 8.: nn. 26⅔ ngr.

Landwirthschaftliche Jahresschrift. Eine geograph.-statist.-volkswirthschaftliche Umschau auf dem Gebiete d. Landbaues ausserhalb Deutschland. Herausg. v. A. v. Lengerke. (Jahrg. 1): 1852. Berl.

Jahresschrift f. Lehrer u. die Gebildeteren im Volke. Hrsg. unter Mitwirkung Mehrer von C. Meuth u. E. Herberger. (Neue Ausg.) 8. (10 B. u. 7 Stnt.) Speyer 812, Neidhard's Buchh. —

—— pfälzische, u. Kalender für 1842. Hrsg. unter Mitwirkung Mehrer v. C. Meuth u. E. Herberger. 8. (11½ B. u. 7 Stnt.) Speyer, Neidhard's Buchh. •

Jahresschrift, XXIV., des k. k. Staats-Gymnasiums in Villach. Am Schlusse des Schuljahres 1891/93 herausgegeben von dem Director Zeche. 8 (32, 9 S.) * —.60
Klagenfurt: Kleinmayr.

Jahresschrift der Großherzogl. Taubstummen-Anstalt zu Friedberg (Hessen). 1876 ff..
s. Organ der Taubstummen- und Blinden-Anstalten.
Extra-Beilage zu Jahrg. 22 ff.

Jahresschriften für Theologie und Kirchenrecht der Katholiken ... Ulm 1806—7. H: *Werkmeister, Benedict Maria Leonhard von.* (MGT) 1806—30. (Ky) (Schmal)

Jahresschrift für Theologie und Kirchenrecht der Katholiken, herausgeg. von einigen kathol. Theologen. 4n Bds. 1s und 2s und 5n Bds 1s Heft. gr. 8. Ulm, Wohler. 818—821. à 20 Gr. Rthlr.

Jahresschrift f. Theologie u. Kirchenrecht d. Katholiken. V. Bdes 2s u. 3s Hft. u. VI. 1s Hft. gr. 8. Ulm 822—24, Wohler. à 20 gr.

Jahresschrift für die Vorgeschichte der sächsisch-thüringischen Länder. Hrsg. von d. Prov.-Mus. d. Prov. Sachsen in Halle a. d. S. Bd. 1. *Halle: O. Hendel 1902.* 8° [F.]
Anf. s. u. d. T.: Mitteilungen aus d. Prov.-Museum d. Prov. Sachsen zu Halle a. d. S.
[04. 5354

Jahresschrift f. die Vorgeschichte der sächsisch-thüringischen Länder. Hrsg. v. dem Prov.-Museum der Prov. Sachsen in Halle a. d. S. 2—4. Bd. gr. 8. Halle 903—905. O. Hendel. n. 10. 50
2. (71 S. m. 6 Taf. u. 6 Bl. Erklärgn.) 903. n. 3. —
3. (149 S. m. 12 Taf. u. 8 Bl. Erklärgn.) 904. n. 4. 50
4. (VIII, 113 S. m. 1 Bildnis, 9 Taf. u. 9 Bl. Erklärgn.) 905. n. 4. —

Jahresschrift f. d. Vorgeschichte d. sächsisch-thüring. Länder. Hrsg. v. d. Prov.-Museum d. Prov. Sachsen in Halle a. d. S. 5.—8. Bd. gr. 8. Halle, O. Hendel. 25.50
5. Der Leubinger Hügel. (III, 99 S. m. 122 Fig. u. 8 Taf.) 906. 4. —
6. (VIII, 113 S. m. 3 Fig. u. 17 Taf.) 907. 5. 50
7. (XII, 134 S. m. 47 Abb. u. 18 Taf.) 908. 7. —
8. (XIV, 228 S. m. 42 Abb. u. 22 Taf.) 909. 9. —

Jahressitzung der Generalversammlg. d. österr.-ungar. Bank 1894. 4° Wien 1894

Jahres-Sitzung des Vereins der deutschen Irrenärzte zu Frankfurt am Main am 25 u. 26. Mai 1893. [Aus: „Centralbl. f. Nervenheilkde. u. Psychiatrie".] gr. 8. (16 S.) Coblenz 893. W. Groos. n. — 80

Illustrierter Jahres-Spiegel : 1878- Philadelphia, PA
Ein Kalender für Deutsch-Amerika. Herausgegeben von L. Lisewski & Co.

Jahres-Spiegel, illustrirter, für die J. 1878—1880. Ein Kalender für Deutsch-Amerika. Lex.-8. (à 128 S. mit eingedr. Holzschn.) Philadelphia, (Schäfer und Koradi.) à Jahrg. *

Jahres-Spiegel, illustrirter, für die J. 1881—1885. Ein Kalender für Deutsch-Amerika. gr. 8. (à ca. 100 S. mit eingedr. Holzschn.) Philadelphia, (Schäfer und Koradi.) à Jahrg. *

Jahres-Tag, Der fünfte, der ... Militair-Academie zu Stuttgart ... 1775. V: *Böck.* (Heyd) *Bock, August Friedrich.* (MGT)

Zum Jahrestage. Ein Vision am achtzehnten März 1849. Leipzig, Druck von A. Wiebe. 8 Bl. 8.
Flugblatt, Berlin, 1848/49.

Jahrestage, Die denkwürdigsten, Schlesiens. Glatz 1802—4. V: *Tiede, Thom. Franz.* (MGT) (Nent)

Jahres-Taschenbuch. (224 S. m. Wandkalender.) 12. München (903). G. Franz' Verl. Geb. in Leinw. n. 1. —

Jahres-Uebersicht der Beobachtungen der meteorologischen Station Davos 1902. 5 S. quer-fol. Davos-Dorf, Carl Neweczerzal, [1903]. Pf
1900 u. 1901 s. Olbuter, J[ulius]: *Bulletin 1901, S. 334 u. 1902, S. 202.*

Jahres-Uebersicht der Beobachtungen der meteorologischen Station Davos 1903. Gedruckt als Anhang zu den vom Kurverein Davos herausgegebenen Monats-Wetterkarten. [5 S.] quer-fol. Davos-Platz, Buchdr. Davos A.-G., [1904].

Jahres-Uebersicht der Beobachtungen der meteorologischen Station Davos 1904. Gedruckt als Anhang zu den vom Kurverein Davos herausgegebenen Monatswetterkarten. [5 S.] quer-fol. Davos-Platz, Buchdr. Davos A.-G., [1905].

Jahres-Uebersicht der Beobachtungen der meteorologischen Station Davos 1905. Gedruckt als Anhang zu den vom Kurverein Davos herausgegebenen Monatswetterkarten. [5 S.] quer-fol. Davos-Platz, Buchdr. Davos A.-G., [1906].

Jahres-Uebersicht der Beobachtungen der meteorologischen Station Davos 1906. Gedruckt als Anhang zu den vom Kurverein Davos herausgegebenen Monatswetterkarten. [5 S.] quer.-fol. Davos-Platz, Carl Neweczerzal, [1907].

Jahres-Uebersicht der Beobachtungen der meteorologischen Station Davos 1907 u. 1908. Gedruckt als Anhang zu den vom Kurverein D' herausgegebenen Monatswetterkarten. [je 5 S.] quer-fol. Davos-Platz, Carl Neweczerzal, [1908 u. 1909].

Jahresubersicht der definitiven Einnahmen aus dem Personen-, Gepäck- und Güter-Verkehr fur 1887-88. Stuttgart 1888

Jahresübersichten,

— Münchener, s.: Mittellungen des statist. Amtes der Stadt München.

Statistische Jahresübersichten der Stadt Aachen. [1.] 1907. Aachen 1907: La Ruelle. 8° [09. 12046

Jahresuebersichten, Statistische, der Stadt Aachen. (Im Auftr. d. Oberbürgermeisters hrsg. durch d. Statist. Amt d. Stadt Aachen.) 1907—1909. Aachen o. J. 8°.

Statistische Jahres-Übersichten der Stadt Altona für das Jahr 1901 ff. Altona. (1902 ff.) 4°.

Statistische Jahresübersichten der Stadt Elberfeld. Im Auftrage d. Oberbürgermeisters hrsg. vom Städt. Statist. Amt. [1.] 1908. Elberfeld 1909: Lucas 4°(8°) [10. 3236

Jahresübersichten, statistische, der Stadt Frankfurt am Main, s.a Handbuch, statistisches, d. Stadt Frankfurt am Main.

Statistische Jahresübersichten der Stadt Frankfurt am Main. Im Auftr. d. Magistrats hrsg. durch d. Statist. Amt. Ausg. [1.] Für d. J. 1906/07. Frankfurt a. M.: J. D. Sauerländer in Komm. 1908. 4°(8°) [F.]
= Handbuch, Statist., d. Stadt Frankfurt a. M. Ausg. 1, Erg. H. 1. [08. 19495

Jahresubersichten, statistische, der Stadt Frankfurt a. M. 1906/07 bis 1910/11. Frankfurt a. M. 1908-11

Statistische Jahresübersichten für Halle a. S. [1.] 1908. Halle a. S. 1909: Gebauer-Schwetschke. 8°
(Beiträge z. Statistik d. Stadt Halle a. S. H. 6. [09. 10397

— statistische, d. Stadt Karlsruhe f. d. J. 1908 u. 1909. Hrsg. v. statist. Amt. gr. 8. Karlsruhe, G. Braun'sche Hofbuchdr. 1. 75
1908. (42 S.) 909. — 75. — 1909. (75 S.) 910. 1. —

Statistische Jahresübersichten für die Königliche Haupt- und Residenzstadt Königsberg i. Pr. Im Auftr. d. Magistr. hrsg. v. Statist. Amt d. Stadt Königsberg i. Pr. Bearb. von Dir. Dr. Georg Neuhaus. [1.] 1907. Königsberg i. Pr. 1908: Hartung. 4° [Umschlagt.] [08. 19332 10

Jahresverhandlungen der kurländischen Gesellschaft f. Literatur u. Kunst. 1r u. 2r Bd. Mit 3 Kpfst., 2 Karten, 2 Steindr. u. 1 Vign. gr. 4. Mitau 819 u. 22. (Hamb., Fr. Perthes). 6 ℳ 18 gr

8. JAHRESVERSAMMLUNG DES HANSISCHEN GESCHICHTSVEREINS IN GÖTTINGEN am 11. und 12. Juni 1878. Bericht des Localcomités. Göttingen 1878. Druck der Gebrüder Hofer. 8°.

AUS DER I. JAHRESVERSAMMLUNG DER DEUTSCHEN GESELLSCHAFT ZUR BEKÄMPFUNG DES KURPFUSCHERTUMS. (Auszug aus den Referaten.) Sonderabdruck aus dem „Aerztlichen Vereinsblatt für Deutschland" Nr. 517, 518, 519, 521. Leipzig 1904. Druck von Ackermann & Glaser. 8°.

Jahresversammlung der Gesellschaft f. Rheinische Geschichtskunde, s. Jahresbericht d. Ges. f. Rhein. Geschichtskunde.

Die Königliche Gesellschaft für Nordische Alterthumskunde. Jahresversammlung 1841 (mit: Aarsberetning 1840 und: Indbydelse fra den Historisk-topographiske Committee). Copenhagen. 1841. 8°.

Schweizerische Naturforschende Gesellschaft. 84. Jahresversammlung 4.—6. August 1901 in Zofingen. (Programm.) [Mit illustriertem Umschlag.] II + 7 S. 8. Zofingen, Ringier.

Schweizerische Naturforschende Gesellschaft. 84. Jahresversammlung:
In Zofingen 4.-6. August 1901. Textheft. 6 S. 8. Zofingen, Ringier.
Zofingen 1901. Teilnehmer-Liste. [4 S.] 8.

Bremen, Deutsche Gesellschaft zur Rettung Schiffbrüchiger. Jahres-Versammlung des Gesellschafts-Ausschusses. Stettin, 29. Mai 1870.

Schweizerischer Kindergarten-Verein. 8. Jahresversammlung, abgehalten in Zürich am 1. und 2. September 1901. 71 S. 8. Zürich, Zürcher & Furrer, 1902.
Darin S. 22—40: Johann Amos Comenius, seine Mutterschule und der Kindergarten der Gegenwart. Referat von Fräulein Bertha Brunner, ... Zürich; *S. 41—66:* Die Bildung der Kindergärtnerin. Referat von ... Seminarlehrer (G[ottlieb]) Gattiker, Zürich.

Jahresversammlung des Schleswig-Holstein-Lauenburgischen Landesvereins der Gustav-Adolphs-Stiftung geh. zu Schleswig auf dem Schlosse Gottorff den 9ten Juli 1845. Schleswig. 1845. 8°
—— den 5. August 1846. ebd. 1846.
—— Altona am 18. Juni 1847. ebd. 1847.

Nationaler Deutsch-Amerikanischer Lehrerbund. Jahresversammlung, Programme. Milwaukee, 1871 - 1922.

Jahresversammlung, achte, des Schweizer-Alpen-Club in Zürich. 2.—4. Sept. 1871.

Katholische Union v Missouri. Jahresversammlung des Staats-Verbandes. Nos. 1-17. StL. 1893-1909.

Verband Schleswig-Holsteinischer Baugenossenschaften. 8. Jahresversammlung zu Husum am 1. u. 2. Aug. 1908. (Berlin. 1908.) 4°

JAHRESVERSAMMLUNG DES DEUTSCHEN VEREINS GEGEN DEN MISBRAUCH (sic!) GEISTIGER GETRÄNKE
(1.) zu Berlin im Architektenhause, Wilhelmstrasse Nr. 92. Dienstag 20. Mai Morgens 10 Uhr. Bremen 1884. Druck von C. W. Rousell. 8°.
(2.) zu Dresden am 28. Mai 1885. ib. 1885. —
(3.) zu Hamburg am 16. und 17. Juni 1886. ib. 1886. —
(4.) zu Darmstadt am 13. und 14. September 1887. ib. 1887. ( )
(5.) zu Gotha am 13. und 14. September 1888. ib. 1888. Druck von C. H. Meierdierks.
(6.) zu Danzig am 6. und 7. September 1889. ib. 1889. —

DEUTSCHER VEREIN GEGEN DEN MISBRAUCH (sic!) GEISTIGER GETRÄNKE.
... JAHRESVERSAMMLUNG, abgehalten ...
7. ... zu Frankfurt am Main am 21./22. September 1890. ib. 1890. —
8. ... zu Bremen am 20./21. September 1891. ib. 1891. Buchdruckerei von C. H. Meierdierks.
9. ... zu Halle a. d. Saale am 25. und 26. Oktober 1892. Dresden-N. 1892. Druck von Woldemar Ulrich.

DEUTSCHER VEREIN GEGEN DEN MISSBRAUCH GEISTIGER GETRÄNKE.
... JAHRESVERSAMMLUNG, abgehalten ...
10. ... zu Düsseldorf am 12. und 13. Oktober 1893.[1]) (Stenographischer Bericht.) Hildesheim 1893. Zu beziehen durch den Geschäftsführer.
11. ... zu Kassel am 18. und 19. September 1894. Stenographischer Bericht nach Aufzeichnungen von H. Rüter in Bergeborbeck. ib. 1894. —
12. ... zu München am 18. und 19. September 1895. Stenographischer Bericht nach Aufzeichnungen von H. Rüter in Bergeborbeck. ib. 1895. —
13. ... am 7. und 8. Juli 1896 in Kiel. Stenographischer Bericht vom Kieler „Damen-Verein Stolze". ib. 1896. —

JAHRESVERSAMMLUNG DES DEUTSCHEN VEREINS GEGEN DEN MISSBRAUCH GEISTIGER GETRÄNKE. ...

14 ... Abgehalten am 28. und 29. September 1897 zu Bielefeld. Stenographischer Bericht von H. Rüter-Godesberg. (Praktische Einrichtungen gegen den Alkoholmissbrauch auf Arbeitsplatzen. Branntweinverbot bei Festlichkeiten an Sonn- und Feiertagen. Die Wanderer und der Trunk.) ib. 1897. Geschäftsstelle des genannten Vereins.

15. ... Abgehalten am 26. und 27. Juli 1898 zu Heidelberg. Stenographischer Bericht von H. Rüter-Godesberg. (Die Trinksitten der besitzenden und gebildeten Stande. Die Reform der Schankstätten-Polizei.) ib. 1898. — (Mässigkeits-Verlag des Deutschen Vereins gegen den Missbrauch geistiger Getränke.)

16 ... Abgehalten am 27. und 28. September 1899 zu Stettin. Stenographischer Bericht von Wilhelm Fiebelkorn-Stargard i. P. (Der VII. Internationale Kongress zur Bekämpfung des Alkoholismus und der Kongress zur Bekämpfung der Tuberkulose als Volkskrankheit. Die Trinkerversorgung nach dem Bürgerlichen Gesetzbuche. Schutz der heranwachsenden Jugend gegen den Alkohol. Volksbildung und Kneipenleben.) ib. 1899. Mässigkeits-Verlag des Deutschen Vereins gegen den Missbrauch geistiger Getranke.

DEUTSCHER VEREIN GEGEN DEN MISSBRAUCH GEISTIGER GETRÄNKE. ... JAHRESVERSAMMLUNG. ...

17. ... zu Dresden am 26. u. 27. September 1900. Oeffentlicher Begrüssungsabend. Die Wirkung des Alkohols auf den menschlichen Organismus im Spiegel der 40jahrigen Erfahrung eines Haus- und Krankenhausarztes. Die Aufgabo der Frauen im Kampfe gegen den Missbrauch geistiger Getränke: 1. Die Frauen als Hüterinnen der guten Sitte. 2. Das übliche Trinken eine schlechte Sitte. 3. Wie können die Frauen helfen. Anhang: Bericht über die Konferenz der Vorstände deutscher Trinkerheilanstalten. ib. 1900. —

... JAHRESVERSAMMLUNG DES DEUTSCHEN VEREINS GEGEN DEN MISSBRAUCH GEISTIGER GETRÄNKE. ...

18 ... zu Breslau am 29. und 30. Oktober 1901 einschliesslich des Berichts über die zweite Konferenz der Trinkerheilanstalten des Deutschen Sprachgebiets. ib. 1902 Deutscher Verein gegen den Missbrauch geistiger Getränke. — Mässigkeitsverlag.

DEUTSCHER VEREIN GEGEN DEN MISSBRAUCH GEISTIGER GETRÄNKE. (E.V.) BERICHT ÜBER DIE ... JAHRESVERSAMMLUNG ...

19 ... zu Stuttgart, abgehalten am 14. und 15. Oktober 1902. Anhang: Bericht über die dritte Konferenz der Trinkerheilanstalten des deutschen Sprachgebietes. Berlin 1903 Massigkeits-Verlag des Deutschen Vereins gegen den Missbrauch geistiger Getranke.

XX. ... zu Berlin, abgehalten am 21. und 22. Oktober 1903. Anhang: Bericht über die vierte Konferenz der Trinkerheilstätten des deutschen Sprachgebiets. ib. 1904.

XXI. ... zu Erfurt, abgehalten am 8. und 9. September 1904. Anhang: Bericht über die 5. Konferenz der Trinkerheilstätten des deutschen Sprachgebiets. ib. 1905. —

DEUTSCHER VEREIN GEGEN DEN MISSBRAUCH GEISTIGER GETRÄNKE (E.V.) — BERICHT ÜBER DIE ... JAHRES-VERSAMMLUNG ...

XXII. ... zu Münster i. W. am 18. und 19. Oktober 1905. Anhang: Bericht über dio 6. Konferenz des Verbandes von Trinkerheilstätten des deutschen Sprachgebiets. ib. 1906. —

XXIII ... zu Karlsruhe i. B. am 2., 3. und 4. Oktober 1906. Anhang: Bericht über die 7. Konferenz des Verbandes von Trinkerheilstätten des deutschen Sprachgebiets. ib. 1907. —

XXIV ... zu Posen am 9.—11. Oktober 1907. Anhang: Bericht über die 8. Jahresversammlung des Verbandes von Trinkerheilstätten des deutschen Sprachgebiets. ib. 1908. —

DEUTSCHER VEREIN GEGEN DEN MISSBRAUCH GEISTIGER GETRÄNKE. — BERICHT ÜBER DIE JUBILÄUMS-JAHRESVERSAMMLUNG.

(25. Jahresversammlung) zu Cassel 14.—17. September 1908. Anhang: Bericht über die 9. Jahres-Versammlung des Verbandes von Trinkerheilstätten des deutschen Sprachgebiets. ib. 1909. —

DEUTSCHER VEREIN GEGEN DEN MISSBRAUCH GEISTIGER GETRÄNKE. — BERICHT ÜBER DIE ... JAHRES-VERSAMMLUNG ...

26. ... zu Nürnberg vom 13. bis 16. September 1909. Anhang: Bericht über die 10. Jahresversammlung des Verbandes von Trinker-Heilstätten des deutschen Sprachgebietes. ib. 1910. —

27. ... zu Kiel vom 13. bis zum 18. Juni 1910. Anhang: Bericht über die 11. Jahresversammlung des Verbandes von Trinker-Heilstätten des deutschen Sprachgebietes. ib. 1910. —

45. Jahresversammlung des Vereins deutscher Freimaurer am 21. u. 22. September 1907 in Magdeburg. o. O.[1907]. 3 Bl. 8°.

Festprogramm und 3 Lieder.

Erste Jahresversammlung des Vereins der Freunde evangelischer Freiheit für die Provinz Schleswig-Holstein am 13. April 1910 in Neumünster. Mit den Vorträgen: Was wollen die Freunde evangelischer Freiheit? v. [Johannes] Jansen. Die gegenwärtige Lage innerhalb der Landeskirche v. [Otto] Baumgarten. Kiel. (1910.) 8°

Jahresversammlung des histor. Vereins f. Dortmund u. d. Grafschaft Mark. s. Jahresbericht des hist. Vereins f. Dortmund ...

[A.] Witwen- und Waisenkasse der Ortsbürger von Brugg. ([Und: B.] Alterskasse unverheirateter Ortsbürgerinnen von Brugg.) 8. (Brugg, «Effingerhof».)

[A:] 84. Jahresversammlung. (Rechnung vom 30. November 1900 bis 30. November 1901 *etc.* — [Und B:] 30. Jahresrechnung auf 1. Dezember 1901.) 10 S. (1901.)

[A:] 85. Jahresversammlung. (Rechnung vom 30. November 1901 bis 30. November 1902 *etc.* — [Und B:] 31. Jahresrechnung auf 1. Dezember 1902.) 10 S. (1902.)

Jahres-Verzeichniss der an den deutschen Schulanstalten erschienenen Abhandlungen. I. 1889. gr. 8. (V, 69 S.) Berlin 890. Asher & Co. n.n. 2.—

Jahres-Verzeichniss der an den deutschen Schulanstalten erschienenen Abhandlungen. II. 1890. gr. 8. (III, 82 S.) Berlin 891. A. Asher & Co. n.n. 2.40 (I. II.: n.n. 4.40)

— dasselbe. III. 1891. gr. 8. (III, 89 S.) Ebd. 892. n.n. 2.60

— dasselbe. IV. 1892. gr. 8. (III, 68 S.) Ebd. 893. n.n. 2. —

— dasselbe. V. 1893. gr. 8. (III, 80 S.) Ebd. 894. n.n. 2. 40

Jahres-Verzeichniss d. an d. deutschen Schul-Anstalten erschien. Abhandlgn. VI.—VII. 1894—1895. gr. 8. (III, 73 u. III, 74 S.) Berlin 895. 96. A. Asher & Co. à n.n. 2. 20

— dasselbe. VIII.—IX. 1896—1897. gr. 8. (III, 77 u. III, 80 S.) Ebd. 897. 98. à n.n. 2. 40 (I.—IX.: n.n. 20. 50)

Jahres-Verzeichniss der an den deutschen Schulanstalten erschienenen Abhandlungen. X—XIII. 1898—1901. gr. 8. (V, 78; III, 71; III, 78 u. III, 78 S.) Berlin 899—902. A. Asher & Co. à n.n. 2. 20

Jahres-Verzeichnis der an den deutschen Schulanstalten erschienenen Abhandlungen. XIV—XVII. 1902—1905. gr. 8. Berlin, Behrend & Co. n.n. 7. 70

XIV. (III, 72 S.) 903. n. 2. 20
XV. (III, 66 S.) 905. n.n. 2.—; einseitig bedruckt n.n. 2.—
XVI. (III, 52 S.) 905. n.n. 1. 75; einseitig bedruckt n.n. 1. 75
XVII. (III, 51 S.) 906. n.n. 1.75; einseitig bedruckt n.n. 1.75

Jahres-Verzeichnis d. an d. deutsch. Schulanstalten erschienenen Abhandlungen. XVIII. 1906. (III, 50 S.) Lex. 8. Berlin 907. Behrend & Co. nn 1.75; einseitig bedruckt nn 1. 75

— dasselbe. XIX—XXI. 1907—1909. (III, 60; IV, 66 u. III, 70 S.) Lex. 8. Ebd. 908—10. à 1.20; einseitig bedruckt à 1.20; beide Ausg. zusammen à 2. —

Jahres-Verzeichnis, **Allgemeines,** der Bücher, Musikalien und Landkarten, die in dem Jahre 1806 in den k. k. österreichischen Staaten . . . wieder aufgelegt worden sind. Grätz [1806]. H: *Greiner, Laurenz*[?]. (GGr)

Jahresverzeichnis der Schweizerischen Hochschulschriften 1909—1910 = Catalogue des Écrits académiques Suisses 1909—1910. IV + 147 S. 8. Basel, Schweighauser, 1910.

Jahresverzeichnis der deutschen Musikalien und Musikschriften. Leipzig: Hofmeister, 1852-

Jahres-Verzeichniss der an den deutschen Universitäten erschienenen Schriften. I. 15. Aug. 1885 bis 14. Aug. 1886. gr. 8. (IV, 238 S.) Berlin 887. Asher und Comp. *

— dasselbe. II. 15. Aug. 1886 bis 14. Aug. 1887. gr. 8. (268 S.) Ebd. 887. n. 6. —

— dasselbe. III. 15. Aug. 1887 bis 14. Aug. 1888. gr. 8. (IV, 301 S.) Ebd. 888. n. 8. —

— dasselbe. IV. 15. Aug. 1888 bis 14. Aug. 1889. gr. 8. (III, 310 S.) Ebd. 889. n. 9. —

— der an den deutschen Universitäten erschienenen Schriften. V. 15. Aug. 1889 bis 14. Aug. 1890. gr. 8. (III, 321 S.) Ebd. 891. n. 10. — (I—V.: n n. 38. —)

— dasselbe. Sachregister zu I—V. gr. 8. (IV, 96 S.) Ebd. 891. n. 3. 60

— dasselbe. VI. 15. Aug. 1890 bis 14. Aug. 1891. gr. 8 (VI, 355 S.) Ebd. 891 n. 12

— dasselbe. VII. 15. Aug. 1891 bis 14. Aug. 1892. gr. 8. (III, 317 S.) Ebd. 892. n. 8. —; einseitig bedruckt n. 8. —

— dasselbe. VIII. 15. Aug. 1892 bis 14. Aug. 1893. gr. 8. (III, 315 S.) Ebd. 893. n. 8. —; einseitig bedruckt n. 8. —

— der an d. deutschen Universitäten erschienenen Schriften. IX—X. 15. Aug. 1893 bis 14. Aug. 1895. gr. 8. (III, 304 u III, 310 S.) Ebd. 894. 95. à n.n. 8. —; einseit. bedruckt à n n. 8. —

— dasselbe. XI. 15. VIII. 1895 bis 14. VIII. 1896 gr. 8. (III, 344 S.) Ebd. 896. n.n. 9. — ; einseit. bedruckt n.n. 9. —

— dasselbe. XII. 15 VIII. 1896 bis 14. VIII. 1897. gr. 8. (III, 361 S.) Ebd. 897 n.n. 10. —; einseit. bedruckt n n. 10. — (I. XII.: n.n. 101. —)

— der an den deutschen Universitäten erschienenen Schriften. XIII—XVI. gr. 8. Ebd. n.n. 38. —; einseitig bedruckt n.n. 38. —
XIII. 15. VIII. 1897 bis 14. VIII. 1898. (V, 321 S.) 898. n. 10. —
XIV. 15 VIII. 1898 bis 14. VIII. 1899. (III, 337 S.) 899. n.n. 10. —
XV. 15. VIII. 1899 bis 14. VIII. 1900. (III, 312 S.) 900. n.n. 8. —
XVI. 15. VIII. 1900 bis 14. VIII. 1901. (III, 373 S.) 901. n n. 10. —

— der an den deutschen Universitäten erschienenen Schriften, XVII—XIX. gr. 8. Ebd. n.n. 38. —; einseitig bedruckt n.n. 38. —
XVII. 15. VIII. 1901 bis 14. VIII. 1902. (III, 434 S.) 902. n.n. 12. —; einseitig bedruckt, 4. n.n. 12.
XVIII. 15. VIII. 1902 bis 14. VIII. 1903. (III, 479 S.) 903. n.n. 13. —; einseitig bedruckt, 4. n.n. 13. —
XIX. 15. VIII. 1903 bis 14. VIII. 1904. (III, 496 S.) 904. n.n. 13. —; einseitig bedruckt, 8. n.n. 13. —

— d. an d. deutschen Universitäten erschienenen Schriften. XX—XXIV. Lex. 8. Berlin, Behrend & Co. à nn 12. —; einseitig bedruckt, 8. à nn 12. —
XX. 15. VIII. 1904 bis 14. VIII. 1905. (IV, 668 S.) 906.
XXI. 15. VIII. 1905 bis 14. VIII. 1906. (IV, 673 S.) 907.
XXII. 15. VIII. 1906 bis 14. VIII. 1907. (IV, 728 S.) 908.
XXIII. 15. VIII. 1907 bis 14. VIII. 1908. (V, 759 S.) 909.
XXIV. 15. VIII. 1908 bis 14. VIII. 1909. (V, 826 S.) 910.

Jahresverzeichnis der Schweizerischen Universitätsschriften . . . Basel 1898 ff. H: *Bernoulli, Carl Chph.* (EB)

— d. schweizer. Universitätsschriften 1897—1898. — Catalogue des écrits académiques suisses 1897—1898. gr. 8. (IV, 63 S.) Basel 898. (B. Schwabe.) n. 1. 40

— der schweizer. Universitätsschriften 1898/99. 1899/1900. 1900/1901 u. 1901/1902. — Catalogue des écrits académiques suisses 1898/99—1901/1902. gr. 8. (59, 66, 80 u. 86 S.) Basel 899—902. (B. Schwabe.) à n. 1. 40

Jahres-Verzeichnis d. schweizerischen Universitätsschriften 1902—1903. — Catalogue des écrits académiques suisses 1902—1903. (88 S.) gr. 8. Basel 903. (B. Schwabe.) n. 1. 40

— dasselbe. 1903—1904. (104 S.) gr. 8. Ebd. 904. n. 1. 40

— dasselbe. 1904—1905. (111 S.) gr. 8. Ebd. 905. n. 1. 60

— dasselbe. 1905—1906. (110 S.) gr. 8. Ebd. 906. n. 1. 60

— d. schweizer. Universitätsschriften. 1906/07. 1907/08. 1908/09. — Catalogue des écrits académiques suisses. (113, 118 u. 142 S.) 8. Basel 907—09. (B. Schwabe & Co.) à 1. 60

Jahreszahlen aus der elsaß-lothringischen, deutschen u. allgemeinen Geschichte. 7. Aufl. 12. (8 S.) Gebweiler 891. J. Boltze. n. — 20

Jahreszahlen aus der elsaß-lothringischen, deutschen u. allgemeinen Geschichte. 14. verb. u. verm. Aufl. 12. (9 S.) Gebweiler 902. J. Boltze. n. — 20

Jahreszahlen aus der elsaß-lothringischen, deutschen u allgemeinen Geschichte. 15.—20. Aufl. (à 9 S.) kl. 8. Gebweiler 903—906. J. Boltze. n. — 20

Jahreszahlen aus d. elsaß-lothringischen, deutschen u. allgemeinen Geschichte. 29. u. 30. Aufl., durchgesehen nach d. Lehrplan f. die deutsch. Elementarschulen in Elsaß-Lothr. Ausg. 1910. (8 S.) kl. 8. Gebweiler 911. J. Boltze. — 20

— für den Geschichtsunterricht. Zusammengestellt nach dem Lehrplan d. königl. Gymnasiums zu Marburg. 8. (16 S.) Marburg i/H. 890. Elwert's Verl. n. — 20

Jahreszahlen für den Geschichtsunterricht. Zsgest. nach d. Lehrpl. d. Kgl. Gymn. zu Marburg. *Marburg: N. G. Elwert 1901.* (16 S.) 8° [illegible]

— f. den geschichtlichen Unterricht an d. städt. Realschule zu Wiesbaden. 8. (16 S.) Wiesbaden 890. Bechtold. — 15

Jahreszahlen, die wichtigsten, der Weltgeschichte. 2. Ausg. Lübeck 855. (v. Rohden.) gr. 8. (26 S.) n. 4 ngr.

Jahreszahlen, die wichtigsten weltgeschichtlichen. Zur Repetition der Geschichte. (Von Karl A. Gutmann.) 32. (31 S.) Erlangen 876. Deichert. n. — 10

Jahreszahlen, 72, aus der elsaß-lothringischen, deutschen u. allgemeinen Geschichte. 8. (8 S.) Gebweiler 883. Boltze. n. — 20

Jahreszahlen, 72, aus der elsaß-lothringischen, deutschen und allgemeinen Geschichte. 1. und 2. Aufl. gr. Fol. (2 Taf. in 4 Bl.) Gebweiler 884,87, Boltze'sche Buchh. *

— dasselbe. [Commentar zu den Tafeln.] 5. Aufl. 8. (8 S.) Ebd. 889. n. — 20

Jahreszeiten, die, Vierteljahrschrift, s. Fouqué, de la Motte.

Jahreszeiten, Die. Nach Thompson. In Musik gesetzt von Joseph Haydn. Wien o. J. Druck von J. B. Wallishausser. V: *Swieten, Gottfried van.* (Vehse, E., Geschichte des österreischen Hofs 9/122) (Biblport)

Jahreszeiten. Eine Vierteljahrschrift, der Unterhaltung u. der Besprechung von Zeitinteressen gewidmet. Unter Mitwirkung der ausgezeichnetsten Schriftsteller herausg. v. Oswald Marbach. (16 Bdchn.) Frühling, 1839. gr. 12. Leipzig 839. Hinrichs. 1⅓ ℛ︎

— dass. (26 Bdchn.) Sommer, 1839. Mit Beiträgen von F. Rückert, L. Schefer, W. Alexis, K. Eitner, Fr. v. Heyden, Aug. Kopisch, Mich. Morning u. Marbach. gr. 12. Ebd. 839. 1⅓ ℛ︎
— (36 Bdchn.) Herbst, 1839. gr. 12. Ebd. 839. 1⅓ ℛ︎
— (45 Bdchn.) Winter, 1839. gr. 12. Ebd. 839. 1⅓ ℛ︎
— Frühling, 1840. 2r Jahrg. 8. Ebd. 840. 1⅓ ℛ︎

Jahreszeiten, die, Bilderbuch z. belehrenden Unterhaltung f. die Jugend. qu. ½ Fol. (21 ill. Abbild. u. 10 Bl. Text m. Einfassung.) Eßlingen 842. [Schreiber u. Schill.]

Jahreszeiten. Hamburger neue Mode-Zeitung V—XXXIII. Jahrgang. Hamburg C. F. Vogel 1846—1874.
Mit kol. Modekupfern. 4°
X ff.: Verlagsexpedition der Jahreszeiten. — XV ff.: Jahreszeiten. Unterhaltende Zeitschrift für Literatur, Kunst und öffentliches Leben. Hamburg Robert Kittler.
Erschienen 1842—1874. Es fehlen die Halbbände: 1846 1, 1847 2, 1851 2, 1853 1, 1855 2

— Hamburger neue Modezeitung. Redacteur: Ldw. Lenz. 1.—5. Jahrg. 1842—1846, à 52 Numm. (à 2 Bogen.) Mit col. Modekpfrn., Musik- u. and. Beilag. hoch 4. Hamburg, Verlags-Compt. (Vogel.) Mit sämmtl. Beil. n. 10 ℛ︎ — Mit d. Damenmodebildern allein n. 8 ℛ︎ — Mit d. Herrenmodebildern allein n. 7 ℛ︎ — Ohne Kupfer n. 5 ℛ︎

Jahreszeiten. Hamburger neue Modezeitung. 6–9. Jahrg. 1847–1850. — Red.: Feodor Wehl. 10 u. 11. Jahrg. 1851 u. 1852. à 52 Nrn. Lex. 8. (à 2 Bog. u. 2 color. Modekpfr.) Hamburg, Vogel. (Herold. — Kittler.) à Jahrg. n. 10 ℛ︎ Mit den Damenmodekpfrn. allein n. 8 ℛ︎ Mit den Herrenmodekpfrn. allein n. 6 ℛ︎ Ohne Kpfr. n. 5 ℛ︎

Jahreszeiten. Hamburger neue Modenzeitung. 12. Jahrg. 1853. Red.: Feod. Wehl. — 13. u. 14. Jahrg. 1854 u. 55. Red.: E. Willkomm. à 52 Nrn. (à 2 Bgn.) Hamburg. (Kittler.) Lex.-8. Jeder Jahrg. mit 104 color. Modenkpfrn. n. 10 ℛ︎.; mit den Herrenmodenkpfrn. allein n. 6 ℛ︎.; mit den Damenmodenkpfrn. allein n. 8 ℛ︎.; ohne die Modenkpfr. n. 5 ℛ︎.

— — Unterhaltende Zeitschrift für Literatur, Kunst und öffentliches Leben. Red.: Feodor Wehl. 15—17. Jahrg. 1856—58. à 52 Nrn. (à 2 Bgn. u. 1—2 color. Modekpfrn.) Hamburg, Kittler. Lex.-8. Jeder Jahrg. mit allen artist. Beilagen n. 10 ℛ︎.; mit den Herrenmodenkpfrn. allein n. 6 ℛ︎.; mit den Damenmodenkpfrn. allein n. 8 ℛ︎.; ohne Modenkpfr. n. 5 ℛ︎.

Jahreszeiten. Unterhaltende Zeitschrift für Literatur, Kunst u. öffentliches Leben. Red.: Feodor Wehl. 18. Jahrg. 1859. 52 Nrn. (à 2 Bgn. u. 1—2 color. Modekpfrn.) Hamburg, Kittler. Lex.-8. n. 10 ℛ︎;
mit den Damenmodenkpfrn. allein n. 8 ℛ︎;
mit den Herrenmodenkpfrn. allein n. 6 ℛ︎;
ohne Modenkpfr. n. 5 ℛ︎

— dass. — Zeitschrift für Literatur, Kunst und gesellschaftl. Unterhaltung. Redig. von R. Mettler. 19. und 20. Jahrg. 1860 und 1861. à Jahrg. 52 Nrn. (à 2 Bog. mit 1—2 ill. Modekpfrn.) hoch 4. Ebendas. *
Mit den Damenmoden allein *
Mit den Herrenmoden allein * 6 Thlr.; ohne Kpfr. *

Jahreszeiten. Zeitschrift für Literatur, Kunst und gesellschaftliche Unterhaltung. Redact.: R. Mettler. 21. Jahrg. 1862. 52 Nrn. (à 2 Bog. mit 1—2 ill. Modekpfrn.) hoch 4. Hamburg, Kittler. * 10 Thlr.; mit den Damenmoden allein *
Mit den Herrenmoden allein * 6 Thlr.; ohne Kupfer *

— dass. — Redact.: Fr. Willib. Wulff. 22.—26. Jahrg. 1863—67. à Jahrg. 52 Nrn. (à 2 Bog. mit 1—2 ill. Modekpfrn.) hoch 4. Ebendas. à Jahrg. *
Mit den Damenmoden allein *
Mit den Herrenmoden allein * 6 Thlr.; ohne Kupfer *

Jahreszeiten. Zeitschrift für Literatur, Kunst und gesellschaftl. Unterhaltung. Redact.: Fr. Wilib. Wulf. 27.—30. Jahrg. 1868—1871. à Jahrg. 52 Nrn. (à 2 Bog. mit 1—2 color. Modekpfrn.) hoch 4. Hamburg, Kittler. à Jahrg. * 30 —
Mit den Damenmoden allein à 21 —
Mit den Herrenmoden allein à * 18 —
Ohne Kpfr. à * 15 —

— dass. — Redact.: Otto Schreyer. 31.—33. Jahrg. 1872—1874. à Jahrg. 52 Nrn. (à 2 Bog. mit 1—2 color. Modekpfrn.) hoch 4. Ebendas. à Jahrg. * 30 —
Mit den Damenmoden allein à * 21 —
Mit den Herrenmoden allein à * 18 —
Ohne Kpfr. à * 15 —

— die. Kinderszenen von F. Diettrich. gr. 4. (12 Bl. mit ill. Bildern.) Wien 863, F. Paterno. cart. *

— die. Illustrirte Modenzeitung. 1. Jahrg. 1874. 24 Nrn. (B. m. eingedr. Holzschn. u. lith. Schnittbeilagen.) Fol. Berlin 874. Victoria-Verlag. 6. —

— die. Christlicher Volkskalender auf die J. 1880—1885. 1.—6. Jahrg. 8. (à Jahrg. ca. 150 S. mit eingedr. Holzschn.) Hamburg, Oncken's Nachf. à Jahrg.

Jahreszeiten, die. Christlicher Volkskalender auf d. J. 1892 u. 1893. 13. u. 14. Jahrg. gr. 8. (74 S. m. Abbildgn., 1 Farbendr. u. Wandkalender; 60 S. m. Abbildgn.) Hamb., Oncken Nachf. à Jahrg. — 30

Jahreszeiten, die. Christlicher Volkskalender auf d. J. 1895. 16. Jahrg. gr. 8. (82 S. m. Abbildgn., 1 Farbendr. u. 1 Wandkalender.) Hamburg, J. G. Oncken Nachf. — 30

Jahreszeiten, die. Christl. Volkskalender auf d. J. 1899. 20. Jahrg. gr. 8. (85 u. 8 S. m. Bild., 1 Farbdr. u. 1 Wandkalender.) Hamburg. Cassel, Verlagshaus d. dtsch. Baptisten vorm. J. G. Oncken Nachf. — 30

Jahreszeiten, die. Christl. Volkskalender auf d. J. 1903. 24. Jahrg. 4. (70 u. 16 S. m. Abbildgn., 1 Farbdr. u. 1 Wandkalender.) Cassel, J. G. Onken Nachf. — 30

Jahreszeiten, die. Christlicher Volkskalender auf d. J. 1907. 28. Jahrg. (64 u. IV S. m. Abbildgn., 1 Taf. u. 1 Wandkalender.) gr. 8. Kassel, J. G. Oncken Nachf. — 30

— die. Christl. Volkskalender auf d. J. 1911. 32. Jahrg. (65 u. V S. m. Abb., 1 Taf. u. Wandkalender.) gr. 8. Kassel, J. G. Oncken Nachf. — 30

Jahreszeiten. 4 Chromolith. 12. Leipzig 883. (Baldamus.) n. 1. 20

Jahreszeiten, die. Illustr. Vierteljahresschrift f. die weibl. Jugend zur Unterhaltg. u. Fortbildg. Hrsg. v. Gabriele Hillardt, Fanny Petritsch u. Alb. Ritter v. Hermann. 1. Jahrg. 1887. 4 Hfte. gr. 8. (1. Hft. S. 1—128.) Teschen, Prochaska. à Hft. n. 1. 80
Erschien nicht weiter.

— die. Berliner, Wiener u. Pariser Moden. Red.: A. Grosso, für Oesterreich-Ungarn: P Logemann. 1. Jahrg. April 1897—März 1898. 24 Hfte. (à ca. 4 farb. Modenbild. m. 2 S. ill. Text.) Fol. Berlin, F. Lipperheide. à — 75

II Winter-Professorium 10. Februar 1905. Die Jahreszeiten. [Halle] 1905: K. Pritschow. (8 S.) 8° [F.]
[Text zu e. Tanzaufführung.] [05. 267] 3

Jahreszeiten, die. Blätter f. Dichtg. u. Volkstum. Begr. u. hrsg. v. Ernst Wachler. 1. Jahrg. Oktbr. 1910—Septbr. 1911. 12 Hefte. (à ca. 32 S.) gr. 8. Weimar. Leipzig, L. Fernau. 8. —

Jahreszeiten, die. Blätter f. Dichtung u. Volkstum. Jetzt: Berlin, Deutsche Kanzlei K. Rolf.

—— die, in Bild u. Lied. 4. (80 S.) [München, 880.] Nürnb., Stroefer. geb. * 5 50

— griechische. Unter Mitwirkg. Sachkundiger hrsg. v. Aug. Mommsen. 1—4. Hft. gr. 8. (XV, 153 S.) Schleswig 873—76. Bergas. n. 13. 60
1. 2. (XV, 153 S.) n. 4. 50
3. Zeiten d. Gehens u. Kommens u. d. Brütens der Vögel in Griechenland u. Jonien. Catalog v. Krüper, mit Citaten u. Zusätzen v. Hartlaub. — Kalender, vom Hrsg. — Literatur, v. Hartlaub. (S. 155—330.) n. 4. 60
4. Klima v. Corfu, Janina u. Smyrna v. C. Bösser. (VI u. S. 331—470.) n. 4. 60

— griechische. Hrsg. v. Aug. Mommsen. 5. Hft. gr. 8. Schleswig, Bergas. n. 4. 60 (1—5.: n. 18. 30)
Pflanzen der attischen Ebene, von Th. v. Heldreich. (VIII u. S. 471—597.)

— die, in Lied u. Bild. gr. 8. (4 Chromolith.) Leipzig 879. Baldamus. n. 2. —

— die, in Liedern. s. a. Jungbrunnen.

Die Jahreszeiten in Liedern. Mit Bildern von Horst-Schulze. Berlin: Fischer & Franke [1901]. (23 Bl.) 8° [Umschlagt.]
= Jungbrunnen. 24. [03. 10090

—— die militärischen vier. Humorist. Bilder aus dem Soldatenleben im Frieden. Mit (eingedr.) Illustr. von A. van Os. 1.—3. Aufl. gr. 8. (48 S.) München 880, 81, Braun und Schneider.

—— die militärischen vier. Humoristische Bilder aus dem Soldatenleben im Frieden. 4.—7. Aufl. gr. 8. (48 S. mit eingedr. Illustr. von A. van Os.) München 881—88, Braun und Schneider. * 1 75

—— die, im Schmucke deutscher Poesie. Ein Liederschatz und Familienbuch für jeden Tag des Jahres von F. Stolle. Mit Illustr. (in eingedr. Holzschn.) In 20 Lfgn. 1—4. Lfg. 1. Aufl. 1860. und 2. (Umschlags-)Ausg. hoch 4. (S. 1—160.) Prag, Kober. à Lfg. 12 Ngr.

— die vier, s. a. Friedenspalme.

Jahreszeiten, Die vier, oder angenehme Belustigung für Kinder durch die Abwechselung der Natur. Leipzig 1794—95. V: *Hausius, Carl Glob.* (Ky) (MGT)

— die vier, od. angenehme Belustigung f. Kinder, (v. K. G. Hausius). Mit ill. Kpf. Herbst u. Winter. gr. 4. Leipz. 794, 95. N. Ausg. verm. mit d. Frühling u. Sommer, unt. dem T.: Die vier Jahreszeiten, oder belehr. u. erzählende Darstellung der bekannt. Gegenstände, die die Natur in den vier Haupt-Abtheill. d. Jahres, zur Erhaltung u. zum Nutzen u. Vergnügen d. Menschen hervorbringt. Mit vielen ill. Kpf. gr. 4. Ebd. 800. N. A. 813. Leo. 10 ₰ 16 gr.

Jahreszeiten, die vier, od. d. Offenbarungen Gottes in d. Natur. Für gebild. Christen zu Weckung u. Belebung relig. Sinnes. gr. 8. (12½ B.) Zerbst 829, (Kummer.)

—— die vier. (Gedicht.) gr. 12. (5⅜ B.) Berlin 845. (Athenäum.) *

— die vier. 12 Monatsbilder aus dem Thier- u. Pflanzenleben. Mit Verschen f. die Kinderwelt. qu.-8. (12 color. Holzschntaf.) Halle 875. Schwetschke's Sep.-Cto. n. 1. —

— vier. 4. (12 S. m. farb. Bildern.) Leipzig-Reudnitz 889. Schmidt & Römer. cart. — 30

— die vier. Allegorie in 4 Bild. 12. (6 S.) Berlin (895). M. Böhm. 1. —

— die vier. Frühling, Sommer, Herbst, Winter. Stimmungsbilder aus d. Natur. (4 farb. Taf.) 39,5×28,5 cm. Goslar (909). Nordwestdeutscher Kunstverlag. 8. —

—— die vier, in Bild und Lied. 4 Bde. 4. (à Bd. 32 S. mit eingedr. Illustr.) München 887, Stroefer. à Bd. * 1 75
Inhalt:
Bd. 1. Frühlingszeit.
" 2. Sommerlust.
" 3. Herbstklänge.
" 4. Winterstille.

— die vier, in zwölf Bildern. Fürth (857.) Löwensohn. gr. 8. (12 lith. u. color. Bl.) n. 12 ngr

—— die vier, in zwölf Bildern. gr. 8. (12 ill. Stnt. in Tondr. mit Text.) Fürth 858, Löwensohn. *

— die vier, in 12 hübschen Bildern, für fröhliche Kinder. 8. (Mit 12 illum. Bildern.) Wesel 845, Bagel. ⅓ ₰

—— die vier, in 12 (lithochrom.) Bildern. 8. (32 S.) Wesel 848, A. Bagel.

Jahreszeiten, Die vier, in bildlicher und erzählender Darstellung ... Leipzig 1800. V: *Hausius, Carl Glob.* (MGT)

Pilger Loge. 125. **Jahr-Feier.** London 1904. 22 Taf. 8° [Umschlagtit.]
Enth. 22 Bildn. von M. v. St. der Loge in Heliogr.

Jahr-Fünft, das erste, der Diakonissen-Anstalt zu Kaiserswerth, vom 13. Oktbr. 1836 bis 1. Jan. 1842, in ein. Abdrucke der 5 ersten Jahresberichte, (ohne die spezielle Rechnung über die Geld-Einnahme u. Naturalien,) in ein. Hefte. gr. 8. (5½ B.) Kaiserswerth 844. (Düsseldorf, Schreiner u. Crefeld, Funcke.) *
Vgl. Jahresbericht.

Jahrgänge, zwei, von 52 biblischen Wochensprüchen, Versen, Gebeten rc. 12. Magdeb. v. Schüb. 815.

Jahrgänger, d., am Jubelfeste rc., s. Appenzeller.

Jahrgänger-Lied bei Erreichung des 50. Jahres. [St. Gallen 1821.] V: *Grob*, *Adrian.* (Cat. d. Stadtbibl. Zürich. Zürich 1864—97.)

Jahrheft der aargauischen Weinbaugesellschaft für 1868. Auf Anordnung des Centralvorstandes der Gesellschaft herg. von Th. Schmid. 1. u. 2. Jahrg. 1868, 69. Baden, (Höhr & Langbein.) gr. 8. (XII, 115 S.; VIII, 115 S.) Jeder Jahrg. n. 10 ngr.

Jahrheft der aargauischen Weinbaugesellschaft f. 1870. Auf Anordng. d. Centralvorstandes der Gesellschaft hrsg. v. Th. Schmid. 3. Jahrg. 8. (VIII, 196 S. m. e. Tab in qu. 4.) Baden 870. (Höhr & Langbein.) n. 1. 20

— dasselbe f. 1871. 4. Jahrg. gr. 8. (VIII, 201 S. Ebend. 871. n. 1. –

— dasselbe f. 1872—1874. 5—7. Jahrg. gr. 8. (VI, 107 S. Ebend. 874. n. 1. –

Jahrhundert, das. Zeitschrift für Politik und Literatur. 1. Jahrg. Octbr. — Decbr. 1856. 13 Nrn. (à 2—3 Bog.) 4. Hamburg, O. Meißner. *–

Jahrhundert, das. Zeitschrift für Politik und Literatur. 2. u. 3. Jahrg. 1857 u. 58. à 52 Nrn. (à 1½ Bgn.) Hamburg, O. Meißner. Lex.-8. Jeder Jahrg. n. 4 ℛ.

—— dass. — 4. Jahrg. 1859. Vorläufige Schlußnummer. Geschichte des „Jahrhunderts." Erbauliches und Beschauliches. Lex.-8. (12 S.) Ebendas.

Jahrhundert, das. 31. XII. 1899. Red.: Th. Glocke. Fol. (8 S. m. 2 Abbildgn.) Berlin, Buchh. Vorwärts. — 10

Jahrhundert, d. achtzehnte, e. Gallerie hist. Gemälde. 8. Frankf. Eßlinger. 794. (ist W. F. Heller Kayamorte.)

Jahrhundert, das achtzehnte, eine Gallerie histor. Gemälde. 8. Frankf. a. M. 794. (Schäfer). 12 gr (Ist W. F. Heller's Kayamorte.)

Jahrhundert, das 18te; e. allegor. Gemälde mit Gesang in 2 Aufz. (v. Joach. Lor. Evers). 8. Altona 801. Bechtold. 3 gr

Jahrhundert, d. 18te,. Allegor. Gemälde in 2 A. von L. Evers. 8. Altona Bechtold. 802.

Das achtzehnte Jahrhundert in Walpoles Briefwechsel. Hrsg. von F. E. Pipitz u. G. Fink. Besonderer Abdruck der Einleitung zu Horaz Walpoles Denkwürdigkeiten aus der Regierungszeit Georgs II. u. Georgs III. Constanz 1848. 221 S. 8.

— das achtzehnte, eine Satyre; u. Wünsche an das kommende neunzehnte. 8. Leipz. 800. (Rein). 12 gr

— das achtzehnte, eine Skizze. Mit 1 Karte. (Ist der größte Theil des Inhalts d. genealog.-histor.-statist. Taschenbuchs von Chr. Adm. Müller.) 8. Hof 800. Grau. 16 gr

— das christliche; aus d. Französ. v. Jh. Rautenstrauch. 2 Thle. 8. Wien 777, 78.

— das deutsche, v. Ernst Wichert, Jos. Lauff, Geo. Engel, Geo. v. Ompteda, Ludw. Jacobowski, hrsg. v. Axel Delmart, s.: Universal-Bibliothek.

— das deutsche, in Einzelschriften v. A. Berthold, Carl Bleibtreu, Carl Busse rc. Hrsg. v. George Stockhausen. 30 Lfgn. gr. 8. (108½ Bog.) Berlin 901. 902. F. Schneider & Co. Subskr.-Pr. à n. — 50; Einzelpr. à n. 1. —; auch in Halbbdn. à n. 3. 75 (2 Bde. kplt. à n. 9. —; geb. in Leinw. à n. 10. —; in Halbfrz. à n. 12. —)

— dasselbe. 12 Tle. gr. 8. Ebd. 901. n. 32. —; Einbde. in Leinw. à n. 1. —

1. Geschichte der deutschen Dichtung im 19. Jahrh. Von Carl Busse. (V, II, 162 S.) n. 3. —
2. Die deutsche Kunst im 19. Jahrh. Von Max Osborn. (S. 161—316.) n. 3. —
3. Geschichte der deutschen Philosophie im 19. Jahrh. Von J. Dubee u. P. Wiegler. (S. 313—458.) n. 3. —
4. Wirthschaft u. Recht im 19. Jahrh. Von A. Berthold. (S. 457—548.) n. 2. —
5. Geschichte Deutschlands im 19. Jahrh. Von Rich. Schmitt. (S. 545—667.) n. 2. 50
6. Geschichte der Musik im 19. Jahrh. Von Leopold Schmidt. (S. 665—784.) n. 2. 50
7. Geschichte der deutschen Kriegsmarine im 19. Jahrh. Von Erwin Schäfer. (S. 1—115.) n. 2. —
8. Geschichte der Kriegskunst im 19. Jahrh. Von Carl Bleibtreu. (S. 113—226.) n. 2. 50
9. Geschichte der Hygiene im 19. Jahrh. Von A. Gottstein. (S. 225—331.) n. 2. —
10. Geschichte der Physik im 19. Jahrh. Von E. Wunschmann. (S. 329—428.) n. 2. 50
11. Geschichte der Chemie im 19. Jahrh. Von A. Wilhelmj. (S. 425—568.) n. 3. 50
12. Geschichte der biologischen Wissenschaften im 19. Jahrh. Von Carus Sterne (Ernst Krause). (S. 561—734.) n. 3. 50

Jahrhundert, Deutschlands Achtzehntes, eine Monatsschrift. [Kempten] 1781—86. H: *Rittershausen*, *Johann Sebast. von* & *Andere.* (Karajan) (Ky)

DEUTSCHLANDS achtzehentes Jahrhundert. (Katholische Monatsschrift aufklärender Tendenz, hrsg. von Joh. Sebast. v. Rittershausen u. Andern.) 4 Jahrgänge (cplt.). 1—3: O. O. [Kempten] 1782, 83, 84. — 4: Bregenz, gedruckt und verlegt bey der typogr. Gesellschaft 1785.) 8°. So cplt. höchst selten! (20 Mk. Carl Uebelen, München 1892; 45 Mk. 40 Pfg. Ludw. Rosenthal, München. c. 1890.)

Das Anon.-Lex. II. p. 313 hat „1781—86" (??). — Aus dem überreichen Inhalt allenfalls hierher gehörig: Fastnacht. (Kurze Geschichte der Fastnachtsgebräuche. I, S. 189—199, unterz.: D.) — Briefe über München (I, S. 287—305, unterz.: P.). — Sitten der Deutschen von Karl d. Gr. bis auf unsre Zeiten (S. 613—625 unterz.: D.). — Die Priesterehe (II, S. 30—50 unterz.: P. F. K.). — Briefe über München. Fortstzg. (II, S. 145—158 unterz.: P.). — Verhaltungsbefehle eines Pfarrers an seine neue Köchin (II, S. 159—175). — Von dem Ursprung der Macht der Mönche in Deutschland (II, S. 182—192). — Der Novitzenmeister (II, S. 315—332). — Der Klosterkerker (II, S. 608—635). — Jahrg. 1—2 mit je 1 Titelvign. (Sockler, Schleich sec.)

Die Jahrgg. 3—4 haben besonders paginirte Stücke. Hervorzuheben: Portiunculaablass im 18. Jahrhundert (54 u. 34 S.). — Ueber Censur und Bücherverbote (40 S.). — Meine Reise nach Wien (28 S.). — Lob der Dummheit, von ihr selbst gepriesen (64 S.). — Die Ehegerichte (80 S.). — Meine Reise nach Wien. Forts. (reicht bis zur Ankunft in Wien, S. 29—129). — Apologie eines unglücklichen Mädchens *(Fanny v. Ickstadt)*, welche (!) sich den 14. Wintermonath (!) von der entsetzlichen Höhe eines Thurms an u. l. Frauenkirche zu München herabstürzte (!). (24 S., wobei Bemerkgn. über den nachtheiligen Einfluss von Goethe's „Werthers Leiden" auf junge Damen und Jünglinge, S. 4—5, ferner Gedicht auf Fanny's Tod, angebl. von Karl v. Eckartshausen, kurbayer. wirkl. Hofrath in München, in poet. Prosa, S. 16 bis 20.)

DEUTSCHLANDS achtzehendes Jahrhundert. (Kathol. Monatsschrift, aufklärender Tendenz, hrsg. v. Joh. Sebast. v. Rittershausen u. Anderen.) Jahr. 2. O. O. (Bregenz, Typogr. Gesellsch.) 1783. 8°.

S. 38—50: Die Priesterehe (unterz.: P. F. K.). — Anon.-Lex. II. p. 312 hat für die cplt. Zeitschrift: [Kempten] 1781—86.

Jahrhundert, Dresdens neunzehntes . . . Dresden 1822. V: *Hasche, Johann Christian.* (Schz)

Jahrhundert, Ein, Fabrikleben auf dem Lande. Münster [ca. 1900]. V: *Koenig, Friedrich von.* (Berl 1918, S. 850)

Jahrhundert Franz Joseph I., das —. Vision auf den Trümmern eines zweiten Pompeji. Aus Anlaß der Jubelfeier des Eintrittes des achten Regierungsjahres Sr. k. k. Apostolischen Majestät skizzirt und der ganze Ertrag der Stiftung für verkrüppelte Gendarmen gewidmet. Wien. 1855. Druck von L. C. Zamarski. (19 S. 8.)

Jahrhundert, das, der Frau. Wochenblatt f. die Interessen der gebildeten Frauenwelt. 1. Jahrg. Juli 1892—Juni 1898. 52 Nrn. (Bog.) gr. 4. Weimar, Weimarer Verlagsanstalt. n. 4. —

— Friedrichs II., Königs v. Preußen. Fol. Berl. 784. Decker. 4 ℛ

Das goldene Jahrhundert oder Maria Theresia und Friedrich. Augsb. 1779. 8.

— das goldene, oder Maria Theresia u. Friedrich. 8. Augsb. 780. Bartholomäi. 12 ℛ (v. Mösle Wwe. in Wien). 16 ℛ

Jahrhundert, das, Goethes, s. Dichtung, deutsche. III.

Jahrhundert, Das, Goethes. [Berlin] 1902. H: *George, Stefan & Carl Wolfskehl.* (Berl)

[Deckelt.:] Das Grosse **Jahrhundert.** (Vorr.: Prof. Dr. [Alfred] v. d. Velde.) *(Görlitz: S. Krotoschin 1898.)* (1 Bl., 34 Taf. m. 200 eingesteckten Portr.-Postkt.) 1 Bd 2. (⅞). [illegible]

Jahrhundert, Das halbe, 1848—1898. Eine Gedenkschrift des Krieger-Vereines St. Veit. St. Veit a. d. Glan, Schlick, (1898). 46 S.

— e. halbes, ohne Sang u. Klang od.: 50 Jahre ganz ohne Gehör. Ein Jubiläum ungewöhnl. Art d. Trauerns u. Klagens. Nebst 40 Jahre im Gärtnerberufe, 35 Jahre im Ehestande. Selbstbiographie e. fr. pommer. Gärtners, seit 20 Jahren in Westfalen. Nebst e. Anh. v. Briefen M. v. Egidys u. e. offenen Briefe an Miß Helene Keller üb. Optimismus u. Pessimismus. (Von Ludw. Goebel.) (100 S. m. Bildn.) 8. Bochum 907. (Lpzg., Fritzsche & Schmidt.) 1. —

— lachendes. Humor aus aller Welt. Red.: M. Hirschfelder. Jahrg. 1900. 52 Nrn. gr. 4. (à ca. 12 S. m. Abbildgn.) Berlin, C. Messer & Co. 5. —

Jahrhundert, lachendes. (Früher Fideles Haus.) Red.: Herm. Seyffert. Jahrg. 1901 u. 1902 à 52 Nrn. gr. 4. (à ca. 12 S. m. z. Tl. farb. Abbildgn.) Berlin, Verlag der Lustigen Blätter. à Jahrg. 4. 80
Vergl.: Haus, das fidele.

Jahrhundert, lachendes. Red.: Gust. Hochstetter. Jahrg. 1903—1906 à 52 Nrn. (à 12 S. m. z. Tl. farb. Abbildgn.) 4. Berlin, Verlag der lustigen Blätter. à Jhrg. 4. 80
Jhrg. 1903 ist noch v. Herm. Seyffert redig.

— lachendes. Witzblatt f. kern. Humor. Neue Folge. Red.: Max Dautschat. Jahrg. 1907. 52 Nrn. (à ca. 12 S. m. z. Tl. farb. Abb.) 30,5×23 cm. Berlin, Verlag d. lustigen Blätter. 4. 80
Erscheint nicht mehr.

Ein **Jahrhundert** österreichischer Malerei. Lieferung I. Wiener Meister. Ferdinand Waldmüller. 6 Bl. Heliogravüren
Wien: Miethke 1905.

Jahrhundert, e., d. Mode. Zur Erinnerg. an d. Berliner Gewerbe-Ausstellg. 1896. (M. histor. Einleitg. von Aug. v. Heyden.) qu. gr. 4. (20 Taf. m. 4 S. Text.) Berlin (896). (F. E. Lederer.) n. — 80; bunt n. 1. 60

— das nervöse. Spiegelbilder v. Gregor VII. gr. 8. (VII, 80 S.) Stolp 892. H. Hildebrandt. n. — 50

— d. neue. Posse in 1 A. v. A. v. Kotzebue. 8. Leipz. Kummer. 801.

Jahrhundert, das neue. Quartalschrift f. innere Cultur. Hrsg. u. red. v. Herm. Eichborn. 1. Jahrg. 1885. 4 Hfte. gr. 8. (1. Hft. 96 S.) Grossenhain 885. Baumert & Rouge. n. 4. 50; einzelne Hfte. à n. 1. 50

— das neue. Philosophische Studien e. Ungekannten. 8. (168 S.) Leipzig 894. W. Friedrich. n. 3. —

— d. neue. Berliner Wochenschrift. Hrsg.: Hans Land. 1. Jahrg. Oktbr. 1898—Septbr. 1899. 52 Nrn. (à ca. 2 Bog.) 8. Berlin, Verlag „Janus". 5. —; einz. Nrn. n. — 10

— das neue. Hrsg.: Hans Land. 2. u. 3. Jahrg. Oktbr 1899—Septbr. 1901. à 52 Nrn. 8. (à ca. 32 S.) Berlin. Verlag „Janus". à Jahrg. 5. —
Erscheint nicht mehr.

— das neue. Unabhäng. Wochenschrift f. d. deutsche Volk. Red.: Paul Züge. 1. Jahrg. Oktbr. 1898—Septbr. 1899. 52 Nrn. (à ca. 1 Bog.) Lex.-8. Köln, F. Werth. 12. —
Kann auch vierteljährlich bezogen werden.

— das neue. Unabhängige Wochenschrift f. das deutsche Volk. Red.: Paul Züge. 2. Jahrg. Oktbr. 1899—Septbr. 1900. 52 Nrn. Lex.-8. (à ca. 24 S. m. Abb.) Köln, F. Werth. 6. 60

— dasselbe. Illustr. deutsche Wochenschrift. Hrsg. u. Red.: F. Werth. 3. Jahrg. Oktbr. 1900—Septbr. 1901. 52 Nrn. Lex.-8. (à ca. 28 S.) Ebd. 4. 80

— dasselbe. 4. Jahrg. Oktbr. 1901—Septbr. 1902. 52 Nrn. Lex.-8. (à ca. 20 u. Romanbeilage 4 S.) Ebd. 3. 60

— das neue. Organ d. deutsch. Modernisten. (Früher „Das zwanzigste Jahrhundert".) Red.: Th. Engert. 1. Jahrg. 1909. 52 Nrn. (à 12 S.) Lex. 8. Augsburg, Th. Lampart. 8. —

— dasselbe. Wochenschr. f. religiöse Kultur. (Früher „Das zwanzigste Jahrhundert". Im Verein m. mehrer. deutsch. Katholiken hrsg. v. Ph. Funk. Red.: Philipp Funk. 2. Jahrg. 1910. 52 Nrn. (à 12 S.) Lex. 8. Ebd. 8. —

Jahrhundert, Dem neuen. Musen-Almanach Berliner Studenten. Berlin 1900 ff. H: *Wiese, Leopold v.* (EB)

— dem neuen. Musen-Almanach Berliner Studenten f. d. J. 1900. gr. 8. (VIII, 254 S.) Berlin 900. H. Walther. n. 3. —; geb. n. 4. —

– Das neunzehnte, red. von L. Koszarsky, enthalt. die Geschichte der europ. Staaten im 13. Jahrh. 1. ...2. 3. Bd. Berlin 1840, 41.

— das neunzehnte. 24 Aufsätze zur Jahrhundertwende. Unter Mitarbeit v. Gust. Altmann, Emil v. Borries, Ernst Rhard. Eichler ꝛc. hrsg. v. Geo. Wolf. Mit Umschlagzeichng. v. Thdr. Haas. gr. 8. (IV, 150 S.) Straßburg 900. (Straßburger Druckerei u. Verlagsanstalt.) n. 1. 50

— d. neunzehnte, in kommerz., industr. u. socialer Beziehg. Als Beitrag z. Lösung d. dringendsten socialen Fragen v. P. J. S(chwinges). gr. 8. (89 S.) Aachen 898. A. Schweitzer. n. 1. —

Das neunzehnte Jahrhuudort in Bildnissen. Mit Beiträgen von ... hrsg. von Karl Werckmeister. Bd 1–4. (In 75 Lfgn.) *Berlin: Photogr. Gesellschaft 1898–1901.* 4 Bde 2°
1. 1898. 2. 1899. 3. 1900. 4. 1901. [01. 6814

Das neunzehnte Jahrhundort in Bildnissen. Mit Beiträgen von ... hrsg. von Karl Werckmeister. Bd 1–5. (In 75 Lfgn.) *Berlin: Photogr. Ges. 1898–1901.* 5 Bde 2°
1. 1898. 2. 1899. 3. 1899. 4. 1900. 5. 1901. [01. 7895

— d. neunzehnte, in Deutschlands Entwicklg. Unt. Mitwirkg. v. Siegm. Günther, Cornelius Gurlitt, Fritz Hoenig u. a. hrsg. v. Paul Schlenther. 1. Bd. gr. 8. Berlin, G. Bondi. n. 10. —; geb. in Halbldr. n. 12. 50
D. geist. u. socialen Strömungen d. 19. Jahrh. Von Theob. Ziegler. 1.—5. Taus. (VIII, 714 S. m. 13 Bildn.) 899.

— das neunzehnte, in Deutschlands Entwicklung. Unter Mitwirkg. v. Siegm. Günther, Cornelius Gurlitt, Fritz Hoenig u. a. hrsg. v. Paul Schlenther. I.—VI. Bd. gr. 8. Berlin, G. Bondi. à n. 10. —; geb. in Halbldr. à n. 12. 50
I. Die geistigen u. socialen Strömungen des 19. Jahrh. Von Theob. Ziegler. 2. Aufl. 6.—8. Taus. (VIII, 746 S. m. 12 Bildnissen.) 901.
II. Die deutsche Kunst des 19. Jahrh. Ihre Ziele u. Thaten. Von Corn. Gurlitt. 1. u. 2. Aufl. 1.—6. Taus. (XV, 743 S. m. 40 Vollbildern.) 900.
III. Die deutsche Litteratur des 19. Jahrh. Von Rich. M. Meyer. 1.—9. Taus. (XXII, 960 S. m. 9 Bildnissen.) 900.
IV. Politische Geschichte Deutschlands im 19. Jahrh. Von Geo. Kaufmann. 1.—4. Taus. (XI, 706 S. m. 14 Bildnis-Taf.) 900.
V. Geschichte der anorganischen Naturwissenschaften im 19. Jahrh. Siegm. Günther. 1.—3. Taus. (XX, 984 S. m. 16 Bildnissen.) 901.
VI. Geschichte der organischen Naturwissenschaften im 19. Jahrh. Medizin u. deren Hilfswissenschaften, Zoologie u. Botanik. Von Frz. Carl Müller. (XVI, 714 S. m. 16 Bildnissen.) 902.

— das neunzehnte, in Deutschlands Entwicklung. Unter Mitwirkung von Colmar Frhrn. v. d. Goltz, Siegm. Günther, Cornelius Gurlitt u. a. hrsg. v. Paul Schlenther. III. u. VII. Bd. gr. 8. Berlin, G. Bondi. à n. 10. —; geb. in Halbfrz. à n. 12. 50
III. Die deutsche Literatur des 19. Jahrh. Von Rich. M. Meyer. 3. umgearb. Aufl. 10.—13. Taus. (XIX, 926 S. m. 9 Bildnissen.) 906.
VII. Die deutsche Volkswirtschaft im 19. Jahrh. Von Werner Sombart. 1.—5. Taus. (XVIII, 647 S.) 903.

— das neunzehnte, in Deutschlands Entwickl. Unter Mitwirkg. v. Colmar Frhrn. v. d. Goltz, Siegm. Günther, Cornel. Gurlitt u. a. hrsg. v. Paul Schlenther. I.—III. VII. u. VIII. Bd. gr. 8. Berlin, G. Bondi. à 10.—; geb. in Leinw. à 11.50; in Halbfrz. à 12. 50
Goltz, Colmar Frhr. v. d., Kriegsgeschichte Deutschlands im 19. Jahrh. 1. Tl.: Im Zeitalter Napoleons. Mit 1 Übersichtskarte u. 60 Textskizzen. 1.—4. Taus. (XXX, 516 S.) 910. (Bd. VIII.)
Gurlitt, Cornel., die deusch. Kunst d. 19. Jahrh. Ihre Ziele u. Taten. 3., umgearb. Aufl. 7., 8. u. 9. Taus. (XV, 722 S. m. 48 Vollbildern.) 907. (Bd. II.)
Meyer, Rich. M., die deutsche Literatur d. 19. Jahrh. 2 Tle. 4. umgearb. Aufl. 14.—17. Taus. (XVI, 504 u. VIII, 430 S. m. 10 Bildnissen.) 910. (Bd. III.)
Sombart, Werner, die deutsche Volkswirtschaft im 19. Jahrh. 2., durchgeseh. Aufl. 6., 7. u. 8. Taus. (XVI, 600 S. m. 1 Tab.) 909. (Bd. VII.)
Ziegler, Theob., die geistigen u. sozialen Strömungen des 19. Jahrh. 3. umgearb. Aufl. 9. Taus. (VIII, 700 S. m. 12 Bildnissen.) 910. (Bd. I.)

Jahrhundert, das neunzehnte, u. das Gericht; oder Schilderungen des moralischen Verderbens, mit 3 Beilagen versehen über vermeintliche Besserungsvorschläge von e. kathol. Geistlichen. 8. Landshut 834. Krüll. 2/3 ₰

Jahrhundert, das neunzehnte, u. d. Gericht; od.: Schilderungen d. moral. Verderbens, mit 3 Beiln. versehen üb. vermeintl. Besserungsvorschläge v. e. kathol. Geistlichen. 8. (10½ B.) Landshut 834. [Regensburg, Manz.]

— das neunzehnte, als Keim in J. J. Rousseau's Geiste. 8. Leipz. 799. Martini. (Enobloch). 16 Ꝁ

— das XIX., des Thierreichs, oder Scenen aus dem Familien- und Staatsleben der Thiere. Geschildert von ihnen selbst. Mit vielen Bildern. 1.—6. Heft. Mit 44 Bildern. Leipzig 841, 42, Volckmar. à n. 1/3 ₰

—— das neunzehnte, des. Thierreichs. 2. Aufl. Mit poetischen Einleitungen v. Gust. Butziger. Mit Bildern. 10 Hfte. 8. (20 B. u. 81 Stnt.) Leipzig 843, 44. [Frankfurt a. M., Jos. Baer.] à Hft. * 10 Ngr. Hrbges. Pr. 4

Jahrhundert, das XIX., des Thierreichs ꝛc. 2. Aufl. Mit poet. Einleitungen von Gust. Butziger. Mit Bildern. 1.—10. Hft. 8. Leipzig 843, 44, Volckmar. (à n. 1/3 ₰) 3 1/3 ₰

Das XIX. Jahrhundert in Wort und Bild. Polit. u. Kulturgesch. von Hans Kraemer [u. a.]. Bd 1–4. *Berlin, Leipzig, Wien, Stuttgart: Bong & Co. [1898–1900].* 4 Bde 4°
1. 1795–1840. 2. 1840–1871. 3. 1871–1900.
4. (Supplement-)Band 1900. [01. 4865

Das XIX. Jahrhundert in Wort und Bild. Polit. u. Kultur-Gesch. von Hans Kraemer [u. a.] 2. Aufl. Bd 1. *Berlin, Leipzig, Stuttgart, Wien [1898].* 4°(2°) [00. 11711

[F.] Aus dem Neunzehnten Jahrhundert. Briefe u. Aufzeichngn. Hrsg. v. Karl Emil Franzos. Bd 1. *Berlin: Concordia 1897.* 8. [97. 6923

Jahrhundert, das, in seinen allerneuesten und vorzüglichsten bisher noch nicht ins Deutsche übertrag. Novellen u. Erzählungen. Aus den neuesten Feuilletons des französ. Journals Le Siècle ins Deutsche übersetzt von Geo. Lotz. 1. Bd. — A. u. d. T.: Dies Landhaus ist zu verkaufen, Novelle von Fr. Soulié. Der Corricolo, Novelle von Alex. Dumas. 11. 8. Hamburg 842, Bödecker. 1½ ₰

—— dass. 2. Bd. — A. u. d. Tit.: Der jüngere Sohn aus d. Normandie. Roman v. Elie Berthet. — Der kleine Hund Josephinens u. der Papagoy Marie Louisens. Histor. Anekdoten v. Marco de St. Hilaire. 8. (15 B.) Hamburg 842, Bödecker.

— 2. Jahrg. 1. Bd. — Der Wehrwolf, Roman von Elie Berthet. — Der Vesuv und seine Opfer, von Alex. Dumas. 8. Ebend. 843. à 1½ ₰

Jahrhundert, Das scheidende. Berlin 1800. V: *Hemken, Melchior.* (Liter. Echo 8, 1905/6, Sp. 47) (Zeitschr. f. Büch. N. F. 15, 1923, S. 112)

— das scheidende. 8. Berl. 801. (Unger). 8 gr

Jahrhundert, sechs, aus Gutenbergs Leben. Kleine Gabe z. grossen Feste. Text v. Frz. Dingelstedt; mit Randzeichnn. v. Friedr. Müller. Holzschnitte v. Andrew, Best u. Leloir in Paris u. F. W. Gubitz in Berlin. Fol. (25 Bl.) Cassel 840, Hotop. * 3 Thlr., hrbgs. Pr.

Dass., s.a. Jahrhunderte.

— das, der Umkehr. Ein Roman aus Preußen. Von einem Geistlichen. 3 Bde. Gotha 857. Scheube. (Thienemann.) 8. (4 Bl., 279; 2 Bl., 240; 2 Bl., 336 S.) n. 3 rß. 20 ngr.

— das, der Umkehr. Ein Roman aus Preußen. Von einem Geistlichen. 3 Bde. 8. (XV und 855 S.) Gotha 857. [Leipzig, Voigt und Zieger.] 6 Thlr. 20 Ngr. Ermäßigter Pr. *

— ein, voller Unrecht. Ein Rückblick auf die südafrikan. Politik Englands. Veröffentlicht auf Veranlassg. u. unter Mitwirkg. v. F. W. Reitz. Autoris. Uebersetzg. a. d. Holl. gr. 8. (III, 96 S.) Berlin 900. H. Walther. n. 1. —

Jahrhundert, unser, s. Volksfreund.

— unser, od. die Gegenwart in ihren Zuständen u. Fortschritten. Deutsches Volksblatt ernsten u. heiteren Inhalts. (1. Jahrg.) 1845. Oct.—Dec. 13 Numm. Mit 3 Lith. Dresden 845, Grimm. n. 1/4 rf — Jahrg. 1846. Monatlich 4 Numm. mit Prämie rc. 11. 4. Ebend. n. 1 rf — (Für's Ausland 1 rf 2 ngl)

Jahrhundert, unser, oder Welt u. Zeit. Deutsches Volksblatt ernsten und heiteren Inhalts. 3. Jahrg. 1847. 48 Numm. (Bog.) Nebst 12 Extrablättern, 12 Prämien u. 1 Kunstblatt. 4. Dresden, Grimm. n. 1 rf (außerhalb Sachsen n. 1 rf 2 ngl) (— s.: Volksfreund)

— unser. Gallerie politischer und literarischer Persönlichkeiten. Biographien und Charakteristiken. 1. Bd.: Stein. — Fichte. — Bruck. gr. 8. (III und 175 S.) Gotha 857. [Leipzig, Pernitzsch.] 15 Ngr. Ermäßigter Pr. *

— das zwanzigste. Organ f. natürl. Welt- u. Lebens-Anschaug. Red. v. Max Engelmann. 1. Jahrg. 1883. 24 Nrn. (B.) gr. 4. Ebend. n. 7. —

— dasselbe. Blatt f. seelische u. biblische Gesundheitspflege. Hrsg. u. red. v. Herm. Eichborn. 2. u. 3. Jahrg. 1884 u. 1885. à 24 Nrn. (1½ B.) gr. 4. Ebend. à Jahrg. n. 4. 80

Jahrhundert, Das 20ste. Wien [1887]. Red: *Deininger, Jul* (EB)

Jahrhundert: Das Zwanzigste Jahrhundert (Zh)
① Deutsch-nationale Monatshefte für soziales Leben, Politik, Wissenschaft, Kunst und Literatur (Oktober 1890—?). Monatsschrift für deutsche Art und wohlfahrt (?—April 1896—?) ⑤ Oktober 1890—Dezember 1896 ⑥ 8° ⑦ Monatsblatt ⑧ Berlin: Lustenöder (Oktober 1890—März 1896); Zürich: Schröter & Co. (April 1896—Dezember 1896) ⑩ Erwin Bauer (Oktober 1890—September 1891), Hans Lustenöder (Oktober 1891—März 1896), Heinrich Mann (Oktober 1894—September 1896), Th. Schröter (April 1896—Dezember 1896) ⑪ Erwin Bauer (um 1891), Fritz Lienhard (um 1893), Heinrich Mann, München (um 1894—1896), Th. Schröter, Zürich (April 1896—Dezember 1896) ⑫ deutsche Reform-Partei: für die »geistige Vereinigung und wirtschaftliche Förderung aller Völker germanischer Zunge« ⑭ Be: L (April 1896).

Jahrhundert, das zwanzigste. Deutsch-nationale Monatshefte f. sociales Leben, Politik, Wissenschaft u. Litteratur. Hrsg. v. Erwin Bauer. 1. Jahrg. Oktbr. 1890—Septbr. 1891. 12 Hfte. (à 6—8 B.) gr. 8. Berlin, Lüstenöder. n. 10. —; einzelne Hfte. à n. 1. —

— das zwanzigste. Deutsch-nationale Monatshefte f. sociales Leben, Politik, Wissenschaft, Kunst u. Litteratur. Begründet v. Erwin Bauer, fortgesetzt v. Fritz Lienhard u. Hans Lüstenöder. 2.—5. Jahrg. Oktbr. 1891—Septbr. 1895. à 12 Hfte. (à ca. 7 Bog.) gr. 8. Berlin, H. Lüstenöder. à Jahrg. n. 10. —

— d. zwanzigste. Blätter f. deutsche Art u. Wohlfahrt. Hrsg. v. Heinr. Mann. 5. u. 6. Jahrg. Oktbr. 1894—Septbr. 1896. à 12 Hfte. (à ca. 7 Bog.) gr. 8. Berlin. Zürich u. Leipzig, Th. Schröter. à Jahrg. n. 12. —; einz. Hfte. 1. 20

— dasselbe. Schriftleitung: Th. Schröter u. H. Mann. Verantwortl.: H. Mann. 7. Jahrg. Oktbr.—Dezbr. 1896. 3 Hfte. (à ca. 6 Bog.) gr. 8. Ebd. n. 3. —; einz. Hfte. 1. 20
Weiter nicht erschienen.

— dasselbe, österreichische Ausg., s.: Kyffhäuser, der.

Jahrhundert: Das XXste Jahrhundert (Ge)
① Le XXme Siècle - Deutsche Ausgabe (Untertitel des Umschlages: Deutsche Ausgabe) ② Le XXme Siècle - Das XXste Jahrhundert (auf dem Umschlag) ⑤ 1. 5. 1897—Juli 1897 ⑥ 4° ⑦ monatlich 2× ⑧ Genf: Imprimerie Suisse ⑭ Be: L (1. 5. 1897—1. 7. 1897) ⑮ Französische Ausgabe: Le XXme Siècle illustré.

— das zwanzigste, (früher „Freie deutsche Blätter"). Wochenschrift f. Politik, Wissenschaft u. Kunst. Red.: Klasen u. Joh. Bumüller. (2.) Jahrg. 2.—4. Viertelj. April—Dezbr. 1902. 39 Nrn. gr. 4. (à ca. 12 S.) München-Schwabing. (Augsburg, Lampart & Co.) n. 6. —
Vergl.: Blätter, freie deutsche.

— das zwanzigste, (früher „Freie deutsche Blätter"). Wochenschrift für Politik, Wissenschaft u. Kunst. Frühere Hrsg.: Joh. Bumüller u. Frz. Klasen. Verantwortlich: Karl Jos. Möndel. Jahrg. 1903—1906. à 52 Nrn. (IV, 624; IV, 624; IV, 636 u. IV, 624 S.) Lex.-8. München, St. Bernhards-Verlag. à Jhrg. n. 8. —

— d. zwanzigste. Organ f. fortschrittl. Katholizismus. Gegründet v. Joh. Bumüller u. Fr. Klasen. Chefred.: Th. Engert, f. Theologie u. Pädagogik: Otto Sickenberger, f. Philosophie u. allgem. Literatur: Karl Gebert. 7. u. 8. Jahrg. 1907 u. 1908. à 52 Nrn. (à 12 S.) Lex. 8. München, Verlag d. XX. Jahrh. à Jahrg. 8. —
Fortsetzg., s.: Jahrhundert, das neue.

Jahrhundertausstellung, die deutsche, Berlin 1906, s.: Ausstellung deutscher Kunst aus der Zeit von 1775—1875 usw.

Jahrhundert-Ausstellung schweizerischer Kunst 1775—1875. Verzeichnis der Kunstwerke aus baslerischem und zürcherischem Privatbesitz, [ausgestellt in der] Kunsthalle Basel vom 12. Nov. bis 28. Nov. 1905. 8. (Basel, Emil Birkhäuser, [1905].)
[Ausg. 1.] IV + 44 S.
[Ausg. 2: Mit alphabet. Register.] IV + 46 S.

Jahrhunderte. Die fünf politischen J° der Republik Luzern. Luzern 1808 s. Balthasar, Joseph Anton Felix].

Jahrhunderte, die fünf politischen, d. Republik Luzern, (v. J. A. F. v. Balthasar). 8. Luzern 808. Knich. 6 gl

Jahrhunderte, 5, Passauer Schützentum. Zum 500 jähr. Jubiläums-Festschießen d. kgl. priv. Feuerschützen-Gesellschaft Passau 26.—30. VI. 1910. (35 S. m. 8 Abb.) kl. 8. München (910). (Passau, M. Waldbauer.) 1. —

Jahrhunderte, die, des Glaubens in dem Leben der Heiligen. Nach Originalakten bearb. u. herausg. Das 12. Jahrh. 2 Bde. 2. Ausg. Regensburg 860. Manz. gr. 8. (VIII, 1236 S. u. 2 Stahlst.) Jeder Bd. 19½ ngr

— — Das 13. Jahrh. 2. Ausg. Ebend. 860. gr. 8. (IV, 554 S. u. 1 Stahlst.) 19½ ngr

Jahrhunderte, sechs, aus Gutenbergs Leben. Kleine Gabe zum großen Feste. Text von Franz Dingelstedt; mit Randzeichnungen von Friedr. Müller, Holzschnitte von Andrew, Best, Leloir und F. W. Gubitz. (25 Blätter.) Fol. Cassel 840. (Bohné.) n. 3 ₰

– Dass., s.a. Jahrhundert.

Sieben **Jahrhunderte** Flemmingscher Chronik. Eine Festgabe z. J. 1909. Hrsg. im Auftr. d. Familie. Als Ms. gedr. Bd 1–3. Görlitz 1909–11: Starke. 8° (Bd 3: gr. 2°)

1. Personengeschichte d. burg- u. schloßgesessenen Geschlechts derer v. Flemming. 1909. 2. Gütergeschichte d. burg- u. schloßgesessenen Geschlechts derer v. Flemming. 1911. 3. (Stammtaf. 1909.)

[Umschlagt.:] Flemmingsche Chronik 1309–1909. [illegible]

Aus drei **Jahrhunderten**. Ein uckermärk. Verlagsunternehmen im Wandel d. Zeit. Festgabe z. Handwerks-Gewerbe-Ausstellung in Prenzlau, 1905. Prenzlau: A. Mieck 1905. (29 S.) 8° [08. 6376

Zur **Jahrhundertfeier** der Stadt Barmen und zur Feier des 75. Jahrgangs der Barmer Zeitung. Barmen: Staats 1908. 110 S. 8° [illegible]

Zur ersten **Jahrhundertfeier** von Friedrich v. Schillers Todestag am 9. Mai. Berlin: A. Duncker 1905. (413 S.) 8°

= **Studien** zur vergleichenden Literaturgeschichte. Bd 5, Erg.H. [illegible]

Jahrhundertfeier des 13. Inf.-Reg. Kaiser Franz Josef von Österreich zu Ingolstadt am 23.–25. VI. 1906. Mit Schlachtenbld. u. 1 Gedenkbl. Ingolstadt 1906. 1 Mappe. 2°

[Zu **Jahrhundertfeier** der Königlichen Friedrich-Wilhelms-Universität zu Berlin 1910.] Sammelbd. 8°

Zur Jahrhundertfeier der Geburt Johann Gabriel Seidls. Separatabdr. a. d. „Zeitschrift f. d. österr. Gymnasien" 1904. Heft VI. Gr.-8°. (100 S.) K 1.50

Wien: Gerold 1904.

— die, d. Fritz Reuters Geburtstag in Eisenach vom 5.—7. XII. 1910. (28 S.) 8. Eisenach (910). (Hofbuchdr., Eisenach H. Kahle.) —40

Sonderabdr. aus: „Eisenacher Ztg."

Jahrhundert-Feier des Karolinums in Altenburg am 7.u.8.V.1910. (56 S.) kl.8. Altenburg 910. O. Bonde. —75

Jahrhundertfeier, Klopstocks, veranstaltet von der Berliner Gesellschaft für deutsche Sprache ... Berlin 1825. V: *Giesebrecht, Carl Heinrich Ludw.* schr) (Ky) (GGr)

KLOPSTOCK'S JAHRHUNDERTFEIER, veranstaltet von der Berlinischen Gesellschaft für deutsche Sprache am zweiten Julius 1824. Berlin, in der Maurerschen Buchhandlung. 8°.

Jahrhundertfeier, die, des A. B. v. Stettenschen Töchter-Institutes, 12. u. 13. VII. 1905. Reden v. Hans u. Schott. Begrüßungsgedicht u. Festspiel v. Hans Nagel. (46 S. m. 1 Taf.) 8. Augsburg 905. J. A. Schlosser. n. —50

Jähring, Christian Gottlob (Schulinspector u. Frühprediger), Von dem Endzweck der öffentlichen Schulprüfungen, womit alle Gönner . . . d. hiesig. Stadtschule zu der am 2ten May dies. Jahres Morgens um 8 Uhr anfangenden öffentlichen Schulprüfung u. Anhörung einiger Reden der auf die Universität abgehenden Schüler . . . einladet. Greiz (Carl Heinrich Henning) o. J. 4 Bl. (3.50) 16577

G. F. Seyfert (Greiz), Ch. F. Kirsch (Ebersdorf), J. F. Gast (Neumark), A. G. Rein (Dobia), W. E. L. Müller (Remptendorf).

Jährling, B., lose Blätter. Gedichte. (18 S.) kl. 8. Barby (904). H. Kropp. n. —50

Maifeier 1908. Lied den lieben Schwestern gewidmet. [Unterz.:] [Edu. Emil Bruno] **Jahrmann.** [Dresden 1908: Sprung.] 1 Bl. 12,8×33,7 cm [Kopftit.]

Ohne Noten: „Der Mai ist gekommen, ..."

Trinklied anlässlich des Schwerter-Gesellentrunkes 1908. [Unterz.:] [Edu. Emil Bruno] **Jahrmann.** Dresden [1908]: Sprung. 1 Bl. 16,4×47,2 cm [Kopftit.]

Ohne Noten: „Maurer! Legt das Handwerkszeug . . ."

Jahrmärker, zur Praxis d. Entmündigung wegen Geisteskrankheit u. Geistesschwäche, s.: **Wedemeyer.**

Jahrmaerker, Erich, Marine-Assistenzarzt: Aus dem anatomischen Institut zu Marburg. Über die Entwicklung des Speiseröhrenepithels beim Menschen. Marburg 1906: J. Hamel. (43 S.) 8°

Marburg, Med. Fak., Ref. Gasser, Diss. v. 20. Dez. 1906

[Geb. 16. Aug. 82 Jesberg, Kr. Fritzlar; Wohnort: Marburg; Staatsangeh.: Preußen; Vorbildung: Lyc. Fridericianum Cassel Reife O. 00; Studium: Marburg 6, München 1, Marburg 2 S.; Coll. 20. M. 05; Approb. 1. Apr. 05.]

Jahrmärker, Max, Dr. med., Oberarzt d. psychiatr. Klinik zu Marburg: Aus d. psychiatr. Klinik d. Universität Marburg (Prof. Tuczek). Zur Frage der Dementia praecox. Eine Studie. *Halle a. S.: C. Marhold 1902.* (119 S.) 8°

Marburg, Med. Hab.-Schr. v. [19. Dez.] 1902

Jahrmärker, zur Frage der Dementia praecox. Eine Studie. gr. 8. (119 S.) Halle 903. C. Marhold. n. 3.—

Jahrmärker, Max [aus Lichtenau (Prov. Hessen-Nassau)]: Zur Casuistik der Hodentumoren. (E. Fall v. Myxosarcoma cysticum.) ... Halle a. S., Hofbuchdr. v. C. A. Kaemmerer & C., 1894; 1 Bl., 34 S., 2 Bl. 8.

Halle, Med. Fak., Inaug.-Diss. v. 24. Mai 1894

Jahrmarkt, der. Oper. 8. Leipz. 778. Dyck. 6 gl

Jahrmarkt, der, e. Lehr- u. Lesebuch für alle Stände. 8. Gött. 800. Vandenhöck u. R. 18 gl

Jahrmarkt, der, Sehenswürdigkeiten u. Scenen in bunter Reihe. Ein Bilderbuch m. Text von Zweien. qu. gr. 4. (18 col. Bild. u. 2½ B. Text.) Eßlingen 843. (Schreiber u. Schill.)*

Jahrmarkt, der. Ein Bilderbuch für Kinder. Berlin 863. Winckelmann u. Söhne. qu. 4. (13 lith. u. color. Taf.) 10 ngr

Jahrmarkt, der. In anschaul. Bildern f. die liebe Jugend nach Compositionen v. C. Häberlin. Lith. v. G. Rüdinger. Nebst reizenden kindl. Reimen v. Karl Thienemann. 2. Aufl. qu. 4. (5 S. m. 5 Chromolith.) Eßlingen 872. Schreiber. geb. n. 1. –

Jahrmarkt, Der Kölner, oder auf Köln will ich ewig denken. Lustspiel. Köln 1780. 8°. (1 Mk. Geo. Lissa, Berlin. 1895.)

Jahrmarkt des Lebens. Vanity fair. Ein Künstler- u. Familienalbum, m. 36 Orig.-Handzeichnungen der neueren Schule, in Feder u. Blei, Kreide u. Kohle. Durch Lichtdr. veröffentlicht m. deutschem u. engl. Text. [Der „Wandermappe" 2. Thl.] Fol. (4 S. Text.) München 877. Ad. Ackermann. In Leinw.-Mappe. n. 60. —; in Saffianldr. n. 85. —

— der, von Malmantile. Eine musikal. Vorstellung. 8. Celle 770. Schulze. 4 gl.

Jahrmarkt, Der politische. Fastnachtsspiel von Schillero redivivo. Stuttgart 1859. V: *Hertel, Joh. Gg.* (?). Vgl. Zeitschr. f. dtsch. Philol. 42 (1910), S. 491; GGr X, 637. (DARP)

— der politische. Ein Fastnachtsspiel von Schillero Rescidivo. Stuttgart 859. Fischhaber. 16. (92 S.) 12 ngr.

Jahrmarkt, Der, in der Unterwelt, oder sechstes und letztes Heft des Gespräches im Reiche der Todten. Im Tartarus 1806. V: *Perinet Joachim.* (Gilhofer 103/1584) (Gustav Gugitz: J. Perinet. In: Jahrbuch der Grillparzer-Gesellschaft XIV [1904].) (Biblrort)

Jahrmarkt, Der, von Venedig, a. d. Ital. Münster [17??]. V: *Kothmann, Johann Nepomuk.* (GGr) (Kn) (MGT)

Jahrmarkt, e., zur Wallensteinzeit. Scenischer Prolog zum Kostüm-Fest d. Symposion u. der Genossenschaft deutscher Bühnenangehöriger. Leipzig, 8. März 1884. 16. (29 S.) Leipzig 884. Friedrich. n. — 20

Jahrmarkt der Worte. Ein Roman. (Von Jul. Zeitler.) (VIII, 224 S.) 8. Leipzig 904. J. Zeitler. n. 4.—; geb. n. 6. —

Jahrmarkt, Moritz, aus Leipzig: Über das **Isostilben** und die Bromderivate des Stilbens. *Leipzig 1900: Metzger & Wittig.* (34 S.) 8°
Leipzig, Phil. Diss. v. [12. Sept.] 1900

Jahrmärkte-Calender, Bayerischer, auf das Jahr 1827. München. H: *Klöckel, Jos. v.* (Bücher-Samml. d. hist. Ver. v. u. f. Oberbayern. Münch. 1867.)

Jahrmarkts-Festzeitung zum Besten unserer in China kämpfenden Truppen. Vaterländ. Frauenzweigver. 'Rothes Kreuz' f. Halle a. S. u. Umgegend. *Halle a. S. 1900: O. Thiele.* (2 Bl.) 4° [Fr.] [illegible] 3

Jahrmarktsfreuden, unsere. Scenen in bunter Reihe für die liebe Jugend. In prächtigen Farbendrücken. Nach Orig.-Zeichnungen von C. Häberlin. Lithogr. von G. Rüdinger. Nebst kindl. Reimen von Karl Thienemann. 2. Aufl. qu. 4. (5 S. mit 5 Chromolithogr.) Eßlingen 872, Schreiber. geb. 1 —

Jahrmarktsfreuden u. Winterfreuden. (Bilderbuch.) qu. gr. 4. (8 color. Taf. m. 8 S. Text.) Berlin 883. Ebhardt. cart. 1. 50

Allgemeines: **Jahrmarktslied beim Winter-Fest der Vereinigten Frankfurter Logen 30. Januar 1904.** [Unterz.:] S. G. Frankfurt a. M. [1904]: Mahlau. 1 Bl. 2°. [Kopftit.]
Ohne Noten: „Ihr lustig Volk, das heut sich stellt" ...

Jahrmarkts-Lieder, politische. gr. 8. (53 S.) Gießen 898. v. Münchow'sche Hof- u. Univers.-Druckerei. n. 1. —

Jahrow, Elsa, Gedichte. (79 S.) 12. Berlin 903. Schall & Rentel. Geb. in Leinw. n. 1. 50

Jahresbericht der kgl. bayer. Zentral-Veterinär-Schule über das Schuljahr 1822/23, 1826/27 ff.— 1846/47, 1849/50, 1850/51. München 1823. 1827—1847. 1850. 1851.
(Forts. s. Bayerische Zentr.-Tierarznei-Schule.)
Vorh. u. d. T.: Jahrs-Berichte 1812 ff.

Jahresbericht, 1—5., d. histor. Vereins im Rezatkreise. Für d. J. 1830—34. gr. 4. Nürnberg, Riegel u. Wießner. [1. (5½ B.) 831. 12 Gr., 2. (6½ B.) 832. 14 Gr., 3. (7¼ B. u. Titvign.) 833. 12 Gr., 4. (11½ B.) 834. 18 Gr., 5. (6 B. u. lith. Taf.) 835. 12 Gr.]
Vgl. Jahresbericht.

Jahrs-Berichte der königlich-bayerischen Central-Veterinär-Schule über das Schuljahr 1812 ff. München 1812 ff. 8.
Fortges. u. d. T.: Jahrs-Bericht ...

Jahrschrift f. Theologie u. Kirchenrecht der Katholiken. Herausg. v. einigen kathol. Theologen. 1r—6r Bd. à 3 Hefte. gr. 8. *Ulm.* 806—24. Wohler. (10 Thl. 8 Gr.)

Jahrschrift für Theologie und Kirchenrecht der Katholiken. Herausgegeben von einigen kath. Theologen. Ulm, Wohler. 1806–1830, gr. 8°, 6 Bde à 3 Hefte, (21, jetzt) 12 Mk.

Jahrsschriften für Theologie u. Kirchenrecht der Katholiken, (v. B. M. Werkmeister). 1r—6r Bd. 1s—3s Stck. gr. 8. Ulm 806—30. Wohler. 15 ₰

Jahrstag, der, des Einzugs in Paris. Schausp. in 1 Aufz. v. Niemeyer 8. Cassel, Krieger. 815.

Der vierte **Jahrs-Tag** der herzoglich-Würtembergischen Militair-Academie auf der Solitude, begangen den 14. December 1774. Stuttgart: Chph. F. Cotta (1774).

Der vierte [und] fünfte **Jahrs-Tag** der herzogl. wurtembergischen Militair-Academie auf der Solitude. Stuttgart: Cotta 1774/75.

Jahrszeiten, d. vier, od. Belustig. f. Kinder m. ill. K. gr. 4. Leipz. Leo. 800. (einz. Herbst. 1 Rthlr. 16 gr. Winter 1 Rthlr. 16 gr. April 1 Rthlr. 8 gr. May 1 Rthlr. Juny 1 Rthlr. 16 gr. July 1 Rthlr. 16 gr. August 1 Rthlr. 16 gr.) cont. f.

Jahrtafel, üb. e. Zeitraum von 400 Jahren von 1601—2000. Fol. Magdeb. 786. Creutz. 2 gl

Jahrtafel üb. e. Zeitraum v. 400 Jahr. v. 1700—2000. Fol. Wiesb. b. Gecus. 786.

Jahrtausend, e. halbes. Festschrift, anlässlich des 500jähr. Bestandes der Acta facultatis medicae Vindobonensis hrsg. vom Wiener medicin. Doctorencollegium, red. v. Heinr. Adler. Lex.-8. (VI, 208 S. m. 2 Abbildgn. u. 5 Taf.) Wien 899. (W. Braumüller.) n. 6. —

Jahrzahlen aus der Geschichte von Riga. Riga 1810. V: *Sonntag, Carl Gottlob.* (R-N)

Jahrzahlen f. das Gymnasium. 8. (26 S.) Warendorf 887. Schnell. cart. n. — 30

Jahrzahlen f. das Gymnasium. 8. (32 S.) Warendorf 892. J. Schnell. Kart. n. — 40

Jahrzahlen aus der allgemeinen Weltgeschichte, m. besond. Berücksicht. des Geschichts-Cursus v. H. Koepert u. der vaterländ. Geschichte. Zum Gebrauche in den unteren Classen der Schulen. gr. 8. (16 S.) Dorpat 879. Schnakenburg. n. — 30

— die wichtigsten weltgeschichtlichen. Zur Repetition der Geschichte. 3., verm. Aufl. 16. (34 S.) Leipzig 893. A. Deichert Nachf. n. — 10

Jahr-Zehnt, das erste, der Diakonissen-Anstalt zu Kaiserswerth am Rhein, vom 13. Oktbr. 1846 bis 1. Jan. 1847, in einem Abdr. der 10 ersten Jahresberichte, nebst einem Vorwort, als Uebersicht über die zehnjähr. Wirksamkeit. gr. 8. (VIII und 208 S.) Kaiserswerth 849. (Leipzig, Gebhardt und Reisland.) *.

Aus dem ersten Jahrzehnt der Universität und die ältesten Dekanatsbücher der Juristen und der Mediziner. Festschrift, z. 400j. Jubelfeier d. Alma Mater Viadrina, 26. Apr. 1906. hrsg. von Gustav Bauch. Breslau: M. & H. Marcus 1906. (XX, 93 S.) 8°
— Akten u. Urkunden d. Univ. Frankfurt a. O. H. 6. [06. 1086] 3

Jahrzehnte, drei, kaufmännischer Verein Leipzig, s.: Verein, der kaufmännische, zu Leipzig.

Jahrzeitbuch s. auch Jarzitbuoch.

Jahrzeitbuch. Das Fischinger J. Kopiert nach dem Original im Pfarrarchiv Fischingen ([von] Albert Büchi). [A.] 8. [Frauenfeld 1893.]

Jahůdky ze slovanských lesů sebral J. P. Jordan. 8. Leipzig 845, Expedition d. Jahrb. f. slaw. Literatur. n. 1/2 ℛ

Jaić, Marian

JAICH, MARIAN: Ausführliche Geschichte des Gnadenbildes der seligsten Jungfrau zu Radna, welches schon mehr als hundert fünf und siebenzig Jahre in der Kirche der Mindern Brüder des Ordens des h. Franciscus v. Assisi von frommen Christen zahlreich besucht und andächtig verehrt wird. Mit Beschluss von Gebeten und Kirchengesängen. Ofen 1857: Gedr. mit M. Bagó'schen Schriften. 260, 2 S. Mit Bildern. - 12°

Jaic, M., Sammlung kathol. Kirchengesänge, s. a. Sammlung.

Jaić, Marian, Sammlung katholischer Kirchengesänge. Mit einem Anhang von salbungsvollen Früh-, Abend-, Meß-, Beicht- und Kommunion-Gebeten nach des heil. Alphons v. Liguori Anleitung für die Bedürfnisse des Volkes beim öffentl. Gottesdienst, sowie nicht minder für Lehrer u. Organisten beim Chordienste und allen Funktionen, durch das ganze kathol. Kirchenjahr eingerichtet. Pest 856. (Heckenast.) 8. (XVI, 580 S.) n. 24 ngr.

Jaich, Frz., katechet.-prakt. abgefaßte Lehrstunden. 2 Thle. 8. Brünn 794, 95. Gastl. 16 K

Jaich, Marian, s. Jaić

Jaić, Marian, s. Jaić

Jaille, J., s. La Jaille.

Jaille, J. La, Reise nach Senegal. gr. 8. Weim. Ind. Comt. 802. (a. d. Biblioth. d. Reisebeschr. 7r Bd.) .

— Reisen nach Senegal u. d. abendl. Küste Afrikas v. d. Vorgeb. Blanc b. an d. Sierra Leonefluß, z. Erweit. der Geogr., Schifffahrts- und Handlungskunde. 8. Hamburg, Vollmer. 802.

Jaime fils und A. Decourcelle, Man sucht einen Erzieher, s. Bühnen-Repertoir des Auslandes von L. W. Both.

Jaime Sohn, man sucht einen Erzieher, s. Universal-Bibliothek Nr. 655.

Jaime fils et A. Decourcelle, on demande un gouverneur, s. Decourcelle, A. — Répertoire du théâtre français.

Die Jaiminiya-Saṃhitā mit e. Einl. über d. Samavedaliteratur von Dr. W[ilhelm] Caland, Prof., Utrecht. Breslau: M. & H. Marcus 1907. (127 S.) 8°
— Forschungen, Indische. H. 2. [08. 3073]

Jains, Got., ahd. jener, mhd. ein und Verwantes. [Berlin 1894.] V: *Hoffmann-Krayer, Eduard.* (Zuwachsverz. d. Bibliotheken in Zürich 1898 ff.)

Jainschigg, Franz. Hilfs-Tabellen für Steuerämter. Kötschach, St. Josefs-Druck. in Klgft., 1908. 12 S.

Jair ben Gerach Ibn-Karmi, offenes Sendschreiben a[n] die frommen Synagogen-Gemeinden zu Wien [erbaue] werde Gottes h. Stadt] üb. den Widerstand gegen Re[-] formen im Gottesdienste, wie fern er erlaubt u. wan[n] er verboten ist. Aus dem Hebräischen wortgetreu in's Deutsche übersetzt v. Gabriel Safra. Lex.-8. (15 S[.]) Wien 871. Brüder Winter. n. — 20 (I. u. II., 2.: 5. –

Jais, Aeg., nach Geist u. Leben geschildert von einem seiner Freunde. Mit dessen Bildniß. 8. Regensb. 821. Daisenberger. 12 K

Jais, P. Ä., nach Geist und Leben geschildert . . . München 1826. 2. Aufl. red. v. M. J. Sailer. München 1836. V: *Dietl, Maurus.* (Lindner) (IIr) Regensburg 1835. V: *Deinl, Frdr.* (schmal) »geschildert von einem seiner Freunde.« München u. Regensb. 1826. V: *Deirl, Frdr.* (IIr)

Jais, P. Aegidius, nach Geist und Leben geschildert von M. D**** und redigirt von Joh. Mich. v. Sailer, Bischof in Regensburg. Mit Jais Bildniß. 2e Ausg. 8. München, Paßau u. Regensburg 836. Daisenberger. (Leipzig, Meißner.) 5/12 ℛ

Ja'īš, Ibn, s. Ibn Ya'īsh

Jais, A., s. Opfer d. Jephte.

(Jais, A.,) Wie können die schlecht besoldeten Schullehrer besser besoldet werden? oder treues Gemälde der Schullehrer und ihrer Schulen in Deutschland. Heilbronn 1818. 8.

Jais, Aeg., Adventandacht, Weihnachts- u. Christtagsfeier zu Ehren d. Menschwerdung u. gnadenreichen Geburt uns. Herrn u. Heilandes Jesus Christus. 2 Thle. gr. 18. Grätz 830, Ferstl. Zusamm. genomm. 16 Gr., Blnp.
Thl. 1. Fünf u. zwanzigtäg. Adventandacht. (10 B. u. 2 Kpfr.) 10 Gr.
= 2. Weihnachts- u. Christtagsfeier. (11 B. u. 1 Kpfr.) 12 Gr.

Jais, Aeg., Amulet für Jungfrauen, od. Gebet u. Lehren, die eine tugendhafte Jungfrau öfters wohl zu Herzen nehmen soll. 8. Wien 798. (N. Aufl.) 12. Augsb. 831. (Rieger). 1 Kr. Dass. f. Jünglinge. 12. Wien 798. (N. Aufl.) 12. Ebd. 831. 1 Kr. (a. Jacquet in München u. J. G. Schmitz in Köln).

—— Amulet f. Jungfrauen, od. Gebeth u. Lehren, die e. tugendh. Jungfrau öfters wohl zu Herzen nehmen soll. Ein Geschenk f. Jungfrauen. 1. Aufl. 831. Neu bearb. v. Sim. Buchfelner. (à 1 B.) 12. Augsburg 833, (Matth. Rieger's sel. Wrlsbuchh.) à

Jais, Aegidius, Amulet f. Jungfrauen, od. Gebet u. Lehren, die eine tugendhafte Jungfrau u. jede schamhafte Weibsperson öfters zu Herzen nehmen soll. Ein Geschenk für Jungfrauen. 10. Aufl. 12. (1 B.) Salzburg 844, Duyle'sche Buchh.

Jais, Aegidius, Amulet für Jungfrauen oder Gebet und Lehren rc. 11. Aufl. 12. (22 S.) Salzburg 847, [Glonner.]

—— Amulet f. Jünglinge od. Gebeth u. Lehren, die e. tugendh. Jüngling öfters wohl zu Herzen nehmen soll. Ein Geschenk f. Jünglinge. 12. (1 B.) Augsburg 831, (Matth. Rieger's sel. Wrlsbuchh.)

—— Amulet für Jünglinge oder Gebeth und Lehren rc. 10. Aufl. 12. (21 S.) Salzburg 846, [Glonner.]

— Andachten eines kathol. Christen. Mit Schreibschrift. N. Aufl. 12. Augsb. 819. Kranzfelder. 6 Kr. in 18. N. Aufl. 824. Mit Schreibschrift. 6 Kr.

— das Auge Gottes, ein Bild, das fromme Christen immer vor Augen haben sollen. München 799. 2e Aufl. 800. 12. Augsb. 816. Kranzfelder. 2 Kr. 4e Ausg. 12. Salzb. 813. N. A. 817. Duyle; (a. Mayr). 2 Kr.

Jais, Aegid., das Auge Gottes, lehr- u. trostreiche Andachtsübungen an Sonn- u. Feiertagen. 3te Ausg. 12. Salzb. Duyle. 813.

— — das Auge Gottes, ein Bild, das fromme Christen immer vor Augen haben sollen. 12. Augsburg, Kranzfelder. 816.

— — das Auge Gottes. 4te Ausg. 12. Salzburg, Duyle. 817.

—— das Auge Gottes. — Lehr- u. trostreiche Andachtsübungen an Sonn- u. Feyertagen, besond. an Beicht- u. Kommuniontagen. 12. (2½ B. u. Ttlvign.) Augsburg 831, (Matth. Rieger's sel. Wrlsbuchh.)

Jais, Aegid., das Auge Gottes. Lehr- u. trostr. Andachtsübungen an Sonn- u. Feyertagen, besond. an Beicht- u. Kommuniontagen. 5. Aufl. kl. 12. (3 B. u. Ttlkpfr.) Salzburg 838, Mayr'sche Buchh. Thlr.

— dass. 10e Aufl. 12. Augsb. 840. M. Riegers Buchh. 1½ Kr.

—— dass. — 10. Aufl. 12. (2½ B. u. Ttlvign.) Augsburg 811, Rieger'sche Buchh.

— Beicht- u. Communion-Reden an das christkathol. Landvolk. 2 Abtheill. 8. Grätz 825. Ferstl. 10 Kr.

— christl.-religiöse Beispiele der Tugend u. Gottseligkeit in Erzählungen f. die männl. Jugend. 3e Aufl. Mit 4 Bildern. 8. Grätz 822. Ferstl. 4 Kr. Dass. f. die weibl. Jugend. 8. Ebd. 822. 5 Kr.

— Beispiele, Geschichten u. Erzähll. zum Nutzen u. Vergnügen. 2 Bde. 8. Regensb. 815. Daisenberger. 1 Thlr.

— Bemerkk. über d. Seelsorge, besonders auf d. Lande. 8. Salzb. 817. Duyle. 18 Kr.

—— Bemerkungen üb. die Seelsorge, besond. auf dem Lande, seinen ehemal. Schülern gewidmet. 5., mit vom Verf. selbst revidirt. u. hinterlass. Verbesserungen u. Zusätzen verm. Ausg. gr. 8. (15½ B.) Salzburg 843, Duyle'sche Buchh.

Jais, Aegidius, Bemerkungen über die Seelsorge, besonders auf dem Lande, seinen ehemal. Schülern gewidmet. Mit vom Verf. selbst noch revid. u. hinterlass. Verbesserungen u. Zusätzen verm. 6. Aufl. 8. (248 S.) Salzburg 850, Duyle (jetzt: Glonner). ⅔ Thlr.

Jais, Aegid., Betrachtungen, Predigten u. Christenlehren. Nebst einer kurzen Lebensgeschichte des Verfassers. 2., verb. Aufl. Regensburg 862. Manz. 8. (IV, 478 S.) 1 Thlr. 3 ngr.

— Christenlehre u. Prüfungsgeschenk für die Jugend. 2 Bde. Mit Küpferchen. 8. Augsb. 806. Daisenberger. 6 Kr.

Jais, Aegid.: s.: Deppe, Bernard, Predigten u. Unterweisungen.

— Dictando, oder Vorschriftensätze aus d. Sitten- u. Pflichten- u. Gesundheitslehre rc. 6e Aufl. Mit Holzschnitten. 8. Grätz 822. Ferstl. 8 Kr.

— Erklärungen d. h. Evangelien auf alle Sonn- u. gebotene Feiertage. 3 Thle. 4te verm. Aufl. 8. Grätz 824, Ferstl.

—— Erklärungen d. heil. Evangelien auf alle Sonn- u. gebothene Feiertage rc. 5., verb. u. verm. Aufl. 8. (37 B.) Grätz 828, Ferstl.
Daraus besonders:
Zwei Mal sieben Fastenbetrachtungen. Fastenreden an d. christl. Volk rc. (7 B.) 828. 6 Gr.

— Erklärungen der heil. Fasten-Evangelien auf alle Werktage d. heil. Fastenzeit. 2e Aufl. 8. Grätz 825. Ferstl. 10 Kr.

Jais, Aegid., 58 christliche Ermahnungen, Predigten und Christenlehren. Nebst einer kurzen Lebensgeschichte des Verf. 3. verb. Aufl. 8. (IV, 478 S.) Regensburg 877, Manz.
Die 1. und 2. Aufl. erschienen u. d. T.: Jais, Aegid., Betrachtungen, Predigten und Christenlehren.

— 36 christl. Ermahnungen, Predigten u. Christenlehren eines Seelsorgers auf dem Lande. 2 Thle. 8. Kitzing., Gundelach. 1 Thlr. 4 Kr.

— ausgewählte Erzählungen u. Gleichnisse rc. 2 Thle. 3e Aufl. 8. Grätz 822. Ferstl. 8 Kr.

Jais, Ägidius, ausgewählte Erzählungen, Lieder u. Sprüche, nebst e. kurzen Lebensbilde d. Verf. Hrsg. v. Jos. Pötsch. 12. (88 S.) Paderborn 889. F. Schöningh. n. — 40

— bibl. Erzähll. aus d. alten Testamente, mit sittl. Anwendungen, nebst d. christl. Kirchen- u. Apostelgeschichte. 3 Bdchen, mit 3 Kpf. 7e Aufl. 8. Grätz 823. Ferstl. 8 kr

—— lehrreiche Erzählungen. Ein Lehr- u. Leseb. f. d. deutschen Schulen in Bayern. (Neueste Aufl.) gr. 12. (7 B.) München 840. (Regensburg, Manz.)

— lehrreiche Erzählungen. Ein Lehr- u. Lesebuch für die deutschen Schulen in Bayern. (Neueste Aufl.) gr. 12. München 840. (Regensburg, Montag u. Weiß.) 1/8 Thlr.

—— lehrreiche Erzählungen. Ein Lehr- u. Lesebuch f. die deutschen Schulen in Bayern. 12. (168 S.) München 851. (Finsterlin.) n. 1/6 Thlr.

Jais, Aegid., lehrreiche Erzählungen. Ein Lehr- u. Lesebuch für die deutschen Schulen in Bayern. München 858. (Finsterlin.) 12. (168 S.) 6 ngr.

Jais, Aeg., Erzählungen u. Legenden, lehrr. u. moral.-relig. f. Kinder, nach Chrstph. Schmid erzählt. 8. (6 B. u. 1 Kpfr.) Grätz 829, Ferstl. Thlr.

— lehrreiche Erzählungen, welche zur Frömmigkeit und zu guten Sitten leiten sollen. In 2 Abthl. Neue genau revid. Origin.-Ausg. 18. Paderborn 843, Junfermann'sche Buchh. n. 1/12 Thlr. — Neue Aufl. 12. 846. 1/12 Thlr.

Jais, Ägidius. Erzählungen, welche zur Frömmigkeit und zu guten Sitten leiten sollen. Neue Aufl. [Leipz.] 1835. H: *Ehrlich.* (Ky)

Jais, Aeg., Erzählungen, welche zur Frömmigkeit u. zu guten Sitten leiten sollen. Neue Aufl. (Von Ehrlich.) 8. (Leipzig 835. Fr. Fleischer.) 1/12 Thlr.

— Erzählungen, welche z. Frömmigkeit u. zu guten Sitten leiten sollen. In 2 Abthl. Neue Aufl. Mit einigen sprachl. Veränderungen vom Seminar-Director Ehrlich. 12. Soest 842, Nasse. 1/12 Thlr.

— — 52 Erzählungen und Gleichnisse. 7te Aufl. 8. Grätz. Ferstl. 818.

— 52 Erzählungen u. Gleichnisse. 8e A. 8. Grätz 822. Ferstl. 4 kr

— d. heil. Fastenandacht. 3 Thle. A. u. d. Titeln: Hausandacht für d. ganze heil. Fastenzeit ꝛc. — Kirchenandacht für d. ganze heil. Fastenzeit ꝛc. — Kirchenandacht für jeden Tag d. heil. Charwoche. Mit Kpf. 18. Grätz 831. Ferstl. 1 Thlr. 6 kr

—— die heil. Fasten-Andacht. 3 Thle. Mit Kpfrn. 8., verb. u. verm. Aufl. gr. 18. Grätz 831, Ferstl. Zus. genomm.
A. u. d. Titln.:
Thl. 1. Hausandacht f. d. ganze heil. Fastenzeit ꝛc. (13 B.) 12 Gr.
" 2. Kirchenandacht f. d. heil. Fastenzeit ꝛc. (16 B.) 15 Gr.
" 3. Kirchenandacht f. jed. Tag d. heil. Charwoche ꝛc. (11 B.) 10 Gr.
Hieraus besonders abgedruckt.
Die heil. Oelbergs- u. Kreuzwegsandacht ꝛc. (5 B.) 6 Gr.

— d. 40tägige Fastenandacht. 7e Aufl. 8. Grätz 821. Ferstl. 12 kr

— Gast- u. Gelegenheitspredigten, die alle verstehen können. Wie auch Stoff zu nützl. Betrachtungen u. Predigten. 8. Salzb. 825. Duyle. 18 kr

— Gast- u. Gelegenheits-Predigten. Wie auch Stoff zu nützl. Betrachtgn. u. Predigten. Neue (Titel-)Ausg. 8. (336 S.) Salzburg 848, Duyle (jetzt: Glonner). 2/3 Thlr.

— Gebet u. Lehren, die christl. Eheleute recht wohl zu Herzen nehmen sollen. 8. Wien 798. 2e A. 799. Salzb. 803. N. A. 811. Duyle. 6 kr Hbg. Pr. 1 kr in 12. Augsb. 831. (Rieger). 1 kr

—— Gebeth und Lehren, die christl. Eheleute recht oft und wohl zu Herzen nehmen sollten. 10. Aufl. 12. (21 S.) Salzburg 847, [Glonner.]

— Gebetbuch f. gottesfürchtige Mütter; auch f. erwachs. Töchter. 8. Salzb. Duyle. 812.

—— Gebetbuch f. gottesfürcht. Mütter, auch f. erwachs. Töchter. 2. Ausg. M. 1 Kpfr. 12. Salzburg 832, Duyle. 7 Gr., Schrbp.

—— Gebetbuch f. gottesfürchtige Mütter, das auch erwachsene Töchter gebrauchen können. 3., umgearb. Ausg. 12. (13 B. u. 1 Stahlst.) Salzburg 845, Duyle'sche Buchh. –

— Gebetbüchlein für katholische Christen. Verbessert von Karl Alois Nack. 30—33. verb. Aufl. Augsburg 853—56. Schmid's Verlhdlg. 24. (144 S. u. 1 Holzschnitttaf.) 1½ ngr.

— christkatholisches Gebetbüchlein. Zum allgem. Gebrauche und zunächst für die Jugend verb. u. verm. vom C. Münch. 32. (Mit 1 Lith.) Rorschach 845, Metzger u. K. geb. 4 ngl

— christkatholisches Gebetbüchlein. Zum allgem. Gebrauche u. zunächst f. die Jugend. Neu hrsg. u. verm. v. C. Münch. 3. verb. Aufl. 32. (155 S.) Rorschach 850, Koch. 2 ngr; cart. 3 ngr; geb. u. in Futteral 4 ngr

—— christkatholisches Gebetbüchlein. Zum allgem. Gebrauche und zunächst für die Jugend. Neu hrsg. und verm. von C. Münch. 3., verb. Aufl. 32. (155 S.) Rorschach 851, Koch.

— kleines Gebetbüchlein mit guten Lehren f. die lieben Kinder, auch f. Erwachsene brauchbar. 18. Aufl. 16. (254 S. m. 1 Tondr.) Salzburg 887. Pustet. — 30

Jais, Aegid., kurzgefaßtes Gebetbüchlein für Kinder und Erwachsene, welches auserlesene Morgen-, Abend-, Meß- ꝛc. Gebete enth. Neueste Ausg. 32. (95 S.) Passau 862, Elsäßer und Waldbauer.

Jais, P. Aegidius — Gebete und Lehren, welche christliche Eheleute recht oft und wohl zu Herzen nehmen sollten. Ein Geschenk für Braut- und Eheleute von — —. 11te Aufl. Salzburg, 1857. Verlag von M. Glonner. (21 S. 1 Bl. 8.)

— die zwei Gebote d. Liebe, s. a. Huber, J. J.

— d. zwei Gebote d. Liebe: Liebe Gott über Alles, u. den Nächsten wie dich selbst, erklärt von Jos. J. Huber. Für Katholiken erzählt. 2 Thle, mit 2 Kpf. 8. Grätz … 3e Ausg. 823. Ferstl. 8 kr

— — Geschichte von der Grundung und Ausbreitung der heil. Kirche Jesu. 6te Aufl. Mit 6 Kpfr. 8. Grätz, Ferstl. (Leipzig, Kummer in Comm.) 821.

— lehrreiche Geschichten u. Erzählungen für Kinder. 7., mit einem Anhange von Schulliedern verm. Aufl. Paderborn 864. Junfermann. 8. (VI, 160 S.) 3 ngr.

— schöne Geschichten u. lehrreiche Erzählungen zur Sittenlehre für Kinder. 2 Bdchen. 12. Salzb. 792. 8e A. 804. 12e A. 819. Mayr. 3 xr

— schöne Geschicht. und Erzählungen z. Sittenlehre f. Kinder ꝛc. 2 Bdch. 18. Augsburg, Bolling. (a. A. Rieger.)

— — schöne Geschichten und lehrreiche Erzählungen zur Sittenlehre für Kinder. 1r Thl. 16te Aufl. 12. Dillingen, Roßnagel. (Leipzig, Herbig.)

— Dass. 12. Linz, Eurich. 6 xr

— Dass., 2 Bdchen. 12. Würzb. 10e A. Stahel. 2 xr

— — dasselbe. 2 Thle. Cöln, Fabricius. (a. Waldeck in Münster.) 806.

— Dass. 12. Bamb. 807. Lachmüller. 3 xr

— Dass., 2 Bdchen. 12. Köln 807. (J. G. Schmitz, a. Imhof-Schwarz). 6 xr (Haas, a. Gräffer u. Schm. in Wien). 3 xr

— Geschichten und Erzählungen z. Sittenlehre f. Kinder. 2 Bde. 12. Cöln, Verlagshandl. 807.

— — dass. Luzern, Aurich. (Leipz. Schmidt in Comm.) 811.

— — dass. 2 Bde. 12. Salzb. Meyer. (1s 1813. 1 gr. 2s 1811. 2 gr.)

— Dass. 12. N. A. Heidelb. 812. Weber. 3 xr

— Dass. 12. Insbr. 812. Wagner. 3 xr

— — dass. 2 Bde. 12. Freyburg, Herder. 814.

— Dass., 2 Bdchen. 12. Münch. 814. Giel. 3 xr N. A. 829. 30. (Landsh., Thomann, a. Krüll). 3 xr

— — schöne Geschichten und lehrreiche Erzählungen. N. Ausg. 8. Freyburg, Wagner 818.

— — Dieselben 12te Ausg. in 12. Salzburg, Mayr. 819.

— Dass., 2 Bdchen. 12. Kempten 822. N. A. 827. Kösel. 3 xr

— Dass., 1s Bdchen 19e Aufl. u. 2s Bdchen. 12. Luzern 822. Anich. 4 xr

— Dass. 12. Eichst. 824. Beyer. (Leipz., Barth). 4 xr

Jais, (A.) schöne Geschichten, u. lehrreiche Erzählungen zur Sittenlehre f. Kinder u. wohl auch f. Erwachsene. 1s Bdchn. 12. Münch. 824. (Landshut, Krüll.) Rthlr.

— Dass., 1s Bdchen, N. A. 12. Ellwang. 831. Schönbrod. 1½ xr

— Dass. 12. Hildesh. 1s Bdchen 24e Aufl. 831. 2 xr 2s Bdchen. 13e A. 832. 4 xr (M. Rieger in Augsb.) 6 xr

— schöne Geschichten u. lehrreiche Erzählungen zur Sittenlehre für Kinder, die wohl auch von Erwachsenen benutzt werden können. 2s Bdchn. 28. durchaus verb. Aufl. 12. Augsburg 833. (M. Riegers Buchh.; Himmer.) (à 1/12 ℛ) 1/16 ℛ

—— schöne Geschichten u. lehrr. Erzählungen z. Sittenlehre f. Kinder. 2 Abthln. 10. Ausg. 12. (7 B.) Lippstadt 831, (Lange.) *

— dass. 16 Bdchn. 22e einzig rechtmäß. Aufl. 12. Salzburg 836. Mayr'sche Buchh. 1 ℛ 2s Bdchn. 14e Aufl. Ebd. 1/12 ℛ

— dass. Neue Ausg. 2 Thle. 12. Freiburg 839. Wagner. 1/6 ℛ

—— dass. — Verm. u. durchges. v. Mathias. Mit Hinweisungen auf die von Mathias verb. Ausgabe d. overberg. Katechismus vers., u. mit d. vom brühler Seminar angenomm. Orthographie. 2 Bdchn. 18. Köln, Mathieux'sche Vrlsh. [1. 3. Aufl. (2½ B.) 839., 2. Neue, verb. A. (2 B.) 838. à * 1⅓ Gr.] *

— schöne Geschichten und lehrreiche Erzählungen zur Sittenlehre für Kinder. Neu herausgeg. von Mich. Sintzel. 1. Bdchen. 30. u. 2. Bdchen. 11. durchaus verb. Aufl. 12. Augsburg 841, Matth. Rieger'sche B. 1/6 ℛ

Jais, Aegidius, schöne Geschichten u. lehrreiche Erzählungen zur Sittenlehre f. Kinder. Verm. u. durchgesehen v. Mathias. 4. Aufl. 1. Bdchn. 36. (2½ B.) Köln 842, Mathieux. Thlr. *

— schöne Geschichten und lehrreiche Erzählungen z. Sittenlehre für Kinder, und wohl auch für Erwachsene. 1. Bdchen. 25. einzig rechtmäß. Aufl. 12. Salzburg 843, Mayr. 1/24 ℛ
— dass. 1. Bdchn. 26. u. 2. Bdchn. 15. Aufl. Ebd. 845. 1/8 ℛ

Jais Aegidius. Schöne Geschichten und lehrreiche Erzählungen zur Sittenlehre für Kinder. 2 Bdch. kl. 8. Salzburg, Mayr'sche Buchhandlung 1852.

Jais, Aegidius. — Schöne Geschichten und lehrreiche Erzählungen zur Sittenlehre für Kinder und wohl auch für Erwachsene. Von — —. Erstes Bändchen. Zwei und dreißigste, einzig rechtmäßige Auflage. Salzburg, 1855. Gedruckt in der Zaunrith'schen Buchdruckerei. Verlag der Mayr'schen Buchhandlung. (84 S. kl. 8.)

—— schöne Geschichten und lehrreiche Erzählungen zur Sittenlehre für Kinder. Guten Eltern und lieben Kindern auf's neue dargeboten von Herm. Rolfus. 2 Bdchn. in 1 Bd. 34. resp. 17. verb. Aufl. 8. (158 S. mit Orig.-Text-Illustr.) Regensburg 888, Coppenrath's Verlag. * 1 —
geb. in Halbleinw. *M 1.30.; in Glanzleinw. ** 1 50

— d. Glück d. guten Erziehung. Eine Kindergeschichte in Briefen. Zur Vorübung im Schriftlesen mit geschriebenen Buchstaben gedruckt. 15e Ausg. 12. Dilling. 824. (Landsh., Krüll). 2 xr (Vergl. auch Glück.)

Jais, Aegid., Handbuch des Seelsorgers für Amt u. Leben. Neue, erweit. Ausg. der Bemerkungen über die Seelsorge. Bearb. von Frz. Jos. Köhler. 1. Bd. Paderborn 870. Schöningh. 8. (XXXII, 481 S.) 1 ℛ 7½ ngr.

Jais, Aegid., Handbuch d. Seelsorgers f. Amt u. Leben. Neue, erweit. Ausg. der Bemerkgn. üb. die Seelsorge. Bearb. v. Frz. Jos. Köhler. 2. Bd. 2. Abth. 8. (VI, 167 S.) Paderborn 872. Schöningh. 1. 2

Die 1. Abth. d. 2. Bds. erscheint später.

– Handbuch des Seelsorgers für Amt u. Leben. Neue, erweit. Ausg. der Bemerkungen über die Seelsorge. Bearb. v. Frz. Jos. Köhler. 2. Bd. 1. Abth. 8. (VII, 152 S.) Paderborn 876. F. Schöningh. n. 1. — (cplt.: n. 6. —)

– Handbuch zum Unterrichte in d. christkathol. Glaubens- u. Sittenlehre. 8. Würzb. 807. N. A. 820. Stahel. 3 K

– Handbuch zum Unterrichte in d. christkathol. Glaubens- u. Sittenlehre. 8. Würzb. Stahel. 813.

– Hausandacht, od. Gebete, die man in christl. Häusern zum Vorbeten gebrauchen kann. 8. Salzb. 802. 2e A. 805. Mayrz (a. Duyle). 6 K

– Haus-Andacht für d. heil. Fastenzeit, s. oben Fasten-Andacht.

– – Jesus Christus, unser lebendiges heil. Evangelium. Ein Lehr- und Gebetbuch für kathol. Christen, zwar von jedem, besonders aber vom gemeinen Stande. Mit 1 Kupf. 12. Salzburg, Mayr. 820.

– Jesus Christus, unser lebendiges heil. Evangelium. 2e Aufl. 12. Salzb. 822, Mayr.

—— Jesus Christus unser lebendiges heil. Evangelium. Ein Lehr- u. Gebethb. f. kathol. Christen. — Des Guten Samens auf e. gutes Erdreich 2. Thl. 3. Ausg. 12. (17½ B. u. Ttlkpfr.) Salzburg 838, Mayr'sche Buchh.

Jais, Aeg., Jesus, d. Kinderfreund. Ein Lehr- u. Gebetbüchlein. Mit Kpf. 12. Grätz 818. Ferstl. 6 K

– Dass., im Auszuge, mit 5 Kpf. 32. Ebd. 818. 2 K

– Jesus, d. Kinderfreund. Lehr-, Gebet- u. Gesangbüchlein für d. Jugend, auch für Erwachsene brauchbar. 2e Aufl. 16. Grätz 826. Ferstl. 4 K Mit 5 Kpf. auf Schrbp. 6 K Velinp. 8 K Postp. 10 K

– Jesus u. seine heil. Kirche. Lebens- u. Kirchengeschichte ꝛc. 6e Aufl., mit Kpf. 8. Salzb. 821. Mayr. 4 K

– Jezus i Jego święty kościoł. Hystorya życia i kościoła Zbawcy naszego, z zastósowaniami moralnémi dla młodzieży katolickiéy. (Jesus u. seine heil. Kirche). 8. Bresl. 821. W. G. Korn. 12 K

—— sieben Kapitel von d. weiblichen Schönheit, f. christl. Mütter u. Töchter, sowohl vom gemeinen, als auch höheren Stande. 12. (3 B.) Salzburg 837, Mayr'sche Buchh.

– Katechismus d. christkathol. Glaubens- u. Sittenlehre. 12. Würzb. 807. 2e A. 811. Stahel. 2 K

– – dasselbe. Münster, Aschendorff.

– – Ein vollst. Gebetbuch f. gutgesinnte Christen. 8. Ebend. 808. gr. Dr.

Jais, Aegid., Kern d. gut. Samens a. e. gutes Erdreich. Ein Auszug a. d. Lehr- und Gebetbuch f. gutgesinnte Christen. 8. Augsb. M. Rieger. 808. gr. Dr. Rthlr.

—— Kern d. guten Saamens auf e. gutes Erdreich. Ein vollständ. (Gebethbuch) f. gutgesinnte Christen. Neue, mit Vesperandacht verm. Aufl. 8. (25 B. grobe Schrift, u. Ttlkpfr.) Hildesheim 833. (Augsburg, Matth. Rieger's sel. Brlsbuchh.)

—— dass. 12. (17⅓ B. grobe Schr., u. Ttlkpfr.) Ebds. 833.

– Kern des guten Saamens auf ein gutes Erdreich. Ein Gebetbuch für kathol. Christen. Mit 1 Kpfr. 12. Dilingen 840. Aulinaer. 1/10 Thlr

– Kern des guten Samens auf ein gutes Erdreich. Ein vollständiges Gebetbuch für gutgesinnte Christen. Neue verb. u. verm. Aufl. 8. (Mit 1 Kupfr.) Augsburg 846, M. Rieger'sche Buchh. 3/8 Thlr

Jais, P. Aegidius — Kern des guten Samens auf ein gutes Erdreich. Ein vollständiges Gebetbuch für gut gesinnte Christen von — —. Neuhaus, 1857. Druck und Verlag von Alois Josef Landfraß. (205 S. 8. Mit einem Titelbild.)

– Kern des guten Samens auf ein gutes Erdreich. Ein vollständiges Gebetbuch für gut gesinnte Christen. Neuhaus 863. Landfraß & Sohn. 8. (208 S. mit Bildern.) n. 5 ngr

– Kirchen-Andacht f. d. heil. Fastenzeit, s. oben Fasten-Andacht.

– Kirchen-Andacht für jeden Tag in d. Charwoche, s. oben Fasten-Andacht.

—— s. Klingl, Johs., Lehren für christl. Ehegatten.

– kurze Lebensbeschreibung von den Aposteln u. Evangelisten d. heil. Kirche Jesu Christi. Mit 1 Kpf. 8. Grätz 823. Ferstl. 2 K

– Lehr – und Bet büchlein..., s. Lehr – und Gebet büchlein...

– Lehr – und Gebet büchlein

—— Lehr- u. Beth-Büchlein, sowohl f. d. kleinere als größ. Jugend, auch noch v. Erwachsenen zu gebrauchen. 14., neubearb., verm., einzig rechtmäß. Ausg. 12. (8 B.) Salzburg 830, Mayr. 3 Gr., mit Ttlkpfr., wß. Pap. 4 Gr., Schrbp.

—— dass. 22., verb. u. verm. Ausg. 12. (6 B. u. 1 Holzschn.) Hildesheim 830. (Augsburg, Matth. Rieger's sel. Brlsbuchh.)

—— Lehr- und Gebet-Büchlein, sowohl für die kleinere als größere Jugend. 18., einzig rechtmäß. Originalaufl. 12. (167 S. mit 1 Holzschn.) Salzburg 853, Mayr'sche Buchh.

—— Lehr- und Gebetbüchlein sowohl für die kleinere als größere Jugend. 19. einzig rechtmäßige Orig.-Aufl. Mit Genehmigung des Hochwürdigst. Fürsterzbischöfl. Ordinariates Salzburg. 12. Regensburg 871, Coppenrath.

– Lehr- u. Gebetbüchlein für d. Jugend. 12. Hildesh. ... (Gastl in Brünn). 2 K 10e Aufl. Ebd. (Prag, Haase Söhne.) 3 K Schrbp. 4 K

– Lehr- u. Gebetbüchlein für d. Jugend u. Erwachsene. Mit 1 Kpf. 18. Köln 831. Mathieux. 6 K

—— Lehr- u. Betbüchlein f. d. liebe Jugend, das auch Erwachsene brauchen können. 18. (1 B. u. Ttlbild.) Köln 839, Mathieux'sche Brtsb

— Lehr- und Betbüchlein für die liebe Jugend, das auch Erwachsene brauchen können. 18. Köln 843, Mathieur. 1/8 ℛ

Jais, Aegidius, Lehr- und Betbüchlein für die liebe Jugend, das auch Erwachsene brauchen können. 48. (192 S.) Köln 849, Mathieur. Thlr.

— Lehr- u. Gebetbüchlein für Kinder, u. schöne Geschichten u. lehrreiche Erzählungen zur Sittenlehre für Kinder. Letzteres in 2 Bdchen. 12. Rastadt 807. (Lachmüller in Bamb.) (1s Buch 1½ 𝒦 2s Buch 1s u. 2s Bdchen 2½ 𝒦) 4 𝒦
(NB. Die Ausg. Dillingen, Kempten, Reutlingen, Köln, Luzern sind Nachdrücke).

— Lehr- u. Gebetbüchlein für Kinder. 13e A. 12. Dilling. 821. Roßnagel. (Leipz., Herbig). 3 𝒦

— Lehr- u. Betbüchlein für d. lieben Kinder. 8. Salzb. 792. 2e A. 793. 3e A. 12. 795. 14e A. 12. Ebd. 830. Mayr. 3 𝒦 Mit Titelkpf. weiß P. 4 𝒦 in 12. (Aschendorf in Münster) 827. 4 𝒦

— Lehr- u. Betbüchlein für d. lieben Kinder, das wohl auch Erwachsene brauchen können. 8. Münch., Giel. 2 𝒦

— — dasselbe. 12. Münster, Waldeck. Schreibp.

— — dasselbe. Cöln, Haas. 797. Schreibp.

— Lehr- und Betbüchl. f. Kinder. 12. Bamb. Göbhard. 801.

— Lehr- u. Gebetbüchlein für d. lieben Kinder. 12. Liegn. 801. Siegert. 5 𝒦

— — dasselbe. 12. Münster, Aschendorff. 801.

— — dasselbe. Augsb. Rieger. 802.

— — dasselbe. 12. Salzb. Mayr. 805. Schreibp.

— Lehr- u. Gebetbüchlein f. d. lieben Kinder, im Auszuge, (Schreibschrift). 12. Augsb. 807. N. A. 832. M. Rieger. 3 𝒦

— Lehr- u. Gebetbüchlein für d. lieben Kinder, das wohl auch Erwachsene brauchen können. 8. Bregenz 807. 11e A. 8. Augsb. 811. Platzer. 8 𝒦 Dass., 22e A. 12. Hildesh. 830. (Augsb., Rieger). 2 𝒦

— — dasselbe. 12. Cöln, Verlagshandl. 807. mit K.

— — dasselbe. 9te verb. Aufl. 12. Salzb. Mayr. 813. Schreibp.

— Lehr- u. Gebetbüchlein für d. lieben Kinder, als auch für Erwachsene. 16e A. 12. Prag 814. (Buchler). 4 𝒦

— — Lehr- und Betbüchlein für Kinder. 11te Ausg. 12. Salzburg, Mayr. 819.

— — dessen Lehr- und Gebetbuch für Kinder. 13te Aufl. 12. Dillingen, Roßnagel. 821. (Leipzig, Herbig.)

— dasselbe. 13e Aufl. 12. Salzb. 824. Mayr.

— Lehr- u. Gebetbüchlein für d. lieben Kinder. N. Aufl. gr. 12. Kempten 827. Kösel. 3 𝒦

— Lehr- u. Gebeth-Büchlein für die lieben Kinder, das wohl auch Erwachsene brauchen können. 21e u. mit d. österr. Meßgesängen verm. Ausg. Mit Titelkpfr. 12. Augsburg 834. Kollmann. 1½ 𝒦

*Jais (?), August. Lehr- u. Gebethbüchlein für die lieben Kinder. Klgft., Leon, (vor 1837).

— dass. 16e, neu bearb., mit den österr. Kirchengesängen verm. einzig rechtm. Orig.-Aufl. Mit 1 Holzschn. 12. Salzburg 838. Mayr. 1/8 ℛ

— dass. (Mit Titelbild) 18. Köln 839. Mathieur. 1/8 ℛ

— Lehr- und Gebet-Büchlein für die lieben Kinder, das wohl auch Erwachsene brauchen können. 25. verb. u. verm. Aufl., von Mich. Sintzel. gr. 12. Augsburg 840, Rieger'sche Buchh. 1/12 ℛ — 27. Aufl. 12. Ebend. 843. 1/12 ℛ

— dass. 12. Regensburg 840. Reitmayer. n. 1/8 ℛ

– Lehr - und Bet büchlein für die lieben Kinder, das wohl auch Erwachsene brauchen können. 7., einz. rechtmäß. Ausg. 12. Regensburg 841. (Manz.)

— Lehr- u. Gebet-Büchlein für die lieben Kinder, das wohl auch Erwachsene brauchen können. 27., verm. Aufl. v. Mich. Sintzel. 12. (7 B.) Augsburg 843, Rieger'sche Buchh.

— Lehr- u. Gebeth-Büchlein f. die lieben Kinder, das wohl auch Erwachsene brauchen können. 25. mit den österreich. Meßgesängen verm. Ausg. 12. (132 S. m. 1 Stahlst.) Augsburg 852, Kollmann. 2 ngr.

— Lehr- und Gebet-Büchlein für die lieben Kinder, das wohl auch Erwachsene gebrauchen können. Kempten 853. Kösel. 16. (157 S. u. 1 Holzschn.) 3 ngr.

— Lehr- u. Betbüchlein für die lieben Kinder, das wohl auch Erwachsene brauchen können. 8., einzig rechtmäßige Aufl. Mit 1 Titelbild in Holzschn. Regensburg 859. Manz. 12. (150 S. m. Holzschn.) n. 2⅔ ngr.

— Lehr- und Gebetbüchlein für die lieben Kinder, das wohl auch Erwachsene brauchen können. 32. (189 S. mit 1 Titelbilde.) Neuhaus 865, Landfraß und Sohn. *

— Lehr- u. Gebetbüchlein für die lieben Kinder, das wohl auch Erwachsene gebrauchen können. Neue verb. Aufl. Kempten 869. Kösel. 32. (155 S. mit einer Holzschntaf.) n. 2 ngr.; geb. u. in Carton n. 3½ ngr.; in engl. Einb. n. 8 ngr.; in engl. Einb. u. mit Goldschn. n. 9 ngr.

— Lehr- u. Gebetbüchlein f. die lieben Kinder, das wohl auch Erwachsene gebrauchen können. Neue ver Aufl. 16. (151 S.) Kempten 874. Kösel n. — 20; geb. n. — 30; geb. m. Goldschn. n. — 85

— kleines Lehr- u. Betbüchlein für die lieben Kinder, das wohl auch Erwachsene brauchen können. 24. (IV, 164 S. m. 1 Steintaf.) Salzburg 877. Pustet. n. — 20

— Lehr- u. Gebetbüchlein für die lieben Kinder, neu u. verm. hrsg. v. Herm. Koneberg. 36. verm. Aufl. 24. (245 S. m. 1 Stahlst.) Augsburg 882. Rieger. geb. n. — 35

— Lehr- u. Gebetbüchlein für d. lieben Kleinen ꝛc. Augsb., (Bolling). (Wesché in Frankf.) 1½ ℛ

Jais, Aegid., O. S. B., Lehren f. christl. Ehegatten, s.: Klingl, Johs.

—— Lehren u. Gebete f. d. lieben Kinder. Verm. u. verb. hrsg. v. e. kathol. Geistlichen. 16. (3 B.) Köln 834, J. G. Schmitz.

—— dass. In e. Auszuge. (Schreib-Schr.) 12. (6 B. u. 1 Holzschn.) Hildesheim 832. (Augsburg, Matth. Rieger's sel. Brlsbuchh.)

— Lesebuch f. d. Jugend über Natur, Religion ꝛc. 3 Bdch. 8. Augsb. J. A. Rieger. 800.

— Lesebuch für d. studir. Jünglinge zur Bildung d. Herzens. 8. Salzb. 784. 2e A. 797. 3e A. 803. 4e A. 813. Mayr. 12 ℛ Schrbp. 15 ℛ

— Lesungen aus d. Naturgeschichte, Erwerbs- u. Gewerbskunde ꝛc. 8. Grätz 822. Ferstl. 4 ℛ

— Meß-Andacht zum Gebrauch für ganze Gemeinden. 14. Augsb. 822. Kranzfelder. 1 ℛ

— Meß- u. Kreuzwegandacht. (Ein Ausz. aus: Guter Saame ꝛc.) 8. Salzb. 802.

— Meß-, Kreuzweg-, Beicht-, Communion- u. Haus-Andacht. gr. 12. Salzb. 823. Mayr. 5 ℛ

— latein.-deutsches Ministrir-Büchlein. Ausführl. Unterricht für diejenigen, welche dem Priester bei den heil. Meßopfer dienen, oder sonst am Altare aufwarten. 32. Grätz 826. Ferstl. 1½ ℛ

—— auserlesene Morgen-, Abend-, Meß-, Vesper-, Beicht- u. Kommunion-Gebete nebst d. heil. Kreuzweg. (Schreibschrift.) 16. (11 B. u. 1 Kpfr.) Neuburg 813, Prechter.

— Nauki i Modlitwy dla Dzieci i Dorosłych napisane podług dwudziestego siódmego wydania Ksiazecki, która ułozył. 16. Gliwicach 845, Landsberger. 3 nℛ

— Powieści pięćdziesiąt i dwie z porównaniami. Ksiażeczka do zabawy i nauki młodzieży dla wzbudzenia i ożywienia chrześciańsko religiynego Ducha na każdy tydzien roku z niemieckiego. (52 Erzählungen mit Gleichnissen auf jede Woche d. Jahrs, für d. Jugend). 8. Bresl. 821. W. G. Korn. 8 ℛ

— Predigten, die Alle verstehen, u. d. Meisten brauchen können. 3 Bde. 8. Salzb. ... 2e A. 821, 23. 3e A. 825. Mayr. 2 ℛℓ 12 ℛ 4r u. letzter Bd. Mit e. doppelten Anhange: M. Reiter, Nachtrag biograph. Notizen zu Jais Leben. — Nöthige Antwort auf e. unnöthige Frage, von J. A. Mit Jais Bildn. 8. Salzb. 828. Mayr. 1 ℛℓ 8 ℛ Alle 4 Bde 3 ℛℓ 20 ℛ Der Anh. apart 6 ℛ

— Predigten, die Alle verstehen und die Meisten brauchen können. Seinen ehemal. Schülern zur freundschaftl. Erinnerung; gutgesinnten Christen z. erbaul. Lesung. 1.—4. Bd. 4. unveränd. Aufl. 8. Salzburg 845, Mayr. 1. u. 2. Bd. $1^2/_3$ ℛℓ 3. u. 4. Bd. $2^1/_6$ ℛℓ

— guter Same auf ein gutes Erdreich; ein Gebet- u. [illegible] ein Lehr- u. Hausbuch für gutgesinnte Christen, besonders für [illegible] Landvolk, 8. Salzb. (792.) 2e A. 793. 3e A. 795. [illegible] 797. 5e A. 802. 6e A. 810. 7e A., mit 4 Kpf. gr. 12. Ebd. 822. Duyle. 10 ℛ

— — dasselbe. 8. Bregenz, Brentano.

— — dasselbe. 8. Münster, Waldeck.

Schreibp.

Jais, Aeg., guter Samen auf ein gutes Erdreich ꝛc. 8. Regensb. .. Pustet. 6 ℛ Dass. im Ausz. gr. 12. Ebd. 3 ℛ

— Dass. N. A., mit 1 Kpf. 8. Ulm ... (Ebner). 6 ℛ

— — dasselbe. 8. Cöln, Fabricius. 801.

— guter Same auf ein gutes Erdreich; ein Gebetbüchlein für's liebe Landvolk. Mit Kpf. 8. Köln 801. (Rommerskirchen). 9 ℛ

— — dasselbe. 8. Augsb. Doll. 807.

— — dasselbe. 8. Cöln, Verlagshandl. 807.

— Dass. 8. Augsb. 808. Kranzfelder. 4 ℛ N. A. gr. 12. Ebd. 823. 8 ℛ in 8. 10 ℛ

— Kern d. guten Samens auf ein gutes Erdreich; ein Ausz. aus d. Lehr- u. Gebetbuch für gutgesinnte Christen. 8. (Augsb.) 803. N. A. 833. (832.) M. Rieger. 12 ℛ in 12., mit Titelkpf. 10 ℛ Dass., mit 1 Kpf. (Herder in Rotweil). 12 ℛ

— — dasselbe. 8. Augsb. M. Rieger. 809.

— Dass. 8. Kempt. 809. Neue Aufl. 829. Kösel. 6 ℛ Mit 9 Kpf. 8 ℛ

— — dasselbe. 8. Salzb. Duyle. 810.

— guter Samen auf ein gut Erdreich; ein Lehr- u. Gebetbuch. Mit 4 Kpf. gr. 8. Heidelb. 812. Mohr. 9 ℛ Weiß Druckp. 12 ℛ

— Dass. 12. Augsb. 813. (Prag, Haase S.) 6 ℛ Schrbp. 8 ℛ großer Druck. 8. Ebd. 817. 8 ℛ Schrb. 10 ℛ

— — guter Saamen auf ein gutes Erdreich. 8. Augsburg, Nic. Doll. 818.

Mit Kupf.

— Dass. N. A. 8. Luzern 819. Anich. 8 ℛ

— Dass. 8. Rotweil 819. Herder. 8 ℛ in 32. (Gräffer u. C. in Wien). 1½ ℛ

— guter Samen auf ein gutes Erdreich; ein Lehr- u. Gebetbuch samint einem Haus- u. Krankenbüchlein für gutgesinnte Christen. 8. Augsb. 822. Doll. (Landsh., Krüll). 6 ℛ Mit 8 Kpf. 8 ℛ

— guter Same auf ein gutes Erdreich. 7e Aufl. Mit K. gr. 12. Salzb. 822, Duyle.

— Dass. Münster 820. (Aschendorf). 10 ℛ gr. Schrift 12 ℛ

— dasselbe, sammt e. Haus- u. Krankenbüchlein. N. Ausg. 8. Wien 827. (Central-Compt. in Leipz.)

— guter Same auf ein gutes Erdreich. Neue Ausg., mit 1 Kpf. 8. Wien 828. (Krüll in Landsh. u. Leipz., Centr.-Compt.) 6 gr.

—— guter Same auf e. gutes Erdreich. Ein Lehr- u. Gebethbuch sammt e. Haus- u. Krankenbüchlein f. gut gesinnte Christen, besond. f. d. liebe Landvolk. Neue Ausg. 8. (22 B. u. 1 Kpfr.) Wien 823. (Regensburg, Manz.)

—— dass. — Ein Lehr- u. Gebetb., nebst e. Hausbüchlein f. gutgesinnte Christen. Neueste, durchaus verb. u. verm. Ausg. 8. (18½ B.) Lippstadt 830, (Lange.)

—— guter Saame auf ein gutes Erdreich, od. auserles. Andachten f. Kinder u. Erwachsene, mit Morgen-, Abend-, Meß-, Vesper-, Beicht-, Kommunion-Gebether u. d. heil. Kreuzweg. n. 18. (144 S. u. 16 Holzsch.) Füssen 833. (Augsburg, Kollmann.)

— dass. im Auszuge. 12. Ebd. 834. ⅛ rf

— dass. ein Lehr- u. Gebetbuch sammt einem Haus- u. Krankenbuche. gr. 8. Deggendorf 836. Passau, Pustets Buchh. ½ rf

— guter Saamen auf ein gutes Erdreich. 18. Regensburg 840. Reitmayr. n. ¼ rf

— guter Same auf ein gutes Erdreich. Ein Lehr- u. Gebetbuch für gutgesinnte Christen, besonders für's liebe Landvolk. Neue, mit einer Vesperandacht verm. Ausg. (Mit Titelbild.) 12. Oettingen 841. (Nördlingen, Beck'sche B.) geb. ⅙ rf

— guter Samen auf ein gutes Erdreich. Ein Lehr- u. Gebetbuch sammt ein. Haus- u. Krankenbüchlein f. gut gesinnte Christen, besonders fürs liebe Landvolk. 12. Aufl. 8. (18 B. u. Titkpfr.) Konstanz 846, Meck. — St. Gallen, Scheitlin u. Zollikofer.

— guter Same auf ein gutes Erdreich, ein Lehr- u. Gebetbuch f. gutgesinnte Christen. Umgearb. u. mit einer Vesperandacht verm. von Marquard Pichler. 10. Aufl. 8. (VIII u. 328 S. mit 1 Stahlst.) Augsburg 847, Schmidt. 8¾ ngr — 11. Aufl. 12. (VIII u. 328 S. mit 1 Stahlst.) Ebd. 852. 9 ngr

— guter Samen auf e. gutes Erdreich. Ein Lehr- u. Gebetbuch sammt e. Haus- u. Krankenbüchlein f. gut gesinnte Christen, besonders f. das liebe Landvolk. Neue, mit e. Vesperandacht verm. Ausg. gr. 12. (X u. 304 S. m. 1 Holzschn.) Kempten 849, Kösel. ¼ rf

—— dass. — Umgearb. und mit einer Vesperandacht verm. von Marquard Pichler. 10. Aufl. 1847. und 11. Aufl. 8. (VIII und 328 S. mit 1 Stahlst.) Augsburg 852, Schmid'sche Buchh.

—— guter Samen auf ein gutes Erdreich. Ein Lehr- und Gebetbuch für kathol. Christen aus allen Ständen. Neu hrsg. mit nothwend. Abänderungen und Zusätzen von einem Priester der Erzdiöcese Köln. 32. (640 S. mit 2 Holzschntaf. in Buntdr.) Cöln und Neuß 866, Schwann'sche Verlagsh.

—— guter Samen auf ein gutes Erdreich. Lehr- und Gebetbuch. Neu bearb. und verm. von Gregor Hürlemann. 2. Aufl. 18. (384 S. mit 2 Farbendr.-Bildern.) Einsiedeln 870, Gebr. Benziger.

—— dass. — mit Anhang von vier heil. Meßandachten mit 18 Meßbildern in Holzschn. nebst Meßgesängen und Kirchenliedern. 16. Ebendas. 870.

— guter Same auf ein gutes Erdreich. 13. Orig.-Aufl. 16. (448 S. m. farb. Titel u. 1 Stahlst.) Salzburg 881. Pustet. n. — 75

— — das goldene Saamenkästlein, gefüllt mit den allerbesten Saamenkörnern der Religion und Tugend. 4te Aufl. Mit 3 Kpfrn. 12. Grätz, Ferstl. (Leipzig, Kummer in Comm.) 821.

— das goldene Samenkästlein, gefüllt mit den allerbesten Samenkörnern d. Religion u. Tugend. 4e A., mit 3 Kpf. 12. Grätz 821. Ferstl. 3 gr 5e A. 827. 2¼ gr

— Samenkörnlein auf gutes Erdreich. 10. Augsb. 810. M. Rieger. Schreibschrift 4 gr

— — 365 Sätze aus der Sitten-, Pflichten-, Gesundheits-, und Klugheitslehre ꝛc. 5te Ausg. Ebend. 818.

— — die heil. Schrift im Auszuge für die kathol. Schuljugend. 6te Aufl. M. K. 8. Ebend. 821.
(Hieraus ist besonders abgedruckt:)
Bibl. Erzählungen aus dem alt. und neuen Testamente. 6te Aufl. Mit 6 K. 8. Ebend. 821.

— s. Sebald's Leben.

—— Sittenlehre in Beyspielen. Oder schöne Geschichten u. lehrr. Erzähln. f. Kinder. Neu bearb., verbess. u. verm. v. S. Buchfelner. Mit Titkpfr. 8. (10½ B.) Augsburg 832, Wolff. (Kollmann.)

— goldner Spiegel für Mütter, auch als Geschenk für Bräute. 12. Salzb. 813. Duyle. 1 gr

— 366 bibl. Sprüche u. Lehren. mit sittl. Anwendungen u. Gedichten. 8. Grätz 821. 2e A. 826. Ferstl. 6 gr

— Stoff zu nützl. Betrachtt. u. Predigten. Ein Erbauungsbuch für nachdenkende u. gutgesinnte Christen. 823. 2e wohlf. Ausg. 8. Regensb. 825. Daisenberger. 6 gr

— Unterricht in d. christkathol. Glaubens- u. Sittenlehre. 8. Würzb. 807. Stahel. (Wagner in Insbr.) 3 gr

— — dasselbe. 8. Wien, Bauer. 808.

— — Unterricht in der christkathol. Glaubens- und Sittenlehre, mit einer Vorerinnerung üb. d. Religionsunterr. 2te Aufl. 8. Würzburg, Stahel. 820.

— Valentin u. Gertraud. Lehrreiche Erzählung f. Landleute. 2e verb. Aufl. Mit Titelkpfr. 8. Würzburg 839. Stahel. ¼ rf

— Valentin u. Gertraud. Eine lehrreiche Erzählung. 4., verb. Aufl. Mit einem Stahlst. 8. (130 S.) Straubing 879. Volks- u. Jugendschriften-Verl. cart. 1. —

— Walther u. Gertrude, für d. Landvolk geschrieben. Mit 4 Kpf. 8. Würzb. 809. Stahel. (Mayr in Salzb.) 8 gr

— Walther u. Gertrude, f. das Landvolk geschrieben, mit 4 K. 8. Insbr. Wagner. 812.

— Walter u. Gertraud, eine lehrreiche Geschichte für Brautleute u. Verehelichte. (Neue Ausg.?) 8. Luzern 835. (Augsburg, Kollmann.) ⅓ Rthl.

— s.a. Wichtigste, Das, für Eltern.

Jais, Aegid., d. Wichtigste f. Eltern u. Erzieher zur Pflege d. Keuschheit bei ihren Kindern, s.: Handbibliothek, katechetische.

— das Wichtigste f. Aeltern, Schullehrer und Seelsorger. 8. München, Lentner. 798.

— das Wichtigste f. Eltern u. Schullehrer ꝛc. 3e Aufl. 8. München 823, Lentner.

— das Wichtigste für Eltern, Schullehrer u. Aufseher d. Jugend, also auch für Seelsorger. 5e Aufl. 8. München 834. Lentner. ¼ Rthl.

— das Wichtigste für Eltern, Schullehrer und Aufseher der Jugend, also auch und besonders für Seelsorger. 7. Aufl. gr. 8. (VIII, 104 S.) München 874. Stahl. *

— wie können die schlecht besoldeten Schullehrer besser besoldet u. dadurch d. Schulen in einen bessern Zustand gebracht werden? Ein Spiegel u. treues Gemälde d. Schulen Deutschlands u. ihrer Lehrer ꝛc. 8. Heilbr. ... Claß. 5 kr

— vertrautes Wort des Vaters an seinen Sohn, der zum Soldatenstand berufen ist. 12. Würzb. 812. Stahel. 2 kr

Jais, J. C., Beispiele, Geschichten u. Erzählungen zum Nutzen u. Vergnügen. 2 Thle. 8. Hildesh. (Regensb. Dalsenberger.) 815.

Jais, J. M., Predigten über die wichtigsten Stellen der Evangelien. 2 Bde. 8. München, Leutner. 808.

Jais, Karl

— s. Bitte an Max. Joseph IV.

— noch Etwas über d. bekannte Gutachten d. theol. Fakultät zu Landshut. 8. Ulm 820. Ebner. 4 kr

Jais, Karl, über d. Gutachten d. theolog. Fakultät zu Landshut, betitelt: Darstell. d. Ursachen des Mangels an kathol. Geistlichen, von Sailer u. Zimmer. 8. Ulm 818. Ebner. 8 kr

— Predigten, gehalten in d. J. 1802 u. 3. 2 Thle. 8. München 803. Lentner. 1 Rthl. 10 kr

— Predigten über einen d. wichtigsten Gegenstände d. Menschheit. 8. Münch. 806. Lentner. 20 kr

— Predigten über d. wichtigsten Stellen d. Evangelien. 2 Bde. 8. Münch. 803. Lentner. 1 Rthl. 21 kr

— Rede, gehalten am 4ten Sonntage in d. Fasten. 8. Münch. 803.

— Rede bei Gelegenheit d. Bittgangs nach Altenötting. 8. Münch. 802. Lentner. 2 kr

— Rede bei Gelegenheit d. Siegesfeier in München. 8. Münch. 803. Lentner. 2 kr

— Rede am Stiftungstage des Arm...Instituts. 8. Münch. 803. Lentner. 2 kr

Jais, Paul Alois

Jais, P. A., 27 lehrreiche Erzählungen für die Jugend. Neue Ster.-Ausg. (32 S.) kl. 8. Reutlingen (904). Enßlin & Laiblin. — 15; kart. — 20

Jais, Paul Alois, Jesus, der Kinderfreund, oder: Lasset die Kleinen zu mir kommen. Lehr-, Gebeth- und Gesangbüchlein für meine lieben Pfarrkinder. Laibach 854. Giontini. 16. (157 S., 1 Stahlst. u. 4 Holzschn.) n. 3 ngr

Jais, Paul Alois — Jesus, der Kinderfreund, oder: Lasset die Kleinen zu mir kommen. Lehr-, Gebet- und Gesangbüchlein für meine lieben kleinen Pfarrkinder von — —. Gratz. Druck und Papier von A. Leykams Erben. Laibach, 1857. Verlag von J. Giontini. (155 S. 8)

Jais, R., über Gamm's Aschenfunken aus d. Bannbullen-Verbrennung Dr. M. Luthers ꝛc. gr. 8. Stuttg. 819. (Sattler). 6 kr

— über Gamm's Sendschreiben an d. Publikum. gr. 8. Ebd. 819. 3 kr

ZAUBERRING, Der (von *W. Jais*). Stuttgart 1853. (In Tübingen.)
Anon.-Lex. V. p. 338.

Jaisle, Karl, a. Riedlingen: Die Dioskuren als Retter zur See bei Griechen und Römern und ihr Fortleben in christlichen Legenden. Tübingen: J. J. Heckenhauer in Komm. 1907. (XII, 73 S.) 8°
Tübingen, Phil. Fak., Ref. Gundermann, Diss. v. 7. Juli 1908
[Geb. 14. April 85 Riedlingen; Wohnort: Riedlingen; Staatsangeh.: Württemberg; Vorbildung: Gymn. Ehingen Reife M. 03; Studium: Tübingen 7 S.; Coll. 7. März 07.]

Jaite, Gust., das grosse Einmal Eins ohne Memoriren. Berlin 864. Voss. gr. 8. (31 S.) n. 5 ngr

Jaitner, Franz

Jaitner, Exercier-Reglement der Linien-Infanterie- u. Jäger-Truppe, Instruction zum Manövriren, Turn- u. Bajonet-Fecht-Unterricht, nach den neuesten Bestimmungen zusammengestellt. 3. unveränderte Aufl. Wien 862. Sommer. (F. Klemm.) gr. 8. (131 S.) n. 16 ngr

Jaitner, Frz., der Militär-Referent. Handbuch f. Adjutanten, Militär-Administrations- u. Generalstabs-Offiziere, dann detachirte Commandanten. Mit 4 Beilage-Tabellen. gr. 8. (IX, 338 S.) Wien 883. (Seidel & Sohn.) n.n. 5. 60

Jaivan, d. Prinzessin, Königin v. Mexico, Gesch. 2 Thle. 8. Frankf. Jungnickel. 752.